ILLUSTRIERTE
ECHNISCHE WÖRTERBÜCHER

IN SECHS SPRACHEN

ITSCH-ENGLISCH-RUSSISCH-FRANZÖSISCH-ITALIENISCH-SPANISCH

*

HERAUSGEGEBEN VON

ALFRED SCHLOMANN

*

BAND XV

SPINNEREI UND GESPINSTE

MIT ÜBER 1200 ABBILDUNGEN UND ZAHLREICHEN FORMELN

OLDENBOURG VERLAGS-A.G., MÜNCHEN

Vorwort.

Anläßlich der Herausgabe des Bandes über „Faserrohstoffe" habe ich ausführlich über alles berichtet, was mit der Bearbeitung des Gebietes „Faserstofftechnik" zusammenhängt.

Es ist mir angenehme Pflicht, anläßlich des Erscheinens dieses 15. Bandes der I. T. W. über „Spinnerei und Gespinste" allen im Vorworte vom Band 14 namentlich aufgeführten Förderern und Mitarbeitern nochmals herzlichst zu danken.

Da Katalonien der Hauptsitz der Spinnerei auf der iberischen Halbinsel ist, wurde im vorliegenden Band neben dem Spanischen auch das Katalanische berücksichtigt und durch *Kursivschrift* kenntlich gemacht.

Die Schriftleitung der „Illustrierten Technischen Wörterbücher" beklagt das Ableben des Herrn Dipl. Ing. Ernst Eppner, München. Der Verstorbene ist mir als langjähriger, aufrichtiger persönlicher Freund wie auch als unermüdlicher Förderer meiner Arbeiten in organisatorischen Fragen mit stets treffsicheremRat beigestanden.

München, im November 1924.

Schlomann.

Verzeichnis der Mitarbeiter

1. Für die deutsche Sprache

Bauer, Wilhelm, Direktor der Mechan. Baumwollspinnerei und Weberei, Kempten (Allgäu).
Brüggemann, Heinrich, Professor an der Technischen Hochschule, München.
Feßmann, L., Direktor der Mechan. Baumwollspinnerei und Weberei Augsburg, †.
Glafey, Hugo, Geh. u. Ober-Reg.-Rat, Dipl.-Ing., Berlin.
Geheimrat Dr.-Ing. A. Hausding, Nicolassee b. Berlin.
Rohn, Gustav, Direktor, Chemnitz, †.

Aktiengesellschaft für Seilindustrie vorm. Ferdinand Wolff, Mannheim-Neckarau.
Allgemeine Elektrizitäts-Gesellschaft, Berlin.
S. Aston Maschinenfabrik A.-G., Berlin u. Burg, Bez. Magdeburg.
Außenhandelsnebenstelle für Wolle, Berlin.
H. Baer & Co., Textilmaschinenfabrik, Zürich.
Barber & Colman G. m. b. H., München.
Bastfaserkontor, Berlin.
H. F. Baumann, Calw (Württemberg).
Berliner Jutespinnerei und Weberei, Stralau bei Berlin.
Bernhardt, Maschinenfabrik u. Eisengießerei, Leisnig i. Sa.
Louis Blumer, Chemische Fabrik, Zwickau i. Sa.
Bremer Baumwollbörse, Bremen.
Leop. Cassella & Co., G. m. b. H., Frankfurt a. Main.
Chemische Fabrik Griesheim-Elektron, Frankfurt a. M.
Chemnitzer Aktien-Spinnerei, Chemnitz.
Wilhelm G. Clasen, Hamburg.
Cox, Mc Euen & Co., Hamburg.
Deutsches Museum, München.
Deutsche Werke, Berlin-Ingolstadt.
Elsässische Maschinenbauges., Mülhausen.
Elsässisches Textil-Blatt, Gebweiler.
A. Engelmann & Co., Mechan. Seilfabrik, Hannover.
Erckens & Brix, Maschinenfabrik, Rheydt.
Friedr. Erdmann, Maschinenfabrik, Gera.
Farbenfabriken vorm. Friedr. Bayer & Co., Elberfeld.
Forschungsinstitut Sorau des »Verbandes Deutscher Leinen-Industrieller e. V.«, Sorau N.-L.
Gas-Bügelofen-Gesellschaft m. b. H., Hamburg.
Fr. Gebauer, Maschinenfabrik, Berlin.
H. Gentsch, Maschinenfabrik, Glauchau i. Sa.
Ernst Geßner, Textil-Maschinenfabrik, Aue i. Erzgeb.
Gutehoffnungshütte, Aktienverein für Bergbau- und Hüttenbetrieb, Oberhausen i. Rheinland.
Gebr. Haaga G. m. b. H., Stuttgart.
Friedr. Haas G. m. b. H., Maschinenfabrik, Lennep.
Carl Hamel A.-G., Schönau b. Chemnitz.
Hanfwerke Füssen-Immenstadt A.-G., Füssen.
Gebr. Harnisch, Gera-Reuß.
C. G. Haubold jr. G. m. b. H., Maschinenfabrik, Chemnitz.
Wilh. Ferdinand Heim, Maschinenfabrik, Offenbach a. Main.
L. Ph. Hemmer G. m. b. H., Maschinenfabrik, Aachen.
Severin Heusch, Aachen.
Robert Hibbert, Basel.
Hurling & Biedermann, Maschinenfabrik, Zittau.
Ferd. Emil Jagenberg, Maschinenfabrik, Düsseldorf.
Moritz Jahr A.-G., Maschinenfabrik, Gera-Reuß.
G. Josephy's Erben, Maschinenfabrik und Eisengießerei, Bielitz.
Klein, Hundt & Co., Düsseldorf.
Joh. Kleineweffers Söhne, Krefeld.
Eugen Klotz, Maschinenfabrik Stuttgart.
Max Kohl, A.-G., Chemnitz.
Julius Köhler, Nähmaschinenfabrik, Limbach Sa.
Ulrich Kohllöffel, Maschinenfabrik, Reutlingen (Württemberg).
H. Krantz, Maschinenfabrik, Aachen.
Karl Krause, Maschinenfabrik, Leipzig.
Friedr. Krupp A.-G., Grusonwerk, Magdeburg-Buckau.
Johannes Küchenmeister, Flachsbereitungsanstalt, Freiberg i. Sa.
Walter Kuhlen, Düsseldorf.
Leipziger Wollkämmerei, Leipzig.
Wilhelm Leos Nachfolger (Inh. Wilh. Finckh und Eugen Hettler), Stuttgart.
C. Oswald Liebscher, Maschinenfabrik, Chemnitz.
Martinot & Galland A.-G., Maschinenfabrik, Bitschweiler-Thann (Elsaß).
Maschinenfabrik Arbach, Reutlingen.
Maschinenfabrik Kappel A.-G., Chemnitz-Kappel.
Maschinenfabrik und Eisengießerei Chn. Mansfeld, Leipzig-Reudnitz.
Maschinenfabrik Oerlikon, Oerlikon b. Zürich.
Maschinenfabrik Zell i. W., Zell i. W. (Baden)
Mechanische Bindfadenfabrik Schretzheim A.-G., Schretzheim (Bayern).
Mechanische Seilerwarenfabrik Bamberg A.-G., Bamberg.
Gebr. Meyer, Spulmaschinenfabrik, Barmen.
A. Monforts, Maschinenfabrik, München-Gladbach.
H. Mundlos & Co., Magdeburg.
Netzschkauer Maschinenfabrik, Franz Stark & Söhne, Netzschkau i. Sa.
Norddeutsche Netzwerke, G. m. b. H., Itzehoe.
U. Pornitz & Co., Maschinenfabrik, Chemnitz.
Preußische höhere Fachschule für Textilindustrie, Krefeld.
B. B. Regen, Zinnowitz i. P.
Reichspatentamt Berlin.
C. A. Roscher Söhne, Mittweida i. Sa.
Roßberger & Schröter, Chemnitz.
Sächs. Maschinenfabrik vorm. Richard Hartmann, Chemnitz.
Sächs. Webstuhlfabrik (Louis Schönherr), Chemnitz.
Benno Schilde, Maschinenfabrik, Hersfeld.
Oscar Schimmel & Co., A.-G., Maschinenfabrik, Chemnitz.
H. Schirp, Maschinenfabrik, Vohwinkel.
W. Schlafhorst & Co., Maschinenfabrik, München-Gladbach.
Louis Schopper, Fabrik für wissenschaftliche und technische Apparate, Leipzig.
Herm. Schroers, Maschinenfabrik, Krefeld.
Jos. Schwaigers Wwe., Tauwerk München, München.
I. Schweiter, Maschinenfabrik, Horgen (Schweiz).
S. Schwenzke, Leipzig.
C. Georg Semper G. m. b. H., Strickmaschinenfabrik, Altona-Bahrenfeld.
C. Senssenbrenner G. m. b. H., Maschinenfabrik, Düsseldorf-Oberkassel.
Seydel & Co., Spinnereimaschinenfabrik, Bielefeld.
Seyfert & Donner, Strickmaschinenfabrik, Chemnitz.
Gebr. Stäubli, Maschinenfabrik, Horgen (Schweiz).

G. Stein, Maschinenfabrik, Berlin.
Dr. Paul Straumer, Danzig.
Gebr. Sucker, Maschinenfabrik Grunberg (Schlesien).
Gebr. Sulzer, Winterthur.
C. Terrot Söhne, Maschinenfabrik, Stuttgart-Cannstatt.
Verein Süddeutscher Baumwoll-Industrieller, Augsburg.
Curt R. Vincentz, Hannover.
Vogtländische Maschinenfabrik, vorm. I. C. & H. Dietrich A.-G., Plauen i. Vogtl.
Theodor Wilckens G. m. b. H., Hamburg.
Carl Zeiß, Jena.

2. Für die englische Sprache

Eigenbertz, H., Ingenieur, Manchester, jetzt Rheydt.
W. Kellner, Direktor, Spinnerei am Stadtbach, Augsburg.
Taggart, W. Scott, Bolton.

Arundel & Co., Stockport.
Asa Lees & Co. Ltd., Oldham.
Baerlein & Sons, Manchester.
The Berlin Machine Works, Wis., U.S.A.
Wilson Brothers Bobbin Co. Ltd., Liverpool.
J. & T. Boyd Ltd., Shettleston Iron Works near Glasgow.
The Bradford Conditioning House, Bradford.
Bridgewater Works, Pendleton, Manchester.
The British Northrop Loom Co. Ltd., Blackburn.
Robert Broadbent & Son Ltd., Phoenix Iron Works, Stalybridge.
Thomas Broadbent & Sons Ltd., Central Iron Works, Huddersfield.
Brooks & Doxey Ltd., Manchester.
The George P. Clark Company, Windsor Locks, Conn., U.S.A.
T. Coulthard & Co. Ltd., Preston.
Curtis & Marble Machine Co., Worcester.
The Defiance Button Machine Company, New York.
Devoge & Co., Manchester.
Dobson & Barlow Ltd., Bolton.
Dronsfield Brothers Ltd., Atlas-Works, Oldham.
Eastman Machine Company, Buffalo, N.Y., U. S. A.
The Easton & Burnham Machine Co., Pawtucket, R. I., U. S. A.
Farrel Foundry & Machine Co., Ansonia, Conn., U. S. A.
P. & C. Garnett Ltd., Engineers, Cleckheaton.
Greenwood & Batley Ltd., Albion-Works, Leeds.
The Gum Tragasol Supply Compy. Ltd., Hooton.
Hacking & Co. Ltd., Bury.
Robert Hall & Sons Ltd., Bury.
John T. Hardaker Ltd. Bradford.
Hartford Iron Works, Oldham.
L. M. Hartson Co., North Windham, Conn., U. S. A.
George Hattersley & Sons Ltd., Keighley.
International Winding Company, Boston.
E. Jagger & Co., Oldham.
Kitson Machine Shop, Lowell, Mass., U. S. A.
Lawsons, Leeds.
Levinstein Ltd., Blackley, Manchester.
Henry Livesey Ltd., Greenbank Iron-Works, Blackburn.
Lupton & Place Ltd., Queen Street Iron-Works, Burnley.
Mather & Platt Ltd., Park-Works, Manchester.
Merrow Machine Co., Hartford, Conn., U. S. A.
The National Machine Comp., Hartford, Conn., U. S. A.
Parks & Woolson Machine Co., Springfield Vermont.
Platt Brothers & Co. Ltd., Oldham.
Polle Engineering & Machine Co., Woodberry, Baltimore, M. D.
The Pulsometer Engineering Company Ltd., Reading.
Hans Renold Ltd., Manchester.
John Royle & Sons, Paterson, U. S. A.
Saco-Pettee Company, Newton Upper Falls, Mass., U. S. A.
Charles H. Schnitzler, Philadelphia.
Scott & Williams, Philadelphia.
Joseph Stubbs Ltd., Manchester.
Tolhurst Machine Works, Troy, N. Y., U. S. A.
Tweedales & Smalley Ltd., Castleton/Manchester.
Whittaker, Hall & Co. Ltd., Engineers, Radcliffe (Lancashire).
Wildt & Co., Ltd., Leicester.
The Yaryan Company, New-York.

3. Für die russische Sprache

Kolberg, Feodor F., Fabrikbesitzer aus Moskau, z. Zt. Berlin.
Smirnoff, Nikolai, russ. Dipl.-Ing., aus St. Petersburg, z. Zt. Berlin.
Warjagin, Julius, Spinnerei-Direktor aus St. Petersburg, z. Zt. Prag-Smichov.
Zenker, Andreas v., Dipl.-Ing., aus Moskau, z. Zt. Berlin.
Verband Russischer Großkaufleute, Industrieller und Finanziers in Deutschland, E. V., Berlin.
Verband zum Wiederaufbau d. Baumwoll-Textilindustrie in Zentral-Rußland, E. V., Berlin.
Dorboff & Nabholz, Moskau.

4. Für die französische Sprache

D. de Prat, Rédacteur-en-chef de »La France Textile«, Draveil (Seine et Oise).
Dr. Jules Simon, Professor, München.
Compagnie des Garnitures Métalliques Américaines, Lille.
Maurice Couvreur, Verviers.
Théodore Houben, Verviers.
Gustave de Keukelaere, Ruysbroeck.
I. O. Lindsay, Lille-Gare.
Neyret, Beylier, Ducrest & Cie., Grenoble.

5. Für die italienische Sprache

Ingenieur G. Kuhn, Turin.
Dr. Giuseppe Passaquindici, Associazione Serica Italiana, Mailand.
Sansone, Ant., Professor, Genua.
Steinweg, Max, Oberingenieur, Genua.
Corderia Nazionale già Carrena & Torre, S.A., Sampierdarena.
Giovanni Hensemberger, Monza.
Gebr. Schwarzenbach, Seveso-San Martino bei Mailand.

6. Für die spanische Sprache

Laskow, Benno, Ingenieur, München.
Massó Llorens, Manuel, Prof., Ingeniero Industrial, Barcelona.
Seither, Carl, Inh. d. Libreria Nacional y Extranjera, Barcelona.

Inhaltsübersicht

A. Allgemeines

Seite

B. Baumwollspinnerei

I. **Prüfung, Packung und Speicherung der Baumwolle** 13
1. Baumwollprüfung 13
2. Baumwollpackung 15
3. Speicherung der Baumwolle . . . 16

II. **Vorbereitungsarbeiten für das Verspinnen der Baumwolle** . . 17
1. Mischen der Baumwolle 17
2. Auflösen und Reinigen der Baumwolle 25
   a) Allgemeines 25
   b) Öffnungsmaschinen 26
   c) Schlagmaschinen 40
3. Krempeln der Baumwolle 49
   a) Allgemeines 49
   b) Krempelbeschlag 60
   c) Schleifen des Krempelbeschlages 69
   d) Ausstoßen d. Krempelbeschlages 75
   e) Kannen 76
   f) Krempelarten 77
4. Kämmen der Baumwolle 80
   a) Allgemeines 80
   b) Kämmaschinen 83
5. Strecken der Baumwolle 100
   a) Allgemeines 100
   b) Strecke 102
   c) Streckenabstellung 110
   d) Streckengetriebe 114
   e) Streckwalzen 115

III. **Spinnen der Baumwolle** . . . 121
1. Vorspinnen 121
   a) Vorspinnmaschinen 121
   b) Spulenbankgetriebe 134
2. Feinspinnen 137
   a) Allgemeines 137
   b) Watermaschinen, Stetigspinner 139
      α) Flügelspinnmaschine . . . 139
      β) Ringspinnmaschine 141
   c) Mulemaschinen 159
      α) Allgemeines 159
      β) Selbstspinner, Selfaktor . . 159

C. Baumwollstreichgarnspinnerei, Barchentspinnerei

I. **Allgemeines** 193

II. **Auflösen und Reinigen der Spinnereiabfälle** 195

III. **Krempeln der Spinnereiabfälle** . 198

IV. **Vorspinnen** 203

V. **Feinspinnen** 204
1. Selbstspinner 204
2. Schlauchkötzerspinnmaschine, Kapselspinnmaschine 208

D. Flachsspinnerei

Seite

I. **Allgemeines** 209

II. **Vorbereitung für das Spinnen** . 210
1. Schneiden oder Reißen des Flachses 210
2. Hecheln des Flachses 211
   a) Allgemeines 211
   b) Handhecheln 212
   c) Maschinenhecheln 213
   d) Nachhecheln und Sondern des gehechelten Flachses 216
3. Veredeln des gehechelten Flachses 217
4. Anlegen des Flachses 217
5. Flachswergaufbereitung 219
6. Krempeln des Flachswergs . . . 220
7. Kämmen des Wergs 222
8. Strecken und Doppeln 222

III. **Vorspinnen des Flachses** . . . 224

IV. **Fertigspinnen des Flachses** . . 224

V. **Nachbehandlung der Garne** . . 227

E. Hanfspinnerei

I. **Allgemeines** 228

II. **Vorbereitung für das Spinnen** . 228
1. Hecheln des Hanfes 229
2. Veredeln des gehechelten Hanfes 230
3. Stoßen, Reißen oder Schneiden des Hanfes 231
4. Anlegen des Langhanfes 231
5. Hanfwergaufbereitung 232
6. Krempeln des Hanfwergs 232
7. Strecken und Doppeln des Hanfes 233

III. **Spinnen des Hanfes** 233

F. Jutespinnerei

I. **Allgemeines** 234

II. **Vorbereitung für das Spinnen** . 234
1. Öffnen der Ballen und Sondern der Jute 235
2. Einweichen oder Batschen der Jute 237
   a) Allgemeines 237
   b) Batschmittel 238
   c) Vorrichtungen zum Batschen und Quetschen der Jute . . . 239
      α) Batschen im Fach 239
      β) Quetschen der Jute 240
3. Zerteilen der langen Jutefasern . 242
4. Hecheln der Jute 245
5. Anlegen der gehechelten Jute . . 246
6. Krempeln der Jute 246
   a) Vorkrempeln der Jute 247
   b) Feinkrempeln der Jute . . . 249
7. Strecken und Doppeln 251

III. **Spinnen der Jute** 254
1. Vorspinnen der Jute 254
2. Feinspinnen der Jute 256

IV. **Juteabfallverwertung** 258

G. Ramiespinnerei

Seite
I. **Gewinnung der Ramie** 261
II. **Vorbereitung für das Spinnen** . 262
III. **Spinnen der Ramie** 262

H. Wollspinnerei

I. **Streichwollspinnerei, Streichgarnspinnerei** 263
1. Allgemeines 263
2. Vorarbeiten 263
a) Sondern der Wolle 263
b) Trockene Reinigung der Wolle 266
c) Waschen der Streichwolle . . . 268
α) Allgemeines 268
β) Waschwasser 269
γ) Entschweißen der Wolle . . 271
δ) Entfetten der Wolle 273
ε) Waschen mit der Maschine 278
ζ) Spülen der Wolle 284
d) Trocknen der Wolle 287
α) Vortrocknen der Wolle . . . 287
β) Nachtrocknen der Wolle . . 292
e) Chemische Wollwäsche 297
f) Klärung und Verwendung der Waschwasser 299
g) Chemisches Entkletten, Auskohlen oder Karbonisieren . . 301
α) Allgemeines 301
β) Auskohlen auf nassem Wege 302
γ) Auskohlen auf trockenem Wege 305
δ) Neutrales Verfahren 305
ε) Auskohlungsanlagen 306
ζ) Ausscheiden der zerstörten Kletten aus der Wolle . . . 308
η) Entsäuern oder Neutralisieren der Wolle 309
h) Auflösen und Mischen der Wolle 310
i) Einölen oder Schmälzen oder Spicken der Wolle 313
k) Krempeln der Wolle 318
α) Allgemeines 318
β) Krempelspeisung 319
γ) Vorkrempel 320
δ) Feinkrempel 324
ε) Vorspinnkrempel 328
l) Kratzenbeschlag 334
α) Besonderheiten der Kratzenbeschläge 334
β) Aufziehen des Kratzenbeschlags 336
γ) Schleifen der Kratzen . . . 338
δ) Putzen der Kratzenbeschläge 340
3. Spinnen der Streichwolle 341
a) Spinnmaschinen mit feststehenden Spindeln 341
b) Spinnmaschinen mit fahrbaren Spindeln 343
c) Zubehör 360

II. **Kammgarnspinnerei, Kammwollspinnerei** 363
1. Allgemeines 363
2. Vorarbeiten 364
a) Sondern und Auflockern der Wolle 364
b) Waschen und Trocknen der Wolle 365
c) Entkletten der Kammwolle . . 366
d) Krempeln der Kammwolle . . 369
e) Vorbereitung für das Kämmen 371
3. Kämmen der Wolle 374
a) Allgemeines 374
b) Kämmaschinen 376
4. Vorstrecken des Kammzugs . . . 384
5. Plätten und Entkräuseln des Kammzugs 385
6. Spinnen der Kammwolle 386
a) Strecken, Doppeln und Würgeln 386
b) Vorspinnen 390
c) Feinspinnen 390

III. **Kunstwollerzeugung** 395
1. Allgemeines 395
2. Sammeln der Lumpen 399
3. Verarbeitung der Lumpen . . . 399
a) Sondern der Lumpen 399
b) Herrichten der Lumpen . . . 400
c) Entstauben der Lumpen . . . 400
d) Waschen der Lumpen 401
e) Bleichen, Abziehen und Färben 401
f) Auskohlen der Lumpen 402
g) Auflösen der Lumpen 403
4. Kunstwollarten 406
a) Mungowolle 406
b) Shoddywolle 407
c) Tibetwolle 407
d) Alpakawolle 407

IV. **Vigognespinnerei, Halbwollspinnerei** 408

V. **Spinnen verschiedener Haare** . 408

I. Seidenspinnerei

I. **Allgemeines** 410

II. **Kokon** 413
1. Sondern der Kokons 413
2. Kokonarten 413
3. Form der Kokons 414
4. Farbe der Kokons 414
5. Fehlerhafte Kokons 415
6. Gefüge der Kokons 416
7. Abtöten der Schmetterlingspuppe 417

III. **Gewinnung der Seide aus den Kokons** 418
1. Aufweichen der Kokons 418
2. Schlagen und Putzen der Kokons 419
3. Abhaspeln der Kokons 420
4. Umhaspeln der Rohseide 424
5. Rohseiden und ihre Beschaffenheit 425
6. Zurichten oder Mulinieren der Seide 428
a) Allgemeines 428
b) Spulen und Putzen der Seide . 429
c) Vorzwirnen oder Filieren der Seide 429
d) Doppeln oder Fachen der Seide 430
7. Nachzwirnen oder Organsinieren der Seide 430
8. Entbasten oder Entschälen der Seide 432

IV. **Seidenabfallspinnerei** 435
1. Allgemeines 435
2. Florettspinnerei 435
a) Rohstoffe der Florettspinnerei. 435
b) Entbasten oder Desintegrieren der Seidenabfälle 436
c) Waschen der Florettmasse . . 438
d) Trocknen der Florettmasse . . 440
e) Auskohlen der Seidenabfälle . 440
f) Klopfen oder Dreschen der Kokons 440
g) Öffnen der Abfälle 442
h) Kämmen oder Dressieren der Florettseide 444
i) Anlegen der Faserbärte 450
k) Überführen der Watte in Bänder 451
l) Strecken der Seidenbänder . . 451
m) Spinnen der Florettseide . . . 452
3. Bourrettespinnerei 452
4. Fertigstellen der Seidenabfallgarne 454
5. Seidenshoddyspinnerei 455

K. Kunstseidenspinnerei

Seite

I. **Spinnen der Kunstseide** 456
1. Kollodiumseide, Nitroseide . . . 456
2. Kupferseide 464
3. Viskoseseide 468
4. Sonstige Kunstseiden 470

II. **Haspeln der Kunstseide** 473

III. **Zwirnen der Kunstseide** . . . 474

L. Herstellung von Garnen aus Holzzellstoff

I. **Allgemeines** 475

II. **Herstellung** von **Holzfasergarnen** 475

III. **Herstellung von Papierstoffgarnen** 476

IV. **Herstellung der Papiergarne** . . 479

M. Asbestspinnerei

M. Asbestspinnerei . 489

N. Glasspinnerei

N. Glasspinnerei . . . 491

O. Seilerei

I. **Allgemeines** 492

II. **Herstellung der gedrehten Seilerwaren** 494
1. Hanfseilerei 494
a) Handseilerei 494
α) Schwingen des Hanfes . . . 495
β) Hecheln des Hanfes 495
γ) Spinnen des einfachen Fadens 496
δ) Verlitzen 498
ε) Seilen, Seilschlagen 500
ζ) Abstücken, Kabelschlag . . 501
η) Auftreiben, Nachdrehen . . 501
b) Maschinenseilerei 501
c) Glätten 507
d) Teeren 507
2. Drahtseilerei 509

III. **Herstellung der geflochtenen Seilerwaren** 510

IV. **Herstellung der genähten und gewebten Seilerwaren** 512

V. **Seilprüfung** 513

VI. **Seilerarbeiten aus Haaren** . . . 514

P. Nach- und Vollendungsarbeiten

I. **Spulen, Fachen oder Doppeln und Knäuelwickeln** 515
1. Allgemeines 515
2. Hülsen 518
3. Aufspularten 518
4. Spul-, Fach- und Knäuelwickelmaschinen 521

Seite

II. **Zwirnen** 539
1. Allgemeines 539
2. Zwirnmaschinen 542
a) Waterzwirnmaschinen 542
α) Allgemeines 542
β) Flügelzwirnmaschinen . . . 545
γ) Ringzwirnmaschinen . . . 550
b) Mulezwirnmaschinen 557
c) Zwirnmaschinen für Zierzwirne 559

III. **Haspeln oder Weifen der Garne** 562

IV. **Dämpfen und Feuchten der Garne** 569

V. **Bündeln und Verpacken der Garne** 576

Q. Garnarten

I. **Baumwollgarne** 579

II. **Flachsgarne** 581

III. **Hanfgarne** 582

IV. **Jutegarne** 582

V. **Schafwollgarne** 582
1. Streichgarne 582
2. Kammgarne 583

VI. **Haargarne** 585

VII. **Seidengarne** 586
1. Reale Seiden 586
2. Abfallseidengarne 587
3. Kunstseidengarne 588

VIII. **Verschiedene Garne** 588

IX. **Zierfäden** 589

R. Seilereierzeugnisse

I. **Gedrehte Seilerwaren** 592

II. **Geflochtene Seilerwaren** 597

III. **Genähte Seilerwaren** 597

S. Garnnumerierung

I. **Allgemeines** 598

II. **Numerierungsarten** 599

III. **Titrieren der Seide** 601

IV. **Garnumrechnung** 603

T. Garnprüfung

T. Garnprüfung . . . 605

Alphabetisch geordnetes Wörterverzeichnis

Deutsch 618
Englisch 668
Russisch 716
Französisch 803
Italienisch 843
Spanisch 882
Katalanisch 920

Zeichenerklärung

(m), (M p) = masculinum
(f), (ж p) = femininum
(n), (c p) = neutrum

(A) bedeutet, daß der Ausdruck in den Vereinigten Staaten von Nordamerika gebraucht wird.

s. = siehe, see
s. a. = siehe auch, see also
v. = voir, vedi
v. a. = voir aussi, vedi anche
v. t. = ver también
c. = смотри
c. т. = смотри также

A.

1	**Allgemeines** (n) **General Terms** **Общее** (ср)	**Généralités** (f pl) **Generalità** (f pl) **Generalidades** (f pl) / ***Generalitats*** *(f pl)*

No.	Deutsch / English / Русский	Français / Italiano / Español / *Català*
2	Spinnen (n), Verspinnen (n), Spinnerei (f) spinning прядение (ср), выпрядка (жр)	filature (f), filage (m) filatura (f), arte (f) del filare hilatura (f), hilado (m), arte (f) de hilar, hilandería (f) / *filatura (f)*
3	spinnen, verspinnen to spin прясть, прясти, выпрядать	filer filare hilar / *filar*
4	Spinnvorgang (m), [Spinnprozeß (m)] spinning process процесс (мр) прядения	procédé (m) de filature processo (m) di filatura procedimiento (m) de hilar / *procés (m) de filatura*
5	Spinnverfahren (n) spinning method способ (мр) прядения	méthode (f) de filature metodo (m) *o* sistema (m) di filatura método (m) de hilar / *sistema (m) de filatura*
6	Spinnerei (f) (Fabrik) spinning mill, spinning factory прядильня (жр)	filature (f) (usine) filatura (f) (opificio) hilatura (f), fábrica (f) de hilados, hilandería (f) / *fàbrica (f) de filats, filatura (f)*
7	Baumwollspinnerei (f) (Fabrik) cotton spinning mill бумагопрядильная фабрика (жр)	filature (f) de coton filatura (f) di cotone, cotonificio (m) hilatura (f) de algodón (fábrica) / *filatura (f) de cotó (fàbrica)*
8	Feinspinnerei (f) (Fabrik) fine count mill тонкопрядильня (жр)	filature (f) de fins numéros (usine) filatura (f) di titoli fini (opificio) hilatura (f) de números finos (fábrica) / *filatura (f) de números prims (fàbrica)*
9	Spinnereibesitzer (m) owner of a spinning mill, master spinner владѣтель (мр) прядильной фабрики	filateur (m), propriétaire (m) de filature proprietario (m) di filatura hilandero (m), propietario (m) de una hilatura / *filador (m), propietari (m) d'una filatura*
10	Baumwollspinnereibesitzer (m) owner of a cotton spinning mill, master cotton spinner владѣлец (мр) бумагопрядильной фабрики *или* хлопчатобумажной прядильной фабрики	filateur (m) de coton, propriétaire (m) d'une filature de coton filatore (m) di cotone, proprietario (m) d'una filatura di cotone hilandero (m) de algodón, propietario (m) de una hilatura de algodón / *filador (m) de cotó, propietari (m) d'una filatura de cotó*
11	Spinnereidirektor (m) managing director of spinning mill директор (мр) прядильной фабрики	directeur-gérant (m) de filature direttore-gerente (m) di filatura director-gerente (m) de hilatura / *director-gerent (m) de filatura*
12	Spinnereileiter (m) spinning mill manager завѣдующій (мр) прядильной фабрикой	directeur (m) de filature direttore (m) di filatura director (m) de hilatura / *de filatura*
13	Arbeitgeber (m) employer, occupier работодатель (мр), хозяин (мр)	employeur (m), patron (m), maitre (m) padrone (m) patrono (m) / *patró (m)*
14	Unternehmer (m) contractor предприниматель (мр)	entrepreneur (m) imprenditore (m) empresario (m), contratista (m) / *empresari (m)*
15	Ingenieur (m) engineer инженер (мр)	ingénieur (m) ingegnere (m) ingeniero (m) / *enginyer (m)*
16	Betriebsleiter (m), Betriebsführer (m), Werkführer (m) manager завѣдующій (мр) ходом производства *или* технической частью	chef (m) d'exploitation, directeur (m) technique capo (m) d'esercizio, direttore (m) tecnico director (m) técnico / *tècnic*
17	Spinnmeister (m), Saalmeister (m) spinning master прядильный мастер (мр)	contremaitre (m) de filature, surveillant (m) de salle caposala (m) di filatura contramaestre (m) / *contramestre (m)*

No.	German / English / Russian	French / Italian / Spanish
1	Zubereitungsarbeiter (m) preparer рабочій (мр) приготовительнаго отдѣленія	ouvrier (m) de préparation operaio (m) preparatore jornalero (m) *u* obrero (m) de preparación / *jornaler (m) o obrer (m) de preparació*
2	Zubereitungsarbeiterin (f) preparer рабочая (жр) приготовительнаго отдѣленія	ouvrière (f) de préparation operaia (f) preparatrice jornalera (f) *u* obrera (f) de preparación / *de preparació*
3	Streckenwärterin (f) drawer, drawing frame tenter ленточница (жр), рабочая (жр) на ленточных машинах	soigneuse (f) d'étirage operaia (f) addetta agli stiratoi manualera (f)
4	Dopplerin (f), [Dubliererin (f)], Vlieswicklerwärterin(f), Bandwicklerwärterin (f) doubler, sliver lap machine tenter рабочая (жр) на холстовой вытяжной машинѣ	soigneuse (f) de la réunisseuse *ou* de l'étirage à surfaces gauches operaia (f) addetta alla riunitrice reunidora (f)
5	Kannenträger (m), Topfträger (m) can carrier, can boy тазовщик (мр), переносчик (мр) тазов	porteur (m) de pots portavasi (m) transportador (m) de botes / *porta-bots (m)*
6	Spindelbankmeister (m) fly-frame foreman *or* overlooker банкаброшный мастер (мр)	contremaître (m) des bancs à broches capo-riparto (m) dei banchi contramaestre (m) de mecheras / *contramestre)m) de metxeres*
7	Spindelbankwärterin (f) fly-frame tenter, fly-frame hand банкаброшница (жр)	banc-brocheuse (f) operaia (f) di banco [a fusi] mechera (f) / *metxera (f)*
8	Grobfleierin (f) slubbing-frame tenter, slubber [tenter] банкаброшница (жр) на толстых банкаброшах	banc-brocheuse (f) en gros operaia (f) di banco in grosso mechera (f) en grueso / *metxera (f) en gros*
9	Mittelfleierin (f) intermediate fly-frame tenter, intermediate speeder банкаброшница (жр) на перегонных *или* средних банкаброшах	banc-brocheuse (f) intermédiaire operaia (f) di banco intermedio mechera (f) intermedia / *metxera (f) intermitja*
10	Feinfleierin (f) roving-frame tenter, speeder [tenter] банкаброшница (жр) на тонких банкаброшах	banc-brocheuse (f) en fin, finisseuse (f) operaia (f) di banco in fino mechera (f) en fino / *metxera (f) en fi*
11	Feinerfleierin (f) jack [-frame] tenter банкаброшница (жр) на самых тонких банкаброшах	banc-brocheuse (f) en surfin operaia (f) di banco in sopraffino mechera (f) / *metxera (f)* / superfina
12	Spindelbankgehilfin (f), Fleiergehilfin (f) fly-frame helper помощница (жр) банкаброшницы	bâcleuse (f), aide banc-brocheuse (f) aiutante (f) per operaia di banco a fusi ayudanta (f) de mechera / *ajudanta (f) de metxera*
13	Spulerin (f), Winderin (f), Spulmaschinenarbeiterin (f) spooler, winder, spooling girl мотальщица (жр)	bobineuse (f) operaia (f) della incannatrice encarretadora (f) ./ *rodetera (f), trascanadora (f)*
14	Spulenträger (m), Hülsenbeförderer (m), Garnbeförderer (m) bobbin *or* filling *or* roving carrier *or* hand, yarn pourer носильщик (мр) *или* переносчик (мр) шпуль *или* катушек	porteur (m) de bobines *ou* de fuseaux *ou* de fil operaio (m) porta-bobine porta-bobinas (m) / *porta-rodets (m)*
15	Spinner (m), Spinnstuhlführer (m) spinner прядильщик (мр)	fileur (m) filatore (m) hilador (m) / *filador (m)*
16	Spinnerin (f), Spinnstuhlführerin (f) spinner прядильщица (жр)	fileuse (f) filatrice (f) hiladora (f) / *filadora (f)*
17	Flügelspinnerin (f) fly-frame spinner ватерщица (жр), прядильщица (жр) на рогульчатых ватерах	fileuse (f) au continu à ailettes filatrice (f) al filatoio ad alette hiladora (f) de continua de aletas / *filadora (f) de continua d'aletes*
18	Ringspinnerin (f) ring spinner, ring-frame tenter ватерщица (жр), прядильщица (жр) на кольцевых ватерах	fileuse (f) au continu à anneau filatrice (f) al filatoio ad anelli hiladora (f) de continua de anillos / *filadora (f) de continua d'anells*
19	Kettgarnspinner (m), Warpspinner (m) warp-thread spinner прядильщик (мр) основы	fileur (m) de chaîne filatore (m) d'orditi hilador (m) de urdimbre / *filador (m) d'ordit*
20	Kettgarnspinnerin (f), Warpspinnerin (f) warp-thread spinner прядильщица (жр) основы	fileuse (f) de chaîne filatrice (f) d'orditi hiladora (f) de urdimbre / *filadora (f) d'ordit*
21	Schuß[garn]spinner (m), Weft[garn]spinner (m) weft-yarn spinner прядильщик (мр) утка	fileur (m) de trame filatore (m) di trama hilador (m) de trama / *filador (m) de trama*
22	Schuß[garn]spinnerin (f), Weft[garn]spinnerin (f) weft-yarn spinner прядильщица (жр) утка	fileuse (f) de trame filatrice (f) di trama hiladora (f) / *filadora (f)* / de trama

No.	Deutsch / English / Русский	Français / Italiano / Español / *Català*
1	Hilfsspinner (m) head piecer, spare spinner первый присучальщик (мр) *или* мальчик (мр), запасной прядильный рабочій (мр)	caporal (m), premier rattacheur (m), fileur (m) supplémentaire attacca-fili (m) di prima categoria primer anudador (m), suplente (m) de hilador / *nuador (m), suplent (m) de filador*
2	Spinnergehilfe (m) spinner helper помощник (жр) прядильщика	aide-fileur (m) assistente (m) filatore ayudante (m) de hilador / *ajudant (m) de filador*
3	Spinnergehilfin (f) spinner helper помощница (жр) прядильщика	aide-fileuse (f) assistente (f) di filatore ayudante (f) de hilador / *ajudanta (f) de filador*
4	Andreher (m), Anknupfer (m), Anspinner (m) piecer and doffer [второй] присучальщик (мр), второй мальчик (мр)	rattacheur (m) attacca-fili (m) anudador (m) y mudador (m) / *nuador (m) i mudador (m)*
5	Andreherin (f), Anknüpferin (f), Anspinnerin (f) piecer and doffer [вторая] присучальщица (жр)	rattacheuse (f) attacca-fili (f) anudadora (f) y mudadora (f) / *nuadora (f) i mudadora (f)*
6	Anstocker (m), Aufstecker (m) bobbin boy, bobbin layer-on, bobbin setter, rail filler, rail setter ставельщик (мр) катушек	bâcleur (m), varouleur (m), bobineur (m) spolatore (m) colocador (m) *o* enfilador (m) de bobinas / *posador (m) de bitllots*
7	Anstockerin (f), Aufsteckerin (f) bobbin layer-on, bobbin setter, rail filler, rail setter ставельщица (жр) катушек	bâcleuse (f), bobineuse (f), varouleuse (f) spolatrice (f) enfiladora (f) de bobinas / *posadora (f) de bitllots o de tubs o de canetes*
8	Abzieherin (f), Abzugmädchen (n) bobbin doffer съемщица (жр)	leveuse (f) de bobines leva-bobine (f) mudadora (f)
9	Hülsensammler (m), Spulensammler (m) bobbin carrier сборщица (жр)	ramasseur (m) de tubes porta-tubetti (m) recogedor (m) de tubos / *recollidor (m) de tubs*
10	Stuhlsetzer (m), Stuhleinsteller (m), Einsteller (m) frame fixer прядильный монтер (мр)	mécanicien (m), monteur (m) de métiers montatore (m) di filatoi montador (m) de máquinas, mecánico (m) / *muntador (m) de màquines*
11	Öler (m), Schmierer (m) oiler, greaser смазчик (мр)	huileur (m), graisseur (m) oliatore (m) aceitador (m), engrasador (m) / *untador (m)*
12	Seiler (m) rope fitter канатчик (мр)	cordier (m) fissa-corde (m) anudador (m) de cuerdas, empalmador (m) / *encaridor (m)*
13	Riemennäherin (f) tape band stitcher сшивальщица (жр) ремней	couseuse (f) de rubans *ou* de courroies cucitrice (f) di cinghie empalmadora (f) de correas *o* de cintas / *cosidora (f) de corretges o de vetes*
14	Riemenaufleger (m), Riemenaufsetzer (m) rope setter, belt setter ременьщик (мр), шорник (мр)	attacheur (m) *ou* placeur (m) *ou* metteur de cordes *ou* de courroies montatore (m) di cinghie colocador (m) de correas *o* de cuerdas / *bastaix (m)*
15	Roller (m), Walzendreher (m), Zylinderdecker (m), Belederer (m) roller, roll coverer рабочій (мр) валичнаго отдѣленія, валичник (жр)	couvreur (m) de cylindres copritore (m) di cilindri recubridor (m) de cilindros / *encorronador (m), corronaire (m)*
16	Pergamentaufzieherin (f) roll coverer наклейщица (жр) пергамента	colleuse (f) de parchemin, colleuse (f) de rouleaux incollatrice (f) di pergamena recubridora (f) de cilindros / *corronaire (f), enganxadora (f)*
17	Putzer (m), Reiniger (m) cleaner чистильщик (мр)	frotteur (m), nettoyeur (m) pulitore (m) limpiador (m) / *netejador (m)*
18	Träger (m) carrier, bundle boy носильщик (мр), переносчик (мр)	porteur (m) ragazzo-portatore (m) mozo (m), portador (m) de paquetes / *mosso (m), porta-paquets (m)*
19	Laufbursche (m), Laufjunge (m) errand boy [посыльный] мальчик (мр)	ambulant (m) galoppino (m), messaggero (m) ambulante (m) / *sobrer (m)*
20	Kehrjunge (m) alley boy, scavenger, sweeper, cleaner, jag-about подметальщик (мр)	balayeur (m), garçon (m) d'allées scopatore (m) barrendero (m) / *escombrador (m)*
21	Kehrmädchen (n) alley girl, scavenger, sweeper, cleaner, jag-about подметальщица (жр)	fille (f) d'allées scopatrice barrendera (f) / *escombradora (f)*
22	Garnentwirrer (m) yarn untangler разборщик (мр) пряжи	démêleur (m) de fils separatore (m) di filato separador (m) de hilos / *destriador (m) de fils*
23	Garnentwirrerin (f) yarn untangler разборщица (жр) пряжи	démêleuse (f) de fils separatrice (f) di filato separadora (f) de hilos / *destriadora (f) de fils*
24	Abfallarbeiter (m), Abgangarbeiter (m) waste hand рабочій (мр) угарнаго отдѣленія	ouvrier (m) aux déchets, rentreur (m) de déchets operaio (m) ai cascami obrero (m) recogedor de borras *o* de desperdicios / *obrer (m) recollidor de borres*

No.	Deutsch / English / Русский	Français / Italiano / Español / Català
1	Abfallarbeiterin (f), Abgangarbeiterin (f) waste hand рабочая (жр) угарнаго отдѣленія	ouvrière (f) aux déchets, rentreuse (f) de déchets operaia (f) ai cascami obrera (f) recogedora de borras *o* de desperdicios / *obrera (f) recollidora de borres*
2	Abfallsichter (m), Abfallsortierer (m), Abgangsortierer (m) waste sorter сортировщик (мр) угаров	trieur (m) *ou* repasseur (m) de déchets assortitore (m) di cascami sorteador (m) *o* repasador (m) de borras / *triador (m) o classificador (m) de borres*
3	Abfallsichterin (f), Abfallsortiererin (f), Abgangsortiererin (f) waste sorter сортировщица (жр) угаров	trieuse (f) *ou* repasseuse (f) de déchets assortitrice (f) di cascami sorteadora (f) *o* repasadora (f) de borras / *triadora (f) o classificadora (f) de borres*
4	Fadensichter (m), Fadensortierer (m) twisted waste sorter сортировщик (мр) концов	trieur (m) de bouts assortitore (m) di cascami ritorti sorteador (m) de dedales *o* de cabos / *triador (m) de didals o de caps*
5	Fadensichterin (f), Fadensortiererin (f) twisted waste sorter сортировщица (жр) концов	trieuse (f) de bouts assortitrice (f) di cascami ritorti sorteadora (f) de dedales *o* de cabos / *triadora (f) de didals o de caps*
6	Krempler (m), Krempelarbeiter (m), Kardenarbeiter (m) carder, card tenter, card minder чесальщик (мр), рабочій (мр) *или* надвиратель (мр) чесальнаго отдѣленія	cardeur (m), ouvrier (m) de carderie, soigneur (m) de carde cardatore (m) cardero (m), cuidante (m) *o* encargado (m) de cardas / *carder (m), cuidant (m) de cardes*
7	Krempelmeister (m), Kardenmeister (m) carding master чесальный мастер (мр)	dirigeur (m) *ou* contremaître (m) de cardes capo-carderia (m) contramaestre (m) de cardas / *contramestre (m) de cardes*
8	Krempelsetzer (m), Kardensetzer (m), Kardeneinsteller (m) card fixer чесальный подмастер (мр), повѣряльщик (мр) кардных машин	régleur (m) de cardes regolatore (m) di carde ajustador (m) de cardas / *de cardes*
9	Krempelschleifer (m), Kardenschleifer (m), Kardennadelrichter (m) card grinder точильщик (мр) кард	aiguiseur (m) de cardes molatore (m) di carde esmerilador (m) de cardas / *de cardes*
10	Kardenputzer (m), Krempelputzer (m) card brusher *or* cleaner *or* stripper чистильщик (мр) *или* пуховщик (мр) кардных машин	brosseur (m) *ou* débourreur (m) *ou* nettoyeur (m) de cardes [operaio (m)] spazzatamburi (m) desborrador (m) *o* descargador (m) de cardas / *desborrador (m) o descarregador (m) de cardes*
11	Krempelbezieher (m), Kratzenaufzieher (m) card clother, card dresser мастеровой (мр) по обтяжкѣ кардами	garnisseur (m) *ou* habilleur (m) *ou* monteur (m) de cardes guarnitore (m) *o* montatore (m) di carde montador (m) de guarniciones / *de guarnicions*
12	Kämmer (m), Kammstuhlarbeiter (m) comber, comb tenter, comb hand гребнечесальщик (мр) [на машинах]	peigneur (m) à la machine, soigneur (m) de peigneuse [operaio (m)] pettinatore (m) peinador (m) / *pentinador (m)*
13	Kämmerin (f), Kammstuhlarbeiterin (f) comber, comb tenter, comb hand гребнечесальщица (жр) [на машинах]	peigneuse (f) à la machine, soigneuse (f) de peigneuse [operaia (f)] pettinatrice (f) peinadora (f) / *pentinadora (f)*
14	Garnspuler (m), Spuler (m) [yarn] spooler мотальщик (мр)	bobineur (m) [de fil] bobinatore (m) encarretador (m) [de hilo] / *rodeter (m) [de fil]*
15	[Garn-] Spulerin (f), Spulfrau (f), Spulmädchen (n) [yarn] spooler мотальщица (жр)	bobineuse (f) [de fil] bobinatrice (f) encarretadora (f) [de hilo] / *rodetera (f) [de fil]*
16	Handspuler (m) hand spooler шпульник (мр), мотальщик (мр) вручную	bobineur (m) à la main bobinatore (m) a mano encarretador (m) a mano / *rodeter (m) a mà*
17	Handspulerin (f) hand spooler шпульница (жр), мотальщица (жр) вручную	bobineuse (f) à la main bobinatrice (f) a mano encarretadora (f) a mano / *rodetera (f) a mà*
18	Haspler (m), Wickler (m), Weifer (m), Winder (m) winder, reeler размотчик (мр) *или* мотальщик (мр) на мотовилах, мотовильщик (мр)	dévideur (m), haspleur (m) [operaio (m)] aspatore (m) aspeador (m) / *aspiador (m)*
19	Hasplerin (f), Wicklerin (f), Weiferin (f), Winderin (f) winder, reeler размотчица (мр) *или* мотальщица (жр) на мотовилах, мотовильщица (мр)	dévideuse (f), haspleuse (f) [operaia (f)] aspatrice (f) aspeadora (f) / *aspiadora (f)*
20	Handhaspler (m), Handweifer (m) hand reeler размотчик (мр) *или* мотальщик (мр) вручную на мотовилах, мотовильщик (мр) пряжи	dévideur (m) à la main aspatore (m) a mano aspeador (m) a mano / *aspiador (m) a mà*
21	Handhasplerin (f), Handweiferin (f) hand reeler размотчица (мр) *или* мотальщица (жр) вручную на мотовилах, мотовильщица (жр) пряжи	dévideuse (f) à la main aspatrice (f) a mano aspeadora (f) a mano / *aspiadora (f) a mà*

No.		
1	Fitzer (m), Fitzenarbeiter (m) hank winder, skeiner, skein maker мотальщик (мр) в мотки, моточник (мр)	dévideur (m) d'écheveaux matassatore (m) aspeador (m) o trascanador (m) de madejas / *aspiador (m) o trascanador (m) de madeixes*
2	Dockerin (f), Fitzerin (f), Fitzenarbeiterin (f) hank winder, skeiner, skein maker мотальщица (жр) в мотки, моточница (жр)	dévideuse (f) d'écheveaux matassatrice (f) aspeadora (f) o trascanadora (f) de madejas / *aspiadora (f) o trascanadora (f) de madeixes*
3	Bündler (m) bundler вязальщик (жр) в куфты	empaqueteur (m) impaccatore (m) empaquetador (m)
4	Bündlerin (f) bundler вязальщица (жр) в куфты	empaqueteuse (f) impaccatrice (f) empaquetadora (f)
5	Knauler (m), Wickler (m), Knaulwickler (m) ball winder, baller клубочник (мр)	pelotonneur (m), peloteur (m) gomitolaio (m) pelotero (m) / *pilotaire (m)*
6	Knaulerin (f), Wicklerin (f), Knaulwicklerin (f) ball winder, baller клубочница (жр)	pelotonneuse (f), peloteuse (f) gomitolaia (f) pelotera (f) / *pilotaire (f)*
7	Zwirner (m), Garnzwirner (m) twister крутильщик (мр)	retordeur (m) ritorcitore (m) retorcedor (m) / *torcedor (m)*
8	Zwirnerin (f), Garnzwirnerin (f) twister крутильщица (жр)	retordeuse (f) ritorcitrice (f) retorcedora (f) / *torcedora (f)*
9	Facher (m), Doppler (m), [Dublierer (m)] doubler тростильщик (мр)	assembleur (m), doubleur (m), réunisseur (m) [operaio (m)] addoppiatore (m) doblador (m)
10	Facherin (f), Dopplerin (f), [Dubliererin (f)] doubler тростильщица (жр)	assembleuse (f), doubleuse (f), réunisseuse (f) [operaia (f)] addoppiatrice (f) dobladora (f)
11	Garnaufkarter (m) card winder намотчик (мр) пряжи на картон	encarteur (m) de fils avvolgitore (m) di filo su cartoncini ovillador (m) / *oviller (m)*
12	Garnaufkarterin (f) card winder намотчица (мр) пряжи на картон	encarteuse (f) de fils avvolgitrice (f) di filo su cartoncini ovilladora (f) / *ovillera (f)*
13	Arbeiter (m) labourer, workman рабочiй (мр)	ouvrier (m) operaio (m) obrero (m) / *obrer (m)*
14	Arbeiterin (f) workwoman рабочая (жр)	ouvrière (f) operaia (f) obrera (f)
15	Baumwollarbeiter (m) cotton operative рабочiй (мр) по хлопку	ouvrier (m) en coton cotonniere (m) algodonero (m), obrero (m) de algodón / *cotoner (m), obrer (m) de cotó*
16	Baumwollarbeiterin (f) cotton operative рабочая (жр) по хлопку	ouvrière (f) en coton cotonniera (f) algodonera (f), obrera (f) de algodón / *cotonera (f), obrera (f) de cotó*
17	Gehilfe (m) helper помощник (мр), подручный (мр)	aide (m) aiutante (m), assistente (m) ayudante (m) / *ajudant (m)*
18	Gehilfin (f) helper помощница (жр)	aide (f) aiutante (f) ayudanta (f) / *ajudanta (f)*
19	Arbeiterschaft (f) workmen рабочiе (ср) [фабрики]	ouvriers (mpl) maestranza (f) personal (m) obrero, los obreros / *els obrers*
20	Ausbesserungs- [*oder* Reparatur-]Werkstättenleiter (m), Werkstättenmeister (m) master mechanic ремонтный *или* слесарный мастер (мр)	chef-mécanicien (m) capo-meccanico (m) maestro (m) de taller
21	Elektrotechniker (m) electrician электротехник (мр)	électricien (m) elettricista (m) electrotécnico (m) / *electrotècnic (m)*
22	Schmied (m) smith кузнец (мр)	forgeron (m) fabbro (m) forjador (m)
23	Tischler (m), Schreiner (m) carpenter столяр (мр)	menuisier (m) falegname (m) carpintero (m) / *fuster (m)*
24	Buchhalter (m) book keeper бухгалтер (мр)	comptable (m) contabile (m) tenedor (m) de libros / *portador (m) de llibres*

1	Versandleiter (m) despatching clerk экспедитор (мр)	commis (m) expéditionnaire spedizioniere (m) expedidor (m), facturador (m)
2	Lagerverwalter (m), [Magazinwärter (m)] storekeeper, storeman, warehouse man управляющій (мр) складом	magasinier (m) magazziniere (m) almacenero (m) / *magatzemador (m)*
3	Pförtner (m), [Portier (m)] doorkeeper привратник (мр), сторож (мр) [у ворот]	portier (m) portinaio (m) portero (m) / *porter (m)*
4	Nachtwächter (m) watchman ночной сторож (мр)	garde (m) de nuit vigile (m) notturno sereno (m) / *vigilant (m)*
5	Hausarbeiter (m), Heimarbeiter (m) home worker кустарь (мр)	ouvrier (m) à domicile, ouvrier (m) à façon, façonnier (m) operaio (m) domestico obrero (m) que trabaja a domicilio / *obrer (m) que treballa a mans*
6	Hausarbeiterin (f), Heimarbeiterin (f) home worker кустарья (жр)	ouvrière (f) à domicile, ouvrière (f) à façon, façonnière (f) operaia (f) domestica obrera (f) que trabaja a domicilio / *que treballa a mans*
7	Heimarbeit (f) home work кустарная работа (жр)	travail (m) à domicile industria (f) domestica trabajo (m) casero *o* a domicilio / *treball (m) a mans*
8	Rohstoff (m) raw material сырой матеріал (мр), сырец (мр), сырье (ср)	matière (f) première materia (f) prima *o* greggia primera materia (f), materia prima, material en rama / *primera matèria (f), matèria en brut*
9	Fasergut (n), Spinngut (n) fibrous material, spinning material волокнистое вещество (ср), прядильное вещество (ср)	matière (f) filable *ou* textile *ou* fibreuse materia (f) filabile *o* fibrosa *o* da filare *o* tessile materia (f) hilable *o* para hilar / *matèria (f) fibrosa o filable*
10	kurzfaseriger Rohstoff (m) short fibred raw material коротковолокнистый сырец (мр)	matière (f) première à fibres courtes materia (f) greggia di fibra corta primera materia (f) de fibra corta / *curta*
11	langfaseriger Rohstoff (m) long fibred raw material длинноволокнистый сырец (мр)	matière (f) première à fibres longues materia (f) greggia di fibra lunga primera materia (f) de fibra larga / *llarga*
12	Faser (f) fibre волокно (ср), фибра (жр)	fibre (f), brin (m), filament (m) fibra (f) fibra (f), hebra (f) / *fibra (f), filament (m)*
13	Faserelement (n) fibre element, constituent of the fibre элемент (мр) волокна	élément (m) de fibre elemento (m) della fibra elemento (m) de fibra / *fibra (f) elemental*
14	Faserlänge (f), Länge (f) der Faser length of fibre длина (жр) волокна	longueur (f) de la fibre lunghezza (f) della fibra longitud (f) / *llargada (f)* / de la fibra
15	lange Faser (f) long fibre длинное волокно (ср)	fibre (f) longue fibra (f) lunga fibra (f) larga / *llarga*
16	kurze Faser (f) short fibre короткое волокно (ср)	fibre (f) courte fibra (f) corta fibra (f) corta / *curta*
17	schlichte Faser (f) straight *or* smooth fibre гладкое волокно (ср)	fibre (f) lisse fibra (f) liscia fibra (f) lisa / *llisa*
18	wellige Faser (f) wavy fibre волнистое волокно (ср)	fibre (f) ondulée fibra (f) ondulata fibra (f) ondulada
19	gekräuselte Faser (f) curly fibre курчавое *или* завитое волокно (ср)	fibre (f) frisée *ou* vrillée fibra (f) arricciata fibra (f) rizada / *riçada*
20	Faseroberfläche (f) surface of fibre поверхность (жр) волокна	surface (f) de la fibre superficie (f) *o* mantello (m) della fibra superficie (f) / *superfície (f)* / de la fibra
21	Faserreibung (f) friction of fibres треніе (ср) волокон	frottement (m) des fibres attrito (m) fra le fibre rozamiento (m) de las fibras / *fregament (m) de les fibres*
22	Oberflächenreibung (f) der Fasern surface friction of the fibres поверхностное треніе (ср) волокон	frottement (m) superficiel des fibres attrito (m) al mantello delle fibre rozamiento (m) superficial de las fibras / *fregament (m) superficial de les fibres*
23	Haften (n) der Fasern aneinander, Adhäsion (f) der Fasern adhesion of the fibres прилипаніе (ср) волокон друг к другу, сцѣпленіе (ср) волокон между собою	adhésion (f) des fibres adesione (f) delle fibre adhesión (f) de las fibras / *adhesió (f) de les fibres*
24	Faserfestigkeit (f), Festigkeit (f) der Faser strength of [the] fibre крѣпость (жр) волокна	résistance (f) de la fibre resistenza (f) della fibra resistencia (f) / *resistència (f)* / de la fibra

1
Spinnfähigkeit (f) — aptitude (f) à être filé, aptitude à la filature
spinning capacity *or* quality — filabilità (f)
способность (жр) прясться — capacidad (f) de ser hilable / *capacitat (f) de filatura*

2
spinnfähig, spinnbar — filable, propre à la filature
spinable — filabile, atto alla filatura
способный прясться, прядеспособный, пригодный для прядения — hilable / *filable*

3
das Fasergut reinigen — nettoyer la matière fibreuse
to clean the fibrous material — pulire *o* nettare il materiale fibroso
очищать волокнистое вещество — limpiar la materia fibrosa / *netejar el material fibrós*

4
das Fasergut öffnen — ouvrir la matière fibreuse
to open the fibrous material — aprire *o* sfioccare il materiale fibroso
разбивать *или* разрыхлять волокнистое вещество — abrir la materia fibrosa / *obrir el material fibrós*

5
die Faserbündel (n pl) auflösen — démêler les flocons
to loosen *or* to disentangle the fibre bunches — aprire i fiochi di fibre
разбивать пучки (мр) *или* комья (мр) волокон — desagregar los haces de fibras / *desagregar els flocs de fibras*

6
Öffner (m) — ouvreuse (f)
opener — apritoio (m)
опенер (мр), разрыхлитель (мр), волчек (мр) — abridor (m), [máquina (f)] abridora (f) / *[màquina (f)] obridora (f)*

7
Schlagmaschine (f) — batteur (m)
scutcher, scutching machine — battitoio (m), battitore (m)
трепальная (жр) [машина (жр)] — batán (m) / *batan (m)*

8
Wolf (m), Teufel (m) — loup (m), diable (m)
willow, willey, willowing machine — lupo (m)
волчек (мр) — diablo (m) / *diable (m)*

9
loses Fasergut (n) — matière (f) fibreuse en bourre
loose fibrous material — materiale (m) fibroso aperto *o* sfioccato *o* in flocco
разрыхленное волокно (ср) *или* волокнистое вещество (ср) — materia (f) fibrosa en rama / *material (m) fibrós en floca*

10
die Fasern (f pl) liegen lose — les fibres (f pl) sont démêlées
the fibres are in a loose condition — le fibre si trovano sciolte
волокна (ср) лежат рыхло *или* свободно — las fibras están sueltas / *les fibres son deixades flonges*

11
Watte (f), Wickelwatte (f) — nappe (f)
lap — ovatta (f), tela (f) [d'ovatta], falda (f)
холст (мр), ватка (жр) — tela (f), napa (f)

12
Wickel (m), Wattenwickel (m) — rouleau (m) de nappe
lap [roll] — rotolo (m) di tela d'ovatta
[свернутый] холст (мр), холстовой рулон (мр), рулон холста — rodillo (m) de tela / *nina (f)*

13
Krempeln (n), Kratzen (n), [Kardieren (n)], Streichen (n) — cardage (m)
carding — cardatura (f)
прочесывание (ср), кардочесание (ср), расчесывание (ср) — cardado (m) / *cardat (m)*

14
krempeln, kratzen, [kardieren], streichen — carder
to card — cardare
прочесывать, чесать [на кардах], расчесывать — cardar

15
Krempel (f), Streichmaschine (f), Kratze (f), Kratzmaschine (f), Karde (f) — carde (f), machine à carder
card, carding machine *or* engine, carder — carda (f)
чесальная (жр), кардочесальная (жр) — carda (f)

16
Strich (m) — disposition (f) uniforme des fibres
uniform arrangement of fibres — disposizione (f) uniforme delle fibre
расположение (ср) волокон — disposición (f) uniforme de las fibras / *disposició (f) uniforme de les fibres*

17
Faserschicht (f) — couche (f) de fibres
layer of fibres — strato (m) di fibre
слой (мр) волокон — capa (f) de fibras / *de fibres*

18
Flor (m), Krempelflor (m), Faserflor (m), Vlies (n) — voile (m) de carde
[fibrous] web, card web — velo (m) di carda
тонкий холст (мр), кардная ватка (жр), полотно (ср), ватка чесальной — velo (m) cardado / *vel (m) cardat*

19
Pelz (m) — couche (f) de voiles
fleece — velo (n) sullo scaricatore
ваточный холст (мр) — vellón (m) / *velló (m)*

20

Faserband (n), Krempelband (n)
card sliver, strand
[чесальная *или* волокнистая] лента (жр)
ruban (m) de carde
nastro (m) di carda
cinta (f) / *veta (f)* / de carda

21
Kämmen (n) — peignage (m)
combing — pettinatura (f)
гребнечесание (ср) — peinado (m) / *pentinat (m), pentinatge (m)*

22
kämmen — peigner
to comb — pettinare
прочесывать на гребнечесальной машине — peinar / *pentinar*

23
Kämmaschine (f), Kämmer (m) — peigneuse (f) mécanique
combing machine, comber — [macchina (f)] pettinatrice (f)
гребнечесальная машина (жр) — peinadora (f) / *pentinadora (f)*

No.	Deutsch / English / Русский	Français / Italiano / Español / Català
1	Kammzug (m) top, combed material гребенной холст (мр), продукт (мр) *или* выход (мр) гребнечесанія	peigné (m), trait (m) pettinato (m) peinado (m) / *pentinat (m)*
2	Kämmling (m) noil, comber waste гребенной очес (мр), угар (мр) при гребнечесаніи *или* от гребней	blousse (f), freinte (f) cascame (m) *o* scarto (m) di pettinatura borra (f) de peinadora / *desperdici (m) o borra (f) de pentinadora*
3	Hecheln (n) hackling, heckling, hatcheling чесаніе (ср) на геклях	sérançage (m), peignage (m) pettinatura (f), scapecchiatura (f), cardatura (f), scardassatura (f) rastrillaje (m), peinado (m), peinaje (m) / *rastellatge (m), pentinat (m)*
4	hecheln to hackle, to heckle, to hatchel чесать на геклях	sérancer, peigner pettinare, scapecchiare, cardare, scardassare rastrillar, peinar / *rastellar, pentinar*
5	Hechel (f), Handhechel (f) hand hackle, hatchel чесалка (жр), ручныя гекли (жр)	séran (m) [à main], sérançoir (m), peigne-séran (m) pettine (m), scapecchiatoio (m) [a mano] rastrillo (m) *o* peine (m) [a mano] / *rastell (m) o pinte (m) [a mà]*
6	Hechelmaschine (f) hackling machine гекли (жр), гекельная машина (жр)	peigneuse (f) mécanique, machine (f) à peigner pettinatrice (f), scapecchiatrice (f), scapecchiatoio (m) meccanico o a macchina [máquina (f)] rastrilladora (f) o peinadora (f) / *rastelladora (f), pentinadora (f)*
7	Faserriste (f) strick of fibres пук (мр) *или* прядь (жр) волокон	poignée (f) de fibres, riste (f), barbe (f) manata (f) *o* manipolo (m) di fibre manojo (m) de fibras / *manat (m) de fibres*
8	Werg (n) tow очес (мр), пакля (f)	étoupe (f) stoppa (f) estopa (f)
9	Anlegen (n) spreading разстиланіе (ср), накладываніе (ср)	étalage (m) prima tiratura (f) extendido (m) / *estès (m)*
10	anlegen to spread разстилать, накладывать, распредѣлять	étaler tirare in grosso extender / *estendre*
11	Anlegemaschine (f), Anlege (f) spreadboard, spreader, spreading machine настилальная [*или* распредѣлительная] машина (жр)	étaleuse (f), machine (f) *ou* table (f) à étaler banco (m) a tirare in grosso extendedora (m), banco (m) extendedor / *taula (f) d'estendre*
12	Strecken (n), Verziehen (n) drawing вытягиваніе (ср), растягиваніе (ср)	étirage (m), laminage (m) stiramento (m) estiraje (m), laminado (m) / *estiratge (m), laminat (m)*
13	strecken, verziehen to draw вытягивать, растягивать	étirer, laminer stirare estirar
14	Verzug (m) draft, draught вытяжка (жр)	étirage (m) stiro (m) estiraje (m) / *estiratge (m)*
15	Strecke (f), Streckwerk (n) drawing frame ленточная (жр), вытяжной аппарат (мр)	banc (m) d'étirage, laminoir (m) stiratoio (m) manuar (m)
16	das Faserband verziehen *oder* strecken to draw the sliver вытягивать ленту	étirer le ruban stirare il nastro estirar la cinta / *la veta*
17	Würgeln (n), Nitscheln (n), Reiben (n), [Frottieren (n)] rubbing скатываніе (ср), растираніе (ср)	frottage (m) sfregamento (m), arrotolamento (m) rotafrotamiento (m) / *rota-frotament (m)*
18	würgeln, nitscheln, reiben, [frottieren] to rub скатывать, растирать	frotter [les mèches] sfregare, arrotolare rotafrotar
19	die Fasern (fpl) zusammendrehen to twist the fibres together скручивать волокна	tordre les fibres (fpl) ensemble torcere le fibre insieme torcer las fibras / *les fibres juntes*
20	die Fasern (fpl) gewinnen Halt aneinander the fibres are supported by each other волокна (ср) сцѣпляются друг с другом	les fibres (fpl) se supportent l'une l'autre le fibre acquistano coesione le une alle altre las fibras se adhieren mutuamente / *les fibres s'aguanten l'una a l'altre*
21	drehen to twist крутить, скручивать	tordre torcere torcer
22	Drehrichtung (f) direction of twist направленіе (ср) крученія	sens (m) de la torsion senso (m) della torsione dirección (f) de la torsión / *direcció (f) de la torta*
23	loses Zusammendrehen (n) loose twisting слабое крученіе (ср)	torsion (f) floche torsione (f) dolce torsión (f) floja / *torta (f) fluixa*
24	festes Zusammendrehen (n) hard twisting сильное *или* крѣпкое крученіе (ср)	torsion (f) forte torsione (f) forte torsión (f) fuerte / *torta (f) forta*

1	**Fasersteigungswinkel (m)** **angle of twist in the yarn** **угол (мр)** *или* **ход (мр) крученія волокна**	**angle (m) de torsion des fibres** **angolo (m) di inclinazione delle fibre** **ángulo (m) de torsión de las fibras /** ***angle (m) de torta de les fibres***
2	**Zwirnkoeffizient (m), Drehungszahl (f), Drahtzahl (f), Drehungskoeffizient(m), Güteverhältnis (n), [Multiplikator (m)]** **twist multiplier, coefficient of twist** **коэффиціент (мр) крученія**	**coefficient (m) de torsion** **coefficiente (m) di torsione** **coeficiente (m) de torsión /** ***coeficient (m) de torta o de torsió***
3	**Drehungsstärke (f), Drehungsgrad (m)** **degree of twist, amount of twist** **степень (жр) крученія**	**degré (m) de torsion** **grado (m) di torsione** **grado (m) de torsión /** ***grau (m) de torta***
4	**Draht (m), Drall (m)** **twist** **крутка (жр)**	**torsion (f)** **torsione (f)** **torsión (f) /** ***torsió (f), torta (f)***
5	**Drahtgebung (f), Drahterteilung (f)** **giving twist** **крутка (жр), крученіе (ср)**	**torsion (f)** **il dare la torsione** **torcedura (f) /** ***acció (f) de tòrcer***
6	**Draht (m) geben** **to give twist** **придавать крутку, крутить**	**donner de la torsion** **dare la torsione** **dar torsión /** ***donar torta***
7	**falscher** *oder* **vorübergehender Draht (m)** **false twist** **ложная крутка (жр)**	**fausse torsion (f), torsion (f) passagère** **falsa torsione (f)** **torsión (f) /** ***torsió (f) falsa***
8	**bleibender Draht (m)** **permanent twist** **остающаяся крутка (жр)**	**torsion (f) restante** *ou* **effective** **torsione (f) permanente** **torsión (f) permanente /** ***torsió (f) permanent***
9	**kritischer Drehungsgrad (m)** **critical [degree of] twist** **предѣльная степень (жр) крученія**	**degré (m) de torsion critique, torsion (f) saturée** **momento (m) critico della torsione** **grado (m) critico de [la] torsión /** ***grau (m) critic de [la] torsió***
10	**Drahtmessung (f), Drahtbestimmung(f)** **determination of twist** **измѣреніе (ср)** *или* **опредѣленіе (ср) крученія** *или* **крутки нити**	**détermination (f) de la torsion** **verifica (f)** *o* **determinazione (f) della torsione** **determinación (f) de la torsión /** ***determinació (f) de la torsió***
11	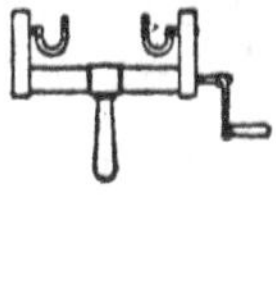	**Drahtauszähler (m), Drehungsmesser (m), [Garn-]Drehungsprüfer (m), Drallprüfer (m)** **twist counter** **счетчик (мр)** *или* **измѣритель (мр)** *или* **испытатель (мр) крученія нити** **compteur (m) de torsion** **torsiometro (m)** **contador (m) de torsión, torsiómetro (m) /** ***comptador (m) de torsió, torsiòmetre (m)***
12	**Aufdrehen (n) des Gespinstes von Hand** **untwisting of the yarn by hand** **раскрутка (жр) пряжи от руки, раскручиваніе (ср) нити рукою**	**détordage (m) du fil à la main** **storcitura (f) del filato a mano** **destorcedura (f) del hilo a mano /** ***destorçat (m) del fil a mà***
13	**Vorspinnen (n)** **preparatory spinning, preparation [of the slubbing** *or* **roving], slubbing, roving** **предварительное пряденіе (ср), приготовленіе (ср) ровницы**	**préparation (f) de filature** *ou* **de la mèche, filage (m) en gros** **filatura (f) preparatoria** *o* **in grosso, preparazione (f)** **preparación (f) de la mecha /** ***preparació (f) de la metxa***
14	**vorspinnen** **to prepare [the slubbing** *or* **roving]** **прясть** *или* **приготовлять ровницу**	**préparer [la mèche] pour la filature, filer en gros** **preparare [alla filatura], filare in grosso** **preparar [la mecha] /** ***preparar [la metxa]***
15	**Lunte (f), Vorgarn (n), Vorgespinst (n)** **slubbing, roving** **ровница (жр)**	**mèche (f)** **stoppino (m), lucignolo (m)** **mecha (f) /** ***metxa (f)***
16	**Feinspinnen (n), Fertigspinnen (n)** **spinning [proper]** **[тонкое] пряденіе (ср)**	**filature (f), filage (m)** **filatura (f) [definitiva o effettiva]** **hilado (m) [en fino] /** ***filatura (f) [en fi]***
17	**feinspinnen, fertigspinnen** **to spin [proper]** **прясть, выпрядать**	**filer [en fin]** **filare [in fino]** **hilar [en fino] /** ***filar [en fi]***
18	**Faden (m), Garn (n), Gespinst (n), Feingespinst (n), Fertiggespinst (n)** **thread, yarn** **нить (жр), пряжа (жр), готовая пряжа (жр)**	**fil (m), filé (m)** **filo (m) [in fino], filato (m)** **hilo (m), hilado (m) /** ***fil (m), filat (m)***
19	**lose gedrehtes Garn (n), loses Gespinst (n)** **loose[ly twisted] yarn** **слабо крученая пряжа (жр)** *или* **нить (жр)**	**filé (m) floche** **filato (m) con torsione dolce** **hilado (m) con poca torsión, hilado (m) flojo /** ***filat (m) amb poca torsió, filat (m) fluix***
20	**fest gedrehtes Garn (n)** **hard twisted yarn** **крѣпко крученая пряжа (жр)** *или* **нить (жр)**	**filé (m) très tordu** **filato (m) con torsione forte** **hilado (m) con torsión fuerte /** ***filat (m) amb torsió forta***
21	**den Faden [durch Drehung] festigen** **to strengthen the thread [by twisting]** **укрѣплять нить крученіем**	**donner de la solidité au fil [par la torsion]** **dare al filato la forza [colla torsione]** **dar resistencia al hilo [por la torsión] /** ***donar resistència al fil [per la torsió]***
22	**haltbarer Faden (m)** **durable thread** **прочная** *или* **крѣпкая нить (жр)**	**fil (m) solide** **filato (m) resistente** **hilo (m) sólido** *o* **durable /** ***fil (m) sòlid***
23	**Fadenmantel (m)** **surface of the yarn** **наружный покров (мр) нити**	**surface (f) du fil** **mantello (m)** *o* **superficie (f) del filato** **superficie (f) del hilo /** ***del fil***

1	Fadendicke (f), Garnstärke (f) thickness of yarn толщина (жр) *или* тонина (жр) пряжи *или* нити	épaisseur (f) *ou* diamètre (m) du fil grossezza (f) *o* diametro (m) del filato espesor (m) *o* diámetro (m) del hilo / *gruix (m) o diàmetre (m) del fil*
2	Dehnbarkeit (f) des Fadens stretching property of the yarn эластичность (жр) *или* растяжимость (жр) *или* упругость (жр) нити	extensibilité (f) du fil estensibilità (f) *o* duttilità (f) del filo capacidad (f) de dilatación o dilatabilidad (f) del hilo / *dilatabilitat (f) del fil*
3	Festigkeit (f) des Garnes strength of the yarn крѣпость (жр) нити	résistance (f) du fil resistenza (f) del filato resistencia (f) del hilo / *resistència (f) del fil*
4	Reißfestigkeit (f) *oder* Zerreißfestigkeit des Garnes breaking strength *or* [ultimate] tensile strength of the yarn сопротивленіе (ср) пряжи *или* нити на разрыв	résistance (f) du fil à la rupture resistenza (f) del filato alla rottura resistencia (f) del hilo a la rotura / *resistència (f) del fil al trencament*
5	Reißstelle (f) *oder* Bruchstelle (f) des Garns breaking place of the yarn мѣсто (ср) разрыва пряжи *или* нити	point (m) de rupture du fil punto (m) di rottura del filato punto (m) de rotura del hilo / *punt (m) de trencament del fil*
6	ebene Rißfläche (f) smooth [surface of] fracture ровная поверхность (мр) разрыва	surface (f) de rupture plane sezione (f) di rottura netta [superficie (f) de] rotura (f) llana *o* lisa / *superficie (f) de trencament llis*
7	buschelige Rißfläche(f) tufted [surface of] fracture пушистый конец (мр) разрыва	surface (f) de rupture en forme de touffes sezione (f) di rottura fioccosa rotura (f) en forma de mechón / *superficie (f) de trencament afuada*
8	Feuchtigkeitsgehalt (m) des Garns amount of moisture in the yarn количество (ср) влаги в пряжѣ, влажность (жр) пряжи	quantité (f) d'humidité *ou* teneur (f) en humidité du fil tenore (m) *o* contenuto (m) di umidità del filato contenido (m) en humedad *o* cantidad (f) de humedad del hilo / *quantitat (f) d'humitat del fil*
9	Handspinnerei (f) hand spinning ручное пряденіе (ср)	filage (m) à la main filatura (f) a mano hilado (f) manual *o* a mano / *filatura (f) a mà*
10	Handspinner (m) hand spinner прядильщик (мр)	fileur (m) à la main filatore (m) a mano hilador (m) manual / *filador (m) a mà*
11	Handspinnerin (f) spinster прядильщица (жр), пряха (жр)	fileuse à la main (f) filatrice (f) a mano hiladora (f) manual / *filadora (f) a mà*

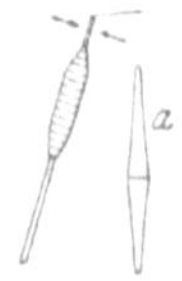

Handspindel (f), Spille (f)
hand spindle
ручное веретено (ср)
fuseau (m) à main 12
fuso (m) a mano
huso (m) [manual] / *fus (m) [a mà]*

a
Wirtel (m)
whirl, whorl
центробѣжное кольцо (ср), блочек (мр), шпилька (жр) 13
peson (m)
fusaiuolo (m)
retortera (f), plomo (m) del huso / *volandera (f) des fus*

Handgeschicklichkeit (f), Handfertigkeit (f) manual skill ловкость (жр) *или* проворство (ср) *или* навык (мр) рук	habileté (f) manuelle abilità (f) manuale habilidad (f) *o* destreza (f) [manual] / *habilitat (f) manual*	14
Spinnrad (n) spinning wheel прядильное колесо (ср), [само]прялка (жр)	rouet (m) filatoio (m), mulinello (m) torno (m) / *torn (m)*	15
Handrad (n), Handspinnrad (n) hand [spinning] wheel ручное прядильное колесо (ср)	rouet (m) à main filatoio (m) a mano torno (m) a mano / *torn (m) a mà*	16

Rocken (m), Spinnrocken (m), Kunkel (m)
distaff
прялка (жр), прялица (жр) 17
quenouille (f)
rocca (f), conocchia (f)
rueca (f) / *filosa (f)*

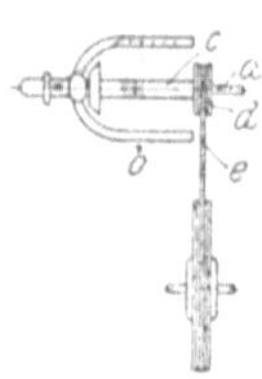

Tretrad (n) Trittrad (n) [mit einfacher Schnur], Fußtrittspinnrad (n), Tretspinnrad (n)
treadle wheel [with single driving band]
ножная прялка (жр), прялка (жр) *или* прядильное колесо (ср) с ножным приводом 18
rouet (m) à pédale [à corde simple]
filatoio (m) a pedale [con cordicella semplice]
torno (m) a pedal [a cordón sencillo] / *torn (m) de peu [amb cordó senzill]*

a
Flügelspindel (f)
flyer spindle
рогульчатое веретено (ср)
broche (f) à ailette 19
fuso (m) ad aletta
huso (m) de aleta o de araña / *pua (f) d'aleta o d'aranya*

b
Flügel (m)
flyer
рогулька (жр), вилка (жр) 20
ailette (f)
aletta (f)
aleta (f), araña (f) / *aleta (f), aranya (f)*

1 c
Spule (f)
bobbin
катушка (жр), шпуля (жр) бобина (жр)
bobine (f)
rocchetto (m)
carrete (m), bobina (f) / *rodet (m)*

2 d
Wirtel (m)
w[h]arve, wherve
блочек (мр) [на веретенѣ]
noix (f)
noce (f), carrucola (f)
nuez (f) / *nueta (f)*

3 e
Triebschnur (f)
driving band
приводный шнурок (мр)
corde (f) à broche
cordicella (f), cordetta (f), funicella (f)
cordón (m) [impulsador] / *cordó (m)*

4
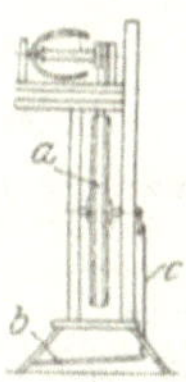

Trittrad (n) mit doppelter Schnur
treadle wheel with double driving band
педальное колесо (ср) с двойным шнурком
rouet (m) [à pédale] à double corde
filatoio (m) a pedale con doppia cordicella
torno (m) a pedal con cordón (m) doble / *torn (m) de peu amb cordó doble*

5 a
Trift (f)
driving wheel
приводное колесо (ср)
volant (m)
ruota (f) motrice, volano (m)
rueda (f) de mando / *roda (f) de comanda, volant (m)*

6 b
Tretschemel (m), Tritt (m)
foot treadle [board]
подножка (жр), педаль (жр)
pédale (f)
pedale (m), staffa (f)
pedal (m)

7 c
Stange (f), Knecht (m)
connecting rod
шатун (мр) передаточная планка (жр)
bielle (f)
asta (f)
biela (f)

8
Doppelspinnrad (n), zweispuliges Spinnrad (n)
double spinning wheel
двухшпульная прялка (жр), прялка (жр) с двумя катушками
rouet (m) à double broche
filatoio (m) doppio *od* a due fusi
torno (m) con dos husos / *torn (m) amb dues pues*

9
Maschinenspinnerei (f)
mechanical spinning
механическое *или* машинное прядение (ср)
filature (f) mécanique
filatura (f) meccanica
hilado (m) mecánico / *filatura (f) mecànica*

10
[Flügel-]Vorspinnmaschine (f), Spindelbank (f), Spulenbank (f), Lunter (m), Luntenspinnmaschine (f), Fleier (m), [Flyer] (m)
fly[er] frame, speed frame, speeder (A)
банкаброш (мр), ровничная машина (жр)
banc (m) à broches
banco (m) a fusi
mechera (f) / *metxera (f)*

11
Spinnmaschine (f), Spinnstuhl (m)
spinning machine *or* frame
прядильная машина (жр)
métier (m) à filer
macchina (f) per filare, filatoio (m) meccanico
máquina (f) hiladora o de hilar / *màquina (f) de filar*

12
Watermaschine (f), Stetigspinner (m)
water frame
прядильная машина (жр) „ватер„, ватерная прядильная машина
[métier (m)] continu (m) pour chaîne
filatoio (m) continuo
[máquina (f) de hilar] continua (f) / *[màquina (f) de filar] contínua (f)*

13
Flügelfeinspinnmaschine (f), Flügelspinner (m)
flyer spinning frame, flyer throstle
рогульчатый прядильный ватер (мр)
métier (m) continu à ailettes, banc (m) à ailettes
filatoio (m) continuo ad alette
[máquina (f)] continua (f) de aletas / *contínua (f) d'aletes*

14
Ringspinnmaschine (f), Ringspinner (m)
ring [spinning] frame
кольцевой ватер (мр)
métier (m) continu à anneau
filatoio (m) continuo ad anelli
continua (f) de anillos / *contínua (f) d'anells*

15

Mule-Jenny (f), Jenny-Maschine (f)
mule-jenny
прядильная (жр) джени
mule-jenny (f), mull-jenny (f)
mule-jenny (f)
mull-jenny (f), muljénua (f) / *mulljenny (f), mulgénua (f)*

16
Mulemaschine (f), Wagenspinner (m), Absetzspinner (m)
mule
мюльная машина (жр), мюль (мр)
[métier] renvideur (m)
filatoio (m) intermittente, mule (m)
máquina (f) intermitente de hilar / *màquina (f) de filatura intermitent*

17
Selbstspinner (m), Selfaktor (m)
self-acting mule, S. A. mule
сельфактор (мр)
[métier (m)] renvideur (m) automatique, métier self-acting
filatoio (m) automatico intermittente
máquina (m) selfacting, [máquina (f)] selfactina (f) / *selfactina (f)*

18
Spulen (n) der Kette
warp winding
[раз]мотка (жр) *или* перегон (мр) основы
bobinage (m) [de la chaîne]
incannatura (f) dell'ordito
encanillado (m) o bobinado (m) del urdimbre / *trescanat (m) del ordit*

19
spulen (Kette)
to wind (warp)
мотать *или* разматывать *или* перегонять (основу)
bobiner (chaîne)
incannare (ordito)
encanillar, bobinar (urdimbre) / *trescanar*

1	Kettspulmaschine (f) warp winder *or* winding frame мотальная машина (жр) для основы	bobinoir (m) [pour chaîne] incannatoio (m) per l'ordito, rocchettiera (f) encarretadora (f), bobinuar (m), bobinador (m) para urdimbre / *rodetera (f)*
2	Spulen (n) des Schusses weft spooling [раз]мотка (мр) *или* перегон (мр) уточной пряжи	cannetage (m) [de la trame] incannatura (f) della trama encanillado (m) / *trescanat (m)* / de la trama
3	spulen (Schuß) to spool (weft) мотать *или* разматывать *или* перегонять (уток)	canneter (trame) incannare (trama) encanillar (trama) / *fer bitlles*
4	Schußspulmaschine (f) weft winder уточная мотальная машина (жр)	cannetière (f) macchina (f) a far spole encanillera (f) [de trama], encanilladora (f) / *màquina (f) de bitlles*
5	Einfachspulen (n) single winding мотка (жр) початка в одну нить, простая навивка (жр)	bobinage (m) simple incannatura (f) semplice encanillado (m) o bobinado (m) sencillo / *trescanat (m) senzill*
6	Fachen (n), Doppeln (n), [Duplieren (n)] doubling winding сдваиваніе (ср), дублированіе (ср)	doublage (m), assemblage (m) accoppiamento (m), accoppiatura (f), binaggio (m), binatura (f) doblado (m) / *doblat (m)*
7	fachen, doppeln, [duplieren] to double, to wind together before doubling соединять, тростить, дублировать (сдваивать, страивать)	doubler, assembler accoppiare, binare doblar
8	Fachmaschine (f), [Dupliermaschine (f)], Windemaschine (f), Winder (m) doubling winder, doubling winding frame соединительная *или* дублирная *или* тростильная машина (жр)	doubleuse (f), assembleuse (f) binatrice (f), binatoio (m), incannatoio-accoppiatore (m), accoppiatrice (f) dobladora (f), reunidora (f)
9	gefachte [*oder* duplierte] Garne (npl) threads wound together сдвоенныя *или* строщеныя нити (жр)	fils (mpl) assemblés fili (mpl) accoppiati hilos (mpl) doblados / *fils (mpl) doblats*
10	Zwirnen (n) doubling, twisting, twining скручиваніе (ср), крученіе (ср)	retordage (m) ritorcitura (f) retorcido (m), retorcedura (f) / *retort (m)*
11	zwirnen to double, to twist, to twine скручивать, крутить	retordre ritorcere retorcer / *retòrcer*
12	Zwirnmaschine (f), Zwirner (m) doubling frame, twister, twisting frame, twiner крутильная машина (жр)	métier (m) à retordre, retordeuse (f), retordoir (m) ritorcitoio (m) [máquina (f)] retorcedora (f) / *contínua (f) de tòrcer, selfactina (f) de tòrcer*
13	Zwirn (m) doubled *or* twisted *or* folded yarn крученая нить (жр) *или* пряжа (жр), крученка (жр)	[fil (m)] retors (m) [filato (m)] ritorto (m) [hilo (m)] retorcido (m) / *retort (m)*
14	Haspeln (n), Weifen (n) reeling размот (мр), мотаніе (ср), размотка (жр), разматываніе (ср), [наматываніе (ср)]	dévidage (m) aspatura (f), annaspamento (m), innaspamento (m) aspeado (m), devanado (m) / *aspiat (m), devanat (m)*
15	haspeln, weifen to reel разматывать, мотать	dévider [ann-]aspare, innaspare aspear, devanar / *devanar, aspiar*
16	Haspel (m), Weife (f) reel мотовило (ср)	dévidoir (m) aspo (m), aspa (f) devanadera (f), aspa (f) / *aspi (m)*
17	Strähn (m), Schneller (m) hank моток (мр)	écheveau (m) matassa (f) madeja (f) / *madeixa (f)*
18	Gebind (n), Fitz (m) lea, skein, cut пасьма (жр)	échevette (f) matassina (f) troquillón (m), madejita (f) / *troquilló (m)*
19	Fitzen (n), Abbinden (n) lea *or* skein reeling, skeining перевязываніе (ср) (пасьм в мотки и мотков в куфты)	liage (m) [en échevettes], échevettage (m) legatura (f) devanado (m) en troquillones / *aspiat (m) en troquillons*
20	fitzen, abbinden to reel leas *or* skeins, to skein перевязывать	lier [en échevettes] legare la matassa devanar [en] troquillones / *aspiar [en] troquillons*
21	abgefitzter *oder* abgebundener Strähn (m) skeined hank перевязанный моток (мр)	écheveau (m) lié en échevettes matassa (f) legata in matassine madeja (f) devanada en troquillones / *madeixa (f) aspiada en troquillons*

B.

1	**Baumwollspinnerei** (f) **Cotton Spinning** **Бумагопрядение** (c p), **Бумагопрядильное производство** (c p)	**Filature** (f) **du coton** **Filatura** (f) **del cotone** **Hilatura** (f) **del algodón** / ***Filatura*** *(f)* ***del cotó***

I.

2	**Prüfung (f), Packung (f) und Speicherung (f) der Baumwolle** **Examining, Packing, and Storing of Cotton** **Испытаніе** (c p), **паковка** (ж p) **и складываніе** (c p) **хлопка**	**Vérification (f), emballage (m) et emmagasinage (m) du coton** **Esame (m), imballaggio (m) e magazzinaggio (m) del cotone** **Ensayo (m), embalaje (m) y almacenaje (m) del algodón** / ***Examen*** *(m)*, ***empaquetat*** *(m)* ***i magatzematge*** *(m)* ***del cotó***
3	**1. Baumwollprüfung (f), [Baumwollkontrolle (f)]** **Examining of Cotton** **Испытаніе** (c p) **хлопка**	**Vérification (f) du coton** **Esame (m) *o* controllo (m) del cotone** **Ensayo (m) del algodón** / ***Examen*** *(m)* ***del cotó***
4	Rohbaumwolle (f) raw cotton хлопок (мp) сырец	coton (m) brut *ou* en bourre cotone (m) greggio *o* sodo algodón (m) en bruto *o* en crudo *o* en rama / *cotó (m) cru o en floca*
5	Baumwollgattung (f), [Baumwollsorte (f)], Baumwollart (f) kind *or* variety *or* species of cotton сорт (мp) *или* порода (жp) хлопка	sorte (f) *ou* espèce (f) de coton sorta (f) *o* specie (f) *o* tipo (m) di cotone tipo (m) *o* especie (f) de algodón / *genre (m) de cotó*
6	Untersorte (f) subspecies нисшій сорт (мp)	sous-espèce (f) sottospecie (f) subespecie (f) / *subgenre (m)*
7	Baumwollklasse (f) class of cotton класс (мp) хлопка	classe (f) de coton classe (f) di cotone clase (f) de algodón / *classe (f) o qualitat (f) de cotó*
8	Vergleichsmuster (n), feststehendes Muster (n), Standard (m) standard sample стандартный *или* установленный *или* нормальный образец (мp), образец (мp) для сличенія *или* сравненія, стандарт (мp)	échantillon-type (m), standard (m) tipo (m) ufficiale, campione (m) tipo, base (f), standard (m) muestra-tipo (f) / *mostra (f) de qualitat, mostra (f) tipus*
9	Baumwollfarbe (f), Farbe (f) der Baumwolle colour of cotton окраска (жp) *или* цвѣт (мp) хлопка	couleur (f) du coton colore (m) del cotone color (m) del algodón / *del cotó*
10	farbige *oder* fleckige Baumwolle (f) stained *or* tinged *or* spotted cotton цвѣтной *или* пятнистый хлопок (мp)	coton (m) tach[et]é cotone (m) macchiato *o* tinto algodón (m) manchado / *cotó (m) tacat*
11	die Baumwolle anfühlen *oder* angreifen to feel the cotton, to judge the cotton by the feel *or* touch пробовать на ощупь *или* ощупывать хлопок (мp)	toucher le coton esaminare il cotone col tatto ensayar *o* examinar el algodón por el tacto / *assajar el cotó pel tacte*
12	Angriff (m), Griff (m) feel ощупываніе (cp)	toucher (m) tatto (m) tacto (m) / *tacte (m)*

1 die Baumwolle ist rauh im Griff
the cotton is rough to the feel
хлопок (мр) жесткій на ощупь *или* осязаніе
le coton est rude au toucher
il cotone è ruvido al tatto
el algodón es áspero al tacto / *el cotó es aspre al tacte*

2 Gute (f) der Baumwolle
quality of cotton
добротность (жр) *или* качество (ср) хлопка
qualité (f) du coton
qualità (f) del cotone
calidad (f) del algodón / *qualitat (f) del cotó*

3 erstklassige Ware (f), Primaware (f)
best quality
первоклассный *или* первосортный товар (мр)
choix (m)
tipo (m) di prima classe
primera calidad (f) / *qualitat (f)*

4 elastische Faser (f)
elastic fibre
эластичное *или* упругое волокно (ср)
fibre (f) élastique
fibra (f) elastica
fibra (f) elástica / *elàstica*

5 kraftlose Faser (f)
weak fibre
слабое *или* дряблое волокно (ср)
fibre (f) faible
fibra (f) debole o fiacca o senza resistenza
fibra (f) débil o floja / *fibra (f) fluixa*

6 tote Baumwollfaser (f)
dead cotton fibre
мёртвое хлопковое волокно (ср)
coton (m) mort
fibra (f) di cotone morta
fibra (f) muerta de algodón / *fibra (f) morta de cotó*

7 die Fasern (fpl) liegen in Flauschen zusammen
the fibres lie together in tufts
волокна (ср) свалены в комья
les fibres (fpl) se tiennent en touffes
le fibre trovansi riunite in flocchi
las fibras forman mechones / *les fibres se sostenen en flocs*

8 
Stapel (m) der Baumwolle, Baumwollstapel (m)
staple of cotton
щипок (мр) *или* прядь (жр) хлопка
soie (f) de coton
tiglio (m) o fibra (f) di cotone
fibra (f) o hebra (f) del algodón / *fibra (f) de cotó*

9 Stapelziehen (n)
drawing the staple
вытаскиваніе (ср) щипка *или* пряди волокон
tirage (m) de la mèche
controllo (m) della fibra
examen (m) de la fibra

10 den Stapel ziehen
to draw the staple
вытащить щипок (мр) *или* прядь (жр) волокон
tirer *ou* déterminer la soie
esaminare o stirare il tiglio
estirar la fibra

11 Stapellänge (f), Länge (f) des Stapels, Faserlänge (f)
length of staple
длина (жр) пряди *или* щипка
longueur (f) de la soie
lunghezza (f) della fibra o del tiglio
longitud (f) / *llargada (f)* / de la fibra

12 kurzstapelige Baumwolle (f)
short stapled cotton
коротковолокнистый хлопок (мр)
coton (m) courte-soie
cotone (m) di fibra corta o di tiglio corto
algodón (m) de hebra corta / *cotó (m) de fibra curta*

13 langstapelige Baumwolle (f)
long stapled cotton
длинноволокнистый хлопок (мр)
coton (m) longue-soie
cotone (m) di fibra lunga o di tiglio lungo
algodón (m) de hebra larga / *cotó (m) de fibra llarga*

14 im Stapel gleich
equal in staple
однородный по щипку
de soie égale
di tiglio uguale
con hebras de idéntica longitud / *de fibres iguales*

15 im Stapel abweichend
different in staple
разнородный по щипку
de soie différente
di tiglio diverso
con hebras de diferente longitud / *de fibres desiguales*

16 gleichlaufende Lieferung (f), gleichmäßiger Ausfall (m) der ganzen Lieferung *oder* Partie
evenrunning quality of the whole lot
однородный выход (мр) цѣлой партіи
qualité (f) uniforme pour tout le lot
qualità (f) uniforme dell'intera partita
calidad (f) uniforme de todo el lote / *qualitat (f) uniforme de tot partida*

17 Abfall (m) in der Güte, [Qualitätsabfall (m)]
falling off in quality
пониженіе (ср) *или* паденіе (ср) качества
déclassement (m) dans la qualité
peggioramento (m) di qualità
inferioridad (f) en calidad / *baixa (f) de qualitat*

18 Lieferung (f) um eine halbe Klasse abfallend
lot half a grade below contract
доставка (жр) *или* поставка (жр) на полкласса ниже (обусловленнаго)
lot (m) d'un demi-degré en dessous du contrat
partita (f) di qualità inferiore di mezza classe
lote (m) inferior en medio grado a la calidad contratada / *partida (f) inferior a la contractada de mig grau*

19 die Baumwolle fällt um eine volle Klasse ab
the cotton is a full grade below contract
хлопок (мр) (в партіи) ниже на полный класс
le coton est d'un degré en dessous du contrat
il cotone è inferiore di una intera classe
el algodón es inferior en un grado entero a la calidad contratada / *el cotó es d'un grau inferior al contractat*

20 um ¼ Klasse abfallen
to be ¼ grade below contract
понижаться в качествѣ на ¼ класса
être en dessous du contrat de ¼ degré
essere inferiore di qualità di ¼ di classe
ser inferior en un cuarto de grado a la calidad contratada / *esser inferior al contractat de ¼ grau*

21 um ½ Klasse abfallen
to be ½ grade below contract
понижаться в качествѣ на ½ класса
être en dessous du contrat de ½ degré
essere inferiore di qualità di ½ di classe
ser inferior en medio grado a la calidad contratada / *esser inferior al contractat de ½ grau*

1 um ¾ Klassen abfallen
to be ¾ grade below contract
понижаться в качествѣ на ¾ класса

être en dessous du contrat de ¾ degré
essere inferiore di qualità di ¾ di classe
ser inferior en tres cuartos de grado a la calidad contratada / *esser inferior al contractat de ¾ grau*

---

2 Abweichung (f) in der Güte, [Qualitätsabweichung (f)]
deviation of quality
отклоняться в качествѣ

différence (f) de qualité
differenza (f) di qualità
diferencia (f) en calidad / *en qualitat*

---

3 feuchte Baumwolle (f)
damp cotton
сырой *или* влажный хлопок (мр)

coton (m) humide
cotone (m) umido
algodón (m) húmedo / *cotó (m) humit*

---

4 Feuchtigkeit (f)
moisture, humidity
сырость (жр), влажность (жр)

humidité (f)
umidità (f)
humedad (f) / *humitat (f)*

---

5 Feuchtigkeitsgehalt (m) *oder* Wassergehalt (m) der Baumwolle
amount of moisture in the cotton
содержаніе (ср) влаги в хлопкѣ

teneur (f) en humidité du coton
contenuto (m) *o* tenore (m) di umidità *o* d'acqua del cotone
cantidad (f) de humedad en el algodón / *quantitat (f) d'humitat del cotó*

---

6 wirkliches [*oder* absolutes] Trockengewicht (n)
absolute dry weight
вѣс (мр) абсолютно сухого волокна

poids (m) sec absolu
peso (m) secco assoluto
peso (m) absoluto de la fibra seca / *pes (m) sec absolut*

---

7 nasser Ballen (m)
damp *or* wet bale
сырая *или* мокрая кипа (жр)

balle (f) humide
balla (f) bagnata
bala (f) húmeda / *bala (f) humida*

---

8 seebeschädigter Ballen (m)
sea-damaged bale
подмоченная кипа (жр); кипа, поврежденная *или* пострадавшая при морской перевозкѣ

balle (f) avariée par l'eau de mer
balla (f) avariata dall'acqua di mare *o* con avaria marittima
bala (f) averiada por agua de mar / *bala (f) avariada per l'aigua de mar*

---

9 die Baumwolle schwitzt
the cotton sweats
хлопок (мр) потѣет

le coton ressue
il cotone suda
el algodón transpira / *el cotó traspua*

---

10 die Baumwolle wird klebrig
the cotton becomes sticky
хлопок (мр) становится липким

le coton s'agglutine
il cotone si impasta
el algodón se vuelve pegajoso / *el cotó es torna engantxós*

---

11 die Baumwolle ist ballig
the cotton is lumpy
хлопок (мр) комковый (в видѣ глыб *или* комьев)

le coton est en mottes
il cotone è indurito *od* in masse compatte
el algodón se pega *o* se aglomera en copos / *el cotó s'agrumolla*

---

12 Reinheit (f) der Baumwolle
cleanliness of cotton
чистота (жр) хлопка

propreté (f) du coton
purezza (f) *o* nettezza (f) del cotone
pureza (f) *o* limpieza (f) del algodón / *puresa (f) o netedat (f) del cotó*

Unreinigkeiten (fpl)
impurities
загрязненность (жр), засоренность (ср), сорность (жр)

impuretés (fpl)
impurità (fpl)
impurezas (fpl) / *impureses (fpl)* 13

---

in der Reinheit abweichende Gattungen (fpl)
kinds deviating in cleanliness
сорта (мр), отклоняющіеся по чистотѣ

qualités (fpl) qui diffèrent de propreté
qualità (fpl) diverse in rapporto alla nettezza 14
clases (fpl) de distinta pureza / *varietats (fpl) de puresa diferent*

---

unreine Baumwolle (f)
dirty cotton
сорный хлопок (мр)

coton (m) chargé d'impuretés
cotone (m) impuro 15
algodón (m) sucio / *cotó (m) brut*

---

die Baumwolle staubt
the cotton gives off dust
хлопок (мр) пылится

le coton dégage de la poussière
il cotone fa polvere 16
el algodón desprende polvo / *el cotó deixa pols*

---

die Faser ist spröde
the fibre is brittle
волокно (ср) хрупко *или* ломко

la fibre est cassante
la fibra è fragile
la fibra es frágil *o* quebradiza / *la fibra es trencadissa* 17

---

die Annahme verweigern
to refuse acceptance
отказывать в пріемѣ

refuser l'acceptation
respingere *o* rifiutare l'accettazione 18
rechazar *o* rehusar la aceptación / *refusar l'acceptació*

---

2. Baumwollpakkung (f)
Packing of Cotton
Упаковка (жр) хлопка

Emballage (m) du coton
Imballaggio (m) del cotone 19
Embalaje (m) del algodón / *Embalat (m) del cotó*

Baumwollballen (m)
cotton bale
кипа (жр) хлопка

balle (f) de coton
balla (f) di cotone 20
bala (f) de algodón / *de cotó*

[vier-]eckiger Ballen (m)
square bale
прямоугольная кипа (жр)
balle (f) prismatique 21
balla (f) parallelepipeda
bala (f) cuadrada / *bala (f) quadrada*

Rundballen (m)
round bale
круглая кипа (жр) 22
balle (f) ronde
balla (f) [ro]tonda *o* cilindrica
bala (f) redonda / *rodona*

No.	Deutsch / English / Русский	Français / Italiano / Español (Català)
1	 Lowry-Ballen (m), Lowry bale кипа (жр) [системы] Лори	balle (f) Lowry balla (f) Lowry bala (f) Lowry
2	gepreßter Ballen (m) [com]pressed bale прессованная кипа (жр)	balle (f) pressée balla (f) pressata bala (f) prensada / *premsada*
3	Ballen (m) von gleichmäßig dichter Pressung uniformly pressed bale кипа (жр) равномѣрно плотной прессовки	balle (f) uniformément pressée balla (f) ben pressata *o* a pressione uniforme bala (f) bien prensada *o* de presión uniforme *u* homogénea / *bala (f) ben premsada*
4	ungepreßter Ballen (m) unpressed bale непрессованная кипа (жр)	balle (f) non-pressée balla (f) non pressata bala (f) sin prensar / *sense premsar*
5	beschädigter *oder* schadhafter [*oder* defekter] Ballen (m) damaged bale поврежденная *или* попорченная кипа (жр)	balle (f) avariée balla (f) avariata bala (f) defectuosa *o* averiada / *bala (f) tarada o avariada*
6	Ballen (m) ohne Marke no-mark bale кипа (жр) без марки *или* ярлыка	balle (f) sans marque balla (f) senza marca bala (f) sin marca / *sense marca*
7	 Zeichen (n), Ballenzeichen (n), [Signum (n)] bale mark знак (мр) *или* клеймо (ср) *или* марка (жр) кипы, кипная марка	marque (f) de balle marca (f) della balla marca (f) de [la] bala
8	Teerfarbe (f) tar colour краска (жр) из каменноугольной смолы	couleur (f) au goudron colore (m) di catrame color (m) al alquitrán / *de quitrà*
9	Fahne (f), Kartenblatt (n) bale ticket ярлык (мр), карточка (жр), этикетка (жр)	carte (f) de marque cartellino (m), etichetta (f) etiqueta (f) de la bala / *de marca*
10	Verpackung (f), [Emballage (f)] packing тара (жр), обертка (жр), упаковочная дерюга (жр), упаковка (жр), укупорка (жр)	emballage (m) imballaggio (m) embalaje (m) / *embalatge (m)*
11	Eisenreif[en] (m), Eisenband (n) iron tie *or* hoop желѣзный обруч (мр), желѣзная обвязка (жр)	bande (f) en fer cerchio (m) di ferro, reggia (f) aro (m) *o* cerco (m) de hierro, fleje (m) / *cinta (f) d'acer, cèrcol (m)*
12	dichtgewebtes Jutepackleinen (n) closely woven jute bagging *or* jute canvas *or* jute sacking плотная джутовая дерюга (жр)	toile (f) de jute serrée tela (f) [di] juta fitta *o* a maglie fine da imballaggio tela (f) de yute de tejido tupido / *teixit (m) de yute molt nombrat*
13	grobes, lose gewebtes Jutepackleinen (n), Rupfen (m) loose woven jute bale bagging, gunny bag, wrapper грубая рѣдкая джутовая дерюга (жр), джутовое(-ая) рѣдно (ср) *или* рѣднина (жр)	toile (f) de jute peu duitée tela (f) juta grossolana *o* a grosse maglie tela (f) de yute de tejido flojo, [h]arpillera (f) clara / *teixit (m) de yute poc nombrat, arpillera (f) clara*

3. Speicherung (f) der Baumwolle — Cotton Bale Storage *or* Storing — Складыванiе (ср) хлопка в амбар, храненiе (ср) хлопка на складѣ — Emmagasinage (m) du coton — Magazzinaggio (m) *o* immagazzinamento (m) del cotone — Almacenaje (m) del algodón / *Magatzematge (m) del cotó* 14

No.	Deutsch / English / Русский	Français / Italiano / Español (Català)
15	Ballenprüfung (f), [Ballenkontrolle (f)] examination of bales, bale control[ling] провѣрка (жр) *или* повѣрка (жр) *или* контроль (жр) кип	contrôle (m) *ou* vérification (f) des balles verifica (f) delle balle verificación (f) *o* registro (m) de las balas / *control (m) o registre (m) de les bales*
16	Nachwiegen (n) *oder* Gewichtsprüfung (f) [*oder* Gewichtskontrolle (f)] der Ballen checking the weight of the bales повѣрка (жр) *или* провѣрка (жр) *или* контроль (жр) вѣса кип, перевѣшиванiе (ср) кип	contrôle (m) du poids des balles controllo (m) *o* verifica (f) del peso delle balle verificación (f) del peso *o* repeso (m) de las balas / *comprobació (f) del pes o repesat (m) de les bales*
17	die Ballen (mpl) nachwiegen to check the weight of the bales перевѣшивать кипы (жр)	vérifier le poids des balles verificare il peso delle balle verificar el peso de las balas / *comprobar el pes de les bales, repesar les bales*
18	Wäger (m), Abwieger (m), Auswäger (m), Wiegemeister (m) weigher вѣсовщик (мр)	peseur (m), basculeur (m) pesatore (m) pesador (m)
19	Rechnungsgewicht (n), [Fakturengewicht (n)] invoice weight фактурный вѣс (мр), вѣс (мр) по счету *или* по накладной *или* по фактурѣ	poids (m) de la facture peso (m) di fattura peso (m) facturado / *pes (m) de factura*
20	Ballengewicht (n) weight of bale вѣс (мр) кипы	poids (m) de la balle peso (m) della balla peso (m) / *pes (m)* / de la bala

No.	German / English / Russian	French / Italian / Spanish
1	Untergewicht (n), Fehlgewicht (m) underweight, short-weight недостающій вѣс (мр), вѣс (мр) ниже нормальнаго	manque (m) de poids calo (m) o ammanco (m) di peso falta (f) de peso / *manca (f) de pes*
2	x Prozent Tara (f) x per cent tare x процентов тары	tare (f) de x pour cent x per cento di tara (f) tara (f) de x por ciento / *tara (f) de x per cent*
3	„Tara nachgewogen", „reelle Tara" actual tare чистая *или* дѣйствительная тара (жр), дѣйствительный вѣс (мр) тары	tare (f) réelle tara (f) reale tara (f) efectiva o real
4	Reifengewicht (n) weight of hoops вѣс (мр) обручей	poids (m) des cercles peso (m) dei cerchi peso (m) de los cercos o flejes / *pes (m) dels cèrcols*
5	Ballenbeförderung (f), [Ballentransport (m)] transport of [the] bales перевозка (жр) *или* транспорт (мр) кип	transport (m) des balles trasporto (m) delle balle transporte (m) de las balas / *transport (m) de les bales*
6	den Ballen von Hand befördern *oder* wegschaffen [*oder* transportieren] to move the bale by hand [labour] перемѣщать кипы ручным способом *или* вручную	transporter la balle à la main trasportare la balla a mano transportar la bala a mano / *a mà*
7	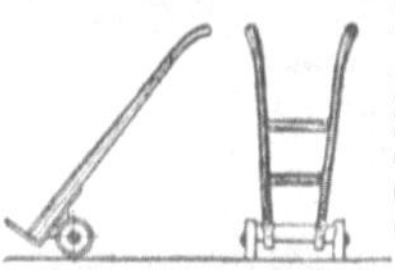	Ballenkarre (f), Stechkarre (f) bale truck *or* trolley кипная тачка (жр) diable (m) à balle carrello (m) da trasporto carretilla (f) para balas / *carretó (m) per a bales*
8	Ballenhaus (n), Ballenlager (n), Baumwollschuppen (m) cotton [bale] store хлопковый амбар (мр) *или* сарай (мр)	magasin (m) aux balles magazzino (m) o deposito (m) di cotone almacén (m) de balas / *magatzem (m) de bales*
9	die Baumwolle speichern *oder* [ein]lagern to store *or* to warehouse the cotton складывать хлопок (мр) (в амбар *или* склад *или* сарай)	emmagasiner le coton immagazzinare o mettere in deposito il cotone almacenar el algodón / *magatzemar el cotó*
10	Einlagerung (f) der Ballen storing *or* warehousing the bales складываніе (ср) кип, помѣщеніе (ср) кип на складѣ	emmagasinage (m) des balles immagazzinamento (m) delle balle almacenaje (m) de las balas / *magatzematge (m) de les bales*
11	die Ballen (m pl) aufstapeln to stack the bales складывать кипы штабелями	entasser *ou* empiler les balles stivare o accatastare le balle apilar las balas / *estibar les bales*
12	Ballenstapel (m) stack of bales штабель (мр) кип	tas (m) de balles mucchio (m) o catasta (f) di balle pila (f) de balas / *estiba (f) de bales*
13	den Ballen hochkant stellen to place the bale end up класть кипу стоймя	placer la balle de champ collocare la balla in piedi colocar la bala derecha o en pie / *posar la bala en peu o dreta*

II.

No.	German / English / Russian	French / Italian / Spanish
14	**Vorbereitungsarbeiten (f pl) für das Verspinnen der Baumwolle** **Preparatory Operations in Cotton Spinning** **Приготовительныя работы (жр) для выпрядки хлопка**	**Opérations (f pl) préparatoires de la filature de coton** **Operazioni (f pl) preparatorie per la filatura del cotone** **Operaciones (f pl) preparatorias para el hilado del algodón / *Operacions (f pl) preparatories per a la filatura del cotó***
15	**1. Mischen (n) *oder* Gattieren (n) der Baumwolle, Aufmachen (n) der Mischung** **Mixing *or* Blending of Cotton** **Мѣшка (жр) или смѣшиваніе (ср) хлопка**	**Mélange (m) du coton** **Mischia (f) del cotone** **Mezcla (f) del algodón / *Barreja (f) del cotó***
16	Vorbereitungsvorgang (m), [Vorbereitungsprozeß (m)] preparatory process приготовительный процесс (мр)	procédé (m) préparatoire processo (m) preparatorio procedimiento (m) preparatorio / *procés (m) preparatori*
17	die Baumwolle für das Verspinnen vorbereiten to prepare the cotton for spinning приготовлять хлопок (мр) для выпрядки	préparer le coton pour la filature preparare il cotone per la filatura preparar el algodón para el hilado / *preparar el cotó per a la filatura*

1
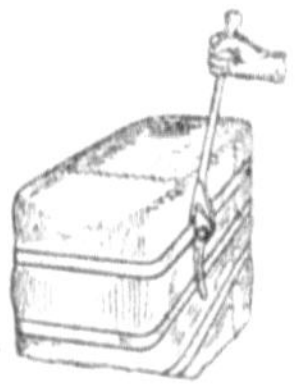
Aufschlagen (n) *oder* Öffnen der Ballen
opening the bales
открываніе (ср) *или* вскрываніе (ср) *или* вскрытіе (ср) кип
ouverture (f) des balles
apritura (f) *o* tagliatura (f) delle balle
apertura (f) de las balas / *obertura (f) de les bales*

2
einen Ballen aufschlagen *oder* öffnen
to open a bale
разбить *или* вскрыть кипу
ouvrir une balle
aprire *o* tagliare una balla
abrir / *obrir* / una bala

3
Ballenaufmacher (m)
bale opener, bale breaker
распаковщик (мр) *или* разбивальщик (мр) кип
déballeur (m), ouvreur (m) de balles
apri-balle (m)
abridor (m) de balas / *obridor (m) de bales*

4
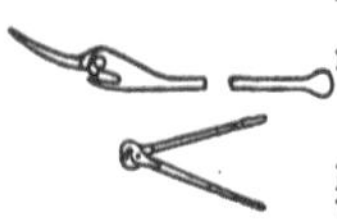
Ballenzange (f)
bale hoop cutter, tie cutter (A)
приспособленіе (ср) *или* ножницы (жр) *или* шипцы (мр) для вскрытія кип
pince (f) à ouvrir les balles
trancia-cerchi (m), trancia-reggie (m)
mordaza (f) para balas / *mordassa (f) per a bales*

5
den Ballen von der Umhüllung befreien
to free the bale from the cover[ing]
снять обертку с кип
enlever l'emballage de la balle
togliere gli imballaggi dalla balla
quitar el embalaje de la bala, desembalar / *extreure l'embalatge de la bala, desembalar*

6

geöffneter Baumwollballen (m)
opened cotton bale
раскрытая кипа (жр) хлопка
balle (f) de coton ouverte
balla (f) di cotone aperta
bala (f) de algodón abierta / *bala (f) de cotó oberta*

7
die Baumwolle von der Umhüllung [*oder* Emballage] abzupfen
to pluck the cotton from the cover, to pick the tares
подбирать хлопок (мр) с дерюги *или* обертки
éplucher le coton de l'emballage
piluccare il cotone dagli imballaggi
recoger del embalaje borras (fpl) *o* restos (mpl) de algodón / *treure el cotó de l'embalatge*

8
Zurichten (n) der Ballen für das Mischen
preparing the bales for mixing
подготовка (жр) кип для мѣшки
préparation (f) des balles pour le mélange
preparazione (f) delle balle per la mischia
preparación (f) de las balas para la mezcla / *preparació (f) de les bales per a la barreja*

9
die Ballen (mpl) für das Mischen zurichten
to prepare the bales for mixing
подготовлять кипы для мѣшки
préparer les balles pour le mélange
preparare le balle per la mischia
preparar las balas para la mezcla / *preparar les bales per a la barreja*

Sondern (n) [*oder* Sortieren (n)] der Ballen
sorting the bales
сортировка (жр) *или* разборка (жр) кип
classement (m) des balles
cernita (f) *o* classifica (f) delle balle 10
clasificación (f) de las balas / *sorteig (m) de les bales*

die Ballen (mpl) nach ihrer Güte sondern [*oder* sortieren]
to sort the bales according to quality
сортировать кипы по качеству
classer les balles suivant leur qualité
cernere *o* classificare le balle secondo la qualità 11
clasificar las balas según su calidad / *sortejar les bales segons la qualitat*

in der Güte abweichende Ballen (mpl) zurückstellen
to set aside the bales deviating in quality
отставлять *или* откладывать *или* отбирать отступающія [по качеству] кипы
mettre de côté les balles qui diffèrent de classement
mettere da parte le balle di qualità diversa 12
separar las balas que difieren en calidad / *extreure les bales de qualitat diferent*

die Baumwolle mischen *oder* aufmischen, die Mischung aufmachen
to mix *or* to blend the cotton
смѣшивать хлопок (мр), составлять мѣшку *или* композицію *или* смѣсь хлопка
mélanger le coton
mischiare il cotone, far la mischia 13
mezclar el algodón / *barrejar el cotó*

wöchentlicher Baumwollverbrauch (m)
weekly cotton consumption
еженедѣльный[-ое] расход (мр) *или* потребленіе (ср) хлопка
consommation (f) hebdomadaire de coton
consumo (m) settimanale di cotone 14
consumo (m) semanal de algodón / *consum (m) de cotó per setmana*

Misch[ungs]raum (m), Mischung (f)
mixing [room]
сортировочная (жр)
salle (f) de mélange
sala (f) *o* locale (m) di mischia 15
sala (f) de mezclas / *de barrejes*

Mischer (m), Mischraumarbeiter (m)
[cotton] mixer
сортировщик (мр), рабочій (мр) сортировочнаго отдѣленія
ouvrier (m) au mélange, mélangeur (m) de coton
mescolatore (m) di cotone 16
mezclador (m) de algodón / *barrejador (m) o mesclador (m) de cotó*

Misch[ungs]fähigkeit (f) der Baumwollsorten
mixing properties of the various kinds of cotton
соотвѣтственность (жр) сортов хлопка для взаимнаго смѣшиванія
aptitude (f) de mélange des différentes sortes de coton
idoneità (f) delle varie specie di cotone ad essere mischiate
propiedad (f) para mezclarse de las diferentes clases de algodón / *propietat (f) de barreja de les diverses classes de cotó* 17

Mischungsverhältnis (n)
mixing ratio
процентный состав (мр) мѣшки *или* композиціи *или* смѣси
proportion (f) de mélange
proporzione (f) d'impasto
proporción (f) de [la] mezcla / *proporció (f) de barreja* 18

1 Mischungsdurchschnitt (m)
average of the mixing *or* of the mixed material
среднее качество (ср) мѣшки *или* композиціи
moyenne (f) du mélange
media (f) di mischia
término (m) medio *o* promedio (m) de una mezcla / *terme (m) mitj d'una barreja*

2 auf Durchschnittsgüte mischen
to mix for average quality
смѣшивать для полученія смѣси средняго качества
mélanger pour avoir une qualité moyenne
mischiare per ottenere una qualità media
mezclar para obtener una calidad media / *barrejar per tal obtenir una qualitat mitja*

3 hälftig *oder* halb und halb mischen
to mix half and half
смѣшивать пополам *или* в равных долях
mélanger moitié par moitié
mischiare in parti uguali
mezclar por mitades iguales / *barrejar a parts iguals*

4 Gemisch (n), Mischung (f)
mixing
смѣшанное [волокнистое] вещество (ср), мѣшка (жр), смѣсь (жр), композиція (жр)
mélange (m)
mischia (f), impasto (m)
mezcla (f) / *barreja (f), mescla (f)*

5 Mischungsprüfung (f), [Mischungskontrolle (f)]
testing the mixing
испытаніе (ср) *или* повѣрка (жр) смѣси
contrôle (f) du mélange
controllo (m) *o* esame (m) della mischia
verificación (f) de la mezcla (f) / *comprobació (f) de la barreja*

6 Mischungsbuch (n)
mixing book
книга (жр) мѣшек *или* смѣсей *или* сортировок
livre (m) des mélanges
registro (m) di mischia
libro (m) de las mezclas / *llibre (m) de barrejes*

7 Partienummer (f)
lot number
номер (мр) партіи
numéro (m) de la partie *ou* du lot
numero (m) della partita
número (m) de la partida / *nombre (m) del lot o de la partida*

8 Fabriknummer (f)
factory mark
фабричный номер (мр)
numéro (m) d'ordre de la fabrication
numero (m) di fabbrica
número (m) [de orden] de fabricación / *número (m) d'ordre de fabricació*

9 Festsetzung (f) *oder* Berechnung *oder* Errechnung (f) des Garnpreises, Garnpreisberechnung (f), [Garnkalkulation (f)]
yarn price calculation
калькуляція (жр) цѣны пряжи
détermination (f) du prix de revient du fil
calcolo (m) del prezzo del filato
cálculo (m) del precio del hilo / *càlcul (m) del preu del fil*

Vorbereitung (f) der Baumwolle für das Mischen durch Dämpfen
preparation of the cotton for mixing by steaming
подготовленіе (ср) хлопка для мѣшки путем пропариванія
préparation (f) du coton pour le mélange par la vapeur
preparazione (f) del cotone alla mischia mediante vaporizzazione
preparación (f) del algodón para la mezcla por vaporización / *preparació (f) del cotó per a la barreja per mitjà del vapor o del vaporitzatge* 10

Mischungsarbeit (f)
operation of mixing
операція (жр) смѣшиванія *или* мѣшки
travail (m) du mélange
operazione (f) di mischia
operación (f) de mezcla / *treball (m) de barreja* 11

Mischen (n) von Hand
mixing by hand
смѣшиваніе (ср) *или* мѣшка (жр) вручную
mélange (m) à la main
mischia (f) a mano
mezcla (f) a mano / *barreja (f) a mà* 12

von Hand mischen
to mix by hand
смѣшивать вручную
mélanger à la main
mischiare a mano
mezclar a mano / *barrejar a mà* 13

Handmischung (f), Handgemisch (n)
hand mixing
ручная мѣшка (жр), мѣшка (жр) вручную
mélange (m) à main
mischia (f) [fatta] a mano
mezcla (f) [hecha] a mano / *barreja (f) a mà* 14

Mischen (n) mit der Maschine
mechanical mixing, mixing by machine
механическое *или* машинное смѣшиваніе (ср)
mélange (m) mécanique
mischia (f) a macchina
mezcla (f) mecánica / *barreja (f) mecànica* 15

auf der Maschine mischen
to mix by machine
смѣшивать посредством машины
mélanger à la machine
far la mischia a macchina
mezclar con máquinas / *barrejar amb màquines* 16

Baumwollage (f), Ballenschicht (f)
cotton layer, layer of cotton in the bale
кипный слой (мр)
couche (f) de coton dans la balle
strato (m) *o* falda (f) di cotone nella balla
capa (f) de algodón / *gruix (m) de cotó en la bala* 17

die Baumwolle in ganzen Lagen von dem Ballen abziehen
to remove the cotton from the bale in layers
снимать хлопок (мр) с кип пластами *или* слоями
enlever le coton de la balle par couches
asportare *o* togliere il cotone dalla balla a grosse falde
quitar el algodón de la bala por capas / *treure el cotó de la bala per gruixos* 18

einen zylindrischen Ballen *oder* Rundballen ablaufen lassen *oder* abwickeln
to unroll a round bale, to run a round bale off
раскатывать *или* раскатать круглую кипу
développer *ou* dérouler une balle ronde *ou* cylindrique
svolgere *o* srotolare una balla cilindrica
desarrollar una bala redonda / *desfer o desplegar una bala rodona* 19

1 Zerkleinerung (f) der Baumwollagen von Hand
breaking up the cotton layers by hand
размельченіе (ср) пластов хлопка вручную
morcelage (m) à la main des couches de coton
disgregamento (m) delle falde di cotone a mano
desmenuzamiento (m) de las capas de algodón a mano / *esquinçada (f) dels gruixos de cotó a mà*

2 Zerziehen (n) *oder* Zerteilen (n) *oder* Zerfasern (n) der gepreßten Baumwolle
pulling the pressed cotton to pieces
растаскиваніе (ср) *или* размельченіе (ср) спрессованнаго хлопка
démêlage (m) *ou* désagrégation (f) du coton comprimé
sfioccamento (m) *o* scioglimento (m) *o* apritura (f) del cotone pressato
desagregado (m) del algodón comprimido / *desagregat (m) del cotó premsat*

3 den Faserstoff in Batzen zerschlagen
to beat the fibrous material to lumps
разбивать волокнистое вещество (ср) на комья
battre la matière fibreuse en mottes
spezzare la materia fibrosa
batir la materia fibrosa en pedazos / *batre la matèria fibrosa en floca*

4 die Baumwollklumpen (mpl) zerzupfen *oder* zerziehen *oder* zerteilen *oder* zerfasern
to pull the cotton lumps [to pieces]
расщипывать комья (мр) хлопка
démêler *ou* désagréger *ou* ouvrir *ou* diviser les mottes de coton
sciogliere *o* aprire i bioccoli di cotone, disgregare gli ammassi di cotone
disgregar los pedazos de algodón / *desfer les floques de cotó*

5 Knollen (m), Klumpen (m), Faserklumpen (m), Faserklotz (m), Baumwollbatzen (m)
cotton lump
ком (мр) *или* клок (мр) хлопка
motte (f) de coton
bioccolo (mpl) di cotone
pedazo (m) *o* trozo (m) de algodón / *floca (f) de cotó*

6 Ballenbrecher (m)
bale breaker
кипоразбиватель (мр), кипоразрыхлитель (мр)
brise-balles (m)
rompi-balle (m), apriballe (m), frantoio (m) per balle
[máquina (f)] abridora (f) de balas / *obridora (f) de bales*

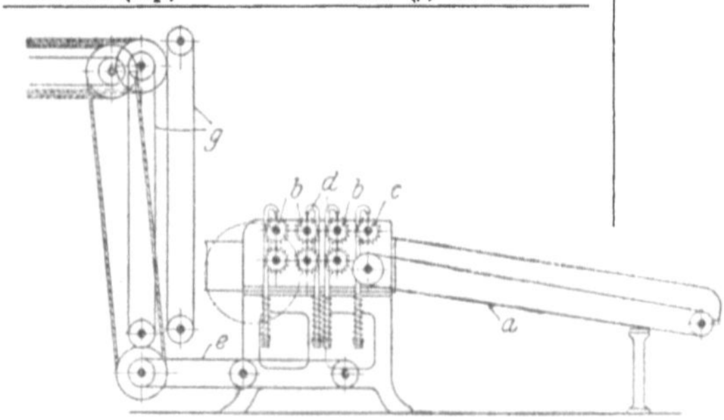

7 Ballenbrecher (m) mit Fördertüchern
bale breaker with travelling *or* feed lattices
кипоразбиватель (мр) с питательными рѣшетками
brise-balles (m) *ou* mélangeuse (f) avec tables sans fin
rompi-balle (m) con tavole di alimentazione
abridora (f) de balas con tableros *o* teleras de alimentación / *obridora (f) de bales amb telera alimentaria*

a — 8 [endloses] Födertuch (n) *oder* Lattentuch (n), Speiselattentuch (n), Zuführlattentuch (n), Auflagetisch (m)
[endless] feed[ing] lattice
[безконечная] питательная *или* подводящая рѣшетка (жр)
tablier (m) *ou* toile (f) sans fin d'alimentation, table (f) alimentaire
tela (f) di alimentazione senza fine, graticcio (m) mobile, tavola (f) continua
tablero (m) *o* telera (f) sin fin de alimentación / *telera (f) alimentaria sens fi*

b — 9 Reißwalze (f), Brechwalze (f), Stachelwalze (f)
toothed *or* spiked [pulling] roller
расщипывательный *или* разрыхлительный *или* разрывательный *или* шиповидный вал (мр)
cylindre (m) à dents *ou* à pointes, cylindre (m) briseur (m), cylindre (m) hérissé
rullo (m) dentato, cilindro (m) disintegratore
cilindro (m) de puntas / *corró (m) amb pues*

10 festgelagerte Unterwalze (f)
fixed bottom roller
нижній вал (мр) на неподвижных подшипниках
cylindre (m) inférieur fixe
cilindro (m) inferiore fisso
cilindro (m) inferior fijo / *corró (m) inferior fix*

11 Oberwalze (f)
top roller
верхній вал (мр)
cylindre (m) supérieur
cilindro (m) superiore
cilindro (m) / *corró (m)* / superior

c — 12 Preßwalze (f), Eindrückwalze (f)
press roller
нажимной вал (мр), пресс-вал (мр)
cylindre (m) presseur, cylindre (m) enfonceur
cilindro (m) di pressione
cilindro (m) compresor / *corró (m) de pressió*

13 in kulissenartigen Führungen beweglich gelagert
supported in slides
лежащій в подвижных подшипниках [типа кулисс]
supporté par des glissières
mobile in culisse di guida
apoyado en soportes móviles guiados por correderas / *suportat per colisses*

1 d federbelastete Druckstange (f)
spring weighted rod
прижатый пружинами нажимной баланс (мр)
crochet (m) de pression à ressort
leva (f) *o* gancio (m) di pressione a molla
gancho (m) de presión por resorte / *ganxo (m) de presió per ressort*

---

2 mit zunehmender Umfangsgeschwindigkeit umlaufende Walzen (fpl)
rollers running at increasing surface speeds
валы (мр), вращающіеся с возрастающим числом оборотов *или* с увеличивающейся скоростью вращенія
cylindres (mpl) tournants avec augmentation de vitesse circonférencielle *ou* périphérique
cilindri (mpl) a velocità circonferenziale progressiva
cilindros (mpl) que giran con velocidad periférica progresiva / *corrons (mpl) rodant a una velocitat superficial progressiva*

---

3 [gußeiserner] Hohlzylinder (m)
hollow [cast iron] roller
[чугунный] пустотѣлый цилиндр (мр) *или* вал (мр)
cylindre (m) creux [en fonte]
cilindro (m) cavo [di ghisa]
cilindro hueco [de hierro fundido] / *corró (m) buid [de fundició]*

---

4 Stahlwelle (f)
steel shaft
стальной вал (мр)
arbre (m) en acier
albero (m) d'acciaio
árbol (m) de acero / *arbre (m) d'acer*

---

5 die Faserschichten (fpl) erfassen
to grip the layers of fibres
захватывать пласты волокнистаго вещества
saisir les couches de fibres
afferrare gli strati di fibre
coger las capas de fibras / *agafar els gruixos o les capes de fibres*

---

6 die Faserschichten (fpl) zerreißen
to tear the layers of fibres
раздирать пласты волокнистаго вещества
déchirer *ou* déchiqueter *ou* ouvrir les couches de fibres
strappare gli strati di fibre, rompere *o* disgregare gli ammassi fibrosi
desgarrar las capas de fibras / *desfer els gruixos o les capes de fibres*

---

die Fasermasse hinreichend auflösen
to loosen the fibrous material sufficiently
разрыхлять в достаточной мѣрѣ волокнистое вещество (ср)
démêler suffisamment la matière fibreuse 7
sfioccare *o* aprire sufficientemente gli ammassi fibrosi
abrir suficientemente la materia fibrosa / *obrir suficientment el material fibrós*

---

unteres, wagrechtes Lattengitter (n)
bottom horizontal lattice
нижняя горизонтальная рѣшетка (жр)
e tablier (m) inférieur horizontal, toile (f) sans fin horizontale du bas *ou* du fond 8
graticcio (m) inferiore orizzontale
tablero (m) inferior horizontal / *telera (f) horitzontal inferior*

Steiggitter (n) Steiglattentuch (n)
elevator *or* upright lattice
подъемная рѣшетка (жр)
g tablier (m) élévatoire *ou* montant, toile (f) sans fin 9
graticcio (m) verticale di trasporto, tela (f) elevatrice
tablero (m) elevador / *telera (f) elevadora*

Muldenballenbrecher (m), Ballenbrecher (m) mit Pedalvorrichtung
pedal bale breaker
кипоразрыхлитель (мр) с педалями
brise-balles (m) à pédales
rompi-balle (m) a pedali
abridora (f) de balas con pedales / *obridora (f) de bales amb pedals* 10

Muldenzuführung (f)
piano feed regulator, piano motion regulator
педальное питательное приспособленіе (ср)
régulateur (m) d'alimentation à pédales
regolatore (m) di alimentazione a pedali
regulador (m) de alimentación de pedales / *regulador (m) de l'alimentació amb pedals* 11

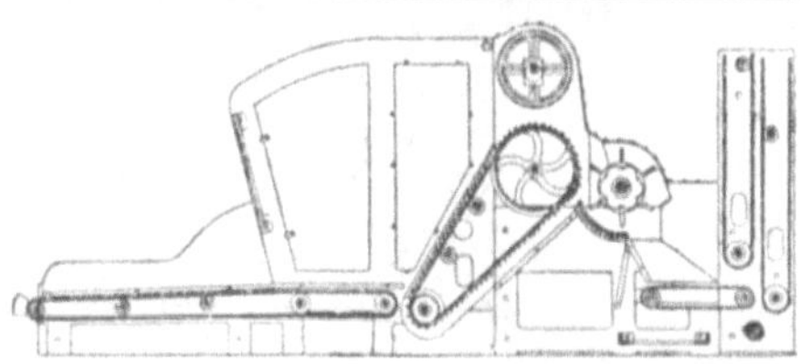

Kastenballenöffner (m)
hopper bale opener
ящичный кипоразбиватель (мр)
chargeuse-mélangeuse (f) à trémie
apri-balle (m) a tramoggia 12
cargadora (f) abre-balas / *carregadora (f) obre-bales*

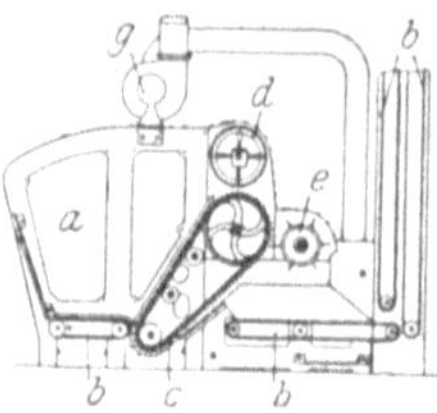

1 [Kasten-]Ballenöffner (m) *oder* Kastenmischer (m) mit Staubabzug
exhaust hopper bale opener
ящичный кипоразбиватель (мр) с отсасыванiем пыли *или* с вентиляцiей
chargeuse-mélangeuse (f) à ventilateur
apri-balle (m) a tramoggia con ventilatore
cargadora (f) abrebalas con ventilador / *carregadora (f) obrebales amb ventilador*

---

2 a
Speisekasten (m)
[feeding] hopper
загрузочный *или* питательный ящик (мр)
boîte (f) *ou* trémie (f) d'alimentation
tramoggia (f) d'alimentazione
tolva (f) de alimentación / *tremuja (f) alimentaria*

---

3 b
Lattentücher (n pl)
[travelling] lattices
рѣшетки (жр), полотна (ср)
tabliers (m pl) sans fin
graticci (m pl) di trasporto
tableros (m pl) sin fin / *teleras (f pl) sens fi*

---

4 c
Spitzenlattentuch (n), Nadellattentuch (n), Igellattentuch (n)
spiked lattice
игольчатая рѣшетка (жр), игольчатое полотно (ср)
tablier (m) à pointes
graticcio (m) a punte
tablero (m) de puntas / *telera (f) amb claus, llistonada (f) amb puntes*

---

5 d
[gußeiserne] Trommel (f)
[cast iron] spiked roller
[чугунный] выравнительный барабан (мр) *или* вал (мр)
tambour (m) *ou* cylindre (m) détacheur [en fonte]
cilindro (m) egualizzatore [di ghisa]
cilindro(m) igualador [de hierro fundido] / *cilindre (m) igualador [de fundición]*

---

6 e
Flügel (m), Schläger (m)
beater
крыло (ср), разбиватель (мр), трепало (ср)
volant (m) déchargeur
cilindro (m) spogliatore e battitore
cilindro (m) batidor o desprendedor / *cilindre (m) batidor o desprenedor*

---

7 g
Lüfter (m), Entstauber (m), Absauger (m), [Ventilator] (m)
[exhaust] fan
вентилятор (мр), отсасыватель (мр) пыли, эксгаустер (мр)
ventilateur (m) aspirateur
aspiratore (m), ventilatore (m)
ventilador (m) [aspirante] / *ventilador (m) aspirant*

Öffnerarbeiter (m)
picker hand, opener tenter, feeder
трепальщик (мр), рабочiй (мр) трепальнаго отдѣленiя
démêleur (m) *ou* ouvreur (m) de coton, ouvrier (m) de battage
operaio (m) dell'apritore 8
obrero (m) abridor / *obrer (m) obridor*

---

die Baumwolle [auf-] stocken
to stack the cotton
складывать хлопок в закромах
répartir le coton dans les casiers
ammucchiare il cotone nelle gabbie 9
apilar *o* amontonar *o* el algodón en las jaulas / *apil/ot/ar el cotó dintre les gàbies*

Mischungsverschlag (m), Baumwollgatter (n), [Baumwoll-] Stock (m)
mixing chamber, cotton chamber
сортировочный закром (мр)
casier (m) de mélange
camera (f) *o* gabbia (f) di mischia
compartimiento (m) *o* jaula (f) de mezcla / *compartiment (m) o gàbia (f) de barreja* 10

Verschlaggestell (n), Rahmengestell (n)
framing of chamber
рама (жр) закрома
cloison (f) à claire-voie 11
steccato (m) *o* parete (f) della gabbia
armazón (m) de la jaula / *bastiment (m) de la gàbia*

Verschlagboden (m)
floor of the mixing chamber
настил (мр) *или* пол (мр) закрома
fond (m) du casier
fondo (m) *o* solaio (m) della gabbia 12
fondo (m) de la jaula / *fons (m) o pis (m) de la gàbia*

Verschlaghöhe (f), Stockhöhe (f)
height of mixing chamber
высота (жр) закрома
hauteur (f) du casier
altezza (f) della gabbia 13
altura (f) de la jaula / *alçaria (f) de la gàbia*

Abfallverschlag (m)
waste chamber
загородка (жр) *или* закром (мр) для угара
casier (m) pour déchets
gabbia (f) per cascami 14
cuarto (m) de borras / *compartiment (m) de borres*

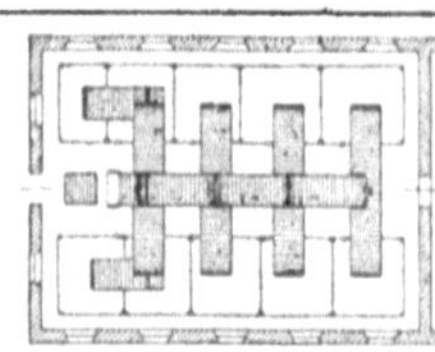

Mischgefachanordnung (f) Mischungsplan (m)
plan *or* lay out of the mixing room
план (мр) сортировочной, [расположенiе (ср) хлопковых закромов]
plan (m) d'une salle de mélange
pianta (f) della sala di mischia
disposición (f) *o* plano de una sala de mezclas / *disposició (f) o planol (m) d'una sala de barrejes* 15

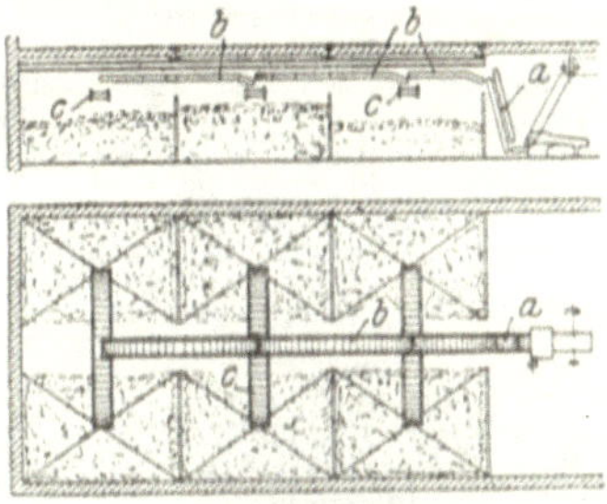

Mischraum (m), Baumwollkammer (f)
mixing room
помѣщеніе (ср) для мѣшки хлопка, смѣшивательная
1 камера (жр)
salle (f) de mélange
sala (f) di mischia
sala (f) de mezclas / *sala (f) de barrejes*

---

gleichlaufende Fördergitter (npl)
travelling lattices running in the same direction
питательныя рѣшетки (жр), движущіяся в одном направленіи
2 tabliers (mpl) sans fin courant dans la même direction
graticci (mpl) senza fine con movimento nella stessa direzione
tableros (mpl) sin fin corriendo en la misma dirección / *teleras (fpl) sens fi marxant a la mateixa direcció*

---

gegeneinander laufende Fördergitter (npl)
travelling lattices running in opposite directions
питательныя рѣшетки (жр), движущіяся в противоположных направленіях
3 tabliers (mpl) sans fin courant dans des directions opposées
graticci (mpl) senza fine con movimento opposto
tableros (mpl) sin fin que corren en direcciones opuestas / *teleras (fpl) sens fi marxant en direccions oposades*

Steiggitter (n), Steigtisch (m)
elevator *or* upright lattice
вертикальная *или* подъемная
4 a рѣшетка (жр)
tablier (m) élévatoire
graticcio (m) verticale
tablero (m) elevador / *telera (f) elevadora*

Steckenbleiben (n) *oder* Klemmen (n) der Fördergitter
jamming of the lattices
застреваніе (ср) *или* защемленіе (ср) *или* останов (мр)
5 рѣшетки
coincement (m) des tabliers
arresto (m) casuale dei graticci
paro (m) de los tableros / *encallament (m) de les teleres*

Rutschen (n) der Fördergitter
slipping of the lattices
скольженіе (ср) рѣшеток
glissement (m) des tabliers 6
slittamento (m) dei graticci
resbalamiento (m) de los tableros / *relliscament (m) de les teleres*

Hauptfördergitter (n), Längsgitter (n)
main lattice
главная питательная *или*
b ведущая рѣшетка (жр) 7
tablier (m) principal
graticcio (m) principale
tablero (m) principal / *telera (f) principal*

Verteilungslattengitter (n), Quergitter (n)
distributing lattice
распредѣлительная рѣшетка (жр)
c tablier (m) de distribution, 8
toile (f) distributrice
graticcio (m) distributore
tablero (m) distribuidor / *telera (f) de distribució*

Vorlauf (m) *oder* Vorwärtsgang (m) des Gitters
forward movement of the lattice
движеніе (ср) рѣшетки вперед, передній *или* поступательный ход (мр) рѣшетки
mouvement (m) en avant du tablier
movimento (m) in avanti del graticcio 9
avance (m) del tablero / *marxa (f) en avant de la telera*

Rücklauf (m) *oder* Rückwärtsgang (m) des Gitters
backward movement of the lattice
движеніе (ср) рѣшетки назад, задній *или* обратный ход (мр) рѣшетки
mouvement (m) en arrière du tablier
movimento (m) all'indietro del graticcio 10
retroceso (m) del tablero / *marxa (f) enrera de la telera*

---

den Lauf des Gitters umstellen *oder* umschalten
to reverse the direction of the lattice
переставлять *или* переключать ход *или* движеніе рѣшетки
changer la direction *ou* renverser la marche du tablier
invertire il moto del graticcio 11
cambiar la dirección del movimiento del tablero / *canviar la direcció de la telera*

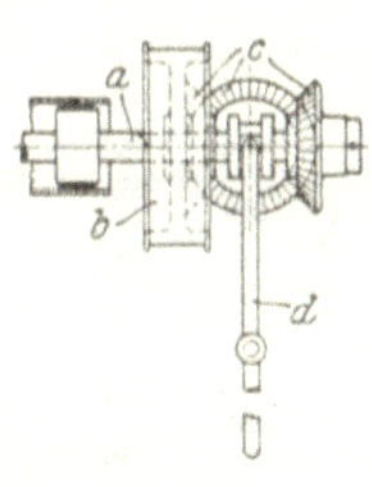

Wendegetriebe (n), Kehrgetriebe (n)
reversing gear *or* motion
переключатель (мр), приспособленіе (ср) для измѣненія хода *или* направленія движенія 12
mécanisme (m) de renversement
meccanismo (m) di inversione della marcia
mecanismo (m) de inversión de la marcha / *mecanisme (m) d'inversió de marxa*

1 a
Welle (f) der Lattentuchtrommel
shaft of lattice drum
вал (мр) ведущих цилиндров *или* барабанов
arbre (m) [de commande] du tablier
albero (m) [di comando] della tela senza fine
árbol (m) [motor] del tablero / *arbre (m) motor de la telera*

2 b
Riemenscheibe (f), Antriebscheibe (f)
belt pulley, driving pulley
ременной *или* приводный шкив (мр)
poulie (f) de commande, poulie à courroie
puleggia (f) [di comando]
polea (f) [de mando *o* de impulso] / *politja (f) de comanda*

3 c
Kegelrad (n)
bevel wheel
коническая шестерня (жр)
roue (f) conique, pignon (m) conique
ruota (f) conica
rueda (f) cónica / *roda (f) d'angle o cònica*

4 d
Umschalthebel (m), Handhebel (m)
reversing lever
рычаг (мр) переключателя, ручной рычаг (мр)
levier (m) de renversement
leva (f) d'inversione
palanca (f) de inversión / *d'inversió*

5
Kehrgetriebe (n) mit offenen und gekreuzten Riemen
reversing motion with open and crossed belts
реверсивная передача (жр) *или* реверсивный механизм (мр) с прямыми и крестовыми ремнями
mécanisme (m) de renversement à courroies droites [*ou* ouvertes] et croisées
meccanismo (m) di inversione a cinghie aperte ed incrociate
mecanismo (m) de inversión con correa abierta y cruzada / *mecanisme (m) d'inversió amb corretjes planes i a mitja-creu*

6
seitliche Verschiebbarkeit (f) der Lattentuchwalzen
side play of the lattice rollers *or* drums
боковая перемѣщаемость (жр) валов рѣшетки
déplacement (m) latéral des rouleaux du tablier
spostamento (m) laterale dei rulli dei graticci
juego (m) lateral de los cilindros del tablero / *joc (m) lateral dels cilindres de la telera*

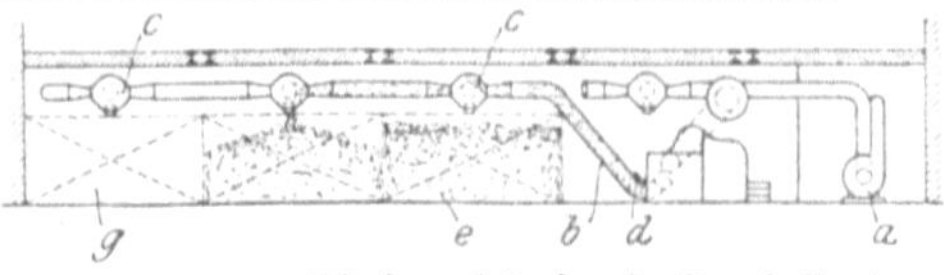

7
Mischen (n) durch Saugluft, [pneumatisches Mischen (n)]
pneumatic mixing
пневматическое смѣшиванiе (ср) хлопка, смѣшиванiе (ср) хлопка при помощи воздуха
mélange (m) pneumatique
mischia (f) pneumatica
mezcla (f) neumática / *barreja (f) / neumàtica*

a
Saugzuglüfter (m), [Saugzugventilator (m)]
exhaust fan
всасывающiи вентилятор (мр)
ventilateur (m) aspirant, exhausteur (m) 8
aspiratore (m)
aspirador (m), ventilador (m) aspirante / *ventilador (m) per aspiració*

b
Rohrleitung (f)
piping
трубопровод (мр)
tuyautage (m), tuyauterie (f) 9
tubazione (f)
tubería (f)

c
Abwurfstelle (f)
outlet, delivery
мѣсто (ср) провала *или* выбрасыванiя
point (m) de sortie, déchargement (m) 10
punto (m) *o* bocca (f) di scarico
punto (m) de descarga *o* de salida / *punt (m) de sortida*

gelochte [*oder* perforierte] Abwurftrommel (f)
perforated delivery cage
сѣтчатый *или* перфорированный выкидной барабан (мр)
tambour (m) de livraison perforé 11
tamburo (m) scaricatore perforato
tambor (m) perforado de descarga / *caixa (f) descarregadora trepanada*

d
Abscheidungsstelle (f) für Fremdkörper
drop box for foreign matter
пространство (ср) для отдѣленiя посторонних тѣл, осадочное пространство (ср)
boîte (f) d'élimination pour matières étrangères 12
cassa (f) separatrice per corpi estranei
caja (f) para cuerpos extraños o para impurezas / *caixa (f) per matèries extranyes o per impureses*

e
volles Gatter (n)
full mixing chamber
полный закром (мр)
casier (m) de mélange rempli 13
gabbia (f) piena
jaula (f) de mezcla llena / *gàbia (f) de barreja plena*

g
leeres Gatter (n)
empty mixing chamber
пустой закром (мр)
casier (m) de mélange vide 14
gabbia (f) vuota
jaula (f) de mezcla vacía / *gàbia (f) de barreja buida*

die Baumwolle in offenem Zustande ablagern
to store the cotton in an open state
складывать хлопок в открытом *или* свободном состоянiи
déposer le coton ouvert
ammucchiare il cotone già sciolto *o* aperto
depositar *o* almacenar el algodón en estado abierto / *enmagatzemar el cotó en estat esponjós* 15

1	die Fasern (f pl) richten sich auf *oder* erholen sich the fibres rise волокна (ср) расправляются *или* отдыхают	les fibres (f pl) se redressent le fibre si raddrizzano las fibras se levantan / *les fibres s'aixequen*
2	Aufquellen (n) der Faserbüschel expansion of the fibre tufts расправленіе (ср) хлопковых комьев	foisonnement (m) des flocons de fibres apritura (f) dei fiocchi di fibre hinchazón (f) de los copos de fibras / *esponjament (m) dels flocs de fibres*
3	die Faserbüschel (n pl) quellen auf the fibre tufts are expanding комья (мр) хлопка расправляются	les flocons (m pl) de fibres foisonnent i fiocchi di fibre si aprono los copos *o* mechones de fibras se abren / *els flocs de cotó s'obren*
4	Austrocknen (n) des Faserstoffes drying of the fibrous material высыханіе (ср) *или* усушка (жр) волокнистаго вещества	séchage (m) de la matière fibreuse disseccamento (m) della materia fibrosa secamiento (m) de la materia fibrosa / *assecat (m) de les matèries fibroses*
5	die Baumwolle mehrere Tage auf der Mischung belassen to leave the cotton for several days in the mixing оставлять хлопок (мр) нѣсколько дней в смѣси	laisser le coton pendant plusieurs jours au mélange lasciare il cotone parecchi giorni in riposo nella mischia dejar el algodón varios días en la mezcla / *deixar el cotó qualques dies en la barreja*
6	**2. Auflösen (n) und Reinigen (n) der Baumwolle** **Opening and Cleaning of the Cotton** **Разрыхленіе (ср) и очистка (жр) хлопка**	**Ouvraison (f) et nettoyage (m) du coton** **Apritura (f) e nettatura (f) del cotone** **Abertura (f) y limpieza (f) del algodón / *Obertura i neteja (f) del cotó***
7	**a) Allgemeines** **General Terms** **Общее (ср)**	**Généralités (f pl)** **Generalità (f pl)** **Generalidades (f pl)**
8	Vorauflösung (f) *oder* Öffnen (n) der Baumwolle bis zur Flocke preliminary opening of the cotton as far as the tuft state предварительная разбивка (жр) кип (хлопка) на комья	ouvraison (f) préliminaire du coton en flocons prima apritura (f) del cotone per ridurlo in fiocchi abertura (f) preliminar del algodón en copos / *obertura (f) preliminar del cotó en floques*
9	den Faserstoff vorlösen to preliminarily open the fibrous material предварительно разрыхлить волокнистое вещество (ср)	ouvrir en gros la matière fibreuse far l'apritura sommaria della materia fibrosa abrir primeramente / *obrir primerament* / la materia fibrosa
10	langsame Vorlösung (f) der Fasermasse slow preliminary opening of the fibrous material постепенное *или* медленное разрыхленіе (ср) волокнистаго вещества	ouvraison (f) lente préliminaire de la matière fibreuse apritura (f) lenta preliminare della materia fibrosa abertura (f) / *obertura (f)* / lenta preliminar de la materia fibrosa
11	Auflockern (n) der Baumwolle loosening the cotton разрыхленіе (ср) хлопка	démêlage (m) du coton scioglimento (m) *o* sfioccatura (f) del cotone desagregación (f) del algodón / *disgregació (f) del cotó*
12	die Baumwolle auflockern to loosen the cotton разрыхлять хлопок (мр)	démêler le coton sciogliere il cotone desagregar *o* disgregar el algodón / *disgregar el cotó*
13	Flocke (f), Faserbüschel (n) tuft клок (мр), пучек (мр), ком (мр)	flocon (m) fiocco (m) copo (m), mechón (m) / *floca (f)*
14	schonende Auflösung (f) careful opening тщательное *или* бережное разрыхленіе (ср)	ouvraison (f) soignée apritura (f) dolce *o* blanda abertura (f) cuidadosa / *obertura (f) acurada*
15	Durchgang (m) passage пропуск (мр), проход (мр)	passage (m) passaggio (m) pasaje (m) / *passatge (m)*
16	mehrmaliger Durchgang (m) der Baumwolle repeated passage of the cotton многократный пропуск (мр) хлопка	passage (m) répété du coton passaggio (m) ripetuto del cotone pasaje (m) repetido del algodón / *passatge (m) repetit del cotó*
17	die Baumwolle wird mehrere Male durchgelassen the cotton is passed [through] several times хлопок (мр) пропускается нѣсколько раз	le coton est passé plusieurs fois il cotone viene passato più volte di seguito el algodón pasa varias veces / *el cotó es passat varies voltes*
18	weitgehende Auflösung (f) der Batzen intensive opening of the lumps интенсивное разрыхленіе (ср) клочьев	large division (f) des mottes apritura (f) a fondo dei bioccoli sodi abertura (f) intensa de los mechones / *obertura (f) a fons dels trossos*
19	frei schwebender *oder* im Flug begriffener Faserstoff (m) flying fibrous material свободно держащееся в воздухѣ волокнистое вещество (ср)	matière (f) fibreuse volante materia (f) fibrosa volante materia (f) fibrosa volante / *material (m) fibrós lliure per l'aire*

1 die Flocken (fpl) auflösen
to open the tufts
разрыхлять клочья (мр)
ouvrir les flocons
aprire i fiocchi
abrir los copos / *obrir les floques*

2 beschädigte Faser (f)
injured *or* damaged fibre
повреженденное волокно (ср)
fibre (f) endommagée
fibra (f) danneggiata
fibra (f) castigada

3 Reinigen (n) *oder* Putzen (n) der Baumwolle
cleaning of the cotton
очистка (жр) хлопка
épuration (f) *ou* nettoyage (m) du coton
pulitura (f) del cotone
depuración (f) del algodón / *neteja (f) o depuració (f) del cotó*

4 die Baumwolle reinigen *oder* putzen
to clean the cotton
очищать хлопок (мр)
épurer *ou* nettoyer le coton
pulire il cotone
limpiar el algodón / *netejar el cotó*

5 Baumwollreiniger (m)
cotton cleaner
рабочій (мр) по очисткѣ хлопка
nettoyeur (m) de coton
pulitore (m) di cotone
limpiador (m) de algodón / *netejador (m) de cotó*

6 die Baumwolle vorreinigen
to give the cotton a preliminary cleaning
предварительно очистить хлопок (мр)
nettoyer en gros *ou* préalablement le coton
pulire il cotone preventivamente
limpiar previamente el algodón / *donar al cotó una neteja preliminar*

7 Vorreinigung (f) der Baumwolle
preliminary cleaning of the cotton
предварительная очистка (жр) хлопка
nettoyage (m) préliminaire du coton
prima pulitura (f) del cotone
limpieza (f) previa del algodón / *neteja (f) preliminar del cotó*

8 endgültige Reinigung (f) der Baumwolle
final cleaning of the cotton
окончательная очистка (жр) хлопка
nettoyage (m) final du coton
pulitura (f) completa del cotone
limpieza (f) final del algodón / *acabament (m) de la neteja del cotó*

9 Schmutzgehalt (m) der Baumwolle
amount of impurities in the cotton
содержаніе (ср) постороннихъ примѣсей в хлопкѣ, степень (жр) загрязненности хлопка
teneur (f) en impuretés du coton
contenuto (m) di impurità del cotone
contenido (m) de impurezas en el algodón / *quantitat (f) d'impureses del cotó*

10 Unreinigkeiten (fpl)
impurities
примѣси (жр), сор (мр)
impuretés (fpl), corps (mpl) étrangers
impurità (fpl)
impurezas (fpl) / *impureses (f pl)*

11 grobe Unreinigkeiten (fpl)
coarse *or* heavy impurities
грубыя примѣси (жр)
grosses impuretés (fpl)
grosse impurità (fpl)
impurezas (fpl) pesadas / *impureses (f pl) pesades*

12 Sand (m)
sand
песок (мр)
sable (m)
sabbia (f)
arena (f) / *sorra (f)*

13 Staub (m)
dust
пыль (жр)
poussière (f)
polvere (f)
polvo (m) / *pols (m)*

14 Samenreste (mpl)
broken seeds
остатки (мр) сѣмян
débris (mpl) de graines
frantumi (mpl) *o* residui (mpl) di semi
restos (mpl) de semillas / *de llavors, pallofa (f)*

15 Kapselreste (mpl)
husks
остатки (мр) орѣшка *или* скорлупы
débris (mpl) de cosses *ou* de capsules
frantumi (mpl) di capsule
cáscaras (fpl) / *closques (m pl)*

16 **b) Öffnungsmaschinen**
Openers, Opening Machines
Разрыхлительныя машины (жр), опенеры (мр)
Ouvreuses (fpl) mécaniques
Apritoi (m pl) meccanici
Abridoras (f pl) mecánicas / *Obridores (f pl) mecàniques*

17 Öffner (m)
opener
разрыхлитель (мр), опенер (мр)
ouvreuse (f)
apritoio (m)
abridora (f) / *obridora (f)*

18 Lieferung (f) des Öffners
production of the opener
продуктивность (жр) *или* производительность (жр) *или* выход (мр) разрыхлителя *или* опенера
production (f) de l'ouvreuse
produzione (f) dell'apritoio
potencia (f) de la abridora / *producció (f) de la obridora*

19 Voröffner (m), Vorschläger (m)
preliminary opener
предварительный разрыхлитель (мр) *или* опенер (мр)
ouvreuse (f) préparatoire
primo apritore (m), primo apritoio (m)
abridora (f) preparatoria *o* preliminar / *obridora (f) preparatoria*

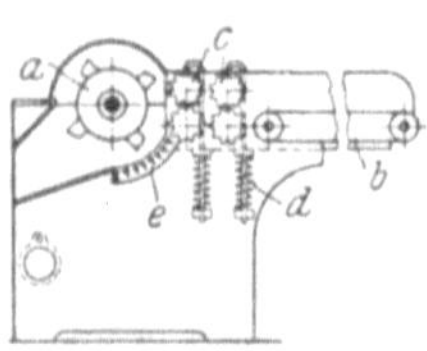

20 Voröffner (m) mit Nasenwalze, Voröffner (m) mit Igeltrommel, Porcupine-Öffner (m)
porcupine opener, small opener
предварителный разрыхлитель (мр) с волчком *или* с игольчатым барабаном
ouvreuse (f) préparatoire porc-épic
primo *o* piccolo apritoio (m) con tamburo a denti *o* a punte, apritoio porcospino
abridora (f) / *obridora (f) / „porcupina"*

21 a
Zahntrommel (f) Nasenwalze (f), Schlagtrommel (f) Porcupine-Schläger (m), Igeltrommel (f)
porcupine cylinder
волчок (мр), бительный барабан (мр)
tambour (m) porc-épic *ou* à dents, tambour égreneur
tamburo (m) porcospino *o* a denti
tambor (m) [de la] porcupina, cilindro (m) porcupina / *bombo (m) o bóta (f) [de la] porcupina*

1 b
Zuführlattentuch (n), Speiselattentuch (n), Zufuhrtisch (m)
feed lattice *or* table
питательная рѣшетка (жр), питательный *или* подводящій стол (мр)
table (f) alimentaire
tela (f) di alimentazione
tablero (m) de alimentación / *telera (f) alimentaria*

2
regelmäßige Speisung (f)
regular feed
равномѣрное питаніе (ср)
alimentation (f) régulière
alimentazione (f) regolare
alimentación (f) / *alimentació (f)* / regular

3
unregelmäßige Speisung (f)
irregular feed
неравномѣрное питаніе (ср)
alimentation (f) irrégulière
alimentazione (f) irregolare
alimentación (f) / *alimentació (f)* / irregular

4 c
Speisewalzen (fpl), Brechwalzen (fpl)
feed rollers
питательные валики (мр)
cylindres (mpl) alimentaires
rulli (mpl) di alimentazione
cilindros (mpl) de alimentación / *corrons (mpl) alimentaris*

5 d
Feder (f)
roller spring
пружина (жр)
ressort (m)
molla (f)
resorte (m) / *molla (f)*

6 e
Stabrost (m), Querrost (m)
grid, dust bars
колосниковая рѣшетка (жр), поперечная колосниковая рѣшетка (жр)
grille (f) à barreaux
griglia (f)
rejilla (f) para el polvo / *engraellat (m) per a la pols*

7
Roststab (m)
grid bar, grate bar
колосник (мр), полоса (жр) колосниковой рѣшетки
barreau (m) de grille
sbarra (f) di griglia
barra (f) de la rejilla / *barrot (m) del engraellat*

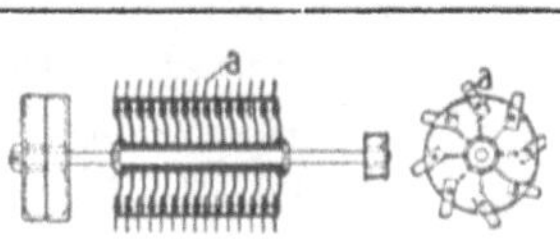

8
Zahntrommel (f), Igeltrommel (f)
porcupine cylinder
волчек (мр), зубчатый *или* игольчатый барабан (мр)
tambour (m) porc-épic, batteur (m) porc-épic
tamburo (m) a denti
[tambor (m)] puerco-espín (m), / *bota (f) porcupina*

a
Schlägereisen (n), Schlagnase (f), Schlagblatt (n)
blade, knife
біло (ср), нос (мр), нож (мр), ударная пластинка (жр), колотилка (жр) 9
lame (f), dent (f)
coltello (m), naso (m), lama (f)
cuchillo (m) / *ganiveta (f)*

Staubkasten (m)
dust trunk *or* chamber
пыльный ящик (мр)
caisson (m) à poussière, cage (f) à déchets
cassone (m) a polvere 10
caja (f) de polvo *o* de impurezas / *caixa (f) de pols*

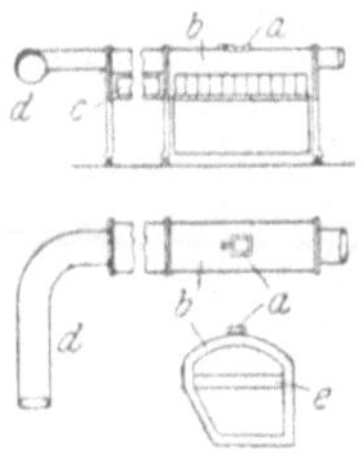

a
Verschlußklappe (f), Handklappe (f)
drop lid
затворный клапан (мр), вьюшка (жр) 11
clapet (m) de fermeture
coperchio (m) di spia, serrandola (f) a mano
tapa (f) con cierre / *forat (m) amb tanca*

b
Teilkasten (m)
compartment, section
отдѣленіе (ср) ящика
compartiment (m)
compartimento (m) 12
compartimiento (m) / *compartiment (m)*

c
Auswurfklappe (f), Türklappe (f)
grid door, dust delivery door
выбрасывательный клапан (мр), откидная дверка (жр)
porte (f) pour l'évacuation des poussières 13
ribalta (f)
compuerta (f) basculante para el polvo / *tapa (f) del fons a xarnera*

Gelenk (n)
hinge
колѣно (ср), петля (жр)
charnière (f) 14
cerniera (f)
charnela (f) / *xarnera (f)*

d
Rohrleitung (f) zum Öffner
conducting pipe to opener
трубопровод (мр) к опенеру
tuyau (m) conducteur pour l'ouvreuse 15
tubazione (f) all'apritore
tubo (m) a la abridora / *conducció (f) o tubu (m) cap a la obridora*

e
Rost (m)
grid
колосниковая рѣшетка (жр)
grille (f) 16
griglia (f)
rejilla (f) / *engraellat (m)*

Handspeisung (f), Handauflage (f)
hand feed[ing]
питаніе (ср) *или* накладываніе (ср) вручную
alimentation (f) à la main
alimentazione (f) a mano 17
alimentación (f) manual *o* a mano / *alimentació (f) a mà*

1 von Hand beschicken *oder* auflegen
to feed by hand
питать *или* снабжать вручную
alimenter à la main
alimentare a mano
alimentar a mano / *a mà*

2 Baumwollspeiser (m)
cotton supplier *or* feeder
загрузчик (мр) *или* подавальщик (мр) хлопка
alimenteur (m) de coton
alimentatore (m) di cotone
alimentador (m) de algodón / *de cotó*

3 Überspeisung (f)
excessive feed, overfeeding
чрезмѣрное питаніе (ср)
alimentation (f) excessive
alimentazione (f) eccessiva
alimentación (f) / *alimentació (f)* / excesiva

4 mechanische Speisung (f), Maschinenspeisung (f)
mechanical feed
механическое *или* машинное питаніе (ср)
alimentation (f) mécanique
alimentazione (f) meccanica *o* a macchina
alimentación (f) / *alimentació (f)* / mecánica

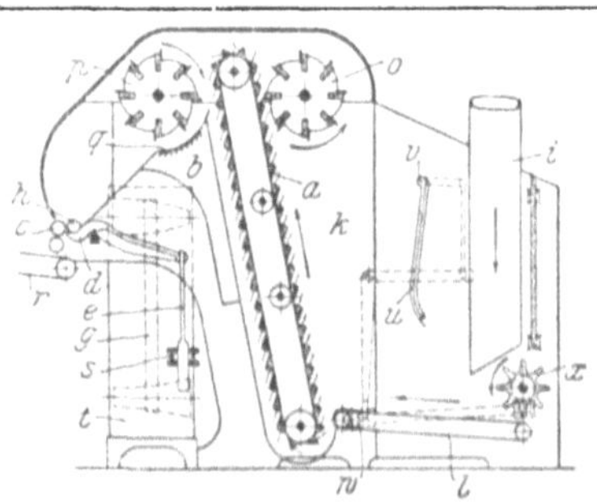

5 selbsttätiger Kastenspeiser (m) *oder* Speiseregler (m)
automatic hopper feeder
автоматическій ящичный питатель (мр) *или* фидер (мр)
chargeuse (f) automatique
caricatore (m) *o* alimentatore (m) automatico a tramoggia, tramoggia (f) di alimentazione automatica
cargadora (f) / *carregadora (f)* / automática

6 a [aufsteigendes] Nadelspeisetuch (n), Nadellattentuch (n) Stachellattentuch (n), Igellattentuch (n)
[upright] spiked lattice
[подъемная] игольчатая рѣшетка (жр)
tablier (m) [incliné] à pointes
graticcio (m) [inclinato *o* elevatore (m)] a punte
tablero (m) [inclinado] de puntas / *telera (f) [inclinada] amb claus*

7 b Abfallkasten (m)
dust box
угарный ящик (мр), ящик (мр) для отбросов
boîte (f) à déchets
cassa (f) a polvere
caja (f) para el polvo / *caixa (f) per a la pols*

c Speisezylinder (m) 8
delivery roller
выбрасывающій валик (мр), выкидной цилиндр (мр)
cylindre (m) alimentaire, rouleau (m) alimentaire
rullo (m) alimentatore
cilindro (m) alimentador / *corró (m) alimentari*

Klaviermuldenspeiseregler (m), Pedalspeiseregler (m) 9
pedal *or* piano motion, cone feed regulator
педальный питательный регулятор (мр)
régulateur (m) d'alimentation à [cônes et] pédales
regolatore (m) [di alimentazione] a pedali
regulador (m) alimentador de pedales / *regulador (m) de l'alimentació de pedals*

d Muldenhebel (m), Muldentaste (f) 10
pedal plate, feed[ing] pedal
питательная педаль (жр)
pédale (f) [d'alimentation], levier (m) à pédale
[leva (f) a] pedale (m)
palanca (f) del pedal

e Keilstangen (fpl), Pedalgehänge (n) 11
pedal pendants
подвѣска (жр) для педали, педальная серьга (жр)
pendants (mpl) *ou* contrepoids (m) des pédales
serie (f) di aste sospese [cuneiforme], pedaliera (f), contrappesi (mpl), triangoli (mpl)
colgantes (mpl), espigas (fpl) verticales / *cuas (f pl) dels pedals*

g Kegelriemen (m) 12
cone strap *or* belt
конусовый ремень (мр), передаточный ремень конусов
courroie (f) des cônes
cinghia (f) dei coni
correa (f) de los conos / *corretja (f) dels cons*

h Reglerwalze (f), Muldenhebelwalze (f) 13
pedal regulating roller
педальный цилиндр (мр)
cylindre (m) régulateur *ou* à pédales
cilindro (m) regolatore
cilindro (m) regulador / *corró (m) regulador o de pedals*

i Zuleitung (f), Zuführungsrohr (n), Speiserohr (n) 14
feed trunk *or* pipe
загрузочная *или* питательная *или* подводящая труба (жр)
conduite (f) d'alimentation
condotto (m) di alimentazione
tubo (m) alimentador / *tubu (m) alimentari*

1 k
Baumwollkasten (m), Speisekasten (m)
hopper
ящик (мр) для хлопка, питательный ящик (мр)
caisse (f) *ou* trémie (f) d'alimentation
tramoggia (f) [di alimentazione]
tolva (f) para el algodón / *tremuja (f) del cotó*

---

2 l
[unteres] Lattentuch (n)
[bottom] lattice
[нижняя] рѣшетка (жр)
tablier (m) horizontal [du bas]
graticcio (m) [inferiore] orizzontale
tablero (m) *o* tela (f) sin fin [inferior] / *telera (f) horitzontal*

---

3 o
Meßwalze (f), Abstreichwalze (f), Abstreifflügel (m)
evener roller
выравниватель (мр)
cylindre (m) égaliseur
cilindro (m) egualizzatore
cilindro (m) / *cilindre (m)* / igualador

4
die Abstreichwalze dreht sich in entgegengesetzter Richtung zum Lattentuch
the evener roller revolves in the opposite direction to the lattice
выравниватель (мр) вращается в противоположную рѣшеткѣ сторону
le cylindre égaliseur tourne en sens inverse de celui du tablier
il cilindro egualizzatore gira in senso opposto al graticcio
el cilindro igualador gira en dirección opuesta al tablero / *el cilindre igualador gira en sentit oposat a la telera*

---

5 p
Abnehmerwalze (f)
stripper [roller]
съемочный барабан (мр), очистительное било (ср)
cylindre (m) détacheur
cilindro (m) spogliatore e battitore
cilindro (m) desprendedor / *cilindre (m) descarregador*

---

6 q
Abfallrost (m)
dust bars
угарная колосниковая рѣшетка (жр)
grille (f) à déchets
griglia (f) a polvere
rejilla (f) para el polvo / *engraellat (m) per a la pols*

---

7 r
Öffnerlattentuch (n)
opener lattice
[питательная] рѣшетка (жр) разрыхлителя *или* опенера
tablier (m) d'alimentation de l'ouvreuse
tela (f) di alimentazione dell'apritoio
tablero (m) de alimentación de la abridora / *telera (f) d'alimentació de la obridora*

---

s 8
Rollenführung (f)
bowl rail
рама (жр) для роликов
glissière (f) des galets
guida (f) *o* traversa (f) dei rulli
marco (m) de rodillos / *marc (m) o regla (f) de les cues d'oreneta*

---

t 9
Reglergehäuse (n), [Regulatorgehäuse (n)]
regulator box
ящик (мр) регулятора
cage (f) du régulateur
cassa (f) del regolatore
caja (f) / *caixa (f)* / del regulador

---

u 10
Tasterbrett (n)
feeler plate
пробная доска (жр), филер (мр)
planche (f) *ou* plaque (f) sensitive
placca (f) regolatrice di alimentazione
plancha (f) reguladora de la alimentación / *planxa (f) reguladora de la alimentació*

---

v 11
Tasterachse (f)
feeler plate rod
ось (жр) филера
axe (m) de la planche sensitive
asse (f) della placca regolatrice
eje (m) de la plancha reguladora / *barra (f) de la planxa reguladora*

---

w 12
Klauenmuffe (f)
catch box
кулачная муфта (жр)
manchon (m) à griffes
giunto (m) a denti
manguito (m) de embrague / *magrana (f)*

---

x 13
Stachelwalze (f), Zufuhrwalze (f), Speisewalze (f)
spiked [feed] roller
питательный *или* подводящій *или* зубчатый валик (мр)
cylindre (m) [alimentaire] à pointes
cilindro (m) dentato di alimentazione
cilindro (m) de puntas de alimentación / *cilindre (m) alimentari de pues*

14
der Kastenspeiser ist festgelaufen
the hopper feeder is choked
ящичный питатель (мр) застопорился
la chargeuse automatique s'arrête
il caricatore automatico si arresta
la cargadora automática está obstruida / *la carregadora automàtica està atapeïda*

1 die Baumwollzufuhr selbsttätig regeln
to regulate the feed of cotton automatically
автоматически регулировать подводку *или* питанiе хлопка
régler automatiquement l'alimentation du coton
regolare automaticamente l'alimentazione del cotone
regular automáticamente la alimentación de algodón / *regular automàticament l'alimentació del cotó*

---

2 Kasteninhalt (m)
contents of hopper
содержимое (ср) ящика
contenu (m) de la trémie
contenuto (m) della tramoggia
contenido (m) de la tolva / *contingut (m) de la tremuja*

---

3 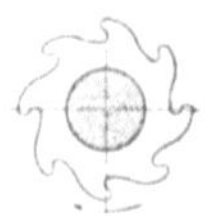
Klauenwalze (f)
claw roller
кулачный вал (мр)
cylindre (m) à griffes
cilindro (m) a denti inclinati
cilindro (m) de púas inclinadas / *corró (m) de nassos*

---

4 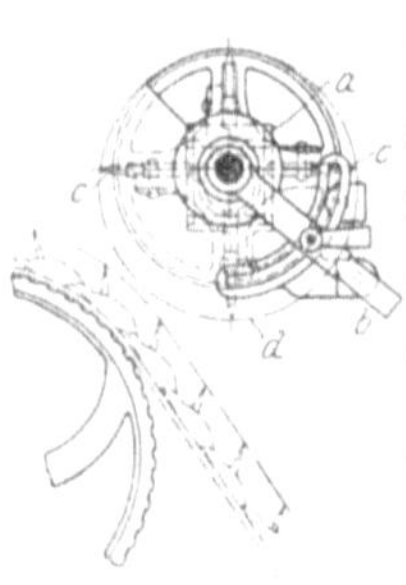

Abstreifregler (m) mit zurücktretenden Stiften
evener roller with receding spikes
выравниватель (мр) с откидными шипами
cylindre (m) égaliseur à pointes rentrantes
cilindro (m) egualizzatore con punte rientranti
cilindro (m) regulador con puntas entrantes / *cilindre (m) regulador amb puntes entrants*

---

5 a
exzentrische Spitzenführung (f)
eccentric spike motion
прибор (мр) для эксцентричнаго движенiя зубьев
dispositif (m) de mouvement excentrique des pointes
dispositivo (m) di movimento eccentrico delle punte
dispositivo (m) de movimiento excéntrico de las puntas / *dispositiu (m) de moviment excèntric de les puntes*

---

6 b
Einstellhandgriff (m)
adjusting handle
установочная рукоятка (жр)
poignée (f) de réglage
leva (f) regolatrice
palanca (f) / *maneta (f)* / reguladora

---

7 c
zurücktretender Abstreifstift (m)
receding spike
отступающiй назад снимающiй *или* сбрасывающiй шип (мр) *или* штифт (мр)
pointe (f) rentrante *ou* de recul
punta (f) rientrante
punta (f) entrante / *punta (f) entrant*

---

d
Spitzenkreis (m)
spike circle
окружность (жр) описываемая зубьями
cercle (m) des pointes 8
circolo (m) delle punte
círculo (m) de las puntas / *cercol (m) de les puntes*

Trommelöffner (m)
cylinder opener
барабанный опенер (мр) *или* разрыхлитель (мр)
ouvreuse (f) à tambour
apritoio (m) a tamburo 9
abridora (f) de cilindro / *obridora (f) de bóta*

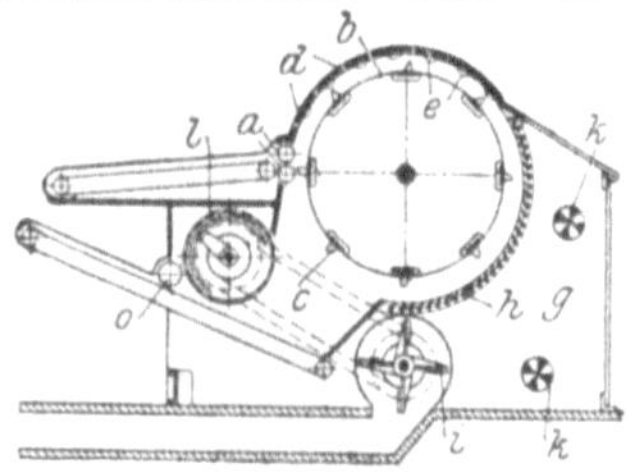

Trommelöffner (m) mit großer Trommel 10
large cylinder opener
барабанный разрыхлитель (мр) с большим барабаном
ouvreuse (f) à grand tambour
apritoio (m) a gran tamburo
abridora (f) con tambor grande / *obridora (f) de gran bóta*

---

a
[geriffelte] Speisewalze (f), [geriffelter] Speisezylinder (m)
[fluted] feed roller
рифленый питательный валик (мр) *или* цилиндр (мр)
cylindre (m) alimentaire [cannelé] 11
cilindro (m) alimentatore [a scannalature]
cilindro (m) de alimentación [estriado] / *corró (m) alimentari [ratllat]*

---

b
Öffnertrommel (f), Nasentrommel (f)
opening cylinder
барабан (мр) разрыхлителя, барабан (мр) с шипами 12
tambour (m) ouvreur à dents
tamburo (m) a denti
tambor (m) abridor / *bóta (f) de nassos*

---

c
Trommelnase (f)
cylinder tooth *or* knife
барабанный шип (мр) *или* палец (мр)
dent (f) *ou* nez (m) du tambour 13
dente (m) del tamburo
diente (m) del tambor / *nas (m) de la bóta*

---

versetzte Schlagnasen (fpl)
staggered teeth
шипы (мр), поставленные в разбивку
dents (fpl) placées en quinconce 14
denti (mpl) sfalsati
dientes (mpl) dispuestos al tresbolillo / *nassos (m pl) en zig-zag*

die Schlagnasen (fpl) sind gegeneinander versetzt
the teeth are set zig-zag [fashion]
шипы (мр) размѣщены зигзаго-образно
1 les dents (fpl) sont placées en quinconce
i denti sono fra di loro sfalsati
los dientes están dispuestos al tresbolillo / *els nassos estan disposats en zig-zag*

Nasenzahl (f)
number of teeth
2 количество (ср) *или* число (ср) шипов
nombre (m) de[s] dents
numero (m) dei denti
número (m) de [los] dientes / *nombre (m) de nassos*

Nasenzwischenraum (m)
space between the teeth
3 промежуток (мр) между шипами
espace (m) entre les dents
spazio (m) o intervallo (m) fra i denti
espacio (m) entre los dientes / *espai (m) entre els nassos*

Schleuderkraft (f) der Trommel
centrifugal force of the cylinder
центробѣжная сила (жр) барабана
4 force (f) centrifuge du tambour
forza (f) centrifuga del tamburo
fuerza (f) centrífuga del tambor / *força (f) centrífuga de la bóta*

Schlagwirkung (f)
striking effect
5 дѣйствіе (ср) *или* эфект (мр) удара
effet (m) de battage
effetto (m) di battimento
efecto (m) del batimiento / *efecte (m) de batut*

Schlagkraft (f)
striking power
6 сила (жр) удара
force (f) de battage
potere (m) battente
fuerza (f) / *força (f)* / batidora

Schlagzahl (f)
number of strokes
7 число (ср) ударов
nombre (m) de coups
numero (m) dei colpi
número (m) de golpes / *nombre (m) de cops*

Deckel (m), Gehäusedeckel (m)
cover plate
8 d крышка (жр) [барабана]
couvercle (m)
coperchio (m)
tapa (f)

Trommelhaube (f), Trommelgehäuse (n)
[cylinder] casing
футляр (мр) *или* ящик (мр) барабана 9
enveloppe (f) du tambour
cuffia (f) *o* capsula (f) del tamburo
cubierta (f) del tambor / *coberta (f) de la bóta*

Leiste (f)
cross bar [on case cover]
e поперечная планка (жр) 10
règle (f) fixe, barreau (m)
sbarra (f)
regla (f)

Abfallkasten (m)
dust box
ящик (мр) для угара
g chambre (f) à déchets 11
cassone (f) della polvere
caja (f) de impurezas / *caixa (f) de desperdicis*

Trommelrost (m), Reinigungsrost (m)
cylinder grid bars
h колосниковая рѣшетка (жр), очистительная рѣшетка
grille (f) du tambour 12
griglia (f) del tamburo
rejilla (f) del tambor / *engraellat (m) de la bóta*

Windflügel (m)
[dust] fan
i вентилятор (мр) 13
ventilateur (m)
ventilatore (m)
ventilador (m)

Flugabsonderung (f)
separation of fly
отдѣленіе (ср) пуха
séparation (f) de duvets 14
separazione (f) delle pelurie
separación (f) de la borrilla *o* pelusilla / *separació (f) del borrim o borrissol*

Abfall (m)
waste
угар (мр)
déchets (mpl) 15
cascami (mpl)
desperdicios (mpl), borras (fpl) / *desperdicis (mpl), borres (f pl)*

Luft (f) ansaugen
to draw in *or* to suck air
всосать воздух
aspirer l'air 16
aspirare dell'aria
aspirar aire

Schiebefenster (n), Schieber (m), Zugregler (m)
draught regulator
k задвижка (жр), шибер (мр), заслонка (жр), регулятор (мр) тяги 17
papillon (m), registre (m)
registro (m) regolatore
regulador (m) de tiraje / *de tiratge*

den Zug regeln
to regulate the draught *or* air current
регулировать тягу
1 régler le courant d'air
regolare la corrente d'aria
regular la corriente de aire / *regular la corrent d'aire*

Wechselwirkung (f) zwischen Luftstrom und Schleuderkraft
reciprocating effect between the air current and centrifugal force
взаимодѣйствіе (ср) между тягою и центробѣжною силою
2 action (f) réciproque entre le courant d'air et la force centrifuge
effetto (m) reciproco fra la corrente d'aria e la forza centrifuga
efecto (m) recíproco entre la corriente de aire y la fuerza centrífuga / *acció (f) recíproca entre la corrent d'aire i la força centrífuga*

Siebtrommel (f)
dust cage
сѣтчатый *или* рѣшетчатый барабан (мр)
3 1 tambour (m) à crible, tambour métallique
tamburo (m) perforato, cilindro (m) a staccio
tambor (m) perforado / *caixa (f) d'aspiració, gabia* (f)

Trommel (f) aus gelochtem Stahlblech
perforated steel plate cage
барабан (мр) из перфорированной листовой стали
4 tambour (m) en tôle d'acier perforée
tamburo (m) di lamiera d'acciaio perforata
tambor (m) de chapa de acero perforada / *bombo (m) o caixa (f) de planxa d'acer trepanada*

Blechsiebtrommel (f)
perforated sheet iron cage
барабан (мр) из перфорированной жести
5 tambour (m) en tôle perforée
tamburo (m) di lamiera perforata
tambor (m) de chapa perforada / *bombo (m) de planxa trepanada*

Drahtsiebtrommel (f)
wire cage
барабан (мр) из проволочной сѣтки
6 tambour (m) à crible en fils métalliques
tamburo (m) a rete metallica
tambor (m) de tela metálica / *caixa (f) de tela metàllica*

Preßwalze (f)
condensing roller
съемный валик (мр)
7 o cylindre (m) condenseur
cilindro (m) condensatore
cilindro (m) condensador / *cilindre (m) condensador*

Watte[n]bildung (f)
formation of lap
образованіе (ср) холста
formation (f) de la nappe
formazione (f) della tela d'ovatta 8
formación (f) / *formació (f)* / de la tela

Wattendicke (f)
thickness of the lap
толщина (жр) холста *или* ваты
épaisseur (f) de la nappe
spessore (m) o titolo (m) della tela d'ovatta 9
espesor (m) / *gruix (m)* / de la tela

Doppelöffner (m)
double opener
двойной опенер (мр)
ouvreuse (f) double
apritoio (m) doppio
abridora (f) / *obridora (f)* / doble 10

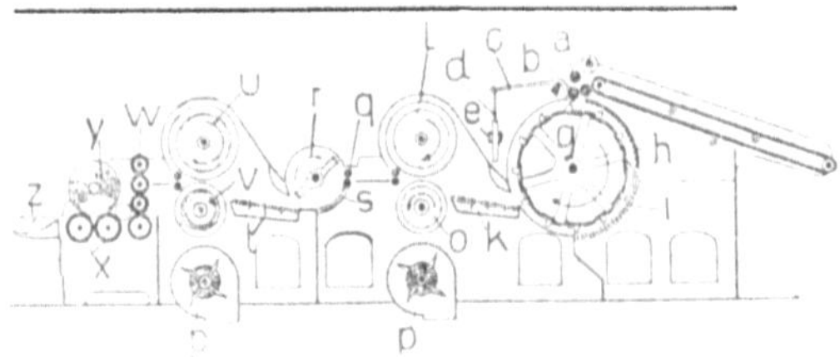

Trommelöffner (m) mit Schläger und Wickelvorrichtung
cylinder opener combined with beater [scutcher] and lap machine
комбинированный разрыхлитель (мр) с трепалом и навойным аппаратом
ouvreuse (f) à tambour combinée avec un batteur-enrouleur 11
apritoio (m) a tamburo combinato con battitore e avvolgitore
abridora (f) de tambor combinada con batán-arrollador / *obridora (f) de bóta combinada amb batan-atelador*

Speisewalze (f)
feed roller
питательный валик (мр) *или* цилиндр (мр)
a cylindre (m) alimentaire 12
rullo (m) alimentatore
cilindro (m) alimentador / *corró (m) alimentari*

Reglerwalze (f), Muldenhebelwalze (f)
pedal [regulating] roller
регулирующій валик (мр) *или* цилиндр (мр), рычажный валик (мр)
b cylindre (m) régulateur 13
cilindro (m) regolatore
cilindro (m) regulador / *corró (m) regulador*

Muldenhebel (m), Muldentaste (f)
piano lever, feed pedal
питательная педаль (жр)
c pédale (f) [d'alimentation] 14
[leva (f) a] pedale (m)
palanca (f) [acodada] / *[colzada]* / del pedal

Muldenform (f), [Muldenprofil (n)]
shape of pedal
1 форма (жр) *или* профиль (мр) лотка *или* желоба
profil (m) de l'auge
profilo (m) del pedale
perfil (m) del pedal

---

auswechselbarer Muldenhebel (m)
interchangeable pedal
2 съемная педаль (жр)
pédale (f) interchangeable
pedale (m) ricambiabile
pedal (m) intercambiable

Keilstange (f)
pedal pendant, fish tail [pendant]
3 d педальная подвѣска (жр) *или* серьга (жр)
contrepoids (m) de la pédale
contrappeso (m) del pedale
colgante (m) / *cua* (*f*) / del pedal

Rollenfuhrung (f)
bowl rail
рама (жр) для роликов
4 e glissière (f) des galets
guida (f) dei rulli
guia (f) de rodillos / *guia* (*f*) *dels rodets*

Nasentrommel (f), Öffnertrommel (f)
opening cylinder
барабан (мр) *или* волчок (мр) с шипами, шиповидный
5 g волчок (мр)
tambour (m) ouvreur à dents
tamburo (m) a denti
tambor (m) abridor / *bóta* (*f*) *obridora*

Trommeldeckelplatte (f)
cylinder cover plate
6 h крышка (жр) барабана
couvercle (m) du tambour
coperchio (m) del tamburo
tapa (f) del tambor / *de la bóta*

Trommelrost (m)
cylinder grid bars
колосниковая рѣшетка (жр) барабана
7 i grille (f) du tambour
griglia (f) del tamburo
rejilla (f) del tambor / *engraellat* (*m*) *de la bóta*

Kastenrost (m), Kanalrost (m)
dust bars
продольная колосниковая рѣшетка (жр)
8 k grille (f) du canal
griglia (f) rettilinea
rejilla (f) rectilínea de tambor / *engraellat* (*m*) *rectilini de bóta*

Rostkasten (m), Rostkanal (m) Rostkammer (f)
dust box
ящик (мр) под колосниками, пыльная *или* сборная ка-
9 мера (жр)
boîte (f) à duvets
cassa (f) a polvere
caja (f) de polvo / *caixa* (*f*) *de póls*

---

obere Siebtrommel (f)
top cage
верхній ситчатый барабан (мр)
l tambour (m) métallique supérieur 10
tamburo (m) perforato superiore
tambor (m) metálico superior / *tambor* (*m*) *metàl·lic superior, gàbia* (*f*) *de dalt*

---

untere Siebtrommel (f)
bottom cage
нижній ситчатый барабан (мр)
o tambour (m) métallique inférieur 11
tamburo (m) perforato inferiore
tambor (m) metálico inferior / *tambor* (*m*) *metàl·lic inferior, gàbia* (*f*) *de baix*

Sauger (m), Schleudersauger (m), Windflügel (m), Staubflügel (m)
dust fan
p вентилятор (мр) 12
ventilateur (m) [à poussière]
ventilatore (m)
ventilador (m)

Schlägerspeisezylinder (mpl), Schlägerspeisewalzen (fpl)
beater feed rollers
питательные цилиндры (мр) трепала
q cylindres (mpl) alimentaires du volant 13
cilindri (mpl) alimentatori del volante
cilindros (mpl) alimentadores del volante / *corrons* (*mpl*) *alimentaris de la devanadora*

Schlägerdeckel (m), Schlägerverdeck (n)
beater cover
крышка (жр) трепала
r couvercle (m) du volant 14
coperchio (m) del volante
tapa (f) del volante / *tapa* (*f*) *o coberta* (*f*) *de la devanadora*

Schlägerrost (m)
beater grid [bars]
колосниковая рѣшетка (жр) трепала
s grille (f) du volant 15
griglia (f) del volante
rejilla (f) del volante / *engraellat* (*f*) *de la devanadora*

Schlägerkanalrost (m)
beater dust box bars
продольные колосники (мр) трепала
t grille (f) du canal 16
griglia (f) rettilinea
rejilla (f) rectilínea de volante / *engraellat* (*m*) *rectilini de devanadora*

---

zweite obere Siebtrommel (f)
second top cage
второй верхній ситчатый барабан (мр)
u deuxième tambour (m) métallique supérieur 17
secondo tamburo (m) perforato superiore
segundo tambor (m) metálico superior / *segon tambor* (*m*) *metàl·lic superior*

zweite untere Siebtrommel (f)
second bottom cage
второй нижній ситчатый барабан (мр)
1 v deuxième tambour (m) métallique inférieur
secondo tamburo (m) perforato inferiore
segundo tambor (m) metálico inferior / *segon tambor (m) metàllic inferior*

Preßwalzen (fpl), Glättwalzen (fpl), [Kalanderwalzen (fpl)]
calender rollers, press rollers
плющильные *или* каландровые *или* уплотнительные валы (мр)
2 w rouleaux (mpl) comprimeurs *ou* calandreurs
rulli (mpl) da calandra
cilindros (mpl) compresores, calandras (fpl) / *corrons (mpl) compressors, calandres (fpl)*

---

geriffelte Wickelwalzen (fpl)
fluted lap rollers
рифленые скатывающіе *или* навойные *или* холстовые ролики (мр)
3 x rouleaux (mpl) enrouleurs cannelés
rulli (mpl) scanalati per la tela d'ovatta
cilindros (mpl) arrolladores estriados / *corrons (mpl) ratllats enrotlladors*

Wickel (m)
lap
холстовой рулон (мр)
4 y rouleau (m)
rotolo (m) a falda
tela (f), napa (f)

Wickelmulde (f), Wickellager (n), Wickelschale (f)
lap rest, lap cradle
лоток (мр) для холста
5 z support (m) de rouleaux
porta-tela (m)
soporte (m) para las telas / *suport (m) per a les teles*

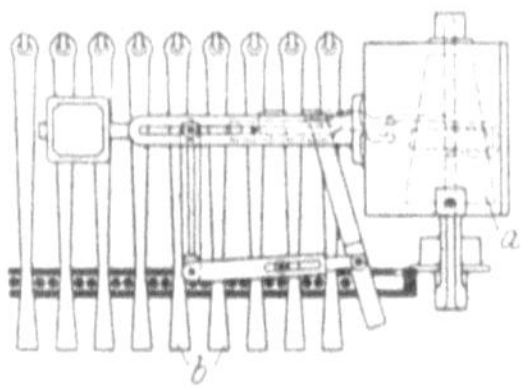

Speiseregler (m) mit Antifriktionsrollen *oder* Doppelrollen
feed regulator with antifriction bowls
регулятор (мр) питанія с антифрикціонными роликами *или* двойными роликами
6 régulateur (m) d'alimentation à galets antifriction
regolatore (m) di alimentazione a rulli antifrizione
regulador (m) de alimentación con rodillos de antifricción / *regulador (m) de l'alimentació amb rodets antifricció*

Kegelgetriebe (n)
[regulator] cones
коническая передача (жр), передача конусами
a cônes (mpl) 7
coni (mpl)
conos (mpl) / *cons (mpl)*

Hängestab (m), Keilstange (f)
pendant, fish tail
педальная подвѣска (жр) *или* серьга (жр) 8
b pendant (m)
contrappeso (m)
cola (f) / *cua (f)* / del pedal

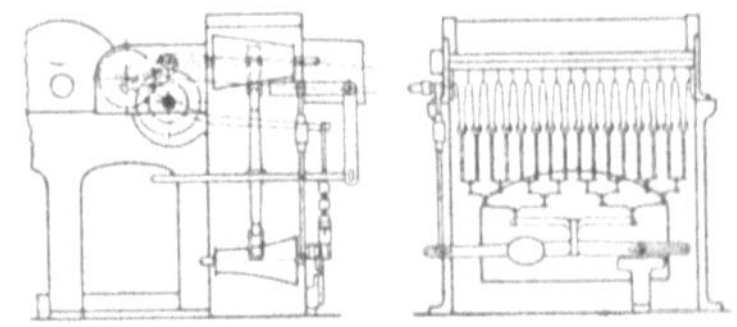

Speiseregler (m) mit Gliederanordnung
feed regulator with link arrangement
регулятор (мр) питанія, состоящій из звеньев; коромысловый регулятор питанія
régulateur (m) d'alimentation à maillons 9
regolatore (m) di alimentazione a maglie articolate
regulador (m) de alimentación con anillos [de suspensión] y palancas / *regulador (m) de l'alimentació de mallons o d'anelles*

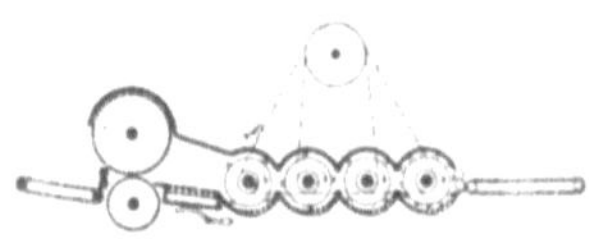

Trommelöffner (m) mit mehreren kleinen Trommeln
multiple cylinder opener
барабанный разрыхлитель (мр), состоящій из нѣскольких небольших барабанов 10
ouvreuse (f) à plusieurs petits tambours
apritoio (m) con più tamburi piccoli
abridora (f) de tambores múltiples / *obridora (f) de bótes múltiples*

Schlägeröffner (m), Kegelöffner (m), Öffner (m) mit kegeliger Schlagnasentrommel, Crighton-Öffner (m)
beater opener, Crighton opener
колотильный *или* бительный разрыхлитель (мр), крейтон (мр)
ouvreuse (f) Crighton, batteur-ouvreur (m)
apritoio (m) tipo Crighton 11
abridora (f) / *obridora (f)* / Crighton

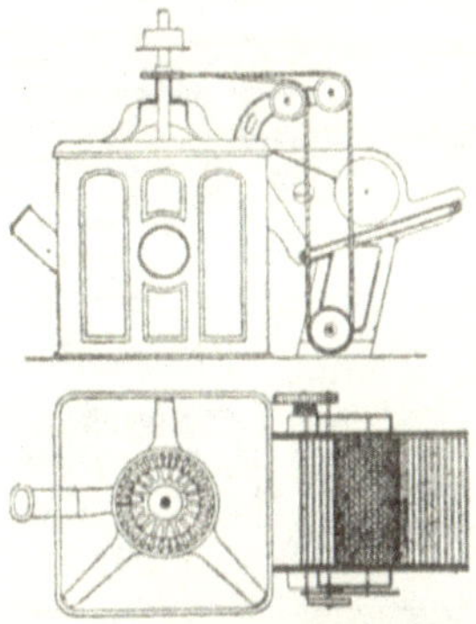

Öffner (m) mit stehendem Kegel, [Vertikalöffner (m)]
vertical beater opener
вертикальный опенер (мр), разрыхлитель (мр) с вер-
1 тикальным барабаном
ouvreuse (f) verticale
apritoio (m) verticale
abridora (f) / *obridora (f) / vertical*

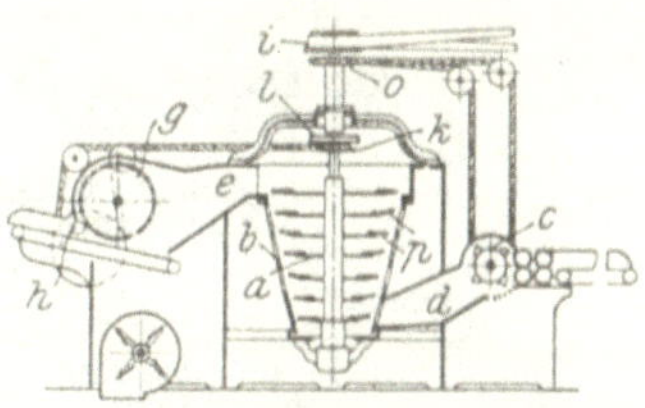

Kegelöffner (m) mit Voröffner
vertical [beater] opener combined with porcupine opener
вертикальный опенер (мр), комбинированный с питателем „Поркюпэн"
ouvreuse (f) verticale combinée avec sous-ouvreuse (f) *ou* avec ouvreuse prépara-
2 toire porc-épic
apritoio (m) verticale combinato con apritoio preparatorio porcospino
abridora (f) vertical combinada con abridora preparatoria puerco-espín / *obridora (f) vertical en combinació amb una porcupina*

Scheibe (f) des Schlagflügels, Kreisscheibe (f), Schlagnasenscheibe (f), Schlagnasenplatte (f)
circular beater plate
вращающійся *или* ножевый
3 a *или* колотильный диск (мр)
disque (m) *ou* plaque (f) du volant
disco (m) del volante
disco (m) del batidor / *disc (m) o plat (m) de la devanadora*

kegelförmiger Rost (m), Schlägerrost (m)
conical beater grid
коническая колосниковая
b рѣшетка (жр) 4
grille (f) conique du volant
griglia (f) conica del volante
rejilla (f) cónica del batidor / *engraellat (m) cònic de la devanadora*

Nasentrommel (f)
porcupine cylinder
волчок (мр), подготовительный разрыхлитель (мр)
c tambour (m) porc-épic 5
tamburo (m) porcospino
tambor (m) puerco-espín / *bota (f) porcupina*

Baumwolleinlaß (m)
cotton inlet *or* feed
загрузочное отверстіе (ср) *или* впуск (мр) для хлопка
d [canal (m) d'] entrée (f) du coton 6
bocca (f) di caricamento del cotone
entrada (f) del algodón / *del cotó*

Baumwollauslaß (m)
cotton outlet *or* delivery
выпускное отверстіе (ср) *или* выпуск (мр) для хлопка
e [canal (m) de] sortie (f) du coton 7
bocca (f) di scaricamento del cotone
salida (f) del algodón / *sortida (f) del cotó*

Siebtrommel (f)
cage
ситчатый барабан (мр)
g tambour (m) métallique 8
tamburo (m) perforato
tambor (m) metálico / *caixa (f) metàl·lica*

Abzugwalze (f), Ablieferwalze (f)
delivery roller
выпускной валик (мр)
h cylindre (m) détacheur 9
cilindro (m) scaricatore
cilindro (m) de entrega / *corró (m) de sortida*

Antriebscheibe (f)
driving pulley
приводный шкив (мр)
i poulie (f) de commande 10
puleggia (f) motrice *o* di comando
polea (f) motriz *o* de mando / *politja (f) de comanda*

Seilrolle (f) für den Antrieb der [Ab-]Lieferungsseite
rope pulley for driving delivery end
канатный блок (мр) для привода выпускного валика
k poulie (f) à gorge actionnant la sortie du coton 11
puleggia (f) a gola per il comando dello scaricatore
polea (f) de garganta motora del mecanismo de salida del algodón / *politja (f) de gorja o de canal que mou la sortida del cotó*

Seilrolle (f) fur den Antrieb des Lüfters oder Saugers
rope pulley for driving fan
канатный блок (мр) для привода всасывателя *или* вентилятора
1 poulie (f) à gorge actionnant le ventilateur
puleggia (f) a gola per il comando dell'aspiratore
polea (f) de garganta para mover el ventilador / *politja (f) de gorja que mou el ventilador*

Seilrolle (f) fur den Antrieb der Nasentrommel
rope pulley for driving porcupine cylinder
канатный блок (мр) для привода подготовительнаго разрыхлителя
2 o poulie (f) à gorge actionnant le tambour porc-épic
puleggia (f) a gola per il comando del tamburo porcospino
polea (f) de garganta para mover la porcupina / *politja (f) de gorja que mou la porcupina*

Zahn (m), Schläger (m), Schlagnase (f)
[beater] knife, blade
зуб (мр), било (ср), нож (мр), колотильная *или* бительная планка (жр)
3 p dent (f), nez (m), lame (f)
nasello (m), dente (m), [lama (f) di] coltello (m)
cuchillo (m), diente (m) / *ganiveta (f), dent (f), nas (m)*

Stabrostanordnung (f)
arrangement of dust bars
расположенie (ср) колосников
4 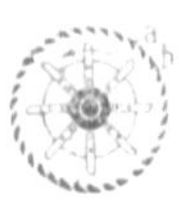 disposition (f) des barreaux de grille
disposizione (f) delle bacchette della griglia
disposición (f) de los barrotes para polvo / *dispositiu (f) dels barrots de la pols*

Dreikantroststab (m)
triangular dust bar
трехгранный колосник (мр)
barreau (m) de grille triangulaire
5 a bacchetta (f) triangolare della griglia
barrote (m) triangular para polvo / *barrot (m) triangular per a la pols*

Rostspalte (f)
space between the dust bars
щель (жр) между колосниками
6 b espacement (m) entre les barreaux
vano (m) della griglia
intersticio (m) entre los barrotes / *espai (m) lliure entre els barrots*

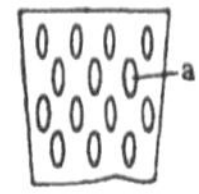

Plattenrost (m)
plate grid
колосниковая рѣшетка (жр) из продыравленнаго листа
grille (f) en tôle perforée 7
griglia (f) a piastra
rejilla (f) de chapa perforada / *engraellat (m) de placa foradada*

Auswurföffnung (f)
outlet
выкидное отверстie (ср)
a trou (m) de sortie 8
foro (m) di sortita
abertura (f) de salida / *forat (m) de sortida*

Taschenrost (m), Röhrenrost (m), Trichterrost (m)
pocket grid
пазовидная *или* трубчатая *или* воронкообразная колосниковая рѣшетка (жр) 9
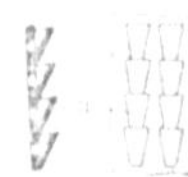 grille (f) en forme de poches
griglia (f) a tasche
rejilla (f) de placas en forma de bolsillo / *engraellat (m) de plaques en forma de butxaca*

---

trichterförmiger Ansatz (m), Tasche (f), Trichter (m)
pocket
воронкообразная насадка
a (жр), воронка (жр), паз (мр) 10
poche (f)
tasca (f)
bolsillo (m) / *butxaca (f)*

Stabrost (m) mit Hechelstab
bar grid with spiked plate
планочная колосниковая рѣшетка (жр) с гребнем
grille (f) à barreaux avec plaque à pointes
griglia (f) a barre con placca a pettine
rejilla (f) de barrotes con placa de puntas / *engraellat (m) de barrots amb placa de puntes* 11

Hechelstab (m), Stahlkamm (m)
spiked plate
гребенчатая планка (жр), стальной гребень (мр)
plaque (f) à pointes
placca (f) a pettine 12
placa (f) de puntas / *amb puntes*

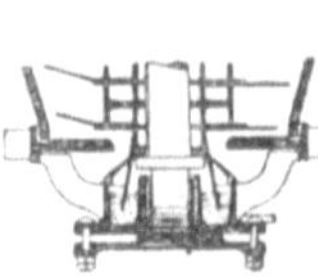
wassergekühltes Fußlager (n)
water cooled footstep
подпятник (мр) трепала, охлаждаемый водою
crapaudine (f) à refroidissement d'eau
sopporto (m) a ralla con raffreddamento ad acqua 13
tejuelo (m) *o* rangua (f) con refrigeración por agua / *grapaldina (f) amb refrigeració d'aigua*

Entlastungsseiltrieb (m) *oder* Ausgleichseiltrieb (m) der Hauptwelle
balanced rope driving of vertical shaft
балансирный привод (мр) для главнаго вала
commande (f) à tension équilibrée de l'arbre vertical
1 comando (m) a tensione equilibrata dell'albero verticale
mando (m) del árbol vertical por cuerdas con tensión equilibrada / *renvio (m) equilibrat per corda del arbre vertical*

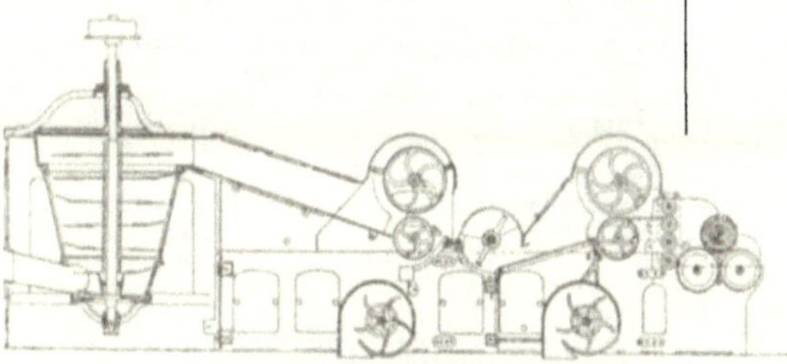

Vertikalöffner (m) mit Schläger und Wickelvorrichtung
vertical beater opener with scutcher and lap part
крейтон (мр), комбинированный с трепальным волчком и с навойным приспособленіем
2 ouvreuse (f) verticale combinée avec batteur-enrouleur *ou* avec batteur et appareil d'enroulage
apritoio (m) verticale con battitoio e apparato di avvolgimento della falda
abridora (f) vertical combinada con batán atelador / *obridora (f) vertical Crighton amb batan atelador*

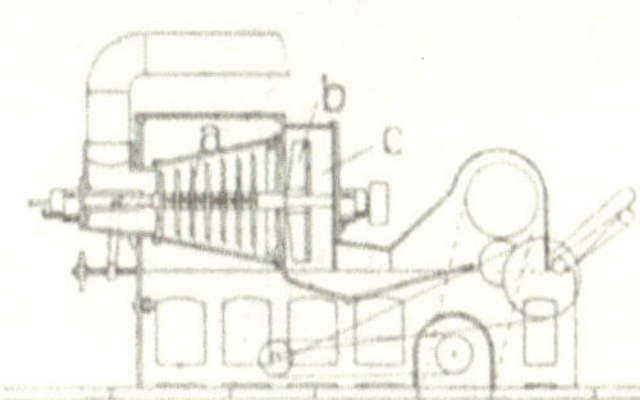

Öffner (m) mit wagrechter, kegelförmiger Schlagnasentrommel
horizontal conical beater opener, horizontal Crighton opener
разрыхлитель (мр) с горизонтальным коническим барабаном
3 ouvreuse (f) conique horizontale
apritoio (m) a tamburo conico orizzontale
abridora (f) Crighton horizontal / *obridora (f) Crighton horitzontal*

Schlagnasentrommel (f)
beater, conical cylinder
барабан (мр) с ножами, колотильный *или* бительный барабан (мр)
a volant (m), tambour (m) conique 4
volante (m), aspa (f), battitore
devanadera (f), [cilindro] batidor (m), volante (m) / *cilindre (m) batidor, devanadora (f), volant (m)*

Saugflügelrad (n)
exhaust fan
тяговой вентилятор (мр)
b ventilateur (m) aspirateur 5
ventilatore (m) aspiratore
ventilador (m) aspirante / *ventilador (m) aspirant*

Saugkasten (m)
fan casing
присасывающій ящик (мр)
c enveloppe (f) du ventilateur 6
cassa (f) d'aria
caja (f) de aire de aspiración / *caixa (f) d'aire d'aspiració*

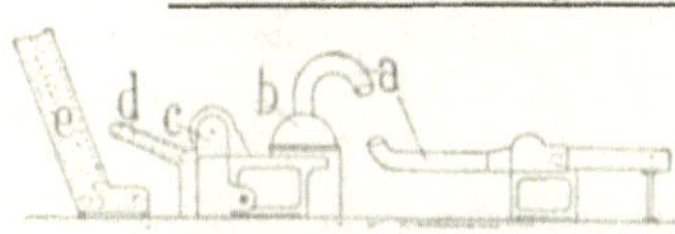

pneumatische Fördervorrichtung (f) für die Baumwolle
pneumatic system to convey cotton
установка (жр) для пневматической подачи хлопка
installation (f) de transport pneumatique du coton 7
installazione (f) pel richiamo pneumatico del cotone
aparato (m) de transporte neumático del algodón / *aparell (m) neumàtic de transport del coto*

Ansaugung (f)
suction
присасываніе (ср)
aspiration (f) 8
succhiamento (m), aspirazione (f)
aspiración (f) / *aspiració (f)*

Rohrleitung (f)
piping
трубопровод (мр)
a tuyau (m) 9
tubazione (f)
tubo (m), tubería (f) / *tub (m), tuberia (f)*

Sauger (m), Saugfilter (m), [Exhaustor (m)]
exhaust fan
присасыватель (мр), эксгаустер (мр)
b ventilateur (m) aspirateur 10
ventilatore (m) aspiratore
ventilador (m) aspirante / *per aspiració*

Siebtrommel (f)
cage
ситчатый барабан (мр)
c tambour (m) métallique 11
cilindro (m) a staccio
tambor (m) metálico / *caixa (f) metàllica*

1 d
Abführlattentuch (n)
delivery lattice
отводящая *или* выкидная рѣшетка (жр)
tablier (m) délivreur
tavola (f) mobile di scarico
tablero (m) de entrega / *telera (f) d'entrega*

2 e
Steiggitter (n)
upright *or* elevating lattice
вертикальная *или* подъемная рѣшетка (жр)
tablier (m) releveur, toile (f) sans fin ascendante
tavola (f) elevatrice
tablero (m) elevador / *telera (f) vertical o elevadora*

3

kastenförmiger Saugöffner (m), pneumatischer Kastenöffner (m)
pneumatic box opener
ящичный вентиляціонный *или* пневматическій разрыхлитель (мр)
ouvreuse (f) fermée pneumatique
apritoio (m) ad aspirazione chiuso
caja-abridora (f) neumática / *caixa-obridora (f) neumàtica*

4
schonende Behandlung (f) des Fasergutes
careful treatment of the fibrous material
бережное обращеніе (ср) с волокном
traitement (m) soigneux des fibres
trattamento (m) accurato delle fibre
tratamiento (m) cuidadoso de las fibras / *tractament (m) delicat de les fibres*

5
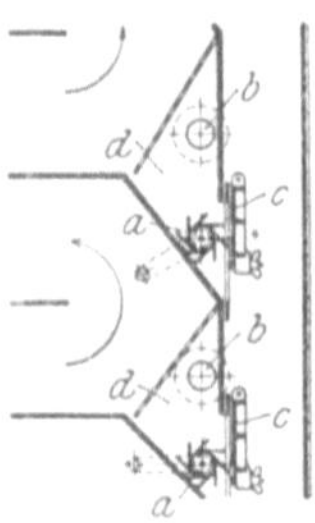

a
Abfuhrwalze (f), Entleerungswalze (f)
discharging roller
выходной валик (мр)
cylindre (m) de décharge
cilindro (m) scaricatore
cilindro (m) de descarga / *cilindre (m) descarregador*

6 b
Fenster (n)
window
окно (ср)
fenêtre (f)
finestra (f)
ventanilla (f) / *finestra (f)*

7 c
Innentür (f)
inside door
внутренняя дверь (жр)
porte (f) pour l'intérieur
porta (f) per l'interno
puerta (f) / *porta (f)* / interior

8 d
Staub- und Schmutzkammer (f), Abfallkammer (f)
dust and dirt chamber
камера (жр) для угара, сора и пыли
chambre (f) à déchets
cassa (f) a polvere
caja (f) de polvo / *caixa (f) de pols*

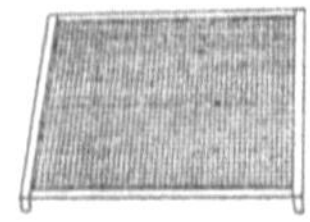
Sieb (n), Abfallsieb (n)
screen, sifter
сито (ср), [угарное] рѣшето (ср) 9
pare-déchets (m)
staccio (m) [a polvere]
tamiz (f), / *cedaç (m)*

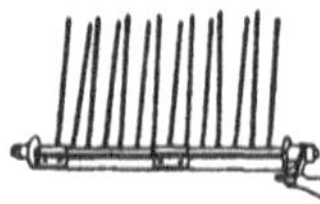
Schüttelstäbe (m pl)
shaker pins
сотрясатели (мр), взбиватели (мр) 10
aiguilles (f pl) à secousses
aste (f) a scosse
agujas (f) sacudidoras / *agulles (f pl) sacsejadores*

die Stäbe (m pl) schütteln die Baumwolle
the pins shake the cotton
прутки (мр) взбивают хлопок
les aiguilles (f pl) secouent le coton
le aste scuotono il cotone 11
las agujas sacuden el algodón / *les agulles sacsejen el cotó*

Staubkasten (m)
dust trunk
пыльная камера (жр), коробка (жр) для пыли
cage (f) à déchets
cassone (m) a polvere
caja (f) para el polvo 12
/ *caixa (f) de pols*

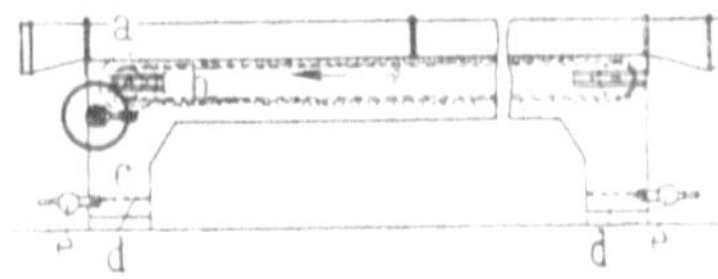

Staubkasten (m) mit selbsttätiger Entleerung
automatic dust trunk
пыльный ящик (мр) с автоматическим удаленіем
cage (f) à déchets à décharge automatique 13
cassone (m) a polvere a scaricamento automatico
caja (f) para el polvo con descarga automática / *caixa (f) de pols amb descarga automàtica*

a
Flugkanal (m)
cotton passage
подающая труба (жр) для хлопка 14
conduite (f) du coton
condotto (m) del cotone
conducto (m) del algodón / *passatge (m) del cotó*

b
Staubfanglattentuch (n)
dust lattice
безконечная лента (жр) пылесобирателя *или* коллектора 15
tablier (m) à déchets
graticcio (m) a polvere
tablero (m) para el polvo / *telera (f) per a la pols*

c
Abwurfkasten (m)
dust box
опорожнитель (мр) 16
boîte (f) à déchets
cassa (f) a polvere
caja (m) de polvo / *caixa (f) de pols*

1 d
ausgewuchtetes [*oder* ausbalanziertes] Bodenblech (n)
balanced drop door *or* drop lid
уравновѣшенный затворный клапан (мр)
clapet (m) équilibré, porte (f) de nettoyage équilibrée
valvola (f) a cerniera equilibrata
fondo (m) de descarga basculante / *porta (f) de descarrega basculant*

---

2 e
Gegengewicht (n)
balance weight
противовѣс (мр)
contrepoids (m)
contrappeso (m)
contrapeso (m) / *contrapès (m)*

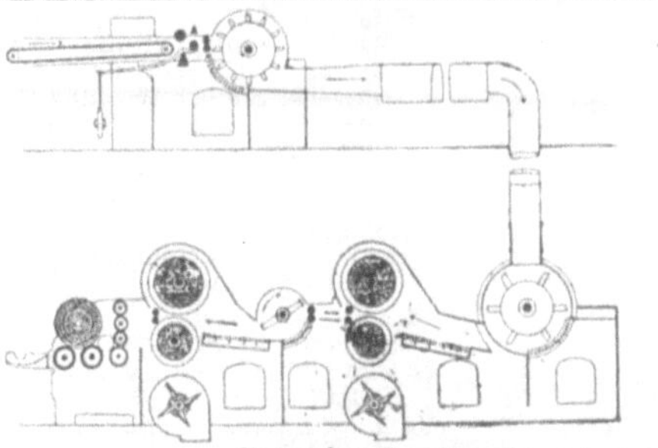

3
liegender Saugöffner (m) mit Voröffner und Schlagmaschine
horizontal exhaust opener with small opener and beater
комбинація (жр) из горизонтальнаго засасывающаго опенера с предварительным разрыхлителем и трепальной машиной
ouvreuse (f) pneumatique horizontale avec ouvreuse porc-épic et batteur
apritoio (m) pneumatico orizzontale con apritoio porcospino e battitoio
abridora (f) neumática horizontal con abridora porcupina y batán / *obridora (f) neumàtica horitzontal amb porcupina i batan*

4
die Baumwolle wird pneumatisch durch Rohre geleitet
the cotton is sucked through pipes
хлопок (мр) перемѣщается по трубам пневматически
le coton est aspiré par des tuyaux
il cotone è richiamato pneumaticamente mediante una tubazione
el algodón es aspirado a través de tubos / *el cotó es xuclat al través de tubos*

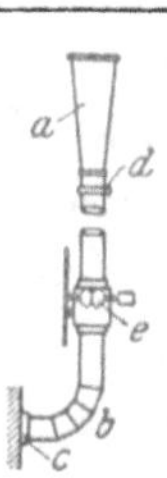

5
Rohrleitung (f)
piping
трубопровод (мр)
tuyautage (m), tuyauterie (f)
tubazione (f)
tubería (f)

---

galvanisiertes Verbindungsrohr (n)
galvanised connecting pipe
гальванизированная соединительная труба (жр)
conduite (f) de raccordement galvanisée 6
condotto (m) di collegamento zincato
tubería (f) galvanizada de unión / *tubería (f) d'unió galvanitzada*

---

a
Rohrtrichter (m), Speisetrichter (m)
feeding funnel
воронкообразная труба (жр) 7
entonnoir (m) d'alimentation
imbuto (m) di alimentazione
embudo (m) de alimentación / *embut (m) alimentari*

---

b
Rohrbogen (m), Rohrkrümmer [(m)
pipe bend
колѣнчатая труба (жр), колѣно (ср), отвод (мр) 8
coude (m) de tuyautage
gomito (m)
codo (m) / *colze (m)*

---

c
Rohrmündung (f), Mundstück [(n)
mouth-piece
устье (ср) трубы, мундштук (мр) 9
débouché (m) du tuyau
bocca (m) del tubo
embocadura (f)

---

d
Rohrband (n), Rohrschelle (f)
pipe clip
хомут (мр) *или* соединительное кольцо (ср) для трубы
étrier (m), collier (m), bride (f) de connexion 10
collare (m), graffa (f), bracciuolo (m)
abrazadera (f), collar (m) / *collarí (m)*

---

e
Rohrverschluß (m), Verschlußklappe (f)
pipe valve
затворный клапан (мр) трубы 11
valve (f) de tuyautage
valvola (f) della tubazione
válvula (f) de la tubería

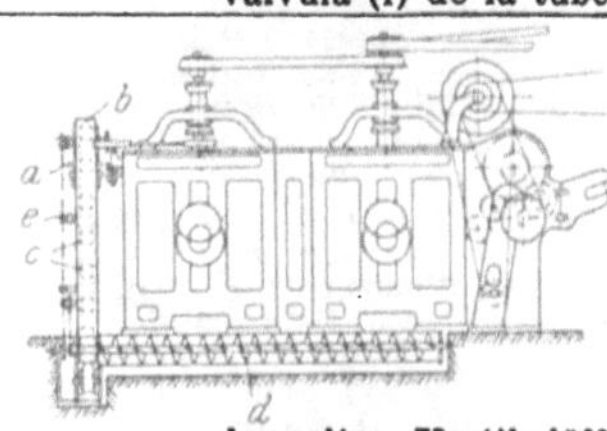

doppelter Vertikalöffner (m) mit Abfallabführung
double vertical opener with dust remover
сдвоенный крейтон (мр) с [автоматическим] отводом угара
ouvreuse (f) double verticale avec appareil d'élimination des déchets 12
apritoio (m) doppio verticale con apparecchio di eliminazione della polvere
abridora (f) vertical doble con extractor de polvo / *obridora (f) vertical doble amb extractor de pols*

1 a
Spannlager (n) des Bechertuches
elevator tightening bracket
натяжной подшипник (мр) для элеваторной ленты
support (m) tendeur de l'élévateur
sopporto (m) tenditore dell'elevatore
soporte (m) / *suport* (m) / tensor del elevador

2 b
Zubringer (m), Becherwerk (n), [Elevator (m)]
elevator
элеватор (мр), транспортер (мр)
élévateur (m) à godets
elevatore (m) a secchielli *o* a tazze
cadena (f) de cangilones / *elevador (m) de catúfols*

3 c
Förderbecher (m), [Elevatorbecher (m)]
elevator bucket
коробка (жр) элеватора
godet (m) de l'élévateur
secchiello (m) *o* tazza (f) dell'elevatore
cangilón (m) / *catúfol (m)* / del elevador

4 d
Förderschnecke (f), [Transportschnecke (f)]
screw conveyor, conveyor worm
червячный транспортер (мр)
transporteur (m) à vis, vis (f) transporteuse
vite (f) *o* coclea (f) di trasporto
rosca (f) transportadora

5 e
Kettenspanner (m)
chain tightener
прибор (мр) для натяженія цѣпи
tendeur (m) de chaine
tenditore (m) per la catena
tensor (m) de cadena

6
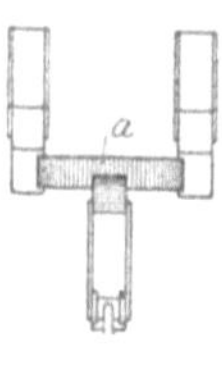
doppelte *oder* wechselnde Speisevorrichtung (f)
reversing feed motion
двойной *или* поперемѣнно дѣйствующій питательный аппарат (мр)
dispositif (m) d'alimentation réversible
dispositivo (m) di alimentazione riversibile
dispositivo (m) de alimentación reversible / *dispositiu (m) d'alimentació reversible*

7 a
Lattentuch (n) mit selbsttätiger Umsteuerung *oder* Kehrvorrichtung
travelling lattice with automatic reversing gear
рѣшетка (жр) с автоматическою перемѣною хода
tablier (m) avec commande de renversement automatique
graticcio (m) con meccanismo di inversione automatica
tablero (m) sin fin con dispositivo de inversión automática del movimiento / *telera (f) sens fi amb moviment d'inversió automàtic*

c) Schlagmaschinen (f pl)
Scutchers, Lap Machines
Трепальныя машины (жр)
Batteurs (m pl) [étaleurs *ou* enrouleurs]
Battitoi (m pl), battitori (m pl) 8
Batanes (mpl) / *Batans (m pl) ateladors*

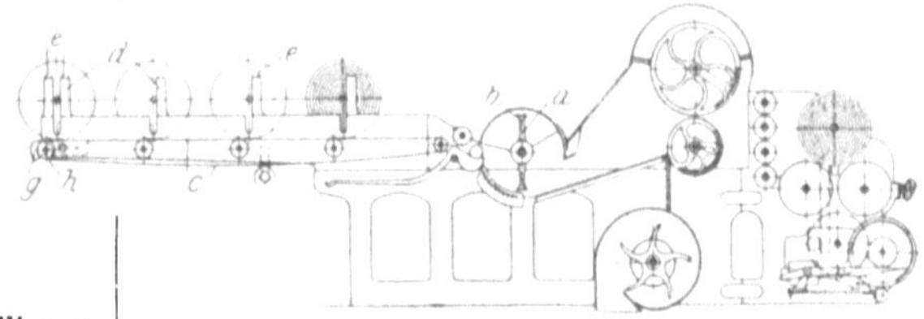

einfacher Schläger (m) [*oder* Batteur (m)], einfache Schlagmaschine (f), Schläger (m) *oder* Schlagmaschine (f) mit einem Flügel, [Dubliermaschine (f)]
single [beater] scutcher, scutcher with single beater
одинарная трепальная машина (жр), машина (жр) с одним трепалом 9
batteur (m) simple
battitoio (m) semplice
batán (m) sencillo / *batan (m) senzill*

Flügel (m)
beater
трепало (ср), било (ср)
volant (m) 10
aspa (f), tamburo (m) battitore a lame
devanadera (f), volante (m) / *devanadora (f), volant (m)*

zweischieniger Flügel (m)
two-bladed beater
двухбильное трепало (ср)
volant (m) à deux règles 11
aspa (f) a due regoli
devanadera (f) de dos reglas / *devanadora (f) de dues regles*

a
Schlagarm (m)
beater bar *or* arm
крыло (ср) трепала *или* била 12
bras (m), croisillon (m)
razza (f)
brazo (m) batidor / *braç (m)*

b
Schlagleiste (f), Schlagschiene (f)
beater blade *or* lag
шина (жр) трепала
règle (f) 13
regolo (m), lama (f)
regla (f)

die Schlagarme (m pl) auswuchten [*oder* ausbalanzieren]
to balance the beater arms
уравновѣсить *или* выбалансировать крылья (ср) [трепала] 14
équilibrer les bras du volant
equilibrare le razze dell'aspa
equilibrar los brazos / *els braços*

1 c
Speisegitter (n), Speiselattentuch (n)
feed lattice
питательная рѣшетка (жр)
tablier (m) d'alimentation
graticcio (m) di alimentazione
tablero (m) de alimentación / *telera (f) alimentaria*

2
das Speisegitter spannen
to tighten the lattice
натянуть питательную рѣшетку
tendre le tablier
tendere il graticcio
poner en tensión el tablero / *tivar la telera*

3 d
Wickelhalter (m), Wickelaufsatz (m)
lap holder
вилка (жр) для укладки холста, рог (мр) для холста
support (m) des rouleaux
sopporto (m) del rotolo
sostén (m) *o* soporte (m) de la tela / *suport (m) de la tela, galtera (f)*

4 e
Kerbung (f)
notch
зарубка (жр), выемка (жр)
rainure (f)
incavo (m)
ranura (f) / *galze (m)*

5 g
Spannschlitten (m)
tightening bracket
натяжныя салазки (жр), натяжной ползун (мр)
coulisseau (m) de tension
slitta (f) del rullo di tensione
soporte (m) tensor / *suport (m) tensor*

6 h
Spannrolle (f)
tension block
натяжной ролик (мр)
rouleau (m) de tension
rullo (m) di tensione
cilindro (m) tensor / *cilindre (m) tensor*

7
Watte (f)
lap
холст (мр), ватка (жр)
nappe (f)
falda (f), tela (f) *o* materassa (f) d'ovatta
tela (f)

8
den Wickel auflegen
to put on the lap
накладывать *или* заправлять рулон холста
placer le rouleau
collocare il rotolo
colocar / *posar* / la tela

9
die Watte ordnen
to trim the end of the lap
привести холст (мр) в порядок, расправить холст (мр)
égaliser la nappe
egualizzare la falda
igualar el extremo / *el cap* / de la tela

10
die Wickelbahnen (fpl) doppeln *oder* dublieren
to double the laps
сдваивать *или* дублировать холсты
doubler les nappes (fpl)
addoppiare le falde
doblar las telas / *les teles*

11
Auflage (f)
lap feed
холст (мр) для подачи *или* питанія
nappe (f) alimentaire
falda (f) alimentatrice
[tela (f) de] alimentación (f) / *tela (f) d'alimentació*

mehrfache Wickelauflage (f)
putting in several laps [for doubling]
многократное наслоеніе (ср) холстов
superposition (f) de plusieurs nappes 12
sovrapposizione (f) di varie falde
superposición (f) de varias telas / *superposició (f) de varies teles*

Dopp[e]lung (f), [Dublierung (f)]
doubling
сдваиваніе (ср), дублированіе (ср)
doublage (m), réunissage (m) 13
addoppiamento (m)
doblado (m) / *doblat (m)*

Dicke (f) der Auflage
thickness of the feed
толщина (жр) наслоенія
épaisseur (f) de l'alimentation
grossezza (f) della carica, spessore (m) della falda alimentatrice 14
espesor (m) de la alimentación / *gruix (m) de la capa alimentaria*

leichtes Abrollen (n) der einzelnen Wickel
easy unrolling of the individual laps
свободное *или* легкое развертываніе (ср) отдѣльных холстов
déroulement (m) facile de chaque rouleau
svolgimento (m) facile di ciascuno rotolo 15
desarrollo (m) / *desplegat (m)* / fácil de cada tela

schlechtes Ablaufen (n) der Wickel[bahnen]
faulty unrolling of the laps
плохое *или* затрудненное *или* несвободное развертываніе (ср) холстов
déroulement (m) défectueux des rouleaux
svolgimento (m) irregolare *o* difettoso delle falde 16
desarrollo (m) defectuoso de las telas / *desplegat (m) defectuós de les teles*

Zufuhrungsgeschwindigkeit (f) der Watten, Speisegeschwindigkeit (f)
feeding speed of the laps
скорость (жр) подачи холстов *или* питанія холстами
vitesse (f) d'alimentation des nappes
velocità (f) di svolgimento delle falde 17
velocidad (f) de desarrollo de las telas / *velocitat (f) alimentaria o de desplegat de les teles*

in der Minute zugeführte Wattenmenge (f)
lap fed per minute
количество (ср) холста подаваемое в минуту
nappe (f) alimentée par minute
falda (f) alimentata al minuto 18
tela (f) alimentada por minuto / *per minut*

doppelter Schläger (m), Schlagmaschine (f) mit zwei Flügeln
double [beater] scutcher, scutcher with two beaters
сдвоенная трепальная машина (жр), трепальная (жр) с двумя трепалами
batteur (m) double *ou* à deux volants
battitoio (m) doppio *o* a due volanti 19
batán (m) doble, batán con doble devanadera / *batan (m) doble o amb doble devanadora*

Vorschlagmaschine (f), erster Schläger (m), Grobschläger (m)
first beater, breaker scutcher
первая *или* подготовительная трепальная машина (жр)
premier batteur (m), batteur-éplucheur (m)
battitoio (m) preliminare, primo battitoio 20
primer batán (m), batán abridor / *batan (m) obridor, primer batan, batan senzillador*

No.		
1	Mittelschlagmaschine (f), Mittelschläger (m) intermediate scutcher средняя *или* перегонная трепальная машина (жр)	batteur (m) intermédiaire battitoio (m) intermedio batán (m) intermedio o repasador / *batan (m) intermedi o repassador*
2	Ausschläger (m), Feinschläger (m) finisher scutcher отдѣлочная трепальная машина (жр)	batteur (m) finisseur battitoio (m) finitore o in fino batán (m) / *batan (m)* / acabador
3	mehrmaliges Schlagen (n) repeated beating многократный пропуск (мр) *или* трепаніе (ср)	battage (m) répété battitura (f) ripetuta batido (m) repetido / *batanatge (m) o batut (m) repetit*
4	Schlägerdurchgang (m) beater passage пропуск (мр) *или* проход (мр) через трепальную	passage (m) de batteur passaggio (m) per il battitoio pasaje (m) de batán / *passatge (m) de batan*
5	Schlagmaschinenarbeiter (m), Batteurarbeiter (m) cotton shaker, cotton breaker трепальщик (мр)	soigneur (m) de batteur operaio (m) addetto al battitoio batidor (m), abridor (m) / *obridor (m)*
6	Speisevorrichtung (f) feed[ing] motion питательный аппарат (мр)	appareil (m) alimentaire apparato (m) di alimentazione aparato (m) de alimentación / *mecanisme (m) d'alimentació*
7	Speiseregelung (f) feed regulation регулированіе (ср) *или* регулировка (жр) питанія	réglage (m) de l'alimentation regolazione (f) dell'alimentazione regulación (f) de la alimentación / *regulació (f) de l'alimentació*
8	Speiseregler (m) feed regulator регулятор (мр) питанія	régulateur (m) d'alimentation regolatore (m) di alimentazione regulador (m) de alimentación / *de l'alimentació*
9	Regelung (f) der Speisegeschwindigkeit im umgekehrten Verhältnis zur Dicke der Watte feed regulation in inverse ratio to the thickness of lap регулированіе (ср) питанія обратно-пропорціонально толщинѣ холстов	réglage (m) de l'alimentation en raison inverse de l'épaisseur de la nappe regolazione (f) dell'alimentazione in rapporto inverso allo spessore della falda regulación (f) de la alimentación en relación inversa al espesor de la tela / *regulació (f) de l'alimentació en raó inversa al gruix de la tela*
10	Regelung (f) der Wattenzuführungsgeschwindigkeit regulation of the speed of the lap регулированіе (ср) подводки холста	réglage (m) de la vitesse de la nappe regolazione (f) della velocità della falda regulación (f) de la velocidad de la tela / *regulació (f) de la velocitat de la tela*
11	Wattenverzug (m) draught of the lap вытяжка (жр) холста	étirage (m) de la nappe stiramento (m) della falda estiraje (m) / *estiratge (m)* / de la tela
12	Zunahme (f) des Verzuges increase of draught увеличеніе (ср) вытяжки	augmentation (f) de l'étirage aumento (m) dello stiramento aumento (m) del estiraje / *augment (m) de l'estiratge*
13	Abnahme (f) des Wickelgewichtes diminution *or* reduction of the lap weight уменьшеніе (ср) вѣса холста	diminution (f) du poids de la nappe diminuzione (f) del peso della falda diminución (f) del peso / *disminució (f) del pes* / de la tela

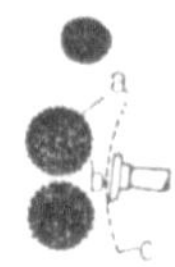

No.		
14		Walzenzuführung (f), Zylinderzuführung (f), Speisung (f) durch Walzen roller feed подводка (жр) питанія вальцами *или* цилиндрами alimentation (f) par cylindres alimentazione (f) con cilindri alimentación (f) por cilindros / *alimentació (f) per corrons*
15	a	geriffelte Walze (f), geriffelter Zylinder (m), Riffelwalze (f) fluted roller рифленый цилиндр (мр) cylindre (m) cannelé cilindro (m) scanalato cilindro (m) estriado / *corró (m) ratllat*
16		Verminderung (f) der Geschwindigkeit der Einzugwalze reduction of feed roller speed уменьшеніе (ср) скорости питанія цилиндром réduction (f) de la vitesse du cylindre alimentaire riduzione (f) della velocità del cilindro alimentatore reducción (f) de la velocidad del cilindro alimentador / *reducció (f) de la velocitat del corró alimentari*
17	b	Festhaltepunkt (m) holding point, grip мѣсто (ср) захвата point (m) de pinçage punto (m) di afferramento punto (m) de contacto de los cilindros / *punt (m) de contacte entre els corrons*
18	c	Schlagkreis (m) circular beater path окружность (жр) описываемая билом cercle (m) du volant traiettoria (f) circolare descritta dal volante recorrido (m) o carrera (f) circular de la devanadera / *cursa (f) circular de la devanadora*

No.		
19	den Abstand der Schlagschienen vom Rost regeln to adjust the distance of the beater blades to the grid регулировать разстояніе (ср) между билом и колосниковой рѣшеткой	régler la distance des règles du volant à la grille regolare la distanza delle lame dalla griglia regular la distancia entre las reglas de la devanadera y la rejilla / *galgar les regles de la devanadora amb l'engraellat*

1 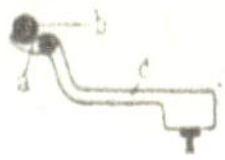
Muldenzuführung (f)
roller and pedal feed
питаніе (ср) при помощи педалей, педальная подводка (жр)
alimentation (f) à auges à pédales
alimentazione (f) a pedali
alimentación (f) por medio de pedales / *alimentació (f) per mitjà de pedals*

---

2 a
Mulde (f)
pedal nose
желоб (мр), желобок (мр)
auge (f)
naso (m) del pedale
teclado (m) del pedal

---

3 b
Einzugwalze (f), Einzugzylinder (m)
pedal roller, feed roller
питательный цилиндр (мр), вводящій валик (мр)
cylindre (m) alimentaire
cilindro (m) *o* rullo (m) alimentatore
cilindro (m) alimentador / *corró (m) alimentari*

---

4 c
Muldendruckgewicht (n), Preßgewicht (n),
pedal weight
рычажная нагрузка (жр)
poids (m) de la pédale
contrappeso (m) del pedale
peso (m) / *pes (m)* / del pedal

---

5 
Riemenkegeltrieb (m)
cone [drum] driving
конусная ременная передача (жр)
commande (f) par cônes
comando (m) con puleggie a cono
accionamiento (m) por conos / *comanda (f) per cons*

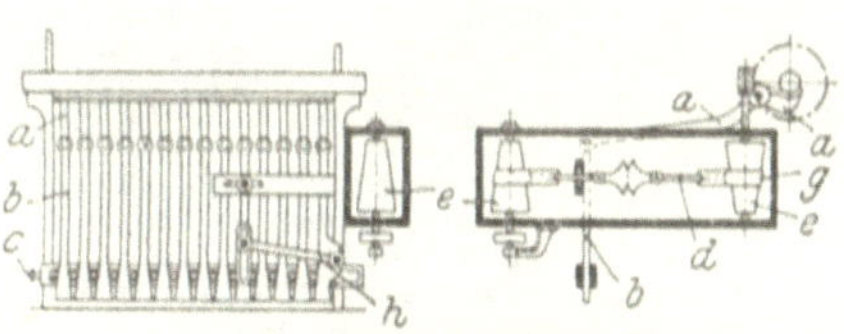

6
Keilstangenregler (m)
fish tail regulator, Lord's regulator
регулятор (мр) с клиновидными серьгами [системы Лорда]
régulateur (m) par pendants *ou* tringles coniques
regolatore (m) ad aste cuneiformi
regulador (m) de colas de milano / *de cues d'oreneta*

---

7 a
Muldenhebel (m)
pedal plate
питательная педаль (жр)
levier (m) à pédale *ou* à auge
[leva (f) a] pedale (m)
[palanca (m) del] pedal (m)

---

b
Keilstange (f), Regelstange (f)
fish tail
регулировочная подвѣска (жр) 8
pendant (m) de la pédale
asta (f) sospesa cuneiforme
cola (f) / *cua (f)* / del pedal

Keilstangenrolle (f)
bowl for fish tail
кольцо (ср) *или* ролик (мр) *или* шайба (жр) между серьгами 9
galet (m)
rullo (m)
rodillo (m) / *rodet (m)*

---

c
Stellschraube (f)
adjusting screw, set screw
установочный винт (мр)
écrou (m) d'ajustage 10
vite (f) di arresto
tornillo (m) ajustador / *cargol (m) d'ajustatge*

---

d
Riemenführer (m)
strap *or* belt guide
приспособленіе (ср) для направленія ремня 11
guide-courroie (m)
spostacinghia (f)
guía (f) de la correa / *de la corretja*

---

e
Kegel (m), [Konus (m)]
cone
коническій шкив (мр), конус (мр) 12
cône (m)
[puleggia (f) a] cono (m)
cono (m) / *con (m)*

---

g
Kegelriemen (m), [Konusriemen (m)]
cone [drum] belt *or* strap
ремень (мр) для передачи между конусами, конусовый ремень (мр) 13
courroie (f) des cônes
cinghia (f) dei coni
correa (f) de los conos / *corretja (f) dels cons*

Verschiebung (f) des Riemens
displacement of the belt
перестановка (жр) *или* передвижка (жр) ремня
déplacement (m) de la courroie 14
spostamento (m) della cinghia
desplazamiento (m) de la correa / *desplaçament (m) de la corretja*

---

h
Stellzeug (n)
setting arrangement
установочный поводок (мр) регулятора
mécanisme (m) de réglage 15
organo (m) di regolazione
mecanismo (m) de ajuste / *mecanisme (m) de reglatge*

einfache Leitrollen (fpl)
ordinary bowls
простые ролики (мр)
galets (m) simples 16
rulli (mpl) semplici
rodillos (mpl) sencillos / *rodets (mpl) senzills*

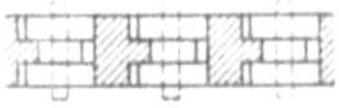

Doppel[leit]rollen (fpl), [Antifriktionsrollen(fpl)]
antifriction bowls
антифрикціонные ролики (мр)
1 galets (mpl) doubles antifriction
rulli (mpl) ad antifrizione
rodillos (mpl) [de] antifricción / *corronets (m pl) d'antifricció*

auf einer Messerschneide gelagerter Muldenhebel
pedal on knife edge
педаль (жр), лежащая на острiѣ призмы
2 levier (m) à auge placé sur un couteau
pedale (m) fulcrato sulla sbarra a coltelli
pedal (m) [apoyado] sobre fiel / *sobre ganiveta*

Messerschiene (f)
knife rail
опорное лезвiе (ср), опорный нож (мр)
3 a couteau (m)
sbarra (f) a coltelli
soporte (m) de los pedales / *suport (m) en forma de ganiveta*

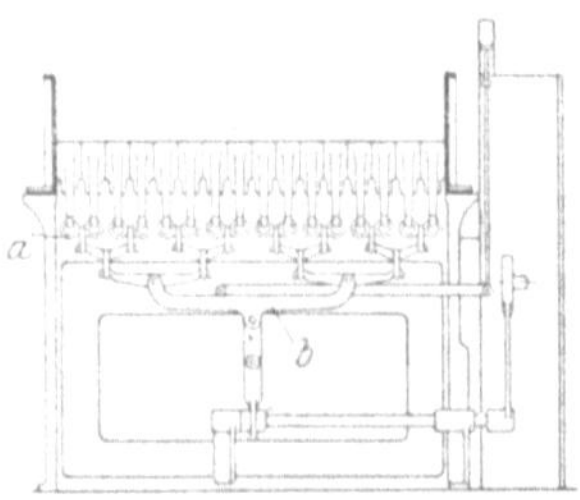

Hebelspeiseregler (m), Gliederspeiseregler (m)
link regulating motion, feed regulator with link arrangement
рычажный коромысловый регулятор (мр), суставный регулятор
4 régulateur (m) à levier à maillons
regolatore (m) a maglie articolate
regulador (m) de alimentación con anillos y palancas / *regulador (m) de l'alimentació amb anelles i palancas*

Brille (f), brillenartiges Zwischenstück (n)
link
5 a очко (ср), очкообразное коромысло (ср) *или* звено (ср)
maillon (m)
maglia (f)
anillo (m) / *anella (f), malló (m)*

Gelenkhebel (m), Doppelhebel (m)
double lever
колѣнчатый *или* двойной рычаг (мр)
6 b double levier (m)
leva (f) doppia
palanca (f) doble / *palanca (f) conectadora*

Empfindlichkeit (f) des Speisereglers
sensitiveness of the feed regulator
чувствительность (жр) питательнаго регулятора
sensibilité (f) du régulateur d'alimentation
sensibilità (f) del regolatore di alimentazione 7
sensibilidad (f) del regulador de alimentación / *sensibilitat (f) del regulador de l'alimentació*

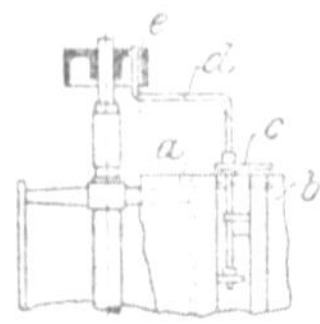

Schlägersicherung (f)
beater locking motion
оградительное *или* предохранительное приспособленiе (ср) для трепала
mécanisme (m) de fermeture du volant 8
bloccaggio (m) del volante
mecanismo (m) de cierre de la devanadera / *mecanisme (m) de tanca a la devanadora*

Schlägerhaube (f), Flügelgehäuse (n)
beater cover
крышка (жр) трепала
a couvercle (m) du volant 9
coperchio (m) o cuffia (f) del volante
tapa (f) de la devanadera / *coberta (f) de la devanadora*

Fensterverschluß (m) zur Siebtrommel
glass cover of the cage
окошко (ср) *или* лаз (мр) к ситчатому барабану 10
b fenêtre (f) du tambour à crible
finestra (f) del tamburo crivellato
tapa (f) de vidrio del tambor metálico / *tapa (f) de vidre de la gàbia*

Verschlußeisen (n)
locking finger
задвижка (жр), щеколда (жр)
c verrou (m) de sûreté 11
catenaccio (m) di chiusura
gatillo (m) o pasador (m) de seguridad / *cadell (m) o passador (m) de seguretat*

Verschlußstange (f), Verschlußschiene (f)
safety rod, locking bar
затворный стержень (мр)
d tige (f) de sûreté, barre (f) de fermeture 12
sbarra (f) di chiusura
barra (f) de seguridad o de cierre / *barra (f) de seguretat o de tanca*

Öffnung (f) *oder* Aussparung (f) in der Antriebscheibe
slot in driving pulley
отверстiе (ср) *или* прорѣз (мр) в приводном шкивѣ 13
e évidement (m) de la poulie
cavità (f) della puleggia
hendidura (f) de la polea / *trau (m) de la politja*

Siebtrommel (f)
cage, wire cylinder
ситчатый барабан (мр)
tambour (m) métallique
tamburo (m) crivellato 14
tambor (m) metálico / *gàbia (f)*

1 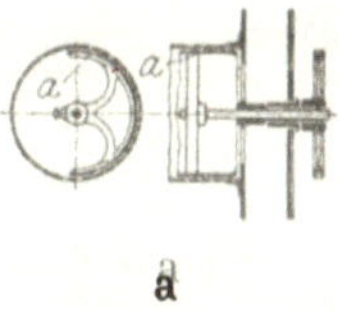

Windschutzblech (n), Abschlußblech (n) *oder* Dichtungsblech (n) der Siebtrommel
sheet iron damper of the cage
затворный *или* непроницаемый щит (мр) ситчатаго барабана
protecteur (m) en feuille métallique du tambour, segment (m) plein
lamiera (f) di chiusura del tamburo a staccio
plancha (f) metálica protectora del tambor / *planxa (f) metàllica protectora de la caixa, papallona (f)*

---

2 Windflügel (m), Sauger (m) — ventilateur (m)
fan — ventilatore (m)
засасыватель (мр), эксгаустер (мр) — ventilador (m)

---

3 

geradschaufliger Windflugel (m)
fan with straight blades
вентилятор (мр) с прямыми лопастями
ventilateur (m) à palettes droites
ventilatore (m) a palette piane o diritte
ventilador (m) con palas planas / *amb pales planes*

---

4 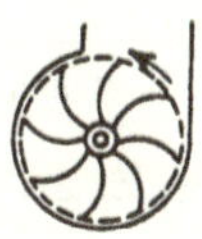

rückwärts gekrümmter Windflugel (m)
fan with backward bent *or* backward curved blades
вентилатор (мр) с выпуклыми лопастями
ventilateur (m) à palettes courbes sens opposé à la marche
ventilatore (m) a palette ricurve all'indietro
ventilador (m) con curvadura de las palas opuesta al sentido de la rotación / *ventilador (m) amb pales corbes en direcció oposada a la rotació*

---

5 

vorwärts gekrummter Windflügel (m)
fan with forward bent *or* forward curved blades
вентилятор (мр) с вогнутыми лопастями
ventilateur (m) à palettes courbes même sens que la marche *ou* recourbées en avant
ventilatore (m) a palette ricurve in avanti
ventilador (m) con curvadura de las palas en el mismo sentido de la rotación / *ventilador (m) amb pales corbes de la mateixa direcció que la rotació*

---

6 Wickelbildung (f) — formation (f) de la nappe
formation of lap — formazione (f) della tela d'ovatta
образованіе (ср) холста — formación (f) / *formació (f)* / de la tela

---

7 die Watte aufrollen *oder* in Wickelform bringen — enrouler la nappe
to roll up the lap — avvolgere la tela
скатывать холст (мр) — arrollar / *enrotllar* / la tela

---

einlaufende Watte (f) — nappe (f) alimentée
lap fed — tela (f) entrante — 8
входящій *или* вводной холст (мр) — tela (f) alimentada

---

auslaufende Watte (f) — nappe (f) délivrée
lap delivered — tela (f) uscente — 9
выходящій холст (мр) — tela (f) entregada

---

die Watte verdichten *oder* zusammenpressen [*oder* komprimieren] — comprimer *ou* condenser la nappe
to compress the lap — comprimere l'ovatta (f) — 10
уплотнять *или* спрессовывать *или* сплющивать холст (мр) — comprimir la tela

---

Glättvorrichtung (f), Verdichtungsvorrichtung (f), [Kompressionsvorrichtung (f)] — calandre (f)
calendering apparatus — apparato (m) di compressione, calandra (f)
аппарат (мр) для уплотненія *или* прессовки — mecanismo (m) compresor, calandria (f) / *mecanisme (m) compressor, calandra (f)* — 11

---

die Oberfläche der Watte glätten, die Watte kalandern — calandrer la nappe, lisser la surface de la nappe
to smooth the surface of the lap, to calender the lap — calandrare l'ovatta (f) — 12
разглаживать поверхность (жр) холста, каландрировать холст (мр) — calandrar la tela

---

Glätten (n) *oder* Kalandern (n) der Watte — lissage (m) *ou* calandrage (m) de la nappe
calendering of the lap — calandratura (f) dell'ovatta — 13
каландрированіе (ср) холста, разглаживаніе (ср) холста [на каландрах] — calandrado (m) *calandrat (m)* de la tela

---

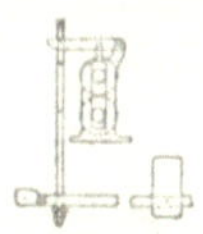

Zweiwalzenglättvorrichtung (f)
double roller calender
двухвальцевый каландр (мр), аппарат (мр) для уплотненія холста двумя валиками — 14
calandre (f) à deux rouleaux
calandra (f) a due rulli
calandria (f) de dos cilindros / *calandra (f) a dos corrons*

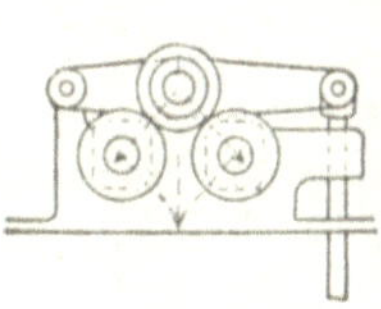

Dreiwalzenglättvorrichtung (f)
three roller calender
трехвальцевый каландр (мр)
calandre (f) à trois rouleaux — 15
calandra (f) a tre rulli
calandria (f) de tres cilindros / *calandra (f) a tres corrons*

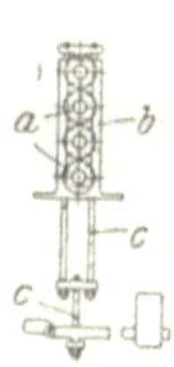

Vierwalzenglättvorrichtung (f)
four roller calender
четырехвальцевый каландр (мр)
calandre (f) à quatre rouleaux — 16
calandra (f) a quattro rulli
calandria (f) de cuatro cilindros / *calandra (f) a quatre corrons*

1 a
Verdichtungswalze (f), Preßwalze (f), Druckwalze (f), Kalanderwalze (f), [Kompressionswalze (f)]
calender roller, press roller, compression roller
уплотнительный *или* прессовой *или* нажимной *или* каландровый *или* плющильный валик (мр) *или* цилиндр (мр)
rouleau (m) [com]presseur *ou* calandreur
rullo (m) da calandra *o* di pressione
cilindro (m) calandrador, cilindro compresor / *corró (m) de calandra, corró compressor, corró calandrador*

2
Druckstelle (f)
holding point, gripping point
мѣсто (ср) нажима
point (m) de pression
punto (m) di pressione
punto (m) de presión / *punt (m) de pressió*

---

3 b
Kulissenführung (f)
guide for roller necks
направляющая рама (жр)
glissière (f)
guida (f) a culissa
guía (f) con corredera / *guia (f) a colissa*

---

4 c
Zugstange (f)
weight rod
натяжной рычаг (мр), тяжник (мр)
tringle (f) de poids
tirante (m)
tirante (m) / *tirant (m)*

5
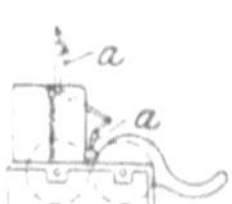

Vorrichtung (f) zum Anlegen der Watten an die Wickelseele
tucking-in apparatus
приспособленіе (ср) для заправки холста [на скалку]
mécanisme (m) pour replier la nappe autour du mandrin
apparecchio (m) di sicurezza per avvolgere la tela
mecanismo (m) de seguridad para arrollar la tela / *mecanisme (m) de seguretat per a enrotllar la tela*

---

6 a
Anlegestab (m), Anlegeholz (n)
tucking-in board
заправочная планка (жр)
planche (f) d'enroulement de la nappe
traversa (f) di legno per l'apparecchio di sicurezza
tabla (f) de madera para el mecanismo de seguridad / *post (m) de fusta per al mecanisme de seguretat*

hohle Wickelrolle (f) *oder* Wickelseele (f)
hollow lap roller
пустотѣлая скалка (жр) *или* навойка (жр), пустотѣлый стержень (мр)
rouleau (m) creux *ou* mandrin (m) creux *ou* âme (f) creuse pour nappe 7
cannella (f) *o* cilindro cavo per avvolgere la tela, rullo (m) raccoglitore cavo
tubo (m) para arrollar la tela / *nina (f) buida per a enrotllar la tela*

---

a
Wickelstab (m)
lap rod
пруток (мр) *или* прут (мр) для холстовых рулонов
baguette (f) *ou* tringle (f) de rouleau creux 8
bacchetta (f) per la cannella
varilla (f) para los rodillos de telas / *verga (f) de la nina*

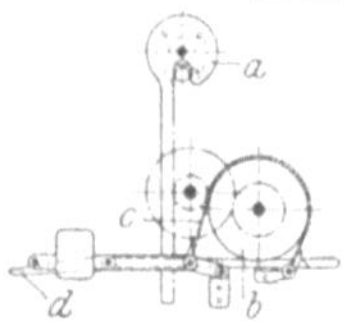

Bandbremse (f)
band brake
ленточный тормаз (мр)
frein (m) à lames 9
freno (m) a nastro
freno (m) / *fre (m)* / de cinta

---

a
Preßkopf (m), Zahnstangenkopf (m)
head of lap rack
головка (жр) нажимнаго крюка
tête (f) de la crémaillère 10
gancio (m) di pressione
cabeza (f) del mecanismo compresor / *crossa (f) o ganxo (m) del mecanisme compressor*

Druck (m) des Preßkopfes (m)
pressure of head of lap rack
сила (жр) давленія нажимнаго крюка
pression (f) de la tête de la crémaillère 11
pressione (f) esercitata dal gancio
presión (f) de la testa del mecanismo compresor / *pressió (f) de la crossa del mecanisme compressor*

---

b
Bremsscheibe (f)
friction *or* brake pulley
тормазный шкив (мр)
poulie (f) *ou* disque (m) de frein 12
puleggia (f) de freno
polea (f) del freno / *politja (f) de fre*

---

c
Bremsband (n)
brake band
тормазная лента (жр) 13
lame (f) *ou* ruban (m) du frein
nastro (m) del freno
cinta (f) del freno / *del fre*

1 Bremsdruck (m)
brake pressure
тормазное давленіе (ср)
pression (f) du frein
pressione (f) frenante
presión (f) del freno / *pressió (f) del fre*

2 Bremsreibung (f)
brake friction
сила (жр) тренія тормаза
frottement (m) du frein
attrito (m) del freno
rozamiento (m) del freno / *fregament (m) del fre*

3 Reibungszahl (f), [Reibungskoeffizient (m)]
coefficient of friction
коэффиціент (мр) тренія
coefficient (m) de frottement
coefficiente (m) d'attrito
coeficiente (m) de rozamiento / *coeficient (m) de fricció*

4 d
Tritthebel (m)
foot lever
педаль (жр)
levier (m) à pédale [du frein]
leva (f) a pedale
palanca (f) de pedal

5 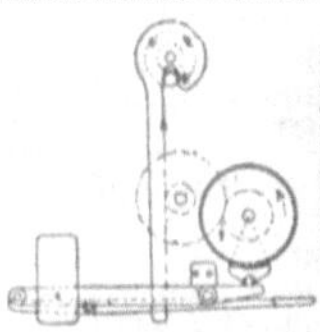
Backenbremse (f)
block brake
колодковый тормаз (мр)
frein (m) à bloc *ou* à sabot
freno (m) a mascella
freno (m) de zapata / *fre (m) de sabata*

6 die Bremse entlasten
to relieve the brake
отпустить *или* разгрузить тормаз (мр)
soulager le frein
liberare il freno
aflojar el freno / *afluixar el fre*

7 
selbsttätigeAbstellvorrichtung (f)
automatic stop motion
автоматическій останов (мр)
mécanisme (m) d'arrêt automatique
meccanismo (m) d'arresto automatico, scatto (m) d'arresto
mecanismo (m) de paro automático / *mecanisme (m) de dispar automàtic*

8 Schlußwickel (m), Endwickel (m), Ausgabewickel (m), Wickel (m) des Feinschlägers
finisher lap
послѣдній слой (мр) холста, отдѣлочный холст (мр)
nappe (f) du batteur finisseur
tela (f) del battitoio finitore, tela (f) completata
tela (f) del batán acabador

9 den Wickel ablegen *oder* abnehmen
to remove the lap
снимать холст [с машины]
enlever la nappe
levare la tela
extraer / *extreure* / la tela

10 den Wickel wiegen
to weigh the lap
взвѣшивать рулон (мр) *или* холст (мр)
peser la nappe
pesare la tela
pesar la tela

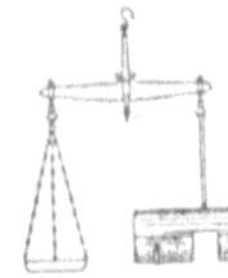
Wickelwage (f)
lap scales
вѣсы (жр) для холстов, холстовые вѣсы
balance (f) pour rouleaux
bilancia (f) per tela d'ovatta
balanza (f) de telas / *balança (f) de teles* 11

Federwage (f) für Wickel
spring balance for laps
пружинные вѣсы (мр) для холстов
balance (f) à ressort *ou* peson (m) pour nappe
bilancia (f) a molla per tela d'ovatta
balanza (f) de resorte para [pesar] telas / *balança (f) de molla per a [pesar] teles* 12

Gewichtszunahme (f) des Wickels
increase in weight of the lap
увеличеніе (ср) вѣса холста
augmentation (f) de poids de la nappe
aumento (m) di peso della tela
aumento (m) de peso / *augment (m) de pes* / de la tela 13

unregelmäßiger Wickel (m)
uneven lap
неравномѣрный холст (мр)
nappe (f) irrégulière
tela (f) irregolare
tela (f) irregular 14

gleichmäßiger Wickel (m)
even lap
равномѣрный холст (мр)
nappe (f) régulière *ou* homogène
tela (f) regolare *o* uniforme
tela (f) homogénea / *homogènia / o* regular 15

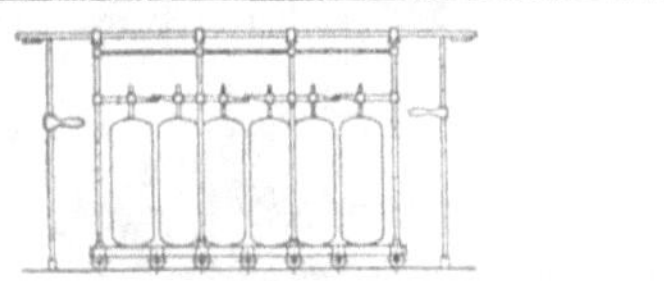
Wickelwagen (m)
lap carriage
телѣжка (жр) для холстов
chariot (m) porte-rouleaux
carro (m) porta-tele
carro (m) transportador de telas / *xarrió (m) o carro (m) transportador de teles* 16

Schlagmaschine (f) mit Nadelbesatz auf den Schlagflügeln
scutcher with carding beater
трепальная машина (жр) с игольчатыми билами
batteur (m) avec volant cardeur
battitoio (m) con aspa cardatrice
batán (m) con devanadera provista de puntas / *batan (m) amb devanadora de delgues de claus* 17

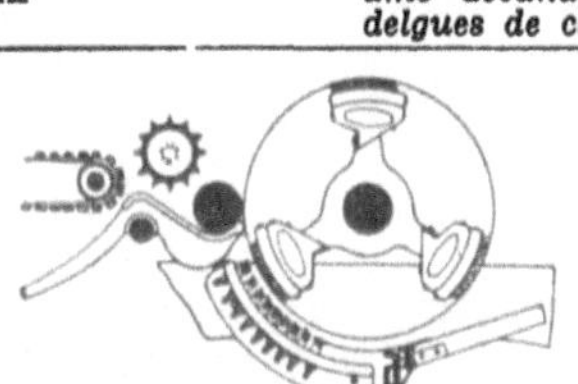
18
Flügel (m) mit Nadelbesatz, [Kardierflügel (m)]
carding beater
било (ср) с игольчатыми планками
volant (m) cardeur
volante (m) cardatore
devanadera (f) con puntas / *devanadora (f) amb delgues de claus*

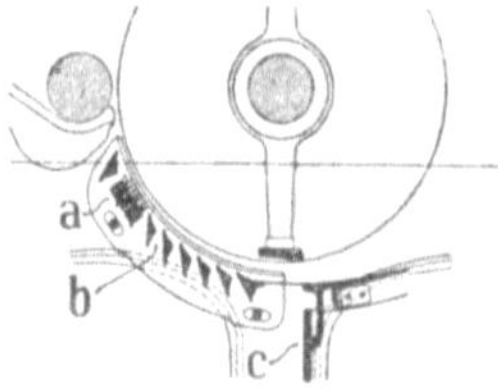

1 Schällibaumscher Rost (m)
Schällibaum's grid
колосниковая рѣшетка (жр) системы Шеллибаума
grille (f) Schällibaum
griglia (f) sistema Schällibaum
rejilla (f) Schällibaum / *engraellat (m) Schällibaum*

2 a Nadelleiste (f), Kammstab (m)
pin bar
игольчатая *или* гребенная планка (жр)
barre (f) à aiguilles
barra (f) a punte
barra (f) con puntas / *amb claus*

3 b Durchlaßöffnung (f) des Rostes
space between the grid bars
прозор (мр) между колосниками *или* колосниковыми планками
canal (m) entre les barreaux
luce (f) tra le sbarrette della griglia
abertura (f) *o* espacio (m) libre entre los barrotes de la rejilla / *espai (m) lliure entre els barrots de la reixa*

4 stellbarer Rost (m), Zugrost (m)
adjustable grid
установочная колосниковая рѣшетка (жр), выдвижная рѣшетка (жр)
grille (f) ajustable *ou* à barreaux réglables
griglia (f) mobile *o* regolabile *o* registrabile
rejilla (f) / *engraellat (m)* / ajustable

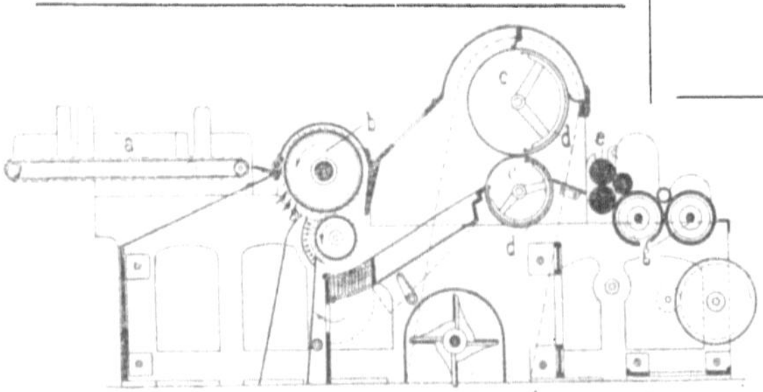

5 Expreßkarde (f) von Risler
Risler's express card
щипально-трепальная *или* грубо-кардная машина (жр) системы Рислера
carde (f) express Risler
carda (f) rapida Risler
express-carda (f) Risler

a Zuführtisch (m)
feed apron
питательный стол (мр)
tablier (m) alimentaire 6
graticcio (m) alimentatore
tablero (m) de alimentación / *telera (f) alimentaria*

b Reißtrommel (f), Auflösezylinder (m)
[toothed] opening cylinder
щипальный барабан (мр)
cylindre (m) ouvreur [à dents] 7
tamburo (m) apritore
tambor (m) abridor [con puntas metálicas] / *bóta (f) obridora [amb claus]*

c Siebtrommel (f)
cage
ситчатый барабан (мр)
tambour (m) métallique, roteur (m) 8
tamburo (m) a staccio, gabbia (f) di aspirazione
tambor (m) metálico / *caixa (f) metàllica, gàbia (f)*

d Windschutzblech (n)
cage damper
затворный щит (мр) *или* щиток (мр)
segment (m) plein 9
lamiera (f) di chiusura del tamburo a staccio
chapa (f) obturadora o registro (m) del tambor metálico / *papallona (f)*

e Verdichtungswalzen (fpl), Preßwalzen (fpl)
calender rollers
уплотнительные *или* плющильные валики (мр)
calandre (f) 10
rulli (mpl) da calandra, calandra (f)
cilindros (mpl) compresores / *corrons (mpl) compressors, calandra (f)*

g geriffelte Wickelwalze (f)
fluted lap roller
рифленый холстовой валик (мр)
cylindre (m) enrouleur cannelé 11
cilindro (m) avvolgitore scanalato
cilindro (m) arrollador estriado / *corró (m) ratllàt enrotllador o plegador*

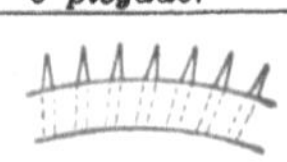

Stahlbeschlag (m)
steel pinning, steel spike studding
стальная игольчатая обшивка (жр) *или* обтяжка (жр)
aiguillage (m) en acier 12
guarnitura (f) di punte d'acciaio
guarnición (f) de dientes de acero / *guarnició (f) de dents d'acer*

Gitterkasten (m) [Kanal]rostkasten
dust box
пыльный ящик (мр)
cage (f) *ou* boîte (f) à déchets du canal
cassa (f) a polvere 13
caja (f) de polvo / *caixa (f) per a la pols*

No.	Deutsch / English / Русский	Français / Italiano / Español / Català
1	Gitterrost (m), Stabrost (m) dust bars колосниковая рѣшетка (жр)	grille (f) griglia (f) rejilla (f) / *engraellat (m)*
2	den Gitterkasten ausputzen to clean the dust box очищать пыльный ящик (мр)	nettoyer la cage à déchets nettare la cassa a polvere limpiar la caja de polvo / *netejar la caixa per a la pols*
3	Gitterbürste (f), Stabrostbürste (f) cleaning brush for the dust bars щетка (жр) для очистки колосников *или* рѣшетки	brosse (f) pour nettoyer les barreaux de la grille spazzola (f) per nettare la griglia cepillo (m) para limpiar la rejilla / *raspall (m) per al engraellat*
4	finnenfreies Vlies (n) fleece free from neps холст (мр), несодержащій растительнаго сора *или* паучков *или* вшей	nappe (f) sans boutons velo (m) senza bottoni o puntini velo (m) sin botones / *vel (m) sense botons*
5	Abfallreinigung (f) cleaning of the waste, waste cleaning очистка (жр) угара	nettoyage (m) des déchets pulitura (f) dei cascami limpieza (f) de los desperdicios / *neteja (f) dels desperdicis o borres*
6	den Abgang *oder* die Abfälle (mpl) sondern [*oder* sortieren] to sort the waste разбирать *или* сортировать отбросы (мр) *или* угары (мр)	trier les déchets (mpl) cernere i cascami clasificar *o* escoger los desperdicios / *triar els desperdicis*
7	Flügelstaub (m), [Ventilatorstaub (m)] fanny, fan dust пыль (жр) из вентилятора, подвальный *или* вентиляторный пух (мр)	poussières (fpl) de ventilateur polvere (f) di ventilatore polvo (m) / *pols (f)* / de ventilador
8	**Krempeln (n) *oder* Kratzen (n) *oder* Streichen (n) [*oder* Kardieren (n)] der Baumwolle** **Carding of Cotton** **Чесаніе (ср), кардочесаніе (ср), прочесываніе (ср) хлопка**	**Cardage (m) du coton** **Cardatura (f) del cotone** **Cardado (m) del algodón / *Cardat (m) del cotó***
9	**a) Allgemeines (n)** **General Terms** **Общее (ср)**	**Généralités (f pl)** **Generalità (f pl)** **Generalidades (f pl)**
10	Handkratze (f), Kardätsche (f) hand card ручной скребок (мр), ручная нaческа (жр)	carde (f) à main cardo (m) [a mano] carda (f) a mano / *a mà*
11	Handkratzen (n), Kratzen (n) von Hand carding by hand чесаніе (ср) от руки	cardage (m) à la main cardatura (f) a mano cardado (m) a mano / *cardat (m) a mà*
12	Kratze (f), Krempel (f), Streichmaschine (f), Karde (f) card, carding engine карда (жр), [кардо] чесальная машина, кардная машина (жр)	carde (f), machine (f) à carder carda (f), macchina (f) cardatrice carda (f)
13	die Baumwolle krempeln *oder* streichen [*oder* kardieren] to card the cotton прочесывать *или* чесать хлопок (мр) на кардных машинах	carder le coton cardare il cotone cardar el algodón / *el cotó*
14	Baumwollkrempler (m), Baumwollkardenarbeiter (m) cotton carder чесальщик (мр) на бумагопрядильной фабрикѣ	cardeur (m) de coton cardatore (m) di cotone cardero (m) *o* cardador (m) de algodón / *carder (m) de cotó*
15	Auflösungsvorgang (m) opening process процесс (мр) разрыхленія [перед кардочесаніем]	procédé (m) de séparation processo (m) di separazione proceso (m) de separación / *procés (m) de separació*
16	Faserflocke (f) fibre tuft хлопья (мр) *или* пучок (мр) волокон	flocon (m) fiocco (m) di fibre copo (m) / *floc (m), borralló (m)*
17	die Flocken (fpl) entwirren *oder* in Einzelfasern auflösen to open the tufts into individual fibres расщипывать хлопья (мр) на отдѣльныя волокна	défibrer les flocons (mpl) sciogliere i fiocchi in fibre elementari, sfibrare i fiocchi separar *o* desagregar los copos en fibras elementales *o* individuales / *obrir els flocs en fibres elementals o individuals*
18	Faser (f), Einzelfaser (f) individual *or* single fibre отдѣльное волокно (ср)	fibre (f) individuelle *ou* isolée fibra (f) elementare fibra (f) elemental *o* individual
19	Grad (m) der Durchkrempelung, [Intensität (f) der Kardierung], Kämmungen (fpl) intensity *or* grade of carding степень (жр) прочесыванія, интенсивность (жр) кардочесанія	intensité (f) de cardage intensità (f) *o* grado (m) di cardatura intensidad (f) del cardado / *intensitat (f) del cardat*
20	Kämmungskonstante (f) carding constant постоянная (жр) прочеса	constante (f) de cardage costante (f) dello stiramento *o* della cardatura constante (f) de cardado / *constant (f) de cardat*
21	[die letzten] Unreinigkeiten (fpl) entfernen to eliminate *or* to extract *or* to remove the impurities [left by the previous process] удалить [оставшіяся] засоренія (ср)	éliminer *ou* extraire les impuretés [laissées] togliere le [ultime] impurità eliminar las [últimas] impurezas / *extreure les impureses [deixades per les operaciones anteriors]*

1 Faserflor (m), Krempelflor (m), Vlies (n)
fibrous web, card web
кардная ватка (жр), полотно (ср)
voile (m) de carde
velo (m) di carda
velo (m) cardado / *vel (m) cardat*

2 einen Faserflor bilden
to form a web
образовать кардную ватку
former un voile
formare un velo
formar un velo / *fer un vel*

3 Pelz (m)
fleece
ваточный холст (мр)
couche (f) de voiles
velo (m) sullo scaricatore
velo (m) sobre el peinador / *vel (m) sobre el llevador*

4 Reißen (n) des Flors
breakage of the web
разрыв (мр) кардной ватки
rupture (f) du voile
rottura (f) del velo
rotura (f) del velo / *trencament (m) del vel*

5 ein Faservlies bilden
to form a web
образовывать кардную ватку
former un voile
formare un velo
formar un velo / *fer un vel*

6 Bandbildung (f)
formation of the sliver
образованіе (ср) ленты
formation (f) du ruban
formazione (f) del nastro
formación (f) de la cinta / *formació (f) de la veta*

7 ein Faserband bilden
to form a sliver
образовать ленту
former un ruban
formare un nastro
formar una cinta / *fer una veta*

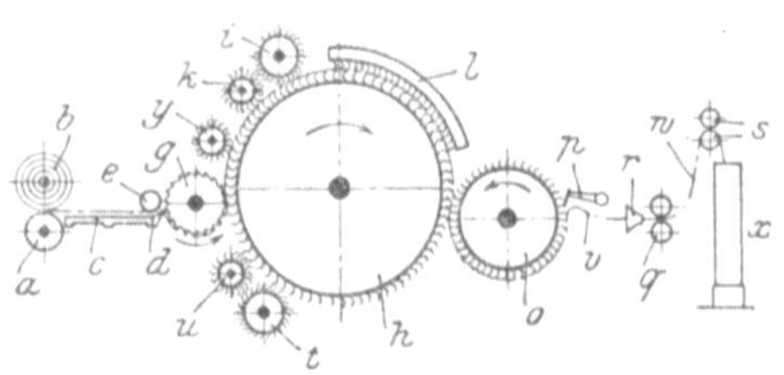

8 a
Wickelwalze (f), Abwickelwalze (f)
lap roller
холстовой валик (мр), накатный валик
rouleau (m) livreur, cylindre (m) dérouleur
rullo (m) di svolgimento della tela
cilindro (m) desarrollador [de la tela] / *corró (m) desenrotllador [de la tela]*

9 b
Schlagmaschinenwickel (m), Wattewickel (m)
scutcher lap
холст (мр) с трепальной
rouleau (m) de batteur
[rotolo (m) di] tela (f) del battitoio
tela (f) de batán / *de batan*

10 c
Einzugtisch (m), Speisetisch (m), Mulde (f)
feed table
холстовой *или* питательный столик (мр)
table (f) d'alimentation, auge (f) alimentaire
tavola (f) di alimentazione, pedale (m)
mesa (f) de alimentación / *taula (f) alimentaria*

Auflegen (n) des Schlagmaschinenwickels auf die Abwickelwalze
placing the scutcher lap on the lap roller
накладываніе (ср) трепальнаго холста на холстовой валик
placement (m) du rouleau de batteur sur le cylindre dérouleur 11
collocamento (m) del rotolo sul rullo di svoglimento
colocación (f) de la tela de batán sobre el cilindro desarrollador / *col·locació (f) de la tela de batan sobre el corró desenrotllador*

den Schlagmaschinenwickel der Krempel vorlegen
to put *or* to place the scutcher lap on the card
заправить чесальную машину трепальным холстом 12
mettre le rouleau de batteur à la carde
mettere sulla carda la tela del battitoio
colocar la tela de batán sobre la carda / *posar la tela de batan a la carda*

Doppeltlaufen (n) der Watte
lap licking
задираніе (ср) холста, питаніе (ср) сдвоенным холстом 13
collage (m) de la nappe
doppio svolgimento (m) della tela
adherencia (f) de la tela

die Watte läuft doppelt
the lap licks
холст (мр) входит сдвоенным *или* в два слоя
la nappe colle *ou* se déroule double 14
la tela si svolge doppio
la tela se desplega doble

d
Muldenschnabel (m)
feed curve, shell feeder plate
губа (жр) холстового *или* питательнаго столика, порог (мр), выкружка (жр) для питательнаго валика
bec (m) de l'auge 15
naso (m) o becco (m) del pedale
borde (m) de pico del plato alimentador / *bec (m) o nas (m) de la taula alimentaria*

e
Ein[zug]walze (f), Ein[zug]zylinder (m), Speisezylinder (m)
feed roller
питательный валик (мр) *или* цилиндр (мр) 16
cylindre (m) alimentaire
rullo (m) alimentatore
cilindro (m) de alimentación / *corró (m) alimentari, corró entrador, corró acompanyador*

1 g
Vorreißer (m)
taker-in, licker-in
пріемный валик (мр), пріемный (мр)
briseur (m)
introduttore (m), cilindro (m) fornitore
cilindro (m) abridor *o* quebrantador *o* tomador / *lladre (m)*

2 h
[große] Trommel (f), [Tambour (m)]
[main] cylinder, swift
барабан (мр)
[grand] tambour (m)
[gran] tamburo (m)
gran tambor (m) / *bóta (f)*

3 i
Arbeitswalze (f), Arbeiter (m)
roller, worker
рабочій валик (мр)
travailleur (m)
cilindro (m) pettinatore *o* cardatore *o* operatore
cilindro (m) trabajador *o* cardador / *cilindret (m)*

4
Angriffsfähigkeit (f) der Walze
efficiency *or* working power of the roller
пропускная *или* захватная способность (жр) валика
capacité (f) de travail du rouleau
facoltà (f) cardante *o* di presa del cilindro, efficacia (f) del cilindro
capacidad (f) de cardado del cilindro / *capacitat (f) de cardat del cilindret*

5 k
Wendewalze (f), Wender (m)
clearer
бѣгун (мр)
débourreur (m), nettoyeur (m), ouvreur (m), balayeur (m)
rullo (m) spogliatore
cilindro (m) descargador *o* desborrador / *pelador (m), descarregador (m)*

6 l
Deckel (m)
flat
шляпка (жр)
chapeau (m)
cappello (m)
chapón (m) / *xapó (m)*

7 o
Abnehmer (m), Sammler (m), Peigneur (m), Filet (m)
doffer
вальян (мр)
peigneur (m)
scaricatore (m), grande cilindro (m) spogliatore
[cilindro (m)] peinador (m), llevador (m) / *llevador (m)*

8 p
Hacker (m), Hackerkamm (m)
doffer comb, doffing comb, fly comb, vibrating comb
съемная гребенка (жр) вальяна; гребенка, снимающая ватку с вальяна
peigne (m) détacheur
pettine (m) [staccatore], coltello (m)
peine (m) [oscilante] descargador / *serreta (f)*

q 9
Abzugwalze (f), Abzugzylinder (m), Lieferwalze (f), Lieferzylinder (m), [Kalanderwalze (f)]
calender roller
каландровый валик (мр) *или* каток (мр), выпускной валик (мр)
cylindre (m) délivreur *ou* de sortie
rullo (m) cilindratore *o* compressore, calandra (f)
cilindro (m) compresor / *cilindre (m) compressor*

r 10
Trichter (m), Bandtrichter (m)
[sliver] funnel
воронка (жр) каландра, лентоуплотнительная воронка (жр)
entonnoir (m), couloir (m) conique
imbuto (m)
embudo (m) [de la cinta] / *embut (m)*

s 11
Drehtopfwalze (f)
coiler roller
валик (мр) *или* каток (мр) койлера *или* самоклада
rouleau (m) délivreur au pot
rullo (m) adduttore al vaso
cilindro (m) de entrega al bote / *corró (m) d'entrega al bot, corró (m) del sentinella, molinet (m)*

t 12
Schnellwalze (f), Aushebewalze (f), Trommelputzwalze (f)
fancy [roller]
волан (мр), чистильный валик (мр) для барабана
volant (m)
volante (m)
volante (m) / *volant (m)*

u 13
Putzwalze (f) für die Schnellwalze, Fangwalze (f)
fancy stripper
чистильный валик (мр) волана
débourreur (m) du volant, ramasseur (m)
cilindro (m) pettinatore per il volante
descargador (m) del volante / *descarregador (m) del volant*

v 14
Vlies (n)
fleece
[кардная] ватка (жр)
voile (m)
velo (m)
velo (m) / *vel (m)*

w 15
Band (n), Krempelband (n), Kardenband (n)
card sliver
чесальная лента (жр), лента с чесальной машины
ruban (m) de carde
nastro (m) di carda
cinta (f) / *veta (f)* / de carda

x 16
Drehtopf (m), Drehtopfvorrichtung (f)
coiler [and can]
койлер (мр), тазовый аппарат (мр), самоклад (мр)
pot (m) tournant
vaso (m) girevole, apparato (m) raccoglitore
aparato (m) plegador, bote (m) giratorio / *bot (m) giratori, sentinella (m i f)*

1 Topf (m), Kanne (f), Spinntopf (m)
can
таз (мр), ленточный таз (мр), таз (мр) для ленты
pot (m)
vaso (m)
bote (m) / *bot* (*m*)

---

2 Blechkanne (f)
sheet iron can
жестяной таз (мр)
pot (m) en tôle
vaso (m) di latta
bote (m) de chapa / *bot* (*m*) *de planxa*

---

3 Wellblechkanne (f)
corrugated iron can
таз (мр) из волнистой жести *или* волнистаго желѣза
pot (m) en tôle ondulée
vaso (m) di lamiera ondulata
bote (m) de chapa acanalada o ondulada / *bot* (*m*) *de planxa ondulada*

---

4 Fiberkanne (f)
fibre can
фибровый таз (мр)
pot (m) en fibre
vaso (m) di fibra
bote (m) / *bot* (*m*) / de fibra

---

5 y
Schmutzwalze (f), Schalenwalze (f)
dirt roller
сорный валик (мр)
chapeau (m) tournant
cilindro (m) pulitore
cilindro (m) purgador / *corró* (*m*) *dormidor o purgador*

---

6 feststehender *oder* ruhender Deckel (m)
stationary flat
неподвижная шляпка (жр)
chapeau (m) fixe
cappello (m) fisso
chapón (m) fijo / *xapó* (*m*) *fixe*

---

7 Putzen (n) des Deckels
cleaning *or* stripping the flat
очистка (жр) шляпки
débourrage (m) du chapeau
spazzatura (f) del cappello
desborrado (m) del chapón / *descarregat* (*m*) *o deborrat* (*m*) *del xapó*

---

8 den Deckel putzen
to clean *or* to strip the flat
очистить *или* очищать шляпку
débourrer le chapeau
spazzare il cappello
desborrar el chapón / *descarregar el xapó*

---

9 Putzvorrichtung (f) für ruhende Deckel
stripping apparatus for stationary flats
приспособленіе (ср) для очистки неподвижных шляпок
appareil (m) de débourrage pour chapeaux fixes
apparecchio (m) di spazzatura per cappelli fissi
aparato (m) desborrador para chapones fijos / *aparell* (*m*) *descarregador per a xapons fixes*

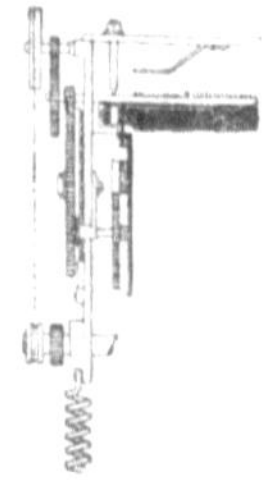

Wiedesche Deckelputzvorrichtung (f)
Wiede's flat stripping apparatus
аппарат (мр) *или* приспособленіе (ср) для очистки шляпок системы Вида
appareil (m) de débourrage des chapeaux, système Wiede 10
apparecchio (m) di spazzatura per cappelli sistema Wiede
aparato (m) desborrador de chapones / *aparell* (*m*) *descarregador de xapons* / sistema Wiede

---

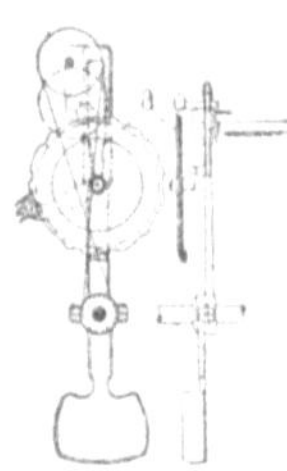

Pfaffsche Deckelputzvorrichtung (f)
Pfaff's flat stripping apparatus
аппарат (мр) *или* приспособленіе (ср) для очистки шляпок системы Пфаффа
appareil (m) de débourrage des chapeaux, système Pfaff 11
apparecchio (m) di spazzatura per cappelli sistema Pfaff
aparato (m) desborrador de chapones / *aparell* (*m*) *descarregador de xapons* / sistema Pfaff

---

a
Schaltscheibe (f)
rack wheel
распредѣлительный диск (мр) *или* круг (мр) 12
roue (f) à rochet
ruota (f) a cricco
rueda (f) de trinquete / *roda* (*f*) *de cadell*

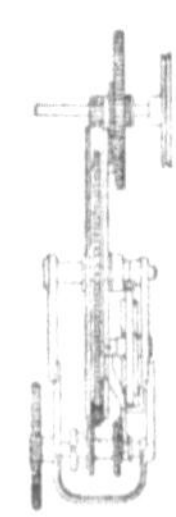

Rietersche Deckelputzvorrichtung (f)
Rieter's flat stripping apparatus
аппарат (мр) *или* приспособленіе (ср) для очистки шляпок системы Ритера
appareil (m) de débourrage des chapeaux, système Rieter 13
apparecchio (m) di spazzatura per cappelli sistema Rieter
aparato (m) desborrador de chapones / *aparell* (*m*) *descarregador de xapons* / sistema Rieter

---

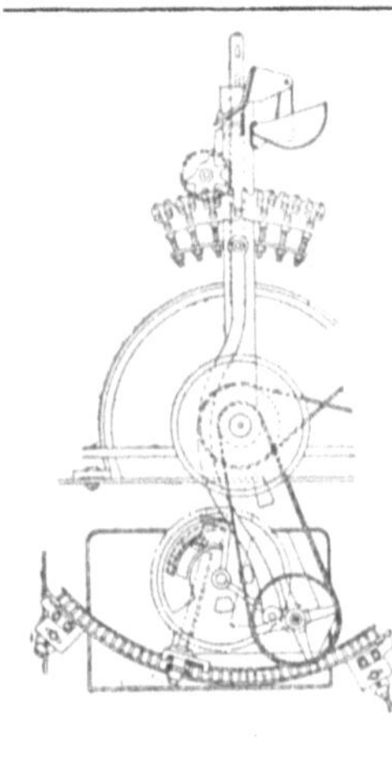

Higginsche Deckelputzvorrichtung (f)
Higgin's flat stripping apparatus
аппарат (мр) *или* приспособленіе (ср) для очистки шляпок системы Гигина
appareil (m) de débourrage des chapeaux, système Higgin 14
apparecchio (m) di spazzatura per cappelli sistema Higgin
aparato (m) desborrador de chapones / *aparell* (*m*) *descarregador de xapons* / sistema Higgin

1 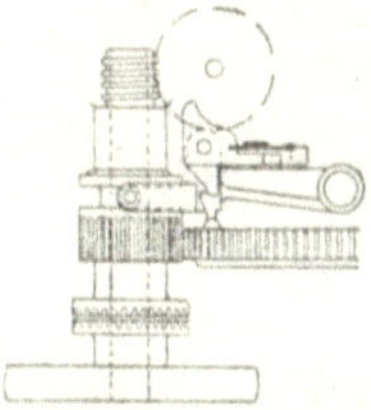
Schaltwerk (n)
ratchet motion
включающий механизм (мр)
mécanisme (m) d'encliquetage
dispositivo (m) d'innesto
mecanismo (m) de trinquete / *mecanisme (m) de roda d'estrella i cadell*

2 selbstputzender Deckel (m)
self-cleaning flat
самоочищающаяся шляпка (жр)
chapeau (m) à débourrage automatique
cappello (m) a spazzatura automatica
chapón (m) con desborrado automático / *xapó (m) amb desborrat automàtic*

3 Ausheben (n) des Deckels
raising the flat
подниманіе (ср) шляпки
enlèvement (m) du chapeau
sollevamento (m) del cappello
levantamiento (m) del chapón / *aixecament (m) del xapó*

4 den Deckel ausheben
to raise the flat
приподнимать шляпку
enlever le chapeau
sollevare il cappello
levantar el chapón / *aixecar el xapó*

5 Einsetzen (n) des Deckels
inserting the flat
опусканіе (ср) шляпки, установка (жр) шляпки на мѣсто
mise (f) en place du chapeau
abbassamento (m) del cappello
descenso (m) del chapón / *tornada (f) o retorn (m) del xapó*

6 den Deckel einsetzen
to insert the flat
поставить шляпку на мѣсто
remettre en place le chapeau
abbassare il cappello
bajar el chapón / *tornar el xapó*

7 wandernder Deckel (m) Wanderdeckel (m), Laufdeckel (m)
revolving flat
передвигающаяся шляпка (жр)
chapeau (m) marchant *ou* voyageant
cappello (m) girevole
chapón (m) giratorio / *xapó (m) giratori*

8 Deckellänge (f)
length of flat
длина (жр) шляпки
longueur (f) du chapeau
lunghezza (f) del cappello
longitud (f) del chapón / *llargada (f) del xapó*

9 Deckelgewicht (n)
weight of flat
вѣс (мр) шляпки
poids (m) du chapeau
peso (m) del cappello
peso (m) del chapón / *pes (m) del xapó*

10 Durchbiegung (f) des Deckels
deflection of flat
прогиб (мр) шляпки
fléchissement (m) du chapeau
flessione (f) del cappello
flexión (f) del chapón / *flexió (f) del xapó*

11 

a
Seitenverstärkung (f) des Rippenanschlusses
lateral strengthening of the rib
боковое утолщеніе (ср) ребра шляпки
renforcement (m) latéral de la nervure
rinforzo (m) laterale della nervatura
refuerzo (m) lateral del nervio / *reforçament (m) lateral del nervi*

unbeschlagener Deckel (m)
flat without card wire, uncovered flat
непокрытая шляпка (жр); шляпка (жр), необтянутая кардою
chapeau (m) dégarni
cappello (m) non guarnito 12
chapón (m) sin guarnición / *xapó (m) sense guarnició o desguarnit*

beschlagener Deckel (m)
covered flat
покрытая *или* обтянутая шляпка (жр)
chapeau (m) garni
cappello (m) guarnito 13
chapón (m) guarnecido / *xapó (m) guarnit*

Deckeleinstellung (f), Einstellung (f) des Deckels, Deckelregelung (f)
setting of flats
подводка (жр) *или* установка (жр) шляпок
réglage (m) des chapeaux
registrazione (f) dei cappelli
ajuste (m) de los chapones / *reglatge (m) o galgat (m) dels xapons* 14

Deckeleinstellung (f) durch Federbogen, Federbogeneinstellung (f), [Flexibelbogenregelung (f)]
flat setting by flexible bend
установка (жр) шляпок посредством гибкой *или* упругой дуги
réglage (m) des chapeaux par cintre flexible
registrazione (f) dei cappelli con arco flessibile
ajuste (m) de los chapones por cintra flexible / *ajustatge (m) dels xapons per cintra flexible* 15

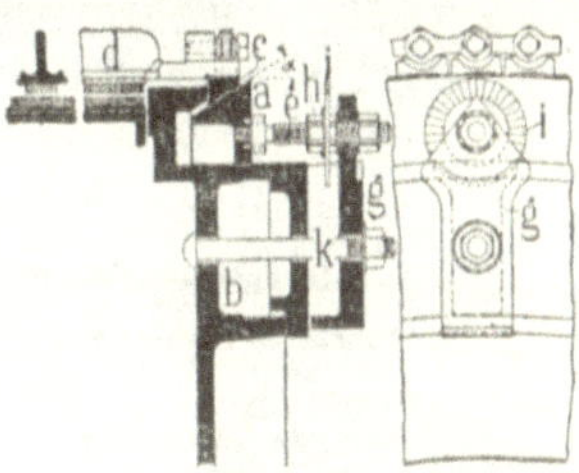

Deckeleinstellungsvorrichtung (f) von Howard & Bullough
Howard and Bullough's system of flat setting
прибор (мр) для подводки *или* установки шляпок системы Говард и Булло
mécanisme (m) de réglage des chapeaux, système Howard et Bullough 16
meccanismo (m) registratore dei cappelli, sistema Howard e Bullough
mecanismo (m) de ajuste de los chapones / *mecanisme (m) de galgat dels xapons* / sistema Howard & Bullough

a
keilförmiger Unterlagebogen (m)
wedge-shaped bend, rigid bend
[клиновидная] нижняя *или* направляющая дуга (жр) 17
soubassement (m) *ou* segment (m) conique
arco (m) fisso *o* conico
cintra (f) cónica

Verschiebung (f) des Unterlagebogens
displacement of the rigid bend
перемѣщеніе (ср) нижней дуги
1 déplacement (m) du segment
spostamento (m) dell'arco conico
desplazamiento (m) / *desplaçament (m)* / de la cintra cónica

den Unterlagebogen verschieben
to displace the rigid bend
перемѣщать *или* передвигать
2 нижнюю дугу
déplacer le segment
spostare l'arco conico
desplazar / *desplaçar* / la cintra cónica

wagerechte Verschiebung (f)
horizontal displacement
горизонтальное перемѣще-
3 ніе (ср)
déplacement (m) horizontal
spostamento (m) orizzontale
desplazamiento (m) / *desplaçament (m)* / horizontal

Neigungswinkel (m)
angle of inclination
угол (мр) наклона
4 a angle (m) d'inclinaison
angolo (m) d'inclinazione
ángulo (m) de inclinación / *angle (m) d'inclinació*

Gestell (n), Gestellbogen (m)
framing
станина (жр), дуга (жр) ста-
5 b нины
cintre (m)
telaio (m)
puente (m) / *pont (m)*

federnder Laufbogen (m), Federbogen (m)
flexible bend
упругая направляющая ду-
6 c га (жр) для шляпок
cintre (m) flexible
arco (m) flessibile o molleggiante
cintra (f) flexible

Laufdeckel (m)
revolving flat
перемѣщающаяся шляпка
7 d (жр)
chapeau (m) marchant
cappello (m) girevole
chapón (m) giratorio / *xapó (m) giratori*

Stellschraube (f)
set screw
подводящій *или* установи-
8 e тельный винт (мр)
vis (f) de réglage
vite (f) di registro
tornillo (m) de ajuste / *cargol (m) de reglatge*

Träger (m), [Support (m)]
carrying bracket, supporting bracket
9 g стойка (жр), консоль (мр)
console (f) de support
sopporto (m)
soporte (m) / *suport (m)*

Schraubenkopf (m), Einstellmutter (f)
adjusting nut
h установительная гайка (жр) 10
écrou (m) de réglage
dado (m) d'aggiustaggio
tuerca (f) de ajuste / *femella (f) d'ajustatge*

Teilscheibe (f)
indicator disc
круг (мр) с дѣленіями, дѣ-
i лительный круг (мр) 11
disque (m) à divisions
disco (m) a divisioni
disco (m) indicador / *disc (m) indicador*

Klemmschraube (f)
lock screw
зажимный винт (мр)
k vis (f) de serrage 12
bullone (m) di fissaggio
tornillo (m) de cierre / *cargol (m) de fixació, collador (m)*

die Kratzendeckel nachregeln *oder* nachstellen
to reset the flats
отрегулировать подводку шляпки
retoucher le réglage des chapeaux
rifare la regolazione della posizione dei cappelli 13
retocar el ajuste de los chapones / *retocar el galgat dels xapons*

die Deckelkette mittels Handkurbel umtreiben
to revolve the flat chain by a crank
передвигать шляпки вращеніем ручки
faire marcher le chapelet au moyen d'une manivelle
far girare la catena per i cappelli mediante manovella 14
hacer girar los chapones por medio de una manivela / *fer voltar els xapons mitjançant una maneta*

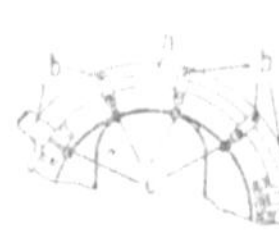

Deckeleinstellung (f) von Dobson und Barlow
Dobson and Barlow's system of flat setting
подводка (жр) шляпок системы Добсон и Барло
réglage (m) des chapeaux, 15
système Dobson et Barlow
meccanismo (m) registratore dei cappelli, sistema Dobson e Barlow
regulación (f) de los chapones / *reglatge (m) de los xapons* / sistema Dobson & Barlow

Regelpunkt (m), Stellpunkt (m), [Regulierpunkt (m)]
setting point, adjusting point
точка (жр) установки, исход-
ная точка (жр) наладки 16
point (m) de réglage
punto (m) di regolazione
punto (m) de ajuste / *punt (m) d'ajustatge o de reglatge*

Federbogen (m)
flexible bend
a упругая дуга (жр) 17
cintre (m) flexible
arco (m) flessibile
cintra (f) flexible

1 b
Hartgußzapfen (m)
case-hardened pin *or* stud
шип (мр) изъ твердаго закаленнаго чугуна
tenon (m) en fonte durcie
perno (m) di ghisa dura
perno (m) *o* espiga (f) de fundición dura / *torrió (m) o piu (m) de fundició endurida*

---

2 c
verstellbare Lagerstütze (f), [Stellsupport (m)]
adjustable [supporting] bracket
передвижная опора (жр) подшипника
support (m) réglable
sopporto (m) regolabile
soporte (m) de ajuste / *suport (m) d'ajustatge*

3
Deckelsenkung (f), Senken (n) des Deckels
lowering of the flat
опусканіе (ср) шляпки
rapprochement (m) *ou* descente (f) *ou* abaissement (m) du chapeau
abbassamento (m) del cappello
descenso (m) del chapón / *descens (m) del xapó*

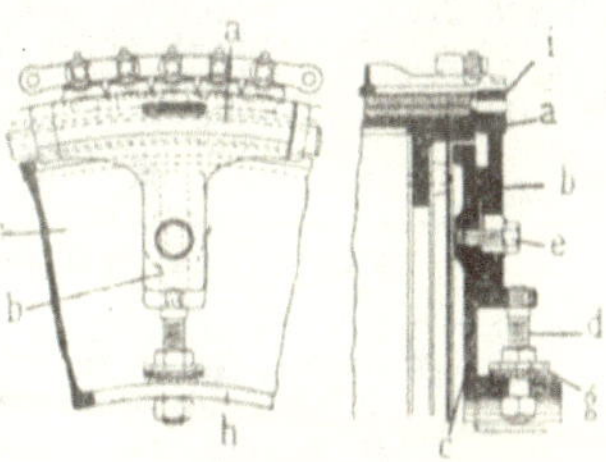

4
Rietersche Deckeleinstellung (f) mit Bogenabschnitten
Rieter's flat setting system with segments
подводка (жр) шляпок системы Ритера
réglage (m) des chapeaux par des segments, système Rieter
meccanismo (m) registratore dei cappelli con segmenti, sistema Rieter
ajuste (m) de los chapones por segmentos / *ajustatge (m) dels xapons per segments* / sistema Rieter

---

5 a
Deckelaufbogen (m)
segment
дуга (жр) *или* сегментъ (мр), направляющая (-ій) шляпки
segment (m)
segmento (m)
segmento (m) / *segment (m)*

---

6 b
Gleitstück (n)
slot
ползунъ (мр), пополаушка (жр)
coulisse (f)
slitta (f)
corredera (f) / *colissa (f)*

---

c 7
Seitengestell (n)
side framing, frame side
боковая станина (жр) *или* рама (жр)
bâti (m) latéral, cintre (m)
intelaiatura (f) laterale
puente (m) / *pont (m)*

---

d 8
Stellschraube (f)
set screw
установительный *или* установочный винтъ (мр)
vis (f) de réglage
vite (f) di registro
tornillo (m) de ajuste / *cargol (m) de reglatge*

---

e 9
Klemmschraube (f)
lock screw
зажимной винтъ (мр)
vis (f) de serrage
vite (f) di fissaggio *o* di bloccaggio
tornillo (m) de fijación / *cargol (m) collador*

---

g 10
Teilscheibe (f)
indicator disc *or* dial
кругъ (мр) *или* дискъ (мр) съ дѣленіями
disque (m) indicateur *ou* à divisions
disco (m) a divisioni
disco (m) indicador / *disc (m) indicador*

11
Teilstrich (m), Teilmarke (f)
division mark on disc *or* dial
черта (жр) дѣленія
trait (m) *ou* marque (f) de subdivision
tratto (m) *o* marca (f) di suddivisione
marca (f) del disco / *del disc*

---

h 12
Gestellrippe (f), Gestellkranz (m)
main band
дуга (жр) *или* дуговая полка (жр) станины
nervure (f) *ou* couronne (f) du bâti
corona (f) dell'intelaiatura
corona (f) del puente / *del pont*

13
radiale Verschiebung (f) gegen die Trommelmitte
radial displacement towards centre of cylinder
радіальное перемѣщеніе (ср) [по отношенію къ центру барабана]
déplacement (m) radial vers le centre du tambour
spostamento (m) radiale verso l'asse del tamburo
desplazamiento (m) radial hacia el centro del tambor / *desplaçament (m) radial cap al centre de la bóta*

1 radiale Verschiebung (f) von der Trommelmitte her
radial displacement from the centre of cylinder
радiальное перемѣщенiе (ср) от центра барабана
déplacement (m) radial du centre du tambour
spostamento (m) radiale dal l'asse del tamburo
desplazamiento (m) radial alejándose del centro del tambor / *desplaçament (m) radial allunyantse del centre de la bóta*

---

2 i
Stahlband (n)
steel band
стальная лента (жр) *или* полоса (жр) *или* пластина (жр)
bande (f) en acier
nastro (m) d'acciaio
cinta (f) de acero / *d'acer*

---

3 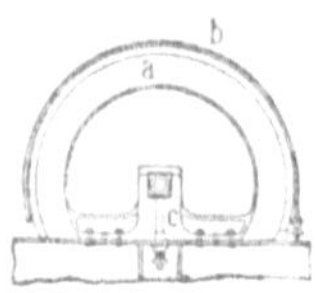

Ashworthsche Deckeleinstellung (f)
Ashworth's flat setting system
подводка (жр) шляпок по способу Ашворта
réglage (m) des chapeaux, système Ashworth
meccanismo (m) registratore dei cappelli, sistema Ashworth
ajuste (m) de los chapones / *reglatge (m) dels xapons* / sistema Ashworth

---

4 a
Krempelbogen (m)
card [framing] bend
дуговая рама (жр) чесальной машины
cintre (n) de la carde
arco (m) della carda
cintra (f) del puente / *del pont* / de la carda

---

5 b
Stahlband (n), Stahllamelle (f)
steel band
стальная пластинка (жр) *или* лента (жр)
bande (f) *ou* lamelle (f) d'acier
nastro (m) *o* lamina (f) d'acciaio
tira (f) *o* cinta (f) de acero / *banda (f) o cinta (f) d'acer*

---

6 die Stahllamellen (fpl) auswechseln
to change the steel bands
смѣнять стальныя пластинки
changer les lamelles d'acier
ricambiare i nastri d'acciaio
cambiar las cintas de acero / *canviar les cintes d'acer*

---

7 die Stahllamellen (fpl) einziehen
to draw in the steel bands
вставлять *или* вводить стальныя пластинки
placer les lamelles d'acier
introdurre i nastri d'acciaio
introducir las cintas de acero / *ficar les cintes d'acer*

---

c
Stellschraube (f) für das Trommellager
pedestal set screw
основной установительный винт (мр)
vis (f) de réglage du support du tambour 8
vite (f) di registro del sopporto del tamburo
tornillo (m) ajustador del cojinete del tambor / *cargol (m) d'ajustatge del dau de la bóta*

---

die Trommel heben
to raise the cylinder
поднимать барабан (мр)
relever le tambour
alzare il tamburo 9
levantar el tambor / *aixecar la bóta*

Heben (n) *oder* Hebung (f) der Trommel
lifting *or* raising the cylinder
подниманіе (ср) барабана
relèvement du tambour
sollevamento (m) del tamburo
ascenso (m) del tambor 10
/ *aixecament (m) de la bóta*

---

die Trommel senken
to lower the cylinder
опускать барабан (мр)
abaisser le tambour
abbassare il tamburo 11
bajar el tambor / *abaixar la bóta*

Senken (n) *oder* Senkung (f) der Trommel
lowering the cylinder
опусканіе (ср) барабана
abaissement (m) du tambour
abbassamento (m) del tamburo 12
descenso (m) del tambor / *descens (m) de la bóta*

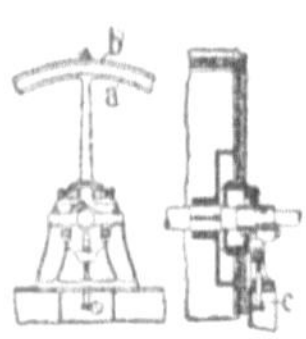

Wilkinsonsche Deckeleinstellung (f)
Wilkinson's flat setting system
подводка (жр) шляпок по способу Вилькинсона
réglage (m) des chapeaux, système Wilkinson 13
meccanismo (m) registratore dei cappelli, sistema Wilkinson
ajuste (m) de los chapones / *reglatge (m) dels xapons* / sistema Wilkinson

---

a
Scheibenrad (n), Deckeltragscheibe (f)
flat supporting disc
круг (мр) *или* диск (мр) для шляпок; диск (мр), ведущій шляпки 14
disque-support (m) des chapeaux
disco (m) portante i cappelli
disco (m) de apoyo de los chapones / *disc (m) d'apoi dels xapons*

---

b
Radreifen (m)
rim
обод (мр) диска 15
bandage (m)
cerchione (m)
aro (m) / *cercle (m)*

---

c
Feinstellschraube (f), Mikrometerschraube (f)
micrometer screw
микрометрическій винт (мр) 16
vis (f) micrométrique
vite (f) micrometrica
tornillo (m) micrométrico / *cargol (m) micromètric*

1 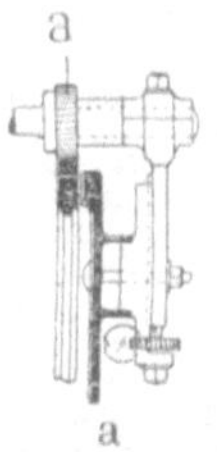

Fräser (m)
milling cutter
фреза (жр), фрезер (мр), шарошка (жр)
fraise (f)
fresa (f) tagliatrice
fresa (f)

---

2 Klemmen (n) *oder* Steckenbleiben (n) des Scheibenrades
jamming of the disc wheel
защемленіе (ср) *или* зажатіе (ср) *или* заѣданіе (ср) диска для шляпок
coincement (m) de la roue à disque
arresto (m) del disco per mancanza di gi[u]oco
enclavadura (f) del disco / *encallament (m) de la roda de disc*

---

3 Laufrichtung (f) der Deckel
direction of course of the flats
направленіе (ср) движенія шляпок
sens (m) de la marche des chapeaux
senso (m) di movimento dei cappelli
dirección (f) de marcha de los chapones / *direcció (f) del curs dels xapons*

---

4 die Deckel (mpl) laufen in derselben Richtung wie die Trommel, die Deckel laufen mit der Trommel
the flats travel in the same direction as the cylinder
шляпки (жр) двигаются в одном направленіи с барабаном
les chapeaux (mpl) marchent dans le même sens que le grand tambour
i cappelli si muovono nella stessa direzione del gran tamburo
los chapones marchan *o* giran *o* se mueven en la dirección del gran tambor / *els xapons giren en la mateixa direcció que la bóta*

---

5 die Deckel (mpl) laufen in der entgegengesetzten Richtung wie die Trommel, die Deckel laufen gegen die Trommel
the flats travel in the opposite direction to the cylinder
шляпки двигаются в противоположную сторону по отношенію к барабану *или* навстрѣчу барабану
les chapeaux (mpl) marchent en sens inverse du grand tambour
i cappelli si muovono in direzione contraria del gran tamburo
los chapones marchan en dirección contraria a la del gran tambor / *els xapons giren en direcció oposada a la bóta*

---

6 mit der Trommel laufende Deckelkette (f)
flat chain moving in the same direction as the cylinder
цѣпь (жр) шляпок, двигающаяся в одну сторону с барабаном
chapelet (m) *ou* chaîne (f) des chapeaux marchant dans la même direction que le grand tambour
catena (f) dei cappelli moventesi nella stessa direzione del gran tamburo
cadena (f) de los chapones que se mueve en el sentido del gran tambor / *cadena (f) dels xapons que es mou en la mateixa direcció que la bóta*

---

7 gegen die Trommel laufende Deckelkette (f)
flat chain moving in the opposite direction to the cylinder
цѣпь (жр) шляпок, двигающаяся навстрѣчу барабану
chapelet (m) *ou* chaîne (f) des chapeaux marchant en sens inverse du grand tambour
catena (f) dei cappelli moventesi in senso inverso al gran tamburo
cadena (f) de los chapones que se mueve en dirección opuesta a la del gran tambor / *cadena (f) dels xapons que es mou en direcció contraria a la bóta*

---

8 den Deckelbeschlag reinigen *oder* ausstoßen
to clean *or* to strip the flat clothing
очесать *или* очистить шляпки, снять очес (мр) со шляпок
nettoyer *ou* débourrer la garniture des chapeaux
spazzare la guarnizione dei cappelli
desborrar *o* descargar la guarnición de los chapones / *descarregar o desborrar la guarnició dels xapons*

---

9 Ausstoßen (n) der Deckel
stripping the flats
очищеніе (ср) шляпок, сниманіе (ср) очеса со шляпок
débourrage (m) des chapeaux
spazzatura (f) dei cappelli
desborrado (m) de los chapones / *desborrat (m) o descarregat (m) dels xapons*

---

10 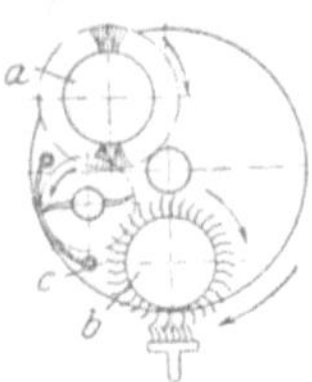

selbsttätige Putzvorrichtung (f) für wandernde Deckel
self-acting stripper for revolving flats
автоматическая очистка (жр) передвигающихся шляпок
débourreuse (f) automatique des chapeaux marchants
apparecchio (m) automatico di spazzatura per cappelli girevoli
desborrador (m) automático para chapones giratorios / *desborrador (m) automàtic per a xapons giratoris*

---

11 a
Spiralbürstenwalze (f)
spiral bristle roller
валик (мр) со спиралеобразной щеткой
rouleau (m) à brosse en spirale
rullo (m) a spazzola a spirale
cilindro (m) con cepillos espirales / *cilindre (m) amb raspall espiral*

---

12 b
Abstreifwalze (f) mit Drahtborsten
wire stripping roller
очистительный валик (мр) с проволочной щеткой
rouleau (m) débourreur garni de fils métalliques
cilindro (m) pulitore guarnito con fili metallici
cilindro (m) desborrador guarnecido de púas metálicas / *cilindre (m) descarregador guarnit amb pues metàl·liques*

1 c
Abfallsammelkamm (m)
waste collecting comb
очесочная гребенка (жр)
peigne (m) pour l'enlèvement des débourrures
pettine (m) per la raccolta del cascame
peine (m) recogedor de la borra / *pinte (m) recollidor de la borra*

2
Ausstoßkamm (m)
stripping comb
гребенка (жр), снимающая очес; очесочная гребенка
peigne (m) débourreur
pettine (m) spazzatore
peine (m) desborrador / *pinte (f) desborrador, serreta (f) descarregadora*

3
Putzbürste (f)
cleaning brush
очистительная щетка (жр)
brosse (f) à débourrer
spazzola (f) nettatrice
cepillo (m) para desborrar / *respall (m) descarregador*

4
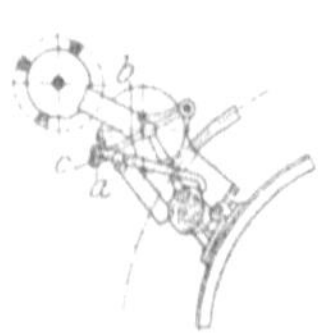
a
zurückweichender Ausstoßkamm (m), Butterworths Patent
receding stripping comb, Butterworth's Patent
самоотходящая *или* качающаяся *или* двуходная очесочная гребенка (жр)
peigne (m) débourreur à mouvement de recul, brevet Butterworth
pettine (m) spazzatore a movimento retrogrado, brevetto Butterworth
peine (m) desborrador con movimiento de retroceso, patente Butterworth / *serreta (f) amb moviment de retrocés, patent de Butterworth*

---

5 b
Kammarm (m)
arm of comb
плечо (ср) *или* ручка (жр) гребенки
bras (m) du peigne
braccio (m) del pettine
brazo (m) del peine / *braç (m) de la serreta*

---

6 c
Stelleisen (n)
comb bar
рычажок (мр) для установки гребенки
bras (m) réglable
asta (f) del pettine
barra (f) de la serreta

7
Abstreifbewegung (f) des Kammes
stripping movement of the comb
движеніе (ср) *или* качаніе (ср) гребенки для снятія очеса
mouvement (m) de débourrage du peigne
movimento (m) di nettatura del pettine
movimiento (m) desborrador del peine / *moviment (m) descarregador de la serreta*

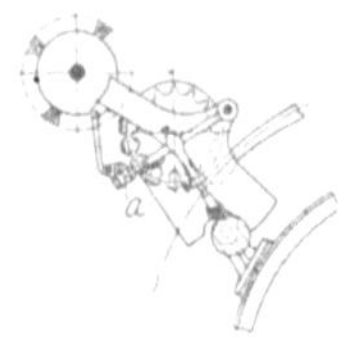
Platts zurückweichender Ausstoßkamm (m)
Platt's receding stripping comb
самоотходящая *или* качающаяся *или* двуходная очесочная гребенка (жр) системы Платта
peigne (m) à débourrer à mouvement de recul, système Platt Brothers 8
pettine (m) spazzatore a movimento retrogrado sistema Platt
peine (m) desborrador con movimiento de retroceso / *serreta (f) amb moviment de retrocés* / sistema Platt

---

a
Kammträger (m)
comb bar bearing
держатель (мр) гребня
support (m) du peigne 9
sopporto (m) del pettine
soporte (m) oscilante / *suport (m) oscil·lant* / de la serreta

---

schwingende [*oder* oszillierende] Kammbewegung (f)
oscillating movement of comb
качательное движеніе (ср) гребня
mouvement (m) oscillant du peigne
movimento (m) oscillante del pettine
movimiento (m) oscilante del peine / *moviment (m) oscil·lant de la serreta* 10

Krempelwirkung (f) *oder* streichende Wirkung (f) des Deckels
carding action of the flat
расчесывательное дѣйствіе (ср) шляпки
travail (m) de cardage du chapeau
azione (f) cardatrice del cappello 11
efecto (m) de cardado del chapón / *acció (f) de cardat del xapó*

Einstellung (f) der Walzen
setting *or* adjusting the rollers
подводка (жр) *или* установка (жр) валиков
réglage (m) des hérissons
regolazione (f) dei cilindri 12
ajuste (m) de los cilindros / *ajustatge (m) o galgat (m) dels cilindres*

Einstellungsweite (f) der Krempelflächen
setting distance between the working *or* carding surfaces
разстояніе (ср) *или* зазор (мр) *или* просвѣт (мр) между поверхностями кард
écartement (m) des surfaces cardantes
scartamento (m) delle superfici cardanti
separación (f) entre las superficies cardantes / *ecartament (m) entre les superfícies cardantes* 13

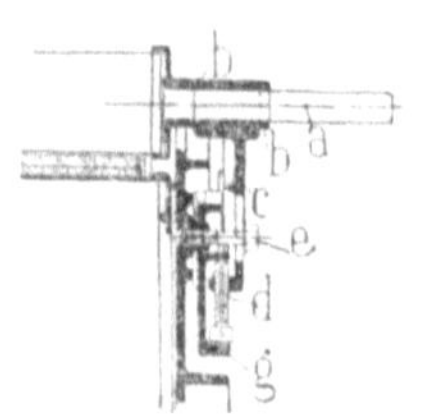
Rietersche Walzeneinstellung und -Lagerung
Rieter's arrangement for supporting and adjusting the rollers
подводка (жр) валиков и их установка (жр) в подшипниках по способу Ритера
dispositif (m) Rieter pour supporter et régler les hérissons 14
apparecchio (m) Rieter per la regolazione e il sopporto dei cilindri
disposición (f) de Rieter para sostener y ajustar los cilindros / *dispositiu (f) Rieter per a suportar i ajustar els cilindres*

1 a
Walzenzapfen (m)
roller stud
шип (мр) валика
tourillon (m) du hérisson
cardine (m) del cilindro
gorrón (m) del cilindro / *torrió (m) del cilindret*

2 b
Büchse (f)
bush
втулка (жр)
douille (f)
bossolo (m)
manguito (m) / *collarí (m), dolla (f)*

3 c
Gleitlager (n)
slide bearing
скользящій передвижной подшипник (мр)
support (m) à glissière
cuscinetto (m) a scorritoio
soporte (m) de resbalamiento / *suport (m) colis*

4 d
Stellschraube (f)
set screw
установительный винт (мр)
vis (f) de réglage
vite (f) di registro
tornillo (m) de ajuste / *cargol (m) de galgat*

5 e
Klemmschraube (f)
lock screw
важимной винт (мр)
écrou (f) de serrage
vite (f) di fissaggio
tornillo (m) de fijación / *cargol (m) collador*

6 g
Lagerbock (m)
bracket guide
опорная полка (жр), установочная дуга (жр) для подшипника
support-guide (m)
sopporto-guida (m)
soporte (m) guía / *suport (m) guia*

7
seitliche Verstellung (f) der Walzen
lateral adjustment of the rollers
боковое перемѣщеніе (ср) *или* перестановка (жр) валиков
réglage (m) latéral des hérissons
regolazione (f) laterale dei cilindri
ajuste (m) lateral de los cilindros / *galgat (m) lateral dels cilindrets*

8
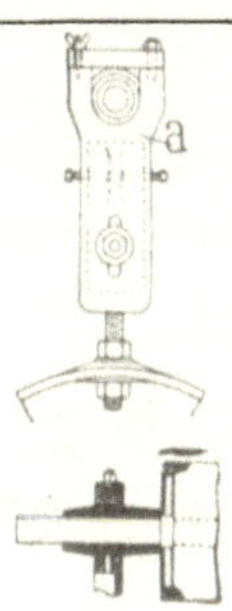

Wiedesche Walzeneinstellung (f)
Wiede's roller adjustment
подводка (жр) валиков по способу Вида
réglage (m) des hérissons, système Wiede
regolazione (f) dei cilindri, sistema Wiede
[disposición (f) de] ajuste (m) de los cilindros / *[dispositiu (f) de] galgat (m) dels cilindres* / sistema Wiede

9 a
Lagerkörper (m)
bearing
подшипник (мр)
support (m)
sopporto (m)
soporte (m) / *suport (m)*

10
Ausfüllung (f) der schädlichen Räume durch Holz
filling the dead spaces with wood lining
заполненіе (ср) вредных пространств деревом
remplissage (m) des espaces vides par des coins en bois
riempimento (m) con legno degli spazi nocivi
relleno (m) de los huecos con trozos de madera / *replenat (m) dels espais buits amb planxes de fusta*

11
den Luftzutritt abschließen
to prevent the access of air
запирать доступ (мр) воздуха
empêcher l'arrivée (f) de l'air
evitare l'accesso (m) d'aria
impedir la entrada del aire / *prevenir l'entrada del aire*

12
Luftströmungen (fpl) verhindern
to prevent air currents
препятствовать движенію воздуха
empêcher les courants (mpl) d'air
impedire correnti (fpl) d'aria
impedir las corrientes de aire / *prevenir les corrents d'aire*

13
Ablieferungsvorrichtung (f) der Krempel
delivery motion of the card
пріемный аппарат (мр) чесальной
dispositif (m) de livraison de la carde
meccanismo (m) di consegna della carda
mecanismo (m) de entrega o de salida de la carda / *mecanisme (m) de sortida o de entrega de la carda*

14
selbsttätige Abstellung (f) der Abnehmerwalze
automatic stoppage of the doffer
автоматическій останов (мр) вальяна
arrêt (m) automatique du peigneur
arresto (m) automatico dello scaricatore
mecanismo (m) para parar automáticamente el peinador / *mecanisme (m) d'atur automàtic del llevador*

15
Abstellung (f) der Abnehmerwalze von Hand
stoppage of the doffer by hand
останов (мр) вальяна от руки
arrêt (m) du peigneur à la main
arresto (m) a mano dello scaricatore
paro (m) a mano del peinador / *atur (m) a mà del llevador*

16
den Flor verdichten
to condense the web
уплотнить кардную ватку
condenser le voile
comprimere il velo
condensar el velo / *condensar el vel*

17
den Flor von der Oberfläche des Abnehmers entfernen *oder* abkämmen
to comb the web from the surface of the doffer
снимать [кардную] ватку с поверхности вальяна
enlever *ou* détacher le voile de la surface du peigneur
staccare il velo dalla superficie dello scaricatore
desprender el velo de la superficie del peinador / *arrencar el vel de la superficie del llevador*

18
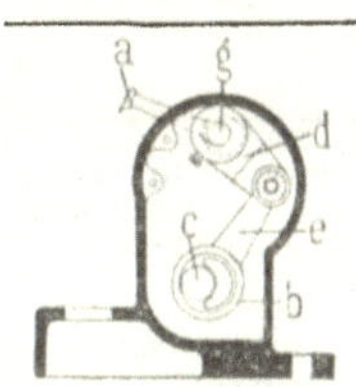

Hacker (m)
doffing comb
съемная гребенка (жр) вальяна
peigne (m) détacheur
pettine (m) staccatore
peine (m) descargador, serreta (f) / *serreta (f)*

1 a
Hackerschiene (f)
doffer comb blade
полотно (ср) гребенки, гребенная планка (жр)
lame (f) du peigne détacheur
lama (f) del pettine staccatore
hoja (f) del peine descargador / *fulla (f) de la serreta*

2 b
Hubscheibe (f), Kurbelscheibe (f), [Exzenter (m)]
cam
эксцентрик (мр)
excentrique (m)
eccentrico (m)
excéntrico (m) / *excèntric (m)*

3 c
Antriebachse (f)
driving shaft
приводный вал (мр)
arbre (m) moteur
albero (m) motore
árbol (m) motor / *arbre (m) de comanda*

4 d
Schwinghebel (m)
rocking lever
качающееся плечо (ср), качающiйся рычаг (мр)
levier (m) oscillant
leva (f) oscillante
palanca (f) oscilante / *oscillant*

5 e
Verbindungsstück (n)
eccentric rod
соединительная часть (жр), соединительное звено (ср)
tige (f) *ou* bras (m) de l'excentrique
biella (f) *o* braccio (m) dell'eccentrico
biela (f) del excéntrico / *del excèntric*

6 g
Hackerwelle (f)
comb shaft, fly comb spindle
вал (мр) гребенки
arbre (m) du peigne détacheur
albero (m) del pettine staccatore
árbol (m) del peine desborrador / *arbre (m) de la serreta*

7
Ölbad (n)
oil bath
масляная ванна (жр)
bain (m) d'huile
bagno (m) d'olio
baño (m) de aceite / *bany (m) d'oli*

8
das Hackergehäuse läuft warm
the comb box runs hot
коробка (жр) гребенки нагрѣвается
la boîte du peigne s'échauffe
la scatola del pettine riscalda
la caja del peine se calienta / *la caixa de la serreta se rescalfa*

9
Warmlaufen (n) des Hackergehäuses
running hot of the comb box
нагрѣванie (ср) коробки гребенки
échauffement (m) de la boîte du peigne
riscaldamento (m) della scatola del pettine
calentamiento (m) de la caja del peine / *enferrixament (m) o escalfament (m) de la caixa de la serreta*

10
handwarm, lauwarm
hand-warm, tepid
теплый как рука
tiède
t[i]epido
tibio / *tebi*

11
die vollen Kannen (f pl) durch leere ersetzen
to replace the full cans by empty ones
замѣнять полные тазы порожними
remplacer les pots pleins par des vides
sostituire i vasi pieni con altri vuoti
mudar los botes llenos por vacíos / *mudar els bots plens per altres buits*

12
Kratzenbeschlag (m)
card clothing
кардная гарнитура (жр)
garniture (f) de carde
guarnizione (f) di carde
guarnición (f) de cardas / *guarnició (f) de cardes*

13
Beschlaghöhe (f)
height of clothing
высота (жр) кардной гарнитуры
hauteur (f) de la garniture
altezza (f) della guarnizione
altura (f) de la guarnición / *guarnició*

14
Arbeitsfläche (f) des Kratzenbeschlags, Kratzfläche (f)
working surface of the card clothing
рабочая поверхность (жр) кардной гарнитуры
surface (f) travaillante de la garniture de carde
superficie (f) di lavoro della guarnizione di carda
superficie (f) de trabajo de la guarnición de carda / *superficie (f) de treball de la guarnició de carda*

15
Krempeleinstellung (f)
card setting
подводка (жр) чесальной машины
réglage (m) de la carde
regolazione (f) della carda
ajuste (m) / *galgat (m)* / de la carda

16
die arbeitenden Flächen gleichlaufend [*oder* parallel] einstellen
to set the working surfaces parallel to each other
параллельно установить рабочiя поверхности
régler les surfaces travaillantes parallèles les unes aux autres
regolare le superfici di lavoro parallele fra di loro
asegurar el paralelismo de las superficies de trabajo / *deixar parallelès les superfícies de treball*

17
Krempeleinsteller (m)
card setter
смотритель (мр) чесальных машин, чесальный мастер (мр)
régleur (m) de carde
operaio (m) addetto alla regolazione delle carde
ajustador (m) de cardas / *galgador (m) de cardes*

18
b) Krempelbeschlag (m), Kratzenbeschlag (m), Kardenbeschlag (m), [Kratzengarnitur (f)]
Card Clothing
Кардная обтяжка (жр) или гарнитура (жр), кардный покров (мр) чесальной, гарнитура чесальной
Garniture (f) de carde
Guarnizione (f) *o* armatura (f) di carde, scardasso (m)
Guarnición (f) de cardas / *Guarnició (f) de cardes*

19
Kratzenblatt (m), Kratzenstreifen (m), Blattbeschlag (m), Beschlagstreifen (m)
card sheet
кардная полоса (жр)
plaque (f) *ou* feuille (f) de carde
foglio (m) di guarnizione
placa (f) de guarnición / *de guarnició*

20
Kratzenband (n), Bandbeschlag (m)
card fillet[ing]
кардная лента (жр), кардолента (жр)
ruban (m) de carde
nastro (m) da carda *o* di guarnizione
cinta (f) de guarnición / *de guarnició*

21
Trommelbeschlag (m)
cylinder covering
обтяжка (жр) барабана
garniture (f) du grand tambour
guarnizione (f) del gran tamburo
guarnición (f) del gran tambor / *guarnició (f) de la bóta*

No.		
1	Abnehmerbeschlag (m) doffer covering обтяжка (жр) вальяна	garniture (f) du peigneur guarnizione (f) dello scaricatore guarnición (f) del cilindro peinador / *guarnició (f) del llevador*
2	Deckelbeschlag (m) flat covering, tops обтяжка (жр) шляпок	garniture (f) du chapeau guarnizione (f) del cappello guarnición (f) del chapón / *guarnició (f) del xapó*
3	Arbeitsfläche (f) des Deckels working surface of the flat рабочая поверхность (жр) шляпок	surface (f) travaillante du chapeau superficie (f) di lavoro del cappello superficie (f) de trabajo del chapón / *superfície (f) de treball del xapó*
4	Aufziehen (n) des Beschlages auf den Deckel topping the flat обтяжка (жр) шляпки кардою	montage (m) de la garniture du chapeau montatura (f) della guarnizione del cappello montaje (m) de la guarnición del chapón / *muntatge (m) de la guarnició del xapó*
5	Kratzenblattbefestigung (f) fastening of the card sheet пришивка (жр) *или* прибивка (жр) кардных полос	montage (m) *ou* fixation (f) de la plaque de garniture fissaggio (m) del foglio di guarnizione fijación (f) de la placa de guarnición / *fixació (f) de la placa de guarnició*
6	Lochung (f) der Deckelplatte an beiden Rändern perforation of the flat at the edges продыравливаніе (ср) полки шляпки по обоим краям	perforation (f) de la plaque aux extrémités foratura (f) della placca del cappello ai due orli perforación (f) de los bordes del chapón / *perforació (f) de les vores del xapó*
7	Lochreihe (f) row of holes ряд (мр) дыр	rangée (f) de trous fila (f) di fori línea (f) de agujeros / *rengle (m) de forats*
8	Metallniete (f) metal rivet металлическая заклепка (жр)	rivet (m) métallique chiodo (m) metallico remache (m) metálico / *rebló (m) metàl·lic*
9	Bleiniete (f) lead rivet свинцовая заклепка (жр)	rivet (m) en plomb chiodo (m) di piombo remache (m) de plomo / *rebló (m) de plom*
10	Kupferniete (f) copper rivet мѣдная заклепка (жр)	rivet (m) en cuivre chiodo (m) di rame remache (m) de cobre / *rebló (m) de coure*
11	Schließkopf (m) closing head замыкающая головка (жр) заклепки	tête (f) fermante *ou* de serrage testa (f) ribadita cabeza (f) remachada / *cabota (f) reblada*
12	Nietzange (f) riveting tongs заклепочные *или* плющильные клещи (мр)	pince (f) à rivets tanaglia (f) da chiodi tenazas (fpl) para remaches / *mordassa (f) per a reblar*
13	die Niete versenken to countersink the rivet утопить *или* раззенковать головку заклепки	noyer le rivet incassare *o* annegare il chiodo embutir el remache / *embotir el rebló*
14	versenkte Niete (f) countersunk rivet заклепка (жр) с утопленной *или* потайной головкой	rivet (m) à tête fraisée *ou* noyée *ou* perdue chiodo (m) a testa cieca *o* a capocchia nascosta roblón (m) de cabeza embutida, remache (m) embutido / *rebló (m) encabotat*

No.		
15	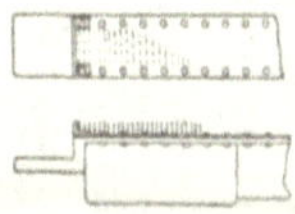	unmittelbare [oder direkte] Aufnietung (f) des Beschlags direct riveting of the clothing непосредственное прикрѣпленіе (ср) заклепками гарнитуры rivetage (m) direct de la garniture chiodatura (f) diretta della guarnizione remachado (m) directo de la guarnición / *reblat (m) directe de la guarnició*
16	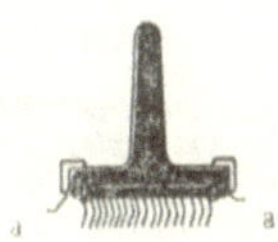	mittelbare [*oder* indirekte] Befestigung des Beschlages (f) indirect fastening of the clothing косвенное прикрѣпленіе (ср) заклепками гарнитуры montage (m) indirect de la garniture fissaggio (m) indiretto della guarnizione fijación (f) indirecta de la guarnición / *clavat (m) indirecte de la guarnició*
17	a	Stahlplatte (f) mit aufgenietetem Belag steel plate with clothing riveted on стальная полоса (жр) с приклепным [кардным] покровом lame (f) d'acier avec garniture rivetée lama (f) d'acciaio con guarnizione inchiodata hoja (f) de acero con guarnición remachada / *fulla (f) d'acer con guarnició reblada*
18	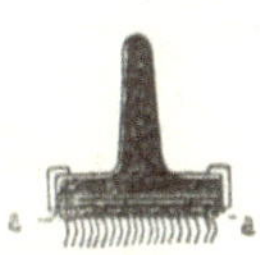	Befestigung des Beschlages mit Stahlplatte und Pappeinlage fastening of the clothing with steel plate and paste-board foundation прикрѣпленіе (ср) карднаго покрова посредством стальной пластины и картонной [под-]прокладки montage (m) de la garniture en employant outre la lame d'acier un soubassement de carton fissaggio (m) della guarnizione mediante lama d'acciaio e fondo di cartone montura (f) de la guarnición mediante hoja de acero y fondo de cartón / *clavat (m) de la guarnició per mitjà de fulla d'acer i fons de cartó*

Pappeinlage (f)
paste-board foundation
картонная прокладка (жр)
1 a soubassement (m) en carton
fondo (m) di cartone
suplemento (m) de cartón / *fons (m) de cartó*

Kratzenblattbefestigung (f) mittels Umbiegestreifen
fastening of card sheet by bent strips
прикрѣпленіе (ср) гарнитуры посредством скобок
montage (m) de la garniture
2 au moyen de bandes en acier à crochets recourbés
fissaggio (m) della guarnizione mediante graffe
montura (f) de placas de guarnición mediante tiras curvadas / *clavat (m) de plaques de guarnició per mitjà de tires curvades*

Kratzenblattbefestigung (f) mittels umgebogener Grundplatte
fastening of card sheet by bent plate
закрѣпленіе (ср) гарнитуры посредством загнутых краев основной пластины
3 montage (m) de la garniture par une plaque recourbée
fissaggio (m) della guarnizione mediante placca ripiegata
montura (f) de la guarnición mediante placa rebordeada / *clavat (m) de la guarnició per mitjà de placa corbada*

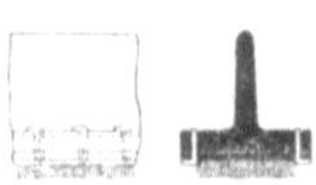

Kratzenblattbefestigung (f) mittels Draht
fastening of card sheet with wire
закрѣпленіе (ср) гарнитуры посредством проволоки
4 montage (m) de la garniture par des fils de fer
fissaggio (m) della guarnizione mediante filo di ferro
montura (f) de la guarnición con alambre / *clavat (m) de la guarnició amb filferro*

Kratzenblattbefestigung (f) mittels Stahlklammern
fastening of card sheet with steel clamps *or* clips
закрѣпленіе (ср) гарнитуры посредством стальной ленты *или* стальными скобами
5 montage (m) de la garniture par des bandes d'acier
fissaggio (m) della guarnizione mediante ramponi d'acciaio
montura (f) de la guarnición con ganchos de acero / *clavat (m) de la guarnició amb ganxos d'acer*

Tweedalesche Kratzenblattbefestigung (f) mit Wulstklammern
Tweedale's fastening of card sheet with bulged clamps
закрѣпленіе (ср) гарнитуры особыми захватками по способу Твидель
montage (m) de la garniture par des bandes pinçant les bords des plaques, système Tweedale 6
fissaggio (m) della guarnizione mediante arpioncini rigonfi, sistema Tweedale
montura (f) de la guarnición con grapas combadas / *clavat (m) de la guarnició amb grapes torçades* / sistema Tweedale

---

Deißsche Kratzenblattbefestigung (f)
Deiss's fastening of card sheet
закрѣпленіе (ср) гарнитуры по способу Дейсса
montage (m) de la garniture par le système Deiss 7
fissaggio (m) della guarnizione secondo il sistema Deiss
montura (f) de la guarnición / *clavat (m) de la guarnició* / sistema Deiss

---

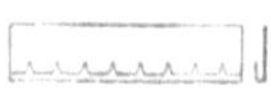

Klammerband (n) Deiß
Deiss's toothed clamp
зубчатая скрѣпляющая скобка (жр) сист. „Дейсс"
bande (f) en acier munie de points, système Deiss 8
placca (f) d'acciaio munita di punte, sistema Deiss
tira (f) de acero con puntas / *tira (f) d'acer amb puntes* / sistema Deiss

---

Ausstoßband (n)
stripping fillet
кардная лента (жр) для снимания очеса, очесочная лента (жр)
ruban (m) de débourrage
nastro (m) spazzatore 9
cinta (f) desborradora / *cinta (f) descarregadora*

Polierband (n)
burnishing fillet
точильная лента (жр)
ruban (m) à polir
nastro (m) pulitore
cinta (f) para el pulido / *per a brunyir* 10

Schnellwalzenband (n), Ausheberband (n), Volantband (n)
fancy roller fillet
кардная лента (жр) для волана
ruban (m) de garniture pour volant
nastro (m) di guarnizione del volante 11
cinta (f) de guarnición para el volante / *cinta (f) de guarnició per el volant*

Kratzenband (n) mit Baumwollunterlage
filleting in cotton foundation
кардо-лента (жр) на хлопчатобумажном основаніи
ruban (m) de carde avec tissu de coton
nastro (m) da carda con fondo in tessuto di cotone 12
cinta (f) de carda con fundación de tejido de algodón / *cinta (f) de carda amb la patén de teixit de cotó*

Walzenbeschlag (m), Walzengarnitur (f)
roller fillet[ting]
гарнитура (жр) валиков
garniture (f) des hérissons
guarnizione (f) di cilindro 13
guarnición (f) de cilindro / *guarnició (f) de cilindret*

1 Beschlagen (n) der Trommel
clothing of the main cylinder
обтяжка (жр) барабана кардою
garnissage (m) du grand tambour
montatura (f) della guarnizione sul gran tamburo
colocación (f) de la guarnición del gran tambor / *col·locació (f) de la guarnició de la bóta*

---

2 Aufziehen (n) des Bandes [*oder* der Bandgarnitur]
mounting of the fillet
обтягиванiе (ср) лентою
montage (m) de la garniture
montatura (f) *o* montaggio (m) *o* collocamento (m) della guarnizione
montura (f) de la guarnición / *muntatge (m) de la guarnició*

---

3 das Kratzenband aufziehen
to mount the fillet
обтянуть кардною лентою
monter le ruban de garniture
montare *o* collocare il nastro da carda
montar la cinta de guarnición / *muntar la cinta de guarnició*

---

4 Aufziehverfahren (n)
mounting method
способ (мр) обтяжки
méthode (f) de montage
modo (m) di montatura
método (m) de montaje / *mètode (m) de muntatge o de guarnit*

---

5 das Band straff aufziehen
to mount the fillet under great tension
туго натягивать ленту
monter le ruban sous forte tension
montare il nastro sotto forte tensione
montar la cinta con tensión fuerte / *muntar la cinta amb tensió forta*

---

6 die Bänder (npl) in Ringen aufziehen
to mount the fillets in rings
кольцеобразно обтягивать ленты
monter les rubans en anneaux
montare i nastri ad annelli
montar las cintas en anillos / *muntar les cintes en anells*

---

7 das Band in Schraubenlinien aufziehen
to mount the fillet in spirals
обтягивать ленту по винтовой линiи
monter le ruban en spirales
montare il nastro ad elica
montar / *muntar* / la cinta en espiral

---

8 Kratzenaufzieher (m), Kardenaufzieher (m)
card mounter
кардный мастер (мр)
monteur (m) de cardes
montatore (m) di carde
montador (m) de guarniciones / *muntador (m) de guarnicions*

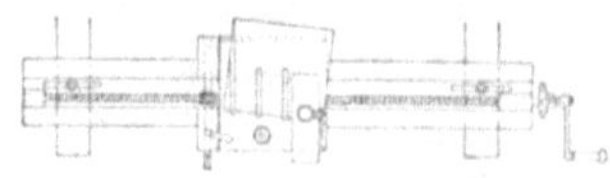

Aufziehvorrichtung (f) für Kratzenbänder
card mounting machine
аппарат (мр) для обтягиванiя кардною лентою
appareil (m) pour le montage des rubans de carde, machine (f) à monter les rubans de carde 9
apparecchio (m) d'avvolgimento dei nastri da carda
torno (m) *o* aparato (m) montador de cintas de carda / *torn (m) o aparell (m) per a muntar les guarnicions de carda*

---

die Trommel mit Glaspapier abreiben
to rub down the cylinder with sand paper
очищать поверхность (жр) барабана стеклянною бумагою
nettoyer le grand tambour avec du papier de verre
ripassare il gran tamburo con carta vetrata 10
limpiar la superficie del gran tambor con lija *o* con papel de vidrio / *netejar la superfície de la bóta amb paper de vidre*

---

die Trommel mit Schmirgelpapier abreiben
to rub down the cylinder with emery cloth
очищать поверхность (жр) барабана наждачною бумагою
nettoyer le grand tambour avec du papier émeri
smerigliare il gran tamburo
limpiar la superficie del gran tambor con papel [de] esmeril / *netejar la superfície de la bóta amb paper d'esmeril* 11

---

dünnflüssigen Kautschuk (m) auf die Trommel aufbringen
to put a layer of very liquid India rubber solution on the cylinder
покрывать поверхность (жр) барабана слоем жидкаго каучука
appliquer une couche de solution de caoutchouc très liquide sur le tambour
applicare uno strato di soluzione di caucciù fluidissimo sul tamburo 12
aplicar una capa de solución de caucho muy flúida sobre el tambor / *donar una capa molt fluida de goma sobre la bóta*

---

die Trommel mit einer Schicht Antioxyd versehen
to cover the cylinder with a rust preventing coating
покрывать поверхность (жр) барабана составом против ржавчины
appliquer sur le tambour une couche anti-oxydante
dare una mano di antiruggine al tamburo 13
barnizar el tambor con un anti-oxidante / *vernissar la bóta amb un anti-oxidant*

---

die Trommel mit Graphit einreiben
to rub the cylinder with graphite
натирать поверхность (жр) барабана графитом
frotter le grand tambour avec du graphite
sfregare il gran tamburo con grafite 14
frotar el gran tambor con grafito / *fregar la bóta amb grafit*

No.		
1	Rosten (n) des Beschlages rusting of the clothing ржавенiе (ср) кардной гарнитуры	rouillage (m) de la garniture irrugginimento (m) della guarnizione oxidación (f) de la guarnición / *rovellat (m) de la guarnició*
2	rostschutzendes Mittel (n) rust preventing medium *or* agent средство (ср) против ржавенiя	[moyen (m) *ou* produit (m)] antirouille (m) [prodotto (m)] antiruggine (m) [medio-protector (m) *o* producto (m)] antioxidante (m) / *antioxidant (m)*
3	die Beschläge (mpl) warm lagern to keep the fillets in a warm place карду держать на складѣ в теплѣ	conserver les rubans (mpl) dans un endroit chaud conservare i nastri in un ambiente caldo guardar las cintas de carda en sitio caliente / *guardar les cintes de carda en lloc calent*
4	Nagelung (f), Aufnageln (n) nailing on прибиванiе (ср) *или* пришиванiе (ср) гвоздями	clouage (m) chiodatura (f) claveteado (m) / *clavetejat (m)*
5	Beschlagstreifen (m) card sheet кардная пластина (жр)	plaque (f) de carde foglio (m) di guarnizione placa (f) de guarnición / *de guarnició*
6	Kratzenstoff (m), Beschlagstoff (m) card foundation, foundation material основанiе (ср) *или* ткань (жр) кардной гарнитуры	matière (f) de soubassement de la garniture materia (f) di fondo *o* di fondazione della guarnizione material (m) de fundación de la guarnición / *material (m) de patén de la guarnició*
7	Festigkeit (f) des Stoffes strength of the material крѣпость (жр) основной ленты	solidité (f) de la matière solidezza (f) della materia solidez (f) / *resistència (f)* / del material
8	Dichte (f) des Stoffes density of the material плотность (жр) основной ленты	densité (f) de la matière densità (f) della materia densidad (f) / *densitat (f)* / del material
9	Elastizität (f) des Stoffes elasticity of the material эластичность (жр) основной ленты	élasticité (f) de la matière elasticità (f) della materia elasticidad (f) / *elasticitat (f)* / del material
10	die Zähne (mpl) springen aus dem Belagstoff aus the wires break out from the clothing крючки (мр) вылетают *или* выскакивают (из основанiя)	les dents (fpl) sautent *ou* se détachent du ruban i denti si distaccano dal nastro las púas de la guarnición saltan / *les pues de la guarnició salten*
11	Leder (n) leather кожа (жр)	cuir (m) cuoio (m) cuero (m) / *cuiro (m)*
12	Kalbleder (n) calf skin телячья кожа (жр), телячiй опоек (мр)	peau (f) *ou* cuir (m) de veau pelle (f) *o* cuoio (m) di vitello becerro (m) / *vedell (m)*
13	Schafleder (n) sheep skin баранья кожа (жр), баранiй опоек (мр)	peau (f) *ou* cuir (m) de mouton pelle (f) *o* cuoio (m) di montone badana (f), cabritilla (f) / *badana (f), pell (f) de cabrit*
14	Rindleder (n) neat's leather яловая кожа (жр)	cuir (m) de vache cuoio (m) di vacca cuero (m) / *cuiro (m)* / de vaca
15	Lederkombination (f) compound leather составная кожа (жр)	composition (f) de cuir composizione (f) di cuoio compuesto (m) de cuero / *compost (m) de cuiro*
16	die Lederstreifen (mpl) zusammenleimen to cement the leather strips склеивать кожаныя ленты (жр)	coller les rayures (fpl) de cuir incollare fra di loro le striscie di cuoio cementar las tiras de cuero / *cementar les vetes de cuiro*
17	aufkleben to glue on, to stick on, to cement on наклеивать	engluer, entoiler, coller incollare encolar, pegar / *encolar, cementar, enganxar*
18	Papierlage (f) paper foundation слой (мр) бумаги	soubassement (m) de papier fondazione (f) di carta capa (f) *o* fundación (f) de papel / *patén (f) de paper*
19	die Oberfläche gleichmäßig machen to equalise the surface выравнивать поверхность (жр)	uniformiser *ou* égaliser la surface egualizzare la superficie igualar la superficie
20	künstliches Kratzenleder (n) artificial card leather искусственная кардная кожа (жр)	cuir (m) artificiel pour carde cuoio (m) artificiale per carde cuero (m) artificial para cardas / *cuiro (m) artificial per a cardes*
21	Kratzentuch (n) card cloth кардное сукно (ср)	tissu (m) pour garniture de carde tessuto (m) per guarnizione di carda tejido (m) para guarniciones / *teixit (m) per a guarnicions*
22	Baumwollgewebe (n) cotton cloth хлопчатобумажная ткань (жр)	tissu (m) de coton tessuto (m) di cotone tejido (m) de algodón / *teixit (m) de cotó*
23	Halbwollgewebe (n) union cloth полушерстяная ткань (жр)	tissu (m) mixte *ou* milaine tessuto (m) mezza lana tejido (m) unión *o* de mezcla / *teixit (m) unió o de mescla*
24	Köpergewebe (n) twill cloth киперная *или* саржевая дiагональная ткань (жр)	croisé (m) stoffa (f) diagonale cruzado (m), sarga (f) / *creuhat (m), sarja (f)*

1
x-schichtiges [Kratzen-]Tuch (n)
x-ply cloth
x-слойное кардное основаніе (ср)

tissu (m) x plis
tessuto (m) a x strati
tejido (m) de x pliegues / *teixit (m) de x plecs*

2
Baumwoll-Woll-Baumwolltuch (n), Wolltuch (n)
cotton-wool-cotton foundation
основаніе (ср) из хлопчато-бумажной, шерстяной и хлопчатобумажной тканей

soubassement (m) en coton-laine-coton
fondazione (f) di cotone-lana-cotone
fundación (f) de algodón-lana-algodón / *patén (f) de cotó-llana-cotó*

3
Baumwoll-Woll-Kautschukunterlage (f)
cotton-wool-rubber foundation
основаніе (ср) из хлопчатобумажной, шерстяной и каучуковой тканей

soubassement (m) en coton-laine-caoutchouc
fondazione (f) di cotone-lana-gomma elastica
fundación (f) de algodón-lana-caucho / *patén (f) de cotó-llana-cautxú*

4
fünffach gekittetes Baumwollköpergewebe (n) mit dikker Filzauflage
fiveply cotton twill cloth with thick felt
пяти-слойное основаніе (ср) из жестной киперной *или* саржевой ткани с толстым байковым верхом

tissu (m) de coton cinq plis en croisé avec feutre épais à l'intérieur
tessuto (m) di cotone diagonale quintuplo intramezzato da feltro grosso
tejido (m) de cinco pliegues de cruzado de algodón con fieltro grueso interpuesto / *teixit (m) de cinq plecs de creuhat de cotó con feltre groixut interposat*

5
die Gewebelagen (fpl) übereinander kitten
to cement the plies together
наклеивать слои (мр) тканей друг на друга

coller les plis ensemble
incollare uno sull'altro gli strati di tessuto
cementar los pliegues / *cementar els plecs junts*

6
Zementmasse (f)
cement
цементирующая масса (жр), проклеивающая мастика (жр)

ciment (m)
cemento (m)
cemento (m) / *ciment (m)*

7
vierschichtiges Kratzentuch (n) mit Kautschukklebung, [vierfach Kautschuknaturel (n)]
four ply cloth cemented with rubber solution
четырех-слойное основаніе (ср) на каучуковой мастикѣ *или* с резиновым покровом

tissu (m) quatre plis collés au caoutchouc
tessuto (m) a quattro strati incollati con soluzione di caucciù
tejido (m) de cuatro pliegues pegados con solución de caucho / *teixit (m) de quatre plecs cementats amb solució de cautxú*

8
Kautschukdeckplatte (f)
rubber face
каучуковый покров (мр) основанія

couche (f) extérieure en caoutchouc
parte (f) superficiale di gomma elastica
cara (f) de caucho / *de cautxú*

9
natürlicher Kautschuk (m)
India-rubber
естественный каучук (мр)

caoutchouc (m) naturel
caucciù (m) naturale
caucho (m) / *cautxú (m)* / natural

10
kunstlicher Kautschuk (m)
artificial rubber
искусственный каучук (мр)

caoutchouc (m) artificiel
caucciù (m) artificiale
caucho (m) / *cautxú (m)* / artificial

11
dünnflüssiger Kautschuk (m)
thin solution of India rubber
жидкій каучук (мр)

solution (f) de caoutchouc très liquide
soluzione (f) di caucciù fluidissima
solución (f) de caucho muy flúida / *solució (f) de cautxú molt fluida*

12
vulkanisierter Kautschuk (m)
vulcanised India rubber
вулканизированный каучук (мр)

caoutchouc (m) vulcanisé
caucciù (m) vulcanizzato
caucho (m) vulcanizado / *cautxú (m) vulcanitzat*

13
Kratzentucherzeugung (f), Kratzentuchherstellung (f)
manufacture of card clothing
изготовленіе (ср) *или* производство (ср) кардных лент

fabrication (f) du tissu de carde
fabbricazione (f) dei tessuti da carda
fabricación (f) de las guarniciones de carda / *fabricació (f) de les guarnicions de carda*

14
Kratzendraht (m)
card wire
проволока (жр) для карды

fil (m) pour garniture
filo (m) per carde
alambre (m) de carda o de guarnición / *filferro (m) per a guarnicions*

15
Drahtmaterial (n)
material of wire
проволочный матеріал (мр)

matière (f) du fil
materiale (m) del filo
material (m) del alambre / *del filferro*

16
Stahldraht (m)
steel wire
стальная проволока (жр)

fil (m) d'acier
filo (m) d'acciaio
alambre (m) de acero / *fil (m) d'acer*

17

Rundeisendraht (m)
round iron wire
желѣзная круглая проволока (жр)
fil (m) de fer rond
filo (m) di ferro tondo *o* cilindrico *o* a sezione circolare
alambre (m) de hierro redondo / *filferro (m) rodó*

18

eirunder [*oder* ovaler] Draht (m), [Konvexdraht (m)]
oval wire, convex wire
овальная *или* двояковыпуклая проволока (жр)
fil (m) ovale *ou* elliptique
filo (m) a sezione ovoidale
alambre (m) elíptico *o* convexo / *filferro (m) ovalat o elliptic*

19

rechteckiger Draht (m), Flachdraht (m)
rectangular *or* flat wire
прямоугольная *или* плоская проволока (жр)
fil (m) rectangulaire *ou* plat
filo (m) piatto *o* a sezione rettangolare
alambre (m) rectangular *o* plano / *filferro (m) rectangular o plá*

1 

dreikantiger Draht (m)
triangular wire
трехгранная проволока (жр)
fil (m) triangulaire
filo (m) a sezione triangolare
alambre (m) / *filferro (m)* / triangular

---

2 

blattförmiger Draht (m), [Sektoraldraht (m)]
sector wire
проволока (жр) клинообразнаго сѣченія
fil (m) triangulaire convexe sur une face
filo (m) settorale
alambre (m) triangular con una cara convexa / *filferro (m) triangular amb una cara convexa*

---

3 

Halbflachdraht (m)
flattened round wire
сплющенная круглая проволока (жр)
fil (m) rond aplati
filo (m) rotondo spianato
alambre (m) redondo aplanado / *filferro (m) rodó aplanat*

---

4 gehärteter und nachgelassener Stahldraht (m)
hardened and tempered steel wire
закаленная и отпущенная стальная проволока (жр)
fil (m) d'acier trempé et recuit
filo (m) d'acciaio temperato e ricotto
alambre (m) de acero templado y recocido / *filferro (m) d'acer trempat*

---

5 gehärtete Spitze
hardened point
закаленное остріе (ср)
pointe (f) trempée
punta (f) temperata
punta templada *o* endurecida / *cap (m) trempat, punta (f) trempada*

---

6 Härtungsverfahren (n)
hardening process
способ (мр) закалки
procédé (m) de trempe
processo (m) di temp[e]ra
procedimiento (m) de temple / *procediment (m) de trempat o de cementat*

---

7 den Stahldraht vom Glühspan befreien
to free the steel wire from the scale, to remove the scale from the steel wire
очистить стальную проволоку от окалины
enlever les pailles (fpl) d'oxyde du fil d'acier
levare le scaglie dal filo d'acciaio
quitar las escamas del alambre de acero / *treure les clapes de rovell del filferro d'acer*

---

8 den Stahldraht blank machen
to polish the steel wire
отполировать стальную проволоку
polir le fil d'acier
pulire *o* lucidare il filo d'acciaio
pulir *o* pulimentar el alambre de acero / *pulir el filferro d'acer*

---

9 Härtung (f) des Stahldrahtes unter Luftabschluß
hardening the steel wire under a vacuum
закалка (жр) стальной проволоки без доступа воздуха (способ Бетмана)
trempe (f) au vide du fil d'acier
tempera (f) del filo d'acciaio nel vacuo
temple (m) del alambre de acero al vacío / *tremp (m) del filferro d'acer al buit*

---

10 Prüfung (f) des Drahtes
testing of wire
испытаніе (ср) проволоки
essai (m) du fil
prova (f) del filo
prueba (f) *o* ensayo (m) del alambre / *assaig (m) del filferro*

Zugfestigkeit (f)
tensile strength
крѣпость (жр) на разрыв
résistance (f) à la traction
resistenza (f) alla trazione 11
resistencia (f) a la tracción / *tracció*

---

gleichmäßige Härte (f)
uniform hardness
равномѣрная твердость (жр)
dureté (f) uniforme *ou* régulière
durezza (f) uniforme 12
dureza (f) uniforme *o* homogénea / *duresa (f) uniform o regular*

---

gleichmäßig gezogen
uniformly drawn
равномѣрно тянутая
étiré régulièrement
stirato regolarmente, trafilato uniformemente 13
estirado uniformemente / *estirat uniformement*

Zähigkeit (f)
tenacity
вязкость (жр), тягучесть (жр)
ténacité (f)
tenacità (f)
tenàcidad (f) / *tenacitat (f)* 14

---

federnde Kraft (f), [Elastizität (f)]
elasticity
упругость (жр)
élasticité (f)
elasticità (f)
elasticidad (f) / *elasticitat (f)* 15

Drahtstärke (f), Drahtdicke (f)
thickness *or* diameter of wire
толщина (жр) *или* діаметр (мр) проволоки
épaisseur (f) *ou* diamètre (m) du fil
spessore (m) *o* grossezza (f) *o* diametro (m) del filo 16
grueso (m) *o* espesor (m) del alambre / *gruix (m) del filferro*

---

französische [Draht-]Nummerung (f)
French wire numbering
французская нумерація (жр) проволоки
numérotage (m) français du fil
classificazione (f) francese del filo 17
clasificación (f) francesa del alambre / *classificació (f) francesa del filferro*

---

englische [Draht-]Nummerung (f)
English wire numbering
англійская нумерація (жр) проволоки
numérotage (m) anglais du fil
classificazione (f) inglese del filo 18
clasificación (f) inglesa del alambre / *classificació (f) anglesa del filferro*

Drahtnummer (f)
gauge of wire
номер (мр) проволоки
numéro (m) du fil
numero (m) del filo
número (m) del alambre / *nombre (m) del filferro* 19

---

englische Drahtlehre (f), (B. W. G.)
English *or* Birmingham wire gauge (B. W. G.)
англійскій калибр (мр) *или* англійская скала (жр) для проволоки
jauge (f) anglaise *ou* de Birmingham pour fils de fer
calibro (m) inglese *o* scala (f) di Birmingham per fili di ferro 20
calibrador (m) inglés de alambres / *galga (f) anglesa de filferro*

Drahtprüfverfahren (n)
wire testing method
метод (мр) испытанія проволоки
méthode (f) pour l'essai du fil
metodo (m) per la prova del filo 21
método (m) para la prueba del alambre / *mètode (m) per al assaig del filferro*

1 Kratzen[draht]industrie (f)
card wire industry
кардная промышленность (жр)
industrie (f) du fil pour cardes
industria (f) del filo da carda
industria (f) de alambre para guarnición de cardas / *indústria (f) del filferro per a guarnició de cardes*

---

2 Kratzenzahn (m)
card wire, card staple
игла (жр) *или* скобочка (жр) карды
dent (f) de carde *ou* de garniture
dente (m) di carda *o* di guarnizione
alambre (m) de carda *o* de guarnición / *filferro (m) o pua (f) de carda o de guarnició*

---

3 Kratzenzahnform (f)
shape of card wire
форма (жр) иглы
forme (f) de la dent de garniture
forma (f) del dente di guarnizione
forma (f) del alambre de guarnición / *del filferro de guarnició*

---

4 Steifigkeit (f) des Kratzenzahnes
grade of rigidity of the wire
стойкость (жр) иглы
degré (m) de rigidité de la dent
grado (m) di rigidità del dente
grado (m) de rigidez del alambre / *grau (m) de rigidesa del filferro*

---

5 Stellung (f) der Kratzenspitzen
position of card wire points
направленіе (ср) *или* положеніе (ср) остріи кардных скобок
position (f) des aiguilles de garniture
disposizione (f) delle punte di guarnizione
posición (f) de las púas de guarnición / *posició (f) de les pues de guarnició*

---

6 
die Spitzen (fpl) sind entgegengesetzt gerichtet
the points are set against each other
острія (ср) *или* верхнія колѣнца (ср) направлены в противоположныя стороны
les aiguilles (fpl) sont dirigées en sens inverse
le punte sono rivolte in senso opposto
las púas están opuestas una a otra / *la direcció de les pues es oposada l'una a l'altra*

---

7 
die Spitzen (fpl) sind gleichgerichtet
the wires are set pointing in the same direction
острія (ср) направлены в одну сторону
les aiguilles (fpl) sont disposées dans le même sens
le punte sono rivolte nello stesso senso
las púas tienen la misma dirección / *la direcció de les pues es la mateixa*

---

8 federnde [*oder* elastische] Rückbiegung (f) des Zahnes
elastic bending back of the wire
упругое отгибаніе (ср) иглы назад
flexion (f) élastique en arrière de la dent
flessione (f) elastica del dente indietro
flexión (f) elástica hacia atrás del alambre / *flexió (f) elàstica del filferro cap enrera*

---

9 Angriffsfähigkeit (f) *oder* Arbeitsfähigkeit (f) des Zahnes
keenness *or* carding capacity *or* working capacity of the wire
захватная способность (жр) *или* работоспособность (жр) иглы
capacité (f) de travail de la dent
facoltà (f) cardante *o* di presa del dente
capacidad (f) de trabajo de la púa / *capacitat (f) de treball o de cardat de la pua*

---

10 Einrutschen (n) der Fasern in den Beschlag
slipping of the fibres into the wires
проникание (ср) волокон в карду
logement (m) des fibres dans la garniture
scivolamento (m) delle fibre nella guarnizione
resbalamiento (m) de las fibras en la guarnición / *relliscament (m) de les fibres en la guarnició*

---

11 Schärfen (n) *oder* Schärfung (f) des Zahnes
sharpening *or* grinding of the wire
оттачиваніе (ср) *или* точеніе (ср) иглы
affilement (m) *ou* aiguisage (m) de la dent
affilatura (f) *o* molatura (f) del dente
afilado (m) *o* esmerilado (m) del alambre / *esmolat (m) o esmerilat (m) dels filferros*

---

12 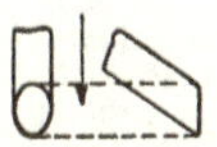
Oberflächenschliff (m), Rückenschliff (m)
surface grinding
торцовая плоская [от]точка (жр) игл
aiguisage (m) par le dos
molatura (f) superficiale
esmerilado (m) / *esmerilat (m)* / de la superficie

---

13 
Nadelschliff (m)
needle point grinding
отточка (жр) под иглу *или* по формѣ иглы
aiguisage (m) en pointe conique
molatura (f) a punta conica
esmerilado (m) en forma de punta de aguja / *esmerilat (m) en forma de punta d'agulla*

---

14 a
Schneide (f)
edge
остріе (ср), жало (ср)
taillant (m)
tagliente (m)
arista (f) cortante, corte (*m*) / *aresta (f) esmolada, tall (m)*

---

15 Seitenschliff (m)
side grinding
боковая *или* клиновидная отточка (жр)
aiguisage (m) latéral
molatura (f) laterale
esmerilado (m) / *esmerilat (m)* / lateral

---

16 
Pflugschliff (m)
plough grinding
плуговидная отточка (жр)
aiguisage (m) latéral en ouvrant préalablement les canaux par un soc
molatura (f) a vomere
esmerilado (m) de las puntas con la máquina de guías de arado / *esmerilat (m) de les puntes amb la màquina de guies d'arada*

Nr.		
1	Setzen (n) der Zahne setting of wires сажаніе (ср) скобочек	boutage (m) *ou* placement (m) des dents fissazione (f) dei denti inserción (f) del alambre *o* de las púas / *inserció (f) dels filferros*
2	die Zähne (mpl) setzen to set the wires сажать скобочки (жр)	placer *ou* bouter les dents (fpl) fissare i denti insertar los alambres / *els filferros*
3	Nadelbesatz (m), Zahnbesetzung (f) wire[s] набор (мр) скобочек	surface (f) hérissée d'aiguilles guarnizione (f) di denti guarnición (f) de púas / *guarnició (f) de pues*
4	Dichtigkeit (f) der Zahnbesetzung (f), Besteckungsdichtigkeit (f), Besatzfeinheit (f), Zahl (f) *oder* Anzahl (f) der Zähne auf die Flächeneinheit density of staples, number of staples per unit of surface плотность (жр) набора игл	peuplage (m) des dents, nombre (m) de dents par unité de surface densità (f) della guarnizione di denti, quantità (f) di denti per unità di superficie densidad (f) de los alambres en la guarnición, cantidad (f) de alambres por unidad de superficie / *densitat (f) dels filferros en la guarnició, cantitat (f) dels filferros per unitat de superficie*
5	*x* Nadeln (fpl) auf einen Zoll Länge stecken to set *x* wire points per one inch of length сажать *x* игл на 1 дюйм длины	mettre *x* aiguilles (fpl) par pouce de longueur mettere *x* aghi (mpl) per un pollice di lunghezza insertar *x* púas (fpl) por pulgada de longitud / *insertar x pues (f pl) per una polzada de llargada*
6	Kronzahl (f) crown коронное число (ср)	nombre-base (m) du peuplage numero (m) corona corona (f)
7	Beschlagnummer (f), Bestecknummer (f), [Garniturnummer (f)] count of wire, number of wire clothing номер (мр) карды *или* гарнитуры	numéro (m) de la garniture numero (m) della guarnizione número (m) de la guarnición / *guarnició*
8	Stich (m), Satz (m) set of wire стежка (жр)	boutage (m) disposizione (f) dei denti inserción (f) *o* tejido (m) del alambre / *inserció (f) o teixit (m) de les pues*
9	Stichart (f), Satzart (f) method of setting the wires род (мр) *или* вид (мр) стежки	genre (m) de boutage sistema (f) di disposizione dei denti sistema (f) de inserción de los alambres / *sistema (f) d'inserció de les pues*
10	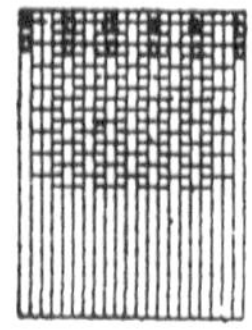	voller Stich (m), Vollstich (m), Plattstich (m) full *or* open *or* plain set полная *или* открытая стежка (жр) boutage (m) plein disposizione (f) aperta *o* piena *o* semplice dei denti tejido (m) *o* inserción (f) ortogonal / *inserció (f) o teixit (m) ortogonal*
11	a b d e	Steg (m) des Kratzenzahnes crown of staple спинка (мр) скобочки pied (m) *ou* base (f) de la dent corona (f) del dente espalda (f) *o* base (f) del alambre / *espatlla (f) o base (f) del filferro*
12	c	Gasse (f) space дорожка (жр) espacement (m) *ou* écartement (m) des dents spazio (m) espacio (m), ecartamiento (m) separación (f) / *espai (m), ecartament (m), separació (f)*
13	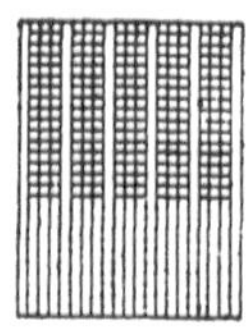	gerader Stich (m) straight set прямая стежка (жр) boutage (m) droit *ou* en ligne disposizione (f) diritta dei denti tejido (m) en líneas longitudinales *o* de camino / *teixit (m) de camí o en línies longitudinals*
14	die Zahne (mpl) stehen in geraden Linien hintereinander the staples are set in straight lines behind each other скобочки (жр) размѣщены одна за другой по прямым линіям	les dents (fpl) sont placées en ligne droite les unes derrière les autres i denti sono disposti su linee rette gli uni dietro gli altri los alambres son insertados en línea recta los unos detrás de los otros / *els filferros son insertades en línia recta les unes al darrera les altres*
15	Köpersatz (m), [Diagonalstich (m), Diamantstich (m)] französischer Stich (m) twill set, diagonal set киперная *или* діагональная *или* алмазная *или* французская стежка (жр)	boutage (m) en diagonale *ou* à côtes disposizione (f) diagonale dei denti tejido (m) en líneas diagonales *o* en cadenilla / *teixit (m) de cadeneta o en línies diagonals*
16	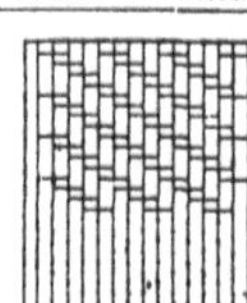	Viererstich (m) in Köper four twill set четырех стежный кипер (мр) boutage (m) à quatre côtes disposizione (f) diagonale dei denti da quattro tejido (m) en diagonales de a cuatro / *teixit (m) en diagonals de quatre*
17	rechts verlaufend running to the right право-діагональная	courant à droite corrente a destra corriendo a derecha / *corrent a dreta*
18	links verlaufend running to the left лѣво-діагональная	courant à gauche corrente a sinistra corriendo a izquierda / *corrent a esquerra*

1 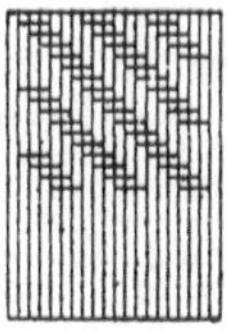

Sechserstich (m) in Köper
six twill set
шести стежный кипер (мр)
boutage (m) à six côtes
disposizione (f) diagonale dei denti da sei
tejido (m) en diagonales de a seis / *teixit (m) en diagonals de sis*

---

2 Rippenstich (m), Säulenstich (m), [Kolonnenstich (m)]
rib set
рядовая *или* колонная стежка (жр)
boutage (m) à lignes
disposizione (f) dei denti a linee
tejido (m) de costado / *teixit (m) de costat*

---

3 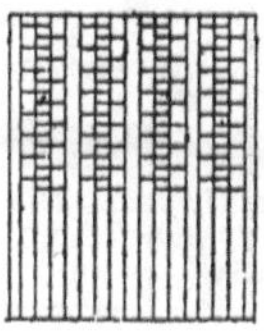

Zweier-Rippenstich (m), Zweier-Säulenstich (m)
two rib set
двухрядная *или* двухколонная стежка (жр)
boutage (m) à lignes à deux dents
disposizione (f) in linee a due denti
tejido (m) de costado de dos costillas / *teixit (m) de costat a dues costelles*

---

4 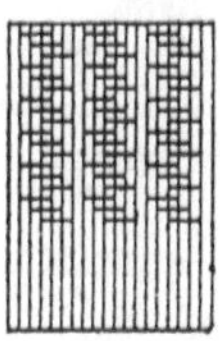

Dreier-Rippenstich (m), Dreier-Säulenstich (m)
three rib set
трехрядная *или* трехколонная стежка (жр)
boutage (m) à lignes à trois dents
disposizione (f) in linee a tre denti
tejido (m) de costado de tres costillas / *teixit (m) de costat a tres costelles*

---

5 die Zähne (mpl) absatzweise in säulenartigen Rippen *oder* hintereinander setzen
to set the wires in a rib arrangement with rows alternately behind each other
набирать скобочки (жр) одна за другою ступенчатыми *или* ребристыми колоннами
placer [*ou* bouter] les dents dans un boutage à lignes avec des rangées alternant l'une derrière l'autre
disporre i denti alternativamente l'uno dietro all'altro secondo costole longitudinali
insertar los alambres en líneas de costado con hileras alternativas unas tras otras / *insertar els filferros en ratlles de costat amb línies alternes unes darrera les altres*

---

6 Kratzenmacher (m), [Kratzenfabrikant (m)]
card clothing manufacturer
фабрикант (мр) карданых лент
fabricant (m) de garnitures de cardes
fabbricante (m) di guarnizioni da carda *o* di scardassi
fabricante (m) de guarniciones de carda / *fabricant (m) de guarnicions de carda*

---

7 Kratzensetzmaschine (f)
card setting machine
кардонаборная машина (жр)
machine (f) à bouter les cardes, bouteuse (f)
macchina (f) per disporre le carde
máquina (f) de insertar guarniciones / *d'insertar guarnicions*

Kratzenfabrik (f)
card clothing manufactory
кардная фабрика (жр)
fabrique (f) de garnitures de cardes
fabbrica (f) di guarnizioni da carda *o* di scardassi 8
fábrica (f) de guarniciones / *de guarnicions* / de carda

Kratzenindustrie (f)
card clothing industry
кардная промышленность (жр)
industrie (f) des garnitures de cardes
industria (f) delle guarnizioni da carda *o* degli scardassi 9
industria (f) de guarniciones / *guarnicions* / de carda

---

c) Schleifen (n) des Krempelbeschlages
Card Grinding
Точка (жр) кардной обтяжки или гарнитуры
Aiguisage (m) des cardes
Molatura (f) *o* arrotatura (f) delle punte da carda 10
Esmerilado (m) / *esmerilat* (m) / de las cardas

---

den Krempelbeschlag schleifen
to grind the card clothing
точить кардную гарнитуру
aiguiser la garniture de [la] carde
molare *o* arrotare la guarnizione da carda 11
esmerilar la guarnición / *guarnició* / de la carda

Schärfen (n) *oder* Schärfung (f) des Beschlages
sharpening of the [card] clothing
точка (жр) *или* оттачиваніе (ср) гарнитуры
avivage (m) de la garniture
affilamento (m) della guarnizione 12
aguzadura (f) de la guarnición / *esmolat (m) de la guarnició*

---

den Beschlag schärfen
to sharpen the [card] clothing
точить *или* оттачивать гарнитуру
aviver la garniture
affilare la guarnizione, ridare presa alla guarnizione 13
aguzar la guarnición / *esmolar la guarnició*

Abschleifung (f) durch das Schärfen
wear by sharpening
стачиваніе (ср) при точкѣ
usure (f) par l'aiguisage
consumo (f) dovuto alla molatura 14
desgaste (m) por el esmerilado / *desgast (m) per l'esmerilat*

---

sich beim Schärfen abschleifen
to wear by grinding
стачивать при точкѣ
s'user par l'aiguisage
consumarsi durante la molatura 15
desgastarse al ser esmerilado / *per l'esmerilat*

---

die Zähne (mpl) abziehen
to whet the wires
править иглы
repasser les dents (fpl)
ravvivare i denti 16
repasar las púas / *repassar les pues*

Langsamschliff (m)
slow grinding
медленная точка (жр)
aiguisage (m) lent
molatura (f) lenta 17
esmerilado (m) lento / *esmerilat (m) lent*

Schnellschliff (m)
quick grinding
быстрая точка (жр)
aiguisage (m) rapide
molatura (f) in fretta 18
esmerilado (m) rápido / *esmerilat (m) ràpid*

Hohlschleifen (n)
hollow grinding
оттачиваніе (ср) по вогнутой поверхности
aiguisage (m) creux
molatura (f) concava 19
vaciamiento (m) por esmerilado / *buidat (m) per esmerilat*

1 hohl schleifen
to grind hollow
точить по вогнутой поверхности
aiguiser en creux
molare concavo
vaciar por emerilado / *buidar per esmerilat*

2 
überpreßte Schneide (f)
beaked wire, serrated edge
крючок (мр), загнутый от переточки
dent (f) suraiguisée
tagliente (m) con sbavatura
púa (f) con barba / *amb barba*

3 Schleifgrat (m)
bur[r]
заусенец (мр)
ébarbure (f)
bava (f), sbavatura (f)
rebaba (f), barba (f)

4 die Zähne (mpl) vom Schleifgrat befreien, den Schleifgrat entfernen
to free the ground wires from the burr
удалить заточку *или* заусенцы с острій
enlever les ébarbures (fpl) des dents
togliere la bava dai denti
quitar las barbas de los alambres / *llimar les pues de barbas*

5 
Glättburste (f), [Polierbürste (f)]
burnishing brush *or* roller
шлифовальная щетка (жр)
brosse (f) brunisseuse, brosse à brunir
brunitoio (m)
cepillo (m) bruñidor / *raspall (m) brunyidor*

6 Glättbürste (f) mit gehärtetem Stahldrahtbeschlag
burnishing brush with hardened steel wire clothing
шлифовальная щетка (жр) из твердо закаленной стальной проволоки
brosse (f) à brunir à fil d'acier trempé
brunitoio (m) con fili d'acciaio temperato
cepillo (m) bruñidor con púas de acero templado / *raspall (m) brunyidor amb pues d'acer trempat*

7 außer Arbeit schleifen
to grind when [the card is] not working
точить в нерабочее время [чесальной машины]
aiguiser quand la carde ne travaille pas
molare durante il riposo [della carda]
esmerilar cuando la carda no trabaja / *esmerilar amb la carda parada*

8 während der Arbeit schleifen
to grind when [the card is] working
точить во время работы чесальной машины
aiguiser quand la carde travaille
molare mentre la carda lavora
esmerilar mientras trabaja / *mentre treballa* / la carda

9 Schleifwalze (f), Schleiftrommel (f)
grinding roller, grinder
точильный валик (мр) *или* барабан (мр)
rouleau (m) *ou* cylindre (m) aiguiseur, tambour (m) à aiguiser
cilindro (m) molatore *o* da molare, cilindro (m) *o* rullo (m) arrotatore
cilindro (m) / *corró (m)* / esmerilador

10 die Schleifwalze anstellen
to adjust the grinding roller
подвести точильный валик (мр)
régler le cylindre aiguiseur
registrare il cilindro arrotatore
ajustar el cilindro / *galgar el corró* / esmerilador

zu scharfes Anstellen (n) der Schleifwalze
setting the grinding roller too close
слишком плотная *или* близкая подводка (жр) точильнаго валика
réglage (m) trop près du cylindre aiguiseur
registrazione (f) troppo vicina del cilindro arrotatore 11
ajuste (m) demasiado apretado del cilindro esmerilador / *galgat (m) del corró esmerilador massa collat*

Schleifscheibe (f)
grinding disc, emery wheel
точильный бѣгун (мр) *или* диск (мр), точильное колесо (ср)
disque (m) à aiguiser, disque (m) aiguiseur
mola (f) a disco, disco (m) a smeriglio 12
disco (m) esmerilador / *disc (m) esmerilador, moleta (f)*

Schleifbrett (n), Schmirgelholz (n)
grinding board, emery board
точильная доска (жр), наждачная планка (жр)
planche (f) d'émeri *ou* à aiguiser
tavola (f) a smeriglio 13
plancha (f) esmeriladora / *planxa (f) d'esmeril*

Schleiftuch (n), Schmirgeltuch (n)
grinding strickle, emery cloth
точильное *или* наждачное полотно (ср)
toile (f) d'émeri *ou* émerisée
tela (f) smerigliata *o* a smeriglio 14
tela (f) de esmeril / *d'esmeril*

Handschleiftuch (n)
hand strickle
наждачное полотно (ср) для ручной точки
toile (f) d'émeri à main
tela (f) a smeriglio a mano
tela (f) de esmerilar a mano / *sabata (f), escureta (f)* 15

Trommelschleiftuch(n)
cylinder strickle
полотно (ср), приспособленное для точенія барабана
toile (f) d'émeri pour le tambour
tela (f) smerigliata per il tamburo 16
tela (f) de esmerilar el tambor / *sabata (f) per a la bóta*

Beschmirgelung (f) der Walze
covering the roller with emery
покрываніе (ср) точильнаго валика наждаком
émerisage (m) du rouleau
smerigliatura (f) del cilindro
cubrimiento (m) del cilindro con esmeril / *cobriment (m) del corró amb esmeril* 17

den Schmirgel auf die Walze aufbringen
to put the emery on the roller
наносить наждак (мр) на валик
émeriser le cylindre
smerigliare il cilindro, applicare lo smeriglio sul cilindro 18
cubrir il cilindro con esmeril / *cobrir el corró amb esmeril*

Schleifmittel (n)
grinding material
точильный матеріал (мр)
matière (f) d'aiguisage
sostanza (f) arrotante 19
material (m) esmerilador / *esmolador*

Schmirgel (m)
emery
наждак (мр)
émeri (m)
smeriglio (m) 20
esmeril (m)

Karborund (n)
carborundum
карборунд (мр)
carborundum (m)
carborundo (m) 21
carborundum (m)

No.		
1	Kornbeschaffenheit (f) des Schmirgels granular condition of the emery свойство (cр) зерен наждака	grain (m) de l'émeri grana (f) dello smeriglio granulado (m) *o* grano / *gra (m)* / del esmeril
2	grobes Korn (n) coarse grain крупныя зерна (ср)	gros grain (m) grana (f) grossa grano (*m*) grueso / *gra (m) gros*
3	feines Korn (n) fine grain мелкія зерна (ср)	grain (m) fin grana (f) fina grano (m) fino / *gra (m) fi*
4	Rundkorn (n) round grain круглыя зерна (ср)	grain (m) rond grana (f) rotonda grano (m) redondo / *gra (m) rodó*
5	Flachkorn (n) flat grain плоскія зерна (ср)	grain (m) plat grana (f) piatta grano (m) plano / *gra (m) pla*
6	spitzes Korn (n) angular grain остроконечныя зерна (ср)	grain (m) à pointe grana (f) a spigoli vivi grano (m) / *gra (m)* / angular
7	Schärfe (f) *oder* Angriffsfähigkeit (f) des Schmirgels keenness of the emery точильная способность (жр) наждака	capacité (f) mordante de l'émeri potere (m) mordente dello smeriglio agudeza (f) / *agudesa (f)* / del esmeril
8	den Schmirgel auf die Schleifwalzen aufkleben to glue the emery on the rollers наклеивать наждак (мр) на точильные валики	coller l'émeri sur les cylindres à aiguiser incollare lo smeriglio sui cilindri molatori encolar el esmeril sobre los cilindros / *fixar l'esmeril en els corrons*
9	Leimaufstrich (m) layer of glue покрытіе (ср) клеем	couche (f) de colle ricopertura (f) *o* strato (m) di colla capa (f) de cola
10	den Schmirgel mittels Siebes auf die Trommel aufstreuen to spread the emery on the roller with a sieve обсыпать валик (мр) наждаком при помощи сита	répandre l'émeri sur le cylindre au moyen d'un tamis spargere lo smeriglio sul cilindro mediante un setaccio esparramar el esmeril sobre el cilindro por medio de un tamiz / *escampar el esmeril sobre el corró amb un cedaç*
11	Leimlösung (f), Leimwasser (n) solution of glue растворенный *или* разведенный *или* жидкій клей (мр)	solution (f) de colle soluzione (f) di colla solución (f) / *solució (f)* / de cola
12	Tischlerleim (m) joiner's glue столярный клей (мр)	colle (f) brillante de Givet *ou* de Cologne, colle (f) forte colla (f) forte *o* da falegname cola (f) fuerte / *aiguacuit (m)*
13	Zusatz (m) von Schwefeläther addition of sulphuric ether прибавленіе (ср) сѣрнаго эфира	addition (f) d'éther sulfurique aggiunta (f) di etere solforico adición (f) de éter sulfúrico / *addició (f) d'éter sulfúric*
14	ebner Schmirgelbelag (m) plain emery layer ровное наслоеніе (ср) наждака	couche (f) d'émeri unie strato (m) piano di smeriglio capa (f) plana de esmeril / *d'esmeril*
15	gerillter *oder* gerippter Schmirgelbelag (m) grooved emery layer рифленое наслоеніе (ср) наждака, наслоеніе (ср) наждака рядами *или* полосами	couche (f) d'émeri rayée *ou* cannelée *ou* striée strato (m) striato di smeriglio capa (f) estriada de esmeril / *d'esmeril*
16	*x* Rillen (fpl) auf den Zoll *x* grooves per inch *x* полосок *или* рифлей в дюймѣ	*x* rainures (fpl) par pouce *x* striature (fpl) per pollice *x* estrías (fpl) por pulgada / *x estries (fpl) o ratlles per polçada*
17	Schmirgelband (n), Schleifband (n) emery filleting наждачная *или* точильная лента (жр)	ruban (m) d'émeri *ou* émerisé nastro (m) smerigliato cinta (f) de esmeril / *d'esmeril*
18	 Karborundband (n) carborundum fillet карборундовая точильная лента (жр)	ruban (m) de carborundum nastro (m) di carborundo cinta (f) de carborundum
19	geriffeltes Schmirgelband (n), gerilltes Schleifband (n) grooved emery *or* grinding fillet рифленая наждачная лента (жр)	ruban (m) d'émeri à rainures nastro (m) smerigliato a striature cinta (f) estriada de esmeril / *d'esmeril*
20	 glattes Schmirgelband (n) plain grinding fillet ровная точильная лента (жр)	ruban (m) d'émeri uni nastro (m) smerigliato liscio cinta (f) unida *o* lisa de esmeril / *cinta (f) d'esmeril llisa*
21	das Schmirgelband in Schraubenwindungen aufziehen to wind the emery fillet[ing] spirally обтянуть наждачной лентою по винтовой линіи	enrouler le ruban d'émeri en spirale avvolgere il nastro smerigliato ad elica arrollar en espiral la cinta de esmeril / *enrotllar la cinta d'esmeril en espiral*
22	Krempelschleifer (m) card grinder точильщик (мр) при чесальном отдѣленіи	aiguiseur (m) de carde molatore (m) di carde esmerilador (m) de carda
23	Schleifen (n) von Hand grinding by hand точка (жр) от руки, ручная точка (жр)	aiguisage (m) à la main arrotatura (f) *o* molatura (f) a mano esmerilado (m) a mano / *esmerilat (m) a mà*
24	Schleifmaschine (f) grinding machine точильная машина (жр), точильный станок (мр)	machine (f) à aiguiser macchina (f) a molare máquina (f) de esmerilar / *d'esmerilar*

1
den Schmirgelstaub *oder* Schleifstaub absaugen
to remove the grinding dust by suction, to suck off the grinding dust
отсасывать точильную пыль (жр)
aspirer la poussière d'aiguisage
aspirare la polvere di smeriglio
aspirar el polvo del esmerilado / *la polç de l'esmerilat*

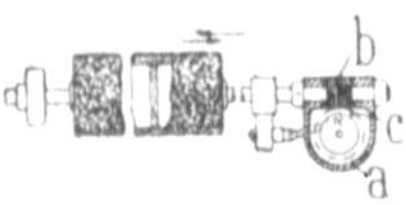

2
Schleiftrommel (f), Vollwalze (f)
emery roller *or* grinder
точильный валик (мр)
rouleau (m) d'aiguisage, tambour (m) à émeri, rouleau (m) d'émeri
rullo (m) arrotatore
cilindro (m) / *corró (m)* / esmerilador

3
achsrechte [*oder* axiale] Hin- und Herbewegung (f) der Schleiftrommel
axial traverse movement of the grinding roller
осевое движенie (ср) взад и вперед точильнаго валика
mouvement (m) axial de va-et-vient du rouleau d'aiguisage
movimento (m) assiale di va e vieni del rullo arrotatore
movimiento (m) transversal y de vaivén del cilindro esmerilador / *moviment (m) transversal i de vaivé del corró esmerilador*

4
Vorrichtung fur die Hin- und Herbewegung der Schleiftrommel
traverse motion for the grinding roller
приспособленie (ср) для осевого движенiя точильнаго валика
dispositif (m) *ou* mécanisme (m) de va-et-vient du rouleau d'aiguisage
meccanismo (m) di movimento di va e vieni del rullo arrotatore
mecanismo (m) de movimiento de vaivén para el cilindro esmerilador / *mecanisme (m) de moviment de vaivé per al corró esmerilador*

---

5 a
Gehäuse (n)
box, case
коробка (жр), покрышка (жр), футляр (мр)
boîte (f)
scatola (f)
caja (f) / *caixa (f)*

---

6 b
Schnecke (f)
worm
червяк (мр)
vis (f) sans fin
vite (f) perpetua *o* senza fine
tornillo (m) sin fin / *vis-sens-fi (f)*

---

7 c
Schneckenrad (n)
worm wheel
червячное колесо (ср)
roue (f) à vis sans fin
ruota (f) dentata della vite perpetua
rueda (f) de tornillo sin fin / *roda (f) de vis-sens-fi*

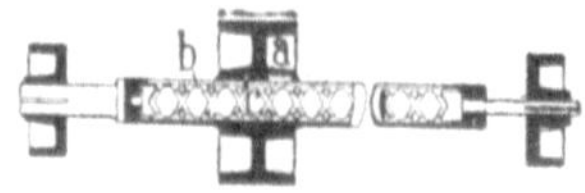

Horsfallsche hin- und herwandernde Schleifscheibe (f)
Horsfall's travelling *or* traversing grinding disc
точильный диск (мр) с приспособленiем для осевого движенiя системы Хорсфаля
disque (m) aiguiseur de Horsfall avec mouvement de va-et-vient, poulie (f) trotteuse de Horsfall 8
disco (m) Horsfall con movimento di va e vieni
disco (m) esmerilador de Horsfall de movimiento transversal / *disc (m) d'esmeril de moviment transversal de Horsfall*

---

a
Schleifscheibe (f), Schleifrolle (f)
grinding disc
точильный диск (мр)
disque (m) aiguiseur 9
mola (f) a disco
disco (m) / *disc (m)* / esmerilador

---

b
Hohlzylinder (m), Hülse (f)
tube
пустотѣлый цилиндр (мр) 10
tube (m)
tubo(m)
tubo (m) / *tub (m)*

---

c
Schraubenspindel (f)
screw spindle
шпиндель (мр) *или* стержень (мр) с винтовой нарѣзкой
tige (f) filetée 11
vite (f), mandrino (m) filettato
espiga (f) roscada / *tija (f) filetejada*

Zahn (m), Stift (m)
pin
зуб (мр), штифт (мр)
curseur (m)
dente (m) 12
aguja (f) / *agulla (f)*

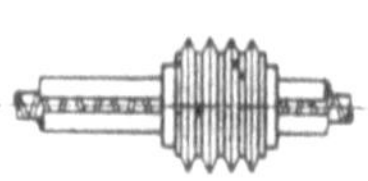

wandernde Schleifscheibe (f) für Seitenschliff
traversing side grinder, needle-point grinder
возвратно-ходячiй точильный круг (мр) для боковой отточки игл
trotteuse (f) pour aiguisage latéral 13
mola (f) viaggiante per arrotatura laterale
disco (m) esmerilador con movimiento de vaivén para esmerilar lateralmente / *disc (m) esmerilador amb moviment de vaivé per al esmerilat lateral*

1 Schlagen (n) der Schleifscheibe
vibration of the grinding disc
біеніе (ср) точильнаго круга
vibration (f) de la poulie trotteuse
vibrazione (f) del disco arrotatore
vibración (f) del disco esmerilador / *vibració (f) del disc esmerilador*

---

2 die Schleifscheibe schlägt
the grinding disc vibrates
точильный круг (мр) бьет
la poulie trotteuse vibre
il disco arrotatore vibra
el disco / *disc* / esmerilador vibra

---

3 die Schleifwalze steht parallel zur Trommel
the grinding roller is parallel to the cylinder
точильный валик (мр) установлен параллельно к барабану
le cylindre aiguiseur est parallèle au grand tambour
il cilindro arrotatore è parallelo al gran tamburo
el cilindro esmerilador está paralelo al tambor / *el cilindre esmerilador està parallel a la bóta*

---

4 die Schleifwalze steht windschief zur Trommel
the grinding roller is set on the skew to the cylinder
точильный валик (мр) установлен не параллельно к барабану
le cylindre aiguiseur est de travers avec le grand tambour
il cilindro arrotatore è all'obliquo con rispetto al gran tamburo
el cilindro esmerilador está al sesgo con respecto al tambor / *el corró d'esmerilar està a biaix de la bóta*

---

5 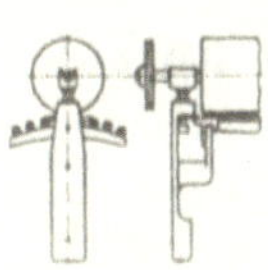
Deckelschleifvorrichtung (f)
flat grinding motion
приспособленіе (ср) для точки шляпок
dispositif (m) d'aiguisage des chapeaux
apparecchio (m) per arrotare i cappelli
aparato (m) esmerilador de los chapones / *mecanisme (m) o aparell (m) per a esmerilar els xapons*

---

6 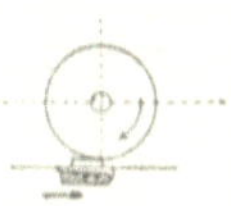
die Laufenden (n pl) der Deckel mit Keilstücken unterlegen
to heel the flat ends with wedges
подводить клинья (мр) под движущіяся шляпки
placer des coins (m pl) sous les oreilles des chapeaux
disporre dei cunei (m pl) sotto le estremità dei cappelli
inclinar los extremos de los chapones con cuñas / *inclinar els caps dels xapons amb tascons o sabatetes*

---

7 ausgleichende Keilunterlage (f), Keilstellvorrichtung (f)
compensating wedge, wedge setting arrangement
выравнительная клиновидная подкладка (жр)
coin (m) compensateur
cuneo (m) compensatore
cuña (f) / *falca (f)* / compensadora

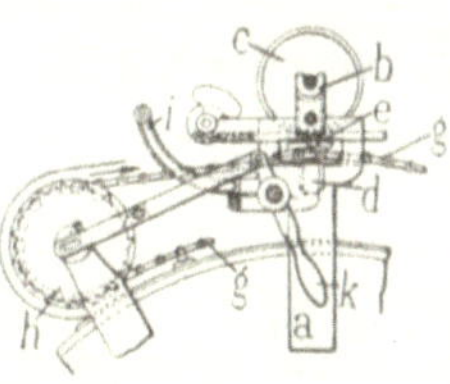

Deckelschleifvorrichtung (f) von Platt Brothers
Platt's flat grinding apparatus
приспособленіе (ср) для точки шляпок системы Платт
appareil (m) d'aiguisage des chapeaux, système Platt Brothers 8
apparecchio (m) per arrotare i cappelli, sistema Platt Brothers
aparato (m) para el esmerilado de los chapones, sistema Platt Brothers / *esmerilador (m) de xapons Platt Brothers*

---

a
Schleiflagerbock (m)
grinding fixing, grinding bracket, step for the grinding roller
супорт (мр) точильнаго аппарата 9
support (m) d'aiguisage
sopporto (m) dell'apparecchio molatore
soporte (m) del esmerilador / *suport (m) de l'esmerilador*

---

b
Schleifwalzenlager (n)
grinding roller bearing
супорт (мр) точильнаго валика
support (m) du cylindre d'émeri 10
sopporto (m) del rullo arrotatore
soporte (m) del cilindro esmerilador / *suport (m) del corró esmerilador*

---

c
Schleifwalze (f)
grinding roller
точильный валик (мр)
cylindre (m) d'émeri 11
rullo (m) arrotatore
cilindro (m) / *corró (m)* / esmerilador

---

d
Gleitstück (n)
sliding piece, slide
ползун (мр)
pièce (f) à coulisse, glissière (f) 12
slitta (f)
corredera (f) / *colissa (f)*

---

e
Keil (m)
wedge
клин (мр)
coin (m), tasseau (m), cale (f) 13
cuneo (m), tassello (m)
cuña (f), zapatilla (f) / *falca (f), tascó (m), sabateta (f)*

---

g
Deckelkette (f)
flat chain
цѣпь (жр) шляпок
chaîne (f) des chapeaux, chapelet (m) 14
catena (f) dei cappelli
cadena (f) de los chapones / *dels xapons*

1 h
Zackenscheibe (f)
flat chain wheel
цѣпной *или* кулачный блок (мр), цѣпная шестерня (жр)
roue (f) de la chaîne des chapeaux
noce (f) della catena dei cappelli
estrella (f) de la cadena de los chapones / *estrella (f) de la cadena dels xapons*

---

2 i
Gewichtsarm (m)
weight lever [arm]
грузовое плечо (ср) рычага
bras (m) du contrepoids
braccio (m) del contrappeso
brazo (m) o palanca (f) del peso / *palanca (f) o braç (m) del pes*

---

3 k
Handgriff (m)
handle
ручка (жр), рукоятка (жр)
poignée (f)
maniglia (f)
mango (m) / *mánec (m), maneta (f)*

4
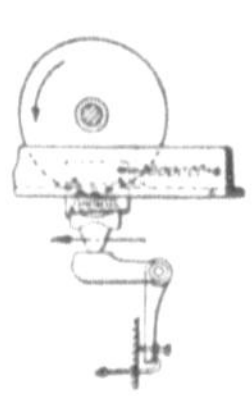
Ashworthsche Keilausgleichung (f)
Ashworth's flat bevelling arrangement
прибор (мр) Ашворта для подводки клиньев
appareil (m) compensateur à coin de Ashworth
apparecchio (m) compensatore a cunei di Ashworth
aparato (m) compensador a cuñas, de Ashworth / *aparell (m) compensador a tascons de Ashworth*

5
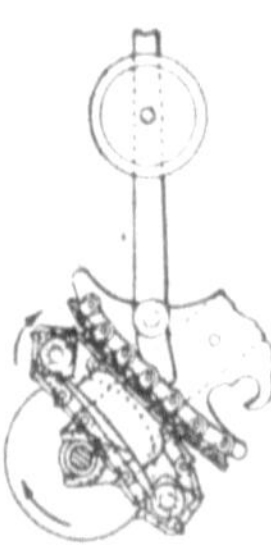
Rietersche Keilausgleichung (f)
Rieter's flat bevelling arrangement
прибор (мр) Ритера для подводки клиньев
appareil (m) compensateur à coin de Rieter
apparecchio (m) compensatore a cunei di Rieter
aparato (m) compensador a cuñas, de Rieter / *aparell (m) compensador a tascons de Rieter*

6
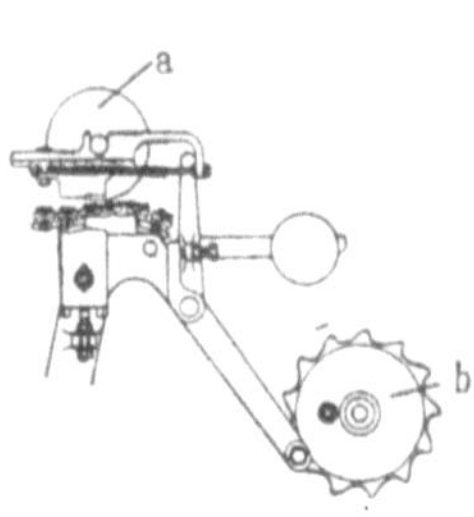

Schleifwalze (f) von Hetherington
Hetherington's grinding roller
точильный валик (мр) сист. Гетерингтона
cylindre (m) aiguiseur de Hetherington
rullo (m) arrotatore di Hetherington
cilindro (m) esmerilador de Hetherington / *corró (m) esmerilador de Hetherington*

---

a
Schleifwalze (f)
grinding roller
точильный валик (мр)
cylindre (m) aiguiseur 7
rullo (m) arrotatore
cilindro (m) / *corró (m) / esmerilador*

---

b
Zackenrad (n)
tappet wheel
кулачное колесо (ср), кулачный блок (мр) 8
roue (f) à taquets
ruota (f) ad arpioni
rueda (f) de estrella / *roda (f) d'estrella*

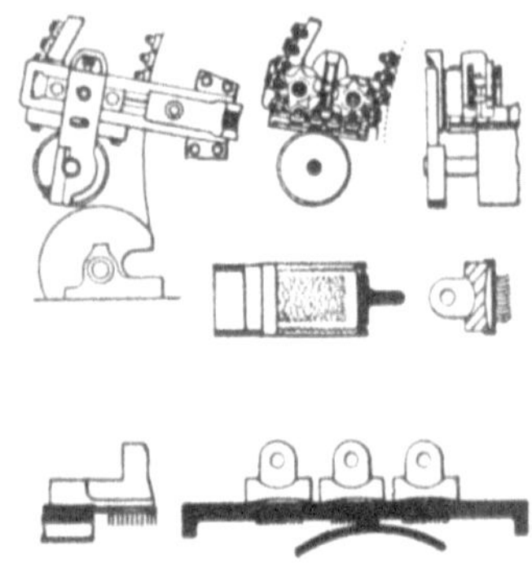

Dobson u. Barlows Deckelschleifvorrichtung (f) Dobson and Barlow's flat grinding apparatus точильный аппарат (мр) Добсон и Барло	appareil (m) d'aiguisage des chapeaux, système Dobson et Barlow apparecchio (m) per arrotare i cappelli, sistema Dobson e Barlow aparato (m) para el esmerilado de los chapones de Dobson y Barlow / *aparell (m) esmerilador de xapons de Dobson i Barlow*	9
die Zähne (mpl) nachhärten to reharden the wires подвергать скобки добавочной закалкѣ	retremper les dents (fpl) ritemperare i denti volver a templar las púas / *tornar a trempar les pues*	10
glashart härten to harden glass-hard хрупко закалять	tremper comme du verre temperare a durezza vitrea templar a la dureza del vidrio / *trempar a duresa vidriosa*	11
Härtegrad (m) degree of hardness степень (жр) закалки	degré (m) de trempe grado (m) di durezza o della tempera grado (m) de dureza o de temple / *grau (m) de duresa o de tremp*	12
Härtungsbad (n) hardening bath закалочная ванна (жр)	bain (m) de trempe bagno (m) di tempera baño (m) de templar / *bany (m) de tremp*	13

No.		
1	**d) Ausstoßen (n) *oder* Putzen (n) des Krempelbeschlages** **Stripping *or* Cleaning the Card Clothing** **Выбивание (ср) или чистка (жр) кардной гарнитуры**	**Débourrage (m) *ou* nettoyage (m) des garnitures de carde** **Spazzatura (f) delle guarnizioni di carde** **Desborrado (m) *o* limpieza (f) de las guarniciones de carda / *desborrat* (m) *o descarregat* (m) *de les guarnicions de carda***
2	die Krempel ausstoßen *oder* putzen to strip the card выбивать *или* вычищать кардную гарнитуру	débourrer la carde spazzare la carda desborrar / *descarregar* / la carda
3	der Beschlag der Krempel ist gänzlich mit Fasern gefüllt *oder* versetzt the card clothing is charged with fibres карда (жр) чесальной совершенно забита волокнами *или* засорена	la garniture de carde est complètement bourrée la guarnizione di carda è satura di fibre la guarnición de carda está obturada por fibras / *la guarnició de carda està saturada de fibres*
4	die Füllung aus den Beschlägen nehmen to remove the strips from the clothing снять очес (мр) с карды	enlever les débourrages des garnitures levare il riempimento dalle guarnizioni sacar la borra de las guarniciones / *extreure la borra de les guarnicions*
5		Handputzkratze (f) hand stripping board, hand stripper ручная кардная щетка (жр) planche (f) à débourrer spazzola (f) nettatrice a mano desborrador (m) a mano / *escureta (f)*
6	Handputzblatt (n) hand stripping fillet ручная чистильная планка (жр)	ruban (m) pour débourrage à main nastro (m) spazzatore a mano cinta (f) para desborrar a mano / *cinta (f) per a escuretes*
7	Putzblatt (n) stripping fillet чистильная планка (жр)	ruban (m) de débourrage nastro (m) spazzatore cinta (f) para / *per a* / desborrar
8	Spiralputzblatt (n) spiral wound stripping fillet спиральная чистильная планка (жр)	ruban (m) de débourrage en spirale nastro (m) spazzatore a spirale cinta (f) para desborrar arrollada en espiral / *cinta (f) de descarregar enrotllada en espiral*
9	Trommelputzer (m) cylinder stripping brush чистильный валик (мр) для барабана	appareil (m) à débourrer le tambour spazzola (f) a tamburo cepillo (m) para desborrar el tambor / *raspall (m) per a descarregar la bóta*
10	Krempelausstoßer (m) card stripper, card stripping boy, fettler рабочий (мр) для очистки кард, чистильщик (мр)	débourreur (m) de cardes spazzatore (m) di carde operario (m) desborrador *o* descargador de cardas / *desborrador (m) o descarregador (m) de cardes*
11	Deckelputzvorrichtung (f) flat stripping apparatus приспособление (ср) для очистки шляпок	appareil (m) à débourrer les chapeaux apparecchio (m) per la spazzatura dei cappelli aparato (m) para desborrar los chapones / *aparell (m) per a descarregar els xapons*
12	Ausputzwalze (f), Ausstoßwalze (f) stripping roller валик (мр) для очистки	cylindre (m) débourreur cilindro (m) scaricatore cilindro (m) desborrador / *corró (m) descarregador*
13		Ausstoßbürste (f) stripping brush щетка (жр) для очистки brosse (f) à débourrer spazzola (f) nettatrice *o* scaricatrice cepillo (m) para desborrar / *raspall (m) descarregador*
14	den Flug *oder* Abfall entfernen to remove the fly *or* waste удалять пух (мр) *или* угар (мр) *или* очес (мр)	enlever les duvets (mpl) *ou* le déchet eliminare il pulviscolo separar el polvo *o* los desperdicios *o* la borrilla / *espolsar*
15	den Flug ausblasen to blow out the fly выдувать пух (мр) *или* очес (мр)	enlever les duvets (mpl) par soufflage asportare il pulviscolo mediante soffiamento extraer el polvo por aspiración / *extreure la pols per aspiració*
16	Handblasebalg (m) hand bellows ручной мѣх (мр)	soufflet (m) à main mantice (m) *o* soffietto (m) a mano fuelle (m) / *manxa (f)*
17	Krempelaufseher (m), Kardenmeister (m) carder, card foreman, carding master смотритель (мр) за кардами	dirigeur (m) *ou* contremaître (m) *ou* surveillant (m) des cardes capo-carderia (m) contramaestre (m) *o* encargado (m) de las cardas, cardador (m) / *contramestre (m) o encarregat (m) de les cardes, carder (m)*

e) Kannen (m pl)
[Sliver] Cans
1 **Тазы** (мр)
Pots [à ruban]
Vasi (m pl) **o recipienti** (m pl) **raccoglitori**
Botes (m pl) **[para cinta]** / ***bots*** *(m pl)*

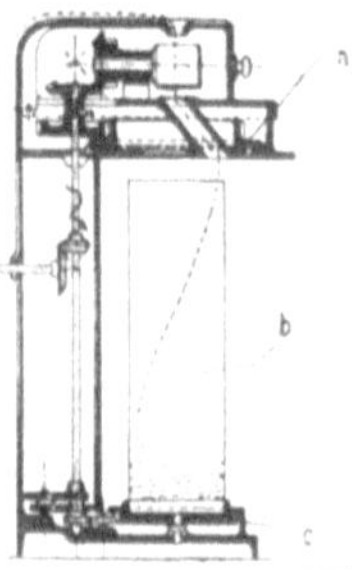

2 Drehtopf[vorrichtung] (f)
coiler [arrangement]
койлер (мр)
pot (m) tournant
apparato (m) raccoglitore, vaso (m) girevole
aparato (m) plegador, bote (m) giratorio, centinela (m) / *sentinella (m)*

3 a
Kopfteller (m)
press wheel [for coiler]
верхняя тарелка (жр)
roue (f) à canal oblique
disco (m) a condotto obliquo
plato (m) giratorio superior / *plat (m) giratori superior, capçal (m) repartidor*

4 b
Kanne (f), Topf (m)
coiler can
таз (мр)
pot (m) à ruban
vaso (m) raccoglitore, canna (f)
bote (m) del centinela / *bot (m) del sentinella*

5 c
Fußteller (m)
can dish wheel
нижняя тарелка (жр)
roue (f) réceptrice du pot
piattaforma (f) girevole del vaso
plato (m) o disco (m) giratorio del bote / *plat (m) giratori del bot*

6 Kannenart (f), Topfart (f)
kind of [sliver] can
вид (мр) *или* система (жр) таза
espèce (f) de pot
specie (f) di vaso
clase (f) de bote / *classe (f) de bot*

7 Blechkanne (f)
sheet iron can
жестяной таз (мр)
pot (m) en tôle
vaso (m) di lamiera
bote (m) de chapa / *bot (m) de llauna o de planxa*

8 Papierkanne (f)
paper can
бумажный таз (мр)
pot (m) en papier-mâché
vaso (m) di carta pesta
bote (m) de papel / *bot (m) de paper*

9 Papierkanne (f) mit Holzboden
paper can with wooden bottom
бумажный таз (мр) с деревянным днищем
pot (m) en papier-mâché avec fond de bois
vaso (m) di carta pesta con fondo di legno
bote (m) de papel con fondo de madera / *bot (m) de paper amb cul de fusta*

10 Pappkanne (f)
compressed pulp can
картонный таз (мр)
pot (m) en carton durci
vaso (m) di cartone pressato
bote (m) de cartón / *bot (m) de pasta comprimida*

Kanne (f) aus Vulkanfiber
vulcanised fibre can
фибровый таз (мр), таз (мр) из вулканизированной фибры
pot (m) en fibre vulcanisée
vaso (m) di fibra vulcanizzata 11
bote (m) de fibra vulcanizada / *bot (m) de fibra vulcanitzada*

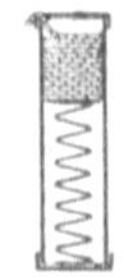

Kanne (f) mit Spiralfeder
can with spiral spring
таз (мр) со спиральной пружиной
pot (m) de ruban à ressort 12
raccoglitore (m) con molla a spirale
bote (m) con resorte espiral / *bot (m) amb molla espiral*

Kanne (f) aus geriffeltem *oder* gewelltem Blech mit Federdoppelboden
corrugated sheet iron can with spring buffer bottom
таз (мр) из волнистой жести с пружинным двойным днищем
pot (m) en tôle ondulée avec double-fond à ressort
vaso (m) di lamiera ondulata con doppio fondo a molla 13
bote (m) de chapa ondulada con fondo movible por resorte / *bot (m) de planxa acanalada amb fons movible per molla*

Kanne (f) mit Schutzring und Gummieinlage
can with iron protector and rubber packing
таз (мр) с предохранительным кольцом и резиновой прокладкой
pot (m) à rebord protecteur et garniture en caoutchouc
vaso (m) con anello protettore e guarnizione di gomma 14
bote (m) con reborde de hierro y revestimiento de caucho / *bot (m) amb vora de ferro guarnit de cautxú*

Wellblechkanne (f)
corrugated sheet iron can
таз (мр) из волнистой жести
pot (m) en tôle ondulée
vaso (m) di lamiera ondulata o scanalata 15
bote (m) de chapa ondulada / *bot (m) de planxa acanalada*

Weißblechkanne (f)
tin can
таз (мр) из бѣлой жести
pot (m) en fer blanc
vaso (m) di latta 16
bote (m) de hojalata / *bot (m) de ferro galvanitzat o de llauna*

Schwarzblechkanne (f)
black sheet iron can
таз (мр) из черной жести
pot (m) en fer noir
vaso (m) di lamiera nera
bote (m) de palastro / *bot (m) de planxa de ferro negra* 17

Bandführer (m)
sliver guide
направитель (мр) *или* раскладыватель (мр) ленты
guide-ruban (m)
guida (f) o condotto (m) del nastro 18
guía (f) de la cinta / *guia-veta (f)*

Bandeinlegung (f)
coiling of the sliver
укладыванiе (ср) ленты
enroulement (m) du ruban
deposizione (f) del nastro 19
arrollamiento (m) de la cinta / *plegat (m) de la veta*

hypozyklische Bandlegung (f)
hypocyclic coiling of the sliver
гипоциклоидальное укладыванiе (ср) ленты
enroulement (m) hypocycloidal du ruban
deposizione (f) ipocicloidale del nastro 20
arrollamiento (m) hipocíclico de la cinta / *plegat (m) hipocíclic de la veta*

f) Krempelarten (f pl), [**Kardensysteme** (n pl)]
1 **Types of Carding Engines**
Типы (м р) **чесальных машин**
Types (m pl) **de cardes**
Tipi (m pl) **di carde**
Tipos (m pl) **de cardas** / ***Tipus*** *(m pl) de cardes*

2 Deckelkrempel (f), Deckelkarde (f)
flat card
шляпочная чесальная (ж р)
carde (f) à chapeaux
carda (f) a cappelli o a doghe
carda (f) de chapones / *de xapons*

3 
Krempel (f) mit feststehenden Deckeln, Festdeckelkarde (f)
stationary flat card
чесальная (ж р) с неподвижными шляпками
carde (f) à chapeaux fixes
carda (f) a cappelli fissi, scardassa (f)
carda (f) de chapones fijos / *de xapons fixos*

4 Holzdeckel (m)
wooden flat
деревянная шляпка (ж р)
chapeau (m) en bois
cappello (m) di legno
chapón (m) de madera / *xapó (m) de fusta*

5 Erlenholz (n)
alder wood
ольховое дерево (с р)
bois (m) d'aune
legno (m) d'ontano o d'alno
madera (f) de aliso / *fusta (f) de vern*

6 Eichenholz (n)
oak wood
дубовое дерево (с р)
bois (m) de chêne
legno (m) di quercia
madera (f) de roble / *fusta (f) de roure*

7 gußeiserner Deckel (m)
cast iron flat
чугунная шляпка (ж р)
chapeau (m) en fonte
cappello (m) di ghisa
chapón (m) de fundición o de hierro fundido / *xapó (m) de fundició*

8 die Deckel (m pl) einstellen
to set the flats
подвести шляпки (ж р)
régler les chapeaux
registrare i cappelli
ajustar los chapones / *els xapons*

a
Wattenwickel (m)
scutcher lap
холст (м р) с трепальной, ватный рулон (м р) 10
rouleau (m) de batteur
rotolo (m) di tela dal battitore
tela (f) de batán

b
Einzugtisch (m), Speisetisch (m)
feed table, feeder plate
питательный стол (м р)
tablier (m) *ou* auge (f) d'alimentation 11
tavola (f) di alimentazione
mesa (f) de alimentación / *taula (f) alimentaria*

c
Speisewalze (f), Speisezylinder (m), Einzugwalze (f)
feed roller
питательный *или* впускной цилиндр (м р)
cylindre (m) d'alimentation 12
rullo (m) alimentatore
cilindro (m) alimentador / *corró (m) alimentador o entrador*

d
Vorreißer (m)
taker-in, licker-in
приемный валик (м р)
briseur (m)
introduttore (m), cilindro (m) fornitore 13
tomador (m), quebrantador (m) / *lladre (m)*

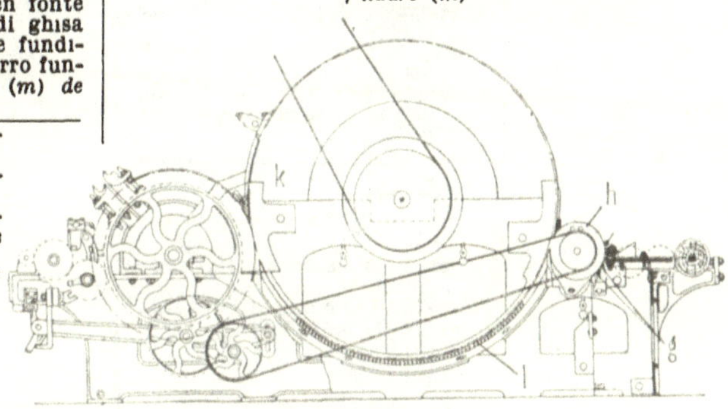

Krempel (f) mit wandernden Deckeln, Wanderdeckelkrempel (f)
revolving flat card
9 чесальная (ж р) с нередвигающимися шляпками (м р)
carde (f) à chapeaux marchants *ou* à chapelets
carda (f) a cappelli girevoli
carda (f) de chapones giratorios / *de xapons giratoris*

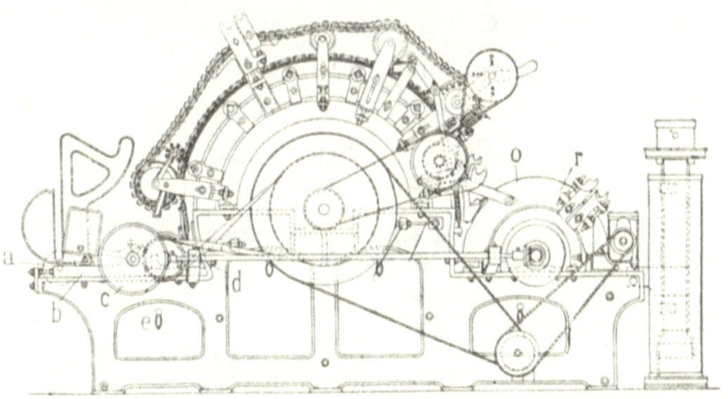

Kernfänger (f), Vorreißerrost (m)
taker-in grid
1 верноуловитель (мр), рѣшетка (жр) под прiемным валиком
grille (f) sous le briseur
griglia (f) sotto l'introduttore
rejilla (f) debajo del tomador / *engraellat (m) del lladre*

Einstellung (f) der Einzugwalze
setting of the feed roller
подводка (жр) питательнаго цилиндра
2 réglage (m) du cylindre d'alimentation
regolazione (f) del rullo alimentatore
ajuste (m) del cilindro alimentador / *ajustat (m) del corró alimentari*

Einstellung (f) nach dem Gehör
setting by ear
3 подводка (жр) по слуху *или* на слух
réglage (m) à l'oreille
regolazione (f) all'udito
ajuste (m) al oido / *ajustat (m) a la oida*

Einstellung (f) mit Stellblech *oder* Blechlehre
setting by gauge
подводка (жр) по шаблонам
4 réglage (m) par jauge *ou* par calibre
regolazione (f) mediante il calibro *o* la lama
ajuste (m) por medio de galgas / *ajustat (m) per galges*

Stellehre (f)
setting gauge, card gauge
шаблон (мр)
5 jauge (f) *ou* calibre (m) pour carde
calibro (m) *o* lama (f) di carda
galga (f) para cardas / *per a cardes*

Abfallkasten (m)
taker-in waste chamber
ящик (мр) для угара
cave (f) à déchets du briseur, cimetière (m)
6 e camera (f) di deposito dei cascami
cámara (f) de polvo del tomador / *cambra (f) o caixa (f) de pols del lladre*

Messer (n), Kernfängermesser (n), Abfallmesser (n)
mote knife
7 g нож (мр)
couteau (m)
coltello (m) da cascami
cuchillo (m) depurador *o* desmotador / *ganiveta (f) desmotadora*

Blechhaube (f) über dem Vorreißer
taker-in cover, sheet metal cover over taker-in
h железная покрышка (жр) *или* футляр (мр) над прiемным валиком 8
couvercle (m) du briseur
coperchio (m) dell'introduttore
tapa (f) metálica del tomador / *coberta (f) o tapa (f) del lladre*

Dichtungswalze (f)
draught preventer
запорный валик (мр)
cylindre (m) de fermeture 9
cilindro (m) di chiusura
cilindro (m) de obturación del aire / *barra (f) de tanca sobre el lladre, barra emborradora*

Flanellbezug (m)
flannel covering *or* pad[ding]
фланелевая обтяжка (жр)
couverture (f) *ou* garniture (f) en flanelle 10
copertura (f) di flanella
cubierta (f) de franela / *coberta (f) de franella*

Trommel (f)
main cylinder
k барабан (мр) 11
tambour (m)
gran tamburo (m)
gran tambor (m) / *bóta (f)*

---

die Trommel ist vollkommen rund
the cylinder is perfectly true in circumference
тамбур (мр) *или* барабан (мр) имѣет правильную цилиндрическую форму 12
le tambour est parfaitement rond
il gran tamburo è perfettamente cilindrico
el gran tambor está perfectamente cilindrico / *la bóta està perfectament rodona*

---

die Trommel ist ausgewuchtet [*oder* ausbalanciert]
the cylinder is balanced *or* in equilibrium
тамбур (мр) выбалансирован *или* вывѣрен 13
le tambour est bien équilibré
il gran tamburo è bene equilibrato
el gran tambor está bien equilibrado / *la bóta està ben equilibrada*

Trommelflug (m)
fly waste under cylinder
очес (мр) *или* пух (мр) из под барабана
déchet (m) du tambour 14
cascami (mpl) del tamburo
merma (f) *o* desperdicios (mpl) del gran tambor / *desperdicis (mpl) de la bóta*

Trommelrost (m)
grid under the cylinder
колосниковая рѣшетка (жр) под барабаном
1 l grille (f) *ou* bain (m) du tambour
griglia (f) del gran tamburo
emparrillado (m) *o* rejilla (f) debajo del gran tambor / *engraellat* (m) *de la bóta*

Deckblech (n) für den Sammler, Abnehmerverdeck (n)
doffer cover
крышка (жр) доффера
2 o couvercle (m) du peigneur
coperchio (m) dello scaricatore
tapa (f) del cilindro peinador / *del llevador*

---

aufklappbares Trommeldeckblech (n)
hinged cylinder cover
откидная крышка (жр) барабана
3 porte (f) *ou* couvercle (m) à charnière du tambour
coperchio (m) a cerniera del tamburo
tapa (f) de charnelas del gran tambor / *tapa (f) amb frontisses de la bóta*

Abschlußkeil (m) zwischen Trommel und Sammler
steel cover with making-up piece between cylinder and doffer
проставка (жр) или призматическая рейка (жр) между барабаном и вальяном
4 coin (m) et couvercle (m) entre le grand tambour et le peigneur
staffa (f) fra il gran tamburo e lo scaricatore
tapa (f) entre el gran tambor y el cilindro peinador / *tapa (f) entre la bóta i el llevador*

Abnehmer (m), Sammler (m)
doffer
вальян (мр), доффер (мр), съемный валик (мр)
5 r peigneur (m)
scaricatore (m), grande cilindro (m) spogliatore
llevador (m), peinador (m) / *llevador (m)*

---

6 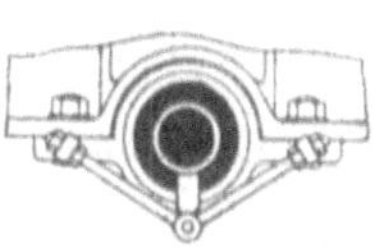

Trommeleinstellvorrichtung (f) von Dobson u. Barlow
Dobson and Barlow's compensating arrangement for [wear of] cylinder bearing
приспособленіе (ср) для центрированія барабана сист. Добсон и Барло
dispositif (m) de réglage du grand tambour de Dobson et Barlow
apparecchio (m) di regolazione del gran tamburo di Dobson e Barlow
disposición (f) de ajuste de los cojinetes del gran tambor / *mecanisme (m) per a reajustar els daus de la bóta*

Hubscheibenverstellung (f), [Exzenterverstellung (f)]
adjustment by eccentrics, cam adjustment
перемѣщеніе (ср) посредством эксцентриков
réglage (m) par excentriques
regolazione (f) mediante eccentrici 7
ajuste (m) por excéntricos / *re-ajustat (m) per excèntrics*

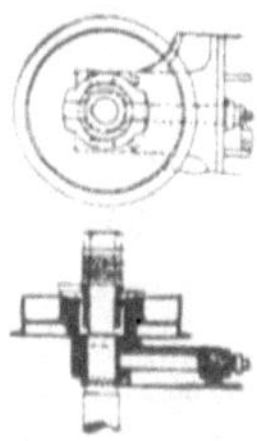

Entlastungsvorrichtung (f) für die Trommelwelle
card shaft relieving motion
разгрузочное приспособленіе (ср) для вала барабана, усовершенствованный привод (мр) барабана 8
dispositif (m) éliminant la tension de la courroie de l'arbre du tambour
apparecchio (m) di equilibramento dell'albero del tamburo
mecanismo (m) equilibrado de mando del tambor / *mecanisme (m) equilibrat de comanda de la bóta*

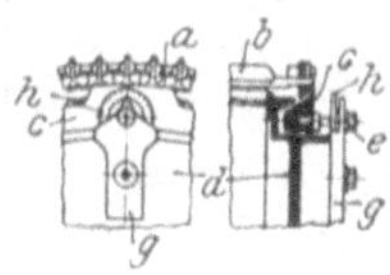

Deckeleinstellvorrichtung (f) für Krempeln mit wandernden Deckeln
flat setting mechanism for revolving flat cards
прибор (мр) для установленія или подводки шляпок на чесальных машинах с передвигающимися шляпками
dispositif (m) de réglage pour cardes à chapeaux 9 marchants
meccanismo (m) registratore dei cappelli per carde a cappelli girevoli
dispositivo (m) de ajuste en cardas de chapones giratorios / *dispositiu (m) de galgat en cardes de xapons giratoris*

---

durchbrochener, biegsamer Bogen (m)
perforated *or* slotted flexible bend
a гибкая дуга (жр) со сверленьями 10
cintre (m) flexible troué
arco (m) flessibile traforato
cintra (f) flexible perforada / *foradada*

Deckel (m)
flat
b шляпка (жр) 11
chapeau (m)
cappello (m)
chapón (m) / *xapó (m)*

---

fester Bogen (m)
rigid bend
c натянутая дуга (жр) 12
segment (m) conique
arco (m) conico
cintra (f) rigida

Seitenwand (f) der Trommel
side flange of cylinder
боковая стѣнка (жр) барабана
d paroi (f) latérale du grand tambour 13
parete (f) laterale del gran tamburo
tapa (f) [lateral] del gran tambor / *de la bóta*

1 e

Stellschraube (f)
adjusting screw
установочный винт (мр)
vis (f) de réglage
vite (f) di registro
tornillo (m) de ajuste / *cargol (m) de ajustat*

2 g

Stelleisen (n) mit Zeiger
adjusting bracket with pointer *or* finger
установочная пластинка (жр) *или* консоль (жр) со стрѣлкой *или* с указателем
palier (m) *ou* support (m) réglable avec index *ou* aiguille
sopporto (m) regolabile con indice
soporte (m) de ajuste con aguja-índice / *suport (m) de galgat amb agulla index*

3 h

Zifferblatt (n) zur Einstellungskontrolle
indicator dial for adjustment *or* setting control
циферблат (мр) для контроля подводки
disque (m) indicateur pour le réglage du cintre
quadrante (m) per il controllo della regolazione
disco (m) indicador para el ajuste de la cintra / *disc (m) indicador per al galgat de la cintra*

4

Unterdeckelkrempel (f)
card with flats below the cylinder, under flat card
чесальная (жр) с нижними шляпками
carde (f) à chapeaux sous le tambour
carda (f) a cappelli inferiori
carda (f) con chapones debajo del gran tambor / *carda (f) amb xapons dessota la bóta*

5

Walzenkrempel (f)
roller [and clearer] card
валичная чесальная (жр)
carde (f) à hérissons
carda (f) a cilindri *o* a rulli
carda (f) de cilindros / *de cilindrets*

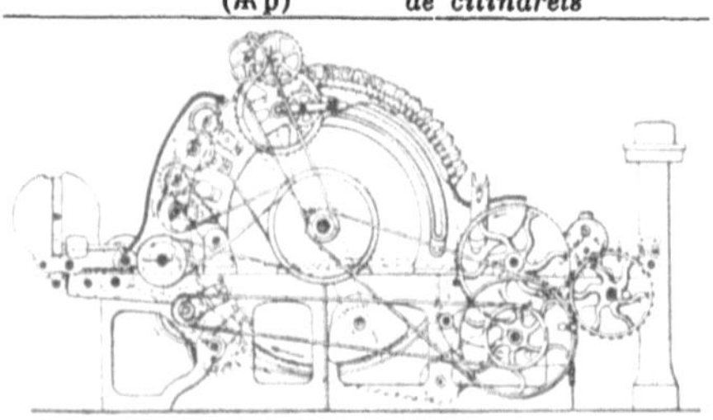

6

Halbdeckelkrempel (f), Halbdeckel-Halbwalzenkrempel (f), gemischte Karde (f)
mixed card
полушляпочная чесальная (жр), смѣшанная валично-шляпочная чесальная
carde (f) mixte
carda (f) mista, carda (f) a doghe ed a cilindri
carda (f) mixta

7

Eintrommelkrempel (f)
single card
одинарная чесальная (жр)
carde (f) à un tambour, carde simple
carda (f) semplice
carda (f) sencilla / *senzilla*

8

Doppeltrommelkrempel (f)
double card
двойная чесальная (жр)
carde (f) à deux tambours, carde double
carda (f) doppia
carda (f) doble

9

doppelte Krempelung (f), [Doppelkardage (f)]
double carding
двойное прочесыванiе (ср)
double cardage (m)
doppia cardatura (f)
cardado (m) doble / *doble cardat (m)*

10

Krempelsatz (m)
set of cards
комплект (мр) чесальных
assortiment (m) de cardes
assortimento (m) di carde
juego (m) *o* surtido (m) de cardas / *assortiment (m) o joc (m) de cardes*

11

Kanalsystem (n)
carrier system for slivers
канальная система (жр)
système (m) à canal
sistema (m) a canale
sistema (m) de transporte de cintas / *sistema (m) de transport de les vetes*

12

Kanalmaschine (f), Bandvereinigungsmaschine (f)
sliver lap machine
канальная чесальная (жр)
machine (f) à réunir, réunisseuse (f)
riunitrice (f)
máquina (f) de reunir / *reunidora (f)*

13

4. Kämmen (n) der Baumwolle
Combing of Cotton
Гребнечесанiе (ср) хлопка
Peignage (m) du coton
Pettinatura (f) del cotone
Peinado (m) del algodón / *Pentinat (m) del cotó*

14

a) Allgemeines (n)
General Terms
Общее (ср)
Généralités (f pl)
Generalità (f pl)
Generalidades (f pl)

15

die Krempelbänder (n pl) vor dem Kämmen strecken und doppeln
to draw and double the card slivers before combing
вытягивать и сдваивать ленты чесальных перед гребнечесанiем
étirer et doubler les rubans (m pl) de carde avant peignage
stirare ed addoppiare i nastri di carda prima della pettinatura
estirar y doblar las cintas de carda antes de peinarlas / *estirar i doblar les cintes de carda avant del pentinat*

16

Strecken (n) und Doppeln (n) der Krempelbänder vor dem Kämmen
drawing and doubling the card slivers before combing
вытягиванiе (ср) и сдваиванiе (ср) лент перед гребнечесанiем
étirage (m) et doublage (m) des rubans de carde avant peignage
stiramento (m) ed addoppiamento (m) dei nastri di carda prima della pettinatura
estirado (m) y doblado (m) de las cintas de carda antes de peinarlas / *estiratge (m) i doblat (m) de les cintes de carda avant del pentinat*

1 
Vergleichmäßigung (f) durch Doppeln
equalisation by doubling
выравниванiе (ср) путем сдваиванiя
égalisage (m) par doublage
egualizzazione (f) mediante addoppiamento
regularización (f) mediante doblado / *regularització (f) mitjançant el doblat*

2
ausgleichende Wirkung (f) der Dopp[e]lung
equalising effect of doubling
выравнивающее дѣйствiе (ср) сдваиванiя
effet (m) de compensation par doublage
effetto (m) egualizzatore dell'addoppiamento
efecto (m) regularizador del doblado / *efecte (m) de regularització per el doblat*

3
Vorstrecke (f)
preparatory drawing frame
подготовительная вытяжная *или* ленточная машина (жр)
étireuse (f) préliminaire, banc (m) d'étirage préparatoire
banco (m) tiratore preliminare
manuar (m) preparatorio / *preparatori*

4
Vorstrecken (n), Vorstreckung (f)
preparatory drawing
подготовительное вытягиванiе (ср)
étirage (m) préparatoire
tiratura (f) preparatoria
estiraje (m) preparatorio / *estiratge (m) preparatori*

5
Wickel (m pl) aus mehreren Bändern bilden
to make laps out of several slivers
образовать ватные холсты из многих лент
former des nappes (f pl) de plusieurs rubans
formare delle tele di parecchi nastri
formar telas de varias cintas / *fer teles de varies vetes*

6
Bandvereinigungsmaschine (f), Bandvereiniger (m), Bandwickelmaschine (f), Bandwickler (m), Wickler (m)
sliver lap machine, sliver lapper, Derby doubler
соединительная *или* холстовая машина (жр), дерби-дублер (мр), сдваиватель (мр) машина-рѣчка
doubloir (m), doubleuse (f), machine (f) à réunir, réunisseuse (f), réunisseur (m)
riunitrice (f), riunitoio (m), binatrice (f) di nastri
máquina (f) de reunir [las cintas] / *reunidora (f) [de vetes]*

7
Gleichmäßigkeit (f) des Wickelbandes
regularity of the lap
равномѣрность (жр) холста из лент
régularité (f) de la nappe
uniformità (f) *o* omogeneità (f) della tela
regularidad (f) / *regularitat (f)* / de la tela

8
Bandfuge (f)
lap joint
продольная смычка (жр) лент
jointure (f) de la nappe
giuntura (f) della tela
estría (f) por yuxtaposición de las cintas / *clariana (f) entre vetes en formar la tela*

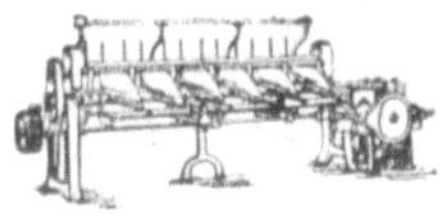
Wickelstrecke (f), Kehrstrecke (f), Wattenstrecke (f), Vliesstrecke (f), [Kehrlaminoir (n)]
ribbon lap machine, ribbon lapper
холстовая вытяжная машина (жр) 9
étirage (m) à surface gauche, étirage (m) nappeur
stiratoio (m) riunitore
manuar (m) de telas *o* napas / *de teles o napes*

jede Ablieferung *oder* jeden Kopf durch *x* Bänder speisen
to feed each delivery *or* head with *x* slivers
каждый выпуск (мр) питать *x* лентами
alimenter chaque tête de *x* rubans
alimentare ogni testa di *x* nastri
alimentar cada chorro con *x* cintas / *alimentar cada raig por x cintes* 10

Abstellen (n) *oder* Stillstellen (n) der Maschine bei Bandbruch *oder* beim Reißen des Bandes *oder* bei fehlendem Band
stoppage of the machine when a sliver breaks
остановка (жр) машины при разрывѣ ленты
arrêt (m) de la machine lors de la rupture d'un ruban
arresto (m) della macchina alla rottura di un nastro 11
paro (m) de la máquina cuando se rompe una cinta / *atur (m) de la màquina al trencarse una veta*

Abstellvorrichtung (f) bei fehlendem Band
sliver stop motion
приспособленiе (ср) для остановки машины при разрывѣ ленты
[dispositif (m) de] casse-ruban (m), débrayage (m) quand un ruban manque
apparecchio (m) rompitrama
movimiento (m) *o* mecanismo (m) de parar [cuando se rompe una cinta] / *mecanisme (m) paratrames, „dispar" (m)* 12

Kämmen (n)
combing
гребнечесанiе (ср)
peignage (m)
pettinatura (f)
peinado (m) / *pentinat (m)* 13

kämmen
to comb
прочесывать на гребенной машинѣ *или* на гребнях
peigner
pettinare
peinar / *pentinar* 14

Baumwollkämmer (m)
cotton comber, comb tenter
гребнечесальщик (мр) на бумагопрядильной фабрикѣ
peigneur (m) de coton
pettinatore (m) di cotone
peinador (m) de algodón / *pentinador (m) de cotó* 15

Baumwollkämmerin (f)
cotton comber, comb tenter
гребнечесальщица (жр) на бумагопрядильной фабрикѣ
peigneuse (f) de coton
pettinatrice (f) di cotone
peinadora (f) de algodón / *pentinadora (f) de cotó* 16

Auskämmen (n) der Wickelwatte
combing out the lap
прочесыванiе (ср) холста
peignage (m) de la nappe
pettinatura (f) della tela 17
peinado (m) / *pentinat (m)* / de la tela

No.		
1	ungekämmtes Fasergut (n) uncombed fibrous material непрочесанный матеріал (мр), непрочесанное волокнистое вещество (ср)	matière (f) fibreuse non peignée materia (f) fibrosa non pettinata material (m) fibroso sin peinar / *fibres (fpl) o material (m) fibrós sense pentinar*
2	gekämmtes Fasergut (n) combed fibrous material прочесанный матеріал (мр), прочесанное волокнистое вещество (ср)	matière (f) fibreuse peignée materia (f) fibrosa pettinata material (m) fibroso peinado / *material (m) fibrós pentinat, fibres (fpl) pentinades*
3	Kammzug (m), Zug (m) top прочес (мр)	peigné (m) tratto (m) pettinato, nastro (m) lavorato, nucleo (m) di fibre pettinate peinado (m) / *pentinat (m)*
4	Kammzugband (n) combed sliver лента (жр) гребенного прочеса	ruban (m) peigné nastro (m) pettinato cinta (f) peinada / *veta (f) pentinada*
5	Abziehen des Zuges detaching the combed material снятіе (ср) гребенного прочеса	arrachage (m) de la partie peignée staccamento (m) del tratto pettinato arranque (m) de las fibras peinadas / *arrencada (f) de les fibres pentinades*
6	den Zug abziehen to detach the combed material снять гребенной прочес (мр)	arracher la partie peignée staccare il tratto pettinato arrancar las fibras peinadas / *arrencar les fibres pentinades*
7	Kämmling (m) comber waste, noil гребенной очес (мр)	blousse (f), freinte (f) cascami (m) o scarto (m) di pettinatura desperdicios (mpl) o borra (f) de la peinadora / *desperdicis (mpl) o borra (f) de la pentinadora*
8	Kämmlingsvlies (n) comber waste fleece очесочная ватка (жр)	voile (m) de la blousse velo (m) di cascami di pettinatura velo (m) de desperdicios de la peinadora / *vel (m) de les borres de pentinadora*
9	Kämmlingsband (n) comber waste sliver очесочная лента (жр)	ruban (m) de blousse, mèche (f) continue de blousse nastro (m) di cascami di pettinatura cinta (f) de desperdicios de la peinadora / *veta (f) feta amb els borres de pentinadora*
10	Faserbart (m), Bart (m) tuft [of cotton] бородка (жр) [щипка]	barbe (f) de fibres, riste (f), mèche (f) capo (m) libero del nastro, ciocca (f) [da pettinare], manata (f) mechón (m), barba (f) / *floc (m) [de cotó], barba (f) [de fibres]*
11	den Bart auskämmen to comb out the tuft прочесать бородку	peigner la barbe pettinare la ciocca peinar el mechón / *pentinar el floc*
12	den Kopf des Faserbartes kämmen to comb the head end of the tuft прочесывать головку щипка	peigner la tête de la barbe pettinare la testa della ciocca peinar la testa del mechón / *pentinar el cap del floc*
13	Kopfkämmen (n) combing of the head end of the tuft прочесываніе (ср) головки	peignage (m) de la tête de la barbe pettinatura (f) della testa della ciocca peinado (m) de la testa del mechón / *pentinat (m) del cap del floc*
14	Kämmen (n) des Schwanzes des Faserbartes combing the tail end of the tuft прочесываніе (ср) хвоста *или* конца щипка	peignage (m) de la queue de la barbe pettinatura (f) della coda della ciocca peinado (m) de la cola del mechón / *pentinat (m) de la cua del floc*
15	den Schwanz kämmen to comb the tail end прочесывать хвост (мр) *или* конец (мр) щипка	peigner la queue pettinare la coda peinar la cola / *pentinar la cua*
16	Kämmgeschwindigkeit (f) speed of combing скорость (жр) гребнечесанія	vitesse (f) de peignage velocità (f) di pettinatura velocidad (f) de peinado / *velocitat (f) de pentinat*
17	Kammspiel (n) nip цикл (мр) гребнечесанія	coup (m) d'arrachage [ciclo (m) di] colpi (mpl) di pinza golpe (m) de peine / *cop (m) de pinte*
18	Spielzahl (f), Zahl (f) der Kammspiele number of nips число (ср) циклов [гребнечесанія]	nombre (m) de coups d'arrachage numero (m) dei colpi di pinza número (m) de golpes de peine / *nombre (m) de cops de pinte*
19	x Kammspiele (npl) *oder* Spiele (npl) in der Minute x nips per minute x циклов гребнечесанія в одну минуту	x coups (mpl) d'arrachage par minute x colpi (mpl) di pinza al minuto x golpes (mpl) por minuto / *x cops (mpl) per minut*
20	während einer Umdrehung (f) des Kreiskammes läuft ein vollständiges Kammspiel ab during one revolution of the comb segment one nip is performed при одном оборотѣ гребенного сегмента происходит полный цикл (мр) гребнечесанія	un coup d'arrachage s'accomplit pendant un tour du peigne circulaire un intero ciclo di colpi si compie durante un giro del pettine circolare durante una revolución del peine circular se produce un arranque / *durant una volta del pinte circular es produeix una arrencada*

b) Kämmaschinen (f pl), Kammstühle (m pl), Kämmer (m pl)
Peigneuses (f pl)

1 **Combing Machines, Combers**
Pettinatrici (f pl)

Гребнечесальныя машины (жр)
Peinadoras (f pl) / *Pentinadores (f pl)*

2
Kämmer (m)
comber tenter
гребнечесальщик (мр)

ouvrier (m) peigneur
operaio (m) pettinatore
peinador (m) / *pentinador (m)*

3
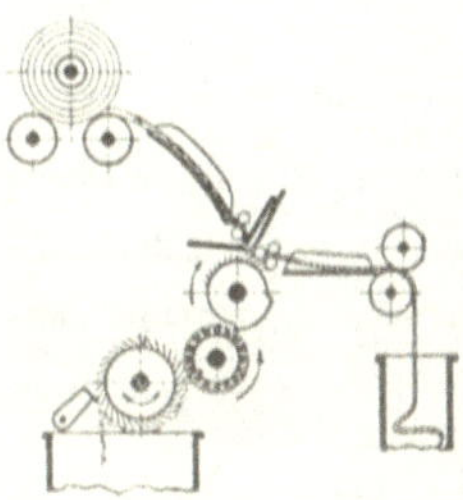

Kämmaschine (f) mit unterbrochenem Arbeitsvorgang, absetzend arbeitende Kämm-Maschine (f), Flachkämmer (m), Geradkämmer (m)
comber with intermittent action, rectilinear comber
гребнечесальная (жр) с перерывистым процессом чесанія *или* работающая интервалами
peigneuse (f) rectiligne *ou* à action intermittente
pettinatrice (f) intermittente *o* rettilinea
peinadora (f) de acción intermitente, peinadora (f) rectilinea / *pentinadora d'acció intermitent, pentinadora (f) rectilínia*

4
linkshandige Kämmmaschine (f)
left hand comber
гребнечесальная (жр) лѣвая (по расположенію головки)

peigneuse (f) à commande gauche
pettinatrice (f) a comando sinistro
peinadora (f) de mano izquierda / *pentinadora (f) de mà esquerra*

5
rechtshandige Kämmmaschine (f)
right hand comber
гребнечесальная (жр) правая [по расположенію головки]

peigneuse (f) à commande droite
pettinatrice (f) a comando destro
peinadora (f) de mano derecha / *pentinadora (f) de mà dreta*

6
Einkopf-Flachkämmer (m)
single head rectilinear comber
одноголовчатая гребнечесальная (жр)

peigneuse (f) rectiligne à une tête
pettinatrice (f) rettilinea a una testa
peinadora (f) rectilinea de una cabeza *o* de una salida / *pentinadora (f) rectilínia d'una sola testa o d'una sortida*

Mehrkopf-Flachkämmer (m)
rectilinear comber with several heads
многоголовчатая гребнечесальная (жр)

peigneuse (f) rectiligne à plusieurs têtes
pettinatrice (f) rettilinea multipla *o* a più teste 7
peinadora (f) rectilinea de varias cabezas / *pentinatora (f) rectilínia de varies testes*

---

x-köpfiger Kämmer (m)
x head comber
гребнечесальная (жр) с *x* головками

peigneuse (f) à *x* têtes
pettinatrice (f) a *x* teste
peinadora (f) de *x* cabezas / *pendinadora (f) de x testes* 8

Leistung (f) je Kopf und Stunde
production per head and hour
производительность (жр) одной головки в час

production (f) par tête et par heure
produzione (f) per testa e per ora
producción (f) por cabeza y hora / *producció (f) per testa i hora* 9

---

einseitiger Flachkämmer (m)
one-sided rectilinear comber
односторонняя гребнечесальная (жр)

peigneuse (f) rectiligne à livraison sur un seul côté
pettinatrice (f) rettilinea con fornitura da un solo lato
peinadora (f) rectilinea con entrega a un solo lado / *pentinadora (f) rectilínia amb sortida per un sol costat* 10

---

zweiseitiger Flachkämmer (m)
two-sided rectilinear comber
двухсторонняя гребнечесальная (жр)

peigneuse (f) rectiligne à livraison sur deux côtés
pettinatrice (f) rettilinea con fornitura su due lati
peinadora (f) rectilinea con entrega por los dos lados / *pentinadora (f) rectilínia amb sortida per abdós costats* 11

---

ununterbrochen Zug liefernde Kämmmaschine (f), Kämmmaschine (f) mit ununterbrochenem *oder* fortlaufendem Arbeitsvorgang, Kreiskämmer (m), Rundkämmer (m)
peigneuse (f) à action continue, peigneuse (f) circulaire

continuous *or* circular *or* round comber, comber with continuous action
pettinatrice (f) continua *o* circolare 12

гребнечесальная (жр), доставляющая непрерывно продукт прочеса *или* с непрерывным процессом прочесыванія; круглая гребнечесальная
peinadora (f) de acción continua, peinadora (f) circular / *pentinadora (f) d'acció contínua, pentinadora (f) circular*

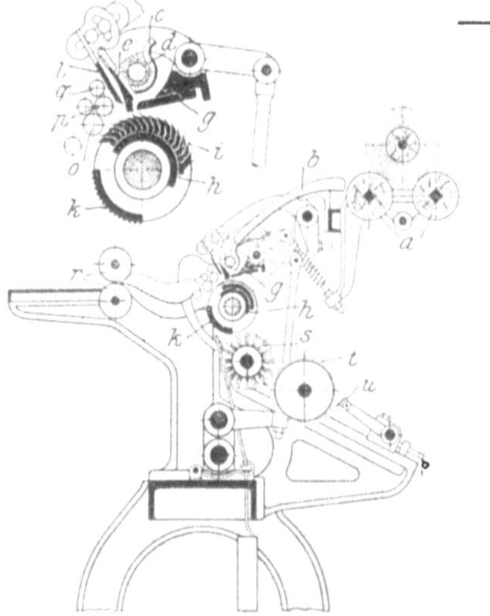

1 Heilmannsche Kämmaschine (f)
combing machine Heilmann's system *or* principle
гребнечесальная (жр) Гейльмана
peigneuse (f) Heilmann
pettinatrice (f) [tipo] Heilmann
peinadora (f) / *pentinadora (f)* / Heilmann

---

2 a
hölzerne Wickelwalzen (fpl)
wooden lap rollers
деревянные холстовые валики (мр)
cylindres (mpl) dérouleurs en bois
rulli (mpl) di legno per l'avanzamento della tela
cilindros (mpl) de madera para el desarrollo de la tela / *corrons (mpl) de fusta per al desplegat de la tela*

---

3 b
Gleitblech (n), Fuhrungsblech (n), Einlaufplatte (f)
lap [guide] plate
направляющій жестяной лоток (мр)
guide-nappe (m)
guida-tela (f), piastra (f) alimentare
mesa (f) guia-tela / *taula (f) guia-tela*

---

4 c
Blechmulde (f)
sheet metal trough
жестяное корыто (ср)
auge (f) en tôle
condotto (m) in lamiera
conducto (m) de chapa / *conducte (m) de planxa*

---

5 d
Speisewalze (f), Speisestachelwalze (f), Igelwalze (f), Speiseigel (m)
spiked feed roller
[питательный] игольчатый валик (мр)
hérisson (m), cylindre (m) alimentaire
rullo (m) dentato di alimentazione
cilindro (m) alimentador de púas / *corró (m) alimentari de pues*

---

ruckweises Speisen (n)
intermittent feed
перерывистая подводка (жр), перерывистое питаніе (ср) 6
alimentation (f) intermittente
alimentazione (f) intermittente
alimentación (f) intermitente / *alimentació (f) intermitent*

---

ruckweise Bewegung (f) der Speisewalze
intermittent motion of the feed roller
перерывистое движеніе (ср) питательнаго валика
mouvement (m) intermittent du cylindre alimentaire 7
moto (m) intermittente del rullo di alimentazione
movimiento (m) intermitente del cilindro alimentador / *moviment (m) intermitent del corró alimentari*

---

die Speisewalze dreht sich ruckweise oder stoßweise
the feed roller revolves intermittently
питательный валик (мр) вращается порывисто
le cylindre alimentaire tourne à intermittence 8
il rullo di alimentazione gira a intermittenza
el cilindro alimentador gira intermitentemente / *el corró alimentari gira intermitent*

Zange (f), Kluppe (f)
nippers
щипцы (мр), захватка (жр)
g pince (f) de retient 9
pinza (f), morsa (f), morsetti (mpl), tenaglia (f)
pinza (f) / *pinça (f)*

Oberzangenmesser (n), Zangenoberteil (n)
nipper knife, top nipper
верхняя губа (жр) *или* щека (жр) *или* часть (жр) щипцов 10
mâchoire (f) supérieure
mascella (f) superiore
mordaza (f) / *mordassa (f)* / superior

Unterzangenplatte (f), Zangenunterteil (n)
under-nipper plate, cushion plate, bottom nipper
нижняя губа (жр) *или* щека (жр) *или* часть (жр) щипцов 11
mâchoire (f) inférieure
mascella (f) inferiore
mordaza (f) / *mordassa (f)* / inferior

---

die Zangenbacke ist verbogen
the nipper is bent
губа (жр) щипцов согнута
la mâchoire est déformée 12
la mascella è deformata
la mordaza está deformada / *la mordassa està torçada*

Zangenmaul (n), Zangenschnabel (m)
nose end of the nippers
зѣв (мр) щипцов 13
bec (m) de la pince
labbra (fpl) della pinza
perfil (m) de la pinza / *nas (m) de la pinça*

1 Zangenstellung (f)
position of nippers
установка (жр) щипцов
position (f) des mâchoires
posizione (f) della pinza
posición (f) de las mordazas *o* de la pinza / *posició (f) de la pinça o de les mordasses*

2 die Zange einstellen
to adjust the nippers
налаживать *или* [у]регулировать щипцы
régler les mâchoires (fpl)
regolare la pinza
ajustar las mordazas / *les mordasses*

3 Kammwalze (f), Kämmwalze (f)
comb[ing] cylinder
гребенной валик (мр) *или* барабан (мр) *или* вал (мр) *или* цилиндр (мр)
cylindre (m) peigneur
cilindro (m) pettinatore, tamburo (m) lavoratore
cilindro (m) peinador / *cilindre (m) pentinador*

4 h Kreiskamm (m), Kammsegment (n), Nadelsegment (n)
comb segment, needle segment, needled half lap
гребенной сегмент (мр)
peigne (m) circulaire, segment (m) à aiguilles
spicchio (m) *o* settore (m) *o* tegolo (m) armato di punte, pettine (m) circolare
segmento (m) peinador *o* de peines *o* guarnecido de agujas, peine (m) circular / *segment (m) pentinador o amb agulles, pinte (m) circular*

5 i Nadelreihe (f), Kammreihe (f)
row of needles
ряд (мр) игл *или* гребней
rangée (f) d'aiguilles, barrette (f) à aiguilles
fila (f) di denti, sbarretta (f) a punte
hilera (f) de agujas / *filera (f) o rengle (m) d'agulles*

6 Ledersegment (n), Ledersektor (m)
leather segment
кожаный сегмент (мр) *или* сектор (мр)
segment (m) en cuir
spicchio (m) *o* settore (m) coperto di cuoio
segmento (m) de cuero / *segment (m) de cuiro*

7 k Riffelsegment (n)
fluted segment
рифленый сегмент (мр)
segment (m) cannelé
spicchio (m) rigato, segmento (m) scanalato
segmento (m) acanalado / *segment (m) acanalat*

l Vorstechkamm (m), Rückhaltekamm (m), Festkamm (m)
top comb
верхняя гребенка (жр)
peigne (m) droit *ou* fixe 8
pettine (m) fisso *o* rettilineo *o* superiore, lama (f)
peine (m) rectilíneo *o* superior *o* fijo / *pinte (m) fixe o superior o rectilini*

der Vorstechkamm fällt *oder* sticht in das Fasergut ein
the top comb comes down into the fibres
верхняя гребенка (жр) погружается в волокна
le peigne fixe pénètre dans les fibres 9
il pettine fisso penetra nelle fibre
el peine fijo penetra en las fibras / *el pinte fixe penetra sobre les fibres*

o Abreißwalze (f), Unterwalze (f)
detaching roller, bottom roller
отделительный цилиндр (мр)
cylindre (m) arracheur 10
cilindro (m) di rinculo
cilindro (m) de arranque inferior / *corró (m) d'arrencar inferior*

p Druckwalze (f), belederte Abreißwalze (f), Lederwalze (f), Oberwalze (f)
leather detaching roller, top roller
нажимной *или* отделительный цилиндр (мр) покрытый кожею
cylindre (m) de pression 11
cilindro (m) di pressione [ricoperto di cuoio *o* di pelle], cilindro (m) distaccatore *o* strappatore *o* di strappamento
cilindro (m) arrancador de cuero / *corró (m) d'arrencar de cuiro*

q Plüschwalze (f)
clearer roller
плюшевый валик (мр)
cylindre (m) nettoyeur 12
cilindro (m) nettatore
cilindro (m) limpiador / *cilindre (m) descarregador*

die ausgekämmten Faserbärte (mpl) werden gelötet *oder* aneinandergelegt
the combed tufts are pieced up
прочесанныя бородки (жр) соединяются в нахлестку
les queues (fpl) des barbes sont soudées *ou* rattachées avec les têtes suivantes 13
i ciocchi pettinati sono ricongiunti per sovrapposizione
los mechones peinados se empalman *o* se unen por soldadura / *els flocs pentinats se solden*

Länge (f) der Verlötung
length of overlapping
длина (жр) соединенія
1 longueur (f) de la soudure *ou* du rattachement
lunghezza (f) della sovrapposizione
extensión (f) de la soldadura / *extensió (f) de la soldadura*

Gewichtsentlastungsvorrichtung (f)
weight relieving motion
разгрузочное приспособленіе (ср) для гири
2 dispositif (m) pour relever le poids
dispositivo (m) per compensare il peso
mecanismo (m) para quitar la presión / *mecanisme (m) per treure la pressió*

Leistenführung (f) zwischen den Zangen
selvedge guide
направляющія (жр) между захватками
3 guide (m) des bords
guida (f) fra le pinze
guía (f) de las orillas / *de les vores*

Ausbreiten (n) der Watte des Wickels
spreading of the lap
расправленіе (ср) ватки холста
4 étendage (m) de la nappe du rouleau
distendimento (m) della tela del rotolo
extendido (m) de la tela del rodillo / *extés (m) de la tela de la nina*

Bandabzugwalzen (fpl), Lieferwalzen (fpl)
delivery rollers, sliver calenders
питательные цилиндры (мр)
5 r rouleaux (mpl) d'appel, cylindres (mpl) délivreurs
cilindri (mpl) attiratori *o* di trazione
cilindros (mpl) de salida / *corrons (mpl) de sortida, xucladors (mpl)*

Bürste (f), Walzenbürste (f)
circular comb brush
щетка (жр), щетинный валик (мр)
6 s brosse (f) circulaire
cilindro (m) spazzolatore
cepillo (m) / *raspall (m)* / circular

Kämmlingswalze (f), Abnehmer (m), Sammler (m)
doffer
7 t съемный валик (мр)
peigneur (m)
cilindro (m) scaricatore
descargador (m) / *corró (m) desborrador o descarregador*

Hacker (m), Abstreifkamm (m), Abnehmerkamm (m)
noil stripping comb, doffing comb
8 съемная гребенка (жр)
u peigne (m) détacheur *ou* nacteur
pettine (m) staccatore del cascame
peine (m) descargador / *serreta (f)*

Abfallkasten (m)
waste box
угарный ящик (мр)
boite (f) à déchets
cassa (f) per i cascami
caja (f) de desperdicios o de merma / *caixa (f) de desperdicis o de merma* 9

Nadelzange (f)
tweezers
игольчатые щипцы (мр)
pince (f) à aiguilles
pinza (f) a denti
pinza (f) para agujas / *pinça (f) per a agulles* 10

Nadelleiste (f), Nadelstab (m)
needle strip, comb strip
игольчатая планка (жр)
barrette (f) à aiguilles
sbarretta (f) a punte 11
barra (f) de agujas / *barreta (f) d'agulles*

Nadelblech (n)
pin tin
игольчатая жесть (жр)
boite (f) à aiguilles
lamiera (f) a punte
caja (f) para agujas / *capsa (f) per a agulles* 12

freie Nadellänge (f)
projection of the needle
свободная длина (жр) иглы
saillie (f) *ou* longueur (f) franche de l'aiguille
lunghezza (f) libera *o* sporgenza (f) delle punte 13
parte (f) saliente de la aguja / *part (f) sortint de l'agulla*

Benadelung (f), Besetzung (f) des Nadelstabes
needling *or* pinning of the comb strip
обивка (жр) иглами, насадка (жр) *или* наборка (жр) игл
peuplement (m) de la barrette à aiguilles
guarnizione (f) di punte della sbarretta 14
guarnición (f) de la barra con agujas / *guarnició (f) d'agulles de la barreta*

Nadelvorrat (m)
stock of needles
запас (мр) игл
réserve (f) *ou* stock (m) d'aiguilles
riserva (f) di punte 15
depósito (m) *o* reserva (f) de agujas / *dipòsit (m) o recanvi (m) d'agulles*

Rundnadel (f)
round needle
круглая игла (жр)
aiguille (f) ronde
punta (f) rotonda
aguja (f) redonda / *agulla (f) rodona* 16

Flachnadel (f)
flat needle
плоская *или* сплюснутая игла (жр)
aiguille (f) plate
punta (f) piatta
aguja (f) / *agulla (f)* / plana 17

blanke Nadel (f)
polished needle
шлифованная игла (жр)
aiguille (f) polie
punta (f) lucida 18
aguja (f) pulida / *agulla (f) polida*

angerostete Nadel (f)
rusted needle
ржавая игла (жр)
aiguille (f) rouillée
punta (f) arrugginata 19
aguja (f) oxidada / *agulla (f) rovellada*

die Nadeln (fpl) auflöten
to solder the needles
припаивать иглы (жр)
souder les aiguilles (fpl)
saldare le punte 20
soldar las agujas / *les agulles*

Auflöten (n) der Nadeln
soldering on of the needles
припаиваніе (ср) игл
soudage (m) des aiguilles
saldatura (f) delle punte 21
soldadura (f) de las agujas / *de les agulles*

Lötkolben (m)
soldering iron
паяльник (мр)
fer (m) à souder
saldatoio (m), saldatore (m) 22
soldador (m)

1 Lötgestell (n)
soldering block
паяльный станок (мр)
bloc (m) pour le soudage
sopporto (m) a saldare
bloque (m) / *bloc (m) de soldar*

2 Gleichsetzen (n) der Nadeln
setting the needles in regular order
равномѣрная наборка (жр) *или* насадка (жр) игл
placement (m) des aiguilles dans un ordre régulier
ordinamento (m) delle punte
colocación (f) de las agujas de un modo regular / *col·locació (f) de les agulles amb un ordre regular*

3 Setzblock (m)
building block
прибор (мр) *или* колодка (жр) для насадки игл
bloc (m) pour le placement des aiguilles
blocco (m) per il collocamento delle punte
bloque (m) estriado para fijar el asiento y la distribución de las agujas / *bloc (m) estriat per a fixar la posició de les agulles, bloc (m) d'agullar*

4 Lineal (n)
straight-edge
линейка (жр)
règle (f)
regolo (m), riga (f)
regla (f)

5 Glättblock (m)
finishing block
лощильная колодка (жр)
bloc-finisseur (m)
blocco (m) finitore
bloque (m) / *bloc (m) / acabador*

6 Schlüssel (m)
key
ключ (мр)
clef (f), clé (f)
chiave (f)
llave (f) / *clau (f)*

a Kammwalze (f), Kämmwalze (f)
comb[ing] cylinder
гребенной валик (мр)
cylindre (m) peigneur
cilindro (m) pettinatore
cilindro (m) peinador / *cilindre (m) pentinador* 8

b Kammwalzenachse (f)
comb shaft
ось (жр) гребенного валика
arbre (m) du cylindre peigneur
albero (m) del cilindro pettinatore
árbol (m) del cilindro peinador / *arbre (m) del cilindre pentinador* 9

c Anlaufblech (n), tote Platte (f)
tin strip, dead plate
наводящая плита (жр), горка (жр)
tôle (f) de guide, plaque (f) morte
lamiera-guida (f)
plancha-guia (f) / *planxa-guia (f)* 10

d Nadelsegment (n)
needled half lap
сегмент (мр), набранный иглами; гребенной сегмент (мр)
segment (m) à aiguilles
settore (m) armato di punte
segmento (m) peinador / *segment (m) pentinador* 11

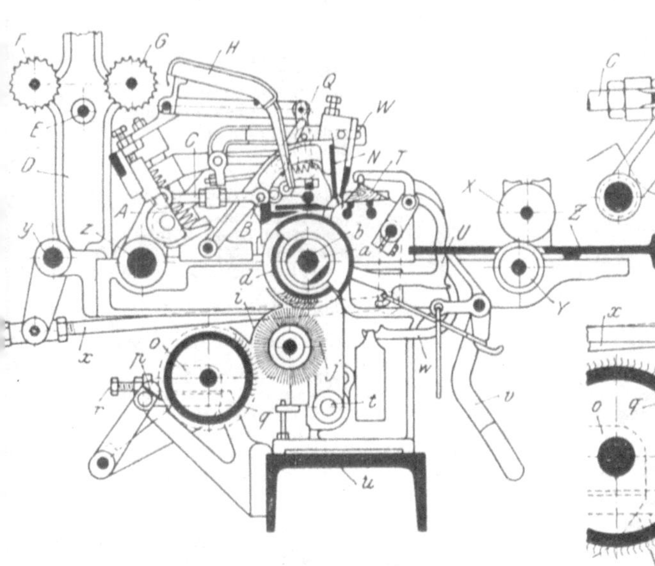

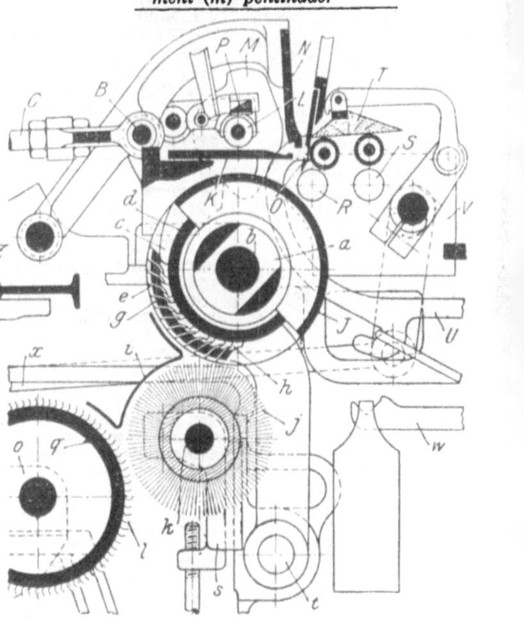

7 Nasmiths Kämmaschine (f)
Nasmith's comber
гребнечесальная (жр) Несмита
peigneuse (f) Nasmith
pettinatrice (f) Nasmith
peinadora (f) / *pentinadora (f) /* Nasmith

e Nadel (f)
needle
игла (жр)
aiguille (f)
punta (f), ago (m)
aguja (f) / *agulla (f)* 12

1 g
Nadelleiste (f)
needle strip
набранная иглами планка (жр), игольчатая планка
barrette (f) à aiguilles
sbarretta (f) a punte
barr[et]a (f) de agujas / *d'agulles*

2 h
letzte Nadelreihe (f)
last row of needles
крайній ряд (мр) игл
dernière rangée (f) d'aiguilles
ultima fila (f) *o* serie (f) di punte
última hilera (f) de agujas / *darrer rengle (m) d'agulles*

3 i
Verdeck (n) uber der Bürste, Bürstenverdeck (n)
brush cover
крышка (жр) для игольчатой щетки
couvercle (m) de la brosse
coperchio (m) della spazzola
cubierta (f) *o* tapa (f) del cepillo / *coberta (f) o tapa (f) del raspall*

4 j
Rundbürste (f)
circular brush
круглая щетка (жр)
brosse (f) circulaire
cilindro (m) spazzolatore
cepillo (m) circular / *raspall (m) circular*

5 k
Bürstenwelle (f)
brush shaft
стержень (мр) круглой щетки
arbre (m) de la brosse
albero (m) del cilindro spazzolatore
árbol (m) del cepillo / *arbre (m) del raspall*

6 l
Kratzenbeschlag (m) der Abnehmerwalze
doffer filleting
кардная обтяжка (жр) очесочнаго вальяна
garniture (f) de carde du peigneur
guarnizione (f) di punte di carda del cilindro scaricatore
guarnición (f) de carda del descargador / *guarnició (f) de carda del llevador*

7 o
Lager (n) der Abnehmerwalze
doffer bearing
подшипник (мр) для вальяна
support (m) du peigneur
sopporto (m) del cilindro scaricatore
soporte (m) del descargador / *suport (m) del llevador*

8 p
Abnehmerkamm (m), Hacker (m)
doffing comb
съемная гребенка (жр) [вальяна]
peigne (m) détacheur
pettine (m) staccatore del cascame
peine (m) descargador / *serreta (f)*

q
Abnehmerwalze (f)
doffer
[очесочный] вальян (мр)
peigneur (m) 9
cilindro (m) scaricatore
descargador (m) / *llevador (m)*

r
Einstellschraube (f) für die Abnehmerwalze
doffer set screw
установочный винт (мр) лдя [очесочнаго] вальяна
vis (f) de réglage du peigneur 10
vite (f) di registro pel cilindro scaricatore
tornillo (m) de ajuste del peinador / *cargol (m) de reglatge del llevador*

s
Bürstenlager (n)
brush bracket
подшипник (мр) щеточнаго валика
support (m) de la brosse 11
sopporto (m) della spazzola
soporte (m) del cepillo / *suport (m) del raspall*

t
Zangenschwingzapfen (m)
nipper pivot
шип (мр) качающихся рычагов для щипцов
pivot (m) du bras de la pince 12
perno (m) del braccio della pinza
perno (m) de la pinza / *torrió (m) del braç de la pinça*

u
Gestelltisch (m)
framing
станина (жр)
bâti (m), porte-systèmes (m) 13
incastellatura (f)
bancada (f)

v
Handhebel (m) für die Gewichtsentlastung
weight relieving handle
рукоятка (жр) *или* рычаг (мр) для разгрузки валиков
poignée (f) de relevage du poids 14
leva (f) a mano per lo scarico del peso
palanca (f) de mano para levantar el peso / *mànec (m) per a aixecar el pes*

w
Belastungshebel (m) für die vordere Abzugswalze
front detaching roller weight hook
нагрузочный рычаг (мр) для передняго отдѣлительнаго *или* пріемнаго валика
crochet (m) à contrepoids du cylindre arracheur avant 15
leva (f) con peso del cilindro strappatore
gancho (m) del peso para el cilindro delantero de arranque / *ganxo (m) del pes del corró d'arrencar, de devant*

1 x

Schwinghebel (m) für die Abzugswalze
detaching roller rocker rod
установочный рычаг (мр) для прiемнаго валика
levier (m) oscillant du cylindre arracheur
leva (f) oscillante per il cilindro di rinculo
palanca (f) oscilante del cilindro de arranque / *palanca (f) oscil·lant del corró d'arrencar*

2 y

hintere Welle (f)
back shaft
задній валик (мр)
arbre (m) arrière
albero (m) posteriore
árbol (m) posterior / *arbre (m) de darrera*

3 z

Welle (f) für die Zange, Zangenwelle (f)
nipper shaft
вал (мр) для щипцов
arbre (m) de la pince
albero (m) della pinza
árbol (m) de la pinza / *arbre (m) de la pinça*

4 A

Zangenfeder (f)
nipper spring
пружина (жр) для щипцов
ressort (m) de la pince
molla (f) della pinza
resorte (m) de la pinza / *molla (f) de la pinça*

5 B

Zangenhebelzapfen (m)
nipper swivel pin
цапфа (жр) для рычага щипцов
goupille (f) du battant de la pince
perno (m) della leva portapinza
perno (m) de oscilación para la pinza / *torrió (m) d'oscil·lació per a la pinça*

6 C

Verbindungshebel (m) für die Zange
connecting lever for nipper
шатун (мр) для щипцов
levier (m) de liaison pour la pince
tirante (m) della pinza
biela (f) de la pinza / *de la pinça*

7 D

aufrechte Gestellwand (f)
upright creel
рама (жр), стойка (жр)
bâti (m) vertical
sopporto (m) verticale
soporte (m) / *suport (m) /* vertical de fileta

8 E

Versteifungsstange (f)
stay rod
распорка (жр)
tige (f) de consolidation
barra (f) irrigidente *o* di rinforzo
tirante (m) / *tirant (m)*

F 9

hintere Abwickelwalze (f)
back lap roller
задній ведущій ролик (мр) для холста
rouleau (m) dérouleur de nappe arrière
rullo (m) posteriore per l'avanzamento della tela
cilindro (m) posterior para el desarrollo de la tela / *corró (m) de darrera per a desplegar la tela*

G 10

vordere Abwickelwalze (f)
front lap roller
передній ведущій ролик (мр) для холста
rouleau (m) dérouleur de nappe avant
rullo (m) anteriore per l'avanzamento della tela
cilindro (m) delantero para el desarrollo de la tela / *corró (m) de davant per a desplegar la tela*

H 11

oberes Bandführungsblech (n)
top lap tin
верхній жестяной лоток (мр) для направленія холста
guide-nappe (m) supérieur
guida-nastro (m) superiore
guía (f) superior para conducir la tela / *guia (f) superior per a conduir la tela*

J 12

glattes Walzensegment (n)
plain segment
гладкій сегмент (мр) [гребенного] валика
segment (m) lisse
settore (m) liscio
segmento (m) liso / *segment (m) llis*

K 13

untere Zangenbacke (f)
bottom nipper
нижняя щека (жр) щипцов
mâchoire (f) inférieure
mascella (f) inferiore
mordaza (f) / *mordassa (f) /* inferior

L 14

Speisewalze (f)
feed roller
питательный валик (мр)
cylindre (m) alimentaire
rullo (m) di alimentazione
cilindro (m) alimentador / *corró (m) alimentari*

M 15

Speisemulde (f)
feeding trough
питательный желоб (мр)
auge (f) d'alimentation
tramoggia (f) di alimentazione
tolva (f) alimentadora / *tremuja (f) alimentaria*

N 16

obere Zangenbacke (f)
top nipper
верхняя щека (жр) щипцов
mâchoire (f) supérieure
mascella (f) superiore
mordaza (f) / *mordassa (f) /* superior

1 O
Vorstechkamm (m), Rückhaltekamm (m), Festkamm (m)
top comb
верхній *или* неподвижный гребень (мр)
peigne (m) fixe
pettine (m) fisso *o* rettilineo
peine (m) rectilíneo / *pinte (m) rectilini*

---

2 P
Speisewalzenreiniger (m)
feed roller clearer
очиститель (мр) питательнаго валика
débourreur (m) *ou* chapeau (m) de propreté du cylindre alimentaire
pulitore (m) del rullo di alimentazione
desborrador (m) del cilindro alimentador / *descarregador (m) del cilindre alimentari*

---

3 Q
Zuführhebel (m)
feed lever
рычаг (мр) питательнаго валика
levier (m) d'alimentation
leva (f) di alimentazione
palanca (f) de alimentación / *d'alimentació*

---

4 R
hintere geriffelte Abzugswalze (f)
fluted back detaching roller
задній рифленый съемный *или* пріемный валик (мр)
cylindre (m) arracheur cannelé arrière
cilindro (m) scanalato di rinculo posteriore
cilindro (m) posterior acanalado de arranque / *corró (m) ratllat d'arrencar, de darrera*

---

5 S
vordere geriffelte Abzugswalze (f)
fluted front detaching roller
передній рифленый съемный *или* пріемный валик (мр)
cylindre (m) arracheur cannelé avant
cilindro (m) scanalato di rinculo anteriore
cilindro (m) delantero acanalado de arranque / *corró (m) ratllat d'arrencar, de davant*

---

6 T
Reiniger (m) für die Abzugswalzen
detaching roller clearer
очиститель (мр) пріемных валиков
débourreur (m) des cylindres arracheurs, chapeau (m) de propreté pour les cylindres arracheurs
pulitore (m) per i cilindri di rinculo
desborrador (m) de los cilindros de arranque / *descarregador (m) o llimpiador (m) dels corrons d'arrencar*

U
Belastungshebel (m) für die hintere Abzugswalze
back detaching roller weight hook
нагрузочный рычаг (мр) для задняго пріемнаго валика
crochet (m) à contrepoids du cylindre arracheur arrière 7
leva (f) con peso del cilindro di rinculo posteriore
gancho (m) del peso del cilindro posterior de arranque / *ganxo (m) del pes del corró d'arrencar, de darrera*

V
Walzenständer (m)
roller stand
станина (жр) *или* стойка (жр) для валиков 8
support (m) des cylindres
sopporto (m) dei cilindri
caballete (m) de los cilindros / *cavallet (m) dels corrons*

W
Einstellschlitz (m)
adjusting slot
паз (мр) для установки
coulisse (f) de réglage 9
feritoia (f) di regolazione
ranura (f) de ajuste / *trau (m) colis d'ajustat*

X
obere Wickelwalze (f)
top calender roller
верхній навойный *или* каландровый валик (мр)
rouleau (m) d'appel supérieur 10
cilindro (m) attiratore superiore
cilindro (m) absorbedor superior *o* calandrador superior / *corró (m) xuclador superior o de la calandra superior*

Y
untere Wickelwalze (f)
bottom calender roller
нижній навойный *или* каландровый валик (мр)
rouleau (m) d'appel inférieur 11
cilindro (m) attiratore inferiore
cilindro (m) calandrador inferior / *corró (m) xuclador, inferior*

Z
Bandführungstisch (m), Bandplatte (f)
sliver table *or* plate
стол (мр) для направленія ленты
table (f) à ruban 12
tavola (m) di appoggio del nastro, guida-nastro (m)
mesa (f) de las cintas / *taula (f) de les vetes*

1 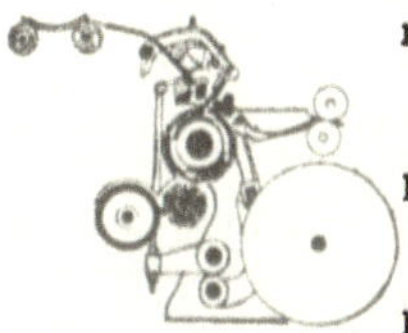

Kämmaschine (f) mit zweifach wirkender Kämmtrommel [*oder* Duplex-Kämmaschine' (f)] von Dobson u. Barlow
Dobson and Barlow's duplex comber [with two sets of combs]
гребнечесальная (жр) „дуплекс" *или* двойного дѣйствія (Добсон и Барло)
peigneuse (f) duplex, système Dobson et Barlow [avec tambour à deux segments peigneurs]
pettinatrice (f) duplex, sistema Dobson e Barlow [con due serie di pettini]
peinadora (f) duplex, sistema Dobson y Barlow [con dos series de peines] / *pentinadora (f) duplex, sistema Dobson y Barlow [amb dos series de pintes]*

2 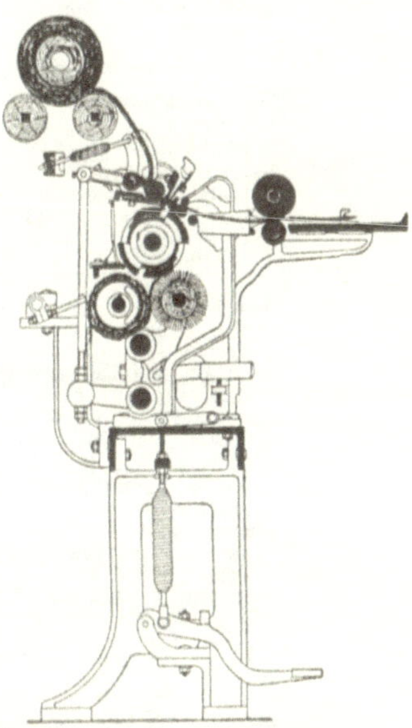

Kämmaschine (f) mit zweifach wirkender Kämmtrommel [*oder* Duplex-Kämmaschine (f)] von Schlumberger
Schlumberger's duplex comber
гребнечесальная (жр) „дуплекс" Шлумбергера
peigneuse (f) duplex, système Schlumberger
pettinatrice (f) duplex, sistema Schlumberger
peinadora (f) duplex, sistema Schlumberger / *pentinadora (f) duplex, sistema Schlumberger*

3 vorschwingende Bewegung (f) der Zange
forward movement of the nippers
качательное движенie (ср) щипцов вперед
mouvement (m) en avant de la pince
movimento (m) in avanti della pinza
movimiento (m) de avance de la pinza / *moviment (m) d'avenç de la pinça*

rückschwingende Bewegung (f) der Zange
backward movement of the nippers
качательное движенie (ср) щипцов назад
mouvement (m) en arrière de la pince
movimento (m) indietro della pinza
movimiento (m) de retroceso de la pinza / *moviment (m) de retrocés de la pinça* 4

schließende Bewegung (f) der Zange [für das Kämmen durch die Kammwalze]
closing movement of the nippers [for the action of the combing cylinder]
замыкательное движенie (ср) щипцов [для прочеса посредством гребенного барабана]
mouvement (m) de fermeture des mâchoires [pour l'action du cylindre peigneur]
movimento (m) di chiusura della pinza [per l'azione del cilindro pettinatore]
movimiento (m) de cierre de las mordazas [para preparar la acción del cilindro peinador] / *moviment (m) de cloure les mordaces [per a preparar l'acció del cilindro pentinador]* 5

öffnende Bewegung (f) der Zange [für das Abreißen durch die Walzen]
opening movement of the nippers [for detachment by the rollers]
размыкательное движенie (ср) щипцов [для отдѣленія посредством прiемных валиков]
mouvement (m) d'ouverture des mâchoires [pour l'action des cylindres arracheurs]
movimento (m) d'apertura della pinza [per l'azione dei cilindri strappatori]
movimiento (m) de apertura de las mordazas [para preparar la acción de los cilindros de arranque] / *moviment (m) d'obrir les mordasses [per a preparar l'acció dels corrons d'arrencar]* 6

Gegauffsche Kämmmaschine (f), Kämmmaschine (f) mit schwingender Zange
Gegauff's comber
гребнечесальная (жр) с качающимися щипцами системы Жегоф
peigneuse (f) Gegauff à pince voyageante
pettinatrice (f) Gegauff con pinza oscillante
peinadora (f) Gegauff con pinza oscilante / *pentinadora (f) Gegauff amb pinça oscil·lant* 7

die Maschine mit zwei Watten speisen
to feed the machine with two laps
питать машину двумя холстами
alimenter la peigneuse avec deux nappes
alimentare la macchina con due tele
alimentar la máquina con dos telas / *amb dos teles* 8

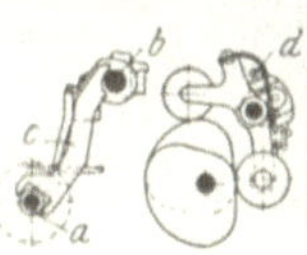

Zange (f)
nippers
щипцы (мр)
mâchoires (fpl), pince (f)
pinza (f)
pinza (f), mordazas (fpl) / *pinça (f), mordasses (fpl)* 9

a

Kämmtrommelwelle (f)
shaft of comb[ing] cylinder
вал (мр) гребенного барабана
arbre (m) du tambour-peigneur
albero (m) del cilindro pettinatore
árbol (m) del cilindro peinador / *arbre (m) del cilindre pentinador* 10

1
Wagen (m), Zangenapparat (m)
carriage
каретка (жр)
chariot (m)
carrello (m)
carro (m)

2 b
Wagenwelle (f)
carriage main shaft
вал (мр) каретки
arbre (m) du chariot
albero (m) del carrello
árbol (m) / *arbre (m)* / del carro

3 c
Lehre (f), Schablone (f)
gauge
шаблон (мр)
calibre (m)
calibro (m)
calibre (m) / *galga (f)*

4
schwingende Bewegung (f) der Zange
oscillating movement of the nippers
качательное движенiе (ср) щипцов
mouvement (m) oscillant de la pince
movimento (m) oscillante della pinza
movimiento (m) oscilante de la pinza / *moviment (m) oscil·lant de la pinça*

5 d
Einstellschraube (f), Regelschraube (f), [Regulierschraube (f)]
adjusting screw
регулирующiй *или* установочный винт (мр)
vis (f) de réglage
vite (f) di registro
tornillo (m) de ajuste / *cargol (m) d'ajustatge*

6

a
Zangenschnabel (m), Zangenmaul (n)
nose end of the nippers
зѣв (мр) щипцов
bec (m) des mâchoires
labbra (fpl) della pinza
pico (m) de la pinza / *bec (m) de la pinça*

7
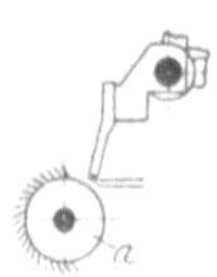
a
Kämmtrommel (f)
comb cylinder
гребенной барабан (мр)
tambour (m) peigneur
cilindro (m) pettinatore
cilindro (m) peinador / *cilindre (m) pentinador*

8
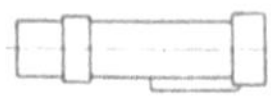
Büchse (f) für die Kammwalze
bush for shaft of comb cylinder
осевая втулка (жр) гребенного барабана
boite (f) de l'arbre du tambour-peigneur
astuccio (m) dell'albero del cilindro pettinatore
manguito (m) del árbol del cilindro peinador / *collarí (m) del arbre del cilindre pentinador*

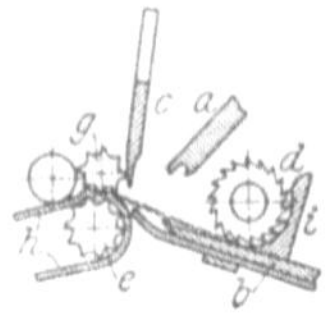

Zangenstellung (f)
position of nippers
положенiе (ср) щипцов
position (f) des mâchoires
posizione (f) della pinza
posición (f) de la pinza / *posició (f) de la pinça* 9

a
Zangenoberteil (m), obere Zangenbacke (f)
nipper knife
верхняя часть (жр) щипцов 10
mâchoire (f) supérieure
mascella (f) superiore
mordaza (f) / *mordassa (f)* / superior

b
Zangenunterteil (m), untere Zangenbacke (f)
bottom nipper plate
нижняя часть (жр) щипцов 11
mâchoire (f) inférieure
mascella (f) inferiore
mordaza (f) / *mordassa (f)* / inferior

c
Vorstechkamm (m)
top comb
верхнiй гребень (мр)
peigne (m) fixe 12
pettine (m) fisso
peine (m) fijo *o* rectilíneo / *pinte (m) rectilini*

den Faserschwanz (m) durch den Vorstechkamm durchziehen
to draw the tail end of the tuft through the top comb
протаскивать хвост бородки сквозь верхнiй гребень
faire passer *ou* tirer la queue de la barbe à travers le peigne fixe 13
far passare la coda della ciocca attraverso il pettine fisso
arrancar la cola del mechón a través del peine rectilíneo / *arrencar la cua del floc a través del pinte rectilini*

d
Speisewalze (f), Zackenwalze (f), Igelwalze (f)
feed roller
питательный валик (мр)
hérisson (m) alimentaire 14
rullo (m) alimentatore
cilindro (m) alimentador / *corró (m) alimentari*

schraubenförmig gewundene, grob geriffelte Walze (f)
coarse spirally fluted roller
винтовой груборифленый валик (мр)
cylindre (m à grosses cannelures en spirale 15
rullo (m) a scanalature elicoidali grosse
cilindro (m) con estrías gruesas en espiral / *corró (m) amb rallat espiral groixut*

1 e
untere Abzugwalze (f)
bottom detaching roller
нижнiй прiемный *или* съемный валик (мр)
cylindre (m) arracheur inférieur
cilindro (m) strappatore inferiore
cilindro (m) de arranque inferior / *corró (m) d'arrencar inferior*

2 g
obere Abzugwalze (f)
top detaching roller
верхнiй прiемный *или* съемный валик (мр)
cylindre (m) arracheur supérieur
cilindro (m) strappatore superiore
cilindro (m) de arranque superior / *corró (m) d'arrencar superior*

3 h
Laufleder (n)
travelling leather hose
безконечное кожаное полотно (ср), фартук (мр)
manchon (m) en cuir
cuoio (m) senza fine, nastro (m) senza fine di cuoio
tela (f) sin fin de cuero / *tela (f) sens fi de cuiro, bossa (f)*

4 i
Zufuhrmulde (f), Speisemulde (f)
lap feeding trough
питательный *или* подводящiй желоб (мр)
auge (f) d'alimentation de la nappe
tramoggia (f) di alimentazione della tela
tolva (f) alimentadora / *tremuja (f) alimentaria* / de la tela

5
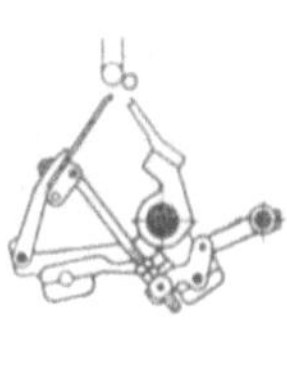
Abstand (m) zwischen der unteren Abzugwalze und der Unterzangenbacke
distance between bottom detaching roller and bottom nipper plate
промежуток (мр) *или* разстоянiе (ср) между нижним прiемным валиком и нижнею губою щипцов
distance (f) entre le cylindre arracheur inférieur et la mâchoire inférieure
distanza (f) fra il cilindro strappatore inferiore e la mascella inferiore
distancia (f) entre el cilindro de arranque inferior y la mordaza inferior / *distancia (f) entre el corró d'arrencar inferior i la mordassa inferior*

6
Oberzangenbackenbürste (f)
brush on top nipper
щетка (жр) для верхней щеки щипцов
brosse (f) sur la mâchoire supérieure
spazzola (f) della mascella superiore
cepillo (m) sobre la mordaza superior / *raspall (m) sobre la mordassa superior*

7
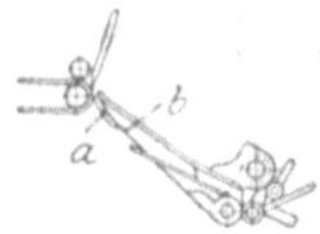

a
Schieber (m) unter der Unterzange, Kopfheber (m)
shovel under the cushion plate
скользун (мр), салазки (жр), ползушка (жр) нижней части щипцов
tôle (f) sous pince, tôle de maintien de la tête de la barbe
tavola (f) di appoggio sotto la mascella inferiore
lámina (f) de apoyo debajo de la mordaza inferior / *làmina (f) sota la mordassa inferior*

8 b
Stahlblech (n)
steel plate
стальная жесть (жр)
plaque (f) ou feuille (f) d'acier
lamina (f) d'acciaio
chapa (f) de acero / *xapa (f) d'acer*

9
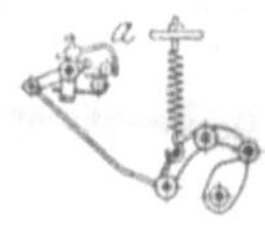

a
Schwanzhalter (m), Säbel (m)
fibre holder
держатель (мр) бородки
rabat-queues (m), sabre (m)
dispositivo (m) per ripiegare la coda
sable (m) / *falç (m) de caiguda, sabre (m)*

10
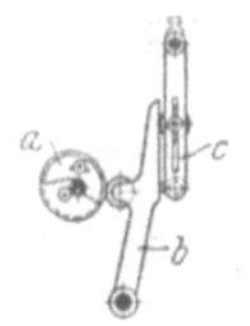

Speisevorrichtung (f)
feeding apparatus
приспособленiе (ср) для питанiя *или* подводки, питательный механизм (мр)
dispositif (m) d'alimentation
dispositivo (m) di alimentazione
mecanismo (m) de alimentación / *mecanisme (m) de alimentació*

11
Länge (f) der Speisung
length of lap feed
длина (жр) питанiя
longueur (f) de l'alimentation
lunghezza (f) della porzione di tela alimentata
longitud (f) / *llargada* / de la tela alimentada

12 a
Speisehubscheibe (f), [Speiseexzenter (m)]
eccentric feed regulator
эксцентрик (мр) для питательнаго механизма
excentrique (m) de l'alimentation
eccentrico (m) dell'alimentazione
excéntrico (m) regulador de la alimentación / *excèntric (m) regulador de l'alimentació*

13 b
Speisehubscheibenhebel (m), [Speiseexzenterhebel (m)]
feed cam lever
эксцентриковый рычаг (мр) питательнаго механизма
levier (m) de l'excentrique d'alimentation
leva (f) dell'eccentrico di alimentazione
palanca (f) del excéntrico de la alimentación / *del excèntric de l'alimentació*

14 c
Speisehebel (m)
feed lever
рычаг (мр) питательнаго механизма
levier (m) de l'alimentation
leva (f) dell'alimentazione
palanca (f) de la alimentación / *de l'alimentació*

1
Speiseplatte (f)
[change] feed plate
сектор (мр) питательнаго механизма
secteur (m) alimentaire
settore (m) di alimentazione
sector (m) de alimentación / *d'alimentació*

2

Speisehubscheibenhebel (m), [Speiseexzenterhebel (m)]
feed cam lever
эксцентриковый шатун (мр) питательнаго механизма
levier (m) de l'excentrique d'alimentation
leva (f) dell'eccentrico di alimentazione
palanca (f) del excéntrico de la alimentación / *palanca (f) del excèntric de l'alimentació*

3
Speisedauer (f)
feeding period
продолжительность (жр) питанія
durée (f) de l'alimentation
durata (f) dell'alimentazione
duración (f) de la alimentación / *duració (f) de l'alimentació*

4
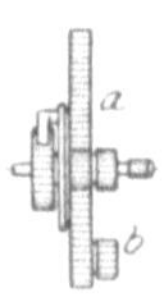

Rückgang (m) des Laufleders
backward movement of the leather hose
обратный ход (мр) безконечнаго кожанаго полотна
recul (m) du manchon en cuir
ritorno (m) del cuoio senza fine
movimiento (m) de retroceso de la tela sin fin de cuero / *moviment (m) de retrocés de la tela sens fi de cuiro*

5 a
Zahnradausschnitt (m), Zahnsektor (m)
toothed sector *or* quadrant
зубчатый сектор (мр)
secteur (m) à dents
settore (m) dentato
sector (m) dentado / *sector (m) dentat*

6 b
gezahntes Bronzesegment (n)
toothed gun metal quadrant
бронзовый зубчатый сегмент (мр)
segment (m) denté en bronze
settore (m) dentato di bronzo
segmento (m) dentado de bronce / *segment (m) de dents de bronze*

7
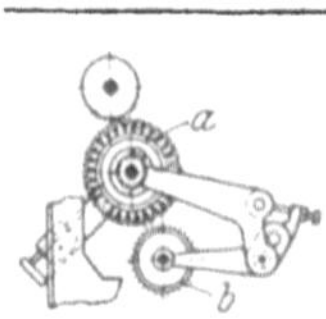

Bürstenwalze (f)
circular brush
щеточный вал (мр)
brosse (f) circulaire
spazzola (f) circolare
cepillo (m) / *raspall (m)* / circular

a

8 b
Kämmlingswalze (f), Kämmlingssammler (m), Kämmlingsabnehmer (m)
doffer
очесочный вальян (мр)
peigneur (m)
cilindro (m) scaricatore
descargador (m) / *llevador (m)*

9
Druckentlastungsvorrichtung (f)
weight relieving motion
приспособленіе (ср) для разгрузки нажима
dispositif (m) pour le dégagement de la pression
dispositivo (m) per bilanciare la pressione
dispositivo (m) de levantar la presión / *moviment (m) d'aixecar la pressió*

10

langes Gewicht (n)
long weight
удлиненная гиря (жр)
poids (m) long
peso (m) lungo
peso (m) largo / *pes (m) llarg*

11
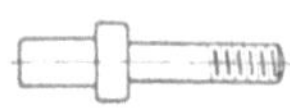
Zapfen (m) des Spannhebels der Drehtopfkette
stud for tension lever of the coiler driving chain
цапфа (жр) натяжного рычага, соединеннаго с цѣпью койлера
tourillon (m) du levier de tension de la chaîne commandant le pot
perno (m) della leva di tensione della catena che comanda il vaso girevole
perno (m) para la palanca de tensión de la cadena de mando del centinela / *torrió (m) per a la palanca de tensió de la cadena de comanda del sentinella*

12
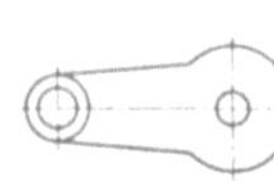
Spannhebel (m)
tension lever
натяжной рычаг (мр)
levier (m) de tension
leva (f) di tensione
palanca (f) tensora

13

Lagerdeckel (m) der Wagenwellenbüchse
cap for bushing of carriage main shaft
крышка (жр) подшипника втулки кареточнаго вала
chapeau (m) pour la boîte de l'arbre du chariot
cappello (m) o coperchio (m) della bossola dell'albero del carrello
cubierta (f) del cojinete del árbol del carro / *tapa (f) del dau del arbre del carro*

14
Gerippe (n)
framing
станина (жр)
carcasse (f)
carcassa (f)
bancada (f)

15

Endgestell (m)
end framing
концевая станина (жр)
bâti (m) du bout, bâti (m) latéral
incastellatura (f) di estremità
bancada (f) lateral

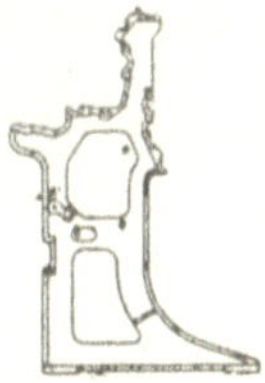

Mittelgestell (n)
middle frame
средняя станина (жр)
1 bâti (m) intermédiaire
incastellatura (f) di mezzo
bancada (f) intermedia / *del mig, peu (m) dret*

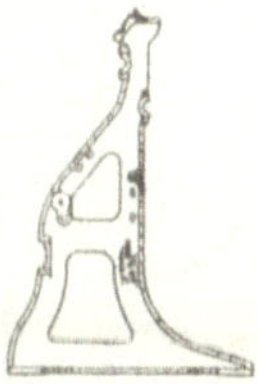

Antriebgestell (n)
gearing end frame, gearing headstock
основная *или* приводная станина (жр)
2 bâti (m) du côté de la commande
incastellatura (f) per il gruppo di comando
testera (f)

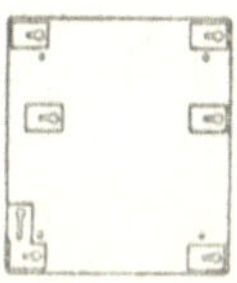

Fußplatte (f)
foundation plate
фундаментная плита (жр)
3 plaque (f) de fondation
piastra (f) di base
bancada (f), base (f) / *placa (f) de fonament, sòcol (m)*

Ölpfeife (f)
oil screw, oil tube
трубка (жр) для масла
4 piton (m) graisseur, vis (f) à tube graisseur
oliatore (m), tubo (m) di lubrificazione
tornillo (m) engrasador / *cargol (m) d'untatge*

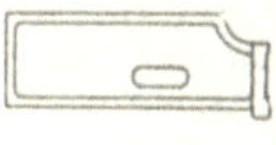

Gleitschiene (f) [für die Abstellvorrichtung]
slide bar
салазки (жр) [для остановочнаго приспособленія]
5 glissière (f) de la détente *ou* pour le mouvement d'arrêt
slitta (f) di guida per l'arresto
soporte (m) para la barra del disparo / *suport (m) per a la barra del dispar*

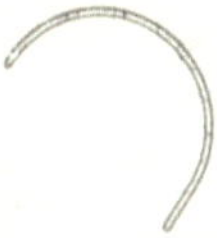

Ausrückgabel (f)
strap fork
выключательная вилка (жр)
6 fourche (f) de débrayage
forcella (f) di disinnesto
horquilla (f) de desembrague / *forquilla (f) de desembragat de la corretja*

Sperring (m)
collar on stripper connecting rod
упорное *или* стопорное кольцо (ср)
7 anneau (m) à encoches
anello (m) *o* ghiera (m) d'arresto
manguito (m) para la varilla de unión / *collarí (m) per a la barreta d'unió*

Sicherungsfeder (f)
savety spring
предохранительная пружина (жр) 8
ressort (m) de sûreté
molla (f) di sicurezza
muelle (m) de seguridad / *molla (f) de seguretat*

Sperrklinkenträger (m)
click carrier
подвѣска (жр) для собачки 9
plateau (m) porte-cliquet
porta-nottolino (m) di arresto
soporte (m) del gatillo / *suport (m) del cadell*

Sperrklinke (f)
click
собачка (жр)
cliquet (m) 10
nottolino (m) [d'arresto]
trinquete (m), gatillo (m) / *cadell (m)*

Flachfeder (f)
flat spring
плоская пружина (жр)
ressort (m) plat 11
molla (f) piana
muelle (m) plano / *molla (f) plana*

Putzdeckel (m)
top clearer
очистительная крышка (жр)
chapeau (m) de propreté
coperchio (m) di pulizia 12
chapón (m) desborrador *o* limpiador superior / *xapó (m) desborrador o llimpiador superior*

Abzugwalzengestell (n)
detaching [roller] stand, detaching roller frame
станина (жр) *или* станок (мр) для пріемных валиков
support (m) d'arrachage *ou* des cylindres arracheurs 13
telaio (m) dei rulli strappatori
porta-cilindros (m) de arranque / *porta-corrons (m) d'arrencar*

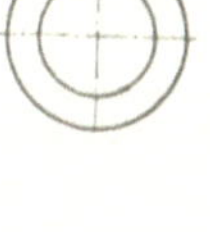

Stellring (m)
adjusting collar
установочное кольцо (ср)
anneau (m) d'arrêt
collare (m) *o* anello (m) di registro 14
collar (m) *o* anillo (m) de ajuste / *collarí (m) d'ajustatge*

1 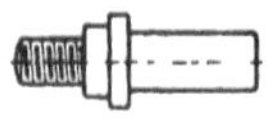

Klinkenzapfen (m)
stud for click
цапфа (жр) храповика
tourillon (m) du cliquet
perno (m) del nottolino
perno (m) del gatillo / *torrió (m) del cadell*

2 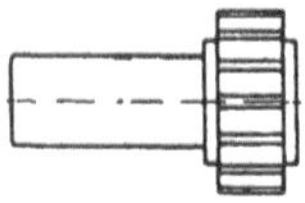

14er Schaltrad (n)
14's ratchet wheel
четырнадцати зубый храповик (мр)
rochet (m) de 14 dents
ruota (f) d'arresto a 14 denti
rueda (f) de estrella de 14 dientes / *roda (f) d'estrella de 14 dents*

3 

Pleuelstange (f)
connecting rod
шатун (мр)
bielle (f)
biella (f)
biela (f)

4 

Schabfeder (f)
spring blade
упругій *или* пружинный скребок (мр)
racle (f)
raschiatoio (m)
rasqueta (f)

5 

Wagen (m)
carriage
каретка (жр)
chariot (m)
carrello (m)
carro (m)

6 

Holzhülse (f) fur den Wickel
wooden bobbin for the lap
деревянная катушка (жр) для холста
bobine (f) en bois pour le rouleau
rocchetto (m) in legno per la tela
carrete (m) de madera para la tela / *rodet (m) de fusta per a la tela*

7
Abfall (m) mit großen Noppen
waste with coarse neps
угар (мр) с примѣсью крупных пауков
déchets (mpl) avec gros boutons
cascame (m) con grossi bottoni
desperdicios (mpl) con botones gruesos / *desperdicis (mpl) amb botons grossos*

8
Bürstenstrich (m)
brush markings
щеточный начес (мр) *или* слѣд (мр), щеточная полоса (жр)
traits (mpl) de brosse
tratti (mpl) di spazzola
marca (f) *o* señal (m) de los cepillos / *marca (f) o senyal (m) dels raspalls*

9
Kämmlingskiste (f)
waste box
ящик (мр) для очеса
boite (f) *ou* récipient (m) à blousse
cassa (f) per cascami
caja (f) de desperdicios / *caixa (f) de desperdicis*

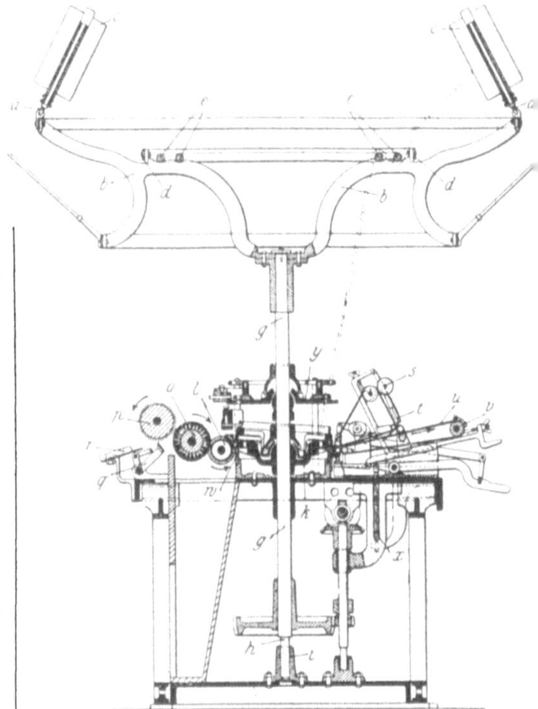

Hübnersche Kämmaschine (f)
Hübner's comber
гребнечесальная машина (жр) Гюбнера
peigneuse (f) système Hübner 10
pettinatrice (f) tipo Hübner
peinadora (f) / *pentinadora (f)* / sistema Hübner

a
Spindel (f)
spindle
веретено (ср), шпиндель (мр) 11
brochette (f)
perno (m)
huso (m) / *pua (f)*

b
kreisförmiger Rahmen (m), Aufsteckrahmen (m)
circular frame
круглая установочная рама (жр)
bâti (m) circulaire 12
telaio (m) circolare portafusi, rastrelliera (f)
fileta (f) *o* porta-bobinas (m) circular / *fileta (f) circular*

c
Bandspule (f)
sliver bobbin
катушка (жр) *или* шпуля (жр) с намотанной лентой 13
bobine (f) de ruban
bobina (f) di nastro
bobina (f) de cinta / *rodet (m) de veta*

Kreuzspule (f), in Kreuzform gewickelte Spule (f)
cross wound bobbin
крестовая шпуля (жр)
bobine (f) croisée 14
bobina (f) ad avvolgimento incrociato
bobina (f) de arrollado cruzado / *rodet (m) de plegat creuat*

Spulenkreis (m)
circle of bobbins
круг (мр) для установки катушек
1 cercle (m) des bobines
cerchio (m) di bobine
círculo (m) de bobinas / *rodona (f) o cercle (m) dels rodets*

Blechhülse (f)
sheet metal tube
2 жестяной патрон (мр), жестяная гильза (жр)
tube (m) métallique
tubo (m) in lamiera
tubo (m) metálico / *tub (m) metàl·lic*

Holzhülse (f)
wood bobbin
3 деревянный патрон (мр), деревянная гильза (жр)
bobine (f) en bois
rocchetto (m) di legno
carrete (m) de madera / *rodet (m) de fusta*

---

satter Aufsitz (m) der Spule
correct position of the bobbin
правильная посадка (жр) катушки
4 position (f) correcte de la bobine
posizione (f) corretta della bobina
posición (f) correcta del carrete / *posició (f) correcta del rodet*

---

die Spule läuft streng
the bobbin runs stiffly
катушка (жр) вращается туго
5 la bobine ne se dévide pas facilement
la bobina si svolge con difficoltà
el carrete se desarrolla difícilmente / *el rodet se desplega malament*

Vorwickeln (n) der Spule
irregular winding of the bobbin
забѣганіе (ср) катушки
6 dévidage (m) irrégulier de la bobine, avance (f) de la bobine
svolgimento (m) irregolare della bobina
arrollado (m) irregular del carrete / *plegat (m) irregular del rodet*

---

die Spulen (fpl) aufstecken
to creel the bobbins
надѣвать *или* устанавливать *или* сажать катушки
7 placer *ou* mettre les bobines (fpl)
disporre le bobine
colocar los carretes / *col·locar els rodets* / en la fileta

Ring (m)
ring
8 d кольцо (ср)
anneau (m)
anello (m)
anillo (m) / *anell (m), aro (m)*

Rundstange (f)
round rod
круглый стержень (мр), круглая штанга (жр)
e tige (f) ronde 9
barra (f) rotonda
tirante (m) redondo / *tija (f) rodona*

Turbinenachse (f)
turbine shaft
турбинный вал (мр)
g arbre (m) de la turbine 10
albero (m) della turbina
árbol (m) / *arbre (m)* / de la turbina

Fußzapfen (m)
footstep
h нижняя пята (жр) [вала] 11
pivot (m)
perno (m) verticale
pivote (m) / *pivot (m)*

Fußlager (n)
footstep bearing
i подпятник (мр) 12
support (m) de crapaudine
ralla (f)
tejuelo (m) / *grapaldina (f)*

Turbine (f), Turbinenscheibe (f)
turbine
k турбина (жр), диск (мр) турбины 13
turbine (f)
turbina (f), disco (m)
turbina (f)

---

die Turbine mit rauhem Leder ausschlagen
to cloth the turbine with rough leather
обтянуть диск (мр) турбины шероховатой кожей
garnir la turbine de cuir rugueux 14
guarnire la turbina con cuoio ruvido
guarnecer la turbina con cuero rugoso / *guarnir la turbina amb cuiro rugós*

Kämmwalze (f), Kammtrommel (f)
combing cylinder
l гребенной валик (мр) *или* барабан (мр) 15
cylindre (m) peigneur
cilindro (m) a pettine
cilindro (m) peinador / *cilindre (m) pentinador*

Reinigungsbürste (f), Bürstenwalze (f)
cleaning brush
очистительная круглая щетка (жр)
o brosse (f) à débourrer, tambour (m) à brosse 16
spazzolatore (m) cilindrico
cepillo (m) desborrador / *raspall (m) desborrador*

Abnehmer (m)
doffer
вальян (мр) 17
p peigneur (m)
scaricatore (m)
descargador (m) / *llevador (m)*

1 q
Hacker (m)
stripping comb
очесочная гребенка (жр)
peigne (m) débourreur *ou* de débourrage
pettine (m) staccatore
peine (m) descargador / *serreta (f)*

2 r
geneigte Platte (f)
inclined plate
наклонная доска-плита (жр) *или* доска-полка (жр)
plaque (f) inclinée
tavola (f) inclinata
mesa (f) / *taula (f)* / inclinada

3 s
Putzwalze (f)
clearer roller
очистительный валик (мр)
cylindre (m) nettoyeur
cilindro (m) pulitore
cilindro (m) limpiador / *cilindre (m) netejador o llimpiador*

4 t
Putzbrett (n)
clearer plate
очистительная доска (жр)
plaque (f) nettoyeuse
placca (f) pulitrice
plato (m) limpiador / *plat (m) netejador*

5 u
Lederschlauch (m), Ledermuffe (f)
leather hose
кожаный транспортер (мр)
manchon (m) en cuir
cuoio (m) senza fine
cuero (m) sin fin / *cuiro (m) sens fi, bossa (f)*

6 v
Spannwalze (f)
tightening roller
натяжной валик (мр)
rouleau (m) de tension
rullo (m) di tensione
cilindro (m) tensor / *corró (m) tensor*

7 w
Unterzangenring (m), Kachel (f)
lower sliding ring
кольцеобразная нижняя губа (жр) щипцов
cuve (f)
anello (m) della pinza inferiore
cubo (m) de la pinza / *cercle (m) inferior de la pinça*

8 x
Feder (f)
spring
пружина (жр)
ressort (m)
molla (f)
resorte (m) / *molla (f)*

9 y
Speiseplatte (f)
feeding plate
питательный диск (мр), питательная плита (жр)
plateau (m) alimentaire
morsetto (m) di alimentazione
plato (m) alimentador / *plat (m) alimentari*

10
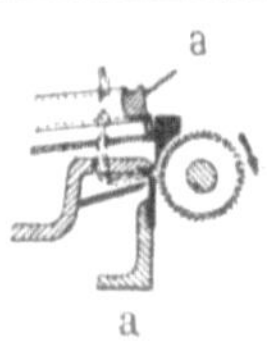

kreisförmiger Vorstechkamm (m)
circular punching comb
кругообразный верхний гребень (мр)
peigne (m) nacteur *ou* circulaire *ou* de retient
pettine (m) circolare
peine (m) / *pinte (m)* / circular

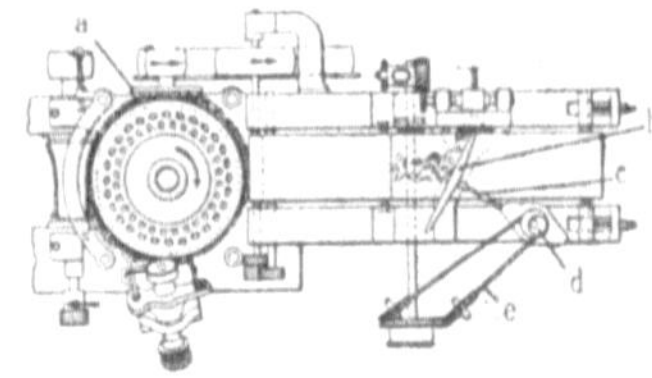

Baudouinsches Stoßlineal (n), Baudouinsche Stoßleiste (f)
Baudouin's sliver formation device
ударная рейка (жр) Бодуэна
trembleur (m) Baudouin
dispositivo (m) per la formazione del nastro, di Baudouin 11
mecanismo (m) para formar la cinta / *mecanisme (m) per a formar la veta* / de Baudouin

a
Umlegescheibe (f), Plüschscheibe (f)
dabbing ring
диск (мр) для перекидыванія бородки
plateau (m) redresseur, galet (m) de redressage, disque (m) garni de peluche 12
disco (m) raddrizzatore guarnito di felpa
disco (m) enderezador [forrado de felpa] / *disc (m) adreçador [forrat de pelfa]*

b
Hartholzleiste (f)
hard wood pusher
планка-скребок (мр) из твердаго дерева
poussoir (m) en bois dur 13
regolo (m) in legno duro
recogedor (m) de madera dura / *arreplegador (m) de fusta dura*

c
Schubstange (f)
link, connecting bar
толкач (мр), упругій толкающій прут (мр) 14
bielle (f)
biella (f)
biela (f)

d
Hubscheibe (f), Kurbelscheibe (f), Exzenter (n)
eccentric
эксцентрик (мр), эксцентр (мр) 15
excentrique (m)
eccentrico (m)
excéntrico (m) / *excèntric (m)*

e
Schnur (f), Schnurtrieb (m)
driving band
шнур (мр), шнуровая передача (жр) 16
câble (m) de commande
fune (f) di trasmissione
cuerda (f) de mando / *corda (f) de comanda*

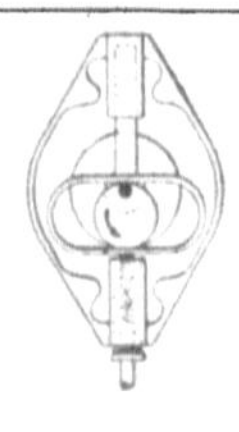

Schwingvorrichtung (f)
oscillating motion
приспособленіе (ср) для качательнаго движенія
boîte (f) du trembleur, boîte (f) à excentrique 17
comando (m) di oscillazione
caja (f) del excéntrico / *caixa (f) del excèntric*

1 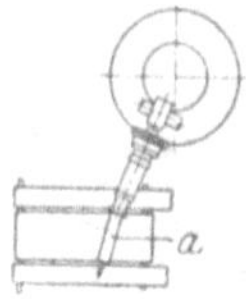

Hübnersche Leitwalze (f)
Hubner's roller
направляющій вал (мр) *или* скалка (жр) Гюбнера
doigt (m) entraîneur Hubner
cilindro (m) di guida di Hubner
cilindro (m) / *cilindre (m)* / entrenador Hubner

---

2 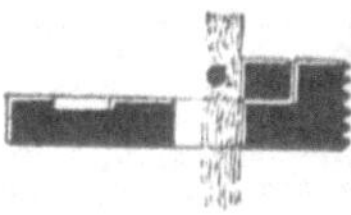

Einklemmung (f) des Bandes
nipping of the sliver
защемленіе (ср) ленты
pinçage (m) du ruban
fissaggio (m) del nastro
entrega (f) de la cinta a la pinza / *entrega (f) de la veta a la pinça*

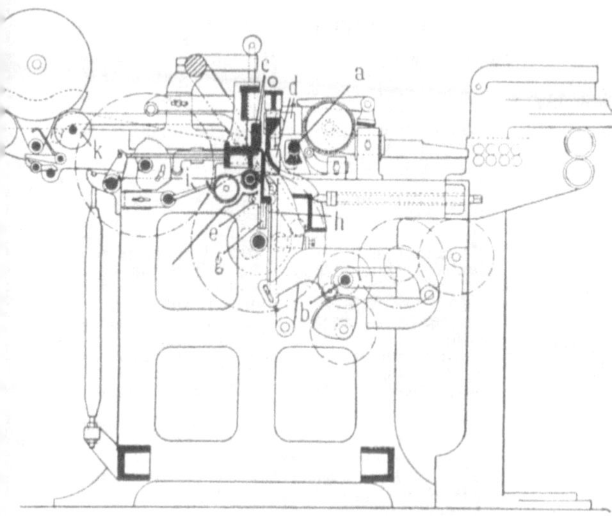

3 Imbssche Kammaschine (f)
Imbs' comber
гребнечесальная (жр) Имбса
peigneuse (f) Imbs
pettinatrice (f) Imbs
peinadora (f) / *pentinadora (f)* / Imbs

---

4 a Bürstensegmentwelle (f)
brush segment shaft
вал (мр) сегментной щетки
arbre (m) du segment des brosses
albero (m) del settore a spazzola
árbol (m) del segmento de cepillos / *arbre (m) del segment de raspalls*

---

5 b Hauptwelle (f)
main shaft
главный вал (мр)
arbre (m) principal
albero (m) principale
árbol (m) / *arbre (m)* / principal

---

6 c obere Zangenbacke (f)
top nipper
верхняя щека (жр) щипцов
mâchoire (f) supérieure
mascella (f) superiore
mordaza (f) / *mordassa (f)* / superior

---

in der Zange liegt [Kämm-] Gut
the nippers are filled with combing material
в щипцах находится бородка холста
la pince est alimentée de matière à peigner 7
la pinza è carica di materiale da pettinare
la pinza está llena de materia fibrosa a peinar / *la pinça está plena de floca a pentinar*

---

d Abreißzange (f)
detaching nippers
пріемные *или* отдѣлительные щипцы (мр)
mâchoires (fpl) arracheuses 8
morsetto (m) strappatore
mordazas (fpl) de arranque / *mordasses (fpl) d'arrencar*

---

e Kammhalter (m)
comb holder
державка (жр) *или* держатель (мр) *или* подставка (жр) для гребня 9
support (m) de peigne
sopporto (m) del pettine, porta-pettine (m)
soporte (m) del peine / *suport (m) del pinte*

---

g Gleitbahn (f)
slide
параллели (жр), направляющая стойка (жр) 10
coulisse (f)
slitta (f)
corredera (f) / *colissa (f)*

---

h Treibstange (f)
connecting rod, operating link
шатун (мр) 11
bielle (f)
biella (f)
biela (f)

---

i Hacker (m)
doffer comb
очесочный гребень (мр)
peigne (m) détacheur 12
pettine (m) staccatore
peine (m) descargador / *serreta (f)*

---

k Zuführungswalze (f)
feed roller
подводящій валик (мр)
cylindre (m) alimentaire 13
cilindro (m) di alimentazione
cilindro (m) alimentador / *corró (m) alimentari*

Kämmaschine (f) von Pinel und Lecoeur
Pinel and Lecoeur's comber
гребнечесальная (жр) системы Пинель и Лекэр
peigneuse (f) Pinel et Lecœur
pettinatrice (f) Pinel e Lecoeur 14
peinadora (f) / *pentinadora (f)* / de Pinel y Lecoeur

Kämmaschine (f) von Staub und Monfort
Staub and Montfort's comber
гребнечесальная (жр) системы Штауб и Монфорт
peigneuse (f) Staub et Montfort
pettinatrice (f) Staub e Montfort 15
peinadora (f) / *pentinadora (f)* / de Staub y Montfort

No.	Deutsch / English / Русский	Français / Italiano / Español
1	Kämmling (m) comber waste, noil очес (мр)	blousse (f), freinte (f) cascami (mpl) di pettinatura borra (f) o desperdicios (mpl) de la peinadora / *desperdicis (mpl) o borra (f) de la pentinadora*
2	Ermittlung (f) der Kämmlingsmengen, Kämmlingsprobe (f) testing the percentage of noil повѣрка (жр) *или* контроль (мр) количества очеса	essai (m) du pourcentage de blousse controllo (m) della percentuale di cascame determinación (f) del percentaje de borras / *assaig (m) del percentatge de borres*
3	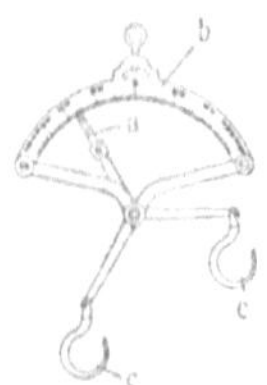	Kämmlingswage (f), Vomhundertwage (f), [Prozentwage (f)], Zeigerwage (f) percentage quadrant for noil очесочные вѣсы (мр) romaine (f) de pourcentage de blousse romana (f) differenziale per i cascami balanza (f) diferencial de percentaje de borras / *balança (f) diferencial de percentatge de borres*
4	a	Zeiger (m) finger, pointer указатель (мр), стрѣлка (мр) index (m) indice (m) indice (m), aguja (f) indicadora / *index (m), agulla (f) indicadora*
5	b	Bogenskala (f) sector scale дуговая шкала (жр) cadran (m) gradué quadrante (m) graduato cuadrante (m) graduado / *quadrant (m) graduat*
6	c	Aufhängehaken (mpl) weight hooks крючки (мр) для подвѣшиванія crochets (mpl) ganci (mpl) [per appendere il battuffolo di cascami] ganchos (mpl) / *ganxos (mpl)*
7	den Vomhundertsatz [*oder* den Prozentsatz] der Kämmlinge ablesen to read off the percentage of noil отчитывать показанія (ср) процентнаго содержанія очеса	lire le pourcentage de blousse leggere le percentuali dei cascami leer el percentaje de borras / *llegir el percentatge de borres*
8	**5. Strecken** (n) **der Baumwolle** **Drawing of the Cotton** **Вытяжка** (жр) **хлопка**	**Étirage** (m) ***ou*** **laminage** (m) **du coton** **Stiramento** (m) ***o*** **tiratura** (f) **del cotone** **Estiraje** (m) **del algodón**/***Estiratge*** (m) ***del cotó***
9	**a) Allgemeines** (n) **General Terms** **Общее** (ср)	**Généralités** (fpl) **Generalità** (fpl) **Generalidades** (fpl)
10	Verfeinern (n) des Faserbandes durch Verziehen attenuation of the sliver by drawing it out утоненіе (ср) ленты путем вытяжки	raffiniement (m) du ruban par l'étirage rimpicciolimento (m) *o* assottigliamento (m) *o* attenuazione (f) del nastro per stiramento reducción (f) del grueso de la cinta por estiraje / *aprimat (m) de la veta per estiratge*
11	das Faserband verfeinern to attenuate the sliver утонять ленту	raffiner le ruban attenuare *o* assottigliare il nastro disminuir el grueso de la cinta / *aprimar la veta*
12	das Band verziehen *oder* strecken to draw [out] the sliver вытянуть *или* растянуть ленту	étirer *ou* laminer le ruban stirare il nastro estirar la cinta / *la veta*
13	die Faserzahl im Querschnitt vermindern to reduce the number of fibres in the cross section уменьшить количество (ср) волокон в поперечном сѣченіи	réduire le nombre des fibres par unité de section ridurre il numero delle fibre in una sezione trasversale disminuir el número de las fibras en la sección transversal / *reduir el nombre de fibres en la secció transversal*
14	das Krempelband *oder* Faserband vergleichmäßigen to equalise the [card] sliver выравнить *или* сдѣлать равномѣрною [чесальную] ленту	égaliser le ruban [de carde] eguagliare *o* uguagliare il nastro [proveniente dalla carda] igualar la cinta / *la veta* / [de carda]
15	die Fasern (fpl) ausstrecken *oder* strekken *oder* ausdehnen to stretch the fibres вытягивать *или* расправлять волокна (ср)	redresser les fibres raddrizzare le fibre enderezar las fibras / *redressar les fibres*
16	Streckung (f) der Fasern in der Längsrichtung stretching the fibres longitudinally вытягиваніе (ср) волокон в продольном направленіи	redressement (m) des fibres dans le sens de leur longueur raddrizzamento (m) delle fibre nel senso longitudinale enderezamiento (m) de las fibras en sentido longitudinal / *redressament (m) longitudinal de les fibres*
17	Baumwollstreckerin (f) cotton drawer, cotton drawing-frame tenter ленточница (жр) на бумагопрядильной фабрикѣ	soigneuse (f) d'étirage de coton lavorante (f) addetta allo stiratoio per cotone manualera (f) de algodón / *de cotó*

No.		
1	Geradelegung (f) *oder* Parallellegung (f) der Fasern straightening *or* parallelising of the fibres выпрямленіе (ср) *или* параллелизація (жр) волокон	redressement (m) *ou* parallélisation (f) des fibres parallelizzamento (m) o raddrizzamento (m) delle fibre paralelisación (f) de las fibras / *paral·lelització (f) de les fibres*
2	Kräuselung (f) der Faser curliness of the fibre завитость (жр) *или* свертываніе (ср) *или* закручиваніе (ср) волокон	ondulation (f) de la fibre increspatura (f) della fibra encrespamiento (m) o rizado (m) de la fibra / *recargolament (m) o riçat (m) de la fibra*
3	Rückkräuselung (f) der Faser nach dem Verstrecken curling back of the fibre after drawing обратное закручиваніе (ср) волокон послѣ вытяжки	crispation (f) en arrière de la fibre après étirage increspatura (f) di ritorno della fibra dopo lo stiramento contracción (f) de acortamiento de la fibra después del estirado / *reacció (f) elàstica per torsió de la fibra deprés de estiratge*
4	Verzug (m) draft, draught вытяжка (жр)	étirage (m), laminage (m) stiramento (m), [s]tiratura (f), trazione (f), allungamento (m) estiraje (m), estirado (m) / *estiratge (m), estirat (m)*
5	Durchgang (m) *oder* Durchzug (m) des Bandes durch das Streckwerk passage of the sliver through the drawing frame проход (мр) ленты через вытяжной механизм	passage (m) du ruban à travers le banc d'étirage passaggio (m) del nastro attraverso lo stiratoio pasada (f) o pasaje (m) de la cinta a través del manuar / *passatge (m) de la veta pel manuar*
6	Einzelverzug (m), Teilverzug (m) partial draft однократная вытяжка (жр)	étirage (m) partiel stiramento (m) parziale estiraje (m) / *estiratge (m)* / parcial
7	Vorverzug (m) preliminary draft подготовительная вытяжка (жр)	étirage (m) préparatoire stiramento (m) preparatorio estiraje (m) preliminar o preparatorio / *estiratge (m) preliminar o preparatori*
8	Zwischenverzug (m) intermediate draft промежуточная вытяжка (жр)	étirage (m) intermédiaire stiramento (m) intermedio estiraje (m) intermedio / *estiratge (m) intermedi*
9	Endverzug (m) finishing draft окончательная *или* отдѣлочная вытяжка (жр)	étirage (m) finisseur stiramento (m) finale estiraje (m) / *estiratge (m)* / final
10	Gesamtverzug (m), totaler Verzug (m) total draft суммарная *или* полная *или* общая вытяжка (жр)	étirage (m) total stiramento (m) totale estiraje (m) / *estiratge (m)* / total
11	schwacher Verzug (m) slight draft слабая *или* малая вытяжка (жр)	étirage (m) léger tiratura (f) leggera pequeño estiraje (m) / *petit estiratge (m)*
12	starker Verzug (m) considerable draft сильная вытяжка (жр)	étirage (m) fort tiratura (f) forte gran estiraje (m) / *estiratge*
13	die Strecke hat achtfachen Verzug the drawing frame has a draft of eight ленточная машина (жр) дает восьмикратную вытяжку	le banc d'étirage donne un étirage de huit il banco a tirare ha un rapporto di tiratura di otto el manuar estira de ocho / *de vuit*
14	zu weit getriebener Verzug (m) excessive draft чрезмѣрная вытяжка (жр)	étirage (m) excessif tiratura (f) eccessiva estiraje (m) excesivo / *estiratge (m) excessiu*
15	die Streckung zu weit treiben to carry the drawing action too far производить чрезмѣрно большую вытяжку, черезчур вытягивать	exagérer l'étirage, étirer à outrance esagerare la tiratura, stirare a oltranza exagerar el estiraje, estirar demasiado / *estirar massa*
16	das Strecken wiederholen to repeat the drawing process повторять вытяжку	répéter l'étirage (m) ripetere la tiratura, ripassare i nastri repetir el estiraje / *l'estiratge*
17	*x*-facher Durchzug (m), *x*-fache Streckpassage (f) *x* passages through the drawing frame *x*-кратный пропуск (мр) через вытяжной аппарат, *x*-кратная вытяжка (жр)	*x* passages (m pl) d'étirage *x* passaggi (m pl) di tiratura *x* pasos / *passatges* / de manuar
18	Streck[en]band (n) drawing frame sliver лента (жр) с ленточной машины	ruban (m) d'étirage nastro (m) proveniente dallo stiratoio cinta (f) / *veta (f)* / de manuar
19	gestrecktes Band (n) drawn sliver вытянутая лента (жр)	ruban (m) étiré nastro (m) stirato cinta (f) / *veta (f)* / estirada
20	Faserwulst (m) accumulation of fibres, thick place in sliver утолщеніе (ср) от сбившихся волокон	bourrelet (m) de fibres agglomeramento (m) di fibre parte (f) gruesa en la cinta / *part (f) gruixuda en la veta*
21	das Band ist schnittig the sliver shows cuts лента (жр) надорвана	le ruban présente des coupures il nastro presenta degli strappi la cinta presenta aguas o cortes / *la veta té talls o aigües*
22	schnittiges Band (n) cut sliver надорванная лента (жр)	ruban (m) coupé nastro (m) con rigature o striature o strappi cinta (f) con aguas / *veta (f) aiguada*
23	flammiges Band (n) cloudy sliver лента (жр) неравномѣрной толщины *или* плотности	ruban (m) présentant des flammes nastro (m) che presenta delle discontinuità o chiazze cinta (f) / *veta (f)* / irregular

1 ungleiches Band (n)
uneven sliver
неравномѣрная лента (жр), лента (жр) неравномѣрнаго строенія
ruban (m) inégal
nastro (m) ineguale
cinta (f) / *veta (f)* / desigual

2 schwache *oder* leichte Vorlage (f) *oder* Auflage (f)
light feed
слабая *или* недостаточная подводка (жр) *или* загрузка (жр)
alimentation (f) légère
alimentazione (f) debole *o* leggera
alimentación (f) ligera *o* pequeña / *alimentació (f) lleugera o prima*

3 starke Vorlage (f) *oder* Auflage (f)
heavy feed
обильная подводка (жр) *или* загрузка (жр)
alimentation (f) forte *ou* lourde
alimentazione (f) forte
alimentación (f) fuerte *o* gruesa / *alimentació (f) forta o groixuda*

4 Vorlagenummer (f), eintretende Nummer (f), Einnummer (f)
count *or* hank of feed
входный *или* вводной номер (мр)
numéro (m) de l'alimentation, numéro (m) entrant
numero (m) dell'alimentazione, titolo (m) del nastro introdotto *o* alimentato
número (m) de la alimentación / *nombre (m) de l'alimentació o d'entrada*

5 Ausgabenummer (f), austretende Nummer (f), Ausnummer (f)
count *or* hank of delivered sliver
выпускной *или* заправочный номер (мр)
numéro (m) [du ruban] sortant
titolo (m) del nastro prodotto *o* del nastro finale
número (m) de la cinta de salida / *nombre (m) de la veta de sortida*

6 elektrische Erregung (f) der Fasern beim Verziehen
electrical excitation of the fibres during drawing
электризація (жр) волокон во время вытяжки
excitation (f) électrique des fibres par l'étirage
eccitazione (f) elettrica delle fibre durante la stiratura
electrización (f) de las fibras durante el estirado / *electrització (f) de les fibres durant l'estiratge*

7 durch Elektrizität erregte Fasern (fpl)
fibres excitated by electricity
наэлектризованное волокно (ср)
fibres (fpl) excitées par l'électricité
fibre (fpl) eccitate dall'elettricità
fibras (fpl) excitadas por la electricidad, fibras electrizadas / *fibres (fpl) excitades per l'electricitat, fibres electritzades*

8 Faserelektrizität (f)
electricity of fibres
электричество (ср) волокон
électricité (f) des fibres
elettricità (f) delle fibre
electricidad (f) de las fibras / *electricitat (f) de les fibres*

b) Strecke (f), Streckwerk (n)
Draw[ing] Frame
Ленточная или вытяжная машина (жр)
Banc (m) d'étirage, étirage (m), laminoir (m), étireuse (f)
Stiratoio (m), banco (m) a tirare, macchina (f) a stirare, laminatoio (m) 9
Manuar (m)

x-Walzenstrecke (f)
drawing frame with *x* lines of rollers
вытяжной механизм (мр) с „*x*" парами роликов
banc (m) d'étirage à *x* rangs de cylindres
stiratoio (m) con *x* file *o* serie di cilindri 10
manuar (m) con *x* hileras de cilindros / *manuar (m) amb x rengles de corrons*

das Fasergut mittels Walzen strecken
to draw the fibres by means of rollers
вытягивать волокнистый полупродукт (мр) посредством валиков
étirer les fibres par des cylindres
stirare le fibre a mezzo di cilindri
estirar las fibras por medio de cilindros / *estirar les fibres per mitjà de corrons* 11

Streckwerkzeug (n), [Streckorgan (n)]
drawing mechanism
вытяжной механизм (мр) *или* аппарат (мр)
organes (mpl) *ou* mécanisme (m) d'étirage
meccanismo (m) di stiramento 12
mecanismo (m) de estiraje / *mecanisme (m) d'estiratge*

Streckwalze (f), Verzugswalze (f)
drawing roller
вытяжной валик (мр)
cylindre (m) étireur
cilindro (m) *o* rullo (m) stiratore 13
cilindro (m) estirador *o* de estiraje / *corró (m) estirador o d'estiratge*

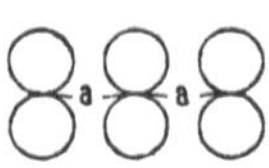

Streckwalzenpaar (n)
pair of drawing rollers
пара (жр) вытяжных валиков, вытяжная пара (жр)
paire (f) de cylindres étireurs 14
coppia (f) di cilindri stiratori
par (m) de cilindros de estiraje / *parell (m) de corrons d'estiratge*

die Walzenpaare drehen sich [*oder* rotieren] mit steigenden Umfangsgeschwindigkeiten
the pairs of rollers revolve with increasing circumferential *or* surface speed
вытяжныя пары (жр) вращаются с возрастающею окружной скоростью
les paires (fpl) de cylindres tournent à une vitesse circonférentielle croissante 15
le coppie di cilindri girano con velocità periferica crescente
los pares de cilindros giran a velocidad periférica creciente / *els parells de corrons giran a velocitat perifèrica creixent*

Verzugsgeschwindigkeit (f)
drawing speed
скорость (жр) вытяжки
vitesse (f) de l'étirage 16
velocità (f) di stiratura
velocidad (f) de estiraje / *velocitat (f) d'estiratge*

1 Klemmung (f) der Fasern zwischen den Walzen
gripping of the fibres between the rollers
зажатіе (ср) *или* защемленіе (ср) волокон между валиками
pinçage (m) des fibres entre les cylindres
serraggio (m) delle fibre tra i cilindri
retención (f) de las fibras entre los cilindros / *presa (f) de les fibres entre els corrons*

2 a Klemmstelle (f), Walzenklemmstelle (f)
grip *or* nip between the rollers
мѣсто (ср) зажатія
ligne (f) de pinçage entre les cylindres
linea (f) d'afferramento tra i cilindri
linea (f) de contacto *o* de retención de los cilindros / *línia (f) de contacte o de presa dels corrons*

3 Klemmdruck (m)
pressure between the rollers
сила (жр) зажима
pression (f) de pinçage
pressione (f) di serraggio
presión (f) de contacto de los cilindros / *pressió (f) de contacte dels corrons*

4 Klemmwirkung (f)
gripping *or* nipping effect
дѣйствіе (ср) *или* результат (мр) зажима
effet (m) de pinçage
effetto (m) di serraggio
efecto (m) de retención / *efecte (m) de presa*

5 Gleiten (n) der Fasern zwischen den Walzen
slipping of the fibres between the rollers
скольженіе (ср) волокон между валиками
glissement (m) des fibres entre les cylindres
slittamento (m) *o* scorrimento (m) delle fibre tra i cilindri
resbalamiento (m) de las fibras entre los cilindros / *relliscament (m) de les fibres entre els corrons*

6 Stocken (n) *oder* Stauen (n) der Fasern
accumulation of fibres
набѣганіе (ср) *или* напуск (мр) волокон
accumulation (f) des fibres
accumulamento (m) delle fibre
aglomeración (f) de las fibras / *aglomeració (f) de les fibres*

7 Gang (m), Streckgang (m), Lieferung (f), Ablieferung (f)
delivery
ход (мр), выпуск (мр)
livraison (f), sortie (f)
gruppo (m) *o* fila (f) *o* sistema (m) *o* serie (f) di cilindri, uscita (f)
salida (f), entrega (f) / *sortida (f), entrega (f)*

8 Kopf (m), Streckkopf (m), Durchzug (m), Durchgang (m), Stufe (f), [Passage (f)]
head, passage
головка (жр) ленточной
tête (f) d'étirage, section (f), passage (m)
scomparto (m) *o* sezione (f) del banco a tirare, testa (f), passaggio (m)
pasaje (m), cabeza (f) / *passatge (m), testa (f)*

9 Einkopfstrecke (f)
single head draw frame
ленточная (жр) в одну головку
banc (m) d'étirage à une tête *ou* à un passage
stiratoio (m) semplice
manuar (m) de una cabeza *o* de un pasaje / *manuar (m) d'un passatge o d'una testa*

10 Mehrkopfstrecke (f)
multiple head draw frame
ленточная (жр) в нѣсколько головок
banc (m) d'étirage à plusieurs têtes *ou* passages
stiratoio (m) a più teste
manuar (m) de varios pasajes *o* de varias cabezas / *manuar (m) de varis passatges o varies testes*

11 Streckkopfanordnung (f)
arrangement of draw heads
расположеніе (ср) *или* размѣщеніе (ср) головок
disposition (f) des passages
disposizione (f) dei passaggi
disposición (f) de los pasajes / *disposició (f) dels passatges*

12 Vorstrecke (f)
first passage of drawing, preliminary drawing frame
подготовительная вытяжка (жр)
banc (m) d'étirage de premier passage, étirage (m) en gros
stiratoio (m) preliminare
manuar (m) preliminar, primer paso (m) de manuar, manuar de carda / *primer pas (m) de manuar, manuar (m) preliminar, manuar de carda*

13 Mittelstrecke (f)
second passage of drawing, intermediate drawing frame
промежуточная вытяжка (жр)
étirage (m) intermédiaire, banc (m) d'étirage de deuxième passage *ou* de passage intermédiaire
stiratoio (m) intermedio
manuar (m) intermedio, segundo paso (m) de manuar / *manuar (m) intermedi, segon pas (m) de manuar*

14 Feinstrecke (f)
third passage of drawing, finishing drawing frame
отдѣлочная вытяжка (жр)
banc (m) d'étirage de dernier passage *ou* de passage en fin, étirage (m) en fin
stiratoio (m) finitore
tercer paso (m) de manuar, manuar (m) acabador, rolina (f) / *tercer pas (m) de manuar, rolina (f)*

15 Strecke (f) mit gekreuzten Köpfen
draw frame with deliveries in zig-zag form
ленточная машина (жр) с накрест расположенными головками
étirage (m) à têtes croisées
banco (m) a tirare a teste incrociate
manuar (m) con salidas en zig-zag *o* a chorros cruzados / *manuar (m) amb raigs creuats o en zig-zag*

1

die Köpfe (m pl) sind getrennt voneinander in einer Flucht nebeneinander aufgestellt
the heads are arranged in the zigzag order independent from each other
головки (жр) размѣщены в один ряд с промежутками *или* с интервалами
les passages (m) sont indépendants les uns des autres et le coton passe en zigzag
le teste sono disposte indipendentemente l'una di fianco all'altra
los pasajes están dispuestos en bancadas separadas en zig-zag una al lado de otra / *els passatges estan disposats en zig-zag per bancades separades una al costat del altra*

2

die Köpfe (m pl) sitzen nebeneinander auf demselben Maschinengestell
the heads are arranged in the zigzag order coupled together
головки (жр) размѣщены в ряд на одной и той же станинѣ
les passages (m pl) sont placés l'un à côté de l'autre sur le même bâti
le teste sono disposte l'una presso all'altra sulla stessa incastellatura
los pasajes están dispuestos en zig-zag sobre la misma bancada / *els passatges estan disposats en zig-zag sobre la mateixa bancada*

3

die Köpfe (m pl) sind hintereinander aufgestellt
the heads are arranged in the tandem order
головки (жр) размѣщены послѣдовательно одна за другой *или* на разных станинах
les passages (m pl) sont disposés les uns derrière les autres
le teste sono disposte l'una dietro all'altra *o* in cascata
los pasajes están dispuestos uno tras otro *o* en tandem / *els passatges estan collocats en tandem*

---

4 Strecke (f) mit gleichgerichteten Köpfen
draw frame with deliveries all on one side
ленточная (жр) с головками, направленными в одну сторону
étirage (m) avec têtes du même côté
banco (m) a tirare con teste disposte tutte nella stessa direzione
manuar (m) con todas las salidas *o* todos los chorros á un lado / *manuar (m) amb tots els raigs o totes les sortides d'un sol costat*

---

5 x Bänder (n pl) anlegen *oder* vorlegen
to feed with x ends up
подводить [к выпуску] x лент, заправлять ленточную x лентами
alimenter avec x rubans
alimentare con x capi
alimentar con x cintas / *amb x vetes*

---

doppeln, [dublieren, duplieren]
to double
дублировать
doubler
addoppiare 6
doblar

---

x Bänder (n pl) eines Ganges vereinigen *oder* zusammenlaufen lassen
to run together x slivers, to unite x slivers [into one]
x лент одного выпуска соединить в одну ленту
réunir x rubans
riunire x nastri 7
reunir x cintas / *vetes*

---

den Verzug der Dopplung [*oder* Dublierung] gleich machen
to make the draft equal to the number of ends
дѣлать степень вытяжки равной числу складываемых лент
rendre l'étirage (m) égal au nombre des rubans alimentés
rendere lo stiramento uguale al numero dei nastri alimentati
hacer el estiraje igual al número de cintas / *fer l'estiratge (m) igual al nombre de vetes* 8

---

zu starke Dopplung (f)
too much doubling
слишком сильное сдваивание (ср) *или* соединение (ср)
doublage (m) trop fort
addoppiamento (m) troppo forte
doblado (m) excesivo / *doblat (m) excessiu* 9

Strecke (f) mit x Köpfen zu y Ablieferungen und z-facher Dopplung
draw frame with x heads of y deliveries and z ends
ленточная машина (жр), состоящая из x головок по y выпусков в каждой и с z-кратным соединением лент
banc (m) d'étirage avec x passages de y têtes à z doublages
banco (m) a tirare a x teste di y uscite con z capi 10
manuar (m) con x cabezas de y chorros y doblado de z / *manuar (m) amb x testes de y raigs o sortides y doblat de z*

Kanalstrecke (f)
drawing frame with canal system
канальная ленточная (жр)
banc (m) d'étirage à sortie en canal
stiratoio (m) a canale
manuar (m) de canales *o* de corredores / *manuar (m) de canals o corredors* 11

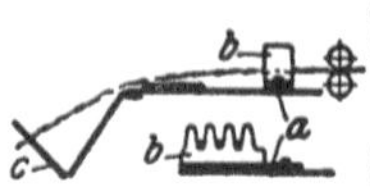

Bandführer (m)
sliver guide
гребенка (жр) для направленія ленты, направитель (мр) ленты
guide-ruban (m) 12
tavola (f) di guida, guidanastro (m)
guía-mechas (m) / *guia-vetes (m), guiadors (m pl)*

---

a
Führungsleiste (f)
base of guide
направляющая планка (жр)
base (f) du guide 13
base (f) della guida
base (f) de la guía / *base (f) de la guia*

---

b
Bandfänger (m)
sliver guide
ленто-направитель (мр)
guide-ruban (m) 14
guida-nastro (m) trasversale
guía-mechas (m) / *guia-vetes (m)*

1 c
Platte (f) mit versetzten Führungslöchern
sliver plate with staggered guiding holes
планка (жр) с отверстіями расположенными в перемежку
plaque (f) de guidage à trous disposés en quinconce
placca (f) di guida con fori sfalsati
guiador(m) con agujeros al tresbolillo / *amb forats en zig-zag*

2 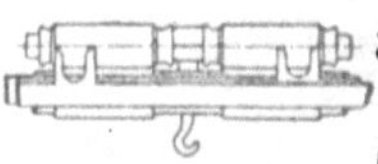
Doppelführer (m) für Streckbänder
double sliver guide, Tatham guide
двойная направляющая (жр) для [соединенных] лент
guide-ruban (m) double
guida-nastro (m) doppio
guia-mechas (m) doble / *guia-meixes (m) doble, aranyer (m) doble*

3 Walzenbank (f), Walzentisch (m), Zylinderbank (f), Zylindertisch (m), Zylinderbaum (m), Walzenbaum (m)
roller beam
станок (жр) вытяжного аппарата *или* вытяжных пар
porte-cylindres (m)
tavola (f) dei cilindri, [banco (m)] porta-cilindri (m)
porta-cilindros (m) / *porta-corrons (m)*

4 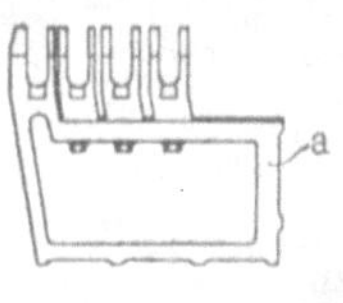
Walzenlager (n), Stanze (f)
roller stand
подшипник (мр) для валика, вилка (жр) для шейки цилиндра *или* валика
support (m) des cylindres
sopporto (m) dei cilindri
soporte (m) / *soport (m) / de cilindros (m)*

5 a
Lagerbock (m)
[roller] bearing support
стойка (жр) для подшипников
cadre (m) de support [des cylindres]
cavalletto (m) del sopporto
caballete (m) del soporte / *cavallet (m) del soport*

6 
Lagerschale (f)
bearing brasses
вкладыш (мр) *или* подушка (жр) подшипника
coussinet (m)
cuscinetto (m)
cojinete (m) / *sella (f)*

7 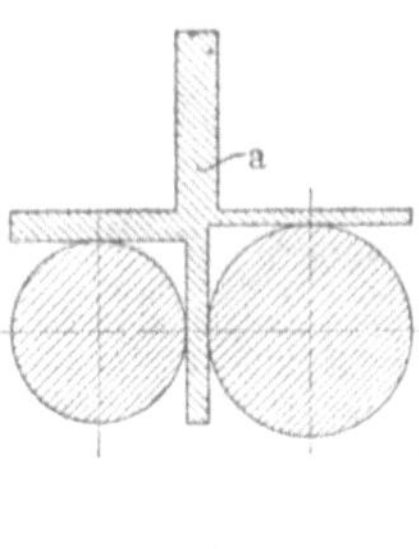
die Walzen (fpl) mittels Stellkreuzes einstellen
to set the rollers by a cross gauge
устанавливать *или* подводить валики (мр) друг к другу при помощи крестообразнаго шаблона
régler les cylindres (mpl) à la jauge croisée
registrare i cilindri mediante il calibro a croce
ajustar los cilindros con una galga de cruz / *ecartar o galgar els corrons amb una galga de creu*

a
Stellkreuz (n)
cross gauge
крестообразный шаблон (мр)
jauge (f) en croix, jauge croisée 8
calibro (m) a croce
galga (f) de cruz / *de creu*

die Walzen (fpl) mittels Schublehre einstellen
to set the rollers with the sliding gauge
подводить *или* устанавливать цилиндры (мр) посредством шаблона
régler les cylindres (mpl) à la jauge à coulisse
registrare i cilindri mediante il calibro a corsoio 9
ajustar los cilindros con galgas de corredera / *ecartar o galgar els corrons amb galgues de colissa*

die Walzen sind zu weit eingestellt
the rollers are set too wide apart
цилиндры (мр) установлены слишком далеко друг от друга
les cylindres (mpl) sont réglés trop écartés
i cilindri sono registrati troppo distanti fra di loro 10
la distancia de los cilindros está demasiado ancha / *els corrons estan massa ecartats*

die Walzen (fpl) sind zu eng eingestellt
the rollers are set too close
цилиндры (мр) установлены слишком близко друг к другу
les cylindres (mpl) sont réglés trop près
i cilindri sono registrati troppo vicini fra di loro 11
la distancia de los cilindros está demasiado estrecha / *els corrons estan poc ecartats*

Walzenbelastung (f)
weighting of rollers
нагрузка (жр) роликов
pression (f) sur les cylindres
pressione (f) sui cilindri 12
presión (f) sobre los cilindros / *pressió (f) sobre els corrons*

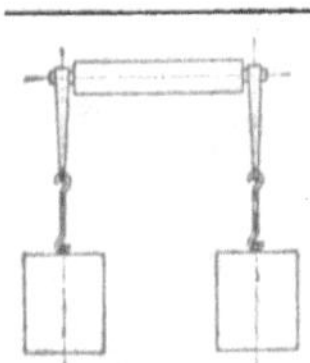
unmittelbare [*oder* direkte] Druckerzeugung (f), Hängedruck (m)
dead weighting
непосредственная *или* прямая нагрузка (жр) 13
pression (f) directe
pressione (f) a contrappesi
presión (f) por pesos directos / *pressió (f) per pes directe*

freihängendes Gewicht (n)
freely suspended weight
свободно висящій груз (мр)
poids (m) suspendu librement
peso (m) a sospensione libera 14
peso (m) suspendido libremente / *peso (m) sospés lliurement*

Gewichtshaken (m), Druckhaken (m)
weight hook
крюк (мр) *или* подвѣска (жр) *или* серьга (жр) для груза
crochet (m) des poids de pression
uncino (m) di pesi di pressione 15
gancho (m) de los pesos / *ganxo (m) dels pesos*

Zwischenstange (f)
link
промежуточный стержень (мр)
crochet (m) intermédiaire
tirante (m) 16
brida (f)

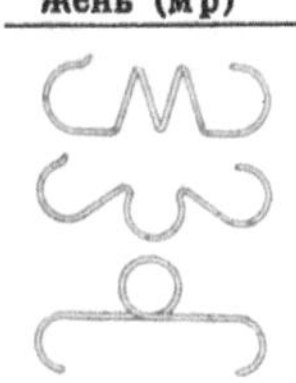
federnder Druckhaken (n)
spring hook
пружинная *или* упругая подвѣска (жр)
crochet (m) à ressort 17
uncino (m) di pressione a molla
gancho (m) de resorte / *ganxo (m) de molla*

1 Gewichtsdruck (m) durch Federeinlage in der Zwischenstange
weighting by spring inserted in the link
нажим (мр) грузом, подвѣшенным на пружинной подвѣскѣ
pression (f) par ressort placée entre crochet et contrepoids
pressione (f) mediante molla inserita nel tirante
presión (f) por resorte insertado en la brida / *pressió (f) per molla insertada en la brida*

2 Druckfeder (f)
pressure spring
нажимная пружина (жр)
ressort (m) de pression
molla (f) di pressione
resorte (m) de presión / *molla (f) o ressort (m) de pressió*

3 Zugfeder (f)
draw spring, tension spring
растяжная пружина (жр)
ressort (m) de traction
molla (f) di trazione
resorte (m) de tracción / *molla (f) de tracció*

4 gespannte Feder (f)
spring under tension
натянутая пружина (жр)
ressort (m) tendu
molla (f) tesa *o* in tensione
resorte (m) tendido / *molla (f) per compressió*

5 lahme Feder (f)
relaxed *or* worn out spring
растянутая *или* ослабшая пружина (жр)
ressort (m) fatigué
molla (f) rilassata *o* snervata
resorte (m) alargado *o* gastado *o* flojo / *molla (f) allargada o gastada o fluixa*

6 Federstahl (m)
spring steel
пружинная сталь (жр)
acier (m) à ressorts
acciaio (m) da molle
acero (m) para resortes / *acer (m) per a molles*

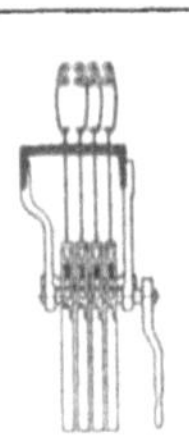

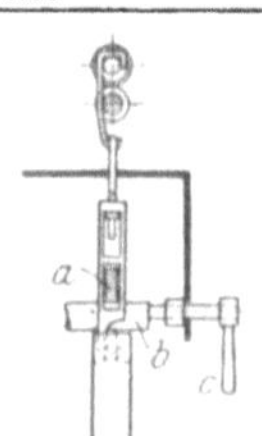

7 Gewichtsentlastungsvorrichtungen (fpl) für die Druckwalzen
weight relieving motions for the top rollers
разгрузочныя приспособленія (ср) для нажимных валиков
dispositifs (m pl) d'enlèvement de la pression sur les cylindres supérieurs
dispositivi (m pl) per lo scemamento della pressione sui cilindri superiori
mecanismos (m) para quitar la presión de los cilindros / *dispositiu (m) per a treure la pressió dels corrons*

8 a Querschiene (f)
cross bar
поперечная рейка (жр)
barre (f)
traversa (f), barra (f) trasversale
barra (f) transversal / *traversera (f)*

b exzentrische Welle (f)
eccentric shaft
эксцентриковый вал (мр)
arbre (m) excentrique 9
albero (m) eccentrico
árbol (m) excéntrico / *arbre (m) excèntric*

c Entlastungshebel (m)
relieving handle
разгрузочный рычаг (мр)
poignée (f) d'enlèvement
leva (f) per lo scemamento del peso 10
mango (m) relevador / *mànec (m) aixecador, maneta (f) rellevadora*

Hebelbelastung (f)
lever weighting
рычажная нагрузка (жр)
pression (f) par levier
pressione (f) esercitata mediante leva
presión (f) por romana / *pressió (f) per romana* 11

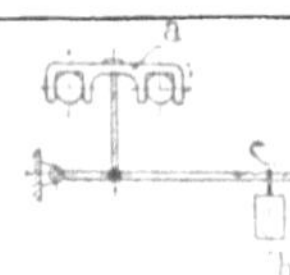

Sattelbelastung (f), Sattelung (f)
saddle weighting
сѣдлообразная нагрузка (жр)
pression (f) à sellette 12
pressione (f) a sella
presión (f) por silleta / *pressió (f) per sella*

a Drucksattel (m)
pressure saddle
нагрузочное сѣдло (ср)
sellette (f) à pression 13
sella (f) di pressione
silleta (f) de presión / *sella (f) de pressió, canari (m)*

Sattelkehle (f)
recess in saddle
выемка (жр) *или* гнѣздо (ср) в сѣдлѣ 14
coude (m) de sellette
gola (f) della sella
codo (m) de la silleta / *colze (m) de la sella*

b Belastungsgewicht (n)
lever weight
нагрузочная гиря (жр), нажимной груз (мр) 15
poids (m) de pression
contrappeso (m)
peso (m) / *pes (m)* / de la romana

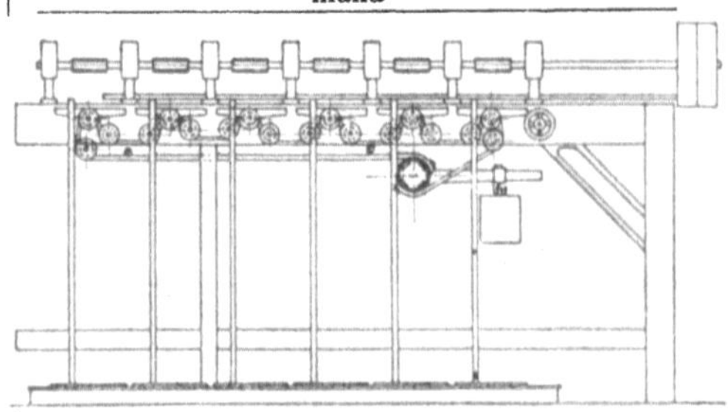

Druckerzeugung (f) mittels Kettenübertragung
lever and chain weighting
способ (мр) нагрузки посредством цѣпной передачи
pression (f) par chaîne et levier 16
pressione (f) esercitata mediante catena e leva
presión (f) por cadena y romana / *pressió (f) per cadena i romana*

No.		
1	Aufsatteln (n) der Gewichte saddling the weights подвѣшиванiе (ср) грузов	placement (m) des poids caricamento (m) dei pesi ensillado (m) o carga (f) de los pesos / *ensellat (m) dels pesos*
2	Absatteln (n) der Gewichte relieving the weights from the rollers скидыванiе (ср) *или* сниманiе (ср) грузов	enlevage (m) *ou* relevage (m) des poids scaricamento (m) dei pesi descargamiento (m) de los pesos / *descarregament (m) dels pesos*
3	die Druckwalze *oder* den Druckzylinder absatteln to remove the weights from the top roller разгрузить нажимной валик (мр), снять грузы (мр) с валиков	enlever les poids (m pl) du cylindre de pression togliere il peso sul cilindro di pressione quitar los pesos del cilindro de presión / *treure els pesos del corró de pressió*
4	den Walzendruck bei verstärkter Streckung erhöhen to increase the pressure on the rollers when increasing the draft увеличить нагрузку нажимных валиков при усиленной вытяжкѣ	augmenter la pression sur les cylindres quand l'étirage augmente aumentare la pressione dei cilindri quando lo stiramento aumenta aumentar el peso en los cilindros cuando se aumenta el estiraje / *augmentar el pes en els corrons quan augmenta l'estiratge*
5	der Walzendruck nimmt mit der Streckung zu the pressure on the rollers increases as the draft increases давленiе (ср) нажимного валика возрастает вмѣстѣ с увеличенiем вытяжки	la pression sur les cylindres augmente quand l'étirage augmente la pressione dei cilindri aumenta coll'aumentare dello stiramento la presión de los cilindros aumenta cuando aumenta el estiraje / *la pressió sobre els corrons augmenta amb l'estiratge*
6	Auflagelänge (f) der Druckwalze auf der Unterwalze length of top roller nip длина (жр) соприкосновенiя нажимного валика с нижним цилиндром	longueur (f) de contact du cylindre de pression avec le cylindre inférieur lunghezza (f) del contatto del cilindro di pressione col cilindro inferiore longitud (f) de la linea de contacto del cilindro de presión con el cilindro inferior / *llargada (f) de la línia de contacte del corró de pressió ab el corró inferior*
7	im Einsatz gehärtete Walze case hardened roller валик (мр) с закаленной рабочей поверхностью	cylindre (m) trempé en coquille cilindro (m) temperato a cartoccio cilindro (m) templado superficialmente / *corró (m) trempat superficialment*
8	die Walze geht unrund the roller does not run true валик (мр) сработался *или* перестал быть точно цилиндрическим	le cylindre ne tourne pas bien rond il cilindro non gira rotondo el cilindro gira excéntricamente / *el corró no gira ben rodó*
9	Unrundgehen (n) der Walze untrue running of the roller сработанность (жр) валика	faux-rond (m) du cylindre scentramento (m) del cilindro movimiento (m) excéntrico del cilindro / *moviment (m) excèntric del corró*
10	Schleudern (n) *oder* Springen (n) der Druckwalze vibration *or* jumping of the top roller неровный ход (мр) *или* вибрированiе (ср) валика	vibration (f) du cylindre de pression vibrazione (f) o saltellamento (m) del cilindro di pressione vibración (f) del cilindro de presión / *fimbració (f) o vibració (f) del corró de pressió*
11	die Druckwalze schlottert the top roller shakes валик (мр) дрожит *или* бьет	le cylindre de pression branle il cilindro di pressione sobbalza o balla el cilindro de presión tiene juego / *el corró de pressió branda o té joc o fimbra*
12	Schlottern (n) der Druckwalze shaking of the top roller дрожанiе (ср) *или* колебанiе (ср) валика	ébranlement (m) du cylindre de pression traballamento (m) del cilindro di pressione trepidación (f) del cilindro de presión / *brandament (m) o fimbració (f) del corró de pressió*
13	die Druckwalze läuft schwer the top roller runs heavily *or* hard валик (мр) тяжело вращается	le cylindre de pression tourne lourd il cilindro di pressione gira con difficoltà el cilindro de presión gira pesadamente / *el corró de pressió gira pesadament*
14	Schwerlaufen (n) der Walze heavy *or* hard running of the roller тяжелый ход (мр) валика	lourdeur (f) de la rotation du cylindre sforzamento (m) nella rotazione del cilindro pesadez (f) de giro del cilindro / *pesadesa (f) de rotació del corró*
15	die Walze wickelt the roller licks *or* forms a lap валик (мр) наматывает *или* набирает *или* навивает на себя	le cylindre forme une barbe il cilindro fa la barba el cilindro / *el corró* / forma una encorronada
16	Wickeln (n) der Walze licking of the roller набиранiе (ср) на себя *или* наматыванiе (ср) валика	formation (f) d'une barbe au cylindre formazione (f) di barba al cilindro formación (f) / *formació (f)* / de encorronada

1 
Kupferhaken (m) zur Entfernung der Wickel
copper bent wire to remove roller laps
мѣдный крючек (мр) для срыванія намотки
crochet (m) de cuivre pour débarber les cylindres
uncino (m) di rama per asportare le barbe dal cilindro
gancho (m) de cobre para quitar las encorronadas / *ganxo (m) de coure per a treure les encorronades*

2 das Streckband *oder* Streckvlies ist schnittig
the sliver is cut
вытяжная лента (жр) надорвана
le voile *ou* le ruban a des coupures
il nastro *o* velo presenta dei tagli trasversali
la cinta tiene cortes *o* aguas / *la veta té talls o aigües*

3 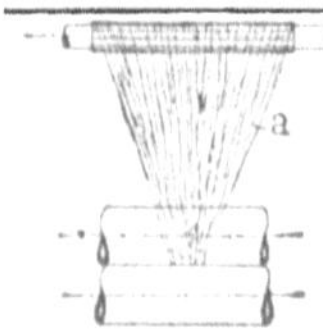
a
Saum (m) *oder* Seitensaum (m) des Streckbandes
selvedge of the sliver
кромка (жр) *или* край (мр) вытяжной ленты
bord (m) du ruban
orlo (m) del nastro
borde (m) de la cinta / *vora (f) de la veta*

4 der Saum reißt ein
the selvedge breaks
кромка (жр) *или* край (мр) надрывается
le bord se déchire
l'orlo (m) si strappa
el borde se rompe / *la vora es trenca*

5 Wickelbildung (f) durch Verunreinigung der Streckwalzen
lap formation due to impurities on the rollers
образованіе (ср) ваточнаго холста вслѣдствіе засоренія роликов
formation (f) de barbes due aux impuretés sur les cylindres
formazione (f) di barbe dovute alle impurità sul cilindro
formación (f) de encorronada debida a impurezas sobre los cilindros / *formació (f) de encorronades per impureses en el corró*

6 Reinigen (n) der Streckwalzen
cleaning of the drawing rollers
чистка (жр) вытяжных валиков
nettoyage (m) des cylindres d'étirage
pulitura (f) dei cilindri stiratori
limpieza (f) de los cilindros estiradores / *neteja (f) dels corrons d'estiratge*

7 Walzenputzvorrichtung (f), Zylinderputzvorrichtung (f)
roller clearing apparatus
приспособленіе (ср) для чистки валиков *или* цилиндров
dispositif (m) de nettoyage des cylindres
dispositivo (m) per la pulitura dei cilindri
aparato (m) limpiador de los cilindros / *aparell (m) netejador dels corrons*

8 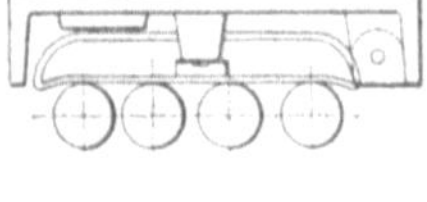
Putzbrett (m)
clearing flat *or* board, flat clearer
очистительная крышка (жр)
planche (f) à nettoyer, chapeau (m) de propreté
tavola (f) di pulitura, coperchio (m) nettatore *o* pulitore
tapa (f) de limpieza / *netejador (m) o raspall (m) de drap fix*

feststehendes Putztuch (n), feststehender Putzdeckel (m)
fixed clearer
неподвижная обитая сукном крышка (жр) 9
nettoyeur (m) fixe, coin (m) de nettoyage
pulitore (m) fisso
limpiador (m) fijo, chapón (m) limpiador / *netejador (m) fixe, raspall (m) de xapó*

a
mit Plüsch ausgeschlagener Holzkeil (m)
wooden cover fitted with plush
покрытая плюшем деревянная крышка (жр)
coin (m) en bois recouvert de peluche 10
coperchio (m) di legno guarnito di velluto
cubierta (f) de madera provista de felpa / *coberta (f) de fusta amb pelfa*

Bretelpfocken (fpl)
clearer waste
пух (мр) *или* очес (мр) с очистителей
déchet (m) de nettoyeur
cascami (mpl) prodotti dal pulitore 11
borras (fpl) del limpiador / *borres (fpl) del netejador*

wanderndes Putztuch (n), Wanderputztuch (n), Putzschlauch (m)
clearer hose, travelling cloth clearer
вращающееся очистительное сукно (ср), безконечное полотно (ср)
panne (f) sans fin nettoyant les cylindres, manchon (m) nettoyeur 12
nastro (m) pulitore continuo
paño (m) sin fin giratorio del limpiador, limpiador (m) giratorio / *raspall (m) giratori de bossa de drap*

Wollputzschlauch (m)
woollen clearer hose
суконное *или* байковое безконечное полотно (ср)
manchon (m) nettoyeur en laine
nastro (m) pulitore continuo di lana
limpiador (m) de paño sin fin de lana / *raspall (m) de bossa de llana* 13

Baumwollputzschlauch (m)
cotton clearer hose
хлопчатобумажное безконечное полотно (ср)
manchon (m) nettoyeur en coton
nastro (m) pulitore continuo di cotone 14
limpiador (m) de paño sin fin de algodón / *raspall (m) de bossa de cotó*

Putzwalze (f) aus Holz mit Flanellbezug
wooden roller clearer covered with flannel
очистительный деревянный валик (мр), покрытый фланелью
rouleau (m) nettoyeur en bois couvert de flanelle
rullo (m) pulitore di legno coperto di flanella 15
rodillo (m) limpiador de madera cubierto de franela / *raspall (m) de corró de fusta cobert de franel·la*

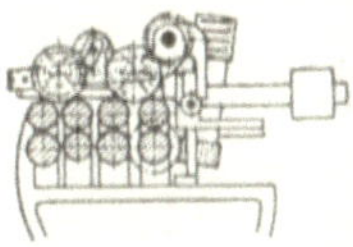

1 Putzwalze (f) mit seitlicher Verschiebung
roller clearer with longitudinal traverse motion
очистительный валик (мр) с продольным перемѣщенiем
rouleau (m) nettoyeur à mouvement de va-et-vient
rullo (m) pulitore con movimento di va e vieni
rodillo (m) limpiador con movimiento lateral de vaivén / *raspall (m) de corró amb moviment de vaivé lateral*

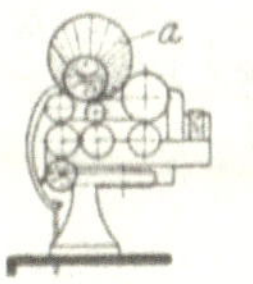

a

2 Putzkegel (m)
conical clearer
очистительный конус (мр)
cône (m) de propreté
cono (m) nettatore
limpiador (m) cónico / *raspall (m) cònic*

a

3 Putztisch (m), Putzplatte (f)
underclearer
планка (жр) для очистки нижних валиков
plaque (f) nettoyeuse
pulitore (m) inferiore
limpiador (m) / *raspall (m)* / inferior

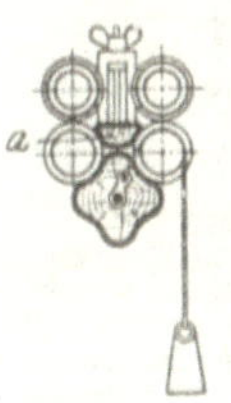

a

4 Putzkeil (m)
wedge-shaped clearer
[подвѣсная] клиновидная очистительная планка (жр)
nettoyeur (m) en coin, coin (m) de nettoyage
nettatore (m) a cuneo
limpiador (m) en forma de cuña / *raspall (m) pla de cares afuades*

5 Reinigen (n) der Putzvorrichtung
cleaning of the clearer
чистка (жр) очистителей
nettoyage (m) *ou* débourrage (m) des chapeaux de propreté
pulizia (f) del coperchio nettatore
desborrado (m) de los limpiadores / *descarregat (m) dels raspalls*

6 der Lederüberzug der Druckwalze ist klebrig
the leather covering of the top roller is sticky
кожаный покров (мр) нажимного валика липок
le manchon de cuir du cylindre de pression est collant
la guarnizione di cuoio del cilindro di pressione è attaccaticcia
el manguito de cuero del cilindro de presión está pegajoso / *la manega de pell del corró de pressió esta enganxadissa*

7 den Lederbezug mit Benzin reinigen
to clean the leather covering with petrol
очищать бензином кожаный покров
nettoyer le manchon de cuir à la benzine
pulire la guarnizione di cuoio con benzina
limpiar el manguito de cuero con bencina / *netejar la mànega de pell amb benzina*

den Lederbezug mit Seifenwasser waschen
to wash the leather covering with soap water
обмывать мыльною водою кожаный покров
nettoyer le manchon de cuir à l'eau de savon
lavare la guarnizione di cuoio con acqua saponata 8
lavar el manguito de cuero con agua jabonosa / *rentar la mànega de pell amb aigua de sabó*

Lederbezug (m) mit Hohlrinnen
fluted leather covering
кожаный покров (мр) с желобками *или* рифлями
manchon (m) de cuir cannelé
guarnizione (f) di cuoio scanalata 9
manguito (m) de cuero acanalado / *mànega (f) de cuiro ratllat*

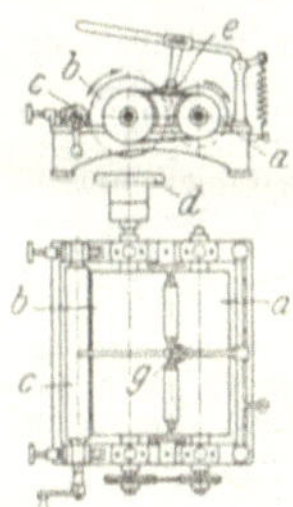

Schleifmaschine (f) für den Lederbezug
grinding machine for leather covering, roller-leather grinding machine
шлифовальная машина (жр) для кожаных покровов
machine (f) à égaliser les manchons de cuir 10
rettificatrice (f) per guarnizione di cuoio
máquina (f) para igualar el manguito de cuero de los cilindros / *màquina (f) per a igualar la mànega de pell dels corrons*

a Schmirgelwalze (f)
emery roller
наждачный валик (мр)
cylindre (m) à émeri 11
cilindro (m) smerigliato
cilindro (m) esmerilador / *corró (m) d'esmeril*

b mit Glaspulver belegte Walze (f), Glastrommel (f)
sand paper roller
валик (мр), покрытый стеклянным порошком
cylindre (m) à papier de verre 12
cilindro (m) rivestito di carta vetrata
cilindro (m) recubierto de papel de lija / *corró (m) guarnit de paper de vidre*

c Preßwalze (f), Preßzylinder (m)
pressure roller
нажимной валик (мр)
cylindre (m) de pression 13
cilindro (m) di pressione
cilindro (m) de presión / *corró (m) de pressió*

d Bremswulst (f)
hand brake
тормазная втулка (жр)
frein (m) à main, volant (m) 14
freno (m) a mano
freno (m) de mano / *fre (m) a mà*

e Hohlkehle (f)
notch
проточка (жр)
entaille (f), encoche (f) 15
gola (f)
muesca (f), entalla (f) / *caixa (m), entalla (f)*

1 g
Zylinderhals (m), Walzenhals (m)
roller neck
шейка (жр) валика
collet (m) de cylindre
collo (m) *o* colletto (m) del cilindro
cuello (m) del cilindro / *coll (m) del corró*

2
der Lederuberzug (m) ist bruchig
the leather covering is brittle
кожаная обтяжка (жр) хрупка
le manchon de cuir est cassant
il rivestimento di cuoio è fragile
el manguito de piel está quebradizo / *la mànega de pell està trencadissa*

3
die Walze neu beledern
to recover the roller with leather
заново обтянуть кожею валик
recouvrir le cylindre de cuir
ricoprire il cilindro con una nuova guarnizione di cuoio, rifare la guarnizione di cuoio del cilindro
cubrir de nuevo con cuero el cilindro / *recobrir de pell el corró*

4
Abbrennen (n) der Lederhülsenenden (npl)
roller ending
опаливание (ср) краев валика
décapage (m) des extrémités du manchon de cuir
bruciatura (f) delle estremità della guarnizione di cuoio
formación (f) del extremo del manguito de piel / *formació (f) de vores en els corrons de pell*

5
die Lederhülsenenden (fpl) abbrennen
to end the roller
опалить края валика
décaper les extrémités (fpl) du manchon de cuir
bruciare le estremità della guarnizione di cuoio
formar el extremo del manguito de piel / *fer l'extrem del corró de pell*

6
die Tuchunterlage schützen
to protect the cloth foundation
защитить *или* покрыть суконную прокладку
protéger le soubassement *ou* le manchon de panne
proteggere il rivestimento di panno
proteger la base de fieltro / *protegir la base de feltre*

7
Werkzeug (n) zum Abbrennen
ending tool
инструмент (мр) для опаливанія
outil (m) à décaper
utensile (m) a bruciare
herramienta (f) para formar el extremo del manguito de cuero / *eina (f) per a fer la vora del corró de pell*

8
Buchsbaumholz (n)
boxwood
буковое дерево (ср)
bois (m) de buis
legno (m) di bosso
madera (f) de boj / *fusta (f) de boix*

9
Knochenmeißel (m) [zum Abbrennen]
bone ending tool
костяное долото (ср)
outil (m) de décapage en os
scalpello (m) di ossa
herramienta (f) de hueso para formar los extremos / *eina (f) d'ós per a fer les vorres*

Hartholzmeißel (m)
hard wood ending tool
долото (ср) из твердаго дерева
outil (m) de décapage en bois dur 10
scalpello (m) di legno duro
herramienta (f) de madera dura para formar los extremos / *eina (f) de fusta dura per a fer les vores*

---

c) Streckenabstellung (f)
Stopping *or* Stoppage of Draw[ing] Frames 11
Останов (мр) ленточной
Arrêt (m) *ou* débrayage (m) des bancs d'étirage
Arresto (m) degli stiratoi
Parada (f) de los manuares / *Dispar (m) o atur (m) dels manuars*

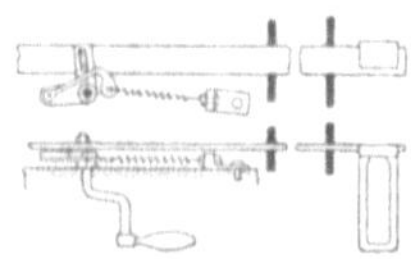

Absteller (m) für Strecken
stop motion for drawing frames
остановочный механизм (мр) ленточной
dispositif (m) d'arrêt sur les bancs d'étirage 12
apparato (m) di arresto degli stiratoi
mecanismo (m) de parada o de [dis]paro para manuares / *mecanisme (m) de dispar en els manuars*

13
selbsttätige Ausrückvorrichtung (f) *oder* Abstellvorrichtung (f) der Strecke
automatic stop motion on draw frame
автоматическій остановочный механизм (мр) ленточной
dispositif (m) d'arrêt automatique du banc d'étirage
moto (m) d'arresto automatico dello stiratoio
mecanismo (m) de parada automática del manuar / *mecanisme (m) de dispar automàtic del manuar*

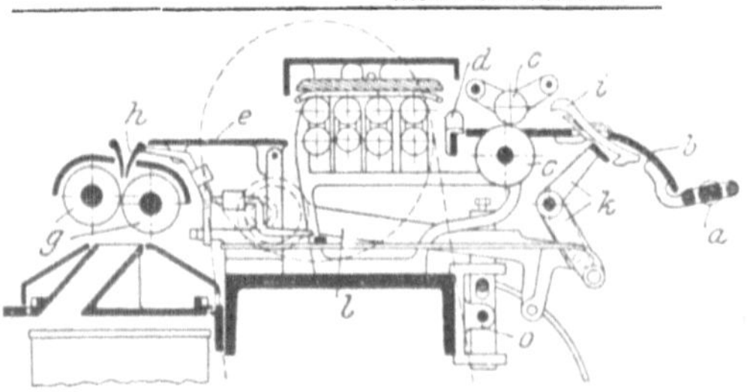

selbsttätige Ausrückvorrichtung (f) von Dobson und Barlow
Dobson and Barlow's automatic stop motion
автоматическое остановочное приспособленіе (ср) (Добсон и Барло)
dispositif (m) d'arrêt automatique de Dobson et Barlow 14
meccanismo (m) d'arresto automatico sistema Dobson e Barlow
mecanismo (m) de parada automática / *mecanisme (m) de dispar automàtic* / de Dobson & Barlow

Einführungsrechen (m), Bandeinlaufplatte (f)
sliver plate, sliver guide
направляющая гребенка (жр) *или* планка (жр)
1 a plaque (f) trouée, guide-ruban (m) d'entrée
piastra (f) di guida del nastro
placa (f) de entrada de las cintas / *guia-vetes (m) d'entrada*

Einlauftisch (m)
feed table
подающій *или* питательный
2 b стол (жр), горка (жр)
table (f) d'alimentation
tavola (f) di alimentazione
mesa (f) de alimentación / *taula (f) d'alimentació*

Einzug[s]walzen (fpl)
feed rollers
пріемные *или* вводящіе катки (мр)
3 c cylindres (mpl) *ou* rouleaux (mpl) d'alimentation
rulli (mpl) di alimentazione
cilindros (mpl) de entrada / *corrons (mpl) d'entrada*

Bandführer (m)
sliver guide
вилка (жр) *или* водилка (жр)
4 d *или* ухватик (мр) для направленія лент
guide-ruban (m)
guida (f) trasversale del nastro
guia-mecha (m) / *guia-veta (m)*

Vliesplatte (f)
sliver plate
русло (ср) для выходящей ленты, плита (жр) под выпускной лентой
5 e guide (m) du voile sortant
piastra (f) *o* tavola (f) di appoggio del nastro
placa (f) de las cintas / *de les vetes*

Abführwalze (f), [Kalanderwalze (f)]
calender roller
плющильный валик (мр), каландр (мр)
6 g rouleau (m) calandreur *ou* d'appel
rullo (m) compressore
cilindro (m) calandrador / *corró (m) xuclador*

[Abführ-] Trichter (m)
funnel, trumpet
[уплотнительная] воронка
7 h (жр)
entonnoir (m)
imbuto (m), condotto (m)
embudo (m) / *embut (m)*

Reißen (n) des Bandes *oder* Streckenbandes (m) *oder* Vlieses (n)
breakage of sliver
8 обрыв (мр) *или* обрываніе (ср) ленты
rupture (f) du ruban
rottura (f) del nastro
rotura de la cinta / *trencament (m) de la veta*

Abstellung (f) eim Reißen des Bandes
stoppage when a sliver breaks
останов (мр) при обрывѣ ленты
arrêt (m) par rupture du ruban 9
arresto (m) per rottura del nastro
parada (f) cuando se rompe la cinta / *dispar (m) quan se trenca una veta*

Hinterbandabsteller (m)
back stop motion
приспособленіе (ср) для останова при обрывѣ ленты сзади
dispositif (m) d'arrêt d'arrière, dispositif (m) de casse-ruban de derrière, casse-ruban (m) à l'entrée 10
arresto (m) automatico alla parte posteriore
mecanismo (m) de para-tramas de detrás / *mecanisme (m) de para-trames de darrera*

---

löffelartige Führung (f), [Band-] Löffel (m)
spoon [guide]
i ложка (жр), клавиш (мр) 11
cuiller (f)
pezzo (m) articolato
cuchara (f) / *cullereta (f)*

Rundzapfenlager (n)
round pivot bearing
подшипник (мр) для круглой цапфы
support (m) de pivot rond
sopporto (m) a perno rotondo 12
soporte (m) de gorrón redondo / *suport (m) de piu rodó*

Schneidenlager (n)
knife edge bearing
подушка (жр) под призму
support (m) à tranchant de couteau 13
sopporto (m) a coltello
soporte (m) de corte de cuchillo / *suport (m) de ganivet*

Winkelhebel (m)
cranked lever
угловой *или* колѣнчатый
k рычаг (мр) 14
levier (m) en équerre
leva (f) ad angolo
palanca (f) acodada / *de colze*

Hubstange (f), Kurbelstange (f), Exzenterstange (f)
eccentric arm
шатун (мр) эксцентрика,
l эксцентриковая тяга (жр) 15
tringle (f) du collier de l'excentrique
braccio (m) dell'eccentrico
biela (f) del excéntrico / *del excèntric*

1 o
Riemenschalterstange (f)
strap fork rod
щеколда (жр) ременной отводки *или* вилки
fourche (f) guide-courroie
forchetta (f) spostacinghia
tirante (m) de la horquilla para la correa / *tirant (m) de la forquilla per a la corretja*

2
Vorderbandabstellung (f)
front stop motion
приспособленіе (ср) для останова при обрывѣ ленты спереди
dispositif (m) d'arrêt avant *ou* de casse-ruban de devant, casse-ruban (m) à la sortie
arresto (m) automatico alla parte anteriore
mecanismo (m) de para-tramas de delante / *mecanisme (m) de para-trames del davant*

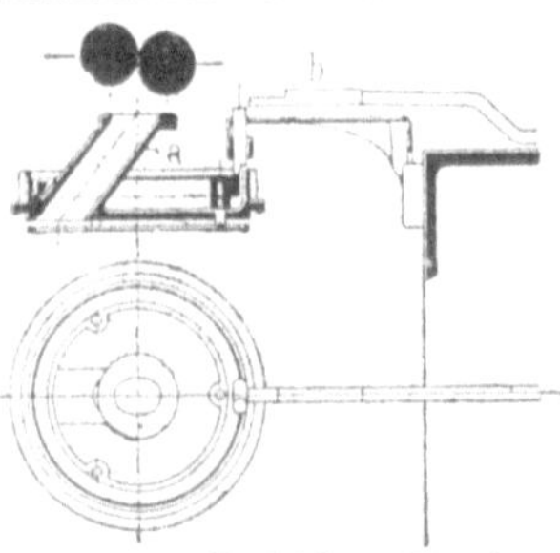

3
selbsttätige Streckenausrückvorrichtung (f) bei vollgelaufener Kanne
automatic full can stop motion
автоматическое остановочное приспособленіе (ср) для предупрежденія переполненія таза
dispositif (m) d'arrêt *ou* de débrayage automatique pour pots pleins, compteur (m)
meccanismo (m) d'arresto *o* di disinnesto automatico per recipienti pieni
mecanismo (m) de parada para botes llenos / *mecanisme (m) de dispar per a bot ple*

4 a
Kopfteller (m)
coiler head, coiler cover
верхняя *или* раскладочная тарелка (жр)
roue (f) *ou* assiette (f) à canal oblique
coperchio (m) del vaso girevole
plato (m) repartidor del centinela / *plat (m) repartidor del sentinella*

5 b
Schwingstange (f)
rocking rod
качающаяся рейка (жр), качающійся стержень (мр)
tige (f) à bascule
barra (f) oscillante
palanca (f) oscilatoria / *oscillatoria o de vaivé*

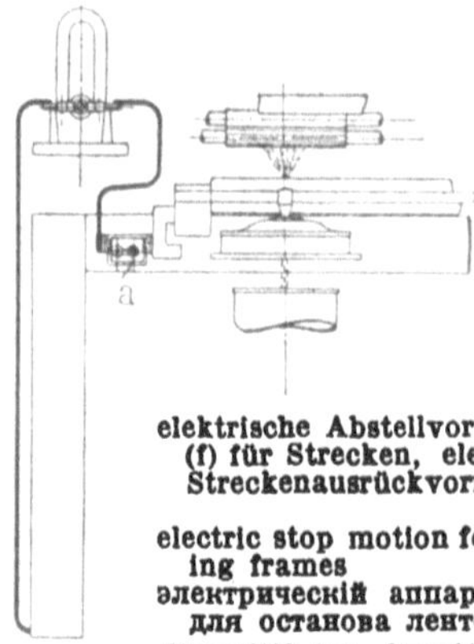

elektrische Abstellvorrichtung (f) für Strecken, elektrische Streckenausrückvorrichtung (f)
electric stop motion for drawing frames
электрическій аппарат (мр) для останова ленточной
dispositif (m) d'arrêt électrique pour bancs d'étirage 6
apparato (m) di arresto automatico-elettrico per stiratoi
mecanismo (m) de parada eléctrica para manuares / *mecanisme (m) de dispar elèctric als manuars*

a
Induktionsspule (f)
induction coil
индукціонная катушка (жр)
bobine (f) d'induction 7
rocchetto (m) d'induzione
carrete (f) de inducción / *bobina (f) d'inducció*

Isolierung (f)
insulation
изолированіе (ср), изоляція (жр)
isolation (f)
isolamento (m)
aislamiento (m) / *isolament (m)* 8

gegen den elektrischen Strom schützen [*oder* isolieren]
to insulate from the electric current
защитить от электрическаго тока
isoler du courant électrique
isolare dalla corrente elettrica 9
aislar de la corriente eléctrica / *isolar de la corrent elèctrica*

Holzeinlage (f)
wood insertion
деревянная прокладка (жр)
insertion (f) *ou* garniture (f) en bois
inserzione (f) di legno 10
inserción (f) de madera / *inserció (f) o interposició (f) de fusta*

Hartgummiplatte (f)
ebonite *or* vulcanite plate
эбонитовая *или* каучуковая плита (жр)
plaque (f) en ébonite *ou* en caoutchouc durci
piastra (f) di ebanite *o* di ebonite 11
placa (f) de ebonita

Spulendraht (m)
wire of the coil
шпульная проволока (жр)
fil (m) de la bobine
filo (m) del rocchetto
alambre (m) del carrete / *fil (m) de la bobina* 12

elektrischer Auslöser (m)
electric releasing mechanism
электрическій размыкатель (мр)
mécanisme (m) de déclanchement électrique
meccanismo (m) di disinnesto elettrico 13
mecanismo (m) de disparo eléctrico / *mecanisme (m) de dispar elèctric*

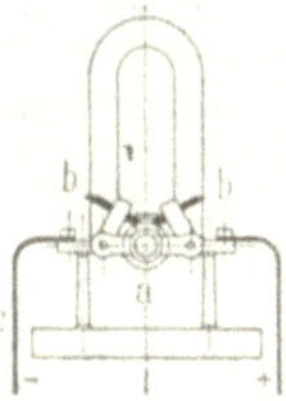

1
magnetelektrische Maschine (f)
magneto-electric machine, magneto
магнитоэлектрическая динамомашина (жр)
machine (f) magnéto-électrique, magnéto (f)
macchina (f) magneto-elettrica
máquina (f) magneto-eléctrica, magneto (m) / *magneto (m)*

---

2 a
Anker (m)
rotor, armature
якорь (мр)
induit (m), rotor (m)
indotto (m), rotore (m), armatura (f)
inducido (m), rotor (m), armadura (f) / *induit (m), rotor (m), armadura (f)*

---

3 b
Kupferbürste (f), Bürste (f)
copper brush
[мѣдная] щетка (жр)
balai (m) de cuivre
spazzola (f) di rame
escobilla (f) de cobre / *de coure*

---

4 c
elektrischer Leitungsdraht (m)
electric conducting wire
электрическій провод (мр)
fil (m) conducteur électrique
filo (m) conduttore elettrico
[alambre (m)] conductor (m) eléctrico / *[fil (m)] conductor (m) d'electricitat*

5
Kupferkollektor (m)
copper collector *or* commutator
мѣдный коллектор (мр)
collecteur (m) en cuivre
collettore (m) di rame
colector (m) de cobre / *de coure* /, conmutador (m)

6
Pol (m)
pole
полюс (мр)
pôle (m)
polo (m)
polo (m) / *pol (m)*

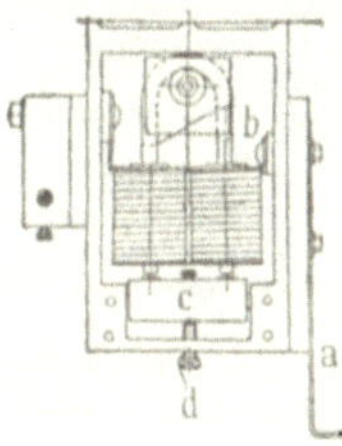

7
Spulenkasten (m)
coil case
ящик (мр) для электромагнита
boîte (f) à bobines
cassa (f) a rocchetti
caja (f) de los carretes / *caixa (f) de les bobines*

---

8 a
Kontaktfeder (f)
contact spring
контактная пружина (жр)
ressort (m) de contact
molla (f) di contatto
resorte (m) de contacto / *molla (f) de contacte*

---

b 9
hufeisenförmiger Eisenkern (m)
horse-shoe iron core
подковообразный желѣзный сердечник (мр)
noyau (m) en fer à cheval
nucleo (m) a ferro di cavallo
núcleo (m) de hierro en forma de U / *nucli (m) de ferro en forma de ferradura*

---

c 10
Anker (m)
rotor
якорь (мр)
rotor (m)
rotore (m)
rotor (m)

---

d 11
Ankerregulierschraube (f), Ankereinstellschraube (f)
regulating screw for the rotor
установочный винт (мр) для якоря
vis (f) de réglage du rotor
vite (f) di regolazione del rotore
tornillo (m) de ajuste para el rotor / *cargol (m) de reglatge per a el rotor*

12
den Strom schließen
to close the circuit
замыкать цѣпь
fermer le circuit
chiudere il circuito
cerrar el circuito / *tancar el circuit*

13
Stromschluß (m)
closing of the circuit
замыканіе (ср) цѣпи
fermeture (f) du circuit
chiusura (f) del circuito
cierre (m) del circuito / *tancament (m) del circuit*

14
die mechanische Schaltung durch den elektrischen Strom auslösen
to release the stop motion by the electric current
выключить механическое сцѣпленіе при помощи электрическаго тока
faire manœuvrer l'arrêt mécanique par le courant électrique
disgiungere il meccanismo d'arresto per mezzo della corrente elettrica
accionar el disparo por la corriente eléctrica / *accionar el disparo per la corrent elèctrica*

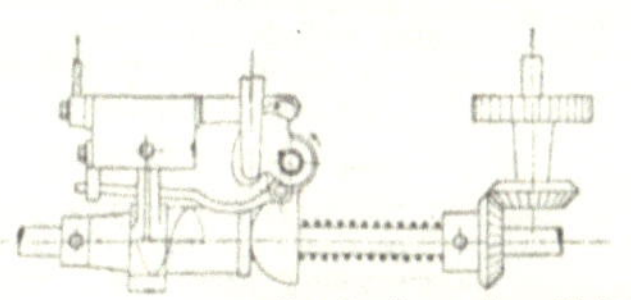

15
mechanischer Ausrücker (m)
mechanical disengaging gear
механическій выключатель (мр)
débrayeur (m) mécanique
dispositivo (m) di disinnesto meccanico
disposición (f) mecánica de desembrague / *dispositiu (m) mecànic de desembragar*

	d) **Streckengetriebe** (n), **Streckentriebwerk** (n)	**Train** (m) **d'engrenages** *ou* **organes** (m pl) **de commande du banc d'étirage**
1	**Gearing of Draw Frame**	**Ingranaggi** (m pl) *o* **organi** (m pl) **di comando dello stiratoio**
	Передача (жр) **между вращающимися органами ленточной**	**Engranajes** (m pl) / ***Engranatges*** *(m pl)* / **del manuar**

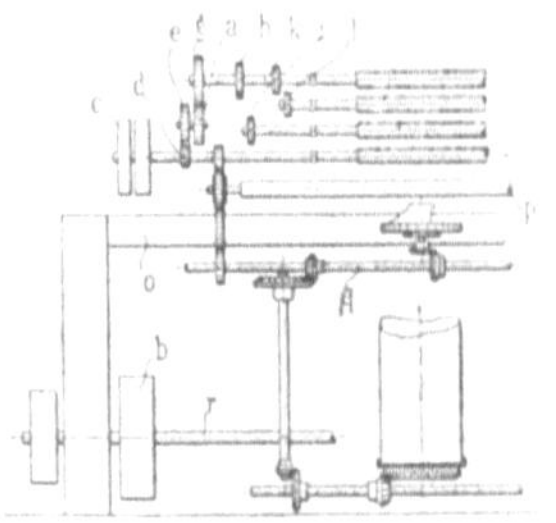

2 a
Verzugswechseltrieb (m), Nummerwechseltrieb (m)
change pinion, draft pinion, draft wheel, draft change wheel
набор (мр) смѣнных шестерен [для вытяжки и для номера]
pignon (m) d'étirage *ou* de change
pignone (m) di stiramento *o* di ricambio
piñón (m) de estiraje *o* de cambio / *pinyó (m) de canvi o d'estiratge*

---

3 b
innenliegende Antriebscheibe (f)
inside driving pulley
внутренний приводный шкив (мр)
poulie (f) du renvoi
puleggia (f) motrice interiore
polea (f) motriz interior / *politja (f) de comanda interior*

---

4 c
Vorderzylinderantrieb (f)
front roller driving pulley
шкив (мр) на концѣ передняго цилиндра
poulie (f) de commande du premier [cylindre] cannelé
puleggia (f) motrice del cilindro frontale
polea (f) de mando del cilindro de delante / *politja (f) de comanda del corró del davant*

---

5 d
Vorderzylinderantriebrad (n)
front roller [driving] wheel
ведущая шестерня (жр), сидящая на переднем цилиндрѣ; передняя ведущая (жр)
pignon (m) de commande du premier cannelé
pignone (m) per il comando del cilindro frontale
piñón (m) del cilindro de delante / *pinyó (m) del corró del davant*

---

e
Bockrad (n), Pferdekopfrad (n)
crown wheel
коренная [ведущая] шестерня (жр)
prisonnier (m) de la tête de cheval 6
ruota (f) testa di cavallo
rueda (f) de corona *o* de cabeza de caballo / *roda (f) de cap de cavall*

---

g
Hinterzylinderantriebrad (n), Verzugswechselrad (n), Nummerwechselrad (n)
back roller [driving] wheel
задняя ведомая шестерня (жр)
roue (f) du quatrième cannelé 7
ruota (f) motrice del cilindro posteriore
rueda (f) del cilindro de detrás / *roda (f) del corró de darrera*

---

h
Hinterzylindertrieb (m) für den zweiten Zylinder
back roller wheel driving second roller
задняя ведущая шестерня (жр) для вращенія второго цилиндра
pignon (m) de commande du deuxième cannelé 8
pignone (m) per il comando del secondo cilindro
piñón (m) del cilindro de detrás que mueve el segundo cilindro / *pinyó (m) del corró de darrera que mou el segon corró*

---

i
Rad (n) auf dem zweiten Zylinder
wheel on second roller
ведомая шестерня (жр) второго цилиндра 9
roue (f) au deuxième cannelé
ruota (f) sul secondo cilindro
rueda (f) del segundo cilindro / *roda (f) del segon corró*

---

k
Hinterzylindertrieb (m) für den dritten Zylinder
back roller wheel driving third roller
задняя ведущая шестерня (жр) для вращенія третьяго цилиндра
pignon (m) de commande du troisième cannelé 10
pignone (m) per il comando del terzo cilindro
piñón (m) del cilindro de detrás que mueve el tercer cilindro / *pinyó (m) del corró de darrera que mou el tercer corró*

---

l
Rad (n) auf dem dritten Zylinder
wheel on third roller
ведомая шестерня (жр) третьяго цилиндра 11
roue (f) du troisième cannelé
ruota (f) sul terzo cilindro
rueda (f) del tercer cilindro / *roda (f) del tercer corró*

1 o
Zylinderbank (f)
roller beam
опорный брус (мр) *или* станок (мр) для валиков
porte-cylindres (m)
porta-cilindri (m)
porta-cilindros (m) / *porta-corrons (m)*

---

2 p
Abzugwalze (f), Kalanderwalze (f)
calender roller
плющильный валик (мр), каландр (мр)
rouleau (m) d'appel, calandre (f)
rullo (m) compressore, cilindro (m) sfregatore
cilindro (m) calandrador *o* compresor *o* absorbedor / *corró (m) prempsador, xuclador (m)*

---

3 q
Kannenwelle (f)
coiler shaft
приводный вал (мр) для тазов
arbre (m) de commande des pots tournants
albero (m) motore dei vasi girevoli
árbol (m) del centinela / *arbre (m) del sentinella*

---

4 r
Fußwelle (f), Vorgelegewelle (f)
driving shaft, bottom shaft
главный вал (мр)
arbre (m) de commande du bas, arbre (m) de renvoi
albero (m) motore
árbol (m) de mando / *arbre (m) de comanda*

5
e) Streckwalzen (f pl), Streckzylinder (m pl)
Draw[ing] Frame Rollers
Вытяжные валики (мр) или цилиндры (мр)
Cylindres (m pl) d'étirage
Cilindri (m pl) *o* rulli (m pl) di trazione
Cilindros (m pl) de estiraje / *Corrons (m pl) d'estiratge*

6
Streckzylinder (m), Unterzylinder (m) geriffelter Zylinder (m), Riffelzylinder (m)
drawing *or* bottom *or* fluted roller
вытяжной валик (мр) *или* цилиндр (мр)
cylindre (m) étireur *ou* de dessous, [cylindre (m)] cannelé (m)
rullo (m) di trazione, cilindro (m) stiratore, cilindro scanalato *o* lavoratore *o* inferiore
cilindro (m) inferior *o* de estiraje, acanalado (m) / *corró (m) inferior o d'estiratge, ratllat (m)*

7
Oberwalze (f), Druckwalze (f)
top roller
верхний *или* нажимной валик (мр)
cylindre (m) de pression *ou* de dessus, cylindre(m)presseur, cylindre de cuir
cilindro (m) *o* rullo (m) superiore *o* di pressione
cilindro (m) de presión / *corró (m) superior o de pressió*

8
[eiserne] geriffelte Druckwalze (f)
fluted [iron] top roller
[желѣзный] рифленый нажимной валик (мр)
cylindre (m) de pression cannelé [en fer]
cilindro (m) di pressione scanalato [di ferro]
cilindro (m) de presión acanalado [de hierro] / *corró (m) de pressió ratllat [de ferre]*

9
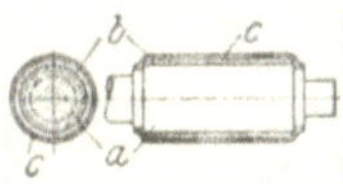

federnde *oder* elastische Druckwalze (f)
elastic top roller
упругий нажимной валик (мр)
cylindre (m) de pression élastique
cilindro (m) di pressione elastico
cilindro (m) de presión elástico / *corró (m) de pressió elàstic*

---

10 a
Eisenkern (m)
iron core
желѣзный стержень (мр)
noyau (m) en fer
nucleo (m) *o* nocciolo (m) di ferro
núcleo (m) de hierro / *ànima (f) de ferro*

11
Mantel (m) *oder* Bezug (m) der Druckwalze
covering of the top roller
покров (мр) *или* обтяжка (жр) нажимного валика
couverture (f) *ou* manchon (m) *ou* garniture (f) du cylindre de pression
copertura (f) *o* guarnizione (f) *o* manicotto (m) del cilindro di pressione
cubierta (f) del cilindro de presión / *coberta (f) del corró de pressió*

12
belederte Walze (f)
leather covered roller
обтянутый *или* покрытый кожею валик (мр)
cylindre (m) recouvert de cuir
cilindro (m) rivestito di cuoio
cilindro (m) cubierto de cuero / *corró (m) cobert de cuiro o de pell*

---

13 b
Flanellmuff (m)
flannel covering
фланелевая обтяжка (жр) *или* покрышка (жр)
manchon (m) en flanelle
copertura (f) di flanella
manguito (m) *o* cubierta (f) de franela / *mànega (f) de franel·la*

14
Filztuchmuff (m)
felt covering
войлочная обтяжка (жр)
manchon (m) en feutre
copertura (f) di feltro
manguito (m) de fieltro / *mànega (f) de feltre*

---

15 c
Ledermuff (m)
leather covering *or* sleeve *or* tube *or* hot
кожаная обтяжка (жр)
manchon (m) en cuir
copertura (f) di cuoio
manguito (m) de cuero / *mànega (f) de cuiro o de pell*

1 Kautschukmuff (m) — rubber covering — резиновая обтяжка (жр)
manchon (m) en caoutchouc — copertura (f) di caucciù — manguito (m) de caucho / *mànega (f) de goma*

2 Holzmuff (m) — wood covering — деревянная покрышка (жр)
manchon (m) en bois — copertura (f) di legno — duela (f) de madera / *dolla (f) de fusta*

3 Vollwalze (f)
solid roller
валик (мр) из одного куска
cylindre (m) plein *ou* massif
cilindro (m) intiero
cilindro (m) macizo / *corró (m) macís o ple*

4 Walze (f) mit Zapfenbuchsen — roller with loose bushes — валик (мр) со втулками, сидящими на его шипах
cylindre (m) à douilles mobiles — cilindro (m) a bussole mobili — cilindro (m) con collarines móviles / *corró (m) amb collarins mòbils*

5 Büchsenwalze (f), Zylinder (m) mit Kern — loose boss roller — валик (мр) со стержнем
cylindre (m) à table mobile — cilindro (m) a tavola mobile — cilindro (m) con casquillo móvil / *corró (m) amb casquillo*

6 einteilige Büchsenwalze (f)
single loose boss roller
валик (мр) с одной сплошной втулкой
cylindre (m) à une seule table mobile
cilindro (m) a una sola tavola mobile
cilindro (m) con un casquillo móvil / *corró (m) amb un casquillo*

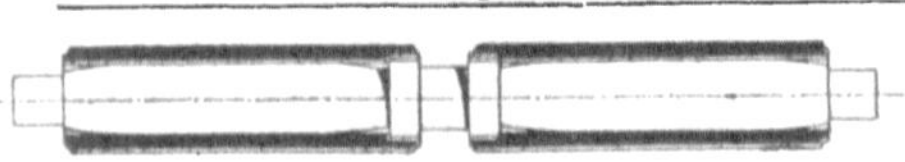

7 zweiteilige Büchsenwalze (f)
double loose boss roller
валик (мр) с двумя втулками
cylindre (m) à deux tables mobiles
cilindro (m) a due tavole mobili
cilindro (m) con dos casquillos móviles / *corró (m) amb dos casquillos*

8 Metallic-Druckwalzen (fpl), bis auf den Grund ineinandergreifende Riffelwalzen (fpl) — fluted rollers gearing completely into each other — вытяжныя пары (жр), глубоко захватывающія друг друга рифлями
cylindres (m pl) engrenant jusqu'au fond — cilindri (m pl) ingranati o imboccanti sino al fondo — cilindros (m pl) acanalados engranando hasta el fondo / *corrons (m pl) ratllats engravant fins al fons*

9 Riffelwalze (f) mit Randwulsten — fluted roller with collars at the ends — рифленый валик (мр) с упорными кольцами на концах
cylindre (m) cannelé avec colliers *ou* manchons — cilindro (m) scanalato ad orli *o* a risalti — cilindro (m) acanalado con collarines / *corró (m) ratllat amb collarins*

10 Riffelung (f) — fluting, grooving — канелюры (жр), рифли (жр), рифленіе (ср)
cannelures (f pl) — scanalature (f pl) — acanalados (m pl) / *ratllats (m pl)*

11 Riffel (f), Rille (f) — flute, groove — канавка (жр), желобок (мр), рифля (жр)
rainure (f), cannelure (f) — incavo (m), vano (m), scanalatura (f) — ranura (f), canal (m) / *ratlla (f)*

12 Riffelzahn (m) — fluting tooth — зуб (мр) рифли
dent (f) de la cannelure — sporgenza (f) *o* dente (m) della scanalatura — saliente (m) del acanalado / *sortint (m) o dent (m) del ratllat*

13 Riffelzahl (f) auf das Zentimeter — number of flutes per centimeter — число (ср) рифлей в одном сантиметрѣ
nombre (m) de rainures par centimètre — numero (m) degli incavi per centimetro — número (m) de las ranuras por centímetro / *nombre (m) de ratlles per centímetre*

14 Riffelzahl (f) auf den Zoll — number of flutes per inch — число (ср) рифлей в одном дюймѣ
nombre (m) de rainures par pouce anglais — numero (m) degli incavi per pollice inglese — número (m) de las ranuras por pulgada inglesa / *nombre (m) de ratlles per polzada anglesa*

15 Glätte (f) der Rille — smoothness of the flute — гладкость (жр) рифли
lisse (m) de la cannelure — liscezzà (f) della scanalatura — lisura (f) del acanalado / *llisor (f) del ratllat*

16 Herrichtung (f) der Oberwalzen — preparing of the top rollers — изготовленіе (ср) верхних валиков
préparation (f) des cylindres de pression — preparazione (f) dei cilindri superiori — preparación (f) de los cilindros de presión / *preparació (f) dels corrons de pressió*

17 Betuchung (f) der Oberwalze — covering of the top roller with cloth — покрываніе (ср) *или* оклейка (жр) сукном нажимного валика
recouvrage (m) du cylindre supérieur avec du drap *ou* de la panne — rivestimento (m) del cilindro superiore con panno — recubrimiento (m) del cilindro superior con paño / *guarnit (m) del corró superior amb drap*

18 die Oberwalze mit Tuch beziehen *oder* betuchen — to cover the top roller with cloth — покрыть *или* оклеить сукном нажимной валик
garnir *ou* recouvrir le cylindre supérieur de drap — rivestire il cilindro superiore di panno — cubrir el cilindro superior con paño / *cobrir el corró superior amb drap*

No.		
1	Voranstrich (m) preparatory painting предварительная окраска (жр)	peinture (f) préliminaire pittura (f) preliminare pintado (m) preparatorio / *pintat (m) preparatori*
2	Tuchbezug (m) cloth covering оклейка (жр) сукном	garniture (f) en drap copertura (f) di panno cubierta (f) de paño / *coberta (f) de drap*
3	Flanellbezug (m) flannel covering оклейка (жр) фланелью	garniture (f) en flanelle copertura (f) di flanella cubierta (f) de franela / *coberta (f) de franella*
4	Walzentuch (n) roller cloth валичное сукно (ср)	drap (m) pour cylindre panno (m) per cilindri paño (m) para cilindros / *drap (m) per a corrons*
5	Aufkitten (n) des Tuches cementing the cloth [on the roller] наклеиванiе (ср) сукна	collage (m) du drap incollamento (m) del panno encolado (m) del paño / *encolat (m) o cementat (m) del drap*
6	das Tuch auf die Walze aufkitten to cement the cloth on the roller наклеивать сукно на валик	coller le drap sur le cylindre collare il panno al cilindro encolar el paño al cilindro / *encolar o cementar el drap al corró*
7	Zement (m) auftragen to apply the cement *or* paste нанести *или* намазать клей *или* мастику	appliquer la pâte applicare la colla aplicar la pasta *o* cola
8	den Kitt dünn verstreichen to spread the cement thinly намазать мастику тонким слоем, покрыть тонким слоем мастики	répandre la pâte légèrement spandere la colla in istrato sottile extender la pasta ligeramente / *extendre la pasta lleugerament*
9	dünner Überzug (m) von Kitt thin coating of paste тонкiй слой (мр) мастики	mince couche (f) de pâte strato (m) sottile di colla ligera / *lleugera* / capa (f) de pasta
10	Tuchkitt (m) roller cement, cloth paste мастика (жр) для наклеиванiя сукна	pâte (f) pour drap colla (f) da panno cola (f) para paño / *cola (f) per a drap*
11	schnelltrocknender Kitt (m) quick drying paste быстровысыхающая *или* скоросхватывающая мастика (жр)	pâte (f) à séchage rapide colla (f) ad essiccamento rapido cola (f) rápida
12	zäher Kitt (m) tenacious cement тягучая *или* вязкая мастика (жр)	pâte (f) tenace colla (f) tenace cola (f) tenaz / *tenás* /
13	klumpiger Kitt (m) lumpy paste комковая *или* зернистая мастика (жр)	pâte (f) grumeleuse colla (f) grumosa pasta (f) grumosa / *agrumollada*

		No.
Dicke (f) [*oder* Konsistenz (f)] des Kittes thickness *or* consistence of the paste густота (ср) *или* консистенцiя (жр) мастики	consistance (f) de la pâte consistenza (f) della colla consistencia (f) de la pasta	14
harter Kitt (m) hard paste твердая мастика (жр)	pâte (f) dure colla (f) dura cola (f) dura	15
der Kitt wird auf einer Platte ausgebreitet the paste is spread on a slab мастика (жр) наносится на плиту	la pâte est étendue sur une plaque la colla viene distesa sopra una lastra la cola está extendida sobre una piedra *o* un mármol / *la cola està extesa sobre una pedra o marbre*	16
Leim (m) glue [столярный] клей (мр)	colle (f) forte, colle de Givet *ou* de Cologne colla (f) forte cola (f) fuerte *o* de carpintero / *cola (f) forta o de fuster, aiguacuit (m)*	17
Stärkekleister (m) starch paste крахмаловый клейстер (мр)	colle (f) d'amidon, empois (m) colla (f) d'amido cola (f) *o* engrudo (m) de almidón / *pastetes (f pl) de midó*	18
Terpentin (m) turpentine скипидар (мр)	térébenthine (f) trementina (f), terebentina (f) trementina (f), aguarrás (m) / *trementina (f), aiguarràs (m)*	19
Kolophonium (n) colophony канифоль (жр)	colophane (f) colofonia (f) colofonia (f)	20
Mennige (f) red lead сурик (мр)	minium (m) minio (f) minio (m) / *mini (m)*	21
Firnis (m) varnish олифа (жр)	vernis (m) vernice (f) barniz (m) / *vernís (m)*	22

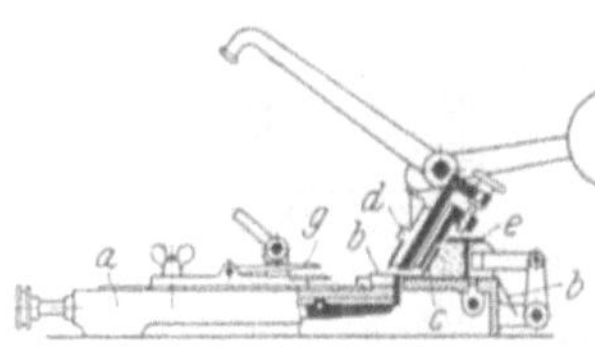

		No.
	Kitt- und Schneidemaschine (f) pasting and cutting machine клеильная и рѣзальная машина (жр) machine (f) à coller et à couper macchina (f) per collare e tagliare máquina (f) de encolar y cortar / *i tallar*	23
a	Maschinenbett (n) machine bed *or* foundation рама (жр) машины bâti (m) de [la] machine incastellatura (f) della macchina zócalo (m) *o* armazón (f) de máquina / *bancada (f) de la màquina*	24

1 b
Walzentuch (n)
roller cloth
валичное сукно (ср)
drap (m) pour cylindre
tessuto (m) *o* panno (m) per cilindro
paño (m) para cilindros / *drap (m) per a cobrir corrons*

2 c
Abstreicher (m)
knife
скребок (мр), ракля (жр)
couteau (m), racle (f)
coltello (m)
cuchillo (m) / *ganivet (m)*

3 d
Messerschlitten (m)
knife slide
салазки (жр) для ножа *или* рѣзца *или* клинка
coulisse (f) du couteau
guida (f) del coltello
guía (f) del cuchillo / *del ganivet*

4 e
Klebemittelbehälter (m)
paste box
коробка (жр) для мастики
bassine (f) à pâte
bacinella (f) a colla
recipiente (m) / *dipòsit (m)* / de cola

5 g
gezahnte Klammer (f)
gripping arms, nippers
[зубчатый] зажим (мр) щипцов, тисочки (мр)
pince (f) à dents
pinza (f) dentata
pinzas (fpl) dentadas / *pinces (fpl) dentades*

6
das Tuch auf die Walze pressen, das Tuch festpressen
to press the covering over the roller
запрессовать сукно на валикѣ
presser la garniture sur le cylindre
pressare il panno sul cilindro
prensar la cubierta sobre el cilindro / *premsar la coberta sobre el corró*

7
das Tuch um die Walze legen
to roll the cloth on
накатывать сукно (ср)
mettre le drap autour du cylindre
collocare il panno attorno del cilindro
poner el paño alrededor del cilindro / *posar el drap revestint el corró*

8
die vorstehenden Tuchränder (mpl) abstechen
to cut off the projecting edges of the cloth
срѣзать выступающія кромки сукна
couper les bavures (fpl) du drap
tagliare le estremità sporgenti del panno
cortar los bordes salientes del paño / *tallar les vores sortints del drap*

9
Stecheisen (n)
cutter
нож (мр), рѣзак (мр)
onglet (m)
utensile (m) a tagliare, coltello (m)
cuchilla (f) / *ganiveta (f)*

10
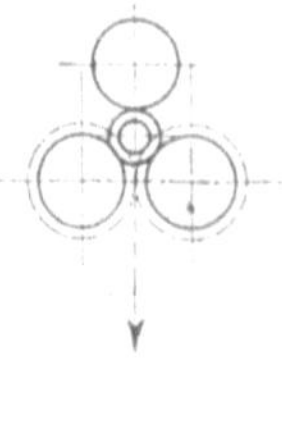
die frisch betuchte Walze glätten [*oder* kalandern]
to calander the newly covered roller
прокаландрить свѣжепокрытый сукном валик
calandrer le cylindre fraîchement garni
calandrare il cilindro appena rivestito
calandrar el cilindro nuevamente recubierto / *calandrar el corró cobert de nou*

11
Lederbezug (m) *oder* Belederung (f) der Walze
leather covering of the roller
обтяжка (жр) валика кожею
garniture (f) en cuir du cylindre
copertura (f) di cuoio del cilindro
guarnición (f) *o* cubierta (f) de cuero del cilindro / *coberta (f) de cuiro del corró*

12
Ledermuff (m)
leather sleeve *or* tube *or* hot
кожаная обтяжка (жр)
manchon (m) en cuir
manicotto (m) di cuoio
manguito (m) de cuero / *mànega (f) de cuiro*

13
Kalbleder (n)
calf skin
телячій опоек (мр)
cuir (m) de veau
pelle (f) di vitello
becerro (m) / *vedella (f)*

14
Schafleder (n)
sheep skin
бараній опоек (мр)
peau (f) *ou* cuir (m) de mouton
pelle (m) di montone
badana (f)

15
Fleischseite (f) des Leders
flesh side of the leather
мяздровая сторона (жр) опойка *или* кожи
[côté (m)] chair (f) du cuir
lato (m) de la carne del cuoio, carniccio (m)
carnaza (f) del cuero / *carnassa (f) del cuiro*

16
das Leder schleifen
to grind the leather
шлифовать кожу
égaliser *ou* meuler le cuir
egualizzare il cuoio
igualar *o* esmerilar el cuero / *el cuiro*

17
Lederschleifmaschine (f)
[roller] leather grinding machine, grinder for roller leather
станок (мр) для шлифовки кожи
machine (f) à meuler les cuirs
macchina (f) per egualizzare *o* rettificare il cuoio
máquina (f) para igualar cueros / *màquina (f) per a igualar cuiros*

18
Lederstreifenschneidmaschine (f)
[roller] leather cutting machine, leather strip cutting machine
приспособленіе (ср) для нарѣзанія кожаных полос
machine (f) à couper les cuirs pour cylindres
macchina (f) per tagliare le strisce di cuoio
máquina (f) para cortar las pieles de los cilindros / *màquina (f) per a tallar les pells o cuiros dels corrons*

19
die Lederstreifen (mpl) nach der Länge der Walze zuschneiden
to cut the leather strips according to the length of the roller
заготовлять *или* нарѣзать кожаныя полосы по длинѣ валика
couper les bandes (fpl) de cuir à la longueur du cylindre
tagliare le strisce di cuoio secondo la lunghezza del cilindro
cortar las tiras de piel según la longitud del cilindro / *tallar les tires de pell segons la llargada del corró*

20
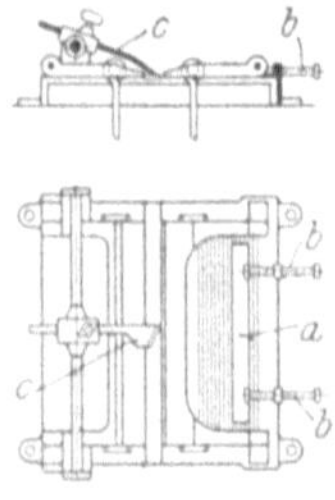

Lederspleißmaschine (f), Lederspaltmaschine (f)
leather splicing machine
машина (жр) для расщепленія кожи
machine (f) à refendre les cuirs
macchina (f) per fendere il cuoio
máquina (f) para hender el cuero / *màquina (f) de fendre el cuiro*

1 a
Lineal (n)
straight edge
линейка (жр)
règle (la) droite
regolo (m)
borde (m) recto / *vora (f) dreta*

2 b
Stellschraube (f)
adjusting screw
установочный винт (мр)
vis (f) de réglage
vite (f) di registro
tornillo (m) de ajuste / *cargol (m) d'ajustaige*

3 c
Messer (n)
knife
рѣзец (мр), клинок (мр), нож (мр)
couteau (m)
coltello (m)
cuchillo (m) / *ganivet (m)*

4
den Lederbezug (m) leimen
to cement the leather covering
склеивать кожаную обтяжку
coller la garniture de cuir
incollare la guarnizione di cuoio
encolar la guarnición de cuero / *enganxar la coberta de cuiro*

5
kaltgeleimter Ledermuff (m)
cold cemented leather sleeve
кожаная обтяжка (жр), склеенная холодным клеем
manchon (m) de cuir collé à froid
manicotto (m) di cuoio collato a freddo
manguito (m) de cuero encolado en frio / *mànega (f) de cuiro enganxada en fret*

6

Presse (f) zum Aufeinanderpressen der schrägen Längskanten des Muffes
screw press for joining the bevelled edges of roller leathers
пресс (мр) для сжиманія наложенных друг на друга скошенных краев обтяжки
presse (f) à coller les côtés coupés en biseau des manchons de cuir
pressa (f) per collare gli orli del cuoio smussati a punta
prensa (f) para encolar los bordes adelgazados del manguito de cuero / *premsa (f) per a encolar les vores afuades de la mànega de cuiro*

7
Stoßfuge (f) *oder* Leimfuge (f) des Leders
glued joint of the leather
мѣсто (ср) склейки *или* стык (мр) кожи
joint (m) à la colle du cuir, jointure (f) collée
giunto (m) incollato *o* giuntura (f) del cuoio
junta (f) encolada del cuero / *juntura (f) o vora (f) encolada del cuiro*

8
Aufziehen (n) des Ledermuffes
drawing on the leather sleeve
надѣваніе (ср) *или* натягиваніе (ср) кожаной обтяжки
montage (m) du manchon de cuir
montaggio (m) del manicotto di cuoio
montaje (m) del manguito de cuero / *montatge (m) de la mànega de cuiro*

9
den Ledermuff aufziehen
to draw on the leather sleeve
надѣть *или* натянуть кожаную обтяжку
monter le manchon de cuir
montare il manicotto di cuoio
montar el manguito de cuero / *montar la mànega de cuiro*

10
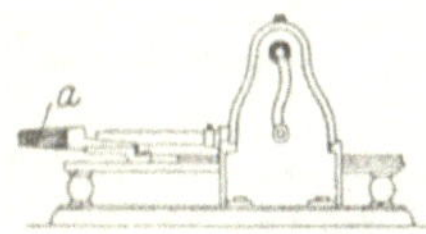

Ledermuffaufziehmaschine (f), Hülsenaufziehvorrichtung (f)
pulling-on machine for leather sleeves
машина (жр) для натягиванія кожаных обтяжек
machine (f) à monter les manchons de cuir
macchina (f) per montare i manicotti di cuoio
máquina (f) para montar los manguitos de cuero / *màquina (f) per a montar les mànegues de cuiro*

11 a
Federring (m)
pulling-on spring
пружинное кольцо (ср)
mandrin (m) à lames d'acier
mandrino (m) a molle
mandril (m) con resortes / *amb molles*

12
der Ledermuff platzt an der Leimfuge
the leather sleeve bursts at the glued joint
кожаная обтяжка (жр) лопается в стыкѣ *или* в склейкѣ
le manchon se fend à la jointure collée
il manicotto si fende nella giuntura
el manguito de cuero se rompe en la unión encolada / *la mànega de cuiro es trenca per la juntura encolada*

13
die belederte Walze glätten *oder* mangeln
to calender the leather covered roller
закатывать *или* каландрировать обтянутый кожею валик
cylindrer *ou* calandrer le rouleau garni de cuir
cilindrare *o* calandrare il rullo rivestito di cuoio
calandrar el cilindro cubierto de cuero / *rotllar o calandrar el cilindre cobert de cuiro*

14
Mangeln (n) *oder* Glätten (n) der belederten Walze
calendering the leather covered roller
каландрированіе (ср) *или* закатываніе (ср) обтянутаго кожею валика
cylindrage (m) du rouleau garni de cuir
cilindratura (f) del rullo rivestito di cuoio
calandrado (m) del cilindro cubierto de cuero / *calandrat (m) o rotllat (m) del cilindre cobert de cuiro*

15
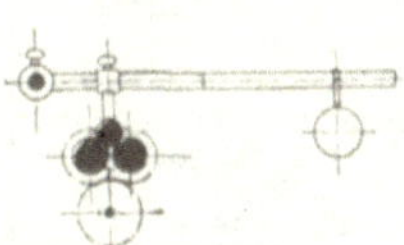
Mangel (f), Rollkalander (m)
[roller] calender
каток (мр) *или* каландр (мр) для валиков
machine (f) à cylindrer
macchina (f) per cilindrare, calandra (f)
máquina (f) de calandrar, calandra (f)

16
Walzenmacherei (f)
roller covering
производство (ср) *или* изготовленіе (ср) валиков
recouvrage (m) des cylindres
preparazione (f) dei cilindri
cobertura (f) de cilindros / *cobrir (m) corrons*

No.		
1	Walzenmacher (m) roller coverer валичный мастер (мр)	couvreur (m) des cylindres preparatore (m) di cilindri corronero (m) / *corronaire (m)*
2	Walzenanstreicher (m) roller painter лощильщик (мр) валиков	vernisseur (m) des cylindres incollatore (m) *o* verniciatore (m) di cilindri encolador (m) *o* barnizador (m) de cilindros / *encolador (m) o vernissador (m) de corrons*
3	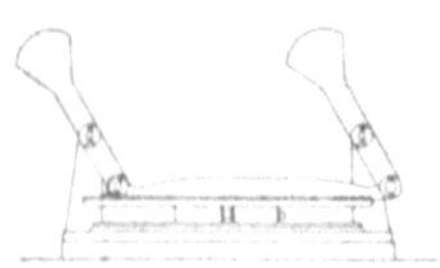	Walzenprüfer (m), Walzentaster (m) roller testing machine, roller tester прибор (мр) для провѣрки *или* подбора валиков appareil (m) à essayer les cylindres, vérificateur (m) pour cylindres apparecchio (m) per collaudare i cilindri máquina (f) para comprobar *o* calibrar los cilindros / *màquina (f) per a comprovar o calibrar els corrons*
4	das Leder mit Leimwasser bestreichen to coat the leather with a glue solution покрыть кожу клеевою жидкостью	enduire le cuir d'une solution de colle spalmare il cuoio con acqua incollata enlucir el cuero con una solución de cola / *envernissar el cuiro amb una solució de cola*
5	das Leder lackieren to varnish the leather лакировать *или* крыть лаком кожу	vernir le cuir verniciare il cuoio barnizar el cuero / *envernissar el cuiro*
6	Lack (m) für Ledermuffen roller varnish кожаный лак (мр), лак для кож	vernis (m) pour les manchons de cuir vernice (f) per i manicotti di cuoio barniz (m) para los manguitos de cuero / *vernís (m) per a les mànegues de cuiro*
7	Lackschicht (f), Lacküberzug (m) coating of varnish слой (мр) лака, лаковый покров (мр)	couche (f) de vernis copertura (f) di vernice capa (f) de barniz / *de vernís*
8	Herstellung der Riffelzylinder preparing the fluted rollers изготовленіе (ср) *или* производство (ср) рифленых цилиндров	fabrication (f) des cylindres cannelés fabbricazione (f) dei cilindri scanalati fabricación (f) de los cilindros acanalados / *fabricació (f) dels corrons ratllats*
9	Eisenwalze (f) iron roller желѣзный валик (мр)	cylindre (m) en fer cilindro (m) di ferro cilindro (m) de hierro / *corró (m) de ferro*
10	Glühen (n) der geriffelten Walze in kohlenstoffreichen Körpern annealing the fluted roller in a composition rich in carbon прокаливаніе (ср) рифленаго цилиндра в веществах богатых содержаніем углерода	recuisson (f) du cylindre cannelé dans un composé riche en carbone ricottura (f) del cilindro scanalato in un corpo ricco in carbone recocido (m) del cilindro acanalado en un compuesto rico en carbón / *recuit (m) del corró en una composició rica en carbó*
11	die Eisenwalze zementieren to cement[ate] the iron roller цементовать *или* цементировать желѣзный цилиндр	cémenter le cylindre en fer cementare il cilindro di ferro cementar el cilindro de hierro / *cementar el corró de ferro*
12	kohlenstoffreicher Körper (m) body *or* composition rich in carbon вещество (ср), богатое содержаніем углерода	corps (m) *ou* composé (m) riche en carbone corpo (m) ricco in carbone cuerpo (m) *o* compuesto (m) rico en carbón / *compost (m) ric en carbó*
13	Hornpulver (n) powdered horn роговой порошок (мр)	poudre (f) de corne polvere (f) di corno cuerno (m) pulverizado / *banya (f) pulveritzada*
14	Lederabfall (m) leather waste кожаные обрѣзки (мр)	déchets (mpl) de cuir cascami (mpl) di cuoio desperdicios (mpl) de cuero / *desperdicis (mpl) de cuiro*
15	an der Oberfläche zementiertes Eisen (n) iron cemented on the surface желѣзо (ср) с цементированной поверхностью	fer (m) cémenté à la surface ferro (m) cementato alla superficie hierro (m) cementado / *ferro (m) cementat* / en la superficie
16	Zementierungsschicht (f) layer of cementation слой (мр) цементаціи	couche (f) de cémentation strato (m) di cementazione capa (f) de cementación / *de cementació*
17	Zementstahl (m) cement steel цементированная сталь (жр), томлянка (жр)	acier (m) cémenté acciaio (m) di cementazione acero (m) cementado / *acer (m) cementat*
18	Stahlwalze (f) steel roller стальной цилиндр (мр)	cylindre (m) en acier cilindro (m) d'acciaio cilindro (m) de acero / *corró (m) d'acer*
19	die Riffeln (fpl) ausstoßen *oder* in die Walze einschneiden to cut the flutes into the roller нарѣзать на цилиндрѣ рифли	tailler les cannelures (fpl) sur le cylindre stozzare le scanalature dei cilindri entallar los acanalados en el cilindro / *tallar el ratllat en el corró*
20	die Riffeln (fpl) einpressen *oder* einwalzen to press *or* to roll the flutes into the roller выпрессовывать *или* выдавливать рифли	presser les cannelures (fpl) sur le cylindre praticare le scanalature sui cilindri mediante laminazione imprimir por prensado el acanalado del cilindro / *ratllat (m) del corró amb premsa, embotir el ratllat*

1 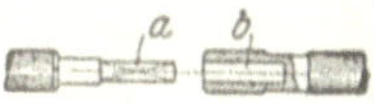

Riffelwalzenverbindung (f)
fluted roller coupling
соединенie (ср) рифленых цилиндров
emmanchement (m) des cylindres cannelés
accoppiamento (m) dei cilindri scanalati
enchufado (m) de los cilindros acanalados / *manegament (m) dels corrons rallats*

---

2 a

viereckiger Ausläufer (m) *oder* Ansatz (m)
square end
квадратный шип (мр)
bout (m) carré
appendice (f) quadrata
extremo (m) cuadrado / *extrem (m) quadrat*

---

3 b

viereckige Versenkung (f)
square recess [in roller end]
квадратное гнѣздо (ср)
évidement (m) carré
incavo (m) quadrato
agujero (m) cuadrado / *forat (m) quadrat*

---

4 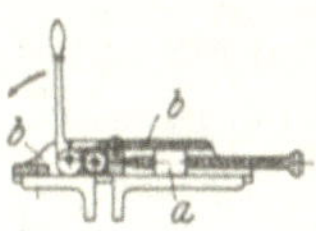

Entkupplungsvorrichtung (f) für Riffelwalzen
uncoupling apparatus for fluted rollers
приспособленie (ср) для разъединенiя *или* разъема рифленых вальцев
appareil (m) de désemmanchement pour cylindres cannelés
apparecchio (m) per disinnestare i cilindri scanalati
aparato (m) para desenchufar cilindros acanalados / *aparell (m) per a desmanegar els corrons rallats*

---

5 a

Gleitstück (n), Schlitten (m)
slide block
ползун (мр)
bloc (m) à glissière
slitta (f)
bloque (m) corredero / *bloc (m) colis*

---

6 b

Schlitzhebel (m)
slit lever
разъединительный рычаг (мр), ручка (жр) для разъема
levier (m) à rainure
leva (f) con feritoia
palanca (f) de hendidura *o* de colisa / *palanca (f) a colissa*

---

7 

Hebelentkupplung (f) für die Riffelwalzen
uncoupling of fluted rollers by levers
разъем (мр) рифленых цилиндров рычагами
désemmanchement (m) des cylindres cannelés par pouces
distacco (m) dei cilindri scanalati mediante leve
desenchufado (m) de los cilindros acanalados por palancas / *desmanegat (m) dels corrons rallats per parpalines*

III.

Spinnen (n) *oder* Verspinnen (n) der Baumwolle
Spinning of the Cotton
Прядение (ср) хлопка
Filature (f) du coton
Filatura (f) del cotone
Hilatura (f) del algodón / *Filatura (f) del cotó* 8

1. Vorspinnen (n)
Preparation
Прядение (ср) или приготовление (ср) ровницы
Préparation (f) de la mèche
Filatura (f) in grosso *o* preparatoria *o* di preparazione
Preparación (f) / *Preparació (f)* 9

a) Vorspinnmaschinen (f pl)
Speed Frames
Банкаброши (мр)
Bancs (m pl) à broches
Banchi (m pl) a fusi
Mecheras (f pl) / *Metxeres (f pl)* 10

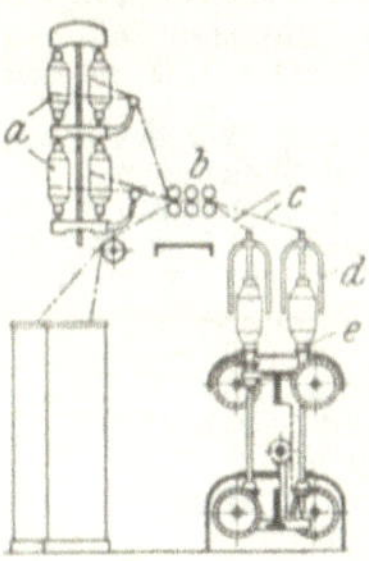

Lunter (m), Spuler (m), Spindelbank (f), Spulenbank (f), Flügelbank (f), Vorspinnmaschine (f), Fleier (m), [Flyer (m)]
speed frame, fly frame 11
банкаброш (мр)
banc (m) à broches
macchina (f) a filare in grosso, banco (m) a fusi
mechera (f) / *metxera (f)*

Einzelteile (m pl)
details
детали (жр)
détails (m pl) 12
parti (f pl) [singole], pezzi (m pl)
detalles (m pl) / *detalls (m pl)*

Spinnkanne (f)
sliver can
таз (мр) для ленты
pot (m) de ruban 13
raccoglitore (m) del nastro
bote (m) para cinta / *bot (m) de veta*

Streckband (n)
draw frame sliver
лента (жр) с ленточной
ruban (m) d'étirage 14
nastro (m) proveniente dallo stiratoio
cinta (f) / *veta (f)* / de manuar

1 Doppelkegelspule (f)
bobbin with conical ends
катушка (жр) с двумя конусами, двухконусная катушка (жр)
bobine (f) à bouts coniques
bobina (f) ad estremità coniche
bobina (f) con extremos cónicos / *rodet (m) amb capsats cònics*

2 a
Lunte (f), Vorgespinst (n), Vorgarn (n)
roving, rove, slubbing
ровница (жр)
mèche (f) [de préparation]
stoppino (m), lucignolo (m), preparazione (f)
mecha (f) / *metxa (f)*

3 b
Streckwerk (n)
drawing rollers
вытяжной аппарат (мр)
cylindres (mpl) étireurs
apparato (m) per stirare, cilindri (mpl) stiratori, rulli (mpl) di tiratura
cilindros (mpl) de estiraje / *corrons (mpl) d'estiratge*

4 c
lose, schwachgedrehte Lunte (f)
loosely twisted slubbing
рыхлая слабокрученая нить (жр) *или* ровница (жр)
mèche (f) faiblement *ou* peu tordue, mèche (f) à torsion floche
lucignolo (m) leggeramente torto *o* di poca consistenza
mecha (f) poco torcida *o* con poca torsión / *metxa (f) poc torta o amb poca torta*

5 d
Flügelspindel (f)
flyer spindle
рогульчатое веретено (ср) банкаброша
broche (f) à ailettes
fuso (m) ad aletta
huso (m) de aletas, araña (f) / *pua (f) d'aranya, pua amb aleta*

6 e
Spule (f)
bobbin
катушка (жр), деревянная цѣвка (жр), шпуля (жр)
bobine (f)
bobina (f)
bobina (f) / *rodet (m)*

7
Groblunter (m), Grobspuler (m), Vorfleier (m), grobe Spindelbank (f), Grobbank (f), Grobfleier (m)
slubbing frame
толстый банкаброш (мр)
banc (m) [à broches] en gros
banco (m) [a fusi] in grosso
mechera (f) en grueso / *metxera (f) en gros*

8
Mittellunter (m), Mittelspuler (m), Mittelspindelbank (f), Mittelbank (f), Mittelfleier (m)
intermediate frame
перегонный *или* средний банкаброш (мр)
banc (m) [à broches] intermédiaire
banco (m) [a fusi] intermedio
mechera (f) intermedia / *metxera (f) intermèdia*

Feinlunter (m), Feinspuler (m), Feinspindelbank (f), Feinbank (f), Feinfleier (m)
roving frame
тонкій *или* второй перегонный банкаброш (мр)
banc (m) [à broches] en fin
banco (m) [a fusi] in fino 9
mechera (f) en fino / *metxera (f) en fi*

Hochfeinlunter (m), Hochfeinspuler (m), Doppelfeinspindelbank (f), Doppelfeinfleier (m), Doppelfeinbank (f), Extrafeinfleier (m)
fine roving frame, jack frame
второй тонкій банкаброш (мр)
banc (m) [à broches] en surfin
banco (m) [a fusi] in finissimo *o* in sopraffino 10
mechera (f) / *metxera (f)* / superfina

Höchstfeinlunter (m), Höchstfeinspuler (m), Extradoppelfeinspindelbank (f), Extradoppelfeinbank (f), Extradoppelfeinfleier (m)
double jack frame
самый тонкій банкаброш (мр), джэкфрэм (мр)
banc (m) [à broches] extrafin
banco (m) [a fusi] in doppio fino *o* in extra fino 11
mechera (f) / *metxera (f)* / extrasuperfina

kurzer Spulentisch (m)
short bobbin rail
короткая каретка (жр)
chariot (m) des bobines court 12
carrello (m) corto
carro (m) corto / *curt*

langer Spulentisch (m)
long bobbin rail
длинная каретка (жр)
chariot (m) des bobines long 13
carrello (m) lungo
carro (m) largo / *llarg*

Bewegungsgetriebe (n) des Lunters
gearing of the fly frame
ящик (мр) скоростей банкаброша
organes (mpl) de commande du banc à broches
organi (mpl) operatori del banco a fusi 14
órganos (mpl) de mando de la mechera / *engranatges (mpl) de la metxera*

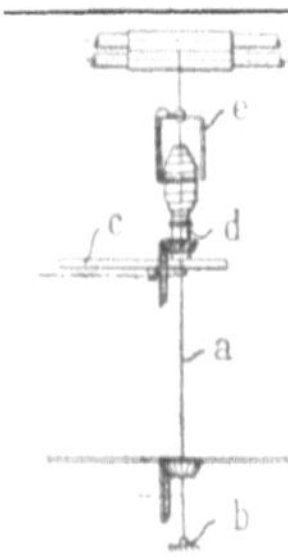

Flügel (m) und Spule (f)
flyer and bobbin
рогулька (жр) и катушка (жр)
ailette (f) et bobine (f) 15
aletta (f) e bobina (f)
aleta (f) y bobina (f) / *aranya (f) y rodet (m)*

a
Spindelachse (f)
spindle axis
ось (жр) веретена
axe (m) de la broche 16
asse (f) del fuso
eje (m) del huso / *eix (m) de la pua*

b
Fußlager (n)
footstep
подпятник (мр) 17
crapaudine (f)
padellina (f), piletta (f)
crapodina (f) / *grapaldina (f)*

Spulentisch (m), Wagen (m)
bobbin rail
каретка (жр)
chariot (m) des bobines, chariot (m) porte-bobines,
1 c rail (m) des bobines
carrello (m), carro (m) portabobine
carro (m) [porta-bobinas], balancín (m) / *balancé (m), carro (m)*

Halslager (n)
collar, bolster
втулка (жр) подшипника веретена
2 d collet (m)
collare (m)
collarín (m), pistola (f) / *collarí (m), pistola (f)*

Spindelreihe (f), [Spindelallee (f)]
row *or* line of spindles
ряд (мр) веретен
3 rang (m) *ou* rangée (f) de broches
serie (f) *o* fila (f) di fusi
hilera (f) de husos / *rengle (m) de pues*

---

die Spindeln (fpl) sind versetzt angeordnet
the spindles are set zigzag
веретена (ср) банкаброша расположены в шахматном порядкѣ
4 les broches (fpl) des deux rangées sont placées en quinconce
i fusi sono disposti a zigzag
los husos están dispuestos al tresbolillo *o* en zig-zag / *les pues estan col·locades alternades o en zig-zag*

Stahlverdeck (n)
steel casing
стальной кожух (мр)
5 revêtement (m) *ou* recouvrement (m) en acier, couvre-roues (m) en acier
coperchio (m) d'acciaio
tapa (f) de acero / *d'acer*

Hartholzverdeck (n) zwischen den Spindeln
hardwood boards for filling in between the spindles
подвижная планка (жр) из твердаго дерева между веретенами
6 planche (f) en bois dur entre les broches
riempimento (m) di legno duro tra i fusi
plancha (f) de madera dura para las tapas del portapúas / *planxa (f) de fusta dura per a les tapes del portapues*

Zahl (f) *oder* Anzahl (f) der Umdrehungen der Spindeln *oder* der Spindelumläufe in der Minute
turns of spindle per minute
7 число (ср) оборотов веретен в минуту
tours (mpl) de broche par minute
giri (mpl) del fuso per minuto
vueltas (fpl) del huso *o* de la púa por minuto / *voltes (fpl) de la pua per minut*

---

mit gleichbleibender Umlaufzahl sich drehende Spindel (f)
spindle turning with uniform speed
веретено (ср) с постоянным числом оборотов
broche (f) tournant à une vitesse uniforme 8
fuso (m) girante con velocità uniforme
huso (m) girando con velocidad uniforme / *pua (f) rodant amb velocitat uniforme*

---

der Spule gegenüber voreilende Spindel (f)
bobbin with spindle lead
рогулька (жр), опережающая веретено
broche (f) tournant plus vite que la bobine 9
fuso (m) precedente la bobina
huso (m) girando a más velocidad que la bobina / *pua (f) rodant a més velocitat qu'el rodet*

---

der Spule gegenüber nacheilende Spindel (f)
spindle with bobbin lead
рогулька (жр), отстающая от веретена
bobine (f) tournant plus vite que la broche 10
fuso (m) susseguente la bobina
bobina (f) girando a más velocidad que el huso / *rodet (m) rodant a més velocitat que la pua*

Spindelkopf (m)
spindle head
головка (жр) веретена
tête (f) de la broche 11
capo (m) del fuso
cabeza (f) del huso / *testa (f) de la pua*

[doppelarmiger] Flügel (m)
[double arm] flyer
[двухплечная *или* двухкрыльчатая] рогулька (жр)
e ailette (f) [à deux bras] 12
aletta (f) [a due bracci]
aleta (f) [de dos brazos], araña (f) / *aranya (f) [de dos braços]*

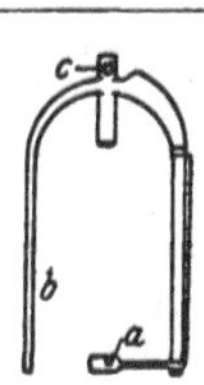

Flügel (m) mit Preßfinger
flyer with presser arm
рогулька (жр) с прижимной лапкой
ailette (f) à doigt presseur 13
aletta (f) con compressore
aleta (f) con compresor *o* con presión centrífuga / *aranya (f) amb compressor o amb pressió centrífuga*

Flügel (m) mit Kurvenschlitz
flyer with curved slit
рогулька (жр) с кривым прорѣзом
ailette (f) à fente courbe
aletta (f) a feritoia curva
aleta (f) con hendidura curvada / *aranya (f) amb galze corbat o encaix corbat* 14

1 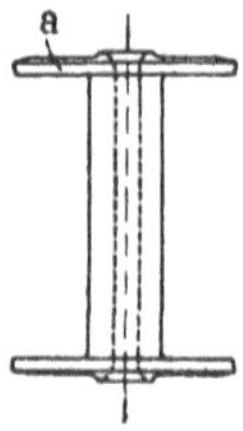

Scheibenhülse (f), Flanschenhülse (f)
double flanged bobbin
катушка (жр) *или* шпуля (жр) с флянцами
bobineau (m) *ou* tube (m) à plateaux *ou* à disques
spola (f) *o* rocchetto (m) con dischi di chiusura
carrete (m) de / *rodet (m) amb* / doble valona

2 a

Begrenzungscheibe (f), Stirnscheibe (f)
flange
концевой флянец (мр)
plateau (m), disque (m)
disco (m) di chiusura
valona (f)

3 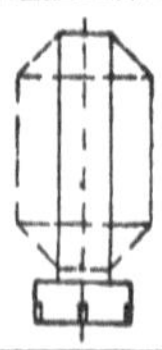

Blechhülse (f)
sheet metal tube
трубчатая катушка (жр)
tube (m) en tôle
tubo (m) di latta
tubo (m) de chapa / *tub (m) de planxa*

4
Holzhülse (f)
wooden tube
деревянная катушка (жр)
tube (m) en bois
rocchetto (m) *o* spola (f) di legno
carrete (m) de madera / *rodet (m) de fusta*

5
Papierhülse (f)
paper tube
бумажная катушка (жр)
tube (m) en papier-mâché
rocchetto (m) di carta
carrete (m) de papel *rodet (m) de paper*

6
Hartholzhulse (f)
hardwood tube
катушка (жр) из твердаго дерева
tube (m) en bois dur
rocchetto (m) di legno duro
carrete (m) de madera dura / *rodet (m) de fusta dura*

7
gelochte Messinghülse (f)
perforated brass tube
продырявленная латунная катушка (жр)
tube (m) en laiton perforé
rocchetto (m) di ottone perforato
carrete (m) de latón perforado / *rodet (m) de llautó trepanat*

8
leichte Papierhülse (f)
light paper tube
легкiй бумажный патрон (мр)
tube (m) en papier léger
tubo (m) leggero di carta
tubo (m) de papel ligero / *tubo (m) de paper lleuger*

9
Spulenumfang (m)
circumference of bobbin
обхват (мр) *или* окружность (жр) катушки
circonférence (f) de la bobine
circonferenza (f) della bobina
circunferencia (f) / *circumferència (f)* / de la bobina

10
Vorlaufen *oder* Voreilen (n) der Spule
lead of the bobbin
забѣганіе (ср) катушки
avance (f) de la bobine
anticipo (m) della bobina
avance (m) de la bobina / *avenç (m) del rodet*

11
vorlaufende *oder* voreilende Spule (f)
bobbin to lead
опережающая катушка (жр)
bobine (f) ayant de l'avance [sur la broche]
bobina (f) che precede il fuso, bobina attiva
bobina (f) adelantada / *bobina (f) avançada*

12
die Spule läuft vor
the bobbin leads
катушка (жр) забѣгает вперед
la bobine prend de l'avance
la bobina precede il fuso
la bobina avanza *o* adelanta / *avança*

13
nacheilende Spule (f)
bobbin lagging behind the spindle
отстающая катушка (жр)
bobine (f) ayant du retard [sur la broche]
bobina (f) rimanente indietro al fuso, bobina passiva
bobina (f) que retarda

14
die Spule läuft nach
the bobbin retards
катушка (жр) отстает
la bobine a du retard [sur la broche]
la bobina rimane indietro al fuso
la bobina retarda con respecto al huso / *respecte a la pua*

15
Durchmesser (m) der vollen Spule
diameter of the full bobbin
діаметр (мр) полной катушки
diamètre (m) de la bobine pleine
diametro (m) della bobina piena
diámetro (m) de la bobina llena / *diàmetre (m) de la bobina plena*

16
Aufwickeln (n), Aufwindung (f), Aufwinden (n)
winding
мотка (жр), намотка (жр), наматываніе (ср)
enroulage (m), renvidage (m)
avvolgimento (m), incannatura (f)
arrollado (m), plegado (m) / *plegat (m)*

17
die Lunte auf die Spule aufwinden
to wind the rove on the bobbin
наматывать ровницу на катушку
enrouler *ou* renvider la mèche sur la bobine
avvolgere il lucignolo intorno alla bobina
arrollar la mecha sobre la bobina / *plegar la metxa sobre el rodet*

18
Luntenanwindungspunkt (m), Anwindungsstelle (f) für die Lunte
winding point for rove
мѣсто (ср) вступленія ровницы в намотку
position (f) d'enroulement de la mèche
posizione (f) di avvolgimento del lucignolo
posición (f) de arrollado de la mecha / *posició (f) de plegat de la metxa*

19
Windungszahl (f), Zahl (f) *oder* Anzahl (f) der Windungen
number of coils
число (ср) витков
nombre (m) de spires
numero (m) delle spire
número (m) de las espiras / *nombre (m) de les espires*

20
Aufwindegeschwindigkeit (f) der Spule
winding speed of the bobbin
скорость (жр) навиванія *или* намотки на шпулю
vitesse (f) d'enroulement de la bobine
velocità (f) di avvolgimento della bobina
velocidad (f) de arrollado de la bobina / *velocitat (f) de plegat de la bobina*

21
Spulenaufwindung (f)
winding with bobbin to lead
наматываніе (ср) ведущей катушкою
enroulement (m) *ou* renvidage (m) par la bobine
avvolgimento (m) per mezzo della bobina
arrollado (m) por la bobina / *plegat (m) pel rodet*

1
Flügelaufwindung (f)
winding with flyer to lead
наматыванiе (ср) ведущей рогулькой
enroulement (m) *ou* renvidage (m) par l'ailette
avvolgimento (m) per mezzo dell'aletta
arrollado (m) por la aleta / *plegat (m) per l'aranya*

2
Luntenspannung (f)
tension in the roving
натяженiе (ср) ровницы
tension (f) de la mèche
tensione (f) del lucignolo
tensión (f) de la mecha / *tensió (f) de la metxa*

3
Luntenriß (m), Reißen (n) der Lunte
breakage of the roving
обрыв (мр) ровницы
rupture (f) de la mèche
rottura (f) del lucignolo
rotura (f) de la mecha / *trencament (m) de la metxa*

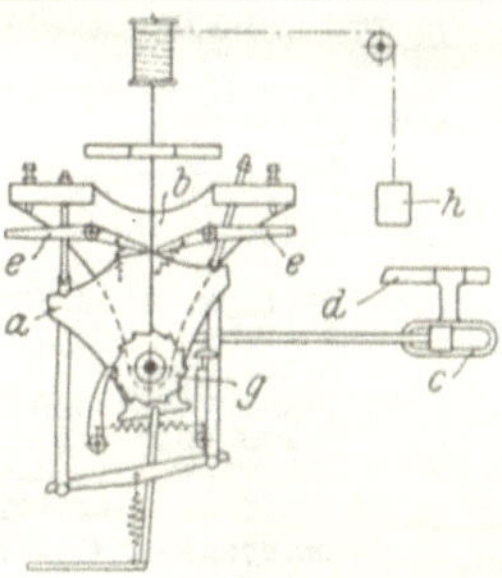

4
Steuerung (f), Schaltvorrichtung (f), Wendegetriebe (n), Kehrgetriebe (n), Wendezeug (n), Kehrzeug (n), Umschaltvorrichtung (f)
reversing motion
замок (мр), распредѣлительный аппарат (мр) [мотальнаго механизма]
mécanisme (m) de changement, bascule (f)
meccanismo (m) di inversione, invertitore (m) a scatto, testa (f) di cavallo
mecanismo (m) de báscula, juego (m) de gatillos *o* de trinquete / *joc (m) de cadells o de bàscula, mecanisme (m) de canvi*

---

5 a
Wendestück (n)
reversing bracket
перекидчик (мр)
pièce (f) à bascule
eccentrico (m) anteriore, pezzo (m) oscillante anteriore
pieza (f) basculante *o* de disparo / *peça (f) basculant o de dispar, disparador (m)*

---

6 b
Schwinge (f), Schaukelstück (n), Schwinghebel (m), [Balancier (m)]
rocker, swing lever, balance lever, reversing lever
коромысло (ср), балансир (мр)
balancier (m)
eccentrico (m) posteriore, pezzo (m) oscillante posteriore, bilanciere (m)
oscilador (m), cuernos (m pl) de ciervo / *banyes (f pl) de cérvol, orelles (f pl) de la serreta del copisplet*

---

c 7
Schlittenführung (f)
slide rack
ползун (мр), салазки (жр)
coulisse (f)
pezzo (m) a glifo, pattino (m)
corredera (f) / *esclopet (m)*

---

d 8
Spulenwagen (m)
bobbin rail
каретка (жр)
chariot (m) des bobines
carro (m) [porta-bobine]
carro (m) [porta-bobinas], balancín (m) / *balancé (m), reglà (f) porta rodets*

---

e 9
Klinke (f)
catch
собачка (жр)
cliquet (m), moineau (m)
arpione (m)
trinquete (m), gatillo (m) / *cadell (m)*

---

g 10
Sperrad (n), Schaltrad (n)
star *or* ratchet wheel
храповик (мр), мотальная смѣнная шестерня (жр)
roue (f) à rochet
ruota (f) a denti di sega, [ruota a] stella (f), ruota d'arresto
rueda (f) de trinquete *o* de estrella / *[roda (f) d'] estrella (f)*

---

h 11
Belastungsgewicht (n)
weight
гиря (жр), груз (мр)
poids (m)
contrappeso (m)
peso (m) / *pes (m)*

12
den Wagenhub verkürzen
to shorten the lift of the bobbin rail
сократить *или* уменьшить *или* убавить ход каретки
raccourcir *ou* diminuer la course du chariot
ridurre la corsa del carro
disminuir la cursa del carro / *reduir la cursa del balancé*

13
Hubverkürzung (f)
shortening the lift
сокращенiе (ср) *или* уменьшенiе (ср) хода каретки
raccourcissement (m) de la course
riduzione (f) della corsa
disminución (f) / *reducció (f) / della cursa*

14
Umlaufwerk (n), Umlaufgetriebe (n), Differentialgetriebe (n), Differentialräderwerk (n)
differential motion
секрет (мр), дифференцiальный аппарат (мр), дифференцiальная передача (жр)
[mécanisme (m) à] différentiel (m), mouvement (m) différentiel
[meccanismo (m)] differenziale (m)
juego (m) *o* mecanismo (m) diferencial / *[joc (m)] diferencial (m)*

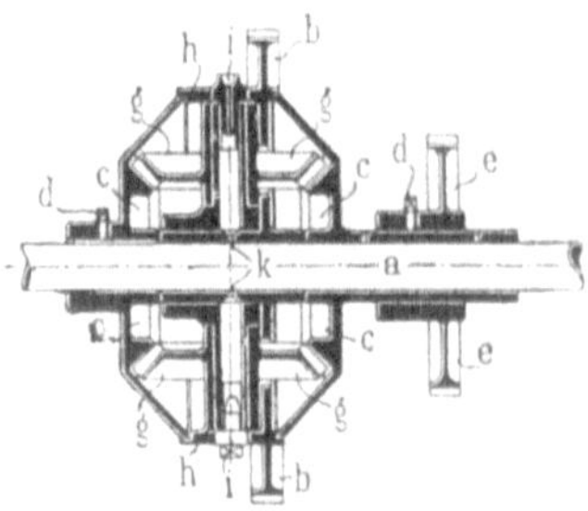

1 — Houldsworthsches Differentialgetriebe (n)
Houldsworth's differential motion
дифференціальный аппарат (мр) Гудворта
mouvement (m) différentiel de Houldsworth
differenziale (m) Houldsworth
mecanismo (m) / *joc (m)* / diferencial de Houldsworth

---

2 — a — Antriebwelle (f)
driving shaft
ведущій вал (мр)
arbre (m) moteur
albero (m) motore
árbol (m) motor / *arbre (m) motor*

---

3 — b — Differentialrad (n), Planetenrad (n)
differential *or* sun wheel
дифференціальная шестерня (жр)
roue (f) différentielle, roue à planète
ruota (f) differenziale
rueda (f) diferencial / *roda (f) diferencial*, [*roda (f)*] *sol (m)*

---

4 — c, g — Kegelräder (npl)
bevel wheels
коническія шестерни (жр)
roues (fpl) d'angle *ou* coniques
ruote (fpl) coniche
ruedas (fpl) cónicas / *rodes (fpl) côniques o d'angle*

---

5 — d — Klemmschraube (f)
set screw
зажимной *или* закрѣпительный винт (мр)
vis (f) de serrage
vite (f) di serraggio
tornillo (m) de cierre / *cargol (m) de fixació*

---

6 — e — Spulentriebrad (n)
bobbin [driving] pinion
шестерня (жр), передающая вращеніе катушкам
pignon (m) de commande des bobines
pignione (m) che comanda le bobine
piñón (m) de mando de las bobinas / *pinyó (m) de comanda de les bobines*

---

h — Deckstück (n)
cover
футляр (мр), крышка (жр)
couvercle (m)
coperchio (m)
tapa (f) — 7

---

i — Schmierkopf (m)
lubricating cup
смазочная чашка (жр)
godet (m) à l'huile
oliatore (m)
embudo (m) de aceite / *embut (m) per l'untatge* — 8

---

k — Schmierloch (n)
oil hole
смазочное отверстіе (ср) [во втулкѣ]
trou (m) à l'huile
foro (m) per l'olio
entrada (f) del aceite / *forat (m) d'oli* — 9

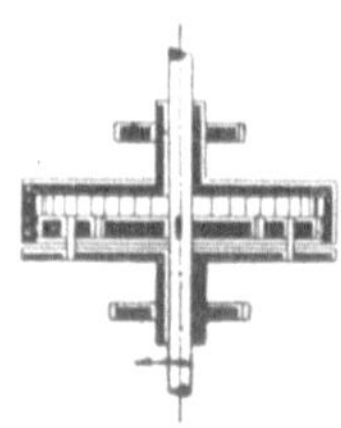

Stirnraddifferentialgetriebe (n) mit Innenverzahnung
spur wheel differential motion with internla toothing
дифференціальный аппарат (мр) с внутренней цилиндрической зубчатой передачей
mouvement (m) différentiel à roue droite et denture intérieure
differenziale (m) con ingranaggio cilindrico a dentatura interna
mecanismo (m) diferencial de ruedas rectas y dientes interiores / *joc (m) diferencial amb rodes rectes y dents interiors* — 10

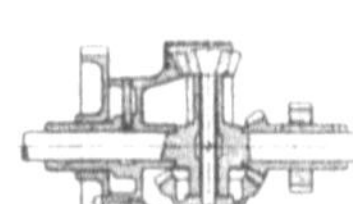

Tweedalesches Differentialgetriebe (n)
Tweedale's differential motion
дифференціальный аппарат (мр) Твиделя
mouvement (m) différentiel de Tweedale
differenziale (m) Tweedale
mecanismo (m) / *mecanisme (m)* / diferencial de Tweedale — 11

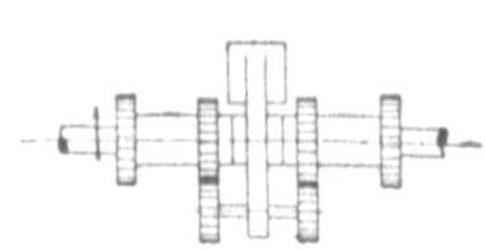

epizyklisches Stirnradgetriebe (n)
epicyclic spur wheel motion
эпициклоидальная передача (жр) цилиндрическими шестернями
mouvement (m) à engrenage épicycloïdal droit
meccanismo (m) ad ingranaggi con denti epicicloidali
mecanismo (m) de engranaje epicíclico / *mecanisme (m) d'engranatge epicíclic* — 12

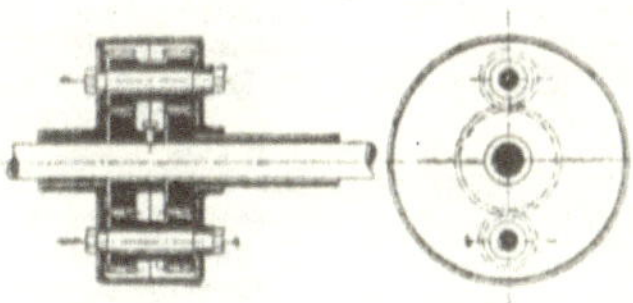

Brooks u. Doxeys Differentialgetriebe (n)
1 Brooks and Doxey's differential motion
дифференціальная передача (жр) Брукс и Доксей
mouvement (m) différentiel de Brooks et Doxey
differenziale (m) sist. Brooks e Doxey
mecanismo (m) / *mecanisme (m)* / diferencial de Brooks & Doxey

---

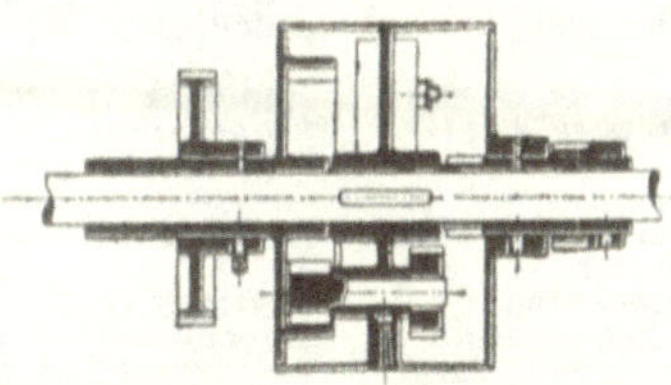

Stirnraddifferentialwerk (n) mit doppelter Übersetzung
spur wheel differential motion with double gearing
2 дифференціальный аппарат (мр) с цилиндрическими шестернями двойной передачи
mouvement (m) différentiel à roue droite avec double engrenage
differenziale (m) con ingranaggio cilindrico a doppio rapporto
mecanismo (m) / *mecanisme (m)* / diferencial con doble engranaje / *engranatge*

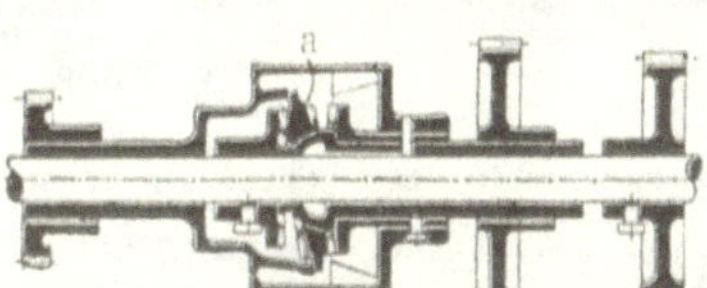

3 Dobson u. Barlows Differentialgetriebe (n)
Dobson and Barlow's differential motion
дифференціальная передача (жр) системы Добсон и Барло
mouvement (m) différentiel (m) de Dobson et Barlow
differenziale (m) Dobson e Barlow
mecanismo (m) / *mecanisme* (m) / diferencial de Dobson & Barlow

---

4 a
Kuppelrad (n)
coupling wheel
соединительная *или* сцѣпляющая *или* вертлюжная шестерня (жр)
roue (f) d'accouplement
ruota (f) d'accoppiamento
rueda (f) o corona (f) de acoplamiento / *roda (f) o corona (f) d'acoblament*

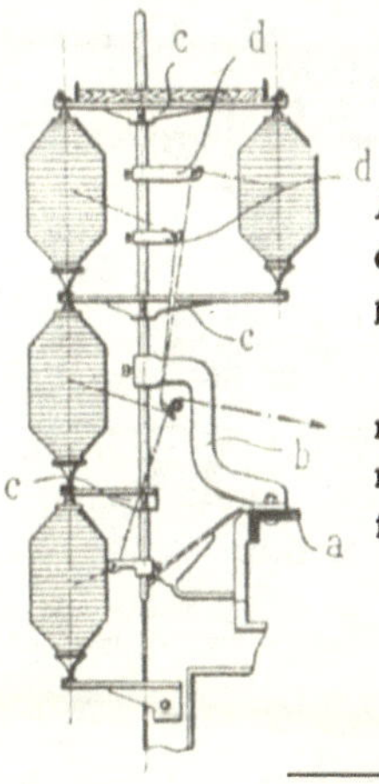

Aufsteckgatter (n)
creel
рама (жр) для катушек, рамки (жр) для установки катушек 5
râtelier (m)
rastrelliera (f)
fileta (f)

---

a
Zylinderbaum (m), Zylinderbank (f)
roller beam
брус (мр) под цилиндрами
support (m) de cylindres, porte-cylindres (m) 6
sopporto (m) di cilindri, portacilindri (m)
porta-cilindros (m) / *portacorrons (m)*

---

b
Tragarm (m)
carrying bracket
консоль (мр), кронштейн (мр), опорное плечо (ср) 7
bras (m) de support
braccio (m) del sopporto
soporte (m) de montante / *suport (m) de muntant* / de la fileta

---

c
Stellarm (m)
adjustable bracket arm, creel bracket
передвижной кронштейн (мр) 8
bras (m) de support réglable
braccio (m) regolabile del sopporto
brazo (m) / *braç* (m) / ajustable

---

die Entfernungen (fpl) der Stellarme der Spulenlänge anpassen
to suit the distance of creel brackets to the length of the bobbin
установить разстоянія между передвижными кронштейнами соотвѣтственно длинѣ катушек
approprier la distance des supports du râtelier à la longueur de la bobine 9
adattare la distanza dei sopporti alla lunghezza della bobina
ajustar la distancia de los soportes de la fileta de acuerdo con la longitud de las bobinas / *galgar la distancia dels suports de la fileta d'acord amb la llargada dels rodets*

1 d
Leitstange (f)
guide rod
направляющая рейка (жр)
tige-guide (f)
asta (f) di guida
varilla-guia (f) / *barreta-guia (f)*

2
Spule (f)
bobbin
катушка (жр), шпуля (жр)
bobineau (m), fût (m)
rocchetto (m), spola (f)
carrete (m) / *rodet* (m)

3
Aufsteckspindel (f), Spulenstab (m)
skewer
веретено (ср) *или* шпилька (жр) для надѣванія катушек, катушечное веретено
brochette (f)
perno (m), brocca (f)
husillo (m) / *fuset (m)*

4
Aufstecken (n) der Spulen
creeling the bobbins
насадка (жр) *или* установка (жр) *или* ставка (жр) катушек
embrochement (m) des bobineaux
infilamento (m) delle spole
colocación (f) de los carretes / *col·locació (f) dels rodets*

5
die Spule aufstecken *oder* auf die Spindel schieben
to put the bobbin on the skewer, to creel the bobbin
надѣть катушку на веретено
placer la bobine sur la brochette
infilare la bobina sul perno
colocar el carrete en el husillo / *enfilar el fuset en el rodet*

6
die Vorgarnspule leicht drehbar lagern
to mount the roving bobbin loosely
свободно устанавливать катушку с ровницей
monter la bobine de préparation librement
montare la bobina di preparazione facilmente girevole
montar la bobina alimentaria libremente giratoria / *montar la bobina de alimentació lliurement giratora*

7
Fuß (m) der Aufsteckspindel
foot of the skewer
ножка (жр) *или* пяточка (жр) веретена
pied (m) de la brochette
piede (m) del perno
pie (m) del husillo / *piu (m) del fuset*

8
Spitzeneinsatz (m)
inserted end of the skewer
остроконечная вставка (жр) веретена
pointe (f) appliquée à la brochette
punta (f) inserita nel perno
punta (f) insertada en el husillo / *en el fuset*

9
Hartholzspitze (f)
hard wood tip
острie (ср) из твердаго дерева
pointe (f) en bois dur
punta (f) di legno duro
punta (f) de madera / *de fusta* / dura

10
Buchsbaumspitze (f)
boxwood tip
самшитовое острie (ср), острie из самшита
pointe (f) en bois de buis
punta (f) di bosso
punta (f) de boj / *de boix*

11
Eisengatter (n) mit Holzfutter
iron creel with wood lining
желѣзная рамка (жр) с деревянной обшивкой
râtelier (m) en fer avec tablette de bois
rastrelliera (f) in ferro con tavolette di legno
fileta (f) de hierro con revestimiento de madera / *fileta (f) de ferro amb revestiment de fusta*

12
Aufsteckspindellager (n), Lagerung (f) der Aufsteckspindel
footstep of the skewer
подшипник (мр) веретена
support (m) de la brochette
sopporto (m) di base del perno
soporte (m) del husillo / *suport (m) del fuset*

13
Steingutpfanne (f)
pot [foot]step
глиняный обливной подпятник (мр)
crapaudine (f) *ou* godet (m) en terre cuite
padellina (f) di terra cotta
crapodina (f) de loza / *grapaldina (f) o gotet (m) de pisa*

14
Glaspfanne (f), Glasnapf (m)
glass [foot]step
стеклянная плошка (жр), стеклянный подпятник (мр)
crapaudine (f) en verre
padellina (f) di vetro
crapodina (f) de vidrio / *grapaldina (f) de vidre*

15
Porzellanpfanne (f)
porcelain [foot]step
фарфоровая плошка (жр)
crapaudine (f) en porcelaine
padellina (f) di porcellana
crapodina (f) de porcelana / *grapaldina (f) de porcellana*

16
geätzte Glaspfanne (f)
rough glass [foot]step
протравленная стеклянная плошка (жр)
crapaudine (f) en verre attaqué à l'acide
padellina (f) di vetro attaccato di acido
crapodina (f) de vidrio atacado [con ácido] / *grapaldina (f) de vidre menjat [amb àcid]*

17
Herausspringen (n) der Aufsteckspindel
tumbling out of the skewer
выскакиванie (ср) *или* выпаданie (ср) катушечнаго веретена
chute (f) de la brochette
uscita (f) del perno
caída (f) del husillo / *caiguda (f) del fuset*

18
die Aufsteckspindel springt heraus
the skewer tumbles out
катушечное веретено (ср) выскакивает
la brochette tombe dehors
il perno salta fuori
el husillo cae fuera / *el fuset cau fora*

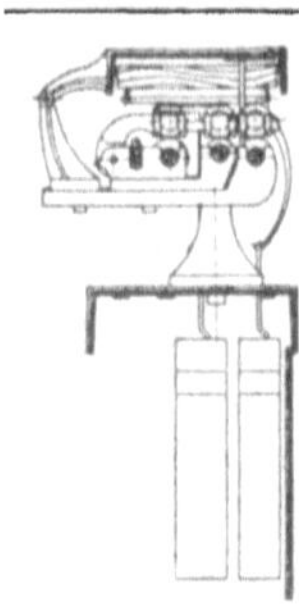

19
Streckwerk (n) der Spulenbank
fly frame drawing rollers
вытяжной аппарат (мр) банкаброша
cylindres (mpl) d'étirage du banc
apparato (m) per tirare del banco a fusi
cilindros (mpl) de estiraje de la mechera / *corrons (mpl) d'estiratge de metxera*

1 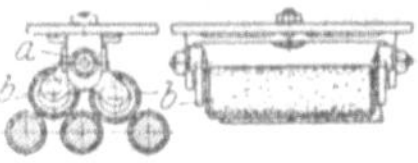

Putzvorrichtung (f) von Brown
Brown's revolving clearer
вращающееся очистительное приспособление (ср) Брауна
nettoyeur (m) rotatif de Brown
pulitore (m) rotativo di Brown
limpiador (m) giratorio / *raspall (m) giratori* / sistema Brown

---

2 a

Stelleisen (n) mit zwei Doppelarmen
adjustable two-armed rod
установительная доска (жр) с двумя двойными державками
tringle (f) métallique réglable à double bras
staffa (f) di regolazione a doppio braccio
varilla (f) metálica ajustable a dos brazos / *barreta (f) metàl·lica ajustable a dos braços*

---

3 b

mit Putztuch bezogene Gußeisenwalze (f)
cast iron roller covered with flannel
трубчатый чугунный валик (мр), покрытый сукном для очистки
tube (m) en fonte recouvert de flanelle
cilindro (m) di ghisa ricoperto di flanella
cilindro (m) de hierro fundido cubierto de franela / *corró (m) de fundició recobert de franel·la*

---

4 mit Putztuch bezogene Stahlrohrwalze (f)
steel roller covered with flannel
трубчатый стальной валик (мр), покрытый сукном для очистки
tube (m) d'acier recouvert de flanelle
cilindro (m) d'acciaio ricoperto di flanella
cilindro (m) de acero cubierto de franela / *corró (m) d'acer recobert de franel·la*

---

5 Luntenführung (f)
guiding of the rove
направление (ср) [для] ровницы
guidage (m) de la mèche
guida (f) dello stoppino
guía (f) de la mecha / *guia (f) de la metxa*

---

6 

Luntenführer (m)
traverse guide *or* motion
направитель (мр) ровницы
guide-mèche (m)
guida-stoppino (m)
arañero (m) / *aranyer (m)*

---

7 a

Luntenführerstange (f), Luntenführerlatte (f)
roving rod
рейка (жр) направителя ровницы
latte (f) pour guide-mèches
barra (f) dei guida-stoppini
varilla (f) del arañero / *barreta (f) del aranyer*

---

b

Einlaufgabel (f), Führungsgabel (f)
traverse guide fork
подводящая *или* нитеводная вилка (жр) 8
fourchette (f) guide-mèche
forchetta (f) guida-stoppino
horquilla (f) del arañero / *forquilla (f) del aranyer*

---

der Faden bewegt sich längs der Streckwalzen hin und her
the rove traverses on the roller bosses
нить (жр) движется взад и вперед вдоль вытяжного валика
la mèche va et vient le long des cylindres d'étirage
lo stoppino ha un movimento di va e vieni lungo i cilindri stiratori 9
la mecha va y viene a lo largo de los cilindros de estiraje / *la metxa vaivé al llarg dels corrons d'estiratge*

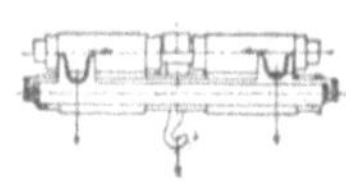

Doppelluntenführer (m)
double traverse motion
двойной нитеводитель (мр)
guide-mèche (m) double 10
guida-stoppino (m) doppio
arañero (m) doble / *aranyer (m) doble*

---

die Fuhrungsgabeln (fpl) laufen gegeneinander
the traverse guide forks move towards each other
[парныя] нитеводныя вилки (жр) сближаются
les fourchettes (fpl) guide-mèche se meuvent l'une vers l'autre
le forchette guida-stoppino si muovono l'una verso l'altra 11
las horquillas guía-mecha se mueven una hacia la otra / *les forquilles (fpl) guia-metxes es mouen l'una cap a l'altre*

---

die Fuhrungsgabeln (fpl) laufen auseinander
the traverse guide forks move away from each other
[парныя] нитеводныя вилки (жр) расходятся
les fourchettes (fpl) guide-mèche se meuvent loin l'une de l'autre
le forchette guida-stoppino si muovono allontanandosi l'una dall'altra 12
las horquillas guía-mecha se mueven una fuera de la otra / *les forquilles (fpl) guia-metxes es mouen l'una lluny de l'altra*

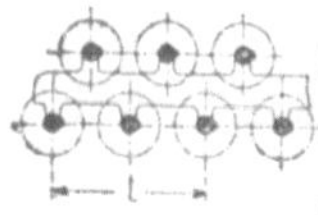

t

Spindelteilung (f)
spindle gauge, pitch of spindles, space *or* distance of spindles [from centre to centre]
разстояние (ср) между веретенами
distance (f) *ou* écartement (m) des broches 13
scartamento (m) *o* passo (m) dei fusi, distanza (f) fra le assi dei fusi
distancia (f) entre los husos / *ecartament (m) o distància (f) de les pues*

1 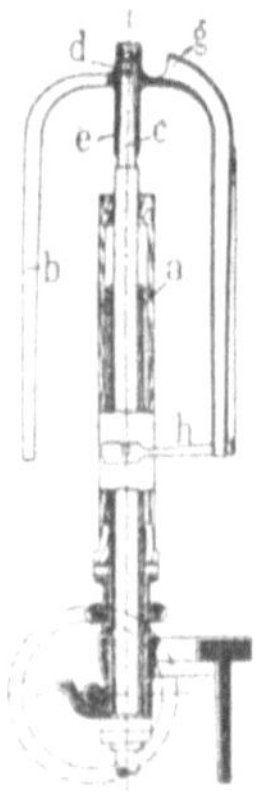

Spindelführung (f)
spindle guiding
направленіе (ср) веретена
guidage (m) de la broche
guida (f) del fuso
guia (f) del huso / *guia (f) de la pua*

2 a
Führungsbüchse (f), Halslager (n)
spindle collar
веретенная втулка (жр)
collet (m) de la broche
collarino (m) del fuso
collarín (m) del huso / *collarí (m) de la pua*

3 b
Flügelarm (m)
flyer leg
плечо (ср) рогульки
bras (m) de l'ailette
braccio (m) dell'aletta
brazo (m) / *braç (m)* / de la aleta

4 c
Spindelspitze (f)
spindle point *or* top
верхушка (жр) веретена
pointe (f) *ou* couronne (f) de la broche
punta (f) del fuso
punta (f) del huso / *de la pua*

5 d
Mitnehmerstift (m)
cross pin
поперечный штифт (мр)
cheville (f) d'entraînement
perno (m) trascinante
perno (m) conductor / *clivella (f) conductora*

6 e
Flügelkopf (m)
flyer top
головка (жр) рогульки
tête (f) de l'ailette
testa (f) dell'aletta
cabeza (f) de la aleta / *cap (m) o testa (f) de l'aranya*

7 g
Hohlarm (m), Flügelrohr (n)
hollow leg *or* arm
пустотѣлое крыло (ср) *или* плечо (ср)
bras (m) creux
aletta (f) a tubo, braccio (m) cavo dell'aletta, aletta (f) operante
brazo (m) hueco *o* tubular / *braç (m) buit*

8
seitlich aufgeschlitzter Hohlarm (m)
hollow leg slit down on the side
пустотѣлое крыло (ср) с продольною щелью
bras (m) creux fendu de côté
braccio (m) cavo con fessura laterale
brazo (m) hueco abierto lateralmente / *braç (m) buit obert lateralment*

die Lunte von Hand einführen
to thread the rove by hand
заводить ровницу вручную
introduire la mèche à la main 9
introdurre lo stoppino a mano
introducir la mecha a la mano / *introduir la metxa a mà*

Flügeldrehung (f)
turn of the flyer
вращеніе (ср) рогульки
rotation (f) de l'ailette 10
rotazione (f) dell'aletta
vuelta (f) de la aleta / *volta (f) de l'aleta*

h
Preßfinger (m), Presser (m)
press finger, presser
пресс-лапка (жр)
[doigt (m)] presseur (m), doigt (m) comprimeur 11
compressore (m), pressoio (m)
dedo (m) de presión centrífuga, compresor (m) / [*dit (m)*] *compressor (m)*

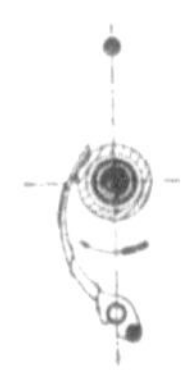

der Preßfinger zeigt in der Drehrichtung
the [press] finger points in the direction of rotation
пресс-лапка (жр) направлена в сторону вращенія
le presseur est placé dans la direction de la rotation 12
il pressoio è disposto nel senso della rotazione
el compresor está colocado en el sentido de la rotación / *el compressor està posat en la direcció de la rotació*

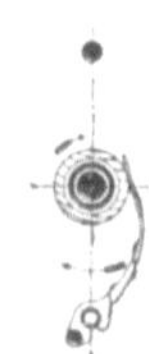

der Preßfinger zeigt gegen die Drehrichtung
the press finger points against the direction of rotation
пресс-лапка (жр) направлена в сторону, обратную вращенію
le presseur est placé dans la direction opposée à la rotation 13
il pressoio è disposto in direzione opposta alla rotazione
el compresor está colocado en la dirección contraria a la rotación / *el compressor està posat en la direcció contraria a la rotació*

Fliehkraft (f), Schleuderkraft (f), [Zentrifugalkraft (f)]
centrifugal force
центробѣжная сила (жр)
force (f) centrifuge
forza (f) centrifuga 14
fuerza (f) / *força (f)* / centrífuga

Halslager (n)
collar
подшипник (мр) для шейки
collet (m)
collare (m) 15
cuello (m) / *collarí (m)*

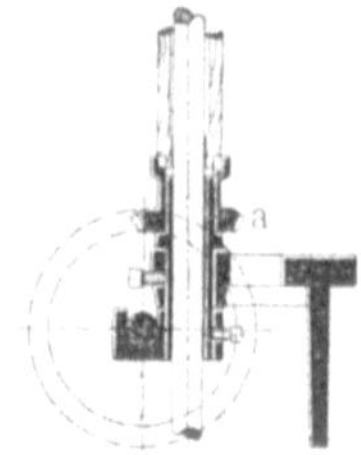

kurze Büchse (f)
short collar
короткая втулка (жр)
collet (m) court 16
collarino (m)
cuello (m) corto, collarín (m) / *collarí (m)*

1 a
Spulentriebrad (n), Spulentriebrädchen (n)
bobbin wheel
катушечная шестерня (жр) *или* шестеренка (жр)
roue (f) de commande des bobines, roue (f) à esquives
ruota (f) che comanda le bobine
rueda (f) de mando de las bobinas / *roda (f) de comanda de les bobines*

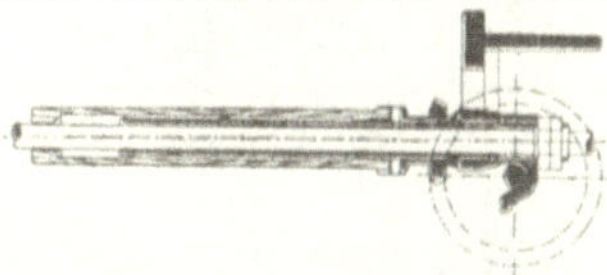

2
lange Büchse (f)
long collar
длинная втулка (жр)
collet (m) long
collare (m)
cuello (m) largo, pistola (f) / *pistola (f)*

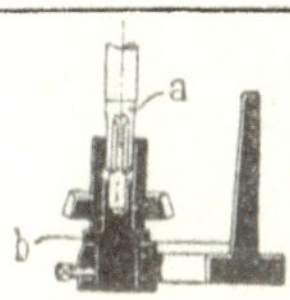

3
Fußlagerung (f)
footstep
подпятник (мр)
crapaudine (f)
padella (f), piletta (f), fondino (m)
crapodina (f) / *grapaldina (f)*

4 a
Spindelfuß (m)
spindle foot
ножка (жр) *или* пятка (жр) веретена
pied (m) de la broche
piede (m) del fuso
pie (m) o pivote (m) del huso / *peu (m) o punta (f) de la pua*

5 b
Spurlager (n)
footstep bearing
вставной подпятник (мр)
support (m) de crapaudine
sopporto (m) della piletta
soporte (m) de la crapodina / *suport (m) de la grapaldina*

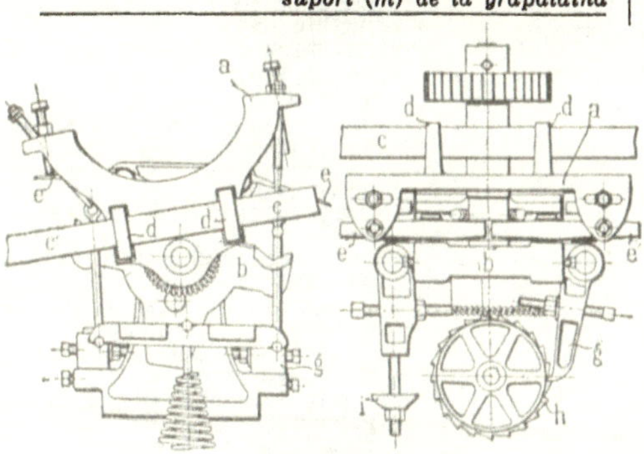

6
Wendegetriebe (n)
reversing motion
замок (мр), реверсивный механизм (мр)
mécanisme (m) de changement
meccanismo (m) di inversione
mecanismo (m) de báscula / *joc (m) de cadells*

a 7
Schwinghebel (m)
rocker, swing lever, balance lever
коромысло (ср), балансир (мр)
balancier (m)
bilanciere (m)
oscilador (m) / *banyes (fpl) de cérvol*

b 8
Wendestück (n)
reversing bracket
перекидчик (мр)
pièce (f) à bascule
pezzo (m) oscillante anteriore
pieza (f) basculante / *disparador (m)*

c 9
Schwingstange (f), Lenkstange (f)
anchor bar
качающаяся рейка (жр)
tringle (f)
leva (f) oscillante
serreta (f)

d 10
Auge (n)
eyelet
ушко (ср)
œillet (m)
occhio (m)
oreja-guía (f) / *orella (f)*

e 11
Klinke (f)
latch
собачка (жр)
loquet (m)
saltarello (m), nottolino (m), arresto (m)
gatillo (m) / *cadell (m)*

12
die Klinke auslösen
to release the latch
откинуть собачку
dégager le loquet
distaccare il saltarello
soltar el gatillo / *disparar el cadell*

13
die Kehrräder (npl) umwechseln
to change the reversing bevels
смѣнить храповик
changer les roues (fpl) de renversement
cambiare le ruote di inversione
cambiar las ruedas del juego de escala / *canviar les rodes del joc d'escala*

14
die Bewegungsrichtung des Wagens umkehren
to reverse the motion of the bobbin rail
перевести ход *или* перемѣнить направленіе хода каретки
renverser la direction du chariot
invertire la corsa del carro
invertir el curso / *la cursa* / del carro

g 15
Sperrklinke (f)
catch
собачка (жр) храповика
cliquet (m) à rochet
arpione (m)
gatillo (m) de la rueda de estrella / *cadell (m) de la roda d'estrella*

1 h
Schaltrad (n)
ratchet wheel
[зацѣпной] храповик (мр), смѣнная мотальная шестерня (жр)
[roue (f) à] rochet (m)
[ruota (f) a] stella (f)
rueda (f) / *roda (f)* / de estrella

2 i
regelbarer *oder* einstellbarer Klinkenkopf (m)
adjustable latch head, adjustable catch
устанавливаемая головка (жр) *или* зуб (мр) собачки
tête (f) de loquet réglable
testa (f) del nottolino regolabile
cabeza (f) del gatillo ajustable / *cap (m) del cadell ajustable*

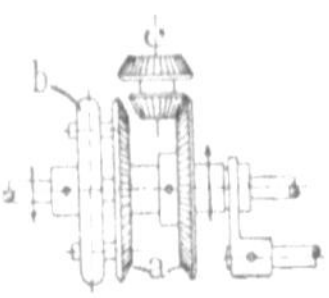

3 a
Kehrräder (npl), Wenderäder (npl), Umsteuerräder (npl), Hubwechselräder (npl), Zwillingsräder (npl)
strike wheels, reversing bevels, lifter bevel wheels
переводныя *или* перекидныя шестерни (жр)
roues (fpl) coniques de renversement *ou* de changement de marche, roues (fpl) jumelles
ruote (fpl) coniche di inversione di marcia
ruedas (fpl) cónicas gemelas del juego de escala / *rodes (fpl) d'angle del joc d'escala*

4 b
Mitnehmerscheibe (*f*)
coupling disc, driving plate
поводковый *или* сцѣпной диск (мр)
plateau (m) entraîneur, disque (m) entraîneur
disco (m) trascinante
volante (m) conductor / *volant (m) de comanda*

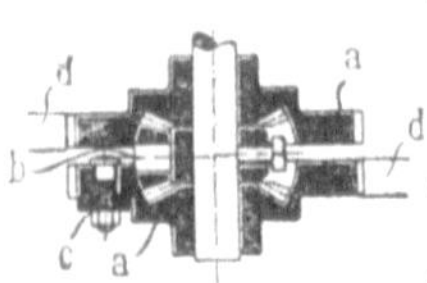

5
Dobson u. Barlows Schaltgetriebe (n)
Dobson and Barlow's reversing motion
универсальный храповой механизм (мр) *или* храповой реверсивный механизм (мр) Добсон и Барло
mécanisme (m) de changement de Dobson et Barlow
meccanismo (m) di inversione Dobson e Barlow
juego (m) de escala / *joc (m) d'escala* / de Dobson & Barlow

6 a
Schaltrad (n)
star wheel
храповое колесо (ср), храповик (мр)
rochet (m)
stella (f)
estrella (f)

7 b
Kegelrad (n)
bevel wheel
коническая шестерня (жр)
roue (f) conique
ruota (f) conica
rueda (f) cónica *o* de ángulo / *roda (f) d'angle o cònica*

c 8
Anschlageisen (n)
stop
упорка (жр)
taquet (m)
arresto (m)
tope (m) / *topo (m), tac (m)*

d 9
Fanghaken (m)
ratchet catch
косой зуб (мр) храповика
cliquet (m) à rochet
arpione (m) della stella
gatillo (m) de la rueda de estrella / *cadell (m) de la roda d'estrella*

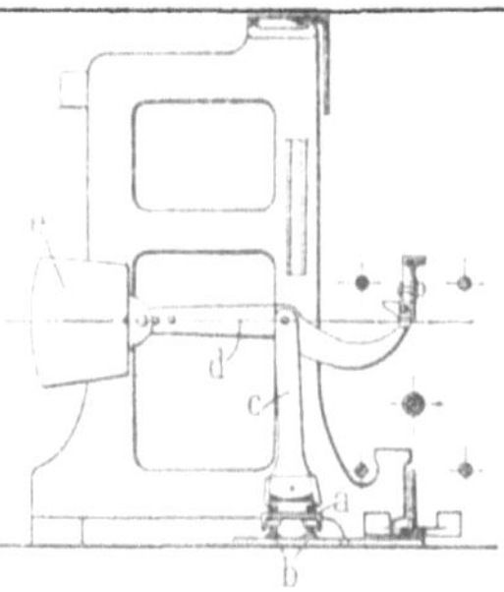

10
Auswuchtung (f) [*oder* Ausbalanzierung (f)] des [Spulen-]Wagens
balancing of the bobbin rail
уравновѣшиваніе (ср) каретки
équilibrage (m) du chariot
equilibraggio (m) del carro
equilibrado (m) / *equilibrat (m)* / del carro

a 11
Lagerplatte (f)
support
плита (жр) подпятника
support (m)
sopporto (m)
soporte (m) / *suport (m)*

b 12
Einstellschraube (f), Regelschraube (f), [Regulierschraube (f)]
adjusting screw
установительный винт (мр)
vis (f) de réglage
vite (f) di registro
tornillo (m) de ajuste / *cargol (m) d'ajustat*

c 13
Ständer (m)
fulcrum bracket of balancing lever
качающаяся стойка (жр) балансира
montant (m) du support du levier de balancement
montante (m) del sopporto della leva oscillante
pie (m) de oscilación de la palanca / *peu (m) dret d'oscil·lació de la palanca*

d 14
Doppelhebel (m)
double lever
двуплечій *или* двойной рычаг (мр)
levier (m) à deux bras
leva (f) a due bracci
palanca (f) doble

1 e
Gegengewicht (n)
balance weight
противовѣс (мр)
contrepoids (m)
contrappeso (m)
contrapeso (m) / *contrapès (m)*

2
die Wagenbewegung umsteuern
to reverse the lift of the bobbin rail
перевести каретку на обратный ход
changer *ou* renverser la direction du chariot
invertire la corsa del carro
invertir el curso / *la cursa* / del carro

3
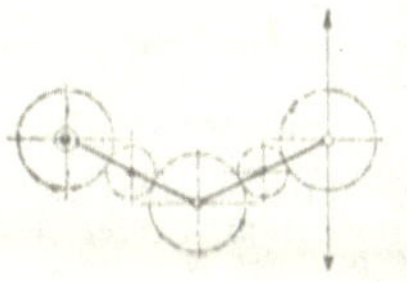
Rädergehänge (n), Knie (n)
swing, train of wheels
качающееся передаточное шестеренное зацѣпленіе (ср)
genouillère (f)
ginocchiera (f)
rodillera (f), charnela (f) / *genollera (f), xarnera (f)*

4
fünfrädriges Gehänge (n)
five-wheel swing
пятишестеренное зацѣпленіе (ср)
train (m) de cinq roues
treno (m) di cinque ingranaggi
charnela (f) de cinco ruedas / *xarnera (f) de cinq rodes*

5
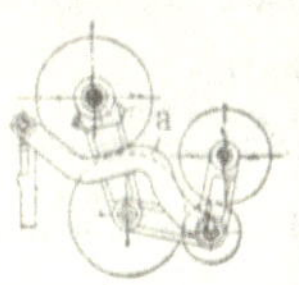

Ausgleichknie (n)
compensating swing
выравнительное звено (ср) *или* колѣно (ср)
genouillère (f) à compensation
ginocchiera (f) a compensazione
charnela (f) de compensación / *xarnera (f) de compensació*

6 a
Gegenlenker (m)
bell crank lever, guide lever
направляющій рычаг (мр)
levier-guide (m)
leva (f) di guida
palanca-guía (f)

7
Lieferung (f) *oder* Lieferungsfähigkeit (f) des Lunters
production of the fly frame
продуктивность (жр) *или* производительность (жр) *или* выработка (жр) банкаброша
production (f) du banc à broches
produzione (f) del banco a fusi
producción (f) de la mechera / *producció (f) de la metxera*

8
Schneller (m)
hank
моток (мр)
écheveau (m)
matassa (f)
madeja (f) / *madeixa (f)*

9
Lieferungsuhr (f)
production indicator
[механическій] счетчик (мр)
indicateur (m) *ou* compteur (m) de production
contatore (m) della produzione
indicador (m) de la producción / *de la producció*

10
Spindelumlaufzähler (m), [Spindeltourenzähler (m)]
spindle speed indicator
счетчик (мр), показывающій число оборотов веретена
compteur (m) des tours de broches
contagiri (m) dei fusi
contador (m) de revoluciones de los husos / *comptador (m) de revolucions de les pues*

11
Schnelleruhr (f), Hankuhr (f), Hankzähler (m)
hank indicator
машинные часы (мр), счетчик (мр) мотков
compteur (m) d'écheveaux
contatore (m) di matasse
contador (m) de madejas / *comptador (m) de madeixes*

12
den gerissenen Faden andrehen *oder* ansetzen
to piece [up] the broken end
присучить оборвавшуюся ровницу
rattacher le fil rompu
riattaccare il filo rotto, fare l'attaco del lucignolo rotto
anudar la mecha rota / *nuar la metxa trencada*

13
Schleifenbildung (f)
formation of loops
образованіе (ср) петел
formation (f) de vrilles
formazione (f) di ricci
formación (f) de rizos / *formació (f) de riços o de encargolades*

14
der Faden läuft einfach
the end runs single
нить (жр) идет одна
la mèche reste simple
il lucignolo corre semplice
la mecha queda sencilla / *la metxa queda d'un sol cap*

15
einfach laufender Faden (m)
single [thread]
одинарная ровница (жр)
mèche (f) simple, simple (m)
lucignolo (m) semplice
sencillo (m) / *senzill (m), chemic (m)*

16
eine schlechte Spule ausbrechen
to break out a bad bobbin
выключить *или* снять с работы плохую катушку
éliminer *ou* enlever une mauvaise bobine
togliere una bobina cattiva
quitar una bobina defectuosa / *treure un rodet mal plegat*

17
die volle Spule abziehen
to doff the full bobbin
снять заполненную *или* полную катушку
faire la levée de la bobine pleine
levare la bobina piena, fare la levata
mudar o quitar la bobina llena / *fer la mudada del rodet ple*

18
Abziehen (n) der Spulen
doffing the bobbins
снятіе (ср) катушек
levée (f) des bobines
levata (f) delle bobine
mudada (f) de las bobinas / *dels rodets*

19
Abzug (m) (Gesamtheit der abgezogenen Spulen)
doffing
съем (мр)
levée (f)
levata (f)
mudada (f)

20
den Faden anwinden, anspinnen
to wind-on the reserve
замотать на катушки конец ровницы, зачать намотку
renvider la réserve
iniziare l'avvolgimento del filo
empezar el arrollado del hilo / *començar el plegat del fil*

21
Anwinden (n) des Fadens
winding-on the reserve
ручная замотка (жр) *или* захлестка (жр) ровницы, зачатіе (ср) намотки
renvidage (m) de la réserve
avvolgimento (m) iniziale del filo
arrollado (m) inicial del hilo / *plegat (m) inicial del fil*

1 **b) Spulenbankgetriebe (n), Spulenbanktriebwerk (n)**

Gearing of the Fly Frame

Механизм (мр) банкаброша

Train (m) d'engrenages *ou* organes (mpl) de commande du banc à broches

Organi (mpl) di comando del banco a fusi

Engranajes (mpl) *o* rodajes (mpl) de la mechera / *Engranatges (mpl) o rodatges (mpl) de la metxera*

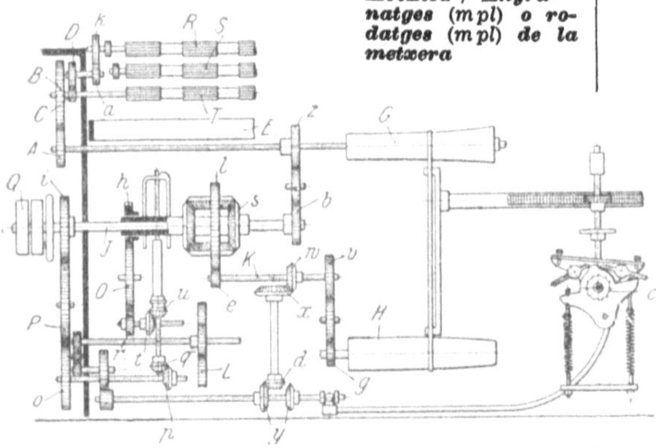

2 a
Verzugsrad (n), Nummerrad (n), Nummerwechsel (m), Wechsel (m) für den Verzug
draft wheel, draft pinion
накладная (жр), смѣнная вытяжная *или* номерная шестерня (жр)
pignon (m) d'étirage
pignone (m) di stiramento
piñón (m) de estiraje *o* de cabeza de caballo / *pinyó (m) d'estiratge, pinyó de cap de caval*

3 b
Zwirnwechsel (m), Drahtwechsel (m)
twist [change] wheel
крутильная (жр), смѣнная крутильная *или* ходовая шестерня (жр)
pignon (m) de torsion
pignone (m) di torsione, [pignone (m) di] marcia (f)
piñon (m) de torsión *o* de marcha / *roda (f) de torta o de marxa, marxa (f)*

4 c
Schaltrad (n), Wendungswechsel (m)
star *or* ratchet wheel, winding ratchet [wheel]
храповая (жр), храповик (мр), замочная смѣнная *или* мотальная шестерня (жр)
rochet (m)
stella (f)
rueda (f) de estrella / *roda (f) d'estrella*

5 d
Hubrad (n), Steigrad (n), Hubwechsel (m), Steigwechsel (m)
lifter wheel
подъемная *или* смѣнная кареточная шестерня (жр)
pignon (m) de changement de marche
pignone (m) del carro
piñón (m) del carro o del balancín / *pinyó (m) del carro o del balancé*

e 6
Umlaufgetriebewechsel (m), Differentialwechsel (m)
jack wheel
смѣнная секретная *или* дифференціальная смѣнная шестерня (жр)
pignon (m) du différentiel, pignon (m) réglant le nombre de spires renvidées
pignone (f) del differenziale
piñón (m) / *pinyó (m)* / del diferencial

g 7
Kegelwechsel (m), Rad (n) des unteren Riemenkegels
bottom cone end wheel, cone wheel
нижняя конусная шестерня (жр)
pignon (m) du cône inférieur, rechange (m) cône
pignone (m) del cono inferiore
piñón (m) del cono inferior / *pinyó (m) del con inferior*

h 8
Spulentriebrad (n)
driving wheel for bobbins, bobbin sleeve wheel
катушечная ведущая шестерня (жр)
pignon (m) de la commande des bobines
pignone (m) di comando delle bobine
rueda (f) de charnela / *roda (f) de xarnera*

i 9
Spindeltriebrad (n)
driving wheel for spindles
веретенная ведущая шестерня (жр)
pignon (m) de la commande des broches
pignone (m) di comando dei fusi
rueda (f) de mando de los husos / *roda (f) de comanda de les pues*

k 10
Triebrad (n) für die hinteren Streckwalzen
back roller wheel
задняя вытяжная шестерня (жр)
roue (f) sur le cylindre d'entrée
ruota (f) di comando dei cilindri posteriori
rueda (f) del cilindro de detrás / *roda (f) del corró de darrera*

l 11
Differentialrad (n), Planetenträger (m)
sun wheel
главная дифференціальная шестерня (жр), шестерня (жр) дифференціальнаго зацѣпленія
grande roue (f) à planètes du mouvement différentiel
ruota (f) differenziale
corona (f) del diferencial de sol y planeta

o 12
außenseitiges Spindeltriebrad (n)
outside spindle driving wheel
наружная шестерня (жр), ведущая веретено
roue (f) extérieure sur l'arbre de commande des broches
ruota (f) esterna di comando dei fusi
rueda (f) de la barra de los husos / *roda (f) de la barreta de les pues*

Hyperbeltrieb (m), Schraubentrieb (m) fur die Spindeln
skew gear wheel for spindles
гиперболоидальная шестерня (жр), винтовое зацѣпленіе (ср) для веретен
1 p pignon (m) hyperbolique de la commande des broches
pignone (m) iperbolico per il comando dei fusi
piñón (m) hiperbólico del mando de los husos / *pinyó (m) hiperbòlic de la comanda de les pues*

Hyperbelrad (n) für den Antrieb der Spindeln
spindle bevel wheel
гиперболоидальная шестерня (жр) для приведенія в движеніе веретена
2 q roue (f) hyperbolique des broches
ruota (f) iperbolica dei fusi
rueda (f) hiperbólica de los husos / *roda (f) hiperbòlica de les pues*

äußeres Spulentriebrad (n)
outside bobbin wheel
наружная шестерня (жр), ведущая катушку
3 r pignon (m) extérieur de la commande des bobines
pignone (m) esterno del comando delle bobine
rueda (f) de la barra de las bobinas / *roda (f) de la barreta dels rodets*

Antriebkegelrad (n) des Differentialgetriebes, Hauptachsrad (n)
driving bevel for differential motion
коническая шестерня (жр) дифференціальнаго зацѣпленія, основная шестерня (жр)
4 s pignon (m) conique de la commande du différentiel
pignone (m) conico motore del differenziale
piñón (m) cónico motor del mecanismo diferencial / *pinyó (m) cònic de comanda del diferencial*

Hyperbeltrieb (n) für die Spulen
skew gear wheel for bobbins
гиперболоидальная шестерня (жр) для приведенія в движеніе катушки
5 t pignon (m) hyperbolique pour la commande des bobines
pignone (m) iperbolico per il comando delle bobine
piñón (m) hiperbólico del mando de los carretes / *pinyó (m) hiperbòlic de la comanda dels rodets*

Hyperbelrad (n) für den Spulenantrieb
bobbin bevel wheel
коническая шестерня (жр) для передачи к катушкѣ
6 u roue (f) hyperbolique [de la commande] des bobines
ruota (f) iperbolica [per il comando] delle bobine
rueda (f) hiperbólica para el mando de las bobinas, plateret (m) / *plateret (m)*

Differentialwechselachsrad (n), Rad (n) auf der Differentialwechselachse
jack shaft wheel, winding wheel
смѣнная шестерня (жр) дифференціальнаго зацѣпленія
v roue (f) de commande du différentiel 7
ruota (f) di comando del differenziale
rueda (f) receptora del cono inferior, rueda de cambio de plegado / *roda (f) moguda pel con inferior, roda de canvi de plegat*

Kegelhubrad (n) auf der Welle des Differentialwechsels
lifter bevel wheel on jack shaft
свободносидящая коническая шестерня (жр) на распредѣлительном валикѣ
w roue (f) conique commandant le chariot sur l'arbre du différentiel 8
ruota (f) conica sull'albero del differenziale
rueda (f) cónica del árbol corto horizontal / *roda (f) d'angle del arbre curt horitzontal*

---

nach oben gerichtetes Kegelrad (n) auf der Hubwelle
upright bevel on lifter shaft
коническая шестерня (жр) с верхним зацѣпленіем на подъемном стоякѣ
x pignon (m) conique supérieur sur l'arbre de commande du cône 9
pignone (m) conico superiore sull'albero dell'inversione di marcia
piñón (m) cónico superior del árbol vertical que mueve al carro / *pinyó (m) cònic superior del arbre vertical que mou al carro*

Hubwechselräder (npl), Zwillingsräder (npl)
strike wheels, lifter bevel wheels
подъемныя переводныя шестерни (жр)
y roues (fpl) coniques de renversement *ou* de changement de marche, roues (fpl) jumelles 10
ruote (fpl) coniche d'inversione di marcia
ruedas (fpl) cónicas gemelas del juego de escala / *rodes (fpl) d'angle del joc d'escala*

Rad (n) des oberen Riemenkegels
top cone drum wheel
приводная *или* передаточная шестерня (жр) верхняго ременного конуса
z roue (f) [de commande] du cône supérieur 11
ruota (f) di comando del cono superiore
rueda (f) del cono superior / *roda (f) del con superior*

1 A
Trieb (m) auf der oberen Riemenkegelachse
top cone drum end wheel
шестерня (жр) на оси верхняго конуса
pignon (m) du cône supérieur
pignone (m) del cono superiore
piñón (m) del cono superior / *pinyó (m) del con superior*

2 B
Antriebrad (n) fur die vorderen Streckwalzen
large front roller wheel
большая передаточная шестерня (жр) передняго цилиндра
roue (f) du cannelé avant
ruota (f) di comando del cilindro anteriore
rueda (f) del cilindro de delante / *roda (f) del corró de davant*

3 C
Trieb (m) auf der Achse der vorderen Streckwalzen
small front roller wheel
малая [движущая] шестерня (жр) передняго цилиндра вытяжного аппарата
pignon (m) du cannelé avant
pignone (m) di comando dei cilindri anteriori
piñón (m) del cilindro de delante / *pinyó (m) del corró de davant*

4 D
oberes Übertragungsrad (n), Bockrad (n)
top carrier wheel, crown wheel
верхняя передаточная шестерня (жр) вытяжного аппарата
pignon (m) tête de cheval
pignone (m) testa di cavallo
rueda (f) de cabeza de caballo / *roda (f) de cap de cavall*

5
Wechselrad (n)
change wheel
смѣнная шестерня (жр)
[roue (f) de] rechange (m)
[ruota (f) di] ricambio (m)
rueda (f) de cambio / *roda (f) de canvi*

6 E
Streckwalzenbaum (m), Zylinderbank (f)
roller beam
брус (мр) под вытяжными парами
porte-cylindres (m)
porta-cilindri (m)
porta-cilindros (m) / *porta-corrons (m)*

7 G
oberer Kegel (m) *oder* Riemenkegel (m)
top cone drum
верхній конус (мр) *или* коническій барабан (мр) для ременной передачи
cône (m) supérieur
[puleggia (f) a] cono (m) superiore
cono (m) / *con (m)* / superior

H 8
unterer Kegel (m) *oder* Riemenkegel (m)
bottom cone drum
нижній конус (мр) для ременной передачи
cône (m) inférieur
[puleggia (f) a] cono (m) inferiore
cono (m) / *con (m)* / inferior

I 9
Antriebwelle (f)
driving shaft
приводный вал (мр)
arbre (m) moteur *ou* de commande
albero (m) motore
árbol (m) / *arbre (m)* / motor

K 10
Differentialwechselwelle (f), Welle (f) des Umlaufgetriebes
jack shaft
передаточный валик (мр) для смѣнных шестерен
arbre (m) des rechanges du mouvement différentiel
albero (m) del differenziale
árbol (m) / *arbre (m)* / del diferencial

L 11
Wagenzahnstange (f)
lifting rack
зубчатая рейка (жр) каретки
crémaillère (f) du chariot
cremagliera (f) verticale
cremallera (f) vertical / *del balancé*

O 12
Spulenantriebzwischenrad (n)
swing carrier
передаточная (жр) к катушкам, промежуточная шестерня (жр) для передачи к катушкам
roue (f) intermédiaire de la commande des bobines
ruota (f) intermedia del comando delle bobine
rueda (f) intermedia de charnela / *roda (f) intermèdia de xarnela*

P 13
Spindelantriebzwischenrad (n)
spindle carrier wheel
одиночная передаточная (жр) к веретенам, промежуточная передаточная шестерня (жр) к веретенам
roue (f) intermédiaire de la commande des broches
ruota (f) intermedia del comando dei fusi
rueda (f) intermedia dando movimiento a los husos / *roda (f) intermèdia de comanda de les pues*

Q 14
Antriebscheibe (f)
driving pulley
приводный шкив (мр)
poulie (f) de commande
puleggia (f) motrice
polea (f) motriz o fija / *politja (f) forta o de comanda*

1 R
hintere Streckwalze (f), Einwalze (f), Einzylinder (m)
back roller
задній цилиндръ (мр) вытяжного аппарата
cannelé (m) arrière, cylindre (m) alimentaire ou d'entrée
cilindro (m) scanalato posteriore, terzo cilindro (m) scanalato
cilindro (m) acanalado de detrás, tercer cilindro (m) de estiraje / *corró (m) ratllat de darrera, tercer corró (m) d'estiratge*

2 S
mittlere Streckwalze (f), Mittelwalze (f), Mittelzylinder (m)
middle roller
средній цилиндръ (мр) вытяжного аппарата
cannelé (m) *ou* cylindre (m) intermédiaire
cilindro (m) scanalato intermedio, secondo cilindro (m) scanalato
cilindro (m) acanalado intermedio, segundo cilindro (m) de estiraje / *corró (m) ratllat intermedi, segon corró (m) d'estiratge*

3 T
vordere Streckwalze (f), Auswalze (f), Auszylinder (m)
front roller
передній цилиндръ (мр) вытяжного аппарата
cannelé (m) avant, cylindre (m) étireur *ou* délivreur *ou* de sortie
cilindro (m) scanalato frontale *o* anteriore, primo cilindro (m) scanalato
cilindro (m) acanalado de delante, primer cilindro (m) de estiraje / *corró (m) ratllat de davant, primer corró (m) d'estiratge*

4 2. Feinspinnen (n) — Filage (m)

Spinning — **Filatura (f) definitiva *o* in fino**

[Тонкое] Прядение (ср) — **Hilado (m) / *Filatura (f)***

5 a) Allgemeines (n) — Généralités (fpl)

General Terms — **Generalità (fpl)**

Общее (ср) — **Generalidades (fpl)**

6
Baumwollspinnerei (f)
cotton spinning mill
бумагопрядильня (жр)
filature (f) de coton
filatura (f) di cotone, cotonificio (m)
hilatura (f) de algodón / *filatura (f) de cotó*

7
Spinnmaschine (f)
spinning frame *or* machine
прядильная машина (жр)
métier (m) à filer
filatoio (m), macchina (f) di filatura
máquina (f) de hilar / *màquina (f) de filar*

8
Baumwollspinnereimeister (m)
cotton spinning master
прядильный мастер (мр) бумаго-прядильной фабрики
contre-maître (m) de filature de coton
capo-sala (m) di filatura di cotone
contramaestre (m) de hilatura de algodón / *contramestre (m) de filatura de cotó*

9
Baumwollspinner (m)
cotton spinner
прядильщик (мр) хлопка
fileur (m) de coton, ouvrier (m) de filature de coton
filatore (m) di cotone
hilador (m) de algodón / *filador (m) de cotó*

10
Baumwollspinnerin (f)
cotton spinner
прядильщица (жр) хлопка
fileuse (f) de coton, ouvrière (f) de filature de coton
filatrice (f) di cotone
hiladora (f) de algodón / *filadora (f) de cotó*

11
Vorgarnspule (f), Vorgespinstspule (f)
roving bobbin
катушка (жр) ровницы *или* с ровницею
bobine (f) de banc *ou* de préparation
spola (f) dei banchi
bobina (f) de mechera / *rodet (m) de metxera*

12
auf das Gatter aufgesteckte Vorgarnspulen (fpl)
creeled roving bobbins
установленныя на рамкѣ [машины] катушки (жр) с ровницей
bobines (fpl) de banc placées dans le râtelier
spole (f) dei banchi collocate sulla rastrelliera
bobinas (fpl) colocadas / *rodets (mpl) posats* / en la fileta

13
der Vorgarnfaden geht durch eine Drahtöse
the roving passes through a wire eyelet
ровница (жр) проходит через проволочное ушко
la mèche passe par un œillet métallique
il filo passa entro una spira *o* un occhiello di guida in filo metallico
la mecha pasa por un arañero *u* ojal guiahilos de alambre / *la metxa passa per un guia-fils de cua de porc*

14
sich drehende [*oder* rotierende] Spindel (f)
revolving spindle
вращающееся веретено (ср)
broche (f) tournante
fuso (m) rotante
huso (m) giratorio / *pua (f) giratoria*

15
x Spindeldrehungen (fpl) in der Minute
x revolutions *or* turns of the spindle per minute
x оборотов веретена в минуту
x tours (mpl) de la broche par minute
x giri (mpl) del fuso al minuto
x vueltas (fpl) del huso por minuto / *x voltes (fpl) de la pua per minut*

16
den Faden aufwinden
to wind-on the yarn
наматывать нить
renvider le fil
avvolgere *o* incannare il filo
arrollar el hilo / *plegar el fil*

17
Aufwindung (f) des Fadens
winding-on the yarn
намотка (жр) *или* мотка (жр) нити
renvidage (m) du fil
avvolgimento (m) *o* incannatura (f) del filo
arrollado (m) del hilo / *plegat (m) del fil*

18
Aufwindung (f), Aufwindeeinrichtung (f)
winding *or* building motion
прибор (мр) для намотки
dispositif (m) *ou* mouvement (m) *ou* organe (m) de renvidage
apparato (m) di avvolgimento
mecanismo (m) de arrollado / *joc (m) de plegar*

19
Spule (f)
bobbin
шпуля (жр), катушка (жр)
bobine (f)
bobina (f)
bobina (f) / *bitllot (m), bitlla (f)*

20
Läufer (m)
traveller
бѣгунок (мр)
curseur (m)
cursore (m)
cursor (m) / *corredor (m)*

No.	German / English / Russian	French / Italian / Spanish / Catalan
1	stetiges *oder* ununterbrochenes Spinnverfahren (n) continuous spinning method непрерывный процесс (мр) пряденія	[méthode (f) de] filage (m) continu metodo (m) di filatura continua método (m) de hilado continuo / *mètode (m) de filar continu*
2	Kettgarnspinnmaschine (f), Watermaschine (f) continuous spinning machine, water frame ватерная машина (жр), ватер (мр)	métier (m) continu filatoio (m) continuo continua (f) / *contínua (f)*
3	Flügelspinnmaschine (f) flyer throstle [frame], flyer spinning frame рогульчатый ватер (мр), рогульчатая прядильная машина (жр)	métier (m) à ailettes, continue (f) à ailettes, métier (m) continu à ailettes, banc (m) à ailettes filatoio (m) continuo ad alette continua (f) de [hilar con] aletas / *contínua (f) d'aletes*
4	Ringspinner (m), Ringspinnmaschine (f), Ringkettgarnmaschine (f), Ringdrossel (f) ring spinning frame, ring throstle кольцевой ватер (мр), кольцевая прядильная машина (жр)	métier (m) continu à filer à anneau filatoio (m) continuo ad anelli, filatoio (m) ring [máquina (f)] continua (f) [de hilar] de anillos / *contínua (f) de filar d'anells*
5	Ringspinnerei (f), Drosselspinnerei (f), Ringspinnverfahren (n) ring spinning [system] ватерное пряденіе (ср)	système (m) de filage à anneau sistema (m) di filatura ad anelli sistema (m) de hilado con anillos / *sistema (m) de filar amb anells*
6	Flügelgarn (n) flyer yarn пряжа (жр) с рогульчатых ватеров, рогульчато-ватерная пряжа (жр)	fil (m) de continue à ailettes filo (m) del filatoio continuo ad alette hilo (m) de la continua de aletas / *fil (m) de contínua d'aletes*
7	Ringgarn (n) ring yarn пряжа (жр) с кольцевых ватеров	fil (m) de continue à anneau filo (m) di ring hilo (m) de la continua de anillos / *fil (m) de contínua d'anells*
8	harter Draht (m) hard twist твердая *или* жесткая крутка (жр)	torsion (f) forte torsione (f) forte torsión (f) fuerte / *torsió (f) forta*
9	Härte (f) des Gespinstes hardness of the yarn жесткость (жр) *или* твердость (жр) пряжи	torsion (f) forte du fil torsione (f) forte del filato torsión (f) fuerte del hilo / *torsió (f) forta del fil*
10	hartes Kettgarn (n) hard warp yarn жесткая основа (жр)	chaîne (f) à forte torsion [filato (m) per] catena (f) a torsione forte, water (m) forte urdimbre (m) fuerte / *ordit (m) fort*
11	Kettgarn (n), Watergarn (n) warp yarn, [water] twist ватерная пряжа (жр), основа (жр), основная пряжа (жр)	chaîne (f) à torsion ordinaire [filato (m) per] catena ordinaria, [filato (m)] water (m) urdimbre (m) [water] / *ordit (m) [water]*
12	unterbrochener Spinnvorgang (m) intermittent spinning process процесс (мр) пряденія с перерывами	procédé (m) de filage discontinu *ou* intermittent processo (m) di filatura intermittente procedimiento (m) de hilar intermitente / *procediment (m) de filar intermitent*
13	Mulemaschine (f), Wagenspinner (m), Absetzspinner (m), Unterbrochenspinner (m) mule [spinning] machine мюльная машина (жр), мюль (мр)	[métier (m)] renvideur (m) filatoio (m) intermittente, mule (m) máquina (f) de hilar intermitente / *màquina (f) de filatura intermitent*
14	Selbstspinner (m), [Selfaktor (m)] selfacting mule, S. A. mule сельфактор (мр)	[métier (m)] renvideur (m) automatique, métier (m) selfacting filatoio (m) automatico intermittente, selfacting (m) máquina (f) de hilar [automática], selfactina (f) / *selfactina (f)*
15	Mulespinnerei (f) mule spinning мюльное пряденіе (ср)	système (m) de filage au renvideur, filature (f) de renvideur filatura (f) al mule sistema (m) de hilado intermitente / *sistema (m) de filatura intermitent*
16	Weichspinnen (m) soft spinning мягкое пряденіе (ср)	filage (m) à torsion floche filatura (f) a torsione dolce hilado (m) flojo / *filat (m) fluix*
17	weich spinnen to spin soft прясть мягкую пряжу, выпрядать мягко	filer à torsion floche filare a torsione dolce hilar flojo / *filar fluix*
18	Mulegarn (n) mule [spun] yarn мюльная пряжа (жр)	trame (f) du renvideur trama (f) di selfacting trama (f) de selfactina
19	weicher Draht (m) soft twist мягкая крутка (жр)	torsion (f) floche torsione (f) dolce torsión (f) floja / *torsió (f) fluixa*
20	Weichheit (f) des Gespinstes softness of the yarn мягкость (жр) пряжи	douceur (f) du fil dolcezza (f) del filato suavidad (f) del hilo / *suavitat (f) del fil*
21	Selbstspinnerkette (f), Muletwist (m), mittleres Kettgarn (n), Mulekette (f), Mediokette (f), kleine Kette (f), Sternkette (f) mule twist, medium warp yarn мюльная *или* мелкая основа (жр), медіо (ср), средняя основная пряжа (жр), основа (жр) медіо	chaîne (f) du renvideur, demi-chaîne (f) filato (m) di mezza catena, medio (m) hilo (m) medio urdimbre / *fil (m) mig ordit*

1 Schußgarn (n), Einschlag (m), Eintrag (m)
weft [yarn], filling (A)
уток (мр), уточная пряжа (жр)
[fil (m) de] trame (f)
[filato (m) per] trama (f)
[hilado (m) de] trama (f) / *[fil (m) de] trama (f)*

2 **b) Stetigspinner (m pl), Watermaschinen (f pl)**
Continuous Spinning Machines
Ватерныя машины (жр)
Métiers (m pl) continus
Filatoi (m pl) continui
Continuas (f pl) / ***Contínues (f pl)***

3 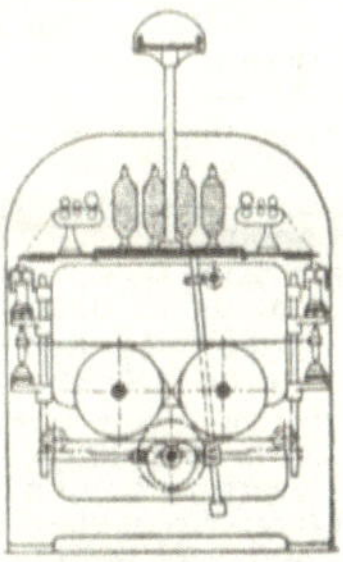

α) Flügelspinnmaschine (f)
Flyer Spinning Frame
Рогульчатая прядильная машина (жр)
Métier (m) à ailettes
Filatoio (m) continuo ad alette
Continua (f) de aletas / *Contínua (f) d'aletes*

4 Vorgespinstspule (f)
roving bobbin
катушка (жр) с ровницей
bobine (f) de banc
spola (f) dei banchi
bobina (f) de mechera / *rodet (m) de metxera*

5 Aufsteckrahmen (m)
creel
рама (жр) *или* рамки (жр) для установки катушек
râtelier (m)
rastrelliera (f)
fileta (f)

6 Spulentisch (m)
creel table
катушечный стол (мр)
table (f) du râtelier
tavola (f) della rastrelliera
mesa (f) / *taula (f)* / de la fileta

7 Aufsteckspindel (f)
skewer
катушечное веретено (ср)
brochette (f)
perno (m)
husillo (m) / *fuset (m)*

8 

Blechhülse (f) Vorgarnspulträger (m)
bobbin tube, tin tube
жестяной патрончик (мр), катушечный стаканчик (мр)
support (m) de bobine, tube (m) en tôle
tubo (m) in lamiera per la spola
tubo (m) de chapa / *tub (m) de llauna* / de la bobina

9 Walzenstreckwerk (n)
drawing rollers
валичный вытяжной аппарат (мр)
cylindres (m pl) étireurs, système (m) d'étirage
apparato (m) di tiratura, dispositivo (m) per la tiratura
cilindros (m pl) de estiraje / *corrons (m pl) d'estiratge*

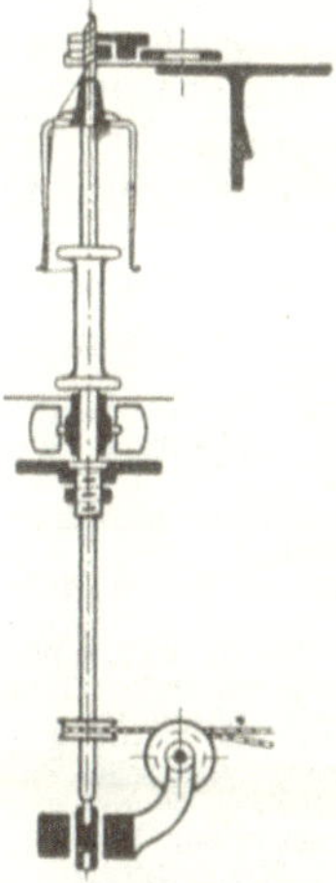

Flügelspindel (f), Waterspindel (f)
flyer spindle
рогульчатое *или* ватерное веретено (ср)
broche (f) à ailette
fuso (m) ad aletta
huso (m) de aleta *o* de araña / *pua (f) d'aleta o d'aranya* 10

mit gleichbleibender Drehungszahl voraneilende Spindel (f) und mit veränderlicher Geschwindigkeit nacheilende Spule (f)
spindle with constant excess speed and bobbin with variable retarded speed
веретено (ср), вращающееся с постоянною скоростью, опережает катушку, вращающуюся с перемѣнною скоростью
broche (f) tournant à vitesse constante et bobine (f) retardée à vitesse variable
fuso (m) rotante a velocità uniforme e spola (f) ritardata a velocità variabile
huso (m) con velocidad constante y bobina (f) con velocidad variable retardada / *pua (f) amb velocitat constant i rodet (m) amb velocitat variable retardada* 11

mit gleichbleibender Drehungszahl voraneilende Spule (f) und mit veränderlicher Geschwindigkeit nacheilende Spindel (f)
bobbin with constant excess speed and spindle with variable retarded speed
катушка (жр), вращающаяся с постоянною скоростью, опережает веретено, вращающееся с перемѣнною скоростью
bobine (f) tournant à vitesse constante et broche (f) retardée à vitesse variable
spola (f) rotante a velocità uniforme e fuso (m) ritardato a velocità variabile
bobina (f) con velocidad constante y huso (m) con velocidad variable retardada / *rodet (m) amb velocitat constant i pua (f) amb velocitat variable retardada* 12

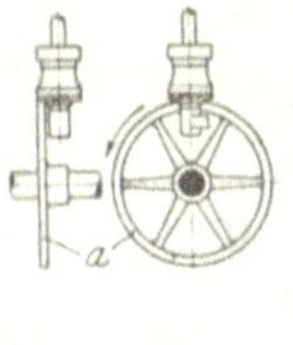

Spindeltrieb (m) durch Reibrolle
spindle driving by friction disc
приведение (ср) в движение веретена посредством фрикционнаго блочка
commande (f) de la broche par plateau de friction 13
comando (m) del fuso con disco a frizione
mando (m) del huso por medio de platos de fricción / *comanda (f) de la pua per mitjà de plats de fricció*

1 a
Reibscheibe (f), Reibrolle (f)
friction disc
фрикціонный диск (мр)
plateau (m) *ou* disque (m) de friction
disco (m) a frizione
disco (m) de fricción / *disc (m) de fricció*

2
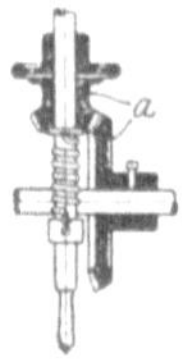

Spindeltrieb (m) durch Zahnrad
spindle driving by gearing *or* toothed wheels
вращеніе (ср) веретена посредством зубчатаго зацѣпленія
commande (f) de la broche par engrenage
comando (m) del fuso a ruote dentate
mando (m) de los husos por engranaje / *comanda (f) de les pues per engranatge*

---

3 a
hypozyklisches Getriebe (n)
hypocyclic gear
гипоциклоидальная шестеренная передача (жр)
engrenage (m) hypocycloïdal
ingranaggio (m) ipocicloidale
engranaje (m) hipocíclico / *engranatge (m) hipocíclic*

4
Mitnehmen (n) der Spule durch den Faden
revolving the bobbin by the pull of the yarn
веденіе (ср) катушки нитью
entraînement (m) de la bobine par le fil
strascinamento (m) della spola per il filo
rotación (f) de la bobina por tracción del hilo / *rotació (f) del rodet per tracció del fil*

5
die Spule wird durch den Faden mitgenommen
the bobbin is revolved by the pull of the yarn
катушка (жр) ведется нитью
la bobine est entraînée par le fil
la spola è [s]trascinata per il filo
la bobina gira por tracción del hilo / *el rodet gira per tracció del fil*

6
Fadenzug (f)
tension in the yarn [when winding]
натяженіе (ср) нити
tension (f) du fil
tensione (f) nel filo
tensión (f) del hilo / *tensió (f) del fil*

7
schlaffes *oder* wenig gespanntes Garn (n)
slack yarn
провисающая *или* слабо натянутая нить (жр)
fil (f) lâche *ou* peu tendu
filo (m) allentato
hilo (m) flojo / *fil (m) fluix*

8
straffes *oder* gespanntes Garn (n)
tight yarn
тугая *или* крѣпко натянутая нить (жр)
fil (m) tendu
filo (m) teso
hilo (m) tendido / *fil (m) tivat*

9
die Spule bremsen
to put a brake on the bobbin
тормозить *или* задерживать катушку
freiner la bobine
frenare la spola
frenar la bobina / *el rodet*

10
Bremsschnurrille (f) der Spule
groove on bobbin for weighted cord
тормазной желобок (мр) катушки
gorge (f) de la bobine pour la corde de frein
gola (f) del rocchetto per la cordetta del freno
ranura (f) del carrete para la cuerda de frenaje / *galze (m) del rodet per a la corda del fre*

Filzunterlage (f) der Spule
flannel bobbin washer
суконная подкладка (жр) под катушкою
rondelle (f) en feutre pour la bobine
disco (m) di feltro per il rocchetto
arandela (f) de fieltro [debajo] de la bobina / *volandera (f) de feltre dessota del rodet* 11

Lederunterlage (f) der Spule
leather bobbin washer
кожаная подкладка (жр) под катушкою
rondelle (f) en cuir pour la bobine
disco (m) di cuoio per il rocchetto
arandela (f) de cuero [debajo] de la bobina / *volandera (f) de cuiro dessota del rodet* 12

Bildung (f) der Spule
building of the bobbin
намотка (жр) катушки
formation (f) de la bobine
formazione (f) della bobina
formación (f) o plegado (m) de la bobina / *formació (f) o plegat (m) del rodet* 13

---

die Spule bilden
to build the bobbin
наматывать катушку
former la bobine
formare la bobina
formar *o* plegar la bobina / *el rodet* 14

Spulenwagen (m), Spulentragschiene (f)
bobbin rail
катушечная *или* кареточная планка (жр)
chariot (m) porte-bobines
carro (m) [portabobine]
carro (m) porta-husos, balancín (m) / *carro (m), balancé (m)* 15

---

lotrechte *oder* auf- und niedergehende Bewegung (f) [*oder* Vertikalbewegung (f)] des Spulenwagens
up and down *or* vertical movement of the bobbin rail
вертикально-возвратное движеніе (ср) кареточнаго бруса
mouvement (m) de monte et baisse du chariot
movimento (m) verticale *o* di alzata ed abbassamento del carro, movimento di saliscendi del carro
movimiento (m) alternativo de subida y bajada del carro / *cursa (f) vertical alternativa del balancé* 16

---

volle Spule (f)
full bobbin
намотанная *или* полная катушка (жр)
bobine (f) pleine
bobina (f) piena
bobina (f) llena / *rodet (m) ple* 17

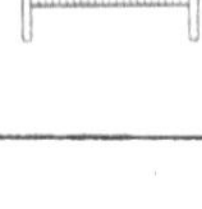
zylindrische Spule (f)
straight *or* cylindrical bobbin
цилиндрическая мотка (жр) катушки
bobine (f) cylindrique
bobina (f) cilindrica
bobina (f) cilíndrica / *rodet (m) cilíndric* 18

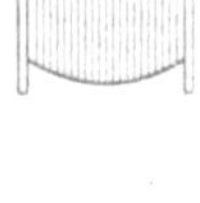
bauchige [*oder* konvexe] Spule (f)
convex bobbin, barrel shaped bobbin
выпуклая *или* овальная мотка (жр) катушки
bobine (f) convexe
bobina (f) convessa
bobina (f) convexa / *rodet (m) convex* 19

1

flaschenförmige Spule (f)
taper bobbin, bottle bobbin
бутылкообразная мотка (жр) катушки
bobine (f) conique *ou* avec cône, bobine bouteille
bobina (f) conica, rocca (f) a forma di bottiglia
bobina (f) cónica / *rodet (m) cònic, culot (m)*

2
Spulenwechsel (m)
change of bobbins
смѣна (жр) катушек
changement (m) de bobines
cambio (m) delle bobine
cambio (m) de bobinas / *canvi (m) de rodets*

3
die Spulen (fpl) wechseln
to change the bobbins
смѣнять катушки
changer les bobines (fpl)
cambiare le bobine
mudar las bobinas / *els rodets*

4
den Flügel abschrauben
to unscrew the flyer
отвинчивать *или* свинчивать рогульки
dévisser l'ailette (f)
svitare l'aletta (f)
destornillar la aleta / *descargolar l'aleta*

5
Abschrauben (n) des Flügels
unscrewing the flyer
отвинчиванie (ср) *или* свинчиванie (ср) рогулек
dévissage (m) de l'ailette
svitamento (m) dell'aletta
destornillado (m) de la aleta / *descargolat (m) de l'aleta*

6
den Flügel wiederaufsetzen
to replace the flyer
насадить *или* навинчивать рогульки
replacer l'ailette (f)
ricollocare l'aletta (f)
reponer la aleta / *tornar a posar l'aleta*

7
Wiederaufsetzen (n) des Flügels
replacing the flyer
насадка (жр) *или* навинчиванie (ср) рогулек
replacement (m) de l'ailette
ricollocamento (m) dell'aletta
reposición (f) de la aleta / *reposició (f) de l'aleta*

8
Abziehen (n) *oder* Absetzen (n) der vollen Spulen
doffing the full bobbins
сниманie (ср) *или* съем (мр) полных катушек
levée (f) des bobines pleines
levata (f) delle bobine piene
mudada (f) de las bobinas llenas / *dels rodets plens*

9
die Spulen (fpl) abziehen *oder* absetzen
to doff the bobbins
снять *или* снимать катушки
faire la levée des bobines
fare la levata delle bobine
mudar las bobinas / *els rodets*

10
Neubestecken (n) mit leeren Spulen
replacing full bobbins by empty ones
надѣванie (ср) порожних *или* голых катушек
remplacement (m) des bobines pleines par des vides
sostituzione (f) delle bobine piene con altre vuote
reposición (f) de los carretes llenos por otros vacíos / *reposició (f) dels rodets plens per altres buits*

11
die Spindeln (fpl) mit Spulen bestecken
to put the bobbins on the spindles
ставить *или* надѣвать на веретена свѣжія катушки
garnir les broches de bobines
provvedere i fusi con rocchetti
colocar los carretes en los husos / *posar en les pues els rodets buits*

12
Spulengewicht (n)
weight of bobbin
вѣс (мр) катушки
poids (m) de la bobine
peso (m) della bobina
peso (m) de la bobina / *pes (m) del rodet*

13
Garngewicht (n)
weight of yarn
вѣс (мр) пряжи
poids (m) du fil
peso (m) del filato
peso (m) del hilo / *pes (m) del fil*

14
Rohgewicht (n) [*oder* Bruttogewicht (n)] der Spule
gross weight of bobbin
общій вѣс (мр) *или* вѣс (мр) брутто катушки
poids (m) brut de la bobine
peso (m) brutto o lordo della bobina
peso (m) bruto de la bobina / *pes (m) brut del rodet*

15
Reingewicht (n) [*oder* Nettogewicht (n)] der Spule
net weight of bobbin
чистый вѣс (мр) *или* вѣс (мр) нетто катушки
poids (m) net de la bobine
peso (m) netto della bobina
peso (m) neto de la bobina / *pes (m) net del rodet*

16
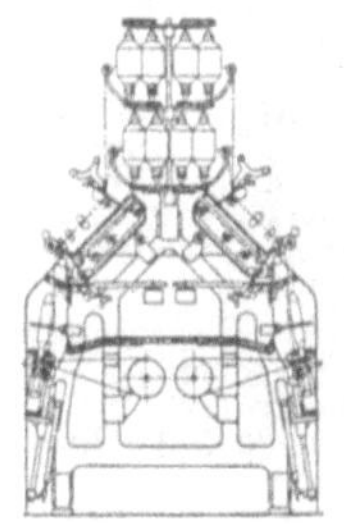
β) Ringspinnmaschine (f), Ringspinner (m), Ringdrossel (f)
Ring Spinning Frame
Кольцевой ватер (мр), кольцевая прядильная машина (жр)
[Métier (m)] Continu (m) à filer à anneau
Filatoio (m) continuo ad anelli, filatoio (m) ring
Continua (f) de hilar de anillos / *Contínua (f) de filar d'anells*

17
Ringspinner (m) (Arbeiter)
ring spinner
прядильщик (мр) на кольцевых ватерах
fileur (m) au continu
operaio (m) addetto al ring, operaio del ring
hilador (m) de continua / *filador (m) de contínua*

18
voreilende Spule (f) und zurückbleibender Läufer (m)
leading bobbin and dragging traveller
опережающая катушка (жр) и отстающій бѣгунок (мр)
broche (f) renvidante et curseur (m) retardant
bobina (f) in anticipo e cursore (m) in ritardo
bobina (f) que arrolla y corredor (m) que tiende / *bitllot (m) que plega i anelleta (f) que tiva*

19
Gatter (n), Aufsteckrahmen (m), Aufsteckgatter (n)
creel
рамки (жр)
râtelier (m)
rastrelliera (f)
fileta (f)

20
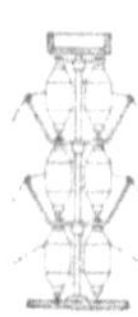
dreistöckiges Gatter (n) für doppeltes Vorgespinst *oder* doppelten Einlauf
creel in three heights for double roving
трехярусныя рамки (жр) для сдвоенной *или* двухрядной ставки
râtelier (m) à trois rangées *ou* étages pour [alimentation par] double mèche
rastrelliera (f) a tre piani per lucignolo doppio
fileta (f) de tres estantes para doble mecha / *fileta (f) de tres prestatges per a metxa doble*

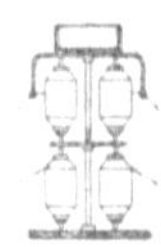

1 zweistöckiges Gatter (n) für einfaches Vorgespinst *oder* einfachen Einlauf
creel in two heights for single roving
двухярусныя рамки (жр) для одинарной ставки
râtelier (m) à deux rangées *ou* étages pour [alimentation par] simple mèche
rastrelliera (f) a due piani per lucignolo semplice
fileta (f) de dos estantes para mecha sencilla / *fileta (f) de dos prestatges per a metxa sencilla*

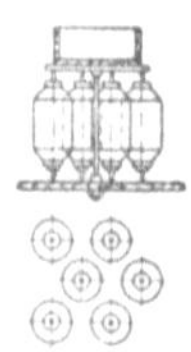

2 einstöckiges Gatter (n) für einfaches Vorgespinst *oder* einfachen Einlauf
table creel *or* flat creel for single roving
одноярусныя рамки (жр) для одинарной ставки
râtelier (m) à une seule rangée *ou* à un seul étage pour [alimentation par] simple mèche
rastrelliera (f) ad un solo piano per lucignolo semplice
fileta (f) de un solo estante para mecha sencilla / *fileta (f) d'un prestatge per a metxa sencilla*

---

3 Aufsteckspindel (f)
bobbin skewer
шпилька (жр) *или* веретено (ср) для катушек
brochette (f)
perno (m)
husillo (m) / *fuset (m)*

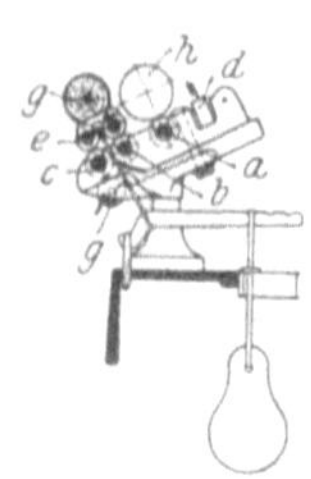

4 geneigtes Streckwerk (n)
inclined drawing rollers
наклонный вытяжной аппарат (мр)
cylindres (mpl) d'étirage inclinés
apparato (m) di tiratura inclinato *o* in giacitura obliqua
cilindros (mpl) estiradores inclinados / *corrons (mpl) d'estiratge inclinats, corronera (f) inclinada*

---

5 a
Einzugzylinder (m), Hinterwalze (f), Zuführzylinder (m), Einwalze (f)
back roller, feed roller
приемный *или* задний *или* питательный цилиндр (мр)
cylindre (m) arrière, cylindre d'alimentation *ou* d'entrée
cilindro (m) posteriore
cilindro (m) alimentador *o* de detrás / *corró (m) de darrera o d'entrada*

---

6 b
Mittelwalze (f), Mittelzylinder (m)
middle roller
средний цилиндр (мр)
cylindre (m) intermédiaire *ou* du milieu
cilindro (m) mediano *o* di mezzo
cilindro (m) intermedio / *corró (m) intermedi*

---

c
Vorderzylinder (m), Auszugzylinder (m), Streckzylinder (m), Auszylinder (m)
front roller
передний цилиндр (мр)
cylindre (m) avant, cylindre (m) délivreur 7
cilindro (m) frontale *o* anteriore
cilindro (m) de delante / *corró (m) de davant*

---

d
Vorgarnführerleiste (*f*), Luntenschiene (f)
thread rail, traverse guide
водилка (жр) ровницы, ровничная планка (жр) [с проушинами] 8
traverse (f) guide-mèche
listello (m) guida-stoppino
regla (f) guía-hilos / *regla (f) guia-fils*

---

e
belederte Walze (f), Oberwalze (f), Druckwalze (f), Druckzylinder (m)
leather covered roller, top roller
обтянутый *или* покрытый кожею валик (мр), верхний *или* нажимной валик 9
cylindre (m) de pression garni de cuir
cilindro (m) di pressione guarnito di pelle
cilindro (m) superior recubierto de cuero / *corró (m) superior recobert de cuiro*

---

g
Putzwalze (f)
clearer
очистительный валик (мр) *или* каток (мр) 10
cylindre (m) nettoyeur
cilindro (m) di pulitura
limpiador (m) / *raspall (m)*

---

h
Einzugdruckwalze (f)
[self-weighted] back top roller
приемный нажимной валик (мр)
gros cylindre (m) de pression arrière 11
cilindro (m) di pressione posteriore
cilindro (m) posterior de presión / *corró (m) de pressió de darrera*

Verzugshöhe (f), Verzugsgröße (f)
degree of draft
величина (жр) *или* степень (жр) вытяжки
degré (m) *ou* quantité (f) d'étirage
grado (m) di stiramento 12
cantidad (f) de estiraje / *quantitat (f) d'estiratge*

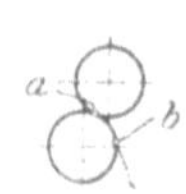

a — b
Ablaufbogen (m) an der Vorderwalze
arc of contact with front roller
дуга (жр) касанія *или* спуска нити на переднем цилиндрѣ
arc (m) du contact du fil sur le cylindre avant 13
arco (m) di contatto del filo sul cilindro frontale
arco (m) de contacto del hilo sobre el cilindro de delante / *arc (m) de contacte del fil sobre el corró de davant*

1 einfädiger Zylinder (m) — cylindre (m) à un seul fil par table *ou* par bosse
single boss roller — cilindro (m) ad un solo filo per tavola
однониточный валик (мр) *или* цилиндр (мр) — cilindro (m) de un solo casquillo / *corró (m) d'un sol casquillo*

2 zweifädiger Zylinder (m) — cylindre (m) à deux fils par table *ou* par bosse
double boss roller — cilindro (m) a due fili per tavola
двухниточный валик (мр) *или* цилиндр (мр) — cilindro (m) / *corró (m)* / de dos casquillos

3 Riffelwalze (f) — cylindre (m) cannelé
fluted roller — cilindro (m) scanalato
рифленый цилиндр (мр) — cilindro (m) acanalado / *corró (m) ratllat*

4 feine Riffelung (f) — cannelures (fpl) fines
fine fluting — scanalatura (f) fina
мелкое рифленie (ср) — acanalado (m) fino / *ratllat (m) fi*

5 die Streckwalzen (fpl) belasten — charger les cylindres étireurs
to weight the drawing rollers — caricare i cilindri stiratori
нагружать вытяжные валики — dar presión a [o cargar] los cilindros de estiraje / *carregar els corrons d'estiratge*

6 Belastung (f) der Streckwalzen — chargement (m) des cylindres étireurs
weighting of the drawing rollers — caricamento (m) dei cilindri stiratori
нагрузка (жр) вытяжных валиков — carga (f) de los cilindros de estiraje / *càrrega (f) dels corrons d'estiratge*

7 a

Streckwerk (n) mit tieferstehenden Vorderwalzen (a)
drawing rollers with front rollers placed low (a)
вытяжной аппарат (мр) с опущенною переднею вытяжною парою (a)
cylindres (mpl) d'étirage avec cylindres avant placés en contrebas (a)
apparato (m) di tiratura con cilindri frontali in basso (a)
cilindros (mpl) de estiraje con los cilindros delanteros bajos / *corrons (mpl) d'estiratge amb els [corrons] de davant baixos* (a)

8 b

Druckwalzensattel (m)
weighting saddle for top rollers
сѣдло (ср) нажимных валиков
sellette (f) des cylindres de pression
sella (f) dei cilindri di pressione
silleta (f) de los cilindros de presión / *sella (f) dels corrons de pressió*

9 die Druckwalzen (fpl) satteln — placer les sellettes sur les cylindres de pression
to saddle the top rollers — disporre le selle sui cilindri di pressione
накладывать сѣдла на шейки нажимных валиков — colocar las silletas sobre los cilindros de presión / *posar les selles sobre els corrons de pressió*

10 gesattelte Druckwalzen (fpl) — cylindres (mpl) de pression chargés des sellettes
saddle-weighted top rollers — cilindri (mpl) di pressione caricati delle selle
нажимные валики (мр) с наложенными на них сѣдлами — cilindros (mpl) de presión cargados de las silletas / *corrons (mpl) de pressió carregats de les selles*

11 Dreiwalzenstreckwerk (n) — système (m) d'étirage à trois rangées de cylindres
draw head with three lines of rollers — apparato (m) di tiratura a tre file di cilindri
трехпарный вытяжной аппарат (мр) — sistema (m) de estiraje con tres hileras de cilindros / *sistema (m) d'estiratge amb tres rengles de corrons*

12 Fadenführer (m) — guide-fil (m)
thread guide — guida-filo (m)
водилка (жр) *или* направитель (мр) *или* нитевод (мр) ровницы — guía-hilo (m) / *guia-fil (m)*

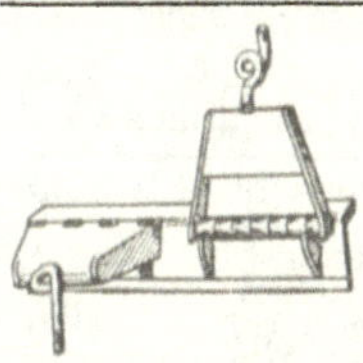

13 Fadenführerbrettchen (n), Fadenführerklappe (f)
lappet, thread board
откидная дощечка (жр) водилки *или* направителя ровницы
planchette (f) de guide-fil
placca (f) guida-filo
planchita (f) de guía-hilo / *planxeta (f) guia-fil*

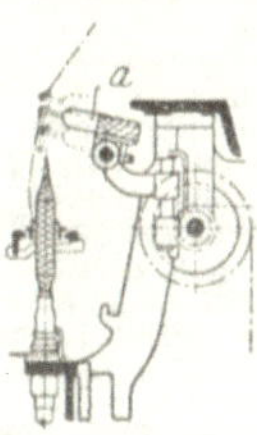

a

14 auf- und abgehender *oder* schwingender Fadenführer (m)
traversing thread guide
поперемѣнно вверх и вниз движущійся *или* качающійся нитевод (мр)
guide-fil (m) montant et descendant *ou* à déplacement vertical
guida-filo (m) con movimento in senso verticale, guida-filo (m) mobile
guía-hilo (m) móvil / *guia-fil (m) mòbil*

15 Fadenführeröse (f), Sauschwanz (m), Schweineschwänzchen (n) — œillet (m) métallique du guide-fil, queue (f) de cochon
thread guide wire, eyelet — occhiello (m) di guida in filo metallico, riccio-guidafilo (m), codino (m) di porco
направляющее нить ушко (ср) *или* очко (ср), крючек (мр), свиной хвостик — ojal (m) metálico del guía-hilo / *aranya (f) del guia-fil, cua (f) de porc*

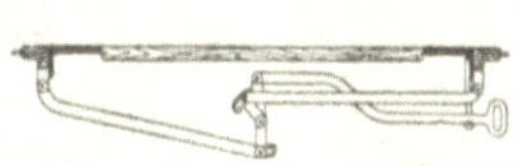

16 Hebelwerk (n) zur Hebung der Ösen — mécanisme (m) à levier pour relever les guide-fils
lifting motion for lappets — meccanismo (m) per l'alzata dei guida-fili
приспособленie (ср) для откидыванiя крючков *или* нитеводной планки — mecanismo (m) para levantar los guía-hilos / *mecanisme (m) per a aixecar els guia-fils*

1 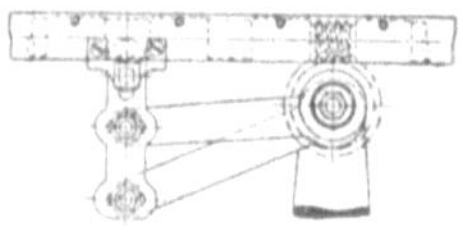
Luntenführer (m) mit veränderlichem Hub
variable roving traverse motion
водилка (жр) *или* направитель (мр) ровницы с перемѣнным ходом
guide-mèche (m) à course variable
guida-stoppino (m) a corsa variabile
arañero (m) con cursa variable / *aranyer (m) amb cursa variable*

2 Ringspindel (f)
ring spindle
веретено (ср) для кольцевого прядения
broche (f) pour continus à anneau
fuso (m) per filatoi ad anelli
huso (m) para continuas de anillos / *pua (f) per a contínues d'anells*

3 die Spindel macht x Umdrehungen
the spindle makes x revolutions
веретено (ср) дѣлает x оборотов
la broche fait x tours
il fuso fa x giri
el huso da x vueltas / *la pua dona x voltes*

4 Drehzahl (f) der Spindel, Zahl (m) der Spindeldrehungen
number of revolutions *or* of turns of the spindle
число (ср) оборотов веретена
nombre (m) de tours de la broche
numero (m) dei giri del fuso
número (m) de vueltas del huso / *nombre (m) de voltes de la pua*

5 Schnurantrieb (m) der Spindel
band driving of the spindle
вращеніе (ср) веретена посредством шнура, шнуровой привод (мр) веретена
commande (f) de la broche par corde
azionamento (m) del fuso per cordette
accionamiento (m) del huso por cordón *o* por piano / *accionament (m) de la pua per cordó o piano*

6 Wirtel (m)
wharve
блочек (мр) веретена
noix (f) de la broche
noce (f) del fuso, carrucol[in]a (f), rotella (f)
nuez (f) de huso / *nueta (f) de pua*

7 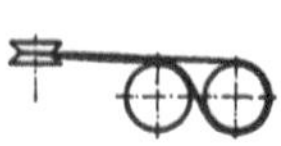
Schnurlauf (m)
spindle band driving arrangement
шнурочная передача (жр)
course (f) de la corde à broche
corsa (f) della cordetta
cursa (f) o disposición (f) del cordón / *cursa (f) del cordó*

8 Blechtrommel (f)
tin roller
жестяной барабан (мр)
tambour (m) en ferblanc
tamburo (m) di latta o di lamiera
linterna (f), tambor (m) de chapa / *llanterna (f)*

9 Eintrommelmaschine (f)
machine with single tin roller
однобарабанный ватер (мр)
métier (m) à un seul tambour
filatoio (m) ad un solo tamburo
continua (f) con una sola linterna / *contínua (f) amb una sola llanterna*

Doppeltrommelmaschine (f)
machine with double tin roller
двухбарабанный ватер (мр)
métier (m) à deux tambours
filatoio (m) a due tamburi 10
continua (f) con dos linternas / *contínua (f) amb dos llanternas*

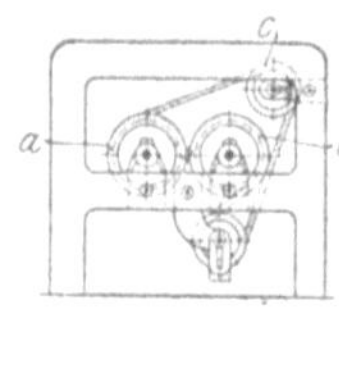

zwangläufiger *oder* positiver Seiltrieb (m) der zweiten Trommel
positive rope drive for second tin roller
принудительная канатная передача (жр) для второго барабана
commande (f) positive par corde du second tambour 11
comando (m) positivo a fune del secondo tamburo
mando (m) positivo por cuerda de la segunda linterna / *comanda (f) positiva de la segona llanterna per corda*

a
treibende Schnurscheibe (f) auf der Achse der Haupttrommel
driving band pulley on main tin roller shaft
движущій *или* приводный канатный блок (мр) на оси главнаго барабана
poulie (*f*) de commande sur l'arbre du tambour moteur 12
puleggia (f) di comando sull'albero del tamburo motore
polea (f) de garganta en el árbol de la linterna motora / *politja (f) de gorja en l'arbre de la llanterna motora*

b
getriebene Schnurscheibe (f) auf der Achse der Mitlauftrommel
driven band pulley on second tin roller shaft
движимый канатный блок (мр) на оси парнаго барабана
poulie (f) commandée sur l'arbre du second tambour 13
puleggia (f) a gola comandata sull'albero del secondo tamburo
polea (f) de garganta receptora en el árbol de la segunda linterna / *politja (f) de gorja receptora en l'arbre de la segona llanterna*

c
Leitrolle (*f*)
guide pulley
направляющій ролик (мр)
galet (m) *ou* volant (m) de renvoi 14
puleggia (f) di rinvio
polea-guía (f) / *politja-guia (f)*

Spannrolle (f), Seilspannrolle (f)
tightening pulley
натяжной ролик (мр)
galet (m) tendeur, volant (m) de tension
rullo (m) tenditore 15
polea (f) de tensión / *politja (f) tensora*

ausgewuchtete [*oder* ausbalanzierte] Trommel (f)
balanced tin roller
вывѣренный *или* выбалансированный барабан (мр)
tambour (m) équilibré
tamburo (m) equilibrato 16
linterna (f) / *llanterna (f)* / equilibrada

1 die Trommel auswuchten [*oder* ausbalanzieren]
to balance the tin roller
вывѣрять *или* выбалансировывать барабан
équilibrer le tambour
equilibrare il tamburo
equilibrar la linterna / *la llanterna*

2 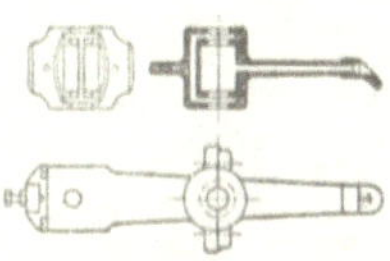
selbstschmierendes Trommellager (n)
self-lubricating tin roller bearing
самосмазывающійся подшипник (мр) барабана
palier (m) du tambour à graissage automatique
cuscinetto (m) del tamburo autolubrificante
soporte (m) de la linterna con engrase automático / *suport (m) de la llanterna amb untatge automàtic*

3 Spindelbauart (f)
type of spindle
система (жр) *или* тип (мр) веретена
système (m) *ou* type (m) de broche
costruzione (f) *o* tipo (m) del fuso
sistema (m) *o* tipo (m) del huso / *sistema (m) o tipus (m) de pua*

4 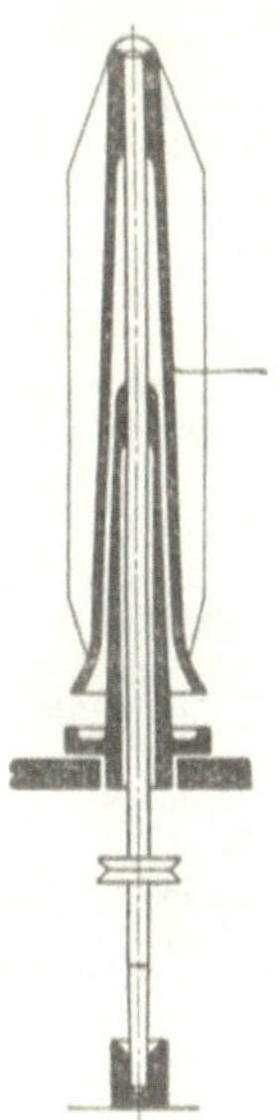

Booth-Sawyersche Spindel (f)
Booth-Sawyer's spindle
веретено (ср) Бут-Сойера
broche (f) Booth-Sawyer
fuso (m) tipo Booth-Sawyer
huso (m) / *pua (f)* / Booth-Sawyer

5 a
Hülse (f)
tube
гильза (жр), трубка (жр)
bobinot (m), tube (m)
spoletta (f), tubo (m)
tubo (m) / *bitllot (m)*

6 Abnehmevorrichtung (f), Unterwindevorrichtung (f)
doffing motion
приспособленіе (ср) для сниманія початков (без присучки концов нитей)
dispositif (m) de sous-renvidage
dispositivo (m) di levata
mecanismo (m) para la mudada / *mecanisme (m) per a la mudada*

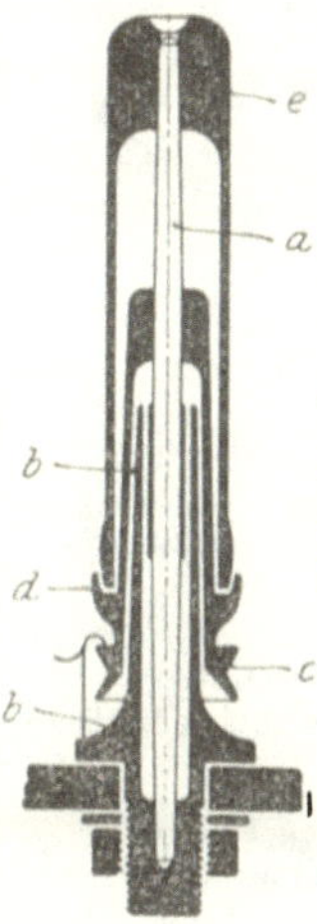

Rabbethspindel (f)
Rabbeth spindle, self-contained spindle
веретено (ср) Раббета 7
broche (f) Rabbeth
fuso (m) Rabbeth
huso (m) / *pua (f)* / Rabbeth

a
an beiden Enden kegelig [*oder* konisch] zulaufende Spindel (f)
spindle tapered at both ends
стержень (мр) веретена, конически сточенный от середины к концам
broche (f) conique à ses deux extrémités 8
fuso (m) conico alle due estremità
huso cónico a las dos extremidades / *pua (f) cònica en els dos caps*

b
Lagerkörper (m), Lagergehäuse (n)
spindle bearing
втулка (жр) веретена с подпятником
support (m) *ou* corps (m) de la broche 9
sopporto (m) del fuso, portafuso (m)
soporte (m) del huso / *suport (m) de la pua*

c
Wirtel (m)
wharve
блочек (мр) веретена
noix (f) 10
carrucola (f)
nuez (f) / *nueta (f)*

d
Spulenbecher (m)
bobbin cup
чашечка (жр) веретена
cuvette (f) de la bobine
coppa (f) della bobina 11
taza (f) para la bobina / *tassa (f) per a la bitlla o per al bitllot*

e
Hülse (f)
tube
гильза (жр), трубка (жр)
bobinot (m), tube (m) 12
tubo (m)
tubo (m) / *bitllot (m)*

Fadenvorrat (m), [Fadenreserve (f), Fadenunterwindespiralen (fpl)]
thread reserve
дополнительная намотка (жр)
réserve (f) de fil [du sous-renvidage]
riserva (f) di filo 13
reserva (f) de hilo / *de fil*

1 Spindelspitze (f)
spindle point, spindle tip
верхній конец (мр) *или* верхушка (жр) веретена
pointe (f) *ou* sommet (m) de la broche
punta (f) del fuso
punta (f) del huso / *de la pua*

2
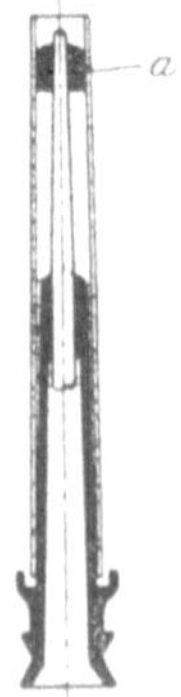

a

Spindelspitze (f) mit Metallknopf
spindle point with metal tip
верхушка (жр) веретена с металлическим наконечником
pointe (f) de la broche avec bouton métallique
punta (f) del fuso con bottone metallico
punta (f) del huso con botón metálico / *punta (f) de la pua amb botó metàl·lic*

---

3 Festklemmen (n) des Fadenvorrats der Unterwindungen
binding the reserve for underwinding
защемленіе (ср) дополнительной намотки (между цѣвкою и веретеном)
fixation (f) de la réserve du fil du sous-renvidage
fissaggio (m) della riserva per formare il fondo
arrollado (m) de la reserva para formar la base / *plegat (m) de la reserva per a formar la base*

---

4 Drahtverlust (m)
loss of twist
недокрутка (жр), потеря (жр) крутки
perte (f) de torsion
perdita (f) di torsione
falta (f) *o* pérdida (f) de torsión / *pèrdua (f) de torsió*

5
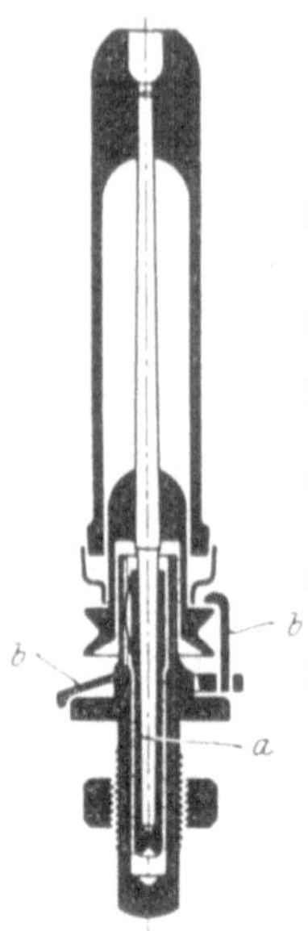

sich selbst in die Drehachse einstellende Spindel (f), Unionspindel (f)
gravity spindle, flexible spindle
упругое *или* гибкое веретено (ср)
broche (f) à centrage automatique *ou* à gravitation
fuso (m) ad accentramento automatico *o* a gravitazione
huso (m) flexible *o* a gravitación / *pua (f) flexible*

---

a
bewegliche Spindelbüchse (f)
movable inner tube of spindle
подвижная внутренняя втулка (жр)
chemise (f) *ou* tube (m) intérieur mobile de la broche 6
tubetto (m) interno mobile del fuso
tubito (m) interior flexible del huso / *tubet (m) interior flexible de la pua*

---

b
Wirtelhalter (m)
holding down catch for spindle
веретенный крючек (мр) 7
crochet (m) d'arrêt
agganciatore (m)
gancho (m) de retención / *ganxo (m) de retenció*

Spindel (f) mit Korkpolster
cork cushion [flexible] spindle
веретено (ср) с пробковой прокладкой
broche (f) avec collet en liège
fuso (m) con imbottitura di sughero
huso (m) con crapodina de corcho / *pua (f) amb grapaldina de suro* 8

---

elastisches Lager (n)
elastic bearing
упругій подшипник (мр)
support (m) élastique
sopporto (m) elastico 9
soporte (m) elástico / *suport (m) elàstic*

---

den Abzug abreißen
to break the ends
оборвать съем
faire la barbe
strappare i fili 10
hacer / *fer* / barba

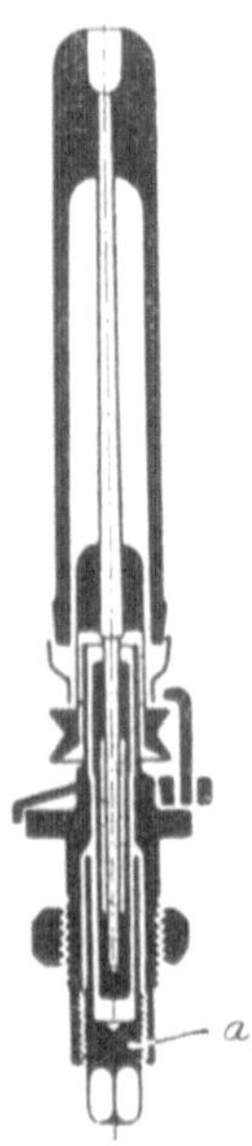

Spindel (f) mit Vielgewindeölbecher
multiple screw oil-cup spindle
веретено (ср) с масляным колпачком на многоходовой рѣзьбѣ
broche (f) avec godet à filet multiple 11
fuso (m) con serbatoio ad olio a filettatura multipla
huso (m) con depósito de aceite y rosca múltiple / *pua (m) amb dipòsit d'oli i rosca múltiple*

---

a
abschraubbarer Ölbecher (m)
oil cup that can be screwed off
вывинчивающійся колпачек (мр) для масла
réservoir (m) d'huile dévissable 12
serbatoio (m) ad olio svitabile
depósito (m) de aceite destornillable / *dipòsit (m) d'oli desmontable*

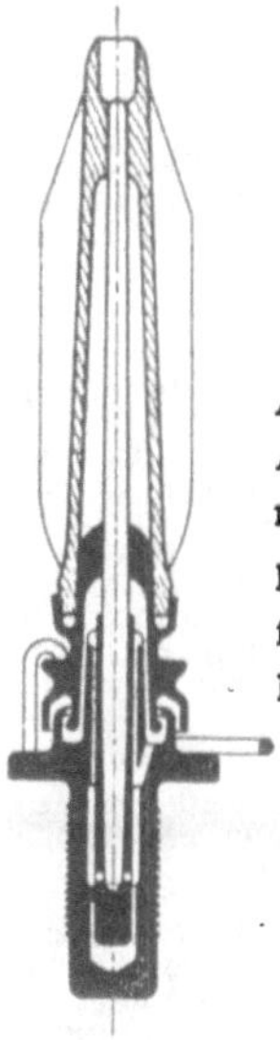

1 Acméspindel (f)
Acme spindle
веретено (ср) Акмэ
broche (f) Acmé
fuso (m) Acmé
huso (m) / *pua (f)* / Acmé

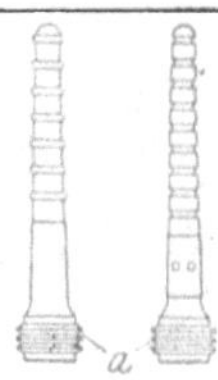

2 Northropschußspule (f)
Northrop weft bobbin
уточная цѣвка (жр) Нортропа
tube (m) Northrop pour trame
tubo (m) Northrop per trama
canilla (f) / *bitlla (f)* / Northrop

3 a
Hülsenfuß (m)
end of bobbin
утолщенное основание (ср), ступица (жр) *или* ножка (жр) цѣвки
pied (m) du tube
piede (m) del tubo
pie (m) de la canilla / *peu (m) de la bitlla*

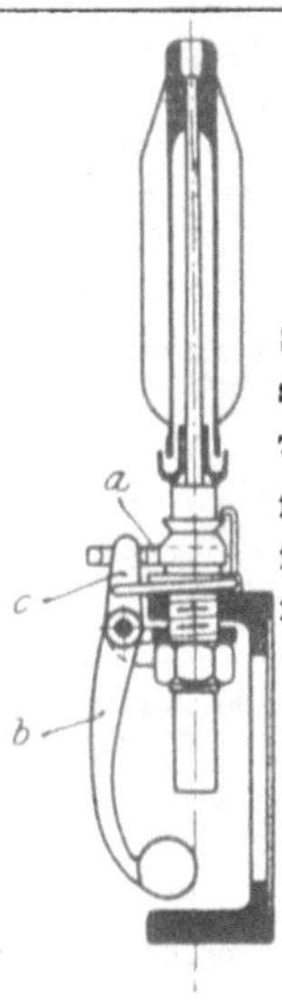

4 Spindelbremse (f)
spindle brake
тормаз (мр) веретена
frein (m) pour broche
freno (m) del fuso
freno (m) del huso / *fre (m) de la pua*

a
Bremsbacke (f)
brake shoe, brake block
тормазная колодка (жр)
patin (m) *ou* bloc (m) de frein 5
mascello (m) del freno
zapatilla (f) del freno / *sabateta (f) del fre*

b
Bremshebel (m)
brake lever
тормазной рычаг (мр) 6
levier (m) du frein
leva (f) del freno
palanca (f) del freno / *del fre*

c
Bremshebelarm (m)
brake lever arm
плечо (ср) тормазного рычага
bras (m) du levier de frein 7
braccio (m) di leva del freno
brazo (m) de la palanca del freno / *braç (m) de la palanca del fre*

abnehmbarer Ölbecher (m)
removable *or* detachable *or* withdrawable oil cup
отъемный подпятник (мр) с резервуаром для масла
réservoir (m) d'huile détachable
serbatoio (m) ad olio distaccabile 8
depósito (m) de aceite de quita y pon / *dipòsit (m) d'oli desmontable*

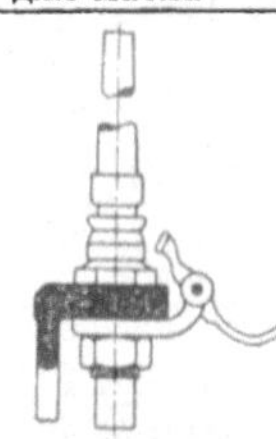

Kniebremse (f) für die Spindel
knee brake for the spindle
колѣнчатый тормаз (мр) веретена
frein (m) de broche à genoux 9
freno (m) al ginocchio del fuso
freno (m) de rodilla del huso / *fre (m) de genoll de la pua*

hohe Spindelgeschwindigkeit (f)
high spindle speed
большая скорость (жр) веретена
grande vitesse (f) de la broche
grande velocità (f) del fuso 10
gran velocidad (f) del huso / *gran velocitat (f) de la pua*

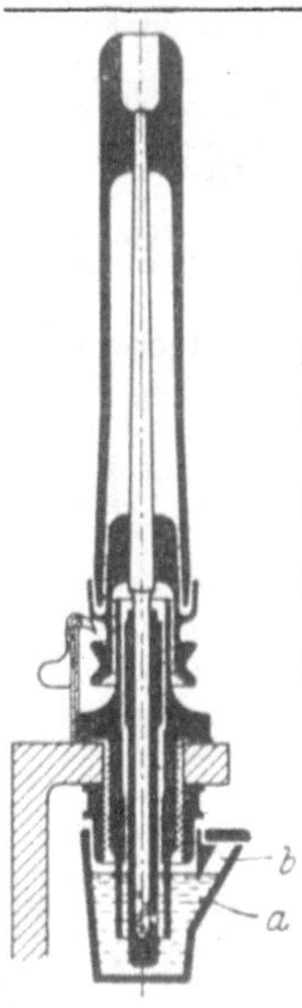

Spindel (f) mit seitlichem Ölenguß
spindle with lateral oil spout
веретено (ср) с боковой заливкой масла
broche (f) avec bec de graissage latéral 11
fuso (m) con becco per l'olio laterale
huso (m) con pipa de aceite lateral / *pua (f) con pipa d'oli lateral*

1
das Spindellager ohne Spindelaushebung ölen
to reoil the spindle bearing with the spindle left in
смазывать веретено, не вынимая его
renouveler l'huile (f) du corps sans enlever la broche
rinnovare l'olio (m) del sopporto senza levare il fuso
aceitar el soporte del huso sin levantarlo / *untar el suport de la pua sense aixecarla*

2 a
Ölbehälter (m), Ölbecher (m)
oil cup
резервуар (мр) для масла
réservoir (m) d'huile
serbatoio (m) ad olio
depósito (m) de aceite / *dipòsit (m) d'oli*

3 b
Öleinguß (m)
oil spout
канал (мр) для наливанія масла
bec (m) de graissage
becco (m) per l'olio
entrada (f) o pipa (f) del aceite / *tub (m) o pipa (f) d'oli*

4
selbsttätiger Ölumlauf (m)
self-acting oil circulation
автоматическая циркуляція (жр) масла
circulation (f) d'huile automatique
circolazione (f) automatica dell'olio
circulación (f) automática del aceite / *circulació (f) automàtica del oli*

5
das Schmieröl hat ausreichendes Haftvermogen
the lubricating oil has a good adhesiveness
смазочное масло (ср) обладает достаточною вязкостью
l'huile (f) de graissage a des propriétés adhésives suffisantes
l'olio (m) lubrificante ha un'aderenza sufficente
el [aceite] lubricante tiene propiedades adherentes suficientes / *l'oli (m) lubrificant té prou adherència*

6
dickflussiges *oder* schwerflussiges Spindelöl (n)
heavy spindle oil
густое веретенное масло (ср)
huile (f) à broches épaisse *ou* lourde
olio (m) per fusi denso
aceite (m) para husos espeso *o* pesado *o* viscoso / *oli (m) pesat per a pues*

7
leichtflüssiges Spindelöl (n)
light spindle oil
жидкое веретенное масло (ср)
huile (f) à broches très fluide
olio (m) per fusi fluidissimo
aceite (m) para husos muy flúido / *oli (m) molt fluid per a pues*

8
Pflanzenöl (n), [vegetabilisches Öl (n)]
vegetable oil
растительное масло (ср)
huile (f) végétale
olio (m) vegetale
aceite (m) / *oli (m)* / vegetal

9
entsäuertes Rüböl (n)
acid-free rape oil
обезкисленное сурѣпное масло (ср)
huile (f) de colza désacidifiée
olio (m) di colza disacidificato
aceite (m) de colza desacidificado / *oli (m) de colza desacidat*

10
fettreiches Öl (n)
fatty oil
жирное масло (ср)
huile (f) riche en matières grasses
olio (m) ricco in materie grasse
aceite (m) rico en materias grasas / *oli (m) ric de matèries grasses*

11
Kraftmehrverbrauch (m) durch dickflüssiges Öl
surplus of power consumption by thick oil
перерасход (мр) силы благодаря густому маслу
excès (m) de consommation de force par l'huile lourde
eccesso (m) di consumazione di forza per l'olio denso
exceso (m) de consumo de fuerza debido al aceite espeso / *excés (m) de consum de força degut al oli espès*

12
Auspumpen (n) des Öles
pumping out the oil
выкачиванie (ср) масла
enlèvement (m) de l'huile par pompe
estrazione (f) dell'olio colla pompa
extracción (f) del aceite con la bomba / *extracció (f) o xuclada (f) del oli amb la bomba*

13
das Öl auspumpen
to pump out the oil
выкачивать масло
pomper l'huile
togliere l'olio colla pompa
extraer el aceite con la bomba / *extreure o xuclar l'oli amb la bomba*

14
Kaltlaufen (n) der Spindel
cold running of the spindle
холодный ход (мр) веретена
rotation (f) à froid de la broche
rotazione (f) fredda del fuso
rotación (f) en frío del huso / *rotació (f) en fred de la pua*

15
die Spindel läuft kalt
the spindle runs cool
веретено (ср) ходит холодным
la broche tourne froide
il fuso gira freddo
el huso gira frío / *la pua volta freda*

16
Heißlaufen (n) der Spindel
heating *or* running hot of the spindle
нагрѣв (мр) *или* горячій ход (мр) веретена
échauffement (m) de la broche [par la rotation]
riscaldamento (m) del fuso
recalentamiento (m) del huso / *escalfament (m) de la pua*

17
die Spindel läuft heiß
the spindle runs hot
веретено (ср) нагрѣвается *или* грѣется *или* ходит горячим
la broche s'échauffe en tournant
il fuso si scalda
el huso se calienta / *la pua s'escalfa*

18
dauernd gleichmäßige Ölung (f) durch Ringschmierung
constant regular oiling by ring lubrication
постоянно-равномѣрная смазка (жр) кольцевым самосмазом
graissage (m) continu et régulier par bague
lubrificazione (f) costantemente uniforme ad anello
lubricación (f) regular mediante un anillo / *lubrificació (f) regular mitjançant un anell*

1 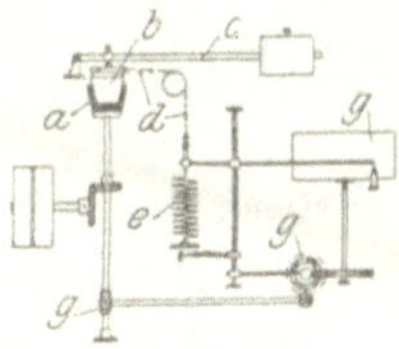

Rietersche Ölprobemaschine (f)
Rieter's oil tester
аппарат (мр) для испытанія масла системы Ритера
machine (f) à essayer les huiles, système Rieter
macchina (f) per la prova dell'olio o per provare gli oli, sistema Rieter
máquina (f) para el ensayo del aceite o verificador (m) de aceite, sistema Rieter / *màquina (f) per a la proba del oli, sistema Rieter*

---

2 a
hohler Ölkegel (m)
conical oil cup
пустотѣлый конус (мр) для масла
cuvette (f) à huile
scodella (f) ad olio
embudo (m) para el aceite / *embut (m) per a l'oli*

---

3 b
Oberkegel (m)
top cone
верхній [вставной] конус (мр)
cône (m) supérieur
cono (m) superiore
cono (m) / *con (m)* / superior

---

4 c
Preßhebel (m), Druckhebel (m)
weight lever
нагрузочный рычаг (мр)
levier (m) de pression
leva (f) di pressione
palanca (f) de presión / *de pressió*

---

5 d
Verbindungsriemen (m)
connecting strap
натяжной ремень (мр)
courroie (f) de connexion
cinghia (f) di connessione
correa (f) de unión / *corretja (f) d'unió*

---

6 e
Feder (f)
spring
пружина (жр)
ressort (m)
molla (f)
resorte (m), muelle (f) / *molla (f), ressort (m)*

7
Drehmoment (n) und Reibungsmoment (n) sind im Gleichgewicht
the turning and friction moments balance each other
моментъ (мр) вращенія и моментъ (мр) силы тренія находятся въ равновѣсіи
les moments (mpl) de rotation et de frottement se compensent l'un l'autre
i momenti di rotazione e di attrito si equilibrano
los momentos de rotación y de fricción se compensan mutuamente / *els moments de rotació i de fricció es compensen mútuament*

---

8 g
Meßvorrichtung (f)
measuring motion
отмѣтчик (мр), измѣрительное приспособленіе (ср)
dispositif (m) de mesure
dispositivo (m) di misura
aparato (m) de medición / *aparell (m) mesurador*

9
getränkte [*oder* imprägnierte] Papierspule (f)
impregnated paper tube
пропитанная бумажная цѣвка (жр)
tube (m) de papier imprégné
tubetto (m) di carta impregnata
tubo (m) de papel impregnado / *tub (m) de paper impregnat*

10
Holzspule (f)
wood bobbin
деревянная цѣвка (жр) *или* шпуля (жр)
tube (m) en bois
tubetto (m) di legno
tubo (m) *o* canilla (f) de madera / *tub (m) o bitllot (m) de fusta*

11
Hartholzspule (f)
hard wood bobbin
цѣвка (жр) изъ твердаго дерева
tube (m) en bois dur
tubetto (m) di legno duro
tubo (m) *o* canilla (f) de madera fuerte / *tub (m) o bitllot (m) de fusta forta*

12
Weißbuchenspule (f)
hornbeam bobbin
цѣвка (жр) изъ бѣлаго бука *или* граба
tube (m) en charme
tubetto (m) di carpine
tubo (m) de [madera de] ojaranzo *o* abedulillo / *tub (m) de fusta de vern*

13
die Spule durch Metalleinlage schutzen
to protect the bobbin by metal caps
укрѣплять цѣвку посредствомъ металлическаго кольца *или* наконечника
protéger le tube par une garniture métallique
proteggere il tubo di una guarnizione metallica
proteger la canilla con cabeza metálica / *protegir el bitllot amb capsal de metall*

14
emaillierte Holzspule
enamelled wood bobbin
цѣвка (жр) *или* катушка (жр) покрытая эмалью
tube (m) en bois émaillé
tubo (m) di legno smaltato
tubo (m) de madera esmaltado / *bitllot (m) esmaltat de fusta*

---

15 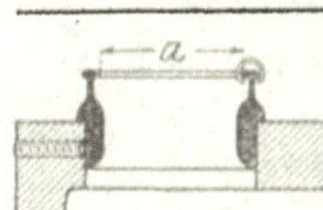

Ring (m), Spinnring (m), Läuferführung (f)
ring
кольцо (ср)
anneau (m)
anello (m), corona (f)
aro (m)

---

16 a
Ringweite (f)
diameter of ring
діаметр (мр) кольца
diamètre (m) de l'anneau
diametro (m) dell'anello
diámetro (m) / *diàmetre (m)* / del aro

17
geschmiedeter Ring (m)
forged ring
кованое кольцо (ср)
anneau (m) forgé
anello (m) forgiato
aro (m) forjado / *forjat*

18
geschmiedeter und gehärteter Ring (m)
forged and hardened ring
кованое и закаленное прядильное кольцо (ср)
anneau (m) forgé et trempé
anello (m) forgiato e temperato
aro (m) forjado y templado / *aro (m) forjat i trempat*

1 Härte (f) des Ringes — hardness of the ring — твердость (жр) кольца — dureté (f) de l'anneau — durezza (f) dell'anello — dureza (f) / *duresa* / del aro

2 gestanzter Ring (m) — stamped ring — штампованное кольцо (ср) — anneau (m) estampé — anello (m) stampato — aro (m) estampado / *estampat*

3 Gleichmäßigkeit (f) der Flanschen des Ringes — uniformity of flanges of the ring — равномѣрность (жр) фланцев кольца — uniformité (f) des rebords de l'anneau — uniformità (f) degli orli dell'anello — uniformidad (f) de los rebordes del aro / *uniformitat (f) de les vores del aro*

4 
doppelflanschiger *oder* zweiseitiger Ring (m), Wendering (m) — double flanged ring, reversible ring — кольцо (ср) с двумя ободками, двухфлянцевое кольцо — anneau (m) à deux rebords, anneau double *ou* réversible — anello (m) riversibile *o* con due flangie — aro (m) reversible

5 Spindelteilung (f), Spindelabstand (m), Achsenentfernung (f) der Spindeln — gauge *or* space *or* pitch of spindles, spindle distance — разстояніе (ср) *или* промежуток (мр) между веретенами — écartement (m) des broches — scartamento (f) dei fusi — separación (f) de los husos, distancia (f) entre los husos / *ecartament (m) de les pues*

6 
Läufer (m), Mucke (f), Fliege (f), Ohr (n), Reiter (m) — traveller — бѣгунок (мр) — curseur (m) — anellino (m) *o* anelletto (m) [viaggiante], mobile (m), cursore (m) — cursor (m), anillo (m), corredor (m) / *[anell] corredor (m), anell (m), anellet (m)*

7 Stahlläufer (m) — steel traveller — стальной бѣгунок (мр) — curseur (m) en acier — anellino (m) d'acciaio — corredor (m) de acero / *d'acer*

8 Messingläufer (m) — brass traveller — мѣдный бѣгунок (мр) — curseur (m) en laiton — anellino (m) di ottone — corredor (m) de latón / *de llautó*

9 Bronzeläufer (m) — bronze traveller — бронзовый бѣгунок (мр) — curseur (m) en bronze — anellino (m) di bronzo — corredor (m) de bronce / *de bronze*

10 leichter Läufer (m) — light traveller — легкій бѣгунок (мр) — curseur (m) léger — anellino (m) leggero — corredor (m) ligero / *lleuger*

11 schwerer Läufer (m) — heavy traveller — тяжелый бѣгунок (мр) — curseur (m) lourd — anellino (m) pesante — corredor (m) pesado / *pesat*

12 Läufernummer (f) — number of traveller — номер (мр) бѣгунка — numéro (m) du curseur — numero (m) dell'anellino — número (m) del corredor

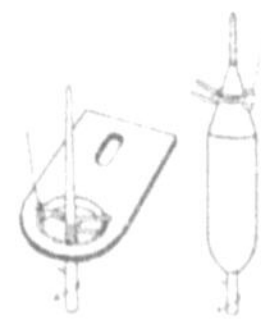
Doppelgabelläufer (m) — double armed traveller — двувильчатый бѣгунок (мр) — curseur (m) *ou* baguette (f) à double bras — cursore (m) a forcella — corredor (m) de doble brazo / *braç* 13

Umlauf (m) *oder* Gang (m) des Läufers — running of the traveller — вращеніе (ср) бѣгунка — rotation (f) du curseur — giro (m) dell'anellino — rotación (f) / *rotació (f)* / del corredor 14

Läuferbremsung (f), Läuferreibung (f) — friction of the traveller on the ring — торможеніе (ср) бѣгунка — frottement (m) du curseur — attrito (m) tra anello e anellino — rozamiento (m) del corredor / *fricció (f) del corredor amb l'aro* 15

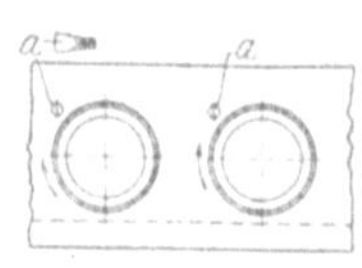

a

einfacher Läuferputzer (m), Einläuferputzer (m) — single traveller clearer — простой очиститель (мр) для бѣгунка — nettoyeur (m) de curseur simple — pulitore (m) di cursore semplice — limpiador (m) sencillo / *desborrador (m) senzill* / del corredor 16

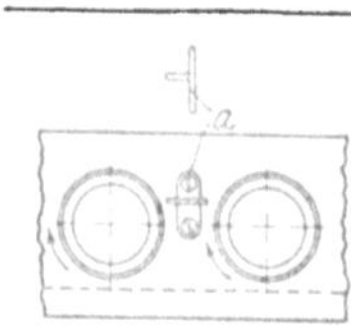

a

Zweiläuferputzer (m) — double clearer for travellers — очиститель (мр) для двух бѣгунков — nettoyeur (m) pour deux curseurs — pulitore (m) per due cursori — limpiador (m) para dos corredores / *desborrador (m) per a dos corredors* 17

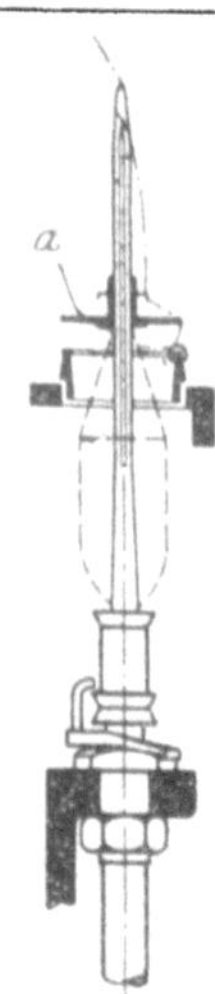

a

Führungsscheibchen (n) — guiding disc — направляющій диск (мр) — disque (m) de guidage — disco (m) di guida — disco-guía (m) / *disc-guia (m)* 18

1
Aufnehmen (n) des Läuferzuges durch Führungsscheibchen
taking up of the traveller tension by a guiding disc
воспріятіе (ср) [силы] натяженія бѣгунка направляющим кружком
réduction (f) de la tension du curseur par un disque de guidage
riduzione (f) della tensione del cursore a mezzo di un disco di guida
reducción (f) de la tensión del corredor mediante un disco-guía / *reducció (f) de la tensió del corredor per un disc-guia*

2
den Läuferzug durch Führungsscheibchen aufnehmen
to take up the tension of the traveller by a guiding disc
воспринимать силу натяженія бѣгунка направляющим кружком
réduire la tension du curseur par un disque de guidage
ridurre la tensione del cursore a mezzo di un disco di guida
reducir la tensión del corredor mediante un disco-guía / *reduir la tensió del corredor per un disc-guia*

3
die Fäden (mpl) gleiten durch die Läufer
the ends pass through the travellers
нити (жр) проходят через бѣгунки
les fils passent à travers les curseurs
i fili incamminano gli anellini
los hilos se enhebran en los corredores / *els fils s'enfilen en els corredors*

4
Ringbankbewegung (f)
traverse *or* movement of the ring rail
движеніе (ср) кольцевой планки *или* каретки
mouvement (m) de la plate-bande porte-anneaux
movimento (m) del porta-anelli
movimiento (m) del porta-aros o de la platabanda de los aros / *moviment (m) de vaivé del balancé*

5
gesetzmäßige Ringbankbewegung (f)
traverse of the ring rail according to a definite plan *or* rule
правильное *или* согласованное движеніе (ср) планки
mouvement (m) de la plate-bande porte-anneaux suivant une loi définie
movimento (m) del porta-anelli secondo date leggi
movimiento (m) del porta-aros según una ley definida / *moviment (m) del balancé segons una llei definida*

6
veränderliche Ringbankbewegung (f)
variable movement of the ring rail
перемѣнный ход (мр) кольцевой планки *или* каретки
mouvement (m) variable de la plate-bande porte-anneaux
movimento (m) variabile del porta-anelli
movimiento (m) variable del porta-aros / *moviment (m) variable del balancé*

7
Hubhöhe (f) der Ringbank, Ringbankhebung (f)
lift of the ring rail
высота (жр) подъема *или* величина (жр) хода кольцевой планки
course (f) de la plate-bande porte-anneaux
corsa (f) del porta-anelli
carrera (f) o cursa (f) o alzada (f) del porta-aros / *cursa (f) del balancé*

8
unveränderliche *oder* ständige Hubhöhe (f) der Ringbank
constant lift of the ring rail
постоянная высота (жр) подъема кольцевой планки
course (f) constante de la plate-bande porte-anneaux
corsa (f) costante del porta-anelli
carrera (f) constante del porta-aros / *cursa (f) constant del balancé*

9
Doppelhub (m) der Ringbank
double lift of the ring rail
двойной подъем (мр) кольцевой планки
double levée (f) de la plate-bande porte-anneaux
alzata (f) doppia del porta-anelli
doble cursa (f) del porta-aros / *doble cursa (f) del balancé*

10
die Ringbank einstellen
to adjust the ring rail
установить кольцевую планку
régler la plate-bande porte-anneaux
regolare lo spostamento del porta-anelli
ajustar el porta-aros / *el balancé*

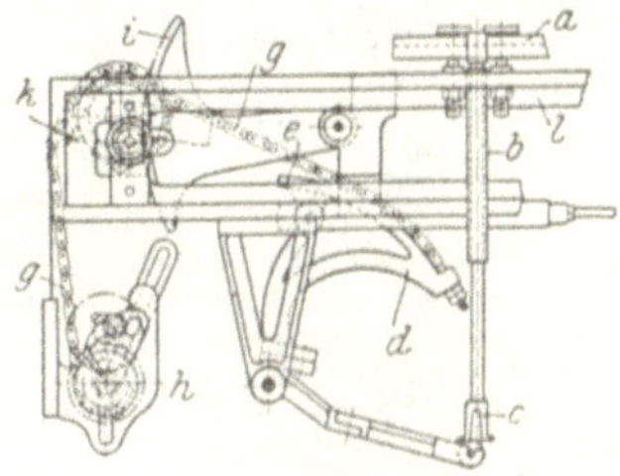

11 a
Ringbank (f)
ring rail
кольцевая планка (жр) *или* каретка (жр)
plate-bande (f) [porte-anneaux]
porta-anelli (m), piastra (f) di sostegno dell'anello
platabanda (f) de los aros, porta-aros (m) / *balancé (m)*

12 b
Büchsenführung (f) der Tragstangen
poker bush
направляющая (жр) для подъемных штанг *или* колонок
tube (m) des tiges *ou* des chandelles
bussola (f) di guida delle aste dei sopporti
pistola (f) de las barras verticales o candelas / *pistola (f) de les candeles o barres verticales*

13
Tragstange (f), Hubstange (f)
lifting poker, lifter rod
подъемная штанга (жр), колонка (жр)
chandelle (f), tige (f)
asta (f) dei sopporti della piastra d'anello
barra (f) vertical, candela (f)

14 c
Tragstangenfuß (m)
poker foot, lifter rod foot
пята (жр) *или* подпятник (мр) *или* башмак (мр) колонки
pied (m) de la tige
piede (m) dell'asta
zapatilla (f) / *sabateta (f)* / de la candela

1 d
Sektor (m)
sector
сектор (мр)
secteur (m)
settore (m)
sector (m) / *quadrant (m)*

2
Winkelhebel (m)
angle lever
угловой рычаг (мр)
levier (m) coudé
leva (f) ad angolo
palanca (f) acodada o de ángulo / *de colze*

3 e
Bogenkranz (m)
working surface of sector
дуга (жр) сектора
surface (f) travaillante du secteur
arco (m) del settore
superficie (f) de trabajo / *de treball* / del sector

4 g
Gelenkkette (f)
pitch chain
шарнирная цѣпь (жр)
chaîne (f) à articulations [du chariot]
catena (f) articolata
cadena (f) articulada

5
die Kette ist schlaff
the chain is slack
цѣпь (жр) слабо натянута
la chaîne est lâche
la catena è allentata
la cadena está floja / *està fluixa*

6
die Kette ist gespannt
the chain is tight
цѣпь (жр) туго натянута
la chaîne est tendue
la catena è tesa
la cadena está tendida / *tivant*

7 h
Schaltvorrichtung (f), Hubvorrichtung (f)
lifting motion, copping *or* building motion
включатель (мр)
mouvement (m) de lève *ou* de formation
dispositivo (m) per il movimento di saliscendi
mecanismo (m) para la formación de la husada / *mecanisme (m) de formar la fusada, rellotget (m)*

8 i
Zahnsektor (m)
toothed sector
зубчатый сектор (мр)
secteur (m) denté
settore (m) dentato
sector (m) dentado / *sector (m) o quadrant (m) dentat*

9 k
Kettenfangdaumen (m), Kettendurchbieger (m)
cone lever for forming cap bottom
кулак (мр), отводящій цѣпь
plieur (m) réglable
naso (m) regolabile
leva (f) regulable / *nas (m) o lleva (f) reglable*

10 l
Spindelbank (f)
spindle rail
веретенный брус (мр)
traverse (f) porte-broches
traversa (f) portafusi
regla (f) porta-husos / *rail (m) porta-pues*

11
Fadenballon (m), Ballon (m), Fadenschleier (m), Fadenbauch (m)
balloon of the yarn
баллон (мр), описываемый нитью
ballon (m) de fil
ballone (m) di filo
balón (m) de hilo / *del fil*

12
Ballonbildung (f) *oder* Schleierbildung (f) *oder* Bauchbildung (f) des Fadens
ballooning of the yarn
образованіе (ср) баллона вращающеюся нитью
ballonnement (m) du fil
formazione (f) di ballone del filo
balonamiento (m) del hilo / *balonament (m) del fil*

13
Fadentrum (n), Fadenstuck (n)
thrum[b]
отрѣзок (мр) *или* конец (мр) нити
portion (f) *ou* partie (f) de fil
tratto (m) di filo
ramal (m) o trazo (m) de hilo / *cama (f) del fil*

14
Ballonkurve (f), Schleierkurve (f)
balloon curve
дуга (жр) баллона
courbe (f) du ballon
incurvamento (m) del ballone
curva (f) / *corba (f)* / balónica o del balón

15
Schleierzug (m), Ballonzug (m)
balloon tension
натяженіе (ср), вызываемое баллоном
tension (f) du ballon
tensione (f) del ballone
tensión (f) / *tensió (f)* / del balón

16
die Schleier (mpl) *oder* Ballone (mpl) schlagen zusammen
the balloons clash together *or* lash
баллоны (мр) задѣвают друг друга *или* захлестываются
les ballons (mpl) se heurtent entre eux
i balloni si toccano
los balones se casan o chocan / *els balons se casen o xoquen*

17
Zusammenschlagen (n) der Schleier *oder* Ballone
clashing *or* lashing of the balloons
задѣваніе (ср) *или* захлестываніе (ср) баллонов
choc (m) *ou* fouettage (m) des ballons
toccamento (m) o sfregamento (m) dei balloni
azote (m) de los balones / *fuetada (f) dels balons*

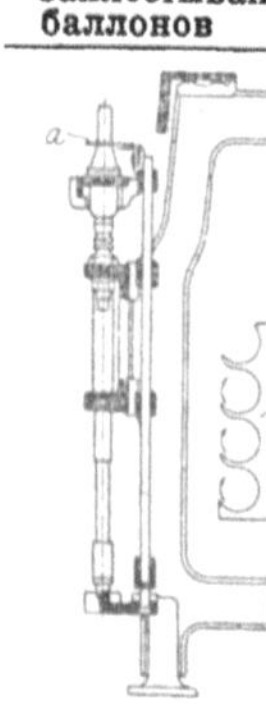

18
halbringförmiger Schleierbrecher (m), [halbringförmige Antiballonvorrichtung (f)
open anti-ballooning device
открытое противобаллонное приспособленіе (ср)
dispositif (m) anti-ballonnement à plaques ouvertes
congegno (m) antiballone a piastra aperta
aparato (m) antibalónico abierto / *dispositiu (m) antibalónic obert*

19 a
Antiballonplatte (f) mit halbringförmigen Öffnungen
open anti-balloon plate
противобаллонная планка (жр) с прорѣзами
plaque (f) ouverte anti-ballonnement
piastra (f) antiballone aperta
placa (f) antibalónica abierta / *placa (f) d'antibalónics oberts*

1

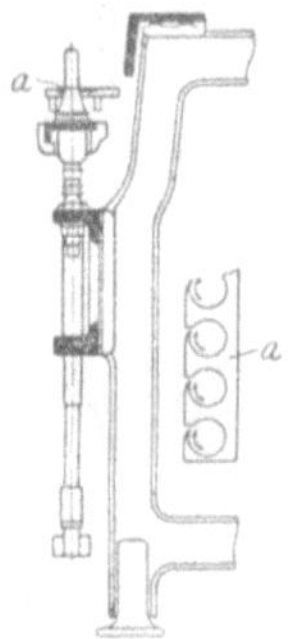

Schleierbrecher (m) [*oder* Antiballonvorrichtung (f)] mit ringförmigen Öffnungen
closed anti-ballooning device
закрытое противобаллонное приспособление (ср)
dispositif (m) anti-ballonnement à ouverture annulaire
congegno (m) antiballone a piastra chiusa
aparato (m) antibalónico cerrado / *dispositiu (m) antibalónic clos*

2 a

geschlitzte Antiballonplatte (f)
closed anti-ballooning plate
глухая противобаллонная планка (жр)
plaque (f) anti-ballonnement avec fentes
piastra (f) antiballone chiusa
placa (f) antibalónica cerrada / *tancada*

3

Bremsdraht (m), [Antiballondraht (m)]
antiballoon wire
противобаллонная проволока (жр)
fil (m) métallique antiballon
filo (m) metallico antiballone
hilo (m) metálico / *filferro (m)* / antibalónico

4

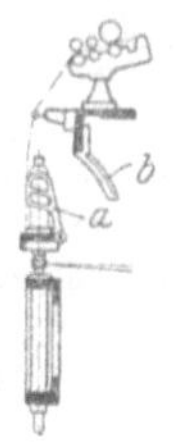

Antiballonvorrichtung (f) mit Teilplatten, Faden[schleier]trenner (m)
anti-ballooning separator
противобаллон (мр), сепаратор (мр)
séparateur (m) des fils
griglia (f) antiballone
separador (m) de hilos / *de fils*

5 a

Teilplatten (fpl), Trennungsplatten (fpl)
separating plates
нитераздѣлительныя перегородки (жр)
plaques (fpl) de séparation, squelettes (fpl)
piastre (fpl) di separazione, griglie (fpl)
placas (fpl) de separación / *plaques (fpl) de separació*

6 b

Kurvenschiene (f), Rückführschiene (f) für die Trennungsplatten
curved stop plate
изогнутая направляющая (жр)
arrêt (m) faisant revenir les séparateurs
placca (f) ricurva d'arresto
placa (f) curva de retención / *placa (f) corbada de retenció*

7

Spulengattung (f)
type *or* kind of bobbin
тип (мр) *или* форма (жр) катушки
type (m) de bobine
tipo (m) di bobina
tipo (m) de bobina

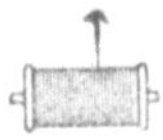

Laufspule (f)
revolving bobbin
вращающаяся катушка (жр)
bobine (f) à dérouler
spola (f) girevole *o* mobile *o* a svolgimento tangenziale 8
bobina (f) para devanado / *per a desplegat* / tangencial

Schleifspule (f), stehende Spule (f)
fixed bobbin
неподвижная катушка (жр)
bobine (f) à défiler
bobina (f) a svolgimento assiale 9
bobina (f) para devanado / *per a desplegat* / axial

Abziehen (n) des Fadens von der Spule in der Achsrichtung *oder* über den Kopf
drawing *or* unwinding the yarn vertically from the bobbin
сматываніе (ср) нити вдоль початка, осевой размот (мр) початка
dévidage (m) axial du fil de la bobine
svolgimento (m) assiale della bobina 10
devanado (m) por la punta de la bobina / *trescanat (m) per la punta de la fusada o del bitllot*

Drehungsrichtung (f)
direction of twisting
направленіе (ср) крученія *или* мотки
direction (f) de la torsion
direzione (f) di torsione 11
dirección (f) de la torsión / *direcció (f) de la torsió*

Windungsrichtung (f)
direction of winding
направленіе (ср) витка
direction (f) de renvidage
direzione (f) dell'avvolgimento 12
dirección (f) del arrollado / *direcció (f) del plegat*

linksgedrehtes *oder* gewöhnlich gedrehtes Gespinst (n)
left-hand twisted yarn
пряжа (жр) лѣвой крутки
fil (m) tordu à gauche *ou* à torsion ordinaire
filato (m) a torsione sinistra 13
hilo (m) con torsión [a la] izquierda / *fil (m) amb torta cap a l'esquerra, fil (m) amb torsió esquerra*

rechtsgedrehtes *oder* umgekehrt gedrehtes Gespinst (n)
right-hand twisted yarn
нить (жр) *или* пряжа (жр) правой крутки
fil (m) tordu à droite *ou* à torsion droite *ou* à torsion inverse
filato (m) a torsione destra 14
hilo (m) con torsión [a la] derecha / *fil (m) amb torsió [cap a la] dreta*

den Faden rechtssinnig drehen
to twist the yarn in a clockwise direction, to give the yarn right-hand twist
скручивать *или* крутить нить вправо
tordre le fil à droite *ou* dans le sens des aiguilles d'une montre
torcere il filato nel senso destro *o* nel senso delle lancette dell'orologio 15
torcer el hilo à la derecha *o* en el sentido de las agujas de un reloj / *torcer el fil en el sentit de les agulles d'un relloige*

1
den Faden linkssinnig drehen
to twist the yarn in a counterclockwise direction, to give the yarn a left-hand twist
скручивать *или* крутить нить влѣво
tordre le fil à gauche *ou* en sens contraire des aiguilles d'une montre
torcere il filato nel senso contrario delle lancette dell'orologio *o* nel senso sinistro
torcer el hilo a la izquierda *o* en el sentido contrario de las agujas de un reloj / *torcer el fil en sentit contrari a les agulles del rellotge*

2
den Faden nach rechts aufwinden
to wind on the yarn in a right-hand *or* clockwise direction
наматывать нить слѣва направо
renvider le fil dans le sens des aiguilles d'une montre
avvolgere il filato nel senso delle lancette dell'orologio
arrollar el hilo en el sentido de las agujas de un reloj / *plegar el fil en el sentit de les agulles d'un rellotge*

3
den Faden nach derselben Seite drehen und aufwinden
to twist and wind on the yarn in the same direction
скручивать и наматывать нить в одном и том же направленіи
tordre et renvider le fil dans la même direction
torcere ed avvolgere il filato nella stessa direzione
torcer y arrollar el hilo en la misma dirección / *tòrcer i plegar el fil en la mateixa direcció*

4
Schlußdrehung (f)
final twist
конечная крутка (жр)
torsion (f) finale
torsione (f) finale
torsión (f) final *o* definitiva / *torsió (f) final*

5
Drehungsunterschied (m)
difference in twist
разница (жр) крученія [нити]
différence (f) de torsion
differenza (f) di torsione
diferencia (f) de torsión / *de torta*

6
tatsächlich vorhandene Drehung (f)
actual twist
дѣйствительная *или* результирующая крутка (жр)
torsion (f) réelle *ou* effective
torsione (f) reale *o* effettiva
torsión (f) real *o* efectiva / *torta (f) efectiva*

7
ungleiche Drahtverteilung (f)
irregular distribution of twist
неравномѣрное распредѣленіе (ср) крутки
répartition (f) *ou* distribution (f) irrégulière de la torsion
distribuzione (f) irregolare della torsione
distribución (f) irregular de la torsión / *distribució (f) irregular de la torta*

8
Drahtzahl (f), Güteverhältnis (n), [Drahtkonstante (f)]
twist constant, constant number for twist
коэффиціент (мр) крученія
constante (f) pour la torsion, coefficient (m) de torsion
coefficiente (m) *o* costante (f) di torsione
factor (m) constante para la torsión / *constant (m) de torsió*

9
Kötzer (m), [Cop (m)]
cop
початок (мр), коп (мр)
canette (f)
bobina (f), fusone (m)
husada (f) / *fusada (f)*

10
Schußkötzer (m)
weft cop, pin cop
уточный початок (мр)
canette-trame (f)
bobina (f) di trama
husada (f) de trama, canilla (f) / *fusada (f) de trama, caneta (f), bitlla (f)*

11
Spinnen (n) auf Schußhülsen
spinning on weft pirns
пряденіе (ср) на уточных патронах
filage (m) sur tubes canettes-trame
filatura (f) su tubetti per bobine di trama
hilado sobre canillas [de trama] / *filat (m) sobre bitlles [de trama]*

12
Ringspinnmaschine (f) für Schußkötzer, Schußdrossel (f), Schußringspinner (m)
ring[spinning] frame for pin cops
кольцевой прядильный ватер (мр) для уточных початков, уточный ватер (мр)
métier à filer à anneau pour canette-trame
filatoio (m) continuo ad anelli per filare la trama
continua (f) de anillos para trama, máquina (f) continua de hilar con anillos para trama / *contínua (f) d'anells per a bitlles o canetes*

13
Kettkötzer (m), Zettelkötzer (m)
warp cop, twist cop
початок (мр) основы *или* для сновки
canette-chaîne (f)
bobina (f) d'ordito
husada (f) de urdimbre / *fusada (f) d'ordit*

14
Kettgarn (n), Zettelgespinst (n)
warp yarn
основная пряжа (жр), пряжа (жр) для основы *или* для сновки
fil (m) de chaîne
filato (m) per catena
hilado (m) de urdimbre / *fil (m) d'ordit*

15
Zetteldrossel (f), Ringspinnmaschine für Zettelkötzer
ring[spinning] frame for twist cops *or* warp cops
кольцевой прядильный ватер (мр) для прядения основы, основный ватер (мр)
métier à filer à anneau pour canette-chaîne
filatoio (m) continuo ad anelli per filare la catena
continua (f) de anillos para urdimbre, máquina (f) continua de hilar con anillos para urdimbre / *contínua (f) de filar d'anells per a ordit*

16
Aufwindung (f) in Kötzerform
winding in cop form
мотка (жр) *или* намотка (жр) в видѣ початка
renvidage (m) sous forme de canette
avvolgimento (m) in forma di bobina
arrollamiento (m) en forma de husada / *plegat (m) en forma de fusada*

17
Kötzerbildung (f), Kötzeraufbau (m)
cop building, formation of cop
образованіе (ср) *или* строеніе (ср) початка
formation (f) de la canette
formazione (f) della bobina
formación (f) de la husada / *formació (f) de la fusada*

18
Kötzeransatz (m)
cop bottom, cop base
начало (ср) *или* зачаток (мр) початка, начинок (мр)
embase (f) *ou* cul (m) *ou* noyau (m) de la canette
nocciolo (m) della bobina
fondo (m) *o* base (f) de la husada / *cul (m) de la fusada*

19
den Ansatz bilden
to form the bottom
образовать начало *или* зачаток
former l'embase, renvider le cul *ou* le noyau
formare il nocciolo
formar el fondo / *fer el cul*

No.		
1	Kötzerspitze (f) cop nose, top of the bobbin головка (жр) *или* кончик (мр) початка	pointe (f) de la canette punta (f) della bobina punta (f) de la husada / *de la fusada*
2	Kegelschichten (fpl), kegelige Schichten (fpl) conical layers коническіе слои (мр)	couches (fpl) coniques strati (mpl) conici capas (fpl) cónicas / *capes (fpl) còniques*
3	anspinnen to start *or* to begin spinning начинать прясть, приступать к выпрядкѣ	commencer à filer cominciare a filare empezar a hilar / *començar de filar*
4	Anspinnen (n) commencement of spinning, spinning start зачин (мр) *или* начатіе (ср) пряденія	commencement (m) du filage inizio (m) della filatura comienzo (m) del hilado / *començament (m) del filat*
5	Windungsgesetz (n) principle of winding закон (мр) навиванія *или* мотки	loi (f) du renvidage legge (f) d'avvolgimento principio (m) del arrollamiento / *principi (m) del plegat*
6	Wickelflächenform (f), Form (f) der Wickelfläche shape of winding surface форма (жр) поверхности мотки	forme (f) de la surface du renvidage, forme (f) de la couche forma (f) della superficie d'avvolgimento forma (f) de la superficie de arrollado / *de plegat*
7	Ganghöhe (f) der Kötzerwindung pitch of the coil ход (мр) каретки, высота (жр) подъема одного слоя намотки	pas (m) de renvidage passo (m) d'avvolgimento o d'incannatura paso (m) del arrollamiento, altura (f) de la capa / *pas (m) del plegat, alçada (f) de la capa*
8	Windestelle (f) winding position мѣсто (ср) навиванія *или* навойки	lieu (m) de renvidage punto (m) d'avvolgimento posición (f) de arrollado / *posició (f) de plegat*
9	Straffheit (f) der Aufwindung tightness of winding тугость (жр) *или* натянутость (жр) *или* натяженіе (ср) мотки	tension (f) du renvidage tensione (f) stretta dell'avvolgimento dureza (f) del plegado / *duresa (f) del plegat*
10	Schwankung (f) in der Fadenspannung variation in the tension of the yarn колебаніе (ср) в натяженіи нити	variation (f) dans la tension du fil variazione (f) nella tensione del filo variación (f) en la tensión del hilo / *variació (f) en la tensió del fil*
11	tangentialer Fadenzug (m) tangential yarn tension тангенціальное *или* касательное натяженіе (ср) нити	tension (f) tangentielle du fil tensione (f) tangenziale del filo tensión (f) tangencial del hilo / *tensió (f) tangencial del fil*
12	Windungskegel (m) winding cone конус (мр) мотки	cône (m) de renvidage cono (m) d'avvolgimento cono (m) de arrollamiento / *con (m) de plegat*
13	Windungsschicht (f) winding layer слой (жр) намотки	couche (f) de renvidage strato (m) d'avvolgimento capa (f) de plegado / *de plegat*
14	bildender Teil (m) der Schicht, bildende Kötzerschicht (f) winding *or* building part of the layer плотный слой (мр) намотки, образующій слой (мр) початка	partie (f) formante de la couche parte (f) formante dello strato parte (f) formante / *part (f) formant* / de la capa
15	Kreuzwindung (f), Kreuzung (f), kreuzende *oder* trennende Kötzerschicht (f), kreuzender *oder* trennender Teil (m) der Schichten crossing part of the layers прослойка (жр) намотки, раздѣлительный слой (мр) початка	partie (f) croisante de la couche parte (f) d'incrocio dello strato parte (f) cruzante de la capa, cruzado (m) / *part (f) de creuat de la capa, creuat (m)*
16	Aufwinden (n) des Fadens auf die nackte Spindel winding the yarn on the bare spindle намотка (жр) нити на голое веретено	renvidage (m) du fil sur broche nue avvolgimento (m) del filo sul fuso [nudo] plegado (m) del hilo sobre el huso / *plegat (m) del fil sobre la pua*
17	den Faden auf die nackte Spindel *oder* Spindelklinge aufwinden to wind the yarn on the bare spindle *or* on the spindle blade наматывать нить на голое веретено	renvider le fil sur broche nue *ou* sur la lame de la broche avvolgere il filo sul fuso [nudo] plegar el hilo sobre el huso / *plegar el fil sobre la pua*
18	gutes Ablaufen (n) der Ansatzschichten good running-off of the layers of the cop bit хорошій сход (мр) *или* спуск (мр) зачатка *или* начинка	bon dévidage (m) de l'embase de la canette buon svolgimento (m) degli strati di base della bobina buen desplegado (m) del fondo de la husada / *bon desplegat (m) del cul de la fusada*
19	schlechtes Ablaufen (n) der Ansatzschichten bad running-off of the layers of the cop-bit плохой сход (мр) *или* спуск (мр) зачатка	mauvais dévidage (m) de l'embase de la canette svolgimento (m) sbagliato degli strati di base della bobina mal desplegado (m) del fondo de la husada / *desplegat (m) dolent del cul de la fusada*

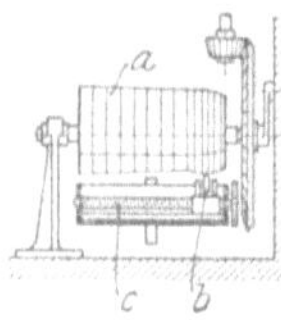

1 Vorrichtung (f) zur Erzeugung von Schichten verschiedener Höhe
apparatus for cop building by layers of variable heights
аппарат (мр) для намотки слоями различной высоты
dispositif (m) de formation de la bobine par couches à hauteurs variables
meccanismo (m) per la formazione di bobine con strati di altezza variabile
mecanismo (m) para la formación de husadas con capas de altura variable / *mecanisme (m) per a la formació de fusades amb capes de altura variable*

2 a Exzentertrommel (f)
eccentric drum
эксцентриковый барабан (мр)
tambour (m) excentrique
tamburo (m) eccentrico
tambor (m) excéntrico / *bombo (m) excèntric*

3 b Rolle (f)
shaper bowl
каток (мр)
galet (m)
cilindro (m) di marcia
carrilla (f)

4 c Schaltschraube (f)
shaper screw
направляющій винт (мр); винт, перемѣщающій каток
vis (f) d'avancement
vite (f) d'avanzamento
tornillo (m) de avance / *cargol (m) d'avançament*

5 Winden (n)
winding-on
мотка (жр)
renvidage (m)
avvolgimento (m), incannatura (f)
arrollado (m) / *plegat (m)*

6 winden
to wind-on
мотать
renvider
avvolgere, incannare
arrollar, plegar / *plegar*

7 Unterwinden (n)
underwinding
подмотка (жр) ниже початка
sous-renvidage (m)
sotto-incannatura (f)
extra-plegado (m) debajo la bobina / *extra-plegat (m) dessota el billot*

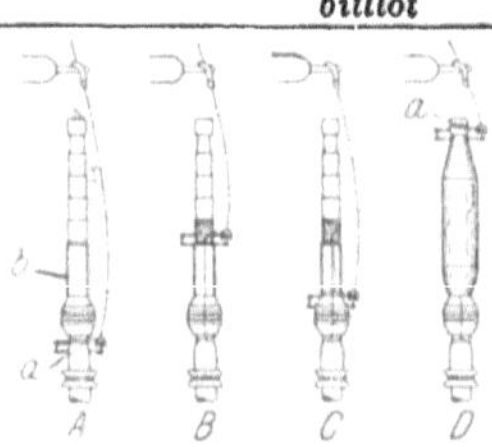

8 verschiedene Stellungen (fpl) der Ringbank beim Spinnen
different positions of the ring rail during spinning
разныя положенія (ср) кольцевой планки при прядении
diverses positions (fpl) de la plate-bande pendant le filage
posizioni (fpl) differenti del porta-anelli durante la filatura
posiciones (fpl) diferentes del porta-aros durante el hilado / *posicions (fpl) diferents del balancé durant la filatura*

A, a Stellung (f) der Ringbank vor Beginn des Spinnens, Unterwindestellung (f)
underwinding position of the ring rail
положение (ср) кольцевой планки при нижней подмоткѣ 9
position (f) de la plate-bande pour sous-renvider
posizione (f) del porta-anelli prima della filatura
posición (f) del porta-aros antes del hilado / *posició (f) del balancé avant del filat*

Fadenvorrat (m)
yarn reserve, thread reserve
запас (мр) нити [в подмоткѣ] 10
réserve (f) de fil
riserva (f) di filo
reserva (f) de hilo / *de fil*

A, b Messinghülse (f)
brass collar
латунный патрон (мр)
collier (m) en laiton 11
collare (m) di ottone
collar (m) de latón / *collari (m) de llautó*

B Stellung (f) der Ringbank für das Aufwinden des Fadenvorrats (m)
position of the ring rail for winding-on the yarn reserve
положеніе (ср) кольцевой планки для намотки запаса пряжи
position (f) de la plate-bande pour le renvidage de la réserve de fil 12
posizione (f) del porta-anelli per l'avvolgimento della riserva di filo
posición (f) del porta-aros para el plegado de la reserva de hilo / *posició (f) del balancé per al plegat de la reserva de fil*

C Stellung (f) der Ringbank für den Fuß der ersten Schicht
position of the ring rail for winding the bottom of the first layer
начальное положеніе (ср) кольцевой планки
position (f) de la plate-bande pour renvider la base de la première couche 13
posizione (f) del porta-anelli per incannare la base del primo strato
posición (f) del porta-aros para plegar la base de la primera capa / *posició (f) del balancé per a plegar la base de la primera capa*

Stellung (f) der Ringbank fur die Spitze der letzten Schicht
position of the ring rail for winding the top of the last layer
положеніе (ср) кольцевой планки для образованія вершины послѣдняго слоя
1 D position (f) de la plate-bande pour renvider le sommet de la dernière couche
posizione (f) del porta-anelli per incannare la punta dell'ultimo strato
posición (f) del porta-aros para plegar la punta de la última capa / *posició (f) del balancé per a plegar la punta de la última capa*

---

zweiter Fadenvorrat (m)
second yarn reserve
второй *или* верхній подмот (мр) нити
2 D, a seconde réserve (f) de fil
seconda riserva (f) di filo
segunda reserva (f) de hilo / *segona reserva (f) de fil*

---

vollendeter Kötzer (m)
full cop, completed cop
3 готовый початок (мр)
canette (f) pleine
bobina (f) completa *o* ultimata
husada (f) terminada *o* llena / *fusada (f) plena*

---

4 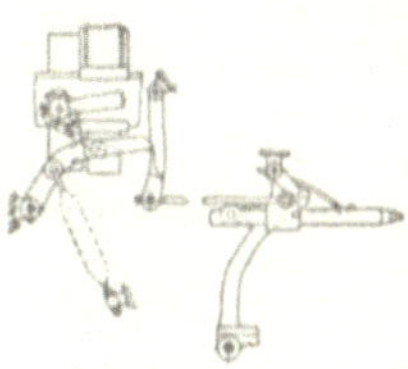

selbsttätige Abstellvorrichtung (f) bei vollendetem Kötzer
automatical full cop stop motion
автоматическій останов (мр) для готоваго початка
mécanisme (m) d'arrêt automatique pour canette pleine
meccanismo (m) di arresto automatico a bobina ultimata
mecanismo (m) de parada automático para cuando la husada está llena / *mecanisme (m) d'atur automàtic aixi que la fusada està plena*

Kötzergewicht (n)
5 weight of cop
вѣс (мр) початка
poids (m) de la cannette
peso (m) della bobina
peso (m) de la husada / *pes (m) de la fusada*

---

elektrischer Antrieb (m)
6 electric driving
движеніе (ср) от электромотора
commande (f) électrique
comando (m) elettrico
mando (m) eléctrico / *comanda (f) elèctrica*

---

7 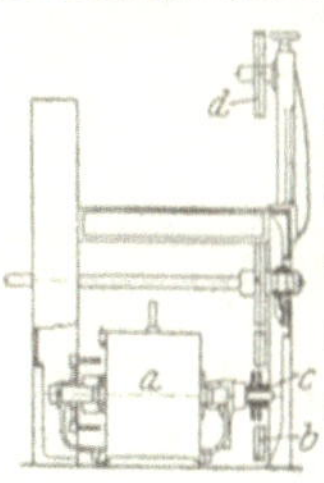

Gleichstrommotorantrieb (m), Antrieb (m) durch Gleichstrommotor
electric driving by continuous current motor
движеніе (ср) от электромотора постояннаго тока
commande (f) électrique par moteur à courant continu
comando (m) elettrico per motore a corrente continua
mando (m) eléctrico por motor de corriente continua / *comanda (f) elèctrica per motor de corrent continua*

Gleichstrommotor (m)
continuous *or* direct current motor
электромотор (мр) постояннаго тока
a moteur (m) à courant continu 8
motore (m) a corrente continua
motor (m) de corriente continua / *motor (m) de corrent continua*

---

doppelrilliger Antriebswirtel (m), Drahtwirtel (m)
double grooved pulley
двухжелобчатый приводный блок (мр)
b volant (m) de commande à double gorge 9
puleggia (f) a doppia gola
polea (f) de doble garganta / *politja (f) de doble gorja*

Rosette (f)
rosette
соединительная муфта (жр)
c rosette (f) 10
rosetta (f)
roseta (f), poleita (f) / *roseta (f), politjeta (f)*

Spannrolle (f)
tension pulley
натяжной блок (мр)
d volant (m) tendeur 11
rullo (m) tenditore
polea (f) / *politja (f)* / tensora

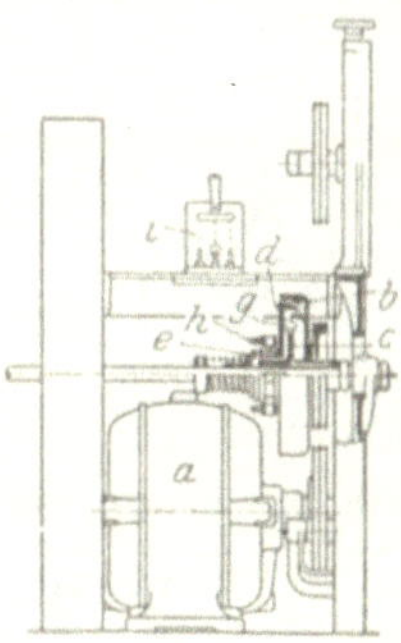

Drehstrommotorantrieb (m), Antrieb (m) durch Drehstrommotor
electric driving by three phase current motor
движеніе (ср) от электромотора перемѣннаго тока
commande (f) électrique par moteur à courant triphasé 12
comando (m) elettrico per motore a corrente trifasica
mando (m) eléctrico por motor trifásico / *comanda (f) elèctrica per motor trifàsic*

Drehstrommotor (m)
three phase [current] motor
электромотор (мр) перемѣннаго тока
a moteur (m) [à courant] triphasé 13
motore (m) a corrente trifasica
motor (m) trifásico / *trifàsic*

Reibungskupplung (f)
friction coupling, friction box
фрикціонное сцѣпленіе (ср), фрикціонная муфта (жр)
accouplement (m) à friction, embrayage (m) à frottement 14
innesto (m) a frizione
acoplamiento (m) de fricción / *acoplament (m) de fricció*

1 b
Reibschale (f), [Friktionsschale (f)]
friction cover
фрикціонная тарелка (жр)
cône (m) d'embrayage extérieur
cono (m) di frizione esteriore
cono (m) de embrague exterior / *con (m) d'embrague exterior*

2 c
festgekeilte Mitnehmerscheibe (f)
disc fixed on mains haft
заклиненный сцѣпляющій диск (мр)
disque (m) fixé sur l'arbre moteur
disco (m) inchiavettato sull'albero motore
disco (m) fijado sobre el árbol motor / *disc (m) collat sobre el arbre motor*

3 d
belederter Reibkegel (m)
leather covered friction cone
обтянутый кожею фрикціонный конус (мр)
cône (m) d'embrayage [intérieur] avec cuir
cono (m) di frizione rivestito di cuoio
cono (m) de fricción recubierto de cuero / *con (m) de fricció forrat de cuiro*

4 e
Druckbock (m)
pressure plate
прижимная муфта (жр)
plateau (m) de pression
placca (f) di pressione
plato (m) de presión / *plat (m) de pressió*

5 g
Greifnase (f)
catch nose
сцѣпной шип (мр), захватный палец (мр)
bec (m) de prise
becco (m) di presa
diente (m) de unión / *dent (m) d'unió, nas (m) de presa*

6 h
Schaltgabel (f)
switch fork
переводная вилка (жр), отводка (жр)
fourchette (f) d'embrayage
forcella (f) d'innesto
horquilla (f) de embrague / *forquilla (f) d'embrague*

7 i
Schalter (m)
switch
выключатель (мр)
interrupteur (m)
interruttore (m)
interruptor (m)

8
Zwischentrieb (m) *oder* Antrieb (m) über ein Vorgelege an der Ringspinnmaschine
intermediate driving of the ring frame
передаточный привод (мр) кольцевого прядильнаго ватера
commande (f) par renvoi du métier à anneau
azionamento (m) intermediario del filatoio continuo ad anelli
accionamiento (m) intermedio de la continua de anillos / *comanda (m) intermèdia de la continua*

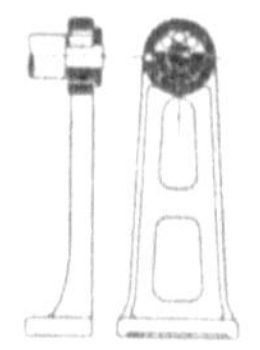

Trommelrollenlager (n)
roller bearing of the tin roller
роликовый подшипник (мр) для барабана
support (m) à rouleaux du tambour en fer-blanc 9
cuscinetto (m) a rulli del tamburo di latta
cojinete (m) de bolas de la linterna / *dau (m) de boles de la llanterna*

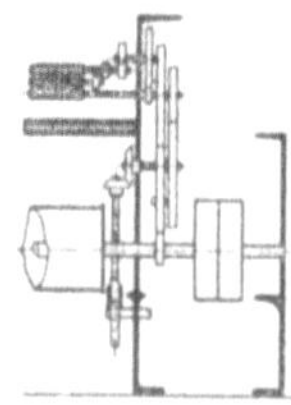

Ringspinnmaschinengetriebe (n)
gearing of ring frame
приводный механизм (мр) кольцевого прядильнаго ватера
train (m) d'engrenages du métier à anneau 10
organi (mpl) di comando del filatoio continuo ad anelli
engranajes (mpl) de la continua de anillos / *rodatges (mpl) de la contínua d'anells*

Bedienung (f) der Ringspinnmaschine
tentering of the ring frame
обслуживаніе (ср) кольцевого прядильнаго ватера
surveillance (f) *ou* service (m) *ou* conduite (f) du métier à anneau
sorveglianza (f) del filatoio continuo ad anelli 11
servicio (m) *o* cuidado (m) *o* manejo (m) de la continua de hilar / *cuidat (m) de la contínua de filar*

Schnureinziehen (n)
drawing-in the spindle banding
заправка (жр) шнурка, оснастка (жр) веретен шнурками
montage (m) des cordes à broche
montaggio (m) delle cordette dei fusi
colocación (f) de los pianos a los husos / *col·locació (f) dels pianos a les pues* 12

die Schnur einziehen
to draw-in *or* to put-on the spindle banding
надѣвать шнурки
monter *ou* passer les cordes (fpl) à broche
montare le cordette dei fusi 13
colocar los pianos de los husos / *col·locar els pianos a les pues*

Andrehen (n) des Fadens
piecing the yarn
присучка (жр) *или* присучиваніе (ср) нити
rattache (f) du fil
[ri]attacco (m) del filo 14
anudado (m) del hilo / *nuat (m) del fil*

einen gerissenen Faden (m) wieder anmachen *oder* andrehen
to piece-up a broken end
присучить оборвавшуюся нить
rattacher un fil brisé
riattaccare un filo rotto, fare l'attacco ad un filo rotto
anudar un hilo roto / *nuar un fil trencat* 15

den angedrehten Faden an der Spindel herunterstreichen
to stroke the pieced end down the spindle
сдвинуть вниз по веретену нахлестку нити
refouler le fil rattaché vers la pointe de la canette
ricacciare il filo riattaccato giù per il fuso
llevar el cabo anudado a la punta de la husada / *portar el cap nuat a la punta de la fusada* 16

1
dicke Stelle (f) des Fadens, schlechter Andreher (m), Klotzfaden (m)
thick place *or* bead in the yarn
плохая присучка (жр), мѣсто (ср) утолщенія нити
grosseur (f) dans le fil, mauvaise rattache (f), gros fil (m)
nodo (m) lungo, tratto (m) grosso, giuntura (f) mal fatta
grueso (m) *o* botón (m) *o* gata (f) en el hilo / *gata (f) en el fil*

c) Mulemaschinen (f pl)

Métiers (m pl) renvideurs

2
Mule [Spinning] Machines
Мюльныя машины (жр)
Filatoi (m pl) intermittenti
Máquinas (f pl) de hilar intermitentes / ***Màquines (f pl) de filar intermitents***

3
α) Allgemeines (n)
General Terms
Общее (ср)
Généralités (f pl)
Generalità (f pl)
Generalidades (f pl)

4
unterbrochener Spinnvorgang (m)
intermittent spinning process
процесс (мр) пряденія с перерывами
procédé (m) de filage intermittent
processo (m) di filatura intermittente
procedimiento (m) de hilado intermitente / *procediment (m) de filatura intermitent*

5
Jenny-Maschine (f)
Spinning Jenny
прядильная машина (жр) Дженни
Jeannette (f), Jenny (f)
Gianetta (f)
[hiladora (f)] Jenny (f), Jenua (f) / *filadora (f) Jenny (f), Jènua (f)*

6
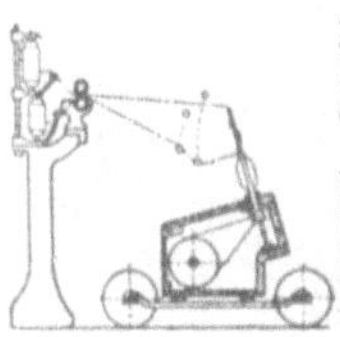
Mulejenny (f), Handmule (f)
Mule Jenny
Дженни-мюль (мр), ручной мюль (мр)
Mule-Jenny (f), Mull-Jenny (f)
Mule-Jenny (f)
Mule-Jenny (f), Muljenua (f) / *Mule Jenny (f), Mulgènua (f)*

7
β) Selbstspinner (m), [Selfaktor (m)]
Self-acting Mule
Сельфактор (мр), самопрялщик (мр), самодѣйствующая мюльная машина (жр)
Métier (m) renvideur automatique
Filatoio (m) automatico intermittente
Selfactina (f)

8
Steuerungen (f pl) des Selbstspinners
changes in gearing *or* evolutions of the self-acting mule
распредѣленіе (ср) движенія сельфактора
évolutions (f pl) du renvideur
evoluzioni (f pl) del filatoio automatico
evoluciones (f pl) / *evolucions (f pl)* / de la selfactina

9
Wagenspiel (n)
play of the carriage, periods and evolutions to form a stretch
полный ход (мр) каретки
périodes (f pl) et évolutions (f pl) pour faire une aiguillée
periodi (f pl) ed evoluzioni (f pl) per la formazione di una agugliata, giuoco (m) del filatoio
períodos (m pl) y evoluciones (f pl) para la formación de un aguller / *períodes (m pl) i evolucions (f pl) per a la formació d'un aguller*

10
Wagenausfahrt (f)
outward run *or* runout of the carriage, drawing out of the carriage
выход (мр) *или* отход (мр) каретки
sortie (f) du chariot
uscita (f) *o* sortita (f) *o* corsa (f) d'andata del carro
salida (f) / *sortida (f)* / del carro

11
Nachdraht (m)
twisting at the head, head twisting
дополнительная крутка (жр)
torsion (f) supplémentaire, surfilage (m)
torsione (f) supplementare
torsión (f) / *torsió (f)* / suplementaria

12
Abwinden (n), Abschlagen (n)
backing-off
отмотка (жр)
dépointage (m)
arresto (m), scoccamento (m)
desapuntado (m) / *descargolat (m)*

13
Wageneinfahrt (f)
run-in *or* inward run *or* going-in of the carriage
вход (мр) *или* возврат (мр) каретки
rentrée (f) du chariot
rientrata (f) *o* corsa (f) di ritorno del carro
entrada (f) *o* subida (f) del carro / *entrada (f) o pujada (f) del carro*

14
Aufsteckgatter (n)
creel
рама (жр) для катушек
râtelier (m)
rastrelliera (f)
fileta (f)

15
Vorgespinst (n)
roving
ровница (жр)
mèche (f) de préparation
lucignolo (m)
mecha (f) / *metxa (f)*

16
Streckwerk (n)
drawing rollers
вытяжной аппарат (мр)
cylindres (m pl) d'étirage
apparato (m) a tiratura
cilindros (m pl) de estiraje / *corrons (m pl) d'estiratge*

17
das Vorgespinst verfeinern *oder* verziehen
to draw [out] the roving
утонить *или* вытянуть ровницу
étirer *ou* laminer la mèche
stirare *o* raffinare il lucignolo
estirar la mecha / *la metxa*

18
verzogenes Vorgespinst (n)
drawn-out roving
вытянутая ровница (жр)
mèche (f) étirée
lucignolo (m) stirato
mecha (f) / *metxa* / estirada

19
loses Gespinst (n)
loosely spun yarn
слабая *или* рыхлая пряжа (жр)
fil (m) à torsion floche
filato (m) soffice
hilado (m) flojo / *filat (m) fluix*

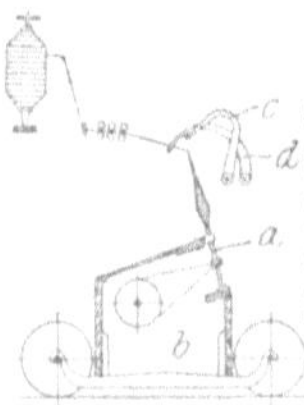

1 Spindel (f)
spindle
веретено (ср)
broche (f)
fuso (m)
huso (m) / *pua (f)*

2 a Spindelneigung (f)
bevel of the spindle
наклон (мр) веретена
inclinaison (f) de la broche
inclinazione (f) del fuso
inclinación (f) del huso / *inclinació (f) de la pua*

3 b fahrbarer Spindelträger (m), Wagen (m)
carriage
передвижной веретенный станок (мр), каретка (жр)
chariot (m)
carro (m) *o* carrello (m) [mobile, portante i fusi]
carro (m)

4 c Aufwinder (m)
[winding] faller
надниточник (мр), намотчик (мр)
baguette (f) [de renvidage]
bacchetta (f)
plegador (m)

5 Aufwinderdraht (m)
[winding] faller wire
проволока (жр) *или* струна (жр) надниточника, направляющая (жр)
fil (m) de fer de la baguette [de renvidage]
filo (m) di ferro della bacchetta
alambre (m) / *filferro (m)* / del plegador

6 d Gegenwinder (m), Spanner (m)
counter-faller
подниточник (мр)
contre-baguette (f)
controbacchetta (f), tenditore (m)
grúa (f) / *grua (f)*

7 Gegenwinderdraht (m)
counter-faller wire
направляющая (жр) подниточника
fil (m) de la contre-baguette
filo (m) di ferro della controbacchetta
alambre (m) / *filferro (m)* / de la grúa

8 Steuerung (f), [Steuerorgan (n)]
change motion
распредѣлительный механизм (мр)
mécanisme (m) de changement de marche
meccanismo (m) d'inversione di marcia
mecanismo (m) de cambio / *mecanisme (m) de canvi*

9 sich drehende Steuerwelle (f)
revolving cam shaft
вращающійся распредѣлительный вал (мр)
arbre (m) à cames *ou* à excentriques *ou* à plusieurs temps
albero (m) a più tempi *o* a croce
árbol (m) de excéntricos *o* de tiempos / *arbre (m) de temps*

schwingender Steuerhebel (m)
oscillating reversing lever
качающееся распредѣлительное коромысло (ср)
levier (m) à plusieurs temps
leva (f) oscillante per l'inversione della marcia 10
palanca (f) oscilante de cambio / *palanca (f) oscil·lant de canvi*

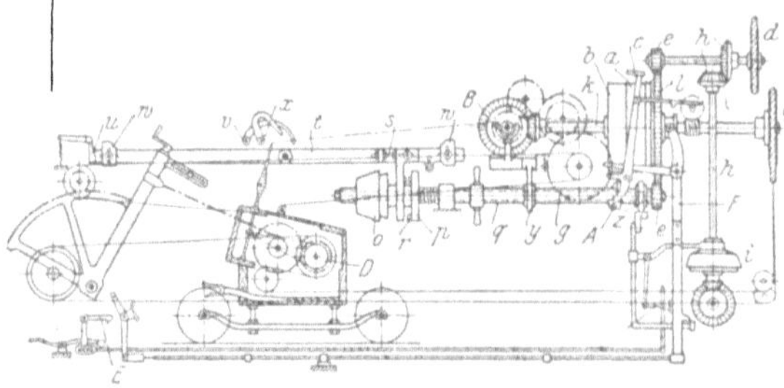

Selbstspinnergetriebe (n), [Selfaktorgetriebe (n)]
gearing of the self-acting mule
привод (мр) сельфактора
organes (mpl) de commande du métier renvideur
organi (mpl) di comando del filatoio automatico 11
mecanismo (m) de mando de la selfactina / *mecanisme (m) de comanda de la selfactina*

a Festscheibe (f) des Riemens für die Wagenausfahrt
fast pulley on rim shaft for the run-out of the carriage
коренной *или* рабочій шкив (мр) приводнаго ремня для отхода *или* выхода каретки
poulie (f) fixe pour la courroie motrice, commandant la sortie du chariot 12
puleggia (f) fissa della cinghia motrice, azionante l'uscita del carro
polea (f) fija de la correa motora para el accionamiento de la salida del carro / *politja (f) forta de la corretja motora per a la comanda de la sortida del carro*

die Scheibe sitzt fest
the pulley is fixed
рабочій шкив (мр) посажен намертво
la poulie est fixe [sur l'arbre] 13
la puleggia è fissa
la polea es fijada / *la politja es forta*

b Leerscheibe (f), Losscheibe (f)
loose pulley
холостой шкив (мр)
poulie (f) folle 14
puleggia (f) folle
polea (f) loca / *politja (f) boja o morta*

die Scheibe steckt lose *oder* sitzt lose
the pulley is loose [on the shaft]
шкив (мр) сидит свободно 15
la poulie est folle [sur l'arbre]
la puleggia è folle [sull'albero]
la polea es loca [sobre el árbol] / *la politja es boja [en l'arbre]*

Riemenschalter (m), Riemengabelhebel (m)
strap fork
отводка (жр)
1 c [levier (m) à] fourche (f) guide-courroie
leva (f) del guida-cingolo
horquilla (f) de la correa / *forquilla (f) de la corretja*

Seilwirtel (m) für das Abwinden und die Einfahrt
rope pulley for backing-off and drawing-up
канатный блок (мр) для отмотки и для входа каретки
volant (m) pour câble commandant le dépointage et la rentrée
2 d carrucola (f) a corda per la manovra dello scoccamento e della rientrata
polea (f) para la cuerda de mando del desapuntado y de la entrada / *politja (f) per a la corda de comanda del descargolat i de la baixada*

Antrieb (m) der Steuerwelle
cam shaft drive
передача (жр) к распредѣлительному валу
3 e commande (f) de l'arbre à cames
azionamento (m) dell'albero a due tempi
mando (m) del árbol de dos tiempos / *comanda (f) del arbre de temps*

Steuerwelle (f)
cam shaft
распредѣлительный вал (мр)
4 g arbre (m) à cames
albero (m) a due tempi, albero (m) a eccentrici
árbol (m) de dos tiempos / *arbre (m) de temps*

Einzugantrieb (m)
drawing-up *or* taking-in motion
передача (жр) к конусу для входа каретки
5 h engrenages (mpl) commandant la rentrée du chariot
ingranaggi (mpl) comandanti la rientrata del carro
juego (m) de espirales / *joc (m) d'espirals*

Wageneinzugbremskupplung (f), Wageneinzug[glocken]kupplung (f)
drawing-up *or* taking-in friction
фрикціонная муфта (жр) для входа каретки
6 i manchon (m) d'accouplement pour la rentrée du chariot, cloche (f) de rentrée
manicotto(m)d'accoppiamento per la rientrata del carro, campana (f) di rientrata
engrane (m) *o* freno (m) para la entrada del carro, campana (f) de la entrada / *fre (m) o fricció (f) o magrana (f) per a baixada del carro, campana (f) de la baixada*

Hauptwelle (f)
main shaft, rim shaft
главный вал (мр)
k arbre (m) moteur *ou* principal 7
albero (m) motore *o* principale
árbol (m) motor *o* principal / *arbre (m) motor o de comanda*

Abwindebremsrad (n), Abschlagbremsrad (n)
backing-off wheel
передаточная тормозная отмоточная шестерня (жр)
l roue (f) du cône de dépointage, roue de la friction de dépointage 8
ruota (f) del freno di scoccamento
corona (f) del freno de desapuntado / *corona (f) del joc de descargolar*

---

das Abschlagbremsrad sitzt lose auf der Hauptwelle
the backing-off wheel is loose on the rim shaft
передаточная тормозная отмоточная шестерня (жр) сидит свободно на валу головки
la roue du cône de dépointage est folle sur l'arbre principal 9
la ruota del freno di scoccamento trovasi libera sull'albero principale
la corona del desapuntado está loca en el árbol motor / *la corona del descargolat es boja-en l'arbre de comanda*

Bremsschale (f), Kuppelschale (f)
friction cover, conical friction clutch on cam shaft
фрикціонный конус (мр) на главном валу
o plateau (m) de friction conique sur l'arbre à cames 10
coppa (f) di frizione sull'albero a due tempi
campana (f) de fricción *o* freno (m) del árbol de dos tiempos / *fre (m) o fricció (f) del arbre de temps*

Steuerscheibe (f)
cam plate
распредѣлительный диск (мр)
p plateau (m) de renversement 11
disco (m) d'inversione
plato (m) de cambio de tiempo / *plat (m) de canvi de temps*

Steuerhülse (f), Steuerrohr (n)
sleeve of cam shaft, cam shaft shell
втулка (жр) распредѣлительнаго вала
q canon (m) à cames de l'arbre des cames, douille (f) à deux temps 12
manicotto (m) [dell'albero] a due tempi
manguito (m) del árbol de dos tiempos / *mánega (f) del arbre de temps*

1 r
Nase (f) mit schräger Anlauffläche
steel incline
палец (мр) *или* нос (мр) с горкой
nez (m) à bec oblique
naso (m) a lumaca
diente (m) de acero inclinado / *nas (m) inclinat*

2 s
Regelschraube (f), Einstellschraube (f)
regulating screw
установочный винт (мр)
vis (f) de réglage
vite (f) di registro
tornillo (m) / *cargol (m)* / regulador

3 t
Steuerhebel (m), Wagebalken (m), [Balancier (m)]
long lever
коромысло (ср)
balancier (m)
bilanciere (m), leva (f) lunga
gran palanca (f)

4
denWagebalken durchWinkelhebel bremsen
to lock the long lever by a bent lever
тормозить коромысло при помощи колѣнчатаго рычага
freiner le balancier par un levier coudé
frenare il bilanciere mediante una leva ad angolo
retener la gran palanca mediante una palanca acodada / *aguantar o frenar la gran palanca per mitjà d'una palanca de colze*

5 u
Winkelhebel (m)
bell crank lever, bent lever
колѣнчатый рычаг (мр)
levier (m) coudé
leva (f) ad angolo
palanca (f) acodada / *de colze*

6 v
Gegenwinderwelle (f)
counter faller shaft
вал (мр) подниточника
arbre (m) de la contre-baguette
albero (m) della contro-bacchetta
árbol (m) de las grúas / *arbre (m) de les grues*

7 w
wagerecht und senkrecht verstellbarer Backen (m)
horizontally and vertically adjustable bracket
горизонтально и вертикально устанавливаемый зажим (мр)
buttoir (m) *ou* plan (m) incliné réglable horizontalement et verticalement
cuneo (m) regolabile orizzontalmente e verticalmente
soporte (m) de ajuste vertical y horizontal / *suport (m) ajustable vertical i horitzontalment*

8 x
Aufwinderwelle (f)
winding faller shaft
вал (мр) надниточника
arbre (m) des baguettes
albero (m) delle bacchette
árbol (m) de los plegadores / *arbre (m) dels plegadors*

y 9
Zylindersteuerungsscheibe (f), [Zylindersteuerungsexzenter (n)]
roller cam
эксцентрик (мр), управляющій вытяжным аппаратом
excentrique (m) des cylindres
eccentrico (m) dei cilindri
excéntrico (m) de los cilindros / *excèntric (m) dels corrons*

z 10
Wagensteuerungsscheibe (f), [Wagensteuerungsexzenter (n)]
carriage cam
эксцентрик (мр), управляющій движеніем каретки
excentrique (m) du chariot
eccentrico (m) del carro
excéntrico (m) / *excèntric (m)* / del carro

A 11
Riemenschalterscheibe (f), [Riemenschalterexzenter (n)]
strap fork cam
эксцентрик (мр), переводящій ременную вилку
excentrique (m) de la fourche guide-courroie
eccentrico (m) della leva del guida-cingolo
excéntrico (m) de la horquilla de la correa / *excèntric (m) de la forquilla de la corretja*

B 12
Zahnrad (n) für Zylinder- und Wagenantrieb
toothed wheel for driving rollers and carriage
зубчатое колесо (ср) для привода вытяжного аппарата и каретки
roue (f) de commande des cylindres et du chariot
ruota (f) di comando dei cilindri e del carro
rueda (f) de mando de los cilindros y del carro / *roda (f) de comanda dels corrons i del carro*

C 13
Drahtwirtel (m)
rim pulley
канатный *или* шнуровой крутильный блок (мр)
volant (m) de torsion
volante (m) [di torsione]
volante (m) [de torsion] / *volant (m) [de torsió]*

D 14
Spindeltrommelwelle (f)
tin roller shaft
ось (жр) веретеннаго барабана
arbre (m) des tambours
albero (m) dei tamburi
árbol (m) de las linternas / *arbre (m) de les llanternes*

E 15
Sperrklinke (f), Wagenfalle (f)
[front] holding out catch [for carriage]
крючек (мр) *или* щеколда (жр) каретки, зацѣп (мр)
loquet (m) du chariot
gancio (m) per fermare il carro
gatillo (m) *o* gancho (m) de retención del carro / *nas (m) i ganxo*

1 F
Abwindebremshebel (m), Abschlagbremshebel (m)
backing-off friction lever
отмоточный тормазной рычаг (мр), переключатель (мр)
levier (m) de la friction de dépointage
leva (f) [di frizione] di scoccamento o di fermata, leva a squadra
palanca (f) del freno del desapuntado / *palanca (f) del fre del descargolat*

2
die Bremsschalen (fpl) entkuppeln
to disengage the friction cones, to put the friction cones out of gear
разсцѣпить фрикціонные конусы
débrayer *ou* dégager les cônes de friction
disinnestare i coni di frizione
abrir el freno o la fricción / *desengravar el fre o la fricció*

3
Entkupplung (f) der Bremsschalen
disengaging the friction cones
разсцѣпленіе (ср) фрикціонных конусов
débrayage (m) *ou* dégagement (m) des cônes de friction
disinnesto (m) dei coni di frizione
abertura (f) del freno / *desengravat (m) del fre*

4
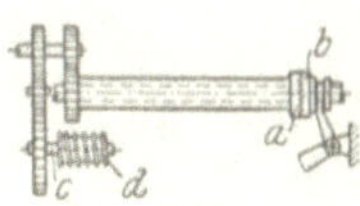

a
Wagenausfahrtkupplung (f)
catch box for drawing out
сцѣпная муфта (жр) для выхода каретки
embrayage (m) à dents pour la sortie du chariot
manicotto (m) di distacco per la uscita del carro
manguito (m) de engranaje para la subida del carro / *magrana (f) de les conduites*

5 b
Gegenmuffe (f)
sliding part of clutch
сцѣпной диск (мр) муфты
manchon (m) à griffes
manicotto (m) di disinnesto
caja (f) loca o parte (f) móvil del manguito de engranaje / *caixa (f) boja de la magrana*

6 c
Mandausenwelle (f)
back shaft
вал (мр) улитки, задній вал
arbre (m) de main-douce
albero (m) di mano dolce, albero posteriore
árbol (m) de las conduitas / *arbre (m) de les conduides*

7 d
Mandause (f)
back shaft [drawing-out] scroll
улитка (жр)
[poulie (f) de] main-douce (f)
lumaca (f) di uscita
espiral (m) o conduita (f) sobre el árbol de detrás, conduita (f) de subida del carro / *conduida (f) sobre l'arbre de darrera*

8
Mandausengetriebe (n)
back shaft scroll motion
улиточный механизм (мр), передача (жр) движенія посредством улитки
mouvement (m) des mains-douces
meccanismo (m) delle lumache di uscita
juego (m) de los espirales / *joc (m) dels espirals*

veränderliche Umfangsgeschwindigkeit (f) der Mandause
variable surface speed of back shaft scroll
перемѣнная окружная скорость (жр) вращенія улитки
vitesse (f) circonférentielle variable de la main-douce
velocità (f) periferica variabile della lumaca di uscita
velocidad (f) / *velocitat (f)* / periférica variable del espiral 9

Ausrückung (f) der Muffe
disengaging of the clutch
разъединеніе (ср) муфты
débrayage (m) du manchon
disinnesto (m) del manicotto
desembrague (m) de la fricción / *desengravat (m) de la fricció* 10

Schaltung (f) der Steuerhülse
reversing of the cam shaft sleeve
переключеніе (ср) *или* перевод (мр) в обратную сторону распредѣлительной втулки
rotation (f) du canon à deux temps de l'arbre des excentriques
rotazione (f) del manicotto a due tempi
cambio (m) del manguito del árbol de dos tiempos / *canvi (m) de la mànega del arbre de temps* 11

die Steuerhülse schaltet sich um
the cam shaft sleeve is reversed
распредѣлительная втулка переключается в обратную сторону
le canon à deux temps de l'arbre des excentriques fait un demitour
il manicotto a due tempi fa un mezzo giro
el manguito del árbol de dos tiempos gira media vuelta / *la mànega del arbre de temps dona mitja volta* 12

das Streckwerk liefert das verzogene Vorgespinst
the rollers deliver the drawn-out roving
вытяжной аппарат (мр) выпускает вытянутую ровницу
les cylindres (mpl) livrent la mèche étirée
i cilindri stiratori forniscono il lucignolo stirato
los cilindros de estiraje entregan la mecha estirada / *els corrons d'estiratge entregan la metxa estirada* 13

Oberwalzenfuhrung (f)
cap bar
направляющая (жр) для верхних *или* нажимных цилиндров
guide (m) des cylindres de pression
guida (f) dei cilindri di pressione
guía (f) de los cilindros de presión / *escarbat (m)* 14

Oberwalzenrahmen (m)
cap bar nep
рама (жр) для верхних цилиндров
cadre (m) pour le guide des cylindres de pression
telaio (m) per la guida dei cilindri di pressione
telar (m) para la guía de los cilindros de presión / *escarbatina (f), escabatel (m)* 15

Auszugslänge (f)
stretch, draw
выпуск (мр) нити при отходѣ каретки
aiguillée (f)
agugliata (f), tirata (f)
aguller (m) 16

der Wagen fährt aus
the carriage runs out
каретка (жр) выходит *или* отходит
le chariot sort
il carro esce
el carro sale o sube / *surt o puja* 17

1 Ausfahren (n) des Wagens
outward run of carriage
выход (мр) *или* отход (мр) каретки
sortie (f) du chariot
uscita (f) del carro
salida (f) / *sortida (f)* / del carro

2 Wagengeschwindigkeit (f)
speed of carriage
скорость (жр) движенія каретки
vitesse (f) du chariot
velocità (f) [di spostamento] del carro
velocidad (f) / *velocitat (f)* / del carro

3 Drehung (f) der Spindeln während der Ausfahrt des Wagens
spindle turn during outward run of carriage
вращеніе (ср) веретен во время отхода каретки
rotation (f) des broches pendant la sortie du chariot
rotazione (f) dei fusi durante l'uscita del carro
rotación (f) de los husos durante la salida del carro / *rotació (f) de les pues durant la sortida del carro*

4 Ausfahrtdraht (m)
twist put in as the carriage runs out
крутка (жр) нити во время отхода каретки
torsion (f) donnée pendant la sortie du chariot
torsione (f) data durante l'uscita del carro
torsión (f) dada durante la salida del carro / *torsió (f) donada durant la sortida del carro*

5 
links *oder* gewöhnlich gewickelt
left-hand wound
лѣвой *или* обыкновенной мотки
renvidé en sens ordinaire
incannato in senso ordinario
plegado a la izquierda / *plegat a l'esquerra*

6 
rechts *oder* umgekehrt gewickelt
right-hand wound
правой *или* обратной мотки
renvidé en sens inverse
incannato in senso inverso
plegado a la derecha / *plegat a la dreta*

7 Verkürzen (n) des Fadens durch den Draht
shortening of the yarn by twisting
усадка (жр) *или* укороченіе (ср) нити от крутки
raccourcissement (m) du fil par la torsion
accorcimento (m) del filo dovuto alla torsione
acortamiento (m) del hilo por la torsión / *escurçament (m) del fil per la torsió*

8 der Faden wird durch den Draht verkürzt
the yarn is shortened by twisting
нить (жр) укорачивается от крученія
le fil se raccourcit par la torsion
il filo si accorcia per la torsione
el hilo se acorta por la torsión / *el fil s'escurça per la torsió*

9 das fertig gesponnene Fadenstück in Spannung erhalten
to keep the spun yarn under tension
выпряденную нить держать в натянутом состояніи
maintenir sous tension la portion de fil qui vient d'être filée
mantenere la tensione al tratto del filo prodotto
mantener el hilo formado con tensión / *mantenir tivat el fil filat*

Wagenweg (m)
travel of carriage
ход (мр) каретки
course (f) du chariot
corsa (f) del carro
curso (m) / *cursa (f)* / del carro 10

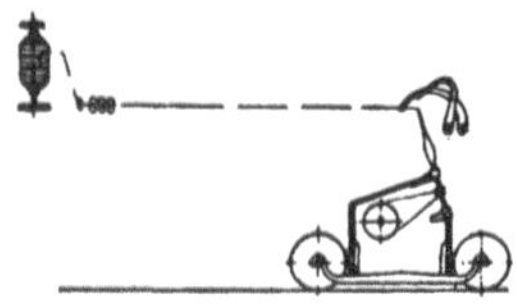
Ausfahrtstellung (f) des Wagens, Stellung des ausgefahrenen Wagens
outward position of carriage
положеніе (ср) каретки, закончившей отход 11
position (f) du chariot sorti
posizione (f) del carro uscito
posición (f) del carro salido / *posició (f) del carro sortit*

Wagennachzugvorrichtung (f)
jacking *or* stretching motion, after-stretch motion
приспособленіе (ср) дополнительной вытяжки каретки
étirage (m) supplémentaire par le chariot
dispositivo (m) di stiramento supplementare pel carro 12
dispositivo (m) de tiraje por el carro / *dispositiu (m) de tiratge del carro*

Spinnen (n) mit Nachdraht
spinning with twisting at the head
пряденіе (ср) с докруткой
filage (m) avec torsion supplémentaire
filatura (f) con torsione supplementare 13
hilado (m) con torsión / *filat (m) amb torsió* / suplementaria

Spinnen (n) ohne Nachdraht
spinning without twisting at the head
пряденіе (ср) без докрутки *или* с выключеніем крутильнаго механизма в момент останова каретки
filage (m) sans torsion supplémentaire
filatura (f) senza torsione supplementare
hilado (m) sin torsión 14
suplementaria / *filat (m) sensa torsió suplementària*

ohne Nachdraht spinnen
to spin without twisting at the head
прясть без докрутки *или* с выключеніем крутильнаго механизма
filer sans torsion supplémentaire
filare senza torsione supplementare
hilar sin torsión suplementaria / *filar sense torsió suplementaria* 15

Nachdraht (m)
twisting at the head
докрутка (жр)
torsion (f) supplémentaire
torsione (f) supplementare 16
torsión (f) / *torsió (f)* / suplementaria

doppelte Spindelgeschwindigkeit (f)
double speed of spindles
удвоенная скорость (жр) веретена
vitesse (f) double des broches
velocità (f) doppia dei fusi 17
doble velocidad (f) de los husos / *doble velocitat (f) de les pues*

der Wagen steht still
the carriage stops
каретка (жр) стоит неподвижно
le chariot s'arrête
il carro si ferma
el carro se para / 18
s'atura

Wagenstillstand (m)
stoppage of the carriage
неподвижное положеніе (ср) каретки
arrêt (m) du chariot
fermata (f) del carro
parada (f) / *aturada (f)* / del carro 19

1
Aufwinder und Gegenwinder (m) stehen still
the winding faller and counter faller are stationary
надниточник (мр) и подниточник (мр) стоят неподвижно
la baguette et la contre-baguette restent immobiles
la bacchetta e la controbacchetta sono in riposo
la grúa y el plegador no trabajan / *no treballen*

2
Rückdrehung (f) der Spindeln
reversing of the spindles
обратное вращеніе (ср) веретен
rotation (f) inverse des broches, détour (m) des broches
rotazione (f) inversa *o* disgiro (m) dei fusi
rotación (f) en sentido inverso de los husos / *rotació (f) de les pues al revés*

3
die Spindeln (fpl) drehen sich in entgegengesetzter Richtung
the spindles revolve in the opposite direction
веретена (ср) вращаются в обратную сторону
les broches (fpl) tournent en sens inverse
i fusi girano in senso inverso
los husos giran en sentido inverso / *les pues giren al revés*

4
Rückdrehung (f) der Hauptwelle
reversing of the rim shaft
обратное вращеніе (ср) главнаго вала [головки]
rotation (f) inverse de l'arbre principal
rotazione (f) inversa dell'albero principale
rotación (f) invertida del árbol principal / *rotació (f) al revés del arbre principal*

5
die Fadenspiralen (fpl) von der nackten Spindel abwinden, den Verbund lösen *oder* abwickeln
to unwind the coils from the bare spindles, to back-off
отмотать завитки нити с голаго веретена
dépointer le fil
svolgere le spire di filo dal fuso nudo
desapuntar el hilo / *descargolar el fil*

6

Abwinden (n), Abschlagen (n)
backing-off
отмотка (жр), отбой (мр)
dépointage (m)
scoccamento (m)
desapuntado (m) / *descargolat (m)*

7 a
Kötzerstütze (m), letzte Anwindungsstelle (f)
starting position for winding-on
мѣсто (ср) присучки, верхушка (жр) початка, начало (ср) образованія слоя мотки
position (f) de départ pour le renvidage, sommet (m) de la couche
posizione (f) iniziale dell'incannatura
posición (f) de partida para el plegado / *posició (f) de començament per al plegat*

8 b
Drehungsstelle (f)
twisting point
начало (ср) *или* исходное мѣсто (ср) крученія нити
point (m) de torsion
punto (m) di torsione
punta (f) del huso que tuerce / *punta (f) de la pua que torç*

9
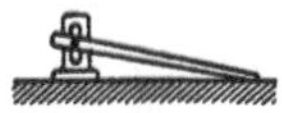
Rückwinderegler (m)
incline to regulate backing-off
разгрузочная горка (жр) подниточника
plan (m) incliné *ou* dispositif (m) pour régler le dépointage
piano (m) inclinato per regolare lo scoccamento
zapatilla (f) para regular el desapuntado / *sabateta (f) que regula el descargolat*

10

a
Zapfenrolle (f)
shaper bowl
моточный каток (мр)
tourillon (m), galet (m)
rullo (m) formatore
rodillo (m) o carrillo (m) de la palanca de formación de husada / *politjeta (f) o carrilla (f) de la palanca de copisplet*

11 b
Bolzengleitstück (n)
slide bracket
скользун (мр), салазки (жр)
cheville (f) à glissière
telaio (m) a scivolamento
soporte (m) deslizador *o* de caída / *suport (m) de caiguda de la crossa*

12 c
Stellbolzen (m) *oder* Stelldorn (m) *oder* Stellstift (m) des Verbindungshebels *oder* der Aufwinderstelze
locking bowl of the winding faller
установительный болт (мр), подножка (жр) солдата
galet (m) du levier de liaison
rullo (m) d'appoggio della leva di comando della bacchetta
rodillo (m) de la palanca de gobierno de los plegadores / *politgeta (f) o carrilla (f) de la crossa*

13 d
Aufwinderstelzennase (f)
boot of faller leg
рожок (мр) солдата
talon (m) du levier de liaison
tacco (m) della leva di comando della bacchetta
talón (m) de la palanca de gobierno de los plegadores / *esclop (m)*

14
rückgewundener Faden (m)
backed-off yarn
обратно смотанная пряжа (жр)
fil (m) dépointé
scarto (m) d'incannatura
hilo (m) desapuntado / *fil (m) descargolat*

15
Senken (n) des Aufwinders
lowering of the winding faller
опусканіе (ср) надниточника
abaissement (m) de la baguette
abbassamento (m) della bacchetta
descenso (m) / *caiguda (f)* / del plegador

16
der Aufwinder senkt sich nieder
the winding faller descends
надниточник (мр) опускается
la baguette s'abaisse
la bacchetta s'abbassa *o* discende
el plegador desciende / *cau*

1 Steigen (n) des Gegenwinders
rising of the counter faller
поднимaнiе (ср) подниточника
relèvement (m) de la contre-baguette
innalzamento (m) della controbacchetta
subida (f) / *pujada (f)* / de la grúa

2 der Gegenwinder steigt
the counter faller rises
подниточник (мр) поднимается
la contre-baguette monte *ou* se relève
la contro-bacchetta s'innalza
la grúa sube / *puja*

3
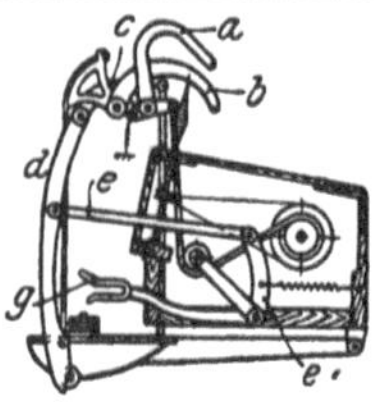

Abwindevorrichtung (f), Abschlagvorrichtung (f)
backing-off motion
отмоточный механизм (мр)
mécanisme (m) de dépointage
meccanismo (m) di scoccamento
mecanismo (m) de desapuntado / *mecanisme (m) de descargolat*

4 a
Aufwinderbügel (m)
faller sickle
дуга (жр) надниточника
bras (m) *ou* faucille (f) de la baguette
braccio (m) ricurvo *o* collo (m) d'oca della bacchetta
brazo (m) *o* espada (f) / *espasa (f) o falç (m)* / del plegador

5 b
Gegenwinderbügel (m)
counter faller sickle
дуга (жр) подниточника
bras (m) de la contre-baguette
braccio (m) ricurvo della controbacchetta
brazo (m) *o* espada (f) / *espasa (f) o falç* / de la grúa

6 c
Aufwinderwellenbügel (m)
winding faller sector
сектор (мр) на валикѣ надниточника
secteur (m) de la baguette
settore (m) della bacchetta
media luna (f) / *mitja llúna (f)* / del plegador

7 d
Aufwinderstelze (f), Verbindungshebel (m)
faller leg
солдат (мр)
levier (m) de liaison
leva (f) di comando *o* fusto (m) della bacchetta
palanca (f) de gobierno de los plegadores / *crossa (f)*

8 e
Gestänge (n) mit Gabel und Leitrolle für die Abwinderkette
system of levers with fish jaw and guide pulley for backing-off chain
рычаг (мр) с вилкой и роликом для цѣпи подниточника
levier (m) à fourche et galet pour la chaine de dépointage
sistema (m) di leve con forchetta e rullo di guida per la catena di scoccamento
sistema (m) de palancas con lengua de serpiente y rodillo de guía para la cadena de desapuntar / *sistema (m) de palancas con llengua de serp i canilla de la cadena de descargolar*

g
Gabel (f)
forked lever, fish jaw
утка (жр)
fourche (f)
forchetta (f)
lengua (f) de serpiente, boca (f) de pez / *llengua (f) de serp, boca (f) de peix* 9

Einfallen (n) der Kupplung durch Eigengewicht
engaging of the coupling by dead weight
сцѣпленiе (ср) фрикцiона от собственнаго вѣса
engagement (m) de l'embrayage par son propre poids
impegno (m) dell'accoppiamento per il proprio peso 10
caída (f) de la palanca de gobierno de los plegadores por su propio peso / *caiguda (f) de la crossa per el seu pes*

die Kupplung fällt durch Eigengewicht ein
the coupling engages by its own weight
фрикцiон (мр) сцѣпляется от собственнаго вѣса
l'embrayage fonctionne par son propre poids
l'accoppiamento s'impegna per il proprio peso 11
la palanca de gobierno de los plegadores cae por su propio peso / *la crossa cau pel seu pes*

Einfahren (n) des Wagens
inward run of carriage
вход (мр) каретки
rentrée (f) du chariot
rientrata (f) del carro 12
entrada (f) del carro

der Wagen fährt ein
the carriage runs in
каретка (жр) входит
le chariot rentre
il carro ritorna 13
el carro entra

beschleunigte Wagengeschwindigkeit (f)
accelerated carriage speed
ускоренное движенiе (ср) каретки
vitesse (f) accélérée du chariot
velocità (f) accelerata del carro 14
velocidad (f) / *velocitat (f)* / acelerada del carro

verzögerte Wagengeschwindigkeit (f)
retarded carriage speed
замедленное движенiе (ср) каретки
vitesse (f) retardée du chariot
velocità (f) ritardata del carro 15
velocidad (f) / *velocitat (f)* / retardada del carro

Aufwindung (f)
winding
намотка (жр), мотка (жр) початка
renvidage (m)
incannatura (f) 16
plegado (m) / *plegat (m)*

Aufwinden (n) des Fadens auf die nackte Spindel
winding the yarn on the bare spindle
наматыванiе (ср) нити на голое веретено
renvidage (m) du fil sur la broche nue
incannatura (f) del filato sul fuso 17
arrollado (m) del hilo sobre el huso / *plegat (m) del fil sobre la pua nua*

kurze Papierhülse (f), Kurzhülse (f)
short paper tube
короткiй бумажный патрон (мр), короткая бумажная гильза (жр)
tube (m) de papier court, busette (f)
tubetto (m) corto di carta 18
tubo (m) corto de papel / *tub (m) curt de paper*

Aufwindegeschwindigkeit (f)
winding-on speed
скорость (жр) наматыванiя *или* намотки
vitesse (f) du renvidage
velocità (f) d'incannatura 19
velocidad (f) de arrollado / *velocitat (f) de plegat*

1 Einstellung (f) des Aufwinders
adjustment of faller
установка (жр) надниточника
réglage (m) de la baguette
regolazione (f) della bacchetta
ajuste (m) / *ajustat (m) / del plegador*

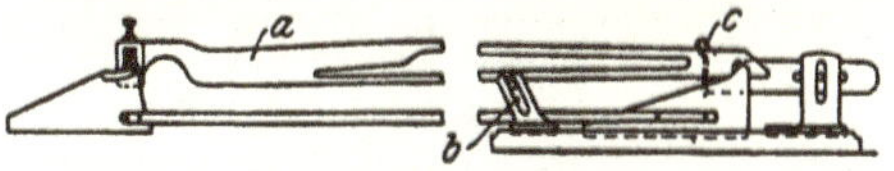

2 Windevorrichtung (f), Windezeug (n)
winding motion
мотальный аппарат (мр) *или* механизм (мр)
mécanisme (m) de renvidage
meccanismo (m) d'incannatura
mecanismo (m) de arrollado / *mecanisme (m) de plegat, copisplet (m)*

3 a Windeschiene (f), Laufschiene (f), Formschiene (f)
copping rail, shaper rail
погон (мр), склиз (мр), моточная шина (жр) *или* дорожка (жр)
règle (f) [de formation]
rotaia (f) [d'incannatura]
regla (f) de formación [de la husada] / *regla (f) de copisplet*

4 b Führungsschlitz (m) der Windeschiene
copping rail guide, pig's foot
прорѣз (мр) для направленія склиза
glissière-guide (f) pour la règle
corsoio (m) della rotaia
guía (f) de la regla de formación, pie (m) de puerco / *culissa (f) del copisplet, peu (m) de porc*

5 c feststehender Anschlag (m)
fixed stop
неподвижная упорка (жр)
arrêt (m) fixe
arresto (m) fisso
tope (m) fijo / *top (m) fix[e]*

6 

Schaltplatten (fpl), Formplatten (fpl), Formschuhe (mpl)
shaper plates, copping plates
башмаки (мр), моточныя щеки (жр) *или* горки (жр)
platines (fpl), calibres (mpl)
pattini (mpl)
platinas (fpl), plantillas (fpl) / *platines (fpl), plantilles (fpl)*

7 Ansatz (m), Ansatzkegel (m), Grundkegel (m), Grunddoppelkegel (m)
cop bottom, cop bit
начинок (мр)
fond (m) *ou* base (f) *ou* noyau (m) *ou* cul (m) de la canette
nocciolo (m) della bobina
fondo (m) de la husada / *cul (m) o fons (m) de la fusada*

Ansatzhöhe (f) des Kötzers
length of cop bit
высота (жр) начинка
hauteur (f) du fond de la canette
altezza (f) del nocciolo della bobina
altura (f) de la base de la husada / *llargada (f) del cul de la fusada* 8

die Ansatzhöhe verringern
to shorten the length of cop bit
уменьшить высоту начинка
diminuer la hauteur du fond de la canette
diminuire la altezza del nocciolo della bobina
disminuir la altura de la base de la husada / *disminuir la llargada del cul de la fusada* 9

a Fußplatte (f)
front copping plate
передній *или* начиночный башмак (мр)
platine (f) *ou* calibre (m) des bases
pattino (m) di davanti
platina (f) de delante *o* de fondo de husada / *platina (f) de davant o de cul de fusada* 10

Spitzenkegel (m)
top cone of cop
носок (мр)
cône (m) supérieur de la canette
cono (m) superiore della bobina
cono (m) superior *o* punta (f) de la husada / *con (m) superior o cap (m) de la fusada* 11

b Spitzenplatte (f)
back [shaper] plate
носочный *или* верхушечный *или* задній башмак (мр)
platine (f) *ou* calibre (m) des sommets
pattino (m) posteriore
platina (f) de detrás *o* de punta de husada / *platina (f) de darrera o de cap de fusada* 12

c Ansatzkurve (f), Ansatzschaltlinie (f)
cop bottom curve of front shaper plate
профиль (мр) *или* дуга (жр) башмака для построенія начинка
partie (f) correspondant au fond
parte (f) corrispondente al nocciolo
perfil (m) curvo correspondiente al fondo / *perfil (m) corb corresponent al cul* 13

1 zylindrische Wickelfläche (f) der ersten Schicht des Ansatzes
cylindrical winding surface of the first layer of cop bottom
цилиндрическая поверхность (жр) перваго слоя начинка
surface (f) cylindrique pour la première couche du noyau
superficie (f) cilindrica per il primo strato del nocciolo
superficie (f) cilíndrica para la primera capa del fondo / *superfície (f) cilíndrica per a la primera capa del cul*

---

2 kegelförmige Wickelfläche (f) der letzten Schicht des Ansatzes
conical winding surface of the last layer of cop bottom
коническая поверхность (жр) послѣдняго слоя начинка
surface (f) conique pour la dernière couche du noyau
superficie (f) conica per l'ultimo strato del nocciolo
superficie (f) cónica para la última capa del fondo / *superfície (f) cònica per a la última capa del cul*

---

3 d Schaltungslinie (f) für den Körper des Kötzers
cop body forming line
профиль (мр) башмака для построенія цилиндра *или* тѣла початка
partie (f) de la platine utilisée pour la formation du corps de la canette
linea (f) formante il corpo della bobina
perfil (m) recto de formación del cuerpo de la husada / *perfil (m) rectilini de formació del cos de la fusada*

---

4 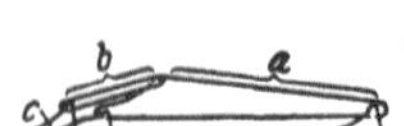

Windeschiene (f) mit Gelenkstück, gegliederte Leitschiene (f)
copping rail with hinged short incline
склиз (мр) *или* погон (мр) с шарнирной горкой для прослойки
règle (f) articulée
rotaia (f) articolata
regla (f) de formación con plano inclinado móvil / *regla (f) de copisplet amb palanqueta*

---

5 a Teil (m) der Leitschiene für den bildenden Teil der Schicht
part of copping rail for winding layer
часть (жр) склиза для намотки образующих слоев початка
partie (f) de la règle correspondant à la partie formante de la couche
tratto (m) della rotaia per la parte formante dello strato
perfil (m) de la regla para la parte formante de la capa / *perfil (m) del copisplet per a la part formant de la capa*

---

b Gelenkschienenstück (n) für die Kreuzung
hinged *or* loose incline for the crossing layer
колѣнчатая часть (жр) склиза для намотки прослойки
partie (f) articulée pour la partie croisante de la couche 6
parte (f) articolata per l'incrocio degli strati
perfil (m) inclinado para el plegado cruzado / *palanqueta (f)*

---

c Fußplatte (f) für den Ansatz
front copping plate for cop bottom
передній башмак (мр) для начинка
platine (f) des bases pour la formation du noyau 7
pattino (m) di davanti per la formazione del nocciolo
platina (f) de delante para la formación del fondo / *platina (f) de davant per a la formació del cul*

Aufwindespannung (f) des Fadens
winding tension of the yarn
натяженіе (ср) нити при намоткѣ
tension (f) de renvidage du fil
tensione (f) del filo all'avvolgimento 8
tensión (f) de arrollado del hilo / *tensió (f) de plegat del fil*

Fadenspannung (f) durch Belastung des Gegenwinders
yarn tension by weighted counter faller
натяженіе (ср) нити при помощи нагрузки подниточника
tension (f) des fils par contre-baguette chargée
tensione (f) dei fili per controbacchetta caricata 9
tensión (f) de los hilos por grúa cargada / *tensió (f) dels fils mitjançant grua carregada*

---

den Gegenwinder durch Gewichtsauflage spannen
to weight the counter faller
производить давленіе подниточника накладными гирями
charger la contre-baguette
caricare la controbacchetta 10
cargar la grúa / *carregar la grua*

Entlastung (f) des Gegenwinders
relieving of the counter faller
уменьшеніе (ср) нагрузки подниточника
dégagement (m) de la contre-baguette
scarico (m) della controbacchetta 11
descarga (f) / *descàrrega (m)* / de la grúa

---

den Gegenwinder entlasten
to relieve the counter faller
разгрузить подниточник
dégager la contre-baguette
scaricare la controbacchetta 12
descargar / *descarregar* / la grúa

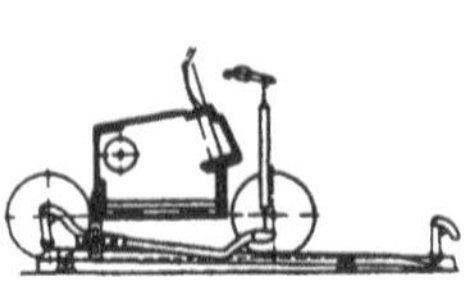

Fadenschoner (m), Spitzenspanner (m)
yarn easing motion
сохранитель (мр) нити
dispositif (m) pour tendre les pointes des couches 13
movimento (m) d'allentamento del filo
mecanismo (m) aflojador del hilo / *mecanisme (m) per afluixar el fil*

1 schnittiges Garn (n)
cut yarn
пересл҃жистая *или* неравном҃рная пряжа (жр)
fil (m) coupé
filo (m) tagliato *o* disuguale
hilo (m) con cortes / *fil (m) amb xemics, fil xemicat*

---

2 das Garn hat Schnitte
the yarn is cut
пряжа (жр) им҃етъ перессл҃жины *или* утоненія
le fil a des coupures
il filo è tagliato *o* irregolare
el hilo tiene cortes / *el fil té xemics o és xemicat*

---

3 lose Wicklung (f)
loose winding
слабая *или* мягкая мотка (жр)
renvidage (m) mou
incannatura (f) molle
arrollado (m) flojo / *plegat (m) fluix o tou*

---

4 Schleifenbildung (f)
formation of snarls
образованіе (ср) петел
formation (f) de vrilles *ou* boucles
formazione (f) di arricciature
formación (f) de cargolis *o* rizos / *formació (f) de cargolins*

---

5 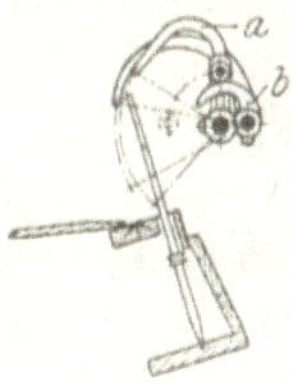
zwangläufige Gegenwinderbewegung (f)
positive counter faller motion
позитивный механизм (мр) подниточника
mouvement (m) positif de la contre-baguette
apparecchio (m) per guida positiva della controbacchetta
movimiento (m) positivo / *moviment (m) positiu* / de la grúa

---

6 a
gehobener Aufwinder (m)
raised winding faller
поднятый надниточник (мр)
baguette (f) levée
bacchetta (f) rialzata
plegador (m) levantado / *aixecat*

---

7 b
gekrümmter Arm (m) auf der Gegenwinderwelle, Aufwinderbügel (m)
curved arm on counter faller shaft
рожок (мр), закр҃пленный на валик҃ подниточника
demi-lune (f) *ou* bras (m) recourbé sur l'arbre de la contre-baguette
braccio (m) ricurvo sull'albero della controbacchetta
brazo (m) curvado sobre el árbol de la grúa / *braç (m) curvat sobre l'arbre de la grua*

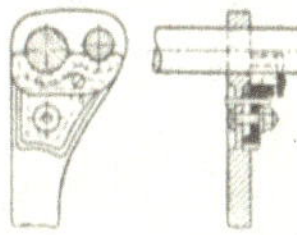
auf Antifriktionsrollen gelagerte Auf- und Gegenwinderwellen (fpl)
winding and counter faller shafts mounted on antifriction bowls
покоющiеся на антифрикціонных роликах валы (мр) надниточника и подниточника
arbres (mpl) des baguettes et des contre-baguettes montés sur des galets antifriction 8
alberi (mpl) per le bacchette e contro-bacchette montati sopra rulli ad antifrizione
árboles (mpl) de los plegadores y de las grúas montados sobre rodillos de antifricción / *arbres (mpl) dels plegadors i de les grues montats sobre carrilles de antifricció*

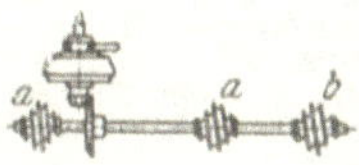
Wageneinzugschnecken (fpl)
carriage scrolls
кареточныя улитки (жр)
scrolls (mpl) du chariot 9
lumache (fpl) del carro
espirales (fpl) *o* caracoles (fpl) / *espirals (fpl) o cargols (mpl)* / del carro

---

a
Hauptschnecke (f), Einzugschnecke (f)
drawing-up scroll, taking-in scroll
[главная] втяжная улитка (жр)
scroll (m) de rentrée du chariot 10
lumaca (f) *o* scroll (m) di rientrata, tamburo (m) spirale per il ritorno del carro
espiral (f) de entrada / *d'entrada o de pujada* / del carro

---

b
Gegenschnecke (f)
counter scroll, check scroll
контр-улитка (жр) 11
contrescroll (m)
contro-scroll (m)
contra-espiral (f)

[Wagen-]Einzugseil (n)
taking-in band, drawing-up band
тяжник (мр) *или* ведущій канат (мр) каретки
corde (f) des scrolls de rentrée du chariot
corda (f) di entrata del carro 12
cuerda (f) de entrada / *corda (f) d'entrada* / del carro

Gegenseil (n)
check [scroll] band
выравнительный спусковой канат (мр)
contre-corde (f)
contra-corda (f)
cuerda (f) compensadora, contra-cuerda 13
(f) / *corda (f) compensadora, contra-corda (f)*

Kreuzschnur (f)
squaring band
крестовой канат (мр), крестовая веревка (жр) [под кареткою]
corde (f) croisée
corda (f) incrociata
cuerda (f) cruzada / *corda (f) creuada* 14

1 Sicherheitsvorkehrung (f) bei der Wageneinfahrt
safety device for disengaging the drawing-in of the carriage
предохранительный выключатель (мр) при входѣ каретки
dispositif (m) de sûreté pour débrayer la rentrée du chariot
dispositivo (m) di sicurezza per disinnestare la rientrata del carro
mecanismo (m) de seguridad para / *mecanisme (m) de seguretat per a* / desembragar la entrada del carro

2 Verbinden (n), Aufschlagen (n)
unlocking [of faller]
отбой (мр), переключенie (ср)
empointage (m)
liberamento (m) della bacchetta
empunte (m) / *cargolat (m)*

3 Nachliefern (n) des Streckwerkes beim Nachdraht
roller delivery whilst twisting at the head
добавочный выпуск (мр) нитей вытяжными парами при докруткѣ
livraison (f) du fil pendant la torsion supplémentaire
alimentazione (f) dei cilindri durante la torsione supplementare
alimentación (f) de los cilindros durante la torsión suplementaria / *alimentació (f) dels corrons durant la torsió suplementaria*

4 Nachlieferung (f) beim Einzug
roller delivery during winding
добавочный выпуск (мр) нитей при входѣ каретки
livraison (f) du fil à la rentrée du chariot
alimentazione (f) dei cilindri durante la rientrata
alimentación (f) de los cilindros durante el plegado / *alimentació (f) dels corrons durant el plegat del fil*

5 weiche Drehung (f)
soft twist
слабая *или* мягкая крутка (жр)
torsion (f) floche
torsione (f) soffice
torsión (f) floja *o* suave / *torsió (f) fluixa*

6 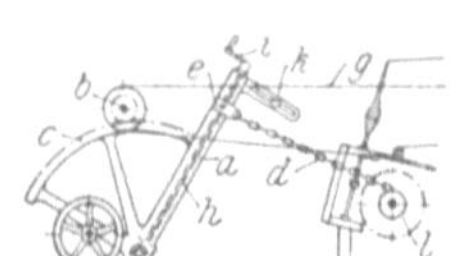
Sektoreinrichtung (f), Quadrantengetriebe (n)
quadrant mechanism
механизм (мр) квадранта *или* журавля
mécanisme (m) du secteur
meccanismo (m) del settore
mecanismo (m) del sector / *mecanisme (m) del quadrant*

7 Sektor (m), Quadrant (m)
quadrant, sector
квадрант (мр), журавль (мр)
secteur (m), quadrant (m), cadran (m)
settore (m), quadrante (m)
cuadrante (m), sector (m) / *quadrant (m)*

8 a Sektorarm (m)
quadrant arm *or* slide
бок (мр) журавля
bras (m) du secteur
braccio (m) del settore
palanca (f) *o* brazo (m) del cuadrante / *braç (m) del quadrant*

9 Schwingungswinkel (m) des Sektors
working angle of quadrant
угол (мр) качанія журавля
angle (m) de travail du secteur
angolo (m) di spostamento del settore
ángulo (m) de trabajo del sector / *angle (m) de treball del quadrant*

10 b Sektortriebkolben (m)
quadrant pinion
зубчатый блок (мр), сцѣпляющійся с дугою квадранта *или* журавля
pignon (m) du secteur
pignone (m) *o* rocchetto (m) del settore
piñón (m) del sector / *pinyó (m) del quadrant*

11 c Quadrantenzahnbogen (m), Sektorkranz (m)
quadrant toothing
зубчатая дуга (жр) квадранта
segment (m) denté du secteur
segmento (m) dentato del settore
arco (m) dentado del sector / *arc (m) dentat del quadrant*

12 d Sektorkette (f)
quadrant chain
цѣпь (жр) квадранта *или* журавля
chaine (f) du secteur
catena (f) del settore
cadena (f) del cuadrante / *del quadrant*

13 Kettenbefestigung (f)
fixing of chain
зажим (мр) цѣпи
suspension (f) de la chaine
attacco (m) della catena
amarre (m) / *atac (m)* / de la cadena

14 e Sektormutter (f)
quadrant nut
гайка (жр) квадранта
écrou (f) du secteur
madrevite (f) *o* dado (m) *o* chiocciola (f) del settore
tuerca (f) del cuadrante / *femella (f) del quadrant*

15 die Sektormutter emporschalten
to move the quadrant nut upwards
перемѣщать гайку вверх по винту квадранта
faire monter l'écrou (m) du secteur
spostare in su il dado del quadrante
hacer subir la tuerca del cuadrante / *fer pujar la femella del quadrant*

16 die Sektormutter zurückschrauben
to wind down the quadrant nut, to bring the nut into starting position
спустить гайку журавля
abaisser l'écrou (m) du secteur
abbassare il dado del quadrante
bajar la tuerca del cuadrante / *abaixar la femella del quadrant*

Seiltrieb (m) des Sektors durch den Wagen
band driving for quadrant by the carriage
канатный приводъ (мр) квадранта отъ каретки
1 g commande (f) du secteur par le chariot
comando (m) a corda del settore per il carro
mando (m) por cuerda del cuadrante por el carro / *comanda (f) per corda del quadrant per el carro*

Sektorschraubenspindel (f)
quadrant screw
винтъ (мр) журавля
2 h vis (f) du secteur
vite (f) del settore
tornillo (m) de cuadrante / *rosca (f) del quadrant*

Drehung (f) der Sektorschraube von Hand
operating the quadrant screw by hand
вращенie (ср) *или* включенie (ср) винта квадранта отъ руки
3 manœuvre (f) à la main de la vis du secteur
manovra (f) a mano della vite del settore
mando (m) a mano del tornillo de cuadrante / *maniobra (f) de la rosca del quadrant a mà*

Handkurbel (f)
handle
ручной кривошипъ (мр), ручка (жр)
4 i poignée (f)
manovella (f)
manivela (f), manija (f) / *maneta (f)*

Sektordaumen (m), Spitzenhartwinder (m)
nosing motion
приспособленie (ср) для затягиванiя носка
5 k doigt (m) du secteur, doigt pour serrer les pointes des couches, serre-pointes (m)
dispositivo (m) a chiudere la punta alla bobina
mecanismo (m) para formar la punta de las husadas / *mecanisme (m) per a fer la punta de les fusades*

Sektorkettentrommel (f)
winding[-on] drum, quadrant drum, scroll drum
барабанчикъ (мр), соединенный цѣпью съ журавлемъ
6 l barillet (m), tambour (m) de la chaîne du secteur
tamburo (m) a catena o a quadrante, bariletto (m)
tambor (m) arrollador, barrilete (m) / *tamboret (m) de la cadena, barrilet (m)*

Unregelmäßigkeit (f) in der Aufwindung
7 irregularity in winding
неправильность (жр) мотки
irrégularité (f) de renvidage
irregolarità (f) d'incannatura
irregularidad (f) del plegado / *irregularitat (f) de plegat*

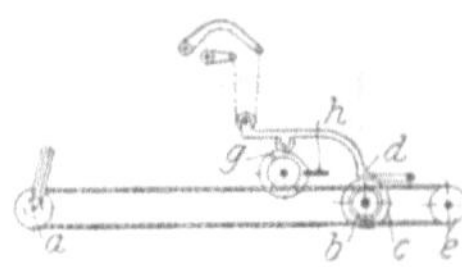

Windungsregler (m), Aufwinderegler (m), [Quadrantregler (m)]
governor motion, winding governor or regulator, strapping motion
регуляторъ (мр) мотки 8
régulateur (m) de fil
regolatore (m) d'incannatura
mecanismo (m) regulador del plegado / *mecanisme (m) regulador del plegat*

zwangläufige Führung (f) des Aufwinders
positive guiding of faller
принудительное направленie (ср) надниточника
mouvement (m) forcé de la baguette 9
guida (f) positiva della bacchetta
accionamiento (m) positivo / *accionament (m) positiu* / del plegador

Losrolle (f) auf dem Sektorzapfen
twitch nick pulley on quadrant centre shaft
холостой блокъ (мр) на шипѣ журавля *или* квадранта
a poulie (f) à gorge folle sur l'axe du secteur 10
carrucola (f) sull'asse di rotazione del settore
polea (f) de garganta de mando del tornillo del sector / *politja (f) de canal de comanda del cargol del quadrant*

Rillenscheibe (f)
grooved bowl
желобчатый барабанчикъ (мр)
b poulie (f) à gorge 11
puleggia (f) a gola
polea (f) acanalada / *politja (f) acanalada o de canal*

Bremsscheibe (f)
brake pulley
тормазной шкивъ (мр)
c poulie (f) de frein 12
puleggia (f) del freno
polea-freno (f) / *politja-fre (f)*

Bremsbacken (m)
brake shoe
тормазная колодка (жр)
d talon (m) de frein 13
ceppo (m) del freno
zapata (f) del freno / *sabata (f) del fre*

Leitrolle (f)
band guiding pulley
блокъ (мр) *или* шкивъ (мр), направляющiй канатъ
e poulie (f) de renvoi 14
puleggia (f) di guida per le corde
polea-guia (f) de la cuerda / *politja-guia (f) de la corda*

1 g
Ringnase (f)
catch on disc
кулак (мр) *или* выступ (мр) на дискѣ
nez (m) sur le disque
gancio (m) sul disco
saliente (m) del disco / *nas (m) del disc*

2 h
Anschlag (m) am Wagen
stop on carriage
упор (мр) внутри каретки
arrêt (m) fixé au chariot
arresto (m) nel carro
tope (m) / *atur (m)* / en el carro

3
Schalthöhe (f) der Sektormutter
amount of movement of the quadrant nut
величина (жр) хода гайки квадранта
hauteur (f) de la course de l'écrou du secteur
corsa (f) della madrevite del settore
cursa (f) de la tuerca del sector / *cursa (f) de la femella del quadrant*

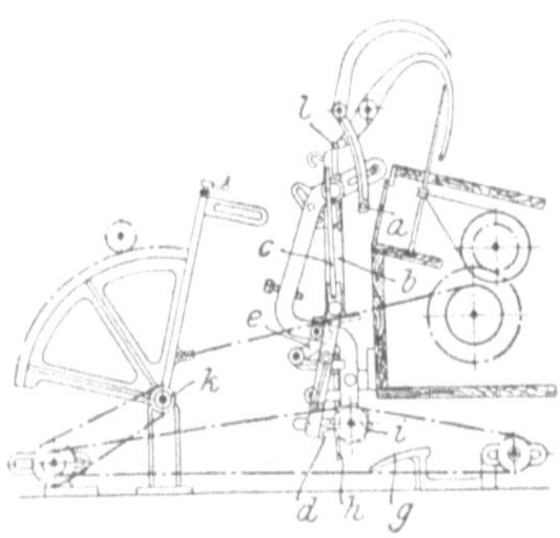

4
Gullyscher Regler (m)
Gully's governor
регулятор (мр) мотки системы Гулли
régulateur (m) Gully
regolatore (m) Gully
regulador (m) de Gully

5 a
Stift (m)
pin
шип (мр)
aiguille (f)
ago (m)
aguja (f), perno (m) / *agulla (f), piu (m)*

6 b
Hebel (m)
lever
рычаг (мр)
levier (m)
leva (f)
palanca (f)

7 c
niederklappbarer Hebel (m)
folding lever
откидной *или* опускающійся рычаг (мр)
levier (m) repliable
leva (m) piegabile
palanca (f) plegable

8 d
Haken (m)
catch
собачка (жр)
dent (f)
arpione (m)
arpón (m) / *arpó (m)*

e
Sperrhaken (m)
catch
собачка (жр)
cliquet (m)
nottolino (m)
gatillo (m) / *cadell (m)* 9

g
Anlauf (m)
incline
горка (жр)
plan (m) incliné
piano (m) inclinato
zapata (f) inclinada / *pati (m) inclinat* 10

h
Stift (m)
finger
отростокъ (мр)
doigt (m)
dito (m)
dedo (m) / *dit (m)* 11

i
Sperrad (n) mit Kettenrad
ratchet wheel with chain wheel
храповик (мр), соединенный с цѣпным блоком
roue (f) à rochet avec roue à chaîne
denterella (f) con noce
rueda (f) de estrella con rueda de la cadena / *roda (f) d'estrella amb roda per a la cadena* 12

k
Kettenrolle (f) auf dem Zapfen des Sektors
chain wheel on quadrant arm centre
цѣпной блок (мр) на шипѣ журавля *или* квадранта
roue (f) à chaîne sur le centre du levier du secteur
ruota (f) a catena del braccio del settore
rueda (f) de la cadena en el eje del brazo del sector / *roda (f) de la cadena en el torrió del braç del quadrant* 13

l
Hebel (m) auf dem Winder
lever on faller shaft
рычаг (мр) надниточника
levier (m) de l'arbre de la baguette
leva (f) dell'albero della bacchetta
palanca (f) del árbol / *del arbre* / del plegador 14

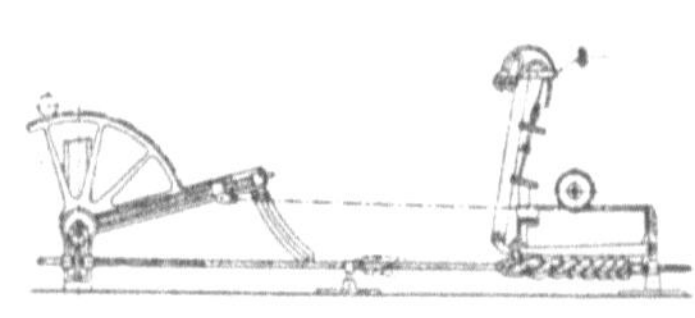

Schraubenregler (m), [Schraubenregulator (m)]
screw governor
винтовой регулятор (мр)
régulateur (m) à vis
regolatore (m) a vite
regulador (m) por tornillo / *per cargol* 15

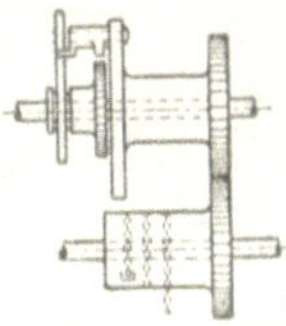

Sektorkupplung (f), Aufwindekupplung (f), Schleifkupplung (f)
winding click motion
фрикціонное храповое сцѣпленіе (ср) журавля для мотки
1 barillet (m)
tamburo (m) a quadrante, bariletto (m), movimento (m) d'incannatura a scatto
juego (m) de muelles de guitarra, barrilete (m) / *joc (m) de molles de guitarra, barrilet (m)*

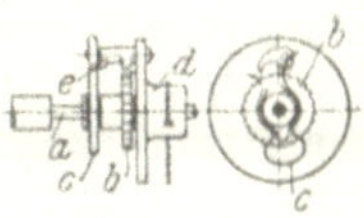

Abwindekupplung (f)
reversing click motion
механизм (мр) сцѣпленія [цѣпного и веретеннаго] барабанов для отмотки
2 virgule (f)
rullo (m) di avvolgimento, virgola (f)
mecanismo (m) de rueda de estrella de inversión / *mecanisme (m) de roda d'estrella d'inversió*

Spindeltrommelwelle (f)
[tin] roller shaft
ось (жр) веретеннаго барабана
3 a arbre (m) des tambours
albero (m) motore ai tamburi dei fusi
árbol (m) de la linterna / *arbre (m) de la llanterna*

Sperrad (n)
click wheel
храповик (мр)
4 b rochet (m)
denterella (f)
rueda (f) de estrella / *roda (f) d'estrella*

Schleiffeder (f)
click spring
фрикціонная пружина (жр), пружинный хомут (мр)
5 c ressort (m) pinçant [avec garniture en cuir]
molla (f) per scatto
muelle (m) del gatillo, resorte (m) de guitarra / *molla (f) del cadell o de guitarra*

Kettentrommel (f)
winding chain drum
цѣпной барабанчик (мр)
6 d tambour (m) à chaine
tamburo a catena
tambor (m) arrollador / *tamboret (m) plegador* / de la cadena

---

Zinkenklinke (f), Zinkengabel (f)
click
7 e вилкообразный отросток (мр) собачки
cliquet (m) à goupille
scatto (m), nottolino (m)
gatillo (m) / *cadell (m)*

Sektorkettenaufwindungsvorrichtung (f)
winding-up motion for quadrant chain
приспособленіе (ср) для намотки цѣпи журавля
dispositif (m) pour le renvidage de la chaine du secteur 8
dispositivo (m) di avvolgimento della catena del settore
mecanismo (m) de arrollado de la cadena del sector / *mecanisme (m) de plegat de la cadena del quadrant*

Ausfahrtrichtung (f) des Wagens
direction of outward run of carriage
направленіе (ср) движенія каретки при отходѣ
direction (f) de la sortie du chariot 9
direzione (f) della uscita del carro
dirección (f) de la salida / *direcció (f) de la sortida* / del carro

---

belasteter Winkelhebel (m), Gewichtswinkelhebel (m)
weighted bell-crank lever
нагрузочный колѣнчатый рычаг (мр) [с плечами под прямым углом]
a levier (m) coudé à contrepoids 10
leva (f) ad angolo a contrappeso
palanca (f) acodada con contrapeso / *palanca (f) de colze amb contrapès*

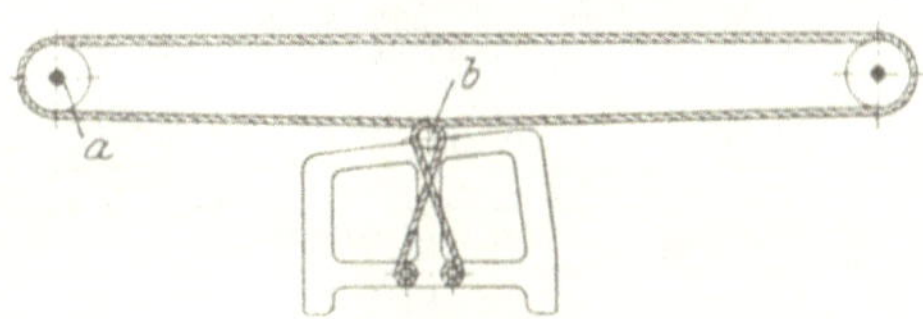

Seilanordnung (f) für den Wagen
carriage band arrangement
способ (мр) прикрѣпленія боковых тяжников к кареткѣ
disposition (f) des cordes pour le déplacement du chariot 11
disposizione (f) delle funi per lo spostamento del carro
disposición (f) de las cuerdas / *dispositiu (m) de les cordes* / en el carro

---

[Wagen-] Auszugwelle (f)
back shaft
задній вал (мр); вал (мр), ведущій отход каретки
a arbre (m) de main-douce 12
albero (m) a mano dolce
árbol (m) posterior o de salida / *arbre (m) de les conduides*

1 b
Wagenschildbolzen (m)
carriage band bracket
концевой *или* боковой шип (мр) каретки, шип (мр) для тяжников каретки
doigt (m) des joux du chariot
sopporto (m) per la corda del carro
perno (m) de las cuerdas / *torrió (m) de les cordes* / en el carro

---

2
Nachspannen (n) *oder* Nachrichten (n) des Wagens
readjustment of the carriage
выпрямленіе (ср) *или* выравниваніе (ср) каретки посредством боковых тяжников
rajustage (m) du chariot
rassettamento (m) del carro
reajuste (m) / *reajustat (m)* / del carro

3
unrichtige Einstellung (f) der Windeschiene
wrong adjustment of the copping rail
неправильная установка (жр) погона *или* склиза
réglage (m) défectueux de la règle
difettoso aggiustamento (m) della rotaia
mal ajuste (m) de la regla / *mal ajustatge (m) del copisplet*

4
abgenutzte Windeschiene (f)
worn copping rail
износившійся погон (мр) *или* склиз (мр)
règle (f) de formation usée
rotaia (f) consumata
regla (f) usada o desgastada / *copisplet (m) gastat o usat*

5

zu lange Kötzerspitze (f)
pointed cop nose
вытянутый носок (мр) початка
pointe (f) de canette trop longue
punta (f) troppo sottile della bobina
punta (f) de la husada demasiado aguda / *punta (f) de la fusada punxaguda*

6

nach innen gewölbte [*oder* konkave] Kötzerspitze (f)
concave cop nose
вдавленный носок (мр) початка
pointe (f) de canette concave
punta (f) concava della bobina
punta (f) de la husada / *de la fusada* / cóncava

7

hohler Mittelteil (m) des Kötzers
hollow cop body
впалый *или* тощій початок (мр)
corps (m) creux de la canette
parte (f) centrale vuota della bobina
parte (f) cilíndrica vacía de la husada / *cos (m) buidat de la fusada*

8

Verdickung (f) des Kötzeransatzes
thickening of cop bottom
утолщеніе (ср) основанія початка
épaississement (m) du fond de la canette
ingrossamento (m) del fondo della bobina
engrosamiento (m) del fondo de la husada / *engrossiment (m) del cul de la fusada*

Durchmesserzunahme (f) im Oberteil des Kötzerkörpers
increase of the diameter in the upper part of cop body
увеличеніе (ср) діаметра в верхней части початка
augmentation (f) du diamètre à la partie supérieure du corps de la canette 9
aumento (m) del diametro alla parte superiore del corpo della bobina
engrosamiento (m) del diámetro en la parte cilíndrica superior de la husada / *engrossiment (m) del diàmetre en la part superior de cos de la fusada*

gleichmäßige Zunahme (f) der Stärke des Kötzerkörpers
gradual increase of the diameter of cop body
равномѣрное увеличеніе (ср) толщины початка [от середины к носку]
augmentation (f) graduelle du corps de la canette 10
aumento (m) graduale nel diametro del corpo della bobina
aumento (m) gradual del diámetro de la parte cilíndrica de la husada / *augment (m) gradual del diàmetre del cos de la fusada*

gleichmäßige Abnahme (f) der Stärke des Kötzerkörpers
gradual decrease in the diameter of cop body
равномѣрное уменьшеніе (ср) толщины початка [от середины к носку]
diminution (f) graduelle du corps de la canette 11
riduzione (f) graduale nel diametro del corpo della bobina
diminución (f) gradual del diámetro de la parte cilíndrica de la husada / *reducció (f) gradual del diàmetre del cos de la fusada*

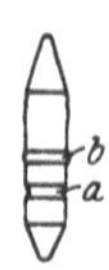

fehlerhafter Kötzer (m)
faulty cop, defective cop
початок (мр) неправильной мотки *или* с дефектами
canette (f) défectueuse 12
bobina (f) difettosa
husada (f) defectuosa/ *fusada (f) defectuosa o mal feta o mal plegada*

---

a
Kerbe (f), Einbuchtung (f), Einschnürung (*f*)
hollow
перехабина (жр), выбоина (жр), углубленіе (ср) 13
creux (m), rainure (f)
vuoto (m)
vacío (m), falta (f) / *buit (m), manca (f)*

---

b
Ausbuchtung (f)
bulge
кольцевое утолщеніе (ср)
grosseur (f), bouillon (m), anneau (m) 14
grossezza (f)
saliente (m), reborde (m), grueso (m) / *engrossiment (m), regruix (m)*

1 Abschlichten (n) der Formplatte
smoothing of the copping plate
выравниваніе (ср) шаблона
rectification (f) de la platine
lisciatura (f) del pattino
alisado (m) *o* rectificación (f) *o* corrección (f) de la platina / *planejat (m) o rectificació (f) o correcció (f) de la platina*

---

2 die Formplatte abschlichten
to smooth the copping plate
выравнивать шаблон
rectifier la platine
lisciare il pattino
rectificar *o* alisar *o* corregir la platina / *rectificar o corretgir o planejar la platina*

---

3 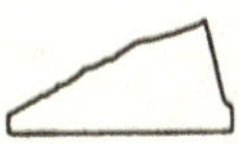
unebene Formplatte (f)
uneven copping plate
шаблон (мр) с неровной поверхностью
platine (f) bosselée
pattino (m) diseguale
platina (f) desigual *o* gastada

---

4 weiche Kötzerspitze (f)
soft cop nose
мягкій носок (мр) початка
pointe (f) de canette molle
punta (f) molle della bobina
punta (f) floja de la husada / *punta (f) fluixa de la fusada*

---

5 Spitzenhartwinden (n)
winding tight cop noses
крѣпкая намотка (жр) носка початка
serrage (m) des pointes des canettes
formazione (f) delle punte dure alle bobine
plegado (m) fuerte de la punta de la husada / *plegat (m) fort de la punta de la fusada*

---

6 Anspinnen (n)
commencement of spinning, spinning start
зачин (мр) пряденія
commencement (m) du filage
inizio (m) della filatura
comienzo (m) del hilado / *començament (m) del filat*

---

7 den ersten Abzug anspinnen
to commence a fresh set [of cops], to restart the new doffing
заправить новый съем
renvider *ou* poser à la main les premières spires
cominciare una nuova levata
empezar / *començar* / la mudada

---

8 Unterwinden (n)
underwinding
подмотка (жр) ниже початка
sous-renvidage (m)
sotto-incannatura (f)
extra-plegado (m) debajo la husada / *extra-plegat (m) dessota la fusada*

---

9 Senken (n) des Gegenwinders
lowering the counter faller
опусканіе (ср) подниточника
abaissement (m) de la contre-baguette
abbassamento (m) della controbacchetta
caída (f) / *caiguda (f)* / de la grúa

---

10 der Gegenwinder senkt sich
the counter faller is lowering
подниточник (мр) опускается
la contre-baguette s'abaisse
la controbacchetta s'abbassa
la grúa cae / *cau*

---

11 den Gegenwinder in gesenkter Lage festhängen
to lock the counter faller in its low position
застегнуть скобой подниточник в опущенном положеніи
fixer la contre-baguette dans sa position basse
fissare la controbacchetta nella sua posizione bassa
fijar la grúa en su posición inferior / *fixar la grua en la posició baixa*

---

12 den Kötzer bis zur Spindelspitze schieben
to push the cop upwards to the spindle point
надвинуть початок на конец веретена
pousser la canette à l'extrémité de la broche
spingere la bobina verso la punta del fuso
empujar la husada a la punta del huso / *empènyer la fusada a la punta de la pua*

---

13 Hinaufschieben (n) des Kötzers auf der Spindel
pushing the cop upwards on the spindle
сдвиг (мр) початка вверх по веретену
poussée (f) de la canette à l'extrémité de la broche
rialzamento (m) della bobina sul fuso
empujado (m) de la husada a la punta del huso / *empenyiment (m) de la fusada a la punta de la pua*

---

14 die Windevorrichtung einstellen
to adjust the winding mechanism
установить моточный механизм
régler le mécanisme de renvidage
regolare il meccanismo d'incannatura
ajustar el mecanismo del plegado / *ajustar el mecanisme del plegat*

---

15 Anfangslage (f) der Formplatten
starting *or* initial position of the shaper plates
начальное положеніе (ср) шаблонов *или* башмачков *или* мотальных щечек
position (f) initiale des platines
posizione (f) iniziale dei pattini
posición (f) inicial *o* primitiva de las platinas / *posició (f) inicial o de començament de les platines*

---

16 Ansatz (m)
cop bottom, cop bit
начинок (мр)
fond (m) de la canette
fondo (m) della bobina
culo (m) de la husada / *cul (m) de la fusada*

---

17 Abziehen (n) der Kötzer
doffing *or* stripping the cops
сниманіе (ср) початков
levée (f) des canettes
levata (f) delle bobine
mudada (f) de las husadas / *de les fusades*

---

18 die Kötzer (mpl) abziehen
to doff *or* to remove *or* to strip the cops
снимать початки
lever les canettes
fare la levata delle bobine
mudar *o* quitar las husadas / *mudar o treure les fusades*

---

19 Papierhülse (f), Kötzerhülse (f), Kötzertüte (f)
paper tube, cop tube
бумажная гильза (жр), бумажный *или* начиночный патрон (мр)
tube (m) en papier, busette (f)
tubo (m) *o* tubetto (m) di carta, tubo *o* spoletta (f) per bobina
tubo (m) de papel / *tub (m) de paper*

---

20 Hülsenaufsteckvorrichtung (f)
tubing apparatus
приспособленіе (ср) для надѣванія гильз
appareil (m) à enfiler les tubes *ou* busettes
apparecchio (m) per infilare i tubetti
aparato (m) para enfilar los tubos / *aparell (m) per a enfilar els tubs*

1 Selfaktorspinner (m)
self-acting spinner *or* minder
мюльщик (мр), прядильщик [на мюлях]
fileur (m) au renvideur
filatore (m) del selfacting
hilador (m) / *filador (m)* / [de selfactina]

2 Anmacher (m)
big piecer
присучальщик (мр)
premier rattacheur (m)
attaccafili (m)
anudador (m) / *nuador (m)*

3 zweiter Anmacher (m)
little piecer
второй присучальщик (мр)
second rattacheur (m)
aiutante (m) attaccafili
ayudante (m) anudador / *ajudant-nuador (m)*

4 Aufstecker (m)
creeler
ставильщик (мр)
bobineur (m)
collocatore (m) di tubetti
muchacho (m) enfilador de los tubos / *posa-tubs (m)*

5 Spulenträger (m)
bobbin carrier
подавальщик (мр), катушечник (мр)
varouleur (m)
porta-bobine (m)
muchacho (m) porta bobinas o de fileta / *noi (m) de fileta*

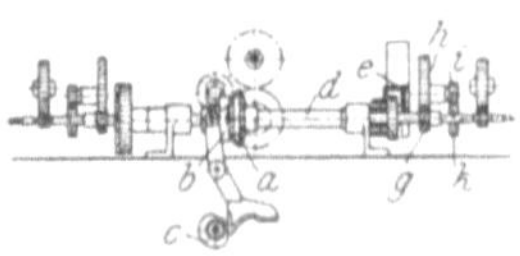

6 Streckwerktrieb (m) für beide Selbstspinnerseiten
draft gear for both halves of the mule
вытяжной аппарат (мр) для обѣих сторон сельфактора
mécanisme (m) d'étirage pour les deux côtés du renvideur
meccanismo (m) di stiramento per le due parti del selfacting
mecanismo (m) de estiraje para ambos lados de la selfactina / *joc (m) de cap de cavall a cada costat de la selfactina*

7 a
Kegelrad (n)
bevel wheel
коническая шестерня (жр)
pignon (m) conique
pignone (m) conico
piñón (m) cónico / *pinyó (m) cònic*

8 b
Muffe (f) zum Drehen der Vorderwalzen des Streckwerks
catch box for drawing rollers
муфта (жр) для вращенія передних цилиндров
manchon (m) d'embrayage pour les cylindres étireurs
manicotto (m) d'innesto per i cilindri stiratori
manguito (m) de embrague para los cilindros estiradores / *magrana (f) per als corrons d'estiratge*

c
Steuerhubscheibe (f), [Steuerexzenter (n)]
roller cam
распредѣлительный эксцентрик (мр) 9
excentrique (m) des cylindres
eccentrico (m) dei cilindri
excéntrico (m) de los cilindros / *excèntric (m) dels corrons*

d
Hülse (f)
bush
втулка (жр) 10
douille (f), canon (m)
collare (m)
collarín (m) / *collarí (m)*

e
Wagentrieblager (n)
bearing for carriage motion
подшипник (мр) для кареточнаго вала
support (m) du pignon commandant le chariot 11
sopporto (m) del pignone di comando del carro
soporte (m) del piñón de mando del carro / *suport (m) del pinyó de comanda del carro*

g
Vorderwalzenrad (n)
front roller wheel
ведущая шестерня (жр) передняго цилиндра
pignon (m) du cylindre étireur 12
pignone (m) del rullo frontale
piñón (m) del cilindro delantero de estiraje / *pinyó (m) del corró de davant*

h
Bockrad (n) des Roßkopfes
crown wheel
коронная шестерня (жр)
prisonnier (m) de la tête de cheval 13
ruota (f) testa di cavallo
rueda (f) cabeza de caballo / *roda (f) de cap de cavall*

i
Verzugswechseltrieb (m), Nummerwechseltrieb (m)
change wheel, change pinion, draft wheel
накладная (жр), смѣнная шестерня (жр) вытяжного аппарата
pignon (m) de changement d'étirage *ou* de numéro, rechange-étirage (m) 14
pignone (m) di stiramento *o* di ricambio
piñón (m) de cambio *o* de estiraje / *pinyó (m) de canvi d'estiratge*

k
Hinterwalzenrad (n)
back roller wheel
ведомая шестерня (жр) задняго цилиндра
roue (f) du cylindre alimentaire 15
ruota (f) del rullo posteriore
rueda (f) del cilindro posterior / *roda (f) del corró de darrera*

1 zeitweise in Drehung versetzte Steuerhülse (f)
cam shaft shell *or* sleeve moving intermittently
распредѣлительная втулка (жр), приводимая временами во вращенiе
canon (m) à cames tournant d'une façon intermittente
manicotto (m) a due tempi a corsa intermittente
manguito (m) de dos tiempos con movimiento intermitente / *mánega (f) de dos temps amb moviment intermitent*

---

2 Drehung (f) des Steuerrohres um 180°
turn of cam shaft sleeve half a revolution *or* through 180°
поворот (мр) замочной трубки *или* втулки на 180°
demi-tour (m) du canon de l'arbre à deux temps
mezzogiro (m) del manicotto a due tempi
media vuelta (f) del manguito del árbol de dos tiempos / *mitja volta (f) de la mánega del arbre de temps*

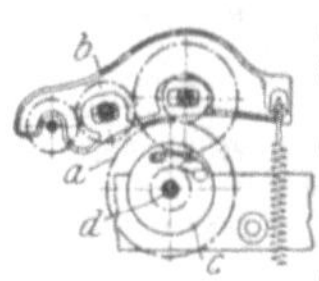

3 Übersetzungsantrieb (m) des Wagens
carriage driving gear
передача (жр) к кареточному валу
engrenages (mpl) de marche du chariot
ingranaggi (mpl) per il movimento del carro
engranajes (mpl) de mando del carro / *rodatges (mpl) de comanda del carro*

---

4 a Auszugwellenrad (n)
spur wheel on back shaft, back shaft wheel
ходовая (жр)
roue (f) de commande de l'arbre de main-douce
ruota (f) di comando dell'albero posteriore
rueda (f) motriz sobre el árbol de detrás, rueda de las conduitas / *roda (f) de les conduides*

---

5 b beweglicher Schild (m)
movable cover
подвижной (-ое) щит (мр) *или* ограждение (ср)
couvercle (m) mobile
coperchio (m) spostabile
tapa (f) móvil / *coberta (f) de xarnera*

---

6 c Auszugschnecke (f), Mandausenwalze (f), Mandause (f)
back shaft scroll
улитка (жр), выводящая каретку
poulie (f) de main-douce
lumaca (f) di uscita
conduitas (fpl) *o* espirales (fpl) de salida del carro / *conduites (fpl) o espirals (fpl) de sortida del carro*

---

7 d [Wagen-]Auszugwelle (f), Mandausenwelle (f)
back shaft
заднiй вал (мр); вал (мр), выводящiй каретку
arbre (m) des mains-douces
albero (m) di mano dolce, albero (m) posteriore
árbol (m) de las conduitas / *arbre (m) de les conduides*

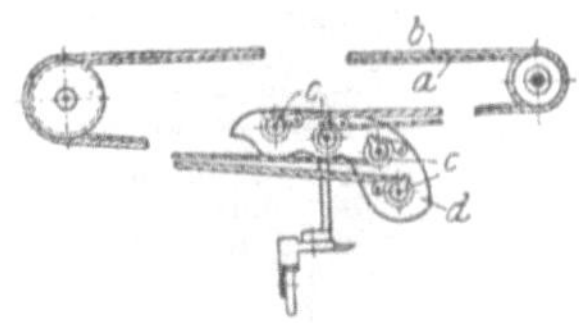

Seilführung (f)
carriage band *or* rope arrangement
канат (мр) *или* тяжник (мр), ведущiй каретку
disposition (f) des cordes de main-douce 8
disposizione (f) delle corde per l'azionamento del carro
disposición (f) de las cuerdas del carro / *dispositiu (f) de les cordes de conduides*

[Wagen-]Auszugseil (n)
drawing-out band
тяжник (мр), выводящiй каретку
a corde (f) de sortie 9
corda (f) di uscita
cuerda (f) para la salida del carro / *corda (f) per a la pujada del carro*

Führungsseil (n)
guide *or* check band
ведущiй канат (мр) *или* тяжник (мр)
b contre-corde (f) 10
contro-corda (f)
contra-cuerda (f), cuerda (f) de retención / *contra-corda (f), corda (f) de retenció*

Spannrolle (f) mit Sperrverzahnung
band tightening pulley with ratchet teeth
натяжной ролик (мр) с храповиком
c galet (m) tendeur avec rochet 11
puleggia (f) tenditrice con scatto libero
polea (f) tensora con gatillo / *politja (f) tensora amb cadell*

Wagenmittelstück (n)
carriage square
боковая стѣнка (жр) каретки
d châssis (m) du chariot 12
telaio (m) del carro
bancada (f) del carro / *del carret*

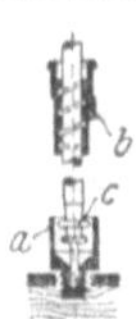

Spindellager (n)
spindle bearing
подшипник (мр) веретена
support (m) de la broche 13
appoggio (m) del fuso
asiento (m) *o* apoyo (m) del huso / *suport (m) de la pua*

Fußlager (n)
footstep
подпятник (мр)
a crapaudine (f) 14
padellina (f), ralla (f)
crapodina (f) / *grapaldina (f)*

1 b
bewegliches Halslager (n)
loose bolster
подвижная втулка (жр) для шейки веретена
collet (m) mobile
collare (m) mobile
collarín (m) loco / *collarí (m) boig*

2 c
Ölnapfdeckel (m)
oil cup cover
крышка (жр) масленки
couvercle (m) du réservoir d'huile
coperchio (m) del serbatoio d'olio
tapa (f) del depósito de aceite / *coberta (f) del dipòsit de l'oli*

3
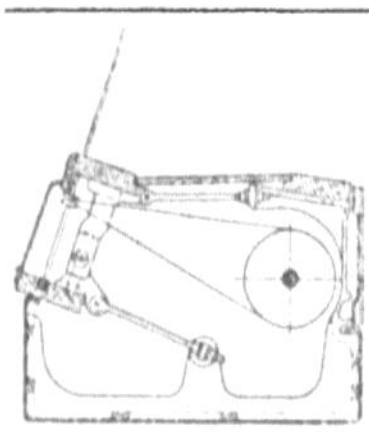
Stahlwagen (m)
steel carriage
стальная каретка (жр)
chariot (m) en acier
carro (m) d'acciaio
carro (m) de acero / *d'acer*

4
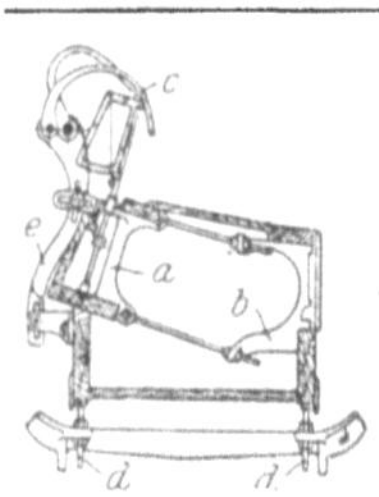

Regelung (f) der Spindelneigung
adjustment of the spindle bevel
установка (жр) наклона веретена
réglage (m) de l'inclinaison de la broche
regolazione (f) dell'inclinazione del fuso
ajustado (m) de la inclinación del huso / *galgat (m) de la inclinació de la pua*

5 a
vorderes gußeisernes Wagenzwischenstück (n)
cast iron front carriage bracket
чугунная передняя распорная поперечина (жр) каретки, чугунный каркас (мр) передней стѣнки каретки
support (m) intermédiaire de devant en fonte du chariot
sopporto (m) intermediario frontale di ghisa del carro
soporte (m) delantero de fundición del carro / *suport (m) de davant de fundició del carro, suport de les platabandes*

6 b
hinteres Wagenzwischenstück (n)
back carriage bracket, back part of carriage
чугунный каркас (мр) задней стѣнки каретки, чугунная задняя распорная поперечина (жр) каретки
support (m) intermédiaire d'arrière du chariot
sopporto (m) intermediario posteriore del carro
soporte (m) posterior / *suport (m) de darrera* / del carro

c 7
Spindelwage (f)
spindle bevel gauge
вѣсок (мр) для повѣрки наклона веретена
indicateur (m) de pente de la broche
calibro (m) per regolare l'inclinazione dei fusi
plomada (f) de los husos / *galga (f) d'inclinació o plomada (f) de les pues*

d 8
Stellschraube (f) für die Regelung der Wagenhöhe
set screw for regulating the height of the carriage
регулирующій винт (мр) для установки каретки в горизонтальном положеніи
vis (f) de réglage de la hauteur du chariot
vite (f) regolatrice dell'altezza del carro
tornillo (m) regulador de la altura del carro / *rosca (f) de galgar la alçada del carro*

e 9
stellbares Winderwellenlager (n)
adjustable faller bracket
установочный подшипник (мр) для валиков над- и подниточников
support (m) réglable de la baguette
sopporto (m) regolabile della bacchetta
soporte (m) / *suport (m)* / ajustable del plegador

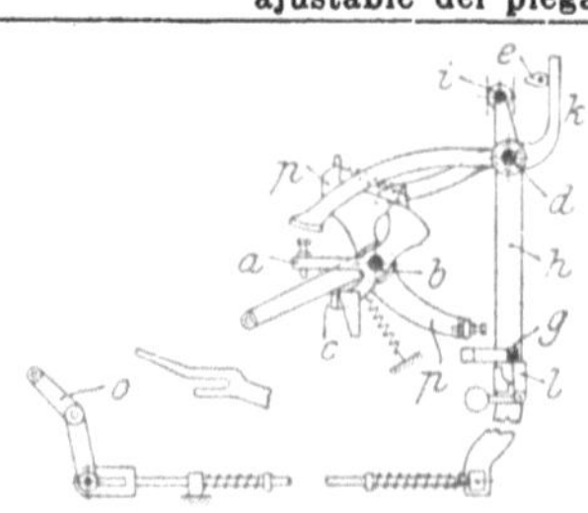

10
Riemenschaltvorrichtung (f)
strap guiding mechanism
приспособленіе (ср) для перевода ремня
mécanisme (m) guide-courroie
meccanismo (m) guida-cinghia
mecanismo (m) de disparo de la correa / *mecanisme (m) de dispar de la corretja*

a 11
loser dreiarmiger Hebel (m)
loose three-armed lever
свободный трехплечій рычаг (мр)
levier (m) fou à trois bras
leva (f) libera a tre braccia
palanca (f) loca de tres brazos / *palanca (f) boja de tres braços*

b 12
Schalterachse (f)
changing shaft
ось (жр) механизма для перевода ремня
arbre (m) de changement
albero (m) di cambiamento
árbol (m) de cambio / *arbre (m) de canvi*

1 c
Hebelabkröpfung (f)
nose of lever
поперечный отросток (мр) на плечѣ рычага
bec (m) du levier
becco (m) della leva
saliente (m) / *nas (m)* / de la palanca

2 d
Abwindehebelachse (f), Abschlaghebelachse (f)
centre of backing - off lever
ось (жр) рычага отмоточнаго механизма
centre (m) du levier de la friction de dépointage
centro (m) della leva di scoccamento
centro (m) de la palanca de desapuntado / *centre (m) de la palanca de descargolat*

3 e
Zählerdaumen (m)
timing cam
вращающійся кулак (мр) счетчика
doigt (m) du compteur
dito (m) del contatore
excéntrico (m) del contador / *excèntric (m) del comptador*

4 g
Einfahrtbremshebel (m)
taking-in control lever, drawing-up lever
натяжной *или* тормозной рычажек (мр) при входѣ каретки
levier (m) de la cloche des scrolls, levier de rentrée du chariot
leva (f) di rientrata del carro
palanca (f) de entrada / *de baixada* / del carro

5 h
Abwindebremshebel (m), Abschlagbremshebel (m)
backing-off lever
натяжной рычажек (мр) для отмотки
levier (m) de la friction de dépointage
leva (f) di scoccamento
palanca (f) de desapuntado / *de descargolat*

6 i
Abwindebremse (f), Abschlagbremse (f)
backing-off friction
тормаз (мр) *или* конус (мр) *или* фрикціон (мр) для отмотки
friction (f) de dépointage
frizione (f) di scoccamento
fricción (f) *o* freno (m) de desapuntado / *fricció (f) o fre (m) de descargolar*

7 k
Riemenhebelschaltklinke (f)
strap fork latch
вилка (жр), направляющая ремень
cliquet (m) de la fourche guide-courroie
scatto (m) del guida-cinghia
gatillo (m) de la horquilla de la correa / *cadell (m) de la forquilla de la corretja*

8 l
Fallhebel (m)
drop lever
откидной рычаг (мр)
levier (m) de culbute
leva (f) a caduta
palanca (f) de caída / *de caiguda*

o 9
Winkelhebel (m)
backing-off lever for backing-off rod
рычаг (мр) для тормозной муфты отмоточнаго механизма
levier (m) de manœuvre de la friction de dépointage
leva (f) di manovra per la frizione di scoccamento
palanca (f) para la maniobra de la fricción del desapuntado / *palanca (f) per a la maniobra del fre de descargolar*

p 10
dreiarmiger Hebel (m)
three-armed lever
трехплечій рычаг (мр)
levier (m) à trois bras
leva (f) a tre braccia
palanca (f) de tres brazos / *braços*

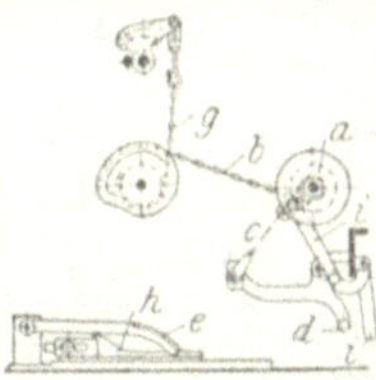

11
Rückwinderegler (m)
backing-off chain tightening motion
регулятор (мр) отмотки
dispositif (m) pour raccourcir la chaîne de dépointage
dispositivo (m) per raccorciare la catena di scoccamento
mecanismo (m) de plegar la cadena de desapuntado / *joc (m) de plegar la cadena de descargolar*

a 12
Trommel (f) für die Abwinderkette
backing-off chain drum
отмоточный барабан (мр)
tambour (m) de la chaîne de dépointage
tamburo (m) della catena di scoccamento
tambor (m) de la cadena de desapuntado / *de descargolar*

b 13
Abschlagkette (f), Abwinderkette (f)
backing-off chain
цѣпь (жр) для отмотки
chaîne (f) de dépointage
catena (f) di scoccamento
cadena (f) de desapuntado / *de descargolar*

c 14
Hakenkette (f), Bandkette (f)
hook link chain
крючковая цѣпь (жр), цѣпь Вокансона
chaîne (f) Vaucanson
catena (f) a gomito
cadena (f) de gancho / *de ganxo*

d 15
Hebelkopf (m)
lever head
головка (жр) рычага
tête (f) du levier
testa (f) della leva
cabeza (f) / *testa (f)* / de la palanca

e 16
drehbares Anschlagstück (n)
movable incline
вращающаяся горка (жр) на шарнирѣ
plan (m) incliné mobile
piano (m) inclinato spostabile
plano (m) inclinado móvil / *tascó (m) mòbil*

1 g
lockere *oder* schlaffe Kette (f)
loose *or* slack chain
свободная *или* слабонатянутая цѣпь (жр)
chaîne (f) lâche
catena (f) allentata
cadena (f) floja / *fluixa*

2 h
stellbare ansteigende Schiene (f)
adjustable incline
переставной подъем (мр)
plan (m) incliné réglable
piano (m) inclinato regolabile
zapatilla (f) / *sabateta* (*f*)

3 i
Sperrkegelschlußvorrichtung (f)
click locking motion
приспособленіе (ср) для замыканія щеколды
mécanisme (m) d'encliquetage
meccanismo (m) di chiusura dello scatto
mecanismo (m) de engatillado / *joc* (*m*) *d'encadellament*

4
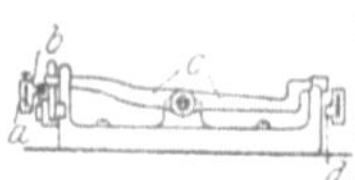

selbsttätige Abstellung (f) bei Kötzervollendung
automatical full cop stop motion
автоматическій останов (мр) в момент заполненія початка
mécanisme (m) d'arrêt automatique pour canettes pleines
arresto (m) automatico a bobina ultimata
mecanismo (m) de paro automático para cuando la husada está llena / *dispar* (*m*) *automàtic per a fusada plena*

5 a
Verbindungsstange (f) der Formplatten
connecting rod of shaper plates
рейка (жр) *или* шина (жр), соединяющая башмаки
tringle (f) de liaison des platines
verga (f) di collegamento dei pattini
varilla (f) de conección de las platinas / *barreta* (*f*) *d'unió de les plantilles*

6 b
stellbarer Anschlag (m) auf der Verbindungsstange
adjustable stop on connecting rod
установочный упор (мр) на соединительной рейкѣ
arrêt (m) réglable sur la tringle de liaison
arresto (m) regolabile sulla verga di collegamento
tope (m) ajustable en la varilla de conección / *topu* (*m*) *ajustable en la barreta d'unió*

7 c
Hebel (m) mit Übergewicht
weighted lever
рычаг (мр) с перевѣсом [одного плеча]
levier (m) non équilibré
leva (f) a contrappeso
palanca (f) desequilibrada

d 8
Anschlag (m)
locking finger
упор (мр), упорка (жр)
doigt (m) de fermeture
dito (m) d'arresto
saliente (m) de cierre, dedo (m) de retención / *dit* (*m*) *de fixació, grapa* (*f*) *de retenció*

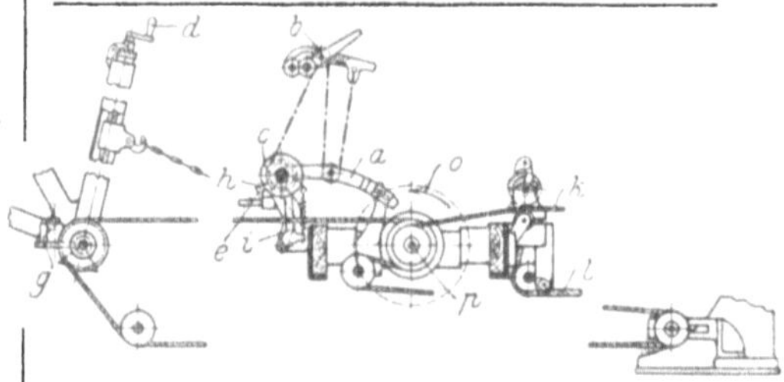

9
Fadenregler (m)
winding regulator, governing motion
выравнитель (мр) намотки
régulateur (m) de fil
regolatore (m) d'incannatura
mecanismo (m) regulador del arrollado / *mecanisme* (*m*) *regulador del plegat*

a 10
Sperrhebel (m)
swing lever, locking lever, strapping motion lever
подвѣсной рычаг (мр)
levier (m) relié à la contre-baguette
leva (f) oscillante
palanca (f) basculada por / *governada per* / la grúa

b 11
Aufwinderleitrolle (f)
bowl on copping faller arm
направляющій блок (мр) надниточника
galet (m) placé à la baguette
puleggia (f) sul braccio della bacchetta
poleita (f) en el brazo del plegador / *carrilla* (*f*) *en el braç del plegador*

c 12
Kettenrolle (f)
chain bowl
цѣпной блок (мр)
galet (m) de la chaîne
puleggia (f) della catena
poleita (f) / *carrilla* (*f*) / de la cadena

13
Schnurrille (f)
band groove
желоб (мр) *или* канавка (жр) *или* выемка (жр) для шнура
gorge (f) de la corde
gola (f) della corda
garganta (f) para la cuerda / *canal* (*m*) *per a la corda*

14
keilförmige Bremsrille (f)
wedge-shaped friction groove
клиновидная выемка (жр) тормаза, клиновидный паз (мр) тормазнаго блока
gorge (f) de friction en forme de coin
gola (f) di frizione a forma di cuneo
garganta (f) de fricción en forma de cuña / *canal* (*m*) *de fregament en forma de falca*

1 d
Handkurbel (f)
[quadrant] handle
рукоятка (жр)
manivelle (f)
manovella (f)
manivela (f), / *maneta (f)*

2 e
Schaltstift (m)
pin *or* peg to move the quadrant rack
штифт (мр) для включенія зубчатаго сегмента
aiguille (f) du secteur
ago (m) *o* perno (m) del settore
clavija (f) del sector / *claveta (f) del quadrant*

3 g
Daumen (m)
cam
кулак (мр), палец (мр)
doigt (m)
bocciolo (m)
excéntrico (m) / *excèntric (m), lleva (f)*

4 h
Zahnsektor (m)
quadrant rack
зубчатый сектор (мр)
secteur (m) denté
settore (m) dentato
sector (m) dentado / *quadrant (m) dentat*

5 i
Klinke (f)
catch
[тормозящая] собачка (жр)
cliquet (m), dent (f)
scatto (m)
gatillo (m) / *cadell (m)*

6 k
Seil (n) mit Gewichtszug
weighted band *or* rope
канат (мр), натянутый гирей
corde (f) à contrepoids
corda (f) a contrappeso
cuerda (f) con contrapeso / *corda (f) amb contrapès*

7 l
Einzugseilbefestigung (f) mit Nachspannung
fixing of the taking-in band with tightening arrangement
мѣсто (ср) прикрѣпленія тяжника с приспособленіем для натяжки
maintien (m) de la corde de scroll avec dispositif de tension
fissaggio (m) della corda di rientrata con dispositivo a tensione
fijación (f) de la cuerda de entrada con mecanismo tensor / *collat (m) de la corda de baixada amb mecanisme tensor*

8 o
Einfahrtdrehungsrichtung (f) der Trommel
direction of the tin roller during inward run
направленіе (ср) вращенія барабана при входѣ каретки
direction (f) de la rotation du tambour pendant la rentrée
direzione (f) di rotazione del tamburo nella rientrata
dirección (f) de la rotación de la linterna durante la entrada del carro / *direcció (f) de la rotació de la llanterna durant la baixada del carro*

p 9
Quadrantenkettentrommelwelle (f)
quadrant chain drum shaft
вал (мр) цѣпного барабана журавля
arbre (m) du tambour de la chaîne du secteur
albero (m) del tamburo a catena del settore
árbol (m) del tambor de la cadena del sector / *arbre (m) del tambor de la cadena del quadrant*

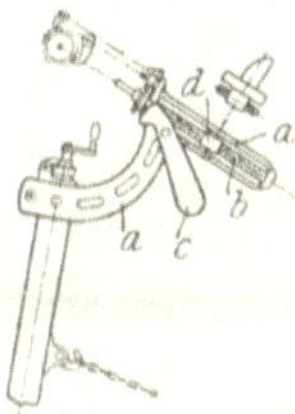

10
selbsttätige Vorrichtung (f) für Spitzenhartwindung, Spitzenspanner (m), Spindeldrehungsbeschleuniger (m)
automatic nosing motion
приспособленіе (ср) для автоматическаго затягиванія носка початка
mouvement (m) serre-pointes automatique
dispositivo (m) automatico a chiudere la punta alla bobina, meccanismo (m) serrapunte
mecanismo (m) automático para formar la punta fuerte en las husadas / *mecanisme (m) automàtic per a fer la punta forta en les fusades*

a 11
winkelförmiger Arm (m)
curved nosing arm
колѣнчатый рычаг (мр)
bras (m) serre-pointes courbé
braccio (m) curvo serra-punte
brazo (m) curvado para formar la punta / *braç (m) curvat per a fer la punta*

b 12
Schaltschraubenspindel (f)
operating screw
винт (мр) в плечѣ журавля
tige (f) filetée
vite (f) operante
tornillo (m) de tender / *cargol (m) de tivar* / la cadena

c 13
schwingender Schalthebel (m)
suspended lever
качающаяся собачка (жр)
levier (m) à cliquet oscillant
leva (f) oscillante
palanca (f) oscilante / *oscilant*

d 14
vorrückende Nase (f)
travelling nose
передвижной палец (мр)
écrou (m) avançant
chiocciola (f) avanzante
tuerca (f) corrediza / *femella (f) corredera*

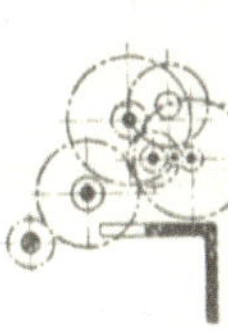

15
Vorrichtung (f) zur Nachlieferung während des Aufwindens
roller motion whilst winding
механизм (мр) для выпуска нити при входѣ каретки
mouvement (m) de livraison pendant le renvidage
meccanismo (m) di alimentazione supplementare durante l'incannatura
mecanismo (m) de alimentación suplementaria durante el arrollado / *mecanisme (m) d'alimentació suplementaria durant el plegat*

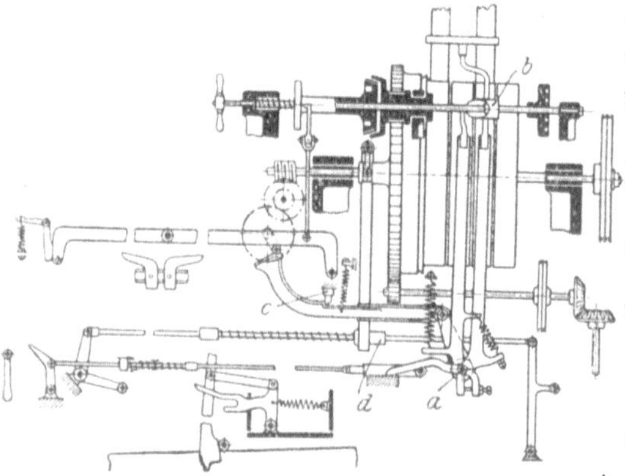

1 Steuerung (f) des Selbstspinners
change mechanism of self-acting mule
распредѣлительный механизм (мр) сельфактора
mécanisme (m) commandant les évolutions du renvideur automatique
meccanismo (m) per le evoluzioni *o* di distribuzione del filatoio automatico
mecanismo (m) para las evoluciones / *mecanisme (m) per als canvis* / de la selfactina

---

2 a Achse (f) des Riemenhebels
strap fork lever pivot
ось (жр) рычага ременных вилок
pivot (m) du levier de fourche guide-courroie
asse (f) della leva del guidacinghia
perno (m) de la palanca-horquilla de la correa / *torrió (m) de la palanca-forquilla de la corretja*

---

3 b Achshubscheibe (f), [Achsialexzenter (n)]
cam shell
осевой эксцентрик (мр)
excentrique (m) à déplacement axial
eccentrico (m) a spostamento assiale
excéntrico (m) de desplazamiento axial / *excèntric (m) de desplaçament axial*

---

4 c Anschlag (m), Anschlagstück (n), Rast (f)
stop catch
упор (мр), отбой (мр)
retient (m) du levier [du compteur de torsion]
scatto (m) di fermata
gatillo (m) de retención / *cadell (m) retentor*

---

5 d Bund (m)
stop
опорное кольцо (ср)
anneau (m)
anello
tope (m) / *topu (m), atur (m)*

Antrieb (m) durch Doppelriemen
duplex belt driving
привод (мр) парным ремнем
commande (f) par courroie double
azionamento (m) a due cinghie 6
mando (m) por correa doble / *comanda (f) per corretja doble*

---

ununterbrochene Bewegung (f) der Steuerwelle
continuous motion of cam shaft
непрерывное вращенie (ср) распредѣлительнаго вала
mouvement (m) continu de l'arbre à cames
movimento (m) continuo dell'albero a due tempi 7
movimiento (m) continuo del árbol de dos tiempos / *moviment (m) continu del arbre de temps*

---

die Hülse für die zweiseitige Steuerwelle [*oder* Exzenterwelle] läuft beständig um
the cam shaft sleeve revolves continuously
втулка (жр) распредѣлительнаго вала вращается постоянно
le manchon de l'arbre à deux temps tourne continuellement
il manicotto dell'albero a due tempi gira continuamente 8
el manguito del árbol a dos tiempos gira continuamente / *el collarí del arbre de dos temps gira continuament*

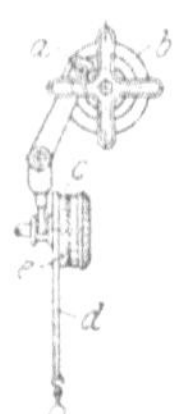

Steuerung (f) für die Streckwerkwalzen
drawing roller drive
регулятор (мр) для вытяжного аппарата, контрольный механизм (мр) для вытяжных роликов
embrayage (m) et débrayage (m) du manchon du premier cylindre 9
meccanismo (m) per l'azionamento dei cilindri stiratori
mecanismo (m) de mando de los cilindros de estiraje / *mecanisme (m) d'accionament dels corrons d'estiratge*

---

a Rolle (f) des Schalthebels
bowl of double lever
каточек (мр) *или* каток (мр) включающаго рычага
galet (m) du levier des manchons 10
puleggia (f) della doppia leva
poleita (f) / *carrilla (f)* / de la palanca doble

---

b Nutenscheibe (f)
grooved cam
диск (мр) с канавкой *или* пазом, пазовый диск
excentrique (m) à rainure 11
eccentrico (m) a scanalatura
excéntrico (m) de ranura / *excèntric (m) de canal*

---

c Zahnkupplung (f)
toothed coupling, catch box
зубчатая муфта (жр)
manchon (m) d'accouplement à dents 12
manicotto (m) d'accoppiamento a denti
juego (m) de engrane, magrana (f) / *magrana (f)*

1 d
Lederband (n) mit Gewichtsbelastung
weighted leather band
ремень (мр), нагруженный гирею
courroie (f) de cuir avec deux contrepoids inégaux
cinghia (f) di cuoio con peso
correa (f) con pesos desiguales / *corretjeta (f) desequilibrada amb pesos*

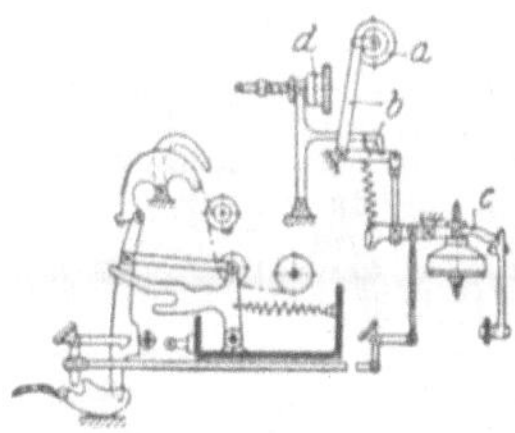

2
Wagensteuerung (f)
carriage motion
управленіе (ср) движеніем каретки
mécanisme (m) de changement de marche du chariot
meccanismo (m) di cambio della marcia del carro
mecanismo (m) de cambio de marcha del carro / *mecanisme (m) de canvi de marxa del carro*

---

3 a
Nutenscheibe (f)
grooved cam
диск (мр) с боковым пазом, пазовый эксцентрик (мр)
excentrique (m) à rainure
eccentrico (m) a scanalatura
excéntrico (m) de ranura / *excèntric (m) de canal*

---

4 b
Winkelstück (n)
bell crank lever
угловой рычаг (мр)
levier (m) coudé
leva (f) ad angolo
palanca (f) acodada / *acolzada*

---

5 c
Hebel (m) der Glockenkupplung
arm of taking-in friction lever
рычаг (мр) втяжного конуса
bras (m) du levier de la cloche de rentrée
braccio (m) della leva della campana di rientrata
báscula (f) del freno / *báscula (f) del fre dels espirals*

---

6 d
Wagenkupplung (f)
back shaft catch box
сцѣпная муфта (жр) задняго вала [улитки]
manchon (m) de la main-douce
manicotto (m) d'accoppiamento dell'albero posteriore
manguito (m) de embrague del árbol de conduitas / *magrana (f) de les conduites*

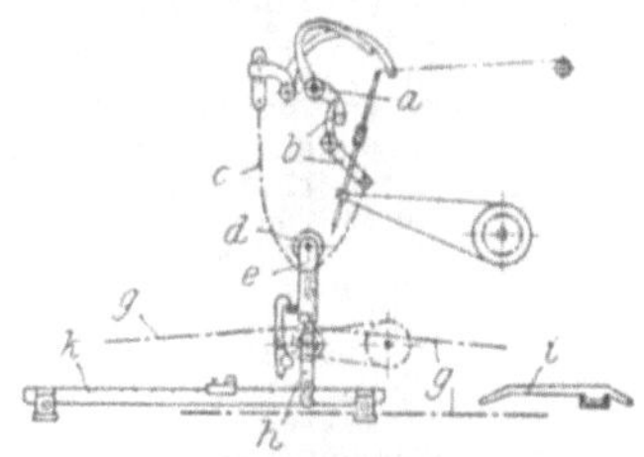

Aufwinderegler (m)
governor motion
выравнитель (мр) намотки
régulateur (m) de renvidage 7
regolatore (m) d'incannatura
mecanismo (m) regulador del arrollado / *mecanisme (m) regulador del plegat*

---

a
Rollenhebel (m)
lever with bowl
рычаг (мр) с нажимным роликом
levier (m) à galet 8
leva (f) con puleggia
palanca (f) y rodillo / *palanca (f) i carrilla*

---

b
Doppelhebel (m)
two-armed lever
двойной рычаг (мр)
levier (m) à deux bras 9
leva (f) a due braccia
palanca (f) de dos brazos / *braços*

---

c
lose durchhängende Kette (f)
loosely hanging chain
провисающая цѣпь (жр)
chaîne (f) lâche 10
catena (f) pendente
cadena (f) floja / *penjant*

---

d
Kettenrolle (f)
chain bowl
цѣпной блок (мр)
galet (m) de chaîne 11
puleggia (f) a catena
poleita (f) / *carrilla (f)* / de la cadena

---

e
Riegel (m)
bar
щеколда (жр)
barre (f) 12
barra (f)
barra (f), varilla (f) / *barreta (f)*

---

g
feststehende Kette (f)
fixed chain
закрѣпленная цѣпь (жр) 13
chaîne (f) fixe
catena (f) fissa
cadena (f) fija / *fixa*

---

i
kurze Schiene (f)
short rail
короткій погон (мр) *или* полоз (мр) 14
rail (m) court
rotaia (f) corta
regla (f) corta / *regle (m) curt*

---

k
Schiene (f) mit Nummerteilung
rail with scale
рейка (жр) с дѣленіями 15
rail (m) avec divisions
rotaia (f) con divisioni
regla (f) con escala / *regle (m) amb divisions*

1 
[Faden-]Rückwinderegler (m)
backing-off chain tightening motion
регулятор (мр) отмотки
mouvement (m) pour raccourcir la chaîne de dépointage
dispositivo (m) per raccorciare la catena di scoccamento
mecanismo (m) de plegar la cadena de desapuntado / *joc (m) de plegar la cadena de descargolar*

---

2 a
schräge Gleitfläche (f)
incline
скользун (мр) с наклонной плоскостью
plan (m) incliné
piano (m) inclinato
plano (m) inclinado / *pla (m) inclinat, tascó (m)*

---

3 b
Abwinderkette (f), Abschlagkette (f)
backing-off chain
отмоточная цѣпь (жр)
chaîne (f) de dépointage
catena (f) di scoccamento
cadena (f) de desapuntado / *de descargolar*

---

4 c
Gleitarm (m)
bell crank lever, sliding arm
скользящее колѣно (ср)
bras (m) coulissant
braccio (m) scivolante
palanca (f) acodada / *acolzada*

---

5 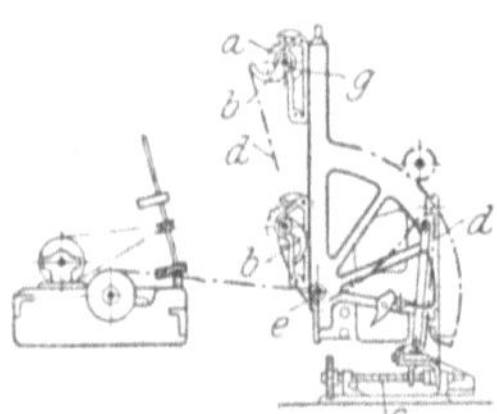
Spitzenhartwindevorrichtung (f)
nosing motion
приспособленіе (ср) для затягиванія носка
mouvement (m) serre-pointes
meccanismo (m) serra-punte
mecanismo (m) para formar la punta fuerte en las husadas / *mecanisme (m) per a fer punta forta a les fusades*

---

6 a
Quadrantenmuttersperrad (n)
quadrant nut ratchet wheel
храповик (мр), сидящій в ползунѣ журавля
rochet (m) de l'écrou du secteur
arpionismo (m) della madrevite del settore
rueda (f) de estrella de tender cadena / *roda (f) d'estrella de tivar cadena*

---

7 b
sichelförmiger Arm (m)
sickle-shaped arm, nosing arm
серповидный рычаг (мр)
pièce (f) en colimaçon, levier (m) en forme de faux
braccio (m) a forma di falcetto
cuerno (m) / *banya (f)*

---

c
Schaltspindel (f)
shaper screw
винт (мр) для включенія мотальнаго механизма 8
vis (f) des platines
vite (f) dei pattini
tornillo (m) de las platinas / *rosca (f) de les plantilles*

---

d
Gelenkkette (f)
flat link chain, pitch chain
суставная *или* шарнирная цѣпь (жр) 9
chaîne (f) à articulations
catena (f) articolata
cadena (f) articulada

---

e
Drehachse (f) des Quadranten
quadrant centre shaft
ось (жр) качанія журавля
pivot (m) du secteur 10
asse (f) di rotazione del settore
perno (m) del sector / *torrió (m) del quadrant*

Rolle (f) für die Befestigung des Quadrantenkettenendes
bowl for fastening the end of the quadrant chain
барабанчик (мр) для прикрѣпленія конца цѣпи журавля
galet (m) pour la fixation de l'extrémité de la chaîne du secteur 11
rullo (m) per fissare la fine della catena del settore
gorrón (m) para fijar el extremo de la cadena del sector / *torrió (m) per a fixar l'extrem de la cadena del quadrant*

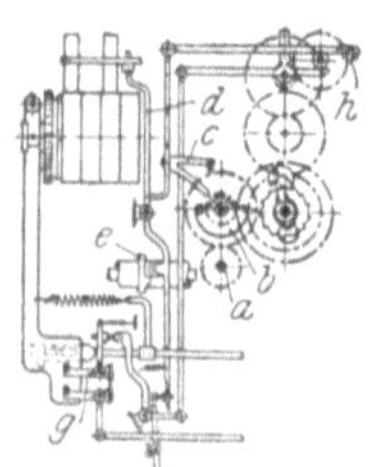
Bewegungsgetriebe (n) des Schlumbergerschen Selbstspinners
gearing of Schlumberger's self-acting mule
передаточный механизм (мр) сельфактора Шлумбергера 12
engrenages (m pl) du renvideur Schlumberger
organi (m pl) di comando del selfacting Schlumberger
engranajes (m pl) / *rodatges (m pl)* / de la selfactina de Schlumberger

---

a
Auszugwelle (f)
back shaft
задній вал (мр); вал (мр), ведущій механизм для отхода каретки 13
arbre (m) de main-douce
albero (m) a mano dolce
árbol (m) de detrás / *arbre (m) de les conduites*

---

b
Gußstück (n)
cast iron piece
чугунная подвѣска (жр)
pièce (f) de fonte 14
pezzo (m) di ghisa
pieza (f) / *peça (f)* / de fundición

Riemenschaltklinke (f), Vorschaltklinke (f)
strap fork catch
щеколда (жр) ременной отводки
1 c cliquet (m) de la fourche guide-courroie
scatto (m) del guida-cinghia
gatillo (m) de la horquilla de la correa / *cadell (m) de la forquilla de la corretja*

Riemenhebel (m)
strap lever
ременная вилка (жр), отводка (жр) ремня, вилка (жр) для переведенія ремня
2 d levier (m) [de la] fourche guide-courroie
leva (f) della cinghia
palanca-horquilla (f) / *palanca-forquilla (f)*

Daumenscheibe (f)
cam disc
кулачный диск (мр)
3 e disque (m) à came
disco (m) del bocciolo
disco (m) excéntrico / *disc (m) excèntric*

Sperrfalle (f)
locking catch
защелка (жр)
4 g loquet (m)
scatto (m) di chiusura
gatillo (m) / *cadell (m), balda (f)*

Ausklinkung (f), Ausklinken (n)
unlocking, unlatching
5 отщелкиваніе (ср)
décliquetage (m)
disgranaggio (m)
desembrague (m) del gatillo / *descadellat (m) de la balda*

Gestellnase (f)
projection on framing
выступ (мр) *или* прилив (мр) станины
6 h doigt (m) du bâti
dito (m) sul telaio
saliente (m) / *sortint (m)* / de la bancada

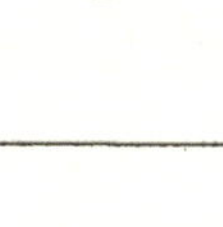

Nachstellen (n) der Reibflächen
readjusting the friction surfaces
установка (жр) фрикціонных шайб *или* дисков
7 réglage (m) des plateaux de friction
regolamento (m) delle superfici di frizione
ajustado (m) de los platos de fricción / *ajustat (m) dels plats del fre*

---

abgeschliffenes Leder (n)
worn-off leather
сработанная поверхность (жр) кожи
8 cuir (m) usé par le frottement
cuoio (m) consumato
cuero (m) gastado por el uso / *cuiro (m) gastat per l'us*

Bremshebeldrehachse (f)
backing-off lever pivot
поворотная ось (жр) тормозного рычага
pivot (m) du levier pour la friction de dépointage
a asse (f) della leva di scoccamento 9
pivote (m) de la palanca para el freno de desapuntado / *pivot (m) de la palanca del fre de descargolar*

Schlitten (m)
slide
салазки (жр)
b coulisse (f) 10
slitta (f)
patin (m), deslizador (m) / *culissa (f)*

Steuerung (f) mit mehrzeitiger Welle und abhängigem Hebelwerk
cam motion with lever arrangement completely controlled
контрольный механизм (мр) с центральным распредѣлительным органом и управляемой им системой рычагов
mécanisme (m) de changement avec arbre à plusieurs temps et leviers dépendants
meccanismo (m) di cambio con albero a più tempi e disposizione a leve dipendenti 11
mecanismo (m) de cambio con árbol de tiempos y palancas acopladas / *mecanisme (m) de canvi amb arbre de temps i palanques acoplades*

Steuerung (f) mit mehrzeitiger Welle und teilweise abhängigem Hebelwerk
cam motion with lever arrangement partly controlled
контрольный механизм (мр) с центральным распредѣлительным органом и частично управляемой им системой рычагов
mécanisme (m) de changement avec arbre à plusieurs temps et leviers partiellement dépendants
meccanismo (m) di cambio con albero a più tempi e disposizione a leve in parte dipendenti 12
mecanismo (m) de cambio con árbol de tiempos y palancas semi-independientes / *mecanisme (m) de canvi amb arbre de temps i palanques semi-independents*

Steuerung (f) mit Hebelwerk ohne mehrzeitige Welle
control motion with lever arrangement but without cam shaft
контрольный аппарат с самостоятельной системой рычагов без центральнаго распредѣлительнаго органа
mécanisme (m) de changement avec leviers et sans arbre à plusieurs temps
meccanismo (m) di cambio con disposizione a leve e senza albero a più tempi 13
mecanismo (m) de cambio con palancas pero sin árbol de tiempos / *mecanisme (m) de canvi amb palanques, pero sense arbre de temps*

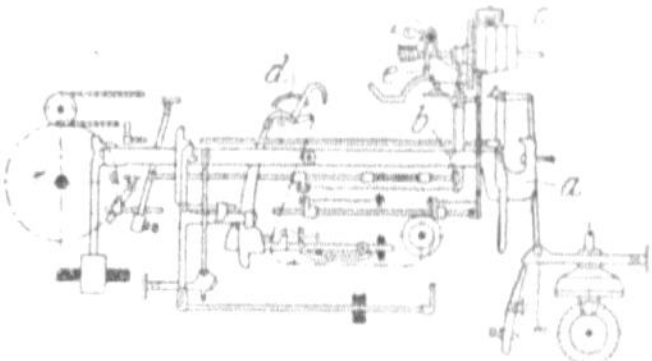

Hebelsteuerung (f)
control motion with lever arrangement
рычажный контрольный аппарат (мр)
1 mécanisme (m) de changement avec leviers
meccanismo (m) di cambio con disposizione a leve
mecanismo (m) de cambio con palancas / *mecanisme (m) de canvi amb palanques*

Schwinghebel (m), Hauptsteuerhebel (m)
long lever
2 a главный рычаг (мр) контрольнаго аппарата
levier (m) à plusieurs temps
leva (f) lunga
gran palanca (f)

---

kerbenartige Aussparung (f), Festhaltekerbe (f)
recess in the lever
3 b зарубка (жр)
entaille (f) dans le levier
incavatura (f) nella leva
ranura (f) / *entalla (f)* / en la palanca

Riemengabel (f)
strap fork
вилка (жр) для перевода ремня
4 c fourche (f) du levier guide-courroie
guida-cinghia (m)
horquilla (f) de la correa / *forquilla (f) de la corretja*

---

bogenförmiger Anschlag (m)
sector on faller shaft
дугообразный толкач (мр)
secteur (m) sur l'arbre des baguettes
5 d settore (m) sull'albero delle bacchette
sector (m) en el árbol de los plegadores / *sector (m) en l'arbre dels plegadors*

Drahtzählerhebel (m)
twist motion lever
рычаг (мр) указателя крутки
levier (m) du compteur de torsion
6 e leva (f) del contatore di torsione
palanca (f) del contador de torsión / *palanca (f) del comptador de torsió o del rellotget*

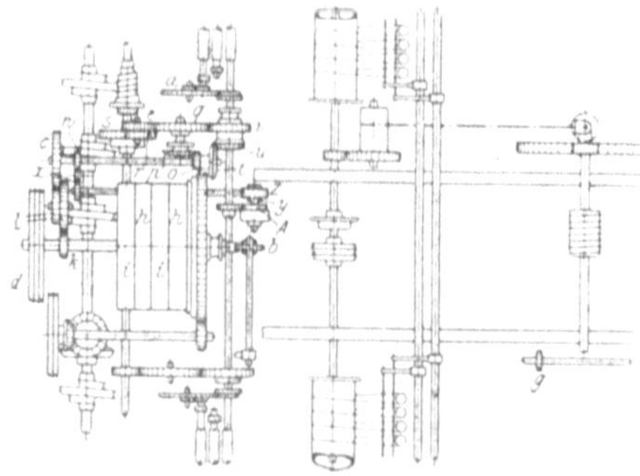

Selbstspinnertriebwerk (n)
gearing of the self-acting mule
приводный механизм (мр) сельфактора
engrenages (mpl) du métier renvideur 7
organi (mpl) di comando del selfacting
engranajes (mpl) / *engranatges (mpl)* / de la selfactina

Verzugrad (n)
draft wheel
накладная (жр), смѣнная шестерня (жр) вытяжного аппарата
a pignon (m) d'étirage 8
pignone (f) di trazione o di stiramento
piñón (m) de estiraje / *pinyó (m) d'estiratge*

Drahtzähler (m)
twist wheel, speed wheel
крутильная (жр), круточная (жр), счетчик (мр) крутки
b pignon (m) du compteur de torsion 9
pignone (m) del contatore di torsione
piñón (m) del contador de torsión / *pinyó (m) del rellotget de torta*

Gangrad (n), Marschrad (n), Marschkolben (m)
back change wheel, rim [shaft] pinion
ходовая (жр)
c pignon (m) de marche, roue (f) de marche 10
ruota (f) di ricambio posteriore, [pignone (m) di] marcia (f)
rueda (f) de marcha o de torsión / *roda (f) de marxa o de torta*

Drahtwirtel (m)
rim pulley
d шкив (мр) крутильнаго механизма 11
volant (m)
volante (m)
volante (m) / *volant (m)*

Wagenverzugrad (n)
drag wheel
ведущая кареточная вытяжная шестерня (жр)
e roue (f) d'étirage du chariot 12
ruota (f) di tiratura del carro
rueda (f) de tiraje / *roda (f) de tiratge* / del carro

Klinkenrad (m)
shaper wheel, ratchet wheel
храповая шестерня (жр)
1 g rochet (m), roue (f) à cliquet
ruota (f) a scatto
rueda (f) de estrella / *roda (f) d'estrella*

Festscheiben (fpl) auf der Hauptwelle
fast rim shaft pulleys
коренные шкивы (мр) на главном валу
2 h poulies (fpl) fixes de l'arbre moteur
puleggie (f) fisse sull'albero principale
poleas (fpl) fijas del árbol del volante / *politjes (fpl) fixes del arbre del volant*

Festscheibe (f) mit Lederkegel
fast pulley with leather cone
коренной шкив (мр) с кожаным фрикціонным конусом
3 poulie (f) fixe avec cône en cuir
puleggia (f) fissa con cono di cuoio
polea (f) fija con cono de cuero / *politja (f) fixa amb con de cuiro*

Losscheibe (f) auf der Hauptwelle
loose rim shaft pulley
холостой шкив (мр) на главном валу
4 i poulie (f) folle de l'arbre moteur
puleggia (f) folle sull'albero principale
polea (f) loca del árbol motor / *politja (f) morta de l'arbre motor*

Hauptwellenrad (n)
rim shaft spur wheel
шестерня (жр) на главном валу
5 k pignon (m) de l'arbre moteur
rocchetto (m) sull'albero principale
piñón (m) del árbol motor / *pinyó (m) de l'arbre motor*

Zwillingsrad (n)
double carrier wheel, compound carrier
сдвоенная передаточная шестерня (жр)
6 l roue (f) double
ruotismi (mpl) composti
rueda (f) intermedia doble / *roda (f) intermèdia doble*

Kegelrad (n)
bevel wheel
коническая шестерня (жр)
7 o pignon (m) conique
ruota (f) conica
piñón (m) cónico / *pinyó (m) d'angle*

Kegelrad (n) mit Klinke
bevel wheel with click
коническая шестерня (жр) с собачкой *или* с кулачком
8 p roue (f) conique à cliquet
ruota (f) conica con arresto
rueda (f) cónica con trinquete / *roda (f) d'angle amb joc de cadells*

Transportklinkenrad (n)
jacking motion wheel, carrier spur wheel [for jacking motion], drag motion carrier
замыкающан шестерня (жр) 9
q roue (f) de commande à cliquet
ruota (f) intermedia
rueda (f) intermedia / *roda (f) intermèdia*

Wagenzugrädchen (n)
drag pinion
ведомая кареточная вытяжная шестерня (жр)
r pignon (m) d'étirage du chariot 10
pignone (m) di tiratura del carro
piñón (m) de tiraje / *pinyó (m) de tiratge* / del carro

Hinterwellenrad (n) mit Fangbüchse
back shaft spur wheel and catch box
шестерня (жр) со сцѣпной муфтой на заднем валу
roue (f) de commande de
s l'arbre de la main-douce avec manchon d'embrayage 11
ruota (f) cilindrica per l'albero posteriore con arresto
rueda (f) del árbol de detrás con manguito de embrague / *roda (f) d'accionament de l'arbre de les conduites amb magrana*

Kegelrad (n)
bevel wheel
коническая шестерня (жр)
t pignon (m) conique 12
pignone (m) conico
piñón (m) cónico / *pinyo (m) cònic*

Kegelrad (n) mit Klauenmuffe
long boss bevel and catch wheel
коническая шестерня (жр) с замочной муфтой
u roue (f) d'angle avec manchon à griffes 13
ruota (f) a largo mozzo con giunto a denti
rueda (f) de ángulo con manguito de engrane / *roda (f) d'angle amb magrana*

Streckwalzenkuppelrad (n)
front roller catch box
замочная шестерня (жр) вытяжного валика
v roue (f) à griffes des cannelés 14
ruota (f) dei rulli e innesto
manguito (m) de engrane de los cilindros acanalados / *magrana (f) dels corrons de davant*

Zahnrad (n)
spur wheel
шестерня (жр) 15
w pignon (m)
pignone (m)
piñón (m) / *pinyó (m)*

Wellenrad (n), Wechselrad (n)
shaft wheel, change wheel in roller motion
x шестерня (жр) на передаточном валикѣ 16
roue (f) de change des cannelés
ruota (f) per il moto dei rulli
rueda (f) de cambio / *roda (f) de canvi*

1 y
Schnecke (f)
worm
червяк (мр)
vis (f) sans fin
vite (f) perpetua
tornillo (m) sin fin / *vis (f) sens fi*

2 z
Schneckenrad (n)
worm wheel
червячная шестерня (жр)
roue (f) à hélice *ou* à vis sans fin
ruota (f) a vite perpetua
rueda (f) de tornillo sin fin / *roda (f) del vis sens fi*

3 A
Treibrad (n) und Fangplatte (f)
spur wheel and catch plate
ведущая шестерня (жр) с зацѣпляющей пластинкой
roue (f) de commande et plaque (f) à cliquet
ruota (f) cilindrica per lo stacco, e arresto
rueda (f) y plato (m) de trinquetes / *roda (f) i plat (m) amb cadells*

4
Hauptwelle (f) parallel zum Wagen
rim shaft parallel to carriage
параллельный кареткѣ главный вал (мр)
arbre (m) moteur parallèle au chariot
albero (m) motore parallelo al carro
árbol (m) motor paralelo al carro / *arbre (m) motor paral·lel al carro*

5
Hauptwelle (f) parallel zum Triebkopf
rim shaft parallel to headstock
параллельный головкѣ главный вал (мр)
arbre (m) moteur parallèle à la têtière
albero (m) motore parallelo alla testiera
árbol (m) motor paralelo / *arbre (m) motor paral·lel* / a la testera

6
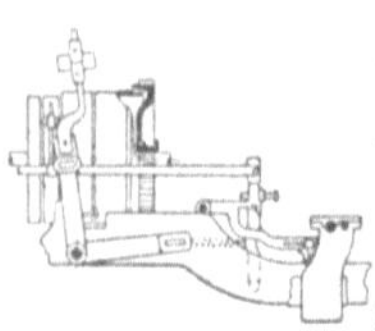
Spindelantrieb (m) beim Verbund
spindle driving for winding on the blade
моточный механизм (мр) для начинка
commande (f) de la broche à l'empointage
azionamento (m) dei fusi per l'avvolgimento sul fuso
mando (m) de los husos para el plegado sobre el huso / *accionament (m) de les pues per al plegat sobre la pua*

7
Aufsteckgatter (n) für Selbstspinner
creel for self-acting mules
рамы (жр) сельфактора
râtelier (m) pour renvideurs
rastrelliera (f) per selfactings
fileta (f) para selfactinas / *fileta (f) per a selfactines*

8
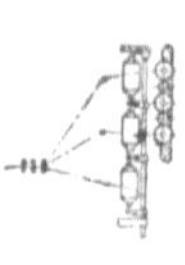
Gatter (n) für einfachen Einlauf
single roving creel
рамы (жр) для одинарной ровницы
râtelier (m) simple
rastrelliera (f) semplice
fileta (f) para mecha sencilla / *fileta (f) per a metxa senzilla*

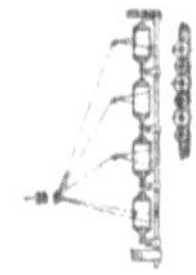
Gatter (n) für doppelten Einlauf
double roving creel
рамы (жр) для двойной ровницы
râtelier (m) double *ou* pour double mèche 9
rastrelliera (f) per due lucignoli
fileta (f) para doble mecha / *per a metxa doble*

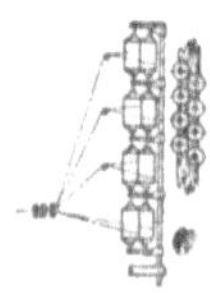
Gatter (n) für Zickzackaufsteckung
creel with bobbins set zig-zag
рамы (жр) для зигзагообразной ставки катушек ровницы
râtelier (m) en zig-zag 10
rastrelliera (f) che porta le spole a zig-zag
fileta (f) con bobinas en zig-zag / *fileta (f) amb rodets en zig-zag*

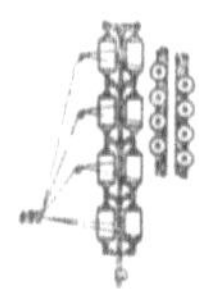
Gatter (n) für doppelreihige Aufsteckung in vier Etagen
double row creel in four heights
четырехъярусныя рамы (жр) с двухрядной установкой катушек 11
râtelier (m) double à quatre étages
rastrelliera (f) doppia a quattro piani
fileta (f) de doble hilera en cuatro pisos / *fileta (f) doble amb quatre pisos*

Gatterstab (m), Gattersäule (f)
creel rod *or* pillar
брус (мр) рамы
colonnette (f) du râtelier
colonna (f) della rastrelliera 12
columna (f) de la fileta

Aufsteckrohr (n), Hülse (f)
bobbin tube
трубка (жр) для надѣванія катушки
tube (m)
tubo (m) 13
tubo (m) / *tub (m)*

die Drehungszahl der Spindeln am Schlusse der Einfahrt vergrößern
to speed up the spindles at the end of the inward run
увеличивать число оборотов веретен к концу входа каретки
augmenter la vitesse des broches à la fin de la rentrée
aumentare la velocità dei fusi alla fine della rientrata
aumentar la velocidad de los husos al final de la entrada del carro / *augmentar la velocitat de les pues al final de la baixada del carro* 14

Schußselbstspinner (m)
weft mule
уточный мюль (мр) *или* сельфактор (мр)
renvideur (m) pour trame
selfacting (m) per filare le trame 15
selfactina (f) para trama / *per a trama*

Selbstspinner (m) für hohe Nummern, [Feinspinnselfaktor (m)]
self-acting mule for fine yarns
тонкопрядильный мюль (мр) *или* сельфактор (мр)
renvideur (m) pour fils fins
filatoio (m) automatico per numeri fini 16
selfactina (f) para números finos / *per a números prims*

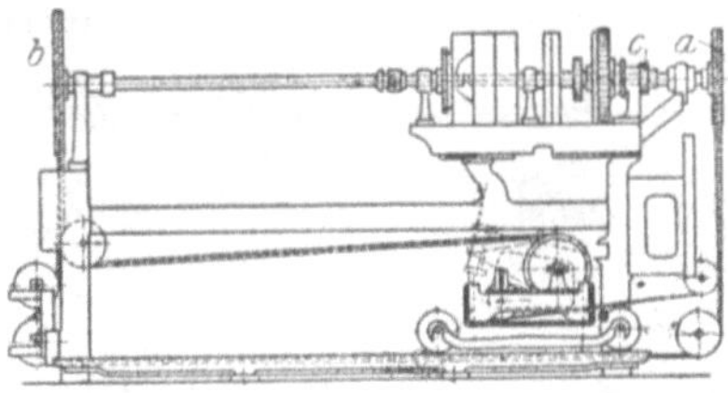

vom großen zum kleinen Kopf durchgehende Welle (f)
rim shaft traversing from main headstock to winding stock
вал (мр), соединяющій приводную головку с моточной
1 arbre (m) moteur allant de la grande à la petite têtière
albero (m) motore che va dalla testiera grande alla piccola testiera
árbol (m) motor alargado de la testera principal a la testera menor / *arbre (m) allargat de la testera gran a la testera petita*

---

zwei Spindelgeschwindigkeiten (fpl)
two spindle speeds
двѣ скорости (жр) вращенія веретен
2 deux vitesses (fpl) *ou* vitesse (f) double des broches
due velocità (fpl) dei fusi
doble velocidad (f) de los husos / *dos velocitats (fpl) a les pues, doble velocitat (f) de les pues*

Drahtwirtel (m) fur die kleine *oder* einfache Spindelgeschwindigkeit
single speed rim pulley, small driving rim
[малый *или* задній] блок (мр) для крутки при малой скорости вращенія веретен
3 a volant (m) pour la petite *ou* simple vitesse
volante (m) per la piccola *o* semplice velocità
volante (m) para la pequeña velocidad, volante pequeño / *volant (m) per a la petita velocitat, volant petit*

Drahtwirtel (m) für die große *oder* doppelte Spindelgeschwindigkeit
double speed rim pulley, large driving rim
большой *или* передній маховик (мр) [для крутки при двойной скорости веретен]
4 b volant (m) pour la grande *ou* double vitesse
volante (m) per la grande *o* doppia velocità
volante (m) para la gran velocidad, volante grande / *volant (m) per a la gran velocitat, volant gran*

Stirnrad (n) auf der Hauptwelle
drawing-out wheel on rim shaft
приводная шестерня (жр) для каретки на главном валу
c roue (f) commandant chariot et cannelés 5
ruota (f) sull'albero motore per l'uscita del carro
rueda (f) en el árbol principal para la salida del carro / *roda (f) en l'arbre motor per a la pujada del carro*

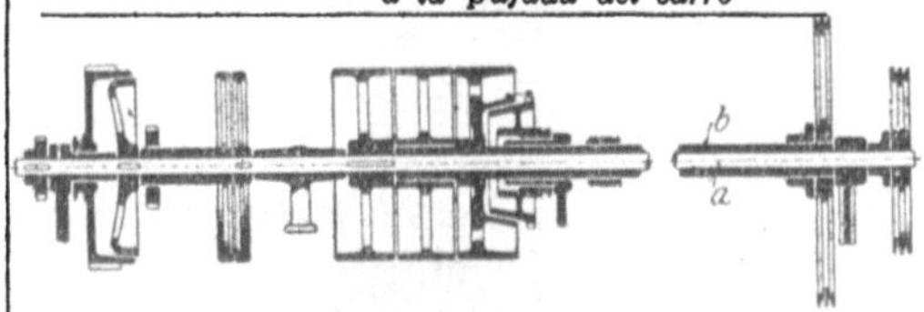

Doppelantrieb (m) der Spindeln
double speed driving of spindles
механизм (мр) двойной скорости веретен
commande (f) double vitesse des broches 6
azionamento (m) a doppia velocità dei fusi
mando (m) de doble velocidad de los husos / *accionament (m) de doble velocitat a les pues*

Vollwelle (f)
solid rim shaft
цѣльный *или* массивный вал (мр)
a arbre (m) plein du volant 7
albero (m) pieno del volante
árbol (m) sólido del volante / *arbre (m) del volant sólid*

Hohlwelle (f)
sleeve, bush
пустотѣлый *или* полый вал (мр)
b 8
arbre (m) creux
albero (m) cavo
manguito (m) / *collarí (m), mànega (f)*

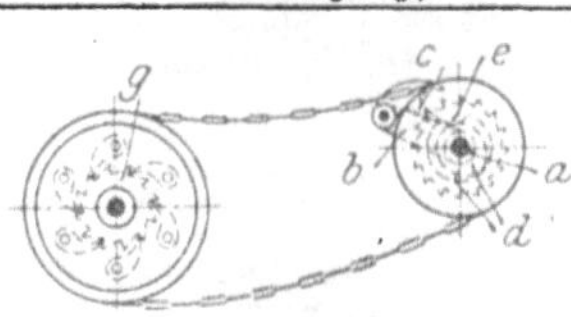

Nachlieferung (f), Fadenlieferung (f) während des Nachdrehens
roller motion whilst twisting
выпуск (мр) нити [во время докрутки]
mécanisme (m) de livraison du fil pendant la torsion supplémentaire 9
meccanismo (m) di alimentazione del filo durante la torsione supplementare
mecanismo (m) de alimentación suplementaria durante la torsión / *mecanisme (m) d'alimentació suplementaria durant la torta*

1 a
Zählerdaumenwelle (f)
twist motion shaft
ось (жр) рычага счетчика
arbre (m) du compteur de torsion
albero (m) del contatore di torsione
árbol (m) del mecanismo de la torsión / *arbre (m) del mecanisme de torta*

2 b
Hebel (m)
lever
рычаг (мр)
levier (m)
leva (f)
palanca (f)

3 c
Klinke (f)
catch finger
костыль (мр) собачки
cliquet (m)
scatto (m)
gatillo (m) / *cadell (m)*

4 d
gegeneinander verschiebbare Knaggenscheiben (fpl)
adjustable cams
установительные диски (мр)
cames (fpl) opposées réglables
eccentrici (mpl) regolabili
excéntricos (mpl) / *excèntrics (mpl)* / ajustables

5 e
Vertiefung (f) der Knaggenscheibe
recess in the cam
впадина (жр) диска
rainure (f) de la came
incavatura (f) dell'eccentrico
ranura (f) del excéntrico / *caixal (m) del excèntric*

6 g
Sperrad (n)
ratchet wheel
храповик (мр)
rochet (m)
ruota (f) a stella
rueda (f) de estrella / *roda (f) d'estrella*

7
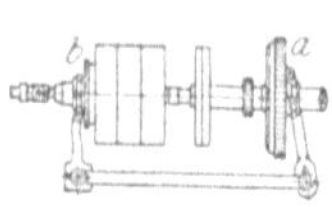

doppelte Abwindebremse (f) *oder* Abschlagbremse (f)
double backing-off friction
двойной отбойный тормаз (мр)
friction (f) de dépointage double
frizione (f) doppia di scoccamento
fricción (f) o freno (m) doble del desapuntado / *fre (m) del descargolat doble*

8 a
Stirnradbremsschale (f)
spur wheel friction cover
[лобовая] шестерня (жр) с фрикціонным конусом
cône (m) de friction de la roue de dépointage
cono (m) di frizione della ruota di scoccamento
plato (m) de fricción de la rueda del desapuntado / *plat (m) del fre de la roda del descargolat*

9 b
Hilfsbremse (f)
assistant friction *or* brake
вспомогательный тормаз (мр)
friction (f) supplémentaire
frizione (f) supplementare
fricción (f) auxiliar / *fre (m) suplementari*

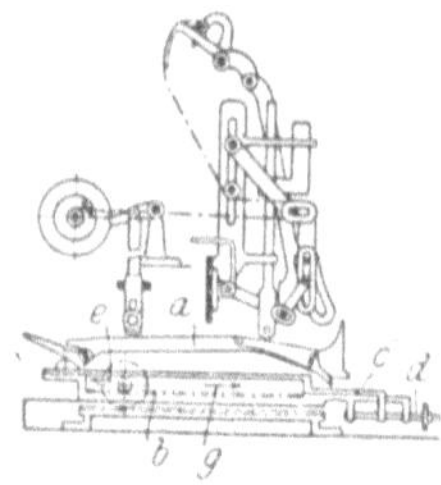

Aufwindevorrichtung (f)
shaper motion, copping motion, winding motion
моточный механизм (мр)
mouvement (m) de formation de la bobine 10
meccanismo (m) di formazione della bobina
mecanismo (m) de formación de la husada / *mecanisme (m) de formació de la fusada, mecanisme de plegat*

a
bewegliche Windeschiene (f)
travelling shaper rail, travelling copping rail
подвижной погон (мр), подвижная направляющая (жр), моточная дорожка (жр) 11
règle (f) mobile *ou* articulée
rotaia (f) di formazione mobile
regla (f) de formación móvil / *copisplet (m) o regle (m) movible de plegat*

Fortschaltung (f) des Sperrrades
movement of the ratchet wheel
подача (жр) храповика
rotation (f) du rochet
movimento (m) della ruota a stella 12
movimiento (m) de la rueda de estrella / *moviment (m) de la roda d'estrella*

b
im Wagen verschiebbar gelagerte Zahnstange (f)
travelling rack on carriage
передвижная зубчатая рейка (жр) в кареткѣ
crémaillère (f) voyageuse sur le chariot 13
asta (f) dentata mobile sul carro
cremallera (f) móvil / *mòbil* / del carro

c
schlittenartig geführter Windeschienenträger (m)
sliding bracket, sliding copping plate carrier
скользящій погон (мр), салазки (жр) для погона
support (m) de la règle se déplaçant dans une coulisse 14
sopporto (m) a glifo della rotaia
soporte (m) corredizo de la regla de formación / *culis (m) del regle de formació*

d
Leitspindel (f)
shaper screw
направляющій шпиндель (мр) 15
vis (f) des platines
vite (f) dei pattini
tornillo (m) de las platinas / *cargol (m) de les platines*

1 e

Abrollrichtung (f) des Zahnstangenrades
direction of motion of the rack wheel
направленіе (ср) вращенія шестерни, сцѣпляющейся с зубчатой рейкой
direction (f) du mouvement du pignon de la crémaillère
direzione (f) del movimento del pignone dell'asta dentata
dirección (f) del movimiento de la rueda de la cremallera / *direcció (f) del moviment de la roda de la cremallera*

---

2 g

Verschiebungsrichtung (f) der beweglichen Zahnstange
direction of displacement of the travelling rack
направленіе (ср) передвиженія подвижной зубчатой рейки
direction (f) de déplacement de la crémaillère mobile
direzione (f) dello spostamento dell'asta dentata mobile
dirección (f) del desplazamiento / *direcció (f) de la cursa* / de la cremallera móvil

---

3

den Aufwinder von Schicht zu Schicht höher einstellen
to raise the winding faller layer after layer
повышать надниточник с каждым слоем початка
relever la baguette de couche en couche
rialzare la bacchetta di strato in strato
levantar el plegador a cada capa del hilo / *aixecar el plegador a cada capa de fil*

4

Riffelwalze (f) aus Feinkorneisen
fluted roller of fine grained iron
рифленый цилиндр (мр) из мелкозернистаго желѣза
cylindre (m) cannelé en fer à grain fin
cilindro (m) scanalato in ferro a grana fina
cilindro (m) acanalado de hierro de grano fino / *corró (m) ratllat de ferro de gra fi*

5

ungleiche Riffelung (f) der Zylinder
irregular fluting of rollers
неравномѣрное рифленіе (ср) цилиндров
cannelure (f) variée des cylindres
scanalatura (f) irregolare dei cilindri
acanalado (m) irregular de los cilindros / *ratllat (m) irregular dels corrons*

6

die Spindeln (fpl) stellen sich selbst in die Schwerpunktlage ein
the spindles adjust themselves to their centre of gravity
веретена (ср) устанавливаются самостоятельно по оси центра тяжести
les broches (fpl) s'ajustent suivant leur centre de gravité
i fusi si aggiustano a secondo del loro centro di gravità
los husos se ajustan automáticamente a su centro de gravedad / *les pues retornen al seu centre de gravetat*

7

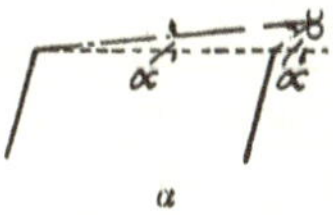

a

Winkel (m) des Fadens mit der Spindel
angle of yarn from roller nip to spindle point
угол (мр) наклона нити между веретеном и вытяжным аппаратом
angle (m) formé par le fil avec l'axe de la broche
angolo (m) formato fra il filo ed il fuso
ángulo (m) formado entre el hilo y el huso / *angle (m) format entre el fil i la pua*

8

Einschalten (n) *oder* Einrücken (n) *oder* Einkehren (n) der Einzugskupplung
engaging the taking-in friction
включеніе (ср) в дѣйствіе фрикціона, вводящаго каретку
embrayage (m) de la cloche des scrolls
innesto (m) della campana di rientrata
embrague (m) de la campana de entrada / *embragat (m) de la campana de baixada*

9

Riemenvorschaltevorrichtung (f)
early changing motion for driving belt
приспособленіе (ср) для преждевременнаго переключенія ремня
mécanisme (m) pour l'avance de la courroie
meccanismo (m) per l'anticipo della cinghia
mecanismo (m) de avance del cambio de correa / *mecanisme (m) de avenç del canvi de corretja*

10

Riemenvorschaltung (f)
early change of driving belt
преждевременный перевод (мр) ремня
avance (f) de la courroie
cambio (m) anticipato della cinghia
avance (m) del cambio de correa / *avenç (m) del canvi de corretja*

11

Wagenanprall (m)
buffing *or* bump of carriage
удар (мр) каретки [о буфер]
choc (m) du chariot
urto (m) del carro
choque (m) del carro / *topada (f) del carro*

12

Luntenführer (m) für den Mittelzylinder
middle roving guide
водилка (жр) *или* направитель (мр) ровницы для средних цилиндров
guide-mèches (mpl) du second cylindre
guida-lucignoli (m) del secondo cilindro
guía-mechas (m) del segundo cilindro / *guia-metxes (m) del segon corró*

13

die Steuerwelle von Hand aus einstellen
to adjust the cam shaft by hand
устанавливать от руки валик регулятора
régler à la main l'arbre à excentriques
regolare a mano l'albero a eccentrici
ajustar el árbol de los excéntricos a mano / *ajustar l'arbre dels excèntrics a mà*

14

die Schleifen (fpl) des Fadens verziehen
to stretch the snarls of the yarn
растягивать *или* вытягивать петли нити
étirer les vrilles du fil
stirare l'aggrovigliamento del filo
estirar los rizos del hilo / *desfer els cargolins del fil*

15

die Kupplung im Eingriff halten
to keep the coupling in gear
держать муфту в сцѣпленном положеніи
maintenir l'accouplement en prise
mantenere in imbracamento l'accoppiamento
mantener el juego de engrane cerrado / *mantenir la magrana closa o engravada*

16

die Spindeln (fpl) mit Doppelseil betreiben
to drive the spindles by a double band
приводить веретена во вращеніе посредством двойного шнурка
commander les broches (fpl) par une corde double
azionare i fusi con una corda doppia
accionar los husos por cuerda doble / *fer moure les pues per doble corda*

17

die Schnur dehnt sich
the rim band stretches
приводный шнур (мр) вытягивается
la corde s'allonge
la corda si stira
la cuerda se alarga / *la corda s'allarga*

1 Reißen (n) des Seiles
band breakage
обрыв (мр) *или* разрыв (мр) шнура
rupture (f) de la corde
rottura (f) della corda
rotura (f) de la cuerda / *trencament (m) de la corda*

2
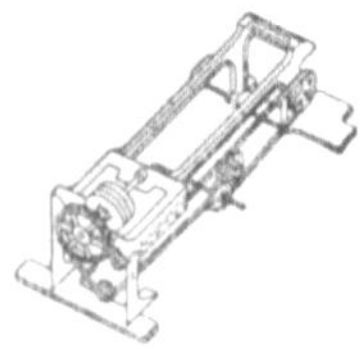
dreirilliger Spindelantrieb (m)
treble grooved rim band arrangement
трехжелобчатые блоки (мр) для привода веретен
commande (f) des broches par volant à trois gorges
azionamento (m) dei fusi con puleggia a tre gole
accionamiento (m) de los husos por volante de tres gargantas / *accionament (m) de les pues per volant de tres canals*

3
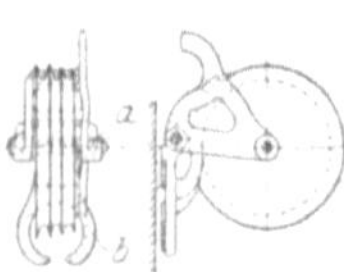
Leitrollenlager (n) des dreirilligen Schnurtriebes
guide pulley support of treble grooved rim band driving
консоль (мр) *или* супорт (мр) для трехжелобчатаго направляющаго канатнаго блока
support (m) du volant de renvoi à trois brins
sopporto (m) del volante di rinvio a tre gole
soporte (m) de la polea-guia del mando por volante de tres gargantas / *suport (m) de la politja guia del accionament per volant de tres canals*

4 a
beweglíches Rollenlager (n) für das Trommelseil
pivoted pulley support for tin roller band
подвижной роликовый подшипник (мр) для барабаннаго шнура
support (m) mobile du volant de renvoi pour la corde des tambours
sopporto (m) mobile del volante di rinvio per la corda dei tamburi
soporte (m) oscilante de la polea para el mando por cuerda a la linterna / *suport (m) oscil·lant de la politja per al accionament de la llanterna per corda*

5 b
Seilfang (m)
rope guide
наводчик (мр) канатов
guide-corde (m)
guida-corda (m)
guia (m) de la cuerda / *de la corda*

6
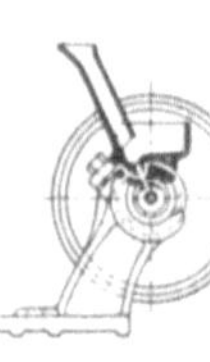
Trommellagerung (f) im Wagen
tin roller bearing in the carriage
подшипник (мр) для цапфы *или* шейки барабана в кареткѣ
support (m) des tambours dans le chariot
sopporto (m) dei tamburi nel carro
soporte-cojinete (m) de la linterna en el carro / *dau (m) de la llanterna en el carro*

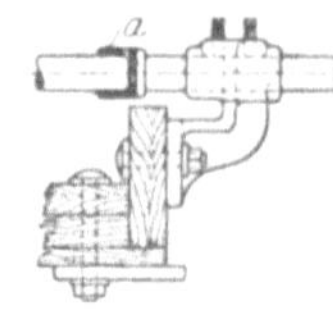
Lagerung (f) der Trommelwelle
bearing of tin roller shaft
подшипник (мр) барабаннаго вала
support (m) de l'arbre des tambours 7
sopporto (m) dell'albero dei tamburi
soporte-cojinete (m) del árbol de la linterna / *suport (m) del arbre de la llanterna*

a
Lagerkopf (m) für das Trommelwellenende
bushed support for end of tin roller shaft
глухая втулка (жр) концевого подшипника барабаннаго вала
douille (f) pour le bout de l'arbre du tambour 8
collare (m) per l' estremità dell'albero del tamburo
collarin (m) para el extremo del árbol de la linterna / *collarí (m) per al cap del arbre de la llanterna*

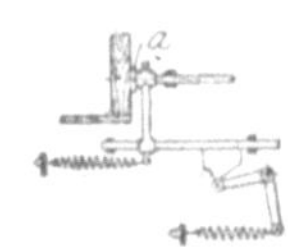
federnde Anstoßvorrichtung (f) für den Wagen
buffer back stops with springs for carriage
упругій буфер (мр) каретки
dispositif (m) de butée *ou* de tamponnement du chariot, sentinelle (f) à leviers et à ressorts 9
dispositivo (m) a molle per resistere all'urto del carro
tope (m) posterior con resortes para el carro / *topu (m) posterior amb molles per al carro*

a
Pufferplatte (f)
buffer plate
буферный круг (мр), буферная тарелка (жр) 10
sabot (m)
placca (f) d'urto
tope (m) / *topu (m)*

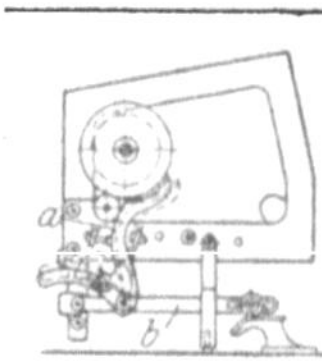
Trommelbremse (f)
tin roller brake
тормаз (мр) барабана
frein (m) du tambour 11
freno (m) del tamburo
freno (m) de la linterna / *fre (m) de la llanterna*

a
Bremsschuhhebel (m)
brake shoe lever
колодка (жр) *или* башмак (мр) тормаза 12
levier (m) de frein
leva (f) del freno
palanca (f) del freno / *del fre*

b
wagerechter Hebel (m)
horizontal lever
горизонтальный рычаг (мр)
levier (m) horizontal 13
leva (f) orizzontale
palanca (f) horizontal / *horitzontal*

1 selbsttätiges Reinigen (n) des Wagens durch Putztücher
automatic cleaning of carriage by travelling scavenger
автоматическая чистка (жр) каретки посредствомъ подвѣшенныхъ полотенъ
nettoyage (m) automatique du chariot par des étoffes voyageuses
pulizia (f) automatica del carro con tessuti viaggianti
limpieza (f) automática del carro por medio de limpiadores corredizos / *neteja (f) automàtica del carro per mitjà de draps de vaivé*

den Fußboden durch Walzen reinigen
to clean the floor with a roller scavenger
подметать пухъ съ пола подъ кареткой при помощи подвѣсной вращающейся щетки
nettoyer le plancher par des rouleaux
pulire il pavimento a mezzo di cilindri
limpiar el piso mediante cilindros / *escombar el paviment mitjançant corrons netejadors* 8

C.

2 **Baumwollstreichgarnspinnerei (f), Barchentspinnerei (f), Baumwollzweizylinderspinnerei (f)**
Spinning of Coarse Cotton Yarns, Barchant Spinning
Аппаратное бумагопряденіе (ср), пряденіе толстыхъ *или* грубыхъ номеровъ
Filature (f) de coton cardé *ou* en gros numéros
Lavorazione (f) dei fili per fustagni
Hilatura (f) de números gruesos de algodón / *Filatura (f) de números gruixuts de cotó*

I.

3 **Allgemeines (n)**
General Terms
Общее (ср)
Généralités (f pl)
Generalità (f pl)
Generalidades (f pl)

4 die Baumwolle nach dem Streichgarnverfahren verspinnen
to spin cotton on the condenser system
прясть хлопокъ по способу аппаратнаго *или* конденсорнаго пряденія
filer le coton au condenseur
filare il cotone al sistema di carda a filare
hilar el algodón con el sistema de cardas-mecheras / *filar el cotó amb el sistema de cardes-metxeres*

5 Krempelflor (m)
card web, film
кардная ватка (жр), ватка чесальной
voile (m) [de la carde]
velo (m) [della carda]
velo (m) / *vel (m)* / [de carda]

6 Teilung (f) des Krempelflors
division of the card web
раздѣленіе (ср) ватки чесальной на ленточки *или* полоски
division (f) du voile de la carde
divisione (f) del velo della carda
división (f) del velo de carda / *divisió (f) del vel de carda*

7 Florbändchen (n)
strip of web
нить (жр) *или* ленточка (жр), выдѣленная изъ ватки
ruban (m) de voile
nastro (m) di velo
tira (f) de velo / *cinta (f) de vel*

Florteiler (m)
[web] divider
дѣлитель (мр) ватки
diviseur (m) de voile
divisore (m) di velo
divisor (m) de velo / *de vel* 9

grobes Gespinst (n) von großer Weichheit
coarse yarn of great softness
толстая нить (жр) значительной мягкости
fil (m) de gros numéro de grande douceur
filo (m) di numero grosso di grande morbidezza
hilo (m) grueso de gran suavidad / *fil (m) gruixut de gran suavitat* 10

haariges Garn (n)
fluffy yarn
ворсистая пряжа (жр)
fil (m) duveteux
filo (m) peloso
hilo (m) peludo / *fil (m) pelut* 11

Barchentgarn (n), Baumwollstreichgarn (n)
barchant yarn, condenser yarn, condensed yarn
начесочная *или* плисовая пряжа (жр)
fil (m) de futaine, fil coton carde, fil de condenseur
filo (m) per fustagni
hilo (m) de carda-mechera o de borras, hilo cardado / *fil (m) de carda-metxera, fil cardat o d'assortiment* 12

grobe *oder* niedere Garnnummer (f)
coarse *or* low count of yarn
грубый *или* низкій номеръ (мр) пряжи
gros numéro (m) *ou* numéro (m) bas de fil
numero (m) grosso *o* basso del filato
número (m) bajo *o* grueso del hilo / *número (m) baix o gruixut del fil* 13

No.		
1	feine *oder* hohe Garnnummer (f) fine *or* high count of yarn тонкій *или* высокій номер (мр) пряжи	numéro (m) fin *ou* élevé de fil numero (m) fino *o* alto del filato número (m) alto *o* fino del hilo / *número (m) alt o prim del fil*
2	Baumwollbuntspinnerei (f) spinning of coloured yarns пряденіе (ср) из пестраго хлопка	filature (f) de fils de couleur filatura (f) di filati colorati hilatura (f) de hilos de color / *filatura (f) de fils de color*
3	Imitatspinnerei (f) spinning of imitation yarns пряденіе (ср) из имитаціонной смѣси	filature (f) de fils imitation [laine] filatura (f) di filati imitazione hilatura (f) de hilos de imitación / *filatura (f) de fils d'imitació*
4	gefärbte Baumwolle (f) dyed cotton крашеный хлопок (мр)	coton (m) teint cotone (m) tinto algodón (m) teñido / *cotó (m) tenyit*
5	verschieden gefärbte Baumwolle (f) mischen to mix dyed cotton of various colours смѣшивать хлопок (мр) разноцвѣтной окраски	mélanger le coton teint de différentes couleurs mischiare il cotone tinto in diversi colori mezclar el algodón teñido de varios colores / *barrejar el cotó tenyit de diferents colors*
6	Zwischenfarbe (f), Mischfarbe (f) mixed colour средній цвѣт (мр), смѣшанная окраска	couleur (f) mélangée colore (m) mescolato color (m) mezclado / *barrejat*
7	Farbtönung (f), Farbenabtönung (f) tint оттѣнок (мр) краски	nuance (f) de la couleur gradazione (f) di tinta, nuanza (f) matiz (m) / *matis (m)*
8	schlüpfrige Faser (f) slippery fibre скользкое волокно (ср)	fibre (f) glissante fibra (f) strucciolevole fibra (f) resbaladiza / *relliscadissa*
9	Netzen (n) der Baumwolle mit Wasser wetting the cotton with water смачиваніе (ср) хлопка водою	humidification (f) du coton par l'eau inumidimento (m) del cotone con acqua humectación (f) *o* mojado (m) del algodón con agua / *mollat (m) del cotó amb aigua*
10	die Baumwolle mit Wasser netzen to wet the cotton with water смачивать хлопок водою	humidifier le coton par l'eau inumidire il cotone con acqua humectar *o* mojar el algodón con agua / *mollar el cotó amb aigua*
11	schwache Seifenlösung (f) weak soap solution слабый мыльный раствор (мр)	solution (f) faible de savon soluzione (f) debole di sapone solución (f) de jabón ligera / *solució (f) de sabó lleugera*
12	Baumwollabfallspinnerei (f) cotton waste spinning угарное бумагопряденіе (ср)	filature (f) des déchets de coton filatura (f) dei cascami di cotone hilatura (f) de los desperdicios de algodón / *filatura (f) dels desperdicis de cotó*
13	Baumwollabfälle (mpl) spinnen to spin cotton waste прясть хлопковые угары, выпрядать пряжу из угаров хлопка	filer des déchets de coton filare i cascami di cotone hilar desperdicios (mpl) *o* borras (fpl) de algodón / *filar els desperdicis (mpl) o borres (fpl) de cotó*
14	Abfallsorte (f) kind of waste сорт (мр) угара	sorte (f) de déchets qualità (f) di cascami clase (f) de desperdicios / *classe (f) de desperdicis*
15	Makoabfall (m) waste of Egyptian cotton угар (мр) желтаго египетскаго хлопка Мако	déchets (mpl) de coton d'Égypte *ou* de jumel cascami (mpl) di macò *o* di jumel *o* di cotone egiziano desperdicios (mpl) de algodón egipcio *o* de jumel / *desperdicis (mpl) de jumel o de cotó d'Egipte*
16	Krempelabfall (m), Kardenabfall (m) card waste угар (мр) чесальной	déchets (mpl) de carde cascami (mpl) di carda borras (fpl) *o* desperdicios (mpl) de carda / *borres (fpl) o desperdicis (mpl) de carda*
17	Ausputz (m), Strips (m) card strips очес (мр)	débourrures (fpl) de carde spazzature (fpl) di carda descargas (fpl) / *descàrregues (fpl)* / de carda
18	Deckelausputz (m) flat waste, flat strips очес (мр) со шляпок, шляпочный очес (мр)	débourrures (fpl) de chapeaux cascami (mpl) dei cappelli, pulitura (f) cappelli descargas (fpl) *o* mermas (fpl) *o* borras (fpl) de chapones / *borres (fpl) o descàrregues dels xapons, xapons (mpl)*
19	Trommelausputz (m) cylinder waste очес (мр) с барабана, барабанный очес (мр)	débourrures (fpl) de grand tambour cascami (mpl) del gran tamburo descargas (fpl) del tambor / *descàrregues (fpl) de la bóta*
20	ölige Kehrwolle (f) oily sweepings [за]масленная подметь (жр)	balayures (fpl) huileuses scopature (fpl) oliose *o* unte barreduras (fpl) impregnadas de aceite, copos (mpl) sucios / *olis (mpl)*
21	Saugerflug (m), [Ventilatorstaub (m)] fan dust, fanny пух (мр) из вентиляторов *или* эксгаустеров	poussières (fpl) *ou* duvets (mpl) de ventilateur polvere (f) di ventilatore polvo (m) *o* borrilla (f) / *pols (f)* / de ventilador / *ventiladors (mpl)*

Mischen (n) der Abfälle mit guter Naturbaumwolle
mixing the waste with raw unworked cotton
1 смѣшиванie (ср) угаров с настоящим хлопком
mélange (m) des déchets avec du [bon] coton brut
mischia (f) dei cascami con cotone originario
mezcla (f) de los desperdicios con algodón en rama / *barreja (f) de les borres amb floca de cotó*

die Abfälle (mpl) mit Naturbaumwolle mischen
2 to mix the waste with raw unworked cotton
смѣшивать *или* мѣшать угары с настоящим хлопком
mélanger les déchets avec du [bon] coton brut
mischiare i cascami con cotone originario
mezclar los desperdicios con algodón en rama / *barrejar les borres amb floca de cotó*

Abfallgarn (n), Garn (n) aus Abfällen
3 waste yarn
угарная пряжа (жр)
fil (m) de déchet
filato (m) di cascame
hilo (m) de borra *o* de desperdicios / *fil (m) de borra*

II.

4 **Auflösen (n) und Reinigen (n) der Spinnereiabfälle**

Opening and Cleaning of Spinning Waste

Прощипыванiе (ср) и очистка (жр) прядильных угаров

Ouvraison (f) et nettoyage (m) des déchets de filature

Apritura (f) e pulitura (f) dei cascami di filatura

Desagregación (f) y limpieza (f) de los desperdicios de hilatura / *Desagregació (f) i neteja (f) dels desperdicis de filatura*

kurze Faser (f)
5 short fibre
короткое волокно (ср)
fibre (f) courte
fibra (f) corta
fibra (f) corta / *curta*

unreiner Spinnstoff (m)
dirty spinning material
6 нечистое *или* засоренное прядильное вещество (ср)
matière (f) filable non pure
materia (f) filabile impura
materia (f) hilable impura / *matèria (f) filable impura, bruta (f)*

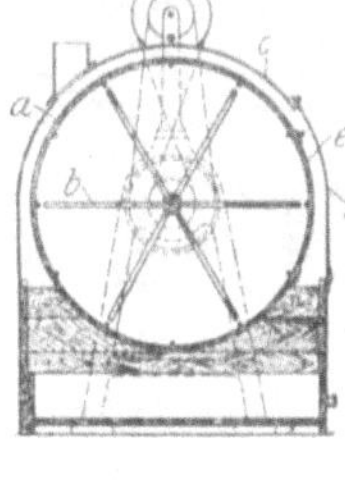

7 Abfallreinigungstrommel (f) mit Staubhaube
waste shaker with dust hood
сорный барабан (мр) с пылеудалительной покрышкой
tambour (m) nettoyeur de déchets avec cage à poussière
tamburo (m) pulitore di cascami con gabbia a polvere
sacudidor (m) *o* abridor (m) de borras con caja de polvo / *obridora (f) per a espolsar borres amb caixa per a la pols*

die Abfallbatzen (mpl) zerteilen
to break up the lumps of waste
разбивать комья
briser les touffes (fpl) de déchets 8
rompere i bioccoli di cascame
romper los copos de borra / *trencar els flocs o manyocs de borra*

Siebtrommel (f)
cylindrical cage, wire cylinder
ситчатый барабан (мр)
a tambour (m) perforé, tambour (m) métallique 9
tamburo (m) di aspirazione
tambor (m) metálico de aspiración / *tambor (m) metàllic d'aspiració, caixa (f), gàbia (f)*

umlaufende Flügelstäbe (mpl)
revolving beater rods
вращающiяся била (ср)
b ailettes (fpl) battantes rotatives
bastoni (mpl) del battitore rotativo 10
brocas (fpl) *o* púas (fpl) batidoras / *broques (fpl) o pues (fpl) batidores*

Maschenweite (f) des Drahtgewebes
size of the wire mesh
плотность (жр) проволочной сѣтки *или* ткани
espacement (m) des mailles du tissu métallique, numéro (m) du treillis métallique 11
larghezza (f) delle maglie della rete metallica
espaciado (m) de los alambres del tambor metálico, tamaño (m) de las mallas metálicas / *grandària (f) de les malles metàl·liques*

Schutzhaube (f) Blechhaube (f)
sheet iron casing
покрышка (жр)
c couvercle (m) protecteur 12
coperchio (m) protettore
cubierta (f) *o* tapa (f) de chapa / *coberta (f) o tapa (f) de planxa*

niederklappbare Tür (f)
hinged door [to casing]
навѣшенная дверь (жр) *или* створка (жр)
d porte (f) à rabattement 13
porta (f) a cerniera
puerta (f) giratoria de la tapa / *porta (f) a xarnera de la coberta*

Trommeltür (f)
door to wire cylinder
окно (ср) *или* дверца (жр) барабана
e porte (f) d'ouverture du tambour métallique 14
porta (f) del tamburo di aspirazione
puerta (f) del tambor metálico / *porta (f) del tambor metàllic*

1
die Fasern (fpl) im trockenen Zustande reinigen
to clean the fibres in a dry condition
очищать волокна в сухом видѣ *или* состояніи
nettoyer les fibres à l'état sec
pulire le fibre allo stato asciutto
limpiar las fibras en seco / *netejar les fibres en sec*

2
Auslesen (n) der harten Fadenenden aus dem Spinnereiabfall
extracting the hard ends from the spinning waste
отбираніе (ср) *или* отдѣленіе (ср) крутых концов из прядильнаго угара *или* из прядильных отбросов
extraction (f) des bouts durs des déchets de filature
estrazione (f) delle parti dure dai cascami di filatura
extracción (f) de los cabos duros de las borras de hilatura, extracción de dedales / *extracció (f) dels caps durs de les borres de filatura, extracció dels didals*

3
die harten Fadenenden (npl) auslesen
to extract the hard ends
отдѣлять крутые концы
extraire les bouts durs
estrarre le parti dure
extraer los cabos duros / *extreure els caps durs*

4
Baumwollabfallsichter (m), [Baumwollabfallsortierer (m)]
cotton waste hand
сортировщик (мр) хлопчатобумажных угаров
trieur (m) de déchets de coton
operaio (m) addetto alla cernita dei cascami di cotone
sorteador (m) de desperdicios de algodón / *sortejador (m) de borres de cotó*

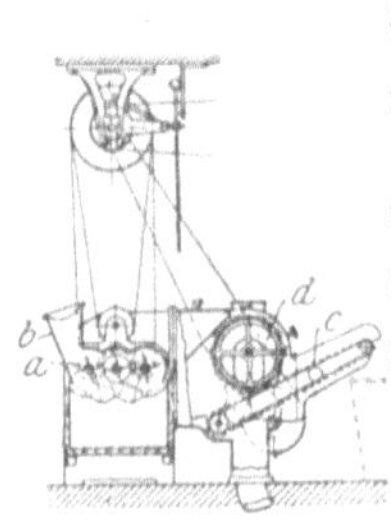

5
Fadenklauber (m)
thread picker, thread extractor, waste picker
нитеудалительная машина (жр), нитеотдѣлитель (мр)
machine (f) à retirer les fils durs des barbes
macchina (f) per ritirare i fili duri dai cascami
máquina (f) para separar los hilos duros de las fibras, máquina de dedales / *màquina (f) per a separar els caps durs de la borra, màquina de didals*

---

6 a
Reißflugel (m)
beater
волчек (мр)
volant (m)
battitore (m)
batidor (m)

7
Schlagkreis (m) der Schläger
path of the beaters
окружность (жр) дѣйствія била
parcours (m) circulaire des batteurs
percorso (m) dei battitori
carrera (f) de los batidores / *carrera (f) o cursa (f) dels batidors*

---

8 b
Zuführtrichter (m)
feeding hopper
питательная *или* загрузочная воронка (жр)
entonnoir (m) d'alimentation
imbuto (m) di alimentazione
embudo (m) de alimentación, tolva (f) alimentadora / *embut (m) d'alimentació, tremuja (f) alimentaria*

Muldenzuführung (f)
shell feeder plate
педальный питательный механизм (мр)
alimentation (f) à auge 9
truogo (m) di alimentazione
cargador (m) o sumergidor (m) automático, / *carregador (m) automàtic*

---

c
Lattentuch (n)
lattice
безконечное полотно (ср)
tablier (m) sans fin
tela (f) senza fine 10
tablero (m), telera (f), tela (f) sin fin / *tela (f) sens fi, telera (f)*

---

d
Siebtrommel (f)
cylindrical cage
ситчатый барабан (мр)
tambour (m) perforé, tambour métallique 11
tamburo (m) di aspirazione
tambor (m) metálico de aspiración / *tambor (m) metàllic*

---

die auf die Welle aufgewundenen Fäden (mpl) abschneiden
to cut off the threads wound on the shaft
срѣзать нити, намотавшіяся на валик
couper les fils enroulés sur l'arbre
tagliare i fili avvolti sull'albero 12
cortar los cabos arrollados en el árbol / *tallar els caps enrotllats en l'arbre*

Messerführungsnut (f)
guiding groove for the knife
паз (мр) на валикѣ для направленія ножа
gorge (f) de guidage pour couteau
scanalatura (f) di guida per il coltello 13
ranura (f) de guía para el cuchillo / *canal (m) de guia per al ganivet*

Hakenmesser (n), Sichelmesser (n)
sickle-shaped knife
крючкообразный *или* серповидный нож (мр)
couteau (m) à bout recourbé, faucille (f)
coltello (m) a estremità ricurva
cuchillo (m) con la punta curvada o con punta de hoz / *ganivet (m) amb punta de falç* 14

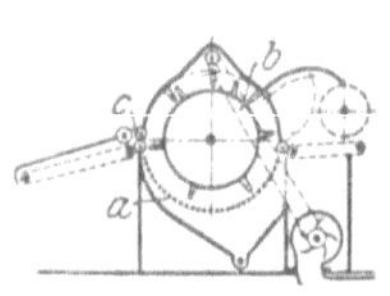

Baumwollabfallklopfwolf (m), Klopfwolf (m) für Baumwollabfälle
cotton waste shaker
колотильный волчек (мр) для угаров
loup (m) batteur pour déchets de coton 15
lupo (m) battitore per cascami di cotone
batidor (m) de borras de algodón, diablo (m) / *batidor (m) de despercicis de cotó, diable (m)*

---

a
seitlich ausziehbarer Rost (m)
grid removable at the side
выдвижная сбоку колосниковая рѣшетка (жр)
grille (f) se retirant latéralement 16
griglia (f) spostabile di fianco
rejilla (f) movible lateralmente / *engraellat (m) amb joc lateral*

1 b
Staubabführrohr (n)
dust [extractor] pipe
труба (жр), отсасывающая пыль
tuyau (m) d'évacuation de la poussière
tubo (m) per l'estrazione della polvere
tubería (f) de extracción de polvo / *tubería (f) de sortida de la pols*

2 c
Zuführwalzen (f pl), Ein[führ-]walzen (f pl)
feed rollers
питательные валики (мр)
cylindres (m pl) alimentaires
rulli (m) di alimentazione
cilindros (m pl) alimentadores / *corrons (m pl) alimentaris*

3
Wolfer (m), Teufler (m)
willower, willeyer, deviller, willow *or* devil tenter
рабочій (мр) на волчкѣ
diableur (m), ouvrier (m) de willow
operaio (m) addetto al lupo
obrero (m) de vilof, abridor (m) de diablo / *obrer (m) de vilof, diablador (m), obridor (m) de diable*

4
Klopfraum (m)
beating chamber
камера (жр) колотилки
chambre (f) de battage
camera (f) di battitura
sala (f) de batido / *cuadra (f) de batre*

5
die Abfälle (m pl) durch schichtenweises Übereinanderstreuen mischen
to mix the waste by stacking in layers
мѣшать угары путем накладыванія одного сорта на другой слоями
mélanger les déchets en les mettant par couches superposées
mischiare i cascami mettendoli a strati sovrapposti
mezclar las borras apilándolas en capas superpuestas / *barrejar els desperdicis apilant-los en capes superposades*

6
Schichtenhäufung (f), Aufschichtung (f)
stacking in layers
складываніе (ср) слоями
entassement (m) par couches
ammucchiamento (m) a strati
apilamiento (m) por capas / *estibada (f) per capes*

7
die Schichtenhäufung senkrecht abstechen
to rake the stack down vertically
брать мѣшку вертикальными стѣнками
couper les couches verticalement
tagliare i mucchi verticalmente
cortar las capas verticalmente / *tallar les capes verticalment*

8
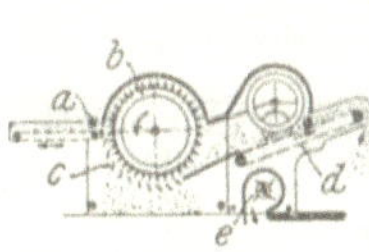

Reißwolf (m)
hard waste breaker, willowing machine
щипальный волчек (мр)
loup-briseur (m) pour déchet dur, carde-effilocheuse (f)
lupo (m) sfibratore
willow (m), diablo (m), abridor (m) de desperdicios de algodón / *diable (m), willow (m), vilof (m), obridora (f) de desperdicis de cotó*

a 9
Druckwalze (f)
compression roller, compressor
нажимной валик (мр)
rouleau (m) compresseur
cilindro (m) compressore
cilindro (m) compresor / *corró (m) compressor*

b 10
Trommel (f) mit spitzen Stiften
spiked cylinder, toothed swift
барабан (мр) с острыми штифтами
tambour (m) à dents
tamburo (m) a denti
tambor (m) armado de púas *o* de dientes / *bota (f) amb claus o nassos*

c 11
Messerkantenrost (m)
grid with inclined bars
колосниковая рѣшетка (жр) с заостренными колосниками
grille (f) avec barreaux inclinés
griglia (f) con barre *o* aste inclinate
rejilla (f) con barrotes inclinados / *engraellat (m) amb barrots inclinats*

d 12
Abführlattentuch (n)
delivery lattice
отводящая рѣшетка (жр)
tablier (m) délivreur
tavola (f) mobile di scarico
tela (f) sin fin de salida *o* de entrega / *telera (f) de sortida o d'entrega*

e 13
Sauger (m)
exhauster
высасыватель (мр), эксгаустер (мр)
aspirateur (m)
aspiratore (m)
aspirador (m)

14
Baumwollreißer (m)
hard waste breaker tenter
щипальщик (мр) хлопка
effilocheur (m) de coton
sorvegliante (m) al lupo sfibratore
deshilachador (m) de algodón / *desfilador (m) o desfibrador (m) de cotó*

15
Krempelwolf (m)
breaker card, carding willow
чесальная *или* щипальночесальная машина (жр)
carde (f) briseuse, loup-cardeur (m)
carda (f) rompitrice *o* di rottura, lupo (m) cardatore
carda (f) abridora *o* emborradora / *carda (f) obridora o emborradora*

16
Schlagmaschine (f) mit Wickelvorrichtung
scutcher with lap delivery
трепальная (жр) с холстовым аппаратом
batteur-enrouleur (m)
battitore-avvolgitore (m)
batán (m) atelador *o* con mecanismo napador / *batan (m) [amb mecanisme] atelador*

17
Schlagmaschine (f) ohne Wickelvorrichtung
scutcher with lattice delivery
трепальная (жр) без холстового аппарата
batteur (m) sans enroulage
battitore (m) con graticcio di scarica
batán (m) sencillo sin aparato arrollador, batán (m) con telera de entrega / *batan (m) amb telera de sortida*

III.

No.		
	Krempeln (n) der Spinnereiabfälle **Carding of Spinning Waste**	**Cardage (m) des déchets de filature** **Cardatura (f) dei cascami di filatura**
1	**Прочесыванiе (ср) или параллелизацiя (жр) прядильных уларов**	**Cardado (m) de los desperdicios de hilatura** / ***Cardat (m) dels desperdicis de filatura***
2	Baumwollkrempel (f) cotton card чесальная (жр) для хлопка	carde (f) à coton carda (f) per cotone carda (f) para algodón / *per a cotó*
3	Walzenkrempel (f) roller [and clearer] card валичная чесальная (жр)	carde (f) à hérissons carda (f) a cilindri carda (f) de cilindros / *carda (f) de cilindrets [i peladors]*
4	die Faserflocken (fpl) aufzupfen to open [out] the fibre tufts расщипать клочки волокон	ouvrir les touffes (fpl) de fibres aprire i fiocchi di fibre abrir los copos de fibras / *obrir els flocs de fibres*
5	Walzenkrempel (f) mit Bandablieferung, [Bandkarde (f)] roller card with sliver delivery валичная чесальная (жр) с аппаратомъ для образованiя ленты	carde (f) à hérissons avec livraison de ruban carda (f) a cilindri con consegna di nastri carda (f) de cilindros con entrega en forma de cinta / *carda (f) de cilindrets amb sortida de veta*
6	Walzenkrempel (f) mit Pelzabführung, [Pelzkarde (f)] roller card with fleece delivery валичная чесальная (жр) с прiемным барабаном для ваточнаго холста	carde (f) à hérissons avec livraison de nappe carda (f) a cilindri con consegna di tela d'ovatta carda (f) de cilindros con entrega / *carda (f) de cilindrets amb sortida* / en forma de napa
7	den Flor auf der Trommel zu einem Pelz aufwickeln to form the web into a fleece on the drum навивать кардную ватку на барабан для образованiя ваточнаго холста	enrouler le voile sur un tambour pour en former une nappe trasformare il velo in tela d'ovatta sopra un tamburo arrollar el velo alrededor de un tambor en forma de napa / *plegar el vel fent matalàs sobre un bombo*
8	Pelz (m) fleece, wadding ваточный холст (мр)	nappe (f) tela (f) d'ovatta, falda (f) colchón (m), napa (f) / *matalàs (m), napa (f)*
9	den Pelz von der Trommel abtrennen to remove the wadding from the drum снимать ваточный холст с барабана	détacher la nappe du tambour rimuovere la tela d'ovatta dal tamburo quitar el colchón del tambor / *treure el matalàs del bombo*
10	Krempelsatz (m), [Krempelsortiment (n)] set of cards комплект (мр) чесальных машин	assortiment (m) de cardes assortimento (m) di carde surtido (m) de cardas / *assortiment (m) de cardes*
11	Zweikrempelsatz (m) set of two cards, two card set комплект (мр) из двух чесальных машин	assortiment (m) de deux cardes assortimento (m) di due carde surtido (m) de dos cardas / *assortiment (m) de dues cardes*
12	die Krempeln (fpl) eines Satzes arbeiten unabhängig voneinander the cards of a set work independently of each other чесальныя (жр) комплекта работают независимо друг от друга	les cardes (fpl) d'un assortiment travaillent indépendamment les unes des autres le carde di un assortimento lavorano indipendentemente las cardas de un surtido trabajan independientemente unas de otras / *les cardes d'un assortiment treballen independentment*
13	zusammenarbeitende Krempeln (fpl) eines Satzes cards working in a set, cards coupled together совмѣстно работающiя чесальныя (жр)	cardes (fpl) accouplées carde (fpl) riunite cardas (fpl) acopladas / *cardes (fpl) acoplades*
14	selbsttätige Überführung (f) *oder* Übertragung (f) des Faserflors automatic transport of the web автоматическая передача (жр) кардной ватки [с одной чесальной на другую]	transport (m) automatique du voile [sur une autre carde *ou* à la carde suivante] trasporto (m) automatico del velo transporte (m) automático del velo / *transport (m) automàtic del vel*
15	Längsfaserspeisung (f) lengthwise *or* parallel fibre feed питанiе (ср) по направленiю движенiя волокон	alimentation (f) en long[ueur] alimentazione (f) delle fibre per lungo alimentación (f) en sentido de la longitud de las fibras / *alimentació (f) paral·lela a la direcció de les fibres*
16	Querfaserspeisung (f) transverse fibre feed питанiе (ср) перпендикулярно движенiю волокон	alimentation (f) en travers alimentazione (f) delle fibre per traverso alimentación (f) / *alimentació (f)* / transversal

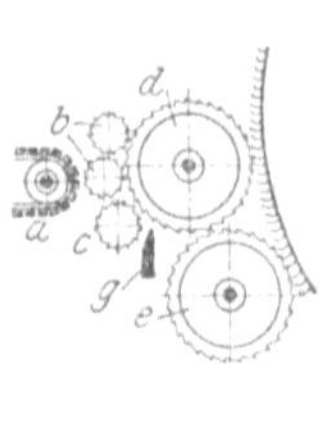

17 Speisevorrichtung (f) der Reißkrempel
feeding arrangement of breaker card
питательный аппарат (мр) щипально-чесальной машины
[dispositif (m) d'] alimentation (f) de la carde briseuse
apparato (m) di alimentazione della carda rompitrice
dispositivo (m) de alimentación de la carda abridora / *dispositiu (m) d'alimentació de la carda obridora*

Zuführlattentuch (n)
feeding lattice
питательная рѣшетка (жр)
1 a tablier (m) d'alimentation
graticcio (m) di alimentazione
tablero (m) de alimentación / *telera (f) d'alimentació*

---

mit Sägezahndraht bezogene Einzugwalze (f)
saw-toothed feed roller
питательный валик (мр), обтянутый пиловидной гарнитурой
2 b cylindre (m) alimentaire à dents de scie
cilindro (m) alimentatore a denti di sega
cilindro (m) alimentador con dientes de sierra / *corró (m) alimentari amb dents de serra*

Putzwalze (f), Reinigungswalze (f)
clearer roller
очистительный валик (мр)
3 c cylindre (m) nettoyeur, cylindre débourreur
cilindro (m) pulitore
cilindro (m) descargador / *pelador (m)*

Vorreißer (m)
taker-in
главный пріемный валик (мр)
4 d briseur (m)
introduttore (m), cilindro (m) anteriore
quebrantador (m), tomador (m) / *lladre (m)*

Übertragungswalze (f)
divider
передаточный валик (мр)
5 e cylindre (m) transporteur
cilindro (m) trasportatore
cilindro (m) / *cilindret (m)* / transportador o partidor

Reinigungsmesser (n), Abstreifmesser (n)
mote knife
нож (мр) *или* колосниковая планка (жр) для отбиванія [комков и шишек]
6 g couteau (m) nettoyeur
coltello (m) pulitore
cuchillo (m) / *ganivet (m)* / desmotador

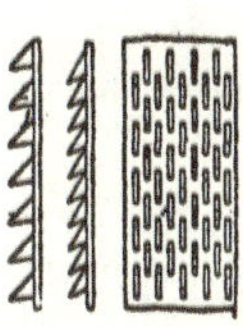

Sägezahndrahtbeschlag (m)
saw-toothed card clothing
пиловидная гарнитура (жр)
7 garniture (f) en dents de scie
guarnizione (f) da carde a denti di sega, guarnizione a sega
guarnición (f) de dientes de sierra / *guarnició (f) de dents de serra*

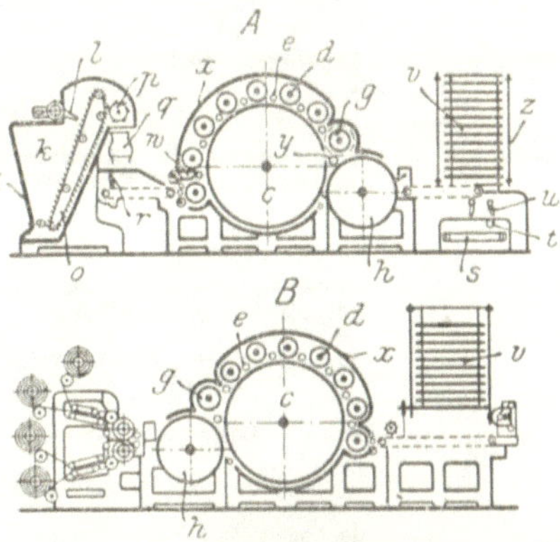

Zweikrempelsatz (m) mit Längsfaserspeisung
two card set with parallel fibre feed
комплект из двух чесальных машин с питаніем по направленію движенія волокон
assortiment (m) de deux cardes avec alimentation à rubans en longueur 8
assortimento (m) di due carde o doppia carda (f) con alimentazione per lungo
surtido (m) de dos cardas con alimentación paralela a las fibras / *assortiment (m) de dues cardes amb alimentació paral·lela a les fibres*

Vorkrempel (f), Reißkrempel (f), Grobkrempel (f), [Vorkarde (f)]
breaker card, scribbler card
подготовительная *или* грубая чесальная (жр), щипально-чесальная машина 9
A (жр)
carde (f) briseuse, carde (f) en gros
carda (f) in grosso o di rottura
carda (f) abridora / *carda (f) obridora o emborradora*

Feinkrempel (f), Vorspinnkrempel (f), [Auskarde (f)]
finisher card, condenser card
отдѣлочная *или* тонкая чесальная (жр)
B carde (f) fileuse
carda (f) finitrice o in fino, carda a filare in grosso, carda continua 10
carda (f) mechera o acabadora / *carda (f) metxera o acabadora*

Haupttrommel (f)
main cylinder, swift
[главный] барабан (мр) 11
c grand tambour (m)
gran tamburo (m)
tambor (m) principal / *bóta (f)*

Arbeitswalze (f), Arbeiter (m)
worker, roller
рабочій валик (мр)
d travailleur (m)
cilindro (m) operatore o lavoratore 12
trabajador (m), cilindro (m) abridor / *cilindret (m)*

1 e
Wenderwalze (f), Wender (m)
clearer [roller]
бѣгун (мр)
débourreur (m)
cilindro (m) spogliatore
descargador (m) / *pelador (m)*

2 g
Schnellwalze (f), Läuferwalze (f), Ausheber (m), [Volant(m)]
fancy
волан (мр)
volant (m)
cilindro (m) rapido, volante(m)
volante (m) / *volant (m)*

3 h
Abnehmer (m), Sammler (m), [Peigneur (m)]
doffer
вальян (мр), пеньер (мр)
peigneur (m)
scaricatore (m); piccolo tamburo (m)
peinador (m), llevador (m) / *llevador (m)*

4 i
abfahrbarer Speiser (m) *oder* Selbstaufleger (m)
movable automatic hopper feeder
отводимый питатель (мр), автоматическій накладчик (мр)
chargeuse (f) automatique montée sur roulettes
apparato (m) di alimentazione automatica montato sopra rulli
carro (m) alimentador automático / *carro (m) alimentador automàtic*

5 k
Vorratsraum (m)
feeding hopper
закидочный ящик (мр), заготовительный короб (мр)
trémie (f)
tramoggia (f) di alimentazione
tolva (f) de alimentación / *tremuja (f) alimentària*

6 l
Ausgleichkamm (m)
evener comb
уравнительная гребенка (жр)
peigne (m) égaliseur
pettine (m) egualizzatore
peine (m) / *pinte (m)* / igualador

7 o
Nadeltuch (n)
spiked lattice
игольчатая безконечная рѣшетка (жр)
tablier (m) à pointes
graticcio (m) a punte
telera (f) con puntas / *de claus*

8
Vergleichmäßigung (f) der Flockenschicht
levelling of the fed sheet of fibres
выравниваніе (ср) слоя волокон
égalisation (f) de la couche des flocons
eguagliatura (f) dello strato di fiocchi
regularización (f) de la capa de fibras / *regularització (f) de la capa de fibres*

p 9
Nadelwalze (f), Abstreifwalze (f), Stiftwalze (f)
stripper roller
игольчатый валик (мр), сбрасыватель (мр)
rouleau (m) détacheur
cilindro (m) separatore
cilindro (m) desprendedor / *corró (m) descarregador*

q 10
Wagschale (f) mit Klappboden
receptacle of weighing arrangement with hinged bottom
чашка (жр) вѣсов с створчатым *или* откидным *или* раскрывающимся дном
récipient (m) à trappe *ou* à bascule, réceptacle (m) peseur, auge (f) peseuse
truogo (m) o recipiente (m) di pesatura col fondo unito da cerniere
depósito (m) basculante con fondo móvil / *dipòsit (m) basculant amb fons mòbil*

11
die Wage schlägt aus
the scale descends
вѣсы (мр) отклоняются
le récipient descend
il truogo discende
la báscula desciende / *la bàscula baixa*

12
die Wagschalenfüllungen (fpl) sind stets gleich
the receptacle always contains the same quantity
загрузочныя порціи (жр), отвѣшиваемыя вѣсами, постоянно одинаковы
les quantités (fpl) de matière du récipient sont toujours égales
il quantitativo del materiale nel truogo è sempre eguale
el depósito contiene siempre la misma cantidad de material / *el dipòsit conté sempre la mateixa quantitat de material*

13
Wiedereinstellen (n) der Wage in die Normallage
return of the receptacle to its normal position
приведеніе (ср) вѣсов в нормальное положеніе
retour (m) du récipient à sa position primitive
ritorno (m) del truogo alla sua posizione normale
vuelta (f) del depósito a su posición normal / *retorn (m) del dipòsit a la posició normal*

r 14
Vorschubbrett (n)
feed board
подталкивающая стѣнка (жр) *или* доска (жр) *или* планка (жр)
planche (f) d'alimentation
tavola (f) alimentare
tablero (m) de alimentación / *taula (f) alimentària*

Gurttisch (m), Untertisch (m)
horizontal lattice [on leather strips]
рѣшетка (жр) на ремняхъ, нижняя рѣшетка (жр)
1 s tablier (m) horizontal
graticcio (m) orizzontale [sopra liste di cuoio]
telera (f) horizontal / *horitzontal*

---

die Florschichten (fpl) *oder* die Watte über eine Brücke leiten
to guide the layers of the web over a bridge
направлять ваточный холст по мостовидной рѣшеткѣ
2 guider la nappe sur un pont
guidare la tela d'ovatta sopra un ponte
guiar las capas del velo por encima de un puente / *guiar les capes de vel per sobre d'un pont*

---

hin und her rollende Walze (f)
travelling roller
валик (мр), вращающійся в ту и другую сторону
3 t rouleau (m) voyageur
cilindro (m) a movimento di va e vieni
cilindro (m) de vaivén / *corró (m) amb moviment de vaivé*

Klappe (f)
flap
качающаяся планка (жр)
4 u abattant (m), bec (m)
battitore (m)
plancha (f) oscilante, batiente (m) / *batent (m)*

---

streifenweises Abtrennen (n) des Flors durch Klappen
detaching the web in sheets by means of flaps
раздѣленіе (ср) ваточнаго холста на полосы при помощи планок
5 détachement (m) du voile en lames au moyen d'abattants
separazione (f) del velo in nastri a mezzo di battitori
desprendimiento (m) del velo en hojas mediante batientes / *desprendiment (m) de la napa en fulles per mitjà de ventalls*

Stabtuch (n)
double vertical *or* upright lattice
рѣшетка (жр) с планками
6 v tablier (m) double élévatoire
graticcio (m) verticale doppio
tablero (m) / *telera (f)* / vertical doble

Schmutzfangmulde (f)
dirt shell, dirt trough
корыто (ср) для улавливанія сора
7 w auge (f) à poussière
canale (m) per le impurità
depósito (m) de polvo / *dipòsit (m) per a la pols*

Schutzhaube (f), Krempelhaube (f)
protection cover, card cover
x крышка (жр) кардной машины 8
couvercle (m) [protecteur]
coperchio (m) protettore
tapa (f) protectora / *coberta (f) [de protecció], tapa (f)*

---

aufklappbare Eichenholzhaube (f)
hinged oak cover
откидная дубовая крышка (жр)
couvercle (m) de rabattement en chêne 9
coperchio (m) di quercia unito da cerniere
tapa (f) de charnela de roble / *coberta (f) o tapa (f) de xarnera de roure*

Blechhaube (f)
sheet metal cover
жестяная крышка (жр)
couvercle (m) en tôle 10
coperchio (m) in lamiera
tapa (f) de plancha metálica / *tapa (f) de planxa metàl·lica*

Putzwalze (f)
clearer roller
очистительный валик (мр)
y rouleau (m) nettoyeur 11
cilindro (m) pulitore
cilindro (m) limpiador *o* descargador / *corró (m) desborrador*

Gelenkrahmen (m)
hinged side frame
шарнирная рама (жр)
z cadre (m) articulé 12
telaio (m) di fianco a cerniere
soporte (m) lateral oscilante / *suport (m) lateral oscil·lant*

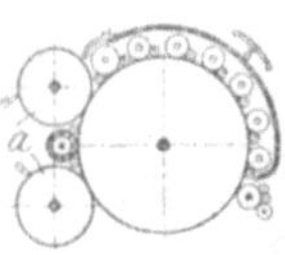

Doppelsammlerkarde (f), Doppelabnehmerkrempel (f), Doppelflorkrempel (f), [Zweipeigneurkrempel (f)]
double doffer card, card with two doffers
чесальная (жр) с двумя вальянами 13
carde (f) à deux peigneurs
carda (f) a due piccoli tamburi *o* a due tamburi pettinatori
carda (f) de dos llevadores / *llevadors*

---

zweifache Aushebung (f) der Fasern aus dem Trommelbesatz
double stripping of the fibres from the cylinder clothing
двукратное снимание (ср) волокон с барабанной гарнитуры
double enlèvement (m) des fibres de la garniture du tambour 14
doppio distacco (m) delle fibre dalla guarnizione del tamburo
extracción (f) doble de las fibras de la guarnición del tambor principal / *doble extracció (f) de les fibres de la guarnició de la bóta*

1 a
Abnehmer (m)
doffer
гребенка (жр)
peigneur (m)
piccolo tamburo (m), scaricatore (m)
llevador (m)

2
reines Zweiabnehmersystem (n)
double doffer system with double doffer to each card of the set
чистая двухвальянная система (жр)
système (m) de double peigneur à la carde de l'assortiment
sistema (m) a due scaricatori per ogni carda dell'assortimento
sistema (f) de doble llevador en todas las cardas del surtido / *en totes les cardes del assortiment*

3
gemischtes Zweiabnehmersystem (n)
double doffer system with double doffer to breaker card only
смѣшанная двухвальянная система (жр)
système (m) de double peigneur à la carde briseuse seulement
sistema (m) di doppio scaricatore soltanto alla carda rompitrice
sistema (m) de doble llevador a la carda emborradora solamente / *solament*

4
Abheberanordnung (f), [Volantanordnung (f)]
fancy arrangement
расположенiе (ср) волана
disposition (f) du volant
disposizione (f) del volante
disposición (f) del volante / *disposició (f) del volant*

5
Ausheberanordnung (f) uber dem Abnehmer
fancy over the doffer
помѣщенie (ср) волана над вальяном
disposition du volant au-dessus du peigneur
disposizione (f) del volante sopra lo scaricatore
volante (m) encima del llevador / *volant (m) sobre el llevador*

6
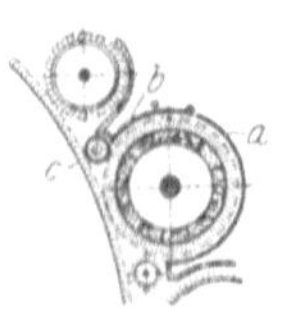

Ausheberumhüllung (f)
fancy cover
покрышка (жр) волана
couvercle (m) du volant
coperchio (m) sul volante
tapa (f) del volante / *del volant*

---

7 a
stellbare Blechhülle (f)
adjustable sheet metal cover
устанавливаемая жестяная покрышка (жр)
couvercle (m) métallique réglable
coperchio (m) metallico regolabile
tapa (f) metálica / *metàl·lica* / ajustable

---

8 b
Drahtnetz (n)
wire netting
проволочная сѣтка (жр)
treillis (m) métallique
rete (f) metallica
tela (f) metálica / *metàllica*

---

9 c
[Ab]-Dichtungswalze (f)
draught preventer [roller]
промежуточный уплотнительный валик (мр)
cylindre (m) de fermeture
cilindro (m) di chiusura
cilindro (m) de obturación / *corró (m) d'obturació* / del aire

---

Einzugseite (f) der Krempel
feed end of the card
входная *или* питательная сторона (жр) чесальной
côté (m) de l'alimentation de la carde
parte (f) di alimentazione della carda
lado (m) alimentador / *costat (m) alimentari* / de la carda 10

Ablieferungsseite (f) *oder* Abnehmerseite (f) der Krempel
delivery end of the card
выпускная *или* прiемная сторона (жр) чесальной
côté (m) de la livraison de la carde
parte (f) di consegna o d'uscita della carda
lado (m) de salida *o* de entrega / *costat (m) de sortida* / de la carda 11

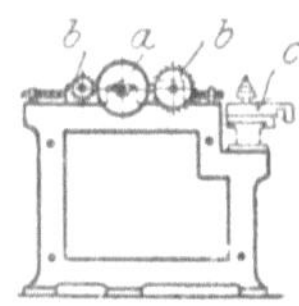

Krempelwalzenschleifmaschine (f)
card roller grinding machine
точильный станок (мр) для валиков
machine (f) à aiguiser les cylindres de carde
macchina (f) per arrotare i cilindri da carda
máquina (f) de esmerilar los cilindros de carda / *màquina (f) d'esmerilar cilindres de carda* 12

---

a
Schmirgelwalze (f), Schleifwalze (f)
emery roller, grinding roller
наждачный *или* точильный валик (мр)
cylindre (m) garni d'émeri, rouleau (m) d'émeri
cilindro (m) arrotatore *o* a smeriglio
cilindro (m) esmerilador *o* de esmeril / *corró (m) esmerilador o d'esmeril* 13

Schleiffläche (f)
grinding surface
точильная поверхность (жр)
surface (f) d'aiguisage
superficie (f) arrotante
superficie (f) esmeriladora 14

---

b
Kratzenwalze (f)
card roller
кардный валик (мр)
cylindre (m) de carde
cilindro (m) da carda
cilindro (m) / *cilindre (m)* / de carda 15

---

c
verschiebbarer Halter (m)
adjustable tool rest
перемѣщающiйся супорт (мр)
support (m) réglable
sopporto (m) regolabile
soporte (m) / *suport (m)* / ajustable 16

---

ungleiches Ablaufen (n) der Zapfen
irregular wear of roller necks
неравномѣрное изнашиванie (ср) цапф
usure (f) irrégulière des bouts du cylindre
consumo (m) irregolare dei collari del cilindro
desgaste (m) irregular de los cuellos del cilindro / *desgast (m) irregular dels colls del cilindre* 17

---

unrund laufender Walzenkörper (m)
roller running untrue
бьющiй валик (мр)
corps (m) du cylindre tournant mal rond
cilindro (m) girante scentrato
cilindro (m) que gira descentrado / *cilindre (m) que gira descentrat* 18

1 den Walzenkörper rund drehen *oder* abdrehen — to turn *or* to true-up the body of the roller — сточить валикъ по окружности — tourner rond le corps du cylindre — tornire il cilindro — rectificar *o* tornear el cuerpo del cilindro / *rectificar o tornejar el cos del cilindre*

2 Ausputzen (n) der Kratzenwalzen — stripping the card rollers — очистка (жр) [поверхности] кардныхъ валиковъ — débourrage (m) des cylindres de carde — pulitura (f) dei cilindri da carda — desborrado (m) de los cilindros de carda / *descarregat (m) o desborrat (m) dels cilindres de carda*

3 Ausputz (m) — [card] strips — очесы (мр), чесальный угаръ (мр) — débourrures (fpl) [de carde] — spazzature (fpl) di carda — borras (fpl) *o* descarga (f) / *borres (fpl) o descàrregues (fpl)* / de carda

IV.

4 **Vorspinnen** (n) — **Preparation** — **Приготовленіе** (ср) **ровницы, предварительное пряденіе** (ср) — **Préparation** (f) **de la filature** — **Filatura** (f) **in grosso** — **Preparación** (f) **del hilado** / ***Preparació*** (*f*) ***de la filatura***

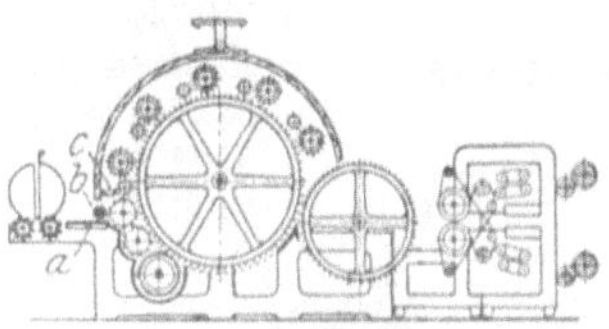

5 Vorspinnkrempel (f), Spinnkrempel (f), [Kontinuekrempel (f)] — condenser card, finisher carding engine, finisher card — тонкая чесальная (жр), конденсорная чесальная (мр) — carde (f) fileuse — carda (f) a filare in grosso, carda continua [americana] — carda (f) mechera / *carda (f) metxera*

6 a — Mulde (f) — dish feed plate — желобъ (мр) для питательнаго цилиндра — auge (f) — canale (m) di alimentazione — placa (f) de alimentación / *taula (f) alimentària*

7 b — Speisewalze (f) — feed roller — питательный валикъ (мр) — cylindre (m) d'alimentation — cilindro (m) di alimentazione — cilindro (m) alimentador / *corró (m) d'alimentació*

c — Schalenkasten (m), Schmutzmulde (f) — dirt box, dirt shell — ящикъ (мр) *или* корыто (ср) для сора *или* угара — auge (f) à impuretés — canale (m) per le impurità — caja (f) de impurezas / *caixa (f) per a la pallofa o per les impureses* 8

Fangkante (f) *oder* Abstreichkante (f) der Mulde — striking edge of the shell — ударный край (мр) корыта — couteau (m) de l'auge — spigolo (m) del canale — borde (m) en forma de cuchillo de la caja de impurezas / *vora (f) de perfil de ganiveta de la caixa de pols* 9

Schmutzräumer (m) — dirt remover — приспособленіе (ср) для удаленія сора — enleveur (m) de poussières, racloir (m) — eliminatore (m) della polvere — extractor (m) de impurezas / *de impureses* 10

Florteiler (m) — web divider — раздѣлитель (мр) ватки — diviseur (m) de nappe — [apparato (m)] divisore (m) del velo *o* della falda — divisor (m) del velo / *de vel* 11

Teilung (f) des Flors durch Riemchen — dividing of the web by means of leather tapes — раздѣленіе (ср) ватки посредствомъ ремешковъ — division (f) du voile au moyen de lanières — divisione (f) *o* recisione (f) del velo con cigne — división (f) del velo por medio de cintas de cuero *o* de correhuelas / *divisió (f) del vel per mitjà de corretjons* 12

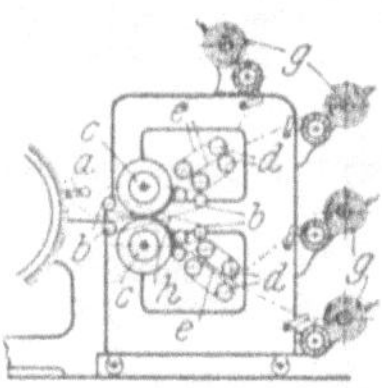

Riemchenflorteiler (m) — tape condenser, tape divider — ремешковый раздѣлитель (мр), конденсоръ (мр) — condenseur (m) à lanières — divisore (m) a cigna, apparato (m) di recisione *o* di divisione a cigna — condensador (m) de cintas de cuero *o* de correhuelas / *condensador (m) de corretjons* 13

Florstreifen (m), Florbändchen (n) — strip of web — полоска *или* лента (жр) изъ ватки — bande (f) *ou* ruban (m) de voile — nastro (m) di velo — tira (f) de velo / *cinta (f) o tira (f) de vel* 14

nitscheln, würgeln, nudeln — to rub — скатывать — frotter — strofinare, arrotolare — frotar 15

Nitschler (m), Nitschelzeug (n), Nitschelwerk (n) — rubber [gear] — скатыватель (мр) — [appareil] frotteur (m), rota-frotteur (m), frottoirs (mpl) — strofinatoio (m), rota-frotteur (m) — aparato (m) frotador, rotafrotador (m) / *rotafrotor (m), rotafrotador (m)* 16

falscher Draht (f)
false twist
мнимая *или* ложная крутка (жр)
1 fausse torsion (f)
torsione (f) falsa
torsión (f) / *torsió (f)* / falsa

Hacker (m)
[doffing] comb, fly comb
гребенка (жр)
2 a peigne (m) détacheur
pettine (m) staccatore
peine (m) desprendedor, sierrecita (f) / *serreta (f)*

Riemchenspannwalze (f)
tension roller for tapes
валик (мр) для натягиванія ремешков
3 b rouleau (m) de tension des lanières
cilindro (m) di tensione per le cigne
cilindro (m) tensor de las correhuelas / *corró (m) tensor dels corretjons*

Teilwalze (f)
dividing roller
дѣлительный валик (мр), [раздѣляющій ватку на ленточки]
4 c rouleau (m) diviseur
cilindro (m) divisore
cilindro (m) / *corró (m)* / divisor

Nitschelwalze (f)
traversing condenser roller
скатывающій валик (мр)
5 d cylindre (m) avec manchon en cuir
cilindro (m) del manicotto di sfregamento
cilindro (m) conductor del cuero frotador / *corró (m) que porta la bossa frotadora*

Nitschelhose (f), Lederhose (f), Reibhose (f)
leather hose, rubbing leather, rubber
скатывающій *или* кожаный *или* терочный рукав (мр)
6 e manchon (m) frotteur, frottoir (m)
manicotto (m) di sfregamento
manguito (m) de cuero del rotafrotador / *bossa (f) de cuiro del rotafrotor*

Büffelleder (n)
buff leather
буйволова кожа (жр)
7 peau (f) de buffle
cuoio (m) di buffalo
piel (m) de búfalo / *pell (m) de búfal*

Vorgarn (n)
roving
8 ровница (жр)
mèche (f), boudin (m)
stoppino (m)
mecha (f) / *metxa (f)*

Vorgarnspule (f), Vorgarnwickel (m)
roving bobbin, condenser bobbin
бобина (жр) с ровницею
g bobine (f) de condenseur *ou* de préparation 9
bobina (f) di stoppino
bobina (f) de condensador / *bobina (f) de condensador o de metxa*

Kreuzwicklung (f)
cross winding
крестовая намотка (жр)
bobinage (m) croisé 10
incannatura (f) incrociata
arrollado (m) cruzado / *plegat (m) creuat*

Teilriemchen (npl)
divider tape, divider strap
ремешок (мр) для раздѣленія ватки на ленты, дѣлительный ремешок (мр)
h lanière (f) 11
nastro (m) divisore
cinta (f) divisora, correhuela (f) / *corretjó (m), corretja divisora*

V.

Feinspinnen (n)	**Filage** (m)
Spinning	**Filatura (f) in fino** 12
Окончательная выпрядка (жр)	**Hilado** (m) / ***Filatura*** *(f)*

1. Selbstspinner (m)	**Renvideur** (m) **[automatique]**
Self-acting Mule	**Filatoio** (m) **automatico** 13
Сельфактор (мр)	**Selfactina** (f) / ***Selfactina*** *(f)*, ***Màquina*** *(f)* ***de filar***

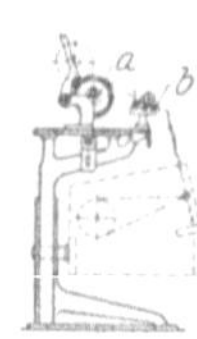

Baumwollstreichgarnselbstspinner (m), Zweizylinderselbstspinner (m), Barchentselbstspinner (m)
self-acting mule for cotton barchant *or* waste yarns, waste billy
сельфактор (мр) для аппаратнаго пряденія *или* для пряденія начесывательной пряжи, двухцилиндровый сельфактор 14
renvideur (m) pour déchets de coton
filatoio (m) automatico per cascami di cotone
selfactina (f) para hilos de borras / *selfactina (f) per a borres*

Abtreibtrommel (f), Vorgarntrommel (f)
condenser bobbin roller, condenser drum
раскатывательный барабан (мр)
a tambour (m) dérouleur 15
tamburo (m) per svolgere il lucignolo
linterna (f) *o* tambor (m) desarrollador de la bobina de mecha / *llanterna (f) portabobines de metxa*

1 b

Zweiwalzenstreckwerk (n)
drawing mechanism with one pair of rollers
простой двухцилиндровый вытяжной аппарат (мр)
système (m) d'étirage à une paire de cylindres
apparato (m) di tiratura con un paio di cilindri
aparato (m) de estiraje con un par de cilindros / *aparell (m) d'estiratge amb un parell de corrons*

2

Dreiwalzenstreckwerk (n)
set of three pairs of drawing rollers
трехцилиндровый вытяжной аппарат (мр)
système (m) d'étirage à trois paires de cylindres
apparato (m) di tiratura con tre paia di cilindri
juego (m) de tres pares de cilindros de estiraje / *sistema (m) de tres parells de corrons d'estiratge*

3

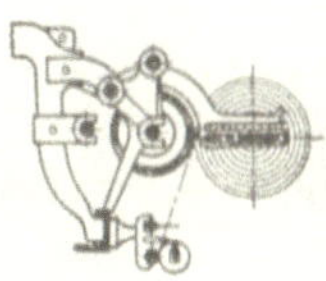

Abtreibzeug (n) des Selbstspinners mit Zweiwalzenstreckwerk
feed arrangement of the self-acting mule with one pair of drawing rollers
питательный механизм (мр) для сельфактора с простым двухцилиндровым вытяжным аппаратом
dispositif (m) d'alimentation du renvideur à une paire de cylindres étireurs
dispositivo (m) di alimentazione del filatoio automatico con un paio di cilindri stiratori
disposición (f) de la alimentación de la selfactina con un par de cilindros de estiraje / *disposició (f) de la alimentació de la selfactina amb un parell de corrons d'estiratge*

4

Wagenruckgang (m)
carriage receding motion
вход (мр) *или* возвратный ход (мр) каретки
mouvement (m) de recul du chariot
movimento (m) di rinculo del carro
movimiento (m) del retroceso / *moviment (m) de retrocés* / del carro

---

5

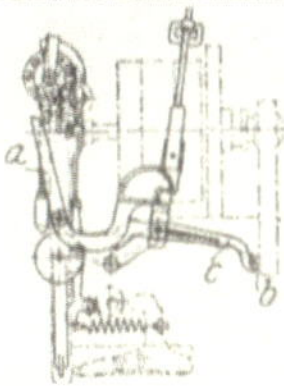

Riemensteuerung (f)
strap fork mechanism
механизм (мр) для переводки *или* отводки ремня
mouvement (m) de la courroie
meccanismo (m) sposta-cinghia
mecanismo (m) de la horquilla de la correa / *mecanisme (m) de la forquilla de la corretja*

---

6 a

Klinkenhebel (m)
latch lever
рычаг (мр) со щеколдой
levier (m) d'encliquetage
leva (f) di scatto
palanca (f) de cerrar el trinquete / *palanca (f) d'encadellar*

---

b

Ausrückstange (f)
stop rod
остановочный рычаг (мр)
levier (m) fourche guide-courroie 7
leva (f) del guida-cinghia
varilla (f) de paro / *barreta (f) del dispar*

---

c

Arm (m)
arm
плечо (ср) рычага 8
bras (m)
braccio (m)
brazo (m) / *braç (m)*

Verzögerungsvorrichtung (f) für die Abschlagbewegung, Moderateur (m)
backing-off control, backing-off retarding motion
устройство (ср) для замедленія отмотки, замедлитель (мр) 9
modérateur (m), régulateur (m) de l'embrayage de la friction de dépointage
apparato (m) moderatore
regulador (m) del embrague de la fricción del desapuntado / *de la fricció del descargolat*

---

a

kegelförmige Schraube (f)
conical screw
коническій винт (мр)
vis (f) conique 10
vite (f) conica
tornillo (m) cónico / *cargol (m) cònic*

---

b

stellbarer Finger (m)
adjustable finger
установочный *или* передвижной зуб (мр) *или* шип (мр) 11
doigt (m) réglable
dito (m) regolabile
dedo (m) / *dit (m)* / ajustable

---

c

Abwindehebel (m), Abschlaghebel (m)
backing-off lever
отмоточный рычаг (мр) 12
levier (m) de dépointage
leva (f) di scoccamento
palanca (f) del desapuntado / *del descargolat*

---

d

Stellring (m)
set hoop
установительное кольцо (ср)
bague (f) de réglage 13
anello (m) di regolazione
aro (m) de ajuste / *anella (f) d'ajustatge*

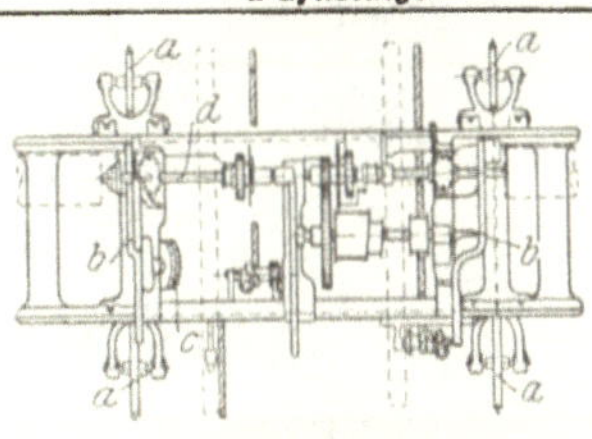

Wagenmittelstück (n)
carriage square
головка (жр) каретки
châssis (m) du chariot 14
intelaiatura (f) del carro
bancadas (fpl) del carro / *bancades (f pl) del carret*

1 a
Wagenrad (n)
carriage wheel
колесо (ср) каретки
roue (f) du chariot
ruota (f) del carro
rueda (f) / *roda* (*f*) / del carro

---

2 b
Wagenhaupt (n)
carriage rest
головной каркас (мр) каретки
tête (f) de châssis du chariot
testa (f) del carro
testera (f) del carro

---

3 c
Wagenseilwirtel (m)
guide pulley for spindle band
направляющій блок (мр) для канатов, приводящих во вращеніе веретена
volant (m) de renvoi de la corde à broche [au chariot]
volante (m) di rinvio della fune dei fusi
polea-guía (f) de la cuerda del volante / *politja-guia* (*f*) *de la corda del volant*

---

4 d
Trommelschaft (m), Spindeltrommelachse (f)
tin roller shaft
валик (мр) *или* ось (жр) барабана, ось (жр) барабана для вращенія веретен
arbre (m) du tambour des broches
albero (m) del tambure dei fusi
árbol (m) de la linterna / *arbre* (*m*) *de la llanterna*

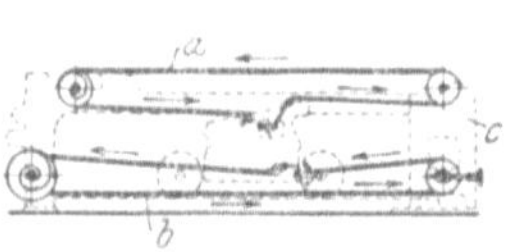

5
zwangläufig geführter Wagen (m)
controlled carriage
контролируемая *или* управляемая каретка (жр)
chariot (m) à déplacement forcé
carro (m) a spostamento comandato
carro (m) gobernado / *governat*

---

6 a
Ausfahrtseil (n)
drawing-out band
тяжник (мр), ведущій каретку при отходѣ
corde (f) de sortie
corda (f) di uscita
cuerda (f) de salida / *corda* (*f*) *de pujada* / del carro

---

7 b
Einfahrtseil (n)
taking-in band
тяжник (мр), ведущій каретку при входѣ
corde (f) de rentrée
corda (f) di rientrata
cuerda (f) de entrada / *corda* (*f*) *de baixada* / del carro

---

c 8
Vorderbock (m), kleiner Kopf (m)
winding stock
моточная [передняя] головка (жр)
petite têtière (f)
piccola testiera (f)
testera (f) pequeña o delantera / *testera* (*f*) *de davant o menor*

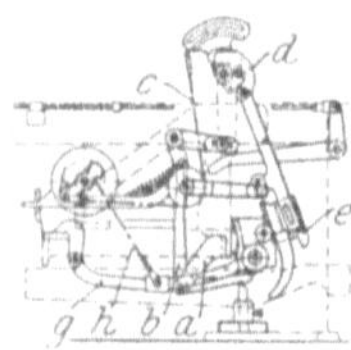

9
Abwindevorrichtung (f), Abschlagvorrichtung (f)
backing-off motion
отмоточный механизм (мр)
mécanisme (m) de dépointage
meccanismo (m) di scoccamento
mecanismo (m) de desapuntado / *mecanisme* (*m*) *de descargolat*

---

a 10
Stelleisen (n)
adjusting bracket
кронштейн (мр), консоль (мр)
support (m) réglable
sopporto (m) regolabile
soporte (m) / *suport* (*m*) / ajustable

---

b 11
Sperrfalle (f)
catch
щеколда (жр)
cliquet (m)
scatto (m)
gatillo (m) / *cadell* (m)

12
Festlegen (n) des Wagens
locking of carriage
закрѣпленіе (ср) *или* защелкиваніе (ср) каретки
encliquetage (m) du chariot
arresto (m) del carro
cierre (m) / *encadellat* (*m*) del carro

---

c 13
Abschlagkette (f)
backing-off chain
цѣпь (жр) отмоточнаго аппарата
chaîne (f) de dépointage
catena (f) di scoccamento
cadena (f) de desapuntado / *cadena* (*f*) *del descargolat*

---

d 14
Stelzenbügel (m)
curved arm
дуга (жр) солдата
levier (m) à demi-lune
leva (f) ricurva
brazo (m) curvado / *braç* (*m*) *de la crossa*

---

e 15
stellbarer Schuh (m)
adjustable faller leg shoe
установочная пята (жр) солдата
sabot (m) réglable
zoccolo (m) regolabile
talón (m) ajustable / *esclop* (*m*)

1 g
Hebel (m)
lever
рычаг (мр)
levier (m)
leva (f)
palanca (f)

2 h
Kette (f) zur Verkurzung der Abschlagszeit *oder* Abwindezeit
chain to shorten backing-off period
цѣпь (жр), регулирующая продолжительность отмотки
chaîne (f) de raccourcissement de la période de dépointage
catena (f) per raccorciare il periodo di scoccamento
cadena (f) para acortar el desapuntado / *cadena (f) per a escursar el descargolat*

3 
Vorgarnzähler (m)
roving indicator
счетчик (мр) ровницы
compteur (m) d'alimentation
contatore (m) *o* misuratore (m) del lucignolo
indicador (m) *o* contador (m) de mecha / *comptador (m) de metxa*

4 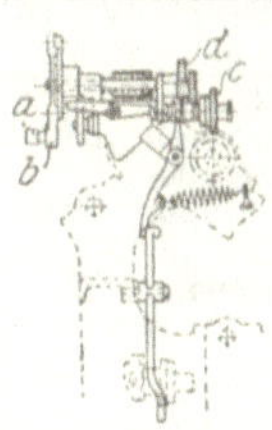

Drahtzähler (m)
twist motion
индикатор (мр), счетчик (мр) крутки
compteur (m) de torsion
contatore (m) di torsione
contador (m) de torsión / *comptador (m) de torsió*

5 a
Zeigerrolle (f), Auslöserolle (f)
indicator wheel, twist wheel
выключающій ролик (мр), сидящій на стрѣлкѣ
plateau (m) à doigt *ou* à aiguille
ruota (f) indicatrice *o* di torsione
rueda (f) del indicador de la torsión / *roda (f) del rellotget de torta*

6 b
Zeiger (m), Zählerzeiger (m)
pointer, twist latch
стрѣлка (жр), указатель (мр)
aiguille (f) du compteur
ago (m) del contatore
aguja (f) indicadora del contador de torsión / *agulla (f) indicadora del rellotget de torta*

7
Zahl (f) der Drehungen für die Auszugslänge
twist per stretch
полная крутка (жр) нити [в один отход каретки]
torsion (f) pour la longueur de l'aiguillée
torsione (f) per la lunghezza dell'agugliata
número (m) de vueltas de torsión por aguller / *nombre (m) de torsions per aguller*

c 8
Schneckenrad (n) mit Klauenmuffe
worm wheel with clutch box
червячная шестерня (жр) с кулачной муфтой
roue (f) à vis sans fin avec manchon à griffes
ruota (f) a vite perpetua con giunto a denti
rueda (f) de tornillo sin fin con caja de engrane / *roda (f) de vis sens fi amb magrana*

d 9
Geschwindigkeitsregelrad (n) der Zählerwelle
speed wheel
передаточная шестерня (жр) для установки скорости вращенія оси счетчика
pignon (m) de vitesse du compteur
pignone (m) di velocità del contatore
rueda (f) de marcha / *roda (f) de marxa*

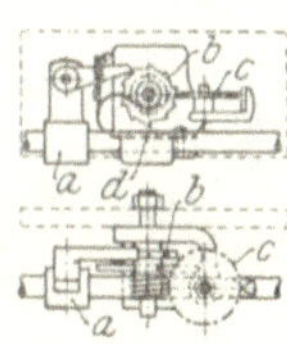

10
Zugzähler (m)
indicator showing number of draws
счетчик (мр) числа отходов каретки *или* производительности машины
indicateur (m) de production
indicatore (m) della produzione
indicador (m) del número de agulleres / *del nombre d'agullers*

a 11
Frosch (m)
frog bracket
кольцо (ср) с рожком
genou (m)
zoccolo (m)
soporte (m) acodado / *suport (m) acolzat*

b 12
Steigrad (n)
ratchet wheel, escapement wheel
храповик (мр)
roue (f) à rochet
ruota (f) a stella
rueda (f) de estrella / *roda (f) d'estrella*

c 13
Schneckenrad (n) mit Teilung
worm wheel with scale
червячная шестерня (жр) с дѣлительным кругом
roue (f) à vis sans fin avec graduation
ruota (f) a vite perpetua con divisione
rueda (f) de tornillo sin fin graduada / *roda (f) de vis sens fi graduada*

d 14
Bremsfeder (f)
brake spring
тормозная пружина (жр)
ressort (m) du frein
molla (f) per freno
resorte (m) de freno / *molla (f) del fre*

2. Schlauchkötzerspinnmaschine (f), [Schlauchcopspinnmaschine (f)], Kapselspinnmaschine (f)
1 **Tubular Cop Spinning Frame, Can Spinning Frame**
Прядильная машина (жр) для трубчатых *или* полых початков
Métier (m) à filer des bobines tubulaires, métier à boîtes tournantes, fileuse (f) à gamelles *ou* à pots
Filatoio (m) per bobine tubulari *o* a casse girevoli
Continua (f) de hilar de botes giratorios / *Contínua (f) de filar de bots giratoris*

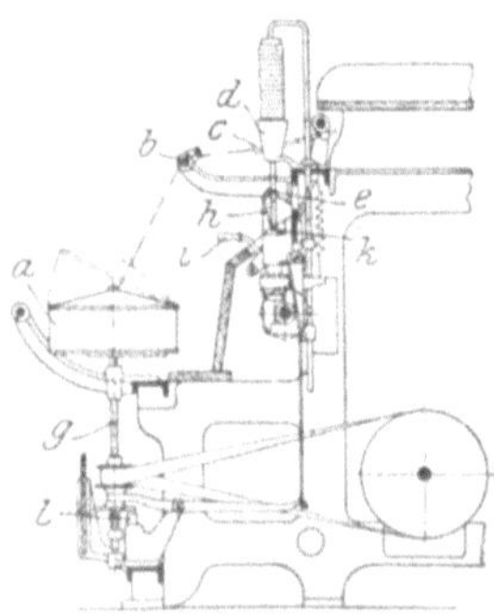

2 a
Blechkapsel (f) mit aufklappbarem Deckel
sheet metal box *or* can with hinged lid *or* top
жестяной таз (мр) с откидной крышкой
boîte (f) *ou* pot (m) *ou* gamelle (f) métallique avec couvercle à charnières
cassa (f) metallica con coperchio a cerniere
bote (m) metálico con tapa de charnela / *bot (m) metàl·lic amb tapa de xarnera*

3
Vorgarnfadenwickel (m)
roving bobbin, condenser bobbin
катушка (жр) ровницы
bobine (f) de boudin, bobine de condenseur
bobina (f) di lucignolo
bobina (f) de condensador *o* de mecha / *rodet (m) de metxa, bobina (f) de condensador*

4
Herausziehen (n) des Vorgarnfadens aus der Kapsel
drawing the roving end from the can
вытаскиванie (ср) ровницы из таза; размотка (жр) катушки ровницы, лежащей в тазу
retraite (f) du boudin de la boîte
ritiro (m) del lucignolo dalla cassa
sacamiento *o* toma (f) del cabo de mecha del bote metálico / *el pendre del cap de metxa del bot metàl·lic*

---

den Vorgarnfaden (m) aus der sich drehenden Kapsel herausziehen
to draw the roving end from the revolving can
тянуть ровницу из вращающагося таза 5
retirer le boudin de la boîte tournante
ritirare il lucignolo dalla cassa rotante
sacar la mecha del bote giratorio / *treure la metxa del bot giratori*

Spannstange (f)
tension rod
натяжной пруток (мр), натяжная штанга (жр)
b tringle (f) de tension 6
bacchetta (f) di tensione
varilla (f) / *barreta (f)* / tensora

---

schwingender Fadenführer (m)
pivoted thread guide
качающійся нитевод (мр)
c guide-fil (m) oscillant 7
guida-filo (m) oscillante
guía-hilo (m) oscilante / *guia (m) fil oscil·lant, aranyer (m)*

---

geschlitzter Trichter (m)
conical cup with slit
воронка (жр) с прорѣзом
d entonnoir (m) fendu 8
imbuto (m) a scanalatura
embudo (m) con ranura / *embut (m) tallat*

---

viereckige Spindel (f)
spindle of rectangular cross section
квадратное веретено (ср)
e broche (f) à section rectangulaire 9
fuso (m) a sezione rettangolare
huso (m) de sección / *pua (f) de secció* / rectangular

---

stehende Spindel (f)
upright spindle
стоящее *или* вертикальное веретено (ср) 10
g broche (f) verticale
fuso (m) verticale
huso (m) / *pua (f)* / vertical

Einrückhebel (m)
starting lever
рычаг (мр) *или* ручка (жр) для пуска в ход
levier (m) de mise en marche,
h levier fourche guide-courroie 11
leva (f) per mettere in moto
palanca (f) del disparo *o* de puesta en marcha / *palanca (f) del dispar o de posta en marxa*

1 i Ausrückhebel (m)
stop lever
рычаг (мр) *или* ручка (жр) для останова
levier (m) d'arrêt
leva (f) di arresto
palanca (f) de paro / *d'atur*

2 k Mitnehmerbüchse (f)
lifting sleeve
втулка (жр), захватывающая веретено
canon (m) de levée
manicotto (m) di sollevamento
manguito (m) de alza o de cursa / *'dolla (f) o collarí (m) de pujada o de formació*

3 l Spindelbremse (f)
spindle brake
тормаз (мр) веретена
frein (m) de broche
freno (m) del fuso
freno (m) del huso / *fre (m) de la pua*

10 einseitige Maschine (f)
single [sided] machine
односторонняя машина (жр)
métier (m) à un seul côté
macchina (f) semplice
máquina (f) de una sola cara / *màquina (f) d'una sola cara o d'un sol costat*

11 doppelseitige Maschine (f)
double [sided]machine
двухсторонняя машина (жр)
métier (m) double
macchina (f) doppia o a due fronti
máquina (f) doble o de dos caras / *màquina (f) de dues cares o dos costats*

12 Grobspinnmaschine (f) fur niedere Abfallgarne, Chaponmaschine (f)
Chapon's cup spinning frame
грубопрядильная машина (жр) для низких номеров угарной пряжи, машина (жр) Шапона
métier (m) à filer pour très gros numéros en bas déchets, système Chapon
filatoio (m) per filati di numeri grossi prodotti da cascami di bassa qualità, filatoio Chapon
continua (f) de hilar / *continua (f) de filar* / sistema Chapon

D.

4

Flachsspinnerei (f) Flax Spinning Льнопряденіе (ср)

Filature (f) du lin Filatura (f) del lino Hilatura (f) del lino / *Filatura (f) del lli*

I.

5

Allgemeines (n) General Terms Общее (ср)

Généralités (fpl) Generalità (fpl) Generalidades (fpl)

6 Flachsspinnerei (f)
flax spinning mill
льнопрядильня (жр)
filature (f) de lin
filatura (f) di lino, linificio (m)
hilatura (f) de lino / *filatura (f) de lli*

7 Rasenflachs (m)
grassed flax, dew retted flax
лен (мр) стланец
lin (m) roui sur pré
lino (m) macerato sul prato
lino (m) enriado en el prado / *lli (m) enriat en prat*

8 Wasserflachs (m)
water retted flax
лен (мр) моченец
lin (m) roui à l'eau
lino (m) macerato all'acqua
lino (m) enriado al agua / *lli (m) enriat al aigua, lli (m) embassat*

9 Rohflachs (m)
raw flax
лен (мр) сырец
lin (m) brut
lino (m) greggio
lino (m) en bruto o en rama / *lli (m) en brut o en rama*

13 Schwingflachs (m), Reinflachs (m)
swingled flax, scutched flax
очищенный *или* рыночный *или* трепаный лен (мр)
lin (m) teillé
lino (m) battuto o scotolato
lino (m) espadado / *lli (m) espadat*

14 Verfälschung (f) des Schwingflachses
adulteration of the swingled flax
фальсификація (жр) трепанаго льна
falsification (f) du lin teillé, fraude (f) sur le lin teillé
adulterazione (f) o falsificazione (f) del lino scotolato
falsificación (f) del lino espadado / *falsificació (f) del lli espadat*

15 verfälschter Schwingflachs (m)
adulterated swingled flax
фальсифицированный трепаный лен (мр)
lin (m) teillé falsifié
lino (m) scotolato adulterato
lino (m) espadado falsificado / *lli (m) espadat falsificat*

16 in den Flachs Stroh und Werg einbinden
to bind straw and tow into the flax
вплетать солому и паклю в лен
lier de la paille et des étoupes dans les bottes de lin
legare della paglia e della stoppa nel lino
unir paja (f) y estopa (f) al lino / *afegir palla (f) i estopa (f) als feixos de lli*

17 den Schwingflachs netzen
to water the swingled flax
смачивать трепаный лен
humecter le lin teillé
bagnare il lino scotolato
humedecer el lino espadado / *humitejar el lli espadat*

1
Flachslos (n), Flachsposten (m), [Flachspartie (f)]
lot of flax
партія (жр) льна
lot (m) de lin
partita (f) *o* lotto (m) di lino
lote (m) *o* partida (f) de lino / *lot (m) o partida (f) de lli*

2
frisch riechende Flachspartie (f)
fresh smelling lot of flax
лен (мр) со свѣжим запахом
lot (m) de lin d'odeur fraîche
lotto (m) di lino d'odore fresco
lote (m) de lino de olor fresco / *lot (m) de lli d'olor fresca*

3
zugerichtetes Flachsgebund (n)
prepared bundle of flax
убранная *или* раздѣланная вязка (жр) льна
botte (f) de lin préparée
fascio (f) preparato di lino
haz (m) de lino preparado / *feix (m) o garba (f) de lli preparat*

4
die gekauften Gebunde (npl) mit Zetteln versehen
to ticket the bought bundles
снабжать купленныя вязки ярлыками
étiqueter les bottes achetées
mettere le etichette ai fasci comp[e]rati
poner etiquetas (fpl) a los haces comprados / *etiquetar els feixos de lli comprats*

5
zusammengeschnürtes Flachsbündel (n)
tied-up bundle of flax
вязка (жр) льна, связанная шпагатом
lin (m) lié en botte
fascio (m) *o* fastello (m) di lino legato
lino (m) atado en haces / *lli (m) lligat en feixos*

6
Flachsballen (m)
flax bale, bale of flax
кипа (жр) льна
balle (f) de lin
balla (f) di lino
bala (f) de lino / *de lli*

7
Flachsbauer (m), Flachserzeuger (m), [Flachsproduzent (m)]
flax grower
льновод (мр), производитель (мр) льна
cultivateur (m) *ou* producteur (m) de lin
coltivatore (m) di lino
cultivador (m) de lino / *plantador (m) de lli*

8
Flachshändler (m)
flax merchant, flax dealer
торговец (мр) льном
marchand (m) de lin, négociant (m) en lin
negoziante (m) di lino, linaiuolo (m)
comerciante (m) de lino / *comerciant (m) o marxant (m) de lli*

9
Flachseinkäufer (m)
flax purchaser
скупщик (мр) *или* перекупщик (мр) льна
agent (m) acheteur de lin
incettatore (m) di lino
agente (m) comprador *o* acaparador (m) de lino / *agent (m) comprador de lli*

10
Flachskäufer (m)
flax buyer
покупатель (мр) *или* покупщик (мр) льна
acheteur (m) de lin
compratore (m) di lino
comprador (m) de lino / *de lli*

11
Überführung (f) der Gebunde in die Spinnerei
transport of the bundles to the spinning mill
перевозка (жр) вязок на прядильню
transport (m) des bottes dans la filature
trasporto (m) dei fasci nella filatura
transporte (m) de los haces a la hilatura / *transport (m) dels feixos a la filatura*

12
den Flachs einlagern *oder* lagern
to store the flax
складывать лен в амбар
emmagasiner le lin
immagazzinare il lino
almacenar el lino / *magatzemar el lli*

13
Einlagerung (f) *oder* Lagerung (f) des Flachses
storage of the flax
складываніе (ср) льна в амбар
emmagasinage (m) du lin
immagazzinaggio (m) del lino
almacenaje (m) del lino / *magatzematge (m) del lli*

14
Flachslager (n), Flachsmagazin (n)
flax store, flax warehouse
амбар (мр) *или* склад (мр) льна
magasin (m) à lin
magazzino (m) di lino
almacén (m) de lino / *magatzem (m) de lli*

15
zeitweiliges Flachslager (n) [*oder* Flachsmagazin (n)]
temporary flax store
временный склад (мр) льна
magasin (m) temporaire à lin
magazzino (m) temporaneo di lino
almacén (m) temporal de lino / *magatzem (m) provisional de lli*

16
den Flachs spinnen
to spin the flax
выпрядать лен
filer le lin
filare il lino
hilar el lino / *filar el lli*

17
Spinnen (n) des Flachses
flax spinning
льнопряденіе (ср)
filage (m) du lin
filatura (f) del lino
hilado (m) del lino / *filat (m) del lli*

18
Langflachsspinnerei (f)
long line spinning
пряденіе (ср) длинноволокнистаго льна
filature (f) du lin long
filatura (f) del lino a lunga fibra
hilatura (f) del lino de fibra larga / *filatura (f) del lli de fibra llarga*

19
Flachswergspinnerei (f)
flax tow spinning
пряденіе (ср) льняного очеса *или* кудели
filature (f) d'étoupes de lin
filatura (f) della stoppa di lino
hilatura (f) de las estopas de lino / *filatura (f) d'estopes de lli*

II.

20

Vorbereitung (f) des Flachses für das Spinnen
Preparation of Flax for Spinning
Приготовленіе (ср) льна для пряденія
Préparation (f) du lin pour le filage
Preparazione (f) del lino per la filatura
Preparación (f) del lino para el hilado / *Preparació (f) del lli per a la filatura*

21

1. Schneiden (n) *oder* Reißen (n) des Flachses
Cutting of Flax
Разсѣканіе (ср) *или* разрѣзаніе (ср) *или* разрываніе (ср) льна
Coupage (m) du lin
Recisione (f) del lino
Corte (m) del lino / *Tallat (m) del lli*

22
langer Flachs (m), Langflachs (m)
long line, long flax
длинн[оволокнист]ый лен (мр)
lin (m) à longs brins, lin long
lino (m) a fibre lunghe
lino (m) de fibras largas / *lli (m) de fibres llarges, lli llarg*

23
ungeschnittener *oder* ungerissener Flachs (m)
uncut flax
неразрѣзанный лен (мр)
lin (m) non coupé
lino (m) non tagliato
lino (m) sin cortar / *lli (m) sense tallar*

1	den Flachs [zer]schneiden *oder* reißen to cut the flax разрѣзать лен	couper le lin recidere *o* tagliare il lino cortar el lino / *tallar el lli*

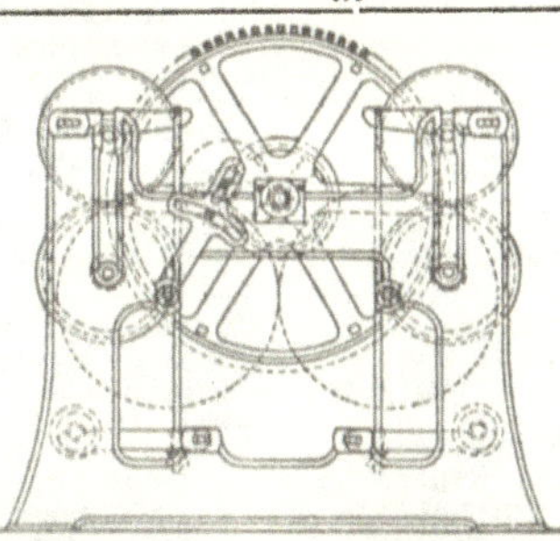

2	Flachsschneidemaschine (f), Flachsreißmaschine (f) flax cutting machine машина (жр) для рѣзки льна	coupeuse (f) de lin, machine (f) à couper le lin macchina (f) a recidere *o* a tagliare il lino máquina (f) de cortar el lino / *màquina (f) de tallar el lli*
3	geschnittener *oder* gerissener Flachs (m) cut flax [раз]рѣзанный лен (мр)	lin (m) coupé lino (m) reciso *o* tagliato lino (m) cortado / *lli (m) tallat*
4	kurzer Flachs (m), Kurzflachs (m) short flax короткій лен (мр)	lin (m) court, lin à courts brins lino (m) a fibre corte lino (m) de fibras cortas / *lli (m) de fibres curtes*
5	Flachsende (n) end of flax концевая часть (жр) льняного волокна	extrémité (f) du lin estremità (f) del lino extremo (m) del lino / *cap (m) del lli*
6	Mittelteil (m) des Flachses middle [part] *or* heart of flax средняя часть (жр) льняного волокна	cœur (m) du lin parte (f) mediana *o* cuore (m) del lino parte (f) central del lino / *part (f) central del lli*
7	langes Flachsmittelstück (n) long middle part of flax длинная средняя часть (жр) льняного волокна	longue partie (f) du milieu de la filasse de lin parte (f) mediana lunga del lino parte (f) larga del medio de la fibra de lino / *part (f) llarga del mig de la fibra de lli*
8	Flachsspitze (f), Kopfende (n) des Flachses top end *or* head of flax верхушка (жр) *или* головка (жр) льняного волокна	tête (f) du lin [parte (f) *o* estremità (f) di] testa (f) del lino cabeza (f) *o* extremo (m) superior del lino / *cap (m) del lli*
9	Fußende (n) *oder* Wurzelende (n) des Flachses root end *or* foot of flax корень (мр) *или* корневая часть (жр) *или* корневой конец (мр) льняного волокна	pied (m) *ou* queue (f) du lin parte (f) *o* estremità (f) di coda *o* alle radici del lino, piede (m) del lino pie (m) *o* extremo (m) de las raices del lino, cola (f) del lino / *peu (m) del lli, cap (m) de les arrels del lli*

2. Hecheln (n) des Flachses, Flachshechelei (f) — Flax Hackling — Прочесываніе (ср) *или* проческа (жр) льна на геклях

10	**2. Hecheln (n) des Flachses, Flachshechelei (f)** **Flax Hackling** **Прочесываніе (ср) *или* проческа (жр) льна на геклях**	**Peignage (m) *ou* sérançage (m) du lin** **Pettinatura (f) del lino** **Peinado (m) *o* rastrillado (m) del lino / *Pentinat (m) o rastellat (m) del lli***
11	**a) Allgemeines (n)** **General Terms** **Общее (ср)**	**Généralités (f pl)** **Generalità (f pl)** **Generalidades (f pl)**
12	den Flachs hecheln *oder* aushecheln to hackle the flax чесать *или* прочесывать на геклях лен	peigner *ou* sérancer le lin pettinare il lino peinar *o* rastrillar el lino / *pentinar o rastellar el lli*
13	Flachshechelei (f) hackling room льночесальное отдѣленіе (ср)	salle (f) de peignage du lin, [atelier (m) de] sérançage (m) sala (f) *o* opificio (m) di pettinatura del lino cuadra (f) de rastrillado del lino / *quadra (f) de rastellat del lli*
14	Flachshechler (m) flax hackler *or* comber чесальщик (мр) льна на геклях	peigneur (m) *ou* séranceur (m) de lin pettinatore (m) di lino rastrillador (m) *o* peinador (m) de lino / *rastellador (m) o pentinador (m) de lli*
15	Flachshechlerin (f) flax hackler *or* comber чесальщица (жр) льна на геклях	peigneuse (f) *ou* séranceuse (f) de lin pettinatrice (f) di lino rastrilladora (f) de lino / *rastelladora (f) de lli*
16	Abfallhechelei (f) tow hackling прочесываніе (ср) очесов *или* кудели	peignage (m) des étoupes pettinatura (f) della stoppa peinado (m) de las estopas / *pentinat (m) de les estopes*
17	Flachsbast (m), Flachsfaser (f) flax harl, flax bast, flax fibre лубок (мр) льна, льняное волокно (ср)	filasse (f) de lin filaccia (f) di lino hilaza (f) de lino / *filassa (f) de lli*
18	Spaltung (f) *oder* Teilung (f) des Flachses splitting *or* dividing the flax расщепленіе (ср) *или* раздѣленіе (ср) льняного волокна	séparation (f) des brins de lin separazione (f) delle fibre di lino separación (f) de las fibras de lino / *separació (f) de les fibres del lli*
19	den Flachs spalten *oder* teilen to split *or* to divide the flax расщеплять *или* раздѣлять льняное волокно	séparer *ou* diviser les brins de lin separare le fibre di lino separar las fibras de lino / *les fibres del lli*
20	unvollkommene Teilung (f) imperfect splitting неполное раздѣленіе (ср)	séparation (f) imparfaite separazione (f) imperfetta separación (f) / *separació (f)* / imperfecta

No.	German / English / Russian	French / Italian / Spanish / Catalan
1	den Flachs stufenweise hecheln to hackle the flax gradually прочесывать постепенно лен на геклях	peigner le lin graduellement pettinare il lino gradualmente rastrillar el lino gradualmente / *rastellar el lli gradualment*
2	den ungeschnittenen Flachs hecheln to hackle the uncut flax прочесывать на геклях нерѣзанный лен	peigner le lin non coupé pettinare il lino non tagliato rastrillar el lino sin cortar / *rastellar el lli sense tallar*
3	den geschnittenen Flachs hecheln to hackle the cut flax прочесывать на геклях рѣзанный лен	peigner le lin coupé pettinare il lino tagliato rastrillar el lino cortado / *rastellar el lli tallat*
4	Hechellos (n), [Hechelpartie (f)] parcel to be hackled партія (жр) льна, прочесанная на геклях	partie (f) à peigner partita (f) *o* lotto (m) da pettinare porción (f) *o* lote (m) para peinar / *part (f) o lot (m) per a pentinar*
5	die verschiedenen Flachspartien (fpl) einzeln *oder* gesondert verarbeiten to treat the various parcels of flax separately перерабатывать разныя партіи льна каждую отдѣльно	travailler séparément les différents lots de lin trattare separatamente le diverse partite di lino tratar los lotes de lino diferentes por separado / *tractar els lots de lli diferents per separat*
6	Rohflachsgewicht (n) weight of the raw flax вѣс (мр) льна сырца	poids (m) du lin brut peso (m) del lino greggio peso (m) del lino bruto o en rama / *pes (m) del lli en brut o en rama*
7	Hechelergebnis (n), Faserertrag (m) des Hechelns, Hechelausbeute (f) yield of hackling выход (мр) прочесаннаго льна с гекли	rendement (m) en fibres du peignage rendimento (m) della pettinatura rendimiento (m) del rastrillado / *rendiment (m) del rastellat*
8	Flachsriste (f), Flachsreiste (f), Flachszopf (m), Handvoll (f) Flachs strick *or* handful *or* truss of flax пучок (мр) *или* прядь (жр) льна	mèche (f) *ou* poignée (f) *ou* riste (f) de lin manipolo (m) *o* manata (f) di lino manojo (m) de lino / *manat (m) de lli*
9	Hechelflachs (m), Kernflachs (m), Langflachs (m), Reinflachs (m) hackled flax, long line, dressed line прочесанный *или* отборный *или* сортированный *или* очищенный лен (мр)	lin (m) peigné, brin (m) de lin, filasse (f) de lin, cœur (m) de lin lino (m) pettinato lino (m) rastrillado o peinado, hilaza (f) / *lli (m) pentinat o rastellat, filassa (f)*
10	handgehechelter Flachs (m) hand hackled flax лен (мр) ручной чески	lin (m) peigné à la main lino (m) pettinato a mano lino (m) peinado a mano / *lli (m) pentinat a mà*
11	Maschinenflachs (m) machine [hackled] flax, machined flax лен (мр) машиннаго прочеса	lin (m) peigné mécaniquement lino (m) pettinato a macchina lino (m) peinado a máquina / *lli (m) pentinat amb màquina*
12	Hechelwerg (n) [hackle] tow очес (мр) с геклей, гекельный очес	étoupe (f) de peignage stoppa (f) ottenuta alla pettinatura estopa (f) de peinado / *de pentinat*
13	Flachswerg (n), Flachshede (f) flax tow *or* waste *or* hards льняной очес (мр), льняная кудель (жр) *или* пакля (жр)	étoupe (f) de lin stoppa (f) *o* scapecchio (m) di lino estopa (f) *o* desperdicios (mpl) *o* borras (fpl) de lino / *estopa (f) o desperdici (m) o borres (fpl) de lli*
14	**b) Handhecheln** (n) **Hand Hackling** **Ручное чесаніе** (ср)	**Peignage** (m) **à la main** **Pettinatura** (f) **a mano** **Rastrillado** (m) **a mano** / ***Rastellat** (m) **a mà***
15	den Flachs mit der Hand hecheln to hackle the flax by hand прочесывать лен вручную	peigner le lin à la main pettinare il lino a mano rastrillar el lino a mano / *rastellar el lli a mà*
16	Vorhecheln (n), Vorspitzen (n) roughing подготовительное *или* обдирочное прочесываніе (ср), грубая ческа (жр)	émouchetage (m) pettinatura (f) in grosso desbastado (m), rastrillado (m) en grueso / *desbastat (m), rastellat (m) en gros*
17	Vorhechler (m), Rauhhechler (m) rougher чесальщик (мр) гребнем перваго прочеса, расчещик (мр)	émoucheteur (m), éplucheur (m) pettinatore (m) in grosso rastrillador (m) en grueso, desbastador (m) / *rastellador (m) en gros, desbastador (m)*
18	Vorhechlerin (f), Rauhhechlerin (f) rougher чесальщица (жр) гребнем перваго прочеса, расчещица (жр)	émoucheteuse (f), éplucheuse (f) pettinatrice (f) in grosso desbastadora (f)
19	Feinhecheln (n) dressing, fine hackling отдѣлочное *или* окончательное прочесываніе (ср), тонкая ческа (жр)	peignage (m) en fin, affinage (m) pettinatura (f) in fino acabado (m), peinado (m) en fino / *pentinat (m) en fi*

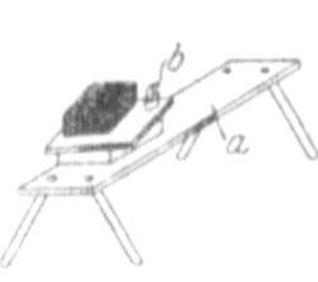

20 Handhechel (f)
hand hackle, hand tool
ручная чесалка (жр) *или* гекля (жр), гребень (мр)
peigne (m) à main
pettine (m) a mano, scapecchiatoio (m)
rastrillo (m) o peine (m) a mano / *rastell (m) o pinte (m) a mà*

1 a
Hechelbank (f), Hechelstuhl (m)
hackle stock *or* bench
гребенная скамейка (жр), чесальный станок (мр)
support (m) du peigne, banc (m) à peigne
banco (m) *o* sedia (f) del pettine
banco (m) de rastrillar / *banc (m) de rastellar*

2 b
Stahlprisma (n)
steel wedge
стальная призма (жр)
coin (m) en acier
cuneo (m) d'acciaio
cuña (f) de acero / *falca (f) d'acer*

3
Handvoll (f) [Flachs]
handful of flax
пучок (мр) льна
poignée (f) de lin
manipolo (m) di lino
manojo (m) de lino / *manat (m) de lli*

4
Handvoll machen
to piece the flax out into handfuls, to prepare a strick, to divide the flax into stricks
раздѣлять лен на пучки
diviser le lin par poignées
dividere il lino in manipoli
repartir el lino en manojos / *el lli per manats*

5
grobe Hechel (f), Abzughechel (f), [Ruffer (m)]
rougher's tool *or* hackle, coarse *or* roughing hackle
грубая *или* обдирочная гекля (жр)
gros peigne (m), peigne à grosses dents, ébauchoir (m)
pettine (m) in grosso
rastrillo (m) en grueso, peine (m) desbastador / *rastell (m) en gros, pinte (m) desbastador*

6
Mittelhechel (f)
medium hackle, ten
средняя гекля (жр)
peigne (m) moyen
pettine (m) medio
rastrillo (m) intermedio / *rastell (m) intermedi*

7
Ausmachehechel (f), feine Hechel (f)
switch, fine *or* finishing hackle
отдѣлочная *или* тонкая гекля (жр)
affinoir (m), peigne (m) fin *ou* à repasser
pettine (m) in fino
rastrillo (m) en fino, afinador (m) / *rastell (m) en fi, afinador (m), repassador (m)*

8
Spitzen (n) der Risten
topping and tailing
верхушка (жр) пучков
affinage (m) des extrémités
raffinamento (m) delle estremità
afinado (m) de los extremos / *repassat (m) dels caps*

9
die Handvoll über die Hechelspitzen ziehen
to draw the strick through the hackle pins
протащить прядь льна через гребень
passer la poignée sur les dents du peigne
tirare il manipolo attraverso le punte del pettine
pasar el manojo entre las agujas del rastrillo / *estirar el manat per les agulles del rastell*

10
Handhechler (m)
hand hackler
чесальщик (мр) льна [вручную]
peigneur (m) à la main
pettinatore (m) a mano
peinador (m) a mano / *pentinador (m) a mà*

11
Vorhechler (m)
rougher
приготовительный чесальщик (мр), обдирщик (мр)
émoucheteur (m)
pettinatore (m) in grosso
desbastador (m), peinador (m) en grueso / *desbastador (m), pentinador (m) en gros*

12
Wergjunge (m)
tow tenter, tow boy, waste hand
очесочный мальчик (мр)
étoupeur (m), enleveur (m) d'étoupes
tira-stoppa (m)
[obrero (m) *o* muchacho (m)] estopador (m) / *operari-estoper (m), noi (m) d'estopes*

13
c) Maschinenhecheln (n)
Machine Hackling
Машинное чесание (ср) на гевлях
Peignage (m) mécanique
Pettinatura (f) meccanica
Peinado (m) mecánico / *Pentinat (m) mecànic*

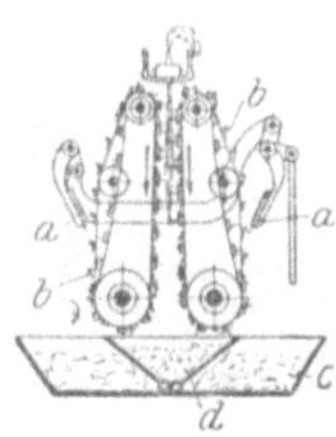

14
einfache Hechelmaschine (f)
single hackling machine
обыкновенная гекля (жр) для чесанія льна
peigneuse (f) mécanique simple
[macchina (f)] pettinatrice (f) semplice
peinadora (f) mecánica sencilla / *pentinadora (f) mecànica senzilla*

15 a
Hedeabnehmvorrichtung (f) Wergfänger (m)
tow catcher, doffer
приспособленіе (ср) для съема очеса
peigne (m) détacheur d'étoupes
pettine (m) oscillante, pettine scaricatore della stoppa
peine (m) desprendedor de la estopa / *pinte (m) desprenedor de l'estopa*

16 b
Abnehmerleiste (f)
tow stripper, doffing knife, stripper bar
гребенка (жр), снимающая очес
dépouilleur (m)
distaccatore (m), asta (f) spogliatrice *o* pulitrice
cuchillo (m) desborrador, varilla (f) desborradora / *ganivet (m) desborrador*

17
die Hede von den Nadeln abstreichen
to strip the tow from the pins
снимать очес с гребенчатаго полотна *или* с игл
détacher les étoupes des aiguilles
togliere *o* distaccare la stoppa dai denti
separar *o* desprender la estopa de las agujas / *escurar la estopa de les agulles*

1 c
Hedekasten (m)
tow box
ящик (мр) для очеса
boîte (f) à étoupes
recipiente (m) per la stoppa
caja (f) para estopas / *caixa (f) de les estopes*

2 d
Schäbekasten (m)
awn *or* chaff box
ящик (мр) *или* корыто (ср) для костры
boîte (f) à pailles *ou* à chènevottes
recipiente (m) per il pulviscolo *o* per la lisca
caja (f) de cañamiza *o* de pajillas / *caixa (f) de la palla o de canamuixa*

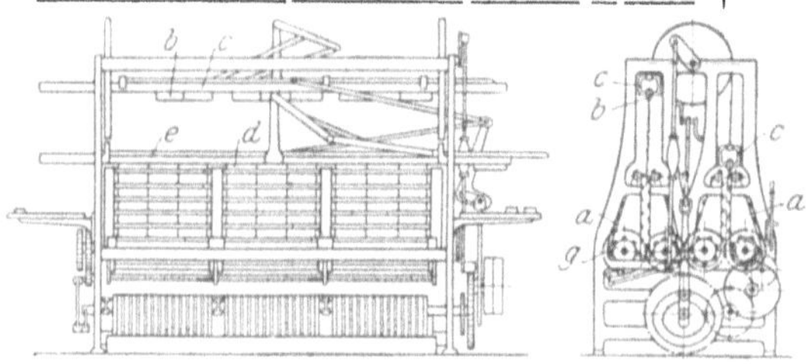

3
doppelte Flachshechelmaschine (f)
duplex flax hackling machine
двухсторонняя гекля (жр)
double machine (f) à peigner le lin, peigneuse (f) mécanique double
pettinatrice (f) meccanica doppia
peinadora (f) mecánica doble / *pentinadora (f) mecànica doble*

4 a
Hechelmantel (m)
hackling sheet, hackle sheet, endless strap *or* leather
гребенчатое полотно (ср), безконечная цѣпь (жр) гребней
tablier (m) de la peigneuse
nastro (m) continuo della pettinatrice, tela (f) *o* catena (f) di pettini senza fine
tablero (m) peinador / *bosses (fpl) pentinadores, teleres (fpl) de pintes*

5 b
Kluppe (f), Halter (m)
gripper, holder, clamp
клещи (жр), зажимная колодка (жр), клуп (мр)
presse (f), mâchoire (f), pince (f), mordache (f)
morsa (f), morsetta (f)
mordaza (f), pinza (f) / *mordassa (f), pinça (f)*

6 c
Wagen (m) der Hechelmaschine, Kluppenhalter (m), Kluppenbahn (f)
trough *or* channel *or* head of the hackling machine
каретка (жр) гекли
chariot (m) *ou* canal (m) de la peigneuse
carro (m) della pettinatrice, guida (f) orizzontale delle morse
carro (m) *o* guía (f) *o* canal (m) de la peinadora mecánica / *de la pentinadora mecànica*

7
Wagenhub (m)
throw *or* lift of head
вертикальный ход (мр) каретки
course (f) du chariot
corsa (f) del carro
cursa (f) del carro

8 d
Hechelreihe (f), Hechelsatz (m), Hechelfeld (n)
hackle tool, set of hackles
ряд (мр) *или* набор (мр) *или* цѣпь (жр) гребней
série (f) *ou* rangée (f) de peignes
serie (f) di pettini
juego (m) *o* serie (f) de peines / *serie (f) o joc (m) de pintes o de rastells*

9
Einstellen (n) der einander gegenüberstehenden Hechelreihen
setting the hackle tools placed opposite each other
подводка (жр) друг к другу парных гребенчатых полотен
réglage (m) de la distance des séries de peignes
regolazione (f) della distanza delle serie di pettini
regulación (f) de la distancia entre las dos series de peines / *galgat (m) de l'ecartament entre les dues series de pintes*

10 e
obere Manteltrommel (f) *oder* Hechelmantelscheibe (f)
small pulley at top, top sheet roller
верхній барабан (мр), ведущій безконечную гребенчатую рѣшетку *или* цѣпь
poulie (f) supérieure du tablier
rullo (m) superiore della tela
polea (f) pequeña *o* superior del tablero peinador / *politja (f) petita o superior de les bosses pentinadores*

11 g
untere Manteltrommel (f) *oder* Hechelmantelscheibe (f)
large [driving] pulley, bottom sheet roller
нижній барабан (мр), ведущій безконечую гребенчатую рѣшетку *или* цѣпь
poulie (f) inférieure du tablier
rullo (m) inferiore della tela
polea (f) grande *o* inferior del tablero peinador / *politja (f) gran o inferior de les bosses pentinadores*

12
die Risten (fpl) in Kluppen spannen *oder* einspannen
to lock the stricks *or* pieces in the holders
пряди заправлять в колодки *или* зажимать в клещи
serrer les poignées dans les presses
fissare *o* afferrare i manipoli nei morsetti
fijar los manojos en las mordazas / *collar els manats en les mordasses*

13
eingespannte Riste (f)
locked strick
заправленная *или* зажатая прядь (жр)
poignée (f) montée *ou* serrée
manipolo (m) afferrato
manojo (m) fijado / *manat (m) collat o muntat*

1 Ausspannen (n) der Risten
unlocking the stricks
выниманіе (ср) прядей из колодок
desserrage (m) des poignées
toglimento (m) dei manipoli dai morsetti
aflojado (m) de los manojos / *afluixat (m) dels manats*

---

2 die Risten (fpl) beim Hecheln wenden
to reverse *or* to turn the pieces during hackling
перекидывать *или* перевертывать пряди во время прочеса
renverser *ou* retourner les poignées pendant le peignage, faire la voltée
rovesciare *o* invertire i manipoli durante la pettinatura
invertir los manojos durante el peinado / *capgirar els manats durant el pentinat*

---

3 Umspannen (n) der Risten
reversing the pieces
перекидка (жр) *или* перевертываніе (ср) прядей
renversement (m) *ou* retournage (m) des poignées
rovesciamento (m) *o* inversione (f) dei manipoli
inversión (f) de los manojos / *capgirada (f) dels manats*

---

4 die Risten (fpl) in den Kluppen umspannen
to reverse the pieces in the holders
перекинуть *или* переправить прядь в колодках
renverser *ou* retourner les poignées dans les presses
rovesciare i manipoli nei morsetti
invertir los manojos en las mordazas / *capgirar els manats en les mordasses*

---

5 Kluppenhub (m)
lift of the holders
вертикальный ход (мр) колодки
course (f) des presses
corsa (f) dei morsetti
cursa (f) de las mordazas / *de les mordasses*

---

6 Kluppenverschiebung (f)
displacement of the holders
горизонтальный ход (мр) колодки
déplacement (m) des presses
traslazione (f) dei morsetti
desplazamiento (m) de las mordazas / *desplaçament (m) de les mordasses*

---

7 die Kluppen (fpl) verschieben
to displace the holders
перемѣщать колодки
déplacer les presses (fpl)
traslatare i morsetti
desplazar las mordazas / *desplaçar les mordasses*

---

8 Kluppenwechsel (m)
change of holders
перемѣна (жр) *или* смѣна (жр) колодок
changement (m) des presses
cambiamento (m) dei morsetti
cambio (m) de mordazas / *canvi (m) de mordasses*

9

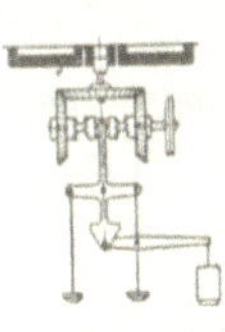

mechanischer Einspanner (m)
mechanical strick mounting device, automatic strick screwing device
автоматическій заправщик (мр)
presse (f) mécanique
pressa (f) meccanica per afferrare i manipoli
prensa (f) mecánica para montar manojos / *premsa (f) per a muntar manats*

10

Cottonsche Hechelanordnung (f)
Cotton's hackling arrangement
гекельный аппарат (мр) системы Котона
disposition (f) des barrettes *ou* des peignes système Cotton
disposizione (f) delle sbarrette, sistema Cotton
disposición (f) de los rastrillos / *disposició (f) dels rastells* / sistema Cotton

---

11 Hechelmaschine (f) mit *x* Hechelsätzen
hackling machine with *x* sets of hackles
гекля (жр) с *x* комплектами гребенных полотен *или* рѣшеток
peigneuse (f) à *x* rangées de peignes
pettinatrice (f) con *x* serie di pettini
peinadora (f) con *x* juegos de peines / *pentinadora (f) amb x jocs de pintes*

---

12 *x* Nadeln (fpl) auf die Längeneinheit
x pins per unit of length
x игл в единицѣ длины
x aiguilles (fpl) à l'unité de longueur, population (f) de *x* aiguilles
x punte (fpl) per unità di lunghezza
x agujas (fpl) por unidad de longitud / *x agulles (f pl) per unitat de llargada*

13

Flachsstuhl (m)
tipple box
доска (жр) для крестовой укладки льна
table (f) *ou* boîte (f) à lin
tavola (f) per i manipoli di lino pettinato
mesa (f) para empaquetar el lino rastrillado / *taula (f) per a fer paquets de lli pentinat*

---

14 Handvollmacher (m)
divider
раздѣльщик (мр)
diviseur (m), partageur (m)
divisore (m)
divisor (m) *o* partidor (m) de manojos / *destriador (m), partidor (m) de manats*

---

15 Einspanner (m)
operator putting strick in holder, screwer
заправщик (мр) прядей
ouvrier-presseur (m)
operaio (m) che entra i manipoli nei morsetti
cargador (m) de mordazas / *carregador (m) de mordasses*

---

16 Ausspanner (m)
operator removing strick from holder
вынимальщик (мр) прядей
ouvrier-ouvreur (m) de presse
operaio (m) che esce i manipoli dai morsetti
obrero (m) abridor de mordazas / *descollador (m) de mordasses*

---

17 Umspanner (m)
changer
перекидчик (мр)
changeur (m) de presse
invertitore (m) dei morsetti
invertidor (m) *o* volteador (m) de mordazas / *capgirador (m) de mordasses*

---

18 Maschinenhechler (m)
machine hackler
гекельщик (мр), чесальщик (мр) на машинных геклях
peigneur (m) à la machine
operaio (m) addetto alla pettinatrice
peinador (m) a máquina / *pentinador (m) a màquina*

No.	German / English / Russian	French / Italian / Spanish / Catalan
1	Hechelmaschinen-putzer (m) comb cleaner чистильщик (мр) гекли	débourreur (m), enleveur (m) d'étoupes pulitore (m) della pettinatrice desborrador (m) de peines / *desborrador (m) o descarregador (m) de pintes*
2	Wergarbeiter (m), Abfallarbeiter (m) waste *or* tow hand рабочій (мр) на угарах	porteur (m) de déchets *ou* d'étoupes, ouvrier (m) aux déchets, manœuvre (m) aux étoupes stoppatore (m), lavorante (m) addetto ai cascami recogedor (m) de borras / *recollidor (m) de mermes*
3	Wergsichter (m), [Wergsortierer (m)] tow *or* oakum sorter сортировщик (мр) пакли	trieur (m) d'étoupes *ou* de déchets, classeur (m) d'étoupes assortitore (m) di stoppe o di cascami clasificador (m) de estopas / *triador (m) o classificador (m) d'estopes*
4	**d) Nachhecheln (n) und Sondern (n) *oder* Sichten (n) [*oder* Sortieren (n) des gehechelten Flachses** **Dressing and Sorting the Hackled Flax** **Дополнительное чесаніе (ср)) на гекляx и сортировка (жр) льна**	**Repassage (m) et triage (m) du lin peigné** **Finimento (m) e cernita (f) del lino pettinato** **Repasado (m) y escogido (m) del lino peinado / *Repassat (m) i triat (m) del lli pentinat***
5	Nachsichten (n) [*oder* Nachsortieren (n)] des Flachses resorting the flax пересортировка (жр) *или* разсортировка (жр) *или* отсортировка (жр) льна	retriage (m) du lin rifinimento (m) del lino segundo escogido (m) del lino / *sègona tria (f) o resorteig (m) del lli*
6	Flachssichter (m), [Flachssortierer (m)] flax finisher сортировщик (мр) льна	repasseur (m) *ou* finisseur (m) *ou* affineur (m) *ou* classeur (m) de lin pulitore (m) di lino repasador (m) de lino / *repassador (m) de lli*
7	die Handvoll durch die Hechel ziehen to draw the strick through the hackle пропустить прядь через геклю	passer la poignée sur le peigne tirare il manipolo traverso il pettine tirar el manojo entre el rastrillo / *passar el manat per dintre del rastell*
8	Entfernen (n) der Flachsknötchen *oder* Flachsklümpchen extraction of knots from the flax удаленіе (ср) *или* вычесываніе (ср) узлов *или* шишек	élimination (f) des boutons du lin eliminazione (f) dei nodi di lino eliminación (f) de los botones de lino / *extracció (f) dels botons de lli*
9	die Spitze der Handvoll abreißen to tear off the points of the strick оборвать верхушку пряди	arracher le bout de la poignée rompere via le punte del manipolo arrancar las puntas del manojo / *arrencar les puntes del manat*
10	die Handvoll beim Herausziehen aus der Hechel umwenden to turn the strick whilst drawing out of the hackle перекидывать прядь при выниманіи из гекли	retourner la poignée en sortant du peigne invertire il manipolo nell'uscirlo dal pettine voltear el manojo saliendo del peine / *capgirar el manat sortint del rastell*
11	Umwenden (n) der Handvoll turning *or* reversing the strick перекидка (жр) пряди	retournage (m) de la poignée inversione (f) del manipolo inversión (f) del manojo / *capgirada (f) del manat*
12	die Handvoll umhüllen to lap the strick перевязать прядь [льняным волокном]	envelopper la poignée avviluppare il manipolo envolver el manojo / *embolicar el manat*
13	sorgfältig sondern *oder* auslegen *oder* sichten to sort carefully тщательно отсортировать	trier soigneusement cernere con cura escoger *o* seleccionar cuidadosamente / *triar acuradament*
14	Sondern (n) *oder* Sichten (n) von gemischten Partien sorting mixed lots отбор (мр) *или* сортировка (жр) смѣшанной партіи	triage (m) *ou* classement (m) des parties mélangées cernita (f) di partite miste selección (f) *o* clasificación (f) de lotes mezclados / *tria (f) o classificació (f) dels lots barrejats*
15	gemischte Partien (fpl) sondern *oder* sichten to sort mixed lots сортировать смѣшанныя партіи	trier *ou* classer les parties mélangées cernere partite miste seleccionar lotes mezclados / *triar o classificar lots barrejats*
16	ungesichteter [*oder* unklassifizierter] Flachs (m) unsorted flax несортированный *или* неклассифицированный лен (мр)	lin (m) non trié *ou* non classé lino (m) non classificato *o* non cernito lino (m) sin seleccionar *o* sin clasificar / *lli (m) sense classificar o sense triar o sense sortejar*
17	Klasseneinteilung (f) [*oder* Klassierung (f)] des gehechelten Flachses classifying *or* sorting the hackled flax классификація (жр) прочесаннаго льна	classement (m) du lin peigné cernita (f) *o* classifica (f) del lino pettinato clasificación (f) del lino peinado / *sorteig (m) del lli pentinat*
18	feiner Flachs (m) fine flax тонкій лен (мр)	lin (m) fin lino (m) fino lino (m) fino / *lli (m) fi*
19	reiner Flachs (m) clean flax чистый лен (мр)	lin (m) propre lino (m) pulito lino (m) limpio / *lli (m) net*
20	gleichmäßiger Flachs (m) uniform flax однородный лен (мр)	lin (m) homogène lino (m) omogeneo lino (m) uniforme / *lli (m) uniform*
21	gesunder Flachs (m) healthy flax здоров *й* лен (мр)	lin (m) sain lino (m) sano lino (m) sano / *lli (m) sa*

1
kräftiger Flachs (m)
strong flax
ядреный лен (мр)

lin (m) fort *ou* solide
lino (m) tenace
lino (m) fuerte o resistente / *lli (m) fort o resistent*

2
fester Flachs (m)
firm flax
крѣпкій лен (мр)

lin (m) ferme
lino (m) duro
lino (m) firme / *lli (m) ferm*

3
grober Flachs (m)
coarse flax
грубый лен (мр)

lin (m) grossier
lino (m) grossolano
lino (m) grueso o grosero / *lli (m) gruixut o groller*

4
weicher Flachs (m)
soft flax
мягкій лен (мр)

lin (m) doux *ou* souple
lino (m) morbido
lino (m) suave / *lli (m) dols o suau*

5
schwacher Flachs (m)
weak flax
слабый лен (мр)

lin (m) faible
lino (m) tenue
lino (m) débil o poco resistente / *lli (m) feble o de poca resistència*

6
schäbiger Flachs (m)
chaffy flax
шелудивый лен (мр), лен с неудаленной кострикой

lin (m) chènevotteux
lino (m) paglioso
lino (m) pajizo / *lli (m) pallós o ple de palla*

7
den gehechelten Flachs zu Bunden vereinigen
to unite the hackled flax into bunches
связывать прочесанный на геклях лен в связки *или* бунты

réunir en bottes le lin peigné
riunire il lino pettinato in fasci
reunir el lino peinado en paquetes / *reunir el lli pentinat en paquets*

8
Flachsbund (m)
bundle of flax
связка (жр) *или* бунт (мр) льна

botte (f) *ou* paquet (m) de lin
fascio (m) o fastello (m) di lino
paquete (m) de lino / *paquet (m) de lli*

9
Standardgewicht (n) der Hechelei
standard weight of hackling
стандартный *или* установленный вѣс (мр) связки чесаннаго льна

poids-type (m) de lin peigné
peso-base (m) della pettinatura
peso (m) corriente del peinado / *pes (m) corrent del pentinat*

10
Umhüllung (f) der Flachsbunde
wrapping of the flax bundles
перевязка (жр) *или* упаковка (жр) *или* обертка (жр) связки льна

emballage (m) des bottes de lin
imballaggio (m) dei fasci di lino
embalaje (m) de los paquetes de lino / *embalatge (m) dels paquets de lli*

11
Hechelflachslager (n)
line store
склад (мр) прочесаннаго льна

magasin (m) de lin peigné
magazzino (m) di lino pettinato
almacén (m) de lino peinado / *magatzem (m) de lli rastellat o de filassa*

---

3. Veredeln (n) des gehechelten Flachses

Refining of the Hackled Flax

Облагораживаніе (ср) *или* повышеніе (ср) качества прочесаннаго льна

Affinage (m) du lin peigné

Affinamento (m) del lino pettinato 12

Refinado (m) del lino peinado / *Refinat (m) del lli pentinat*

Güteverbesserung (f) [*oder* Qualitätsverbesserung (f)] des gehechelten Flachses durch Lagern
improving the quality of the hackled flax by storage
улучшеніе (ср) качества прочесаннаго льна путем выдерживанія на складѣ

amélioration (f) du lin peigné par le magasinage
miglioramento (m) del lino pettinato durante il magazzinaggio
mejoramiento (m) de la calidad del lino peinado por medio del almacenaje / *millorament (m) de la qualitat del lli pentinat per mitjà del magatzematge* 13

---

der Flachs nimmt Feuchtigkeit auf
the flax comes to, the flax becomes conditioned *or* takes up moisture
лен (мр) поглощает влажность

le lin absorbe l'humidité
il lino assorbe l'umidità 14
el lino absorbe humedad / *el lli absorbeix humitat*

Klopfen (n) des Flachses
beating the flax
колоченіе (ср) льна

battage (m) du lin
battitura (f) del lino 15
batido (m) del lino / *batut (m) del lli*

Rollen (n) des Flachses
rolling the flax
прокатка (жр) льна

cylindrage (m) du lin
laminatura (f) o cilindratura (f) del lino 16
cilindrado (m) del lino / *calandrat (m) del lli*

Bürsten (n) des Flachses
brushing the flax
прочесываніе (ср) льна щетками

brossage (m) du lin
spazzolatura (f) del lino 17
cepillado (m) del lino / *raspallat (m) del lli*

Kochen (n) *oder* Beuchen (n) *oder* Buken (n) des Flachses
boiling *or* bucking *or* scalding the flax
отварка (жр) льна

coulage (m) *ou* cuisson (f) *ou* lessivage (m) du lin
cottura (f) o lisciva-tura (f) del lino 18
lejivado (m) del lino / *lleixiuat (m) del lli*

---

den Flachs mit Aschenlauge kochen
to boil the flax in a lye of wood ashes
вываривать лен в растворѣ поташа

faire bouillir le lin dans une lessive de cendres
trattare il lino con lisciva di cenere 19
hacer hervir el lino en una lejía de cenizas / *fer bullir el lli en lleixiu de cendres*

---

4. Anlegen (n) des Flachses

Spreading the Line

Раскладка (жр) *или* разстилка (жр) льна

Étalage (m) du lin

Distendimento (m) del lino 20

Extendido (m) del lino / *Estesa (f) del lli*

Faserriste (f), Faserbart (m), Zopf (m)
strick *or* piece of flax
пучок (мр), прядь (жр)

poignée (f), riste (f)
manipolo (m) 21
manojo (m) / *manat (m)*

1 die gehechelten Faserristen (fpl) zu Bändern vereinigen
to combine the tipples *or* hackled stricks into slivers
соединять концами пряди прочесаннаго льна в ленты
réunir en rubans *ou* en nattes les poignées de lin peigné
unire i manipoli del lino pettinato in nastri
reunir los manojos de lino peinado en cintas / *reunir els manats de lli pentinat en forma de veta*

---

2 Kopfende (n) auf Wurzelende zuführen *oder* anlegen
to feed top end on root end
соединять комлевые концы с головками
alimenter tête (f) sur queue (f)
alimentare la testa sulla coda
alimentar por superposición de puntas y raíces / *alimentar per superposició de puntes i arrels*

---

3 Flachsfaserband (n)
flax ribbon *or* sliver
лента (жр) из прядей льна
ruban (m) de lin
nastro (m) di lino
cinta (f) de lino / *veta (f) de lli*

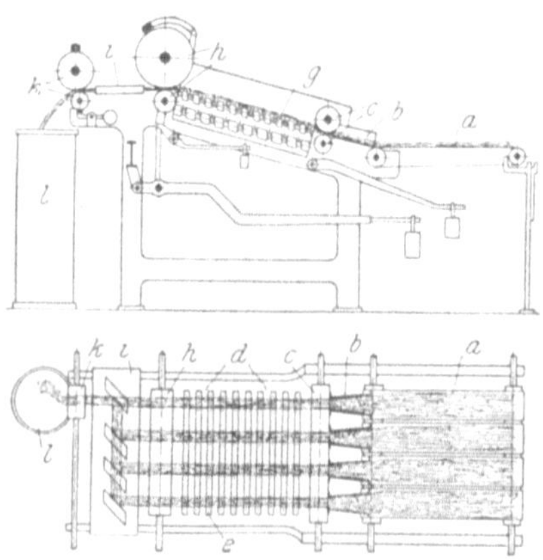

4 Anlegemaschine (f)
spreader, spreadboard
раскладочная *или* соединительная машина (жр)
étaleuse (f), table (f) à étaler
macchina (f) spanditrice, tavola (f) per distendere
mesa (f) extendedora, máquina (f) o tabla (f) de extender / *màquina (f) o taula (f) d'estendre*

---

5 a Zuführbänder (npl)
endless travelling feed sheets
питательныя ленты (жр) *или* полотна (ср)
tabliers (mpl) d'alimentation
tavole (fpl) continue mobili
tableros (mpl) de alimentación / *teleres (fpl) d'alimentació*

---

6 b Zuführtrichter (mpl)
feed guides, conductors
питательная воронка (жр)
guides (mpl) du tablier
introduttori (mpl)
guías (fpl) de alimentación / *guies (fpl) alimentaries*

---

c Einziehwalzen (fpl)
feed rollers, receiving rollers
плющильные *или* каландровые *или* приемные валики (мр) 7
cylindres (mpl) alimentaires
cilindri (m) di introduzione
cilindros (mpl) alimentadores / *corrons (mpl) d'alimentació*

---

d Hechelfeld (m)
bed of hackles, bed of gills
рабочая поверхность (жр) гребней
série (f) de barrettes 8
campo (m) di pettinatura
lecho (m) de peines / *llit (m) de pintes*

---

e Hechelstab (m), Gill (m)
hackle bar, gill bar, faller
гребенка (жр), гребенная планка (жр)
barrette (f), gill (m) 9
sbarretta (f) a pettini, asta (f) a punte, gill (m)
peine (m), gill (m) / *pinte (m), gill (m)*

Schraubenstrecke (f)
screw gill drawing frame, screw gill
винтовой вытяжной аппарат (мр), винтовая ленточная машина (жр)
étirage (m) à barrettes commandées par vis 10
banco (m) di tiratura con moto a vite
gill (m) de tornillos o de barretas / *gill (m) de rosques o de barretes*

---

g Schraubenspindel (f) mit Flachgewinde
screw spindle with square thread
червяк (мр) *или* винтовой шпиндель (мр) с плоской *или* прямоугольной нарѣзкой 11
vis (f) à filet rectangulaire
vite (f) a filetto rettangolare
árbol (m) con fileteado / *arbre (m) amb filetejat* / rectangular

---

h Streckwalze (f)
boss roller, drawing roller
вытяжной валик (мр)
rouleau (m) *ou* cylindre (m) d'étirage 12
cilindro (m) stiratore
cilindro (m) de estiraje / *corró (m) d'estiratge*

Streckweite (f), Entfernung (f) der Einziehwalzen von den Streckwalzen
ratch, reach, distance between feed rollers and drawing rollers
разстояние (ср) между питательными и вытяжными валиками
écartement (m) des cylindres, distance (f) entre les cylindres alimentaires et les cylindres d'étirage 13
scartamento (m) dei cilindri
distancia (f) entre los cilindros alimentadores y los de estiraje / *ecartament (m) entre els corrons d'alimentació i d'estiratge*

1 i
Bandplatte (f)
doubling plate
доска (жр) для направленія лент
doubleuse (f), paralléliseur (m)
accoppiatrice (f)
mesa (f) o placa (f) dobladora / *taula (f) o placa (f) dobladora*

---

2 k
Abführwalzen (fpl)
delivery rollers
выходные валики (мр)
cylindres (mpl) délivreurs
cilindri (mpl) d'uscita
cilindros (mpl) de entrega o de salida / *corrons (mpl) de sortida*

---

3 l
Kanne (f)
can
таз (мр)
pot (m)
recipiente (m) raccoglitore
bote (m) / *bot (m)*

4
Kettenstrecke (f)
chain drawing frame
цѣпной вытяжной аппарат (мр)
étirage (m) à barrettes commandées par chaînes
banco (m) di tiratura a catena continua
estiraje (m) o manuar (m) con mando de los peines por cadena / *estiratge (m) o manuar (m) amb accionament dels pintes per cadena*

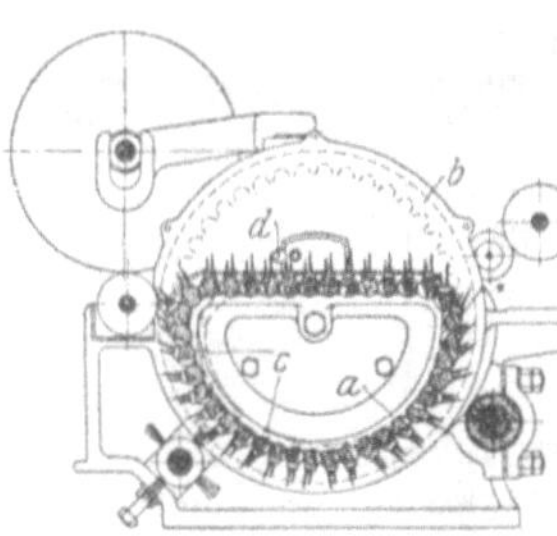

5
Hechelkette (f)
hackle chain, gill chain
цѣпь (жр) гребней, цѣпь (жр) из игольчатых планок
barrettes (fpl) commandées par chaînes
catena (f) a sbarrette
gills (mpl) o peines (mpl) accionados por cadena / *gills (mpl) o pintes (mpl) accionats per cadena*

---

6 a
Hechelstabgeleise (n)
hackle guide, gill bar slide
дуга (жр), направляющая игольчатыя планки
guide (m) des barrettes
guida (f) delle sbarrette
guía (m) de los peines / *dels pintes*

---

b
ringförmiger Hechelstabträger (m)
toothed ring carrying the hackle bars
зубчато-кольцевая рама (жр) для гребенных планок
anneau (m) denté supportant les barrettes 7
anello (m) dentato che porta le sbarrette
corona (f) dentada que soporta los peines / *els pintes*

---

c
Kurbelzapfen (m)
hackle bar pin
прямоугольная цапфа (жр), цапфа (жр) кривошипа
doigt (m) des axes des barrettes 8
perno (m) delle sbarrette
perno (m) de los peines / *espiga (f) dels pintes*

---

d
Hubscheibenverschluß (m), [Exzenterverschluß (m)]
eccentric lock
затвор (мр) эксцентрика
fermeture (f) à excentrique 9
chiusura (f) per eccentrico
cerradura (f) excéntrica / *tanca (f) excèntrica*

Anleger (m)
spreader
накладчик (мр), настилальщик (мр)
étaleur (m)
distenditore (m)
obrero (m) extendedor / *obrer (m) estenedor* 10

Anlegerin (f)
spreader
накладчица (жр), настилальщица (жр)
étaleuse (f)
distenditrice (f)
obrera (f) extendedora / *estenedora* 11

---

5. Flachswergaufbereitung (f)
Flax Tow Preparing
Обработка (жр) льняной пакли
Préparation (f) des étoupes de lin
Lavorazione (f) della stoppa di lino
Preparación (f) de las estopas de lino / *Preparació (f) de les estopes de lli* 12

Schwingwerg (n), [Kodille (f)]
swing tow, scutching tow, codilla
пакля (жр) от трепанія
déchets (mpl) ou étoupe (f) de teillage, étoupe d'espadage
stoppa (f) di scotolatura 13
estopa (f) de espadado / *estopa (f) de espadat*

Handschwingwerg (n)
hand scutching tow
пакля (жр) от ручного трепанія
déchets (mpl) ou étoupe (f) de teillage à main
stoppa (f) di scotolatura a mano 14
estopa (f) de espadado a mano / *d'espadat a mà*

---

nachgeschwungenes Werg (n)
rescutched tow
протрепаная пакля (жр)
étoupe (f) teillée
stoppa (f) di battitura in fino, stoppa (f) rilavorata 15
estopa (f) espadada

Vorhechelwerg (n)
coarse hackled tow, rougher's tow
очес (мр) с грубых геклей
émouchures (fpl)
stoppa (f) di pettinatura in grosso 16
estopa (f) de desbaste / *de rastellat en gros*

No.	Deutsch / English / Русский	Français / Italiano / Español
1	Maschinenwerg (n) [hackling] machine tow пакля (жр) от машиннаго чесанія	déchets (mpl) de peignage mécanique stoppa (f) della pettinatrice meccanica estopa (f) del peinado mecánico / *del pentinat mecànic*
2	Sortierwerg (n) sorter's tow сортированная пакля (жр)	étoupe (f) de triage *ou* de repassage stoppa (f) della cernita estopa (f) del escogido / *del triatge*
3	Wurzelhede (f) tow of root ends комлевая пакля (жр), пакля (жр) от прочеса корневых *или* комлевых концов	étoupe (f) de la racine *ou* des pieds stoppa (f) di radice estopa (f) de la raíz o del pie / *estopa (f) de l'arrel o del peu*
4	Spitzhede (f) tow of head ends пакля (жр) от прочеса головок	étoupe (f) des têtes stoppa (f) delle teste estopa (f) de la punta o de la cabeza / *estopa (f) de la punta o del cap*
5	dunkle Flachshede (f) dark coloured flax tow темная льняная пакля (жр)	étoupe (f) de lin foncée stoppa (f) scura di lino estopa (f) de lino de color oscuro / *estopa (f) de lli de color fosc*
6	klebschäbige Flachshede (f) slimy flax tow липкая костриковая пакля (жр), пакля (жр) с мягкой кострикой	étoupe (f) de lin agglutinée stoppa (f) di lino agglutinata estopa (f) de lino pegajosa / *de lli enganxosa*
7	knotiges Werg (n) knotty hards шишковатая пакля (жр)	étoupe (f) noueuse *ou* boutonneuse stoppa (f) nodosa estopa (f) botonosa o con nudos / *estopa (f) nusosa o amb botons*
8	kardiertes Werg (n) carded tow прочесанная пакля (жр) *или* кудель (жр)	étoupe (f) cardée stoppa (f) cardata estopa (f) cardada
9	Spinnereiwerg (n) hackle tow прядильная пакля (жр)	étoupe (f) de peignage stoppa (f) di pettinatura estopa (f) de peinado / *de pentinat*
10	Auflockern (n) und Reinigen (n) des Wergs splitting up and cleaning the tow разрыхление (ср) и очистка (жр) пакли	démêlage (m) et nettoyage (m) des étoupes apritura (f) e pulitura (f) della stoppa desagregado (m) y limpieza (f) / *desagregat (m) i neteja (f)* / de la estopa
11	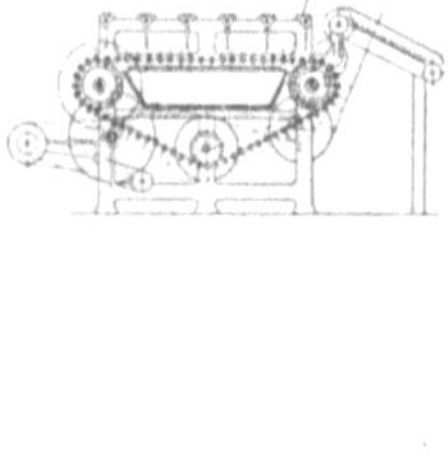	Wergschüttelmaschine (f) tow shaking machine, tow shaker вытряхивательная машина (жр) для пакли sccoueuse (f) mécanique pour étoupes, machine (f) à ouvrir et nettoyer les étoupes macchina (f) per sbattere la stoppa, pulitrice (f) di stoppa máquina (f) para sacudir estopa / *màquina (f) per a netejar o espolsar estopa*
12	Rost (m) grid колосниковая рѣшетка (жр)	grille (f) griglia (f) rejilla (f) / *engraellat (m)*
13	pendelnde Nadelleisten (fpl) *oder* Rechen (mpl) pendent pin bars качающіяся игольчатыя планки (жр)	barres (fpl) oscillantes à aiguilles barre (fpl) oscillanti ad aghi peines (mpl) oscilantes de agujas / *pintes (mpl) d'agulles oscil·lants*
14	Wergwolf (m) tow opener, open teaser колотильный волчек (мр) для пакли	ouvreuse (f) *ou* loup (m) pour étoupes apritoio (m) o lupo (m) per stoppa abridora (f) de estopas / *obridora (f) d'estopes*
15	Siebzylinder (m) cage, perforated cylinder ситчатый цилиндр (мр) *или* барабан (мр)	cylindre (m) perforé cilindro (m) perforato tambor (m) metálico perforado / *gàbia (f), tambor (m) metàl·lic trepanat*
16	Klopfwelle (f) beater shaft вал (мр) колотильнаго валика	arbre (m) du batteur albero (m) del battitore árbol (m) / *arbre (m)* / batidor
17	Schäbe (f) awn, chaff, shive кострика (жр), костра (жр)	chènevotte (f) lisca (f) agramiza (f), pajilla (f) / *canamuixa (f), palleta (f)*
18	Klebschäbe (f) adherent chaff приставшая костра (жр)	chènevotte (f) agglutinante lisca (f) aderente agramiza (f) adherente / *canamuixa (f) enganxosa*
19	lose Schäbe (f) loose chaff отставшая костра (жр)	chènevotte (f) lâche lisca (f) molle agramiza (f) suelta / *canamuixa (f) fluixa*
20	**6. Krempeln (n) des Flachswergs** **Carding of Flax Tow** **Кардочесаніе (ср) льняной пакли**	**Cardage (m) des étoupes de lin** **Cardatura (f) della stoppa di lino** **Cardadura (f) de las estopas de lino** / ***Cardat (m) de les estopes de lli***
21	Mischen (n) des Wergs, Wergmischung (f) tow mixing мѣшка (жр) пакли	mélange (m) des étoupes mischia (f) della stoppa mezcla (f) de las estopas / *barreja (f) de les estopes*
22	Hedeschmelze (f) tow oil кудельный жир (мр)	huile (f) d'ensimage pour les étoupes olio (m) per stoppa aceite (m) para el engrase de las estopas / *oli (m) per al ensimatge de les estopes*

1 das Flachswerg vorkarden
to treat the flax tow on the breaker card
подготовительно чесать паклю
traiter les étoupes de lin à la carde briseuse
trattare la stoppa di lino alla carda in grosso
tratar las estopas de lino en la carda abridora / *tractar les estopes de lli en la carda obridora o emborradora*

2 leichtes Krempeln (n)
light carding
легкое кардочесаніе (ср)
léger cardage (m)
cardatura (f) leggera
cardado (m) lijero / *cardat (m) lleuger*

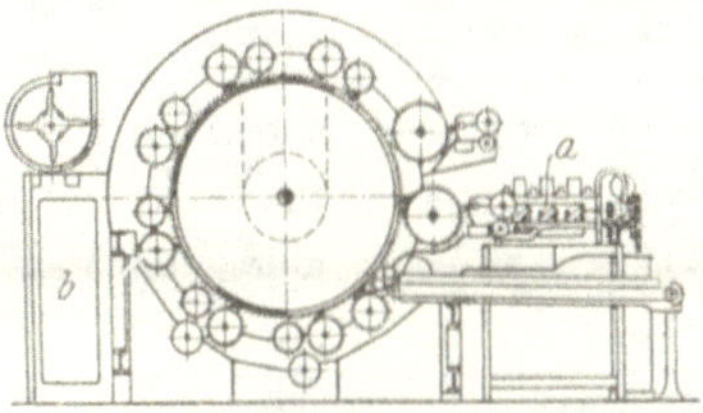

3 Feinkrempel (f) fur Flachswerg mit Streckkopf
flax tow finisher card with drawing head
тонкая кардочесальная машина (жр) для кудели с вытяжной головкой
carde (f) finisseuse pour étoupes de lin avec tête d'étirage
carda (f) in fino da stoppa di lino con testa di stiramento
carda (f) manuar de estopas / *d'estopes*

4 Walzenkrempel (f)
roller and clearer card
валичная кардная машина (жр)
carde (f) à hérissons
carda (f) a cilindri
carda (f) de cilindros / *de cilindrets*

5 parallel laufende Zuführtische (mpl)
parallel running feed tables
параллельно идущіе питательные столы (мр)
tabliers (mpl) d'alimentation marchant parallèlement
tavole (fpl) di alimentazione a marcia parallela
tableros (mpl) de alimentación moviendose paralelamente / *teleres (fpl) alimentaries marxant paral·lelament*

6 Ringbeschlag (m)
ring clothing
кольцевая обтяжка (жр) *или* обивка (жр)
garniture (f) annulaire
guarnizione (f) ad anelli
guarnición (f) anular / *guarnició (f) anular o d'anells*

7 a Streckkopf (m)
drawing head
головка (жр) вытяжного аппарата
tête (f) d'étirage
testa (f) di stiramento
cabeza (f) de estiraje / *cap (m) d'estiratge*

Igelstrecke (f), Nadelwalzenstrecke (f)
porcupine drawing frame
вытяжной аппарат (мр) с игольчатыми вытяжными парами
étirage (m) à hérissons
banco (m) di tiratura a pettini circolari
estiraje (m) de peines erizones o porcupinas / *estiratge (m) d'eriçons o de porcupines* 8

Igelwalze (f), Nadelwalze (f)
porcupine roller
игольчатый валик (мр)
hérisson (m)
pettine (m) circolare
peine (m) erizo / *eriçó (m), porcupina (f)* 9

b Staubsammler (m)
dust collector
пылесобиратель (мр)
caisse (f) à poussière
cassa (f) a polvere
caja (f) para el polvo / *caixa (f) per a la pols* 10

Stauben (n) *oder* Staubentwicklung (f) der Flachskrempel
dusting of the flax card
пыленіе (ср) *или* образованіе (ср) пыли льняной карды
dégagement (m) de poussières de la carde à lin
sviluppo (m) di polvere della carda per lino
producción (f) de polvo de la carda de lino / *formació (f) de pols de la carda de lli* 11

überdeckte Krempel (f)
covered-in card
покрытая *или* обтянутая кардою чесальная (жр)
carde (f) avec couvercle, carde couverte
carda (f) coperta o a coperchio
carda (f) cubierta o cerrada / *carda (f) tapada o tencada* 12

uneingedeckte Krempel (f)
uncovered card
непокрытая *или* необтянутая кардою чесальная (жр)
carde (f) sans couvercle, carde découverte
carda (f) senza coperchio
carda (f) abierta / *carda (f) oberta o sense coberta* 13

Florstreifen (m)
strip of web
отдѣльная лента (жр) из ватки
ruban (m) de voile
nastro (m) di velo
cinta (f) de velo / *veta (f) de vel* 14

Ablieferung (f) des gekrempelten Flachswergs in Bandform
delivery of the carded flax tow in the form of a sliver
сниманіе (ср) лентой прочесанной кудели
sortie (f) de l'étoupe de lin cardé sous forme de ruban
uscita (f) della stoppa di lino cardata sotto forma di nastro
salida (f) de la estopa cardada de lino en forma de cinta / *sortida (f) de la estopa cardada de lli en forma de veta* 15

Flachswergband (n)
flax tow sliver
кудель (жр) в видѣ ленты
ruban (m) d'étoupes de lin
nastro (m) di stoppa di lino
cinta (f) de estopa de lino / *veta (f) d'estopa de lli* 16

1	die Krempel auslaufen lassen to let the card run empty гонять *или* пускать кардочесальную машину вхолостую	laisser marcher la carde à vide lasciare marciare la carda a vuoto dejar funcionar la carda descargada / *deixar marxar la carda descarregada*
2	Feuergefährlichkeit (f) der Flachskrempelei danger of fire in the flax carding room огнеопасность (жр) отдѣленія для кардочесанія льна	danger (m) d'incendie dans les carderies de lin pericolo (m) d'incendio nelle carderie di lino peligro (m) de incendio en las salas de cardas de lino / *perill (m) de foc en les quadres de cardes de lli*
3	Brennen (n) der Krempel burning of the card воспламененіе (ср) пакли на чесальных машинах	incendie (m) de la carde incendio (m) della carda incendio (m) / *incendi (m) o foc (m)* / de la carda
4	der Flachs fängt Feuer the flax catches fire лен (мр) загорается	le lin prend feu il lino piglia fuoco el lino se incendia / *el lli s'incendia o crema*

7. Kämmen (n) des Wergs — Peignage (m) des étoupes

5	**Tow Combing** **Гребнечесаніе** (ср) **кудели**	**Pettinatura** (f) **della stoppa** **Peinado** (m) **de las estopas** / ***Pentinat* (*m*) *de les estopes***
6	das Werg kämmen to comb the tow прочесывать кудель	peigner les étoupes pettinare la stoppa peinar las estopas / *pentinar les estopes*
7	Wergkämmer (m) tow *or* oakum comber чесальщик (мр) пакли	peigneur (m) d'étoupes, soigneur (m) des peigneuses d'étoupes pettinatore (m) di stoppe peinador (m) de estopas / *pentinador (m) d'estopes*
8	Wergkämmerin (f) tow *or* oakum comber чесальщица (жр) пакли	peigneuse (f) d'étoupes, soigneuse (f) des peigneuses d'étoupes pettinatrice (f) di stoppe peinadora (f) de estopas / *pentinadora (f) d'estopes*
9	Heilmannsche Wergkämmaschine (f) Heilmann's tow combing machine гребнечесальная машина (жр) для кудели системы Гейльмана	peigneuse (f) à étoupes système Heilmann pettinatrice (f) meccanica per stoppa, tipo Heilmann peinadora (f) de estopas / *pentinadora (f) d'estopes* / sistema Heilmann
10	gekämmtes Werg (n), Flachszug (m) combed tow прочесанная [на гребенной машинѣ] кудель (жр)	étoupe (f) peignée, cœur (m) de l'étoupe stoppa (f) pettinata estopa (f) peinada / *pentinada*

8. Strècken (n) und Doppeln (n) — Étirage (m) et doublage (m)

11	**Drawing and Doubling** **Вытягиваніе** (ср) **и сдваиваніе** (ср) *или* **дублировка** (жр)	**Tiratura** (f) **e addoppiamento** (m) **Estiraje** (m) **y doblamiento** (m) / ***Estiratge* (*m*) *i doblat* (*m*)**
12	die Bänder (n pl) strekken *oder* ausziehen *oder* verziehen to draw out the slivers вытягивать *или* растягивать ленты	étirer les rubans (m pl) stirare i nastri estirar las cintas / *les vetes*
13	Verzug (m) der ersten Strecke draft in the first frame *or* bell frame вытяжка (жр) на первой головкѣ ленточной	étirage (m) du premier banc d'étirage tiratura (f) del primo banco estiraje (m) / *estiratge (m)* / del primer manuar
14	zweite Strecke (f) second drawing frame вторая головка (жр) ленточной	second banc (m) d'étirage secondo banco (m) a tirare segundo / *segon* / manuar (m)
15	dritte Strecke (f) third drawing frame третья головка (жр) ленточной	troisième banc (m) d'étirage terzo banco (m) a tirare tercer manuar (m)
16	Verzugsberechnung (f) draft calculation подсчет (мр) вытяжки	calculs (m pl) d'étirage calcolo (m) dello stiramento cálculo (m) del estiraje / *càlcul (m) del estiratge*
17	erster Durchzug (m) first passage первая вытяжка (жр)	premier passage (m) primo passaggio (m), prima tiratura (f) primer pasaje (m) / *passatge (m)*
18	zweiter Durchzug (m) second passage вторая вытяжка (жр)	second passage (m) secondo passaggio (m), seconda tiratura (f) segundo pasaje (m) / *segon passatge (m)*
19	dritter Durchzug (m) third passage третья вытяжка (жр)	troisième passage (m) terzo passaggio (m), terza tiratura (f) tercer pasaje (m) / *passatge (m)*
20	Doppeln (n) *oder* Fachen (n) [*oder* Dublieren (n)] der Bänder doubling the slivers сдваиваніе (ср) лент	doublage (m) des rubans addoppiamento (m) dei nastri doblado (m) de las cintas / *doblat (m) de les vetes*
21	Dopplung (f) der ersten Strecke doubling in the first frame сдваиваніе (ср) на первой головкѣ ленточной	doublage (m) du premier étirage addoppiamento (m) del primo banco a tirare doblado (m) del primer estiraje / *doblat (m) del primer estiratge*

1 Dopplung (f) der zweiten Strecke
doubling in the second frame
сдваиванiе (ср) на второй головкѣ ленточной
doublage (m) du second étirage
addoppiamento (m) del secondo banco a tirare
doblado (m) del segundo estiraje / *doblat (m) del segon estiratge*

2 Dopplung (f) der dritten Strecke
doubling in the third frame
сдваиванiе (ср) на третьей головкѣ ленточной
doublage (m) du troisième étirage
addoppiamento (m) del terzo banco a tirare
doblado (m) del tercer estiraje / *doblat (m) del tercer estiratge*

3 das Strecken überwiegt das Doppeln
the drawing is in excess of the doubling
вытяжка (жр) превышает сдваиванiе
l'étirage (m) est supérieur au doublage
lo stiramento è superiore all'addoppiamento
el estiraje es mayor que el doblado / *l'estiratge es superior al doblat*

4 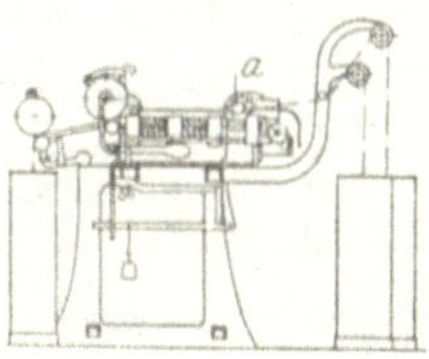

Strecke (f) für langen Flachs
long line drawing frame
ленточная машина (жр) для длиннаго льна
[banc (m) d'] étirage (m) pour lin long
banco (m) a tirare per lino lungo
manuar (m) para lino largo / *manuar (m) per a lli llarg*

5 Walzeneinzugwerk (n)
roller feed motion
валичный питательный аппарат (мр)
mécanisme (m) d'alimentation à cylindres
meccanismo (m) di alimentazione a cilindri
mecanismo (m) de alimentación por medio de cilindros / *mecanisme (m) d'alimentació per corrons*

6 a
Druckwalze (f)
pressure roller
нажимной валик (мр)
cylindre (m) de pression
cilindro (m) di pressione
cilindro (m) de presión / *corró (m) de pressió*

7 *x* Bänder (npl) in jede Nadelstabreihe einführen
to feed *x* slivers into each set of gill bars
вводить *x* лент в каждый ряд *или* проход гребней
alimenter *x* rubans dans chaque largeur de gills
alimentare *x* nastri in ciascuna fila di gills
alimentar *x* cintas en cada juego de gills / *alimentar x vetes en cada joc de gills*

8 *x* Bänder (npl) zusammenlaufen lassen
to run *x* slivers together
пустить вмѣстѣ *x* лент в одну ленту
faire marcher ensemble *x* rubans
riunire *x* nastri in un nastro unico
reunir *x* cintas a la vez / *x vetes a la vegada*

Berechnung (f) des Ansatzes
calculation of slivers to feed up
разсчет (мр) числа лент для заправки *или* ставки
calcul (m) du nombre des rubans à réunir
calcolo (m) del numero dei nastri da riunire
cálculo (m) del número de cintas que deben ser dobladas / *càlcul (m) del nombre de vetes a doblar* 9

Ansatzgewicht (n)
weight of the slivers to feed up
вѣс (мр) ставки лент *или* общаго числа заправленных лент
poids (m) des rubans à réunir
peso (m) dei nastri da riunire
peso (m) de las cintas que deben ser dobladas / *pes (m) de les vetes a doblar* 10

Ansatzkanne (f), Vorbereitungskanne (f)
drawing can
таз (мр) для ставки, приготовительный таз (мр)
pot (m) d'étirage
vaso (m) dello stiratoio
bote (m) del estiraje / *bot (m) del estiratge* 11

Kannensatz (m)
set of cans
комплект (мр) тазов одной ставки
assortiment (m) de pots
assortimento (m) di vasi
surtido (m) de botes / *assortiment (m) de bots* 12

gleiche Länge (f) der Speisebänder
uniform length of the fed slivers
равномѣрный выход (мр) лент, равная длина (жр) подаваемых лент
longueur (f) uniforme des rubans alimentés
lunghezza (f) uniforme dei nastri alimentati
longitud (f) uniforme de las cintas alimentadas / *llargada (f) uniforme de les vetes alimentades* 13

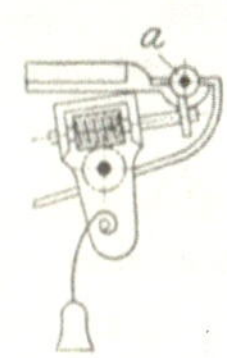

Meßwerk (n) mit Klingel
measuring motion with bell
сигнальный счетчик (мр) с колокольчиком
compteur (m) à sonnette
contatore (m) a s[u]oneria, meccanismo (m) a suoneria, indicatore (m) della lunghezza
contador (m) de campanilla / *comptador (m) de campaneta* 14

a
endlose Schraube (f)
endless screw
безконечный винт (мр), червяк (мр)
vis (f) sans fin
vite (f) perpetua
tornillo (m) sin fin / *vis (f) sens fi* 15

Klingellänge (f)
length of bell
длина (жр) пути питательной рѣшетки между двумя сигналами
longueur (f) du ruban pour une sonnerie
intervallo (m) tra due sonerie
longitud (f) de la llamada de la campanilla / *llargada (f) del toc* 16

gleiche Klingellänge (f) der Streckbänder
same length of slivers indicated by the striking of the bell
одинаковая длина (жр) ленты, вводимой по сигналу
même longueur (f) de rubans indiquée par le coup de sonnette
lunghezza (f) eguale di nastri indicata dal colpo della soneria
misma longitud (f) de cinta indicada por la llamada del contador / *mateixa llargada (f) de veta indicada pel toc de campaneta* 17

1 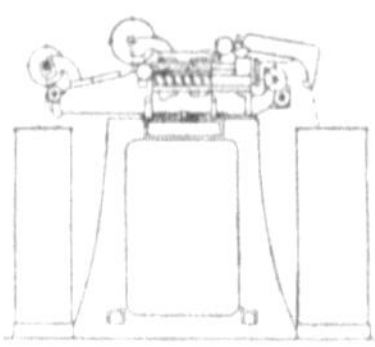

Schraubenstrecke (f) für Flachswerg
screw gill for flax tow
винтовая ленточная машина (жр) для льняной кудели
étirage (m) à barrettes commandées par vis pour étoupe de lin
banco (m) di tiratura con moto a vite per stoppa di lino
gill (m) de tornillos *o* de barretas para estopa de lino / *gill (m) des rosques o de barretes per a estopa de lli*

2 Flachsstreckerin (f)
flax drawer
ленточница (жр), рабочая (жр) на ленточной машинѣ
étireuse (f) *ou* étirageuse (f) de lin
stiratrice (f) di lino
estiradora (f), manualera (f) de lino / *de lli*

III.

3
Vorspinnen (n) des Flachses
Preparation for Flax Spinning
Приготовленіе (ср) льняной ровницы
Préparation (f) pour le filage du lin
Filatura (f) in grosso del lino
Preparación (f) de la mecha del lino / *Preparació (f) de la metxa del lli*

4 Bandvorrat (m)
sliver reserve
запас (мр) *или* заготовка (жр) ленты
approvisionnement (m) de rubans
riserva (f) di nastri
reserva (f) de cinta / *de veta*

5 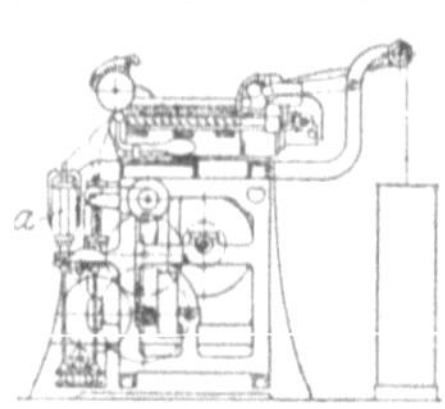

Vorspinnmaschine (f) für langen Flachs
roving frame for long flax
банкаброш (мр) для длиннаго льна
banc (m) à broches pour lin long
banco (m) a fusi per lino a lunga fibra
mechera (f) para lino largo / *metxera (f) per a lli llarg*

6 a
Vorgarnspule (f)
roving bobbin
ровничная катушка (жр)
bobine (f) de préparation
spola (f) di preparazione
carrete (m) de mechera / *rodet (m) de metxera*

7 veränderlicher Spulenumfang (m)
variable circumference of bobbin
перемѣнная окружность (жр) *или* перемѣнный обхват (мр) катушки [с намоткой]
circonférence (f) variable de la bobine
circonferenza (f) variabile della spola
circunferencia (f) variable del carrete / *circunferència (f) variable del rodet*

8 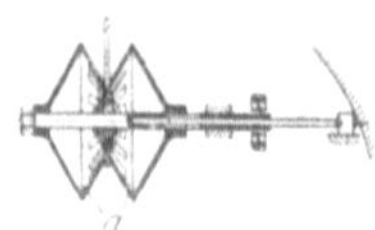

ausdehnbare Seilscheibe (f) der Combeschen Spindelbank
expanding rope pulley on Combe's roving frame
раздвижной канатный блок (мр) в банкаброшѣ Комба
poulie (f) extensible du banc à broches de Combe
carrucola (f) espansibile nel banco a fusi Combe
polea (f) extensible de la mechera / *politja (f) extensible de la metxera* / sistema Combe

9 a
verschiebbares Kegelgerippe (n)
sliding cones
передвижные *или* вдвижные конусы (мр)
cônes (mpl) rentrants
coni (mpl) mobili uno sull'altro
conos (mpl) deslizantes / *cons (mpl) entrants o culissos*

10 Flachsvorgarn (n)
flax roving
льняная ровница (жр)
mèche (f) de préparation de lin
filo (m) in grosso *o* stoppino (m) di lino
mecha (f) de lino / *metxa (f) de lli*

11 Vorgarnbestand (m)
roving reserve
наличность (жр) ровницы
réserve (f) de mèche de préparation
riserva (f) di lucignoli
reserva (f) de mecha / *de metxa*

12 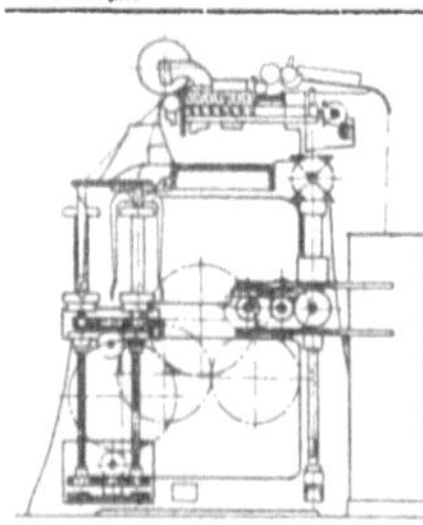

Wergvorspinnmaschine (f)
tow roving frame
банкаброш (мр) для кудели
banc (m) à broches pour étoupes
banco (m) a fusi per stoppa
mechera (f) para estopas / *metxera (f) per a estopes*

13 Wergvorgarn (n)
tow roving
ровница (жр) из кудели
mèche (f) de préparation d'étoupe
filo (m) in grosso di stoppa
mecha (f) de estopa / *metxa (f) d'estopa*

IV.

14
Fertigspinnen (n) des Flachses
Flax Spinning
Пряденіе (ср) льна
Filage (n) du lin
Filatura (f) in fino del lino
Hilado (m) del lino / *Filatura (f) del lli*

15 Flachsspinner (m)
flax spinner
льнопрядильщик (мр)
fileur (m) de lin
filatore (m) di lino
hilador (m) de lino / *filador (m) de lli*

16 Flachsspinnerin (f)
flax spinner
льнопрядильщица (жр)
fileuse (f) de lin
filatrice (f) di lino
hiladora (f) de lino / *filadora (f) de lli*

1 Wergspinner (m), Hedespinner (m)
tow spinner
прядильщик (мр) очесов *или* угаров, угарный прядильщик
fileur (m) d'étoupes
filatore (m) di stoppa
hilador (m) de estopas / *filador (m) d'estopes*

2 Wergspinnerin (f), Hedespinnerin (f)
tow spinner
прядильщица (жр) очесов *или* угаров, угарная прядильщица
fileuse (f) d'étoupes
filatrice (f) di stoppa
hiladora (f) de estopas / *filadora (f) d'estopes*

3 Flügelspinnmaschine (f)
flyer spinning frame
рогульчатый ватер (мр), рогульчатая прядильная машина (жр)
métier (m) à filer à ailettes, continu (m) à ailettes
filatoio (m) ad alette
continua (f) de hilar de aletas / *continua (f) de filar d'aranyes*

4 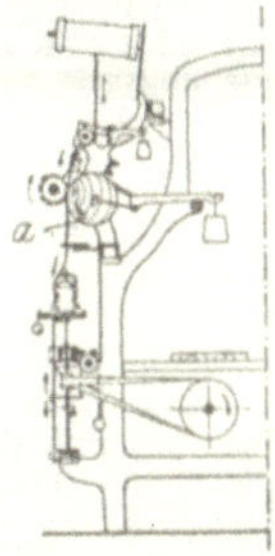

Trockenspinnmaschine (f)
dry spinning frame
ватер (мр) сухого пряденія
métier (m) à filer au sec
filatoio (m) a secco
continua (f) de hilar en seco / *continua (f) de filar en sec*

5 a
Hartholzdruckwalze (f)
hard wood pressure roller
нажимной валик (мр) из твердаго дерева
rouleau (m) de pression en bois dur
cilindro (m) superiore di legno duro
cilindro (m) de presión de madera dura / *corró (m) de pressió de fusta dura*

6 Trockenspinner (m)
dry spinner
прядильщик (мр) сухим способом
fileur (m) au sec
filatore (m) a secco
hilador (m) en seco / *filador (m) a sec*

7 Trockenspinnerin (f)
dry spinner
прядильщица (жр) сухим способом
fileuse (f) au sec
filatrice (f) a secco
hiladora (f) en seco / *filadora (f) a sec*

8 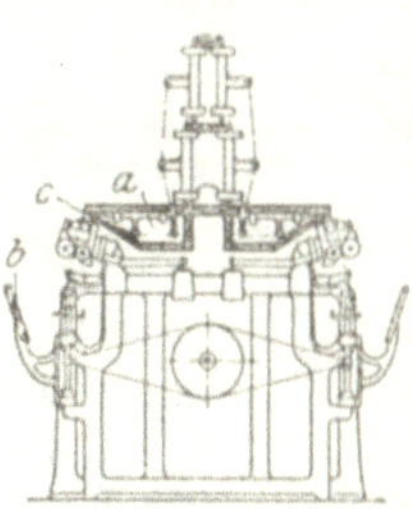

Naßspinnmaschine (f), Heißwasserspinnmaschine (f)
wet spinning frame
ватер (мр) мокраго пряденія
métier (m) à filer au mouillé *ou* à l'eau chaude
filatoio (m) ad umido *o* ad acqua calda *o* a decomposizione
continua (f) de hilar en mojado / *continua (f) de filar en mullat*

9 Naßspinner (m)
wet spinner
прядильщик (мр) мокрым способом
fileur (m) au mouillé
filatore (m) in umido
hilador (m) en mojado / *filador (m) a moll*

Naßspinnerin (f)
wet spinner
прядильщица (жр) мокрым способом 10
fileuse (f) au mouillé
filatrice (f) in umido
hiladora (f) en mojado / *filadora (f) a moll*

gummireiche Flachsfaser (f)
flax fibre rich in gummy matter
льняное волокно (ср), богатое содержаніем клея *или* камеди
fibre (f) de lin riche en matières gommeuses 11
fibra (f) di lino ricca in materie gommose
fibra (f) de lino rica en materias gomosas / *fibra (f) de lli rica en materies gomoses*

das Vorgarn durch heißes Wasser führen
to guide the roving through hot water
пропускать ровницу через горячую воду
faire passer la mèche dans l'eau chaude 12
far passare nell'acqua calda il filo in grosso
hacer pasar la mecha por agua caliente / *fer passar la metxa per aigua calenta*

das Pflanzengummi lösen
to dissolve the vegetable gum
растворять растительный клей
dissoudre la matière gommeuse 13
sciogliere la materia gommosa
disolver /*dissoldre* / la materia gomosa

a
abgedeckter Heißwassertrog (m)
covered hot water trough
закрытое корыто (ср) для горячей воды
auge (f) à eau chaude couverte 14
bacino (m) ad acqua calda coperto
artesa (f) cerrada de agua caliente / *pastera (f) tencada d'aigua calenta*

Spritzen (n) der Spinnflügel
splashing of the flyers
разбрызгиваніе (ср) воды рогульками на веретенах
projection (f) de l'eau par les ailettes 15
spruzzamento (m) delle alette
salpicado (m) de las aletas / *esquitxada (f) de les aranyes*

b
Schutzbrett (n), Spritzbrett (n)
splash board
защитная доска (жр), козырек (мр), щиток (мр)
rattrappeur (m) d'eau 16
tavola (f) catturante l'acqua di spruzzamento
salpicadero (m) / *taula (f) protectora dels esquitxos*

1 c
metallbeschlagene Trogkante (f)
plated edge of trough
край (мр) корыта, обитый металлом
bord (m) de l'auge avec garniture métallique
orlo (m) del recipiente con guarnizione metallica
borde (m) de la artesa con plancha metálica / *vora (f) de la pastera amb planxa metàl·lica*

2

Trockenspinnmaschine (f) mit Anfeuchtwalzen, Halbnaßspinnmaschine (f)
demi-sec *or* half-dry spinning frame
ватер (мр) полумокраго *или* влажнаго пряденія
métier (m) à filer à eau froide
filatoio (m) a mezzo umido
continua (f) de hilar con agua fría / *contínua (f) de filar amb aigua freda*

---

3 a
stellbare Leitplatte (f) *oder* Luntenplatte (f)
adjustable guide plate *or* thread plate
устанавливающаяся нитеводная планка (жр)
guide-mèche (m) réglable
guida-filo (m) regolabile
guía-mechas (m) / *guia-metxes (m)* / ajustable

4
Nässen (n) *oder* Annetzen (n) des Vorgarns
wetting the roving
увлажненіе (ср) *или* смачиваніе (ср) ровницы
humectage (m) de la mèche
bagnata (f) dello stoppino
humedecido (m) de la mecha / *humitejat (m) de la metxa*

5
angenetztes Vorgarn (n)
wetted roving
увлажненная *или* смоченная ровница (жр)
mèche (f) humectée
stoppino (m) bagnato
mecha (f) humedecida / *metxa (f) humitejada*

6
Vorgarn (n) aufstecken
to creel the rovings
ставить ровницу на рамку
monter la préparation dans le râtelier
montare le spole dei banchi
guarnecer / *guarnir la fileta*

7
Ringspinnmaschine (f)
ring spinning frame
кольцепрядильная машина (жр), кольцевой ватер (мр)
métier (m) continu à filer à anneau
filatoio (m) continuo ad anelli
[máquina (f)] continua (f) de hilar de anillos / *contínua (f) de filar d'anells*

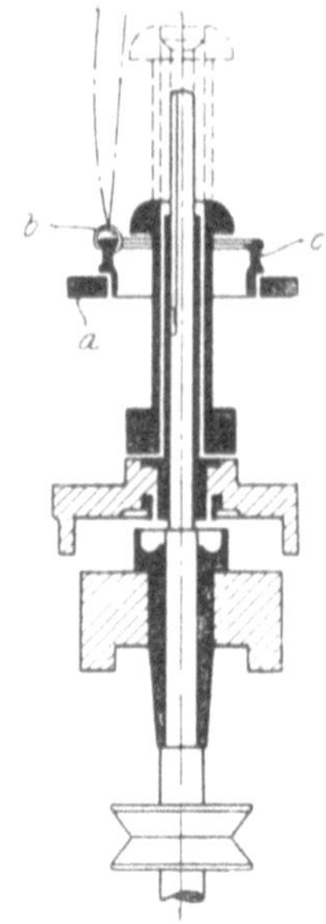

Ringspindel (f) für Flachsspinnmaschinen
ring spindle for flax spinning frame
веретено (ср) льняного кольцепрядильнаго ватера
broche (f) de continu à anneau à filer le lin 8
fuso (m) di filatoio continuo ad anelli per filare il lino
huso (m) de continua de anillos de hilar lino / *pua (f) de contínua de filar lli d'anells*

---

a
mit dem Maschinengestell fest verbundene Ringbank (f)
fixed ring plate *or* ring rail
кольцевая планка (жр), прикрѣпленная к станинѣ 9
plate-bande (f) porte-anneaux fixe
porta-anelli (m) fisso
regla (f) porta-aros fija / *fixa*

---

b
Messingdrahtläufer (m)
brass traveller
бѣгунок (мр) из мѣдной проволоки
curseur (m) en laiton 10
mobile (m) di ottone
anillo (m) corredor o cursor (m) de latón / *anell (m) corredor de llautó*

---

c
Messingring (m)
brass ring
мѣдное кольцо (ср) 11
anneau (m) en laiton
anello (m) di ottone
aro (m) de latón / *de llautó*

12
Auflaufwinkel (m)
winding angle
угол (мр) намотки
angle (m) de renvidage
angolo (m) d'incannatura
ángulo (m) de plegado / *angle (m) de plegat*

13
Ausbauchung (f), [Ballonwinkel (m)]
ballooning angle
баллонный угол (мр), угол (мр) разгона нити
angle (m) de ballonnement
angolo (m) di ballonamento
ángulo (m) de balonamiento, curva (f) balónica / *angle (m) del balón, curva (f) balònica*

14
die vollen Spulen (fpl) abziehen
to doff the full bobbins
снимать полныя катушки
faire la levée des bobines
levare le bobine piene
mudar / *mudar, fer mudada*

1 Abzug (m)
doffing
съем (мр)
levée (f)
levata (f)
mudada (f)

2 Beschmutzen (n) des Garnes beim Spinnen
soiling the yarn during spinning
загрязненіе (ср) пряжи во время пряденія
salissure (f) du fil pendant le filage
sporcamento (m) del filo durante la filatura
ensuciamiento (m) del hilo durante el hilado / *embrutament (m) del fil durant la filatura*

V.

3 Nachbehandlung (f) der naßgesponnenen Garne
After-Treatment of Wet Spun Yarns
Обработка (жр) пряжи послѣ мокраго пряденія
Finissage (m) des fils filés au mouillé
Operazioni (f pl) complementari dei filati a umido
Acabado (m) de los hilos hilados en mojado / *Acabat (m) dels fils filats en mullat*

4 Trocknen (n) des Flachsgarns
flax yarn drying
сушка (жр) льняной пряжи
séchage (m) du fil de lin
essiccazione (f) del filato di lino
secado (m) del hilo de lino / *assecat (m) del fil de lli*

5 Trocknen (n) des Flachsgarns über den Dampfkesseln
drying the flax yarn over the steam boilers
сушка (жр) льняной пряжи в котельных
séchage (m) du fil de lin au-dessus des générateurs de vapeur
essiccazione (f) del filato di lino sopra le caldaie a vapore
secado (m) del hilo de lino encima de las calderas de vapor / *assecat (m) del fil de lli sobre les calderes de vapor*

6 Trockenboden (m)
drying boards
сушильный пол (мр) *или* настил (мр), сушильная камера (жр)
séchoir (m)
seccatoio (m)
secadero (m) / *assecador (m), estenedor (m)*

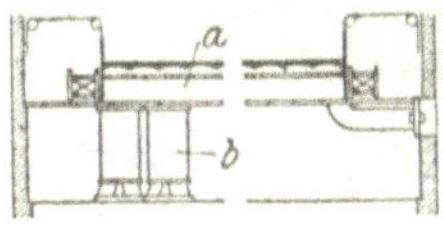

Kanaltrockner (m) für Flachsgarne
drying chamber for flax-yarn
сушилка (жр) для льняной пряжи с нагрѣвательным каналом
canal (m) de séchage pour fil de lin
essiccatoio (m) a canale per filati di lino
cámara (f) de secado para hilos de lino / *cambra (f) d'assecat de fil de lli* 7

a
feuerfester Kanal (m)
fireproof chamber
огнеупорный канал (мр)
chambre (f) incombustible
camera (f) incombustibile
cámara (f) / *cambra (f)* / incombustible 8

b
Heizvorrichtung (f)
heating apparatus
топка (жр)
appareil (m) de chauffage
apparecchio (m) di riscaldamento
aparato (m) de calefacción / *aparell (m) de calefacció* 9

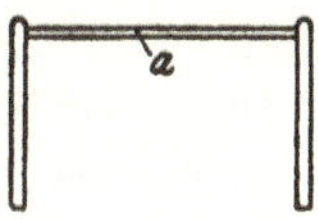

a

Garnstange (f), Trockenstange (f)
yarn pole
сушильныя вѣшала (ср) в видѣ рейки
bâton (m) pour fil, perche (f) de séchage
pertica (f) di essiccatoio
percha (f) para el hilo / *barra (f) per al fil o d'estendre* 10

das getrocknete Garn abkühlen
to cool the dried yarn
остужать высушенную пряжу
refroidir le fil séché
raffreddare il filo essiccato
enfriar el hilo secado / *refredar el fil assecat* 11

E.

1 Hanfspinnerei (f) / Hemp Spinning / Пряденіе (ср) пеньки / Filature (f) du chanvre / Filatura (f) della canapa / Hilatura (f) del cáñamo / *Filatura* (f) *del cànem*

I.

2 **Allgemeines** (n) / **General Terms** / **Общее** (ср) / **Généralités** (f pl) / **Generalità** (f pl) / **Generalidades** (f pl)

3 Ausschußhanf (m) / outshot hemp, seconds / отбросная *или* внѣсортная пенька (жр) / chanvre (m) sérancé de la seconde sorte / canapa (f) di scarto / cáñamo (m) de segunda calidad / *cànem (m) de segona qualitat*

4 Schwinghanf (m), Schwunghanf (m) / scutched hemp / трепаная пенька (жр) / chanvre (m) teillé / canapa (f) scotolata o battuta / cáñamo (m) espadado / *cànem (m) espadat*

5 Hechelhanf (m), gehechelter Hanf (m) / hackled hemp / прочесанная *или* гекельная пенька (жр) / chanvre (m) peigné / canapa (f) pettinata / cáñamo (m) rastrillado o peinado / *cànem (m) rastellat o pentinat*

6 feingehechelter Hanf (m) / fine hackled hemp / тонкопрочесанная пенька (жр) / chanvre (m) peigné en fin / canapa (f) pettinata in fino / cáñamo (m) peinado en fino / *cànem (m) pentinat en fi*

7 den gehechelten Hanf sondern *oder* sichten / to sort the hackled hemp / сортировать прочесанную пеньку / assortir le chanvre peigné / cernere la canapa pettinata / escoger el cáñamo peinado / *triar o sortejar el cànem pentinat*

8 schäbenfreier Hanf (m) / hemp free from chaff / пенька (жр), очищенная от кострики / chanvre (m) sans chènevotte / canapa (f) scevra di lische / cáñamo (m) limpio de cañamizas / *cànem (m) sense canamuixa*

9 Abfallhanf (m), Hanfabfall (m) / hemp waste / угарная пенька (жр), отброс (мр) *или* очес (мр) пеньки / déchets (m pl) de chanvre / cascami (m pl) di canapa / desperdicios (m pl) de cáñamo / *desperdicis (m pl) de cànem*

Hanfballen (m) / hemp bale / кипа (жр) пеньки / balle (f) de chanvre / balla (f) di canapa / bala (f) de cáñamo / *de cànem* 10

Schwitzen (n) des Hanfes im Ballen / sweating of the hemp in the bale / потѣніе (ср) *или* выдѣленіе (ср) пота пеньки внутри кипы / resuage (m) du chanvre dans la balle / sudamento (m) della canapa nella balla / resudación (f) del cáñamo / *resudació (f) del cànem / en la bala* 11

mit *x* Bändern unterbundener Hanfballen (m) / hemp-bale bound with *x* bands / кипа (жр) пеньки, затянутая *x* обручами *или* обвязками / balle (f) de chanvre liée avec *x* liens / balla (f) di canapa legata con *x* corde / bala (f) de cáñamo atada con *x* cuerdas / *bala (f) de cànem lligada amb x cordes o lligams* 12

Langhanfspinnerei (f) / long hemp spinning / пряденіе (ср) длинноволокнистой пеньки / filature (f) du chanvre long / filatura (f) della canapa lunga / hilado (m) del cáñamo de fibra larga / *filatura (f) de cànem de fibra llarga* 13

Hanfwergspinnerei (f) / hemp tow spinning / пряденіе (ср) пеньковой кудели *или* пакли / filature (f) de l'étoupe de chanvre / filatura (f) della stoppa di canapa / hilado (m) de la estopa de cáñamo / *filatura (f) de l'estopa de cànem* 14

II.

Vorbereitung (f) **des Hanfes für das Spinnen** / **Preparing the Hemp for Spinning** / **Приготовленіе** (ср) **пеньки для пряденія** / **Préparation** (f) **du chanvre pour le filage** / **Preparazione** (f) **della canapa per la filatura** / **Preparación** (f) **del cáñamo para el hilado** / ***Preparació*** (*f*) ***del cànem per a la filatura*** 15

1 **1. Hecheln (n) des Hanfes, Hanfhechelei (f)**
Hemp Hackling
Гребнечесаніе (ср) пеньки
Peignage (m) du chanvre
Pettinatura (f) della canapa
Rastrillado (m) del cáñamo / *Rastellat (m) del cànem*

2 Hanfhechler (m)
hemp hackler *or* comber
чесальщик (мр) пеньки на геклях
peigneur (m) *ou* sérançeur (m) de chanvre
pettinatore (f) di canapa
rastrillador (m) de cáñamo / *rastellador (m) de cànem*

3 Hanfhechlerin (f)
hemp hackler *or* comber
чесальщица (жр) пеньки на геклях
peigneuse (f) de chanvre
pettinatrice (f) di canapa
rastrilladora (f) de cáñamo / *rastelladora (f) de cànem*

4 Abzughechel (f)
coarse hackle, long rougher
обдирочная *или* грубая гекля (жр)
gros peigne (m)
pettine (m) rado *o* in grosso
rastrillo (m) *o* peine (m) grueso / *rastell (m) o pinte (m) gros*

5 Ausmachhechel (f)
fine hackle
отдѣлочная *или* тонкая гекля (жр)
peigne (m) fin
pettine (m) fitto *o* in fino
rastrillo (m) *o* peine (m) fino / *rastell (m) o pinte (m) fi*

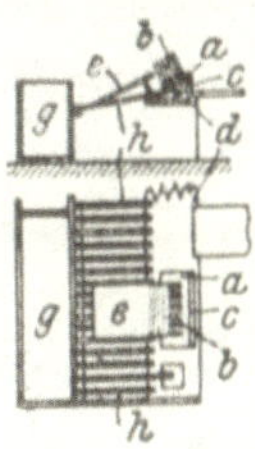

6 Handhechel (f) für Hanf
hand hackle *or* hand dresser's tool for hemp
ручная гекля (жр) *или* гребнечесалка (жр) для пеньки
peigne (m) à main *ou* sérançoir (m) pour chanvre
pettine (m) a mano per canapa
rastrillo (m) *o* peine (m) a mano para cáñamo / *rastell (m) o pinte (m) a mà per a cànem*

7 a
Eichenholzhechelbrett (n)
oak hackling block *or* stock
дубовая доска (жр) гребня
bloc (m) de peigne en chêne
blocco (m) del pettine in legno di quercia
bloque (m) del peine de roble / *bloc (m) del pinte de fusta de roure*

8 b
Hechelzähne (mpl), Hechelnadeln (fpl)
hackling teeth *or* pins
иглы (жр) гекли
dents (fpl) de peigne
denti (mpl) del pettine
agujas (fpl) *o* púas (fpl) del rastrillo / *agulles (fpl) o pues (fpl) del rastell*

9 c
keilförmige Holzunterlage (f)
wedge-shaped wood block
клинообразная деревянная подкладка (жр)
bloc (m) de bois en forme de coin
blocco (m) cuneiforme di legno
bloque (m) de madera en forma de cuña / *bloc (m) de fusta en forma de falca*

d
Hechelbank (f), Hechelstuhl (m), Hechelstock (m)
hackling bench
гребенная скамейка (жр), ручной гекельный станок (мр) 10
banc (m) de peigne
banco (m) *o* tavola (f) del pettine
banco (m) del rastrillo / *banc (m) del rastell*

e
Schutzbrett (n)
protection board
предохранительный наклонный щит (мр)
planche (f) de protection 11
assicella (f) di protezione
tabla (f) de protección / *taula (f) de protecció*

g
Wergkasten (m)
tow box
ящик (мр) для пакли
caisse (f) *ou* boîte (f) à étoupes 12
cassa (f) a stoppa
caja (f) de estopas / *caixa (f) d'estopes*

h
Holzstabgitter (n)
wooden grating
деревянная рѣшетка (жр)
treillage (m) *ou* grille (f) en bois
graticola (f) di legno 13
rejilla (f) de madera / *reixa (f) o engraellat (m) de fusta*

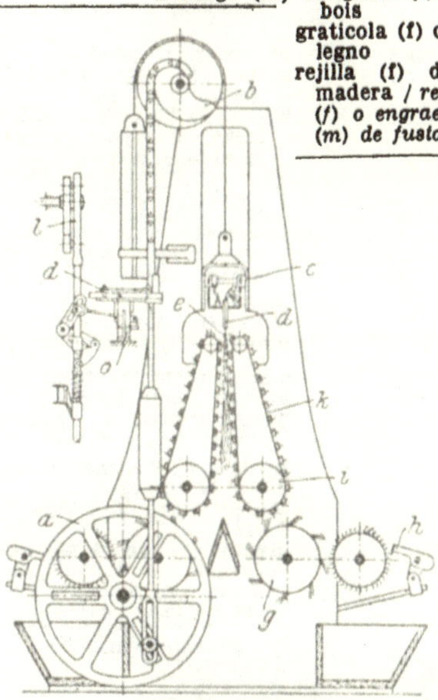

Hanfhechelmaschine (f) mit selbsttätiger Umspannung
hemp hackling machine with automatic screwers
гекля (жр) с автоматической перекидкой пряди пеньки
peigneuse (f) mécanique à chanvre à mouvement de renversement *ou* de voltée automatique 14
pettinatrice (f) con dispositivo automatico per l'inversione del manipolo
máquina (f) de rastrillar cáñamo con inversión automática del manojo / *màquina (f) de rastellar cànem amb inversió automàtica del manat*

Wagenhubrad (n)
lifter wheel
подъемный маховик (мр), маховик (мр) с кривошипом
1 a roue (f) de montée du chariot *ou* du canal
ruota (f) di alzamento ed abbassamento del carro
rueda (f) del balancin *o* del carro / *roda (f) del balancé o del carro*

Kluppenbahnhubscheibe (f), Kluppenbahnhubexzenter (n)
channel lifting cam
эксцентрик (мр) *или* качающій брус (мр), несущій зажимныя колодки
2 b excentrique (m) supérieur du mouvement du chariot
eccentrico (m) superiore del movimento del carro
excéntrico (m) de subir el carro / *excèntric (m) de pujar el balancé*

Kluppenbahn (f)
channel, head
салазки (жр) для зажимных колодок, каретка (жр) гекли
3 c chariot (m), canal (m)
guida (f) orizzontale delle morse, carro (m)
regla-guia (f) de las mordazas, carro (m) / *guia (m) de les mordasses, carro (m)*

Kluppe (f)
holder, clamp
зажимная колодка (жр), клуп (мр), зажим (мр), клещи (жр)
4 d presse (f)
morsa (f), morsetta (f)
mordaza (f) / *mordassa (f)*

---

eingespannte Hanfriste (f)
gripped hemp strick
заправленная в колодку прядь (жр) пеньки
5 e poignée (f) de chanvre saisie par la presse
manipolo (m) di canapa afferrato
manojo (m) de cáñamo mantenido por la mordaza / *manat (m) de cànem sostingut per la mordassa*

Wergabnehmwalze (f)
tow doffer
валик (мр), снимающій очес
6 g doffer (m) d'étoupes
cilindro (m) scaricatore della stoppa
cilindro (m) descargador de estopa / *corró (m) descarregador o llevador d'estopes*

Wergabstreicher (m)
tow stripping comb, tow doffer comb
гребенка (жр), снимающая очес с вальяна
7 h peigne (m) détacheur d'étoupes
pettine (m) oscillante [scaricatore di stoppa]
peine (m) descargador de la estopa / *pinte (m) descarregador de l'estopa*

Hechelmantelscheibe (f)
bottom sheet roller
барабан (мр), ведущій безконечную цѣпь гребней
i poulie (f) inférieure du tablier 8
rullo (m) *o* puleggia (f) inferiore della tela
polea (f) inferior del tablero / *politja (f) inferior de la telera*

Hechelleistenmantel (m)
hackle sheet
безконечная цѣпь (жр) гребней
k tablier (m) de la peigneuse
nastro (m) continuo della pettinatrice 9
tablero (m) de rastrillar *o* de peines / *telera (f) de rastellar o de pintes*

Deckelhebel (m)
top lever
рычаг (мр) крышки
levier (m) pour soulever la mâchoire supérieure
l leva (f) per sollevare la morsa superiore 10
palanca (f) [para levantar la mordaza] superior / *palanca (f) [per a aixecar la mordassa] superior*

Umspannerschleife (f)
reversing loop
петля (жр) перекидного приспособленія
glissoir (m) du dispositif pour faire la voltée 11
occhiello (m) *o* pattino (m) di inversione
guia (m) de inversión / *d'inversió*

Kluppenwender (m), Wechsel [(m)
clamp changer
перекидчик (мр) зажимной колодки
o appareil (m) de changement *ou* de voltée 12
invertitore (m)
mecanismo (m) de inversión / *mecanisme (m) d'inversió*

---

2. Veredeln (n) *oder* Verfeinern (n) des gehechelten Hanfes

Refining the Hackled Hemp

Облагораживаніе (ср) прочесанной на гекляхъ пеньки

Raffinage (m) du chanvre peigné

Raffinamento (m) della canapa pettinata 13

Repasado (m) del cáñamo peinado / *Repassat (m) del cànem pentinat*

---

den Hanf verfeinern
to refine the hemp
облагораживать пеньку
[r]affiner le chanvre
raffinare la canapa 14
repasar el cáñamo / *repassar el cànem*

Weichmachen (n) des Hanfes
softening the hemp
размягченіе (ср) пеньки
assouplissement (m) du chanvre
ammorbidimento (m) della canapa 15
suavizado (m) del cáñamo / *estovat (m) del cànem*

Spalten (n) der Fasern
splitting of the fibres
расщепленіе (ср) волокон
séparation (f) *ou* division (f) des fibres
divisione (f) delle fibre
separación (f) *o* desagregación (f) de las fibras / *separació (f) de les fibres* 16

1 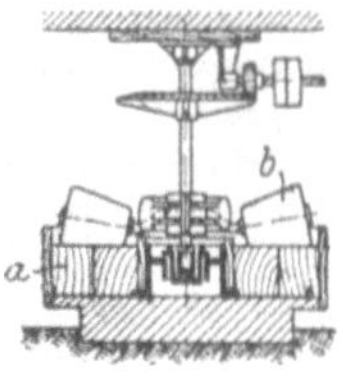

Hanfreibe (f)
hemp softening mill, edge roller mill
терочная мельница (жр) *или* терочный постав (мр) для пеньки
moulin (m) à cylindres coniques pour chanvre
molazza (f) per canapa a cilindri conici
molino (m) de cáñamo con cilindros cónicos / *molí (m) de cànem amb corrons cònics*

---

2 a

mit Holz ausgefüttertes Reibebett (n)
circular trough with wood lining
деревянная постель (жр) под катками
fond (m) *ou* auge (f) circulaire avec revêtement en bois
vasca (f) circolare con rivestimento di legno
artesa (f) revestida de madera, canal (m) circular / *pastera (f) revestida de fusta, canal (m) circular*

---

3 b

kegelförmige Läufer (mpl), Reibekegel (mpl), Reibebirnen (fpl)
conical rollers
коническіе катки (мр) *или* бѣгуны (мр), терочные конусы (мр)
rouleaux (mpl) tronconiques
cilindri (mpl) conici
rodillos (mpl) cónicos / *corrons (mpl) cònics*

---

4 zusammengedrehte Hanfriste (f)
twisted hemp strick
скрученная прядь (жр), жгут (мр) пеньки
tresse (f) de chanvre
treccia (f) di canapa
manojo (m) trenzado de cáñamo / *trenat (m) de cànem*

---

5 zu Knoten geschlungene Hanfriste (f)
knotted hemp strick
завязанная узлом прядь (жр) пеньки
poignée (f) de chanvre nouée
manipolo (m) di canapa annodato
manojo (m) de cáñamo anudado / *manat (m) de cànem nuat*

---

6 Nachhecheln des Hanfes
finishing hackling of hemp
отдѣлочное гребнечесаніе (ср) пеньки
finissage (m) du chanvre
pettinatura (f) finale della canapa
peinado (m) en fino del cáñamo / *pentinat (m) en fi del cànem*

---

7 Sichten (n) *oder* Sondern (n) des Hanfes
sorting *or* grading of hemp
сортировка (жр) пеньки
triage (m) *ou* classement (m) du chanvre
cernita (f) della canapa
escogido (m) del cáñamo / *triat (m) del cànem*

---

8 Hanfsichter (m), [Hanfsortierer (m)]
hemp finisher
сортировщик (мр) пеньки
repasseur (m) *ou* finisseur (m) *ou* affineur (m) *ou* classeur (m) de chanvre
pulitore (m) di canapa
repasador (m) *o* peinador (m) en fino de cáñamo / *repassador (m) o pentinador (m) en fi de cànem*

Parallellegen (n) der Fasern
parallelisation of the fibres
параллелизація (жр) волокон
parallélisation (f) des fibres
parallelizzazione (f) delle fibre
paralelización (f) de las fibras / *paral·lelització (f) de les fibres* 9

---

reine Faserristen (fpl)
clean fibre stricks
начисто прочесанныя и рассортированныя пряди (жр) волокон
poignées (fpl) de fibres nettoyées
manipoli (mpl) di fibre pulite
manojos (mpl) de fibras limpias / *manats (mpl) de fibres netes* 10

---

3. Stoßen (n) *oder* Reißen (n) *oder* Schneiden (n) des Hanfes

Cutting of Hemp

Толченіе (ср) *или* раздираніе (ср) *или* расщепленіе (ср) пеньки

Coupage (m) du chanvre

Ritagliatura (f) *o* recisione (f) della canapa

Corte (m) del cáñamo / *Tallat (m) del cànem* 11

Stoßen (n) mit der Hand
cutting by hand
толченіе (ср) вручную
coupage (m) à la main
ritagliatura (f) a mano
corte (m) a mano / *tallat (m) a mà* 12

---

sensenartiges Messer (n)
scythe-like knife
серповидный нож (мр)
couteau (m) en forme de faucille
coltello (m) in forma di falce
cuchillo (m) en forma de hoz / *ganivet (m) en forma de falç* 13

Beil (n)
hatchet
топор (мр)
hache (f)
ascia (f)
hacha (f) / *destral (m)* 14

Schnippmaschine (f), Hanfreißmaschine (f)
hemp snipping machine, hemp snipper
раздирочная машина (жр)
coupeuse (f) mécanique pour chanvre
macchina (f) a recidere la canapa
cortadora (f) mecánica para cáñamo / *talladora (f) mecànica per a cànem* 15

Kreissäge (f)
circular saw
круглая пила (жр)
scie (f) circulaire
sega (f) circolare
sierra (f) / *serra (f)* / circular 16

---

4. Anlegen (n) des Langhanfes

Spreading the Long Hemp

Растиланіе (ср) *или* накладываніе (ср) длинной пеньки

Étalage (m) du chanvre long

Distendimento (m) della canapa a fibra lunga

Extendido (m) del cáñamo de fibra larga / *Estesa (f) del cànem de fibra llarga* 17

---

den Langhanf anlegen
to spread the long hemp
накладывать *или* соединять длинную пеньку
étaler le chanvre long
distendere la canapa a fibra lunga
extender el cáñamo de fibra larga / *estendre el cànem de fibra llarga* 18

---

der Hanf wird angelegt
the hemp is spread
пенька (жр) накладывается *или* соединяется концами
le chanvre est étalé
la canapa è distesa
el cáñamo está extendido / *el cànem està estès* 19

1	Hanfanlegemaschine (f) hemp spread board накладывательная *или* соединительная машина (жр)	étaleuse (f) pour chanvre macchina (f) spanditrice per canapa mesa (f) extendedora para cáñamo / *taula (f) d'estendre per a cànem*
2	**5. Hanfwerg-aufbereitung (f)** **Hemp Tow Preparing** **Обработка (жр) пеньковой пакли**	**Préparation (f) des étoupes de chanvre** **Lavorazione (f) della stoppa di canapa** **Preparación (f) de las estopas de cáñamo / *Preparació (f) de les estopes de cànem***
3	Hanfwerg (n), Hanfhede (f) hemp tow, hemp hards пеньковая пакля (жр) *или* кудель (жр)	étoupe (f) de chanvre stoppa (f) di canapa estopa (f) de cáñamo / *de cànem*
4	unreines Hanfwerg, [Kodille (f), Tors (m)] hemp codilla сорная пеньковая пакля (жр) *или* кудель (жр)	étoupe (f) impure de chanvre stoppa (f) impura di canapa, codilla (f) estopa (f) impura de cáñamo / *de cànem*
5	Kolbenwerg (n) tow from coarse hackled hemp пакля (жр), получаемая от раздѣлки концов прядей	étoupe (f) de peignage en gros stoppa (f) di pettinatura in grosso estopa (f) del peinado en grueso de cáñamo / *estopa (f) del pentinat en gros del cànem*
6	Kernwerg (n) tow from fine hackled hemp пакля (жр) от мыканья пеньки	étoupe (f) de l'affinoir *ou* de peignage en fin stoppa (f) di pettinatura in fino estopa (f) del peinado en fino / *estopa (f) del pentinat en fi*
7	eingefettetes Werg (n) greased tow просаленная *или* промасленная пенька (жр), пенька (жр) пропитанная жиром	étoupe (f) ensimée stoppa (f) ingrassata estopa (f) engrasada / *ensimada*
8	Einfetten (n) des Hanfwergs mit Talg greasing the hemp tow with tallow просаливание (ср) пеньковой кудели [салом]	graissage (m) *ou* ensimage (m) des étoupes au suif ingrasso (m) della stoppa di canapa col sego engrase (m) de la estopa de cáñamo con sebo / *ensimatge (m) de la estopa de cànem amb sèu*
9	Reinigen (n) des Hanfwergs cleaning the hemp tow очистка (жр) пеньковой кудели	nettoyage (m) des étoupes de chanvre pulitura (f) della stoppa di canapa limpieza (f) de la estopa de cáñamo / *neteja (f) de la estopa de cànem*
10	die Hede von den Schäben befreien to free the tow from chaff очистить кудель от засоренія кострикою	enlever la chènevotte de l'étoupe levare la lisca dalla stoppa quitar la cañamiza / *treure la canamuixa* / de la estopa
11	Zerreißen (n) der langen Hanfhede cutting *or* knifing the long hemp hards разрывание (ср) длинной пеньковой пакли	coupage (m) des étoupes longues du chanvre ritagliatura (f) della stoppa lunga di canapa corte (m) de la estopa larga de cáñamo / *tallat (m) de les estopes llarges de cànem*
12	Reißwolf (m) breaker щипальный волчек (мр)	briseur (m), loup (m) apparato (m) di scioglimento, lupo (m), battitore (m) abridora (f) / *obridora (f), diable (m)*
13	**6. Krempeln (n) des Hanfwergs** **Carding the Hemp Tow** **Кардочесаніе (ср) пеньковой пакли**	**Cardage (m) des étoupes de chanvre** **Cardatura (f) della stoppa di canapa** **Cardado (m) de las estopas de cáñamo / *Cardat (m) de les estopes de cànem***
14	Hanfwergkrempel (f) hemp tow card ручная чесалка (жр) для пеньковой пакли	carde (f) à étoupes de chanvre carda (f) da stoppa di canapa carda (f) para estopas de cáñamo / *carda (f) per a estopes de cànem*
15	Vorkrempel (f) breaker card подготовительная кардная машина (жр)	carde (f) briseuse *ou* dégrossisseuse carda (f) in grosso carda (f) abridora / *carda (f) obridora*
16	Feinkrempel (f) finisher card отдѣлочная *или* тонкая кардная машина (жр)	carde (f) finisseuse *ou* en fin carda (f) finitrice *o* in fino carda (f) acabadora
17	Streckkopf (m) drawing head головка (жр) вытяжного аппарата	tête (f) d'étirage testa (f) di tiratura testa (f) de estiraje / *d'estiratge*
18	Krempel (f) mit nur oben ausgenutzter Trommeloberfläche, Halbzirkularkrempel (f) mit oberer Arbeitsseite up-striker half circular card полуокружная кардная машина (жр) с верхней рабочей половиной	carde (f) semi-circulaire avec surface travaillante en haut carda (f) semicircolare con parte operatrice alla metà superiore carda (f) de superficie de trabajo semi-circular a la parte superior del tambor / *carda (f) amb superficie de treball semi-circular a la part superior de la bóta*
19	Krempel (f) mit nur unten ausgenutzter Trommeloberfläche, Halbzirkularkrempel (f) mit unterer Arbeitsseite half circular down-striker card полуокружная кардная машина (жр) с нижней рабочей половиной	carde (f) semi-circulaire avec surface travaillante en bas carda (f) semicircolare con parte operatrice alla metà inferiore carda (f) de superficie de trabajo semi-circular a la parte inferior del tambor / *carda (f) amb superficie de treball semi-circular a la part inferior de la bóta*

7. Strecken (n) und Doppeln (n) des Hanfes — Étirage (m) et doublage (m) du chanvre

Drawing and Doubling of the Hemp — Tiratura (f) e addoppiatura (f) della canapa

1 **Вытяжка (жр) и сдваиванiе (ср) пеньки** — **Estiraje (m) y doblado (m) del cáñamo / *Estiratge (m) i doblat (m) del cànem***

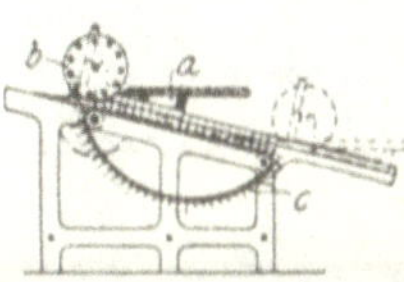

2
Hanfstrecke (f)
hemp drawing frame
пеньковая ленточная машина (жр)
[banc (m) d'] étirage (m) pour chanvre
banco (m) a tirare per canapa
manuar (m) de cáñamo / *de cànem*

3 a
hin- u. herbewegter Wagen (m)
to-and-fro moving carriage
каретка (жр), двигающаяся вперед и назад
chariot (m) à mouvement de va-et-vient
carro (m) a movimento di va e vieni
carro (m) con movimiento de vaivén / *carro (m) amb moviment de vaivé*

4 b
Stabtrommel (f)
press roller
пруточный *или* заправочный барабан (мр)
cylindre (m) enfonceur
cilindro (m) di pressione
cilindro (m) hundidor / *cilindre (m) enfonsador*

5 c
Nadelstabkette (f)
needle lattice
цѣпь (жр) игольчатых планок
tablier (m) à aiguilles
pettine (m) continuo articolato
tablero (m) con puntas / *telera (f) amb puntes*

III.

Spinnen (n) des Hanfes — Filage (m) du chanvre

Hemp Spinning — Filatura (f) della canapa

6 **Пряденiе (ср) пеньки** — **Hilado (m) del cáñamo / *Filatura (f) del cànem***

7
Vorspinnen (n) des Hanfes
preparation of hemp for spinning
приготовленiе (ср) пеньковой ровницы
préparation (f) du chanvre pour le filage
filatura (f) in grosso della canapa
preparación (f) del cañamo para el hilado / *preparació (f) del cànem per a la filatura*

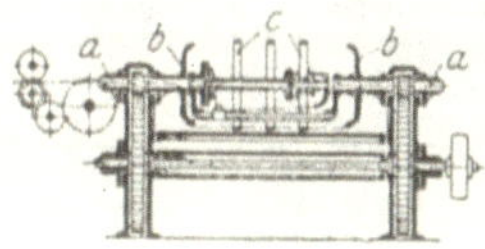

Hanfvorspinnmaschine (f)
hemp roving frame
банкаброш (мр) для пеньки
banc (m) à broches pour chanvre
banco (m) a fusi per canapa
mechera (f) de cáñamo / *metxera (f) de cànem* 8

a
hohle Spinnachse (f)
hollow spindle
пустотѣлая веретенная ось (жр) 9
broche (f) creuse
fuso (m) cavo
huso (m) hueco / *pua (f) buida*

b
umlaufender Spinnarm (m)
revolving flyer
вращающееся плечо (ср) рогульки 10
ailette (f) tournante
aletta (f) giratoria
aleta (f) / *aranya (f)* / giratoria

c
Schleifring (m)
antiballooning ring
антибаллонное кольцо (ср) 11
anneau (m) de guidage
anello (m) di guida
anillo-guia (m) / *anell-guia (m)*

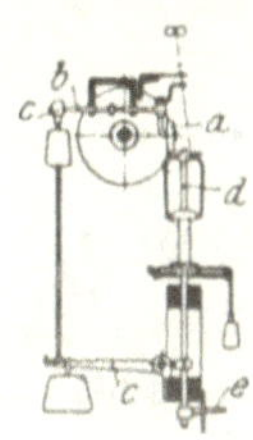

Vorspinnmaschine (f) mit passiven Spindeln
flyer frame with dead spindles
банкаброш (мр) с пассивными веретенами
banc (m) à broches passives *ou* entraînées par la mèche 12
banco (m) a fusi con fusi passivi
continua (f) de aletas con husos muertos *o* pasivos / *continua (f) d'aranyes amb pues mortes o arrossegades per la mecha*

a
Reibungsscheibe (f)
friction disc
фрикцiонный диск (мр)
disque (m) de friction 13
disco (m) a frizione
disco (m) de fricción / *disc (m) de fricció*

b
Schubstange (f)
sliding rod, disconnecting rod
стержень (мр) для выключенiя фрикцiона 14
tringle (f)
tirante (m)
varilla (f) / *barreta (f)* / móvil

c
gewichtbelasteter Hebel (m)
weighted lever
плечо (ср) рычага, нагруженное гирею 15
levier (m) à contrepoids
leva (f) caricata da peso
palanca (f) con contrapeso / *amb contrapès*

d
Spindel (f) mit Kernerspitze
spindle with pointed end
веретено (ср) с коническою головкою 16
broche (f) avec pivot en pointe
fuso (m) con punta conica
huso (m) con punta cónica / *pua (f) amb el cap afuat*

1 e — Fußtritt (m) / treadle / подножка (жр), педаль (жр) / pédale (f) / pedale (m) / pedal (m)

2 Fertigspinnen (n) des Hanfes / spinning of hemp / пряденіе (ср) пеньки — filage (m) du chanvre / filatura (f) in fino della canapa / hilado (m) del cáñamo / *filatura (f) del cànem*

3 den Hanf spinnen / to spin the hemp / выпрядать пеньку — filer le chanvre / filare la canapa / hilar el cáñamo / *filar el cànem*

4 Hanfspinnmaschine (f) / hemp spinning frame / пеньковая прядильная машина (жр) — métier (m) à filer le chanvre / filatoio (m) per canapa / máquina (f) de hilar el cáñamo / *màquina (f) de filar el cànem*

Hanfspinner (m) / hemp spinner / прядильщик (мр) пеньки — fileur (m) de chanvre / filatore (m) di canapa / hilador (m) de cáñamo / *filador (m) de cànem* 11

Hanfspinnerin (f) / hemp spinner / прядильщица (жр) пеньки — fileuse (f) de chanvre / filatrice (f) di canapa / hiladora (f) de cáñamo / *filadora (f) de cànem* 12

Hanfspinnerei (f) (Fabrik) / hemp spinning mill / пеньковая прядильная фабрика (жр) — filature (f) de chanvre (usine) / filatura (f) di canapa, canapificio (m) / hilatura (f) de cañamo (fábrica) / *filatura (f) de cànem (fàbrica)* 13

F.

5

Jutespinnerei (f) / Jute Spinning / Пряденіе (ср) джута

Filature (f) du jute / Filatura (f) della juta / Hilatura (f) del yute / *Filatura (f) del jute*

I.

6

Allgemeines (n) / General Terms / Общее (ср)

Généralités (f pl) / Generalità (f pl) / Generalidades (f pl)

7 Jutespinnerei (f) (Fabrik) / jute spinning mill / джутовая прядильная фабрика (жр) — filature (f) de jute / filatura (f) di juta, jutificio (m) / hilatura (f) de yute / *filatura (f) de jute*

8 die Jute spinnen / to spin the jute / прясть *или* выпрядать джут — filer le jute / filare la juta / hilar el yute / *filar el jute*

9 Jutehechelgarnspinnerei (f), Jutefeingarnspinnerei (f) / jute spinning / пряденіе (ср) джута, прочесаннаго на гекляхъ; тонкое пряденіе (ср) джута — filature (f) du jute / filatura (f) della juta / hilatura (f) del yute / *filatura (f) del jute*

10 Jutewerggarnspinnerei (f), Jutehedegarnspinnerei (f) / jute tow spinning / пряденіе (ср) джутовой кудели — filature (f) des étoupes de jute / filatura (f) della stoppa di juta / hilatura (f) de las estopas de yute / *filatura (f) de les estopes de jute*

Verspinnen (n) der Jute mit Flachswerg / spinning the jute with flax tow / пряденіе (ср) джута с примѣсью льняной кудели — filage (f) du jute avec des étoupes de lin / filatura (f) della juta con stoppa di lino / hilado (m) del yute con estopas de lino / *filatura (f) del jute amb estopes de lli* 14

Verspinnen (n) der Jute mit Hanfwerg / spinning the jute with hemp tow / пряденіе (жр) джута с примѣсью пеньковой кудели — filage (m) du jute avec des étoupes de chanvre / filatura (f) della juta con stoppa di canapa / hilado (m) del yute con estopas de cáñamo / *filatura (f) del jute amb estopes de cànem* 15

II.

Vorbereitung (f) der Jute für das Spinnen / Preparation of Jute for Spinning / Приготовленіе (ср) джута для пряденія

Préparation (f) du jute pour le filage / Preparazione (f) della juta per la filatura / Preparación (f) del yute para el hilado / *Preparació (f) del jute per a la filatura* 16

1	**1. Öffnen (n) der Ballen und Sondern (n) der Jute** **Opening of Bales and Grading the Jute** **Раздѣлка (жр** *или* **разбиваніе (ср) кип и сортировка (жр)джута**	**Ouverture (f) des balles et classement (m) du jute** **Apertura (f) delle balle e classificazione (f) della juta** **Apertura (f) de balas y clasificación (f) del yute / *Obertura (f) de bales i sorteig (m) del jute***
2	Juteballen (m) jute bale кипа (жр) джута	balle (f) de jute balla (f) di juta bala (f) de yute / *de jute*
3	Verschnüren (n) *oder* Verschnürung (f) der Juteballen tying the jute bales обвязка (жр) веревкою джутовой кипы	liage (m) des balles de jute legamento (m) delle balle di juta atado (m) de las balas de yute / *lligat (m) de les bales de jute*
4	Jutestrick (m) jute rope *or* tie джутовая плетенка (жр)	corde (f) de jute corda (f) *o* fune (f) di juta cuerda (f) de yute / *corda (f) de jute*
5	Markenlappen (m) mit Gütebezeichnung [*oder* Qualitätsbezeichnung] ticket showing quality ярлык (мр) с отмѣткою добротности *или* качества	étiquette (f) indiquant le classement etichetta (f) indicante la qualità etiqueta (f) indicadora de la calidad / *etiqueta (f) indicant la qualitat*
6	Markenbrettchen (n) ticket board дощечка (жр) для марки	planchette (f) de marque assicella (f) di marca tablilla (f) / *tauleta (f) / de marca*
7	Gütezeichen (n), [Qualitätsmarke (f)] quality mark знак (мр) *или* марка (жр) качества	marque (f) de qualité marca (f) di qualità marca (f) de calidad / *de qualitat*
8	den Juteballen öffnen *oder* aufbrechen to open the jute bale раскрыть кипу джута	ouvrir la balle de jute aprire la balla di juta abrir la bala de yute / *obrir la bala de jute*
9	zusammengepreßte Jute (f) compressed jute спрессованный джут (мр)	jute (m) comprimé juta (f) compressa yute (m) comprimido / *jute (m) comprimit*
10	den Juteballen in Schichten zerlegen to separate the jute bale into layers разложить джутовую кипу на слои	séparer la balle de jute en couches separare la balla di juta in strati separar las capas de la bala de yute / *extreure les capes de la bala de jute*
11	die Juteschichten (fpl) in Risten zerlegen to separate the jute layers into stricks разложить слои джута прядями	séparer les couches (fpl) de jute en poignées separare gli strati di juta in manipoli separar las capas de yute en manojos / *separar les capes de jute en manats*

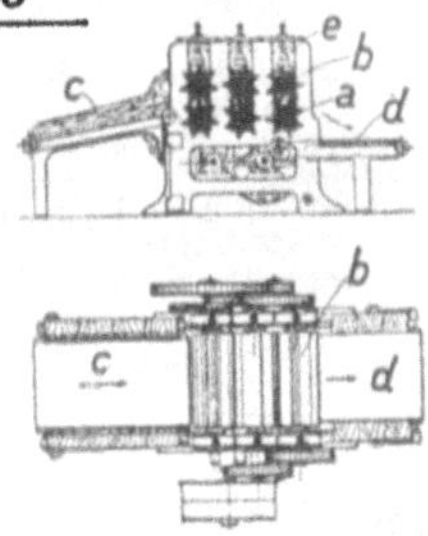

	Juteöffner (m) jute opener опенер (мр) *или* кипоразбиватель (мр) для джута ouvreuse (f) à jute apritoio (m) di juta abridora (f) de yute / *obridora (f) de jute*	12
a	sternförmig ausgezackte Walze [(f)] star-fluted roller валик (мр) звѣздообразнаго сѣченія rouleau (m) cannelé en étoile cilindro (m) dentato a stella cilindro (m) acanalado en forma de estrella / *corró (m) ratllat en forma d'estrella*	13
b	Oberwalze (f) mit Federdruck spring-weighted top roller верхній вал (мр) с пружинным нажимом rouleau (m) supérieur faisant pression par ressort cilindro (m) superiore a pressione a molla cilindro (m) superior con presión por muelles / *corró (m) superior amb pressió per molles*	14
c	Zuführungstuch (n) feeding lattice питательная рѣшетка (жр) tablier (m) alimentaire tavola (f) di alimentazione tablero (m) de alimentación / *telera (f) alimentaria*	15
d	Ablieferungstuch (n) delivery lattice пріемная рѣшетка (жр) tablier (m) délivreur tavola (f) di scarico tablero (m) de salida / *telera (f) de sortida o d'entrega*	16
e	flachdrähtige Feder (f) flat spiral spring плоская спиральная пружина (жр) ressort (m) en spirale plat molla (f) a spirale piatta resorte (m) en espiral plano / *molla (f) espiral plana*	17

Juteriste (f) jute strick, jute head прядь (жр) джута	poignée (f) *ou* peignon (m) *ou* botte (f) *ou* riste (f) de jute manipolo (m) *o* matassa (f) di juta manojo (m) *o* puñado (m) de yute / *manat (m) de jute*	18

zopfförmig zusammengedrehte Juteriste (f) twisted jute strick косообразный джутовый жгут (мр), кособразная джутовая прядь (жр) poignée (f) de jute tordue manipolo (m) di juta ritorto manojo (m) de yute retorcido *o* trenzado / *manat (m) de jute retort o trenat*	19

No.		
1	die Juteriste entfalten *oder* aufdrehen to unfold *or* to untwist the jute strick раскрутить джутовую прядь	déplier *ou* détordre la poignée de jute sciogliere il manipolo di juta destorcer el manojo de yute / *descaragolar o destórcer el manat de jute*
2	auseinandergefaltete Riste (f) untwisted *or* unfolded strick развернутая *или* расправленная прядь (жр)	poignée (f) dépliée *ou* détordue manipolo (m) sciolto manojo (m) destorcido o desplegado / *manat (m) destort o descaragolat*
3	gesonderte *oder* gesichtete Jute (f) sorted jute сортированный джут (мр)	jute (m) assorti juta (f) assortita *o* classificata yute (m) clasificado / *jute (m) classificat*
4	die Juteballen (mpl) nach Sorten zusammenstellen to place the jute bales together according to sorts упаковывать джут в кипы сообразно сортам	assembler les balles de jute suivant les sortes raccogliere le balle di juta a secondo delle qualità reunir las balas de yute según el sorteo o la clasificación / *aplegar les bales de jute d'acord amb el sorteig o la classificació*
5	den Juteballen ristenweise sondern to sort the jute bale into stricks разбивать кипу джута на отдѣльныя пряди	assortir la balle de jute par poignées assortire la balla di juta in manipoli clasificar la bala de yute por manojos / *classificar la bala de jute per manats*
6	Jutesichter (m), [Jutesortierer (m)] jute sorter сортировщик (мр) джута	assortisseur (m) *ou* trieur (m) *ou* séparateur (m) de jute assortitore (m) di juta sorteador (m) o clasificador (m) de yute / *sortejador (m) de jute*
7	lange Jute (f) long jute, jute long line длинный джут (мр)	jute (m) long juta (f) a fibre lunghe yute (m) de fibra larga / *jute (m) de fibra llarga*
8	Kopfende (n) der Jutefaser head end of the jute fibre верхушка (жр) *или* головка (жр) джутоваго волокна	tête (f) de la fibre de jute fibra (f) di testa di juta, testa (f) della fibra di juta cabeza (f) de la fibra de yute / *cap (m) de la fibra de jute*
9	Wurzelende (n) der Jutefaser root end of the jute fibre комель (мр) *или* корневой конец (мр) джутоваго волокна	queue (f) *ou* pied (m) de la fibre de jute fibra (f) di radice di juta, piede (m) della fibra di juta raíz (f) *o* cola (f) de la fibra de yute / *arrel (m) o cua (f) de la fibra de jute*
10	stumpf abgeschnittenes Wurzelende (n) blunt cut root end тупосрѣзанный комель (мр)	pied (m) coupé émoussé piede (m) tagliato smusso raíz (f) *o* cola (f) en forma de espátula / *arrel (m) o cua (f) en forma d'espàtula*
11	die Jute mischen to mix the jute смѣшивать джут	mélanger le jute mischiare la juta mezclar el yute / *barrejar el jute*
12	durch Mischung entstandene Sorte (f) sort obtained by mixing сорт (мр), полученный путем смѣшиванія	sorte (f) obtenue par le mélange qualità (f) ottenuta mescolando calidad (f) obtenida o tipo (m) obtenido por la mezcla / *qualitat (f) o classe (f) obtinguda per la barreja*
13	Sichteabfall (m), Sortierabfall (m) sorter's waste отброс (мр) при сортировкѣ	déchets (mpl) d'assortiment cascame (m) dell'assortimento desperdicios (mpl) de clasificación / *desperdicis (mpl) de classificació*
14	mißfarbige Juteriste (f) discoloured jute strick джутовый жгут (мр) плохого цвѣта	poignée (f) de jute de couleur défectueuse manipolo (m) di juta di colore difettoso manojo (m) de yute de color perdido *o* defectuoso / *manat (m) de jute descolorit*
15	bastige Juteriste (f) basty jute strick лубковая *или* древянистая прядь (жр) джута	poignée (f) de jute filandreuse manipolo (m) di juta filacciosa manojo (m) de yute filamentoso / *manat (m) de jute filamentós o carregat*
16	knotige Jute (f) knotty jute шишковатый *или* узловатый джут (мр)	jute (m) boutonneux juta (f) nodosa yute (m) con nudos *o* botones / *jute (m) botonós*
17	minderwertige Juteriste (f) low quality jute strick низкосортная прядь (жр) джута	poignée (f) de jute de qualité inférieure manipolo (m) di juta di qualità scadente manojo (m) de yute de baja calidad / *manat (m) de jute de baixa qualitat*
18	Gären (n) der naß verpackten Jute fermentation of the wet packed jute броженіе (ср) влажнозапакованнаго джута (мр)	fermentation (f) du jute emballé humide fermentazione (f) della juta imballata umida fermentación (f) del yute embalado húmedo / *fermentació (f) del jute embalat humit*
19	Verderben (n) wasserhaltiger Jute durch Gärung spoiling of moist jute through fermentation порча (жр) влажнаго джута от броженія	détérioriation (f) du jute humide par la fermentation deterioramento (m) della juta umida per la fermentazione deterioro (m) del yute húmedo por la fermentación / *deterioració (f) del jute humit per la fermentació*

No.	Deutsch / English / Русский	Français / Italiano / Español
1	Nachlassen (n) des Glanzes der Jutefaser durch Lagern reduction in the lustre of the jute fibre through storage ослабленіе (ср) блеска джутоваго волокна от лежанія	diminution (f) de brillant de la fibre de jute par le magasinage riduzione (f) dello splendore della fibra di juta per magazzinaggio disminución (f) del brillo o del lustre de la fibra de yute por el almacenaje / *pèrdua (f) del llustre de la fibra de jute per el magatzematge*
2	**2. Einweichen (n) *oder* Batschen (n) *oder* Einbatschen (n) der Jute** **Batching the Jute** **Размягченіе (ср) *или* замачиваніе (ср) джута в водѣ**	**Ensimage (m) *ou* graissage (m) du jute** **Bagnatura (f) *o* ingrasso (m) *o* oliaggio (m) della juta** **Engrase (m) del yute / *Ensimatge (m) del jute***
3	**a) Allgemeines (n)** **General Terms** **Общее (ср)**	**Généralités (f pl)** **Generalità (f pl)** **Generalidades (f pl)**
4	die Jute einbatschen *oder* batschen *oder* einweichen to batch the jute размягчать джут в водѣ	ensimer *ou* graisser le jute bagnare *o* ingrassare *o* oliare la juta engrasar el yute / *ensimar el jute*
5	Einweichvorgang (m), Einlegevorgang (m), Batschvorgang (m) batching process процесс (мр) размягченія в водѣ	procédé (m) d'ensimage processo (m) di bagnatura operación (f) o procedimiento (m) de engrase / *procediment (m) d'ensimatge*
6	Wirkung (f) der Batschmittel action of the batching mediums дѣйствіе (ср) мягчильных средств	action (f) des agents d'ensimage azione (f) degli agenti d'oliaggio acción (f) de los agentes de engrase / *acció (f) dels agents d'ensimatge*
7	die Jutefaser weich und geschmeidig machen to make the jute fibre soft and pliable сдѣлать джутовое волокно мягким и гибким	rendre la fibre de jute douce et souple rendere la fibra di juta dolce e flessibile, raddolcire la fibra di juta convertir la fibra de yute suave y blanda / *fer tornar suau i tova la fibra de jute*
8	die Teilbarkeit der Fasern erhöhen to increase the divisibility of the fibres увеличить способность джута расщепляться	augmenter la divisibilité des fibres aumentare la divisibilità delle fibre aumentar la facilidad de subdivisión de las fibras / *augmentar la facilitat de subdivisió de les fibres*
9	den Zusammenhang der Jutezellen lokkern to break up the adhesion of the cellular tissue of jute ослабить связь клѣток между собою в джутовом волокнѣ	briser l'adhésion du tissu cellulaire du jute rompere l'adesione del tessuto cellulare della juta romper la adhesión del tejido celular del yute / *trencar la adhesió del teixit cel·lular del jute*
10	die Interzellularsubstanz der Jutezellen lösen to dissolve the intercellular substance of the jute cells растворить межклѣточное вещество в джутѣ	dissoudre la substance intercellulaire des cellules du jute sciogliere la sostanza intercellulare delle cellule della juta disolver la substancia intercelular de las células de yute / *despendre la substància intercel·lular de les cel·lules de jute*
11	die Jutefasern (f pl) mit einer Ölschicht bedecken to cover the jute fibres with a film of oil покрыть волокна джута слоем жира	recouvrir les fibres de jute d'une couche d'huile coprire le fibre di juta d'uno strato d'olio recubrir las fibras de yute con una capa de aceite / *recobrir les fibres de jute amb una capa d'oli*
12	Schlüpfrigmachen (n) der Jutefaser durch Einölen lubrication of the jute fibres by oiling промасливаніе (ср) *или* масловка (жр) джутоваго волокна	lubrification (f) des fibres de jute par huilage lubrificazione (f) delle fibre di juta per oliaggio lubricación (f) de las fibras de yute engrasándolas / *lubrificació (f) de les fibres de jute untantles*
13	die Spinnfähigkeit der Jutefaser erhöhen to increase the spinning quality of the jute fibre повысить прядильную способность джутоваго волокна	augmenter les facilités de filature de la fibre de jute aumentare la filabilità della fibra di juta aumentar la calidad hilable de la fibra de yute / *augmentar la qualitat filable de la fibra de jute*
14	ungebatschte Jute (f) unbatched jute неумягченный джут (мр)	jute (m) non ensimé juta (f) non oliata yute (m) sin engrasar / *jute (m) sense ensimar*
15	die gebatschte Jute erwärmt sich the batched jute heats неумягченный джут (мр) нагрѣвается	le jute ensimé s'échauffe la juta oliata si riscalda el yute engrasado se calienta / *el jute ensimat s'escalfa*
16	Batschreife (f) der Jute batching ripeness of the jute законченность (жр) процесса умягченія джута	ensimage (m) à point du jute oliaggio (m) compiuto della juta engrase (m) completo del yute / *ensimatge (m) cabal del jute*
17	gebatschte Jute (f) batched jute умягченный джут (мр)	jute (m) ensimé juta (f) oliata yute (m) engrasado / *jute (m) ensimat*

b) **Batschmittel** (n pl)
Batching Mediums *or* **Agents**
1 **Мягчильные составы** (м р)
Agents (m pl) **d'ensimage**
Agenti (m pl) **d'oliaggio**
Materiales (f pl) **de engrase** / ***Materials*** (*m pl*) ***d'ensimatge***

Fischtran (m)
2 fish oil, whale oil
рыбій жир (м р)
huile (f) de poisson *ou* de baleine
olio (m) di pesce
aceite (m) de pescado o de ballena / *oli* (*m*) *de peix o de balena*

---

gereinigter Robbentran (m)
3 refined seal oil
очищенный тюленій жир (м р)
huile (f) de phoque raffinée
olio (m) di foca raffinato
aceite (m) de foca refinado / *oli* (*m*) *de foca refinat*

Pflanzenöl (n), vegetabilisches Öl (n)
4 vegetable oil
растительное масло (с р), растительный жир (м р)
huile (f) végétale
olio (m) vegetale
aceite (m) / *oli* (*m*) / vegetal

---

5 $C_{18}H_{34}O_3$
Rizin[us]ölsäure (f)
ricinol[e]ic acid
касторово-масляная кислота (ж р)
acide (m) ricinoléique
acido (m) ricinoleico
ácido (m) ricinólico / *àcid* (*m*) *ricinòlic*

Petroleum (n)
6 petroleum
керосин (м р)
pétrole (m)
petrolio (m)
petróleo (m) / *petroli* (*m*)

---

farbloses Batschöl (n)
7 colourless batching oil
безцвѣтное мягчильное масло (с р)
huile (f) d'ensimage incolore
olio (m) di bagnatura incoloro
aceite (m) de engrase incoloro / *oli* (*m*) *d'ensimatge incolor*

---

nicht fleckendes Batschöl (n)
8 stainless batching oil
недающее пятен мягчильное масло (с р)
huile (f) d'ensimage ne tachant pas
olio (m) di bagnatura che non macchia
aceite (m) de engrase limpio / *oli* (*m*) *d'ensimatge net*

Türkischrotöl (n)
9 Turkey red oil
турецкое красное масло (с р)
huile (f) pour rouge turc
olio (m) per rosso turco
aceite (m) para rojo turco / *oli* (*m*) *per a roig turc*

Sulfoolein (n)
10 sulpho-olein[e]
сульфо-олеин (м р)
sulfo-oléine (f)
sulfo-oleina (f)
sulfoleina (f)

---

verharztes Öl (n)
11 resinified oil
осмолившееся масло (с р)
huile (f) résinifiée
olio (m) resinificato
aceite (m) resinificado / *oli* (*m*) *resinificat*

---

das Öl verharzt
the oil resinifies *or* turns to resin
12 масло (с р) осмоляется
l'huile (f) se résinifie
l'olio (m) se resinifica
el aceite se resinifica o se vuelve resinoso / *l'oli* (*m*) *es torna resinós*

Ölrückstand (m)
oil residue
масляный остаток (м р), остаток (м р) масла
résidu (m) d'huile
residuo (m) d'olio
residuo (m) de aceite 13
/ *residu* (*m*) *d'oli*

Emulsion (f) aus Wasser und Öl
emulsion of water and oil
эмульсія (ж р) из воды и масла
émulsion (f) d'eau et d'huile
emulsione (f) d'acqua e d'olio 14
emulsión (f) de agua y aceite / *emulsió* (*f*) *d'aigua i oli*

---

dem Batschöl Mineralöl (n) beimischen *oder* zusetzen
to add mineral oil to the batching oil
к мягчильному маслу подмѣшивать минеральное масло
ajouter de l'huile minérale à l'huile d'ensimage
aggiungere dell'olio minerale all'olio di bagnatura 15
añadir o agregar aceite mineral al aceite de engrase / *afegir oli mineral al oli d'ensimatge*

Blauholzauszug (m)
logwood extract
экстракт (м р) кампешеваго дерева
extrait (m) de bois de campêche
estratto (m) di campeggio 16
extracto (m) de [palo] campeche / *extret* (*m*) *de pal campetxe*

---

das Batschöl erwärmen
to heat the batching oil
подогрѣть мягчильное масло
chauffer l'huile (f) d'ensimage
scaldare l'olio (m) di bagnatura 17
calentar el aceite de engrase / *escalfar l'oli* (*m*) *d'ensimatge*

Alaunlösung (f)
alum solution
раствор (м р) квасцов
solution (f) d'alun
soluzione (f) d'allume 18
solución (f) de alumbre / *solució* (*m*) *d'alum*

CS_2
Schwefelkohlenstoff (m), Kohlenstoffsulfid (n)
carbon bisulphide
сѣроуглерод (м р), сѣрнистый углерод (м р) 19
sulfure (m) de carbone
solfuro (m) di carbonio
sulfuro (m) de carbono / *sulfur* (*m*) *de carboni*

$C_5H_{11}OH$
Amylalkohol (m)
amyl alcohol
амиловый алкоголь (м р) 20
alcool (m) amylique
alcool (m) amilico
alcohol (m) amilico / *amílic*

Batschölprobe (f), Batschölprüfung (f)
batching oil test
проба (ж р) мягчильнаго масла
essai (m) de l'huile d'ensimage
prova (f) dell'olio di bagnatura 21
ensayo (m) del aceite de engrase / *assaig* (*m*) *de l'oli d'ensimatge*

e) Vorrichtungen (f pl) zum Batschen und Quetschen der Jute
Apparatus for Batching and Softening Jute
1 **Приспособленія (ср) для умягченія и отжимки джута**
Appareils (m pl) pour l'ensimage et l'assouplissement du jute
Apparecchi (m pl) per la bagnatura e la compressione della juta
Aparatos (m pl) para engrasar y suavizar el jute / ***Aparells (m pl) per a ensimar i suavitzar el jute***

α) Batschen (n) im Fach
Batching in Bins
2 Умягченіе (ср) в закромах
Ensimage (m) en compartiments
Bagnatura (f) in scompartimenti
Engrase (m) en compartimientos / *Ensimatge (m) en compartiments*

Batschraum (m)
batching room
3 помѣщеніе (ср) для умягченія
salle (f) d'ensimage
sala (f) di bagnatura *o* d'oliaggio
cuarto (m) de engrase / *sala (f) d'ensimatge*

Batschmeister (m)
batching foreman
4 мастер (мр) мягчильнаго отдѣленія
contremaître (m) ensimeur
capo-oliatore (m)
encargado (m) del engrase / *encarregat (m) del ensimatge*

Jutebatscher (m), Batscher (m), Juteeinleger (m)
[jute] batcher
5 закладчик (мр) мягчильнаго отдѣленія
ensimeur (m)
oliatore (m)
engrasador (m) / *ensimador (m)*

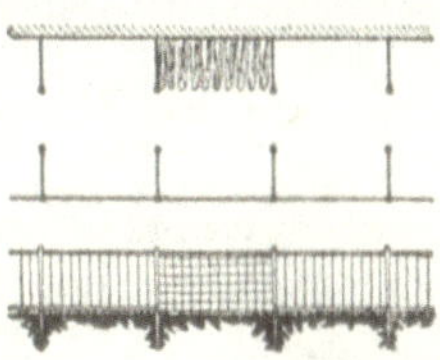

Batschfach (n)
batching bin *or* stall
6 мягчильный ящик (мр)
compartiment (m) *ou* litière (f) d'ensimage
scompartimento (m) d'oliaggio *o* di bagnatura
compartimiento (m) de engrase / *compartiment (m) d'ensimatge*

das Batschfach mit Zinkblech ausschlagen
to line the batching bin with sheet zinc
7 деревянный мягчильный закром обить листовым цинком
revêtir le compartiment d'ensimage avec des feuilles de zinc
foderare lo scompartimento d'oliaggo con lamiera di zinco
revestir el compartimiento de engrase con una chapa de zinc / *forrar el compartiment d'ensimatge amb planxa de zinc*

Einlegen (n) der Juteristen in das Batschfach
placing the jute stricks into the batching bin
закладываніе (ср) джутовых прядей в закром
placement (m) des poignées de jute dans les compartiments d'ensimage
piazzamento (m) dei manipoli di juta negli scompartimenti d'oliaggio 8
colocación (f) de los manojos de yute en los compartimientos de engrase / *col·locació (f) dels manats de jute en els compartiments d'ensimatge*

die Juteristen (f pl) schichtenweise einlegen
to place the jute stricks in layers
закладывать джутовыя пряди слоями
placer les poignées de jute en couches *ou* en lits
mettere i manipoli di juta in strati 9
colocar los manojos de yute en capas / *col·locar els manats de jute en capes*

Einsprengen (n) der Juteristen mit der Batschflüssigkeit
sprinkling *or* spraying the jute stricks with the batching liquid
окропленіе (ср) *или* вспрыскиваніе (ср) джутовых прядей мягчильною жидкостью
arrosage (m) des poignées de jute avec la liqueur d'ensimage
innaffiamento (m) *o* aspersione (f) dei manipoli di juta col liquido d'oliaggio 10
rociamiento (m) de los manojos de yute con el líquido de engrase / *ruixament (m) dels manats de jute amb el líquid d'ensimatge*

gleichmäßig einsprengen
to sprinkle *or* to spray uniformly
окропить равномѣрно
arroser uniformément
aspergere uniformemente
rociar uniformemente / *ruixar uniformement* 11

die Batschflüssigkeit in Sprühregenform verteilen
to distribute the batching liquid in a fine spray
разбрызгивать мягчильную жидкость мелким дождиком
distribuer la liqueur d'ensimage en fine pluie
distribuire il liquido d'oliaggio sotto forma di fine spruzzo 12
distribuir el líquido de engrase en lluvia fina / *distribuir el líquid d'ensimatge en pluja fina*

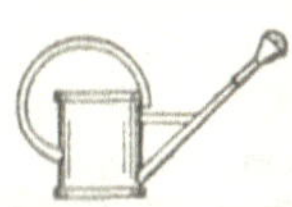

Gießkanne (f)
watering can
лейка (жр)
arrosoir (m) 13
innaffiatoio (m), annaffiatoio (m)
regadera (f) / *regadora (f)*

Ölspritze (f)
oil sprayer, oil syringe
лейка (жр) для разбрызгиванія масла
seringue (f) à huile
siringa (f) a olio
pulverizador (m) de aceite / *polvoritzador (m) d'oli* 14

β) **Quetschen (n) der gebatschten Jute**

Softening the Batched Jute

Плющенiе (ср) *или* отжимка (жр) умягченнаго *или* замоченнаго джута

Assouplissement (m) *ou* battage (m) du jute ensimé

Compressione (f) della juta bagnata

Suavización (f) del yute engrasado / *Suavització (f) del jute ensimat*

1

die gebatschte Jute quetschen
to soften the batched jute
плющить *или* отжимать умягченный *или* замоченный джут
assouplir le jute ensimé
comprimere la juta bagnata
suavizar el yute engrasado / *suavitzar el jute ensimat*

2

die Jutefasern (fpl) weich und geschmeidig machen
to make the jute fibres soft and pliable
размягчать джутовыя волокна путем плющенiя
rendre les fibres (fpl) de jute douces et flexibles
raddolcire le fibre di juta
convertir las fibras de yute en suaves y flexibles / *fer tornar les fibres de jute suaus i flexibles*

3

Quetschvorgang (m), [Quetschprozeß (m)]
softening process
процесс (мр) плющенiя
procédé (m) d'assouplissement
processo (m) di compressione
procedimiento (m) de suavización / *procediment (m) de suavització*

4

biegsame Jutefaser (f)
flexible jute fibre
гибкое волокно (ср) джута
fibre (f) de jute flexible
fibra (f) di juta flessibile *o* pieghevole
fibra (f) de yute / *de jute* / flexible

5

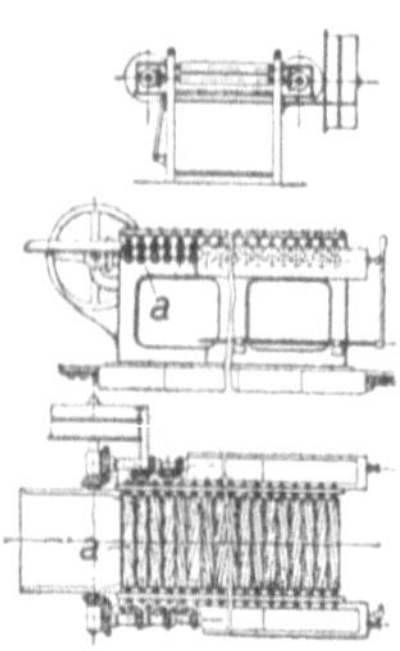

Jutequetschmaschine (f)
jute softener, jute softening machine
джутоплющильная машина (жр)
assouplisseuse (f) mécanique pour jute
macchina (f) di compressione *o* frantoio (m) per la juta
suavizadora (f) de yute, molino (m) para suavizar yute / *suavitzadora (f) de jute, molí (m) per a suavitzar el jute*

6

7 a

wagerecht gelagertes Walzenpaar (n)
pair of horizontal rollers
горизонтально расположенныя пары (жр) валиков
paire (f) de cylindres horizontaux
coppia (f) di cilindri orizzontali
par (m) de cilindros horizontales / *parell (m) de corrons horitzontals*

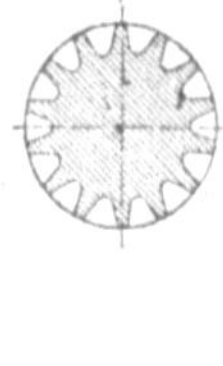

Quetschwalze (f) mit abgerundeten Riffeln
softening roller with rounded flutes
плющильный валик (мр) с закругленными рифлями
cylindre (m) assouplisseur avec cannelures à profil arrondi 8
cilindro (m) di raddolcimento con scanalature arrotondate
cilindro (m) suavizador con acanalado redondeado / *corró (m) suavitzador amb acanalat arrodonit*

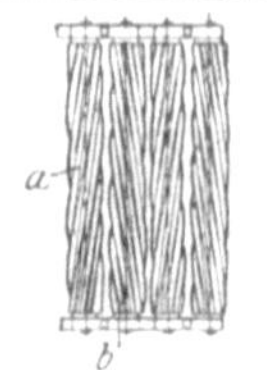

Jutequetschwalze (f)
jute softener roller, jute softening roller
плющильный валик (мр) для джута
cylindre (m) assouplisseur pour jute 9
cilindro (m) di raddolcimento per juta
cilindro (m) suavizador para yute / *corró (m) suavitzador per a jute*

Schraubenriffelung (f)
spiral fluting
винтовое рифленiе (ср)
cannelure (f) en spirale 10
scanalatura (f) elicoidale
acanalado (m) / *acanalat (m)* / en espiral

entgegengesetzt geriffelte Quetschwalzen (fpl)
softening rollers with opposite fluting
плющильные валики (мр), рифленые в противоположном направленiи
cylindres (mpl) assouplisseurs à cannelures opposées 11
cilindri (mpl) di raddolcimento con scanalature opposte
cilindros (mpl) suavizadores con acanalados opuestos / *corrons (mpl) suavitzadors amb acanalats oposats*

a

Rechtsschraubengang (m)
right-handed thread
право-винтовое рифленiе (ср)
filet (m) à droite 12
impanatura (f) diretta *o* a destra
filete (m) hacia la derecha / *filet (m) o vis (f) cap a la dreta*

b

Linksschraubengang (m)
left-handed thread
лѣво-винтовое рифленiе (ср)
filet (m) à gauche
impanatura (f) rovescia *o* a sinistra 13
filete (m) hacia la izquierda / *filet (m) o vis (f) cap a l'esquerra*

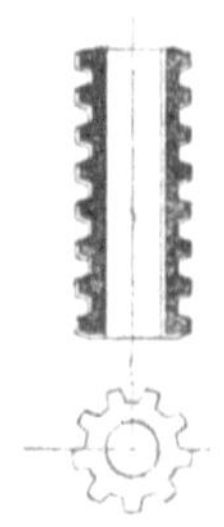

Riffelwalze (f) mit pyramidalen stumpfen Erhöhungen
fluted roller with pyramidal teeth
рифленый валик (мр) с пирамидальными тупыми зубцами *или* выступами
cylindre (m) cannelé à dents pyramidales 14
cilindro (m) scanalato con denti piramidali
cilindro (m) acanalado con dientes [romos] piramidales / *corró (m) acanalat amb dents piramidals*

1 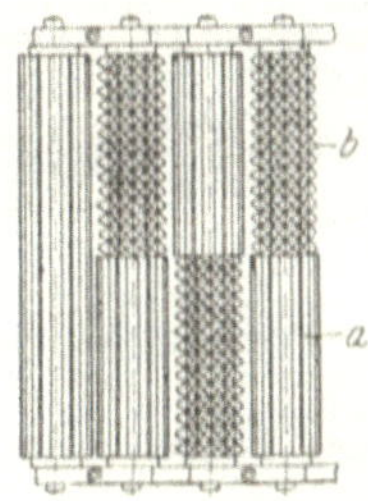

Quetschwalzenwerk (n) mit wechselnder Riffelung
softener rollers with alternative fluting
плющильный аппарат (мр) с перемѣнным рифленіем
cylindres (mpl) assouplisseurs à cannelures alternées
cilindri (mpl) di raddolcimento a scanalature alternate
cilindros (mpl) suavizadores con acanalados alternados / *corrons (mpl) suavitzadors amb acanalats alternats*

---

2 a **Langriffelung (f), achsrechte Riffelung (f)**
longitudinal fluting
продольное *или* осевое рифленіе (ср)
cannelures (fpl) longitudinales
scanalature (fpl) longitudinali
acanalado (m) / *acanalat* (m) / longitudinal

---

3 b **Zahnriffelung (f)**
toothed fluting
зубчатое рифленіе (ср)
cannelure (f) dentée
scanalatura (f) con denti
acanalado (m) dentado / *acanalat (m) dentat*

---

4 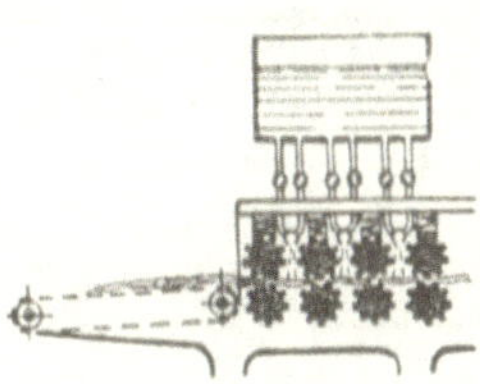

Batschmaschine (f), Jute-Reibe-, Brech- und Schmelzmaschine (f)
jute softener with batching apparatus, jute batcher-softener
мягчильная машина (жр), плющильно-маслопропитывательная машина (жр)
assouplisseuse (f) de jute avec appareil ensimeur
macchina (f) a schiacciare e raddolcire le fibre di juta
suavizador (m) de yute con mecanismo de engrase / *suavitzador (m) de jute amb mecanisme d'ensimatge*

---

5 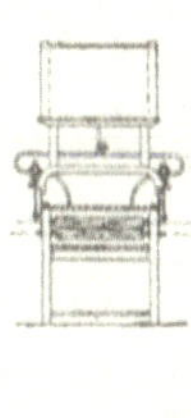

Patersons Einsprengvorrichtung (f) *oder* Batschvorrichtung (f)
Paterson's batching apparatus
кропильное *или* мягчильное приспособленіе (ср) Патерсона
appareil (m) ensimeur Paterson
apparecchio (m) d'oliaggio Paterson
aparato (m) de engrase de Paterson / *aparell (m) d'ensimatge de Paterson*

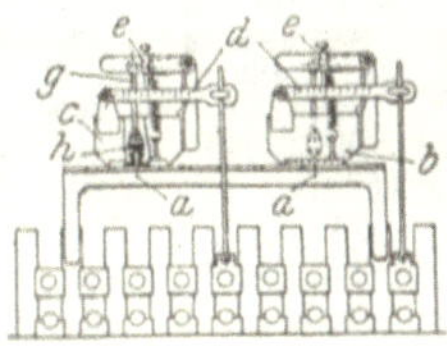

Friarsche Einsprengvorrichtung (f)
Friar's batching apparatus
кропильное приспособленіе (ср) Фріэра
appareil (m) ensimeur Friar 6
apparecchio (m) d'oliaggio *o* d'immersione Friar
aparato (m) de engrase de Friar / *aparell (m) d'ensimatge de Friar*

---

a **kegelige Stahlnadel (f)**
conical steel needle
коническая стальная игла (жр) 7
aiguille (f) d'acier conique
ago (m) d'acciaio conico
aguja (f) cónica de acero / *agulla (f) cònica d'acer*

---

b **Wasserkasten (m)**
water tank *or* cistern
резервуар (мр) *или* ящик (мр) для воды 8
réservoir (m) à eau
recipiente (m) d'acqua
depósito (m) de agua / *dipòsit (m) d'aigua*

---

c **Ölkasten (m)**
oil tank
резервуар (мр) *или* ящик (мр) для масла 9
réservoir (m) à l'huile
recipiente (m) d'olio
depósito (m) de aceite / *dipòsit (m) d'oli*

---

d **Hebel (m) mit Gradeinteilung**
graduated lever
рычаг (мр) с дѣленіями 10
levier (m) gradué
leva (f) graduata
palanca (f) graduada

---

e **verstellbare Knagge (f)**
adjustable snug
передвижная подвѣска (жр) 11
tasseau (m) réglable
scarpa (f) aggiustabile
tope (m) ajustable / *top (m) regulable*

---

g **Zugstange (f)**
drawing rod
тяга (жр)
tringle (f) 12
tirante (m)
tirante (m) / *barreta (f), tirant (m)*

---

h **Nadelschiene (f)**
needle bar
игольчатая планка (жр) 13
barre (f) à aiguilles
barra (f) a punte
barra (f) de agujas / *d'agulles*

1 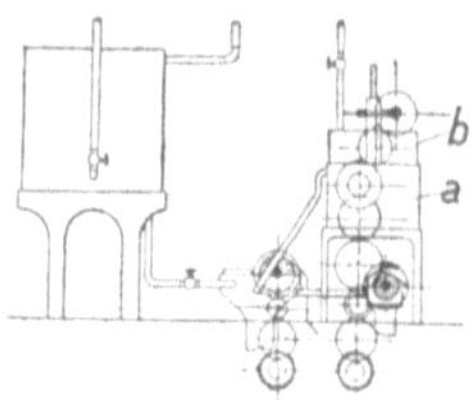

Malcolmsche Batschvorrichtung (f)
Malcolm's batching apparatus
мягчильное устройство (ср) системы Малькольма
appareil (m) ensimeur Malcolm
apparecchio (m) d'immersione Malcolm
aparato (m) de engrase / *aparell (m) d'ensimaige* / de Malcolm

---

2 a
Unterkasten (m)
lower cistern
нижній ящик (мр)
réservoir (m) inférieur
recipiente (m) inferiore
depósito (m) / *dipòsit (m)* / inferior

---

3 b
geschlossener Kernkasten (m)
closed cistern
закрытый стержневой ящик (мр)
réservoir (m) fermé
spostatore (m)
depósito (m) cerrado / *dipòsit (m) tancat, cisterna (f)*

4
Kettenantrieb (m)
chain driving
цѣпной привод (мр)
commande (f) par chaîne
azionamento (m) a catena
mando (m) por cadena / *accionament (m) per cadena*

---

5 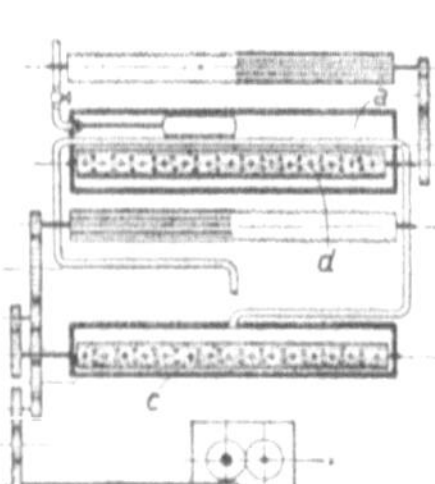

Batschvorrichtung (f) der Braunschweigischen Jutespinnerei
batching apparatus [Braunschweigische Jutespinnerei]
мягчильный аппарат (мр) [системы Брауншвейгской джутовой прядильни]
appareil (m) ensimeur [Braunschweigische Jutespinnerei]
apparecchio (m) d'immersione [Braunschweigische Jutespinnerei]
aparato (m) de engrase / *aparell (m) d'ensimaige* / [Braunschweigische Jutespinnerei]

---

6 a
Wasserschale (f)
water trough
водяное корыто (ср), водяная ванна (жр)
bac (m) à eau
truogo (m) o tinozza (f) per acqua
artesa (f) de agua / *pastera (f) o tremuja (f) d'aigua*

---

c
Ölwalze (f)
oiling roller
валик (мр), вращающійся в маслѣ *или* передающій масло
cylindre (m) à l'huile 7
cilindro (m) d'oliaggio
cilindro (m) para el aceite / *corró (m) per al oli*

---

d
Wasserwalze (f)
watering roller
валик (мр), вращающійся в водѣ *или* смачивающій водою
cylindre (m) à eau 8
cilindro (m) d'innaffiamento d'acqua
cilindro (m) del agua / *corró (m) del aigua*

---

8. Zerteilen (n) der langen Jutefasern

Coupage (m) des fibres de jute longues

Cutting the Long Jute Fibres

Taglio (m) delle fibre lunghe di juta 9

Раздѣленіе (ср) длинных джутовых волокон

Corte (m) de las fibras largas de yute / *Tallat (m) de les fibres de jute llargues*

die Jutefasern kürzen
to shorten the jute fibres
укорачивать джутовыя волокна
raccourcir les fibres de jute
raccorciare le fibre di juta 10
acortar las fibras de yute / *escursar les fibres de jute*

Kürzen (n) der Jutefasern
shortening the jute fibres
укорачиваніе (ср) джутовых волокон
raccourcissement (m) des fibres de jute
raccorciamento (m) delle fibre di juta 11
acortamiento (m) de las fibras de yute / *escurçament (m) de les fibres de jute*

---

die Juteriste zerschneiden
to cut the jute strick
разрѣзать джутовую прядь (жр)
[dé]couper la poignée de jute
[ri]tagliare il manipolo di juta 12
cortar el manojo de yute / *tallar el manat de jute*

Juteschneider (m)
jute cutter
рѣзчик (мр) джута, джуторѣз (мр)
coupeur (m) de jute
tagliatore (m) di juta 13
cortador (m) de yute / *tallador (m) de jute*

Juteschneiderin (f)
jute cutter
рѣзчица (жр) джута
coupeuse (f) de jute
tagliatrice (f) di juta 14
cortadora (f) de yute / *talladora (f) de jute*

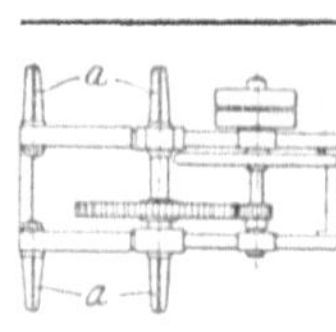

Zerreißmaschine (f)
breaking machine
разрывательная машина (жр)
coupeuse (f) mécanique 15
macchina (f) a recidere, tagliatrice (f) meccanica
cortadora (f) mecánica / *talladora (f) mecànica*

---

a
kreuzförmiger Zapfen (m)
cross-shaped pin
крестообразная цапфа (жр)
dent (f) à profil croisé 16
perno (m) con sezione a croce
clavija (f) de sección en forma de cruz / *clivella (f) de secció en forma de creu*

1
die Juteriste um den Zapfen schlingen
to sling the jute strick round the pin
обвить вокруг цапфы джутовую прядь
enlacer la poignée de jute autour de la dent
allacciare il manipolo di juta attorno al perno
arrollar el manojo de yute alrededor de la clavija / *enrotllar el manat de jute en la clivella*

2
die Jute zerreißen
to tear the jute asunder
разрывать джут
déchirer le jute
recidere la juta
desgarrar las fibras de yute / *esqueixar les fibres de jute*

3
harte Wurzelenden (n pl)
hard root ends
жесткіе корневые концы (м р) *или* комли (м р)
parties (f pl) dures des pieds
estremità (f pl) dure delle radici
pieles (f pl) de las raíces / *pells (f pl) de les arrels*

4
die Wurzelenden (n pl) stumpf *oder* glatt abschneiden
to cut the root ends even
обрѣзать тупо корневые концы (м р)
couper les parties (f pl) des pieds carrément
tagliare le estremità delle radici ad angoli retti
cortar los pies de las fibras en ángulos rectos / *tallar els peus de les fibres en angles rectes*

5
stumpf abgeschnittene Wurzelenden (n pl)
even cut root ends
тупообрѣзанные концы (м р)
extrémités (f pl) *ou* parties (f pl) des pieds coupées carrément
estremità (f pl) delle radici tagliate ad angoli retti
pies (m pl) de fibras cortados en ángulos rectos / *peus (m pl) de fibres tallats en angles rectes*

6

Sensenmesser (n)
sickle
серповидный нож (м р), рѣзак (м р)
faucille (f)
falce (f)
hoz (f) / *falç (f)*

7
Beil (n)
hatchet
топор (м р)
hache (f)
accetta (f)
hacha (f) / *destral (f)*

8

Klotz (m), Holzklotz (m)
wood block
колода (ж р)
billot (m) en bois
blocco (m) di legno
bloque (m) de madera / *tallador (m) de fusta*

9
Schnippen (n) *oder* Abschnippen (n) der Juteristen
snipping the jute stricks
сѣчка (ж р) *или* расщипка (ж р) джутовых прядей
coupage (m) des bottes de jute
taglio (m) dei fasci de juta
corte (m) de los manojos de yute / *tallat (m) dels manats de jute*

10
Zuspitzen (n) der Enden
lessening of ends
расчесываніе (с р) концов прядей
amincissement (m) des extrémités
assottigliamento (m) delle estremità
rebajamiento (m) de los extremos / *rebaixament (m) dels caps*

11
zugespitztes Ende (n)
lessened end
расчесанный конец (м р) пряди
extrémité (f) amincie
estremità (f) assottigliata
extremo (m) rebajado / *cap (m) rebaixat*

12
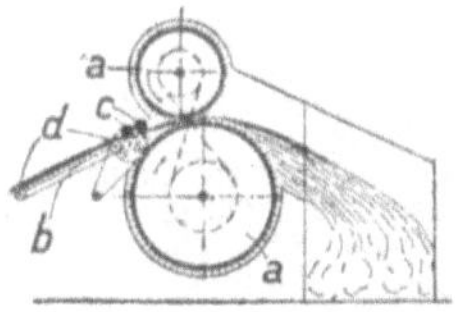

Schnippmaschine (f)
snipper, snipping machine, jute-root hackling machine
щипальная машина (ж р)
machine (f) à couper *ou* à arracher les pieds des tiges
spuntatrice (f) meccanica
máquina (f) para cortar los pies de las fibras / *màquina (f) per a tallar els peus o les arrels de les fibres*

13
a
übereinander gelagerte Trommeln (f pl) mit strahlenförmig [*oder* radial] stehenden Nadeln
superposed cylinders with radial pins
размѣщенные друг над другом барабаны (м р) с радіально торчащими иглами
cylindres (m pl) superposés avec aiguilles radiales
cilindri (m pl) sovrapposti con punte radiali
cilindros (m pl) superpuestos con dientes o púas radiales / *corrons (m pl) superposats amb dents o pues radials*

14
schräggestellte Beschlagnadeln (f pl) *oder* Belagnadeln (f pl)
inclined pins
наклонныя иглы (ж р) карды *или* гарнитуры
aiguilles (f pl) inclinées
punte (f pl) inclinate
púas (f pl) inclinadas, dientes (m pl) inclinados / *pues (f pl) o dents (f pl) inclinats*

15
b
Speisetuch (n)
feed lattice
питательная рѣшетка (ж р)
tablier (m) d'alimentation
tavola (f) di alimentazione
tablero (m) de alimentación / *telera (f) alimentaria*

16
c
Riffelwalze (f)
fluted roller
рифленый валик (м р)
cylindre (m) cannelé
cilindro (m) scanalato
cilindro (m) acanalado / *corró (m) raillat*

17
die Riste von beiden Seiten bearbeiten
to operate the strick from both sides
обрабатывать прядь с обѣих сторон
travailler la botte des deux côtés
lavorare il fascio dalle due parti o di sotto e di sopra
trabajar el manojo de los dos lados / *treballar el manat dels dos costats*

1 d
Speisetuchwalze (f)
lattice roller
валик (мр), направляющій рѣшетку
rouleau (m) du tablier
cilindro (m) del graticcio
cilindro (m) del tablero / *corró (m) de la telera*

2

a
Holzleistenbelag (m) mit eingesetzten Nadeln
wood lag covering with inserted needles
деревянная обивка (жр) с набранными иглами
revêtement (m) en bois avec insertion d'aiguilles, plaque (f) à aiguilles
guarnizione (f) di liste di legno con rivestimento di punte
revestimiento (m) de listones de madera con clavos insertados / *delgues (f pl) de claus*

3
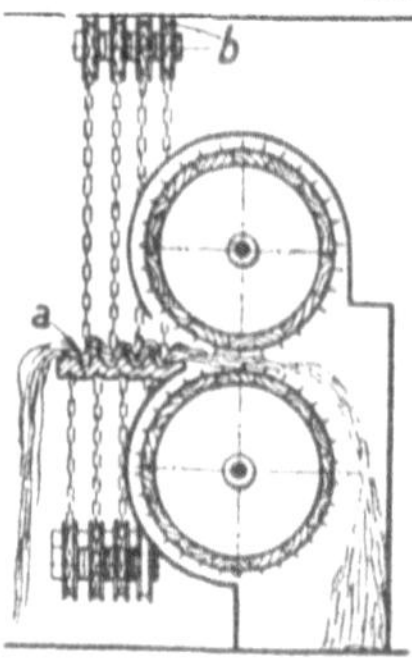

Kettenschnippmaschine (f)
chain snipping machine
цѣпная щипальная *или* разрывная машина (жр)
coupeuse (f) mécanique à chaînes
spuntatrice (f) meccanica a catene
cortadora (f) mecánica / *talladora (f) mecànica* / de cadenas

---

4 a
Kettenlaufbahn (f)
chain guide
стол (мр) с дорожками для цѣпей
guide (m) des chaînes
guida (f) delle catene
guía (f) de las cadenas / *guia (f) de les cadenes*

5
die Ketten (f pl) durch Gewichte spannen
to keep the chains in tension by weights
натягивать цѣпи гирями
tendre les chaînes par des poids
tenere sotto tensione le catene con pesi
mantener las cadenas tensas mediante pesos / *mantener les cadenes tivades per mitjà de pesos*

---

6 b
Kettenführungsrolle (f)
chain guide roller
блок (мр) *или* ролик (мр), направляющій цѣпь
rouleau (m) à gorge des chaînes
cilindro (m) guida-catene
cilindro (m) guía de las cadenas / *corró (m) guia de les cadenes*

7
Schnipphede (f), abgeschnippte Hede (f)
snipped *or* cut-off jute hards
щипаная джутовая кудель (жр)
étoupe (f) de jute coupée
stoppa (f) di juta spuntata
estopa (f) de yute cortado / *de jute tallat*

Langjute (f) zu Hede reißen
to tear the long jute into tow
разрывать *или* расщипывать длинный джут на кудель
arracher le jute long pour l'amener à l'état d'étoupe
stracciare la juta lunga in stoppa 8
desgarrar el yute largo para formar estopa / *esqueixar el jute llarg per a fer estopa*

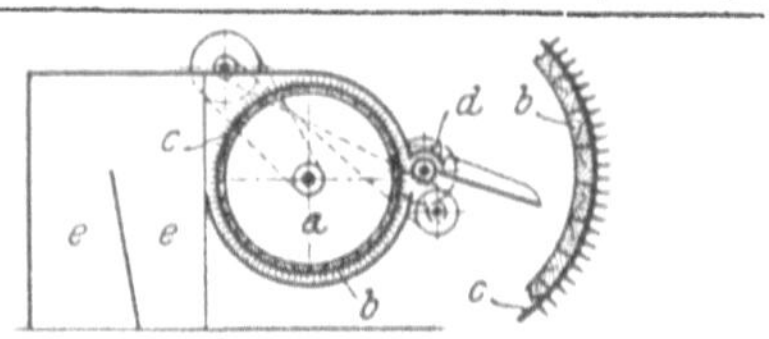

Jutereißwolf (m)
jute teaser *or* teazer, jute knifing machine
джуто-щипальный волчек (мр)
arracheuse (f) *ou* déchireuse (f) *ou* loup (m) pour jute 9
lupo (m) per juta
desgarradora (f) de yute / *trinxadora (f) o desgarradora (f) de jute*

---

a
Reißtrommel (f)
tearing cylinder
щипальный барабан (мр)
tambour (m) à pointes 10
tamburo (m) a punte
cilindro (m) *o* tambor (m) abridor / *bóta (f) de claus*

---

b
Bohlenmantel (m)
plank lagging
досчатый кожух (мр)
revêtement (m) en madriers 11
rivestimento (m) di tavole
revestimiento (m) de tablones de madera / *revestiment (m) de delgues*

---

c
Blechbeschlag (m)
sheet metal covering
обшивка (жр) листовым желѣзом
garniture (f) en tôle 12
guarnizione (f) di lamiera
guarnición (f) de chapa / *guarnició (f) de planxa*

---

d
Zuführungsmulde (f) für die Juteristen
shell feed plate for the jute stricks
питательный желоб (мр) для джутовых прядей
auge (f) d'alimentation pour les bottes de jute 13
canale (m) di alimentazione per i fasci di juta
plato (m) de alimentación para los manojos de yute / *plat (m) alimentari per als manats de jute*

---

e
Sammelkasten (m)
receptacle
сборный *или* пріемный ящик (мр)
réceptacle (m) 14
cassa (f)
compartimiento (m), caja (f) / *compartiment (m), caixa (f)*

4. Hecheln (n) der Jute
Hackling of Jute
1 **Прочесыванie (ср) джута на гекляхъ, гребнечесанie (ср) джута**

Peignage (m) du jute
Pettinatura (f) della juta
Peinado (m) *o* rastrillado (m) del yute / *Pentinat (m) o rastellat (m) del jute*

die Jutefasern (fpl) hecheln
2 to hackle the jute fibres
вычесывать волокна джута на гекляхъ
peigner les fibres de jute
pettinare le fibre di juta
rastrillar *o* peinar las fibras de yute / *rastellar o pentinar les fibres de jute*

---

gehechelte Fasern (fpl)
3 hackled fibres
волокна (ср), расчесанныя на гекляхъ
fibres (fpl) peignées
fibre (fpl) pettinate
fibras (fpl) peinadas / *fibres (fpl) pentinades*

4 Handhechel (f)
hand hackle
ручная гекля (жр)
peigne (m) à main
pettine (m) a mano
peine (m) *o* rastrillo (m) a mano / *pinte (m) o rastell (m) a mà*

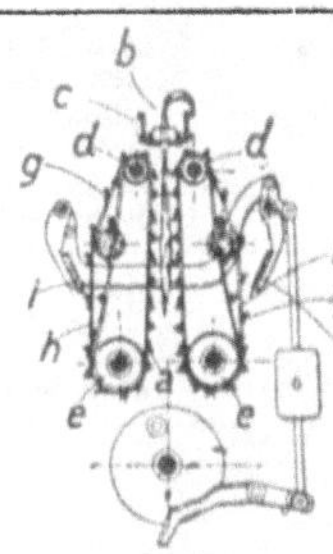

5 stehende Jutehechelmaschine (f) mit Abnehmerleisten
vertical sheet stripper bar hackling machine
вертикальная гекельная машина (жр) для джута со съемнымъ аппаратомъ
peigneuse (f) mécanique pour jute avec dépouilleur et tablier vertical
pettinatrice (f) meccanica per juta con campi di lavoro verticali e aste spogliatrici
peinadora (f) mecánica de yute con tablero vertical y barretas descargadoras / *màquina (f) de pentinar jute amb telera vertical i barretes descarregadores*

---

6 a
Hechelleiste (f), Nadelleiste (f)
hackle bar
игольчатая планка (жр), гребенка (жр)
barrette (f) à dents
sbarretta (f) armata di aghi
barreta (f) de agujas, rastrillo (m) / *barreta (f) d'agulles, rastell (m)*

---

b
Kluppe (f) mit geripptem Kautschukbelag
holder *or* clamp with grooved rubber lining
зажимная колодка (жр) с рифленой резиновой обкладкой
presse (f) avec garniture en caoutchouc cannelé 7
morsetta (f) con foderatura di caucciù scanalato
prensa (f) *o* mordaza (f) con guarnición de caucho acanalado / *prempsa (f) o mordassa (f) amb preses forrades de cautxú acanalat*

---

c
Kluppenhalter (m)
channel, head
державка (жр) для зажимных колодок
chariot (m), canal (m) 8
carro (m)
guia (f) de las mordazas, carro (m) / *guia (f) de les mordasses, carro (m)*

---

d
Leittrommel (f)
top sheet roller
направляющiй барабан (мр)
poulie (f) supérieure *ou* de guide du tablier
rullo (m) superiore del nastro continuo 9
polea (f) superior del tablero / *politja (f) superior de la telera*

---

e
Treibtrommel (f)
bottom sheet roller
ведущiй *или* приводный барабан (мр)
poulie (f) inférieure *ou* de commande du tablier 10
rullo (m) inferiore del nastro continuo
polea (f) inferior del tablero / *politja (f) inferior o motriu de la telera*

---

g
Abnehmerleiste (f)
stripper bar
очесочная *или* съемная планка (жр)
dépouilleur (m) 11
asta (f) spogliatrice
barreta (f) descargadora / *barreta (f) descarregadora*

---

h
Hecheltuch (n)
hackling sheet
безконечная цѣпь (жр) гекельных гребней *или* игольчатых планок
tablier (m) 12
nastro (m) continuo
tablero (m) rastrillador *o* de peines / *telera (f) de pintes o rastelladora*

---

i
Kamm (m)
stripping comb
гребень (мр)
peigne (m) détacheur 13
pettine (m) oscillante
peine (m) descargador / *pinte (m) descarregador, serreta (f)*

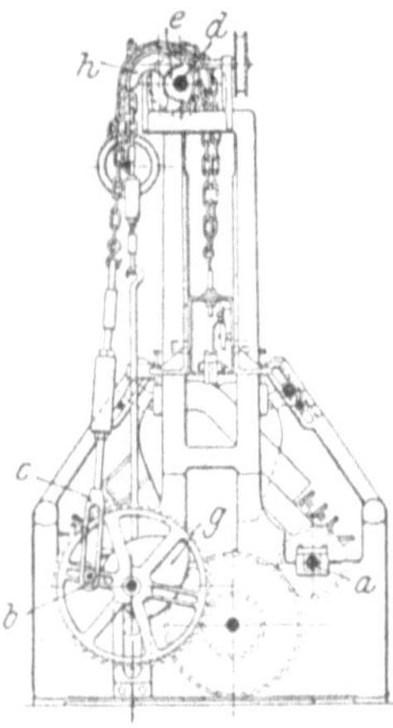

1 Jutehechelmaschine (f) mit schräg liegenden Hechelfeldern
jute hackling machine with inclined hackling sheets
джутовая гекля (жр) с наклонно лежащими рабочими поверхностями *или* полями
peigneuse (f) mécanique pour jute à tabliers inclinés
pettinatrice (f) meccanica per juta con campi di lavoro inclinati
peinadora (f) mecánica de yute con tableros de peinesinclinados / *màquina (f) de pentinar jute amb teleres de pintes inclinades*

---

2 a
Nadeltuchwelle (f)
sheet roller shaft
вал (мр) для игольчатаго полотна
arbre (m) du rouleau inférieur du tablier
albero (m) del rullo inferiore del nastro continuo
árbol (m) del cilindro inferior del tablero / *arbre (m) del corró inferior de la telera*

---

3 b
verstellbarer Zapfen (m)
adjustable throw crank
передвижная цапфа (жр)
bouton (m) de manivelle réglable
perno (m) di manovella regolabile
perno (m) / *torrió (m)* / ajustable de la manivela

---

4 c
geschlitzte Zugstange (f)
slotted draw rod
тяга (жр) со щелью *или* с прорѣзом
bielle (f) à coulisse
biella (f) a corsoio
biela (f) con colisa / *amb trau culis*

---

5 d
Hubwelle (f)
cam shaft
подъемный вал (мр)
arbre (m) des cames
albero (m) degli eccentrici
árbol (m) de los excéntricos / *arbre (m) dels excèntrics*

---

6 e
Hebedaumen (m)
lifter finger
подъемный кулак (мр)
doigt (m) de la lève
bocciolo (m)
leva (f) de subida del carro / *unglot (m) per a la pujada del carro*

---

g
Herzscheibe (f)
heart-shaped cam
сердцевидный эксцентрик (мр)
came (f) en cœur 7
eccentrico (m) a forma di cuore
excéntrico (m) de corazón / *excèntric (m) de cor*

---

h
Hubscheibe (f)
lifter cam
подъемный шкив (мр), подъемная шайба (жр)
came (f) de la lève
eccentrico (m) per l'alzata del carro 8
excéntrico (m) de la subida del carro / *excèntric (m) de pujada del carro*

---

5. Anlegen (n) der gehechelten Jute
Spreading of the Hackled Jute
Накладыванiе (ср) прочесаннаго джута
Étalage (m) du jute peigné
Distendimento (m) della juta pettinata 9
Extendido (m) del yute rastrillado / *Estesa (f) del jute rastellat*

die gehechelte Jute anlegen
to spread the hackled jute
накладывать прочесанный джут
étaler le jute peigné
distendere la juta pettinata 10
extender el yute rastrillado / *estendre el jute rastellat*

---

die Jute wird angelegt
the jute is spread
джут (мр) накладывается
le jute est étalé
la juta è distesa 11
el yute es extendido / *el jute es estés*

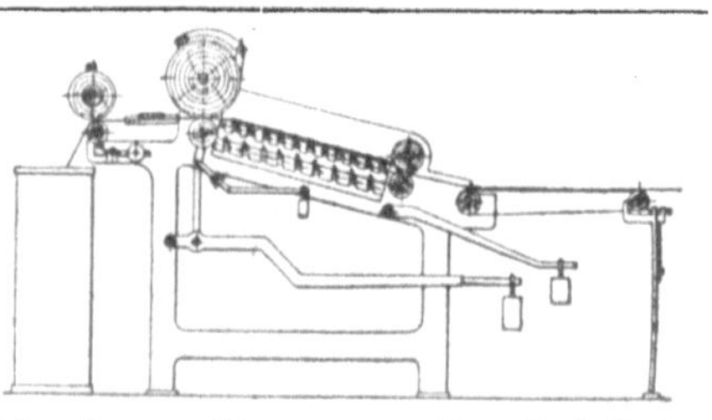

Juteanlegemaschine (f), Bandmaschine (f) für Jute
jute spreading machine, jute long line spread board
машина (жр) для накладыванiя, ленточная машина (жр)
machine (f) à étaler *ou* étaleuse (f) mécanique pour jute
machina (f) spanditrice per juta 12
máquina (f) para extender el yute / *màquina (f) d'estendre jute, estenedora (f) de jute*

---

6. Krempeln (n) der Jute
Carding of Jute
Кардочесанiе (ср) джута
Cardage (m) du jute
Cardatura (f) della juta 13
Cardado (m) del yute / *Cardat (m) del jute*

a) Vorkrempeln (n) der Jute
Preliminary Carding *or* First Carding of Jute
Предварительное *или* подготовительное кардочесаніе (ср) джута
Cardage (m) en gros *ou* premier cardage du jute
Cardatura (f) in grosso della juta
Cardado (m) preliminar o primer cardado del yute / *Cardat (m) preliminar o primer cardat del jute*

1

2 Entwirren (n) *oder* Auflockern (n) der Jutefasern
loosening the jute fibres
разрыхленіе (ср) джутовых волокон
démêlage (m) des fibres de jute
scioglimento (m) delle fibre di juta
desagregado (m) de las fibras de yute / *desagregat (m) de les fibres de jute*

3 aufgelockerte Jutefasern (fpl)
loosened jute fibres
разрыхленныя джутовыя волокна (ср)
fibres (fpl) de jute démêlées
fibre (fpl) di juta sciolte
fibras (fpl) de yute sueltas / *fibres (fpl) de jute desfetes*

4 die Jutefasern (fpl) entwirren *oder* auflockern
to loosen *or* disentangle the jute fibres
разрыхлять *или* распутывать джутовыя волокна
démêler les fibres de jute
sciogliere le fibre di juta
desagregar las fibras de yute / *les fibres de jute*

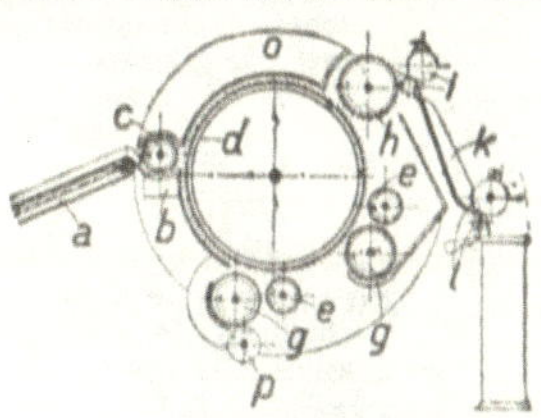

5 Muldenvorkrempel (f) mit nur teilweiser Ausnutzung der Trommeloberfläche, halbzirkulare Muldenvorkrempel (f)
half circular shell breaker card
полуокружная *или* полуциркулярная подготовительная кардная машина (жр)
carde (f) briseuse demi-circulaire avec alimentation à auge
carda (f) in grosso semicircolare con alimentazione a canale
carda (f) abridora semi-circular con plato de alimentación curvado / *carda (f) obridora semi-circular amb plat alimentari corbat*

6 a Anlegetisch (m)
feed table, spreading lattice
питательный стол (мр)
tablier (m) d'alimentation
tavola (f) continua alimentare
tablero (m) de alimentación / *telera (f) alimentaria*

b gußeiserne Mulde (f)
cast iron shell feed plate
чугунный (-ое) желоб (мр) *или* корытце (ср)
auge (f) en fonte
canale (m) di ghisa
plato (m) alimentador curvado de fundición / *plat (m) alimentari corbat de fundició* 7

c Speisewalze (f)
shell feed roller, shell feeder
питательный валик (мр)
cylindre (m) alimentaire *ou* d'entrée
cilindro (m) a canale
cilindro (m) de alimentación / *corró (m) alimentari* 8

d Trommel (f)
main cylinder
барабан (мр)
grand tambour (m)
gran tamburo (m)
gran tambor (m) / *bóta (f)* 9

e Arbeitswalze (f)
worker
рабочій валик (мр)
travailleur (m)
cilindro (m) operatore
cilindro (m) trabajador / *cilindret (m)* 10

g Wendewalze (f)
stripper
бѣгун (мр)
débourreur (m)
cilindro (m) spogliatore
cilindro (m) descargador / *pelador (m)* 11

h Abnehmerwalze (f)
doffer
вальян (мр), пріемный вальян (мр)
peigneur (m)
cilindro (m) distaccatore
llevador (m) 12

i geriffelte eiserne Abzugwalze (f)
fluted iron doffing roller
рифленый желѣзный пріемный валик (мр)
cylindre (m) détacheur en fer cannelé
cilindro (m) spogliatore in ferro scanalato
cilindro (m) descargador de hierro acanalado / *corró (m) descarregador de ferro acanalat* 13

k Leitblech (n), Rutschblech (n)
conductor
направляющій жестяной лоток (мр)
conducteur (m)
guida (f)
conductor (m), canal-guia (m) / *conductor (m), guia (f)* 14

l Ablieferungswalze (f)
delivery roller
второй пріемный валик (мр)
cylindre (m) délivreur
rullo (m) di compressione
cilindro (m) de entrega o de salida / *corró (m) de sortida o d'entrega* 15

1 o hölzerner Deckel (m)
wooden cover
деревянная крышка (жр)
couvercle (m) en bois
coperchio (m) di legno
tapa (f) de madera / *coberta (f) de fusta*

2 p Blechwalze (f)
tin roller
жестяной валик (мр) *или* каток (мр)
cylindre (m) enfonceur en fer-blanc
cilindro (m) di latta
cilindro (m) de hojalata / *corró (m) de llauna*

3 
Speisewalzenbeschlag (m)
feeder covering
гарнитура (жр) *или* кардная обшивка (жр) питательнаго валика
garniture (f) du cylindre alimentaire
guarnizione (f) del cilindro alimentatore
guarnición (f) del cilindro alimentador / *guarnició (f) del corró alimentari*

4 
Trommelbeschlag (m)
cylinder covering
гарнитура (жр) *или* кардная обшивка (жр) барабана
garniture (f) du grand tambour
guarnizione (f) del gran tamburo
guarnición (f) del gran tambor / *guarnició (f) de la bóta*

5 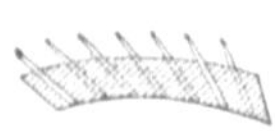
Wendewalzenbeschlag (m)
stripper covering
кардная обшивка (жр) бѣгуна
garniture (f) du débourreur
guarnizione (f) del cilindro spogliatore
guarnición (f) del descargador / *guarnició (f) del pelador*

6 
Lederbeschlag (m) der Abnehmerwalze
leather clothing of doffer
кардная обшивка (жр) вальяна на кожаном основании
garniture (f) en cuir du peigneur
guarnizione (f) in cuoio del cilindro distaccatore
guarnición (f) de cuero del peinador / *guarnició (f) de cuiro del llevador*

7 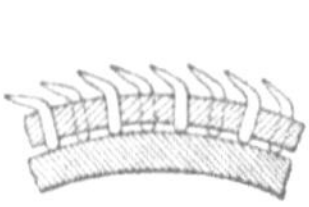
Arbeitswalzenbeschlag (m)
worker clothing
кардная обшивка (жр) рабочаго валика
garniture (f) du travailleur
guarnizione (f) del cilindro operatore
guarnición (f) del cilindro trabajador / *guarnició (f) del cilindret*

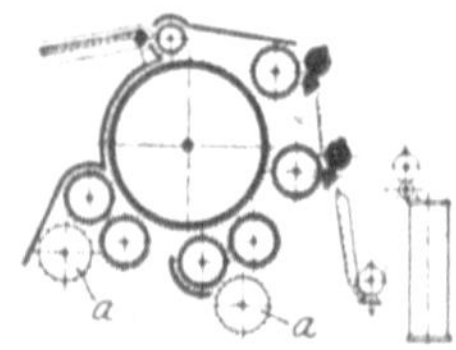

Lawsonsche Vorkrempel (f)
Lawson's breaker card, large roller breaker card, jumbo card
большая подготовительная чесальная машина (жр) системы Лоусона 8
carde (f) briseuse Lawson
carda (f) in grosso di Lawson
carda (f) abridora / *obridora* / Lawson

a Blechwalze (f) mit zackigem Beschlag
sheet metal cylinder with toothed covering
жестяной цилиндр (мр) с зубчатой обшивкой
cylindre (m) enfonceur en tôle avec garniture en forme de lames *ou* de réglettes 9
cilindro (m) di latta con guarnizione a denti
cilindro (m) de chapa recubierto de dientes / *cilindre (m) de llauna guarnit de dents*

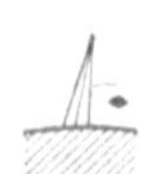
rautenförmige *oder* rhombusförmige Beschlagnadel (f)
diamond-shaped pin
ромбоидальная игла (жр) карды
aiguille (f) de forme rhomboïde 10
ago (m) a sezione romboidale
aguja (f) / *agulla (f)* / romboidal

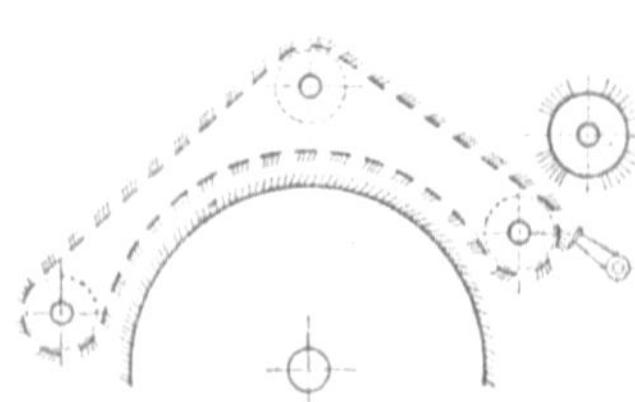

Wanderdeckelkrempel (f)
revolving flat card
чесальная (жр) с вращающеюся цѣпью шляпок
carde (f) à chapeaux marchants
carda (f) a cappelli girevoli 11
carda (f) de chapones giratorios / *de xapons giratoris*

b) Feinkrempeln (n) der Jute | **Cardage (m) en fin du jute**
Fine Carding of Jute | **Cardatura (f) in fino della juta**
1 **Тонкое кардочесаніе (ср) джута** | **Cardado (m) en fino del yute** / ***Cardat (m) en fi de jute***

die Vorkrempelbänder (npl) auf das Wickelholz aufwickeln
to lap the breaker card slivers on the lap rod
2 навивать ленты с подготовительных чесальных на валик навоя
renvider les rubans (mpl) de la carde briseuse sur un cylindre en bois *ou* sur l'ensouple
avvolgere i nastri della carda rompitrice sopra la bacchetta
arrollar las cintas de la carda abridora sobre el rodillo plegador / *plegar les vetes de la carda obridora sobre la nina o el plegador*

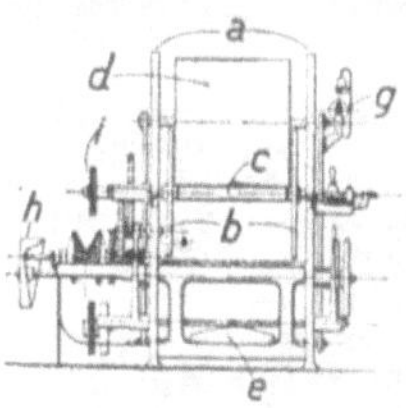

3 selbstregelnde Wickelmaschine (f)
regulating lap machine
саморегулирующаяся навойная машина (жр)
machine (f) à enrouler automatique
macchina (f) a fare l'avvolgimento automatico
reunidora (f) automática / *màquina (f) de reunir automàtica*

4 a Gestellständer (m)
framing
станина (жр)
bâti (m)
telaio (m)
bancada (f)

5 Einzuggeschwindigkeit (f) der Bänder
feeding speed of the slivers
скорость (жр) питанія лент
vitesse (f) d'alimentation des rubans
velocità (f) di alimentazione dei nastri
velocidad (f) de la alimentación de las cintas / *velocitat (f) de la alimentació de les vetes*

6 b Wickelscheiben (fpl)
lap roller ends *or* plates
фляпец (мр) навойки *или* навоя
plateaux (mpl)
flangie (fpl) del cilindro d'avvolgimento
platos (mpl), valonas (fpl) / *plats (mpl), valones (fpl)*

7 c Wickelholz (n), Wickelwalze (f)
lap bobbin, lap roller, lap rod, lap tube
валик (мр) навоя
ensouple (f), cylindre (m) en bois
bacchetta (f) in legno
plegador (m), carrete (m) de la tela / *plegador (m), corró (m) de fusta*

d Druckwalze (f)
press roller
нажимной вал (мр)
rouleau (m) *ou* cylindre (m) de pression 8
cilindro (m) di compressione
cilindro (m) de presión / *corró (m) de pressió*

e Belastungsgewicht (n)
weight
нажимной груз (мр) 9
poids (m)
peso (m)
peso (m) / *pes (m)*

g Klingelvorrichtung (f)
indicator bell
автоматическій сигнальный звонок (мр)
sonnerie (f) 10
contatore (m) a suoneria
contador (m) de campanilla / *comptador (m) de campaneta*

h Achshubscheibe (f), [Achsialexzenter (n)]
axial cam
торцовый эксцентрик (мр), торцовая кулачная шайба (жр) 11
excentrique (m) axial
eccentrico (m) assiale
excéntrico (m) axial o en el sentido del eje / *excèntric (m) axial o en el sentit del eix*

i Triebscheibe (f)
lap shaft pulley
ведущій шкив (мр) холстового валика
poulie (f) de l'arbre de la bobine 12
puleggia (f) del cilindro d'avvolgimento
polea (f) del árbol del plegador / *politja (f) del arbre del plegador*

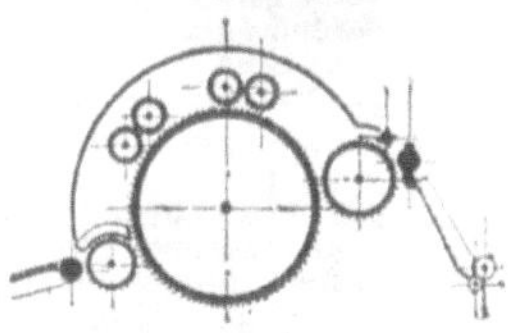

halbkreisförmige [oder Halbzirkular-]Krempel (f), Krempel (f) mit nur halb ausgenutzter Trommeloberfläche *oder* mit Ausgang entgegengesetzt zum Eingang
half circle up-striker card with delivery at the opposite side from the feed
полуциркулярная *или* полуокружная кардная машина (жр)
carde (f) demi-circulaire avec sortie diamétralement opposée à l'entrée
carda (f) semicircolare con alimentazione e uscita diametralmente opposte
carda (f) semi-circular con alimentación y salida diametralmente opuestas / *carda (f) semi-circular amb alimentació i sortida diametralment oposades* 13

1 Krempel (f) mit vollständig ausgenutzter Trommeloberfläche *oder* mit Ein- und Ausgang auf derselben Seite, [Zirkularkrempel (f)]
full circle down-striker card with feed and delivery at the same side
циркулярная кардная машина (жр)
carde (f) circulaire avec sortie et entrée du même côté
carda (f) circolare con alimentazione e uscita allo stesso lato
carda (f) circular con alimentación y salida por el mismo lado / *carda (f) circular amb alimentació i sortida pel mateix costat*

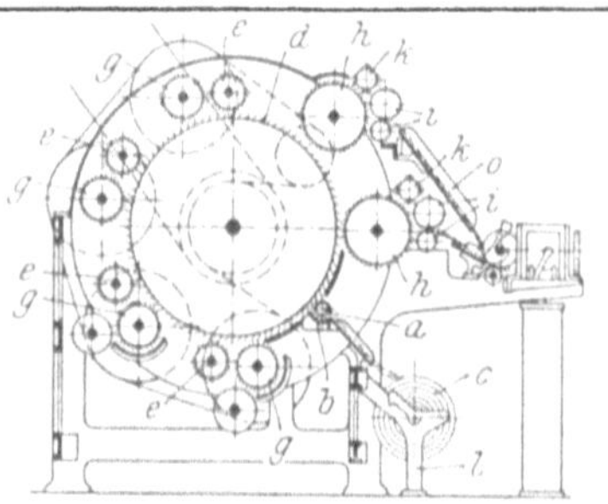

2 Feinkrempel (f) mit Wickelspeisung
finisher card with lap feed
тонкая чесальная машина (жр) с питанiем холста
carde (f) finisseuse avec alimentation de nappe
carda (f) finitrice con alimentazione di tela d'ovatta
carda (f) acabadora con alimentación por tela / *amb alimentació per tela*

3 a Nadelwalze (f)
needle roller, shell roller
игольчатый валик (мр)
cylindre (m) à aiguilles
cilindro (m) ad aghi *o* a canale
cilindro (m) guarnecido de agujas / *corró (m) amb guarnició d'agulles*

4 b Nadelwalzenmulde (f)
shell roller plate
желоб (мр) для игольчатаго валика
auge (f) du cylindre à aiguilles
canale (m) del cilindro ad aghi
plato (m) curvado del cilindro guarnecido de agujas / *plat (m) corbat del corró amb guarnició d'agulles*

5 c Faserbandwickel (m)
lap
холст (мр) из волокнистаго вещества, ватка (жр)
rouleau (m) formé de rubans
rotolo (m) formato di nastri
tela (f) formada de cintas / *de vetes*

6 d Trommel (f)
main cylinder
барабан (мр)
grand tambour (m)
gran tamburo (m)
gran tambor (m) / *bóta (f)*

e Arbeitswalze (f) 7
worker
рабочiй валик (мр)
travailleur (m)
cilindro (m) operatore
cilindro (m) trabajador / *cilindret (m)*

g Wendewalze (f) 8
stripper
бѣгун (мр)
débourreur (m)
cilindro (m) spogliatore
descargador (m), desborrador (m) / *pelador (m)*

h Abnehmer (m) 9
doffer
вальян (мр)
peigneur (m)
cilindro (m) distaccatore
llevador (m)

i Abführwalzen (fpl) 10
drawing-off rollers, calender rollers
съемочно-прiемные валики (мр)
cylindres (mpl) détacheurs
rulli (mpl) di compressione
cilindros (mpl) desprendedores o de salida / *corrons (mpl) xucladors o de sortida*

k Bürstenwalze (f) 11
brush roller, revolving rubber
щеточный валик (мр)
brosse (f) circulaire
spazzola (f) circolare
cepillo (m) / *raspall (m)* / circular

l Wickelträger (m) 12
lap carrier
стойка (жр) под скалку холста
joues (fpl) pour le rouleau
porta-rotolo (m)
soporte (m) / *suport (m)* / de la tela

o Leitblech (n), Rutschblech (n) 13
[tin] conductor
направляющiй жестяной лоток (мр)
conducteur (m)
guida (f)
guía (f), conductor (m) / *guia (f), conductor (m)*

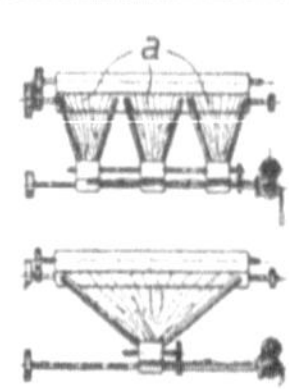

a Bandleitblech (n) 14
web guide plate *or* conductor
жестяной лоток (мр) для спуска ватки
plaque-guide (f) *ou* conducteur (m) du voile
placca (f) di guida del velo
placa (f) guía *o* conductora del velo / *del vel*

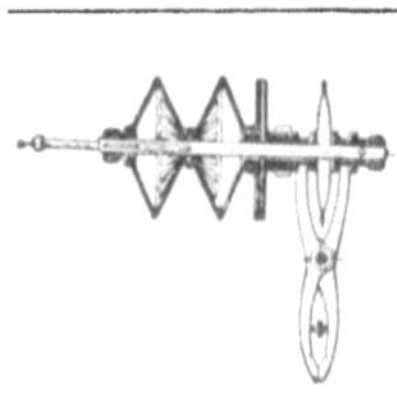

Triebscheibe (f) mit veränderlichem Durchmesser, [Expander (m)] 15
expanding pulley
приводный шкив (мр) перемѣннаго дiаметра
poulie (f) extensible
carrucola (f) espansibile
polea (f) / *politja (f)* / extensible

1 Verschiebung (f) der einen Scheibenhälfte
displacement of one half of the expanding pulley
перемѣщенiе (ср) одной половины шкива
déplacement (m) d'une moitié de la poulie extensible
spostamento (m) d'una parte della carrucola espandibile
desplazamiento (m) de una mitad de la polea extensible / *desplaçament (m) d'una meitad de la politja extensible*

2 Jutekrempler (m), Jutekard[ier]er (m)
jute carder
чесальщик (мр) джута
cardeur (m) de jute
cardatore (m) di juta
cardador (m) de yute / *de jute*

3 Hilfskrempler (m), Hilfskard[ier]er (m)
carder's assistant
помощник (мр) кардовщика
aide-cardeur (m)
assistente (m) cardatore
ayudante (m) / *ajudant (m)* / de cardador

4 **7. Strecken (n) und Doppeln (n)**
Drawing and Doubling
Вытяжка (жр) и сдваиванiе (ср) *или* дублированiе (ср)
Étirage (m) et Doublage (m)
Tiratura (f) e addoppiamento (m)
Estiraje (m) y doblado (m) / *Estiratge (m) i doblat (m)*

5 die Faserbänder (npl) strecken und doppeln
to draw out and double the slivers
вытягивать и сдваивать ленты волокнистаго вещества
étirer et doubler les rubans (mpl)
stirare e addoppiare i nastri
estirar y doblar las cintas / *les vetes*

6 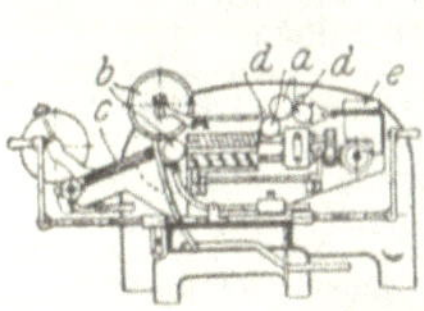

Schraubenstrecke (f)
screw gill drawing frame, spiral drawing
винтовая ленточная машина (жр)
étirage (m) à barrettes commandées par vis
banco (m) di tiratura con moto a vite
gill (m) de tornillos / *de rosques*

7 a
Einziehwalze (f)
feed roller
питательный валик (мр)
cylindre (m) d'alimentation
cilindro (m) di alimentazione
cilindro (m) de alimentación / *corró (m) alimentari*

8 b
Streckwalze (f)
drawing roller, front roller
вытяжной валик (мр)
cylindre (m) d'étirage
cilindro (m) stiratore
cilindro (m) de estiraje / *corró (m) d'estiratge*

9 die Walze durch Reibung mitnehmen
to drive the roller by friction
приводить в движенiе *или* захватывать валик тренiем
actionner le cylindre par frottement
azionare il cilindro per attrito
accionar el cilindro por medio de rozamiento / *accionar el corró per fricció*

c
Bandplatte (f), Fachplatte (f), [Dublierplatte (f)]
sliver plate, doubling plate
доска (жр) *или* стол (мр) для направленiя лент
doubleuse (f), paralléliseur (m), plaque (f) à doubler 10
tavola (f) di appoggio dei nastri, riunitoio (m), accoppiatrice (f)
mesa (f) dobladora, tabla (f) de las cintas / *taula (f) dobladora o de les vetes*

d
ruhender Putzer (m), Putzleiste (f)
dead rubber
неподвижный очиститель (мр), очистительная планка (жр) 11
chapeau (m) de propreté
pulitore (m)
limpiador (m) / *netejador (m)*

e
Steg (m)
bracket
дорожка (жр)
traverse (f), guide (m) 12
guida (f)
soporte (m), guia (f) / *suport (m), guia (f)*

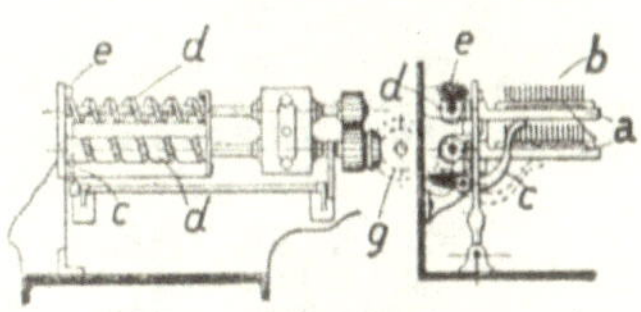

Schraubenführung (f) der Hechelstäbe
screw guide of gill bars
червячный привод (мр) гребневых планок
mécanisme (m) des vis des barrettes 13
guida (f) a vite delle sbarrette
mecanismo (m) de mando por tornillo de los gills / *mecanisme (m) d'accionament dels gills per vis o per rosca*

a
Hechelstab (m)
pin bar, gill bar, faller
гребенка (жр), игольчатая планка (жр)
barrette (f) 14
sbarretta (f)
barrita (f), peine (m), gill (m) / *barreta (f), pinte (m), gill (m)*

der Stab fällt in die unteren Schrauben
the faller drops down on lower screws
гребенка (жр) в концѣ хода падает на нижнiе червяки *или* винтовые валики 15
la barrette tombe dans les vis inférieures
la sbarretta cade nelle viti inferiori
la barrita cae en los tornillos inferiores / *la barreta cau en les rosques inferiors*

1 Aufwärtsheben (n) des Hechelstabes
lifting up of the faller
перемѣщеніе (ср) гребенки вверх
relèvement (m) de la barrette
rialzamento (m) della sbarretta
subida (f) de la barrita / *pujada (f) de la barreta*

---

2 den Hechelstab aufwärtsheben
to lift up the faller
поднимать гребенку вверх
relever la barrette
rialzare la sbarretta
subir la barrita / *pujar la barreta*

---

3 b Nadeln (fpl) des Hechelstabes
needles of the bar
гарнитура (жр) гребенки
aiguilles (fpl) de la barrette
aghi (mpl) della sbarretta
agujas (fpl) de la barrita / *agulles (fpl) de la barreta*

---

4 c Empfangsdaumen (m)
wipper
пріемный кулак (мр) *или* палец (мр)
came (f) de réception
camma (f)
leva (f) / *lleva (f), papallona (f)*

---

5 d flachgängige Schraube (f)
square threaded screw
винт (мр) прямоугольной плоской нарѣзки
vis (f) à filet carré
vite (f) ad impanatura quadrangolare *o* a filetto piano
tornillo (m) de filete cuadrado / *rosca (f) de filet quadrat*

---

6 Schraubengang (m)
screw thread
ход (мр) винта
filet (m) de vis, pas (m) de la vis
filetto (m) *o* impanatura (f) *o* spira (f) della vite
filete (m) del tornillo / *filet (m) de la rosca*

---

7 e Daumen (m), Hammer (m)
cam
палец (мр), кулак (мр)
came (f), marteau (m)
camma (f)
excéntrico (m), leva (f) / *excèntric (m), lleva (f), martellet (m)*

---

8 g Kegelrad (n)
bevel wheel
коническая шестерня (жр)
roue (f) conique
ruota (f) conica
rueda (f) cónica / *roda (f) d'angle*

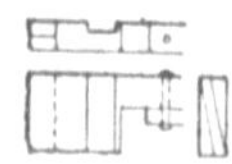

Hechelstabkopf (m)
faller end
головка (жр) гребенки
extrémité (f) *ou* tête (f) de la barrette 9
estremità (f) della sbarretta
extremo (m) de la barrita / *cap (m) de la barreta*

---

wagerechte [*oder* horizontale] Hechelstabverschiebung (f)
horizontal movement of the faller
горизонтальное передвиженіе (ср) гребенки
déplacement (m) horizontal de la barrette
spostamento (m) *o* traslazione (f) orizzontale della sbarretta 10
movimiento (m) horizontal de la barrita / *moviment (m) horitzontal de la barreta*

---

die Hechelreihen (fpl) einfach belegen *oder* beschicken
to feed the series of fallers single
питать ряд геклей в один слой
alimenter les séries (fpl) de barrettes par une nappe
alimentare le file di pettini con un carico semplice 11
alimentar las series de barritas / *les series de barretes* / en una capa

---

die Hechelreihen (fpl) doppelt belegen *oder* beschicken
to feed the series of fallers double
питать ряд геклей в два слоя
alimenter les séries (fpl) de barrettes par deux nappes
alimentare le file di pettini con un carico doppio 12
alimentar las series de barritas en dos capas / *les séries de barretes en dues capes*

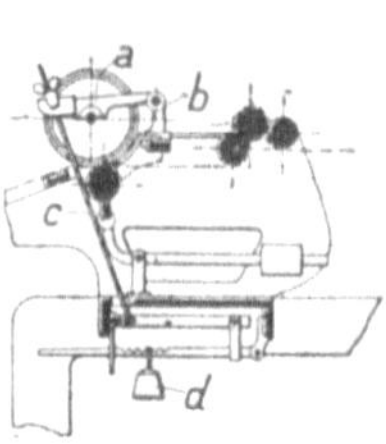

Drucksattelbelastung (f) für die Streckwalzen
saddle weighting of drawing rollers
нагрузка (жр) вытяжных валиков нажимным сѣдлом
pression (f) des cylindres d'étirage par sellette 13
carico (m) a leva e contrappesi dei cilindri stiratori
presión (f) de los cilindros de estiraje por silletas / *pressió (f) dels corrons d'estiratge per selletes*

---

a Bügel (m), Sattel (m)
saddle
вилка (жр), сѣдло (ср) 14
sellette (f)
selletta (f)
silleta (f) / *selleta (f)*

---

b Ständer (m)
fulcrum bracket
стойка (жр) 15
support (m)
sopporto (m)
soporte (m) / *suport (m)* / [articulado]

---

c Zugstange (f)
link, draw rod
тяга (жр) 16
tringle (f)
tirante (m)
brida (f), tirante (m)

1 d
verstellbares Gewicht (n)
adjustable weight
передвижной груз (мр)
poids (m) réglable
peso (m) regolabile
peso (m) ajustable / *pes (m) reglable*

2
die Streckdruckwalze mit Schlämmkreide einreiben
to rub the top pressure roller with whiting
натирать нажимной валик вытяжного аппарата отмученным мѣлом
frotter le cylindre de pression avec du blanc d'Espagne
sfregare il cilindro di pressione con creta purgata
frotar el cilindro de presión con tiza en polvo / *frotar el corró de pressió amb blanc d'Espanya*

3
Talkum (n)
talc
тальк (мр)
talc (m)
talco (m)
talco (m) / *talc (m)*

4
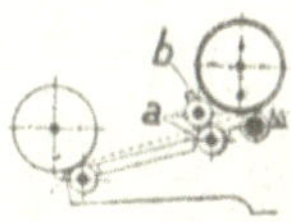

Bandabzugvorrichtung (f)
sliver delivery motion
выпускной механизм (мр) для ленты
dispositif (m) pour la sortie en ruban
meccanismo (m) di consegna dei nastri
mecanismo (m) de salida de la cinta / *mecanisme (m) de sortida de la veta*

---

5 a
Zuführwalzen (fpl), Glättwalzen (fpl)
slicking-in rollers
плющильные валики (мр)
cylindres (mpl) d'alimentation
cilindri (mpl) di alimentazione
cilindros (mpl) de alimentación / *corrons (mpl) alimentaris*

---

6 b
Putzleiste (f)
dead rubber
очистительная планка (жр)
chapeau (m) de propreté
pulitore (m)
limpiador (m) / *netejador (m) [de la borra]*

7
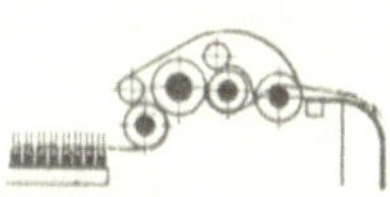
umlaufender [*oder* rotierender] Reiniger (m) für Ein[zieh]walzen
revolving rubber *or* clearer for the feed rollers
вращающійся очиститель (мр) для питательных валиков
cylindre (m) de propreté pour les cylindres d'entrée
cilindro (m) pulitore dei cilindri di alimentazione
limpiador (m) giratorio para los cilindros de alimentación / *desborrador (m) giratori per als corrons alimentaris*

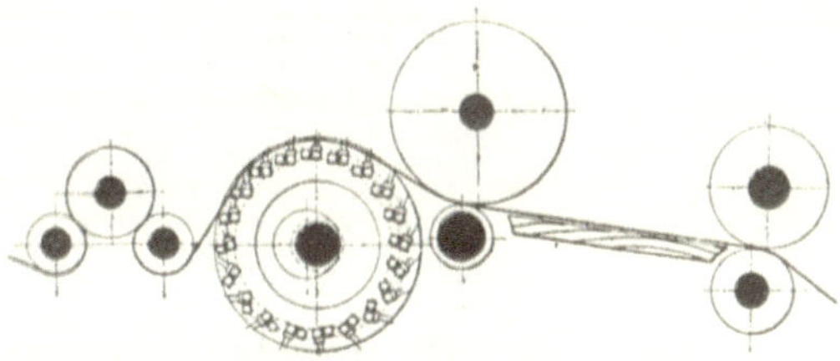
Strecke (f) mit Scheibenführung für die Hechelstäbe, Scheibenwalzenstrecke (f), Sonnenstrecke (f)
disc plate drawing, ring guide drawing, circular drawing
ленточная машина (жр) с ведущими дисками для гребенных планок
étirage (m) à plateaux pour la conduite des barrettes, étirage (m) soleil
stiratoio (m) circolare 8
gill (m) circular, gill (m) soleil

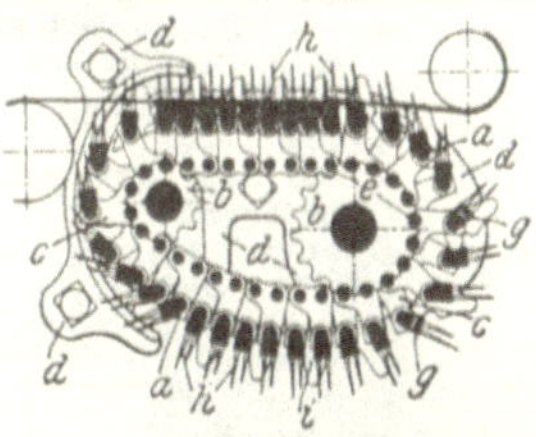

Strecke (f) mit Kettenführung für die Hechelstäbe, Kettenstrecke (f)
chain [guide] drawing, chain bar drawing frame, chain gill drawing frame
цѣпная ленточная машина (жр), ленточная машина (жр) с гребенною цѣпью
étirage (m) à chaines pour la conduite des barrettes 9
banco (m) di tiratura a catena *o* con catena continua
gill (m) de estiraje con mando de las barritas por cadenas / *gill (m) d'estiratge amb accionament de les barretes per cadena*

---

a
Hechelstab (m)
faller
гребенка (жр), игольчатая планка (жр) 10
barrette (f)
sbarretta (f) a pettini
barrita (f) / *barreta (f)*

---

geradliniges Einstechen (n) der Hechelnadeln in die Watte
rectilinear insertion of the needles into the fleece
перпендикулярное погруженіе (ср) *или* проникание (ср) игл гребенки в ватку
insertion (f) rectiligne des aiguilles dans la nappe 11
introduzione (f) dei denti nella tela in senso rettilineo
penetración (f) rectilínea de las agujas en la napa / *penetració (f) rectilínia de les agulles en la napa*

Zahnscheibe (f)
chain sprocket wheel
зубчатый диск (мр), зубчатая шайба (жр)
1 b pignon (m) pour la chaîne
pignone (m) per la catena
rueda (f) de estrella de la cadena / *[roda (f) d'*]*estrella (f) per a la cadena*

Kettenglied (n)
chain link
звено (ср) цѣпи
2 c maillon (m) de la chaîne
anello (m) *o* maglia (f) di catena
eslabón (m) / *anella (f) o malla (f)* / de la cadena

Kettengliedführung (f)
link guide
направленіе (ср) для звеньев цѣпи
3 d guide (m) des maillons de la chaîne
guida (f) delle maglie della catena
guía (f) de los eslabones / *de les anelles* / de la cadena

Kettengliedstift (m)
link pin
штифт (мр), соединяющій звенья цѣпи
4 e doigt (m) des maillons
dito (m) delle maglie
pasador (m) de los eslabones / *passador (m) de les anelles*

endlose Kette (f)
endless chain
безконечная цѣпь (жр)
5 chaîne (f) sans fin
catena (f) continua *o* senza fine
cadena (f) sin fin / *sens fi*

Nadelleiste (f)
needle bar
игольчатая планка (жр)
6 g barrette (f) à aiguilles
sbarretta (f) a pettini
barrita (f) de agujas / *barreta (f) d'agulles*

Hechelstab (m) mit zweireihig eingesetzten Nadeln
hackle bar with pins inserted in double rows
гребенчатая планка (жр), набранная иглами в два ряда
7 h barrette (f) à deux rangées d'aiguilles
sbarretta (f) a due file di denti
barrita (f) con dos hileras de agujas / *barreta (f) amb dos rengles d'agulles*

Winkelhebel (m)
tipping lever
колѣнчатый рычаг (мр)
8 i levier (m) coudé
leva (f) ad angolo
palanca (f) acodada / *acolzada*

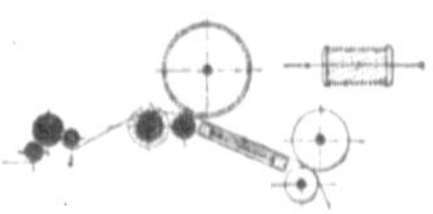

9 Nadelwalzenstrecke (f)
rotary drawing, porcupine drawing
ленточная машина (жр) с игольчатыми валиками
étirage (m) à hérissons
stiratoio (m) a cilindri dentati
estiraje (m) con herizones / *estiratge (m) d'eriçons*

III.

Spinnen (n) der Jute — Spinning of Jute — Пряденіе (ср) джута — Filage (m) du jute — Filatura (f) della juta 10 — Hilado (m) del yute / *Filatura (f) del jute*

1. Vorspinnen (n) der Jute — Preparation of Jute for Spinning — Приготовительное пряденіе (ср) джута — Préparation (f) du jute pour le filage — Filatura (f) preparatoria della juta 11 — Preparación (f) del yute para el hilado / *Preparació (f) del jute per a la filatura*

Jutevorgespinst (n), Jutevorgarn (n), Jutelunte (f)
jute rove
джутовая ровница (жр)
mèche (f) [de préparation] de jute
stoppino (m) di juta 12
mecha (f) de yute / *metxa (f) de jute*

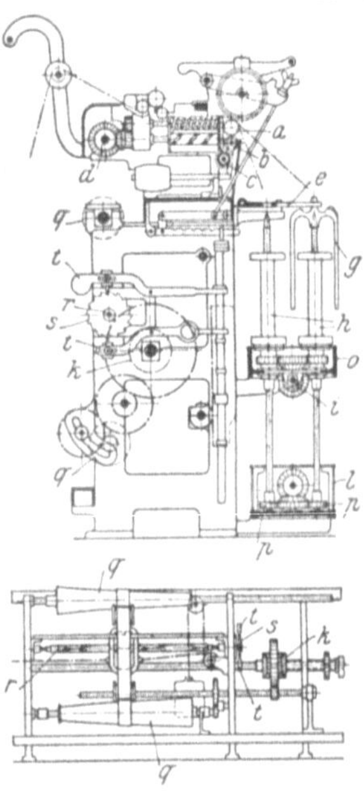

Jutevorspinnmaschine (f)
jute roving frame
банкаброш (мр) для джута
banc (m) à broches pour jute 13
banco (m) a fusi per juta
mechera (f) para yute / *metxera (f) per a jute*

Streckwalze (f)
drawing roller
вытяжной цилиндр (мр)
1 a cylindre (m) étireur
cilindro (m) stiratore
cilindro (m) de estiraje / *corró (m) d'estiratge*

mit Filz überzogener Walzenputzer (m), untere Putzwalze (f)
felt covered under-clearer
очистительный валик (мр), обтянутый войлоком
2 b cylindre (m) nettoyeur recouvert de feutre
cilindro (m) pulitore ricoperto di feltro
limpiador (m) inferior recubierto de paño / *desborrador (m) inferior guarnit de feltre*

Bürstenwalze (f)
brush roller
щеточный валик (мр)
3 c brosse (f) circulaire
cilindro (m) a spazzola
cepillo (m) / *raspall (m)* / circular

Hinterwelle (f)
back shaft
задний валик (мр)
4 d arbre (m) de commande arrière
albero (m) di comando posteriore
árbol (m) posterior / *arbre (m) de darrera*

Spindelhalter (m)
spindle holder
державка (жр) веретена
5 e guide-ailette (m)
guida-fuso (m) superiore
soporte (m) superior del huso / *suport (m) del cap de la pua*

Spindelflügel (m)
flyer
рогулька (жр)
6 g ailette (f)
aletta (f)
aleta (f) / *aranya (f)*

den Spindelflügel auf den Spindelschaft aufsetzen
7 to put the flyer on the spindle
надѣть *или* насадить рогульку на веретено
placer l'ailette sur la broche
mettere l'aletta sul fuso
colocar la aleta sobre el huso / *posar l'aranya sobre la pua*

Spule (f)
bobbin
катушка (жр), шпуля (жр)
8 h bobine (f)
spola (f)
carrete (m) / *rodet (m)*

die Spule über die Spindel stecken
to place the bobbin on the spindle
9 надѣть катушку на веретено
placer la bobine sur la broche
mettere la spola sul fuso
colocar el carrete sobre el huso / *posar el rodet sobre la pua*

die Spule sitzt lose auf der Spindel
the bobbin is free on the spindle
катушка (жр) сидит свободно на веретенѣ
la bobine est placée librement sur la broche 10
la spola sta libera sul fuso
el carrete está enfilado loco sobre el huso / *el rodet es enfilat boig sobre la pua*

Spulenwelle (f)
shaft of bobbin
стержень (мр) *или* трубка (мр) катушки
arbre (m) de commande des bobines 11
albero (m) di comando delle spole
árbol (m) de mando de los carretes / *arbre (m) d'accionament dels rodets*

Differentialumlaufgetriebe (n)
differential motion
дифференціальный вращающій аппарат (мр)
k mouvement (m) différentiel 12
meccanismo (m) *o* ruotismo (m) differenziale
mecanismo (m) / *joc (m)* / diferencial

Verdeck (n) für den Spindelantrieb
spindle footstep casing
футляр (мр) *или* ящик (мр) для веретенных шестерен
l couvre-roues (m) *ou* couvre-engrenages (m) des crapaudines des broches 13
copri-ruote (m) delle ralle dei fusi
tapa (f) de las crapodinas de los husos / *tapa (f) de les grapaldines de les pues*

Spulenbank (f)
bobbin rail
каретка (жр)
o rail (m) des bobines, chariot (m) à bobines 14
carro (m) porta-bobine
balancín (m) / *balancé (m)*

Spindelrädchen (n)
spindle wheel
веретенная шестеренка (жр)
p pignon (m) des broches 15
pignone (m) dei fusi
piñón (m) de los husos / *pinyó (m) de les pues*

Kegel (m), Kegeltrommel (f)
cone [drum]
конусный шкив (мр)
q cône (m) 16
cono (m)
cono (m) / *con (m)*

Kegel[trommel]riemen (m)
cone belt
приводный ремень (мр) между конусами
courroie (f) des cônes 17
cinghia (f) dei coni
correa (f) de los conos / *corretja (f) dels cons*

1 r

zweigängige Schraubenspindel (f)
double threaded screw spindle
червяк (мр) двойного хода *или* с двумя противоположными нарѣзками
vis (f) à double filet
vite (f) ad impanatura doppia, vite (f) a due vermi
tornillo (m) de filete doble / *vis (f) de doble rosca*

---

2 s

Klinkrad (n), Sperrad (n)
ratchet wheel
храповик (мр)
[roue (f) à] rochet (m)
stella (f)
rueda (f) de estrella / *roda (f) d'estrella*

---

3 t

Klinke (f)
latch
собачка (жр)
loquet (m), cliquet (m)
nottolino (m)
gatillo (m), trinquete (m) / *cadell (m)*

4

die Klinke auslösen, ausklinken
to free *or* to disengage the latch
выключить собачку
libérer le cliquet, décliqueter le loquet
liberare il nottolino
desencajar el gatillo, desengatillar / *afluixar o aixecar el cadell, desencadellar*

5

den Vorgarnfaden ohne Spannung aufwinden
to wind on the roving without tension
наматывать ровницу без натяженія
renvider la mèche sans tension
incannare lo stoppino senza tensione
plegar la mecha sin tensión / *plegar la metxa sense tensió*

6

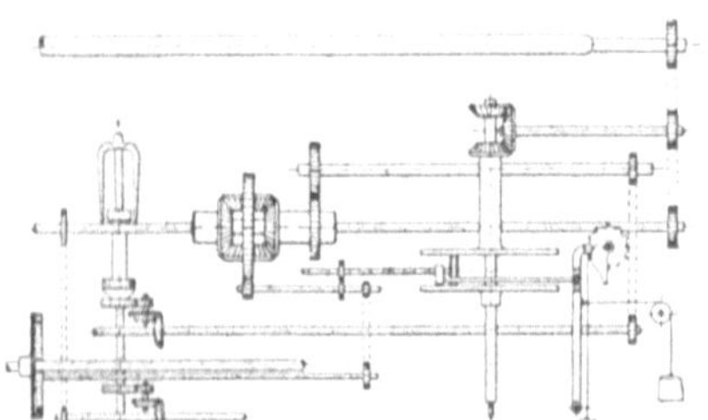

Aufwindevorrichtung (f) für Vorspinnmaschinen
winding mechanism for roving frames
мотальный механизм (мр) для банкаброшов
mécanisme (m) de renvidage pour bancs à broches
meccanismo (m) d'incannatura per banchi a fusi
mecanismo (m) arrollador para mecheras / *mecanisme (m) plegador de metxeres*

7

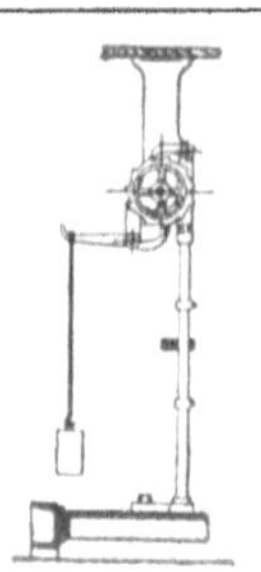

Schaltvorrichtung (f)
reversing motion
реверсивный механизм (мр), механизм для прямого и обратнаго хода
mécanisme (m) de changement
meccanismo (m) a scatto
juego (m) de gatillos / *joc (m) de cadells*

8

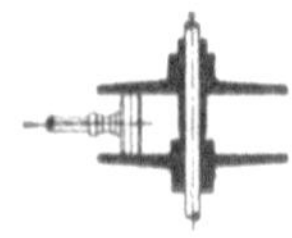

Antrieb (m) des Hubwechsels
lifter wheel drive
привод (мр) *или* передача (жр) для перемѣны хода
commande (f) du pignon de changement de marche
azionamento (m) del pignone del carro
mando (m) del piñón del balancín / *comanda (f) del pinyó del balancé*

9

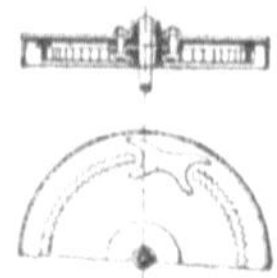

Mangelrad (n)
mangle wheel
маточная шестерня (жр)
roue (f) dentée à lanterne
ruota (f) a lanterna
linterna (f) / *llanterna (f)*

10

äußere Verzahnung (f) des Mangelrades
outer toothing of mangle wheel
наружное зацѣпленіе (ср) маточной шестерни
denture (f) extérieure de la roue à lanterne
dentatura (f) esterna della ruota a lanterna
dentado (m) exterior de la linterna / *dentat (m) exterior de la llanterna*

11

innere Verzahnung (f) des Mangelrades
inner toothing of mangle wheel
внутреннее зацѣпленіе (ср) маточной шестерни
denture (f) intérieure de la roue à lanterne
dentatura (f) interna della ruota a lanterna
dentado (m) interior de la linterna / *dentat (m) interior de la llanterna*

12

abziehen, abschneiden, Abzug (m) machen
to doff
снимать катушки
faire la levée
fare la levata
hacer / *fer* / la mudada

13

aufziehen, Abzug anfangen
to start up [after doffing]
пустить *или* пускать в ход послѣ съема катушек
mettre en route la nouvelle bobine
rimettere in moto la macchina
empezar / *començar* / la mudada

14

2. Feinspinnen (n) der Jute

Spinning of Jute

[Тонко] Пряденіе (ср) джута

Filage (m) du jute

Filatura (f) in fino della juta

Hilado (m) del yute / *Filatura (f) del jute*

15

das Jutevorgarn strecken
to draw the jute roving
вытягивать джутовую ровницу
étirer la mèche de jute
stirare lo stoppino di juta
estirar la mecha de yute / *la metxa de jute*

16

die Jute trocken verspinnen
to spin the jute dry
выпрядать *или* прясть джут в сухом состояніи
filer le jute au sec
filare la juta a secco
hilar el yute en seco / *filar el jute en sec*

17

Jutespinner (m)
jute spinner
прядильщик (мр) джута
fileur (m) de jute
filatore (m) di juta
hilador (m) de yute / *filador (m) de jute*

1 Jutespinnerin (f)
jute spinner
прядильщица (жр) джута
fileuse (f) de jute
filatrice (f) di juta
hiladora (f) de yute / *filadora (f) de jute*

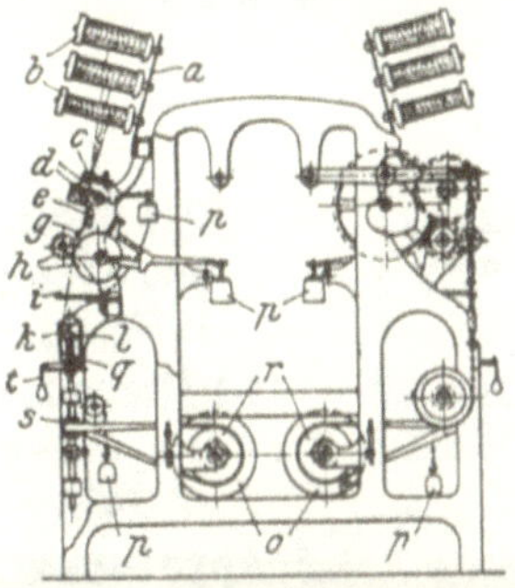

2 zweiseitiger Flügelspinner (m) *oder* Stetigspinner (m)
double flyer spinning frame
двусторонний рогульчатый прядильный ватер (мр)
métier (m) continu à filer double face
filatoio (m) continuo a fusi con doppia facciata
continua (f) de hilar de dos caras / *continua (f) de filar de dues cares*

3 a Aufsteckgatter (n), Spulenrahmen (m)
creel
рама (жр)
râtelier (m)
rastrelliera (f)
fileta (f)

4 b Vorspinnspule (f)
roving bobbin
катушка (жр) ровницы
bobine (f) de préparation
spola (f) dei banchi
carrete (m) de mechera / *rodet (m) de metxera*

5 c Führungsschiene (f), Luntenführer (m)
roving guide
нитеводная планка (жр) для ровницы
guide-mèche (m)
guida-stoppino (m)
guia (f) mechas / *guia (f) metxa*

6 d Ein[zug]walzen (fpl)
feed rollers
впускные валики (мр) вытяжного аппарата
cylindres (mpl) alimentaires
cilindri (mpl) di alimentazione
cilindros (mpl) de alimentación / *corrons (mpl) alimentaris*

e Luntenplatte (f)
plate for roving
грудина (жр) *или* щит (мр) ровницы
plaque (f) guide-mèche
placca (f) guida-stoppino
placa (f) guia-mechas / *placa (f) guia-metxes* 7

g Leitblech (n)
guide, channel, funnel
жестяной лоток (мр)
entonnoir (m)
imbuto (m) di alimentazione
embudo (m) / *embut (m)* 8

h Streckwalzen (fpl), Aus[zugs]walzen (fpl)
drawing rollers
выпускные валики (мр) вытяжного аппарата
cylindres (mpl) étireurs
cilindri (mpl) stiratori
cilindros (mpl) de estiraje / *corrons (mpl) d'estiratge* 9

i Fadenführer (m)
thread wire
нитевод (мр)
queue (f) de cochon
codino (m) di porco
guía (f) hilos / *cua (f) de porc* 10

k Flügelspindel (f)
flyer spindle
рогульчатое веретено (ср)
broche (f) à ailette
fuso (m) ad aletta
huso (m) de aleta / *pua (f) d'aranya* 11

l Flügel (m)
flyer
рогулька (жр)
ailette (f)
aletta (f)
aleta (f) / *aranya (f)* 12

o Riemenscheibe (f)
belt pulley
приводный шкив (мр)
poulie (f) pour courroie
puleggia (f)
polea (f) / *politja (f)* 13

p Belastungsgewicht (n)
roller weight
грузило (ср)
poids (m) de pression
peso (m) di pressione
contrapeso (m) / *contrapès (m)* 14

q Spule (f)
bobbin
катушка (жр)
bobine (f)
bobina (f)
carrete (m) / *rodet (m)* 15

r Trommel (f)
cylinder
барабан (мр)
tambour (m)
tamburo (m)
tambor (m) / *bombo (m)* 16

1 s
Wirtel (m)
wharve
блочек (мр) веретена
noix (f)
noce (f), rotella (f)
nuez (f) / *nueta* (f)

---

2 t
Bremsschnur (f)
bobbin brake cord, drag cord
тормозной шнур (мр)
corde (f) à frein, corde à plomb
corda (f) a piombo
cuerda (f) freno de los carretes / *corda (f) fre dels rodets*

3
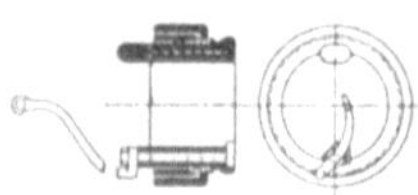
Schleuderflügel (m)
centrifugal flyer
центробѣжная рогулька (жр)
ailette (f) centrifuge
aletta (f) centrifuga
aleta (f) / *aranya (f)* / centrífuga

4
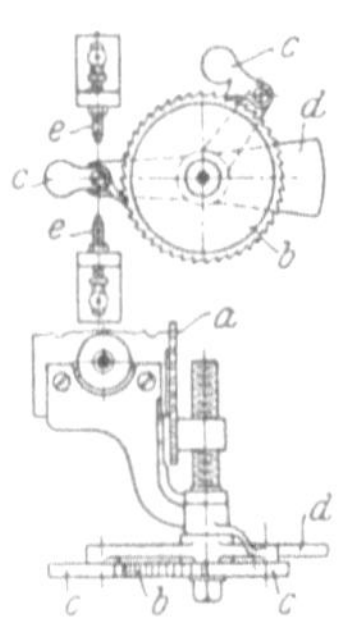

selbsttätige Bremsvorrichtung *(f)*
automatic drag adjuster
автоматическій тормаз (мр)
mécanisme (m) de freinage automatique
freno (m) automatico
mecanismo (m) de freno automático / *mecanisme (m) de fre automàtic*

---

5 a
Kerbleiste (f)
nicked strip
зазубренная планка (жр)
bande (f) à encoches
sbarra (f) con incavature
regla (f) con entalladuras / *amb entalles*

---

6 b
Sperrad (n)
ratchet wheel
храповик (мр)
roue (f) à rochet
ruota (f) di arresto
rueda (f) de estrella / *roda (f) d'estrella*

---

7 c
Klinke (f), Sperradklinke (f)
pawl
собачка (жр)
cliquet (m)
nottolino (m)
gatillo (m) / *cadell (m)*

---

8 d
Gegengewicht (n)
balance weight
противовѣс (мр)
contrepoids (m)
contrappeso (m)
contrapeso (m) / *contrapès (m)*

---

e
Stellschraube (f)
adjusting screw
установочный винт (мр)
écrou (m) réglable 9
vite (f) di registro
tornillo (m) de ajuste / *cargol (m) reglable*

IV.

Juteabfallverwertung (f)

Utilisation of Jute Waste

Утилизація (жр) джутовых угаров

Utilisation (f) des déchets de jute

Utilizzazione (f) del cascame di juta

Aprovechamiento (m) de los desperdicios de yute / *Aprofitament (m) dels desperdicis de jute* 10

Jutefaserabfall (m)
jute fibre waste, jute tow
угар (мр) из джутовых волокон
déchets (mpl) de fibres de jute
cascami (mpl) di fibre di juta, stoppa (f) di juta
estopa (f) de yute, desperdicios (mpl) de fibras de yute / *estopes (fpl) de jute, desperdicis (mpl) de fibres de jute* 11

---

den Juteabfall aussondern [*oder* aussortieren]
to sort the jute waste
[от]сортировать джутовый угар
assortir les déchets de jute
cernere i cascami di juta 12
escojer los desperdicios de yute / *triar els desperdicis de jute*

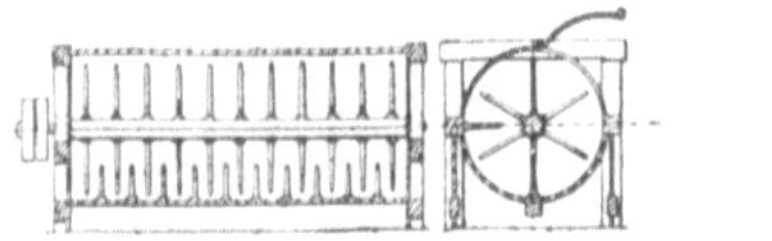

Wergschlagmaschine (f), Wergschüttelmaschine (f), Wergabfallöffner (m)
tow shaker, tow shaking machine
бительная машина (жр) для кудели, угарный волчек (мр) *или* вытряхиватель (мр)
secoueuse (m) mécanique *ou* loup (m) pour étoupes
battitrice (f) per cascami di juta 13
sacudidora (f) estopas / *batuar (m) per a estopes*

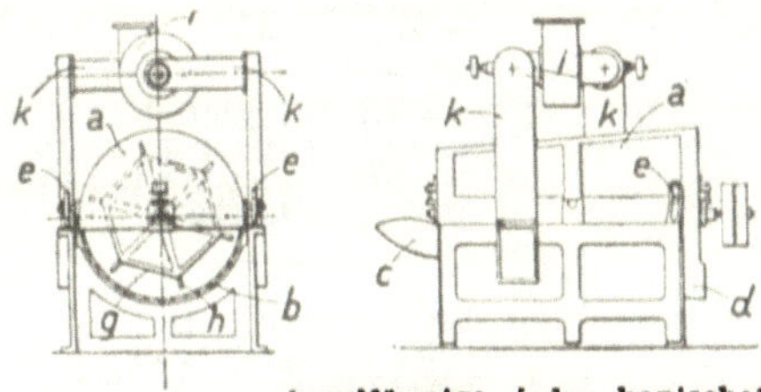

1 kegelförmige [*oder* konische] Schüttelmaschine (f), kegeliger Schlagwolf (m)
conical waste-willow, conical willowing machine
конический вытряхиватель (мр)
loup (m) en forme de cône pour déchets
battitore (m) a tamburo conico
willow (m) cónico para desperdicios / *willow (m) o velon (m) cònic per a desperdicis*

2 a Blechmantel (m)
sheet metal covering
жестяная покрышка (жр), жестяной кожух (мр)
enveloppe (f) en tôle
inviluppo (m) in lamiera
tapa (f) de chapa / *coberta (f) de planxa*

3 b Rost (m)
grid
колосниковая рѣшетка (жр)
grille (f)
griglia (f)
emparrillado (m), rejilla (f) / *reixa (f), engraellat (m)*

4 c Zuführtrichter (m), Einschütttrichter (m)
feeding funnel
загрузочная воронка (жр)
entonnoir (m) d'alimentation
imbuto (m) di alimentazione
embudo (m) de alimentación / *embut (m) alimentari*

5 d Speiblech (m)
outlet
выкидной лоток (мр)
orifice (m) de décharge
bocca (f) di scarico
boca (f) de salida / *boca (f) de descàrrega*

6 e Kulisse (f)
slot
кулисса (жр)
coulisse (f)
scanalatura (f)
ranura (f) / *trau (m) culis*

7 g Schlagtrommel (f)
[beater] cylinder
бительный [шиповидный] барабан (мр)
tambour (m) batteur, volant (m)
tamburo (m) battitore
cilindro (m) o tambor (m) batidor / *cilindre (m) espolsador*

h Schlagstift (m)
striking pin
бительный *или* ударный шип (мр) 8
pointe (f) de batteur
punta (f) battitrice
púa (f) o broca (f) del batidor

i Lüfter (m), Sauger (m), [Ventilator (m)]
suction fan
вентилятор (мр) 9
ventilateur (m)
ventilatore (m)
ventilador (m)

k Staubrohr (n)
dust pipe
пылесобирательная труба (жр)
conduite (f) des poussières 10
condotto (m) della polvere
tubo (m) de polvo / *tub (m) o conducte (m) de pols*

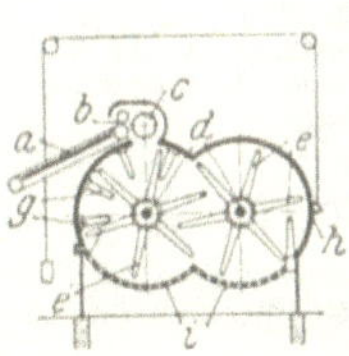

doppelte Juteschlagmaschine (f)
double jute willow
сдвоенный волчек (мр) для джута
loup (m) à deux volants s'entrecroisant pour jute 11
battitore (m) doppio per juta
batuar (m) o willow (m) o diablo (m) doble para yute / *batuar (m) o willow (m) o diable (m) doble per a jute*

a endloser Zuführtisch (m)
endless feeding lattice
безконечная питательная рѣшетка (жр)
tablier (m) sans fin d'alimentation 12
tavola (f) senza fine di alimentazione
tablero (m) sin fin de alimentación / *telera (f) sens fi alimentaria*

b Zuführwalzen (fpl)
feed rollers
питательные *или* подводящие валики (мр) *или* цилиндры (мр)
cylindres (mpl) alimentaires 13
cilindri (mpl) alimentatori
cilindros (mpl) de alimentación / *corrons (mpl) alimentaris*

c Nadelwalze (f)
needle roller, toothed roller
игольчатый валик (мр)
hérisson (m) 14
cilindro (m) a denti
cilindro (m) con puntas, erizo (m) / *eriçó (m)*

d Schlagtrommelwelle (f)
beater cylinder shaft
вал (мр) волчка *или* бительнаго барабана
arbre (m) du volant 15
albero (m) del tamburo battitore
árbol (m) / *arbre (m)* / del batidor

Trommelschlagstab (m)
cylinder beater bar
било (ср) барабана
1 e **bras (m)** *ou* **baguette (f) du volant**
bacchetta (f) del tamburo battitore
brazo (m) / *braç (m)* / **del batidor**

Trommelmantelstift (m)
cylinder cover pin
шип (мр) футляра, обхватывающаго волчек
2 g **pointe (f) intérieure de l'enveloppe du tambour**
punta (f) interiore dell'inviluppo del tamburo
broca (f) interior de la tapa / *de la coberta* / **del tambor**

Klappe (f) für den Auswurf
flap door for discharge
выкидная дверка (жр)
3 h **trappe (f), porte (f) de sortie des flocons**
porta (f) d'uscita
tapa (f) *o* **puerta (f) de descarga** / *trapa (f) o porta (f) de descàrrega*

Staubrost (m)
dust grid
пылевой колосник (мр), планка (жр) колосниковой рѣшетки
4 i **grille (f) à poussières**
griglia (f) a polvere
rejilla (f) de polvo / *engraellat (m) per a pols*

Speisekasten (m)
feeding hopper
питательный ящик (мр)
b **boite (f) d'alimentation** 7
tramoggia (f) di alimentazione
tolva (f) de alimentació / *tremuja (f) alimentaria*

Abschlagkamm (m)
evener comb, stripping comb
рубильная гребенка (жр)
c **peigne (m) égaliseur** 8
pettine (m) eguagliatore
peine (m) igualador o batidor / *serreta (f) igualadora, pinte (m) regulador*

---

nadelbesetztes, aufrechtes Speisetuch (n)
pinned vertical feeding lattice
игольчатая вертикальная питательная рѣшетка (жр)
d **tablier (m) alimentaire vertical à dents** 9
graticcio (m) alimentatore verticale a punte
tablero (m) alimentador vertical con clavos / *telera (f) alimentaria vertical amb claus*

Hubscheibe (f), [Exzenter] (n)
eccentric
эксцентрик (мр)
e **excentrique (m)** 10
eccentrico (m)
excéntrico (m) / *excèntric (m)*

Nadelleistenrost (m)
pin bar grid
колосниковая рѣшетка (жр) из игольчатых планок
g **grille (f) des barres à pointes** 11
griglia (f) delle sbarre a punte
rejilla (f) de las barras con puntas / *engraellat (m) de les barres amb puntes*

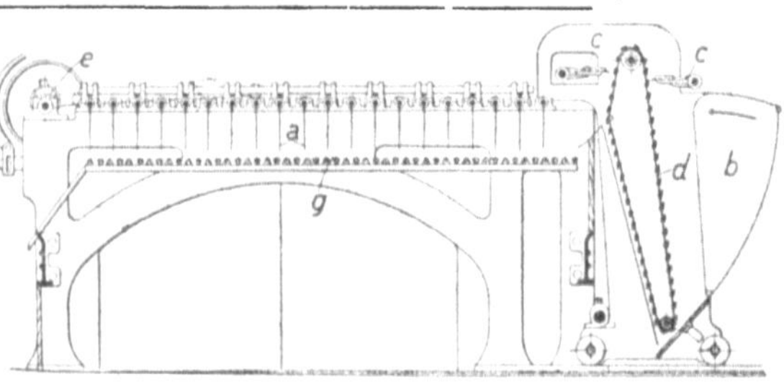

Kardenabfallreinigungsmaschine (f)
card waste cleaning machine
машина (жр) для очистки карднаго очеса
5 **nettoyeuse (f) mécanique pour déchets de carde**
macchina (f) per pulire cascami di carde
máquina (f) para limpiar los desperdicios de cardas / *màquina (f) per a netejar els desperdicis de carda*

Schüttelnadel (f)
shaking pin
вытряхивательная вилка (жр)
6 a **pointe (f) secoueuse**
punta (f) scuotitrice
aguja (f) / *agulla (f)* / **batidora**

---

den Juteabfall in Ballen pressen
to press the jute tow into bales
прессовать джутовую паклю в кипы
presser les déchets (m pl) de jute en balles
comprimere i cascami di juta in balle
prensar los desperdicios de yute en balas 12
/ *premsar els desperdicis de jute en bales*

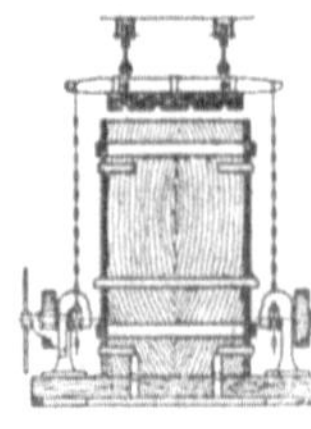

Ballen- und Packpresse (f) für Abfälle
baling and packing press for waste
пресс (мр) для пааковки угаров в кипы
presse (f) à mettre en balle et empaqueter les déchets 13
pressa (f) per mettere in balle ed impacchettare cascami
prensa (f) para formar balas y empaquetar los desperdicios / *premsa (f) per a fer bales i empacar els desperdicis*

G.

Ramiespinnerei (f) / Filature (f) de la ramie

1 **Ramie Spinning** / **Filatura (f) del ramiè**

Прядeніе (ср) волокна рами / **Hilatura (f) del ramio** / ***Filatura (f) del rami***

I.

Gewinnung (f) der Ramie / **Production (f) de la fibre de ramie**

2 **Production of Ramie Fibre** / **Produzione (f) del ramiè**

Добываніе (ср) волокон рами / **Obtención (f) del ramio** / ***Obtenció (f) del rami***

3 Chinagras (n), Ramie (f), Ramiefaser (f), Rhea (f)
ramie fibre, china grass, rhea
волокно (ср) рами
[fibre (f) de] ramie (f), China-grass (m)
ramiè (m), fibra (f) di ortica bianca, china grass (m), rea (f)
[fibra (f) del] ramio (m) / *fibra (f) de rami* / china grass

---

4 Entholzen (n) *oder* Entbasten (n) der Stengel
decortication of the stems
удаленіе (ср) древесины со стебля рами
décorticage (m) des tiges
decorticazione (f) dei fusti
decorticado (m) de los tallos / *descorxat (m) de les tijes o de los troncs*

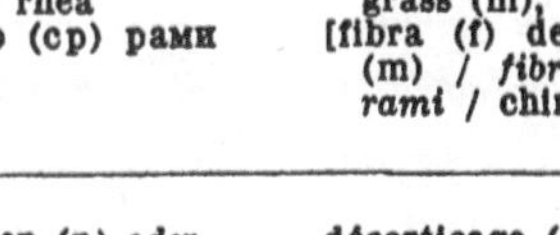

5 Entholzungsmaschine (f) für Ramiestengel, Ramiestengelbrechmaschine (f)
ramie decorticator, breaking machine for ramie stalks
машина (жр) для удаленія древесины из стебля рами
décortiqueuse (f) mécanique à ramie, briseuse (f) pour tiges de ramie
frantoio (m) per i fusti del ramiè
máquina (f) descortezadora de ramio, máquina (f) rompedora de tallos de ramio / *màquina (f) descorxadora de rami, trencadora (f) de tijes de rami*

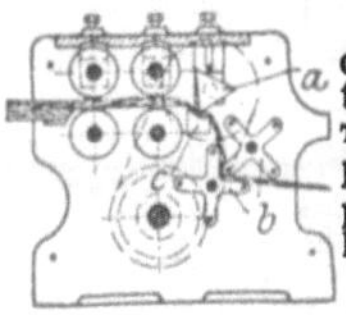

a

6 dreieckiger Grobstößer (m)
triangular breaker bar
трехгранный валек (мр)
barre (f) briseuse triangulaire
pestatore (m) triangolare
barra (f) rompedora / *trencadora* / triangular

---

b

7 vierflügeliger Schläger (m)
four-armed beater
четырехкрыльчатое било (ср)
volant (m) à quatre bras
battitore (m) a quattro braccia
batidor (m) de cuatro brazos / *de quatre braços*

---

8 Zerstörung (f) des Pflanzenleims, [Degummierung (f) des Bastes]
degumming the bast
разрушеніе (ср) растительной камеди, дегумированіе (ср) лубка
dégommage (m) de la filasse
sgommamento (m) della filaccia
des[en]gomado (m) de la hilaza / *desgomat (m) de la filassa*

---

9 Rösten (n) *oder* Mazerieren (n) des Bastes
retting *or* maceration of the bast
мацерація (жр) лубка
rouissage (m) *ou* macération (f) de la filasse
macerazione (f) della filaccia
enriado (m) *o* maceración (f) de la hilaza / *enriat (m) o maceració (f) de la filassa*

---

10 Kotonisieren (n) des Bastes
cottonising the bast
расщепленіе (ср) *или* котонизированіе (ср) лубка
cotonisation (f) de la filasse
cotonizzazione (f) della filaccia
algodonización (f) de la hilaza / *cotonització (f) de la filassa*

---

11 Bleichen (n) des Bastes
bleaching the bast
отбѣлка (жр) лубка
blanchiment (m) de la filasse
sbianca (f) della filaccia
blanqueo (m) de la hilaza / *blanqueig (m) de la filassa*

II.

1 **Vorbereitung (f) der Ramie für das Spinnen** — **Préparation (f) de la ramie pour le filage**
Preparation of Ramie for Spinning — **Preparazione (f) del ramiè per la filatura**
Приготовленіе (ср) рами для пряденія — **Preparación (f) del ramio para el hilado / *Preparació (f) del rami per a la filatura***

2 Kämmen (n) der Ramie — peignage (m) de la ramie
combing the ramie — pettinatura (f) del ramiè
гребнечесаніе (ср) рами — peinado (m) del ramio / *pentinat (m) del rami*

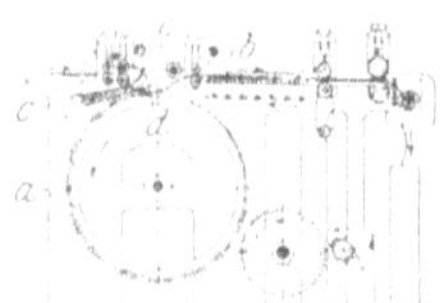

3 Kämmaschine (f)
comb
гребнечесальная машина (жр)
peigneuse (f)
pettinatrice (f)
peinadora (f) / *pentinadora (f)*

4 a Kämmtrommel (f)
combing cylinder
гребенчатый барабан (мр)
cylindre (m) de peigneuse
cilindro (m) pettinatore
cilindro (m) peinador / *bóta (f) de la pentinadora*

5 b Zugwalzen (fpl)
front rollers
вытяжные валики (мр)
cylindres (mpl) arracheurs *ou* de sortie
cilindri (mpl) d'uscita
cilindros (mpl) de arranque / *corrons (mpl) d'arrencar*

6 c Schiebertisch (m)
sliding plate
подвижная доска (жр)
plaque (f) mobile
placca (f) mobile
placa (f) corrediza / *mòbil*

7 d Schläger (m)
beater
било (ср)
batteur (m)
battitore (m)
batidor (m)

8 Ramiekammzug (m) — trait (m) *ou* cœur (m) de ramie
ramie top — pettinato (m) *o* cuore (m) di ramiè
вычес (мр) рами — peinado (m) *o* cinta (f) peinada de ramio / *pentinat (m) o veta (f) pentinada de rami*

9 Ramiekämmling (m) — blousse (f) de ramie
ramie noil — scarto (m) di pettinatura del ramiè
очес (мр) рами — desperdicios (mpl) de peinado o bolsa (f) de ramio / *borra (f) de pentinadora o bosses (fpl) de rami*

10 Hecheln (n) der Ramie — peignage (m) de la ramie
hackling *or* dressing the ramie — pettinatura (f) del ramiè
прочесываніе (ср) рамц на геклях — rastrillado (m) *o* peinado (m) del ramio / *rastellat (m) o pentinat (m) del rami*

III.

11 **Spinnen (n) der Ramie** — **Filage (m) de la ramie**
Ramie Spinning — **Filatura (f) del ramiè**
Пряденіе (ср) рами — **Hilado (m) del ramio / *Filatura (f) del rami***

12 Ramiekammzugspinnerei (f) — filage (m) de la ramie peignée
ramie top spinning — filatura (f) del ramiè pettinato
пряденіе (ср) вычеса рами — hilado (m) del peinado de ramio / *filatura (f) de pentinat de rami*

13 die Ramie strecken — étirer la ramie
to draw the ramie — stirare el ramiè
вытягивать рами — estirar el ramio / *el rami*

14 Spinnen (n) der Ramiekämmlinge — filage (m) de la blousse de ramie
spinning ramie comber waste — filatura (f) dello scarto di pettinatura del ramiè
пряденіе (ср) очесов рами — hilado (m) de los desperdicios de peinado de ramio / *filatura (f) dels desperdicis de pentinat de rami*

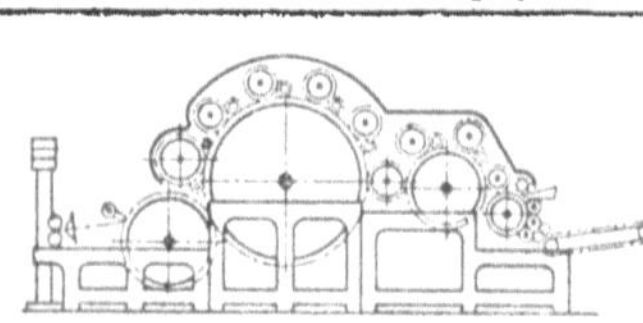

15 Ramiekrempel (f) — carde (f) à ramie
ramie carding machine — carda (f) da ramiè
кардная машина (жр) для рами — carda (f) de ramio / *de rami*

H.

No.		
1	**Wollspinnerei (f)** **Wool Spinning** **Прядение (ср) [овечьей] шерсти**	**Filature (f) de la laine** **Filatura (f) della lana** **Hilatura (f) de la lana / *Filatura (f) de la llana***

I.

No.		
2	**Streichwollspinnerei (f), Streichgarnspinnerei (f)** **Woollen Spinning** **Аппаратное шерстепрядение (ср)**	**Filature (f) de la laine cardée** **Filatura (f) della lana cardata** **Hilatura (f) de la lana cardada / *Filatura de la llana cardada***
3	**1. Allgemeines (n)** **General Terms** **Общее (ср)**	**Généralités (f pl)** **Generalità (f pl)** **Generalidades (f pl)**
4	kurze Wolle (f), Streichwolle (f), Tuchwolle (f) short wool, carding wool, clothing wool короткая *или* аппаратная шерсть (жр), шерсть (жр) для изготовления сукон	laine (f) courte, laine (f) à carde[s] lana (f) da carda o da cardare, lana corta o di corto pelo lana (f) / *llana (f)* / de carda
5	Streichgarn (n), Krempelgarn (n) carded wool yarn аппаратная *или* кардная пряжа (жр)	fil (m) de laine cardée filo (m) di lana cardata hilo (m) de lana de carda / *fil (m) de llana cardada*
6	gleichmäßige Faserverteilung (f) ohne Parallellegung uniform distribution of fibres without parallelisation равномѣрное расположение (ср) волокон без параллелизацiи	distribution (f) uniforme des fibres sans parallélisation distribuzione (f) uniforme delle fibre senza parallelizzazione distribución (f) uniforme de las fibras sin paralelización / *distribució (f) uniforme de les fibres sense paral·lelització*
7	Streichgarnspinnerei (f) (Fabrik) spinning mill for carded wool, wool[len] spinning mill шерстопрядильня (жр) [аппаратной пряжи]	filature (f) de laine cardée (usine) filatura (f) di lana cardata (opificio) hilatura (f) de lana cardada / *filatura (f) de llana cardada (fàbrica)*
8	Streichgarnspinnereibesitzer (m) owner of a wool spinning mill владѣлец (мр) шерстопрядильни [аппаратной пряжи]	propriétaire (m) d'une filature de laine cardée proprietario (m) di una filatura di lana cardata fabricante (m) de hilados de lana cardada / *fabricant (m) de filats de llana cardada*
9	Streichgarnspinner (m) wool spinner шерстепрядильщик (мр), прядильщик (мр) аппаратной шерсти	fileur (m) de laine cardée filatore (m) di lana cardata hilador (m) de lana cardada / *filador (m) de llana cardada*
10	Streichgarnspinnerin (f) wool spinner шерстепрядильщица (жр), прядильщица (жр) аппаратной шерсти	fileuse (f) de laine cardée filatrice (f) di lana cardata hiladora (f) de lana cardada / *filadora (f) de llana cardada*
11	Streichgarnerzeugung (f), [Streichgarnfabrikation (f)] manufacture of carded wool yarn производство (ср) *или* изготовление (ср) аппаратной пряжи из шерсти	fabrication (f) de fil de laine cardée fabbricazione (f) di filo di lana cardata fabricación (f) de hilos de lana cardada / *fabricació (f) de fils de llana cardada*
12	**2. Vorarbeiten (f pl)** **Preliminary Processes** **Подготовительная обработка (жр)**	**Travaux (m pl) préparatoires** **Lavori (m pl) preventivi** **Trabajos (m pl) preparatorios / *Treballs (mpl) preparatoris***
13	**a) Sondern *oder* Sichten (n) der Wolle** **Wool Sorting** **Сортировка (жр) *или* отборка (жр) шерсти**	**Triage (m) de la laine** **Cernita (f) della lana** **Escogido (m) o sorteo (m) de la lana / *Sorteig (m) o triatge (m) de la llana***
14	die Wolle sondern *oder* sichten to sort the wool сортировать *или* отбирать шерсть	trier la laine cernere la lana escoger o sortear la lana / *triar o sortejar la llana*

No.	German / English / Russian	French / Italian / Spanish / Catalan
1	Wollsichter (m), [Wollsortierer (m)] wool sorter сортировщик (мр) шерсти	trieur (m) *ou* détricheur (m) de laine assortitore (m) della lana sorteador (m) de lana / *sortejador (m) o triador (m) de llana*
2	Wollsichterin (f), [Wollsortiererin (f)] wool sorter сортировщица (жр) шерсти	trieuse (f) *ou* détricheuse (f) de laine assortitrice (f) della lana sorteadora (f) de lana / *sortejadora (f) o triadora (f) de llana*
3	Wollvorrat (m) stock of wool запас (мр) шерсти на складѣ	existences (f pl) en laine, provisions (f pl) de laine esistenza (f) *o* provvista (f) *o* stock (m) di lana stock (m) de lana / *de llana*
4	Wollverbrauch (m) wool consumption потребленіе (ср) *или* расход (мр) шерсти	consommation (f) en laine consumo (m) di lana consumo (m) de lana / *consum (m) de llana*
5	Wollager (n) wool warehouse кладовая (жр) *или* складочное помѣщеніе (ср) для шерсти	magasin (m) de laine magazzino (m) di lana almacén (m) de lana / *magatzem (m) de llana*
6	Wollballen (m) wool bale кипа (жр) шерсти	balle (f) de laine balla (f) di lana bala (f) de lana / *de llana*
7	die Wolle einsacken to pack the wool in sacks *or* bags упаковывать шерсть в мѣшки	mettre la laine en sac insaccare la lana ensacar la lana / *la llana*
8	in Säcken verpackte Wolle (f), eingesackte Wolle (f) wool packed in sacks, sacked wool шерсть (жр), упакованная в мѣшки	laine (f) mise en sacs lana (f) insaccata lana (f) / *llana (f)* / ensacada
9	einschürige Wolle (f), Einschurwolle (f) single clip wool шерсть (жр) одинарной стрижки	laine (f) d'une seule tonte lana (f) di una sola tosatura lana (f) de un solo esquileo / *llana (f) d'una sola esquilada*
10	zweischürige Wolle (f), Zweischurwolle (f) double clip wool шерсть (жр) двойной стрижки	laine (f) de deux tontes lana (f) di due tosature lana (f) de dos esquileos / *llana (f) de dos esquilades*
11	Lammwolle (f) lamb's wool, yearling's wool ягнячья шерсть (жр), поярок (мр)	laine (f) d'agneau[x], laine agneline lana (f) d'agnello lana (f) primera de cordero, añinos (m pl) / *anyells (m pl), llana (f) de la primera esquilada*
12	Hautwolle, Gerberwolle (f), Raufwolle (f), Blutwolle (f), Schlachtwolle (f) skin wool, fellmongered *or* pelt *or* plucked wool убойная *или* шкурная *или* дубильная шерсть (жр)	laine (f) pelade, avalies (f pl), laine de peaux, laine Mazamet lana (f) calcinata *o* di calcina, lana di pecore da macello, lana pelata con calcina lana (f) pelada *o* de piel / *llana (f) pelada o de pell*
13	Wollvlies (n), Vlies (n) wool fleece [шерстяное] руно (ср)	toison (f) vello (m) vellón (m) / *velló (m)*
14	mit der Druckwasserpresse [*oder* hydraulisch] zusammengepreßtes Vlies (n) hydraulically pressed fleece руно (ср), спрессованное гидравлическим прессом	toison (f) pressée hydrauliquement vello (m) pressato idraulicamente vellón (m) prensado hidráulicamente / *velló (m) premsat hidràulicament*
15	zusammengerolltes Vlies (n) rolled fleece свернутое руно (ср)	toison (f) roulée vello (m) [ar]rotolato vellón (m) arrollado / *velló (m) enrotllat*
16	zusammengebundenes Vlies (n) tied fleece перевязанное руно (ср)	toison (f) ficelée vello (m) legato vellón (m) atado / *velló (m) lligat*
17	leichtes Vlies (n) light fleece легкое руно (ср)	toison (f) légère vello (m) leggero vellón (m) ligero / *velló (m) lleuger*
18	schweres Vlies (n) heavy fleece тяжелое руно (ср)	toison (f) pesante *ou* lourde vello (m) pesante vellón (m) pesado / *velló (m) pesat*
19	unversehrtes Vlies (n) undamaged fleece неповрежденное руно (ср)	toison (f) intacte *ou* non déchirée vello (m) intatto *o* non danneggiato vellón (m) intacto / *velló (m) intacte*
20	fehlerhaftes Vlies (n) faulty fleece руно (ср) с недостатками	toison (f) défectueuse vello (m) difettoso vellón (m) defectuoso / *vello (m) defectuós*
21	feuchtes Vlies (n) damp fleece влажное *или* сырое руно (ср)	toison (f) humide vello (m) umido vellón (m) húmedo / *velló (m) humit*
22	stichelhaariges Vlies (n) fleece loaded with dog hair коротковолосое колючее руно (ср)	toison (f) jarreuse vello (m) con peli grossi e rigidi vellón (m) cargado con pelo cabrudo o canino / *velló (m) carregat amb pel cabrut o cani*
23	Trennen (n) der Wolle von Vlies zu Vlies sorting the wool by fleeces, matching раздѣленіе (ср) шерсти по рунам	triage (m) de la laine suivant les qualités des toisons cernita (f) della lana a secondo della qualità dei velli sorteo (m) de la lana según las calidades de los vellones / *sorteig (m) de la llana segons la qualitat dels vellons*

No.		
1	das Vlies zerlegen to divide up the fleece разбить руно по сортам	trier la toison dividere il vello partir el vellón / *el velló*
2	mit der Hand sondern to sort by hand сортировать вручную	trier à la main cernere a mano clasificar a mano / *triar o sortejar a mà*
3	Sondern (n) nach Stapel und Feinheit sorting according to staple and fineness сортировка (жр) по длинѣ и тонинѣ	triage (m) suivant la mèche et la finesse cernita (f) a secondo dei fiocchi e della finezza sorteo (m) o selección (f) según los mechones y la finura / *sorteig (m) o tria (f) segons les floques i la finor*
4	nach Farbe sondern to sort according to colour сортировать по окраскѣ *или* цвѣту	trier suivant la couleur cernere a secondo del colore sortear *o* seleccionar según el color / *sortejar o triar segons el color*
5	Aussortierung (f) skirtings отсортированная шерсть (жр)	abats (mpl), pièces (fpl) scarti (mpl) caídas (fpl) / *garres (fpl) i vores (fpl)*
6	Sichtetisch (m), [Sortiertisch (m)] sorting table, sorter's screen *or* hurdle сортировочный стол (мр)	table (f) de triage, claie (f) tavola (f) di cernita mesa (f) de sorteo / *taula (f) de sorteig*
7	das Vlies öffnen to open out the fleece раскрывать руно	ouvrir *ou* déplier la toison svolgere il vello abrir *o* extender *o* desplegar el vellón / *obrir o estendre el velló*
8	Öffnen (n) des Vlieses opening out of the fleece раскрытіе (ср) руна	ouvraison (f) *ou* dépliage (m) de la toison svolgimento (m) del vello abertura (f) *o* despliegue (m) del vellón / *obertura (f) o estés (m) del velló*
9	das Vlies [auf]schütteln to shake the fleece встряхивать *или* взбивать руно	secouer la toison scuotere il vello sacudir el vellón / *espolsar el velló*
10	grobe Unreinigkeiten (fpl) des Vlieses heavy impurities of the fleece грубыя загрязненія (ср) руна	grosses impuretés (fpl) de la toison impurità (fpl) grosse del vello impurezas (fpl) pesadas del vellón / *impureses (fpl) pesades del velló*
11	das Vlies klopfen to beat the fleece колотить *или* бить *или* выколачивать руно	frapper *ou* battre la toison battere il vello golpear *o* batir el vellón / *copejar el velló*
12	Säubern (n) des Vlieses cleaning of the fleece [под-]чистка (жр) *или* уборка (жр) руна	nettoyage (m) de la toison purgazione (f) *o* pulitura (f) del vello limpieza (f) del vellón / *neteja (f) del velló*
13	das Vlies zerreißen to tear *or* to rig the fleece разрывать руно	déchirer la toison stracciare il vello desgarrar el vellón / *esquinçar el velló*
14	zerrissenes Vlies (n) torn fleece разорванное руно (ср)	toison (f) déchirée vello (m) stracciato vellón (m) desgarrado *o* roto / *velló (m) esquinçat*
15	Kopfende(n) des Vlieses neck portion of the fleece головная часть (жр) руна	têtard (m) de la toison testa (f) del vello testuz (m) del vellón / *testa (f) del velló*
16	Schwanzende (n) des Vlieses tail portion of the fleece, cow tail хвостовая часть (жр) руна	queue (f) de la toison coda (f) del vello cola (f) del vellón / *cua (f) del velló*
17	Beinlinge (mpl) breeches, britches лядвейная *или* ножная шерсть (жр)	pattelettes (fpl) gambe (fpl) muslos (mpl) / *cuixes (fpl)*
18	Stückwolle (f), Stücke (npl), Locken (fpl), Lockenwolle (f) locks клочья (мр) [шерсти]	loquettes (fpl) fiocchi (mpl) vedijas (fpl) / *flocs (mpl)*
19	Kopfwolle (f) head locks головная шерсть (жр)	loquettes (fpl) de tête lana (f) del capo vedijas (fpl) de la cabeza / *flocs (mpl) de la testa*
20	Fußlocken (fpl) foot locks клочья (мр) с ног	loquettes (fpl) de pattes fiocchi (mpl) delle zampe vedijas (fpl) de las patas / *flocs (mpl) de les potes*
21	geringwertige Wollstücke (npl) low quality wool pieces малоцѣнные клочья (мр) шерсти	morceaux (mpl) de laine de qualité inférieure pezzi (mpl) di lana di qualità scadente piezas (fpl) de lana de calidad inferior / *floques (mpl) de llana de baixa qualitat*
22	verfilztes Bauchhaar (n) felted belly wool всклоченная *или* переплетшаяся подбрюшная шерсть (жр)	laine (f) feutrée du ventre lana (f) del ventre infeltrata o intrecciata lana (f) afieltrada del vientre / *llana (f) afeltrada del ventre*
23	Bauchstücke (npl) bellies брюшные края (мр)	ventres (mpl) ventri (mpl) vientres (mpl) / *ventres (mpl)*

1 Kotspitzen (fpl)
dung bits
шерстяные струпья (мр) с калом
crottes (mpl), crottins (mpl)
pillaccole (fpl)
cazcarrias (fpl) / *cascarries (fpl)*

2 Brandspitzen (fpl)
stained wool
шерсть (жр), окрашенная мочей
ventre (m) jaune
lana (f) gialla
vientre (m) amarillo / *ventre (m) groc*

3 minderwertige Wolle (f)
inferior wool
низкосортная шерсть (жр)
laine (f) inférieure
lana (f) inferiore
lana (f) / *llana (f)* / inferior

4 Wolle (f) vom kranken Schaf
wool from diseased sheep, cotty wool
шерсть (жр) с больной овцы
laine (f) d'animaux malades
lana (f) di pecore ammalate
lana (f) enfermiza o de animales enfermos / *llana (f) malaltissa o d'animals malalts*

5 Abscheidung (f) der Sterblingswolle
separation of the dead *or* diseased *or* fallen wool
отдѣленіе (ср) шерсти с палых овец
séparation (f) de la laine morte
eliminazione (f) della lana morticina
separación de la lana muerta o mortecina / *separació (f) de la llana morta*

6 die Sterblingswolle abscheiden
to separate the diseased wool
отдѣлять шерсть с палых овец
séparer la laine morte
eliminare la lana morticina
separar la lana muerta / *separar la llana morta*

7 Sichteergebnis (n), [Sortierergebnis (n)]
result of sorting
выход (мр) *или* результат (мр) сортировки
résultat (m) de triage
risultato (m) della cernita
resultado (m) del sorteo / *resultat (m) del sorteig*

8 Wollgattung (f), Wollsorte (f)
sort of wool
сорт (мр) *или* порода (жр) шерсти
sorte (f) de laine
sorta (f) di lana
suerte (f) de lana / *sort (f) de llana*

9 Güteklasse (f) [*oder* Qualität (f)] der Wolle
class *or* quality of wool
класс (мр) шерсти по ея добротности *или* качеству
qualité (f) de la laine
qualità (f) o classe (f) di lana
calidad (f) *o* clase (f) de la lana / *qualitat (f) o classe (f) de la llana*

10 Wollart (f)
kind of wool
сорт (мр) шерсти
espèce (f) de laine
specie (f) di lana
especie (f) de lana / *de llana*

11 Wollposten (m), Wollos (n), [Wollpartie (f)]
lot of wool
партія (жр) шерсти
lot (m) de laine
partita (f) o lotto (m) di lana
partida (f) o lote (m) de lana / *partida (f) o lot (m) de llana*

Wollbezeichnung (f)
mark of wool
обозначеніе (ср) *или* названіе (ср) шерсти
marque (f) de la laine
denominazione (f) della lana
designación (f) *o* marca (f) *o* denominación (f) de la lana / *marca (f) o nom (m) de la llana* 12

Wollausgeberin (f)
wool distributer
раздатчица (жр) *или* выдавальщица (жр) шерсти
distributrice (f) de laine
distributrice (f) di lana 13
repartidora (f) de lana / *de llana*

b) Trockene *oder* mechanische Reinigung (f) der Wolle
Dry *or* Mechanical Cleaning of the Wool
Сухой *или* механическій способ (мр) очистки шерсти
Nettoyage (m) mécanique *ou* à sec de la laine
Pulitura (f) meccanica o a secco della lana 14
Limpieza (f) mecánica o en seco de la lana / *Neteja (f) mecànica o a sec de la llana*

Entstauben (n) der Wolle
dusting the wool
обеспыливаніе (ср) шерсти, удаленіе (ср) *или* выколачиваніе (ср) пыли из шерсти
dépoussiérage (m) de la laine
separazione (f) della polvere dalla lana 15
separación (f) del polvo contenido en la lana / *extracció (f) de la pols de la llana*

die Wolle entstauben
to free the wool from dust
удалять пыль из шерсти
dépoussiérer la laine
spolverare la lana
separar el polvo de la lana / *extreure la pols de la llana* 16

die Wolle klopfen
to beat the wool
выколачивать *или* колотить шерсть
battre la laine
battere la lana
batir la lana / *batre la llana* 17

Klopfen (n) der Wolle
beating the wool
выколачиваніе (ср) *или* колоченіе (ср) шерсти
battage (m) de la laine
battitura (f) della lana
batido (m) de la lana / *batut (m) de la llana* 18

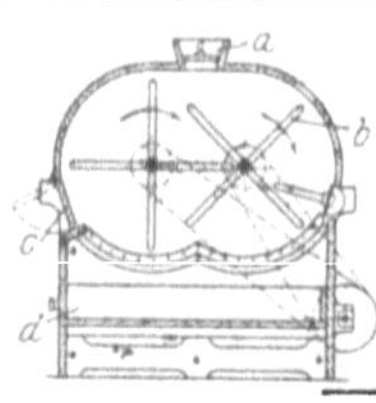

Klopfwolf (m)
willow, willey, shaker
колотильный пылеотдѣляющій волчек (мр)
loup-batteur (m), battoir (m), batteuse (f) 19
lupo (m) battitore
batidora (f) / *batuar (m)*

a
Zuführtrichter (m)
feeding hopper
питательная воронка (жр)
entonnoir (m) alimentaire 20
tramoggia (f) di alimentazione
tolva (f) de alimentación / *tremuja (f) alimentaria*

b
Schlagflügel (m)
beating arm, beater
бительное крыло (ср)
aile (f) 21
braccio (m) battitore
batidor (m) / *batidor (m), broca (f) del batuar*

1 c aufklappbare Haube (f)
hinged casing
откидывающійся колпак (мр)
volet (m) *ou* couvercle (m) à charnière
coperchio (m) a cerniere
tapa (f) a charnela / *coberta (f) de xarnera*

---

2 d Schmutzkasten (m)
dirt chamber
сорный ящик (мр)
chambre (f) à déchets
cassa (f) a polvere
cámara (f) o caja (f) de polvo / *cambra (f) o caixa (f) de pols*

---

3 Wollwolfer (m), Wolfer (m)
willower, willeyer
рабочій (мр) на шерстяном волчкѣ
louveteur (m) de laine, conducteur (m) de loup *ou* de willow
operaio (m) o lavorante (m) al lupo
encargado (m) de la batidora / *encarregat (m) del batuar o del llop*

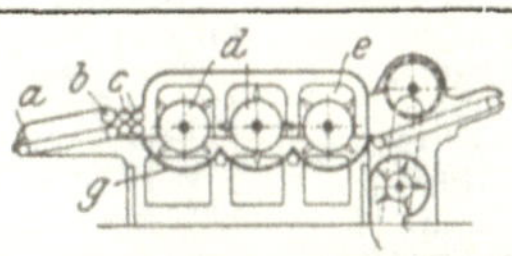

4 Zupf- und Schlagwolf (m) mit drei Flügelwalzen
shaker with three drums
щипально-колотильный волчек (мр) с тремя бительными барабанами
loup (m) à trois volants
lupo (m) battitore-sfibratore a tre tamburi
batidora (f) con tres tambores / *batuar (m) amb tres bótes*

---

5 a Zuführtisch (m)
feed table
питательный стол (мр)
table (f) alimentaire
tavola (f) alimentatrice
tablero (m) de alimentación / *telera (f) alimentaria*

---

6 b angetriebene Druckwalze (f)
driven press roller
нажимной валик (мр), приводимый во вращеніе
rouleau (m) de pression commandé
cilindro (m) di pressione azionato
cilindro (m) de presión con mando positivo / *corró (m) de pressió amb comanda positiva*

---

7 c geriffelte Ein[führ]walzen (fpl)
fluted feed rollers
рифленые питательные валики (мр)
cylindres (fpl) cannelés alimentaires
cilindri (mpl) scanalati di alimentazione
cilindros (mpl) acanalados de alimentación / *corrons (mpl) alimentaris ratllats*

---

ruhige Belastung (f)
uniform pressure
постоянно-равномѣрная нагрузка (жр) 8
pression (f) uniforme
pressione (f) uniforme
presión (f) uniforme / *pressió (f) uniforme*

---

d Schlagtrommel (f)
armed beater
барабан (мр) с бительными шипами
tambour (m) batteur 9
tamburo (m) battitore
tambor (m) batidor / *bombo (m) batidor, bóta (f)*

---

e Klopfraum (m)
beating space
пространство (ср) дѣйствія колотилок
chambre (f) de battage 10
camera (f) di battitura
cámara (f) de batido / *cambra (f) de batut*

---

g gelochte Stahlblechmulde (f), Siebmulde (f) aus Stahlblech
perforated sheet steel undercasing
колосниковая рѣшетка (жр) из продырявленной листовой стали 11
[grille (f) *ou*] bain (m) en tôle d'acier perforé[e]
griglia (f) di lamiera d'acciaio
rejilla (f) de chapa de acero perforada / *engraellat (m) de planxa d'acer trepanada*

Blechhorde (f), Blechsieb (n)
sheet metal sieve
жестяная [колосниковая] рѣшетка (жр)
grille (f) en tôle 12
griglia (f) in lamiera
rejilla (f) de chapa / *engraellat (m) de planxa*

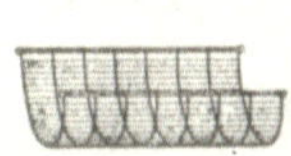

Drahthorde (f), Drahtsieb (n)
wire sieve
проволочная *или* сѣтчато-проволочная рѣшетка (жр)
grille (f) [*ou* bain (m)] en fil métallique 13
griglia (f) in filo metallico
rejilla (f) de tela metálica / *engraellat (m) de tela metàl·lica*

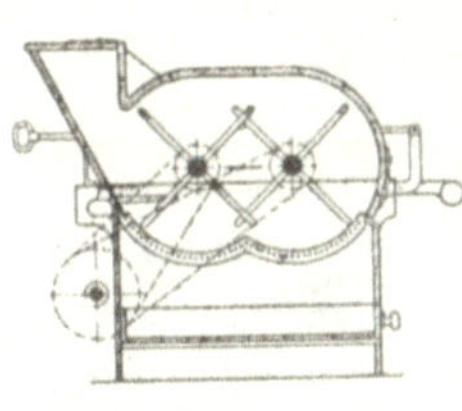

Abfallklopfwolf (m)
waste shaker, waste beating willow
колотильный волчек (мр) для угаров
loup-batteur (m) pour déchets 14
lupo (m) battitore per cascami
batidora (f) o vilof (m) para desperdicios / *batuar (m) o vilof (m) per a borres*

No.	Deutsch / English / Русский	Français / Italiano / Español / Català
1	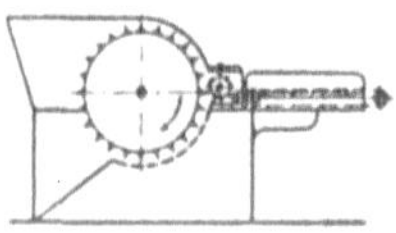	Reißwolf (m) für Schweißwolle tearing machine *or* devil for greasy wool щипальный волчек (мр) для потной шерсти loup (m) briseur pour laine en suint lupo (m) sfibratore per lana sudicia diablo (m) abridor para lana suarda / *diable (m) obridor per a llana suarda*
2	Wollreißer (m) deviller рабочій (мр) на волчкѣ, шерстощипальщик (мр)	conducteur (m) de loup (m) briseur operaio (m) addetto al lupo sfibratore encargado (m) del diablo / *encarregat (m) del diable*
3	**e) Waschen (n) der Streichwolle** **Washing of Carding Wool** **Мытье (ср) *или* мойка (жр) аппаратной шерсти**	**Lavage (m) des laines à carde** **Lavaggio (m) della lana da carda** **Lavado (m) de las lanas de carda / *Rentat (m) de les llanes de carda***
4	α) Allgemeines (n) General Terms Общее (ср)	Généralités (f pl) Generalità (f pl) Generalidades (f pl)
5	lösliche Verunreinigungen (f pl) soluble impurities растворимыя загрязненія (ср)	impuretés (f pl) solubles impurità (f pl) solubili impurezas (f pl) / *impureses (f pl)* / solubles
6	unlösliche Verunreinigungen (f pl) insoluble impurities нерастворимыя загрязненія (ср)	impuretés (f pl) insolubles impurità (f pl) insolubili impurezas (f pl) / *impureses (f pl)* / insolubles
7	Sand (m) sand песок (мр)	sable (m) sabbia (f) arena (f) / *sorra (f)*
8	nasse Reinigung (f) wet cleaning мокрая очистка (жр)	nettoyage (m) *ou* épuration (f) humide pulitura (f) a umido limpieza (f) en mojado / *neteja (f) en mullat*
9	Waschen (n) der Wolle wool washing, washing the wool мытье (ср) шерсти	lavage (m) de la laine lavaggio (m) *o* lavatura (f) della lana lavado (m) de la lana / *rentat (m) de la llana*
10	Wollwäsche (f), Wollwäscherei (f) (Fabrik) wool washing factory шерстомойка (жр) (фабрика)	usine (f) de lavage pour laine lavanderia (f) di lana lavadero (m) de lanas / *rentador (m) de llanes*
11	Streichwollwäscherei (f) washing of carding wool мытье (ср) аппаратной шерсти	lavage (m) de laines à carde lavaggio (m) della lana da carda lavado (m) de lanas / *rentat (m) de llanes* / de carda
12	die Streichwolle waschen to wash the carding wool мыть аппаратную шерсть	laver la laine à carde lavare la lana da carda lavar la lana / *rentar la llana* / de carda
13	Waschvorgang (m), [Waschprozeß (m)] washing process процесс (мр) мытья	procédé (m) de lavage processo (m) di lavaggio procedimiento (m) de lavado / *procés (m) de rentat*
14	Waschdauer (f) duration of the washing process продолжительность (жр) мытья	durée (f) du [procédé de] lavage durata (f) del lavaggio duración (f) del procedimiento de lavado / *duració (f) del procés de rentat*
15	Waschposten (m), [Waschpartie (f)] lot for washing партія (жр) промываемой шерсти	lot (m) pour le lavage partita (f) per lavaggio lote (m) *o* partida (f) para lavar / *lot (m) o partida (f) per a rentar*
16	Waschen (n) von Hand washing by hand мытье (ср) вручную	lavage (m) à la main lavatura (f) a mano lavado (m) a mano / *rentat (m) a mà*
17	Pelzwäsche (f), Rükkenwäsche (f) washing on sheep's back спинная *или* хребтовая обмывка (жр) овец	lavage (m) à dos *ou* sur pied lavatura (f) addosso [all'animale] lavaje (m) en pie *o* sobre el dorso *o* en vida / *rentat (m) en viu o sobre el animal*
18	Wollwäscher (m) wool washer мойщик (мр)	laveur (m) de laine lavatore (m) di lana lavador (m) de lana / *rentador (m) de llana*
19	Waschen (n) mit Maschinen, Maschinenwäsche (f) washing by machine машинное мытье (ср), машинная мойка (жр)	lavage (m) mécanique *ou* à la machine lavaggio (m) a macchina lavado (m) con máquina / *rentat (m) a màquina*
20	Fabrikwäsche (f) factory washing мойка (жр) *или* мытье (ср) фабричным способом	lavage (m) industriel lavaggio (m) industriale *o* di fabbrica lavado (m) / *rentat (m)* / industrial
21	fabrikgewaschene Wolle (f) factory washed wool шерсть (жр), мытая фабричным путем	laine (f) lavée mécaniquement lana (f) lavata industrialmente lana (f) lavada industrialmente / *llana (f) rentada industrialment*
22	Vorwaschen (n) preliminary washing подготовительное мытье (ср)	lavage (m) préliminaire primo lavaggio (m) lavado (m) preparatorio / *rentat (m) preparatori*

1 Nachwaschen (n)
second washing
дополнительное мытье (ср)
relavage (m)
secondo lavaggio (m)
segundo lavado (m) / *segon rentat (m)*

2 Fertigwaschen (n)
final washing
отдѣлочное *или* окончательное мытье (ср)
lavage (m) final *ou* à fond
lavaggio (m) completo *o* finale
lavado (m) / *rentat (m)* / final

3 schonendes Waschen (n)
careful washing
бережное *или* осторожное мытье (ср)
lavage (m) soigné
lavaggio (m) curato
lavado (m) cuidadoso / *rentat (m) acurat*

4 den Stapel beim Waschen erhalten
to preserve the staple in washing
щадить *или* сохранить пучек волокон при мытьѣ
préserver *ou* maintenir la mèche au lavage
preservare il fiocco nella lavatura
preservar el mechón durante el lavado / *preservar la metxa durant el rentat*

5 Erhaltung (f) des Stapels beim Waschen
preservation of the staple in washing
сохраненіе (ср) пучка волокон при мытьѣ
conservation (f) de la mèche au lavage
preservazione (f) del fiocco nella lavatura
preservación (f) del mechón en el lavado / *preservació (f) de la metxa durant el rentat*

6 den Stapel beim Waschen vernichten
to destroy the staple during washing
разрушать волокно *или* пучек волокон при мытьѣ
détruire la mèche au lavage
distruggere il fiocco nella lavatura
destruir el mechón en el lavado / *la metxa en el rentat*

7 vernichteter Stapel (m)
destroyed staple
разрушенный пучек (мр) волокон, разрушенное волокно (ср)
mèche (f) détruite
fiocco (m) distrutto
mechón (m) destruido / *metxa (f) destruida*

8 die Gerberwolle mit Baumöl netzen
to sprinkle olive oil on the skin wool
пропитывать дубильную шерсть деревянным маслом
imprégner la laine pelade avec de l'huile d'olive
bagnare la lana pelata con olio d'oliva
rociar la lana de piel con aceite de oliva / *ruixar la llana de pell amb oli d'oliva*

9 gute Wäsche (f)
good *or* clean washing
хорошее мытье (ср)
bon lavage (m)
buon lavaggio (m)
lavado (m) bueno / *bon rentat (m)*

10 mangelhafte Wäsche (f)
inferior washing
недостаточное мытье (ср)
mauvais lavage (m)
cattivo lavaggio (m)
lavado (m) malo / *dolent rentat (m)*

11 fettreine Wolle (f)
wool free from grease
шерсть (жр), свободная от жира
laine (f) exempte de graisse *ou* sans graisse
lana (f) scevra di grasso *o* senza grasso
lana (f) libre de grasa / *llana (f) exempta de greix*

weiße Wolle (f)
white wool
бѣлая шерсть (жр)
laine (f) blanche
lana (f) bianca
lana (f) / *llana (f)* / blanca 12

lockere *oder* offene Wolle (f)
loose *or* open wool
рыхлая *или* раскрытая шерсть (жр)
laine (f) ouverte
lana (f) aperta 13
lana (f) abierta / *llana (f) oberta*

klebrige Wolle (f)
sticky wool
липкая шерсть (жр)
laine (f) visqueuse
lana (f) attaccaticcia 14
lana (f) / *llana (f)* / viscosa

verfilzte Wolle (f), strickige Wolle (f)
matted *or* stringy wool
всклоченная *или* свалянная шерсть (жр)
laine (f) feutrée
lana (f) infeltrata *o* intrecciata 15
lana (f) cerrada / *llana (f) enfeltrada*

Gewicht (n) der rohen Wolle
weight of raw wool
вѣс (мр) немытой *или* грязной шерсти
poids (m) de la laine brute
peso (m) della lana sudicia 16
peso (m) de la lana en bruto / *pes (m) de la llana en brut*

Waschverlust (m), Gewichtsverlust (m) beim Waschen
loss of weight by washing, scouring loss
потеря (жр) вѣса от мытья
perte (f) en poids au lavage
perdita (f) in peso per la lavatura 17
pérdida (f) de peso en el lavado / *pèrdua (f) de pes en el rentat*

β) Waschwasser (n)
Washing Water
Мытьевая вода (жр)
Eau (f) de lavage
Acqua (f) di lavaggio 18
Agua (f) de lavado / *Aigua (f) de rentat*

Wärmegrad (m) [*oder* Temperatur (f)] des Wassers
temperature of the water
температура (жр) воды
température (f) de l'eau
temperatura (f) dell'acqua 19
temperatura (f) del agua / *del aigua*

Härtegrad (m) des Wassers
degree of hardness of the water
степень (жр) жесткости воды
degré (m) hydrotimétrique *ou* de dureté de l'eau
grado (m) idrotimetrico *o* di durezza dell'acqua 20
grado (m) hidrotimétrico *o* de dureza del agua / *grau (m) hidrotimètric o de duresa del aigua*

Gesamthärte (f) des Wassers
total hardness of the water
полная жесткость (жр) воды
dureté (f) totale de l'eau
durezza (f) totale dell'acqua 21
dureza (f) total del agua / *duresa (f) total del aigua*

vorübergehende [*oder* temporäre] Härte (f)
temporary hardness
переходящая *или* временная жесткость (жр) воды
dureté (f) temporaire
durezza (f) temporanea
dureza (f) / *duresa (f)* / temporal 22

No.		
1	bleibende [*oder* permanente] Härte (f) permanent hardness остающаяся *или* постоянная жесткость (жр) воды	dureté (f) permanente durezza (f) permanente dureza (f) permanente / *duresa (f) permanent*
2	hartes Wasser (n) hard water жесткая вода (жр)	eau (f) dure acqua (f) dura agua (f) gorda / *aigua (f) dura*
3	weiches Wasser (n) soft water мягкая вода (жр)	eau (f) douce acqua (f) morbida *o* molle *o* dolce agua (f) delgada / *aigua (f) dolça*
4	Oberflächenwasser (n) surface water поверхностная вода (жр)	eau (f) de surface acqua (f) superficiale *o* a giorno agua (f) a flor de tierra / *aigua (f) soma o superficial*
5	Regenwasser (n) rain water дождевая вода (жр)	eau (f) de pluie acqua (f) piovana *o* pluviale *o* di pioggia agua (f) de lluvia / *aigua (f) de pluja*
6	Flußwasser (n) river water рѣчная вода (жр)	eau (f) de rivière acqua (f) di fiume *o* di corrente *o* di torrente agua (f) de rio / *aigua (f) de riu*
7	Teichwasser (n) pond water прудовая вода (жр)	eau (f) d'étang acqua (f) di stagno agua (f) de estanque / *aigua (f) d'estany*
8	Niederschlagwasser (n), [Kondenswasser (n)] water of condensation осажденная *или* конденсаціонная вода (жр)	eau (f) de condensation acqua (f) di condensazione agua (f) de condensación / *aigua (f) de condensació*
9	Grundwasser (n) ground water почвенная вода (жр)	eau (f) souterraine acqua (f) sotterranea agua (f) subterránea / *aigua (f) subterrània*
10	Quellwasser (n) spring water родниковая *или* ключевая вода (жр)	eau (f) de source acqua (f) sorgiva agua (f) de manantial / *aigua (f) de font*
11	Magnesiaverbindung (f) magnesia compound магнезіальное соединеніе (ср)	composé (m) *ou* combinaison (f) de magnésie combinazione (f) *o* composto (m) di magnesia compuesto (m) / *compost (m)* / de magnesia
12	Kalkverbindung (f) combination of lime известковое соединеніе (ср)	combinaison (f) de chaux combinazione (f) di calce compuesto (m) de cal / *compost (m) de calç*
13	Eisensalz (n) iron salt соль (жр) желѣза	sel (m) ferrique sale (m) marziale sal (f) férrica
14	Tonerdesalz (n) aluminium salt соль (жр) глинозема	aluminate (m) sale (m) d'alluminio sal (f) de aluminio / *sal (f) d'alumini*
15	Magnesiaseife (f) magnesia soap магнезіальное мыло (ср)	savon (m) de magnésie sapone (m) di magnesia jabón (m) / *sabó (f)* / de magnesia
16	Kalkseife (f) lime soap известковое мыло (ср)	savon (m) de chaux sapone (m) di calce jabón (m) de cal / *sabó (m) de calç*
17	kalkhaltiges Bad (n) calcareous bath ванна (жр), содержащая известь; известково-молочная ванна	bain (m) calcaire bagno (m) calcareo baño (m) calcáreo / *bany (m) calcari*
18	Kalkseifenniederschlag (m) precipitate of lime soap осажденіе (ср) известковаго мыла	précipité (m) de savon de chaux precipitato (m) di sapone di calce precipitado (m) de jabón de cal / *precipitat (m) de sabó de calç*
19	kalihaltiges Waschwasser (n) washing water containing potash мытьевая вода (жр), содержащая поташ	eau (f) de lavage contenant de la potasse acqua (f) di lavatura contenente potassa agua (f) de lavado que contiene potasa / *aigua (f) de rentat contenint potassa*
20	Wasserreinigung (f) purification of water очистка (жр) воды	épuration (f) de l'eau depurazione (f) dell'acqua depuración (f) del agua / *depuració (f) del aigua*
21	Enthärtung (f) des Wassers water softening смягченіе (ср) *или* умягченіе (ср) воды	adoucissement (m) de l'eau addolcimento (m) dell'acqua disminución (f) *o* rebajado (m) de la dureza del agua / *rebaixament (m) de la duresa del aigua*
22	Rohwasser (n) natural *or* raw *or* unpurified water сырая вода (жр)	eau (f) brute *ou* non épurée acqua (f) greggia *o* non depurata agua (f) no depurada *o* en estado natural / *aigua (f) natural o sense depurar*
23	reines Wasser (n) pure water чистая вода (жр)	eau (f) pure acqua (f) pura agua (f) / *aigua (f)* / pura
24	Schwebestoffe (m pl), Schwebeteile (m pl) suspended matter взвѣшенныя в водѣ нерастворимыя *или* неосаждающіяся вещества (ср)	matières (f pl) en suspension materie (f pl) *o* sostanze (f pl) in sospensione materias (f pl) en suspensión / *matèries (f pl) en suspensió*

1 Ausscheiden (n) der Schwebestoffe
elimination of the suspended matter
выдѣленіе (ср) взвѣшеннаго нерастворимаго *или* неосаждающагося вещества
élimination (f) des matières en suspension
eliminazione (f) delle materie in sospensione
eliminación (f) de las materias en suspensión / *eliminació (f) de les matèries en suspensió*

2 den Kalk fällen
to precipitate the lime
осаждать известь (жр)
précipiter la chaux
precipitare *o* far depositare la calce
precipitar la cal / *la calç*

3 unter Hochdruck filtern [*oder* filtrieren]
to filter under high pressure
фильтровать под высоким давленіем
filtrer sous forte pression
filtrare sotto alta pressione
filtrar a alta presión / *pressió*

4 Filterstoff (m), [Filtermaterial (n)]
filtering material
фильтрующее вещество (ср)
matière (f) filtrante
materia (f) filtrante
materia (f) filtrante / *filtrant*

5 Vorfiltern (n)
preliminary filtering
подготовительная фильтрація (жр)
filtration (f) préliminaire
filtrazione (f) preventiva
filtrado (m) / *filtrat (m)* / preliminar

6 Nachfiltern (n)
final filtering
дополнительная фильтрація (жр)
filtration (f) finale
filtrazione (f) finale
filtrado (m) / *filtrat (m)* / final

7 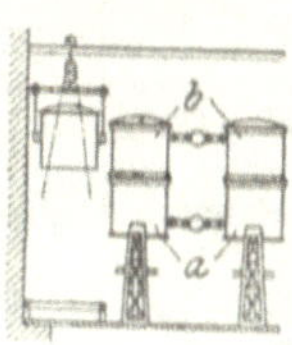

Wasserfilter (n)
water filter
водяной фильтр (мр)
filtre (m) à eau
filtro (m) ad acqua
filtro (m) de agua / *filtre (m) d'aigua*

8 a
Vorfilter (n)
first filter
подготовительный фильтр (мр)
premier filtre (m), filtre préparatoire
primo filtro (m)
primer filtro (m), filtro preparatorio / *primer filtre (m), filtre preparatori*

9 b
Nachfilter (n)
second filter
дополнительный фильтр (мр)
second filtre (m)
secondo filtro (m)
segundo filtro (m) / *segon filtre (m)*

10 

Kiesfilter (n)
gravel filter
фильтр (мр) из гравія
filtre (m) à gravier
filtro (m) a ghiaia
filtro (m) de grav[ill]a / *filtre (m) de grava o de sorra granada*

a
Kiesschicht (f)
layer of gravel
слой (мр) гравія
couche (f) de gravier
strato (m) di ghiaia *o* di ciottoli
capa (f) de grav[ill]a *o* de guijo / *de grava* 11

gesiebter Kies (m)
sieved gravel
отсѣянный крупитчатый гравій (мр)
gravier (m) criblé
ciottoli (mpl) crivellati, ghiaia (f) [mezzana] stacciata
grav[ill]a (f) tamizada / *grava (f) garbellada* 12

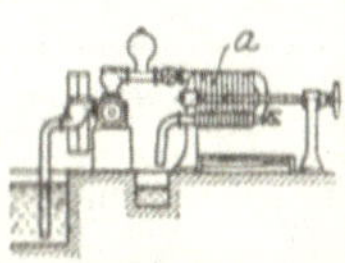

Filterpresse (f)
filter press
фильтр-пресс (мр)
filtre-presse (m)
pressa (f) a filtro, filtro (m) a pressione
filtro-prensa (m) / *filtre-premsa (m)* 13

a
Filterkasten (m)
filter box
фильтровальный ящик (мр)
boîte (f) filtrante
cassa (f) filtrante
caja (f) / *caixa (f)* / filtradora 14

Sandfilter (n)
sand filter
песочный фильтр (мр)
filtre (m) au sable
filtro (m) di sabbia
filtro (m) de arena / *filtre (m) de sorra* 15

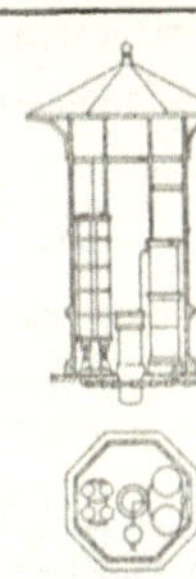
Filterbrunnen (m)
filtering tower
фильтровочный колодезь (мр)
tour (f) à filtrer
torre (f) filtrante
torre-filtro (m) / *torre-filtre (m)* 16

γ) Entschweißen (n) der Wolle
Wool Steeping
Выпариваніе (ср) шерсти
Trempage (m) *ou* dessuintage (m) de la laine
Bagnatura (f) *o* primo lavaggio (n) della lana
Deschurrado (m) de la lana / *Desxurrat (m) de la llana* 17

die Wolle entschweißen
to steep the wool
выпаривать шерсть
tremper *ou* dessuinter la laine
eliminare il sudicíume della lana
deschurrar la lana / *desxurrar la llana* 18

Schweißgehalt (m) der Wolle
amount *or* proportion of suint in the wool
содержаніе (ср) пота в шерсти
teneur (f) en suint de la laine
contenuto (m) di sudiciume nella lana
cantidad (f) de churre en la lana / *quantitat (f) de xurre en la llana* 19

1 Wollschweiß (m)
suint
пот (мр) шерсти, шерстяной пот (мр)
suint (m), surge (f)
sudiciume (m) della lana
churre (m), suarda (f) / *xurre (m), suarda (f)*

2 gebundenes Fett (n)
combined fat
составной жир (мр)
graisse (f) combinée
grasso (m) combinato
grasa (f) combinada / *greix (m) combinat*

3 Löslichkeit (f) des Schweißes
solubility of the suint
растворимость (жр) пота
solubilité (f) du suint
solubilità (f) del sudiciume
solubilidad (f) del churre / *solubilitat (f) del xurre*

4 verseifende Eigenschaft (f) des Schweißes
saponifying character of the suint
свойство (ср) пота омыляться
pouvoir (m) saponifiant du suint
potere (m) saponificante del sudiciume
poder (m) saponificador del churre / *força (f) saponificadora de la suarda*

5 chemische Wirkung (f) des Schweißes
chemical action of the suint
химическая реакція (жр) *или* химическое дѣйствіе (ср) пота
action (f) chimique du suint
azione (f) chimica del sudiciume
acción (f) química del churre / *acció (f) química de la suarda*

6 mechanische Einwirkung (f) des Schweißes
mechanical action of the suint
механическое дѣйствіе (ср) пота
action (f) mécanique du suint
azione (f) meccanica del sudiciume
acción (f) mecánica del churre / *acció (f) mecànica de la suarda*

7 Verbindung (f) des Wollfettes mit dem Wollschweiße zu einer löslichen Seife
combination of the wool fat and suint to form a soluble soap
соединенie (ср) жира шерсти с потом шерсти в растворимое мыло
combinaison (f) du suint et de la graisse de laine en un savon soluble
combinazione (f) del grasso di lana col sudiciume in un sapone solubile
combinación (f) del churre y de la grasa de la lana en jabón soluble / *combinació (f) de la suarda i del greix de la llana en sabó soluble*

8 Wollschweißbestandteile (mpl)
constituents of suint
составныя части (жр) пота шерсти
composants (mpl) du suint
elementi (mpl) del sudiciume
componentes (mpl) del churre / *components (mpl) del xurre*

9 K_2CO_3
Pottasche (f), kohlensaures Kali (n), Kaliumkarbonat (n)
potash, carbonate of potassium
углекислый калій (мр), поташ (мр)
carbonate (m) de potasse
carbonato (m) potassico
carbonato (m) potásico / *carbonat (m) potàssic*

K_2SO_4
schwefelsaures Kali (n), Kaliumsulfat (n)
sulphate of potassium
сѣрнокислый калій (мр)
sulfate (m) de potasse
solfato (m) potassico
sulfato (m) potásico / *sulfat (m) potàssic o de potassa* 10

KCl
Chlorkalium (n), Kaliumchlorid (n)
chloride of potassium
хлористый калій (мр)
chlorure (m) de potassium
cloruro (m) potassico
cloruro (m) potásico / *clorur (m) potàssic* 11

Auslaugen (n) des Schweißes
removal of the potash salts from the suint
выщелачиванie (ср) пота
extraction (f) des sels de potasse du suint
estrazione (f) dei sali di potassa dal sudiciume
extracción (f) de las sales potásicas del churre / *extracció (f) de les sals potàssiques del xurre* 12

den Schweiß auslaugen
to remove the potash salts from the suint
выщелачивать пот
extraire les sels (mpl) de potasse du suint
estrarre i sali di potassa dal sudiciume
extraer las sales potásicas del churre / *extreure les sals potàssiques de la suarda* 13

Entschweißbad (n)
steeping bath
ванна (жр) для выщелачиванія пота
bain (m) de dessuintage
bagno (m) di lavaggio
baño (m) de deschurrado / *bany (m) de desxurrat* 14

Schweißwasser (n)
sud
вода (жр), содержащая пот шерсти
eau (f) de suint, liquide (m) suinteux
acqua (f) del lavaggio, acqua (f) caricata di sudiciume
agua (f) de churre / *aigua (f) de xurre* 15

mit Schweiß gesättigtes Wasser (n)
liquid saturated with suint
вода (жр), насыщенная потом шерсти
eau (f) saturée de suint
liquido (m) saturato di sudiciume
líquido (m) saturado de churre / *líquid (m) saturat de xurre* 16

Sättigungsgrad (m)
degree of saturation
степень (жр) насыщенія
degré (m) de saturation
grado (m) di saturazione
grado (m) de saturación / *grau (m) de saturació* 17

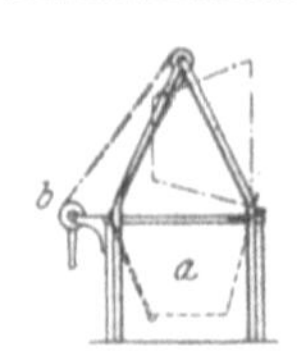

Entschweißvorrichtung (f)
steeping bowl
приспособленіе (ср) для выдѣленія пота
dessuinteur (m), dessuinteuse (f) 18
tino (m) d'immersione
deschurradora (f) / *desxurradora (f)*

1 a
Drahtkorb (m)
wire basket
проволочно-сѣтчатая корзина (жр)
panier (m) basculeur en fil de fer
cest[in]o (m) di fili metallici
cesto (m) de tela metálica basculante / *cistell (m) de tela metàl·lica basculant*

---

2 b
Windwerk (n)
winding appliance
лебедка (жр), подъемный механизм (мр)
mécanisme (m) de levage
meccanismo (m) di sollevamento
mecanismo (m) / *mecanisme (m)* / elevador

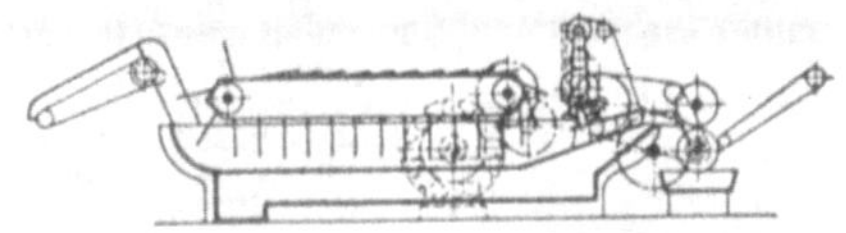

3
selbsttätiger Waschbottich (m)
automatic wash bowl
самодѣйствующій моечный чан (мр)
bac (m) de lavage automatique
tino (m) di lavaggio automatico
barca (f) de lavado automático / *barca (f) de rentat automàtic*

4
Pottaschegewinnung (f) aus dem Wollschweiß
recovery of potash from the suint
полученіе (ср) поташа из пота шерсти
récupération (f) de la potasse du suint
ricuperazione (f) della potassa dal sudiciume
recuperación (f) de la potasa del churre / *recuperació (f) de la potassa del xurre*

5
Pottaschelösung (f)
potash solution
раствор (мр) поташа
solution (f) de potasse
soluzione (f) di potassa
solución (f) de potasa / *solució (f) de potassa*

6
die Pottasche lösen
to dissolve the potash
растворять поташ
dissoudre la potasse
dissolvere *o* sciogliere la potassa
disolver la potasa / *disoldre la potassa*

7
gelöste Pottasche (f)
dissolved potash
растворенный поташ (мр)
potasse (f) dissoute
potassa (f) sciolta
potasa (f) disuelta / *potassa (f) disolta*

8
reines kohlensaures Kali (n)
pure carbonate of potassium
чистое углекислое кали (ср)
carbonate (m) de potasse pur
carbonato (m) potassico puro
carbonato (m) de potasa puro / *carbonat (m) de potassa pur*

---

rohes kohlensaures Kali (n), Rohpottasche (f)
raw *or* commercial potash
сырое углекислое кали (ср), потовый поташ (мр)
carbonate (m) de potasse impur, salin (m) brut de potasse
carbonato (m) potassico greggio *o* non raffinato, potassa (f) greggia
salina (f) bruta de potasa, potasa (f) comercial *o* en bruto, carbonato (m) potásico comercial / *sal (f) de potassa o carbonat (m) potàssic comercial* 9

Reinigen (n) *oder* Läutern (n) *oder* Raffinieren (n) der Rohpottasche
refining the raw potash
рафинированіе (ср) *или* очистка (жр) потоваго поташа
raffinage (m) de la potasse impure
raffinatura (f) della potassa greggia
refinación (f) de la potasa comercial / *refinació (f) del carbonat potàssic comercial* 10

Eindampfen (n) der Lauge
evaporating the sud
выпариваніе (ср) щелока
évaporation (f) du liquide suinteux
concentrazione (f) della lisciva per vaporizzazione
evaporación (f) de las aguas de churre / *evaporació (f) de les aigues de xurre* 11

Kalzinierofen (m)
calcining *or* evaporating oven
печь (жр) для кальцинированія
four (m) de calcination, four à potasse
forno (m) di calcinazione
horno (m) de potasa *o* de calcinación / *forn (m) de calcinar la potassa* 12

δ) Entfetten (n) der Wolle, Wollentfettung (f)
Scouring *or* Degreasing the Wool
Обезжириваніе (ср) шерсти
Dégraissage (m) de la laine
Sgrassamento (m) *o* [di]sgrassatura (f) della lana
Desengrasado (m) *o* desengrase (m) de la lana / *Rentat (m) de la llana* 13

---

die Wolle entfetten
to scour *or* degrease the wool
обезжирить шерсть
dégraisser la laine
sgrassare la lana
desengrasar la lana / *rentar la llana* 14

Entfettung (f), Fettentziehung (f), [Fettextrahierung (f)]
extraction of grease
извлеченіе (ср) жира
extraction (f) de la graisse
estrazione (f) del grasso
extracción de la grasa / *extracció (f) del greix* 15

---

entfetten, das Fett entziehen [*oder* extrahieren]
to extract the grease
извлекать жир (мр)
extraire la graisse
estrarre il grasso
extraer la grasa / *extreure el greix* 16

---

entfettete Wolle (f)
scoured wool, degreased wool
обезжиренная шерсть (жр)
laine (f) dégraissée
lana (f) sgrassata
lana (f) desengrasada / *llana (f) desengreixada* 17

No.	Deutsch / English / Русский	Français / Italiano / Español / Català
1	Wollfett (n), Naturfett (n) *oder* natürliches Fett (n) der Wolle [natural] wool grease, yolk жирный пот (мр), [природный] жир (мр) шерсти	graisse (f) de laine, matière (f) grasse naturelle de la laine grasso (m) [naturale] della lana grasa (f) [natural] de la lana / *greix (m) [natural] de la llana*
2	unverbundenes Fett (n) uncombined fat свободный *или* несвязанный жир (мр)	graisse (f) non combinée grasso (m) libero *o* non combinato grasa (f) no combinada / *greix (m) no combinat*
3	verseifbares Fett (n) saponifiable fat обмыливающійся жир (мр)	graisse (f) saponifiable grasso (m) saponificabile grasa (f) / *greix (m)* / saponificable
4	Fettgehalt (m) der rohen Wolle proportion of grease in the raw wool содержаніе (ср) жира в сырой шерсти	teneur (f) en graisse de la laine brute contenuto (m) di grasso della lana greggia proporción (f) de grasa de la lana suarda / *proporció (f) de greix de la llana suarda*
5	Fettschicht (f) des Wollhaares layer of grease in the wool fibre жировый слой (мр) в шерстяном волосѣ	couche (f) de graisse sur la fibre de laine strato (m) di grasso sulla fibra di lana capa (f) de grasa sobre la fibra de lana / *capa (f) de greix sobre la fibra de llana*
6	fettschwere Schweißwolle (f) very greasy wool отяжеленная жиром потная шерсть (жр)	laine (f) riche en graisse lana (f) ricca di grasso lana (f) rica en grasa / *llana (f) rica en greix*
7	leichtflüssiges *oder* ölartiges Wollfett (n) fluid *or* oily wool grease жидкій *или* маслянистый жир (мр) шерсти	graisse (f) de laine douce *ou* huileuse grasso (m) di lana leggero *o* oleoso grasa (f) de lana aceitosa *o* flúida / *greix (f) de llana oliós o fluid*
8	schwerflüssiges *oder* talgartiges *oder* zähes Wollfett (n) heavy *or* tallow-like *or* tough wool grease густо-маслянистый *или* салообразный жир (мр) шерсти	graisse (f) de laine tenace *ou* suiffeuse grasso (m) di lana pesante *o* viscido grasa (f) de lana sebácea *o* tenaz / *greix (m) de llana consistent o com sèu*
9	wachsartiger Fettschweiß (m) waxy yolk воскообразный жир (мр) шерсти	suint (m) cireux sudiciume (m) ceroso churre (m) ceroso / *suarda (f) cerosa*
10	Schweißwachs (n) yolk wax воск (мр) потового жира	cire (f) du suint cera (f) del sudiciume cera (f) del churre / *de la suarda*
11	ranziges Fett (n) rancid fat прогорклый жир (мр)	graisse (f) rance grasso (m) rancido grasa (f) rancia / *greix (m) ranci*
12	künstlich eingefettete Wolle (f) artificially greased wool искусственно промасленная шерсть (жр)	laine (f) ensimée *ou* graissée artificiellement lana (f) ingrassata artificialmente lana (f) engrasada artificialmente / *llana (f) ensimada o engreixada artificialment*
13	Erweichen (n) des Klebschmutzes softening the adhering dirt размягченіе (ср) липкихъ загрязненій	ramollissement (m) des impuretés adhérentes rammollimento (m) delle impurità aderenti reblandecimiento (m) de las impurezas adherentes / *estovat (m) de les impureses adherents*
14	Erweichen (n) des Wollfettes softening the yolk размягченіе (ср) пота	ramollissement (m) de la graisse de laine rammollimento (m) del grasso di lana reblandecimiento (m) de la grasa de lana / *estovat (m) del greix de la llana*
15	das Wollfett erweichen to soften the yolk размягчать жир шерсти	ramollir la graisse de laine rammollire il grasso di lana reblandecer la grasa de la lana / *estovar el greix de la llana*
16	Auflösen (n) des Wollfetts in heißer Flüssigkeit dissolving the wool grease in a hot liquid раствореніе (ср) жира шерсти в горячей жидкости	dissolution (f) de la graisse de laine dans un liquide chaud dissoluzione (f) del grasso di lana in un liquido caldo disolución (f) de la grasa de la lana en un liquido caliente / *disolució (f) del greix de la llana amb un liquid calent*
17	Waschmittel (n pl) detergent, washing medium *or* ingredient средство (ср) *или* состав (мр) для мытья	agent (m) de lavage detergente (m) agente (m) *o* ingrediente (m) *o* medio (m) *o* substancia (f) de lavado / *agent (m) o ingredient (m) de rentat*
18	Zusetzen (n) der Waschmittel addition of washing ingredients примѣшиваніе (ср) *или* подмѣшиваніе (ср) составов для мытья	addition (f) des agents de lavage addizione (f) dei detergenti adición (f) de los ingredientes de lavado / *afegit (m) dels ingredients de rentat*
19	ein Waschmittel zusetzen to add a washing ingredient подмѣшивать *или* прибавлять состав для мытья	ajouter un agent de lavage aggiungere un detergente agregar *o* añadir un ingrediente de lavado / *afegir un ingredient de rentat*

1 Lösungsvermögen (n) der Waschmittel
dissolving capacity of the washing ingredients
растворяющая способность (жр) составов для мытья
pouvoir (m) dissolvant des agents de lavage
potere (m) dissolvente dei detergenti
poder (m) disolvente de los ingredientes de lavado / *poder (m) disolvent dels ingredients de rentat*

2 fettlösend
fat dissolving
жирорастворяющій
dissolvant la graisse
dissolvente il grasso
disolvente la grasa / *disolvent el greix*

3 Entfetten (n) durch Verseifung
degreasing by saponification
обезжириваніе (ср) путем обмыливанія
dégraissage (m) par saponification
sgrassatura (f) mediante saponificazione
desengrasado (m) por saponificación / *desgreixat (m) per saponificació*

4 Emulsionsbildung (f)
emulsification
образованіе (ср) эмульсій
émulsionnement (m), formation (f) d'une émulsion
formazione (f) d'una emulsione
formación (f) de una emulsión, emulsificación (f) / *formació (f) d'una emulsió, emulsificació (f)*

5 Verseifung *oder* Verseifen (n) des Fettes
saponification of the grease
обмыливаніе (ср) жира
saponification (f) de la graisse
saponificazione (f) del grasso
saponificación (f) de la grasa / *saponificació (f) del greix*

6 das Fett verseifen
to saponify the grease
обмыливать жир (мр)
saponifier la graisse
saponificare il grasso
saponificar la grasa / *el greix*

7 verseiftes Fett (n)
saponified grease
обмыленный жир (мр)
graisse (f) saponifiée
grasso (m) saponificato
grasa (f) saponificada / *greix (m) saponificat*

8 verseifender Stoff (m)
saponifying substance
обмыливающее вещество (ср)
substance (f) saponifiante
sostanza (f) saponificante
substancia (f) saponificante *o* saponificadora / *substància (f) saponificadora*

9 Entfetten (n) mittels Alkalien und Wasser
degreasing by means of alkalies and water
обезжириваніе (ср) посредством щелочей с водой
dégraissage (m) par des alcalis et par l'eau
sgrassatura (f) mediante alcali ed acqua
desengrasado (m) por álcalis y agua / *desgreixat (m) per mitjà d'àlcalis i aigua*

10 alkalische Flüssigkeit (f)
alkaline solution
щелочная жидкость (жр)
solution (f) alcaline
soluzione (f) alcalina
solución (f) / *solució (f)* / alcalina

Lauge (f), Waschlauge (f), Seifenlauge (f)
washing *or* scouring liquor, washing bath, soap solution
[мытьевой *или* промывной] щелок (мр)
liquide (m) laveur, lessive (f), bain (m) de savon
lisciva (f), acqua (f) di lavatura, bagno (m) di sapone
lejía (f) o líquido (m) de lavado, baño (m) de jabón / *lleixiu (m) o suc (m) de rentat, bany (m) de sabó* 11

Laugenbereiter (m)
soap solution maker
заготовщик (мр) щелока
préparateur (m) de savon *ou* de lessive
preparatore (m) del bagno di sapone *o* della lisciva
preparador (m) del baño de jabón *o* de la lejía / *preparador (m) del bany de sabó o de lleixiu* 12

die Lauge ansetzen
to make up *or* to prepare the washing liquor
составлять щелок (мр)
préparer la lessive
preparare la lisciva
preparar el líquido de lavado / *preparar el lleixiu de rentat* 13

frisch angesetzte Lauge (f)
fresh lye
свѣжесоставленный щелок (мр)
lessive (f) fraîche
lisciva (f) fresca
lejía (f) fresca *o* nueva / *lleixiu (m) fresc o nou* 14

Wärmegrad (m) der Waschlauge
temperature of the washing liquor
температура (жр) мытьевого щелока
température (f) de la lessive
temperatura (f) della lisciva
temperatura (f) del líquido de lavado / *temperatura (f) del lleixiu de rentat* 15

die Waschlauge anwärmen
to warm the washing liquor
подогрѣть мытьевой щелок
chauffer la lessive
riscaldare la lisciva
calentar el líquido de lavado / *escalfar el lleixiu de rentat* 16

warme Lauge (f)
warm lye
теплый щелок (мр)
lessive (f) chaude
lisciva (f) calda
lejía (f) caliente / *lleixiu (m) calent* 17

starke [*oder* konzentrierte] Lauge (f)
strong *or* concentrated lye
крѣпкій *или* концентрированный щелок (мр)
lessive (f) forte *ou* concentrée
lisciva (f) forte *o* concentrata
lejía (f) fuerte *o* concentrada / *lleixiu (m) fort o concentrat* 18

x-gradige Lauge (f)
liquor of x degrees
x-градусный щелок (мр)
lessive (f) à x degrés
lisciva (f) di x gradi
lejía (f) de x grados / *lleixiu (m) de x graus* 19

verdünnte *oder* hungrige *oder* magere Waschlauge (f)
weak *or* diluted lye
разведенный *или* тощій мытьевой щелок (мр)
lessive (f) faible *ou* maigre *ou* diluée
lisciva (f) debole *o* diluita
lejía (f) diluida *o* floja / *lleixiu (m) diluit o fluix* 20

Sodalauge (f)
soda lye
содовый щелок (мр)
lessive (f) de soude
lisciva (f) di soda
lejía (f) / *lleixiu (m)* / de sosa 21

1 Na_2CO_3

Soda (f), kohlensaures Natron (n), Natriumkarbonat (n)
soda, carbonate of sodium, sodium carbonate
сода (жр), углекислый натрій (мр)
soude (f), carbonate (m) neutre de sodium
soda (f), carbonato (m) di soda
sosa (f), carbonato (m) sódico o de sodio / *sosa (f), carbonat (m) sòdic o de sodi*

2
kristallisierte Soda (f), Kristallsoda (f)
crystallised soda
кристаллическая сода (жр)
soude (f) cristallisée
soda (f) cristallizzata
sosa (f) cristalizada / *cristal·litzada*

3
Ammoniaksoda (f), Solvay-Soda (f)
ammonia soda, Solvay soda
аммiачная сода (жр), сода Сольвея
soude (f) à l'ammoniaque
soda (f) ammoniacale, soda Solvay
sosa (f) amoniacal, sosa Solvay

4
den Sodagehalt einer Waschlauge bestimmen
to determine the soda contents of a bath
опредѣлить содержанiе соды в мытьевом щелокѣ
déterminer la teneur en soude d'une lessive
determinare il tenore di soda in una lisciva
determinar el contenido de sosa de una lejía / *determinar el contingut de sosa d'un lleixiu*

5
gebrauchte Lauge (f)
used lye *or* bath
щелок (мр), бывшiй в употребленiи
lessive (f) usée, bain (m) usé
lisciva (f) usata
lejía (f) usada / *lleixiu (m) usat*

6
die Lauge schärfen *oder* anreichern
to strengthen the lye
возстановлять щелок
remonter *ou* rafraîchir le bain
rafforzare la lisciva
regenerar el baño de lejía / *regenerar el bany de lleixiu*

7
geschärfte Lauge (f)
strengthened bath
возстановленный щелок (мр)
lessive (f) remontée *ou* rafraîchie
lisciva (f) rafforzata
lejía (f) regenerada / *lleixiu (m) regenerat*

8
unmittelbar [*oder* direkt] verseifen
to saponify by the direct method
обмыливать непосредственно
saponifier par la méthode directe
saponificare direttamente
saponificar por método directo / *per mètode directe*

---

9 KOH

Ätzkali (n)
caustic potash, hydrate of potash
ѣдкое кали (ср)
potasse (f) caustique, hydrate (m) de potassium
potassa (f) caustica, idrato (m) di potassio
potasa (f) cáustica, hydrato potásico / *potassa (f) càustica, hidrat (m) potàssic*

NaOH 10

Ätznatron (n), Seifenstein (m)
caustic soda
ѣдкiй натр (мр), каустическая сода (жр), мыльный камень (мр)
soude (f) caustique
soda (f) caustica
sosa (f) cáustica, hidrato (m) de sosa / *sosa (f) càustica, hidrat (m) sòdic*

$NaOH + H_2O$ 11

Natronlauge (f)
soda lye, caustic soda solution
натровый щелок (мр)
solution (f) de soude caustique, lessive (f) de soude
soluzione (f) di soda caustica
solución (f) de sosa cáustica / *solució (f) de sosa càustica*

12
das Wollhaar angreifen
to attack the wool fibre
повредить шерстяной волос
attaquer la fibre de laine
attaccare il pelo di lana
atacar la fibra de lana / *de llana*

13
angegriffenes Wollhaar (n)
attacked wool fibre
поврежденный шерстяной волос (мр)
fibre (f) de laine attaquée
pelo (m) di lana attaccato
fibra (f) de lana / *de llana* / atacada

14
Schlieperscher Entschweißverfahren (n)
Schlieper's scouring method
удаленiе (ср) пота мытьем шерсти по способу Шлипера
méthode (f) de dégraissage de Schlieper
metodo (m) di sgrassatura Schlieper
método (m) de desengrasado Schlieper / *mètode (m) Schlieper de rentar*

15
Waschen (n) mit faulem Harn [*oder* Urin]
scouring with stale urine
промыванiе (ср) гнилою мочею
dégraissage (m) à l'urine pourrie
sgrassatura (f) all'orina [im]putridita
desengrasado (m) con orina podrida / *desgreixat (m) amb orina podrida*

16
Harnbad (n), [Urinbad] (n)
urine bath
мочевая ванна (жр)
bain (m) d'urine
bagno (m) d'orina
baño (m) de orina / *bany (m) d'orina*

17
Ammoniakverbindung (f)
ammonia compound
аммiачное соединенiе (ср)
combinaison (f) ammoniacale
combinazione (f) ammoniacale
compuesto (m) / *compost (m)* / amoniacal

$(NH_4) 2 CO_3$ 18

kohlensaures Ammoniak (n), Ammoniumkarbonat (n)
carbonate of ammonia
углекислый аммiак (мр)
carbonate (m) d'ammoniaque
carbonato (m) ammonico
carbonato (m) amónico / *carbonat (m) amònic*

19
harnsaures Ammoniak (n)
urate of ammonia
мочекислый аммiак (мр)
urate (m) ammoniacal
urato (m) ammoniacale
urato (m) / *urat (m)* / amoniacal

20
Ammoniumseife (f)
ammonia soap
аммiачное мыло (ср)
savon (m) ammoniacal
sapone (m) d'ammonio
jabón (m) / *sabó (m)* / amoniacal

No.	Deutsch / English / Русский	Français / Italiano / Español / Català
1	neutrales Wasserglas (n) neutral waterglass нейтральное жидкое *или* фуксіево стекло (ср)	verre (m) soluble neutre vetro (m) solubile neutro vidrio (m) soluble neutro / *vidre (m) soluble neutre*
2	Waschen (n) mit Seife washing with soap мытье (ср) мылом	lavage (m) au savon lavaggio (m) con sapone lavado (m) con jabón / *rentat (m) amb sabó*
3	Seifenkocher (m) soap boiler мыльный котел (мр)	chaudière (f) à savon caldaia (f) per bagno di sapone caldera (f) para jabón / *per a sabó*
4	Rührarm (m) stirrer, agitator мѣшалка (жр)	agitateur (m) agitatore (m) agitador (m) / *remenador (m), agitador (m)*
5	Seifenbad (n) soap bath мыльная ванна (жр)	bain (m) de savon bagno (m) di sapone baño (m) de jabón / *bany (m) de sabó*
6	Seifengehalt (m) des Bades soap contents of the bath содержаніе (ср) мыла в ваннѣ	teneur (f) en savon du bain tenore (m) in sapone del bagno contenido (m) de jabón del baño / *contingut (m) de sabó del bany*
7	Überschuß (m) an Seife excess of soap избыток (мр) мыла	excès (m) de savon eccesso (m) di sapone exceso (m) de jabón / *excés (m) de sabó*
8	Seifenverbrauch (m) consumption of soap расход (мр) мыла	consommation (f) de savon consumo (m) di sapone consumo (m) *o* gasto (m) de jabón / *consum (m) o despesa (f) de sabó*
9	Seifenlauge (f) soap lye мыльный щелок (мр)	lessive (f) de savon lisciva (f) di sapone lejía (f) de jabón / *lleixiu (m) de sabó*
10	schäumende Lösung (f) frothy solution пѣнистый *или* пѣнящійся раствор (мр)	solution (f) écumeuse soluzione (f) schiumosa solución (f) espumosa / *solució (f) escumosa*
11	Seife (f) zusetzen to add soap подмѣшивать мыло	ajouter du savon aggiungere del sapone agregar *o* añadir jabón / *afegir sabó*
12	reine *oder* unverfälschte Seife (f) unadulterated soap чистое *или* нефальсифицированное мыло (ср)	savon (m) inaltéré sapone (m) non adulterato jabón (m) puro / *sabó (m) pur*
13	neutrale Seife (f) neutral soap нейтральное мыло (ср)	savon (m) neutre sapone (m) neutro jabón (m) neutro / *sabó (m) neutre*
14	die Seife enthält freies, unzersetztes Alkali the soap contains free undecomposed alkali мыло (ср) содержит свободную нерасщепленную щелочь	le savon contient de l'alcali libre et non décomposé il sapone contiene alcali non combinato e non scomposto el jabón contiene álcali libre sin descomponer / *el sabó conté àlcali lliure sense descompondre*
15	die Seife enthält freies Fett the soap contains free fat мыло (ср) содержит свободный жир	le savon contient de la graisse libre il sapone contiene grasso libero o non combinato el jabón contiene grasa libre / *el sabó conté greix lliure*
16	Kali[um]seife (f), Schmierseife (f), grüne *oder* schwarze Seife (f) potash soap, soft soap, green soap поташное *или* мягкое калійное *или* зеленое мыло (ср)	savon (m) de potasse, savon mou *ou* vert sapone (m) molle *o* di potassa jabón (m) blando *o* potásico / *sabó (m) moll o potàssic*
17	Natronseife (f), Natriumseife (f) soda soap, hard soap натровое мыло (ср)	savon (m) dur *ou* de soude sapone (m) duro *o* di soda jabón (m) de sosa / *sabó (m) dur o de sosa*
18	Marseiller Seife (f) Marseilles soap марсельское *или* оливковое мыло (ср)	savon (m) de Marseille sapone (m) di Marsiglia jabón (m) / *sabó (m)* / de Marsella
19	Kernseife (f) grain soap, curd soap ядровое мыло (ср)	savon (m) blanc ordinaire sapone (m) anidro, sapone in pezzi jabón (m) de piedra / *sabó (m) blanc corrent*
20	Seifenersatz (m) soap substitute суррогат (мр) мыла	succédané (m) *ou* substitution (f) de savon surrogato (m) *o* sostituto (m) di sapone substituto (m) del jabón / *substitutiu (m) de sabó*
21	Seifenpulver (n) soap powder мыльный порошок (мр)	poudre (f) de savon sapone (m) in polvere, polvere (f) di sapone polvo (m) de jabón, jabón (m) en polvo / *sabó (m) en pols*
22	Seifenwurzel (f) root of soapwort мыльный корень (мр)	racine (f) de la saponaire radice (f) della saponaria raíz (f) de la saponaria / *arrel (f) de la sabonera*
23	$C_{32}H_{45}O_{18}$	Saponin (n) saponin сапонин (мр) saponine (f) saponina (f) saponina (f)

1 schäumende Abkochung (f)
frothy decoction
пѣнистый отвар (мр)
décoction (f) écumeuse
decozione (f) schiumosa
decocción (f) espumosa / *decocció (f) escumosa*

---

2 Quillaja saponaria
Seifenbaumrinde (f), Quillajarinde (f)
quillaja bork
кора (жр) растенія квиллая, мыльная кора (жр)
écorce (f) de quillaja, bois (m) de Panama
corteccia (f) di quillaia
corteza (f) de quillaja / *escorxa (f) de quillaja*

3 **e) Waschen (n) der Wolle mit der Maschine**
Wool Washing by Machinery
Мытье (ср) шерсти машинным способом
Lavage (m) mécanique de la laine
Lavaggio (m) meccanico della lana
Lavado (m) mecánico de la lana / *Rentat (m) mecànic de la llana*

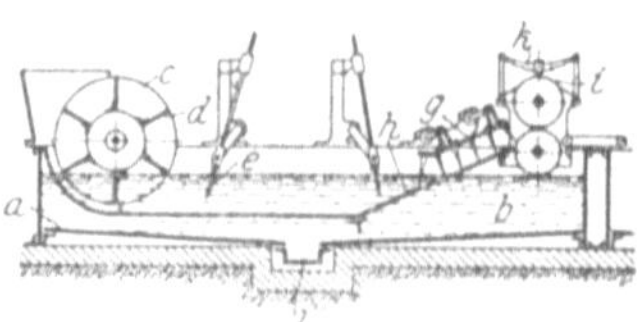

4 Wollwaschmaschine (f)
wool washing machine
шерстомоечная машина (жр)
laveuse (f) mécanique à laine, machine (f) à laver la laine
lavatrice (f) a macchina per la lana
lavadora (f) de lana, máquina (f) para lavar la lana / *màquina (f) de rentar llana, rentadora (f) mecànica de llana*

---

5 a
Waschbottich (m)
wash bowl
моечный чан (мр), моечное корыто (ср)
bac (m) de lavage
serbatoio (m) o botte (m) o tino (m) o tinozza (f) di lavaggio
barca (f) de lavado / *de rentat*

---

6 genieteter Bottich (m)
rivetted bowl
клепанный чан (мр)
bac (m) riveté
serbatoio (m) ribadito
barca (f) roblonada / *reblada*

---

7 b
Waschflotte (f)
washing liquor *or* bath
ванна (жр) для мытья, промывная ванна
liquide (m) laveur
liquido (m) di lavaggio
liquido (m) de lavado / *suc (m) de rentat*

c
Eintauchtrommel (f)
dipping drum, immersion roller
загрузочный вал (мр) *или* барабан (мр)
rouleau (m) *ou* cylindre (m) d'immersion, plongeur (m) 8
cilindro (m) d'immersione
cilindro (m) de inmersión, sumergidor (m) / *bombo (m) d'immersió*

---

d
Eintauchtrommelflügel (m)
arm of the immersion roller
крыло (ср) загрузочнаго барабана
bras (m) du cylindre d'immersion 9
ala (f) del cilindro d'immersione
aleta (f) del cilindro de inmersión / *aleta (f) del bombo d'immersió*

---

e
Kurbelrechen (m), Gabelrechen (m), Fortführrechen (m), Spülrechen (m)
propelling rake *or* fork, swing rake
грабли (жр), соединенныя с кривошипом; вилообразныя *или* перекидочныя грабли (жр) 10
fourche (f) de transport
agitatore (m)
horquilla (f) transportadora / *forca (f) o forqueta (f) o forquilla (f) transportadora*

Gabelzinke (f)
prong of the fork
зубец (мр) вилы
dent (f) de fourche 11
dente (m) dell'agitatore
broca (f) o púa (f) de la horquilla / *de la forqueta*

---

g
Ausheber (m), Schiebelevator (m)
lifter, lifting fork
черпальщик (мр) [элеватор (мр)] шерсти 12
râteau (m)
rastrello (m)
rastrillo (m) elevador / *rastell (m) elevador*

---

h
schräger Siebboden (m)
slanting perforated *or* false bottom
наклонная рѣшетка (жр)
faux-fond (m) incliné 13
doppio fondo (m) a staccio inclinato
falso fondo (m) perforado inclinado / *fals-fons (m) perforat inclinat*

Quetschwerk (n)
squeezing arrangement
отжимной аппарат (мр), отжимка (жр)
dispositif (m) pour exprimer 14
pressoio (m)
mecanismo (m) exprimidor
mecanisme (m) escorredor o espremedor

die Wolle ausquetschen
to squeeze the wool
отжимать шерсть
1 exprimer *ou* laminer la laine
spremere la lana
exprimir la lana / *escórrer o esprémer la llana*

Quetschwalze (f)
squeezing roller
отжимной валик (мр)
2 i cylindre (m) exprimeur, rouleau (m) presseur
cilindro (m) spremitore
cilindro (m) *o* rodillo (m) prensador *o* exprimidor / *corró (m) espremedor o premsador*

Auspressen (n) der Lauge
squeezing out the suds
отжиманіе (ср) щелока
3 expression (f) des eaux de lavage
spremitura (f) della lisciva
extracción (f) por presión de la lejía / *extracció (f) per pressió del lleixiu*

---

mit Hanfseil umwickelte Oberwalze (f)
top roller covered with hemp rope
верхній валик (мр), обвитый пеньковой веревкой
4 rouleau (m) supérieur recouvert d'une corde de chanvre
cilindro (m) superiore coperto di strati di corda di canapa
cilindro (m) superior guarnecido de cuerda de cáñamo / *corró (m) superior revestit amb corda de cànem*

---

mit Kammzug umwickelte Oberwalze (f)
top roller covered with woollen top
верхній валик (мр), обмотанный вычесом
5 rouleau (m) supérieur recouvert d'un ruban de laine
cilindro (m) superiore coperto di uno strato di nastri di lana
cilindro (m) superior forrado de cinta de lana peinada / *corró (m) superior revestit amb veta de llana pentinada*

Kulissenlagerung (f) der Oberwalze
slides of the top roller
установка (жр) верхняго валика в подшипниках, скользящих в салазках
6 glissière (f) du cylindre supérieur
guida (f) del cilindro superiore
soporte (m) de deslizamiento del cilindro superior / *guies (fpl) colisses del corró superior*

Wagenfeder (f), Blattfeder (f), [Lamellenfeder (f)]
laminated spring
экипажная рессора (жр)
k ressort (m) à lames *ou* à feuilles 7
molla (f) a fogli
resorte (m) *o* muelle (m) de hojas / *molla (f) o ressort (m) de fulles*

---

ausgepreßte Brühe (f) *oder* Schmutzbrühe (f)
squeezed-out suds
отжатая мыльная вода (жр)
eau (f) souillée exprimée 8
acqua (f) di scarico sudicia, acqua (f) sporca
agua (f) sucia exprimida / *aigua (f) bruta espremuda*

Schlammsammler (m)
sud and dirt collector
грязевик (мр)
collecteur (m) des boues
l raccoglitore (m) delle impurità *o* del sudiciume 9
conducto (m) recogedor de lodo / *col·lector (m) dels solatges*

---

mehrere Bottiche (mpl) zu einer Maschine vereinigen
to combine several bowls to one machine
соединить нѣсколько чанов в одну машину
combiner plusieurs bacs dans une seule machine
riunire più recipienti in una macchina 10
combinar varias barcas / *varies barques* / en una sola máquina

---

Waschzug (m), Leviathan (m)
series of wash bowls, leviathan washer
моечная *или* мойная *или* промывная машина (жр) левиафан (мр)
train (m) *ou* batterie (f) de laveuses, léviathan (m)
batteria (f) di lavaggio, leviathan (m)
tren (m) de lavadoras *o* de barcas, leviatán / *tren (m) de rentadores o de barques, leviatan (m)* 11

---

terrassenförmige Anordnung (f) der Waschbottiche
arrangement of wash bowls in steps
ступенчатое расположеніе (ср) моечных чанов
disposition (f) des bacs de lavage en étages
collocazione (f) dei recipienti a diverso livello
disposición (f) de las barcas de lavar en pisos / *disposició (f) de les barques de rentat en pisos* 12

---

die Bottiche (mpl) nebeneinander anordnen
to arrange the bowls side by side
расположить чаны один рядом с другим
disposer les bacs les uns à côté des autres
collocare i recipienti uno accanto all'altro
disponer las barcas de lavar una al lado de otra / *disposar les barques de rentar l'una al costat de l'altra* 13

---

die Bottiche (mpl) hintereinander anordnen
to arrange the bowls straight through
расположить чаны один за другим
disposer les bacs les uns à la suite des autres
collocare i recipienti l'uno dietro l'altro
disponer las barcas de lavar una después de otra / *disposar les barques de rentar una darrera l'altra* 14

1 Leviathan (m) mit drei Bottichen (n)
leviathan with three bowls, three bowl washer
левiафан (мр) о трех чанах
léviathan (m) à trois bacs
leviathan (m) a tre bacini o passaggi
leviatán (m) de tres barcas / *leviatan (m) de tres barques*

---

2 a Einweichbottich (m)
steeping bowl
замачивательный *или* мочильный чан (мр)
bac (m) de trempage
recipiente (m) di bagnatura
artesa (f) de empapar / *barca (f) de remullar o d'estovar*

---

3 Waschbottich (m)
scouring bowl
промывной *или* моечный чан (мр)
bac (m) de lavage
recipiente (m) di lavaggio
artesa (f) de lavado / *barca (f) de rentat*

---

4 Spülbottich (m)
rinsing bowl
полоскательный чан (мр)
bac (m) de rinçage
recipiente (m) di risciacquatura
artesa de enjuagar / *barca (f) d'esbandir*

---

5 stufenweises Steigern (n) der Wärme in den Bädern
gradual increase of the temperature of the baths
постепенное повышение (ср) температуры ванн
augmentation (f) graduelle de la température des bains
aumento (m) graduale della temperatura dei bagni
aumento (m) gradual de la temperatura de los baños / *augment (m) gradual de la temperatura dels banys*

---

6 Überführen (n) der Waschflotte von Bottich zu Bottich
carrying over the washing liquid from bowl to bowl
передача (жр) *или* перепуск (мр) моечной воды из чана в чан
transvasement (m) de l'eau de lavage
passaggio (m) dei bagni di lavaggio da bacino a bacino
trasiego (m) de las aguas de lavado de una barca a otra / *trafegat (m) de les aigües de rentat d'una barca a l'altra*

---

7 ununterbrochener Flottenumlauf (m)
continuous circulation of the liquor
непрерывная циркуляцiя (жр) моечной воды
circulation (f) continuelle des eaux de lavage
circolazione (f) continua dell'acqua di lavaggio
circulación (f) continua de las aguas de lavado / *circulació (f) contínua de les aigües de rentat*

Leitung (f) der Flotte nach dem Gegenstromverfahren
conduction of the liquor on the contraflow principle
направленiе (ср) моечной воды по способу противотока
guidage (m) des eaux suivant le principe du contre-courant
conduzione (f) delle acque di lavaggio secondo il principio della contracorrente 8
conducción (f) de las aguas según el principio de contracorriente / *conducció (f) del liquid segons el principi de contra-corrent*

---

die Waschflotte ablaufen lassen
to discharge the liquor
спустить *или* выпустить моечную воду
faire écouler les eaux de lavage
scaricare l'acqua di lavaggio 9
evacuar las aguas de lavado / *les aigues de rentat*

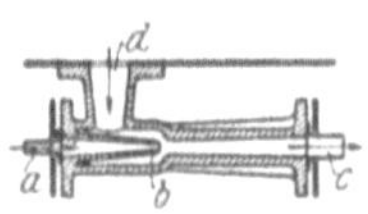

Strahlpumpe (f), [Injektor (m)]
injector
инжектор (мр) 10
injecteur (m)
iniettore (m)
inyector (m) / *injector (m)*

---

a Dampf[zuleitungs]rohr (n)
steam supply pipe
паропроводная труба (жр)
conduite (f) d'amenée de vapeur 11
condotto (m) d'adduzione del vapore
tubo (m) de admisión del vapor / *tub (m) d'alimentació de vapor*

---

b Dampfdüse (f)
steam nozzle
сопло (ср) для пара 12
tuyère (f) à vapeur
ugello (m) a vapore
tobera (f) de vapor

---

c Abflußrohr (n)
discharge pipe
сточная труба (жр)
tuyau (m) de sortie 13
tubo (m) di scarico
tubo (m) de descarga / *tub (m) de sortida*

---

d Waschflotteneinfluß (f)
inlet for the washing liquor
впуск (мр) *или* приток (мр) моечной воды
entrée (f) de l'eau de lavage 14
entrata (f) dell'acqua di lavaggio
entrada (f) del agua de lavado / *del aigua de rentat*

---

den Bottich entleeren
to empty the bowl
опорожнить чан
vider le bac
vuotare il bacino
vaciar / *buidar* / la barca 15

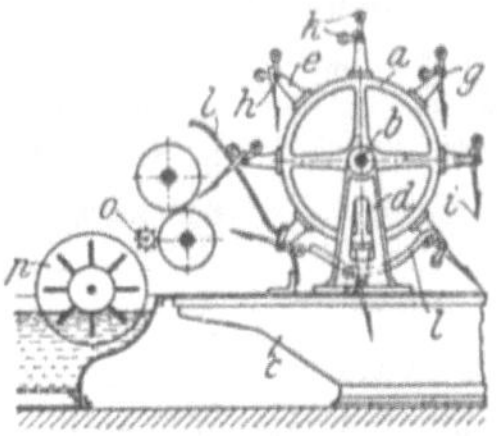

1 Déruscher Ausheber (m) *oder* Zubringer (f) [*oder* Elevator (m)]
Déru's lifter
вычерпыватель (мр) *или* выгружатель (мр) системы Дерю
élévateur (m) de Déru
sollevatore (m) Déru
elevador (m) *o* extractor (m) Déru

2 a Radkranz (m)
wheel rim
обод (мр) колеса
jante (f) de la roue
anello (m) della ruota
llanta (f) *o* corona (f) de la rueda / *de la roda*

3 b Zubringerwelle (f), Ausheberwelle (f), [Elevatorwelle (f)]
lifter shaft
ось (жр) вычерпывателя
arbre (m) de l'élévateur
albero (m) del sollevatore
árbol (m) / *arbre* (*m*) / del extractor

4 c Bottich (m)
bowl, tank
чан (жр)
bac (m)
bacino (m)
barca (m)

5 d Lagerbock (m)
shaft pedestal
стойка (жр) подшипника
chevalet (m) de palier
cavalletto (m)
caballete (m) / *cavallet* (*m*)

6 e Gabelbolzenlager (n)
fork stud bracket
подшипник (мр) для оси *или* цапфы вилы
support (m) de l'arbre de la fourche
sopporto (m) per il perno della forchetta
soporte (m) de los pernos de las horquillas / *suport* (*m*) *dels torrions de les forquilles*

7 g Gabelbolzen (m)
fork stud
ось (жр) вилы
arbre (m) de la fourche
perno (m) della forchetta
perno (m) de la horquilla / *torrió* (*m*) *de la forquilla*

h Abspültasse (f)
rinsing cup
полоскательный *или* споласкивающій ковш (мр) 8
godet (m) de rinçage
tazza (f) di scolo
copa (f) de derrame / *tassa* (*f*) *escorredora*

i frei pendelnde Zinkengabel (f)
swing fork
свободно качающаяся зубчатая вилка (жр) 9
fourche (f) oscillante
rastrello (m) a pendolo sospeso
horquilla (f) oscilante / *forquilla* (*f*) *o rascle* (*m*) *oscillant*

k Ablenkrolle (f)
deflecting roller
отводящій ролик (мр) *или* каток (мр) 10
galet (m) de détournement
rotella (f) di deviazione
rodillo (m) desviador / *corronet* (*m*) *desviador*

l Gleitbahn (f), Leitschiene (f)
guide rail
направляющая шина (жр) 11
glissière (f), guide (m)
guida (f)
guía (f) / *guia* (f)

o hölzerne Schlagwalze (f)
wooden detaching roller
деревянный отбивной валик (мр)
cylindre (m) détacheur en bois 12
cilindro (m) distaccatore di legno
cilindro (m) desprendedor de madera / *corró* (*m*) *desprenedor de fusta*

p Tauchwalze (f)
immersion roller
погрузочный валик (мр)
plongeur (m) 13
cilindro (m) di immersione
cilindro (m) de inmersión / *bombo* (*m*) *d'immersió*

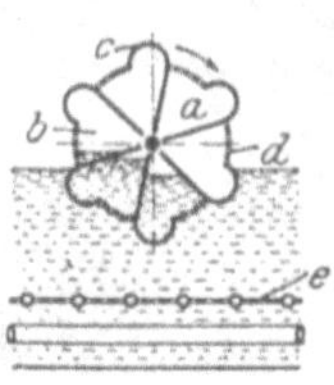

Eintauchtrommel (f), Tauchtrommel (f), Tauchwalze (f)
dipping drum, dipping *or* immersion roller
погрузочный барабан (мр)
plongeur (m), rouleau (m) *ou* cylindre (m) d'immersion 14
cilindro (m) *o* tamburo (m) di immersione
cilindro (m) de inmersión, sumergidor (m) / *bombo* (*m*) *d'immersió, corró* (*m*) *enfonsador*

die Wolle durch einströmende Luft bewegen
to move the wool by a current of air
приводить в движеніе шерсть посредством струи воздуха
transporter la laine par un courant d'air 15
trasportare la lana mediante una corrente d'aria
mover la lana por una corriente de aire / *moure la llana per mitjà d'una corrent d'aire*

1
die Wolle durch einströmendes Wasser bewegen
to move the wool by a stream of water
приводить в движенiе шерсть посредствомъ водяной струи
transporter la laine par un courant d'eau
trasportare la lana mediante una corrente di acqua
mover la lana por una corriente de agua / *moure la llana per mitjà d'una corrent d'aigua o d'una correntia*

---

2 a
Kupferblechtrommel (f)
[sheet] copper roller
барабанъ (мр) изъ листовой мѣди
plongeur (m) en cuivre
tamburo (m) di rame
cilindro (m) de chapa de cobre / *corró (m) de planxa de coure*

---

3 b
Trommelkammer (f)
roller chamber
отдѣленiе (ср) барабана
compartiment (m) du plongeur
compartimento (m) del tamburo
compartimiento (m) del sumergidor / *compartiment (m) del corró enfonsador*

---

4 c
Wulst (m u. f)
rib
валекъ (мр), желвакъ (мр), ребро (ср)
nervure (f)
costola (f)
saliente (m) redondeado / *sortint (m) arrodonit*

---

5 d
gelochter Streifen (m)
perforated strip
продырявленная полоса (жр)
bande (f) perforée
striscia (f) perforata
tira (f) perforada

---

6 e
durchlöcherte Röhre (f)
perforated pipe
продырявленная *или* дырчатая труба (жр)
tuyau (m) perforé
tubo (m) perforato
tubo (m) perforado / *tub (m) perforat*

7
heiße Luft in die Waschflüssigkeit pressen
to force hot air into the washing liquor
нагнетать горячiй воздухъ въ моечную воду
forcer ou presser de l'air chaud dans l'eau de lavage
pressare dell'aria calda nel liquido di lavaggio
inyectar aire caliente en el baño de lavado / *injectar aire calent en el bany de rentat*

8
Einpressen (n) heißer Luft
pressing-in of hot air
нагнетанiе (ср) *или* накачиванiе (ср) горячаго воздуха
injection (f) de l'air chaud
iniezione (f) d'aria calda
inyección (f) de aire caliente / *injecció (f) d' aire calent*

Auftrieb (m) der Wolle
buoyancy of the wool
выплыванiе (ср) шерсти
poussée (f) verticale de la laine
spinta (f) di galleggiamento della lana
empuje (m) ascensional de la lana / *força (f) ascensional de la llana* 9

---

die Wolle schwimmt in der Lauge
the wool floats in the liquor
шерсть (жр) плаваетъ въ щелокѣ
la laine flotte dans la lessive
la lana galleggia nella lisciva 10
la lana flota en el baño / *la llana flota en el bany*

---

getränkte Wolle (f)
soaked wool
пропитанная шерсть (жр)
laine (f) imbibée
lana (f) imbevuta
lana (f) impregnada o empapada / *llana (f) impregnada o xopa* 11

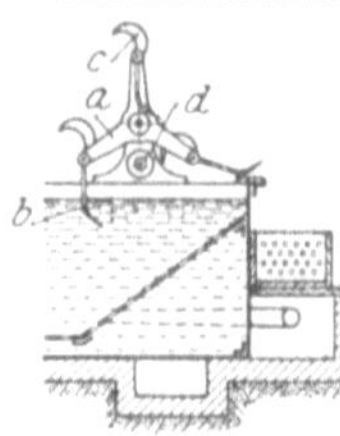

Mélenscher Ausheber (m)
Mélen's lifter
вычерпыватель (мр) системы Мелана
élévateur (m) Mélen 12
sollevatore (m) Mélen
elevador (m) o extractor (m) Mélen / *transportador (m) o extractor (m) Mélen*

---

a
Armkreuz (n)
triangular fork frame
трехплечная крестовина (жр)
croisillon (m) 13
sopporto (m) triangolare
armazón (m) / *bancada (f) / triangular*

---

b
Gabelrechen (m)
fork, rake
вилообразныя грабли (жр)
fourche (f), râteau (m) 14
rastrello (m)
rastrillo (m) / *rascle (m), forquilla (f)*

---

c
Daumen (m)
cam
кулачекъ (мр), палецъ (мр) 15
came (f)
bocciolo (m)
excéntrico (m) / *excèntric (m)*

---

d
Ablenkscheibe (f)
deflecting disc
отводящiй *или* направляющiй роликъ (мр)
disque (m) de détournement 16
disco (m) di deviazione
disco (m) desviador / *disc (m) desviador*

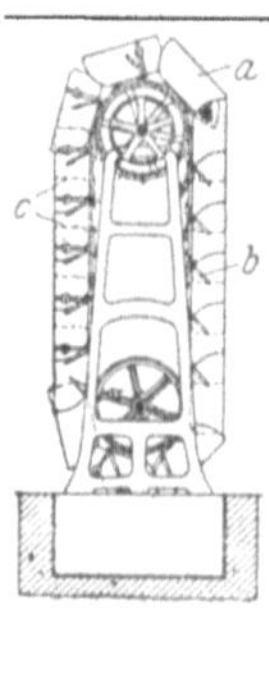

Waschmaschine (f) von Skene und Devallée
Skene and Devallée's scouring machine
моечная машина (жр) системы Скене и Деваллэ
laveuse (f) mécanique de Skene et Devallée 17
lavatrice (f) meccanica Skene e Devallée
máquina (f) de lavar / *màquina (f) de rentar* / de Skene y Devallée

1 a
Kübel (m)
bucket
бадья (жр), чан (мр)
auge (f)
secchia (f)
cangilón (m), cuba (f) / *catúfol (m)*

2 b
Kübeldeckel (m)
bucket lid
крышка (жр) чана
couvercle (m) de l'auge
coperchio (m) della secchia
tapa (f) del cangilón / *coberta (f) del catúfol*

3 c
durchlöcherter Boden (m)
perforated bottom
продырявленное дно (ср)
fond (m) perforé
fondo (m) perforato
fondo (m) perforado / *fons (m) perforat*

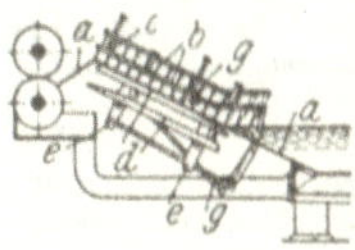

4
McNaughtscher Ausheber (m)
McNaught's lifter
вычерпыватель (мр) системы Мак Наута
élévateur (m) Mc Naught
sollevatore (m) Mc Naught
extractor (m) o elevador (m) Mc Naught / *extractor (m) o transportador (m) Mc Naught*

5 a
polierte Glasplatte (f)
polished glass plate
шлифованная стеклянная плита (жр)
plaque (f) de verre polie
piastra (f) di vetro polita
placa (f) de vidrio pulida / *de vidre polit*

6 b
eggenförmiger Rahmen (m)
harrow
боронообразная рама (жр)
râteau (m)
rastrello (m)
rastrillo (m) / *rastell (m), rascle (m)*

7 c
Metallzinke (f)
metal prong
металлическій зуб (мр)
dent (f) métallique
dente (m) metallico
púa (f) metálica / *dent (f) metàl·lica*

8 d
Schleifstück (n)
slide bar
полоз (мр), ползун (мр)
barre-glissière (f)
scorritoio (m)
barra (f) deslizadora / *barreta (f) culissa*

9 e
Hubscheibe (f), [Exzenter (n)]
eccentric
эксцентрик (мр)
excentrique (m)
eccentrico (m)
excéntrico (m) / *excèntric (m)*

10 g
Lenkstange (f)
connecting rod
соединительная тяга (жр)
tringle (f) de connexion
asta (f) di connessione
biela (f)

die Rechen (mpl) stechen in die Wolle ein
the rakes penetrate the wool
грабли (жр) попеременно проникают в шерсть *или* захватывают шерсть
les râteaux (mpl) piquent la laine
i rastrelli penetrano nella lana 11
los rastrillos empujan la lana / *els rascles arrosseguen la llana*

die Wolle längs der Glasplatte aufwärts fuhren
to guide the wool upwards along the glass plate
передвигать шерсть вверх по стеклянной плитѣ
transporter en haut la laine le long de la plaque de verre
guidare insù la lana lungo la piastra di vetro 12
subir la lana a lo largo de la placa de vidrio / *pujar la llana al llarc de la placa de vidre*

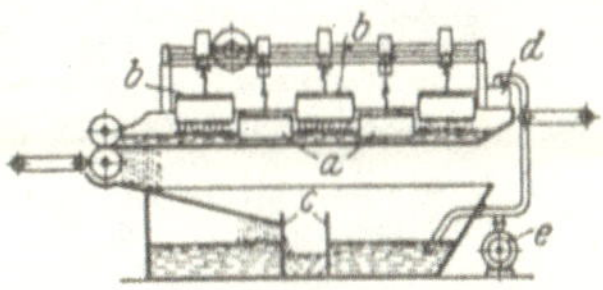

Eastwoodsche Wollwaschmaschine (f)
Eastwood's wool washing machine
шерстомоечная машина (жр) Иствуда
laveuse (f) mécanique à laine, système Eastwood 13
lavatrice (f) meccanica per lana Eastwood
lavadora (f) de lana / *rentadora (f) de llana* / de Eastwood

die Wolle mit gelochten Trögen bearbeiten
to treat the wool by means of perforated troughs
обрабатывать шерсть продырявленными корытами
traiter la laine avec des caisses à trous 14
trattare la lana a mezzo di truoghi perforati
tratar la lana mediante artesas o cubas perforadas / *tractar la llana per tremujes perforades*

a
Preßtrog (m)
press trough
отжимное корыто (ср)
caissette (f) de pression, caisse (f) à trous 15
truogo (m) di pressione
artesa (f) prensadora / *tremuja (f) premsadora*

die Strömung trägt die Wolle durch das Bad
the current carries the wool through the bath
теченіе (ср) увлекает шерсть вдоль ванны
le courant transporte la laine à travers le bain 16
la corrente trascina la lana attraverso il bagno
la corriente conduce la lana a través del baño / *la corrent condueix la llana a través del bany*

1 b
loser Deckel (m)
loose cover
свободная крышка (жр)
couvercle (m) libre
coperchio (m) libero
tapa (f) suelta / *coberta (f) lliure*

2
die Wolle quillt auf
the wool swells
шерсть (жр) разбухает *или* набухает *или* размачивается
la laine foisonne *ou* se gonfle
la lana si gonfia
la lana se hincha / *la llana s'infla*

3
Aufquellen (n) der Wolle
swelling of the wool
разбуханіе (ср) шерсти
foisonnement (m) *ou* gonflement (m) de la laine
gonfiamento (m) della lana
hinchazón (f) de la lana / *inflor (f) de la llana*

---

4 c
Zwischenwand (f)
dividing partition
простѣнок (мр), перегородка (жр)
cloison (f)
parete (f) intermedia
tabique (m) [intermedio] / *embà (m)*

5
Schmutzablagerung (f), Ablagern (n) des Schmutzes
deposition of dirt
отложеніе (ср) грязи
dépôt (m) des impuretés
deposito (m) del sudiciume
acumulación (f) de las impurezas / *solatge (m) de les impureses*

---

6 d
Speisetrog (m)
feeding trough
питательное корыто (ср)
cuve (f) *ou* bac (m) d'alimentation
truogo (m) di alimentazione
artesa (f) o cuba (f) de alimentación / *tremuja (f) d'alimentació*

---

7 e
Pumpe (f)
pump
насос (мр)
pompe (f)
pompa (f)
bomba (f)

8
Übergießen (n) der Wolle mit Waschlauge
pouring washing liquor over the wool
обливаніе (ср) шерсти моечным щелоком
arrosage (m) de la laine avec l'eau de lavage
innaffiamento (m) della lana coll'acqua di lavaggio
rociado (m) de la lana con lejía / *ruixat (m) de la llana amb lleixiu*

---

die Wolle mit Waschlauge übergießen
to pour washing liquor over the wool
обливать шерсть моечным щелоком
verser l'eau de lavage sur la laine
versare l'acqua di lavaggio sopra la lana 9
rociar la lejía de lavar sobre la lana / *ruixar el lleixiu de rentar sobre la llana*

Umlauf (m) der Waschflotte
circulation of the liquor
циркуляція (жр) моечной воды
circulation (f) des eaux de lavage
circolazione (f) *o* passaggio (m) dell'acqua di lavaggio 10
circulación (f) de las aguas de lavado / *circulació (f) de les aigües de rentat*

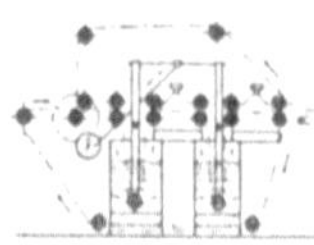

[Woll-]Vlieswaschmaschine (f)
fleece washing machine
машина (жр) для мойки рун
laveuse (f) mécanique pour toison entière 11
macchina (f) per lavare i velli
máquina (f) para lavar vellones / *màquina (f) de rentar vellons*

Wollwäschereiarbeiter (m)
wool scourer
шерстомойщик (мр)
dégraisseur (m) *ou* dessuinteur (m) de laine
sgrassatore (m) della lana 12
desuardador (m) de lana / *rentador (m) de llana*

Waschmaschinenarbeiter (m)
scouring machine feeder hand
рабочій (мр) на мойной машинѣ
laveur (m) à la machine
lavatore (m) a macchina 13
lavador (m) mecánico / *rentador (m) mecànic*

---

5) Spülen (n) *oder* Ausspülen (n) *oder* Abspülen (n) der Wolle
Rinsing the Wool
Полосканіе (ср) *или* прополаскиваніе (ср) шерсти
Rinçage (m) de la laine
Risciacquo (m) *o* risciacquatura (f) della lana 14
Enjuague (m) de la lana / *Esbandit (m) de la llana*

Spülwasser (n)
rinsing water
вода (жр) для полосканія
eau (f) de rinçage
acqua (f) pel risciacquo 15
agua (f) de enjuagar / *aigua (f) d'esbandir*

---

mit kaltem Flußwasser spülen
to rinse with cold river water
полоскать холодной рѣчной водой
rincer avec de l'eau de rivière froide
[ri]sciacquare con acqua di fiume fredda 16
enjuagar con agua de río fría / *esbandir amb aigua de riu freda*

Spülen (n) der Wolle in reinem Wasser
rinsing the wool in clean water
полосканіе (ср) шерсти в чистой водѣ
rinçage (m) de la laine dans l'eau pure
risciacquo (m) della lana nell'acqua pura 17
enjuague (m) de la lana en agua limpia / *esbandit (m) de la llana en aigua neta*

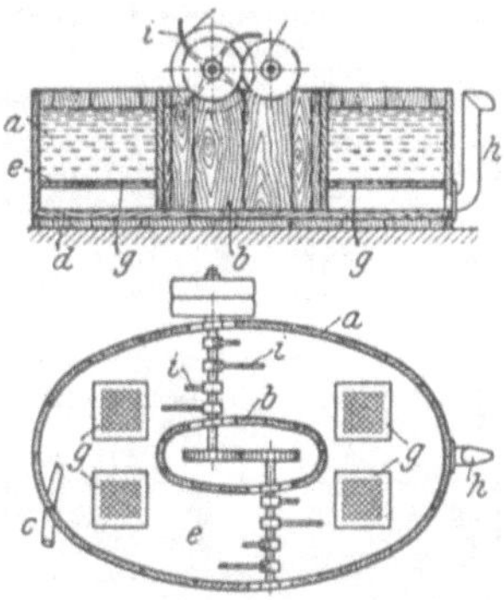

1 eiförmige [*oder* ovale] Wollspülmaschine (f)
egg-shaped *or* oval rinsing machine
овальная шерстополоскательная машина (жр)
rinceuse (f) de forme ovale
macchina (f) risciacquatrice ovale
máquina (f) de enjuagar / *d'esbandir* / de forma ovalada

---

2 a Spülbottich (m)
rinsing bowl
полоскательный чан (мр)
bac (m) de rinçage
tino (m) di risciacquo
barca (f) de enjuagar / *d'esbandir*

---

3 Holzdaubenbottich (m)
bowl made of wood staves
деревянный чан (мр) из клепок
bac (m) en douves de bois
tino (m) a doghe di legno
barca (f) de duelas de madera / *de delgues de fusta*

---

4 b innerer Bottich (m)
inner bowl
внутренний чан (мр)
bac (m) intérieur
tino (m) interiore
artesa (f) interior / *bac (m) interior*

---

5 c Spülwasserzuflußrohr (n)
rinsing water inlet pipe
приток (мр) воды для полоскания
tuyau (m) d'amenée de l'eau de rinçage
tubo (m) d'afflusso dell'acqua pel risciacquo
tubo (m) de entrada del agua de enjuagar / *tub (m) d'entrada del aigua d'esbandir*

---

6 Wasserstrom (m)
water current
струя (жр) воды, водяной поток (мр)
courant (m) d'eau
corrente (f) di acqua
corriente (f) de agua / *corrent (m) d'aigua*

---

d Bottichboden (m)
bottom of bowl
дно (ср) чана
fond (m) du bac 7
fondo (m) del tino
fondo (m) / *fons (m)* / de la barca

---

e oberer *oder* falscher Boden (m)
upper *or* false bottom
верхнее *или* ложное дно (ср)
faux-fond (m), double fond (m) 8
doppio fondo (m)
doble *o* falso fondo (m) / *fals fons (m)*

---

g eingesetzte Siebplatte (f)
inserted sieve plate
вставленная ситчатая плита (жр) 9
crible (m) inséré
staccio (m) inserito
tamiz (m) insertado / *sedàs (m) inserìat*

---

h Steigrohr (n), Überlaufrohr (n)
overflow pipe
переливная труба (жр)
tuyau (m) de trop-plein 10
tubo (m) *o* scarico (m) di troppo pieno
tubo (m) rebosadero *o* de derrame / *tub (m) sobreixidor*

---

i gekrümmter Schlagarm (m)
curved agitating arm
изогнутая погонялка (жр)
bras (m) recourbé d'agitation 11
braccio (m) d'agitazione curvato
brazo (m) agitador curvado / *braç (m) agitador corbat*

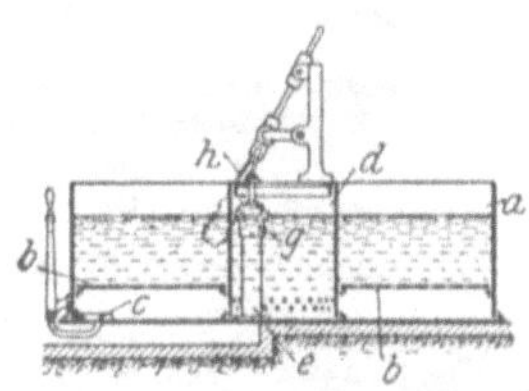

eiförmige [*oder* ovale] Wollspülmaschine (f) mit Treiber
oval wool rinsing machine with propeller
овальная шерстополоскательная машина (жр) с погоняльным приспособлением
rinceuse (f) ovale pour laine avec propulseur 12
macchina (f) sciacquatrice di forma ovale per lana con propulsore
máquina (f) de enjuagar ovalada para lana con removedor / *màquina (f) d'esbandir ovalada per a llana amb conductor*

1 a
schmiedeeiserner Bottich (m)
wrought iron tank
желѣзный чан (мр)
cuve (f) en fer forgé
bacino (m) *o* recipiente (m) di ferro battuto
depósito (m) de hierro forjado / *dipòsit (m) de ferro forjat*

---

2 b
Siebboden (m)
perforated bottom
ситчатое дно (ср)
fond (m) perforé
fondo (m) perforato
fondo (m) perforado / *fons (m) perforat*

---

3 c
Ablaßklappe (f), Bodenklappe (f)
outlet valve
спускной кран (мр)
soupape (f) de décharge
valvola (f) di scarico
válvula (f) de descarga *o* de purga / *vàlvula (f) de descàrrega o de purga*

---

4 d
durchlochter Ständer (m)
chamber with perforated wall
продырявленный цилиндр (мр)
compartiment (m) à paroi perforée
camera (f) a parete perforata
cámara (f) con pared perforada / *compartiment (m) amb paret perforada*

---

5 e
Abflußrohr (n)
outlet pipe
сточная труба (жр)
tuyau (m) d'écoulement
tubo (m) di scarico
tubo (m) de descarga *o* de salida *o* de purga / *tub (m) de sortida o de descàrrega o de purga*

6
Regelung (f) des Wasserstandes
regulation of the water level
регулированіе (ср) уровня воды
réglage (m) du niveau de l'eau
regolazione (f) del livello dell'acqua
reglaje (m) del nivel (m) del agua / *reglatge (m) del nivell de l'aigua*

7
den Wasserstand regeln
to regulate the water level
регулировать уровень воды
régler le niveau de l'eau
regolare il livello dell'acqua
regular el nivel del agúa / *el nivell de l'aigua*

---

8 g
einstellbare Kappe (f)
adjustable cap
установочный колпак (мр)
chapeau (m) réglable
coperchio (m) *o* cappello (m) aggiustabile
tapa (f) / *tap (m)* / ajustable

---

h
Wolltreiber (m), Treiber (m), Petsche (f), Fördergabel (f)
wool propeller
погонялка (жр) шерсти
propulseur (m) de laine, fourche (f) de transport
propulsore (m) per la lana
removedor (m) *o* conductor (m) de la lana / *conductor (m) o agitador (m) de la llana* 9

---

der Treiber erzeugt starke Wasserbewegung
the propeller produces a strong agitation of the water
погонялка (жр) шерсти производит сильное движеніе воды
le propulseur produit une vive agitation de l'eau
il propulsore produce una forte agitazione dell'acqua
el conductor produce una gran agitación en el agua / *el conductor produeix una gran agitació en l'aigua* 10

Wollspülmaschine (f) mit Leviathanrechen
wool rinsing machine with leviathan rakes
шерстополоскательная машина (жр) с вилами левіафана
rinceuse (f) mécanique pour laine avec râteaux de léviathan
macchina (f) risciacquatrice per lana con rastrelli leviathan
máquina (f) de enjuagar la lana con rastrillos de leviatán / *màquina (f) d'esbandir la llana amb rascles de leviatan* 11

Leviathan-Wollspülmaschine (f)
leviathan rinsing machine
шерстополоскательная машина (жр) „Левіафан"
rinceuse (f) léviathan
risciacquatrice (f) leviathan
máquina (f) de enjuagar leviatán / *màquina (f) d'esbandir leviatan* 12

Wollkorb (m)
wool basket
корзина (жр) для шерсти
panier (m) à laine
cesta (f) a lana
cesto (m) para lana / *panera (f) o cistell (m) per a llana* 13

Weidenkorb (m)
wicker basket
ивовая корзина (жр)
panier (m) d'osier
cesta (f) di vinchi *o* di vimini
cesta (f) de mimbres / *cistell (m) de vimets* 14

Bleichen (n) während der Wäsche
bleaching during washing
отбѣливаніе (ср) во время мытья
blanchiment (m) pendant le lavage
sbianca (f) durante il lavaggio
blanqueo (m) durante el lavado / *blanqueig (m) durant el rentat* 15

---

im Spülwasser bleichen
to bleach in the rinsing water
бѣлить при полосканіи
blanchir dans l'eau de rinçage
sbiancare nell'acqua di risciacquo
blanquear en el agua de enjuagar / *blanquejar en l'aigua d'esbandir* 16

1 Bleichgefäß (n)
bleaching vessel
бѣлильный чан (мр)
cuve (f) de blanchiment
tino (m) di sbianca
cuba (f) de blanqueo / *de blanqueig*

2 Bleichflotte (f)
bleaching liquor
бѣлильная жидкость (жр)
liqueur (m) de blanchiment
liquido (m) di sbianca
liquido (m) de blanqueo / *liquid (m) de blanqueig*

3 Bleichwirkung (f)
bleaching effect
дѣйствіе (ср) отбѣлки
effet (m) du blanchiment
effetto (m) della sbianca
efecto (m) del blanqueo / *efecte (m) del blanqueig*

4 d) Trocknen (n) der Wolle
Wool Drying
Сушка (жр) шерсти
Séchage (m) de la laine
Essiccazione (f) della lana
Secado (m) de la lana / *Assecat (m) de la llana*

5 α) Vortrocknen (n) oder Entnässen (n) der Wolle
Removal of Water from the Wool
Подготовительная сушка (жр) или предварительная просушка (жр) или обезвлаживаніе (ср) шерсти
Essorage (m) de la laine
Eliminazione (f) dell'acqua della lana
Oreado (m) de la lana / *Airejat (m) de la llana*

6 nasse Wolle (f)
wet wool
мокрая шерсть (жр)
laine (f) mouillée
lana (f) umida
lana (f) mojada o empapada / *llana (f) mullada o xopa*

7 durchschnittlicher Wassergehalt (m) der Wolle
average amount of moisture in the wool
средняя влажность (жр) шерсти
teneur (f) moyenne d'eau de la laine
tenore (m) medio di acqua nella lana
contenido (m) medio de agua de la lana / *terme (m) mig d'aigua de la llana*

8 Entfernen (n) des Wassers aus der Wolle
removing the water from the wool
удаленіе (ср) воды из шерсти
extraction (f) de l'eau de la laine, essorage (m) de la laine
estrazione (f) dell'acqua dalla lana
extracción (f) del agua de la lana / *extracció (f) del aigua de la llana*

9 teilweises Entfernen (n) des Spülwassers mit Maschinen *oder* auf mechanischem Wege
partial removal of the rinsing water by machines *or* by mechanical means
частичное удаленіе (ср) промывной воды посредством машин *или* механическим путем
extraction (f) partielle de l'eau de rinçage à la machine
eliminazione (f) parziale a macchina dell'acqua di risciacquo
extracción (f) mecánica parcial del agua de enjuagar / *extracció (f) mecànica parcial del aigua d'esbandir*

Öffnen (n) der feuchten Wollklumpen
opening out the damp lumps of wool
разбиваніе (ср) влажных комьев шерсти
ouvraison (f) des mottes de laine humides
apritura (f) dei fiocchi bagnati di lana
abrimiento (m) de los mechones de lana mojados / *obriment (m) dels flocs de llana mullats* 10

die feuchte Wolle öffnen
to open out the damp wool
разбивать *или* разрыхлять влажную шерсть
ouvrir la laine humide
aprire la lana umida
abrir la lana húmeda / *obrir la llana húmida* 11

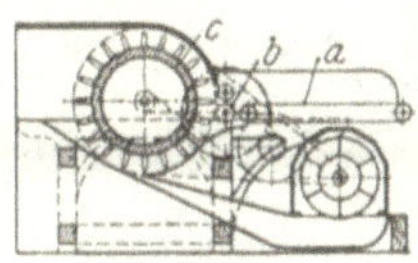

Öffner (m) für feuchte Wolle
opener for damp wool
разрыхлитель (мр) для влажной шерсти
ouvreuse (f) *ou* loup (m) pour laine humide
apritoio (m) per lana umida
batuar (m) para lana húmeda / *per a llana humida* 12

a
Zuführtisch (m)
feed table
питательный стол (мр)
tablier (m) d'alimentation
tavola (f) di alimentazione
tablero (m) de alimentación / *telera (f) alimentaria* 13

b
Speisewalze (f)
feed roller
питательный валик (мр)
cylindre (m) alimentaire
rullo (m) alimentatore
cilindro (m) alimentador / *corró (m) alimentari* 14

c
mit stumpfen Stiften besetzte Trommel (f)
cylinder covered with dull pointed spikes
усаженный тупыми шипами барабан (мр)
tambour (m) à pointes émoussées
tamburo (m) a punte smusse
tambor (m) guarnecido de púas romas / *bota (f) guarnida amb pues xates o de puntes esmussades* 15

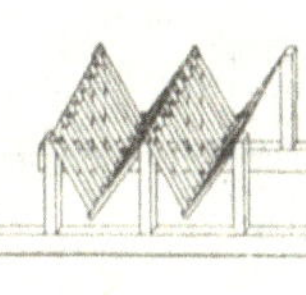

Hürde (f) zum Abtropfenlassen nasser Wolle
hurdle *or* rack for draining wet wool
рѣшетчатое вѣшало (ср) для стеканія воды из мокрой шерсти
râtelier (m) pour l'égouttage de la laine mouillée
rastrelliera (f) di sgocciolamento della lana umida
bastidor (m) *o* cañizo (m) *o* caballete (m) para escurrir la lana / *prestatgeria (f) o estanteria (f) per a escorrer la llana* 16

1 Auspressen (n) *oder* Ausquetschen (n) *oder* Abquetschen (n) der Wolle
squeezing out the wool
отжиманіе (ср) шерсти
expression (f) de la laine
spremitura (f) della lana
exprimido (m) de la lana / *espremut (m) o escorregut (m) de la llana*

---

2 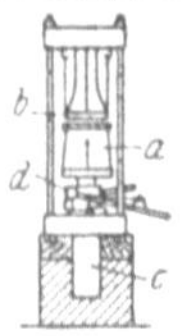

Druckwasserpresse (f), [hydraulische Presse (f)]
hydraulic press
гидравлическій пресс (мр)
presse (f) hydraulique
pressa (f) idraulica
prensa (f) / *premsa (f)* / hidráulica

---

3 a
Preßkasten (m), Preßraum (m)
press box
ящик (мр) пресса
boîte (f) de presse
cassone (m) di pressa
caja (f) de prensar / *caixa (f) de la premsa*

---

4 b
Stempel (m), Preßkopf (m)
press head
колодка (жр), пест (мр)
tête (f) de la presse
testa (f) della pressa
testa (f) de la prensa / *de la premsa*

---

5 c
Preßkolben (m)
[press] ram, press piston
поршень (мр) пресса
piston (m) de la presse
stantuffo (m) premente
émbolo (m) de presión / *pistó (m) o èmbol (m) de la premsa*

---

6 d
Pumpenhebel (m)
pump lever
рычаг (мр) нагнетательнаго насоса
levier (m) de la pompe
leva (f) della pompa
palanca (f) de la bomba

---

7 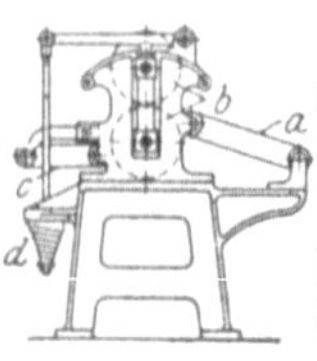

Walzenquetschwerk (n), Quetschpresse (f), Rollpresse (f)
roller squeezing apparatus, roller press
отжимная валичная машина (жр), валичный пресс (мр)
laminoir (m)
laminatoio (m)
prensa (f) de cilindros, escurridor (m) / *premsa (f) de corrons, escurredor (m)*

---

8 a
Zuführtisch (m)
feed table
питательный стол (мр)
tablier (m) d'alimentation
tavola (f) di alimentazione
tablero (m) de alimentación / *telera (f) alimentaria*

---

9 b
Quetschwalze (f)
squeezing roller
отжимной валик (мр)
rouleau (m) presseur
cilindro (m) spremitore
cilindro (m) prensador / *corró (m) premsador*

---

c
Abführtisch (m)
delivery table
отводящій *или* пріемный стол (мр)
tablier (m) de sortie 10
tavola (f) di scarico
mesa (f) de salida / *taula (f) de sortida*

---

d
Pufferfeder (f)
buffer spring
буферная пружина (жр)
ressort (m) à volute 11
molla (f) a spirale conica
resorte (m) espiral cónico / *molla (f) espiral cónica*

Entnässen (n) der Wolle durch Schleuder, Ausschleudern (n) der Wolle
hydro-extracting of the wool
удаленіе (ср) воды посредством центробѣжной силы, центрофуженіе (ср) шерсти, отжиманіе (ср) шерсти на центрофугѣ
essorage (m) de la laine par hydro-extracteur
eliminazione (f) dell'acqua dalla lana mediante idroestrattore, centrifugazione (f) della lana 12
escurrido (m) de la lana por hidro-extractor, centrifugado (m) de la lana / *escorregut (m) de la llana per hidro-extractor o per centrífuga*

Fliehkraft (f)
centrifugal force
центробѣжная сила (жр)
force (f) centrifuge
forza (f) centrifuga
fuerza (f) / *força (f)* / centrífuga 13

---

die Wasserteilchen (npl) aus der Wolle hinausschleudern
to throw out the water particles from the wool
удалять частицы воды центрофуженіем
projeter les particules (fpl) d'eau de la laine
lanciar fuori della lana le particelle d'acqua 14
proyectar las partículas de agua fuera de la lana / *projectar les particules d'aigua fora de la llana*

---

die ausgeschleuderte Flüssigkeit sammeln
to collect the thrown out liquid
собирать отжатую центрофуженіем воду
recueillir le liquide projeté
raccogliere l'acqua spremuta 15
recoger el líquido extraído / *recollir el líquid extret*

Schleuder (f), Schwenkmaschine (f), Schleudermaschine (f), Trockenschleuder (f), [Zentrifuge (f), Zentrifugal[trocken]maschine (f)]
hydro-extractor, centrifugal drying-machine
центрофуга (жр)
hydro-extracteur (m), essoreuse (f) centrifuge 16
idroestrattore (m)
hidro-extractor (m)

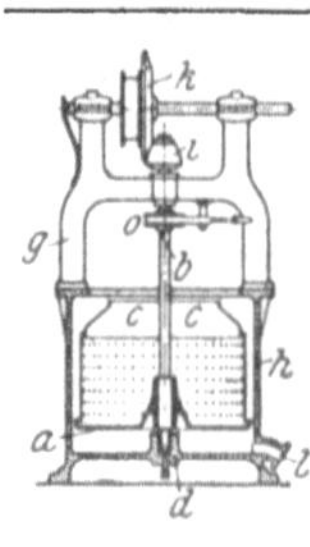

Schleuder (f) mit Reibungsoberantrieb
hydro-extractor with overhead friction drive
центрофуга (жр) с верхним фрикціонным приводом
essoreuse (f) centrifuge à disques de friction supérieurs 17
idroestrattore (m) con comando a frizione superiore
hidro-extractor (m) con mando por fricción en la parte superior / *hidro-extractor (m) amb accionament per fricció en la part superior*

1 a
Korbboden (m), Kesselboden (m)
bottom of cage
дно (ср) корзины
fond (m) du récipient
fondo (m) del recipiente
fondo (m) del cesto / *fons (m) del cistell*

2 b
Korbwelle (f), Kesselwelle (f)
cage shaft
ось (жр) корзины
arbre (m) du récipient
albero (m) del recipiente
árbol (m) del cesto / *arbre (m) del cistell*

3 c
Schleuderkessel (m), Schleuderkorb (m)
cage
котел (мр) *или* корзина (жр) центрофуги
récipient (m), caisse (f)
recipiente (m) forato, cesto (m)
cesto (m), recipiente (m) / *cistell (m), recipient (m), panera (f)*

4 d
Zapfenlager (n), Spurlager (n), Fußlager (n)
footstep [bearing]
подпятник (мр)
crapaudine (f)
sopporto (m) di base, ralla (f)
tejuelo (m), rangua (f) / *grapaldina (f)*

5
Stahllinse (f)
steel lens
стальная чечевица (жр)
lentille (f) en acier
lente (f) d'acciaio
lente (f) de acero / *d'acer*

6 g
Lagerständer (m)
pedestal framing
стойка (жр) для подшипника
montant (m)
cavalletto (m)
puente (m), caballete (m), bancada (f) superior / *pont (m), bancada (f) superior*

7 h
Gußmantel (m)
cast iron mantle
чугунный кожух (мр)
récipient (m) fixe en fonte
inviluppo (m) di ghisa
caja (f) externa de fundición / *caixa (f) externa de fundició*

8 i
Papierkegel (m)
compressed paper bevel
бумажный конус (мр), конус (мр) из прессованной бумаги
cône (m) en papier mâché
cono (m) di carta compressa
cono (m) de papel comprimido / *con (m) de paper comprimit*

k 9
Gußkegel (m)
cast iron bevel
чугунный фрикціонный конус (мр)
cône (m) en fonte
cono (m) di ghisa
cono (m) de fundición / *con (m) de fundició*

l 10
Rohrstutzen (m)
pipe socket
патрубок (мр)
tubulure (f)
bocchettone (m), tubo (m) di scarico
tubo (m) de salida / *broc (m) de sortida*

o 11
Bremse (f)
brake
тормаз (мр)
frein (m)
freno (m)
freno (m) / *fre (m)*

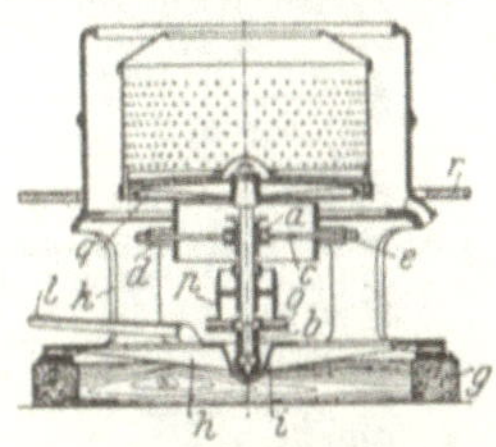

12
Schleuder (f) mit Unterantrieb
hydro-extractor with underneath driving
центрофуга (жр) с нижним приводом
essoreuse (f) centrifuge à commande inférieure
idroestrattore (m) con comando inferiore
hidro-extractor (m) con mando por la parte inferior / *hidro-extractor (m) amb accionament per la part inferior*

a 13
federndes [*oder* elastisches] Halslager (n)
flexible collar bearing
эластичный подшипник (мр) шейки
collet (m) élastique
cuscinetto (m) a collo flessibile
soporte-collarín (m) flexible / *suport-collarí (m) flexible*

b 14
birnenförmiges Spurlager (n)
pear-shaped footstep bearing
грушевидный опорный подпятник (мр)
crapaudine (f) en forme de poire
sopporto (m) di base in forma di pera
tejuelo (m) en forma de pera / *grapaldina (f) de forma pera*

15
bewegliches Spurlager (n)
movable bearing
подвижный подпятник (мр)
crapaudine (f) mobile
ralla (f) mobile
cojinete (m) / *dau (m) / movible*

pendelnde Schwingung (f) der Korbwelle
pendulum-like movement of the cage
качательное вращенie (ср) оси корзины
1 oscillation (f) pendulaire de l'arbre du récipient
oscillazione (f) pendolare dell'albero del recipiente
oscilación (f) pendular del árbold el cesto / *oscil·lació (f) pendular del arbre del cistell*

Zugstange (f)
draw rod
2 c тяга (жр)
tige (f)
tirante (m)
tirante (m) / *tirant (m)*

Gummipuffer (m)
rubber buffer
резиновый буфер (мр)
3 d tampon (m) en caoutchouc
rosetta (f) in gomma
tope (m) / *topu (m) o topador (m)* / de goma

Pufferfeder (f)
buffer spring
буферная пружина (жр)
4 ressort (m) à volute
molla (f) di repulsione
resorte (m) espiral cónico / *molla (f) espiral cònica*

Doppelmutter (f)
double nut
двойная *или* закрѣпительная гайка (жр)
5 e écrou (m) double
dado (m) doppio
tuerca (f) doble / *femella (f) doble*

Balkenrost (m)
timber foundation
брусчатая основная рама (жр)
6 g grillage (m) en charpente *ou* en poutres
fondamento (m) in legno
fundación (f) de vigas de madera / *fundació (f) de vigues o travesses de fusta*

Brücke (f), Querriegel (m), Querträger (m), [Traverse (f)]
base plate of framing
7 h поперечная траверза (жр) *или* балка (жр)
traverse (f)
traversa (f)
placa (f) solera o de fondo / *placa (f) solera*

---

mit Weißmetall ausgegossene Brückenhöhlung (f)
space under the base plate filled up with white metal
чашка (жр) *или* впадина (жр) в поперечной балкѣ, залитая бѣлым металлом
8 i espace (m) sous la traverse rempli avec du métal blanc
spazio (m) sotto la traversa riempito di metallo bianco
cavidad (f) debajo de la placa solera rellenada con metal antifricción / *clot (m) dessota la placa solera replè amb metall blanc*

---

walzenförmiger oder zylindrischer Untersatz (m)
cylindrical framing support
валикообразная *или* цилиндрическая подставка (жр)
k support (m) cylindrique 9
sopporto (m) cilindrico
soporte (m) cilíndrico / *suport (m) cilíndric*

---

in Öl laufender Wellenzapfen (m)
shaft end running in oil
пята (жр) вала, вращающаяся в маслѣ
pivot (m) de l'arbre baignant dans l'huile 10
perno (m) [d'appoggio] dell'albero [verticale] bagnante in olio
pie (m) del árbol funcionando en baño de aceite / *peu (m) del arbre funcionant en bany d'oli*

---

der Wellenzapfen läuft in Öl
the shaft end runs in oil
пята (жр) оси *или* вала вращается в маслѣ
le pivot de l'arbre tourne dans l'huile
il perno dell'albero muove in olio 11
el pie del árbol funciona en baño de aceite / *el peu del arbre funciona en bany d'oli*

Tritthebel (m) der Bremsvorrichtung
foot lever for brake
l педальный рычаг (мр) тормаза 12
levier (m) à pédale du frein
leva (f) a pedale del freno
pedal (m) del freno / *del fre*

---

belederte Bremsscheibe (f)
leather covered brake plate
обитый кожею тормазной шкив (мр)
o poulie (f) de frein garnie de cuir 13
puleggia (f) del freno guarnita di cuoio
polea (f) del freno guarnecida de cuero / *politja (f) del fre recoberta de cuiro*

Schleuderantriebscheibe (f)
driving pulley of hydro-extractor
приводный шкив (мр) центрофуги
p poulie (f) de commande de l'hydro-extracteur 14
puleggia (f) di comando dell'idroestrattore
polea (f) / *politja (f)* / del hidro-extractor

Ausgleich (m) *oder* Auswuchten (n) [*oder* Balanzieren (n)] der Massengewichte
balance of the weights of moving masses
равновѣсie (ср) *или* баланс (мр) масс 15
équilibre (m) des masses
equilibrio (m) delle masse
equilibrio (m) de las masas / *equilibri (m) de les masses*

die Massengewichte (npl) ausgleichen *oder* auswuchten [*oder* ausbalanzieren]
to balance the weights of moving masses
1 уравновѣшивать *или* балансировать массы
équilibrer les masses (fpl)
equilibrare le masse
equilibrar las masas / *les masses*

den Schwerpunkt tieflegen
to place the centre of gravity low
расположить центр тяжести низко
2 abaisser le centre de gravité
mettere in giù il centro di gravità
colocar el centro de gravedad bajo / *collocar baix el centre de gravetat*

Gleichgewichtsregler (m)
balance regulator
регулятор (мр) равновѣсія
3 q régulateur (m) d'équilibre
regolatore (m) d'equilibrio
regulador (m) del equilibrio / *de l'equilibri*

Fußboden (m)
floor
пол (мр)
4 r plancher (m)
pavimento (m)
suelo (m) / *sol (m), terra (f)*

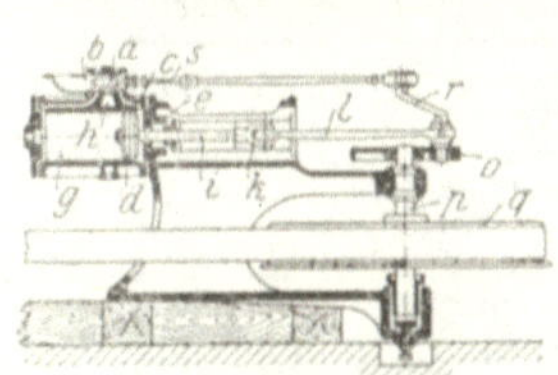

Dampfmaschine (f) für Schleuder mit Unterantrieb
steam engine for hydro-extractor with underneath drive
паровая машина (жр) для центрофуги с нижним приводом
5 machine (f) à vapeur pour essoreuse avec commande par en-dessous
macchina (f) a vapore per idroestrattore con comando inferiore
máquina (f) de vapor para hidro-extractor con accionamiento inferior / *màquina (f) de vapor per a hidro-extractor amb accionament inferior*

Muschelschiebersteuerung (f)
slide valve gear
золотниковое парораспредѣленіе (ср)
6 distribution (f) par tiroir à coquille
distribuzione (f) a cassetto a chiocciola
distribución (f) de caja *o* por corredera / *distribució (f) de caixa o per tiruar*

Muschelschieber (m)
slide valve
коробчатый *или* плоскій золотник (мр)
a tiroir (m) à coquille 7
cassetto (m) a chiocciola
distribuidor (m) de caja / *valvula (f) culissa, tiruar (m)*

Schieberkasten (m)
valve casing
золотниковая коробка (жр)
b boîte (f) à tiroir 8
camera (f) della valvola a cassetto
caja (f) de distribución / *caixa (f) de distribució*

Dampfeinströmungskanal (m)
steam supply way
паровпускной канал (мр)
canal (m) d'admission de la vapeur
c canale (m) d'ammissione del vapore 9
conducto (m) de admisión / *conducte (m) d'admissió* / de vapor

Kolben (m)
piston
поршень (мр)
d piston (m) 10
stantuffo (m)
émbolo (m), pistón (m) / *pistó (m), èmbol (m)*

Zylinderstirnwand (f), Zylinderdeckel (m)
front cylinder cover
лобовая стѣнка (жр) цилиндра
e couvercle (m) frontal du cylindre 11
coperchio (m) [anteriore] del cilindro
tapa (f) [delantera] del cilindro / *tap (m) de devant del cilindre*

Dampfzylinder (m)
steam cylinder
паровой цилиндр (мр)
g cylindre (m) à vapeur 12
cilindro (m) a vapore
cilindro (m) / *cilindre (m)* / de vapor

Dampfaustrittkanal (m), Dampfauslaß (m)
steam exhaust port
канал (мр) для выхода пара
h lumière (f) d'échappement de la vapeur 13
luce (m) di scarico del vapore
lumbrera (f) de escape del vapor / *conducte (m) de sortida de vapor*

Kolbenstange (f)
piston rod
поршневой шток (мр)
i tige (f) de piston 14
stelo (m) dello stantuffo
vástago (m) del émbolo / *tija (f) del pistó*

1 k
Kreuzkopf (m)
crosshead
крейцкопф (мр)
crosse (f)
testa (f) a croce
taco (m), cabeza (f) de biela, cruceta (f) / *cap (m) de biela, creueta (f)*

2 l
Kurbelstange (f), Pleuelstange (f)
connecting rod
шатун (мр)
bielle (f)
biella (f)
biela (f)

3 o
Kurbelscheibe (f)
crank disc
кривошипная шайба (жр), дисковый кривошип (мр)
plateau-manivelle (m)
disco (m) a manovella
disco-manivela (m) / *disc-manivela (m)*

4 p
Schwungradwelle (f)
flywheel shaft
вал (мр) маховика
arbre (m) du volant
albero (m) del volano
árbol (m) del volante / *arbre (m) del volant*

5 q
Schwungrad (n)
flywheel
маховик (мр)
volant (m)
volano (m), volante (m)
volante (m) / *volant (m)*

6 r
Gegenkurbel (f)
counter-crank
контр-кривошип (мр)
contre-manivelle (f)
contramanovella (f)
contra-manivela (f)

7 s
Schieberstange (f)
valve rod
золотниковая скалка (жр), золотниковый шток (мр)
tige (f) de tiroir
asta (f) del cassetto
varilla (f) de la válvula de distribución / *tija (f) de la vàlvula d'admissió*

8
β) Nachtrocknen (n) *oder* Fertigtrocknen (n) *oder* Austrocknen (n) der Wolle
Finishing Drying of the Wool
Высушка (жр) или дополнительная или отдѣлочная сушка (жр) шерсти
Séchage (m) définitif de la laine
Essiccazione (f) completa o finale della lana
Secado (m) definitivo de la lana / *Assecat (m) definitiu de la llana*

9
Trockenstoff (m), zu trocknender Stoff (m)
material to be dried
вещество (ср) *или* матеріал (мр), подвергающійся сушкѣ
matière (f) à sécher
materia (f) o materiale (m) da seccare
material (m) que debe secarse / *que deu assecarse*

natürliches Trocknen (n) im Freien
natural drying in the open air
естественная сушка (жр) на воздухѣ, воздушная сушка (жр)
séchage (m) naturel à l'air libre
essiccazione (f) naturale all'aria aperta 10
secado (m) natural en el aire libre / *assecat (m) natural al aire lliure*

durch Luft und Sonnenwärme trocknen
to dry by air and sun
сушить посредством воздуха и солнечной теплоты
sécher à l'air et au soleil
essiccare all'aria ed al sole 11
secar con / *assecar amb* / aire y sol

Wechselwirkung (f) zwischen Luft und Wärme
reciprocal action between air and heat
взаимодѣйствіе (ср) воздуха и тепла
action (f) réciproque de l'air et de la chaleur
azione (f) reciproca fra aria e calore 12
acción (f) recíproca entre el aire y el calor / *acció (f) recíproca entre l'aire i el calor*

auf Hurden trocknen
to dry on hurdles
сушить на рѣшетчатых вѣшалах *или* на воздушной сушилкѣ
sécher sur des claies
seccare sui graticci
secar sobre bastidores / *assecar sobre prestatges* 13

kunstliches Trocknen (n)
artificial drying
искусственная сушка (жр)
séchage (m) artificiel
essiccazione (f) artificiale 14
secado (m) / *assecat (m)* / artifical

künstlich erzeugte Wärme (f)
artificial heat
искусственное тепло (ср)
chaleur (f) artificielle
calore (m) artificiale 15
calor (m) artificial

die Wolle trockener warmer Luft aussetzen
to expose the wool to dry hot air
подвергнуть шерсть воздѣйствію сухого теплаго воздуха
exposer la laine à l'air sec et chaud
esporre la lana all'aria secca e calda
exponer la lana al aire seco y caliente / *exposar la llana a l'aire sec i calent* 16

Einwirkung (f) der Wärme auf das Wollhaar
action of the heat on the wool fibre
дѣйствіе (ср) тепла на волос шерсти
influence (f) de la chaleur sur les filaments de laine
azione (f) del calore sulla fibra di lana 17
influencia (f) del calor sobre la fibra de lana / *de llana*

scharfes *oder* schnelles Trocknen (n)
quick drying
быстрая *или* скорая сушка (жр)
séchage (m) rapide
essiccazione (f) rapida 18
secado (m) rápido / *assecat (m) ràpid*

scharf *oder* schnell trocknen
to dry quickly
быстро *или* скоро сушить
sécher rapidement
essiccare rapidamente 19
secar rápidamente / *assecar ràpidament*

mild *oder* langsam trocknen
to dry slowly
медленно *или* тихо сушить
sécher lentement
essiccare lentamente 20
secar lentamente / *assecar lentament*

1 erforderliche Wärmemenge (f)
necessary amount of heat
потребное количество (ср) тепла
quantité (f) de chaleur nécessaire
quantità (f) necessaria di calore
cantidad (f) necesaria / *quantitat (f) necessària* / de calor

---

2 Trocknen (n) bei *x* Grad Wärme
drying at a temperature of *x* degrees
просушиванiе (ср) при температурѣ воздуха в *x* градусов
séchage (m) à la température de *x* degrés
essiccazione (f) alla temperatura di *x* gradi
secado (m) a una temperatura de *x* grados / *assecat (m) a una temperatura de x graus*

---

3 Wärmequelle (f)
source of heat
источник (мр) тепла
source (f) de chaleur
sorgente (f) del calore
fuente (f) / *font (f)* / de calor

---

4 die Wärmemenge liefern
to deliver the quantity of heat
развить количество тепла *или* теплоты
fournir la quantité de chaleur
fornire la quantità di calore
producir la cantidad de calor / *produir la quantitat de calor*

---

5 Trockenwärmegrad (m), Trockentemperatur (f)
drying temperature
температура (жр) сушки
température (f) de séchage
temperatura (f) di essiccazione
temperatura (f) de secado / *d'assecat*

---

6 Wärmeunterschied (m)
difference in temperature
разница (жр) температур
différence (f) de température
differenza (f) di temperatura
diferencia (f) de temperatura

---

7 WE, Kal., Cal.
Wärmeeinheit (f), Kalorie (f)
unit of heat, thermal unit, calorie
единица (жр) теплоты, калорія (жр)
unité (f) de chaleur *ou* thermique, calorie (f)
unità (f) di calore, caloria (f)
unidad (f) / *unitat (f)* / térmica *o* de calor, caloría (f)

---

8 Wärmegrad (m) [*oder* Temperatur (f)] der Luft
temperature of the air
степень (жр) теплоты *или* температура (жр) воздуха
température (f) de l'air
temperatura (f) dell'aria
temperatura (f) del aire

---

9 mittlerer Wärmegrad (m), [mittlere Temperatur (f)], Durchschnittswärmegrad (m), [Durchschnittstemperatur (f)]
average *or* mean temperature
средняя температура (жр)
température (f) moyenne
temperatura (f) media
temperatura (f) media / *mitja*

---

10 Verdunsten (n)
[natural] evaporation
испаренiе (ср)
évaporation (f)
evaporazione (f)
evaporación (f) / *evaporació (f)*

Wasserdunst (m)
water vapour
испарина (жр), туман (мр)
vapeur (f) d'eau
vapore (m) acqueo 11
vapor (m) acuoso / *aquós*

---

verdunstete Wassermenge (f)
evaporated quantity of water
испарившееся количество (ср) воды
quantité (f) d'eau évaporée
quantità (f) d'acqua evaporata 12
cantidad (f) de agua / *quantitat (f) d'aigua* / evaporada

Feuchtigkeitsgehalt (m) *oder* absolute Feuchtigkeit (f) der Luft
absolute humidity *or* amount of moisture of the air
количество (ср) влаги в воздухѣ, абсолютная влажность (жр) воздуха
teneur (f) en humidité *ou* humidité (f) absolue de l'air
contenuto (m) in umidità *o* umidità (f) assoluta dell'aria 13
cantitad (f) absoluta de humedad del aire / *quantitat (f) absoluta d'humitat del aire*

---

mit Wasserdampf gesättigte Luft (f)
air saturated with moisture
насыщенный водяными парами воздух (мр)
air (m) saturé de vapeur d'eau
aria (f) saturata [di vapore] d'acqua 14
aire (m) saturado de vapor de agua / *aire (m) saturat de vapor d'aigua*

---

die mit Feuchtigkeit gesättigte Luft abführen
to remove the air saturated with moisture
отводить насыщенный влагою воздух
entraîner l'air saturé d'humidité
eliminare l'aria saturata d'umidità 15
hacer salir el aire saturado de humedad / *treure o remoure l'aire saturat d'humitat*

Lufterneuerung (f), Luftwechsel (m), Lüftung (f), [Ventilation (f)]
change *or* renewal of air, ventilation
обновленiе (ср) *или* обмѣн (мр) воздуха, провѣтриванiе (ср), вентиляція (жр)
changement (m) *ou* renouvellement (m) d'air, ventilation (f)
cambiamento (m) *o* rinnovazione (f) dell'aria, ventilazione (f) 16
cambio (m) *o* renovación (f) del aire, ventilación (f) / *canvi (m) o renovació del aire, ventilació (f)*

Lufterneuerung (f) durch Wärmeunterschiede
renewal of air through temperature differences
обновленiе (ср) *или* освѣженiе (ср) воздуха помощью разницы температур
renouvellement (m) d'air par différences de température
rinnovazione (f) dell'aria per differenze di temperatura 17
renovación (f) del aire por diferencias de temperatura / *renovació (f) del aire per mitjà de diferències de temperatura*

Trockenboden (m)
drying room
сушильня (жр), сушильная камера (жр)
séchoir (m)
seccatoio (m)
secadero (m), tendedero (m) / *assecador (m), estenedor (m)* 18

Umlauftrocknung (f), [Zirkulationstrocknung (f)]
drying by circulating air
сушка (жр) путем циркуляціи воздуха
séchage (m) à circulation d'air
essiccazione (f) a circolazione d'aria
secado (m) por circulación de aire / *assecat (m) per circulació d'aire* 19

1 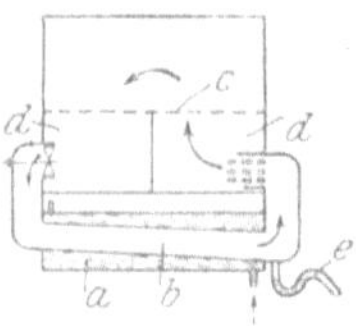

[Woll-]Trockenraum (m) mit Dampfniederschlagvorrichtung
drying chamber with steam condensing apparatus
сушильная камера (жр) с приспособленіем для конденсаціи пара
chambre (f) de séchage avec condenseur de vapeur
camera (f) d'essiccazione con condensatore a vapore
secadero (m) con / *assecador (m) amb* / condensador de vapor

---

2 a
Wasserbehälter (m)
water tank
резервуар (мр) для воды
réservoir (m) d'eau
serbatoio (m) d'acqua
depósito (m) de agua / *dipòsit (m) d'aigua*

---

3 b
Dampfniederschlagrohr (n)
steam condenser pipe
труба (жр) для конденсаціи пара
tuyau (m) de condensation de vapeur
tubo (m) di condensazione di vapore
tubo (m) / *tub (m)* / condensador de vapor

---

4 c
Drahthorde (f)
wire hurdle
проволочная рѣшетка (жр)
claie (f) en fil métallique
graticcio (m) di filo metallico
bastidor (m) de tejido metálico / *prestatge (m) de tela metàl·lica*

---

5 d
Trockenkammer (f)
drying chamber
сушильная камера (жр)
chambre (f) de séchage
camera (f) d'essiccazione
cámara (f) de desecación, secadero (m), estufa (f) / *cambra (f) d'assecatge, assecador (m), estufa (f)*

---

6 e
knieförmiges Ablaßrohr (n)
bent outlet pipe
колѣнчатая труба (жр) для отвода *или* спуска
tuyau (m) de décharge coudé
tubo (m) di scarico a ginocchio
tubo (m) de descarga *o* de purga acodado / *tub (m) de descàrrega o de purga acolzat*

---

7 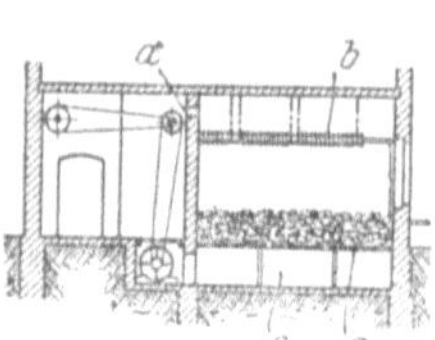

Trockenkammer (f)
drying chamber
сушилка (жр), сушильная камера (жр)
chambre (f) de séchage
camera (f) d'essiccazione
cámara (f) de desecación / *cambra (f) d'assecatge*

---

a
Wollauflegeboden (m)
stage for wool
пол (мр) для раскладки шерсти
claie (f) pour laine 8
ripiano (m) per la lana
entarimado (m) para la lana / *entarimat (m) per a la llana*

---

b
Rippenheizrohr (n)
ribbed heating pipe
ребристая нагрѣвательная труба (жр)
radiateur (m) à ailettes 9
radiatore (m) ad alette
radiador (m) de aletas / *d'aletes*

---

c
Hohlraum (m)
hollow space
пустое мѣсто (ср) *или* пространство (ср)
[espace (m)] vide (m) 10
spazio (m) vuoto
espacio (m) vacío / *espai (m) buit*

---

d
Luftzutritt (m)
air admission
впуск (мр) воздуха
accès (m) d'air 11
accesso (m) d'aria
acceso (m) *o* entrada (f) de aire / *entrada (f) d'aire*

Trockenraum[ab]kühlung (f), Abkühlung (f) des Trockenraumes
cooling of the drying chamber
охлажденіе (ср) сушильнаго помѣщенія
refroidissement (m) de la chambre de séchage
raffreddamento (m) della camera d'essiccazione
refrigeración (f) *o* enfriamiento (m) del secadero / *refredament (m) o refrigeració (f) del assecador* 12

Wärmeentziehung (f)
abstraction of heat
отнятіе (ср) тепла, охлажденіе (ср)
soustraction (f) de chaleur
sottrazione (f) di calore 13
sustracción (f) / *pèrdua (f)* / de calor

Wärmestrahlung (f)
radiation of heat
излученіе (ср) тепла
rayonnement (m) de la chaleur
radiazione (f) o irradiamento (m) di calore 14
radiación (f) *o* irradiación (f) de calor / *radiació (f) o irradiació (f) de calor*

Wärmeleitung (f)
heat conduction
теплопроводимость (жр)
conduction (f) de [la] chaleur
conduzione (f) di calore 15
conducción (f) / *conducció (f)* / de calor

Wärmeersparnis (f)
economy of heat
сбереженіе (ср) тепла
économie (f) de chaleur
risparmio (m) di calore
economía (f) de calor / *economia (f) del calor* 16

1
Abkühlungsfläche (f) des Trockenraums
cooling surface of the drying chamber
поверхность (жр) охлажденія сушильнаго помѣщенія
surface (f) refroidissante de la chambre de séchage
superficie (f) refrigerante della camera d'essiccazione
superficie (f) de enfriamiento del secadero / *superfície (f) de refredament de la estufa*

2
die Abkühlungsflächen (fpl) beschränken
to limit the cooling surfaces
ограничить поверхность охлажденія
limiter les surfaces refroidissantes
limitare le superfici refrigeranti
reducir las superficies de enfriamiento / *reduir les superfícies de refredament*

3
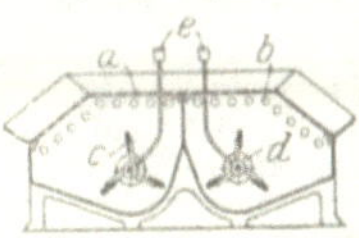

McNaughtsche Wolltrockenvorrichtung (f)
McNaught's wool dryer
шерстосушилка (жр) системы Мак Наут
séchoir (m) [mécanique] McNaught
essiccatoio (m) meccanico McNaught
secador (m) / *assecador (m)* / McNaught

---

4 a
Drahthurde (f), Drahttuch (n)
wire hurdle, wire netting
проволочная рѣшетка (жр), проволочное полотно (ср)
claie (f) de fil métallique
graticcio (m) di filo metallico, tela (f) metallica
bastidor (m) de tejido metálico / *prestatge (m) de tela metàl·lica*

---

5 b
Gruppe (f) von Heizrohren
series of heating pipes
группа (жр) нагрѣвательных труб
série (f) de tuyaux de chauffage
gruppo (m) di tubi di riscaldamento
grupo (m) de tubos de calefacción / *serie (f) de tubs de calefacció*

---

6 c
blasender Lufter (m) [*oder* Ventilator (m)]
blowing fan
нагнетательный вентилятор (мр)
ventilateur (m) soufflant
ventilatore (m) soffiante
ventilador (m) inyector *o* impelente / *ventilador (m) impel·lent*

7
Ansaugen (n) trockener Luft
suction of dry air
присасываніе (ср) *или* подсасываніе (ср) сухого воздуха
aspiration (f) d'air sec
aspirazione (f) d'aria secca
aspiración (f) de aire seco / *aspiració (f) d'aire sec*

8
trockene Luft ansaugen
to draw-in *or* to suck dry air
присасывать сухой воздух
aspirer de l'air sec
aspirare aria secca
aspirar aire seco / *sec*

---

d
kreisrunde Öffnung (f)
circular opening
круглое отверстіе (ср)
ouverture (f) circulaire 9
apertura (f) circolare
abertura (f) / *obertura (f)* / circular

---

e
Schmierbüchse (f)
oil cup
масленка (жр)
boîte (f) à huile 10
oliatore (m)
caja (f) *o* copa (f) de aceite / *untador (m) de tassa, embut (m) d'oli*

Trocknen (n) nach dem Gegenstromverfahren
drying according to the counter-current principle
сушка (жр) по способу противотока
séchage (m) suivant le principe du contre-courant
essiccazione (f) secondo il principio della contracorrente 11
secado (m) según el principio de contracorriente / *assecament (m) segons el principi del contracorrent*

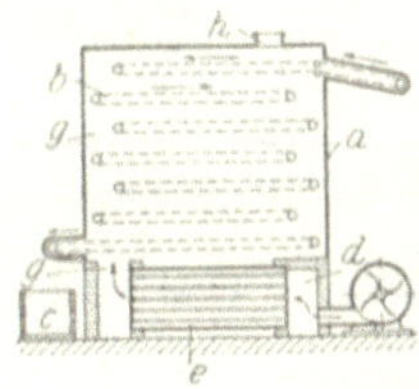

Nortonsche Wolltrockenvorrichtung (f)
Norton's wool dryer
Нортоновская шерстосушилка (жр) 12
séchoir (m) Norton
essiccatoio (m) meccanico Norton
secador (m) / *assecador (m)* / de Norton

---

a
Trockenkasten (m)
drying box
сушильный ящик (мр)
boîte (f) *ou* caisse (f) de séchage 13
cassa (f) di essiccazione
caja (f) de desecación / *caixa (f) d'assecar*

---

b
langsam bewegte Drahthürde (f)
slowly moving wire shelf *or* grid
медленно двигающаяся проволочная рѣшетка (жр)
toile (f) métallique sans fin à mouvement lent
staccio (m) girevole a movimento lento, tela (f) continua di filo metallico a movimento lento 14
tablero (m) metálico sin fin de movimiento lento / *telera (f) metàl·lica sens fi de moviment lent*

---

die Wolle fällt von Hürde auf Hürde herab
the wool is dropped from one shelf to another
шерсть (жр) падает с рѣшетки на рѣшетку
la laine tombe d'un tablier sur l'autre 15
la lana si scarica dalla tela superiore sulla inferiore
la lana cae de un tablero a otro / *la llana cau d'una telera a l'altra*

Wollsammelkasten (m)
wool collecting box
пріемный ящик (мр) для шерсти
1 c bac (m) collecteur de laine
cassa (f) raccoglitrice della lana
caja (f) recogedora de la lana / *caixa (f) de recollida de la llana*

Luftkammer (f)
air chamber
воздушная камера (жр)
2 d chambre (f) d'air
recipiente (m) d'aria
cámara (f) de aire / *cambra (f) d'aire*

Röhrenkessel (m)
tubular boiler
трубчатый котел (мр)
3 e chaudière (f) tubulaire
caldaia (f) tubolare
caldera (f) tubular

Trockenkammer (f)
drying chamber
сушильное помѣщеніе (ср)
4 g chambre (f) de séchage
camera (f) d'essiccazione
cámara (f) de desecación / *cambra (f) d'assecar*

---

mit Feuchtigkeit durchsetzte Luft (f)
air charged with moisture
воздух (мр), пропитанный влагою
5 air (m) chargé d'humidité
aria (f) carica di umidità
aire (m) cargado de humedad / *aire (m) carregat d'humitat*

Luftauslaß (m)
air outlet
выход (мр) воздуха
6 h sortie (f) de l'air
uscita (f) dell'aria
salida (f) de aire / *sortida (f) de l'aire*

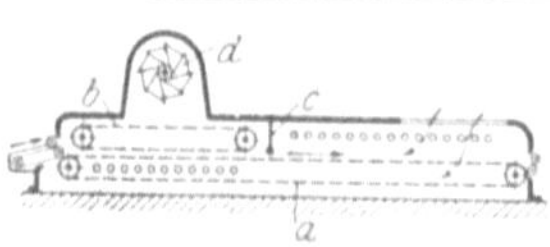

Snoecksche Wolltrockenvorrichtung (f)
Snoeck's wool dryer
шерстосушилка (жр) Снека
7 séchoir (m) Snoeck
essiccatoio (m) meccanico Snoeck
secador (m) de Snoeck / *assecador (m) de Snoeck*

Drahthorde (f)
wire lattice
проволочное безконечное полотно (ср)
8 a tablier (m) [sans fin] en fil métallique
tela (f) continua di filo metallico
tablero (m) de tejido metálico / *telera (f) de tela metàl·lica*

Deckhorde (f)
upper [travelling] lattice
прикрывающее безконечное полотно (ср)
b tablier (m) supérieur 9
tela (f) continua superiore
tablero (m) superior / *telera (f) superior*

Traghorde (f)
feed lattice
питательное полотно (ср)
tablier (m) alimentaire 10
tavola (f) alimentatrice
tablero (m) alimentador / *telera (f) alimentària*

Zwischenwand (f)
partition
перегородка (жр)
paroi (f) *ou* cloison (f) intermédiaire
c parete (f) intermedia, diaframma (m) intermedio 11
tabique (m) intermedio / *embà (m) intermedi*

Trockenluft (f)
drying air
сушильный воздух (мр)
air (m) de séchage 12
aria (f) d'essiccazione
aire (m) secador / *aire (m) assecador*

Sauger (m), Sauglüfter (m), [Exhaustor (m)]
suction fan, exhaust fan
отсасывающій вентилятор (мр), эксгаустер (мр)
d aspirateur (m) 13
aspiratore (m)
aspirador (m), ventilador (m) de aspiración / *ventilador (m) d'aspiració*

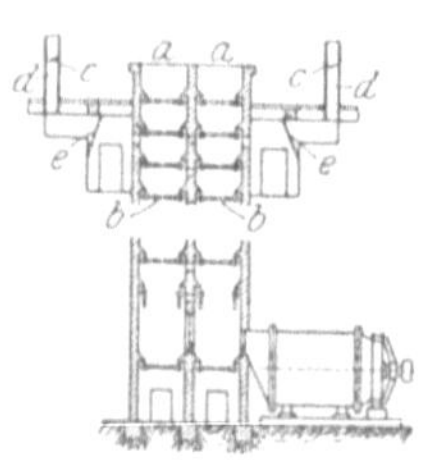

Doppelwolltrockenvorrichtung (f)
double wool drying apparatus
сдвоенная шерстосушилка (жр)
appareil (m) double pour le séchage de la laine 14
apparecchio (m) doppio per essiccare la lana
mecanismo (m) secador doble para lana / *mecanisme (m) assecador doble per a llana*

Wolleinführung (f)
wool admission
вводныя *или* загрузочныя отверстія (ср) для шерсти
a entrée (f) de la laine 15
entrata (f) della lana
entrada (f) de la lana / *de la llana*

Rechen (m)
grate
рѣшетчатая полка (жр)
b râteau (m) 16
rastrello (m)
rejilla (f) / *engraellat (m)*

1 — die Wolle fällt von Stockwerk zu Stockwerk
the wool falls from stage to stage
шерсть (жр) падает с полки на полку
la laine tombe d'étage en étage
la lana si scarica dai piani superiori sugli inferiori
la lana cae de un piso a otro / *la llana cau d'un pis a l'altre*

2 — die Luft steigt im Zick-zack nach oben
the air travels upwards in a zigzag course
воздух (мр) поднимается зигзагообразно кверху
l'air venant d'en bas traverse en zig-zag
l'aria (f) monta a zig-zag
el aire sube en zig-zag / *l'aire puja en zig-zag*

3 — c — Drosselklappe (f)
throttle valve
дроссельный клапан (мр)
papillon (m)
valvola (f) a farfalla
válvula (f) de mariposa / *de papallona*

4 — d — Dunstkamin (m)
vapour chimney
труба (жр) для отвода паров
cheminée (f) d'évent
camino (m) per i vapori
chimenea (f) / *xemeneia (f)* / de vapor

5 — e — Drahtgitter (n)
wire grating
проволочная рѣшетка (жр)
grillage (m) en fil métallique
griglia (f) di filo metallico
rejilla (f) de alambre / *engraellat (m) de filferro*

6 — Wolltrockner (m)
wool dryer, dryer hand
сушильщик (мр) шерсти
sécheur (m) de laine
seccatore (m) della lana
secador (m) de lana / *assecador (m) de llana*

7 — **e) Chemische Wollwäsche (f)**
Chemical Wool Washing
Мытье (ср) шерсти химическим способом
Lavage (m) chimique de la laine
Lavaggio (m) chimico della lana
Lavado (m) químico de la lana / *Rentat (m) químic de la llana*

8 — die Wolle chemisch waschen
to wash the wool chemically
мыть шерсть химическим способом
laver la laine chimiquement
lavare la lana chimicamente
lavar la lana químicamente / *rentar la llana químicament*

9 — chemische Entfettung (f)
chemical degreasing
химическое обезжиривание (ср)
dégraissage (m) chimique
digrassatura (f) chimica
desengrasado (m) químico / *desengreixat (m) químic*

10 — flüchtiges Lösungsmittel (n)
volatile solvent
летучій растворитель (мр)
dissolvant (m) volatil
dissolvente (m) volatile
disolvente (m) volátil / *disolvent (m) volàtil*

11 — entflammbar
inflammable
горючій
inflammable
infiammabile
inflamable

12 — plotzbar, [explosiv]
explosive
взрывчатый
explosif
esplosivo
explosivo / *explosiu*

13 — $(C_2H_5)_2O$
Äther (n)
ether
эфир (мр)
éther (m)
etere (m)
éter (m) / *èter (m)*

14 — C_2H_5OH
Alkohol (m)
alcohol
спирт (мр), алкоголь (мр)
alcool (m)
alcool (m)
alcohol (m)

15 — $C_5H_{11}OH$
Amylalkohol (m)
amyl alcohol
амиловый алкоголь (мр)
alcool (m) amylique
alcool (m) amilico
alcohol (m) amílico / *amílic*

16 — Benzin (n)
petrol
бензин (мр)
essence (f), benzine (f)
benzina (f)
bencina (f) / *benzina (f)*

17 — CH_2O
Formaldehyd (n)
formaldehyde
формальдегид (мр)
formaldéhyde (f), aldéhyde (f) formique
formaldeide (m)
formaldehido (m), aldehido (m) fórmico / *formaldehid (m), aldehid (m) fòrmic*

18 — Fuselöl (n)
fusel oil
пригарь (жр), сивушное масло (ср)
huile (f) de pommes de terre
olio (m) o essenza (f) di patate
aguardiente (m) de patatas / *aiguardent (m) de patates*

19 — Naphtha (n)
naphtha
нефть (жр)
naphte (m)
nafta (f)
nafta (f)

20 — CS_2
Schwefelkohlenstoff (m)
bisulphide of carbon, carbon bisulphide
сѣро-углерод (мр)
sulfure (m) de carbone
solfuro (m) di carbonio
sulfuro (m) de carbono / *sulfur (m) de carboni*

21 — CCl_4
Tetrachlorkohlenstoff (m)
tetrachloride of carbon, carbon tetrachloride
четырех-хлористый углерод (мр)
tétrachlorure (m) de carbone
tetracloruro (m) di carbonio
tetracloruro (m) de carbono / *tetraclorur (m) de carboni*

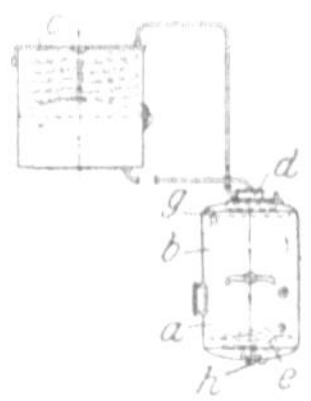

1 Entschweisser (m), Entschweißvorrichtung (f), [Extraktionsapparat(m)]
grease extracting apparatus
устройство (ср) для обезжириванія
appareil (m) de dégraissage
apparecchio (m) di sgrassamento
aparato (m) desengrasador / *aparell (m) desengreixador*

2 a Fettsammler (m)
grease collector
собиратель (мр) жира, жиросборатель (мр)
collecteur (m) de graisse
raccoglitore (m) del grasso
colector (m) de grasa / *col·lector (m) de greix*

3 b Lösungsbehälter (m), [Extrakteur (m)]
solution container, extractor
сосуд (мр) для растворителя
extracteur (m)
recipiente (m) della soluzione, estrattore (m)
depósito (m) de la solución, extractor (m) / *dipòsit (m) de la solució, extractor (m)*

4 c Kühler (m), [Kondensator (m)]
condenser
холодильник (мр), конденсатор (мр)
condenseur (m)
condensatore (m)
condensador (m)

5 d Mannloch (n)
manhole
люк (мр)
trou (m) d'homme
passo (m) *o* buco (m) d'uomo
agujero (m) de hombre / *forat (m) d'home*

6 e Dampfschlange (f)
steam coil
паровой змѣевик (мр)
serpentin (m) à vapeur
serpentino (m) a vapore
serpentin (m) / *serpentí (m)* / de vapor

7 g Rückflußkühler (m)
return flow cooler
обратный охладитель (мр)
réfrigérant (m) à reflux *ou* à liquide de retour
refrigerante (m) a riflusso
condensador (m) de retroceso / *de retorn*

8 h Lösungsabfluß (m)
outlet for the solution
спуск (мр) раствора
sortie (f) de la solution
uscita (f) della soluzione
salida (f) de la solución / *sortida (f) de la solució*

9 eine Probe ziehen
to draw *or* to take out a sample
взять пробу
prendre un échantillon
prendere un campione
quitar *o* extraer una muestra / *extreure una mostra*

gezogene Probe (f)
drawn sample
взятая проба (жр)
échantillon (m) pris
campione (m) preso
muestra (f) extraída / *mostra (f) extreta* 10

Eindampfen (n) *oder* Abdampfung(f) [*oder* Destillieren (n)] der Fettlösung
distillation of the grease solution
выпариваніе (ср) *или* дестилляція (жр) жирового раствора
distillation (f) de la solution de graisse
distillazione (f) della soluzione di grasso
destilación (f) de la solución grasienta / *destil·lació (f) de la solució greixosa* 11

Spinnereiabfallreinigung (f)
cleaning of spinning mill waste
очистка (жр) прядильных угаров
nettoyage (m) des déchets de filature
depurazione (f) dei cascami di filatura
limpieza (f) de los desperdicios de hilatura / *neteja (f) dels desperdicis de filatura* 12

öliger Krempelausputz (m)
oily card waste
маслянистый очес (мр) кардных машин
déchets (mpl) huileux de carde
cascami (mpl) di carda unti di olio
borras (fpl) aceitosas de carda, aceites (mpl) / *borres (fpl) oliades de carda, olis (mpl)* 13

Spinnenden (npl)
hard ends, yarn waste
концы (мр) прядильной
bouts (mpl) durs, déchets (mpl) de fils
cascami (mpl) di filato
cabos (mpl) duros, hilos (mpl) duros / *caps (mpl) o fils (mpl) durs* 14

den Ausputz mit Walkerde durchkneten
to knead the waste with fuller's earth
перемѣсить очес с валяльной глиной
malaxer les déchets (mpl) avec de la terre à foulon
maneggiare i cascami con terra da follone o con terra di gualchiere
macerar *o* amasar las borras con tierra de batán / *les borres amb terra de bataner* 15

die Walkerde mit Wasser ausspülen
to wash out the fuller's earth with water
выполаскивать валяльную глину водою
enlever la terre à foulon en lavant avec de l'eau
eliminare la terra da follone lavando con acqua
separar la tierra de batán por lavado en el agua / *separar la terra de bataner per rentat en aigua* 16

feingemahlener ungelöschter Kalk (m)
unslaked lime powder
негашеная известь (жр) в порошкѣ
poudre (f) de chaux vive *ou* non éteinte
polvere (m) di calce viva
polvo (m) de cal viva / *pols (m) de calç viva* 17

Schlämmkreide (f)
whiting
отмученный мѣл (мр)
blanc (m) de Meudon *ou* de Troyes *ou* d'Espagne
creta (f) purgata, bianco (m) di Spagna
tiza (f) en polvo, blanco (m) de España / *blanc (m) d'Espanya* 18

1	**f) Klärung (f) und weitere Verwendung (f) der Waschwasser** **Clarification and Utilisation of the Washing Water** **Очистка (жр) и использованіе (ср) моечных вод**	**Clarification (f) et utilisation (f) des eaux de lavage** **Chiarificazione (f) e utilizzazione dell'acqua di lavaggio** **Clarificación (f) y utilización (f) de las aguas de lavado / *Clarificació (f) i aprofitament (m) de les aigües de rentat***
2	Wollwäschereiabwasser (n) waste water from wool washing сточныя воды (жр) с шерстомойки	eaux (fpl) résiduaires du lavage de la laine acqua (f) di rifiuto dal lavaggio della lana aguas (fpl) residuales del lavado de lana, aguas (fpl) de churre / *aigües (fpl) residuals del rentat de la llana, aigües de suarda*
3	Fettgehalt (m) der gebrauchten Flotte grease contents of the used scouring bath содержаніе (ср) жира в отработанной мытьевой водѣ	teneur (f) en graisse du bain usé tenore (m) in grasso del bagno usato cantidad (f) de grasa del baño usado / *quantitat (f) de greix del bany usat*
4	die Wollwaschwässer (npl) verarbeiten to treat the suds обрабатывать сточныя воды с шерстомойки	traiter les eaux de lavage trattare le acque di lavaggio tratar las aguas de lavado o de churre / *tractar les aigues de rentat o de suarda*
5	Verarbeitung (f) der Wollwaschwässer treating the suds обрабатываніе (ср) сточных вод с шерстомойки	traitement (m) des eaux de lavage trattamento (m) delle acque di lavaggio tratamiento (m) de las aguas de lavado / *tractament (m) de les aigües de rentat*
6	Klären (n) clarifying отстаиваніе (ср), освѣтленіе (ср)	clarification (f) chiarificazione (f) clarificación (f) / *clarificació (f)*
7	die schmutzigen Abwässer (npl) klären to clarify the dirty waste water освѣтлять *или* отстаивать грязныя сточныя воды	clarifier les eaux souillées chiarificare le acque sudicie clarificar las aguas sucias / *les aigües brutes*
8	Schmutzwasserkläranlage (f) waste water settling plant устройство (ср) для очистки грязных сточных вод	installation (f) de clarification d'eaux souillées impianto (m) di chiarificazione delle acque sudicie instalación (f) de clarificación de las aguas sucias / *instal·lació (f) de clarificació de les aigües brutes*
9	Schmutzwasserbehälter (m) waste water container резервуар (мр) для грязной воды	bassin (m) d'eaux résiduaires souillées recipiente (m) per acque sudicie depósito (m) de las aguas de churre / *dipòsit (m) de les aigües de suarda*
10	Rührer (m) stirrer, agitator мѣшалка (жр)	agitateur (m) agitatore (m) agitador (m) / *agitador (m), remenador (m)*
11	mit Torfgrus gefüllter Behälter (m) tank filled with peat dust резервуар (мр), заполненный торфяною мелочью	réservoir (m) rempli de poussière de tourbe recipiente (m) riempito di farina di torba depósito (m) lleno de polvo de turba / *dipòsit (m) ple de pols de turba*
12	Siebplatte (f) sieve plate сито (ср), сѣтка (жр)	crible (m) staccio (m) tamiz (m) / *sedàs (m)*
13	Wollfettgewinnung (f), Wiedergewinnung (f) des Wollfettes wool grease recovery извлеченіе (ср) *или* добываніе (ср) *или* регенерація (жр) шерстяного жира	récupération (f) *ou* régénération (f) de la graisse de laine ricavatura (f) *o* ricupero (m) del grasso della lana recuperación (f) de la grasa de lana / *recuperació (f) del greix de la llana*
14	Fett (n) aus Wollwaschwasser gewinnen to extract the grease from the suds извлекать *или* добывать жир из шерстомоечной воды	extraire la graisse des eaux de lavage ricavare o estrarre il grasso di lana dall'acqua di lavaggio extraer la grasa de las aguas de lavado / *extreure el greix de les aigües de rentat*
15	Fettgehaltsbestimmung (f) determination of the amount of grease опредѣленіе (ср) содержанія жира	détermination (f) de la teneur en graisse determinazione (f) del tenore in grasso determinación (f) de la proporción de grasa / *determinació (f) de la proporció de greix*
16	Fällungsverfahren (n) precipitation method способ (мр) *или* метод (мр) осажденія	méthode (f) de précipitation metodo (m) di precipitazione, sistema (m) precipitante método (m) de precipitación / *mètode (m) de precipitació*
17	das Wollfett fällen to precipitate the wool grease осаждать шерстяной жир	précipiter la graisse de laine precipitare il grasso della lana precipitar la grasa de lana / *el greix de llana*
18	den Fettstoff [*oder* die Fettsubstanz] abscheiden to separate the fatty substance выдѣлять жировое вещество	séparer la matière grasse separare la materia grassa separar la substancia gras[ient]a / *greixosa*
19	Klärkufe (f) settling tank, clarifying vat осадочный чан (мр)	cuve (f) de clarification tinozza (f) di chiarificazione depósito (m) de clarificación / *dipòsit (m) de clarificació*

1 Zersetzungsbottich (m) — decomposing tank — чан (мр) для разложенія — bassin (m) de décantation — tino (m) di decomposizione — depósito (m) de descomposición / *dipòsit (m) de descomposició*

2 Wollfettschlamm (m) — grease scum — ил (мр) *или* осажденная грязь (жр) из жира шерсти — boues (fpl) de graisse de laine — fango (m) del grasso di lana — lodos (mpl) *o* posos (mpl) de grasa de lana / *llots (mpl) o solatges (mpl) de greix de llana*

3 Suinter (m), Kalkfettmasse (f) — suinter, wool grease precipitate — осадок (мр) в видѣ смѣси жира с известью, суинтер (мр) — suintine (f), précipité (m) de graisse de laine — precipitato (m) di grasso di lana — churrina (f), suintina (f), precipitado (m) de grasa de lana / *xurrina (f), suintina (f), precipitat (m) de greix de llana*

4 den Suinter schlämmen — to wash the suinter — взмучивать суинтер — laver la suintine — lavare il precipitato di grasso di lana — lavar / *rentar* / la suintina

5 geschlämmter Suinter (m) — washed suinter — отмученный суинтер (мр) — suintine (f) lavée — precipitato (m) di grasso di lana lavato — suintina (f) lavada / *rentada*

6 Suintergas (n) — suint[er] gas — газ (мр) суинтера — gaz (m) de suint[ine] — gas (m) proveniente dal precipitato di grasso di lana — gas (m) de suintina

7 SO_2 — schweflige Säure (f) — sulphurous acid — сѣрнистая кислота (жр) — acide (m) sulfureux — acido (m) solforoso — ácido (m) sulfuroso / *àcid (m) sulforós*

8 das Fett läutern [*oder* raffinieren] — to purify *or* to refine the grease — очищать *или* рафинировать жир — raffiner la graisse — raffinare il grasso — refinar la grasa / *el greix*

9 das Fett bleichen — to bleach the grease — отбѣливать жир (мр) — blanchir la graisse — sbiancare il grasso — blanquear la grasa / *blanquejar el greix*

10 Bleichflüssigkeit (f) — bleaching liquor — отбѣльная *или* бѣлильная жидкость (жр) — liqueur (f) de blanchiment — liquido (m) da sbianca — liquido (m) de blanqueo / *liquid (m) de blanqueig*

$K_2Cr_2O_7$ — doppelt-chromsaures Kali (n), Kaliumbichromat (n) — potassium bichromate — двухромокислый калій (мр), хромпик (мр) — bichromate (m) de potassium — bicromato (m) potassico — bicromato (m) de potasa / *bicromat (m) de potassa o potàssic* 11

$Na_2Cr_2O_7$ — doppelt-chromsaures Natron (n), Natriumbichromat (n) — sodium bichromate — двухромокислый натрій (мр) — bichromate (m) de soude — bicromato (m) di sodio — bicromato (m) de sosa / *bicromat (m) sòdic o de sossa* 12

Fettsäure (f) — fatty acid — жировая *или* жирная кислота (жр) — acide (m) gras, acide sébacique — acido (m) sebaceo *o* grasso — ácido (m) sebácico / *àcid (m) sebací* 13

das Fett spalten — to resolve the fat — расщеплять жир — dédoubler la graisse — decomporre il grasso — desdoblar *o* descomponer la grasa / *desdoblar o descomposar el greix* 14

flüssiges Wollfett (n) — liquid wool grease — жидкій жир (мр) шерсти — graisse (f) de laine liquide — grasso (m) di lana liquido — grasa (f) de lana líquida / *greix (m) de llana líquid* 15

Erstarren (n) des Wollfettes — congealing *or* solidifying of the wool grease — застываніе (ср) жира шерсти — congélation (f) *ou* solidification (f) de la graisse de laine — solidificazione (f) del grasso di lana — coagulación (f) *o* solidificación (f) de la grasa de lana / *coagulació (f) o solidificació (f) del greix de la llana* 16

das Wollfett erstarrt — the wool grease congeals *or* solidifies — жир (мр) шерсти застывает — la graisse de laine congèle *ou* se solidifie — il grasso di lana si solidifica — la grasa de lana / *el greix de llana* / se solidifica *o* se coagula 17

erstarrtes Wollfett (n) — congealed *or* solidified* wool grease — застывшій жир (мр) шерсти — graisse (f) de laine congelée *ou* solidifiée — grasso (m) di lana solidificato — grasa (f) de lana solidificada o coagulada / *greix (m) de llana solidificat o coagulat* 18

reines Wollfett (n), Lanolin (n) — lanoline — ланолин (мр) — lanoline (f) — lanolina (f) — lanolina (f) 19

g) Chemisches Entkletten (n) *oder* Auskohlen (n) [*oder* Karbonisieren (n)] der Wolle

1 Bur[r] Extracting by Chemical Means, Carbonising of Wool

Химическій способ (м р) удаленія репейника, карбонизація (ж р)

Échardonnage (m) *ou* épaillage (m) chimique *ou* carbonisage (m) de la laine

Eliminazione (f) chimica della lappola, carbonizzazione (f) della lana

Desmotado (m) químico *o* carbonización (f) de la lana / *Desmot (m) químico, carbonització (f) de la llana*

α) Allgemeines (n)

2 General Terms

Общее (с р)

Généralités (f pl)

Generalità (f pl)

Generalidades (f pl)

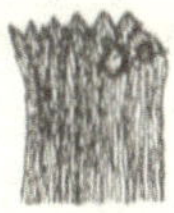

3 Klettenwolle (f), klettige Wolle (f)

bur[r] wool, burry wool, moity wool

шерсть (ж р) с репейником

laine (f) chardonneuse *ou* pailleuse *ou* grateronneuse

lana (f) carica di lappole *o* di sostanze vegetali

lana (f) cargada de pajas / *llana (f) carregada de palles o de pallofes*

4 Entfernen (n) der pflanzlichen Beimengungen

removal of the vegetable impurities

удаленіе (с р) растительных засореній

élimination (f) des débris végétaux

eliminazione (f) delle sostanze vegetali

eliminación (f) de los residuos vegetales / *eliminació (f) dels residus vegetals*

5 Zerstörung (f) der Kletten durch chemische Wirkung

destruction of the bur[r]s by chemical action

разрушеніе (с р) репья химическим путем

destruction (f) des chardons par l'action chimique

distruzzione (f) della lappola per azione chimica

destrucción (f) de los residuos vegetales por acción química / *destrucció (f) dels residus vegetals per acció química*

6 Auskohlen (n) der gewaschenen Wolle

carbonising of the washed wool

карбонизація (ж р) мытой шерсти

carbonisage (m) de la laine lavée

carbonizzazione (f) della lana lavata

carbonización (f) de la lana lavada / *carbonització (f) de la llana rentada*

7 Auskohlen (n) gekalkter Gerberwolle

carbonising of slipe wool

карбонизація (ж р) обработанной известью дубильной шерсти

carbonisage (m) de la laine de peau traitée à la chaux

carbonizzazione (f) della lana calcinata *o* di calcina

carbonización (f) de la lana de piel tratada con cal / *carbonització (f) de la llana de pell tratada amb calç*

8 Auskohlungsverfahren (n), [Karbonisationsverfahren (n)]

carbonising method

способ (м р) карбонизаціи

méthode (f) de carbonisation

metodo (m) di carbonizzazione

método (m) de carbonización / *mètode (m) de carbonització*

Auskohlungsanlage (f), [Karbonisieranlage (f)]

carbonising plant

заведеніе (с р) для карбонизаціи, карбонизаціонная установка (ж р)

installation (f) pour le carbonisage

impianto (m) di carbonizzazione

instalación (f) de carbonisación / *instal·lació (f) de carbonització* 9

Auskohlen (n) der Wolle im Schweiß *oder* im Fett

carbonising of the wool in the grease

карбонизація (ж р) потной шерсти

carbonisage (m) de la laine en suint

carbonizzazione (f) della lana sudicia

carbonización (f) de la lana suarda / *carbonització (f) de la llana suarda* 10

die Wolle im Schweiß *oder* im Fett auskohlen [*oder* karbonisieren]

to carbonise the wool in the grease

карбонизировать шерсть в поту

carboniser la laine en suint

carbonizzare la lana sudicia

carbonizar la lana suarda / *carbonitzar la llana suarda* 11

Auskohler (m), Karbonisierarbeiter (m), [Karboniseur (m)]

carboniser [hand]

рабочій (м р) при карбонизаціи

carboniseur (m) de laine

[operaio (m)] carbanizzatore (m) della lana

carbonizador (m) de lana / *carbonitzador (m) de llana* 12

Karbonisationswirkung (f)

carbonising action

дѣйствіе (с р) карбонизаціи

effet (m) du carbonisage

effetto (m) della carbonizzazione

efecto (m) de la carbonización / *efecte (m) de carbonització* 13

$C_{12}H_{10}O_{10}$

Zellstoff (m), Zellulose (f)

cellulose

клѣтчатка (ж р), целлулоза (ж р)

cellulose (f)

cellulosa (f)

celulosa (f) / *cel·lulosa (f)* 14

wasserhaltiger Zellstoff (m), Hydrozellulose (f)

hydrocellulose

целлулоза (ж р), содержащая воду; гидроцеллулоза (ж р)

hydrocellulose (f)

idrocellulosa (f)

hidrocelulosa (f) / *hidrocel·lulosa (f)* 15

C

Kohlenstoff (m)

carbon

углерод (м р)

carbone (m)

carbonio (m)

carbono (m) / *carboni (m)* 16

H

Wasserstoff (m)

hydrogen

водород (м р)

hydrogène (m)

idrogeno (m)

hidrógeno (m) / *hidrògen (m)* 17

O

Sauerstoff (m)

oxygen

кислород (м р)

oxygène (m)

ossigeno (m)

oxígeno (m) / *oxigen (m)* 18

1 Wasseraufsaugungsvermögen (n), Wasseraufnahmefähigkeit (f)
hygroscopic property
гигроскопичность (жр), способность (жр) поглощать *или* впитывать влагу
propriété (f) hygroscopique
proprietà (f) igroscopica
propiedad (f) / *propietat (f)* / higroscópica

2 Salz (n)
salt
соль (жр)
sel (m)
sale (m)
sal (f)

3 Säure (f)
acid
кислота (жр)
acide (m)
acido (m)
ácido (m) / *àcid (m)*

4 das Wasser abspalten
to set the water free, to split off the water
отдѣлять *или* выдѣлять воду
enlever *ou* éliminer l'eau
eliminare l'acqua
quitar o eliminar el agua / *treure o eliminar l'aigua*

5 das Wasser binden
to bind the water
связывать воду
fixer l'eau
fissare l'acqua
fijar el agua / *fixar l'aigua*

6 Verlust (m) der Festigkeit
loss of resistance
потеря (жр) крѣпости
perte (f) de la résistance
perdita (f) di resistenza
pérdida (f) / *pèrdua (f)* / de la resistencia

7 die Pflanzenteile (m pl) zerpulvern
to pulverise the vegetable matter
размельчать в порошок частицы (жр) растенія
pulvériser les matières (f pl) végétales
polverizzare le sostanze (f pl) vegetali
pulverizar las materias vegetales / *polvoritzar les matèries vegetals*

8 mürbe Klette (f)
brittle burr
дряблый *или* хрупкій репей (мр)
chardon (m) friable
lappola (f) friabile
mota (f) o cadillo (m) quebradizo / *mota (f) trencadissa, llapissó (m) trencadís*

9 Verminderung (f) der Filzfähigkeit des Wollhaares
reduction of the felting property of the wool
уменьшение (ср) способности шерсти сваливаться
diminution (f) du pouvoir feutrant des filaments de laine
diminuzione (f) della proprietà di feltratura della fibra di lana
disminución (f) del poder fieltrante de la fibra de lana / *reducció (f) de la força enfeltrant de la llana*

10 die Filzfähigkeit vermindern
to reduce the felting property
уменьшить способность шерсти сваливаться
diminuer le pouvoir feutrant
diminuire la proprietà di feltratura
disminuir el poder fieltrante / *reduir la força enfeltrant*

11 β) Auskohlen (n) auf nassem Wege
Carbonisation by the Wet Process
Карбонизація (жр) мокрым способом
Carbonisage (m) par voie humide
Carbonizzazione (f) in via umida
Desmote (m) o carbonisación (f) por vía húmeda / *Desmot (m) o carbonització (f) per via humida*

12 Säureverfahren (n)
acid process
способ (мр) с примѣненіем кислоты, кислый способ (мр)
procédé (m) aux acides
processo (m) acido
procedimiento (m) al ácido / *procediment (m) al àcid*

13 zerstörender Einfluß (m) der Säuren auf Pflanzenstoffe
destructive effect of acids on vegetable matter
разрушительное дѣйствіе (ср) кислот на растительное вещество
influence (f) destructive des acides sur les matières végétales
influenza (f) distruttiva degli acidi alle materie vegetali
efecto (m) destructor de los ácidos sobre las materias vegetales / *efecte (m) destructor dels àcids sobre les materies vegetals*

14 Schnelligkeit (f) der Säurewirkung
rapidity of the action of the acid
быстрота (жр) дѣйствія кислоты
rapidité (f) de l'action des acides
rapidità (f) dell'azione degli acidi
rapidez (f) de la acción de los ácidos / *rapidesa (f) de la acció dels àcids*

15 Stárke (f) der Säurewirkung
potency of the acid's action
интенсивность (жр) *или* сила (жр) дѣйствія кислоты
intensité (f) de l'action des acides
intensità (f) dell'azione degli acidi
intensidad (f) de la acción de los ácidos / *intensitat (f) de la acció dels àcids*

16 schwächende Wirkung (f) des harten Wassers auf Säuren
weakening effect of hard water on acids
ослабляющее вліяніе (ср) жесткой воды на кислоты
effet (m) affaiblissant de l'eau dure sur les acides
azione (f) d'indebolimento dell'acqua dura sugli acidi
efecto (m) neutralizador del agua gorda en los ácidos / *efecte (m) neutralitzador del aigua dura en els àcids*

17 mineralische Säure (f)
mineral acid
минеральная кислота (жр)
acide (m) minéral
acido (m) minerale
ácido (m) / *àcid (m)* / mineral

18 schwefelsaures Bad (n)
sulphuric acid bath
сѣрнокислотная ванна (жр)
bain (m) à l'acide sulfurique
bagno (m) d'acido solforico
baño (m) de ácido sulfúrico / *bany (m) d'àcid sulfúric*

19 H_2SO_4
Schwefelsäure (f)
sulphuric acid
сѣрная кислота (жр)
acide (m) sulfurique
acido (m) solforico
ácido (m) sulfúrico / *acid (m) sulfúric, oli (m) de vidriol*

1 $H_2SO_4 + aq$

verdunnte Schwefelsäure (f)
diluted sulphuric acid
разбавленная водою *или* водная сѣрная кислота (жр)
acide (m) sulfurique dilué
acido (m) solforico diluito
ácido (m) sulfúrico diluído / *àcid (m) sulfúric diluit*

---

2 53^0 Bé

Kammersäure (f)
chamber acid
камерная кислота (жр)
acide (m) des chambres
acido (m) solforico delle camere
ácido (m) sulfúrico de fabricación sin concentrar / *àcid (m) sulfúric de fabricació sense concentrar*

---

3 60^0 Bé

Pfannensäure (f)
evaporated acid, pan acid
выпаренная кислота (жр)
acide (m) sulfurique concentré par évaporisation
acido (m) solforico evaporato
ácido (m) sulfúrico concentrado por evaporación / *àcid (m) sulfúric concentrat per evaporació*

---

4 66^0 Bé

wasserfreie Säure (f)
anhydrous acid, acid free from water, pure acid
безводная *или* крѣпкая кислота (жр)
acide (m) anhydre
acido (m) scevro d'acqua *o* anidrico
ácido (m) anhidro / *àcid (m) anhidre*

---

5 HNO_3

Salpetersäure (f)
nitric acid
азотная кислота (жр)
acide (m) azotique *ou* nitrique
acido (m) nitrico
ácido (m) nítrico, agua (m) fuerte / *àcid (m) nitric, aigua (m) fort*

---

6 Na_2SO_4

schwefelsaures Natron (n), Natriumsulfat (n)
sodium sulphate
сѣрнонатріевая соль (жр), сѣрнокислый натрій (мр)
sulfate (m) de soude
solfato (m) di sodio
sulfato (m) de sodio / *sulfat (m) sòdic*

---

7 $Na_2SO_4 10 H_2O$

Glaubersalz (n)
Glauber's salt
глауберова соль (жр)
sel (m) de Glauber
sale (m) di Glauber
sal (f) de Glauber

8

doppeltschwefelsaures Kali (n)
bisulphate of potassium
двусѣрнокислое кали (ср)
bisulfate (m) de potasse
bisolfato (m) potassico
bisulfato (m) potásico / *bisulfat (m) potàssic*

---

9 $Al_2(SO_4)_3$

schwefelsaure Tonerde (f), Aluminiumsulfat (n)
aluminium sulphate
сѣрнокислый алюминій (мр)
sulfate (m) d'aluminium
solfato (m) di alluminio
sulfato (m) de aluminio / *sulfat (m) d'alumini*

10

Säurebad (n), Säureflotte (f), Einsäuerungsbad (n)
acid *or* acidulated bath, acid liquid
кислая *или* окислительная ванна (жр)
bain (m) acide
bagno (m) acido
baño (m) ácido *o* acidulado / *bany (m) àcid o acidulat*

11

Stärke (f) des Säurebades
strength of the acid bath
крѣпость (жр) кислой ванны
force (f) du bain acide
forza (f) del bagno acido
fuerza (f) del baño ácido / *força (f) del bany àcid*

12

das Säurebad auf seinen Gehalt untersuchen
to test the contents of the acid bath
опредѣлять крѣпость кислой ванны
essayer la teneur du bain acide
esaminare il tenore del bagno acido
comprobar el contenido del baño ácido / *comprovar el contingut del bany àcid*

13

Beauméсhe Senkwage (f), [Beauméѕches Aräometer (n)]
Beaumé hydrometer
ареометр (мр) Бомэ
aréomètre (m) *ou* densimètre (m) de Beaumé
areometro (m) di Beaumé
areómetro (m) / *areòmetre (m)* / de Beaumé

14

starkes Bad (n)
strong bath
крѣпкая ванна (жр)
bain (m) fort
bagno (m) forte
baño (m) fuerte / *bany (m) fort*

15

Mindergehalt (n) an Säure
inferior amount of acid
недостаточное содержаніе (ср) кислоты
teneur (f) inférieure en acide
tenore (m) inferiore d'acido
contenido (m) *o* proporción (f) inferior en ácido / *quantitat (f) o proporció (f) inferior d'àcid*

16

durch Fett verunreinigtes Säurebad (n)
acid bath polluted by fat
кислая ванна (жр), загрязненная жиром
bain (m) acide souillé de graisse
bagno (m) acido carico di grasso
baño (m) ácido cargado de grasa / *bany (m) àcid carregat de greix*

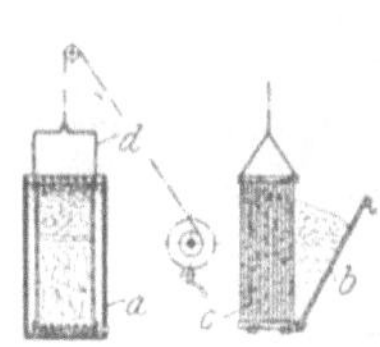

17

Auskohlvorrichtung (f), [Karbonisiervorrichtung (f)]
carbonising apparatus
устройство (ср) для карбонизаціи
appareil (m) de carbonisage
apparecchio (m) di carbonizzazione
aparato (m) carbonizador / *aparell (m) carbonitzador*

---

18 a

Säurebehälter (m)
acid container
сосуд (мр) для кислоты
récipient (m) à acide
recipiente (m) d'acido
depósito (m) de ácido / *dipòsit (m) d'àcid*

---

19 b

um Gelenke drehbare Seitenwand (f), Verschlußladen (m)
hinged side
боковая стѣнка (жр), вращающаяся на петлях; затворный щит (мр)
côté (m) à charnière
parete (f) laterale a cerniera
puerta (f) a charnela / *porta (f) a xarnera*

1 c
Lattenkorb (m)
lattice skip, lath basket
рѣшетчатый ящик (мр)
panier (m) à lattes en bois
gabbia (f) in legno
jaula (f) o cesta (f) de listones / *gàbia (f) o cistella (f) de llistons*

2 d
aufgehängter Lattenkorb
suspended lattice skip
подвѣсный рѣшетчатый ящик (мр)
panier (m) à lattes suspendu
gabbia (f) sospesa
jaula (f) suspesa / *gàbia (f) suspesa*

3
Hebevorrichtung (f)
lifting tackle
подъемное приспособленіе (ср)
engin (m) de levage
dispositivo (m) di sollevamento
torno (m) elevador, cabria (f), aparejo (m) / *ternal (m), torn (m), càbria (f)*

4
säurefeste Masse (f) für den Säurebehälter
acidproof material for the acid container
кислотоупорное вещество (ср) сосуда для кислоты
matière (f) résistant aux acides pour le récipient à acide
materia (f) resistente agli acidi per il recipiente d'acido
material (m) resistente a los ácidos para el depósito de ácido / *material (m) resistent als àcids per el dipòsit d'àcid*

5
hölzerne Kufe (f), Holzbottich (m)
wooden vat
деревянная бадья (жр), деревянный чан (мр)
cuve (f) en bois
tinozza (f) di legno
tina (f) o cuba (f) de madera / *barca (f) o cubell (m) de fusta*

6
mit Blei ausgeschlagener Holzbottich (m)
lead-lined wooden vat
деревянный чан (мр), обитый снутри листовым свинцом
cuve (f) en bois revêtue *ou* à garniture de plomb
tinozza (f) di legno rivestita di piombo
cuba (f) de madera revestida con plomo / *barca (f) de fusta recoberta amb plom*

7
Zementbottich (m)
cement vat
цементный чан (мр)
réservoir (m) en ciment
tinozza (f) di cemento
cuba (f) de cemento / *cubell (m) de ciment*

8
Einweichbottich (m) aus Schieferplatten
soaking vat of slate slabs
мочильный чан (мр) из аспидных плит
cuve (f) de trempage avec plaques en ardoise
tinozza (f) di bagnamento di lastre di lavagna
cuba (f) de impregnación de hojas de pizarra / *cubell (m) d'impregnació de fulles de pissarra*

9
Glasbottich (m)
glass vat
стеклянный чан (мр)
cuve (f) en verre
tinozza (f) di vetro
cuba (f) de vidrio / *cubell (m) de vidre*

10
Sandsteinbottich (m)
sand stone vat
чан (мр) из песчаника
cuve (f) en grès
tinozza (f) di pietra arenaria
cuba (f) de asperón / *cubell (m) de pedra esmoladora*

11
den Bottich beschicken
to load the vat
загружать чан
charger la cuve
caricare il recipiente
cargar o llenar la cuba / *carregar o omplir el cubell*

12
Säure (f) zusetzen
to add acid
прибавлять *или* подмѣшивать кислоту
ajouter de l'acide
aggiungere acido
agregar o añadir ácido / *afegir àcid*

13
mit Schwefelsäure angesäuertes Wasser (n)
water acidulated with sulphuric acid
вода (жр), скисленная сѣрною кислотою
eau (f) acidulée à l'acide sulfurique
acqua (f) acidulata di acido solforico
agua (f) acidulada con ácido sulfúrico / *aigua (f) acidulada amb àcid sulfúric*

14
das Bad ergänzen
to regenerate the bath
дополнить ванну
régénérer le bain
rigenerare il bagno
regenerar el baño / *regenerar el bany*

15
Saure (f) nachfüllen
to add new acid to the bath
подливать кислоту
rajouter de l'acide
aggiungere dell'altro acido
añadir de nuevo ácido al baño / *afegir de nou àcid al bany*

16
die Wolle im Bade bewegen
to move the wool about in the bath
двигать *или* перемѣщать шерсть в ваннѣ
remuer la laine dans le bain
rimuovere la lana nel bagno
remover la lana en el baño / *remoure la llana en el bany*

17
gesäuerte Wolle (f)
acidulated wool
окисленная шерсть (жр)
laine (f) acidulée
lana (f) acidulata
lana (f) / *llana (f)* / acidulada

18
die Wolle von der überschüssigen Säure befreien
to free the wool from the superfluous acid
освобождать шерсть от избыточной кислоты
débarrasser la laine de l'excès d'acide
liberare la lana dall'eccesso d'acido
quitar el exceso de ácido de la lana / *treure l'excés d'àcid de la llana*

19
die überflüssige Säure abtropfen lassen
to drain off the superfluous acid
дать стечь избытку кислоты
égoutter l'excès (m) d'acide
far gocciolare l'eccesso d'acido
escurrir el exceso de ácido / *escórrer l'excés d'àcid*

20
die überschüssige Säure ausschleudern
to throw off the superfluous acid by a hydroextractor
отцентрофужить избыток кислоты
essorer l'excès d'acide
rimuovere l'eccesso d'acido coll'idroestrattore
eliminar el exceso de ácido en un hidroextractor / *treure l'excés d'àcid en un hidroextractor*

21
innen verbleite Schleuder (f) [*oder* Zentrifuge (f)]
lead-lined hydroextractor
внутри *или* изнутри освинцованная центрофуга (жр)
essoreuse (f) à panier à garniture en plomb à l'intérieur
idroestrattore (m) piombato all'interno
hidro-extractor (m) revestido con plomo / *forrat amb plom* / interiormente

22
säurebeständige Legierung (f)
acidproof alloy
кислотостойкій *или* кислотоупорный сплав (мр)
alliage (m) résistant aux acides
lega (m) resistente agli acidi
aleación (f) resistente a los ácidos / *aleació (f) resistent als àcids*

1 Beschickung (f) der Schleuder mit Wolle
feeding *or* filling the hydro-extractor with wool
заправка (жр) центрофуги шерстью
alimentation (f) de l'essoreuse avec de la laine
carica (f) dell'idro-estrattore con lana
carga (f) del hidro-extractor con lana / *càrrega (f) del hidro-extractor amb llana*

2 Entleerung (f) der Schleuder
emptying the hydro-extractor
опоражниванiе (ср) центрофуги
vidange (f) de l'essoreuse
scarico (m) dell'idro-estrattore
descarga (f) *o* vaciado (m) / *descàrrega (f) o buidada (f)* / del hidro-extractor

3 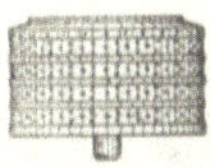
umlaufender Korb (m)
revolving cage
вращающаяся корзина (жр) *или* коробка (жр)
panier (m) tournant
cesto (m) girante
cesto (m) giratorio / *cistell (m) giratori*

4 γ) Auskohlen (n) auf trockenem Wege
Carbonisation by the Dry Process
Карбонизацiя (жр) сухим способом
Carbonisage (m) au sec
Carbonizzazione (f) in via secca
Carbonización (f) en seco / *Carbonització (f) en sec*

5 H Cl
Salzsäure (f), Chlorwasserstoffsäure (f)
hydrochloric acid, muriatic acid
соляная кислота (жр)
acide (m) chlorhydrique *ou* muriatique
acido (m) cloridrico *o* muriatico
ácido (m) clorhídrico *o* muriático / *àcid (m) clorhídric, salfumant (f)*

6 salzsaures Bad (n)
hydrochloric acid bath
ванна (жр) соляной кислоты
bain (m) d'acide chlorhydrique
bagno (m) d'acido cloridrico
baño (m) de ácido clorhídrico / *bany (m) d'àcid clorhídric*

7 wässerige Salzsäurelösung (f)
aqueous hydrochloric acid solution
водная соляная кислота (жр), водный раствор (мр) соляной кислоты
solution (f) aqueuse d'acide chlorhydrique
soluzione (f) acquosa di acido cloridrico
solución (f) acuosa de ácido clorhídrico / *solució (f) acuosa o feble d'àcid clorhídric*

8 Säuredampf (m)
acid vapour
пары (мр) кислоты, кислотные пары
vapeur (f) d'acide
vapore (m) d'acido
vapor (m) ácido / *vapor (m) àcid*

9 salzsaurer Dampf (m)
hydrochloric acid vapour
пары (мр) соляной кислоты
vapeur (f) d'acide chlorhydrique
vapore (m) d'acido cloridrico
vapor (m) de ácido clorhídrico / *vapor (m) d'àcid clorhídric*

10 gasförmige Säure (f)
gaseous acid
газообразная *или* сухая кислота (жр)
acide (m) gazeux
acido (m) gasoso
ácido (m) gaseoso / *àcid (m) gasós*

δ) Neutrales Verfahren (n)
Neutral Process
Нейтральный процесс (мр)
Procédé (m) neutre
Procedimento (m) neutro
Procedimiento (m) neutro / *Procediment (m) neutre* 11

Auskohlen (n) mit Salzlösungen
carbonisation with salt solutions
карбонизацiя (жр) растворами солей
carbonisage (m) par solutions salines
carbonizzazione (f) con soluzioni di sale
carbonización (f) con soluciones de sal / *carbonització (f) amb solucions de sal* 12

neutrale Lösung (f)
neutral solution
нейтральный раствор (мр)
solution (f) neutre
soluzione (f) neutra
solución (f) / *solució (f)* / neutra 13

mit Salzlösung behandelte Wolle (f)
wool treated with salt solution
шерсть (жр), обработанная раствором соли
laine (f) traitée par une solution saline
lana (f) trattata con una soluzione di sale
lana (f) tratada con solución de sal / *llana (f) tractada amb solució de sal* 14

Chlorverbindung (f)
chlorine compound
соединенiе (ср) хлора *или* с хлором
composé (m) du chlore
composto (m) del cloro
compuesto (m) del cloro / *compost (m) del clor* 15

Al_2Cl_6
Chloraluminium (n), Aluminiumchlorid (n), salzsaure Tonerde (f)
chloride of aluminium, aluminium chloride
хлористый алюминiй (мр)
chlorure (m) d'aluminium
cloruro (m) di alluminio
cloruro (m) de aluminio / *clorur (m) d'alumini* 16

$Mg\,Cl_2$
Chlormagnesium (n), Magnesiumchlorid (n)
magnesium chloride
хлористый магнiй (мр)
chlorure (m) de magnésium
cloruro (m) di magnesio
cloruro (m) de magnesio / *clorur (m) magnèsic* 17

Eindampfen (n) der Lösung
concentration of the solution by vaporisation
выпариванiе (ср) раствора
concentration (f) de la solution par vaporisation
concentrazione (f) della soluzione per vaporizzazione
concentración (f) de la solución por vaporización / *concentració (f) de la solució per vaporització* 18

Zersetzung (f) der Chlorverbindung
decomposition of the chlorine compound
разложенiе (ср) хлористаго соединенiя
décomposition (f) du composé du chlore
decomposizione (f) del composto di cloro
descomposición (f) del compuesto de cloro / *descomposició (f) del compost de clor* 19

Salzrückstand (m)
salt residue
остаток (мр) [нерастворенной] соли
résidu (m) de sel
residuo (m) di sale
residuo (m) de sal / *residu (m) de sal* 20

die Wolle ausschleudern
to centrifuge the wool
отцентрофужить шерсть
essorer *ou* centrifuger la laine
centrifugare la lana
centrifugar la lana / *la llana* 21

ε) Auskohlungsanlagen (f pl), Karbonisationsanlagen (f pl)
1 Carbonising Plants
Карбонизацiонныя устройства (ср) *или* установки (жр)

Installations (f pl) de carbonisation
Impianti (m pl) di carbonizzazione
Instalaciones (f pl) de carbonización / *Instal·lacions (f pl) de carbonització*

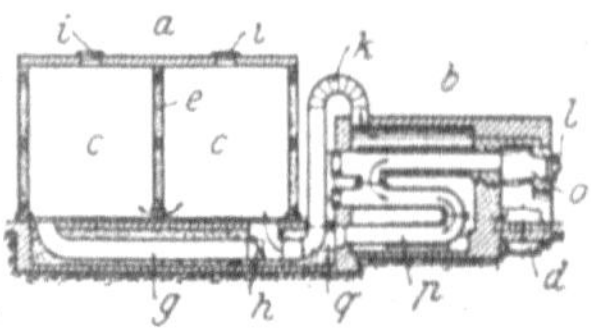

2
Auskohlungsanlage (f) mit unmittelbarer Beheizung
carbonising plant with direct heating
карбонизацiонное устройство (ср) с прямым нагрѣванiем от собственной топки
installation (f) de carbonisation à chauffage direct
impianto (m) di carbonizzazione a riscaldamento diretto
instalación (f) de carbonización con calefacción directa / *instal·lació (f) de carbonització amb calefacció directa*

3 a
Auskohlungsraum (m), [Karbonisationsofen (m)]
carbonising stove
карбонизацiонная печь (жр)
four (m) de carbonisation
forno (m) di carbonizzazione
estufa (f) de carbonización / *de carbonització*

4 b
Lufterhitzer (m), [Kalorifer (m)]
calorifere
воздухонагрѣватель (мр), калорифер (мр)
calorifère (m)
calorifero (m)
calorífero (m) / *calorífer (m), escalfador (m)*

5
Karbonisiertemperatur (f)
carbonising temperature
температура (жр) карбонизацiи
température (f) de carbonisation
temperatura (f) di carbonizzazione
temperatura (f) de carbonización / *de carbonització*

6 c
Auskohlungskammer (f), [Karbonisierkammer (f)]
carbonising chamber
карбонизацiонная камера (жр)
chambre (f) de carbonisation
camera (f) di carbonizzazione
cámara (f) de carbonizar / *cambra (f) de carbonitzar*

7 d
Lüfter (m), [Ventilator (m)]
fan
вентилятор (мр)
ventilateur (m)
ventilatore (m)
ventilador (m)

e
Trennungswand (f)
dividing partition
перегородка (жр)
cloison (f) 8
parete (f) intermedia
tabique (m) intermedio / *embà (m) intermedi*

g
gemauerter Kanal (m)
brickwork duct
каменный канал (мр)
canal (m) maçonné 9
canale (m) di muratura
canal (m) de mampostería / *canal (m) d'obra*

h
Klappenventil (n)
flap valve
створный *или* шарнирный клапан (мр)
[soupape (f) à] clapet (m) 10
valvola (f) a cerniera
válvula (f) de charnela / *registre (m) d'aire*

i
Luftabzugsklappe (f)
air outlet valve
клапан (мр) для выходящаго воздуха
valve (f) de sortie de l'air 11
valvola (f) per l'uscita dell'aria
válvula (f) de salida del aire / *vàlvula (f) o registre (m) de sortida de l'aire*

k
Luftrohr (n)
air pipe
воздушная труба (жр)
tuyau (m) d'air 12
tubo (m) d'aria
tubo (m) de aire / *tub (m) o conducte (m) d'aire*

l
Vorsatzplatte (f)
door plate
топочная дверца (жр)
porte (f) du foyer 13
porta (f) del focolare
puerta (f) del hogar / *porta (f) de la fogaina*

o
Feuerung (f)
fire box
топка (жр)
foyer (m) 14
focolare (m)
hogar (m) / *fogaina (f)*

p
Rippen[heiz]rohr (n)
ribbed pipe
ребристая труба (жр)
radiateur (m) 15
radiatore (m)
[tubo (m)] radiador (m)

q
Sammelkanal (m) der Rauchgase
smoke flue
сборный канал (мр) для топочных газов
carneau (m) 16
camino (m) per il fumo
conducto (m) de humos, humero (m) / *fumeral (m)*

handtrockenes Material (n)
hand-dry material
сухой на ощупь матерiал (мр)
matière (f) sèche à la main
materiale (m) secco al tatto
material (m) seco al tacto / *material (m) sec al tacte* 17

1 Dauer (f) der Auskohlung
duration of the carbonising process
продолжительность (жр) карбонизацiи
durée (f) de la carbonisation
durata (f) della carbonizzazione
duración (f) de la carbonización / *durada (f) del procés de carbonització*

2 die Klette wird schwarz
the burr becomes black
репей (мр) чернѣет
le chardon devient noir
la lappola diventa nera
el cadillo se vuelve negro / *el llapissó se torna negre*

3 die Klette verkohlt
the burr carbonises
репей (мр) обугливается
le chardon se carbonise
la lappola si carbonizza
el cadillo se carboniza / *el llapissó se carbonitza*

4 schwarze Klette (f)
black burr
черный репей (мр)
chardon (m) noir
lappola (f) nera
cadillo (m) negro / *llapissó (m) negre*

5 verkohlte Klette (f)
carbonised burr
обуглившiйся репей (мр)
chardon (m) carbonisé
lappola (f) carbonizzata
cadillo (m) carbonizado / *llapissó (m) carbonitzat*

6 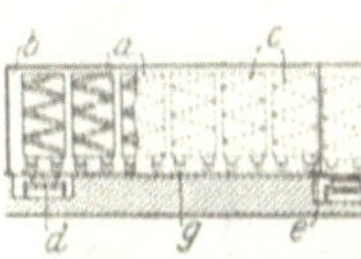

Auskohlungsofen (m) mit Wagen
carbonising stove with carriage
карбонизацiонная печь (жр) с вагонетками *или* телѣжками
four (m) de carbonisation à chariot
forno (m) di carbonizzazione con carrello
horno (m) de carbonización con vagoneta / *forn (m) de carbonització amb vagoneta*

7 kastenförmige Kammer (f)
boxlike chamber
ящикообразная камера (жр)
chambre (f) en forme de boîte
camera (f) a guisa di cassa
cámara (f) en forma de caja / *cambra (f) en forma de caixa*

8 a
Hürdenwagen (m pl)
hurdle carriage
рѣшетчатая телѣжка (жр)
chariot (m) à claies
carrello (m) a graticci
vagoneta (f) con estantes de rejilla / *vagoneta (f) amb prestatges d'engraellat*

9 b
Kasten (m) aus Eisenblech
sheet iron casing
кожух (мр) из листового желѣза
enveloppe (f) en tôle
involucro (m) di lamiera di ferro
caja (f) de chapa de hierro / *caixa (f) de llauna*

10 c
Hürde (f)
hurdle
клѣтка (жр), полка (жр)
claie (f)
graticcio (m)
enrejado (m) / *engraellat (m), enreixat (m)*

d
Förderwagen (m) für den Hürdenwagen
supporting runner for the hurdle carriage
платформа (жр) для подачи вагонеток 11
support (m) courant pour le chariot à claies
sopporto (m) mobile per il carrello a graticci
carro (m) porta-vagonetas

e
bewegliches Schienenstück (n)
movable rail piece
подвижная часть (жр) рельса
morceau (m) de rail mobile 12
pezzo (m) di rotaia mobile
trozo (m) de rail móvil / *troç (m) de rail mòbil*

g
[Hürdenwagen-] Schiene (f)
rail [for hurdle carriage]
рельс (мр) для вагонеток
rail (m) [pour le chariot à claies]
rotaia (f) [per il carrello a graticci]
rail (m) *o* carril (m) [para las vagonetas de estantes de rejilla] / *rail (m) [per les vagonetes de prestatges d'engraellat]* 13

Auskohlungsofen (m) mit Schubladen
carbonising stove with drawers
карбонизацiонная печь (жр) с выдвижными ящиками
four (m) de carbonisage à tiroirs
forno (m) di carbonizzazione con cassetti
estufa (f) de carbonizar de cajones / *estufa (f) de carbonitzar de calaixos* 14

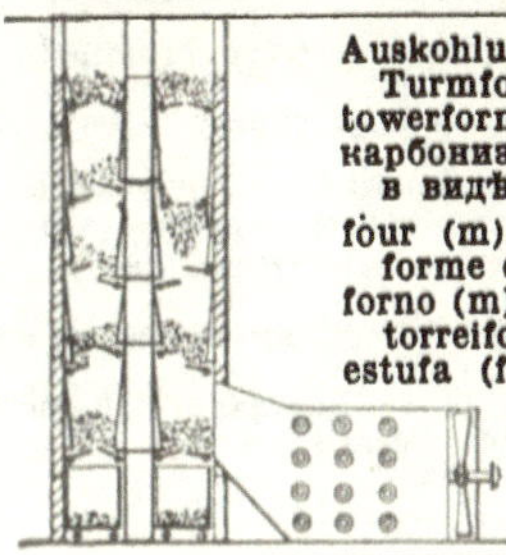
Auskohlungsofen (m) in Turmform
towerformed carbonising stove
карбонизацiонная печь (жр) в видѣ башни
four (m) de carbonisage en forme de tour 15
forno (m) di carbonizzazione torreiforme
estufa (f) de carbonización / *de carbonització* / en forma de torre

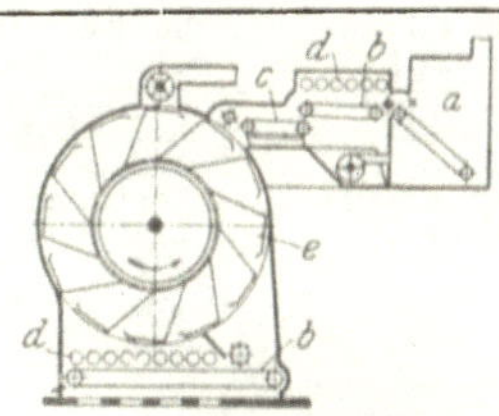

Auskohlungsofen (m) für ununterbrochenen Betrieb
carbonising stove with continuous feed and delivery
карбонизацiонная печь (жр) непрерывнаго дѣйствiя *или* с безконечными питательными рѣшетками
four (m) de carbonisage à alimentation et livraison continues 16
forno (m) di carbonizzazione con alimentazione e consegna continua
estufa (f) de carbonizar [con entrega y salida] continua / *estufa (f) de carbonitzar [amb alimentació i sortida] continua*

1 a
Einwurfkasten (m)
feed hopper
загрузочный ящик (мр)
boîte (f) d'alimentation
tramoggia (f) di alimentazione
tolva (f) de alimentación / *tremuja (f) alimentària*

---

2 b
endloses Fördertuch (n)
endless lattice
безконечное питательное полотно (ср)
tablier (m) sans fin
tela (f) senza fine
tablero (m) sin fin / *telera (f) sens fi*

---

3 c
Einführtuch (n), Speisetuch (n)
feed lattice, feeding apron
подводящее полотно (ср)
tablier (m) alimentaire
tavola (f) di alimentazione
tablero (m) de alimentación / *telera (f) alimentària*

---

4 d
Heizrohr (n)
heating pipe
нагрѣвательная труба (жр)
tuyau (m) de chauffage
tubo (m) di riscaldamento
tubo (m) de calefacción / *tub (m) de calefacció*

---

5 e
einseitig belasteter Trommelkorb (m)
cylinder cage charged on one side
односторонне нагруженная барабанная коробка (жр)
cage (f) cylindrique chargée d'un côté
gabbia (f) cilindrica caricata da una parte
tambor (m) cargado por un lado / *bóta (f) carregada per un costat*

6
Auskohlen (n) mit bewegter Heißluft
carbonisation with circulating hot air
карбонизація (жр) посредствомъ движущагося горячаго воздуха
carbonisage (m) à circulation d'air chaud
carbonizzazione (f) mediante aria calda circolante
carbonización (f) con circulación de aire caliente / *carbonització (f) amb circulació d'aire calent*

7
Dampfheizung (f)
steam heating
паровое отопленіе (ср)
chauffage (m) à vapeur
riscaldamento (m) a vapore
calefacción por vapor / *calefacció (f) per vapor*

8
Feuergefahr (f)
danger of fire
огнеопасность (жр)
danger (m) d'incendie
pericolo (m) del fuoco
peligro (m) de incendio / *perill (m) de foc*

9
ausgekohlte [*oder* karbonisierte] Wolle (f)
carbonised wool
карбонизированная шерсть (жр)
laine (f) carbonisée
lana (f) carbonizzata
lana (f) carbonizada / *llana (f) carbonitzada*

ζ) Ausscheiden (n) der zerstörten Kletten aus der Wolle
Removal of the Destroyed Burrs from the Wool
Удаленіе (ср) разрушеннаго репья из шерсти
Élimination (f) des chardons détruits de la laine
Eliminazione (f) delle lappole distrutte dalla lana
Extracción (f) del cadillo destruído de la lana / *Extracció (f) del llapissó destruït de la llana* 10

Zerreiben (n) der ausgekohlten Kletten zu Staub
pulverising the carbonised burrs
измельченіе (ср) *или* растираніе (ср) репья в пыль
pulvérisation (f) des chardons carbonisés
polverizzamento (m) delle lappole carbonizzate
pulverización (f) del cadillo carbonizado / *polvorització (f) del llapissó carbonitzat* 11

---

zerriebene Pflanzenstoffe (mpl)
pulverised vegetable matter
измельченныя растительныя вещества (ср)
matières (fpl) végétales pulvérisées
materia (f) vegetale polverizzata
materias (fpl) vegetales pulverizadas / *matèries (fpl) vegetals polvoritzades* 12

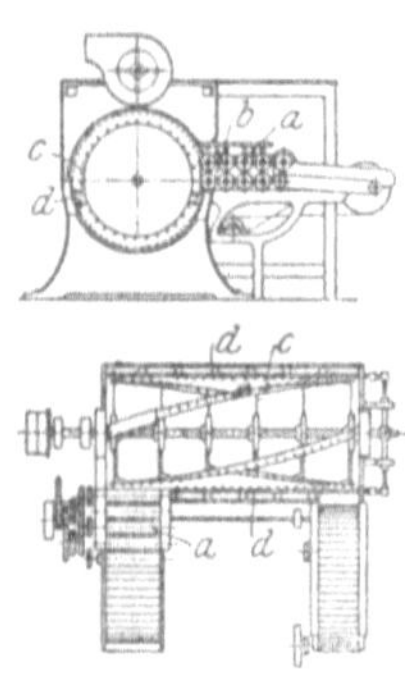

Zerreibwolf (m)
pulverising *or* crushing machine
раздробительный волчек (мр)
loup (m) broyeur
lupo (m) polverizzatore
abridor (m) pulverizador, abridora (f) moledora / *obridora (f) polvoritzadora o cruixidora* 13

---

14 a
Hartgußriffelwalze (f)
chilled fluted roller
рифленый валик (мр) из твердаго чугуна
cylindre (m) cannelé fondu en coquille
cilindro (m) scanalato di ghisa dura
cilindro (m) acanalado de fundición endurecida / *corró (m) ratllat de fundició endurida*

---

15 b
Zwischenraum (m)
space
промежуточное пространство (ср)
espace (m)
spazio (m)
ecartamiento (m) / *ecartament (m)*

1 Differentialgeschwindigkeit (f) der Walzen
differential speed of rollers
дифференціальная скорость (жр) вращенія валиков
vitesse (f) différentielle des cylindres
velocità (f) differenziale dei cilindri
velocidad (f) diferencial de los cilindros / *velocitat (f) diferencial dels corrons*

2 c
Trommel (f) mit spiralförmig angeordneten Flügeln
cylinder with spirally arranged blades
барабан (мр) с расположенными по спирали крыльями
volant (m) à réglettes disposées en spirale
cilindro (m) ad alette disposte in spirale
tambor (m) con reglas dispuestas en espiral / *bóta (f) amb regles disposades en espiral*

3 d
verstellbarer Rechen (m)
adjustable cross bar
переставная обрѣшетка (жр)
barreaux (mpl) ajustables
barra (f) regolabile
barrote (m) de rejilla ajustable / *barreta (f) d'engraellat ajustable*

4
η) Entsäuern (n) [*oder* Neutralisieren (n)] der Wolle
Neutralising the Acid in the Wool
Обезкисленіе (ср) или нейтрализація (жр) шерсти
Neutralisation (f) des acides dans la laine
Neutralizzazione (f) degli acidi nella lana
Neutralización (f) de los ácidos en la lana / *Neutralització (f) dels àcids en la llana*

5
sauer wirken [*oder* reagieren]
to show an acid action, to react as acid
реагировать на кислоту
avoir une réaction acide
avere una reazione acida
dar reacción (f) ácida / *donar reacció (f) àcida*

6
roter Lackmusfarbstoff (m)
red litmus
красное вещество (ср) лакмуса
tournesol (m) rouge
tornasole (m) rosso
tornasol (m) rojo / *tornassol (m) vermell*

7
blauer Lackmusfarbstoff (m)
blue litmus
синее вещество (ср) лакмуса
tournesol (m) bleu
tornasole (m) azzurro
tornasol (m) azul / *tornassol (m) blau*

8
Lackmuspapier (n)
litmus paper
лакмусовая бумага (жр)
papier (m) de tournesol
carta (f) di laccamuffa *o* di tornasole
papel (m) de tornasol / *paper (m) de tornassol*

9
Alkalilösung (f)
alkaline solution
щелочный раствор (мр)
solution (f) alcaline
soluzione (f) alcalina
solución (f) / *solució (f)* / alcalina

Na_2CO_3
Soda (f), kohlensaures Natron (n), Natriumkarbonat (n)
soda, carbonate of sodium
сода (жр), углекислый натр (мр)
soude (f), carbonate (m) neutre de sodium 10
soda (f), carbonato (m) di soda
sosa (f), carbonato (m) de sodio / *sosa (f), carbonat (m) sòdic*

11
chemisch reine wasserfreie Soda (f)
chemically pure anhydrous soda
химически-чистая безводная сода (жр)
soude (f) anhydre chimiquement pure
soda (f) anidra chimicamente pura
sosa (f) anhidra químicamente pura / *sosa (f) anhidra químicament pura*

12
gebrannte [*oder* kalzinierte] Soda (f)
calcined soda
кальцинированная сода (жр)
soude (f) calcinée
soda (f) calcinata
sosa (f) calcinada

13
Ammoniaksoda (f), Solvaysoda (f)
ammonia soda
аммiачная сода (жр)
soude (f) ammoniacale
soda (f) ammoniacale, soda (f) Solvay
sosa (f) amoniacal

14
Leblancsche Soda (f), Sulfatsoda (f)
Leblanc soda
сода (жр) Леблана, сульфатная сода
soude (f) Leblanc, soude sulfatée
soda (f) Leblanc
sosa (f) sulfatada *o* de Leblanc

15
$Na_2SO_4 \cdot 10\,H_2O$
Glaubersalz (n)
Glauber's salt
глауберова соль (жр)
sel (m) de Glauber
sale (m) di Glauber
sal (f) de Glauber

16
Auswaschen (n) des schwefelsauren Natrons
washing out the sulphate of soda
отмыванiе (ср) сѣрнокислаго натра
enlèvement (m) par le lavage du sulfate de soude
eliminazione (f) del solfato di sodio per lavaggio
eliminación (f) del sulfato de sosa por el lavado / *eliminació (f) del sulfat de sosa per rentat*

17
Sodamenge (f)
amount of soda
количество (ср) соды
quantité (f) de soude
quantità (f) di soda
cantidad (f) / *quantitat (f)* / de sosa

18
lauwarme Sodalösung (f)
lukewarm *or* tepid soda solution
тепловатый *или* слабо подогрѣтый раствор (мр) соды
solution (f) de soude tiède
soluzione (f) di soda t[i]epida
solución (f) de sosa tibia / *solució (f) de sosa tèbia*

19
alkalisches Sodabad (n)
alkaline soda bath
щелочная содовая ванна (жр)
bain (m) de soude alcalin
bagno (m) di soda alcalina
baño (m) de sosa alcalino / *bany (m) de sosa alcalí*

20
Waschen (n) mit Walkerde
washing with fuller's earth
промыванiе (ср) посредством валяльной глины
lavage (m) à la terre à foulon
lavaggio (m) con terra da follone
lavado (m) con tierra de batán / *rentat (m) amb terra de bataner*

1 Entsäuern (n) auf Waschmaschinen — removal of acid by washing machines — обезкисленіе (ср) в мойкѣ *или* в мытьевой машинѣ — enlèvement (m) des acides par des laveuses mécaniques — eliminazione (f) dell'acido con macchine di lavaggio — extracción (f) del ácido por medio de lavadoras mecánicas / *extracció (f) del àcid per mitjà de rentadores mecàniques*

2 Säurerückstand (m) — acid residue — остаток (мр) кислоты — résidu (m) acide — residuo (m) acido — residuo (m) de ácido / *residu (m) d'àcid*

3 Alkalirückstand (m) — alkaline residue — остаток (мр) щелока — résidu (m) alcalin — residuo (m) di alcali — residuo (m) alcalino / *residu (m) alcali*

4 Entsäuern (n) der Wolle mit Schlämmkreide — removal of the acid in the wool by whiting — обезкисленіе (ср) шерсти отмученным мѣлом — enlèvement (m) des acides de la laine par le blanc de Meudon — eliminazione (f) dell'acido nella lana con bianco di Spagna — extracción (f) del ácido de la lana mediante blanco de España / *extracció (f) del àcid de la llana mitjançant el blanc d'Espanya*

5 Unschlittseife (f), Talgseife (f) — tallow soap — сальное мыло (ср) — savon (m) de suif — sapone (m) di sego — jabón (m) de sebo / *sabó (m) de seu*

6 Niederschlag (m) von schwefelsaurem Kalk, Gipsniederschlag (m) — precipitate of sulphate of lime *or* of gypsum — сѣрнокислый осадок (мр) извести, осадок гипса — précipité (m) de sulfate de chaux *ou* de gypse — precipitato (m) di solfato di calce *o* di gesso — precipitado (m) de sulfato de cal *o* de yeso / *precipitat (m) de sulfat de calç o de guix*

7 **h) Auflösen und Mischen (n) der Wolle** — **Opening and Mixing of the Wool** — **Разбиваніе (ср) и перемѣшиваніе (ср) шерсти** — **Ouvraison (f) et mélange (m) de la laine** — **Scioglimento (m) e miscela (f) della lana** — **Abertura (f) y mezcla (f) de la lana / *Obertura (f) i barreja (f) de la llana***

8 Vorbereitung (f) der Wolle für das Krempeln — preparation of wool for carding — приготовленіе (ср) шерсти для кардочесанія — préparation (f) de la laine pour le cardage — preparazione (f) della lana pel cardaggio — preparación (f) de la lana para cardado / *preparació (f) de la llana per al cardat*

9 gewolfte Wolle (f) — willowed wool — шерсть (жр), пропущенная через волчек — laine (f) battue — lana (f) battuta — lana (f) pasada por el batuar / *llana (f) passada per el batuar*

10 wolfen — to willow — обрабатывать на волчкѣ — battre — battere — abrir, pasar por el batuar / *obrir, passar per el batuar*

trocken wolfen — to willow dry — обрабатывать на волчкѣ в сухом видѣ — battre à sec — battere a secco — abrir *o* pasar por el batuar en seco / *obrir o passar per el batuar en sec* 11

zusammengeballte Wolle (f) — wool in lumps — комовая шерсть (жр) — laine (f) en plocs — lana (f) in bioccoli — lana (f) en mechones / *llana (f) en floques* 12

Zupfen (n) *oder* Zausen (n) *oder* Plüsen (n) *oder* Pflücken (n) *od.* Verlesen (n) der Wolle — pulling *or* picking *or* plucking the wool — щипка (жр) *или* расщипываніе (ср) *или* растаскиваніе (ср) шерсти — épluchage (m) de la laine — pulitura (f) a mano della lana — limpieza (f) *o* batido (m) a mano de la lana / *neteja (f) o batiment (m) a mà de la llana* 13

die Wolle auflockern — to loosen the wool — разрыхлять шерсть — ouvrir la laine — sciogliere la lana — desagregar *o* abrir la lana / *desagregar o obrir la llana* 14

die Wollflocken (fpl) aufzupfen *oder* zerteilen — to pick the wool flocks — расщипывать *или* раздроблять клочья шерсти — ouvrir les flocons de laine — sciogliere i fiocchi di lana — abrir los mechones de lana / *obrir les floques de llana* 15

das Wollhaar zerreißen — to tear the wool fibre — разъединять *или* растаскивать волокно шерсти — déchirer la fibre de laine — rompere *o* strappare la fibra di lana — romper la fibra de lana / *trencar la fibra de llana* 16

Mischen (n) verschiedener Wollsorten — blending *or* mixing various sorts of wool — смѣшиваніе (ср) разных сортов шерсти — mélange (m) de diverses sortes de laine — miscela (f) di qualità diverse di lana — mezcla (f) de varias calidades *o* suertes de lana / *barreja (f) o mescla (f) de vàries qualitats de llana* 17

Wollmischung (f) — wool blend — мѣшка (жр) *или* смѣсь (жр) шерсти — mélange (m) de laine — mischia (f) di lana — mezcla (f) de lana / *barreja (f) de llana* 18

innige Durchmischung (f) — thorough blending — основательное перемѣшиваніе (ср) — mélange (m) intime — miscela (f) intima — mezcla (f) / *barreja (f)* / perfecta *o* completa 19

Farben (fpl) mischen, [melieren] — to blend by colour — смѣшивать шерсть разных окрасок — mélanger par couleurs — mischiare lane diversamente colorate — mezclar por colores / *barrejar o mesclar per colors* 20

Farbenmischung (f), [Melange (f)] — colour blending, colour mixture — смѣшиваніе (ср) шерсти разных окрасок, меланж (мр) — mélange (m) de couleurs — miscela (f) di lane diversamente colorate, miscela di colori — mezcla (f) de colores / *mescla (f) de colors* 21

Herstellen (n) von Farbenmischungen — preparation of colour blends — приготовленіе (ср) цвѣтных мѣшек — préparation (f) de mélanges de couleurs — preparazione (f) di miscele di colori — preparación (f) de mezclas de color / *preparació (f) de mescles de color* 22

1
noppenfreie Farbmischung (f)
colour blend free from neps
цвѣтная смѣсь (жр) *или* мѣшка (жр) без шишек
mélange (m) de couleurs exemptes de boutons
miscela (f) di colori libera di bottoni
combinación (f) de color libre de motas / *combinació (f) de color sense motes*

2
gleichmäßiges Farbengemisch (n)
uniform colour blend
однородная *или* равномѣрная смѣсь (жр) цвѣтных шерстей
mélange (m) uniforme de couleurs
miscela (f) di colori uniforme
mezcla (f) / *mescla (f)* / uniforme de color

3
Melierwolle (f)
blending wool
шерсть (жр) для подцвѣтки
laine (f) de mélange
lana (f) di mischia
lana (f) de mezcla / *llana (f) de mescla*

4
Grundton (m), Grundfarbe (f)
ground tint
основной цвѣт (мр)
nuance (f) de fond
colore (m) madre *o* di base
color (m) base *o* matriz / *color (m) base o matriu*

5
Stichfarbe (f), Bildfarbe (f)
shade tint
цвѣт (мр) для оттѣнка, оттѣняющій цвѣт
couleur (f) pour nuancer
colore (m) per nuanzare
tono (m) *o* color (m) para combinar / *to (m) o color (m) per a combinar*

6
Wollbett (n)
built-up stack of wool
мѣшка (жр) разноцвѣтных слоев шерсти
pile (f) de laine
mucchio (m) di lana
montón (m) *o* pila (f) de mezcla / *pila (f) de mescla*

7
aufgebettete Wolle (f)
stacked wool
шерсть (жр), сложенная для мѣшки слоями
laine (f) empilée
lana (f) ammucchiata
lana (f) / *llana (f)* / apilada

8
das Wollbett abschlagen *oder* abstechen
to rake the wool stack down vertically
откалывать *или* брать вертикальными стѣнками мѣшку
couper les piles de laine verticalement
tagliare i mucchi di lana verticalmente
cortar la lana de la pila por capas verticales / *tallar la llana de la pila per capes verticals*

9
Entmischen (n)
falling-out of the blend
разстройство (ср) мѣшки
chute (f) du mélange, séparation (f) du mélange par l'action du loup
separazione (f) della miscela per l'azione del lupo
desaparición (f) de la mezcla en el batuar por diferencias de densidad en las calidades mezcladas / *desfeta (f) de la barreja en el batuar per diferencies de densitat en les qualitats barrejades*

10
Wolf (m), Schlagwolf (m), Klopfwolf (m)
willow, willey
волчек (мр)
loup (m), loup (m) batteur
lupo (m) battitore
batuar (m), willow (m), lobo (m), abridor (m) / *llop (m), obridora (f), batuar (m), vilof (m)*

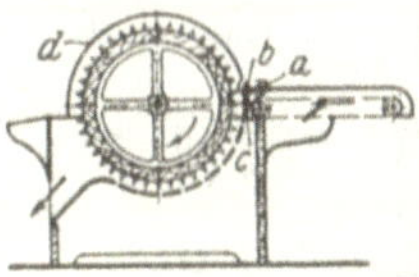

11
Reißwolf (m)
teaser, teazer
щипальный барабан (мр)
loup (m) ouvreur, loup démêleur
lupo (m) sfibratore
diablo (m) / *diable (m)*

12
a
Schutzwalze (f), Eindruckwalze (f)
protecting roller
предохранительный *или* подающій валик (мр)
cylindre (m) entasseur
cilindro (m) di protezione
cilindro (m) protector, cilindro de entrega a la alimentación / *corró (m) protector, corró d'entrega als alimentaris*

13
b
beweglich gelagerte obere Speisewalze (f)
movable top feed roller
верхній питательный валик (мр), вращающійся в подвижных подшипниках
cylindre (m) alimentaire supérieur mobile
cilindro (m) superiore d'alimentazione spostabile
cilindro (m) de alimentación superior móvil / *corró (m) d'alimentació superior mòbil*

14
c
festgelagerte untere Speisewalze (f)
fixed bottom feed roller
нижній питательный валик (мр), вращающійся в неподвижных подшипниках
cylindre (m) alimentaire inférieur fixe
cilindro (m) inferiore d'alimentazione fisso
cilindro (m) de alimentación inferior con cojinetes fijos / *corró (m) alimentari inferior amb daus fixos*

15
d
Schutzdeckel (m)
cover
предохранительная крышка (жр), предохранительный кожух (мр) *или* колпак (мр)
couvercle (m)
inviluppo (m)
tapa (f) / *coberta (f)*

16
Klemmstelle (f) der Speisewalzen
nip of the feed rollers
мѣсто (ср) защемленія (шерсти) питательными валиками
ligne (f) de pinçage des cylindres alimentaires
linea (f) d'afferramento tra i cilindri di alimentazione
linea (f) de retención de los cilindros alimentadores / *linia (f) de retenció dels corrons alimentaris*

17
festgeklemmte Wolle (f)
firmly held wool
крѣпко защемленная шерсть (жр)
laine (f) pincée
lana (f) afferrata
lana (f) retenida / *llana (f) retinguda*

18
Zahnteilung (f) der Trommel
pitch of cylinder spikes
плотность (жр) распредѣленія игл *или* зубьев барабана
écartement (m) des dents du tambour
scartamento (m) delle punte sul tamburo
distancia (f) entre los clavos del tambor / *ecartament (m) dels claus de la bóta*

1 ausgewuchtete [*oder* ausbalanzierte] Trommel (f)
balanced cylinder
уравновѣшенный *или* вывѣренный *или* выбалансированный барабан (мр)
tambour (m) équilibré
tamburo (m) equilibrato
tambor (m) equilibrado / *bota (f) equilibrada*

2 Wollauswurf (m)
wool outlet
выкидной лоток (мр) шерсти
orifice (m) de décharge de la laine
bocca (f) di scarico della lana
[boca (f) de] salida (f) de la lana / *boca (f) de descàrrega de la llana*

3
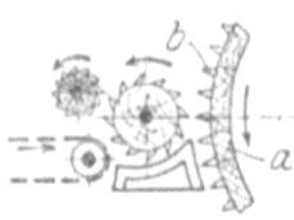

Muldenzuführung (f) mit fester Mulde für lange Wollen
fixed dish feed for long wool
подводка (жр) посредством неподвижнаго питательнаго желоба для длинной шерсти
alimentation (f) à auge fixe pour laine longue
alimentazione (f) a canale per lana lunga
alimentación (f) de placa fija para lana larga / *alimentació (f) de placa fixa per a llana llarga*

4 a
Trommel (f)
cylinder
барабан (мр)
tambour (m)
tamburo (m)
tambor (m) / *bóta (f)*

5 Holzbelag (m)
wood lagging
деревянная обшивка (жр)
revêtement (m) *ou* soubassement (m) en bois
rivestimento (m) di legno
revestimiento (m) de madera / / *revestiment (m) de fusta*

6 b
eingeschraubter Stift (m) *oder* Zahn (m)
screwed-in pin *or* spike
ввинченный зуб (мр) *или* штифт (мр)
dent (f) vissée
dente (m) avvitato
diente (m) o clavo (m) atornillado / *dent (f) roscada, clau (m) roscat*

7
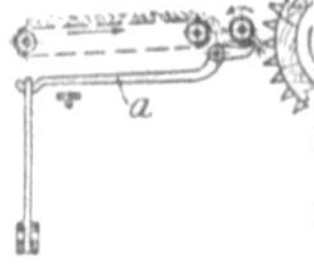

Klaviermuldenzuführung (f)
pedal feed motion
рычажно-желобчатая подводка (жр) *или* питаніе (ср)
alimentation (f) à auges à pédales
regolatore (m) d'alimentazione a pedale
regulador (m) de pedales / *de pedals*

8 a
Muldenhebel (m), Taste (f)
pedal lever
рычаг (мр) с желобчатым клавишем
auge (f) à pédale
tasto (m)
palanca (f) del pedal, piano (m)

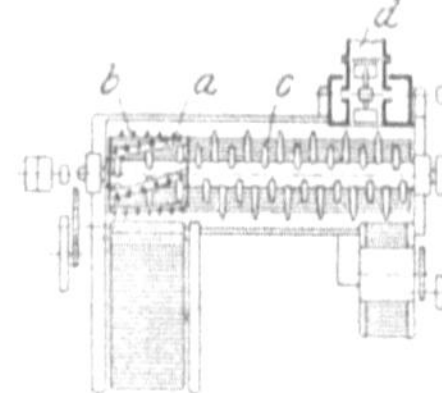

Spiralreiß- und Klopfwolf (m), Schraubenwolf (m), Flügelwolf (m)
spiral bladed opening and beating willow, screw beater opener
спиральный разрыхлительный и бительный волчек (мр), винтообразный *или* крыльчатый волчек 9
loup (m) à volant en hélice
battitore (m) spirale
batuar (m) abridor y batidor con líneas de dientes en espiral / *batuar (m) obridor i batidor amb línies de nassos en espiral*

a
Zahnleiste (f)
toothed strip
зубчатая планка (жр)
barre (f) *ou* barreau (m) à dents 10
sbarra (f) a denti
regla (f) con dientes / *amb dents*

b
Zahn (m)
spike, pin
зуб (мр)
dent (f) 11
dente (m)
diente (m), clavo (m) / *dent (f), clau (m)*

spiralförmig angeordnete Schlagstäbe (mpl)
blades in spiral order
расположенныя по спирали колотильныя планки (жр)
règles (fpl) disposées en spirale 12
alette (fpl) disposte elicoidalmente
barras (fpl) dispuestas / *barretes (fpl) dispostes* / en espiral

c
Siebmulde (f)
dust grid
ситчатая колосниковая рѣшетка (жр)
crible (m) à poussières 13
griglia (f) per polvere
rejilla (f) para el polvo / *engraellat (m) per a la pols*

Haube (f) mit Schlagleisten *oder* Längsschienen
cover with longitudinal blades
кожух (мр) *или* крышка (жр) с колотильными планками *или* продольными рейками 14
couvercle (m) avec bandes longitudinales
coperchio (m) con lame longitudinali
tapa (f) con cuchillos longitudinales / *coberta (f) amb ganivetes longitudinals*

d
Ausblaseöffnung (f) des Saugers
outlet of suction fan
выдувное отверстіе (ср) вентилятора
tuyau (m) de sortie du ventilateur 15
uscita (f) del ventilatore
salida (f) / *sortida (f)* / del ventilador

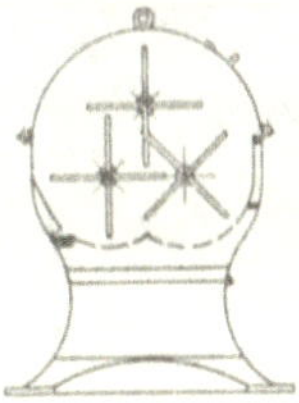

1 Mischwolf (m), [Melierwolf (m)]
mixing willow
смѣшивающій волчек (мр)
loup (m) mélangeur
lupo (m) mescolatore
batuar (m) mezclador / *mesclador (m)*

2 stumpfer Mischstift (m)
blunt pointed mixing pin
тупой штифт (мр) для перемѣшиванія
broche (f) émoussée à mélanger
spina (f) *o* perno (m) a punta smussata per mescolare
clavo (m) de punta roma para mezclar / *clau (m) xato per a mesclar*

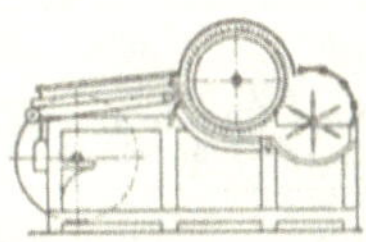

3 Verbundwolf (m), [Kombinationswolf (m)]
combined willow
комбинированный волчек (мр)
loup (m) combiné
lupo (m) combinato
diablo (m) combinado / *diable (m) combinat*

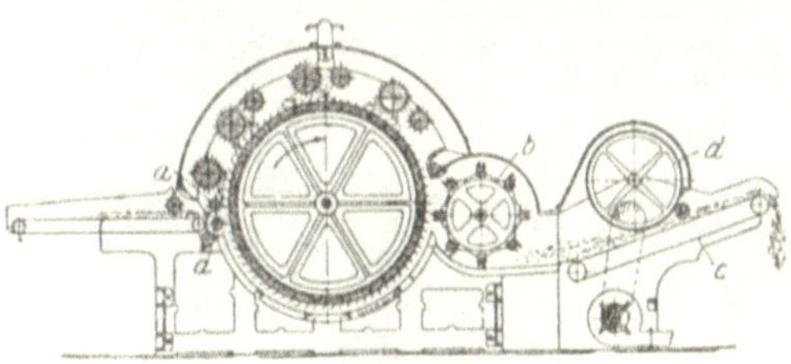

4 Krempelwolf (m)
fearnought, carding willow
кардный волчек (мр)
loup (m) cardeur
lupo (m) cardatore, battitore (m) cardatore
batuar (m) fearnought, batuar cardador

---

5 a Stachelwalze (f)
toothed feed roller
игольчатый валик (мр)
cylindre (m) d'alimentation à dents
cilindro (m) di alimentazione a denti
cilindro (m) de alimentación guarnecido / *corró (m) alimentari amb guarnició*

---

6 b Läuferwalze (f), Schnellwalze (f), Ausheber (m)
runner
съемный бѣгун (мр)
volant (m)
cilindro (m) distaccatore
llevador

Vorrichtung (f) zur Verhinderung des Entmischens
apparatus to impede falling-out of the blend
приспособленіе (ср) для предотвращенія разстройства мѣшки
dispositif (m) pour éviter les chutes de mélange 7
dispositivo (m) per evitare la separazione della miscela
aparato (m) para impedir la desaparición de la mezcla / *aparell (m) per a impedir la desfeta de la mescla*

---

c Ausgangstisch (m)
delivery lattice
пріемный стол (мр) [на выходѣ]
tablier (m) délivreur 8
tavola (f) d'uscita
tablero (m) de entrega / *telera (f) de sortida*

---

d Siebtrommel (f)
cylindrical cage
ситчатый барабан (мр)
tambour (m) métallique 9
cilindro (m) d'aspirazione
tambor (m) metálico de aspiración / *gàbia (f) d'aspiració*

gerader Wolfstift (m)
straight willow pin
прямой зубец (мр) *или* штифт (мр) волчка
dent (f) droite du loup 10
dente (m) dritto del lupo
diente (m) recto / *dent (f) recta* / del batuar

gebogener Wolfstift (m)
curved willow pin
изогнутый штифт (мр) волчка
dent (f) courbée du loup 11
spina (f) del lupo foggiata ad uncino
diente (m) curvado / *dent (f) corbada* / del batuar

---

die abgenutzten Stifte (mpl) ersetzen
to replace the worn pins
замѣнять износившіеся штифты
remplacer les dents usées
rimpiazzare le spine logorate 12
sustituir los clavos gastados / *canviar els claus gastats*

---

1) Einölen (n) *oder* Einfetten (n) *oder* Schmälzen (n) *oder* Spicken (n) der Wolle
Wool Oiling
Промасливаніе (ср) шерсти
Ensimage (m) *ou* graissage (m) de la laine
Oliatura (f) *o* ingrassatura (f) della lana 13
Engrasado (m) *o* ensimado (m) de la lana / *Ensimat (m) de la llana*

---

die Wolle ölen *oder* einfetten *oder* schmälzen *oder* spikken
to oil *or* to lubricate the wool
промасливать *или* просаливать шерсть
ensimer *ou* graisser *ou* lubrifier la laine
oliare *o* ingrassare *o* lubrificare la lana 14
engrasar *o* ensimar la lana / *ensimar la llana*

No.	Deutsch	English	Русский	Français	Italiano	Español / Català
1	die Wolle sättigt sich mit Öl	the wool impregnates itself with oil	шерсть (жр) напитывается *или* насыщается маслом	la laine se sature d'huile	la lana si impregna d'olio	la lana se impregna de aceite / *la llana s'impregna d'oli*
2	Öl (n) aufsaugen [*oder* absorbieren]	to absorb oil	всасывать *или* поглощать масло (ср)	absorber l'huile (f)	assorbire olio (m)	absorber aceite (m) / *xuclar l'oli (m)*
3	die Wollfaser saugt Fettstoff auf	the wool fibre absorbs fatty substances	волос (мр) шерсти всасывает жировое вещество	la fibre de laine absorbe de la matière grasse	la fibra di lana assorbe la materia grassa	la fibra de lana absorbe las substancias grasas / *la fibra de llana absorbeix les substàncies grasses*
4	das Wollhaar geschmeidig machen	to soften the wool fibre	придать гибкость волосу шерсти	assouplir la fibre de laine	rendere pastosa la fibra di lana	suavizar la fibra de lana / *suavitzar la fibra de llana*
5	geschmälzte Wolle (f)	oiled wool	промасленная шерсть (жр)	laine (f) ensimée	lana (f) oliata	lana (f) engrasada / *llana (f) ensimada*
6	Schmälzer (m), Wollschmälzer (m)	wool oiler	промасливальщик (мр) шерсти	engraisseur (m) *ou* ensimeur (m) *ou* huileur (m) de laine	oliatore (m) della lana	encargado (m) del engrasado *o* untador (m) de la lana / *encarregat (m) del ensimatge, ensimador (m) de llana*
7	Schmälzvorgang (m)	oiling process	способ (мр) промасливанія	procédé (m) d'ensimage	processo (m) d'ingrassamento	procedimiento (m) de engrasado / *procés (m) d'ensimat*
8	Schmälzmasse (f), Schmälze (f), Wollschmiere (f)	softening material, softener	вещество (ср) для промасливанія	[produit (m) d']ensimage (m), lubrifiant (m)	prodotto (m) lubrificante, liquido (m) per oliare	substancia (f) suavizadora, suavizador(m), suavizante (m), rectificador (m) / *[substància (f)] suavitzant (m), suavitzador (m), rectificador (m)*
9	Schmälzöl (n), Spicköl (n)	wool oil	масло (ср) для промасливанія	huile (f) d'ensimage	olio (m) per l'ingrasso della lana	aceite (m) para engrasar la lana / *oli (m) d'ensimat*
10	fettes Öl (n)	fatty oil	жирное масло (ср)	huile (f) grasse	olio (m) grasso	aceite (m) graso / *oli (m) gras*
11	Pflanzenöl (n)	vegetable oil	растительное масло (ср)	huile (f) végétale	olio (m) vegetale	aceite (m) / *oli (m)* / vegetal
12	Rüböl (n)	rape oil	сурѣпное масло (ср)	huile (f) de colza	olio (m) di ravizzone	aceite (m) / *oli (m)* / de colza
13	geläutertes [*oder* raffiniertes] Rüböl (n)	refined rape oil	очищенное *или* рафинированное сурѣпное масло (ср)	huile (f) de colza raffinée	olio (m) di ravizzone raffinato	aceite (m) de colza refinado / *oli (m) de colza refinat*
14	Schwarzöl (n)	black rape oil	темное масло (ср)	huile (f) noire de colza	olio (m) di ravizzone nero	aceite (m) negro / *oli (m) negre* / de colza
15	Mohnöl (n)	poppy oil	маковое масло (ср)	huile (f) de pavot	olio (m) di papavero	aceite (m) de adormidera / *oli (m) de cascall*
16	Rizinusöl (n)	castor oil	касторовое масло (ср)	huile (f) de ricin	olio (m) di ricino	aceite (m) de ricino / *oli (m) de ricí*
17	Sonnenblumenöl (n)	sun flower oil	подсолнечное масло (ср)	huile (f) de tournesol	olio (m) di tornasole	aceite (m) de tornasol / *oli (m) de gira-sol*
18	Baumwollsamenöl (n)	cotton seed oil	хлопковое масло (ср)	huile (f) de coton	olio (m) di [semi di] cotone	aceite (m) de algodón / *oli (m) del cotó*
19	Olivenöl (n), Baumöl (n)	olive oil	оливковое масло (ср)	huile (f) d'olive	olio (m) di oliva	aceite (m) de oliva / *oli (m) d'oliva*
20	vergälltes [*oder* denaturiertes] Olivenöl (n)	denaturated olive oil	денатурированное оливковое масло (ср)	huile (f) d'olive dénaturée	olio (m) di oliva denaturato	aceite (m) de oliva desnaturalizado / *oli (m) d'oliva desnaturalitzat*
21	Rosmarinöl (n)	oil of rosemary	розмариновое масло (ср)	essence (f) de romarin	olio (m) di rosmarino	aceite (m) de romero / *oli (m) de romaní*
22	Kienöl (n)	pine oil	сосновое масло (ср)	essence (f) de pin	olio (m) di pino	aceite (m) de pino / *oli (m) de pi*
23	Terpentinöl (n)	oil of turpentine	терпентиновое масло (ср), скипидар (мр)	essence (f) de térébenthine	olio (m) di trementina	aceite (m) de trementina / *oli (m) de trementina*
24	tierisches Öl (n)	animal oil	масло (ср) животнаго происхожденія	huile (f) animale	olio (m) animale	aceite (m) / *oli (m)* / animal

1 Schmalz (n)
lard, hog fat
сало (ср)
saindoux (m)
strutto (m)
grasa (f) derretida, manteca (f) de cerdo / *sagí (m) fos*

---

2 Tran (m)
fish oil, train oil
ворвань (жр)
huile (f) de poisson
olio (m) di pesce *o* di balena
aceite (m) de pescado *o* de ballena / *oli (m) de peix o de balena*

---

3 Erdöl (n), Mineralöl (n)
mineral oil
минеральное *или* ископаемое масло (ср)
huile (f) minérale
olio (m) minerale
aceite (m) / *oli (m)* / mineral

---

4 $(C_{18} H_{33} O_3)$ $C_3 H_5 O_3$
Olein (n), Elain (n)
olein[e]
олеин (мр)
oléine (f)
oleina (f)
oleina (f)

---

5 rohe Ölsäure (f)
crude oleic acid
сырая олеиновая кислота (жр)
acide (m) oléique brut
acido (m) oleico crudo
ácido (m) oléico en bruto / *àcid (m) oleic en brut*

---

6 Schwefelsäuregehalt (m) der rohen Ölsäure
sulphuric acid contents of crude oleic acid
содержаніе (ср) сѣрной кислоты в сыром олеинѣ
teneur (f) en acide sulfurique de l'acide oléique brut
contenuto (m) in acido solforico dell'acido oleico crudo
cantidad (f) de ácido sulfúrico contenida en el ácido oléico en bruto / *quantitat (f) d'àcid sulfúric del àcid oleic en brut*

---

7 Kokosnußöl (n), Palmöl (n)
coco-nut oil
кокосовое масло (ср)
huile (f) de palme *ou* de coco *ou* de coprah
olio (m) di cocco
aceite (m) / *oli (m)* / de coco *o* de palma

---

8 Glyzerinzusatz (m)
glycerine addition, addition of glycerol
примѣсь (жр) глицерина
addition (f) de glycérine
aggiunta (f) di glicerina
adición (f) / *addició (f)* / de glicerina

---

9 Verseifung (f) des Fettes
saponifying of the fat
обмыливаніе (ср) жира
saponification (f) de la graisse
saponificazione (f) del grasso
saponificación (f) de la grasa / *saponificació (f) del greix*

---

10 verseifbares Fett (n)
saponifiable fat
обмыливающійся жир (мр)
graisse (f) saponifiable
grasso (m) saponificabile
grasa (f) / *greix (m)* / saponificable

---

11 pflanzliches Fett (n), Pflanzenfett (n)
vegetable fat
растительный жир (мр)
graisse (f) végétale
grasso (m) vegetale
grasa (f) / *greix (m)* / vegetal

---

12 tierisches Fett (n), Tierfett (n)
animal fat
животный жир (мр)
graisse (f) animale
grasso (m) animale
grasa (f) / *greix (m)* / animal

---

13 flüssiges Fett (n)
liquid fat
жидкій жир (мр)
graisse (f) liquide
grasso (m) liquido
grasa (f) liquida / *greix (m) líquid*

---

14 natürliches Fett (n), Naturfett (n)
natural fat
естественный жир (мр)
graisse (f) naturelle
grasso (m) naturale
grasa (f) / *greix (m)* / natural

---

15 säurehaltiges Fett (n)
acid fat
жир (мр), содержащій кислоту
graisse (f) acide
grasso (m) contenente acido
grasa (f) ácida / *greix (m) àcid*

---

16 neutrales Fett (n)
neutral fat
нейтральный жир (мр)
graisse (f) neutre
grasso (m) neutro
grasa (f) neutra / *greix (m) neutre*

---

17 ölartige Flüssigkeit (f)
oily liquid
маслообразная жидкость (жр)
liquide (m) huileux
liquido (m) oleoso
liquido (m) aceitoso / *liquid (m) oliós*

---

18 verseifbares Öl (n)
saponifiable oil
масло (ср), способное обмыливаться
huile (f) saponifiable
olio (m) saponificabile
aceite (m) / *oli (m)* / saponificable

---

19 das Öl verseifen
to saponify the oil
обмылить масло (ср)
saponifier l'huile (f)
saponificare l'olio (m)
saponificar el aceite / *l'oli (m)*

---

20 harzhaltiges Öl (n)
resinous oil
масло (ср), содержащее смолу
huile (f) résineuse
olio (m) resinoso
aceite (m) resinoso / *oli (m) resinós*

---

21 glyzerinhaltiges Öl (n)
oil containing glycerine
масло (ср), содержащее глицерин
huile (f) contenant de la glycérine
olio (m) contenente glicerina
aceite (m) que contiene glicerina / *oli (m) que porta glicerina*

---

22 unverfälschtes Öl (n)
unadulterated oil
нефальсифицированное масло (ср)
huile (f) non falsifiée
olio (m) non adulterato
aceite (m) puro *o* no falsificado / *oli (m) pur*

---

23 verfälschtes Öl (n)
adulterated oil
фальсифицированное *или* поддѣланное масло (ср)
huile (f) falsifiée
olio (m) adulterato
aceite (m) falsificado *o* adulterado / *oli (m) falsificat o adulterat*

---

24 verschnittenes Öl (n)
blended oil
смѣшанное масло (ср)
huile (f) mélangée
olio (m) mescolato *o* tagliato
aceite (m) mezclado / *oli (m) barrejat o copejat*

1	geringwertiges Öl (n) poor oil малоцѣнное масло (ср)	huile (f) inférieure *ou* de basse qualité olio (m) di bassa qualità aceite (m) bajo *o* de calidad inferior / *oli (m) baix o de mala qualitat*
2	weiße Seife (f) white soap бѣлое мыло (ср)	savon (m) blanc sapone (m) bianco jabón (m) blanco / *sabó (m) blanc*
3	schwarze Seife (f), grüne Seife (f), Schmierseife (f) black soap, soft soap черное мыло (ср)	savon (m) noir *ou* vert *ou* mou sapone (m) verde *o* molle, sapone di potassa jabón (m) blando *o* negro *o* de lavandera / *sabó (m) safreig o negre o tou o verd*
4	Milch (f) milk молоко (ср)	lait (m) latte (m) leche (f) / *llet (f)*
5	$K_2 Cr O_4$	chromsaures Kali[um] (n), Chromkali (n), Kaliumchromat (n) potassium chromate хромокислое кали (ср) chromate (m) de potasse cromato (m) di potassio cromato (m) de potasa / *cromat (m) potàssic*
6	$N H_4 Cl$	Salmiak (m), Chlorammonium (n), Ammoniumchlorid (n) ammonium chloride, sal ammoniac нашатырь (мр), хлористый аммоній (мр) sel (m) ammoniac, chlorure (m) d'ammonium cloruro (m) di ammonio, sale (m) ammoniacale sal (f) amoníaca, cloruro (m) amónico / *sal (f) amoníac, clorur (m) amònic*
7	$C_{10} H_7 OH$	Naphthol (n) naphthol нафтол (мр) naphthol (m) naftolo (m) naftol (m)
8	$C H_2 O + H_2 O$	Formalin (n), Formol (n) formalin формалин (мр) formaline (f), formol (m) formalina (f) formalina (f), formol (m)
9	$Na_2 B_4 O_7 + 10 H_2 O$	Borax (m) borax бура (жр), борнокислый натрій (мр) borax (m) borace (m) bórax (m), borato (m) de sosa / *borraix (m), borat (m) de sosa*
10	Sodalösung (f) soda solution раствор (мр) соды	solution (f) de soude soluzione (f) di soda solución (f) / *solució (f)* / de sosa
11	Walkfett (n), Extraktöl (n) grease from felting water валяльный жир (мр)	huile (f) des eaux de foulonnage grasso (m) di gualchiera, estratto (m) grasa (f) de las aguas de batanado / *oli (m) de les aigües de batanat*
12	Ölersatz (m) oil substitute суррогат (мр) масла	succédané (m) de l'huile sostituente (m) d'olio substituto (m) de aceite / *substitutiu (m) d'oli*
13	Abkochung (f) schleimgebender Pflanzen decoction of gelatinous plants отвар (мр) растеній, выдѣляющих слизь	décoction (f) de plantes gélatineuses bollitura (f) di piante gelatinose cocimiento (m) de plantas gelatinosas / *cocció (m) de plantes gelatinoses*
14	Fucus crispus	Carrageen (n), Knorpeltang (m), Perlmoos (n), irländisches Moos (n) Carragheen moss, Irish moss ирландскій мох (мр) carrag[ah]een (m), mousse (f) perlée *ou* d'Irlande carragheen (m) musgo (m) de Irlandia, alga (f) marina / *molsa (f) d'Irlandia, llot (m) verd*
15	Leinsamen (m) linseed льняное сѣмя (ср)	graine (f) de lin seme (m) di lino semilla (f) *o* simiente (f) de lino, linaza (f) / *llavor (m) de lli, llinosa (f)*
16	Seifenwurzel (f) root of soapwort мыльный корень (мр)	racine (f) de la saponaire radice (f) della saponaria raiz (f) de la saponaria / *arrel (f) de la sabonera*
17	Erstarren (n) der Schmälze solidification of the softener застываніе (ср) промасливающаго вещества	solidification (f) de l'ensimage solidificazione (f) del liquido per oliare solidificación (f) del suavizante / *solidificació (f) del suavitzant*
18	erstarrte Schmälze (f) solidified softener застывшое промасливающее вещество (ср)	ensimage (m) solidifié liquido (m) per oliare solidificato suavizante (m) *o* rectificador (m) solidificado / *suavitzant (m) o rectificador (m) solidificat*
19	Niederschlagwasser (n), [Kondensationswasser (n)] water of condensation конденсаціонная вода (жр)	eau (f) de condensation acqua (f) di condensazione agua (f) de condensación / *aigua (f) de condensació*
20	Regenwasser (n) rain water дождевая вода (жр)	eau (f) de pluie acqua (f) piovana agua (f) de lluvia / *aigua (f) de pluja*
21	Schmälze (f) auftragen to apply the softener наносить промасливающее вещество (ср)	appliquer l'ensimage (m) applicare il liquido per oliare aplicar el rectificador, rectificar
22	gleichmäßiges Tränken (n) der Wolle mit dem Schmälzmaterial uniform impregnation of the wool with the softening material равномѣрное пропитываніе (ср) шерсти промасливающим веществом	imprégnation (f) uniforme de la laine par l'ensimage impregnatura (f) uniforme della lana col liquido per oliare impregnación (f) uniforme de la lana con el [material] suavizador / *impregnació (f) uniforme de la llana amb el [material] suavitzador*

1 Einschmälzen (n) mit der Hand
oiling by hand
промасливаніе (ср) вручную
ensimage (m) à la main
oliatura (f) a mano
engrase (m) a mano / *ensimatge (m) a mà*

2 Schmälzkasten (m)
softening tank, oil tank
ящик (мр) для промасливанія
cuve (f) d'ensimage
capsula (f) di oliatura
depósito (m) de aceite o de suavizante / *dipòsit (m) de suavitzant o d'oli*

3 Benetzen (n) mit Seifenwasser
sprinkling with soap water
смачиваніе (ср) мыльной водой
arrosage (m) à l'eau de savon
inaffiamento (m) con acqua di sapone
rociado (m) con agua jabonosa / *ruixat (m) amb aigua sabonosa*

4 Einsprengen (n) der Wolle mittels Gießkanne
sprinkling the wool with a watering can
обрызгиваніе (ср) шерсти лейкой
arrosage (m) *ou* humectage (m) de la laine avec un arrosoir
spruzzamento (m) della lana con un inaffiatoio
rociado (m) de la lana con una regadera / *ruixat (m) de la llana amb una regadora*

5 Einsprengen (n) mit Besen
sprinkling with a broom
спрыскиваніе (ср) метлой
arrosage (m) au moyen d'un balai
spruzzamento (m) con una scopa
rociado (m) con una escoba / *ruixat (m) amb una escombra*

6 schichtenweises *oder* lagenweises Schmälzen (n)
softening by sprinkling in layers
послойное промасливаніе (ср), промасливаніе (ср) слоями
ensimage (m) par couches
ingrasso (m) a strati
engrasado (m) regando a capas / *ensimat (m) ruixant a capes*

7 
aufgeschichteter Wollhaufen (m)
stack of wool in layers
уложенная слоями партія (жр) шерсти
tas (m) de laine en couches
mucchio (m) di lana a strati
pila (f) de lana en capas / *pila (f) de llana en capes*

8 hölzerne Gabel (f)
wooden rake
деревянныя вилы (жр)
râteau (m) en bois
rastrello (m) di legno
rastrillo (m) de madera / *rascle (m) o rastell (m) de fusta*

9 die Wolle durchgabeln
to rake the wool through
ворошить *или* перекидывать *или* перевертывать шерсть вилами
râtisser la laine
rastrellare la lana
rastrillar la lana / *rastellar la llana*

10 Durcharbeiten (n) der besprengten Wolle
thorough mixing of the sprinkled wool
обрабатываніе (ср) спрыснутой шерсти
mélange (f) à fond de la laine arrosée
mescolamento (m) completo della lana spruzzata
mezcla (f) completa de la lana engrasada / *barreja (f) a fons de la llana ensimada*

durcheinandergearbeiteter Wollhaufen (m)
thorough mixed-up stack *or* pile of wool
основательно перемѣшанная партія (жр) шерсти
tas (m) de laine mélangée à fond 11
mucchio (m) di lana bene mescolata
pila (f) de lana completamente mezclada / *pila (f) de llana completament barrejada*

Selbstentzündungsgefahr (f) der geschmälzten Wolle
danger of spontaneous combustion of the oiled wool
опасность (жр) самовоспламененія *или* самовозгоранія промасленной шерсти
danger (m) d'inflammation spontanée de la laine ensimée
pericolo (m) d'accensione spontanea della lana oliata 12
peligro (m) de combustión espontánea de la lana engrasada / *perill (m) de combustió espontània de la llana ensimada*

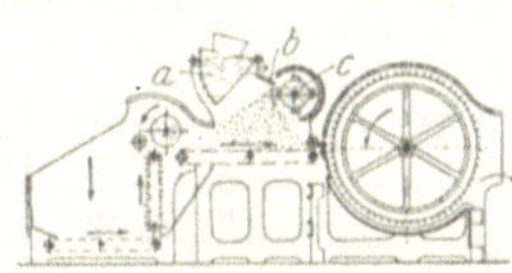

Ölwolf (m), Schmälzwolf (m), Schmierwolf (m)
oiling willow
волчек (мр) для промасливанія
ensimeuse (f) 13
lupo (m) ingrassatore, battitore (m) da oliare
untadora (f), aparato (m) engrasador, batuar (m) ensimador / *batuar (m) ensimador*

a
bewegliches Schmälzgefäß (n)
movable oiling trough
подвижной сосуд (мр) для промасливанія
réservoir (m) mobile du lubrifiant 14
tino (m) d'ingrasso spostabile
artesa (f) de engrase móvil / *pastera (f) d'ensimar mòbil*

abtropfende Schmälze (f)
dropping oil
стекающее масло (ср)
lubrifiant (m) égouttant 15
olio (m) sgocciolante
aceite (m) que gotea / *oli (m) vessat*

b
schräge Kante (f)
inclined edge
наклонный край (мр)
rebord (m) incliné 16
spigolo (m) inclinato
borde (m) inclinado / *vora (f) inclinada*

1 c
Ölzerteilbürste (f)
oil distributing brush
щетка (жр) для разбрызгиванія масла
brosse (f) de distribution de l'huile
spazzola (f) per distribuire l'olio
cepillo (m) rociador *o* distribuidor de aceite / *raspall (m) ruixador o distribuidor d'oli*

2
geschmälzte Wolle (f) spinnen
to spin the oiled wool
прясть промасленную шерсть
filer la laine ensimée
filare la lana oliata
hilar la lana engrasada / *filar la llana ensimada*

3
trockene Wolle (f) spinnen
to spin the dry wool
прясть сухую шерсть
filer la laine sèche
filare la lana secca
hilar la lana seca / *filar la llana seca*

4
k) Krempeln (n) der Wolle
Carding of Wool
Кардочесаніе (ср) шерсти
Cardage (m) de la laine
Cardatura (f) della lana
Cardado (m) de la lana / *Cardat (m) de la llana*

5
α) Allgemeines (n)
General Terms
Общее (ср)
Généralités (f pl)
Generalità (f pl)
Generalidades (f pl)

6
die Wolle krempeln *oder* streichen
to card the wool
прочесывать на кардах шерсть
carder la laine
cardare la lana
cardar la lana / *la llana*

7
Auflösen (n) der Wollbüschel in Einzelfasern
separation of the wool tufts into individual fibres
разрыхленіе (ср) клочьев шерсти на волокна
démêlage (m) des flocons de laine en leurs fibres élémentaires
scioglimento (m) dei fiocchi di lana nei loro elementi
desagregado (m) de los mechones de lana en fibras sueltas / *desfeta (f) dels flocs de llana en fibres elementals*

8
inniges Mischen (n)
intimate *or* thorough mixing
основательное *или* полное смѣшиваніе (ср)
mélange (m) intime
miscela (f) intima
mezcla (f) intima *o* completa / *barreja (f) íntima o completa*

9
gekrempelte Wolle (f)
carded wool
шерсть (жр), прочесанная на кардах
laine (f) cardée
lana (f) cardata
lana (f) / *llana (f)* / cardada

10
Krempelarbeit (f)
carding action
работа (жр) чесальной, чесаніе (ср) на кардах
opération (f) du cardage
lavoro (m) di cardaggio
acción (f) de cardado / *acció (f) de cardat*

11
Wollkrempler (m)
wool carder
чесальщик (мр) на шерстяной фабрикѣ
cardeur (m) de laine
cardatore (m) di lana
cardador (m), encargado (m) del surtido de cardas / *encarregat (m) del assortiment de cardes*

12
Leistung (f) *oder* Ausbeute (f) [*oder* Rendement (n)] der Krempel
output *or* turn-off of the card
выход (мр) прочесаннаго на кардах волокна
rendement (m) de la carde
produzione (f) *o* rendimento (m) della carda
producción (f) / *producció (f)* / de la carda

13
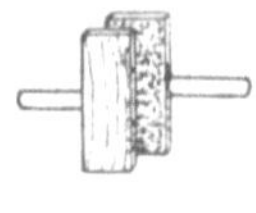
Handkratze (f), Handkardätsche (f)
hand card
ручная карчетка (жр) *или* карда (жр), чесалка (жр)
carde (f) à main, carde plate
carda (f) a mano
carda (f) a mano / *a mà*

14

Krempelroß (n)
tumming *or* carding stock
скамья (жр) с карчетками, козел (мр) с чесалками
banc (m) à carder
banco (m) di carda a mano
banco (m) de carda a mano / *banc (m) de carda a mà*

15 a
festliegendes Handbrett (n)
fixed hand card
закрѣпленная ручная чесалка (жр)
plateau (m) à aiguilles sur bois fixe
carda (f) a mano fissa
placa (f) de carda fija / *collada o fixa*

16 b
bewegliches Handbrett (n)
loose hand card
подвижная ручная чесалка (жр)
plateau (m) à aiguilles sur bois mobile
carda (f) a mano libera
carda (f) a mano móvil / *carda (f) a mà mòbil*

17
Schafwollkrempel (f)
sheep's wool card
кардочесальная (жр) для овечьей шерсти
carde (f) à laine de mouton
carda (f) per lana di pecora
carda (f) de lana de oveja / *carda (f) de llana d'ovella*

18
Streichwollkrempel (f)
woollen card[er], woollen carding engine
кардочесальная (жр) для аппаратной шерсти
carde (f) pour laine courte
carda (f) per lana corta
carda (f) para lana corta / *carda (f) per a llana curta*

19
Walzenkrempel (f), Rollerkrempel (f)
roller and clearer card, worker and stripper card
валичная кардочесальная (жр)
carde (f) à hérisson
carda (f) a cilindri
carda (f) de cilindros / *carda (f) de cilindrets*

20
Krempelsatz (m), [Krempelsortiment (n)]
set of cards
набор (мр) *или* ассортимент (мр) чесальных машин
assortiment (m) de cardes
assortimento (m) di carde
surtido (m) de cardas / *assortiment (m) de cardes*

1 Zweikrempelsatz (m) — two card set — двухкардный набор (мр) *или* состав (мр)
assortiment (m) de deux cardes — assortimento (m) a due carde — surtido (m) de dos cardas / *assortiment (m) de dues cardes*

2 Dreikrempelsatz (m) — three card set — трехкардный набор (мр) *или* состав (мр)
assortiment (m) de trois cardes — assortimento (m) a tre carde — surtido (m) de tres cardas / *assortiment (m) de tres cardes*

3 einfache Krempel (f) — single card — одинарная чесальная (жр)
carde (f) simple — carda (f) semplice — carda (f) sencilla / *senzilla*

4 Doppelkrempel (f) — double card — сдвоенная чесальная (жр)
carde (f) double — doppia carda (f) — carda (f) doble

5 Vorkrempel (f), Reißkrempel (f) — breaker card, scribbler, first breaker — подготовительная *или* грубая чесальная (жр)
carde (f) en gros, grosse carde, carde briseuse — carda (f) in grosso *o* di rottura, prima carda — carda (f) abridora *o* emborradora / *carda (f) obridora o emborradora*

6 Pelzkrempel (f), Vlieskrempel (f) — second breaker — холстовая чесальная (жр)
carde (f) à tambour enrouleur — carda (f) a falda — carda (f) repasadora / *carda (f) repassadora*

7 Vorspinnkrempel (f) — condenser card, finisher card — чесальная (жр) с дѣлителем холста *или* с конденсором
carde (f) fileuse — carda (f) a filare in grosso, carda continua [americana] — carda (f) mechera *o* condensadora *o* acabadora / *carda (f) metxera o filadora o condensadora*

8 Krempelart (f) — type of card — тип (мр) *или* вид (мр) чесальной машины
type (m) de carde — tipo (m) di carda — tipo (m) / *tipus (m)* / de carda

9 β) Krempelspeisung (f) — Card Feed — Питанiе (ср) чесальной
Alimentation (f) de la carde — Alimentazione (f) della carda — Alimentación (f) / *Alimentació (f)* / de la carda

10 Vorlegen (n), Speisen (n) — feeding — заправка (жр), подводка (жр)
alimentation (f) — alimentazione (f) — alimentación (f) / *alimentació (f)*

11 von Hand vorlegen *oder* speisen — to feed by hand — заправлять вручную
alimenter à la main — alimentare a mano — alimentar a mano / *a mà*

12 Wollaufleger (m) — wool supplier — накладчик (мр) шерсти
alimenteur (m) *ou* chargeur (m) de laine — alimentatore (m) di lana — alimentador (m) *o* cargador (m) de lana / *alimentador (m) o carregador (m) de llana*

13 Wollauflegerin (f) — wool supplier — накладчица (жр) шерсти
alimenteuse (f) *ou* chargeuse (f) de laine — alimentatrice (f) di lana — alimentadora (f) de lana / *de llana*

14 Abwiegen (n) der Wollmenge — weighing-off the quantity of wool — взвѣшиванiе (ср) *или* отвѣшиванiе (ср) количества шерсти
pesage (m) de la quantité de laine — pesatura (f) della quantità di lana — pesado (m) de la cantidad de lana / *pesat (m) de la quantitat de llana*

15 abgewogene Fasermenge (f) — weighed-off quantity of fibres — отвѣшанное количество (ср) волокна [шерсти]
quantité (f) de fibres pesée — quantità (f) di lana pesata — cantidad (f) de fibras pesadas / *quantitat (f) de fibres pesades*

16 gleichmäßige Auflage (f) — uniform feed — равномѣрная накладка (жр)
alimentation (f) *ou* étalage (m) uniforme — carica (f) uniforme — alimentación (f) / *alimentació (f)* / uniforme

17 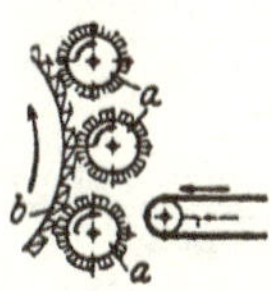

Speisevorrichtung (f) — feeding apparatus — питательное приспособленiе (ср) — appareil (m) d'alimentation — apparato (m) di alimentazione — aparato (m) / *aparell (m)* / alimentador

18 a
Speisewalze (f), Tischwalze (f), Einführwalze (f) — feed roller — питательный *или* настольный *или* подводящiй валик (мр) — rouleau (m) alimentaire — cilindro (m) alimentatore — cilindro (m) de alimentación, entrador (m) / *corró (m) d'alimentació, entrador (m)*

19 Durchrutschen (n) des Spinnstoffes — gliding through of the spinning material — проскальзыванiе (ср) [обрабатываемаго продукта] — échelonnement (m) de la matière textile, passage (m) de la matière textile sans être retenue par les dents du cylindre alimentaire — passaggio (m) della materia tessile sensa essere afferrata dai denti del cilindro alimentatore — resbalamiento (m) de la materia de hilar / *relliscament (m) de la matèria a filar*

20 b
Klettenreinigungswalze (f), Klettenwalze (f), Vorwalze (f), Übertragungswalze (f) — burring roller, taker-in, licker-in — валик (мр) для репья — roule-ta-bosse (m), briseur (m) échardonneur, cylindre (m) échardonneur *ou* égrateronneur *ou* chasseur — cilindro (m) anteriore — cilindro (m) limpiador *o* expulsor *o* desmotador / *lladre (m), corró (m) desmotador*

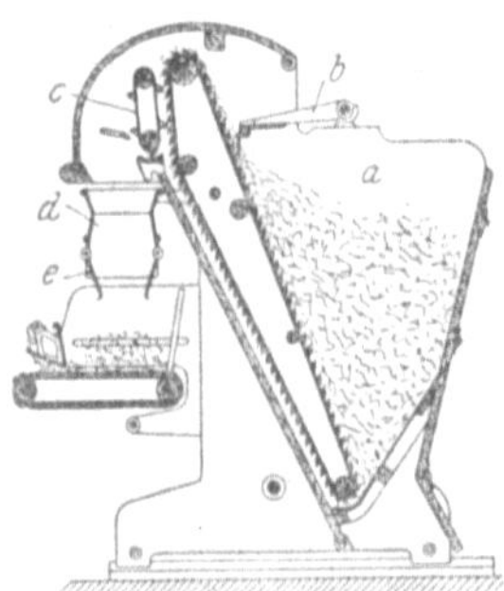

1 selbsttätige Speisevorrichtung (f), Selbstaufleger (m)
automatic feed, automatic hopper feeder, auto-feed
самодѣйствующій питательный аппарат (мр), автоматическій накладчик (мр)
chargeuse (f) automatique
apparato (m) di alimentazione automatica
cargadora (f) automática / *carregadora (f) automàtica*

2 a Vorratsraum (m), Vorratsbehälter (m)
feed hopper
загрузочный ящик (мр), загрузочная коробка (жр), ящик для запаса
boîte (f) *ou* trémie (f) d'alimentation
cassa (f) alimentare
tolva (f) de alimentación / *tremuja (f) d'alimentació*

3 b schwingender Abstreifkamm (m)
oscillating evener comb
регулирующая качающаяся гребенка (жр)
peigne (m) égaliseur oscillant
pettine (m) egualizzatore oscillante
peine (m) regulador *o* igualador / *serreta (f) reguladora o igualadora*

4 c Abstreiftisch (m)
stripping lattice
подающее *или* съемочное безконечное полотно (ср)
tablier (m) détacheur
graticcio (m) spogliatore
tablero (m) descargador / *telera (f) descarregadora*

5 d Wage (f)
scale pan, receptacle of weighing arrangement
чашка (жр) вѣсов
auge (f) peseuse
recipiente (m) alimentatore *o* di pesatura
artesa pesadora / *tremuja (f) pesadora*

6 e Klappboden (m)
hinged bottom
створчатое дно (ср)
fond (m) formant bascule
fondo (m) unito da cerniera
fondo (m) basculante / *fons (m) basculant o a xarnera*

Ausschlagen (n) der Wage — descente (f) de l'auge
going-down *or* swinging back of the scale pan — discesa (f) del recipiente 7
отклоненіе (ср) стрѣлки вѣсов — caida (f) / *caiguda (f)* / de la pesadora

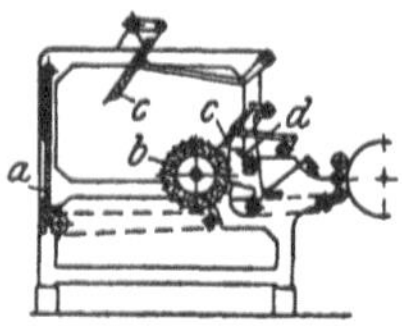

Lemairescher Krempelspeiser (m)
Lemaire's card feeding apparatus
питательный аппарат (мр) чесальных системы Лемэра
appareil (m) d'alimentation de la carde Lemaire 8
apparato (m) di alimentazione per carde Lemaire
aparato (m) / *aparell (m)* / alimentador de carda sistema Lemaire

a bewegliche Rückenwand (f)
movable back board
передвижная задняя стѣнка (жр)
planche (f) arrière mobile 9
parete (f) posteriore spostabile
plancha (f) posterior móvil / *planxa (f) de darrera mòbil*

b Hakenwalze (f)
spiked roller
зубчатый валик (мр)
rouleau (m) à pointes 10
cilindro (m) a punte
cilindro (m) de puntas / *corró (m) amb puntes*

c Abstreifkamm (m)
evener comb
регулирующая гребенка (жр)
peigne (m) égaliseur 11
pettine (m) egualizzatore
peine (m) igualador / *serreta (f) igualadora*

d auf- und niederschnellender Kamm (m)
stripper comb
быстро движующаяся вверх и вниз съемочная гребенка (жр) 12
peigne (m) basculant
pettine (m) pulitore
peine (m) descargador / *serreta (f) descarregadora*

abfahrbar — déplaçable
withdrawable, mounted on wheels — spostabile 13
приспособленный к отводу — separable, móvil / *separable*

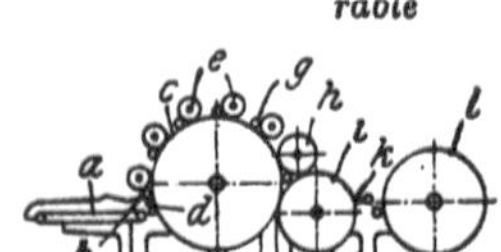

γ) Vorkrempel (f), Reißkrempel (f), Schrubbelmaschine (f) — Carde (f) briseuse
Breaker Card, Scribbler, First Breaker — Carda (f) in grosso 14
Подготовительная *или* грубонадирочная чесальная машина (жр) — Carda (f) abridora / *carda (f) obridora*

1 a
Vorlegtuch (n), Speisetuch (n), Tisch (m)
feeding cloth
питательная рѣшетка (жр)
toile (f) alimentaire
tavola (f) continua di alimentazione, tela (f) fornitrice
tablero (m) alimentador / *telera (f) alimentaria*

2 b
Klettenreinigungswalze (f)
burring roller
репьеочистительный валик (мр)
cylindre (m) échardonneur
cilindro (m) anteriore
cilindro (m) desmotador / *corró (m) desmotador*

3 c
Trommel (f), große Trommel (f), Haupttrommel (f)
swift, drum, [main] cylinder
[большой *или* главный] барабан (мр)
[grand] tambour (m)
tamburo (m) [principale]
gran tambor (m) / *bóta (f)*

4 d
Einziehwalze (f), Einlaßwalze (f), Speisewalze (f)
feed[ing] roller
питательный *или* вводящій валик (мр)
cylindre (m) alimentaire
rullo (m) di alimentazione
cilindro (m) alimentador / *corró (m) d'alimentació*

5 e
Arbeiter (m), Arbeitswalze (f)
worker, roller
рабочій валик (мр)
[cylindre (m)] travailleur (m)
cilindro (m) operatore *o* pettinatore
cilindro (m) trabajador / *cilindret (m)*

6 g
Wender (m), Wendewalze (f)
clearer stripper, stripping roller
бѣгун (мр), съемо-передаточный валик (мр)
cylindre (m) nettoyeur *ou* déchargeur *ou* balayeur *ou* débourreur
cilindro (m) spogliatore
cilindro (m) limpiador *o* descargador *o* escobador / *[corró (m)] pelador (m) o descarregador (m)*

7
doppeltwirkende Wendewalze (f)
double acting stripping roller
бѣгун (мр), работающій на двѣ стороны
cylindre (m) nettoyeur à double action
cilindro (m) spogliatore a doppia azione
cilindro (m) descargador de doble acción / *pelador (m) de doble acció*

8 h
Schnellwalze (f), Bürstenwalze (f), Läufer (m), Ausheber (m), [Volant (m)]
fancy [roller], fly roller
волан (мр), ершик (мр)
volant (m)
cilindro (m) rapido, volante (m)
volante (m) / *volant (m)*

i
Abnehmer (m), Kämmwalze (f), Sammler (m)
doffer, doffing cylinder
вальян (мр), пеньер (мр)
peigneur (m) 9
cilindro (m) scaricatore *o* pettinatore, piccolo tamburo (m), tamburo raccoglitore
llevador (m)

k
Hacker (m)
doffing comb
[съемная] гребенка (жр)
peigne (m) détacheur *ou* nacteur 10
pettine (m) distaccatore
peine (m) descargador / *serreta (f)*

l
Felltrommel (f), Vliestrommel (f), Pelztrommel (f), Aufroller (m)
lap drum
барабан (мр) для навиванія ваточнаго холста, холстовой барабан
tambour (m) enrouleur de nappe 11
tamburo (m) a falda *o* d'avvolgimento
tambor (m) formador de la tela *o* del colchón, tambor napador / *bombo (m) formador del matalàs o de la tela, bombo napador*

12
Beschwerungsrolle (f)
press roller
уплотнительный валик (мр)
cylindre (m) de pression
cilindro (m) di pressione
cilindro (m) prensador / *corró (m) premsador*

13
den Pelz brechen
to break the lap
вскрывать *или* разрывать холст
déchirer *ou* couper la nappe
stracciare la falda
rasgar *o* cortar el colchón o la tela / *estripar o tallar el matalàs o la tela*

14
Abtrennen (n) des Pelzes von der Trommel
breaking the lap from the drum
отдѣленіе (ср) холста от барабана
enlèvement (m) de la nappe du tambour
distaccamento (f) della falda dal tamburo
desgarrado (m) / *estripat (m)* / de la tela

15
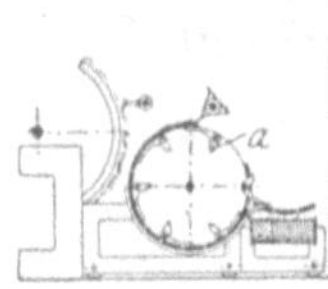

Pelzbrecher (m), Pelzreißer (m), Florbrecher (m)
lap breaker
разрыватель (мр) *или* вскрыватель (мр) холста
coupeur (m) de nappe 15
rompi-tela (m), apparato (m) per stracciare automaticamente la falda
cortador (m) / *tallador (m)* / de la tela

16 a
Klappenwinkel (m)
angular flap lever
шарнирный угольник (мр)
levier (m) coudé du battant 16
leva (f) ad angolo del battente
palanca (f) angular de la compuerta / *del batiport*

17
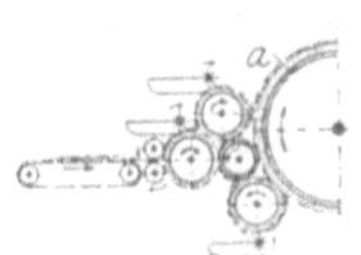

Krempel (f) mit Vorwalze *oder* Vortrommel
card with breast roller
чесальная (жр) с переднним барабаном 17
carde (f) à avant-train
carda (f) ad avantreno
carda (f) con avantrén / *carda (f) amb avant-tren*

1 a
Vorwalze (f), Vortrommel (f)
breast [roller], first swift
передний барабан (мр)
premier *ou* petit tambour (m)
primo tamburo (m)
tambor (m) pequeño / *bóta (f) petita*

2 a
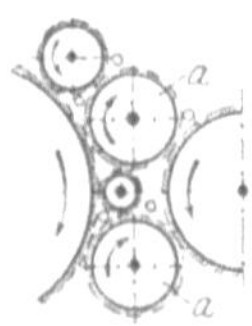
Übertragungswalzen (fpl)
transferring rollers
передаточные валики (мр)
[cylindres (mpl)] transporteurs (mpl)
cilindri (mpl) trasportatori
cilindros (mpl) transportadores / *corrons (mpl) transportadors*

3
Krempel (f) mit zwei Abnehmern, Zweisammlerkrempel (f)
two doffer card
чесальная (жр) с двумя вальянами
carde (f) à deux peigneurs
carda (f) a due tamburi pettinatori
carda (f) de dos llevadores o de doble llevador / *carda (f) de dos llevadors o de doble llevador*

4
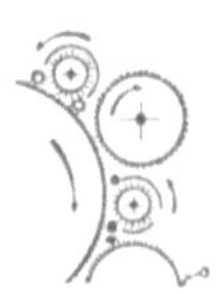
Zweiabnehmeranordnung (f), Zweipeigneursystem (n)
double doffer system
двухвальянная система (жр)
système (m) à double peigneur
sistema (m) a due scaricatori
sistema (m) de doble llevador

5
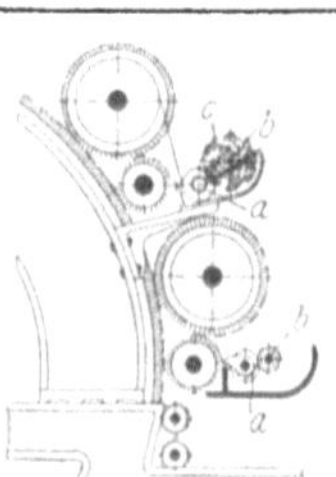
Krempel (f) mit Wollflugsammler
card with fly collector
чесальная (жр) с собирателями шерстяного пуха
carde (f) à collecteur des duvets du volant
carda (f) con raccoglitore dei pulviscoli di lana
carda (f) con recogedor de borrilla / *carda (f) amb recollidor de borrissol*

6 a
Nasenwalze (f)
detaching roller
кулачный валик (мр)
cylindre (n) à nez
cilindro (m) a naso
cilindro (m) desprendedor / *corró (m) desprenedor*

7 b
mit rauhem Stoff bezogene Sammelwalze (f)
felt covered collecting roller
сорный валик (мр), обитый грубым сукном
rouleau (m) collecteur recouvert de feutre
cilindro (m) raccoglitore ricoperto di feltro
cilindro (m) recogedor revestido de fieltro / *corró (m) recollidor revestit de feltre*

8 c
Abfallpelz (m)
waste lap
холст (мр) из очесочнаго пуха
nappe (f) de déchets
falda (f) di cascame
tela (f) de borra

9
die Wolle auswerfen
to throw the wool out
выбрасывать шерсть
rejeter la laine
scaricare la lana
arrojar la lana / *llençar la llana*

10
Flug (m) absetzen
to deposit fly
снимать пух
déposer le duvet
depositare il pulviscolo
depositar la borrilla / *dipositar el borrissol*

11
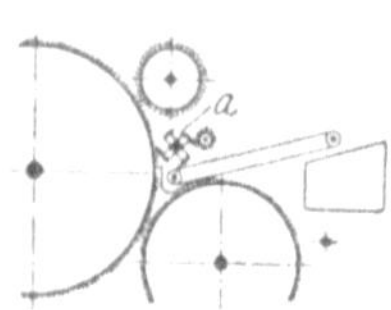
Krempel (f) mit Stichelhaarausscheidevorrichtung
card with dog hair extractor
чесальная (жр) с приспособлением для вычески жесткаго волоса
carde (f) à extracteur des jarres
carda (f) con estrattore dei peli rigidi
carda (f) con extractor de pelo cabrudo / *carda (f) amb extractor de pèl cani*

12 a
Messerwalze (f)
knife roller
вал (мр) с ножами
cylindre (m) à couteaux
cilindro (m) a coltelli
cilindro (m) de cuchillos / *corró (m) de ganivetes*

13
Trommelputzvorrichtung (f)
clearing apparatus for the swift
приспособленіе (ср) для очистки барабана
appareil (m) de débourrage du tambour
dispositivo (m) spazzatamburo
aparato (m) limpiador para el tambor principal / *aparell (m) netejador per a la bóta*

14
Eindringen (n) der Fasern in den Trommelbelag
penetration of fibres into the cylinder covering
проникание (ср) волокон в кардную обивку барабана
pénétration (f) des fibres dans la garniture du tambour
penetrazione (f) delle fibre nella guarnizione del tamburo
penetración (f) de las fibras en la guarnición del tambor / *penetració (f) de les fibres en la guarnició de la bóta*

15
den Flor herausheben
to lift out the sheet of fibres
приподнять ватку
détacher le voile de fibres
levar fuori il velo di fibre
levantar la capa de fibras / *aixecar la capa de fibres*

16
die Schnellwalze tief in die Zähne der Trommel einstellen
to set the fancy deep into the cylindre wires
подвести волан вплотную
faire entrer le volant profondément dans la garniture du tambour
mettere il volante profondamente nella guarnizione del tamburo
hacer entrar el volante profundamente dentro la guarnición / *galgar el volant profundament dins de la guarnició*

17
die Schnellwalze nach dem Gehör einstellen
to set the fancy by ear
устанавливать *или* подводить волан на слух
régler le volant à l'ouïe
regolare il volante per l'orecchio
ajustar el volante al oído / *galgar el volant a la oïda*

1 mit der Schnellwalze kreisender Luftzug (m)
draught of air caused by the fancy roller
вихревое движенiе (ср) воздуха, вызываемое воланом
appel (m) d'air occasionné par le volant
corrente (f) d'aria prodotta dal volante
corriente (f) de aire causada por el volante / *corrent (f) d'aire produida per el volant*

2 Luftzutritt (m)
admission of air
приток (мр) воздуха
entrée (f) de l'air
entrata (f) d'aria
entrada (f) de aire / *d'aire*

3 die Schnellwalze überläuft die Trommel *oder* läuft schneller als die Trommel
the fancy roller has a higher surface speed than the swift
волан (мр) опережает барабан
le volant a une vitesse circonférentielle plus élevée que le tambour
il volante ha una velocità periferica maggiore del tamburo
el volante tiene una mayor velocidad superficial que el gran tambor / *el volant tè una velocitat circumferencial major que la bóta*

4 die Schnellwalze wikkelt
the fancy roller becomes covered with fibres
волан (мр) засоряется *или* наматывает на себя
le volant se charge de fibres
il volante si copre di fibre
el volante llega a vestirse con fibras / *el volant arriva a vestir-se amb fibres*

5 der Volant wirft *oder* kotzt
the fancy roller throws off [the fibres]
волан (мр) сбрасывает увлеченную им шерсть
le volant crache *ou* se décharge
il volante getta via le fibre
el volante expulsa [las fibras] / *el volant llença [les fibres]*

6 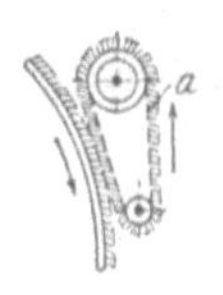
a

Schnellwalzenband (n)
travelling fancy sleeve
лентообразный волан (мр)
volant (m) en forme de tablier sans fin
volante (m) in forma di nastro continuo
volante (m) en forma de tablero sin fin / *volant (m) en forma de telera sens fi*

7 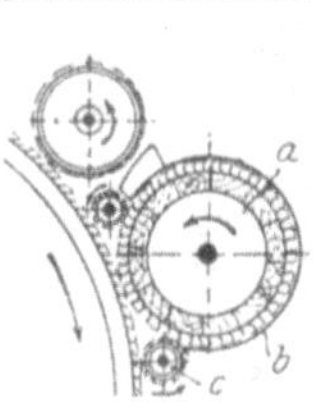

Schnellwalze (f) mit geschlossener Haube
fancy with closed-in cover
волан (мр) с глухим кожухом
volant (m) avec couvercle fermé
volante (m) con coperchio chiuso
volante (m) con tapa cerrada / *volant (m) amb coberta ajustada*

8 a
Schnellwalze (f)
fancy [roller]
волан (мр)
volant (m)
volante (m)
volante (m) / *volant (m)*

9 b
Schnellwalzenhaube (f)
cover to fancy, fancy casing
кожух (мр) *или* колпак (мр) волана
couvercle (m) du volant
coperchio (m) *o* inviluppo (m) del volante
tapa (f) *o* cubierta (f) del volante / *coberta (f) del volant*

c
Flugwender (m), Fangwalze (f)
angle [roller], angle stripper
бѣгун (мр) для пуха
cylindre (m) de duvets, ramasseur (m)
rullo (m) raccoglitore del pulviscolo 10
cilindrito (m) de ángulo, cilindrito arrollador de borrilla / *cilindret (m) d'angle, cilindret enrotllador de borrissol*

Kratzenbeschlag (m)
card covering *or* clothing
кардная обтяжка (жр) *или* обшивка (жр) *или* покрышка (жр) *или* гарнитура (жр)
garniture (f) de carde
guarnizione (f) di carda
guarnición (f) / *guarnició (f)* / de carda 11

der Beschlag bewegt sich in der Zahnrichtung
the covering moves in the direction of the wire points
кардная покрышка (жр) работает по направленію игольных острій
la garniture se déplace dans le sens des pointes
la guarnizione si muove nel senso della dentatura
la guarnición se mueve en la dirección de las puntas de las púas / *la guarnició es mou en la direcció de les puntes de les pues* 12

der Beschlag bewegt sich entgegengesetzt zur Zahnrichtung
the covering moves in the opposite direction of the wire points
кардная покрышка (жр) работает против направленія игольных острій
la garniture se déplace en sens inverse des pointes
la guarnizione si muove nel senso contrario della dentatura
la guarnición se mueve en dirección opuesta a las puntas de las púas / *la guarnició es mou en dirección contrària a les puntes de les pues* 13

Streichfläche (f) *oder* Arbeitsfläche (f) der Krempelwalzen
working surface of the card rollers
надирочная *или* чешущая рабочая поверхность (жр) кардных валиков
surface (f) travaillante des cylindres de carde
zona (f) di lavoro dei cilindri cardatori
superficie (f) de trabajo de los cilindros de carda / *superficie (f) de treball dels corrons de carda* 14

abnehmende Kratze (f)
card with doffing action
съемочная карда (жр)
carde (f) débourreuse
carda (f) spogliatrice *o* spazzatrice
carda (f) descargadora / *carda (f) descarregadora* 15

mit Fasern beladene Walze (f)
roller covered with fibres
покрытый волокнами валик (мр)
cylindre (m) couvert de fibres
cilindro (m) carico di fibre
cilindro (m) cargado de fibras / *corró (m) vestit de fibres* 16

1 Einstellung (f) der Krempelwalzen
setting of the card rollers
установка (жр) *или* подводка (жр) валиков на чесальной
réglage (m) des cylindres de carde
regolazione (f) dei cilindri della carda
ajuste (m) de los cilindros de carda / *galgat (m) dels corrons de carda*

---

2 
verstellbares Zapfenlager (n) der Arbeitswalze
adjustable pivot bearing of worker
переставной подшипник (мр) для цапфы *или* шипа рабочаго валика
palier (m) réglable du pivot du travailleur
sopporto (m) regolabile del perno del cilindro lavoratore
soporte (m) de pivote ajustable del cilindro trabajador / *suport (m) de torrió ajustable del cilindret*

---

3 
Zapfenlager (n) des Wenders
pivot bearing of stripper
подшипник (мр) для цапфы *или* шипа бѣгуна
palier (m) du pivot du nettoyeur
sopporto (m) del perno del cilindro spogliatore
soporte (m) del pivote del cilindro descargador / *suport (m) del torrió del pelador*

---

4 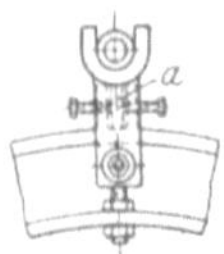
amerikanisches Lager (n)
American [bearing] bracket
американскій подшипник (мр)
palier (m) américain
sopporto (m) americano
soporte (m) americano / *suport (m) americà*

---

5 a
Lagerrippe (f)
bracket rib
ребро (ср) подшипника
nervure (f) du palier
nervatura (f) del sopporto
costilla (f) del soporte / *costella (f) o encaix (m) del suport*

---

6 geschlossenes Lager (n)
closed bearing, bush bearing
закрытый подшипник (мр)
palier (m) fermé
sopporto (m) chiuso
soporte (m) cerrado *o* con casquillo *o* con collarín / *suport (m) tancat o amb dolla o amb casquillo*

---

7 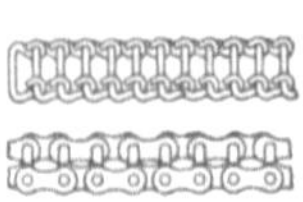
Krempelkette (f)
card [driving] chain
цѣпь (жр) кардной машины
chapelet (m)
catena (f) per l'azionamento della carda
cadena (f) de / *per a* / carda

---

8 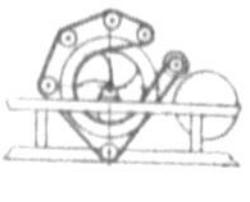
Wenderriemen (m)
clearer strap, stripper strap
ремень (мр) для бѣгунов
courroie (f) des nettoyeurs
cinghia (f) dei cilindri spogliatori
correa (f) de los cilindros desborradores / *corretja (f) dels peladors*

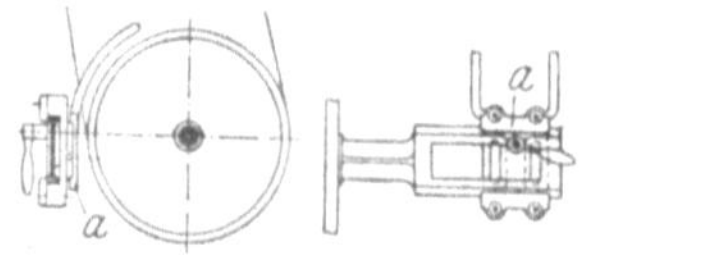

Krempelabsteller (m)
strap fork of card
ременная отводка (жр) кардной машины
fourche (f) de commande de la courroie de la carde 9
forca (f) disbracatrice della carda
horquilla (f) de la correa de la carda / *forquilla (f) de la corretja de la carda*

---

a
Schlitten (m) der Riemengabel
strap fork slide
салазки (жр) ременной вилки
glissière (f) de la fourche 10
scorritoio (m) della forca
corredera (f) de la horquilla / *culissa (f) de la forquilla*

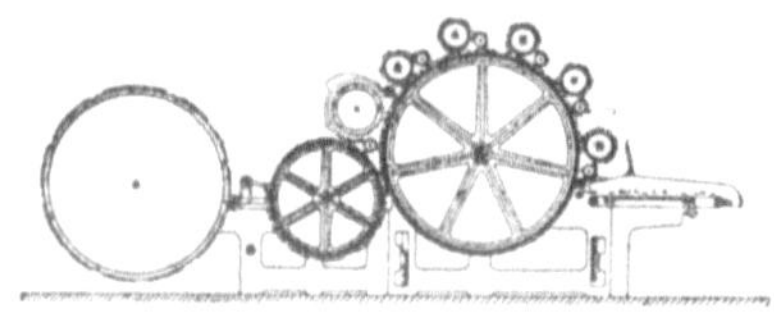

δ) Feinkrempel (f), Pelzkrempel (f), Vlieskrempel (f), Fellmaschine (f)
Second Breaker, Intermediate Card
[Настилочно-] Холстовая [кардо-] чесальная (жр)
Carde (f) à tambour enrouleur *ou* à toile sans fin
Carda (f) ripassatrice o a falda, seconda carda 11
Carda (f) intermedia *o* repasadora, segunda carda / *Carda (f) intermèdia o repassadora, segona carda*

Speisung (f) mit Pelzen *oder* Vliesen *oder* Decken, Pelzübertragung (f), Vliesübertragung (f)
feeding in lap form
питаніе (ср) холстами
alimentation (f) sous forme de nappe
alimentazione (f) o trasporto (m) con falde 12
alimentación (f) *o* transporte (m) / *alimentació (f) o transport (m)* / en forma de tela

---

durch Florwickelung gebildeter Pelz (m)
fleece formed by lapping the webs
холст (мр), образованный навиваніем ватки
nappe (f) formée par des voiles enroulés en spirale
falda (f) formata per avvolgimento del velo 13
colchón (m) formado arrollando el velo / *matalàs (m) format per l'enrotllament del vel*

1 durch Florlegung gebildeter Pelz (m)
fleece formed by superimposing the webs
полстина (жр), образованная накладыванiем ватки
nappe (f) formée par des superpositions de voiles sans fin pliés
falda (f) formata sovrapponendo i veli
colchón (m) formado por la superposición del velo / *matalàs (m) format per la superposició del vel*

2 
Speisung (f) mit Pelzen vom Blamireschen Pelzbildner
feeding with laps from Blamire's lap forming apparatus
питанiе (ср) полстиной системы Бламира
alimentation (f) à nappes du système Blamire
alimentazione (f) con falde prodotte coll'apparecchio Blamire
alimentación (f) con telas formadas con el aparato Blamire / *alimentació (f) amb teles fetes amb l'aparell Blamire*

3 Pelz (m), Vlies (n), Decke (f), Fell (n)
lap
полстина (жр), ваточный холст (мр)
nappe (f)
falda (f)
tela (f), colchón (m) / *tela (f), matalàs (m)*

4 Rohpelz (m)
scribbler lap
сырая *или* грубая полстина (жр)
nappe (f) de la carde en gros
falda (f) della carda in grosso
tela (f) de la carda emborradora

5 Feinpelz (m)
lap from the finisher card
отдѣлочная *или* тонкая полстина (жр)
nappe (f) de la carde en fin
falda (f) della carda in fino
tela (f) de la carda acabadora

6 Längsfaserpelz (m)
lap with fibres in the direction of the feeding
полстина (жр) вдоль волокна
nappe (f) à fibres placées dans le sens de l'alimentation
falda (f) a fibre disposte nel senso dell'alimentazione
tela (f) de fibras dispuestas en la dirección de la alimentación / *tela (f) de fibres dispostes en la direcció de l'alimentació*

7 Querfaserpelz (m)
cross fibre lap
полстина (жр) поперек волокна
nappe (f) à fibres croisées
falda (f) a fibre incrociate
tela (f) de fibras cruzadas / *tela (f) de fibres creuades*

8 Pelzdicke (f)
thickness of lap
толщина (жр) полстины
grosseur (f) de la nappe
grossezza (f) della falda
espesor (m) *o* grueso (m) / *grossària (f) o gruix (m)* / de la tela

9 Pelzgewicht (n)
weight of lap
вѣс (мр) полстины
poids (m) de la nappe
peso (m) della falda
peso (m) / *pes (m)* / de la tela

10 Wiegen (n) der Pelze
weighing of the laps
провѣрка (жр) вѣса полстины
pesage (m) des nappes
pesatura (f) delle falde
pesada (f) de las telas / *les teles*

Stoßstelle (f) der Pelze
joint of laps
мѣсто (ср) стыка холстов
brisure (f) *ou* soudure (f) des nappes
giuntura (f) delle falde 11
uniones (fpl) de las telas / *unions (fpl) de les teles*

Speiserichtung (f)
direction of feed
направленiе (ср) питанiя
direction (f) de l'alimentation
direzione (f) dell'alimentazione 12
dirección (f) de la alimentación / *direcció (f) de l'alimentació*

Übertragung (f) ohne Kreuzung
straight feed
продольное питанiе (ср)
alimentation (f) sans croisement
trasporto (m) senza incrociamento 13
transporte (m) sin cruzar / *transport (m) sense creuar*

die Fasern (fpl) liegen in der Laufrichtung
the fibres lie in the direction of the feed
волокна (ср) расположены по направленiю движенiя
les fibres (fpl) sont placées dans la direction du mouvement
le fibre restano nella direzione dell'alimentazione 14
las fibras quedan en la dirección de la alimentación / *les fibres queden en la direcció de l'alimentació*

Laufrichtung (f) der Fasern
direction in which the fibres move forward
направленiе (ср) движенiя волокон
direction (f) de marche des fibres
direzione (f) di marcia delle fibre 15
dirección (f) de las fibras al avanzar / *direcció (f) de les fibres al avançar*

Bildungsrichtung (f) des Pelzes
direction of formation of the lap
направленiе (ср) образованiя полстины
direction (f) de formation de la nappe
direzione (f) di formazione della falda 16
dirección (f) de formación / *direcció (f) de formació* / de la tela

den Pelz quer vorlegen *oder* mit Kreuzung übertragen
to transfer the lap with the fibres lying in a crosswise direction
наслаивать полстину поперек направленiя передачи
alimenter la nappe avec des fibres posées perpendiculairement au mouvement *ou* parallèlement aux axes de la carde 17
trasportare la falda con incrociamento
transportar la tela con cruzado / *amb creuat*

ins Kreuz gelegtes Vlies (n)
lap laid in a crosswise direction
поперечная полстина (жр)
nappe (f) posée en travers *ou* posée parallèlement aux axes de la carde
falda (f) alimentata nella direzione trasversale 18
tela (f) dejada en una dirección transversal / *tela (f) disposada en una direcció transversal*

die Fasern quer einführen
to feed the fibres across
вводить волокна поперек
alimenter les fibres (fpl) en travers
alimentare le fibre trasversalmente 19
alimentar las fibras / *les fibres* / de través

1 die Fasern (fpl) liegen quer zur Laufrichtung
the fibres lie in a position at right angles to the movement of the lap
волокна (ср) расположены поперек направленія питанія
les fibres (fpl) se placent à angle droit par rapport au mouvement de la nappe
le fibre restano ad angolo retto col movimento della falda
las fibras están dispuestas en ángulo recto del movimiento de la tela / *les fibres están disposades en una posició a angle recte del moviment de la tela*

2 Speisung (f) durch unmittelbare Übertragung
direct feed
питаніе (ср) путем непосредственной передачи
alimentation (f) directe
alimentazione (f) per trasporto diretto
alimentación (f) / *alimentació (f)* / directa

3 Floraufschichtung (f)
superposition of web
наслоеніе (ср) ватки
superposition (f) du voile
sovrapposizione (f) del velo
superposición (f) del velo / *superposició (f) del vel*

4 schichtenweise Aufeinandertäfelung (f) des Flors
superimposing the web in layers
накладываніе (ср) ватки слоями
superposition (f) du voile par couches
sovrapposizione (f) del velo a squame
plegado (m) del velo en capas / *plegat (m) del vel en capes*

5 Florschicht (f)
layer of web
слой (мр) ватки
couche (f) de voile
strato (m) di velo
capa (f) de velo / *de vel*

6 Abführen (n) der Faserschichten
delivery of the fibrous layers
отводка (жр) слоев волокон
sortie (f) des couches de fibres
uscita (f) degli strati fibrosi
salida (f) de las capas fibrosas / *sortida (f) de les capes fibroses*

7 Bandübertragung (f)
ribbon feed
передача (жр) лентою
alimentation (f) à rubans
trasporto (m) a nastro
alimentación (f) por mechas / *alimentació (f) per metxes*

8 
Bandübertragung (f) ohne Kreuzung, ungekreuzte Auflage (f)
straight *or* uncrossed ribbon feed
передача (жр) лентой без перекреста, продольное накладываніе (ср)
alimentation (f) en rubans à fibres en long
trasporto (m) à nastro senza incrociamento, carica (f) non incrociata
alimentación (f) longitudinal de mechas *o* sin cruzar / *alimentació (f) longitudinal de metxes o sense creuar*

9 
Bandübertragung (f) mit Kreuzung
cross ribbon feed, crossed feed
передача (жр) лентой накрест, крестовое накладываніе (ср)
alimentation (f) en rubans à fibres en travers
trasporto (m) a nastro con incrociamento, carica (f) incrociata
alimentación (f) de mecha cruzada / *alimentació (f) de metxa creuada*

halbgekreuzte Auflage (f), Diagonalauflage (f)
half crossed *or* diagonal feed
діагональное накладываніе (ср)
alimentation (f) en diagonale 10
carica (f) disposta diagonalmente
alimentación (f) diagonal *o* semi-cruzada / *alimentació (f) diagonal o semi-creuada o a biaix*

Schrägspeisung (f), Diagonalspeisung (f)
diagonal feed
діагональное питаніе (ср)
alimentation (f) en diagonale
alimentazione (f) a giacitura diagonale 11
alimentación (f) / *alimentació (f)* / diagonal

Querfaserband (n)
ribbon of crossed fibres
лента (жр) [с чесальной] с поперечным расположеніем волокон
ruban (m) de fibres en travers
nastro (m) di fibre trasversali 12
cinta (f) de fibras cruzadas / *veta (f) de fibres creuades*

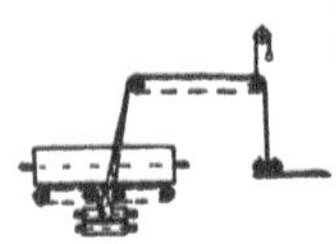
Bandleger (m)
tranference arrangement
приспособленіе (ср) для укладыванія ленты
étaleur (m) 13
apparato (m) alimentatore a nastro
aparato (m) alimentador de cintas / *aparell (m) alimentador de vetes*

Krempelflor (m)
card web, card film
ватка (жр) чесальной
voile (m) de carde
velo (m) di carda 14
velo (m) / *vel (m)* / de carda

gleichmäßig starker Flor (m)
uniform *or* even web
ватка (жр) равномѣрнаго строенія
voile (m) uniforme
velo (m) uniforme 15
velo (m) uniforme / *vel (m) uniforme*

einfacher Flor (m), Einzelflor (m)
single web
одинарная ватка (жр)
voile (m) simple
velo (m) singolo
velo (m) sencillo / *vel (m) senzill* 16

Doppelflor (m)
double web
двойная ватка (жр)
voile (m) double
velo (m) doppio
velo (m) / *vel (m)* / doble 17

mehrfacher Flor (m)
multiple web
многослойная ватка (жр)
voile (m) multiple
velo (m) multiplo
velo (m) múltiple / *vel (m) múltiple* 18

ausgleichende Dopplung (f)
equalising doubling
выравнительное сдваиваніе (ср)
doublage (m) égalisant
addoppiatura (f) egualiante
doblado (m) / *doblat (m)* / igualador *o* compensador 19

den Florabzug regeln
to regulate the tension of the web
регулировать пріем ватки
régler la tension du voile
regolare la tensione del velo 20
regular la tensión del velo / *la tensió del vel*

der Flor sackt
the web sags
ватка (жр) провисает
le voile pend
il velo si piega
el velo cuelga / *el vel penja* 21

der Flor bildet Beutel
the web forms pockets
ватка (жр) образует мѣшки
le voile forme des poches
il velo forma tasche 22
el velo forma bolsas / *el vel fa bosses*

1 Beutelbildung (f)
formation of pockets
образованіе (ср) мѣшков
formation (f) de poches
formazione (f) di tasche
formación (f) de cavidades *o* de bolsas / *formació (f) de bosses*

2 Spannung (f) des Flors
tension of the web
натяженіе (ср) *или* выправка (жр) ватки
tension (f) du voile
tensione (f) del velo
tensión (f) del velo / *tensió (f) del vel*

3 den Flor spannen
to tension the web
натянуть *или* выправить ватку
tendre le voile
tendere il velo
tender el velo / *tivar el vel*

4 Nachlassen (n) des Flors
slackening of the web
слабина (жр) ватки
relâchement (m) du voile
allentamento (m) del velo
aflojado (m) del velo / *afluixament (m) del vel*

5 der Flor läßt nach
the web slackens
ватка (жр) слабнет *или* сдает
le voile lâche
il velo allenta
el velo se afloja / *el vel s'afluixa*

6 Zusammenlegen (n) *oder* Verdichten (n) des Flors
condensing the web
усадка (жр) *или* уплотненіе (ср) ватки
condensation (f) du voile
condensamento (m) del velo
condensación (f) del velo / *condensació (f) del vel*

7 den Flor verdichten
to condense the web
уплотнить ватку
condenser le voile
condensare il velo
condensar el velo / *el vel*

8 Kreuzung (f) der Flore
crossing the webs
скрещиваніе (ср) слоев ватки
croisement (m) des voiles
incrociamento (m) dei veli
cruzado (m) de los velos / *creuat (m) dels vels*

9 Bildung (f) langer Pelze mit Kreuzung
formation of long laps with crossing
образованіе (ср) длинных полстин с крестовой накладкой
formation (f) de rubans longs avec croisement des voiles
formazione (f) di lunghe falde con incrociamento
formación (f) de telas largas con cruzado / *formació (f) de teles llargues amb creuat*

10 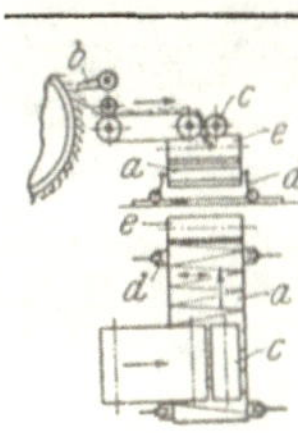

Legevorrichtung (f) von Blamire, Florquerleger (m)
Blamire's feed, batt *or* blanket feed
раскладочный аппарат (мр) системы Бламира
appareil (m) de transport et d'alimentation de Blamire
apparato (m) ad alimentazione trasversale di Blamire
alimentación (f) cruzada Blamire / *alimentació (f) creuada Blamire*

11 a
Lattentuch (n)
lattice
безконечное полотно (ср)
tablier (m)
tavola (f) continua alimentare
tablero (m) / *telera (f)*

12 b
Hacker (m)
stripper
[съемная] гребенка (жр)
peigne (m) détacheur
pettine (m) distaccatore
peine (m) descargador / *serreta (f)*

c
Legevorrichtung (f)
layering apparatus
питатель (мр) раскладочнаго аппарата
appareil (m) de pose **13**
meccanismo (m) per la disposizione delle falde
mecanismo (m) formador de capas / *mecanisme (m) formador de capes*

d
Wagen (m)
carriage
телѣжка (жр) **14**
chariot (m) transporteur
carrello (m)
carro (m)

Falten (n) des Flors
folding the web
складка (жр) ватки
plissage (m) du voile **15**
piegamento (m) del velo
plegado (m) del velo / *plegat (m) del vel*

die Haare (npl) liegen rechtwinklig zur Längsrichtung des Flors
the fibres lie at right angles to the length of the web
волокна (ср) лежат перпендикулярно к продольной оси ватки
les fibres (fpl) se présentent à angle droit dans la longueur du voile **16**
le fibre riposano ad angolo retto nella lunghezza del velo
las fibras se depositan en ángulo recto con la longitud del velo / *les fibres es depositen en angle recte amb la llargada del vel*

e
selbsttätige Aufwickelvorrichtung (f)
automatic lapping apparatus
самодѣйствующее навивающее приспособленіе (ср)
appareil (m) automatique d'enroulement **17**
apparecchio (m) automatico d'avvolgimento
aparato (m) automático formador de telas / *aparell (m) atelador automàtic*

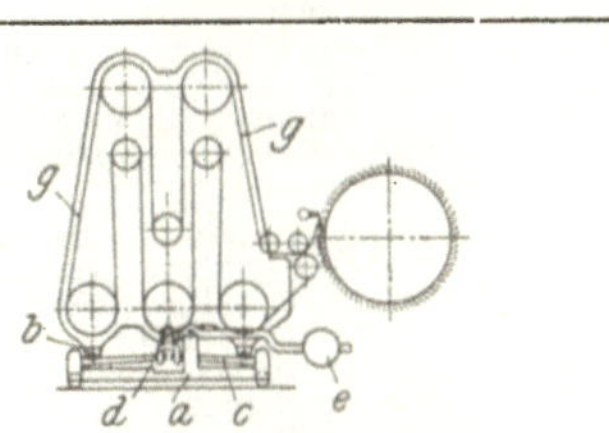

Langpelzvorrichtung (f)
long lap apparatus
аппарат (мр) для полученія расправленной полстины
appareil (m) pour rubans longs **18**
dispositivo (m) per formare lunghe falde
mecanismo (m) para formar telas largas / *mecanisme (m) per a fer teles llargues*

1 a
fahrbares Gestell (n)
travelling frame
катающаяся станина (жр)
bâti (m) déplaçable
telaio (m) spostabile
bancada (f) móvil / *mòbil*

2 b
Mulde (f)
tray
гнѣздо (ср)
auge (f)
cavità (f)
cavidad (f) / *cavitat (f)*

3 c
Wagehebel (m)
balance lever
рычаг (мр) вѣсов
levier (m) de balance
leva (f) a contrappeso
palanca (f) de contrapeso / *de contrapès*

4 d
Verbindungsklammer (f)
connecting clamp
соединительный зажим (мр)
goupille (f) de jonction, genouillère (f)
fermaglio (m) di congiunzione
grapa (f) de unión / *d'unió*

5 e
Ausgleichgewicht (n), Gegengewicht (n)
balance weight
уравнительный вѣс (мр), противовѣс (мр)
poids (m) de balance, contrepoids (m)
contrappeso (m)
contrapeso (m) / *contrapès (m)*

6 g
endloses Tuch (n), [Flor-] Deckentuch (n)
endless cloth
безконечное полотно (ср), полотно для полстины
toile (f) sans fin
tela (f) continua
tela (f) sin fin / *sens fi*

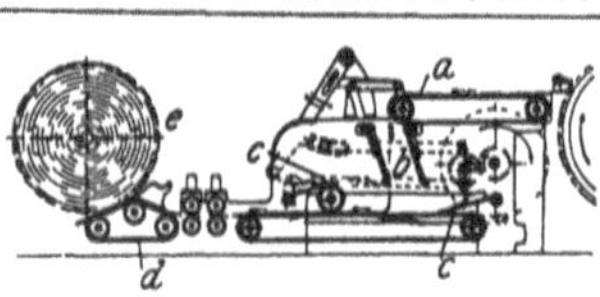

7
Deckenbildevorrichtung (f) mit Florstreifenschichtung
web overlapping apparatus
аппарат (мр) для навиванія полстины с приспособленіем для наслоенія полосок ватки
appareil (m) de transformation du voile en nappe
apparecchio (m) per trasformare il velo in falde
aparato (m) formador de telas por plegado del velo / *aparell (m) formador de teles per plegat del vel*

8 a
Gurtband (n)
web sleeve
безконечное полотно (ср)
toile (f) sans fin
tela (f) continua
tela (f) sin fin conductora del velo / *tela (f) sens fi conductora de vel*

b 9
Legetrichter (m)
layering funnel
раскладочная воронка (жр)
canal (m) de dépôt
imbuto (m) forma-strati
embudo (m) para formar las capas / *embut (m) per a fer les capes*

c 10
Abtrennmesser (n)
cutter, detaching flap
отдѣлительный нож (мр)
couteau (m) séparateur
tagliatore (m), distaccatore (m)
cortador (m), desprendedor (m) / *tallador (m), desprenedor (m)*

d 11
Förderband (n)
lap lattice
питательное полотно (ср)
tablier (m) de la nappe
graticcio (m) per falda
tablero (m) para la tela / *telera (f) per a la tela*

e 12
Wickel (m)
lap
полстина (жр), ваточный холст (мр)
nappe (f)
falda (f)
tela (f), napa (f)

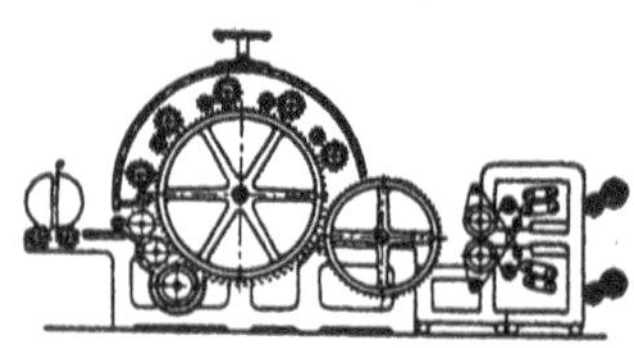

13
e) Vorspinnkrempel (f)
Condenser Card, Finisher Card
Чесальная (жр) с дѣлителем ватки *или* с конденсором
Carde (f) boudineuse *ou* à boudin
Carda (f) a filare in grosso, carda continua [americana]
Carda (f) mechera *o* condensadora *o* acabadora / *Carda (f) metxera o condensadora o acabadora*

14
Vorspinnen (n)
preparation of the condensed sliver
приготовительное пряденіе (ср)
préparation (f) du boudin
filatura (f) in grosso
preparación (f) de la mecha / *preparació (f) de la metxa*

15
Lunte (f) der Vorspinnkrempel
condensed sliver
лента (жр) с чесальной приготовительнаго пряденія
boudin (m)
stoppino (m) sfregato
mecha (f) condensada por frotación / *metxa (f) condensada per frotació*

16
die Fasern (fpl) lang zuführen
to feed the fibres end on
подводить волокна вдоль их оси
alimenter les fibres (fpl) en long
alimentare le fibre in senso parallelo alla lunghezza
alimentar las fibras de punta *o* longitudinalmente / *alimentar les fibres de punta o longitudinalment*

1
Längsfaserspeisung (f)
end-on feeding of the fibres, long fibre feed
питаніе (ср) по длинѣ волокна
alimentation (f) des fibres en longueur
alimentazione (f) delle fibre in senso parallelo alla lunghezza
alimentación (f) de las fibras longitudinalmente / *alimentació (f) de les fibres longitudinalment*

2
Längsfaserband (n)
long-fibre ribbon
лента (жр) с расположеніем волокон по длинѣ
ruban (m) de fibres placées parallèlement au ruban
nastro (m) di fibre disposte in senso parallelo alla lunghezza
cinta (f) de fibras dispuestas longitudinalmente / *veta (f) de fibres disposies longitudinalment*

3
Krempelflor (m)
card web
ватка (жр) чесальной
voile (m) de carde
velo (m) di carda
velo (m) / *vel (m)* / de carda

4
glatter Flor (m)
smooth web
гладкая ватка (жр)
voile (m) lisse
velo (m) liscio
velo (m) liso / *vel (m) llis*

5
haariger *oder* rauher Flor (m)
rough web
ворсистая ватка (жр)
voile (m) duveteux
velo (m) ruvido
velo (m) rugoso / *vel (m) irregular*

6
Zerlegen *oder* Teilen (n) des Flors in Streifen
division of the web into strips
разрѣзаніе (ср) *или* раздѣленіе (ср) ватки на ленты
division (f) du voile en bandes
recisione (f) *o* divisione (f) del velo in strisce
división (f) del velo en tiras / *divisió (f) del vel en tires*

7
den Flor teilen
to divide the web
дѣлить ватку
diviser le voile
recidere *o* dividere il velo
dividir el velo / *el vel*

8
Florstreifen (m)
strip *or* strand of web
лента (жр) из ватки, полоска (жр) ватки
bande (f) du voile
striscia (f) del velo
tira (f) de velo / *del vel*

9
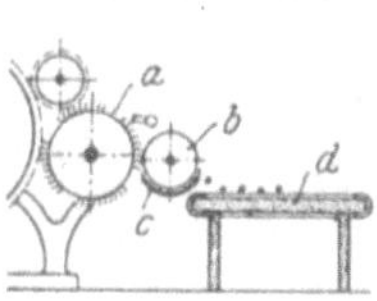

Lockenkrempel (f), Lockenmaschine (f)
cross strip card
чесальная (жр) для обрывной ватки, локонная чесальная
carde (f) à loquettes
carda (f) a loquettes
carda (f) de tiras transversales *o* de bucles / *carda (f) de tires transversals o de rulls*

10
Teilung (f) des Flors in Querstreifen
dividing the web into transverse strips
раздѣленіе (ср) ватки на поперечныя полоски
division (f) du voile en loquettes transversales
divisione (f) del velo in strisce trasversali
división (f) del velo en tiras transversales / *divisió (f) del vel en tires transversals*

a
Beschlaglücke (f) im Sammler
blank space in the doffer clothing
прогал (мр) *или* прогалина (жр) обтяжки *или* кардной обивки вальяна
espace (m) en blanc dans la garniture du peigneur 11
vuoto (m) nella guarnizione del cilindro pettinatore
espacio (m) liso en la guarnición del peinador / *espai (m) llis en la guarnició del pentinador*

Locke (f)
roll
скатанная лента (жр) ватки, локон (мр), завиток (мр)
loquette (f), ploque (f) 12
striscia (f) arrotolata, loquette (f)
bucle (m), tira (f) transversal / *rull (m)*

b
Lockentrommel (f)
fluted roller
барабан (мр) для скатыванія локона
cylindre (m) à nervures 13
cilindro (m) scanalato
cilindro (m) acanalado / *cilindre (m) ratllat*

c
Lockenkasten (m), Lockenschüssel (f), Lockenmulde (f)
roll box, shell
корыто (ср) для скатыванія локона
auge (f) à loquettes 14
canale (m) del cilindro scanalato
mesa (f) cóncava de formación de bucles, mesa curvada de arrollado / *taula (f) còncava de rotllar*

d
Lockentisch (m)
strip table
безконечное полотно (ср) для локонов
table (f) à ploques 15
tavola (f) per loquettes
tablero (m) de entrega de los bucles / *telera (f) d'entrega dels rulls*

16
Lockenband (n), Lokken (fpl) ohne Ende
sliver formed by end to end piecing of transversely cut strips
локонная ровница (жр)
loquettes (fpl) continues
stoppino (m) continuo di loquettes
cinta (f) formada anudando los extremos de las tiras / *veta (f) formada encomanant els caps dels rulls*

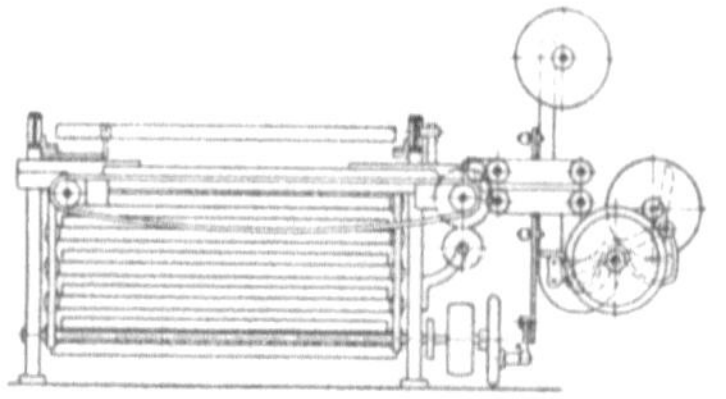

1 Anstückelmaschine (f)
piecing machine, sliver forming machine
присучальная машина (жр)
machine (f) pour former une mèche continue
apparato (m) a collegare le estremità degli stoppini
máquina (f) de anudar o de formar la cinta / *màquina (f) d'encomanar o de fer la vela*

2 teilweise mit Kratzen beschlagener Abnehmer (m), Abnehmer mit Ringbeschlag
ring doffer, doffer with ring fillets
вальян (мр), обтянутый кольцевою кардою с промежутками
peigneur (m) à garniture placée en anneaux *ou* à garniture annulaire
cilindro (m) pettinatore con guarnizione ad anelli
llevador (m) de anillos / *d'anells*

3 vollbeschlagener Hacker (m)
completely toothed doffing comb
[съемная] гребенка (жр) со сплошными зубьями
peigne (m) complètement denté
pettine (m) interamente fornito di denti
peine (m) de todo el ancho / *serreta (f) de tota l'amplada*

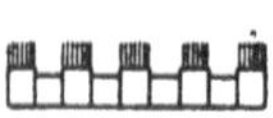

4 Hacker (m) mit Zahnlücken
doffer comb with blank spaces
зубчатая гребенка (жр) с прогалами
peigne (m) avec interruption des dents *ou* avec segments dentés
pettine (m) con spazi vuoti
peine (m) seccional / *serreta (f) seccional*

---

5 Florteiler (m)
[web] divider
дѣлитель (мр) ватки
diviseur (m) du voile
divisore (m) del velo, apparato (m) di recisione *o* di divisione del velo
divisor (m) *o* condensador (m) del velo / *del vel*

---

6 Zerschneiden (n) des Flors
cutting the web
разрѣзаніе (ср) ватки
coupage (m) du voile
recisione (f) del velo
corte (m) del velo / *tall (m) del vel*

---

7 Riemchenflorteiler (m)
leather tape divider, tape condenser, Belgian condenser
ремешковый дѣлитель (мр)
diviseur (m) à lanières, condenseur (m) à courroies
apparato (m) di divisione a cigna, divisore (m) belgio
divisor (m) de correhuelas, condensador (m) de cintas / *divisor (m) de corretjons*

---

8 Kreuzung (f) der Riemen
crossing the leather tapes
перекрещиванiе (ср) ремешков
croisement (m) des lanières
incrocio (m) delle cinghie
cruzado (m) de las correhuelas / *creuat (m) de les corretjons*

---

9 gekreuzte Riemen (mpl)
crossed leather tapes
перекрещенные ремешки (мр)
lanières (fpl) croisées
cinghie (fpl) incrociate
correhuelas (fpl) cruzadas / *corretjons (mpl) creuats*

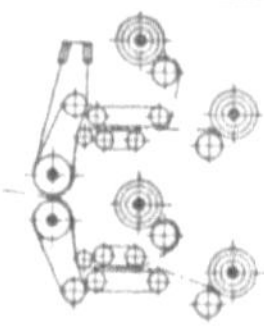

10 Einriemchenflorteiler (m)
single tape divider
одноремешковый дѣлитель (мр)
diviseur (m) à lanière simple
divisore (m) a una sola cinghia
divisor (m) sencillo / *senzill*

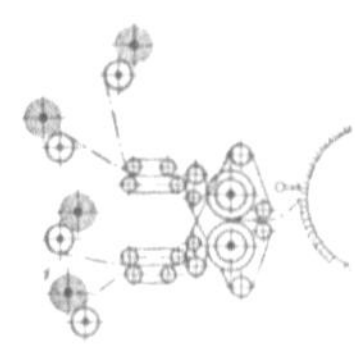

11 Vielriemchenflorteiler (m)
multiple tape divider
многоремешковый дѣлитель (мр)
diviseur (m) à lanières multiples
divisore (m) a cinghie multiple
divisor (m) múltiple

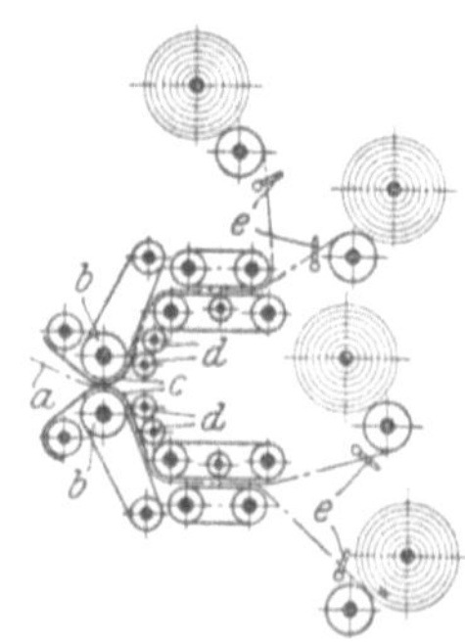

12 Stahlbandflorteiler (m)
steel tape divider, steel tape condenser
дѣлитель (мр) ватки со стальными пластинками
diviseur (m) à bandes d'acier
divisore (m) a nastro d'acciaio
divisor (m) de cintas de acero / *lames d'acer*

---

13 a abgekämmter Flor (m)
doffed web
снятая с вальяна ватка (жр)
voile (m) détaché
velo (m) distaccato
velo (m) / *vel (m)* / del llevador

---

14 b Teilungswalze (f)
dividing roller
разрѣзывающій *или* дѣлительный валик (мр)
rouleau (m) diviseur
cilindro (m) divisore
cilindro (m) / *corró (m)* / divisor

1 c
Stahlband (m)
steel tape, steel band
стальная пластинка (жр)
bande (f) d'acier
nastro (m) o lama (f) o lamina (f) d'acciaio
cinta (f) de acero / *lama (f) o cinta (f) d'acer*

---

2 d
Führungswalze (f)
guide roller
направляющій валик (мр)
rouleau-guide (m)
cilindro (m) di guida
cilindro (m) guía / *corró (m) guiador*

---

3 e
Führungsrechen (m)
guide fork
направляющая гребенка (жр)
fourche-guide (f)
forca (f) di guida
peine (m) guía-mechas, arañero (m) / *pinte (m) guiametxes, aranyer (m)*

4
gehärtetes Stahlband (n)
hardened steel tape
закаленная стальная пластинка (жр)
lanière (f) en acier durci
nastro (m) d'acciaio temperato
cinta (f) de acero endurecido / *cinta (f) d'acer trempat*

5
feststehendes Stahlband (n)
fixed steel tape
закрѣпленная стальная пластинка (жр)
lanière (f) fixe en acier
nastro (m) d'acciaio fisso
cinta (f) de acero fija / *cinta (f) d'acer fixa*

6
bewegliches Stahlband (n)
movable *or* travelling steel tape
подвижная стальная пластинка (жр)
lanière (f) mobile en acier
nastro (m) d'acciaio spostabile
cinta (f) de acero móvil / *lama (f) mòbil*

7
die Stahlbänder (n pl) nutzen sich ab
the steel tapes wear out
стальныя пластинки (жр) изнашиваются
les lanières (f pl) d'acier s'usent
i nastri d'acciaio si consumano *o* si logorano
las cintas de acero se desgastan / *les lames se desgasten*

8
Abnutzung (f) der Stahlbänder
wearing of the steel tapes
изнашиванie (ср) стальных пластинок
usure (f) des lanières d'acier
consumo (m) *o* logoramento (m) dei nastri d'acciaio
desgaste (m) de las cintas de acero / *desgast (m) de les lames*

9
Zusammenrollen (n) der Florbänder
rubbing *or* rounding the strips of web
наматыванie (ср) друг на друга смежных лент ватки
dressage (m) des rubans de voile
addensamento (m) dei nastri di velo
frotado (m) de las tiras del velo / *frotat (m) de les tires del vel*

10
vorübergehende *oder* falsche Drehung (f) geben
to give a false twist
дать временную *или* ложную крутку
donner une fausse torsion
dare una torsione falsa
dar una torsión falsa / *donar una torsió falsa*

11
falscher *oder* vorübergehender Draht (m)
false twist
ложная *или* временная крутка (жр)
fausse torsion (f), torsion passagère
torsione (f) falsa
torsión (f) / *torsió (f)* / falsa

12
Nitscheln (n), Würgeln (n)
rubbing
скатыванie (ср)
frottage (m)
sfregamento (m)
frotado (m) / *frotat (m)*

Nitschelzeug (n), Würgelwerk (n)
rubber gear, rubbing leathers, rubber condenser
скатывающее приспособленie (ср)
appareil (m) frotteur, cuirs (m pl) de frottage, [rota (m)] frotteur (m), condenseur (m) 13
dispositivo (m) *o* cuoi (m pl), di sfregamento, [cuoio (m)] sfregatore (m)
cueros (m pl) *o* manguitos (m pl) frotadores / *cuiros (m pl) frotadors, bosses (f pl)* / rotafrotor (m)

---

a
Nitschelhose (f), Nudelhose (f), Reibband (n)
rubber [leather]
скатывающій рукав (мр), скатывающая безконечная лента (жр) 14
manchon (m), frottoir (m)
nastro (m) di sfregamento
manguito (m) / *mànega (f), bossa (f)*

---

glatte Lederhose (f)
smooth rubbing leather
гладкій кожаный рукав (мр)
cuir (m) de frottage lisse
cuoio (m) di sfregamento liscio
manguito (m) de cuero liso / *bossa (f) de cuiro llis* 15

---

aufgerauhte Lederhose (f)
roughened rubbing leather
замшенный *или* заворсованный кожаный рукав (мр)
cuir (m) de frottage rugueux
cuoio (m) di sfregamento ruvido
manguito (m) de cuero áspero *o* rugoso / *bossa (f) de cuiro aspre o rugós* 16

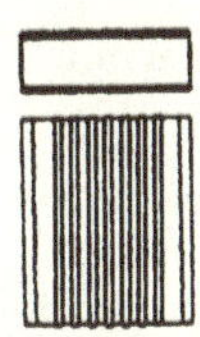

geripte Nitschelhose (f)
ribbed rubbing leather
скатывающій рукав (мр) с острыми ребрышками
cuir (m) de frottage cannelé 17
cuoio (m) di sfregamento con scanalature
manguito (m) de cuero acanalado / *bossa (f) de cuiro rallat*

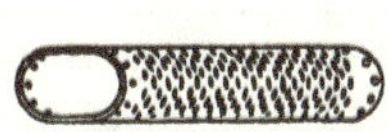

gefräste Nitschelhose (f)
rubbing leather with scraped surface
скатывающій рукав (мр) с фрезерованными углубленіями 18
cuir (m) de frottage fraisé
cuoio (m) di sfregamento con superficie raschiata
manguito (m) con / *bossa (f) amb* / la cara raspada

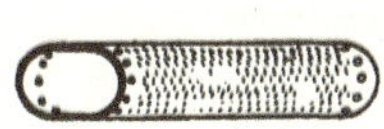

geschnittene Nitschelhose (f)
rubbing leather with cut *or* indented surface
скатывающій рукав (мр) с прорѣзами
cuir (m) de frottage avec surface piquetée 19
cuoio (m) di sfregamento con superficie intagliata
manguito (m) con entallas / *bossa (f) amb entalles* / en la cara

1

kreuzgerippte Nitschelhose (f)
cross ribbed rubbing leather
крестообразно-рифленый скатывающій рукав (мр)
cuir (m) de frottage à surface quadrillée et losangée
cuoio (m) di sfregamento con scanalature incrociate
manguito (m) con acanalado cruzado / *bossa (f) amb ratllat creuat*

2
Nitschelleder (n), Reibleder (n), Laufleder (n)
leather for rubbers
кожа (жр) для скатывающих рукавов
cuir (m) pour manchons
cuoio (m) per sfregatori
cuero (m) para manguitos frotadores / *cuiro (m) per a bosses*

3
Büffelreibleder (n)
buffalo rubber leather
буйволовая кожа (жр) для скатывающих рукавов
manchon (m) en peau de buffle
cuoio (m) di sfregamento di pelle di buffalo
manguito (m) / *bossa (f)* / de búfalo

4
Leder (n) aus Eichenlohgrubengerbung
oak tanned leather
кожа (жр), дубленая дубовою корою в чанах
cuir (m) tanné au chêne
cuoio (m) conciato alla quercia
cuero (m) curtido al roble / *cuiro (m) curtit amb roure*

5
Fleischseite (f) des Leders
flesh side of the leather
мяздровая сторона (жр) кожи
côté (m) chair du cuir
carniccio (m), parte (f) carnosa del cuoio
parte (f) carnosa del cuero, carnaza (f) / *part (f) carnosa del cuiro, carnassa (f)*

6
Haarseite (f) *oder* Narbenseite (f) des Leders
hair *or* grain side of the leather
волосяная сторона (жр) кожи
côté (m) poil du cuir
parte (f) granitica del cuoio
flor (f) del cuero / *del cuiro*

7
Nitschelhose (f) aus Filz und Leder
rubber of felt and leather
скатывающій рукав (мр) из войлока и кожи
manchon (m) en feutre et cuir
nastro (m) di sfregamento di feltro e cuoio
manguito (m) de fieltro y cuero / *bossa (f) de feltre i cuiro*

8
Gumminitschelhose (f), Nitschelhose (f) aus Gummi
rubbing leather of India rubber
резиновый скатывающій рукав (мр)
manchon (m) en caoutchouc
nastro (m) di sfregamento di caucciù
manguito (m) de caucho / *bossa (f) de cautxú*

9
Nitschelfläche (f), Reibungsfläche (f)
rubbing surface
рабочая *или* терочная поверхность (жр) рукава
surface (f) frottante
superficie (f) di sfregamento
cara (f) o superficie (f) frotadora

10
gerippte Reibungsfläche (f)
fluted rubbing surface
поверхность (жр) тренія с продольными ребрами
surface (f) frottante cannelée
superficie (f) di sfregamento scanalata
cara (f) frotadora acanalada / *ratllada*

11
Reibwirkung (f) der Nitschelhosen
rubbing effect of the rubbing leathers
эффект (мр) тренія скатывающих рукавов
effet (m) de frottage des frottoirs
effetto (m) di sfregamento degli sfregatori
efecto (m) frotador de los manguitos de cuero / *efecte (m) frotador de les bosses de cuiro*

12
Anspannen (n) der Nitschelhose
tension of the rubbing leather
натяжка (жр) скатывающих рукавов
tension (f) du cuir de frottage
tensione (f) del cuoio di sfregamento
tensión (f) del manguito de cuero / *tensió (f) de la bossa de cuiro*

13
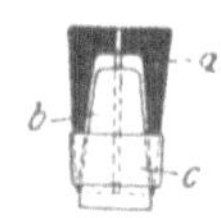

Spannvorrichtung (f) für gewaschene Ledermuffen
tightening arrangement for washed rubber leathers
приспособленіе (ср) для растягиванія мытых кожаных рукавов
dispositif (m) de tension pour les cuirs lavés
dispositivo (m) di tensione per cuoi sfregatori lavati
mecanismo (m) tensor para manguitos de piel lavados / / *mecanisme (m) tensor per a bosses de cuiro rentades*

14
a
geschlitzter Kegel (m)
split cone
прорѣзанный конус (мр)
cône (m) fendu
cono (m) spaccato
cono (m) hendido / *con (m) tallat*

15
b
Keil (m)
wedge
клин (мр)
coin (m)
cuneo (m)
cuña (f) / *falca (f)*

16
c
Muffe (f)
rubbing leather
рукав (мр)
manchon (m)
cuoio (m) di sfregamento
manguito (m) / *bossa (f)*

17
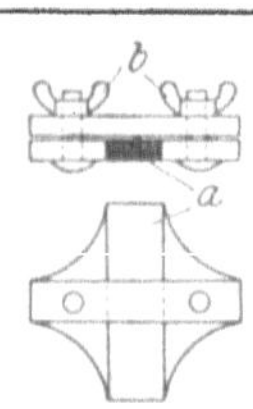

Nitschelhosenspannkreuz (n)
expanding cross for rubbing leathers
крест (мр) для натяжки скатывающих рукавов
croix (f) pour tendre les cuirs
croce (f) a espansione per cuoi di sfregamento
cruz (f) de expansión para manguitos de cuero / *creu (f) expansiva per a bosses*

18
a
Spannarm (m)
expanding arm
натяжное плечо (ср)
bras (m) de tension
braccio (m) d'espansione
brazo (m) / *braç (m)* / extensible

19
b
Flügelmutter (f)
[butter]fly nut, wing nut
барашек (мр)
écrou (m) à oreilles
dado (m) ad alette
tuerca (f) de mariposa / *femella (f) de papallona*

1 Leimen (n) des Laufleders
glueing the rubber leather
склеиванiе (ср) кожаных рукавов
collage (m) des cuirs
incollamento (m) del cuoio di sfregamento
encolado (m) del manguito de cuero / *encolat (m) de la mànega de cuiro*

---

2 Fischleim (m)
isinglass, fish glue
рыбiй *или* осетровый *или* бѣлужiй клей (мр)
colle (f) de poisson
colla (f) di pesce
cola (f) de pescado, colapez (f) / *cola (f) de peix*

---

3 Leimstelle (f) der Hose
glued part of the rubber
мѣсто (ср) склейки рукава
partie (f) collée du cuir
parte (f) incollata dello sfregatore
parte (f) encolada del cuero / *part (f) encolada del cuiro*

---

4 Nachleimen (n)
after-glueing
подклейка (жр)
recollage (m)
incollamento (m) complementare
encolado (m) suplementario / *encolat (m) supletori*

---

5 die Lederhose mit Tran einreiben
to rub the leather with fish oil
натереть кожаный рукав рыбьим жиром *или* ворванью
engraisser le cuir avec de l'huile de poisson
fregare il cuoio con olio di pesce
frotar el cuero con aceite de pescado / *frotar el cuiro amb oli de peix*

---

6 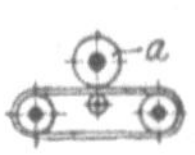

a

Nitschelwalze (f)
rubbing roller
валик (мр) к скатывающему рукаву
cylindre (m) de frottoir
cilindro (m) sfregatore
cilindro (m) / *corró (m)* / frotador

---

7 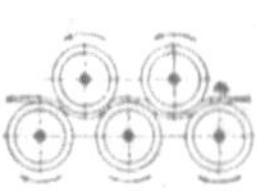

Nitschelzeug (n) mit Walzenstreckung
roller rubbers
скатывающiй аппарат (мр) с вытяжными валиками
frottoir (m) à rouleaux
dispositivo (m) di sfregamento a cilindri
frotador (m) con cilindros / *rota-frotor (m) amb corrons*

---

8 doppelter Abnehmer (m) mit zweifachem Nitschelzeug
double doffer with double rubbers
двойной вальян (мр) с двойным скатывающим аппаратом
double peigneur (m) avec double frotteur
doppio cilindro (m) pettinatore con sfregatori doppi
doble llevador (m) con doble frotador / *amb doble rota-frotors*

---

9 sechsreihiges einfaches Nitschelwerk (n)
six height single rubber condenser
шестирядный одинарный скатывающiй [дѣлительный] аппарат (мр)
condenseur (m) simple à six rangées
sfregatore (m) semplice a sei altezze
condensador (m) de seis juegos de manguitos sencillos / *condensador (m) amb sis jocs de bosses senzilles*

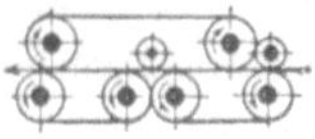

Nitschelzeug (n) mit abgestufter Nitschelung
divided rubbing leathers
скатывающiй [дѣлительный] аппарат (мр) с послѣдовательным скатыванiем
cuir (m) de frottoirs sectionnés, cuir de frottoirs avec division en deux par en-dessous 10
cuoi (mpl) sfregatori divisi
manguitos (mpl) frotadores partidos / *bosses (fpl) partides*

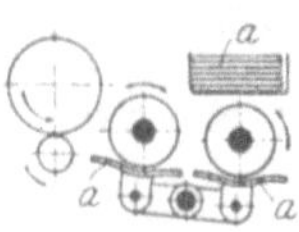

Metallnitschelwerk (n)
metal rubbers
металлическiй скатывающiй аппарат (мр)
frottoirs (mpl) métalliques 11
sfregatori (mpl) di metallo
frotadores (mpl) metálicos / *rota-frotors (mpl) metàl·lics*

---

a

Nitschelplatte (f) mit gerippter Oberfläche
rubbing plate with ribbed surface
скатывающая плита (жр) с рифленой рабочей поверхностью
plaque (f) de frottage à surface cannelée 12
lastra (f) di sfregamento con superficie scanalata
plato (m) frotador con la superficie acanalada / *plat (m) frotador amb la superficie rallada*

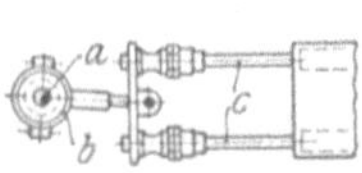

Nitschelzeugantrieb (m)
driving for the lateral movement of the rubbing leathers
привод (мр) скатывающаго аппарата
commande (f) du mouvement latéral des cuirs de frottage 13
comando (m) per il movimento laterale dei cuoi di sfregamento
mando (m) para el movimiento lateral de los manguitos frotadores / *accionament (m) per al moviment lateral de les bosses*

---

a

senkrechte *oder* lotrechte Welle (f)
vertical shaft
вертикальный вал (мр) 14
arbre (m) vertical
albero (m) verticale
árbol (m) / *arbre (m)* / vertical

---

b

Nitschelhubscheibe (f), [Nitschelexzenter (n)]
rubber eccentric
эксцентрик (мр) для скатывающаго аппарата
excentrique (m) des cuirs 15
eccentrico (m) degli sfregatori
excéntrico (m) de los manguitos / *excèntric (m) de les bosses*

1 c
Nitschelwalzenachse (f)
axle of rubbing rollers
ось (жр) валика скатывающаго рукава
axe (m) des cylindres de frottoir
asse (m) dei cilindri sfregatori
eje (m) de los cilindros frotadores / *eix (m) dels corrons frotadors*

2
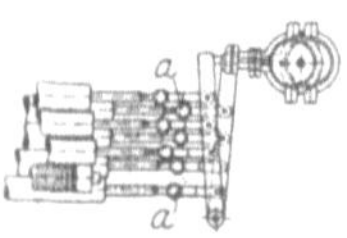
Nitschelwerk (n) mit zunehmendem Hub
rubbers with increasing traverse
скатывающій аппарат (мр) с возрастающим подъемом *или* ходом
frottoir (m) avec course augmentante
sfregatori (mpl) con corsa aumentante
frotadores (mpl) con cursa creciente / *rota-frotors (mpl) amb cursa creixent*

3
regelbarer Nitschelhub (m)
adjustable traverse of rubbing leathers
регулируемый скатывающій ход (мр)
course (f) réglable des frottoirs
corsa (f) regolabile degli sfregatori
cursa (f) ajustable de los frotadores / *dels rota-frotors*

4
Nitschelhub (m), Würgelhub (m)
traverse of rubbing leathers
полный ход (мр) скатывающаго аппарата
course (f) des frottoirs
corsa (f) degli sfregatori
cursa (f) de los frotadores / *dels rota-frotors*

---

5 a
Kugelgelenk (n)
ball joint
шаровой шарнир (мр)
joint (m) à boulet, joint *ou* articulation (f) sphérique
articolazione (f) o cerniera (f) sferica
articulación (f) esférica / *articulació (f) esfèrica o de ròtula*

6
genitschelter *oder* gewürgelter Vorgarnfaden (m)
condensed sliver
скатанная *или* закатанная ровница (жр)
mèche (f) de frottoir, boudin (m)
stoppino (m) sfregato
mecha (f) condensada por frotación / *metxa (f) condensada per frotació*

7
Randfäden (mpl), Eckfäden (mpl), Abfallfäden (mpl)
outside slivers
кромочныя нити (жр)
fils (mpl) de lisière
fili (mpl) esteriori
mechas (fpl) falsas *o* de las orillas / *metxes (fpl) falses o de les vores, caps (mpl) dolents, vores (fpl)*

8
zusammengelaufene Fäden (mpl), Doppelfaden (m)
double [ends]
слившіяся *или* двойныя нити (жр) *или* двойни (жр)
fils (mpl) doubles, mariage (m)
fili (mpl) doppi
cabos (mpl) dobles, casamiento (m) / *caps (mpl) dobles, casament (m), metxes (fpl) casades*

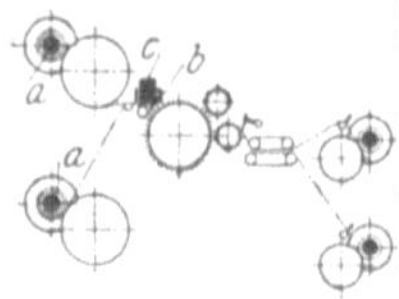
Verfeinerungskrempel (f)
card with roving feed
чесальная (жр) для утоненія ровницы
carde (f) avec alimentation de boudins
carda (f) con alimentazione di stoppini
carda (f) con alimentación de mechas / *carda (f) amb alimentació de metxes* 9

---

a
Vorgarnrolle (f)
condenser bobbin
катушка (жр) с ровницею
bobine (f) d'alimentation
bobina (f) di alimentazione
carrete (m) *o* bobina (f) de mecha / *rodet (m) o bobina (f) de metxa* 10

---

b
Preßmulde (f) mit Führungsrinnen
press dish with guiding flutes
нажимной желоб (мр) с направляющими дорожками
auge (f) avec cannelures de guidage
placca (f) di pressione con scanalature di guida
plato (m) de presión con canales guías / *plat (m) de pressió amb canals guies* 11

---

c
Preßstück (n)
pressure bar
самогрузочная планка (жр)
barre (f) de pression
asta (f) di pressione
varilla (f) de presión / *barra (f) de pressió* 12

---

1) Kratzenbeschlag (m)
Card Clothing
Обтяжка (жр) *или* покрышка (жр) *или* обивка (жр) кардою, кардная гарнитура (жр)
Garniture (f) de carde
Guarnizione (f) di carda
Guarnición (f) / *Guarnició (f)* / de carda 13

α) Besonderheiten (fpl) der Kratzenbeschläge
Characteristics of Card Clothings
Особенности (жр) кардовых покрышек
Caractéristiques (fpl) des garnitures de carde
Caratteristiche (fpl) delle guarnizioni di carda
Caracteristicas (fpl) de las guarniciones de carda / *Característiques (fpl) de les guarnicions de carda* 14

Kratzenbeschlag (m) mit Stoffgrund
card clothing with cloth foundation
кардная покрышка (жр) с основанием из ткани
garniture (f) de carde avec fond en tissu
guarnizione (f) di carda con fondazione in tessuto
guarnición (f) de carda con fundación de tejido / *guarnició (f) de carda amb patén de teixit* 15

1
Kratzenbeschlag (m) mit Grund aus Stoff und Filz
card clothing with cloth and felt foundation
кардная покрышка (жр) с основанiем из ткани и войлока
garniture (f) de carde avec fond en tissu et feutre
guarnizione (f) di carda con fondazione in tessuto e feltro
guarnición (f) de carda con fundación de tejido y fieltro / *guarnició (f) de carda amb patén de teixit i feltre*

2
Kratzenbeschlag (m) mit Grund aus Leder und Stoffauflage
card clothing with leather and cloth foundation
кардная покрышка (жр) с основанiем из кожи, покрытой тканью
garniture (f) de carde avec fond en cuir et tissu
guarnizione (f) di carda con fondazione in cuoio e tessuto
guarnición (f) de carda con fundación de cuero y tejido / *guarnició (f) de carda amb patén de cuiro i teixit*

3
Kautschukstoff (m)
India rubber cloth
резиновая *или* каучуковая ткань (жр)
tissu (m) en caoutchouc
tessuto (m) di caucciù
tejido (m) de caucho / *teixit (m) de cautxú*

4
Wollstoff (m)
woollen cloth
шерстяная ткань (жр)
tissu (m) de laine
tessuto (m) di lana
paño (m) de lana / *drap (m) de llana*

5
Eisendrahtkratzenbeschlag (m)
iron wire card clothing
кардная покрышка (жр) с иглами из желѣзной проволоки
garniture (f) de carde en fil de fer
guarnizione (f) di carda con punte di ferro
guarnición (f) de carda con púas de hierro / *guarnició (f) de carda amb pues de ferro*

6
Stahldrahtkratzenbeschlag (m)
steel wire card clothing
кардная покрышка (жр) со стальной проволокой
garniture (f) de carde en fil d'acier
guarnizione (f) di carda con punte d'acciaio
guarnición (f) de carda con púas de acero / *guarnició (f) de carda amb pues d'acer*

7
Kratzenbeschlag (m) aus verzinntem Stahldraht
tinned steel wire card clothing
кардная покрышка (жр) из луженой стальной проволоки
garniture (f) de carde en fil d'acier étamé
guarnizione (f) di carda con punte d'acciaio stagnato
guarnición (f) de carda con púas de acero estañado / *guarnició (f) de carda amb pues d'acer estanyat*

8
Kratzenzahn (m)
card staple
кардный зуб (мр), кардная скобка (жр)
dent (f) de carde
dente (m) di carda
alambre (m) / *filferro (m)* / de carda

9
x Kratzenzähne (fpl) auf *y* Quadratzentimeter, Kratzenbeschlagnummer (f)
x staples per *y* square centimetres, count of wire
x кардныя скобки в *y* квадратных сантиметров
x dents (fpl) par *y* centimètres carrés, peuplage (m) des dents de la carde
x denti (mpl) per *y* centimetri quadrati, numero (m) della guarnizione
x alambres (mpl) por *y* centímetros cuadrados, número (m) de la guarnición / *x filferros (mpl) per y centímetres quadrats, nombre (m) de la guarnició*

10
Kratzenstich (m)
set of wires
набор (мр) зубьев карды
boutage (m) des dents
disposizione (f) dei denti
tejido (m) *o* insertado (m) de los alambres / *teixit (m) o clavat (m) dels filferros*

11
grober Kratzenbeschlag (m)
coarse wire clothing
грубая кардная покрышка (жр)
garniture (f) de carde à grosses dents
guarnizione (f) di carda a denti grossi
guarnición (f) de carda con alambres gruesos / *guarnició (f) de carda amb dents groixudes*

12
feiner Kratzenbeschlag (m)
fine wire clothing
тонкая кардная покрышка (жр)
garniture (f) de carde à dents fines
guarnizione (f) di carda a denti fini
guarnición (f) de carda con alambres finos / *guarnició (f) de carda amb filferros fins*

13
Zahnstellung (f)
position of wire points
размѣщенiе (ср) *или* расположенiе (ср) зубьев
position (f) des aiguilles
posizione (f) delle punte
posición (f) de las púas / *posició (f) de les pues*

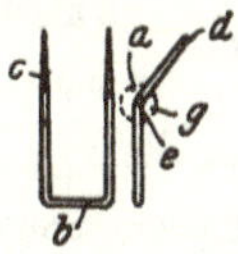

14
Kratzenzahnform (f)
shape of card wire
форма (жр) зубьев карды
forme (f) des aiguilles
forma (f) delle punte di carda
forma (f) de las púas / *de les pues* / de carda

15
a
Kratzenknie (n)
knee of card wire
колѣнчатый изгиб (мр), колѣно (ср) кардной скобки
genou (m) de l'aiguille
ginocchio (m) della punta di carda
rodilla (f) / *genoll (m)* / de la púa

16
b
Kratzenzahnsteg (m)
crown of staple
спинка (жр) скобочки *или* зуба
pied (m) de la dent
corona (f) del dente
espalda (f) *o* base (f) del alambre / *espatlla (f) o base (f) del filferro*

17
c
Zahnschenkel (m), Kratzenzahnspitze (f)
point of card wire
ножка (жр) скобочки *или* зуба, кардная игла (жр)
aiguille (f) de la dent de carde
punta (f) *o* ago (m) del dente di carda
púa (f) del diente de carda / *pua (f) del filferro de carda*

18
Fangkante (f) *oder* Schnittfläche (f) des Kratzendrahtes
carding edge *or* ground flat top of the wire
отточенная оконечность (жр) кардной иглы
arête (f) de l'extrémité de la dent
estremità (f) cardante del dente
punta (f) cardante *o* extremo (m) esmerilado de la púa / *punta (f) cardant o cap (m) esmerilat de la pua*

1 d
Zahnspitze (f), Drahtspitze (f)
tip of the card tooth
жало (ср) *или* остріе (ср) зуба
pointe (f) de l'aiguille
punta (f) dell'ago
punta (f) de la púa / *de la pua*

---

2 e
Kniescheitel (m)
bending point
вершина (жр) угла колѣна
point (m) de courbure
punto (m) di piegatura
punto (m) de acodado / *punt (m) d'acolsat*

---

3 g
Kniewinkel (m)
angle of bend
угол (мр) колѣна
angle (m) de genou
angolo (m) della piega
ángulo (m) del codo / *angle (m) del colze*

4

Kratzenzahn (m) mit Doppelknie
card wire with double knee
кардная скобка (жр) с двойным колѣном
dent (f) de carde à double courbure *ou* à double genou
dente (m) di carda con doppio ginocchio
púa (f) de carda con doble rodilla / *pua (f) de carda amb doble genoll*

5
Nadelspitzband (n)
needle pointed filleting
кардная лента (жр) с зубьями, имѣющими игольчатыя остріа
ruban (m) de carde avec dents à pointe d'aiguille
nastro (m) di guarnizione con punte d'ago
guarnición (f) con punta de aguja / *guarnició (f) amb punta d'agulla*

6
Schnellwalzenband (n) aus Leder
fancy filleting of leather foundation
кардная лента (жр) для волана с кожаным основаніем
ruban (m) de volant à base en cuir
nastro (m) di guarnizione del volante con fondazione di cuoio
guarnición (f) de volante con fundación de cuero / *guarnició (f) del volant amb patén de cuiro*

7

Schnellwalzenbeschlag (m) mit zwischengelegten stärkeren Zähnen
fancy filleting with interspersed stronger points
обивка (жр) волана кардою с промежуточными болѣе толстыми зубьями
garniture (f) de volant avec aiguilles plus fortes intercalées
guarnizione (f) del volante con aghi più forti ad intervalli
guarnición (f) de volante con púas interpuestas más resistentes / *guarnició (f) de volant amb pues interposades més fortes*

8

Schnellwalzenbeschlag (m) mit Zahnlücken
fancy filleting with blank spaces
обивка (жр) волана с прогалами
garniture (f) de volant avec espaces blancs
guarnizione (f) del volante con spazi vuoti
guarnición (f) de volante con espacios libres / *guarnició (f) de volant amb espais lliures*

9
Sektoraldraht (m)
sector wire
секторальная проволока (жр)
fil (m) triangulaire convexe sur une face
filo (m) settorale
alambre (m) triangular con una cara convexa / *filferro (m) triangular amb una cara convexa*

10
Sägezahn (m)
saw tooth
пиловидный зуб (мр)
dent (f) de scie
dente (m) di sega
diente (m) de sierra / *dent (f) de serra*

11
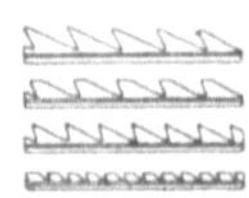
Sägezahndrahtbeschlag (m)
saw tooth wire filleting, Garnett clothing
кардная покрышка (жр) с пилообразными зубьями
garniture (f) Garnett, garniture (f) en dent de scie
guarnizione (f) a denti di sega, guarnizione (f) Garnett
guarnición (f) Garnett o de dientes de sierra / *guarnició (f) Garnett o de dents de serra*

12
β) <u>Aufziehen (n) des Kratzenbeschlags, Beschlagen (n) der Krempel</u>
<u>Mounting the Card Clothing</u>
<u>Обивка (жр) чесальной кардою</u>
<u>Montage (n) de la garniture de carde</u>
<u>Montatura (f) della guarnizione di carda</u>
<u>Montura (f) de la guarnición de carda / *Muntatge (m) de la guarnició de carda*</u>

13
den alten Beschlag abreißen *oder* abnehmen
to remove the old clothing
сорвать *или* снять старую обивку
arracher *ou* enlever la vieille garniture
levare la vecchia guarnizione
quitar o arrancar la guarnición vieja / *treure o arrencar la guarnició vella*

14

Trommel (f) mit Holzbelag
cylinder with wooden lagging
барабан (мр) с деревянным покровом
tambour (m) avec garniture en bois
cilindro (m) con guarnizione di legno
tambor (m) de duelas de madera / *de delgues de fusta*

15
Walze (f) mit Gipsbelag
roller with plaster lagging
валик (мр) с гипсовым покровом
rouleau (m) avec garniture en plâtre
cilindro (m) con guarnizione di gesso
tambor (m) de estuco / *bóta (f) estucada*

1
unrunde Walze (f)
untrue roller
валик (мр) некруглаго сѣченія
rouleau (m) tournant faux-rond
cilindro (m) non esattamente circolare
tambor (m) no cilíndrico / *bóta (f) incorrecta*

2
die Walze abdrehen
to turn-up the roller
сточить валик
tourner le cylindre, cylindrer le rouleau
tornire il cilindro
tornear el tambor / *tornejar la bota*

3
Abdrehstahl (m)
turning tool
токарный рѣзец (мр)
outil (m) à tourner
utensile (m) per tornire
herramienta (f) de tornear / *eina (f) de tornejar*

4
die Walze beschlagen
to cover the roller with clothing
обтянуть валик кардою
recouvrir le cylindre de garniture
ricoprire il cilindro colla guarnizione, guarnire il cilindro
recubrir el cilindro de guarnición, guarnecer el cilindro / *recobrir el corró de guarnició, guarnir el corró*

5
Aufziehen (n) der Kratzenblätter
mounting the card sheets
нашивка (жр) *или* прибивка (жр) кардных пластин
montage (m) des garnitures en forme de plaques
montatura (f) dei fogli di guarnizione
montura (f) de placas de guarnición / *muntatge (m) de plaques de guarnició*

6
Aufziehen (n) der Bandkratzen
mounting the card fillets
обтяжка (жр) кардными лентами
montage (m) des garnitures en forme de rubans
montatura (f) dei nastri di guarnizione
montura (f) de las cintas de carda / *muntatge (m) de les cintes de carda*

7
das Kratzenband [*oder* Garniturband] anziehen *oder* spannen
to put tension on the fillet
натягивать ленту гарнитуры
tendre le ruban de la garniture
tendere il nastro di guarnizione
tender / *tivar* / la cinta de la carda

8

Vorrichtung (f) zum Aufziehen der Kratzen mit Hand
apparatus for mounting the card filleting by hand
приспособленіе (ср) для обтяжки карды вручную
dispositif (m) pour le montage à la main du ruban de la garniture
apparecchio (m) per montare a mano il nastro di guarnizione
aparato (m) para montar a mano la cinta de carda / *aparell (m) per a muntar a mà la cinta de carda*

9
a
Aufziehbaum (m)
tension bar
тормазной и направляющій брус (мр)
barre (f) de tension
albero (m) o asta (f) di tensione
barra (f) tensora

10
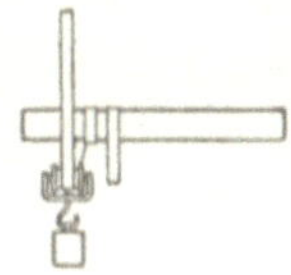
Kratzenaufziehvorrichtung (f) mit Gewichtsbelastung
dead weighted card mounting apparatus
приспособленіе (ср) для обтяжки карды с нагрузкою гирею
dispositif (m) de montage des garnitures avec contre-poids
dispositivo (m) per montare le guarnizioni con contrappeso
aparato (m) para montar las guarniciones con contrapeso / *aparell (m) per a muntar les guarnicions amb contrapès*

11
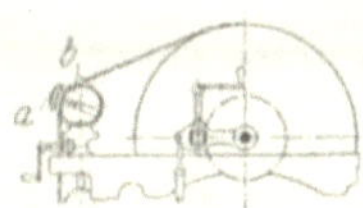

selbsttätige Kratzenaufziehvorrichtung (f)
automatic card mounting apparatus
самодѣйствующее приспособленіе (ср) для обтяжки барабана кардою
appareil (m) automatique de montage des garnitures
apparecchio (m) automatico per montar le guarnizioni
aparato (m) o torno (m) automático para montar las guarniciones / *aparell (m) o torn (m) automàtic per a muntar les guarnicions*

12
a
Bremse (f)
brake
тормаз (мр)
frein (m)
freno (m)
freno (m) / *fre (m)*

13
Zunahme (f) der Bandspannung
increase of tension on fillet
возрастаніе (ср) напряженія [кардной] ленты
augmentation (f) de tension sur le ruban
aumento (m) della tensione sul nastro
aumento (m) de tensión sobre la cinta / *augment (m) de tensió sobre la cinta*

14
b
Stufentrommel (f)
step cone
коническій *или* ступенчатый барабан (мр)
tambour (m) à étages
tamburo (m) a gradini
cono (m) de poleas / *con (m) de politges*

15
Vorschlagen (n)
pricking previous to tacking
предварительное прикрѣпленіе (ср)
pointage (m)
perforazione (f) prima dell'inchiodamento
apuntado (m) con punzón antes de clavar / *apuntat (m) amb punxó avans de clavar*

16

einfacher Vorstecher (m)
single pricker
простое *или* одинарное шило (ср)
piqueur (m) *ou* pointeur (m) simple
perforatore (m) *o* punteruolo (m) singolo
punzón (m) sencillo / *punxó (m) senzill*

1 

mehrfacher Vorstecher (m)
multiple pricker
многозубое шило (ср)
piqueur (m) *ou* pointeur (m) multiple
perforatore (m) *o* punteruolo (m) multiplo
punzón (m) / *punxó (m)* / múltiple

2 aufnageln
to nail-on
прибивать гвоздями
clouer
inchiodare
clavar

3 Nageln (n) *oder* Aufnageln (n) der Blätter
nailing-on the sheets
пришиванiе (ср) пластин гвоздями
clouage (m) des plaques
inchiodamento (m) dei fogli
clavamiento (m) de las placas / *clavat (m) de les plaques*

4 Nagel (m), Kammzwecke (f)
tack
кардный гвоздь (мр)
clou (m)
chiodo (m)
tachuela (f) / *tacha (f), gavarrot (m)*

5 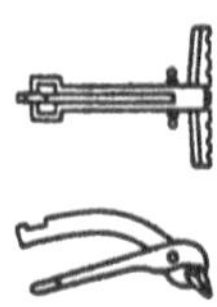

Beschlagzange (f)
clothing pincers
щипцы (мр) *или* клещи (жр) для кардной ленты
tenaille (f) de garniture
tenaglia (f) per guarnizione
mordazas (fpl) *o* tenazas (fpl) para guarnición / *mordasses (fpl) o estenalles (fpl) per a guarnició*

6 Füllen (n) *oder* Flocken (n) *oder* Futtern (n) des Krempelbeschlags
lining the card wire
подбивка (жр) кардной обтяжки
rembourrage (m) de la garniture de carde
imbottitura (f) della guarnizione di carda
emborrado (m) de la guarnición de carda / *emborrat (m) de la guarnició de carda*

7 das Futter einführen
to introduce the lining
подкладывать подкладки
introduire le rembourrage
imbottire
emborrar

8 γ) Schleifen (n) der Kratzen
Card Grinding
Точка (жр) *или* оттачиванiе (ср) карды
Aiguisage (m) des cardes
Molatura (f) delle guarnizioni
Esmerilado (m) de las cardas / *Esmerilat (m) de les cardes*

9 blanke Kratzenoberfläche (f)
bright surface of card clothing
блестящая поверхность (жр) карды
surface (f) brillante de la garniture de carde
superficie (f) brillante della guarnizione di carda
superficie (f) brillante de la guarnición de carda / *superficie (f) brillant de la guarnició de carda*

10 wolkige Kratzenoberfläche (f)
cloudy surface of card clothing
кардная поверхность (жр) с темными мѣстами
surface (f) nuageuse de la garniture de carde
superficie (f) ad aspetto nuvoloso della guarnizione di carda
superficie (f) borrosa de la guarnición / *de la guarnició* / de carda

ungleichmäßige Stellen (fpl) im Beschlage
irregular *or* uneven places in the clothing
неровныя мѣста (ср) кардной обтяжки
places (fpl) inégales *ou* irrégulières dans la garniture
tratti (mpl) ineguali *o* irregolari nella guarnizione
puntos (mpl) irregulares *o* desiguales en la guarnición / *punts (mpl) irregulars o desiguals en la guarnició* 11

Schneide (f) des Kratzenzahns
edge of the card wire
жало (ср) карднаго зуба *или* иглы
tranchant (m) de l'aiguille de carde
parte (f) operante dell'ago di carda
corte (m) de la púa de la guarnición / *tall (m) de la pua de la guarnició* 12

stumpfer Kratzenzahn (m)
blunt card wire
тупой зуб (мр) карды
dent (f) de carde émoussée
dente (m) di carda smussato
diente (m) de carda embotado / *dent (f) de carda esmossada* 13

Ausschleifen (n)
finishing grinding
вытачиванiе (ср), оттачиванiе (ср)
aiguisage (m) en fin
molatura (f) a fondo
esmerilado (m) acabador *o* refinador *o* en fino / *esmerilat (m) acabador o afinador o en fi* 14

die Kratzen (fpl) ausschleifen
to give the card wires a finishing grinding
вытачивать *или* оттачивать карды
aiguiser en fin les dents (fpl) de carde
molare a fondo i denti di carda
dar a los dientes de carda el esmerilado acabador / *donar l'esmerilat acabador a les dents de carda* 15

geschliffene Kratze (f)
ground card
заточенная карда (жр)
carde (f) aiguisée
carda (f) molata
carda (f) esmerilada 16

trocken schleifen
to grind dry
точить всухую
aiguiser à sec
molare a secco
esmerilar en seco / *en sec* 17

mit Öl schleifen
to grind with oil
точить с маслом
aiguiser à l'huile
molare con olio
esmerilar con aceite / *amb oli* 18

Handschleifen (n)
hand grinding
оттачиванiе (ср) вручную
aiguisage (m) à la main
molatura (f) a mano
esmerilado (m) a mano / *esmerilat (m) a mà* 19

Schleifholz (n), Schmirgelholz (n), Schmirgelbrettchen (n)
grinding board, wood strickle, emery board
точильная дощечка (жр) *или* планка (жр), точило (ср)
plaque (f) d'aiguisage, planche (f) d'émeri
placca (f) per la molatura *o* a smeriglio
placa (f) de esmeril / *d'esmeril* 20

Maschinenschleifen (n)
machine grinding
механическая *или* машинная точка (жр)
aiguisage (m) mécanique
molatura (f) a macchina
esmerilado (m) mecánico / *esmerilat (m) mecànic* 21

1 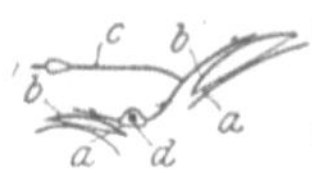

Wandertuchschleifer (m)
traversing strickle grinder
передвижное наждачное точильное полотно (ср)
appareil (m) d'aiguisage à toile d'émeri voyageante *ou* à mouvement de va-et-vient
apparecchio (m) di molatura con tela a smeriglio a movimento di va e vieni
esmerilador (m) con zapatas de esmeril de vaivén / *esmerilador (m) amb sabates d'esmeril de vaivé*

---

2 a
Schleiftuch (n), Schmirgeltuch (n)
cloth strickle
точильное *или* наждачное полотно (ср)
toile (f) d'émeri
tela (f) a smeriglio
tela (f) de esmeril / *d'esmeril*

---

3 b
federnder Bogen (m)
spring holder
пружинная дуга (жр)
arc (m) élastique
arco (m) elastico
arco (m) elástico / *arc (m) elàstic*

---

4 c
Druckregler (m)
pressure regulator
регулятор (мр) нажима
régulateur (m) de pression
regolatore (m) della pressione
regulador (m) de presión / *de pressió*

---

5 d
Achse (f) mit entgegengesetzten Schraubengängen
traversing shaft with screw threads running in opposite directions
траверсирующій винт (мр) *или* валик (мр), винт (мр) с правой и лѣвой рѣзьбой накрест
arbre (m) transversal avec pas de vis à va-et-vient
asse (f) con impanatura a passo contrario
árbol (m) transversal con dos filetes cruzados / *arbre (m) transversal amb rosques creuades*

---

6 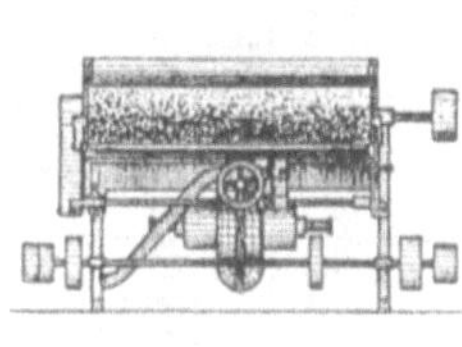

Kratzenschleifmaschine (f)
card grinding machine
кардная точильная машина (жр)
machine (f) *ou* tour (m) à aiguiser les cardes
macchina (f) per molare le carde
torno (m) *o* máquina (f) de esmerilar cilindros de carda / *torn (m) o màquina (f) d'esmerilar corrons de carda*

7
Einstellung (f) der Schleifwalze
setting of the grinding roller
установка (жр) точильнаго валика
réglage (m) du cylindre d'aiguisage
regolazione (f) del cilindro arrotatore
ajuste (m) del cilindro esmerilador / *galgat (m) del corró esmerilador*

8
wandernde *oder* Horsfall-Schleifscheibe (f)
Horsfall's traversing grinding roller
точильный круг (мр) *или* бѣгун (мр) Горсфаля
trotteuse (f) Horsfall, rouleau (m) d'aiguisage à va-et-vient
rullo (m) arrotatore Horsfall
disco (m) *o* moleta (f) de esmerilar, Horsfall / *mola (f) o disc (m) d'esmerilar Horsfall*

9
Seitenschliff (m)
needle grinding
боковая [от]точка (жр)
aiguisage (m) latéral
molatura (f) laterale
esmerilado (m) / *esmerilat (m)* / lateral

10
Schleifgeräusch (n)
sound of grinding
шум (мр) от точки
son (m) de l'aiguisage
suono (m) della molatura
sonido (m) del esmerilado / *so (m) del esmerilat*

11
Schleifstaub (m)
grinding dust
пыль (жр) от точки
poussière (f) d'aiguisage
polvere (f) della molatura
polvo (m) de esmerilado / *pols (f) d'esmerilat*

12
Stahlstaub (m)
steel dust
стальная пыль (жр)
poussière (f) d'acier
polvere (f) d'acciaio
polvo (m) de acero / *pols (f) d'acer*

13
Zurichten (n) der Kratzen
trimming-up deformed card wires
выправка (жр) карды
redressage (m) des dents de carde
radd[i]rizzamento (m) dei denti di carda
enderezamiento (m) de las púas de carda / *redreçament (m) de les pues de carda*

14
die Kratzen (fpl) zurichten
to trim the card wires
выправлять карды
redresser les dents de carde
radd[i]rizzare i denti di carda
enderezar las púas de carda / *redreçar les pues de carda*

15
reihige Kratze (f)
card showing rows
карда (жр) со сбившимися дорожками
carde (f) à rangées de pointes qui chevauchent
carda (f) a file di punte che si scavalcano
guarnición (f) de carda con espacios / *guarnició (f) de carda amb clarianes*

16
vorstehende Zahnspitze (f), Ritter (m)
projecting wire point
выступающее остріе (ср) зуба
pointe (f) de dent qui dépasse, cavalier (m)
punta (f) di dente che sporge, cavaliere (m)
púa (f) saliente *o* cabalgada / *pua (f) sortint o cavalcada*

17
rauh gewordener Kratzenbeschlag (m)
roughened card wire
кардная поверхность (жр), принявшая шероховатый вид
garniture (f) de carde rugueuse
guarnizione (f) di carda rugosa
guarnición (f) de carda áspera / *guarnició (f) de carda aspra*

18
die Nadeln rückwärts biegen
to bend the wire points backwards
отогнуть иглы назад
plier en arrière les aiguilles (fpl)
piegare indietro gli aghi
doblar hacia atrás las púas / *doblegar cap al darrera les pues*

1 Kratzenhobel (m)
card wire leveller
приспособленіе (ср) для выправки кард
niveleur (m) des dents de carde
livellatore (m) dei denti di carda
zapata (f) o moleta (f) igualadora de las púas / *sabata (f) o moleta (f) igualadora de les pues*

2 Nachschleifen (n) des Beschlages
re-grinding the clothing
дополнительная точка (жр) кардной поверхности
réaiguisage (m) de la garniture
ripassata (f) della guarnizione
repasado (m) de la guarnición / *repassat (m) de la guarnició*

3 abziehen
to give the wires the finishing touch
править, направлять
repasser
ripassare [alla mola], dare una ripassata
afinar

4 Schleifleder (n)
grinding leather
точильная кожа (жр)
cuir (m) d'aiguisage
cuoio (m) di molatura
cuero (m) de esmerilar / *cuiro (m) d'esmerilar*

5 Giftschärfe (f) der Kratze
point sharpness of the wire
безупречная острота (жр) карды
mordant (m) de la garniture
molatura (f) precisa della guarnizione
aguzado (m) o avidez (f) de las púas / *avidesa (f) o mordent (m) de les pues*

6 **δ) Putzen (n) der Kratzenbeschläge**
Stripping the Card Wire, Fettling
Чистка (жр) кардных поверхностей
Débourrage (m) des garnitures de carde
Spazzatura (f) delle guarnizioni di carda
Desborrado (m) de las guarniciones de carda / *Desborrat (m) o descarregat (m) de les guarnicions de carda*

7 Putzen (n) der Kratzenbeschläge mit der Hand
stripping of the card wire by hand
чистка (жр) кардных поверхностей вручную
débourrage (m) des garnitures de carde à la main
spazzatura (f) a mano delle guarnizioni di carda
desborrado (m) de las guarniciones de carda a mano / *desborrat (m) de les guarnicions de carda a mà*

8 Krempelputzer (m)
card stripper, fettler
чистильщик (мр) кард, пуховщик (мр)
débourreur (m) de cardes
spazzatamburi (m)
desborrador (m) de carda

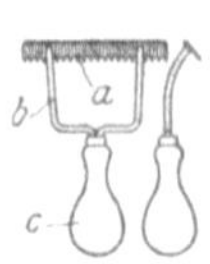

9 Putzkratze (f) mit Kammplättchen
stripping comb
скребок (мр), гребенчатый скребок (мр)
peigne (m) débourreur
pettine (m) spazzatore
peine (m) desborrador / *pinte (m) desborrador*

10 a Stahlkamm (m)
steel comb
стальная гребневидная пластинка (жр)
peigne (m) en acier
pettine (m) d'acciaio
peine (m) de acero / *pinte (m) o serreta (f) d'acer*

b eiserne Gabel (f)
iron fork
желѣзная вилка (жр)
fourche (f) en fer
forchetto (m) di ferro
horquilla (f) de hierro / *forquilla (f) de ferro* 11

c Holzheft (n)
wooden handle
деревянная ручка (жр)
poignée (f) en bois
manico (m) di legno
mango (m) de madera / *mànec (m) de fusta* 12

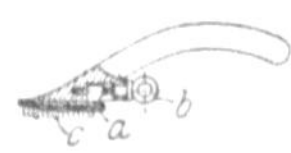

Putzkratze (f), Streiche (f), Ausputzkrücke (f)
stripping board
очистительная щетка (жр)
plaque (f) à débourrer
placca (f) spazzatrice
placa (f) desborradora / *escureta (f)* 13

a Spannleiste (f)
tension bar
натяжная планка (жр)
barre (f) de tension
asta (f) di tensione
barra (f) de tensión / *barra (f) tensora* 14

Blechbewehrung (f), Blechbeschlag (m)
sheet metal backing
жестяная оправа (жр)
armature (f) ou garniture (f) en tôle
armatura (f) in lamiera
armazón (m) de chapa / *capsal (m) de planxa* 15

b Spannschraube (f)
tension screw
натяжной винт (мр)
écrou (m) de tension
vite (f) di tensione
tornillo (m) tensor / *cargol (m) de tensió* 16

c Putzbelag (m)
stripping sheet
очистительная обтяжка (жр)
garniture (f) de débourrage
guarnizione (f) di spazzatura
guarnición (f) desborradora / *guarnició (f) desborradora* 17

mechanisches Reinigen (n) der Kratzenbeschläge
mechanical stripping of the card wire
механическая чистка (жр) кард
débourrage (m) mécanique des garnitures
spazzatura (f) meccanica delle guarnizioni
desborrado (m) mecánico de la guarnición / *desborrat (m) mecànic de la guarnició* 18

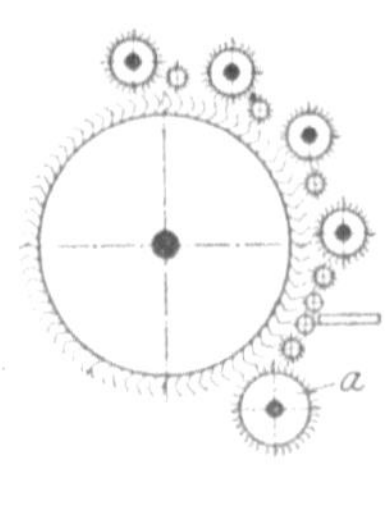

Krempel (f) mit selbsttätiger Reinigung
card with automatic stripper
чесальная (жр) с самодѣйствующею чисткою *или* пропылкою
carde (f) à débourrage automatique
carda (f) con spazzatura automatica
carda (f) con desborrado automático / *carda (f) amb desborrat automàtic* 19

1 a
Reinigungswalze (f)
stripping roller
очистительный валик (мр)
cylindre (m) débourreur
cilindro (m) spazzatore
cilindro (m) desborrador / *corró (m) desborrador, pelador (m)*

2
Druckluft- [*oder* pneumatischer] Kratzenreiniger (m)
pneumatic card stripper
пневматическій кардоочиститель (мр)
débourreur (m) de carde pneumatique
apparecchio (m) di spazzatura pneumatica
aparato (m) de desborrado neumático / *aparell (m) de desborrat neumàtic*

3
3. Spinnen (n) der Streichwolle
Spinning of Carding Wool
Прядение (ср) аппаратной шерсти
Filage (m) des laines à carde
Filatura (f) della lana da carda
Hilado (m) de la lana de carda / *Filatura (f) de la llana de carda*

4
a) Spinnmaschinen (fpl) mit feststehenden Spindeln
Spinning Machines with Stationary Spindles
Прядильныя машины (жр) с неподвижными веретенами
Métiers (m pl) à filer à broches fixes
Filatoi (m pl) a fusi fissi
Máquinas (f pl) de hilar con husos fijos / *Màquines (f pl) de filar amb pues fixes*

5
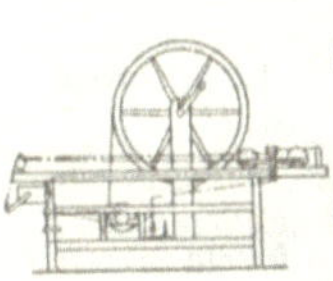
Jenny-Maschine (f)
Spinning Jenny
прядильная (жр) Дженни [первичная]
Jeannette (f), Jenny (f)
Gianetta (f)
[hiladora (f)] Jenny (f), Jénua (f) / *[filadora (f)] Jenny (f), Génua (f)*

6
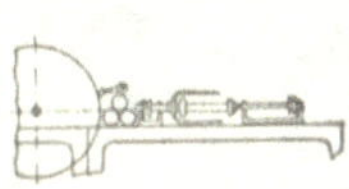
Spinnkrempel (f)
spinning card
прядильно-чесальная машина (жр)
carde (f) fileuse
carda (f) filatrice
carda (f) hiladora / *carda (f) filadora*

7
Drosselstuhl (m), Drosselmaschine (f), [Continuespinner (m)]
throstle frame, continuous spinning machine
ватерная *или* непрерывнопрядильная машина (жр)
continu (m) à filer
filatoio (m) continuo a fusi, trostle (m)
continua (f) de hilar de arañas / *contínua (f) de filar de aranyes*

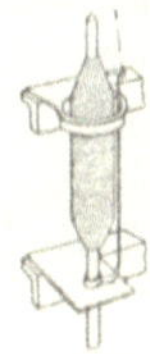
Geßnersche Drosselspindel (f)
Gessner's throstle spindle
ватерное веретено (ср) Гесснера
broche (f) de continu Gessner 8
fuso (m) del filatoio continuo Gessner
huso (m) de continua, Gessner / *pua (f) de contínua Gessner*

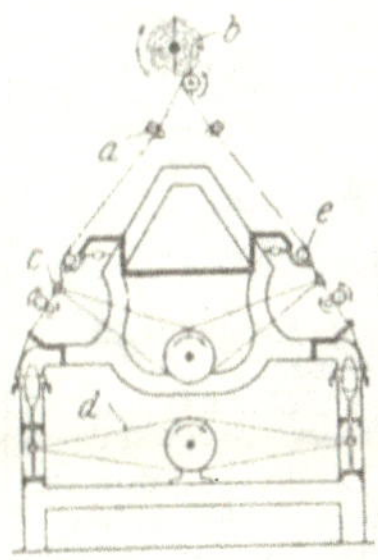

Ringspinnmaschine (f), Ringspinner (m)
ring spinning frame
кольцепрядильный ватер (мр)
continu (m) à filer à anneau 9
filatoio (m) continuo ad anelli
continua (f) de hilar de anillos / *contínua (f) de filar d'anells*

---

a
Einziehwalze (m)
feed roller
питательный валик (мр)
cylindre (m) d'alimentation 10
cilindro (m) di presa
cilindro (m) de alimentación / *corró (m) alimentari*

---

b
liegende Vorgarnspule (f)
horizontal condenser bobbin
горизонтальная катушка (жр) ровницы
bobine (f) de préparation horizontale
bobina (f) di preparazione orizzontale 11
bobina (f) horizontal de condensador o de carda mechera / *bobina (f) d'assortiment o de condensador horitzontal*

---

c
Drehröhrchen (n)
revolving [twisting] tube
вращающаяся трубочка (жр)
entonnoir (m) tournant 12
tubetto (m) girevole
tubo (m) giratorio [torcedor] / *tub (m) giratori [que torsa]*

---

d
Spindelschnur (f)
spindle band
шнур (мр) для веретен
corde (f) à broches
corda (f) dei fusi 13
cordón (m) piano o de los husos / *cordó (m) piano o de les pues*

---

e
Bremsrolle (f)
friction roller
тормозящій *или* тормозной ролик (мр)
cylindre (m) de friction 14
cilindro (m) di frizione
cilindro (m) de fricción / *corró (m) de fricció*

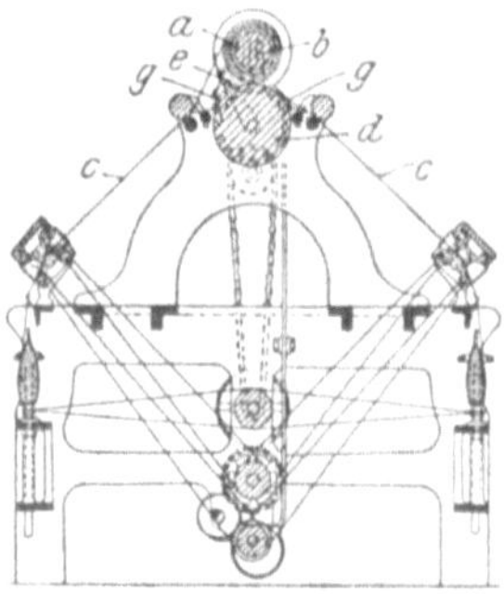

Ringspinnmaschine (f) mit Drehkopf
ring spinning frame with twisting head
кольцепрядильный ватер (мр) с крутильною головкою
1 métier (m) à filer à anneau avec tête de fausse torsion
filatoio (m) continuo ad anelli con testa a torsione
continua (f) de hilar de anillos con juego de falsa torsión / *contínua (f) de filar d'anells amb joc de falsa torsió*

Vorgarnwalze (f)
condenser bobbin
катушка (жр) ровницы
2 a bobine (f) de préparation
bobina (f) di preparazione
bobina (f) de mecha / *bobina (f) de metxa*

---

absatzweise Drehung (f) der Vorgarnwalze
intermittent turning of the condenser bobbin
перерывистое вращение (ср) катушки ровницы
3 rotation (f) intermittente de la bobine de préparation
rotazione (f) intermittente della bobina di preparazione
rotación (f) intermitente de la bobina de mecha / *rotació (f) intermitent de la bobina de metxa*

---

sich absatzweise drehen
to turn intermittently
вращаться с перерывами
4 tourner par intermittences
girare intermittentemente
girar intermitentemente / *girar amb intermitències*

Schlitzlager (n)
slotted bracket
стойка (жр) с прорѣзью
5 b support (m) fendu
sopporto (m) scanalato
soporte (m) de horquilla / *suport (m) de forquilla*

Lunte (f), Vorgarn (n)
slubbing, condensed sliver
ровница (жр)
6 c mèche (f) de préparation
filo (m) in grosso, stoppino (m), lucignolo (m)
mecha (f) de carda / *metxa (f) d'assortiment*

Beschaffenheit (f) des Vorgarnes
quality of slubbing
качество (ср) ровницы 7
qualité (f) de la mèche
qualità (f) del filo in grosso
calidad (f) de la mecha / *qualitat (f) de la metxa*

Treibwalze (f)
slubbing roller
ведущій валик (мр)
d cylindre (m) dérouleur 8
rullo (m) regolatore di svolgimento
cilindro (m) desarrollador / *corró (m) de desplegat*

Dreharm (m)
movable arm
вращающаяся ручка (жр)
e bras (m) mobile 9
braccio (m) mobile
brazo (m) móvil / *braç (m) movible*

---

lose aufgesetzt
loosely set
свободно насаженный
placé lâche *ou* légèrement *ou* fou 10
collocato liberamente
montado loco *o* suelto *o* sin fijar / *muntat boig*

Bogenleiste (f)
bent guide
дужка (жр)
g guide (m) recourbé 11
guida (f) ricurva
guía (f) curvada / *guia (f) corbada*

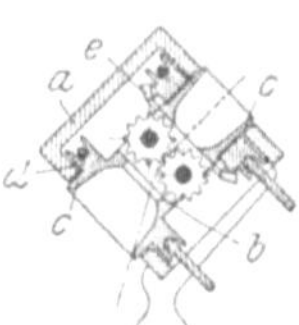

Drehkopf (m)
twisting head
крутильная головка (жр)
tête (f) tournante *ou* de fausse torsion 12
testa (f) girevole *o* a torsione
cabeza (f) de falsa torsión / *mecanisme (m) de falsa torsió*

---

kastenförmiges Lagergehäuse (n)
box frame
a коробчатый подшипник (мр) 13
boîte (f) formant support
sopporto (m) a forma di cassa
caja-soporte (f) / *caixa-suport (f)*

---

ausgehöhlter Block (m), Drehkopfkörper (m)
tubular block, twisting block, revolving tube
полый корпус (мр) крутильной головки
b bloc (m) creux cylindrique, corps (m) de la tête tournante 14
blocco (m) tubulare *o* di torsione
tubo (m) *o* bloque (m) giratorio / *tub (m) o bloc (m) giratori*

---

rohrförmiger Zapfen (m)
hollow pivot
стакан (мр) крутильной головки
c pivot (m) creux 15
perno (m) cavo
pivote (m) hueco / *pivot (m) buit*

1 d
Spurscheibe (f)
wharve
шнурочный блочек (мр)
noix (f)
noce (f)
nuez (f) / ***nueta (f)***

2 e
geschränkte Kegelradzahnung (f)
skew bevel toothing
коническое зацѣпленіе (ср) [с разведенными зубьями]
denture (f) hyperboloïde
dentatura (f) iperboloide
dentado (m) cónico hiperbólico / ***dentat (m) cònic hiperbòlic***

3

Drehröhrchen (n)
revolving [twisting] tube
вращающаяся трубочка (жр)
entonnoir (m) tournant
tubetto (m) girevole
embudo (m) o tubo (m) giratorio / ***tub (m) o embut (m) giratori***

4
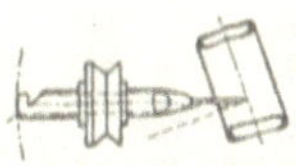
Drehröhrchen (n) mit stählerner Nadel
revolving tube with steel needle
вращающаяся трубочка (жр) со стальной иглой
entonnoir (m) avec aiguille d'acier
tubetto (m) girevole con ago d'acciaio
embudo (m) con aguja de acero / ***embut (m) amb agulla d'acer***

5
zweimaliges Spinnen (n), [Surfilieren (n)]
double spinning
пряденіе (ср) в два пріема
filage (m) double, surfilage (m)
doppia filatura (f), surfilage (m)
doble hilado (m) / ***doble filat (m)***

6
b) Spinnmaschinen (fpl) mit fahrbaren Spindeln
Spinning Machines with Travelling Spindles
Прядильныя машины (жр) с перемѣщающимися веретенами
Métiers (mpl) à filer à broches voyageantes
Filatoi (mpl) con fusi viaggianti
Máquinas (fpl) de hilar con husos móviles / ***Màquines (fpl) de filar amb pues mòbils***

7
Mule-Jenny (f)
Mule Jenny
Дженни-мюль (жр)
Mule-Jenny (f), Mull-Jenny (f)
Mule Jenny (f)
Mule-Jenny (f), Muljénua (f) / ***Mule-Jenny (f), Mulgénua (f)***

8
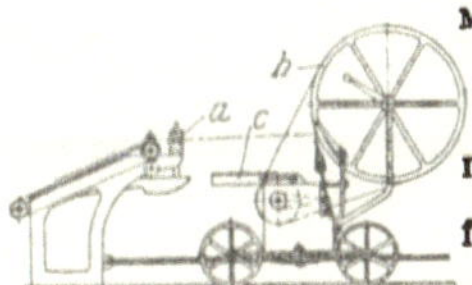

Lockenspinnmaschine (f)
spinning mule for cardings
машина (жр), выпрядающая пряжу из локоновидной ровницы
métier (m) à filer pour loquettes
filatoio (m) per loquettes
máquina (f) de hilar para bucles de carda / ***màquina (f) de filar per a tires de carda***

a 9
Klemmvorrichtung (f), Zange (f)
nippers
зажимное приспособленіе (ср), клещи (жр)
dispositif (m) de pinces, pinces (fpl) à mâchoires
dispositivo (m) a pinze
pinzas (fpl), mordazas (fpl) / ***pinces (fpl), mordasses (fpl)***

b 10
Schwungrad (n)
flywheel
маховое колесо (ср)
volant (m)
volante (m)
volante (m) / ***volant (m)***

c 11
Zahnstange (f)
rack
зубчатая рейка (жр)
crémaillère (f)
asta (f) dentata, dentiera (f)
cremallera (f)

12
in Eingriff stehen
to gear
находиться в сцѣпленном состояніи
s'engrener
ingranare
engranar / ***engravar***

13
Selbstspinner (m), Wagenspinner (m), [Selfaktor (m)]
self-acting mule
самопрядльщик (мр), сельфактор (мр), самопрялка (жр)
métier (m) renvideur
selfacting (m), filatoio (m) intermittente o automatico
selfactina (f)

14
Wagenausfahrt (f)
run-out of carriage
выход (мр) ***или*** **отход (мр) каретки**
sortie (f) du chariot
andata (f) del carro
salida (f) / ***sortida (f)*** / **del carro**

15
Nachdraht (m)
twisting at the head
докрутка (жр)
torsion (f) supplémentaire
torsione (f) supplementare o complementare
torsión (f) / ***torsió (f)*** / **suplementaria**

16
Abwinden (n)
backing-off
отбой (мр)
dépointage (m)
arresto (m)
desapuntado (m) / ***descargolat (m)***

17
Wageneinfahrt (f)
drawing-up of carriage
вход (мр) ***или*** **возврат (мр) каретки**
rentrée (f) du chariot
ritorno (m) del carro
entrada (f) del carro

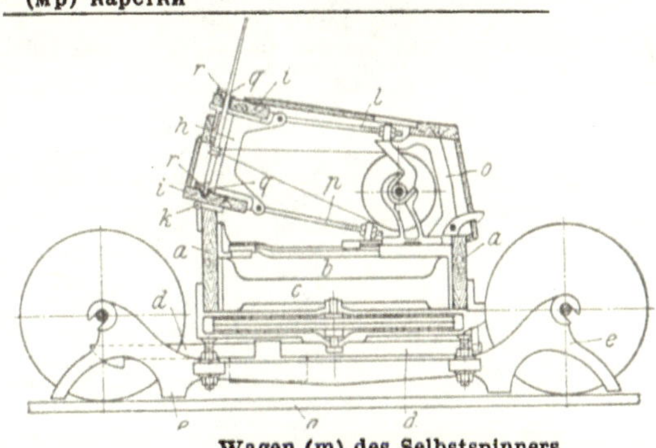

18
Wagen (m) des Selbstspinners
carriage of the selfactor, mule carriage
каретка (жр) сельфактора
chariot (m) du renvideur
carro (m) del filatoio intermittente
carro (m) de la selfactina

1 a
Holzrahmen (m)
wooden framing
деревянная рама (жр)
châssis (m) en bois
telaio (m) in legno
armazón (m) o bastidor (m) de madera / *xassis (m) o marc (m) de fusta*

2 b
eingelassenes Zwischenstück (n)
bearing bar
распорная балка (жр)
entretoise (f) de maintien, barre (f) d'accouplement
asta (f) di accoppiamento
barra (f) de acoplamiento, tirante (m) de sostén / *barra (f) d'acoplament*

3 c
Querstuck (n)
cross piece
поперечина (жр)
entretoise (f)
traversa (f)
travesaño (m) / *travesser (m)*

4 d
⊥förmiger Beschlag (m)
⊥shaped mounting
тавровая подшивка (жр)
montant (m) en forme de ⊥
montante (m) in forma di ⊥
montante (m) / *muntant (m)* / en forma de ⊥

5 e
Radgestell (n), Wagengabel (f)
carriage arm
колесный стан (мр), каретная вилка (жр)
support (m) des roues du chariot
sopporto (m) delle ruote del carro
soporte (m) de las ruedas / *suport (m) de les rodes* / del carro

6 g
Wagenschiene (f), Wagenbahn (f), Wagenlauf (m), Wagenstraße (f)
carriage rail
полоз (мр) *или* дорожка (жр) *или* погон (мр) каретки
rail (m) du chariot
rotaia (f) del carro
carril (m) / *rails (mpl)* / del carro

7 h
Spindellagerstütze (f)
spindle box bracket
стойка (жр) для поддержки полки с подшипниками веретен
console (f) supportant les plaques renfermant les broches
sopporto (m) della placca dei fusi
soporte (m) de las platabandas de los husos / *suport (m) de les platabandes de les pues*

8 i
Spindellattenhalter (m)
spindle board
нижная полка (жр) для пяточек веретен
planche (f) d'encastrement des broches
asse (f) d'incassatura dei fusi
platabanda (f) de los husos / *de les pues*

k 9
Drehpunkt (m) der Spindellagerung
centre (m) of rotation for spindle footstep board
ось (жр) вращенія пяточной полки веретен
point (m) *ou* centre (m) de rotation de la planche d'encastrement des broches
centro (m) di rotazione dell'asse d'incassatura dei fusi
centro (m) de rotación de la platabanda de las crapodinas / *centre (m) de rotació de la platabanda de les grapaldines*

l 10
Spannschraube (f)
tightening screw
натяжной болт (мр) верхней полки
écrou (m) de serrage
vite (f) di tensione
tornillo (m) tensor / *rosca (f) de tensió*

o 11
Spannschraubenwinkel (m), Träger (m)
tension bracket
задняя стойка (жр) для натяжных болтов
barre (f) de tension à vis
sopporto (m) della vite di tensione
soporte (m) del tornillo tensor / *suport (m) de la rosca de tensió*

p 12
Spannbolzen (m)
bottom tension bar
натяжной болт (мр) нижней полки
boulon (m) de tension
bullone (m) di tensione
tirante (m) tensor inferior / / *tirant (m) de tensió inferior*

q 13
Einkerbung (f) mit Schmierdocht
grooved channel with lubricating wick
выемка (жр) *или* канавка (жр) со смазочным фитилем
encoche (f) pour mèche de graissage
canale (m) per stoppino di lubrificazione
ranura (f) o entalla (f) para mecha engrasadora / *entalla (f) per a ble d'untatge*

r 14
Schutzblech (n), Schutzhülse (f) für den Schmierdocht
cover to oil groove
жестяной кожух (мр)
caissette (f) pour mèche de graissage, couvercle (m) en tôle
coperchio (m) del canale di lubrificazione
tapa (f) de la ranura de engrase / *tapa (f) de la entalla d'untatge*

15
Halbwagen (m)
half carriage
половина (жр) каретки
demi-chariot (m)
mezzo-carro (m)
carrito (m) / *carret (m)*

16
Wagenbewegung (f)
movement of carriage
движеніе (ср) каретки
mouvement (m) du chariot
movimento (m) del carro
movimiento (m) / *moviment (m)* / del carro

1 Wagenweg (m)
travel of carriage
путь (мр) каретки
course (f) du chariot
corsa (f) del carro
cursa (f) / *carrera (f)* / del carro

2 Wagenführung (f)
control of carriage movement
управленіе (ср) движеніем каретки
guidage (m) du chariot
guida (f) del carro
conducción (f) / *conducció (f)* / del carro

3 Schwanken (n) des Wagens
vibration of the carriage
покачиванiе (ср) *или* качанiе (ср) каретки
vibration (f) du chariot
vibrazione (f) del carro
vibración (f) *o* serpenteo (m) / *vibració (f) o serpenteig (m)* / del carro

4 der Wagen schwankt
the carriage vibrates
каретка (жр) покачивается
le chariot vibre
il carro vibra
el carro vibra *o* serpentea / *serpenteja*

5 Wagenversteifung (f)
carriage stays
жесткое крѣпленіе (ср) каретки
entretoises (fpl) du chariot
traverse (fpl) di rafforzo del carro
tirantes (mpl) / *tirants (mpl)* / del carro

6 langer Auszug (m)
long stretch
длинный выход (мр) *или* отход (мр)
aiguillée (f) longue
agugliata (f) lunga
aguller (m) largo / *llarg*

7 kurzer Auszug (m)
short stretch
короткій выход (мр) *или* отход (мр)
aiguillée (f) courte
agugliata (f) corta
aguller (m) corto / *curt*

8 Vorgarnzuführung (f)
roving delivery
подача (жр) ровницы
alimentation (f) de la mèche
alimentazione (f) del lucignolo
alimentación (f) de la mecha / *alimentació (f) de la metxa*

9 Walzenlieferung (f)
roller delivery
выпуск (мр) валиков
livraison (f) des cylindres
consegna (f) dei cilindri
entrega (f) por cilindros / *per corrons*

10 geliefertes Vorgarnstück (n)
length of slubbing fed
выпущенная длина (жр) ровницы
longueur (f) de mèche alimentée
tratto (m) di stoppino alimentato
longitud (f) de mecha alimentada / *llargada (f) de metxa alimentada*

11 Verstreckung (f), Verstrecken (n)
draft, drawing
вытяжка (жр)
tirage (m), étirage (m)
stiramento (m)
estiraje (m) / *estiratge (m)*

12 Drahtgebung (f)
twisting
приданіе (ср) крутки
torsion (f)
torsione (f)
torsión (f) / *torsió (f), torta (f)*

13 Ausfahrtdraht (m)
twisting during the outward run
крутка (жр) во время отхода каретки
torsion (f) pendant la sortie
torsione (f) durante l'uscita
torsión (f) durante la salida / *torsió (f) durant la sortida*

14 der Faden fällt ab *oder* reißt
the yarn breaks
нить (жр) рвется
le fil se rompt
il filo si rompe
el hilo se rompe / *el fil se trenca*

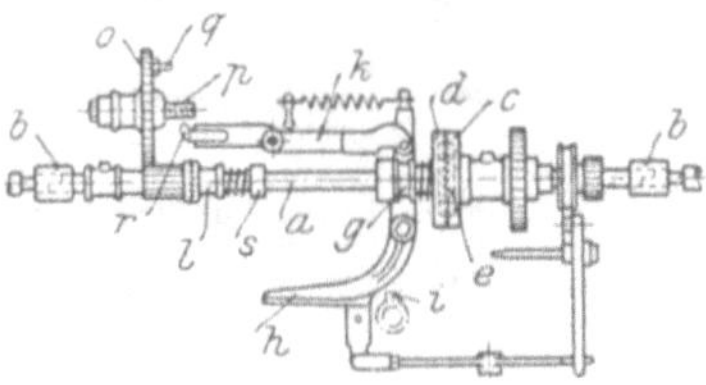

a
Walzenschaft (m)
front roller shaft
вал передняко *или* вытяжного ролига
arbre (m) du cylindre étireur 15
albero (m) del cilindro stiratore
barra (f) del cilindro de delante / *del corró de davant*

b
Walzenkuppelmuffe (f)
coupling on roller shaft
соединительная муфта (жр) вала роликов
manchon (m) d'accouplement sur l'arbre du cylindre
manicotto (m) d'accoppiamento sull'albero del cilindro 16
manguito (m) de acoplamiento en la barra del cilindro / *collarí (m) d'acoplament en la barra del corró*

c
Klauenkupplung (f)
clutch coupling
шипообразная *или* кулачная *или* зубчатая муфта (жр) 17
accouplement (m) à griffes
giunto (m) a denti
acoplamiento (m) dentado / *magrana (f)*

d
verschiebbarer Kuppelteil (m)
movable half of coupling, disengaging clutch
подвижная часть (жр) соединительной кулачной муфты
manchon (m) à griffes mobiles 18
manicotto (m) di disinnesto
caja (f) corredera del manguito de engrane / *caixa (f) culissa de la magrana, mitja-magrana (f) culissa*

e
Mitnehmerscheibe (f)
clutch plate
ведущій диск (мр) кулачной муфты
plateau (m) d'entraînement 19
disco (m) del giunto direttamente comandato
plato (m) del manguito de engrane / *plat (m) de la magrana*

g
Führungsring (m)
recessed sleeve
поводковое кольцо (ср)
bague (f) d'arrêt 20
anello (m) di guida
garganta (f) del manguito móvil / *gorja (f) de la mitja-magrana culissa*

1 h
Hubhebel (m), Exzenterhebel (m)
cam shaft lever
рычаг (мр) для включенія и выключенія вытяжного аппарата
levier (m) d'embrayage et de débrayage
leva (f) di disinnesto
palanca (f) de desengrane / *palanca (f) de desembragar*

---

2 i
Daumen (m) der Steuerwelle
tappet on cam shaft
кулак (мр) распредѣлительнаго вала
came (f) sur l'arbre à excentriques
bocciolo (m) sull'albero ad eccentrici
leva (f) sobre el árbol de los excéntricos / *lleva (f) sobre l'arbre dels excèntrics*

---

3 k
Falle (f)
locking arm
затвор (жр)
loquet (m) de fermeture
braccio (m) a scatto
brazo (m) *o* pestillo (m) de cierre / *cadell (m) o baldó (m) de tanca*

---

4 l
Vorgarnzählerkupplung (f)
roving delivery clutch coupling
зубчатая муфта (жр) счетчика ровницы
accouplement (m) à griffes pour le compteur d'alimentation
giunto (m) a denti per il contatore di alimentazione
manguito (m) de engrane del contador de la alimentación / *magrana (f) del comptador d'alimentació*

---

5 o
Vorgarnzählrad (n)
roving delivery wheel
колесо (ср) счетчика ровницы
rechange (m) du compteur d'alimentation
ruota (f) del contatore di alimentazione
rueda (f) del contador de la alimentación / *roda (f) del comptador de l'alimentació*

---

6 p
Gewindebolzen (m), Schraubenbolzen (m)
screw bolt
цапфа (жр) с винтовой нарѣзкой
tige (f) filetée, boulon (m) à vis
bullone (m) a vite
husillo (m) *o* tornillo (m) fileteado / *fuset (m) o torrió (m) roscat*

---

7 q
Auslösestellstift (m)
release peg
установительный отбойный штифт (мр)
cheville (f) de détente
perno (m) di liberamento
clavija (f) de disparo / *clavilla (f) de desembragar*

---

r
Anschlagstelleisen (n)
stop
установительный отбойный зуб (мр)
arrêt (m) réglable
arresto (m) regolabile
tope (m) / *top (m)* 8

---

s
Stellring (m)
adjustable stop ring
установительное кольцо (ср)
anneau (m) *ou* bague (f) d'arrêt réglable
anello (m) d'arresto regolabile 9
anillo (m) de paro ajustable / *collarí (m) de dispar ajustable*

Walzenausschluß (m) — arrêt (m) des cylindres
stoppage of the rollers — arresto (m) dei cilindri
остановка (жр) валиков — paro (m) de los cilindros / *atur (m) dels corrons* 10

---

einrücken, einschalten — embrayer
to put in gear, to engage, to connect — innestare 11
включать, вводить в дѣйствіе — embragar / *embragar, engravar*

---

ausrücken, auskuppeln, ausschalten, abstellen — débrayer
to take out of gear, to disengage, to disconnect — disbracare, disinnestare, scattare
выключать, выводить из дѣйствія — desembragar / *desembragar, desengravar* 12

---

umschalten — renverser [la marche]
to change, to reverse — invertire il moto *o* la marcia
переключать — invertir *o* cambiar [la marcha] / *invertir o canviar [la marxa]* 13

Ausschnappen (n) der Sicherung — dégagement (m) du loquet de sûreté
unlocking of the safety catch — disimpegno (m) dello scatto di sicurezza
выключеніе (ср) предохранителя — desenclavamiento (m) del gatillo de seguridad / *desencadellat (m) del baldó de seguretat* 14

---

einschnappen — s'enclencher, s'engager
to lock, to latch — incastrarsi, imboccare 15
защелкивать — enclavar / *encadellar*

---

eingerückt — embrayé
connected, engaged — innestato 16
включенный — embragado / *encadellat*

---

ausgerückt — débrayé
disengaged, disconnected — disbracato, disinnestato 17
выключенный — desembragado / *desencadellat*

---

eingerückte Stellung (f) — position (f) fermée
locked position — posizione (f) di fermata
включенное положеніе (ср) — posición (f) cerrada / *posició (f) tancada* 18

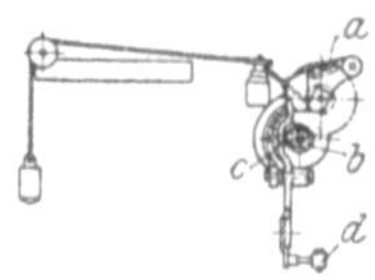

Vorgarnzähler (m)
slubbing motion
счетчик (мр) ровницы
compteur (m) d'alimentation
contatore (m) di alimentazione 19
contador (m) de la alimentación / *comptador (m) de l'alimentació*

1 a
Pufferbolzen (m)
buffer bolt
буферный болт (мр)
boulon (m) du butoir
bullone (m) del paracolpi
perno (m) del tope / *pern (m) del top*

---

2 b
Messingrad (n)
brass wheel
латунная шестерня (жр)
roue (f) en laiton
ruota (f) di ottone
rueda (f) de latón / *roda (f) de llautó*

---

3 c
Mitnehmerklaue (f)
fork clutch
захватный кулак (мр)
fourchette (f) à griffes
forchetta (f) del giunto a denti
horquilla (f) del manguito de embrague / *forquilla (f) de la magrana*

---

4 d
Winkelhebel (m)
crank lever
колѣнчатый рычаг (мр)
levier (m) coudé
leva (f) ad angolo
palanca (f) acodada / *acolzada*

5
Bremsvorrichtung (f)
brake
тормазное приспособленіе (ср)
frein (m)
freno (m)
freno (m) / *fre (m)*

6
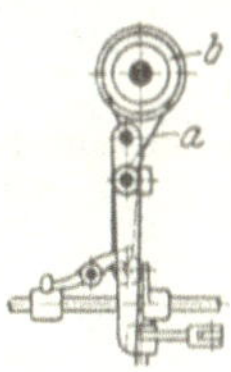

Bandbremse (f) fur die Zylinderkupplung
band brake for roller coupling
ленточный *или* поясной тормаз (мр) для муфты вытяжных цилиндров
frein (m) à bande *ou* à lanière pour le manchon du cylindre alimentaire
freno (m) a nastro per il manicotto del cilindro di alimentazione
freno (m) de cinta para el manguito del cilindro de alimentación / *fre (m) de cinta per a la magrana del corró alimentari*

---

7 a
Stahlbremsband (n)
steel brake band
стальная лента (жр) тормаза
lanière (f) *ou* bande (f) en acier du frein
nastro (m) d'acciaio del freno
cinta (f) de acero del freno / *d'acer del fre*

---

8 b
Bremsscheibe (f)
brake pulley
тормазной круг (мр) *или* диск (мр)
poulie (f) de frein, friction (f)
puleggia (f) del freno
polea (f) del freno / *politja (f) de fre*

9
die Bremse anziehen
to tighten the brake
подтянуть тормаз
serrer *ou* appliquer le frein
chiudere *o* stringere il freno
apretar *o* aplicar el freno, frenar / *apretar el fre, frenar*

Rutschen (n) der Bremse
slipping of the brake
скольженіе (ср) тормаза
glissement (m) du frein
scivolamento (m) del freno
deslizamiento (m) del freno / *relliscament (m) del fre* 10

Wagenauszuggetriebe (n)
drawing-out mechanism
привод (мр) для отхода каретки
mécanisme (m) de sortie du chariot
meccanismo (m) d'uscita del carro
mecanismo (m) de la salida del carro / *mecanisme (m) de la sortida del carro* 11

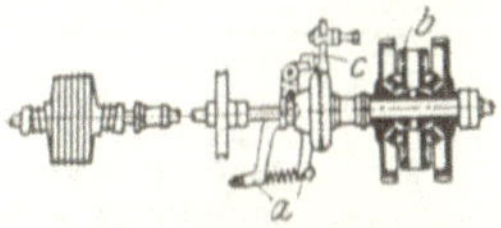

Wagenwelle (f) mit Umlaufgetriebe (n) *oder* Differentialgetriebe
back shaft with differential gear
кареточный вал (мр) с дифференціальной передачей
arbre (m) de main-douce avec mouvement différentiel
albero (m) di mano dolce con meccanismo differenziale
árbol (m) de salida con juego diferencial / *arbre (m) de conduides amb joc diferencial* 12

---

a
Steuergabel (f)
clutch fork lever
поводковая вилка (жр)
levier (m) à fourchette
leva (f) della forchetta del giunto a denti
palanca (f) de la horquilla del manguito de engrane / *palanca (f) de la forquilla de la magrana* 13

---

b
Differentialscheibe (f)
differential disc
диск (мр) дифференціальной передачи
plateau (m) *ou* planètes (fpl) du mouvement différentiel
disco (m) differenziale
plato (m) / *plat (m)* / diferencial 14

---

c
Handhebel (m)
hand lever
ручной рычаг (мр)
levier (m) à main
leva (f) a mano
palanca (f) de mano / *palanca (f) de mà* 15

Geschwindigkeitsverminderung (f)
speed reduction
убавленіе (ср) *или* уменьшеніе (ср) скорости
réduction (f) de vitesse
riduzione (f) della velocità
disminución (f) de velocidad / *reducció (f) de velocitat* 16

Drehung (f) der Spindeln mit zunehmender Geschwindigkeit
turning of the spindles at an increasing speed
вращеніе (ср) веретен с возрастающей скоростью
rotation (f) des broches à vitesse croissante
rotazione (f) dei fusi ad una velocità accelerata
rotación (f) de los husos con una velocidad creciente / *revolució (f) de les pues a una velocitat creixenta* 17

1 zweite Spindelgeschwindigkeit (f)
second spindle speed
вторая скорость (жр) веретена
deuxième vitesse (f) des broches
seconda velocità (f) dei fusi
segunda velocidad (f) de los husos / *segona velocitat (f) de les pues*

---

2 dritte Spindelgeschwindigkeit (f)
third spindle speed
третья скорость (жр) веретена
troisième vitesse (f) des broches
terza velocità (f) dei fusi
tercera velocidad (f) de los husos / *tercera velocitat (f) de les pues*

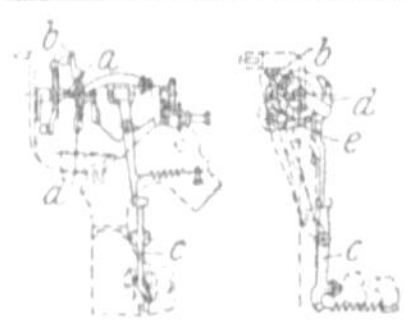

3 Drahtzähler (m)
twist regulator, twist motion
счетчик (мр) крутки
compteur (m) de torsion
contatore (m) della torsione
contador (m) de torsión / *comptador (m) de torsió*

---

4 a Zählerwelle (f)
twist motion shaft
ось (жр) счетчика
arbre (m) de commande du compteur de torsion
albero (m) di comando del contatore della torsione
árbol (m) de mando del contador de torsión / *arbre (m) de comanda del comptador de torsió*

---

5 b Zeiger (m)
pointer
указатель (мр), стрѣлка (жр)
aiguille (f), doigt (m)
sfera (f), indicatore (m)
aguja (f), indice (m) / *agulla (f), index (m)*

---

6 c Steuerhebel (m)
change lever
распредѣлительный рычаг (мр)
levier (m) de changement, balancier (m)
leva (f) di cambiamento
palanca (f) de cambio / *de canvi*

---

7 d Bogenstelleisen (n)
adjusting arm
установительная дужка (жр)
bras (m) de réglage
braccio (m) di regolazione
brazo (m) de ajuste / *braç (m) d'ajustatge*

---

8 e Aufhaltnase (f)
stop
упорка (жр)
arrêt (m)
sporto (m) d'arresto
tope (m) / *top (m)*

---

9 Verkürzung (f) des Fadens beim Nachdraht
shortening of the yarn during twisting at the head
укороченіе (ср) нити от докрутки
raccourcissement (m) du fil dû à la torsion supplémentaire
raccorciamento (m) del filo dovuto alla torsione supplementare
acortamiento (m) del hilo durante la torsión suplementaria / *escursament (m) del fil durant la torsió suplementària*

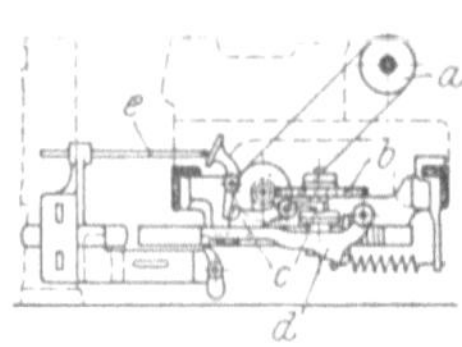

Wagenrückgang (m)
receding of carriage
вход (мр) *или* возвратный ход (мр) каретки
recul (m) du chariot 10
ritorno (m) del carro
retroceso (m) / *reculada (f) o retrocés (m)* / del carro

---

a Stufenwirtel (m)
step pulley
ступенчатый блок (мр)
poulie (f) *ou* volant (m) à étages 11
puleggia (f) a gradini
polea (f) escalonada / *con (m) de politges*

---

b Rad (n) mit angegossenem Kuppelteil
wheel with half coupling clutch cast-on
шестерня (жр) с прилитою сцѣпною муфтою
roue (f) avec manchon d'accouplement fondus ensemble 12
ruota (f) facente un pezzo col manicotto d'accoppiamento
rueda (f) fundida con medio manguito de engrane / *roda (f) fosa amb mitja-magrana*

---

c Ausrückgabel (f)
disengaging fork lever
выключающая вилка (жр)
levier (m) à fourchette de débrayage
forcella (f) di disinnesto 13
palanca (f) de la horquilla del juego de engrane / *palanca (f) de la forquilla de la magrana*

---

e Anstoßstange (f), Auslösestift (m)
stop rod, change finger
упорка (жр) для включенія 14
tringle (f) de butée
verga (f) di scatto
varilla (f) del disparo / *barreta (f) del dispar*

Abwindevorrichtung (f)
backing-off motion
отмоточный механизм (мр)
dispositif (m) de dépointage
meccanismo (m) di scoccamento 15
mecanismo (m) de desapuntado / *mecanisme (m) de descargolat*

Spindelrückdrehung (f)
reversing of the spindles
обратное движеніе (ср) веретен
détour (m) *ou* retour (m) des broches
rotazione (f) inversa dei fusi
rotación (f) invertida de los husos, inversión (f) del movimiento de los husos / *inversió (f) de la rotació de les pues* 16

1 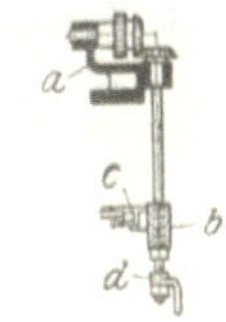

Abwinderegler (m), [Moderateur (m)]
backing-off regulator
регулятор (мр) отбоя или отмотки
régulateur (m) de l'embrayage de la friction de dépointage, modérateur (m)
moderatore (m)
regulador (m) de la fricción del desapuntado / *regulador (m) de la fricció del descargolat*

---

2 a

Räderkasten (m)
wheel box
шестеренная коробка (жр)
support (m) d'engrenages
sopporto (m) degli ingranaggi, copriruote (m)
caja (f) de engranajes / *caixa (f) d'engranatges*

---

3 b

kegelförmige Schraube (f), Kegelschraube (f)
conical screw
коническій винт (мр)
vis (f) conique
vite (f) conica
tornillo (m) cónico / *cargol (m) cònic*

---

4 c

Führungsfinger (m)
guide finger
ведущій палец (мр), сцѣпляющій зуб (мр)
doigt-guide (m)
dito (m) di guida
dedo-guía (m) / *dit-guia (m)*

---

5 d

Lagerwinkel (m)
cranked bracket
угловой подшипник (мр)
support (m) en équerre
sopporto (m) a gomito
soporte (m) acodado / *suport (m) d'esquadra*

6

Umsteuerung (f)
reversing
переключенie (ср), перевод (мр)
changement (m) de marche
inversione (f) di marcia
cambio de marcha / *inversió (f) o canvi (m) de marxa*

---

7 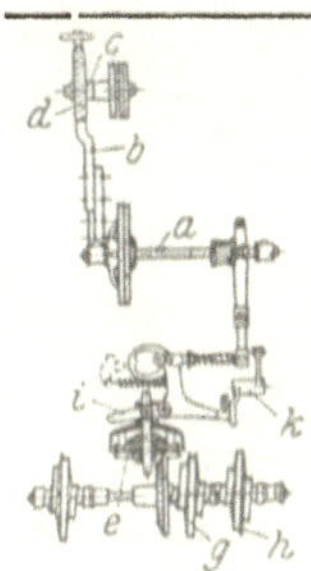

Wageneinzuggetriebe (n)
drawing-up motion, taking-in motion
привод (мр) для входа каретки
mouvement (m) de rentrée du chariot
meccanismo (m) di rientrata del carro
mecanismo (m) de entrada / *mecanisme (m) d'entrada* / del carro

---

8 a

Welle (f) für das Abwinden und den Wageneinzug
second motion shaft
вал (мр) для отмотки и входа каретки
arbre (m) de dépointage et de rentrée
albero (m) per lo scoccamento e la rientrata
árbol (m) de desapuntado y de la entrada / *arbre (m) del descargolat i de l'entrada*

---

b

Seilspannarm (m)
tightening pulley arm
рычаг (мр) для натяженія каната
bras (m) pour la poulie de tension 9
braccio (m) per la puleggia di tensione
brazo (m) para la polea tensora / *braç (m) per a la politja tensora*

---

schräger Lauf (m) des Betriebseiles
inclined running of the driving band
наклонный ход (мр) приводнаго каната
course (f) inclinée de la corde motrice 10
corsa (f) inclinata della corda motrice
cursa (f) inclinada de la cuerda motora / *cursa (f) inclinada de la corda motora*

---

c

Spannwirtelbolzen (m)
tightening pulley stud
болт (мр) натяжного блока
axe (m) de la poulie de tension 11
perno (m) per la puleggia di tensione
perno (m) de la polea tensora / *torrió (f) de la politja tensora*

---

d

Schraubenspindel (f)
band tightening screw
шпиндель (мр) с винтовой нарѣзкой, натяжной шпиндель (мр) 12
broche (f) filetée
asta (f) filettata
tornillo (m) tensor de la polea / *cargol (m) tensor de la politja*

---

e

Wageneinzugskupplung (f), Einzugsglocke (f), Wageneinfahrtskupplung (f), Einfahrtsglocke (f)
taking-in friction
фрикціон (мр), вводящій каретку 13
friction (f) *ou* cloche (f) de rentrée
campana (f) di rientrata
campana (f) de entrada / *campana (f) de baixada*

---

g

Wageneinzugschnecke (f)
drawing-up scroll
улитка (жр) для ввода каретки
scroll (m) de rentrée
tamburo (m) spirale per il ritorno del carro, lumaca (f) di rientrata 14
espiral (f) de la entrada / *espiral (f) o cargol (m) de l'entrada*

---

h

Gegenschnecke (f)
[drawing-up] check scroll
регулирующая *или* компенсаціонная улитка (жр) 15
contre-scroll (m)
contro-scroll (m)
contra-espiral (f)

1 i
dreiarmiger Einrückhebel (m)
three armed drawing-up cone clutch lever
трехплечій включающій рычаг (мр)
levier (m) de rentrée à trois bras
leva (f) di rientrata a tre braccia
palanca (f) de tres brazos del freno de entrada / *palanca (f) de tres braços del fre d'entrada*

2 k
Hebel (m) mit Knagge
lever with tappet
рычаг (мр) с шипом
levier (m) à taquet
leva (f) a tacchetto
palanca (f) de tope / *palanca (f) de top*

3

Sperrzeug (n)
locking arrangement
храповичный *или* затворный механизм (мр), замок (мр)
dispositif (m) de déclic
meccanismo (m) a scatto
trinquete (m) de cierre *o* de seguridad / *joc (m) de seguretat*

4
Fadenaufwicklung (f), Aufwinden (n) des Fadens
winding-on the yarn
наматыванie (ср) *или* [на]мотка (жр) нити
renvidage (m) du fil
incannatura (f) del filo
arrollamiento (m) del hilo / *plegat (m) del fil*

5
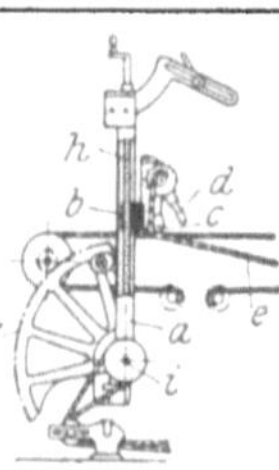

Quadrant (m), Sektor (m)
quadrant
квадрант (мр), журавль (мр)
secteur (m)
settore (m), quadrante (m)
sector (m), cuadrante (m) / *sector (m), quadrant (m)*

6 a
Sektorarm (m)
quadrant arm
плечо (ср) журавля
bras (m) du secteur
braccio (m) del settore
brazo (m) / *braç (m)* / del sector

7 b
Sektormutter (f)
quadrant nut
гайка (жр) журавля
écrou (m) du secteur
madrevite (f) del settore, dado (m) sul quadrante
tuerca (f) / *femella (f)* / del sector

8 c
Verkürzungsexzenter (n)
chain shortening eccentric
укорачивающій эксцентрик (мр)
excentrique (m) pour le déplacement de la chaine du secteur
eccentrico (m) per raccorciare la catena del settore
excéntrico (m) para el acortamiento de la cadena del sector / *excèntric (m) per l'escursament de la cadena del sector*

d
Handhebel (m)
hand lever
рукоятка (жр), ручка (жр) 9
manivelle (f)
manovella (f)
manivela (f) / *maneta (f)*

e
Sektorkette (f)
quadrant chain
цѣпь (жр) журавля 10
chaine (f) du secteur
catena (f) del settore
cadena (f) del sector

Befestigungsstelle (f) *oder* Anhängestelle (f) der Kette
fastening point of the chain
мѣсто (ср) для прикрѣпленія цѣпи
point (m) de fixation de la chaine 11
punto (m) di fissamento della catena
punto (m) de sujeción de la cadena / *punt (m) de fixació de la cadena*

Abziehen (n) *oder* Abwickeln (n) der Kette
unwinding of the chain
спуск (мр) *или* размот (мр) цѣпи 12
déroulement (m) de la chaine
svolgimento (m) della catena
desarrollo (m) / *desplegat (m)* / de la cadena

g
Sektorzahnkranz (m)
toothed quadrant segment
зубчатая дуга (жр) квадранта
couronne (f) *ou* partie (f) dentée du secteur 13
parte (f) dentata del settore
arco (m) dentado / *arc (m) dentat* / *o* corona (f) del sector

h
Sektorspindel (f)
quadrant screw
шпиндель (мр) квадранта
broche (f) du secteur 14
stelo (m) a vite del settore
tornillo (m) / *rosca (f)* / del sector

Gewindegang (m)
thread
винтовой ход (мр) 15
pas (m)
passo (m)
paso (m) / *pas (m)*

i
Sektordrehzapfen (m)
quadrant pivot
цапфа (жр) для вращенія квадранта
pivot (m) du secteur 16
perno (m) del settore
pivote (m) / *pivot (m)* / del sector

Sektorschwingung (f)
swinging movement of the quadrant
качанie (ср) *или* движенie (ср) квадранта
mouvement (m) oscillant du secteur
movimento (m) oscillatorio del settore 17
movimiento (m) oscilante / *moviment (m) oscil·lant* / del sector

1 Spannen (n) *oder* Anziehen (n) der Kette
tightening of the chain
натяжка (жр) цѣпи
tension (f) de la chaîne
tensione (f) della catena
tensión (f) o acortamiento (m) de la cadena / *tensió (f) o escursament (m) de la cadena*

2 die Kette spannen
to tighten the chain
натягивать цѣпь
tendre la chaîne
tendere la catena
tender / *tivar* / la cadena

3 Kettenspannung (f), Spannung (f) der Kette
chain tension
натянутость (жр) цѣпи
tension (f) de la chaîne
tensione (f) della catena
tensión (f) / *tensió (f)* / de la cadena

4 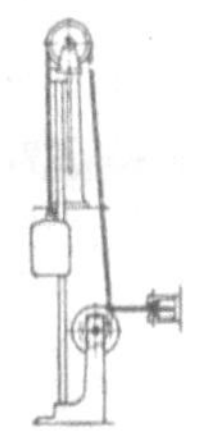
Sektorkettenaufwickler (m)
quadrant chain tension motion
приспособленіе (ср) для натяжки цѣпи квадранта
mouvement (m) de renvidage de la chaîne du secteur
meccanismo (m) di tensione della catena del settore
mecanismo (m) tensor de la cadena del sector / *joc (m) d'escursar la cadena del sector*

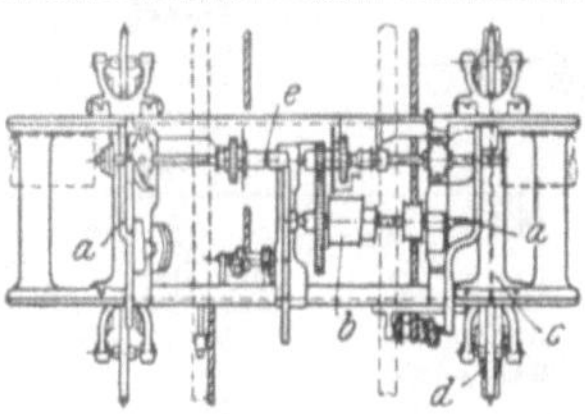

5 Wagenmittelstück (n)
carriage square
центральная часть (жр) каретки
châssis (m) du chariot
intelaiatura (f) del carro
armazón (m) del carro / *marc (m) del carret (m)*

6 a
Wagenhaupt (m)
carriage rest
головка (жр) каретки
tête (f) de châssis du chariot
testa (f) del carro
testa (f) del carro

7 b
Trommel (f) mit Schneckenspur
winding drum with scroll
барабан (мр) с улитообразным желобом
tambour (m) avec scroll
tamburo (m) con lumaca
tambor (m) con espiral / *barrilet (m) amb espiral*

8 c
Wagengabel (f)
carriage arm
кареточная вилка (жр)
support (m) des roues du chariot
sopporto (m) delle ruote del carro
brazo (m) de las ruedas del carro / *braç (m) de les rodes del carro*

d
Sicherheitsschuh (m)
carriage wheel guard
предохранительный башмак (мр)
couvre-roue (m) du chariot
copri-ruota (m) del carro
guarda (f) ruedas / *guarda (f) rodes* / del carro 9

e
Rotgußbüchse (f)
brass bush
втулка (жр) из фосфористой бронзы
douille (f) en bronze
bossolo (m) in bronzo
collarín (m) de bronce / *dolla (f) de bronze* 10

aufsteigende Windung (f), Bildung (f), bildender Teil (m) der Schicht
mounting spiral, building part of layer
восходящая спираль (жр)
spirale (f) montante, partie (f) formante de la couche
spirale (f) montante, parte (f) formante dello strato
espiral (f) ascendente, parte (f) formante de la capa / *espiral (f) ascendent, part (f) formant de la capa* 11

absteigende Windung (f), Kreuzung (f), kreuzender Teil (m) der Schicht
descending spiral
нисходящая спираль (жр)
spirale (f) descendante, partie (f) croisante de la couche
spirale (f) discendente, parte (f) d'incrocio dello strato
espiral (f) descendente, parte (f) cruzante de la capa / *espiral (f) descendent, part (f) de creuat de la capa* 12

Abwärtswinden (n)
winding downwards
мотка (жр) вниз по спирали
renvidage (m) vers le bas, croisement (m) du fil
incannatura (f) discendente
arrollado (m) hacia abajo, cruce (m) del hilo / *plegat (m) cap avall, creuat (m) del fil* 13

Aufwärtswinden (n)
winding upwards
мотка (жр) вверх по спирали
renvidage (m) vers le haut, renvidage du fil
incannatura (f) ascendente
arrollado (m) hacia arriba / *plegat (m) cap amunt, plegat (m) del fil* 14

steil aufwinden
to wind steeply
круто навивать
croiser fortement le fil
avvolgere in curve rapide
arrollar en curvas rápidas / *plegar en curves ràpides* 15

Kreuzkötzer (m)
cross-wound cop
початок (мр) крестовой мотки
canette (f) à renvidage croisé
bobina (f) ad incannatura incrociata
husada (f) de arrollado cruzado / *fusada (f) de plegat creuat* 16

Aufwinder (m)
winding faller
надниточник (мр)
baguette (f)
bacchetta (f)
plegador (m) 17

Gegenwinder (m)
counter faller
подниточник (мр)
contre-baguette (f)
controbacchetta (f)
grúa (f) / *grua (f)* 18

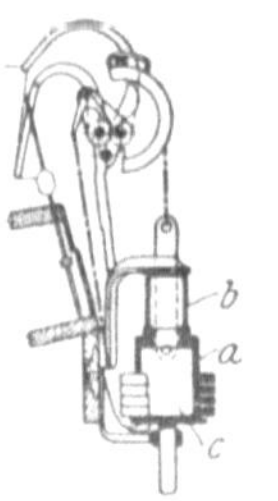

1 Gewicht- und Preßluftbelastung (f) des Gegenwinders
counter faller weighting with air cushioning effect
нагрузка (жр) подниточника гирями и воздушным давленіем
tension (f) sur la contre-baguette à compression d'air
tensione (f) sulla controbacchetta a compressione d'aria
presión (f) de la grúa amortiguada por aire comprimido / *pressió (f) de la grua amortiguada per aire comprimit*

2 a
Gewichtstopf (m)
dash pot
гиря (жр) в видѣ горшка, горшковидная гиря (жр)
pot (m) à contrepoids
vaso (m) a contrappeso
cámara (f) con contrapeso / *cambra (f) amb contrapès*

3 b
Gegentopf (m)
cushioning pot
буферный поршень (мр) гири
piston (m)
pistone (m)
pistón (m) [amortiguador] / *pistó (m)*

4 c
Luftkammer (f)
air chamber
воздушное пространство (ср), воздушная камера (жр)
chambre (f) à air
camera (f) d'aria
cámara (f) de aire / *cambra (f) d'aire*

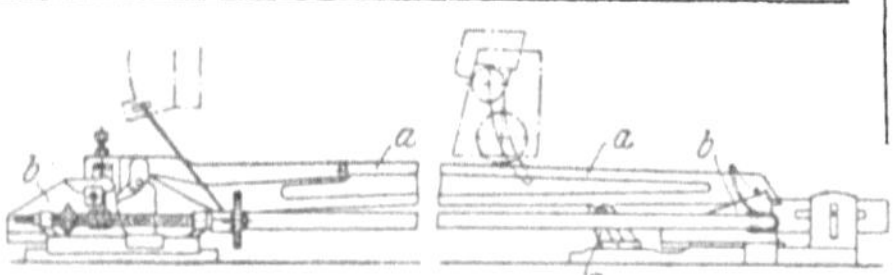

5 a
Windeschiene (f)
shaper rail
моточная *или* початочная шина (жр), склиз (мр)
rail (m) de formation, règle (f) de renvidage
rotaia (f) d'incannatura
regla (f) de formación de capas / *copisplet (m)*

6 b
Formschuh (m)
copping plate
башмак (мр), моточная щечка (жр)
platine (f)
pattino (m)
plantilla (f), patín (m), resbaladera (f) / *plantilla*

7 c
Schlitzführung (f)
copping rail guide
направляющій паз (мр)
coulisse (f) *ou* guide (m) de la règle
corsoio (m) della rotaia
guía (f) de la regla de formación / *guia-colissa (f) del copisplet*

8
die Windeschiene senken *oder* niederlassen
to lower the shaper rail
опустить склиз
abaisser la règle de renvidage
abbassare la rotaia
bajar la regla de formación / *abaixar el copisplet*

9
die Formschuhe (mpl) verschieben
to displace the copping plates
передвинуть *или* переставить башмаки
déplacer les platines (fpl)
spostare i pattini
desplazar las plantillas / *desplaçar o fer correr les plantilles*

10
Verbinden (n), Aufschlagen (n)
unlocking
замот (мр)
empointage (m)
liberamento (m) della bacchetta
empunte (m) / *cargolat (m)*

11
Umkehren (n) des Wagens
reversing of the carriage
поворот (мр) каретки
renversement (m) de marche du chariot
inversione (f) di marcia del carro
inversión (f) de la carrera del carro / *inversió (f) de la cursa del carro*

12
frisch anspinnen
to commence a fresh set [of cops]
приступить к выпрядкѣ со свѣжей заправкой
commencer une nouvelle levée
cominciare una nuova levata
empezar una nueva mudada / *començar una nova mudada*

13
die Vorgarnspulen (fpl) einlegen
to put-in the roving bobbins
вставить катушки ровницы
placer les bobines (fpl) de préparation
montare le bobine di preparazione, alimentare la rastrelliera
llenar las filetas / *omplir o guarnir les filetes*

14
Andrehen (n) des Fadens
attaching the yarn
присучиваніе (ср) *или* присучка (жр) нити
rattachage (m) du fil
attacco (m) del filo
estacado (m) del hilo [a la púa] / *estacat (m) del fil [a la pua]*

15
den Faden andrehen
to attach the yarn
присучать нить
rattacher le fil
attaccare il filo
estacar o anudar el hilo / *estacar o nuar el fil*

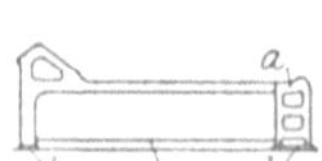

16
Mittelbock (m), Triebstock (m)
headstock
станина (жр) центральной части машины *или* головки каретки
têtière (f)
testata (f), testiera (f)
testera (f)

17 a
Vorderbock (m)
front end of headstock
передняя часть (жр) станины
petite têtière (f), partie (f) avant de la têtière
piccola testiera (f), davanti (m) della testiera
testera (f) pequeña o de delante / *testera (f) petita o de davant*

18 b
Fußplatte (f), Fußbodenplatte (f)
base plate
башмачная плита (жр)
plaque (f) de fondation
placca (f) di base
placa (f) de fundación / *de fundació*

1 c
Wagenbahn (f)
carriage rails
рельс (мр) *или* погон (мр) каретки
rails (mpl) du chariot
rotaie (fpl) del carro
rails (mpl) del carro

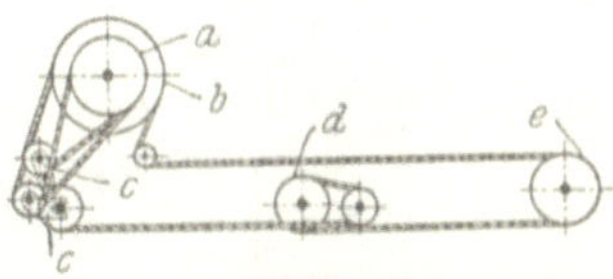

2
Führung (f) der Spindeltrommelleine
arrangement of rim band
расположеніе (ср) каната для движенія веретен
disposition (f) de la corde du volant
disposizione (f) della funicella del volante
disposición (f) de la corda del volante / *disposició (f) de la corda del volant*

---

3 a
Drahtwirtel (m) für erste Geschwindigkeit
rim [pulley] for the first speed
ходовой маховик (мр) для первой скорости
poulie (f) à gorges de première vitesse
volante (m) di prima velocità
volante (m) para la primera o pequeña velocidad / *volant (m) per a la primera o petita velocitat*

---

4 b
Drahtwirtel (m) für zweite Geschwindigkeit
rim [pulley] for the second speed
ходовой маховик (мр) для второй скорости
poulie (f) à gorges de seconde vitesse
volante (m) di seconda velocità
volante (m) para la segunda o mayor velocidad / *volant (m) per a la segona o gran velocitat*

---

5 c
Leitrollenstelleisen (n)
guide pulley bracket
установительная цапфа (жр) направляющаго ролика
support (m) de la poulie de guidage
sopporto (m) della puleggia di guida
soporte (m) de la polea guía / *suport (m) de la politja guia*

---

6 d
Trommelwirtel (m)
tin roller pulley
барабанный блок (мр)
volant (m) sur l'axe des tambours
volante (m) sull'albero dei tamburi
polea (f) de la linterna / *politja (f) de la llanterna*

---

e
Spannwirtel (m)
tension pulley, band tightening pulley
натяжной блок (мр) 7
poulie (f) de tension
puleggia (f) di tensione
polea (f) / *politja (f)* / tensora

Wirtelspur (f)
rim groove
канавка (жр) *или* желоб (мр) блока
gorge (f) du volant
gola (f) del volante
garganta (f) del volante / *gorja (f) del volant* 8

---

vordere Spur (f)
front groove
передняя канавка (жр)
gorge (f) avant
gola (f) di davanti
garganta (f) delantera / *gorja (f) de davant* 9

---

hintere Spur (f)
back groove
задняя канавка (жр)
gorge (f) arrière
gola (f) di dietro
garganta (f) posterior / *gorja (f) de darrera* 10

---

einspurig
single grooved
одножелобчатый
à simple gorge (f)
a singola gola
de garganta sencilla / *de gorja senzilla* 11

---

zweispurig
double grooved
двухжелобчатый
à double gorge (f)
a gola (f) doppia
de garganta (f) / *gorja (f)* / doble 12

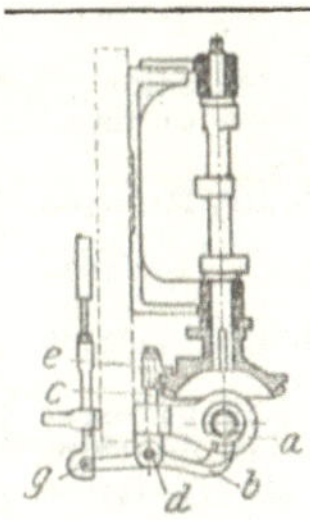

Steuerwelle (f) mit Schaltzeug
cam shaft with change motion
распредѣлительный вал (мр) с выключателями
arbre (m) à cames avec mécanisme de changement
albero (m) ad eccentrici con meccanismo di cambiamento 13
árbol (m) de los excéntricos con mecanismo de cambio / *arbre (m) dels excèntrics amb mecanisme de canvi*

---

a
Schaltstelleisen (n)
locking plate
установительный хомут (мр) переключателя
plateau (m) de direction 14
placca (f) d'innesto
plato (m) de embrague / *placa (f) d'embragar*

---

b
Schaltnase (f)
locking finger
выключательный зубец (мр)
doigt (m) de direction 15
dito (m) d'innesto
dedo (m) o nariz (f) de embragar / *dit (m) o nas (m) d'embragar*

---

c
Schaltnasengelenkstück (n)
change rod
переключательный стержень (мр) выключателя 16
tringle (f) de changement
asta (f) di cambiamento
varilla (f) de cambio / *barreta (f) de canvi*

---

d
Bolzen (m)
pivot
шкворень (жр) 17
pivot (m)
perno (m)
pivote (m) / *pivot (m)*

1 e
Frosch (m)
peg
лягушка (жр)
cheville (f)
caviglia (f)
clavija (f), grapón (m) / *grapó (m)*

2 g
Hebelbolzen (m)
lever stud
штифт (мр) рычага
goupille (f) du levier
perno (m) della leva
torrión (m) / *torrió (m)* / de la palanca

3
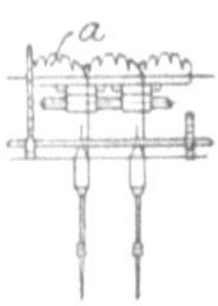

Vorrichtung (f) zum Zerreißen der Doppelfäden
appliance to prevent double
приспособленіе (ср) для устраненія сдваиванія нитей
dispositif (m) brise-mariage
dispositivo (m) per evitare fili doppi
aparato (m) de corta-uniones / *aranyer (m) o mecanisme (m) preventor de les metxes casades*

4
Grobfaden (m), Doppelfaden (m)
double end
двойная нить (жр), двойня (жр)
fil (m) double, mariage (m)
filo (m) doppio
mechas (f pl) casadas, unión (f), cabo (m) doble / *fils (m pl) casats, fil doble*

5 a
Blech (n) mit keilförmigen Einschnitten
metal plate with wedge-shaped slits
щиток (мр) с клиновидными прорѣзами
plaque (f) métallique avec fentes en forme de coins
placca (f) metallica con fessure a forma d'angoli
placa (f) metálica con cortes cuneiformes / *planxa (f) metàl·lica amb talls atasconats o cuneïformes*

6
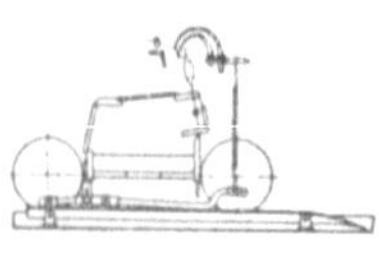
Spannvorrichtung (f) fur Gegenwinder und Fadenschoner
faller easing motion, yarn easing motion
выравнитель (жр) натяженія для подниточника и предохранителя
dispositif (m) pour alléger la baguette, tendeur (m) à ressort du fil à la rentrée
meccanismo (m) per alleggerire la bacchetta
mecanismo (m) para relevar o aflojar la grúa / *mecanisme (m) per a treure o afluixar la grua*

7
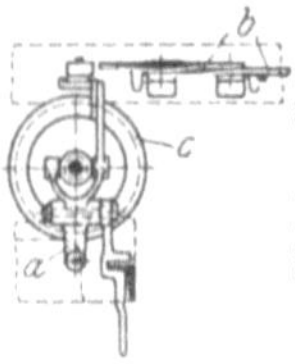

Spindelpause (f)
spindle stoppage
неподвижное состояніе (ср) веретен
arrêt (m) de la broche
arresto (m) del fuso
paro (m) del huso / *atur (m) de la pua*

a
Kuppelhebel (m)
coupling lever
рычаг (мр) фрикціона
levier (m) d'accouplement 8
leva (f) d'accoppiamento
palanca (f) acopladora

b
Stellschiene (f)
adjusting rod
установочная рейка (жр)
tringle (f) réglable 9
asta (f) regolabile
varilla (f) / *barreta (f)* / ajustable

c
Wirtel (m) mit Bremsglocke
pulley with friction dish
блок (мр) с фрикціонным конусом
poulie (f) avec cloche de friction 10
puleggia (f) con campana di frizione
polea (f) con plato de fricción / *politja (f) amb plat de fricció*

Spindellagerung (f)
spindle bearing
подшипник (мр) для веретен
support (m) des broches
sopporto (m) dei fusi
soporte (m) de los husos / *suport (m) de les pues* 11

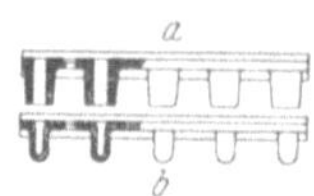

Gruppenlagerung (f) der Spindeln [auf Latten]
multiple spindle bearing
групповое расположеніе (ср) подшипников веретен
support (m) en plate-bande guidant plusieurs broches
sopporto (m) multiplo per i fusi 12
soporte (m) de platabanda para varios husos / *suport (m) de platabanda per a varies pues*

a
Halslager (n)
[spindle] bolster
подшипник (мр) для шейки веретена
collet (m)
[sopporto (m) a] collare (m) 13
collarín (m) / *collarí (m)*

b
Fußlager (n)
footstep
подпятник (мр) *или* подпяточный подшипник (мр) веретена 14
crapaudine (f)
sopporto (m) di base
crapodina (f) / *grapaldina (f)*

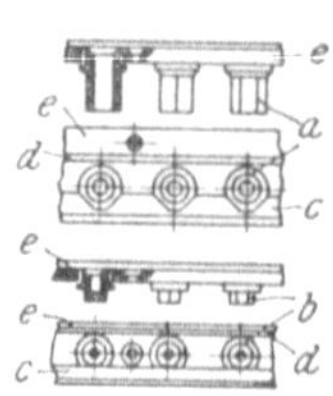

Einzellagerung (f) der Spindeln [auf Latten]
individual bearing of the spindles
одиночное расположеніе (ср) подшипника веретена
support (m) individuel des broches 15
sopporto (m) individuale per i fusi
soporte (m) individual de los husos / *suport (m) individual de les pues*

a
Bronzehalslager (n)
bronze bolster
бронзовый подшипник (мр) для шейки веретена 16
collet (m) en bronze
collare (m) di bronzo
collarín (m) de bronce / *collarí (m) de bronze*

1 b
Bronzefußlager (n)
bronze footstep
бронзовый подпятник (мр)
crapaudine (f) en bronze
sopporto (m) di base di bronzo
crapodina (f) de bronce / *grapaldina (f) de bronze*

2 c
Ölnut (f)
oil groove
смазочная канавка (жр) [для масла]
rainure (f) pour l'huile
canale (m) per l'olio
canal (m) para el aceite / *per al oli*

3 d
eingesetzte Rippe (f)
inserted rib
насаженное *или* впущенное ребро (ср)
rebord (m) ajusté
nervatura (f) insertata
reborde (m) insertado / *reforç (m) insertat*

4 e
Spindelplatte (f)
spindle plate
веретенная полка (жр)
plate-bande (f) des broches
placca (f) porta-fusi
platabanda (f) de los husos / *de les pues*

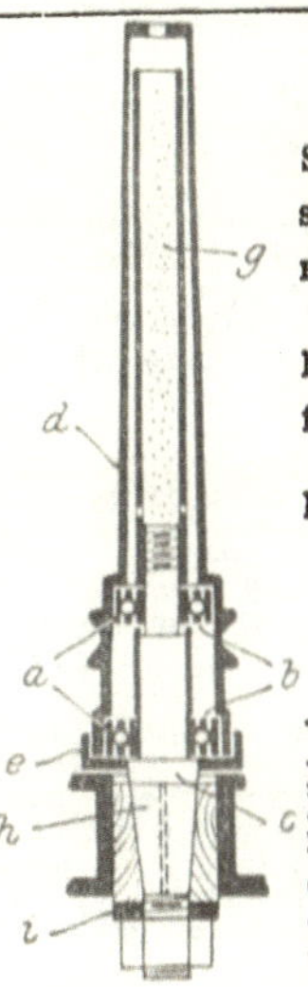

5
Spindel (f) mit Kugellagerung
spindle with ball bearing
веретено (ср) на шариковых подшипниках
broche (f) à coussinet à billes
fuso (m) con cuscinetto a sfere
huso (m) con cojinete de bolas / *pua (f) amb rodament de boles*

6
Laufring (m)
ball race
вращающееся кольцо (ср)
chemin (m) de roulement
anello (m) portasfere
anillo (m) de rodamiento / *anell (m) de rodament*

7 a, b
Kugellager (n) mit Laufrille, Laufringkugellager (n)
ball race bearing
шариковый подшипник (мр) с канавками
palier (m) à roulement à billes
sopporto (m) anulare mobile a sfere
soporte (m) de rodamiento anular / *suport (m) del anell de rodament*

8 c
Absatz (m), Bund (m)
bead
заточка (жр), выступ (мр)
nervure (f)
nervatura (f)
nervio (m), saliente (m) / *nervi (m), sortint (m)*

d
stufenförmig erweiterte Spindel (f)
conical shell spindle
коническое веретено (ср)
fût (m) conique de la broche 9
tubo (m) conico del fuso
tubo (m) cónico o caña (f) cónica del huso / *tub (m) cònic o canya (f) cònica de la pua*

e
Verschlußdeckel (m)
cover plate
предохранительная крышка (жр) 10
couvre-joint (m)
placca (f) di chiusura
tapa (f)

g
Schmieröl aufnehmender Stoff (m)
material taking up the lubricant
вещество (ср), поглощающее смазочное масло
matière (f) absorbant l'huile de graissage 11
materia (f) che assorbe l'olio lubrificante
material (m) absorbedor del lubricante / *material (m) absorbedor del oli d'untatge*

h
Lagerzapfen (m) der Spindel
conical base of spindle
хвостовой отросток (мр) для закрѣпленія веретена 12
embase (f) de la broche
base (f) conica del fuso
base (f) cónica del huso / *base (f) cònica de la pua*

i
Unterlagscheibe (f)
washer
подкладочная шайба (жр)
rondelle (f) 13
rosetta (f)
arandela (f) / *volandera (f)*

mehreckige Spindelspitze (f) *oder* Spindelkrone (f)
angular spindle point
многогранная верхушка (жр) веретена
pointe (f) *ou* couronne (f) de la broche à faces aplaties 14
punta (f) del fuso a sezione angolare
punta (f) de caras aplanadas del huso / *punta (f) aplanada de la pua*

Josephysche Spindelschmiervorrichtung (f)
Josephy's spindle lubricator
приспособленіе (ср) Жозефи для смазки веретен
lubrificateur (m) Josephy pour broches 15
lubrificatore (m) Josephy per fusi
lubricador (m) para husos / *lubrificador (m) per a pues* / de Josephy

a
Spindelbank (f), Plattband (n)
spindle bearing plate
веретенный брус (мр) 16
plate-bande (f)
placca (f) porta-fusi
platabanda (f)

1 b
mit Öl getränktes Filzband (n)
strip of felt saturated with oil
пропитанная маслом войлочная лента (жр)
bande (f) de feutre saturée d'huile
nastro (m) di feltro saturato d'olio
tira (f) de fieltro saturada con aceite / *tira (f) de feltre saturada amb oli*

2 c
offenes Spindellager (n)
open spindle bearing
открытый подшипник (мр) веретена
support (m) des broches ouvert
sopporto (m) dei fusi aperto
soporte (m) abierto de los husos / *suport (m) obert de les pues*

3
Spindelschnur (f)
spindle band
шнур (мр) для веретена
corde (f) à broches
cordetta (f) dei fusi
cordón (m) / *cordó (m)* / piano

4
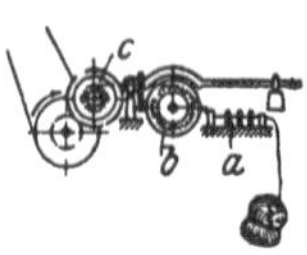

Spindelschnurstreckmaschine (f)
spindle band stretching machine
машина (жр) для растягиванія веретеннаго шнура
machine (f) à étirer et allonger la corde à broches
macchina (f) per tirare ed allungare le cordette dei fusi
máquina (f) para estirar el cordón piano / *màquina (f) d'estirar el cordó piano*

5 a
Spannführung (f)
tension pins
тормазная гребенка (жр), гребенка (жр) для натяженія шнура
aiguilles (fpl) de tension
aghi (mpl) di tensione
brocas (fpl) de tensión / *broques (fpl) de tensió*

6 b
gebremste Leittrommel (f)
braked drum
тормазной барабанчик (мр), ведущій шнурок
tambour (m) freiné
tamburo (m) frenato
tambor (m) con freno apretado / *tambor (m) con fre apretat*

7 c
Aufwindespule (f)
winding spool
катушка (жр) для намота
bobine (f) tournante
bobina (f) d'avvolgimento
carrete (m) giratorio / *rodet (m) giratori*

8

Durchhülse (f) aus Papier
paper through-tube
сквозная(-ой) бумажная(-ый) гильза (жр) *или* патрончик (мр)
tube (m) traversant en papier
tubetto (m) passante di carta
tubo (m) largo de papel / *tub (m) llarg de paper*

Kurzhülse (f)
short tube
короткая *или* начиночная гильза (жр) 9
tube (m) court
tubetto (m) corto
tubo (m) corto, tubito (m) / *tub (m) curt, tubet (m)*

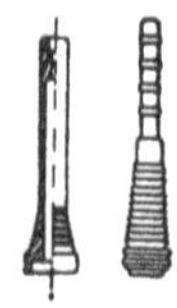
Holzhülse (f)
wooden tube, wood pirn
деревянная цѣвка (жр) *или* шпуля (жр) *или* шпулька (жр) 10
tube (m) en bois
tubo (m) di legno
canilla (f) de madera / *caneta (f) de fusta*

Holzhülse (f) *oder* Holzlehre (f) mit Einschnitten
corrugated wood pirn
деревянная цѣвка (жр) с канавками 11
fuseau (m) en bois rainé
tubo (m) di legno con scanalature
canilla (f) acanalada de madera / *caneta (f) de fusta ratllada*

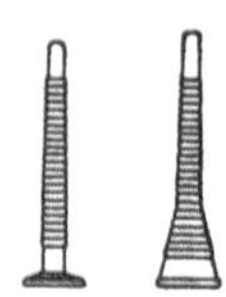
Blechhülse (f)
metal tube
жестяная гильза (жр), жестяной патрон (мр) 12
tube (m) métallique
tubo (m) di lamiera
tubo (m) metálico / *tub (m) metàl·lic*

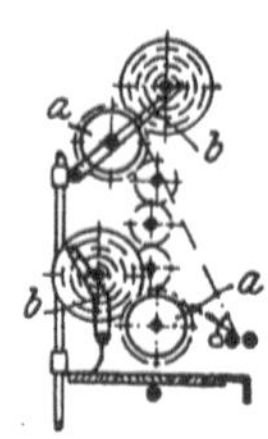

Abtreibzeug (n) zum Doppeln und Zwirnen
delivery arrangement for doubling and twisting
тростильный прибор (мр) для дублированія и скручиванія
dispositif (m) d'alimentation pour doubler et retordre 13
dispositivo (m) d'alimentazione per binare e ritorcere
juego (m) de alimentación para doblar y retorcer / *joc (m) de alimentació per a doblar i retòrcer*

a
Abtreibtrommel (f)
bobbin driving drum
сгоночный барабан (мр)
tambour (m) dérouleur 14
rullo (m) di svolgimento
tambor (m) desarrollador / *tambor (m) desplegador*

b
Spulengabel (f)
forked bobbin bracket
вилка (жр) для катушек
support (m) de bobine en forme de fourche
sopporto (m) di bobina in forma di forca 15
soporte (m) del carrete en forma de horquilla / *suport (m) del rodet en forma de forquilla*

1

Riemenausrückzeug (n)
belt disengaging motion, belt shifter
приспособленіе (ср) для останова ремня
débrayeur (m) de courroie
[meccanismo (m)] spostacinghia (m), guidacingolo (m)
mecanismo (m) de disparo o desviador (m) de la correa / *mecanisme (m) de dispar de la corretja*

---

2 a

Ausrückwinkelhebel (m)
bell crank lever of disengaging motion
двухколѣнчатый рычаг (мр) для останова
levier (m) coudé du débrayeur de courroie
leva (f) ad angolo del guidacingolo
palanca (f) acodada del desviador de la correa / *palanca (f) en esquadra del mecanisme del dispar de la corretja*

---

3 c

Führungsstütze (f)
guide bracket
поддерживающій кронштейн (мр)
console-guide (f)
mensola (f) di guida
soporte-guía (m) / *suport-guia (m)*

---

4 d

Ausrückstange (f) mit Handgriff
disengaging rod with handle
отводка (жр) с ручкою
tringle (f) de débrayage à manette
verga (f) di spostamento con manico
barreta (f) de disparo con mango / *barreta (f) del dispar amb mànec*

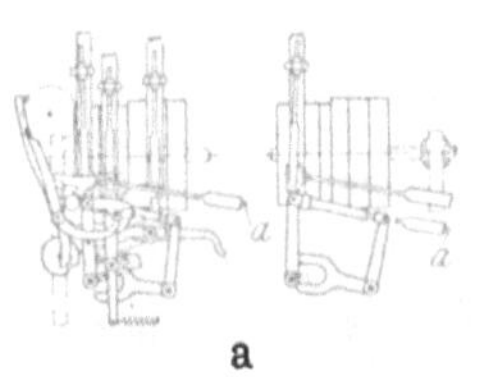

5

a

Selbstausrücker (m)
automatic disengaging motion
самодѣйствующій остановочный механизм (мр)
débrayeur (m) automatique
meccanismo (m) di disbracamento automatico
mecanismo (m) de disparo automático / *mecanisme (m) de dispar automàtic*

6

Sicherheitsausrücker (m) für die Wageneinfahrt
safety motion *or* stopping motion for inward run of carriage
предохранительный остановочный механизм (мр) для входа каретки
dispositif (m) de sûreté pour arrêter le chariot à la rentrée
meccanismo (m) di sicurezza per fermare il carro durante l'entrata
mecanismo (m) de seguridad para la entrada del carro / *mecanisme (m) de seguretat per a l'entrada del carro*

---

a

Ausrückhebel (m)
disengaging lever
выключательный рычаг (мр)
levier (m) de débrayage
leva (f) di disinnesto
palanca (f) de desembrague / *del desembragar* 7

---

b

Ausrückstange (f)
disengaging rod
выключательный прутокъ (мр)
tringle (f) de débrayage
asta (f) di disinnesto
varilla (f) de desembrague / *barreta (f) del desembragar* 8

---

c

Tritthebel (m)
treadle lever
[ножная] педаль (жр)
levier (m) à pédale
leva (f) a pedale
palanca (f) de pedal / *amb pedal* 9

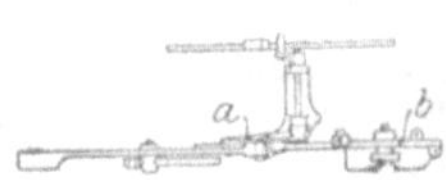

selbsttätige Abstellvorrichtung (f) bei beendetem Kötzer, Kötzerausrücker (m)
full cop stopping motion
приспособленіе (ср) для автоматическаго останова сельфактора в момент заполненія початка
dispositif (m) d'arrêt automatique pour canettes terminées 10
meccanismo (m) di arresto automatico a bobina ultimata
mecanismo (m) de paro automático cuando las husadas están llenas / *mecanisme (m) de dispar automàtic per a fusada plena*

---

a

Ausheber (m)
lifter
подъемщик (мр)
déclic (m)
scatto (m)
gatillo (m) / *cadell (m)* 11

---

b

Sicherungshebel (m)
safety catch lever
предохранительный рычаг (мр)
levier (m) de prise de sécurité
leva (f) di presa di sicurezza
palanca (f) de seguridad / *de seguretat* 12

Einfallen (n) der Falle
locking of the catch
замыканіе (ср) щеколды
enclanchement (m) du loquet
caduta (f) dell'arpione, chiusura (f) dell'innesto
cierre (m) del trinquete / *trencament (m) de la lleva* 13

---

die Falle auslösen
to release the catch
разомкнуть щеколду
déclencher le loquet
liberare lo scatto
desembragar el trinquete / *afluixar la lleva* 14

1 Schleifenbildung (f)
snarling, formation of snarls
образованіе (ср) петель
formation (f) de vrilles
formazione (f) di arricciature
formación (f) de bucles o de cargolis / *formació (f) de cargolins*

2

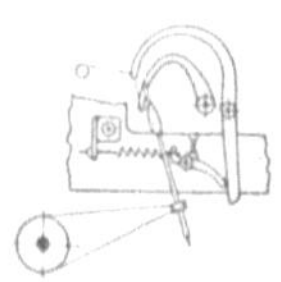

Vorrichtung (f) zur Verhutung von Schleifenbildung
anti-snarling motion, snarl preventer
приспособленіе (ср) для предотвращенія образованія петель
dispositif (m) anti-vrilles
meccanismo (m) per prevenire la formazione di arricciature
mecanismo (m) preventor de los cargolis / *mecanisme (m) per a prevenir el cargoli*

3

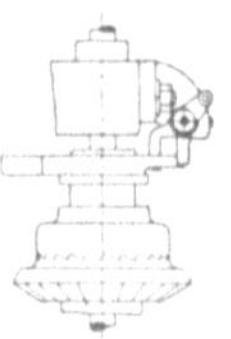

Schlingenstreckvorrichtung (f)
snarl stretching motion
приспособленіе (ср) для растягиванія петель
dispositif (m) pour étirer les vrilles
meccanismo (m) per disfare le arricciature
mecanismo (m) para deshacer los cargolis / *mecanisme (m) de desfer el cargoli*

4

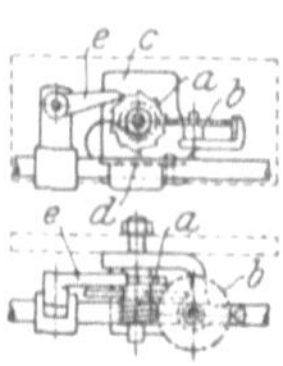

Zugzähler (m), Zähluhr (f)
draw-indicator
счетчик (мр) числа отходов каретки
compteur (m) des aiguillées
contatore (m) delle agugliate
contador (m) de agulleres / *comptador (m) o rellotget (m) dels agullers*

---

5 a
Fortrückrad (n), Sperrad (n)
ratchet wheel
храповик (мр)
rochet (m)
ruota (f) d'arresto
rueda (f) de estrella / *roda (f) d'estrella*

---

6 b
mit Einteilung [*oder* Skala] versehenes Zählrad (n)
indicator plate wheel
колесо (ср) с циферблатом
roue (f) dentée avec cadran divisé
ruota (f) dentata con scala
rueda (f) dentada con esfera graduada / *roda (f) dentada amb esfera graduada*

---

7 c
Zählerbock (m)
indicator bracket
кронштейн (мр) счетчика
support (m) du compteur
sopporto (m) del contatore
soporte (m) del contador / *suport (m) del comptador*

---

8 d
Bremsfeder (f)
brake spring
тормазная пружина (жр)
ressort (m) de frein
molla (f) per freno
resorte (m) de freno / *molla (f) del fre*

---

9 e
Klinke (f)
pawl
собачка (жр)
cliquet (m)
nottolino (m)
gatillo (m) / *cadell (m)*

10

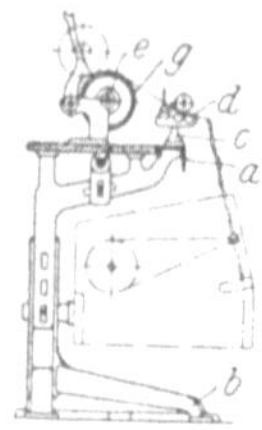

Zylinderbaum (m)
roller beam
брус (мр) вытяжного аппарата
porte-cylindre (m)
portacilindri (m)
portacilindros (m) / *portacorrons (m)*

10 a

---

11 b
Anschlagbock (m)
spring piece
станина (жр)
sentinelle (f), arrêt (m) de chariot
arresto (m) del carro
cuchillo (m), centinela (m *y* f) / *sentinella (f)*

---

12 c
Zylinderlager (n)
roller stand
стойка (жр) с подшипниками для вытяжных цилиндров
support (m) des cylindres
sopporto (m) dei cilindri
caballete (m) de los cilindros / *cavallet (m) dels corrons*

---

13 d
Lieferwalzen (fpl)
delivery rollers
питательные валики (мр)
cylindres (mpl) alimentaires
cilindri (mpl) alimentatori
cilindros (mpl) de alimentación / *corrons (mpl) alimentaris*

---

14 e
Abtreibtrommelbüchse (f)
bush of driving drum shaft
втулка (жр) сгоночнаго барабана
douille (f) de l'arbre du tambour dérouleur
bossolo (m) dell'albero del rullo di svolgimento
collarín (m) del árbol del tambor desarrollador / *dolla (f) del arbre del tambor desplegador*

---

15 g
Abtreibtrommel (f)
bobbin driving drum
сгоночный барабан (мр)
cylindre (m) *ou* tambour (m) dérouleur
rullo (m) di svolgimento
tambor (m) desarrollador / *tambor (m) desplegador*

16

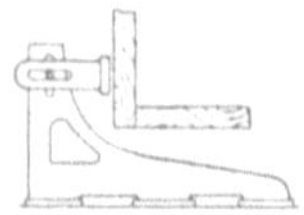

Prellbock (m), Puffer (m)
carriage stop, buffer
буферная колодка (жр)
butoir (m)
repulsore (m), ripulsore (m), respintore (m)
tope (m) / *top (m)* / del carro

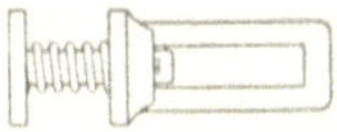

1 federnder Prellbock (m), Federpuffer (m)
spring buffer
пружинная буферная колодка (жр)
butoir (m) à ressort
repulsore (m) a molla
tope (m) de resorte / *top (m) de molla*

2 Bremsschuh (m)
brake shoe
тормазной башмак (мр), горка (жр)
semelle (f) de frein, plan (m) incliné
pattino (m) per freno
zapata (f) del freno / *sabata (f) del fre*

a

3 Bremseisen (n)
brake block
скользун (мр)
b
bascule (f) *ou* bloc (m) du frein, support (m) à frein
blocco (m) del freno
pieza (f) del freno / *peça (f) o bloc (m) del fre*

4 Selbstspinnerseil (n), [Selfaktorseil (n)]
mule band, self-acting band
канат (мр) сельфактора
corde (f) de renvideur
corda (f) del filatoio automatico
cuerda (f) / *corda (f)* / de selfactina

5 Einzugseil (n)
drawing-up band, taking-in band
втяжной канат (мр), тяжник (мр) от скроля
corde (f) [du scroll] de rentrée
corda (f) della lumaca di rientrata
cuerda (f) de la entrada [del carro] / *corda (f) de l'entrada [del carro]*

6 Auszugseil (n)
drawing-out band
вывозной канат (мр), тяжник (мр) от кареточнаго вала
corde (f) de sortie
corda (f) d'uscita
cuerda (f) de la salida / *corda (f) de la sortida*

7 Gegenseil (n)
check band
уравнительный канат (мр); канат, регулирующій отход каретки
contrecorde (f)
contro-corda (f)
contracuerda (f), cuerda (f) tensora / *contracorda (f), corda (f) tensora*

8 Treibschnur (f), Spindelschnur (f)
spindle band
приводный канат (мр)
corde (f) à broches
cordetta (f) dei fusi
cordón (m) / *cordó (m)* / piano

9 Schneckenseile (npl)
scroll bands
канаты (мр) от улитки *или* скроля
cordes (fpl) à scroll
corde (fpl) delle lumache
cuerdas (fpl) de las espirales / *cordes (fpl) de les espirals*

10 geklöppelte Spindelschnur (f)
braided spindle band
плетеный шнур (мр) для веретен
corde (f) à broches tressée
cordetta (f) per i fusi intrecciata
cordón (m) piano trenzado / *cordó (m) piano trenat*

11 Einfetten (n) der Seile
greasing the bands
просаливаніе (ср) шнура
graissage (m) des cordes
lubrificazione (f) o ingrasso (m) delle corde
engrasado (m) de las cuerdas / *untat (m) de les cordes*

12 eingefettete Schnur (f)
greased band
промасленный *или* просаленный шнур (мр)
corde (f) graissée
corda (f) ingrassata
cuerda (f) engrasada / *corda (f) untada o engreixada*

13 russischer Talg (m)
Russian tallow
русское сало (ср)
suif (m) russe
sego (m) russo
sebo (m) ruso / *seu (m) rus*

14 dickes Öl (n)
thick oil
густое смазочное масло (ср)
huile (f) lourde
olio (m) denso
aceite (m) espeso o pesado / *oli (m) pesant o espès*

15 Schnureinziehen (n), Einziehen (n) der Schnuren
putting-on the bands
заводка (жр) шнура, оснастка (жр) веретен шнуром, перевязка (жр) шнуром
passage (m) des cordes
montaggio (m) delle corde
colocación (f) de los pianos / *col·locació (f) o passat (m) dels pianos*

16 die Schnuren (fpl) einziehen
to put-on the bands
завести *или* заправить шнуры
passer les cordes
montare le cordette
colocar los pianos / *col·locar o passar els pianos*

17 Spannen (n) *oder* Nachspannen (n) der Schnuren
tightening-up the bands
подтягиваніе (ср) шнуров
tension (f) des cordes
tensione (f) delle cordette
tensión (f) de los pianos / *tensió (f) dels pianos*

18 Spleißen (n), Verspleißen (n)
splicing
сплетеніе (ср) *или* срощеніе (ср) *или* сращиваніе (ср) веревки
épissure (f)
impiombatura (f), impalmatura (f), intrecciatura (f), giuntura (f)
empalme (m) [de cuerdas] / *empalmat (m), encarit (m), nuat (m)*

19 Splissung (f), Spliß (m)
splice
мѣсто (ср) сращиванія
épissure (f)
giuntura (f), impalmatura (f)
punto (m) de empalme / *encarida (f), nus (m)*

20 deutsche Splissung (f), Langsplissung (f)
long splice
нѣмецкое сращиваніе (ср)
épissure (f) longue
intrecciatura (f) lunga
empalme (m) largo / *empalmat (m) llarg*

21 englische Splissung (f), Kurzsplissung (f)
short splice
англійское сращиваніе (ср)
épissure (f) carrée
intrecciatura (f) corta
empalme (m) corto / *empalmat (m) curt*

22 die Spindeln einlaufen lassen
to run-in the spindles
нахаживать веретена
faire s'adapter les broches [par rodage]
adattare i fusi
hacer adaptarse los husos / *desfogar les pues*

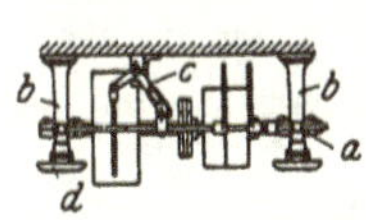

23 Deckenvorgelege (n)
overhead countershaft
потолочный контрпривод (мр)
renvoi (m) de plafond
contralbero (m) pendente
contramarcha (f) de techo / *contramarxa (f) de sostre*

1 a
Lagerschale (f)
bearing bush
вкладыш (мр) подшипника
coussinet (m)
cuscinetto (m)
cojinete (m) / *coixinet (m), dau (m)*

---

2 b
Hangearm (m)
hanger
подвѣска (жр), плечо (ср) подвѣски
pendart (m)
sopporto (m) pendente
silleta (f) colgante *o* de techo / *cadireta (f) de sostre*

---

3 c
Winkelhebel (m) mit Schlitzarm
bell crank lever with slotted arm
двуплечій колѣнчатый рычаг (мр) с прорѣзом в плечѣ *или* с продолговатым ушком
levier (m) coudé avec bras à glissière
leva (f) ad angolo con braccio a glifo
palanca (f) acodada de brazo con corredera / *palanca (f) d'esquadra de braç amb culissa*

---

4 d
Ölschiff (n)
oil dripper, oil catcher, drip cup
противень (мр) для стекающаго масла
cuvette (f) d'égouttage
sgocciolatoio (m), raccoglitore (m) per l'olio
colector (m) *o* recogedor (m) de aceite / *recuperador (m) o caçoleta (f) d'oli*

5
Parallelantrieb
parallel drive
параллельный привод (мр)
commande (f) parallèle
comando (m) parallelo
mando (m) paralelo / *comanda (f) paral·lela*

6
Winkelantrieb (m)
angular drive, bell crank drive
привод (мр) под прямым углом
commande (m) à équerre *ou* à angle
comando (m) con leva a squadra
mando (m) a escuadra o de través / *comanda (f) a escaire o de través*

7
gekreuzter Seillauf (m)
crossed rope drive
крестовой канатный привод (мр)
commande (f) par câble croisé
azionamento (m) con corda incrociata
mando (m) por cuerda cruzada / *accionament (m) o comanda (f) per corda en creu*

8
ungekreuzter *oder* offener Seillauf (m)
open rope drive
обыкновенный канатный привод (мр)
commande (f) par câble direct
azionamento (m) con corda aperta
mando (m) por cuerda abierta / *comanda (f) per corda plana*

9
c) Zubehör (n)
Accessories
Принадлежности (жр)
Accessoires (m pl)
Accessori (m pl)
Accesorios (m pl) / *Accessoris (m pl)*

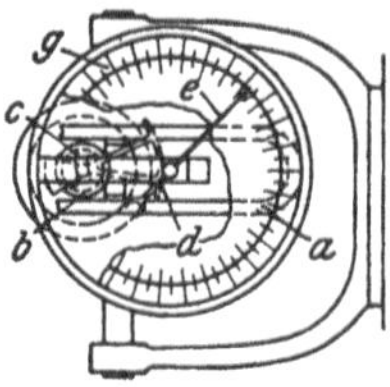

10
Drehungszähler (m) [*oder* Tachometer (n)] für Spindeln
[spindle] speed indicator, tachometer
тахометр (мр) для веретен
tachymètre (m)
tacometro (m), tachimetro (m), contagiri (m)
taquímetro (m) / *taquímetre (m)*

---

11 a
Stahlmagnet (m)
steel magnet
стальной магнит (мр)
aimant (m) en acier
magnete (m) d'acciaio
imán (m) de acero / *imant (m) d'acer*

12
Magnetpol (m)
pole of magnet
магнитный полюс (мр)
pôle (m) magnétique
polo (m) magnetico
polo (m) magnético / *pol (m) magnètic*

---

13 b
sich drehende Kupferkapsel (f)
revolving copper sleeve
вращающаяся мѣдная втулка (жр)
couronne (f) tournante en cuivre
corona (f) rotante di rame
corona (f) giratoria de cobre / *de coure*

---

14 c
Anker (m)
armature
якорь (мр)
induit (m)
indotto (m)
inducido (m) / *induit (m)*

15
erregter [*oder* induzierter] Strom (m)
induced current
индуктированный ток (мр)
courant (m) induit
corrente (f) indotta
corriente (f) inducida / *corrent (m) induida*

16
Ablenkung (f) des Ankers
deflection of the armature
отклоненіе (ср) якоря
déviation (f) de l'induit
deviazione (f) dell'indotto
desviación (f) del inducido / *desviació (f) del induit*

---

17 d
Zahnradsegment (n)
toothed segment
зубчатый сегмент (мр)
segment (m) denté
segmento (m) dentato
segmento (m) dentado / *segment (m) dentat*

---

18 e
Drehungszeiger (m)
indicator finger
стрѣлка (жр), указывающая направленіе вращенія
doigt (m) indicateur
indicatore (m)
índice (m), aguja (f) / *agulla (f), index (m)*

1 g
kreisförmige Teilung (f) [*oder* Skala (f)]
circular scale
круглый циферблат (мр)
échelle (f) circulaire
scala (f) circolare
escala (f) circular / *graduació (f) circular*

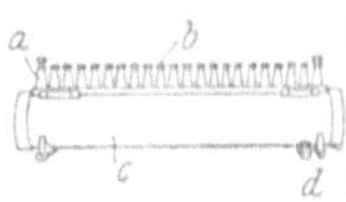

2
Hulsenaufsteckvorrichtung (f)
[cop] tubing apparatus
прибор (мр) для надѣванія гильз
appareil (m) à enfiler les busettes
apparecchio (m) per infilare i tubetti
aparato (m) para enfilar los tubos / *aparell (m) per a enfilar els tubs*

---

3 a
Stutzführung (f)
guide support
направляющая опора (жр)
support-guide (m)
sopporto-guida (m)
soporte-guia (m) / *suport-guia (m)*

---

4 b
Hülsentrichter (m)
shoot
воронка (жр) для гильзы
conduit (m) à tube
condotto (m) dei tubetti
conducto (m) de los tubos / *conducte (m) dels tubs*

---

5 c
Verschlußklappe (f)
clasp
затворный клапан (мр)
pince (f)
coperchio (m)
tapa (f)

---

6 d
Schieber (m)
slide
задвижка (жр)
glissière (f)
scorritoio (m)
corredera (f) / *culissa (f)*

7
die Hülsen (fpl) fallen auf die Spindeln herab
the tubes fall out on to the spindles
гильзы (жр) опускаются на веретена
les busettes (fpl) tombent sur les broches
i tubetti cadono sui fusi
los tubos caen sobre los husos / *els tubs cauen sobre les pues*

8
Hülsentrommel (f)
tube magazine
барабан (мр) для [набора] гильз
magasin (m) à tubes
recipiente (m) di tubetti
depósito (m) de tubos / *dipòsit (m) de tubs*

---

9 a
Hülsenkammer (f)
tube chamber
гнѣздо (ср) для гильзы
boîte (f) à tube
cassa (f) per tubetto
caja (f) del tubo / *caixa (f) del tub*

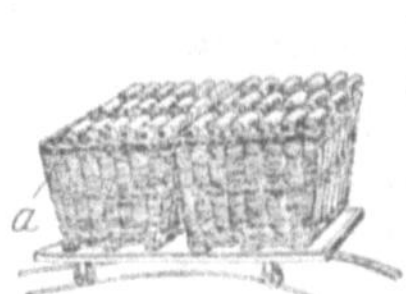

Spulenwagen (m)
skip truck
платформа (жр) *или* телѣжка (жр) *или* полок (мр) для перевозки початков 10
chariot (m) à bobines
carrello (m) a bobine
carro (m) para los cestos de bobinas / *carretó (m) per als cistells de rodets*

---

a
Spulenkorb (m)
bobbin skip
корзина (жр) для початков
panier (m) à bobines 11
cesto (m) a bobine
cesto (m) de bobinas / *cistell (m) o cove (f) de rodets*

Maschinenöl (m)
machine *or* engine oil
машиное масло (ср)
huile (f) de machines
olio (m) per macchine
aceite (m) para máquinas / *oli (m) de màquines* 12

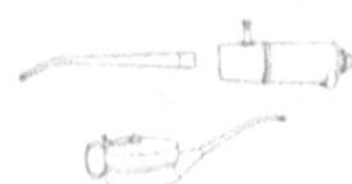

Ölkanne (f)
oil can
масленка (жр)
burette (f) à huile 13
bidone (m), buretta (f)
aceitera (f), alcuza (f) / *untadora (f), setrill (m)*

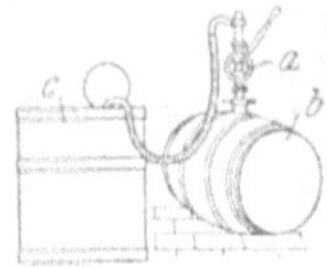

Ölpumpe (f)
oil pump
насос (мр) для масла
pompe (f) à huile 14
pompa (f) ad olio
bomba (f) de aceite / *bomba (f) d'oli*

a

---

b
Ölfaß (n)
oil barrel
бочка (жр) для масла *или* из под масла 15
baril (m) d'huile
barile (m) d'olio
barril (m) de aceite / *d'oli*

---

c
Ölbehälter (m)
oil cabinet
резервуар (мр) для масла
réservoir (m) à huile 16
serbatoio (m) ad olio
depósito (m) de aceite / *dipòsit (m) d'oli*

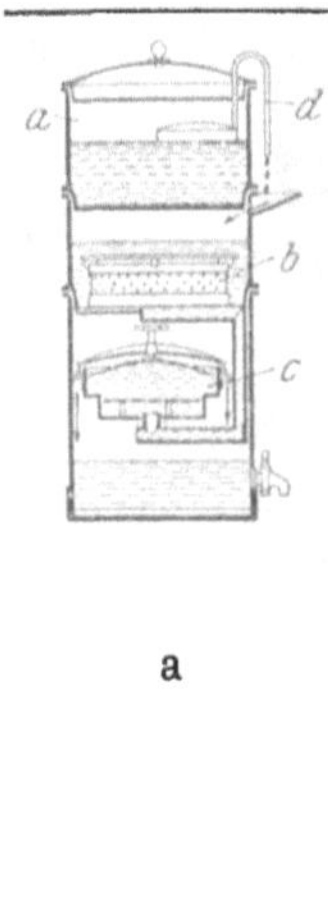

Ölfilter (m)
oil filter
фильтр (мр) для масла
filtre (m) à huile 17
filtro (m) per olio
filtro (m) para aceite / *filtre (m) d'oli*

---

a
Schmutzabsonderungsraum (m)
dirt settling chamber
пространство (ср) для осажденія грязи
chambre (f) de dépôt des boues 18
camera (f) di deposito dei fanghi
cámara (f) de sedimentación / *cambra (f) de sedimentació*

1 b
erster Filter (m)
first filter
первый фильтр (мр)
premier filtre (m)
primo filtro (m)
primer filtro (m) / *filtre (m)*

2 c
zweiter Filter (m)
second filter
второй фильтр (мр)
second filtre (m)
secondo filtro (m)
segundo filtro (m) / *segon filtre (m)*

3 d
Heber (m)
siphon, syphon
сифон (мр)
siphon (m), syphon (m)
sifone (m)
sifón (m) / *sifó (m)*

4
Werkzeugtafel (f)
tool rack
доска (жр) с инструментами
tableau (m) à outils
quadro (m) per utensile
tabla (f) o estante (m) para herramientas / *prestatge (m) o taula (f) o armari (m) d'eines*

5
Stellvorrichtung (f), Lehre (f), Kaliber (n)
gauge
шаблон (мр), калибр (мр)
jauge (f), calibre (m)
calibro (m)
calibre (m) / *galga (f), calibre (m)*

6

Spindelwage (f)
spindle bevel gauge
уровень (мр) для установки веретен
degré (m) de broches, indicateur (m) de pente de la broche
calibro (m) per regolare la inclinazione dei fusi
calibre (m) para regular la inclinación de las púas / *galga (f) per a reglar la inclinació de les pues*

7
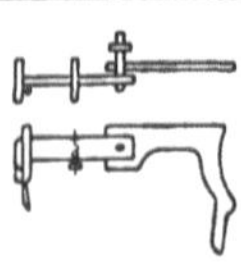
Winderlehre (f)
faller gauge
шаблон (мр) для надниточника
jauge (f) pour baguette
calibro (m) per bacchetta
calibre (m) para plegador / *galga (f) per a plegador*

8
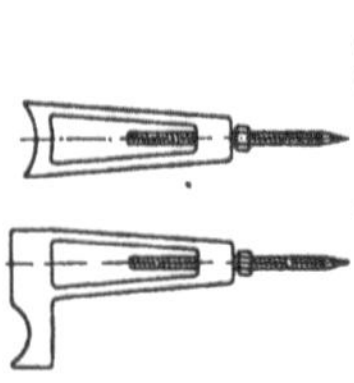
Bügellehre (f) für den Winderdraht
copping wire gauge
шаблон (мр) для струн подниточника и надниточника
jauge (f) pour le réglage du fil de fer de la baguette
calibro (f) per regolare il filo di ferro della bacchetta
calibre (m) para ajustar el alambre del plegador / *galga (f) per a galgar el filferro del plegador*

9
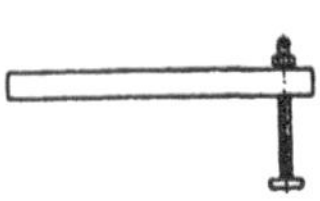
Spindelhöhenlehre (f)
gauge for height of spindles
шаблон (мр) для установки веретен по высотѣ
jauge (f) pour la hauteur des broches
calibro (m) per l'altezza dei fusi
calibre (m) para la altura de los husos / *galga (f) per a l'alçada de les pues*

10
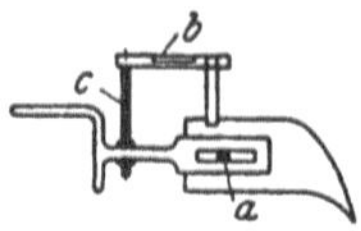

Spindeltrommellehre (f)
tin drum gauge
шаблон (мр) для установки барабана [относительно веретен]
jauge (f) pour les tambours en fer-blanc
calibro (m) per i tamburi di latta
calibre (m) para las linternas / *galga (f) per a les llanternes*

11 a
Schraubenbolzen (m)
screw bolt
болт (мр)
boulon (m) à vis
bullone (m) a vite
perno (m) roscado / *torrió (m) roscat*

12 b
Wasserwage (f)
spirit level, water level
уровень (мр), ватерпас (мр)
niveau (m) à bulle d'air
livella (f) a bolla d'aria
nivel (m) de burbuja de aire / *nivell (m) d'aigua o d'aire*

13 c
Einstellschraube (f)
adjusting screw
установительный винт (мр)
vis (f) de réglage
vite (f) di registro
tornillo (m) de ajuste / *cargol (m) d'ajustatge*

14
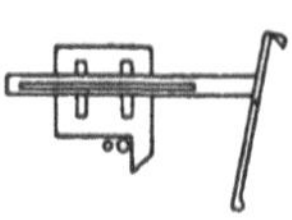
Lehre (f) zum Stellen der Aufwinderwelle
gauge to fix the position of faller shaft
шаблон (мр) для установки пруточнаго вала надниточника
jauge (f) pour l'arbre de la baguette
calibro (m) per l'albero della bacchetta
calibre (m) para ajustar el árbol del plegador / *galga (f) per a l'arbre del plegador*

15

Streckzylinderlehre (f)
roller gauge
шаблон (мр) для установки вытяжных пар
calibre (m) pour régler les cylindres cannelés
calibro (m) per regolare i cilindri scanalati
calibre (m) para los cilindros acanalados / *galga (f) per als corrons ratllats*

16

Lehre (f) zum Bleien der Gegenwinderstangen
gauge to fix the position of counter faller
шаблон (мр) для установки подниточника
calibre (m) pour régler les tringles de contre-baguettes
calibro (m) per regolare la posizione della contro-bacchetta
calibre (m) para la grúa / *galga (f) per a la grua*

1
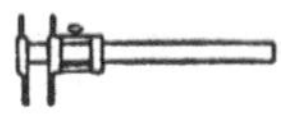
Zapfen- und Lochlehre (f)
slide caliper
измѣритель (мр) діаметра цапф и нутромѣр (мр)
pied (m) ou calibre (m) à coulisse
calibro (m) a corsoio
pie (m) / *peu (m)* / de rey

2
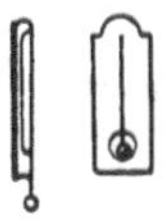
Senkblei (n), Senklot (n)
plumb rule, plummet
отвѣс (мр), лот (мр)
[fil (m) à] plomb (m)
filo (m) a piombo, piombino (m)
plomada (f)

3

Nivellierröhre (f) der Zylinderbänke
[levelling] tube to test level of roller beam
нивелирная трубка (жр) для брусьев вытяжных пар
tuyau (m) pour niveler les porte-cylindres
tubo (m) per livellare i porta-cilindri
tubo (m) para nivelar los porta-cilindros / *tub (m) per a nivellar els portacorrons*

4
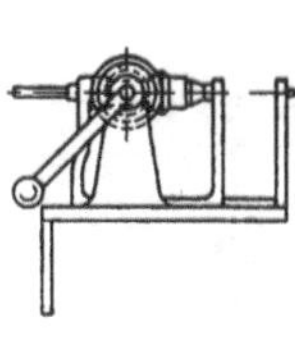
Handfräsmaschine (f) für Spindelhalslager
hand milling machine for spindle collars
ручной фрезерный станок (мр) для втулок веретенных шеек
machine (f) à main pour fraiser les collets de broches
macchina (f) a mano per tornire i collari dei fusi
máquina (f) de mandrinar a mano para los collares de los husos / *fresa (f) a mà per als collarins de les pues*

5

Reißnadel (f)
scriber
чертилка (жр) двухконечная
pointe (f) à tracer
punta (f) per segnare o per tracciare
punta (m) de trazar, rayador (m) / *punxó (m) de traçar o de marcar*

6
Setzlatte (f)
setting lath
нивелирная рейка (жр)
latte (f) pour niveler
verga (f) livellatrice
regla (f) para nivelar / *regle (f) per a nivellar*

7

einseitiger *oder* einfacher Schraubenschlüssel (m)
single-ended spanner *or* wrench
односторонний ключ (мр)
clef (f) à écrous simple
chiave (f) semplice [per dadi]
llave (f) sencilla / *clau (f) senzilla*

8

doppelter Schraubenschlüssel (m)
double-ended spanner *or* wrench
двойной ключ (мр)
clef (f) double
chiave (f) doppia
llave (f) doble o de dos bocas / *clau (f) doble o de dues boques*

II.

Kammgarnspinnerei (f), Kammwollspinnerei (f) / Worsted Spinning / Пряденіе (ср) камвольной шерсти / Filature (f) de la laine peignée / Filatura (f) della lana pettinata / Hilatura (f) de la lana peinada / *Filatura (f) de la llana pentinada* 9

1. Allgemeines (n) / General Terms / Общее (ср) / Généralités (f pl) / Generalità (f pl) / Generalidades (f pl) 10

Kammwolle (f), lange Wolle (f)
combing wool, long wool
камвольная *или* гребнечесальная *или* гребенная шерсть (жр)
laine (f) à peigne *ou* de longue soie
lana (f) da pettine, lana lunga
lana (f) de peine, lana larga / *llana (f) de pinte, lana llarga* 11

Alpakawolle (f)
alpaca hair
шерсть (жр) альпака
laine (f) d'alpaca
lana (f) di alpaca
alpaca (f) 12

Angorawolle (f), Tiftikwolle (f), Mohärwolle (f)
mohair
ангорская *или* могаирова шерсть (жр)
poil (m) de chèvre d'Angora, mohair (m)
pelo (m) di chèvre, falso pelo (m) di camello
mohair (m) 13

Kaschmirwolle (f), Tibetwolle (f)
Cashmere wool
кашмирская шерсть (жр)
cachemire (m)
lana (f) della capra del Tibet o capra hircus
lana (f) cachemira / *llana (f) catxemira* 14

Wollprobe (f)
sample of wool
проба (жр) шерсти
échantillon (m) de laine
campione (m) di lana
muestra (f) de lana / *mostra (f) de llana* 15

kämmfähige Wolle (f)
wool suitable for combing
шерсть (жр), пригодная для гребнечесанія
laine (f) propre au peignage
lana (f) adatta per pettinare
lana (f) buena para peine / *llana (f) bona per a pinte* 16

glattes Garn (n)
smooth yarn
гладкая пряжа (жр)
fil (m) lisse
filato (m) liscio
hilo (m) liso / *fil (m) llis* 17

Kammgarn (n)
worsted yarn
гребенная *или* камвольная пряжа (жр)
fil (m) peigné
filato (m) pettinato
[hilo (m) de] estambre (m) / *[fil (m) d'] estam (m)* 18

No.	Deutsch / English / Русский	Français / Italiano / Español / *Català*
1	meliertes Kammgarn (n), Kammgarn-melange (f) mixture worsted yarn камвольная пряжа (жр) смѣшанных цвѣтов	fil (m) peigné mélangé, fil mixte filato (m) pettinato mescolato hilo (m) de estambre mezclado o mixto / *fil (m) d'estam mixte o mesclat*
2	Kammgarnerzeugung (f),[Kammgarnfabrikation (f)] worsted yarn manufacture производство (ср) камвольной пряжи	fabrication (f) du fil peigné fabbricazione (f) del filato pettinato fabricación (f) de estambre / *fabricació (f) d'estam*
3	Kammgarnspinnerei (f) (Fabrik) worsted spinning mill камвольная прядильная (жр)	filature (f) de laine peignée (usine) filatura (f) di lana pettinata (opificio) hilatura (f) de lana peinada (fábrica) / *filatura (f) de llana pentinada (fàbrica)*
4	Kammgarnspinnereibesitzer (m) owner of a worsted spinning mill владѣлец (мр) камвольной фабрики	propriétaire (m) d'une filature de laine peignée proprietario (m) di una filatura di lana pettinata fabricante (m) de hilados de estambre / *fabricant (m) de filats d'estam*
5	Kammgarnspinner (m) worsted spinner прядильщик (мр) камвольной пряжи	fileur (m) de laine peignée filatore (m) di lana pettinata hilador (m) de estambre / *filador (m) d'estam*
6	Kammgarnspinnerin (f) worsted spinner прядильщица (жр) камвольной пряжи	fileuse (f) de laine peignée filatrice (f) di lana pettinata hiladora (f) de estambre / *filadora (f) d'estam*
7	hartes Kammgarn (n) hard worsted yarn жесткая гребенная пряжа (жр)	fil (m) peigné dur filato (m) pettinato duro hilo (m) de estambre duro o bronco / *fil (m) d'estam dur o bronc*
8	weiches Kammgarn (n) soft worsted yarn мягкая гребенная пряжа (жр)	fil (m) peigné doux filato (m) pettinato soffice hilo (m) de estambre suave o esponjoso / *fil (m) d'estam suau o tou*
9	englisches Spinnverfahren (n) English spinning system англійскій способ (мр) прядения	procédé (m) de filature anglais procedimento (m) inglese di filatura sistema (m) Bradford o inglés de hilatura / *sistema (m) Bradford o anglès de filatura*
10	französisches Spinnverfahren (n) French spinning system французскій способ (мр) прядения	procédé (m) de filature français procedimento (m) francese di filatura sistema (m) francés de hilatura / *sistema (m) francès de filatura*
11	Halbkammgarn (n) semi-worsted yarn, carded yarn, hosiery yarn полугребенная пряжа (жр)	cardé-peigné (m), peigné (m) mixte, [fil(m)] peigné-cardé (m) filato (m) mezzo pettinato, filo (m) di lana semipettinata hilo (m) cardado y peinado, hilo medio-peinado o medio-estambre / *fil (m) cardat i pentinat, mig-pentinat (m), mig-estam (m)*
12	Halbkammwollspinnerei (f) semi-worsted spinning пряденіе (ср) полугребенной пряжи	filature (f) de peigné-cardé filatura (f) del mezzo pettinato hilatura (f) del medio-estambre / *filatura (f) del mig-estam*
13	Kammgarngrobspinnerei (f) coarse worsted spinning пряденіе (ср) грубой камвольной пряжи	filature (f) de gros numéros de laine peignée filatura (f) di titoli bassi della lana pettinata hilatura (f) en grueso de estambre / *filatura (f) de gruixut d'estam*

2. Vorarbeiten (f pl) — Preparation — Приготовительныя работы (жр)

No.	Deutsch / English / Русский	Français / Italiano / Español / *Català*
14	**2. Vorarbeiten** (f pl) **Preparation** **Приготовительныя работы** (жр)	**Opérations (f pl) préparatoires** **Operazioni (f pl) preventivi** **Preparación (f)** / ***Preparació (f)***
15	**a) Sondern (n) und Auflockern (n) der Wolle** **Sorting and Opening the Wool** **Сортировка (жр) и разрыхленіе (ср) шерсти**	**Triage (m) et ouvraison (f) de la laine** **Cernitura (f) e scioglimento (m) della lana** **Sorteo (m) y batido (m) de la lana** / ***Triatge (m) o sorteig (m) i batut (m) de la llana***
16	die Wolle nach ihrer Länge sondern to sort the wool according to length сортировать шерсть по ея длинѣ	trier la laine suivant la longueur cernere le lane secondo la loro lunghezza sortear la lana según su longitud / *triar o sortejar la llana segons la llargada*
17	nach der Feinheit sondern to sort according to fineness сортировать шерсть по ея равномѣрности	trier suivant la finesse cernere a secondo della finezza sortear según la finura / *escollir d'acord amb la finor*
18	langwolliges Erstlingsvlies (n) long-haired first year's fleece длинноволосое руно (ср) первичной стрижки	toison (f) de la première année à longs poils vello (m) della prima annata a lungo pelo vellón (m) de fibras largas primales / *velló (m) de fibres llargues primales*

1 kurzwolliges Erstlingsvlies (n)
short-haired first year's fleece
коротковолосое руно (ср) первичной стрижки
toison (f) de la première année à poils courts
vello (m) della prima annata a corto pelo
vellón (m) de fibras cortas primales / *velló (m) de fibres curtes primales*

2 gesundes Vlies (n)
sound fleece
здоровое руно (ср)
toison (f) saine
vello (m) sano
vellón (m) sano / *velló (m) sa*

3 krankes Vlies (n)
unsound fleece
больное руно (ср)
toison (f) malsaine
vello (m) malsano
vellón (m) enfermizo *o* flaco / *velló (m) malaltís o feble*

4 Wolfen (n) der Kammwolle
willowing *or* devilling the combing wool
пропуск (мр) камвольной шерсти через волчек
louvetage (m) de la laine à peigne
battitura (f) della lana da pettine
batido (m) de la lana de peine / *batut (m) de la llana de pinte*

5 **b) Waschen (n) und Trocknen (n) der Kammwolle**
Washing and Drying of Combing Wool
Промывка (жр) и сушка (жр) камвольной шерсти
Lavage (m) et séchage (m) des laines à peigne
Lavaggio (m) ed essiccazione (f) della lana da pettine
Lavado (m) y secado (m) de la lana de peine / *Rentat (m) i assecat (m) de la llana de pinte*

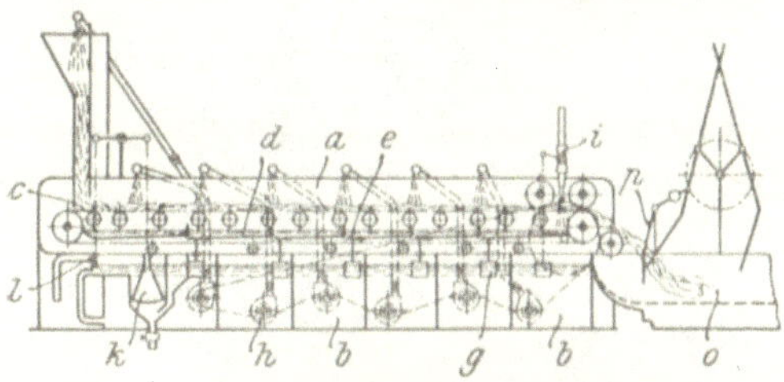

6 Malardscher Entschweißer (m)
Malard's steeping bowl
потоудалитель (мр) *или* грязеудалитель (мр) системы Маларда
dessuinteuse (f) Malard
apparato (m) di immersione Malard
desuntadora (f) *o* deschurradora (f) Malard / *desuntadora (f) o desxurradora (f) Malard*

7 a
rechteckiger Bottich (m) aus Eisenblech
rectangular sheet iron vat *or* bowl
прямоугольный чан (мр) из листового желѣза
cuve (f) *ou* bac (m) rectangulaire en tôle
bacino (m) rettangolare in lamiera di ferro
barca (f) rectangular de chapa de hierro / *de planxa*

b
Schweißwassertrog (m)
suint water bowl
корыто (ср) с промывною водою
cuve (f) d'eau de suint 8
recipiente (m) per acque sudicie
barca (f) de agua de churre / *barca (f) d'aigua de xurre*

c
endloser Stahlgliedertisch (m)
endless steel travelling lattice
безконечная рѣшетка (жр) со стальными шарнирами
tablier (m) sans fin en acier 9
tavola (f) continua articolata d'acciaio
tablero (m) sin fin de acero / *telera (f) d'acer o metàl·lica*

d
Blechbehälter (m)
sheet metal table
жестяной резервуар (мр)
plateau (m) en tôle 10
vassoio (m) in lamiera
plato (m) de chapa / *plat (m) de planxa*

e
drehbare Klappe (f)
rotatable flap valve
поворотный клапан (мр)
vanne (f) tournante 11
valvola (f) girevole
válvula (f) giratoria

g
Schwimmer (m)
float
поплавок (мр)
flotteur (m) 12
galleggiante (m)
flotador (m), boya (f) / *flotador (m), boia (f)*

selbsttätiges Überleiten (n) des Wassers
automatic overflow of water
самодѣйствующій перелив (мр) воды
transvasement (m) automatique de l'eau 13
travasamento (m) automatico dell'acqua
vertido (m) *o* trasiego (m) automático del agua / *trabucat (m) o tràfec (m) automàtic del aigua*

h
Flügelpumpe (f)
wing pump, rotary pump
крыльчатый насос (мр) 14
pompe (f) à ailettes
pompa (f) ad alette
bomba (f) de aletas / *d'aletes*

i
Schwenkwasserzufluß (m)
rinsing water inlet
впуск (мр) для полоскательной воды
entrée (f) de l'eau de rinçage 15
afflusso (m) dell'acqua di risciacquatura
entrada (f) del agua de enjuague / *entrada (f) del aigua d'esbandir*

k
glockenförmige Senkwage (f)
bell-shaped areometer
колоколообразный ареометр (мр)
aréomètre (m) en forme de cloche 16
areometro (m) a guisa di campana
areómetro (m) / *areómetre (m)* / de campana

1 l
Schieber (m)
valve
задвижка (жр)
valve (f)
valvola (f)
válvula (f) / *vàlvula (f)*

2 o
Leviathantrog (m)
wash bowl
корыто (ср) левіафана
bac (m) de lavage
recipiente (m) di lavaggio
artesa (f) de lavado / *barca (f) de rentat*

3 p
fester Rechen (m)
fixed rake
закрѣпленная вилка (жр)
râteau (m) fixe
rastrello (m) fisso
rejilla (f) fija / *engraellat (m) fixe*

4
seifenhaltige Wolle (f)
wool containing soap
шерсть (жр), содержащая мыло
laine (f) contenant du savon
lana (f) contenente sapone
lana (f) que contiene jabón / *llana (f) que porta sabó*

5
Ammoniakwaschverfahren (n)
ammonia washing process
аммiачный способ (мр) мытья
procédé (m) de lavage à l'ammoniaque
processo (m) di lavaggio all'ammoniaca
procedimiento (m) de lavado al amoníaco / *procediment (m) de rentat al amoníac*

6
Ätherwaschverfahren (n)
ether washing process
эфирный способ (мр) мытья
procédé (m) de lavage à l'éther
processo (m) di lavaggio all'etere
procedimiento (m) de lavado al éter / *procediment (m) de rentat amb èter*

7
Carbontetrachloratwaschverfahren (n)
carbon tetrachloride washing process
способ (мр) мытья с четыреххлористым углеродом
procédé (m) de lavage au tétrachlorure de carbone
processo (m) di lavaggio al tetracloruro di carbonio
procedimiento (m) de lavado con tetracloruro de carbono / *procediment (m) de rentat amb tetraclorur de carboni*

8
Schwefelkohlenstoffwaschverfahren (n)
bisulphide of carbon washing process
сѣроуглеродный способ (мр) мытья
procédé (m) de lavage au sulfure de carbone
processo (m) di lavaggio al solfuro di carbonio
procedimiento (m) de lavado con sulfuro de carbono / *procediment (m) de rentat amb sulfur de carboni*

9
physikalisches Entschweißen (n)
physical method of scouring
удаленіе (ср) пота механическим способом
dessuintage (m) physique *ou* par l'eau
[di]sgrassatura (f) col metodo fisico *o* naturale con acqua
desuntado (m) físico *o* por medio del agua / *desuntat (m) físic o per mitjà de l'aigua*

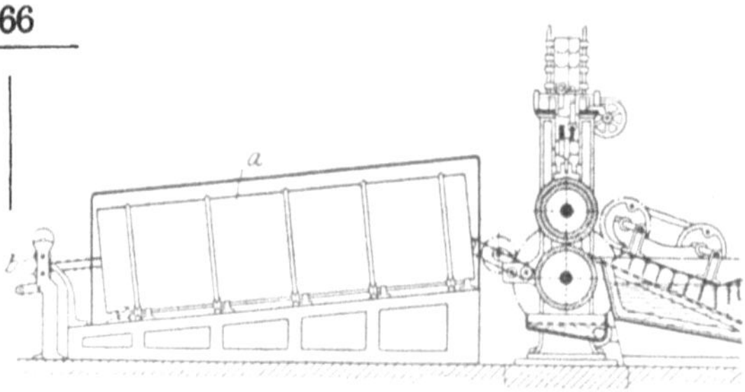

10
Trocken- und Einfettungsvorrichtung (f) für Kammwolle
drying and oiling apparatus for long wool
приспособленіе (ср) для сушки и промасливанія гребенной шерсти
appareil (m) de séchage et d'ensimage pour laine à peigne
apparecchio (m) di essiccazione e di oliatura della lana da pettine
aparato (m) para secar y engrasar las lanas largas / *aparell (m) per a assecar i ensimar llanes llargues*

11 a
schräg gelagerte Trockentrommel (f)
inclined drum *or* drying cylinder
наклонно установленный сушильный барабан (мр)
tambour (m) sécheur incliné
tamburo (m) di essiccazione inclinato
tambor (m) secador inclinado / *bombo (m) assecador inclinat*

12 b
Einfettungsvorrichtung (f), Einöler (m)
oiling appliance, oiler
приспособленіе (ср) для промасливанія
appareil (m) ensimeur
dispositivo (m) per l'oliatura
untador (m), engrasador / *ensimador (m), aparell (m) untador*

13
c) Entkletten (n) der Kammwolle
Burring the Long Wool
Удаленіе (ср) репья из гребенной шерсти
Échardonnage (m) de la laine à peigne
Slappolatura (f) della lana da pettine
Desmote (m) de la lana larga / ***Desmot (m) de la llana larga***

14
die Wolle von den Kletten befreien
to free the wool from burs
очистить шерсть от репья
enlever les chardons de la laine
liberare la lana dalle lappole
quitar las motas *o* el cadillo de la lana / *treure el llapissó de la llana*

15
Wollentkletter (m), Wollputzer (m), Wollzupfer (m)
bur picker
щипальщик (мр) шерсти [вручную]
épailleur (m) *ou* éplucheur (m) *ou* échardonneur (m) *ou* égrateronneur (m) *ou* débourgeonneur (m) de laine
slappolatore (m) della lana
desmotador (m) de lana / *de llana*

1
Wollentkletterin (f), Wollputzerin (f), Wollzupferin (f)
bur picker
щипальщица (жр) шерсти [вручную]
épailleuse (f) ou éplucheuse (f) ou échardonneuse (f) ou égrateronneuse (f) ou débourgeonneuse (f) de laine
slappolatrice (f) della lana
desmotadora (f) de lana / *de llana*

2
mechanisches Entkletten (n)
mechanical burring
удаленіе (ср) репья механическим способом
échardonnage (m) mécanique
slappolatura (f) meccanica
desmote (m) mecánico / *desmot (m) mecànic*

3
Entklettungsmaschinenarbeiter (m)
bur beater hand, bur crusher hand
рабочій (мр) на шерстощипальной машинѣ
échardonneur (m) à la machine
slappolatore (m) a macchina
obrero (m) de desmote mecánico / *desmotador (m) a màquina*

4
ganze Klette (f)
complete bur
цѣльный репей (мр) *или* орѣшек (мр)
chardon (m) entier
lappola (f) intera
cadillo (m) entero / *llapissó (m) sencer*

5
zerstückelte Kletten (fpl)
broken burs
раздробленный репей (мр)
chardons (mpl) brisés, débris (mpl) de chardons
lappole (fpl) rotte
cadillos (mpl) rotos, fragmentos (mpl) de cadillos / *llapissóns (mpl) trencats, bocins (mpl) de llapissóns*

6
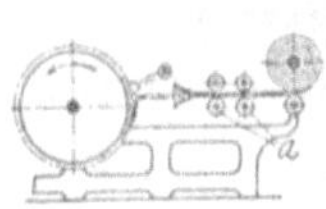

Klettenzerstörer (m)
burring motion
машина (жр) для разрушенія репья
mécanisme (m) échardonneur
meccanismo (m) slappolatore
mecanismo (m) / *mecanisme (m)* / desmotador

7 a
Klettenbrechwalzen (fpl)
bur crushing rollers
раздробитель (мр) репья
cylindres (mpl) briseurs des chardons
cilindri (mpl) per rompere le lappole
cilindros (mpl) rompedores del cadillo / *corrons (mpl) cruixidors o aixafadors del llapissó*

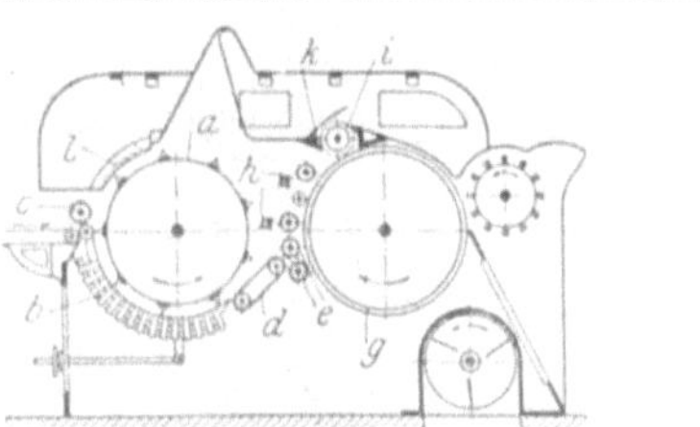

8
Klettenwolf (m)
burring machine
волчек (мр) для удаленія репья
églouteronneuse (f) ou échardonneuse (f) mécanique
slappolatrice (f) meccanica
desmotadora (f) mecánica / *triosa (f)*

a
mit Stiftleisten besetzte Trommel (f)
cylinder covered with pin bars
барабан (мр), усаженный зубчатыми планками
cylindre (m) recouvert de lattes à pointes 9
cilindro (m) armato di striscie a denti
tambor (m) armado de reglas de puntas / *bóta (f) armada amb regles de broques*

b
Winkeleisenrost (m), Messerrost (m)
angle bar grid
колосниковая рѣшетка (жр) из углового желѣза
grille (f) à barreaux angulaires 10
griglia (f) a ferri angolari
rejilla (f) de barrotes angulares / *engraellat (m) de barrots d'angle*

drehbare Winkeleisen (npl)
adjustable angle bars
поворачивающіеся желѣзные угольники (мр)
barreaux (mpl) angulaires réglables 11
ferri (mpl) angolari girevoli
barrotes (mpl) angulares ajustables / *barrots (mpl) d'angle ajustables*

Angriff (m) der Rostkanten
action of the bar edges
дѣйствіе (ср) граней колосников
action (f) des arêtes des barreaux 12
azione (f) degli spigoli dei ferri
acción (f) de los bordes de los barrotes / *acció (f) de les arestes dels barrots*

c
Stachelwalze (f)
porcupine roller
зубчатый [питательный] валик (мр)
cylindre (m) d'entrée à garniture en dents de scie 13
cilindro (m) d'entrata a guarnizione di denti a sega
cilindro (m) con guarnición de dientes de sierra / *corró (m) guarnit amb dents de serra*

die Kletten (fpl) festhalten
to hold the burs fast
задерживать репье
retenir les chardons (mpl) 14
ritenere le lappole
retener las motas / *retenir el llapissó*

d
Hakenstabkette (f)
hooked pin lattice
безконечная рѣшетка (жр) из зубчатых планок
tablier (m) sans fin garni de crochets 15
tavola (f) mobile guarnita di punte a uncino
tablero (m) sin fin guarnecido de púas de gancho / *telera (f) amb guarnició de pues de ganxo*

1 e
Bürstenwalze (f)
brush roller
щеточный валик (мр)
brosse (f) circulaire
spazzola (f) circolare
cepillo (m) / *raspall (m)* / circular

2 g
Kammtrommel (f)
combing cylinder
гребенчатый барабан (мр)
tambour (m) peigneur
cilindro (m) provvisto di punte da pettine
tambor (m) peinador / *bóta (f) pentinadora*

3 h
Lederflugelwalze (f)
leather flapped roller
валик (мр) с кожаными лопастями
cylindre (m) à ailettes en cuir
albero (m) ad alette di cuoio
cilindro (m) con aletas de cuero / *corró (m) amb aletes de cuiro*

4
die Kletten (fpl) herausklauben
to pick out the burs
выколупывать *или* извлекать репей
enlever *ou* retirer les chardons (mpl)
togliere le lappole
quitar las motas / *treure el llapissó*

5 i
Abschlagwalze (f), Messerwalze (f), Zahnwalze (f)
knife roller
зубчатый валик (мр)
rouleau (m) à couteaux, batteur (m)
cilindro (m) a coltelli
cilindro (m) con cuchillas / *corró (m) amb ganivetes*

6 k
Streichmesser (n)
knife
отбивной нож (мр)
couteau (m)
coltello (m)
cuchilla (f) / *ganiveta (f)*

7 l
Flacheisenstabrost (m)
flat iron bar grate
колосниковая рѣшетка (жр) из полосового желѣза
grille (f) à barreaux plats métalliques
griglia (f) a barre piatte di ferro
enrejado (m) de barrotes planos de hierro / *reixat (m) de barrots plans de ferro*

8 
Nadelkamm (m)
comb
игольчатая гребенка (жр)
peigne (m)
pettine (m)
peine (m) / *serreta (f), pinte (m)*

9
die Wolle von den Kletten abziehen
to remove the wool from the burs
сдирать шерсть с репья
enlever la laine des chardons
rimuovere la lana dalle lappole
extraer *o* separar la lana de las motas / *extreure o separar la llana del llapissó*

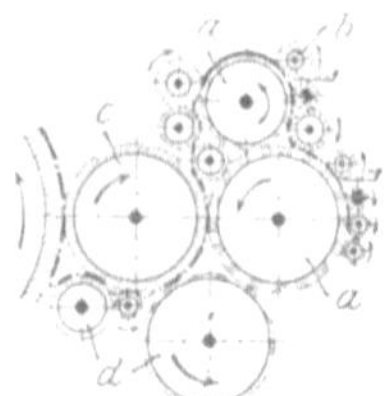

Entklettungsvorrichtung (f) für Krempeln
burring motion for cards
приспособленіе (ср) на чесальных для удаленія репья
mécanisme (m) échardonneur adapté aux cardes 10
meccanismo (m) slappolatore per carde
mecanismo (m) desmotador para cardas / *mecanisme (m) desmotador per a cardes*

a
Klettenwalze (f)
crushing roller
пріемный барабан (мр)
cylindre (m) briseur, brisoir (m), roule-ta-bosse (m) 11
cilindro (m) rompi-lappole
cilindro (m) rompedor, rusalbós (m) / *lladre (m), rusalbos (m)*

b
Klettenschläger (m)
clearer
дробитель (мр)
cylindre (m) échardonneur 12
cilindro (m) slappolatore
cilindro (m) / *corró (m)* / desmotador

c
Übertragungswalze (f)
carrying roller, Morel roller
передаточный барабан (мр)
cylindre (m) transporteur 13
cilindro (m) trasportatore
cilindro (m) / *corró (m)* / transportador

d
Fangwalze (f)
angle roller
барабан (мр), схватывающій репей
ramasseur (m) 14
cilindro (m) raccoglitore
cilindro (m) recogedor *o* de ángulo / *corró (m) d'angle*

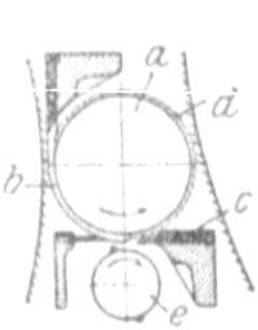

Offermannsche Enklettungsvorrichtung (f) für Krempeln
Offermann's burring motion for cards
репьеудалительное приспособленіе (ср) для чесальных машин, системы Офферманна
mécanisme (m) échardonneur pour cardes, système Offermann 15
meccanismo (m) Offermann per slappolare per carde
mecanismo (m) desmotador para cardas, sistema Offermann / *mecanisme (m) desmotador per a cardes, sistema Offermann*

a
Abnehmer (m), Sammler (m)
doffer
съемный валик (мр)
peigneur (m) 16
tamburo (m) raccoglitore
llevador (m)

rostartig angeordnete Schienen (fpl)
gridlike arranged bars
дуговые *или* дугообразные *или* продольные колосники (мр)
1 b
barreaux (mpl) disposés en forme de grille
barre (fpl) disposte in forma di griglia
barrotes (mpl) dispuestos en forma de rejilla / *barrots (mpl) disposats en forma de engraellat*

Sperrschiene (f)
stripping plate
задерживающій нож (мр)
2 c
plaque (f) échardonneuse
placca (f) slappolatrice
placa (f) desmotadora

Zahnring (m)
toothed ring
зубчатое кольцо (ср)
3 d
anneau (m) denté
anello (m) a denti
anillo (m) dentado / *aro (m) dentat*

Schlägertrommel (f)
stripping roller
бительный барабан (мр)
4 e
cylindre (m) échardonneur
cilindro (m) slappolatore
cilindro (m) / *corró (m)* / desmotador

5
Herauslesen (n) der Kletten
picking off the burs, bur extracting
выбираніе (ср) репья вручную
enlèvement (m) des chardons
eliminazione (f) delle lappole
extracción (f) de las motas / *arrencada (f) o extracció (f) de les motes*

6
Zerreißen (n) der Wollfasern
tearing the wool fibres
разрываніе (ср) волос шерсти
déchirement (m) des fibres de laine
stracciamento (m) delle fibre di lana
rotura (f) o desgarrado (m) de las fibras de lana / *trencament (m) o esqueixat (m) de les fibres de llana*

7
Entkletten (n) mit Wasserglas
burring with water glass
удаленіе (ср) репья жидким стеклом
échardonnage (m) au verre soluble
slappolatura (f) con vetro solubile
desmote (m) con vidrio soluble / *desmot (m) al silicat o amb vidre soluble*

8
Kaliwasserglas (n)
potassium silicate, potash water glass
калиевое жидкое стекло (ср)
silicate (m) de potasse
silicato (m) di potassa
silicato (m) potásico / *silicat (m) potàssic*

9
Natronwasserglas (n)
sodium silicate, sodium water glass
натровое жидкое стекло (ср)
silicate (m) de soude
silicato (m) di sodio
silicato (m) sódico / *silicat (m) sòdic*

10
Wasserglaslösung (f) mit Ammoniakzusatz
water glass solution with ammonia addition
раствор (мр) жидкаго стекла с примѣсью аммiака
solution (f) de silicate additionnée d'ammoniaque
soluzione (f) di silicato con ammoniaca
solución (f) de silicato con amoníaco / *solució (f) de silicat amb amoníac*

---

d) Krempeln (n) der Kammwolle
Worsted Carding
Кардочесаніе (ср) гребенной шерсти
Cardage (m) de la laine à peigne
Cardatura (f) della lana da pettine 11
Cardado (m) del estambre / *Cardat (m) del estam*

---

feucht krempeln
to card wet
прочесывать мокрым способом
carder en humide
cardare in umido 12
cardar en mojado / *a moll*

einfache Kammgarnkrempel (f)
single worsted card[er]
одинарная чесальная машина (жр) для камвольной пряжи
carde (f) simple pour laine à peigne 13
carda (f) singola per lana da pettine
carda (f) sencilla de estambre / *carda (f) d'estam senzilla*

Hauptkrempel (f)
main card
главная чесальная машина (жр)
carde (f) principale
carda (f) principale 14
carda (f) principal

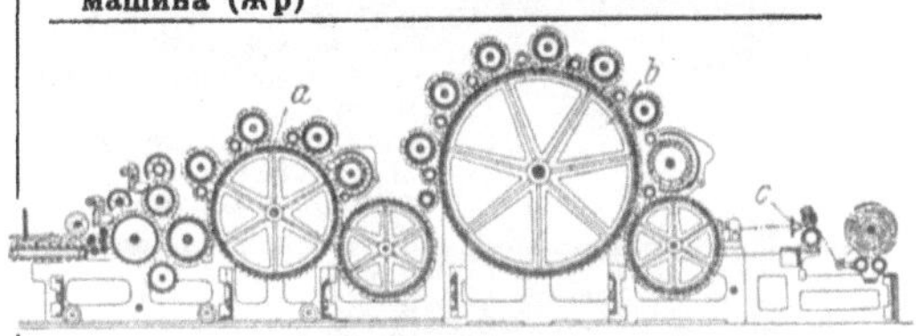

Kammgarndoppelkrempel (f)
double worsted card[er]
двойная чесальная машина (жр) для гребенной *или* камвольной пряжи
carde (f) double pour laine à peigne 15
carda (f) doppia per lana da pettine
carda (f) doble de estambre / *d'estam*

Vortrommel (f)
breast
передній *или* малый барабан (мр)
a
petit tambour (m) 16
primo tamburo (m)
primer tambor (m), tambor pequeño o de avan-tren / *primera bóta (f), bóta petita o d'avant-tren*

---

große Trommel (f)
swift
задній *или* большой барабан (мр)
b 17
grand tambour (m)
gran tamburo (m), tamburo principale
tambor (m) / *bóta (f)*

1 Arbeiter (m), Arbeitswalze (f)
roller, worker
рабочій валик (мр)
travailleur (m)
[cilindro (m)] operatore (m)
cilindro (m) trabajador
/ *cilindret (m)*

2 Wender (m)
clearer, stripper
бѣгун (мр)
débourreur (m)
[cilindro] spogliatore (m)
limpiador (m) / *pelador (m)*

3 c Trichter (m)
sliver funnel
воронка (жр)
entonnoir (m)
imbuto (m)
embudo (m) / *embut (m)*

4 

Doppelspiralspeisewalzen (fpl)
double spiral feeding rollers
питательные валики (мр) с двойными спиралями
cylindres (mpl) alimentaires à dents de scie en spirales opposées
cilindri (mpl) alimentatori a denti di sega in spirali opposte
cilindros (mpl) de alimentación con guarnición de diente de sierra dispuesta en espiras opuestas / *entradors (mpl) amb guarnició de dent de serra a espires oposades*

5 

Mischkrempel (f) mit Frottierstrecke
mixing card with rubbers
смѣшанная чесальная (жр) со скатывающим вытяжным аппаратом
carde (f) mélangeuse avec frottoirs
carda (f) mescolatrice con sfregatori
carda (f) mezcladora con rotafrotadores / *carda (f) mescladora amb rotafrotors*

6 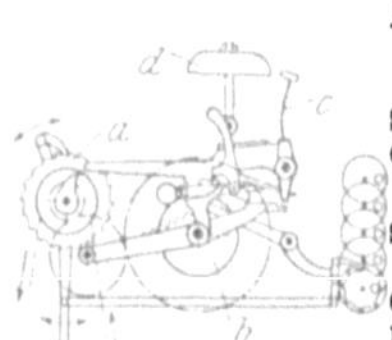

Anzeige- und Zählvorrichtung (f), Signal- und Summiervorrichtung (f)
signal and bell apparatus
сигнальный суммирующій прибор (мр)
signal (m) d'appel par cloche
contatore (m) a suoneria
mecanismo (m) contador con timbre / *comptador (m) de campaneta*

7 a Schaltrad (n)
ratchet wheel
храповик (мр)
roue (f) à rochet
ruota (f) d'arresto
rueda (f) de estrella / *roda (f) d'estrella*

8 b ausgebrochene Scheibe (f)
notched disc
диск (мр) с прорѣзами
disque (m) entaillé
disco (m) intagliato
disco (m) con muescas o con entallas / *disc (m) amb entalles o amb mosses*

Läutwerk (n)
ringing apparatus
звоночный прибор (мр)
sonnerie (f) 9
s[u]oneria (f)
mecanismo (m) llamador, timbre (m) / *mecanisme (m) sonador, timbre (m)*

c Hammer (m)
hammer
молоточек (мр) 10
marteau (m)
martello (m)
martillo (m) / *martell (m)*

d Glocke (f)
bell
звонок (мр)
cloche (f) 11
campana (f)
campana (f) / *campaneta (f)*

das Zahlwerk abstellen
to stop the counter
выключить счетчик
arrêter le compteur
fermare il contatore 12
parar el contador / *deturar el comptador*

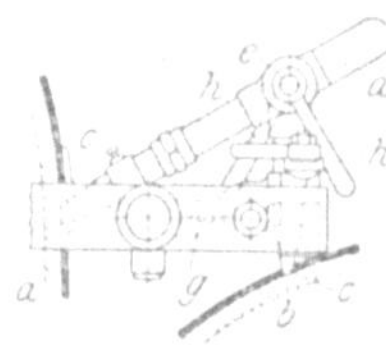

Krempelreinigung (f) mittels Saugvorrichtung
stripping the card by suction, pneumatic card stripping
чистка (жр) чесальной посредством сосуна *или* пылесоса
débourrage (m) pneumatique de la carde 13
spazzatura (f) della carda con disposizione d'aspirazione, spazzatura pneumatica
desborrado (m) neumático de la carda por succión / *desborrat (m) de la carda per succió o per buit, desborrat neumàtic*

a Trommel (f)
cylinder
барабан (мр) 14
grand tambour (m)
gran tamburo (m)
gran tambor (m) / *bóta (f)*

b Abnehmer (m)
doffer
вальян (мр)
peigneur (m) 15
pettinatore (m)
llevador (m)

c Sauger (m)
suction nozzle
сосун (мр), сопло (ср) *или* мундштук (мр) пылесоса
buse (f) d'aspiration, aspirateur (m) 16
aspiratore (m)
boquilla (f) aspiradora / *bec (m) de succió, xuclador (m)*

d Saugleitung (f)
suction pipe
всасывающій трубопровод (мр) пылесоса
tuyau (m) d'aspiration 17
tubo (m) d'aspirazione
tubo (m) de aspiración / *tub (m) d'aspiració*

1 e
Dreiweghahn (m)
three-way cock, three-way tap
трехходовый кран (мр)
robinet (m) à trois voies *ou* orifices
robinetto (m) a tre vie
llave (f) *o* grifo (m) de tres pasos *o* vias / *vàlvula (f) o aixeta (f) de tres passos*

2 g
Fahrgestell (n)
sliding frame
корпус (мр) телѣжки
bâti (m) à glissière
telaio (m) spostabile
bancada (f) corredera / *bancada (f) culissa*

3 h
Steuerhebel (m)
valve handle
ручка (жр) для распредѣлителя [воздуха]
poignée (f) de la valve
manubrio (m) della valvola
mango (m) / *mànec (m)* / de la válvula

4
Krempelausputz (m)
card strips
очес (мр) чесальной
débourrures (fpl) de carde
spazzatura (f) di carda
borras (fpl) de carda / *descàrregues (fpl)*

5
Krempelflug (m)
card fly
пух (мр) чесальной
dessous (mpl) *ou* duvet (m) *ou* évaporation (f) de carde
polvere (f) di carda
borilla (f), evaporación (f) / *borrissol (m), evaporació (f)*

6
e) Vorbereitung (f) [*oder* Präparation (f)] für das Kämmen
Preparation [for Combing]
Приготовленіе (ср) для гребнечесанія
Préparation (f) pour le peignage
Preparazione (f) per la pettinatura
Preparación (f) para el peinado / *Preparació (f) per al pentinat*

7
das Krempelband strecken
to draw out the card sliver
вытягивать ленту, выпущенную чесальными
étirer le ruban de carde
stirare il nastro di carda
estirar la cinta / *la veta* / de carda

8
Strecken (n)
drawing
вытяжка (жр), вытягиваніе
étirage (m)
[s]tiratura (f)
estiraje (m) / *estiratge (m)*

9
Wollstreckerin (f)
wool drawer, drawing-frame tenter
ленточница (жр) на шерстепрядильной фабрикѣ
étireuse (f) de laine
lavorante (f) addetta allo stiratoio per la lana
manualera (f), encargada (f) de los manuares / *manualera (f) de llana*

10
einfaches Strecken (n)
single drawing
однократное вытягиваніе (ср)
étirage (m) simple
[s]tiratura (f) singola, stiramento (m) singolo
estiraje (m) sencillo / *estiratge (m) senzill*

11
doppeltes Strecken (n)
double drawing
двукратное вытягиваніе (ср)
étirage (m) double
[s]tiratura (f) doppia, stiramento (m) doppio
doble estiraje (m) / *estiratge (m) doble*

12
doppelter Verzug (m)
double draft
двукратная вытяжка (жр)
étirage (m) double
trazione (f) doppia
doble estirado (m) / *estirat (m) doble*

13
x-faches Ausziehen (n) der Bänder
x-fold drawing-out of the slivers
х-кратная вытяжка (жр) лент
étirage (m) de x des rubans
stiramento (m) di x dei nastri
estirado (m) de x veces de las cintas / *estiratge (m) de x de les vetes*

14
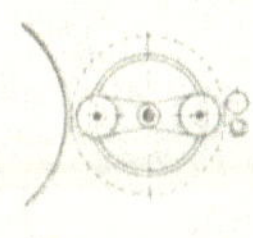
Öffnungsmaschine (f)
opening machine
разрыхлитель (мр), опенер (мр)
ouvreuse (f)
apritoio (m)
abridora (f) / *obridora (f)*

15
Streckendurchgang (m), [Streckenpassage (f)]
passage of drawing
выпуск (мр) *или* проход (мр) ленты
passage (m) d'étirage
passaggio (m) al banco a tirare
pasaje (m) de estirado / *passatge (m) d'estirat*

16
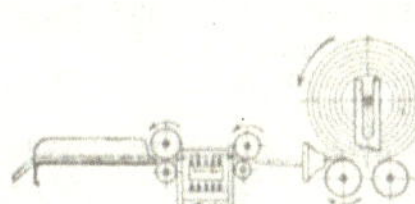
Vorstrecke (f), Grobstrecke (f), Rohstrecke (f)
first drawing, preparing box, preparer gill box
приготовительная *или* грубая ленточная машина (жр)
étirage (m) préparatoire *ou* en gros, premier étirage
primo apparato (m) di tiratura, primo stiratoio (m)
estiradora (f) en grueso, primer gill-box (m) / *estiradora (f) en gros, primer gill-box (m)*

17
Nadelfeld (n), Gillfeld (n), Hechelfeld (n)
set of fallers, row of pins
полный набор (мр) гребней
jeu (m) de peignes *ou* de barrettes, champ (m) [hérissé] d'aiguilles
serie (f) di pettini
juego (m) de peines *o* de barretas de agujas, campo (m) de agujas / *joc (m) de pinties o de barretes d'agulles, camp (m) d'agulles*

18
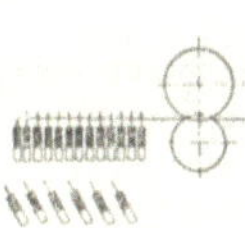
Einfachhechelfeldstrecke (f), Einfachnadler (m)
gill box with single set of fallers
ленточная машина (жр) с одинарным набором гребней
étirage (m) à une seule rangée de barrettes, étirage (m) à un seul champ d'aiguilles
banco (m) di tiratura con una sola serie di pettini, gill-box (m)
gill-box (m)

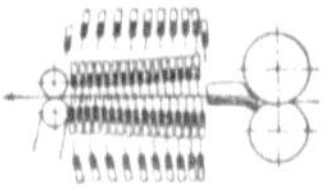

1 Doppelhechelfeldstrecke (f), Doppelnadler (m)
gill box with double set of fallers, intersecting [gill box]
ленточная машина (жр) с парным набором гребней
étirage (m) à double rangée de barrettes, étirage (m) à deux champs d'aiguilles, étirage (m) à barrettes s'entrecroisant
banco (m) di tiratura con doppia serie di pettini
intersecting (m)

---

2 Nadelstababstand (m)
distance *or* ratch *or* reach of the fallers
разстоянiе (ср) между гребнями
distance (f) des barrettes
distanza (f) *o* scartamento (m) delle sbarrette
distancia (f) *o* ecartamiento (m) de las barretas / *distància (f) o ecartament (m) de les barretes*

---

3 Nadelteilung (f)
spacing of the needles
дѣленiе (ср) зубьев
espacement (m) *ou* peuplage (m) des aiguilles
scartamento (m) degli aghi
distancia (f) de las agujas / *distància (f) o ecartament (m) de les agulles*

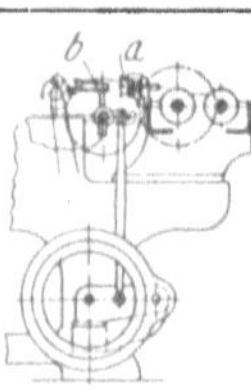

4 Drehtrichter (m) fur Kammwolle
revolving funnel for combing wool
вращающаяся воронка (жр) для камвольной шерсти
entonnoir (m) tournant pour laine à peigne
imbuto (m) girevole per lana da pettine
embudo (m) giratorio para estambre / *embut (m) giratori per a estam*

5 a Verdichtungstrichter (m)
condenser funnel
уплотняющая воронка (жр)
b condenseur (m)
imbuto (m) condensatore
embudo (m) / *embut (m)* / condensador

---

6 Nadelstabstrecke (f) mit stufenförmigen Nadelreihen
gill box with graduated fallers
гребенчатая ленточная (жр) со ступенчатыми рядами гребенок
étirage (m) à plusieurs champs d'aiguilles disposés en escalier, gill-box (m) à escalier
banco (m) di tiratura con file d'aghi a gradini
gill-box (m) progresivo *o* en escalera / *gill-box (m) progressiu*

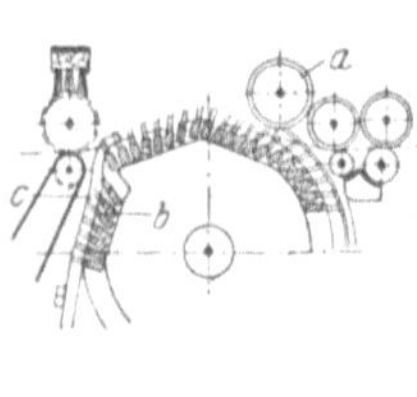

7 Sonnenstrecke (f)
circular gill box
лучевая ленточная (жр)
étirage (m) à barrettes à mouvement circulaire, gill (m) circulaire, gill (m) soleil
banco (m) di tiratura a sbarrette a movimento circolare, gill box (m) circolare
gill (m) circular, gill (m) soleil

---

a Eindrückwalze (f)
feed press roller
уплотнительный валик (мр)
enfonceur (m) 8
cilindro (m) di introduzione
cilindro (m) hundidor / *corró (m) enfonsador*

---

b Nadelstab (m), Gillstab (m)
gill bar, faller
гребенка (жр) джилля, игольчатая планка (жр)
barrette (f) 9
sbarretta (f)
peine (m), barrita (f), barreta (f) de agujas / *pinte (m), barreta d'agulles*

---

c verstellbare Führung (f)
adjustable guide
передвижная подводка (жр)
guide (m) réglable 10
guida (f) regolabile
guia (f) hundidora reglable / *guia (f) enfonsadora movible*

Pielstrecke (f), Nadler (m) mit gewölbten Staben
gill box with curved faller bars
ленточная (жр) с изогнутыми гребнями джилля
gill (m) box à barrettes incurvées *ou* bombées
gill (m) box con sbarrette incurvate
gill (m) curvilineo *o* con barritas curvadas / *gill (m) curvilini o de barretes corbes* 11

Nadelstabstrecken-arbeiter (m)
gill-box minder, box minder
ленточник (мр) на машинах первоначальнаго пропуска
gill-boxeur (m)
lavorante (m) al gill-box
encargado (m) de los gills / *encarregat (m) dels gills* 12

Nadelstabstrecken-arbeiterin (f)
gill-box minder, box minder
ленточница (жр) на машинах первоначальнаго пропуска
gill-boxeuse (f)
lavorante* (f) al gill-box 13
encargada (f) de los gills / *encarregada (f) dels gills*

---

einfache Nadelwalzen-strecke (f)
single-head porcupine drawing
одинарная ленточная (жр) с игольчатыми валиками
étirage (m) à hérisson simple
banco (m) di tiratura semplice con cilindri guarniti di pettini 14
estiraje (m) de erizos sencillo / *estiratge (m) d'eriçons senzill*

Doppelnadelwalzen-strecke (f)
double-head porcupine drawing
двойная ленточная (жр) с игольчатыми валиками
étirage (m) à hérisson double
banco (m) di tiratura doppio con cilindri guarniti di pettini 15
estiraje (m) de erizos doble / *estiratge (m) d'eriçons doble*

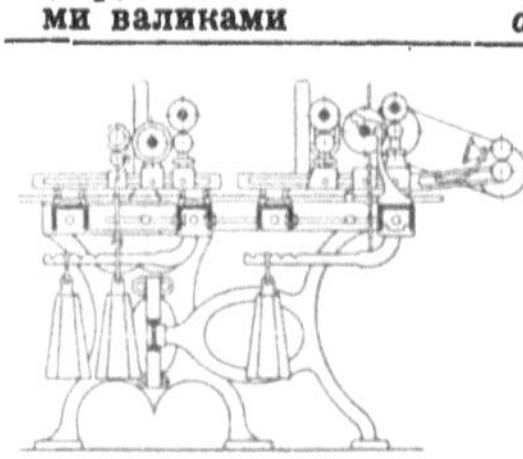

Entfilzer (m)
matted fibre machine
войлокоснима-тель (мр)
défeutreur (m) 16
sfeltratore (m)
desfieltrador (m) / *desfeltrador (m)*

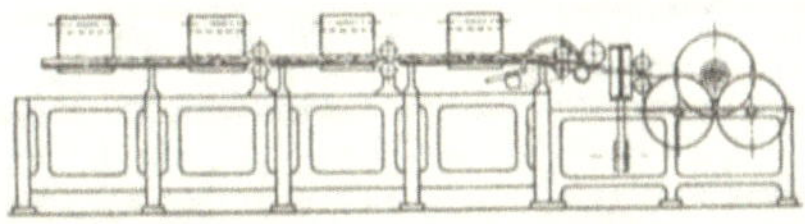

1 Vliesmaschine (f)
fleece machine, sliver lap machine, sheeter box
холстовая машина (жр)
nappeuse (f)
riunitrice (f)
reunidora (f) de napas o de cintas / *reunidora (f) de napes o de vetes*

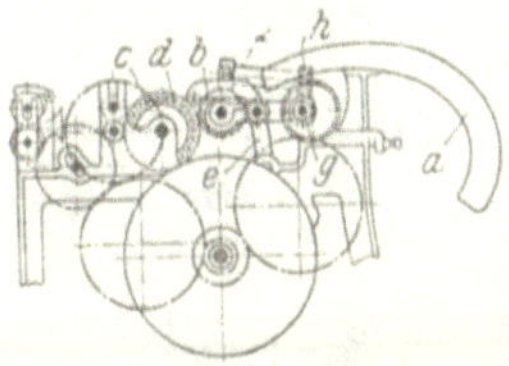

2 Stapelzugmaschine (f)
reel for long wool
машина (жр) для вытяжки холста *или* для выпрямленія волоса
démêloir (m)
strigatrice (f)
aparato (m) / *aparell (m)* / desenredador

3 a Zuleitungsblech (n)
guide plate
направляющій жестяной желоб (жр)
plaque-guide (f)
placca (f) di guida
placa-guía (f) / *placa-guia (f)*

4 b Einlaßwalze (f)
feed roller
питательный валик (жр)
cylindre (m) alimentaire
cilindro (m) di alimentazione
cilindro (m) de alimentación / *corró (m) alimentari*

5 c mit langen Kammzähnen besetzte Nadelwalze (f)
cylinder with long needles
гребенной барабан (жр) с длинными иглами
cylindre (m) à aiguilles longues
cilindro (m) con aghi lunghi
cilindro (m) de agujas largas / *corró (m) amb agulles llargues*

6 d verschiebbarer Stab (m)
sliding bar
передвижная планка (жр)
barre (f) réglable
asta (f) regolabile
barreta (f) deslizante / *barreta (f) culissa*

7 e Lagerträger (m)
bracket
стойка (жр) подшипника
support (m)
sopporto (m)
soporte (m) / *suport (m)*

8 g Krummzapfen (m)
crank, eccentric
кривошип (мр), эксцентрик (мр)
excentrique (m)
eccentrico (m)
excéntrico (m) / *excèntric (m)*

9 h Schraubenrad (n)
worm wheel
червячная шестерня (жр)
roue (f) à hélice
ruota (f) a vite perpetua
rueda (f) de tornillo sin fin / *roda (f) de vis sens fi*

Bandführer (m) für Vliesmaschinen
sliver guide for fleece machines
водилка (жр) ленты для холстовой машины 10
guide-ruban (m) pour nappeuse
guida-nastro (m) per riunitrici
guía (f) mechas para reunidora / *guia (f) metxes per a reunidora*

a Wange (f)
guide plate, channel guide
щечка (жр) 11
plaque-guide (f)
placca (f) di guida
placa (f) guía / *placa (f) guia*

b gekrümmter Steg (m)
bent plate, curved plate
изогнутый желоб (мр), ложечка (жр) 12
plaque (f) courbe
placca (f) ricurva
placa (f) curvada / *corbada*

c abgerundete Kerbe (f)
rounded notch
закругленный мостик (мр) *или* порожек (мр)
fente (f) arrondie 13
fessura (f) arrotondata
muesca (f) redondeada / *entalla (f) arrodonida, trau (m) arrodonit*

d Hauptvlies (n)
main fleece, combined fleece
главный *или* соединенный холст (мр) 14
nappe (f) principale
tela (f) principale
napa (f) principal o doblada

e Hilfsvlies (n)
single fleece
одинарный холст (мр)
nappe (f) seule 15
tela (f) singola
napa (f) sencilla / *senzilla o sola*

g Wickelspule (f)
lap rod
катушка (жр) для намотки холста
tringle (f) d'enroulement de la nappe 16
bacchetta (f) d'avvolgimento della tela
tubo (m) / *nina (f)* / de la tela

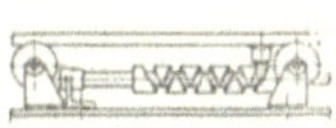

Wagenantrieb (m) durch Schraube mit Kreuzgewinde
carriage drive by left-hand and right-hand threaded screw
привод (мр) телѣжки посредством винта с крестовой нарѣзкой
commande (m) du chariot par vis à filet croisé 17
comando (m) del carro mediante una vite a passo contrario
accionamiento (m) del carro por tornillo de filetes cruzados / *comanda (f) del xarrió per cargol de dues rosques creuades*

8. Kämmen (n) der Wolle, Wollkämmerei (f)

1 **Wool Combing**
Гребнечесанiе (ср) **шерсти**
Peignage (m) **de la laine**
Pettinatura (f) **della lana**
Peinado (m) **de la lana** / ***Pentinat*** (*m*) ***de la llana***

a) Allgemeines (n)

2 **General Terms**
Общее (ср)
Généralités (f pl)
Generalità (f pl)
Generalidades (f pl)

3 Trennen (n) der langen [Woll-]Haare von den kurzen
separating the long wool fibres from the short ones
отдѣленie (ср) длиннаго волоса от короткаго
séparation (f) des fibres longues et des fibres courtes
separazione (f) delle fibre lunghe e delle fibre corte
separación (f) de las fibras largas y cortas / *separació (f) de les fibres llargues i curtes*

4 Entfernen (n) der kurzen Fasern
removing the short fibres
удаленie (ср) короткаго волоса
élimination (f) des fibres courtes
eliminazione (f) delle fibre corte
eliminación (f) de las fibras cortas / *eliminació (f) de les fibres curtes*

5 die Fasern (f pl) parallel legen
to lay the fibres parallel
параллелизировать волокна, раскладывать параллельно волокна *или* волос
paralléliser les fibres (f pl)
parallelizzare le fibre
paralelizar las fibras / *paral·lelitzar les fibres*

6 Kammereiband (n)
comber sliver
прочесываемая лента (жр)
ruban (m) *ou* mèche (f) de peigné
nastro (m) di pettinatrice
cinta (f) de peinadora / *veta (f) de pentinadora*

7 Kammzug (m)
top, combed sliver
продукт (мр) прочеса, вычес (мр)
peigné (m), cœur (m), trait (m) de laine
[nastro (m)] pettinato (m)
peinado (m) / *pentinat (m)*

8 Handzug (m), handgekämmter Kammzug (m)
hand combed top
ручной вычес (мр), продукт (мр) ручного прочеса
ruban (m) peigné à la main
[nastro (m)] pettinato (m) a mano
peinado (m) o cinta (f) peinada a mano / *pentinat (m) o veta (f) pentinada a mà*

9 Maschinenzug (m)
machine combed top
машинный вычес (мр)
ruban (m) peigné mécaniquement
[nastro (m)] pettinato (m) a macchina
cinta (f) peinada a máquina / *veta (f) pentinada a màquina*

10 regelrechter [*oder* normaler] Zug (m)
standard to
нормальный вычес (мр)
ruban (m) normal
nastro (m) normale
peinado (m) corriente / *pentinat (m) corrent*

11 weißer Zug (m)
white top
бѣлый вычес (мр)
ruban (m) blanc
nastro (m) bianco
peinado (m) blanco / *pentinat (m) blanc*

12 farbiger Zug (m)
coloured top
цвѣтной вычес (мр)
ruban (m) coloré
nastro (m) colorato
péinado (m) / *pentinat (m)* / de color

13 gebleichter Zug (m)
bleached top
отбѣленный вычес (мр)
ruban (m) blanchi
nastro (m) sbiancato
peinado (m) blanqueado / *pentinat (m) blanquejat*

14 den Zug bleichen
to bleach the top
отбѣливать вычес
blanchir le ruban
sbiancare il nastro
blanquear el peinado / *blanquejar el pentinat*

15 Bedrucken (n) des Kammzuges
printing the combed sliver
печатанie (ср) вычеса
impression (f) du ruban peigné
stampa (f) del nastro pettinato
estampado (m) de la cinta peinada / *estampat (m) de la veta pentinada*

16 bedruckter Kammzug (m)
printed top
печатаный вычес (мр)
peigné (m) imprimé
nastro (m) stampato
peinado (m) estampado / *pentinat (m) estampat*

17 Zugprobe (f)
top sample
проба (жр) вычеса
échantillon (m) de laine peignée
campione (m) del nastro pettinato
muestra (f) de peinado / *mostra (f) de pentinat*

18 Zugrest (m)
residue of combed sliver
отброс (мр) *или* угар (мр) прочесанной ленты
restant (m) d'un ruban de peigné
residuo (m) d'un nastro pettinato
residuo (m) de cinta peinada / *residu (m) o pèrdua (f) de la veta pentinada*

19 Kämmling (m)
noil, comber waste
отброс (мр) вычеса, гребенной очес (мр)
blousse (f), freinte (f)
scarto (m) o rifiuti (m pl) di pettinatura
puncha (f), desperdicios (m pl) de peinadora / *punxa (f), bosses (f pl)*

20 grießiger Kämmling (m)
neppy noil
крупитчатый очес (мр)
blousse (f) noueuse
scarto (m) con nodi
puncha (f) / *punxa (f)* / botonosa

21 speckiger Kämmling (m)
flocked noil
разрозненный клочковатый очес (мр)
blousse (f) floconneuse
scarto (m) con fiocchi
puncha (f) apelotonada / *punxa (f) apilotada*

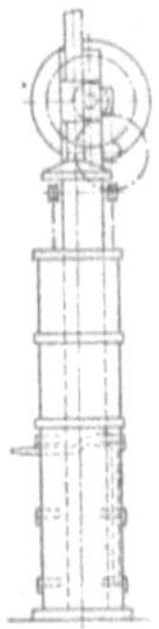

1 Kammlingspresse (f)
noil press
пресс (мр) для очеса
presse (f) à blousse
pressa (f) per scarto di pettinatura
prensa (f) para puncha / *premsa (f) per a punxa*

---

2 Kammflug (m)
comber fly
пух (мр) гребенного чесанія
duvet (m) de peigne
lanuggine (f) di pettinatura
borrilla (f) o evaporación (f) de peinadora / *borrisol (m) o evaporació (f) de pentinadora*

---

3 Kammstaub (m)
comber dust
пыль (жр) гребенного чесанія
poussière (f) de peignage
polvere (f) di pettinatura
polvo (m) o impurezas (fpl) de peinadora / *pols (f) o impureses (fpl) de pentinadora*

---

4 Kammen (n) mit der Hand, Handkammerei (f)
hand combing
ручное гребнечесаніе (ср)
peignage (m) à la main
pettinatura (f) a mano
peinado (m) a mano / *pentinat (m) a mà*

---

5 Handkämmer (m)
hand comber
ручной чесальщик (мр)
peigneur (m) à la main
pettinatore (m) a mano
peinador (m) a mano / *pentinador (m) a mà, peraire (m)*

---

6 Wollkämmer (m)
wool comber, comb tenter, comb hand
шерсточесальщик (мр)
peigneur (m) de laine
pettinatore (m) di lana
peinador (m) de lana / *pentinador (m) de llana*

---

7 

einschlagen
to charge the fixed comb
заправлять неподвижный гребень шерстью
charger le peigne fixe
gettare i filamenti sopra il pettine fisso
cargar el peine fijo / *carregar el pinte fixe*

---

8 a
Wollbüschel (n)
tuft of wool
прядь (жр) *или* бородка (жр) шерсти
touffe (f) de laine
fiocco (m) di lana
mecha (f) de lana / *metxa (f) floc (m) de llana*

---

9 b
vorderer Kammbart (m), vorderes Bartende (n), Kopf (m) der Riste
front end of tuft
передняя часть (жр) пряди, передняя бородка (жр)
tête (f) de la mèche
estremità (f) anteriore o testa (f) del fiocco
testa (f) o punta (f) o cabeza (f) de la mecha / *testa (f) o punta (f) de la metxa*

---

c
Kammbartmitte (f)
middle part of tuft
средняя часть (жр) пряди, средняя бородка (жр)
partie (f) médiane de la mèche 10
parte (f) media del fiocco
parte (f) media de la mecha / *part (f) mitja de la metxa*

---

d
hinterer Kammbart (m), hinteres Bartende (n), Schwanz (m) der Riste
back end of tuft
задняя часть (жр) пряди, задняя бородка (мр) 11
queue (f) de la mèche
estremità (f) posteriore o coda (f) del fiocco
cola (f) de la mecha / *cua (f) de la metxa*

ausziehen
to draw the tuft through the comb
пробирать
passer la touffe sur les dents du peigne
tirare il fiocco attraverso il pettine 12
pasar la mecha entre las agujas del peine / *passar la metxa per les agulles del pinte*

Arbeitskamm (m)
working comb
рабочая гребенка (жр)
peigne (m) de travail 13
pettine (m) mobile
peine (m) de trabajo / *pinte (m) de treball*

a

---

b
Füllkamm (m)
fixed comb, holding comb
набивочная *или* забивочная гребенка (жр)
peigne (m) fixe 14
pettine (m) fisso
peine (m) fijo o de carga / *pinte (m) fixe o de retenció o de càrrega*

---

gefüllter Kamm (m)
filled comb
набитая *или* забитая гребенка (жр)
peigne (m) chargé
pettine (m) carico 15
peine (m) cargado / *pinte (m) carregat*

---

den Kamm anwärmen
to warm the comb
подогрѣть гребенку
chauffer le peigne
riscaldare il pettine 16
calentar el peine / *escalfar el pinte*

---

angewärmter Kamm (m)
heated comb
подогрѣтая гребенка (жр)
peigne (m) échauffé
pettine (m) riscaldato 17
peine (m) calentado / *pinte (m) escalfat*

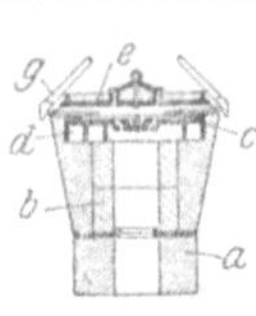

Kammofen (m), Kammtopf (m)
comb pot
печь (жр) для гребней
pot (m) ou four (m) à peigne 18
forno (m) a pettine
horno (m) o fogón (m) para peines / *forn (m) o fogó (m) per a pintes o de peraire*

---

a
Ummauerung (f)
enclosing wall
каменная кладка (жр)
mur (m) en maçonnerie 19
muro (m) di rinchiudimento
pared (f) envolvente / *paret (f) externa*

1 b
Steineinsatz (m)
stone lining
каменная футеровка (жр)
revêtement (m) en pierre
rivestimento (m) in pietra
revestimiento (m) de piedra / *recubriment (m) de pedra*

---

2 c
aufgesetzte Eisengußplatte (f) mit vorspringenden Rippen
flanged cast iron cover plate
прикрывающая чугунная плита (жр) с выступающими ребрами
couvercle (m) en fonte avec rainures en saillie
coperchio (m) in ghisa con nervatura
tapa (f) de fundición con rebordes o con nervios / *coberta (f) de fundició amb revores o nirvis*

---

3 d
Rauchabzug (m)
smoke outlet
дымоход (мр)
sortie (f) de la fumée
sortita (f) per il fumo
salida (f) del humo / *sortida (f) del fum*

---

4 e
mit Lehm ausgeschlagene Platte (f))
cover lid lined with loam
плита (жр), обмазанная глиною
couvercle (m) revêtu de limon
coperchio (m) superiore rivestito con argilla
tapa (f) superior revestida con barro / *tapa (f) superior revestida amb fang*

---

5 g
eingeschobener Kamm (m)
comb placed in the pot
вложенная гребенка (жр)
peigne (m) placé dans le four
pettine (m) collocato nel forno
peine (m) colocado en el horno / *pinte (m) col·locat en el forn*

6
die Enden (n pl) auskämmen
to comb out the ends
прочесать концы (мр)
peigner les extrémités (f pl)
pettinare le estremità
peinar las colas / *pentinar les cues*

7
Reinkämmen (n)
clean combing
прочесыванiе (ср) начисто
peignage (m) en fin
pettinatura (f) a fondo
peinado (m) limpio o puro / *pentinat (m) net o pur*

8
ungenügend gekämmt
insufficiently combed
недостаточно прочесанный
insuffisamment peigné
insufficientemente pettinato
insuficientemente peinado / *insuficientment pentinat*

9
Nachkämmen (n)
re-combing
дополнительное *или* добавочное прочесыванiе (ср)
repeignage (m)
ripettinatura (f)
re-peinado (m) / *repentinat (m)*

Belesen (n), Ausbeißen (n)
picking out the impurities
очищать *или* выбирать ртом
épluchage (m), enlèvement (m) des impuretés, nactage (m)
estrazione (f) delle impurità, mondatura (f) 10
repasado (m), extracción (f) de las impurezas / *repassat (m), extracció (f) d'impureses*

Beleser (m), Ausbeißer (m)
picker
чистильщик (мр), рабочiй (мр) по очисткѣ
éplucheur (m)
mondarino (m) 11
repasador (m) de peinado / *repassador (m) de pentinat*

Kämmen (n) mit der Maschine, Maschinenkämmen (n)
combing by machine
гребнечесанiе (ср) машинным способом
peignage (m) à la machine
pettinatura (f) a macchina 12
peinado (m) a máquina / *pentinat (m) a màquina*

Kammstuhlarbeiterin (f), Wollkämmerin (f)
comb tenter, comb hand
гребнечесальщик (мр) шерсти
peigneuse (f) de laine
pettinatrice (f) [a macchina] della lana 13
peinadora (f) de lana / *pentinadora (f) de llana*

Wollkämmerei (f) (Fabrik)
wool combing plant
шерстогребнечесальная (жр)
peignage (m) de laine (manufacture)
pettinatura (f) di lana 14
cuadra (f) de peinado de lana / *quadra (f) de pentinat de llana*

Lohnkämmerei (f)
commission combing
чесанiе (ср) давальческой шерсти
peignage (m) à façon
pettinatura (f) mercenaria o a commissione 15
peinado (m) a comisión / *pentinat (m) a mans*

---

b) Kämmaschinen (f pl)
Combers, Combs, Combing Machines
Гребенныя машины (жр)
Peigneuses (f pl) **mécaniques**
Macchine (f pl) **pettinatrici** 16
[Máquinas (f pl)**] peinadoras** (f pl) / ***Pentinadores*** *(f pl)*

Kämmaschine (f) *oder* Kammstuhl (m) für lange Wollen
comber for long wool
гребенная машина (жр) для длинной шерсти
peigneuse (f) pour laine longue
pettinatrice (f) per lana lunga 17
peinadora (f) para lana larga / *pentinadora (f) per a llana llarga*

Kämmaschine (f) für kurze Wollen
comber for short wool
гребенная машина (жр) для короткой шерсти
peigneuse (f) pour laine courte
pettinatrice per lana corta 18
peinadora (f) para lana corta / *pentinadora (f) per a llana curta*

Rundkämmer (m)
circular comber
круглая гребенная машина (жр)
peigneuse (f) circulaire *ou* curviligne
pettinatrice (f) circolare 19
peinadora (f) / *pentinadora (f)* / circular

Flachkämmer (m)
straight comber
плоская гребенная машина (жр)
peigneuse (f) rectiligne
pettinatrice (f) rettilinea
peinadora (f) rectilinea / *pentinadora (f) rectilínia* 20

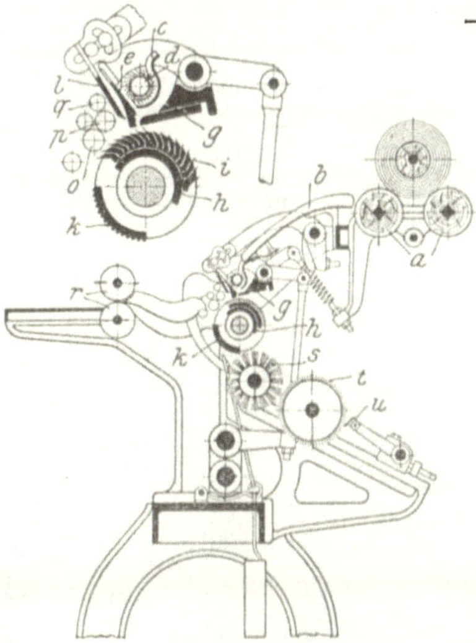

1
Heilmannsche Kämmaschine (f)
Heilmann's comber, French comb
гребнечесальнаямашина(жр) Гейльмана
peigneuse (f) Heilmann
pettinatrice (f) tipo Heilmann
peinadora (f) / *pentinadora (f)* / Heilmann

---

2 a
hölzerne Abwickelwalze (f)
wooden lap roller
деревянный сгоночный валик (мр)
rouleau (m) dérouleur en bois
rullo (m) di svolgimento in legno
cilindro (m) desarrollador de madera / *corró (m) desplegador de fusta*

---

3 b
Gleitblech (n), Führungsblech [(n)
lap plate
направляющій желоб (мр) *или* лоток (мр)
plaque (f) d'entrée
piastra (f) alimentare
placa-guia (f) de la tela, placa (f) de entrada / *d'entrada*

---

c
Blechmulde (f)
tin dish feed
питательный жестяной желоб (мр)
auge (f) alimentaire en ferblanc
canale (m) di alimentazione in latta
plato (m) de alimentación de hojalata / *plat (m) alimentari de llauna*

---

5 d
Speisewalze (f), Igelwalze (f), Speisestachelwalze (f), Speiseigel (m)
porcupine feed roller
питательный игольчатый валик (мр)
hérisson (m) alimentaire
cilindro (m) dentato di alimentazione
cilindro (m) porcupina de alimentación / *corró (m) alimentari eriçó*

---

ruckweises Speisen (n)
intermittent feed
толчкообразное питанiе (ср)
alimentation (f) intermittente 6
alimentazione (f) a intermittenza
alimentación (f) intermitente / *alimentació (f) intermitent*

---

ruckweise Vorwärtsbewegung (f) der Speisewalze
intermittent forward motion of feed roller
толчкообразное вращенiе(ср) питательнаго валика
mouvement (m) intermittent en avant du cylindre alimentaire 7
movimento (m) intermittente in avanti del cylindro alimentatore
movimiento (m) intermitente hacia adelante del cilindro de alimentación / *moviment (m) intermitent del corró alimentari cap al davant*

---

e, g
Zange (f), Kluppe (f)
nipper
клещи (жр), щипцы (мр)
pince (f), mâchoires (fpl) 8
tenaglia (f), pinza (f)
[mordazas (fpl) de la] pinza (f) / *[mordasses (fpl) de la] pinça (f)*

---

e
Oberzangenmesser (n)
top nipper, nipper bar, nipper knife
верхняя щека (жр) клещей 9
mâchoire (f) supérieure
mascella (f) superiore
mordaza (f) / *mordassa (f)* / superior

---

g
Unterzangenplatte (f)
bottom nipper plate, cushion plate
нижняя щека (жр) клещей 10
mâchoire (f) inférieure
mascella (f) inferiore
mordaza (f) / *mordassa (f)* / inferior

---

h
Kammwalze (f), Kämmwalze (f), Zylinderkamm (m)
comb[er] cylinder, comb circle
гребенка (жр), цилиндрическій гребень (мр) 11
peigne (m) circulaire, tambour (m) peigneur, cylindre (m) peigneur
cilindro (m) pettinatore
peine (m) circular o cilíndrico / *pinte (m) circular o cilíndric*

---

den Kamm stellen
to adjust *or* to set the comb
установить гребенку
ajuster *ou* régler le peigne 12
regolare il pettine
ajustar el peine / *galgar el pinte*

Erfassen (n) des vorstehenden Wollbartes
gripping the projecting wool tuft
схватываніе (ср) торчащей бородки
1 pinçage (m) de la tête de la touffe
afferramento (m) della parte sporgente del fiocco
agarre (m) de la testa de la mecha saliente / *agarrat (m) de la testa de metxa sortint*

Nadelsegment (n)
needled segment, needled half lap, comb segment
игольчатый сегмент (мр)
2 i segment (m) à aiguilles
spicchio (m) armato di punte, pettine (m) circolare
segmento (m) de agujas *o* de peines / *segment (m) d'agulles o de barretes o de pintes*

Riffelsegment (n)
fluted segment
рифленый сегмент (мр)
3 k segment (m) métallique cannelé
settore (m) scanalato, spicchio (m) rigato
segmento (m) acanalado / *segment (m) ratllat*

Vorstechen (n)
lowering of the top comb
прониканіе (ср) верхней гребенки в бородку
4 enfoncement (m) du peigne fixe
abbassamento (m) del pettine rettilineo
descenso (m) del peine rectilíneo / *baixada (f) del pinte rectilini*

Vorstechkamm (m), Festkamm (m), [Fixkamm (m)]
top comb
верхняя гребенка (жр)
5 l peigne (m) fixe, peigne nacteur
pettine (m) rettilineo
peine (m) fijo *o* rectilíneo / *pinte (m) fixe o rectilini*

---

abreißen
to detach, to draw-off
6 оборвать, обрывать, оторвать
arracher, détacher
strappare, distaccare
arrancar / *arrencar*

Abreißwalze (f)
fluted detaching roller
обрывающій *или* отрывающій валик (мр)
7 o cylindre (m) arracheur
cilindro (m) di strappamento
cilindro (m) de arranque / *corró (m) d'arrencar*

---

abgezogener Wollbart (m)
detached wool tuft
8 оторванная часть (жр) бородки шерсти
touffe (f) *ou* riste (f) de laine arrachée
ciocca (f) di lana strappata
mecha (f) de lana arrancada *o* desprendida / *metxa (f) de llana arrencada o despresa*

Druckwalze (f), Abreißlederwalze (f)
leather detaching roller
нажимной валик (мр), обтянутый кожею отрывной валик (мр)
p cylindre (m) de pression, cylindre arracheur garni de cuir 9
cilindro (m) di pressione ricoperto di cuoio
cilindro (m) de presión, cilindro de arranque guarnecido de cuero / *corró (m) de pressió, corró (m) d'arrencar de cuiro*

Plüschwalze (f)
plush covered roller
плюшевый валик (мр)
q cylindre (m) garni de peluche 10
cilindro (m) ricoperto di peluzzo
cilindro (m) recubierto de felpa / *corró (m) vestit de pelfa*

Lieferwalze (f), Bandabzugwalze (f)
delivery roller, sliver calender
пріемный *или* выпускной валик (мр)
r rouleau (m) d'appel du ruban, rouleau délivreur 11
cilindro (m) di trazione, cilindro attiratore
cilindro (m) absorbedor *o* conductor de la cinta / *corró (m) absorbidor, corró de calandra*

Bürste (f)
revolving brush
щетка (жр)
s brosse (f) circulaire 12
cilindro (m) spazzolatore
cepillo (m) cilíndrico / *raspall (m) cilíndric*

Abnehmer (m), Kämmlingswalze (f)
doffer
очесочный *или* сорный вальян (мр)
t [cylindre (m)] peigneur (m) 13
cilindro (m) pettinatore del cascame
cilindro (m) desborrador, llevador (m) / *cilindre (m) descarregador, llevador (m)*

Hacker (m)
[noil stripping] comb
гребенка (жр) для сниманія очеса
u peigne (m) détacheur, battant (m) 14
pettine (m) staccatore del cascame
peine (m) desborrador / *serreta (f)*

Noblesche Kämmaschine (f)
Noble's comb[er]
гребнечесальная (жр) системы Нобля 15
peigneuse (f) Noble
pettinatrice (f) tipo Noble
peinadora (f) / *pentinadora (f)* / Noble

1 a
großer Kammring (m) *oder* Kreiskamm (m)
large circle
большое гребенное кольцо (ср)
grand peigne (m) annulaire
grande corona (f)
peine (m) grande circular / *gran pinte (m) circular*

2 b
kleiner Kammring (m)
small circle
малое гребенное кольцо (ср)
petit peigne (m) annulaire
anello (m) a punte di pettine
peine (m) circular interior *o* pequeño / *pinte (m) circular intern o petit*

3 c
Streicher (m), Strahlenrad (n)
bladed wheel, stroker [wheel]
гладильный диск (мр)
roue (f) à soleil
lamina (f)
estrella (f) divisora

4
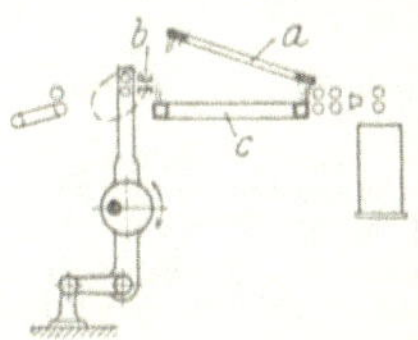

Holdensche Kämmmaschine (f)
Holden's comb[er], square motion comb[er]
гребнечесальная машина (жр) Хольдена
peigneuse (f) Holden
pettinatrice (f) tipo Holden
peinadora (f) / *pentinadora (f)* / Holden

5 a
ringförmiger Vorstechkamm
circular top comb [(m)
кольцеобразная верхняя гребенка (жр)
peigne (m) nacteur annulaire
corona (f) a punte, pettine (m) anulare
peine (m) / *pinte (m)* / anular superior

6 b
Kanal (m)
channel
щель (жр)
canal (m)
canale (m)
corredera (f), guia (f) de entrega / *canal (m), guia (f) d'entrega*

7 c
Kreiskamm (m)
revolving ring comb
вращающееся гребенное колесо (ср) *или* кольцо (ср)
peigne (m) annulaire rotatif
corona (f) girevole a punte di pettine
peine (m) anular giratorio / *pinte (m) anular giratori*

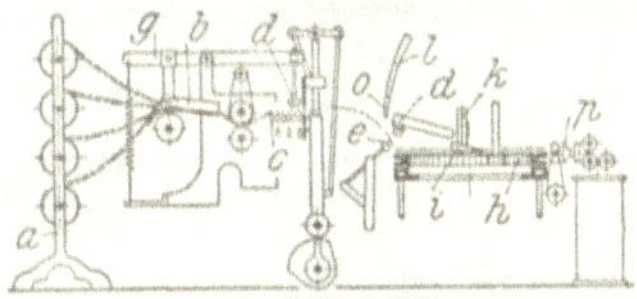

8
Listersche Kämmaschine (f)
Lister's comb[er], nip comb
гребнечесальная (жр) Листера
peigneuse (f) Lister
pettinatrice (f) tipo Lister
peinadora (f) / *pentinadora (f)* / Lister

a 9
Spulenständer (m), Wickelträger (m), Bandträger (m)
ball creel
рама (жр) для катушек
râtelier (m), support (m) de bobine
rastrelliera (f)
fileta (f) para bobinas / *fileta (f) per a rodets*

b 10
Zuleitungsplatte (f), Speisekanal (m)
delivery plate, feed channel, feed box, conductor
подводящій желоб (мр)
canal (m) d'alimentation
canale (m) di alimentazione
plato (m) de alimentación / *plat (m) d'alimentació*

11
Kammstabführung (f)
faller guide
направленіе (ср) для гребенчатой планки
guide (m) de peigne
guida (f) del pettine
guía (f) del gill *o* de la barreta de agujas / *guia (f) del gill o de la barreta d'agulles*

c 12
Kammstab (m), Nadelstab (m), Gillstab (m)
gill bar, faller
игольчатая планка (жр)
barrette (f), gill (m)
asta (f) a pettine
barreta (f), gill (m) / *barreta (f), gill (m)*

13
der Kammstab fällt herunter
the gill bar falls *or* descends
гребенка (жр) опускается
la barrette tombe
l'asta (f) a pettine cade
la barreta cae *o* desciende / *la barreta cau*

d 14
Einschlagbürste (f)
dabbing brush, dabber
забивочная щетка (жр)
brosse (f) enfonceuse
spazzola (f) di ritegno
cepillo (m) hundidor / *raspall (m) enfonsador*

e 15
Übertragungskamm (m)
carrying comb
перекидывающая *или* передающая гребенка (жр)
peigne (m) transporteur
pettine (m) di trasporto
peine (m) transportador / *pinte (m) transportador*

g 16
Leithebel (m)
dabbing brush lever
распредѣлительный рычаг (мр)
levier (m) de la brosse enfonceuse
leva (f) della spazzola di ritegno
palanca (f) del cepillo hundidor / *palanca (f) del raspall enfonsador*

h 17
Kammring (m), Auskämmring (m)
comb circle
отдѣлочное гребенное кольцо (ср)
peigne (m) annulaire
corona (f) dentata
peine (m) / *pinte (m)* / anular

1 mit Dampf geheizter Ring (m)
steam heated circle
кольцо (ср), нагрѣваемое паромъ
plaque (f) annulaire chauffée par de la vapeur
placca (f) anulare riscaldata a vapore
placa (f) anular calentada por vapor / *placa (f) anular escalfada per vapor*

2 i Hebevorrichtung(f) für Kämmlinge
noil detaching appliance
приспособленіе (ср) для отбрасыванія очеса
dispositif (m) détacheur de blousses
apparato (m) per liberare il pettine dei rifiuti
dispositivo (m) para la extracción de la puncha / *dispositiu (m) per a la extracció de la punxa*

3 Ausstoßen (n) der Kämmlinge
taking out *or* turning out the noils
счесываніе (ср) *или* сбрасываніе (ср) очеса
enlèvement (m) *ou* débourrage (m) des blousses
asportazione (f) degli scarti
extracción (f) de la puncha / *extracció (f) de la punxa*

4 k Abziehwalzen (fpl) für die Kämmlinge
drawing-off rollers for noils
снимающіе валики (мр) для очесовъ
cylindres (m) arracheurs des blousses
cilindri (mpl) separatori degli scarti
cilindros (mpl) de arranque de la puncha / *corrons (mpl) absorbidors de la punxa*

5 l Windrohr (n)
air blast pipe
воздуходувная труба (жр)
tuyau (m) d'air comprimé
tubo (m) d'aria compressa
tubo (m) de aire soplado / *tub (m) d'aire bufat*

6 o breites Mundstück (n)
wide mouthpiece
широкій мундштукъ (мр), широкое сопло (ср)
large embouchure (f)
larga imboccatura (f)
embocadura (f) ancha, pico (m) de flauta / *boca (f) ample, bec (m) de flauta*

7 Glattstreichen (n) des herausstehenden Wollbartes
smoothing the projecting wool tuft
приглаживаніе (ср) торчащей бородки шерсти
lissage (m) de la tête de mèche *ou* de la nappe
lisciatura (f) del lembo sporgente della ciocca
alisado (m) de la mecha saliente / *allisat (m) de la metxa sortint*

p Drehtrichter (m)
revolving funnel
вращающаяся воронка (жр)
entonnoir (m) tournant 8
imbuto (m) girante
embudo (m) giratorio / *embut (m) giratori*

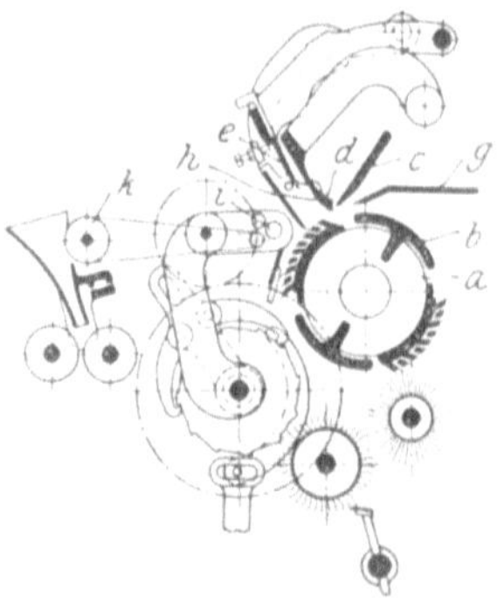

Meunier-Grünsche Kämmmaschine (f)
Meunier-Grün's comb[er]
гребнечесальная машина (жр) Менье-Грюна 9
peigneuse (f) Meunier-Grün
pettinatrice (f) tipo Meunier-Grün
peinadora (f) / *pentinadora (f)* / Meunier-Grün

Kämmtrommel (f) mit Nadelstäben mit zunehmend dichter gestellten Nadeln
combing cylinder with fallers with needles increasing in number
гребенчатый барабан (мр) с планками с возрастающею плотностью игл
a tambour (m) peigneur *ou* cylindre (m) peigneur *ou* peigne (m) circulaire avec barrettes d'aiguilles augmentant de population 10
pettine (m) circolare con sbarrette ad aghi aumentando di densità
peine (m) circular con barretas de agujas formando serie progresiva en densidad / *pinte (m) circular amb barretes d'agulles formant sèrie progressiva en densitat*

beledertes Bogenstück (n)
leather covered segment
сегмент (мр), покрытый кожею
b segment (m) recouvert de cuir 11
settore (m) coperto di cuoio
segmento (m) cubierto de cuero / *segment (m) vestit de cuiro*

unbewegliche Speisezange (f)
stationary feeding nippers
неподвижная щека (жр) питательных клещей
c pince (f) alimentaire fixe 12
pinza (f) di alimentazione fissa
pinza (f) fija de alimentación / *pinça (f) alimentària fixa*

1 d
bewegliche Speisezange (f)
oscillating nippers
подвижная щека (жр) питательных клещей
pince (f) oscillante
pinza (f) oscillante
pinza (f) móvil *o* oscilante / *pinça (f) mòbil o oscil·lant*

2 e
Vorstechkamm (m)
top comb
верхняя гребенка (жр)
peigne (m) fixe
pettine (m) rettilineo
peine (m) fijo *o* rectilíneo / *pinte (m) fixe o rectilini*

3 g
schwingende Leiste (f)
swinging bar
качающаяся пластина (жр)
tôle (f) de soubassement oscillante, lève-tête (f)
asta (f) oscillante
placa (f) oscilante, sostenedora (f) de la testa de mecha / *placa (f) oscil·lant, aixecadora (f) de la testa de metxa*

4 h
Kletteneindrücker (m)
intersecting comb
верхняя отбивная гребенка (жр)
échardonneur (m), enfonceur (m)
pettine (m) tagliatore *o* intersecante
cuchillo (m) hundidor *o* desmotador / *ganiveta (f) enfonsadora o desmotadora*

5 i
Abreißwalze (f)
detaching roller
отрывающій валик (мр)
cylindre (m) arracheur, cylindre détacheur
cilindro (m) strappatore
cilindro (m) desprendedor / *corró (m) d'arrencar*

6 k
Abzugvorrichtung (f) mit Pilgerschrittdrehung
detaching motion with notch wheel mechanism
приспособленіе (ср) для пріема прочеса с перерывистым движеніем
mécanisme (m) d'arrachage à mouvement de pèlerinage
meccanismo (m) di distaccamento con movimento al passo di pellegrino
mecanismo (m) de arranque con movimiento a paso de peregrino / *mecanisme (m) d'arrencar amb roda d'entalles*

7
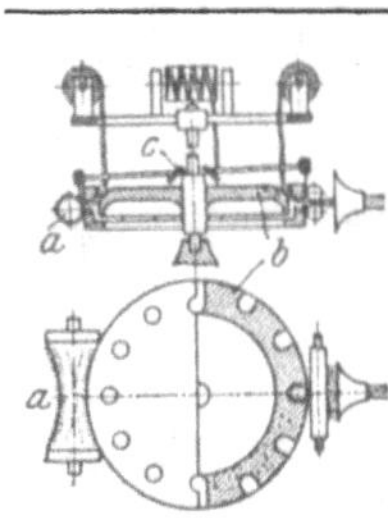

Hübnersche Kämmmaschine (f)
Hübner's comb[er]
гребнечесальная машина (жр) Гюбнера
peigneuse (f) circulaire Hübner
pettinatrice (f) tipo Hübner
peinadora (f) / *pentinadora (f)* / Hübner

a 8
gekrümmter Walzenkamm (m)
curved combing cylinder
изогнутая круглая гребенка (жр)
cylindre (m) peigneur courbe
cilindro (m) pettinatore ricurvo
peine (m) circular curvo / *pinte (m) circular corbat*

b 9
mit rauhem Leder bekleideter Ring (m)
circle covered with rough leather
кольцо (ср), покрытое шероховатой кожею
cuve (f) recouverte de cuir rugueux
disco (m) coperto di cuoio ruvido
anillo (m) circular cubierto de cuero rugoso / *anell (m) circular cobert amb cuiro aspre*

c 10
Kugelkappe (f)
calotte
шаровидный колпак (мр)
calotte (f), olive (f)
cappello (m) sferico, calotta (f)
casquete (m) esférico, olla (f) / *casquet (m) esfèric, olla (f)*

11
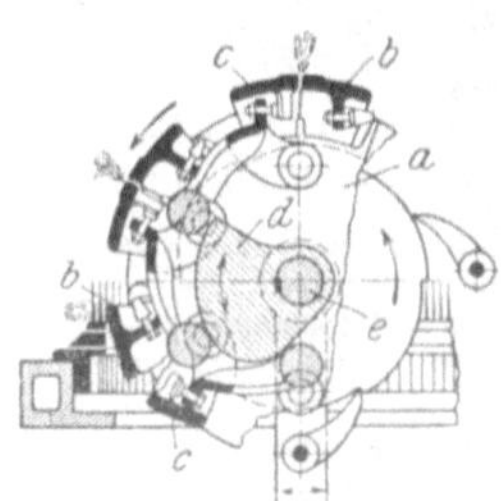

Little und Eastwoodsche Zangentrommel (f)
Little and Eastwood's nip cylinder
барабан (мр) с клещами системы Литля и Иствуда
tambour (m) pinceur de Little et Eastwood
tamburo (m) a pinze di Little e Eastwood
tambor (m) de pinzas de Little y Eastwood / *bombo (m) de pinces de Little i Eastwood*

a 12
Endplatte (f)
end plate
боковая стѣнка (жр)
plaque (f) latérale
placca (f) laterale
plato (m) / *plat (m)* / lateral

b 13
feste Zangenbacke (f)
fixed nippers
неподвижная щека (жр) клещей
mâchoire (f) fixe
mascella (f) fissa
mordaza (f) fija / *mordassa (f) fixa*

c 14
bewegliche Backe (f)
movable nippers
подвижная щека (жр) клещей
mâchoire (f) mobile
mascella (f) mobile
mordaza (f) móvil / *mordassa (f) mòbil*

1 d
Stufenscheibe (f)
[nipper] cam
ступенчатый шкив (мр)
came (f) des pinces, excentrique (m)
eccentrico (m) delle pinze
excéntrico (m) de las pinzas / *excèntric (m) de les pinces*

---

2 e
schwingende Welle (f)
oscillating shaft
качающійся вал (мр)
arbre (m) oscillant
albero (m) oscillante
árbol (m) oscilante / *arbre (m) oscil·lant*

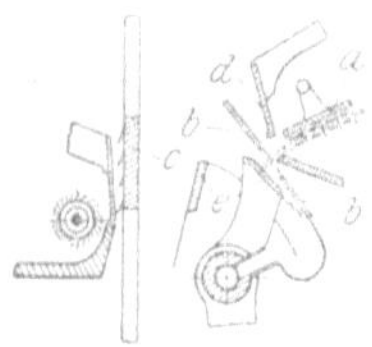

3
Faserbandzuführung (f)
sliver feed motion
подводка (жр) [волокнистой] ленты
dispositif (m) d'alimentation du ruban
meccanismo (m) di alimentazione del nastro
mecanismo (m) de alimentación de la cinta / *mecanisme (m) de alimentació de la veta*

---

4 a
Speisekamm (m)
feeding comb
питательная гребенка (жр)
peigne (m) d'alimentation
pettine (m) di alimentazione
peine (m) o rastrillo (m) alimentador / *rastell (m) d'alimentació*

---

5 b
Vorstechkamm (m)
top comb
верхняя гребенка (жр)
peigne (m) fixe
pettine (m) rettilineo
peine (m) fijo / *pinte (m) fixe*

6
den Wollbart abstechen
to detach the wool tuft
отдѣлить гребенкой бородку шерсти
arracher la touffe de laine
strappare la ciocca di lana
arrancar la mecha de lana / *arrencar la metxa de llana*

---

7 c
senkrechter Kamm (m)
vertical comb
отвѣсная гребенка (жр)
peigne (m) vertical
pettine (m) verticale
peine (m) / *pinte (m)* / vertical

---

8 d
Haltezange (f)
holding nippers
задерживающія клещи (жр)
pince (f) de retient
pinza (f) di ritegno
pinza (f) de retención / *pinça (f) de retenció*

---

9 e
Reißzange (f)
detaching nippers
отрывающія клещи (жр)
pince (f) détachante
pinza (f) di strappamento
pinza (f) de arranque / *pinça (f) d'arrencar*

Zangenspiel (n)
cycle of nipper operations
ход (мр) клещей
cycle (m) d'opération des pinces, jeu (m) des pinces
ciclo (m) dei movimenti o giuoco (m) delle pinze 10
ciclo (m) de trabajo de las pinzas / *cicle (m) de treball de les pinces*

---

geöffnete Zange (f)
open nippers
раскрытыя *или* разжатыя клещи (жр)
pince (f) ouverte
pinza (f) aperta 11
pinza (f) abierta / *pinça (f) oberta*

---

geschlossene Zange (f)
closed nippers
закрытыя *или* сжатыя клещи (жр)
pince (f) fermée
pinza (f) chiusa
pinza (f) cerrada / *pinça (f) closa o tancada* 12

Abreißbewegung (f) der Zange
detaching movement of the nippers
отрывающее движеніе (ср) клещей
mouvement (m) d'arrachage des pinces
movimento (m) di distaccamento della pinza 13
evolución (f) o movimiento (m) de arranque de la pinza / *evolució (f) o moviment (m) d'arrencada de la pinça*

Zangenbiß (m)
bite of the nippers
зажим (мр) клещей
mordage (m) des pinces
morso (m) della pinza 14
presa (f) de la pinza / *presa (f) de la pinça*

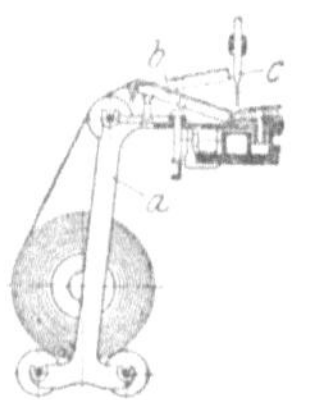

Einschlagvorrichtung (f), Speisevorrichtung (f)
feeding apparatus
приспособленіе (ср) для питанія
dispositif (m) d'alimentation 15
dispositivo (m) di alimentazione
dispositivo (m) o sistema (m) de alimentación / *dispositiu (m) o sistema (m) d'alimentació*

---

a
Spulenträger (m)
ball carrier
рама (жр) для катушек *или* валиков
support (m) des rouleaux 16
sopporto (m) delle bobine di alimentazione
fileta (f) de las bobinas / *de les bobines*

---

b
Einschlagbüchse (f)
feeding-up box
крытый подводящій желоб (мр) 17
boîte (f) d'alimentation
cassa (f) di alimentazione
caja (f) de alimentación / *caixa (f) alimentària*

---

c
stumpfes [Eindrück-] Messer (n), stumpfe [Eindrück-] Klinge (f)
dull blade
тупой нож (мр) 18
enfonceur (m) émoussé
coltello (m) a lama smussa
cuchillo (m) romo / *ganivela (f) essmossada o moixa*

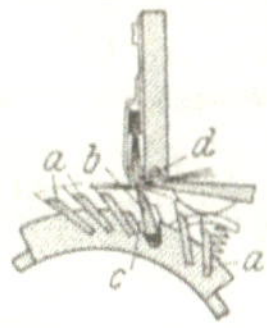

1 Kammsegment (n)
comb segment
набранный гребенками сегмент (мр)
segment (m) à aiguilles
spicchio (m) armato di punte
segmento (m) de agujas / *segment (m) d'agulles*

---

2 a
Nadelstab (m)
needle bar
закрѣпленная игольчатая планка (жр) гребенки
barrette (f) à aiguilles
sbaretta (f) ad aghi
barreta (f) de agujas / *d'agulles*

---

3 b
drehbarer Nadelstab (m)
swivelling needle bar
качающаяся игольчатая планка (жр) гребенки
barrette (f) à aiguilles à rotule
sbarretta (f) ad aghi oscillante
barreta (f) oscilante de agujas / *barreta (f) d'agulles amb joc de rótula*

---

4 Einstechen (n) der Nadelstabe
penetration of the needle bars [into the fibre tuft]
проникание (ср) в бородку игл гребенки прокалываніе (ср) бородки иглами гребенки
pénétration (f) des barrettes à aiguilles
inserzione (f) delle sbarrette [nel fiocco]
penetración (f) de las barretas de agujas / *penetració (f) de les barretes d'agulles*

---

5 der Kamm sticht in den Bart ein
the comb penetrates the fibre tuft
планка (жр) гребенки пронизывает бородку
le peigne pénètre dans la nappe
il pettine si inserisce nel fiocco
el peine penetra en la mecha / *el pinte entra en la metxa*

---

6 c
Aussparung (f)
recess
выемка (жр) для вертлюги
cavité (f)
recesso (m), cavità (f)
cavidad (f), hueco (m) / *cavitat (f), clot (m)*

---

7 d
geknickter Bartteil (m)
bent part of the tuft
перегнутая часть (жр) бородки
partie (f) repliée de la touffe
parte (f) ripiegata della ciocca
parte (f) doblada de la mecha / *part (f) doblegada de la metxa*

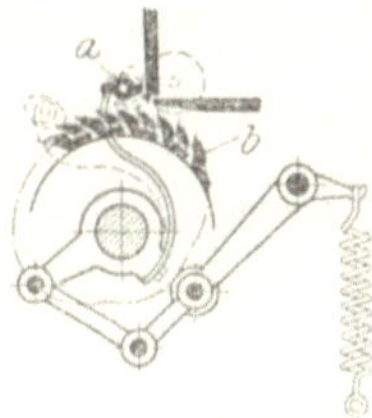

Eindrücker (m)
dabbing roller
уплотнитель (мр), забиватель (мр) 8
cylindre (m) enfonceur
cilindro (m) di ritegno
cilindro (m) hundidor / *corró (m) enfonsador*

a

---

b
Nadelreihe (f) der Kammwalze
line *or* strip of needles of combing cylinder
ряд (мр) игл круглой гребенки
rangée (f) d'aiguilles du cylindre peigneur 9
linea (f) di punte del pettine circolare
hilera (f) *o* barreta (f) de agujas del peine circular / *rengle (m) o barreta (f) d'agulles del pinte circular*

---

den Wollbart einschlagen
to dab the wool tuft into the needles
забивать гребень бородкою шерсти
enfoncer la tête de la mèche dans les aiguilles
far entrare la ciocca negli aghi 10
hundir la testa de mecha en los peines / *enfonsar la testa de metxa en els pintes*

---

aneinandergestuckelte Barte (mpl)
tufts pieced together
бородки (жр), сочлененныя друг с другом
touffes (fpl) *ou* ristes (fpl) *ou* mèches (fpl) échelonnées *ou* soudées
ciocche (fpl) congiunte 11
mechas (fpl) soldadas / *metxes (fpl) soldades o encomenades o encarides*

Heben (n) des Bartes
lifting of the tuft
выниманіе (ср) бородки
levée (f) de la touffe
sollevamento (m) della ciocca 12
levantamiento (m) de la mecha / *aixecament (m) de la metxa*

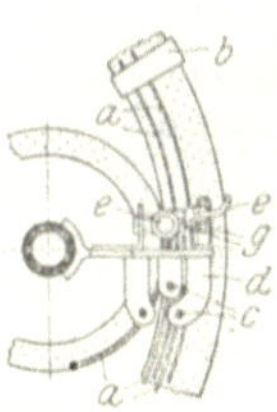

Vorrichtung (f) zum Einlegen und Festhalten der Fasern
arrangement to lay and hold the fibres
приспособленіе (ср) для введенія и удерживанія волокон
dispositif (m) pour déposer et maintenir les fibres 13
dispositivo (m) per depositare e tenere le fibre
dispositivo (m) para depositar y mantener las fibras / *dispositiu (m) per a dipositar i mantenir les fibres*

---

a
ausgezackte Schiene (f)
indented rim
зазубренная планка (жр) 14
bande (f) dentée
anello (m) dentato
aro (m) dentado / *cèrcol (m) dentat*

1 b Riegel (m)
cross bar
щеколда (жр)
bride (f)
traversa (f)
pasador (m) / *balda (f), passador (m)*

---

2 gegeneinander versetzt
staggered, set alternately
расположенные в шахматном порядкѣ
placé *ou* disposé alterné
disposto (m) alternato
colocado en tresbolillo / *col·locat en zig-zag*

---

3 c Schienenspindel (f)
rim pivot
шпиндель (мр) направляющей планки
pivot (m) de la bande
perno (m) dell'anello
pivote (m) *o* púa (f) del aro / *pivot (m) o pua (f) del cèrcol*

---

4 d Spindelhalter (m)
pivot holder
держалка (жр) веретена
support (m) du pivot
sopporto (m) del perno
soporte (m) del pivote / *suport (m) del pivot*

---

5 e Blasrohr (n)
blast pipe
воздуходувная трубка (жр)
tuyau (m) d'air
tubo (m) d'aria
tubo (m) de aire [soplado] / *tub (m) d'aire [bufat]*

---

6 Luftstromstrahl (m)
jet of air blast
струя (жр) воздуха
jet (m) de courant d'air
getto (m) d'una corrente d'aria
chorro (m) de aire / *bufada (f) d'aire*

---

7 g Klemmvorrichtung (f)
gripping appliance
зажимное приспособление (ср)
dispositif (m) de griffe *ou* de pinçage
dispositivo (m) d'afferramento
dispositivo (m) de pinzado / *dispositiu (m) de pinçat*

---

4. Vorstrecken (n) **des Kammzugs**

Finishing, Topmaking

Предварительная вытяжка (жр) **гребенного процеса**

Étirage (m) **des rubans de la peigneuse**

Tiratura (f) **dei nastri della pettinatrice** 8

Estirado (m) **de las cintas de la peinadora** / ***Estiratge*** *(m)* ***de les vetes de la pentinadora***

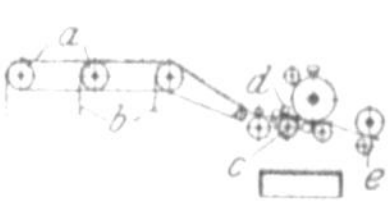

Topfstrecke (f)
can [gill] box
ленточная (жр) с тазами
étirage (m) vide-pots, étirage (m) à pots 9
stiratoio (m) a vasi
vacia-botes (m), gill (m) de botes / *buida-bots (m)*

---

a polierte Leitrolle (f)
polished guide roller
отшлифованный направляющій валик (мр)
rouleau-guide (m) poli
cilindro-guida (m) lucidato 10
cilindro (m) guia-cintas pulido, cilindro (m) conductor de fileta / *corró (m) conductor de fileta, corró (m) polit guia-vetes*

---

b Zugband (n)
combed sliver
прочесанная лента (жр)
ruban (m) peigné 11
nastro (m) pettinato
cinta (f) peinada / *veta (f) pentinada*

---

c Nadelwalze (f), Igelwalze (f)
porcupine roller
игольчатый валик (мр)
cylindre (m) à aiguilles, hérisson (m) 12
cilindro (m) ad aghi
erizo (m) / *eriçó (m)*

---

die Nadelwalze zuckt
the porcupine roller revolves irregularly
игольчатый валик (мр) вращается толчками
le hérisson tourne à mouvements saccadés 13
il cilindro ad aghi gira irregolarmente
el erizo gira con sacudidas / *l'eriçó gira a batzegades*

---

d Eindrückwalze (f)
dabbing roller
уплотнительный *или* нажимной валик (мр)
cylindre (m) enfonceur 14
cilindro (m) di ritegno
cilindro (m) hundidor / *corronet (m) enfonsador*

---

e Abzugwalze (f)
delivery roller
пріемный валик (мр)
cylindre (m) délivreur 15
cilindro (m) di scarico
cilindro (m) de delante / *corró (m) de davant*

1 feststehender Topf (m)
stationary can
неподвижный таз (мр)
pot (m) fixe
vaso (m) fisso
bote (m) fijo / *bot (m) fixe*

2 Drehtopf (m)
coiling can
вращающійся таз (мр)
pot (m) tournant
vaso (m) girevole
bote (m) giratorio, centinela (f) / *sentinella (f)*

5. Plätten (n) *oder* Entkräuseln (n) des Kammzugs

Lissage (m) du peigné

3 Straightening the Top

Lisciamento (m) del pettinato

Глаженіе (ср) *или* распрямленіе (ср) гребеннаго прочеса

Alisado (m) del peinado / *Allisat (m) del pentinat*

4 entkräuseln, plätten
to straighten
распрямлять, гладить
lisser
lisciare
alisar / *allisar*

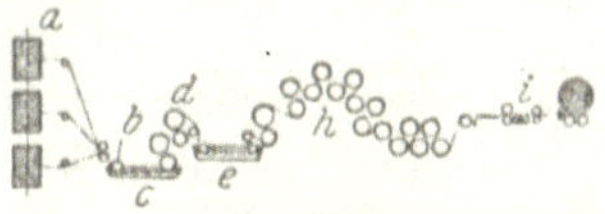

5 Plättmaschine (f), Plätte (f)
backwasher
утюжная *или* гладильная машина (жр)
[machine (f)] lisseuse (f)
lisseuse (f)
alisadora (f) / *llisosa (f)*

6 Entölen (n), Entfetten (n)
degreasing
удаленіе (ср) жира *или* масла
dégraissage (m)
eliminazione (f) dell'olio
desengrasado (m) / *desgreixat (m)*

7 a Spulengatter (m)
creel
катушечная рама (жр)
râtelier (m) porte-bobines
telaio (m) per le bobine
fileta (f)

8 b Eintauchwalze (f)
immersion roller
погрузочный валик (мр)
[cylindre (m)] plongeur (m)
cilindro (m) di immersione
sumergidor (m), cilindro (m) de inmersión / *corró (m) de submersió o d'immersió*

9 c Seifenbad (n)
soap bath
мыльная ванна (жр)
bain (m) de savon
bagno (m) saponato
baño (m) de jabón / *bany (m) de sabó*

10 Druckhebelbelastung (f)
press lever weight
нагрузка (жр) нажимным рычагом
poids (m) du levier de pression
peso (m) della leva di pressione
presión (f) por romana / *pressió (f) per romana*

d Preßwalzen (fpl)
press rollers
плющильные валики (мр)
cylindres (mpl) de pression 11
cilindri (mpl) di pressione
cilindros (mpl) de presión, prensa (f) / *corrons (mpl) de pressió, premsa (f)*

oberer Druckhebel (m)
upper press lever
верхній нажимной рычаг (мр)
levier (m) de pression supérieur 12
leva (f) di pressione superiore
palanca (f) de presión o romana (f) superior / *palanca (f) de pressió o romana (f) superior*

e Wasserbad (n)
water bath
водяная ванна (жр)
bain (m) d'eau 13
bagno (m) di risciacquo
baño (m) de agua / *bany (m) d'aigua*

h mit Dampf geheizte Trockenzylinder (mpl)
steam heated drying cylinders
нагрѣтые паром сушильные цилиндры (мр)
cylindres (mpl) sécheurs chauffés par la vapeur 14
tamburi (mpl) di essiccazione riscaldati a vapore
cilindros (mpl) secadores calentados por vapor / *corrons (mpl) assecadors escalfats per vapor*

Druckmesser (m), [Manometer (n)]
pressure gauge
манометр (мр)
manomètre (m) 15
manometro (m)
manómetro (m) / *manòmetre (m)*

Sicherheitsventil (n)
safety valve
предохранительный клапан (мр) 16
soupape (f) de sûreté
valvola (f) di sicurezza
válvula (f) de seguridad / *vàlvula (f) de seguretat*

i Nadelstabstreckwerk (n)
gill box
вытяжной аппарат (мр) с игольчатыми планками
étirage (m) à barrettes à aiguilles, gill-box (m) 17
apparato (m) di tiratura a sbarrette, gill-box (m)
gill-box (m)

Plätter (m), Plättmaschinenarbeiter (m)
backwasher
рабочій (мр) на горячем прессѣ
lisseur (m)
operaio (m) addetto alla lisseuse
alisador (m), encargado (m) del alisado / *operari (m) de llisosa* 18

Plätterin (f), Plättmaschinenarbeiterin (f)
backwasher
рабочая (жр) на горячем прессѣ
lisseuse (f)
operaia (f) addetta alla lisseuse
alisadora (f), encargada (f) del alisado / *operaria (f) de llisosa* 19

1 den Kammzug leicht bläuen
to slightly blue the sliver
слегка подсинивать гребенной прочес
bleuir légèrement le ruban peigné
azzurrare leggermente il nastro pettinato
azulear lijeramente la cinta / *donar blauet a la veta*

2 angebläuter Kammzug (m)
blued top
подсиненный гребенной прочес (мр)
ruban (m) peigné bleui
pettinato (m) azzurrato
peinado (m) azuleado / *pentinat (m) amb blauet*

3 getrocknetes Band (n)
dried sliver
высушенная лента (жр)
ruban (m) séché
nastro (m) essiccato
cinta (f) secada / *veta (f) assecada*

4
6. Spinnen (n) der Kammwolle
Worsted Spinning
Прядение (ср) камвольной или гребенной пряжи
Filature (f) de la laine peignée
Filatura (f) della lana da pettine
Hilatura (f) del estambre / *Filatura (f) del estam*

5
a) Strecken (n), Doppeln (n) und Würgeln (n) des Kammzugs
Drawing, Doubling, and Rubbing the Top
Вытяжка (жр), сдвание (ср) и закатывание (ср) камвольной пряжи
Étirage (m), doublage (m) et frottage (m) du peigné
Tiratura (f), addoppiamento (m) e sfregamento (m) del nastro pettinato
Estirado (m), doblado (m) y frotamiento (m) del peinado / *Estiratge (m), doblat (m) i frotament (m) del pentinat*

6 Geradelegung (f) der Fasern
straightening the fibres
параллелизація (жр) волокон *или* волоса
parallélisation (f) des fibres
parallelizzazione (f) delle fibre
paralelización (f) de las fibras / *parallelització (f) de les fibres*

7 Vergleichmäßigung (f) der Faserlage
equalising the position of the fibres
распрямление (ср) *или* выравнивание (ср) положенія волокон
égalisation (f) de la disposition des fibres
eguagliamento (m) della disposizione delle fibre
igualación (f) de la disposición de las fibras / *igualació (f) de la disposició de les fibres*

8 Streckungsverhältnis (n)
ratio of drafting
степень (жр) вытяжки
rapport (m) d'étirage
rapporto (m) di stiramento
relación (f) de estiraje / *relació (f) d'estiratge*

9 Dopplungsverhältnis (n)
ratio of doubling
степень (жр) сдванія
rapport (m) de doublage
rapporto (m) di addoppiamento
relación (f) de doblado / *relació (f) de doblat*

10 Bandstärke (f)
hank number of sliver
толщина (жр) ленты
numéro (m) du ruban
titolo (m) del nastro
número (m) de la cinta / *número (m) de la veta*

11 einfaches Band (n)
single sliver *or* mesh
одинарная лента (жр)
ruban (m) simple
nastro (m) singolo
cinta (f) sencilla / *veta (f) senzilla*

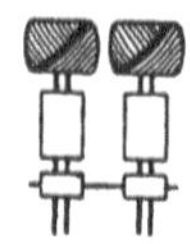

12 Doppelband (n)
double sliver *or* mesh
двойная лента (жр)
ruban (m) double
nastro (m) doppio
cinta (f) / *veta (f)* / doble

13 vielfache Dopplung (f)
multiple doubling
многократное сдвание (ср)
doublage (m) multiple
addoppiamento (m) multiplo
doblado (m) / *doblat (m)* / múltiple

14 Band (n) mit voller Dopplung
sliver with complete doubling
лента (жр) полнаго сдвыванія
ruban (m) avec doublage complet
nastro (m) con addoppiamento totale
cinta (f) totalmente doblada / *veta (f) totalment doblada*

15 Aufrollen (n) *oder* Aufwickeln (n) der Bänder
balling the slivers
навиваніе (ср) лент
enroulement (m) des rubans
avvolgimento (m) dei nastri
plegado (m) de las cintas / *plegat (m) de les vetes*

16 Aufwickeln (n) der Bänder auf Spulen
winding the slivers on to bobbins
навиваніе (ср) лент на шпули
mise (f) en bobines des rubans
avvolgimento (m) dei nastri su bobine
plegado (m) de las cintas en bobinas / *plegat (m) de les vetes en bobines*

17 Bänderlauf (m)
passage of the sliver
ход (мр) *или* движеніе (ср) лент
passage (m) des rubans
passaggio (m) dei nastri
paso (m) de las cintas / *pas (m) de les vetes*

18 ruckweise laufen
to run intermittently
ходить толчками
passer par à-coups *ou* à mouvement intermittent
correre intermittentemente
pasar con intermitencias *o* con sacudidas / *passar amb intermitències o a batzegades*

19 Kreuzen (n) der Bänder
crossing the slivers
перекрещиваніе (ср) лент
croisement (m) des rubans
incrocio (m) dei nastri
cruzamiento (m) de las cintas / *creuament (m) de les vetes*

20 Abzug (m)
doffing
съем (мр) лент
levée (f)
levata (f)
mudada (f)

1 ein Abzug (m) ist voll
a set is full
съем (мр) лент полон
une levée est pleine
una levata è completa
una mudada es llena / *ès plena*

2 Abziehen (n) im Lauf
doffing whilst running
снимание (ср) на ходу
levée (f) en marche
levata (f) durante la marcia
mudada (f) en marcha / *en marxa*

3 Spule (f) mit farbigen Bändern
ball with coloured slivers
катушка (жр) с цвѣтными лентами
rouleau (m) de rubans colorés *ou* teints
bobina (f) con nastri colorati
pelota (f) con cintas de color / *pilota (f) amb vetes de color*

4 zerzauste Spulenschicht (f)
entangled layer on bobbin
поврежденный *или* растрепанный слой (мр) катушки
couche (f) emmêlée sur la bobine
strato (m) arruffato nella bobina
capa (f) de la bobina enredada / *embullada o embolicada*

5 Doppelteinziehen (n) der Bänder
double feed of the slivers
питаніе (ср) сдвоенной лентой
alimentation (f) à deux rubans
alimentazione (f) a due nastri
alimentación (f) de dos cintas / *alimentació (f) de dues vetes*

6 die Bänder (npl) drehen sich zusammen
the slivers twist themselves together
ленты (жр) скручиваются
les rubans (mpl) se tordent ensemble
i nastri si torcono assieme
las cintas se tuercen juntas / *les vetes se tòrcen juntes*

7 zusammengedrehte Bänder (npl)
slivers twisted together
скрученныя ленты (жр)
rubans (mpl) tordus ensemble
nastri (mpl) torti assieme
cintas (fpl) torcidas juntas / *vetes (fpl) tortes juntes*

8 Ausbrechen (n) einfacher Bänder *oder* eines Leerlaufes
breaking out of singles
уничтоженіе (ср) пропусков
enlèvement (m) des simples
eliminazione (f) dei tratti sottili del nastro
quitado (m) de los sencillos / *trencat (m) dels xemics*

9 Verzugsberechnung (f)
draft calculation
подсчет (мр) вытяжки
calcul (m) d'étirage
calcolo (m) dello stiramento
cálculo (m) de estirajes / *càlcul (m) d'estiratges*

10 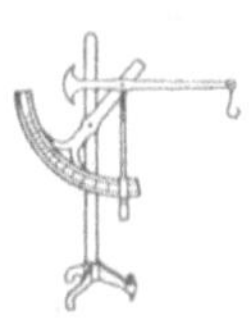
Sortierwage (f), Schnellwage (f), Garnwage (f)
yarn scale
квадрант (мр), вѣсы (мр) со скалкой для опредѣленія номера
romaine (f)
romana (f)
romana (f), cuadrante (m) / *quadrant (m), romana (f)*

11 Streckband (n)
sliver
[вытянутая] лента (жр)
ruban (m)
nastro (m)
cinta (f) / *veta (f)*

12 Streckensatz (m)
set of drawings
комплект (мр) ленточных машин
assortiment (m) d'étirages
assortimento (m) di apparati di tiratura
surtido (m) de estirajes / *assortiment (m) d'estiratges*

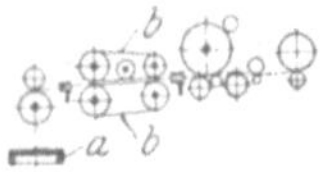

Nitschelstrecke (f), Frotteurstrecke (f), Frottierstrecke (f)
rubber drawing, bobbin drawing
ленточная машина (жр) со скатывающим аппаратом 13
étirage (m) à frottoirs
banco (m) a frotteur
estiraje (m) por rotafrotadores / *estiratge (m) per rotafrotors*

a
Spulenwagen (m)
bobbin carrier, ball carrier
телѣжка (жр) для катушек
support (m) de bobines, chariot (m) 14
porta-bobine (f)
carro (m) bobinador / *xarrió (m) de bobinar*

b
Reibleder (n), Frottierleder (n)
rubbing leather
кожа (жр) для скатыванія, терочная кожа (жр)
cuir (m) de frottoir 15
cuoio (m) sfregatore *o* di frotteur
cuero (m) frotador, búfalo (m) / *cuiro (m) rota-frotor, bossa (f), búfalo (m)*

Grobnitschler (m), Grobfrotteur (m)
first bobbin drawing box
грубый скатыватель (мр)
frotteur (m) en gros
banco (m) a rota frotteur in grosso
bobinuar (m) en grueso / *bobinuar (m) en gros* 16

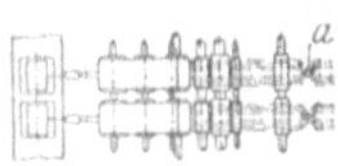

Zwischennitschler (m), Zwischenfrotteur (m), Mittelfrotteur (m)
second bobbin drawing box
промежуточный скатыватель (мр) 17
frotteur (m) intermédiaire
primo banco (m) a rota frotteur intermedio
bobinuar (m) intermedio / *intermedi*

a
gekreuzte Bänder (npl)
crossed slivers
скрещенныя ленты (жр)
rubans (mpl) croisés 18
nastri (mpl) incrociati
cintas (fpl) cruzadas / *vetes (fpl) creuades*

Vorfeinnitschler (m), Vorfeinfrotteur (m)
third bobbin drawing box
перегонный скатыватель (мр)
frotteur (m) avant-finisseur
secondo banco (m) a rota frotteur intermedio 19
bobinuar (m) repasador, anterematador (m) / *bobinuar (m) avant-finiser*

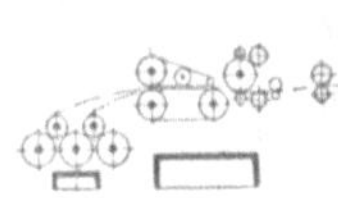
Feinnitschler (m), Feinfrotteur (m)
finisher [box]
тонкій скатыватель (мр)
finisseur (m), frotteur (m) en fin 20
banco (m) a rota frotteur in fino *o* di finimento
rematador (m), bobinuar (m) acabador *o* en fino / *bobinuar (m) en fi o finiser*

Wollfeinstrecker (m)
finisher, finishing box minder
1 ленточник (мр) на выпускных машинах шерстепрядильни
finisseur (m)
finitore (m)
mechero (m) / *metxer (m)* / acabador

Wollfeinstreckerin (f)
finisher, finishing box minder
2 ленточница (жр) на выпускных машинах шерстепрядильни
finisseuse (f)
finitrice (f)
mechera (f) / *metxera (f)* / acabadora

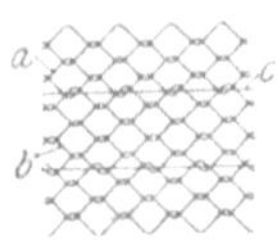

3 Drahtnitschelhose (f)
rubber made of wire netting
скатывающій рукав (мр) из проволочной сѣтки спиральнаго плетенія
frottoir (m) en treillis métallique
rota frotteur (m) in tela metallica
rota-frotador (m) de tela metálica / *rota-frotor (m) de tela metàl·lica*

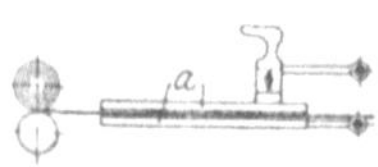

4 Nitschelplatten (fpl) Frottierplatten (fpl)
rubbing plates
терочныя *или* скатывающія плиты (жр)
plateaux (mpl) de frottoir
placche (fpl) sfregatrici
rota-frotadores (mpl) planos / *rota-frotors (mpl) plans*

a

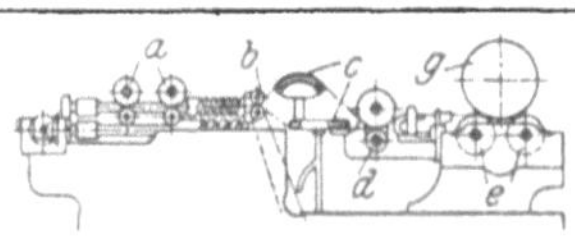

5 Nadelstabstrecke (f) mit Anwärmeplatten
gill-box with warming plates
ленточная (жр) с гребенными планками с нагрѣвательными плитами
étirage (m) à barrettes *ou* gill [box] (m) avec plaques de chauffage
apparato (m) di tiratura a sbarrette con placche di riscaldamento
gill-box (m) con placas de calentar / *amb plaques d'escalfar*

6 a Ein[zug]walze (f)
feed roller
питательный валик (мр)
cylindre (m) d'alimentation
cilindro (m) alimentatore
cilindro (m) de alimentación / *corró (m) alimentari*

7 b Streckzylinder (mpl), Auszylinder (mpl)
drawing rollers
вытяжные валики (мр)
cylindres (mpl) d'étirage
coppia (f) di tiratura
cilindros (mpl) de estiraje / *corrons (mpl) d'estiratge*

Rückhaltevorrichtung (f)
retarding appliance
задняя пара (жр) вытяжных валиков
dispositif (m) de retenue 8
dispositivo (m) di afferramento *o* di presa
cilindros (mpl) de detrás / *corrons (mpl) de retenció o de darrera*

Auszugvorrichtung (f)
drawing appliance
передняя пара (жр) вытяжных валиков
dispositif (m) d'étirage 9
dispositivo (m) di tiratura
cilindros (mpl) estiradores *o* absorbedores *o* de delante / *corrons (mpl) estiradors o absorbidors o de davant*

Anwärmeplatte (f)
warming plate
нагрѣвательная плита (жр)
c plaque (f) de chauffage 10
placca (f) di riscaldamento
placa (f) de calentar / *placa (f) d'escalfar*

Dopplungswalze (f)
doubling roller
загрузочный валик (мр) сдваивательнаго приспособленія 11
d cylindre (m) doubleur
cilindro (m) raddoppiatore
cilindro (m) / *corró (m)* / doblador *o* reunidor

Wagentrommel (f)
balling head roller, driving roller
накатывающій валик (мр)
e rouleau (m) enrouleur 12
rullo (m) d'attrito per l'avvolgimento
cilindro (m) arrollador *o* bobinador / *corró (m) enrotllador o plegador*

Zugspule (f)
ball bobbin
катушка (жр) сдвоенной ленты
g bobine (f) pour le ruban de cœur 13
bobina (f) di avvolgimento, cilindro (m) raccoglitore
bobina (f) plegadora

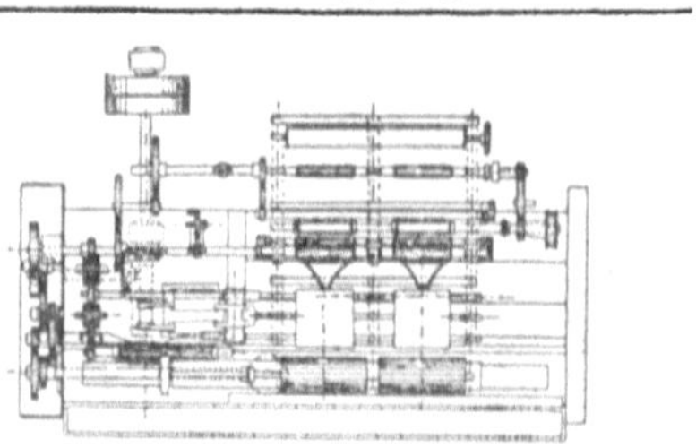

Vereinigungsstrecke (f), [Reunionstrecke (f)]
réunion
сдваивающая ленточная машина (жр)
étirage-réunion (m), banc (m) d'étirage réunisseur
stiratoio (m) riunitore 14
bobinuar-doblador (m)

1 Spulmaschine (f), [Bobinoir (m)] — reducing box, reducer — ленточная (жр) с катушечным аппаратом
bobinoir (m) — bobinoir (m) — bobinuar (m)

2 Zähler (m), Zählstrecke (f) — weigh box — лентомѣр (мр)
compteur (m) — contatore (m) — contador (m) / *comptador (m)*

3 Hilfsstrecke (f) — auxiliary drawing — вспомогательная ленточная (жр)
étirage (m) supplémentaire *ou* auxiliaire — stiratoio (m) supplementare *o* ausiliario — estiraje (m) suplementario *o* auxiliar / *estiratge (m) suplementari o auxiliar*

4 verstellbare Streckwalzen (fpl) — adjustable drawing rollers — переставныя вытяжныя пары (мр)
cylindres (mpl) d'étirage réglables — cilindri (mpl) di stiramento regolabili — cilindros (mpl) de estiraje reglables / *corrons (mpl) d'estiratge movibles*

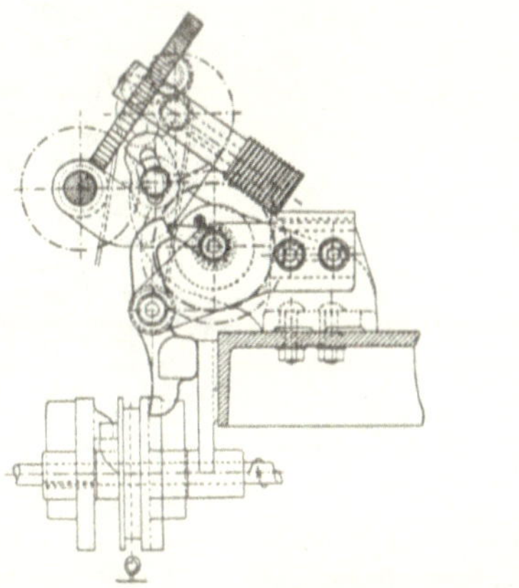

5 Selbstzähler (m) — knock-off motion — автоматическій счетчик (мр) [длины ленты]
compteur (m) [automatique] de préparation — contatore (m) automatico — contador (m) automático / *comptador (m) automàtic, rellotget (m)*

6 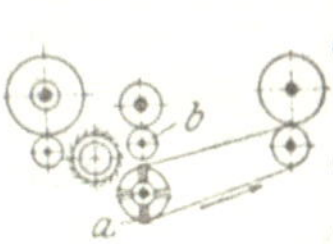
Putzvorrichtung (f) für Nadelwalzen — clearing appliance for porcupine rollers — очистительное приспособленіе (ср) для игольчатых валиков — dispositif (m) de nettoyage des hérissons — dispositivo (m) di pulimento dei cilindri a punte — disposición (f) para desborrar los erizos / *dispositiu (f) de descàrrega dels eriçons*

a — Putzwalze (f) mit spiralförmig eingesetzten Borsten — brush with spirally arranged bristles — очистительный валик (мр) с рядами щетины, расположенными винтообразно — brosse (f) avec soies disposées en spirale — spazzola (f) con setole disposte in spirale — cepillo (m) de cerdas dispuestas en espiral / *raspall (m) de crin disposat en espiral* 7

b — Blindwalze (f) — low back roller — гладкій *или* холостой валик (мр) — cylindre (m) lisse — cilindro (m) liscio — cilindro (m) de detrás inferior / *corró (m) de darrera inferior* 8

Behandlung (f) der Druckwalzen — treatment of the press rollers — обработка (жр) нажимных валиков
traitement (m) des cylindres de pression — trattamento (m) dei cilindri di pressione — manipulaciónes (fpl) con los cilindros de presión / *manipulació (f) dels corrons de pressió* 9

Überziehen (n) der Druckwalzen — covering of the press rollers — обтяжка (жр) нажимных валиков
couverture (f) des cylindres de pression — coprimento (m) dei cilindri di pressione — guarnecido (m) de los cilindros de presión / *revestit (m) dels corrons de pressió* 10

Abziehmesser (n), Messer (n) zum Abziehen *oder* Abnehmen der Belederung — roller leather stripper, stripping appliance for removing old leathers — нож (мр) для срѣзанія кожи с валиков — couteau (m) à dégarnir les rouleaux, appareil (m) à découper les manchons de cuir usés — dispositivo (m) per rimuovere vecchi cuoi dai cilindri — cuchillo (m) de desguarnecer, cuchillo para quitar el cuero usado / *ganiveta (f) de desguarnir, aparell (m) de ganiveta per a treure el cuiro gastat* 11

pflanzliches [*oder* vegetabilisches] Pergament (n) — vegetable parchment — растительный пергамент (мр)
parchemin (m) végétal — pergamena (f) vegetale — pergamino (m) / *pergamí (m) / vegetal* 12

Filztuch (n) — woollen cloth, flannel — войлочное *или* валечное сукно (ср)
drap (m) de laine, flanelle (f) — flanella (f) — paño (m), franela (f) / *drap (m) de llana, franel·la (f)* 13

Ledertuch (n) — leather cloth — кожаное полотно (ср)
toile-cuir (f), cuir (m) de laine — cuoio (m) di lana — cuero (m) de lana / *cuiro (m) de drap* 14

1 Walzenpapier (n), Pergament (n), Zylinderpapier (n)
roller paper
бумага (жр) для валиков
papier (m) pour cylindre, papillon-parchemin (m)
carta (f) per cilindri
papel (m) pergamino para cilindros / *paper (m) pergamí per a corrons, papallona (f)*

2 gleichmäßig anliegen
to adhere uniformly
прилегать без просвѣта
adhérer uniformément
aderire uniformemente
adherirse uniformemente / *uniformement*

3 Heranrücken (n)
setting nearer
подводка (жр)
rapprochement (m)
avvicinamento (m)
aproximación (f), reducción (f) del ecartamiento / *reducció (f) del ecartament*

4 Abrücken (n)
setting wider
отводка (жр)
éloignement (m)
allontanamento (m)
separación (f), aumento (m) del ecartamiento / *separació (f), augment (m) del ecartament*

5 gut laufen
to run well
ходить *или* работать хорошо
tourner bien
marciare bene
marchar *o* correr bien / *marxar o córrer bé*

6 schlecht laufen
to run badly
ходить *или* работать плохо
tourner mal
marciare male
marchar *o* correr mal / *marxar o córrer malament*

7 leicht laufen
to run easily
ходить *или* работать легко
tourner facilement
marciare facilmente
marchar *o* correr fácilmente *o* flúidamente / *marxar o córrer facilment o fluidament*

8 schwer laufen
to run heavily
ходить *или* работать тяжело
tourner difficilement
marciare pesantemente
marchar *o* correr pesadamente *o* dificilmente / *marxar o córrer pesadament o dificilment*

9 ausgelaufen, abgenutzt
run out, worn out
разработавшійся
usé
logorato
gastado / *gastat*

b) Vorspinnen (n)
Préparation (f) du filage

10 **Preparation of Rovings**
Приготовленіе (ср) ровницы
Filatura (f) in grosso
Preparación (f) del hilado / *Preparació (f) de la filatura*

11 Spindelbank (f) mit Nadelstabstreckwerk
fly frame with gill box drawing
банкаброш (мр) с вытяжным гребенным аппаратом
banc (m) à broches avec étirage à barrettes
banco (m) a fusi con stiramento a sbarrette
mechera (f) con gill / *metxera (f) amb gill*

12 Grobspuler (m), Grobfleier (m), Groblunter (m), Grobspindelbank (f)
slubbing head, slubbing box, slubber
толстый банкаброш (мр)
banc (m) à broches en gros
banco (m) a fusi in grosso
mechera (f) en grueso / *metxera (f) en gros*

Mittelspuler (m), Mittelfleier (m), Mittellunter (m), Mittelspindelbank (f)
intermediate head, intermediate box
средній *или* перегонный банкаброш (мр)
banc (m) à broches intermédiaire
banco (m) a fusi intermedio 13
mechera (f) / *metxera (f)* / intermedia

Feinspuler (m), Feinfleier (m), Feinlunter (m), Feinspindelbank (f)
roving head, roving box, rover
тонкій банкаброш (мр)
banc (m) à broches en fin
banco (m) a fusi in fino 14
mechera (f) en fino / *metxera (f) en fi*

c) Feinspinnen (n)
Spinning
Тонкопряденіе (ср)
Filage (m)
Filatura (f) in fino 15
Hilado (m) / *Filatura (f)*

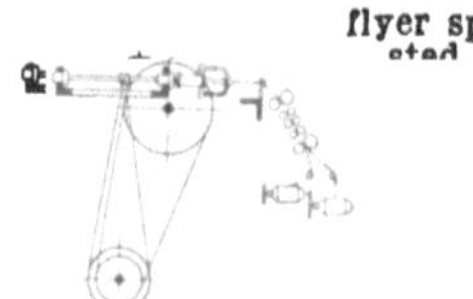

Kammgarnflügelmaschine (f), Kammgarnwatermaschine (f)
flyer spinning frame for worsted yarn
...атая ватерная ...на (жр) для пряденія ...нной шерсти
(m) à filer à ailettes fil peigné 16
(m) continuo trostle *o* ...io (m) a fusi con alette ...ana pettinata
...a (f) de hilar de aletas estambre / *contínua (f) ...ar d'aletes per a estam*

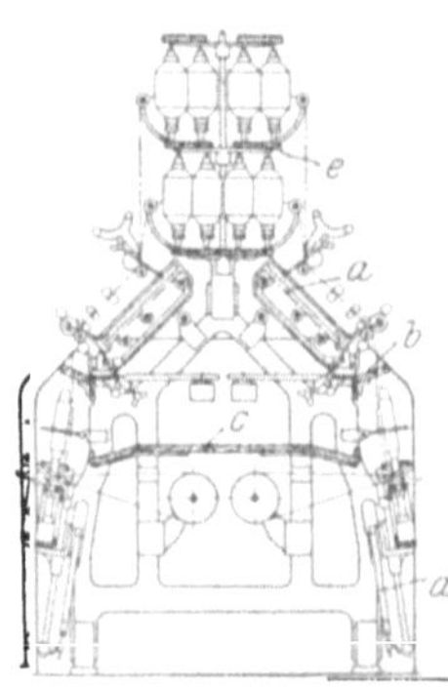

Ringspinnmaschine (f) *oder* Ringspinner (m) für Kammgarne
ring spinning frame for worsted yarn
кольцепрядильная машина (жр) для гребенной шерсти
continu (m) à filer à anneau pour fil peigné 17
filatoio (m) continuo ad anelli per lana pettinata
continua (f) de hilar de anillos para estambre / *contínua (f) de filar d'anells per a estam*

a

Zahnstangengetriebe (n) zur Einstellung der Streckweite
rack and pinion gear for ratch adjusting
передача (жр) зубчатой рейкой для установки разстоянія между вытяжными парами
dispositif (m) à crémaillère pour le réglage de l'écartement des cylindres 18
dispositivo (m) ad asta dentata per regolare lo scartamento dei cilindri
mecanismo (m) de piñon y cremallera para ajustar los cilindros / *mecanisme (m) de pinyó i cremallera per a ecartar els corrons*

1 b
Fadenführerklappe (f)
[thread] lappet
шашка (жр) с нитеводом, лапка (жр) с нитеводным глазком
planchette (f) de guide-fil
placca (f) guida-filo
plancheta (f) de guía-hilo / *planxeta (f) o regla (f) del guia-fil*

---

2 c
Schutztisch (m), Windfangbrett (n)
draught preventer, screen board
щит (мр) против вѣтра от барабанов
planche (f) brise-courant d'air
paravento (m)
tabla (f) para-viento / *taula (f) paravent*

---

3 d
Zugschiene (f)
draw rail
склиз (мр) каретки, направляющая рейка (жр) для кольцевой планки
tirant (m)
tirante (m)
tirante (m) / *tirant (m)*

---

4 e
Aufsteckzeug (n)
creel
рама (жр) для катушек
râtelier (m)
rastrelliera (f)
fileta (f)

5
dachartiges Aufsteckzeug (n)
sloping *or* slanting creel
рама (жр) в видѣ сѣдла *или* крыши
râtelier (m) en [forme de] toit
rastrelliera (f) in forma di tetto
fileta (f) inclinada

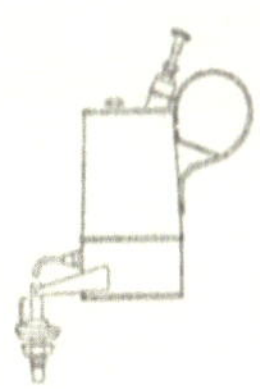

6
Ringspindelöler (m)
ring spindle oiler, oil can for ring spindles
масленка (жр) для смазки веретен кольцевого ватера
huileur (m) *ou* burette (f) pour broches à anneaux
oliatore (m) per fusi del filatoio ad anelli
alcuza (f) *o* aceitera (f) para las púas de continua de anillos / *setrill (m) per a pues de contínua d'anells*

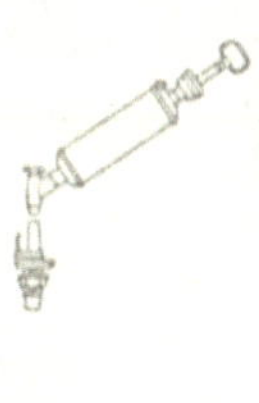

7
Ringspindelölpumpe (f)
ring spindle oil pump
насос (мр) для выкачиванiя масла из веретенных втулок
pompe (f) à huile pour broches à anneaux
pompa (f) a olio per filatoio ad anelli
bomba (f) de aceite para púas de continua de anillos / *xeringa (f) o bomba (f) d'oli per a pues de contínua d'anells*

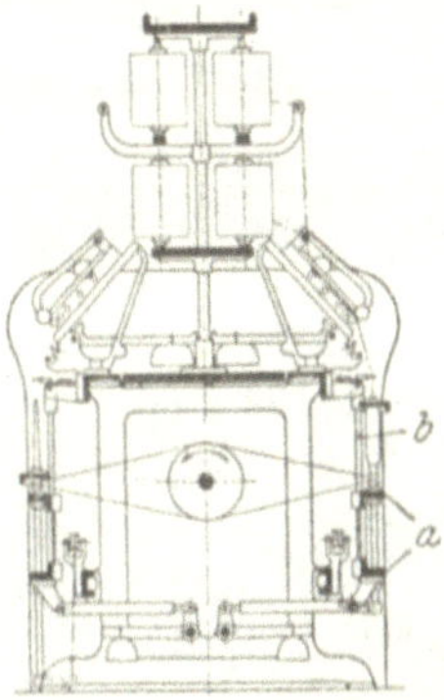

Ringspinnmaschine (f) mit schwingender Spindelbank
ring spinning frame with swing spindle rail
кольцепрядильная машина (жр) с подвижной кареткою веретен
métier (m) à filer à anneau avec rail à broches oscillant 8
filatoio (m) continuo ad anelli con portafusi oscillante
continua (f) de anillos con portapúas oscilante / *contínua (f) d'anells amb portapues oscil·lant*

---

gleichmäßige Spannung (f) der Spindelschnüre
uniform tension of the spindle bands
равномѣрное натяженiе (ср) шнурочной оснастки веретен
tension (f) uniforme des cordes à broches 9
tensione (f) uniforme delle cordette dei fusi
tensión (f) uniforme de los pianos / *tensió (f) uniforme dels pianos*

---

a
Spindelschiene (f)
spindle rail
брус (мр) для прикрѣпленiя веретен 10
plate-bande (f) des broches
porta-fusi (m), carro (m) portabobine
porta-púas (f) / *porta-pues (f)*

---

b
Schwingarm (m)
swing arm
качающаяся стойка (жр)
bascule (f)
braccio (m) oscillante 11
palanca (f) oscilante, báscula (f) / *palanca (f) oscil·lant, báscula (f)*

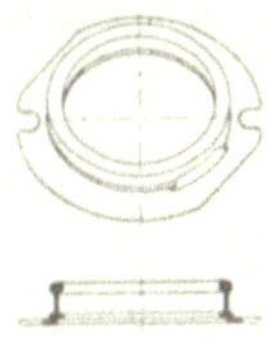

Läuferring (m) mit Stahlblechunterlage
traveller ring with steel fastener
кольцо (ср) для бѣгуна со стальной плиткой 12
anneau (m) avec lunette en acier
anello (m) con sopporto d'acciaio
aro (m) con soporte de acero / *aro (m) amb suport d'acer*

einseitiger Ring (m)
single flanged ring
одностороннее кольцо (ср)
anneau (m) à un seul rebord, anneau (m) simple 13
anello (m) con una sola flangia
aro (m) sencillo / *senzill*

zweiseitiger Ring (m)
double flanged ring
двустороннее кольцо (ср) 14
anneau (m) à deux rebords
anello (m) con due flangie
aro (m) reversible

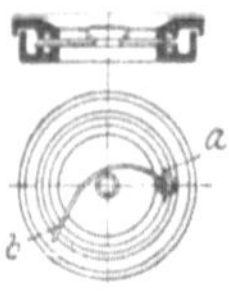

Ring (m) mit Läuferstab
ring with needle
кольцо (ср) с прутяным бѣгунком
1 anneau (m) à aiguille
anello (m) con ago
aro (m) con corredor de aguja / *aro (m) amb corredor d'agulla*

Fuhrungsplättchen (n)
guide ring for needle
направляющія грани (жр)
2 a guide-aiguille (m)
guida (f) per ago
guia (f) del aro para corredor de aguja / *guia (f) del aro per a corredor d'agulla*

Gleitstäbchen (n), Läuferstäbchen (n)
traveller needle
булавочный *или* прутяной бѣгунок (мр)
3 b aiguille (f)
ago (m)
corredor (m) de aguja / *d'agulla*

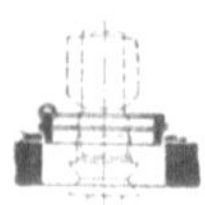

Drehring (m)
revolving ring
вращающееся кольцо (ср)
4 anneau (m) tournant
anello (m) girevole
aro (m) giratorio / *giratori*

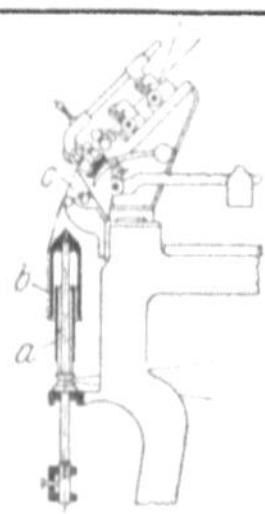

Glockenspinnmaschine (f), Glockenspindel (f)
cap spinning frame
ватер (мр) с колпачками
5 métier (m) à filer à cloches, continu (m) à cloches
filatoio (m) a campana
continua (f) de campanas o de tubos / *continua (f) de campanes o de tubs*

Hülse (f)
barrel, shell, tube
втулка (жр)
6 a tube (m)
tubo (m)
tubo (m) / *tub (m)*

Glocke (f)
cap
направляющій колпак (мр)
7 b godet (m), cloche (f)
campana (f)
campana (f), copa (f)

Saugwalze (f)
suction roller
угарный *или* отсасывающій валик (мр)
8 c cylindre (m) d'aspiration
cilindro (m) di aspirazione
cilindro (m) de aspiración / *corró (m) d'aspiració*

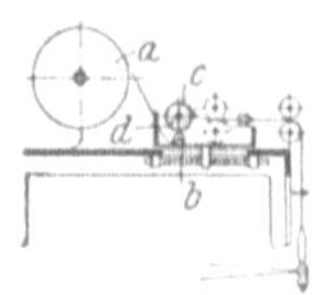

Kammgarnspinnmaschine (f) System Cornet
Cornet's worsted spinning machine
прядильная машина (жр) для гребенной шерсти
métier (m) à filer la laine peignée, système Cornet 9
filatoio (m) per lana pettinata sistema Cornet
máquina (f) de hilar estambre, Cornet / *màquina (f) de filar estam, Cornet*

Kammzugspule (f)
worsted bobbin, ball
катушка (жр) с ровницею гребенной шерсти
a bobine (f) de mèche peignée 10
bobina (f) di pettinato
pelota (f) o bobina (f) de peinado / *pilota (f) o bobina (f) de pentinat*

Kautschukrolle (f)
rubber roller
каучуковый валик (мр)
b cylindre (m) caoutchouté 11
cilindro (m) di caucciù
cilindro (m) de caucho / *corró (m) de cautxú*

Nadelwalze (f)
needle roller
игольчатый валик (мр)
c cylindre (m) à aiguilles 12
cilindro (m) a punte
erizo (m) / *eriço (m)*

Schlitten (m) zur Veränderung der Streckweite
slide to adjust reach *or* ratch
салазки (жр) для измѣненія раастоянія между вытяжными парами
d coulisseau (m) de réglage d'écartement 13
scorritoio (m) per regolare lo scartamento
corredera (f) para ajustar la distancia o el ecartamiento / *colissa (f) per a fixar l'ecartament*

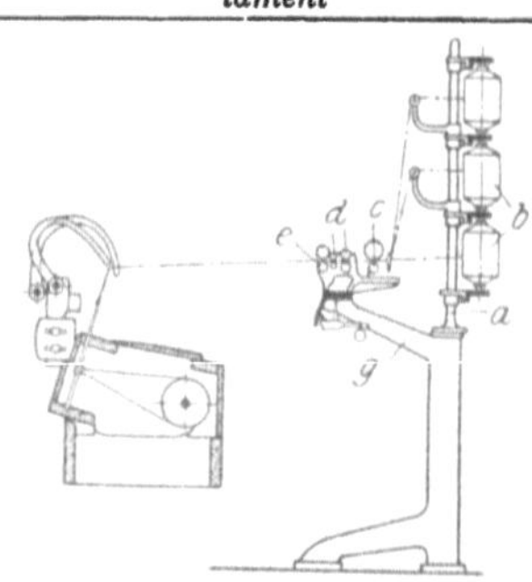

Kammgarnselbstspinner (m), [Kammgarnselfaktor (m)]
worsted mule, worsted selfactor
сельфактор (мр) для гребенной шерсти
renvideur (m) pour fil peigné 14
filatoio (m) automatico per filo pettinato
máquina (f) de hilar [o selfactina (f) de] estambre / *màquina (f) de filar o selfactina (f) d'estam*

1 a
Aufsteckrahmen (m)
creel
катушечная рама (жр)
râtelier (m)
rastrelliera (f)
fileta (f)

2 b
Vorgarnspule (f)
ball, bobbin
катушка (жр) с ровницею
bobine (f) de préparation
bobina (f) di alimentazione
carrete (m) o bobina (f) de mecha / *rodet (m) de metxa*

3 c
Einzugwalze (f), Einzugzylinder (m)
back roller
втяжной валик (мр) задней вытяжной пары
cylindre (m) arrière *ou* alimentaire
cilindro (m) posteriore *o* di introduzione
cilindro (m) de detrás / *corró (m) de darrera*

4 d
Führungswalze (f)
carrier roller
передаточный валик (мр) средней вытяжной пары
cylindre (m) libre
cilindro (m) di guida
cilindro (m) conductor / *corró (m) conductor o del mig*

5 e
Ausgangswalze (f), Lieferwalze (f)
front roller, delivery roller
выпускной валик (мр) передней вытяжной пары
cylindre (m) avant, cylindre délivreur, cylindre étireur
cilindro (m) frontale *o* anteriore, cilindro fornitore
cilindro (m) de delante / *corró (m) de davant*

6 g
Walzenbaum (m), Zylinderbaum (m), Zylinderbank (f)
roller beam
брус (мр) вытяжного аппарата
support (m) des cylindres
porta-cilindri (m)
porta-cilindros (m) / *porta-corrons (m)*

7
Spinnen (n) ohne Wagenverzug
spinning without carriage draft *or* carriage gain
прядение (ср) без вытяжки кареткою
filage (m) sans étirage par le chariot
filatura (f) senza stiramento supplementare del carro
hilado (m) sin tiraje del carro / *filatura (f) sense guany del carro*

8
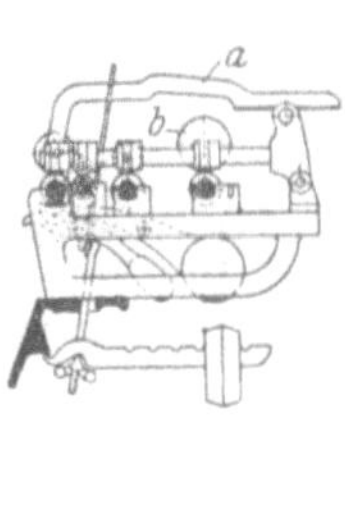

Kammgarnselbstspinner-streckwerk (m)
drawing rollers of worsted mule
вытяжной аппарат (мр) сельфактора для пряденія гребенной шерсти
dispositif (m) d'étirage du renvideur pour laine peignée
apparato (m) di tiratura del filatoio automatico per fili pettinati
cilindros (mpl) de estiraje de la selfactina de estambre / *corrons (mpl) d'estiratge de la selfactina d'estam*

a
Sattel (m)
weighting lever
нажимной рычаг (мр) *или* приклон (мр)
levier (m) de pression, sellette (f) 9
leva (f) di pressione
selleta (f) de presión / *de pressió*

b
Buchenholzdruckwalze (f)
beech wood pressure roller
нажимной валик (мр) из буковаго дерева
cylindre (m) de pression en hêtre 10
cilindro (m) di pressione di legno faggio
cilindro (m) de presión de haya / *corró (m) de pressió de faig*

Endstück (n) des einfädigen Riffelzylinders
end of single boss roller
концевая часть (жр) однониточнаго рифленаго цилиндра
bout (m) du cylindre cannelé à un seul fil par table 11
estremità (f) del cilindro scanalato ad un sol filo per tavola
extremo (m) de cilindro de un solo filo para casquillo / *cap (m) de corró d'un sol fil per casquillo*

a
Walzenhals (m)
roller neck
шейка (жр) цилиндра
gorge (f) du cylindre 12
gola (f) del cilindro
cuello (m) del cilindro / *coll (m) del corró*

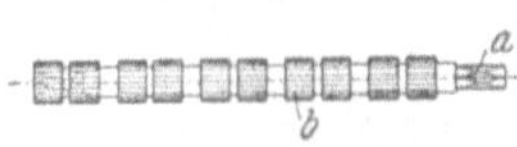

Mittelstück (n) des einfädigen Riffelzylinders
intermediate part of single boss roller
средная часть (жр) однониточнаго рифленаго цилиндра
partie (f) intermédiaire du cylindre cannelé à un seul fil par table 13
parte (f) intermedia del cilindro scanalato ad un sol filo per tavola
trozo (m) intermedio del cilindro de un solo filo para casquillo / *tros (m) del mig del corró d'un sol fil per casquillo*

1 a
Walzenzapfen (m)
roller end
квадрат (мр) *или* хвост (мр) цилиндра
tenon(m) carré du cylindre
cardine (m) del cilindro
cuadro (m) del cilindro / *quadro (m) del corró*

---

2 b
Walzentafel (f)
boss of roller
рабочая *или* рифленая поверхность (жр) цилиндра
table (f) de cylindre
tavola (f) del cilindro
casquillo (m)

---

3 
Kreuz (n) *oder* Tempokreuz (n) der Steuerwelle
hand change cross of change motion
вороток (мр) на распредѣлительном валикѣ
croisillon (m) de l'arbre à excentriques
croce (f) dell'albero ad eccentrici
cruz (f) del árbol de tiempos / *creu (f) del arbre de temps*

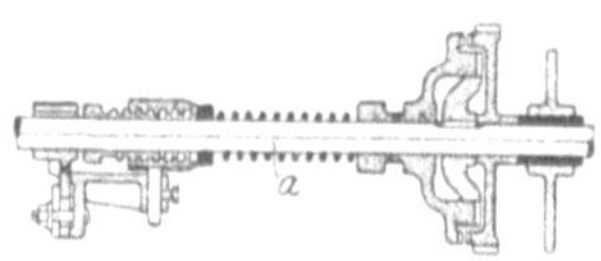

4
Mandausenkupplung (f)
back shaft coupling
сцѣпленіе (ср) задняго валика
accouplement (m) de la main-douce
accoppiamento (m) dell'albero di mano dolce
juego (m) de engrane de las conducidas / *magrana (f) de les conduites*

---

5 a
Mandausenwelle (f)
back shaft
задній вал (мр)
arbre (m) de main-douce
albero (m) di mano dolce
árbol (m) de conducidas / *arbre (m) de les conduites*

---

6 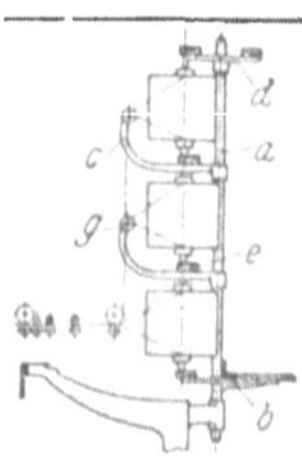

Aufsteckrahmen (m)
creel
рама (жр) для катушек
râtelier (m)
rastrelliera (f)
fileta (f)

---

7 a
Aufsteckrahmenstange (f)
creel rod
стояк (мр) рамы для катушек
colonne (f) de porte-bobines
asta (f) verticale della rastrelliera
barra (f) vertical / *dreta* / de fileta

---

b 8
Spulentischträger (m)
creel table carrier
кронштейн (мр) катушечной полки
support (m) de la planche *ou* de la table à bobines
sopporto (m) della tavola a bobine
soporte (m) de las tablas de fileta / *suport (m) de les taules de fileta*

---

c 9
Zwischenträger (m)
creel bracket
рядовой консоль (мр) *или* рожок (мр) рамы
console (f) coudée du râtelier
bracolo (m) della rastrelliera
brazo (m) / *braç (m)* / de fileta

---

d 10
Endträger (m)
top creel board
верхній рожок (мр) рамы
console (f) supérieure du râtelier
asse (f) superiore della rastrelliera
estante (m) / *prestatge (m)* / superior de fileta

---

e 11
Spulenlatte (f)
bobbin lath
планка (жр) *или* брус (мр) с подпятничками *или* с плошками
latte (f) à bobines
asta (f) porta-bobine
barra (f) *o* regla (f) porta-bobinas / *barra (f) o regla (f) porta-rodets*

---

g 12
Luntenführungsstab (m)
roving guide rod
пруток (мр), направляющій нить *или* ровницу
tringle-guide (f) des mèches
asta (f) guida-lucignoli
barra (f) guía-mecha / *barra (f) guia-metxa*

13
Spulentisch (m)
creel table
полка (жр) для катушек
table (f) à bobines
tavola (f) a bobine
tabla (f) / *taula (f)* / de fileta

14
hölzerner Fadenleiter (m)
wooden roving guide
деревянный пруток (мр) для направленія нити, деревянный нитевод (мр)
tringle (f) en bois pour guide-mèches
guida-lucignolo (m) di legno
arañero (m) de madera / *aranyer (m) de fusta*

15
Spulenlatte (f) mit Eisenrahmen
bobbin lath with iron framing
планка (жр) для подпятничков шпуль на желѣзной рамѣ
latte (f) avec cornières en fer pour porte-bobines
asta (f) porta-bobine con guarnizione di ferro
barra (f) porta-bobinas encajada en marco de hierro / *barra (f) porta-rodets encaixada en marc de ferro*

1 Aufsteckrahmenstutze (f)
creel support
консоль (мр) для прикрѣпленія стойки рамы
arc-boutant (m) pour porte-bobines
sopporto (m) della rastrelliera
soporte (m) / *suport (m)* / de fileta

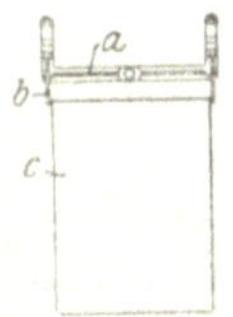

2 Wagenputzvorrichtung (f)
[travelling] carriage scavenger
приспособленіе (ср) для очистки пуха с поверхности каретки
nettoyeur (m) automatique de chariot
pulitore (m) automatico del carro
limpiador (m) [móvil] / *netejador (m) [mòbil]* / del carro

---

3 a
Fuhrungsstück (n) des Putztuches
guide for cleaning cloth
водилка (жр) для очищающаго сукна
cadre (m) pour toile nettoyeuse du chariot
guida (f) per il tessuto pulitore
marco (m) para el paño limpiador / *marc (m) per al drap netejador*

---

4 b
Putztuchträger (m) aus Draht
wire holder of the cloth
проволока (жр) для прикрѣпленія [очищающаго] сукна
porte-toile (m) en fil de fer
porta-tessuto (m) in filo di ferro
alambre (m) de suspensión del paño / *fil-ferro (m) de suspensió del drap*

---

5 c
Putztuch (n)
cleaning cloth
очищающее сукно (ср)
toile (f) nettoyeuse
tessuto (m) pulitore
paño (m) limpiador / *drap (m) netejador*

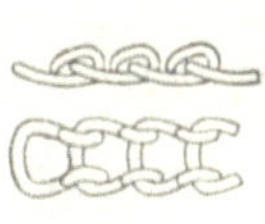

6 Vaucansonkette (f), Hakenkette (f)
hook link chain
цѣпь (жр) Вокансона
chaîne (f) [à la] Vaucanson
catena (f) ad uncini alla Vaucanson
cadena (f) Vaucanson

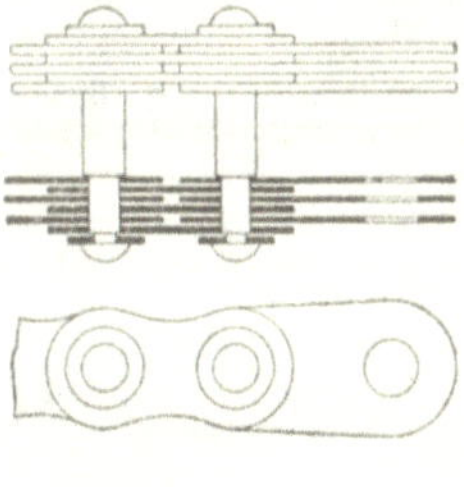

7 Gallsche Kette (f)
Gall's chain, pitch chain
цѣпь (жр) Галля
chaîne (f) Galle
catena (f) [di] Galle
cadena (f) [de] Galle

III.

Kunstwollerzeugung (f)
Production of Re-manufactured Wool
Производство (ср) угарной шерсти
Production (f) de la laine artificielle
Produzione (f) della lana artificiale 8
Producción (f) de la lana artificial / *Producció (f) de la llana artificial*

1. Allgemeines (n)
General Terms
Общее (ср)
Généralités (f pl)
Generalità (f pl) 9
Generalidades (f pl)

Kunstwolle (f), Lumpenwolle (f)
re-manufactured wool
угарная шерсть (жр), шерстяная вигонь (жр)
laine (f) artificielle, laine renaissance, laine refaite
lana (f) artificiale o industriale o meccanica o rigenerata o rinascimento o renaissance, lana da cenci o da stracci 10
lana (f) regenerada o artificial, regenerado (m) / *llana (f) regenerada o artificial, regenerat (m)*

Wollgewinnung (f) aus Lumpen
recovering the wool from rags
добываніе (ср) угарной шерсти из лоскутьев
récupération de la laine des chiffons
ricavatura (f) della lana dagli stracci 11
extracción (f) de la lana de trapos o de retazos / *extracció (f) de la llana de draps o de retalls*

---

aus zerrissenen Lumpen hergestellte Wolle (f)
wool recovered from torn-up rags
угарная шерсть (жр), полученная из расщипленных лоскутьев
laine (f) récupérée de chiffons déchirés
lana (f) ricavata da stracci strappati 12
lana (f) extraída por deshilachado de trapos / *llana (f) extreta per estripat de retalls*

Kunstwolle (f) aus Enden *oder* zerrissenen Garnen
re-manufactured wool from broken ends *or* waste ends
угарная шерсть (жр), полученная из расщипленной пряжи
laine (f) renaissance de bouts de fils
lana (f) ricavata da filetti o da filati strappati 13
lana (f) regenerada de cabos de hilos / *llana (f) regenerada de cabs de fils, desfibrat (m)*

Kunstwolle (f) aus ungefilztem Stoff [*oder* Material]
re-manufactured wool from unfelted material
угарная шерсть (жр) из неваляннаго матеріала
laine (f) renaissance de matières non feutrées
lana (f) artificiale di materiali non feltrati 14
lana (f) regenerada de materias no fieltradas / *llana (f) regenerada de matèries no enfeltrades*

No.		
1	Kunstwolle (f) aus gefilztem Stoff re-manufactured wool from felted material угарная шерсть (жр) из валянаго матеріала	laine (f) renaissance de matières feutrées lana (f) artificiale di materiali feltrati lana (f) regenerada de materias fieltradas / *llana (f) regenerada de matèries enfeltrades*
2	Kunstwolle (f) aus zerrissenen Wirkwaren re-manufactured wool from torn-up hosiery угарная шерсть (жр) из прощипленных тканей	laine (f) renaissance d'objets de bonneterie déchiquetés lana (f) artificiale di articoli di maglieria sfilacciata lana (f) regenerada de deshilachado de géneros de punto / *llana (f) regenerada per estripat de genre de punt*
3	Filzfähigkeit (f) der Kunstwolle felting property of the re-manufactured wool способность (жр) угарной шерсти сваливаться	pouvoir (m) feutrant de la laine artificielle potere (m) feltrante della lana artificiale propiedad (f) o poder (m) fieltrante de la lana regenerada / *propietat (f) o poder (m) enfeltrant de la llana regenerada*
4	Kunstwollfabrik (f) shoddy mill фабрика (жр) угарной шерсти	fabrique (f) de laine artificielle ou de shoddy fabbrica (f) di lana artificiale fábrica (f) de lana regenerada o de shoddy / *fàbrica (f) de regenerat o de shoddy*
5	Arten (fpl) der Lumpen types of rags сорты (мр) *или* виды (мр) лоскута	sortes (fpl) de chiffons specie (fpl) di stracci tipos (mpl) de trapos / *tipus (mpl) de draps*
6	Lumpen (m), Hader (m) rag лоскут (мр), тряпье (ср), ветошь (жр)	chiffon (m) straccio (m), cencio (m) trapo (m) / *drap (m)*
7	alte Lumpen (mpl) old rags старый лоскут (мр)	chiffons (mpl) vieux stracci (mpl) vecchi o usati trapos (mpl) viejos / *draps (mpl) vells*
8	neue Lumpen (fpl) new rags новый лоскут (мр)	chiffons (mpl) neufs stracci (mpl) nuovi, ritagli (mpl) trapos (mpl) nuevos, retazos (mpl) / *draps (mpl) nous, retalls (mpl)*
9	kurzfaserige Lumpen (mpl) short-fibred rags коротковолосый лоскут (мр)	chiffons (mpl) à courtes fibres stracci (mpl) a fibra corta trapos (mpl) de fibra corta / *draps (mpl) de fibra curta*
10	langfaserige Lumpen (mpl) long-fibred rags длинноволосый лоскут (мр)	chiffons (mpl) à fibres longues stracci (mpl) a fibra lunga trapos (mpl) de fibra larga / *draps (mpl) de fibra llarga*
11	reinwollene Lumpen (mpl) pure wool rags, all-wool rags лоскут (мр) чистой шерсти	chiffons (mpl) pure laine stracci (mpl) di pura lana trapos (mpl) todo lana o de lana pura / *draps (mpl) tot llana o de llana pura*
12	halbwollene Lumpen (mpl) half-wool rags полушерстяной лоскут (мр)	chiffons (mpl) mi-laine stracci (mpl) di mezza lana trapos (mpl) de media lana o semi-lana / *draps (mpl) de mitja llana o de semi-llana*
13	grobe Lumpen (mpl) coarse rags грубый лоскут (мр)	chiffons (mpl) grossiers *ou* bruts stracci (mpl) grossolani trapos (mpl) / *draps (mpl)* / bastos
14	feine Lumpen (mpl) fine rags тонкій *или* отборный лоскут (мр)	chiffons (mpl) fins stracci (mpl) fini trapos (mpl) finos / *draps (mpl) fins*
15	mittelfeine Lumpen (mpl) medium rags лоскут (мр) средней тонины *или* средняго качества	chiffons (mpl) mi-fins stracci (mpl) mezzo fini trapos (mpl) mediofinos / *draps (mpl) mig-fins*
16	saubere Lumpen (mpl) clean rags чистый лоскут (мр)	chiffons (mpl) propres stracci (mpl) puliti trapos (mpl) limpios / *draps (mpl) nets*
17	schmutzige Lumpen (mpl) dirty rags, soiled rags грязный лоскут (мр)	chiffons (mpl) encrassés *ou* souillés stracci (mpl) sudici trapos (mpl) sucios o manchados / *draps (mpl) bruts o tacats*
18	mit Kleister behaftete Lumpen (mpl) starched *or* sized rags лоскут (мр), запачканный грязным клеем	chiffons (mpl) encollés *ou* amidonnés stracci (mpl) incollati o inamidati trapos (mpl) aprestados o encolados / *draps (mpl) aprestats o parats o encolats*
19	staubige Lumpen (mpl) dusty rags лоскут (мр), пропитанный пылью	chiffons (mpl) poussiéreux stracci (mpl) polverosi trapos (mpl) polvorientos / *draps (mpl) polsosos*
20	verwitterte Lumpen (mpl) mouldy rags вывѣтрившійся лоскут (мр)	chiffons (mpl) moisis stracci (mpl) ammuffiti trapos (mpl) mohosos / *draps (mpl) rònecs*
21	verweste Lumpen (mpl) decayed rags истлѣвшій лоскут (мр)	chiffons (mpl) pourris stracci (mpl) [im]putriditi trapos (mpl) podridos o corrompidos / *draps (mpl) podrits o corromputs*

No.		
1	Tuchlumpen (mpl) cloth rags суконный лоскут (мр)	chiffons (mpl) de drap stracci (mpl) di panno trapos (mpl) de paño o de tela / *draps (mpl) de panyo o de tela*
2	Lumpen (mpl) von Damenkleiderstoffen rags from ladies' dress material лоскут (мр) из дамской матерiи	chiffons (mpl) de vêtements pour dames stracci (mpl) di stoffe per abiti da signora trapos (mpl) de materias de géneros para señora / *draps (mpl) de matèries de genres per a senyora*
3	Cheviot (m) cheviot шевiот (мр)	cheviot (m) cheviot (m) cheviot (m)
4	Tuchcheviot (m) woollen cheviot суконный шевiот (мр)	drap (m) cheviot cheviot (m) di panno paño (m) cheviot / *drap (m) cheviot*
5	gerauhter Wollstoff (m) raised woollen cloth ворсованный шерстяной товар (мр), ворсованная шерстяная ткань (жр)	drap (m) de laine gratté panno (m) di lana garzato paño (m) de lana perchado / *drap (m) de llana peixat*
6	Flanell (m) flannel фланель (жр)	flanelle (f) flanella (f) franela (f) / *franel·la (f)*
7	Lama (m) lama лама (жр)	lama (m) lama (m) lama (f)
8	Decken (fpl) covers, carpets одѣяла (ср)	couvertures (fpl), tapis (m) coperte (fpl), tappeti (mpl) mantas (fpl), tapetes (mpl) / *mantes (fpl), tapets (mpl)*
9	Molton (m) molton мольтон (мр)	molleton (m) molettone (m) muletón (m) / *muletó (m)*
10	Zanella (m) zanella cloth, umbrella cloth цанелла (жр), зонточная матерiя (жр) *или* ткань (жр)	silésienne (f) zanella (f) tela (f) silesiana *o* de paraguas / *tela (f) silèsiana o de paraigues*
11	gestrickte Hadern (mpl) knitted rags вязаное тряпье (ср)	chiffons (mpl) tricotés stracci (mpl) di calzeria trapos (mpl) de calceta / *draps (mpl) de mitjes*
12	gewirkte Hadern (mpl) hosiery rags вязаное трикотажное тряпье (ср)	chiffons (mpl) de bonneterie stracci (mpl) di maglieria trapos (mpl) de tejido de punto / *draps (mpl) de teixit de punt*
13	Zephir (m) zephyr зефир (мр)	zéphyr (m) zeffiro (m), zephyr (m) céfiro (m) / *zèfir (m)*
14	Strümpfe (mpl) stockings чулки (мр)	bas (mpl) calze (fpl) medias (fpl), calcetas (fpl), calcetinas (fpl) / *mitjes (fpl), mitjons (mpl)*
15	wollene Jacken (fpl) woollen sweaters шерстяныя фуфайки (жр)	sweaters (mpl) en laine sweaters (mpl) in lana zamarretas (fpl) *o* sweaters (mpl) de lana / *samarres (fpl) o sweater (mpl) de llana*
16	wollener Trikot (m) woollen tricot шерстяное трико (ср)	tricot (m) de laine tricot (m) di lana tricot (m) de lana / *de llana*
17	gehäkelte Hadern (mpl) rags from crochet work вязаное крючком тряпье (ср)	chiffons (mpl) de travail au crochet stracci (mpl) da lavori a crochet trapos (mpl) de crochet *o* de tejidos de gancho / *draps (mpl) de crochet o de teixits de ganxo*
18	Schneidereiabfall (m) tailors' cuttings *or* clippings портняжный отброс (мр) *или* угар (мр), портняжные обрѣзки (мр)	découpures (fpl) de tailleurs ritagli (mpl) di sartoria retales (mpl) / *retalls (mpl) / de sastre*
19	Wollfilz (m) woollen felt шерстяная кошма (жр), войлок (мр)	feutre (m) de laine feltro (m) di lana fieltro (m) de lana / *feltre (m) de llana*
20	Schweißfilz (m) greasy felt свалявшаяся грязная шерсть (жр)	feutre (m) gras feltro (m) unto fieltro (m) mugriento *o* grasiento / *feltre (m) greixós*
21	weiße Lumpen (mpl) white rags бѣлый лоскут (мр)	chiffons (mpl) blancs stracci (mpl) bianchi trapos (mpl) blancos / *draps (mpl) blancs*
22	farbige *oder* bunte Lumpen (mpl) coloured rags цвѣтной лоскут (мр)	chiffons (mpl) couleur stracci (mpl) colorati trapos (mpl) / *draps (mpl) / de color*
23	verschiedenfarbige Lumpen (mpl) rags of various colours пестрый лоскут (мр)	chiffons (mpl) de différentes couleurs stracci (mpl) di vari colori trapos (mpl) de varios colores / *draps (mpl) de varis colors*
24	schwarze Lumpen (mpl) black rags черный лоскут (мр)	chiffons (mpl) noirs stracci (mpl) neri trapos (mpl) negros / *draps (mpl) negres*

No.	Term	Translations
1	Lumpen (mpl) von guter Farbe rags of good colour лоскут (мр) хорошей окраски	chiffons (mpl) de bonne couleur stracci (mpl) di buon colore trapos (mpl) de buen color / *draps (mpl) de bon color*
2	Lumpen (mpl) von schlechter Farbe rags of bad colour лоскут (мр) плохой окраски	chiffons (mpl) de mauvaise couleur stracci (mpl) di cattivo colore trapos (mpl) de mal color / *draps (mpl) de color dolent*
3	verschossene *oder* abgeschossene Lumpen (mpl) faded rags полинялый лоскут (мр)	chiffons (mpl) fanés stracci (mpl) sbiaditi trapos (mpl) descolorados / *draps (mpl) de color perdut o descolorits*
4	aufgefärbte Lumpen (mpl) re-dyed rags подкрашенный *или* перекрашенный лоскут (мр)	chiffons (mpl) reteints stracci (mpl) ritinti trapos (mpl) reteñidos / *draps (mpl) retenyits*
5	Abgänge (mpl) waste отбросы (мр), обрезки (мр), угар (мр)	déchets (mpl) cascami (mpl) mermas (fpl), borras (fpl), desperdicios (mpl) / *mermes (fpl), borres (fpl), desperdicis (mpl)*
6	Waschmaschinenabgang (m), Wäschereiabgang (m) washing machine waste угар (мр) с моечной машины	déchets (mpl) de machine de lavage cascami (mpl) della macchina lavatrice borras (fpl) de máquina de lavar o de lavadero / *desperdicis (mpl) de màquina de rentar, borres (fpl) de rentador*
7	Krempelausputz (m), Krempelausstrich (m) card waste, card strips очес (мр) с чесальных машин	débourrures (fpl) de carde spazzatura (f) di carda borras (fpl) de carda / *desperdicis (mpl) de carda*
8	Streckenabgang (m) drawing waste угар (мр) *или* клочки (мр) с ленточных машин	déchets (mpl) d'étirage cascami (mpl) degli stiratoi borras (fpl) de preparación / *desperdicis (mpl) de preparació*
9	Kammstaub (m) comb[er] fly пух (мр) с гребнечесальных машин	duvet (m) de peigne polvere (f) della pettinatura evaporación (f) *o* borrilla (f) de peinadora / *evaporació (f) o borrisol (m) de pentinadora*
10	Zugabrisse (mpl) top waste угар (мр) с приготовительных машин	bouts (mpl) de peigné cascami (mpl) di pettinato desperdicios (mpl) de peinado / *desperdicis (mpl) de pentinat*
11	Spinnereiabgang (m) spinning waste прядильный угар (мр)	déchets (mpl) de filature cascami (mpl) di filatura borras (fpl) de hilatura / *borres (fpl) de filatura*
12	Spinnflug (m) spinning fly прядильный пух (мр)	duvet (m) de filature peluria (f) *o* pulviscolo (m) di filatura evaporación (f) de hilatura / *evaporació (f) de filatura*
13	Walzenabfall (m), Walzenwickel (m), Bärte (mpl) roller waste валичный угар (мр)	barbes (fpl), débourrures (fpl) de hérisson cascami (mpl) dei cilindri dedales (mpl) / *didals (mpl), encorronades (fpl)*
14	Vorgarnenden (npl) roving waste концы (мр) ровницы	bouts (mpl) de mèche de préparation cascami (mpl) dei lucignoli desperdicios (mpl) de mecha / *desperdicis (mpl) de metxa*
15	harte Fäden (mpl) hard ends крутые концы (мр)	bouts (mpl) de fil durs cascami (mpl) dei filati, filetti (mpl) cabos (mpl) duros / *caps (mpl) durs o de fil*
16	Spulereiabfall (m) winder's waste концы (мр) с катушечных машин	déchets (mpl) de bobinoir cascami (mpl) d'incannatura desperdicios (mpl) de bobinuar / *desperdicis (mpl) de bobinuar*
17	Zwirnereiabgang (m) twisted yarn waste концы (мр) с крутильных машин	bouts (mpl) de [fils] retors capi (mpl) di fili ritorti cabos (mpl) de hilos retorcidos / *caps (mpl) de [fils] retorts*
18	Webereiabgang (m) weaver's waste угар (мр) ткацкой	déchets (mpl) de tissage cascami (mpl) di tessitura desperdicios (mpl) de tejedura / *desperdicis (mpl) de teixit*
19	Weifereiabgang (m) reeler's waste угар (мр) мотальной	déchets (mpl) de dévidage cascami (mpl) di annaspatura desperdicios (mpl) de aspeado / *desperdicis (mpl) d'aspiat*
20	Webkettenenden (npl) thrums, warp ends концы (мр) основы ткацкой	bouts (mpl) de chaîne de tissage, pennes (fpl) cascami (mpl) della catena cabos (mpl) de urdimbre / *caps (mpl) d'ordit, passols (mpl)*
21	Schußabfall (m) weft waste концы (мр) со шпуль, путанка (жр)	déchets (mpl) de trame cascami (mpl) della trama desperdicios (mpl) / *desperdicis (mpl)* / de trama

No.	German / English / Russian	French / Italian / Spanish / Catalan
1	Wollbandabfall (m) der Druckwalzen waste of washing machine roller covering угар (мр) с плющильных валиков моечной машины	déchets (mpl) de couvertures des rouleaux des laveuses mécaniques cascami (mpl) delle coperture dei cilindri delle lavatrici meccaniche desperdicios (mpl) de cinta de lana de cubrir los cilindros de prensa de la lavadora / *desperdicis (mpl) de veta de llana de cobrir els corrons de premsa de la rentadora*
2	**2. Sammeln (n) der Lumpen** **Gathering of the Rags** **Собиранiе (ср) лоскута**	**Cueillette (f) des chiffons** **Raccolta (f) degli stracci** **Recolección (f) de los trapos / *Recollida (f) de draps***
3	Lumpensammler (m) ragman собиратель (мр) лоскута, тряпичник (мр)	chiffonnier (m) cenciai[uol]o (m), stracciaiuolo (m) trapero (m) / *drapaire (m)*
4	Lumpenhändler (m) rag dealer лоскутник (мр)	négociant (m) en chiffons negoziante (m) di cenci, stracciovendolo (m) negociante (m) en trapos / *negociant (m) de draps*
5	Lumpengroßhändler (m) wholesale rag dealer оптовый торговец (мр) лоскутом	négociant (m) en gros en chiffons negoziante (m) in grosso di cenci negociante (m) al por mayor de trapos, mayorista (m) de trapos / *negociant (m) al por major de draps, majorista (m) de draps, drapaire (m) majorista*
6	**3. Verarbeitung (f) der Lumpen** **Working-up of Rags** **Выработка (жр) лоскута**	**Traitement (m) des chiffons** **Lavorazione (f) degli stracci** **Tratamiento (m) de los trapos / *Tractament (m) de draps***
7	**a) Sondern (n) der Lumpen** **Sorting the Rags** **Сортировка (жр) лоскута**	**Triage (m) des chiffons** **Cernita (f) degli stracci** **Escogido (m) de los trapos / *Sorteig (m) o tria (f) dels draps***
8	gesonderte [*oder* sortierte] Lumpen (mpl) sorted rags отсортированный лоскут (мр)	chiffons (mpl) triés stracci (mpl) cerniti o assortiti trapos (mpl) escogidos /*draps (mpl) triats o escollits*

German / English / Russian	French / Italian / Spanish / Catalan	No.
aussortiert sorted out бракованный	mis à part messo da parte apartado / *triat*	9
Grobsortieren (n) rough *or* coarse sorting грубая сортировка (жр)	triage (m) en gros, premier triage cernita (f) in grosso escogido (m) en grueso, primer escogido / *primera tria (f), sorteig (m) en gros*	10
Sondern (n) nach Feinheit, [Feinsortieren (n)] sorting according to fineness, fine sorting сортировка (жр) по тонинѣ	triage (m) suivant la finesse classificazione (f) secondo la finezza, cernita (f) in fino escogido (m) según la finura / *triat (m) segons la finor*	11
Sondern (n) nach Farbe, [Farbensortierung (f)] sorting according to colour сортировка (жр) по окраскѣ	triage (m) par couleur classificazione (f) secondo il colore escogido (m) según el color / *triat (m) segons el color*	12
Trennen (n) der gewalkten von den ungewalkten Stoffen separating of milled from unmilled rags отдѣленiе (ср) валеных от невалёных матерiй	séparation (f) des déchets foulés et non foulés separazione (f) in drappi follati e non follati separación (f) de los trapos batanados de los no batanados / *separació (f) dels draps batanats dels no batanads*	13
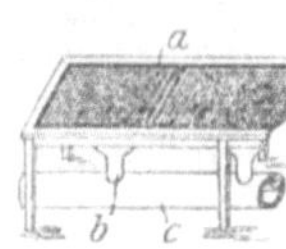	Lumpensortiertisch (m) rag sorting table стол (мр) для сортировки лоскута table (f) de triage à chiffons tavola (f) per la cernita dei cenci mesa (f) de escoger trapos / *taula (f) de triar draps*	14
a	Arbeitshürde (f) sorting screen рабочая рѣшетка (жр) grille (f) de triage griglia (f) di cernita tablero (m) de criba / *sobretaula (f) de gartell*	15
b	Staubabzugsrohr (n) dust extraction pipe пылеотсасывающая труба (жр) tuyau (m) d'évacuation de la poussière tubo (m) di aspirazione della polvere tubo (m) de aspiración o de descarga del polvo / *tuberia (f) de aspiració o de descàrrega de la pols*	16
c	Sammelrohr (n) collecting pipe коллектор (мр), сборная труба (жр) tuyau (m) collecteur tubo (m) collettore tubo (m) colector / *tuberia (f) col·lectora*	17

1 Hadernsortierer (m), Lumpensortierer (m)
rag sorter
сортировщик (мр) лоскута
repasseur (m) ou trieur (m) de chiffons
assortitore (m) di stracci
sorteador (m) de trapos / *sortejador (m) de draps*

2 Hadernsortiererin (f), Lumpensortiererin (f)
rag sorter
сортировщица (жр) лоскута
repasseuse (f) ou trieuse (f) de chiffons
assortitrice (f) di stracci
sorteadora (f) de trapos / sortejadora (f) de draps

3 **b) Herrichten (n) der Lumpen**
Preparing the Rags
Приготовленіе (ср) лоскута
Préparation (f) des chiffons
Preparazione (f) degli stracci
Preparación (f) de los trapos / *Preparació (f) dels draps*

4 Schneiden (n) der Lumpen
cutting-up the rags
рѣзка (жр) *или* разрѣзаніе (ср) лоскута
coupage (m) des chiffons
taglio (m) degli stracci
rotura (f) de los trapos / *trinxat (m) de draps*

5 die Lumpen (mpl) schneiden
to cut-up the rags
[раз]рѣзать лоскут
couper les chiffons (mpl)
tagliare gli stracci
romper los trapos / *trinxar els draps*

6 geschnittene Lumpen (mpl)
cut-up rags
разрѣзанный *или* рѣзанный лоскут (мр)
chiffons (mpl) coupés
stracci (mpl) tagliati
trapos (mpl) rotos / *draps (mpl) trinxats*

7 Lappen (m)
shred
обрѣзки (мр) лоскута
chiquette (f)
pannicello (m)
retazo (m) / *retall (m)*

8 Abtrennen (n) der Knöpfe
detaching the buttons
отпарываніе (ср) пуговиц
enlèvement (m) des boutons
eliminazione (f) dei bottoni
eliminación (f) de los botones / *eliminació (f) dels botons*

9 die Knopflöcher (npl) ausschneiden
to cut-out the button holes
вырѣзать петли
couper les boutonnières
tagliar fuori gli occhielli
cortar los ojales / *tallar els traus*

10 Borten (fpl)
galloons
бордюры (мр), каймы (жр)
galons (mpl)
galloni (mpl), nastri (mpl)
galones (mpl) / *galons (mpl)*

11 Spitzen (fpl)
lace
кружева (ср)
dentelles (fpl)
merletti (mpl), trine (fpl)
puntillas (fpl), encajes (mpl) / *puntes (fpl), encaixos (mpl)*

12 Besatz (m)
trimmings
обшивки (жр), оборки (жр)
passementeries (fpl)
passaman[t]erie (fpl)
pasamanería (f) / *passamaneria (f)*

Schnuren (fpl), Schnüre (fpl)
bands, banding
шнуры (мр)
bandes (fpl), soutaches (fpl)
nastri (mpl), treccie (fpl)
tiras (fpl), trencillas (fpl) / *vetes (fpl), sotaix (f), trenzilles (fpl)* 13

Ausschneiden (n) der Leisten
cutting-out the selvedges
вырѣзаніе (ср) кромок *или* каем
coupage (m) des lisières
taglio (m) delle cimosse
corte (m) de las orillas / *tallat (m) de les vores* 14

Abtrennen (n) der Nähte
detaching of the seams, seaming
вырѣзаніе (ср) швов
détachement (m) des coutures
distacco (m) delle cuciture
extracción (f) de las costuras / *extracció (f) de les costures* 15

sensenartiges Messer (n)
crescent-shaped knife, scythe-shaped knife
серповидный нож (мр)
couteau (m) en forme de croissant
coltello (m) a foggia di falcia
cuchillo (m) en forma de media luna / *ganivet (m) en forma de mitja lluna* 16

c) Entstauben (n) *oder* Ausklopfen (n) der Lumpen
Dusting the Rags
Удаленіе (ср) пыли из лоскута, выколачиваніе (ср) лоскута
Dépoussiérage (n) des chiffons
Eliminazione (f) delle polveri dagli stracci 17
Sacudido (m) *o* batido (m) de los trapos / *Espolsat (m) dels draps*

Staubgehalt (m) der Lumpen
dust contents of rags
содержаніе (ср) пыли в лоскутѣ
teneur (f) en poussière des chiffons
tenore (m) di polvere negli stracci
cantidad (f) de polvo en los trapos / *quantitat (f) de pols en els draps* 18

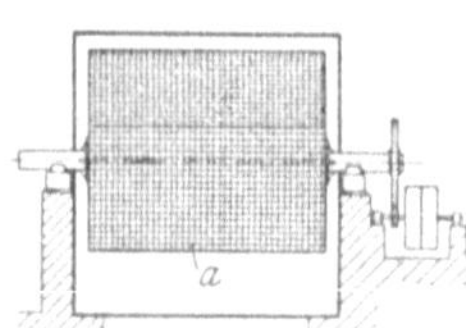

Lumpenentstaubungstrommel (f), Shakertrommel (f)
rag shaker, dust shaker
пыльный барабан (мр) для лоскута, вытряхиватель (мр)
secoueur (m) à chiffons, tambour (m) métallique à dépoussiérer les chiffons 19
battitore (m) per cenci o stracci
batuar (m) de trapos / *espolseta (f) o batuar (m) de draps*

a
innen mit Haken versehene Siebtrommel (f)
perforated cage with hooks inside
ситчатый барабан (мр) с внутренними крючками
tambour (m) perforé à crochets intérieurs 20
tamburo (m) perforato con uncini interni
tambor (m) perforado con ganchos en el interior / *bota (f) foradada amb ganxos en l'interior*

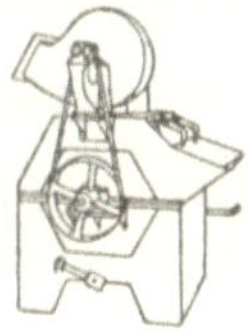

1 Staubwolf (m)
dusting willey, dust willow
пыльный волчек (мр)
loup (m) à poussière
lupo (m) a polvere
diablo (m) o willow (m) para el polvo / *diable (m) o willow (m) o vilof (m) per a la pols*

2 **d) Waschen (n) der Lumpen, Lumpenwäsche (f)**
Washing the Rags, Rag Washing
Мытье (ср) лоскута
Lavage (m) des chiffons
Lavaggio (m) degli stracci
Lavado (n) de los trapos / *Rentat (m) dels draps*

3 die Lumpen (mpl) waschen
to wash the rags
мыть лоскут
laver les chiffons
lavare gli stracci
lavar los trapos / *rentar els draps*

4 die Lumpen (mpl) einweichen
to soak the rags
замачивать лоскут
tremper les chiffons
inzuppare gli stracci
empapar los trapos / *remollar els draps*

5 Spülen (n) der Lumpen
rinsing of the rags
полоскание (ср) лоскута
rinçage (m) des chiffons
risciacquatura (f) degli stracci
enjuagado (m) de los trapos / *esbandit (m) dels draps*

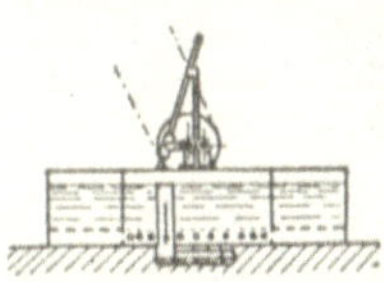

6 Lumpenwaschmaschine (f)
rag washing machine
машина (жр) для мытья лоскута
laveuse (f) mécanique à chiffons
lavatrice (f) meccanica per stracci
máquina (f) de lavar trapos, lavadora (f) de trapos / *màquina (f) de rentar draps, rentadora (f) de draps*

7 **e) Bleichen (n), Abziehen (n) und Färben (n) der Lumpen**
Bleaching, Half Bleaching, and Dyeing the Rags
Отбѣлка (жр), полуотбѣлка (жр) и крашение (ср) лоскута
Blanchiment (m), démontage (m) et teinture (f) des chiffons
Sbianca (f), decolorazione (f) e tintura degli stracci
Blanqueo (m), desmontado (m) y teñido (m) de los trapos / *Blanqueig (m), desmontat (m) i tenyit (m) dels draps*

8 Bleichen (n) der wollenen Lumpen
bleaching the woollen rags
отбѣлка (жр) шерстяного лоскута
blanchiment (m) des chiffons de laine
imbianchimento (m) o sbianca (f) degli stracci di lana
blanqueo (m) de los trapos de lana / *blanqueig (m) dels draps de llana*

9 Bleichen (n) mit schwefliger Säure
bleaching with sulphurous acid
отбѣлка (жр) сѣрнистой кислотой
blanchiment (m) par l'acide sulfureux
imbianchimento (m) all'acido solforoso
blanqueo (m) con ácido sulfuroso / *blanqueig (m) amb àcid sulfurós*

Bleichen (n) mit doppeltschwefligsaurem Natron *oder* Leukogen
bleaching with sodium bisulphite
отбѣлка (жр) кислым сѣрнистокислым натром
blanchiment (m) par du bisulfite de soude
imbianchimento (m) al bisolfito di sodio
blanqueo con bisulfito de sosa / *blanqueig (m) amb bisulfit sòdic* 10

Schwefeln (n)
treating with sulphurous acid
отбѣлка (жр) сѣрою
traitement (m) par l'acide sulfureux
trattamento (m) con acido solforoso
tratamiento (m) con ácido sulfuroso / *tractament (m) amb àcid sulfurós* 11

abziehen
to boil out the dye
полубѣлить, освѣтлять окраску
démonter [la couleur primitive], décolorer
scolorare
desmontar el color, descolorar / *desmontar el color, descolorir* 12

Abziehen (n) der Tuchlumpen mit Chromsäure
boiling out the rags with chromic acid
полубѣлка (жр) хромовой кислотой
décoloration (f) des chiffons de drap par l'acide chromique
decolorazione (f) degli stracci con acido cromico
desmontado (m) de los trapos con ácido crómico / *desmontat (m) dels draps amb àcid cròmic* 13

$NaMnO_4$
übermangansaures Natrium (n), Natriumpermanganat (n)
permanganate of sodium
марганцовонатріевая соль (жр)
permanganate (m) de soude
permanganato (m) di soda
permanganato (m) de sosa / *permanganat (m) sòdic* 14

$KMnO_4$
übermangansaures Kali (n), Kaliumpermanganat (n)
permanganate of potassium
марганцовокаліевая соль (жр)
permanganate (m) de potasse
permanganato (m) potassico
permanganato (m) de potasa / *permanganat (m) potàssic* 15

$MnSO_4$
schwefelsaures Manganoxydul (n), Mangansulfat (n), Manganvitriol (n)
sulphate of manganese
сѣромарганцовистая соль (жр), марганцевый купорос (мр)
sulfate (m) de manganèse
solfato (m) di manganese
sulfato (m) de manganeso / *sulfat (m) de manganès* 16

Färben (n) der Lumpen
dyeing the rags
крашение (ср) лоскута
teinture (f) des chiffons
tintura (f) degli stracci
tintado (m) de los trapos / *tintat (m) dels draps* 17

1 f) **Lumpenauskohlung (f), [Lumpenkarbonisation (f)], Auskohlen (n) [*oder* Karbonisieren (n)] der Lumpen**
Carbonising the Rags
Карбонизація (жр) лоскута
Carbonisage (m) des chiffons
Carbonizzazione (f) degli stracci
Carbonización (f) de los trapos / *Carbonització (f) dels draps*

2 Ausscheiden (n) der pflanzlichen Bestandteile
extracting the vegetable constituents
выдѣленіе (ср) *или* удаленіе (ср) растительных составных частей
élimination (f) des parties végétales
eliminazione (f) degli elementi vegetali
extracción (f) de los componentes vegetales / *extracció (f) dels components vegetals*

3 Pflanzenfasern (fpl)
vegetable fibres
растительныя волокна (ср)
fibres (fpl) végétales
fibre (fpl) vegetali
fibras (fpl) vegetales / *fibres (fpl) vegetals*

4 Kletten (fpl)
bur[r]s
репей (мр)
chardons (mpl), graterons (mpl)
lappole (fpl)
cadillos (mpl) / *llapissó (m)*

5 Stroh (n)
straw
солома (жр)
paille (f)
paglia (f)
paja (f) / *palla (f)*

6 Auskohlen (n) des gerissenen Materials
carbonising the torn-up material
карбонизація (жр) прощипаннаго матеріала
carbonisage (m) de la matière déchiquetée
carbonizzazione (f) del materiale strappato
carbonisación (f) de la materia cortada / *carbonització (f) de la matèria trinxada*

7 Auskohlen (n) im Loden
carbonising of unmilled material
карбонизація (жр) неваляннаго товара
carbonisage (m) des chiffons de draps non foulés
carbonizzazione (f) di tessuti in loden
carbonisación (f) de trapos no batanados / *carbonització (f) de draps no batanats*

8 Auskohlen (n) im Tuch
carbonising of milled material
карбонизація (жр) валяннаго товара
carbonisage (m) des chiffons de draps foulés
carbonizzazione (f) di tessuti follati
carbonisación (f) de los trapos batanados / *carbonització (f) dels draps batanats*

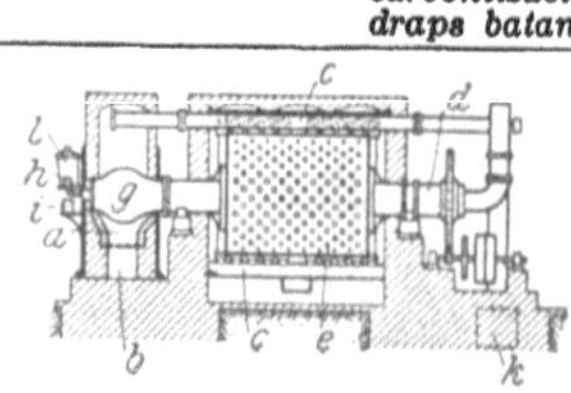

9 Auskohler (m) [*oder* Karbonisiervorrichtung (f)] für Lumpen
carbonising apparatus for rags
карбонизаціонное устройство (ср) для лоскута
carboniseuse (f) pour chiffons
apparecchio (m) di carbonizzazione per stracci
carbonizador (m) de trapos / *carbonitzador (m) de draps*

a Koksfeuerung (f)
coke furnace
топка (жр) для кокса
foyer (m) à coke
focolare (m) a coke
hogar (m) de cok / *fogaina (f) de coc* 10

b Aschenloch (n)
ash pit
зольниковое отверстіе (ср)
cendrier (m)
cenerario (m), ceneratoio (n)
cenicero (m) / *cendrer (m)* 11

c Heizrohre (npl)
heating pipes
нагрѣвательныя трубы (жр)
tuyauterie (f) de chauffage
tubazione (f) di riscaldamento
tubos (mpl) de calefacción / *tuberia (f) de calefacció* 12

d hohle Trommelwelle (f)
hollow drum shaft
пустотѣлая ось (жр) барабана
arbre (m) creux du tambour
albero (m) cavo del tamburo
árbol (n) hueco / *arbre (m) buit* / del tambor 13

e Auskohltrommel (f), [Karbonisiertrommel (f)]
carbonising drum
карбонизаціонный барабан (мр)
tambour (m) de carbonisage
tamburo (m) di carbonizzazione
tambor (m) de carbonización / *de carbonització* 14

g Retorte (f)
retort
реторта (жр)
cornue (f)
storta (f)
retorta (f) 15

h Säureschöpfer (m) mit Selbstverschluß
acid scooper with self-locking valve
черпак (мр) для кислоты с автоматическим затвором
puiseur (m) de l'acide à fermeture automatique
attingitoio (m) dell'acido a chiusura automatica
vasija (f) para sacar ácido con válvula automática / *vas (m) per a pendre àcid amb vàlvula automàtica* 16

i Salzsäurebehälter (m)
hydrochloric acid container
сосуд (мр) для соляной кислоты
bac (m) à acide chlorhydrique
recipiente (m) per l'acido cloridrico
depósito (m) del ácido clorhídrico / *dipòsit (m) de l'àcid clorhídric* 17

k unterirdischer Kanal (m)
underground canal
подземный канал (мр), боров (мр)
canal (m) souterrain
canale (m) sotterraneo
canal (m) subterráneo / *canal (m) subterrani, claveguera (f)* 18

No.		
1	1	Tonbehälter (m) stoneware vessel глиняный *или* фаянсовый сосуд (мр) bassin (m) en grès cérame recipiente (m) in terracotta vaso (m) de barro / *vas (m) de gres*
2	Auskohlen (n) mit Erhaltung der Farben carbonising with preservation of colours карбонизація (жр) с сохраненіем окраски	carbonisage (m) avec conservation des couleurs carbonizzazione (n) con preservazione dei colori carbonisación (f) conservando los colores / *carbonització (f) conservant els colors*
3	die Farben (fpl) werden nicht angegriffen the colours are not affected *or* attacked окраска (жр) не повреждается	les couleurs (fpl) ne sont pas attaquées *ou* altérées i colori non vengono intaccati o alterati los colores no están atacados / *els colors no son atacats*
4	die Farben (fpl) leiden unter dem Auskohlen the colours suffer from carbonisation окраски (жр) *или* цвѣта (мр) страдают от карбонизаціи	les couleurs (fpl) sont altérées par le carbonisage i colori sono alterati dalla carbonizzazione los colores se alterán con la carbonisación / *els colors s'alteren amb el carbonitzat*
5	die Schwefelsäure zerstört die Farben the sulphurous acid destroys the colours сѣрная кислота (жр) разрушает краски	l'acide (m) sulfurique détruit les couleurs l'acido (m) solforico distrugge i colori el ácido sulfúrico destruye los colores / *l'àcid (m) sulfúric destrueix els colors*
6	Entsäuern (n) elimination of the acid обезкисленіе (ср)	désacidification (f) eliminazione (f) dell'acido, disacidificazione (f) desacid[ific]ación (f) *desacidació (f), eliminació (f) del àcid*
7	entsauerte Lumpen (mpl) acid freed rags обезкисленный лоскут (мр)	chiffons (mpl) désacidifiés stracci (mpl) disacidificati trapos (mpl) desacidados / *draps (mpl) desacidats*
8	**g) Auflösen (n) der Lumpen** **Opening-up the Rags** **Разрыхленіе (ср) *или* разрываніе (ср) лоскута**	**Ouvraison (f) des chiffons** **Scioglimento (m) degli stracci** **Abertura (f) de los trapos / *Obertura (f) dels draps***
9	Zerzupfen (n) der Lumpen von Hand tearing the rags asunder by hand разрываніе (ср) ветоши руками	effilochage (m) des chiffons à la main strappamento (m) o sfilacciatura (f) a mano degli stracci deshilachado (m) de los trapos a mano / *trinxat (m) dels draps a mà*

		No.
Lumpen (mpl) reißen to tear-up *or* to devil rags рвать лоскут	effilocher les chiffons (mpl) strappare o sfilacciare gli stracci deshilachar los trapos, pasar los trapos por el diablo / *trinxar els draps, passar els draps pel diable*	10
gerissene Lumpen (mpl torn-up *or* devilled rags рваный лоскут (мр)	chiffons (mpl) effilochés stracci (mpl) strappati o sfilacciati trapos (mpl) deshilachados / *draps (mpl) trinxats*	11
Lumpenreißer (m) tearing machine tenter, shoddy teaser рабочій (мр) на лоскуторазрывной машинѣ	effilocheur (m) de chiffons sfilacciatore (m) degli stracci desfibrador (m) de trapos de lana / *trinxador (m) o desfibrador (m) de draps*	12
Ölen (n) der Lumpen oiling the rags промасливаніе (ср) лоскута перед разрываніем	ensimage (m) des chiffons oliaggio (m) degli stracci aceitado (m) de los trapos / *ensimatge (m) o untat (m) dels draps*	13
fettfreies Reißen (n) tearing *or* grinding without oil разрываніе (ср) без масла	effilochage (m) sans ensimage sfilacciatura (f) senza olio deshilachado (m) sin aceite / *trinxat (m) sense untatge*	14
Trockenreißen (n) dry tearing разрываніе (ср) всухую	effilochage (m) à sec sfilacciatura (f) a secco deshilachado (m) en seco / *trinxat (m) en sec*	15
trocken gerissene Lumpen (mpl) dry ground rags лоскут (мр), разорванный в сухом видѣ	chiffons (mpl) effilochés à sec stracci (mpl) sfilacciati a secco trapos (mpl) deshilachados en seco / *draps (mpl) trinxats en sec*	16
Trockenreißmaschine (f), Trockenreißer (m) dry rag tearing machine машина (жр), разрывающая сухой лоскут	effilocheuse (f) à sec lupo (m) a cenci secchi deshilachadora (f) de trapos en seco / *trinxadora (f) de draps en sec*	17
Naßreißen (n) wet tearing разрываніе (ср) в мокром видѣ	effilochage (m) humide *ou* au mouillé sfilacciatura (f) ad umido deshilachado (m) en mojado / *trinxat (m) en mullat*	18
ausgeschleuderte Lumpen (mpl) centrifugated rags отжатый лоскут (мр) на центрофугѣ	chiffons (mpl) centrifugés stracci (mpl) centrifugati trapos (mpl) centrifugados / *draps (mpl) centrifugats*	19

1 Naßreißmaschine (f), Naßreißer (m)
wet rag tearing machine
машина (жр), разрывающая мокрый лоскут
machine (f) à effilocher au mouillé, effilocheuse (f) humide
lupo (m) a cenci umidi
máquina (f) de deshilachar trapos en mojado / *màquina (f) de trinxar draps en mullat*

---

2 die Lumpen (mpl) in Fäden reißen
to tear-up the rags into threads
разрывать лоскут по ниткам
effilocher les chiffons (mpl)
sfilacciare gli stracci
deshilachar los trapos / *desfilar els draps*

---

3 Zerfasern (n) der Fadenenden
tearing the ends into fibres
расщипка (жр) нитяных концов на волокна
défibrage (m) des bouts
sfibratura (f) dei capi
desfibrado (m) de los cabos / *desfibrat (m) dels caps*

---

4 die Enden zerfasern
to pull *or* to tear-up the ends into fibres
расщипывать нитяные концы на волокна
défibrer les bouts (mpl)
sfibrare i capi
desfibrar los cabos / *desfibrar els caps*

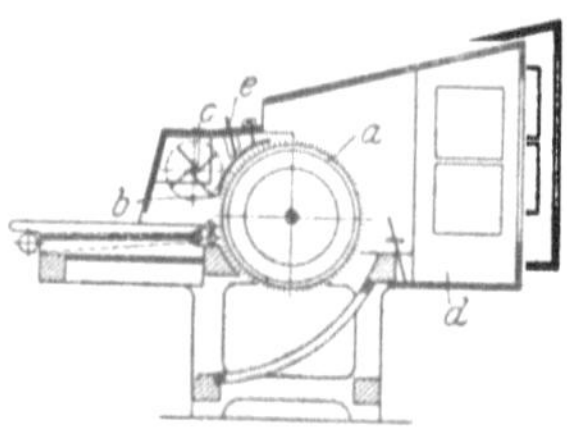

5 Lumpenreißmaschine (f)
rag grinder, rag devil
лоскуторазрывная машина (жр)
effilocheuse (f) pour chiffons
lupo (m) a cenci, lupo (m) sfilacciatore
diablo (m) *o* lobo (m) *o* deshilachadora (f) de trapos / *diable (m) o llop (m) o desfiladora (f) de draps*

---

6 schiefe Anordnung (f) der Zuführungswalzen
inclined arrangement of the feed rollers
косое расположеніе (ср) питательных валиков
disposition (f) inclinée des cylindres alimentaires
disposizione (f) inclinata dei cilindri di alimentazione
disposición (f) inclinada de los cilindros alimentadores / *disposició (f) inclinada dels corrons alimentaris*

---

7 a mit Stahlstiften besetzte Trommel (f)
swift *or* drum covered with steel pins
барабан (мр), усаженный стальными зубьями *или* шипами
tambour (m) recouvert de pointes d'acier
tamburo (m) guarnito di punte d'acciaio
bota (f) *o* tambor (m) de púas *o* clavos de acero / *bóta (f) de claus o pues d'àcer*

---

b Stellblech (n) 8
baffle plate, back plate
установительный щиток (мр)
plaque (f) réglable
placca (f) *o* lamiera (f) registrabile
placa (f) *or* guarda (f) ajustable

---

c Flügelwelle (f) 9
"biter" shaft, fan shaft
крыльчатый валик (мр)
arbre (m) du ventilateur
albero (m) del ventilatore
árbol (m) del volante desprendedor / *arbre (m) del volant desprenedor*

---

d Pitzfangkasten (m), Fangkasten (m) für Stücke 10
bit box
пріемный ящик (мр) для обрывков *или* клочков лоскута
cage (f) à bouts
cassa (f) raccoglitrice dei pezzi
caja (f) colectora de fragmentos / *caixa (f) dipòsit de bocins de drap*

---

e Abschlußblech (n) 11
separating plate, protecting plate, draught plate
оградительный щиток (мр), кожух (мр)
plaque (f) de fermeture
placca (f) di chiusura
tapa (f) de la guarda ajustable

Pitze (pl), Pitts (pl), ungelöste Lumpen (mpl) *oder* Stücke (npl) 12
bits, untorn rags *or* pieces *or* shreds
клочья (мр) лоскута
chiffons (mpl) non effilochés
pezzi (mpl) non strappati
trozos (mpl) *o* fragmentos (mpl) duros o sin deshilachar / *troços (mpl) o bocins (mpl) durs o no desfibrats o no trinxats*

---

pittsfreies Gut (n) 13
material free from bits
матеріал (мр) без клочьев лоскута
matière (f) sans parties non effilochées
materiale (m) senza pezzi non strappati
materia (f) sin trozos duros o no deshilachados / *matèria (f) sense troços durs, matèria sense bocins de drap*

---

die Pitze werden auf den Anlegetisch zurückgeworfen 14
the bits are thrown back on to the feed table
клочья (мр) отбрасываются обратно на питательную рѣшетку
les bouts (mpl) sont rejetés en arrière sur le tablier d'alimentation
i pezzi non strappati vengono rigettati sul graticcio di alimentazione
los trozos son proyectados hacia atrás sobre el tablero de alimentación / *els troços son lençats cap al darrera sobre la telera d'alimentació*

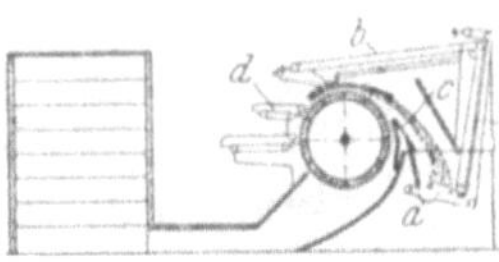

Lumpenauflösungsmaschine (f)
rag grinder, rag devil
щипальная машина (жр) для лоскута
1 ouvreuse (f) pour chiffons
lupo (m) a cenci
batuar (m) o diablo (m) para trapos / *batuar (m) o diable (m) per a draps*

---

ungelöste Lumpen (mpl)
bits
непрощипанный(-е) лоскут
2 a (мр) *или* клочья (мр
chiffons (mpl) non effilochés
pezzi (mpl) non strappati
trozos (mpl) sin deshilachar / *troços (mpl) no trinxats*

---

selbsttätige Wiederauflage (f) des unvollkommen gelösten Gutes
automatic return of the insufficiently opened material
автоматическая повторная подводка (жр) не вполнѣ прощипаннаго матеріала
3 b retour (m) automatique de la matière insuffisamment ouverte
ritorno (m) automatico del materiale insufficientemente aperto
retorno (m) automático del material abierto insuficientemente / *retorn (m) automàtic del material insuficientment obert*

Stellblech (n)
baffle plate
4 c установительный щиток (мр)
plaque (f) réglable
placca (f) registrabile
placa (f) ajustable

---

zweiter *oder* oberer Zuführtisch (m)
second *or* upper feed table
второй *или* верхній питательный стол (мр)
5 d seconde table (f) d'alimentation, table d'alimentation supérieure
tavola (f) alimentare superiore
mesa (f) de alimentación superior / *taula (f) alimentaria superior*

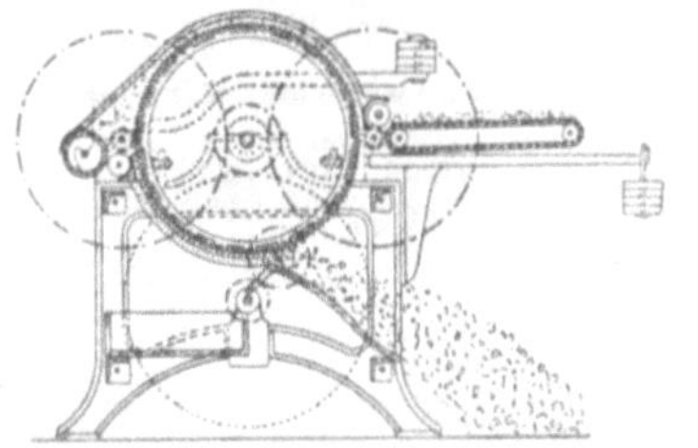

Lumpenreißwolf (m) *oder* Kunstwollwolf (m) mit doppelter Arbeitsstelle
two-sided rag grinder *or* rag devil, rag grinder *or* rag devil with double working point
щипальная машина (жр) для лоскута *или* волчек (мр) для угарной шерсти с двумя рабочими мѣстами
effilocheuse (f) à chiffons à double champ de travail
lupo (m) *o* sfilacciatrice (f) a cenci a doppio effetto 6
batuar (m) de doble efecto para trozos / *efecte per a troços*

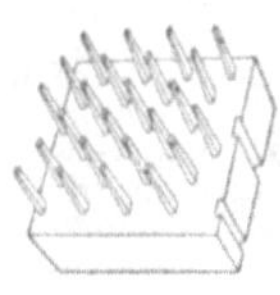

Belagbrettchen (n) mit Stahlstiften
wooden lag with steel pins
деревянная планка (жр) со стальными зубьями
bloc (m) de bois à pointes d'acier 7
blocco (m) di legno con punte d'acciaio
duela (f) de madera con clavos de acero / *delga (f) de fusta amb claus d'acer*

Schleif- und Abdrehsupport (m)
grinding and turning-up apparatus
супортныя салазки (жр) для точенія и обтачиванія
support (m) d'aiguisage et de tournage 8
scorritoio (m) per molare e tornire
aparato (m) para esmerilar y tornear / *aparell (m) per a esmerilar i tornejar*

Zerteilen (n) der Fadenenden
opening up *or* pulling the ends
прощипываніе (ср) нитяных концов
défibrage (m) des bouts
sfibramento (m) dei capi 9
desfibrado (m) de los cabos / *desfibrat (m) dels caps*

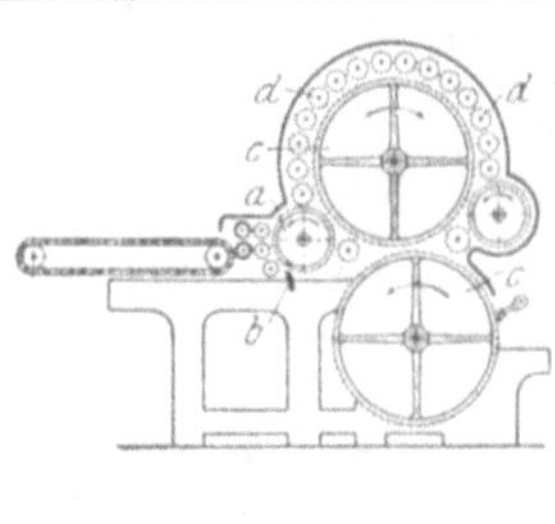

Endenreißer (m), Endenöffner (m), Fitzenreißer (m)
teazer
щипальная машина (жр) для концов 10
carde (f) effilocheuse
sfibratrice (f)
desfibradora (f)

1 a
Vorreißer (m)
taker-in, licker-in, tearing-up roller
приемный барабан (мр)
briseur (m)
introduttore (m)
tomador (m), quebrantador (m) / *lladre (m)*

2 b
Messer (n)
knife
нож (мр)
couteau (m)
coltello (m)
cuchillo (m) / *ganiveta (f)*

3
Abstreichen (n) der Klettenreste
stripping-off the bur residues
сбивание (ср) *или* снимание (ср) остатков репья
enlèvement (m) des débris de graterons
estrazione (m) dei residui delle lappole
extracción (f) de los restos de cadillo / *extracció (f) dels residus de llapissó*

4 c
obere große Trommel (f)
top drum
верхний большой барабан (мр)
grand tambour (m) supérieur
gran tamburo (m) superiore
tambor (m) / *bóta (f)* / superior

5 c
untere große Trommel (f)
bottom drum
нижний большой барабан (мр)
grand tambour (m) inférieur
gran tamburo (m) inferiore
tambor (m) / *bóta (f)* / inferior

6 d
Arbeitswalze (f)
worker [roller]
рабочий валик (мр)
travailleur (m)
cilindro (m) operatore
abridor (m) trabajador / *cilindret (m)*

7
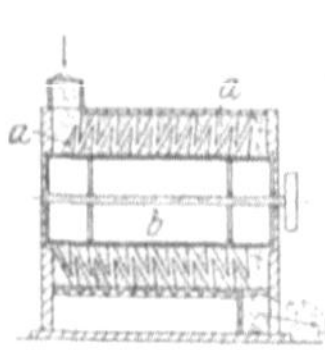

Klunkerwolf (m)
willow for cotwool
волчек (мр) для прощипывания клочьев
loup (m) pour crottins de laine
lupo (m) per scarti di lana
batuar (m) para garras o lanas de cascarría / *batuar (m) per a garres o pegues o cascarries*

8 a
Wolfszahn (m), Hauerzahn (m)
coarse tooth
зуб (мр) волчка
dent (f) de forme triangulaire
dente (m) a sezione triangolare
diente (m) en forma de garra / *dent (f) en forma de urpa*

b
Trommel (f) mit Pilgerschrittbewegung
cylinder with intermittent [return] motion
барабан (мр) с толчкообразным продвижением
tambour (m) à mouvement de pèlerinage *ou* au pas de pèlerin 9
tamburo (m) con movimento al passo di pellegrino
tambor (m) con movimiento a paso de peregrino / *bóta (m) amb moviment a pas de pelegrí*

Kunstwollkrempel (f)
shoddy card, card for artificial wool
чесальная машина (жр) для угарной шерсти
carde (f) pour laine renaissance
carda (f) per lana artificiale 10
carda (f) para lana / *per a llana* / regenerada

4. Kunstwollarten (fpl)

Kinds of Re-manufactured Wool

Сорта (мр) *или* виды (мр) *или* типы (мр) угарной шерсти

Sortes (fpl) de laine renaissance

Specie (fpl) di lana artificiale 11

Clases (fpl) de lana regenerada / *Classes (fpl) de llana regenerada*

a) Mungowolle (f)
Laine (f) mungo, laine renaissance de drap foulé

Mungo
Шерсть (жр) мунго
Mungo (m) 12
Mungo (m) regenerado de trapo / *Mungo (m), regenerat (m) de drap*

geringe Spinnfähigkeit (f) der Mungowolle
inferior spinning property of mungo
незначительная способность (жр) к прядению шерсти мунго
petite aptitude (f) du mungo pour le filage
filabilità (f) inferiore del mungo 13
baja condición hilable / *baixa condició (f) filable* / del mungo

geschwächte Filzfähigkeit (f) *oder* Walkfähigkeit (f)
reduced felting *or* milling quality
ослабленная способность (жр) сваливаться
propriété (f) feutrante diminuée
proprietà (f) feltrante ridotta 14
bajo poder (m) fieltrante / *baix poder (m) enfeltrant*

alter Mungo (m), Altmungo (m), Alttuch (n)
mungo from old rags
старое мунго (ср)
vieux mungo (m)
mungo (m) da stracci vecchi 15
mungo (m) de trapos viejos / *de draps vells*

neuer Mungo (m), Neumungo (m), Neutuch (n)
mungo from new rags
новое мунго (ср)
mungo (m) neuf
mungo (m) da stracci nuovi
mungo (m) de trapos nuevos o de retazos / *mungo (m) de draps nous o de retalls* 16

baumwollfreier Mungo (m)
cotton-free mungo
мунго (ср) без примеси хлопка
mungo (m) sans coton
mungo (m) libero da cotone 17
mungo (m) sin algodón / *sense cotó*

No.		
1	leinenfreier Mungo (m) flax-free mungo мунго (ср) безъ примѣси льна	mungo (m) sans lin mungo (m) libero da lino mungo (m) sin lino / *sense lli*
2	Halbwollmungo (m) half-wool *or* union mungo полушерстяное мунго (ср)	mungo (m) mi-laine, mungo mixte mungo (m) mezza lana mungo (m) de media lana / *de mitja llana*
3	gefärbter Mungo (m) dyed mungo крашеное мунго (ср)	mungo (m) teint mungo (m) tinto mungo (m) teñido / *tenyit*
4	weißer Mungo (m) white mungo бѣлое мунго (ср)	mungo (m) blanc mungo (m) bianco mungo (m) blanco / *blanc*
5	Blaumungo (m) blue mungo синее мунго (ср)	mungo (m) bleu mungo (m) bleu mungo (m) azul / blau
6	**b) Shoddywolle (f)** **Shoddy** **Шерсть (жр) шодди**	**Shoddy (m)** **Shoddy (m)** **Shoddy (m)**
7	Flanellshoddy (m) flannel shoddy фланелевое шодди (ср)	shoddy (m) de flanelle shoddy (m) di flanella shoddy (m) de franela / *de franel·la*
8	Deckenshoddy (m) blanket shoddy одѣяльное шодди (ср)	shoddy (m) de couverture shoddy (m) di coperte shoddy (m) de mantas / *de flassades*
9	Teppichshoddy (m) carpet shoddy ковровое шодди (ср)	shoddy (m) de tapis shoddy (m) di tappeti shoddy (m) de alfombras / *shoddy (m) de catifes*
10	Ölpreßtuchshoddy (m) oil press cloth shoddy шодди (ср) из сукна маслобоен	shoddy (m) de drap de presse à huile shoddy (m) di tessuto di presse a olio shoddy (m) de filtro de prensa de aceite / *de filtre de premsa d'oli*
11	Zuckerpreßtuchshoddy (m) sugar press cloth shoddy шодди (ср) из сукна паточныхъ прессовъ	shoddy (m) de drap de presse à sucre shoddy (m) di tessuto di presse a zucchero shoddy (m) de filtro de prensa de azúcar / *de filtre de premsa de sucre*
12	**c) Tibetwolle (f)** **„Tibet" Wool** **Тибетская шерсть (жр)**	**Laine (f) renaissance dite thibet** **Lana (f) artificiale detta Tibet** **Regenerado (m) Tibet / *Regenerat (m) Tibet***
13	Tibetwolle (f) aus Musselinlumpen "Tibet" wool from muslin rags тибетская шерсть (жр) из муслиноваго лоскута	laine (f) renaissance dite thibet de chiffons de mousseline lana (f) artificiale detta Tibet di stracci di mussolina regenerado (m) Tibet de trapos de muselina (m) / *regenerat (m) Tibet de draps de musselina*
14	Tibetwolle (f) aus Zephirlumpen "Tibet" wool from zephyr rags тибетская шерсть (жр) из зефироваго лоскута *или* из лоскута зефира	laine (f) renaissance dite thibet de chiffons de zéphir lana (f) artificiale detta Tibet di stracci di zeffiro regenerado (m) Tibet de trapos de céfiro / *regenerat (m) Tibet de drap de zèfir*
15	Tibetwolle (f) aus Orleanslumpen "Tibet" wool from Orleans cloth тибетская шерсть (жр) из орлеанскаго лоскута	laine (f) renaissance dite thibet de chiffons d'orléans lana (f) artificiale detta Tibet di stracci d'Orleans regenerado (m) Tibet de trapos de estambre Orleans / *regenerat (m) Tibet de drap d'estam Orleans*
16	Tibetwolle (f) aus Futterstoffen "Tibet" wool from linings тибетская шерсть (жр) из подкладочныхъ тканей	laine (f) renaissance dite thibet de doublures lana (f) artificiale detta Tibet di fodere regenerado (m) / *regenerat (m)* / Tibet de forros
17	Tibetwolle (f) aus Kaschmirlumpen "Tibet" wool from Cashmere rags тибетская шерсть (жр) из лоскута кашемира	laine (f) renaissance dite thibet de chiffons de cachemire lana (f) artificiale detta Tibet di stracci di cascemir regenerado (m) Tibet de trapos de casimir o de cachemira / *regenerat (m) Tibet de drap de casimir o de catxemiras*
18	Tibetnähte (fpl) "Tibet" seams тибетское шитье (ср)	coutures (fpl) thibet cuciture (fpl) Tibet costuras (fpl) de Tibet / *cosits (mpl) o costures (fpl) de Tibet*
19	Weichwolle (f) soft wool мягкая шерсть (жр)	laine (f) douce lana (f) soffice lana (f) suave / *llana (f) suau*
20	Tibethalbwolle (f) "Tibet" unions тибетская полушерсть (жр)	union thibet (m), mixte thibet, thibet mi-laine mezza-lana (f) Tibet regenerado (m) Tibet de media lana / *regenerat (m) Tibet de mitja-llana*
21	**d) Alpakawolle (f), Extraktkunstwolle (f)** **Extract Wool** **Шерсть (жр) ткани альпаки**	**Laine (f) renaissance dite alpaga *ou* extract** **Alpaga (m), estract (m)** **Regenerado (m) / *Regenerat (m)* / Alpaca**
22	Auskohlen (n) der Halbwolle carbonising of unions карбонизація (жр) полушерсти	carbonisage (m) des chiffons mi-laine carbonizzazione (f) degli stracci di mezza-lana carbonización (f) de los trapos de semilana / *carbonització (f) dels draps de mitja-llana*

IV.

1 **Vigognespinnerei (f), Halbwollspinnerei (f)**
Vigogne Spinning
Прядeніе (cp) вигони *или* полушерсти
Filature (f) de la laine vigogne *ou* laine mixte
Filatura (f) di vigogne
Hilatura (f) de la media lana *o* de la vicuña / *Filatura (f) de la mitja llana o de la vigonya*

2 Mischen (n) von Schafwolle mit Baumwolle
mixing sheep wool with cotton
смѣшиваніе (cp) овечьей шерсти с хлопком
mélange (m) de la laine avec du coton
mischia (f) della lana al cotone
mezcla (f) de la lana con el algodón / *barreja (f) de la llana amb el cotó*

3 Halbwolle (f) spinnen
to spin vigogne yarns
прясть полушерсть
filer des fils (mpl) de vigogne
filare i fili di vigogne
hilar materias (fpl) de semilana *o* media lana *o* de vicuña / *filar matèries (fpl) de mitja llana o de vigonya*

4 Halbwollgespinst (n), Vigognegespinst (n), Vigognegarn (n)
vigogne yarn, half-wool yarn
полушерстяная *или* вигоньевая пряжа (жр)
fil (m) vigogne, fil mixte
filo (m) di vigogne, filo di imitazione
hilo (m) de semilana *o* de media lana *o* de vicuña / *fil (m) de mitja llana o de vigonya*

V.

5 **Spinnen (n) verschiedener Haare**
Spinning of Various Hairs
Прядeніе (cp) разнаго волоса
Filature (f) de différents poils
Filatura (f) di diversi peli
Hilatura (f) de diferentes pelos / *Filatura (f) de distints pèls*

6 Haargarnspinnerei (f) (Fabrik)
hair [yarn] spinning mill
прядильня (жр) для волоса
filature (f) de fils de poils (usine)
filatura (f) di fili di peli (opificio)
hilatura (f) de pelo (fábrica) / *filatura (f) de pèl [fàbrica]*

7 Haar[garn]spinner (m)
hair spinner
прядильщик (мр) волоса
fileur (m) de poils *ou* de crins
filatore (m) di peli *o* di crine
hilador (m) de pelo *o* de crin / *filador (m) de pèls o de crins*

8 Haar[garn]spinnerin (f)
hair spinner
прядильщица (жр) волоса
fileuse (f) de poils *ou* de crins
filatrice (f) di peli *o* di crine
hiladora (f) de pelo *o* de crin / *filadora (f) de pèls o de crins*

9 Kälberhaarspinner (m)
calf's hair spinner
прядильщик (мр) телячьяго волоса
fileur (m) de poils de veau
filatore (m) di peli di vitello
hilador (m) de pelo de vaca / *filador (m) de pèls de vaca*

10 Kälberhaarspinnerin (f)
calf's hair spinner
прядильщица (жр) телячьяго волоса
fileuse (f) de poils de veau
filatrice (f) di peli di vitello
hiladora (f) de pelo de vaca / *filadora (f) de pèls de vaca*

11 Kamelhaarspinner (m)
camel's hair spinner
прядильщик (мр) верблюжьей шерсти
fileur (m) de poils de chameau
filatore (m) di peli di cammello
hilador (m) de pelo de camello / *filador (m) de pèls de camell*

12 Kamelhaarspinnerin (f)
camel's hair spinner
прядильщица (жр) верблюжьей шерсти
fileuse (f) de poils de chameau
filatrice (f) di peli di cammello
hiladora (f) de pelo de camello / *filadora (f) de pèls de camell*

13 Ziegenhaarspinner (m)
goat's hair spinner
прядильщик (мр) козьей шерсти
fileur (m) de poils de chèvre
filatore (m) di lana di capra *o* di pelo caprino
hilador (m) de pelo de cabra / *filador (m) de pèls de cabra*

14 Ziegenhaarspinnerin (f)
goat's hair spinner
прядильщица (жр) козьей шерсти
fileuse (f) de poils de chèvre
filatrice (f) di lana di capra
hiladora (f) de pelo de cabra / *filadora (f) de pèls de cabra*

15 Alpakaspinner (m)
alpaca spinner
прядильщик (мр) шерсти альпака
fileur (m) d'alpaga
filatore (m) d'alpaca
hilador (m) de alpaca / *filador (m) d'alpaca*

16 Lamagarnspinner (m)
lama yarn spinner
прядильщик (мр) шерсти лама
fileur (m) de laine de lama
filatore (m) di lana di lama
hilador (m) / *filador (m)* / de lama

17 Lamagarnspinnerin (f)
lama yarn spinner
прядильщица (жр) шерсти лама
fileuse (f) de laine de lama
filatrice (f) di lana di lama
hiladora (f) / *filadora (f)* / de lama

1 Vigognespinner (m)
vicuna spinner
прядильщик (мр) вигони
fileur (m) de vigogne
filatore (m) di vigogna
hilador (m) de vicuña / *filador (m) de vicunya*

---

2 
aufrechte feststehende Haargarnspule (f)
upright stationary hair yarn spool
вертикально стоящая катушка (жр) для пряжи из волоса
bobine (f) de fil de poil verticale et fixe
spola (f) di filo di peli verticale e fissa
bobina (f) vertical y fija de hilo de pelo / *bobina (f) de fil de pèl vertical y fixa*

---

3 Haarkrempel (f)
hair card
чесальная (жр) для волос
carde (f) à poils
carda (f) per peli
carda (f) para pelos / *per a pèls*

---

4 Haarkrempler (m)
hair carder
кардовщик (мр) *или* чесальщик (мр) волоса
cardeur (m) de poils
cardatore (m) di peli
cardador (m) de pelo / *de pèls*

---

5 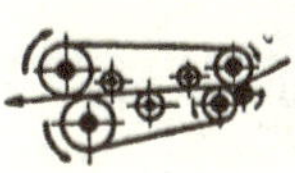
Haargarnnitschelwerk (n)
hair yarn rubbers
скатывающее приспособление (ср) для волосяной пряжи
frottoir (m) à fil de poils
apparecchio (m) sfregatore per filo di peli
rotafrotador (m) para hilos de pelo / *rotafrotor (m) per a fils de pèl*

---

6 Alpakaspinnerei (f)
alpaca spinning
прядение (ср) альпаки
filature (f) d'alpaga
filatura (f) d'alpaca
hilatura (f) de alpaca / *filatura (f) de alpaca*

---

7 Spinnen (n) von Kaschmirhaaren
spinning of Cashmere hair
прядение (ср) волоса кашемира
filature (f) de poil cachemire
filatura (f) di peli di cascemir
hilatura (f) de pelo de cachemira / *filatura (f) de pèl de catxemira*

---

8 die Stichelhaare (npl) von der Trommel abschlagen
to beat-off the dog hairs *or* the kemp from the drum
снять с барабана колючий волос
enlever les jarres (mpl) du tambour
eliminare i peli rigidi dal tamburo
extraer la lana jarrosa del tambor / *treure el pèl cani de la bóta*

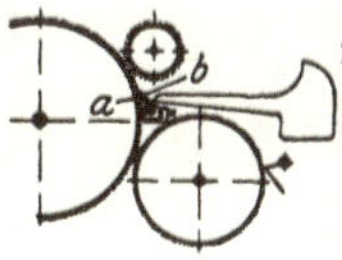

Vorrichtung (f) zur Entfernung der Stichelhaare
arrangement for removing the kemp
приспособленіе (ср) для снимання колючаго волоса
dispositif (m) pour éliminer les jarres 9
dispositivo (m) per eliminare i peli rigidi
mecanismo (m) para extraer la lana jarrosa / *mecanisme (m) per a treure el pèl cani*

---

a
Messer (n)
stripper [knife]
нож (мр) 10
couteau (m)
coltello (m)
cuchillo (m) / *ganiveta (f)*

---

b
Messeroberfläche (f)
surface of stripper
поверхность (жр) ножа
surface (f) du couteau 11
superficie (f) del coltello
superficie (f) del cuchillo / *de la ganiveta*

Mohärspinnerei (f) (Fabrik)
mohair spinning mill
прядильня (жр) ангорской шерсти
filature (f) du mohair (usine)
filatura (f) di mohair (opificio) 12
hilatura (f) / *filatura (f)* / de mohair (fábrica)

Spinnen (n) der Mohärhaare *oder* Angorahaare
mohair spinning
прядение (ср) ангорской шерсти
filage (m) du mohair *ou* de l'angora
filatura (f) della lana d'Angora *o* del mohair 13
hilado (m) del mohair / *filat (m) del mohair*

Mohärzug (m)
mohair top
вычес (мр) ангорской шерсти
peigné (m) de mohair
pettinato (m) di lana mohair 14
peinado (m) / *pentinat (m)* / de mohair

Mohärkämmling (m)
mohair noil
очес (мр) ангорской шерсти
blousse (f) de mohair
scarto (m) di pettinatura della lana mohair 15
puncha (f) / *punxa (f)* / de mohair

Mohärkrempel (f)
card for mohair
чесальная (жр) для ангорской шерсти
carde (f) à mohair
carda (f) per mohair 16
carda (f) para mohair / *per a mohair*

I.

Seidenspinnerei (f) / Silk Spinning / Прядение (ср) шелка, шелкопрядение (ср) / Filature (f) de la soie / Filatura (f) della seta / Hilatura (f) de la seda / *Filatura (f) de la seda* 1

I.

Allgemeines (n) / General Terms / Общее (ср) / Généralités (fpl) / Generalità (fpl) / Generalidades (fpl) 2

3 Seide (f)
silk
шелк (мр)
soie (f)
seta (f)
seda (f)

4 Seidenart (f)
kind *or* species of silk
сорт (мр) *или* порода (жр) шелка
espèce (f) de soie
specie (f) di seta
calidad (f) *o* clase (f) *o* especie (f) de seda / *classe (f) o qualitat (f) de seda*

5 
echte *oder* edle Seide (f), Maulbeerseide (f)
true *or* cultivated *or* genuine silk, mulberry silk
настоящий *или* благородный *или* тутовый шелк (мр)
soie (f) du bombyx du mûrier
seta (f) del baco domestico *o* del bombice domestico
seda (f) cultivada *o* de morera

6 wilde Seide (f)
wild silk
дикий шелк (мр)
soie (f) sauvage
seta (f) selvatica
seda (f) silvestre *o* salvaje / *seda (f) silvestre o salvatge*

7 wilde Maulbeerseide (f)
wild mulberry silk
дикий тутовый шелк (мр)
soie (f) du mûrier sauvage
seta (f) del gelso selvatico
seda (f) de morera silvestre

8 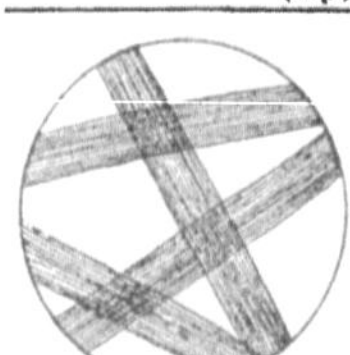
chinesische Eichenseide (f) *oder* Tussah[seide] (f)
Chinese oak silk, Chinese tussah *or* tussur silk
китайский шелк (мр) тусса
soie (f) tussah de la Chine
seta (f) chinese tussah *o* tusseh
[seda (f)] tussah (f) de la China / *de la Xina*

9 
Fagaraseide (f)
Fagara silk
шелк (мр) фагара
soie (f) fagara
seta (f) fagara
seda (f) fagara

Eriaseide (f)
Eria silk
касторовый шелк (мр)
soie (f) éria, soie du ricin 10
seta (f) eri *o* arindi
seda (f) eria, seda de ricino / *seda (f) èria, seda de rici*

Mugaseide (f), Moongaseide (f), Moogaseide (f)
Mooga silk
шелк (мр) муга
soie (f) muga 11
seta (f) muga *o* dell'antherea assama
seda (f) muga

Aylanthusseide (f)
Ailantus silk
шелк (мр) айлантус
soie (f) [du bombyx] de l'ailanthe
seta (f) ailanta *o* dell'attacus cynthia 12
seda (f) ailanthus *o* del attacus cynthia

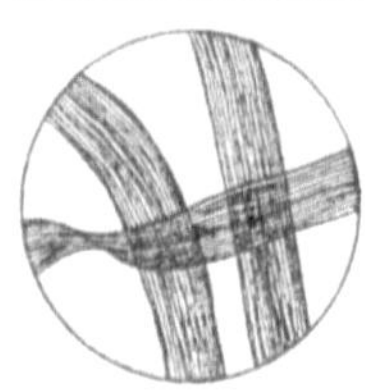
indische Tussah[seide] (f) *oder* Tasarseide (f) *oder* Tusserseide (f)
Indian tussur *or* tusser silk
остиндский шелк (мр) тусса 13
soie (f) tussah des Indes
seta (f) tasar *o* seta tussah della India
seda (f) india tussah

blaßgrüne Yamamayseide (f)
lightgreen Yama-may silk
свѣтло-зеленый ямамайский шелк (мр)
soie (f) verdâtre du yamamaï
seta (f) Yamamay verde pallido 14
seda (f) verdosa Yamamai

indische Mezankoorienseide (f)
Indian Mezankooria silk
остиндский шелк (мр) мезанкор
soie (f) indienne du Mézankoora
seta (f) indiana del Mezankoora 15
seda (f) india de Mezankora

Rondontiaseide (f)
Rondontia silk
шелк (мр) рондонтій
soie (f) du rondontia
seta (f) della rondontia 16
seda (f) rondontia

Anapheseide (f)
Anaphe silk
шелк (мр) анафа
soie (f) d'anaphe
seta (f) dell'anaphe
seda (f) anaphe *o* de capullo de nido / *seda (f) d'anaphe o de capoll de nin* 17

1 Spinnenseide (f)
spider silk
шелк (мр) паука-шелкопряда
soie (f) d'araignée
seta (f) di ragno
seda (f) de arañas / *d'arranyes*

2 Muschelseide (f), Seeseide (f), Byssusseide (f)
byssus silk, sea silk
улиточный *или* раковинный *или* морской шелк (мр)
byssus (m), soie (f) de mer, soie marine
fibra (f) della pinna marina, bisso (m)
biso (m), seda (f) marina

3 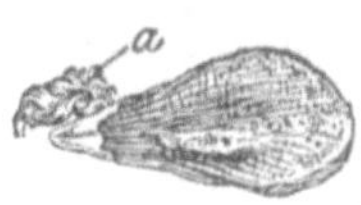

Steckmuschel (f)
pinna nobilis, wing shell
морское перо (ср)
pinne (f) marine
pinna (f) marina, mitilo (m)
ostrapena (f), pina (f) marina / *pina (f) marina*

4 a
Faserbart (m) der Steckmuschel, Muschelbart (m)
beard of wing shell
волокнистая бородка (жр) морского пера
barbe (f) de la pinne
fiocco (m) della pinna, bisso (m) del mitilo
barba (f) de la pina marina

5 Kokonfaden (m)
cocoon filament
коконовая нить (жр), нить кокона
filament (m) de cocon
filo (m) *o* bava (f) di bozzolo
hebra (f) *o* filamento (m) del capullo / *bri (m) o filament (m) del capoll*

6 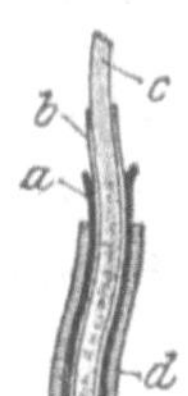

Maulbeerseidenfaden (m)
mulberry silk filament
шелковая нить (жр) тутоваго шелкопряда
filament (m) de soie du bombyx du mûrier
fibra (f) serica del bombice domestico *o* del gelso
hebra (f) de seda de la morera / *bri (m) de seda de la morera*

7 a
Mucoidin (m), Mucoidinschleim (m)
mucoidin[e]
мукоидин (мр)
mucoïdine (f)
mucoidina (f)
mocoidina (f)

8 b
Seidenbast (m), Seidenleim (m), Serizin (m)
silk gum, sericin[e]
серицин (мр), шелковый лубок (мр), шелковая клеевина (жр) *или* камедь (жр)
séricine (f), grès (m), gomme (f) de la soie
sericina (f), gomma (f) di seta
sericina (f), goma (f) *o* barniz (m) de la seda

9 c
Fibroin (n), Seidenfadenstoff (m)
fibroin[e], silk fluid, silk substance
фиброин (мр), волокнина (жр)
fibroïne (f), matière (f) soyeuse
fibroina (f)
fibroina (f)

10 
Rohseidendoppelfaden (m) mit Seidenleimschicht
double raw silk filament with sericin covering
двойная нить (жр) шелка-сырца с клеевым прослойком
filament (m) double de soie brute recouvert de séricine
bava (f) ricoperta di sericina
doble hebra (f) de la seda de capullo barnizada de sericina / *doble bri (m) de la seda de capoll envernissada de sericina*

11 Faserelement (n) der Seide
element of silk filament
элемент (мр) шелковаго волокна, шелковинка (жр)
élément (m) du filament *ou* du brin de soie
bavella (f)
hebra (f) / *bri (m)* / elemental de seda

12 flachzylindrischer Kokonfaden (m)
flattened cylindrical cocoon filament
овальная коконовая нить (жр)
fil (m) de cocon en forme de cylindre aplati
fibra (f) serica di forma cilindrica appiattita
hebra (f) de capullo de sección oval / *bri (m) de capoll de secció oval*

13 ungleichmäßige Dicke (f) des Kokonfadens
irregular thickness of cocoon filament
неравномѣрная толщина (жр) нити кокона
épaisseur (f) irrégulière du fil de cocon
diametro (m) irregolare del filo di bozzolo
grueso (m) irregular de la hebra de capullo / *gruix (m) irregular del bri de capoll*

14 Bastschicht (f), Leimschicht (f), Serizinschicht (f)
gummy layer, sericin layer
серициновый *или* лубяной *или* клеевой слой (мр)
couche (f) de séricine
strato (m) di sericina
capa (f) de sericina

15 spröder Bast (m)
brittle sericin
хрупкій серицин (мр)
séricine (f) cassante
sericina (f) friabile
sericina (f) quebradiza / *trencadissa*

16 harter Bast (m)
hard sericin
твердый серицин (мр)
séricine (f) dure
sericina (f) dura
sericina (f) dura

17 grobe Basthülle (f)
coarse sericin coating
грубая оболочка (жр) серицина
enveloppe (f) grossière de séricine
inviluppo (m) grossolano di sericina
envoltura (f) basta / *revestit (m) basto* / de sericina

18 wulstartige Verdickung (f) des Bastes
knot-like thickening *or* swelling of sericin
желвачное утолщение (ср) серицина
gonflement (m) de la séricine en forme de bourrelet
gonfiamento (m) della sericina sotto forma di nodo
hinchazón (f) / *inflament (m) o grumoll (m)* / de sericina

19 körnige Leimschicht (f)
granular layer of sericin
зернистый слой (мр) серицина
couche (f) granuleuse de séricine
strato (m) granuloso di sericina
capa (f) granulosa de sericina

No.	Deutsch / English / Русский	Français / Italiano / Español
1	die Basthülle zeigt Risse *oder* Sprünge the sericin coating shows cracks сериционовая оболочка (жр) обнаруживает надрывы *или* трещины	l'enveloppe (f) de séricine présente des fentes *ou* des craquelures l'inviluppo (m) di sericina mostra screpolature el revestido de sericina presenta grietas / *el revestit de sericina presenta clivelles o esquerdes*
2	erweichter Seidenleim (m) softened sericin размягченный серицин (мр)	séricine (f) adoucie *ou* ramollie sericina (f) rammollita sericina (f) suavizada *o* ablandada *o* reblandecida / *sericina (f) estovada o suavitzada*
3	schwerlöslicher Pektinstoff (m) difficultly soluble pectin[e] тугорастворимое пектиновое вещество (ср)	pectine (f) difficilement soluble pectina (f) difficilmente solubile pectina (f) poco / *poc* / soluble
4	Verkittung (f) der Seidenfasern agglutination of the silk filaments склеиваніе (ср) волокон шелка	agglutination (f) des filaments de soie incollamento (m) *o* agglutinamento (m) delle bavelle aglutinación (f) de las hebras de seda / *soldadura (f) dels brins de seda*
5	Seidenshoddy (m) shoddy silk шелковый угар (мр) шодди	shoddy (m) de soie seta (f) da cenci shoddy (m) de seda
6	Seidenindustrie (f), Seidengewerbe (n) silk industry шелковая промышленность (жр)	industrie (f) de la soie industria (f) della seta industria (f) de la seda
7	Seidenindustrieller (m) silk manufacturer фабрикант (мр) шелковых издѣлій	filateur (m) de soie filandiere (m) hilador (m) / *filador (m)* / de seda
8	Hausindustrie (f), Hausgewerbe (n) home industry кустарное *или* домашнее производство (ср)	industrie (f) familiale *ou* à domicile industria (f) casalinga industria (f) doméstica
9	Seidenhasplerei (f), [Seidenfilande (f)] filature, silk reeling establishment шелкомотальня (жр)	filature (f) de soie filanda (f) hilatura (f) / *filatura (f)* / de seda
10	Seidenzwirnerei (f), [Mulinieranstalt (f)] silk throwing mill шелкокрутильная фабрика (жр), шелкокрутильня (жр)	filature (f) de soie filanda (f) molino (m) *o* hilatura (f) de seda/ *molí (m) o filatura (f) de seda, fàbrica (f) de tiratge de capolls*
11	Muliniergewerbe (n), Mulinierindustrie (f) silk throwing industry производство (ср) крученаго шелка	industrie (f) du moulinage industria (f) della torcitura della seta industria (f) de molinaje / *indústria (f) de molinatge* / de la seda
12	Kleinmuliniergewerbe (n) small silk throwing industry кустарное производство (ср) крученаго шелка	petite industrie (f) du moulinage piccola industria (f) della torcitura pequeña industria (f) de molinaje / *petita indústria (f) de molinatge* / de la seda
13	Seidenarbeiter (m) silk worker рабочій (мр) шелкопрядильни	ouvrier (m) en soie operaio (m) per seta obrero (m) de seda, sedero (m) / *obrer (m) de seda, seder (m)*
14	Seidenarbeiterin (f) silk worker рабочая (жр) шелкопрядильни	ouvrière (f) en soie operaia (f) per seta obrera (f) de seda, sedera (f)
15	Seidenzwirner (m), Seidendreher (m) [silk] throwster, silk thrower крутильщик (мр) *или* тростильщик (мр) шелка, шелкокрутильщик (мр)	moulinier (m), moulineur (m) en soie, ovaliste (m) torcitore (m) molinero (m) / *moliner (m)* / de seda
16	Seidenzwirnerin (f), Seidendreherin (f) [silk] throwster шелкокрутильщица (жр), крутильщица (жр) шелка	moulineuse (f) en soie torcitrice (f) molinera (f) de seda
17	Rohseidenballen (m) raw silk bale кипа (жр) сырого шелка	balle (f) de soie grège balla (f) di seta greggia bala (f) de seda cruda / *seda grega*
18	Haspelseide (f) reeled silk размотанный шелк (мр)	soie (f) en écheveaux seta (f) filata *o* innaspata, seta in matasse seda (f) aspeada *o* en madejas / *seda (f) aspiada o en madeixes*
19	Abfallseide (f) waste silk угарный шелк (мр)	déchets (mpl) de soie cascami (mpl) di seta borra (f) *o* desperdicios (mpl) de seda / *borra (f) o desperdicis (mpl) de seda*
20	Seidenhändler (m) silk dealer торговец (мр) шелком	marchand (m) de soies, négociant (m) en soies setaiuolo (m), commerciante (m) in sete comerciante(m) en seda / *comerciant (m) o marxant (m) de seda*

II.

No.	Deutsch / English / Русский	Français / Italiano / Español – Català
1	**Kokon (m), Seidenkokon (m), Seidengehäuse (n)** **Cocoon** **Кокон (мр)**	**Cocon (m)** **Bozzolo (m)** **Capullo (m) / *Capoll (m)***
2	**1. Sondern (n) *oder* Auslesen (n) [*oder* Sortieren (n)] der Kokons** **Sorting *or* Selection of Cocoons** **Сортировка (жр) коконов**	**Triage (m) des cocons** **Mondatura (f) *o* cernita (f) dei bozzoli** **Escogido (m) *o* sorteo (m) *o* selección (f) de los capullos / *Triatge (m) o sorteig (m) dels capolls***
3	Kokonsortiererin (f) cocoon sorter сортировщица (жр) коконов	trieuse (f) de cocons mondarina (f) di bozzoli sorteadora (f) *o* clasificadora (f) de capullos / *triadora (f) de capolls*
4	die Kokons (mpl) untersuchen to examine the cocoons изслѣдовать коконы	examiner les cocons (mpl) esaminare i bozzoli examinar los capullos / *els capolls*
5	Spinnkokon (m), haspelbarer *oder* abwickelbarer Kokon (m) reelable cocoon прядильный *или* разматывающійся кокон (мр)	cocon (m) dévidable bozzolo (m) dipanabile *o* filabile capullo (m) hilable / *capoll (m) filable*
6	Aufzuchtkokon (m) breeding cocoon культивированный *или* разводочный кокон (мр)	cocon (m) pour l'élevage *ou* destiné à la reproduction bozzolo (m) per la riproduzione capullo (m) semilla, capullo para la cría / *capoll-llavor (m), capoll (m) per a la cria*
7	Frühlingskokon (m) spring cocoon весенній кокон (мр)	cocon (m) de printemps bozzolo (m) primaverile capullo (m) / *capoll (m)* / de primavera
8	Herbstkokon (m) autumn cocoon осенній кокон (мр)	cocon (m) d'automne bozzolo (m) autunnale capullo (m) de otoño / *capoll (m) de tardor*
9	lebender Kokon (m) raw cocoon живой кокон (мр)	cocon (m) vert bozzolo (m) fresco capullo (m) vivo *o* verde / *capoll viu o verd*
10	abgetöteter *oder* gerösteter *oder* gedörrter *oder* gebackener Kokon (m) stifled *or* baked *or* dried cocoon засушенный кокон (мр)	cocon (m) étouffé *ou* séché bozzolo (m) soffocato *o* stagionato *o* essiccato *o* secco *o* stufato capullo (m) asfixiado *o* secado / *capoll (m) ofegat o assecat*
11	geschwefelter Kokon (m) fumed cocoon кокон (мр), окуренный сѣрными газами	cocon (m) soufré bozzolo (m) sottoposto a suffumigazioni solforose, bozzolo (m) solforato capullo (m) azufrado / *capoll (m) ensofrat*
12	den Kokon in ungedörrtem Zustande verarbeiten to work the cocoon in an undried condition обрабатывать кокон в незасушенном видѣ	travailler le cocon vert lavorare il bozzolo a fresco trabajar el capullo en verde / *treballar el capoll verd*
13	Handelsgewicht (n) des Kokons commercial weight of the cocoon торговый вѣс (мр) кокона	poids (m) marchand du cocon peso (m) mercantile del bozzolo peso (m) comercial del capullo / *pes (m) comercial del capoll*
14	**2. Kokonarten (fpl)** **Species of Cocoons** **Сорта (мр) *или* породы (жр) кокона**	**Espèces (fpl) de cocons** **Specie (fpl) di bozzoli** **Especies (fpl) de capullos / *capolls***
15	Kokon (m) der einerntigen Seidenraupenrasse cocoon of annual silkworm variety кокон (мр) одноурожайной породы шелковичных червей	cocon (m) de la variété annuelle du ver à soie, cocon de l'univolt[a]in bozzolo (m) della razza annuale o monovoltina di bachi capullo (m) de la raza de una cosecha o unipara de gusanos de seda / *capoll (m) de la raça de una collita de cucs de seda*
16	Kokon (m) der zweierntigen Rasse cocoon of bivoltine variety кокон (мр) двухурожайной породы	cocon (m) de la variété bivoltine bozzolo (m) della razza bivoltina capullo (m) de la raza de dos cosechas / *capoll (m) de la raça de dos collites*
17	Kokon (m) der mehrerntigen Rasse cocoon of multivoltine variety кокон (мр) многоурожайной породы	cocon (m) de la variété polyvoltine bozzolo (m) della razza polivoltina capullo (m) de la raza de varias cosechas o multipara / *capoll (m) de la raça de varies collites*

1 Kokon (m) reiner Rasse
pure bred cocoon
кокон (мр) чистой породы
cocon (m) de race pure
bozzolo (m) da [seme di] razza pura
capullo (m) de raza pura / *capoll (m) de raça pura*

2 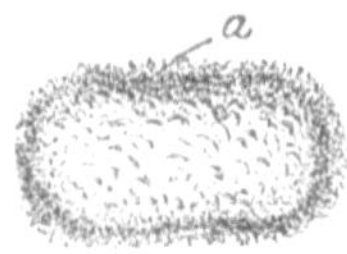

Maulbeerkokon (m)
cocoon of the mulberry silkworm
тутовый кокон (мр)
cocon (m) du bombyx du mûrier
bozzolo (m) del bombyx mori
capullo (m) del gusano de seda de la morera / *capoll (m) del cuc de seda de la morera*

3 
Kokon (m) der japanischen Rasse
cocoon of Japanese breed
кокон (мр) японской породы
cocon (m) de la race japonaise
bozzolo (m) [da seme] di razza giapponese
capullo (m) de la raza japonesa / *capoll (m) de la raça japonesa*

4 
Kokon (m) der bengalischen Rasse (f)
cocoon of Bengal breed
кокон (мр) бенгальской породы
cocon (m) de la race du Bengale
bozzolo (m) [da seme] di razza del Bengala
capullo (m) de la raza de Bengala / *capoll (m) de la raça de Bengala*

5 **3. Form (f) der Kokons**
Shape of Cocoons
Форма (жр) коконов
Forme (f) des cocons
Forma (f) dei bozzoli
Forma (f) de los capullos / *dels capolls*

6 männlicher Kokon (m)
male cocoon
мужской кокон (мр)
cocon (m) mâle
bozzolo (m) [che contiene un] maschio
capullo (m) macho / *capoll (m) mascle*

7 weiblicher Kokon (m)
female cocoon
женскій кокон (мр)
cocon (m) femelle
bozzolo (m) [che contiene una] femmina
capullo (m) hembra / *capoll (m) femella*

8 
eiförmiger *oder* eirunder Kokon (m)
egg-shaped *or* oval cocoon
яйцеобразный *или* яйцевидный кокон (мр)
cocon (m) ovale
bozzolo (m) ovale
capullo (m) / *capoll (m) / oval*

mit Blättern umwickelter Kokon (m) von Actias selene
cocoon of Actias selene wrapped in leaves
кокон (мр) Actias selene, окутанный листьями
cocon (m) d'Actias selene entouré de feuilles 9
bozzolo (m) di Actias selene avviluppato di foglie
capullo (m) de Actias selene envuelto en hojas / *capoll (m) de Actias selene embolicat amb fulles*

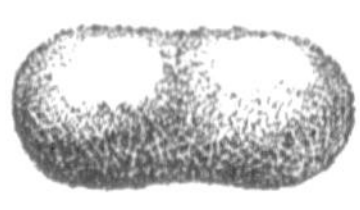
eingeschnürter *oder* nierenförmiger Kokon (m)
kidney-shaped cocoon
перепоясанный *или* почковидный кокон (мр)
cocon (m) réniforme *ou* étranglé 10
bozzolo (m) ristretto al centro, [bozzolo] cinturato (m)
capullo (m) reniforme / *capoll (m) reniforme o escanyat*

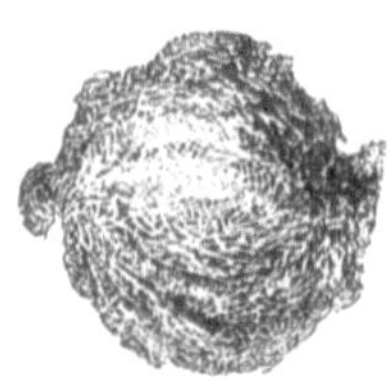
kugelförmiger Familienspinnerkokon (m), kugelförmiges Familienspinnernest (n)
ball-shaped nest of Anaphe
шарообразный кокон (мр) „анафа"
nid (m) de l'anaphe en forme de boule 11
nido (m) sferico dell'Anaphe
nido (m) en forma de pelota del Anaphe / *niu (m) en forma de pilota del Anaphe*

Doppelkokon (m)
double cocoon, twin cocoon
парный *или* двойной кокон (мр), дублон (мр)
cocon (m) double, doupion (m), duppion (m)
[bozzolo (m)] doppio (m), doppione (m) 12
capullo (m) ocal *o* doble / *capoll (m) doble*

spitzer Kokon (m)
pointed cocoon
остроконечный кокон (мр)
cocon (m) pointu
bozzolo (m) appuntito
capullo (m) puntiagudo / *capoll (m) punxegut* 13

4. Farbe (f) der Kokons
Colour of Cocoons
Цвѣт (мр) коконов
Couleur (f) des cocons
Colore (m) dei bozzoli 14
Color (m) de los capullos / *dels capolls*

weißer Kokon (m)
white cocoon
бѣлый кокон (мр)
cocon (m) blanc
bozzolo (m) bianco
capullo (m) blanco / *capoll (m) blanc* 15

gelber Kokon (m)
yellow cocoon
желтый кокон (мр)
cocon (m) jaune
bozzolo (m) giallo
capullo (m) amarillo / *capoll (m) groc* 16

No.		
1	strohgelber Kokon (m) straw-coloured cocoon соломенно-желтый кокон (мр)	cocon (m) paille bozzolo (m) paglierino capullo (m) de color de paja / *capoll (m) de color de palla*
2	goldgelber Kokon (m) golden yellow cocoon золотисто-желтый кокон (мр)	cocon (m) jaune doré bozzolo (m) giallo dorato capullo (m) dorado / *capoll (m) daurat*
3	blaßgruner Kokon (m) pale green cocoon блѣдно-зеленый кокон (мр)	cocon (m) vert pâle bozzolo (m) verde pallido capullo (m) verdoso *o* de un verde pálido / *capoll (m) verdós*
4	grüner Kokon (m) green cocoon зеленый кокон (мр)	cocon (m) céladon bozzolo (m) verde capullo (m) [de color] verde / *capoll (m) [de color] verd*
5	graufarbiger Kokon (m) grey [coloured] cocoon сѣрый кокон (мр)	cocon (m) gris bozzolo (m) grigio capullo (m) / *capoll (m)* / gris
6	metallisch schimmernder Kokon (m) cocoon of metallic lustre кокон (мр) металлическаго блеска	cocon (m) d'éclat métallique bozzolo (m) con dei riflessi metallici capullo (m) con brillo metálico / *capoll (m) amb lluissor metàl-lica*
7	Perlmutterglanz (m) des Kokons mother-of-pearl lustre of cocoon перламутровый блеск (мр) кокона	éclat (m) nacré du cocon aspetto (m) della madre-perla del bozzolo brillo (m) nacarino del capullo / *lluissor (m) de nacre del capoll*
8	**5. Fehlerhafte Kokons** (m pl) **Faulty Cocoons** **Коконы** (мр) **с недостатками**	**Cocons** (m pl) **défectueux** **Bozzoli** (m pl) **difettosi** **Capullos** (m pl) / ***Capolls*** *(m pl)* / **defectuosos**
9	unfertiger Kokon (m) unfinished *or* incomplete cocoon незрѣлый *или* недоразвитый кокон (мр)	cocon (m) non terminé *ou* non achevé faloppa (f) capullo (m) incompleto o no terminado / *capoll (m) incomplet o per acabar, cul (m) de capoll*
10	nicht [ab]haspelbarer *oder* unabwickelbarer *oder* unentwirrbarer Kokon (m) unreelable cocoon неразматывающійся кокон (мр)	cocon (m) indévidable bozzolo (m) non dipanabile *o* non filabile capûllo (m) no hilable / *capoll (m) no filable*
11	beschädigter Kokon (m) injured *or* damaged cocoon поврежденный кокон (мр)	cocon (m) avarié bozzolo (m) avariato, galetta (f) avariata capullo (m) averiado / *capoll (m) avariat*
12	Sterblingskokon (m) dead cocoon омертвѣлый кокон (мр)	chique (f), cocon (m) mort *ou* fondu, bonne chaquette (f) bozzolo (m) morto, [galetta (f)] morta (f) capullo (m) muerto / *capoll (m) mort*
13	fleckiger *oder* befleckter Kokon (m) spotted cocoon пятнистый кокон (мр)	cocon (m) taché *ou* gâté, mauvaise chaquette (f) [bozzolo (m)] macchiato (m) capullo (m) manchado / *capoll (m) tacat*
14	rostiger *oder* rostfarbener Kokon (m) rust-stained cocoon ржавый кокон (мр)	cocon (m) rouillé [bozzolo (m)] rugginoso (m) capullo (m) enmohecido / *capoll (m) florit*
15	schimmliger Kokon (m) mouldy *or* mildewy cocoon заплѣснєвѣлый кокон (мр)	cocon (m) moisi *ou* attaqué par la moisissure [bozzolo (m)] ammuffito (m) capullo (m) mohoso / *capoll (m) florit*
16	angefaulter Kokon (m) rotten cocoon подгнившій кокон (мр)	cocon (m) gâté *ou* pourri [bozzolo (m)] marcio (m) capullo (m) podrido / *capoll (m) podrit*
17	angefressener Kokon (m) gnawed *or* moth-eaten cocoon подъѣденный кокон (мр)	cocon (m) attaqué *ou* rongé [bozzolo (m)] rosicchiato (m) capullo (m) picado / *capoll (m) picat*
18	durchbrochener *oder* offener Kokon (m) broken *or* open cocoon проломленный *или* раскрытый кокон (мр)	cocon (m) ouvert *ou* perforé *ou* percé [bozzolo (m)] sfarfallato (m), bozzolo forato capullo (m) perforado *o* abierto / *capoll (m) foradat o obert*
19	wurmstichiger Kokon (m), angestochener Kokon (m) worm-eaten *or* pricked cocoon кокон (мр) изъѣденный червем	cocon (m) piqué [bozzolo (m)] tarmato (m) capullo (m) apolillado / *capoll (m) arnat*

20 Kokonkorb (m)
cocoon basket
корзинка (жр) *или* плетенка (жр) для коконов
panier (m) aux cocons
cestone (m) per bozzoli
cesta (f) de capullos / *cistell (m) de capolls*

6. Gefüge (n) **[*oder* Struktur** (f)**] der Kokons**
Structure of Cocoons
1 **Строеніе** (ср) *или* **структура** (жр) **коконов**
Structure (f) *ou* **texture** (f) *ou* **tissure** (f) **des cocons**
Struttura (f) **dei bozzoli**
Estructura (f) **de los capullos** / ***dels* capolls**

seidenreicher Kokon (m)
2 cocoon rich in silk
кокон (мр), богатый шелком
cocon (m) riche en soie
bozzolo (m) ricco di seta
capullo (m) rico / *capoll (m) ric* / en seda

seidenarmer Kokon(m)
3 cocoon poor in silk
кокон (мр), бѣдный шелком
cocon (m) pauvre en soie
bozzolo (m) povero di seta
capullo (m) / *capoll (m)* / pobre en seda

Kokon (m) aus feinfädiger Seide
4 cocoon of fine-fibred silk
кокон (мр) тонковолокнистаго шелка
cocon (f) à fil fin *ou* à contexture fine
bozzolo (m) a bava fina
capullo (m) de seda de hebra fina / *capoll (m) de seda de bri fi*

Feinheit (f) des Kokonfadens
5 fineness of the cocoon filament
тонина (жр) шелковинки *или* шелковой нити кокона
finesse (f) du filament du cocon
finezza (f) della bava del bozzolo
finura (f) de la hebra del capullo / *finor (f) del bri del capoll*

regelmäßig gefertigter Kokon (m)
6 regularly *or* uniformly spun cocoon
равномѣрно выпряденный кокон (мр)
cocon (m) confectionné régulièrement
bozzolo (m) filato regolarmente
capullo (m) hilado con regularidad / *capoll (m) filat amb regularitat*

unregelmäßig gefertigter Kokon (m)
7 irregularly spun cocoon
неравномѣрно выпряденный кокон (мр)
cocon (f) confectionné irrégulièrement
bozzolo (m) filato irregolarmente
capullo (m) hilado sin regularidad / *capoll (m) filat sense regularitat*

ununterbrochen gesponnener Kokon (m)
8 continuously spun cocoon
непрерывно выпряденный кокон (мр)
cocon (m) filé sans interruption *ou* sans arrêt
bozzolo (m) filato senza interruzione
capullo (m) hilado sin interrupción / *capoll (m) filat sense interrupció*

unterbrochen gesponnener Kokon (m)
9 intermittently spun cocoon
с перерывами выпряденный кокон (мр)
cocon (m) filé avec interruption *ou* avec arrêt
bozzolo (m) filato con interruzione
capullo (m) hilado con interrupción / *capoll (m) filat amb interrupció*

fester Kokon (m)
10 firm *or* solid cocoon
прочный кокон (мр)
cocon (m) solide
bozzolo (m) solido
capullo (m) sólido / *capoll (m) sòlid*

dichter Kokon (m)
dense cocoon
плотный кокон (мр)
cocon (m) lourd *ou* à tissure serrée
bozzolo (m) a tessuto fitto *o* serrato 11
capullo (m) denso *o* tupido / *capoll (m) espès o pesant*

wasserdichter Kokon (m)
waterproof *or* watertight cocoon
водонепроницаемый кокон (мр)
cocon (m) à l'épreuve de l'eau
bozzolo (m) impermeabile *o* a tenuta d'acqua 12
capullo (m) / *capoll (m)* / impermeable

wasserundichter Kokon (m)
permeable cocoon
водопроницаемый кокон (мр)
cocon (m) perméable à l'eau
bozzolo (m) permeabile all'acqua 13
capullo (m) / *capoll (m)* / permeable

dickwandiger Kokon (m)
thick-walled cocoon
толстостѣнный кокон (мр)
cocon (m) à coque épaisse *ou* à paroi épaisse
bozzolo (m) a pareti spesse
capullo (m) de cáscara gruesa *o* de pared gruesa / *capoll (m) de paret gruixuda o de closca gruixuda* 14

atlasartiger Kokon (m)
satiny cocoon
атласный кокон (мр)
cocon (m) satiné
bozzolo (m) bambagiato 15
capullo (m) satinado / *capoll satinat*

durchsichtiger Kokon (m)
transparent cocoon
прозрачный кокон (мр)
cocon (m) transparent
bozzolo (m) trasparente
capullo (m) transparente / *capoll (m) transparent* 16

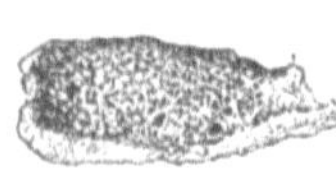

netzartig *oder* maschenartig gesponnener Kokon (m)
net-like *or* meshy cocoon
сѣтчатый *или* петлевидный кокон (мр)
cocon (m) confectionné en forme de réticule 17
bozzolo (m) filato a foggia di reticella
capullo (m) hilado en forma de red / *capoll (m) filat en forma de xarxa*

großmaschiger Kokon (m)
large-meshed *or* wide-meshed cocoon
крупнопетельный кокон (мр)
cocon (m) à grandes mailles
bozzolo (m) a maglie grandi 18
capullo (m) de mallas anchas / *capoll (m) de malles amples*

lockerer *oder* locker gebauter Kokon (m)
loosely built cocoon
кокон (мр) рыхлой структуры *или* слабаго строенія
cocalon (m), cocon (m) à tissure lâche *ou* peu serrée
bozzolo (m) di tessuto a strati non uniti 19
capullo (m) flojo / *capoll (m) fluix*

feinkörniger Kokon (m)
fine grained cocoon
мелкозернистый кокон (мр)
cocon (m) à grain fin
bozzolo (m) a grana fina
capullo (m) de grano fino / *capoll (m) de gra fi* 20

elastischer Kokon (m)
elastic cocoon
упругій *или* эластичный кокон (мр)
cocon (m) élastique
bozzolo (m) elastico
capullo (m) elástico / *capoll (m) elàstic* 21

1
Bastgehalt (m) *oder* Gummigehalt (m) des Kokons
contents of sericin in the cocoon
содержаніе (ср) серицина в коконѣ
teneur (f) en séricine du cocon
tenore (m) in sericina del bozzolo
cantidad (f) de *o* contenido (m) en sericina del capullo / *quantitat (f) de o contingut (m) en sericina del capoll*

2
stark basthaltiger Kokon (m)
cocoon rich in sericin
кокон (мр), содержащій много серицина
cocon (m) riche en séricine
bozzolo (m) ricco in sericina
capullo (m) rico / *capoll (m) ric* / en sericina

3
Fadengehalt (m) des Kokons
amount of filament in the cocoon
количество (ср) шелка в коконѣ
rendement (m) en fibre du cocon
rendimento (m) in seta del bozzolo
cantidad (f) *o* contenido (m) de fibra en el capullo / *quantitat (f) de contingut de fibra del capoll*

4
äußerer Flaum (m) des Kokons
outer floss of the cocoon
наружный пух (мр) кокона
partie (f) duveteuse de la surface du cocon, [première] bourre (f), bourreuse (f), blaise (f), frison (m)
strato (m) superficiale del bozzolo, spelaia (f)
borra (f) externa del capullo / *borrissol (m) superficial del capoll*

5
innere Kokonhaut (f) *oder* Kokonschicht (f)
inner coating of the cocoon
внутренняя кожица (жр) кокона
enveloppe (f) *ou* couche (f) interne du cocon
inviluppo (m) interno *o* corteccia (f) interna del bozzolo
revestimiento (m) interior del capullo / *superficie (f) o cara (f) interna del capoll*

6
Puppe (f) mit Doppelumhüllung
cocoon with a double case *or* shell
куколка (жр) с двойной оболочкой
cocon (m) à double chemise *ou* coque
bozzolo (m) a doppio inviluppo
capullo (m) con doble caja *o* cáscara / *capoll (m) amb doble caixa o closca*

7
7. Töten (n) *oder* Abtöten (n) der Schmetterlingspuppe
Stifling of the Pupa
Умерщвленіе (ср) куколки
Étouffage (m) *ou* étouffement (m) de la chrysalide
Moritura (f) della crisalide, stufatura (f) dei bozzoli
Destrucción (f) *o* ahogado (m) de la crisálida / *destrucció (f) o ofegament (m) de la crisàlide*

8
die Puppe töten *oder* abtöten *oder* ersticken
to kill *or* to destroy *or* to stifle the pupa *or* chrysalis
убить *или* удушить куколку
étouffer la chrysalide
far morire la crisalide
ahogar *o* asfixiar *o* destruir la crisálida / *ofegar o matar la crisàlide*

9
die Kokons (mpl) dörren *oder* rösten
to dry *or* to bake the cocoons
засушивать *или* сушить коконы
[faire] sécher *ou* dessécher les cocons
essiccare i bozzoli
tostar *o* secar los capullos / *torrar o dessecar els capolls*

10
Dörren (n) der Kokons
baking *or* drying the cocoons
сушка (жр) *или* засушиваніе (ср) коконов
[des]séchage (m) des cocons
essiccazione (f) *o* moritura (f) a secco *o* stufatura (f) a secco dei bozzoli
tostado (m) *o* torrefacción (f) *o* desecación (f) de los capullos / *torrefacció (f) o dessecació (f) o dessecat (m) dels capolls*

11
Dörrverfahren (n)
drying *or* baking method
способ (мр) *или* метод (мр) сушки
méthode (f) de [des]séchage
metodo (m) di essiccazione
método de desecación / *mètode (m) de dessecació*

12
Dörren (n) innerhalb bestimmter Temperaturgrenzen
drying within given limits of temperature
сушка (жр) в предѣлах определенных температур
desséchage (m) dans des limites données de température
essiccazione (f) in dati limiti di temperatura
desecación (f) entre ciertos límites de temperatura / *dessecat (m) entre certs limits de temperatura*

13
Dörrhitze (f), Dörrhitzegrad (m), Dörrtemperatur (f)
drying heat *or* temperature
сушильный жар (мр), температура (жр) засушиванія
température (f) de desséchage
temperatura (f) di essiccazione *o* per stufare
temperatura (f) de desecación / *de dessecació*

14
die Puppe durch trokkene Hitze töten
to kill the chrysalis by dry heat
удушить куколку сухим жаром
étouffer la chrysalide à la chaleur sèche
far morire la crisalide con calore secco
ahogar la crisálida por medio de calor seco / *ofegar la crisàlide per mitjà del calor sec*

15
durch Sonnenhitze dörren
to dry in the sun
сушить *или* засушивать солнечными лучами *или* на солнцѣ
dessécher au soleil
essiccare al sole
secar / *assecar* / al sol

16
Dörren (n) mittels heißer Luft
drying by hot air
сушить горячим воздухом
desséchage (m) à l'air chaud
essiccazione (f) con aria calda
desecación (f) por aire caliente / *dessecació (f) per aire calent*

17

fahrbarer [*oder* transportabler] Dörrofen (m)
portable drying oven
передвижная *или* переносная сушильная печь (жр), сушилка (жр) на колесах
étouffoir-séchoir (m) mobile
stufa (f) mobile
estufa (f) de desecación / *de dessecació* / transportable

1 Ersticken (n) mittels Wasserdampf
stifling by steam
удушеніе (ср) водяным паром
étouffage (m) à la vapeur
soffocazione (f) con vapore d'acqua
ahogado (m) por vapor de agua / *ofegament (m) per vapor d'aigua*

2 Dampfverfahren (n)
treatment by steam, steaming
способ (мр) пропариванія
traitement (m) par la vapeur, vaporisation (f)
trattamento (m) con vapore
tratamiento (m) por vapor, vaporizado (m) / *tractament (m) per vapor, vaporitzat (m), vaporat (m)*

3 die Puppen (fpl) durch Wasserdampf ersticken
to stifle the pupæ by steam
удушать куколки водяным паром
étouffer les chrysalides à la vapeur
soffocare le crisalidi col vapore
ahogar las crisálidas por vapor de agua / *ofegar les crisàlides per vapor d'aigua*

4 die Kokons schwefeln
to fumigate the cocoons with sulphur
окуривать коконы сѣрою
soufrer les cocons
suffumigare i bozzoli con lo zolfo
azufrar los capullos / *ensofrar els capolls*

III.

5
Gewinnung (f) der Seide aus den Kokons
Extraction of Silk from the Cocoons
Добываніе (ср) *или* полученіе (ср) шелка из коконов
Extraction (f) de la soie des cocons
Estrazione (f) della seta dai bozzoli
Extracción (f) de la seda de los capullos / *Extracció (f) de la seda dels capolls*

6
1. Aufweichen (n) *oder* Erweichen (n) der Kokons
Steeping *or* Soaking the Cocoons
Размачиваніе (ср) *или* размягченіе (ср) коконов
Cuisson (f) *ou* baignage (m) *ou* immersion (f) des cocons
Macero (m) dei bozzoli
Remojado (m) para reblandecer los capullos / *Remullat (m) dels capolls*

7 die Kokons aufschließen
to open the cocoons
раскрывать *или* вскрывать кокон
ouvrir les cocons
aprire i bozzoli
abrir los capullos / *obrir els capolls*

die Kokonhülle durch kochendes Wasser erweichen *oder* aufweichen
to soften the cocoon shell in boiling water
размягчать оболочку кокона кипящею водою
[r]amollir la coque du cocon dans l'eau bouillante
rammollire l'involucro del bozzolo con acqua bollente 8
reblandecer la cáscara del capullo en agua hirviente / *estovar la closca del capoll amb aigua bullent*

Einweichbecken (n)
steeping pan *or* basin
сосуд (мр) *или* таз (мр) для размягченія
bassine (f) de trempage
bacinella (f) per il macero 9
cazuela (f) de remojo / *cassola (f) de remullar*

die Kokons (mpl) kochen
to boil the cocoons
варить *или* кипятить коконы
faire bouillir *ou* ébouillanter les cocons (mpl) 10
far bollire i bozzoli
hervir los capullos / *bullir els capolls*

die Kokons (mpl) auf freiem Feuer kochen
to boil the cocoons over an open *or* free fire
варить коконы на открытом огнѣ
faire bouillir les cocons (mpl) à feu nu
far bollire i bozzoli a fuoco diretto 11
hervir los capullos a fuego directo / *bullir els capolls a foc directe*

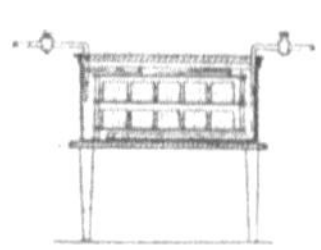

Kocher (m), Kochvorrichtung (f)
cooker, boiling apparatus
кипятильник (мр)
cuiseuse (f)
apparecchio (m) per il macero dei bozzoli 12
cocina (f) *o* aparato (m) para hervir los capullos / *cuina (f) o aparell (m) per a bullir els capolls*

a

Kochpfanne (f)
boiling pan
[кипятильный] таз (мр) 13
bassine (f)
bacinella (f)
cazuela (f) / *cassola (f)*

b

heißes Wasserbad (n)
hot water bath
горячая водяная ванна (жр)
bain (m) d'eau chaude 14
bagno (m) d'acqua calda
baño (m) de agua caliente / *bany (m) d'aigua callenta*

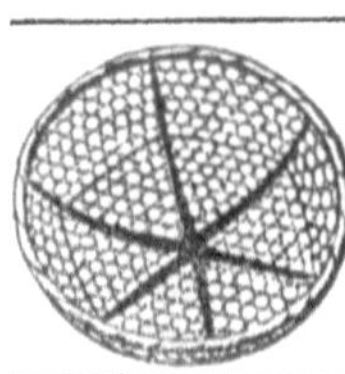

Kokonsieb (n)
cocoon sieve
сито (ср) *или* рѣшето (ср) для коконов 15
crible (m) pour cocons
paniere (m) pei bozzoli
tamiz (m) para capullos / *sedás (m) per a capolls*

Sieblöffel (m)
sieve spoon
шумовка (жр), ситовая ложка (жр)
louche (f) à trous 16
cucchiaio (m) a staccio, schiumarola (f)
cuchara-coladera (f) / *cullera (f) escorredora*

No.		
1	Haspelwasser (n) reeling water вода (жр) для размота	eau (f) de dévidage *ou* de bassine acqua (f) di trattura *o* di filatura agua (f) para devanar / *aigua (f) per a aspiar*
2	destilliertes Wasser (n) distilled water дестиллированная вода (жр)	eau (f) distillée acqua (f) distillata agua (f) destilada / *aigua (f) destil·lada*
3	Niederschlagwasser (n), [Kondens[ations]-wasser (n)] water of condensation конденсацiонная вода (жр)	eau (f) condensée *ou* de condensation acqua (f) di condensazione agua (f) de condensación / *aigua (f) de condensació*
4	kalkfreies Wasser (n) lime-free water вода (жр), лишенная извести	eau (f) exempte de chaux acqua (f) scevra di calce, acqua dolce agua (f) sin cal *o* libre de cal / *aigua (f) sense calç*
5	schwach kalkhaltiges Wasser (n) water with low lime contents вода (жр) со слабым содержанiем извести	eau (f) faiblement calcaire acqua (f) leggermente calcarea agua (f) lijeramente calcárea / *aigua (f) lleugerament calcaria*
6	alkalisches Wasser (n) alkaline water щелочная вода (жр)	eau (f) alcaline acqua (f) alcalina agua (f) / *aigua (f)* / alcalina
7	Lösungsvermögen (n) des Haspelwassers solvent property of reeling water растворительная способность (жр) воды для размота	propriétés (fpl) dissolvantes de l'eau de dévidage proprietà (fpl) dissolventi dell'acqua di filatura propiedad (f) disolvente del agua de devanar / *propietat (f) dissolvent del aigua d'aspiar*
8	metallsalzhaltiges Haspelwasser (n) reeling water containing metallic salts вода (жр) для размота с содержанiем солей металлов	eau (f) de dévidage contenant des sels métalliques acqua (f) di trattura contenente sali metallici agua de devanar conteniendo sales metálicas / *aigua (f) d'aspiat portant sals metàl·liques*
9	mit Puppensäften gesättigtes Haspelwasser (n) reeling water saturated with pupæ liquors вода (жр) для размота, насыщенная соком куколок	eau (f) de dévidage saturée de liquide de chrysalides acqua (f) di trattura saturata di infuso di crisalide agua (f) de devanar saturada de jugos de crisálida / *aigua (f) d'aspiar saturada de sucs de la crisàlide*
10	mit Puppenfett durchsetztes Haspelwasser reeling water containing pupæ fat вода (жр) для размота, пропитанная жиром куколок	eau (f) de dévidage contenant de la graisse de chrysalide acqua (f) di trattura addizionata con grasso di crisalide agua (f) de devanar conteniendo grasa de la crisálida / *aigua (f) d'aspiar portant greix de la crisàlide*
11	Puppenfett (n) pupæ fat *or* scum жир (мр) куколок	graisse (f) de [la] chrysalide grasso (m) di crisalide grasa (f) de la crisálida / *greix (m) de la crisàlide*
12	Puppensäure (f) pupæ acid кислота (жр) куколок	acide (m) [provenant] de [la] chrysalide acido (m) della crisalide ácido (m) de la crisálida / *àcid (m) de la crisàlide*
13	Wechseln (n) des Haspelwassers changing the reeling water смѣна (жр) воды для размота	changement (m) du bain de dévidage cambio (m) dell'acqua di trattura cambio (m) del agua de devanar / *canvi (m) del aigua d'aspiar*
14	die Kokons (mpl) in Pflanzenlauge kochen to boil the cocoons in vegetable alkali solution кипятить коконы в растительном щелокѣ	faire bouillir les cocons dans une lessive alcaline végétale bollire i bozzoli in una lisciva di ceneri di vegetali hervir los capullos en una lejia alcalina vegetal / *bullir els capolls en un lleixiu alcali vegetal*
15	Aschenlauge (f) ash lye, solution of wood ashes щелок (мр) из золы	solution (f) de cendres de bois lisciva (f) di cenere lejia (f) *o* solución (f) de ceniza [de madera] / *lleixiu (m) de cendra [de fusta]*
16	Eichenrinden-abkochung (f) decoction of oak bark, oak bark suds настой (мр) *или* отвар (мр) дубовой коры	décoction (f) de tan decozione (f) di scorza di quercia cocimiento (m) de corteza de encina / *cocció (f) d'escorxa d'alzina*
17	Salpeterlösung (f) saltpetre solution раствор (мр) селитры	solution (f) de salpêtre soluzione (f) di salnitro solución (f) de salitre / *solució (f) de salnitre*
18	Sodalösung (f) soda solution раствор (мр) соды	solution (f) de soude soluzione (f) di soda solución (f) / *solució (f)* / de sosa
19	**2. Schlagen (n) und Putzen (n) der Kokons** **Agitating and Cleaning the Cocoons** **Порка (жр) и чистка (жр) коконов**	**Battage (m) et purge (f) des cocons** **Scopinatura (f) e purga (f) dei bozzoli** **Batido (m) y purga (f) de los capullos / *Remenat (m) i purga (f) dels capolls***
20	Kokonschlägerin (f) cocoon brusher порщица (жр) коконов, коконщица (жр)	brosseuse (f) scoparina (f) batidora (f) de capullos / *de capolls*

1
der Kokon schwimmt im Haspelwasser
the cocoon floats in the reeling water
кокон (мр) плавает в водѣ для размота
le cocon flotte dans l'eau de dévidage
il bozzolo galleggia sull'acqua di trattura
el capullo flota en el agua de devanar / *el capoll sura en l'aigua d'aspiar*

2
schwimmender Kokon (m)
floating cocoon
плавающій кокон (мр)
cocon (m) flottant
bozzolo (m) galleggiante
capullo (m) flotante / *capoll (m) flotant*

3
Kokonschlagen (n) mit der Hand
agitating *or* brushing the cocoons by hand
колоченіе (ср) *или* порка (жр) *или* взбиваніе (ср) коконов рукою
battage (m) des cocons à la main
scopinatura (f) *o* sbattuta (f) a mano dei bozzoli
cepillado (m) *o* batido (m) a mano de los capullos / *remenat (m) o raspallat (m) dels capolls a mà*

4

die Kokons (mpl) mit dem Reisigbesen schlagen
to agitate the cocoons with a besom
пороть коконы метелкой *или* вѣником
battre les cocons au balai de bruyère *ou* à l'escoubette
sbattere i bozzoli con lo spazzolo
batir los capullos con la escobilla / *remenar els capolls amb l'escombreta*

---

5 a
Schlagbesen (m)
beating *or* agitating besom
бительная метла (жр) *или* метелка (жр), вѣник (мр) для порки
escoubette (f), balai (m) de battage
spazzolo (m), scopinetto (m)
escobilla-batidora (f) / *escombreta (f) de remenar*

6
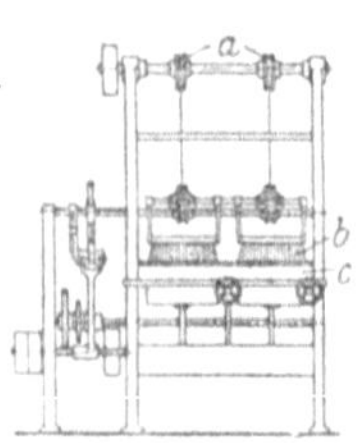

mechanischer Kokonschläger (m)
mechanical cocoon agitator
механическій порщик (мр) коконов
batteuse (f) mécanique pour cocons
sbattrice (f) meccanica, macchina (f) scopinatrice
batidor (m) mecánico para capullos / *agitadora (f) mecànica per a capolls*

---

7 a
exzentrische Rollenscheibe (f)
eccentric pulley
эксцентриковый ролик (мр) *или* каток (мр)
poulie (f) excentrique
puleggia (f) eccentrica
polea excéntrica / *politja (f) excèntrica*

---

8 b
Schlagbürste (f)
agitating brush
щетка (жр) для порки
brosse (f) de battage
spazzolone (m)
cepillo-batidor (m) / *raspall-agitador (m)*

---

c
Schlagbecken (n)
beating basin
таз (мр) для [порки] коконов
bassine (f) de battage 9
bacinella (f) della sbattrice
cazuela (f) *o* depósito (m) de batir / *cassola (f) o palangana (f) de remenar*

---

die äußere Flockseide entfernen
to remove the outer floss
удалить наружный пух кокона
enlever *ou* détacher le frison *ou* la bourre
togliere la spelaia
quitar el filadiz *o* la borr[ill]a externa / *treure el filadís o el borrissol exterior* 10

---

das Kokonfadenende suchen *oder* auffischen
to find *or* to pick-up the end of the cocoon filament
отыскивать *или* вылавливать конец шелковинки [кокона]
saisir le maître-brin du cocon
ricercare il capo[filo]
buscar *o* tomar el cabo de la hebra de capullo / *buscar o pendre el cap de brí del capoll* 11

---

richtiges Kokonfadenende (n)
right end of the cocoon filament
настоящій конец (мр) шелковинки
maître-brin (m), bon brin (m)
capofilo (m)
cabo (m) de la hebra de capullo / *cap (m) de brí de capoll* 12

---

das Kokonfadenende hängt sich an die Bürste
the end of the cocoon filament adheres to the brush
конец (мр) шелковинки пристает к щеткѣ
le maître-brin s'attache à la brosse
il capofilo aderisce alla [trebbia della] spazzola
el cabo de la hebra de capullo se adhiere al cepillo / *el cap de brí del capoll s'agafa al raspall* 13

---

das Fadenende von der Bürste abstreifen
to stroke-off the end of the filament from the brush
стянуть *или* снять конец шелковинки со щетки
ôter le maître-brin de la brosse
staccare dalla spazzola il capofilo
tomar del cepillo el cabo de la hebra de capullo / *pendre del raspall el cap de brí del capoll* 14

---

3. Abhaspeln (n) der Kokons
Silk Reeling
Размот (мр) *или* сматываніе (ср) коконов
Tirage (m) de la soie, filature (f) des cocons
Trattura (f) *o* filatura (f) della seta 15
Hilado (m) / *Aspiat (m) / de la seda*

---

geheiztes Haspelgehäuse (n)
heated reel casing
отопленный кожух (мр) мотальной машины
caisse (f) des guindres chauffée
cassone (m) delle aspe riscaldato
caja (f) calentada de las devanaderas / *caixa (f) escalfada de les devanadores* 16

1 Kokonhasplerin (f)
silk reeler, cocoon reeler
размотчица (жр) коконов на мотовилах, мотальщица (жр) шелка
dévideuse (f) de cocons, tireuse (f) de soie
filatrice (f), aspatrice (f) di seta
devanadora (f) de seda, tiradora (f) de capullos / *aspiadora (f) de seda, tiradora (f) de capolls*

2 Haspelaufseherin (f)
reeling overlooker
смотрительница (жр) мотальной
surveillante (f) de dévidage
maestra (f), direttrice (f), caposala (f)
encargada (f) *o* celadora (f) de devanado / *encarregada (f) dels aspis*

3 fehlerfreies Haspeln (n)
faultless reeling
безпорочный *или* безупречный размот (мр)
dévidage (m) parfait
trattura (f) perfetta *o* senza difetti
devanado (m) perfecto / *aspiat (m) perfecte*

4 mehrere Kokonfäden (mpl) zu einem Faden vereinigen
to unite several cocoon filaments to one thread
соединить нѣсколько шелковинок в одну нить
réunir plusieurs brins (mpl) de cocon
riunire più bave (fpl) in un filo
reunir varias hebras de capullo en un solo cabo / *reunir varis brins de capoll en un sol cap*

5 Haspeln (f) zu *x* Fäden
reeling *x* ends together
размот (мр) по *x* шелковинок
filage (m) à *x* bouts
filatura (f) a *x* capi
devanado (m) a *x* cabos / *aspiat (m) a x caps*

6 der Kokonfaden läuft ab oder wickelt sich ab
the cocoon filament unwinds *or* runs off
шелковинка (жр) разматывается *или* сматывается
le brin de cocon se dépelotonne
il filo del bozzolo si svolge
la hebra de capullo se desenrolla / *el bri de capoll se desplega*

7 die Dicke des Fadens regeln
to regulate the thickness of the thread
регулировать толщину шелковой нити
régler le diamètre *ou* la grosseur du fil
mantenere la regolarità del titolo del filo
regularizar el diámetro del hilo / *regularitzar el diàmetre del fil*

8 Anlegen (n) des Kokonfadens
piecing the cocoon filament
присучиваніе (ср) *или* присоединеніе (ср) шелковинки
jet (m) du brin de cocon
getto (m) del capo *o* della bava
anudado (m) de la hebra de capullo / *nuat (m) del bri de capoll*

9 Ergänzungskokon (m)
fresh cocoon
дополнительный *или* добавочный кокон (мр)
nouveau cocon (m)
bozzolo (m) nuovo
nuevo capullo (m) / *nou capoll (m)*

10 angelegter Kokonfaden (m)
pieced cocoon filament
присученная шелковинка (жр)
fil (m) de cocon jeté
filamento (m) di bozzolo appezzato
hebra (f) de capullo anudada / *bri (m) de capoll nuat*

die Fadenenden (npl) verknüpfen
to tie the ends of the filaments
присучать *или* присоединять шелковинки
nouer les [bouts des] fils
riannodare i capi dei fili 11
anudar los cabos de las hebras / *nuar els caps dels brins*

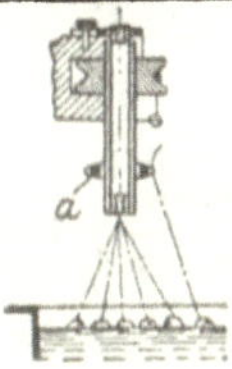

Fadenanleger (m)
piecer
присучальщик (мр)
jette-bouts (m), lance-bouts (m) 12
attacca-bave (m)
anudador (m) / *nuador (m)*

a

gekerbte linsenförmige Scheibe (f)
lens-shaped notched disc
рубчатый чечевицеобразный круг (мр)
disque (m) en forme de lentille avec entaille 13
disco (m) lentiforme con intagli
disco (m) lenticular con entalladura / *disc (m) lenticular amb entalles*

Haspelverfahren (n)
reeling method
способ (мр) размота
méthode (f) de dévidage *ou* de tirage
metodo (m) di trattura
método (m) de devanar / *mètode (m) d'aspiar* 14

die Rohseidenfäden (mpl) gesondert auf den Haspel bringen
to place the silk filament separately on the reel
наматывать шелковинки раздѣльно на мотовило
placer les brins de soie séparément sur le dévidoir
avvolgere i fili di seta separatamente sull'aspo 15
colocar las hebras de seda separadamente en la devanadera / *donar separadament al aspi els brins de seda*

trockenes Abhaspeln (n)
dry reeling
сухая размотка (жр)
tirage (m) à sec
trattura (f) a secco
devanado (m) en seco / *aspiat (m) o tiratge (m) en sec* 16

den Kokon trocken abhaspeln
to reel the cocoon in the dry way
разматывать кокон всухую
tirer le cocon à sec
filare la seta dal bozzolo a secco 17
devanar el capullo en seco / *tirar o aspiar el capoll en sec*

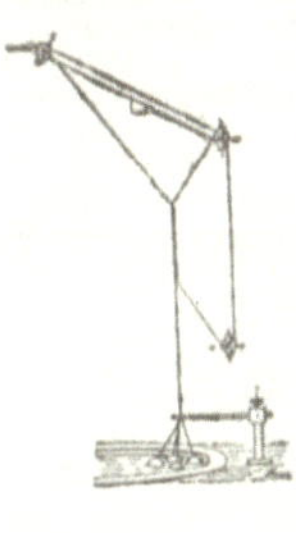

italienisches Haspeln (n) *oder* Haspelverfahren (n)
Italian [method of] reeling
итальянскій способ (мр) размота
méthode (f) de tirage à l'italienne *ou* sans mariage *ou* à la tavelle 18
sistema (m) di trattura *o* di torta all'italiana *o* alla tavella
método (m) italiano de devanar / *mètode (m) italià d'aspiar*

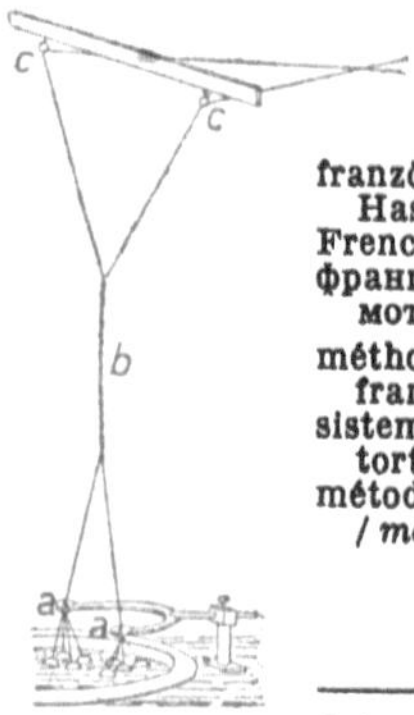

1
französisches Haspeln (n) *oder* Haspelverfahren (n)
French [method of] reeling
французскій способ (мр) размота
méthode (f) de tirage à la française
sistema (m) di trattura *o* di torta alla francese
método (m) francés de devanar / *mètode (m) francès d'aspiar*

2 a
Spinner (m), Fadenleiter (m)
filament guide
нитевод (мр)
filière (f), guide-fil (m)
filiera (f)
arañero (m) guia-hilos (m) / *aranyer (m), guia-fils (m)*

3
Kreuzungsstelle (f)
crossing [point]
мѣсто (ср) скрещиванія
point (m) de croisement
punto (m) d'incrocio
punto (m) de cruce / *punt (m) de creuament*

4
Glasauge (n)
glass eyelet
стеклянный глазок (мр)
œillet (m) en verre, barbin (m)
riccio (m) *o* barbino (m) di vetro
ojete (m) de vidrio / *ullet (m) de vidre*

5
die Seidenfäden (mpl) kreuzen
to cross the silk filaments
скрещивать нити шелка
croiser les brins de soie
incrociare *o* attorcigliare i fili di seta, dare la torta ai fili di seta
cruzar las hebras de seda / *creuar els brins de seda*

6
einfache Kreuzung (f)
single crossing
однократное скрещиваніе (ср)
croisure (f) *ou* croisement (m) simple
torta (f) semplice
cruzado (m) sencillo / *creuat (m) senzill*

7
doppelte Kreuzung (f)
double crossing
двукратное скрещиваніе (ср)
croisure (f) double
doppia torta (f)
cruzado (m) doble / *creuat (m) doble*

8
der Seidenfaden rundet sich an der Kreuzungsstelle
the silk filament assumes a roundish form at the crossing point
шелковая нить (жр) скругляется в мѣстѣ скрещиванія
le brin de soie s'arrondit au point de croisement
il filo si arrotonda al punto d'incrocio
la hebra de seda se redondea en el punto de cruce / *el bri de seda s'arrodoneix en el punt de creuament*

9
die Rohseidenfäden (mpl) zusammendrehen
to twist the ends of raw silk together
скручивать вмѣстѣ нити шелка-сырца
tordre ensemble les bouts de grège
torcere assieme i fili di seta greggia
torcer juntos los cabos de seda cruda / *tòrcer junts els caps de seda grega*

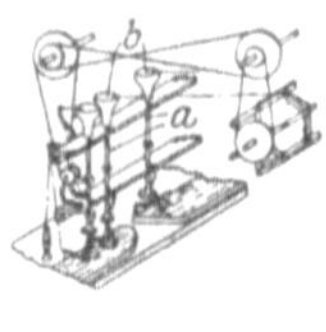

Kreuzungsvorrichtung (f) nach Martin
Martin's crossing apparatus
приспособленіе (ср) Мартина для скрещиванія
appareil-croiseur (m) système Martin 10
apparecchio (m) incrociatore sistema Martin
aparato (m) cruzador / *aparell (m) de creuar* / sistema Martin

a
sich drehende Metallröhre (f)
revolving metal tube
вертящаяся *или* вращающаяся металлическая трубка (жр) 11
tube (m) métallique tournant
tubo (m) metallico girevole
tubo (m) metálico giratorio / *tub (m) metàl·lic giratori*

b
Holztrichter (m)
wooden funnel
деревянная воронка (жр)
entonnoir (m) en bois 12
imbuto (m) di legno
embudo (m) de madera / *embut (m) de fusta*

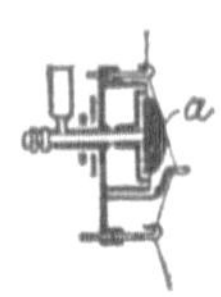

Kreuzungsvorrichtung (f) nach Bergier
Bergier's crossing apparatus
приспособленіе (ср) Бержье для скрещиванія
appareil-croiseur (m) système Bergier 13
apparecchio (m) incrociatore sistema Bergier
aparato (m) cruzador / *aparell (m) de creuar* / sistema Bergier

a
Drehscheibe (f)
revolving disc
вращающійся диск (мр)
disque (m) *ou* champignon (m) tournant 14
disco (m) girevole
disco (m) giratorio / *disc (m) giratori*

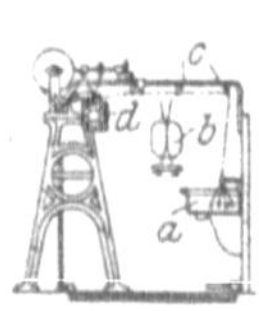

Seidenhaspelvorrichtung (f), Seidenhaspelbank (f)
silk reeling apparatus
мотальное приспособленіе (ср) для шелка
machine (f) à tirer la soie, tour (m) à soie 15
banco (m) delle filatrici di seta
aparato (m) de devanar la seda / *aparell (m) d'aspiar la seda*

a
Haspelbecken (n)
reeling basin, reeler's trough
таз (мр) для коконов, размотный таз
bassine (f) 16
bacinella (f)
cazuela (f), vasija (f) / *cassola (f)*

b
schwarzes Schaubrett (n)
black [coated] sight board
черная фоновая доска (жр) *или* дощечка (жр) 17
tableau (m) noir
tavola (f) nera, schermo (m) nero
tablilla (f) / *tauleta (f)* / negra

1 c
Fadenleitauge (n)
eyelet
направляющій глазок (мр)
barbin (m)
guida-fili (m), bottone (m)
ojal (m) guía-hilos / *ullet (m) guia-fils*

---

2 d
Haspel (m)
reel
мотовило (ср)
dévidoir (m), asp[l]e (m), guindre (m)
aspa (f), aspo (m), aspino (m)
aspa (f), devanadera (f) / *aspi (m), devanadora (f)*

3
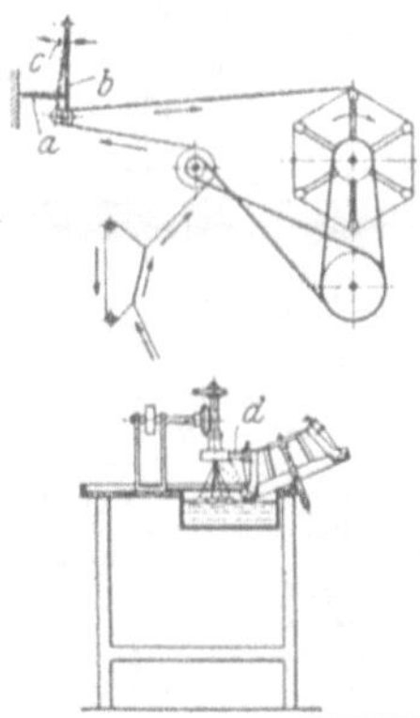

selbsttätiger Kokonhaspel (m)
automatic reeling apparatus
самодѣйствующее *или* автоматическое мотовило (ср) для коконов
tour (m) automatique
aspa (f) automatica
aparato (m) de devanado automático / *aparell (m) d'aspiat automàtic*

---

4 a
Prüffeder (f), [Kontrollfeder (f)]
control spring
остановочная *или* контрольная пружина (жр)
ressort (m) contrôleur
molla (f) di controllo
resorte (m) regulador [de tensión] / *molla (f) reguladora [de tensió]*

---

5 b
Schalthebel (m), [Kontrollhebel (m)]
control lever
контрольный *или* контролирующій рычаг (мр)
levier (m) contrôleur
leva (f) di controllo
palanca (f) reguladora

---

6 c
elektrischer Schalter (m) *oder* Kontakt (m)
electric contact
электрическій контакт (мр), замыкатель (мр) тока
contact (m) électrique
contatto (m) elettrico
contacto (m) eléctrico / *contacte (m) elèctric*

---

7 d
Kokonfadengreifer (m)
piecer
захватка (жр) для шелковинок
jette-bouts (m), attache-bave (m)
attacca-bave (m)
anudador (m) *o* tomador (m) de cabos / *nuador (m) o reunidor (m) de caps*

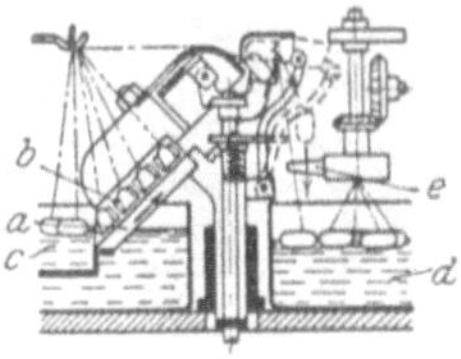

selbsttätige Kokonzuführung (f)
automatic cocoon feed
аппарат (мр), автоматически подающій коконы
alimentation (f) automatique des cocons 8
alimentazione (f) automatica [della rosa] dei bozzoli
alimentación (f) automática de los capullos / *alimentació (f) automàtica de capolls*

---

a
Fadenleiter (m), Fadenführer (m)
thread guide
нитевод (мр) 9
guide-fil (m)
guida-fili (m)
guía-hilos (m), arañero (m) / *guia-fils (m), aranyer (m)*

---

b
Kokonhalterzelle (f)
cocoon container cell
гнѣздо (ср) для коконов
cellule (f) du porte-cocons 10
cellula (f) del porta-bozzoli
caja (f) porta-capullos / *caixa (f) porta-capolls*

---

c
Füllbehälter (m)
feed tank, cocoon basin
пріемник (мр) коконов
bassine (f) de chargement 11
bacinella (f) di carica
depósito (m) de carga / *dipòsit (m) de càrrega*

---

d
Haspelbecken (n)
reeling basin
таз (мр) для размотки
bassine (f) 12
bacinella (f)
depósito de devanado / *dipòsit (m) d'aspiat*

---

e
Greifer (m)
piecer
захватчик (мр), захватка (жр)
jette-bouts (m) 13
attacca-bave (m)
anudador (m) *o* tomador (m) de cabos / *nuador (m) o reunidor (m) de caps*

Knotenbildung (f)
formation of knots
образованіе (ср) узлов
formation (f) de mariages
formazione (f) di nodi 14
formación (f) de nudos / *formació (f) de nusos*

No.	Deutsch / English / Русский	Français / Italiano / Español / *Català*
1	Knoten (m), Knotenstelle (f) knot узел (мр), мѣсто (ср) узла	mariage (m) punto (m) grosso [nel filo], nodo (m), fili (mpl) accoppiati nudo (m) / *nus (m)*
2	Knotenreißer (m) knot breaker узлообрыватель (мр)	coupe-mariage (m) apparecchio (m) rompitore dei fili accoppiati rompe-nudos (m) / *trenca-nusos (m)*
3	Abreißen (n) des Kokonfadens breakage of the cocoon filament обрыванie (ср) шелковинки	cassure (f) *ou* rupture (f) du brin de cocon rottura (f) della bava rotura (f) de la hebra de capullo / *trencament (m) del bri de capoll*
4	der Kokonfaden reißt ab the cocoon filament breaks шелковинка (жр) обрывается	le brin de cocon casse *ou* se rompt la bava si spezza *o* si rompe la hebra de capullo se rompe / *el bri de capoll se trenca*
5	Ausbeute (f) der Kokons [an Faserstoff] fibre yield of the cocoons выход (мр) волокнистаго вещества из коконов	rendement (m) en soie des cocons rendimento (m) in seta dei bozzoli rendimiento (m) de los capullos / *rendiment (m) o rindo (m) dels capolls*
6	Flockseidegehalt (m) des Kokons amount of floss silk in the cocoon количество (ср) *или* содержанie (ср) шелка-сырца в коконах	teneur (f) en bourre du cocon tenore (m) in strusa del bozzolo proporción (f) de filadiz en el capullo / *proporció (f) de borres del capoll*
7	Seidenfadengehalt (m) des Kokons amount of silk filament in the cocoon количество (ср) шелковинок в коконах	teneur (f) en fil du cocon tenore (m) in filo del bozzolo proporción (f) de hebra de seda en el capullo / *proporció (f) en bri de seda del capoll*
8	Schalengehalt (m) *oder* Hautgehalt (m) des Kokons amount of husk in the cocoon количество (ср) оболочек в коконах	teneur (f) en telette du cocon tenore (m) in galettamino *o* gusciolo del bozzolo proporción (f) de cáscara en el capullo / *proporció (f) de closca en el capoll*
9	Haspelabfall (m), Flugfäden (mpl) reeling waste мотальный угар (мр)	déchets (mpl) de dévidage cascami (mpl) di trattura mermas (fpl) *o* borras (fpl) *o* desperdicio (m) de aspeado / *borres (fpl) o mermes (fpl) o desperdici (m) d'aspiat*

4. Umhaspeln (n) der Rohseide

Re-reeling of Raw Silk

Перемот (мр) или перемотка (жр) шелка-сырца

Redévidage (m) de la soie grège

Rinnaspaggio (f) *o* rinnaspatura (f) della seta greggia

Redevanado (m) *o* reaspeado (m) de la seda cruda / *Re-aspiat (m) de la seda grega o crua* 10

No.	Deutsch / English / Русский	Français / Italiano / Español / *Català*
11	die Rohseide umhaspeln to re-reel the raw silk перематывать шелк-сырец	redévider la soie grège rinnaspare la seta greggia reaspear *o* redevanar la seda cruda / *reaspiar la seda grega*
12	den Seidensträhn abwinden to unwind the hank of silk сматывать моток шелка	dévider l'écheveau de soie rincannare la matassa di greggia desarrollar *o* desplegar la madeja de seda / *desplegar o trescanar la madeixa de seda*
13	Ablaufhaspel (f) running-off reel перегонное мотовило (ср)	guindre (m) à déroulage aspo (m) di svolgimento devanadera (f) para desplegar / *devanadora (f) de desplegar*
14	die auflaufenden Seidenfäden (mpl) beaufsichtigen to look after the silk threads being wound контролировать *или* провѣрять перегоняемый шелк	surveiller les fils de soie en dévidage sorvegliare i fili di seta da innaspare vigilar *o* cuidar los hilos de seda que se plegan / *vigilar els fils de seda que's pleguen*
15	den Haspel anhalten to stop the reel остановить мотовило	arrêter le dévidoir fermare l'aspa parar la devanadera / *devanadora*
16	den Strähn vom Haspel abnehmen to take the hank from the reel снимать моток с мотовила	enlever l'écheveau (m) du dévidoir togliere dall'aspa la matassa quitar la madeja de la aspa / *treure la madeixa del aspi*
17	den Strähn lockern to loosen the hank взрыхлить *или* взбить моток	relâcher l'écheveau (m) rallentare la matassa aflojar la madeja / *afluixar la madeixa*
18	umgehaspelte Rohseide (f) re-reeled raw silk перемотанный шелк-сырец (мр)	soie (f) grège redévidée greggia (f) rinnaspata seda (f) cruda redevanada / *seda (f) grega re-aspiada*
19	Seidenumhasplerin (f) silk rewinder перемотчица (жр) шелка	trancaneuse (f) *ou* détrancaneuse (f) de soie rinnaspatrice (f) di seta trascanadora (f) de seda

1 **5. Rohseiden (fpl) und ihre Beschaffenheit**
Raw Silks and their Characteristics
Шелка-сырцы (м р) и их качества (с р)
Soies (fpl) grèges et leurs propriétés
Sete (fpl) greggie e le loro proprietà
Sedas (fpl) crudas y sus características / *Sedes* (fpl) *greges i llurs caracteristiques*

2 abgehaspelte Seide (f), Rohseide (f), [Grège (f)]
reeled silk, raw silk, grège
размотанный шелк (м р), греж (м р)
soie (f) grège, soie dévidée
seta (f) innaspata, [seta] greggia (f)
seda (f) aspeada *o* cruda / *seda (f) aspiada o grega o crua*

3 gleichmäßige Beschaffenheit (f) der Rohseide
even condition of raw silk
равномѣрное качество (с р) шелка-сырца
condition (f) uniforme de la soie grège
qualità (f) uniforme della seta greggia
condición (f) uniforme de la seda cruda / *condició (f) uniforme de la seda crua*

4 gleichmäßige Rohseide (f)
uniform *or* even raw silk
однородный шелк (м р), шелк (м р) равномѣрнаго строенія
soie (f) grège uniforme
greggia (f) uniforme
seda (f) cruda uniforme / *seda (f) grega uniforme*

5 schlecht gehaspelter Rohseidenfaden (m)
unclean reeled raw silk thread
нить (ж р) шелка-сырца неправильнаго размота
fil (m) de soie grège dévidée non nette
filo (m) di seta greggia irregolarmente innaspato
hilo (m) de seda cruda mal aspeada / *fil (m) de seda grega mal aspiada*

6 
Rohseidenfaden (m) mit Flaum
raw silk thread with floss *or* fluff
нить (ж р) шелка-сырца с пушком
fil (m) de soie grège avec duvet
filo (m) di greggia peloso
hilo (m) de seda cruda con vello *o* borrilla / *fil (m) de seda grega amb borrissol*

7 flaumige Rohseide (f)
fluffy raw silk
пушистый шелк-сырец (м р)
soie (f) grège duveteuse
greggia (f) pelosa
seda (f) cruda velluda *o* pelosa / *seda (f) crua borrosa o pilosa*

8 flaumiger Doppelfaden (m)
fluffy double thread
пушистая двойная нить (ж р)
fil (m) double duveteux
filo (m) doppio peloso
hilo (m) doble peloso / *fil (m) doble pilós*

9 Seidenfaserflaum (m)
silk fibre fluff
пушек (м р) шелка-сырца
duvet (m) du brin de soie
pelo (m) del filo serico
borrilla (f) del hilo de seda / *borrissol (m) del fil de seda*

Rohseidenfaden (m) mit Anhängsel
raw silk thread with loose ends
нить (ж р) шелка-сырца с приставшими шелковинками *или* с волосовидными придатками 10
mort-volant (m)
filo (m) di greggia con capi svolazzanti
hilo (m) de seda cruda con cabos sueltos / *fil (m) de seda grega amb caps fluixos*

Rohseidenfaden (m) mit Spirale
raw silk thread with loose spiral end
нить (ж р) шелка-сырца со спиральной шелковинкой
fil (m) de soie grège avec vrille 11
filo (m) di greggia seghettato *o* addentellato *o* arricciato
hilo (m) de seda cruda con cabos sueltos en espiral / *fil (m) de seda grega amb cap fluixos cargolats*

Rohseidenfaden (m) mit Schleifen
raw silk thread with loops
нить (ж р) шелка-сырца с петлями
fil (m) de soie grège avec duvet fixe *ou* avec boucles
filo (m) di greggia con occhielli 12
hilo (m) de seda cruda con ojales / *fil (m) de seda grega amb bagues*

der Kokonfaden bildet Schleifen
the cocoon thread forms loops
коконная нить (ж р) образует петли
le fil de cocon forme des boucles
la bava forma nodi
la hebra de capullo forma ojales / *el bri del capoll forma bagues* 13

Fadenschleife (f)
thread loop *or* entanglement
нитяная петля (ж р)
boucle (f) de fil, duvet (m) fixe
ansa (f), occhiello (m), nodo (m) del filo 14
ojal (m) del hilo / *baga (f) de fil*

Rohseidenfaden (m) mit Knoten
raw silk thread with knots
нить (ж р) шелка-сырца с узлами
fil (m) de soie grège avec des bouchons 15
filo (m) di greggia con sfiloni
hilo (m) de seda cruda con nudos / *fil (m) de seda grega amb nusos*

knotiger Seidenfaden (m)
knotty silk thread
узловатая шелковая нить (ж р)
fil (m) de soie bouchonneux
filo (m) di seta arruffato 16
hilo (m) de seda nudoso / *fil (m) de seda nuós*

feinfädige *oder* feine Rohseide (f)
fine-thread silk, fine raw silk
тонкій шелк-сырец (м р)
soie (f) grège à brin fin
bava (f) fina, seta (f) fina 17
hilo (m) fino de seda cruda / *fil (m) prim de seda grega*

1 starkfädige *oder* grobe Rohseide (f)
strong-thread silk, coarse raw silk
грубый шелк-сырец (мр)
soie (f) grège à brin grossier
bava (f) grossa, seta (f) tonda
hilo (m) grueso *o* fuerte de seda cruda / *fil (m) groixut o fort de seda grega*

2 Seidensträhn (m)
silk hank *or* knot
моток (мр) шелка
écheveau (m) de soie
matassa (f) di seta
madeja (f) / *madeixa (f)* / de seda

3 kurzsträhnige Rohseide (f)
short skein[ed] raw silk
короткомоточный шелк-сырец (мр)
soie (f) grège en petits écheveaux
greggia (f) in piccole matasse
seda (f) cruda en madejas cortas *o* pequeñas / *seda (f) grega en madeixetes*

4 langsträhnige Seide (f)
long skein[ed] raw silk
длинномоточный шелк-сырец (мр)
soie (f) grège en grands écheveaux
greggia (f) in grandi matasse
seda (f) cruda en madejas largas *o* grandes / *seda (f) grega en troques*

5 
chinesische Rohseide (f), Chinaseide (f)
Chinese raw silk
китайскій шелк-сырец (мр)
soie (f) grège de Chine
greggia (f) cinese
seda (f) cruda / *seda (f) grega* / de la China

6 japanische Rohseide (f)
Japanese raw silk
японскій шелк-сырец (мр)
soie (f) grège du Japon
greggia (f) giapponese
seda (f) cruda del Japón / *seda (f) grega de Japó*

7 
japanische Strähnform (f) der Rohseide
Japanese [grapes] hank of raw silk
японскій способ (мр) намотки шелка-сырца
écheveau (m) à la japonaise de soie grège
matassa (f) giapponese della seta greggia
madeja (f) japonesa de seda cruda / *madeixa (f) japonesa de seda crua*

8 koreanische Rohseide (f)
Corean raw silk
корейскій шелк-сырец (мр)
soie (f) grège de la Corée
greggia (f) della Corea
seda (f) cruda / *grega* / de Corea

9 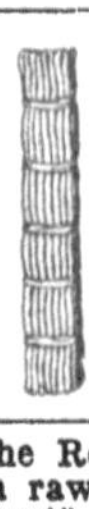
indische *oder* bengalische Rohseide (f)
Indian *or* Bengal raw silk
остиндскій *или* бенгальскій шелк-сырец (мр)
soie (f) grège des Indes *ou* du Bengale
greggia (f) del Bengala
seda (f) cruda de las Indias *o* de la Bengala / *seda (f) grega d'India o de Bengala*

10 persische Rohseide (f)
nersian raw silk
Рерсидскій шелк-сырец (мр)
soie (f) grège de la Perse
greggia (f) persiana
seda (f) cruda / *grega* / de Persia

levantinische Rohseide (f)
Levantine raw silk
левантійскій шелк-сырец (мр)
soie (f) grège du Levant
greggia (f) levantina 11
seda (f) cruda del Levante / *seda (f) grega de Llevant*

kleinasiatische Rohseide (f)
Asia Minor raw silk
малоазіатскій шелк-сырец (мр)
soie (f) grège de l'Asie Mineure
greggia (f) dell'Anatolia *o* di Brussa 12
seda (f) cruda / *grega* / del Asia Menor

syrische Rohseide (f)
Syrian raw silk
сирійскій шелк-сырец (мр)
soie (f) grège de la Syrie
greggia (f) siriaca 13
seda (f) cruda / *grega* / de la Siria

europäische Rohseide (f)
European raw silk
европейскій шелк-сырец (мр) 14
soie (f) grège de l'Europe
greggia (f) europea
seda (f) cruda / *grega* / europea

französische Rohseide (f)
French raw silk
французскій шелк-сырец (мр)
soie (f) grège française
greggia (f) francese 15
seda (f) cruda / *grega* / francesa

italienische Rohseide (f)
Italian raw silk
итальянскій шелк-сырец (мр)
soie (f) grège de l'Italie
greggia (f) italiana 16
seda (f) cruda / *grega* / italiana

ungarische Rohseide (f)
Hungarian raw silk
венгерскій шелк-сырец (мр)
soie (f) grège de la Hongrie
greggia (f) ungherese 17
seda (f) cruda húngara / *seda (f) grega hongaresca*

spanische Rohseide (f)
Spanish raw silk
испанскій шелк-сырец (мр)
soie (f) grège de l'Espagne
greggia (f) spagnuola 18
seda cruda española / *seda (f) grega espanyola*

griechische Rohseide (f)
Grecian *or* Greek raw silk
греческій шелк-сырец (мр)
soie (f) grège de la Grèce
greggia (f) greca 19
seda (f) cruda griega / *seda (f) grega de Grecia*

Pelseide (f)
single
простой шелк (мр)
poil (m)
pelo (m) 20
pelo (m) / *pèl (m)*

Cuiteseide (f), gekochte Seide (f)
boiled [-off] silk
выкипяченный шелк (мр)
soie (f) cuite
seta (f) cotta 21
seda cocida / *seda (f) bullida*

Ecrüseide (f), Crüseide (f), ungekochte *oder* unentschälte Seide (f)
unscoured *or* crude silk
некипяченный шелк (мр)
soie (f) crue, soie (f) écrue
seta (f) cruda
seda no desgrasada, seda cruda / *seda (f) crua o non desgreixada* 22

No.		
1	Seide (f) von geschwefelten Kokons silk from fumed cocoons шелк (мр), окуренных сѣрою коконов	soie (f) provenant de cocons soufrés seta (f) proveniente da bozzoli solforati seda (f) proveniendo de capullos azufrados / *seda (f) provenint de capolls ensofrats*
2	Beschaffenheit (f) der Seide condition of silk качество (ср) шелка	condition (f) de la soie natura (f) della seta condición (f) o naturaleza (f) / *condició (f)* / de la seda
3	Seidengriff (m) feel of silk шелковистость (жр), свойство (ср) шелка на ощупь	toucher (m) de la soie tatto (m) della seta tacto (m) / *tacte (m)* / de la seda
4	griffige Seide (f) silk of good feel шелк (мр) с хорошо осязаемой шелковистостью	soie (f) ayant du toucher seta (f) buona al tatto seda (f) de buen tacto / *seda (f) de bon tacte*
5	harter Griff (m) hard feel жесткое ощущенiе (ср)	toucher (m) rude tatto (m) ruvido tacto (m) áspero / *tacte (m) aspre*
6	krachender *oder* knirschender Griff (m) scrooping feel хрустящее ощущенiе (ср)	toucher (m) craquant scricchiolio (m) serico, tatto (m) craquant tacto (m) crujiente / *tacte (m) cruixent*
7	Krachen (n) *oder* Knirschen (n) der Seide, Seidenschrei (m) scroop of silk хруст (мр) *или* треск (мр) *или* скрип (мр) шелка	cri (m) *ou* craquement (m) de la soie scricchiolio (m) serico crujido (m) / *cruixit (m)* / de la seda
8	weicher Griff (m) soft feel мягкое ощущенiе (ср)	toucher (m) doux tatto (m) dolce *o* morbido tacto (m) dulce o suave / *tacte (m) dolç o suau*
9	elastisch fester Griff (m) compact elastic feel эластичное и твердое ощущенiе (ср)	toucher (m) dur et élastique tatto (m) duro ed elastico tacto (m) lleno y elástico / *tacte (m) plé i elàstic*
10	schwellender Griff (m) elastic feel эластичное ощущенiе (ср)	toucher (m) moelleux tatto (m) elastico tacto (m) elástico / *tacte (m) elàstic*
11	trockener Griff (m) dry feel суховатое ощущенiе (ср)	toucher (m) sec tatto (m) secco tacto (m) seco / *tacte (m) sec*
12	baumwollartiger Griff (m) cottony feel хлопкообразное ощущенiе (ср)	toucher (m) cotonneux tatto (m) cotonoso tacto (m) algodonoso / *tacte (m) cotonós*
13	regelmäßige Seide (f) uniform *or* even silk равномѣрный *или* однородный шелк (мр)	soie (f) uniforme seta (f) a bava regolare seda (f) igual *o* uniforme
14	nervige Seide (f) compact elastic silk жилистый шелк (мр)	soie (f) nerveuse seta (f) nervosa seda (f) compacta y elástica, seda fuerte / *seda (f) forta, seda plena i elàstica*
15	flockenfreie *oder* flaumfreie Seide (f) silk free from floss шелк (мр), не содержащiй хлопьев *или* комьев	soie (f) sans duvets seta (f) non pelosa seda (f) sin borrilla / *seda (f) sense borrissol*
16	entschälte *oder* linde Seide (f) scoured silk отварный *или* мягкiй шелк (мр)	soie (f) décreusée seta (f) sgommata seda (f) desgrasada / *desgreixada*
17	bandartige Faser (f) der wilden Seide ribbon-like *or* flat wild silk filament лентообразное волокно (ср) дикаго шелка	filament (m) de la soie sauvage en forme de ruban fibra (f) a foggia di nastro della bavella di seta selvatica hebra (f) aplanada de la seda salvaje / *fil (m) pla de la seda salvatge*
18	Glanz (m) des Seidenfadens lustre *or* brightness of silk fibre блеск (мр) шелковой нити	lustre (m) *ou* éclat (m) *ou* brillant (m) de la fibre de soie lucentezza (f) della fibra serica lustre (m) o brillo (m) / *llustre (m) o brill (m)* / de la fibra de seda
19	matte *oder* mattglänzende Seide (f) silk of dull lustre тусклый *или* [полу] матовый шелк (мр)	soie (f) terne seta (f) opaca *o* oscura seda (f) de lustre mate / *llustre mat*
20	Flimmern (n) wilder Seide glittering of wild silk мерцанiе (ср) дикаго шелка	scintillement (m) de la soie sauvage lucentezza (f) caratteristica della seta selvatica centelleo (m) / *espurneig (m)* / de la seda silvestre
21	dunkle Naturfarbe (f) der wilden Seide dark natural colour of wild silk темная естественная окраска (жр) дикаго шелка	teinte (f) foncée naturelle de la soie sauvage tinta (f) scura naturale della seta selvatica color (m) natural obscuro / *color (m) fosc natural* / de la seda silvestre
22	schwache Oberflächenstreifung (f) der Maulbeerseide faint surface striation of mulberry silk слабая штриховка (жр) поверхности тутоваго шелка	striation (f) superficielle faible de la soie du mûrier debole striatura (f) superficiale della seta domestica del gelso débil estriado (m) / *estriat (m) feble* / superficial de la seda de morera

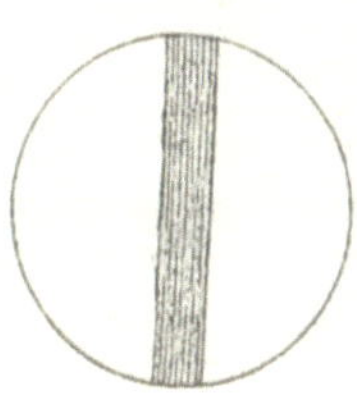

23 scharfe Längsstreifung (f) der wilden Seide
marked longitudinal striation of wild silk
рѣзкая продольная штриховка (жр) дикаго шелка
striation (f) longitudinale prononcée de la soie sauvage
striatura (f) longitudinale pronunciata della seta selvatica
estriado (m) pronunciado y longitudinal / *estriat (m) pronunciat i longitudinal* / de la seda silvestre

1
durchsichtiger Seidenfaden (m)
transparent silk fibre
прозрачная шелковинка (жр)
fibre (f) de soie transparente
fibra (f) de seta trasparente
hebra (f) de seda transparente / *bri (m) de seda transparent*

2
6. Zurichten (n) [*oder* Mulinieren (n)] der Seide
Silk Throwing
Крутка (жр) шелка
Moulinage (m) de la soie
Torcitura (f) della seta
Molinaje (m) / *Molinatge (m)* / de la seda

3
a) Allgemeines (n)
General Terms
Общее (ср)
Généralités (f pl)
Generalità (f pl)
Generalidades (f pl)

4
bruchiger trockener Rohseidenfaden (m)
brittle and dry raw silk fibre
ломкая сухая нить (жр) шелка-сырца
fil (m) sec et cassant de soie grège
filo (m) secco e fragile di seta greggia
fibra (f) seca y quebradiza de seda cruda / *fibra (f) seca i trencadissa de seda grega*

5
die Rohseide feucht verarbeiten
to work the raw silk in the wet state
обрабатывать шелк-греж во влажном состоянiи
travailler la soie grège à l'état humide
lavorare la seta greggia allo stato umido
trabajar la seda cruda en estado húmedo / *treballar la seda grega en estat humid*

6
die Rohseide geseift verarbeiten
to work the raw silk in the soaped state
обрабатывать шелк-греж в мылѣ
travailler la soie grège à l'état savonneux
lavorare la seta greggia insaponata o imbozzimata
trabajar la seda cruda en estado jabonoso / *treballar la seda grega en estat sabonós*

7
den Rohseidenfaden seifen
to soap the raw silk thread
намыливать нить шелка-сырца
savonner le fil de grège
insaponare o imbozzimare il filo di seta greggia
enjabonar el hilo de seda cruda / *ensabonar el fil de seda grega*

8
geseifte Rohseide (f)
soaped raw silk
намыленный шелк (мр)
soie (f) grège savonnée
seta (f) greggia insaponata o imbozzimata
seda (f) cruda enjabonada / *seda (f) grega ensabonada*

9
Palmölseife (f)
palm oil soap
пальмовое мыло (ср)
savon (m) d'huile de palme
sapone (m) di palma
jabón (m) de aceite de palma / *sabó (m) d'oli de palma*

10
Vaseline (f)
vaseline
вазелин (мр)
vaseline (f)
vaselina (f)
vaselina (f)

11
$C_3H_8O_3$
Ölsüß (n), Glyzerin (n)
glycerine
глицерин (м)
glycérine (f)
glicerina (f)
glicerina (f)

12
Talg (m)
tallow
сало (ср)
suif (m)
sego (m)
sebo (m) / *seu (m)*

13
Schmalz (n)
hog fat
жир (мр)
saindoux (m)
strutto (m), sugna (f)
manteca (f) de cerdo / *sagi (m) de porc*

14
$C_6H_{10}O_5$
Stärke (f)
starch
крахмал (мр)
amidon (m)
amido (m)
almidón (m) / *empesa (f)*

15
$C_6H_{10}O_5$
Dextrin (n)
dextrine
декстрин (мр)
dextrine (f)
destrina (f)
dextrina (f)

16
arabisches Gummi (n), Gummi (n) arabicum
gum arabic
гумми (мр) арабик, аравiйская камедь (жр)
gomme (f) arabique
gomma (f) arabica
goma (f) arábiga

17
Rohseide (f) mit geknüpften Enden
raw silk with knotted ends
шелк (мр) с надвязанными концами
grège (f) avec bouts noués
greggia (f) con capi annodati
seda (f) cruda con cabos anudados / *seda (f) grega amb caps nuats*

18
ungleichmäßig dicke Rohseide (f)
raw silk of irregular thickness
шелк (мр) неравномѣрной толщины
grège (f) à section irrégulière
seta (f) greggia di titolo irregolare
seda (f) cruda de grueso irregular / *seda (f) grega de gruix irregular*

19
unregelmäßige Stellen (f pl) im Faden
irregularities in the thread
порочныя мѣста (жр) в нити
inégalités (f pl) du fil
impurità (f pl) o ingrossamenti (m pl) del filo
irregularidades (f pl) en el hilo / *xemics (m pl) en el fil*

20
Ausbrechen (n) der unregelmäßigen Stellen im Faden
removing the irregularities in the thread
вырывание (ср) *или* выкидывание (ср) из нити порочных мѣст
enlèvement (m) des inégalités du fil
eliminazione (f) delle impurità del filo
purga (f) del hilo, eliminación (f) de las irregularidades en el hilo / *purga (f) del fil, eliminació (f) dels xemics del fil*

21
die unregelmäßigen Stellen (m pl) im Faden ausbrechen
to remove the irregularities in the thread
вырывать порочныя мѣста нити
enlever les inégalités (f pl) du fil
togliere dal filo le impurità
purgar el hilo, quitar las irregularidades del hilo / *purgar el fil, treure els xemics del fil*

1 **b) Spulen (n) und Putzen (n) der Rohseide**
Winding and Clearing of Raw Silk
Намотка (жр) на катушки и чистка (жр) шелка-сырца
Dévidage (m) *ou* tavelage (m) et nettoyage (m) de la soie grège
Incannatura (f) e stracannatura (f) *o* pulitura (f) della greggia
Bobinado (m) y purga (f) de la seda cruda / *Trescanat (m) i purga (f) de la seda grega*

2 die Rohseide spulen
to wind the raw silk
наматывать шелк-сырец (мр)
dévider *ou* taveller la soie grège
incannare la greggia
bobinar la seda cruda / *trescanar la seda grega*

3 Seidenspulerin (f)
silk spooler
мотальщица (жр) шелка в шпули
bobineuse (f) *ou* roqueteuse (f) *ou* canneteuse (f) de soie
spolatrice (f) di seta
encarretadora (f) / *bobinadora (f)* / de seda

4 den Rohseidenfaden putzen
to clear the raw silk thread
чистить нить (жр) шелка-сырца
nettoyer *ou* purger le fil de soie grège
stracannare *o* pulire il filo di greggia
purgar el hilo de seda cruda / *purgar el fil de seda grega*

5 
Fadenputzer (m) mit Tuchuberzug
cloth thread clearer
чиститель (мр) нити с суконной обтяжкой
purgeoir (m) *ou* nettoyeur (m) garni de drap
stribbia (f) ricoperta di panno
limpiador (m) *o* purgador (m) guarnecido de paño / *purgador (m) guarnit de drap*

6 a
Spule (f) mit Laufstock
bobbin with guiding bar
шпуля (жр) с колком *или* с водилкою
bobinet (f) avec le va-et-vient
rocchetto (m) con asta dei guida-fili
carrete (m) con regla guía-hilos / *rodet (m) amb regla guia-fils*

7 stählerner Fadenputzer (m)
steel thread clearer
стальной чиститель (мр) нити
purgeoir (m) en acier
stribbia (f) d'acciaio
purgador (m) de acero / *d'acer*

8 a
verstellbare Stahlplatte (f)
adjustable steel plate *or* blade
передвижная стальная пластинка (жр)
plaque (f) d'acier réglable
placca (f) d'acciaio regolabile
cuchilla (f) de acero / *ganiveta (f) d'acer* / ajustable

9 b
Schlitz (m)
slot
щель (жр)
fente (f)
apertura (f)
hendidura (f) / *escletxa (f)*

die Schlitzweite verstellen
to adjust the width of slot
устанавливать величину щели
régler la largeur de la fente 10
regolare l'apertura della stribbia
ajustar el paso de la hendidura / *ajustar el pas de l'escletxa*

verstellbare Schlitzweite (f)
adjustable width of slot
устанавливаемая ширина (жр) щели
largeur (f) de la fente réglable 11
larghezza (f) dell'apertura registrabile
paso (m) de la hendidura / *pas (m) de l'escletxa* / ajustable

c
Putzkante (f)
clearing edge
очищающая кромка (жр)
racle (f) 12
spigolo (m) pulitore
borde (m) purgador, cuchilla (f) / *ganiveta (f)* / purgadora

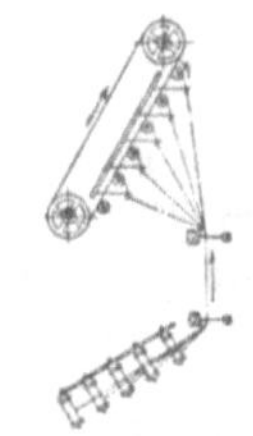
Rohseidenputzmaschine (f)
raw silk cleaning machine
очистительная машина (жр) для шелка-сырца
moulin-purgeur (m), purgeoir (m) 13
stracannatoio (m)
molino (m) purgador para seda cruda, encarretadora (f) de purgar seda cruda / *rodetera (f) o molí (m) de purgar seda grega*

Spulenzahl (f)
number of bobbins
число (ср) катушек
nombre (m) des bobines
numero (m) dei rocchetti 14
número (m) de los carretes / *dels rodets*

c) Erste Drehung (n) *oder* Vorzwirnen (n) *oder* Filieren (n) der Seide
Silk Spinning
Первая крутка (жр)
Premier tors (m) *ou* premier apprêt (m) *ou* filage (m) de la soie
Filato (m) *o* prima torcitura (f) della seta 15
Primer torsión (f) / *Primera torta (f) o torsió (f)* / de la seda

dem Faden Drehung geben
to give twist to the thread
сообщать нити крутку
donner la torsion au fil
dar torsione al filo 16
dar torsión al hilo / *donar torsió al fil*

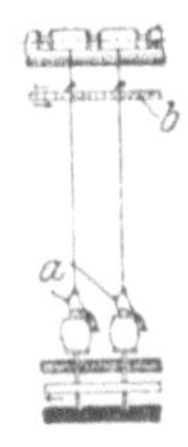
Filierstuhl (m), Seidenmühle (f) mit Spulen
silk spinning machine
крутильный станок (мр)
moulin (m) à tordre la soie 17
torcitoio (m) *o* filatoio (m) per seta, valico (m) a torcere la seta
molino (m) de torcer / *molí (m) de tórcer* / la seda

1 a
Zwirnflügel (m)
fly
крутильная рогулька (жр)
ailette (f)
aletta (f)
aleta (f)

2 b
Laufstock (m)
guiding bar
водилка (жр)
va-et-vient (m)
asta (f) dei guida-fili, zetto (m), andirivieni (m), zettiera (f) guida-fili
regla (f) guia-hilos / *regla (f) guia-fils*

3
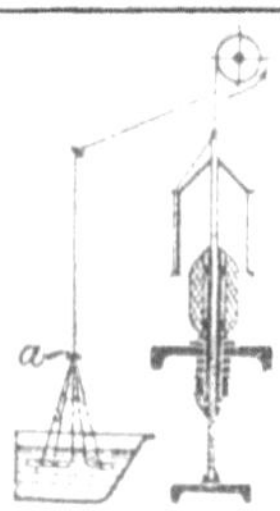

Camelsche Haspel- und Zwirnmaschine (f)
Camel's spinning machine
мотально-крутильная машина (жр) Камеля
métier (m) à filer de Camel
filatoio (m) Camel
máquina (f) de hilar de Camel / *màquina (f) o molí (m) de filar de Camel*

4 a
Achatführung (f)
agate guide
агатовый глазок (мр)
barbin (m) en agate
bottone (m) in agata
ojal (m) de ágata / *ullet (m) d'àgata*

5
vorgedrehte *oder* filierte Seide (f)
single silk
крученый шелк (мр)
fil (m) poil
filato (m)
hilo (m) sencillo, pelo (m) / *fil (m) senzill, pèl (m)*

6
d) Doppeln (n) *oder* Fachen (n) der Seide
Doubling - Winding of Silk
Дублированіе (ср) *или* сдваиваніе (ср) шелка
Doublage (m) de la soie
Binatura (f) *o* accoppiamento (m) della seta
Doblado (m) / *Doblat (m)* / de la seda

7
die Rohseide fachen [*oder* dublieren]
to double the raw silk
дублировать *или* сдваивать шелк-греж (мр)
doubler la soie grège
binare o accoppiare la greggia
doblar la seda cruda / *grega*

8
*x*fache Fachung (f) *oder* Dopplung (f) [*oder* Dublierung (f)]
x-fold *or* *x*-times doubling
x-кратное сдваиваніе (ср)
doublage (m) de *x*
binatura (f) a *x* capi
doblado (m) de *x* cabos / *doblat (m) de x caps*

9
die Fäden (mpl) beim Aufspulen leicht drehen
to twist the threads slightly during winding
слегка скручивать нити при навиваніи
tordre les fils légèrement pendant le dévidage
torcere i fili leggermente durante l'incannatura
torcer lijeramente los cabos durante el plegado / *tòrcer lleugerament els caps durant el plegat*

abwindende Spule (f), Ablaufspule (f), Abwickelspule (f)
creel bobbin
сгоночная *или* сматываемая катушка (жр)
[roquet (m)] fournisseur (m)
rocchetto (m) di svolgimento 10
carrete (m) de desarrollado / *rodet (m) de desplegat*

aufwindende Spule (f), Auflaufspule (f), Aufwickelspule (f)
winding bobbin
наматываемая *или* навиваемая шпуля (жр)
[roquet (m)] envideur (m)
rocchetto (m) raccoglitore 11
carrete (m) de bobinar / *rodet (m) de plegar*

selbsttätiges Stillsetzen (n) der Spindel bei Fadenbruch
automatic stopping of the spindle when an end breaks
автоматическое выключеніе (ср) веретена при обрывѣ нити
arrêt (m) automatique de la broche à la rupture d'un fil
arresto (m) automatico del fuso alla rottura di un filo 12
paro (m) automático de la púa cuando se rompe un cabo / *paro (m) automàtic de la pua quan se trenca un cap*

Fachmaschine (f) für Seide
silk doubling frame
тростильная машина (жр) для шелка
machine (f) à doubler pour soie
binatrice (f) di seta 13
reunidora (f) para / *per a* / seda

Spindel (f) für Fachmaschinen
spindle for doubling frames
веретено (ср) для тростильных машин
broche (f) pour doubleuses 14
fuso (m) per binatrici di seta
púa (f) para reunidoras / *per a reunidores*

7. Zweite Drehung (f) *oder* Nachzwirnen (n) *oder* Organsinieren (n) der Seide
Silk Twisting
Вторая крутка (жр) шелка
Organsinage (m) *ou* deuxième tors (m) *ou* deuxième apprêt (m) de la soie
Torto (m) *o* ritorcitura (f) *o* seconda torcitura (f) della seta 15
Segunda torsión (f) / *Segona torsió (f) o segona torta (f)* / de la seda

die Seide zwirnen *oder* organsinieren
to twist the silk
сообщать шелковой нити вторую крутку
organsiner *ou* retordre la soie
ritorcere la seta 16
retorcer / *retòrcer* / la seda

Seidenzwirnerin (f)
organziner
тростильщица (жр) шелка
organsineuse (f)
operaia (f) d'organzini
retorcedora (f) de seda para organzin / *torcedora (f) de seda per a organzí* 17

1 gleichmäßige Zwirnung (f)
regular *or* uniform twist
равномѣрное скручиваніе (ср) *или* кручeніе (ср)
tors (m) régulier
torsione (f) regolare
torsión (f) / *torsió (f)* / uniforme

2 der Faden erhält *x* Drehungen auf den Meter
the thread receives *x* twists *or* turns to the metre
нити сообщается *x* крученій в метр
le fil reçoit *x* tours au mètre
il filo riceve *x* giri di torsione per metro
el hilo recibe *x* torsiones por metro / *el fil rep x tortes o torsions per metre*

3 Zwirngrad (m), Muliniergrad (m)
degree of twist
степень (жр) крутки
nombre (m) d'apprêt (m)
grado (m) di torcitura
grado (m) de torsión / *grau (m) de torta*

4 locker zwirnen
to twist loosely
слабо крутить
tordre faiblement
ritorcere leggermente
torcer flojo / *tòrcer fluix*

5 leichte *oder* schwache Zwirnung (f)
loose *or* slight twist
легкая *или* слабая крутка (жр)
faible torsion (f) *ou* apprêt (m)
torsione (f) debole, andante (m)
torsión (f) floja / *torta (f) fluixa*

6 starke Zwirnung (f)
hard twist
крѣпкая *или* крутая крутка (жр)
torsion (f) forte, fort apprêt (m)
torsione (f) forte
torsión (f) fuerte / *torta (f) forta*

7 umgekehrte Drehrichtung (f)
reverse direction of twist
обратное *или* противоположное направленіе (ср) крутки
direction (f) reverse de la torsion
direzione (f) opposta alla torsione
dirección (f) invertida de la torsión / *direcció (f) invertida de la torsió*

8 gezwirnte *oder* mulinierte Seide (f)
thrown silk
крученый шелк (мр)
soie (f) moulinée *ou* [re]torse
seta (f) ritorta *o* operata
seda (f) torcida *u* obrada o molinada / *seda (f) torta o obrada o molinada*

9 Kettseide (f), Organsinseide (f), Orsoyseide (f)
organzine
органзиновый шелк (мр), шелковая основа (жр)
organsin (m)
organzino (m)
organzín (m) / *organzí (m)*

10 Tramseide (f)
tram
шелк (мр) трама
[soie (f)] trame (f)
seta (f) trama
seda (f) trama

11 Organsinvorzwirn (m)
organzine single
простая органзиновая нить (жр)
organsin (m) simple
organzino (m) semplice
organzín (m) sencillo o no retorcido / *organzí (m) senzill o no retort*

12 Organsinnachzwirn (m)
doubled [*or* trebled] organzine
трощеная органзиновая нить (жр)
organsin (m) retordu
organzino (m) ritorto
organzín (m) retorcido a dos (tres) cabos / *organzí (m) retort a dos (tres) caps*

die Fäden (mpl) mit der Hand zusammenzwirnen
to twist the threads together by hand
скручивать нити вручную
tordre les fils ensemble à la main
torcere assieme i fili a mano
torcer los hilos juntos a mano / *tòrcer els fils junts a mà* 13

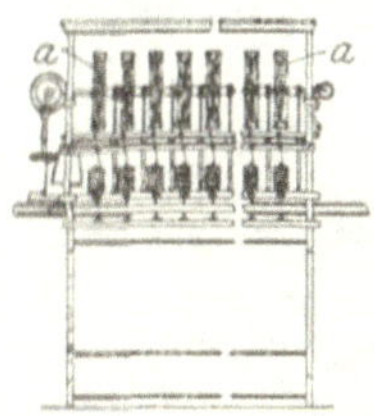

Chardonnetsche Seidenmühle (f)
Chardonnet's silk mill *or* throwing machine
крутильная машина (жр) Шардоннэ
moulin (m) à soie de Chardonnet 14
torcitoio (m) per seta, sistema Chardonnet
máquina (f) de retorcer / *molí (m) de retòrcer* / la seda sistema Chardonnet

a
unabhängiger Haspel (m)
independent reel
отдѣльное мотовило (ср)
guindre (m) indépendant 15
aspa (f) indipendente
aspa (f) independiente / *aspi (m) independent*

Seidenzwirnmaschine (f), Seiden[zwirn]mühle (f), Spinnmühle (f), Haspelmühle (f)
silk throwing machine, silk reel mill
мотовильная шелкокрутильная машина (жр) 16
moulin (m) à guindres
torcitoio (m) ad aspi per seta, valico (m) a ritorcere la seta
máquina (f) de retorcer / *molí (m) de retòrcer* / la seda

a
kegelige Spindel (f)
conical spindle
коническое веретено (ср)
broche (f) conique 17
fuso (m) conico
púa (f) cónica / *pua (f) cònica*

b
zweiarmiger Drahtflügel (m)
double-armed wire fly
двуплечая проволочная рогулька (жр)
ailette (f) métallique à double bras 18
aletta (f) metallica a doppio braccio
aleta (f) de alambre de dos brazos / *aleta (f) de fil-ferro de dos braços*

c
Aufsteckknopf (m), Hütchen (n), Spindelkrone (f)
spindle cap
колпачек (мр) веретена
coronelle (f) *ou* couronne (f) *ou* anneau (m) de bois de la broche 19
cappello (m) *o* corona (f) del fuso
corona (f) de púa / *pùa*

d
Schiebeleiste (f), Laufschiene (f), Laufstock (m), Fadenführer (m)
guide bar
водилка (жр)
va-et-vient (m), guide-fil (m) 20
bacchetta (f), asta (f) dei guida-fili
guía-hilos (m), arañero (m) / *guia-fils (m), aranyer (m)*

1
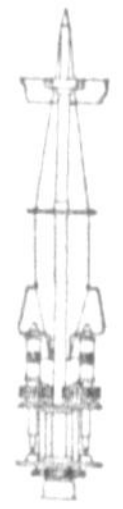

Dublier- und Zwirnmaschine (f) von Aubena
Aubena's throwing machine
крутильная машина (жр) Аубена
métier (m) à retordre d'Aubena
torcitoio (m) di Aubena
máquina (f) de retorcer de Aubena / *màquina (f) o molí (m) de retòrcer d'Aubena*

2
Granthaspel (m)
Grant reel, reel with Grant motion
мотовило (ср) Гранта
asple (m) système Grant
aspa (f) ad incrociatura o zettatura Grant
aspa (f) / *aspi (m)* / sistema Grant

3

Bertholonsche Spindelkrone (f)
Bertholon's spindle cap
колпачек (мр) веретена Бертолона
coronelle (f) de Bertholon
corona (f) del fuso di Bertholon
corona (f) de púa sistema Bertholon

4

Drehungsmesser (m), [Torsionsmesser (m)]
twist tester, torsion tester
измѣритель (мр) крученія
torsiomètre (m), compteur (m) d'apprêt
torcimetro (m)
torsiómetro (m) / *torsiómetre (m)*

5
a

verschiebbare Klemmvorrichtung (f)
adjustable clip *or* nip
переставные зажимы (мр)
pince (f) réglable
pinza (f) regolabile
pinza (f) / *pinça (f)* / ajustable

6
den Faden einspannen
to fix-in *or* to nip the thread
защемить нить
pincer le fil
fissare il filo
fijar o pinzar el hilo / *fixar o pinçar el fil*

7
b

Zählscheibe (f)
indicator face, counter dial
циферблат (мр), счетчик (мр)
disque (m) compteur
disco (m) graduato
disco (m) contador / *disc (m) comptador*

8
die Drehung an der Zählscheibe ablesen
to read-off the number of twists from the dial
снять со счетчика показаніе числа крученій
lire le nombre de tours sur le disque
leggere al disco il numero dei giri
leer el número de torsiones en el disco / *llegir el nombre de torsions en el disc*

9
die Strähne (mpl) beim Abnehmen lockern
to loosen the skeins when taking them off
ослаблять мотки при сниманіи [с барана]
relâcher les écheveaux pour l'enlèvement
rallentare la tensione sulle matasse per levarle [dall'aspa]
aflojar las madejas al hacer mudada / *afluixar les madeixes al fer mudada*

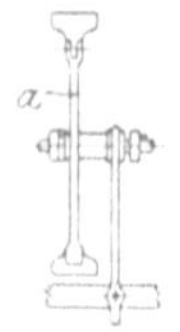

Haspel (m) mit Vorrichtung zum Lockern der Strähne
reel with device for loosening the skeins
мотовило (ср) с приспособленіем для ослабленія мотков
guindre (m) avec dispositif de relâchement des écheveaux 10
aspa (f) con dispositivo per liberare le matasse
aspa (f) con dispositivo para aflojar las madejas / *aspi (m) amb dispositiu per a afluixar les madeixes*

---

a

zweiteiliger Haspelarm (m)
collapsible arm of reel
составная ручка (жр) *или* спица (жр) барана
bras (m) de guindre en deux parties
braccio (m) dell'aspa in due parti 11
brazo (m) de devanadera en dos piezas / *braç (m) de devanadora en dues peces*

Seidengebinde (n)
skein of silk
пасьма (жр) шелка
échevette (f) de soie, flotte (f)
filzuolo (m) di seta 12
troquillón (m) / *troquilló (m)* / de seda

Dämpfen (n) der Seidenstränge *oder* Seidensträhne
steaming the silk skeins
пропариваніе (ср) мотков шелка
vaporisation (f) des écheveaux de soie
vaporizzazione (f) o brovatura (f) delle matasse di seta 13
vaporizado (m) de las madejas de seda / *vaporitzat (m) de les madeixes de seda*

---

8. **Entbasten** (n) ***oder* Entschälen** (n) [***oder* Degummieren** (n)] **der Seide**

Silk Scouring *or* Degumming

Облупливаніе (ср) **шелка, удаленіе** (ср) **серицина, дегумированіе** (ср)

Décreusage (m) ***ou* décruage** (m) ***ou* décreusement** (m) ***ou* décrûment** (m) ***ou* dégommage** (m) **de la soie**

Sgommatura (f) ***o* purga** (f) **della seta** 14

Desengomado (m) **de la seda / *Descruat* (*m*) *o desgreixat* (*m*) *o desengomat* (*m*) *de la seda***

---

die Seide entbasten *oder* entschälen [*oder* degummieren]
to scour *or* to degum the silk
облупить шелк, снять с шелка луб
décr[e]user *ou* dégommer la soie
sgommare la seta
desengomar la seda / *descruar o desgreixar o desengomar la seda* 15

---

den harzigen Farbstoff entfernen
to remove the resinous colouring matter
удалять смолистое красящее вещество (ср)
éliminer les matières colorantes résineuses
eliminare le sostanze coloranti resinose 16
quitar las materias colorantes resinosas / *treure les matèries colorants resinoses*

No.		
1	Entbastungskufe (f) scouring vessel *or* tub чан (мр) для удаленія луба	cuve (f) à décreuser vasca (f) di sgommatura cuba (f) o vasija (f) de desengomado / *cubell (m) de descruar*
2	Entbastungsverfahren (n) scouring method способ (мр) удаленія луба	méthode (f) de décreusage metodo (m) di sgommatura método (m) de desengomado / *mètode (m) de descruat*
3	Entschälbad (n), Abkoch[ungs]bad (n) scouring bath ванна (жр) для удаленія луба	bain (m) de décreusage bagno (m) di sgommatura baño (m) de desengomado / *bany (m) de descruat*
4	Entbastungsmittel (n), Entschalmittel (n) scouring medium *or* agent средство (ср) для удаленія луба	moyen (m) *ou* agent (m) de décreusage sostanza (f) *o* medio (m) per sgommare agente (m) de desengomado / *agent (m) de descruat*
5	alkalisches Entbastungsmittel (n) alkaline scouring agent щелочное средство (ср) для удаленія луба	agent (m) de décreusage alcalin medio (m) alcalino di sgommatura agente (m) alcalino de desengomado / *agent (m) alcalí de descruar*
6	Entfetten (n) der Seide extracting the fatty matter from the silk обезжиреніе (ср) шелка	dégraissage (m) de la soie sgrassatura (f) della seta extracción (f) de las materias grasas de la seda / *extracció (f) de les matèries grasses de la seda*
7	im Entschalbad abkochen to boil off in the degumming bath отваривать в ваннѣ для дегумированія	faire bouillir au bain de dégommage far bollire nel bagno di sgommatura hervir en el baño de desengomado / *bullir en el bany de desengomat*
8	die Seide abkochen *oder* weißkochen to boil [off] the silk отваривать шелк	faire bouillir la soie cuocere la seta hervir / *bullir* / la seda
9	in frischem Seifenbade abkochen to boil [off] in a fresh soap bath отваривать в свѣжей мыльной ваннѣ	faire bouillir dans un bain de savon frais far bollire in bagno di sapone rinnovato hervir en un baño de jabón nuevo / *bullir en un bany de sabó nou*
10	die Seide in Säcken abkochen to boil [off] the silk in bags отваривать шелк в мѣшках	faire bouillir la soie dans des sacs à toile far bollire la seta in sacchi di tela hervir la seda en sacos / *bullir la seda en sacs*
11	Abkochen (n) *oder* Weißkochen (n) der Seide boiling-off the silk вывариваніе (ср) *или* варка (жр) *или* кипяченіе (ср) *или* отвариваніе (ср) шелка до бѣла	cuisson (f) de la soie cottura (f) della seta hervido (m) / *bullit (m)* / de la seda
12	heiße Seifenlösung (f) hot soap solution горячій мыльный раствор (мр)	solution (f) de savon chaude soluzione (f) di sapone calda solución (f) caliente de jabón / *solució (f) de sabó calenta*
13	ein Seifenbad ansetzen to make *or* to prepare a soap bath составить *или* приготовить мыльную ванну	préparer un bain de savon preparare un bagno di sapone preparar un baño de jabón / *un bany de sabó*
14	die Seidensträhne (mpl) im Seifenbad umziehen to move the silk skeins in the soap bath передвигать мотки шелка в мыльной ваннѣ	remuer les écheveaux de soie dans le bain de savon muovere e rimovere le matasse di seta nel bagno di sapone remover las madejas de seda en el baño de jabón / *remenar les madeixes de seda en el bany de sabó*
15	H_3PO_4	Phosphorsäure (f) phosphoric acid фосфорная кислота (жр) acide (m) phosphorique acido (m) fosforico ácido (m) fosfórico / *àcid (m) fosfòric*
16	$Na_2O_4SiO_2$	Wasserglas (n) water glass жидкое стекло (ср) verre (m) soluble vetro (m) solubile vidrio (m) soluble / *vidre (m) soluble*
17	$Na_2B_4O_7 + 10H_2O$	Borax (m) borax бура (жр), борнокислый натр (мр) borax (m) borace (m), borato (m) sodico bórax (m) / *borraix (m), borraj (m)*
18	Pflanzenfettseife (f) vegetable oil soap мыло (ср) из растительнаго жира	savon (m) d'huile végétale sapone (m) all'olio vegetale jabón (m) de aceite vegetal / *sabó (m) d'oli vegetal*
19	Erdnußölseife (f) groundnut oil soap, Arachis oil soap мыло (ср) из масла полевого орѣха	savon (m) d'huile d'arachide sapone (m) all'olio d'arachide jabón (m) de aceite de cacahuete / *sabó (m) d'oli de cacacuet*
20	Kokosnußölseife (f) coconut oil soap кокосовое мыло (ср)	savon (m) d'huile de coco sapone (m) all'olio di cocco jabón (m) de aceite de coco / *sabó (m) d'oli de coco*
21	Sesamseife (f) sesame oil soap кунжутное мыло (ср)	savon (m) d'huile de sésame sapone (m) all'olio di sesamo jabón (m) de aceite de sésamo / *sabó (m) d'oli de sèsam*

1 tierische Seife (f)
animal soap
мыло (ср) животнаго происхожденія
savon (m) animal
sapone (m) animale
jabón (m) / *sabó (m)* / animal

2 Marseiller Seife (f)
Marseilles' soap
марсельское мыло (ср)
savon (m) de Marseille
sapone (m) di Marsiglia
jabón (m) / *sabó (m)* / de Marsella

3 Oleinseife (f)
olein soap
олеиновое мыло (ср)
savon (m) d'oléine
sapone (m) all'oleina
jabón (m) de oleina / *sabó (m) d'oleina*

4 ungekochte *oder* unentschälte Seide (f)
unscoured silk
необлупленный *или* неочищенный шелк (мр)
soie (f) écrue
seta (f) cruda
seda (f) cruda / *seda (f) crua*

5 entbastete *oder* entschälte *oder* linde [*oder* degummierte] Seide (f)
scoured *or* degummed silk
облупленный *или* мягкій шелк (мр)
soie (f) décreusée *ou* dégommée
seta (f) sgommata
seda (f) desengomada / *descruada*

6 
Fibroinfaden (m)
fibroin filament
фиброиновая шелковинка (жр)
fibre (f) de fibroïne
fibra (f) di fibroina
filamento (m) de fibroina / *filament (m) de fibroïna*

7 unentschälte Stellen (fpl), Bastreste (mpl)
gummy places
необлупленныя мѣста (ср), остатки (мр) луба
places (fpl) gommeuses, biscuits (mpl)
punti (mpl) gommosi
puntos (mpl) / *punts (mpl)* / gomosos

8 Halbentbasten (n), [As-]Souplieren (n)
half-boiling, partial boiling
полуудаленіе (ср) *или* частичное отвариваніе (ср) луба
assouplissage (m), souple (m), demi-cuite (f)
sgommatura (f) parziale *o* leggera
suavizado (m), cocción (f) parcial / *suavitzat (m), demi-cocció (f)*

9 die Seide halb entbasten *oder* assouplieren
to partially boil *or* to half-boil the silk
удалить луб частично
assouplir la soie
sgommare parzialmente *o* leggeramente la seta
hervir parcialmente *o* suavizar la seda / *bullir parcialment o suavitzar la seda*

10 Assouplierbad (n)
bath for half-boiling the silk
ванна (жр) для частичнаго удаленія луба
bain (m) d'assouplissage
bagno (m) di sgommatura parziale
baño (m) para suavizar la seda / *bany (m) de suavitzar la seda*

11 assouplierte Seide (f), Souple[seide] (f)
half-boiled silk
шелк (мр) с частичным удаленіем луба, полумягкій шелк
soie (f) mi-cuite, soie (f) souple
seta (f) sgommata parzialmente
seda (f) suavizada, seda (f) medio cocida / *seda (f) suavitzada, seda (f) mig-bullida*

12 Rohgewicht (n) der Seide
gross weight of silk
сырой вѣс (мр) *или* вѣс брутто шелка
poids (m) brut de la soie
peso (m) lordo della seta
peso (m) bruto / *pes (m) brut* / de la seda

13 Gewichtsverlust (m) der Seide
loss in weight of the silk
потеря (жр) шелка в вѣсѣ
perte (f) en poids de la soie
perdita (f) in peso della seta
pérdida (f) en peso / *pèrdua (f) o minva (f) de pes* / de la seda

14 Verlust (m) an Seidenleim, Entschälverlust (m)
loss of gum in scouring
потеря (жр) в вѣсѣ от удаленія луба
perte (f) en séricine due au décreusage
perdita (f) in sericina alla sgommatura
pérdida (f) en sericina por desengomado / *pèrdua (f) o minva (f) en sericina per descruat*

15 Abkochungsverlust (m)
loss of gum in boiling
потеря (жр) в вѣсѣ при отваркѣ
perte (f) en séricine due à la cuisson
perdita (f) in sericina alla cottura
pérdida (f) en sericina por cocimiento / *pèrdua (f) o minva (f) de sericina per cocció*

16 die Seide wird beim Kochen flaumig
the silk becomes downy by boiling
шелк (мр) дѣлается пушистым при отваркѣ
la soie devient duveteuse par le bouillissage
la seta diviene pelosa durante l'ebollizione
la seda se convierte en vellosa al hervirla / *la seda se fa borrosa al bullir-la*

17 eingeschrumpfter Seidenfaden (m)
shrunk silk tread
укоротившаяся шелковая нить (жр)
fil (m) de soie rétréci
filo (m) di seta raggrinzato
hilo (m) de seda contraído / *fil (m) de seda contret*

18 die entleimte Seide strecken
to stretch the degummed silk
вытягивать дегумированный шелк
étirer la soie dégommée
torcere la seta sgommata [alla caviglia]
estirar la seda desengomada

19 Schwefeln (n) der gekochten Seide
bleaching the boiled-off silk with sulphur
пропитываніе (ср) отварнаго шелка сѣрою
blanchiment (m) au soufre de la soie cuite
solforatura (f) *o* solforazione (f) *o* imbianchimento (m) della seta cotta
blanqueo (m) de la seda cocida con sulfuro / *blanquejat (m) de la seda bullida amb sulfur*

20 Schwefelkammer (f)
sulphuring chamber
камера (жр) для обработки сѣрой
chambre (f) à soufre, soufroir (m)
camera (f) di solforazione, solforatoio (m)
cámara (f) de azufrar / *cambra (f) d'ensofrar*

21 SO_2
schweflige Säure (f)
sulphurous acid
сѣрнистый ангидрид (мр)
acide (m) sulfureux
acido (m) solforoso
ácido (m) sulfuroso / *àcid (m) sulfurós*

22 die Seide entschwefeln
to free the silk from sulphur
освобождать шелк (мр) от сѣры
éliminer le soufre de la soie
eliminare lo zolfo della seta
eliminar el azufre / *sulfur* / de la seda

No.		
1	Bastseife (f) exhausted degumming bath отработавшая мыльная ванна (жр), содержащая луб	bain (m) de dégommage usé bagno (m) di sgommatura consumato baño (m) para desengomar usado / *bany (m) de desengomat exhaurit*
2	kleberhaltig, proteinhaltig glutinous, containing protein содержащій клеевину *или* протеин *или* бѣлок	contenant de la protéine contenente proteina que contiene / *que conté* / proteina

IV.

No.		
3	**Seidenabfallspinnerei (f)** **Waste Silk Spinning** **Пряденіе (ср) шелковых угаров**	**Filature (f) des déchets *ou* de la bourre de soie** **Filatura (f) dei cascami di seta** **Hilatura (f) de las borras de seda / *Filatura (f) de les borres de seda***
4	**1. Allgemeines (n)** **General Terms** **Общее (ср)**	**Généralités (f pl)** **Generalità (f pl)** **Generalidades (f pl)**
5	Seidenabfall (m) waste silk шелковые угары (мр), угарный шелк (мр)	déchets (mpl) de soie cascami (mpl) o bassi prodotti (mpl) di seta, cascami serici borras (fpl) / *borres (fpl)* / de seda
6	Abfallfasern (fpl) waste fibres угарныя волокна (ср)	déchets (mpl) de filature avanzi (mpl) di trattura borras (fpl) del tiraje de capullos / *borres (fpl) del tiratge dels capolls*
7	Verwertung (f) der Seidenabfälle utilisation of waste silk использованіе (ср) шелковых угаров	utilisation (f) des déchets de soie utilizzazione (f) dei cascami di seta aprovechamiento (m) de las borras de seda / *aprofitament (m) de les borres de seda*
8	die Seidenabfälle (mpl) verarbeiten to work-up the waste silk перерабатывать *или* обрабатывать шелковые угары	travailler les déchets de soie lavorare i cascami di seta trabajar las borras de seda / *treballar les borres de seda*
9	Abfallverarbeitung (f) working-up the waste обработка (жр) шелковых угаров	travail (m) des déchets lavorazione (f) dei cascami trabajado (m) de las borras / *treballat (m) de les borres*
10	Seidenspinner (m) silk spinner шелкопрядильщик (мр)	fileur (m) de soie filatore (m) di seta hilador (m) / *filador (m)* / de seda
11	Seidenspinnerin (f) silk spinner шелкопрядильщица (жр)	fileuse (f) de soie filatrice (f) di seta hiladora (f) / *filadora (f)* / de seda
12	**2. Florettspinnerei (f)** **Schappe Spinning, Schappe Silk Yarn Spinning** **Пряденіе (ср) прочеснаго шелка**	**Filature (f) des déchets de soie** **Filatura (f) dei cascami di seta** **Hilatura (f) / *Filatura (f)* / *de schappe***
13	**a) Rohstoffe (mpl) der Florettspinnerei** **Raw Materials of Schappe Spinning** **Сырье (ср) для пряденія прочеснаго шелка**	**Matières (fpl) premières de la filature des déchets de soie** **Materie (fpl) prime della filatura dei cascami di seta** **Primeras materias (f pl) de la hilatura de schappe / *Primeres matèries (fpl) de la filatura de schappe***
14	Florettseide (f), Florettmasse (f), Florettmaterial (n), Florett (m) waste silk прочесный шелк (мр), флорет (мр)	déchets (mpl) de soie, filoselle (f) cascami (mpl) di seta filadiz (m) / *filadís (m)*
15	Flockseide (f), [Frisons (pl), Strusi (pl), Strusa (pl)] flock silk внѣшній несматывающійся слой (мр) кокона	bourre (f), frison (m) strusa (f), moresca (f) seda (f) azache / *escardaces (fpl)*
16	Wattseide (f) floss silk коконная путанка (жр)	première bourre (f), bourreuse (f), blaise (m) spelaia (f), peluria (f) seda (f) ocal, a[l]dúcar (m) / *seda (f) grossera, a[l]dúcar (m)*
17	Abfall (m) beim Dämpfen steaming waste выпарной угар (мр)	déchets (mpl) de vaporisation cascami (mpl) di vaporizzazione borra (f) de vaporizado / *borra (f) de vaporitzat*
18	Haspelabfall (m), [Mulinierabfall (m), Strazza (f)] broken silk, reeling waste угар (мр) мотальной *или* прядильни	estrasse (f), strasse (f), déchets (mpl) au moulinage strazza (f), avanzi (mpl) di torcitura, cascami (mpl) di filanda hilaza (f) / *filassa (f)*

No.	German / English / Russian	French / Italian / Spanish / Catalan
1	Abfall (m) aus dem Kochkessel, Innenschicht (f) des Kokons, Kokonrückstand (m) husks сердцевина (жр) кокона	bassinettes (fpl), pelettes (fpl), telettes (fpl) residui (mpl) delle bacinelle, galettamini (mpl), ricotti (mpl) cadarzos (mpl), camisas (fpl) / *escorces (fpl) de capolls*
2	unentbasteter Abfall (m), Bastabfall (m) gummy waste лубяной угар (мр)	déchets (mpl) gommeux cascami (mpl) non sgommati borras (fpl) gomosas / *borres (fpl) gomoses*
3	Kokonwatte (f) cocoon matted waste ваткообразный угар (мр)	bourre (f) en masse borra (f) in massa borra (f) de capullos / *de capolls*
4	Watte (f) aus Doppelkokons wadding from double cocoons ватка (жр) из двойных коконов	ouate (f) de doupions ovatta (f) da bozzoli doppi seda (f) ocal de capullos dobles / *aldúcar (m) de capolls dobles*
5	unfertiger Kokon (m) incomplete *or* unfinished cocoon незрѣлый кокон (мр)	cocon (m) non terminé faloppa (f) capullo (m) no terminado / *capoll (m) per acabar*
6	unentwirrbarer *oder* unabwickelbarer Kokon (m) unreelable cocoon кокон (мр), негодный для размотки	cocon (m) indévidable bozzolo (m) non filabile *o* non dipanabile capullo (m) no hilable / *capoll (m) inaspiable*
7	geöffneter *oder* durchbrochener Kokon (m) broken cocoon проломанный кокон (мр)	cocon (m) perforé [bozzolo (m)] sfarfallato (m) capullo (m) agujereado / *capoll (m) foradat*
8	wurmstichiger Kokon (m) worm-eaten cocoon червивый кокон (мр)	cocon (m) vermoulu *ou* piqué [bozzolo (m)] tarmato (m) capullo (m) apolillado / *capoll (m) arnat*
9	fleckiger Kokon (m) spotted cocoon пятнистый кокон (мр)	cocon (m) taché [bozzolo (m)] macchiato (m) capullo (m) manchado / *capoll (m) tacat*
10	Galetta (f) galettame кокон (мр) с недостатками, порченный кокон	galette (f) galettame (m) filadiz (m) / *filadís (m)*
11	Sterblingskokon (m) dead cocoon омертвѣлый кокон (мр)	cocon (m) fondu bozzolo (m) morto capullo (m) muerto / *capoll (m) mort*
12	Doppelkokon (m) double cocoon двойной кокон (мр)	doupion (m) doppio[ne] (m) capullo (m) / *capoll (m)* / doble
13	wilder Seidenkokon (m) wild silk cocoon кокон (мр) дикаго шелка	cocon (m) de soie sauvage bozzolo (m) selvatico capullo (m) / *capoll (m)* / de seda silvestre

No.	German / English / Russian	French / Italian / Spanish / Catalan
14	**b) Entbasten (n) [*oder* Desintegrieren (n)] der Seidenabfälle** **Degumming *or* Disintegrating the Waste Silk** **Удаленіе (ср) луба из шелковых угаров**	**Dégommage (m) *ou* macération (f) *ou* désagrégation (f) des déchets de soie** **Macerazione (f) dei cascami di seta** **Desengomado (m) / *Desengomat (m)* / de la borra de seda**
15	die Abfallseide entbasten *oder* [desintegrieren] to degum *or* to disintegrate the waste silk удалить луб из шелковых угаров, дезинтегрировать шелковые угары	dégommer *ou* macérer *ou* désagréger les déchets de soie macerare i cascami di seta desengomar la borra de seda
16	Entbastungsflotte (f) degumming bath мыльная вода (жр) *или* ванна (жр) для дегумированія	bain (m) de dégommage bagno (m) di macerazione baño (m) de desengomado / *bany (m) de desengomat*
17	die Abfallseide mit kochendem Wasser entbasten to degum the waste silk by boiling water дезинтегрировать шелковые угары кипятком	dégommer les déchets de soie *ou* la schappe à l'eau bouillante macerare i cascami di seta *o* la chappe in acqua bollente desengomar la borra de seda *o* la schappe con agua hirviente / */ amb aigua bullenta*
18	Entbasten (n) der Abfallseide mit kochendem Wasser degumming the waste silk by boiling water дезинтеграція (ср) шелковых угаров кипятком	dégommage (m) de la schappe à l'eau bouillante, schappage (m) macerazione (f) della chappe in acqua bollente desengomado (m) de la schappe con agua hirviente / *desengomat (m) de la schappe amb aigua bullenta*
19	die Abfallseide kochen to boil the waste silk кипятить шелковые угары	faire bouillir les déchets de soie far bollire i cascami di seta hervir / *bullir* / la borra de seda
20	den Seidenleim durch kochendes Wasser auflösen to dissolve the sericin in boiling water растворить серицин кипятком	faire dissoudre la séricine dans l'eau bouillante sciogliere la sericina con acqua bollente disolver la sericina en agua hirviente / *dissoldre la sericina amb aigua bullenta*
21	Abkochungsraum (m) boiling room помѣщеніе (ср) для отвариванія	chambre (f) de bouillissage camera (f) di bollitura cámara (f) de hervir / *cambra (f) de bullir*
22	die durchgekochten Kokons (mpl) aufhäufen to heap the boiled cocoons складывать в кучу отварные коконы	entasser les cocons bouillis raccogliere in mucchi i bozzoli cotti apilar los capullos / *els capolls*

1
die Abfallseide mit Seife entbasten
to degum the waste silk with soap
дезинтегрировать мылом шелковые угары
dégommer au savon les déchets de soie
macerare i cascami di seta con acqua saponata
desengomar la borra de seda con jabón / *amb sabó*

2
zweifaches Seifenbad (n)
double soap bath
двукратная мыльная ванна (жр)
double bain (m) de savon
bagno (m) di sapone doppio
doble baño (m) de jabón / *doble bany (f) de sabó*

3
die Abfallseide mit alkalischen Laugen behandeln
to treat the waste silk with an alkaline liquid
обрабатывать угарный шелк щелочами *или* щелоком
traiter les déchets de soie dans un liquide alcalin
trattare i cascami di seta con liscive
tratar la borra de seda con licor alcalino *o* con solución alcalina / *tractar amb licor alcalí o solució alcalina*

4
alkalische Lauge (f)
alkaline liquid
щелочный раствор (мр)
liquide (m) alcalin
lisciva (f)
licor (m) alcalino, solución (f) alcalina / *licor (m) alcalí, solució (f) alcalina*

5
Ätznatronlauge (f)
caustic soda liquid
щелок (мр) ѣдкаго натра
solution (f) de soude caustique
lisciva (f) di soda caustica
solución (f) de sosa cáustica / *solució (f) de sosa càustica*

6
Empfindlichkeit (f) der Seide gegen Alkalien
sensibility of silk to alkalies
чувствительность (жр) шелка к щелочам
sensibilité (f) de la soie aux alcalis
sensibilità (f) della seta agli alcali
sensibilidad (f) de la seda a álcalis / *sensibilitat (f) de la seda en els àlcalis*

7
Entbastungsausbeute (f)
degumming yield
выход (мр) дегумированнаго шелка
rendement (m) de la macération
rendimento (m) della macerazione
rendimiento (m) de desengomado / *rindo (m) o rendiment (m) de desengomat*

8
Fäulen (n) *oder* [Fermentieren (n)] der Seidenabfälle
fermenting *or* fermentation of waste silk
обработка (жр) посредством гніенія *или* броженія
fermentation (f) des déchets de soie
fermentazione (f) dei cascami di seta
fermentación (f) / *fermentació (f)* / de la borra de seda

9
schwerlöslicher Pektinstoff (m)
pectine difficult to dissolve
тугорастворимый пектин (мр)
pectine (f) difficilement soluble
pectina (f) difficilmente solubile
pectina (f) dificilmente / *dificilment* / soluble

10
die Seidenabfälle (mpl) mit Sodalösung tränken
to steep the waste silk in a soda solution
насыщать шелковые угары раствором соды
imprégner les déchets de soie d'une solution de soude
impregnare i cascami di seta con una soluzione di soda
remojar *o* empapar la borra de seda en una solución de sosa / *remullar o amarar la borra de seda en una solució de sosa*

11
die Seidenabfälle (mpl) fäulen
to ferment the waste silk
подвергнуть шелковые угары гніенію
fermenter les déchets de soie
fermentare *o* putrefare i cascami di seta
fermentar la borra de seda

12
Fäulverfahren (n)
fermentation method
способ (мр) гніенія
méthode (f) de fermentation
metodo (m) di fermentazione
método (m) de fermentación / *mètode (m) de fermentació*

13
Fäulvorgang (m), Fermentierungsvorgang (m)
fermentation process
процесс (мр) гніенія
procédé (m) de fermentation
processo (m) di fermentazione
procedimiento (m) de fermentación / *procés (m) de fermentació*

14
Fäulanlage (f)
fermenting plant
гноильное *или* бродильное устройство (ср)
installation (f) de fermentation
impianto (m) di fermentazione
instalación (f) de fermentación / *instal·lació (f) de fermentació*

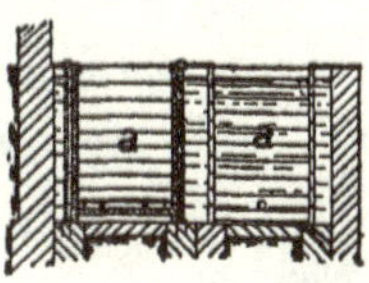

15
Fäulgrube (f)
fermenting pit
гноильная яма (жр)
fosse (f) de fermentation
fossa (f) *o* tinozza (f) di fermentazione
foso (m) *o* tanque (m) de fermentación / *fossa (f) o clot (m) de fermentació*

16
Betongrube (f)
concrete pit *or* tank
бетонная яма (жр)
fosse (f) en béton
tino (m) *o* tinozza (f) di cemento
foso (m) *o* tanque (m) de hormigón / *fossa (f) o clot (m) de formigó*

17
a
Lattenkasten (m)
lattice box
ящик (мр) из щитов
claies (fpl), caisse (f) à claire-voie
telaio (m) di tavole
caja (f) de listones / *gàbia (f) o caixa (f) de llistons*

18
Erwärmen (n) durch Rohrschlangen
heating by steam coils
нагрѣваніе (ср) посредством змѣевиков
chauffage (m) par des serpentins
riscaldamento (m) mediante serpentini
calentar por serpentines / *escalfar per serpentins*

19
die Abfallseide im Freien fäulen
to ferment the waste silk in the open air
подвергать гніенію на воздухѣ шелковые угары
fermenter les déchets de soie à l'air libre
fermentare i cascami di seta all'aperto
fermentar las borras de seda al aire libre / *fermentar les borres de seda al aire lliure*

20
Faulgeruch (m), übler Geruch (m) beim Fäulen
strong smell during fermentation
плохой запах (мр) процесса гніенія
odeur (f) putride pendant la fermentation
forte odore (m) durante la fermentazione
hedor (m) durante la fermentación / *fórtor (f) durant la fermentació*

No.	Deutsch / English / Русский	Français / Italiano / Español
1	die gefäulte Seide geruchlos machen to make the fermented silk odourless лишить ферментированный шелк запаха	rendre la soie fermentée inodore disodorare la seta fermentata hacer / *fer* / inodora la seda fermentada
2	Ölseifenbad (n) oil soap bath ванна (жр) из олеиноваго мыла	bain (m) de savon d'huile bagno (m) di sapone d'olio baño (m) de jabón de aceite / *bany (m) de sabó d'oli*
3	gefaulte Abfallseide (f) fermented waste silk ферментированный угарный шелк (мр)	déchets (mpl) de soie fermentés cascami (mpl) di seta fermentati borra (f) de seda fermentada
4	überfaulte Abfallseide (f) overfermented waste silk перегнивший угарный шелк (мр)	déchets (mpl) de soie surfermentés cascami (mpl) di seta sovramacerati borra (f) de seda superfermentada
5	die Verkittung der Seidenfasern durch Gas lösen to dissolve the agglutination of the silk fibres by gas растворить клеевину шелковых волокон газом	faire dissoudre par des gas les matières d'agglutination des fibres de soie dissolvere l'incollamento delle bavelle mediante gas disolver con gases el aglutinante de las fibras de seda / *dissoldre amb gasos l'aglutinant de les fibres de seda*
6	CS_2	Schwefelkohlenstoff (m) carbon bisulphide сѣроуглерод (мр) sulfure (m) de carbone solfuro (m) di carbonio sulfuro (m) de carbono, / *sulfur (m) de carboni*
7	Petroleumdämpfe (mpl) petroleum vapours пары (мр) керосина	vapeurs (fpl) de pétrole vapori (mpl) di petrolio vapores (mpl) de petróleo / *vapors (mpl) de petroli*
8	Petroleum (n) verdampfen to vaporise petroleum испарять керосин	évaporer du pétrole evaporare del petrolio evaporar petróleo / *petroli*
9	Benzindämpfe (mpl) petrol vapours пары (мр) бензина	vapeurs (fpl) de benzine *ou* d'essence vapori (mpl) di benzina vapores (mpl) de bencina / *vapors (mpl) de benzina*
10	Benzinverdampfung (f) vaporisation of petrol испарение (ср) бензина	évaporation (f) de benzine evaporazione (f) di benzina evaporación (f) de bencina / *evaporació (f) de benzina*
11	verdünnte Essigsäure (f) diluted acetic acid разбавленная уксусная кислота (жр)	acide (m) acétique dilué acido (m) acetico diluito ácido (m) acético diluído / *àcid (m) acètic diluït*
12	verdünnte Schwefelsäure (f) diluted sulphuric acid разбавленная сѣрная кислота (жр)	acide (m) sulfurique dilué acido (m) solforico diluito ácido (m) sulfúrico diluído / *àcid (m) sulfúric diluït*
13	verdunnte Salzsäure (f) diluted hydrochloric acid разбавленная соляная кислота (жр)	acide (m) chlorhydrique dilué acido (m) cloridrico diluito ácido (m) clorhídrico diluído / *àcid (m) muriàtic diluït*
14	**c) Waschen (n) der Florettmasse** **Washing of Waste Silk** **Мытье (ср) или промывка (жр) прочеснаго шелка**	**Lavage (m) des déchets de soie** **Lavatura (f) dei cascami di seta** **Lavado (m) / *Rentat (m)* / de la borra de seda**
15	die Florettmasse waschen to wash the waste silk мыть прочесный шелк	laver les déchets de soie lavare i cascami di seta lavar / *rentar* / la borra de seda
16	Reinigung (f) der Seidenfasern cleaning the silk fibres чистка (жр) шелковых волокон	nettoyage (m) des fibres de soie depurazione (f) delle fibre di seta limpiado (m) de las fibras de seda / *neteja (f) de les fibres de seda*
17	die Florettmasse abspulen to rinse the waste silk прополаскивать прочесный шелк	rincer les déchets de soie risciacquare i cascami di seta enjuagar / *esbandir* / la borra de seda
18	die Unreinigkeiten (fpl) abschwemmen to wash-off the impurities промывать сорности (жр)	enlever les impuretés par le rinçage portar via le impurità quitar las impurezas / *treure les impureses*
19	eisenfreies Wasser (n) iron-free water вода (жр), несодержащая желѣза	eau (f) sans fer acqua (f) esente da sali di ferro agua (f) sin hierro / *aigua (f) sense ferro*
20	Puppenrückstände (mpl) pupæ residues остатки (мр) куколок	résidus (mpl) de chrysalides residui (mpl) di crisalidi residuos (mpl) de crisálidas / *residus (mpl) de crisàlides*
21	die Puppen (mpl) entfernen to remove the pupæ удалить куколки	éliminer les chrysalides (fpl) eliminare le crisalidi quitar las crisálidas / *treure les crisàlides*
22	die gewaschene Florettmasse mit Kochsalz bestreuen to sprinkle salt on the washed waste silk посыпать поваренною солью мытый прочесный шелк	poudrer les déchets de soie lavés de sel de cuisine spargere del sale sui cascami di seta lavati polvorear con sal la borra de seda lavada / *ruixar o empolsar amb sal la borra de seda rentada*

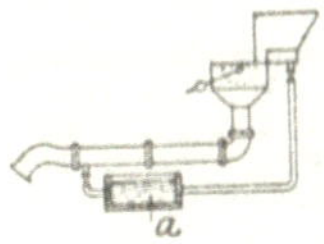

1 Waschvorrichtung (f) für Seidenabfälle
washing apparatus for waste silk
промывной аппарат (мр) для шелковых угаров
appareil (m) de lavage pour déchets de soie
apparato (m) di lavaggio per cascami di seta
lavadora (f) para / *rentadora (f) per a* / borra de seda

---

2 a
Laugenbehälter (m)
lye container
сосуд (мр) для щелока
récipient (m) de la lessive
recipiente (m) della liscıva
depósito (m) de lejía / *dipòsit (m) de lleixiu*

---

3 die Lauge *oder* Flotte kreist
the lye circulates
щелок (мр) *или* мыльная вода (жр) циркулирует
la lessive circule
la liscıva circola
la lejía / *el lleixiu* / circula

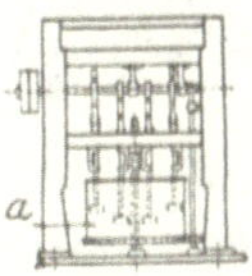

4 Warmwaschvorrichtung (f)
warm water washing apparatus
аппарат (мр) для горячей промывки
laveuse (f) à l'eau chaude
apparato (m) di lavaggio ad acqua calda
lavadora (f) de agua caliente / *rentadora (f) d'aigua calenta*

---

5 a
Waschkessel (m)
washing cistern
котел (мр) для промывки
cuve (f) de lavage
recipiente (m) di lavaggio
cuba (f) de lavado / *barca (f) de rentar*

---

6 den Zufluß der Seifenlauge regeln
to regulate the admission of soap solution
регулировать приток мыльнаго щелока
régler l'alimentation de la solution de savon
regolare l'afflusso della soluzione di sapone
regular la entrada de la lejía de jabón / *regular l'entrada de lleixiu de sabó*

---

7 Schmutzwasser (n)
dirty water
грязная вода (жр)
eau (f) souillée *ou* sale
acqua (f) sporca
agua (f) sucia / *aigua (f) bruta*

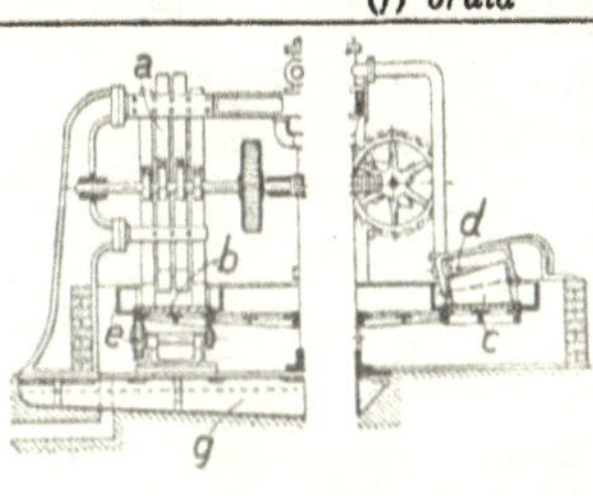

8 Kaltwaschvorrichtung (f)
cold water washing apparatus
аппарат (мр) для холодной промывки
laveuse (f) à eau froide
apparato (m) di lavaggio ad acqua fredda
lavadora (f) de agua fría / *rentadora (f) d'aigua freda*

Stampfwerk (n)
pounding appliance
толчея (жр), колотильная машина (жр)
moulin (m) à pilons 9
pestello (m) meccanico, stampito (m)
molino (m) de pilones *o* de mazas / *molí (m) de maces*

---

a
Stampfer (m)
pounder, faller
пест (мр) 10
pilon (m)
pestello (m)
pilón (m), maza (f) / *maça (f)*

---

b
sich drehender Tisch (m)
revolving table
вращающійся стол (мр) 11
table (f) tournante
tavola (f) girevole
mesa (f) / *taula (f)* / giratoria

---

c
Quetschwalze (f)
squeezing roller
отжимной каток (мр)
rouleau (m) exprimeur 12
cilindro (m) spremitore
cilindro (m) compresor / *corró (m) compressor*

---

d
Spritzrohr (n)
spraying *or* water jet pipe
брызгалка (жр)
tuyau (m) d'aspersion *ou* à jet d'eau
tubo (m) d'aspersione *o* a getto d'acqua 13
tubo (m) rociador *o* de chorro de agua / *tub (m) rinxador*

---

e
Siebkasten (m)
sieve box
рѣшетчатый ящик (мр)
boîte (f) à tôle perforée, crible (m)
cassone (m) con fondo bucherellato 14
caja (f) de fondo perforado *o* de falso fondo / *caixa (f) de fons foradat o de fals fons*

---

g
Sammelbehälter (m)
chute, collecting vat
сточный (-ая) резервуар (мр) *или* яма (жр)
cuve (f) collectrice, récipient (m) 15
tino (m) raccoglitore
fondo (m) colector / *fossa (f) col·lectora*

---

16 die Florettmasse ausschleudern
to centrifuge the waste silk
отжать прочесный шелк(мр) на центрофугѣ
centrifuger *ou* essorer les déchets de soie
centrifugare i cascami di seta
centrifugar la borra de seda

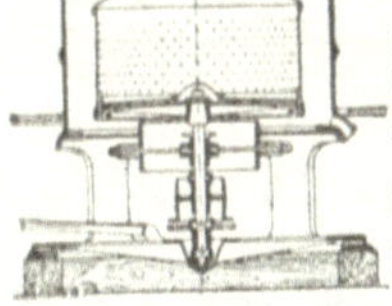

Maschinenschleuder (f), [Schleuderzentrifuge (f)]
hydro-extractor
центрофуга (жр)
hydro-extracteur (m), turbine (f), essoreuse (f) 17
idroestrattore (m), asciugatrice (f) centrifuga
hidro-extractor (m), centrífuga (f)

1 die Florettmasse aufschließen *oder* lockern
to open the waste silk
разрыхлять *или* взрыхлять прочесный шелк
ouvrir les déchets de soie
aprire i cascami di seta
abrir *o* desagregar / *obrir o desfer* / la borra de seda

2 die Florettmasse mit den Füßen stampfen
to stamp the waste silk with the feet
топтать прочесный шелк ногами
pilonner les déchets de soie avec le pied
pestare i cascami di seta coi piedi
batir la borra de seda con los pies / *batre la borra de seda amb els peus*

3 **d) Trocknen (n) der Florettmasse**
Drying of Waste Silk
Сушеніе (ср) или сушка (жр) прочеснаго шелка
Séchage (m) des déchets de soie
Essiccazione (f) dei cascami di seta
Secado (m) / *Assecat* (m) / de la borra de seda

4 die gewaschene Florettmasse trocknen
to dry the washed waste silk
сушить мытый прочесный шелк
faire sécher les déchets de soie lavés
essiccare i cascami di seta lavati
secar la borra de seda lavada / *assecar la borra de seda rentada*

5 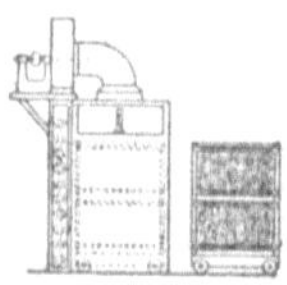
Trockenvorrichtung (f) fur Florettmasse
waste silk drying apparatus
аппарат (мр) для просушки прочеснаго шелка
séchoir (m) pour déchets de soie
apparato (m) di essiccazione per cascami di seta
estufa (f) para borra de seda

6 die Florettmasse an Holzstangen aufhängen
to hang the waste silk on wooden rods *or* sticks
навѣшивать прочесный шелк на сушильныя рейки
suspendre les déchets de soie sur des perches en bois
stendere i cascami di seta su telai di legno
colgar la borra de seda en listones *o* palos de madera / *penjar la borra de seda en llistons o pals de fusta*

7 **e) [Aus-] Kohlen (n) [*oder* Karbonisieren (n)] der Seidenabfälle**
Carbonisation of Waste Silk
Карбонизація (жр) шелковых угаров
Carbonisation (f) des déchets de soie
Carbonizzazione (f) dei cascami di seta
Carbonizado (m) / *Desmot* (m) *o carbonitzat* (m) / de la borra de seda

8 die Kokons (mpl) [aus]kohlen [*oder* karbonisieren]
to carbonise the cocoons
карбонизировать коконы
carboniser les cocons
carbonizzare i bozzoli
carbonizar los capullos / *desmotar o carbonitzar els capolls*

9 mit Schwefelsäurelösung tränken
to impregnate with diluted sulphuric acid
пропитывать раствором сѣрной кислоты
imprégner avec de l'acide sulfurique dilué
impregnare con acido solforico diluito
impregnar con ácido sulfúrico diluído / / *impregnar amb àcid sulfúric diluït*

x-prozentiges Schwefelsäurebad (n)
x per cent sulphuric acid bath
x-процентная сѣрнокислая ванна (жр)
bain (m) d'acide sulfurique à x pourcent
bagno (m) di acido solforico di x gradi
baño (m) de ácido sulfúrico de x por ciento / *bany (m) d'àcid sulfúric a x per cent* 10

gasförmige Salzsäure (f)
gaseous hydrochloric *or* muriatic acid
соляная кислота (жр) в газообразном состояніи
acide (m) chlorhydrique *ou* muriatique gazeux
acido (m) cloridrico *o* muriatico gasoso
ácido (m) clorhídrico o muriático gaseoso / *àcid (m) hidroclóric gasós* 11

den getränkten Abfall im Auskohlungsofen [*oder* Karbonisierofen] trocknen
to dry the impregnated waste in a carbonising stove
сушить насыщенный угар в карбонизаціонной печи
sécher les déchets imprégnés dans un four de carbonisation
essiccare il cascame impregnato in un forno di carbonizzazione
secar la borra impregnada en un horno de carbonización / *assecar la borra impregnada en una estufa de carbonització* 12

f) Klopfen (n) *oder* Dreschen (n) der Kokons
Beating the Cocoons
Колоченіе (ср) *или* порка (жр) коконов
Battage (n) des cocons
Battitura (f) dei bozzoli
Batido (m) de los capullos / *Batut* (m) *dels capolls* 13

die Kokons (mpl) klopfen *oder* dreschen *oder* schlagen *oder* peitschen
to beat the cocoons
колотить *или* молотить *или* бить *или* стегать *или* пороть коконы
battre les cocons
battere i bozzoli
batir los capullos / *batre els capolls* 14

die Kokons (mpl) auflockern
to loosen-up the cocoons
взрыхлить *или* разбить коконы
rendre mous les cocons
aprire *o* sfibrare i bozzoli
ablandar los capullos / *estovar els capolls* 15

den Seidenabfall weich machen
to soften the waste silk
размягчать шелковый угар
ramollir les déchets de soie
rendere soffice il cascame di seta
suavizar / *suavitzar* / la borra de seda 16

geklopfte Kokonmasse (f)
beaten cocoon mass
взбитая масса (жр) коконов
masse (f) des cocons battus
massa (f) di bozzoli sbattuta
masa (f) batida de capullos / *massa (f) de capolls batuda* 17

lockere Fasermasse (f)
loose fibre mass
рыхлая масса (жр) волокна [шелка]
masse (f) des fibres amollie
massa (f) fibrosa sciolta
masa (f) abierta de fibras / *massa (f) de fibres oberta* 18

1 die Puppenreste (mpl) zermalmen
to crush the pupæ residues
раздроблять остаток куколок
broyer les résidus de chrysalides
sminuzzolare i residui di crisalidi
moler los residuos de crisálidas / *moldre els residus de crisàlides*

---

2 Einfetten (n) der Abfallseide
oiling *or* greasing the waste silk
промасливанie (ср) шелковых угаров
ensimage (m) des déchets de soie
oliatura (f) *o* ingrassamento (m) del cascame di seta
engrasado (m) *o* ensimaje (m) / *ensimat (m)* / de la borra

---

3 Knochenöl (n)
neat's foot oil, animal oil
костяное масло (ср)
huile (f) de pied de bœuf
olio (m) di piede di bue
aceite (m) di pie de buey / *oli (m) de pota de bou*

---

4 einsprengen
to sprinkle
вспрыскивать
asperger
aspergere
rociar / *ruixar*

---

5 Seifenwasser (n)
soap water
мыльная вода (жр)
eau (f) de savon
acqua (f) saponata
agua (f) de jabón / *de sabó*

---

6 Einsprengen (n) von Hand
sprinkling by hand
кропленie (ср) *или* вспрыскиванie (ср) вручную
aspersion (f) à la main
aspersione (f) a mano
rociado (m) a mano / *ruixat (m) a mà*

---

7 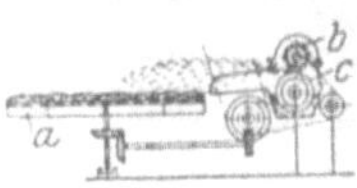

Einsprengvorrichtung (f)
sprinkling apparatus
брызгательный *или* кропильный аппарат (мр)
dispositif (m) d'aspersion
apparato (m) di aspersione
aparato (m) rociador / *aparell (m) ruixador*

---

8 a
Einsprengtisch (m)
sprinkling table
стол (мр) для обрызгиванія
table (f) d'aspersion
tavola (f) di aspersione
mesa (f) de rociar / *taula (f) de ruixar*

---

9 b
Einsprengwalze (f)
sprinkling roller
кропильный валик (мр)
cylindre (m) d'aspersion
cilindro (m) d'aspersione
cilindro (m) rociador / *corró (m) ruixador*

---

10 c
Eintauchwalze (f)
dipping roller, immersion roller
валик (мр), погруженный в жидкость
cylindre (m) d'immersion
cilindro (m) di immersione
cilindro (m) de inmersión / *corró (m) d'immersió*

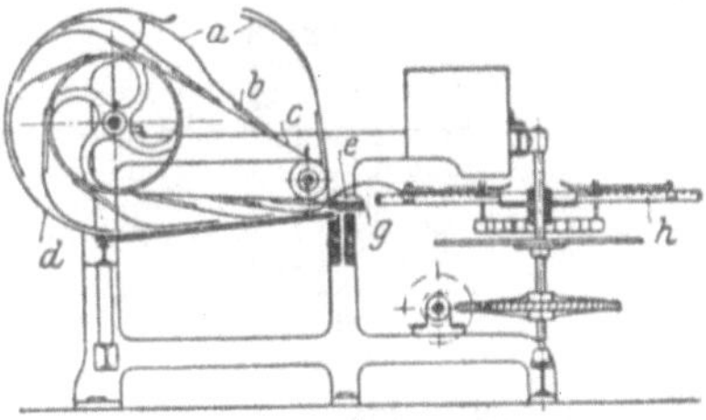

Dreschmaschine (f) für Kokons, [Kokon-] Klopfmaschine (f)
cocoon beating machine
колотильная *или* молотильная машина (жр) для коконов 11
batteuse (f) pour cocons
sbattitrice (f) *o* battitoio (m) per cascami di seta
[máquina (f)] batidora (f) de capullos / *batuar (m) o batidora (f) de capolls*

---

a
Schläger (m) *oder* Schlagriemen (m) aus Leder
leather beater
колотилка (жр) *или* хлыст (мр) из кожи 12
lanière (f) *ou* batte (f) en cuir
battitore (m) di cuoio
batidor (m) de cuero / *batedor (m) de cuiro*

Schläger (m) aus Kautschuk
India rubber beater
каучуковый хлыст (мр)
lanière (f) *ou* batte (f) en caoutchouc 13
battitore (m) di caucciù
batidor (m) de caucho / *batidor (m) de cautxú*

---

b
Schlagriemenhalter (m)
beater holder
закрѣп (мр) хлыста
agrafe (f) pour fixer les battes 14
porta-battitore (m)
grapa (f) del batidor / *del batidor*

---

den Schläger einfetten
to oil *or* to grease the beater
промаслить хлыст
graisser la batte 15
ingrassare il battitore
engrasar el batidor / *untar el batidor*

---

c
endloser Riemen (m)
endless belt
безконечный ремень (мр)
courroie (f) sans fin 16
cigna (f) *o* coreggia (f) continua
correa (f) sin fin / *corretja (f) sens fi*

---

d
Schutzblech (n)
cover plate
жестяная покрышка (жр) [для огражденія] 17
couvercle (m)
coperchio (m)
tapa (f)

Lederpolster (n)
leather bolster
кожаная подушка (жр)
1 e tampon (m) en cuir
tampone (m) di cuoio
almohadilla (f) o tampón (m) de cuero / *tampó (m) o coixí (m) de cuiro*

Holzunterlage (f), hölzerne Unterlage (f)
wooden bolster block
деревянная колодка (жр) *или* подкладка (жр)
2 g bloc (m) en bois
blocco (m) di legno
bloque (m) de madera del tampón / *bloc (m) de fusta del tampó*

sich drehender Tisch (m)
revolving table
вращающійся стол (мр)
3 h table (f) tournante
tavola (f) o piattaforma (f) girevole
mesa (f) / *taula (f)* / giratoria

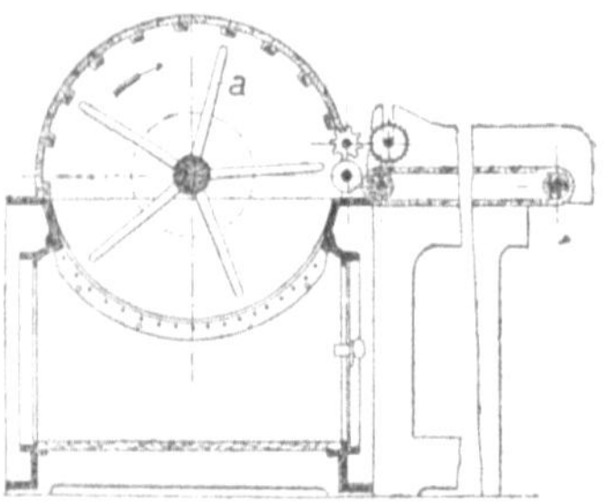

Seidenabfallklopfwolf (m)
waste silk willow
4 колотильный волчек (мр) для шелковых угаров
loup (m) à déchets de soie
lupo (m) per cascami di seta
vilof (m) o lobo (m) / *vilof (m) o llop (m)* / de borra de seda

Flugelwolf (m) fur Seidenabfälle
spiral bladed beating willow for waste silk
крыльчатый волчек (мр) для шелковых угаров
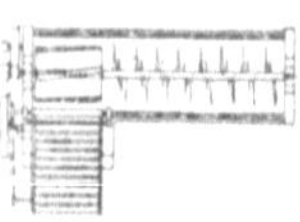
5 loup (m) à baguettes *ou* loup à volant en hélice pour déchets de soie
battitore (m) spirale per cascami di seta
abridora (f) con lineas de dientes en espiral para borra de seda / *obridora (f) amb linies de nassos en espiral per a borra de seda*

Klopfraum (m), Klopfsaal (m)
6 beating room *or* department
колотильное помѣщеніе (ср)
salle (f) de battage
sala (f) di battitura
cuadra (f) de batido / *quadra (f) de batre*

Puppenstaub (m), Wrack (n)
7 pupæ dust, pupæ waste
кукольная пыль (жр)
débris (mpl) de chrysalides
granellini (mpl) o pezzi (mpl) o frammenti (mpl) di crisalidi
polvo (m) de crisálida / *pols (m) de crisàlide*

Lungenschützer (m) der Wolfer
respirator for willow tenters
респиратор (мр) для рабочих на волчкѣ
respirateur (m) *ou* masque (m) respiratoire pour les ouvriers travaillant au loup
maschera (f) di respirazione degli operai al lupo
protector (m) de los pulmones o mascarilla (f) de respiración para los obreros de las máquinas batidoras / *protector (m) dels pulmons dels treballadors en els batuars* 8

g) Öffnen (n) der Abfälle
Opening the Waste
Разбиваніе (ср) угаров
Ouvraison (f) des déchets
Apritura (f) del cascame
Desagregado (m) o apertura (f) / *abertura (f) o desagregat (m)* / de la borra 9

die Seidenabfälle zerzupfen
to pull the waste silk to pieces
расщипывать шелковые угары
déchiqueter les déchets de soie
sfibrare i cascami di seta 10
desagregar / *desfer* / la borra de seda

Abfallseide in Kugelform
waste silk in a globular form
шарообразный шелковый угар (мр)
déchets (mpl) de soie en forme de boule
strusa (f) compressa a guisa di pallottole 11
borra (f) de seda apelotonada / *en forma de pilotes*

die Seidenabfälle (mpl) mischen
to mix *or* to blend the waste silk
смѣшивать *или* перемѣшивать шелковые угары
mélanger les déchets de soie
mischiare i cascami di seta 12
mezclar las borras de seda / *barrejar les borres de seda*

das Gemisch anfeuchten
to moisten *or* to damp the mixed material
увлажнять мѣшку
humidifier les matières mélangées
inumidire la mischia 13
humectar la mezcla / *humitejar la barreja*

Anfeuchten (n) *oder* Befeuchten (n) der Kokons
moistening *or* damping the cocoons
увлажненіе (ср) *или* смачиваніе (ср) коконов
humidification (f) des cocons
inumidimento (m) dei bozzoli 14
humectación (f) de los capullos / *humitejat (m) dels capolls*

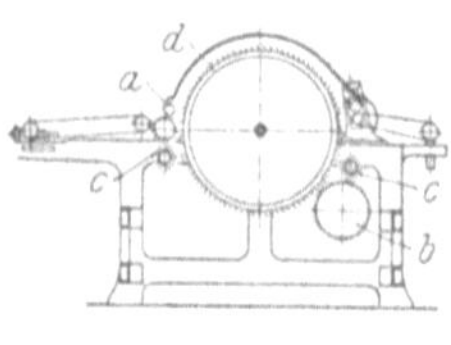

Kokonöffner (m), Kokonwattenmaschine (f)
cocoon opener
разбиватель (мр) коконов
nappeuse (f) 15
apritoio (m) per bozzoli, nappeuse (f)
batuar (m) napador, abridora (f) / *obridora (f)* / ateladora

Nadelwalze (f)
needle roller
игольчатый *или* зубчатый валик (мр)
1 a cylindre (m) d'entrée à aiguilles
cilindro (m) dentato
cilindro (m) de alimentación de agujas / *corró (m) alimentari d'agulles*

Auskämmwalze (f), Arbeiter (m)
roller
рабочій валик (мр)
2 b travailleur (m)
cilindro (m) operatore
cilindro (m) cardador / *cilindret (m)*

Bürstenwalze (f), Wender (m)
clearer
щеточный валик (мр)
3 c nettoyeur (m) garni de brosses
cilindro (m) pulitore
desborrador (m) / *pelador (m)*

Kratzentrommel (f)
carding cylinder
кардный барабан (мр)
4 d tambour (m) à garniture de carde
tamburo (m) da carda
tambor (m) / *bota (f)* / de carda

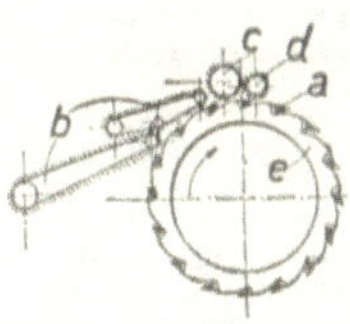

5 Ristenmaschine (f) *oder* Bartmaschine (f) *oder* Fillingmaschine (f) mit Nadeltuchzufuhrung
filling with needled feed lattice
распластывающая *или* забивочная машина (жр) с подводкой игольчатыми полотнами
mise (f) en pointe avec alimentation à tables sans fin garnies de pointes
macchina (f) filling con alimentazione a graticci guarniti di punte
máquina (f) filling con alimentación por tableros de agujas / *màquina (f) filling amb alimentació per teleres d'agulles*

Nadelkamm (m)
comb
игольчатый гребень (мр)
6 a barrette (f) à aiguilles
pettine (m)
barreta (f) de agujas / *d'agulles*

---

der Kamm füllt sich mit Fasergut
the comb fills with fibrous material
гребень (мр) заполняется шелковым волокном *или* забивается продуктом обработки
7 la barrette se remplit de fibres
il pettine si carica o si ricopre di fibre
el peine se carga de fibras / *el pinte se càrrega de fibres*

Nadeltuch (n)
endless needled feed lattice
игольчатая безконечная рѣшетка (жр)
b table (f) alimentaire sans fin à pointes 8
graticcio (m) di alimentazione a punte
tablero (m) sin fin de agujas / *telera (f) sens fi d'agulles*

Arbeitswalze (f), Arbeiter (m)
roller
рабочій валик (мр)
c travailleur (m) 9
cilindro (m) operatore
cilindro (m) cardador / *cilindret (m)*

---

den Faserbart kämmen
to comb the fibre tuft
прочесывать бородку
peigner la touffe 10
pettinare la barba
peinar los mechones de fibras / *pentinar els flocs de fibres*

Bürstenwalze (f), Wender (m)
clearer
щеточный валик (мр) 11
d nettoyeur (m) garni de brosses
cilindro (m) pulitore
desborrador (m) / *pelador (m)*

Trommel (f)
cylinder
барабан (мр)
e tambour (m) 12
tamburo (m)
tambor (m) / *bóta (f)*

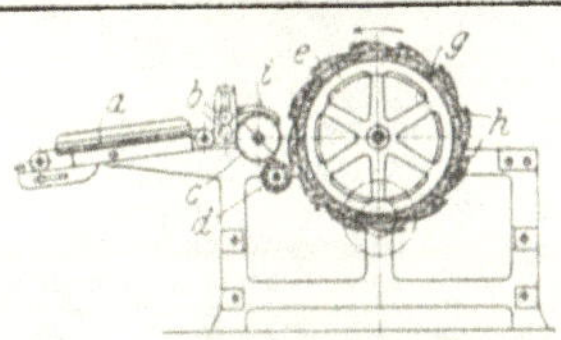

Fillingmaschine (f) *oder* Ristenmaschine (f) *oder* Bartmaschine (f) mit Walzenzuführung
filling with roller feed
забивочная машина (жр) с подводкой валиками
mise (f) en pointe avec alimentation à tambour 13
macchina (f) filling con alimentazione a cilindri
máquina (f) filling con alimentación por cilindros / *màquina (f) filling amb alimentació per corrons*

Zuführtisch (m)
feed table
питательный стол (мр)
a table (f) d'alimentation 14
tavola (f) di alimentazione
tablero (m) de alimentación / *taula (f) d'alimentació*

---

geriffeltes Walzenpaar (n)
pair of fluted rollers
пара (жр) рифленых валиков
b paire (f) de cylindres cannelés 15
coppia (f) di cilindri scanalati
par (m) de cilindros acanalados / *parell (m) de corrons ratllats*

1 c
Kratzenwalze (f), Vorreißer (m)
licker-in, taker-in
кардный валик (мр)
priseur (m)
introduttore (m)
tomador (m) / *lladre (m)*

2 d
Walzenburste (f), Übertragungsbürstenwalze (f)
roller brush
цилиндрическая *или* круглая щетка (жр)
cylindre (m) transporteur
spazzola (f) trasportatrice
cepillo (m) / *raspall (m)* / transportador

3 e
Trommel (f)
cylinder
барабан (мр)
tambour (m)
tamburo (m)
tambor (m) / *bóta (f)*

4 g
Trommelauskerbung (f)
cylinder notch
выемка (жр) на барабанѣ
dentelure (f) du tambour
dentello (f) del tamburo
entalladura (f) del tambor / *entalla (f) de la bóta*

5 h
Nadelreihen (fpl), Stiftreihen (fpl)
rows of needles *or* pins
ряды (мр) гребней *или* игл
rangées (fpl) d'aiguilles
serie (fpl) di aghi
hileras (fpl) de agujas / *rengles (mpl) d'agulles*

6 i
Deckel (m)
cover
крышка (жр)
couvercle (m)
coperchio (m)
cubierta (f) / *coberta (f)*

7
das Vlies zwischen zwei Kämmen aufschneiden
to cut *or* to break-up the fleece between two combs
разрѣзать холст между двумя гребнями
couper le voile entre deux peignes
dividere il lenzuolo fra due pettini
cortar el velo entre dos peines / *tallar el vel entre dos pintes*

8

Seidenbart (m), Seidenfaserbart (m), Seidenfaserriste (m)
tuft of silk fibres
бородка (жр) [волокна] шелка
barbe (f) *ou* touffe (f) de fibres de soie
mazzo (m) *o* fiocco (m) *o* barba (f) *o* nappetta (f) di fibre di seta
barba (f) *o* mechón (m) de fibras de seda / *barba (f) o floc (m) de fibres de seda*

9
Sammeln (n) der Bärte
collecting the tufts
собиранie (ср) бородок
cueillement (m) des barbes
raccoglimento (m) delle barbe
recogida (f) de los mechones / *recollida (f) de les barbes*

10
die Bärte (mpl) sammeln
to collect the tufts
собирать бородки
cueillir les barbes
raccogliere le barbe
recoger los mechones / *recollir les barbes*

11
die Bärte (mpl) auf runde Holzstäbe aufwickeln
to wind the tufts on round wooden staves
наматывать бородки на деревянныя скалки
enrouler les barbes autour de bâtons de bois ronds
arrotolare le barbe su bacchette tonde di legno
arrollar los mechones en palos redondos de madera / *enrotllar les barbes en vergues rodones de fusta*

12
h) Kämmen (n) [*oder* Dressieren (n)] der Florettseide
Combing *or* Dressing of Waste Silk
Гребнечесанie (ср) прочеснаго шелка
Peignage (m) *ou* dressage (m) des déchets de soie
Pettinatura (f) dei cascami di seta
Peinado (m) *o* preparación (f) / *Pentinat (m) o preparació (f)* / de la borra de seda

13
Trennen (n) der langen von den kurzen Fasern
separating the long fibres from the short ones
отдѣленie (ср) длинных волокон от коротких
séparation (f) des fibres longues des courtes
separazione (f) delle fibre lunghe dalle corte
separación (f) de las fibras largas y las fibras cortas / *separació (f) de les fibres llarges i les fibres curtes*

14
die Seidenfasern (fpl) kämmen [*oder* dressieren]
to comb *or* to dress the silk fibres
прочесывать волокна шелка на гребенных машинах
peigner *ou* dresser les fibres de soie
pettinare le fibre di seta
peinar *o* preparar las fibras de seda / *pentinar o preparar les fibres de seda*

15
Seidenkämmerei (f)
silk combing *or* dressing
гребнечесанie (ср) шелка
peignage (m) de la soie
pettinatura (f) della seta
peinado (m) *o* preparación (f) / *pentinat (m) o preparació (f)* / *de la seda*

16
Seidenkämmaschine (f), Dressingmaschine (f)
silk combing machine *or* comber, dressing machine
гребенная машина (жр) для шелка
peigneuse (f) *ou* dresseuse (f) mécanique pour soie
macchina (f) pettinatrice di seta
peinadora (f) mecánica para seda / *pentinadora (f) mecànica per a seda*

17
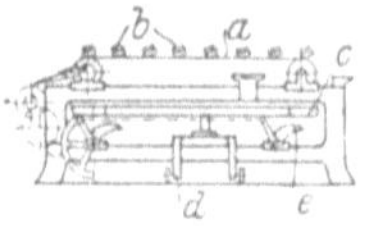

gerade *oder* flache Kämmmaschine (f), Gradkämmer (m), Flachkämmer (m)
rectilinear dressing machine
прямая *или* плоская гребенная машина (жр)
peigneuse (f) mécanique rectiligne *ou* plane
pettinatrice (f) rettilinea *o* piana
peinadora (f) rectilínea / *pentinadora (f) rectilínia*

1 a
Kardentuch (n)
endless card table
гребенное кардное полотно (ср)
tablier (m) cardeur sans fin
tavola (f) senza fine provvista di guarniture da carda, tavola cardatrice senza fine
tablero (m) sin fin de carda / *telera (f) sens fi de cardes*

2
Kardentuch (n) aus Hanfgewebe
card cloth of hemp fabric
кардное полотно (ср) из пеньковой ткани
tissu (m) de carde en chanvre
tessuto (m) di guarnizione in canapa
fundación (f) de carda de tejido de cáñamo / *patén (m) de les cardes de teixit de cànem*

3
Kardentuch (n) mit Kautschukdecke
card cloth with India rubber layer
кардное полотно (ср) с резиновым слоем
tissu (m) de carde avec couche en caoutchouc
tessuto (m) di guarnizione con strato di caucciù
fundación (f) de carda con una hoja de caucho / *patén (m) de les cardes amb una fulla de cautxú*

4 b
Kamm (m), Nadelbeschlag (m)
comb
гребенка (жр)
peigne (m)
sbarretta (f)
peine (m) / *pinte (m)*

5 c
Preßtisch (m), Preßrahmen (m)
table with clamps, press table
нажимной стол (мр)
table (f) *ou* cadre (m) à presses
tavola (f) a morsetti
marco (m) con prensas / *marc (m) amb premses*

6 d
vierrädriger Wagen (m)
four-wheeled carriage
четырехколесная тележка (жр)
chariot (m) à quatre roues
carro (m) a quattro ruote
carro (m) de cuatro ruedas / *carro (m) de quatre rodes*

7 e
Hebedaumen (m)
lifting cam, lifter finger
подъемный кулак (мр), эксцентриковая лодыжка (жр)
came (f) de levage, doigt (m) de la lève
bocciolo (m)
leva (f) de subida, dedo (m) de la subida / *lleva (f) de pujar, unglot (m) per a la pujada*

8

eingelegter Seidenbart (m)
silk tuft set in the book
защемленная бородка (жр) шелка
barbe (f) de soie mise en livre
barba (f) di seta inserita nel morsetto
mechón (m) de seda en prensa / *barba (f) de seda en premsa*

a
Buch (n), Presse (f), Zange (f), Kluppe (f)
book, nippers, clamp
щипцы (мр), клуп (мр), зажим (мр) для бородки 9
livre (m), presse (f)
morsetto (m), pressa (f), libro (m), assicelle (fpl)
prensa (f) / *premsa (f)*

den Faserbart in die Zange einklemmen
to clamp the tuft in the book
зажать *или* защемить бородку волокна в щипцах 10
pincer la barbe dans le livre
fissare la barba sul morsetto
pinzar el mechón en la prensa / *amordassar la barba en la premsa*

b
Beilage (f), Preßholz (n)
filling piece, side plate
основная дощечка (жр), колодка (жр)
règle (f), calibre (m) 11
calibro (m)
separador (m), placa (f) de suplemento, calibre (m) / *separador (m), placa (f) de suplement, galga (f)*

c
Faserbart (m)
fibre tuft
бородка (жр) волокна
barbe (f) de fibres 12
barba (f) di fibre
mechón (m) de fibras / *barba (f) de fibres*

den Kopf des Bartes kämmen
to comb the top end of tuft
прочесывать головку бородки
peigner la tête de la barbe
pettinare la testa della barba 13
peinar la cabeza del mechón / *pentinar la testa de la barba*

mittlere Faserstrecke (f)
middle part of tuft
средний пояс (мр) бородки
partie (f) médiane de la barbe
parte (f) media della barba 14
parte (f) media del mechón / *part (f) mitja de la barba*

den Faserbart umlegen *oder* kehren
to reverse the tuft
перекидывать *или* перевертывать бородку
retourner la barbe, faire la voltée
invertire *o* capovolgere la barba 15
invertir el mechón / *la barba*

den Faserbart abnehmen
to take-off the tuft
снимать бородку волокна
enlever la barbe
levare la barba 16
quitar el mechón / *treure la barba*

Abnehmen (n) des Faserbartes
taking-off the tuft
снимание (ср) *или* снятие (ср) бородки волокна 17
enlèvement (m) de la barbe
levata (f) della barba
mudada (f) del mechón / *de la barba*

den Preßtisch entladen
to discharge the press table
разгружать нажимной стол
décharger la table à presses, faire la levée
scaricare la tavola a morsetti 18
descargar el marco de prensas / *descarregar el marc de premses*

1 

Umlegvorrichtung (f) *oder* Kehrvorrichtung (f) fur die Faserbärte
reversing motion for fibre tufts
приспособленіе (ср) для перекидки бородок волокна
dispositif (m) de renversement des barbes
meccanismo (m) di inversione delle barbe
dispositivo (m) de inversión del mechón / *dispositiu (m) d'inversió de la barba*

---

2 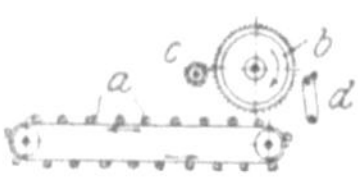

Abzugvorrichtung (f) fur Kämmlinge
noil discharge motion
съемное приспособленіе (ср) для гребенного очеса
dispositif (m) de débourrage
dispositivo (m) per scaricare il pettenuzzo
dispositivo (m) de descarga de las mermas / *dispositiu (m) de descàrrega de les blusses o mermes*

---

3 a
Kamm (m)
comb
гребень (мр)
peigne (m)
pettine (m)
peine (m) / *pinte (m)*

---

4 b
nadelbesetzte Trommel (f)
wire covered roller, pin cylinder
барабан (мр) обтянутый кардою
tambour (m) garni d'aiguilles
tamburo (m) guarnito di aghi
cilindro (m) con guarnición de agujas / *bombo (m) amb guarnició d'agulles*

---

5 c
Reinigungsbürste (f)
cleaning brush
очистительная щетка (жр)
brosse (f) nettoyeuse
spazzola (f) pulitrice
cepillo (m) limpiador / *raspall (m) netejador*

---

6 d
Abzugvorrichtung (f)
stripping comb
съемочное приспособленіе (ср)
débourreur (m)
scaricatore (m)
descargador (m) / *descarregador (m)*

---

die Kämmlinge (mpl) abführen *oder* ausheben
to take-out the noils
отводить *или* приподнимать гребенной очес
débourrer [le peigne]
asportare il pettenuzzo
quitar las mermas / *treure la blussa*

---

ungekämmte Abfallseide (f)
uncombed waste silk
непрочесанный угарный шелк (мр)
déchets (mpl) de soie non peignés
cascami (mpl) di seta non pettinati
borra (f) de seda no peinada / *pentinada*

---

gekámmte Abfallseide (f), Zug (m)
combed waste silk, silk top
прочесанный угарный шелк (мр)
déchets (mpl) de soie peignés, cœur (m) *ou* trait (m) de soie
[nastro (m) di] cascami (mpl) di seta pettinati
peinado (m) de borra de seda, borra (f) de seda peinada / *pentinat (m) de borres de seda, borra (f) de seda pentinada* 9

ausgekämmter [*oder* dressierter] Faserbart (m)
combed fibre tuft
прочесанная бородка (жр) волокна 10
barbe (f) peignée
barba (f) pettinata
mechón (m) peinado / *barba (f) pentinada*

---

die Faserbärte (mpl) nach der Länge sondern
to sort the fibre tufts according to length
сортировать бородки по длинѣ
classer les barbes suivant leur longueur
assortire le barbe per la loro lunghezza 11
sortear los mechones según su longitud / *sortejar les barbes segons la llargada*

Seidenkämmling (m), Seidenwerg (n), [Bourrette (f), Stumba (f)]
silk noil
шелковый гребенной очес (мр), бурет (мр)
bourrette (f)
boretta (f), roccadino (m), pettenuzzo (m) 12
merma (f) de seda / *blussa (f) o merma (f) de seda*

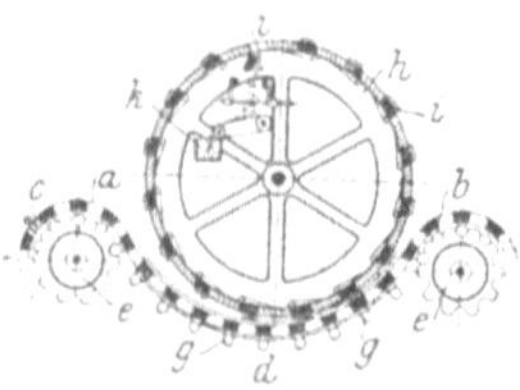

Kämmaschine (f) Crossley
Crossley comber
гребенная машина (жр) системы Крослей
peigneuse (f) mécanique Crossley 13
pettinatrice (f) meccanica Crossley
peinadora (f) / *pentinadora (f) / Crossley*

---

a
Lattenkette (f)
clamp chain
безконечная рѣшетка (жр)
chaîne (f) de presses 14
catena (f) dei morsetti
cadena (f) de prensas / *de premses*

---

b
Preßholz (n)
filling piece
нажимная дощечка (жр)
règle (f) 15
calibro (m)
separador (m)

---

c
umklappbarer Bartträger (m), umklappbares Buch (n)
reversible book
створчатые щипцы (мр) для бородки
pince (f) *ou* livre (m) réversible 16
libro (m) riversibile
prensa (f) / *premsa (f)* / reversible

Durchhängestelle (f) *oder* Arbeitsstelle (f) der Kette
sagging point *or* working point of the chain
провисающая *или* рабочая часть (жр) рѣшетки
1 d point (m) de travail de la chaîne
punto (m) di lavoro della catena
punto (m) de trabajo / *punt (m) de treball* / de la cadena

---

an der Durchhängestelle einen Klemmdruck erzeugen
to cause a positive pressure at the sagging point
производить зажим в провисной части рѣшетки
2 faire une pression au point de travail
creare pressione nel punto di lavoro
dar una presión positiva en el punto de trabajo / *donar una pressió positiva en el punt de treball*

---

die Bartstellung durch Klemmdruck sichern
to secure the position of the tuft by pressure
закрѣпить положенiе бородки зажимом
3 assurer la position de la barbe par la pression
assicurare la posizione della barba colla pressione
asegurar la posición del mechón por presión / *assegurar la posició de la barba per pressió*

Kettentrieb (m)
chain driving wheel
приводная зубчатая шестерня (жр) для рѣшетки
4 e roue (f) conductrice de la chaîne
ruota (f) azionatrice della catena
rueda (f) de conducción para la cadena / *roda (f) conductriu de la cadena*

Laufrolle (f)
chain roller, runner bowl
зацѣпляющая скалка (жр) рѣшетки
5 g rouleau (m) de la chaîne
rullo (m) della catena
rodillo (m) / *carilla (f) o corronet (m)* / de la cadena

---

exzentrisch gelagerte Kämmtrommel (f)
eccentrically mounted combing cylinder
эксцентрично установленный гребнечесальный барабан (мр)
6 h tambour (m) de peignage monté excentriquement
tamburo (m) pettinatore montato eccentricamente
cilindro (m) peinador montado excéntricamente / *bombo (m) pentinador montat excèntricament*

---

die Kämmtrommeln (fpl) drehen sich entgegengesetzt
the comb cylinders revolve in opposite directions
гребенные барабаны (мр) вращаются в противоположныя стороны
les tambours (mpl) de peignage tournent dans des directions opposées 7
i tamburi pettinatori si muovono in senso contrario
los cilindros peinadores giran en dirección contraria / *les botes pentinadores giren al revés*

---

den gekämmten Faserbart durch ein Gebläse aufrichten
to raise-up the combed fibre tuft by a blower
приподнять дутьем прочесанную бородку
relever la barbe peignée par une soufflerie 8
rialzare la barba pettinata con un soffiatore
levantar el mechón peinado por soplado / *aixecar la barba pentinada bufant*

Kamm (m)
comb
гребенка (жр)
i peigne (m) 9
pettine (m)
peine (m) / *pinte (m)*

Sammelbehälter (m) für Kämmlinge
waste holder, noil collecting box
ящик (мр) для гребенного очеса
k boîte (f) collective des blousses 10
cassa (f) raccoglitrice dei pettenuzzi
caja (f) colectora de mermas / *caixa (f) col·lectora de mermes*

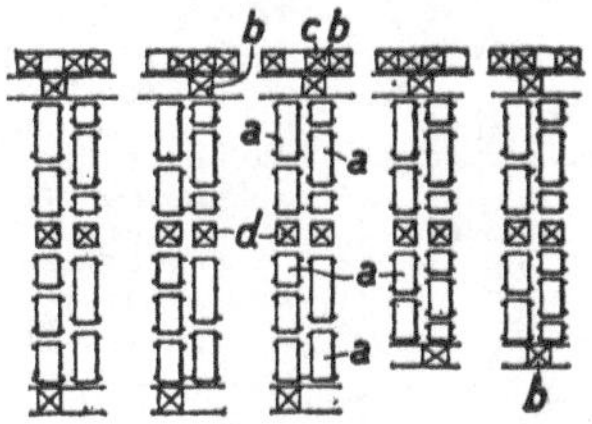

Fairbairnsche Kämmereianlage (f)
Fairbairn's combing plant
гребнечесальное отдѣленiе (ср) по Ферберну
[installation (f) de] peignage (m) d'après Fairbairn 11
impianto (m) di una pettinatura secondo Fairbairn
instalación (f) de peinado / *instal·lació (f) de pentinat* / de Fairbairn

Kardentuch (n)
endless card table
кардная рѣшетка (жр), кардное полотно (ср)
1 a tablier (m) cardeur sans fin
tavola (f) cardatrice senza fine
tablero (m) *o* telera (f) de cardas sin fin / *telera (f) de cardes sens fi*

Presse (f)
press
пресс (мр)
2 b presse (f)
pressa (f)
prensa (f) / *premsa (f)*

die Presse füllen
to fill the press
заполнить пресс
3 charger la presse
caricare la pressa
cargar la prensa / *carregar la premsa*

Kehrbank (f)
reversing table
поворотный стол (мр)
banc (m) à renversement *ou* pour le changement des
4 c pinces
banco (m) di inversione
banco (m) *o* mesa de (f) inversión / *taula (f) o banc (m) d'inversió*

Kehrscheibe (f)
reversing plate
поворотный круг (мр)
5 d plateau (m) *ou* disque (m) tournant
disco (m) d'inversione
plataforma (f) *o* disco (m) de inversión / *plataforma (f) o disc (m) d'inversió*

Auflage (f) auf eine Zange
filling of a nipper
6 накладка (жр) *или* загрузка (жр) одних щипцов
charge (f) d'une pince
carica (f) di un morsetto
carga (f) de una prensa / *càrrega (f) d'una premsa*

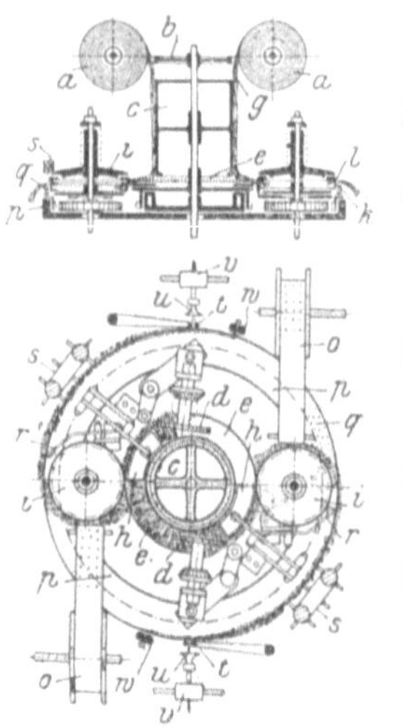

Listersche zweiköpfige Seidenkämmaschine (f)
Lister's double-headed silk comber
двухсторонняя гребнечесальная машина (жр) системы Листера для шелка
7 peigneuse (f) mécanique à double tête pour soie, système Lister
pettinatrice (f) meccanica a due teste per seta tipo Lister
peinadora (f) de doble testa para seda / *pentinadora (f) de doble testa per a seda* / sistema Lister

Speisewickel (m)
feeding lap, sliver bobbin
питательный холст (мр)
a rouleau (m) d'alimentation 8
rotolo (m) di alimentazione
tela (f) de alimentación, bobina (f) de cinta / *tela (f) alimentaria, bobina (f) de veta*

Spulengestell (n)
creel, bobbin holder
рама (жр) для катушек
b râtelier (m) 9
rastrelliera (f)
fileta (f)

Leittrommel (f)
guide drum
направляющій барабан (мр)
c tambour (m) guide 10
tamburo (m) di guida
tambor-guía (m) / *bombo-guia (m)*

geriffelte Reibscheibe (f)
fluted friction disc
рифленый фрикціонный диск (мр)
d disque (m) de friction cannelé 11
disco (m) di frizione scanalato
disco (m) acanalado de fricción / *disc (m) de fricció ratllat*

Speisekammring (m)
feeding comb circle, carrier comb
питательное гребенчатое кольцо (ср)
e peigne (m) annulaire alimentaire 12
corona (f) a punte di pettine girevole
peine (m) / *pinte (m)* / anular alimentador *o* transportador

Speiseband (n)
sliver
питательная лента (жр)
g ruban (m) 13
nastro (m)
cinta (f) / *veta (f)*

das Faserband in den Speisekamm einschlagen
to dab the sliver into the carrier comb
накладывать ленту на питательную гребенку
enfoncer le ruban dans le peigne alimentaire 14
inserire il nastro nella corona a punte
hundir la cinta en el peine anular / *enfonsar la veta en el pinte anular*

auf- und niedergehende Bürste (f)
up and down moving dabbing brush
щетка (жр), движущаяся вверх и вниз
h brosse (f) enfonceuse à mouvement de va-et-vient vertical 15
spazzola (f) di ritegno con movimento di saliscendi
cepillo (m) hundidor con movimiento de vaivén vertical / *raspall (m) enfonsador amb moviment de va-i-vé vertical*

Kreiszange (f)
circular nippers
круглые щипцы (мр)
1 i pince (f) circulaire
pinze (fpl) circolari
pinzas (fpl) circulares / *pinces (fpl) circulars*

Zangenkante (f)
gripping edge of nippers
край (мр) *или* кромка (жр) щипцов
2 k extrémité (f) de retenue de la pince
estremità (f) d'afferramento delle pinze
borde (m) mordiente de las pinzas / *caire-mordassa (f) de les pinces*

---

mit Einschnitten versehener Zangenring (m)
notched circle of nippers
кольцо (ср) щипцов с насѣчками
3 l cercle (m) à encoches de la pince
circolo (m) dentato delle pinze
aro (m) entallado de las pinzas / *cercle (m) d'entalles de les pinces*

Kratzenband (n)
card wire band
кардное полотно (ср)
4 o ruban (m) de carde
nastro (m) da carde
cinta (f) de guarnición / *de guarnició* / de carda

Kammring (m)
large circle
гребенчатое кольцо (ср)
5 p grand peigne (m) annulaire
grande corona (f)
peine (m) grande circular / *gran pinte (m) circular*

Nadeln (fpl) des Kammringes
needles of large circle
игла (жр) гребенчатаго кольца
6 q dents (fpl) du grand peigne annulaire
punte (fpl) della grande corona
agujas (fpl) del peine grande circular / *agulles (fpl) del gran pinte circular*

Bürste (f)
brush
щетка (жр)
7 r brosse (f)
spazzola (f)
cepillo (m) / *raspall (m)*

Streicher (m)
stripper
ворситель (мр)
8 s redresseur (m)
raddrizzatore (m)
enderezador (m) / *redreçador (m)*

Abzugwalzen (fpl)
drawing-off rollers
прiемные валики (мр)
9 t cylindres (mpl) arracheurs
cilindri (mpl) strappatori
cilindros (mpl) de arranque / *corrons (mpl) d'arrencar*

---

sich drehender Trichter (m)
revolving funnel
вращающаяся воронка (жр)
u entonnoir (m) tournant 10
imbuto (m) girevole
embudo (m) giratorio / *embut (m) giratori*

Abführungswalzen (fpl)
delivery rollers
отводящiе валики (мр)
v cylindres (mpl) délivreurs 11
cilindri (mpl) di uscita
cilindros (mpl) de salida / *corrons (mpl) de sortida*

Kämmlingswalzen (fpl)
waste rollers, noil rollers
очесочные валики (мр)
cylindres (mpl) à blousse
w cilindri (mpl) scaricatori del pettenuzzo 12
cilindros (mpl) extractores de las mermas / *corrons (mpl) extractors de la blussa*

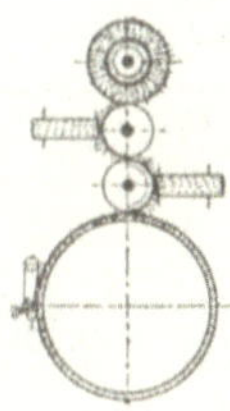

Lister-Warburtonsche Kämmmaschine (f)
Lister-Warburton's comber
гребнечесальная машина(жр) Листер-Варбуртона
peigneuse (f) mécanique Lister-Warburton 13
pettinatrice (f) meccanica Lister-Warburton
peinadora (f) / *pentinadora (f)* / Lister-Warburton

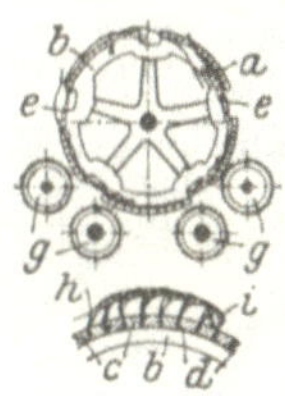

Rundkämmaschine (f) Bauart [*oder* System] Neyret-Brenier
Neyret-Brenier's round comber
циркулярная гребнечесальная машина (жр) системы Нейрет-Бреньера 14
peigneuse (f) mécanique circulaire Neyret-Brenier
pettinatrice (f) meccanica circolare Neyret-Brenier
peinadora (f) / *pentinadora (f)* / circular Neyret-Brenier

Zangenreihe (f)
series of nippers
зажимные сегменты (мр), комплект (мр) щипцов
a rangée (f) de pinces 15
serie (f) di pinze
serie (f) de pinzas / *sèrie (f) de pinces*

---

die Zangen (fpl) zusammenpressen
to press the nippers together, to close the books
зажать щипцы *или* зажимы 16
serrer les pinces
chiudere le pinze
cerrar la prensa / *collar les pinces, cloure la premsa*

die Presse öffnet sich selbsttätig
the nippers open automatically
зажим (мр) раскрывается автоматически
1 la pince s'ouvre automatiquement
la pressa si apre automaticamente
las pinzas se abren automáticamente / *les pinces s'obren automàticament*

---

die Presse schließt sich selbsttätig
the nippers close automatically
зажим (мр) закрывается автоматически
2 la pince se ferme automatiquement
la pressa si chiude automaticamente
las pinzas se cierran automáticamente / *les pinces se clouen automàticament*

Trommel (f)
drum
барабан (мр)
3 b [grand] tambour (m)
[gran] tamburo (m)
gran tambor (m) / *bombo (m), bóta (f)*

Zange (f), Buch (n)
book
щипцы (мр)
4 c pince (f)
pressa (f)
pinzas (fpl) / *pinces (fpl)*

Wickelstock (m)
lap rod
скалка (мр) для холста
5 d baguette (f) enrouleuse pour la barbe
bacchetta (f) avvolgitrice per la barba
palo (m) arrollador de las barbas / *verga (f) enrotlladora de les barbes*

---

den Faserbart mit dem Wickelstock in die Zange legen
to place the fibre tuft into the book by means of the lap rod
закладывать бородку волокна со скалкой в щипцы
6 placer la barbe dans la pince au moyen de la baguette
mettere la barba nella pressa colla bacchetta
cargar la barba en la prensa por medio del palo arrollador / *carregar la barba en la premsa per mitjà de la verga enrotlladora*

Kniehebel (m)
toggle lever
колѣнчатый рычаг (мр)
7 e levier (m) coudé
leva (f) a gomito
palanca (f) acodada / *colzada*

Kämmwalze (f)
combing cylinder
рабочій валик (мр)
8 g cylindre (m) peigneur
cilindro (m) pettinatore
cilindro (m) peinador / *corró (m) pentinador*

Kammzug (m)
combed fibres
продукт (мр) *или* выход (мр) прочеса
h cœur (m), trait (m) 9
nastro (m) di pettinato
fibras (fpl) peinadas, peinado (m) / *fibres (fpl) pentinades, pentinat (m)*

Aufwickelstab (m), Fahne (f) für die gekämmten Bärte
winding-on rod for the combed tufts
скалка (жр) для намота прочессанных бородок
i tringle (f) d'enroulement pour les barbes peignées, drapeau (m) 10
asta (f) di avvolgimento delle nappette, banderuola (f)
palo (m) arrollador para las barbas peinadas / *verga (m) enrotlladora per a les barbes pentinades*

Kehren (n) der Bärte mit der Hand
reversing the tufts by hand
перекидыванiе (ср) бородок вручную
renversement (m) des barbes à la main
inversione (f) a mano delle barbe 11
inversión (f) a mano de las barbas / *inversió (f) de les barbes a mà*

---

den Bart mit der Hand kehren
to reverse the tuft by hand
перекидывать бородку вручную
retourner la barbe à la main, faire la voltée à la main
capovolgere a mano la barba 12
invertir la barba a mano / *a mà*

---

selbsttätige Umkehrung (f) des Faserbartes
automatic reversing of the tuft
автоматическое перекидыванiе бородки
renversement (m) automatique de la barbe
inversione (f) automatica della barba 13
inversión (f) automática / *inversió (f) automàtica* / de la barba

---

Ausklauben (n) *oder* Belesen (n) der Faserbärte *oder* Zuge
picking the tufts
собиранiе (ср) бородок
épluchage (m) des barbes *ou* des traits
mondatura (f) delle nappette 14
desmote (m) de las barbas / *desmot (m) de les barbes*

---

l) Anlegen (n) der Faserbärte
Spreading the Fibre Tufts
Раскладка (жр) бородок
Étalage (m) des traits
Tiratura (f) in grosso delle nappette 15
Extendido (m) de las barbas / *Extesa (f) de les barbes*

---

aus den Bärten Watten (fpl) bilden
to form the tufts into laps
образовывать холсты из бородок
transformer les traits en nappes
tramutare le nappette in falde 16
convertir las barbas / *les barbes* / en telas

Seidenwatte (f), Seidendecke (f)
silk lap
шелковый холст (мр)
nappe (f) de soie continue
falda (f) *o* materassa *o* fiocchi (mpl) di seta 17
tela (f) *o* napa (f) de seda

1 verschiedene Florettsorten (fpl) untereinandermischen
to mix waste silk of various kinds
смѣшивать между собою разные сорта прочеснаго шелка
mélanger des déchets (mpl) de soie de différentes sortes
mescolare le struse di diverse specie
mezclar borras (fpl) de seda de varias clases / *barrejaraborres (fpl) de seda d vàries classes*

2 Anlegemaschine (f) fur kurze Fasern
short spreader
сплачивательная машина (жр) для коротких волокон
étaleuse (f) pour fibres courtes
banco (m) a tirare in grosso o stiratoio (m) in grosso per fibre corte
mesa (f) de extender para fibras cortas / *taula (f) d'estendre per a fibres curtes*

3 Anlegemaschine (f) fur mittellange Fasern
intermediate spreader
сплачивательная машина (жр) для волокон средней длины
étaleuse (f) pour fibres moyennes
banco (m) a tirare in grosso per fibre di media lunghezza
mesa (f) de extender para fibras intermedias / *taula (f) d'estendre per a fibres intermèdies*

4 Anlegemaschine (f) für lange Fasern
long spreader
сплачивательная машина (жр) для длинных волокон
étaleuse (f) pour fibres longues
banco (m) a tirare in grosso per fibre lunghe
mesa (f) de extender para fibras largas / *taula (f) d'estendre per a fibres llargues*

5 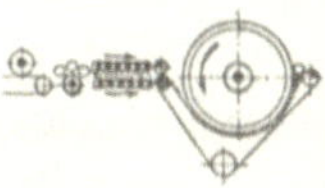
Anlegemaschine (f) mit Nadelstabstrecke
spreader with gill box
сплачивательная машина (жр) с гребенным вытяжным аппаратом
machine(f) à étaler avec gill-box
banco (m) a tirare in grosso con gill-box
mesa (f) de extender con gill-box / *taula (f) d'estendre amb gill-box*

6 Doppelhechelfeld (n)
double row of gills, intersecting
двухрядный набор (мр) гребенных планок
rangée (f) de gills s'entrecroisant, intersecting (m)
doppio campo (m) di pettinatura
doble serie (f) de gills, intersecting (m)

7 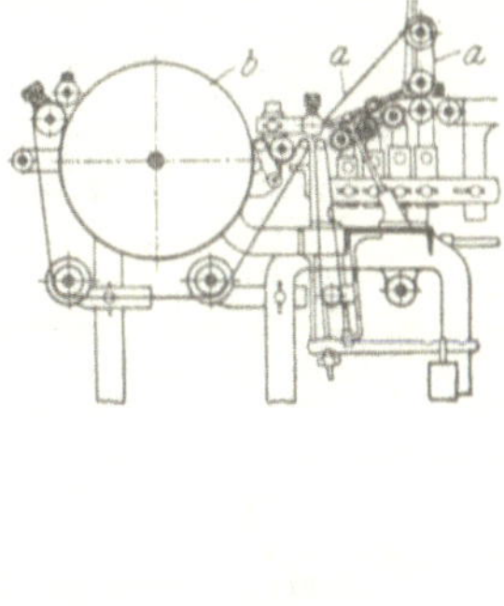

Anlegemaschine (f) mit Nadelwalzenstrecke
rotary drawing frame, spreader with porcupine rollers
сплачивательная машина (жр) с игольчатыми валиками
étaleuse (f) avec étirage à hérisson
banco (m) a tirare in grosso a pettini circolari
mesa (f) de extender con herizones o porcupinas / *taula (f) d'estendre amb eriçons o porcupines*

8 a
endloses Leder (n)
endless leather band
безконечное кожаное полотно (ср)
tablier (m) sans fin en cuir
tavola (f) senza fine in cuoio
tablero (m) sin fin de cuero / *telera (f) sense fi de cuiro*

9 b
Wattentrommel (f)
lap drum
барабан (мр) для холста
grand tambour (m) à nappe
tamburo (m) d'avvolgimento della falda
tambor (m) / *bombo (m)* / napador o atelador

10 die Watte aufwickeln
to wind-on the lap
навивать холст
enrouler la nappe
avvolgere la falda
arrollar / *enrotllar o plegar* / la tela

k) Überführen (n) der Watte in Bänder
Transformation of the Lap into Slivers
Перегонка (жр) холста в ленты
Transformation (f) de la nappe en rubans
Trasformazione (f) della falda in nastri 11
Transformación (f) de la tela en cintas / *Transformació (f) de la tela en vetes*

12 
Wattenmaschine (f)
set frame
холстовая машина (жр)
nappeuse (f)
stiratoio (m) da falda, macchina (f) a falda
napadora (f)

13 Verdichtungstrichter (m)
condensing funnel
уплотнительная воронка (жр)
[entonnoir (m)] condenseur (m)
imbuto (m) di addensamento
embudo (m) / *embut (m)* / condensador

14 Kanne (f)
can
таз (мр)
pot (m)
vaso (m), tolla (f)
bote (m) / *bot (m)*

l) Strecken (n) der Seidenbänder
Drawing of the Silk Slivers
Вытяжка (жр) лент шелка
Étirage (m) des rubans de soie
Stiratura (f) dei nastri o bindelli di seta 15
Estiraje (m) de las cintas de seda / *Estiratge (m) de les vetes de seda*

16 die Wattenbänder (npl) doppeln
to double the slivers
сдваивать ленты [из холста]
doubler les rubans
addoppiare i nastri
doblar las cintas / *les vetes*

17 
Seidenstrecke (f), Bandmaschine (f) für Seide
silk drawing frame
вытяжная *или* ленточная машина (жр) для шелка
laminoir (m) *ou* étireuse (f) *ou* [banc (m) d'] étirage (m) *ou* rubaneuse (f) à soie
banco (m) a tirare o stiratoio (m) o laminatoio (m) per seta
manuar (m) de seda

1 die Bänder (n pl) durchlaufen x Strecken
the slivers pass x drawing frames
ленты (жр) проходят x вытяжных аппаратов
les rubans (m pl) passent à x bancs d'étirage
i nastri passano per x stiratoi
las cintas tienen x pasos de manuar / *les vetes tenen x passos de manuar*

m) Spinnen (n) der Florettseide

2 **Schappe Spinning**
Пряденіе (ср) прочеснаго шелка
Filage (m) de la schappe
Filatura (f) dello chappe
Hilado (m) / *filatura (f)* / de la schappe

3 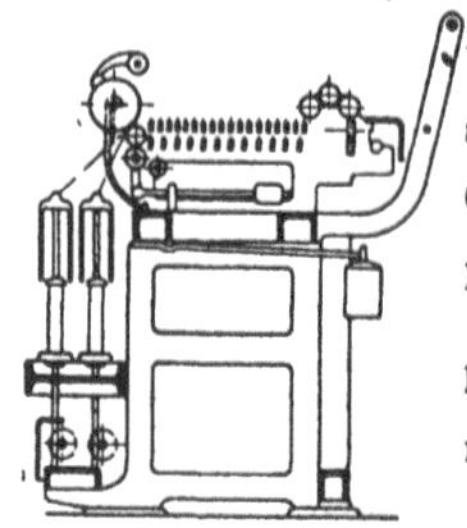
Vorspinnmaschine (f) fur Seide
silk fly frame, silk roving frame
банкаброш (мр) для шелка
banc (m) à broches à soie, banc à ailettes à soie
banco (m) a fusi per seta
mechera (f) / *metxera (f)* / de seda

4 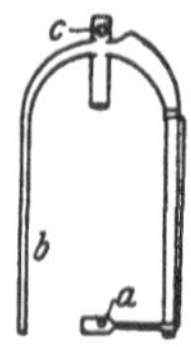

Flügel (m) mit Preßfinger
flyer with presser
рогулька (жр) с пресслапкой
ailette (f) à presseur
aletta (f) con pressoio
aleta (f) con compresor / *amb compressor*

5 a
Preßfinger (m)
presser [finger]
прижимная *или* нажимная лапка (жр), пресслапка (жр)
doigt (m) presseur, doigt (m) comprimeur, presseur (m)
pressoio (m)
compresor (m) / *compressor (m)*

6 b
voller Flügelarm (m)
solid flyer arm
массивное плечо (ср) *или* крыло (ср)
bras (m) plein de l'ailette
braccio (m) pieno dell'aletta
brazo (m) de aleta lleno o macizo / *braç (m) d'aleta ple o massis*

7 c
Leitauge (n)
guide hole, guide eye
глазок (мр)
trou-guide (m)
buco (m) di guida
agujero-guía (m) / *foratguia (m)*

8 um die Dopplung verziehen
to draw by the amount of doubling
дать вытяжку, равную сдваиванію
étirer de la même quantité qu'on double
stirare a secondo del quantitativo d'addoppiamento
estirar por todo el doblado / *estirar tot el doblat*

Ringspinnmaschine (f) fur Seidengarne
silk ring frame
кольцепрядильный ватер (мр) для шелка
métier (m) continu à anneau pour soie
filatoio (m) ad anelli per seta 9
continua (f) de anillos para seda / *continua (f) d'anells per a seda*

Schappespinner (m)
schappe spinner
прядильщик (мр) чесаннаго шелка
fileur (m) de schappe
filatore (m) di chappe 10
hilador (m) / *filador (m)* / de schappe

Schappespinnerin (f)
schappe spinner
прядильщица (жр) чесаннаго шелка
fileuse (f) de schappe
filatrice (f) di chappe 11
hiladora (f) / *filadora (f)* / de schappe

3. Bourrette-spinnerei (f)

Bourrette Spinning, Coarse Silk Spinning, Silk Noil Spinning
Пряденіе (ср) очеса шелка *или* бурета
Filature (f) de la bourrette
Filatura (f) della bourrette o della borretta 12
Hilatura (f) de la borrilla de seda / *Filatura (f) de borreta*

Bourretteindustrie (f)
silk noil *or* bourrette industry
шелко-очесочная *или* буретная промышленность (жр)
industrie (f) de la bourrette
industria (f) della borretta
industria (f) de desperdicios de seda o de borrillas / *indústria (f) de desperdicis de seda o de borretes* 13

Seidenwerg (n), Stumba (f), Bourrette (f), Seidenkämmlinge (m pl)
silk noils, bourrette
бурет (мр), шелковый очес (мр), очес (мр) шелка, буретный шелк (мр)
bourrette (f)
roccadino (m), pettenuzzo (m), bourrette (f), stumba (f), borretta (f)
desperdicios (m pl) de peinadora, borrilla (f) / *borres (f pl) o desperdicis (m pl) de pentinadora, borreta (f)* 14

Kämmereiabgang (m)
combing room waste
угар (мр) гребнечесанія
déchets (m pl) de peignage
rifiuto (m) o scarto (m) o cascami (m pl) di pettinatura 15
mermas (f pl) o borra (f) de peinado / *mermes (f pl) o borra (f) del pentinat*

verunreinigte Bourrettemasse (f)
dirty bourrette material
загрязненный бурет (мр)
bourrette (f) chargée d'impuretés
borretta (f) carica d'impurezze
borrilla (f) cargada de impurezas / *borreta (f) carregada de impureses* 16

verworrene Bourrettemasse (f)
entangled bourrette material
перепутанный бурет (мр)
bourrette (f) mêlée
borretta (f) aggrovigliata
borrilla (f) / *borreta (f)* / borrosa o enredada 17

Abfallwatte (f)
waste wadding
угарный холст (мр)
ouate (f) de déchets
ovatta (f) di cascami
guata (f) de borras / *buata (f) de borres* 18

1 die Bourrettemasse reinigen
to clean the bourrette
очищать буретъ
épurer la bourrette
pulire il pettenuzzo
limpiar *o* depurar la borrilla / *netejar o depurar la borreta*

---

2 Mischen (n) der Bourrette
mixing the silk noils
смѣшиванiе (ср) бурета
mélange (m) de la bourrette
mischia (f) dei pettenuzzi
mezcla (f) de los desperdicios de seda / *barreja (f) dels desperdícis de seda*

---

3 die Bourrette schlagen
to beat the bourrette
разбивать буретъ
battre la bourrette
battere il pettenuzzo
batir la borrilla / *batre la borreta*

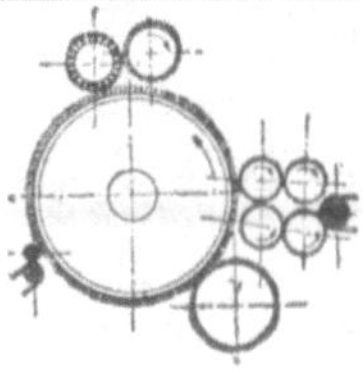

4 Vliesmaschine (f), Wattenmaschine (f)
set frame
холстовая машина (жр)
nappeuse (f)
macchina (f) a falda
napadora (f)

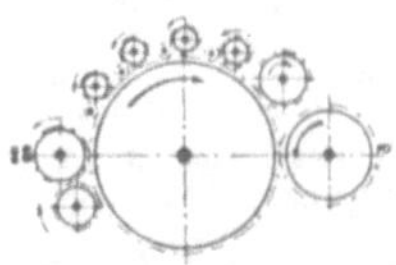

5 Bourrettekrempel (f)
bourrette card
кардная машина (жр) для бурета
carde (f) à bourrette
carda (f) a borretta
carda (f) de borrilla / *de borreta*

---

6 das Vlies verdichten
to condense the fleece
уплотнять холстъ
condenser la nappe
addensare la falda
condensar el velo / *el vel*

---

7 Strecken (n) der Bourrettebänder
drawing the bourrette slivers
вытягиванiе (ср) лентъ бурета
étirage (m) des rubans de bourrette
stiratura (f) dei nastri di borretta
estiraje (m) de las cintas de borrilla / *estiratge (m) de les vetes de borreta*

---

8 die Bourrettebänder doppeln
to double the bourrette slivers
сдваивать холсты бурета
doubler les rubans (mpl) de bourrette
addoppiare i nastri di borretta
doblar las cintas de borrilla / *les vetes de borreta*

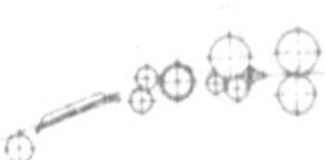

9 Bourrettestrecke (f)
bourrette drawing frame
вытяжной аппаратъ (мр) для бурета
étireuse (f) pour bourrette
stiratoio (m) per borretta
manuar (m) de borrilla / *de borreta*

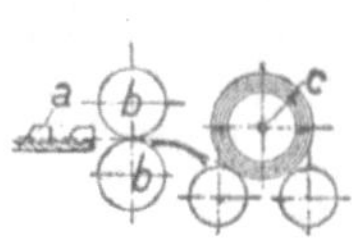

10 Banddoppler (m), Wickelmaschine (f), Dubliermaschine (f)
doubling frame
дублирная *или* сдваивательная машина (жр)
réunisseuse (f)
riunitrice (f)
reunidora (f)

---

a
Fördertisch (m)
feed table
питательный столъ (мр)
tablier (m) alimentaire
tavola (f) alimentare
mesa (f) de alimentación / *taula (f) alimentaria* 11

---

b
Verdichtungswalze (f), Preßwalze (f)
calender roller, press roller
уплотнительный *или* нажимной валикъ (мр) 12
cylindre (m) calendreur
rullo (m) di addensamento
cilindro (m) compresor / *corró (m) compressor*

---

c
Blechspule (f)
tin bobbin
жестяная катушка (жр)
tube (m) métallique 13
tubo (m) di lamiera
tubo (m) de metal / *nina (f) de llauna*

Kämmen (n) der Bourrette
combing the bourrette
прочесыванiе (ср) бурета
peignage (m) de la bourrette
pettinatura (f) del pettenuzzo 14
peinaje (m) de la borrilla / *pentinatge (m) de la borreta*

Bourrettezug (m)
bourrette sliver
вычесъ (мр) бурета
peigné (m) *ou* trait (m) de bourrette
pettinato (m) di borretta
peinado (m) *o* cinta (f) peinada de borrilla / *pentinat (m) o veta (f) pentinada de borreta* 15

Bourrettekämmling (m)
bourrette noil
[гребенной] очесъ (мр) бурета
blousse (f) *ou* freinte (f) de bourre de soie
cascame (m) di borretta
desperdicios (mpl) *o* mermas (fpl) de borrilla / *mermes (fpl) o desperdicis (mpl) de borreta* 16

---

die gekämmten Bourrettebänder anlegen
to spread the combed bourrette slivers
сплачивать *или* складывать ленты прочесаннаго бурета
étaler les mèches (fpl) peignées de bourrette
tirare in grosso i nastri pettinati di borretta 17
extender las cintas de borrilla peinada / *estendre les vetes de borreta pentinada*

Verziehen (n) der Bourrettebänder
drawing the bourrette slivers
вытяжка (жр) лентъ бурета
étirage (m) des rubans de bourrette
stiratura (f) dei nastri di borretta
estirado (m) de las cintas de borrilla / *estirat (m) de les vetes de borreta* 18

---

die Bourrettebänder doppeln
to double the bourrette slivers
сдваивать ленты бурета
doubler les rubans (mpl) de bourrette
addoppiare i nastri di borretta
doblar las cintas de borrilla / *les vetes de borreta* 19

1 Bourrettelunte (f) mit falschem Draht
bourrette sliver with false twist
лента (жр) *или* толстая ровница (жр) бурета ложной крутки
mèche (f) de bourrette avec fausse torsion
lucignolo (m) di borretta con falsa torsione
cinta (f) de borrilla con falsa torsión / *veta (f) de borreta amb falsa torta*

2 
Würgelstrecke (f) *oder* Frottierstrecke (f) für Bourrette
rubber condenser for bourrette
вытяжной скатывающій аппарат (мр) для бурета
frottoir (m) pour bourrette
apparato (m) sfregante per borretta
rota-frotador (m) para borrilla / *rota-frotor (m) per a borreta*

3 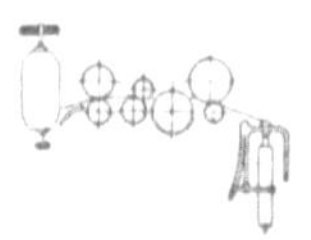
Bourrettespindelbank (f), Bourrettefleier (m)
bourrette flyer *or* roving frame
банкаброш (мр) для бурета
banc (m) à broches pour bourrette
banco (m) a fusi per borretta
mechera (f) para borrilla / *metxera (f) per a borreta*

4 das Bourrettegarn auf der Mulemaschine spinnen
to spin the bourrette yarn on the mule
прясть буретную пряжу на мюлѣ
filer le fil de bourrette sur renvideur
filare il filo di borretta al filatoio automatico
hilar el hilo de borrilla / *filar el fil de borreta* / en la selfactina

5 Bourrettegespinst (n)
silk noil *or* bourrette yarn
буретная пряжа (жр)
[fil (m) de] bourrette (f)
filato (m) di pettenuzzo
hilo (m) de borrilla / *fil (m) de borreta*

6 **4. Fertigstellen** (n) **der Seidenabfallgarne**
Finishing Processes of Spun Silk Yarns
Отдѣлка (жр) **пряжи из угаров шелка**
Finissage (m) **des fils [de] fantaisie**
Finimento (m) **dei fili di fantasia**
Acabado (m) **de los hilos** / ***Acabat (m) dels fils*** / **de borra de seda**

7 Noppe (f)
nep, nop, nap
шишка (жр)
bouton (m)
gruppo (m), grumello (m)
botón (m) / *botó (m)*

8 Knoten (m)
knot
узел (мр)
nœud (m)
nodo (m)
nudo (m) / *nus (m), nu (m)*

9 überdrehte Stelle (f) des Fadens
overtwisted place in the yarn
перекрученое мѣсто (ср) нити
place (f) surtordue dans le fil
parte (f) sovratorta nel filo
punto (m) con sobretorsión en el hilo / *punt (m) amb sobretorta en el fil*

grobe Stelle (f) des Fadens
thick place in the yarn
толстое мѣсто (ср) пряжи
gros-fil (m)
grossezza (f) nel filo
grueso (m) o vientre (m) en el hilo / *botxa (f) o regruix (m) en el fil* 10

Putzen (n) der Garne
cleaning the yarns
отдѣлка (жр) *или* очистка (жр) пряжи
nettoyage (m) *ou* purgeage (m) des fils
pulitura (f) dei filati 11
purga (f) de los hilos / *dels fils*

Säubern (n) des Garnes von anhängenden Unreinigkeiten
freeing the yarn from adhering impurities
очистка (жр) пряжи от приставших засореній
enlèvement (m) des impuretés adhérentes du fil
eliminazione (f) delle impurità aderenti al filo
eliminación (f) de las impurezas adherentes del hilo / *eliminació (f) de les impureses adherides del fil* 12

Putzen (n) mit der Hand, Handputzerei (f)
cleaning by hand
чистка (жр) вручную, ручная [о]чистка
nettoyage (m) à la main
pulitura (f) a mano 13
purga (f) a mano / *a mà*

Putzen (n) mit der Maschine, Maschinenputzerei (f)
cleaning by machine
механическая *или* машинная [о]чистка
nettoyage (m) mécanique
pulitura (f) a macchina 14
purga (f) mecánica / *mecànica*

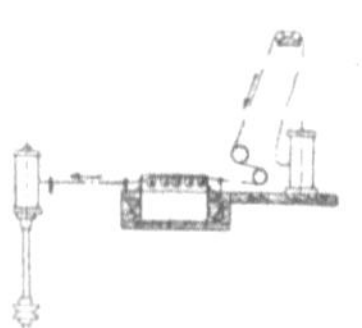
Putzmaschine (f) für Florettgarne
clearer *or* clearing frame for silk schappe yarns
очистительный аппарат (мр) для чесаннаго шелка 15
racleuse (f) pour fils de schappe
pulitrice (f) meccanica per filati di chappe
purgador (m) para / *per a* / schappe

den Faden um die Rollen schlingen
to pass the yarn round the rollers
обвить нить вокруг роликов
faire passer le fil autour des galets
avvolgere il filo sui rulli
pasar el hilo alrededor de los cilindros / *passar el fil a l'entorn dels corrons* 16

Höchstspannung (f) [*oder* Maximalspannung (f)] des Fadens
maximum tension of the yarn
наибольшее натяженіе (ср) нити
tension (f) maximum du fil
tensione (f) massima del filo 17
tensión (f) máxima del hilo / *tensió (f) màxima del fil*

Reißfestigkeit (f) des Fadens
breaking strength *or* [ultimate] tensile strength of the thread
крѣпость (жр) нити на разрыв
résistance (f) à la rupture du fil
resistenza (f) alla rottura del filo
resistencia (f) del hilo a la tracción / *resistència (f) del fil* 18

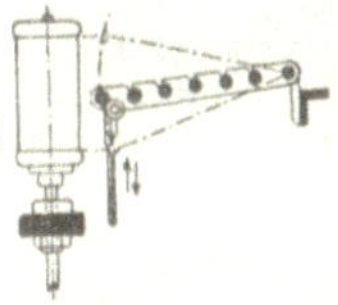

1 Putzvorrichtung (f) mit auf- und niedergehendem Putzzeug
clearer with up and down movement
очистительный аппарат (мр) с очистителем, двигающимся вверх и вниз
racleuse (f) à mouvement de monte et baisse du racloir
pulitrice (f) con movimento di saliscendi
purgador (m) con movimiento de vaivén vertical / *purgador (m) amb moviment de va-i-vé vertical*

---

2 Herausschneiden (n) der fehlerhaften Stellen
cutting-out the faulty places
вырѣзываніе (ср) порочных мѣст нити
coupage (m) des parties défectueuses
taglio (m) delle parti difettose
cortado (m) de los puntos defectuosos / *trencament (m) dels punts defectuosos*

---

3 die Unreinigkeiten (fpl) aus dem Faden herausreiben
to rub the impurities out of the yarn
удалять засоренія из нити растираніем
enlever les impuretés (fpl) du fil par frottement
eliminare le impurezze del filo mediante sfregamento
quitar por frotamiento las impurezas del hilo / *treure per fregament les impureses del fil*

---

4 Sengen (n) [*oder* Gasieren (n)] der Fäden
singeing *or* gassing the threads
опаливаніе (ср) нитей газом
flambage (m) *ou* grillage (m) *ou* gazage (m) des fils
gazatura (f) *o* bruciatura (f) dei fili
gaseado (m) *o* chamuscado (m) de los hilos / *gasejat (m) dels fils*

---

5 den Faden sengen [*oder* gasieren]
to singe *or* to gass the thread
опаливать нить в газовом пламени
flamber *ou* gazer le fil
gazare *o* bruciare il filo
gasear *o* chamuscar el hilo / *gasejar el fil*

---

6 Hindurchziehen (n) der Fäden durch Gasflammen
passing the threads through gas flames
протаскиваніе (ср) нитей через газовое пламя
passage (m) des fils à travers la flamme du gaz
passaggio (m) dei fili sopra fiammelline di gas
pasar el hilo a través de llamas de gas / *passar el fil per flames de gas*

---

7 Gassengmaschine (f) für Florettgarne
gassing frame *or* gas singeing machine for silk schappe yarns
газовый опаливательный аппарат (мр) *или* газовая палилка (жр) для прочеснаго шелка
machine (f) *ou* métier (m) à gazer pour schappe
macchina (f) per gazare i filati di chappe
máquina (f) de gasear / *màquina (f) de gasejar* / la schappe

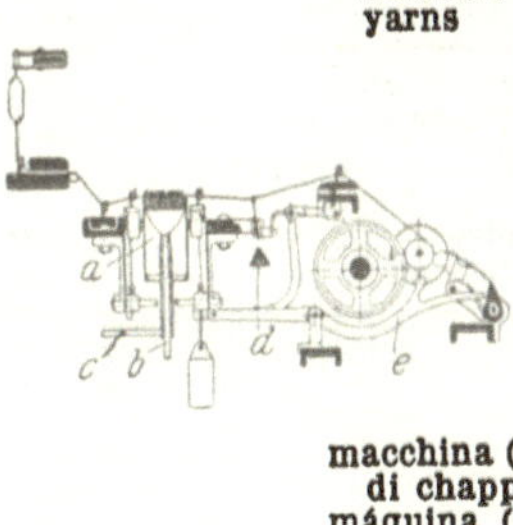

---

a Gasbrenner (m)
gas burner
газовая горѣлка (жр)
bec (m) *ou* brûleur (m) à gaz 8
becco (m) a gas
mechero (m) de gas / *metxer (m) de gas*

---

b Gaszuführung (f)
gas pipe
подвод (мр) газа, газопровод (мр) 9
tuyau (m) d'amenée du gaz
condotto (m) del gas
tubo (m) / *tub (m)* / de gas

---

c Zuführung (f) der verdichteten [*oder* komprimierten] Luft
pipe for compressed air
подвод (мр) сжатаго воздуха
tuyau (m) d'amenée de l'air comprimé 10
condotto (m) dell'aria compressa
tubo (m) de aire comprimido / *tub (m) d'aire comprimit*

---

d dreikantige Spindel (f)
triangular wiper
трехгранное веретено (ср) 11
broche (f) triangulaire
fuso (m) a sezione triangolare
púa (f) / *pua (f)* / triangular

---

e Auslösehebel (m)
disengaging lever, releasing lever
рычаг (мр) выключательнаго механизма
levier (m) de déclanchement *ou* de débrayage 12
leva (f) di interruzione
palanca (f) de disparo / *barra (f) de dispar*

---

gesengter Faden (m)
gassed *or* singed thread
опаленная нить (жр)
fil (m) gazé
filo (m) gazato
hilo (m) gaseado *o* chamuscado / *fil (m) gasejat* 13

---

5. Seidenshoddyspinnerei (f)
Silk Shoddy Spinning
Пряденіе (ср) шелка, переработаннаго из лоскута
Filature (f) du shoddy de soie
Filatura (f) di shoddy di seta
Hilatura (f) del regenerado de seda / *Filatura (f) del regenerat de seda* 14

Seidenlumpen (mpl)
silk rags
лоскут (мр) шелка
chiffons (mpl) de soie
cenci (mpl) *o* stracci (mpl) *o* ritagli (mpl) di tessuti di seta 15
trapos (mpl) de seda / *draps (mpl) de seda*

---

die Seidenlumpen (mpl) sondern [*oder* sortieren]
to sort the silk rags
сортировать лоскут шелка
trier les chiffons (mpl) de soie
cernere i cenci di seta 16
clasificar los trapos de seda / *classificar els draps de seda*

1 Auskohlen (n) der Seidenlumpen
carbonising the silk rags
карбонизація (жр) шелковаго лоскута
carbonisation (f) des chiffons de soie
carbonizzazione (f) dei cenci di seta
carbonización (f) de los trapos de seda / *carbonització (f) dels draps de seda*

2 nasses Auskohlen (n)
wet carbonisation
мокрая карбонизація (жр)
carbonisation (f) humide
carbonizzazione (f) in via umida
carbonización (f) por vía húmeda / *carbonització (f) per via humida*

trockenes Auskohlen (n)
dry carbonisation
сухая карбонизація (жр)
carbonisation (f) à sec
carbonizzazione (f) in via secca
carbonización (f) por vía seca / *carbonització (f) per via seca* 7

die Seidenlumpen (mpl) zerfasern
to tear the silk rags into fibres
расщипывать шелковый лоскут
défibrer les chiffons (mpl) de soie
sfibrare i cenci di seta
romper los trapos de seda / *trinxar els draps de seda* 8

K.

3
Kunstseidenspinnerei (f)
Artificial Silk Spinning
Прядeніе (ср) искусственнаго шелка
Filature (f) de la soie artificielle
Filatura (f) delle sete industriali *o* artificiali
Hilatura (f) / *Filatura (f)* / de la seda artificial

I.

4
Spinnen (n) der Kunstseide
Spinning of Artificial Silk
Прядeніе (ср) искусственнаго шелка
Filage (m) de la soie artificielle
Filatura (f) della seta artificiale
Hilado (m) / *Filatura (f)* / de la seda artificial

5 **1. Kollodiumseide (f), Nitro[zellulose]seide (f)**
Collodion Silk, Nitro Silk
Искусственный шелк (мр) из коллодія, нитрошелк (мр)
Soie (f) artificielle de collodion *ou* de Chardonnet [dérivant de la nitrocellulose]
Seta (f) al collodio[ne] *o* alla nitrocellulosa
Nitroseda (f), seda Chardonnet

6 Fadenbildung (f)
formation of filament
нитеобразованіе (ср)
formation (f) du fil
formazione (f) del filo
formación (f) del hilo / *formació (f) del fil*

Fadenfertigstellung (f)
finishing of filament
изготовленіе (ср) нити
finissage (m) du fil
rifinitura (f) del filo
acabado (m) del hilo / *acabat (m) del fil* 9

Chardonnetsches Verfahren (n)
Chardonnet's method
способ (мр) Шардоннэ
procédé (m) de Chardonnet
processo (m) Chardonnet
procedimiento (m) Chardonnet / *procediment (m) Chardonnet* 10

reduzierendes Metallchlorür (n)
reducing metallic chloride
редуцирующій хлористый металл (мр)
chlorure (m) métallique réducteur
cloruro (m) metallico riduttore
cloruro (m) metálico reductor / *clorur (m) metàl·lic reductor* 11

$Fe\,Cl_2$
Eisenchlorür (n)
ferrous chloride
хлористое желѣзо (ср)
chlorure (m) ferreux
cloruro (m) ferroso
cloruro (m) ferroso / *clorur (m) ferrós* 12

alkoholische Eisenchlorürlösung (f)
alcoholic ferrous chloride solution
спиртовый раствор (мр) хлористаго желѣза
solution (f) alcoolique de chlorure ferreux
soluzione (f) alcoolica di cloruro ferroso
solución (f) alcohólica de cloruro ferroso / *solució (f) alcohòlica de clorur ferrós* 13

1 $Sn\,Cl_2$
Zinnchlorür (n)
stannous chloride
хлористое олово (ср)
chlorure (m) stanneux
cloruro (m) stannoso
cloruro (m) estañoso / *clorur (m) estanyós*

2
Zinnchlorürlösung (f)
stannous chloride solution
раствор (мр) хлористаго олова
solution (f) de chlorure stanneux
soluzione (f) di cloruro stannoso
solución (f) de cloruro estañoso / *solució (f) de clorur estanyós*

3 $Cr\,Cl_2$
Chromchlorür (n)
chromous chloride
хлористый хром (мр)
chlorure (m) chromeux
cloruro (m) cromoso
cloruro (m) cromoso / *clorur (m) cromós*

4 $Mn\,Cl_2$
Manganchlorür (n)
manganous chloride
хлористый марганец (мр)
chlorure (m) manganeux
cloruro (m) manganoso
cloruro (m) manganoso / *clorur (m) manganós*

5
organische Base (f)
organic base
органическое основание (ср)
base (f) organique
base (f) organica
base (f) orgánica / *orgànica*

6
oxydierbare Base (f)
oxid[is]able base
основание (ср), способное окисляться
base (f) oxydable
base (f) ossidabile
base (f) oxidable

7 $C_{20}\,H_{24}\,N_2\,O_2$
Chinin (n)
quinine
хинин (мр)
quinine (f)
chinino (m)
quinina (f)

8 $C_6\,H_7\,N$
Anilin (n)
aniline
анилин (мр)
aniline (f)
anilina (f)
anilina (f)

9 $C_{20}\,H_{21}\,N_3O$
Rosanilin (n)
rosaniline
розанилин (мр)
rosaniline (f)
rosanilina (f)
rosanilina (f)

10
starke *oder* konzentrierte *oder* hochprozentige Kollodiumlösung (f)
concentrated collodion solution
высокопроцентный раствор (мр) коллодія
solution (f) de collodion concentrée
soluzione (f) di collodione concentrata
solución (f) de colodión concentrada / *solució (f) de col·lodió concentrada*

11
alkoholische Lösung (f) von Ammoniumchlorid
alcoholic solution of ammonium chloride
спиртовый раствор (мр) хлористаго аммонія *или* нашатыря
solution (f) alcoolique de chlorure d'ammonium
soluzione (f) alcoolica di cloruro d'ammonio
solución (f) alcohólica de cloruro de amonio / *solució (f) alcohòlica de clorur d'amoni*

12 $Ca\,Cl_2$
Kalziumchlorid (n), Chlorkalzium (n)
calcium chloride
хлористый кальцій (мр)
chlorure (m) de calcium
cloruro (m) di calcio
cloruro (m) de calcio / *clorur (m) de calci*

13 $Mg\,Cl_2$
Magnesiumchlorid (n), Chlormagnesium (n)
magnesium chloride
хлористый магній (мр)
chlorure (m) de magnésium
cloruro (m) di magnesio
cloruro (m) de magnesio / *clorur (m) de magnesi*

14 $Al\,Cl_3$
Aluminiumchlorid (n), Chloraluminium (n)
aluminium chloride
хлористый алюминий (мр)
chlorure (m) d'aluminium
cloruro (m) di alluminio
cloruro (m) de aluminio / *clorur (m) d'alumini*

15 $Zn\,Cl_2$
Zinkchlorid (n), Chlorzink (n)
zinc chloride
хлористый цинк (мр)
chlorure (m) de zinc
cloruro (m) di zinco
cloruro (m) / *clorur (m)* / de zinc

16
Natriumlaktat (n)
sodium lactate
молочнокислый натр (мр)
lactate (m) de sodium
lattato (m) di sodio
lactato (m) de sodio / *lactat (m) de sodi*

17 $K\,C_2\,H_3\,O_2$
Kaliumazetat (n), essigsaures Kali (n)
potassium acetate
уксуснокислый калій (мр)
acétate (m) de potassium
acetato (m) di potassio
acetato (m) de potasio / *acetat (m) de potassi*

18
dem Weingeist Lösungsvermögen für Kollodiumwolle erteilen
to make the alcohol a solvent for collodion wool
сообщить *или* придать спирту растворительную способность для коллодійной шерсти
donner à l'alcool le pouvoir dissolvant pour le collodion en laine
dare all'alcool il potere solvente per il cotone collodio
hacer el alcohol disolvente del colodión en lana o del algodón-pólvora soluble / *fer al alcohol dissolvent del col·lodió en llana*

19
die Kollodiumwolle mit Chlorkalziumlösung tränken [*oder* imprägnieren]
to impregnate the collodion wool with calcium chloride solution
пропитать *или* импрегнировать коллодійную шерсть раствором хлористаго кальція
imprégner le collodion en laine d'une solution de chlorure de calcium
impregnare il cotone collodio d'una soluzione di cloruro di calcio
impregnar el algodón-pólvora soluble de una solución de cloruro de calcio / *impregnar el col·lodió en llana de una solució de clorur de calci*

20
die Baumwolle mit Sulfooxysäure behandeln
to treat the cotton with a sulfo-oxy-acid
обрабатывать хлопок сульфокислотами
traiter le coton par un acide sulfo-oxyde
trattare il cotone con un acido sulfo-ossido
tratar el algodón por un ácido sulfo-óxido / *tractar el cotó per un àcid sulfo-òxid*

1 sulfonierte Fettsäure (f), Sulfofettsäure (f)
sulfo-sebacic acid
сульфожирная кислота (жр)
acide (m) sulfo-sébacique
acido (m) sulfo-sebaceo
ácido (m) sulfo-sebáceo / *àcid (m) sulfo-sebàci*

---

2 dem Lösungsmittel für Nitrozellulose ein Aldehyd zusetzen
to add an aldehyde to the solvent for nitrated cellulose
прибавить альдегид к растворителю для нитроцеллулозы
ajouter un aldéhyde au solvant pour la nitrocellulose
aggiungere un' aldeide al dissolvente per la nitrocellulosa
agregar *o* añadir un aldehido al disolvente para la nitrocelulosa / *afegir un aldehid al dissolvent per a la nitro-cel·lulosa*

---

3 CH_3COH
Azetaldehyd (n)
acetic aldehyde
ацетальдегид (мр)
aldéhyde (f) acétique
aldeide (f) acetica
aldehido (m) acético / *aldehid (m) acètic*

---

4 $C_6H_{12}O_3$
Paraldehyd (n)
paraldehyde
паральдегид (мр)
paraldéhyde (f)
paraldeide (f)
paraldehido (m) / *paraldehid (m)*

---

5 C_7H_6O
Benzaldehyd (n)
benzaldehyde, benzoic aldehyde
бензальдегид (мр)
benzaldéhyde (f)
benzaldeide (f)
benzaldehido (m) / *benzaldehid (m)*

---

6 vergällter (m) [*oder* denaturierter] Weingeist (m)
denaturated alcohol
денатурированный спирт (мр) *или* алкоголь (мр)
alcool (m) dénaturé
alcool (m) denaturato
alcohol (m) desnaturalizado / *desnaturalitzat*

---

7 der Kollodiumlösung Säure zusetzen
to add an acid to the collodion solution
прибавлять кислоту к раствору коллодія
ajouter de l'acide à la solution de collodion
aggiungere acido alla soluzione di collodione
agregar ácido a la solución de colodión / *afegir àcid a la solució de col·lodió*

---

8 der Nitrozellulose Öl (n) zusetzen
to add oil to the nitrocellulose
прибавлять масло к нитроцеллулозѣ
ajouter de l'huile (f) à la nitrocellulose
aggiungere olio (m) alla nitrocellulosa
agregar aceite (m) a la nitrocelulosa / *afegir oli (m) a la nitro-cel·lulosa*

---

9 Ölzusatz (m)
addition of oil
прибавленіе (ср) *или* примѣсь (жр) масла
addition (f) d'huile
aggiunta (f) d'olio
adición (f) de aceite / *addició (f) d'oli*

---

10 vulkanisiertes Öl (n)
vulcanised oil
вулканизированное масло (ср)
huile (f) vulcanisée
olio (m) vulcanizzato
aceite (m) vulcanizado / *oli (m) vulcanitzat*

---

11 an der Luft trocknendes Öl (n)
oil drying in the air
высыхающее на воздухѣ масло (ср)
huile (f) séchant à l'air
olio (m) essiccante all'aria
aceite (m) secante / *oli (m) assecant* / al aire

---

12 Baumwollsamenöl (n)
cotton seed oil
хлопковое масло (ср), масло хлопковых сѣмян
huile (f) [de graine] de coton
olio (m) di cotone
aceite (m) de semilla de algodón / *oli (m) de llavor de cotó*

---

13 Mohnöl (n)
poppy [seed] oil
маковое масло (ср)
huile (f) d'œillette
olio (m) di papavero
aceite (m) de semilla de adormidera / *oli (m) de llavor de cascall*

---

14 Hanföl (n)
hemp [seed] oil
конопляное масло (ср)
huile (f) de chènevis
olio (m) di canapa
aceite (m) de cañamón / *oli (m) [de llavor] de cànem*

---

15 Nußöl (n)
nut oil
орѣховое масло (ср)
huile (f) de noix
olio (m) di noce
aceite (m) de nueces / *oli (m) de nous*

---

16 Dotteröl (n)
cameline seed oil
масло (ср) камелины
huile (f) de caméline
olio (m) di camelina
aceite (m) / *oli (m)* / de camelina

---

17 Rizinusöl (n)
castor oil
касторовое масло (ср)
huile (f) de ricin
olio (m) di ricino
aceite (m) de ricino / *oli (m) de ricí*

---

18 Rottannenöl (n)
red pine oil
масло (ср) красной ели
huile (f) de sapin rouge
olio (m) di pino rosso
aceite (m) de pino rojo / *oli (m) de pi roig*

---

19 gepulverter Kopal (m)
powdered copal
порошкообразный копал (мр)
copal (m) pulvérisé
copale (m) polverizzato
copal (m) pulverizado o en polvo / *copal (m) polvoritzat o en pols*

---

20 dem Kollodium Kopallack zusetzen
to add copal varnish to the collodion
прибавить к коллодію копаловый лак
ajouter de la laque de copal au collodion
aggiungere lacca (f) copale al collodione
agregar laca (f) de copal al colodión / *afegir laca (f) de copal al col·lodió*

---

21 Leinöl (n)
linseed oil
льняное масло (ср)
huile (f) de lin
olio (m) di lino
aceite (m) de linaza / *oli (m) de llinosa*

---

22 $Cu(OH)_2\,4\,NH_3$
Kupferoxydammoniak (n)
ammoniacal copper oxide
аммiачный раствор (мр) окиси мѣди
oxyde (m) de cuivre ammoniacal
ossido (m) di rame ammoniacale
óxido (m) cuproamoniacal / *oxid (m) cupric amoniacal*

---

23 $CuSO_4$
Kupfervitriol (n), schwefelsaures Kupfer (n)
copper sulphate
мѣдный купорос (мр)
sulfate (m) de cuivre
solfato (m) di rame
sulfato (m) de cobre / *sulfat (m) de coure*

---

24 $NH_3 + aqua$
Ammoniakwasser (n)
ammonia water
аммiачная вода (жр)
eau (f) ammoniacale
acqua (f) ammoniacale
agua (f) / *aigua (f)* / amoniacal

1 $CH_4O\ CH_3OH$
Holzgeist (m), Methylalkohol (m)
wood spirit, wood naphtha, methyl alcohol
древесный *или* метиловый спирт (мр)
esprit (m) de bois, alcool (m) méthylique
spirito (m) di legno, alcool (m) metilico
espíritu (m) de madera, alcohol (m) metílico / *esperit (m) de fusta, alcohol (m) metílic*

2 $NaC_2H_3O_2$
essigsaures Natron (n), Natriumazetat (n)
sodium acetate
уксуснокислый натр (мр)
acétate (m) de sodium
acetato (m) di sodio
acetato (m) de sodio / *acetat (m) de sodi*

3
wasserhaltiger Weingeist (m)
hydrated alcohol
водный *или* водосодержащій винный спирт (мр)
alcool (m) contenant de l'eau
alcool (m) contenente acqua
alcohol (m) que contiene agua / *alcohol (m) que conté aigua*

4
das Öl verharzt
the oil turns to resin *or* resinifies
масло (ср) обращается в смолу *или* осмоляется
l'huile (f) se convertit en résine *ou* se résinifie
l'olio (m) diventa resinoso *o* si resinifica
el aceite se resinifica / *l'oli (m) se resinifica o se torna resina*

5
Nitroseide (f) aus Eisessigkollodium
nitro silk from acetate of collodion
нитрошелк (мр) из раствора коллодія в крѣпкой уксусной кислотѣ
soie (f) à la nitrocellulose de l'acétate de collodion
seta (f) a base di nitrocellulosa dall'acetato di collodione
nitroseda (f) *o* seda (f) de nitrocelulosa de colodión acético glacial / *seda (f) de nitrocel·lulosa de col·lodió acètic gelat*

6
Spinnkollodium (n)
collodion for spinning purposes
пряжный коллодій (мр)
collodion (m) propre au filage
collodione (m) filabile *o* adatto per filare
colodión (m) propio para la hilatura / *col·lodió (m) propi per a la filatura*

7
Guttapercha (f) in Schwefelkohlenstoff auflösen
to dissolve the guttapercha in carbon bisulphide
растворить резину *или* гуттаперчу в сѣроуглеродѣ
dissoudre la guttapercha dans du sulfure de carbone
dissolvere la guttaperca nel solfuro di carbonio
disolver la gutapercha en el sulfuro de carbono / *dissoldre la gutaperxa en el sulfur de carboni*

8
Fischleim (m) in Eisessig auflösen
to dissolve fish glue *or* isinglass in glacial acetic acid
растворить рыбій клей в крѣпком уксусѣ
dissoudre de la colle du poisson dans de l'acide acétique glacial
dissolvere colla (f) di pesce nell'acido acetico glaciale *o* cristallizzabile
disolver cola (f) de pescado en el vinagre glacial / *dissoldre la cola de peix en el vinagre glacial*

9
tierischer Leim (m), Gelatine (f)
gelatine
желатин (мр)
gélatine (f)
gelatina (f)
gelatina (f)

10
der Faden durchläuft ein Natronbad
the filament passes through a soda bath
нить (жр) проходит черев натровую ванну
le fil traverse un bain de soude
il filo passa in un bagno di soda
el hilo pasa a un baño de sosa / *el fil passa a un bany de sosa*

11
Albuminbad (n)
albumin bath
альбуминовая ванна (жр)
bain (m) d'albumine
bagno (m) d'albumina
baño (m) de albúmina / *bany (m) d'albúmina*

12 Hg_2Cl_2 + aqua
Quecksilberchlorürlösung (f)
solution of mercurous chloride
хлористо-ртутный раствор (мр)
solution (f) de chlorure mercureux
soluzione (f) di cloruro mercuroso
solución (f) de cloruro mercurioso / *solució (f) de clorur mercuriós*

13 $HgCl_2$ + aqua
Quecksilberchloridbad (n)
mercuric chloride bath
хлорно-ртутная ванна (жр)
bain (m) de chlorure mercurique
bagno (m) di cloruro mercurico
baño (m) de cloruro de mercurio / *bany (m) de clorur mercúric*

14
kohlensäureerfüllter Raum (m), Kohlensäureatmosphäre (f)
atmosphere of carbonic acid
среда (жр), насыщенная углекислотой; воздух (мр), богатый углекислотой
atmosphère (f) chargée d'acide carbonique
atmosfera (f) carica d'acido carbonico
atmósfera (f) cargada de ácido carbónico / *atmosfera (f) carregada d'àcid carbònic*

15 $Al_2(SO_4)_3$ + aqua
Aluminiumsulfatbad (n)
aluminium sulphate bath
ванна (жр) из сѣрнокислаго алюминія
bain (m) de sulfate d'alumine
bagno (m) di solfato d'alluminio
baño (m) de sulfato de aluminio / *bany (m) de sulfat d'alumini*

16
Tonerdehydratniederschlag (m)
precipitate of alumina hydroxyde
осадок (мр) гидрата глинозема
précipité (m) d'hydroxyde d'alumine
precipitato (m) d'idrossido di alluminio
precipitado (m) de hidróxido de aluminio / *precipitat (m) d'hidròxid d'alumini*

17 $NaHSO_3$ + aqua
Natriumbisulfitbad (n)
bisulphite of sodium bath
ванна (жр) из кислаго сѣрнистокислаго натра
bain (m) de bisulfite de soude
bagno (m) di bisolfito di sodio
baño (m) de bisulfito de sosa / *bany (m) de bisulfit de sosa*

1 Koagulierungsbad (n) aus Karbolsäurelösung
coagulating bath of carbolic acid
коагулирующая ванна (жр) из карболовой кислоты
bain (m) de coagulation à l'acide carbolique *ou* phénique
bagno (m) di coagulazione ad acido fenico
baño (m) de coagulación de ácido fénico / *bany (m) de coagulació d'àcid fènic*

2 $C_6H_5 . OH + aqua$
Karbolsäurebad (n)
carbolic acid bath
ванна (жр) из карболовой кислоты
bain (m) d'acide carbolique
bagno (m) d'acido fenico
baño (m) de ácido fénico / *bany (m) d'àcid fènic*

3 Nitroseide (f) aus Azetonkollodium
nitro silk from acetone collodion
нитрошелк (мр) из ацетоноваго раствора коллодія
soie (f) à la nitrocellulose de collodion d'acétone
seta (f) a base di nitrocellulosa di collodione di acetone
seda (f) de nitrocelulosa de colodión-acetona / *seda (f) de nitrocel·lulosa de col·lodió-acetona*

4 $C_3H_6O + aqua$
Azetonlösung (f)
acetone solution
ацетоновый раствор (мр)
solution (f) d'acétone
soluzione (f) di acetone
solución de acetona / *solució (f) d'acetona*

5 $NaNO_2 + aqua$
Natriumnitritlösung (f)
nitrite of soda solution
раствор (мр) азотистокислаго натра
solution (f) de nitrite de soude
soluzione (f) di nitrite di sodio, nitrite (m) di sodio in soluzione
solución (f) de nitrito de sosa / *solució (f) de nitrit de sosa*

6 Azeton (n) mit Kaliumpermanganat behandeln
to treat acetone with permanganate of potassium
обрабатывать ацетон (мр) марганцовокислым кали
traiter l'acétone (f) avec du permanganate de potassium
trattare l'acetone (m) col permanganato di potassio
tratar la acetona con permanganato de potasa / *tractar l'acetona (f) amb permanganat de potassa*

7 das Azeton über Ätzkalk destillieren
to distil acetone over quicklime
перегонять ацетон (мр) при помощи ѣдкой извести
distiller l'acétone (f) à la chaux vive
distillare l'acetone (m) alla calce viva
destilar la acetona sobre cal viva / *destil·lar l'acetona sobre calç viva*

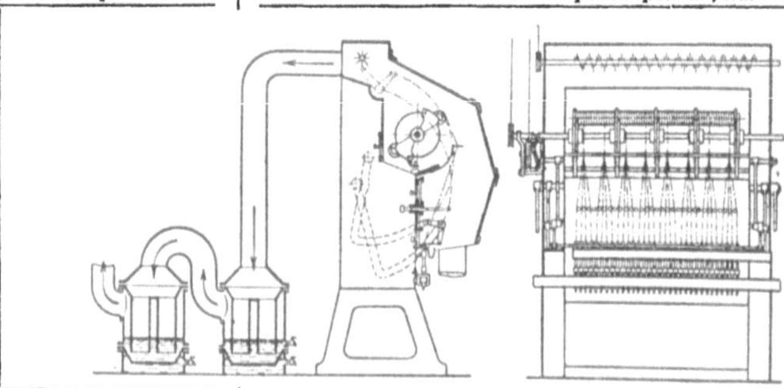

8 Ammoniakgasatmosphäre (f)
atmosphere of ammonia gas
среда (жр), наполненная аммiачным газом
atmosphère (f) de gaz d'ammoniaque
atmosfera (f) di gas d'ammoniaca
atmósfera (f) de gas de amoníaco / *atmosfera (f) de gas amoniac*

gasförmiges Schwefeldioxyd (n), gasförmige schweflige Säure (f)
gaseous sulphurous acid *or* sulphur dioxide
газообразный сѣрнистый ангидрид (мр)
acide (m) *ou* anhydride (m) sulfureux gazeux
acido (m) solforoso gasoso, anidride (f) solforosa gasosa 9
anhidrido (m) sulfuroso gaseoso / *anhídrid (m) sulfurós o sulfur diòxid gasós*

Essigesterlösung (f), Essigätherlösung (f)
solution of acetic ether *or* of ethyl acetate
раствор (мр) уксуснаго эфира
solution (f) d'éther acétique *ou* d'acétate d'éthyle
soluzione (f) di etere acetico 10
solución (f) de éter acético / *solució (f) d'èter acètic o d'etil-acetat*

in Weingeist gelöstes Metallsalz
metallic salt dissolved in alcohol
растворенная в спиртѣ металлическая соль (жр)
sel (m) métallique dissous dans l'alcool
sale (m) metallico sciolto nell' alcool
sal (f) metálica disuelta en alcohol / *sal (f) metàl·lica dissolta en alcohol* 11

alkoholische Salzlösung (f)
alcoholic salt solution
спиртный раствор (мр) соли
solution (f) d'un sel dans l'alcool
soluzione (f) alcoolica di un sale
solución (f) de una sal en alcohol / *solució (f) d'una sal en alcohol* 12

Hydrolyse (f) des Zellstoffes
hydrolysis of the cellulose
гидролиз (мр) клѣтчатки *или* целлулозы
hydrolyse (f) de la cellulose
idrolisi (f) della cellulosa 13
hidrolisis (f) de la celulosa / *de la cel·lulosa*

Spinnpaste (f)
spinning paste
пряжная паста (жр)
pâte (f) à filer
pasta (f) per filare 14
pasta (f) para hilar / *per a filar*

die Spinnpaste kneten
to knead the spinning paste
мѣсить пряжную пасту *или* пряжное тѣсто
malaxer la pâte à filer
maneggiare la pasta per filare 15
amasar la pasta para hilar / *amassar la pasta per a filar*

Chardonnetsche Spinnmaschine (f)
Chardonnet's spinning apparatus
прядильный аппарат (мр) системы Шардоннэ
métier (m) à filer de Chardonnet
filatoio (m) del Chardonnet 16
máquina (f) de hilar / *màquina (f) de filar* / de Chardonnet

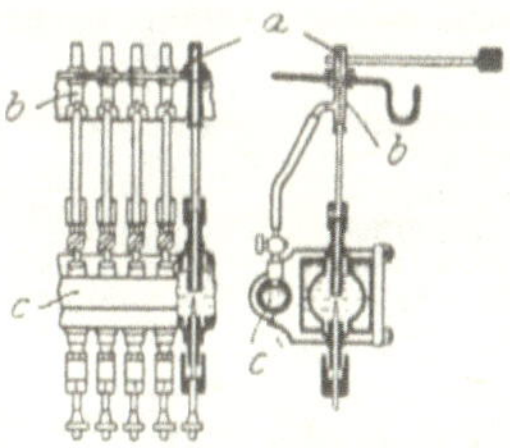

1 Chardonnetsche Spinnvorrichtung (f)
Chardonnet's spinning organ
прядильный прибор (мр) системы Шардоннэ
organe (m) à filer système Chardonnet
apparecchio (m) a filare del Chardonnet
aparato (m) para hilar / *aparell (m) de filar* / de Chardonnet

---

2 a Haarröhrchen (n), [Kapillarrohr (n)]
capillary tube
капиллярная *или* волосяная трубка (жр)
tube (m) capillaire
[tubetto (m)] capillare (m)
tubo (m) capilar / *tub (m) capil·lar*

---

3 b wasserführende Hülse (f)
water conducting tube
трубка (жр), подводящая воду
tube (m) d'amenée d'eau
tubo (m) conduttore d'acqua
tubo (m) de entrada de agua / *tub (m) d'entrada d'aigua*

---

4 c Wasserleitungsrohr (n)
water pipe
водопроводная трубка (жр)
conduite (f) d'eau
condotta (f) d'acqua
conducto (m) de agua / *conducció (m) d'aigua*

---

5 den Kollodiumfaden mittels Zange abnehmen
to take up the collodion filament with tongs
снимать коллодійную нить щипцами
saisir le fil de collodion avec des pinces
prendere il filo di collodione con pinzette
coger el hilo de colodión con unas pinzas / *agafar el fil de col·lodió amb unes pinces*

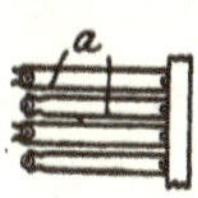

6 Zange (f)
tongs
щипцы (мр)
pinces (fpl)
pinz[ett]e (fpl)
pinzas (fpl) / *pinces (fpl)*

---

7 a Blattfeder (f)
plate spring
плоская пружина (жр)
ressort (m) à lame
molla (f) a foglia
resorte (m) plano, lama (f) / *molla (f) plana, lama (f)*

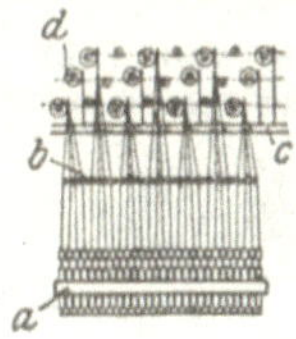

den Faden auf Spulen aufwickeln
to wind the filament on to bobbins
наматывать [шелковую] нить на катушки
enrouler le fil sur des bobines, bobiner le fil 8
avvolgere il filo sulle bobine
enrollar el hilo sobre bobinas, bobinar el hilo / *plegar el fil en rodets, bobinar el fil*

---

a Zuführungsrohr (n) für die Spinnlösung
conducting pipe for the spinning solution
подводящая трубка (жр) для пряжнаго раствора
tuyau (m) d'amenée pour la solution à filer 9
tubo (m) d'ammissione per la soluzione a filare
tubo (m) de entrada de la solución para hilar / *tub (m) d'entrada de la solució per a filar*

---

b Führungskamm (m)
filament guide
направляющая гребенка (жр) 10
guide-fils (m)
guida-fili (m)
guia-hilos (m) / *guia-fils (m)*

---

c Führung (f) aus Kupferdraht
guide of copper wire
направитель (мр) из мѣдной проволоки 11
guide (m) en fil de cuivre
guida (f) di filo di rame
guía (f) de alambre de cobre / *guia (f) de fil de coure*

---

d Spule (f)
bobbin
катушка (жр), шпуля (жр) 12
bobine (f)
rocchetto (m)
bobina (f) / *rodet (m)*

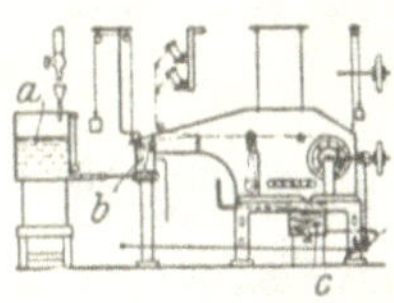

Lehnersche Spinnvorrichtung (f)
Lehner's spinning apparatus
прядильный аппарат (мр) системы Ленера 13
métier (m) à filer de Lehner
filatoio (m) di Lehner
máquina (f) de hilar / *màquina (f) de filar* / de Lehner

---

a Spinnlösung (f)
spinning solution
пряжный раствор (мр)
solution (f) à filer 14
soluzione (f) a filare
solución (f) para hilar / *solució (f) per a filar*

---

b Ölbehälter (m)
oil container
сосуд (мр) *или* резервуар (мр) для масла
récipient (m) d'huile 15
recipiente (m) d'olio
recipiente (m) de aceite / *dipòsit (m) d'oli*

1 C — Kühlschlange (f) / cooling coil / холодильный змѣевик (мр) / serpentin (m) de refroidissement / serpentino (m) refrigerante / serpentín (m) refrigerante / *serpentí (m) refrigerant*

2 die Kollodiumwolle löst sich / the collodion wool dissolves / коллодійная шерсть (жр) растворяется / le collodion en laine se dissout / il cotone collodio si scioglie / el colodión en lana se disuelve / *el col·lodió en llana se dissol*

3 Abklären (n) [*oder* Dekantieren (n)] einer Flüssigkeit / decantation of a liquid / сливаніе (ср) отстоявшейся жидкости с осадка, декантированіе (ср) / décantation (f) d'un liquide / decantazione (f) d'un liquido / decantación (f) de un líquido / *decantació (f) de un liquid*

4 Explosionsfähigkeit (f) des Kollodiums / explosive properties of the collodion / взрывчатая способность (жр) коллодія / facilité (f) d'explosion du collodion / potere (f) esplosivo del collodione / facilidad (f) *o* facultad (f) explosiva del colodión / *capacitat (f) explosiva del col·lodio*

5 wasserhaltige Kollodiumlösung (f) / collodion solution containing water / водосодержащій раствор (мр) коллодія / solution (f) de collodion contenant de l'eau / soluzione (f) di collodione contenente acqua / solución (f) de colodión conteniendo agua / *solució (f) de col·lodió portant aigua*

6 explosiver Stoff (m) / explosive substance / взрывчатое вещество (ср) / substance (f) *ou* matière (f) explosive / sostanza (f) *o* materia (f) esplosiva / materia (f) *o* substancia (f) explosiva / *substància (f) explosiva*

7 Feuergefahrlichkeit (f) *oder* leichte Entflammbarkeit (f) *oder* leichte Entzündbarkeit (f) der Kollodiumseide / inflammability *or* liability of fire of collodion silk / огнеопасность (жр) *или* воспламеняемость (жр) шелка из коллодія / inflammabilité (f) de la soie de collodion / inflammabilità (f) della seta al collodione / inflamabilidad (f) de la seda de colodión / *inflamabilitat (f) de la seda de col·lodió*

8 die Seide entflammt leicht / the silk bursts easily into flame / шелк (мр) воспламеняется легко / la soie s'enflamme facilement / la seta s'infiamma facilmente / la seda se inflama fácilmente / *s'inflama fàcilment*

9 feuergefährliche Kunstseide (f) / easily inflammable artificial silk / огнеопасный искусственный шелк (мр) / soie (f) artificielle facilement inflammable / seta (f) artificiale facilmente infiammabile / seda (f) artificial fácilmente / *fàcilment* / inflamable

10 explosiver Schießbaumwollfaden (m) *oder* Pyroxylinfaden (m) / explosive pyroxiline *or* gun cotton fibre / взрывчатая пироксилиновая нить (жр), запальный жгут (мр) / fil (m) de pyroxyline explosif / filo (m) esplosivo di pirossilina *o* di cotone fulminante / hilo (m) explosivo de algodón-pólvora *o* de piroxilina / *fil (m) de cotó-polvora o piroxilina explosiu*

11 die Ätherdämpfe (m pl) abführen / to remove the ether vapours / отводить пары (мр) эфира / éliminer les vapeurs (f pl) d'éther / eliminare i vapori di etere / eliminar los vapores de éter / *els vapors d'èter*

12 leichtflüssiges Kollodium (n) / very fluid collodion / жидкій коллодій (мр) / collodion (m) très liquide *ou* mobile / collodione (m) fluidissimo *o* liquidissimo / colodión (m) muy flúido / *col·lodió (m) molt fluid*

13 $C_2H_6SO_4$ — Ätherschwefelsäure (f), Äthylschwefelsäure (f) / sulphovinic acid, ethylic sulphuric acid / эфирно-сѣрная кислота (жр), сѣрно-кислый этил (мр) / acide (m) éthylsulfurique *ou* sulfovinique / acido (m) etilsolforico *o* solfovinico / ácido (m) etilsulfúrico *o* sulfovínico / *àcid (m) etilsulfúric o sulfovínic*

14 $C_2H_5NO_2$ — Salpeteräther (m), Äthylnitrit (n) / nitrite of ethyl / азотнокислый эфир (мр) *или* этил (мр) / nitrite (f) d'éthyle / nitrite (f) di etile / nitrito (m) de etilo / *nitrit (m) d'etil*

15 Erstarrungsflüssigkeit (f), Koagulierungsflüssigkeit (f) / coagulating liquid / твердѣющая жидкость (жр) / liquide (m) de coagulation / liquido (m) di coagulazione / líquido (m) / *liquid (m)* / coagulador

16 Terpentinöl (n) / [oil of] turpentine / терпентиновое масло (ср), скипидар (мр) / huile (f) de térébenthine / olio (m) di trementina / aceite (m) / *oli (m)* / de trementina

17 Wachholderöl (n) / juniper oil / можжевелевое масло (ср) / huile (f) de genièvre / olio (m) di ginepro / miera (f) *o* aceite (m) de enebro / *oli (m) de ginebró, reina (f) de pi*

18 Petroleum (n) / petroleum / керосин (мр) / pétrole (m) / petrolio (m) / petróleo (m) / *petroli (m)*

19 Benzin (n) / petrol, gasoline (A) / бензин (мр) / essence (f), benzine (f) / benzina (f) / bencina (f) / *benzina (f)*

20 C_6H_6 — Benzol (n) / benzole, benzene / бензол (мр) / benzol (m) / benzolo (m) / benzol (m)

No.	Term (de / en / ru)	Term (fr / it / es / ca)
1	flüssiger Kohlenwasserstoff (m) liquid hydrocarbon жидкій углеводород (мр)	carbure (m) d'hydrogène, hydrocarbure (m) liquide idrocarburo (m) liquido hidrocarburo (m) liquido / *hidro-carbur (m) liquid*
2	$CHCl_3$	Chloroform (n) chloroform хлороформ (мр) chloroforme (m) cloroformio (m) cloroformo (m) / *cloroform (m)*
3	$Na_2SiO_3 + aqua$	Wasserglaslösung (f) water glass solution раствор (мр) жидкаго стекла solution (f) de silicate de potasse soluzione (f) di silicato di potassio solución (f) de vidrio soluble / *solució (f) de vidre soluble*
4	die Schwefelsäure unwirksam machen [*oder* neutralisieren] to neutralise the sulphuric acid нейтрализировать сѣрную кислоту	neutraliser l'acide (m) sulfurique neutralizzare l'acido solforico neutralizar el ácido sulfúrico / *neutralitzar l'àcid sulfúric*
5	das Lösungsmittel durch Destillation *oder* Eindampfen wiedergewinnen to recover the solvent by distillation регенерировать *или* получить обратно растворитель отгонкой	récupérer le dissolvant par distillation ricuperare il [dis]solvente per mezzo della distillazione recuperar el disolvente por destilación / *recuperar el dissolvent per destil·lació*
6	Kautschuklösung (f) rubber solution раствор (мр) каучука	solution (f) de caoutchouc soluzione (f) di caucciù solución (f) de caucho / *solució (f) de cautxú*
7	fällende Kraft (f) des Methylalkohols precipitant power of methyl alcohol осадочная способность (жр) древеснаго спирта	pouvoir (m) précipitant de l'alcool méthylique facoltà (f) precipitante dell'alcool metilico poder (m) precipitante del alcohol metilico / *poder (m) precipitant del alcohol metilic*
8	die Spinnflüssigkeit durch Haarröhrchen pressen to force the spinning solution through capillary tubes выдавливать пряжную жидкость через волосяныя *или* капиллярныя трубки	forcer la solution à filer à travers des tubes capillaires sforzare la soluzione a filare attraverso tubetti capillari inyectar la solución para hilar a través de tubos capilares / *injectar la solució per a filar en tubs capillars*
9	den Faden durch die Spinndüse saugen to suck the filament through the spinneret высасывать шелковую нить через прядильное отверстіе	aspirer le fil par la filière aspirare il filo per la filiera aspirar el hilo por la hilera / *xuclar el fil per la filera*
10	Leichtflüssigkeit (f) des Lösungsmittels fluidity *or* thin liquid condition of the solvent текучесть (жр) растворителя	fluidité (f) du dissolvant fluidità (f) del dissolvente fluidez (f) del disolvente / *fluidesa (f) del dissolvent*
11	die Zähflüssigkeit [*oder* Viskosität] nimmt ab *oder* verringert sich the viscosity decreases тягучесть (жр) *или* вязкость (жр) убывает *или* уменьшается	la viscosité diminue la viscosità diminuisce la viscosidad disminuye / *la viscositat disminueix*
12	Filterwatte (f) filter wadding фильтровальная вата (жр)	ouate (f) à filtrer ovatta (f) per filtrare guata (f) filtrante / *buata (f) filtrant*
13	Filtergaze (f) filter gauze фильтровочная газовая матерія (жр) *или* ткань (жр)	gaze (f) à filtrer garza (f) per filtrare gaza (f) filtrante / *gasa (f) filtrant*
14	verstopfter *oder* verunreinigter Filterstoff (m) choked filtering material загрязненный *или* засоренный фильтрующій матеріал (мр)	matière (f) filtrante saturée materia (f) filtrante otturata materia (f) filtrante obturada o cegada / *material (m) filtrant cegat o embussat*
15	die gefilterte Spinnlösung lagern to season the filtered spinning solution положить на склад фильтрованный пряжный раствор	laisser reposer la solution à filer filtrée stagionare la soluzione a filare filtrata hacer reposar o dejar en reposo la solución filtrada para hilar / *deixar reposar la solució per a filar filtrada*
16	den Faden durch Waschen alkoholfrei machen to remove the alcohol from the filament by rinsing промывать шелковую нить до полнаго удаленія алкоголя	enlever l'alcool (m) du fil par lavage eliminare l'alcool (m) dal filo mediante lavaggio eliminar el alcohol del hilo por el lavado / *eliminar l'alcohol del fil per rentat*
17	dem Waschwasser Salze (n pl) zusetzen to add salts to the washing water прибавить соль к промывной водѣ	ajouter des sels (m pl) à l'eau de lavage aggiungere sali (m pl) all'acqua di lavaggio agregar sales (f pl) al agua de lavado / *afegir sals (f pl) al aigua de rentar*
18	den Faden tränken [*oder* imprägnieren] to impregnate the filament пропитывать *или* импрегнировать шелковую нить	imprégner le fil impregnare il filo impregnar el hilo / *el fil*
19	anorganisches Salz (n) inorganic salt неорганическая соль (жр)	sel (m) inorganique sale (m) inorganico sal (f) inorgánica / *inorgànica*
20	$NaNO_2$	Natriumnitrit (n), salpetrigsaures Natron (n) sodium nitrite азотистокислый натр (мр) nitrite (f) de sodium nitrite (f) di sodio nitrito (m) de sodio o de sosa / *nitrit (m) de sodi o de sosa*

1 $(NH_4)_2HPO_4$
Ammoniumphosphat (n), phosphorsaures Ammoniak (n)
ammonium phosphate
фосфорнокислый аммоній (мр)
phosphate (m) d'ammonium
fosfato (m) di ammonio
fosfato (m) de amonio / *fosfat (m) d'amoni*

---

2 NH_4HCO_3
Ammoniumbikarbonat (n), doppeltkohlensaures Ammoniak (n)
ammonium bicarbonate
двууглекислый аммоній (мр)
bicarbonate (m) d'ammonium
bicarbonato (m) di ammonio
bicarbonato (m) de amonio / *bicarbonat (m) d'amoni*

---

3 Na_2WO_4
Natriumwolframat (n), wolframsaures Natrium (n)
tungstate of sodium
вольфрамовокислый натрій (мр)
tungstate (m) de soude
tungstato (m) sodico
tungstato (m) de sodio *o* de sosa / *tungstat (m) de sodi o de sosa*

4
2) Kunstseide (f) aus Kupferoxydammoniakzelluloselösungen, Kupferseide (f), Glanzstoff[kunst]seide (f)
Cuprammonium Silk
Искусственный шелк (мр) из раствора целлулозы в аммiачной окиси мѣди
Soie (f) artificielle à l'oxyde de cuivre ammoniacal
Seta (f) artificiale a base dell' ossido di rame ammoniacale, seta parigina
Seda (f) artificial al óxido cuproamoniacal / *al òxid cupric amoniacal*

5
Koagulierungsfähigkeit (f) des Fällbades
coagulating properties of the precipitant
коагулирующая способность (жр) закрѣпительной *или* осодочной ванны
capacité (f) du précipitant de se coaguler
capacità (f) di coagulamento del [liquido] precipitante
propiedad (f) coaguladora del [liquido] precipitante / *propietat (f) coaguladora del [liquid] precipitant*

6
schleimige Spinnlösung (f)
viscous spinning solution
слизистый пряжный раствор (мр)
solution (f) à filer visqueuse
soluzione (f) a filare viscosa
solución (f) viscosa para hilar / *solució (f) viscosa per a filar*

7
Tropfenbildung (f)
formation of drops
образованіе (ср) капель
formation (f) de gouttes
formazione (f) di gocce
formación (f) de gotas / *formació (f) de gotes*

8
es bilden sich Tropfen (mpl)
drops are formed
образуются капли
des gouttes (fpl) se forment
si formano goccie (fpl)
gotas (fpl) se forman / *se formen gotes*

$C_{18}H_{33}O_3Na$
rizinusölsaures Natrium (n)
ricinoleic sodium
касторовокислый натрій (мр)
ricinate (m) de sodium 9
ricinolato (m) di sodio
ricinato (m) de sodio / *ricinat (m) de sodi*

---

die Zähigkeit der Lösung erhöhen
to increase the viscosity of the solution
повысить вязкость раствора
augmenter la viscosité de la solution
aumentare la viscosità della soluzione
aumentar la viscosidad de la solución / *augmentar la viscositat de la solució* 10

---

gekühlter Spinnkessel (m)
cooled container *or* vessel for the spinning solution
охлажденный пряжный котел (мр)
réservoir (m) *ou* récipient (m) refroidi de la solution à filer
recipiente (m) o vaso (m) raffreddato per la soluzione a filare 11
recipiente (m) refrigerado para la solución de hilar / *dipòsit (m) refrigerat per a la solució a filar*

---

den Kessel entleeren
to empty the vessel
опорожнить котел
vider le réservoir
scaricare il recipiente 12
vaciar el recipiente / *buidar el dipòsit*

---

alkalisches Fällmittel (n) für Kupferoxydammoniakzelluloselösung
alkaline precipitant for the cuprammonium cellulose solution
щелочное осадочное средство (ср) для раствора целлулозы в аммiачной окиси мѣди
précipitant (m) alcalin pour la solution de cellulose à l'oxyde de cuivre ammoniacal
precipitante (m) alcalino per la soluzione di cellulosa nel liquido cupro-ammoniacale 13
agente (m) precipitante alcalino para la solución de celulosa al óxido de cobre amoniacal / *agent (m) precipitant alcali per a la solució de cel·lulosa al òxid de coure amoniacal*

ätzalkalische Fällflüssigkeit (f)
caustic alkaline precipitant
осадочная жидкость (жр) из ѣдкой щелочи
précipitant (m) alcalin caustique
[liquido (m)] precipitante (m) a base di un alcali caustico o di una soluzione alcalina caustica
[liquido (m)] precipitante a base de un álcali cáustico / *[liquid (m)] precipitant (m) a base d'un àlcali càustic* 14

---

verdünnte Alkalilauge (f)
weak alkaline lye
разведенный *или* разбавленный щелок (мр)
lessive (f) alcaline diluée
lisciva (f) alcalina diluita *o* allungata 15
lejía (f) alcalina débil *o* diluída / *lleixiu (m) alcali feble o diluït*

---

angereicherte [*oder* konzentrierte] Alkalilauge (f)
strong *or* concentrated alkaline lye
концентрированная щелочь (жр)
lessive (f) alcaline concentrée
lisciva (f) alcalina concentrata 16
lejía (f) alcalina concentrada / *lleixiu (m) alcali concentrat*

1 $NH_4 SO_3$

saures schwefligsaures Ammoniak (n), Ammonbisulfit (n)
ammonium bisulphite
кислый сѣрнисто-кислый аммоній (мр)
bisulfite (m) d'ammonium
bisolfito (m) d'ammonio
bisulfito (m) de amonio / *bisulfit (m) d'amoni*

---

2 $Na H SO_3$

saures schwefligsaures Natron (n), Natriumbisulfit (n)
sodium bisulphite
кислый сѣрнисто-кислый натрій (мр)
bisulfite (m) de soude
bisolfito (m) di sodio
bisulfito (m) / *bisulfit (m)* / de sosa

3

das Ammoniak durch Bisulfit unwirksam machen [*oder* neutralisieren]
to neutralise the ammonia by bisulphites
нейтрализировать аммоній кислой сѣрнисто-кислой солью
neutraliser l'ammoniaque (f) par des bisulfites
neutralizzare l'ammoniaca (f) mediante bisolfiti
neutralizar el amoniaco por los bisulfitos / *neutralitzar l'amoniac per un bisulfit*

4

Alkalibisulfatlösung (f)
alkaline bisulphate solution
раствор (мр) сѣрнистокислой щелочи
solution (f) de bisulfate alcalin
soluzione (f) di bisolfato alcalino
solución (f) de bisulfato alcalino / *solució (f) de bisulfat alcali*

---

5 $Na Cl + aqua$

Kochsalzlösung (f), Chlornatriumlösung (f)
brine, [common] salt solution, chloride of sodium solution
раствор (мр) хлористаго натрія *или* поваренной соли
eau (f) salée, solution (f) de sel de cuisine *ou* de chlorure de sodium
acqua (f) salina, soluzione (f) di cloruro di sodio *o* di sale comune
solución (f) de cloruro de sodio / *solució (f) de clorur de sodi*

6

Ammoniak bindendes Salz (n)
salt binding ammonia
связующая аммiак соль (жр)
sel (m) se combinant à l'ammoniaque
sale (m) combinantesi coll'ammoniaca
sal (f) que se combina con el amoniaco / *sal (f) que's combina amb l'amoniac*

7

wässerige Ammoniumsalzlösung (f)
aqueous ammonium salt solution
водный раствор (мр) аммiачной соли
solution (f) aqueuse de sel d'ammonium
soluzione (f) acquosa di sale di ammonio
solución (f) acuosa de sal amoniaco / *solució (f) acuosa de sal amoniac*

8

nicht angreifende [*oder* indifferente] Salzlösung (f)
indifferent salt solution
индифферентный раствор (мр) соли
solution (f) neutre de sel
soluzione (f) neutra di sale
solución (f) / *solucio (f)* / neutra de sal

9

Magnesiumsalz (n)
magnesium salt
магнезiальная соль (жр)
sel (m) de magnésium
sale (m) di magnesio
sal (f) de magnesio / *de magnesi*

Magnesiumsulfatbad (n)
magnesium sulphate bath
ванна (жр) из сѣрно-кислаго магнія
bain (m) de sulfate de magnésium
bagno (m) di solfato di magnesio
baño (m) de sulfate de magnesio / *bany (m) de sulfat de magnesi* 10

$Mg SO_4$

schwefelsaure Magnesia (f), Magnesiumsulfat (n)
magnesium sulphate
сѣрнокислый магній (мр)
sulfate (m) de magnésium
solfato (m) di magnesio
sulfato (m) de magnesio / *sulfat (m) de magnesi* 11

$Mg (OH)_2$

Magnesiumhydroxyd (n)
magnesium hydroxide
гидрат (мр) окиси магнія
hydroxyde (m) de magnésium
idrossido (m) di magnesio
hidróxido (m) de magnesio / *hidròxid (m) de magnesi* 12

$Al_2 (OH)_6$

Tonerdehydrat (n), Aluminiumhydroxyd (n), Aluminiumoxydhydrat (n)
aluminium hydroxide
гидрат (мр) глинозема, водная окись (жр) алюминія
hydroxyde (m) d'aluminium
idrossido (m) di alluminio
hidróxido (m) de aluminio / *hidròxid (m) d'alumini* 13

Aluminiumsalz (n)
aluminium salt
алюминiевая соль (жр)
sel (m) d'aluminium
sale (m) di alluminio
sal (f) de aluminio / *sal (f) d'alumini* 14

$Al_2 (SO_4)_3$

schwefelsaure Tonerde (f), Aluminiumsulfat (n)
aluminium sulphate
сѣрнокислый алюминій (мр) *или* глинозем (мр)
sulfate (m) d'aluminium
solfato (m) di alluminio
sulfato (m) de aluminio / *sulfat (m) d'alumini* 15

Aluminiumsulfatbad (n)
aluminium sulphate bath
ванна (жр) из сѣрно-кислаго глинозема
bain (m) de sulfate d'aluminium
bagno (m) di solfato di alluminio
baño (m) de sulfato de aluminio / *bany (m) de sulfat d'alumini* 16

Seihen (n) *oder* Filtern (n) durch Asbestfilz
filtration *or* filt[e]ring through asbestos felt
фильтрація (жр) через асбестовую вату *или* ткань
filtration (f) par un filtre en amiante
filtrazione (f) mediante un filtro di amianto
filtración (f) por un filtro de amianto / *filtració (f) per filtre d'amiant* 17

---

x-maschiges Metalltuch (n)
metallic sieve with x meshes per unit of area
x-петельная металлическая ткань (жр)
toile (f) métallique à x mailles par unité de surface
tela (f) metallica a x maglie per unità di superficie
tela (f) metálica con x mallas por unidad de superficie / *tela (f) metàl·lica amb x malles per unitat de superficie* 18

1 die Ammoniakdämpfe (mpl) aus der Filterpresse absaugen
to draw off the ammonia vapours from the filter press
отсасывать аммiачные пары из фильтра *или* пресс-фильтра
aspirer les vapeurs ammoniacales du filtre-presse
aspirare i vapori ammoniacali dalla pressa-filtro
extraer *o* aspirar del filtro-prensa los vapores amoniacales / *extreure del filtre-premsa els vapors amoniacals*

---

2 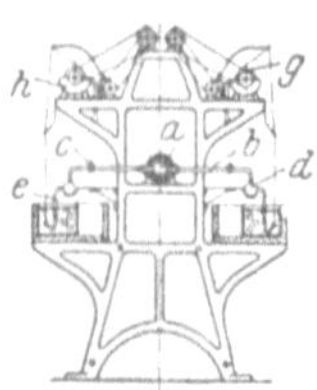

Spinnstuhl (m) fur Kunstseide
spinning machine for artificial silk
прядильный станок (мр) для искусственнаго шелка
métier (m) à filer pour la soie artificielle
macchina (f) a filare la seta artificiale, trafila (f) *o* [macchina] filatrice (f) per seta artificiale
hiladora (f) *o* máquina (f) de hilar para seda artificial / *màquina (f) de filar per a seda artificial*

---

3 a
Speiseleitung (f)
feeder, feed pipe
питательный трубопровод (мр)
tuyau (m) d'alimentation
tubo (m) di alimentazione
tubo (m) de alimentación / *tub (m) d'alimentació*

---

4 b
Kautschukrohr (n)
caoutchouc tube
каучуковая *или* резиновая трубка (жр)
tuyau (m) en caoutchouc
tubo (m) di caucciù
tubo (m) de caucho / *tub (m) de cautxú*

---

5 c
Glashahn (m)
glass tap
стеклянный кран (мр)
robinet (m) en verre
robinetto (m) di vetro
grifo (m) de vidrio / *aixeta (f) de vidre*

---

6 d
Verteiler (m), Kamm (m)
filament-guide
направляющая гребенка (жр)
guide-fil (m)
guida-fili (m)
guía-hilos (m) / *guia-fils (m)*

---

7 e
Spinndüse (f)
spinning nozzle, spinneret
прядильный мундштук (мр)
filière (f)
filiera (f)
hilera (f) / *filera (f)*

---

8 g
gläserne Spule (f)
glass bobbin
стеклянная катушка (жр) *или* шпулька (жр)
tube (f) en verre
spola (f) di vetro
carrete (m) de vidrio / *rodet (m) de vidre*

---

h
halbzylindrisches Bleibecken (n)
semi-cylindrical lead basin
свинцовый корытообразный желоб (мр)
auge (f) semi-cylindrique en plomb 9
vasca (f) semi-cilindrica di piombo
bacineta (f) de plomo semi-cilíndrica / *bacineta (f) semi-cilíndrica de plom*

---

die verstopfte Düse auswechseln
to replace *or* to interchange the clogged *or* choked nozzle
смѣнить засоренный *или* застопоренный мундштук
remplacer la filière bouchée
ricambiare la filiera otturata
recambiar *o* reemplazar la hilera obturada / *recanviar la filera obturada* 10

---

die Düse durch Druckluft reinigen
to clean the nozzle by compressed air
прочистить мундштук сжатым воздухом *или* давленiем воздуха
nettoyer la filière à l'air comprimé
[ri]pulire la filiera all'aria compressa
limpiar la hilera por aire comprimido / *netejar la filera per aire comprimit* 11

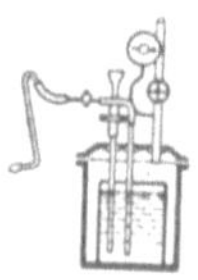

Reinigungsvorrichtung (f) für die Haarröhrchen
cleaning apparatus for the capillary tubes
приспособленiе (ср) для прочистки волосяных *или* капиллярных трубок
appareil (m) pour le nettoyage des capillaires 12
apparecchio (m) per la pulitura dei tubetti capillari
aparato (m) para la limpieza de tubos capilares / *aparell (m) per a netejar els tubs capillars*

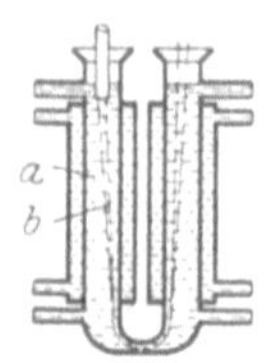

Thielesche Spinnvorrichtung (m)
Thiele's spinning apparatus
прядильный аппарат (мр) системы Тиле
appareil (m) de filage de Thiele 13
apparecchio (m) di filatura sistema Thiele
aparato (m) hilador de Thiele / *aparell (m) de filar de Thiele*

---

a
langsam fällende Flüssigkeit (f), langsam wirkende Fällflüssigkeit (f)
slow acting precipitant
медленно дѣйствующая закрѣпляющая жидкость (жр)
précipitant (m) à effet lent 14
precipitante (m) lento
[líquido (m)] precipitante (m) [de efecto] lento *o* de acción lenta / *[líquid (m)] precipitant (m) d'acció lenta*

---

b
durch Eigengewicht gestreckter Faden (m)
filament drawn out *or* stretched by its own weight
нить (жр), растянутая собственным вѣсом
fil (m) étiré par son propre poids 15
filo (m) stirato pel suo proprio peso
hilo (m) estirado por su propio peso / *fil (m) estirat per el pes propi*

1 den gestreckten Faden aufwickeln
to wind on the drawn out filament
наматывать растянутую нить
bobiner le fil étiré
avvolgere il filo stirato
bobinar el hilo estirado / *plegar el fil estirat*

2 den Faden in verdunnter Alkalilauge strecken
to draw out the filament in a weak alkaline solution
вытягивать *или* растягивать нить в разбавленном щелокѣ
étirer le fil dans une solution diluée alcaline
stirare il filo in una soluzione alcalina diluita
estirar el hilo en una solución alcalina diluida / *estirar el fil en una solució alcalina diluïda*

3 den Faden [ab]säuern
to acidulate the filament
окислить нить
aciduler *ou* acidifier le fil
acidulare il filo
acidular el hilo / *el fil*

4 den kupferhaltigen Faden durch ein Bad von Magnesiumsulfat ziehen
to pass the cupriferous filament through a magnesium sulphate bath
протаскивать нить, содержащую мѣдь, через ванну из сѣрнокислаго магнія
faire passer le fil contenant du cuivre dans un bain de sulfate de magnésium
passare il filo caricato di rame in un bagno di solfato di magnesio
pasar el hilo que contiene cobre por un baño de sulfato de magnesio / *passar el fil que porta coure per un bany de sulfat de magnesi*

5 Fadenzieherei (f)
artificial silk mill
тянульное *или* прядильное заведеніе (ср) для искусственнаго шелка
filature (f) de soie artificielle, atelier (m) de fabrication du fil
trafilatura (f) *o* fabbrica (f) della seta artificiale
hilatura (f) / *filatura (f) / de seda artificial*

6 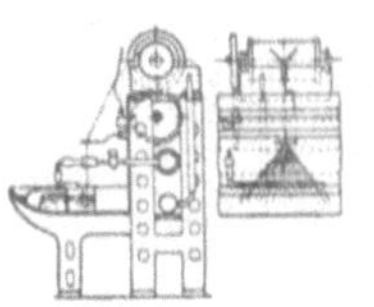
Spinnstuhl (m) fur Kunstseide
spinning machine for artificial silk
прядильный аппарат (мр) для искусственнаго шелка
machine (f) *ou* métier (m) à filer la soie artificielle
macchina (f) a filare la seta artificiale
hiladora (f) para seda artificial / *màquina (f) de filar seda artificial*

7 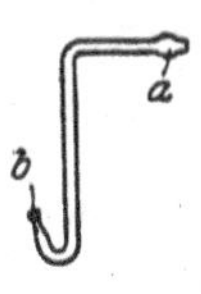

Haarröhrchen (n) aus Glas
glass capillary tube
волосяная *или* капиллярная стеклянная трубочка (жр)
tube (m) capillaire en verre
tubetto (m) capillare di vetro
tubo (m) capilar de vidrio / *tub (m) capil·lar de vidre*

8 a
Ausbauchung (f)
bulb
пузырь (мр), расширеніе (ср), выпуклость (жр)
soufflure (f)
rigonfiamento (m)
hinchamiento (m), vientre (m) *reinflament (m), ventre (m)*

b
Düsenmund (m)
nozzle end of tube
конец (мр) *или* носик (мр) мундштука
orifice (m) de sortie, bec (m) 9
orificio (m) *o* becco (m) della filiera
pico (m) *o* boquilla (f) de la hilera / *bec (m) de filera*

Glashutte (f)
glass works
стеклянный завод (мр)
verrerie (f)
vetreria (f)
vidriería (f), cristalería (f) / *vidrieria (f)* 10

Glasbläser (m)
glass blower
стеклодув (мр)
souffleur (m) de verre
soffiatore (m) del vetro
soplador (m) de vidrio / *bufador (m) de vidre* 11

die Haarröhre ausziehen
to draw out the capillary tube
вытягивать волосяную *или* капиллярную трубку
étirer le tube capillaire
stirare il tubo capillare
estirar el tubo capilar / *estirar el tub capil·lar* 12

die Öffnung *oder* Mündung des Haarröhrchens mit dem Mikroskop untersuchen
to examine the aperture of the capillary tube under the microscope
микроскопически изслѣдовать отверстіе волосяной трубки
examiner au microscope l'ouverture (f) du tube capillaire
esaminare al microscopio l'apertura del tubo capillare
examinar al microscopio la abertura del tubo capilar / *examinar amb microscopi l'obertura del tub capil·lar* 13

den Faden mit Lauge nachbehandeln
to treat the filament subsequently with a lye
обрабатывать нить щелочью
traiter le fil postérieurement à la lessive
trattare il filo ulteriormente con una liscivа
tratar posteriormente el hilo con lejía / *tractar seguidament el fil amb lleixiu* 14

Entkupferung (f) des Fadens
elimination of copper from the filament
освобожденіе (ср) нити от мѣди
élimination (f) du cuivre du fil
eliminazione (f) del rame dal filo
eliminación (f) del cobre del hilo / *eliminació (f) del coure del fil* 15

den getrockneten Faden entkupfern
to free the dried filament from copper
освободить от мѣди высушенную нить
éliminer le cuivre du fil séché
eliminare il rame dal filo disseccato
eliminar el cobre del hilo desecado / *eliminar el coure del fil assecat* 16

kupferarmer Seidenfaden (m)
silk filament poor in copper
бѣдная мѣдью шелковая нить (жр)
fil (m) de soie pauvre en cuivre
filo (m) di seta povero di rame
hilo (m) de seda pobre en cobre / *fil (m) de seda pobre en coure* 17

malachitgrüner Seidenfaden (m)
malachite greenish silk filament
малахито-зеленая шелковая нить (жр)
fil (m) de soie vert-malachite
filo (m) di seta verde-malachite
hilo (m) de seda verde-malaquita / *fil (m) de seda verd-malaquita* 18

No.	Deutsch / English / Русский	Français / Italiano / Español / Català
1	dem Faden das chemisch gebundene Wasser entziehen to eliminate the chemically combined water from the filament удалить из нити химически соединенную воду	enlever l'eau combinée chimiquement du fil eliminare l'acqua chimicamente combinata dal filo eliminar el agua químicamente combinada del hilo / *extreure l'aigua químicament combinada del fil*
2	das Fällbad reichert sich mit Kupfer an the precipitant enriches with copper закрѣпительная *или* высаживающая ванна (жр) обогощается мѣдью	le précipitant s'enrichit en cuivre il precipitante s'arricchisce di rame el [baño] precipitante se enriquece con cobre / *el [bany] precipitant s'enriqueix en coure*
3	Anreicherung (f) des Fällbades mit Kupfer enrichment of the precipitant with copper обогащеніе (ср) высаживающей ванны мѣдью	enrichissement (m) du précipitant par le cuivre arricchimento (m) del precipitante di rame enriquecimiento (m) del [baño] precipitante con cobre / *enriquiment (m) del [bany] precipitant en coure*
4	die Seide mit ammoniakalischer Seifenlösung behandeln to treat the silk with ammoniacal soap solution обрабатывать шелк аммiачно-мыльным раствором	traiter la soie par une solution de savon ammoniacale trattare la seta con una soluzione di sapone ammoniacale tratar la seda por una solución de jabón amoniacal / *tractar la seda per una solució de sabó amoniacal*
5	die Seide abspulen to unwind the silk [from the bobbin] разматывать *или* перегонять шелк со шпуль *или* катушек	dévider la soie svolgere la seta dal rocchetto devanar la seda / *desplegar o trescanar la seda del rodet*
6	die Seide auf der Glasspule trocknen to dry the silk on the glass bobbin сушить шелк на стеклянной катушкѣ	faire sécher la soie sur le tube en verre disseccare la seta sul rocchetto di vetro secar la seda sobre la bobina de vidrio / *assecar la seda sobre el rodet de vidre*
7	wasserfester Faden (m) waterproof filament водоупорная нить (жр)	fil (m) imperméable filo (m) impermeabile all'acqua hilo (m) / *fil (m)* / impermeable
8	Wasserfestigkeit (f) des Fadens impermeability of filament водоупорность (жр) нити	imperméabilité (f) du fil impermeabilità (f) del filo all'acqua impermeabilidad (f) del hilo / *impermeabilitat (f) del fil*
9	**8. Kunstseide (f) aus Viskose, Viskoseseide (f)** **Viscose Silk** **Искусственный шелк (мр) из вискозы**	**Soie (f) viscose** **Seta (f) artificiale al viscosio *o* a base di viscosio** **Seda (f) viscose / *Seda (f) viscosa***
10	Fadenbildung (f) formation of filament нитеобразованіе (ср), образованіе (ср) *или* полученіе (ср) нити	formation (f) du fil formazione (f) del filo formación (f) del hilo / *formació (f) del fil*
11	die Viskose verspinnen to spin the viscose выпрядать *или* спрядать вискозу	filer la viscose filare il viscosio hilar la viscose / *filar la viscosa*
12	den Viskosefaden in eine warme Ammoniaksalzlösung [hinein-]spinnen to spin the viscose filament into a warm ammonia salt solution выпрядать вискозную нить в теплом растворѣ аммiачной соли	filer *ou* forcer *ou* faire écouler le fil de viscose dans une solution chaude de sel ammoniac filare *o* sforzare *o* pressare il filo di viscosio in una soluzione calda di ammoniaca hilar el filamento de viscose en una solución caliente de sal amoníaco / *filar o injectar el filament de viscosa en una solució calenta de sal amoníac*
13	die Viskose mit Chlorammoniumlösung fällen to precipitate the viscose with ammonium chloride solution осаждать вискозу раствором хлористаго аммонiя	précipiter la viscose dans une solution de chlorure d'ammonium precipitare il viscosio mediante una soluzione di cloruro d'ammonio precipitar la viscose en una solución de cloruro de amonio / *precipitar la viscosa en una solució de clorur d'amoni*
14	die Viskoselösung durch Ammoniumsulfat zum Gerinnen bringen to coagulate the viscose solution by ammonium sulphate превратить раствор вискозы в студенистую массу посредством сѣрнокислаго аммонiя	faire coaguler la solution de viscose par le sulfate d'ammonium far coagulare la soluzione di viscosio mediante il solfato di ammonio hacer coagular la solución de viscose por sulfato de amonio / *fer coagular la solució de viscosa per sulfat d'amoni*
15	den Viskosefaden mit Säure ausfällen to precipitate the viscose filament with an acid высаживать *или* осаждать вискозную нить кислотою	précipiter le fil de viscose par un acide precipitare il filo di viscosio con un acido precipitar el hilo de viscose por un ácido / *precipitar el fil de viscosa per un àcid*
16	Säurespinnverfahren (n) acid spinning process способ (мр) кислотнаго пряденія	procédé (m) de filage avec un acide processo (m) di filatura con un acido procedimiento (m) de hilado con un ácido / *procediment (m) de filar per un àcid*

1 die Viskose mit Säure verspinnen
to spin the viscose with an acid
выпрядать вискову с помощью кислоты
filer la viscose avec un acide
filare il viscosio con un acido
hilar la viscose con un ácido / *filar la viscosa amb un àcid*

---

2 Säurefällbad (n) für Viskosefäden
precipitating acid bath for viscose filaments
кислая осадочная ванна (жр) для вискозных нитей
bain (m) acide de précipitation pour fils de viscose
bagno (m) acido precipitante per fili di viscosio
baño (m) ácido de precipitación para hilos de viscose / *bany (m) àcid de precipitació per a fils de viscosa*

---

3 klebriger Viskosefaden (m)
adhesive viscose filament
липкая вискозная нить (жр)
fil (m) de viscose gluant
filo (m) attaccaticcio di viscosio
hilo (m) de viscose pegajoso / *fil (m) de viscosa enganxós*

---

4 den Viskosefaden mit Metallsalzlösung behandeln
to treat the viscose filament with metallic salt solution
обрабатывать вискозную нить раствором металлической соли
traiter le fil de viscose par une solution de sel métallique
trattare il filo di viscosio con una soluzione di sale metallico
tratar el hilo de viscose por una solución de sal metálica / *tractar el fil de viscosa per una solució de sal metàl·lica*

---

5 gesättigte Salzlösung (f), Kochsalzlauge (f)
saturated salt solution, common salt lye
насыщенный раствор (мр) соли
solution (f) de sel saturée, eau (f) salée saturée
soluzione (f) di sale satura
solución (f) / *solució (f)* / de sal saturada

---

6 nicht angreifende [*oder* neutrale] Alkalisalzlösung (f)
neutral alkali salt solution
нейтральный раствор (мр) щелочной соли
solution (f) neutre de sel alcalin
soluzione (f) neutra di sale alcalino
solución (f) / *solució (f)* / neutra de sal alcalina

---

7 Ammoniaksalzbad (n), Ammonsalzlösung (f)
ammonia salt solution
ванна (жр) из аммiачной соли
bain (m) de sel ammoniac
bagno (m) di sale ammoniacale
baño (m) / *bany (m)* / de sal amoniaca

---

8 $(NH_4)_2SO_4$
schwefelsaures Ammoniak (n), Ammoniumsulfat (n)
ammonium sulphate
сѣрнокислый аммонiй (мр)
sulfate (m) d'ammonium
solfato (m) d'ammonio
sulfato (m) de amonio / *sulfat (m) d'amoni*

---

9 $KAlO_2$
Kaliumaluminat (n)
potassium aluminate
калiйноалюминiевая соль (жр), алюминат (мр) калiя
aluminate (m) de potassium
alluminato (m) di potassio
aluminato (m) de potasa / *aluminat (m) de potassa o de potassi*

$NaAlO_2$
Natriumaluminat (n), Tonerdenatron (n)
sodium aluminate
натровый глинозем (мр), натроалюминiевая соль (жр) 10
aluminate (m) de sodium
alluminato (m) di sodio
aluminato (m) de sodio / *aluminat (m) de sodi o de sosa*

Schwermetallsalz (n)
heavy metallic salt
соль (жр) тяжелаго металла
sel (m) métallique lourd
sale (m) metallico pesante 11
sal (f) metálica pesada / *sal (f) metàl·lica pesada*

$FeSO_4$
Eisenvitriol (n), schwefelsaures Eisenoxydul (n), Eisenoxydulsulfat (n), Ferrosulfat (n)
green vitriol, ferrous sulphate
желѣзный купорос (мр), сѣрнокислое желѣзо (ср) 12
sulfate (m) ferreux
solfato (m) ferroso, vitriolo (m) verde *o* di ferro
sulfato (m) ferroso / *sulfat (m) ferrós*

---

lösliches Zinksalz (n)
soluble zinc salt
растворимая соль (жр) цинка
sel (m) soluble de zinc
sale (m) solubile di zinco 13
sal (f) soluble de zinc / *de zenc*

Manganoxydulsalz (n)
manganous oxide salt
соль (жр) марганцовистой кислоты
sel (m) de protoxyde de manganèse
sale (m) di protossido di manganese 14
sal (f) de protóxido de manganeso / *sal (f) de protòxid de manganès*

Ferrosulfatlösung (f)
ferrous sulphate solution
раствор (мр) сѣрнокислаго желѣза
solution (f) de sulfate ferreux
soluzione (f) di solfato ferroso 15
solución (f) de sulfato ferroso / *solució (f) de sulfat ferrós*

FeS
unlösliches Eisensulfid (n)
insoluble iron sulphide
нерастворимое сѣрнистое желѣзо (ср)
sulfure (m) de fer insoluble 16
solfuro (m) di ferro insolubile
sulfuro (m) de hierro / *sulfur (m) de ferro* / insoluble

Metallsulfidniederschlag (m)
precipitate of metallic sulphide
осадок (мр) сѣрнистых металлов
précipité (m) de sulfure métallique
precipitato (m) di solfuro metallico 17
precipitado (m) de sulfuro metálico / *precipitat (m) de sulfur metàl·lic*

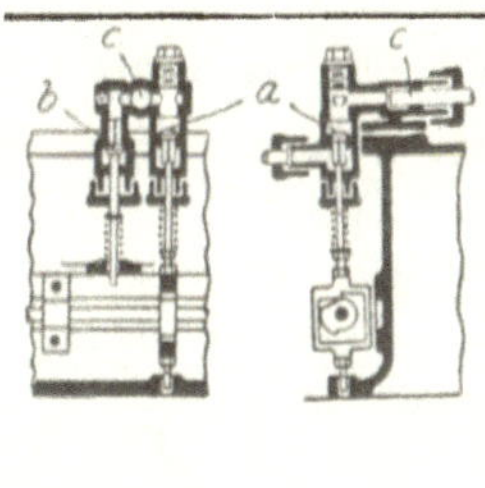

Pumpe (f) für Spinnlösungen, Viskosepumpe (f)
viscose pump
вискозный насос (мр) 18
pompe (f) à viscose
pompa (f) di viscosio
bomba (f) para la viscose / *per a la viscosa*

1 a
Ansaugeventil (n)
suction valve
всасывающій вентиль (мр) *или* клапан (мр)
soupape (f) d'aspiration
valvola (f) di aspirazione
válvula (f) de aspiración / *vàlvula (f) d'aspiració*

2 b
Auslaßventil (n)
outlet valve
спускной *или* выпускной вентиль (мр)
soupape (f) de sortie
valvola (f) di scarico
válvula (f) de salida / *vàlvula (f) de sortida*

3 c
Saugkolben (m)
suction piston
всасывающій поршень (мр)
piston (m) aspirant
stantuffo (m) aspirante
émbolo (m) de aspiración / *pistó (m) aspirant*

4
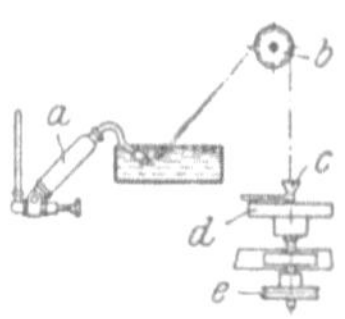

Tophamsche Vorrichtung (f) zum Verspinnen von Viskose
Topham's apparatus for spinning the viscose
аппарат (мр) для пряденія вискозы системы Тофама
appareil (m) de Topham pour le filage de la viscose
apparecchio (m) Topham per la filatura del viscosio
máquina (f) de Topham para el hilado de la viscose / *màquina (f) de Topham per a filar la viscosa*

5 a
Filtergehäuse (n)
filter casing
фильтраціонная камера (жр)
boîte (f) de filtration
cassa (f) di filtrazione
caja (f) de filtración / *caixa (f) de filtració*

6 b
Rolle (f)
pulley, sheave
ролик (мр), блок (мр)
galet (m)
puleggia (f)
polea (f) / *politja (f), carrilla (f)*

7 c
Trichter (m)
funnel
воронка (жр)
entonnoir (m)
imbuto (m)
embudo (m) / *embut (m)*

8 d
umlaufender Spinntopf (m)
revolving spinning can
вращающійся прядильный таз (мр)
pot (m) tournant de filature
recipiente (m) girevole di filatura
bote (m) giratorio de hilar / *bot (m) giratori de filar*

9 e
Treibrolle (f)
driving pulley
рабочій ролик (мр), ведущій блок (мр)
volant (m) à gorge de commande
volante (m) a gola di comando
polea (f) motriz / *politja (f) motriu*

den Spinntopf ausrücken
to disengage *or* to uncouple the spinning can
выключить прядильный таз
débrayer le pot à filer
disinnestare *o* disinserire il recipiente di filatura 10
desembragar el bote de hilar / *el bot de filar*

den Spinntopf auswechseln
to change *or* to replace the spinning can
смѣнить прядильный таз
changer le pot à filer
cambiare il recipiente di filatura
recambiar el bote de hilar / *recanviar el bot de filar* 11

die Seide aufspulen
to wind on the silk, to spool the silk
намотать шелк на катушку
enrouler *ou* bobiner la soie
avvolgere la seta su rocchetti, incannare la seta 12
bobinar / *plegar* / la seda

die aufgespulte Seide waschen
to wash the spooled silk
мыть намотанный на катушку шелк
laver la soie bobinée *ou* enroulée
lavare la seta incannata 13
lavar la seda bobinada / *rentar la seda plegada*

heiße Sodalösung (f)
hot soda solution
горячій содовый раствор (мр)
solution (f) chaude de soude
soluzione (f) calda di soda 14
solución (f) caliente / *solució (f) calenta / de sosa*

Bleichbad (n)
bleaching liquor
отбѣльная *или* бѣлильная ванна (жр)
liqueur (f) de blanchiment
bagno (m) per sbiancare, bagno (m) di candeggio 15
baño (m) de blanqueo / *bany (m) de blanqueig*

die Seide unter Spannung trocknen
to dry the silk under tension
просушивать шелк в натянутом состояніи
faire sécher la soie sous tension
disseccare la seta sotto tensione 16
secar la seda bajo tensión / *assecar la seda sota tensió*

4. Sonstige Kunstseiden (fpl)
Other Artificial Silks
Прочіе сорта (мр) искусственнаго шелка
Autres soies (fpl) artificielles
Altre sete (fpl) artificiali 17
Otras sedas (fpl) artificiales / *Altres sedes (fpl) artificials*

Ausgangstoffe (mpl)
primary materials
исходные матеріалы (мр)
matières (fpl) premières
materie (fpl) prime
materias (fpl) primas, primeras materias (fpl) / *primeres matèries (fpl), matèries (fpl) primes* 18

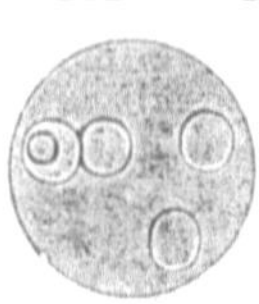
Gelatine[kunst]seide (f), Vandu[a]ra-Seide (f)
gelatine silk
желатиновый [искусственный] шелк (мр) 19
soie (f) artificielle de gélatine
seta (f) artificiale a base di gelatina
seda (f) artificial de gelatina

No.	German / English / Russian	French / Italian / Spanish
1	Gelatine (f), tierischer Leim (m) gelatin[e] желатин (мр), животный клей (мр)	gélatine (f) gelatina (f) gelatina (f)
2	Hausenblase (f), Fischleim (m) fish glue, isinglass бѣлужій *или* рыбій клей (мр)	colle (f) de poisson colla (f) di pesce, ittiocolla (f) cola (f) de pescado, colapiz (f) / *cola (f) de peix*
3	Handelsgelatine commercial gelatine торговый желатин (мр)	gélatine (f) commerciale gelatina (f) mercantile gelatina (f) comercial
4	Gelatinelösung (f) gelatine solution раствор (мр) желатина	solution (f) de gélatine soluzione (f) di gelatina solución (f) / *solució (f)* / de gelatina
5	Löslichkeit (f) des Leimstoffes in Wasser solubility of the gluey substance in water растворимость (жр) клееваго вещества в водѣ	solubilité (f) de la matière gélatineuse dans l'eau solubilitá (f) nell'acqua della sostanza gelatinosa solubilidad (f) de la materia gelatinosa en el agua / *solubilitat (f) de la matèria gelatinosa en l'aigua*
6	die Gelatine wasserunlöslich machen to make the gelatine insoluble in water сдѣлать желатин нерастворимым в водѣ	rendre la gélatine insoluble dans l'eau rendere la gelatina insolubile nell'acqua hacer la gelatina insoluble en el agua / *fer la gelatina insoluble en l'aigua*
7	Eindampfen (n) der Lösung concentrating the solution by vaporisation выпариваніе (ср) раствора	concentration (f) de la solution par vaporisation concentrazione (f) della soluzione per vaporizzazione concentración (f) de la solución por vaporización / *concentració (f) de la solució per vaporització*
8	die Gelatine zu Fäden ausziehen to draw out the gelatine to filaments растягивать *или* вытягивать желатин в нить	étirer la gélatine en fils trafilare la gelatina estirar la gelatina en filamentos / *en filaments*
9	unlöslicher Gelatinefaden (m) insoluble gelatine filament нерастворимая желатиновая нить (жр)	fil (m) de gélatine insoluble filo (m) di gelatina insolubile filamento (m) / *filament (m)* / de gelatina insoluble
10	Kunstfäden (mpl) aus Eiweißkörpern artificial filaments from albuminous substances искусственныя волокна (ср) из бѣлковых веществ	fils (mpl) artificiels des substances albumineuses fili (m) artificiali di sostanze albuminose filamentos (mpl) artificiales de materias albuminosas / *filaments (mpl) artificials de matèries albuminoses*

No.	German / English / Russian	French / Italian / Spanish
11	Albuminfaden (m) albumin filament альбуминовая нить (жр)	fil (m) d'albumine filo (m) di albumina filamento (m) de albúmina / *filament (m) d'albúmina*
12	Eieralbumin (n) egg albumen альбумин (мр) из бѣлков	albumine (f) du blanc d'œuf albumina (f) del bianco dell'uovo albúmina (f) de clara
13	Kunstfäden (mpl) aus Kasein, Kaseinseide (f) artificial filaments from casein[e], casein[e] silk искусственныя волокна (ср) из казеина, казеиновый шелк (мр)	fils (mpl) artificiels de la caséine, soie (f) de caséine fili (mpl) artificiali della caseina, seta (f) di caseina filamentos (mpl) artificiales de caseina, seda (f) de caseina / *filaments (mpl) artificials de caseïna, seda (f) de caseïna*
14	Handelskasein (n) commercial casein торговый казеин (мр)	caséine (f) commerciale caseina (f) mercantile caseïna (f) comercial
15	Kaseinlösung (f) casein solution раствор (мр) казеина	solution (f) de caséine soluzione (f) di caseina solución (f) de caseina / *solució (f) de caseïna*
16	das Kasein aus der Magermilch ausfällen to precipitate the casein from skimmed milk высадить казеин из снятаго молока	précipiter la caséine du lait écrémé precipitare la caseina dal latte scremato o spannato precipitar la caseina de la leche desnatada / *precipitar la caseïna de la llet desnatada*
17	die Magermilch mit Säure versetzen to add an acid to the skimmed milk подкислить *или* разбавить кислотою снятое молоко	additionner le lait écrémé d'un acide aggiungere un acido al latte scremato agregar o adicionar un ácido a la leche desnatada / *addicionar un àcid a la llet desnatada*
18	schwammige Kaseinmasse (f) spongy casein губчатая казеиновая масса (жр)	caséine (f) spongieuse caseina (f) spugnosa caseina (f) / *caseïna (f)* / esponjosa
19	das Kasein mittels alkalischer Flüssigkeit lösen to dissolve the casein by an alkaline liquor растворить казеин в щелочной жидкости	dissoudre la caséine par une liqueur alcaline dissolvere la caseina mediante un liquido alcalino disolver la caseina mediante un licor alcalino / *dissoldre la caseïna per un licor alcali*
20	alkalische Azeton-Kaseinlösung (f) alkaline acetone casein solution щелочный ацетоновый раствор (мр) казеина	solution (f) alcaline de caséine-acétone soluzione (f) alcalina di caseina all'acetone solución (f) alcalina caseina-acetona / *solució (f) alcalina caseïna-acetona*

1 der Kaseinlösung Zellstoff zusetzen
to add cellulose to the casein solution
примѣшать к раствору казеина клѣтчатку *или* целлулозу
ajouter de la cellulose à la solution de caséine
aggiungere la cellulosa alla soluzione di caseina
agregar celulosa a la solución de caseina / *addicionar cel·lulos a la solució de caseïna*

2 wässerig-alkoholische Kaseinlösung (f)
aqueous alcoholic casein solution
водно-спиртный раствор (мр) казеина
solution (f) alcoolique aqueuse de caséine
soluzione (f) alcoolica acquosa di caseina
solución (f) alcohólica acuosa de caseina / *solució (f) alcohòlica aquósa de caseïna*

3 die Lösung in ein Fällbad auspressen
to force the solution into a precipitating bath
выжимать раствор в осадочную ванну
forcer la solution dans un liquide précipitant
sforzare la soluzione in un bagno precipitante
inyectar la solución en un baño precipitante / *injectar la solució en un bany precipitant*

4 Behandeln (n) der Fäden mit Formaldehyd
treating the filaments with formaldehyde
обработка (жр) нитей посредством формальдегида
traitement (m) des fils par la formaldéhyde
trattamento (m) dei fili mediante formaldeide
tratamiento (m) de los hilos por el formaldehido / *tractament (m) dels filaments per el formaldehid*

5 Kunstfäden (mpl) aus Fibroin
artificial filaments from fibroin
искусственныя волокна (ср) из фиброина
fils (mpl) artificiels de fibroïne
fili (mpl) artificiali di fibroina
filamentos (mpl) artificiales de fibroina / *filaments (mpl) artificials de fibroïna*

6 Naturseidenabfall (m), Abfall (m) von natürlicher Seide
waste from natural silk
угар (мр) *или* отброс (мр) натуральнаго шелка
déchets (mpl) de soie naturelle
cascami (mpl) di seta naturale *o* di seta vera
desperdicios (mpl) / *borres (fpl) /* de seda natural

7 den Seidenabfall entbasten [*oder* degummieren]
to degum the silk waste
дегуммировать шелковый угар
dégommer les déchets (mpl) de soie
sgommare i cascami di seta
desengomar los desperdicios de seda / *desengomar o descruar les borres de seda*

8 Na OH
Ätznatron (n), Natronhydrat (n)
caustic soda
ѣдкій натр (мр)
soude (f) caustique
soda (f) caustica
sosa (f) cáustica / *càustica*

9 Ni SO_4 + aqua
Nickelsulfatlösung (f), Nickelvitriollösung (f)
nickel sulphate solution
раствор (мр) сѣрнокислаго никкеля
solution (f) de sulfate de nickel
soluzione (f) di solfato di nickel
solución (f) de sulfato de niquel / *solució (f) de sulfat de niquel*

10 stufenförmiges Ausziehen (n) der Fäden
drawing out the filaments in stages
постепенная вытяжка (жр) нитей
étirage (m) des fils par progression
trafilatura (f) graduale
estirado (m) progresivo de los filamentos / *estirat (m) progressiu dels filaments*

11 Kunstfäden (mpl) aus gallertartigen Pflanzenstoffen
artificial filaments from vegetable jellies
искусственныя волокна (ср) из студенистых растительных веществ
fils (mpl) artificiels des gelées végétales
fili (mpl) artificiali di materie vegetali gelatinose
filamentos (mpl) artificiales de gelatinas vegetales / *filaments (mpl) artificials de gelatines vegetals*

12 zellstoffartiger Körper (m)
cellulose-like substance
клѣтчатовидное *или* целлулоловоподобное вещество (ср)
substance (f) cellulosique
sostanza (f) cellulosica
substancia (f) celulósica / *substància (f) cel·lulòsica*

13 Pflanzenschleim (m)
mucilage
растительная слизь (жр)
mucilage (m)
mucillaggine (f)
mucilago (m) / *mucilag (m)*

14 Pflanzengallerte (f), Pflanzengallert (n)
vegetable jelly
растительный студень (мр), растительный желатин (мр)
gelée (f) végétale
gelatina (f) vegetale
gelatina (f) vegetal

15 Ossein (n), Knochenleim (m)
ossein[e]
костяной клей (мр), оссеин (мр)
osséine (f)
osseina (f)
oseina (f) / *osseïna (f)*

16 Kunstfäden (mpl) aus Osseinlösung
artificial filaments from ossein solution
искусственныя волокна (ср) из раствора костяного клея *или* оссеина
fils (mpl) artificiels de la solution d'osséine
fili (mpl) artificiali della soluzione di osseina
filamentos (mpl) artificiales de la solución de oseina / *filaments (mpl) artificials de la solució d'osseïna*

II.

1 **Haspeln (n) *oder* Abspulen (n) der Kunstseide**
Reeling the Artificial Silk
Перегонка (жр) искусственнаго шелка на катушки
Dévidage (m) de la soie artificielle
Innaspatura (f) della seta artificiale
Devanado (m) / *Plegat* (m) / de la seda artificial

2 die ausgewaschene Kunstseide von den Spinnspulen auf den Haspel bringen *oder* wickeln
to reel the washed artificial silk from the bobbins
перегонять (жр) *или* размотать мытый искусственный шелк с цѣвок в мотки
enrouler en écheveaux la soie artificielle lavée venant des bobines
innaspare la seta artificiale lavata dai rocchetti
devanar la seda artificial lavada desde las bobinas / *aspiar la seda artificial rentada desde els rodets*

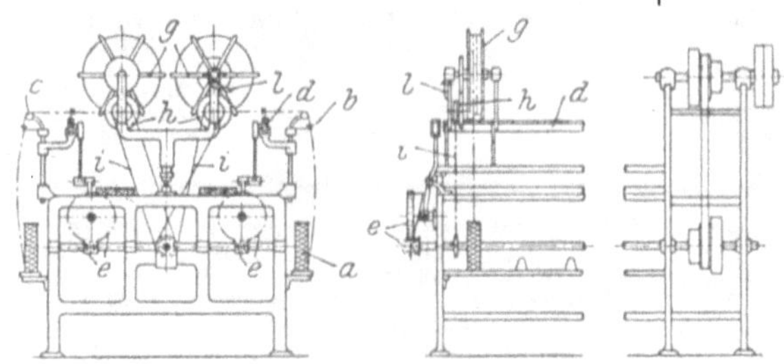

3 Abspulmaschine (f) für Kunstseide
reeling frame for artificial silk
шпульная машина (жр) для искусственнаго шелка
dévidoir (m) pour soie artificielle
aspatoio (m) per seta artificiale
devanadera (f) para seda artificial / *aspi (m) per a seda artificial*

---

4 a
längsgewellte Hülse (f)
longitudinally wavy tube
продольнорифленая гильза (жр)
tube (m) à cannelures longitudinales
tubo (m) a scanalature longitudinali
tubo (m) con ranuras longitudinales / *rodet (m) ratllat longitudinalment*

b
für verschiedene Höhen einstellbare Fadenleitöse (f)
filament guide adjustable to different heights
глазок (мр), устанавливаемый по высотѣ
guide-fil (m) réglable pour différentes hauteurs 5
barbino (m) guida-filo regolabile per differenti altezze
guía-hilos (m) de altura ajustable / *guia-fils (m) d'alçada ajustable*

---

c
Fadenleitröllchen (n)
filament guide roller
нитеводный пруток (мр)
galet (m) guide-fil
cilindro (m) guida-fili 6
cilindro (m) guía-hilos / *corronet (m) guia-fils*

---

d
hin- und hergehende Fadenführerstange (f)
traversing guide rod
возвратно передвигающаяся нитеводная рейка (жр)
tringle-guide (f) à va-et-vient 7
asta (f) guida-fili con movimento di va e vieni
arañero (m) con movimiento de vaivén / *aranyer (m) amb moviment de vaivé*

---

e
Schneckenradgetriebe (n) für die Fadenführerstange
worm wheel gear for operating the guide rod
червячное зацѣпленіе (ср) для движенія нитеводной рейки
commande (f) par vis sans fin pour la tringle-guide 8
comando (m) con vite senza fine per l'asta guida-fili
engranaje (m) de tornillo sin fin para mover el arañero / *vis-sens-fi (f) de comanda del aranyer*

---

g
Haspel (m)
reel
баран (мр), мотовило (ср) 9
asple (m)
aspa (f)
aspa (f) / *aspi (m)*

---

h
Reibungsantrieb (m) für den Haspel
friction drive for the reel
фрикціонный привод (мр) для барана
commande (f) par friction de l'asple 10
comando (m) per frizione dell'aspa
juego (m) de fricción motriz de la aspa / *joc (m) de fricció motriu del aspi*

---

i
Einzelantrieb (m) des Haspels durch Schnurriemen
individual cord driving of the reel
независимый привод (мр) барана кожаным шнуром
commande (f) individuelle de l'asple par corde 11
comando (m) individuale dell'aspa con corda
mando (m) individual de la aspa por cuerda / *comando (m) individual del aspi per corda*

1 l Ausrücker (m) für den Haspelantrieb
disengaging motion *or* stop motion for reel
выключатель (мр) *или* отводка (жр) *или* останов (мр) привода барана
mécanisme (m) de débrayage de l'asple
meccanismo (m) d'arresto per l'aspa
juego (m) de desembrague *o* de disparo de la aspa / *joc (m) de desembragar el aspi*

III.

2
Zwirnen (n) der Kunstseide
Twisting the Artificial Silk
Крученіе (cp) искусственнаго шелка
Retordage (m) *ou* moulinage (m) de la soie artificielle
Torcitura (f) della seta artificiale
Torcido (m) / *retort (m) o molinatge (m)* / de la seda artificial

3 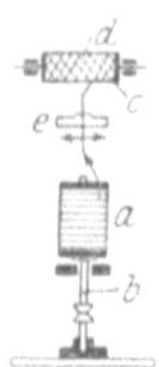
Zwirnvorrichtung (f) für Kunstseide
twisting appliance for artificial silk
крутильная *или* ниточная машина (жр) для искусственнаго шелка
dispositif (m) à retordre la soie artificielle
dispositivo (m) per torcere la seta artificiale
juego (m) de retorcer / *joc (m) de retòrcer* / la seda artificial

4 a Zwirnspule (f)
twisting bobbin
ниточная шпуля (жр)
bobine (f) de retordage
rocchetto (m) di torcitura
bobina (f) de torcido / *rodet (m) de retort*

b Spindel (f) mit Wirtel
spindle with wharve
веретено (ср) с блочком 5
broche (f) à noix
fuso (m) con noce
púa (f) con nuez / *pua (f) amb noueta*

c Wickelspule (f)
winding bobbin
тростильная катушка (жр)
bobine (f) d'enroulement
rocchetto (m) avvolgitore 6
bobina (f) de arrollado, ovillo (m) / *rodet (m) que plega, ovillo (m)*

d Kreuzwicklung (f)
cross winding
крестовая мотка (жр) катушки
bobinage (m) croisé 7
incannatura (f) incrociata
arrollado (m) *o* plegado (m) cruzado / *plegat (m) creuat*

e hin- und hergehender Fadenführer (m)
traverse thread guide
возвратно двигающійся нитевод (мр)
guide-fil (m) à va-et-vient 8
guida-filo (m) a movimento di va e vieni
arañero (m) con movimiento de vaivén / *aranyer (m) amb moviment de vaivé*

Zwirnmaschine (f) mit mehreren übereinanderliegenden Spindelreihen, Stockwerkzwirnmaschine (f), [Etagenzwirnmaschine (f)]
twisting *or* doubling machine with several rows of bobbins, one above the other
ступенчатая крутильная машина (жр)
métier (m) à retordre à plusieurs rangées de bobines l'une audessus de l'autre
torcitoio (m) con diverse file di rocchetti l'una sopra all'altra 9
máquina (f) de retorcer con varios pisos de bobinas / *màquina (f) de retòrcer amb varis pisos de rodets*

L.

1 **Herstellung** (f) **von Garnen aus Holzzellstoff *oder* Holzzellulose**
Production of Yarns from Wood Cellulose
Производство (ср) **пряжи из древесной массы *или* целлулозы**
Fabrication (f) **de fils artificiels de la cellulose de bois**
Fabbricazione (f) **di fili artificiali di cellulosa di legno**
Fabricación (f) **de hilos de celulosa de la madera / *Fabricació (f) de fils de cel·lulosa de la fusta***

I.

2 **Allgemeines** (n)
General Terms
Общее (ср)
Généralités (fpl)
Generalità (fpl)
Generalidades (fpl)

3 Holzschliff (m)
wood paste, wood pulp
древесный порошок (мр)
pâte (f) de bois
pasta (f) di legno
pasta (f) o pulpa (f) de madera / *pasta (f) de fusta*

4 Holzzellstoff (m), Holzzellulose (f)
wood cellulose
древесная целлулоза (жр) *или* клѣтчатка (жр)
cellulose (f) de bois
cellulosa (f) di legno
celulosa (f) de madera / *cel·lulosa (f) de fusta*

5 Sulfatstoff (m), Natronzellulose (f)
sodium pulp
натровая целлулоза (жр)
pâte (f) à la soude
pasta (f) alla soda
pasta (f) a la sosa

6 Sulfit[zell]stoff (m), Sulfitzellulose (f)
sulphite pulp
сульфитная целлулоза (жр)
pâte (f) au bisulfite
pasta (f) al bisolfito
pasta (f) al bisulfito / *pasta (f) al bisulfit*

7 krustenbildende [*oder* inkrustierende] Stoffe [*oder* Substanzen (fpl)]
incrusting substances
вещества (ср), образующія корку *или* инкрустаціи
matières (fpl) incrustantes
sostanze (fpl) incrostanti
substancias (fpl) incrustantes / *substàncies (fpl) incrustants*

8 textilfadenähnliche Beschaffenheit (f) des Papiergarns
textile thread-like condition of paper yarn
свойство (ср) бумажной пряжи подобно текстильной нити
qualité (f) textile du fil de papier
qualità (f) tessile del filo di carta
calidad (f) textil del hilo de papel / *qualitat (f) textil del fil de paper*

erhöhte Elastizität (f) des Fadens
increased elasticity of the thread
увеличенная упругость (жр) нити
élasticité (f) élevée du fil
elasticità (f) aumentata del filo
elasticidad (f) aumentada del hilo / *elasticitat (f) augmentada del fil* 9

II.

Herstellung (f) **von Holzfasergarnen**
Production of Wood Fibre Yarns
Производство (ср) **пряжи из древеснаго волокна**
Fabrication (f) **de fils venant de fibres de bois**
Fabbricazione (f) **di fili provenienti da fibre di legno** 10
Producción (f) **de hilos de fibras de madera / *Producció (f) de fils de fibres de fusta***

Auflösen (n) des Holzes in Fasern durch Biegen und Knicken
disintegration of wood into fibres by bending and cracking
расслоеніе (ср) дерева в волокна путем сгибанія и надлома
désintégration (f) du bois en fibres par courbure et par broyage
desintegrazione (f) del legno in fibre mediante curvatura e dirompimento
desintegración (f) de la madera en fibras por curvado y hendido / *desintegració (f) de la fusta en fibres per corbat i estallat* 11

1 Holzwolle (f), Holzwatte (f)
wood wool
древесная шерсть (жр)
laine (f) *ou* paille (f) de bois
lana (f) di legno
lana (f) de madera / *llana (f) de fusta*

2 Holzspan (m)
wood chip
древесная стружка (жр)
copeau (m) de bois
truciolo (m) o scheggia (f) di legno
viruta (f) de madera / *encenall (m) de fusta*

3 Holzwollmaschine (f)
wood wool making machine
машина (жр) для производства древесной шерсти
machine (f) à fabriquer la laine de bois
macchina (f) per fabbricare la lana di legno
máquina (f) de fabricar lana de madera / *màquina (f) de fabricar llana de fusta*

4 Verspinnen (n) der Holzfasern
spinning the wood fibres
пряденіе (ср) древеснаго волокна *или* древесной фибры
filage (m) des fibres de bois
filatura (f) delle fibre di legno
hilado de las fibras de madera / *filatura (f) de les fibres de fusta*

III.

Herstellung (f) von Papierstoffgarnen
Production of Wood Pulp Yarns
5 Производство (ср) пряжи из бумажной массы
Fabrication (f) de fils de pâte de bois
Fabbricazione (f) di fili di pasta di legno
Fabricación (f) de hilos de pasta de madera / *Fabricació (f) dels fils de pasta de fusta*

6 Weichmachen (n) des Holzes durch Dämpfen
softening the wood by steaming
размягченіе (ср) дерева путем распариванія *или* в пару
ramollissement (m) du bois par la vapeur
rammollimento (m) del legno per vaporizzazione
ablandamiento (m) de la madera por vaporizado / *estovat (m) de la fusta per vaporitzat*

7 Kochen (n) des Holzes mit Lauge
boiling the wood in a lye
кипяченіе (ср) дерева со щелоком
bouillissage (m) du bois dans une lessive
ebollizione (f) del legno in una lisciva
lejivación (f) de la madera / *acció (f) de lleixiuar la fusta*

8 Auflösen (n) des gekochten Holzes
breaking-up the boiled wood
расслоеніе (ср) проваренного дерева
désintégration (f) du bois bouilli
desintegrazione (f) del legno bollito
desintegración (f) de la madera hervida / *desintegració (f) de la fusta bullida*

Stampfwerk (n)
stamping *or* pounding machine
толчея (жр)
pilonneuse (f)
macchina (f) per pestare il legno
machacadora (f) / *trituradora (f) de maces* 9

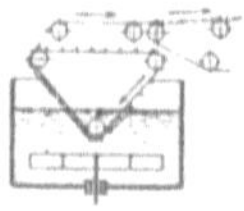

Rührbütte (f)
agitating tank, stuff chest
мѣшальный чан (мр)
bassin (m) *ou* cuve (f) d'agitation 10
tino (m) d'agitazione
depósito (m) agitador / *cubell (m) de remenar*

Kollergang (m)
grinding mill
вальцовая дробилка (жр)
moulin (m) à meules verticales
macina (f) verticale 11
molino (m) de muelas verticales / *moli (m) de moles verticals*

Holländer (m)
pulp engine
голландер (мр)
pile (f) raffineuse, pile *ou* moulin (m) à cylindre
olandese (f) 12
molino (m) cilindrico de pasta / *moli (m) cilindric de pasta*

Papiermaschine (f)
paper machine
машина (жр) для производства бумаги
machine (f) à papier
macchina (f) da carta 13
máquina (f) de papel / *màquina (f) de paper*

Rundsieb (n), Siebtrommel (f)
cylindrical sieve, sieve drum
круглое сито (ср), ситчатый барабан (мр)
crible (m) cylindrique, tambour-crible (m), tambour (m) perforé 14
staccio (m) cilindrico
criba (f) cilindrica / *sedàs (m) cilindric*

Langsieb (n)
endless wire
продольное сито (ср)
toile (f) métallique sans fin
tela (f) metallica senza fine 15
criba (f) / *sedàs (m)* / longitudinal

Naßpresse (f)
wet press machine
мокрый пресс (мр)
presse (f) humide
pressa (f) umida
prensa (f) en mojado / *premsa (f) en mullat* 16

Trockenzylinder (m)
drying cylinder
сушильный цилиндр (мр)
cylindre (m) de séchage
cilindro (m) d'essicazione 17
tambor (m) secador / *bombo (m) assecador*

Bildung (f) von Faserbändchen auf dem Sieb der Papiermaschine
formation of sheets of paper in the sieve of the paper machine
образованіе (ср) волокнистых полосок *или* лент на ситѣ писчебумажной машины
formation (f) de bandes *ou* de rubans de papier sur le crible de la machine à papier
formazione (f) di nastri di carta sullo staccio della macchina da carta 18
formación (f) de hojas de papel en la criba de la máquina papelera / *formació (f) de fulles de paper en el sedàs de la màquina paperera*

1
streifenförmiges Abscheiden (n) der Zellstoffasern auf dem Sieb
separating the pulp fibres into strips on the sieve
отдѣленіе (ср) волокон клѣтчатки полосками на ситѣ
séparation (f) en bandes de la pâte à papier sur le crible
separazione (f) nastri della pasta da carta sullo staccio
separación (f) de las fibras de pasta en fajas en la criba / *separació (f) de les fibres de pasta en faixes en el sedàs*

2
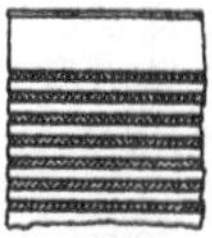
Streifenrundsieb (n)
cylindrical sieve with blank bands *or* sections
цилиндрическое *или* барабанное сито (ср) с полосками
crible (m) *ou* tamis (m) cylindrique avec des sections longitudinales
staccio (m) cilindrico con sezioni longitudinali
criba (f) cilíndrica con secciones longitudinales / *sedàs (m) cilíndric amb seccions longitudinals*

3
Wasserfangtrog (m)
water draining vessel
водосборное корыто (ср)
récipient (m) *ou* auge (f) pour l'eau
recipiente (m) raccoglitore dell'acqua
pila (f) de desagüe / *pila (f) de desguàs*

4
Längskanäle (mpl)
longitudinal flutings
продольныя углубленія (ср) *или* канавки (жр)
canaux (mpl) longitudinaux
canali (mpl) longitudinali
canales (mpl) longitudinales / *canals (mpl) longitudinals*

5
rostartige Längsleisten (fpl)
grid-like longitudinal bands
колосникообразныя продольныя планки (жр) *или* полосы (жр)
bandes (fpl) longitudinales en forme de grille
nastri (mpl) longitudinali a forma di griglia
tiras (fpl) longitudinales en forma de rejilla / *tires (fpl) longitudinals en forma d'engraellat*

6
Sieb (n) mit aufgelegten Gummibändern
sieve with rubber tapes *or* bands
сито (ср) с резиновыми обручами *или* кольцами
tamis (m) à bandes de caoutchouc
staccio (m) con nastri di caucciù
criba (f) con tiras de caucho / *sedàs (m) amb tires de cautxú*

7
grobmaschiges Metalltuch (n) mit dichtgewebten Längsstreifen
coarse meshed wire cloth with closely woven longitudinal strips
металлическое полотно (ср) грубаго переплетенія с полосками плотной ткани
tissu (m) métallique à grosses mailles avec rayures longitudinales serrées
tessuto (m) metallico a grosse maglie con striscie longitudinali serrate
tela (f) metálica a grandes mallas con tiras longitudinales espesas / *tela (f) metàl·lica a grans malles amb tires longitudinals espesses*

8
verlötete Maschen (fpl)
soldered meshes
паяныя ячейки (жр) *или* клѣтки (жр)
mailles (fpl) soudées
maglie (fpl) saldate
mallas (fpl) soldadas / *malles (fpl) soldades*

9
aufgelötete Bänder (npl)
soldered-up bands
припаянныя полосы (жр)
bandes (fpl) métalliques soudées
nastri (mpl) metallici saldati
tiras (fpl) soldadas / *tires (fpl) soldades*

10
aufgelötete Drähte (mpl)
soldered-up wires
припаянныя проволоки (жр)
fils (mpl) métalliques soudés
fili (mpl) metallici saldati
alambres (mpl) soldados / *filferros (mpl) soldats*

11
eingewebte Metallstreifen (mpl)
woven-in metal strands
вотканыя металлическія полосы (жр)
côtes (f) de tissu métallique
striscie (fpl) di tessuto metallico
tiras (fpl) de tela metálica / *tires (fpl) de tela metàl·lica*

12
Ganzzeug (n)
paper pulp, paper stuff
бумажная масса (жр), бумажное полотно (ср)
pulpe (f) de papier
pasta (f) di carta
pasta (f) de papel / *pasta (f) de paper*

13
Teilung (f) der Papierstoffbahn auf dem Sieb durch Spritzstrahlen
dividing the pulp sheet on the sieve into bands by sprays
раздѣленіе (ср) полотна бумажной массы на ситѣ [в полоски] посредством брызгалок
division (f) de la feuille de pâte sur le tamis en bandes au moyen de jets diviseurs
divisione (f) del foglio di pasta sullo staccio in nastri per mezzo di getti o spruzzi
división (f) de la hoja de pasta de papel en tiras en la criba por medio de chorros divisores / *divisió (f) de la fulla de pasta de paper en tires en el sedàs per ruixadors divisors*

14
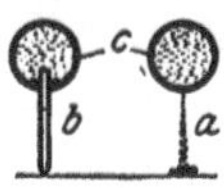

Spritzdüsen (fpl) für das Teilen der Papierstoffbahn auf dem Sieb
spray nozzles for dividing the pulp sheet on the sieve
сопла (ср) *или* мундштуки (мр) [брызгалок] для раздѣленія бумажнаго полотна на ситѣ
tuyères (fpl) à jet d'eau pour diviser les feuilles de pâte sur le tamis
ugelli (mpl) a getto d'acqua per dividere i fogli di pasta sullo staccio
picos (mpl) rociadores para dividir la hoja de pasta de papel en la criba / *becs (mpl) ruixadors per a dividir la pasta de paper en el sedàs*

15
a
Druckwasserstrahl (m)
jet of water under pressure
струя (жр) воды под давленіем *или* напором, напорная струя (жр) воды
jet (m) d'eau sous pression
getto (m) d'acqua sotto pressione
chorro (m) de agua bajo presión / *raig (m) o doll (m) d'aigua a pressió*

1 b
Duse (f)
nozzle
мундштук (мр), сопло (ср)
buse (f), tuyère (f)
ugello (m)
tobera (f), pico (m) / *bec (m)*

2 c
Druckwasserleitung (f)
pressure water pipe
напорный водопровод (мр)
tuyau (m) d'eau sous pression
tubo (m) d'acqua sotto pressione
tubo (m) de agua bajo presión / *tub (m) d'aigua a pressió*

3
Teilung (f) durch Preßluftstrahlen
dividing by currents of compressed air
раздѣленіе (ср) струями сжатаго воздуха
division (f) par des courants d'air comprimé
divisione (f) con correnti d'aria compressa
división (f) por corrientes de aire comprimido / *divisió (f) per corrents d'aire comprimit*

4
Teilung (f) durch Nadeln
dividing by needles
раздѣленіе (ср) посредством игл
division (f) par des aiguilles
divisione (f) con aghi
división (f) por agujas / *divisió (f) per agulles*

5
Teilung (f) durch gezahnte Kreismesser
dividing by toothed circular knives
раздѣленіе (ср) круглыми зубчатыми ножами
division (f) par des couteaux circulaires dentés
divisione (f) con coltelli circolari dentati
división (f) por cuchillos circulares dentados / *divisió (f) per ganivetes circulars dentats*

6
Sammelrolle (f)
collecting roller
собирающій *или* коллекторный цилиндр (мр), коллектор (мр)
cylindre (m) collecteur
cilindro (m) raccoglitore
cilindro (m) colector / *corró (m) col·lector*

7
vorgeteilte Papierstoffbahn (f)
preliminary divided film of paper pulp
предварительно раздѣленное полотно (ср) бумажной массы
feuille (f) de pâte à papier divisée préalablement
foglio (m) di pasta da carta diviso precedentemente
hoja (f) de pasta de papel dividida previamente / *fulla (f) de pasta de paper dividida prèviament*

8
Auflösen (n) der vorgeteilten Bahn in Bändchen
separating the preliminary divided film into strips
распредѣленіе (ср) на полоски предварительно раздѣленнаго полотна
séparation (f) en bandes de la feuille divisée préalablement
separazione (f) in nastri del foglio diviso precedentemente
separación (f) en tiras de la hoja previamente dividida / *separació (f) en tires de la fulla prèviament dividida*

9
die Papierstoffbändchen runden
to round the paper pulp strips
свертывать бумажныя полоски *или* ленты
arrondir les bandes (fpl) de pâte à papier
arrotondare i nastri di pasta da carta
redondear las tiras de pasta de papel / *arrodonir les tires de pasta de paper*

10
Nitscheln (n) der Faserstoffbändchen
rubbing the pulp strips
скатываніе (ср) бумажных лент
frottage (m) des bandes de pâte à papier
sfregamento (m) dei nastri di pasta da carta
frotamiento (m) de las tiras de pasta de papel / *frotament (m) de les tires de pasta de paper*

11
Nitschelwerk (n), Würgelzeug (n)
rubbing leathers
скатывательное *или* свертывающее приспособленіе (ср)
frotteur (m), frottoir (m)
apparato (m) a sfregamento
cueros (mpl) frotadores / *cuiros (mpl) frotadors, bosses (fpl)*

12
Rundungstrichter (m)
rounding funnel
свертывающая воронка (жр)
entonnoir (m) à arrondir
imbuto (m) per arrotondare
embudo (m) de redondear / *embut (m) d'arrodonir*

13
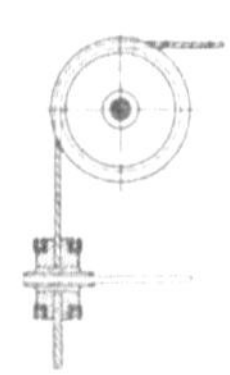
Rundungstrichter (m) mit kegelförmiger Bohrung
rounding funnel with conical hole
свертывающая воронка (жр) с коническим проходом
entonnoir (m) à arrondir avec trou conique
imbuto (m) per arrotondare con buco conico
embudo (m) de redondear con agujero cónico / *embut (m) d'arrodonir amb forat cònic*

14
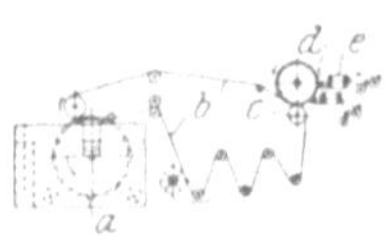

Maschine (f) zur Herstellung von Papierstoffvorgarn
machine for the production of pulp roving
машина (жр) для производства предпряжи из бумаги
machine (f) de préparation pour fil de pâte
macchina (f) di preparazione per filo di pasta
máquina (f) para la preparación de mecha de pasta de papel / *màquina (f) de preparació de metxa de pasta de paper*

15 a
Streifenrundsieb (n)
cylindrical taped sieve
ситчатый барабан (мр) с полосками
tambour-crible (m) en bandes
staccio (m) cilindrico a nastri
tambor (m) cribador a tiras / *bombo-sedàs (m) a tires*

16 b
Filztuch (n)
felt
войлочное полотно (ср)
feutre (m)
feltro (m)
fieltro (m) / *feltre (m)*

17 c
Entwässerungspresse (f)
squeezer rollers, press rollers
отжимка (жр), водоотжимной пресс (мр)
rouleaux (mpl) presseurs
cilindri (mpl) spremitori
cilindros (mpl) exprimidores / *corrons (mpl) espremedors*

1 d
Schaber (m)
scraper, shaver
скребок (мр), шабер (мр)
racloir (m)
raschino (m)
rasqueta (f)

2
Nıtschelwerk (n), Würgelzeug (n), Frottıerwerk (n)
rubbıng leathers
скатывательное *или* свертывающее приспособленіе (ср)
frottoir (m)
apparato (m) a sfregamento
cueros (mpl) frotadores, aparato (m) frotador, rotafrotador (m) / *rota-frotor (m), bosses (fpl)*

---

3 e
mit wasserdichten Gummihosen bezogenes Frottierwerk (n)
rubbıng leathers covered with waterproof rubber
скатывательное приспособленіе (ср), обтянутое водонепроницаемыми резиновыми рукавами
frottoir (m) à manchons imperméables en caoutchouc
apparato (m) di sfregamento a nastri impermeabili dı caucciù
cueros (mpl) frotadores impermeables revestidos de caucho / *bosses (fpl) frotadores impermeables forrades de cautxú*

4
Papierstoffvorgarn (n)
pulp roving
бумажная ровница (жр) *или* предпряжа (жр)
mèche (f) de préparation pour fıl de pâte
lucignolo (m) dı pasta da carta
mecha (f) de pasta de papel / *metxa (f) de pasta de paper*

5
Flügelspinnmaschine (f) für Papierstoffgarn
flyer spinning machine for pulp yarn
рогульчатая прядильная машина (жр) для производства бумажной пряжи
métier (m) à filer à ailettes pour fil de pâte
filatoio (m) ad alette per filo di pasta da carta
máquina (f) de hilar de aletas para hilo de pasta de papel / *màquina (f) de filar d'aletes per a fils de pasta de paper*

6
Ringspinnmaschine (f) für Papierstoffgarn
ring spinning frame for pulp yarn
кольцепрядильный ватер (мр) для пряденія бумажной пряжи
métier (m) à filer à anneau pour fil de pâte
filatoio (m) continuo ad anelli per filo di pasta da carta
continua (f) de hilar de anillos para hilo de pasta de papel / *contínua (f) de filar d'anells per a fils de pasta de paper*

IV.

Herstellung (f) der Papiergarne
Production of Paper Yarns
Производство (ср) бумажной пряжи
Fabrication (f) des fils de papier
Fabbricazione (f) dei fili di carta 7
Fabricación (f) de hilos de papel / *Fabricació (f) de fils de paper*

Fichtenholzzellstoff (m) nach dem Natronverfahren
pine wood cellulose prepared by the soda method
натровая целлулоза (жр) сосноваго дерева
cellulose (f) de bois de pin préparée par le procédé à la soude
cellulosa (f) di legno di pino preparata col processo alla soda
celulosa (f) de madera de pino preparada por el método a la sosa / *cel·lulosa (f) de fusta de pi preparada per el mètode a la sosa* 8

Zellstoffpapıer (n) nach dem Natronverfahren
cellulose paper prepared by the soda method
бумага (жр) из натровой целлулозы
papier (m) de cellulose préparé par le procédé à la soude
carta (f) di cellulosa preparata col processo alla soda
papel (m) de celulosa preparada por la sosa / *paper (m) de cellulosa preparada per la sosa* 9

Zellstoffpapier (n) nach dem Sulfıtverfahren
cellulose paper prepared by the sulphite method
бумага (жр) из сульфоцеллулозы
papier (m) de cellulose préparé par le procédé au bisulfite
carta (f) di cellulosa preparata col processo al bisolfito 10
papel (m) de celulosa preparada por bisulfito / *paper (m) de cel·lulosa preparada per bisulfit*

Spinnpapier (n)
spinning paper
бумага (жр), годпая для пряденія
papier (m) filable *ou* à filer
carta (f) filabile *o* a filare 11
papel (m) hilable / *paper (m) per a filar*

---

leichtes Papier (n)
light paper
легковѣсная бумага (жр)
papier (m) léger
carta (f) leggera
papel (m) lijero / *paper (m) lleuger* 12

---

geschmeidiges Papier (n)
flexible paper
гибкая *или* мягкая бумага (жр)
papier (m) flexible
carta (f) flessibile 13
papel (m) / *paper (m)* / flexible

---

zähes Papier (n)
tough *or* tenacious paper
вязкая бумага (жр)
papier (m) tenace
carta (f) tenace
papel (m) tenaz / *paper (m) tenaç* 14

wasseraufnahmefähiges Papier (n)
water absorbing paper
1 гигроскопичная *или* водопоглощающая бумага (жр)
papier (m) perméable à l'eau
carta (f) permeabile all'acqua
papel (m) permeable al agua / *paper (m) permeable al aigua*

Belegen (n) der Papierbahn mit einem Faserflor vor dem Zuschneiden
overlaying the paper sheet with a film of fibres before cutting
2 накладыванie (ср) волокнистой ватки на бумажное полотно до разрѣзки
revêtement (m) de la feuille de papier par un dépôt de fibres textiles avant le coupage
rivestimento (m) del foglio di carta con un deposito di fibre tessili prima del taglio
forrado (m) de la hoja de papel con un velo de fibras textiles antes del corte / *forrat (m) de la fulla de paper amb un vel de fibres textils abans de tallar*

---

einseitiges Belegen (n)
overlaying on one side
3 одностороннее накладыванie (ср), односторонняя апликацiя (жр)
revêtement (m) sur un côté
rivestimento (m) da una parte
forrado (m) / *forrat (m)* / en una sola cara

---

zweiseitiges Belegen (n)
overlaying on both sides
4 двустороннее накладыванie (ср)
revêtement (m) sur les deux côtés
rivestimento (m) sulle due parti
forrado (m) en ambas caras / *forrat (m) en ambdues cares*

Anfeuchten (n) der Papierbahn vor dem Auflegen des Faserflors
damping the paper sheet before overlaying the film of fibres
5 увлажненie (ср) бумажнаго полотна перед накладыванiем
humidification (f) de la feuille de papier avant l'application d'une couche de fibres
inumidimento (m) del foglio di carta prima dell'applicazione d'uno strato di fibre
humectación (f) de la hoja de papel antes de forrarla con el velo de fibras / *humitejat (m) de la fulla de paper abans de forrar-la amb el vel de fibres*

---

die Papierbahn anfeuchten
to damp the paper sheet
6 увлажнить бумажное полотно
humidifier la feuille de papier
inumidire il foglio di carta
humectar la hoja de papel / *humitejar la fulla de paper*

---

angefeuchtete Papierbahn (f)
7 moistened *or* damped paper sheet
увлажненное бумажное полотно (ср)
feuille (f) de papier humidifiée
foglio (m) di carta inumidito
hoja (f) humectada de papel / *fulla (f) de paper humitejada*

---

mit Faserflor belegte Papierbahn (f), Textilose (f)
paper sheet overlayed *or* covered with a film of textile fibres, textilose
бумажное полотно, (ср) покрытое волокнистою ваткою; текстилоза (жр)
feuille (f) de papier recouverte d'une couche de fibres textiles, textilose (f)
foglio (m) di carta ricoperto d'uno strato di fibre tessili, tessilosa (f) 8
hoja (f) de papel forrada con un velo de fibras textiles, textilosa (f) / *fulla (f) de paper forrada amb un vel de fibras tèxtils, textilosa (f)*

---

zwischen zwei Papierbahnen eingebetteter Faserflor (m)
film *or* thin web of fibres bedded between two layers of paper
волокнистая ватка (жр), уложенная между двумя бумажными полотнами
voile (m) *ou* mince couche (f) de fibres entre deux couches de papier
velo (m) di fibre fra due strati di carta
pelicula (f) *o* velo (m) 9
de fibras interpuesto entre dos capas de papel / *pel·lícula (f) o vel (m) de fibres interposat entre dues capes de paper*

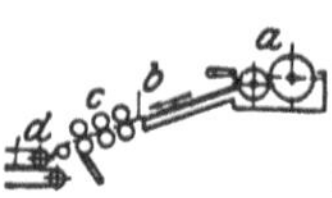

Maschine (f) zum Auflegen eines Faserflors auf eine im Entstehen begriffene Papierbahn
machine to lay a web of fibres on to paper sheet in state of formation
машина (жр) для накладыванiя волокнистой ватки на бумажное полотно в момент его образованiя
machine (f) à déposer un voile 10
de fibres sur la feuille de papier à l'état de formation
macchina (f) per depositare un velo di fibre sul foglio di carta allo stato di formazione
máquina (f) de extender un velo de fibras sobre la hoja de papel en estado de formación / *màquina (f) de estendre un vel de fibres sobre la fulla de paper en estat de formació*

Krempel (f)
card
a чесальная машина (жр) 11
carde (f)
carda (f)
carda (f)

Faserflor (m)
fibrous film *or* web
ватка (жр)
b voile (m) de fibres 12
velo (m) di fibre
velo (m) de fibras / *vel (m) de fibres*

Walzenstreckwerk (n)
drawing rollers
вытяжной аппарат (мр), вытяжныя валичныя пары (жр)
c tête (f) d'étirage 13
apparato (m) di stiratura
cilindros (mpl) *o* testa (f) de estiraje / *corrons (mpl) o testa (f) d'estiratge*

1 d
Papierstoffbahn (f)
paper stuff sheet
полотно (ср) из бумажной массы, бумажное полотно
feuille (f) de pâte à papier
foglio (m) di pasta da carta
hoja (f) de pasta de papel / *fulla (f) de pasta de paper*

2
Maschine (f) zum Belegen einer Papierbahn mit Faserflor
machine to lay a web of fibres on to paper sheet
машина (жр) для накладыванія волокнистой ватки на бумажное полотно
machine (f) à déposer un voile de fibres sur la feuille de papier
macchina (f) per depositare un velo di fibre sul foglio di carta
máquina (f) para extender el velo de fibras sobre la hoja de papel / *màquina (f) per a estendre el vel de fibres sobre la fulla de paper*

3 a
Papierrolle (f)
roll of paper
бумажный навой (мр) *или* рулон (мр)
rouleau (m) de papier
rotolo (m) di carta
rollo (m) de papel / *rotlló (m) de paper*

4 b
Feuchtwerk (n)
moistening *or* damping trough
увлажнительный [-ое] прибор (мр) *или* корыто (ср)
bassin (m) *ou* cuvette (f) à eau
truogo (m) per inumidire
artesa (f) de humedecer / *tremuja (f) de humitejar*

5 c
Krempel (f)
card
чесальная машина (жр)
carde (f)
carda (f)
carda (f)

6 d
Krempelvlies (m)
card fleece
ватка (жр) с чесальной
voile (m) de carde
velo (m) di carda
velo (m) / *vel (m)* / de carda

7 e
Trockenwalze (f)
drying roller
сушильный валик (мр)
cylindre (m) sécheur
cilindro (m) essiccatore
tambor (m) secador / *bombo (m) assecador*

g
Wickelwalze (f) für die belegte Papierbahn
winding-on roll for the overlayed paper sheet
накатный валик (мр) для бумажнаго полотна, покрытаго ваткою
cylindre (m) enrouleur de la feuille de papier recouverte de fibres 8
cilindro (m) per arrotolare il foglio di carta ricoperto di fibre
arrollador (m) para la hoja de papel forrada / *enrotllador (m) per a la fulla de paper forrada*

Zerschneiden (n) der Papierbahn in Streifen
cutting the paper sheet into strips, slitting the paper sheet
разрѣзаніе (ср) бумажнаго полотна на ленты
découpage (m) en bandes de la feuille de papier
taglio (m) in nastri del foglio di carta 9
corte (m) de la hoja de papel en tiras / *tallat (m) de la fulla de paper en tires*

das Papier in Streifen zerschneiden
to cut the paper into strips, to slit the paper sheet
разрѣзать бумагу (жр) на ленты
découper le papier en bandes
tagliare la carta in nastri
cortar la hoja de papel en tiras / *tallar la fulla de paper en tires* 10

Längsschneider (m)
longitudinal *or* lengthwise cutter
продольный разрѣзыватель (мр)
découpeur (m) longitudinal, couteau (m) actionnant en long
tagliatrice (f) longitudinale
cortador (m) *o* cuchilla (f) longitudinal *o* a lo largo / *tallador (m) o ganiveta (f) longitudinal o pel llarc* 11

Längsschneider (m) mit zwei Messerwellen
longitudinal cutter with two cutting shafts
продольный разрѣзыватель (мр) с двумя ножевыми валиками
découpeur (m) longitudinal avec deux arbres à couteaux
tagliatrice (f) longitudinale con due alberi a coltelli 12
cortador (m) longitudinal con dos árboles de cuchillas / *tallador (m) longitudinal amb dos arbres de ganivetes*

Längsschneider (m) mit einer Messerwelle
longitudinal cutter with single cutting shaft
продольный разрѣзыватель (мр) с одним ножевым валиком
découpeur (m) longitudinal avec un seul arbre à couteaux
tagliatrice (f) longitudinale con un solo albero a coltelli
cortador (m) longitudinal con un solo árbol de cuchillas / *tallador (m) longitudinal amb un sol arbre de ganivetes* 13

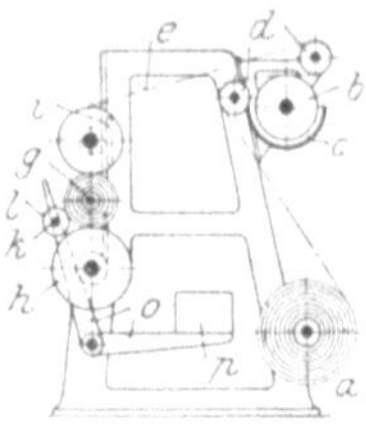

Maschine mit einer Messerwelle zum Schneiden einer Papierbahn in Streifen
slitting machine with one cutting shaft for cutting the paper sheet into bands or ribbons
машина (жр) с однимъ ножевымъ валикомъ для разрѣзанія бумажнаго полотна на ленты
1 machine (f) à un seul arbre à couteaux pour le découpage de la feuille de papier en bandes
macchina (f) con un solo albero a coltelli per il taglio del foglio di carta in nastri
máquina (f) con un solo árbol de cuchillas para cortar la hoja de papel en tiras / *màquina (f) amb un sol arbre de ganivetes per a partir el paper en tires*

Papierwickel (m)
roll of paper
бумажный навой (мр)
2 a rouleau (m) de papier
rotolo (m) di carta
rollo (m) de papel / *rotlló (m) de paper*

---

mit Filz bezogene Feuchtwalze (f)
felt-covered damping roller
увлажнительный валик (мр), обтянутый войлоком
3 b cylindre (m) humidificateur recouvert de feutre
cilindro (m) ricoperto di feltro per inumidire
tambor (m) humectador cubierto de fieltro / *bombo (m) humitejador cobert de feltre*

Flüssigkeitstrog (m)
trough for liquid
корыто (ср) с жидкостью
4 c bac (m) à liquide
truogo (m) a liquido
artesa (f) para el liquido / *tremuja (f) per al liquid*

Leitwalzen (fpl)
guide rollers
направляющіе валики (мр)
5 d rouleaux-guides (mpl)
cilindri-guida (mpl)
cilindros-guia (mpl) / *corrons-guia (mpl)*

---

angefeuchtete Papierbahn (f)
damped paper sheet
увлажненное бумажное полотно (ср)
6 e feuille (f) de papier humidifiée
foglio (m) di carta inumidito
hoja (f) humedecida de papel / *fulla (f) de paper humitejada*

Aufwickelwalze (f) für die Papierstreifen
winding-on roller for the paper bands
накатный валик (мр) для бумажных лент
g cylindre (m) d'enroulement des bandes de papier 7
cilindro (m) d'avvolgimento dei nastri di carta
cilindro (m) arrollador de las tiras de papel / *corró (m) enrotllador de les tires de paper*

Antriebswalze (f)
driving roller
движущій *или* ведущій валик (мр)
h cylindre (m) conducteur 8
cilindro (m) d'attrito per l'avvolgimento
cilindro (m) / *corró (m)* / conductor

Schlitzführung (f)
split guide
направляющій паз (мр)
i guide (m) fendu 9
guida (f) spaccata
ranura-guía (f) / *galze (m) guia*

Messerwelle (f)
cutter shaft
ножевой валик (мр)
k arbre (m) des couteaux 10
albero (m) dei coltelli
árbol (m) de cuchillas / *arbre (m) de ganivetes*

Kreismesser (n), Scheibenmesser (n),
circular knife
круглый *или* дисковый нож (мр)
l couteau (m) circulaire, disque-couteau (m) 11
coltello (m) circolare
cuchilla (f) / *ganiveta (f)* / circular

Winkelhebel (m)
bell crank lever
колѣнчатый рычаг (мр)
o levier (m) coudé 12
leva (f) a gomito
palanca (f) acodada / *colzada*

Belastungsgewicht (n)
weight
нагрузочная гиря (жр)
p poids (m) 13
peso (m)
peso (m) / *pes (m)*

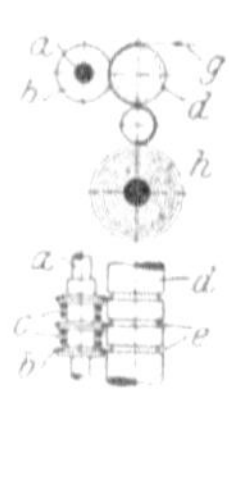

Längsschneider (m) mit Messerwelle und Nutenwalze
longitudinal cutter with cutter shaft and grooved roll
продольный разрѣзыватель (мр), состоящій из ножевого и канавчатаго валиков
découpeur (m) longitudinal avec arbre à couteaux et cylindre à gorges 14
tagliatrice (f) longitudinale con albero a coltelli e cilindro a gole
cortador (m) longitudinal con árbol de cuchillas y cilindro de gargantas / *tallador (m) longitudinal amb arbre de ganivetes i corró de gorges*

1 a
Messerwelle (f)
cutter shaft
ножевой валик (мр)
arbre (m) des couteaux
albero (m) dei coltelli
árbol (m) de cuchillas / *arbre (m) de ganivetes*

2 b
Kreismesser (n)
circular knife
круглый *или* дисковый нож (мр)
couteau (m) circulaire
coltello (m) circolare
cuchilla (f) / *ganiveta (f)* / circular

3 c
Druckfeder (f)
pressure spring
нажимная пружина (жр)
ressort (m) de pression
molla (f) di pressione
resorte (m) de presión / *molla (f) de pressió*

4 d
Nutenwalze (f), Rillenwalze (f)
grooved roll
валик (мр) с дорожками *или* канавками
cylindre (m) à gorges
cilindro (m) a gole
cilindro (m) de gargantas / *corró (m) de gorges*

5 e
Nute (f)
groove
канавка (жр), дорожка (жр), выемка (жр)
gorge (f)
gola (f)
garganta (f) / *gorja (f)*

6 g
zulaufende Papierbahn (f)
entering paper sheet
входящее бумажное полотно (ср)
feuille (f) de papier entrante
foglio (m) di carta entrante
hoja (f) alimentada de papel / *fulla (f) de paper alimentada*

7 h
Wickelwalze (f) fur die geschnittenen Streifen
winding-on roller for the cut paper bands
навой (мр) для нарѣзанных лент
cylindre (m) d'enroulement pour les bandes de papier coupées
cilindro (m) d'avvolgimento per i nastri di carta
cilindro (m) arrollador para el papel cortado en tiras / *corró (m) enrotllador del paper tallat en tires*

8
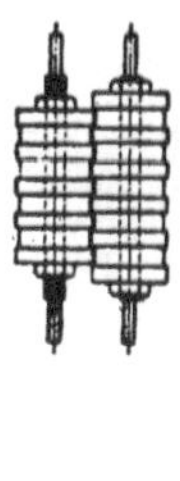
Längsschneider (m) mit zwei Nutenwalzen
longitudinal cutter with two grooved rolls
продольный разрѣзыватель (мр), состоящій из двух канавчатых валиков
découpeur (m) longitudinal à deux cylindres à gorges
tagliatrice (f) longitudinale a due cilindri a gole
cortador (m) longitudinal con dos cilindros de gargantas / *tallador (m) longitudinal amb dos corrons de gorges*

9
Anfeuchten (n) der Papierbahn vor dem Schneiden
damping the paper sheet before cutting
увлажненіе (ср) бумажнаго полотна перед рѣзкой
humidification (f) de la feuille de papier avant le découpage
inumidimento (m) del foglio di carta prima del taglio
humectación (f) de la hoja de papel antes del corte / *humitejat (m) de la fulla de paper abans de tallar*

10
Anfeuchten (n) der Papierstreifen beim Aufwickeln
damping the paper bands as they are wound on
увлажненіе (ср) бумажных лент при навиваніи
humidification (f) des bandes de papier pendant leur enroulement
inumidimento (m) dei nastri di carta durante il loro avvolgimento
humectación (f) de las tiras de papel durante el arrollado / *humitejat (m) de les tires de paper mentre son plegades*

11
Anfeuchten (n) der Papierstreifen beim Verspinnen
damping the paper bands as they are spun
увлажненіе (ср) бумажных лент во время пряденія
humidification (f) des bandes de papier pendant le filage
inumidimento (m) dei nastri di carta durante la filatura
humectación (f) de las tiras de papel durante el hilado / *humitejat (m) de les tires de paper mentre son filades*

12
Anfeuchten (n) der Papierbandscheibenspulen
damping the spools of paper band
увлажненіе (ср) дисковых *или* тарелочных катушек для бумажнаго полотна
humidification (f) des rouleaux de ruban de papier
inumidimento (m) dei rotoli di nastro di carta
humectación (f) de las bobinas de valonas o de tiras de papel / *humitejat (m) dels rodets de valones o de tires de paper*

13
wasseranziehende Salze (npl)
water absorbing salts, hygroscopic salts
гигроскопическія *или* водопоглощающія соли (жр)
sels (mpl) absorbant l'eau
sali (mpl) igroscopici o assorbenti l'acqua
sales (fpl) higroscópicas / *sals (fpl) higroscopiques*

14
Na_2SO_4
Natriumsulfat (n), schwefelsaures Natron (n)
sodium sulphate
сѣрнокислый натр (мр)
sulfate (m) de soude
solfato (m) di sodio
sulfato (m) / *sulfat (m)* / de sosa

15
$MgCl_2$
Chlormagnesium (n), Magnesiumchlorid (n)
chloride of magnesium
хлористый магній (мр)
chlorure (m) de magnésium
cloruro (m) di magnesio
cloruro (m) de magnesio / *clorur (m) de magnesi*

16
geschmeidig machender Zusatz (m)
addition to produce suppleness
примѣсь (жр), сообщающая гибкость
addition (f) assouplissante
addizione (f) per produrre morbidezza
adición (f) emoliente / *addició (f) emollient*

1
Glyzerin (n)
glycerine
глицерин (мр)
glycérine (f)
glicerina (f)
glicerina (f)

2
wasserfest machender Zusatz (m)
addition to produce impermeability
примѣсь (жр), дѣлающая водонепроницаемым
addition (f) imperméabilisante
addizione (f) impermeabilizzante
adición (f) impermeabilizante / *addició (f) impermeabilitzant*

3
Wachs (n)
wax
воск (мр)
cire (f)
cera (f)
cera (f)

4
Talg (m)
tallow
сало (ср)
suif (m)
sevo (m), sego (m)
sebo (m) / *seu (m)*

5
Paraffin (n)
paraffin[e]
парафин (мр)
paraffine (f)
paraffina (f)
parafina (f)

6
Seife (f)
soap
мыло (ср)
savon (m)
sapone (m)
jabón (m) / *sabó (m)*

7
Teer (m)
tar
смола (жр), деготь (мр)
goudron (m)
catrame (m)
alquitrán (m) / *quitrà (m)*

8
Leinöl (n)
linseed oil
льняное масло (ср)
huile (f) de lin
olio (m) di lino
aceite (m) de linaza / *oli (m) de llinosa*

9
Al_2O_3
Tonerde (f), Aluminiumoxyd (n)
alumina
глинозем (мр), окись (жр) алюминия
alumine (f), oxyde (m) d'aluminium
allumina (f), ossido (m) d'alluminio
alúmina (f), óxido (m) de aluminio / *alúmina (f), òxid (m) d'alumini*

10
Runden (n) des Papierstreifens
rounding the paper strip
свертываніе (ср) бумажной ленты
arrondissement (m) de la bande de papier
arrotondamento (m) del nastro di carta
redondeado (m) de la tira de papel / *arrodonit (m) de la tira de paper*

11
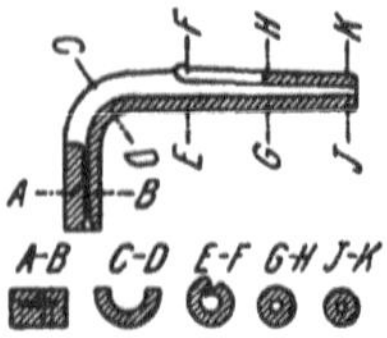

Rundungstrichter (m)
rounding funnel
воронка (жр) для свертыванія
entonnoir (m) à arrondir
imbuto (m) per arrotondare
embudo (m) de redondear / *embut (m) d'arrodonir*

12
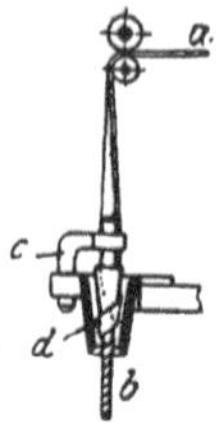

Trichter (m) mit eingesetztem Kegeldorn
funnel with an inserted conical core
воронка (жр) со вставленным коническим стержнем
entonnoir (m) comprenant un noyau conique
imbuto (m) con anima conica
embudo (m) con núcleo interior cónico / *embut (m) amb nucli interior cònic*

13
a
zulaufender Papierstreifen (m)
entering band of paper
входящая бумажная лента (жр)
bande (f) de papier entrante
nastro (m) di carta entrante
tira (f) o cinta (f) alimentada de papel / *veta (f) o tira (f) de paper alimentada*

14
b
gerundeter Papierstreifen (m)
rounded paper band
свернутая бумажная лента (жр)
bande (f) de papier arrondie
nastro (m) di carta arrotondato
cinta (f) redondeada de papel / *veta (f) de paper arrodonida*

15
c
Dornträger (m)
bracket carrying the conical core
держалка (жр) стержня
support (m) du noyau conique
sopporto (m) dell'anima conica
soporte (m) del núcleo cónico / *suport (m) de nucli cònic*

16
d
Trichter (m)
funnel
воронка (жр)
entonnoir (m)
imbuto (m)
embudo (m) / *embut (m)*

17
Nitscheln (n)
rubbing
скатываніе (ср), свертываніе (ср)
frottage (m)
sfregamento (m)
frotado (m) / *fregat (m)*

18
Falten (n), Falzen (n)
folding over
складываніе (ср)
pliage (m)
piegatura (f)
plegado (m) / *plegat (m)*

19
Kreppen (n)
craping
сморщиваніе (ср)
crêpage (m)
crespaggio (m)
encresponado (m) / *encresponat (m)*

20
stauchen quer zur Länge
to shove crosswise to the length
усаживать по длинѣ
fouler en largeur
follare in larghezza
abatanar a lo largo / *fular pel llarc*

21
Rollen (n) der Papierstreifen von Hand
rubbing the paper bands by hand
свертываніе (ср) бумажных лент вручную
frottage (m) à la main des bandes de papier
sfregamento (m) a mano dei nastri di carta
frotado (m) a mano de las tiras de papel / *fregat (m) a mà de les tires de paper*

22
Verspinnen (n) der Papierstreifen
spinning the paper bands
пряденіе (ср) бумажных лент
filage (m) des bandes de papier
filatura (f) dei nastri di carta
hilado (m) de las cintas de papel / *filat (m) de les vetes de paper*

23
Spinnmaschine (f) für Papiergarn
spinning machine for paper yarn
прядильная машина (жр) для бумажной пряжи
métier (m) à filer pour fil de papier
filatoio (m) per fili di carta
máquina (f) de hilar hilos de papel / *màquina (f) de filar fils de paper*

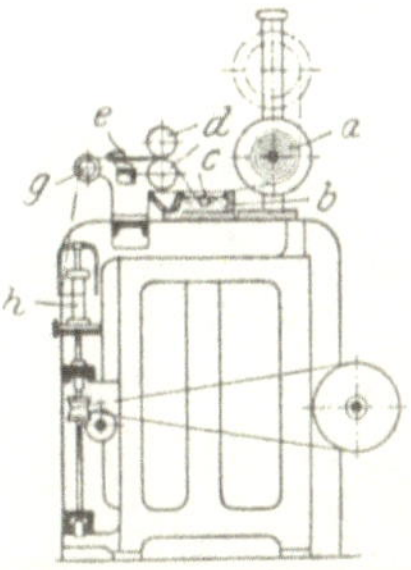

1 Flügelspinnmaschine (f) für Papiergarn mit Feuchtwerk und Rundungsvorrichtung
flyer spinning machine for paper yarn with damping and rounding apparatus
рогульчатый прядильный ватер (мр) для бумажной пряжи с увлажнителем и свертывателем
métier (m) à filer à ailettes pour fil de papier avec humidificateur et mécanisme d'arrondissement
filatoio (m) ad alette per fili di carta con bagnatore e meccanismo d'arrotondamento
máquina (f) de hilar de aletas para hilo de papel con dispositivo para humectar y redondear / *màquina (f) de filar d'aletes per a fil de paper amb dispositiu per a humectar i arrodonir*

---

2 a
Papierstreifenwickel (m)
spool *or* roll of paper band
навой (мр) *или* круг (мр) *или* рулон (мр) из бумажных лент
rouleau (m) de bande de papier
rotolo (m) di nastro di carta
bobina (f) *o* rollo (m) de cinta de papel / *rodet (m) o rotlló (m) de veta de paper*

---

3 b
Feuchttrog (m)
damping trough
увлажнительное корыто (ср)
cuve (f) à humidifier
tino (m) per inumidire
artesa (f) humectadora / *tremuja (f) humitejadora*

---

4 c
Leitwalze (f)
guide roller
направляющій валик (мр)
rouleau-guide (m)
cilindro-guida (m)
cilindro-guia (m) / *corró-guia (m)*

---

5 d
Abquetschwalzen (fpl)
squeezing rollers
отжимные валики (мр)
cylindres (mpl) exprimeurs
cilindri (mpl) spremitori
cilindros (mpl) exprimidores / *corrons (mpl) espremedors*

---

6 e
Rundungstrichter (m)
rounding funnel
свертывающая воронка (жр)
entonnoir (m) à arrondir
imbuto (m) per arrotondare
embudo (m) de redondear / *embut (m) d'arrodonir*

---

7 g
Rillenwalze (f)
grooved roller
желобчатый валик (мр)
cylindre (m) à gorges
cilindro (m) a gole
cilindro (m) de gargantas / *corró (m) de gorges*

---

h
Flügelspindel (f)
flyer spindle
рогульчатое веретено (ср) 8
broche (f) à ailettes
fuso (m) ad alette
púa (f) de aleta / *pua (f) d'aleta*

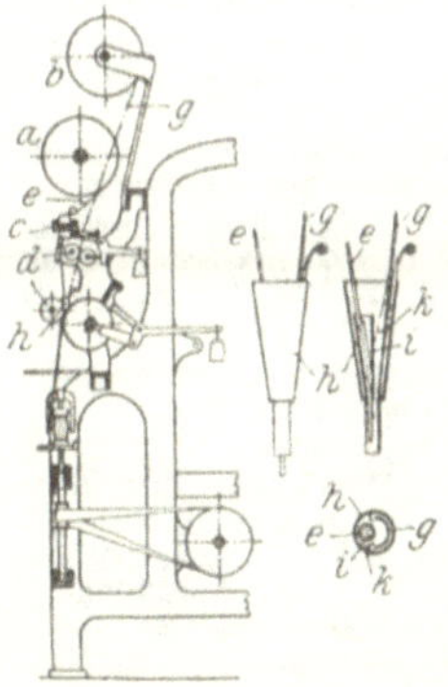

Flügelspinnmaschine (f) für das gleichzeitige Verspinnen von Papier- und Florstreifen
flyer spinning machine for the simultaneous spinning of paper and fibrous bands
рогульчатый прядильный ватер (мр) для одновременнаго пряденія бумажных и волокнистых лент
métier (m) à filer à ailettes pour le filage simultané des rubans de papier et de la matière fibreuse 9
filatoio (m) ad alette per la filatura simultanea dei nastri di carta e di materia fibrosa
máquina (f) de hilar de aletas para el hilado simultáneo de cintas de papel y de fibras textiles / *màquina (f) de filar d'aletes per a la filatura simultània de vetes de paper i de fibres tèxtils*

---

a
Papierstreifenwickel (m)
roll of paper band
навой (мр) *или* круг (мр) *или* рулон (мр) из бумажных лент
rouleau (m) de bande de papier 10
rotolo (m) di nastro di carta
rollo (m) de cinta de papel / *rotllo (m) de veta de paper*

---

b
Fasergarnwickel (m), Florstreifenwickel (m)
roll of fibrous ribbon
катушка (жр) ровницы *или* ленты из волокнистаго вещества
rouleau (m) de ruban de matière fibreuse 11
rotolo (m) di nastro di materia fibrosa
rollo (m) de cinta de fibras / *rotllo (m) de veta de fibres*

---

c
Feuchtvorrichtung (f)
damping appliance
увлажнительное приспособленіе (ср)
dispositif (m) d'humidification 12
dispositivo (m) d'inumidimento
dispositivo (m) para la humectación / *dispositiu (m) per a humitejar*

1 d
Streckwerk (n)
drawing rollers
вытяжной аппарат (мр)
tête (f) d'étirage
apparato (m) di stiramento
cilindros (mpl) o testa (f) de estiraje / *corrons (mpl) o testa (f) d'estiratge*

2 e
Papierstreifen (m)
paper ribbon *or* band
бумажная лента (жр)
bande (f) *ou* ruban (m) de papier
nastro (m) di carta
cinta (f) *o* tira (f) de papel / *veta (f) o tira (f) de paper*

3 g
Fasergarn (n), Florstreifen (m)
fibrous ribbon
пряжа (жр) *или* лента (жр) из волокнистаго вещества
ruban (m) de matière fibreuse
nastro (m) di materia fibrosa
cinta (f) de fibras / *veta (f) de fibres*

4 h
Rundungstrichter (m)
rounding funnel
свертывающая воронка (жр)
entonnoir (m) à arrondir
imbuto (m) per arrotondare
embudo (m) de redondear / *embut (m) d'arrodonir*

5 i
Papierstreifenführung (f)
guide for paper band
направляющая (жр) *или* проводник (мр) для бумажной ленты
guide (m) pour le ruban de papier
guida (f) per il nastro di carta
guía (f) para la cinta de papel / *guia (f) per a la veta de paper*

6 k
Florstreifenführung (f)
guide for the fibrous ribbon
направляющая (жр) *или* проводник (мр) для волокнистой ленты
guide (m) pour le ruban de matière fibreuse
guida (f) per il nastro di materia fibrosa
guía (f) para la cinta de fibras / *guia (f) per a la veta de fibres*

7
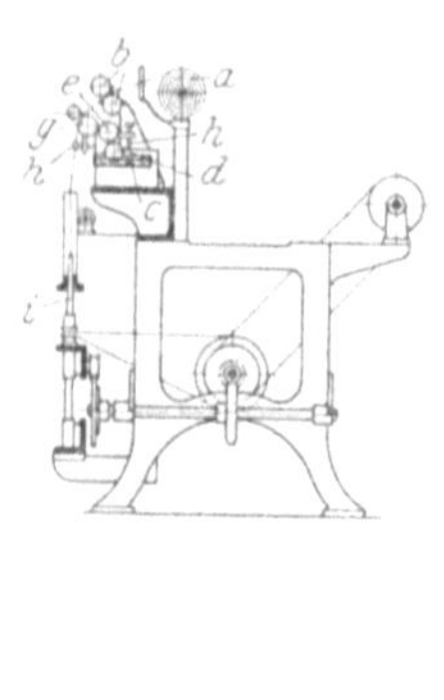

Ringspinnmaschine (f) für Papiergarn
ring spinning machine for paper yarn
кольцепрядильный ватер (мр) для бумажной пряжи
métier (m) à filer à anneau pour fil de papier
filatoio (m) continuo ad anelli per filo di carta
máquina (f) de hilar de anillos para hilos de papel / *màquina (f) de filar d'anells per a fils de paper*

a **8**
Papierbandscheibenspule (f)
spool of paper band
дисковая катушка (жр) для бумажной ленты
rouleau (m) de ruban de papier
rotolo (m) di nastro di carta
rollo (m) de tira de papel / *rotllo (m) de tira de paper*

b **9**
Lieferwalzen (fpl)
feed rollers
питательные валики (мр)
cylindres (mpl) alimentaires
cilindri (mpl) alimentari
cilindros (mpl) alimentadores / *corrons (mpl) alimentaris*

c **10**
Flüssigkeitstrog (m)
trough for liquid
корыто (ср) с жидкостью
bac (m) à liquide
truogo (m) a liquido
artesa (f) para el liquido / *tremuja (f) per al liquid*

d **11**
Tauchwalze (f) *oder* Hebewalze (f) für die Flüssigkeit
bottom roller
валик (мр), подводящій жидкость
cylindre (m) plongeur
cilindro (m) di immersione
cilindro (m) inferior *o* sumergidor / *corró (m) inferior o mullat o de baix*

e **12**
Übertragungswalze (f)
top roller
передаточный валик (мр)
cylindre (m) transporteur de l'eau
cilindro (m) trasportatore dell'acqua
cilindro (m) superior, cilindro transportador del agua / *corró (m) superior o de dalt, corró que dona aigua*

g **13**
Feuchtwalzen (fpl)
damping rollers
смачивающіе валики (мр)
cylindres (mpl) pour l'humidification
cilindri (mpl) per l'umidificazione
cilindros (mpl) humectadores / *corrons (mpl) humitejadors*

h **14**
Stellzeug (n), Fadenführer (m)
regulating thread guide
установительное приспособленіе (ср)
guide-fil (m) réglable
guida-filo (m) regolabile
guía-hilos (m) / *guia-fils (m)* / ajustable

i **15**
Ringspindel (f)
ring spindle
кольцепрядильное веретено (ср)
broche (f) à anneau
fuso (m) ad anello
púa (f) de anillo / *pua (f) d'anell*

16
Kapselspinnmaschine (f) für Papiergarn
cap spinning frame for paper yarn
коробчатая прядильная машина (жр) для пряжи из бумаги
métier (m) à filer à cuveau *ou* à cuvette pour fil de papier
filatoio (m) a cassette per filati di carta
máquina (f) de hilar de cajas para hilos de papel / *màquina (f) de filar de capsals per a fils de paper*

1 Kapselspindel (f)
cap spindle
коробчатое веретено (ср)
broche (f) à cuveau *ou* à cuvette
fuso (m) con cassetta
pûa (f) de caja / *pua (f) de capsal*

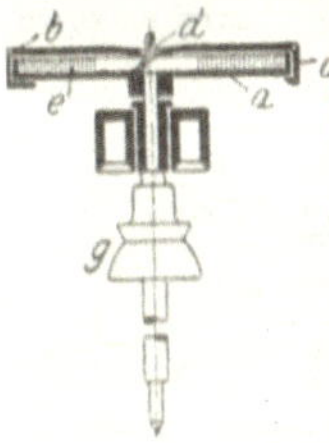

2 Kapsel (f) mit aufklappbarem Deckel
cap with hinged cover
коробка (жр) с откидною крышкою
cuveau (m) avec couvercle à charnières
cassetta (f) con coperchio a cerniere
caja (f) con tapa de charnela / *capsal (m) amb tapa a xarnera*

3 a Kapsel (f)
cap
коробка (жр)
cuveau (m), cuvette (f), pot (m)
cassetta (f)
caja (f) / *capsal (m)*

4 b Deckel (m)
cover
крышка (жр)
couvercle (m)
coperchio (m)
tapa (f)

5 c Verschlußhaken (m)
hooked catch
затворный крючек (мр)
griffe (f) à crochet
gancio (m) di chiusura
cierre (m) de gancho / *grapa (f) o tanca (f) de ganxo*

6 d Abfuhrungsauge (n)
guide eye
отводочный глазок (мр)
œil (m) du guide
occhiello (m) di guida
ojal-guía (m) / *forat-guia (m), trau-guia (m)*

7 e Papierbandscheibenspule (f)
spool of paper band
дисковая катушка (мр) для бумажной ленты
rouleau (m) de ruban de papier
rotolo (m) di nastro di carta
rollo (m) de tira de papel / *rotllo (m) de tira de paper*

8 g Wirtel (m)
wharve
блочек (мр)
noix (f)
noce (f)
nuez (f) / *noueta (f)*

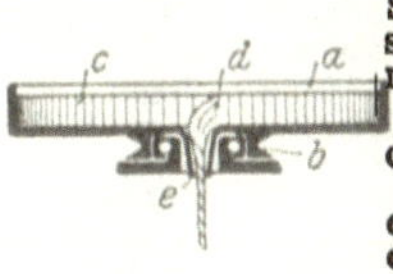

9 Spinnkapsel (f)
spinning *or* twisting cap
прядильная коробка (жр)
cuveau (m) *ou* cuvette (f) à filer
cassetta (f) da filare
caja (f) de hilar *o* de torcer / *capsal (m) de filar o de tòrcer*

a

10 b Schnurwirtel (m)
band wharve
шнурочный блочек (мр)
noix (f) à corde
noce (f) a corda
nuez (f) para piano / *noueta (f) per a piano*

c Papierbandscheibenspule (f)
paper ribbon spool, spool of paper band
дисковая катушка (жр) для бумажной ленты 11
rouleau (m) de ruban de papier
rotolo (m) di nastro di carta
rollo (m) de tira de papel / *rotllo (m) de tira de paper*

d Papierband (n), Papierstreifen (m)
paper band
бумажная лента (жр) 12
ruban (m) de papier
nastro (m) di carta
cinta (f) de papel / *veta (f) de paper*

e Ablauftrichter (m)
outlet for twisted band
выпускная воронка (жр)
entonnoir (m) de sortie 13
imbuto (m) d'uscita
embudo (m) *o* tubo (m) de salida / *embut (m) de sortida*

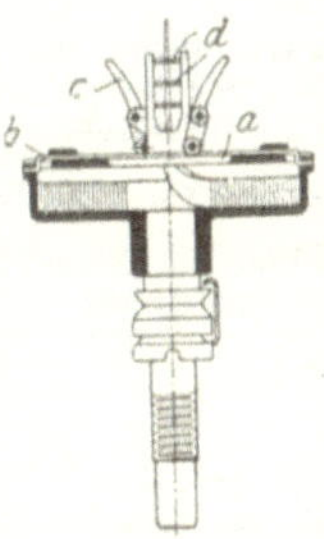

Spinnkapsel (f) mit selbstschließender Deckelverriegelungsvorrichtung
spinning cap with automatic cover locking arrangement
прядильная коробка (жр) с самозакрывающеюся крышкою
cuveau (m) à filer avec dispositif automatique de fermeture du couvercle 14
cassetta (f) da filare con dispositivo automatico di chiusura del coperchio
caja (f) de hilar con aparato de cierre automático de la tapa / *capsal (m) de filar amb dispositiu de tanca automàtic de la tapa*

a Deckel (m)
cover
крышка (жр) 15
couvercle (m)
coperchio (m)
tapa (f)

b Verschlußriegel (m)
locking latch
затворная щеколда (жр)
pêne (m) de serrage 16
gancio (m) di chiusura
gatillo (m) de cierre / *cadell (m) de tanca*

c zweiarmiger Hebel (m)
two-armed lever
двуплечій рычаг (мр)
levier (m) à deux bras 17
leva (f) a due braccia
palanca (f) de dos brazos / *braços*

d Leitstäbchen (n)
guide rod
направляющій пруток (мр) 18
tringle-guide (f)
asta (f) di guida
barra-guía (f) / *barra-guia (f)*

1 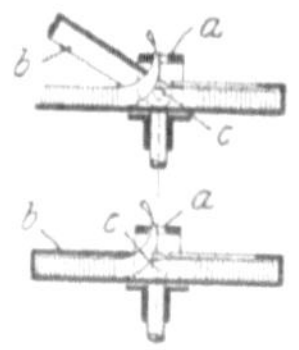

Spinnkapsel (f) mit aufklappbarer Seitenwandung
spinning cap with hinged part of cover
прядильная коробка (жр) с откидною боковою стѣнкою
cuveau (m) à filer avec couvercle à rebord basculant
cassetta (f) da filare con parte del coperchio a cerniere
caja (f) de hilar con parte de la tapa a charnela / *capsal (m) de filar amb part de la tapa a xarnera*

---

2 a

fester Verschlußsteg (m) mit Leitauge
fixed cover piece with guide eye
неподвижный мостик (мр) с глазком
pièce (f) fixe du couvercle avec œil guide-papier
pezzo (m) fisso del coperchio con occhiello guida-nastro
parte (f) fija de la tapa con ojal-guia / *part (f) fixa de la tapa amb forat-guia*

---

3 b

hochklappbare Seitenwand (f)
hinged part of cover
откидывающаяся вверх боковая стѣнка (жр)
couvercle (m) à rebord basculant
parte (f) del coperchio a cerniere
parte (f) de la tapa a charnela / *part (f) de la tapa a xarnera*

---

4 c

Drehzapfen (m)
hinge pin
шарнир (мр)
broche (f) de la charnière
perno (m) della cerniera
espiga (f) de la charnela / *xarnera*

5

Tellerspinnmaschine(f)
plate spinning machine
тарелочная прядильная машина (жр)
métier (m) à filer à assiette *ou* à disque *ou* à plateau
filatoio (m) a disco
máquina (f) de hilar de platos / *màquina (f) de filar de plats*

---

6 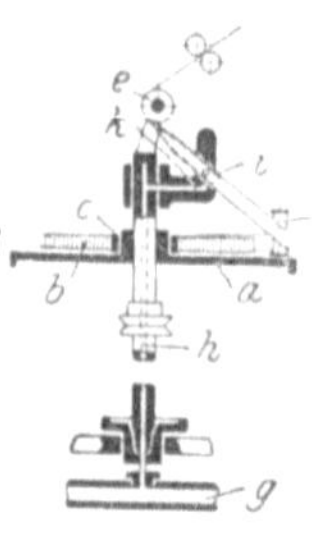

Tellerspindel (f) mit Feuchtvorrichtung
plate spindle with damping appliance
тарелочное веретено (ср) с увлажнительным приспособленіем
broche (f) de disque avec dispositif d'humidification
fuso (m) a disco con dispositivo d'umidificazione
púa (f) de plato con dispositivo humectador / *pua (f) de plat amb dispositiu d'humitejar*

---

7 a

Teller (m)
plate, disc
тарелка (жр)
assiette (f), disque (m), plateau (m)
disco (m), piatto (m)
plato (m) / *plat (m)*

---

b

Papierbandscheibenspule (f)
spool of paper band
дисковая катушка (жр) для бумажной ленты
rouleau (m) de ruban de papier 8
rotolo (m) di nastro di carta
rollo (m) de cinta de papel / *rotllo (m) de veta de paper*

---

c

Bremsring (m)
friction ring, drag ring
тормазное кольцо (ср)
anneau (m) de friction 9
anello (m) di frizione
anillo (m) de fricción / *anell (m) de fricció*

---

d

Leitrolle (f) für das Papierband
guide roller for the paper band
направляющій ролик (мр) для бумажной ленты
galet (m) de conduite pour le ruban de papier 10
cilindro-guida (m) per il nastro di carta
cilindro (m) guia para la cinta de papel / *corró (m) guia per a la veta de paper*

---

e

Abführwalze (f)
delivery roller
выпускной валик (мр)
cylindre (m) délivreur 11
cilindro (m) fornitore
cilindro (m) de entrega / *corró (m) de sortida*

---

g

Druckwasserleitung (f)
pressure water pipe
водонапорная трубка (жр) *или* труба (жр)
tuyau (m) d'eau de pression 12
tubo (m) d'acqua sotto pressione
tubo (m) de agua bajo presión / *tub (m) d'aigua a pressió*

---

h

Spindelbohrung (f)
spindle hole
сверленный канал (мр) веретена 13
canal (m) de la broche
canale (m) del fuso
canal (m) de la púa / *pua*

---

i

Falzvorrichtung (f)
folding-over appliance
приспособленіе (ср) для фальцовки
dispositif (m) de pliage 14
dispositivo (m) di piegatura
dispositivo (m) de plegado / *dispositiu (m) de plegar*

---

k

Flüssigkeitszuleitung (f)
inlet pipe for moistening liquid
подводка (жр) жидкости
tuyau (m) d'arrivée du liquide 15
tubo (m) di afflusso del liquido
tubo (m) para el liquido de humectación / *tub (m) per al liquid d'humitejar*

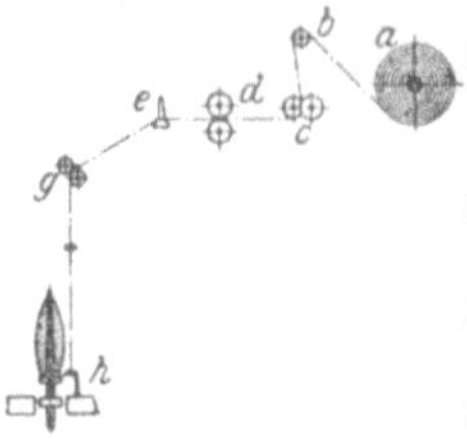

1 Maschine (f) zum Spinnen von Papiergarn aus Papierbahnen
machine for spinning paper yarn from sheets of paper
машина (жр) для прядения бумажной пряжи из полосок бумаги
machine (f) à filer le fil de papier de feuilles de papier
macchina (f) per filare il filo di carta da fogli di carta
máquina (f) de hilar para hilos de papel de hojas de papel / *màquina (f) de filar fils de paper de fulles de paper*

---

2 a Papierrolle (f)
paper roll
рулон (мр) бумаги
rouleau (m) de papier
rotolo (m) di carta
rollo (m) de papel / *rotllo (m) de paper*

---

3 b Führungswalze (f)
guide roller
направляющій валик (мр)
rouleau-guide (m)
cilindro-guida (m)
cilindro-guía (m) / *corró-guia (m)*

---

4 c Längsschneider (m)
longitudinal cutter *or* slitter
продольный разрѣзыватель (мр)
découpeur (m) longitudinal
tagliatrice (f) longitudinale
cortador (m) / *tallador (m)* / longitudinal

---

d Abzugwalzen (fpl)
drawing-off rollers
пріемные валики (мр)
rouleaux (mpl) d'appel 8
cilindri (mpl) di svolgimento dei nastri tagliati
cilindros (mpl) absorbedores / *corrons (mpl) absorbidors*

---

e Führungskamm (m) für die Papierstreifen
guide comb for the cut paper strips
нитеводный гребень (мр) для бумажных лент
peigne (m) de guidage pour les rubans de papier 9
pettine (m) di guida per i nastri di carta
rastrillo-guía (m) para las tiras cortadas de papel / *rastell-guia (m) per a les tires tallades de paper*

---

g Lieferwalzen (fpl)
delivery rollers
питательные валики (мр)
cylindres (mpl) délivreurs 10
cilindri (mpl) fornitori
cilindros (mpl) de salida / *corrons (mpl) de sortida*

---

h Ringspindel (f)
ring spindle
кольцепрядильное веретено (ср)
broche (f) à anneau 11
fuso (m) ad anello
púa (f) de continua de anillos / *pua (f) de contínua d'anells*

M.

5 Asbestspinnerei (f) / Asbestos Spinning / Прядение (ср) асбеста / Filature (f) de l'amiante / Filatura (f) dell'amianto / Hilatura (f) del amianto / *Filatura (f) del amiant*

6 Asbest (m), Bergflachs (m), Bergseide (f), Amiant (m)
asbestos, amianth[us], earth flax, mountain flax, mountain cork, mountain leather
асбест (мр), горный лен (мр) *или* шелк (мр), аміант (мр)
amiante (m), asbeste (m), papier (m) *ou* liège (m) *ou* cuir (m) fossile, cuir (m) *ou* carton (m) de montagne
amianto (m)
amianto (m), asbesto (m) / *amiant (m), asbest (m)*

---

7 Rohasbest (m), Crude (f)
raw asbestos
асбест-сырец (мр)
amiante (m) cru
amianto (m) greggio
amianto (m) crudo *o* en bruto / *amiant (m) en brut*

---

faserartige Kristalle (mpl)
fibrous crystals
волокновидные *или* волокнообразные кристаллы (мр)
cristaux (mpl) fibreux
cristalli (mpl) fibrosi 12
cristales (mpl) / *cristalls (mpl)* / fibrosos

---

langfaseriger Asbest (m)
long-fibred asbestos
длинноволокнистый асбест (мр)
amiante (m) longue-soie
amianto (m) a fibre lunghe 13
amianto (m) de fibra larga / *amiant (m) de fibra llarga*

1 kurzfaseriger Asbest (m)
short-fibred asbestos
коротковолокнистый асбест (мр)
amiante (m) courte-soie
amianto (m) di fibra corta
amianto (m) de fibra corta / *amiant (m) de fibra curta*

---

2 Lösen (n) und Reinigen (n) des Asbestes auf nassem Wege
opening and cleaning the asbestos by the wet method
разрыхленіе (ср) и очистка (жр) асбеста мокрым способом
ouvraison (f) et nettoyage (m) de l'amiante par la voie humide
aprimento (m) e pulitura (f) dell'amianto in via umida
desagregado (m) y depuración (f) del amianto por vía húmeda / *desagregat (m) i depuració (f) del amiant per via húmida*

---

3 den Asbest mit kaltem Wasser waschen
to wash the asbestos in cold water
промывать асбест холодною водою
laver l'amiante (m) à l'eau froide
lavare l'amianto (m) con acqua fredda
lavar el amianto en agua fría / *rentar l'amiant en aigua freda*

---

4 den Asbest in Siedekästen kochen
to boil the asbestos in vessels
кипятить асбест в кипятильниках
faire bouillir l'amiante (m) dans des chaudières
far bollire l'amianto (m) in caldaie di cottura
hervir el amianto en calderas / *bullir l'amiant en calderes*

---

5 Lösen (n) und Reinigen (n) des Asbestes auf trocknem Wege
opening and cleaning the asbestos by the dry method
разрыхленіе (ср) и очистка (жр) асбеста сухим способом
ouvraison (f) et nettoyage (m) de l'amiante par la voie sèche
aprimento (m) e pulitura (f) dell'amianto in via secca
desagregado (m) y depuración (f) del amianto por vía seca / *desagregat (m) i depuració (f) del amiant per via seca*

---

6 Sieben (n) des Asbestes
screening the asbestos
просѣиваніе (ср) асбеста
criblage (m) de l'amiante
stacciatura dell'amianto
cribado (m) del amianto / *garbellat (m) del amiant*

---

7 die Asbeststücke (npl) zerfasern
to reduce the asbestos to fibres
раздѣлять куски асбеста на отдѣльныя волокна
défibrer l'amiante (m) brut
sfibrare i pezzi d'amianto
desfibrar el amianto crudo / *el amiant en brut*

---

8 Reißwolf (m)
breaking machine
щипальный барабан (мр) *или* волчек (мр)
loup (m) à briser
lupo (m) sfilacciatore
batuar (m) rompedor, lobo (m), diablo (m) / *batuar (m), llop (m), diable (m)*

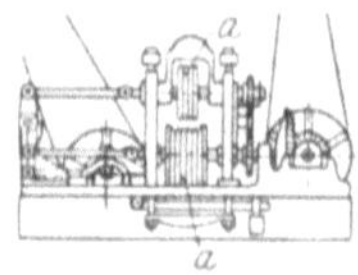

Walzenquetschmaschine (f) für Asbest, Asbestwolf (m)
roller crushing machine for asbestos
валичномяльная машина (жр) *или* волчек (мр) для асбеста
broyeuse (f) mécanique à cylindres pour amiante 9
frantumatrice (f) meccanica a cilindri per amianto
máquina (f) rompedora de rodillos para amianto / *màquina (f) trencadora de corrons per a amiant*

---

a
Quetschwalze (f) mit ringartigen Erhöhungen
crushing roller with circular ribs
мяльный барабан (мр) с кольцеобразными ребрами *или* выступами
cylindre (m) broyeur avec arêtes circulaires 10
cilindro (m) frantumatore con nervature circolari
rodillo (m) rompedor con ranuras circulares / *corró (m) trencador amb galzes circulars*

Kollergang (m)
crushing roller mill, edge runner
дробилка (жр), дробильная мельница (жр)
moulin (m) à cylindres broyeurs *ou* concasseurs, broyeur (m) à meules 11
macina (f) verticale
molino (m) de muelas verticales / *molí (m) de moles verticals*

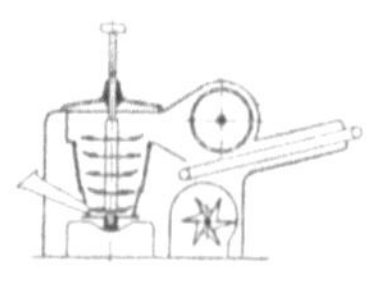

Kegelöffner (m) mit stehender Welle für Asbest
vertical opener for asbestos
коническій разрыхлитель (мр) с вертикальною осью для асбеста 12
ouvreuse (f) verticale pour amiante
apritoio (m) verticale per l'amianto
abridora (f) vertical para amianto / *obridora (f) vertical per a amiant*

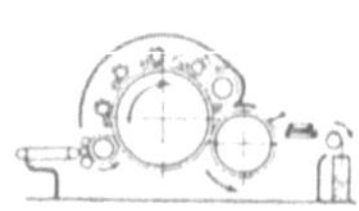

Asbestkrempel (f)
asbestos card
чесальная (жр) для асбеста
carde (f) à amiante 13
carda (f) ad amianto
carda (f) para amianto / *per a amiant*

Asbestvorkrempel (f) mit Kastenspeiser
asbestos breaker card with hopper feeder
приготовительная чесальная (жр) для асбеста с ящичным питателем
carde (f) briseuse pour amiante avec alimentation automatique
carda (f) di filatura in grosso con tramoggia di alimentazione 14
carda (f) abridora para amianto con cargadora automática / *carda (f) obridora per a amiant amb carregadora automàtica*

1 Bandubertrager (m)
ribbon feeder
транспортер (мр) ленты
transporteur (m) du ruban
trasportatore (m) dei nastri
transportador (m) de la cinta / *veta*

2 

Asbestfeinkrempel (f) mit Florteiler
finisher card for asbestos with web divider
отдѣлочная чесальная (жр) для асбеста с дѣлителем ватки
carde (f) finisseuse pour amiante avec diviseur de voile
carda (f) finitrice per amianto con divisore di velo
carda (f) mechera para amianto con divisor del velo / *carda (f) metxera per a amiant amb divisor del vel*

3 Doppelflorkrempel (f)
double doffer card
двухвальянная чесальная (жр)
carde (f) à deux peigneurs
carda (f) a due cilindri pettinatori
carda (f) de doble llevador

4 die Asbestfasern (fpl) auf der Krempel mit Baumwolle mischen
to mix cotton with asbestos at the card
смѣшивать на чесальной асбестовыя волокна с хлопком
mélanger du coton à l'amiante sur la carde
mescolare del cotone coll'amianto alla carda
mezclar algodón con amianto en la carda / *barrejar cotó amb amiant en la carda*

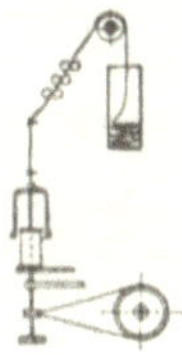

Asbestspinnmaschine (f)
asbestos spinning machine
прядильная машина (жр) для асбеста
métier (m) à filer l'amiante
filatoio (m) per amianto
máquina (f) de hilar amianto / *màquina (f) de filar amiant* 9

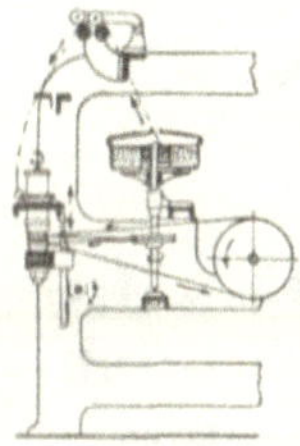

Doppeldrahtspinnmaschine (f)
double twist spinning machine
прядильная машина (жр) двукратной крутки
machine (f) à filer à double torsion 10
filatoio (m) a doppia torsione
máquina (f) de hilar a doble torsión / *màquina (f) de filar a doble torsió*

gesponnener Asbest (m)
spun asbestos
выпряденый асбест (мр)
amiante (m) filé
amianto (m) filato 11
amianto (m) hilado / *amiant (m) filat*

N.

5

Glasspinnerei (f)
Glass Spinning
Прядение (ср) стекла
Filature (f) du verre
Filatura (f) del vetro
Hilatura (f) del vidrio / *Filatura (f) del vidre*

6 einen Glasstab durch ein Gasgebläse erweichen
to soften a glass rod by a gas blow pipe
размягчить стеклянный прут посредством плавильной трубки
ramollir une baguette de verre à la flamme d'un chalumeau à gaz
rammollire una bacchetta di vetro alla fiamma d'un cannello a gas
ablandar una barra de vidrio a la llama de un soplete de gas / *estovar una barra de vidre a la flama d'un buf de gas*

7 einen Glasfaden ziehen
to draw out a glass filament
тянуть стеклянную нить
étirer un fil de verre
tirare un filo di vetro
estirar un filamento de vidrio / *estirar un filament de vidre*

8 biegsamer Glasfaden (m)
flexible glass filament
гибкая стеклянная нить (жр)
fil (m) de verre flexible
filo (m) di vetro flessibile
filamento (m) flexible de vidrio / *filament (m) flexible de vidre*

den Glasfaden aufhaspeln
to reel the glass filament
наматывать стеклянную нить [в мотки
dévider le fil de verre
annaspare il filo di vetro 12
aspear el filamento de vidrio / *aspiar el filament de vidre*

Glasgespinst (n), Glasseide (f)
glass silk
стеклянная пряжа (жр), стеклянный шелк (мр)
verre (m) filé, soie (f) de verre
vetro (m) filato, lana (f) di vetro 13
vidrio (m) hilado, seda (f) de vidrio / *vidre (m) filat, seda (f) de vidre*

farbiger Glasfaden (m)
coloured glass filament
цвѣтная стеклянная нить (жр)
fil (m) de verre coloré
filo (m) di vetro colorato 14
filamento (m) de vidrio de color / *filament (m) de vidre de color*

Glaswatte (f)
glass wadding
стеклянная вата (жр)
ouate (f) de verre
ovatta (f) di vetro 15
guata (f) de vidrio / *buata (f) de vidre*

0.

No.		
1	**Seilerei** (f) **Rope Making** (f) **Канатное производство** (ср)	**Corderie** (f), **fabrication** (f) **des cordages** **Corderia** (f) **Cordelería** (f), **fabricación** (f) **de cuerdas y cordeles** / ***Corderia*** *(f)*

I.

No.		
2	**Allgemeines** (n) **General Terms** **Общее** (ср)	**Généralités** (fpl) **Generalità** (fpl) **Generalidades** (fpl)
3	europäischer Hanf (m) European hemp европейская пенька (жр)	chanvre (m) d'Europe canapa (f) d'Europa cáñamo (m) de Europa / *cànem (m) d'Europa*
4	Hanfwerg (n), Hanfhede (f), Kolbe (f) hemp tow, hemp hards пеньковый очес (мр), пеньковая пакля (жр)	étoupe (f) de chanvre stoppa (f) o capecchio (m) di canapa estopa (f) de cáñamo / *de cànem*
5	Manilahanf (m) Manilla hemp манильская пенька (жр)	chanvre (m) de Manille canapa (f) di Manilla, abaca (f) cáñamo (m) de Manila, abacá (m) / *cànem (m) de Manilla, abacà (m)*
6	Sisalhanf (m) Sisal hemp сизальская пенька (жр)	chanvre (m) de Sisal canapa (f) di Sisal [cáñamo (m)] sisal (m)
7	ostindischer Hanf (m), Sun[n] (m), Sun[n]hanf (m), bengalischer Hanf (m), Kalkuttahanf (m), Madrashanf (m), Conkaneehanf (m), Ghoze Sun (m), brauner Hanf (m) East Indian hemp, Sunn *or* Bengal hemp, Calcutta *or* brown hemp, Concanee hemp остиндская пенька (жр)	sunn (m), chanvre (m) du Bengale sunn (m) sunn (m), cáñamo (m) de Bengala / *sunn (m), cànem (m) d'India*
8	neuseeländischer Flachs (m) *oder* Hanf (m), Neuseelandflachs (m), Phormiumfaser (f) New Zealand hemp *or* flax новозеландскій лен (мр)	fibre (f) du lin de la Nouvelle-Zélande fibra (f) [del lino] della Nuova Zelanda lino (m) de Nueva Zelandia / *lli (m) de Nova Zelanda*
9	Flachs (m) flax лен (мр)	lin (m) lino (m) lino (m) / *lli (m)*
10	Flachswerg (n) flax tow льняной очес (мр), льняная пакля (жр)	étoupe (f) de lin stoppa (f) di lino estopa (f) de lino / *de lli*
11	gezupftes Werg (n) von geteertem Tauwerk black *or* tarred oakum прощипанная пакля (жр) из просмоленаго каната	étoupe (f) noire *ou* goudronnée sfilacci (mpl) neri *o* incatramati, sfilacciature (fpl) nere *o* incatramate estopa (f) negra *o* alquitranada / *quitranada*
12	gezupftes Werg (n) von ungeteertem Tauwerk white *or* untarred oakum прощипанная пакля (жр) из несмоленаго каната	étoupe (f) non goudronnée sfilacci (mpl) bianchi *o* non incatramati, sfilacciature (fpl) bianche *o* non incatramate estopa (f) no alquitranada / *quitranada*
13	Baumwolle (f) cotton хлопок (мр)	coton (m) cotone (m) algodón (m) / *cotó (m)*
14	Jute (f) jute джут (мр)	jute (m) juta (f), iuta (f) yute (m) / *jute (m)*
15	Kokosfaser (f), Kokosnußfaser (f), Coir (m), Kokosbast (m) coco nut fibre *or* hair, coir кокосовое волокно (ср)	fibre (f) de coco, coir (m), kaïr (m) fibra (f) di cocco fibra (f) de coco
16	Stroh (n) straw солома (жр)	paille (f) paglia (f) paja (f) / *palla (f)*
17	Lindenbast (m) lime tree bast, linden bast липовое мочало (ср) *или* лыко (ср), липовый лубок (мр)	liber (m) de tilleul libro (m) di tiglio liber (m) de tilo / *escorça (f) de tilia*
18	Holzwolle (f) wood wool древесная шерсть (жр)	laine (f) *ou* paille (f) de bois lana (f) di legno lana (f) *o* paja (f) de madera / *palla (f) o llana (f) de fusta*
19	Espartogras (n) esparto grass, African grass трава (жр) „эспарто"	spart[e] (m), alfa (m) spartea (f) esparto (m), atocha (f)

No.	German / English / Russian	French / Italian / Spanish
1	Haare (npl) hairs волосы (мр)	poils (mpl) peli (mpl) pelos (mpl) / *pels (mpl)*
2	Pferdehaar (n), Roßhaar (n) horse hair конскій волос (мр)	crin (m) de cheval crine (m) [di cavallo] crin (m) de caballo / *crin (m) o clin (m) de cavall*
3	Schweifhaar (n) horse tail hair волос (мр) из хвоста	crin (m) de la queue de cheval crine (m) delle code crin (m) de la cola de caballo / *crin (m) de la cua de cavall*
4	Mähnenhaar (n) mane hair волос (мр) из гривы	poil (m) de la crinière du cheval crine (m) del collo *o* della chioma pelo (m) de crinera *o* de melena del caballo / *pel (m) de crinera de cavall*
5	Kuhhaar (n) cow hair коровій волос (мр)	poil (m) de vache pelo (m) di vacca pelo (m) / *pel (m)* / de vaca
6	Asbest (m) asbestos асбест (мр)	amiante (m) amianto (m) amianto (m) / *amiant (m)*
7	Eisendraht (m) iron wire желѣзная проволока (жр)	fil (m) de fer filo (m) di ferro alambre (m) [de hierro] / *filferro (m)*
8	verzinkter *oder* galvanisierter Eisendraht (m) galvanised iron wire гальванизированная *или* оцинкованная желѣзная проволока (жр)	fil (m) de fer galvanisé *ou* recouvert de zinc filo (m) di ferro zincato *o* galvanizzato alambre (m) [de hierro] galvanizado / *filferro (m) galvanitzat*
9	verzinnter Eisendraht (m) tinned iron wire луженая желѣзная проволока (жр)	fil (m) de fer étamé filo (m) di ferro stagnato alambre (m) [de hierro] estañado / *filferro (m) estanyat*
10	verkupferter Eisendraht (m) copper-coated iron wire желѣзная проволока (жр), покрытая мѣдью	fil (m) de fer cuivré filo (m) di ferro ramato alambre (m) recubierto de cobre / *filferro (m) vestit de coure*
11	Stahldraht (m) steel wire стальная проволока (жр)	fil (m) d'acier filo (m) d'acciaio alambre (m) de acero / *fil (m) d'acer*
12	Runddraht (m) round wire круглая проволока (жр)	fil (m) [métallique] rond filo (m) [metallico] tondo *o* cilindrico alambre (m) redondo / *filferro (m) rodó*
13	Flachdraht (m) flat wire плоская *или* плющенная *или* сплюснутая проволока (жр)	fil (m) [métallique] [mé-]plat *ou* aplati filo (m) [metallico] piatto alambre (m) plano / *filferro (m) pla*
14	Formdraht (m), [Fassondraht (m), Profildraht (m)] special *or* shaped wire фасонная *или* профильная проволока (жр)	fil (m) façonné profilé filo (m) speciale *o* profilato alambre (m) perfilado *o* de sección especial / *filferro (m) estampat o de secció especial*
15	Seilgarn (n), Seilfaden (m), Leingarn (n) rope yarn канатная пряжа (жр)	fil (m) de caret filato (m) per corda hilo (m) *o* cabo (m) sencillo para cuerda / *fil (m) o cap (m) senzill per a corda*
16	Litze (f), Döfte (f), Schaft (m), Duchte (f) strand стренга (жр), прядь (жр)	toron (m) lignuolo (m), legnolo (m), trefolo (m) cordón (m) / *cordó (m)*
17	Schenkel (m), Kardeel (f) strand [of a cable-laid rope] стренга (жр)	cordon (m) cordone (m) cordel (m), cordón (m) grueso / *cordill (m), cordó (m) gros*
18	Seil (n) rope канат (мр)	corde (f) corda (f), fune (f) cuerda (f) / *corda (f)*
19	[Seil-]Splissung (f), Spleißen (n) des Seiles, Seilverspleißung (f) rope splicing сращиваніе (ср) *или* срощеніе (ср) *или* сплетеніе (ср) *или* ссучка (жр) каната	épissure (f) des cordes giuntura (f) *o* [im]piombatura (f) *o* intrecciamento (m) delle corde empalme (m) de cuerdas / *empalmat (m) de cordas*
20	das Seil spleißen to splice the rope сращивать *или* сплетать *или* сростить *или* ссучать канат (мр)	épisser la corde impiombare *o* intrecciare la corda empalmar la cuerda / *la corda*
21	Seilspliß (m), Spliß (m) splice мѣсто (ср) сращиванія	épissure (f) intrecciatura (f), impalmatura (f), congiungimento (m) empalme (m) / *empalmat (m)*
22	lange Spleißung (f), Langspliß (m), vlämische *oder* spanische *oder* deutsche Spleißung (f) long splice нѣмецкое сращиваніе (ср)	épissure (f) longue intrecciatura (f) lunga empalme (m) largo / *empalmat (m) llarg*
23	Kurzspliß (m), kurze *oder* englische Spleißung (f) short splice англійское сращиваніе (ср)	épissure (f) carrée intrecciatura (f) corta empalme (m) corto / *empalmat (m) curt*
24	Augspleißung (f), Augspliß (m) eye splice глазное сращиваніе (ср)	épissure (f) à œil[let] *ou* de ganse intrecciatura (f) ad occhielli empalme (m) a ojal / *empalmat (m) amb trau*

1	Hufeisenspleißung (f), Buchtspliß (m) horse shoe splice подковообразное сращиванiе (ср)	épissure (f) en greffe *ou* en portière *ou* en queue de vache intrecciatura (f) a ferro di cavallo empalme (m) de herradura / *empalmat (m) de ferradura*
2	Spleißnagel (m), Splißdorn (m), Marlpfriem (m), Schlüpfpfahl (m), Lätschpfahl (m) splicing fid, marling spike оправка (жр), шпилька (жр)	épissoir (m), poinçon (m) intrecciatrice (f) punzón (m) o pasador (m) de empalmar / *punxó (m) o passador (m) d'empalmar*
3	Kausche (f), Seilfutter (n), Futterring (m) thimble коуш (мр)	cosse (f) radancia (f) guardacabo (m) / *guardacap (m)*
4	Verkürzung (f) *oder* Kürzen (n) des Seiles shortening of the rope сокращенiе (ср) каната	raccourcissement (m) de la corde [r]accorciamento (m) della fune acortamiento (m) de la cuerda / *escurçament (m) de la corda*
5	Spleißer (m), Splisser (m) rope splicer ссучальщик (мр) [канатов]	épisseur (m) intrecciatore (m) di corde empalmador (m) de cuerda / *encaridor (m) de corda*
6	Seiler (m), Reepschläger (m), Reeper (m) rope maker, roper, rope work labourer канатчик (мр)	cordier (m) cordaio (m), funaio (m), cordaiolo (m), funai[u]olo (m) cordelero(m)/*corder(m)*

7 

Handseiler (m)
hand rope maker
канатчик (мр), работающiй вручную
cordier (m) à la main
cordaio (m) a mano
cordelero (m) a mano / *corder (m) a mà*

8	Seilgarnspinner (m) rope-yarn spinner прядильщик (мр) канатной пряжи	fileur (m) de fil de caret filatore (m) di filato per corde hilador (m) cordelero / *filador (m) de cordes*
9	Seilschläger (m), Seildreher (m) rope twister канатокрутильщик (мр), канатчик (мр)	commetteur (m) commettitore (m) retorcedor (m) de cuerda / *de corda*
10	Tauschläger (m) cable maker строщиватель (мр)	câbleur (m), câblier (m) commettitore (m) di gomene cableador (m) / *cablejador (m)*
11	Raddreher (m), Raddreherjunge (m) wheel turner, ropemaker assistant помощник (мр) *или* мальчик (мр) канатчика	aide-fileur (m), tourneur (m) de roue assistente (m) cordaio ayudante (m) de cordelero / *ajudant (m) de corder*
12	Seilermeister (m) foreman rope maker, ropery master канатный мастер (мр)	maître (m) cordier, maître (m) fileur capo-cordaio (m) maestro-cordelero (m), mayordomo-cordelero (m) / *mestre-corder (m), mayordom-corder (m)*
13	Seilerei (f), Seilerwarenfabrik (f), Reepschlägerei (f), Tauschlägerei (f) ropery, rope works, cordage mill, cable works канатная фабрика (жр)	[atelier (m) de] corderie (f), fabrique (f) de cordages corderia (f), cordificio (m) cordería (f), cordelería (f) fábrica (f) de cuerdas / *cordería (f), fàbrica (f) de cordes*
14	Bindfadenfabrik (f) twine factory, packing thread manufactory шнурочная *или* бечевочная *или* шпагатная фабрика (жр)	fabrique (f) de ficelles d'emballage fabbrica (f) di spago fábrica (f) de bramante / *fàbrica (f) de fil d'empalomar*
15	Tau (n) cable канат (мр), тросс (мр), причал (мр)	câble (m) cavo (m), gomena (f) cable (m)
16	Hanfkabel (n) hemp cable пеньковый кабель (мр)	câble (m) en chanvre cavo (m) di canapa, canapo (m) cable (m) de cáñamo / *cable (m) de cànem*
17	Metallkabel (n) metallic cable металлическiй кабель (мр)	câble (m) en fil de fer cavo (m) metallico cable (m) metálico / *metàl·lic*

II.

18	**Herstellung (f) der gedrehten Seilerwaren** **Twisted Cordage Manufacture** **Производство (ср) витых канатных издѣлiй**	**Fabrication (f) des cordages tordus** **Fabbricazione (f) dei cordami *o* dei funami torti** **Fabricación (f) de cordajes torcidos / *Manufactura (f) de cordatges torts***
19	**1. Hanfseilerei (f)** **Hemp Rope Making** **Производство (ср) пеньковых канатов**	**Fabrication (f) des cordages de chanvre** **Fabbricazione (f) dei cordami di canapa** **Fabricación (f) de cuerdas de cáñamo / *Manufactura (f) de cordes de cànem***
20	**a) Handseilerei (f)** **Rope Making by Hand** **Производство (ср) канатов вручную**	**Fabrication (f) des cordages à la main** **Cordería (f) a mano** **Fabricación (f) de cuerdas a mano / *manufactura (f) de cordes a mà***

1 **α) Schwingen (n) des Hanfes**
Scutching *or* Swingling of Hemp
Трепаніе (ср) конопли
Teillage (m) du chanvre
Scotolatura (f) della canapa
Espadado (m) del cáñamo / *Espadat (m) del cànem*

2 Seilerhanf (m)
rope hemp, hemp for rope making
пенька (жр) для канатов
chanvre (m) de cordier *ou* pour fil de corderie
canapa (f) da cordaio *o* da funaio
cáñamo (m) para fabricar cuerdas / *cànem (m) de corder, cànem per a fil de corderia*

3 den Hanf schwingen *oder* schlagen
to scutch *or* to swingle the hemp
трепать *или* колотить коноплю
teiller le chanvre
scotolare la canapa
espadar el cáñamo / *el cànem*

4 den Hanf von Schäben befreien
to clean *or* to free the hemp from awn *or* chaff
очистить пеньку от костры
enlever la chènevotte du chanvre
liberare la canapa dalla lisca
quitar al cáñamo la cañamiza / *treure del cànem la canamuixa*

5 
Schwingemesser (n), Schlagholz (n), Schwinge (f), Schwingbeil (n)
scutch[ing] blade, swingling tool
трепало (ср), трепальное крыло (ср), било (ср)
écang (m)
coltello (m) della scotola
espadilla (f), espadón (m) / *espadella (f), espadadora (f)*

6 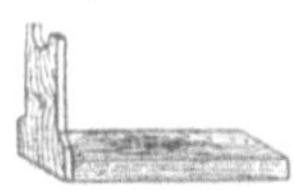
einfacher Knecht (m)
single scutching frame
одинарное ложе (ср)
banc (m) à teiller simple
scotola (f) singola
banco (m) sencillo de espadar / *banc (m) d'espadar senzill*

7 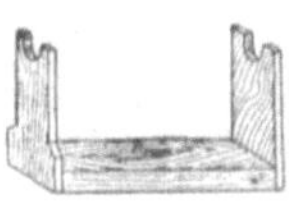
doppelter Knecht (m)
double scutching frame
двойное ложе (ср)
banc (m) à teiller double
scotola (f) doppia
banco (m) doble de espadar / *banc (m) d'espadar doble*

8 Schwinger (m)
scutcher, stripper, swingler
трепальщик (мр)
teilleur (m), écangueur (m), espadeur (m)
scotolatore (m)
espadador (m)

9 Reinhanf (m), Strähnhanf (m), Schwinghanf (m)
scutched hemp
[от]трепанная *или* очищенная пенька (жр)
chanvre (m) teillé
canapa (f) scotolata
cáñamo (m) espadado / *cànem (m) espadat*

β) Hecheln (n) *oder* Aushecheln (n) des Hanfes
Hackling of Hemp
Гребнечесаніе (ср) конопли
Peignage (m) *ou* sérançage (m) du chanvre
Pettinatura (f) *o* scapecchiatura (f) della canapa 10
Rastrillado (m) *o* peinado (m) del cáñamo / *Rastellat (m) o pentinat (m) de cànem*

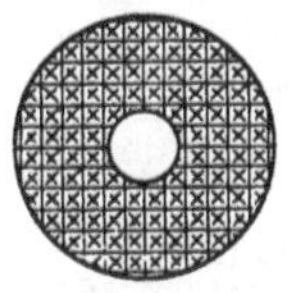
Hanfreiber (m)
hemp rubber *or* scraper
терка (жр) для конопли
frottoir (m) pour chanvre 11
sfregatore (m) per canapa
estregadera (f) *o* frotador (m) de cáñamo / *fregador (m) o lluidor (m) de cànem*

Hanfreibeisen (n)
hemp scraper iron
утюг (мр), скоба (жр)
fer (m) à frotter le chanvre
ferro (m) per sfregare la canapa 12
hierro (m) frotador para cáñamo / *ferro (m) fregador per a cànem*

Handhechel (f)
[hand] hackle *or* heckle, comb
гекли (жр), гребень (мр), ручная чесалка (жр)
peigne (m) à main
pettine (m) a mano
rastrillo (m) a mano / *rastell (m) a mà* 13

grobe Hechel (f), Vorhechel (f), Abzughechel (f), [Ruffer (m)]
coarse hackle, long ruffer, rougher's hackle
грубыя гекли (жр), подготовительный гребень (мр)
ébauchoir (m), gros peigne (m), séran (m), sérançoir (m), peigne émoucheteur 14
pettine (m) grosso
rastrillo (m) en grueso *o* de desbaste, ruffer (m) / *rastell (m) en gros o de desbast, ruffer (m)*

Mittelhechel (f), Verfeinerungshechel (f)
ten, intermediate hackle, medium coarse comb
средній гребень (мр)
peigne (m) moyen
pettine (m) medio 15
rastrillo (m) intermedio / *rastell (m) intermedi*

feine Hechel (f), Ausmachhechel (f), Kernhechel (f)
switch, fine hackle, finishing hackle
тонкій *или* отдѣлочный гребень (мр)
peigne (m) fin, affinoir (m)
pettine (m) fino 16
rastrillo (m) acabador *o* en fino / *rastell (m) acabador o en fi*

gehechelter Hanf (m)
hackled hemp
прочесанная пенька (жр)
chanvre (m) peigné
canapa (f) pettinata *o* scapecchiata
cáñamo (m) rastrillado *o* peinado / *cànem (m) rastellat o pentinat* 17

den Hanf einklären
to rough the hemp
грубо расчесывать пеньку (жр)
émoucheter le chanvre
digrossare la canapa
desbastar *o* aclarar el cáñamo / *desbastar o aclarir el cànem* 18

1	eingeklärter Hanf (m) roughed hemp грубо-расчесанная пенька (жр)	chanvre (m) émoucheté canapa (f) digrossata cáñamo (m) desbastado o aclarado / *cànem (m) desbastat o aclarit*
2	Ausspitzen (n) des Hanfes nipping the hemp, topping and tailing the hemp прочесыванiе (ср) пеньки на концах	affinage (m) des deux bouts du chanvre spuntatura (f) della canapa acabado (m) de testas y colas del cáñamo, escuadrado (m) del cáñamo / *acabat (m) de testes i cues del cànem, escairat (m) del cànem*
3	ausgespitzter Hanf (m) nipped hemp пенька (жр), npочесанная на концах	chanvre (m) affiné aux deux bouts spuntito (m), canapa (f) spuntita cáñamo (m) escuadrado / *cànem (m) escairat*
4	Reinabziehen (n) des Hanfes dressing the hemp прочесыванiе (ср) пеньки начисто *или* на отдѣлочных гекляхъ	nettoyage (m) du chanvre affiné pulitura (f) della canapa spuntita rastrillado (m) del cáñamo escuadrado / *rastellat (m) del cànem escairat*
5	den Hanf rein abziehen to dress the hemp начисто прочесывать пеньку	nettoyer le chanvre affiné pulire la canapa spuntita rastrillar el cáñamo escuadrado / *rastellar el cànem escairat*
6	reinabgezogener Hanf (m) dressed hemp начисто прочесанная пенька (жр)	chanvre (m) nettoyé canapa (f) pulita cáñamo (m) acabado / *cànem (m) acabat*
7	Ausmachen (n) *oder* Auskernen (n) des Hanfes sorting *or* cleaning *or* refining the hemp совершенная *или* окончательная отдѣлка (жр) пеньки	[r]affinage (m) du chanvre raffinamento (m) della canapa repasado (m) del cáñamo / *repassat (m) del cànem*
8	den Hanf ausmachen *oder* auskernen to sort *or* to clean *or* to refine the hemp совершенно отдѣлать *или* очистить от костры пеньку	[r]affiner le chanvre raffinare la canapa repasar el cáñamo / *repassar el cànem*
9	ausgekernter *oder* ausgemachter Hanf (m) sorted *or* cleaned *or* refined hemp, fine hemp совершенно очищенная пенька (жр)	chanvre (m) raffiné canapa (f) raffinata cáñamo (m) repasado / *cànem (m) repassat*
10	Langhanf (m), Kern (m) long-stapled hemp длинноволокнистая пенька (жр)	chanvre (m) à long brin canapa (f) lunga cáñamo (m) de fibra larga / *cànem (m) de fibra llarga*
11	Hanfbärtel (m) short-stapled hemp коротковолокнистая пенька (жр)	chanvre (m) à court brin canapa (f) corta cáñamo (m) de fibra corta / *cànem (m) de fibra curta*
12	Werg (n) tow пакля (жр)	étoupe (f) stoppa (f) estopa (f)
13	Hanfbund (m), Hanfdocke (f) hemp bunch *or* truss пу[че]к (мр) *или* связка (жр) *или* бунт (мр) пеньки	botte (f) *ou* natte (f) *ou* quenouille (f) de chanvre fastello (m) di canapa manojo (m) de cáñamo / *manat (m) de cànem*
14	Hanfband (n), Hanfkaule (f) hemp lap лента (жр) прочесанной пеньки	ruban (m) de chanvre nastro (m) di canapa cinta (f) de cáñamo / *veta (f) de cànem*
15	γ) Spinnen (n) des einfachen Fadens Spinning the Single Yarn, Yarn Spinning Пряденіе (ср) одинарной нити	Filage (m) du fil de caret *ou* du fil simple Filatura (f) a un capo o del filo semplice Hilado (m) a un cabo o del hilo sencillo / *Filat (m) d'un cap senzill*
16	den Fadenanfang aus dem Spinnstoff herausziehen to draw the starting end out of the material выдергивать зачаток нити из предназначеннаго для пряденія матеріала	tirer le bout de la matière à filer *ou* de la filasse tirar fuori il capo del materiale da filare sacar el cabo de la hilaza / *extraure el cap de la filassa*
17	eine Schlinge *oder* Masche *oder* Schlaufe *oder* Öse *oder* Lätsche drehen to twist a loop свить петлю	tordre une boucle, boucler torcere un anello torcer un bucle / *tòrcer un rull*
18	schlank *oder* flach *oder* mit wenig Drehung spinnen to spin soft прясть отлого *или* мягко	filer doux *ou* à faible torsion filare con leggera torsione hilar flojo o con torsión floja / *filar fluix o amb torta fluixa*
19	Seilerbahn (f), Reep[er]bahn (f) rope walk, rope yard, rope ground канатная стежка (жр) *или* дорожка (жр)	filerie (f), corderie (f) corderia (f) patio (m) de cordelero / *pati (m) de corder*
20	Rückschreiten (n) des Seilers backward walking of the spinner *or* rope maker движеніе (ср) канатчика вспять	marche (f) [en] arrière du cordier marcia (f) indietro del cordaio marcha (f) atrás o retroceso (m) del cordelero / *marxa (f) enrera o reculada (f) del corder*

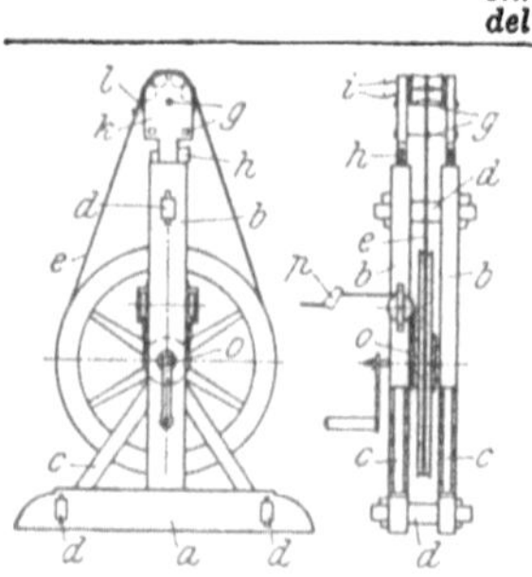

21 Seilerrad (n), Vorderrad (n)
rope maker's wheel, spinning wheel
прялка (жр) канатчика
rouet (m) de cordier
ruota (f) del funaio
torno (m) de cordelero / *torn (m) de corder*

1 a
Hartholzschwelle (f)
hard wood foot plate
лежень (мр) *или* поперечина (жр) из твердаго дерева
pied (m) en bois dur
piede (m) in legno duro
pie (m) de madera dura / *peu (m) de fusta dura*

---

2 b
eingezapfter Ständer (m)
stand let-in, stake head
стоякъ (мр), поставленный на шип
montant (m) vertical emmortaisé
sostegno (m) verticale incassato
montante (m) a muesca / *montant (m) a mossa* / de la testera

---

3 c
Strebe (f)
stay, strut
подкос (мр)
jambe (f) de force
puntello (m)
tornapunta (f)

---

4 d
Riegel (m)
cross piece
распорка (жр), ригель (мр)
entretoise (f)
traversa (f)
travesaño (m) / *travesser (m)*

---

5 e
Darmsaite (f)
gut band, catgut
кишечная струна (жр), приводный шнур (мр)
corde (f) de boyau
corda (f) di budella
cuerda (f) de tripa / *corda (f) de budell*

---

6 g
eiserner Bolzen (m)
iron bolt
желѣзный болт (мр)
cheville (f) *ou* boulon (m) en fer
bullone (m) di ferro
clavija (f) de hierro / *clavilla (f) de ferro*

---

7 h
Keil (m)
wedge
клин (мр)
coin (m)
cuneo (m)
cuña (f) / *tascó (m), falca (f)*

8
Wirtel (m), Hakenwirtel (m)
wood roller, whirl
блочек (мр) с крючком, крутильный блочек (мр)
poulie (f) à gorge
puleggia (f) a gola, raggina (f)
rodillo (m) de madera *o* de garganta / *rodet (m) de fusta, rodell (m) de gorja*

---

9 i
Hakenspindel (f)
hooked spindle
веретено (ср) с крючком
broche (f) à crochet
fuso (m) ad uncino
púa (f) de gancho / *pua (f) de ganxo*

---

k
Hakenkopf (m), Radkopf (m)
whirl head
головка (жр) прялки, маковка (жр) 10
tête (f) du rouet
testa (f) della ruota
testera (f) de los rodillos / *dels rodets*

---

l
Vorsteckstift (m)
fastening pin
закладной шпенек (мр), закладная шпилька 11
goupille (f)
copiglia (f)
clavija (f) de fijación / *clavilla (f) de travar o de collar*

---

o
Radnabe (f) mit Seilrille
grooved wheel boss
желобчатая втулка (жр) колеса
moyeu (m) avec gorge 12
mozzo (m) della ruota scanalato
cubo (m) de garganta de la rueda / *botó (m) de la roda de gorja*

---

p
Ochsenhorn (n)
oxhorn
бычачій рог (мр)
corne (f) de bœuf 13
corno (m) di bue
cuerno (m) de buey / *banya (f) de bou*

---

zugerundeter Ausschnitt (m)
rounded-off notch
закругленная выемка (жр)
échancrure (f) arrondie
tacca (f) arrotondata
ranura (f) redondeada, escote (m) redondeado / *galze (m) o escot (m) arrodonit* 14

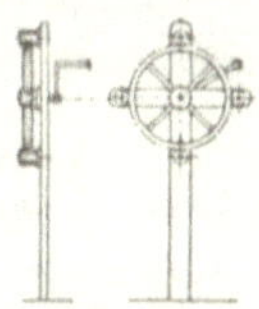

eisernes Rad (n)
iron wheel
желѣзное колесо (ср)
rouet (m) de fer 15
ruota (f) di ferro
torno (m) de hierro / *torn (m) de ferro*

Antreiben (n) des Rades durch den Gang des Seilers
driving the wheel by the walk of the ropemaker
вращеніе (ср) колеса от передвиженія канатчика
commande (f) de la roue par la marche du cordier
azionamento (m) della ruota colla marcia del funaio 16
movimiento (m) del torno por la marcha del cordelero / *comanda (f) del torn mitjançant la marxa del corder*

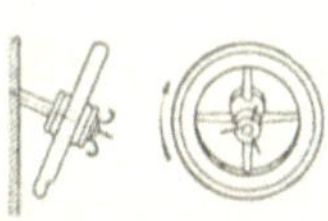

Laufer (m), Läufer (m)
runner wheel
бѣгун (мр)
roue (f) de renvoi 17
ruota (f) di ritorcitura
carrilla (f) / *carrilla (f)*

Läufern (n)
spinning with the runner wheel
крученіе (ср) бѣгунами
filature (f) avec roue de renvoi
filatura (f) colla ruota di ritorcitura 18
hilar con / *filar amb* / la carrilla

1 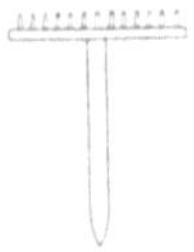
Garnstütze (f), Garnrechen (m), Hakenleiste (f), Scheidholz (n)
ropemaker's rack
подставка (жр) для прядей, грабли (жр) для раздѣленія прядей
chevalet (m) *ou* râtelier (m) *ou* râteau (m) de cordier
cavalletto (m) da cordaio
caballete (m) *o* rueca (f) de cordelero / *cavallet (m) o rastell (m) de corder*

2 
a
Spinnlappen (m), Spinnfleck (m)
list
тростильная тряпка (жр)
paumelle (f), lisière (f) de drap
guardapalma (m), bendella (f)
trapo (m) de cordelero / *drap (m) de corder*

3 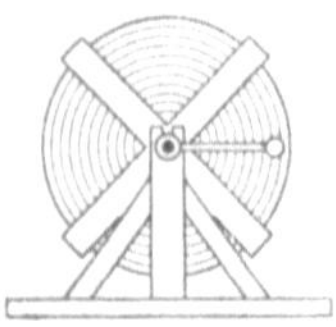
Seilerwinde (f), Seilerhaspel (f), Seilerspule (f)
ropemaker's reel
мотовило (ср) для канатов
dévidoir (m) *ou* caret (m) *ou* bobine (f) *ou* touret (m) *ou* carré (m) de cordier
aspa (f) da cordaio, stornello (m)
aspa (f) de cordelero / *aspi (m) de corder*

4
δ) Verlitzen (n)
Stranding, [Strand] Forming
Скручиванie (ср) нѣскольких прядей в стренгу
Toronnage (m), réunion (f) des fils de caret en torons
Formazione (f) dei trefoli *o* dei lignuoli
Formación (f) de cordones / *Formació (f) de cordons o de llibrants*

5
die Fäden (mpl) zu einer Litze zusammendrehen, Litzen (fpl) schlagen, verlitzen
to twist the yarns into a strand, to strand
скручивать пряди в одну стренгу *или* в один шнур
tordre les fils de caret en un toron, toronner
torcere i filati in trefolo
torcer los hilos en un cordón / *tòrcer els fils en un cordó, encomenar en cordó*

6
den gesponnenen Fäden Nachdrehung (f) geben
to give the yarn an additional twist *or* an aftertwist *or* a forehard, to harden the yarn
сообщить *или* дать дополнительную крутку выпряденым нитям
donner aux fils (mpl) une torsion supplémentaire
dare ai filati (m) una torsione addizionale
dar a los hilos una torsión suplementaria / *donar als fils una torta suplementària*

7
draller Faden (m)
hard-twisted yarn
крѣпко *или* круто скрученная нить (жр)
fil (m) fortement tordu
filato (m) a forte torsione
hilo (m) de torsión fuerte / *fil (m) de torsió forta*

8
Draht (m), Drodel (m), Drall (m), Runde (f)
twist, hard
крутка (жр)
tors (m), torsion (f)
torsione (f)
torsión (f) / *torsió (f), torta (f)*

9
Anschirren (n) *oder* Anzetteln (n) *oder* Aufziehen (n) *oder* Aufschweifen (n) *oder* Scheren (n) der Fäden
warping the yarn
заправка (жр) прядей
ourdissage (m) des fils de caret
orditura (f) del filato
urdido (m) *o* extendido (m) de los hilos / *ordit (m) o estés (m) dels fils*

10
die Fäden (mpl) anschirren *oder* anscheren *oder* anzetteln
to warp the yarn
заправить пряди
ourdir les fils de caret
ordire il filato
urdir *o* extender los hilos / *ordir o estendre els fils*

11
angeschirrter Faden (m)
warped yarn
заправленная прядь (жр)
fil (m) de caret ourdi
filato (m) ordito
hilo (m) urdido / *fil (m) ordit*

12
Spannen (n) der Fäden
stretching the yarn
натягиванie (ср) прядей
tension (f) des fils
tensione (f) del filato
tensión (f) de los hilos / *tensió (f) dels fils*

13
die Fäden (mpl) während des Zusammendrehens leiten
to guide the yarn during twisting
направлять пряди при их скручиваніи в шнур
guider les fils (mpl) pendant la torsion
guidare il filato durante la torcitura
guiar los hilos durante la torsión / *guiar els fils durant la torta*

14
schnüren
to twist
скручивать [стренги в канат], свивать, вить
câbler
torcere
cablear / *cablejar*

15
Ganghöhe (f) der Litzenschraubenlinien
pitch of twist in the strand
ход (мр) винтовой линіи стренги
pas (mpl) des fils tordus dans le toron
passo (m) delle spire nel trefolo
paso (m) de las espirales en el cordón / *pas (m) de les espirales en el cordó*

16
Drehpfahl (m)
laying pole
канатокрутильная лебедка (жр)
chantier (m) à commettre
croce (f)
asta (f) de torcer

17 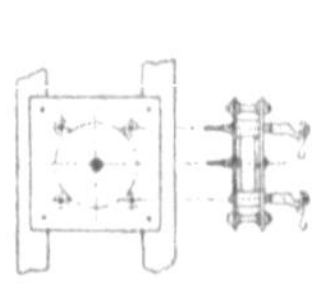
Seil[er]geschirr (n), Kammgeschirr (n)
twister
крутильная головка (жр)
mécanique (f)
torcitrice (f)
aparejo (m) de torcer, torcedor (m) / *aparell (m) de tòrcer, torcedor (m)*

18 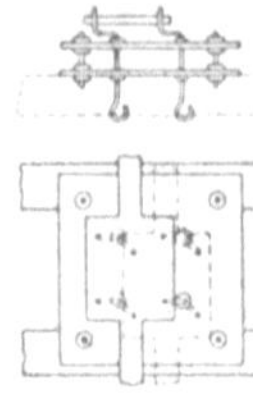
Klappergeschirr (n), Nudelgeschirr (n)
twister for small work
шатунная крутильная головка (жр)
mécanique (f) pour cordage fin
torcitrice (f) per lavoro limitato
aparejo (m) de torcer para trabajo fino / *aparell (m) de tòrcer per a feina fina*

1 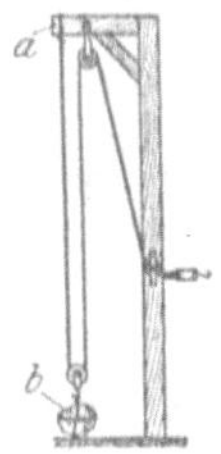

Schnurstange (f), Nachhangerstange (f)
loper frame
натяжной стояк (мр)
bâti (m) de l'émerillon, poteau (m) à câbler
crocile (m)
poste (m) de cordelero o de gancho / *pal (m) dret o forca (f) dreta de corder*

---

2 a
Querbalken (m)
cross piece
перекладина (жр), поперечная балка (жр)
traverse (f)
traversa (f)
travesaño (m) / *travesser (m)*

---

3 b
Hängegewicht (n)
suspended weight
подвѣсной груз (мр)
poids (m) de suspension
peso (m) di sospensione
peso (m) suspendido / *pes (m) penjat*

---

4 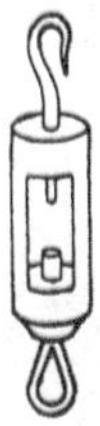

Nachhänger (m), Nachhalter (m), Hänger (m), Schnurnadel (f), Finedel (f)
[ropemaker's] loper
натяжная вертлюга (жр)
émerillon (m)
gancio (m) da cordaio
gancho (m) de cordelero / *ganxo (m) de corder*

5
[Seiler-]Schlitten (m)
rope sledge, rope drag
салазки (жр) канатчика
traineau (m) de cordier, luchette (f)
traino (m) da cordaio
trineo (m) o carro (m) de cordelero / *trineu (m) o xarrió (m) de corder*

---

6 

dreirämmelige Lehre (f) *oder* Kappe (f), dreirämmeliges Leitholz (n) *oder* Hoofd (n)
treble-grooved laying top *or* rope top
трехжелобная *или* трехходовая (-ый) колодка (жр) *или* шаблон (мр)
toupin (m) *ou* co[u]choir (m) *ou* moule (f) *ou* noix (f) *ou* sabot (m) *ou* cabre (m) *ou* masson (m) *ou* gabieu (m) à trois rainures
calibro (m) a triplice scanalatura
plantilla-guía (f) o cerrador (m) o piña (f) de cordelero de tres ranuras / *tupí (m) o esclopet (m) o plantilla (f) de tres galzes*

---

7 a
Rämmel (f), Furche (f)
groove
выемка (жр), желоб (мр)
rainure (f), sillon (m), goujure (f)
scanalatura (f)
ranura (f) / *galze (m)*

8
Gleiten (n) der Lehre
sliding of the top
скольжение (ср) шаблона
glissement (m) du toupin
slittamento (m) del calibro
resbalamiento (m) del cerrador/*relliscament (m) del tupí*

9
die Lehre mit einer Schnur fuhren *oder* regieren
to guide the top by means of a cord
направлять шаблон посредством шнура
diriger le toupin au moyen d'une corde
dirigere il calibro a mezzo d'una corda
dirigir el cerrador por medio de una cuerda / *dirigir el tupí per corda*

10
die Lehre langsam führen
to guide the top slowly
вести шаблон (мр) тихо
diriger *ou* conduire le toupin lentement
dirigere il calibro lentamente
guiar el cerrador despacio / *guiar el tupí poc a poc*

11
die Lehre schnell führen
to guide the top quickly
вести шаблон (мр) быстро
diriger *ou* conduire le toupin rapidement
dirigere il calibro rapidamente
guiar el cerrador a prisa / *guiar el tupí de pressa*

12
Anschirrhaken (m), Nachschirrhaken (m), Nachschlaghaken (m), Schnürhaken (m)
nib, twisting hook
скручивающій крюк (мр)
crochet (m) de torsion
uncino (m) di torcitura
gancho (m) torcedor / *ganxo (m) torcedor*

13
die Litzen (fpl) in der Spinnrichtung *oder* in wilder Runde zusammendrehen
to twist the strands in the same direction as that of the yarn
скручивать *или* свивать стренги в направленіи крутки пряжи
tordre les torons dans le même sens que celui de leur torsion
torcere i trefoli nella stessa direzione seguita dalla torsione del filato
cablear en el mismo sentido que la torsión de los hilos / *cablejar en el mateix sentit de la torta dels fils*

14
die Litzen (fpl) der Spinndrehung entgegengesetzt *oder* in Gegenrunde zusammendrehen, abbrühen
to twist the strands in the opposite direction to that of the yarn
скручивать стренги в сторону, противоположную их круткѣ
tordre les torons (mpl) dans un sens opposé à celui de leur torsion
torcere i trefoli nella direzione opposta seguita dalla torsione del filato
cablear en sentido opuesto a la torsión de los hilos / *cablejar en sentit contrari a la torta dels fils*

15
schlaffe Litze (f)
slack strand
слабая стренга (жр)
toron (m) lâche
trefolo (m) molle
cordón (m) flojo / *cordó (m) fluix*

16
gespannte Litze (f)
tight strand
тугая стренга (жр)
toron (m) tendu
trefolo (m) stretto
cordón (m) fuerte / *cordó (m) tivat o fort*

17
die Litze verkürzt sich
the strand shortens
стренга (жр) укорачивается
le toron se raccourcit
il trefolo se raccorcia
el cordón se acorta o se contrae / *el cordó s'escursa*

1 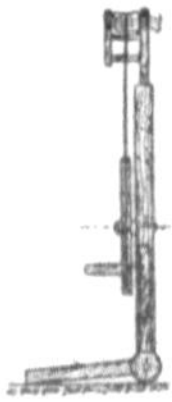

Hinterrad (n)
traveller
станок (мр) с заднимъ колесом
chariot (m)
carretto (m)
carro (m) / *xarrió (m)*

2
das Hinterrad vorschieben
to advance the traveller
подвигать вперед станок с задним колесом
faire avancer le chariot
far avanzare il carretto
avanzar el carro / *avençar el xarrió*

3
ε) Seilen (n), Abseilen (n), Seildrehen (n), Seilschlagen (n), Verseilen (n), Rundschlag (m), Trossenschlag (m)
Hawser Laying
Производство (ср) *или* витье (ср) канатов
Commettage (m) en [h]aussières
Commettitura (f) semplice
Corcha (f) para guindaleza / *Formació (f) de cordes, retort (m) de cordills o llibrants*

4
seilen, verseilen, abseilen
to lay *or* to close *or* to twist a rope
вить канат[ы]
commettre en [h]aussière, corder
commettere una corda
corchar *o* [a]colchar una cuerda / *tòrcer una corda*

5
die Litzen (fpl) abteilen
to separate *or* to part the strands
раздѣлить стренги
partager les torons (mpl)
dividere i trefoli
dividir los cordones / *separar els cordons*

6
Aufdrehen (n) *oder* Losdrehen (n) der Litzen
untwisting the strands
раскручиванiе (ср) стренг
détortillement (m) des torons
distorcimento (m) dei trefoli
destorcido (m) de los cordones / *destort (m) dels cordons*

7
geseilte Arbeit (f)
closed work
законченный канат (мр)
travail (m) commis une fois
lavoro (m) commesso una volta
obra (f) corchada para guindaleza / *cablejat (m)*

8 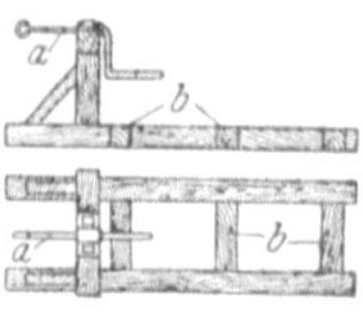

Seilerschlitten (m)
rope drag, tackle board
салазки (жр) канатчика
traîneau (m) de cordier
traino (m) da cordaio
trineo (m) *o* carro (m) de cordelero / *trineu (m) o xarrió (m) de corder*

9 a
Nachschlaghaken (m)
nib
крутильный крюк (мр)
crochet (m) de torsion
uncino (m) di torcitura
gancho (m) torcedor / *ganxo (m) torcedor*

b
Querriegel (m)
stay
распорка (жр)
entretoise (f)
traversa (f)
travesaño (m) / *travesser (m)* 10

Belastung (f) des Schlittens
weighting the sledge
нагрузка (жр) салазок
chargement (m) du traîneau
caricamento (m) del traino
cargado (m) del carro / *carregat (m) del xarrió* 11

belasteter Schlitten (m)
weighted sledge
нагруженныя салазки (жр)
traîneau (m) chargé
traino (m) caricato
carro (m) cargado / *xarrió (m) carregat* 12

Rüstbock (m)
bench
козлы (мр)
chevalet (m), tréteau (m)
cavalletto (m), crocile (m)
banco (m), caballete (m) / *banc (m), caballet (m)* 13

Griffbrett (n)
handle
ручка (жр), палка (жр)
manuelles (fpl), gaton (m)
manovella (f), campana (f)
asidero (m), mango (m) / *maneta (f), agafador (m)* 14

Seilumfang (m), Seilstärke (f)
circumference *or* girth *or* size of the rope
длина (жр) окружности каната
circonférence (f) de la corde
circonferenza (f) della fune
circunferencia (f) *o* grueso (m) de la cuerda / *circumferència (f) o gruix (m) de la corda* 15

Seildurchmesser (m), Seilstarke (f), [Seilkaliber (n)]
diameter *or* size of rope
калибр (мр) *или* дiаметр (мр) каната
diamètre (m) de la corde
diametro (m) della fune
diámetro (m) *o* grueso (m) de la cuerda / *diàmetre (m) o gruix de la corda* 16

Eichmaß (n), Richtmaß (n), [Visiermaß (n)]
gauge, measuring parchment
клейменая мѣра (жр)
parchement (m) à mesurer la circonférence de la corde
misuratore (m) della circonferenza della corda
calibre (m), pergamino (m) de medir / *galga (f), pergamí (m) de midar* 17

Einwirkung (f) der Nässe auf Seile
action of humidity on ropes
влiянiе (ср) сырости на канаты
action (f) de l'humidité sur les cordes
azione (f) dell'umidità sulle corde
acción (f) *o* influencia (f) de la humedad sobre los cables / *acció (f) o influència (f) de la humitat en els cables* 18

ζ) Abstücken (n), Kabelschlag (m) | Commettage (m) en grelin

1 Cable Laying | Commettitura (f) doppia

Строщиванiе (ср) | Corcha (f) para calabrote / *Retort (m) de cordes, cablejat (m)*

---

2 abstücken | commettre en grelin
to twist the hawsers together | torcere assieme le gomene
строщивать тросс | corchar *o* acolchar para calabrote / *tòrcer cordes, cablejar*

---

3 abgestucktes Tau (n) | cordage (m) commis en grelin
cable-laid rope | corda (f) a gherlino
строщеный тросс (мр) | cuerda (f) corchada para calabrote / *corda (f) amb format de cable*

η) Auftreiben (n), Nachdrehen (n) | Tordage (m)

4 Hardening | Torcitura (f) supplementare

Окончательная подгонка (жр) под толщину | Retorsión (f) / *retorsió (f)* / suplementaria

---

5 aufdrehen, zurückdrehen | détortiller
to untwist | distorcere
раскручивать, отпускать | destorcer

---

6 festes Zusammendrehen (n) der Seilerarbeit ohne Drallerhöhung | commettage (m) solide sans augmentation de la torsion
tight closing the work without increasing the twist | chiusura (f) stretta della fune senza aumentarne la torsione
крѣпкое скручиванiе (ср) *или* витье (ср) без увеличенiя крутки стренг | trabajo (m) apretado sin aumento de torsión / *treball (m) apretat o clos sense augmentar la torta*

---

7 übermäßiger Drall (m) | torsion (f) exagérée
excessive twist | torsione (f) eccessiva
чрезмѣрная крутка (жр) | torsión (f) excesiva / *torsió (f) o torta (f) excessiva*

---

8 Drallverminderung (f) | diminution (f) de torsion
reduction of twist | riduzione (f) della torsione
уменьшенiе (ср) крутки | reducción (f) de la torsión / *reducció (f) de la torsió*

---

9 

a

Folger (m)
follower
хвост (мр), хвостовой чурбан (мр)
bloc (m) régulateur
blocco (m) regolatore
bloque (m) regulador *o* seguidor / *bloc (m) regulador o seguidor*

---

10 b

Folgerstange (f)
follower bar
хвостовой прут (мр) *или* каток (мр)
tréteau (m) du bloc régulateur
palo (m) del blocco regolatore
caballete (m) del bloque regulador / *cavallet (m) del bloc regulador*

---

b) Maschinenseilerei (f) | **Corderie (f) mécanique**
Mechanical Rope Making | **Corderia (f) meccanica** 11
Машинное производство (ср) канатов | **Cordelería (f) mecánica / *Corderia (f) mecànica***

Anlege (f) mit Kettenstrecke | étaleuse (f) *ou* étirage (m) à chaine
chain bar spreader | spanditrice (f) a catena 12
заправка (жр) с цѣпным натяжным аппаратом | mesa (f) de extender / *taula (f) d'estendre* / de cadena

---

Flügelspinnmaschine (f) mit liegendem Flügel | métier (m) à filer à ailette horizontale
flyer spinning machine with horizontal flyer | filatoio (m) ad aletta orizzontale 13
рогульчатая прядильная машина (жр) с горизонтальной рогулькой | máquina (f) de hilar de aleta horizontal / *màquina (f) de filar de aleta horitzontal*

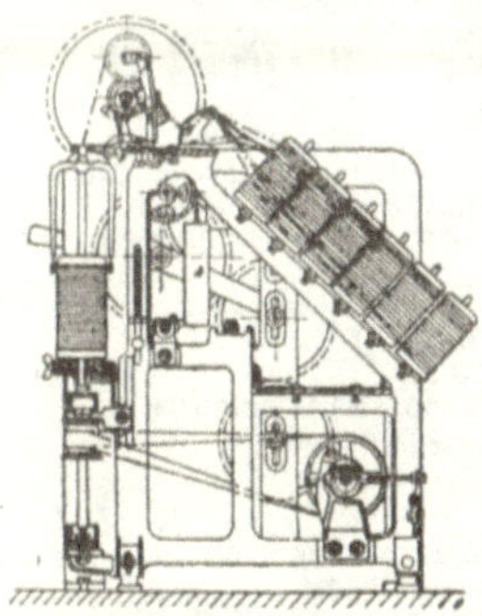

Bindfadenzwirnmaschine (f)
twine twisting *or* laying machine, twine twister
машина (жр) для производства бечевы
métier (m) à retordre pour ficelles 14
ritorcitoio (m) per spago
máquina (f) de retorcer para cordeles / *màquina (f) de retòrcer per a cordills*

Flügelzwirnmaschine (f) für Bindfaden | métier (m) à retordre à ailettes pour ficelles
flyer twister for twines | ritorcitoio (m) ad alette per spago 15
рогульчатая крутильная машина (жр) для бечевы | retorcedora (f) de aletas para cordeles / *retorcedora (f) d'aletes per a cordills*

Flügel (m) mit gehärtetem Ring im Kopf | ailette (f) avec anneau trempé dans la tête
flyer with hardened ring in the head | aletta (f) con anello temperato nella testa 16
рогулька (жр) с закаленным кольцом в головкѣ | aleta (f) con anillo templado en la testa / *aleta (f) amb anella trempada a la testa*

Flügel (m) mit eingerollten Augen | ailette (f) à œillets enroulés dans les extrémités de l'ailette
flyer with eyelets rolled-in | aletta (f) con occhielli avvolti nelle estremità dell'aletta 17
рогулька (жр) с раскатанными глазками | aleta (f) con ojetes enrollados en las extremidades de la aleta / *aleta (f) amb ullets enrotllats en els caps de l'aleta*

Flügel (m) mit eingelöteten Ösen | ailette (f) avec œillets soudés
flyer with guide eyes soldered-in | aletta (f) con occhielli saldati 18
рогулька (жр) со впаянными проушинами | aleta (f) con ojetes soldados / *amb ullets soldats*

1 Spindel (f) für Schnurantrieb
band driven spindle
веретено (ср) с шнуровым приводом
broche (f) avec commande par corde
fuso (m) con azionamento a corda
púa (f) con mando por cuerda / *pua (f) amb comanda per corda*

2 Spindel (f) fur Gurtantrieb
tape driven spindle
веретено (ср) с ленточным приводом
broche (f) avec commande par ruban
fuso (m) con azionamento a nastro
púa (f) con mando por cinta / *pua (f) amb comanda per veta*

3 Spindel (f) fur Riemenantrieb
belt driven spindle
веретено (ср) с ременным приводом
broche (f) avec commande par courroie
fuso (m) con azionamento a cinghia
púa (f) con mando por correa / *pua (f) amb comanda per corretja*

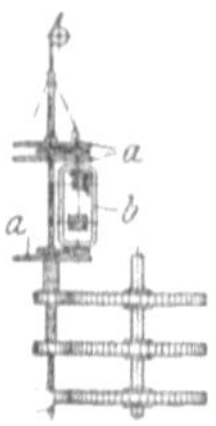

4 Schnurmaschine (f)
cord laying machine
шнурочная машина (жр)
câbleuse (f) de corderie, machine (f) à câbler
macchina (f) per fare cordicelle
máquina (f) de colchar / *màquina (f) de fer cordills*

5 a
Laterne (f)
lantern
фонарь (мр) машины
lanterne (f)
lanterna (f)
linterna (f) / *llanterna (f)*

6 b
Spulenrahmen (m)
bobbin frame
рама (жр) для катушек, катушечная клѣтка (жр)
support (m) de bobines
sopporto (m) per bobine
porta-bobinas (m) / *porta-rodets (m)*

7 austreiben, ausziehen
to draw out
вытягивать
étirer
stirare
estirar

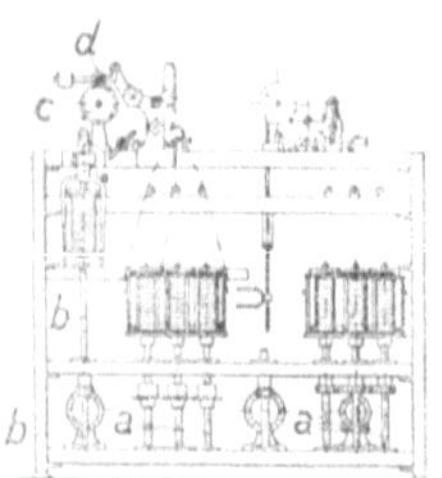

8 Litzenaustreibemaschine (f), Litzenzwirnmaschine (f), Verlitzmaschine (f), Kordelmaschine (f)
twine laying machine, strander, stranding machine, twine layer, cabling machine, register[ing] machine
машина (жр) для производства *или* скручиванія стренг
machine (f) à fabriquer les torons, toronneuse (f)
macchina (f) per fare trefoli
máquina (f) de fabricar cordeles / *cordills*

9 a
Abwindespindel (f), Abgabespindel (f)
delivery spindle
веретено (ср) для сматываемых катушек
broche (f) dévideuse
fuso (m) consegnatore
púa (f) que entrega / *pua (f) que dona*

b
Zwirnspindel (f), [Dublierspindel (f)]
cabling spindle
тростильное веретено (ср)
broche (f) câbleuse 10
fuso (m) per ritorcere
púa (f) que recibe o que arrolla, púa bobinadora / *pua (f) que plega o que pren*

c
Lieferwalze (f)
feed roller
питательный валик (мр)
cylindre (m) alimentaire 11
cilindro (m) alimentatore
cilindro (m) alimentador / *corró (m) alimentari*

d
belastete Druckwalze (f)
weighted top roller *or* pressing roller
груженый нажимной валик (мр)
cylindre (m) de pression chargé 12
cilindro (m) di pressione caricato
cilindro (m) de presión cargado / *corró (m) de pressió carregat*

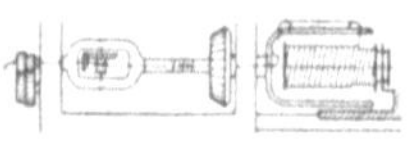

Seillitzenspinnmaschine (f) Litzenschlagmaschine (f)
stranding machine
отдѣлочная стренговая машина (жр)
toronneuse (f) 13
macchina (f) per fare trefoli
máquina (f) de fabricar cordones / *màquina (f) de fabricar cordons*

Schlagmaschine (f), Vorschlagmaschine (f), Vorspinnmaschine (f), Vordrehgestell (n)
foreturn [machine], foreboard, stationary twister
крутильная машина (жр), машина (жр) для предварительнаго скручиванья
machine (f) fixe, fileuse (f) en gros
torcitoio (m) fisso, macchina (f) fissa 14
retorcedora (f) fija / *fixa*

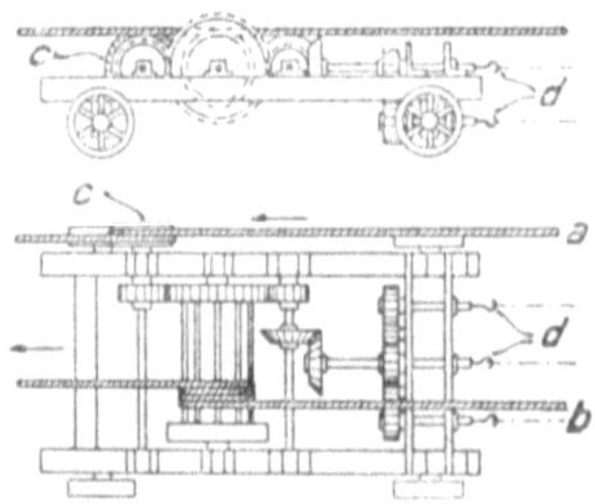

Austreibemaschine (f), Ausziehwagen (m), Läufer (m)
traveller, forming machine
вытяжная каретка (жр)
chariot (m), [machine (f)] coureuse (f) 15
macchina (f) mobile o scorrevole, carretto (m)
máquina (f) corredera o móvil / *màquina (f) mòbil o corredera*

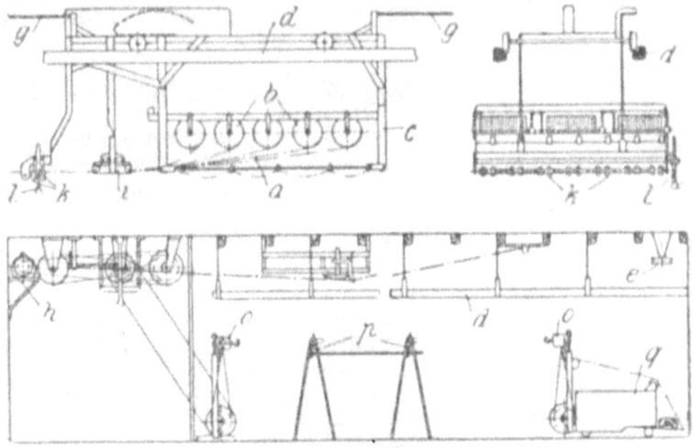

1 a
Triebseil (n), Antriebseil (n)
fly rope, endless rope
тяжник (мр)
corde (f) sans fin
corda (f) senza fine
cuerda (f) sin fin / *corda (f) sens fi*

---

2 b
Grundseil (n)
ground rope
основной канат (мр) [каретки]
corde (f) de commande du chariot
corda (f) di comando del carretto
cuerda (f) de mando del carro / *corda (f) de comanda del carro*

---

3 c
Seilrad (n), Seilscheibe (f)
whelp wheel
канатный блок (мр), канатный диск (мр)
poulie (f) à gorge
puleggia (f) a gola
polea (f) de garganta / *politja (f) de corda*

---

4 d
Hakenspindeln (fpl)
twisting hooks
веретена (ср) с крючками, крутильные крючки (мр)
crochets (mpl)
uncini (mpl) di torsione
ganchos (mpl) torcedores / *ganxos (mpl) torcedors*

5
Lochscheibe (f), Registerplatte (f)
register plate
нитe-распредѣлитель (мр), нитe-направитель (мр)
[plaque-]registre (f), guide-fils (m)
placca (f) di registro, trafila (f)
guía-hilos (m) / *guia-fils (m)*

6
Form (f), Buchse (f), Preßbuchse (f)
tube
втулка (жр)
pince (f), tube (m)
tubo (m)
tubo (m), pinza (f), molde (m) / *tub (m), pinça (f), motllo (m)*

7
Wechselrad (n)
change wheel
смѣнная шестерня (жр)
pignon (m) de rechange
pignone (m) di ricambio
piñon (m) de cambio / *pinyó (m) de recanvi o de canvi*

8
Spulenrahmen (m), Spulenständer (m)
creel
стояк (мр) для катушек
râtelier (m) des bobines
rastrelliera (f) di bobine, armadio (m)
fileta (f)

9
Geleise (n), Gleis (n)
rails
путь (мр)
voie (f) ferrée, chemin (m) de fer
binario (m)
carriles (mpl) / *riell (m), rail (m)*

Seilzwirnanlage (f), Seilaustreibe-Einrichtung (f)
rope laying plant
приспособленіе (ср) для крученія канатов
installation (f) pour la fabrication de cordages 10
macchinario (m) per commettere cordami
instalación (f) para la fabricación de cuerdas / *installació (f) per a la fabricació de cordas*

Seilerbahn (f)
rope walk
канатная дорожка (жр)
filerie (f) 11
cordería (f)
cordelería (f) / *cordería (f)*

---

a
Litzen (fpl)
strands
стренги (жр)
torons (mpl) 12
trefoli (mpl)
cordones (mpl) / *cordons (mpl)*

---

b
Litzenspulen (fpl)
strand bobbins, creel bobbins
катушки (жр) со стренгой
bobines (fpl) de torons 13
bobine (fpl) di trefoli
bobinas (fpl) de cordones / *rodets (mpl) de cordons*

---

c
aufgehängter Spulenwagen (m)
suspended bobbin carriage
подвѣсная каретка (жр) с катушками
chariot (m) à bobines suspendu 14
carro (m) a bobine sospeso
carro (m) suspendido de bobinas / *carro (m) de rodets penjat*

---

d
an der Decke der Seilbahn angebrachte Laufschienen (fpl) für den Ausziehwagen
overhead rails for the travelling carriage
рельсы (мр) для выдвижной каретки, подвѣшанные к потолку канатной дорожки
rails (mpl) suspendus au plafond de la filerie pour le chariot 15
binario (m) sospeso al soffitto della corderia per il movimento del carro
carriles (mpl) suspendidos en el techo de la cordelería para el carro / *riells (mpl) penjats al sostre de la cordería per al carro*

1 auf dem Boden der Seilbahn angeordnete Laufschienen (fpl)
rails arranged on the floor of the walk
рельсы (мр), расположенные на полу канатной дорожки
rails (mpl) disposés sur le sol de la filerie
binario (m) fissato sul pavimento della corderia
carriles (mpl) fijados en el suelo de la cordelería / *riells (mpl) collats a terra en la corderia*

2 e Laufrollen (fpl)
guide pulleys
направляющие блоки (мр)
volants-guides (mpl)
puleggie (fpl) di guida
poleas-guía (fpl) / *politges-guia (fpl)*

3 g Triebseil (n) für den Spulenwagen
driving rope for the bobbin carriage
тяжник (мр) для каретки с катушками
câble (m) de commande du chariot à bobines
corda (f) d'azionamento del carro a bobine
cuerda (f) de mando para el carro de bobinas / *corda (f) de comanda per al carro de rodets*

4 h Triebmaschine (f), Motor (m)
motor
мотор (мр)
moteur (m)
motore (m)
motor (m)

5 Abstellvorrichtung (f)
stop motion
выключатель (мр), остановочный прибор (мр)
mécanisme (m) d'arrêt
meccanismo (m) d'arresto
mecanismo (m) de paro / *dispar (m)*

6 i Litzenhemmvorrichtung (f)
strand drag motion
зажимный аппарат (мр) для стренг
dispositif (m) de freinage des torons
dispositivo (m) di tensione dei trefoli
mecanismo (m) de tensión de los cordones / *mecanisme (m) de tivar els cordons*

7 k Führungsrollen (fpl) für die Litzen
guide rollers for the strands
ведущие *или* направляющие ролики (мр) для стренг
rouleaux-guides (mpl) des torons
cilindri (mpl) di guida per i trefoli
rodillos-guía (mpl) de los cordones / *corrons-guia (mpl) dels cordons*

l Handkurbel (f)
winch handle
ручной кривошип (мр), рукоятка (жр)
manivelle (f) 8
manovella (f)
manivela (f), manija (f) / *manivela (f), maneta (f)*

o Drehspindel (f), Hakenspindel (f), Schnürhaken (m)
twisting hook
прицѣпное веретено (ср) 9
crochet (m)
uncino (m) di torsione
gancho (m) / *ganxo (m)* / torcedor

Rechenwagen (m)
rake carriage
каретка (жр) с направляющим гребнем
chariot (m) à râteau guide-fils 10
carro (m) a rastrello
carro (m) con rastrillo guía-hilos / *xarrió (m) amb rastell guia-fils*

Rechengestell (n)
rake frame, samson post
гребенной станок (мр)
bâti (m) du râteau guide-fils 11
telaio (m) del rastrello
montante (m) o bancada (f) del rastrillo / *montant (m) o bancada (f) del rastell*

p umlegbarer Rechen (m)
reversible rake
перекидной гребень (мр)
râteau guide-fils (m) réversible 12
rastrello (m) riversibile
rastrillo (m) guía-hilos / *rastell (m) guia-fils* / reversible

die Rechen (mpl) umlegen
to reverse the rakes
перекидывать гребни (мр)
renverser les râteaux guide-fils 13
invertire i rastrelli
invertir los rastrillos guía-hilos / *invertir els rastells guia-fils*

q Drehspindelgestell (n)
twisting hook frame
каретка (жр) с прицѣпными веретенами
chariot (m) des crochets 14
carro (m) degli uncini
carro (m) de los ganchos torcedores / *carro (m) dels ganxos torcedors*

die Litzenenden (npl) verknoten
to knot the ends of the strands together
связывать узлами концы (мр) стренг
nouer ensemble les extrémités (fpl) des torons
annodare le estremità dei trefoli 15
anudar los extremos de los cordones / *nuar els caps dels cordons*

die verknoteten Litzenenden (npl) in die Hakenspindeln einhängen
to place the knotted ends into the nibs
навѣшивать связанные узлом концы стренг на прицѣпныя веретена
accrocher les extrémités nouées des torons dans les crochets
fermare le estremità annodate dei trefoli agli uncini 16
fijar los cabos anudados en los ganchos / *remetre els caps nuats en els ganxos*

1 die Litzen (fpl) schnüren
to twist the strands
перевязывать стренги (жр)
câbler les torons (mpl)
torcere i trefoli
torcer los cordones / *tòrcer els cordons*

2
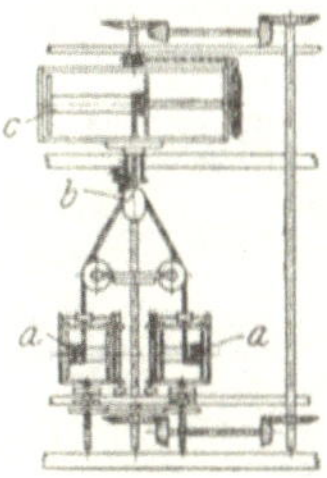

stehende Seildrehmaschine (f) *oder* Seilschlagmaschine (f)
vertical rope laying machine
вертикальная канатная машина (жр)
machine (f) verticale à commettre [les cordages]
macchina (f) verticale per far [le] corde
máquina (f) vertical de cablear cuerdas, cableadora (f) vertical / *màquina (f) vertical de cablejar cordes*

---

3 a
Litzenspule (f)
strand bobbin
катушка (жр) для намота стренги
bobine (f) de toron
bobina (f) di trefolo
bobina (f) de cordón / *rodet (m) de cordó*

---

4 b
Führungslehre (f)
laying top
направляющая колодка (жр)
toupin (m)
calibro (m)
plantilla-guía (f) / *tupí (m)*

---

5 c
Seilspule (f)
rope spool
катушка (жр) для намотки каната
bobine (f) de corde
spola (f) per corda
bobina (f) de cuerda / *rodet (m) de corda*

6
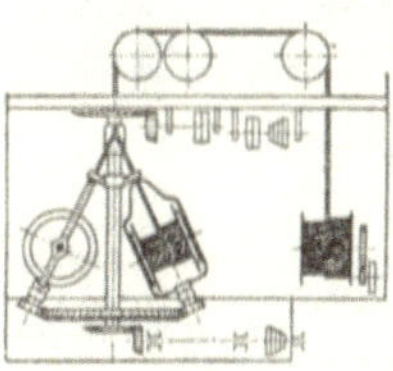
stehende Seilschlagmaschine (f), Karussellmaschine (f)
vertical rope laying machine
вертикальная [карусельная] канатная машина (жр)
machine (f) verticale à commettre *ou* à câbler
macchina (f) verticale per far corde
máquina (f) vertical de cablear / *màquina (f) vertical de cablejar*

---

7 Seilschlagmaschine (f) mit Rückdrehvorrichtung für die Spulenflügel
rope laying machine with turning-back motion for the flyers
канатная машина (жр) с раскручивающим приспособленiем для катушечных рогулек
commetteuse (f) à mouvement de retour des ailes
macchina (f) per far corde a movimento di ritorno delle alette
cableadora (f) con movimiento de retorno de las aletas / *cablejadora (f) amb moviment de retorn de les aletes*

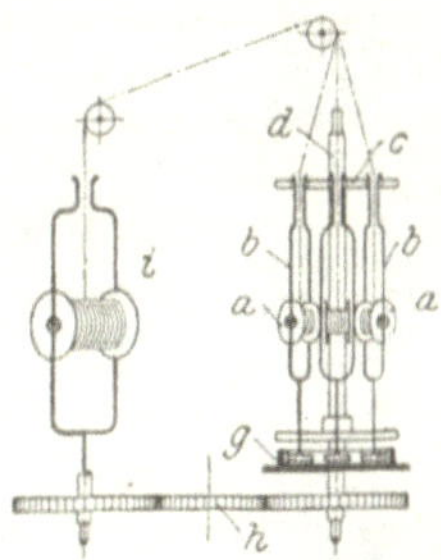

Seilschlag- und Schnurenmaschine (f)
rope and cord laying machine
канатная и шнурочная машина (жр)
commetteuse (f) pour cordes et ficelles 8
macchina (f) per far corde e spaghi
máquina (f) de fabricar cuerdas y cordeles / *màquina (f) de fer cordes i cordills*

---

a
Spule (f)
spool, bobbin, reel
катушка (жр), шпуля (жр) 9
bobine (f)
spola (f)
bobina (f) / *rodet (m)*

---

b
Spulenflügel (m)
spool frame
рогулька (жр)
aile (f) de la bobine 10
aletta (f) della spola
porta-bobina (f) aleta (f), / *porta-rodet (f), aleta (f)*

---

c
Spulenflügelhalter (m)
spool frame support
станок (мр) для рогулек
support (m) des ailes 11
sopporto (m) delle alette
soporte (m) de las porta-bobinas / *suport (m) de les porta-rodets*

Flügelrahmenwelle (f)
spool frame shaft
ось (жр) станка для рогулек
arbre (m) de l'aile 12
albero (m) dell'aletta
árbol (m) de la porta-bobina / *arbre (m) de la porta-rodet*

---

d
Säule (f)
main frame
столб (мр)
colonne (f) 13
colonna (f)
columna (f)

Triebrad (n) für den Spulenflügel
spool frame driving wheel
приводная шестерня (жр) для вращенiя рогульки
pignon (m) de commande de l'aile 14
ruota (f) di comando dell'aletta
rueda (f) motriz de la porta-bobina / *roda (f) motriu de la porta-rodet*

---

g
innen verzahntes Rad (n)
internally toothed wheel
шестерня (жр) внутренняго зацѣпленiя
roue (f) à denture intérieure 15
ruota (f) a dentatura interna
rueda (f) de dentado interior / *roda (f) de dentat interior*

---

h
Zwischentriebrad (n)
carrier wheel
передаточная шестерня (жр)
roue (f) intermédiaire 16
ruota (f) intermedia
rueda (f) intermedia / *roda (f) intermedia*

1 i
Nachdrehvorrichtung (f)
forehard motion
приспособленіе (ср) для дополнительной крутки
dispositif (m) de torsion supplémentaire
meccanismo (m) di torcitura supplementare
mecanismo (m) de torsión suplementaria / *mecanisme (m) de torsió suplementaria*

2
Nachdraht (m)
additional twist, forehard, foreturn, hardening
отдѣлочная *или* дополнительная крутка (жр)
torsion (f) supplémentaire
torsione (f) supplementare
torsión (f) / *torsió (f)* / suplementaria

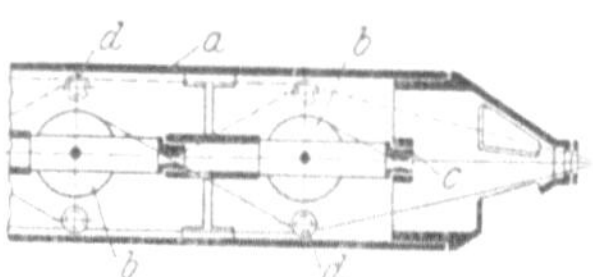

3
liegende [*oder* horizontale] Verseilmaschine (f) *oder* Seilschlagmaschine (f)
horizontal rope laying *or* closing machine
горизонтальная канатная машина (жр)
commetteuse (f) horizontale pour cordes
macchina (f) orizzontale per far corde
máquina (f) horizontal de hacer cuerda / *màquina (f) horitzontal de fer corda*

4 a
sich drehendes Spulenrahmengestell (n)
revolving spool frame
вращающійся катушечный станок (мр)
armature (f) tournante des bobines
armatura (f) girante delle bobine
porta-bobinas (m) giratorio / *porta-rodets (m) giratori*

5 b
Spule (f)
spool
катушка (жр)
bobine (f), touret (m)
spola (f)
bobina (f) / *rodet (m)*

6 c
Nippel (m), Führung (f)
funnel guide
ниппель (мр), втулка (жр)
entonnoir-guide (m)
guida (f) a imbuto
embudo-guía (m) / *embut-guia (m)*

7
olle (f)
guide roller
направляющій катокъ (мр)
rouleau-guide (m)
cilindro (m) di guida
rodillo-guía (m) / *corró-guia (m)*

Bremsvorrichtung (f) für die Spulentrommel von Verseilmaschinen
spool breaking device *or* drag motion for laying machines
тормазное приспособленіе (ср) для катушечнаго станка канатной машины
dispositif (m) de freinage pour la bobine dans les commetteuses
dispositivo (m) di freno per la bobina nelle macchine per far corde 8
mecanismo (m) de freno de las bobinas de la cableadora / *mecanisme (m) de fre dels rodets de la cablejadora*

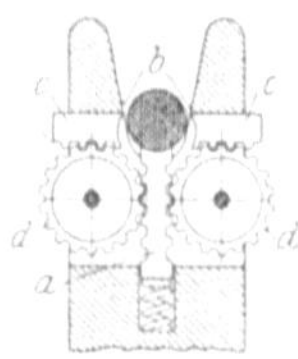

Seilklemme (f) für Verseilmaschinen
rope grip for laying machines
зажим (мр) каната в канатной машинѣ
pince (f) pour corde dans les commetteuses 9
pinza (f) per corde nelle machine per far corde
pinza (f) para la cuerda en las cableadoras / *pinça (f) per a la corda en les cablejadores*

a
beiderseits mit Zähnen versehene Zahnstange (f)
double rack
двухсторонняя зубчатая рейка (жр)
crémaillère (f) à double denture 10
asta (f) dentata doppia
cremallera (f) [de dentado] doble / *cremallera (f) [de dentat] doble*

b
Seilscheibenrille (f)
groove of the rope pulley
выемка (жр) для каната
gorge (f) de la poulie de corde
gola (f) della puleggia da corda 11
garganta (f) de la polea de la cuerda / *gorja (f) de la politja de la corda*

c
Klemmbacken (mpl)
gripping heads
зажимныя губы (жр)
mâchoires (fpl) de pinçage 12
mascelle (fpl) d'afferramento
mordazas (fpl) de la pinza / *mordasses (fpl) de la pinça*

d
Zahntrieb (m) für die Klemmbacken
driving gear of gripping heads
приводная шестерня (жр) для зажимных губ
engrenage (m) assurant le pinçage des mâchoires 13
ingranaggio (m) delle mascelle
engranaje (m) de cierre de las mordazas / *engravació (f) de cloure les mordasses*

Umspinnmaschine (f)
[spiral] covering machine
обматывающая машина (жр)
métier (m) à guiper, guipeuse (f)
macchina (f) per rivestire le corde
máquina (f) de revestir las cuerdas / *màquina (f) de revestir les cordes* 14

Flechtmaschine (f)
braid covering machine, braiding machine
плетельная машина (жр)
métier (m) à tresser, tresseuse (f)
macchina (f) per intrecciare, intrecciatrice (f) 15
máquina (f) de trenzar / *màquina (f) de trenar*

1	**c) Glätten** (n) **Polishing** **Глаженіе** (ср)	**Lissage** (m) **Lisciatura** (f) **Pulido** (m) / ***Polit*** (*m*)
2	Abreiben (n) der Seilerwaren mit rauhen Körpern rubbing the cordage with rough materials протираніе (ср) канатных издѣлій шероховатыми веществами	frottage (m) des cordages avec des matières rugueuses strofinamento (m) *o* sfregamento (m) dei funami con corpi ruvidi frotamiento (m) del cordaje con materias rugosas / *frotament* (*m*) *del cordatge amb matèries rugoses*
3	Ruffeln (n), Riffeln (n), Abriffeln (n) cleaning, carding наческа (жр) всухую	frottage (m) [au sec] strisciatura (f), sfregamento (m) a secco frotamiento (m) con carda / *fregat* (*m*) *amb carda*
4	die Schäbeteilchen (npl) von der Seiloberfläche entfernen to remove the shove from the surface of the rope удалять кострику с поверхности тросса	enlever les brindilles (fpl) de la surface du câble, débarrasser la surface du câble des fragments de chènevotte rimuovere la lisca dalla superficie della corda quitar los fragmentos de cañamiza de la superficie de la cuerda / *treure els fragments de canamuixa de la superficie de la corda*
5	Pferdehaarstrick (m), Haarstreiche (f) bund of horse hair плетенка (жр) из конскаго волоса	[corde (f) de] crin (m) corda (f) di crine di cavallo cuerda (f) de crin de caballo / *corda* (*f*) *de crin de cavall*
6	altes Hanfseil (n) old hemp rope старый пеньковый канат (мр)	vieux câble (m) en chanvre fune (f) vecchia di canapa, libano (m), paroma (f) cuerda (f) usada *o* vieja de cañamo / *corda* (*f*) *usada o vella de cànem*
7	Streichhader (m) daubing cloth, rubbing rag гладильная тряпка (жр) (для счесыванія торчащих волокон)	chiffon (m) rugueux straccio (m) *o* cencio (m) per lo sfregamento trapo (m) / *drap* (*m*) / rugoso
8	die Seilerware in Wasser einweichen to soak *or* to steep the cordage in water размягчать *или* замачивать канатныя издѣлія в водѣ	mouiller le cordage imbevere *o* immorbidire *o* rammollire *o* bagnare il cordame con acqua remojar *o* ablandar el cordaje en el agua / *remullar el cordatge en l'aigua*
9	die Seilerware mit Feuchtlappen benetzen to damp the cordage with a wet rag смачивать канаты мокрой тряпкой	mouiller le cordage avec des chiffons humides inumidire il cordame con stracci bagnati humectar el cordaje con trapos mojados / *humectar el cordatge amb draps mullats*

genetzte Seilerware (f) damped cordage смоченныя канатныя издѣлія (ср)	cordage (m) mouillé cordame (n) bagnato cordaje (m) humectado / *cordatge* (*m*) *humectat*	10
Streichen (n), Abstreichen (n) polishing гладить, отглаживать (вмокрую)	frottage (m) au mouillé, lissage (m) sfregamento (m) a umido frotamiento (m) en mojada / *fregat* (*m*) *en mullat*	11
gestrichene Seilerware (f) cleaned cordage глаженыя канатныя издѣлія (ср)	cordage (m) lissé cordame (m) sfregato cordaje (m) pulido / *cordatge* (*m*) *polit*	12
Durchziehen (n), Polieren (n) finishing пропуск (мр) под отдѣлку	passage (m) ripassata (f) acabado (m) / *acabat* (*m*)	13
altes Fischnetz (n) old fish net старая рыболовная сѣть (жр)	vieux filet (m) à poisson vecchia rete (f) da pesca red (f) / *xarxa* (*f*) / usada de pescar	14
Niederstreichen (n) der Härchen rubbing down *or* smoothing down the fibres сглаживаніе (ср) *или* счесываніе (ср) [торчащих] волокон	rabattage (m) des duvets lisciatura (f) della peluria pelado (m) de la pelusilla superficial / *pelat* (*m*) *del borrissol superficial*	15
durchgezogene Seilerware (f) finished cordage лощеные канаты (мр), лощеныя канатныя издѣлія (ср)	cordage (m) passé cordame (m) ripassato cordaje (m) acabado / *cordatge* (*m*) *acabat*	16

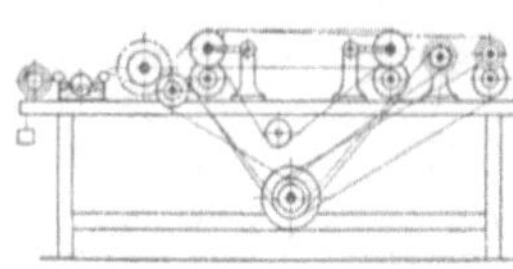

Maschine (f) zum Strecken und Polieren von Schnuren twine stretching and polishing machine машина (жр) для вытяжки и лощенія шнура	machine (f) à étirer et à polir les ficelles macchina (f) per stirare e lustrare lo spago máquina (f) de estirar y pulir cordeles / *màquina* (*f*) *d'estirar i polir cordill*	17
d) Teeren (n) **Tarring** **Смоленіе** (ср), **смазываніе** (ср) **дегтем**	**Goudronnage** (m) **Incatramatura** (f), **impregnazione** (f) **di catrame** **Alquitranado** (m) / ***Quitranat*** (*m*)	18
Teer (m) tar смола (жр), деготь (мр)	goudron (m) catrame (m) alquitrán (m), brea (f) / *quitrà* (*m*), *brea* (*f*)	19
Pflanzenteer (m), Holzteer (m), [vegetabilischer Teer (m)] vegetable tar, wood tar растительная смола (жр)	goudron (m) végétal catrame (m) vegetale *o* di legno brea (f) *o* alquitrán (m) vegetal / *brea* (*f*) *o quitrà* (*f*) *vegetal*	20

No.	Deutsch / English / Русский	Français / Italiano / Español
1	harzreicher Teer (m) highly resinous tar, tar rich in resins деготь (мр), богатый смолою; смолистый деготь	goudron (m) riche en résine catrame (m) ricco di resina alquitrán (m) rico en resina / *quitrà (m) ric en resina*
2	mineralischer Teer (m), Steinkohlenteer (m) mineral tar, coal tar минеральный деготь (мр)	goudron (m) minéral, goudron de houille catrame (m) di carbon fossile alquitrán (m) mineral *o* de hulla / *quitrà (m) mineral o d'hulla*
3	Pech (n) pitch пек (мр)	poix (f) pece (f) pez (f) / *pega (f)*
4	rohes Pech (n) raw pitch сырой пек (мр)	poix (f) brute pece (f) greggia pez (f) en bruto / *pega (f) grega*
5	weißes Pech (n) white pitch бѣлый пек (мр)	poix (f) blanche pece (f) bianca pez (f) / *pega (f)* / blanca
6	schwarzes Pech (n) black pitch черный пек (мр)	poix (f) noire pece (f) nera pez (f) negra / *pega (f) negra*
7	braunes Pech (n) brown pitch бурый пек (мр)	poix (f) brune pece (f) bruna pez (f) bruna / *pega (f) morena*
8	Schuhmacherpech (n) cobbler's wax [сапожный] пек (мр)	poix (f) de cordonnier pece (f) da calzolaio pez (f) de zapatero / *pega (f) de sabater*
9	Sattlerpech (n), Riemerpech (n) saddler's wax сѣдельный *или* шорный пек (мр)	poix (f) de sellier pece (f) da sellaio pez (f) de guarnicionero / *pega (f) de baster*
10	Pechläuterung (f) refining the pitch очищеніе (ср) *или* клеровка (жр) *или* варка (жр) пека	raffinage (m) de la poix raffinaggio (m) della pece refinación (f) de la pez / *refinat (m) de la pega*
11	Harzträber (m) resinous residue осадок (мр) от очистки смолы	résidu (m) résineux residuo (m) resinoso residuo (m) resinoso / *residu (m) resinós*
12	Harzgriefe (f), Pechgriefe (f), Harzkuchen (m), Harzballen (m) cake of resin, pitch ball отжатые твердые остатки (мр) смолы	gâteau (m) *ou* balle (f) de résine pane (m) di resina tortada (f) *o* tortón (m) *o* turto (m) de resina / *tortó (m) de resina*
13	Teeren (n) des Hanffadens tarring hemp yarn просмаливаніе (ср) пеньковой нити	goudronnage (m) du fil de chanvre incatramaggio (m) del filato di canapa alquitranado (m) del hilo de cáñamo / *quitranat (m) del fil de cànem*
14	den Hanffaden teeren to tar the hemp yarn просмаливать пеньковую нить (жр)	goudronner le fil de chanvre incatramare il filato di canapa alquitranar el hilo de cáñamo / *quitranar el fil de cànem*
15	teergetränkter Faden (m) tar soaked thread пропитанная дегтем *или* смолою стренга (жр), просмоленая нить (жр)	fil (m) imprégné de goudron filo (m) imbevuto di catrame hilo (m) impregnado de alquitrán / *fil (m) impregnat de quitrà*
16	geteerter Hanffaden (m) tarred hemp yarn просмоленая пеньковая стренга (жр) *или* нить (жр)	fil (m) de chanvre goudronné filo (m) di canapa [in]catramato hilo (m) de cáñamo alquitranado / *fil (m) de cànem quitranat*
17	Teeren (n) im Faden tarring in the yarn просмаливаніе (ср) в прядях	goudronnage (m) par fils incatramaggio (m) nel filato alquitranado (m) por hilos / *quitranat (m) per fils*
18	geteertes Seil (n) tarred rope просмоленый канат (мр)	cordage (m) noir *ou* goudronné fune (f) catramata cordaje (m) alquitranado *o* negro / *cordatge (n) quitranat o negre*
19	mit Teer gesättigtes Seil (n) tar saturated rope насыщенный дегтем канат (мр)	corde (f) saturée de goudron fune (f) satura di catrame cuerda (f) saturada de alquitrán / *corda (f) saturada de quitrà*
20	Teeren (n) im Stück, Stufen (n) tarring in the rope просмаливаніе (ср) в готовом кускѣ	goudronnage (m) du câble entier *ou* en paquet incatramaggio (m) nella fune alquitranado (m) de la cuerda / *quitranat (m) de la corda*
21	ungeteerte Seile (npl) untarred ropes, white cordage несмоленые канаты (мр)	cordes (fpl) blanches *ou* non goudronnées, funin (m) funame (m) bianco *o* non catramato cordaje (m) blanco *o* no alquitranado / *cordatge (m) blanc o no quitranat*
22	durch das Teeren geschwächtes Seil (n) rope weakened by tarring канат (мр) ослабленный осмоленіем	corde (f) affaiblie par le goudronnage corda (f) indebolita dall'incatramatura cuerda (f) debilitada por el alquitranado / *corda (f) afeblida per el quitranat*
23	im warmen Zustande teeren, warm registrieren to tar in the hot state просмаливать в теплом состояніи	goudronner à chaud incatramare a caldo alquitranar en caliente / *quitranar en calent*
24	Kaltteeren (n), Kaltregistrieren (n) tarring cold просмаливаніе (ср) в холодном состояніи	goudronnage (m) à froid incatramatura (f) a freddo alquitranado (m) en frío / *quitranat (m) en fred*

2. Drahtseilerei (f)

Wire Rope Making

1 **Производство (ср) проволочных канатов**

Fabrication (f) des câbles métalliques

Fabbricazione (f) dei cavi metallici

Fabricación (f) de cables metálicos / *Fabricació (f) de cables metàl·lics*

2 
Kreuzschlag (m)
twist in opposite direction
крестовое витье (ср)
tors (m) *ou* commettage (m) croisé
torsione (f) [dei lignuoli e funi] in senso inverso
torsión (f) inversa *o* cruzada / *torsió (f) inversa o creuada*

3 
Albertschlag (m)
twist in same direction
витье (ср) по Альберту
tors (m) allongé [dans la même direction], tors Albert
torsione (f) [dei lignuoli e funi] nello stesso senso, torsione sistema Alberto
torsión (f) directa *o* de Albert / *torsió (f) directa o d'Albert*

4 Drahtkabelschlagmaschine (f)
wire rope machine
тростильная машина (жр) для проволочных кабелей
machine (f) à faire les câbles métalliques
macchina (f) per fare le funi metalliche
máquina (f) de hacer cables metálicos / *màquina (f) de fer cables metàl·lics*

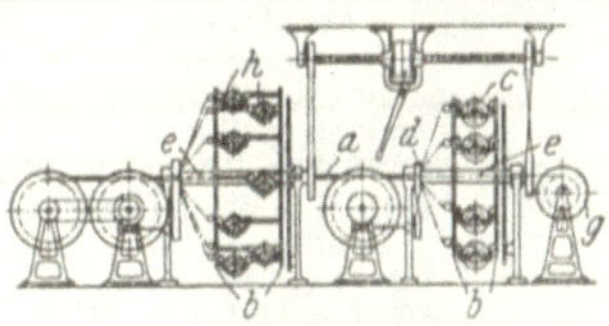

5 Drahtlitzen- und Drahtseilspinnmaschine (f)
combined stranding and wire rope laying machine, compound wire rope machine
машина (жр) для кручения проволочных стренг и канатов
commetteuse (f) combinée pour torons et câbles métalliques
macchina (f) combinata per far trefoli e cavi metallici
máquina (f) combinada *o* compound de hacer cables metálicos / *màquina (f) combinada o compound de fer cables metàl·lics*

6 a
Grundlitze (f)
core strand
стержневая *или* сердцевинная стренга (жр), стержень (мр)
toron (m) central, âme (f)
lignuolo (m) centrale, anima (f)
núcleo (m), ánima (f), cordón (m) central / *ànima (f), cordó (m) central*

b
Spulenrahmen (m) aus Blech
sheet metal spool frame
жестяная рама (жр) для катушек
armature (f) des bobines en tôle
armatura (f) delle spole in lamiera
porta-bobinas (f) de plancha / *porta-rodets (f) de planxa* 7

c
Drahtspule (f)
wire spool
катушка (жр) для намота проволоки
bobine (f) de fil métallique
spola (f) di filo metallico
bobina (f) de alambre / *rodet (m) de fil-ferro* 8

d
Lochscheibe (f), Registerplatte (f)
register plate
диск (мр) с дырами
plaque-registre (f)
trafila (f)
guía-alambres (m) / *guia-filferros (m)* 9

e
durchbohrte Welle (f)
hollow shaft
полый вал (мр)
arbre (m) creux
albero (m) cavo
árbol (m) hueco / *arbre (m) buit* 10

g
Seelentrommel (f)
core drum
барабан (мр) *или* навой (мр) с намотанным стержнем *или* сердечником
tambour (m) de l'âme
tamburo (m) dell'anima
tambor (m) del núcleo / *bombo (m) de l'ànima* 11

h
Litzenspule (f)
strand spool
катушка (жр) для стренги
bobine (f) de toron
spola (f) di lignuolo
bobina (f) del cordón / *rodet (m) del cordó* 12

x-spulige Drahtseilspinnmaschine (f)
x spool wire rope machine
x-катушечная крутильная машина (жр) для проволочных канатов
machine (f) à *x* bobines pour câbles métalliques
macchina (f) a *x* spole per fare cavi metallici
máquina (f) con *x* bobinas para cables metálicos / *màquina (f) de fer cables metàl·lics amb x rodets* 13

Drahtlehre (f), Drahtmaß (n)
wire gauge
калиберная доска (жр) для проволоки
jauge (f) pour fils métalliques
calibro (m) per fili metallici
calibre (m) *o* calibrador (m) de alambres / *galga (f) per filferro* 14

Maschine (f) zur Herstellung von Dreikantseilen
machine for making triangular ropes
машина (жр) для производства трехгранных канатов
machine (f) à fabriquer des câbles triangulaires
macchina (f) per fare cavi triangolari
máquina (f) para fabricar cables triangulares / *màquina (f) per a fer cables triangulars* 15

III.

1 **Herstellung (f) der geflochtenen Seilerwaren**

Manufacture of Braided *or* Plaited Cordage

Производство (ср) плетеных канатных издѣлій

Fabrication (f) des cordes tressées

Fabbricazione (f) delle corde intrecciate

Fabricación (f) de cuerdas trenzadas / *Manufactura (f) de cordes trenades*

2 Seilflechtmaschine (f)
rope plaiting *or* braiding machine
канатно-плетельная машина (жр)
tresseuse (f) mécanique *ou* machine (f) à tresser pour cordes
macchina (f) per intrecciare le corde
trenzadora (f) mecánica para cuerdas / *trenadora (f) mecànica per a cordes*

---

3 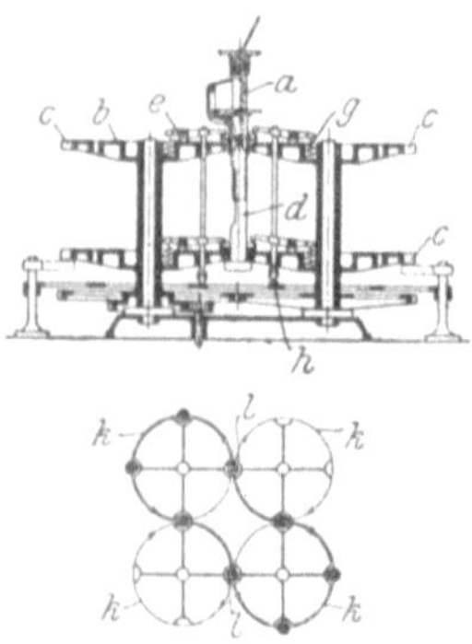

Flechtmaschine (f) für Vierkantseile [*od.* Quadratseile]
plaiting machine for rectangular *or* square ropes
плетельная машина (жр) для квадратных канатов
machine (f) à tresser pour cordes rectangulaires
macchina (f) per intrecciare corde rettangolari
máquina (f) de trenzar para cuerdas rectangulares o cuadradas / *màquina (f) de trenar per a cordes rectangulars o quadrades*

---

4 rechts gedrehte Litze (f)
right-handed strand
вправо крученая стренга (жр)
toron (m) tordu à droite
lignuolo (m) con torsione a destra
cordón (m) torcido a la derecha / *cordó (m) tort a la dreta*

---

5 links gedrehte Litze (f)
left-handed strand
влѣво крученая стренга (жр)
toron (m) tordu à gauche
lignuolo (m) con torsione a sinistra
cordón (m) torcido a la izquierda / *cordó (m) tort a l'esquerra*

---

a Klöppel (m)
lacer
коклюшка (жр) 6
fuseau (m)
fuso (m)
husillo (m) / *fuset (m)*

---

b Klöppelträger (mpl) in Kreuzform
cross-shaped lacer carrier
крестовидная подставка (жр) для коклюшки
support (m) de fuseau en forme de croix 7
sopporto (m) del fuso in forma di croce
soporte (m) del husillo en forma de cruz / *suport (m) del fuset en forma de creu*

---

c halbkreisförmige Pfanne (f)
semicircular notch
полукруглый противень (мр)
crapaudine (f) semi-circulaire 8
intaglio (m) semicircolare
ranura (f) / *encaix (m) o galze (m)* / semicircular

---

d Klöppelbüchse (f)
lacer sheath
втулка (жр) коклюшки
gaine (f) du fuseau 9
guaina (f) del fuso
casquillo (m) del huso / *dolla (f) del fuset*

---

e Kupplungshebel (m)
coupling lever
сцѣпляющій рычаг (мр)
levier (m) d'accouplement 10
leva (f) d'accoppiamento
palanca (f) de acoplamiento / d'acoplament

---

g Schraubenfeder (f)
helical spring
винтовая пружина (жр)
ressort (m) en hélice *ou* à boudin 11
molla (f) ad elica
resorte (m) cilíndrico o helicoidal / *molla (f) cilíndrica*

---

h Laufrolle (f)
runner bowl
направляющій ролик (мр), бѣгунок (мр)
galet (m) mobile 12
rotella (f) mobile
rodillo (m) móvil / *carrilla (f) mòbil*

Kurvenbahn (f)
curved path
лекальная дорожка (жр), криволинейная направляющая (жр) 13
chemin (m) incurvé
traiettoria (f) incurvata
curso (m) curvilíneo / *cursa (f) curvilínia*

---

k Klöppelbahn (f)
lacer path
ход (мр) *или* путь (мр) коклюшки
chemin (m) du fuseau 14
traiettoria (f) del fuso
curso (m) del husillo / *cursa (f) del fuset*

1 l Kreuzungsstelle (f) der Klöppelbahn
crossing point of the lacer path
мѣсто (мр) скрещенія путей коклюшки
point (m) de croisement du chemin du fuseau
punto (m) d'incrocio della traiettoria del fuso
punto (m) de cruce del curso del husillo / *punt (m) de creuament de la cursa del fuset*

2 die Litze durchläuft mit ihrem Klöppel eine geschlossene Bahn
the strand describes with its lacer a circuit
стренга (жр) пробѣгает с коклюшкой замкнутый путь *или* замкнутую траекторію
le toron passe par un circuit avec son fuseau
il lignuolo forma una traiettoria chiusa col suo fuso
el cordón recorre un circuito con su husillo / *el cordó passa fent un circuit tancat amb el seu fuset*

3 die Litze dreht sich auf
the strand opens out
стренга (жр) раскручивается
le toron s'ouvre
il lignuolo si apre
el cordón se abre / *el cordó s'obra*

4 die Litze dreht sich zu
the strand closes
стренга (жр) закручивается
le toron se ferme
il lignuolo si chiude
el cordón se cierra / *el cordó se tanca*

5 Ruckdrehung (f) des Klöppels
return motion of the lacer
обратное вращеніе (ср) коклюшки
mouvement (m) de retour du fuseau
movimento (m) di ritorno del fuso
movimiento (m) de retorno del husillo / *moviment (m) de retorn del fuset*

6 Zahnbogen (m) *oder* Zahnsegment (n) fur die Ruckdrehung des Klöppels
toothed segment for return motion of the lacer
зубчатый сегмент (мр) для обратнаго вращенія коклюшки
segment (m) denté pour le mouvement de retour du fuseau
segmento (m) dentato per il movimento di ritorno del fuso
segmento (m) dentado para el movimiento de retorno del husillo / *segment (m) dentat per al moviment de retorn del fuset*

7 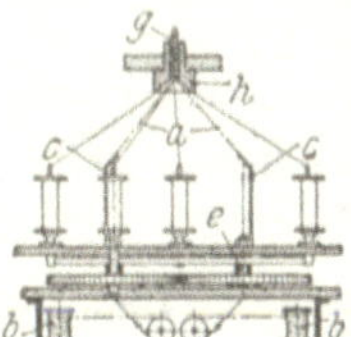

Seilflechtmaschine (f) für Vierkantseile mit verschiedenem Querschnitt
rope plaiting machine for making rectangular ropes of various sections
канатно-плетельная машина (жр) для четырехгранных канатов различнаго сѣченія
machine (f) à tresser pour faire des cordes rectangulaires de différentes sections
macchina (f) per intrecciare corde rettangolari di sezioni diverse
máquina (f) de trenzar para fabricar cordaje rectangular de varias secciones / *màquina (f) de trenar per a fer cordatge rectangular de vàries seccions*

a Einflechtfaden (m), Spannfaden (m)
tension thread
вплетаемая нить (жр)
fil (m) tendeur 8
filo (m) da intrecciare
hilo (m) de tensión / *fil (m) de tensió*

b Spule (f) für den Einflechtfaden
bobbin for the tension thread
катушка (жр) для вплетаемой нити
bobine (f) pour le fil tendeur 9
bobina (f) per il filo da intrecciare
bobina (f) para el hilo de tensión / *rodet (m) per al fil de tensió*

c Führung (f) für den Einflechtfaden
guide for the tension thread
нитевод (мр) для вплетаемой нити
guide (m) pour le fil tendeur 10
guida (f) per il filo da intrecciare
guía (f) para el hilo de tensión / *guia (f) per al fil de tensió*

d Spannvorrichtung (f) für den Einflechtfaden
tension pulleys for the tension thread
приспособленіе (ср) для натяженія вплетаемой нити
poulies (fpl) de tension pour le fil tendeur 11
puleggie (fpl) di tensione per il filo da intrecciare
poleas (fpl) de tensión para el hilo tensor / *politges (fpl) de tensió per al fil tensor*

e hohle Gangtellerachse (f)
hollow plate shaft
полая цапфа (жр) зубчатаго диска
arbre (m) creux du disque 12
albero (m) cavo del disco di scorrimento
árbol (m) tubular del disco / *arbre (m) buit del disc*

g Flechtstelle (f)
braiding point
мѣсто (ср) переплетенія
point (m) de tressage 13
punto (m) d'intrecciatura
punto (m) de trenzado / *punt (m) de trenat*

h Flechtauge (n)
braiding eye, eye guide
плетельный глазок (мр)
œillet (m) de tressage, œillet-guide (m)
occhiello (m) di guida o d'intrecciatura 14
ojete (m) de trenzado, ojete-guía (m) / *ullet (m) de trenat, ullet-guia (m)*

Formgebung (f) des Seiles durch das Flechtauge
formation of the rope by the eye guide
придаваніе (ср) опредѣленнаго сѣченія канату посредством глазка
fixage (m) de la section de la corde par l'œillet-guide
formazione (f) della corda coll'occhiello di guida 15
formación (f) de la cuerda por el ojete-guía / *formació (f) de la corda per l'ullet-guia*

IV.

Herstellung (f) der genähten *oder* gewebten Seilerwaren
Manufacture of Sewn Cordage
Производство (ср) сшивных или тканых канатных издѣлій
Fabrication (f) des cordages cousus
Fabbricazione (f) dei cordami cuciti
Fabricación (f) de cordaje cosido / *Manufactura (f) de cordatges cosits*

1

---

2 Vereinigen (n) *oder* Verbinden (n) von Rundseilen durch Nähen
combining *or* connecting round ropes by sewing *or* stitching
соединеніе (ср) *или* смыканіе (ср) круглых канатов путем сшиванія
combinaison (f) *ou* liage (m) de cordes rondes par le cousage
riunimento (m) di corde rotonde a mezzo di cuciture
combinación (f) *o* atado (m) de cuerdas redondas por cosido / *combinació (f) o lligat (m) de cordes rodones per cosit*

---

3 Zusammennähen (n) der nebeneinandergelegten Seile
sewing together the ropes laid side by side
сшиваніе (ср) параллельно сложенных канатов
cousage (m) ensemble des cordes juxtaposées *ou* placées côte à côte
cucitura (f) delle corde messe una a lato all'altra
cosido (m) de las cuerdas yuxtapuestas / *cosit (m) de les cordes juxtaposades*

---

4 Einstechen (n) von Löchern in die Seile
piercing holes into the ropes
прокалываніе (ср) дыр в канаты
perçage (m) de trous dans les cordes
produzione (f) di buchi nelle corde
apertura (f) de agujeros en las cuerdas / *obertura (f) de forats en les cordes*

---

5 die nebeneinandergelegten Seile (npl) schräg durchstechen
to pierce obliquely the ropes laid side by side
прокалывать наискось друг возлѣ друга лежащіе канаты
piquer en biais les cordes placées côte à côte
bucare obliquamente le corde messe l'una a lato all'altra
agujerear al sesgo *o* oblicuamente las cuerdas yuxtapuestas / *foradar a biaix les cordes juxtaposades*

---

6 Ahle (f)
piercer
шило (ср)
alène (f)
punteruolo (m), perforatore (m)
lezna (f) / *alena (f)*

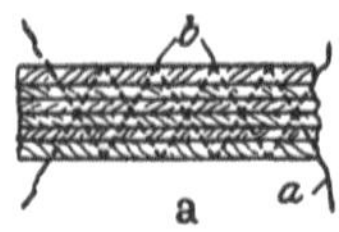

Hanfschnur (f)
hemp twine
пеньковая бечева (жр)
ficelle (f) en chanvre 7
spago (m) di canapa
cordel (m) de cáñamo / *cordill (m) de cànem*

Einziehen (n) der Hanfschnur in die Seile
passing the hemp twine through the ropes
продѣваніе (ср) *или* протаскиваніе (ср) пеньковой бечевы сквозь канаты
passage (m) de la ficelle en chanvre à travers les cordes 8
passaggio (m) dello spago di canapa attraverso le corde
pasado (m) del cordel de cáñamo a través de las cuerdas / *passat (m) del cordill de cànem a través de les cordes*

Messingdraht (m)
brass wire
латунная проволока (жр)
fil (m) de laiton 9
filo (m) d'ottone
alambre (m) de latón / *fil (m) de llautó*

---

gleichschenklige Zickzacklinie (f)
isosceles zigzag line
равносторонняя зигзагообразная линія (жр) 10
ligne (f) isocèle en zigzag
linea (f) isocele a zig-zag
línea (f) isósceles en zig-zag / *línia (f) isòsceles en zig-zag*

---

11 sich kreuzende Zickzacklinien (fpl)
crossing zigzag lines
перекрещивающіяся зигзагообразныя линіи (жр)
lignes (fpl) en zigzag se croisant
linee (fpl) a zigzag che s'incrociano
líneas (fpl) en zig-zag que cruzan / *línias (fpl) en zig-zag que's creuen*

---

12 Einschieben (n) eines Drahtstiftes in die Seile
pushing a wire pin into the ropes
втыканіе (ср) проволочнаго штифта в канаты
enfoncement (m) d'une aiguille métallique dans les cordes
introduzione (f) d'uno spillo di filo metallico nelle corde
hundimiento (m) de una aguja metálica en las cuerdas / *enfonsat (m) d'una agulla metàl·lica en les cordes*

---

13 Vernieten (n) der Stiftenden
riveting the pins
расклепываніе (ср) концов штифтов
rivetage (m) des aiguilles
impernatura (f) *o* inchiodatura (f) degli spilli
remachado (m) *o* roblonado (m) de las agujas / *reblat (m) de les agulles*

V.

Seilprüfung (f) — Essai (m) des cordes et câbles

Rope Testing — Prova (f) delle corde e dei cavi

1 **Испытаніе (ср) канатов** — **Ensayo (m) de cuerdas y cables / *Assaig (m) de cordes i cables***

2 Festigkeit (f) der Hanfseile
strength of hemp ropes
крѣпость (жр) [на разрыв] пеньковых канатов
résistance (f) des cordages de chanvre
resistenza (f) delle corde di canapa
resistencia (f) de cordajes de cáñamo / *de cordatges de cànem*

3 Biegsamkeit (f) des Seiles
pliability *or* flexibility of the rope
гибкость (жр) каната
flexibilité (f) de la corde
flessibilità (f) della corda
flexibilidad (f) de la cuerda / *flexibilitat (f) de la corda*

4 Dehnbarkeit (f) des Seiles
stretching property of the rope
растяжимость (жр) каната
élasticité (f) *ou* qualité (f) d'allongement de la corde
potere (m) di allungamento della corda
elasticidad (f) de la cuerda / *elasticitat (f) de la corda*

5 Dehnung (f) des Seiles, Seildehnung (f)
rope elongation
вытяжка (жр) *или* растяженіе (ср) каната
extension (f) *ou* allongement (m) de la corde
allungamento (m) della corda
alargamiento (m) de la cuerda / *allargament (m) de la corda*

6 Bruchdehnung (f) des Seiles
breaking elongation of the rope, elongation of the rope at rupture
предѣльная разрывная вытяжка (жр) каната
allongement (m) de rupture de la corde
allungamento (m) alla rottura della corda
alargamiento (m) de rotura de la cuerda / *allargament (m) de ruptura de la corda*

7 das Seil recken
to stretch the rope
растягивать *или* вытягивать канат
étendre la corde
stendere a lungo la corda
estirar *o* tender la cuerda / *estirar o tivar la corda*

8 Zugfestigkeit (f)
tensile breaking strength
крѣпость (жр) на разрыв, сопротивленіе (ср) в момент разрыва
résistance (f) à la [rupture par] traction
resistenza (f) alla trazione
resistencia (f) a la tracción / *resistència (f) a la tracció*

Bruchbelastung (f) des Seiles
breaking load
разрывная нагрузка (жр) каната
charge (f) de rupture
carico (m) di rottura
carga (f) de rotura / *càrrega (f) de ruptura* 9

Belastungsgrenze (f)
limit of load
предѣл (мр) нагрузки
limite (f) de charge
limite (m) di carico
limite (m) de carga / *limit (m) de càrrega* 10

Reißlänge (f)
breaking length
длина (жр) при разрывѣ [от собственнаго вѣса]
longueur (f) de rupture
lunghezza (f) di strappamento
longitud (f) de rotura / *llargada (f) de ruptura* 11

Festigkeitspruf-maschine (f) fur Seile, Seilpruf-maschine (f)
rope testing machine
машина (жр) для испытанія крѣпости каната
dynamomètre (m) pour cordages, machine (f) à essayer *ou* à éprouver les cordes
macchina (f) per provare le corde
dinamómetro (m) para cordajes / *dinamòmetre (m) per a cordatges* 12

Seilschloß (n)
rope clamp *or* joint *or* coupling
канатная смычка (жр), смычка (жр) каната, канатный замок (мр)
agrafe (f) de jonction pour câbles, joint (m) *ou* attache (f) de câbles
giunto (m) metallico per corde
grapa (f) *o* mordaza (f) para cables / *grapa (f) o mordassa (f) per a cables* 13

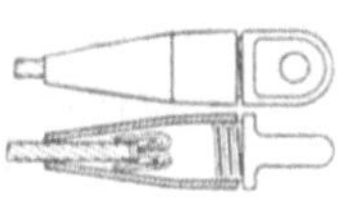

Drahtseilgehäuse (n) mit Metalleinguß
metal lined socket for wire ropes
хомут (мр) каната с металлическою заливкою
joint (m) avec remplissage de métal pour câbles métalliques
astuccio (m) per impiombare le funi metalliche
caja (f) rellenada de metal para cables metálicos / *caixa (f) o soca (f) replenada de metall per a cables metàl·lics* 14

Schleppzeiger (m)
pull indicator finger
стрѣлка (жр) указателя натяженія (каната)
aiguille (f) entraînée
ago (m) indicatore trascinato
aguja (f) indice arrastrada / *agulla (f) index arrosegada* 15

Dehnungsmesser (m)
elongation indicator *or* tester
измѣритель (мр) вытяжки
indicateur (m) d'allongement
indicatore (m) d'allungamento
indicador (m) de alargamiento / *d'allargament* 16

VI.

No.		
1	**Seilerarbeiten (fpl) aus Haaren** **Hair Cordage** **Производство (cp) канатов из волоса**	**Cordes (fpl) en poils** **Cordame (m) di peli** **Cuerdas (fpl) de pelo** / ***Cordes (f pl) de pèl***
2	Einweichen (n) der Haare soaking *or* softening the hair замачиванiе (cp) *или* мочка (жр) волоса	trempage (m) des poils bagnatura (f) dei peli remojado (m) de los pelos / *remullat (m) dels pèls*
3	die Haare (npl) tüchtig waschen to thoroughly wash the hair сильно промывать волос	laver à fond les poils (mpl) lavare a fondo i peli lavar a fondo los pelos / *rentar a fons els pèls*
4	die Haare zum Trocknen ausbreiten to spread out the hair to dry разстилать волос для просушки	répandre les poils pour les faire sécher distendere i peli per asciugarli extender *o* esparcir los pelos para secarlos / *extendre o escampar els pèls per a assecar-los*
5	Hecheln (n) der Haare hackling *or* gilling the hair прочесыванiе (cp) *или* чесанiе (cp) волоса	peignage (m) des poils pettinatura (f) dei peli rastrillado (m) *o* peinado (m) de los pelos / *pentinat (m) o rastellat (m) dels pèls*
6	Aufschütteln (n) der Haare beating the hair встряхиванiе (cp) *или* колоченiе (cp) волоса	battage (m) des poils battitura (f) dei peli batido (m) de los pelos / *batut (m) dels pèls*
7	Spinnen (n) der Haare spinning the hair пряденiе (cp) волоса	filage (m) des poils filatura (f) dei peli hilado (m) de los pelos / *filat (m) dels pèls*
8	Kräuseln (n) *oder* Krollen (n) der Haare curling the hair приданiе (cp) курчавости волосу	ondulation (f) des poils arricciatura (f) dei peli rizado (m) *o* ondulación (f) de los pelos / *arrissat (m) o ondulació (f) dels pèls*
9	Maschine (f) zum Krollen von Roßhaar machine for curling horse hair машина (жр) для приданiя курчавости конскому волосу	machine (f) à faire onduler le crin de cheval macchina (f) per arricciare il crine di cavallo máquina (f) para rizar las crines de caballo / *màquina (f) per a arrissar les crines de cavall*
10	Haarzopf (m) hair tress волосяная коса (жр)	tresse (f) de crin treccia (f) di crine trenza (f) / *trena (f)* / de crines
11	die Haarzöpfe (mpl) kochen *oder* sieden to boil the hair tresses кипятить волосяныя косы	faire bouillir les tresses de crin far bollire le trecce di crine hervir las trenzas de crines / *bullir les trenes de crines*
12	gekochter Zopf (m) boiled tress кипяченая коса (жр)	tresse (f) bouillie treccia (f) bollita trenza (f) hervida / *trena (f) bullida*
13	Welkwerden (n) der Haare drying out of the hair наступленiе (cp) вялости волос	dessiccation (f) des poils essiccazione (f) dei peli desecación (f) de los pelos / *dessecació (f) dels pèls*
14	Auftreiben (n) *oder* Aufdrehen (n) der Zöpfe untwisting the tresses развертыванiе (cp) *или* развиванiе (cp) кос	détordage (m) des tresses distorcimento (m) delle trecce destorcido (m) de las trenzas / *destorçat (m) de les trenes*
15	Polstermasse (f), [Polstermaterial (n)] upholstering material набивочный матерiал (мр)	matière (f) de rembourrage materiale (m) di imbottitura materia (f) de almohadillado / *matèria (f) d'encoixinar*
16	Krollhaar (n) curled hair курчавый конскiй волос (мр) (вареный) для набивки	poil (m) ondulé pelo (m) arricciato pelo (m) ondulado / *pèl (m) ondulat*

P.

1	**Nach- und Vollendungsarbeiten** (fpl) **Finishing Processes** **Отдѣлочныя производства** (ср)	**Opérations** (fpl) **complémentaires** **Operazioni** (fpl) **complementari** **Procesos** (mpl) ***o*** **operaciones** (fpl) **de acabado** / ***Processos*** (*mpl*) ***o operacions*** (*fpl*) ***d'acabat***

I.

2	**Spulen** (n), **Fachen** (n) ***oder*** **Doppeln** (n) **und Knäuelwickeln** (n) **Winding, Doubling-Winding and Balling** **Перегонка** (жр) **на катушки, сдваиванiе** (ср) **и мотанiе** (ср) **в клубки**	**Bobinage** (m), **assemblage** (m) **et pelotage** (m) **Incannatura** (f), **addoppiatura** (f) ***o*** **binatura** (f) **ed aggomitolatura** (f) **Bobinado** (m), **doblado** (m) **y ovillado** (m) / ***Trescanat*** (*m*), ***doblat*** (*m*) ***i capdellat*** (*m*)

1. Allgemeines (n) / General Terms / Общее (ср)

3	**1. Allgemeines** (n) **General Terms** **Общее** (ср)	**Généralités** (fpl) **Generalità** (fpl) **Generalidades** (fpl)
4	einfacher Faden (m) single thread обыкновенная *или* одинарная нить (жр)	fil (m) simple filo (m) semplice hilo (m) sencillo *o* a un cabo / *fil (m) senzill o a un cap*
5	gefachte Fäden (mpl) folded yarn строщеныя *или* сдвоенныя нити (жр)	fils (mpl) assemblés fili (mpl) addoppiati *o* binati *o* accoppiati hilos (mpl) doblados / *fils (mpl) doblats*
6	die Fäden (mpl) in Schichten aufwickeln to wind the threads in layers наматывать нити слоями	bobiner les fils en couches incannare i fili a strati bobinar los hilos en capas / *plegar els fils en capes*
7	den einfachen Faden aufspulen to wind the single thread перегнать на катушку одинарную нить	bobiner le fil simple incannare il filo semplice bobinar el hilo sencillo / *plegar el fil senzill*
8	die Fäden (mpl) zusammenspulen *oder* doppeln *oder* fachen to wind together the threads, to fold the yarn сдваивать нити	assembler les fils addoppiare *o* accoppiare *o* binare i fili reunir *o* doblar los hilos / *els fils*
9	Aufwickeln (n) auf die nackte Spindel winding on to the bare spindle наматыванiе (ср) на голое веретено	bobinage (m) sur broche nue avvolgimento (m) sul fuso nudo bobinado (m) sobre la púa desnuda / *plegat (m) sobre la pua nua*
10	in Kreuzwindung wikkeln to crosswind наматывать крестообразно	bobiner par bobinage croisé avvolgere in spire incrociate bobinar cruzado / *plegar creuat*
11	Aufwickeln (n) auf eine Spule winding on to a bobbin наматывать на катушку	bobinage (m) avvolgimento (m) sopra un tubo plegado (m) / *plegat (m)* / sobre bobina
12	Spuler (m) spooler мотальщик (мр)	bobineur (m) incannatore (m) encarretador (m) / *rodeter (m)*
13	Spulerin (f) spooler мотальщица (жр)	bobineuse (f) [operaia] incannatrice (f) encarretadora (f) / *rodetera (f)*
14	Kreuzwindung (f) auf kurze glatte Hülsen cross winding on to short plain tubes крестовая мотка (жр) на коротких гладких гильзах	bobinage (m) croisé sur tubes cylindriques courts incannatura (f) a filo incrociato sopra animelle cilindriche corte bobinado (m) cruzado sobre tubitos cilíndricos / *plegat (m) creuat sobre tubets cilíndrics*

1	Kreuzwindung (f) auf kegelförmige Hulsen cross winding on to conical tubes крестовая мотка (жр) на конических гильзах	bobinage (m) croisé sur tubes coniques incannatura (f) a filo incrociato sopra tubetti conici bobinado (m) cruzado sobre tubos cónicos / *plegat (m) creuat sobre tubs cònics*	
2	Parallelwindung (f) auf durchgehende Papierhülsen parallel winding on to paper through-tubes параллельная мотка (жр) на сквозных бумажных гильзах	bobinage (m) parallèle sur tubes de papier traversants incannatura (f) parallela sopra tubetti passanti di carta bobinado (m) paralelo sobre tubos largos de papel / *plegat (m) paral·lel sobre tubs llargs de paper*	
3	Parallelwindung (f) auf Holzpfeifen parallel winding on to wooden tubes параллельная мотка (жр) на деревянных цѣвках	bobinage (m) parallèle sur tubes en bois incannatura (f) parallela sopra rocchetti di legno bobinado (m) paralelo sobre tubos de madera / *plegat (m) paral·lel sobre tubs de fusta*	
4	Parallelwindung (f) auf Blechpfeifen parallel winding on to sheet metal tubes параллельная мотка (жр) на жестяных трубках	bobinage (m) parallèle sur tubes métalliques incannatura (f) parallela sopra rocchetti di lamiera bobinado (m) paralelo sobre tubos de chapa / *plegat (m) paral·lel sobre tubs de planxa*	
5	Abspulen (n) vom Kötzer winding from the cop перегонка (жр) с початка	bobinage (m) de la canette incannatura (f) dalla bobina devanado (m) o bobinado (m) de la husada / *trescanat (m) de la fusada*	
6	Abspulen (n) vom Strähn winding from the hank перегонка (жр) с мотка	bobinage (m) de l'écheveau incannatura (f) dalla matassa devanado (m) de la madeja / *trescanat (m) de madeixa*	
7	die Spindeln (fpl) drehen sich mit gleichbleibender Winkelgeschwindigkeit the spindles revolve at constant angular speed веретена (ср) вращаются с постоянною угловою скоростью	les broches (fpl) tournent à une vitesse angulaire constante i fusi girano ad una velocità angolare costante las púas giran de una velocidad angular constante / *les pues giren a una velocitat angular constant*	
8	die Spindel erhält den Antrieb the spindle is driven приводъ (мр) дѣйствует на веретено	la broche reçoit la commande il fuso viene azionato la púa es movida / *la pua es moguda*	
9	die Spule erhält den Antrieb the bobbin is driven привод (мр) дѣйствует на катушку	la bobine reçoit la commande la bobina viene azionata la bobina es movida / *moguda*	
	die Spulen (fpl) drehen sich mit gleichbleibender Umfangsgeschwindigkeit the bobbins revolve at constant surface speed катушки (жр) вращаются с постоянною окружною скоростью	les bobines tournent à une vitesse circonférentielle constante le bobine girano ad una velocità periferica costante las bobinas giran de una velocidad circunferencial constante / *les bobines giren a una velocitat circumferencial constant*	10
	die Spule erhält ihre Drehbewegung unmittelbar von der Spindel the bobbin is revolved directly by the spindle катушкѣ сообщается вращенiе непосредственно веретеном	la bobine reçoit sa rotation directement par la broche la bobina viene azionata direttamente dal fuso la bobina gira con la púa / *amb la pua*	11
	die Spule erhält ihre Drehbewegung durch eine Reibrolle the bobbin is revolved by a friction roller катушкѣ сообщается вращенiе посредством фрикцiоннаго ролика	la bobine reçoit sa rotation par un galet de friction la bobina viene azionata da un rullo di frizione la bobina gira por rodillo de fricción / *per corró de fricció*	12
	die Spule erhält ihre Drehbewegung durch eine Reibscheibe the bobbin is revolved by a friction disc катушкѣ сообщается вращенiе посредством фрикцiоннаго диска	la bobine reçoit sa rotation par un disque de friction la bobina viene azionata da un disco di frizione la bobina gira por disco de fricción / *per disc de fricció*	13
	Reibungsantrieb (m) friction drive фрикцiонный привод (мр)	commande (f) par friction azionamento (m) per attrito mando (m) por fricción / *comanda (f) per fricció*	14
	feststehende Spule (f) fixed bobbin неподвижная катушка (жр)	bobine (f) fixe bobina (f) fissa bobina (f) fija / *fixa*	15
	gebremste Spule (f) braked bobbin заторможенная катушка (жр)	bobine (f) freinée bobina (f) frenata bobina (f) frenada	16
	die Spule führt eine achsrecht [*oder* axial] hin- und hergehende Bewegung aus the bobbin moves axially to and fro катушка (жр) движется вдоль оси взад и вперед	la bobine fait un mouvement de va-et-vient suivant son axe la bobina fa un movimento assiale di va e vieni la bobina tiene una cursa axial de vaivén / *la bobina te una cursa axial de vaivé*	17
	der Fadenführer führt eine hin- und hergehende Bewegung aus the thread guide moves to and fro нитевод (мр) движется взад и вперед	le guide-fil reçoit un mouvement de va-et-vient il guida-fili riceve un movimento di va e vieni el guía-hilos recibe un movimiento de vaivén / *el guia-fils o aranyer (m) reb un moviment de vaivé*	18

1 Wickelspindel (f) mit Drehbewegung und achsrecht hin- und hergehender Bewegung
winding spindle with revolving and axial traversing motion
навивальное веретено (ср) с вращательным и продольно-осевым возвратным движенiем
broche (f) à bobiner avec mouvement de rotation et avec mouvement axial de va-et-vient
fuso (m) d'avvolgimento con movimento di rotazione e con moto assiale di va e vieni
púa (f) bobinadora con movimiento giratorio y cursa axial de vaivén / *pua (f) que plega amb moviment giratori i cursa axial de vaivé*

---

2 Wickelspindel (f) mit Drehbewegung und achsrecht fortschreitender Bewegung
winding spindle with revolving and progressive axial motion
навивальное веретено (ср) с вращательным и продольно-осевым поступательным движенiем
broche (f) à bobiner avec mouvement de rotation et course axiale progressive
fuso (m) d'avvolgimento con movimento di rotazione e corsa assiale progressiva
púa (f) que bobina con movimiento giratorio y cursa axial progresiva / *pua que plega amb moviment giratori i axial progressiu*

---

3 Schaltbewegung (f) des Fadenfuhrers
building movement of the thread guide
управляющее движенiе (ср) нитевода
déplacement (m) de la course du guide-fil [pour former la canette]
spostamento (m) del guida-fili [per formare la bobina]
desplazamiento (m) de la cursa del guía-hilos / *desplaçament (m) de la cursa del guia-fils*

---

4 gleichmäßige Schaltbewegung (f) des Fadenführers
uniform building movement of the thread-guide
равномѣрное управляющее движенiе (ср) нитевода
déplacement (m) uniforme de la course du guide-fil
spostamento (m) uniforme del guida-fili
desplazamiento (m) uniforme de la cursa del guía-hilos / *desplaçament (m) uniforme de la cursa del guia-fils*

---

5 selbsttätige Schaltbewegung (f) des Fadenführers
automatical building movement of the thread-guide
автоматическое управляющее движенiе (ср) нитевода
déplacement (m) automatique de la course du guide-fil
spostamento (m) automatico del guida-filo
desplazamiento (m) automático de la cursa del guía-hilos / *desplaçament (m) automàtic de la cursa del guia-fils*

---

6 die Schaltbewegung des Fadenführers regelt sich nach der Fadendicke
the building movement of the thread-guide is regulated according to the thickness of the thread
управленiе (ср) движенiем нитевода регулируется сообразно с толщиною нити
le déplacement de la course du guide-fil est réglé suivant l'épaisseur des fils
lo spostamento del guida-filo viene regolato secondo lo spessore dei fili
el desplazamiento de la cursa del guía-hilos es regulado por el grueso de los hilos / *el desplaçament de la cursa del guia-fils es regulat per el gruix dels fils*

---

7 die Fadenwindungen (fpl) liegen nahe aneinander
the winding coils are near together
витки (мр) нити плотно прилегают друг к другу
les spires (fpl) *ou* hélices (fpl) du fil sont juxtaposées
le spire del filo sono vicine l'una all'altra
las espiras de plegado son yuxta-puestas / *les espires de plegat son juxtaposades*

---

8 die Fäden (fpl) liegen in regelmäßigen schneckenförmigen Windungen, die mit einer scharfen Biegung umkehren
the threads are wound in regular helical coils, which reverse with a sharp bend
нити (жр) лежат равномѣрными круто поворачивающимися в обратную сторону спиралеобразными витками
les fils sont bobinés en hélices régulières qui reviennent en arrière à chaque extrémité en formant un angle très prononcé
il filato viene avvolto a spire elicoidali regolari che si invertiscono con una curva molto rapida
los hilos están plegados en capas de espiras que cruzan fuertemente en la punta / *els fils están plegats per capes d'espires que creuen fortament en la punta*

---

9 entgegengesetzte Fadenlage (f) in den Windungsschichten
opposite yarn layer in the winding layers
противоположное *или* крестовое положенiе (ср) витков нити в слоях
rangée (f) des spires opposées dans les couches renvidées
strati (mpl) di filato opposti negli strati incannati
capa (f) de hilos opuestos en las capas plegadas / *capa (f) de fils oposats en les capes de plegat*

---

10 Fadenkreuzung (f)
crossing of the yarn
перекрест (мр) нитей
croisement (m) *ou* croisure (f) du fil
incrocio (m) del filo
cruzado (m) del hilo / *creuat (m) del fil*

---

11 rechtsgängige Schraubenlinie (f)
right-handed screw line
правое направленiе (ср) винтовой линiи
hélice (f) *ou* spire (f) à droite
spirale (f) a destra
espira (f) a la derecha / *espira (f) a la dreta*

---

12 linksgangige Schraubenlinie (f)
left-handed screw line
лѣвое направленiе (ср) винтовой линiи
hélice (f) *ou* spire (f) à gauche
spirale (f) a sinistra
espira (f) a la izquierda / *espira (f) a la esquerra*

---

13 schwankende Aufwickelgeschwindigkeit (f) des Fadens
irregular winding speed of the yarn
неравномѣрная скорость (жр) намотки нити
vitesse (f) de renvidage irrégulière du fil
velocità (f) irregolare d'incannatura del filo
velocidad (f) irregular de plegado del hilo / *velocitat (f) irregular de plegat del fil*

---

14 ungleichförmige [Zug-] Beanspruchung (f) des auflaufenden Fadens
irregular tensile stress on the yarn running to the bobbin
неравномѣрное напряженiе (ср) наматываемой нити
effort (m) de tension irrégulier du fil qui s'envide sur la bobine
sforzo (m) di tensione irregolare del filo nell'avvolgimento
esfuerzo (m) irregular de tensión del hilo que se bobina / *esfors (m) de tensió irregular del fil que's plega*

1 Hülsenlänge (f)
length of bobbin
длина (жр) катушки
longueur (f) du tube
lunghezza (f) del tubo
longitud (f) / *llargada (f)* / de la bobina

2 Knäuelwickeln (n), Knäueln (n), Knäuelwinden (n), Wickeln (n) der Garne zu Knäueln
balling, ball winding, winding the yarns into balls
мотка (жр) клубков
pelotage (m), bobinage (m) des fils en pelotes
aggomitolatura (f)
ovillado (m), plegado (m) en ovillos o pelotas / *capdellat (m), plegat (m) en capdells*

3 den Bindfaden knäueln
to ball the twine
мотать бечеву в клубки
pelotonner la ficelle
aggomitolare lo spago
ovillar el cordel / *capdellar el cordill*

4 Knäuel (n)
ball
клуб (мр), клубок (мр)
pelote (f), peloton (m)
gomitolo (m)
ovillo (m), pelota (f) / *capdell (m)*

5 Knäuel[wickel]maschine (f)
balling machine
клубочная машина (жр)
pelot[onn]euse (f) mécanique
macchina (f) a gomitoli, aggomitolatrice (f) meccanica
máquina (f) de ovillar / *màquina (f) de capdellar*

6 einballige Knäuelmaschine (f)
single balling machine
одноклубочная машина (жр)
pelotonneuse (f) simple
aggomitolatrice (f) semplice
máquina (f) de ovillar o ovilladora (f) sencilla / *màquina (f) de capdellar o capdelladora (f) senzilla*

7 mehrballige Knäuelmaschine (f)
multiple balling machine
многоклубочная машина (жр)
pelotonneuse (f) à plusieurs têtes
aggomitolatrice (f) multipla
máquina (f) de ovillar múltiple / *màquina (f) de capdellar múltiple*

2. Hülsen (fpl)
Bobbins
8 Гильзы (жр), патроны (мр), патрончики (мр)
Tubes (mpl)
Tubi (mpl)
Tubos (mpl) / *Tubs (mpl)*

9 Holzhülse (f)
wood[en] bobbin
деревянная гильза (жр)
tube (m) en bois
spola (f) di legno
bobina (f) o tubo (m) de madera / *billot (m) o tub (m) de fusta*

10 Blechhülse (f)
sheet metal spool
жестяная гильза (жр)
tube (m) métallique
spola (f) di lamiera
bobina (f) de chapa, tubo (m) de metal / *rodet (m) de planxa, tub (m) metàl·lic*

11 Papierhülse (f)
paper tube
бумажная гильза (жр), бумажный патрончик (мр)
tube (m) en papier ou en carton
tubetto (m) di carta o di cartone
tubo (m) de papel o de cartón / *tub (m) de paper o de cartó*

a
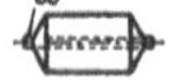
a

zylindrisches Papierröhrchen (n)
cylindrical paper tube
цилиндрическая бумажная трубка (жр) 12
tube (m) cylindrique en papier
tubetto (m) di carta cilindrico
tubo (m) cilíndrico de papel / *tub (m) de paper cilíndric*

kegelförmige Hülse (f)
conical tube
конический патрон (мр)
tube (m) conique
tubo (m) conico
tubo (m) cónico / *tub (m) cònic* 13

Zweischeibenhülse (f), Hülse (f) mit zwei Scheiben
double-ended or double-flanged or two-headed spool or roll
гильза (жр) *или* трубка (жр) с двумя фланцами, двухфланцевая катушка (жр) *или* бобина (жр)
tube (m) à deux plateaux ou rebords
spola (f) a doppia flangia
carrete (m) con dos valonas / *rodet (m) amb dues valones* 14

Einscheibenhülse (f), Hülse (f) mit einer Scheibe
single-flanged or single-ended spool
однофланцевая катушка (жр) *или* бобина (жр)
tube (m) à un seul plateau
spola (f) ad una sola flangia 15
carrete (m) con una valona / *rodet (m) amb una valona*

Hülsenscheibe (f)
bobbin flange
фланец (мр), диск (мр) *или* тарелка (жр) катушки
plateau (m) ou rebord (m) du tube
flangia (f) della spola 16
valona (f) del carrete / *valona (f) del rodet*

Hülse (f) mit kegelförmigem Ansatz am Fuß
bobbin with conical base or foot
гильза (жр) с коническим основанием
tube (m) avec embase conique
tubo (m) con base conica 17
bobina (f) con base cónica / *bobina (f) amb base cònica*

scheibenlose Hülse (f)
flangeless spool
катушка (жр) без фланцев
tube (m) sans plateau
tubo (m) semplice o senza flange
tubo (m) sin valonas / *tub (m) sense valones* 18

3. Aufspularten (fpl), Aufwindearten (fpl)
Kinds of Winding
Способы (мр) мотки *или* намотки, виды (мр) мотки
Espèces (fpl) de bobinage
Specie (fpl) d'incannatura 19
Clases (fpl) de bobinado / *Classes (fpl) de plegat*

Spule (f) mit Parallelwicklung
bobbin with parallel layers, parallel wound bobbin
катушка (жр) параллельной мотки
bobine (f) à enroulage cylindrique ou à couches cylindriques 20
spola (f) con avvolgimento parallelo
bobina (f) con plegado paralelo, bobina cilíndrica / *rodet (m) amb plegat paral·lel, rodet cilíndric*

1 bauchige Scheibenspule (f)
barrel-shaped double-flanged bobbin, convex bobbin
двухфлянцевая катушка (жр) с выпуклой *или* бочковидной моткой
bobine (f) bombée
rocchetto (m) a superficie convessa, rocchetto rigonfiato nel mezzo *o* a schiena d'asino
bobina (f) convexa *o* combada / *rodet (m) de valones amb plegat convex*

2 Flaschenspule (f), Kegelspule (f)
bottle [-shaped] bobbin, single-flanged bobbin, taper bobbin
бутылочная *или* коническая катушка (жр) с одним флянцем
bobine-bouteille (f)
bobina (f) a forma di bottiglia, bobina ad una flangia
bobina (f) cónica *o* de una valona *o* en forma de botella / *bobina (f) cònica o d'una valona o de botella*

3 Spule (f) mit zylindrischem Unterteil und kegelförmiger Spitze, Spule mit Archimedeswicklung
bobbin with cylindrical body and tapered end *or* with cone-shaped head, bobin with Archimedian winding
катушка (жр) с цилиндрическим основанiем и с конической верхушкой
bobine (f) à soubassement cylindrique et point conique, bobine à renvidage Archimède
bobina (f) con corpo cilindrico e punta conica
bobina (f) de cuerpo cilíndrico y punta cónica, bobina (f) con plegado arquimédico / *rodet (m) amb cos cilíndric i punta cònica, rodet amb plegat arquimèdic*

4 Tellerspule (f), zylindrische Scheibenspule (f), Randspule (f)
straight bobbin
двухфлянцевая катушка (жр)
bobine (f) droite
bobina (f) [a flange piane] con profilo cilindrico
bobina (f) derecha *o* cilíndrica / *rodet (m) dret o cilíndric*

5 Kreuzspule (f)
cross wound bobbin, cheese
катушка (жр) *или* бобина (жр) крестовой мотки
bobine (f) à fil croisé, bobine croisée
bobina (f) a filo incrociato
ovillo (m) de plegado cruzado, queso (m) / *formatge (m), ovillo (m) de plegat creuat*

6 zylindrische Kreuzspule (f)
cylindrical *or* parallel cheese
цилиндрическая катушка (жр) крестовой мотки
bobine (f) croisée cylindrique
bobina (f) cilindrica a filo incrociato
queso (m) cilíndrico *o* paralelo / *ovillo (m) cilíndric*

7 
Kreuzspule (f) mit kegelförmigen Enden
cheese with tapered ends
катушка (жр) *или* бобина (жр) крестовой мотки с коническими концами
bobine (f) à fil croisé et pointes coniques
bobina (f) a filo incrociato ed estremità coniche
queso (m) de plegado cruzado con puntas cónicas / *formatge (m) de plegat creuat amb puntes còniques*

Kreuzspule (f) mit offener Wicklung
open wound cheese
бобина (жр) открытой крестовой мотки
bobine (f) croisée à enroulage ouvert 8
bobina (f) a filo incrociato ad avvolgimento aperto
queso (m) de plegado abierto / *formatge (m) de plegat obert*

Kreuzspule (f) mit geschlossener Wicklung
close wound cheese
бобина (жр) закрѣпленной крестовой мотки
bobine (f) croisée à enroulage serré
bobina (f) a filo incrociato e ad avvolgimento serrato 9
queso (m) de plegado cerrado / *formatge (m) de plegat tancat*

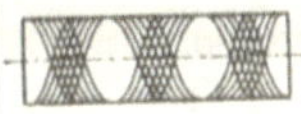
Leeson-Spule (f) mit offener Wicklung
spaced Leeson bobbin
катушка (жр) ромбической крестовой мотки сист. Лизона
bobine (f) système Leeson à enroulage ouvert 10
rocca (f) Leeson a spire con un dato spazio fra l'una e l'altra
bobina (f) Leeson con plegado abierto / *rodet (m) Leeson amb plegat obert*

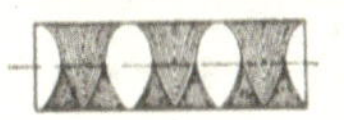
Leeson-Spule (f) mit geschlossener Wicklung
close wound Leeson bobbin
катушка (жр) с закрѣпленной моткой сист. Лизона
bobine (f) système Leeson à spires juxtaposées 11
rocca (f) Leeson con avvolgimento chiuso *o* con spire adiacenti in contatto
bobina (f) Leeson con plegado cerrado / *rodet (m) Leeson amb plegat tancat*

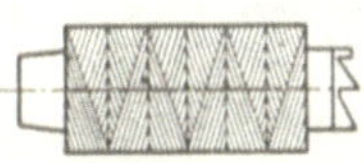
Kronspule (f)
braiding bobbin
катушка (жр) с коронкой, зубчатая катушка (жр) 12
bobine (f) à couronne
bobina (f) per trecciare
bobina (f) de trenzar / *bobina (f) de trenar*

Kötzer (m) mit Kreuzwicklung
cross wound cop
початок (мр) крестовой мотки
canette (f) à enroulage croisé
cannetta (f) ad avvolgimento incrociato 13
husada (f) de plegado cruzado / *fusada (f) de plegat creuat*

der Kötzer läuft von der Spitze ab
the cop is unwound from the end
початок (мр) сходит *или* разматывается с верхушки *или* сверху *или* с кончика
la canette se dévide par la pointe
la cannetta si svolge dalla punta
la husada se devana por la punta / *la fusada se desplega per la punta* 14

der Kötzer läuft vom Ansatz ab
the cop is unwound from the inside
початок (мр) сходит *или* разматывается изнутри
la canette se dévide par le noyau
la cannetta si svolge dal di dentro
la husada se devana por dentro / *la fusada se desplega per dins* 15

1 die zuerst gewickelte Fadenschicht wird zuerst abgewickelt
the first wound layer of thread is the first unwound
размот (мр) начинается с перваго намотаннаго слоя нити
la première couche de fil renvidée est la première dévidée
il primo strato di filo avvolto è il primo svolto
la primera capa arrollada es la primera devanada / *la primera capa plegada es la primera desplegada*

2 die zuletzt gewickelte Fadenschicht (f) wird zuerst abgewickelt
the last wound layer of thread is the first unwound
размот (мр) начинается с послѣдняго намотаннаго слоя нити
la dernière couche de fil renvidée est la première dévidée
l'ultimo strato del filo avvolto è il primo svolto
la última capa arrollada es la primera devanada / *la última capa plegada es la primera desplegada*

3 Schlauchkötzer (m)
tubular cop
трубчатый початок (мр)
canette (f) tubulaire, canette cocon
cannetta (f) tubulare
husada (f) / *fusada (f)* / tubular

4 Laufspule (f), Abrollspule (f)
revolving bobbin
катушка (жр) сматываемая сбоку, вращающаяся цѣвка (жр)
bobine (f) à dérouler
spola (f) a svolgimento tangenziale, rocchetto (m) scorrevole
bobina (f) giratoria / *rodet (m) giratori*

5 Kettgarnspule (f)
warping bobbin
сновальная катушка (жр)
bobine (f) de fil de chaîne
rocchetto (m) d'ordito
bobina (f) de urdimbre / *bitllot (m)*

6 Schußkötzer (m), Einschußkötzer (m), Eintragkötzer (m)
cop, [weft] pirn
уточная (ый) шпуля (жр) *или* початок (мр)
canette (f) pour trame
cannetta (f) per trama
canilla (f) de trama / *caneta (f), bitlla (f)*

7 
Spule (f) fur Umspinnmaschinen
bobbin for wire *or* thread covering machines
катушка (жр) для обмоточных машин
bobine (f) pour machines à guiper
bobina (f) per macchine da rivestire fili
ovillo (m) para las máquinas de cubrir alambre *o* hilos / *ovillo (m) per a les màquines de cobrir fils*

8 
Schußspule (f) für Bandwebstühle
weft bobbin for ribbon looms
уточная бобина (жр) для ленточных станков
bobine (f) de trame pour métiers à rubans
bobina (f) di trama per telai a nastri
canilla (f) para telares de cintas / *caneta (f) per a telers de veta*

9 Spule (f) für Klöppelmaschinen, Klöppelspule (f)
braider bobbin
катушка (жр) для плетельной *или* коклюшечной машины
bobine (f) pour métiers à lacets
bobina (f) per macchine ad intreccio
bobina (f) para máquinas de trenzar / *rodet (m) per a màquines de trenar*

Spule (f) für Bobbinetwebstühle, Bobbinetspule (f)
spool for bobbin-net machine
уточная катушка (жр) для безчелночных станков
bobine (f) pour métiers à tulle-bobin
bobina (f) per telai a tulle inglese
carrete (m) para máquinas de hacer tul / *rodet (m) per a màquines de fer tul* 10

Spule (f) für Stickmaschinenschiffchen
bobbin for embroidering machine shuttles
катушка (жр) для челноков вышивальных машин
bobine (f) pour navettes de métiers à broder
bobina (f) per navette di macchine a ricamare
bobina (f) *o* canilla (f) para las lanzaderas de las máquinas de bordar / *bobina (f) o caneta (f) per a les llençadores de les màquines de brodar* 11

Spule (f) fur Nähmaschinenschiffchen
bobbin for sewing machine shuttles
катушка (жр) для челноков швейных машин
bobine (f) pour navettes de machines à coudre
spolettina (f) per le navette delle macchine a cucire
canilla (f) para las lanzaderas de las máquinas de coser / *caneta (f) per a les llençadores de les màquines de cosir* 12

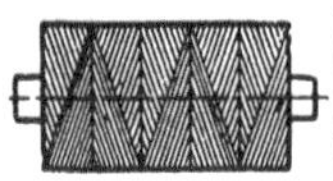
Verkaufspule (f)
bobbin for market
катушка (жр) для продажи
bobine (f) pour la vente 13
rocca (f) per la vendita
carrete (m) / *rodet (m)* / de paquetería

Kartenwickel (m)
card spool
карточный моток (мр), карточка (жр)
carton (m) de fil à coudre
cartoncino (m) di filo cucirino
cartón (m) de hilo de coser / *cartó (m) de fil de cosir* 14

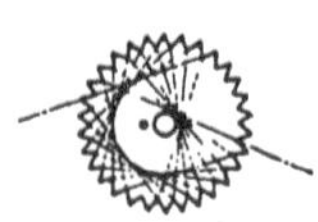
Sternwickel (m)
star spool, star-shaped card
моток (мр) на звѣздообразной картѣ, звѣздочка (жр)
carte (f) en étoile de fil à coudre 15
cartoncino (m) a stella di filo cucirino
estrella (f) de hilo de coser / *de fil de cosir*

Garnrolle (f), Röllchen (n)
reel
шпулька (жр)
bobine (f) de fil à coudre
rocchetto (m) di filo cucirino
carrete (m) de hilo de coser / *rodet (m) de fil de cosir* 16

Knäuel (m und n)
ball
клубок (мр)
pelote (f)
gomitolo (m)
ovillo (m), pelota (f) / *capdell (m), ovillo (m)* 17

gewölbter Knäuel (m)
bellied ball
выпуклый клубок (мр)
pelote (f) bombée
gomitolo (m) rigonfiato nel mezzo 18
ovillo (m) bombeado, pelota (f) bombeada / *ovillo (m) o capdell (m) bombat*

No.	Deutsch / English / Русский	Français / Italiano / Español
1	**4. Spulmaschinen** (f pl) ***oder*** **Windemaschinen** (f pl), **Fach- und Knäuelwickelmaschinen** (f pl) **Winding Frames, Doubler-Winders and Balling Machines** **Мотальныя, тростильныя и клубочныя машины** (ж р)	**Bobinoirs** (m pl), **bobinoirs-assembleurs** (m pl) **et machines** (f pl) **à pelotonner** **Incannatoi** (m pl), **addoppiatrici** (f pl) **e aggomitolatrici** (f pl) **Bobinadoras** (f pl), **reunidoras** (f pl) **y ovilladoras** (f pl) / ***Trescanadores*** (*f pl*), ***reunidores*** (*f pl*) ***i ovilladores*** (*f pl*)
2	Spulmaschine (f) mit nur einer Wickelspindel single spindle winding frame мотальная машина (жр) с одним перегонным веретеном	bobinoir (m) à une seule broche incannatoio (m) ad un solo fuso bobinadora (f) de una púa / *trescanadora (f) de una pua*
3	Spulmaschine (f) mit mehreren Spindeln multiple spindle winding frame мотальная машина (жр) с многократным числом перегонных веретен	bobinoir (m) à plusieurs broches incannatoio (m) a più fusi bobinadora (f) de varias púas / *trescanadora (f) de varies pues*
4	Kreuzspulmaschine (f) mit mehreren [Spul-]Köpfen cross winding frame with several heads крестовая мотальная машина (жр) о нѣсколькихъ головкахъ	bobinoir (m) croisé à plusieurs têtes rocchettiera (f) ad avvolgimento incrociato a più teste ovilladora (f) de cruzado rápido con varias testas / *ovilladora (f) de creuat ràpid amb varies testes*
5	Gasiermaschine (f) gassing machine палильная машина (жр)	métier (m) à gazer macchina (f) per gazare o a bruciapeli máquina (f) de gasear / *màquina (f) de gassejar*
6	jede Spindel ist einzeln ausrückbar each spindle can be disengaged separately каждое веретено (ср) выключается в отдѣльности	chaque broche (f) peut être débrayée séparément ogni fuso (m) può essere disinnestato separatamente cada púa (f) puede ser desembragada separadamente / *cada pua (f) pot esser desembregada separadament*
7	Fadenriß (m) breakage of thread обрыв (мр) нити	casse (f) *ou* rupture (f) du fil rottura (f) del filo rotura (f) de un hilo / *trencament (f) d'un fil*
8	Fadenwächter (m) knocking-off motion контрольный нитевод (мр)	casse-fil (m) meccanismo (m) di arresto automatico della macchina alla rottura di un filo, apparecchio (m) rompitrama para-tramas (m), disparo (m) / *para-trames (m), dispar (m)*
9	Spulrad (n) bobbin *or* spooling wheel, spool reel катушечное *или* мотальное колесо (ср)	rouet (m) à bobiner incannatoio (m) a mano, ruota (f) a formare spolette a mano bobinadora (f) a mano / *trescanadora (f) a mà*
10	Spindel (f) spindle веретено (ср)	broche (f) fuso (m) púa (f) / *pua (f)*
11	Schnurrad (n) band pulley шнурочный шкив (мр)	volant (m) puleggia (f) a corda polea (f) para cordón piano / *politja (f) per a cordó piano*
12	Wirtel (m) wharve шнурочный блок (мр)	noix (f) noce (f), carrucola (f) nuez (f) / *noueta (f)*
13	den Faden mit der Hand leiten to guide the thread by hand направлять нить рукою	guider le fil à la main guidare il filo a mano guiar el hilo a mano / *guiar el filo a mà*
14	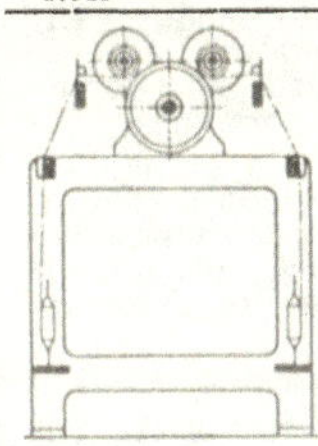	Kettspulmaschine (f), Treibmaschine (f) warp winding frame мотальная машина (жр) для мотки сновальных катушек bobinoir (m) pour fils de chaîne incannatrice (f) per catene bobinadora (f) para urdimbre / *trescanadora (f) d'ordit*
15	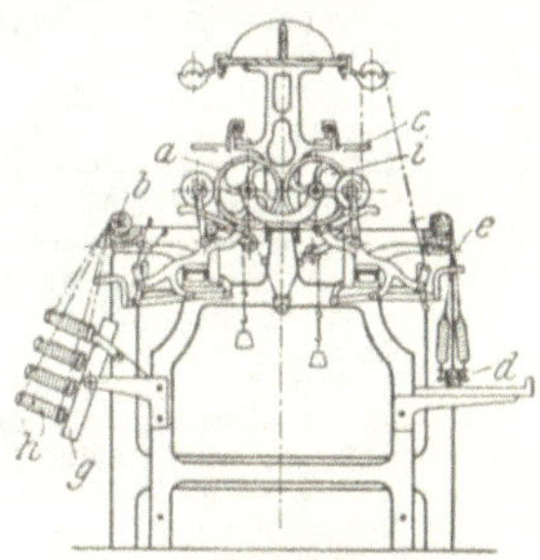	Fachmaschine (f) *oder* Dublierspulmaschine (f) für Scheibenspulen doubler winder for double-flanged bobbins соединительная *или* тростильная машина (жр) для катушек с флянцами bobinoir (m) assembleur pour bobine à plateau binatrice (f) *o* [macchina (f)] addoppiatrice (f) per bobine a flange piane reunidora (f) para carretes [de valonas] / *reunidora (f) per a rodets [de valones]*

1 a
Trommel (f)
drum
барабан (мр)
tambour (m)
tamburo (m)
tambor (m) / *bombo (m)*

---

2 b
Plüschwalze (f)
flannel roller
плюшевый валик (мр)
cylindre (m) garni de flanelle
rullo (m) coperto di flanella
cilindro (m) de felpa / *corró (m) de pelfa*

---

3 c
hin- und hergehender Fadenführer (m)
traversing thread guide
траверсирующій нитевод (мр)
guide-fil (m) à va-et-vient
guida-filo (m) con movimento di va e vieni
arañero (m) / *aranyer (m)*

---

4 d
Spulenaufsteckung (f), Aufsteckgatter (n)
creel
рамка (жр) для катушек
râtelier (m)
rastrelliera (f)
fileta (f)

---

5 e
geschlitztes Führungsblech (n)
slotted guide plate
желѣзная нитеводная планка (жр) с прорѣзом
plaque-guide (f) à fente
lastrina (f) di guida a feritoia
plaquita (f) guía-hilos metálica con hendedura / *plaqueta (f) guia-fils metàl·lica amb fenedura*

---

6 g
drehbares Aufsteckbrett (n)
movable creel board
вращающаяся рамка (жр) для катушек
plaque (f) à bobines tournante
placca (f) a bobine mobile
tabla (f) / *prestatge (m)* / de fileta movible

---

7 h
Scheibenspule (f) für die Vorzwirnmaschine
double-flanged bobbin for the first doubling frame
двухфлянцевая катушка (жр) подготовительно-крутильной машины
bobine (f) à plateaux pour le premier métier à retordre
bobina (f) a flange per il primo ritorcitoio
carrete (m) de valonas para la primera reunidora / *rodet (m) de valones per a la primera reunidora*

---

8 i
Wickeltrommel (f)
winding drum
навивальный барабанчик (мр)
tambour (m) enrouleur
tamburo (m) d'incannatura
tambor (m) bobinador / *bombo (m) que plega*

9
Kreuzspulmaschine (f) für zylindrische Spulen
quick traverse winding frame for cylindrical cheeses
машина (жр) для крестовой мотки на цилиндрическія катушки
bobinoir (m) croisé pour bobines cylindriques
rocchettiera (f) a rapido movimento d'incrociatura per bobine cilindriche
encarretadora (f) de cruzado rápido para ovillos cilíndricos / *rodetera (f) de creuat ràpid per a ovillos cilíndrics*

10
Kreuzspulmaschine (f) für beiderseits kegelförmige Spulen
quick traverse winding frame for cheeses with tapered ends
машина (жр) для крестовой мотки на двухсторонніія коническія катушки
bobinoir (m) croisé pour bobines à bouts coniques
rocchettiera (f) a rapido movimento d'incrociatura per far bobine ad estremità coniche
encarretadora (f) de cruzado rápido para ovillos con puntas cónicas / *rodetera (f) de creuat ràpid per a ovillos amb puntes còniques*

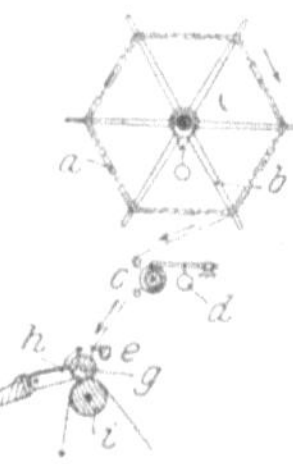

11
Spulmaschine (f) für zylindrische Kreuzspulen mit durch Reibrollen angetriebener Spule
quick traverse winding frame for making parallel cheeses with friction driven spool
мотальная машина (жр) для крестовой цилиндрической мотки с вращаемой катушкой *или* фрикціонным валиком
bobinoir (m) pour bobines croisées cylindriques conduites par rouleau de friction
incannatoio (m) per far bobine cilindriche a filo incrociato mediante moto impartito con rullo di attrito
encarretadora (f) de cruzado rápido para ovillos paralelos con tubo movido por fricción / *rodetera (f) de creuat ràpid per a ovillos paral·lels amb tub mogut per fricció*

---

12 a
Garnsträhn (m)
hank of yarn
моток (мр) пряжи
écheveau (m) de fil
matassa (f) di filo
madeja (f) de hilo / *madeixa (f) de fil*

---

13 b
gebremste Winde (f) *oder* Weife (f), gebremster Haspel (m)
braked swift
тормазный баранчик (мр)
aspe (m) *ou* guindre (m) freiné
aspo (m) frenato
devanadera (f) / *devanadora (f)* / frenada

---

14 c
Fadenspanner (m)
yarn tension appliance
натяжная грудница (жр)
tendeur (m) de fil
[apparato (m)] tenditore (m) dei fili, tendifili (m)
dispositivo (m) para tender el hilo / *dispositiu (m) per a tivar el fil*

1 Bremsrolle (f)
friction roller
тормазный валик (мр)
rouleau (m) de friction
rullo (m) di attrito
cilindro (m) de fricción / *corró (m) de fricció*

2 d Belastungsgewicht (n)
pressure weight
нагрузочная гиря (жр)
poids (m) de pression
peso (m) di pressione
peso (m) de presión / *pes (m) de pressió*

3 e Fadenführer (m)
thread guide
нитевод (мр)
guide-fil (m)
guida-filo (m)
guia-hilo (m) / *guia-fil (m)*

4 g Spule (f)
spool, cheese
катушка (жр), шпулька (жр)
bobine (f)
rocchetto (m)
ovillo (m)

5 Spulenspindel (f)
winding spindle
пруток (мр) *или* шпилька (жр) *или* веретено (ср) для катушки
brochette (f) de la bobine
perno (m) *o* brocca (f) della bobina
broca (f) / *broqueta (f)* / del ovillo

6 h Spindelrahmen (m)
cradle for spindle, spindle frame
держалка (жр) *или* вилка (жр) для веретена
châssis (m) pour brochette
telaio (m) della brocca
selleta (f) para la broca / *per a la broqueta*

7 i Reibrolle (f)
friction roller
фрикціонный валик (мр)
rouleau (m) de friction
cilindro (m) di frizione
cilindro (m) de fricción / *corró (m) de fricció*

8 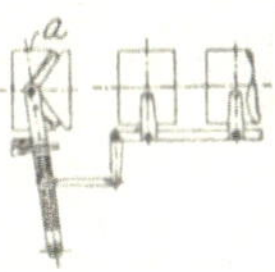

Kreuzspulmaschine (f) mit Fadenführerschlitztrommel
quick traverse winder with slotted cam drum
машина (жр) для крестовой мотки с прорѣзным нитеводным барабаном
bobinoir (m) croisé à came à rainure pour la conduite des guide-fils
rocchettiera (f) per filo incrociato con tamburo guidafili a scanalatura spirale
encarretadora (f) de cruzado rápido con tambor hendido / *rodetera (f) de creuat ràpid amb bombo fendit*

9 a Trommel (f) mit eingefräster Nut
drum with milled groove
барабан (мр) с фрезерованной канавкой
tambour (m) à rainure fraisée
tamburo (m) con scanalatura fresata
tambor (m) de ranura fresada / *bombo (m) de galze fresat*

kegelige [*oder* konische] Kreuzspule (f)
conical *or* tapered cheese
коническая бобина (жр) крестовой мотки
bobine (f) croisée conique *ou* en pointe
rocca (f) conica a filo incrociato 10
ovillo (m) cónico / *cònic*

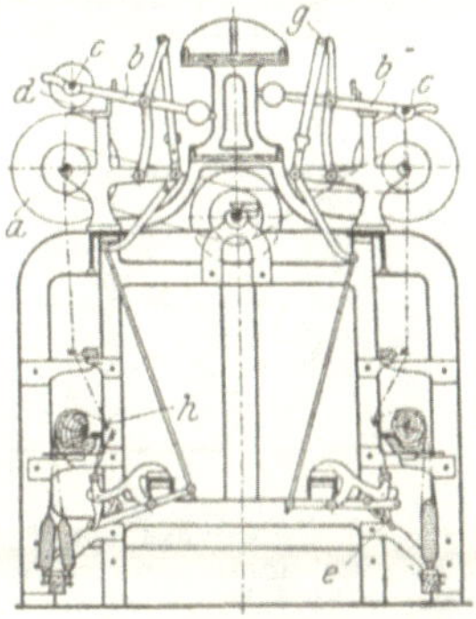

Fachmaschine (f) für Kreuzwickelung, Kreuzfachmaschine (f)
quick traverse winding frame for doubling yarns
тростильная машина (жр) для крестовой мотки
bobinoir (m) doubleur à renvidage croisé 11
addoppiatrice (f) *o* binatrice (f) per far rocche a filo incrociato
reunidora (f) de cruzado rápido / *reunidora (f) de creuat ràpid*

a geschlitzte Trommel (f)
split drum
барабан (мр) с прорѣзом
tambour (m) fendu 12
tamburo (m) a scanalatura spirale
tambor (m) hendido / *bombo (m) fendit*

b Führhebel (m) des Spulenstiftes, Spulengabel (f)
bobbin carrier frame
рычажная вилка (жр) для шпильки катушки 13
châssis (m) pour brochette
telaio (m) della brocca
selleta (f) para la broca / *per a la broqueta*

c Spulenstift (m)
bobbin spindle
шпилька (жр) *или* пруток (мр) *или* веретено (ср) для катушки
brochette (f) à bobine 14
perno (m) della bobina, brocca (f)
broca (f) del tubo / *broqueta (f) del tub*

d Fadenführerblech (n)
thread guide plate
нож (мр) *или* совок (мр) для направленія нити
plaque (f) guide-fil 15
lastrina (f) di guida
plaquita (f) guia-hilos metálica / *plaqueta (f) guia-fils metàl·lica*

1 e
Selbstabstellungshaken (m)
hook of automatic knocking-off motion
крючек (мр) для автоматическаго останова
crochet (m) du dispositif d'arrêt automatique
uncino (m) del dispositivo di arresto automatico
gancho (m) del disparo automático / *ganxo (m) del dispar automàtic*

---

2 g
Anschlag (m)
stop
упорка (жр)
arrêt (m)
arresto (m)
retentor (m)

3
Selbstabstellung (f) beim Reißen des Fadens
automatic stop when an end breaks
самодѣйствующій останов (мр) при обрывѣ нити
arrêt (m) automatique en cas de rupture de fil
arresto (m) automatico nel caso di rottura di un filo
disparo (m) automático cuando se rompe un cabo / *dispar (m) automàtic quan se trenca un cap*

---

4 h
Sauschwänzchen (n)
pig tail guide
[вахтенный] свиной хвостик (мр)
queue (f) de cochon
riccio-guidafilo (m), codino (m) di porco
cola (f) de puerco / *cua (f) de porc*

5
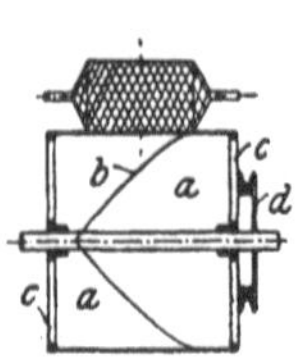

Kreuzspulmaschine (f)
quick traverse winding frame
мотальная машина (жр) для крестовой мотки
bobinoir (m) à fil croisé
rocchettiera (f) ad avvolgimento incrociato
encarretadora (f) de cruzado rápido / *rodetera (f) de creuat ràpid*

---

6 a
Schlitztrommel (f)
split drum
барабан (мр) с прорѣзом
tambour (m) fendu
tamburo (m) a scanalatura spirale
tambor (m) hendido / *bombo (m) fendit*

---

7 b
Schlitz (m)
slit
щель (жр), прорѣз (мр)
fente (f)
scanalatura (f)
hendedura (f) / *fenedura (f), escletxa (f)*

---

c 8
Gußrosette (f)
cast iron rosette
чугунная торцовая розетка (жр)
rosette (f) *ou* croisillon (m) en fonte
rosetta (f) in ghisa
tapa (f) de fundición en cruz, roseta (f) de fundición / *tapa (f) de fundició en creu, roseta (f) de fundició*

---

d 9
Wirtel (m)
band pulley
шнурочный блок (мр)
poulie (f) *ou* volant (m) à gorge
puleggia (f) a gola
polea (f) de garganta / *politja (f) de gorja*

10
den Faden durch den Trommelschlitz führen
to guide the yarn through the slit in the drum
вести нить через щель барабана
guider le fil à travers la fente du tambour
guidare il filo attraverso la scanalatura del tamburo
guiar el hilo a través de la hendedura del tambor / *guiar el fil a través de la fenedura del bombo*

11
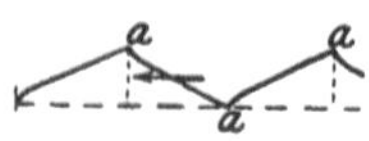

Abwicklung (f) des Trommelschlitzes
development of the drum slit
горизонтальная проекція (жр) развертки щели барабана
développement (m) de la fente du tambour
sviluppo (m) della scanalatura nel tamburo
diagrama (f) de la hendedura del tambor / *diagrama (f) de la fenedura del bombo*

---

a 12
Scheitelpunkt (m) der Kurve
apex of the curve
вершина (жр) *или* точка (жр) перегиба кривой
sommet (m) de la courbe
apice (f) della curva
vértice (f) de la curva / *vèrtex (f) de la corba*

13
Kreuzspulmaschine (f) mit Schlitztrommel und zwangläufig angetriebener Spulenspindel
split drum winder with positively driven spindle
машина (жр) для крестовой мотки с щелевидным барабаном и с принудительным вращеніем веретена катушки
bobinoir (m) à tambour fendu et conduite positive *ou* forcée de la broche
rocchettiera (f) a tamburo con scanalatura spirale ed azionamento positivo del fuso
encarretadora (f) de tambor hendido con mando positivo de la púa / *rodetera (f) de bombo fendit amb comanda positiva de la pua*

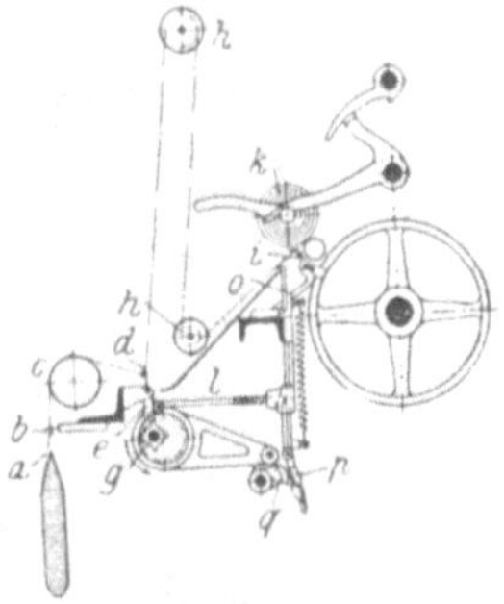

Kreuzfachmaschine (f) mit Abstellung bei Reißen des Fadens
quick traverse doubling winder with broken end stop motion
тростильная машина (жр) для крестовой мотки с остановом при обрывѣ нити
1 bobinoir (m) doubleur à renvidage croisé et avec mécanisme casse-fil
incannatoio (m) accoppiatore per far rocche a filo incrociato con apparecchio di rompitrama
reunidora (f) de cruzado rápido con para-tramas / *reunidora (f) de creuat ràpid amb para-trames*

---

vom Kötzer ablaufender Faden (m)
end unwinding from the cop
нить (жр), сходящая с початка
2 a fil (m) se dévidant de la canette
filo (m) ritirandosi dalla canetta
cabo (m) devanándose de la husada / *cap (m) desplegantse de la fusada*

Fadenleitöse (f)
yarn guide eyelet
нитеводное ушко (ср), свиной хвостик (мр)
3 b œillet (m) guide-fil, queue (f) de cochon
riccio-guidafilo (m)
ojete (m) guía-hilos / *ullet (m) guia-fils*

Bremsrolle (f)
drag board
тормазный валик (мр), тормазная грудница (жр)
4 c galet (m) de tension
rullo (m) tenditore *o* di tensione
cilindro (m) de tensión / *corró (m) de tensió*

Abstellnadel (f)
detector wire
остановочная игла (жр)
5 d aiguille (f) détectrice
bilancino (m)
caballero (m), alambre (m) revelador / *caballer (m), filferro (m) revelador*

Nadelkasten (m)
pin box
желоб (мр) для игл
e boite (f) à aiguilles 6
cassettiera (f) a bilancini
caja (f) de caballeros *o* de agujas / *caixa (f) de cavallers o de agulles*

---

die Nadel fällt
the pin drops
игла (жр) падает *или* проваливается
l'aiguille (f) tombe 7
il bilancino cade
el caballero cae / *el cavaller cau*

Flügelwelle (f)
spider shaft
кулачный *или* крыльчатый валик (мр)
g arbre (m) à ailettes 8
albero (m) ad alette
barra (f) de aletas / *d'aletes*

Leitrollen (fpl)
guide bowls
направляющіе ролики (мр) *или* катки (мр)
h rouleaux-guides (mpl) 9
rulli (mpl) di guida
linternas (fpl) guías / *llanternes (fpl) guies*

Fadenführer (m)
yarn guide
нитевод (мр)
i guide-fil (m) 10
guida-filo (m)
guía-hilo (m) / *guia-fil (m)*

Spule (f)
cheese
катушка (жр)
k fromage (m), bobine (f) 11
rocca (f), rocchettone (m)
ovillo (m)

---

die Spule wird von der Antriebswalze abgehoben
the cheese is lifted away from the driving drum
катушка (жр) снимается с раскатывающаго валика
le fromage est soulevé du tambour de commande 12
la rocca viene rialzata *o* levata dal tamburo di comando
el ovillo es levantado fuera de contacto con el tambor / *l'ovillo (m) es aixecat fora de contacte amb el bombo*

---

die Spule wird gebremst
the cheese is braked
катушка (жр) затормаживается
le fromage est freiné 13
la rocca viene frenata
el ovillo es frenado / *l'ovillo (m) es frenat*

Sperrschieber (m)
stop rod
затвор (мр)
l tringle (f) d'arrêt 14
asta (f) di arresto
barra (f) de disparo / *de dispar*

1 o
lotrechter Sperrschieber (m)
vertical stop rod
вертикальный затвор (мр)
tringle (f) d'arrêt verticale
asta (f) verticale d'arresto
barra (f) vertical de disparo / *de dispar*

---

2 p
Fanghaken (m)
catch
захватный зуб (мр)
crochet (m), cliquet (m)
arpione (m)
gatillo (m) / *cadell (m)*

---

3 q
Fanghebel (m)
latch
щеколда (жр)
clenche (f)
leva (f) a scatto
pestillo (m) / *balda (f)*

4
Kötzerspulmaschine (f)
cop winding machine, cop winder
машина (жр) для мотки початков
bobinoir (m) pour canette, cannetière (f)
macchina (f) a far cannette, cannettiera (f)
canillera (f), bobinadora (f) para husadas, máquina (f) de hacer husadas / *trescanadora (f) per a fusades o bitlles, màquina (f) de bitlles*

5
Schußspulmaschine (f)
weft winding machine, weft winder
мотальная *или* шпульная машина (жр) для мотки уточных початков
bobinoir (m) pour trame
incannatoio (m) per trama
canillera (f), máquina (f) de hacer canillas / *canillera (f), màquina de bitlles*

6
Schußspulmaschine (f) für Parallelwicklung
weft winder for parallel winding
мотальная *или* шпульная машина (жр) для параллельной мотки
bobinoir (m) pour trame à renvidage parallèle
incannatoio (m) per trama ad avvolgimento in parallelo
canillera (f) para plegado paralelo / *per a plegat paral·lel*

7
Schußspulmaschine (f) für Kreuzwicklung
weft winder for cross winding
мотальная *или* шпульная машина (жр) для крестовой мотки
bobinoir (m) pour trame à renvidage croisé
incannatoio (m) per trama ad avvolgimento incrociato
canillera (f) para plegado cruzado / *per a plegat creuat*

8
Schußspulmaschine (f) mit unten liegenden Haspeln
weft winder with swifts below
мотальная *или* шпульная машина (жр) с расположенными в нижней части баранчиками
bobinoir (m) pour trame à aspes par en-dessous
incannatoio (m) per trama con aspi collocati sotto il banco
canillera (f) con devanaderas colocadas en la parte inferior / *canillera amb devanadores colocades en la part inferior*

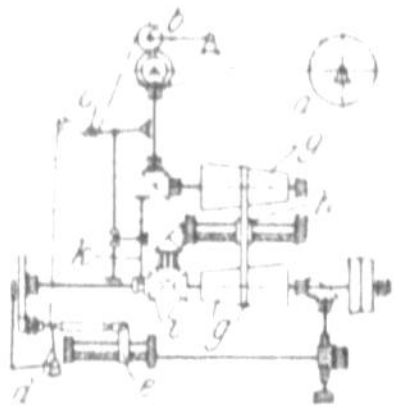

Kötzerspulmaschine (f) mit Vorrichtung zum Aufwinden des Fadens unter beliebig einstellbarer Spannung
cop winding machine with adjustable tension device
початочная мотальная машина (жр) с приспособленiем для наматыванiя нити с любым устанавливаемым натяженiем
cannetière (f) avec dispositif d'enroulage du fil sous tension réglable 9
cannettiera (f) con dispositivo d'avvolgimento del filo sotto tensione regolabile
bobinadora (f) para husadas con mecanismo de ajustar la tensión de hilo / *trescanadora (f) de fusades amb mecanisme d'ajustar la tensió de fil*

---

a
Ablaufspule (f)
feeding bobbin
разматываемая *или* перегоняемая катушка (жр)
bobine (f) d'alimentation 10
spola (f) di alimentazione
carrete (m) de alimentación / *rodet (m) alimentari*

---

b
Lieferwalzen (fpl)
delivery rollers
питательные валики (мр)
cylindres (mpl) délivreurs 11
cilindri (mpl) di consegna
cilindros (mpl) de entrega / *corrons (mpl) d'entrega*

---

c
Fadenspannrolle (f)
yarn tension bowl
каток (мр), натягивающiй нить
galet (m) de tension 12
rullo (m) di tensione
rodillo (m) de tensión / *corronet (m) de tensió*

---

d
schwingender Fadenführer (m)
oscillating yarn guide
качающiйся нитевод (мр)
guide-fil (m) mobile 13
guida-filo (m) oscillante
guía-hilo (m) oscilante / *guia-fil (m) oscil·lant*

---

e
achsrecht hin und her bewegte Wickelspindel (f)
axially to and fro moving winding spindle
мотальное веретено (ср), перемѣщающееся взад и вперед вдоль оси
broche (f) de renvidage à mouvement axial de va-et-vient 14
fuso (m) d'avvolgimento a movimento assiale di va e vieni
púa (f) de bobinadora con cursa axial de vaivén / *pua (f) de trescanadora amb cursa axial de vaivé*

1 g
Riemenkegelgetriebe (n)
cone drive gear
ременная передача (жр) посредством конических шкивов
mécanisme (m) de commande par cônes
meccanismo (m) di trasmissione a coni
mecanismo (m) de mando por conos / *mecanisme (m) de comanda per cons*

2 h
Leitspindel (f) für die Riemengabel
guide rod for the strap fork
винтовой шпиндель (мр) для передвиженія ременной вилки
tringle-guide (f) pour la fourche de la courroie
asta del guida-cinghia
barra-guía (f) para la horquilla de la correa / *barra-guia (f) per a la forquilla de la corretja*

3 i
doppeltes Kegelreibrad (n)
double friction cone
двойной конический фрикціонный привод (мр)
cône (m) de friction double
cono (m) di frizione doppio
cono (m) doble de fricción / *con (m) de fricció doble*

4 k
Stellzeug (n)
adjusting device
установительный прибор (мр)
dispositif (m) d'embrayage [et de débrayage]
dispositivo (m) d'innesto
dispositivo (m) de embrague / *dispositiu (m) d'embragar*

5

Trichterspulmaschine (f), Becherspulmaschine (f)
cup winding frame
вороночная шпульная машина (жр)
bobinoir (m) à godet
incannatoio (m) a imbuto
canillera (f) de vaso / *màquina (f) de bitlles de gotets*

6 a
Spule (f)
bobbin
шпуля (жр)
bobine (f)
bobina (f)
canilla (f) / *caneta (f), bitlla (f)*

7 b
Spindel (f)
spindle
веретено (ср)
broche (f)
fuso (m)
púa (f) / *pua (f)*

8 c
Triebwirtel (m)
spindle wharve
шнурочный блочек (мр)
noix (f) de la broche
carrucola (f) del fuso
nuez (f) de la púa / *noueta (f) de la pua*

9 d
Trichter (m), Becher (m)
cup
воронка (жр)
godet (m)
imbuto (m), coppa (f)
vaso (m) / *gotet (m)*

e 10
Fadenführerschlitz (m)
guiding slit for the yarn
нитеводная щель (жр)
fente (f) de guidage du fil
scanalatura (f) dell'imbuto, passa-filo (m)
hendedura (f) guía-hilo / *fenedura (f) o tall (m) guia-fil*

11
der Faden wird gebremst
the yarn is braked
нить (жр) затормаживается
le fil est freiné
il filo è frenato
el hilo es frenado / *el fil es frenat*

12
die Spulenspindel wird belastet
the winding spindle is weighted
шпульное веретено (ср) нагружено
la broche de renvidage est chargée
il fuso d'avvolgimento è caricato
la púa de bobinado está cargada / *la pua de trescanar està carregada*

13
Trichterausschnitt (m) mit loser Rolle
slot in the cup with loose bowl
щель (жр) воронки с свободным роликом
fente (f) dans le godet avec galet fou
scanalatura (f) nell'imbuto con rullo folle
hendedura (f) en el vaso con rodillo loco / *fenedura (f) o tall (m) en el gotet amb corronet boig*

14

Kötzerspulmaschine (f) mit Leitkegel
cop winding machine with guiding cone
початочная мотальная машина (мр) с направляющим конусом
cannetière (f) à cône de guidage
cannettiera (f) con cono di guida
canillera (f) con cono-guía / *trescanadora (f) de fusades amb con guia*

a 15
Spindel (f)
spindle
веретено (ср)
broche (f)
fuso (m)
púa (f) / *pua (f)*

b 16
Spulenhülse (f)
tube
патрон (мр) шпули
tube (m) de la broche
tubetto (m) del fuso
tubo (m) o casquillo (m) de la púa / *tub (m) o dolla (f) de la pua*

17
Kötzerfuß (m), Fuß (m) des Kötzers
base of the cop
основаніе (ср) *или* начинок (мр) початка
pied (m) *ou* embase (f) *ou* cul (m) *ou* noyau (m) de la canette
base (f) della cannetta
base (f) o culo (m) de la husada / *base (f) o cul (m) de la fusada*

c 18
Stahlringe (mpl)
steel rings
стальныя кольца (ср)
anneaux (mpl) en acier
anelli (mpl) d'acciaio
anillos (m) de acero / *anelles (f) d'acer*

1 Fadenvorratsring (m)
yarn reserve
подмотка (жр)
réserve (f) de fil
riserva (f) del filo
reserva (f) de hilo / *de fil*

2 d Leitkegel (m)
guiding cone
направляющій конус (мр)
cône (m) de guidage
cono (m) di guida
cono-guía (m) / *con-guia (m)*

3 e Schwingzapfen (m) für den Leitkegel
cone pivot
качающаяся цапфа (жр) направляющаго конуса
pivot (m) du cône de guidage
perno (m) del cono di guida
pivote (m) o quicio (m) del cono-guía / *pivot (m) o espigó (m) del con-guia*

4 g Zapfenlager (n)
pivot bracket
подшипник (мр) для цапф
support (m) du pivot
sopporto (m) del perno
soporte (m) del pivote / *suport (m) del pivot*

5 h Leitkegelachse (f)
cone shaft
ось (жр) направляющаго конуса
arbre (m) du cône
albero (m) del cono
árbol (m) del cono / *arbre (m) del con*

6 i Hakenhebel (m)
hooked lever
крючкообразный *или* изогнутый рычаг (мр)
levier (m) à crochet
leva (f) ad uncino
palanca-gancho (f) / *palanca-ganxo (f)*

7 der Hakenhebel wird durch den ausschwingenden Leitkegel zurückgedrängt
the hooked lever is forced back by the swinging cone
крючкообразный рычаг (мр) отводится качающимся направляющим конусом
le levier à crochet recule par l'action du cône oscillant
la leva ad uncino rincula sotto l'azione del cono oscillante
la palanca-gancho retrocede empujada por el cono oscilante / *la palanca-ganxo es reculada per el con oscil·lant*

8 k zur Wickelung laufender Faden (m)
end running-on to winding
подводимая нить (жр)
fil (m) allant au renvidage
filo (m) che va all'incannatura
hilo (m) que corre al bobinado / *fil (m) que corre al plegat*

9 l Fadenführer (m)
yarn guide
нитевод (мр)
guide-fil (m)
guida-filo (m)
guía-hilo (m) / *guia-fil (m)*

o Stift (m) am Fadenführer
pin on the yarn guide
шип (мр) нитевода
cheville (f) dans le guide-fil 10
perno (m) nel guida-filo
clavija (f) en el guía-hilo / *pin (m) o claveta (f) en el guia-fil*

p auf der Welle frei drehbare Nabe (f)
loose boss on the shaft
втулка (жр), свободно сидящая на валу 11
moyeu (m) fou sur l'arbre
mozzo (m) folle sull'albero
casquillo (m) loco en el árbol / *casquillo (m) boig en l'arbre*

auf der Welle feste Nabe (f)
fast boss on the shaft
глухая втулка (жр); втулка (жр), неподвижно сидящая на валу 12
moyeu (m) fixe sur l'arbre
mozzo (m) fisso sull'albero
casquillo (m) fijado en el árbol / *casquillo (m) fort en l'arbre*

q die Welle umgebende Schraubenfeder (f)
helical spring surrounding the shaft
винтовая пружина (жр), обвивающая вал
ressort (m) en hélice entourant l'arbre 13
molla (f) ad elica intorno all'albero
resorte (m) cilíndrico envolviendo el árbol / *molla (f) cilíndrica al voltant del arbre*

die Feder wird durch den gehobenen Fadenführer gespannt
the spring is tended by the raised yarn guide
пружина (жр) натягивается *или* напрягается поднятым нитеводом
le ressort est tendu par le guide-fil soulevé
la molla è tesa dal guida-filo rialzato
el resorte es tendido con la subida del guía-hilo / *la molla es tivada amb la pujada del guia-fil* 14

die gespannte Feder wird frei
the tended spring is released *or* distended
натянутая пружина (жр) отпускается
le ressort tendu devient libre
la molla tesa diviene libera
el resorte tendido es relevado *o* distendido / *la molla tivada es afluixada* 15

Kreuzkötzerspulmaschine (f) mit hin- und hergehendem Fadenführer
crossing motion pirn winder with traversing yarn guide
шпульная машина (жр) для початков крестовой мотки с траверсирующим нитеводом
cannetière (f) à fil croisé avec guide-fil de va-et-vient
cannettiera (f) a filo incrociato con guida-filo di va e vieni
canillera (f) de plegado cruzado con arañero / *canillera (f) de plegat creuat amb aranyer* 16

1 Kreuzkötzerspulmaschine (f) mit Schlitztrommel
crossing motion pirn winder with split drum
шпульная машина (жр) для початков крестовой мотки с барабаном, снабженным направляющим прорѣзом
cannetière (f) à fil croisé avec tambour fendu
cannettiera (f) a filo incrociato con tamburo a scanalatura spirale
canillera (f) de plegado cruzado con tambor hendido / *canillera (f) de plegat creuat amb bombo fendit*

---

2 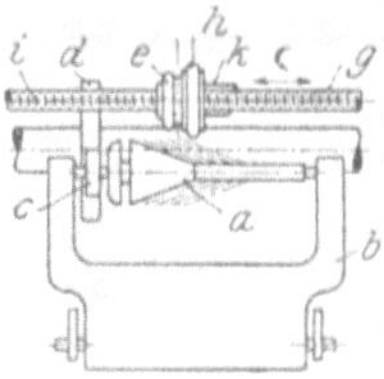

Kötzerspulmaschine (f) mit hin- und hergehendem Fadenfuhrer, dessen Hub durch eine Reibrolle verlegt wird
pirn winding machine with traversing guide shifted by means of a friction disc
машина (жр) для мотки початков с нитеводом, двигающимся взад и вперед и устанавливаемым фрикціонным роликом
cannetière (f) à guide-fil et à mouvement de va-et-vient dont la course est déplacée par un plateau de friction
cannettiera (f) con guidafilo avente movimento di va e vieni azionato da disco di frizione
canillera (f) con cursa de vaivén producida por disco de fricción / *canillera (f) amb cursa de vaivé produïda per disc de fricció*

---

3 der Kötzer steht senkrecht
the pirn stands vertically
початок (мр) стоит вертикально
la canette est placée verticalement
la cannetta è disposta verticalmente
la canilla está dispuesta verticalmente / *la bitlla està posada vertical*

---

4 der Kötzer liegt wagerecht
the pirn lies horizontally
цѣвка (жр) *или* шпулька (жр) лежит горизонтально
la canette est placée horizontalement
la cannetta è disposta orizzontalmente
la canilla está dispuesta horizontalmente / *la bitlla està posada horitzontal*

---

5 a
Hülse (f) mit kegelförmigem Ansatz
pirn with conical base
гильза (жр) с коническим основаніем
tube (m) à embase conique
tubetto (m) a base conica
canilla (f) con base cónica / *bitlla (f) amb base cònica*

---

b
Spindelrahmen (m)
bobbin carrier frame
рама (жр) для веретена
châssis (m) pour brochette 6
telaio (m) della cannetta
soporte (m) de la canilla / *suport (m) de la bitlla*

---

c
Spindelantriebscheibe (f)
friction disc on spindle
диск (мр) *или* ролик (мр) для вращенія веретена
plateau (m) de commande sur la brochette 7
disco (m) di frizione sulla brocca
disco (m) de fricción enfilado en la broca / *disc (m) de fricció enfilat a la broca*

---

d
Reibrolle (f)
friction disc
диск (мр) *или* ролик (мр) фрикціоннаго сцѣпленія 8
plateau (m) de friction
disco (m) di frizione
disco (m) de fricción / *disc (m) de fricció*

---

e
Fadenführerröllchen (n)
guide bowl
ролик (мр), направляющій нить 9
galet (m) guide-fil
rotella (f) guida-filo
rodillo (m) guía-hilo / *corronet (m) guia-fil*

---

g
hin- und hergehende Fadenführerstange (f)
traversing guide bar
нитеводный пруток (мр), двигающійся возвратно *или* взад и вперед
barre (f) du guide-fil à va-et-vient 10
asta (f) del guida-filo con movimento di va e vieni
barra (f) del arañero de vaivén / *barra (f) del aranyer de vaivé*

---

h
Reibscheibe (f)
friction bowl
фрикціонный диск (мр)
galet (m) de friction 11
rullo (m) di frizione
rodillo (m) de fricción / *rotllo (m) de fricció*

---

i
Gewindestange (f)
screwed spindle
винтовой шпиндель (мр), шпиндель (мр) с винтовой рѣзьбой 12
tringle (f) filetée
asta (f) filettata
tornillo (m) / *cargol (m)*

---

k
federnder Läufer (m)
spring hook
пружинный бѣгун (мр)
curseur (m) à ressort 13
asticciola (f) molleggiante
corredor (m) de resorte / *cursor (m) de molla*

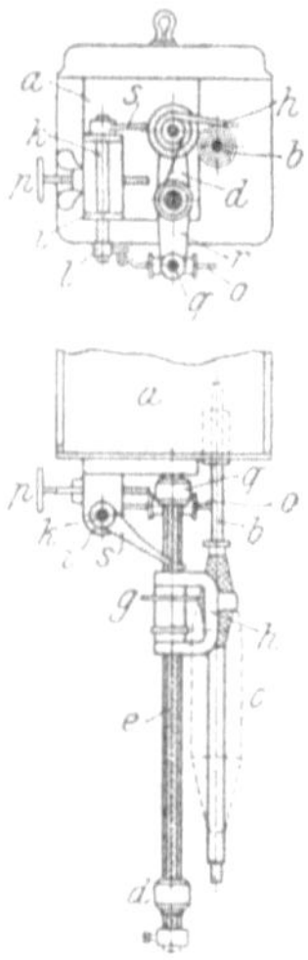

1

Kreuzkötzerspulmaschine (f) mit achsrecht hin- und herbewegter Spindel und durch Reibrolle geschaltetem Fadenführer
crossing motion pirn winder with axially traversing spindle and with guide shifted by friction bowl
шпульная машина (жр) для початков крестовой мотки с возвратным движенiем веретена вдоль своей оси и с нитеводом, управляемым фрикцiонным роликом
cannetière (f) à fil croisé avec broche à va-et-vient axial et guide-fil à course déplacée par un galet de friction
cannettiera (f) con fuso a movimento assiale di va e vieni e con guida-filo mosso da rullo di frizione
canillera (f) de plegado cruzado con púa oscilante axialmente y cursa accionada por disco de fricción / *màquina (f) de bitlles amb pua oscil·lant axialment i cursa produïda per disc de fricció*

---

2 a
Spindelkasten (m)
spindle box
ящик (мр) для веретен
boîte (f) à broches
cassa (f) dei fusi
caja (f) de las púas / *caixa (f) de les pues*

---

3 b
Spindel (f)
spindle
веретено (ср)
broche (f)
fuso (m)
púa (f) / *pua (f)*

---

4 c
Kötzer (m)
pirn
початок (мр)
canette (f)
cannetta (f)
canilla (f) / *caneta (f), bitlla (f)*

---

5 d
Spindelrahmen (m)
bobbin carrier frame
рама (жр) для веретена
châssis (m) pour brochette
telaio (m) della cannetta
bastidor (m) o marco (m) de la canilla / *marc (m) de la bitlla*

6
der Spindelrahmen wird geschwenkt
the bobbin carrier frame is moved sideways
рама (жр) для веретена отводится
le châssis pour brochette est mû de côté
il telaio della cannetta è mosso lateralmente
el marco de la canilla es movido lateralmente / *el marc es mogut lateralment*

---

7 e
Gewindespindel (f)
screw spindle
шпиндель (мр) *или* пруток (мр) с винтовой нарѣзкой
tige (f) filetée
asta (f) filettata
broca fileteada / *roscada*

---

g
Reibrolle (f), Schaltrolle (f)
friction bowl
управляющiй ролик (мр)
galet (m) de friction
rullo (m) di frizione
disco (m) de fricción / *disc (m) de fricció* 8

---

h
Fadenführer (m)
yarn guide
нитевод (мр)
guide-fil (m)
guida-filo (m)
guía-hilo (m) / *guia-fil (m)* 9

---

i
Gabellager (n)
forked bearing
вилообразная стойка (жр)
support (m) [en] forme [de] fourchette
sopporto (m) a forma di forca
soporte (m) en forma de horquilla / *suport (m) en forma de forquilla* 10

---

k
Bolzen (m)
stud
шкворень (мр), ось (жр), шип (мр)
boulon (m)
bullone (m)
perno (m) / *torrió (m)* 11

---

l
Hebel (m)
lever
рычажок (мр)
levier (m)
leva (f)
palanca (f) 12

---

o
Zugstange (f)
draw bar
тяга (жр)
tringle (m) de tirage
tirante (m)
biela (f) de tracción / *de tracció* 13

---

p
Schraube (f)
screw
винт (мр)
vis (f)
vite (f)
tornillo (m) / *cargol (m)* 14

---

q
Drehzapfen (m)
pivot
шарнир (мр)
pivot (m)
perno (m)
pivote (m) / *pivot (m)* 15

---

r
Rahmenverlängerung (f)
continuation of frame
добавочная часть (жр) рамы
continuation (f) du châssis
continuazione (f) del telaio
prolongación (f) del bastidor / *prolongació (f) del marc* 16

---

s
Fühlerhebel (m)
feeler
щупальце (ср)
tâteur (m)
bilancino (m)
tactor (m), pulsador (m) 17

Spulenhülse (f)
pirn tube
цѣвка (жр), гильза (жр) *или* патрон (мр) для шпули
tube (m) de la bobine
tubo (m) della cannetta
tubo (m) de la canilla / *tub (m) de la caneta* 18

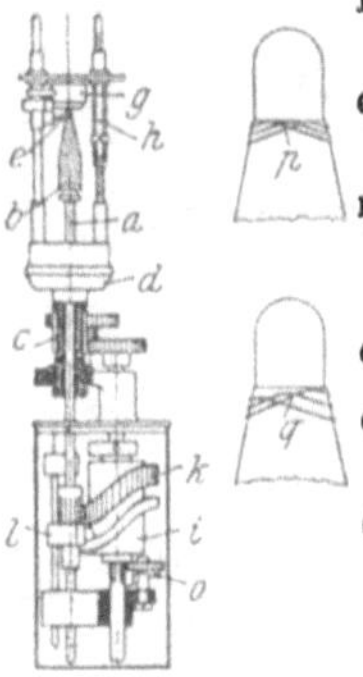

1 Kreuzkötzerspulmaschine (f) mit kreisendem Fadenführer
cross motion pirn winder with revolving thread guide
шпульная машина (жр) для початков крестовой мотки с вращающимся нитеводом
cannetière à fil croisé à guide-fil tournant
cannettiera (f) a filo incrociato con guida-filo rotativo
canillera (f) de plegado cruzado con guía-hilo giratorio / *màquina (f) de billles de plegat creuat amb guia-fil giratori*

---

2 a Kötzerspindel (f)
pirn spindle
веретено (ср) для початка
broche (f) de la canette
fuso (m) della cannetta
púa (f) de la canilla / *pua (f) de la caneta*

---

3 b Spulenhülse (f)
pirn tube
цѣвка (жр)
tube (m) de la bobine
tubo (m) della cannetta
tubo (m) de la canilla / *tub (m) de la caneta*

---

4 c verzahnte Muffe (f)
toothed sleeve
зубчатая муфта (жр)
manchon (m) denté
manicotto (m) dentato
manguito (m) dentado / *dolla (f) dentada*

---

5 d Scheibe (f) mit kegelförmigem Rand
disc with cone-shaped border
плошка (жр) *или* диск (мр) со скосом *или* с конической фаской
disque (m) à rebord conique
disco (m) con orlo conico
disco (m) con reborde cónico / *disc (m) amb revora cònica*

---

6 e Fadenführer (m)
yarn guide
нитевод (мр)
guide-fil (m)
guida-filo (m)
guía-hilo (m) / *guia-fil (m)*

---

7 g Fadenführerträger (m) mit Trichter
yarn guide carrier with cup
державка (жр) нитевода с воронкой
support (m) de guide-fil avec godet
sopporto (m) guida-filo con coppa
soporte (m) del guía-hilo con vaso / *suport (m) del guia-fil amb gotet*

---

h Schaltgesperre (n)
locking device of builder motion
установительное защелкивающее приспособление (ср)
dispositif (m) de fermeture du mouvement de monte et baisse 8
dispositivo (m) per arrestare il movimento di alzata e discesa
dispositivo (m) de cierre del mecanismo de plegado / *dispositiu (m) de cloure el mecanisme de plegat*

---

i Nutentrommel (f)
cam cylinder
желобчатый барабан (мр), барабан с канавкой
tambour (m) à rainure 9
cilindro (m) a scanalatura
tambor (m) con ranura [excéntrica] / *bombo (m) amb galze [excèntric]*

---

aufsteigende Kurvenbahn (f)
ascending path of cam
восходящая направляющая канавка (жр)
partie (f) montante de la rainure 10
parte (f) ascendente della scanalatura
cursa (f) ascendente de la ranura / *cursa (f) ascendent del galze*

---

abfallende Kurvenbahn (f)
descending path of cam
нисходящая направляющая канавка (жр)
partie (f) descendante de la rainure 11
parte (f) discendente della scanalatura
cursa (f) descendente de la ranura / *cursa (f) descendent del galze*

---

k Verzahnung (f)
toothed part
зубчатый [-ое] обод (мр) *или* кольцо (ср) 12
partie (f) dentée
parte (f) dentata
parte (f) / *part (f)* / dentada

---

l Gleitstück (n)
sliding block
палец (мр), скользун (мр), ползун (мр)
glissière (f) 13
pezzo (m) scorritore
taco (m) de la corredera / *tac (m) de la culissa*

---

o Hubnocken (m)
lifting pin
горка (жр), кулак (мр)
came (f) de levée 14
nottolino (m) di levata
leva (f) de levantar / *lleva (f) d'aixecar*

1 p
Fadenlegung (f) bei nicht zusätzlicher Verschiebung der Spindel
disposition of yarn without additional traverse motion of spindle
мотка (жр) нити без добавочнаго перемѣщенія веретена
disposition (f) du fil sans mouvement additionnel de la broche
disposizione (f) del filo senza movimento addizionale del fuso
disposición (f) del hilo sin movimiento transversal adicional de la púa / *disposició (f) del fil sense moviment transversal adicional de la pua*

---

2 q
Fadenlegung (f) bei zusätzlicher Verschiebung der Spindel
disposition of yarn with additional traverse motion of spindle
мотка (жр) нити при добавочном передвиженіи веретена
disposition(f) du fil avec mouvement additionnel de la broche
disposizione (f) del filo con movimento addizionale del fuso
disposición (f) del hilo con movimiento transversal adicional de la púa / *disposició (f) del fil amb moviment transversal adicional de la pua*

3
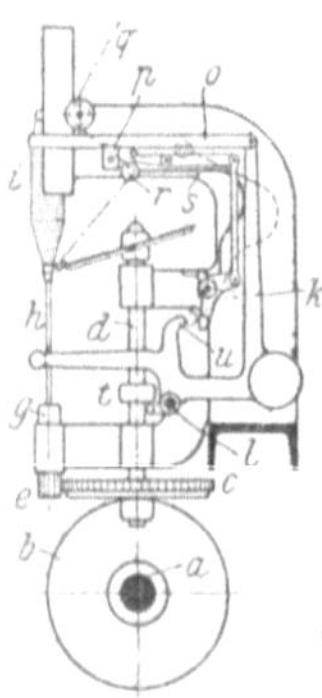

Kreuzkötzerspulmaschine (f) mit als Läufer ausgebildetem Fadenführer und Vorrichtung zum Abstellen bei Reißen des Fadens
cross motion pirn winder with traveller guide and broken end stop motion
шпульная машина (жр) для початков крестовой мотки с бѣгуном-нитеводом и с остановочным приспособленіем при обрывѣ нити
cannetière (f) à fil croisé avec guide-fil formant curseur et mécanisme d'arrêt en cas de rupture de fil
cannettiera (f) a filo incrociato con guida-filo viaggiante e con apparecchio rompitrama
canillera (f) de plegado cruzado con guía-hilo móvil y juego de disparo en caso de ruptura del hilo / *màquina (f) de bitlles de plegat creuat amb guia-fil mòbil i joc de dispar quan se trenca el fil*

---

4 a
Antriebwelle (f)
driving shaft
ведущій вал (мр)
arbre (m) de commande
albero (m) motore
árbol (m) motor / *arbre (m) motor*

---

b
Reibrad (n)
friction disc
фрикціонный каток (мр)
disque (m) *ou* plateau (m) de friction 5
disco (m) di frizione
disco (m) de fricción / *disc (m) de fricció*

---

c
Zahnrad (n)
gear wheel
шестерня (жр), зубчатое колесо (ср) 6
roue (f) dentée
ruota (f) dentata
rueda (f) / *roda (f)* / dentada

---

d
Fadenführerwelle (f)
shaft of yarn guide
валик (мр) нитевода
arbre (m) du guide-fil 7
albero (m) del guida-filo
árbol (m) del guía-hilo / *arbre (m) del guia-fil*

---

e
Spindeltriebrad (n)
spindle pinion
шестерня (жр) для вращенія веретена
pignon (m) de commande de la broche 8
pignone (m) di comando del fuso
piñon (m) de mando de la púa / *pinyó (m) de comanda de la pua*

---

g
Spindelbüchse (f)
spindle bush
втулка (жр) веретена
douille (f) de la broche 9
bossolo (m) del fuso
casquillo (m) de la púa / *pua*

---

h
Spindel (f)
spindle
веретено (ср)
broche (f) 10
fuso (m)
púa (f) / *pua (f)*

---

i
Kötzer (m)
pirn
початок (мр)
canette (f) 11
cannetta (f)
canilla (f) / *caneta (f)*, *bitlla (f)*

---

k
Abstellhebel (m)
stop lever
остановочный рычаг (мр)
levier (m) d'arrêt *ou* de débrayage 12
leva (f) d'arresto
palanca (f) de desembrague / *de desembragar*

---

l
Zapfen (m)
pivot
шип (мр), цапфа (жр)
pivot (m) 13
perno (m)
pivote (m) / *pivot (m)*

---

o
Platine (f)
notched bar
защелка (жр)
platine (f) 14
platina (f)
platina (f)

1 Kerbe (f)
notch
паз (мр), зарубка (жр)
entaille (f)
tacca (f), incavatura (f)
entalla (f) / *encaix (m)*

2 p Fangnase (f)
catch
захватка (жр)
griffe (f)
sporto (m) d'arresto
grapa (f)

3 q zulaufender Faden (m)
end running-on
подводимая нить (жр)
fil (m) se rendant sur la canette
filo (m) che va all'incannatura
hilo (m) que corre al bobinado / *fil (m) que corre al plegat*

4 r Öse (f)
eyelet
ушко (ср), глазок (мр)
œillet (m)
occhiello (m)
ojete (m) / *ullet (m)*

5 s Fadenwächterhebel (m)
broken end feeler
рычаг (мр), контролирующій обрыв нити
levier (m) casse-fil
leva (f) del meccanismo d'arresto
tactor (m) revelador de la rotura del hilo / *de la ruptura del fil*

6 t Wellenbund (m)
collar on shaft
кольцевой наварок (мр) вала
collier (m) sur l'arbre
collare (m) sull'albero
collar (m) en el árbol / *en l'arbre*

7 u Finger (m)
finger
палец (мр), рожок (мр)
doigt (m)
dito (m)
dedo (m) / *dit (m)*

8 Kötzerspulmaschine (f) mit Flügelfadenführer
pirn winder with flyer guide
машина (жр) для мотки початков с рогульчатым нитеводом
cannetière (f) avec guide-fil à ailettes
cannettiera (f) con guida-filo ad alette
canillera (f) con guía-hilo de aleta / *màquina (f) de bitlles amb guia-fil d'aleta*

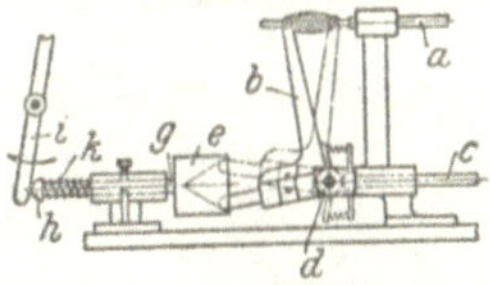

Kreuzspulmaschine (f) für Stickmaschinen
quick traverse winder for bobbins of embroidering machines
шпульная машина (жр) крестовой мотки для шпулек вышивальных машин
bobineuse (f) *ou* coconneuse (f) croisée pour métiers à broder 9
incannatoio (m) a fili incrociati per far spolette per macchine ricamatrici
encarretadora (f) de cruzado rápido para bobinas de las máquinas de bordar / *rodetera (f) de creuat ràpid per a bobines de les màquines de bordar*

Anfangsbund (m)
starting coils
начинок (мр)
spires (fpl) de départ 10
spire (fpl) iniziali
espiras (fpl) iniciales / *espires (fpl) inicials*

zylindrische Schlußwicklung (f)
cylindrical finishing layer
цилиндрическая заключительная мотка (жр) 11
couche (f) finisseuse cylindrique
ultimo strato (m) cilindrico
capa (f) acabadora cilíndrica

Spulenlänge (f)
length of bobbin
длина (жр) шпульки 12
longueur (f) de la bobine
lunghezza (f) della bobina
longitud (f) / *llargada (f)* / de la bobina

Vorrichtung (f) für Veränderung der Länge des Fadenführerhubes
device for altering length of thread guide traverse
приспособленіе (ср) для измѣненія длины подъема *или* хода нитевода
dispositif (m) pour changer la longueur de la course du guide-fil 13
dispositivo (m) per cambiare la lunghezza della corsa del guida-filo
dispositivo (m) para cambiar la longitud de la cursa del guía-hilo / *dispositiu (m) per a canviar la llargada de la cursa del guia-fil*

1 a
Wickelspindel (f)
winding spindle
веретено (ср) для наматывания
broche (f) à renvider
fuso (m) d'avvolgimento
púa (f) bobinadora / *pua (f) que plega*

2 b
Fadenführerhebel (m)
yarn guiding arm
рычаг (мр) нитевода
bras (m) de guide-fil
braccio (m) del guida-filo
brazo (m) del guía-hilo / *braç (m) del guia-fil*

3 c
Triebwelle (f)
driving shaft
приводный вал (мр) головки
arbre (m) de commande
albero (m) motore
árbol (m) / *arbre (m)* / motor

4 d
um Bolzen drehbarer Wellenkopf (m)
shaft head rotating round pivot
шарнирная головка (жр) вала
tête (f) de l'arbre tournant autour du pivot
testa (f) dell'albero girante attorno al perno
cabeza (f) del árbol girando alrededor del pivote / *testa (f) del arbre girant al voltant del pivot*

5 e
hohlkegelförmiges Führungsstück (n)
hollow cone guide piece
направляющій стакан (мр) с коническим углубленіем
pièce (f) guide en forme de cône creux
pezzo (m) di guida in forma di cono cavo
pieza-guía (f) en forma de cono hueco / *peça-guia (f) de forma de con buidat*

6 g
verschiebbare Spindel (f)
adjustable spindle
перемѣщающійся шпиндель (мр)
broche (f) déplaçable
fuso (m) spostabile
broca (f) desplazable / *desplaçable*

7 h
Spindelkopf (m)
spindle head
головка (жр) шпинделя
tête (f) de la broche
testa (f) del fuso
testa (f) de la broca

8 i
Stellhebel (m)
adjusting lever
установительный рычаг (мр)
levier (m) réglable
leva (f) regolabile
palanca (f) ajustable

9 k
Druckfeder (f)
pressure spring
нажимная пружина (жр)
ressort (m) de pression
molla (f) di pressione
resorte (m) de presión / *molla (f) de pressió*

Fachmaschine (f) mit selbsttätiger Abstellung bei Reißen des Fadens
doubling winder with automatic broken end stop motion
тростильная машина (жр) с самодѣйствующим остановом при обрывѣ нити
bobinoir (m) à doubler *ou* doubleuse (f) avec mouvement automatique d'arrêt en cas de rupture de fil
incannatoio (m) addoppiatore con arresto automatico alla rottura d'un filo 10
reunidora (f) con disparo automático al romperse un cabo / *reunidora (f) amb dispar automàtic al trencar-se un fil*

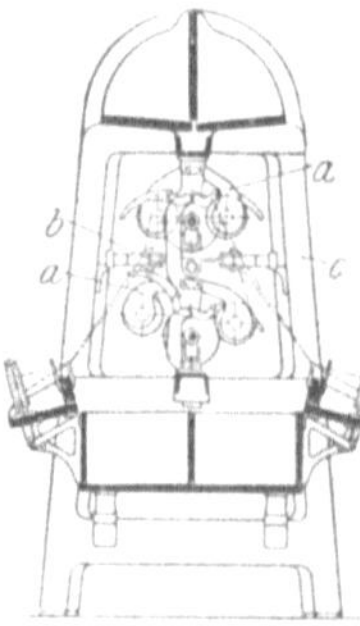

Fachmaschine (f) für Seide
doubling winder for silk
тростильная машина (жр) для шелка
doubleuse (f) pour soie 11
binatrice (f) per seta
reunidora (f) para seda / *per a seda*

a
Spulenhalter (m)
bobbin holder
державка (жр) для шпульки
châssis (m) de bobine 12
telaio (m) della bobina
soporte (m) de la bobina / *suport (m) del rodet*

b
Fadenführer (m)
thread guide
нитевод (мр) 13
guide-fil (m)
guida-filo (m)
guía-hilo (m) / *guia-fil (m)*

c
Gestellrahmen (m)
frame
станина (жр)
bâti (m) 14
telaio (m)
bancada (f)

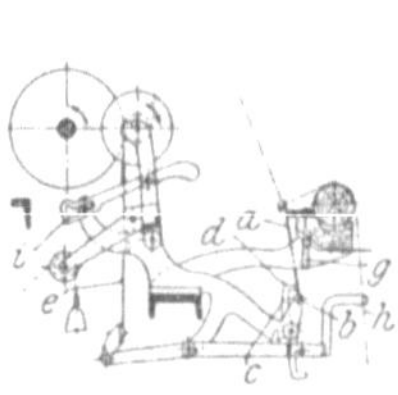

empfindliche Abstellvorrichtung (f)
sensitive stop motion
чувствительное приспособленіе (ср) для останова
mécanisme (m) d'arrêt sensible 15
meccanismo (m) d'arresto sensibile
disparo (m) / *dispar (m)* / sensible

a
Fühlhebel (m)
feeler
контрольная проволока (жр) 16
tâteur (m)
bilancino (m)
tactor (m)

b
Gelenkstift (m)
pin
шип (мр), штифт (мр)
goupille (f), cheville (f) 17
perno (m)
clavija (f) / *clavilla (f)*

1 c
Doppelarm (m)
double arm
остановочный *или* двойной *или* двуплечій крючек (мр)
bras (m) double
braccio (m) doppio
brazo (m) / *braç (m)* / doble

2 d
Schneide (f) des Doppelarms
edge of double arm
нож (мр) двуплечаго крючка
couteau (m) du bras double
spigolo (m) del braccio doppio
cuchillo (m) del brazo doble / *ganiveta (f) del braç doble*

3 e
Blechstreifen (m) mit Lederansatz
sheet metal strip with leather end
жестяная лента (жр) с кожаным концом
bande (f) métallique avec extrémité en cuir
nastro (m) metallico con estremità di cuoio
lama (f) con extremidad de cuero / *lama (f) amb extremitat de cuiro*

4 g
Klammer (f), Zwinge (f)
clip
скоба (жр), стяжка (жр)
clavette (f)
chiavetta (f)
chaveta (f), sujetador (m) / *claveta (f), agafador (m)*

5 h
Faden (m)
thread
нить (мр)
fil (m)
filo (m)
hilo (m) / *fil (m)*

6
drehbare Aufsteckung (f)
revolving creel
вращающаяся рамка (жр) для катушек
râtelier (m) tournant
rastrelliera (f) girevole
fileta (f) giratoria

7 i
Selbstabsteller (m)
automatic stop motion
самодѣйствующій останов (мр)
mécanisme (m) d'arrêt automatique
meccanismo (m) d'arresto automatico
disparo (m) automático / *dispar (m) automàtic*

8
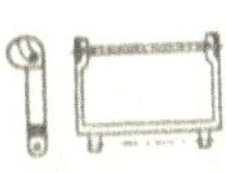
Spulengabel (f)
bobbin holder
рамочка (жр) *или* державка (жр) *или* вилка (жр) для шпули
châssis (m) *ou* support (m) *ou* cadre (m) de bobine
telaio (m) della bobina
soporte (m) del carrete / *suport (m) del rodet*

9
zunehmender Spulenumfang (m)
increasing circumference of bobbin
увеличивающійся обхват (мр) шпули
circonférence (f) croissante de la bobine
circonferenza (f) aumentante della bobina
circunferencia (f) creciente del carrete / *circumferència (f) creixent del rodet*

10
den Fadenleiterweg verkurzen
to shorten the traverse of the yarn guide
укоротить путь нитевода
raccourcir la traverse du guide-fil
raccorciare la corsa del guida-filo
acortar el curso del guía-hilo / *escursar la cursa del guia-fil*

11
Änderung (f) der Spulart
change in kind of winding
перемѣна (жр) *или* смѣна (жр) способа мотки
changement (m) du genre de bobinage
cambiamento (m) d'incannatura
cambio (m) de plegado / *canvi (m) de plegat*

12
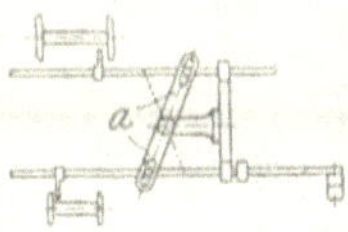

Fadenleitschieneneinstellung (f)
adjustment of yarn guiding bars
установка (жр) нитеводнаго приспособленія
dispositif (m) de réglage des barres guide-fils
dispositivo(m) per regolare le aste dei guida-fili
dispositivo (m) de ajustado de las barras de arañeros / *dispositiu (m) d'ajustatge de les barres dels aranyers*

13 a
ungleicharmiger Hebel (m)
lever with arms of unequal length
неравноплечій рычаг (мр)
levier (m) à bras inégaux
leva (f) con braccia di lunghezza ineguale
palanca (f) con brazos de desigual longitud / *palanca (f) amb braços de desigual llargada*

14
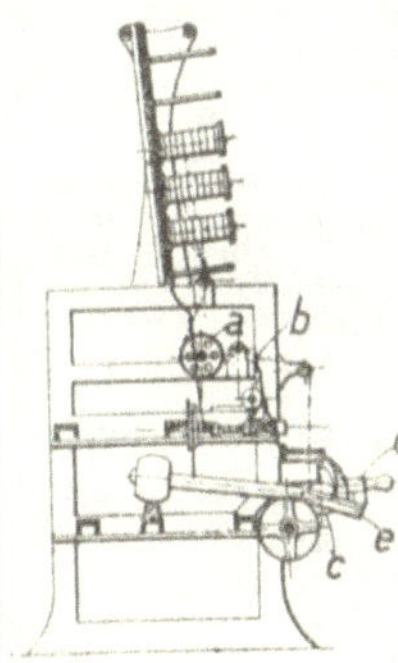

Fachmaschine (f) für starke Garne
doubling winder for coarse yarns
тростильная машина (жр) для грубой пряжи
bobinoir (m) doubleur pour gros fils
incannatoio (m) addoppiatore *o* binatoio (m) per fili grossi
reunidora (f) para hilos gruesos / *per a fils groixuts*

15 a
Garnzuführwalze (f)
feeding roller for the yarn
питательный валик (мр) *или* цилиндр (мр) для подачи пряжи
cylindre (m) alimentaire pour le fil
cilindro (m) alimentatore del filo
cilindro (m) alimentador para el hilo / *corró (m) alimentari per al fil*

Fallstift (m)
drop pin
шпилька (ж р), контролирующая обрыв нити
1 b aiguille (f) tombante
ago (m) cascante
alambre (m) de disparo, caballero (m) / *fil-ferro (m) de dispar, cavaller (m)*

Aufwickelspule (f)
winding bobbin
наматываемая катушка (ж р)
2 c bobine (f) à renvider
bobina (f) d'incannatura
carrete (m) bobinador / *rodet (m) que plega*

---

drehbar gelagerter Rahmen (m)
rocking frame
вращающаяся рама (ж р)
3 d cadre (m) oscillant
telaio (m) oscillante
bastidor (m) *o* marco (m) oscilante / *marc (m) o quadro (m) oscil·lant*

Gewichtshebel (m)
weight lever
рычаг (м р), нагруженный гирею
4 e levier (m) à poids
leva (f) contrappesata
palanca (f) de contrapeso / *de contrapès*

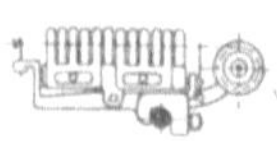

Fadenspanner (m) mit Porzellanzähnen und Überlaufrolle
yarn tension device with porcelain teeth and guide roller
фарфоровая гребенка (ж р) для натяженія нити с направляющим роликом
5 tendeur (m) avec dents en porcelaine et galet-guide
tendifili (m) *o* tenditore (m) di fili con denti in porcellana e rullo di guida
dispositivo (m) tensor con dientes de porcelana y rodillo-guía / *dispositiu (m) tensor amb dents de porcellana i corró-guia*

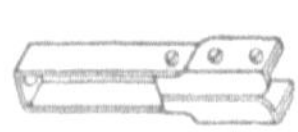

Fadenreiniger (m)
yarn clearer, thread cleaning apparatus
нитеочиститель (м р), очиститель (м р) нити
6 appareil (m) purgeur, épurateur (m) de fil
apparecchio (m) pulitore di fili
purgador (m) *o* limpiador (m) del hilo / *purgador (m) del fil*

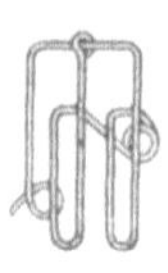

Vorspanner (m), Vordämmer (m)
preliminary tension device
нитевод (м р) для предварительнаго натяженія
7 avant-tendeur (m)
dispositivo (m) di tensione preliminare
ante-tensor (m) / *avant-tensor (m)*

---

die gefachten Fäden (mpl) auf Papierröllchen aufwinden
to wind the folded ends on to paper tubes
наматывать строщенныя нити на бумажные патроны

bobiner les fils assemblés sur des tubes en papier
incannare i fili binati sopra tubetti di carta 8
plegar los cabos doblados sobre tubos de papel / *plegar els caps doblats sobre tubs de paper*

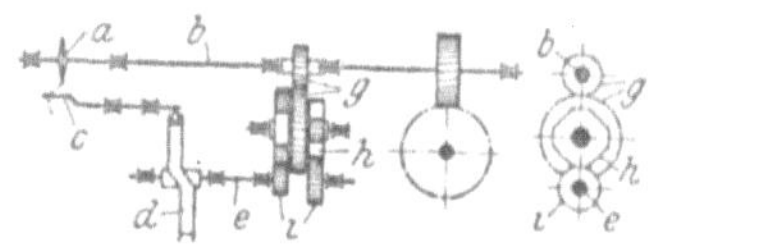

Spulmaschine (f) für Sternwickel
winding machine for wrapping on to star-shaped cards
мотальная машина (ж р) для намота нити на звѣздообразный картон
bobinoir (m) pour étoiles en carton 9
macchina (f) per avvolgere sopra stelle di cartone
encarretadora (f) para estrellas de cartón / *rodetera (f) per a estrelles de cartó*

Wickelkarte (f)
wrapping card
картон (м р) *или* карта (ж р) для намотки
a carton (m) à bobiner 10
cartone (m) per avvolgere
cartón (m) / *cartó (m)* / a bobinar

Wickelwelle (f)
wrapping shaft
мотальный вал (м р)
b arbre (m) de bobinage 11
albero (m) d'avvolgimento
árbol (m) / *arbre (m)* / bobinador

---

hin- und hergehender Fadenführer (m)
traversing thread guide
взад и вперед двигающійся нитевод (м р)
c guide-fil (m) à va-et-vient 12
guida-filo (m) con movimento di va e vieni
arañero (m) / *aranyer (m)*

Kurvenscheibe (f), [Axialexzenter (m)]
cam disc
желобчатый мотыль (м р) *или* диск (м р)
d disque (m) à came, excentrique (m) axial 13
eccentrico (m) assiale
disco (m) excéntrico, excéntrico (m) *o* leva (f) axial / *disc (m) excèntric, excèntric (m) o lleva (f) axial*

Kurvenscheibenwelle (f)
cam shaft
вал (м р) мотыля *или* диска
e arbre (m) à came *ou* à excentrique 14
albero (m) ad eccentrico
árbol (m) del excéntrico / *arbre (m) del excèntric*

1 g
Zahnräder (npl) mit unterbrochener Verzahnung
wheels with intermittent gearing
шестерни (жр) с перерывистым зацѣпленіем
roues (fpl) à engrenages intermittents
ruote (fpl) con ingranaggi intermittenti
ruedas (fpl) con engranaje intermitente / *rodes (fpl) d'engravació intermitent*

---

2 h
Verzahnungslücke (f)
interruption in the gearing
пропуск (мр) зацѣпленія
interruption (f) dans l'engrenage
vano (m) nell'ingranaggio
interrupción (f) del engranaje / *interrupció (f) d'engravat*

---

3 i
abwechselnd angetriebene Räder (npl)
alternately driven wheels
шестерни (жр), поперемѣнно приводимыя во вращеніе
roues (fpl) commandées alternativement
ruote (fpl) azionate alternativamente
ruedas (fpl) movidas alternativamente / *rodes (fpl) mogudes alternativament*

4
Wickelschritt (m)
spacing of the winding
шаг (мр) мотки
pas (m) du bobinage
passo (m) dell'incannatura
paso (m) de bobinado / *pas (m) de bobinat*

5
Übersetzungsverhältnis (n)
gear ratio
передаточное число (ср)
rapport (m) de transmission
rapporto (m) di trasmissione
relación (f) de trasmisión / *relació (f) de transposició dels rodatges*

6
veränderliche Umdrehungsgeschwindigkeit (f)
variable speed of revolution
перемѣнная скорость (жр) вращенія
vitesse (f) de rotation variable
velocità (f) variabile di rotazione
velocidad (f) variable de rotación / *velocitat (f) de rotació variable*

7
Spulmaschine (f) zum Bewickeln von Holzröllchen
sewing thread spooling machine

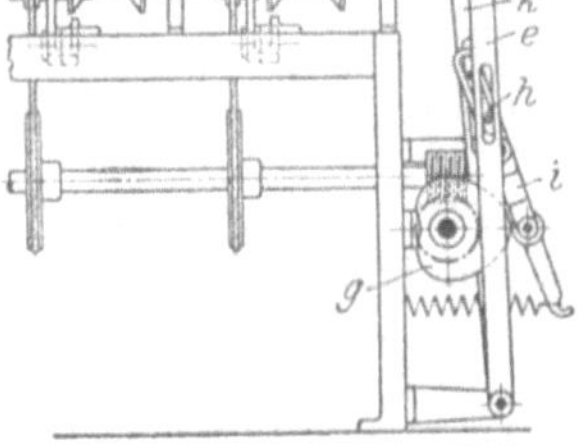

мотальная машина (жр) для перегона пряжи на деревянныя катушки
machine (f) à bobiner les bobines de fil à coudre
macchina (f) per avvolgere i rocchetti con filo cucirino
encarretadora (f) para hilos de coser / *rodetera (f) per a fils de cosir*

---

a
Holzröllchen (n)
wooden reel
деревянная катушка (жр)
bobine (f) en bois 8
rocchetto (m) in legno
carrete (m) de madera / *rodet (m) de fusta*

---

b
Fadenführerschlitz (m)
guiding slit
прорѣз (мр) нитевода 9
fente (f) de guidage
feritoia (f) di guida
ranura (f) guia / *culis (f) guia*

---

c
schwingbar gelagerter Arm (m)
swing arm
качающаяся планка (жр)
bras (m) oscillant 10
braccio (m) oscillante
brazo (m) oscilante / *braç (m) oscil·lant*

---

d
hin- und hergehende Fadenführerstange (f)
traversing guide rod
пруток (мр) нитевода, движущійся взад и вперед
tringle (f) à va-et-vient du guide-fil 11
asta (f) del guida-fili con movimento di va e vieni
barra (f) de vaivén del arañero / *barra (f) de vaivé del aranyer*

---

e
Schwinghebel (m)
traverse lever
качающійся рычаг (мр)
levier (m) basculeur, levier oscillant 12
leva (f) oscillante
palanca (f) oscilante / *oscil·lant*

---

g
Herzscheibe (f)
heart cam
сердце (ср), эксцентрик (мр)
came (f) en cœur 13
eccentrico (m) a cuore
excéntrico (m) de corazón / *excèntric (m) de cor*

---

h
in der Höhe verstellbarer Mitnehmerbolzen (m)
pin adjustable as regards height
направляющій палец (мр) *или* шип (мр), устанавливаемый по высотѣ 14
goujon (m) réglable en hauteur
perno (m) regolabile in altezza
clavija (f) *o* perno (m) ajustable en altura / *clavilla (f) o pin (m) ajustable en alçada*

---

i
Triebhebel (m)
driving lever
рычаг (мр), передающій движеніе 15
levier (m) de commande
leva (f) di comando
palanca (f) motora

1 k
Fadenführerstellstange (f)
thread-guide adjusting bar
кулисный рычаг (мр) нитевода
barre (f) de réglage du guide-fil
asta (f) di regolamento del guida-fili
palanca (f) ajustable del arañero / *del aranyer*

2
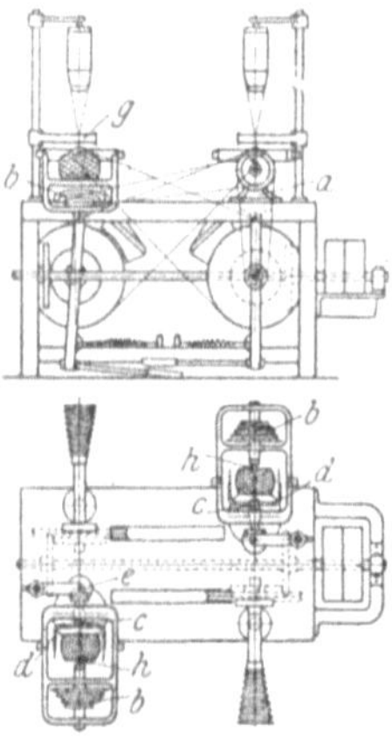

Knauel[wickel]maschine (f)
balling machine
клубочная машина (жр)
pelotonneuse (f)
macchina (f) per aggomitolare, gomitolatrice (f), apparato (m) a gomitoli
máquina (f) de ovillar / *màquina (f) de capdellar o de fer capdells*

3 a
Ständer (m)
stand
ножка (жр), стойка (жр)
bâti (m)
sostegno (m)
caballete (m) / *cavallet (m)*

4 b
Seilscheibenkegel (m)
rope step pulley
ступенчатый блок (мр) для канатной передачи
poulie (f) à gradins pour la corde
puleggia (f) a gradini per corda
polea (f) de gargantas escalonadas / *politja (f) de gorges escalonades*

5 c
hohle Achse (f)
hollow shaft
пустотѣлая ось (жр)
arbre (m) creux
albero (m) cavo
árbol (m) hueco / *arbre (m) buit*

6 d
Flügel (m)
flyer
рогулька (жр)
ailette (f)
aletta (f)
aleta (f)

7 e
Aufsteckspule (f)
creel bobbin
насаживаемая катушка (жр)
bobine (f) alimentaire
spola (f) di alimentazione
bobina (f) de alimentación / *bobina (f) alimentaria*

g 8
Fadenführer (m)
thread guide
глазок (мр), нитевод (мр)
guide-fil (m)
guida-filo (m)
guía-hilo (m) / *guia-fil (m)*

h 9
Dorn (m), Knäuelspindel (f)
spindle
стержень (мр) *или* веретено (ср) клубка
brochette (f)
brocca (f)
husillo (m) / *fuset (m)*

10
die Windungen (fpl) legen sich in schräger Richtung über den Dorn
the coils are placed on the spindle in an oblique position
витки (мр) укладываются на стержень в косом направленіи
les spires (fpl) sont placées sur la brochette dans une position oblique
le spire sono messe sulla brocca in posizione obliqua
las espiras son dejadas sobre el husillo en posición oblicua / *les espires són deixades sobre el fuset en posició obliqua*

11
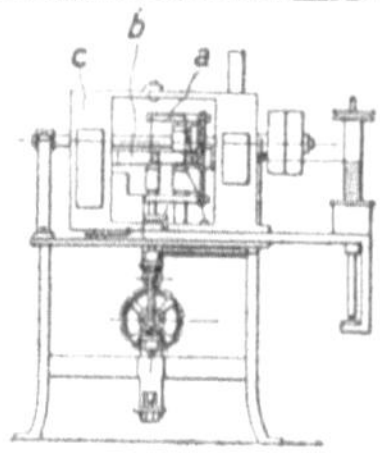

einballige Knäuelmaschine (f)
single balling machine
одноклубочная *или* одинарная клубочная машина (жр)
pelotonneuse (f) simple
aggomitolatrice (f) semplice
ovilladora (f) sencilla / *capdelladora (f) senzilla*

a 12
Flügel (m)
flyer
рогулька (жр)
ailette (f)
aletta (f)
aleta (f)

b 13
Wickelspindel (f)
balling spindle
стержень (мр) клубка
broche (f) à pelotonner
fuso (m) per fare gomitoli
púa (f) ovilladora / *pua (f) capdelladora*

c 14
Gestell (n)
framing
станок (мр)
bâti (m)
telaio (m)
bancada (f)

15
mehrballige Knäuelmaschine (f)
multiple *or* compound balling machine
многоклубочная машина (жр)
pelotonneuse (f) à plusieurs têtes
aggomitolatrice (f) multipla
ovilladora (f) múltiple o de varias testas / *capdelladora (f) de varies testes o múltiple*

II.

No.	Deutsch / English / Русский	Français / Italiano / Español / Català
1	**Zwirnen** (n) **Doubling, Twisting, Twining** **Крученіе** (ср) **нитей**	**Retordage** (m) **Ritorcitura** (f) **[Re-] Torcedura** (f), **retorcido** (m) / ***Retort*** *(m)*
2	**1. Allgemeines** (n) **General Terms** **Общее** (ср)	**Généralités** (fpl) **Generalità** (fpl) **Generalidades** (f pl)
3	einfacher Faden (m) single yarn одинарная нить (жр)	fil (m) simple filo (m) semplice *o* elementare hilo (m) sencillo / *fil (m) senzill*
4	die Fäden (mpl) zusammendrehen to twist the ends together скручивать нити	tordre ensemble les fils (mpl) torcere insieme i fili torcer los cabos juntos / *tòrcer els caps junts*
5	zwirnen to double, to twist, to twine скручивать	retordre ritorcere [re]torcer / *[re]tòrcer*
6	Zwirner (m) doubler, twister крутильщик (мр)	retordeur (m) [operaio (m)] ritorcitore (m) retorcedor (m), doblador (m)
7	Zwirnerin (f) doubler, twister крутильщица (жр)	retordeuse (f) [operaia (f)] ritorcitrice (f) retorcedora (f), dobladora (f)
8	Baumwollzwirner (m) cotton twister, cotton doubler крутильщик (мр) бумажной пряжи	retordeur (m) de coton [operaio (m)] ritorcitore (m) di cotone retorcedor (m) *o* doblador (m) de algodón / *de cotó*
9	Baumwollzwirnerin (f) cotton twister *or* doubler крутильщица (жр) бумажной пряжи	retordeuse (f) de coton [operaia (f)] ritorcitrice (f) di cotone retorcedora (f) *o* dobladora (f) de algodón / *de cotó*
10	Hanfzwirner (m) hemp twister крутильщик (мр) пеньковой пряжи	retordeur (m) de chanvre [operaio (m)] ritorcitore (m) di canapa retorcedor (m) de cáñamo / *de cànem*
11	Hanfzwirnerin (f) hemp twister крутильщица (жр) пеньковой пряжи	retordeuse (f) de chanvre [operaia (f)] ritorcitrice (f) di canapa retorcedora (f) de cáñamo / *de cànem*
12	Wollzwirner (m), Wollgarnzwirner (m) wool twister шерстекрутильщик (мр)	retordeur (m) de laine [operaio (m)] retorcitore (m) di lana retorcedor (m) de lana / *de llana*
13	Wollzwirnerin (f), Wollgarnzwirnerin (f) wool twister шерстекрутильщица (жр)	retordeuse (f) de laine [operaia (f)] retorcitrice (f) di lana retorcedora (f) de lana / *de llana*
14	einfacher *oder* eindrähtiger Zwirn (m) doubled *or* twisted yarn *or* thread простая крученая нить (жр), нить однократнаго крученія	[fil (m)] retors (m) simple [filo (m)] ritorto (m) semplice retorcido (m) *o* torcido (m) *o* hilo (m) sencillo / *retort (m) o fil (m) senzill*
15	mehrfacher [*oder* dublierter] Zwirn (m) cabled yarn *or* thread сложная крученая нить (жр), нить многократнаго крученія	[fil (m)] câblé (m) ritorto (m) a più capi hilo (m) cableado / *fil (m) cablejat*
16	*x*-facher Zwirn (m) *x*-fold yarn, *x*-ply thread нить (жр) *x*-кратнаго крученія	retors (m) à *x* bouts ritorto (m) a *x* capi hilo (m) de *x* cabos / *retort (m) de x caps*
17	Vorzwirn (m) preparing yarn нить (жр) подготовительной крутки	préparation (f) pour retors, premier retors (m) *ou* apprêt (m) ritorto (m) semplice preparación (f) para retorcer, primer retorcido (m) / *preparació (f) per a retòrcer, primer retort (m)*
18	Auszwirn (m) finishing yarn отдѣланная крученая нить (жр), нить окончательной крутки	deuxième retors (m) *ou* apprêt (m), retors final filo (m) finale *o* definitivo retorcido (m) / *retort (m)* / final
19	weicher Zwirn (m) soft thread нить (жр) слабаго крученія	retors (m) floche ritorto (m) floscio hilo (m) flojo / *fil (m) fluix*
20	hohldrähtiger *oder* meißeldrähtiger *oder* hohlsträngigerZwirn (m) cork screwed thread одутловатая крученая нить (жр)	retors (m) vrillé *ou* en tire-bouchon ritorto (m) seghettato retorcido (m) con espiras de barrena / *retort (m) cama-coix, retort en tira-buixó o en barrina*
21	geschmeidiger Zwirn (m) supple thread мягкая *или* гибкая крученая нить (жр)	retors (m) souple ritorto (m) dolce retorcido (m) suave / *retort (m) suau*
22	harter Zwirn (m) hard thread жесткая *или* плотная крученая нить (жр)	retors (m) dur ritorto (m) duro retorcido (m) duro / *retort (m) dur*
23	fester Zwirn (m) firm thread крѣпкая крученая нить (жр)	retors (m) solide ritorto (m) forte retorcido (m) sólido *o* fuerte / *retort (m) fort*
24	glatter Zwirn (m) smooth thread гладкая крученая нить (жр)	retors (m) lisse ritorto (m) liscio retorcido (m) liso / *retort (m) llis*

1 ungleicher Zwirn (m)
uneven thread
неравномѣрная крученая нить (жр)
retors (m) inégal
ritorto (m) ineguale
retorcido (m) desigual / *retort (m) desigual o xemicat*

---

2 Standardzwirnmuster (n)
standard thread sample
образцовая крученая нить (жр), образец (мр) крученой нити
échantillon-type (m) de retors
campione-tipo (m) di ritorto
muestra-tipo (f) de retorcido / *mostra (f) de tipus de retort*

---

3 Zwirnschleife (f)
kink
петля (жр) в крученой нити
vrille (f)
cappio (m)
ojete (m) en el retorcido / *ullet (m) en el retort*

---

4 Spinn- und Zwirndrehung (f) in derselben Richtung
twist of spinning and doubling in the same direction
крутка (жр) пряжи и нити одного направленія
filage (m) et retordage (m) dans le même sens
torsione (f) del filato e del ritorto nella stessa direzione
torsiones (fpl) del hilado y del torcido en la misma dirección / *torsions (fpl) de filat i retort en la mateixa direcció*

---

5 Spinn- und Zwirndrehung (f) in entgegengesetzter Richtung
twist of spinning and doubling in opposite directions
крутка (жр) пряжи и нити разнаго направленія
filage (m) et retordage (m) dans des sens opposés
torsione (f) del filato e del ritorto nella direzione contraria o nel senso inverso
torsiones (fpl) del hilado y del torcido en dirección contraria / *torsions (fpl) de filat i retort de direcció contrària*

---

6 umgekehrten Draht (m) geben
to twist in the opposite direction
дать круткѣ противоположное направленіе
retordre dans le sens opposé, donner la torsion reverse *ou* inverse
ritorcere nella direzione opposta
torcer en dirección contraria, retorcer al revés / *tórcer en direcció contrària, retòrcer al revés*

---

7 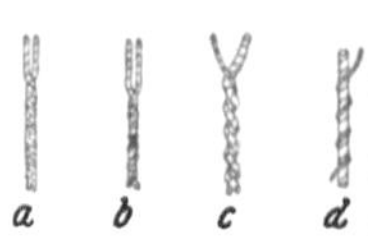
a *b* *c* *d*

a

linksgedrehter Zwirn (m) aus rechtsgedrehten Fäden
left-hand twisted thread from right-hand twisted yarn
нить (жр) лѣвой крутки из пряжи правой крутки
fil (m) retors gauche avec fil simple tordu à droite
ritorto (m) a sinistra da filo con torsione a destra
retorcido (m) a la izquierda de hilos torcidos a la derecha / *retort (m) a l'esquerra de fils torts a la dreta*

---

b

Zwirn (m) mit gleicher Spinn- und Zwirndrehung
thread spun and twisted in the same direction
пряжа (жр) выпряденая и скрученная в нить в одну и ту-же сторону
fil (m) retors avec torsion de filature et de retordage dans le même sens 8
ritorto (m) con torsione di filatura e di ritorcitura eguale
retorcido (m) y hilado (m) torcidos en la misma dirección / *retort (m) i filat (m), torts en la mateixa dirrecció*

---

aufdrehendes Zwirnen (n)
doubling in the opposite direction
крученіе (ср), ослабляющее первоначальную крутку 9
retordage (m) en sens opposé
ritorcitura (f) nel senso opposto
retorcido (m) en dirección contraria / *retort (m) en direcció contrària*

---

zudrehendes Zwirnen (n)
doubling in the same direction as the twist in the spun yarn
вторичное крученіе (ср), усиливающее первоначальную крутку
retordage (m) dans le même sens que celui du fil simple 10
ritorcitura (f) nello stesso senso di quello seguito nel filo semplice
retorcido (m) en la misma dirección que la torsión del hilado / *retort (m) en la mateixa direcció que la torta del filat*

Linksdrehung (f), Schußdrehung (f)
left-hand *or* counter-clockwise twist
лѣвая *или* уточная крутка (жр)
torsion (f) gauche *ou* dans le sens opposé des aiguilles d'une montre, torsion opposée à celle des fils simples
c

torsione (f) nella direzione opposta a quella dei fili semplici, torsione sinistrorsa 11
torsión (f) en dirección contraria a la de las agujas del reloj, torsión a la izquierda o de mano izquierda / *torsió (f) en direcció contrària a la de les agulles del rellotge, torsió a l'esquerra o de mà esquerra*

Linkszwirn (m), Zwirn (m) mit Schußdrehung
thread with left-hand twist
крученая нить (жр) лѣвой крутки, крученый уток (мр) 12
retors (m) gauche
ritorto (m) con torsione sinistrorsa
retorcido (m) a la izquierda / *retort (m) a l'esquerra*

1 d

Rechtsdrehung (f), Kettendrehung (f)
right-hand *or* clockwise twist
правая крутка (жр), основная крутка
torsion (f) dans le sens des aiguilles d'une montre, torsion droite *ou* inverse *ou* reverse
torsione (f) nello stesso senso delle sfere d'un orologio, torsione destrorsa
torsión (f) en la dirección de las agujas del reloj, torsión a la derecha *o* de mano derecha / *torsió (f) en la direcció de les agulles del rellotge, torsió a la dreta o de mà dreta*

2
Rechtszwirn (m), Zwirn (m) mit Kettendrehung
thread with right-hand twist
крученая нить (жр) правой крутки, крученая основа (жр), нить основной крутки
retors (m) droit
ritorto (m) con torsione destrorsa
retorcido (m) a la derecha / *retort (m) a la dreta*

3
lose gezwirnt
loosely twisted
слабокрученый
retordu floche
ritorto con poca torsione
retorcido flojo / *retort fluix*

4
lose Zwirndrehung (f)
soft twist
слабое *или* рыхлое крученіе (ср) нити
retordage (m) doux *ou* floche
ritorcitura (f) floscia
torsión (f) floja *o* suave / *torsió (f) fluixa o suau*

5
harte Zwirndrehung (f)
hard twist
крѣпкое *или* плотное крученіе (ср) нити
retordage (m) fort *ou* monté
ritorcitura (f) forte
torsión (f) fuerte *o* dura / *torsió (f) forta o dura*

6
scharfe Zwirnung (f)
extra hard twist
крутое крученіе (ср)
retordage (m) extra-fort
ritorcitura (f) extra forte
torsión (f) extra-fuerte / *torsió (f) extra-forta*

7
den Faden beim Zwirnen überdrehen
to over-twist the thread
перекрутить нить при крученіи
surtordre le fil
sovraritorcere il filo
sobretorcer el hilo / *sobre-tòrcer el fil*

8
magerer Zwirnfaden (m)
over-twisted thread
голая *или* затянутая крученая нить (жр)
fil (m) trop tordu *ou* surtordu
filo (m) troppo torto
hilo (m) sobretorcido *o* demasiado torcido / *fil (m) sobre-tort o massa tort*

9
Abreißen (n) *oder* Abspringen (n) des Fadens
snapping of the yarn
обрыв (мр) нити
rupture (f) subite du fil
rottura (f) *o* spezzatura (f) del filo
segado (m) *o* ruptura (f) brusca del hilo / *segat (m) o ruptura (f) sobtada del fil*

10
der Faden springt ab
the yarn snaps
нить (жр) обрывается
le fil se rompt subitement
il filo si rompe *o* si spezza
el hilo se rompe bruscamente *o* queda segado / *el fil se trenca sobtadament o queda segat*

11
Drehungsrichtung (f) der Zwirnspindel
sense *or* direction of rotation of doubling spindle
направленіе (ср) *или* рука (жр) вращенія веретена
sens (m) de rotation de la broche à retordre
direzione (f) di giramento del fuso per ritorcere
dirección (f) de rotación de la púa de torcer / *direcció (f) de rotació de la pua de tòrcer*

12
Drehungsrichtung (f) des Garnes
direction of twist in the yarn
направленіе (ср) вращенія пряжи
sens (m) de la torsion du fil
direzione (f) *o* verso (m) *o* senso (m) della torsione del filo
dirección (f) de la torsión en el hilo / *direcció (f) de la torsió del fil*

13
sich rechtsdrehende Spindel (f)
spindle turning clockwise
веретено (ср), вращающееся вправо
broche (f) tournant dans le sens des aiguilles d'une montre
fuso (m) che gira come le sfere d'un orologio
púa (f) girando como las agujas del reloj / *pua (f) girant com les agulles del rellotge*

14
sich linksdrehende Spindel (f)
spindle turning counter-clockwise
веретено (ср), вращающееся влѣво
broche (f) tournant en sens inverse des aiguilles d'une montre
fuso (m) che gira nella direzione opposta delle sfere d'un orologio
púa (f) girando al revés de las agujas del reloj / *pua (f) girant al revés de les agulles del rellotge*

15
die Stärke des Garnes durch Zwirnen erhöhen
to increase the resistance of the yarn by twisting
увеличить крѣпость *или* прочность нити путем скручиванія
augmenter la résistance du fil par le retordage
aumentare la resistenza del filo colla ritorcitura
aumentar la resistencia del hilo por el retorcido / *augmentar la resistència del fil per retort*

16
Verkürzen (n) der Fäden beim Zwirnen
shrinkage of the yarn during twisting
укороченіе (ср) нити при скручиваніи
raccourcissement (m) des fils par le retordage
accorciamento (m) dei fili durante la ritorcitura
contracción (f) del hilo durante el retorcido / *contracció (f) del fil durant el retort*

17
die Fäden (mpl) verkürzen sich beim Zwirnen
the yarn shortens during twisting
нити (жр) укорачиваются при скручиваніи
les fils (mpl) raccourcissent par le retordage
i fili si accorciano durante la ritorcitura
los hilos se acortan durante el retorcido / *els fils s'escursen durant el retort*

1
Anzahl (f) der Zwirndrehungen auf die Längeneinheit
number of turns per unit length
число (ср) оборотов крутки на единицу длины
nombre (m) de retors par unité de longueur
numero (m) dei giri di torsione per unità di lunghezza
número (m) de vueltas por unidad de longitud / *nombre (m) de voltes per unitat de llargada*

2
Trockenzwirnen (n)
dry doubling
сухое крученіе (ср)
retordage (m) au sec
ritorcitura (f) a secco
retorcido (m) en seco / *retort (m) en sec*

3
trocken zwirnen
to double dry
скручивать *или* крутить сухим способом
retordre au sec
ritorcere a secco
torcer en seco / *tòrcer en sec*

4
Naßzwirnen (n)
wet doubling
мокрое крученіе (ср)
retordage (m) au mouillé *ou* à l'eau
ritorcitura (f) ad umido
retorcido (m) mojado / *retort (m) en mullat*

5
naß zwirnen
to double wet
скручивать *или* крутить влажным способом
retordre au mouillé *ou* à l'eau
ritorcere ad umido
torcer *o* retorcer en mojado / *retòrcer en mullat*

6
den Faden durch Wasser führen
to guide the yarn through water
протягивать *или* вести *или* тянуть нить через воду
passer le fil dans l'eau
far passare il filo traverso acqua
guiar *o* pasar el hilo sumergido en agua / *guiar o passar el fil submergit en aigua*

7
Führung (f) des Fadens durch kaltes Wasser
guiding the yarn through cold water
протягиваніе (ср) *или* веденіе (ср) нити через холодную воду
passage (m) du fil dans l'eau froide
passaggio (m) del filo traverso acqua fredda
paso (m) del hilo a través del agua fría / *pas (m) del fil a través del aigua freda*

8
schottisches Zwirnen (n)
Scotch doubling system
шотландское крученіе (ср)
système (m) écossais de retordage
sistema (m) scozzese di ritorcitura
sistema (m) escocés de torcido / *sistema (m) escocés de retort*

9
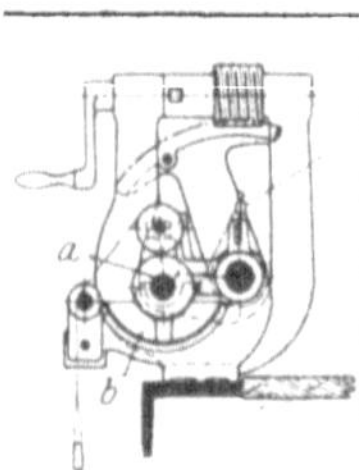
a

Unterwalze (f) mit Messinghülse
bottom roller with brass covering
нижній валик (мр) с латунной гильзой
cylindre (m) du milieu avec manchon en cuivre jaune
rullo (m) di fondo con camicia di ottone
cilindro (m) inferior cubierto con camisa de latón / *corró (m) de sota forrat amb camisa de coure*

10
b
Wassertrog (m)
water trough
корыто (ср) для воды
bac (m) à eau
truogolo (m) d'acqua
artesa (f) de agua / *tremuja (f) d'aigua*

11
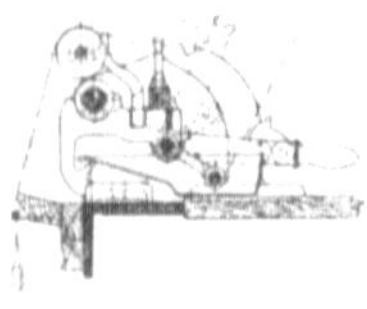

englisches Zwirnen (n)
English doubling system
англійское крученіе (ср)
système (m) anglais de retordage
sistema (m) inglese di ritorcitura
sistema (m) inglés de torcido / *sistema (m) anglés de retort*

12
Prüfen (n) der Strähne am Teilstock
testing of the hanks on the peg
испытаніе (ср) мотков на колкѣ *или* на рожкѣ
essai (m) des écheveaux sur le banc à chevilles
prova (f) delle matasse sul telaio a bastoni
ensayo (m) de las madejas en la clavija / *assaig (m) de les madeixes en la clavilla*

13

Teilstock (m) für Garnsträhne
peg stand for hanks
колок (мр) *или* рожок (мр) для мотков
banc (m) à chevilles pour écheveaux
telaio (m) a bastoni per matasse
pie (m) derecho de clavija para madejas / *peu (m) dret de clavilla per a madeixes*

14
2. Zwirnmaschinen (f pl), Zwirner (m pl)
Doubling Frames, Twisting Frames, Doublers, Twisters
Крутильныя машины (ж р)
Métiers (m pl) à retordre
Macchine (f pl) a ritorcere, ritorcitoi (m pl)
Máquinas (f pl) de retorcer / *Màquines (f pl) de retòrcer*

15
a) Waterzwirnmaschinen (f pl), Stetigzwirner (m pl)
Continuous Doublers *or* Doubling Frames *or* Doubling Machines, Water Doubling or Twisting Frames
Ватерныя крутильныя машины (ж р)
Métiers (m pl) continus à retordre
Ritorcitoi (m pl) continui
Máquinas (f pl) continuas de retorcer / *Màquines (f pl) contínues de retòrcer*

16
α) Allgemeines (n)
General Terms
Общее (ср)
Généralités (f pl)
Generalità (f pl)
Generalidades (f pl)

17
Zwirnen (n) auf Watermaschinen
doubling on water twisting frames
крученіе (ср) нити на ватерах *или* на ватерных машинах
retordage (m) sur métiers continus
ritorcitura (f) con ritorcitoi continui
retorcido (m) con máquinas continuas / *retort (m) en màquines contínues*

18
stetiges *oder* ununterbrochenes Zwirnen (n)
continuous doubling
безпрерывное крученіе (ср)
retordage (m) continu
ritorcitura (f) continua
retorcido (m) continuo
retort (m) continu

1
einseitige Zwirnmaschine (f)
one-sided doubling frame
односторонняя крутильная машина (жр)
métier (m) à retordre simple *ou* à un seul côté
ritorcitoio (m) semplice *o* ad una sola fronte
máquina (f) de retorcer de una cara / *màquina (f) de retòrcer d'una cara*

2
doppelseitige Zwirnmaschine (f)
two-sided doubling frame
двухсторонняя крутильная машина (жр)
métier (m) à retordre double *ou* à deux côtés
ritorcitoio (m) doppio *o* a due fronti
máquina (f) de retorcer de dos caras / *màquina (f) de retòrcer de dos cares*

3
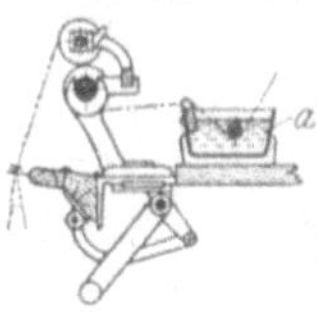

Zuführwalzen (fpl) mit rückwärts laufender Unterwalze
feed rollers with bottom roller turning inwards
питательные валики с обратно вращающимся нижним валиком
cylindres (mpl) alimentaires avec cylindre inférieur tournant en arrière *ou* à l'intérieur
cilindri (mpl) alimentatori con cilindro inferiore che gira indietro
cilindros (mpl) alimentadores con cilindro inferior que marcha hacia atrás / *corrons (mpl) alimentaris amb corró inferior que marxa a reculons*

4 a
Wasserkennel (m), Wassertrog (m)
continuous water trough
корыто (ср) с водою
auge (f) *ou* bac (m) à eau
truogolo (m) *o* tramoggia (f) d'acqua
artesa (f) de agua / *tremuja (f) d'aigua*

5
den Faden um die Unter- und Oberwalze herumführen
to guide the yarn over bottom and top roller
обводить нить вокруг нижняго и верхняго валиков
guider le fil autour du cylindre inférieur et supérieur
guidare il filo in giro al cilindro inferiore e superiore
pasar el hilo alrededor de los cilindros inferior y superior / *passar el fil al voltant dels corrons de sota i de sobre*

6
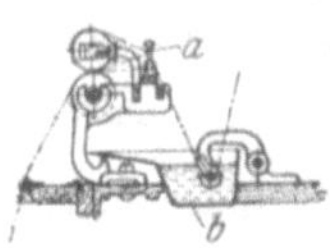

Zuführwalzen (fpl) mit vorwärts laufender Unterwalze
feed rollers with bottom roller turning outwards
питательные валики с двигающимся вперед нижним валиком
cylindres (mpl) alimentaires avec cylindre inférieur tournant en avant *ou* à l'extérieur
cilindri (mpl) alimentatori con cilindro inferiore che gira avanti
cilindros alimentadores con cilindro inferior que marcha hacia fuera *o* hacia delante / *corrons (mpl) alimentaris amb corró inferior que marxa cap a fora o cap a davant*

a
Glaszapfen (m)
glass peg
стеклянный колок (мр)
doigt-guide (m) en verre
asta (f) di vetro
espiga (f) de vidrio / *piu (m) de vidre* 7

b
Trog (m)
trough
корыто (ср)
auge (f)
truogolo (m)
artesa (f) / *tremuja (f)* 8

Glasöse (f) mit Einschnitt
glass guide with nick
стеклянный гребешок (мр)
guide (m) en verre avec cran *ou* rainure *ou* entaille
guida (f) di vetro con scanalatura
guía (f) de vidrio con escote / *guia (f) de vidre amb trau obert* 9

a
eingelassener kegeliger [*oder* konischer] Zapfen (m)
inserted conical base
вставленный коническій хвостик (мр)
tenon (m) conique emmortaisé
base (f) conica incassata
espiga (f) cónica encajada / *piu (m) cònic encaixat* 10

unmittelbar [*oder* direkt] von den Kötzern zwirnen
to double direct from cops
крутить непосредственно с початков
retordre directement des canettes
alimentare il ritorcitoio direttamente colle cannette
retorcer directamente de husadas / *retòrcer directament de fusades* 11

Aufsteckgatter (n)
creel
рамка (жр)
râtelier (m)
rastrelliera (f)
fileta (f) 12

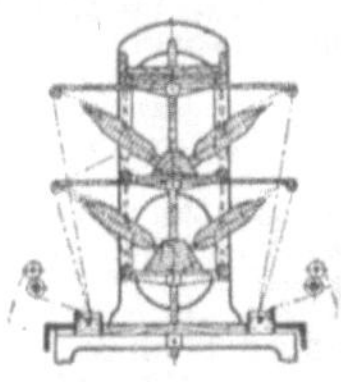
Aufsteckgatter (n) *oder* Aufsteckrahmen (m) für Selbstspinnerkötzer
cop creel
рамка (жр) для мюльных початков
râtelier (m) à bobines de renvideur
rastrelliera (f) a bobine dei self-actings
fileta (f) para husadas / *per a fusades* 13

Kötzeransatz (m)
cop bottom
ножка (жр) *или* пята (жр) початка
noyau (m) *ou* cul (m) de la bobine
base (f) *o* nucleo (m) della bobina
culo (m) *o* fondo (m) de la husada / *cul (m) o fons (m) de la fusada* 14

Kötzerkörper (m)
cop body
тѣло (ср) початка
corps (m) de la bobine
corpo (m) della bobina
cuerpo (m) de la husada / *cós (m) de la fusada* 15

Aufstecksspindel (f) aus Holz
wooden skewer
деревянное веретено (ср) *или* шпилька (жр) для ставки
brochette (f) en bois
perno (m) di legno
husillo (m) de madera / *fuset (m) de fusta* 16

Aufsteckspindel (f) aus Buchsbaumholz
boxwood skewer
буковое веретено (ср) для
1 ставки
brochette (f) en buis
perno (m) di bosso
husillo (m) de boj / *fuset (m) de boix*

Fuß (m) der Aufsteckspindel
foot of skewer
основание (ср) *или* ножка (жр) шпильки *или* веретена для ставки *или* по-
2 a садки
pied (m) *ou* embase (m) de la brochette
piede (m) del perno
pie (m) *o* pivote (m) del husillo / *peu (m) o pivot (m) del fuset*

Spindeldorn (m), Spindelseele (f)
shank of skewer
3 b стержень (мр) веретена
fût (m) de la brochette
fusto (m) del perno
caña (f) del husillo / *canya (f) del fuset*

Glaspfännchen (n)
glass step
стеклянная пяточка (жр) *или* плошка (жр)
4 c crapaudine (f) en verre
padellina (f) di vetro
crapodina (f) de vidrio / *grapaldina (f) de vidre*

der Spindelfuß läuft in einem Glaspfännchen
the bottom end *or* foot of the skewer runs
5 in a glass step
нижнее остріе (ср) веретена вращается в стеклянной пяточкѣ
le pied de la brochette tourne dans la crapaudine en verre
il piede del perno gira in una padellina di vetro
el pie del husillo gira en una crapodina de vidrio / *el peu del fuset gira en una grapaldina de vidre*

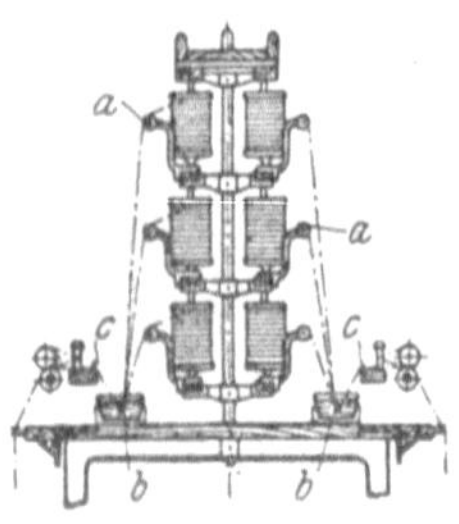

Aufsteckgatter (f) für stehende Scheibenspulen
creel for upright flanged bobbins
рама (жр) для вертикальных *или* стоячих двухфлянцевых катушек
6 râtelier (m) pour bobines verticales à plateaux
rastrelliera (f) per spole a flange verticali
fileta (f) para carretes verticales de valonas / *fileta (f) per a rodets de valones verticals*

Fadenleitstange (f)
guide rod
нитеводный пруток (мр)
7 a tringle (f) guide-fil
asta (f) guida-filo
barra (f) guia-hilo / *barra (f) guia-fil*

Glasstange (f)
glass rod
стеклянный пруток (мр)
b tringle (f) en verre 8
asta (f) *o* bacchetta (f) di vetro
barra (f) de vidrio / *de vidre*

Glasöse (f)
glass eye
стеклянный глазок (мр)
c œil (m) en verre 9
occhiello (m) di vetro
ojete (m) de vidrio / *ullet (m) di vidre*

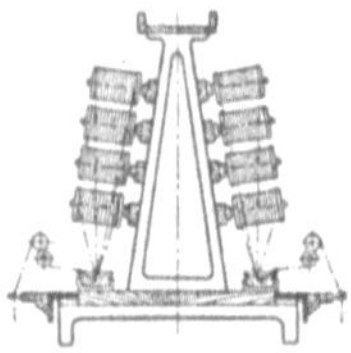

Aufsteckgatter (n) für schräg liegende Spulen, Igelgatter (n)
porcupine creel
рама (жр) для наклонных катушек 10
râtelier (m) oblique
rastrelliera (f) obliqua
fileta (f) oblicua / *obliqua*

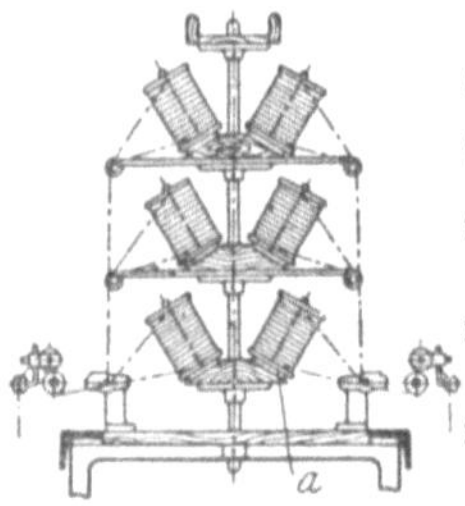

Aufsteckgatter (n) für schweren hartgedrehten Zwirn
creel for heavy doubling
рама (жр) для тяжелых крутых нитей
râtelier (m) pour retordage d'articles lourds 11
rastrelliera (f) per ritorcere articoli pesanti
fileta (f) para retorcer hilos fuertes y gruesos / *fileta (f) per a retòrcer fils forts i groixuts*

Filzunterlagscheibe (f)
felt drag
суконная подкладка (жр)
a rondelle (f) en feutre 12
disco (m) di feltro
rodaja (f) de fieltro / *rodanxa (f) de feltre*

die Spule bremsen
to brake the bobbin
тормазить катушку
freiner la bobine
frenare il rocchetto 13
frenar el carrete / *el rodet*

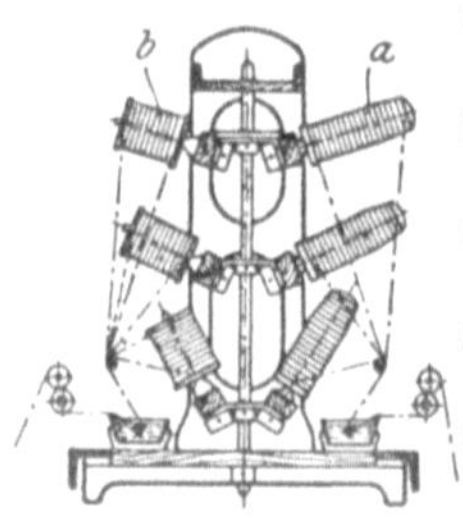

Aufsteckgatter (n) mit verschieden geneigten Spulenreihen
creel with rows of bobbins differently inclined
рама (жр) для катушечных грядок разнаго наклона
râtelier (m) pour bobines à inclinaison différente 14
rastrelliera (f) per bobine ad inclinazione diversa
fileta (f) con pisos de carretes de diferente inclinación / *fileta (f) amb pisos de rodets d'inclinació diferent*

1 a
Vorzwirnspule (f)
bobbin from the preliminary doubler
катушка (жр) нити подготовительнаго крученія
bobine (f) de la première machine à retordre
spola (f) del primo ritorcitoio
carrete (m) de retorcido preliminar / *rodet (m) de retort preliminar*

2 b
Spule (f) mit gefachten Fäden
bobbin with doubling-wound ends *or* assembled ends *or* folded ends
катушка (жр) со сдвоенными нитями
bobine (f) avec fils assemblés
spola (f) formata da fili accoppiati
carrete (m) / *rodet (m)* / de reunidora

3

Spulenanordnung (f) fur grobe Seidengarne
creeling system for coarse silk yarns
устройство (ср) катушек для толстой шелковой пряжи
disposition (f) des bobines pour gros fils de soie
disposizione (f) di rocchetti per filati grossolani di seta
tipo (m) de fileta para hilos gruesos de seda / *tipus (m) de fileta per a fils groixuts de seda*

4

Spulenanordnung (f) fur hartgedrehte Seidengarne
creeling system for hard-twisted silk yarns
устройство (ср) катушек для крутой шелковой пряжи
disposition (f) des bobines pour fils de soie à forte torsion
disposizione (f) di rocchetti per filati di seta a forte torsione
tipo (m) de fileta para hilos de seda de torsión fuerte / *tipus (m) de fileta per a fils de seda de torsió forta*

5
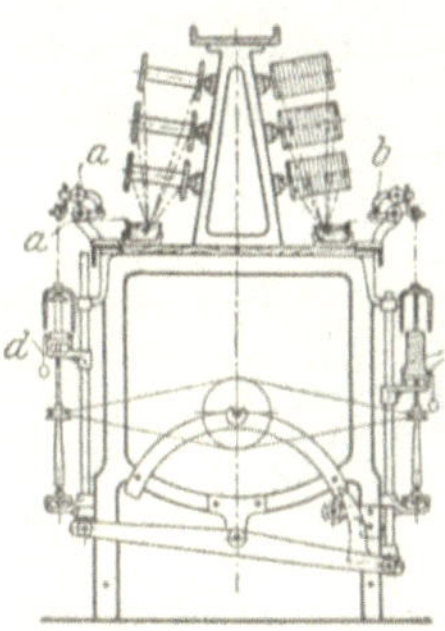

β) Flügelzwirnmaschinen (fpl)
Flyer Doublers *or* Twisters, Flyer Doubling *or* Twisting Frames
Рогульчатыя крутильныя машины (жр)
Continus (mpl) à ailettes à retordre
Ritorcitoi (mpl) ad alette
Continuas (fpl) de torcer de aletas / *Continues (fpl) de tòrcer d'aletes*

6 a
Lieferwalze (f)
delivery roller
питательный валик (мр)
cylindre (m) alimentaire
cilindro (m) di alimentazione
cilindro (m) alimentador / *corró (m) alimentari*

b
Zylinderträger (m)
cap bar
подставка (жр) *или* стойка (жр) *или* державка (жр) для [питательных] цилиндров
chapeau (m), support (m) des cylindres 7
sopporto (m) dei cilindri
soporte (m) de ranuras de los cilindros de presión / *escarbat (m)*

Fadenleitschnecke (f)
wire thread guide
ушко (ср), свиной хвостик (мр) 8
queue (f) de cochon
riccio-guidafilo (m)
cola (f) de puerco / *cua (f) de porc*

c
Spulenbremse (f)
bobbin brake, bobbin drag
тормаз (мр) катушки
frein (m) de bobine 9
freno (m) della spola
freno (m) del carrete / *fre (m) del rodet*

d
Bremsschnur (f)
drag band
тормазной *или* тормозящій шнурок (мр) 10
ficelle (f) du frein
spago (m) del freno
cordel (m) del freno / *cordill (m) del fre*

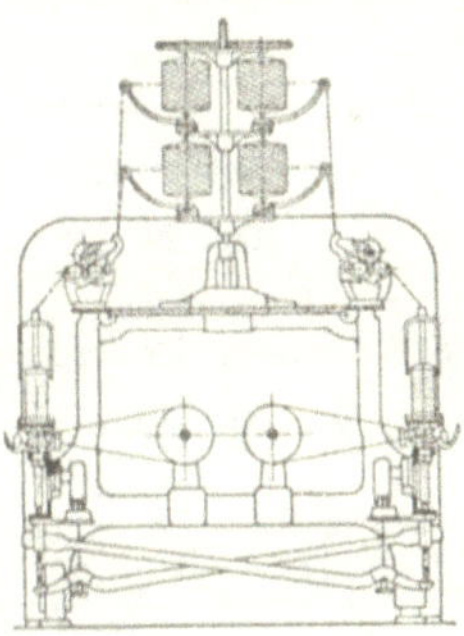
doppelseitige Flügelzwirnmaschine (f) für Zephirgarne
double-sided flyer doubler for zephyr yarns
двухсторонняя рогульчатая крутильная машина (жр) для тонкой пряжи
métier (m) à retordre à ailettes double pour fils zéphyr 11
ritorcitoio (m) ad alette a due fronti per filato zeffiro
máquina (f) de aletas de retorcer de dos caras para hilos de zéfir / *màquina (f) d'aletes de retórcer de dues cares per a fils de zèfir*

das gefachte Garn auf der Flügelzwirnmaschine zwirnen
to double the folded yarn on the flyer twister
крутить сдвоенную нить на рогульчатой крутильной машинѣ
retordre les fils assemblés sur le métier à retordre à ailettes
ritorcere i fili accoppiati sul ritorcitoio ad alette 12
retorcer los hilos doblados en la continua de aletas / *retòrcer els fils doblats en la continua d'aletes*

1 der Faden geht um die Druckwalze herum
the yarn is guided around the top roller
нить (жр) подводится позади нажимного валика
le fil passe autour du cylindre de pression
il filo passa attorno al cilindro di pressione
el hilo pasa alrededor del cilindro de presión / *el fil passa al voltant del corró de pressió*

---

2 Druckwalze (f) mit Kerbe
top roller with nick
нажимной валик (мр) с зарубкой *или* с надрѣзом
rouleau (m) de pression avec rainure
cilindro (m) di pressione con scanalatura
cilindro (m) de presión con ranura / *corró (m) de pressió amb galze*

3 Zwirnspindel (f)
doubling *or* twisting spindle
крутильное веретено (ср)
broche (f) à retordre
fuso (m) di ritorcitoio
púa (f) de retorcer / *pua (f) de retòrcer*

---

4 b Zwirnflügel (m)
doubling *or* twisting flyer
крутильная рогулька (жр)
ailette (f) à retordre
aletta (f) per ritorcere
aleta (f) de retorcer / *de retòrcer*

---

5 c Spule (f) der Flügelzwirnmaschine
bobbin of the flyer doubler
катушка (жр) рогульчатой крутильной машины
bobine (f) du métier à retordre à ailettes
tubo (m) del ritorcitoio ad alette
carrete (m) de la continua de retorcer de aletas / *rodet (m) de la continua de retòrcer d'aletes*

---

6 d Rille (f) im unteren Spulenrand
groove in the bottom flange of the bobbin
канавка (жр) *или* выточка (жр) в нижнем фланцѣ катушки
rainure (f) dans le rebord inférieur de la bobine
scanalatura (f) nella flangia inferiore del tubo
garganta (f) en la valona inferior del carrete / *gorja (f) en la valona inferior del rodet*

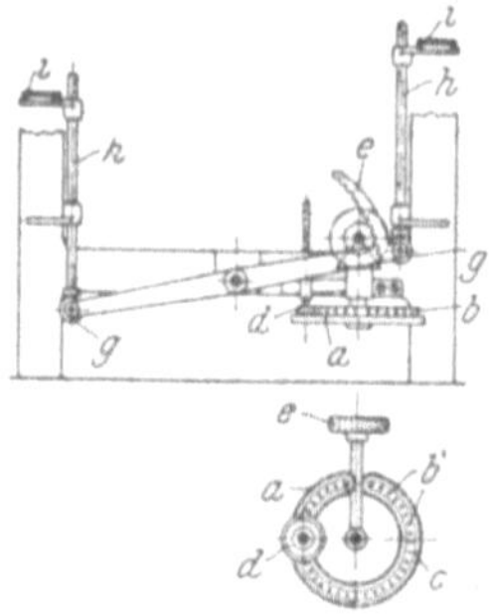

Mangelradanordnung (f) *oder* Sonnenradanordnung (f) für die hin- und hergehende Bewegung des Spulenwagens
mangle wheel arrangement to move the bobbin rail to and fro
устройство (ср) маточнаго колеса для передвиженія каретки
commande (f) par roue à soleil pour le mouvement de va-et-vient du chariot 7
meccanismo (m) a ruota a lanterna per il movimento di va e vieni del carro
juego (m) de rueda de husillos para el movimiento de vaivén del carro porta-bobinas / *joc (m) de llanterna per al moviment de vaivé del balancer*

---

a Mangelrad (n), Sonnenrad (n)
mangle wheel
маточное колесо (ср)
roue (f) à soleil *ou* de calandre, roue dentée à lanterne 8
ruota (f) a lanterna
rueda (f) de husillos, linterna (f) / *roda (f) de llanterna (f)*

---

b Zahnstifte (mpl)
pegs, pins
шипы (мр), зубы (мр)
chevilles (fpl) 9
perni (mpl)
husillos (mpl) / *pius (mpl)*

---

c vertiefte Stirnrädchenführung (f)
recessed pinion guide
углубленная дорожка (жр) для направленія зубчатаго колеса
rainure (f) pour guider le pignon 10
scanalatura (f) per guidare il pignone
ranura-guía (f) del piñón / *encaix-guia (f) o galze-guia (f) del pinyó*

Zwischenschild (m)
spring piece
перегородка (жр)
cadre (m) *ou* bâti (m) intermédiaire 11
telaio (m) intermedio
bancada (f) intermedia / *intermitja*

---

unterbrochene Verzahnung (f)
intermittent gearing
перерывистое зубчатое зацѣпленіе (ср)
engrenage (m) intermittent 12
ingranaggio (m) intermittente
engranaje (m) intermitente / *engravació (m) intermitent*

1 d
Stirnrädchen (n)
spur pinion
цилиндрическое зубчатое колесо (ср)
pignon (m) droit
pignone (m) cilindrico
piñón (m) cilindrico o recto / *pinyo (m) cilindric o recte*

2 e
Zahnbogen (m), Zahnsegment (n)
toothed segment
зубчатый сегмент (мр)
segment (m) denté
segmento (m) dentato
segmento (m) o cuadrante (m) dentado / *segment (m) o quadrant (m) dentat*

3 g
lose Rolle (f)
loose bowl
свободный ролик (мр) *или* каток (мр)
galet (m) fou
rullo (m) folle
rodillo (m) loco / *corronet (m) boig, carrilla (f) boja*

4 h
senkrechte [*oder* vertikale] Wagenstutze (f)
vertical poker
отвѣсный *или* вертикальный стояк (мр) каретки
chandelle (f)
sopporto (m) verticale del carro
candela (f)

5 i
Spulenschiene (f), Spulenwagen (m)
bobbin rail
катушечная каретка (жр), каретка для катушек
chariot (m) à bobines
carro (m) porta-bobine
carro (m) porta-bobinas / *carro (m) porta-rodets, balancer (m)*

6
die Spulenschiene geht aufwärts
the bobbin rail rises
каретка (жр) для катушек движется вверх
le chariot à bobines monte
il carro porta-bobine sale
el carro porta-bobinas sube / *el balancer puja*

7
die Spulenschiene geht abwärts
the bobbin rail descends
каретка (жр) для катушек движется вниз
le chariot à bobines descend
il carro porta-bobine discende
el carro porta-bobinas baja / *el balancer baixa*

8

a
Kettendrücker (m)
chain depressing finger
палец (мр) *или* кулачек (мр), отводящій цѣпь
doigt (m) tendeur de la chaîne
dito (m) tenditore della catena
dedo (m) tensor de la cadena / *dit (m) de tivar la cadena*

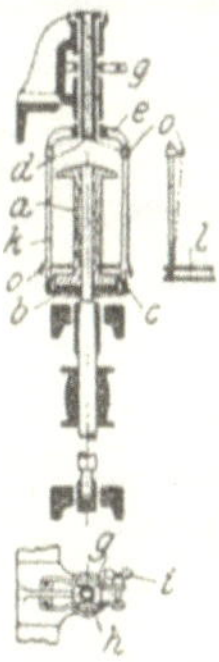

Ringflügelspindel (f) von Bölsterli
Bölsterli's ring flyer spindle
рогульчатое кольцевое веретено (ср) Бэльстерли
broche (f) à ailettes de Bölsterli pour continu à anneau 9
fuso (m) ad alette di Bölsterli per ritorcitoio ad anelli
púa (f) de aletas para continua de anillos / *pua (f) d'aletes per a continua d'anells* / sistema Bölsterli

a
aktive Spule (f)
active bobbin
активная катушка (жр); катушка, плотно посаженная на веретено
bobine (f) active *ou* agissante 10
bobina (f) attiva
bobina (f) que arrolla, bobina actora, bobina solidaria a la púa / *rodet (m) que plega, rodet actor, rodet solidari a la pua*

passive Spule (f)
passive bobbin
пассивная катушка (жр); катушка, свободно сидящая на веретенѣ 11
bobine (f) passive
bobina (f) passiva
bobina (f) pasiva o loca en la púa / *rodet (m) passiu o boig en la pua*

b
Lederstulp (m)
leather cup
кожаный воротник (мр)
rebord (m) *ou* manchon (m) *ou* cuvette (f) en cuir 12
tazza (f) o coppa (f) di cuoio
reborde (m) o manguito (m) de cuero / *vora (f) o mànega (f) de cuiro*

die Spindel vom Flügel lösen
to detach the spindle from the flyer
отдѣлить веретено от рогульки 13
détacher la broche de l'ailette
distaccare il fuso dall'aletta
desembragar la púa de la aleta / *la pua de l'aleta*

c
Metallring (m)
metal ring
металлическое кольцо (ср)
anneau (m) métallique 14
anello (m) metallico
anillo (m) metálico / *anella (f) metàl·lica*

d
Flügelrohr (n)
flyer tube
трубка (жр) рогульки
tube (m) de l'ailette 15
tubo (m) dell'aletta
tubo (m) de la aleta / *tub (m) de l'aleta*

1 e von der Spindel getrennter Flugel (m)
flyer separated from the spindle
самостоятельная рогулька (жр)
ailette (f) séparée de la broche
aletta (f) separata dal fuso
aleta (f) separada de la púa

2 g Flugelbremse (f)
flyer drag
тормаз (мр) рогульки
frein (m) de l'ailette
freno (m) dell'aletta
freno (m) de la aleta / *fre (m) de l'aleta*

3 h Bremsklötzchen (n)
drag piece
тормазная колодка (жр)
joue (f) *ou* sabot (m) du frein
pattino (m) del freno
zapata (f) del freno / *sabata (f) del fre*

4 i Flügelmutter (f)
wing nut
барашек (мр), крыльчатая гайка (жр)
écrou (m) à oreilles
dado (m) ad alette
tuerca (f) de orejas / *femella (f) d'orelles*

5 k Flugelbein (n), Flugelarm (m)
flyer leg
ножка (жр) *или* плечо (ср) рогульки
bras (m) de l'ailette
braccio (m) dell'aletta
brazo (m) de la aleta / *brac (m) de l'aleta*

6 l Kerbenring (m)
grooved ring
желобчатое кольцо (ср)
anneau (m) à gorge
anello (m) a gola
anillo (m) de garganta / *anella (f) de gorja*

7 o Fadenführerhaken (m)
yarn guide hook
нитеводный крючок (мр)
crochet (m) guide-fil
uncino (m) guida-filo
gancho (m) guia-hilo / *ganxo (m) guia-fil*

8 der Flügel hebt und senkt sich um die Spulenhöhe
the flyer rises and descends by the height of the bobbin
рогулька (жр) поднимается и опускается на высоту длины катушки
l'ailette (f) monte et descend de la hauteur de la bobine
l'aletta (f) sale e discende per l'altezza della bobina
la aleta sube y baja de la altura de la bobina / *l'aleta puja i baixa de l'alçada del rodet*

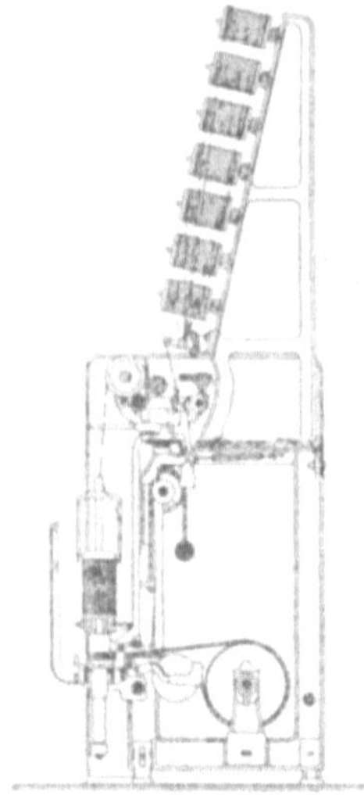

einseitige Flügelzwirnmaschine (f) für Wolle
one-sided flyer twister for wool
односторонняя рогульчатая крутильная машина (жр) для шерсти
métier (m) à retordre à ailettes simple pour la laine
ritorcitoio (m) ad alette di una sola fronte per la lana
máquina (f) de retorcer de aletas de una cara para lana / *màquina (f) de retòrcer d'aletes de una cara per a llana* 9

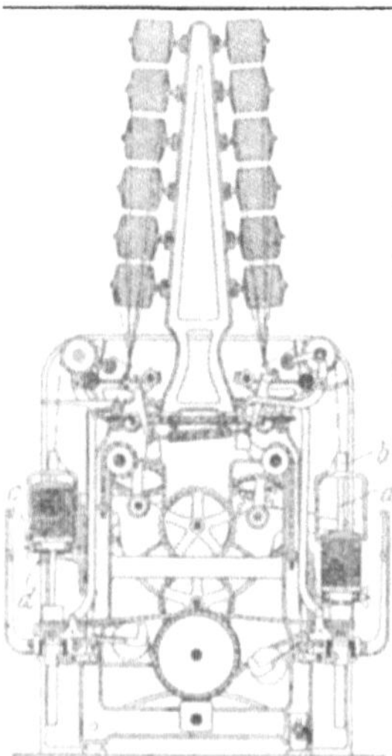

doppelseitige Flügelzwirnmaschine (f)
two-sided flyer twister
двусторонняя рогульчатая крутильная машина (жр)
métier (m) à retordre à ailettes double
ritorcitoio (m) ad alette a due fronti
máquina (f) de retorcer de aletas de dos caras / *màquina (f) de retòrcer d'aletes de dues cares* 10

a Gravityspindel (f), sich selbst in die Drehachse einstellende Spindel (f)
gravity *or* flexible spindle
самоцентрирующееся веретено (ср)
broche (f) s'équilibrant automatiquement
fuso (m) a gravitazione o ad equilibrio automatico
púa (f) de equilibrio automático / *pua (f) d'equilibri automàtic* 11

b Flügel (m) mit durchbohrtem Kopf
flyer with perforated head
рогулька (жр) с просверленной головкой
ailette (f) à tête perforée
aletta (f) a testa perforata
aleta (f) con la testa perforada / *aleta (f) amb la testa foradada* 12

Bajonettverschluß (m) zwischen Spindel und Flügel
bayonet locking between spindle and flyer
штыковый затвор (мр) между веретеном и рогулькой
1 fermeture (f) à baïonnette entre ailette et broche
chiusura (f) a baionetta tra fuso ed aletta
cierre (m) de bayoneta entre la púa y la aleta / *tanca (f) de baioneta entre la pua i l'aleta*

Spulenbremse (f)
bobbin drag
тормаз (мр) катушки
2 c frein (m) de bobine
freno (m) della spola
freno (m) del carrete / *fre (m) del rodet*

Bremsring (m)
drag ring
тормазное кольцо (ср)
3 d rondelle (f) de frein
disco (m) del freno
rodaja (f) de freno / *rodanxa (f) de fre*

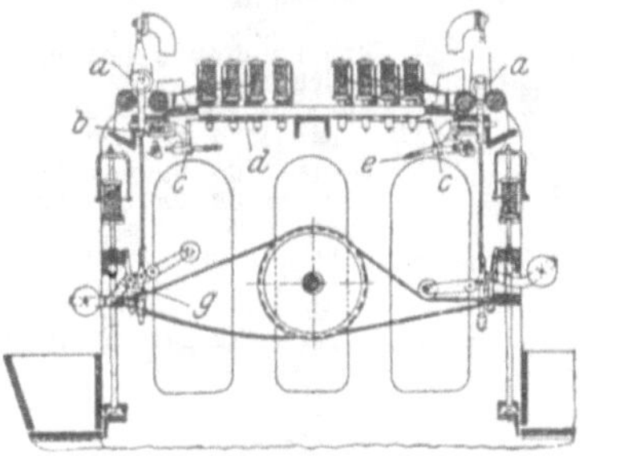

Zwirnmaschine (f) für Abfallseide
twister for waste silk
крутильная машина (жр) для шелковаго угара
4 métier (m) à retordre pour schappe
ritorcitoio (m) per chappe
máquina (f) de retorcer schappe / *màquina (f) de retòrcer per a schappe*

Schaltwalze (f)
locking roller
валик (мр) для выключенія питанія
5 a cylindre (m) libre
cilindro (m) libero
cilindro (m) libre de presión / *corró (m) lliure de pressió*

Sperrplatte (f)
locking plate
щеколда (жр)
6 b plaque (f) de fermeture
placca (f) di chiusura
placa (f) de cierre o de retención / *de retenció*

---

dreiarmiger Ausrückhebel (m)
three-armed stop lever
трехплечій остановочный рычаг (мр)
c levier (m) d'arrêt à trois bras 7
leva (f) d'arresto a tre braccia
palanca (f) de disparo de tres brazos / *palanca (f) de dispar de tres braços*

Ausrückschnur (f)
stop band
шнур (мр) для останова
d ficelle (f) d'arrêt 8
corda (f) d'arresto
cordel (m) de disparo / *cordill (m) del dispar*

Gegengewichtshebelarm (m)
counterpoise arm
плечо (ср) рычага противовѣса
e bras (m) du contrepoids 9
braccio (m) del contrappeso
palanca (f) de contrapeso / *de contrapès*

---

feststehender Finger (m)
fixed finger
неподвижный палец (мр)
g doigt (m) fixe 10
dito (m) fisso
dedo (m) fijo / *dit (m) fix*

einseitige Jutezwirnmaschine (f)
one-sided jute twisting frame
односторонняя крутильная машина (жр) для джута
métier (m) à retordre le jute à un seul côté 11
ritorcitoio (m) per juta ad una sola fronte
máquina (f) de retorcer de una cara para yute / *màquina (f) de retòrcer d'una cara per a jute*

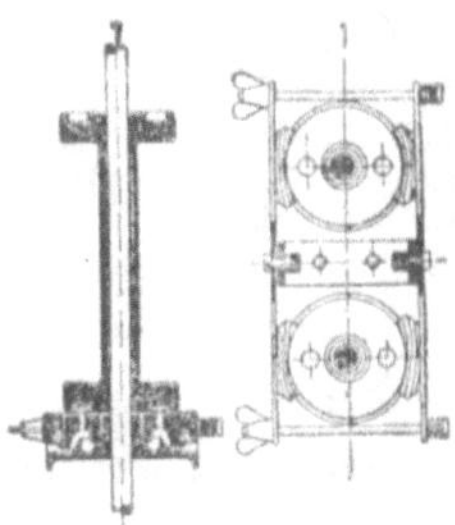

Backenbremse (f) für starke Zwirnmaschinen
shoe brake for heavy twisters
колодочный тормаз (мр) для сильных крутильных машин
frein (m) à semelles *ou* à sabots pour métiers à retordre lourds 12
freno (m) a scarpa per ritorcitoi pesanti
freno (m) de zapatas para retorcedoras pesadas / *fre (m) de sabates per a retorcedoras pesadas*

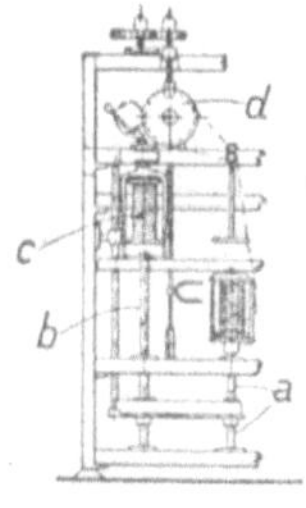

Jutezwirnmaschine (f) von Brigg und Webb
Brigg & Webb's jute doubler
крутильная машина (жр) для джута (Бригг и Вебб)
métier (m) à retordre Brigg et Webb pour jute 13
ritorcitoio (m) Brigg e Webb per juta
máquina (f) de retorcer para yute / *màquina (f) de retòrcer per a jute* / sistema Brigg & Webb

1 a
Abgebespindel (f)
creel spindle
питательное *или* подводящее веретено (ср)
broche (f) de râtelier
fuso (m) di rastrelliera
púa (f) / *pua (f)* / de fileta

2 b
Aufnahmespindel (f)
twister *or* doubler spindle
пріемное веретено (ср)
broche (f) de retors
fuso (m) di ritorcitura
púa (f) de retorcer / *pua (f) de retòrcer*

3 c
Aufnahmespule (f)
twister *or* doubler bobbin
пріемная катушка (жр)
bobine (f) de retors
rocchetto (m) raccoglitore *o* di ritorto
bobina (f) de retorcido / *rodet (m) de retort*

4 d
gerauhte Abzugwalze (f)
roughened drawing-off roller
питательный валик (мр) с грубонасѣченной поверхностью
cylindre (m) d'appel rugueux
cilindro (m) attiratore ruvido
cilindro (m) absorbedor de superficie áspera / *corró (m) absorbidor de superfície aspre*

5
γ) Ringzwirnmaschinen (f pl)
Ring Doubling Frames, Ring Twisting Frames
Кольцекрутильныя машины (жр), кольцекрутильные ватеры (мр)
Métiers (f pl) à retordre à anneau
Macchine (f pl) a ritorcere ad anelli
Continuas (f pl) de retorcer de anillos / *Continues (f pl) de retòrcer d'anells*

6
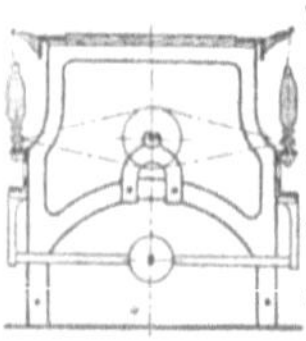
Ringzwirnmaschine (f) mit einer Schnurtrommel
ring doubling frame with single tin roller
кольцекрутильный ватер (мр с одним барабаном
métier (m) à retordre à anneau avec un seul tambour
ritorcitoio (m) ad anelli con un solo tamburo
continua (f) de retorcer de anillos con una sola linterna / *contínua (f) de retòrcer d'anells amb una sola llanterna*

7
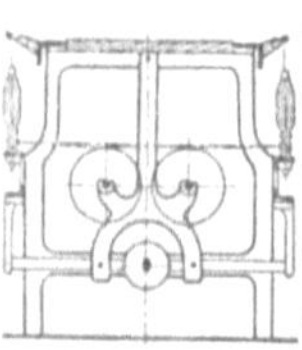
Ringzwirnmaschine (f) mit zwei Schnurtrommeln
ring doubling frame with double tin roller
кольцекрутильный ватер (мр) с двумя барабанами
métier (m) à retordre à anneau avec deux tambours
ritorcitoio (m) ad anelli con due tamburi
continua (f) de retorcer de anillos con doble linterna / *contínua (f) de retòrcer d'anells amb doble llanterna*

schräges Auflaufen (n) der Schnuren auf die Wirtel
slanting running of the bands on to the wharves
косое набѣганіе (ср) шнуров на блочки
passage (m) en oblique des cordes sur les noix
passaggio (m) in obliquo delle corde sulle noci 8
paso (m) oblicuo de los pianos sobre las nueces / *pas (m) oblic dels pianos sobre les nouetes*

wagerechtes [*oder* horizontales] Auflaufen (n) der Schnuren auf die Wirtel
horizontal running of the bands on to the wharves
горизонтальное *или* прямое набѣганіе (ср) шнуров на блочки
passage (m) horizontal des cordes sur les noix
passaggio (m) orizzontale delle corde sulle noci 9
paso (m) horizontal de los pianos sobre las nueces / *pas (m) horitzontal dels pianos sobre les nouetes*

Aufbringen (n) der Schnuren auf die Trommel
banding
оснастка (жр) барабана шнурами
montage (m) des cordes sur le tambour
montaggio (m) delle corde sul tamburo 10
pasado (m) de los pianos por la linterna / *passat (m) dels pianos per la llanterna*

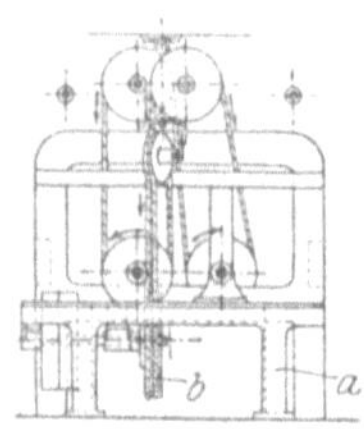

treibendes Doppelseil (n) für zwei Trommeln
driving double rope for two drums
двойной приводный канат (мр) для двух барабанов
corde (f) double pour la conduite de deux tambours 11
corda (f) doppia per l'azionamento dei due tamburi
cuerda (f) doble para las dos linternas / *corda (f) doble per a les dues llanternes*

a
Gestellbock (m)
pedestal
нижняя стойка (жр) [для подшипников] 12
bâti (m) inférieur
banco (m)
bancada (f)

b
Seilscheibe (f)
rope pulley
канатный блок (мр) *или* шкив (мр)
poulie (f) à corde, volant (m) à gorge 13
puleggia (f) a gola
volante (m) de garganta, polea (f) para cuerda / *volant (m) de gorja, politja (f) de corda*

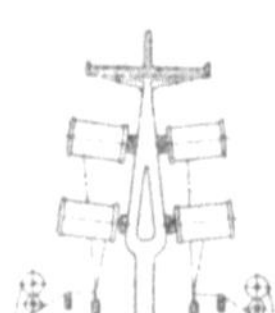
Aufsteckgatter (n) für Ringzwirnmaschinen
creel for ring doubling frames
рама (жр) для катушек кольцекрутильных ватеров
râtelier (m) pour continus à retordre à anneau 14
rastrelliera (f) per ritorcitoi ad anelli
fileta (f) para continuas de retorcer de anillos / *fileta (f) per a contínues de retòrcer d'anells*

1
zweistöckiges Aufsteckgatter (n) mit schräg liegenden Spulen
two-height porcupine creel
двухъярусная рамка (жр) с наклонными катушками
râtelier (m) oblique à deux étages
rastrelliera (f) obliqua a due piani
fileta (f) oblicua / *obliqua* / de dos pisos

2
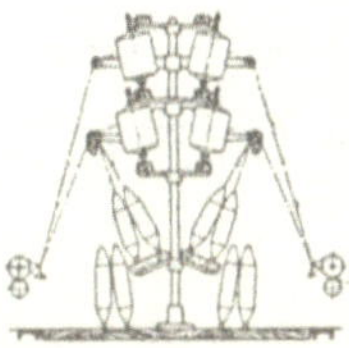
Aufsteckgatter (n) mit versetzt angeordneten Spulen
creel for staggered rows of bobbins
рама (жр) для катушек, устанавливаемых в шахматном порядкѣ
râtelier (m) pour l'arrangement alterné des bobines
rastrelliera (f) per collocamento (m) alternato delle bobine
fileta (f) para la colocación en tresbolillo de las bobinas / *fileta (f) per a la col·loca ció alternativa dels rodets*

3
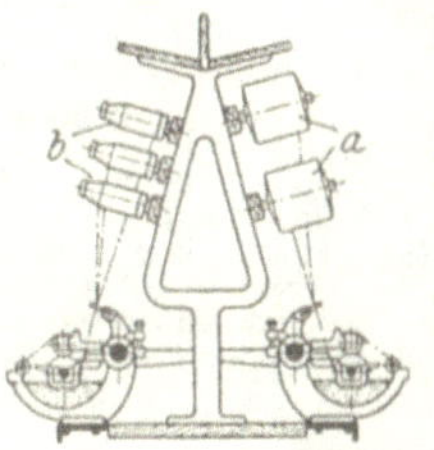

Gatter (n) für gemischteAufsteckung
creel for different bobbins
рама (жр) для различных катушек
râtelier (m) pour bobines différentes
rastrelliera (f) per bobine differenti
fileta (f) para distintas bobinas / *fileta (f) per a differents rodets*

4 a
Kreuzwickel (mpl)
cheeses,
катушки (мр) крестовой мотки
bobines (fpl) croisées
rocche (f) a filo incrociato
quesos (mpl), ovillos (mpl) cruzados / *formatges (mpl), ovillos (mpl) creuats*

5 b
Zwirnspulen (fpl)
twister bobbins
крутильныя катушки (жр)
bobines (fpl) du métier à retordre
spole (fpl) del ritorcitoio
bobinas (fpl) de la máquina de retorcer / *bobines (fpl) de la màquina de retòrcer*

6
Wagenhubvorrichtung (f) der Ringzwirnmaschine
rail motion of the ring doubler
приспособленіе (ср) для хода каретки кольцекрутильнаго ватера
mécanisme (m) du chariot des métiers à retordre à anneau
meccanismo (m) del carro dei ritorcitoi ad anelli
mecanismo (m) de formación de plegado en las continuas de retorcer de anillos / *relloiget (m) de plegar o joc (m) de balancer en les continues de retòrcer d'anells*

7
Herzscheibe (f), Herz (n)
heart cam
сердце (ср), мотыль (мр), эксцентрик (мр)
excentrique (m) en cœur
eccentrico (m) a cuore
excéntrico (m) de corazón / *excèntric (m) de cor*

8
Herzhebel (m)
cam lever
коромысло (ср)
levier (m) de la came
leva (f) dell'eccentrico
palanca (f) del excéntrico / *del excèntric*

9
Hebelkopf (m)
lever head
головка (жр) коромысла
tête (f) du levier
testa (f) della leva
testa (f) de la palanca

10
Wagenhub (m)
lift of ring rail
ход (мр) *или* подъем (мр) каретки
course (f) du chariot
corsa (f) del carro
cursa (f) del carro o del rail porta-aros / *cursa (f) del balancer*

11
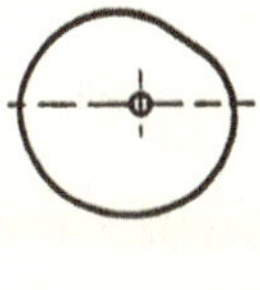
unsymmetrische Herzscheibe (f)
asymmetric heart cam
асимметричное сердце (ср)
came (f) en cœur dissymétrique
eccentrico (m) a cuore asimmetrico
excéntrico (m) de corazón asimétrico / *excèntric (m) de cor assimètric*

12
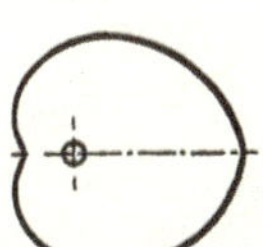
symmetrische Herzscheibe (f)
symmetric heart cam
симметричное сердце (ср)
came (f) en cœur symétrique
eccentrico (m) a cuore simmetrico
excéntrico (m) de corazón simétrico / *excèntric (m) de cor simètric*

13
Unterwinden (n)
underwinding
подмотка (жр) ниже початка
sous-renvidage (m)
sotto-incannatura (f)
extra-plegado (m) debajo la bobina / *extra-plegat (m) sota el rodet*

14
die aufwärtsgehenden Fadenwindungen (fpl) kreuzen sich mit den abwärtsgehenden
the rising thread spirals cross the descending ones
поднимающіеся витки (мр) нити скрещиваются с опускающимися
les spires (fpl) de fil montantes se croisent avec les descendantes
le spire dei fili ascendenti s'incrociano con quelle discendenti
las espiras ascendentes se cruzan con las descendentes / *les espires que pujen se creuen amb les que baixen*

15
Fadenführer (m) mit veränderlichem *oder* sich verlegendem Hub
thread guide with variable lift
нитевод (мр) *или* нитенаправитель (мр) с перемѣнным ходом *или* разгоном
guide-fil (m) à course variable *ou* se déplaçant
guida-filo (m) a corsa variabile
guía-hilo (m) / *guia-fil (m)* / a cursa variable

16
Winden (n) *oder* Bilden (n) der Schicht im Aufwärtsgang
winding the layer during the rise
[на]мотка (жр) в восходящем направленіи
formation (f) de la couche à la montée
incannatura (f) o formazione (f) dello strato durante l'alzata
formación (f) de la capa durante la subida / *formació (f) de la capa durant la pujada*

1 Kreuzen (n) der Schicht im Abwärtsgang
crossing the layer during the descent
перекрест (мр) в нисходящем направленіи
croisement (m) de la couche à la descente
incrocio (m) dello strato alla discesa
cruzado (m) de la capa durante el descenso / *creuat (m) de la capa durant la baixada*

---

2 feste Anspannung (f) des Fadens
high tension of the thread
полное *или* плотное натяженіе (ср) нити
tension (f) forte *ou* grande tension du fil
forte tensione (f) del filo
fuerte tensión (f) del hilo / *forta tensió (f) del fil*

---

3 Läufer (m)
traveller
бѣгунок (мр)
curseur (m)
anellino (m), travellina (f), corsoio (m), mobile (m)
corredor (m), anillito (m) / *anellet (m)*

---

4 Läuferreibung (f)
traveller friction
треніе (ср) бѣгунка
frottement (m) du curseur
attrito (m) dell'anellino
rozamiento (m) del corredor / *fregament (m) del anellet*

---

5 Feinheitsnummer (f) des Zwirnläufers
count of the traveller
номер (мр) бѣгунка
numéro (m) du curseur
numero (m) dell'anellino
número (f) del corredor / *del anellet*

---

6 
Läufer (m) fur Naßzwirnmaschinen
traveller for wet doubling frames
бѣгунок (мр) для машин мокраго крученія
curseur (m) pour métiers à retordre au mouillé
anellino (m) per ritorcitoio ad umido
corredor (m) para máquinas de retorcer en mojado / *anellet (m) per a màquines de retòrcer en mullat*

---

7 
Läufer (m) für Trockenzwirnmaschinen
traveller for dry doubling frames
бѣгунок (мр) для машин сухого крученія
curseur (m) pour métiers à retordre à sec
anellino (m) per ritorcitoio a secco
corredor (m) para máquinas de retorcer en seco / *anellet (m) per a màquines de retòrcer en sec*

---

8 
ohrförmiger Läufer (m)
ear-shaped traveller
ушкообразный бѣгунок (мр)
curseur (m) en forme d'oreille
anellino (m) a gancio
corredor (m) de oreja / *anellet (m) d'orella*

---

9 die Spindel genau in das Ringmittel einstellen
to set the spindle exactly in the middle of the ring
установить веретено точно в центрѣ кольца
régler la broche exactement au centre de l'anneau
mettere il fuso esattamente nel mezzo dell'anello
centrar la púa / *pua*

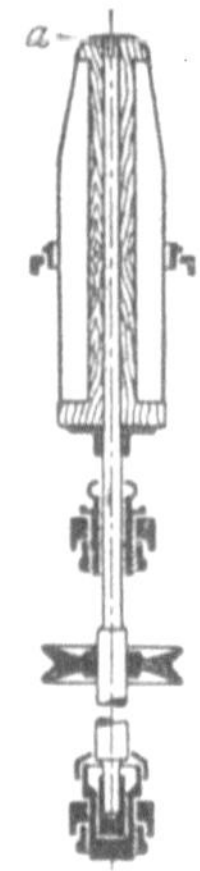

lange Spindel (f) für schwere Zwirne
long spindle for heavy doubling
длинное веретено (ср) для толстых номеров нити
longue *ou* grande broche (f) pour retordage d'articles lourds 10
fuso (m) lungo per ritorcitura d'articoli pesanti
púa (f) larga para retorcido grueso / *pua (f) llarga per a retort gruixut*

---

a
zentraler Schlitz (m) für den Mitnehmerstift der Spule
central slit of the bobbin driver pin
центральный *или* діаметральный прорѣз (мр) для захватной шпильки катушки
fente (f) centrale pour le pivot de la bobine 11
scanalatura (f) centrale per il perno della bobina
corte (m) central para la clavija de arrastre de la bobina / *tall (m) central per al piu d'entrenament del rodet*

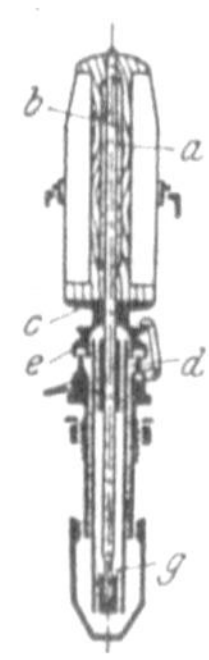

Rietersche Zwirnspindel (f)
Rieter's doubling spindle
веретено (ср) для крутильных ватеров системы Ритера 12
broche (f) à retordre de Rieter
fuso (m) per ritorcere di Rieter
púa (f) de retorcer de Rieter / *pua (f) de retòrcer de Rieter*

---

a
Holzhülse (f)
wooden bobbin
деревянная втулка (жр)
tube (m) en bois 13
tubo (m) in legno
tubo (m) de madera / *tub (m) de fusta*

---

b
Spindel (f)
spindle
веретено (ср) 14
broche (f)
fuso (m)
púa (f) / *pua (f)*

---

c
Mitnehmerscheibe (f)
driving disc
захватная плошка (жр) *или* полка (жр)
disque (m) d'entraînement 15
disco (m) di trascinamento
disco (m) de arrastre / *plateret (m) [d'entrenament]*

1 d

Öltrichter (m), Öltülle (f)
oil cup
воронка (жр) для смазки
cuvette (f) *ou* entonnoir (m) à l'huile
serbatoio (m) ad olio
depósito (m) de aceite / *dipòsit (m) d'oli*

2 e

Übergriff (m) des Wirtels
overlap of the wharve
крышка (жр) блочка
recouvrement (m) de la noix
ricoprimento (m) della noce
recubrimiento (m) por la nuez / *recobriment (m) per la noueta*

3 g

Fußlager (n)
step
подшипник (мр)
crapaudine (f)
ralla (f)
crapodina (f) / *grapaldina (f)*

4

Rabbethzwirnspindel (f), Zwirnspindel mit vereinigtem Hals- und Fußlager
Rabbeth *or* self-contained doubling spindle, doubling spindle with collar and step united
веретено (ср) для крутильных ватеров системы Раббет
broche (f) de retordage Rabbeth, broche à collet et crapaudine réunis
fuso (m) per ritorcere Rabbeth, fuso per ritorcere con collare e ralla riuniti
púa (f) de retorcer Rabbeth, púa de crapodina y collar formando sistema / *pua (f) de retòrcer Rabbeth, pua de grapaldina i coll formant sistema*

5

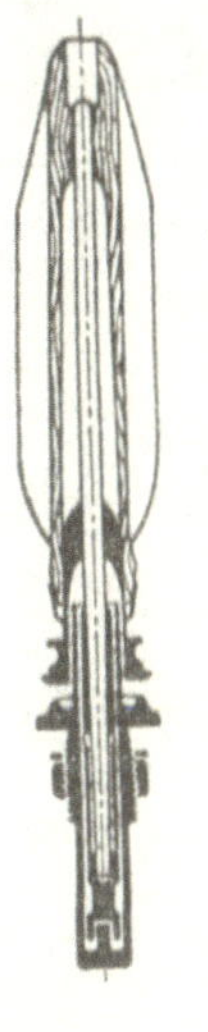

Gravityspindel (f)
gravity *or* flexible spindle
самоцентрирующееся веретено (ср)
broche (f) s'équilibrant automatiquement
fuso (m) ad equilibrio automatico
púa (f) de equilibrio automático / *pua (f) d'equilibri automàtic*

Selbsteinstellen (n) der Spindel in ihre Schwerpunktachse
automatic adjustment of the spindle to its gravity axis
самоцентрирование (ср) веретена, автоматическое занятіе (ср) веретеном направленія оси центра тяжести
ajustage (m) automatique de la broche suivant son axe de gravité
aggiustamento (m) automatico del fuso al suo asse di gravità 6
ajuste (m) automático de la púa a su eje de gravedad / *automàtic retorn (m) de la pua al eix de gravetat*

Spindel (f) mit abnehmbarem Ölbecher
spindle with detachable oil cup
веретено (ср) со съемным смазочным колпачком [*или* со съемной масляной чашкой]
broche (f) avec cuvette à l'huile détachable
fuso (m) con serbatoio ad olio [di]staccabile
púa (f) con depósito de aceite separable / *pua (f) amb dipòsit d'oli separable* 7

Spindel (f) ohne abnehmbaren Ölbecher
spindle without detachable oil cup
веретено (ср) без съемнаго смазочнаго колпачка
broche (f) sans cuvette à l'huile détachable
fuso (m) senza serbatoio ad olio staccabile 8
púa (f) sin depósito de aceite separable / *pua (f) sense dipòsit d'oli separable*

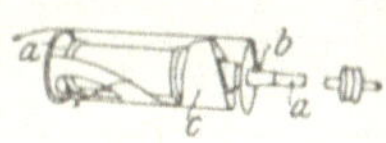

Zwillingzwirnspindel (f)
twin doubling spindle
двойное крутильное веретено (ср)
broche (f) à retordre à double action 9
fuso (m) per ritorcere a doppia azione
púa (f) de retorcer de doble acción / *pua (f) de retòrcer de doble acció*

a

schräg liegende Stahlspindel (f)
oblique steel spindle
косо расположенное стальное веретено (ср) 10
broche (f) oblique en acier
fuso (m) obliquo in acciaio
púa (f) oblicua de acero / *pua (f) d'acer obliqua*

b

seitliche Spindelöffnung (f)
lateral opening of the spindle
боковой глазок (мр) веретена
ouverture (f) latérale de la broche 11
apertura (f) laterale del fuso
agujero (m) / *forat (m)* / lateral de la púa

c

Bügel (m)
holder
стремячко (ср)
chape (f) 12
sostegno (m)
asa (f), chapa (f) / *xapa (f), nansa (f)*

der Zwirnfaden bildet eine Schlinge um den Bügel
the thread loops round the holder
нить (жр) образует петлю вокруг стремячка
le fil forme une boucle sur la chape
il filo forma un occhiello sul sostegno 13
el hilo forma bucle alrededor del asa / *el fil forma baga al voltant de la xapa*

1
der Faden wird bei der Umschlingung des Bugels gedreht
the thread is twisted whilst looping the holder
нить (жр) крутится при образованіи петли вокруг стремячка
le fil est tordu pendant qu'il boucle sur la chape
il filo è torto mentre s'aggancia sul sostegno
el hilo es torcido mientras forma bucles alrededor del asa / *el fil es tort mentre forma bagues al voltant de la xapa*

2
zwei Drehungen (fpl) auf eine Spindeldrehung
two turns for one revolution of the spindle
два крученія (ср) на один оборот веретена
deux tours de torsion pour un tour de la broche
due giri di torcitura con un giro del fuso
dos vueltas de torsión por una vuelta de la púa / *dues voltes de torta per una volta de la pua*

3
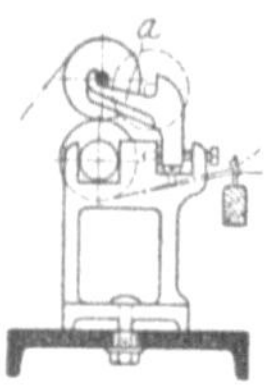

Abstellvorrichtung (f) *oder* Fadenwächter (m) fur Zwirnmaschinen
stop motion for doubling frames
приспособленіе (ср) для останова крутильных машин
casse-fil (m) *ou* mécanisme (m) d'arrêt pour métiers à retordre
meccanismo (m) d'arresto alla rottura d'un filo per ritorcitoi
mecanismo (m) de disparo para máquinas de retorcer / *mecanisme (m) de dispar per a les màquines de retòrcer*

4
Oberwalzenabstellung (f) mit Spindelbremse bei Fadenbruch
top roller stop motion with spindle brake on the breakage of an end
останов (мр) нажимного валика с затормаживаніем веретена в момент обрыва нити
mécanisme (m) d'arrêt du cylindre supérieur avec frein sur la broche à la rupture d'un fil
meccanismo (m) d'arresto del cilindro superiore con freno sul fuso alla rottura d'un filo
mecanismo (m) de disparo para el cilindro de presión con frenado de la púa al romperse un hilo / *mecanisme (m) d'atur per el corró de pressió amb frenada de la pua quan se trenca un fil*

5
die Lieferung unterbrechen
to interrupt the delivery
прекратить подачу *или* питаніе
interrompre la livraison
interrompere l'alimentazione
interrumpir la alimentación / *interrompre l'alimentació*

6 a
schräger Arm (m)
slanting arm
косой приклон (мр)
bras (m) oblique
braccio (m) obliquo
brazo (m) inclinado / *braç (m) inclinat*

7
Fadenzug (m)
pull of the thread
натяженіе (ср) нити
tirage (m) du fil
trazione (f) del filo
tracción (f) o tensión (f) del hilo / *tracció (f) o tivat (f) del fil*

8
Reißen (n) des Fadens
breakage of the thread
обрыв (мр) нити
rupture (f) du fil
rottura (f) del filo
rotura (f) del hilo / *ruptura (f) del fil*

9
Klemmdruck (m) der Walzen
nip *or* gripping pressure of the rollers
сила (жр) зажима валиков
pression (f) de pinçage des cylindres
pressione (f) di serraggio dei cilindri
presión (f) de contacto de los cilindros / *pressió (f) del contacte dels corrons*

10
die Fadenlieferung setzt aus
the yarn delivery fails
подача (жр) нити прерывается
la livraison du fil est suspendue
l'alimentazione (f) del filo è sospesa
la alimentación del hilo falta / *l'alimentació (f) del fil falla*

11
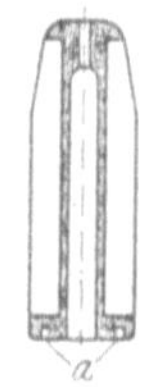

Holzspule (f) für zylindrische Windung
wooden bobbin for cylindrical winding
[голая *или* пустая] деревянная катушка (жр) для цилиндрической мотки
tube (m) en bois pour bobinage cylindrique
tubo (m) in legno per incannatura cilindrica
carrete (m) de madera para plegado cilíndrico / *rodet (m) de fusta per a plegat cilíndric*

12 a
Löcher (npl) für den Spulenmitnehmer
holes for the bobbin driver
отверстія (ср) для захватчиков катушки
trous (mpl) pour l'esquive de la bobine
fori (mpl) per l'azionatore della spola
agujeros (mpl) para el arrastre de la bobina / *forats (mpl) per a la conducció del rodet*

13

Fadenführerklappe(f) aus Stahl
steel thread guide lappet
стальная шашка (жр) *или* лапка (жр) нитевода
planchette (f) de guide-fil en acier
placca (f) guida-filo in acciaio
plancheta (f) de acero guía-hilo / *planxeta (f) d'acer guia-fil*

14
konzentrisches Einstellen (n) von Fadenführerring und Spindel
concentric adjustment of thread guide and spindle
концентрическая установка (жр) бѣгунковаго кольца и веретена
réglage (m) concentrique du guide-fil et de la broche
regolamento (m) concentrico del guidafilo e del fuso
ajuste (m) concéntrico del guía-hilo y de la púa / *ajustat (m) concèntric del guia-fil i de la pua*

15
Spindelschwingung (f), [Spindelvibration(f)]
vibration of the spindle
вибрація (жр) *или* дрожаніе (ср) веретена
vibration (f) de la broche
vibrazione (f) del fuso
vibración (f) de la púa / *vibració (f) o esventament (m) de la pua*

1 Heißlaufen (n) des Spindelhalslagers
running-hot of the spindle collar
нагрѣванiе (ср) втулки веретена на ходу
échauffement (m) du collet de la broche
riscaldamento (m) al collare del fuso
recalentamiento (m) del collar *o* del cuello de la púa / *escalfament (m) del coll de la pua*

---

2 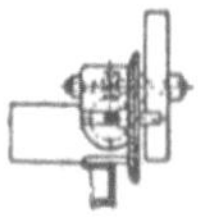

in Öl laufendes Getriebe (n)
gearing running in oil
передаточный механизм (м р), работающiй в маслѣ
engrenage (m) baignant dans l'huile
ingranaggio (m) bagnante nell'olio
engranaje (m) en baño de aceite / *engravació (f) en bany d'oli*

---

3 Auspumpen (n) des schmutzigen Öles
pumping out the dirty oil
откачиванiе (ср) загрязненнаго масла
évacuation (f) par pompage des huiles sales
evacuazione (f) dell'olio sporco mediante pompa
extracción (f) del aceite sucio por medio de bomba / *extracció (f) de l'oli brut mitjançant bomba*

---

4 die Spindeln (f pl) mit Petroleum ölen
to lubricate the spindles with petroleum
смазывать веретена керосином
huiler les broches (f pl) au pétrole
lubrificare i fusi con petrolio
engrasar la púas con petróleo / *untar les pues amb petroli*

---

5 frisches Ölen (n)
fresh oiling
свѣжая смазка (ж р)
huilage (m) frais
rinnovazione (f) dell'olio
lubricación (f) nueva / *untat (m) fresc*

---

6 Zentralölung (f) für Zwirnspindeln
central oiling for doubling spindles
центральная смазка (ж р) крутильных веретен
huilage (m) central pour broches à retordre
oliaggio (m) centrale per fusi da ritorcere
engrasado (m) central para las púas de retorcer / *untat (m) central per a les pues de tòrcer*

---

7 die Spindelschnur verschleißt
the spindle band wears out
веретенный шнур (м р) изнашивается *или* снашивается
la corde à broche s'use
la corda del fuso si consuma
el piano se gasta

---

8 Spindelersatz (m)
replacement of a spindle
обновленiе (ср) *или* смѣна (ж р) веретен
remplacement (m) de la broche
ricambio (m) del fuso
recambio (m) / *recanvi (m)* / de la púa

---

9 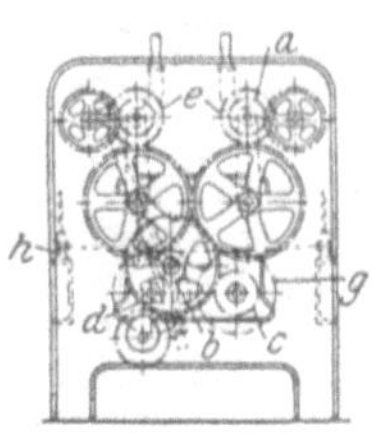

Ringzwirnmaschinengetriebe (n)
gearing of a ring doubling frame
передаточный механизм (м р) *или* головка (ж р) кольцекрутильнаго ватера
commande (f) d'un continu à retordre à anneau
organi (m pl) di comando d'un ritorcitoio ad anelli
rodajes (m pl) de una continua de retorcer de anillos / *rodatges (m pl) d'una contínua de retòrcer d'anells*

---

a
oberer Zwirnwechsel (m)
top twist wheel
верхняя крутильная смѣнная шестерня (ж р)
rechange (m) de torsion supérieur 10
pignone (m) di torsione superiore, contromarcia (f)
rueda (f) de torsión *o* de marcha superior / *roda (f) de marxa o de torta de dalt*

---

b
unterer Zwirnwechsel (m)
bottom twist wheel
нижняя крутильная смѣнная шестерня (ж р)
rechange (m) de torsion inférieur 11
pignone (m) di torsione inferiore, pignone (m) di marcia, marcia (f)
rueda (f) de torsión *o* de marcha inferior / *roda (f) de marxa o de torta de baix*

---

c
Blechtrommeltriebrad (n)
tin roller wheel
барабанная шестерня (ж р) [жестяного барабана]
pignon (m) du tambour en fer-blanc 12
pignone (m) del tamburo di latta
piñón (m) de la linterna / *pinyó (m) de la llanterna*

---

d
unteres Bockrad (n)
bottom twist carrier wheel
нижняя ходовая (ж р) [шестерня (ж р)]
prisonnier (m) de la tête de cheval inférieur 13
ruota (f) testa di cavallo inferiore
rueda (f) intermedia inferior de torsión / *roda (f) intermedia de torta inferior*

---

e
oberes Zwirntransportrad (n) *oder* Bockrad (n)
top twist carrier wheel
верхняя ходовая (ж р) [шестерня (ж р)]
prisonnier (m) de la tête de cheval supérieur 14
ruota (f) testa di cavallo superiore
rueda (f) intermedia superior de torsión / *roda (f) intermedia de torta superior*

---

g
Blechtrommel (f)
tin roller
жестяной барабан (м р)
tambour (m) en fer-blanc 15
tamburo (m) di latta
linterna (f) / *llanterna (f)*

---

h
Spindelwirtel (m)
spindle wharve
блочек (м р) веретена
noix (f) de la broche 16
noce (f) del fuso
nuez (f) del huso / *noueta (f) de la pua*

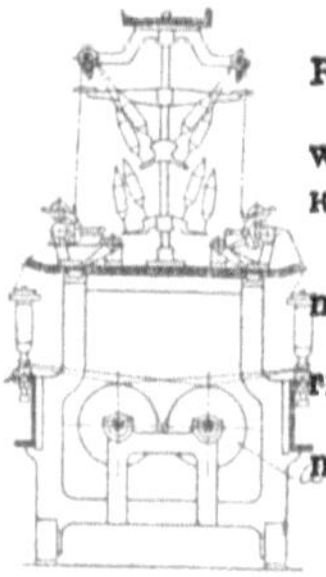

Ringzwirnmaschine (f) für Kammgarne
worsted ring doubler
кольцекрутильный ватер(мр) для гребнечесанной пряжи
1 métier (m) à retordre à anneau pour laine peignée
ritorcitoio (m) ad anelli per lana pettinata
máquina (f) de retorcer de anillos para estambre / *màquina (f) de retòrcer d'anells per a estam*

Schlepptrommel (f)
driven drum
ведомый барабан (мр)
tambour (m) commandé par corde croisée
2 a tamburo (m) azionato da corda incrociata
linterna (f) conducida [por los pianos de la que lleva las poleas] / *llanterna (f) conduïda [per els pianos del altra]*

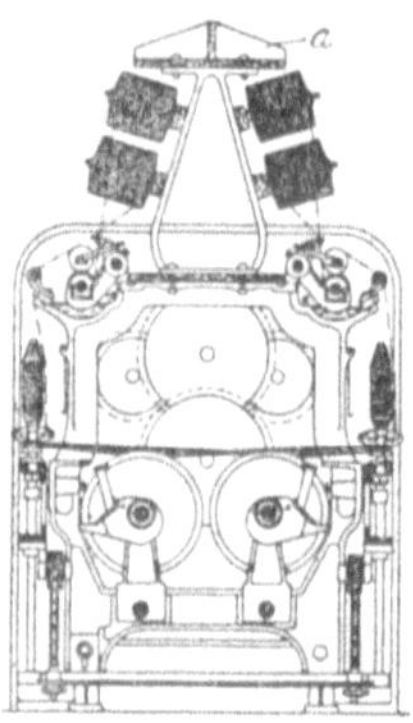

Ringzwirnmaschine (f) zur Erzeugung von Nähfaden
sewing thread ring doubler
кольцекрутильный ватер (мр) для швейных нитей
3 métier (m) à retordre à anneau pour fil à coudre
ritorcitoio (m) ad anelli per filo cucirino
máquina (f) de retorcer de anillos para hilos de coser / *màquina (f) de retòrcer d'anells per a fils de cosir*

---

den Faden um die Walze führen
to guide the thread over the roller
заводить нить вокруг валика
4 guider le fil autour du cylindre
guidare il filo attorno al cilindro
pasar el hilo alrededor del cilindro / *passar el fil al voltant del corró*

Spulenkasten (m), Spulenbrett (n)
полка (жр) для катушек
bobbin shelf
5 a planche (f) à bobines
tavola (f) per le spole
estante (m) para bobinas / *prestatge (m) per a rodets*

Wasseraufnahme (f) der Fäden
absorption of water by the yarn
поглощение (ср) воды нитями
absorption (f) d'eau par les fils
assorbimento (m) d'acqua dai fili
absorción (f) de agua por los hilos / *absorció (f) del aigua per els fils* 6

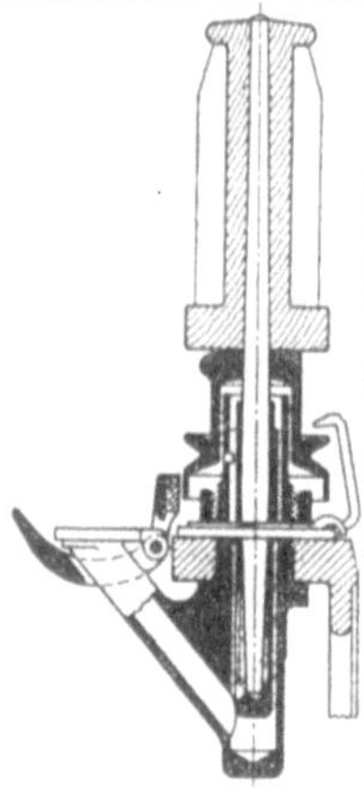

Pfeifenkopfspindel (f)
pipe bowl spindle
веретено (ср) с трубкообразной головкой
broche (f) à tube graisseur latéral 7
fuso (m) a serbatoio d'olio laterale
púa (f) con depósito de aceite lateral / *pua (f) amb dipòsit d'oli lateral*

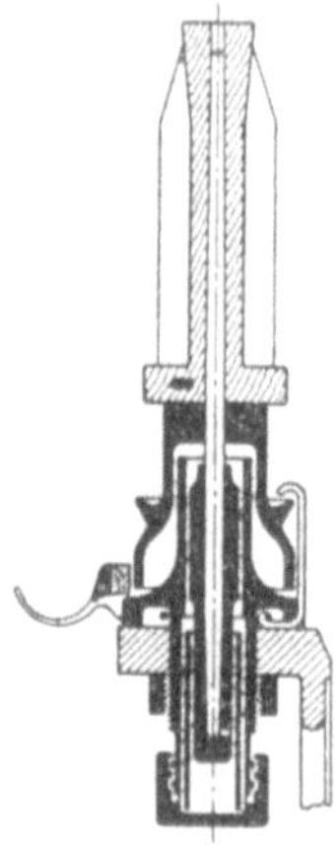

Zwirnspindel (f) für Archimedeswindung
doubler spindle for single flanged bobbins
веретено (ср) для крутильных машин архимедовой мотки *или* для однофлянцевых катушек
broche (f) à retordre pour bobine à plateau unique 8
fuso (m) per ritorcere per bobine ad una sola flangia
púa (f) de retorcer para carretes de una valona / *pua (f) de retòrcer per a rodets d'una valona*

Abwinden (n) des Garnkörpers über den Kopf des Kötzers
unwinding of the yarn endways *or* over the top of the bobbin
разматывание (ср) катушки с головки
dévidage (m) du fil par la pointe de la canette
dipanamento (m) *o* svolgimento (m) del filo per la punta della cannetta 9
devanado (m) del hilo por la punta de la husada / *desplegat (m) del fil per la punta del bitllot*

Abwinden nach der Seite
unwinding of the yarn sideways
разматывание (ср) катушки сбоку
dévidage (m) du fil perpendiculairement à l'axe de la bobine
svolgimento (m) assiale del filo dal rocchetto 10
devanado (m) lateral del hilo / *desplegat (m) del fil de costat*

1 **b)Mulezwirnmaschinen (f pl), unterbrochen arbeitende Zwirnmaschinen (f pl), [Selfaktorzwirnmaschinen (f pl)]**
Mule Twiners
Крутильные сельфакторы (м р)
Renvideurs (m pl) à retordre
Ritorcitoi (m pl) intermittenti automatici
Selfactinas (f pl) de retorcer / ***Selfactines (f pl) de retòrcer***

2 unterbrochenes Zwirnen (n)
intermittent twisting
перерывистое кручеиіе (ср)
retordage (m) intermittent
ritorcitura (f) intermittente
retorcido (m) intermitente / *retort (m) intermitent*

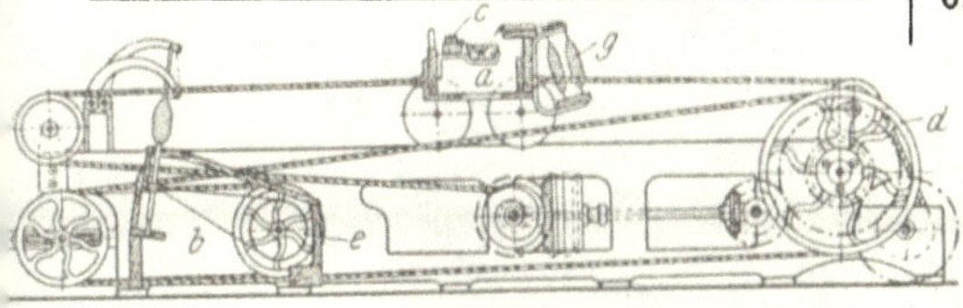

3 Mulezwirnmaschine (f) mit fahrbarem Gatter
[self-acting *or* mule] twiner with moving *or* travelling creel
крутильный мюль (м р) *или* сельфактор (м р) с кареткой для питательнаго аппарата
[métier (m)] renvideur (m) à retordre à râtelier voyageur
ritorcitoio (m) intermittente automatico *o* selfacting (m) ritorcitore con rastrelliera mobile
selfactina (f) de retorcer con la fileta sobre carro móvil / *selfactina (f) de retòrcer amb la fileta sobre carro mòbil*

4 a
beweglicher Wagen (m)
travelling carriage
подвижная каретка (ж р)
chariot (m) mobile *ou* voyageant
carro (m) mobile
carro (m) móvil / *carro (m) mòbil*

5 b
feststehender Wagen (m)
stationary carriage
неподвижная каретка (ж р)
chariot (m) fixe
carro (m) fisso
carro (m) fijo *o* estacionario / *carro (m) fix o estacionari*

6 c
Fadenkluppe (f)
locking device
зажим (м р) для нитей
pince (f) du fil
pinza (f) per il filo
dispositivo (m) de pinzado del hilo / *dispositiu (m) de pinçat del fil*

7 d
doppelläufige Seilscheibe (f)
double grooved [band] pulley
двухжелобчатый блок (м р)
poulie (f) [à câble] à double gorge, volant (m) à deux gorges
puleggia (f) a due gole
volante (m) de dos gargantas / *volant (m) de dues gorges*

e
Schnurtrommel (f)
tin roller
шнуровой барабан (м р)
tambour (m) des broches
tamburo (m) dei fusi
linterna (f) / *llanterna (f)* 8

g
Aufsteckspindel (f)
skewer
веретено (ср) для катушек
brochette (f)
perno (m)
husillo (m) / *fuset (m)* 9

Wagenauszug (m)
outward run of carriage
отход (м р) *или* выход (м р) каретки
sortie (f) du chariot
andata (f) del carro
salida (f) *o* bajada (f) / *sortida (f) o baixada (f)* / del carro 10

Nachzwirnen (n), Auszwirnen (n)
twisting at the head
докрутка (ж р)
torsion (f) supplémentaire
torsione (f) supplementare
torsión (f) / *torta (f)* / suplementaria 11

Anstrecken (n) *oder* Spannen (n) des Fadens durch den Gegenwinder
tension of the yarn by means of the counter-faller
натяженіе (ср) нити подниточником
tension (f) du fil par la contrebaguette
tensione (f) del filo a mezzo della contrabacchetta
tensión (f) del hilo por la grúa / *tensió (f) del fil per la grua* 12

Wageneinzug (m), Wageneinfahrt (f)
taking-in of carriage
вход (м р) каретки
rentrée (f) du chariot
ritorno (m) del carro
entrada (f) *o* subida (f) / *entrada (f) o pujada (f)* / del carro 13

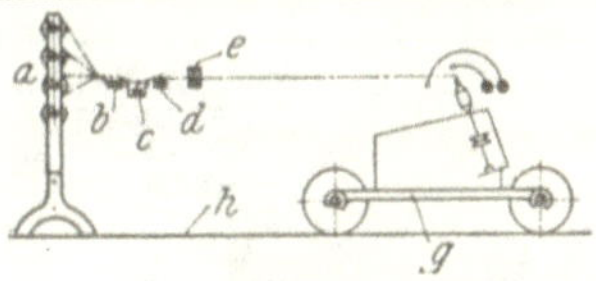

Selbstzwirner (m) *oder* Mulezwirnmaschine (f) mit fahrendem Wagen
twiner with travelling spindles
крутильный мюль (м р) с кареткой мотальнаго аппарата
renvideur (m) à retordre avec chariot voyageant
ritorcitoio (m) intermittente automatico con carro mobile
selfactina (f) de retorcer con las púas sobre carro móvil / *selfactina (f) de retòrcer amb les pues sobre carro mòbil* 14

a
Aufsteckgatter (n)
creel
рама (ж р) для катушек
râtelier (m)
rastrelliera (f)
fileta (f) 15

b
Plüschlatte (f) *
plush-covered drag board
плюшевая подушка (ж р) *или* грудница (ж р)
planche (f) recouverte de peluche
tavola (f) coperta di felpa
tabla (f) de madera tapizada de peluche / *taula (f) de fusta tapissada de peluix* 16

1 c
Wassertrog (m)
continuous trough
корыто (ср) для воды
bac (m) à eau
truogolo (m) ad acqua
artesa (f) de agua / *tremuja (f) d'aigua*

2 d
Führungslatte (f)
guide lath
нитеводная (-ый) планка (жр) *или* брус (мр)
latte-guide (f)
asta (f) di guida
regla-guía (f)

3 e
geöffnete Kluppe (f)
opened locking device
раскрытый зажим (мр)
pince (f) ouverte
pinza (f) aperta
pinza (f) abierta del hilo / *dispositiu (m) de pinçat del fil obert*

4 g
Wagengestell (n)
carriage bearer
рамка (жр) телѣжки
bâti (m) du chariot
telaio (m) del carro
bastidor (m) del carro / *marc (m) o xassis (m) del carro*

5 h
Wagenstraße (f), Wagenschiene (f)
carriage rail
погон (мр)
rail (m) du chariot
binario (m) del carro
rail (m) / *riell (m) o rail (m)* / del carro

6
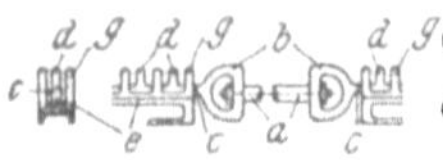

Parr-Curtis'sche Fadenkluppe (f)
Parr-Curtis' locking device
зажим (мр) системы Пар-Куртиса
dispositif (m) de pince du fil de Parr-Curtis
dispositivo (m) d'afferramento del filo di Parr-Curtis
dispositivo (m) de pinzado del hilo / *dispositiu (m) de pinçat del fil* / sistema Parr-Curtis

7 a
Stange (f) mit Muttern
bar with nuts
центральный стержень (мр) *или* прут (мр) с установительными гайками
tringle (f) avec écrous
asta (f) con dadi
barra (f) con tuercas / *amb femelles*

8 b
Kluppenstangenbügel (m)
loop of locking bar
стремя (ср) подвижной гребенки зажима
bride (f) de la tringle de pinçage
anello (m) dell'asta d'afferramento
brida (f) de la barra de pinzado / *de pinçat*

c 9
Kluppenstange (f)
locking bar
подвижная гребенка (жр) зажима
tringle (f) de pinçage
asta (m) d'afferramento
barra (f) de pinzado / *de pinçat*

d 10
eirunder [*oder* ovaler] Zapfen (m)
oval-shaped peg
зуб (мр) овальнаго сѣченія
dent (f) ovale
dente (m) ovale
clavija (f) oval / *piu (m) o clavilla (f) oval*

e 11
Führungsschiene (f)
guide bar
направляющая планка (жр)
barre-guide (f)
asta (f) di guida
barra-guía (f)

g 12
Führungsschienenzapfen (m)
projection on guide bar
зуб (мр) направляющей планки
dent (f) de la barre-guide
dente (m) dell'asta di guida
diente (m) o saliente (m) / *dent (f)* / de la barra-guía

13
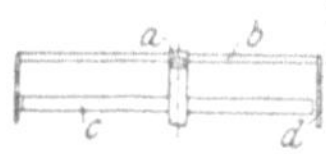

a
Kopfgestell (n) der Selbstzwirnmaschine
headstock of twiner
головная станина (жр) крутильнаго мюля
têtière (f) du renvideur à retordre
testata (f) del ritorcitoio intermittente automatico
testera (f) de la selfactina de retorcer / *de retòrcer*

b 14
Zylinderbank (f)
roller beam
брус (мр) для цилиндров
porte-cylindres (m)
porta-cilindri (m)
porta-cilindros (m) / *porta-corrons (m)*

c 15
hölzerner Wagen (m)
wooden carriage
деревянная каретка (жр)
chariot (m) en bois
carro (m) in legno
carro (m) de madera / *de fusta*

d 16
Endschild (n)
frame end
боковая рама (жр) *или* станина (жр)
bâti (m) extérieur
estremità (f) del telaio
bancada (f) extrema / *del cap de màquina*

1 **e) Zwirnmaschinen (f pl) für Zierzwirne**
Fancy Doubling Frames
Фасонныя крутильныя машины (ж р)
Métiers (m pl) à retordre pour fils [de] fantaisie
Ritorcitoi (m pl) per fili di fantasia
Continuas (f pl) de fantasia / ***Continues (f pl) de fantasia***

2 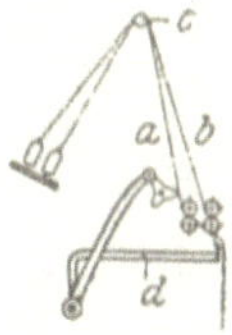

Knotengarnzwirnmaschine (f) von Martin
Martin's doubling frame for spot yarns
крутильная машина (ж р) для выработки узелковой нити (Мартина)
métier (m) à retordre de Martin pour fils noueux
ritorcitoio (m) di Martin per fil[at]i nodosi
continua (f) para hilos nudosos / *continua (f) per a fils nuosos* / de Martin

3 a
Grundfaden (m), Kernfaden (m), Seelfaden (m)
ground thread, core thread
основная нить (ж р)
fil (m) d'âme *ou* de fond, fil primitif *ou* principal
filo (m) fondamentale
hilo (m) de fondo *o* de base, ánima (f), núcleo (m) / *fil (m) base, ànima (f), nucli (m)*

4 b
Zierfaden (m), Effektfaden (m)
fancy thread
фасонная нить (ж р)
fil (m) formant la fantaisie
filo (m) esterno
hilo (m) haciendo / *fil (m) fent* / la fantasia

5 c
Führungsstange (f)
guide rod
направляющая планка (ж р)
tringle (f) de guidage
asta (f) di guida
barra-guía (f)

6 d
Führungsarm (m)
guiding arm
направляющій журавль (м р)
bras-guide (m)
braccio (m) di guida
brazo-guía (m) / *braç-guia (m)*

7 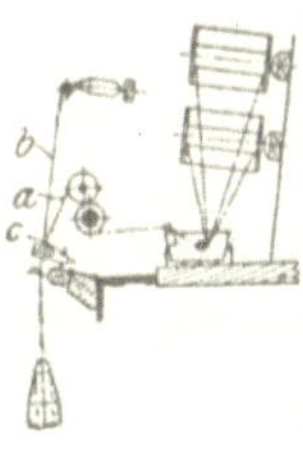

Noppenbildevorrichtung (f) mit zeitweise sich drehenden Zuführwalzen
knopping motion with intermittently turning feed rollers
приспособленіе (ср) для образованія шишек с періодически вращающимися питателями
mécanisme (m) de formation de boutons avec livraison intermittente des cylindres alimentaires
meccanismo (m) per la formazione dei bottoni con consegna intermittente dei cilindri alimentatori
dispositivo (m) para formar botones con rotación intermitente de los cilindros alimentadores / *dispositiu (m) de fer botons amb rotació intermitent dels corrons alimentaris*

a
Grundfaden (m)
ground thread
коренная *или* стержневая *или* основная нить (ж р) 8
fil (m) d'âme
filo (m) fondamentale
hilo (m) de ánima / *fil (m) d'ànima*

b
Zierfaden (m)
fancy thread
фасонная *или* гарнитурная нить (ж р) 9
fil (m) formant la fantaisie
filo (m) esterno
hilo (m) haciendo la fantasia / *fil (m) fent la fantasia*

c
Fadenführerblech (n) mit drei Schlitzen
thread guide plate with three slits
нитевод (м р) с тремя прорѣзами
plaque (f) guide-fil à trois fentes 10
placca (f) guida-filo a tre scanalature
placa (f) guía-hilo con tres ranuras / *placa (f) guia-fils amb tres traus*

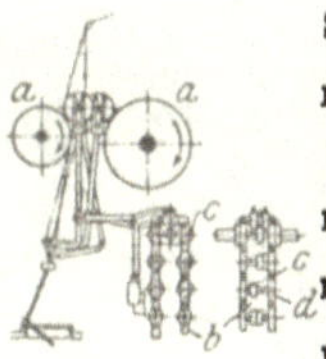

Knotengarnzwirnmaschine (f) von Stein
Stein's doubling frame for spot yarns
крутильная машина (ж р) для выработки узелковой нити (Штейна) 11
métier (m) à retordre de Stein pour fils noueux
ritorcitoio (m) di Stein per fili nodosi
máquina (f) para hilos nudosos / *màquina (f) per a fils nuosos* / de Stein

a
Zuführungswalze (f) mit rauher Mantelfläche
feed roller with rough covering
питательный валик (м р) с шероховатой поверхностью
cylindre (m) alimentaire à surface rugueuse 12
cilindro (m) alimentatore a superficie ruvida
cilindro (m) alimentador de superficie rugosa / *corró (m) alimentari vestit de matèria rugosa o aspre*

b
endlose Musterkarte (f)
endless pattern card
безконечная шаблонная цѣпь (ж р)
carton (m) de dessin sans fin 13
catena (f) a disegno senza fine
cadena (f) sin fin de cartones de muestra / *cadena (f) sens fi de cartons de mostra*

c
Schaltrolle (f)
regulating bowl
каток (м р) для включенія
galet (m) de réglage 14
rullo (m) regolatore
disco (m) o rodillo (m) regulador / *disc (m) o corronet (m) regulador*

1 d
Gelenkkette (f)
flat link chain
шарнирная цѣпь (жр)
chaine (f) d'articulations
catena (f) articolata
cadena (f) articulada

2
der Grundfaden nimmt den Zierfaden um sich herum
the ground thread carries the fancy thread
коренная нить (жр) обвивает вокруг себя фасонную *или* гарнитурную
le fil primitif se couvre du fil fantaisie
il filo fondamentale si copre del filo esterno
el hilo de ánima se cubre dél de fantasía / *el fil d'ànima se cobreix amb el de fantasia*

3
der Grundfaden gibt dem Zierfaden Drehung
the ground thread twists the fancy thread
коренная нить (жр) сообщает крутку фасонной *или* гарнитурной нити
le fil primitif donne de la torsion au fil fantaisie
il filo fondamentale dà della torsione al filo esterno
el hilo de ánima tuerce él de fantasía / *el fil d'ànima torç al de fantasia*

4
Knotenbildung (f) durch Unterbrechung der Grundfadenlieferung
formation of spots by interrupting the delivery of the ground thread
образованіе (ср) узелков путем періодическаго перерыва подачи коренной нити
formation (f) de fils noueux par interruption de la livraison du fil primitif
formazione (f) di nodi per interruzione dell'alimentazione del filo fondamentale
formación (f) de nudos por interrupción de la alimentación del hilo de ánima / *formació (f) de nusos per l'interrupció de l'alimentació del fil d'ànima*

5
leichtes Ablaufen (n) des Zierfadens
easy unwinding of the fancy thread
свободное *или* легкое набѣганіе (ср) фасонной *или* гарнитурной нити
dévidage (m) facile du fil fantaisie
svolgimento (m) facile del filo esterno
fácil devanado (m) del hilo de fantasía / *fàcil desplegat (m) del fil de fantasia*

6
Noppenbildung beim Aufwärtsgehen des Fadenführers
formation of knops during the rise of the yarn guide
образованіе (ср) шишек при восходящем движеніи нитевода
formation (f) de boutons pendant la levée du guide-fil
formazione (f) di bottoni durante l'alzata del guida-filo
formación (f) de botones durante la subida del guía-hilo / *formació (f) de botons durant la pujada del guia-filo*

7
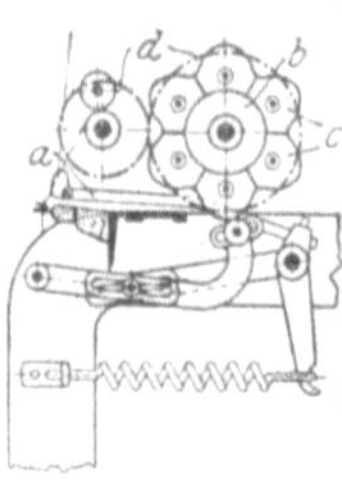

Noppenbildevorrichtung (f) mit Hubscheibe
knopping motion with cam disc
приспособленіе (ср) для образованія шишек при помощи кулачнаго диска
dispositif (m) de boutonnage à excentrique
dispositivo (m) per formare bottoni a eccentrico
mecanismo (m) de hacer botones con disco excèntrico / *mecanisme (m) de fer botons amb disc excèntric*

---

a
schwingender Fadenführer (m) des Zierfadens
rocking guide of the fancy thread
качающійся нитевод (мр) для фасонной нити
guide-fil (m) oscillant du fil fantaisie 8
guida-filo (m) oscillante del filo esterno
guía-hilo (m) oscilante del hilo de fantasía / *guia-fil (m) oscil·lant del fil de fantasia*

---

b
Hubscheibe (f)
lifter, riser
кулачный диск (мр)
élévateur (m) 9
elevatore (m)
elevador (m), levantador (m) / *aixecador (m)*

---

c
aufgeschraubte Hubscheibe (f)
cam screwed-on
прикрѣпленный кулак (мр)
excentrique (m) vissé 10
eccentrico (m) avvitato
leva (f) atornillada / *lleva (f) collada*

---

d
Stirnrad (n)
spur wheel
цилиндрическая шестерня (жр) 11
roue (f) droite
ruota (f) cilindrica
rueda (f) cilíndrica / *roda (f) cilíndric*

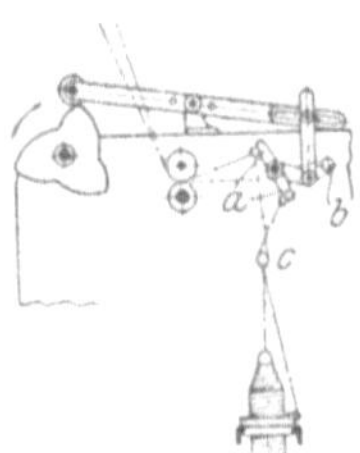

Vorrichtung (f) zur Bildung von Noppen- und Flammenzwirn von Graf
Graf's knop and flake yarn motion
приспособленіе (ср) Графа для образованія шишковидной и мухояровой нити
mécanisme (m) de formation de fil boutonneux et flammé de Graf 12
meccanismo (m) di formazione del filo a bottoni e flammé di Graf
mecanismo (m) de formar hilos botonosos y flameados de Graf / *mecanisme (m) per a fer fil botonós i flamejat de Graf*

---

a
schwingender Doppelhebel (m)
rocking double lever
качающееся двуплечее коромысло (ср)
balancier (m) 13
bilanciere (m)
balancín (m) / *balancer (m)*

---

b
Leitstift (m)
guide pin
направляющій палец (мр)
aiguille-guide (f) 14
ago (m) di guida
espigón (m) guía / *piu (m) guia*

---

c
Führungsstange (f)
guide bar
направляющій прут (мр)
barre (f) de guidage 15
asta (f) di guida
barra-guía (f)

1 flachgängige Spirale (f)
gentle spiral
спираль (жр) *или* винтовая линія (жр) слабаго подъема, пологая спираль
spirale (f) aplatie *ou* à petit pas
elica (f) a passo piccolo
espiral (f) de pequeño paso / *de pas petit*

2 steilgängige Spirale (f), Spirale mit starker Steigung
steep spiral
спираль (жр) крутого подъема, крутая спираль
spirale (f) allongée *ou* à grand pas
elica (f) a passo ampio *o* largo
espiral (f) alargada *o* de gran paso / *espiral (f) allargada o de pas gran*

3 Ringzwirnmaschine (f) fur Zierzwirne
fancy doubler, fancy doubling frame
кольцекрутильная машина (жр) для фасонных нитей
métier (m) à retordre à anneau pour fils fantaisie
ritorcitoio (m) ad anelli per fili di fantasia
continua (f) de fantasia / *continua (f) de fantasia*

4 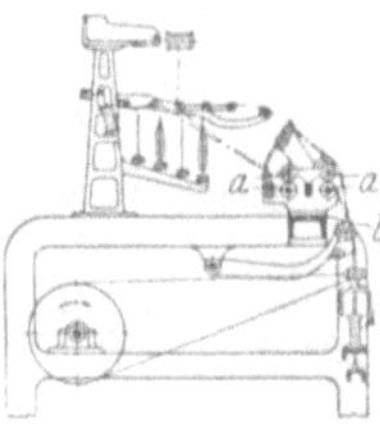

Zierzwirnmaschine (f) von Hille
Hille's fancy doubler
фасонная крутильная машина (жр) системы Гилля
métier (m) à retordre pour fil de fantaisie de Hille
ritorcitoio (m) per filo di fantasia di Hille
continua (f) de fantasia Hille

5 a
Walzenpaar (n)
pair of rollers
пара (жр) валиков
paire (f) de cylindres
coppia (f) di cilindri
par (m) de cilindros / *parell (m) de corrons*

6 b
auf- und abschwingende Fadenführungslatte (f)
rocking guide lath
вверх и вниз качающаяся нитеводная планка (жр)
latte (f) de guidage à mouvement oscillatoire
asta (f) del guida-fili oscillante
listón (m) de guía oscilante / *llistó (m) guia oscil·lant*

7 schnelle stoßweise Abwärtsbewegung (f) des Fadenführers
intermittent quick downward motion of thread guide
быстрое толчкообразное нисходящее движение (ср) нитевода
recul (m) rapide intermittent du guide-fil
rinculo (m) rapido intermittente del guida-fili
retroceso (m) rápido intermitente del guía-hilos / *retrocés (m) ràpid intermitent del guia-fil*

8 Noppenspiegel (m), Noppenentfernung (f)
distance between knops
игра (жр) шишек, разстояніе (ср) между шишками
distance (f) entre les boutons
distanza (f) fra i bottoni
distancia (f) entre los botones / *distància (f) entre els botons*

kreuzweises Überspinnen (n) der schon gebildeten Noppen durch einen zweiten Faden
binding of the knops by another thread
крестовая обмотка (жр) шишек
liage (m) des boutons formés par le croisement d'un deuxième fil
legamento (m) dei bottoni con un altro filo 9
atado (m) de los botones por el cruce de un segundo hilo / *lligat (m) dels botons per el creuament d'un segon fil*

gekreuzte Noppen (f pl)
bound knops
обмотанныя *или* закрѣпленныя шишки (жр)
boutons (m pl) liés
bottoni (m pl) legati
botones (m pl) atados / *botons (m pl) lligats* 10

glatte Noppen (f pl)
plain knops
гладкія шишки (жр)
boutons (m pl) plats *ou* unis
bottoni (m pl) piatti
botones (m pl) lisos *o* unidos / *botons (m pl) llisos o units* 11

Drehung (f) des Grundfadens
twisting of the ground thread
крутка (жр) коренной нити
torsion (f) du fil primitif
torsione (f) del filo fondamentale 12
torcido (m) del hilo de ánima / *torta (f) del fil d'ànima*

Umspinnen (n) der aufgedrehten Flammenfäden mit einem dritten Faden
binding of the opened flake yarn by means of a third thread
обмотка (жр) мухояровой нити третьей нитью
liage (m) du fil flammé détordu au moyen d'un troisième fil
legatura (f) del filo flammé distorto con un terzo filo 13
atado (m) del hilo flameado abierto por medio de un tercer hilo / *lligat (m) del fil flamejat obert per mitjà d'un tercer fil*

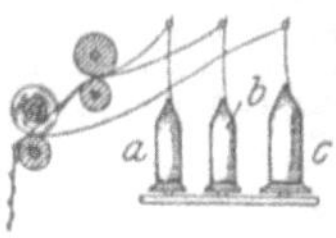

Schlingengarnzwirnmaschine (f)
loop yarn twister
крутильная машина (жр) для производства петлистой пряжи
métier (m) à retordre pour fil bouclé, boucleuse (f), métier à faire la bouclette 14
ritorcitoio (m) per filo ad occhielli
máquina (f) de retorcer para el hilo con bucles / *màquina (f) de retòrcer per a fil amb bagues*

a
Grundfaden (m)
core thread
коренная нить (жр)
fil (m) d'âme 15
filo (m) fondamentale
hilo (m) de ánima / *fil (m) d'ànima*

b
Verbindungsfaden (m)
binding thread
соединительная нить (жр)
fil (m) de liage 16
filo (m) di legatura
hilo (m) de atado / *fil (m) de lligat*

1 c

Crossbredschlingenfaden (m), Mohärschlingenfaden (m)
mohair loop thread
петлистая мухояровая нить (жр)
fil (m) bouclé en mohair
filo (m) ad occhielli di mohair
hilo (m) con bucles de mohair / *fil (m) amb bagues de mohair*

2

zerschnittene Fadenstücke (npl) einzwirnen
to twist-in cut ends
вкручивать разрѣзанные концы нитей

fixer par retordage des bouts de fil coupés
fissare per ritorcitura i capi tagliati
fijar por torsión los cabos cortados / *fixar per torsió els caps tallats*

III.

3

Haspeln (n) *oder* Weifen (n) der Garne.
Reeling of Yarns
Мотка [жр) пряжи

Dévidage (m) des fils
Aspatura (h) dei fili
Aspeado (m) de los hilos / *Aspiat (m) dels fils*

4
haspeln, weifen
to reel
мотать

dévider
annaspare
aspear / *aspiar*

5
abhaspeln
to reel-off
разматывать

dévider, dérouler
dipanare
devanar / *desplegar*

6
aufhaspeln
to reel-on
наматывать

enrouler
innaspare
arrollar / *plegar*

7
umhaspeln
to re-reel
перематывать

redévider
rinnaspare
reaspear / *re-aspiar*

8
Haspelvorgang (m)
reeling process
процесс (мр) мотки

procédé (m) de dévidage
processo (m) di aspatura
procedimiento (m) de aspeado / *procés (m) d'aspiat*

9
Haspelei (f)
reeling room, reeling department
мотальная (жр)

atelier (m) de dévidage
riparto (m) d'innaspamento
sección (f) o cuadra (f) de aspeado / *secció (f) o quadra (f) d'aspiat*

10
Haspler (m)
reeler
мотальщик (мр)

dévideur (m)
operaio (m) aspatore
aspeador (m), devanador (m) / *aspiador (m)*

11
Hasplerin (f)
reeler
мотальщица (жр)

dévideuse (f)
operaia (f) aspatrice, innaspatrice (f)
aspeadora (f), devanadora (f) / *aspiadora (f)*

12
Baumwollhaspler (m), Baumwollweifer (m)
cotton reeler
мотовильщик (мр) бумажной пряжи, мотальщик (мр) *или* размотчик (мр) бумажной пряжи на мотовилах

dévideur (m) de coton
operaio (m) aspatore di cotone
devanador (m) o aspeador (m) de algodón / *aspiador (m) de cotó*

13
Baumwollhasplerin (f), Baumwollweiferin (f)
cotton reeler
мотовильщица (жр) бумажной пряжи, мотальщица (жр) *или* размотчица (жр) бумажной пряжи на мотовилах

dévideuse (f) de coton
operaia (f) aspatrice di cotone
devanadora (f) de algodón / *aspiadora (f) de cotó*

14
Wollhaspler (m)
wool reeler
мотальщик (мр) шерсти, размотчик (мр) шерсти на мотовилах

dévideur (m) de laine
operaio (m) aspatore di lana
devanador (m) de lana / *aspiador (m) de llana*

15
Wollhasplerin (f)
wool reeler
мотальщица (мр) *или* размотчица (мр) шерсти на мотовилах

dévideuse (f) de laine
operaia (f) aspatrice di lana
devanadora (f) de lana / *aspiadora (f) de llana*

16
Flachshaspler (m)
flax reeler
мотовильщик (мр) льняной пряжи, размотчик (мр) льняной пряжи на мотовилах

dévideur (m) de lin
operaio (m) aspatore di lino
devanador (m) de lino / *aspiador (m) de lli*

17
Flachshasplerin (f)
flax reeler
мотовильщица (жр) льняной пряжи, размотчица (жр) льняной пряжи на мотовилах

dévideuse (f) de lin
operaia (f) aspatrice di lino
devanadora (f) de lino / *aspiadora (f) de lli*

18
das Gespinst in Strähnform bringen
to put the yarn into hank form
мотать пряжу в мотки

mettre les fils (mpl) sous forme d'écheveau
ridurre il filo a matasse
disponer el hilo en forma de madeja / *disposar el fil en forma de madeixes*

19
Strähn (m), Strang (m), Schneller (m), Stück (n), Nummer (f), Zahl (f)
hank, number
моток (мр)

écheveau (m)
matassa (f)
madeja (f) / *madeixa (f)*

20
halber Strähn (m)
half-hank
полумоток (мр)

demi-écheveau (m)
mezza matassa (f)
media madeja (f) / *mitja madeixa (f)*

21
Probesträhn (m)
test-lea
пробный моток (мр)

échevette (f) de preuve
provino (m)
troquillón (m) de prueba / *troquilló (m) de prova*

22
Teilsträhn (m), Gebinde (n), Fitze (f), Wiedel (n), Wiel (n), Bind (n), Unterband (n)
lea, skein
пасьма (жр)

échevette (f)
matassina (f), filzuolo (m)
troquillón (m) / *troquilló (m)*

23
Fadenumgang (m)
thread
длина (жр) одного круга нити в моткѣ

tour (m)
giro (m) d'aspo
vuelta (f) de aspa / *volta (f) d'aspi*

1	Fadenlänge (f) length of the yarn длина (жр) нити	longueur (f) du fil lunghezza (f) del filo longitud (f) del hilo / *llargadà (f) del fil*
2	Haspelumfang (m) circumference of reel обхват (мр) мотовила	périmètre (m) du dévidoir periferia (f) dell'aspo perimetro (m) del aspa / *perimetre (m) del aspi*
3	Probemachen (n) testing проба (жр), повѣрка (жр), опредѣленіе (ср) длины нити в моткѣ	échantillonnage (m) provinatura (f) ensayo (m), prueba (f) / *assaig (m), prova (f)*
4	kurzhaspelig haspeln to reel short lengths мотать коротким размотом	dévider de courts écheveaux innaspare matasse corte aspear longitudes cortas / *aspiar llargadas curtes*
5	kurzer Kammgarnhaspel (m) short worsted reel короткое мотовило (ср) для гребнечесальной пряжи	dévidoir (m) de périmètre court pour laine peignée aspa (f) per matasse corte di lana pettinata aspa (f) corta de estambre / *aspi (m) curt d'estam*
6	kurzgehaspeltes Garn (n) short reeled yarn пряжа (жр) короткой мотки	fil (m) à courtes échevettes filato (m) in matassine corte hilo (m) aspeado en el aspa corta / *fil (m) aspiat en l'aspi curt*
7	kurzgehaspeltes Gebinde (n) short reeled skein пасьма (жр) короткой мотки	échevette (f) dévidée court matassina (f) corta madeja (f) aspeada en el aspa corta / *madeixa (f) aspiada en l'aspi curt*
8	mittlerer Kammgarnhaspel (m) medium worsted reel среднее мотовило (ср) для гребнечесальной пряжи	dévidoir (m) de laine peignée de moyen périmètre aspa (f) per matasse di media lunghezza di lana petinata aspa (f) mediana de estambre / *aspi (m) mitja d'estam*
9	langer Kammgarnhaspel (m) long worsted reel длинное мотовило (ср) для гребнечесальной пряжи	dévidoir (m) de laine peignée de grand périmètre aspa (f) per matasse lunghe di lana pettinata aspa (f) larga de estambre / *aspi (m) llarg d'estam*
10	metrischer Haspel (m) metrical reel мотовило (ср) для метрической мотки	dévidoir (m) métrique aspa (f) metrica aspa (f) métrica / *aspi (m) mètric*
11	österreichischer Haspel (m) Austrian reel австрійское мотовило (ср)	dévidoir (m) autrichien aspa (f) austriaca aspa (m) austriaca / *aspi (m) austríac*
12	schlesischer Haspel (m) Silesian reel силезское мотовило (ср)	dévidoir (m) de Silésie aspa (f) di Silesia aspa (m) silesiana / *aspi (m) silesià*
13	französischer Haspel (m) French reel французское мотовило (ср)	dévidoir (m) français aspa (f) francese aspa (f) francesa / *aspi (m) francès*
14	irischer Haspel (m) Irish reel ирландское мотовило (ср)	dévidoir (m) irlandais aspa (f) irlandese aspa (f) irlandesa / *aspi (m) irlandès*
15	schottischer Haspel (m) Scotch reel шотландское мотовило (ср)	dévidoir (m) écossais aspa (f) scozzese aspa (f) escocesa / *aspi (m) escocès*
16	englischer Haspel (m) English reel англійское мотовило (ср)	dévidoir (m) anglais aspa (f) inglese aspa (f) inglesa / *aspi (m) anglès*
17	Umdrehung (f) des Haspels turn *or* revolution of the reel оборот (мр) мотовила	tour (m) du dévidoir giro (m) dell'aspa vuelta (f) del aspa / *volta (f) del aspi*
18	die Rahmenumdrehungen (fpl) zählen to count the revolutions of the reel считать обороты мотовила	compter le nombre de tours du dévidoir contare i giri dell'aspa contar las vueltas del aspa / *comptar les voltes del aspi*
19	Zählwerk (n) für bestimmte Fadenzahl counter *or* indicator for a determined number of threads счетчик (мр) для постояннаго количества нитей	appareil-compteur (m) pour un nombre fixe de tours meccanismo (m) contatore per un numero fissato di giri [mecanismo (m)] contador (m) del aspa para un número fijo de vueltas / *comptador (m) o relloiget (m) del aspi per a un nombre fix de voltes*
20	Zählwerk (n) für veränderliche Fadenzahl counter for a variable number of threads счетчик (мр) для перемѣннаго количества нитей	appareil-compteur (m) pour un nombre variable de tours meccanismo (m) contatore per un numero variabile di giri contador (m) para un número variable de vueltas / *comptador (m) per a un nombre variable de voltes*
21	Messen (n) des Garnes beim Haspeln measuring of the yarn during reeling измѣреніе (ср) длины нити при моткѣ	mesurage (m) du fil pendant le dévidage misurazione (f) del filo durante l'innaspamento medición (f) del hilo durante el aspeado / *amidat (m) del fil durant l'aspiat*
22	Fitzen (n) *oder* Unterbinden (n) der Zahlen skeining [of the leas] перевязка (жр) *или* талька (жр) пасем	échevettage (m) cappiatura (f) o allacciamento (m) delle matasse atadura (f) en madejas, enmadejado (m) / *lligat (m) en madeixes, emmadeixat (m)*
23	fitzen, unterbinden to skein перевязывать	échevetter, mettre en écheveaux cappiare, allacciare hacer madejas (fpl) / *fer madeixes (fpl)*

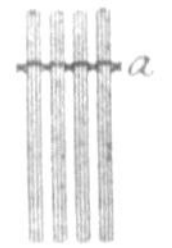

a

1 Fitzschnur (f), Fitzzwirn (m)
skeining thread
нить (жр) для перевязки *или* тальки, перевязь (жр)
ficelle (f) de pienne *ou* de penne *ou* de pontine, centaine (f), sentène (f)
bandolo (m), cordoncino (m), di cappiatura
centener (m)

2 Kettenfitzen (n)
chain skeining
цѣпочная талька (жр) *или* перевязка (жр)
échevettage (m) en chaîne
cappiatura (f) a catena
enmadejado (m) de cadena / *emmadeixat (m) de cadena*

3 Einkreuzen (n) der Fitzschnur zwischen die Gebinde
crossing of the skeining thread between the leas
перекрещиваніе (ср) перевязи между пасьмами
croisement (m) de la centaine entre les échevettes
incrocio (m) del bandolo fra i filzuoli
cruzado (m) del centener entre los troquillones / *creuat (m) del centener entre els troquillons*

4 Verknoten (n) des Fitzfadens mit den Schnellerenden
knotting of the skeining thread to the ends of the hank
завязываніе (ср) узлом перевязи *или* талечной нити с концами мотка
nouage (m) de la ficelle de pienne à la fin de l'écheveau
legatura (f) del bandolo ai capi della matassa
anudado (m) del centener a los cabos de la madeja / *nuat (m) del centener als caps de madeixa*

5 Fitzknoten (m)
knot of the lea
узел (мр) тальки *или* перевязки
nœud (m) d'échevette
nodo (m) *o* legaccio (m) *o* cappio (m) del filzuolo
nudo (m) del troquillón / *nus (m) del troquilló*

6 Haspelabzug (m)
set of reeled yarn
съем (мр) мотаной пряжи
partie (f) de fil dévidé
lotto (m) cavato dall'aspa
partida (f) de hilo aspeado / *de fil aspiat*

7 die Strähne (mpl) vom Haspel abziehen
to doff the hanks from the reel
снять мотки с мотовила
enlever les écheveaux (mpl) du dévidoir
cavare le matasse dall'aspa
mudar las madejas del aspa, hacer mudada (f) / *mudar les madeixes del aspi, fer mudada (f)*

8 ein Haspel Garn
a reel of yarn
куфта (жр)
un dévidoir de fils
un'innaspata di filato
un aspa de hilo / *un aspi de fil*

9 halber Haspel Garn
half a reel of yarn
полусъем (мр), полукуфта (жр)
un demi-dévidoir de fils
una mezza innaspata di filato
media aspa de hilo / *mig aspi de fil*

10 Haspel (m) mit einem Kopf *oder* einer Ablieferung
single head reel
одномоточное мотовило (ср)
dévidoir (m) à une tête
aspatoio (m) semplice *o* con una testa
aspa (f) de una testa / *aspi (m) d'una testa*

11 Haspel (m) mit mehreren Köpfen *oder* Ablieferungen
multiple reel
многомоточное мотовило (ср)
dévidoir (m) à plusieurs têtes
aspatoio (m) a più teste
aspa (f) de varias testas / *aspi (m) de varies testes*

x-strahniger Haspel (m)
x hank reel
x-моточное мотовило (ср)
dévidoir (m) à *x* écheveaux
aspa (f) a *x* matasse 12
aspa (f) de *x* madejas / *aspi (m) de x madeixas*

„eine Spindel" (f)
one spangle *or* spyndle
четверной моток (мр)
un spindle écossais
uno spindle, un fuso
18 madejas (fpl) inglesas / *18 madeixes (fpl) anglèses* 13

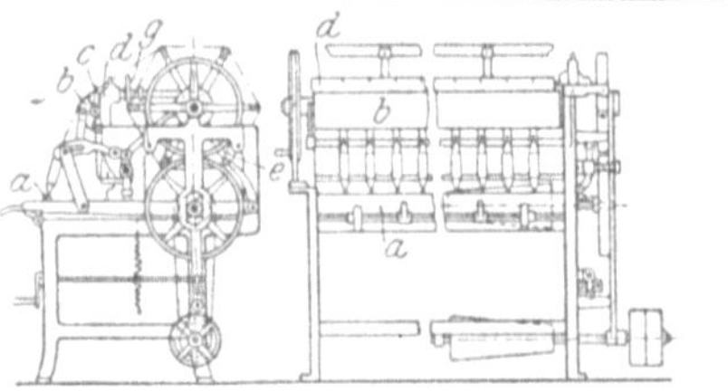

einseitige Weife (f), Einfachweife (f), einfache Fitzweife (f)
one-sided reel, single reel
обыкновенное мотовило (ср) 14
dévidoir (m) simple
aspatoio (m) semplice *o* a una sola fronte
aspa (f) sencilla / *aspi (m) senzill*

a Aufstecklatte (f)
creel board
полка (жр) для наставки початков 15
planche (f) du râtelier
tavola (f) della rastrelliera
tabla (f) / *taula (f)* / de fileta

b halbrunder Führungsbogen (m)
semi-circular guide board
грудница (жр) полукруглаго сѣченія 16
planche-guide (f) semi-circulaire
pezzo (m) di guida ricurvo
placa (f) guía semi-circular

c emaillierte Drahtöse (f)
enamelled wire guide
эмалированный проволочный крючек (мр)
guide-fil (m) émaillé 17
guida-fili (m) smaltato
guía-hilo (m) de alambre esmaltado / *guia-fil (m) de filferro esmaltat*

d Fortrücklatte (f)
shifter bar
перемѣщающаяся планка (жр), пасьменная рейка (жр) 18
barre (f) de déplacement
asta (f) di spostamento
regla (f) de desplazamiento / *de desplaçament*

e Bremsband (n)
brake band
тормазной обруч (мр) *или* пояс (мр), тормазная лента (жр) 19
bande (f) de frein
nastro (m) del freno
cinta (f) de freno / *de fre*

1 g
Stufenscheibe (f)
step pulley
кулачный *или* ступенчатый диск (мр)
poulie (f) à étages
puleggia (f) a gradini
cono (m) de poleas, polea (f) escalonada / *con (m) de politges, politja (f) escalonada*

2
doppelseitige Weife (f), Doppelweife (f)
double reel
двустороннее *или* двойное мотовило (ср)
dévidoir (m) double
aspatoio (m) doppio
aspa (f) / *aspi (m)* / doble

3
Doppelweife (f) mit selbsttätiger Abstellung bei Fadenbruch
double stop motion reel
двустороннее мотовило (ср) с самодѣйствующим остановом при обрывѣ нити
dévidoir (m) double à casse-fil
aspatoio (m) doppio a rompi-filo
aspa (f) doble con disparo *o* para-tramas / *aspi (m) doble amb dispar o para-trames*

4
Handhaspel (m)
hand reel
ручное мотовило (ср)
dévidoir (m) à main
aspatoio (m) a mano
aspa (f) a mano / *aspi (m) a mà*

5
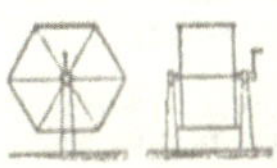
sechsarmiger Haspel (m)
hexagonal swift
шестикрыльчатое мотовило (ср)
dévidoir (m) à six pans
aspa (f) esagonale
devanadera (f) / *devanadora (f)* / hexagonal

6
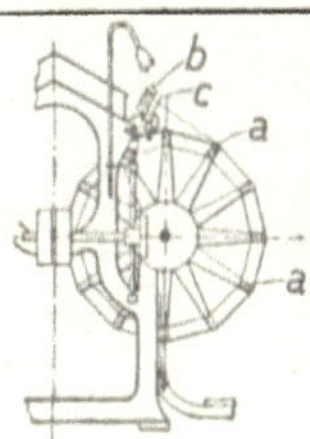

mechanischer Haspel (m), Kraftweife (f)
power reel
механическое мотовило (ср)
dévidoir (m) mécanique
aspatoio (m) meccanico
aspa (f) mecánica / *aspi (m) mecànic*

7 a
Haspellatte (f), Haspelstab (m), Haspelschiene (f)
stave of swift
планка (жр) *или* крыло (ср) *или* рейка (жр) барана
batte (f) *ou* règle (f) du dévidoir
costola (f) dell'aspa
travesaño (m) *o* regla (f) de la devanadera / *regla (f) de la devanadora*

8 b
Spulenstift (m)
bobbin peg
шпилька (жр) для катушки
fuseau (m) *ou* brochette (f) de la bobine
perno (m) della spola
husillo (m) / *fuset (m)*

9 c
verschiebbare Fadenführungslatte (f)
traverse guide rail
перемѣщающаяся нитеводная рейка (жр)
latte (f) de guidage mobile *ou* déplaçable
asta (f) dei guida-fili a movimento trasversale
barra (f) de los arañeros / *dels aranyers*

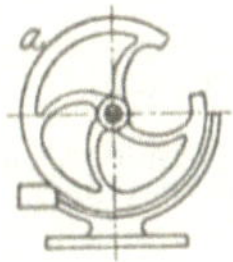

a
offener Ring (m), Ausdrehrad (n) für das Abnehmen der Strähne
spaced doffing ring
разомкнутое кольцо (ср)
roue (f) entrecoupée pour l'enlèvement des écheveaux, demi-lune (f) 10
anello (m) aperto per il ritiro delle matasse
media-luna (f) para la mudada / *mitja lluna (f) per a la mudada*

Brückenabnahmevorrichtung (f)
bridge doffing motion
мостовидное приспособленіе (ср) для спуска съема, перекидчик (мр)
dispositif (m) à pont pour l'enlèvement des écheveaux, pont (m)
dispositivo (m) a ponte per il ritiro delle matasse, ponte (m) 11
dispositivo (m) de puente para la mudada, puente (m) / *dispositiu (m) de pont per a la mudada, pont (m)*

Haspelendwand (f) mit Bugel
reel end with bridge
боковая стѣнка (жр) мотовила с мостом
bâti (m) latéral *ou* du bout du dévidoir avec pont
estremità (f) del telaio con ponte 12
bancada (f) extrema del aspa con puente / *bancada (f) del cap de màquina amb pont*

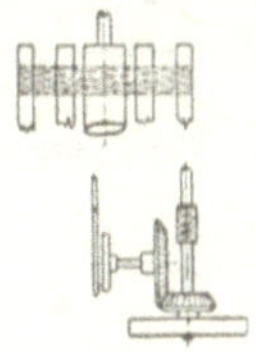
Kreuzhaspelvorrichtung (f)
crossing motion, cross reeling motion
мотовило (ср) для крестового размота
dispositif (m) pour le dévidage croisé *ou* à grande croisure 13
meccanismo (m) ad aspatura incrociata
mecanismo (m) para devanado cruzado / *mecanisme (m) per a plegat creuat*

Vereinigen (n) mehrerer Faden in steilen Windungen
uniting several threads in steep winding
соединеніе (ср) нѣскольких нитей крутыми витками при мотке
réunion (f) de plusieurs fils en spires allongées
riunione (f) di più fili in spire a passo largo 14
reunión (f) de varios hilos en espiras alargadas / *reunió (f) de varis fils en espires allargades*

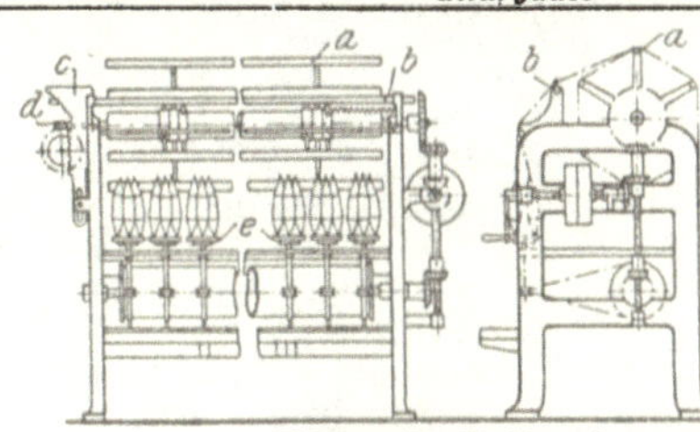

Fachweife (f), Dopplungsweife (f), Dublierweife (f), Fachfitzweife (f), Dublierfitzweife (f)
doubling reel
тростильное *или* соединительное мотовило (ср) 15
dévidoir (m) à doubler *ou* à mouliner
aspa (f) addoppiatrice
aspa (f) dobladora *o* reunidora / *aspi (m) doblador o reunidor*

1 a
Haspelrahmen (m), Weifrahmen (m), Haspelkrone (f), Weifkrone (f)
swift
баран (мр), мотало (ср), мотовильце (ср)
volant (m) *ou* couronne (f) *ou* tournette (f) du dévidoir
volante (m) dell'aspatoio
volante (m), devanadera (f) / *volant (m), devanadora (f)*

2
rund zusammenklappbare Krone (f)
swift dropping *or* falling-in vertically
баран (мр), складывающійся вокруг оси
couronne (f) pliable circulairement
volante (m) piegabile circolarmente
devanadera (f) / *devanadora (f)* / plegable circularmente

3
längs zusammenklappbare Krone (f)
swift falling-in lengthwise
баран (мр), складывающійся вдоль оси
couronne (f) pliable le long de l'axe
volante (m) piegabile lungo l'asse
devanadera (f) plegable a lo largo / *devanadora (f) plegable pel llarg*

4 b
Ösenschiene (f)
guide rail
рейка (жр) с нитеводными крючками
latte (f) guide-fil
asta (f) dei guidafili
regla (f) guía-hilo / *regla (f) guia-fil*

5 c
Stufenplatte (f), Treppe (f)
rack plate, step rack *or* plate
ступенчатая доска (жр), моточная лѣстница (жр)
levier (m) à crans *ou* à gradins, diviseur (m)
pezzo (m) a gradini
triángulo (m) o palanca (f) de escala / *triangle (m) o palanca (f) d'escala*

6 d
eingängige Schnecke (f)
single worm
одноходовой червяк (мр)
vis (f) sans fin à pas simple
vite (f) perpetua a passo semplice
tornillo (m) sin fin de un filete / *vis-sens-fi (f) d'un filet*

7 e
Spindelteller (m)
skewer plate
початочная тарелка (жр)
assiette (f) à brochettes
piatto (m) dei perni
plato (m) de husillos / *plat (m) de fusets*

8
Selbstabstellen (n) beim Fachen
automatic stopping when doubling
самодѣйствующій останов (мр) при сдваиваніи
arrêt (m) automatique au doublage
arresto (m) automatico durante l'addoppiatura
disparo (m) automático en caso de doblado / *dispar (m) automàtic en cas de doblar*

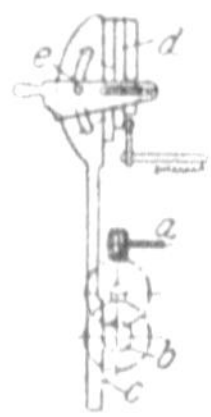

Stufenscheibe (f) zur Erzielung beliebiger Gebindelängen
step plate for obtaining various lengths of skein
моточная лѣстница (жр) для достиженія любой длины пасьм
disque (m) à gradins pour obtention de différentes longueurs d'échevettes 9
disco (m) a gradini per ottenere differenti lunghezze di filzuoli
disco (m) escalonado para plegar distintas longitudes de troquillones / *disc (m) escalonat per a plegar distintes llargades de troquillons*

a
Weifkronenachse (f)
shaft of swift
ось (жр) барана
arbre (m) de la couronne 10
albero (m) dell'aspa
árbol (m) de la devanadera / *arbre (m) de la devanadora*

Weißblechachse (f)
tin plate shaft
жестяная ось (жр)
arbre (m) en fer-blanc 11
albero (m) di latta
árbol (m) de hojalata / *arbre (m) de llauna blanca*

Achse (f) aus Eisenrohr
locomotive tube shaft
ось (жр) изъ желѣзной трубы
arbre (m) en tuyau de fer 12
albero (m) a tubo di ferro
árbol (m) de tubo de hierro / *arbre (m) de tub de ferro*

Kronenkreuz (n), Haspelkreuz (n)
star of swift
крестовина (жр) барана
détendoir (m) *ou* croisillon (m) de l'asple
braccia (fpl) *o* razze (fpl) *o* croce (f) dell'aspa 13
crucero (m) de brazos *o* estrella (f) *o* cruz (f) de la devanadera / *estrella (f) o creu (m) o creuer (m) de braços de la devanadora*

b
fein geteiltes Stirnrädchen (n)
fine pitch spur wheel
мелко-зубчатая цилиндрическая шестерня (жр)
roue (f) droite à dents fines 14
ruota (f) cilindrica a denti fini
rueda (f) cilíndrica de dientes finos / *roda (f) cilíndrica de dents fines*

c
Zahnstange (f)
rack
зубчатая рейка (жр) 15
crémaillère (f)
dentiera (f)
cremallera (f)

senkrecht [*oder* vertikal] verstellbare Stufen (fpl)
vertically adjustable steps
отвѣсно *или* вертикально устанавливаемыя ступени (жр)
1 d gradins (mpl) réglables verticalement
gradini (mpl) aggiustabili verticalmente
escalones (mpl) ajustables verticalmente / *graons (mpl) ajustables verticalment*

Klemmschraube (f)
fixing screw
зажимной винт (мр)
2 e vis (f) de serrage
vite (f) di fissaggio
tornillo (m) de cierre / *cargol (m) de fixació*

Haspelachse (f)
swift shaft
ось (жр) барана
d arbre (m) de la couronne 7
albero (m) dell'aspa
árbol (m) de la devanadera / *arbre (m) de la devanadora*

---

verschiebbare Büchse (f)
loose bush
передвижная втулка (жр)
e collet (m) déplaçable 8
bossolo (m) mobile
manguito (m) loco / *manegeta (f) o dolla (f) boja*

Gelenkarm (m)
swivel
шарнирное плечо (ср)
g bras (m) articulé 9
braccio (m) articolato
brazo (m) articulado / *braç (m) articulat*

---

runde Zugstange (f)
round draw rod
круглая тяга (жр)
h tringle (f) de tirage ronde 10
tirante (m) rotondo
barra (f) redonda de tracción / *barra (f) rodona de tracció*

Handrad (n), Schwungrad (n)
hand wheel, fly wheel
маховик (мр)
i roue (f) à main *ou* à volant 11
manovella (f)
volante (m) / *volant (m)*

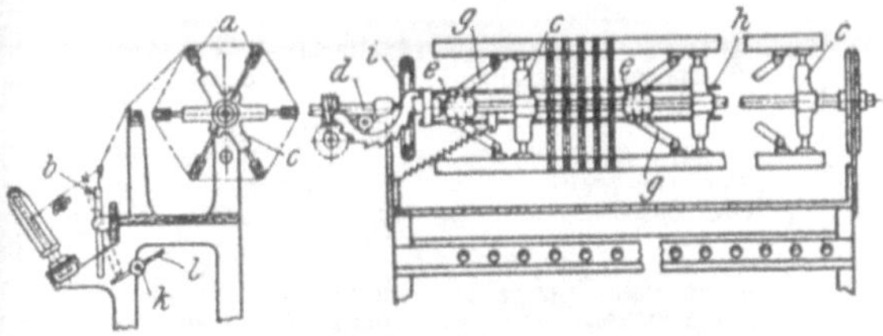

Haspel (m) mit Klappvorrichtung *oder* mit Expansionsschienen
drop motion swift
баран (мр) с выдвижными крыльями
3 asple (m) avec dispositif d'expansion
aspa (f) con dispositivo d'espansione
devanadera (f) / *devanadora (f)* / expansible

Haspelschiene (f)
stave of swift
планка (жр) барана
4 a batte (f) de l'asple
costola (f) dell'aspa
regla (f) de la devanadera / *devanadora*

---

zweiarmiger senkrechter Abstellhebel (m)
two-armed vertical stop lever
двухплечій отвѣсный остановочный прибор (мр)
5 b levier (m) d'arrêt vertical à deux bras
leva (f) d'arresto verticale a due braccia
palanca (f) de disparo vertical de dos brazos / *palanca (f) de dispar vertical de dos braços*

Haspelachsenrosette (f), Haspelkreuz (n)
star of swift
крестовина (жр) барана
6 c croisillon (m) de l'asple
croce (f) dell'aspa
cruz (m) de la devanadera / *creu (m) de la devanadora*

---

umlaufende Abstellachse (f)
revolving spider shaft
вращающаяся ось (жр) останова
k arbre (m) d'arrêt tournant 12
albero (m) d'arresto girevole
árbol (m) de araña giratoria del disparo / *arbre (m) de aranya giratòria del dispar*

Flügel (m)
spider
крыло (ср)
l ailes (fpl) 13
ali (fpl)
araña (f) / *aranya (f)*

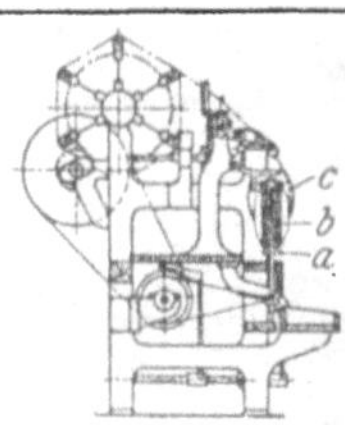

Dochtgarnweife (f)
wick reel
мотовило (ср) для мотки фитильной пряжи
dévidoir (m) pour fil de mèche 14
aspa (f) per lucignolo
aspa (f) para mecha / *aspi (m) per a metxa*

Holzröhrchen (n)
wooden tube
цѣвка (жр)
a tube (m) en bois 15
tubo (m) di legno
tubo (m) de madera / *tub (m) de fusta*

Vorgespinstspule (f)
roving bobbin
катушка (жр) для ровницы
b bobine (f) des bancs à broches 16
spola (f) dei banchi a fusi
bobina (f) de mechera / *rodet (m) de metxera*

1 c
hochklappbare Scheidewand (f) zwischen den Spindeln, Fadentrenner (m)
hinged division plate between the spindles
откидная перегородка (жр) между веретенами
plaque (f) de séparation à charnière entre les broches
placca (f) di separazione a cerniera fra i fusi
placa (f) de separación a charnela entre las púas / *placa (f) de separació de xarnera entre les pues*

2
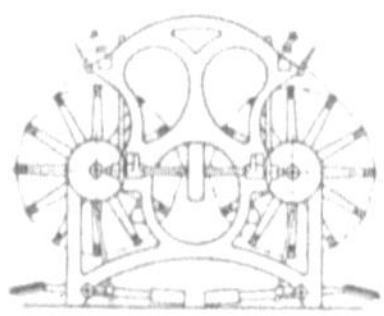
Krafthaspel (m) für Leinengarne
power reel for flax yarn
механическое мотовило (ср) для льняной пряжи
dévidoir (m) mécanique pour fil de laine
aspatoio (m) meccanico per fili di lino
aspa (f) mecánica para hilo de lino / *aspi (m) mecànic per a fil de lli*

3
Haspel (m) für grobes Garn
reel for coarse yarns
мотовило (ср) для толстых номеров
dévidoir (m) pour fils gros
aspatoio (m) per filato grosso
aspa (f) para hilos gruesos / *aspi (m) per a fils groixuts*

4
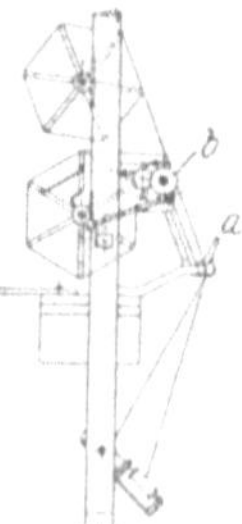

Kontrollputzhaspel (m) für Seide
testing and cleaning reel for silk
повѣрочное *или* контрольное мотовило (ср) для шелка
dévidoir (m) de contrôle et de nettoyage pour soie
stracannatoio (m) incannatore per seta
aspa (f) de prueba y de purga para hilos de seda / *aspi (m) de prova i de purga per a fils de seda*

---

5 a
Plüschbacke (f)
plush thread clearer
плюшевая грудница (жр)
nettoyeur (m) en peluche
stribbia (f) o pizzichetta (f) ricoperta di felpa
limpiador (m) de hilo, de peluche / *llimpiador (m) o netejador (m) del fil, de peluix*

---

6 b
endlose Schraube (f) auf dem Zylinder
worm on cylinder shaft
червяк (мр) на цилиндрѣ
vis (f) sans fin du cylindre
vite (f) senza fine del cilindro
tornillo (m) sin fin en el árbol del cilindro / *vis-sens-fi (f) en l'arbre del corró*

7
liegende Aufsteckspindel (f)
horizontal creel peg
горизонтальная шпилька (жр) для катушек
brochette (f) horizontale
perno (m) orizzontale per il rocchetto
husillo (m) horizontal / *fuset (m) horitzontal*

Ablaufzeug (n) mit drehbaren Ablaufröhrchen für Scheibenspulen
creel with revolving tubes for flanged bobbins
рама (жр) с вращающимися колпачками для катушек с флянцами
râtelier (m) à tubes tournants pour bobines à disques
rastrelliera (f) a tubi girevoli per spole a dischi
fileta (f) con tubos giratorios para carretes de valonas / *fileta (f) amb tubs giratoris per a rodets de valones* 8

Ablaufzeug (n) mit Spindeln für Nitschelspulen
creel with skewers for condenser bobbins
рама (жр) со шпильками для перегонных катушек
râtelier (m) avec brochettes pour bobines de frotteurs
rastrelliera (f) con perni per bobine di frotteur
fileta (f) con husillos para bobinas de rota-frotador / *fileta (f) amb fusets per a bobines de rota-frotor* 9

Ablaufzeug (n) mit geschlitzten Holzstiften für Kötzer
creel with split wood plugs for reeling from cops
рама (жр) с разрѣзными колышками для початков
râtelier (m) avec brochettes fendues en bois pour dévider les canettes
rastrelliera (f) con perni spaccati in legno per innaspare da cannette 10
fileta (f) con husillos hendidos de madera para aspear de husadas / *fileta (f) amb fusets tallats de fusta per a aspiar fusades*

Ablaufzeug (n) mit kegelförmigen Holzstiften
creel with conical wooden plugs
рама (жр) с коническими колышками
râtelier (m) avec brochettes coniques en bois
rastrelliera (f) con perni di legno conici 11
fileta (f) con husillos cónicos de madera / *fileta (f) amb fusets de fusta cònics*

Spindelteller (m) mit eingenieteten Stahlspindeln für Kötzer
skewer plate with steel cop skewers riveted-in
тарелка (жр) с приклепанными стальными шпильками для початков
assiette (f) avec brochettes d'acier rivées pour canettes
piatto (m) con perni d'acciaio inchiodati per cannette 12
plato (m) con husillos remachados de acero para husadas / *plat (m) amb fusets reblats d'acer per a fusades*

Ablaufzeug (n) mit zweifedrigen Aufsteckspindeln für Kötzer
creel with double spring cop skewers
рама (жр) с двупружинными шпильками для початков
râtelier (m) avec brochettes à deux ressorts pour canettes
rastrelliera (f) con perni a due molle per cannette 13
fileta (f) con husillos de doble muelle para husadas / *fileta (f) amb fusets de doble molla per a fusades*

---

ein Teller trägt mehrere Aufsteckspindeln
one plate carries several skewers
в тарелкѣ установлено по нѣсколько [початочных] шпилек
une assiette porte plusieurs brochettes
un piatto porta più perni 14
un plato lleva varios husillos / *un plat porta varis fusets*

1 abnehmbares Kötzerablaufzeug (n)
detachable cop creel
съемная рама (жр) для размота початков
râtelier (m) à canettes détachable
rastrelliera (f) a cannette staccabile
fileta (f) desmontable para husadas / *de fusades*

2 Selbstspinner-Kettkötzer (m), Warpmulecop (m)
warp cop from self-acting mules
перегонный *или* крупный мюльный початок (мр)
canette-chaîne (f) du renvideur
bobina (f) d'ordito dei self-actings
husada (f) de urdimbre / *fusada (f) d'ordit* / de selfactina

3 Selbstspinner-Schußkötzer (m), Pinmulecop (m)
pin cop from self-acting mules
челночный *или* мелкій мюльный початок (мр)
canette-trame (f) du renvideur
bobina (f) di trama dei self-actings
husada (f) de trama de selfactina / *fusada (f) de trama de selfactina, caneta (f)*

4 Ablaufzeug (n) mit Rollenwinde
bird-cage creel
рама (жр) с роличной воробой
râtelier (m) à cages d'écureuil
rastrelliera (f) a ruzzelle
fileta (f) con devanaderas de linterna / *fileta (f) amb devanadores de llanterna*

5 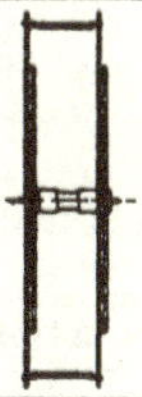
Spanwinde (f)
stave swift, stave fly
лучинная вороба (жр)
guindre (m) à bâtons
aspa (f) a bacchette
devanadera (f) de varillas / *devanadora (f) de llistones*

6 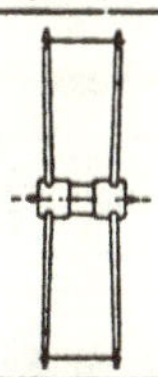
Rohrwinde (f)
cane swift
камышовая вороба (жр)
guindre (m) à cannes
aspa (f) a canne
devanadera (f) de caña / *devanadora (f) de canya*

7 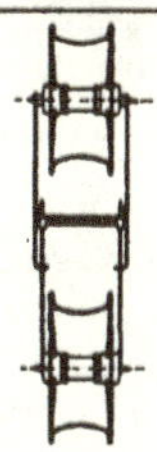
Rollenwinde (f)
bird-cage reel
роличная вороба (жр)
guindre (m) à cages d'écureuil
aspa (f) a ruzzelle
devanadera (f) de linterna / *devanadora (f) de llanterna*

8 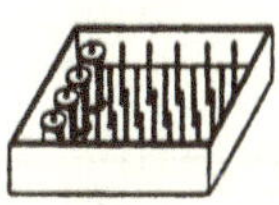
Spulenkasten (m), Spulengestell (n)
bobbin cage
ящик (мр) для катушек
caisse (f) à bobines
cassa (f) a rocchetti
caja (f) de bobinas / *caixa (f) de bobines*

9 Spulenträger (m), Spulenjunge (m)
bobbin carrier
подносчик (мр) катушек
porteur (m) de bobines
porta-spole (m)
portador (m) de bobinas / *de bobines*

IV.

Dämpfen (n) und Feuchten (n) der Garne
Steaming and Humidifying of Yarns
Запариваніе (ср) или пропариваніе (ср) и увлажненіе (ср) пряжи
Vaporisage (m) et humidification (f) des fils
Vaporizzazione (f) e condizionatura (f) dei filati
Vaporizado (m) y humidificación (f) de los hilos / *Vaporitzat (m) i humidificació (f) dels fils* 10

Farbenänderung (f) durch Dämpfen
alteration of colour by steaming
перемѣна (жр) окраски от пропариванія
altération (f) de la couleur par le vaporisage
alterazione (f) del colore per vaporizzazione 11
alteración (f) del color por vaporizado / *alteració (f) del color per vaporitzat*

Weichmachen (n) des Garns durch Dämpfen
softening of the yarn by steaming
размягченіе (ср) пряжи пропариваніем
adoucissement (m) du fil par le vaporisage
addolcimento (m) del filo colla vaporizzazione 12
suavizado (m) del hilo por vaporizado / *suavitzat (m) del fil per vaporitzat*

dem Garn die Neigung zur Schleifenbildung nehmen
to deprive the yarn of the tendency to kink
лишить пряжу способности закручиваться *или* петлиться
priver le fil de sa tendance à se vriller
togliere al filo la tendenza a arricciarsi *o* a formare occhielli *o* annellini *o* cerchietti *o* arricciature 13
quitar al hilo la tendencia al cargoli / *treure al fil la tendència al cargoli, matar la torta*

Zusammenlaufen (n) des Garnes beim Abziehen vom Kötzer
kinking of the yarn when drawing it from the cop
сбѣганіе (ср) пряжи при сходѣ с початка
vrillage (m) du fil en le tirant de la bobine
arricciamento (m) del filo *o* ritorsione (f) del filo su sè stesso nel levarlo dalla bobina 14
cargoli (m) del hilo cuando se devana de la husada / *cargoli (m) del fil quan es desplega de la fusada*

das Garn dreht sich auf
the yarn untwists
пряжа (жр) раскручивается
le fil se détord
il filato si distorce 15
el hilo se destuerce / *el fil se destorç*

1 Vorspringen (n) der Haarenden aus dem Garn infolge elektrischer Einwirkung
projection of the fibre ends from the yarn owing to electricity
оттопыриваніе (ср) кончиков волокон в пряжѣ вслѣдствіе электризаціи
éparpillement (m) des extrêmités des fibres par suite de l'électricité
erezione (f) delle fibrille in seguito di elettricità
erección (f) de las puntas de las fibras del hilo por la electricidad / *erecció (f) dels caps de les fibres del fil per l'électricitat*

2 Ableiten (n) der Elektrizität durch feuchtwarme Luft
conducting the electricity away by means of warm and humid air
отвод (мр) электричества тепловлажным воздухом
dérivation (f) de l'électricité par l'air chaud et humide
derivazione (f) dell'elettricità con aria calda ed umida
derivación (f) de la electricidad por aire húmedo y caliente / *derivació (f) de l'electricitat per aire humit i calent*

3 Ölgehalt (m) des Kammgarns
proportion of oil in worsted yarn
содержаніе (ср) масла в пряжѣ гребенного прочеса
teneur (f) en huile du fil peigné
percentuale (m) d'olio nel filo pettinato
proporción (f) de aceite en los hilos de estambre / *proporció (f) d'oli en els fils d'estam*

4 Beschweren (n) der Garne durch Dämpfen
weighting of the yarns by steaming
утяжелѣніе (ср) пряжи путем пропариванія
charge (f) des fils par le vaporisage
carica (f) dei filati con vaporizzazione
carga (f) de los hilos por vaporizado / *càrrega (f) dels fils per vaporitzat*

5 Bespritzen (n) der Garne mit kaltem Wasser vor dem Dämpfen
sprinkling the yarns with cold water before steaming
опрыскиваніе (ср) *или* обрызгиваніе (ср) пряжи холодною водою перед запариваніем
arrosage (m) des fils d'eau froide avant de vaporisage
spruzzatura (f) dei filati con acqua fredda prima della vaporizzazione
rociamiento (f) de los hilos con agua fria antes de vaporizarlos / *regat (m) dels fils amb aigua freda abans de vaporitzar-los*

6 trockene Erwärmung (f)
dry heating
сухое нагрѣваніе (ср)
chauffage (m) à l'air sec
riscaldamento (m) all'aria secca
calefacción (f) por aire seco / *calefacció (f) per aire sec*

7 Gewichtsabnahme (f) durch Verdampfung
reduction in weight by evaporation
уменьшеніе (ср) вѣса вслѣдствіе испаренія
diminution (f) de poids par évaporation
diminuzione (f) di peso per evaporazione
pérdida (f) de peso por evaporación / *pèrdua (f) de pes per evaporació*

8 Siedepunkt (m) des Dämpfwassers
boiling point of steaming water
точка (жр) кипѣнія испаряемой воды
point (m) d'ébullition de l'eau de vaporisation
punto (m) d'ebollizione dell'acqua di vaporizzazione
punto (m) de ebullición del agua de vaporización / *punt (m) d'ebullició del aigua de vaporització*

Dämpfen (n) in offenen Dampfkammern
steaming in open [steaming] boxes
запариваніе (ср) в открытых запарках
vaporisage (m) dans des chambres ouvertes
vaporizzazione (f) in camere aperte 9
vaporizado (m) en cámaras abiertas / *vaporitzat (m) en cambres obertes*

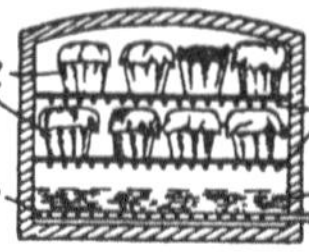

Dämpfraum (m) für Garne
yarn steaming chamber
запарочное помѣщеніе (ср) для пряжи
chambre (f) de vaporisage pour fil 10
camera (f) di vaporizzazione per filati
cámara (f) de vaporizado del hilo / *cambra (f) de vaporitzat del fil*

hölzerner Kasten (m)
wooden box
деревянный ящик (мр)
boîte (f) en bois 11
cassa (f) di legno
caja (f) de madera / *caixa (f) de fusta*

eiserner Kasten (m)
iron box
желѣзный ящик (мр)
boîte (f) en fer 12
cassa (f) di ferro
caja (f) de hierro / *caixa (f) de ferro*

Betonkammer (f)
concrete chamber
бетонное помѣщеніе (ср)
chambre (f) en béton 13
camera (f) in calcestruzzo
cámara (f) de hormigón

Wasserbehälter (m)
water container
бассейн (мр) для воды
réservoir (m) d'eau
a — recipiente (m) d'acqua 14
depósito (m) de agua / *dipòsit (m) d'aigua*

Dampfrohr (n)
steam pipe
паропровод (мр), паровая труба (жр)
b — tuyau (m) à vapeur 15
tubo (m) a vapore
tubo (m) / *tub (m)* / de vapor

Eisenstabfach (n)
iron rod grate
полка (жр) из желѣзных прутьев
c — grille (f) en fer 16
griglia (f) di ferro
rejilla (f) de hierro / *engraellat (m) de ferro*

Garnkorb (m)
yarn skip
корзина (жр) для пряжи
d — panier (m) de fils 17
cesto (m) *o* paniere (m) di filati
cesto (m) de hilo / *cistell (m) de fil*

Dämpfer (m)
steamer
парильщик (мр), запарщик (мр)
vaporis[at]eur (m)
operaio (m) addetto alla vaporizzazione 18
vaporizador (m) / *vaporitzador (m)*

1 Dämpfen (n) unter Druck
steaming under pressure
запариваніе (ср) под давленіем
vaporisage (m) sous pression
vaporizzazione (f) sotto pressione
vaporizado (m) a presión / *vaporitzat (m) a pressió*

2 Dämpfen (n) der Kötzer
steaming of the cops
запариваніе (ср) початков
vaporisage (m) des canettes
vaporizzazione (f) delle bobine
vaporizado (m) de las husadas / *vaporitzat (m) de les fusades*

3 die Kötzer (mpl) dämpfen
to steam the cops
запаривать початки
vaporiser les canettes (fpl)
vaporizzare le bobine
vaporizar las husadas / *vaporitzar les fusades*

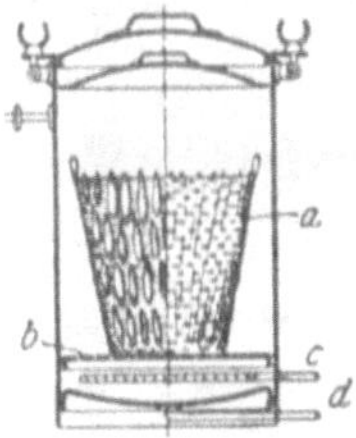

4 Kötzerdämpfer (m)
cop steaming box
камера (жр) для запарки початков
tambour (m) *ou* chaudière (f) pour vaporiser les canettes
caldaia (f) di vaporizzazione per bobine
caldera (f) de vaporizar husadas / *caldera (f) de vaporitzar fusades*

5 a weitgeflochtener Dämpfkorb (m)
steaming skip with wide meshes
корзина (жр) рѣдкаго плетенія для запарки
panier (m) de vaporisage à larges espacements
cesto (m) di vaporizzazione a larghe maglie
cesto (m) de vaporizar a grandes mallas / *cistell (m) de vaporitzar a grans malles*

6 b Siebboden (m)
false bottom
сѣтчатое дно (ср)
faux-fond (m)
falso *o* doppio fondo (m)
falso fondo (m) / *fals fons (m)*

7 c Dampfeintritt (m)
steam inlet
впуск (мр) *или* ввод (мр) пара
arrivée (f) *ou* entrée (f) de la vapeur
entrata (f) del vapore
entrada (f) del vapor

8 d Niederschlagwasserabfluß (m), [Kondenswasserabfluß (m)]
waste water outlet
сток (мр) *или* спуск (мр) для конденсата
sortie (f) de l'eau de condensation
uscita (f) dell'acqua di condensazione
salida (f) del agua de condensación / *purga (f) de l'aigua de condensació*

9 e Abzugrohr (n)
let-off pipe
вытяжная труба (жр)
tuyau (m) de décharge
tubo (m) di scarico
tubo (m) de salida / *tub (m) de sortida*

Kötzerdämpfer (m) mit liegendem Kessel
horizontal cop steaming box
запарная камера (жр) для початков с лежащим котлом
chambre (f) à vaporiser horizontale pour canettes
camera (f) di vaporizzazione orizzontale per bobine 10
cámara (f) horizontal de vaporizar husadas / *cambra (f) horitzontal de vaporitzar fusades*

durchlochter Weißblechkasten (m)
perforated tinned plate box
дырчатый ящик (мр) из бѣлой жести
boîte (f) perforée en fer-blanc
cassa (f) di latta perforata 11
caja (f) de hojalata perforada / *caixa (f) de llauna perforada*

Gewichtszunahme (f) der Kötzer durch das Dämpfen
increase of weight of the cops by steaming
увеличеніе (ср) вѣса початков от запариванія
augmentation (f) de poids des canettes par le vaporisage
aumento (m) di peso delle bobine per la vaporizzazione
aumento (m) de peso de las husadas por el vaporizado / *augment (m) de pes de les fusades per vaporitzat* 12

augenblickliche *oder* vorübergehende Gewichtsteigerung (f)
momentary increase of weight
временное увеличеніе (ср) вѣса
augmentation (f) de poids momentanée
aumento (m) momentaneo di peso 13
aumento (n) momentáneo de peso / *augment (m) momentani de pes*

bleibende Gewichtszunahme (f)
permanent increase in weight
остающееся увеличеніе (ср) вѣса
augmentation (f) de poids restante
aumento (m) permanente di peso 14
aumento (m) permanente de peso / *augment (m) permanent de pes*

der Dampf dringt in das Innere der Kötzer ein
the steam penetrates into the interior of the cops
пар (мр) проникает во внутрь початков
la vapeur entre dans l'intérieur des canettes
il vapore penetra nell'interno delle bobine 15
el vapor penetra en las husadas / *les fusades*

Weichwerden (n) der Kötzer
softening of the cops
размягченіе (ср) початков
adoucissement (m) des canettes
rammollimento (m) delle bobine 16
suavizado (m) de las husadas / *suavitzat (m) de les fusades*

Lockerung (f) des inneren Zusammenhanges des Kötzers
loosening of the built of the cop
взрыхленіе (ср) внутренняго строенія початка
disloquement (m) de la construction interne *ou* du maintien interne de la canette
dislocamento (m) della costruzione interna della bobina 17
aflojamiento (m) del plegado de la husada / *afluixament (m) del plegat de la fusada*

Dämpfen (n) im Unterdruck *oder* im Vakuum
vacuum steaming
запариваніе (ср) в разрѣженном пространствѣ *или* в вакуумѣ
vaporisage (m) par le vide
vaporizzazione (f) col vuoto
vaporizado (m) al vacío / *vaporitzat (m) al buit* 18

1

Unterdruckdämpf- und Feuchtvorrichtung (f) mit Kühleinrichtung
vacuum steaming and humidifying arrangement with cooling appliance
аппарат (мр) для запариванія и увлажненія в разрѣженном пространствѣ с холодильником

installation (f) de vaporisage et d'humidification par le vide avec refroidisseur
impianto (m) per vaporizzare ed inumidire nel vuoto con refrigeratore
instalación (f) para vaporizado y humidificación al vacío con refrigerador / *instal·lació (f) per a vaporitzat i humidificació al buit amb dispositiu per a la refrigeració*

2

Kühlgefäß (n)
cooling vessel
холодильный чан (мр)

caisse (f) *ou* vase (m) à refroidissement
tino (m) di raffreddamento
vasija (f) refrigerante / *cubell (m) refrigerant*

3

Beschicken (n) der Dämpfkammer
filling the steaming chamber
загрузка (жр) запарок

remplissage (m) de la chambre de vaporisation
carica (f) della camera di vaporizzazione
carga (f) de la cámara de vaporizado / *càrrega (f) de la cambra de vaporitzat*

4

Entleeren (n) der Dämpfkammer
emptying the steaming chamber
разгрузка (жр) запарок

vidange (f) de la chambre de vaporisation
scarico (m) della camera di vaporizzazione
descarga (f) de la cámara de vaporizado / *descàrrega (f) de la cambra de vaporitzat*

5

Unterdruck (m), Luftleere (f), Vakuum (n)
vacuum
безвоздушное пространство (ср), вакуум (мр)

vide (m)
vuoto (m)
vacío (m) / *buit (m)*

6

niedriger Wärmegrad (m), niedrige Temperatur (f)
low temperature
низкая температура (жр)

basse température (f)
bassa temperatura (f)
temperatura (f) baja / *baixa temperatura (f)*

7

im Kessel erzeugter Wasserdampf (m)
steam generated in the boiler
водяной пар (мр), образованный в котлѣ

vapeur (f) produite dans la chaudière
vapore (m) della caldaia
vapor (m) producido / *produït* / en la caldera

8

Abkühlen (n) des durch den Dampf erwärmten Garnes
cooling of the yarn warmed-up by the steam
охлажденіе (ср) нагрѣтой паром пряжи

refroidissement (m) du fil chauffé par la vapeur
raffreddamento (m) del filato riscaldato dal vapore
refrigeración (f) del hilo calentado por el vapor / *refredament (m) del fil escalfat per el vapor*

9

Verdunsten (n) der Feuchtigkeit beim Erkalten des Garnes
evaporation of the humidity on cooling the yarn
испареніе (ср) влаги при охлажденіи пряжи

évaporation (f) de l'humidité par refroidissement du fil
evaporazione (f) dell'umidità raffreddando il filato
evaporación (f) de la humedad al enfriar el hilo / *evaporació (f) de la humitat en refredar el fil*

10

Entweichen (n) der aufgenommenen Feuchtigkeit
escape of the absorbed humidity
испареніе (ср) воспринятой влаги

échappement (m) de l'humidité absorbée
fuoruscita (f) dell'umidità assorbita
escape (m) de la humedad absorbida / *pèrdua (f) de la humitat absorbida*

11

verschiedene Feuchtigkeitsaufnahme (f)
different absorption of humidity
различная поглощаемость (жр) влаги

absorption (f) différente d'humidité
assorbimento (m) diverso d'umidità
diferente absorción (f) de humedad / *diferent absorció (f) d'humitat*

12

mit Feuchtigkeit gesättigte Luft (f)
air saturated with moisture
воздух (мр), насыщенный влагою

air (m) saturé d'humidité
aria (f) satura d'umidità
aire (m) saturado de humedad / *aire (m) saturat de humitat*

13

Druckausgleich (m)
equalisation *or* balance of pressure
выравниваніе (ср) давленія

compensation (f) de la pression
compensazione (f) della pressione
compensación (f) de la presión / *compensació (f) de la pressió*

14

Schachtbefeuchtungsanlage (f) mit wandernden Horden
chimney humidifying installation with travelling lattices
шахтообразное увлажнительное устройство (ср) с движущимися рѣшетками

installation (f) d'humidification à tabliers sans fin
impianto (m) d'umidificazione a graticci senza fine
instalación (f) de chimenea para humidificar con transportadores sin fin / *instal·lació (f) de xemeneia per a humidificar amb teleres sens fi*

15

Schiebetür (f)
sliding door
задвижная дверь (жр)

porte (f) roulante
porta (f) scorrevole
puerta (f) corredera / *porta (f) corredora*

16

Fahrbühne (f)
travelling platform
передвижная (-ой) платформа (жр) *или* пол (мр)

plateforme (f) voyageuse
piattaforma (f) mobile
plataforma (f) móvil / *plataforma (f) mòbil*

17

Feuchtfach (n)
humidifying compartment
увлажнительное отдѣленіе (ср)

compartiment (m) d'humidification
riparto (m) d'umidificazione
compartimiento (m) de humedecer / *compartiment (m) d'humitejar*

18

Luftverteiler (m)
air distributer
распредѣлитель (мр) воздуха

distributeur (m) d'air
distributore (m) d'aria
distribuidor (m) de aire / *d'aire*

No.	Deutsch / English / Русский	Français / Italiano / Español / Català
1	Dämpfen (n) mit kreisendem Feuchtluftstrom steaming with circulating current of moist air запариваніе (ср) круговой струей влажнаго воздуха	vaporisation (f) par circulation de courant d'air humide vaporizzazione (f) mediante una corrente d'aria inumidita vaporizado (m) por medio de una corriente de aire húmedo / *vaporitzat (m) per mitjà d'uno corrent d'aire humit*
2	Umkehrbarkeit (f) des Feuchtluftstroms in den Kammern reversibility of moist air current in the chambers обратимость (жр) струи влажнаго воздуха в камерах	réversibilité (f) du courant d'air humide dans les chambres riversibilità (f) della corrente d'aria umida nelle camere reversibilidad (f) de la corriente de aire húmedo en las cámaras / *reversibilitat (f) de la corrent d'aire humit en les cambres*
3	Durchtreiben (n) von Feuchtluft durch das Garn forcing of moist air through the yarn продуваніе (ср) влажнаго воздуха через пряжу	passage (m) forcé de l'air humide à travers le fil passaggio (m) forzato dell'aria umida per il filato inyección (f) del aire húmedo a través del hilo / *injecció (f) de l'aire humit a través del fil*
4	wechselnde Kalt- und Warmbehandlung (f) alternate cold and warm treatment перемѣнная обработка (жр) холодным и теплым воздухом	traitement (m) alternatif par le froid et le chaud trattamento (m) alternativo di freddo e di caldo tratamiento (m) por frío y calor alternados / *tractament (m) per fred i calor alternats*
5	geringe Anfangsfeuchtigkeit (f) low initial humidity малая начальная влажность (жр)	humidité (f) initiale basse umidità (f) iniziale bassa baja humedad (f) inicial / *baixa humitat (f) inicial*
6	hohe Endfeuchtigkeit (f) high ultimate humidity высокая конечная влажность (жр)	humidité (f) terminale élevée umidità (f) finale elevata alta humedad (f) / *humitat (f)* / terminal
7	das Garn feuchten to damp *or* to moisten *or* to humidify the yarn увлажнять пряжу	humidifier le fil condizionare *o* inumidire il filato humidificar *o* humectar el hilo / *humitejar el fil*
8	Wasseraufnahmefähigkeit (f) *oder* Feuchtigkeitsaufnahmevermögen (n) [*oder* hygroskopische] Eigenschaft (f) der Baumwolle hygroscopicity *or* hygroscopic capacity of cotton гигроскопическая способность (жр) хлопка	faculté (f) hygrométrique du coton igroscopicità (f) *o* proprietà (f) igroscopica del cotone capacidad (f) higroscópica del algodón / *capacitat (f) higroscòpica del cotó*
9	zulässige Feuchtigkeit (f), [Reprise (f)] regain of humidity допустимое содержаніе (ср) влаги	reprise (f) d'humidité tolleranza (f) di umidità reprise (f), cantidad (f) legal de humedad / *reprise (f), represa (f)*
10	Vorbeiführen (n) feuchter Luft am Garn passing moist air over the yarn пропусканіе (ср) *или* проводка (жр) влажнаго воздуха мимо пряжи	passage (m) de l'air humide sur les fils passaggio (m) dell'aria umida sopra il filato paso (m) del aire húmedo sobre el hilo / *pas (m) del aire humit prop del fil*
11	Wasserkasten (m) water box ящик (мр) для воды	caisse (f) à humidifier cassa (f) d'acqua caja (f) de agua / *caixa (f) d'aigua*
12	Rieselmatte (f) aus Drahtgewebe wire netting dripper увлажнительныя сѣтки (жр) из проволочной ткани	claie (f) d'arrosage en grillage métallique graticcio (m) d'aspersione in rete metallica rociador (m) de tela metálica / *ruixador (m) de tela metàl·lica*
13	Einschlagen (n) des Garns in Feuchttücher wrapping the yarn in moist cloth завертываніе (ср) пряжи в мокрыя полотна *или* войлока	entoilage (m) du fil dans des étoffes humides coprimento (m) del filato con delle tele bagnate embalado (m) del hilo con telas mojadas / *embalat (m) del fil amb teles mullades*
14	Eintauchen (n) der Garne in fließendes Wasser steeping the yarn in flowing water погруженіе (ср) пряжи в текущую воду	plongeage (m) du fil dans l'eau courante immersione (f) del filato in acqua corrente sumersión (f) del hilo en agua corriente / *submersió (f) del fil en aigua corrent*
15	Eintauchen (n) der Garne in stehendes Wasser steeping the yarn in stagnant water погруженіе (ср) пряжи в стоячую воду	plongeage (m) du fil dans l'eau stagnante immersione (f) del filato in acqua stagnante sumersión (f) del hilo en agua estancada / *submersió (f) del fil en aigua estancada*
16	Netzen (n) in warmem Wasser wetting in warm water смачиваніе (ср) в теплой водѣ	mouillage (m) dans l'eau chaude bagnatura (f) in acqua calda mojado (m) en agua caliente / *mullat (m) en aigua calenta*
17	Netzen (n) in schwachem Seifenwasser wetting in weak soap water смачиваніе (ср) в слабомыльной водѣ	mouillage (m) dans l'eau faiblement savonneuse bagnatura (f) in acqua leggermente saponata mojado (m) en agua lijeramente jabonosa / *mullat (m) en aigua lleugerament sabonosa*

1	Besprengen (n) des Garnes mit Wasser dagging the yarn опрыскиваніе (ср) *или* обрызгиваніе (ср) пряжи водою	arrosage (m) du fil avec de l'eau spruzzatura (f) o annaffiamento (m) del filato con acqua rociamiento (m) del hilo / *ruixament (m) del fil*
2	Feuchten (n) der Kötzerschichten in Garnkästen durch Zerstäuber humidifying of the cop layers in skips by means of atomisers прослойное увлажненіе (ср) пряжи в ящиках пульверизатором *или* брызгалкой	humidification (f) des couches de canettes dans des caisses par des pulvérisateurs inumidificazione (f) degli strati di filato nelle casse per mezzo di polverizzatori humidificación (f) de las capas de husadas en cestos por medio de pulverizadores / *humidificació (f) de les capes de fusades en cistells per mitjà de atomitzadors*
3	Preßluftzerstäuber (m) compressed air atomiser пневматическій пульверизатор (мр)	pulvérisateur (m) à air comprimé polverizzatore (m) ad aria compressa atomizador (m) o pulverizador (m) de aire comprimido / *atomitzador (m) o polveritzador (m) d'aire comprimit*
4	Dampfzerstäuber (m) steam atomiser паровой пульверизатор (мр)	pulvérisateur (m) à vapeur polverizzatore (m) a vapore pulverizador (m) de vapor / *polvoritzador (m) de vapor*
5	Druckwasserzerstäuber (m) high-pressure water atomiser гидравлическій пульверизатор (мр)	pulvérisateur (m) d'eau à haute pression polverizzatore (m) d'acqua ad alta pressione pulverizador (m) de agua de alta presión / *polvoritzador (m) d'aigua a alta pressió*
6	Wasserstaubkegel (m) cone of atomised water конус (мр) разбрызганной воды	cône (m) d'eau pulvérisée cono (m) d'acqua polverizzata cono (m) de agua atomizada / *con (m) d'aigua atomitzada*
7	Schwimmkugelregler (m) float поплавок (мр)	flotteur (m) galleggiante (m) flotador (m)
8	Vermeidung (f) von Tropfenfall prevention of dripping or drop formation устраненіе (ср) капели	empêchement (m) de formation de gouttes impedimento (m) di sgocciolamento o di stillicidio evitación (f) de formación de gotas / *evitació (f) de gotims*
9	ungleichmäßige Wasseraufnahme (f) irregular absorption of water неравномѣрное воспринимание (ср) воды	absorption (f) irrégulaire de l'eau assorbimento (m) irregolare dell'acqua absorción (f) irregular del agua / *absorció (f) irregular d'aigua*
10	Schimmelbildung (f) formation of mildew образованіе (ср) плѣсени	formation (f) de moisissures formazione (f) di muffa formación (f) de moho / *formació (f) de floridura*
11	Lagerung (f) des Garnes in feucht gehaltenen Kellern storing the yarn in damp cellars складываніе (ср) пряжи в сырых подвалах	emmagasinage (m) du fil dans des caves humides deposito (m) del filato in cantine umide almacenaje (m) del hilo en sótanos húmedos / *magatzematge (m) del fil en soterranis humits*
12	Kellerfeuchtung (f) cellar moistening увлажненіе (ср) в подвалах	humidification (f) dans des caves inumidificazione (f) in cantine humidificación (f) en sótanos / *humidificació (f) en soterranis*
13	Feuchtkeller (m) moistening cellar увлажнительный подвал (мр)	cave (f) d'humidification cantina (f) di umidificazione sótano (m) / *soterrani (m)* / humidificador
14	Feuchtkeller (m) mit Zerstäuber moistening cellar with atomiser увлажнительный подвал (мр) с пульверизатором	cave (f) d'humidification avec pulvérisateur cantina (f) di umidificazione con polverizzatore sótano (m) humidificador con pulverizador / *soterrani (m) humidifador amb atomitzador*
15	Wassernebel (m) mist водяной туман (мр)	brouillard (m) d'eau nebbia (f) d'acqua, fumana (f) neblina (f) / *boira (f)*
16	ruhende Feuchtluft (f) stagnant moist air неподвижный влажный воздух (мр)	air (m) humide stagnant aria (f) umida stagnante aire (m) húmedo estancado / *aire (m) humit estancat*
17	bewegte Feuchtluft (f) moving moist air движущійся влажный воздух (мр)	air (m) humide mouvant aria (f) umida corrente aire (m) húmedo corriente / *aire (m) humit corrent*
18	gefeuchteter und angewärmter Luftstrom (m) humidified and tempered air current увлажненная и подогрѣтая струя (жр) воздуха	courant (m) d'air humidifié et tempéré corrente (f) d'aria umidificata e temperata aire (m) corriente humidificado y templado / *aire (m) corrent humidificat i temperat*
19	Feuchtanlage (f) für Garnkeller humidification plant for yarn cellars увлажнительное устройство (ср) для пряжных подвалов	installation (f) d'humidification pour caves à fils impianto (m) di umidificazione per cantine per filato instalación (f) de humidificación para cavas de hilo / *instal·lació (f) d'humidificació per a caves de fils*

1
Gebläse (n) mit Flügelrad ohne Ölung
blower with fan without oiling arrangement
воздуходувка (жр) с крыльчатым колесом без смазки
soufflerie (f) avec ventilateur sans huilage
soffiatore (m) con ventilatore senza dispositivo d'oliaggio
soplador (m) con ventilador sin dispositivo de ensimaje / *orejador (m) amb ventilador sense ensimatge*

2
ölfreie feuchte Luft (f)
moist air free from oil
влажный воздух (мр) без присутствія масла
air (m) humide ne contenant pas d'huile
aria (f) umida libera d'olio
aire (m) húmedo libre de aceite / *aire (m) humit lliure d'oli*

3
Feuchtkeller (m) mit Wasserkanälen
moistening cellar with water channels
увлажнительный подвал (мр) с водяными каналами
cave (f) d'humidification avec rigoles d'eau
cantina (f) di umidificazione con canali per l'acqua
sótano (m) humidificador con canales de agua / *soterrani (m) humidificador amb canals d'aigua*

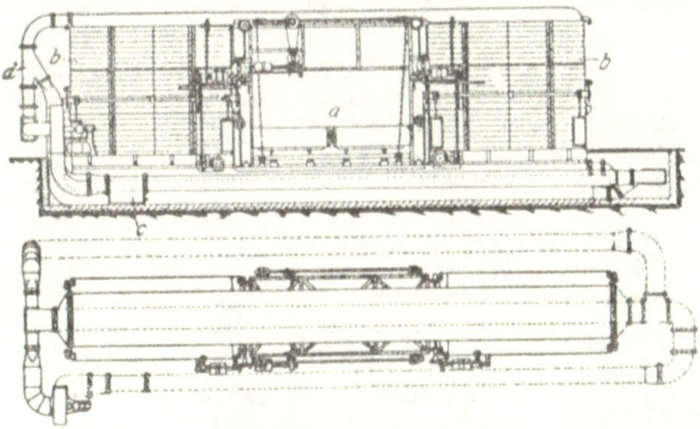

4
Garnfeuchtvorrichtung (f)
plant for moistening yarn
устройство (ср) для увлажненія пряжи
installation (f) à humidifier les fils
impianto (m) per inumidire il filato
instalación (f) para humidificar el hilo / *instal·lació (f) per a humitejar el fil*

5 a
Fahrstuhl (m), Aufzug (m)
lift
вагонетка (жр)
ascenseur (m)
ascensore (m)
ascensor (m), montacarga (m) / *ascensor (m), muntacàrregues (m)*

6 b
Feuchtschacht (m)
moistening chamber
увлажнительная шахта (жр) *или* камера (жр)
cage (f) d'humidification
camera (f) di umidificazione
caja (f) de humidificación / *caixa (f) d'humidificació*

e 7
Luftanfeuchter (m)
air moistening apparatus
увлажнитель (мр) воздуха
humidificateur (m) d'air
apparecchio (m) di umidificazione dell'aria
aparato (m) / *aparell (m)* / humidificador del aire

d 8
Luftrohrleitung (f)
air piping
воздухопровод (мр)
tuyauterie (f) d'air
tubazione (f) d'aria
conductos (mpl) o tubería (f) de aire / *conductes (mpl) o tubería (f) d'aire*

9
Horde (f)
tray, hurdle
рѣшетка (жр)
claie (f)
graticcio (m)
zarzo (m), rejilla (f) / *encanyissat (m), engraellat (m)*

10
selbsttätige Umstellvorrichtung (f) für den Luftstrom
device to automatically reverse the current of air
автоматическій распредѣлитель (мр) воздушной струи
dispositif (m) changeant automatiquement la direction du courant d'air
dispositivo (m) di inversione automatica della corrente d'aria
dispositivo (m) para invertir la corriente de aire automáticamente / *dispositiu (m) per a invertir automàticament la corrent d'aire*

11
Anfeuchtmaschine (f) für Spulen
moistening apparatus for bobbins
аппарат (мр) для увлажненія катушек
appareil (m) d'humidification pour bobines
apparecchio (m) di umidificazione per spole
aparato (m) humidificador para bobinas / *aparell (m) humidificador per a rodets*

12
Anfeuchtmaschine (f) für Kötzer
moistening apparatus for cops
аппарат (мр) для увлажненія початков
appareil (m) d'humidification pour cannettes
apparecchio (m) di umidificazione per cannette
aparato (m) humidificador para husadas / *aparell (m) humidificador per a fusades*

13
Anfeuchtmaschine (f) für Strähne
moistening apparatus for hanks
аппарат (мр) для увлажненія мотков
appareil (m) d'humidification pour écheveaux
apparecchio (m) di umidificazione per matasse
aparato (m) humidificador para madejas / *aparell (m) humidificador per a madeixes*

14
wandernde Lattentücher (npl)
travelling lattices
безконечныя движущіяся рѣшетки (жр)
tabliers (mpl) voyageurs
graticci (mpl) senza fine
tableros (mpl) móviles / *teleres (fpl) mòbils*

1 Bürstenzerstäuber (m)
brush atomiser
щеточный пульверизатор (мр)
pulvérisateur (m) à brosses
polverizzatore (m) a spazzola
cepillo (m) atomizador / *raspall (m) atomitzador*

---

2 kupferne Tauchwalze (f)
copper immersion roller
мѣдный погружаемый валик (мр)
cylindre (m) d'immersion en cuivre
cilindro (m) di immersione in rame
cilindro (m) sumergidor de cobre / *corró (m) submergidor de coure*

---

3 die Lage des Garns ändern
to alter the position of the yarn
мѣнять расположенiе (ср) пряжи
changer la position du fil
cambiare la posizione del filato
cambiar la posición del hilo / *canviar la posició del fil*

---

4 die Docken (fpl) wenden
to turn the knots over
перевертывать куфты (жр)
détourner les torques
voltare le manelle
hacer girar las trocas / *fer tombar les troques*

V.

Bündeln (n) und Verpacken (n) der Garne
Yarn Bundling and Packing
5 Связыванiе (ср) и упаковка (жр) пряжи
Empaquetage (m) et emballage (m) des fils
Impacco (m) e imballaggio (m) dei filati
Empaquetado (m) y embalado (m) de los hilos / *Empaquetat (m) i embalat (m) dels fils*

6 das Garn bündeln
to bundle the yarn
связывать пряжу
empaqueter les fils
impaccare o mettere in pacchi i filati
empaquetar los hilos / *els fils*

---

7 Bündler (m), Packer (m)
bundler
паковщик (мр)
empaqueteur (m)
impacchettatore (m)
empaquetador (m)

---

8 Ablieferungsraum (m), Packerei (f), Fergstube (f), Garnbündelei (f)
packing room, bundling room *or* department
отдѣленiе (ср) отпуска пряжи, паковочная (жр)
salle (f) d'empaquetage
sala (f) d'imballaggio
cuadra (f) *o* almacén (m) de empaquetar / *quadra (f) o magatzem (m) d'empaquetar*

---

9 Packen (n) der Strähngarne
bundling of hank yarns
паковка (жр) моточной пряжи
empaquetage (m) des écheveaux de fils
imballaggio (m) delle matasse
empaquetado (m) de las madejas de hilo / *empaquetat (m) de les madeixes de fil*

---

10 Kopfmachen (n), Docken (n)
knotting
закручиванiе (ср) куфты
nouage (m), torquage (m)
piegatura (f) della matassa
trenzado (m) de madejas / *trenat (m) de madeixes*

---

11 Dockenknüpferin (f)
hank knotter
вязальщица (жр) куфт
torqueuse (f)
operaia (f) piegatrice
empaquetadora (f)

12 Docke (f), geschlickter Strähn (m), gezopfter Garnsträhn (m)
knot
куфта (жр)
poupée (f), torque (m) de fil
matassa (f) ripiegata, manella (f)
madeja (f) trenzada, troca (f) / *madeixa (f) trenada, troca (f)*

---

13 Vereinigen (n) mehrerer Strähne zu einer Docke
uniting several hanks to a knot
соединенiе (ср) нѣскольких мотков в одну куфту
réunion (f) de plusieurs écheveaux dans une seule torque
riunione (f) di parecchie matasse in una manella
reunión (f) de varias madejas en una troca / *reunió (f) de varies madeixes en una troca*

---

14 fünfsträhnige Docke (f)
five hank knot
пятимоточная куфта (жр)
torque (f) de cinq écheveaux
manella (f) da cinque matasse
troca (f) de cinco madejas / *troca (f) de cinq madeixes*

---

15 zehnsträhnige Docke (f)
ten hank knot
десятимоточная куфта (жр)
torque (f) de dix écheveaux
manella (f) da dieci matasse
troca (f) de diez madejas, troca (f) catalana / *troca (f) de deu madeixes, troca (f) catalana*

---

16 den Garnsträhn strekken
to stretch the hank
растягивать моток пряжи
tendre l'écheveau (m)
stirare la matassa
estirar la madeja / *madeixa*

---

17 Sondern (n) der Docken auf Wagen
sorting out the knots on balances
сортировка (жр) куфт на вѣсах
assortir les torques sur des bascules
assortire le manelle sopra bilance
sortear las trocas en básculas / *sortèjar les troques en bàscules*

1 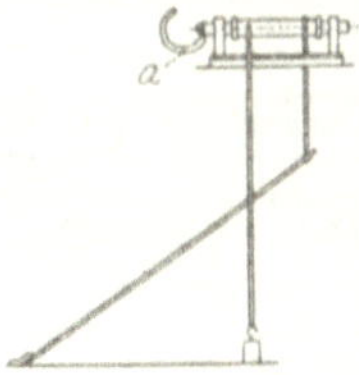

Dockenvorrichtung (f)
knotting machine
приспособленіе (ср) для закручиванія куфт
machine (f) à torquer
tornello (m) per ripiegare le matasse
máquina (f) de hacer trocas / *màquina (f) de fer troques*

---

2 a

Zopfhaken (m), Schlickhaken (m)
knotting hook
моточный крюк (мр) *или* рожок (мр)
crochet (m) de torquage
uncino (m) del tornello
gancho (m) de hacer trocas / *ganxo (m) de fer troques*

---

3 **Garnbündel (n), Garnpaket (n)**
bundle of yarn
пачка (жр) пряжи
paquet (m) de fil
pacco (m) *o* mazzotto (m) di filato
paquete (m) de hilo / *paquet (m) de fil*

---

4 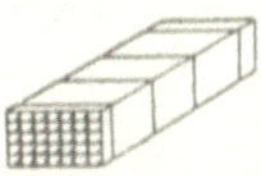

Garnpaket (n) zu fünf Pfund engl.
five pound bundle, five lbs. bundle
пачка (жр) пряжи в пять англійских фунтов
paquet (m) de cinq livres anglaises
pacco (m) di filato di libbre cinque
paquete (m) de cinco libras inglesas / *paquet (m) de cinc lliures angleses*

---

5 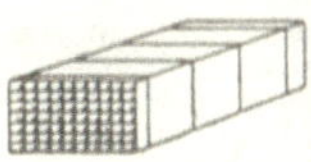

Garnpaket (n) zu zehn Pfund engl.
ten pound bundle, ten lbs. bundle
пачка (жр) пряжи в десять англійских фунтов
paquet (m) de dix livres anglaises
pacco(m) di filato di libbre dieci
paquete (m) de diez libras inglesas / *paquet (m) de deu lliures angleses*

---

6 **ein Pack (m) von drei Bündeln**
a pack of three bundles
пакет (мр) из трех пачек
un ballot de trois paquets
un involto con tre pacchi
una paca de tres paquetes / *paquets*

---

7 **ein Pack (m) von sechs Bündeln**
a pack of six bundles
пакет (мр) из шести пачек
un ballot de six paquets
un involto con sei pacchi
una paca de seis paquetes / *de sis paquets*

---

8 **ein Pack (m) von zwölf Bündeln**
a pack of twelve bundles
пакет (мр) из двѣнадцати пачек
un ballot de douze paquets
un involto con dodici pacchi
una paca de doce paquetes / *de dotze paquets*

---

9 **Grosbündel (n)**
gross bundle
пакет (мр) в гросс (двѣнадцать дюжин)
paquet (m) d'une grosse
pacco (m) ad una grossa
paquete (m) de una gruesa / *paquet (m) d'una grossa*

Versand (m) der Bündel *oder* Pakete
despatch *or* dispatch of the bundles
отправка (жр) пачек
expédition (f) des paquets
spedizione (f) dei pacchi
expedición (f) de los paquetes / *expedició (f) dels paquets* 10

Packstock (m)
bundling peg
кляп (мр)
cheville (f) de paquetage
bastone (m) da imballaggio
clavija (f) de hacer paquetes / *clavilla (f) de fer paquets* 11

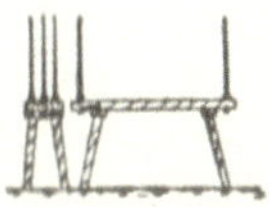

Packbank (f)
bundling stool
скамья (жр) для паковки
banc (m) à paqueter
banco (m) da imballare
banco (m) de hacer paquetes / *banc (m) de fer paquets* 12

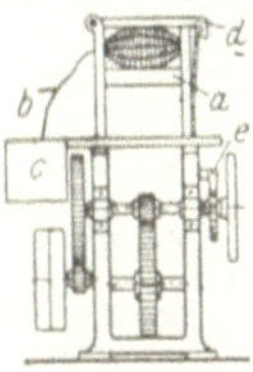

Garn[pack]presse (f), Garnbündelpresse (f)
yarn bundling press
паковочный пресс (мр) для пачек, ниточный пресс
presse (f) à [empaqueter les] fil[s]
pressoio (m) *o* torchio (m) per pacchi, pressa (f) per filati
prensa (f) de paquetes *o* de empaquetar *o* para hilo / *premsa (f) de paquets o d'empaquetar* 13

---

a

Preßboden (m), Preßkopf (m)
press table, press plate
стол (мр) *или* плита (жр) *или* колодка (жр) пресса
plateau (m) *ou* table (f) de la presse, presseur (m)
tavola (f) *o* piatto (m) della pressa
plato (m) prensador, tablilla (f) *o* mesa (f) de la prensa / *plat (m) premsador, taula (f) de la premsa* 14

---

b

Packschnur (f)
packing twine, string
бечевка (жр) для паковки, паковочная веревка (жр)
ficelle (f) d'emballage
spago (m)
cordel (m) / *cordill (m)* 15

---

c

Packschnurkasten (m)
twine box
ящик (мр) для веревки
boite (f) à ficelles
scatola (f) per spago
caja (f) de cordeles / *caixa (f) de cordills* 16

---

die Docken (fpl) auf den Preßboden auflegen
to place the knots on the press table
накладывать куфты на колодку пресса
placer les torques (fpl) sur le plateau
collocare le manelle sulla tavola della pressa
colocar las trocas en el plato de la prensa / *col·locar les troques en el plat de la premsa* 17

1 d

Preßriegel (m)
top bar
щеколда (жр) пресса
barreau (m) du haut, tête (f) de presse
testa (f) della pressa
testa (f) de la prensa / *de la premsa*

---

2 e

Sperrkegel (m)
catch
собачка (жр)
cliquet (m)
scatto (m)
gatillo (m) / *cadell (m)*

3

Senken (n) des Preßbodens
lowering of the press plate
опусканіе (ср) колодки пресса
abaissement (m) du presseur
abbassamento(m) della tavola della pressa
bajada (f) del plato de la prensa / *baixada (f) de la taula o del plat de la premsa*

4

der Preßboden senkt sich
the press plate descends
колодка (жр) пресса опускается
le presseur s'abaisse
la tavola della pressa s'abbassa
el plato prensador desciende / *el plat premsador baixa*

5

Einlegedraht (m)
knot layer
пруток (мр) для закладыванія, вкладной пруток
crochet (m) de maintien
ferro (m) per entrare le matasse
gancho (m) pasador / *ganxo (m) passador*

6

Verpacken (n) in Ballen
packing in bales
паковка (жр) в кипы
empaquetage (m) en balles
imballaggio (m) in balle
empaquetado (m) en balas, embalado (m) / *empaquetat (m) en bales, embalat (m)*

7

Zusammenziehen (n) der Ballen mit eisernen Reifen
hooping the bales
стягиваніе (ср) кип желѣзными обручами
resserrement (m) des balles par des bandes en fer
accerchiamento (m) delle balle
atado (m) de las balas con flejes *o* aros de hierro / *lligat (m) de les bales amb flejes o cèrcols de ferro*

8

Packen (n) der Kötzer
packing the cops
паковка (жр) початков
emballage (m) des canettes
imballaggio (m) delle bobine
embalado (m) de las husadas / *embalat (m) de les fusades*

9

Verpacken (n) der Kötzer in mit Papier ausgeschlagenen Kisten
packing the cops into paper-lined cases
упаковка (жр) початков в ящики, выложенные бумагою
emballage (m) des canettes dans des caisses garnies de papier
imballaggio (m) delle bobine in casse foderate di carta
embalado (m) de las husadas en cajas forradas de papel / *embalat (m) de les fusades en caixes forrades de paper*

10

Verpacken (n) der Kötzer in Fässern
packing the cops into casks
упаковка (жр) початков в бочки
emballage (m) des canettes dans des barils *ou* tonneaux
imballaggio (m) delle bobine in barili
embalado (m) de las husadas en toneles *o* cascos / *embalat (m) de les fusades en barrils o botes*

Q.

No.		
1	**Garnarten** (fpl) **Kinds of Yarn** **Сорта** (мр) **пряжи**	**Espèces** (fpl) **de fils** **Specie** (fpl) ***o*** **generi** (mpl) **del filato** **Clases** (fpl) **de hilados** / ***Classes*** *(fpl)* ***de filats***

I.

No.		
2	**Baumwollgarne** (npl) **Cotton Yarns** **Хлопчатобумажная пряжа** (жр)	**Fils** (mpl) **de coton** **Filati** (mpl) **di cotone** **Hilados** (mpl) **de algodón** / ***Filats*** *(mpl)* ***de cotó***
3	Makogarn (n) Egyptian yarn пряжа (жр) из египетскаго хлопка, мако (мр)	fil (m) Jumel *ou* de coton d'Égypte filo (m) di cotone egiziano *o* di Macò *o* di Jumel [hilo (m)] Jumel (m) / *[fil (m)] Jumel (m)*
4	Luisianagarn (n) Louisiana yarn пряжа (жр) из луизіанскаго хлопка	fil (m) Louisiane filo (m) Luisiana hilo (m) Luisiana *o* americano / *fil (m) Luisiana o americà*
5	Coconadagarn (n) Coconada yarn пряжа (жр) коконада	fil (m) Coconada filo (m) Coconada hilo (m) / *fil (m)* / Coconada *o* India
6	Togolinagarn (n) Togolina yarn пряжа (жр) из тоголинскаго хлопка	fil (m) Togolina filo (m) Togolina hilo (m) / *fil (m)* / de Togolina
7	Baza[r]garn (n), Pazacgarn (n), Basargarn (n) Bazar yarn базарная пряжа (жр)	fil (m) Bazar filo (m) Bazar hilo (m) / *fil (m)* / de Bazar
8	Imitatgarn (n) imitation yarn пряжа-имитація (жр)	fil (m) imitation filo (m) d'imitazione hilo (m) de imitación / *fil (m) d'imitació*
9	Vigogne-Imitatgarn (n) vigogne imitation yarn вигоньевая пряжа-имитація (жр)	fil (m) imitation de vigogne filo (m) d'imitazione vigogna hilo (m) imitación de vicuña / *fil (m) imitació de vicunya*
10	Vigognegarn (n) vigogne yarn вигоньевая пряжа (жр)	fil (m) de laine dite de vigogne filo (m) misto di lana e cotone hilo (m) „vicuña" / *fil (m) „vicunya"*
11	Halbwollgarn (n) half woollen yarn полушерстяная пряжа (жр)	fil (m) mi-laine filo (m) di mezza-lana hilo (m) de semi-lana / *fil (m) de semi-llana*
12	Primagarn (n) high quality yarn первосортная пряжа (жр)	fil (m) de première qualité, fil extra, fil choix filo (m) di prima qualità hilo (m) de alta calidad, primeras (fpl) / *fil (m) d'alta qualitat, primeres (fpl)*
13	Sekundagarn (n) second quality yarn второсортная пряжа (жр)	fil (m) de seconde qualité, fil moyen filo (m) di seconda qualità hilo (m) de segunda calidad, segundas (fpl) / *fil (m) de segona qualitat, segones*
14	Tertiagarn (n) third quality yarn третьесортная пряжа (жр)	fil (m) de troisième qualité, fil de qualité inférieure filo (m) di terza qualità hilo (m) de calidad inferior *o* de clase baja / *fil (m) de qualitat inferior o de classe baixa*
15	Weißfitz (m) white label бѣлая перевязка (жр)	[écheveau (m) à] liure (f) blanche legaccio (m) bianco centener (m) blanco / *blanc*
16	Rotfitz (m) red label красная перевязка (жр)	[écheveau (m) à] liure (f) rouge legaccio (m) rosso centener (m) rojo / *vermell*
17	Zweiwalzengarn (n), Zweizylindergarn (n), Barchentgarn (n) barchant yarn, condensed yarn угарная *или* конденсорная пряжа (жр)	fil (m) à futaine filo (m) per fustagni fustán (m) / *cotonina (f)*
18	Dochtgarn (n), Lunte (f), Vorgarn (n) roving фитильная пряжа (жр)	[fil] mèche (f) stoppino (m), lucignolo (m), filo (m) in grosso mecha (f) / *metxa (f)*
19	Jaspégarn (n) grandrill yarn пряжа (жр) жаспэ	fil (m) jaspé filo (m) jaspé hilo (m) jaspeado / *fil (m) jaspiat*

1	Baumwollgarn (n), Twist (m) cotton yarn хлопчатобумажная пряжа (жр)	fil (m) de coton filo (m) di cotone hilo (m) de algodón / *fil (m) de cotó*
2	Ringspinnergarn (n), Drosselgarn (n), Watertwist (m), Watergarn (n) ring warp, ring spun yarn, water twist ватерная хлопчатобумажная пряжа (жр)	fil (m) de chaîne du continu filo (m) water, filo del filatoio continuo urdimbre (m) de continua, hilo (m) water / *ordit (m) de contínua, fil (m) water*
3	Selbstspinnergarn (n), [Selfaktorgarn (n), Muletwist (m), Mulegarn (n)] mule [spun] yarn мюльная хлопчатобумажная пряжа (жр)	fil (m) de [métier] renvideur filo (m) del self-acting hilo (m) / *fil (m)* / de selfactina
4	Halbkettgarn (n), [Mediogarn (n), Mediotwist (m), Medio (n)] mule warp, medio twist, mock water, medio yarn основа-медiо (жр)	fil (m) mi-chaîne *ou* petite-chaîne medio (m) urdimbre (m) de selfactina, medio-urdimbre (m) / *ordit (m) de selfactina, mig-ordit (m)*
5	gekardetes *oder* kardiertes Baumwollgarn (n), Baumwollstreichgarn (n) carded cotton yarn кардочесная хлопчатобумажная пряжа (жр)	fil (m) de coton cardé filo (m) di cotone cardato [hilo (m)] cardado (m) de algodón / *[fil (m)] cardat (m) de cotó*
6	gekämmtes Baumwollgarn (n), Baumwollkammgarn (n) combed cotton yarn гребнечесанная хлопчатобумажная пряжа (жр)	fil (m) de coton peigné filo (m) di cotone pettinato [hilo (m)] peinado (m) / *[fil (m)] pentinat (m)*
7	Eisengarn (n), Glanzgarn (n) glacé thread, polished yarn, patent strong yarn гладкая *или* лощеная пряжа (жр)	fil (m) glacé filo (m) lustrato, filo glacé hilo (m) glacé o pulido / *fil (m) glacé o polit*
8	Nähzwirn (m) sewing thread, sewing twist, sewing cotton швейная нить (жр)	fil (m) à coudre filo (m) cucirino, refe (m) hilo (m) de coser / *fil (m) de cosir*
9	Mattzwirn (m) dull thread матовая швейная нить (жр)	retors (m) mat ritorto (m) mat retorcido (m) mate / *retort (m) mat*
10	Litzengarn (n), [Kordonettgarn (n)] cordonnet yarn бечевочная пряжа (жр), кордонет (мр)	fil (m) cordonnet cordonet (m) cordón (m) / *cordó (m)*
11	Kördelchen (n), Litze (f) cabled thread тонкая бечевка (жр)	câblé (m) cordoncino (m) cordel (m) / *cordill (m)*
12	Häkelgarn (n) crochet yarn бумажная пряжа (жр) для вязанья на крючках	fil (m) à crocheter filo (m) per lavori all'uncinetto hilo (m) de ganchillo o de crochet / *fil (m) de ganxet*
13	Strickgarn (n), Strumpfgarn (n), knitting yarn, stocking yarn, hosiery yarn вязальная пряжа (жр)	fil (m) à tricoter, retors (m) pour bonneterie filo (m) da calze o da far calzette hilo (m) de punto / *fil (m) de punt*
14	Estremaduragarn (n) six-fold knitting [yarn] вязальная пряжа (жр) шестикратной крутки	fil (m) six bouts pour bonneterie ritorto (m) a sei capi per maglieria hilo (m) para medias, batería (f) / *fil (m) per a mitgeria, bateria (f)*
15	Rahmengarn (n) tambour-work yarn пряжа (жр) для работ на пяльцах	fil (m) de broderie au tambour filo (m) per ricamo al tamburo hilo (m) para bordar al tambor / *fil (m) per a brodar al tambor*
16	Knüpfgarn (n) knot-work yarn узло-вязальная пряжа (жр)	fil (m) pour filet filo (m) per filetto bramante (m) / *fil (m) d'empalomar*
17	Flechtgarn (n) braiding yarn плетельная пряжа (жр)	fil (m) pour tresser filo (m) per intrecciare hilo (m) para trenzar / *fil (m) per a trenar*
18	Garn (n) für Besatz und Borten, Posamentiergarn (n) yarn for trimmings позументная пряжа	fil (m) de passementerie filo (m) per passamanerie hilo (m) de pasamantería / *fil (m) de passamaneria*
19	Pilotgarn (n) pilot yarn пряжа (жр) пилот	fil (m) pilot filo (m) pilot hilo (m) piloto / *fil (m) pilot*
20	Bibergarn (n) beaver yarn бобровая пряжа (жр)	fil (m) pour castorin filo (m) per castoro o per castorina hilo (m) / *fil (m)* / castor
21	gasiertes Baumwollgarn (n), Florgarn (n) gassed cotton yarn опаленая бумажная пряжа (жр)	fil (m) de coton gazé filo (m) di cotone gazato hilo (m) de algodón gaseado / *fil (m) de cotó gasejat*
22	gefärbtes Garn (n) dyed yarn крашеная пряжа (жр)	fil (m) teint filo (m) tinto hilo (m) teñido o de color / *fil (m) tenyit o de color*
23	geflammtes [*oder* flammiertes] Garn (n) flake yarn пятнистая крашеная пряжа (жр)	fil (m) flammé *ou* chiné filo (m) flammé o screziato hilo (m) flameado o chiné / *fil (m) flamejat o xiné*
24	bedrucktes Flammgarn (n) printed flake yarn набивная пятнистая пряжа (жр)	fil (m) flammé imprimé filo (m) flammé stampato hilo (m) flameado estampado / *fil (m) flamejat estampat*

No.		
1	bedrucktes Garn (n) printed yarn набивная пряжа (жр)	fil (m) imprimé filo (m) stampato hilo (m) estampado / *fil (m) estampat*
2	Brillantgarn (n), Glanzflor (m) brilliant lisle крашеная глянцевая пряжа (жр)	fil (m) d'Écosse brillant filo (m) brillante hilo (m) de Escocia brillante / *fil (m) d'Escocia brillant*
3	mercerisiertes Garn (n) mercerised yarn мерсеризованная пряжа (жр)	fil (m) mercerisé filo (m) mercerizzato hilo (m) mercerizado / *fil (m) merceritzat*
4	Nitragarn (n) nitrated yarn нитрованная пряжа (жр)	fil (m) nitré filo (m) nitrato hilo (m) nitrado / *fil (m) nitrat*

II.

No.		
5	**Flachsgarne (npl), Leinengarne (npl)** **Flax Yarns** **Льняная пряжа (жр)**	**Fils (mpl) de lin** **Filati (mpl) di lino** **Hilos (mpl) [de lino] / *Fils (mpl) [de lli]***
6	Langflachsgarn (n) linen yarn, flax line yarn льняная пряжа (жр) гребенного прочеса	fil (m) de lin filo (m) di lino hilo (m) [de hilaza] / *fil (m) [de filassa]*
7	Werggarn (n), Hedegarn (n), [Towgarn (n)] tow yarn кудельная пряжа (жр)	fil (m) d'étoupe filo (m) di stoppa hilo (m) de estopa / *fil (m) d'estopa*
8	rohes Garn (n) raw yarn суровая пряжа (жр)	fil (m) brut filo (m) greggio hilo (m) en bruto *o* en crudo / *fil (m) en brut, fil cru*
9	Handgarn (n) hand spun yarn пряжа (жр) ручного прядения	fil (m) à fuseau *ou* à rouet, fil de main filo (m) [fatto] a mano hilado (m) a mano o con huso y rueda / *filat (m) a mà o amb fus i filosa*
10	Maschinengarn (n) machine *or* mill spun yarn пряжа (жр) машиннаго прядения	fil (m) mécanique filo (m) meccanico o a macchina hilado (m) a máquina / *fil (m) a màquina*
11	trocken gesponnenes Flachsgarn (n), Trockengespinst (n) dry spun flax yarn льняная пряжа (жр) сухого прядения	fil (m) de lin [de filage] au sec filo (m) di lino di filatura a secco hilo (m) de lino hilado en seco / *fil (m) de lli filat en sec*
12	halbnaß gesponnenes Flachsgarn (n) half-wet *or* semi-wet spun flax yarn льняная пряжа (жр) полумокраго прядения	fil (m) de lin de filage au mi-mouillé filo (m) di lino di filatura a mezzo umido hilo (m) di lino hilado a medio mojado / *fil (m) de lli filat mig mullat*
13	naß gesponnenes Flachsgarn (n) wet spun flax yarn льняная пряжа (жр) мокраго прядения	fil (m) de lin de filage au mouillé filo (m) di lino di filatura ad umido hilo (m) de lino hilado a mojado / *fil (m) de lli filat mullat*
14	appretiertes Leinengarn (n) hard finished flax thread проклеенная льняная пряжа (жр)	fil (m) de lin apprêté filo (m) di lino apprettato hilo (m) de lino aprestado / *fil (m) de lli aprestat*
15	Foncégarn (n) dark tow yarn темная кудельная пряжа (жр)	fil (m) d'étoupe foncé filo (m) di stoppa scuro hilo (m) de estopa oscuro / *fil (m) d'estopa fosc o negrós*
16	lüstriertes Leinengarn (n) lustered flax yarn люстриновая льняная пряжа (жр)	fil (m) de lin lustré filo (m) di lino lucido hilo (m) de lino lustrado / *fil (m) de lli enllustrat*
17	gebleichtes Leinengarn (n) bleached flax yarn отбѣльная *или* бѣленая льняная пряжа (жр)	fil (m) de lin blanchi filo (m) di lino sbiancato hilo (m) de lino blanqueado / *fil (m) de lli blanquejat*
18	Webgarn (n) yarn for weaving purposes пряжа (жр) для ткачества	fil (m) à tisser filo (m) per tessere hilo (m) de lino para tejer / *fil (m) de lli per a teixir*
19	Leinenzwirn (m) flax thread, linen thread льняная нить (жр)	fil (m) retors de lin ritorto (m) di lino torcido (m) de lino / *retort (m) de lli*
20	Sparseide (f) silky thread тонкая льняная нить (жр)	fil (m) retors lin soyeux ritorto (m) di lino setaceo torcido (m) fino de lino, hilo (m) sedoso / *retort (m) fi de lli, fil (m) sedós*
21	Litzenzwirn (m), Geschirrfaden (m), Kammzwirn (m) heald twine, harness *or* heddle thread ремизная *или* ремизовязальная нить (жр)	fil (m) d'arcade *ou* pour harnais filo (m) d'arcate *o* per licci torzal (m) para lizos *o* peines / *torçal (m) per a lliços o pintes*
22	Nähzwirn (m) sewing thread швейная нить (жр)	fil (m) à coudre filo (m) cucirino, refe (m) hilo (m) de coser, torcido (m) para coser / *fil (m) de cosir, retort (m) per a cosir*
23	Spitzenzwirn (m) lace thread льняная нить (жр) для вязанія кружев	fil (m) à dentelles filo (m) per pizzi *o* per merletti hilo (m) de encajes / *fil (m) de puntes*

III.

1	**Hanfgarne** (n pl) **Hemp Yarns** **Пеньковая пряжа** (ж р)	**Fils** (m pl) **de chanvre** **Filati** (m pl) **di canapa** **Hilados** (m pl) **de cáñamo** / ***Filats** (mpl) **de cànem***
2	Hanfwerggarn (n) hemp tow yarn пряжа (ж р) из пеньковой кудели	fil (m) d'étoupe de chanvre filo (m) di stoppa di canapa hilo (m) de estopa de cáñamo / *fil (m) d'estopa de cànem*
3	Taugarn (n) rope yarn канатная пеньковая пряжа (ж р)	fil (m) de caret filastica (f) hilo (m) de cuerda, filástica (f) / *fil (m) de corde*
4	Hanfnähgarn (n) hemp thread швейная пеньковая нить (ж р)	fil (m) à coudre en chanvre filo (m) da cucire in canapa torcido (m) de cáñamo / *retort (m) de cànem*

IV.

5	**Jutegarne** (n pl) **Jute Yarns** **Джутовая пряжа** (ж р)	**Fils** (m pl) **de jute** **Filati** (m pl) **di juta** **Hilados** (m pl) **de yute** / ***Filats** (mpl) **de jute***
6	Jutehechelgarn (n), Feinjutegarn (n) jute [long] line yarn, hackled jute yarn пряжа (ж р) из гребнечесаннаго джута	fil (m) de jute peigné filo (m) di juta pettinata hilo (m) de yute de hilaza o de yute peinado / *fil (m) de jute de filassa o de jute pentinat*
7	Jutewerggarn (n), Jutehedegarn (n), kardiertes Jutegarn (n) jute tow yarn пряжа (ж р) из джутовой кудели	fil (m) d'étoupe de jute filo (m) di stoppa di juta hilo (m) de estopa de yute / *fil (m) d'estopa de jute*
8	Mischgarn (n) blend[ed] yarn, mixed yarn мѣшень (ж р)	fil (m) mixte filo (m) misto hilo (m) de mezcla / *fil (m) de mescla*
9	dunkles Mischgarn (n) dark blend yarn темная мѣшень (ж р)	fil (m) mixte foncé filo (m) misto scuro hilo (m) obscuro de mezcla / *fil (m) de mescla fosc*
10	helles Mischgarn (n) light blend yarn свѣтлая мѣшень (ж р)	fil (m) mixte clair filo (m) misto chiaro hilo (m) claro de mezcla / *fil (m) de mescla clar*

V.

11	**Schafwollgarne** (n pl) **Wool Yarns** **Шерстяная пряжа** (ж р)	**Fils** (m pl) **de laine, laine** (f) **filée** **Filati** (m pl) **di lana** **Hilados** (m pl) **de lana** / ***Filats** (mpl) **de llana***
12	**1. Streichgarne** (n pl) **Woollen** *or* **Carded Yarns** **Аппаратная пряжа** (ж р), **пряжа из кардной шерсти**	**Fils** (m pl) **de laine cardée** **Filati** (m pl) **di lana cardata** **Hilados** (m pl) **de lana [cardada]** / ***Filats** (mpl) **de llana [cardada]***
13	Universalgarn (n) universal yarn универсальная пряжа (ж р)	fil (m) universel filo (m) universale hilo (m) / *fil (m)* / universal
14	meliertes Garn (n) melange yarn, mingled yarn, mixture yarn, partly coloured yarn меланжевая пряжа (ж р)	fil (m) mélangé filo (m) mescolato hilo (m) de mezcla, mezclilla (f) / *fil (m) de mescla, mesclilla (f)*
15	geflammtes Streichgarn (n) woollen flake yarn пятнистая аппаратная пряжа (ж р)	fil (m) flammé de laine cardée filo (m) flammé di lana cardata hilo (m) flameado de lana / *fil (m) flamejat de llana*
16	Zibelinegarn (n) zibeline yarn пряжа (ж р) из крашеной шерсти с примѣсью длинных животных волос	fil (m) zibeline filo (m) zibeline hilo (m) / *fil (m)* / zibelina
17	Leistengarn (n) selvedge yarn, list yarn, border thread грубая пряжа (ж р) для кромок	fil (m) à lisière filo (m) di cimossa hilo (m) de orillos / *fil (m) de vores*
18	Kunstwollgarn (m) re-manufactured yarn угарная шерстяная пряжа (ж р)	fil (m) de laine renaissance filo (m) di lana artificiale e di lana meccanica [hilo (m) de] regenerado (m) / *[fil (m) de] regenerat (m)*
19	Shoddygarn (n) shoddy yarn пряжа-шодди (ж р)	fil (m) de shoddy filo (m) di shoddy hilo (m) / *fil (m)* / de shoddy

1	Tibetgarn (n) „Thibet" yarn пряжа-тибет (жр)	fil (m) „Thibet" filo (m) „Thibet" hilo (m) / *fil (m)* / „Thibet"
2	Alpakagarn (n), Extraktgarn (n) extract yarn пряжа-альпака (жр)	fil (m) extract filo (m) estract *o* alpaga hilo (m) / *fil (m)* / alpaca
3	Mungogarn (n) mungo yarn пряжа-мунго (жр)	fil (m) mungo filo (m) mungo hilo (m) / *fil (m)* / de mungo
4	Azurgarn (n) hard twisted mungo yarn крутая пряжа-мунго (жр)	fil (m) mungo à forte torsion filo (m) mungo a forte torsione hilo (m) de mungo a fuerte torsión / *fil (m) de mungo a forta torsió*
5	Griseillegarn (n) griseille yarn угарная шерстяная пряжа (жр) с примѣсью натуральной шерсти (гризель)	fil (m) griseille filo (m) griseille hilo (m) / *fil (m)* / grisalla
6	Homespungarn (n) home spun yarn имитація (жр) кустарной пряжи	fil (m) home spun filo (m) alla casalinga hilado (m) doméstico / *filat (m) domèstic o a mans*
7	Teppichgarn (n) carpet yarn ковровая пряжа (жр)	fil (m) de tapisserie filo (m) da tappeti hilo (m) para tapices o alfombras / *fil (m) per a tapissos o catifes*
8	Wollparisergarn (n) woollen carpet yarn шерстяная ковровая пряжа (жр)	fil (m) de laine pour tapis filo (m) di lana per tappeti hilo (m) de lana para tapices / *fil (m) de llana per a tapissos*
9	Flanellgarn (n) flannel yarn шерсть (жр) для фланели	fil (m) pour flanelle filo (m) da flanella hilo (m) para franela / *fil (m) per a franel·la*
10	Brillantinegarn (n) brillantine yarn брилліантиновая пряжа (жр)	fil (m) „brillantine" filo (m) brillantino hilo (m) de mezcla lustrosa / *fil (m) de mescla llustrosa*
11	Kötzergarn (n) cop spun yarn, yarn in the cop початочная пряжа (жр)	fil (m) en canette filo (m) in cannetta hilo (m) en husadas / *fil (m) en fusades*
12	Spulengarn (n) bobbin yarn, yarn on the bobbin катушечная пряжа (жр)	fil (m) en bobine filo (m) in rocchetto hilo (m) en bobinas / *fil (m) en billiots o rodets*
13	Pfeifengarn (n) tube yarn, yarn on tubes цѣвочная пряжа (жр)	fil (m) sur tube filo (m) sul tubo hilo (m) en tubos / *fil (m) en tubs*
14	Garn (n) im Fett yarn in oil жирная пряжа (жр)	fil (m) dans la graisse filo (m) in olio hilo (m) ensimado / *fil (m) ensimat*

Streichgarnzwirn (m) twisted woollen yarn крученая пряжа (жр) из кардной шерсти	fil (m) cardé retors ritorto (m) di lana cardata hilo (m) de lana torcido / *fil (m) de llana retort*	15

2. Kammgarne (npl) / Fils (mpl) de laine peignée — 16
Worsted Yarns / Filati (mpl) di lana pettinata
Пряжа (жр) из чесанной шерсти, камвольная пряжа / Hilos (mpl) de estambre / *Fils (mpl) d'estam*

Halbkammgarn (n), [Sayettegarn (n)] carded [worsted] yarn, half worsted, imitation worsted, semi-worsted yarn, mock-worsted полукамвольная пряжа (жр)	fil (m) de sayette, peigné-cardé (m), cardé-peigné (m), peigné-mixte (m) filo (m) mezzo pettinato hilo (m) de estambre cardado, semi-estambre (m) / *fil (m) d'estam cardat, migestam*	17
ungewaschenes Kammgarn (n) unwashed worsted yarn суровая камвольная пряжа (жр)	fil (m) peigné non lavé filo (m) pettinato non lavato hilo (m) de estambre sin lavar *o* en crudo / *fil (m) d'estam cru o en brut*	18
gewaschenes Kammgarn (n) washed worsted yarn отдѣланная *или* чистая камвольная пряжа (жр)	fil (m) peigné lavé filo (m) pettinato lavato hilo (m) de estambre lavado *o* desgrasado / *fil (m) d'estam rentat o desgreixat*	19
Kettenkammgarn (n) worsted warp камвольная основа (жр)	fil (m) peigné pour chaîne, peigné-chaîne (m) filo (m) d'ordito, filo di catena pettinato urdimbre (m) de estambre / *ordit (m) d'estam*	20
Schußkammgarn (n) worsted weft, worsted wool камвольный уток (мр)	fil (m) peigné pour trame, peigné-trame (m) filo (m) di trama pettinato trama (f) de estambre / *trama (f) d'estam*	21
Merinogarn (n) merino yarn мериносовая пряжа (жр)	fil (m) mérinos filo (m) merino [hilo (m)] merino (m) / *[fil (m)] merino (m)*	22
Cheviotgarn (n) cheviot yarn шевіотовая пряжа (жр)	fil (m) cheviot filo (m) cheviot [hilo (m)] cheviot (m) / *[fil (m)] xeviot (m)*	23
Cheviotfarbmischgarn (n), Cheviotmêlé (n) cheviot melange меланж (мр) для шевіота	mêlé-cheviot (m) cheviot (m) mescolato mezcla (f) de cheviot / *mescla (f) de xeviot*	24

No.		
1	Botanygarn (n) Botany yarn отборная пряжа (жр) для шевіота	fil (m) Botany filo (m) Botany [hilo (m) de] Australia (m) / *[fil (m) d']Australia (m)*
2	Werft (n) cheviot warp основа (жр) для шевіота	chaîne (f) cheviot ordito (m) di cheviot urdimbre (m) cheviot / *ordit (m) xeviot*
3	Kastorgarn (n) castor yarn касторовая пряжа (жр)	fil (m) „castor" filo (m) di castoro hilo (m) / *fil (m)* / de castor
4	Lüstergarn (n) lustre yarn люстриновая пряжа (жр)	fil (m) lustre filo (m) lustrato hilo (m) de lustre / *fil (m) de llustre*
5	Hairasgarn (n) hairas yarn камвольная пряжа (жр) из грубоволосых восточных шерстей	fil (m) hairas filo (m) hairas hilo (m) de estambre bronco / *fil (m) d'estam bronc*
6	Kammgarnmelange (f), Kammwollmischgarn (n) worsted melange камвольный меланж (мр)	mélange (m) peigné pettinato (m) mélange mezcla (f) de estambre / *mescla (f) d'estam*
7	naturfarbenes Wollgarn (n), Beigegarn (n) beige yarn бежевая пряжа (жр)	fil (m) beige filo (m) beige mezcla (f) de color de estambre natural / *mescla (f) de color d'estam natural*
8	Vigoureuxgarn (n) vigoureux yarn, melange yarn меланжевая набивная камвольная пряжа (жр)	fil (m) vigoureux filo (m) vigoureux hilo (m) / *fil (m)* / vigoureux
9	jaspiertes Garn (n), Jaspé (n) [single] coloured twist yarn пряжа (жр) жаспэ	fil (m) jaspé filo (m) jaspé hilo (m) jaspeado / *fil (m) jaspejat*
10	Mottledgarn (n) mottled yarn подкрашенная полушерстяная пряжа (жр) с бумажной *или* шелковой нитью	fil (m) marbré *ou* zébré filo (m) marmorizzato hilo (m) multi-color o estucado / *fil (m) multi-color o estucat*
11	Kammgarnzwirn (m) worsted twist, doubled worsted камвольная крученая нить (жр)	retors (m) de fil de laine peignée ritorto (m) di lana pettinata torcido (m) de estambre / *retort (m) d'estam*
12	Moulinégarn (n), Moulinetgarn (n), Zwirn (m) aus gefärbten Kammgarnen [double] coloured twist yarn пряжа (жр) мулинэ	fil (m) mouliné filo (m) mouliné hilo (m) molinado / *fil (m) molinat*
13	Victoria-Moulinet (n) victoria ondee twist пряжа (жр), скрученная из двух нитей разной толщины (Викторія-мулинэ)	mouliné (m) Victoria mouliné (m) Vittoria molinado (m) Victoria / *molinat (m) Victori*
14	Genappegarn (n) genappe yarn пряжа (жр) женапп, (двойная крутая опаленая нить)	fil (m) genappe filo (m) genappe retorcido (m) fuerte gaseado, genappe (m) / *retort (m) fort gasejat, genappe (m)*
15	Wollmusselingarn (n) woollen muslin yarn шерстяная муслиновая пряжа (жр)	fil (m) mousseline de laine filo (m) di lana mussolina hilo (m) de lana muselina / *fil (m) de llana mussolina*
16	Damastgarn (n) damask yarn пряжа (жр) дамаст	fil (m) pour damassé filo (m) damascato hilo (m) adamascado / *fil (m) adamascat*
17	Orleansgarn (n) Orleans yarn орлеанская пряжа (жр)	fil (m) Orléans filo (m) Orleans hilo (m) / *fil (m)* / Orleans
18	Lastinggarn (n) lasting yarn ластиковая пряжа (жр)	fil (m) pour lasting filo (m) per lasting hilo (m) / *fil (m)* / de lasting
19	Kreppgarn (n), [Crêpegarn (n)] crape yarn креповая пряжа (жр)	fil (m) pour crêpe filo (m) per crespo hilo (m) de crepe, crespón (m) / *fil (m) de crepe, crespó (m)*
20	Barègegarn (n), Nonnenschleiergarn (n) barege yarn барежевая пряжа (жр)	fil (m) de barège filo (m) barège hilo (m) barés o de velo / *fil (m) barés o de vel*
21	Tournaigarn (n) Tournay yarn пряжа (жр) Турнэ	fil (m) de Tournai filo (m) di Tournai hilo (m) / *fil (m)* / de Tournai
22	Stickgarn (n) embroidery yarn вышивальная пряжа (жр)	fil (m) de broderie, fil à broder filo (m) per ricamo hilo (m) de bordar / *fil (m) de brodar*
23	Moosgarn (n), persisches Garn (n) Persian yarn персидская пряжа (жр)	fil (m) perse filo (m) persiano hilo (m) / *fil (m)* / de Persia
24	Zephirgarn (n) zephyr yarn зефирная пряжа (жр)	fil (m) zéphir filo (m) zef[f]iro hilo (m) zefir / *fil (m) zèfir*

No.	Deutsch / English / Русский	Français / Italiano / Español / Català
1	Strickgarn (n) knitting yarn вязальная *или* чулочно-вязальная пряжа (жр)	fil (m) à tricoter filo (m) da calze hilo (m) de [punto de] medias / *fil (m) [de punt] de mitja*
2	halbwollenes Strickgarn (n) union knitting [yarn] полушерстяная вязальная пряжа (жр)	fil (m) de bonneterie union filato (m) mezza-lana per maglieria hilo (m) unión o semilana de punto / *fil (m) unió o mitja-llana de punt*
3	Häkelgarn (n), Mooswolle (f) crochet yarn шерстяная пряжа (жр) для вязанья на крючках	fil (m) à crochet filato (m) per l'uncinetto hilo (m) de ganchillo o de crochet / *fil (m) de ganxet o de croxet*
4	Trikotgarn (n) hosiery yarn трикотажная пряжа (жр)	fil (m) de bonneterie filato (m) da maglia o da maglierie hilo (m) de género de punto, hilo de tricot / *fil (m) de genre de punt, fil de tricot*
5	Smyrnagarn (n) Smyrna yarn смирнская пряжа (жр)	fil (m) Smyrne filato (m) di Smirne hilo (m) de Esmirna / *fil (m) d'Esmirna*
6	Tapisseriegarn (n) tapestry yarn обойная пряжа (жр)	fil (m) pour tapisserie filato (m) per tappezzeria hilo (m) de tapicería / *fil (m) de tapisseria*
7	Garn (n) für Besatz und Borten, Posamentiergarn (n) yarn for trimmings позументная пряжа (жр)	fil (m) de passement filato (m) di passamanteria hilo (m) de pasamanería / *fil (m) de passamaneria*

VI.

No.	Deutsch / English / Русский	Français / Italiano / Español / Català
8	**Haargarne** (npl) **Hair Yarns** **Пряжа** (жр) **из волоса**	**Fils** (m pl) **de poils** **Filati** (m pl) **di peli** **Hilos** (m pl) **de pelo** / ***Fils*** (*mpl*) ***de pèl***
9	weißes Haargarn (n) white hair yarn бѣлая волосяная пряжа (жр)	fil (m) de poil blanc filato (m) di pelo bianco hilo (m) de pelo blanco / *fil (m) de pèl blanc*
10	halbweißes Haargarn (n) whitish hair yarn полубѣлая волосяная пряжа (жр)	fil (m) de poil blanchâtre filato (m) di pelo biancastro hilo (m) de pelo blanquecino / *fil (m) de pèl blanquinós*
11	hellgraues Haargarn (n) light grey hair yarn свѣтлосѣрая волосяная пряжа (жр)	fil (m) de poil grisâtre filato (m) di pelo grigiastro hilo (m) de pelo pardusco / *fil (m) de pèl cendrós o grisenc*
12	dunkelgraues Haargarn (n) dark grey hair yarn темносѣрая волосяная пряжа (жр)	fil (m) de poil gris foncé filato (m) di pelo grigio scuro hilo (m) de pelo gris obscuro o pardo obscuro / *fil (m) de pèl gris fosc*
13	Kamelhaargarn (n) camel's hair yarn пряжа (жр) из верблюжьей шерсти	fil (m) de poil de chameau filato (m) di pelo di cammello hilo (m) de pelo de camello / *fil (m) de pèl de camell*
14	Alpakagarn (n) alpaca yarn пряжа (жр) шерсти альпака	fil (m) d'alpaga *ou* d'alpaca filato (m) d'alpaca hilo (m) de alpaca / *fil (m) d'alpaca*
15	Mottled-Alpakagarn (n) mottled alpaca yarn подкрашенная пряжа (жр) альпака	fil (m) d'alpaga marbré filato (m) d'alpaca marmorizzato hilo (m) de alpaca estucado / *fil (m) d'alpaca estucat*
16	Seidenalpakagarn (n) silk wool полушелковая пряжа (жр) альпака	fil (m) de laine de soie filato (m) misto di alpaca e seta hilo (m) de lana seda / *fil (m) de llana seda*
17	Vigognewollgarn (n), Vicuñagarn (n) vicuña yarn пряжа (жр) из вигоньевой шерсти	fil (m) de vigogne filo (m) di vigogna hilo (m) de vicuña / *fil (m) de vicunya*
18	Ziegenhaargarn (n) goat's hair yarn пряжа (жр) из козьей шерсти	fil (m) de poil de chèvre filato (m) di pelo di capra hilo (m) de pelo / *fil (m) de pèl* / de cabra
19	Mohärgarn (n) mohair yarn пряжа (жр) из ангорской шерсти	fil (m) mohair filato (m) di mohair hilo (m) mohair, hilo de pelo de cabra de Angora / *fil (m) mohair, fil de pèl de cabra d'Angora*
20	Mohärmischgarn (n) mixed mohair yarn меланж (мр) из ангорской шерсти	fil (m) mohair mixte filato (m) di mohair misto hilo (m) de mezcla mohair / *fil (m) de mescla mohair*
21	Kaschmirgarn (n) Cashmere yarn пряжа (жр) из шерсти кашемирских коз	fil (m) cachemire filato (m) di cascemir hilo (m) de cachemira / *fil (m) de caxemira*
22	Kälberhaargarn (n) calf hair yarn пряжа (жр) из телячьяго волоса	fil (m) de poil de veau filato (m) di pelo di vitello hilo (m) de pelo de ternero / *fil (m) de pèl de vedella*
23	Kuhhaargarn (n) cow's hair yarn пряжа (жр) из коровьяго волоса	fil (m) de poil de vache filato (m) di pelo di vacca hilo (m) de pelo de vaca / *fil (m) de pèl de vaca*

1	Roßhaargarn (n) horse hair yarn пряжа (ж р) из конскаго *или* жеребьеваго волоса	fil (m) de crin filato (m) di crine di cavallo hilo (m) de pelo de caballo o de crin / *fil (m) de pèl de cavall o de crin*	
2	Haarparisergarn (n) hair carpet yarn ковровая пряжа (ж р) из волоса	fil (m) de poil pour tapis filato (m) di pelo per tappeti hilo (m) de pelo para alfombras / *fil (m) de pèl per a tapissos*	

VII.

3	**Seidengarne** (n pl) **Silk Yarns** **Шелковая пряжа** (ж р)	**Fils** (m pl) **de soie** **Filati** (m pl) **di seta** **Hilos** (m pl) **de seda** / ***Fils** (m pl) **de seda***
4	**1. Reale Seiden** (f pl) **Net Silks** **Натуральный** *или* **естественный шелк** (м р)	**Grandes soies** (f pl) **Sete** (f pl) **reali** **Sedas** (f pl) **reales** / ***Sedes** (f pl) **reals***
5	Mulinierseide (f) thrown silk трощеный *или* крученый шелк (м р)	soie (f) moulinée *ou* ouvrée *ou* [re]torse seta (f) lavorata *o* torta seda (f) obrada *o* molinada
6		Strähn (m) mulinierter Seide skein of thrown silk моток (м р) трощенаго шелка matteau (m) *ou* poupée (f) de soie moulinée matello (m) *o* azza (f) di seta lavorata madeja (f) de seda obrada / *madeixa (f) o troca (f) de seda obrada*
7	Kettseide (f), [Organsinseide (f), Organzin (m), Orsoyseide (f)] organzine основный крученый шелк (м р), крученая шелковая основа (ж р)	organsin (m) organzino (m) organzín (m), torzal (m) de seda / *organsí (m), torçal (m) de seda*
8	Seide (f) mit Satinzwirnung, Atlaszwirn (m) strafilato шелк (м р) сатиновой крутки	organsin (m) à fort apprêt strafilato (m) organzín (m) raso *o* liso / *organsí (m) ras o llis*
9	Seide (f) mit Sammetzwirnung, Sammetzwirn (m) stratorto шелк (м р) бархатной крутки	organsin (m) à faible apprêt stratorto (m) organzín (m) velloso / *organsí (m) pelut*

Seide (f) mit Grenadinezwirnung, Grenadineseide (f) grenadine silk шелк (м р) гренадиновой крутки, шелк для гренадина	grenadine (f) granatina (f) seda (f) grenadina	10
Tramseide (f), Trama (f), Einschlagseide (f), Schußseide (f) tram, weft silk уточный крученый шелк (м р), крученый шелковый уток (м р)	soie (f) trame seta (f) trama seda (f) trama, trama (f) de seda	11
Trametteseide (f) coarse tram грубый уточный шелк (м р)	tramette (f) seta (f) trama grossolana trama (f) gruesa / *groixuda*	12
falsche Organsinseide (f) thread ложный крученый основный шелк (м р)	tors (m) sans filé falso organzino (m) falso organzín (m) / *fals organsí (m)*	13
Marabuseide (f) marabou шелк (м р) марабу	marabout (m) marabout (m) marabú (m)	14
Ondé (n) ondee шелк (м р) ,,ондэ"	soie (f) ondée seta (f) ondata seda (f) ondeada / *ondejada / o roscada*	15
Pelseide (f), Pelo (n) single простой шелк (м р)	poil (m) pelo (m) [di seta] sencillo (m), pelo (m) / *senzill (m), pèl (m)*	16
Nähseide (f), Cusir (f) sewing silk швейный шелк (м р)	soie (f) à coudre seta (f) da cucire, seta (f) cucirina seda (f) de coser / *de cosir*	17
Strickseide (f) knitting silk, netting silk вязальный шелк (м р)	soie à filet *ou* à tricoter seta (f) per maglieria seda (f) para medias / *seda (f) per a mitjes*	18
kordonnierte Seide (f), Kordonettseide (f) purse silk, purse twist, cordonnet кордонный *или* шнурочный шелк (м р)	cordonnet (m) cordonetto (m) cordoncillo (m) de seda / *cordonet (m) de seda, seda (f) cordonet*	19
Crêpe (f) crape yarn креповая шелковая пряжа (ж р)	fil (m) soie crêpe crespo (m) hilo (m) de seda de crespón, hilo de crepe de seda / *fil (m) de seda de crespó, fil de crep de seda*	20
Crêpe-de-Chine (f) china-crape yarn шелковая пряжа (ж р) для креп-де-шина	fil (m) soie crêpe de Chine crespo (m) della Cina hilo (m) de crespón de China / *fil (m) de crespó de Xina*	21
Stickseide (f), platte *oder* flache Seide (f), Plattseide (f) embroidery silk вышивальный шелк (м р)	soie (f) à broder, soie plate seta (f) piatta [pelo (m) de] seda (f) de bordar / *[pèl (m) de] seda (f) de brodar*	22
Floches slack silk шелк (м р) из двух очень толстых грежевых нитей, скрученных между собою; ,,флош"	soie (f) floche floche (m) seda (f) floja / *fluixa*	23

1	Mi-perlé (n) mi-perlé „ми-перлэ"	mi-perlé (m) miperle (f) seda (f) cruda semi-perlé / *seda (f) crua mig-perlé*
2	Filet (n) filet „филэ"	filet (m) floche floche (m) hilillo (m) / *filet (m)*
3	Câblé (n) câblé „каблэ"	câblé (m) cordonetto (m) grossolano cableado (m) / *cablejat (m)*
4	Ovalé (n) ovalé „овалэ"	ovalé (m) ovale (m) di seta ovalado (m)
5	Webseide (f) weaving silk ткацкiй шелк (мр)	soie (f) à tisser sêta (f) per tessitura seda (f) para tejer *seda (f) per a teixir*
6	Posamentierseide (f) silk for trimmings позументный шелк (мр)	soie (f) de passementerie seta (f) da passamanteria seda (f) para pasamanería / *seda (f) per a passamaneria*
7	Spitzenseide (f) blond silk кружевной шелк (мр)	soie (f) à dentelles seta (f) per merletto seda (f) para blondas o para encaje / *seda (f) per a puntes o blondes*
8	Fransenseide (f) fringe silk бахромный шелк (мр)	soie (f) à franges seta (f) per frange seda (f) de fleco / *seda (f) de sarrell*
9	Maschinenseide (f) machine silk машинный шелк (мр)	soie (f) pour machine à coudre seta (f) per macchina seda (f) para máquina de coser / *seda (f) per a máquina de cosir*
10	Phantasieseide (f) fancy silk фасонный шелк (мр)	soie (f) fantaisie seta (f) fantasia seda (f) de fantasia / *de fantasia*
11	beschwerte Seide (f) loaded silk отяжеленный шелк (мр)	soie (f) chargée seta (f) caricata seda (f) cargada / *carregada*
12	farbige Seide (f) coloured silk цвѣтной шелк (мр)	soie (f) couleur seta (f) a colori seda (f) de color
13	Ombré-Seide (f) ombré silk шелк-омбрэ (мр)	soie (f) ombrée seta (f) ombreggiata seda (f) sombreada / *ombrejada*
14	chevillierte Seide (f) chevillé silk умягченный крашеный шелк (мр)	soie (f) chevillée seta (f) incavigliata seda (f) teñida suavizada con clavija / *seda (f) tenyida clavillada*
15	lüstrierte Seide (f) glazed silk люстрированный шелк (мр)	soie (f) glacée seta (f) glacé o lucidata [seda (f)] glacé (f)
16	laminierte Seide (f) flattened silk ленточный шелк (мр)	soie (f) laminée seta (f) laminata seda (f) laminada
17	gaufrierte Seide (f), gaufrierte Trame (f) goffered silk гофрированный шелк (мр)	trame (f) gaufrée seta (f) gaufré seda (f) gofrada o estampada
18	**2. Abfallseidengarne** (n pl) **Spun Silk Yarns** **Пряжа** (жр) **из угарнаго шелка**	**Fils** (m pl) **de déchets de soie** **Filati** (m pl) **di cascami di seta** **Hilos** (m pl) / ***Fils** (m pl)* / **de borra de seda**
19	Florettgarn (n), Schappegarn (n) schappe silk yarn прочесный шелк (мр)	fil (m) de fleuret *ou* de schappe filato (m) di chappe hilo (m) / *fil (m)* / de schappe
20	einfädiges Schappegarn (n), Canetteseide (f) single schappe silk yarn простой прочесный шелк (мр)	trame (f) de schappe, canette (f) schappe filato (m) di chappe ad un sol capo hilo (m) sencillo / *fil (m) senzill* / de schappe
21	gezwirntes Schappegarn (n), Kettschappe (f), Assemblée-Seide (f) schappe silk twist крученый прочесный шелк (мр), основа (жр) из прочеснаго шелка	assemblé (m), chaîne (f) de schappe catena (f) di chappe torcido (m) / *retort (m)* / de schappe
22	Tussahschappegarn (n) tussah schappe yarn прочесный шелк (мр) тусса	schappe (f) tussah chappe (m) tussah schappe (f) tussah
23	Webeschappe (f) weaving schappe прочесный шелк (мр) для ткачества	schappe (f) pour tissage chappe (m) per tessitura schappe (f) para tejer / *per a teixir*
24	Galettegarn (n), Filosellegarn (n) filoselle yarn пряжа (жр) галэт, пряжа филозель	fil (m) de soie galette, filoselle (f) filato (m) di filosella o di galettame seda (f) de capullos o de todo capullo / *seda (f) de capolls*

No.		
1	Gelbbast (m) yellow schappe silk yarn желтый прочесный шелк (мр)	fil (m) de fleuret jaune chappe (m) giallo hilo (m) de schappe amarillo / *fil (m) de schappe groc*
2	Weißbast (m) white schappe silk yarn бѣлый прочесный шелк (мр)	fil (m) de fleuret blanc chappe (m) bianco hilo (m) de schappe blanco / *fil (m) de schappe blanc*
3	Bourrettegarn (n) bourrette yarn буретная пряжа (жр)	fil (m) de bourrette filato (m) di bourrette o di borretta hilo (m) / *fil (m)* / de seda basta
4	Bourrettezwirn (m) bourrette twist крученая буретная пряжа (жр)	retors (m) bourrette ritorto (m) bourrette o borretta torcido (m) / *retort (m)* / de seda basta
5	**8. Kunstseidengarne (n pl)** **Artificial Silk Yarns** **Пряжа (ж р) искусственнаго шелка**	**Fils (m pl) de soie artificielle** **Filati (m pl) di seta artificiale** **Hilos (m pl) / *Fils (m pl)* / de seda artificial**
6	Kupfer[oxydammoniak]seide (f), Glanzstoff (m) cuprammonium silk, cuprate[d]silk, lustracellulose, Glanzstoff мѣднокисло-аммiачный шелк (мр), искусственный шелк гланцштоф	soie (f) au cuivre, soie à l'oxyde de cuivre ammoniacal, soie Glanzstoff seta (f) all'ossido di rame ammoniacale, Glanzstoff (m), seta artificiale di Elberfeld o di Oberbruch seda (f) al cobre o al óxido cupro-amoniacal, Glanzstoff (m), seda artificial de Elberfeld o de Oberbruch / *seda (f) artificial o cupro-amoniacal de Elberfeld o de Oberbruch*
7	Nitrozelluloseseide (f), Nitroseide (f), Nitratseide (f), Kollodiumseide (f), Lehnerseide (f), Silkin (n) nitrocellulose *or* Chardonnet silk, collodion silk, gun-cotton silk нитрошелк (мр), силкин (мр)	soie (f) à la nitrocellulose *ou* de Chardonnet *ou* au pyroxyle *ou* au collodion seta (f) di nitrocellulosa o di pirossilo o di collodio, seta Chardonnet, seta nitro seda (f) de nitrocelulosa o de colodión, seda Chardonnet / *seda (f) de nitrocel·lulosa, seda (f) de Chardonnet o al piroxil o al col·lodió*
8	Viskoseseide (f), Lunaseide (f) viscose silk, Luna silk вискозный шелк (мр)	soie (f) viscose seta (f) viscose, seta Luna seda (f) viscose, seda Luna / *seda (f) viscosa o Lluna*
9	Siriusseide (f) Sirius silk грубый мѣднокисло-аммiачный шелк (мр)	soie (f) Sirius seta (f) Sirius seda (f) Sirio
10	Meteorseide (f) Meteor silk искусственный конскiй волос (мр) [из нитрошелка]	soie (f) Météore seta (f) Meteora seda (f) Meteoro
11	Robinseide (f), künstliches Roßhaar (n) artificial [horse] hair искусственный конскiй волос (мр)	crin (m) artificiel, crinol (m) crine (m) artificiale crin (f) artificial, crenol (m)
12	Viscellineseide (f) viscelline yarn висцелиновый шелк (мр)	fil (m) de viscelline filato (m) viscelline hilo (m) / *fil (m)* / viscelina
13	**VIII.** **Verschiedene Garne (n pl)** **Sundry Yarns** **Различные сорта (м р) пряжи**	**Fils (m pl) divers** **Filati (m pl) diversi** **Hilos (m pl) diversos / *Fils (m pl) diversos***
14	Kokosgarn (n) coir yarn пряжа (жр) из кокосоваго волокна	fil (m) de coco filato (m) di cocco hilo (m) / *fil (m)* / de coco
15	Ramiegarn (n) ramie yarn, china grass yarn пряжа (жр) из рами	fil (m) de ramie filato (m) di ramiè hilo (m) de ramio / *fil (m) de rami*
16	Waldwollegarn (n) pine needle yarn пряжа (жр) из хвойнаго волокна	fil (m) de laine de bois filato (m) di lana di pino hilo (m) de lana de pino / *fil (m) de llana de pi*
17	Torfgarn (n) peat yarn пряжа (жр) из торфа	fil (m) de tourbe filato (m) di torba hilo (m) de lana y turba / *fil (m) de llana i turba*
18	Zellstoffgarn (n), Zellulosegarn (n) cellulose yarn целлулозовая пряжа (жр)	fil (m) de cellulose filato (m) di cellulosa hilo (m) de celulosa / *fil (m) de cel·lulosa*
19	Holzfasergarn (n) wood fibre yarn пряжа (жр) из древеснаго волокна	fil (m) de fibre de bois filato (m) di fibra di legno hilo (m) de fibra de madera / *fil (m) de fibra de fusta*
20	Papierstoffgarn (n) pulp yarn пряжа (жр) из бумажной массы	fil (m) de pâte de papier filato (m) di pasta da carta hilo (m) de pasta de papel / *fil (m) de pasta de paper*
21	Papiergarn (n) paper yarn бумажная пряжа (жр)	fil (m) de papier filato (m) di carta hilo (m) de papel / *fil (m) de paper*

1 Xylolin (n) / xylolin yarn / ксилолиновая пряжа (ж р) — fil (m) xyloline / filato (m) xiloline / hilo (m) de xilolina / *fil (m) de xilonina*

2 Silvalin (n) / silvalin [pulp] yarn / бумажная пряжа (ж р) сильвалин — fil (m) [de pâte] silvaline / filato (m) [di pasta] silvaline / hilo (f) / *fil (m)* / [de pasta] „silvalina"

3 Textilose (f) / textilose [paper] yarn / пряжа (ж р) текстилоза — fil (m) [de papier] textilose / filato (m) [di carta] tessilosa / hilo (m) [de papel] „textilosa" / *fil (m) [de paper] „textilosa"*

4 Textilit (n) / textilite [paper] yarn / пряжа (ж р) текстилит — fil (m) [de papier] textilite / filato (m) [di carta] tessilite / hilo (m) [de papel] „textilita" / *fil (m) [de paper] „textilita"*

5 Textilin (n) / textiline [paper] yarn / пряжа (ж р) текстилин — fil (m) [de papier] textiline / filato (m) [di carta] tessiline / hilo (m) [de papel] / *fil (m) [de paper]* / „textilina"

6 Rundgarn (n) / round yarn / круглая пряжа (ж р) — fil (m) rond / filato (m) rotondo / hilo (m) redondo / *fil (m) rodó*

7 Flachgarn (n) / flat yarn / плоская *или* лентовидная пряжа (ж р) — fil (m) plat / filato (m) piatto / hilo (m) plano / *fil (m) pla*

8 Flachgarn (n) mit eingelegten Fäden / flat yarn with thread core / лентовидная пряжа (ж р) с закладными нитями — fil (m) plat avec âme de fil textile / filato (m) piatto con anima di filo tessile / hilo (m) plano con ánima de hilo textil / *fil (m) pla amb ànima de fil textil*

9 Flachgarn (n) mit eingelegten Drähten / flat yarn with wire core / лентовидная пряжа (ж р) с закладными проволоками — fil (m) plat avec âme métallique / filato (m) piatto con anima metallica / hilo (m) plano con ánima de alambre / *fil (m) pla amb ànima de filferro*

10 Asbestgarn (n) / asbestos yarn / асбестовая пряжа (ж р) — fil (m) d'amiante / filato (m) di amianto / hilo (m) de amianto / *fil (m) d'amiant*

11 Asbestgarn (n) mit Seele / asbestos yarn with core / асбестовая пряжа (ж р) со стержнем — fil (m) d'amiante avec âme / filato (m) di amianto con anima / hilo (m) de amianto con ánima / *fil (m) d'amiant amb ànima*

IX.

Zierfäden (m pl) / Fancy Yarns / Фасонная пряжа (ж р) / Fils (m pl) [de] fantaisie / Filati (m pl) di fantasia / Hilos (m) de fantasía / *Fils (m) de fantasia* 12

13 Musterzwirn (m), Zierzwirn (m), Effektzwirn (m), Kunstzwirn (m), Phantasiezwirn (m) / fancy twist / фасонная нить (ж р) — fil (m) fantaisie retordu / ritorto (m) fantasia / retorcido (m) de fantasía / *retort (m) de fantasia*

Flamm[en]garn (n), geflammtes *oder* flammiertes Garn (n), Flamiegarn (n) / flake yarn / застилистая пряжа (ж р) / fil (m) flammé / filato (m) flammé / hilo (m) flameado *o* en forma de llamas / *fil (m) flamejat* 14

15 durch Fachen erzeugtes Flammgarn (n) / flake yarn made by doubling-winding / сдвоенная застилистая пряжа (ж р) — fil (m) flammé produit par doublage / filo (m) flammé prodotto per addoppiatura / hilo (m) flameado obtenido por torcido / *fil (m) flamejat produït per torsió*

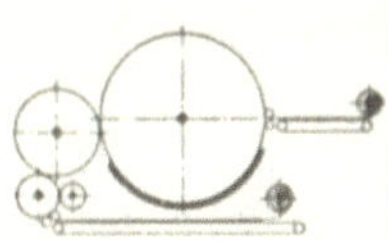

Krempel (f) für die Herstellung von Flammgarn / flake yarn card / чесальная (ж р) для выработки застилистой пряжи / carde (f) pour fil flammé / carda (f) per filo flammé / carda (f) para hilo flameado / *carda (f) per a fil flamejat* 16

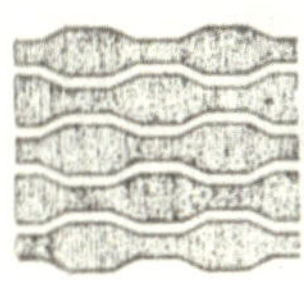

Peigneurbeschlag (m) für einfarbiges Flammgarn / doffer fillet for plain flake yarn / обтяжка (ж р) вальяна для одноцвѣтной застилистой пряжи / garniture (f) du peigneur pour fil flammé unicolore / guarnizione (f) del pettinatore per filo flammé di un solo colore / guarnición (f) de llevador para hilo flameado unicolor / *guarnició (f) de llevador per a fil flamejat unit* 17

1 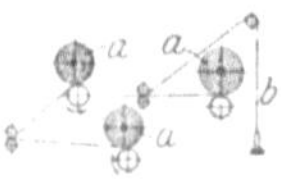
Herstellung (f) von Flammgarn beim Feinspinnen
manufacture of flake yarn in the spinning process
производство (ср) *или* выработка (жр) застилистой пряжи при тонком прядении
fabrication (f) du fil flammé par filage en fin
fabbricazione (f) del filo flammé per filatura in fino
fabricación (f) del hilo flameado por proceso de hilatura / *fabricació (f) del fil flamejat per procés de filatura*

2 a
Vorgarnspule (f)
condenser bobbin
катушка (жр) ровницы
bobine (f) de préparation
rocca (f) di lucignolo
bobina (f) de mecha / *de metxa*

3 b
feingesponnener Faden (m)
spun preparation yarn
тонкая нить (жр)
fil (m) filé en fin
filato (m) in fino
hilo (m) hilado en fino / *fil (m) filat en fi*

4 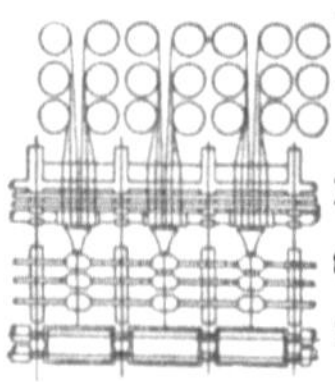
Strecke (f) für Flammkammgarnspinnerei
draw frame for spinning worsted flake yarn
ленточная машина (жр) для производства гребенной застилистой пряжи
banc (m) d'étirage pour le filage de fil peigné flammé
stiratoio (m) per filatura di filo pettinato flammé
manuar (m) para hilo de estambre flameado / *manuar (m) per a fil d'estam flamejat*

5 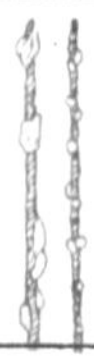
Noppengarn (n)
knop yarn
шишковидная пряжа (жр)
fil (m) boutonneux
filo (m) ritorto a nodi o a bottoni
hilo (m) con botones / *fil (m) amb botons*

6
Wollnoppe (f)
wool knop
шерстяная шишка (жр)
bouton (m) de laine
bottone (m) di lana
botón (m) de lana / *botó (m) de llana*

7
Baumwollnoppe (f)
cotton knop
хлопчатобумажная шишка (жр)
bouton (m) de coton
bottone (m) di cotone
botón (m) de algodón / *botó (m) de cotó*

8
Seidennoppe (f)
silk knop
шелковая шишка (жр)
bouton (m) de soie
bottone (m) di seta
botón (m) / *botó (m)* / de seda

9
natürliche Noppe (f)
natural knop
естественная шишка (жр)
bouton (m) naturel
bottone (m) naturale
botón (m) / *botó (m)* / natural

10
künstliche Noppe (f)
artificial knop
искусственная шишка (жр)
bouton (m) artificiel
bottone (m) artificiale
botón (m) / *botó (m)* / artificial

11
farbige Noppe (f)
coloured knop
цвѣтная шишка (жр)
bouton (m) de couleur
bottone (m) colorato
botón (m) / *botó (m)* / de color

12
lockere Noppe (f)
loose knop, slub
рыхлая шишка (жр)
bouton (m) floche
bottone (m) molle
botón (m) flojo / *botó (m) fluix*

13
feste Noppe (f)
fast knop
крѣпкая *или* плотная шишка (жр)
bouton (m) solide
bottone (m) solido
botón (m) sólido o fuerte / *botó (m) sòlid o fort*

14
Zusetzen (n) der Noppen
addition of the knops
присадка (жр) *или* посадка (жр) шишек
addition (f) des boutons
addizione (f) dei bottoni
adición (f) de los botones / *addició (f) dels botons*

15
die Noppen (fpl) zusetzen
to add the knops
присаживать шишки
ajouter les boutons (mpl)
aggiungere i bottoni
añadir los botones / *afegir els botons*

16
Vermischen (n) der Noppen mit der Wolle
mixing the knops with the wool
смѣшиванie (ср) шишек с шерстью
mélange (m) des boutons à la laine
mischia (f) dei bottoni alla lana
mezcla (f) de los botones con la lana / *barreja (f) dels botons amb la llana*

17
die Noppen (fpl) auf den Zuführtisch der Vorgarnkrempel auflegen
to place the knops on the feed table of the condenser card
накладывать шишки на питательный стол конденсорной чесальной
placer les boutons sur le tablier alimentaire de la carde en fin
mettere i bottoni sulla tavola alimentatrice della carda in fino
poner los botones en el tablero de la carda mechera / *posar els botons en la telera de la carda metxera*

18
die Noppen (fpl) auf das Vlies der Vorgarnkrempel auflegen
to place the knops on the fleece of the condenser card
накладывать шишки на ватку, снятую с вальяна конденсорной чесальной
placer les boutons sur le voile de la carde en fin
mettere i bottoni sul velo dalla carda in fino
poner los botones en el velo de la carda mechera / *posar els botons en el vel de la carda metxera*

19
die Noppen (fpl) auf den Sammler *oder* Abnehmer der Vorgarnkrempel streuen
to scatter the knops on the doffer of the condenser card
разсыпать шишки по вальяну конденсорной чесальной
semer les boutons sur le peigneur de la carde en fin
seminare i bottoni sul pettinatore della carda in fino
esparcir los botones en el llevador de la carda mechera / *espargir els botons en el llevador de la carda metxera*

20 
Noppenstreuvorrichtung (f)
knopping motion
приспособленie (ср) для разсыпки шишек
dispositif (m) d'alimentation des boutons
dispositivo (m) di alimentazione dei bottoni
dispositivo (m) de alimentación de botones / *dispositiu (m) d'alimentació de botons*

1 a
Noppenbehälter (m)
knop box
ящик (мр) для шишек
réservoir (m) à boutons
serbatoio (m) a bottoni
caja (f) de botones / *caixa (f) de botons*

2
die Noppen (fpl) auf dem fertigen Faden bilden
to form the knops on the finished yarn
производить шишки на готовой нити
former les boutons sur le fil fini
formare i bottoni sul filato finito
formar los botones sobre el hilo acabado / *formar els botons sobre el fil acabat*

3
Polkräuselgarn (n)
ostrich yarn
страусовая пряжа (жр)
fil (m) autruche, fil à poil frisé
filato (m) increspato
hilo (m) de avestruz / *fil (m) d'austrús*

4
Kernfaden (m), Grundfaden (m), Seelenfaden (m)
ground thread, core thread, foundation thread
стержневая *или* закладочная нить (жр)
fil (m) de fond, [fil (m) d'] âme (f), fil de support
filo (m) fondamentale o di fondo
hilo (m) de fondo, hilo [de] ánima / *fil (m) d'ànima*

5
Polfaden (m)
pile thread
ворсовая *или* гарнитурная нить (жр)
fil (m) poil
filo (m) di pelo
hilo-pelo (m) / *fil-pèl (m)*

6
Umspinnmaschine (f)
spiral twisting machine for pile threads
крутильная машина (жр) для обматыванія нити, обмоточная машина (жр)
métier (m) à retordre les spirales du fil poil
ritorcitoio (m) per spirali di filo di pelo
máquina (f) de torcer las espiras de hilo-pelo / *màquina (f) de tòrcer les espires del fil-pèl*

7
die Windungen (fpl) durch Dämpfen festigen [*oder* fixieren]
to fix the spirals by steaming
закрѣплять витки нити путем пропариванія
fixer les spires (fpl) par la vaporisation
fissare le spire con vaporizzazione
fijar las espiras por vaporizado / *fixar les espires per vaporitzat*

8
Perlfaden (m)
bead yarn
бисерная нить (жр)
fil (m) de perles
filo (m) perlato
hilo (m) de perlas, hilo rosario / *fil (m) de perles, fil rosari*

9
Glasperle (f)
glass bead
стеклянный бисер (мр)
perle (f) en verre
perla (f) di vetro
perla (f) de vidrio / *de vidre*

10
Metallkügelchen (n)
metal bead *or* ball
металлический бисер (мр)
perle (f) métallique
perla (f) metallica
perla (f) de metal / *de metall*

11
Goldperle (f)
gold bead
золотой бисер (мр)
perle (f) dorée
perla (f) dorata
perla (f) de oro / *d'or*

12
Silberperle (f)
silver bead
серебряный бисер (мр)
perle (f) argentée
perla (f) argentata
perla (f) de plata

13
Schellackperlgarn (n), Schellackknotengarn (n)
shellac bead yarn
шеллаковая бисерная пряжа (жр)
fil (m) en écailles
filato (m) a perle di ceralacca
hilo (m) de escama / *fil (m) d'escames*

14
Filzgarn (n), gefilzter Faden (m)
felted yarn
валеная нить (жр)
fil (m) feutré
filo (m) feltrato
hilo (m) fieltrado / *fil (m) enfeltrat*

15
bunte Fäden (mpl) zusammenzwirnen
to twist variously coloured ends together
скручивать пестрые нити
retordre des fils de différentes couleurs
ritorcere dei fili di vari colori
torcer varios cabos teñidos de distintos colores / *tòrcer varis caps ten yits de colors diferents*

16
Flammenzwirn (m)
flake twist
вастилистая крученая нить (жр)
retors (m) flammé
ritorto (m) flammé
torcido (m) flameado o llameado / *retort (m) flamejat*

17

Kreuzzwirn (m)
crossed yarn
нить (жр) крестовой крутки
retors (m) croisé
ritorto (m) incrociato
torcido (m) cruzado / *retort (m) creuat*

18

Knotenzwirn (m)
spot yarn
узелковая крученая нить (жр)
retors (m) boutonné *ou* bouchonneux
filo (m) ritorto a nodi
hilo (m) con botones / *fil (m) amb botons*

19
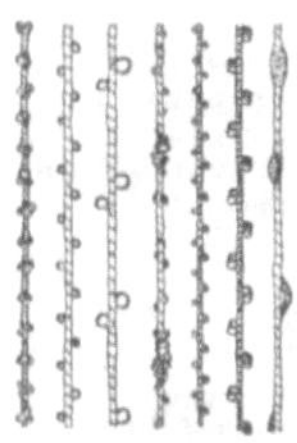
Schleifenzwirn (m), Schlingenzwirn (m), Ringelzwirn (m), Loppgarn (n)
loop yarn
петлистая крученая нить (жр)
retors (m) bouclé
ritorto (m) ad anellini
hilo (m) con bucles o ojetes / *fil (m) amb rinxos o bagues*

20

Perlzwirn (m), Wellenzwirn (m), Kräuselzwirn (m), Schlangenzwirn (m)
waved yarn
бисерная крученая нить (жр)
fil (m) ondé
ritorto (m) ad ondulazioni
hilo (m) ondeado / *fil (m) onejat*

R.

1 **Seilereierzeugnisse** (n pl)
Ropemaker's Ware, Cordage
Издѣлія (c p) **канатнаго производства**
Cordages (m pl)
Cordami (m pl)
Cordajes (m pl) / ***Cordatges*** *(m pl)*

I.

2 **Gedrehte Seilerwaren** (f pl)
Twisted Rope Ware
Крученыя канатныя издѣлія (c p)
Articles (m pl) **de corderie tordus**
Cordami (m pl) **ritorti**
Artículos (m pl) **de cordelería torcidos** / ***Articles*** *(m pl)* ***de corderia retorts***

3 a
Hanftau (n)
hemp cable
пеньковый тросс (мр)
câble (m) en chanvre
cavo (m) *o* cordone (m) di canapa
cable (m) de cáñamo / *de cànem*

4 b
Hanfseil (n)
hemp rope
пеньковый канат (мр)
corde (f) en chanvre
corda (f) di canapa
cuerda (f) de cáñamo / *corda (f) de cànem*

5 c
Hanflitze (f)
hemp strand
пеньковая стренга (жр) *или* жила (жр)
toron (m) en chanvre
lignuolo (m) *o* trefolo (m) di canapa
torón (m) de cáñamo / *cordill (m) de cànem*

6 d
Hanffaden (m), Hanfgarn (n)
hemp yarn
пеньковая нить (жр)
fil (m) de chanvre
filo (m) di canapa
hilo (m) de cáñamo / *fil (m) de cànem*

7
Manila[hanf]seil (n)
Manilla rope
манильскій пеньковый канат (мр)
corde (f) en Manille
corda (f) di Manilla
cuerda (f) de abacá o de cáñamo de Manila / *corda (f) d'abacà o de cànem de Manila*

8
Baumwollseil (n)
cotton rope
хлопчатобумажный канат (мр)
corde (f) en coton
corda (f) di cotone
cuerda (f) de algodón / *corda (f) de cotó*

9
Leinengarn (n), Flachsgarn (n)
linen yarn
льняная пряжа (жр)
fil (m) de lin
filo (m) di lino
hilo (m) [de lino] / *fil (m) [de lli]*

10
Lederseil (n)
leather rope
кожаный канат (мр)
corde (f) en cuir
corda (f) di cuoio
cuerda (f) de cuero / *corda (f) de cuiro*

11
Kabelgarn (n), Seilergarn (n)
rope yarn, cable yarn
кабельная пряжа (жр)
fil (m) de caret
filato (m) per corda
cabo (m) de cordelero, hilo (m) de cuerda o de cable / *cap (m) senzill, fil (m) de corda o de cable*

12
leichtes Seilergarn (n)
fine rope yarn
тонкая канатная пряжа (жр)
fil (m) de caret délié
filato (m) per corda fino
cabo (m) fino de cordelero / *fil (m) fi de corder*

13
dickes Seilergarn (n)
coarse rope yarn
толстая канатная пряжа (жр)
fil (m) de caret gros
filato (m) per corda grossolano
cabo (m) grueso de cordelero / *fil (m) gruixut de corder*

14
schwulstiges Seilergarn (n)
uneven rope yarn
переслѣжистая канатная пряжа (жр)
fil (m) de caret inégal
filato (m) per corda mal unito
cabo (m) de cuerda desigual / *fil (m) de corda xemicat*

15
Garbenbindegarn (n)
binder twine, reaper yarn, harvest yarn
сноповязальная пряжа (жр)
fil (m) pour moissonneuse-lieuse
spago (m) per macchine mietitrici-legatrici
hilo (m) para cordeles de hacer gavillas / *fil (m) per a cordills de fer garbes*

16
Bindfaden (m)
[binding] twine, pack thread, packing twine
бечевка (жр), шпагат (мр)
ficelle (f) [d'emballage]
spago (m)
bramante (m), guita (f), cordel (m) / *fil (m) d'empalomar*

17
roher Bindfaden (m)
unbleached *or* common twine, twine natural colour
суровая бечевка (жр)
ficelle (f) écrue
spago (m) greggio
bramante (m) en crudo o natural / *fil (m) d'empalomar en cru o natural*

1 weißer *oder* gebleichter Bindfaden (m), Apothekerbindfaden (m) — bleached twine, medical twine — бѣлая *или* отбѣленная бечевка (жр) — ficelle (f) blanch[i]e — spago (m) imbiancato — bramante (m) blanqueado / *fil (m) d'empalomar blanquejat*

2 Kanzleibindfaden (m) — stitching twine — вязка (жр) — ficelle (f) à brocher — spago (m) per legare — bramante (m) para coser escrituras / *fil (m) de cosir escriptures*

3 Zuckerbindfaden (m) — sugar twine — голосинник (мр), голландская нитка (жр) — ficelle (f) pour sucre — spago (m) per zucchero — bramante (m) para azúcar / *fil (m) d'empalomar per a sucre*

4 zweischäftiger Bindfaden (m) — two-ply thread *or* twine, two-strand twine — двухстренговая *или* двухжильная бечевка (жр) — ficelle (f) deux brins, bitord (m) — spago (m) a due capi — bramante (m) de dos cabos / *fil (m) d'empalomar de dos caps*

5 dreischäftiger Bindfaden (m) — three-strand twine, three-ply thread *or* twine — трехстренговая бечевка (жр) — ficelle (f) trois brins, merlin (m) — spago (m) a tre capi — bramante (m) de tres cabos / *fil (m) d'empalomar de tres caps*

6 Schiemannsgarn (n) — spunyarn — обмоточная бечевка (жр) — bitord (m) — comando (m) catramato — meollar (m) / *cordill (m) per a cobrir cordam*

7 
Bindfadenknäuel (m) — ball of twine, twine ball — клубок (мр) бечевки — pelote (f) de ficelle — gomitolo (m) di spago — ovillo (m) de bramante / *capdell (m) de fil d'empalomar*

8 
Bindfadenrolle (f) — bobbin *or* roll of twine, twine roll *or* reel — катушка (жр) бечевки — rouleau (m) de ficelle — rocchetto (m) di spago — carrete (m) de bramante / *rodet (m) de fil d'empalomar*

9 Sackband (n) — sack tie — мѣшочная дратва (жр) — cordon (m) de sac — cordone (m) di sacco — cordel (m) para atar sacos / *cordill (m) per a lligar sacs*

10 Schnur (f), Kordel (f) — string, cable laid twine — шнур (мр), шнурок (мр) — retors (m), cordon (m), cordelette (f) — rafforzino (m), cordicella (f), cordellina (f) — cordel (m), torzal (m) / *cordill (m), torçal (m)*

11 Hanfschnur (f) — hemp string — пеньковый шнур (мр) — cordon (m) *ou* retors (m) de chanvre — cordicella (f) di canapa — cordel (m) de cáñamo / *cordill (m) de cànem*

Maurerschnur (f) — mason's cord — струна (жр), струнка (жр) — cordeau (m) — cordicella (f) da muratori — cordel (m) de albañil / *cordill (m) de paleta* 12

Peitschenschnur (f) — whip cord — бечевка (жр) для кнута — corde (f) à fouet — cordicella (f) da frustino — trenza (f) *o* cordel (m) de látigo / *trena (f) o cordill (m) de tralla* 13

Litzenschnur (f) — heald cord — стренговый шнур (мр) — corde (f) pour lisses — cordicella (f) da licci — torzal (m) para lizos / *torçal (m) per a lliços* 14

Korde (f) — cord — корда (жр), крѣпкая бечевка (жр) — corde (f) — cordino (m) — cuerdecita (f) / *cordeta (f)* 15

Paßkorde (f), Bastkorde (f) — passementery cord — позументный шнур (мр) — cordon (m) de passementerie — cordone (m) da passamanteria — cordón (m) de pasamanería / *cordó (m) de passamaneria* 16

Leine (f), Liene (f), Linie (f) — line — веревка (жр) — cordelette (f) — funicella (f) — cuerda (f) / *corda (f)* 17

Hanfleine (f) — hemp line — пеньковая веревка (жр) — cordelette (f) en chanvre — funicella (f) di canapa — cuerda (f) de cáñamo / *corda (f) de cànem* 18

Fangleine (f) — painter — чалка (жр) — bosse (f) — corda (f) da lancia — boza (f) 19

Packleine (f) — packing line — паковочная веревка (жр) — corde (f) d'emballage, seizaine (f) — cordicella (f) per imballaggio — cuerda (f) de embalar / *corda (f) d'embalar* 20

Waschleine (f) — cloth[es] line, linen cord — веревка (жр) для сушки бѣлья — corde (f) à linge — cordicella (f) per stenditoi *o* asciugatoi — cuerda (f) de extender / *corda (f) d'estendre* 21

Uhrleine (f) — clock line — веревка (жр) для часовых гирь — corde (f) d'horloge — fune (f) per orologi da torre — cuerda (f) de reloj / *corda (f) de relloige* 22

Sondierleine (f), Lotleine (f) — lead line — землемѣрная веревка (жр), веревка для зондированія — ligne (f) de sonde — sagola (f) di sonda *o* per scandaglio — cordel (m) de sonda / *sonda (f)* 23

Meßleine (f), Log[g]leine (f) — log line — веревка (жр) для лага, лаговая веревка — ligne (f) de loch — sagola (f) del solcometro *o* per lock — cordel (m) de la corredera / *corda (f) de la corredora* 24

1 Ankerleine (f)
humber line
якорный канат (мр)
ligne (f) d'amarrage
corda (f) di ormeggio
cuerda (f) / *corda (f)* / de amarra

2 Drahtlitze (f)
wire strand
проволочная стренга (жр)
toron (m) métallique
trefolo (m) o lignuolo (m) di fili metallici
cordón (m) de alambre / *cordó (m) de filferro*

3 *x*-fädige Litze (f)
x-thread strand
x-ниточная стренга (жр)
toron (m) à *x* fils
lignuolo (m) a *x* fili
cordón (m) de *x* hilos / *cordó (m) de x fils*

4 
linksdrähtige Litze (f)
left-hand thread strand
стренга (жр) лѣвой крутки
toron (m) à torsion gauche
lignuolo (m) con torsione a sinistra
cordón (m) de torsión izquierda / *cordó (m) de torta esquerra*

5 
rechtsdrähtige Litze (f)
right-hand thread strand
стренга (жр) правой крутки
toron (m) à torsion droite
lignuolo (m) con torsione a destra
cordón (m) de torsión derecha / *cordó (m) de torta dreta*

6 gleichförmig gearbeitete Litze (f)
evenly worked strand
равномѣрная стренга (жр)
toron (m) travaillé également
lignuolo (m) lavorato uniformemente
cordón (m) trabajado igualmente / *cordó (m) treballat igualment*

7 äußere Litzenschicht (f)
outer layer of strands
наружный слой (мр) стренги
couche (f) extérieure des torons
strato (m) esteriore dei lignuoli
capa (f) exterior de los cordones / *dels cordons*

8 Litzenkern (m)
core of strand
стержень (мр) стренги
âme (f) du toron
anima (f) del lignuolo
ánima (f) del cordón / *ànima (f) del cordó*

9 Strang (m), Zugstrang (m)
trace
постромка (жр)
trait (m)
tirella (f)
tirante (m) / *tiranda (f)*

10 Bindestrang (m), Maurerseil (n), Gerüstseil (n)
scaffolding cord
веревка (жр) для скрѣпленія лѣсов
corde (f) d'échafaudage, corde à pont, chablot (m), cordage (m) de maçon
fune (f) per legare i ponti dei muratori, corda (f) da ponte
soga (f) de andamio o de albañil / *corda (f) de bastides o de paleta*

11 verjüngtes Seil (n), Strick (m)
taper rope
утоняющійся *или* сходящій канат (мр)
câble (m) diminué *ou* conique
corda (f) conica
cuerda (f) achicada / *corda (f) enxiquida*

Strickschlinge (f), Stricköhr (n), Strickschlange (f)
rope noose
веревочная петля (жр), силок (мр)
boucle (f) de corde
orecchio (m) di corda
bucle (m) *o* nudo (m) corredizo de la soga / *baga (f) o nus (m) corredor de la soga* 12

Seil (n)
rope
канат (мр)
câble (m), corde (f)
corda (f), fune (f)
cuerda (f), cable (m) / *corda (f), cable (m)* 13

x-schäftiges Seil (n)
x-strand rope
x-жильный канат (мр)
cordage (m) à *x* torons
corda (f) a *x* cordoni
cuerda (f) de *x* cabos o cordones / *corda (f) de x caps o cames* 14

troßweise geschlagenes Seil (n), dreischäftiges Seil (n)
hawser [-laid rope], three-strand[ed] rope
трехстренговый канат (мр)
cordage (m) à trois torons, cordage en trois *ou* commis en haussière
corda (f) in tre, corda a tre capi o trefoli
guindaleta (f) de tres cordones, maroma (f) de tres cabos / *llibant (m) de tres cames* 15

kugelweise geschlagenes Seil (n), vierschäftiges Seil (n)
shroud-laid rope, four-strand[ed] rope
четырехстренговый канат (мр)
cordage (m) à quatre torons, cordage (m) [commis] en quatre
corda (f) in quattro, corda (f) a quattro capi o trefoli
guindaleta (f) o maroma (f) de cuatro cabos / *cap (m) obenc, llibant (m) de quatre caps* 16

kabelweise geschlagenes Seil (n), Greling (n)
cable-laid rope
канат (мр) кабельнаго плетенія, кабельтов (мр)
cordage (m) commis en grelin
corda (f) commessa in gherlino, cavo (m) a gherlino
guindaleta (f) acalabrotada, calabrote (m) / *calabrot (m)* 17

a
Seilseele (f), Seilherz (n)
rope core, rope heart
сердечник (мр) *или* стержень (мр) каната
âme (f) *ou* noyau (m) du câble
anima (f) o animella (f) della corda
ánima (f) / *ànima (f)* / del cable 18

a
gequetschte Seilseele (f)
rope with crushed core
сжатый стержень (мр)
câble (m) à noyau écrasé
corda (f) ad anima schiacciata
cable (m) con ánima aplastada / *cable (m) amb ànima aixafada* 19

ausgestreckt liegende Seilseele (f)
straight rope core
растянутый стержень (мр)
âme (f) du câble droite
animella (f) diritta e tesa
ánima (f) / *ànima (f)* / de cable recta 20

Hanfseele (f)
hemp core
пеньковый стержень (мр)
âme (f) de chanvre
anima (f) di canapa
ánima (f) de cáñamo / *ànima (f) de cànem* 21

No.	German / English / Russian	French / Italian / Spanish / Catalan
1	Drahtseele (f) wire core проволочный стержень (мр)	âme (f) de fil métallique anima (f) di filo metallico ánima (f) de alambre / *ànima (f) de filferro*
2	Umspinnen (n) der Seele laying round the core обмотка (жр) стержня	recouvrement (m) de l'âme, enroulement (m) des torons sur l'âme copertura (f) dell'anima cubrimiento (m) del ánima / *cobriment (m) del ànima*
3	die Seele umspinnen to lay round the core обматывать стержень	recouvrir l'âme (f), enrouler les torons sur l'âme ricoprire l'anima (f) cubrir el ánima (f) / *cobrir l'ànima (f)*
4	umsponnene Seele (f) covered core обмотанный стержень (мр)	âme (f) recouverte anima (f) ricoperta ánima (f) cubierta / *ànima (f) coberta*
5	Korkfüllung (f) cork filling пробковая начинка (жр)	noyau (m) en liège riempitura (f) di sughero núcleo (m) de corcho / *nucli (m) de suro*
6	Strohseil (n) straw band соломенный канат (мр)	corde (f) en paille corda (f) in paglia cuerda (f) de paja / *corda (f) de palla*
7	Holzwolleseil (n) wood wool band канат (мр) из древесной шерсти	corde (f) en paille de bois corda (f) in lana di legno cuerda (f) de lana de madera / *corda (f) de llana de fusta*
8	Asbestseil (n) asbestos band асбестовый канат (мр)	corde (f) en amiante corda (f) in amianto cuerda (f) de amianto / *corda (f) d'amiant*
9	Drahtseil (n) wire rope проволочный канат (мр)	câble (m) métallique fune (f) metallica cable (m) metálico / *metàl·lic*
10	feindrähtiges Drahtseil (n) fine-strand wire rope канат (мр) из тонкой проволоки	câble (m) métallique à fils fins fune (m) metallica a fili fini cable (m) metálico de alambre fino / *cable (m) metàl·lic de filferro fi*
11	grobdrähtiges Drahtseil (n) coarse-strand wirerope канат (мр) из толстой проволоки	câble (m) métallique à gros fils fune (f) metallica a fili grossi cable (m) metálico de alambre grueso / *cable (m) metàl·lic de filferro groixut*
12	 Drahtseil (n) mit Hanfseele wire rope with hemp core проволочный канат (мр) с пеньковым стержнем	câble (m) métallique avec âme en chanvre fune (f) metallica con anima di canapa cable (m) metálico con ánima de cáñamo / *cable (m) metàl·lic amb ànima de cànem*
13	 Spiraldrahtseil (n) spiral wire rope, twisted wire rope спиральный проволочный канат (мр)	câble (m) métallique hélicoïdal *ou* tors fune (f) metallica a spirale cable (m) metálico / *metàl·lic* / espiral
14	 flachlitziges Drahtseil (n), Drahtseil (n) mit unrunden Litzenkernen flat-strand[ed] wire rope канат (мр) из плоских жил	câble (m) métallique à torons plats fune (f) metallica a trefoli piatti cable (m) metálico con cabos de alambres planos / *cable (m) metàl·lic amb caps de filferros plans*
15	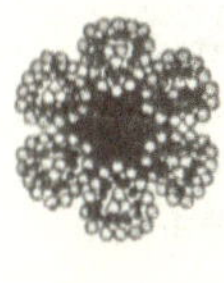 Dreikantlitzenseil (n) triangular strand wire rope канат (мр) из трехгранных жил	câble (m) à torons triangulaires fune (f) a trefoli triangolari cable (m) con cabos de alambres triangulares / *cable (m) amb caps de filferros triangulars*
16	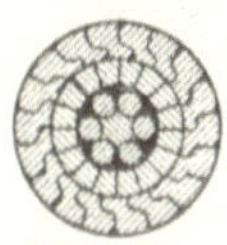 verschlossenes *oder* vollschlächtiges Drahtseil (n) close-laid wire rope закрытый проволочный канат (мр)	câble (m) clos fune (f) metallica a costruzione chiusa cable (m) metálico cerrado / *cable (m) metàl·lic clos*
17	biegsames Drahtseil (n) flexible wire rope гибкий проволочный канат (мр)	câble (m) métallique flexible fune (f) metallica flessibile cable (m) metálico / *metàl·lic* / flexible
18	Kupferdrahtseil (n) copper wire rope мѣдно-проволочный канат (мр)	câble (m) en fil de cuivre rouge fune (f) di filo di rame cable (m) de cobre / *cable (m) de coure o de aram*
19	Messingdrahtseil (n) brass wire rope латунно-проволочный канат (мр)	câble (m) en fil de laiton *ou* de cuivre jaune fune (f) di filo di ottone cable (m) de latón / *cable (m) de llautó*
20	Eisendrahtseil (n) iron wire rope канат (мр) из желѣзной проволоки	câble (m) en fil de fer fune (f) di filo di ferro cable (m) de hierro / *de ferro*
21	Drahtseil (n) aus ungeglühtem Draht rope of unannealed wire канат (мр) из неотожженной проволоки	câble (m) métallique en fil non recuit fune (f) metallica in filo non ricotto cable (m) metálico de alambre no recocido / *cable (m) metàl·lic de filferro no recuit*

1	Drahtseil (n) aus geglühtem Draht rope of annealed wire канат (мр) из отожженной проволоки	câble (m) métallique en fil recuit fune (f) metallica in filo ricotto cable (m) de alambre recocido / *cable (m) de filferro recuit*
2	Stahldrahtseil (n) steel wire rope стальной проволочный канат (мр)	câble (m) en fil d'acier fune (f) di filo d'acciaio cable (m) de alambre de acero / *cable (m) de fil d'acer*
3	Rundseil (n) round rope круглый канат (мр)	câble (m) rond fune (f) rotonda cable (m) redondo / *rodó*
4	Dreikantseil (n) triangular rope трехгранный канат (мр)	câble (m) triangulaire fune (f) a sezione triangolare cable (m) triangular
5	Förderseil (n) hauling rope подъемный канат (мр)	câble (m) d'extraction fune (f) per pozzi d'estrazione, cavo (m) d'alaggio cable (m) de extracción o de arrastre / *d'extracció*
6	Tragseil (n) carrying rope подвѣсный *или* поддерживающій канат (мр)	câble (m) porteur fune (f) portante cable (m) portador
7	Zugseil (n) draw rope, pulling rope, traction rope буксирный канат (мр), канат (мр) для тяжников	câble (m) tracteur fune (f) traente *o* di trazione cable (m) tractor o de tracción / *cable (m) tractor*
8	Rahband (n), Raaband (n) rope band, roband ревант (мр), севень (мр)	raban (m) comando (m) bianco envergue (m), cuerda (f) de envergadura / *enverga (f), corda (f) d'envergadura*
9	Rollseil (n) rope for pulley blocks канат (мр) для полиспаста *или* для блока	chable (m) corda (f) per paranchi cuerda (f) de garrucha o de polea / *corda (f) de corriola o de politja*
10	Haspelseil (n) winch rope канат (мр) для воротов	câble (m) pour treuils fune (f) per aspo cable (m) para torno / *cable (m) per a cabria o per a torn*
11	Rüstseil (n), Wanttau (n) shroud ванты (мр)	hauban (m) sartia (f) obenque (m) / *obenc (m)*
12	Seil (n) mit Gewichtseinlagen für Fischereizwecke weighted rope for fishing purposes канат (мр) с грузилами для рыбной ловли	cordage (m) avec poids pour la pêche corda (f) per la pesca caricata con pesi cuerda (f) cargada con pesos para fondear las redes de pescar / *corda (f) carregada amb pesos per a fondejar les xarxes de pescar*
13	Trosse (f), Schlepptau (n) tow rope буксирный канат (мр)	câble (m) de remorque cavo (m) da rimorchio cable (m) de remolque / *de remolc*
14	Tau (n) rope причал (мр), тросс (мр)	câble (m) cavo (m) cable (m), maroma (f)
15	dreifaches Tau (n) three-fold rope, three-ply rope трехжильный тросс (мр)	câble (m) en trois bouts cavo (m) a tre capi cable (m) de tres cabos / *caps*
16	Ankertau (n) anchor rope якорный тросс (мр)	cordage (m) pour ancre, amarre (f) cavo (m) per uso ancoraggio, gomena (f) amarra (f)
17	Hißtau (n) halliard, hoisting rope фал (мр)	drisse (f) drizza (f) driza (f), cuerda (f) de izar / *drissa (f), corda (f) d'issar*
18		aufgerolltes Tau (n), Taurolle (f) coil of rope канат (мр), свернутый в круг glène (f) *ou* roue (f) de cordage fune (f) arrotolata, rotolo (m) o ruota (f) di fune aduja (f) de cable, rollo (m) de cuerda / *rotllo (m) de corda o de cable, duja (f) de cable*
19	Schiffstaue (npl) ship cables корабельные канаты (мр), швартовы (мр)	cordages (mpl) pour la marine, filins (mpl) cavi (mpl) per uso marittimo cables (mpl) marinos o para buques / *cables (mpl) marins o per a barcos*
20	stehendes Tauwerk (n) standing rigging неподвижный(-ая) такелаж (мр) *или* оснастка (жр)	manœuvres (fpl) dormantes cavi (mpl) stanti jarcias (fpl) muertas, aparejo (m) estable / *cordam (m) mort*
21	laufendes Tauwerk (n) running rigging подвижной такелаж (мр), тали (жр), снасти (жр)	manœuvres (fpl) courantes cavi (mpl) per manovra jarcias (fpl) de labor o de maniobra / *cordam (m) de maniobra*
22	Kabel (n) cable кабель (мр)	câble (m) cavo (m) cable (m)
23	aus parallel nebeneinander gelegten Drähten gebildetes Kabel (n) cable formed by wires laid side by side кабель (мр), изготовленный из параллельно расположенных проволок	câble (m) formé de fils métalliques placés parallèlement les uns à côté des autres cavo (m) formato da fili metallici paralleli cable (m) formado por la torsión de alambres yuxta-puestos / *cable (m) format per la torsió de filferros juxtaposats*
24	Spillseil (n) capstan rope канат (мр) для брашпиля	câble (m) de cabestan cavo (m) per argani cuerda (f) de cabrestante / *corda (f) de cabrestant*

1 Triebseil (n), [Transmissionsseil (n)] / driving *or* transmission rope / ведущій кабель (мр), приводный канат (мр) — câble (m) de transmission / corda (f) per trasmissione / cable (m) de transmisión / *de transmissió*

2 Bremsbergseil (n) / cable for inclined planes / канат (мр) для бремсберга — câble (m) pour plans inclinés / fune (f) per piani inclinati / cable (m) para planos inclinados / *per a plans inclinats*

3 Luftbahnseil (n) / cable for aerial cableways / кабель (мр) *или* канат (мр) для воздушной канатной дороги — câble (m) pour transports aériens / fune (f) per ferrovie aerie / cable (m) de transportadores aéreos / *de transportadors aeris*

4 bewehrtes [*oder* armiertes] Kabel (n) / arm[our]ed cable / бронированный кабель (мр) — câble (m) armé *ou* recouvert d'une arm[at]ure / cavo (m) armato / cable (m) armado / *armat*

II.

5 **Geflochtene Seilerwaren (f pl)** / **Braided Rope Ware** / **Плетеныя канатныя издѣлія (ср)** — **Articles (m pl) de corderie tressés** / **Cordami (m pl) intrecciati** / **Artículos (m pl) de cordelería trenzados** / ***Articles (mpl) de corderia trenats***

6 geflochtene Schnur (f) / braid / плетеный шнур (мр) — tresse (f) / treccia (f) / trenza (f) / *trena (f)*

7 geflochtenes Seil (n) / braided rope / плетеный канат (мр) — corde (f) tressée / corda (f) intrecciata / cuerda (f) trenzada / *corda (f) trenada*

8 Vierkantseil (n) / rectangular rope / четырехгранный канат (мр) — corde (f) [de section] rectangulaire / corda (f) [a sezione] rettangolare / cuerda (f) / *corda (f)* / rectangular

Quadratseil (n) / square rope / квадратный канат (мр) / corde (f) [de section] carrée / corda (f) [a sezione] quadrata / cuerda (f) cuadrada / *corda (f) quadrada* 9

Trapezseil (n) / trapezium-shaped rope / трапецевидый канат (мр) — corde (f) de section trapézoïdale / corda (f) a sezione di trapezio / cuerda (f) trapeciforme / *corda (f) trapezial* 10

III.

Genähte Seilerwaren (f pl) / **Sewn Rope Ware** / **Шитыя канатныя издѣлія (ср)** — **Articles (m pl) de corderie cousus** / **Cordami (m pl) cuciti** / **Artículos (m pl) de cordelería cosidos** / ***Articles (mpl) de corderia cosits*** 11

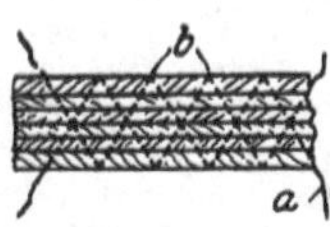

Flachseil (n), flaches *oder* plattes Seil (n), Bandseil (n) / band rope / канатная лента (жр), плоскій канат (мр) / câble (m) plat / corda (f) piatta / cable (m) plano / *pla* 12

genähtes Flachseil (n) / sewn band rope / шитый плоскій канат (мр) — câble (m) plat cousu / corda (f) piatta cucita / cable (m) plano cosido / *cable (m) pla cosit* 13

Flachdrahtseil (n), Banddrahtseil (n) / flat wire rope / плоскій *или* лентообразный проволочный канат (мр) — câble (m) métallique plat / fune (f) metallica piatta / cable (m) metálico plano / *metàl·lic pla* 14

S.

1

Garnnumerierung (f), Numerierung (f) des Gespinstes
Yarn Counting *or* Numbering
Нумерація (жр) пряжи
Numérotage (m) *ou* titrage (m) des fils
Titolazione (f) dei filati
Numeración (f) de los hilados / *Numeració (f) dels filats*

I.

No.	German / English / Russian	French / Italian / Spanish / Catalan
2	**Allgemeines (n)** **General Terms** **Общее (cp)**	**Généralités (f pl)** **Generalità (f pl)** **Generalidades (f pl)**
3	numerieren to number заномеровать	numéroter, titrer determinare *o* stabilire il titolo *o* il numero, titolare, numerare numerar
4	Garnnummer (f), Feinheitsnummer (f) count *or* number of yarn номер (мр) пряжи *или* тонины	numéro (m) *ou* titre (m) du fil titolo (m) *o* numero (m) del filato número (m) del hilo, título (m) [de la seda] / *número (m) del fil, títol(m)[de la seda]*
5	grobe Nummer (f) coarse count, low number низкій *или* толстый номер (мр)	numéro (m) gros numero (m) basso número (m) grueso / *gruixut*
6	Durchschnittsnummer (f) medium count средній номер (мр)	numéro (m) moyen titolo (m) medio número (m) medio / *mig*
7	feine Nummer (f) fine *or* high number тонкій номер (мр)	numéro (m) fin titolo (m) fino número (m) fino / *fi*
8	Numerierungsgewicht (n) numbering weight вѣс (мр), опредѣляющій номер	poids (m) de numérotage peso (m) di titolazione peso (m) de numeración / *pes (m) de numeració*
9	Grundgewicht (n) standard weight основной *или* исходный вѣс (мр)	poids (m) de base peso (m) tipo o di base peso (m) base / *pes (m) base*
10	Garngewicht (n) weight of yarn вѣс (мр) пряжи	poids (m) du fil peso (m) del filo peso (m) del hilo / *pes (m) del fil*
11	Grundmaß (n) standard measure штандартная *или* основная *или* нормальная *или* установленная мѣра (жр)	mesure (f) de base misura (f) di base longitud (f) base, tiro (m) base / *llargada (f) base, tir (m) base*
12	Längeneinheit (f) unit of length единица (жр) длины	unité (f) de longueur unità (f) di lunghezza unidad (f) de longitud / *unitat (f) de llargada*
13	Gewichtseinheit (f) unit of weight единица (жр) вѣса	unité (f) de poids unità (f) di peso unidad (f) de peso / *unitat (f) de pes*
14	Garndicke (f) size of yarn толщина (жр) пряжи	épaisseur (f) du fil grossezza (f) del filato grueso (m) del hilo / *gruix (m) del fil*
15	Feinheitsgrad (m) degree of fineness степень (жр) тонины	degré (m) de finesse grado (m) di finezza grado (m) de finura / *grau (m) de finor*
16	Garnfeinheit (f) fineness of the yarn тонина (жр) пряжи	finesse (f) du fil finezza (f) del filo finura (f) del hilo / *finor (f) del fil*
17	feines Garn (n) fine yarn тонкая пряжа (жр)	fil (m) fin filo (m) fino hilo (m) fino / *fil (m) prim*
18	starkes Garn (n) strong yarn крѣпкая пряжа (жр)	fil (m) fort filato (m) forte hilo (m) fuerte / *fil (m) fort*
19	Docke (f) zu *x* Strähnen knot of *x* hanks куфта (жр) в *x* мотков	torque (f) de *x* écheveaux matello (m) di *x* matasse troca (f) de *x* madejas / *troca (f) de x madeixes*
20	Strähnezahl (f) number of hanks число (ср) мотков	nombre (m) d'écheveau numero (m) di matasse número (m) de madejas / *nombre (m) de madeixes*
21	Strähnlänge (f) length of hank длина (жр) мотка	longueur (f) d'écheveau lunghezza (f) della matassa longitud (f) de la madeja / *llargada (f) de la madeixa*
22	Strähn (m) zu *x* Gebinden hank of *x* leas моток (мр) в *x* пасем	écheveau (m) de *x* échevettes matassa (f) di *x* matassine madeja (f) de *x* troquillones / *madeixa (f) de x troquillons*

No.	Deutsch / English / Русскій	Français / Italiano / Español
1	Gebinde (n) lea, cut, skein пасьма (жр)	échevette (f) matassina (f), filzuolo (m) troquillón (m) / *troquilló (m)*
2	x Gebinde (n) im Strähn x leas in the hank x пасем (жр) в моткѣ	x échevettes (f pl) en écheveau x matassine (f pl) nella matassa x troquillones (m pl) en la madeja / *x troquillons (m pl) en la madeixa*
3	zwei Gebinde (n pl) two cuts, one heer двѣ пасьмы (жр)	paire (f) d'échevettes due matassine (f pl) dos troquillones (m pl), un heer irlandés / *dos troquillons (m pl), un heer irlandés*
4	sechs Gebinde (n pl) six leas, one slip шесть пасем (жр)	six échevettes (f pl) sei matassine (f pl) seis troquillones, un slip (marca de lino irlandés) / *sis troquillons, un slip (marca de lli irlandés)*
5	ein Gebinde (n) zu x Fäden a cut of x threads пасьма (жр) в x нитей	une échevette de x fils una matassina di x giri d'aspo un troquillón de x vueltas de aspa o de x hilos / *un troquilló de x voltes d'aspi o de x fils*
6	Fäden (m pl) *oder* Fadenzahl (f) im Gebinde number of threads in the hank число (ср) нитей в пасьмѣ	nombre (m) *ou* tours (m pl) de fils dans une échevette numero (m) di giri d'aspo per matassina número (m) de hilos o de vueltas de aspa en la madeja / *nombre (m) de fils o de voltas d'aspi en la madeixa*
7	Fadenlänge (f) des Gebindes length of the cut длина (жр) нити в пасьмѣ	longueur (f) d'échevette lunghezza (f) della matassina longitud (f) del troquillón / *llargada (f) del troquilló*
8	Faden (m) zu x Yards thread of x yards нить (жр) в x ярд	fil (m) de x yards giro (m) o sviluppo (m) d'aspo di x yards hilo (m) o vuelta (f) de aspa de x yardas / *fil (m) o volta (f) d'aspi de x yardes*
9	Faden (m) zu x Meter thread of x metres нить (жр) в x метров	fil (m) de x mètres giro (m) o sviluppo (m) d'aspo di x metri hilo (m) o vuelta (f) de aspa / *fil (m) o volta (f) d'aspi* / de x metres
10	Faden (m) thread нить (жр)	fil (m) giro (m) o sviluppo (m) d'aspo vuelta (f) de aspa, hilo (m) / *volta (f) d'aspi, fil (m)*

II.

No.	Deutsch / English / Русскій	Français / Italiano / Español
11	**Numerierungsarten (f pl)** **Numbering Systems** **Методы (мр)** *или* **системы (жр)** *или* **способы (мр) нумерацiи**	**Systèmes (m pl) de numérotage** **Sistemi (m pl) di titolazione** *o* **di numerazione** **Sistemas (m pl) de numeración** / ***Sistemes (m pl) de numeració***
12	metrische *oder* internationale Numerierung (f) metrical *or* international system of numbering метрическая *или* международная нумерація (жр)	numérotage (m) [kilogram-]métrique *ou* international numerazione [chilogram-]metrica *o* internazionale, sistema (m) metrico di titolazione sistema (m) métrico o internacional de numeración / *sistema (m) mètric o internacional de numeració*
13	metrische *oder* internationale Nummer (f) metrical *or* international count метрическій *или* международный номер (мр)	numéro (m) [kilogram-] métrique *ou* international titolo (m) [chilogram-] metrico *o* internazionale número (m) métrico o internacional o kilogramétrico / *número (m) mètric o internacional o quilogramètric*
14	englische Nummer (f) English count англійскій номер (мр)	numéro (m) anglais titolo (m) inglese número (m) inglés / *número (m) anglès*
15	französische Nummer (f) French count французскій номер (мр)	numéro (m) français titolo (m) francese número (m) francés
16	alte österreichische *oder* Brünner Nummer (f) old Austrian count старый австрійскій *или* Брюннскій номер (мр)	numéro (m) vieux autrichien antico titolo (m) austriaco antiguo número (m) austríaco / *número (m) vell austríac*
17	Berliner *oder* preußische Nummer (f) Prussian count Берлинскій *или* прусскій номер (мр)	numéro (m) de Prusse titolo (m) prussiano número (m) de Prusia / *de Prússia*
18	sächsische Nummer (f) Saxon count саксонскій номер (мр)	numéro (m) saxon titolo (m) sassone número (m) de Sajonia / *de Saxònia*
19	alte sächsische Nummer (f) old Saxon count старый саксонскій номер (мр)	numéro (m) vieux saxon antico titolo (m) sassone antiguo número (m) sajón / *número (m) vell saxó*

Nr.			
1		Sedaner Nummer (f) Sedan count седанскій номер (мр)	numéro (m) de Sedan titolo (m) francese Sedan número (m) de Sedan
2		Elbeufer-Nummer (f) Elbeuf count эльбефскій номер (мр)	numéro (m) d'Elbeuf titolo (m) francese Elbeuf número (m) de Elbeuf / *d'Elbeuf*
3		schweizerische Nummer (f) Swiss count швейцарскій номер (мр)	numéro (m) suisse titolo (m) svizzero número (m) suizo / *suis*
4		niederländische Nummer (f) Dutch count голландскій номер (мр)	numéro (m) néerlandais numero (m) dei Paesi Bassi número (m) neerlandés
5		Längenmaße (npl) linear measures мѣры (жр) *или* измѣренія (ср) длины	mesures (fpl) de longueur misure (fpl) lineari *o* di lunghezza medidas (fpl) de longitud / *mides (fpl) de longitut*
6		metrisches Maß (n) metrical measure метрическая мѣра (жр)	mesure (f) métrique misura (f) metrica medida (f) métrica / *mida (f) mètrica*
7	m	Meter (n) metre метр (мр) mètre (m) metro (m) metro (m) / *metre (m)*	
8	dm	Dezimeter (n) decimetre дециметр (мр) décimètre (m) decimetro (m) decímetro (m) / *decímetre (m)*	
9	cm	Zentimeter (n) centimetre сантиметр (мр) centimètre (m) centimetro (m) centímetro (m) / *centímetre (m)*	
10	mm	Millimeter (n) millimetre миллиметр (мр) millimètre (m) millimetro (m) milímetro (m) / *mil·límetre (m)*	
11	$mmm = \frac{1}{1000} mm$	Mikromillimeter (n) micromillimetre микромиллиметр (мр) micron (m), micromillimètre (m) micron (m) micrón (m), micromilímetro / *micró (m)*	
12		englisches Maß (n) English measure англійская мѣра (жр)	mesure (f) anglaise misura (f) inglese medida (f) inglesa / *mida (f) anglesa*
13	0,91439179 m	Yard (n) yard ярд (мр) yard (m) yard (m) yarda (f)	

Wert		Nr.
a′=0,304794 m	Fuß (m) (englisch) foot фут (мр) (англійскій) pied (m) anglais piede (m) inglese pie (m) inglés / *peu (m) anglès*	14
a″=0,025399 m	Zoll (m) (englisch) inch дюйм (мр) (англійскій) pouce (m) anglais pollice (m) inglese pulgada (f) inglesa / *polsada (f) anglesa*	15
0,66694 m	Berliner *oder* preußische Elle (f) Berlin ell берлинскій *или* прусскій локоть (мр) aune (f) de Prusse auna (f) della Prussia vara (f) de Berlin	16
0,7775586 m	Wiener Elle (f) Vienna ell вѣнскій локоть (мр) aune (f) de Vienne auna (f) di Vienna vara (f) de Viena	17
0,565 m	sächsische *oder* Leipziger Elle (f) Saxon ell саксонскій *или* лейпцигскій локоть (мр) aune (f) de Saxe *ou* de Leipzig auna (f) di Sassonia *o* di Lipsia vara (f) de Sajonia / *de Saxònia / o* de Leipzig	18
1,188446 m	Pariser *oder* französische Elle (f) aune французскій *или* парижскій локоть (мр) aune (f) de France *ou* de Paris auna (f) di Parigi vara (f) francesa	19
0,7112 m	Arschin (n) archin аршин (мр) archine (f) archino (m) archina (f) / *arxina (f)*	20
Gewichte (npl) weights вѣсовыя мѣры (жр)	poids (mpl) pesi (mpl) pesos (mpl)	21
kg = 1000 g	Kilogramm (n) kilogram[me] килограмм (мр) kilogramme (m) chilo[gramma] (m) kilogramo (m) / *quilogram (m)*	22
$g = \frac{1}{1000} kg$	Gramm (n) gramme, gram грамм (мр) gramme (m) grammo (m) gramo (m) / *gram (m)*	23
$\frac{1}{10} g$	Dezigramm (n) decigramme дециграмм (мр) décigramme (m) decigrammo (m) decigramo (m) / *decigram (m)*	24

No.	Value	Terms
1	$\frac{1}{100}$ g	Zentigramm (n) centigramme сантиграмм (мр) centigramme (m) centigrammo (m) centigramo (m) / *centigram (m)*
2	mg $= \frac{1}{1000}$ g	Milligramm (n) milligramme (m) миллиграмм (мр) milligramme (m) milligrammo (m) miligramo (m) / *mil·ligram (m)*
3	453,59265 g	englisches *oder* Londoner Pfund (n) English pound, pound avoirdupoids англійскій *или* лондонскій фунт (мр) poids (m) anglais, livre (f) avoirdupoids libbra (f) inglese libra (f) inglesa *o* avoirdupois / *lliura (f) anglesa o avoirdupois*
4	467,711 g	preußisches *oder* Berliner Handelspfund (n) Prussian *or* Berlin pound прусскій *или* берлинскій торговый фунт (мр) livre (f) commerciale de Prusse *ou* de Berlin libbra (f) di Berlino libra (f) de Prusia *o* de Berlin / *lliura (f) de Prússia o de Berlin*
5	560,060 g	österreichisches *oder* Wiener Pfund (n) Austrian pound австрійскій *или* вѣнскій фунт (мр) livre (f) autrichienne *ou* de Vienne libbra (f) di Vienna libra (f) / *lliura (f)* / austriaca o de Viena
6	500 g	deutsches Pfund (n), Zollpfund (n) pound of the Zollverein германскій *или* таможенный фунт (мр) livre (f) allemande *ou* métrique *ou* du Zollverein libbra (f) daziaria libra (f) alemana *o* de la Unión aduanera / *lliura (f) alemanya o de l'Unió aduanera*
7	368,8 g	Turiner Pfund (n) Turin pound туринскій фунт (мр) livre (f) de Turin libbra (f) di Torino libra (f) de Turin / *lliura (f) de Tori*
8	0,4253 kg	schwedisches Pfund (n) Swedish pound шведскій фунт (мр) livre (f) de Suède libbra (f) di Svezia libra (f) / *lliura (f)* / sueca
9	0,4095 kg	russisches Pfund (n) Russian pound русскій фунт (мр) livre (f) russe libbra (f) russa libra (f) rusa / *lliura (f) russa*

III.

		No.
Titrieren (n) der Seide, Seidennumerierung (f) **Silk Titration** **Титрованіе (ср) *или* нумерація (жр) шелка**	**Titrage (m) de la soie** **Titolazione (f) della seta** **Titraje (m) / *Titratge (m)* / de la seda**	10
die Seide titrieren to titrate *or* to sort the silk титровать шелк	titrer la soie stabilire il titolo della seta titular la seda	11
internationale Titrierung (f) international titration международное титрованіе (ср)	titrage (m) international titolazione (f) internazionale o universale titraje (m) / *titratge (m)* / internacional	12
neue Lyoner Titrierung (f) new Lyon's titration новое ліонское титрованіе (ср)	nouveau titrage (m) de Lyon nuova titolazioné (f) di Lione nuevo titraje (m) de Lión / *titratge (m) nou de Lió*	13
Seidentiter (m), Titer (m) *oder* Feinheitsgrad (m) der Seide, Seidennummer (f) silk titre шелковый титр (мр), степень (жр) тонины шелка	titre (m) *ou* numéro (m) de la soie titolo (m) *o* numero (m) della seta titulo (m) / *títol (m)* / de la seda	14
Dezimaltiter (m), dezimaler *oder* internationaler Titer (m) decimal *or* international titre десятичный *или* международный титр (мр)	titre (m) décimal *ou* international titolo (m) internazionale o universale o decimale titulo (m) / *títol (m)* / internacional o decimal	15
Mailänder *oder* lombardischer Titer (m) Milan titre миланскій *или* ломбардскій титр (мр)	titre (m) de Milan titolo (m) milanese titulo (m) de Milán / *títol (m) de Milà*	16
Turiner *oder* piemontesischer Titer (m) Turin *or* Piedmont titre туринскій *или* пьемонтскій титр (мр)	titre (m) de Turin *ou* de Piémont titolo (m) piemontese titulo (m) de Turin *o* piamontés / *títol (m) de Tori o piamontés*	17
Lyoner Titer (m) Lyon's titre ліонскій титр (мр)	titre (m) de Lyon titolo (m) di Lione titulo (m) de Lión / *títol (m) de Lió*	18
französischer Titer (m) French titre французскій титр (мр)	titre (m) français titolo (m) francese titulo (m) / *títol (m)* / francés	19
Manchester Titer (m) Manchester titre манчестерскій титр (мр)	titre (m) de Manchester titolo (m) di Manchester titulo (m) / *títol (m)* / de Manchester	20

1	Wiener Titer (m) Vienna titre вѣнскій титр (мр)	titre (m) de Vienne titolo (m) viennese *o* di Vienna titulo (m) / *titol (m)* / de Viena
2	alter Mailänder Titer (m) old Milan titre старый миланскій титр (мр)	titre (m) vieux Milan antico titolo (m) milanese antiguo titulo (m) de Milán / *titol (m) vell de Milà*
3	Mailänder Titer (m) Milan titre миланскій титр (мр)	titre (m) de Milan titolo (m) milanese titulo (m) de Milán / *titol (m) de Milà*
4	amerikanischer Titer (m) American titre американскій титр (мр)	titre (m) américain titolo (m) americano titulo (m) americano / *titol (m) americà*
5	grober Titer (m) coarse titre грубый титр (мр)	titre (m) gros titolo (m) tondo titulo (m) grueso / *titol (m) gruixut*
6	Durchschnittstiter (m) medium titre средній титр (мр)	titre (m) moyen titolo (m) medio *o* ordinario *o* corrente titulo (m) medio / *titol (m) mig*
7	feiner Titer (m) fine titre тонкій титр (мр)	titre (m) fin titolo (m) fino titulo (m) fino / *titol (m) prim o fi*
8	entschälter Titer (m) degummed titre титр (мр) дегуммированнаго шелка	titre (m) après décreusage titolo (m) dopo sgommatura titulo (m) después del desgomado / *titol (m) després del descruat*
9	konditionierter Titer (m) conditioned titre кондиціонный титр (мр)	titre (m) conditionné titolo (m) a peso stagionato titulo (m) acondicionado / *titol (m) acondicionat*
10	Titerzahl (f) number indicating the titre высота (жр) титра	nombre (m) indicatif du titre numero (m) indice del titolo número (m) indicador del titulo / *nombre (m) indicador del titol*
11	Titerwert (m) value of the titre значеніе (ср) титра	valeur (f) du titre valore (m) del titolo valor (m) del titulo / *del titol*
12	Titergrenze (f) limit of the titre предѣл (мр) титра	limite (f) *ou* tolérance (f) de titre limite (m) del titolo tolerancia (f) *o* limite (m) del titulo / *tolerància (f) o limit (m) del titol*
13	Titrierverfahren (n) titreing process процесс (мр) *или* способ (мр) титрованія	procédé (m) de titrage metodo (m) di titolazione procedimiento (m) de titraje / *procediment (m) de titratge*
14	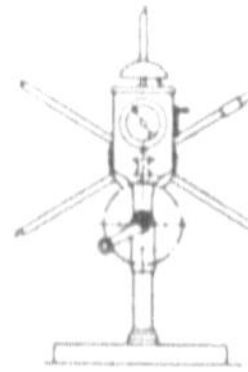	Titrierhaspel (m) test reel испытательное *или* титровальное мотовило (ср) dévidoir (m) pour titrage aspino (m) per provini aspa (f) de prueba / *aspi (m) de prova*
15	Probesträhne (mpl) ziehen to draw test leas вытягивать *или* брать пробные мотки	retirer les échevettes (fpl) de titrage prelevare *o* estrarre provini (mpl) quitar los troquillones de prueba / *treure els troquillons de prova*
16	den Probesträhn haspeln to reel the test lea размотать пробный моток	dévider l'échevette (f) de titrage innaspare il provino aspear el troquillón de prueba / *aspiar el troquilló de prova*
17	gemessene Seide (f) measured silk измѣренный шелк (мр)	soie (f) à tours comptés seta (f) a giri contati seda (f) medida, seda de vueltas contadas / *seda (f) midada, seda a voltes comptades*
18	den Originalsträhn nachmessen to measure the length of the original hank промѣрить пробный моток	mesurer la longueur de l'écheveau originel misurare la matassa originale medir la longitud de la madeja original / *midar la llargada de la madeixa inicial*
19	Haspelzettel (m) test label ярлык (мр) пробнаго мотка	étiquette (f) *ou* fiche (f) de titrage bollettino (m) del titolo etiqueta (f) *o* boletin (m) de prueba / *etiqueta (f) o butlletí (m) de prova*
20	Wägung (f) des Strähns weighing the lea взвѣшиваніе (ср) мотка	pesage (m) de l'échevette pesatura (f) del provino pesado (m) del troquillón / *pesat (m) del troquilló*
21	den Strähn wiegen to weigh the lea взвѣшивать моток	peser l'échevette (f) pesare il provino pesar el troquillón / *el troquilló*
22	die Seidenprobe in Deniers wiegen to weigh-off the sample of silk in deniers взвѣшивать пробу шелка в деньерах	peser en deniers l'échantillon de soie pesare a denari il provino di seta pesar en dineros la muestra de seda / *pesar la mostra de seda en diners*
23	Denier (m) denier деньер (мр)	denier (m) denaro (m) dinero (m) / *diner (m)*
24	0,050 g	internationaler Denier (f) international denier международный деньер (мр) denier (m) international denier (m) internazionale dinero (m) / *diner (m)* / internacional

1 0,0531 g
Grän (n)
grain
гран (мр)
grain (m)
grano (m)
grano (m) / *gra (m)*

2
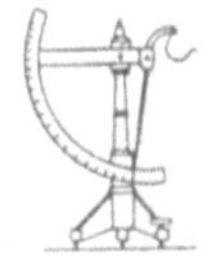
Titrierwage (f)
test balance, titre balance
титровальные вѣсы (мр)
balance (f) *ou* romaine (f) de titrage
bilancetta (f) *o* bilancia (f) *o* romana (f) per provini
romana (f) *o* cuadrante (m) *o* balanza (f) de numeración / *romana (f) o quadrant (m) o balança (f) de numeració*

3
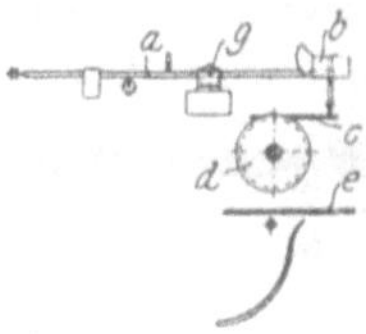
selbsttätige [*oder* automatische] Titrierwage (f)
automatic titre balance
автоматическіе титровальные вѣсы (мр)
balance (f) de titrage automatique
bilancia (f) automatica per provini
balanza (f) de numeración automática / *balança (f) de numeració automàtica*

---

4 a
Wage (f)
balance
вѣсы (мр)
balance (f)
bilancia (f)
balanza (f) / *balança (f)*

---

5 b
Strähnsattel (m)
lea saddle
сѣдло (ср) для мотка
sellette (f) pour l'échevette
selletta (f) per il provino
selleta (f) para el troquillón / *per al troquilló*

---

6 c
aufgeschraubte Leiste (f)
screwed-on ledge
привернутая планка (жр)
tringle (f) vissée
regolo (m) avvitato
regla (f) atornillada / *collada*

---

7 d
Schwungrolle (f)
bowl
качающійся катокъ (мр)
galet (m)
disco (m)
disco (m) / *disc (m)*

---

8 e
schwingender Messerhebel (m)
swinging knife lever
качающійся ножевый рычаг (мр)
levier (m) oscillant
leva (f) oscillante
cuchilla (f) oscilante / *ganiveta (f) oscil·lant*

---

9 g
Leistensupport (m) des Wagenhebels
steadying bracket for the beam
супорт (мр) *или* опора (жр) коромысла вѣсов
support (m) du levier de balance
sopporto (m) del bilanciere
soporte (m) del fiel de la balanza / *suport (m) de la balancera*

IV.

Garnumrechnung (f)
Conversion of Counts
Перевод (мр) номеров
Conversion (f) des numéros
Trasformazione (f) *o* conversione (f) dei titoli 10
Conversión (f) de los números / *Conversió (f) dels números*

Nummerbestimmung (f)
determination of the count
опредѣленіе (ср) номера
détermination (f) du numéro
verifica (f) *o* determinazione (f) del titolo 11
determinación (f) / *determinació (f)* / del número

Verhältniszahl (f)
multiplier
коэффиціент (мр) [для сравненія номеров]
multiplicateur (m)
multiplicatore (m)
multiplicador (m), coeficiente (m) / *multiplicador (m), coeficient (m)* 12

Meteranzahl (f) eines Strähns
number of metres per hank
число (ср) метров в одном моткѣ
nombre (m) de mètres d'un écheveau
numero (m) di metri [di filo] contenuto in una matassa 13
número (m) de metros por madeja / *nombre (m) de metres per madeixa*

---

umzurechnende Nummer (f)
count to be converted
переводимый номер (мр)
numéro (m) à convertir
numero (m) da convertire 14
número (m) a convertir

---

gesuchte Nummer (f)
count required
искомый номер (мр)
numéro (m) cherché
numero (m) cercato
número (m) pedido *o* a buscar / *número (m) demanat o a trobar* 15

Strähnlänge (f) in Metern
length of hank in metres
длина (жр) мотка в метрах
longueur (f) de l'écheveau en mètres
lunghezza (f) della matassa in metri
longitud (f) de la madeja en metros / *llargada (f) de la madeixa en metres* 16

Strähnlänge (f) in Yards
length of hank in yards
длина (жр) мотка в ярдах
longueur (f) de l'écheveau en yards
lunghezza (f) della matassa in yards
longitud (f) de la madeja en yardas / *llargada (f) de la madeixa en yardes* 17

Strähn (m) von *x* Metern
hank of *x* metres
моток (мр) в *x* метров
écheveau (m) de *x* mètres
matassa (f) di *x* metri
madeja (f) de *x* metros / *madeixa (f) de x metres* 18

1 Strähn (m) von x Yards
hank of x yards
моток (мр) в x ярдов

écheveau (m) de x yards
matassa (f) di x yards
madeja (f) de x yardas / *madeixa (f) de x yardes*

---

2 x Strähne (mpl) wiegen ein halbes Kilogramm
x hanks weigh half a kilogramme
x мотков (мр) вѣсят пол-килограмма

x écheveaux pèsent un demi-kilogramme
x matasse (fpl) pesano mezzo chilogramma
x madejas pesan medio kilogramo / *x madeixes pesen mig quilogram*

---

3 x Strähne (mpl) wiegen ein Kilogramm
x hanks weigh one kilogramme
x мотков (мр) вѣсят один килограмм

x écheveaux (mpl) pèsent un kilogramme
x matasse (fpl) pesano un chilogramma
x madejas (fpl) pesan un kilogramo / *x madeixes (fpl) pesen un quilogram*

---

4 x Strähne (mpl) wiegen ein englisches Pfund
x hanks weigh one pound
x мотков (мр) вѣсят один англійскій фунт

x écheveaux (mpl) pèsent une livre anglaise
x matasse (fpl) pesano una libbra inglese
x madejas (fpl) pesan una libra inglesa / *x madeixes (fpl) pesen una lliura anglesa*

---

5 x Yards (npl) auf ein englisches Pfund
x yards per pound
x ярд (мр) в одном англійском фунтѣ

x yards à la livre anglaise
x yards alla libbra inglese
x yardas por libra inglesa / *x yardes per lliura anglesa*

---

6 x Meter (npl) auf ein Kilogramm
x metres per kilogramme
x метров (мр) в одном килограммѣ

x mètres (mpl) au kilogramme
x metri (mpl) al chilogramma
x metros (mpl) por kilogramo / *x metres (mpl) per quilogram*

---

x-lotiges Garn (n)
yarn of x half ounces
x-лотовая пряжа (жр)

fil (m) de x demi-onces
filato (m) di x mezz'-once
hilo (m) de x medias onzas / *fil (m) de x mitjes unces* 7

Sollänge (f) *oder* Rechnungslänge (f) [*oder* Kalkulationslänge (f)] des Garnes
calculated length of the yarn
высчитанная *или* калькулированная длина (жр) пряжи

longueur (f) calculée du fil
lunghezza (f) calcolata del filato, lunghezza del filato da produrre 8
longitud (f) calculada del hilo / *llargada (f) calculada del fil*

Habenlänge (f) des Garnes
actual length of the yarn
наличная *или* дѣйствительная длина (жр) пряжи

longueur (f) actuelle du fil
lunghezza (f) riscontrata *o* reale del filato 9
longitud (f) efectiva del hilo / *llargada (f) efectiva del fil*

Längenverlust (m) des Garnes
loss in length of the yarn
потеря (жр) длины пряжи

perte (f) en longueur du fil
perdita (f) in lunghezza del filato
pérdida (f) en longitud de los hilos / *pèrdua (f) en llargada dels fils* 10

Schwindmaß (n)
difference between calculated and actual length
усадка (жр), [разница (жр) между калькуляціонной и дѣйствительной длиной]

différence (f) entre la longueur calculée et la longueur réelle, retrait (m)
differenza (f) tra la lunghezza calcolata e quella reale 11
diferencia (f) entre la longitud calculada y la efectiva / *diferència (f) entre la llargada calculada i la efectiva*

T.

1	**Garnprüfung** (f), **Garnuntersuchung** (f) **Yarn Testing** **Испытаніе** (ср) *или* **изслѣдованіе** (ср) **пряжи**	**Essai** (m) **des fils** **Revisione** (f) *o* **assaggio** (m) **dei filati** **Ensayo** (m) **de los hilos** / ***Assaig*** (*m*) ***dels fils***
2	das Garn untersuchen *oder* prüfen to test the yarn изслѣдовать *или* испытывать пряжу	essayer les fils (mpl) assaggiare *o* provinare il filato ensayar los hilos / *assajar els fils*
3	Garnprobe (f) sample of yarn проба (жр) пряжи	échantillon (m) de fil campione (m) del filato muestra (f) de hilo / *mostra (f) de fil*
4	Reinheit (f) des Garnes cleanness of the yarn чистота (жр) пряжи	propreté (f) du fil nettezza (f) del filato limpieza (f) del hilo / *netedat (f) del fil*
5	reines Garn (n) clean yarn чистая пряжа (жр)	fil (m) propre filato (m) pulito hilo (m) limpio / *fil (m) net*
6	fetthaltiges Garn (n) greasy yarn жирная пряжа (жр)	fil (m) gras *ou* graisseux filato (m) unto hilo (m) grasiento / *fil (m) greixós*
7	ölhaltiges Garn (n) oily yarn пряжа (жр), содержащая масло	fil (m) huileux filato (m) olioso hilo (m) aceitoso / *fil (m) oliós*
8	ungewaschenes Garn (n) unwashed yarn немытая пряжа (жр)	fil (m) non lavé filato (m) non lavato hilo (m) no lavado / *fil (m) no rentat*
9	gewaschenes Garn (n) washed yarn мытая пряжа (жр)	fil (m) lavé filato (m) lavato hilo (m) lavado / *fil (m) rentat*
10	Waschverlust (m) loss through washing потеря (жр) от мытья	perte (f) due au lavage perdita (f) dovuta al lavaggio pérdida (f) en el lavado / *pèrdua (f) en el rentat*
11	gebleichtes Garn (n) bleached yarn отбѣленная пряжа (жр)	fil (m) blanchi filato (m) sbiancato hilo (m) blanqueado / *fil (m) blanquejat*
12	Bleichverlust (m) loss through bleaching потеря (жр) от отбѣлки *или* в отбѣлкѣ	perte (f) due au blanchiment perdita (f) dovuta alla sbianca pérdida (f) en el blanqueo / *pèrdua (f) en el blanqueig*
13	gefärbtes Garn (n) dyed yarn крашеная пряжа (жр)	fil (m) teint filato (m) tinto hilo (m) teñido / *fil (m) tenyit*
14	echtfarbiges Garn (n) fast dyed yarn пряжа (жр) прочной окраски	fil (m) grand teint filato (m) tinto in colori solidi hilo (m) teñido sólido / *fil (m) de tint sòlid*
15	beschwertes Garn (n) weighted yarn отяжеленная пряжа (жр)	fil (m) chargé filato (m) carico hilo (m) con carga / *fil (m) amb càrrega*
16	Gleichförmigkeit (f) des Gespinstes evenness of the yarn равномѣрность (жр) пряжи	égalité (f) du fil uniformità (f) *o* regolarità (f) del filo uniformidad (f) *o* regularidad (f) del hilo / *uniformitat (f) o regularitat (f) del fil*
17	gleichartiges Gefüge (n) [*oder* homogene Struktur (f)] des Gespinstes homogeneous structure of the yarn равномѣрное строеніе (ср) *или* однородная структура (жр) пряжи	structure (f) homogène du fil struttura (f) omogenea del filo estructura (f) homogénea del hilo / *homogènia del fil*
18	sehr gleichmäßiges Garn (n) very even yarn весьма равномѣрная *или* однородная пряжа (жр)	fil (m) très égal filato (m) molto regolare hilo (m) muy igual / *fil (m) molt igual*
19	gleichmäßiges Garn (n) even yarn равномѣрная пряжа (жр)	fil (m) uniforme *ou* égal filato (m) uniforme *o* regolare hilo (m) redondo *o* regular *o* uniforme / *fil (m) rodó o regular o uniforme*
20	minder gleichmäßiges Garn (n) rather uneven yarn недостаточно равномѣрная пряжа (жр)	fil (m) un peu inégal filato (m) meno regolare hilo (m) un poco desigual / *fil (m) una mica desigual o xemicat*
21	ungleichmäßiges Garn (n) uneven yarn неравномѣрная пряжа (жр)	fil (m) inégal filato (m) ineguale *o* irregolare hilo (m) desigual / *fil (m) desigual o xemicat*
22	harter Faden (m) hard thread жесткая нить (жр)	fil (m) dur filato (m) duro hilo (m) duro / *fil (m) dur*

1	mittelharter Faden (m) medium hard thread нить (жр) средней жесткости	fil (m) moyennement dur filato (m) di durezza media hilo (m) de dureza mediana / *fil (m) de duresa mitjana*
2	weicher Faden (m) soft thread мягкая нить (жр)	fil (m) doux filato (m) soffice hilo (m) blando *o* suave / *fil (m) tou o suau*
3	dehnbares Garn (n) elastic yarn эластичная *или* упругая пряжа (жр)	fil (m) élastique filo (m) elastico hilo (m) elástico / *fil (m) elàstic*
4	feuchtes Garn (n) moist *or* damp yarn влажная *или* сырая пряжа (жр)	fil (m) humide filato (m) umido hilo (m) húmedo / *fil (m) humit*
5	trockenes Garn (n) dry yarn сухая пряжа (жр)	fil (m) sec filato (m) secco hilo (m) seco / *fil (m) sec*
6	walkfähiges Garn (n) yarn suitable for milling пряжа (жр), способная сваливаться *или* валяться	fil (m) bon au foulage filato (m) adatto alla follatura hilo (m) capaz de ser abatanado / *fil (m) feltrant*
7	Handelswert (m) des Garnes commercial value of the yarn торговая *или* коммерческая цѣнность (жр) пряжи	valeur (f) commerciale du fil valore (m) commerciale del filato valor (m) comercial del hilo / *del fil*
8	Handelsgewicht (n) des Garnes commercial weight of the yarn торговый вѣс (мр) пряжи	poids (m) commercial du fil peso (m) commerciale del filato peso (m) comercial del hilo / *pes (m) comercial del fil*
9	Festigkeitsprüfung (f) strength testing испытаніе (ср) на крѣпость	vérification (f) de la résistance controllo (m) della resistenza, prova (f) di tenacità prueba (f) *o* ensayo (m) de la resistencia / *proba (f) o assaig (m) de resistència*
10	bezogene *oder* spezifische Festigkeit (f) specific strength удѣльная крѣпость (жр)	résistance (f) spécifique resistenza (f) specifica resistencia (f) específica
11	Reißlänge (f) breaking length длина (жр) разрыва	longueur (f) de rupture lunghezza (f) di strappamento longitud (f) / *llargada (f)* / de ruptura
12	Eigengewicht (n) own weight, dead weight собственный вѣс (мр)	poids (m) propre peso (m) proprio peso (m) propio / *pes (m) propi*
13	Reißen (n) des Fadens durch Eigengewicht breakage of the yarn by its own weight разрыв (мр) нити от собственнаго вѣса	rupture (f) du fil par son propre poids rottura (f) del filo per il suo peso proprio rotura (f) del hilo por su peso propio / *ruptura (f) del fil per son pes propi*
14	Reißbelastung (f), Bruchbelastung (f) breaking load разрывающая нагрузка (жр)	charge (f) de rupture carico (m) di rottura carga (f) de rotura / *càrrega (f) de ruptura*
15	Zerreißgewicht (n) breaking weight вѣс (жр) разрыва	poids (m) de rupture peso (m) di rottura peso (m) de rotura / *pes (m) de ruptura*
16	Zerreißkraft (f) breaking power сила (жр) разрыва	force (f) de rupture sforzo (m) di rottura fuerza (f) de rotura / *força (f) de ruptura*
17	Festigkeit (f) *oder* Haltbarkeit (f) des Gespinstes strength of the yarn прочность (жр) *или* выносливость (жр) пряжи	résistance (f) du fil resistenza (f) del filo resistencia (f) del hilo / *resistència (f) del fil*
18	Arbeitsmodul (m) modulus of work модуль (мр) работы	module (m) de travail modulo (m) di lavoro módulo (m) de trabajo / *mòdul (m) de treball*
19	Feinheitsberechnung (f) calculation of fineness расчет (мр) *или* калькуляція (жр) тонины	calcul (m) de la finesse calcolo (m) della finezza cálculo (m) de la finura / *càlcul (m) de la finor*
20	Festigkeitsversuch (m) strength test испытаніе (ср) на прочность	essai (m) de résistance prova (f) di resistenza ensayo (m) *o* prueba (f) de resistencia / *prova (f) o assaig (m) de resistència*
21	Ziehen (n) von Hand pulling by hand натягиваніе (ср) ручным способом	traction (f) à la main trazione (f) a mano tracción (f) a mano / *tracció (f) a mà*
22	Abspringen (n) des Fadens snapping of the yarn обрыв (мр) нити	rupture (f) brusque du fil rottura (f) istantanea del filo rotura (f) *o* corte (m) brusco del hilo / *trencament (m) sobtat del fil*
23	langsames Auseinanderziehen (n) slow pulling asunder медленное растягиваніе (ср)	séparation (f) lente separazione (f) lenta desgarro (m) lento *o* progresivo / *esqueixat (m) pausat o progressiu*
24	Festigkeitsprüfer (m), [Dynamometer (n)] yarn tester, strength tester, dynamometer измѣритель (мр) крѣпости, динамометр (мр)	dynamomètre (m) dinamometro (m), serimetro (m) (seta) dinamómetro (m) / *dinamòmetre (m)*

1 

Taschenfestigkeitsprüfer (m) in Uhrform
watch-shaped pocket dynamometer
карманный динамометр (мр) в видѣ часов
dynamomètre (m) de poche à cadran
dinamometro (m) tascabile a quadrante
dinamómetro (m) de bolsillo en forma de reloj / *dinamòmetre (m) de butxaca en forma de rellotge*

---

2 **Festigkeitsprüfer (m) zur Befestigung an der Wand**
yarn tester for fastening on the wall
стѣнной динамометр (мр)
dynamomètre (m) pour fixer au mur
dinamometro (m) per fissare al muro
dinamómetro (m) para fijar en la pared / *dinamòmetre (m) per a collar a la paret*

---

3 **Festigkeitsprüfer (m) mit Wage**
yarn tester with balance
динамометр (мр) с коромыслом
dynamomètre (m) à balance
dinamometro (m) a peso
dinamómetro (m) de balanza / *dinamòmetre (m) de balança*

---

4 **Festigkeitsprüfer (m) mit Federwage**
yarn tester with spring balance
динамометр (мр) с пружинными вѣсами
dynamomètre (m) à balance à ressort
dinamometro (m) a molla
dinamómetro (m) de balanza de resorte / *dinamòmetre (m) de balança de molla*

---

5 **selbsttätiger Festigkeitsprüfer (m)**
automatic yarn tester
самодѣйствующій динамометр (мр)
dynamomètre (m) automatique
dinamometro (m) a trazione meccanica
dinamómetro (m) automático / *dinamòmetre (m) automàtic*

---

6 

Riedingerscher Festigkeitsprüfer (m)
Riedinger's yarn tester
динамометр (мр) Ридингера
dynamomètre (m) de Riedinger
dinamometro (m) di Riedinger
dinamómetro (m) / *dinamòmetre (m)* / de Riedinger

---

7 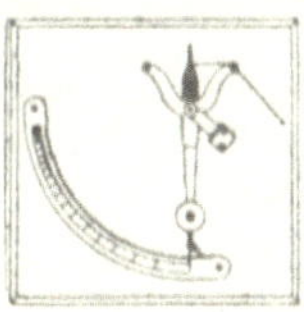

Davidscher Festigkeitsprüfer (m)
David's yarn tester
динамометр (мр) Давида
dynamomètre (m) de David
dinamometro (m) di David
dinamómetro (m) / *dinamòmetre (m)* / de David

---

8 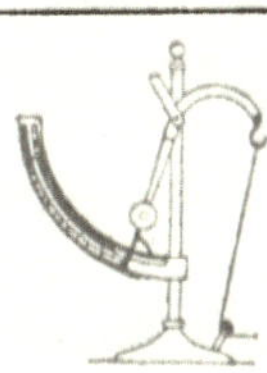

Pollerscher Festigkeitsprüfer (m)
Poller's yarn tester
динамометр (мр) Поллера
dynamomètre (m) de Poller
dinamometro (m) di Poller
dinamómetro (m) / *dinamòmetre (m)* / de Poller

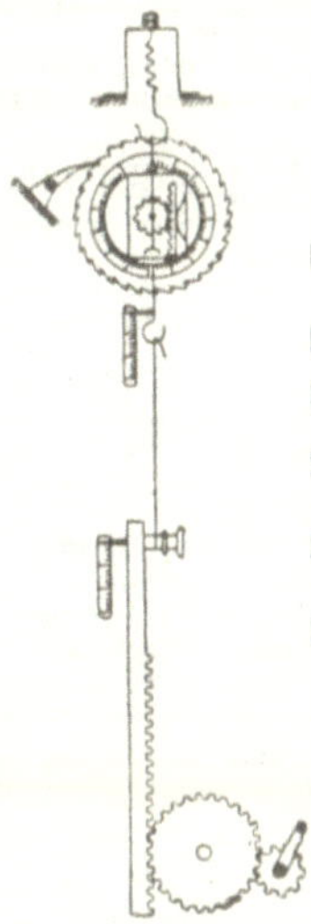

Baumgärtelscher Festigkeitsprüfer (m)
Baumgärtel's yarn tester
динамометр (мр) Баумгертля
dynamomètre (m) de Baumgärtel 9
dinamometro (m) di Baumgärtel
dinamómetro (m) / *dinamòmetre (m)* / de Baumgärtel

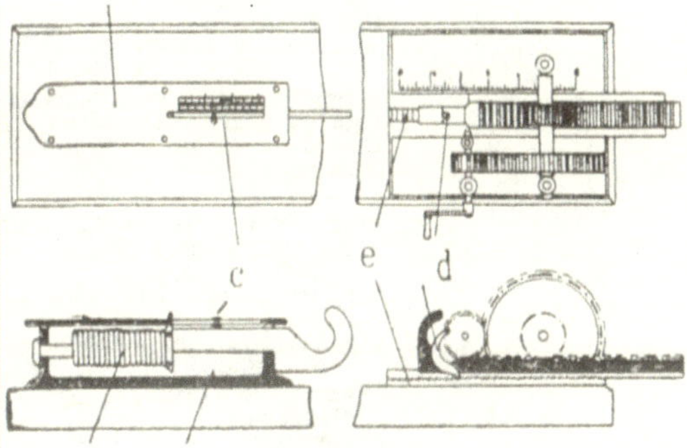

Wainwrightscher Festigkeitsprüfer (m)
Wainwright's yarn tester
динамометр (мр) Вайнрайта
dynamomètre (m) de Wainwright 10
dinamometro (m) di Wainwright
dinamómetro (m) / *dinamòmetre (m)* / de Wainwright

---

a **Federkasten (m)**
spring box
коробка (жр) для пружины
boîte (f) à ressort 11
cassa (f) a molla
caja (f) de resorte / *caixa (f) de molla*

---

b **Schraubenfeder (f)**
helical spring
винтовая пружина (жр)
ressort (m) à boudin 12
molla (f) ad elica
resorte (m) cilíndrico o helicoidal / *molla (f) cilíndrica*

1
Rundungsdurchmesser (m) der Schraubenfeder
diameter of helical spring coils
діаметр (мр) винтовой пружины
diamètre (m) des spires du ressort à boudin
diametro (m) delle spire della molla ad elica
diámetro (m) de las espiras del resorte helicoidal / *diàmetre (m) de les espires de la molla cilíndrica*

2 c
Schleppzeiger (m), Schlepper (m)
pull indicator finger
скользящій указатель (мр)
aiguille (f) entraînée
ago (m) indicatore trascinato
aguja (f) índice arrastrada / *agulla (f) index arrosegada*

3 d
Sperrhaken (m)
catch
собачка (жр)
cliquet (m)
nottolino (m)
gatillo (m) / *cadell (m)*

4 e
Sperrverzahnung (f)
locking rack
храповая зубчатая рейка (жр)
crémaillère (f) à encliquetage
asta (f) dentata a scatto
cremallera (f) de retención / *de retenció*

5
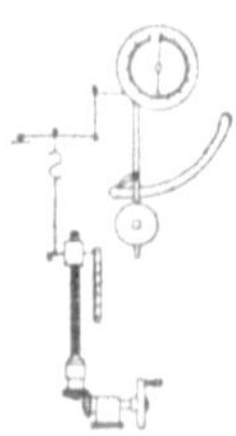
senkrechter [*oder* vertikaler] Wainwrightscher Festigkeitsprüfer (m)
Wainwright's vertical yarn tester
вертикальный динамометр (мр) Вайнрайта
dynamomètre (m) vertical de Wainwright
dinamometro (m) verticale di Wainwright
dinamómetro (m) / *dinamòmetre (m)* / vertical de Wainwright

6
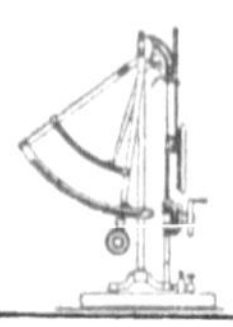
Schopperscher Festigkeitsprüfer (m)
Schopper's yarn tester
динамометр (мр) Шопера
dynamomètre (m) de Schopper
dinamometro (m) di Schopper
dinamómetro (m) / *dinamòmetre (m)* / de Schopper

7
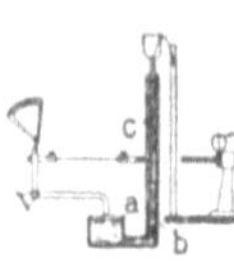

Hoyerscher Festigkeitsprüfer (m)
Hoyer's yarn tester
динамометр (мр) Гойера
dynamomètre (m) de Hoyer
dinamometro (m) di Hoyer
dinamómetro (m) / *dinamòmetre (m)* / de Hoyer

8 a
Quecksilbergefäß (n)
mercury vessel
сосуд (мр) с ртутью
cuve (f) à mercure
recipiente (m) a mercurio
vaso (m) de mercurio / *vas (m) de mercuri*

b
Schwimmer (m)
float
поплавок (мр)
flotteur (m)
galleggiante
flotador (m) 9

c
Glasrohr (n)
glass tube
стеклянная трубка (жр)
tuyau (m) en verre
tubo (m) di vetro
tubo (m) de vidrio / *tub (m) de vidre* 10

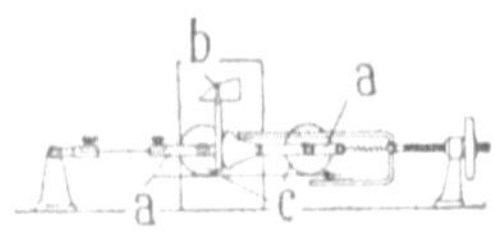

Reuschscher Festigkeitsprüfer (m)
Reusch's yarn tester
динамометр (мр) Рейша
dynamomètre (m) de Reusch
dinamometro (m) di Reusch
dinamómetro (m) / *dinamòmetre (m)* / de Reusch 11

a
Wagenstange (f)
carriage bar
дышло (ср) каретки
tringle (f) du chariot
asta (f) del carro
barra (f) del carro 12

b
Zeichenstift (m)
pencil
пишущее острie (ср)
crayon (m)
matita (f)
lapiz (m) / *llapis (m)* 13

c
Wagen (m)
carriage
каретка (жр)
chariot (m)
carro (m)
carro (m) 14

Dehnungsprüfung (f)
elongation test
испытаніе (ср) на удлиненіе
essai (m) d'allongement *ou* d'élasticité
prova (f) di allungamento o di duttilità
ensayo (m) de alargamiento *o* de elasticidad / *assaig (m) d'allargament o d'elasticitat* 15

Dehnung (f) des Fadens
elongation of the yarn
растяженіе (ср) *или* удлиненіе (ср) нити
allongement (m) du fil
allungamento (m) *o* duttilità (f) del filo
alargamiento (m) del hilo / *allargament (m) del fil* 16

Dehnungsbestimmung (f)
determination of elongation
опредѣленіе (ср) удлиненія
détermination (f) de l'allongement
determinazione (f) dell'allungamento
determinación (f) del alargamiento / *determinació (f) del allargament* 17

Dehnungsmesser (m)
elongation tester
измѣритель (мр) удлиненія
dynamomètre (m) pour déterminer l'allongement
dinamometro (m) per determinare l'allungamento
dinamómetro (m) para determinar el alargamiento / *dinamòmetre (m) per a determinar el allargament* 18

1 Garnfestigkeitsprüfer (m) mit Dehnungsmesser
yarn strength tester combined with elongation tester
динамометр (мр) с измѣрителем удлиненія нити
dynamomètre (m) pour déterminer la résistance et l'allongement du fil
dinamometro (m) per determinare la resistenza e l'allungamento del filo
dinamómetro (m) indicador de la resistencia y del alargamiento del hilo / *dinamòmetre (m) indicador de la resistència i del allargament del fil*

2 Goldschmidtscher Garnfestigkeitsprüfer (m) mit Dehnungsmesser
Goldschmidt's strength tester combined with elongation tester
динамометр (мр) Гольдшмита с измѣрителем удлиненія
dynamomètre (m) de Goldschmidt pour déterminer la résistance et l'allongement du fil
dinamometro (m) di Goldschmidt per determinare la resistenza e l'allungamento del filo
dinamómetro (m) indicador de la resistencia y del alargamiento / *dinamòmetre (m) indicador de la resistència i del allargament* / sistema Goldschmidt

---

3 Garnfestigkeitsprufer (m) mit Dehnungsmesser fur Kraftbetrieb
power strength tester combined with elongation tester
динамометр (мр) с измѣрителем удлиненія с механическим приводом
dynamomètre (m) pour déterminer la résistance et l'allongement du fil à commande mécanique
dinamometro (m) per determinare la resistenza e l'allungamento del filo, azionato meccanicamente
dinamómetro (m) indicador de la resistencia y del alargamiento accionado mecánicamente / *dinamòmetre (m) indicador de la resistència i del allargament amb comanda mecànica*

---

4 selbsttätiger Garnfestigkeitsprüfer (m) mit Dehnungsmesser für einzelne Fäden
automatic single end strength and elongation tester
самодѣйствующій динамометр (мр) с измѣрителем удлиненія для отдѣльных нитей
dynamomètre (m) automatique pour déterminer la résistance et l'allongement des filés simples
dinamometro (m) automatico per determinare la resistenza e l'allungamento dei fili semplici
dinamómetro (m) automático indicador de la resistencia y del alargamiento de hilo sencillo / *dinamòmetre (m) automàtic indicador de la resistència i del allargament d'un fil senzill*

---

selbsttätiger Festigkeitsprufer (m) für ganze Strähne mit Dehnungsmesser und Elektromotor
automatic hank strength and elongation tester driven by electric motor
автоматическій динамометр (мр) для цѣлых мотков с измѣрителем удлиненія и электро-мотором
dynamomètre (m) automatique à écheveaux pour déterminer la résistance et l'allongement, mû par moteur électrique
dinamometro (m) automatico a matasse per determinare la resistenza e l'allungamento, azionato con motore elettrico 5
dinamómetro (m) automático de madejas para indicar la resistencia y el alargamiento, accionado por motor eléctrico / *dinamòmetre (m) automàtic de madeixes per a indicar la resistència i l'allargament, accionat per motor elèctric*

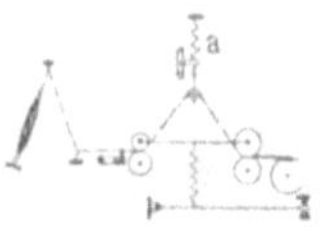

ununterbrochen arbeitender Dehnungs- und Festigkeitsprüfer (m)
continous elongation and strength tester
непрерывно дѣйствующій динамометр (мр) и измѣритель (мр) удлиненія
dynamomètre (m) continu pour déterminer l'allongement et la résistance 6
dinamometro (m) continuo per determinare l'allungamento e la resistenza
dinamómetro (m) continuo indicador del alargamiento y de la resistencia / *dinamòmetre (m) continu indicador del allargament i de la resistència*

---

a Spannungsmesser (m)
tension tester
измѣритель (мр) натяженія
mesureur (m) de tension
misuratore (m) di tensione 7
indicador (m) de la tensión / *de la tensió*

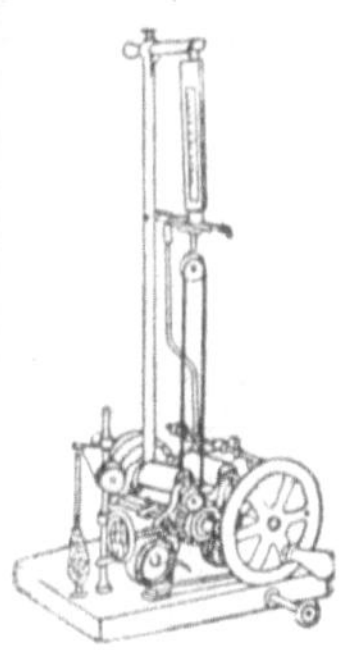

ununterbrochen arbeitender Dehnungs- und Festigkeitsprüfer (m) von Holzach
continous elongation and strength tester, Holzach system
непрерывно дѣйствующій измѣритель (мр) удлиненія и динамометр (мр) системы Гольцаха
dynamomètre (m) continu de Holzach pour déterminer l'allongement et la résistance 8
dinamometro (m) continuo di Holzach per determinare l'allungamento e la resistenza
dinamómetro (m) continuo indicador del alargamiento y de la resistencia / *dinamòmetre (m) continu indicador del allargament i de la resistència* / sistema Holzach

---

Gleichheitsprüfung (f)
testing for regularity
испытаніе (ср) на равномѣрность
essai (m) de régularité
controllo (m) della regolarità
ensayo (m) de regularidad / *assaig (m) de regularitat* 9

1 Fadenprüfung (f) nach dem Ansehen
testing the yarn by the look
испытанiе (ср) нити на вид
essai (m) du fil à la vue
giudizio (m) del filo all'occhio
examen (m) visual del hilo / *del fil*

---

2 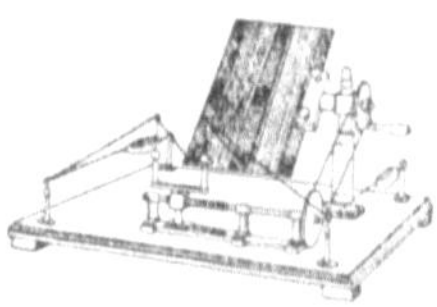

Garngleichheitsprüfer (m)
show board tester, evenness tester, yarn examining machine
прибор (мр) для испытанiя пряжи на равномѣрность
vérificateur (m) d'égalité, appareil (m) pour l'examen des filés, plaque (f) noire
apparecchio (m) per esaminare l'uniformità dei fili, tavola (f) nera
aspa (f) para examinar la regularidad del hilo / *aspi (m) per a examinar la regularitat del fil*

---

3 

Gleichheitsprüfer (m) mit Wickelkarte
evenness tester with wrapping card
прибор (мр) для опредѣленiя равномѣрности с картой для намота нити
vérificateur (m) d'égalité avec carton enrouleur
verificatore (m) di uniformità con cartone avvolgitore
aspa (f) de cartón arrollador para examinar la regularidad del hilo / *aspi (m) de cartó plegador per a examinar la regularitat del fil*

---

4 a
Führungsöse (f)
guide eye
глазок (мр), ведущiй нить
œil-guide (m)
occhiello (m) di guida
ojete (m) guía-hilos / *ullet (m) guia-fils*

---

5 b
Pappkarte (f), Wickelkarte (f)
card board
картон (мр)
écran (m)
cartone (m) [a fondo oscuro], tavolettina (f) nera
cartón (m) arrollador / *cartó (m) plegador*

---

6 Gleichheitsprüfer (m) mit Wickeltrommel
evenness tester with wrapping drum
прибор (мр) для опредѣленiя равномѣрности с обматываемым барабаном
vérificateur (m) d'égalité avec tambour enrouleur
verificatore (m) di uniformità con tamburo avvolgitore
aspa (f) de tambor arrollador para examinar la regularidad / *aspi (m) de bombo plegador per a examinar la regularitat*

Garngleichheitsprüfer (m) für zwei Fäden
evenness tester for two ends
прибор (мр) для опредѣленiя равномѣрности пряжи для двух нитей
vérificateur (m) d'égalité pour deux fils
verificatore (m) di uniformità per due fili
aspa (f) para examinar la regularidad sobre dos cabos de hilo / *aspi (m) per a examinar la regularitat sobre dos caps de fil* 7

Prüfung (f) der Garndrehung
testing the yarn for twist
опредѣленiе (ср) крутки пряжи
vérification (f) de la torsion du fil
prova (f) *o* controllo (m) della torsione del filo
prueba (f) *o* ensayo (m) de la torsión del hilo / *prova (f) o assaig (m) de la torsió del fil* 8

Garndrehungszähler (m)
yarn twist tester
счетчик (мр) для опредѣленiя крутки пряжи
torsiomètre (m)
torsiometro (m)
torsiómetro (m) / *torsiómetre (m)* 9

Probehaspeln (n)
test reeling
пробная мотка (жр)
dévidage (m) pour l'essai
provinatura (f)
aspeado (m) de prueba / *aspiat (m) de prova* 10

---

weifen, haspeln
to reel
намотать, размотать
dévider
innaspare
aspear / aspiar 11

---

geweiftes *oder* gehaspeltes Garn (n)
reeled yarn
размотанная пряжа (жр)
fil (m) dévidé
filo (m) innaspato
hilo (m) aspeado / *fil (m) aspiat* 12

---

voller *oder* ganzer Schneller (m)
complete hank
полная пасьма (жр)
écheveau (m) complet
matassa (f) completa
madeja (f) / *madeixa (f)* / completa 13

---

den Schneller abziehen
to draw off or to take off the hank
снять пасьму
enlever l'écheveau
togliere *o* cavare la matassa
sacar la madeja / *treure la madeixa* 14

Sortierverfahren (n)
wrapping process
способ (мр) размота
procédé (m) de triage
processo (m) d'assortimento
procedimiento (m) de aspeado de prueba / *procés (m) d'aspiat de prova* 15

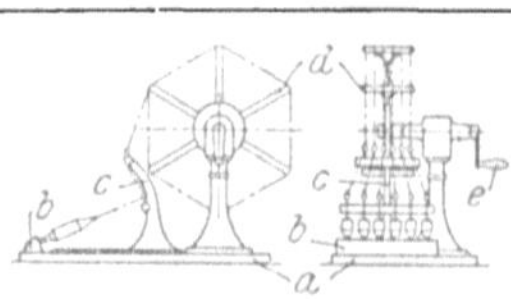

Sortierweife (f), Probehaspel (m)
wrap[ping] reel
пробное мотовило (ср)
dévidoir (m) de numérotage
aspino (m) per provini
aspa (f) de prueba / *aspi (m) de prova* 16

1 a Grundplatte (f)
foundation board
основная доска (жр)
plaque (f) de fondation
placca (f) di fondazione
placa-zócalo (f) / *placa-sòcol (f)*

2 b Kötzerständer (m), Kötzerleiste (f)
cop lath
рама (жр) для початков
support (m) des bobines
sopporto (m) delle bobine
regla (f) porta-husadas / *regle (m) porta-fusades*

3 c Fadenführer (m)
thread guide
нитевод (мр)
guide-fil (m)
guida-filo (m)
guía-hilos (m) / *guia-fils (m)*

4 d Haspel (m)
reel
баран (мр), мотовило (ср)
asple (m)
aspa (f)
aspa (f) / *aspi (m)*

5 e Handkurbel (f)
handle
рукоятка (жр), ручной кривошип (мр), ручка (жр)
manivelle (f)
manovella (f)
manubrio (m) / *maneta (f)*

6 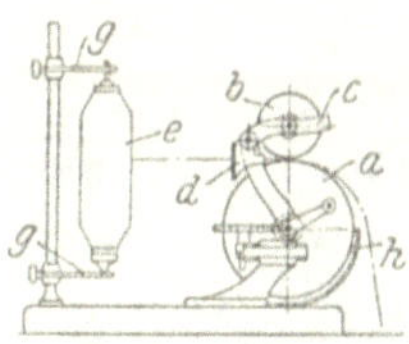

Yardrolle (f) *oder* Sortierrolle (f) *oder* Meterrolle (f) für die Vorgespinste, Luntenweife (f), Vorgespinstmeßapparat (m)
wrapping block
ярдный барабан (мр) *или* метровый каток (мр) для ровницы
appareil (m) mesureur pour mèches de préparation
apparecchio (m) misuratore per lucignoli
bloc (m) desarrollador de mecha, contador (m) de mecha / *bloc (m) desplegador de metxa, comptador (m) de metxa*

7 a eiserne Rolle (f)
iron drum
желѣзный каток (мр)
tambour (m) en fer
tamburo (m) di ferro
tambor (m) de hierro / *bombo (m) de ferro*

8 b Druckrolle (f)
press roller
нажимной каток (мр)
rouleau (m) presseur
cilindro (m) di pressione
cilindro (m) de presión / *corró (m) de pressió*

9 c aufschlagbarer Arm (m)
movable arm
откидная серьга (жр)
bras (m) mobile
braccio (m) mobile
brazo (m) móvil / *braç (m) mòbil*

d Trichter (m)
funnel
воронка (жр)
entonnoir (m) 10
imbuto (m)
embudo (m) / *embut (m)*

e Spule (f)
bobbin
катушка (жр)
bobine (f) 11
spola (f)
bobina (f) / *rodet (m)*

g Spulenhalter (m)
bobbin holder
рама (жр) для катушки
porte-bobine (m) 12
porta-spola (m)
porta-bobina (m) / *porta-rodet (m)*

h Putzstreifen (m)
clearing strip
планка (жр) *или* полоска (жр) для очистки 13
nettoyeur (n), purgeur (m)
pulitore (m)
purgador (m)

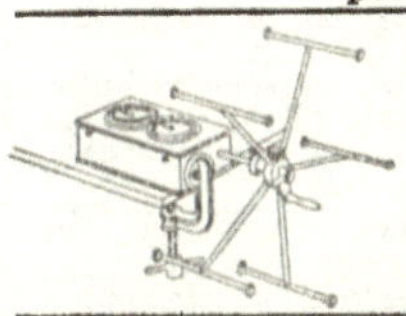

Weife (f) mit Zähluhr
counting reel
мотовило (ср) со счетчиком
dévidoir (m) compteur 14
aspino (m) a contagiri
aspa (f) contadora / *aspi (m) comptador*

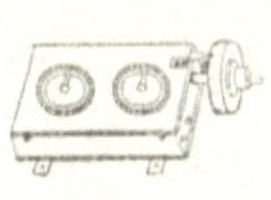

Zählvorrichtung (f)
counting device
счетчик (мр)
compteur (m) 15
[meccanismo(m)] contagiri (m)
contador (m) / *comptador (m), rellotget (m)*

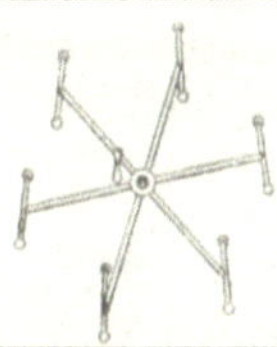

Ansteckweife (f)
reel for slipping on
съемный баран (мр)
dévidoir (m) décrochable 16
aspa (f) spostabile
devanadera (f) desmontable / *devanadora (f) desmuntable*

Garnweife mit Wage (f) und Kötzerhalter
reel with balance and cop holder
пробное мотовило (ср) с вѣсами и рамой для початков
dévidoir (m) avec romaine et porte-bobines 17
aspa (f) con romana e porta-bobine
aspa (f) con cuadrante y regla porta-husadas / *aspi (m) amb quadrant i regle porta-fusades*

verstellbare Rollenwinde (f)
adjustable bird cages
установочная роличная воробa (жр)
cages (fpl) d'écureuil réglables
aspino (m) a ruzzelle regolabili 18
jaulas (fpl) *o* cajas (fpl) de linterna ajustables / *gàbies (fpl) o caixes (fpl) de llanterna ajustables*

1 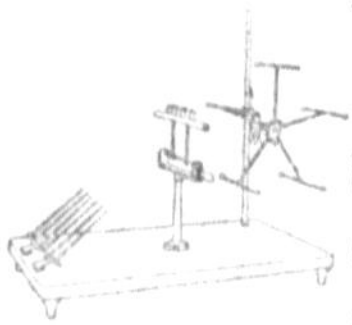

Garnweife (f) mit Kötzerhalter und beweglichem Fadenführer
reel with cop holder and movable yarn guide
[пробное] мотовило (ср) с рамой для початков и с подвижным нитеводом
dévidoir (m) avec porte-bobines et guide-fils mobile
aspino (m) con porta-bobine e guida-fili mobile
aspa (f) con regla porta-husadas y guía-hilos móvil / *aspi (m) amb regle porta-fusades i guia-fils mòbil*

---

2 

Garnweife (f) mit Kötzerhalter und feststehendem Fadenführer
reel with cop holder and fixed yarn guide
[пробное] мотовило (ср) с рамой для початков и с неподвижным нитеводом
dévidoir (m) avec porte-bobines et guide-fils fixe
aspino (m) con porta-bobine e guida-fili fisso
aspa (f) con regla porta-husadas y guía-hilos fijo / *aspi (m) amb regle porta-fusades i guia-fils fix*

---

3 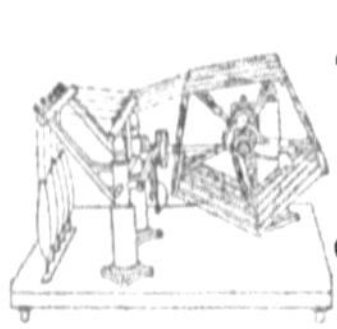

Präzisionsgarnweife (f) mit selbsttätiger Fadenführung und senkrecht stehenden Kötzern
precision reel with automatic yarn guide and vertical creel
точное *или* прецизіонное [пробное] мотовило (ср) с автоматическим нитеводом и с вертикально стоящими початками
dévidoir (m) de précision à fils guidés automatiquement et à canettes verticales
aspino (m) di precisione a fili guidati automaticamente e a bobine verticali
aspa (f) de precisión con guía-hilos automático y fileta vertical / *aspi (m) de precisió amb guia-fils automàtic i fileta vertical*

---

4 Präzisionsgarnweife (f) mit selbsttätiger Faden- und Kötzerführung
precision reel with automatic yarn and cop guiding arrangement
точное [пробное] мотовило (ср) с автоматическим перемѣщеніем нитевода и початка

dévidoir (m) de précision avec dispositif de guidage automatique du fil et des canettes
aspino (m) di precisione con dispositivo di guida automatico del filo e delle bobine
aspa (f) de precisión con dispositivo automático para guía-hilos y husadas / *aspi (m) de precisió amb dispositiu automàtic per a guia-fils i fusades*

---

5 

Kötzerstock (m)
cop stand
рама (жр) *или* станок (мр) для початков
cadre (m) pour canettes
porta-bobine (m)
porta-husadas (m) / *porta-fusades (m)*

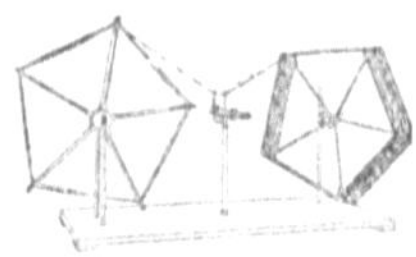

Leinengarnweife (f) mit beweglichem Fadenführer
flax yarn reel with movable yarn guide
мотовило (ср) для льняной пряжи с подвижным нитеводом
dévidoir (m) pour filés de lin à guide-fil mobile 6
aspino (m) per filati di lino a guida-fili mobile
aspa (f) para lino con guía-hilos móvil / *aspi (m) per a lli amb guia-fils mòbil*

Garnweife (f) mit Rollengestell und beweglichem Fadenführer
bird cage reel with movable yarn guide
мотовило (ср) с роличной воробой и с подвижным нитеводом

cages (fpl) d'écureuil avec guide-fils mobile
aspino (m) a ruzzelle con guida-fili mobile 7
jaulas (fpl) de linterna con guía-hilos móvil / *gàbies (fpl) de llanterna amb guia-fils mòbil*

Wiegen (n) *oder* [Aus-]Wägen (n) der Garne
weighing the yarns
взвѣшиваніе (ср) пряжи

pesage (m) des filés
pesatura (f) dei filati
pesado (m) de los hilados / *pesat (m) dels filats* 8

[aus]wiegen,[aus]wägen
to weigh [-off]
развѣсить, отвѣсить

peser
pesare 9
pesar

---

durch Wiegen sondern [*oder* sortieren]
to test by weighing
сортировать путем взвѣшиванія

placer *ou* trier par pesée
assortire per pesata 10
sortear por pesada / *sortejar per pesada*

Sortierbuch (n)
wrapping book
книга (жр) проб

livre (m) de pesée
registro (m) di revisione 11
libro (m) de pesadas / *llibre (m) de pesades*

Garnumrechnungstafel (f), Garntafel (f), Bombykometer (n)
yarn conversion table
таблица (жр) для пряжи, номерная таблица (жр)

table (f) de conversion des fils
tavola (f) di conversione dei filati
tabla (f) de pesos y números o de equivalencias de hilados / *taula (f) de pesos i números o d'equivalències de filats* 12

Garnwage (f)
yarn balance, yarn scales
вѣсы (мр) для пряжи

balance (f) pour échevettes, romaine (f) de numérotage
bilancia (f) per provini 13
balanza (f) de hilados / *balança (f) de filats*

Meßbereich (m) der Wage
range of balance
предѣлы (мр) грузоподъемности вѣсов

portée (f) *ou* amplitude (f) de mesure de la balance
campo (m) di misura della bilancia 14
capacidad (f) de peso o alcance (m) de medida de la balanza / *capacitat (f) de pes de la balança*

Präzisionswage (f)
precision balance
точные вѣсы (мр)

balance (f) de précision
bilancetta (f) di precisione 15
balanza (f) de precisión / *balança (f) de precisió*

1 Zehnerwage (f), Dezimalwage (f) — decimal balance — десятичные вѣсы (мр) — bascule (f) décimale — bilancia (f) decimale — báscula (f) / *balança (f) / decimal*

2 Lastseite (f) der Wage — balance plain for body to be weighed — грузовая сторона (жр) вѣсов — plateau (m) de la balance pour le corps à peser — tavolato (m) della bilancia per il carico — plato (m) de la balanza para la carga / *plat (m) de la balança per a la càrrega*

3 Gewichtschale (f) der Wage — scale of the balance — чашка (жр) вѣсов для гирь — plateau (m) des poids de la balance — piatto (m) dei pesi della bilancia — plato (m) de los pesos de la balanza / *balançó (m)*

4 Wickelwage (f) — lap scales — вѣсы (мр) для холстов — balance (f) pour rouleaux — bilancia (f) per i rotoli [degli apritoi e battitoi] — balanza (f) para telas de batán / *balança (f) per a teles de batan*

5 wagerechte Präzisionsgarnwage (f) — horizontal precision yarn scales — точные горизонтальные вѣсы (мр) для пряжи — balance (f) de précision horizontale pour fil — bilancia (f) di precisione orizzontale per filati — balanza (f) de precisión horizontal para hilo / *balança (f) de precisió horitzontal per a fil*

6 Nummernwage (f) — test balance — номерные вѣсы (мр) — balance (f) de numérotage — bilancia (f) di titolo — balanza (f) de numeración / *balança (f) de numeració*

7 einfache Gewichtswage (f) — common beam scales — обыкновенные [рычажные] вѣсы (мр) — balance (f) à fléau ordinaire — bilancia (f) semplice a peso — balanza (f) ordinaria de platillos / *balança (f) ordinària de platets*

8 a Wagebalken (m) — balance beam — коромысло (ср), вѣсовой рычаг (мр) — fléau (m) de balance — braccio (m) della bilancia — brazo (m) de la balanza / *braç (m) de la balança*

9 b Wagschale (f) — weighing scale — чашка (жр) вѣсов — plateau (m) de la balance — piatto (m) della bilancia — platillo (m) de la balanza / *platet (m) de la balança*

Empfindlichkeit (f) der Wage — sensitiveness of the scales — чувствительность (жр) вѣсов — sensibilité (f) de la balance — sensibilità (f) della bilancia — sensibilidad (f) de la balanza / *sensibilitat (f) de la balança* 10

Schwanken (n) des Wagebalkens — oscillating of the beam — качаніе (ср) коромысла — oscillation (f) du fléau — oscillazione (f) del braccio della bilancia — oscilación (f) del brazo de la balanza / *oscillació (f) del braç de la balança* 11

sachtes Anheben (n) des Wagebalkens — gentle raising of the beam — плавное подниманіе (ср) коромысла — mouvement (m) lent du fléau — lento rialzo (m) del braccio — subida (f) lenta del brazo / *pujada (f) lenta del braç* 12

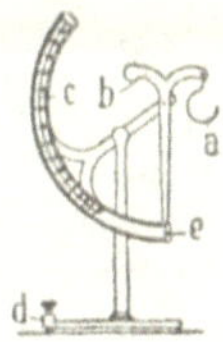

Bogenwage (f) [Sektorwage (f), Quadrantenwage (f)] — quadrant scales — квадрантные вѣсы (мр), квадрант (мр) — secteur (m) pour échevettes, romaine (f) — romana (f), bilancina (f) sferica o a quadrante — romana (f), cuadrante (m) de numeración / *romana (f), quadrant (m) de numeració* 13

a Aufhängehaken (m) — lea hook — крюк (мр) для подвѣшиванія моточной пряжи — crochet (m) à échevette — gancio (m) di sospensione — gancho (m) de suspensión / *ganxo (m) de suspensió* 14

b Gegengewicht (n) — counterpoise — противовѣс (мр) — contrepoids (m) — contrappeso (m) — contrapeso (m) / *contrapès (m)* 15

die Belastung ändern — to change the counterpoise — измѣнять нагрузку — changer le contrepoids — cambiare il contrappeso — cambiar el contrapeso / *canviar el contrapès* 16

Kontrollgewicht (n) — controlling weight — контрольная гиря (жр) — poids (m) de contrôle — peso (m) di controllo — peso (m) de comprobación / *pes (m) de comprovació o de control* 17

c Teilung (f), [Skala (f)] — scale — дѣленія (ср), шкала (жр) — échelle (f) — scala (f) — escala (f), graduación (f) / *escala (f), graduació (f)* 18

Gradbogen (m) — sector — дуга (жр) с дѣленіями — secteur (m), cadran (m), arc (m) gradué — arco (m) graduato — cuadrante (m) graduado / *quadrant (m) graduat* 19

1 d
Stellschraube (f)
adjusting screw
установительный винт (мр)
vis (f) de réglage
vite (f) di registro
tornillo (m) de nivelación / *cargol (m) de nivell*

2 e
Nullmarke (f), Nullstrich (m)
zero mark
нулевое (-ая) дѣленіе (ср) *или* отмѣтка (жр)
marque (f) du zéro
segno (m) dello zero
división (f) cero / *marca (f) zero* / de la escala

3
der Zeiger ist in der Nullstellung
the finger points to zero
стрѣлка (жр) стоит на нулевом дѣленіи
le doigt *ou* l'aiguille (f) est au zéro
la lancetta è sullo zero
la aguja *o* el índice está en el cero / */ l'index (m) o l'agulla (f) es al zero*

4
der Zeiger geht auf Null zurück
the finger goes back to zero
стрѣлка (жр) возвращается к нулю
l'aiguille (f) revient à zéro
la lancetta retrocede a zero
el índice retrocede al cero / *l'index (m) recula al zero*

5
Nachprüfwägung (f), Kontrollwägung (f)
control test
повѣрочное взвѣшиваніе (ср)
pesage (m) de contrôle
pesatura (f) di controllo
pesada (f) de comprobación / *de comprovació*

6
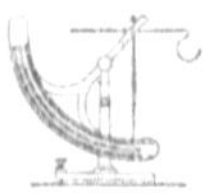
Feinmeßgarnwage (f), [mikrometrische Garnwage (f)]
micrometric yarn scales
микрометрическій квадрант (мр) для пряжи
romaine (f) micrométrique pour fils
romana (f) micrometrica per filato
romana (f) micrométrica para hilos / *romana (f) micromètrica per a fils*

7
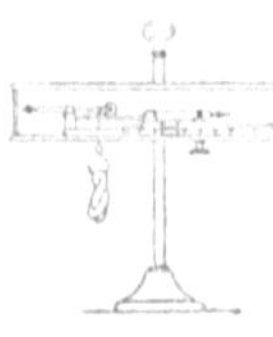
Amsler-Laffonsche Garnwage (f)
Amsler-Laffon's yarn scales
вѣсы (мр) для пряжи Амслера-Лафона
romaine (f) pour fil de Amsler-Laffon
romana (f) per filato di Amsler-Laffon
romana (f) para hilos / *per a fils* / de Amsler-Laffon

8
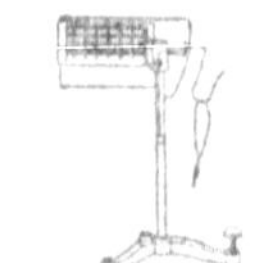
Staubsche Garnwage (f)
Staub's yarn scales
вѣсочки (мр) Штауба
romaine (f) pour fil de Staub
romana (f) per filato di Staub
romana (f) para hilos / *per a fils* / de Staub

9
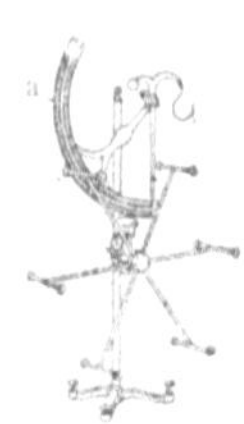
Garnsortierwage (f) mit gewöhnlicher Weife
testing balance with ordinary swift
квадрант (мр) с обыкновенным мотовилом
romaine (f) et dévidoir (m) ordinaire
romana (f) e aspa (f) ordinaria
romana (f) de numeración con devanadera ordinaria / *romana (f) de numeració amb devanadora ordinaria*

a
Gradbogen (m)
sector
дуга (жр) с дѣленіями
secteur (m) 10
arco (m) graduato
cuadrante (m) graduado / *quadrant (m) graduat*

Teilung (f) für verschiedene Nummernsysteme
scale for various numbering systems
дѣленія (ср) для разных систем нумераціи
échelle (f) pour divers systèmes de numérotage
scala (f) per diversi sistemi di titolazione
graduación (f) para diversos sistemas de numeración / *graduació (f) per a diferents sistemas de numeració* 11

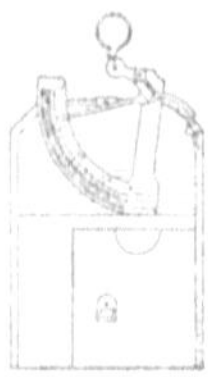
Taschenwage (f), Reisewage (f)
pocket balance
карманные *или* дорожные вѣсы (мр)
romaine (f) de poche
romana (f) tascabile *o* per viaggio 12
romana (f) de bolsillo / *de butxaca*

Prozentwage (f), Kämmlingswage (f)
percentage balance for waste
вѣсы (мр) с процентными дѣленіями для очеса
romaine (f) de pourcentage pour blousses
romana (f) differenziale per i cascami 13
balanza (f) diferencial para peinado / *balança (f) diferencial per a pentinats*

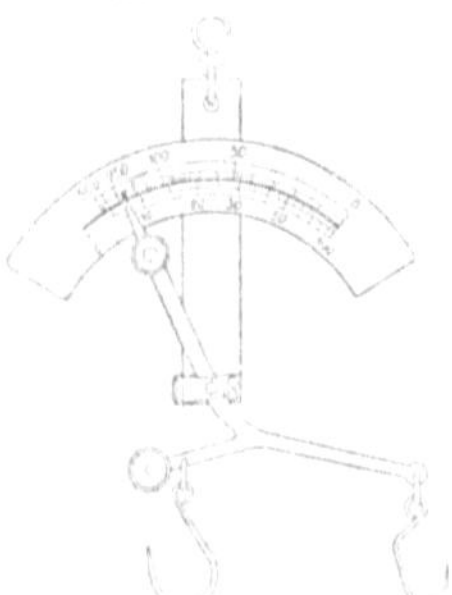
Prozent- und Gewichtswage (f)
testing and percentage balance
вѣсы (мр) для опредѣленія процентных отношеній и вѣса
romaine (f) à poids et de pourcentage 14
bilancia (f) differenziale e di titolo
balanza (f) de numeración y diferencial / *balança (f) de numeració i diferencial*

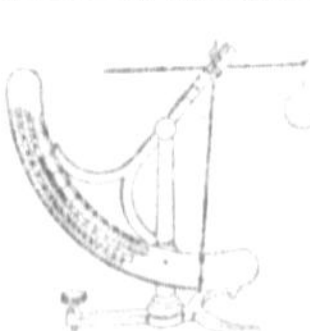
Wage (f) für Garne und Gewebe
balance for yarns and fabrics
вѣсы (мр) для пряжи и ткани
romaine (f) pour fils et tissus 15
romana (f) per filati e tessuti
romana (f) para hilos y tejidos / *romana (f) per a fils i teixits*

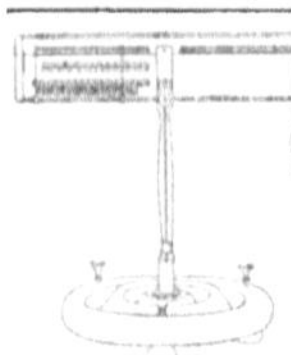
Universalgarnwage (f), Universalmusterwage (f)
universal balance
универсальные вѣсы (мр) для [образцов] пряжи 16
romaine (f) universelle
romana (f) universale
romana (f) universal

1

Bündelwage (f)
bundle scales
пачечные вѣсы (мр)
romaine (f) pour paquet
bilancia (f) a pacchi
balanza (f) para paquetes / *balança (f) per a paquets*

2

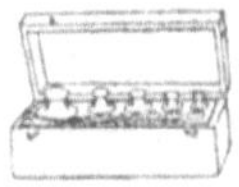

Präzisionsgewichtsatz (m)
set of precision weights
комплект (мр) точных разновѣсок
série (f) ou assortiment (m) de poids de précision
assortimento (m) di pesi di precisione
juego (m) de pesos de precisión / *joc (m) de pesos de precisió*

3	Feuchtigkeitsprüfung (f) [*oder* Konditionieren (n)] der Garne testing for moisture of yarns испытаніе (ср) пряжи на влажность, кондиціонированіе (ср) пряжи	épreuve (f) hygrométrique des fils verificazione (f) d'umidità dei filati ensayo (m) higrométrico de los hilados / *assaig (m) higromètric dels filats*
4	die Feuchtigkeit des Garnes bestimmen, [das Garn konditionieren] to determine the humidity of the yarn опредѣлить степень влажности пряжи, кондиціонировать пряжу	déterminer l'humidité (f) du fil, conditionner le fil determinare l'umidità (f) del filato, condizionare *o* stagionare il filato determinar la humedad del hilo, acondicionar el hilo / *determinar la humitat del fil, acondicionar el fil*
5	Ermittlung (f) des Feuchtigkeitsgehaltes determination of the degree of humidity опредѣленіе (ср) содержанія влаги	détermination (f) du degré d'humidité determinazione (f) del grado d'umidità determinación (f) del grado de humedad / *determinació (f) del grau d'humitat*
6	Wasseraufnahmefähigkeit (f) der Garne, [hygroskopische Eigenschaft (f) der Garne] hygroscopicity of the yarn гигроскопическое свойство (ср) пряжи, способность (жр) пряжи поглощать влагу	faculté (f) hygrométrique des filés igroscopicità (f) dei filati higroscopicidad (f) de los hilados / *higroscopicitat (f) dels filats*
7	mit Feuchtigkeit gesättigtes Garn (n) yarn saturated with moisture пряжа (жр), насыщенная влагою	fil (m) saturé d'humidité filato (m) saturo d'umidità hilado (m) saturado de humedad / *filat (m) saturat d'humitat*
8	schwankender Wassergehalt (m) der Garne varying water contents of the yarns колеблющееся содержаніе (ср) влаги в пряжѣ	humidité (f) variable des fils umidità (f) *o* stato (m) igrometrico variabile dei filati humedad (f) variable de los hilados / *humitat (f) variable dels filats*
9	Verfahren (n) zur Bestimmung des Trockengewichts, Feuchtigkeitsprüfverfahren (n), [Konditionierverfahren (n)] method of testing for moisture, conditioning method способъ (мр) кондиціонированія *или* опредѣленія влажности	méthode (f) de conditionnement metodo (m) di condizionatura *o* di stagionatura método (m) de acondicionamiento / *mètode (m) d'acondicionament*
10	Trocknen (n) bis zum absoluten wasserfreien Gewicht drying to absolute dry weight сушеніе (ср) *или* высушиваніе (ср) до абсолютнаго *или* безводнаго вѣса	dessiccation (f) complète *ou* à l'absolu disseccamento (m) sino al peso assoluto desecación (f) absoluta *o* completa *o* al peso absoluto / *dessecació (f) absoluta o completa o al pes absolut*
11	absolute Trockenheit (f) des Garnes absolute dryness of the yarn абсолютная сухость (жр) пряжи	siccité (f) absolue du fil secchezza (f) assoluta del filato sequedad (f) absoluta del hilo / *sequedat (f) absoluta del fil*
12	Trockenheitsgrad (m) degree of dryness степень (жр) сухости	degré (m) de siccité grado (m) di secchezza grado (m) de sequedad / *grau (m) de sequedat*
13	vor dem Trocknen wiegen to weigh before drying взвѣшивать передъ сушкой *или* высушиваніемъ	peser avant dessiccation pesare prima del disseccare pesar antes de la desecación / *pesar abans de la dessecació*
14	nach dem Trocknen wieder wiegen to weigh again after drying снова взвѣшивать послѣ сушки	repeser après dessiccation ripesare dopo il disseccare repesar después de la desecación / *després de la dessecació*
15	Anfangsgewicht (n) initial weight первоначальный *или* начальный вѣсъ (мр)	poids (m) primitif peso (m) primitivo peso (m) primitivo / *pes (m) primitiu*
16	Endgewicht (n), Trockengewicht (n), wasserfreies Gewicht (n) final weight, dry weight конечный *или* чистый вѣсъ (мр)	poids (m) final peso (m) stagionato *o* finale *o* assoluto peso (m) final *o* acondicionado / *pes (m) final o acondicionat*
17	Feuchtigkeitsprüfergebnis (n), [Konditioniergebnis (n)] result of moisture test результатъ (мр) кондиціонированія	résultat (m) de conditionnement risultato (m) della stagionatura resultado (m) del acondicionamiento / *resultat (m) del acondicionament*
18	Feuchtigkeitsverlust (m), [Konditionierverlust (m)] loss of moisture, conditioning loss потеря (жр) влажности	perte (f) d'humidité au conditionnement perdita (f) d'umidità alla stagionatura pérdida (f) de humedad por el acondicionamiento / *pèrdua (f) d'humitat per l'acondicionament*

1 zulässigesMehrgewicht (n), Aufschlag (m) auf das Trockengewicht, [Toleranzzahl (f), Reprise (f)]
tolerance
допустимый избыточный вѣс (мр)
taux (m) de reprise, tolérance (f)
tolleranza (f), ripresa (f)
tolerancia (f), reprise (f), retasa (f)

---

2 Handelsgewicht (n) (absolutes Gewicht + Toleranzgewicht)
commercial weight
торговый *или* коммерческій вѣс (мр)
poids (m) marchand
peso (m) mercantile *o* a pagamento
peso (m) / *pes (m)* / comercial

---

3 Konditionierschein (m)
conditioning certificate
кондиціонное удостовѣреніе (ср) *или* свидѣтельство (ср)
bordereau (m) *ou* bulletin (m) de conditionnement
biglietto (m) *o* nota (f) di stagionatura
certificado (m) *o* boletín (m) de acondicionamiento / *butlletí (m) o certificat (m) d'acondicionament*

---

4 Konditionieranstalt (f)
testing *or* conditioning house
кондиціонное учрежденіе (ср)
conditionnement (m), condition (f)
stabilimento (m) di stagionatura
acondicionamiento(m), instituto (m) de acondicionar *o* de acondicionamiento / *acondicionament (m)*

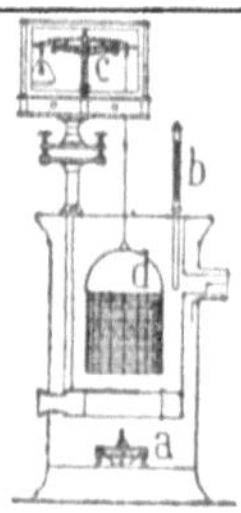

5 Feuchtigkeitsprüfer (m), Konditioniervorrichtung (f)
testing oven for moisture
кондиціонный аппарат (мр)
étuve (f) de conditionnement, dessiccateur (m)
apparato (m) di stagionatura
aparato (m) de acondicionar, estufa (f) de acondicionamiento / *estufa (f) d'acondicionar*

---

6 a Spiritusbrenner (m)
spirit lamp
спиртовая горѣлка (жр)
lampe (f) à alcool
lampada (f) *o* fornello (m) ad alcool
lámpara (f) / *llàntia (f)* / de alcohol

---

7 b Quecksilberthermometer (n)
mercury thermometer
ртутный термометр (мр)
thermomètre (m) à mercure
termometro (m) a mercurio
termómetro (m) de mercurio / *termòmetre (m) de mercuri*

---

8 c Präzisionswage (f)
precision balance
точные *или* чувствительные вѣсы (мр)
balance (f) de précision
bilancia (f) di precisione
balanza (f) de precisión / *balança (f) de precisió*

---

d Drahtkorb (m) 9
wire basket
проволочная корзинка (жр)
corbeille (f) en fil métallique
cesto (m) di filo di ferro
cesta (f) de alambre / *cistella (f) de filferro*

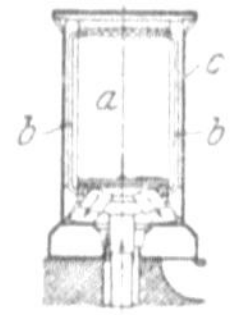

Feuchtigkeitsprüfer (m) *oder* Trockenvorrichtung (f) [*oder* Konditioniervorrichtung (f)] für Seide 10
conditioning oven for silk
сушильный *или* кондиціонный аппарат (мр) для шелка
four (m) à conditionner pour la soie
apparato (m) di stagionatura per la seta
estufa (f) de acondicionamiento para seda / *d'acondicionament per a seda*

---

a Trockenraum (m), [Konditionierraum (m),] Trockenkammer (f), Trockenkasten (m) 11
drying chamber
сушильная камера (жр)
chambre (f) de séchage
camera (f) d'essiccazione
cámara (f) de secamiento / *cambra (f) d'assecar*

---

b Heizröhre (f) 12
heating pipe
нагрѣвательная труба (жр)
tuyau (m) de chauffage
tubo (m) di riscaldamento
tubo (m) de calefacción / *tub (m) de calefacció*

---

c Mantel (m) des Trockners 13
casing
кожух (мр)
enveloppe (f)
involucro (m)
caja (f) / *caixa (f)* / exterior

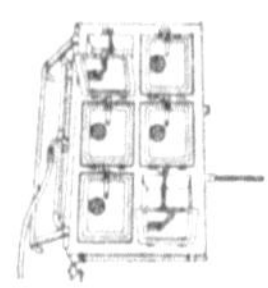

Trockenschrank (m) für Gasheizung 14
gas-heated drying range
сушильный шкап (мр) с газовым нагрѣвом
armoire (f) à sécher chauffée au gaz
armadio (m) di stagionatura riscaldato a gas
cocina (f) de acondicionar calentada por gas / *cuina (f) d'acondicionar escalfada per gas*

Trockenschrank (m) für Dampfheizung 15
steam-heated drying range
сушильный шкап (мр) для нагрѣванія паром
armoire (f) à sécher chauffée à la vapeur
armadio (m) di stagionatura riscaldato a vapore
cocina (f) de acondicionar calentada por vapor / *cuina (f) d'acondicionar escalfada per vapor*

---

selbsttätiger *oder* automatisch wirkender Wärmeregler (m) [*oder* Thermoregulator (m)] 16
automatic heat regulator *or* thermostat
самодѣйствующій *или* автоматическій регулятор (мр) нагрѣванія *или* терморегулятор (мр)
régulateur (m) de chaleur *ou* thermorégulateur (m) automatique
regolatore (m) automatico del calore
termoregulador (m) automático / *automàtic*

INDEX

Deutsch . . . . S. 618

English . . . . p. 668

Русский . . . . стр. 716

Français . . . . p. 803

Italiano . . . . p. 843

Español . . . . p. 882

Català . . . . p. 920

Deutsch · German · Нѣмецкій · Allemand · Tedesco · Alemán
Alemany

A

Abbinden 12.19
abbinden 12.20
Abbrennen 110.7
— der Lederhulsenenden 110.4
abbrennen 110 5
abbruhen 499 14
Abdampfung der Fettlösung 298 11
Abdichtungswalze 202 9
abdrehen (Walze) 203.1, 337 2
Abdreh-stahl 337.3
—support 405 8
abfahrbar 200.4, 320.13
Abfall 31.15
— beim Dämpfen 435.17
— in der Gute 14.17
— aus dem Kochkessel 436.1
— mit großen Noppen 96.7
— von naturlicher Seide 472.6
—, Leder- 120.14
—, Schneiderei- 397 18
—, Seiden- 435.5
—, unentbasteter 436.2
—, Walzen- 398.13
—abfuhrung 39.12
—arbeiter 3.24, 216 2
—arbeiterin 4 1
—batzen 195.8
—faden 334 7
—faser 435 6
—garn 195.3
—hanf 228.9
—hechelei 211.16
—kammer 38.8
—kasten 28.7, 31.11
—klopfwolf 267 14
—messer 78.7
—offner, Werg- 258.13
—pelz 322.8
—reinigung 49.5, 298.12
—reinigungsmaschine, Karden- 260.5
—reinigungstrommel mit Staubhaube 195.7
—rost 29.6
—sammelkamm 58.1
Abfallseide 412.19
— in Kugelform 442.11
—, gefaulte 438.3
—, gekämmte 446.9
—, überfaulte 438.4
—, ungekämmte 446.8
—ngarn 587.18
Abfall-sichter 4.2
—sichterin 4.3
—sieb 38.9
—spinnerei, Baumwoll- 194.12
—spinnerei, Seiden- 435.8
—sorte 194.14
—sortierer 4.2
—sortiererin 4.3
—verarbeitung 435.9
—verschlag 22.14
—verwertung, Jute- 258.10
—watte 452.18
abfallen (Faden) 345.14
— (Lieferung) 14.18.19.21, 15.1
abfallende Kurvenbahn 531.11
Abfluß, Lösungs- 298.8
—, Niederschlagwasser- 571.8
—rohr 280.13, 286.5
Abführen der Faserschichten 326.6
abführen (Ätherdämpfe) 462.11
— (Kämmlinge) 446.7
— (Luft) 293.15
Abführ-lattentuch 38.1, 197.12
—rohr, Staub- 197.1
—tisch 288.10
—trichter 111.7
Abführwalze 38.5, 111.6
Abfuhrungs-auge 487.6
—walze 449 11
Abgabespindel 502.9
Abgang 49.6
—, Kämmerei- 452.15
—arbeiter 3.24
—arbeiterin 4.1
—sortierer 4.2
—sortiererin 4.3
Abgänge 398.5
Abgebespindel 550.1
abgebundener Strähn 12.21
abgedeckter Heißwassertrog 225.14
abgefitzter Strähn 12 21
abgehaspelte Seide 425.2
abgekämmter Flor 330 13
abgenutzt 390.9
abgerundete Kerbe 373.13
— Riffeln 240.8
abgeschliffenes Leder 185 8
abgeschnippte Hede 244 7
abgeschossene Lumpen 398.3
abgestucktes Tau 501.3
abgestufte Nitschelung 333.10
abgetöteter Kokon 413 10
abgewogene Fasermenge 319.15
abgezogener Wollbart 378.8
abhängiges Hebelwerk 185.11
abhaspelbar, nicht 415.10
abhaspeln 562.5
—, trocken (Kokon) 421.17
Abhaspeln der Kokons 420.15
—, trockenes 421.16
abheben, von der Antriebswalze 525 12
Abheberanordnung 202.4
abkämmen, den Flor (vom Abnehmer) 59.17
Abklären (Flussigkeit) 462 3
Abkochbad 433.3
abkochen (Seide) 433.8
—, im Entschälbad 433 7
—, in Säcken 433.10
—, in frischem Seifenbad 433.9
Abkochen (Seide) 433.11
Abkochung schleimgebender Pflanzen 316.13
—, Eichenrinden- 419.16
—, schäumende 278.1
—sbad 433.3
—sraum 436.21
—sverlust 434.15
Abkröpfung, Hebel- 179.1
Abkühlen des Garnes 572.8
abkühlen, das getrocknete Garn 227.11
Abkühlung des Trockenraumes 294.12
—, Trockenraum- 294.12
—sfläche des Trockenraums 295.1
Ablagern des Schmutzes 284.5
ablagern, in offenem Zustande (Baumwolle) 24.15
Ablagerung, Schmutz- 284.5
Ablaß-klappe 286.3
—rohr, knieförmiges 294.6
Ablauf-bogen an der Vorderwalze 142.13
—haspel 424.13
—röhrchen, drehbare 568.8
—spule 430.10, 526.10
—trichter 487.13
Ablaufzeug mit drehbaren Ablaufröhrchen für Scheibenspulen 568.8
— mit geschlitzten Holzstiften 568.10
— mit kegelförmigen Holzstiften 568.11
— mit Rollenwinde 569.4
Ablaufzeug mit Spindeln 568.9
— mit zweifedrigen Aufsteckspindeln 568.13
Ablaufen der Ansatzschichten 155.18.19
— der Wickelbahnen 41.16
— der Zapfen 202.17
— des Zierfadens 560.5
ablaufen (Kammspiel) 82.20
— (Kokonfaden 421.6
—, vom Ansatz (Kötzer) 519.15
—, von der Spitze (Kotzer) 519.14
ablaufen lassen (Ballen) 19.19
— (Waschflotte) 280.9
ablegen (Wickel) 47.9
Ableiten der Elektrizität 570.2
Ablenk-rolle 281.10
—scheibe 282.16
Ablenkung des Ankers 360.16
ablesen (Prozentsatz) 100.7
—, an der Zählscheibe 432.8
Ablieferung 103.7
— in Bandform 221.15
Ablieferungs-raum 576.8
—seite 35.11, 202.11
—tuch 235.16
—vorrichtung der Krempel 59.13
—walze 247.15
Ablieferwalze 35.9
Abnahme der Stärke des Kötzerkörpers 174.11
— des Wickelgewichtes 42.13
—vorrichtung, Brucken- 565.11
abnehmbar-es Kötzerablaufzeug 569.1
—er Ölbecher 147.8
Abnehmer 86.7, 97.17
— mit Ringbeschlag 330.2
— der Vorgarnkrempel 590.19
—, doppelter — mit zweifachem Nitschelzeug 333.8
—, teilweise mit Kratzen beschlagener 330.2
—beschlag 61.1
—kamm 86.8, 88.8
—leiste 213.16, 245.11
—seite der Krempel 202.11
—verdeck 79.2
—walze 29.5, 88.9
Abnehmevorrichtung 145.6
Abnehmwalze, Werg- 230.6
Abnehmen der Belederung 389.11
— des Faserbartes 445.17
— der Strähne 565.10
abnehmen (Faserbart) 445.16
— (Viskosität) 463.11
— (Wickel) 47.9
—, den alten Beschlag 336.13
—, vom Haspel (Strähn) 424.16
—, mittels Zange (Kollodiumfaden) 461.5
abnehmende Kratze 323.15
abnutzen, sich 331.7
Abnutzung der Stahlbänder 331.8
Abquetschen der Wolle 288.1
Abquetschwalze 485.5
Abreiben mit rauhen Körpern 507.2
abreiben, mit Glaspapier 63.10
—, mit Schmirgelpapier 63.11
Abreiß-bewegung der Zange 382.13
—lederwalze 378.9
—walze 85.10, 381.5
—walze, belederte 85.11
—zange 99.8
Abreißen 91.6
— des Fadens 541.9
— des Kokonfadens 424.3
abreißen 378.6
— (Abzug) 146.10
— (Kokonfaden) 424.4
—, den alten Beschlag 336.13
—, die Spitze der Handvoll 216.9
Abriffeln 507.3
Abrollen, leichtes (Wickel) 41.15
Abroll-richtung des Zahnstangenrades 191.1
—spule 520.4
Abrücken 390.4
Absatteln der Gewichte 107.2
absatteln (Druckzylinder) 107.3
Absatz 355.8
absatzweise Drehung der Vorgarnwalze 342.3
— in säulenartigen Rippen setzen (Zähne) 69.5
—, sich — drehen 342.4
absäuern (Faden) 467.3
absaugen (Ammoniakdämpfe) 466.1
— (Schleifstaub) 72.1
Absauger 22.7
abscheiden (Fettstoff) 299.18
— (Sterblingswolle) 266.6
Abscheiden, streifenförmiges (Zellstoffasern) 477.1
Abscheidung der Sterblingswolle 266.5
—sstelle für Fremdkörper 24.12
Abschlagen 159.12, 165.6
abschlagen (Wollbett) 311.8
—, von der Trommel (Stichelhaare) 409.8
Abschlag-bewegung 205.9
—bremse 179.6
—bremse, doppelte 190.7
—bremshebel 163.1, 179.5
—bremsrad 161.8
—hebel 205.12
—hebelachse 179.2
—kamm 260.8
—kette 179.13, 184.3
—vorrichtung 166.3, 206.9
—walze 368.5
—szeit 207.2
abschleifen, sich 69.15
Abschleifung durch das Schärfen 69.14
abschlichten 175.2
Abschlichten der Formplatte 175.1
abschließen (Luftzutritt) 59.11
Abschluß-blech 404.11
—blech der Siebtrommel 45.1
—keil zwischen Trommel und Sammler 79.4
abschneiden 256.12
—, glatt 243.4
—, stumpf 243.4
—, die auf die Wellen aufgewundenen Fäden 196.12
Abschnippen der Juteristen 243.9
abschraubbarer Ölbecher 146.12
abschrauben 141.4
Abschrauben des Flügels 141.5
abschwemmen (Unreinigkeiten) 438.18
Abseilen 500.3
abseilen 500.4
absetzen (Flug) 322.10
— (Spulen) 141.9
Absetzen der vollen Spulen 141.8
absetzend arbeitende Kämm-Maschine 83.3
Absetzspinner 11.16, 138.13
absolute Feuchtigkeit der Luft 293.13

absolut-es Gewicht 615.10
—es Trockengewicht 15.6
—e Trockenheit des Garnes 615.11
Absonderung, Flug- 31.14
absorbieren (Öl) 314.2
abspalten (Wasser) 302.4
Abspringen des Fadens 541.9, 606.22
abspringen 541.10
Abspulen vom Kötzer 516.5
— der Kunstseide 473.1
— vom Strähn 516.6
abspulen (Seide) 468.5
Abspulmaschine für Kunstseide 473.3
Abspulen der Wolle 284.14
abspulen (Florettmasse) 438.17
Abspultasse 281.8
Abstand (regeln) 42.19
— zwischen der unteren Abzugwalze und der Unterzangenbacke 93.5
—, Nadelstab- 372.2
—, Spindel- 150.5
abstechen (Wollbart) 382.6
— (Wollbett) 311.8
—, senkrecht (Schichtenhäufung) 197.7
—, die vorstehenden Tuchränder 118.8
absteigende Windung 351.12
Abstell-achse, umlaufende 567.12
—hebel 532.12
—hebel, zweiarmiger senkrechter 567.5
—nadel 525.5
Abstellvorrichtung 504.5
— bei fehlendem Band 81.12
— fur Zwirnmaschinen 554.3
—, elektrische — fur Strecken 112.6
—, empfindliche 534 15
—, selbsttätige 47.7
—, selbsttätige — bei vollendetem Kötzer 157.4, 357.10
—, selbsttätige — der Strecke 110.13
Abstellen 532.3
— der Maschine bei Bandbruch 81.11
abstellen 346.12
— (Zählwerk) 370.12
Absteller für Strecken 110.12
—, Krempel- 324.9
Abstellung der Abnehmerwalze von Hand 59.15
— beim Reißen des Bandes 111.9
— bei Reißen des Fadens 525.1
—, selbsttätige 534.10
—, selbsttätige — der Abnehmerwalze 59.14
—, selbsttätige — bei Fadenbruch 565.3
—, selbsttätige — bei Kötzervollendung 180.4
—, Oberwalzen- 554.4
—, Strecken- 110.11
Abstreichen 507.11
— der Klettenreste 406.3
abstreichen, von den Nadeln (Hede) 213.17
Abstreicher 118.2
—, Werg- 230.7
Abstreich-kante der Mulde 203.9
—walze 29.3
Abstreif-bewegung des Kammes 58.7
—flügel 29.3
—kamm 86.8, 320.11
—kamm, schwingender 320.3
—messer 199.6
—regler mit zurücktretenden Stiften 30.4
—stift, zurücktretender 30.7
—tisch 320.4
—walze 200.9
—walze mit Drahtborsten 57.12
abstreifen, von der Bürste (Fadenende) 420.14
Abstücken 501.1
abstücken 501.2
abteilen (Litzen) 500.5
Abtönung, Farben- 194.7
Abtöten der Schmetterlingspuppe 417.7
abtöten (Puppe) 417.8
Abtreib-trommel 204.15, 356.14
—trommelbuchse 358.14
—zeug zum Doppeln und Zwirnen 356.13
—zeug des Selbstspinners mit Zweiwalzenstreckwerk 205.3
Abtrennen der Knöpfe 400.8
— der Nähte 400.15
— des Pelzes von der Trommel 321.14
—, streifenweises — des Flors durch Klappen 201.5
abtrennen, von der Trommel (Pelz) 198.9
Abtrennmesser 328.10
abtropfende Schmelze 317.15
Abtropfenlassen nasser Wolle 287.16
abtropfen lassen, die uberflüssige Säure 304.19
Abwärts-bewegung, schnelle stoßweise 561.7
—gang 552.1
—winden 351.13
abwärts gehen (Spulenschiene) 547 7
abwärtsgehende Fadenwindung 551.14
Abwasser, schmutziges 299.7
—, Wollwäscherei- 299 2
abwechselnd angetriebene Räder 537.3
abweichend, in der Gute 18.12
—, in der Reinheit 15 14
—, im Stapel 14.15
Abweichung in der Gute 15.2
abwickelbarer Kokon 413.5
Abwickeln der Kette 350.12
abwickeln (Ballen) 19 19
— (Verbund) 165 5
—, sich (Kokonfaden) 421.6
—, zuerst (die zuerst gewickelte Fadenschicht) 520.1
Abwickel-spule 430.10
—walze 50.8
—walze, hintere 89.9
—walze, hölzerne 377.2
—walze, vordere 89.10
Abwicklung des Trommelschlitzes 524.11
Abwiegen der Wollmenge 319.14
Abwieger 16 18
Abwindebremse 179.6
—, doppelte 190.7
Abwindebrems-hebel 163.1, 179.5
—rad 161 8
Abwinde-hebel 205.12
—hebelachse 179.2
—kupplung 173.2
—regler 349.1
—spindel 502.9
—vorrichtung 166.3, 206.9
—zeit 207.2
Abwinden 159.12, 165.6
— uber den Kopf des Kotzers 556.9
— nach der Seite 556.10
abwinden (Seidensträhn) 424.12
—, von der nackten Spindel 165.5
abwindende Spule 430.10
Abwinderkette 179.13, 184.3
Abwurf-kasten 38.16
—stelle 24.10
—trommel, gelochte 24.11
Abziehen der Belederung 389.11
— des Fadens von der Spule in der Achsrichtung 153.10
— des Fadens von der Spule über den Kopf 153.10
— der Kette 350.12
— der Kötzer 175.17
— vom Kötzer 569.14
— im Lauf 387.2
— der Lumpen 401.7
— der Spulen 133.18
— der vollen Spulen 141.8
— der Tuchlumpen mit Chromsäure 401.13
— des Zuges 82.5
abziehen 256.12, 340.3
— (Kötzer) 175.18
— (Spulen) 141.9
— (Zähne) 69.16
— (Zug) 82.6
—, vom Haspel (Strähne) 564.7
—, von den Kletten (Wolle) 368.9
abziehen, in ganzen Lagen von dem Ballen 19.18
—, rein (Hanf) 496.5
—, den Schneller 610.14
—, die vollen Spulen 133.17, 226.14
Abzieherin 3.8
Abzieh-messer 389.11
—walze fur die Kämmlinge 380.4
Abzug 133.19, 227.1
— anfangen 256.13
— machen 256.12
—, Rauch- 376.3
—, voller 387.1
—hechel 213.5, 229.4
—klappe, Luft- 306.11
—mädchen 3.8
—rohr 571.9
—rohr, Staub- 399.16
—vorrichtung 446.6
—vorrichtung fur Kämmlinge 446.2
—vorrichtung mit Pilgerschrittdrehung 381.6
Abzugwalze 35.9, 51.9
—, Band- 86.5
—, eiserne 247.13
—, gerauhte 550.4
—, geriffelte 247.13
—, hintere geriffelte 90.4
—, obere 93.2
—, untere 93.1
—, vordere geriffelte 90.5
—ngestell 95.13
Abzugzylinder 51.9
abzupfen, von der Umhullung (Baumwolle) 18.7
Achatfuhrung 430.4
Achse aus Eisenrohr 566.12
— mit entgegengesetzten Schraubengängen 339.5
— des Riemenhebels 182.2
—, Antrieb- 60.3
—, hohle 538.5
—, Spindel- 122.16
—, Spindeltrommel 206.4
—, Taster- 29.11
—, Turbinen- 97.10
Achs-hubscheibe 249.11
—richtung 153.10
—rad, Differentialwechsel- 135.7
achsrecht hin- und hergehende Bewegung 72.3, 516.17
—e Riffelung 241.2
Achsenentfernung der Spindeln 150.5
Achsialexzenter 182.3, 249.11
achsial hin- und hergehende Bewegung 516.17
Acméspindel 147.1
Actias selene (Kokon) 414.9
Adhäsion der Fasern 6.23
Ahle 512.6
aktive Spule 547.10
Alaunlösung 238.18
Albertschlag 509.3
Albumin-bad 459.11
—faden 471.11
Aldehyd zusetzen 458.2
Alkali 277.14
—bisulfatlösung 465.4
—lauge, angereicherte 464.16
—lauge, verdünnte 464.15
—lösung 309.9
—rückstand 310.3
—salzlösung, neutrale 469.6
Alkalien 437.6
alkalisch-e Azetonkaseinlösung 471.20
—es Bad 309.19
—es Entbastungsmittel 433.5
—es Fällmittel 464.13
—e Flüssigkeit 275.10
—e Lauge 437.4
—es Wasser 419.6
Alkohol 297.14
alkoholfrei machen, durch Waschen 463.16
alkoholisch-e Eisenchlorürlösung 456.13
—e Lösung von Ammoniumchlorid 457.11
—e Salzlösung 460.12
Alpaka-garn 583.2, 585.14
—spinner 408.15
—spinnerei 409.6
—wolle 363.12, 407.21
Alt-mungo 406.15
—tuch 406.15
Aluminium-chlorid 305.16, 457.14
—hydroxyd 465.13
—oxyd 484.9
—oxydhydrat 465.13
—salz 465.14
—sulfat 303.9, 465.15
—sulfatbad 459.15, 465.16
amerikanisch-er Titer 602.4
—es Lager 324.4
Amiant 489.6
Ammon-bisulfit 465.1
—salzlösung 469.7
Ammoniak bindendes Salz 465.6
—, doppeltkohlensaures 464.2
—, harnsaures 276.19
—, kohlensaures 276.18
—, phosphorsaures 464.1
—, saures schwefligsaures 465.1
—, schwefelsaures 469.8
—dampf 466.1
—gasatmosphäre 460.8
—salzbad 469.7
—salzlösung, warme 468.12
—soda 276.3, 309.13
—verbindung 276.17
—waschverfahren 366.5
—wasser 458.24
—zusatz 369.10
ammoniakalische Seifenlösung 468.4
Ammonium-bikarbonat 464.2
—chlorid 316.6
—karbonat 276.18
—phosphat 464.1
—salzlösung, wässerige 465.7
—seife 276.20
—sulfat 469.8
Amsler-Laffonsche Garnwage 614.7
Amylalkohol 238.20, 297.15
Anapheseide 410.17
ändern (Belastung) 613.16
— (Lage des Garns) 576.3
Änderung der Spulart 535.11
—, Farben- 569.11
Andrehen des Fadens 158.14, 352.14
andrehen (Faden) 133.12, 158.15, 352.15
Andreher 3.4
—, schlechter 159.1
Andreherin 3.5
aneinandergestückelte Bärte 383.11
Aneinanderhaften der Fasern 6.23
aneinanderlegen, die ausgekämmten Faserbärte 85.13
Anfangs-bund 533.10
—feuchtigkeit, geringe 573.5
—gewicht 615.15
—lage der Formplatten 175.15
anfeuchten (Gemisch) 442.13
— (Papierbahn) 480.6
Anfeuchten der Kokons 442.14
— der Papierbahn vor dem Auflegen des Faserflors 480.5
— der Papierbahn vor dem Schneiden 483.9
— der Papierbandscheibenspulen 483.12
— der Papierstreifen beim Aufwickeln 483.10
— der Papierstreifen beim Verspinnen 483.11
Anfeuchter, Luft- 575.7
Anfeuchtmaschine für Strähne 575.13
— für Kötzer 575.12
— für Spulen 575.11
Anfeuchtwalze 226.2
anfühlen, die Baumwolle 13.11
angebläuter Kammzug 386.2
angedrehter Faden 158.16
angefaulter Kokon 415.16
angefeuchtete Papierbahn 480.7, 482.6
angefressener Kokon 415.17
angegossener Kuppelteil 348.12
angegriffenes Wollhaar 276.13
angelegter Kokonfaden 421.10
angenetztes Vorgarn 226.5
angereicherte Alkalilauge 464.16
angerostete Nadel 86.19

angesäuert, mit Schwefelsäure —es Wasser . . 304.13
angeschirrter Faden . . 498.11
angestochener Kokon . 415.19
angetriebene Druckwalze 267.6
angewärmter Kamm . . 375.17
— Luftstrom 574.18
Angora-haare 409 13
—wolle 363.13
angreifen (Farben) . . . 403.3
— (Wollhaar) 276.12
—, die Baumwolle . . 13.11
angreifend, nicht —e Salzlosung 465.8
—, nicht —e Alkalisalzlösung 469.6
Angriff 13.12
— der Rostkanten . . . 367.12
Angriffsfähigkeit . . 51.4, 67.9
anhalten (Haspel) . . . 424.15
anhängende Unreinigkeiten 454.12
Anhängestelle der Kette 350.11
Anhängsel 425.10
Anheben, sachtes — des Wagebalkens . . . 613.12
Anilin 457.8
Anker 113.2, 360.11
Anker-einstellschraube . 113.11
—leine 594 1
—regulierschraube . . . 113.11
—tau 596.16
Anknupfer 3.4
Anknupferin 3.5
Anlauf 172.10
Anlauf-blech 87.10
—fläche 162.1
Anlege 8.11
— mit Kettenstrecke . 501.12
—holz 46.6
—maschine 8.11, 218.4
—maschine fur kurze Fasern 451.2
—maschine fur lange Fasern 451.4
—maschine fur mittellange Fasern . . . 451.3
—maschine mit Nadelstabstrecke 451.5
—maschine mit Nadelwalzenstrecke . . . 451.7
—maschine, Hanf- . . . 232.1
—maschine, Jute- . . . 246 12
—stab 46.6
—tisch 247.6
Anlegen 8.9
— der Faserbärte . . . 450.15
— des Flachses 217 20
— der gehechelten Jute 246 9
— des Kokonfadens . . 421.8
— des Langhanfes . . 231.17
— der Watte 46.5
anlegen 8.10
— (Langhanf) 231.18
—, x Bänder 104.5
—, die gehechelte Jute 246.10
—, die gekämmten Bourrettebänder 453.17
—, Kopfende auf Wurzelende 218.2
Anleger 219.10
—, Faden- 421.12
Anlegerin 219.11
anliegen, gleichmäßig . 390.2
Anmacher . . . 176.2, 176.3
Annahme 15.18
Annetzen des Vorgarns 226.4
anordnen, hintereinander 279.14
—, nebeneinander 279.13
Anordnung der Waschbottiche 279.12
— derZuführungswalzen 404.6
anorganisches Salz . . 463.19
anpassen(Entfernungen) 127.9
Anprall, Wagen- . . . 191.11
anreichern (Lauge) . . 276.6
—, sich 468.2
Anreicherung des Fällbades mit Kupfer . 468.3
Ansatz 167.7, 175.16
—, den — bilden . . 154.19
—, kegelförmiger . . . 518.17
—, Kötzer- 154.18
—, trichterförmiger . . 36.10
—, viereckiger 121.2
—gewicht 223.10
—höhe des Kötzers . . 167.8
—kanne 223.11
—kegel 167.7
—kurve 167.13
Ansatz-schaltlinie . . . 167.13
—schicht 155.18
Ansaugen trockener Luft 295.7
—, Luft 31.16
ansaugen, trockene Luft 295.8
Ansaugeventil 470.1
Ansaugung 37.8
anscheren (Fäden) . . . 498.10
anschirren (Fäden) . . 498.10
Anschirren der Fäden . 498.9
Anschirrhaken 499.12
Anschlag 180.8, 182.4
— am Wagen 172.2
—, bogenförmiger . . . 186.5
—, feststehender . . . 167.5
—, stellbarer — auf der Verbindungsstange . 180.6
—bock 358.11
—eisen 132.8
—stelleisen 346.8
—stuck 182.4
—stuck, drehbares . . . 179.16
Ansehen, nach dem (Fadenprufung) 610.1
ansetzen (Lauge) . . . 275.18
— (Seifenbad) 433.18
—, den gerissenen Faden 133.12
Anspannen der Nitschelhose 332.12
Anspannung, feste — des Fadens 552.2
Anspinnen . . . 155.4, 175.6
anspinnen 155.3
— (Faden) 133.20
—, den ersten Abzug . 175.7
—, frisch 352.12
Anspinner 3.4
Anspinnerin 3.5
Ansteckweife 611.16
ansteigende Schiene . . 180.2
Anstellen, zu scharfes . 70.11
anstellen (Schleifwalze) . 70.10
Anstocker 3.6
Anstockerin 3.7
Anstoß-stange 348.14
—vorrichtung, federnde — fur den Wagen . . 192.9
Anstrecken des Fadens durch den Gegenwinder 557.12
Anstreicher, Walzen- . 120.2
Anstuckelmaschine . . 330.1
Antiballon-draht . . . 153.3
—platte mit halbringförmigen Öffnungen 152.19
—platte, geschlitzte . . 153 2
—vorrichtung 153.1
—vorrichtung, halbringförmige 152.18
—vorrichtung mit Teilplatten 153.4
Antifriktionsrolle . . . 44.1
Antioxyd 63.13
Antreiben des Rades durch den Gang des Seilers 497.16
Antrieb durch Drehstrommotor 157.12
— durch Doppelriemen . 182.6
— durch Gleichstrommotor 157.7
— des Hubwechsels . . 256.8
— der Steuerwelle . . 161.3
— über ein Vorgelege . 158.8
—, elektrischer 157.6
—, Ketten- 242.4
—, Vorderzylinder- . . 114.4
—achse 60.3
—gestell 95.2
—kegelrad des Differentialgetriebes 135.4
—rad, Hinterzylinder- . 114.7
—rad für die vorderen Streckwalzen 136.2
—rad, Vorderzylinder- . 114.5
—scheibe 24.2, 35.10
—scheibe, innenliegende 114.3
—scheibe, Schleuder- . 290.14
—seil 503.1
—walze 482.8
—welle 126.2, 136.9
—wirtel, doppelrilliger . 157.9
Anwärmeplatte 383.10
anwärmen (Kamm) . . 375.16
— (Waschlauge) 275.16
Anwinden des Fadens . 133.21
anwinden (Faden) . . . 133.20
Anwindungs-punkt, Lunten- 124.18
—stelle, letzte 165.7
—stelle für die L 18
Anzahl s. a. Zahl
— der Umdrehungen in der Minute 123.7
— der Windungen . . 124.19
— der Zähne auf die Flächeneinheit . . . 68.4
— der Zwirndrehungen auf die Längeneinheit 542.1
Anzeige- und Zählvorrichtung 370.6
Anzetteln der Fäden . 498.9
anzetteln (Fäden) . . . 498.10
Anziehen der Kette . . 351.1
anziehen (Bremse) . . . 347.9
— (Garniturband) . . . 337.7
Apothekerbindfaden . . 593.1
Apparat s. Vorrichtung
appretiertes Leinengarn 581.14
arabisches Gummi . . 428.16
Aräometer, Beaumésches 303.13
Arbeit, geseilte 500.7
arbeiten, unabhängig voneinander 198.12
arbeitende Fläche . . . 60.16
Arbeiter 5.13, 51.3
—, Zubereitungs- . . . 2.1, 2.2
Arbeiterin 5.14
Arbeiterschaft 5.19
Arbeitgeber 1.13
Arbeits-fähigkeit des Zahnes 67.9
—fläche des Kratzenbeschlags 60.14
—fläche des Deckels . . 61.3
—fläche der Krempelwalzen 323.14
—hürde 399.15
—kamm 375.13
—modul 606.18
—seite 232.18
—stelle der Kette . . . 447.1
—vorgang 83.3, 83.12
—walze 51.3, 250.7
—walzenbeschlag . . . 248.7
Archimedes-wicklung . . 519.3
—windung 556.8
Arm 205.8
—, aufschlagbarer . . . 611.9
—, Flugel- 130.3, 548.5
—, gekrummter — auf der Gegenwinderwelle 169.7
—, Kamm- 58.5
—, schräger 554.6
—, schwingbar gelagerter 537.10
—, Sektor- 170.8
—, sichelförmiger . . . 184.7
—, winkelförmiger . . . 181.11
—kreuz 282.13
armiertes Kabel 597.4
Arschin 600.20
Arten der Lumpen . . 396.5
Asbest 489.6, 493.6
—, gesponnener 491.11
—, kurzfaseriger 490.1
—, langfaseriger . . . 4⁸9.13
—faser 491.4
—feinkrempel mit Florteiler 491.2
—filz 465.17
—garn 589.10
—garn mit Seele . . . 589.11
—krempel 490.13
—seil 595.8
—spinnerei 489.5
—spinnmaschine 491.9
—stück 490.6
—vorkrempel mit Kastenspeiser 490.14
—wolf 490.9
Aschen-lauge 419.15
—loch 402.11
Ashworthsche Deckeleinstellung 56.3
— Keilausgleichung . . 74.4
Assemblée-Seide 587.21
Assouplierbad 434.10
Assouplieren 434.8
assouplieren (Seide) . . 434.9
assouplierte Seide . . . 434.11
Äther 297.13
—dampf 462.11
—schwefelsäure 462.13
—waschverfahren . . . 366.6
Äthyl-nitrit 462.14
—schwefelsäure 462.13
atlasartiger Kokon . . 416.15
Atlaszwirn 586.8
ätzalkalische Fällflüssigkeit 464.14
Ätzkali 276.9
Ätzkalk 460.7
Ätzlauge 437.5
Ätznatron . . . 276.10, 472.8
Aufbau, Kötzer- . . . 154.17
Aufbereitung (Werg) . . 219.12, 232.2
aufbrechen (Juteballen) 235.8
Aufbringen der Schnuren auf die Trommel . 550.10
aufbringen, Kautschuk (Trommel) 63.12
—, Schmirgel (Walze) . 70.18
Aufdrehen von Hand (Gespinst) 9.12
— der Litzen 500.6
— der Zöpfe 514.14
aufdrehen 501.5
— (Juteriste) 236.1
—, sich 511.3, 569.15
aufdrehendes Zwirnen . 540.9
Aufeinander-pressen . . 119.6
—täfelung, schichtenweise — des Flors . 326.4
auffischen (Kokonfadenende) 420.11
aufgebettete Wolle . . 311.7
aufgedrehter Flammenfaden 561.13
aufgefärbte Lumpen . . 398.4
aufgehängter Lattenkorb 304.2
— Spulenwagen 503.14
aufgelegtes Gummiband 477.6
aufgelockerte Jutefasern 247.3
aufgelötete Bänder . . 477.9
— Drähte 477.10
aufgenieteter Belag . . 61.17
aufgenommene Feuchtigkeit 572.10
aufgerauhte Lederhose . 331.16
aufgerolltes Tau . . . 596.18
aufgeschichteter Wollhaufen 317.7
aufgeschlitzt, seitlich . 130.8
aufgeschraubte Hubscheibe 560.10
— Leiste 603.6
aufgesetzt, lose 342.10
—e Eisengußplatte mit vorspringenden Rippen 376.2
aufgespulte Seide . . . 470.13
aufgewundener Faden . 196.12
Aufhaltnase 348.8
aufhängen, an Holzstangen (Florettmasse) 440.6
Aufhängehaken . 100.6, 613.14
aufhaspeln 562.6
— (Glasfaden) 491.12
aufhäufen, die durchgekochten Kokons . 436.22
Aufkarter, Garn- . . . 5.11
Aufkarterin, Garn- . . 5.12
Aufkitten des Tuches . 117.5
aufkitten, auf die Walze (Tuch) 117.6
aufklappbarer Deckel . 208.2, 487.2
aufkleben 64.17, 71.8
Auflage 41.11
— auf eine Zange . . . 448.6
—, gleichmäßige . . . 319.16
—, halbgekreuzte . . . 326.10
—, Hand- 27.17
—, leichte 102.2
—, schwache 102.2
—, starke 102.3
—, ungekreuzte 326.8
—länge der Druckwalze auf der Unterwalze . 107.6
—tisch 20.8
Auflaufen der Schnuren 550.8.9
auflaufender Faden . . 517.14
Auflauf-spule 430.11
—winkel 226.12
Auflegeboden, Woll- . . 294.8
Auflegen (Wickel, Faserflor) 50.11, 480.5
auflegen (Noppen) . . 590.17.18
— (Wickel) 41.8
—, von Hand 28.1
—, auf den Preßboden . 577.17
Aufleger, Riemen- . . . 3.14
—, Woll- 319.12
Auflegerin, Woll- . . . 319.13
auflockern (Baumwolle) 25.12
— (Kokons) 440.15
Auflockern der Baumwolle 25.11
— der Jutefasern 247.2, 247.4
— des Wergs 220.10
— der Wolle . . 310.14, 364.15

Auflösen in Bändchen (Papierbahn) 478.8
— der Baumwolle 25.6
— in Einzelfasern (Wollbuschel) 318.7
— in Fasern (Holz) . . . 475.11
— des gekochten Holzes 476.8
— der Lumpen 403.8
— und Mischen der Wolle 310.7
— der Spinnereiabfälle . 195.4
— des Wollfetts 274.16
auflösen (Faserbundel) . 7.5
— (Fasermasse) 21.7
— (Fischleim) 459.8
— (Flocken) 26.1, 49.17
— (Guttapercha) 459.7
— (Seidenleim) 436.20
Auflösezylinder 48.7
Auflösung, schonende . 25.14
—, weitgehende 25.18
Auflösungs-maschine, Lumpen- 405.1
—vorgang 49.15
auflöten (Nadel). 86.20
Auflöten der Nadeln. . 86.21
aufmachen (Mischung) . 18.13
Aufmachen der Mischung 17.15
Aufmacher, Ballen- . . . 18.3
aufmischen (Baumwolle) 18.13
Aufnageln 64.4, 338.3
aufnageln (Blätter) . . . 338.2
Aufnahme, Feuchtigkeits- 572.11
—, Wasser- 556.6
—fähigkeit, Wasser- . . . 302.1, 573.8
—spindel 550.2
—spule 550.3
Aufnehmen des Läuferzuges durch Fuhrungsscheibchen . . . 151.1
aufnehmen, Feuchtigkeit (Flachs) 217.14
—, durch Fuhrungsscheibchen (Läuferzug) 151.2
Aufnietung, direkte — des Beschlags 61.15
—, unmittelbare — des Beschlags 61.15
Aufquellen der Faserbuschel 25.2
— der Wolle 284.3
aufquellen (Faserbüschel) 25.3
— (Wolle) 284.2
aufrecht-e Gestellwand. 89.7
—e Haargarnspule 409.2
—es Speisetuch 260.9
aufrichten, sich (Fasern) 25.1
—, durch ein Gebläse (den gekämmten Faserbart) 447.8
Aufrollen der Bänder . 386.15
aufrollen (Watte) 45.7
Aufroller 321.11
Aufsatteln der Gewichte 107.1
Aufsatz, Wickel- 41.3
aufsaugen (Fettstoff) . 314.3
— (Öl) 314.2
Aufsaugungsvermögen, Wasser- 302.1
Aufschichtung. 197.6
—, Flor- 326.3
Aufschlag auf das Trockengewicht 616.1
aufschlagbarer Arm . . . 611.9
Aufschlagen. . . . 170.2, 352.10
— der Ballen 18.1
aufschlagen (Ballen) . . . 18.2
aufschließen (Florettmasse) 440.1
— (Kokons) 418.7
aufschneiden, zwischen zwei Kämmen (Vlies) 444.7
Aufschütteln (Haare) . 514.6
aufschütteln (Vlies) . . . 265.9
Aufschweifen der Fäden 498.9
Aufseher, Krempel- . . . 75.17
Aufseherin, Haspel- . . . 421.2
aufsetzen, auf den Spindelschaft 255.7
Aufsetzer, Riemen- . . . 3.14
Aufsitz, satter (Spule) . 97.4
Aufspulart 518.19
Aufspulen 430.9
aufspulen (Seide) 470.12
aufspulen (Faden) 515.7
aufstapeln (Ballen) . . . 17.11
Aufsteckbrett, drehbares 522.6
Aufsteckgatter . 127.5, 141.19
— für Ringzwirnmaschinen 550.14
Aufsteckgatter für stehende Scheibenspulen. 544.6
— fur Selbstspinner . . . 188.7
— fur Selbstspinnerkötzer 543.13
— fur schräg liegende Spulen 544.10
— mit versetzt angeordneten Spulen 551.2
— mit verschieden geneigten Spulenreihen 544.14
— fur schweren hartgedrehten Zwirn 544.11
—, zweistöckiges — mit schrägliegenden Spulen 551.1
Aufsteck-knopf 431.19
—latte 564.15
Aufsteckrahmen . 139.5, 393.1
— fur Selbstspinnerkötzer 543.13
Aufsteckrohr 188.13
Aufsteckspindel . 128.3, 557.9
— aus Holz. . . 543.16, 544.1
—, liegende 568.7
—lager 128.12
Aufsteck-spule 538.7
—stange 394.7
—stutze 395.1
—vorrichtung, Hulsen- 175.20, 361.2
—zeug 391.4
—zeug, dachartiges . . . 391.5
aufstecken (Vorgarn) . 226.6
— (Spule) 97.7, 128.5
Aufstecken der Spulen. 128.4
Aufstecker 3.6, 176.4
Aufsteckerin 3.7
Aufsteckung 188.11
—, drehbare 535.6
—, gemischte 551.3
—, Spulen- 522.4
aufsteigend-e Kurvenbahn 531 10
—es Nadelspeisetuch . . 28.6
—e Windung 351.11
aufstellen, getrennt voneinander in einer Flucht nebeneinander (Köpfe) 104.1
—, hintereinander (Köpfe) 104.3
aufstocken (Baumwolle) 22.9
aufstreuen (Schmirgel). 71.10
Aufstrich, Leim- 71.9
auftragen (Schmelze) . 316.21
— (Zement). 117.7
Auftreiben 501.4
— der Zöpfe 514.14
Auftrieb der Wolle . . 282.9
auf- und abgehender Fadenführer 143.14
—schwingende Fadenfuhrungslatte 561.6
auf- und nieder-gehende Bewegung 139.16
— gehende Burste . . . 448.15
—gehendes Putzzeug . 455.1
—schnellender Kamm . 320.12
aufwärts führen, längs der Glasplatte (Wolle) 283.12
— gehen (Spulenschiene) 547.6
—gehende Fadenwindung 551.14
—heben (Hechelstab) . 252.2
Aufwärts-gang 551.16
—gehen des Fadenführers 560.6
—heben des Hechelstabes 252.1
—winden 351.14
Aufweichen der Kokons 418.6
aufweichen, durch kochendes Wasser . . 418.8
Aufwickeln 124.16
— der Bänder. . 386.15, 386.16
— auf die nackteSpindel 515.9
aufwickeln (Faden) . . . 467.1
— (Flor) 198.7
— (Watte) 451.10
—, auf runde Holzstäbe 444.11
—, in Schichten 515.6
—, auf Spulen . 461.8, 515.11
—, auf das Wickelholz . 249.2
Aufwickel-geschwindigkeit, schwankende . 517.13
—spule 430.11, 536.2
—stab 450.10
—vorrichtung, selbsttätige 327.17
—walze für die Papierstreifen 482.7
Aufwickler, Sektorketten- 351.4
Aufwicklung, Faden- . 350.4
Aufwinden 124.16
— des Fadens 350.4
— des Fadens auf die nackte Spindel. . 155.16, 166.17
— des Fadenvorrats . . 156.12
aufwinden (Faden) . . 137.16
—, auf Papierrollchen . 536.8
—, nach rechts 154.2
—, nach derselben Seite 154.3
—, ohne Spannung . . . 256.5
—, auf die nackte Spindel 155.17
—, auf die Spindelklinge 155.17
—, auf die Spule 124.17
—, steil. 351.15
Aufwinde-art 518.19
—einrichtung 137.18
—geschwindigkeit 124.20, 166.19
—kupplung 173.1
—regler. 171.8, 183.7
—spannung des Fadens . 168.8
—spule 356.7
—vorrichtung 190.10
—vorrichtung fur Vorspinnmaschinen . . 256.6
aufwindende Spule . . . 430.11
Aufwinder . . . 160.4, 351.17
—, gehobener 169.6
—bugel 166.4, 169.7
—draht 160.5
—leitrolle 180.11
—stelze 166.7
—stelzennase 165.13
—welle 162.8
—welle, auf Antifriktionsrollen gelagerte . . 169.8
—wellenbügel 166.6
Aufwindung . . 124.6, 137.18
— des Fadens 137.17
— in Kötzerform 154.16
—svorrichtung, Sektorketten- 173.8
Aufziehbaum 337.9
Aufziehen des Bandes . 63.2
— der Bandkratzen . . 337.6
— des Beschlages . . . 61.4
— der Fäden 498.9
— des Kratzenbeschlags 336.12
— des Ledermuffes . . 119.8
aufziehen 119.9, 256.13
— (Kratzenband) 63.3
—, in Schraubenlinien . 63.7
—, in Ringen 63.6
—, in Schraubenwindungen 71.21
Aufzieher, Kratzen- 4.11, 63.8
Aufzieherin, Pergament- 3.16
Aufziehmaschine, Ledermuff- 119.10
Aufziehverfahren 63.4
Aufziehvorrichtung für Kratzenbänder . . . 63.9
Aufziehvorrichtung, Hulsen- 119.10
Aufzuchtkokon 413.6
Aufzug 575.5
aufzupfen. 198.4, 310.15
Auge 131.10, 487.6
Augspliß 493.24
ausbalanzieren . . 40.14, 78.13, 291.1
ausbalanziert-es Bodenblech 39.1
—e Trommel . . 144.16, 312.1
Ausbalanzierung des Spulenwagens 132.10
Ausbauchung . . 226.13, 467.8
Ausbeißen 376.10
Ausbeißer 376.11
Ausbesserungswerkstättenleiter 5.20
Ausbeute an Faserstoff 424.5
— der Krempel 318.12
—, Entbastungs- 437.7
—, Hechel- 212.7
ausblasen (Flug) 75.15
Ausblaseöffnung des Saugers 312.15
Ausbrechen einfacher Bänder 387.8
— eines Leerlaufes. . . 387.8
— der unregelmäßigen Stellen 428.20
ausbrechen 428.21
— (Spule) 133.16
Ausbreiten (Watte) . . . 86.4
ausbreiten, auf einer Platte. 117.16
—, zum Trocknen 514.4
Ausbuchtung 174.14
ausdehnbare Seilscheibe 224.8
ausdehnen (Fasern) . . 100.15
Ausdrehrad für das Abnehmen der Strähne 565.10
auseinandergefaltete Riste 236.2
auseinanderlaufen (Führungsgabeln) 129.12
Auseinanderziehen, langsames 606.23
Ausfahren (Wagen) . . 164.1
ausfahren (Wagen) . . . 163.17
Ausfahrt, Wagen- . . . 159.10, 343.14
Ausfahrt-draht . 164.4, 345.13
-richtung (Wagen) . . . 173.9
-seil 206.6
-stellung (Wagen) . . . 461.11
Ausfall, gleichmäßiger . 14.16
ausfällen, aus der Magermilch 471.16
—, mit Säure 468.15
Ausfüllung der schädlichen Räume . . . 59.10
Ausgabe-nummer 102.5
-wickel 47.8
Ausgang 249.13
—sstoffe 470.18
—stisch. 313.8
—swalze 393.5
Ausgeberin, Woll- 266.13
ausgebrochene Scheibe. 370.8
ausgefüttertes Reibebett 231.2
ausgehöhlter Block . . . 342.14
ausgekämmter Faserbart 446.10
ausgekernter Hanf. . . 496.9
ausgekohlt-e Klette . . 308.11
—e Wolle. 308.9
ausgelaufen 390.9
ausgemachter Hanf . . 496.9
ausgepreßte Brühe . . 279.8
ausgerückt 346.17
ausgeschlagen, mit Plüsch 108.10
—, mit Lehm 376.4
ausgeschleudert-e Flüssigkeit 288.15
—e Lumpen. 403.19
ausgespitzt-er Hanf . . 496.3
ausgestreckt liegende Seilseele 594.20
ausgewaschene Kunstseide 473.2
ausgewuchtet-es Bodenblech 39.1
—e Trommel . . 144.16, 312.1
ausgezackte Schiene . . 383.14
Ausgleich der Massengewichte. 290.15
—, Druck- 572.13
ausgleichen 291.1
ausgleichend-e Dopplung 326.19
—e Keilunterlage 73.7
—e Wirkung der Dopplung 81.2
Ausgleich-gewicht . . . 328.5
—kamm 200.6
—knie 133.5
—seiltrieb. 37.1
Ausheben des Deckels . 53.3
ausheben (Deckel) . . . 53.4
— (Kämmlinge) 446.7
Ausheber 200.2, 278.12
—, Déruscher 281.1
—, Mc Naughtscher . . . 283.4
—, Mélenscher. 282.12
—anordnung über dem Abnehmer 202.5
—band 62.11
—umhüllung 202.6
—welle 281.3
Aushebewalze 51.12
Aushebung, zweifache — aus dem Trommelbesatz 201.14
Aushecheln des Hanfes 495.10
aushecheln (Flachs) . . 211.12
Auskämmen der Wickelwatte 81.17
auskämmen (Bart) . . . 82.11
— (Enden) 376.6
Auskämm-ring 379.17
—walze 443.2
Auskarde 199.10
Auskerbung, Trommel- 444.4
Auskernen des Hanfes . 496.8
auskernen 496.8
Ausklauben der Faserbärte 450.14
— der Züge 450.14
Ausklinken 185.5
ausklinken 256.4

Ausklinkung 185.5
Ausklopfen der Lumpen 400.17
Auskohlen mit Erhaltung der Farben 403.2
— gekalkter Gerberwolle 301.7
— der Halbwolle 407.22
— mit bewegter Heißluft 308.6
— im Loden 402.7
— der Lumpen 402.1
— des gerissenen Materials 402.6
— mit Salzlösungen 305.12
— der Seidenabfälle 440.7
— der Seidenlumpen 456.1
— im Tuch 402.8
— auf nassem Wege 302.11
— auf trockenem Wege 305.4
— der Wolle 301.1, 301.6, 301.10
— (Kokons) 440.8
—, nasses 456.2
—, trockenes 456.7
—, die Wolle im Schweiß 301.11
Auskohler 301.12
Auskohltrommel 402.14
Auskohlung, Lumpen- 402.1
Auskohlungs-anlage 301.9, 306.1
—anlage mit unmittelbarer Beheizung 306.2
—kammer 306.6
—ofen fur ununterbrochenen Betrieb 307.16
—ofen mit Schubladen 307.14
—ofen in Turmform 307.15
—ofen mit Wagen 307.6
—raum 306.3
—verfahren 301.8
—vorrichtung für Lumpen 402.9
Auskohlvorrichtung 303.17
auskuppeln 346.12
Auslaß-ventil 470.2
—, Baumwoll- 35.7
—, Dampf- 291.13
—, Luft- 296.6
auslaufen lassen (Krempel) 222.1
auslaufende Watte 45.9
Ausläufer, viereckiger 121.2
Auslaugen des Schweißes 272.12
auslaugen 272.13
auslegen, sorgfältig 216.13
Auslesen aus dem Spinnereiabfall 196.2
— der Kokons 413.2
auslesen, die harten Fadenenden 196.3
Auslösehebel 455.12
auslösen (Klinke) 131.12, 357.14
—, durch den elektrischen Strom 113.14
Auslöser, elektrischer 112.13
Auslöse-rolle 207.5
—stellstift 346.7
—stift 348.14
Ausmachen des Hanfes 496.7
ausmachen 496.8
Ausmachhechel 213.7, 229.5
Ausnummer 102.5
Ausnutzung der Trommeloberfläche 247.5
Auspressen der Lauge 279.3
— der Wolle 288.1
auspressen, in ein Fällbad 472.3
Auspumpen des Öles 148.12, 555.3
auspumpen (Öl) 148.13
Ausputz 194.17, 203.3
—, Krempel- 371.4, 398.7
Ausputzen der Kratzenwalzen 203.2
ausputzen (Gitterkasten) 49.2
Ausputz-krücke 340.13
—walze 75.12
Ausquetschen der Wolle 288.1
ausquetschen 279.1
ausreichendes Haftvermögen 148.5
ausrückbar (Spindel) 521.6
ausrücken 346.12
—, den Spinntopf 470.10
Ausrücker für den Haspelantrieb 474.1
—, mechanischer 113.15
—, Sicherheits- 357.6
Ausrück-gabel 95.6, 348.13
—hebel 209.1, 357.7
—hebel, dreiarmiger 549.7
—schnur 549.8
—stange 205.7, 357.8
Ausrück-stange mit Handgriff 357.4
—vorrichtung, selbsttätige, von Dobson und Barlow 110.14
—vorrichtung der Strecke 110.13
—winkelhebel 357.2
—zeug, Riemen- 357.1
Ausruckung der Muffe 163.10
ausschalten 346.12
Ausscheiden der pflanzlichen Bestandteile 402.2
— der Schwebestoffe 271.1
— der zerstörten Kletten 308.10
Ausscheidevorrichtung, Stichelhaar- 322.11
Ausschlagen der Wage 320.7
ausschlagen 200.11
—, mit rauhem Leder 97.14
—, mit Zinkblech 239.7
Ausschläger 42.2
Ausschleifen 338.14
ausschleifen (Kratzen) 338.15
Ausschleudern der Wolle 288.12
ausschleudern (Florettmasse) 439.16
— (Wolle) 305.21
— (uberschussige Säure) 304.20
Ausschluß, Walzen- 346.10
Ausschnappen der Sicherung 346.14
ausschneiden (Knopflocher) 400.9
Ausschneiden der Leisten 400.14
Ausschnitt, zugerundeter 497.14
—, Zahnrad- 94.5
Ausschußhanf 228.3
ausschwingender Leitkegel 528.7
außenseitiges Spindeltriebrad 134.12
äußere Flockseide 420.10
—r Flaum des Kokons 417.4
— Litzenschicht 594.7
—s Spulentriebrad 135.3
— Verzahnung des Mangelrades 256.10
aussetzen (Fadenlieferung) 554.10
—, trockener warmer Luft 292.16
aussondern (Juteabfall) 258.12
aussortiert 399.9
Aussortierung 265.5
Ausspannen der Risten 215.1
Ausspanner 215.16
Aussparung 383.6
— in der Antriebscheibe 44.13
—, kerbenartige 186.3
Ausspitzen des Hanfes 496.2
ausspringen, aus dem Belagstoff 64.10
Ausspulen der Wolle 284.14
ausspulen, mit Wasser 298.16
Ausstoß-band 62.9
—burste 75.13
—kamm 58.2
—kamm, zurückweichender 58.4
—kamm, Platts zurückweichender 58.8
—walze 75.12
Ausstoßen der Deckel 57.9
— der Kämmlinge 380.3
— des Krempelbeschlages 75.1
ausstoßen (Deckelbeschlag) 57.8
— (Krempel) 75.2
— (Riffeln) 120.19
Ausstoßer, Krempel- 75.10
ausstrecken (Fasern) 100.15
Ausstrich, Krempel- 398.7
Austreibe-maschine 502.15
—einrichtung, Seil- 503.10
—maschine, Litzen- 502.8
austreiben 502.7
austretende Nummer 102.5
Austrittkanal, Dampf- 291.13
Austrocknen des Faserstoffes 25.4
— der Wolle 292.8
auswägen 612.9
Auswägen der Garne 612.8
Auswäger 16.18
Auswalze 137.3, 257.9
Auswaschen des schwefelsauren Natrons 309.16
auswechselbarer Muldenhebel 33.2
auswechseln (Düse) 466.10
auswechseln (Spinntopf) 470.11
— (Stahllamellen) 56.6
auswerfen (Wolle) 322.9
auswiegen 612.9
Auswuchten der Massengewichte 290.15
auswuchten 40.14, 78.13, 290.15
Auswuchtung des Spulenwagens 132.10
Auswurf 260.3
—, Woll- 312.2
—klappe 27.13
—öffnung 36.8
Auszähler, Draht- 9.11
ausziehbar, seitlich —er Rost 196.16
ausziehen 375.12, 502.7
— (Bänder) 222.12, 371.13
— (Haarrohre) 467.12
—, zu Fäden (Gelatine) 471.8, 472.10
Ausziehwagen 502.15
Auszug 345.6, 345.7
—länge 163.16
—schnecke 177.6
—seil 177.9, 359.6
—vorrichtung 388.9
—walze 257.9
—welle 173.12, 184.13
—wellenrad 177.4
—zylinder 142.7
—, Blauholz- 238.16
Auszwirn 539.18
Auszwirnen 557.11
Auszylinder 137.3, 142.7
automatisch-e Titrierwage 603.3
— wirkender Wärmeregler 616.16
axiale Hin- und Herbewegung der Trommel 72.3
Axialexzenter 536.13
Aylanthusseide 410.12
Azetaldehyd 458.3
Azeton mit Kaliumpermanganat behandeln 460.6
Azeton-kaseinlösung, alkalische 471.20
—kollodium 460.3
—losung 460.4
Azurgarn 583.4

B

Backe, bewegliche 381.14
Backen, senkrecht verstellbarer 162.7
—, wagerecht verstellbarer 162.7
—bremse 47.5
—bremse fur starke Zwirnmaschinen 549.12
Bad 277.6, 280.5
—, kalkhaltiges 270.17
—, salzsaures 305.6
—, schwefelsaures 302.18
—, starkes 303.14
—, Abkochungs- 433.3
—, Härtungs- 74.13
—, Seifen- 385.9
—, Urin- 276.16
Bahn, geschlossene 511.2
—, vorgeteilte 478.8
—, Kluppen- 214.6, 230.3
—, Papierstoff- 481.1
—, Wagen- 344.6
Bajonettverschluß 549.1
Balancier 125.6, 162.3
Balanzieren der Massengewichte 290.15
Balkenrost 290.6
Ballen ohne Marke 16.6
— von gleichmäßig dichter Pressung 16.3
—, beschädigter 16.5
—, defekter 16.5
—, eckiger 15.21
—, gepreßter 16.2
—, nasser 15.7
—, schadhafter 16.5
—, seebeschädigter 15.8
—, ungepreßter 16.4
—, viereckiger 15.21
—, zylindrischer 19.19
—, Baumwoll- 15.20
—, Flachs- 210.6
—, Harz- 508.12
—, Woll- 264.6
—aufmacher 18.3
Ballen-beförderung 17.5
—brecher 20.6
—brecher mit Fördertüchern 20.7
—brecher mit Pedalvorrichtung 21.10
—gewicht 16.20
—haus 17.8
—karre 17.7
—kontrolle 16.15
—lager 17.8
—öffner mit Staubabzug 22.1
—öffner, Kasten- 21.12
—presse für Abfälle 260.13
—prüfung 16.15
—schicht 19.17
—stapel 17.12
—transport 17.5
—zange 18.4
—zeichen 16.7
ballig (Baumwolle) 15.11
Ballon 152.11
—bildung des Fadens 152.12
—kurve 152.14
—winkel 226.13
—zug 152.15
Band 51.15
— mit voller Dopplung 386.14
—, einfaches 386.11
—, farbiges 387.3
—, fehlendes 81.12
—, flammiges 101.23
—, gestrecktes 101.19
—, getrocknetes 386.3
—, schnittiges 101.22
—, ungleiches 102.1
—, Brems- 46.13
—, Eisen- 16.11
—, Hanf- 496.14
—, Kratzen- 60.20
—, Rohr- 39.10
—, Stahl- 56.2
—ablieferung 198.5
—absteller, Hinter- 111.10
—abstellung, Vorder- 112.2
—abzugvorrichtung 253.4
—abzugwalze 86.5, 378.11
—beschlag 60.20
—bildung 50.6
—bremse 46.9
—bremse für die Zylinderkupplung 347.6
—bruch 81.11
—doppler 453.10
—drahtseil 597.14
—einlaufplatte 111.1
—einlegung 76.19
—fänger 104.14
—form 221.15
—fuge 81.8
—führer 76.18, 104.12
—führer für Vliesmaschinen 373.10
—führungsblech, oberes 89.11
—führungstisch 90.12
—garnitur 63.2
—karde 198.5
—kette 179.14
—kratze 337.6
—leger 326.13
—legung, hypozykloische 76.20
—leitblech 250.14
—löffel 111.11
—maschine für Jute 246.12
—maschine für Seide 451.17
—platte 90.12, 219.1, 251.10
—seil 597.12
—spannung 337.13
—spule 96.13
—stärke 386.10
—träger 379.9
—trichter 51.10
—übertrager 491.1
—übertragung 326.7
—übertragung ohne (mit) Kreuzung 326.8, 326.9
—vereiniger 81.6
—vereinigungsmaschine 80.12, 81.6
—vorrat 224.4
—webstuhl 520.8
—wickelmaschine 81.6
—wickler 81.6
—wicklerwärterin 2.4
bandartige Faser der wilden Seiden 427.17
Bändchen 478.8
—, Flor- 193.7, 203.14
Bänder, aufgelötete 477.9
—, gekreuzte 387.18
—, zusammengedrehte 387.7

Bänderlauf 386.17
Bank, Spindel- 11.10
Barchent-garn . 193.12, 579.17
—selbstspinner 204.14
—spinnerei 193.2
Barègegarn 584.20
Bart 82.10
—, Seiden- 444.8
—ende, vorderes (hinteres) 375.9, 375.11
—maschine mit Nadeltuchzuführung . . 443.5
—maschine mit Walzenzuführung 443.13
—stellung 447.3
—teil, geknickter . . . 383.7
—träger, umklappbarer 446.16
Bärte 398.13
—, aneinandergestückelte 383.11
Bärtel, Hanf- 496.11
Basargarn 579.7
Base, organische . . . 457.5
—, oxydierbare 457.6
Bast, harter 411.16
—, spröder 411.15
—, Flachs- 211.17
—, Seiden- 411.8
—abfall 436.2
—gehalt des Kokons . 417.1
—hülle, grobe 411.17
—korde 593.16
—rest 434.7
—schicht 411.14
—seife 435.1
basthaltig (Kokon) . . 417.2
bastige Juteriste . . . 236.15
Batschen im Fach. . . 239.2
— der Jute 237.2
batschen 237.4
Batscher 239.5
Batsch-fach 239.6
—flüssigkeit 239.10
—maschine 241.4
—meister 239.4
—mittel 238.1
—öl, farbloses 238.7
—öl, nicht fleckendes . 238.8
—ölprobe 238.21
—ölprüfung 238.21
—raum 239.3
—reife 237.16
—vorgang 237.5
—vorrichtung der Braunschweigischen Jutespinnerei 242.5
—vorrichtung, Malcolmsche 242.1
—vorrichtung, Patersons 241.5
Batteur, einfacher . . 40.9
—arbeiter 42.5
Batzen, in — zerschlagen 20.3
—, Baumwoll- 20.5
Bauart, Spindel- . . . 145.3
Bauch-bildung desFadens 152.12
—haar, verfilztes . . . 265.22
—stück 265.23
bauchige Spule . 140.19, 519.1
Baudouinsche Stoßleiste 98.11
Baumgärtelscher Festigkeitsprüfer . . 607.9
Baumöl 314.19
Baumwolle 492.13
—, farbige 13.10
—, feuchte 15.3
—, fleckige 13.10
—, gefärbte 194.4
—, kurzstapelige . . . 14.12
—, langstapelige . . . 14.13
—, unreine 15.15
Baumwollabfall 196.15
—klopfwolf 196.15
—sortierer 196.4
—spinnerei 194.12
Baumwoll-arbeiter . . 5.15
—arbeiterin 5.16
—art 13.5
—auslaß 35.7
—ballen 15.20
—ballen, geöffneter . . 18.6
—batzen 20.5
—buntspinnerei 194.2
—einlaß 35.6
—farbe 13.9
—faser, tote. 14.6
—garn 579.2, 580.1
—garn, gasiertes . . . 580.21
—garn, gekämmtes . . 580.6
—garn, gekardetes . . . 580.5
—gatter 22.10
—gattung 13.5
—gewebe 64.22
Baumwoll-haspler . . . 562.12
—haspierin 562.13
—kammer. 23.1
—kämmer. 81.15
—kämmerin 81.16
—kammgarn 580.6
—kardenarbeiter . . . 49.14
—kasten 29.1
—klasse. 13.7
—klumpen 20.4
—kontrolle 12.3
—köpergewebe, fünffach gekittetes 65.4
—krempel 198.2
—krempler 49.14
—lage 19 17
—noppe 590.7
—packung 15.19
—prüfung 13.3
—putzschlauch 108.14
—reiniger 26.5
—reißer 197.14
—samenöl 314.18, 458.12
—schuppen 17.8
—seil 592.8
—sorte 13.5
—speiser 28.3
—spinner 137.9
—spinnerei 13.1
—spinnerei (Fabrik) . . 1.7
—spinnereibesitzer . . . 1.10
—spinnereimeister . . . 137.8
—spinnerin 137.10
—stapel. 14.8
—stock 22.10
—streckerin 100.17
—streichgarn 193.12, 580.5
—streichgarnselbstspinner 204.14
—streichgarnspinnerei . 193.2
—unterlage 62.12
—verbrauch, wöchentlicher 18.14
—weifer 562.12
—weiferin 562.13
—Woll-Baumwolltuch . 65.2
—Woll-Kautschukunterlage 65.3
—zweizylinderspinnerei . 193.2
—zwirner 539 8
—zwirnerin 539.9
baumwoll-artiger Griff 427 12
—-freier Mungo 406.17
Bazargarn 579.7
Beanspruchung, ungleichförmige. . . . 517.14
bearbeiten, von beiden Seiten 243.17
— mit gelochten Trögen 283.14
beaufsichtigen, die auflaufenden Seidenfäden 424 14
Beauméscheś Aräometer 303.13
Becher 527 9
—, Elevator- 40.3
—, Spulen- 145.11
—spulmaschine 527.5
—tuch 40.1
—werk 40.2
Becken, Haspel- 422.16
bedecken, mit einer Ölschicht 237.11
Bedienung der Ringspinnmaschine . . . 158.11
Bedrucken des Kammzuges 374.15
bedruckt-es Flammgarn 580.24
—es Garn. 581.1
—er Kammzug 374.16
beendeter Kötzer . . . 357.10
Befestigung des Beschlages 61.16, 61.18
—, Ketten- 170.13
—, Kratzenblatt- . . . 61.5
— an der Wand. . . . 607.2
—sstelle der Kette . . . 350.11
Befeuchten der Kokons 442.14
Befeuchtungsanlage, Schacht- 572.14
befleckter Kokon . . . 415.13
befördern, von Hand . 17.6
Beförderung, Ballen-. . 17.5
befreien, vom Glühspan 66.7
—, von den Kletten . . 366.14
Beginn des Spinnens . 156.9
Begrenzungsscheibe . . 124.2
Behälter, Wasser- . . . 294.2
—, mit Torfgrus gefüllter 299.11
Behandeln der Fäden mit Formaldehyd . . . 472.4
Behandeln, mit alkalischen Laugen . . . 437.3
—, mit Sulfooxysäure . 457.20
Behandlung der Druckwalzen 380.9
—, schonende des Fasergutes 38.4
Beheizung, unmittelbare 306.2
beiderseits kegelförmige Spulen 522.10
Beigegarn 584.7
Beil 231.14, 243.7
Beilage 445.11
Beimengung, pflanzliche 301.4
beimischen (Mineralöl) . 238.15
Beinlinge 265.17
Belag, aufgenieteter . . 61.17
—, Holz- 312.5
—, Putz- 340.17
—brettchen mit Stahlstiften. 405.7
—nadeln, schräggestellte 243.14
—stoff 64.10
belassen, auf der Mischung 25.5
belasten (Spulenspindel) 527.12
— (Streckwalzen) . . . 143.5
belastet-e Druckwalze . 502.12
—er Schlitten 500.12
—er Winkelhebel . . . 173.10
Belastung des Schlittens 500.11
— der Streckwalzen . . 143.6
—, Hebel- 106.11
—, ruhige 267.8
—sgewicht . . . 106.15, 125.11
—sgrenze 513.10
—shebel 88.15, 90.7
Belederer 3.15
beledern, neu (Walze) . 110.3
belederte Walze 85.11
Belederung der Walze . 118.11
Belegen derPapierbahn 480.2.3.4
belegen, einfach (Hechelreihen) 252.11
belegte Papierbahn . . 481.8
Belesen 376.10, 450.14
Beleser 376.11
beliebige Gebindelängen 566.9
Benadelung 86.14
Benetzen mit Seifenwasser 317.3
— mit Feuchtlappen (Seilerware) 507.9
bengalisch-er Hanf . . 492.7
—e Rohseide 426.9
Benzaldehyd 458.5
Benzin 297.16, 462.19
—dampf 438.9
—verdampfung 438.10
Benzol 462.20
Berechnung . . . 19.9, 223.9
—, Verzugs- . . . 222.16, 387.9
Berg-flachs 489.6
—seide 489.6
Berliner Elle 600.16
— Handelspfund . . . 601.4
— Nummer 599.17
Bertholonsche Spindelkrone 432.3
Besatz 400.12
—, Nadel- 68.3
—feinheit 68.4
beschädigt-e Faser. . . 26.2
—er Ballen 16.5
—er Kokon 415.11
Beschaffenheit 425.1
—, gleichmäßige . . . 425.3
—, textilfadenähnliche (Papiergarn) 475.8
—, Korn- 71.1
Beschicken der Dämpfkammer 572.3
beschicken (Bottich) . 304.11
—, einfach (Hechelreihen) 252.11
—, von Hand 28.1
Beschickung der Schleuder 305.1
Beschlag, ⊥ förmiger . . 344.4
—, Karden- 60.18
—, Kratzen- . . . 60.12, 60.18
—, Krempel- 60.18
—, Nadel- 445.4
—, Sägezahndraht- . . 199.7
—, Speisewalzen- . . . 248.3
—, Stahl- 48.12
—, der — bewegt sich entgegengesetzt zur Zahnrichtung . . . 323.13
—, der — bewegt sich in der Zahnrichtung. . 323.12
—höhe 60.13
Beschlag-lücke 329.11
—nadel, rautenförmige . 248.10
—nadel, schräggestellte 243.14
—nummer 68.7
—stoff 64.6
—streifen 60.19, 64.5
—zange 338.5
Beschlagen der Krempel 336.12
— der Trommel . . . 63.1
beschlagen (Walze) . . 337.4
beschlagener Deckel . . 53.13
beschleunigte Wagengeschwindigkeit . . 166.14
Beschmirgelung der Walze 70.17
Beschmutzen des Garnes 227.2
beschränken (Abkühlungsflächen) . . . 295.2
Beschweren der Garne durch Dämpfen . . 570.4
beschwert-es Garn . . 605.15
—e Seide 587.11
Beschwerungsrolle . . . 321.12
Besen 317.5
—, Reisig- 420.4
Besetzung des Nadelstabes 86.14
—, Zahn- 68.3
Besitzer, Spinnerei- . . 1.9, 263.8
Besonderheiten der Kratzenbeschläge . 334.14
Besprengen des Garnes 574.1
besprengte Wolle . . . 317.10
Bespritzen der Garne . 570.5
Bestand, Vorgarn- . . 224.11
—teile, pflanzliche . . . 402.2
—teile, Wollschweiß- . 272.8
beständig umlaufen . . 182.8
bestecken mit Spulen . 141.11
Bestecknummer 68.7
Besteckungsdichtigkeit 68.4
bestimmen (Feuchtigkeit) 615.4
— (Sodagehalt) 276.4
Bestimmung, Fettgehalts- 299.15
—, Nummer- 603.11
bestreichen mit Leimwasser 120.4
bestreuen, mit Kochsalz 438.22
Beton-grube 437.16
—kammer. 570.13
betreiben, mit Doppelseil 191.16
Betrieb, ununterbrochener 307.16
—seil 349.10
—sführer 1.16
—sleiter 1.16
betuchen (Oberwalze) . 116.18
Betuchung 116.17
Beuchen (Flachs) . . . 217.18
Beutel bilden (Flor) . . 326.22
—bildung 327.1
bewegen (Wolle) . . . 281.15, 282.1, 304.16
—, sich hin und her (Faden) 129.9
beweglich gelagerte Speisewalze 311.13
— lagern 20.13
—es Rollenlager 192.4
—es Stahlband 331.6
Bewegung, auf- und niedergehende . . . 140.16
—, lotrechte 140.16
—, öffnende — der Zange 91.6
—, ruckweise 84.7
—, rückschwingende . . 91.4
—, schließende — der Zange 91.5
—, schwingende 92.4
—, ununterbrochene . . 182.7
—, vorschwingende . . 91.3
—sgetriebe . . . 122.14, 184.12
—srichtung 131.14
bewehrtes Kabel . . . 597.4
Bewehrung, Blech- . . 340.15
Bewickeln (Holzröllchen) 537.7
Bezeichnung, Woll- . . 266.12
beziehen, mit Tuch . . 116.18
Bezieher, Krempel- . . 4.11
bezogene Einzugwalze . 199.2
Bezug der Druckwalze . 115.11
Bezug, Flanell- 78.10
—, Tuch- 117.2
Bibergarn 580.20
Biegen 475.11
biegen, rückwärts (Nadeln) 339.18

biegsam . . . 240.5, 595.17
Biegsamkeit des Seiles 513.3
Biegung, scharfe . . . 517.8
Bilden der Schicht . . . 551.16
bilden (Faserband) . . . 50.2.5.7
— (Spule) . . . 140.14
— (Wickel) . . . 81.5
bildend-e Kötzerschicht 155.14
—er Teil der Schicht . . . 155.14, 351.11
Bildfarbe . . . 311.5
Bildung . . . 351.11
— von Faserbändchen . 476.18
— langer Pelze mit Kreuzung . . . 327.9
— der Spule . . . 140.13
—srichtung des Pelzes . 325.16
Bind . . . 562.22
binden (Wasser) . . . 302.5
Bindestrang . . . 594.10
Bindfaden . . . 592.16
—, dreischäftiger . . . 593.5
—, gebleichter . . . 593.1
—, roher . . . 592.17
—, weißer . . . 593.1
—, zweischäftiger . . . 593.4
—fabrik . . . 494.14
—knäuel . . . 593.7
—rolle . . . 593.8
—zwirnmaschine . . . 501.14
birnenförmiges Spurlager 289.14
Biß, Zangen- . . . 382.14
Blamire-sche Legevorrichtung . . . 327.10
—scher Pelzbildner . . . 325.2
blank machen (Stahldraht) . . . 66.8
—e Kratzenoberfläche . 338.9
—e Nadel . . . 86.18
Blasebalg, Hand- . . . 75.16
blasender Lufter . . . 295.6
Blasrohr . . . 384.5
blaßgrün . . . 410.14, 415.3
Blatt . . . 338.3
—, Karten- . . . 16.9
—, Kratzen- . . . 60 19
—, Schlag- . . . 27.9
—beschlag . . . 60.19
—feder . . . 279.7, 461.7
blattförmiger Draht . . . 66.2
bläuen, leicht (Kammzug) . . . 386.1
blauer Lackmusfarbstoff . . . 309.7
Blau-holzauszug . . . 238.16
—mungo . . . 407.5
Blech mit keilförmigen Einschnitten . . . 354.5
—, Windschutz- . . . 45.1
—behälter . . . 365.10
—beschlag . . . 244.12, 340.15
—bewehrung . . . 340.15
—haube . . . 78.8, 195.12, 201.10
—horde . . . 267.12
—hülle, stellbare . . . 202.7
—hülse . . . 97.2, 124.3
—kanne . . . 52.2, 76.7
—kapsel mit aufklappbarem Deckel . . . 208.2
—lehre . . . 78.4
—mantel . . . 259.2
—mulde . . . 84.4, 377.4
—pfeife . . . 516.4
—sieb . . . 267.12
—siebtrommel . . . 32.5
—spule . . . 453.13
—streifen mit Lederansatz . . . 535.3
—trommel . . . 144.8, 555.15
—trommeltriebrad . . . 555.12
—walze . . . 248.2
—walze mit zackigem Beschlag . . . 248.9
Blei, mit — ausgeschlagen . . . 304.6
—becken, halbzylindrisches . . . 466.9
bleibend-er Draht . . . 9.8
—e Härte . . . 270.1
—e Gewichtszunahme . 571.14
Bleich-bad . . . 470.15
—flotte . . . 287.2
—flüssigkeit . . . 300.10
—gefäß . . . 287.1
—verlust . . . 605.12
—wirkung . . . 287.3
Bleichen des Bastes . . . 261.11
— mit doppeltschwefligsaurem Leukogen . 401.10
— der Lumpen . . . 401.7.8
Bleichen mit doppeltschwefligsaurem Natron . . . 401.10
— mit schwefliger Säure 401.9
— während der Wäsche 286 15
bleichen (Fett) . . . 300.9
— (Zug) . . . 374.14
—, im Spulwasser . . . 286.16
Bleien der Gegenwinderstangen . . . 362 16
Bleiniete . . . 61.9
Blindwalze . . . 389.8
Block, ausgehöhlter . . . 342.14
Blutwolle . . . 264.12
Bobbinet-spule . . . 520.10
—webstuhl . . . 520.10
Bobinoir . . . 389.1
Bock, Lager- . . . 59.6
—rad . . . 114.6, 136.4, 176.13
—rad, oberes . . . 555.14
—rad, unteres . . . 555.13
Boden, durchlocherter . 283.3
—, falscher . . . 285.8
—, oberer . . . 285.8
—, Bottich- . . . 285.7
—, Korb- . . . 289.1
—, Sieb- . . . 571.6
—, Verschlag- . . . 22.12
—blech, ausgewuchtetes 39.1
—klappe . . . 286.3
—platte, Fuß- . . . 352.18
Bogen, biegsamer . . . 79.10
—, durchbrochener . . . 79.10
—, federnder . . . 339.3
—, fester . . . 79.12
—, Gestell- . . . 54.5
—, Krempel- . . . 56.4
—abschnitt . . . 55.4
—kranz . . . 152.3
—leiste . . . 342.11
—skala . . . 100.5
—stelleisen . . . 348.7
—stück, belederte . . . 380.11
—wage . . . 613.13
bogenförmiger Anschlag 186.5
Bohlenmantel . . . 244.11
Bohrung, kegelförmige . 478.13
—, Spindel- . . . 488.13
Bölsterlische Ringflügelspindel . . . 547.9
Bolzen . . . 353.17, 492.6
—gleitstuck . . . 165 11
Bombykometer . . . 612.12
Booth-Sawyersche Spindel . . . 145.4
Borax . . . 316.9, 433.17
Borsten, spiralförmig eingesetzte . . . 389.7
Borte . . . 400.10
Botanygarn . . . 584.1
Bottich . . . 281.4
—, genieteter . . . 278.6
—, innerer . . . 285.4
—, rechteckiger — aus Eisenblech . . . 365.7
—, schmiedeiserner . . . 286.1
—, Zersetzungs- . . . 300.1
—boden . . . 285.7
Bourrette . . . 446.12, 452.14
—band . . . 453.7
—fleier . . . 454.3
—garn . . . 588.3
—gespinst . . . 454.5
—industrie . . . 452.13
—kämmling . . . 453.16
—krempel . . . 453.5
—lunte mit falschem Draht . . . 454.1
—masse, verunreinigte . 452.16
—masse, verworrene . . . 452.17
—spindelbank . . . 454.3
—spinnerei . . . 452.12
—strecke . . . 453.9
—zug . . . 453.15
—zwirn . . . 588.4
Brandspitzen . . . 266.2
braun-er Hanf . . . 492.7
—es Pech . . . 508.7
Braunschweigische Jutespinnerei, Batschvorrichtung . . . 242.5
brechen (Pelz) . . . 321.13
Brechmaschine . . . 241.4
—, Ramiestengel- . . . 261.5
Brechwalze . . . 20,9, 27.4
—, Kletten- . . . 367.7
breites Mundstück . . . 380.6
Bremse . . . 289.11, 337.12
—, Abwinde- . . . 179.6
—, Backen- . . . 47.5
Bremse, Band- . . . 46.9
—, Spindel- . . . 147.4, 209.3
—, Trommel- . . . 192 11
bremsen (Faden) . . . 527.11
— (Spule) . . . 140.9, 525.13
—, durch Winkelhebel . 162.4
Brems-backe . . . 147.5, 171.13
—band . . . 46 13, 564.19
—bergseil . . . 597.2
—draht . . . 153.3
—druck . . . 47.1
—eisen . . . 359.3
—feder . . . 207.14, 358.8
—glocke . . . 354.10
—hebel . . . 147.6
—hebel, Einfahrt- . . . 179.4
—hebelarm . . . 147.7
—hebeldrehachse . . . 185.9
—klötzchen . . . 548.3
—kupplung, Wageneinzug- . . . 161.6
—reibung . . . 47.2
—rille, keilförmige . . . 180.14
—ring . . . 488.9, 549.3
—rolle . . . 341.14, 523.1
—schale . . . 161.10
—schale, Stirnrad- . . . 190.8
—scheibe . . . 46.12, 171.12
—scheibe, belederte . . . 290.13
—schnur . . . 258.2, 545.10
—schnurrille . . . 140.10
—schuh . . . 359.2
—schuhhebel . . . 192.12
—vorrichtung . . . 347.5
—vorrichtung (Verseilmaschinen) . . . 506.8
—vorrichtung, selbsttätige . . . 258.4
—wulst . . . 109.14
Bremsung, Läufer- . . . 150.15
Brennen der Krempel . 222.3
Brenner, Gas- . . . 455.5
—, Spiritus- . . . 616.6
Bretelpfocken . . . 108.11
Brett, Spulen- . . . 556.5
—, Taster- . . . 29.10
—, Vorschub- . . . 200.14
—, Windfang- . . . 391.2
Brettchen, Fadenführer- 143.13
—, Marken- . . . 235.6
Brigg und Webb, Jutezwirnmaschine . . . 549.13
Brille . . . 44.5
Brillantgarn . . . 581.2
Brillantinegarn . . . 583.10
brillenartiges Zwischenstuck . . . 44.5
bringen, in Wickelform (Watte) . . . 45.7
Bronze-fußlager . . . 355.1
—halslager . . . 354.16
—läufer . . . 150.9
—segment, gezahntes . . . 94.6
Brooks u. Doxeys Differentialgetriebe . . . 127.1
Brownsche Putzvorrichtung . . . 129.1
Bruch, Faden- . . . 554.4
—belastung . . . 513.9, 606.14
—dehnung . . . 513.6
—stelle . . . 10.5
brüchig (Lederüberzug) 110.2
—er Rohseidenfaden . . . 428.4
Brücke . . . 290.7
—nabnahmevorrichtung . 565.11
—nhöhlung, mit Weißmetall ausgegossene . 290.8
Brühe, ausgepreßte . . . 279.8
Brunnen, Filter- . . . 271.16
Brünner Nummer . . . 599.16
Bruttogewicht . . . 141.14
Buch . . . 445.9, 450.4
—, Mischungs- . . . 19.6
—, umklappbares . . . 446.16
—halter . . . 5.24
Buchenholzdruckwalze . 393.10
Buchsbaum-holz . . . 110.8
—spitze . . . 128.10
Büchse . . . 59.2, 503.6
— für die Kammwalze . 92.8
—, kurze . . . 130.16
—, lange . . . 131.2
—, verschiebbare . . . 567.8
—, Mitnehmer- . . . 209.2
—nführung der Tragstangen . . . 151.12
—nwalze . . . 116.5
—nwalze, einteilige . . . 116.6
—nwalze, zweiteilige . . . 116.7
Buchtspliß . . . 494.1
Büffel-leder . . . 204.7
Büffelreibleder . . . 332.3
Bügel . . . 252.14, 553.12
—, Aufwinder- . . . 166.4, 169.7
—, Stelzen- . . . 206.14
—lehre für den Winderdraht . . . 362.8
Buken des Flachses . . . 217.18
Bund . . . 182.5, 355.8
—, Flachs- . . . 217.8
—, Hanf- . . . 496.13
Bündel-presse, Garn . . . 577.13
—wage . . . 615.1
—, Garn- . . . 577.3
Bündelei, Garn- . . . 576.8
bündeln (Garn) . . . 576.6
Bündeln der Garne . . . 576.5
Bündler . . . 5.3, 576.7
Bündlerin . . . 5.4
bunte Lumpen . . . 397.22
Buntspinnerei, Baumwoll- . . . 194.2
Bürste . . . 86.6, 113.3
—, auf- und niedergehende . . . 448.15
—, Gitter- . . . 49.3
—, Oberzangenbacken- . 93.6
—, Reinigungs- . . . 97.16
—, Walzen- . . . 444.2
Bürsten des Flachses . . . 217.17
—lager . . . 88.11
—segmentwelle . . . 99.4
—strich . . . 96.8
—verdeck . . . 88.3
—walze . . . 94.7, 97.16
—walze, Spiral- . . . 57.11
—welle . . . 88.5
—zerstäuber . . . 576.1
Büschel, Faser- . . . 25.2
—, Woll- . . . 375.8
büschelige Rißfläche . . . 10.7
Butterworths Patent . . . 58.4
Byssusseide . . . 411.2

C

Câblé . . . 587.3
Camelsche Haspel- und Zwirnmaschine . . . 430.3
Canetteseide . . . 587.20
Carbontetrachloratwaschverfahren . . . 366.7
Carrageen . . . 316.14
Chaponmaschine . . . 209.12
Chardonnet-sche Seidenmühle . . . 431.14
—sche Spinnmaschine 460.16, 461.1
—sches Verfahren . . . 456.10
chemisch-e Entfettung . 297.9
—es Entkletten der Wolle 301.1
—reine Soda . . . 309.11
—gebundenes Wasser . . . 468.1
—e Wirkung . . . 301.5
—e Wollwäsche . . . 297.7
— waschen (Wolle) . . . 297.8
—e Wirkung des Schweißes . . . 272.5
chevillierte Seide . . . 587.14
Cheviot . . . 397.3
—farbmischgarn . . . 583.24
—garn . . . 583.23
—mêlé . . . 583.24
China-gras . . . 261.3
—seide . . . 426.5
chinesisch-e Eichenseide 410.8
—e Rohseide . . . 426.5
—e Tussah . . . 410.8
Chinin . . . 457.7
Chlor-aluminium . 457.14, 305.16
—ammonium . . . 316.6
—ammoniumlösung . . . 468.13
—kalium . . . 272.11
—kalzium . . . 457.12
—kalziumlösung . . . 457.19
—magnesium . . . 305.17, 457.13
—natriumlösung . . . 465.5
—verbindung . . . 305.15
—wasserstoffsäure . . . 305.5
—zink . . . 457.15
Chloroform . . . 463.2
Chrom-chlorür . . . 457.3
—kali . . . 316.5
—säure . . . 401.13
chromsaures Kali . . . 316.5
— Kalium . . . 316.5
Coconadagarn . . . 579.5
Coir . . . 492.15
Conkaneehanf . . . 492.7
Continuespinner . . . 341.7

Cop . . . 154.9
Cornet (Kammgarnspinnmaschine) . . 392.9
Cottonsche Hechelanordnung . . 215.10
Crêpe . . 586.20
—-de-Chine . . 586.21
—garn . . 584.19
Crighton-Öffner . . 34.11
Crossbredschlingenfaden . . 562 1
Crossley, Kämmaschine 446.13
Crude . . 489.7
Cruseide . . 426.22
Cuiteseide . . 426 21
Cusir . . 586 17

D

dachartiges Aufsteckzeug 391.5
Damastgarn . . 584 16
Damenkleiderstoff . . 397.2
Dampf, mit — geheizter Ring . . 380 1
—, salzsaurer . . 305.9
—, Säure- . . 305.8
—auslaß . . 291.13
—austrittkanal . . 291.13
—duse . . 280.12
—einströmungskanal . . 291.9
—eintritt . . 571.7
—heizung . . 308.7
—kammer, offene . . 570.9
—kessel . . 227.5
—maschine für Schleuder mit Unterantrieb . 291.5
—niederschlagrohr . . 294.3
—rohr . . 280.11, 570 15
—schlange . . 298.6
—zerstäuber . . 574.4
—zuleitungsrohr . . 280.11
—zylinder . . 291.12
Dämpfen in offenen Dampfkammern . . 570.9
— unter Druck . . 571.1
— mit kreisendem Feuchtluftstrom . . 573.1
— der Garne . . 569.10
— der Kötzer . . 571.2
— der Seidensträhne . 432 13
— im Vakuum . . 571.18
dämpfen . . 571 3
Dämpfer . . 570 18
—, Kötzer- . . 571.4
Dämpfkammer . . 572.3
—korb, weitgeflochtener 571.5
—raum fur Garne . . 570 10
—verfahren . . 418.2
—vorrichtung, Unterdruck- . . 572.1
—wasser . . 570.8
Darmsaite . . 497.5
Daubenbottich, Holz- . 285.3
Dauer der Auskohlung. 307.1
—, Wasch- . . 268.14
dauernd gleichmäßige Ölung durch Ringschmierung . . 148.18
Daumen . . 181.3, 252.7
— der Steuerwelle . 346.2
—scheibe . . 185.3
—, Sektor- . . 171.5
—, Zähler- . . 179.3
Davidscher Festigkeitsprüfer . . 607.7
Deckblech für den Sammler . . 79.2
Decke . . 325.3
Deckel . . 31.8, 79.11
—, beschlagener . . 53.13
—, feststehender . . 52.6
—, gußeiserner . . 77.7
—, hölzerner . . 248.1
—, loser . . 284.1
—, ruhender . . 52.6
—, selbstputzender. . 53.2
—, unbeschlagener . . 53.12
—, wandernder . . 53.7
—, die — laufen in derselben Richtung wie die Trommel . . 57.4
—, Kübel- . . 283.2
—, Ölnapf- . . 178.2
—, Schläger- . . 33.14
—, Zylinder- . . 291.11
—ausputz . . 194.18
—beschlag . . 61.2
—einstellung . . 53.14, 54.15
Deckel-einstellung (Ashworthsche) . . 56.3
—einstellung durch Federbogen . . 53.15
—einstellung, Rietersche — mit Bogenabschnitten . . 55.4
—einstellung (Wilkinsonsche) . . 56.13
—einstellungsvorrichtung von Howard & Bullough . . 53 16
—einstellvorrichtung für Krempeln mit wandernden Deckeln . . 79.9
—gewicht . . 53.9
—hebel . . 230.10
—karde . . 77.2
—kette . . 73.14
—kette, gegen die Trommel laufende . . 57.7
—kette, mit der Trommel laufende . . 57.6
—krempel . . 77.2
—länge . . 53 8
—laufbogen . . 55 5
—platte, Trommel- . . 33.6
Deckelputzvorrichtung . 75.11
— (Higginsche) . . 52 14
— (Pfaffsche) . . 52 11
— (Rietersche) . . 52.13
— (Wiedesche) . . 52.10
Deckelregulierung . . 53.14
Deckelschleifvorrichtung . . 73.5
— (Dobson u. Barlow) . 74.9
— (Platt Brothers) . 73.8
Deckel-senkung . . 55.3
—tragscheibe . . 56.14
—verriegelungsvorrichtung, selbstschließende . . 487.14
Decken . . 397.8
—bildevorrichtung mit Florstreifenschichtung . . 328.7
—shoddy . . 407.8
—tuch . . 328.6
—vorgelege . . 359 23
Decker, Zylinder- . . 3.15
Deck-horde . . 296 9
—platte, Kautschuk- . 65 8
—stuck . . 126.7
defekter Ballen . . 16.5
Degummieren (Seide) . 432 14
degummieren . . 432.15, 472.7
degummierte Seide . . 434.5
Degummierung (Bast) . . 261.8, 432.14
dehnbares Garn . . 606.3
Dehnbarkeit . . 10.2, 513.4
dehnen, sich . . 191.17
Dehnung . . 513.5, 608.16
—sbestimmung . . 608.17
—s- und Festigkeitsprüfer, ununterbrochen arbeitender . . 609.6.8
—smesser . . 513.16, 608.18
—sprüfung . . 608.15
Deiß, Klammerband . 62.8
—sche Kratzenblattbefestigung . . 62.7
Dekantieren (Flüssigkeit) . . 462.3
denaturiert-es Olivenöl . 314.20
—er Weingeist . . 458.6
Denier . . 602.23
Déruscher Ausheber . . 281.1
desintegrieren (Abfallseide) . . 436.15
Desintegrieren der Seidenabfälle . . 436.14
Destillation . . 463.5
destillieren, über Ätzkalk . . 460.7
Destillieren (Fettlösung) 298.11
destilliertes Wasser . . 419.2
deutsch-es Pfund . . 601.6
—e Spleißung . . 359.20, 493.22
Dextrin . . 428.15
Dezigramm . . 600.24
Dezimal-titer . . 60115
—wage . . 613.1
Dezimeter . . 600.8
Diagonal-auflage . . 326.10
—speisung . . 326.11
—stich . . 68.15
Diamantstich . . 68.15
Dichte (Stoff) . . 64.8
dichter Kokon . . 416.11
dichtgewebt-es Jutepackleinen . . 16.12
—e Längsstreifen . . 477.7
Dichtigkeit der Zahnbesetzung . . 68.4
Dichtungsblech der Siebtrommel . . 45.1
Dichtungswalze . . 78.9, 202.9
Dicke der Auflage . . 41.14
— des Fadens . . 421.7
— des Kittes . . 117.14
— der Watte . . 42.9
—, Draht- . . 66.16
—, Faden- . . 10.1
—, Pelz- . . 325.8
—, Watten- . . 32.9
—, ungleichmäßige (Kokonfaden) . . 411.13
dick-es Öl . . 359.14
—es Seilergarn . . 592.13
—e Stelle des Fadens . 159.1
—flussiges Spindelöl . 148.6
—wandiger Kokon . . 416.14
Differential-geschwindigkeit der Walzen . 309.1
—getriebe . . 125.14
—getriebe (Brooks u. Doxey) . . 127.1
—getriebe (Dobson u. Barlow) . . 127.3
—getriebe (Houldworth). 126.1
—getriebe (Tweedale) . 126.11
—rad . . 126.3, 134.11
—räderwerk . . 125.14
—scheibe . . 347.14
—umlaufgetriebe . . 255.12
—wechsel . . 134.6
—wechselachse . . 135.7
—wechselachsrad . . 135.7
—wechselwelle . . 136.10
direkt abzwirnen, von den Kotzern . . 543.11
— verseifen . . 276.8
—e Aufnietung des Beschlags . . 61.15
—e Druckerzeugung . . 105.13
Direktor, Spinnerei- . . 1.11
Dobson und Barlow, selbsttätige Ausruckvorrichtung . . 110.14
—, Trommeleinstellvorrichtung . . 79.6
—, Deckeleinstellung . . 54.15
—, Deckelschleifvorrichtung . . 74.9
—, Differentialgetriebe . 127.3
—, Duplex-Kämmmaschine . . 91.1
—, Schaltgetriebe . . 132.5
Dochtgarn . . 579.18
—weife . . 567.14
Docke . . 576.12
— zu x Strähnen . . 598.19
—, funfsträhnige . . 576.14
—, zehnsträhnige . . 576.15
—, Hanf- . . 496.13
Docken . . 576.10
—knupfern . . 576.11
—vorrichtung . . 577.1
Dockerin . . 5.2
Döfte . . 493.16
Doppel-abnehmerkrempel . . 201.13
—antrieb der Spindeln 189.6
—arm . . 535.1
—band . . 386.12
—drahtspinnmaschine . 491.10
—faden . . 334.8, 354.4
—faden, flaumiger . . 425.8
—feinbank . . 122.10
—feinfleier . . 122.10
—feinspindelbank . . 122.10
—flor . . 326.17
—florkrempel . . 201.13, 491.3
—führer für Streckbänder . . 105.2
—gabelläufer . . 150.13
—hebel . . 44.6, 132.14
—hebel, schwingender . 560.13
—hechelfeld . . 451.6
—hechelfeldstrecke . . 372.1
—hub der Ringbank . 151.9
—kardage . . 80.9
—kegel, Grund- . . 167.7
—kegelspule . . 122.1
—knie . . 336.4
—kokon . . 436.12, 414.12
—krempel . . 319.4
—krempel, Kammgarn- . 369.15
—leitrolle . . 44.1
—luntenführer . . 129.10
Doppel-mutter . . 290.5
—nadelwalzenstrecke . 372.15
—nadler . . 372.1
—öffner . . 32.10
—riemen . . 182.6
—rolle . . 44.1
—sammlerkarde . . 201.13
—seil, treibendes . . 550.11
—spinnrad . . 11.8
—spiralspeisewalzen . 370.4
—trommelkrempel . . 80.8
—trommelmaschine . . 144.10
—umhüllung . . 417.6
—weife . . 565.2
—weife mit selbsttätiger Abstellung bei Fadenbruch . . 565.3
—wolltrockenvorrichtung 296.14
doppel-armiger Flügel . 123.12
—flanschiger Ring . . 150.4
—läufige Seilscheibe . . 557.7
—reihige Aufsteckung .188.11
—rilliger Antriebswirtel. 157.9
—seitige Flügelspinnmaschine für Zephirgarne . . 545.10
—seitige Flügelzwirnmaschine . . 548.10
—seitige Maschine . . 209.11
—seitige Weife . . 565.2
—seitige Zwirnmaschine 543.2
Doppeln . . 12.6, 222.11
— der Bänder . . 222.20
— (Hanf) . . 233.1
— (Kammzug) . . 386.5
— (Krempelband) . . 80.16
— (Seide) . . 430.6
doppeln . . 104.6
— (Bourrettebänder) . 453.8.19
— (Fäden) . . 515.8
— (Faserbänder) . . 251.5
— (Krempelbänder) . 80.15
— (Wattenbänder) . . 451.16
— (Wickelbahnen) . . 41.10
Doppelt-einziehen der Bänder . . 387.5
—laufen der Watte . . 50.13
— beschicken (Hechelreihen) . . 252.12
doppeltlaufen (Watte) . 50.14
doppeltchromsaures Kali 300.11
— Natron . . 300.12
doppeltkohlensaures Ammoniak . . 464.2
doppeltschwefelsaueres Kali . . 303.8
doppeltschwefligsaueres Leukogen . . 401.10
— Natron . . 401.10
doppeltwirkende Wendewalze . . 321.7
Doppler . . 5.9
—, Band- . . 453.10
Dopplerin . . 2.4, 5.10
Dopplung . . 41.13, 81.2
— der ersten (zweiten, dritten) Strecke . . 222.21, 223.1.2
—, ausgleichende . . 326.19
—, zu starke . . 104.9
—, vielfache . . 386.13
—, $x$fache . . 430.8
Dopplungs-verhältnis . 386.9
—walze . . 388.11
—weife . . 565.15
Dorn . . 538.9
—, Spindel- . . 544.3
—, Spliß- . . 494.2
—träger . . 484.15
Dörren der Kokons . . 417.10
— mittels heißer Luft . 417.16
— innerhalb bestimmter Temperaturgrenzen . 417.12
dörren (Kokons) . . 417.9
—, durch Sonnenhitze . 417.15
Dörr-hitze . . 417.13
—hitzegrad . . 417.13
—ofen, fahrbarer . . 417.17
—temperatur . . 417.13
—verfahren . . 417.11
Dotteröl . . 458.16
Draht . . 9.4, 498.3
— geben . . 9.6
—, aufgelöteter . . 477.10
—, blattförmiger. . 66.2
—, bleibender . . 9.8
—, dreikantiger . . 66.1
—, eingelegter . . 589.9
—, eirunder . . 65.18
—, falscher . . 9.7, 204.1
—, harter . . 138.3

Draht, ovaler 65.18
—, rechteckiger 65.19
—, vorubergehender 9.7, 331.11
—, weicher 138.19
—, Aufwinder- 160.5
—, Gegenwinder- . . . 160.7
—, Kratzen- 65.14
—auszähler 9.11
—borsten 57.12
—dicke 66.16
—erteilung 9.5
—flugel, zweiarmiger . 431.18
—gebung 9.5, 345.12
—gewebe 195.11, 573.12
—gitter 297.5
—horde 267.13, 296.8
—hurde 295.4
—hurde, langsam bewegte 295.14
—kabelschlagmaschine . 509.4
—konstante 154.8
—korb 273.1, 616.9
—kratzenbeschlag, Eisen- 335.5
—lehre 509.14
—, englische 66.20
—litze 594.2
—litzen- und Drahtseilspinnmaschine . . . 509.5
—maß 509.14
—material 65.15
—messung 9.10
—netz 202.8
—nitschelhose 388.3
—nummer 66.19
—nummerung, englische 66.18
—nummerung, französische 66.17
—ose, durch eine – gehen 435.17
—ose, emaillierte . . . 564.17
—prufverfahren 66.21
—seele 595.1
Drahtseil 595.9
– aus gegluhtem Draht 596.1
– aus ungegluhtem Draht 595.21
– mit Hanfseele . . . 595.12
– mit unrunden Litzenkernen 595.14
—, biegsames 595.17
—, feindrähtiges 595.10
—, flachlitziges 595.13
—, grobdrähtiges . . . 595.11
—, verschlossenes . . . 595.16
—, vollschlächtiges . . . 595.16
Drahtseil-gehäuse mit Metalleinguß . . . 513.14
—spinnmaschine . . . 509.5
—spinnmaschine, x spulige 509.13
Drahtseilerei 509.1
Draht-sieb 267.13
—siebtrommel 32.6
—spitze 336.1
—spule 509.8
—stärke 66.16
—stift 512.12
—tuch 295.4
—verlust 146.4
—verteilung, ungleiche . 154.7
—wechsel 134.3
Drahtwirtel . . . 157.9, 162.13
– für erste (zweite) Geschwindigkeit . . . 353.3.4
– für die kleine (große) Spindelgeschwindigkeit 189.3.4
Draht-zahl 9.2, 154.8
—zähler 186.9, 207.4
—zählerhebel 186.6
Drall 498.8
—, übermäßiger 501.7
—erhöhung 501.6
—prüfer 9.11
—verminderung 501.8
draller Faden 498.7
Drehachse des Quadranten 184.10
—, Bremshebel-. . . . 185.9
Dreharm 342.9
drehbar 365.11
– gelagert 536.3
– lagern 128.6
Drehbewegung erhalten 516.11.12.13
Drehen 176.8
drehen 8.21
—, rechtssinnig 153.15
—, eine Schlinge 496.17
—, nach derselben Seite 154.3
—, bei der Umschlingung des Bügels (Faden) 554.1
—, sich absatzweise . . 342.4
drehen, sich ruckweise. 84.8
—, sich in entgegengesetzter Richtung 29.4, 165.3, 447.4
—, sich mit gleichbleibender Umfangsgeschwindigkeit . . . 516.10
—, sich mit steigender Umfangsgeschwindigkeit 102.15
—, sich mit gleichbleibender Winkelgeschwindigkeit . . . 516.7
drehend, sich . . 137.14, 160.9
Dreher, Seiden- 412.15
—, Seil- 494.9
—, Walzen- 3.15
Dreherin, Seiden- . . . 412.16
Dreh-kopf 342.12
—kopfkörper 342.14
—moment. 149.7
—pfahl 498.16
—punkt der Spindellagerung 344.9
—richtung 8.22
—richtung, umgekehrte. 431.7
—ring 392.4
—röhrchen . . . 341.12, 343.4
—röhrchen mit stählerner Nadel 343.4
—scheibe 422.14
—spindel 504.9
—spindelgestell 504.14
—strommotor 157.13
—strommotorantrieb . 157.12
Drehtopf 51.16, 76.2
—kette 94.11
—vorrichtung . . . 51.16, 76.2
—walze 51.11
Dreh-trichter 380.8
—trichter für Kammwolle 372.4
—zahl der Spindel . 144.4
—zapfen 488.4, 530.15
—zapfen, Sektor- . . . 350.16
Drehung geben . 429.16, 560.3
– geben, vorubergehende 331.10
– des Grundfadens . . 561.12
– der Sektorschraube von Hand 171.3
– der Spindeln 164.3, 347.17
– des Steuerrohres . . 177.2
—, absatzweise 342.3
—, erste 429.15
—, tatsächlich vorhandene 154.6
—, weiche 170.5
—, zweite 430.15
—, Flugel- 130.10
—, x —en auf den Meter (Faden) 431.2
—, zwei —en auf eine Spindeldrehung . . 554.2
—, durch – festigen . 9.21
Drehungs-beschleuniger, Spindel- 181.10
—grad 9.3
—grad, kritischer . . . 9.9
—koeffizient. 9.2
—messer 9.11, 432.4
—prüfer 9.11
—richtung . . . 153.11, 541.11.12
—richtung, Einfahrt- . . 181.8
—stärke 9.3
—stelle 165.8
—unterschied 154.5
—zahl 9.2
—zähler für Spindeln . 360.10
—zähler, Garn- 610.9
—zeiger 360.18
dreiarmiger Ausrückhebel 549.7
– Einrückhebel 350.1
– Hebel 178.11, 179.10
dreieckiger Grobstößer. 261.6
Dreier-Rippenstich. . . 69.4
—Säulenstich 69.4
drei-faches Tau 596.15
—kantiger Draht 66.1
—kantige Spindel . . . 455.11
Drei-kantlitzenseil . . . 595.15
—kantseil 596.4
—kantroststab 36.5
—krempelsatz 319.2
—rämmelige Lehre . . . 499.6
—rilliger Spindelantrieb . 192.2
—schäftiger Bindfaden . 593.5
—schäftiges Seil . . . 594.15
—stöckiges Gatter . . . 141.20
Drei-walzenglättvorrichtung 45.15
—walzenstreckwerk 143.11, 205.2
—weghahn 371.1
Dreschen der Kokons . 440.13
dreschen 440.14
Dreschmaschine für Kokons 441.11
Dressieren der Florettseide 444.12
dressieren (Seidenfasern) 444.14
dressierter Faserbart . 446.10
Dressiermaschine . . . 444.16
dritte-r Durchzug . . . 222.19
– Spindelgeschwindigkeit 348.2
– Strecke 222.15
—r Zylinder. 114.10
Drodel 498.8
Drossel-garn 580.2
—klappe 297.3
—maschine 341.7
—spindel, Geßnersche . 341.8
—spinnerei 138.5
—stuhl 341.7
Druck des Preßkopfes . 46.11
—ausgleich 572.13
—bock 158.4
—entlastungsvorrichtung 94.9
—erzeugung mittels Kettenubertragung . 106.16
—erzeugung, direkte . . 105.13
—feder 106.2, 483.3
—gewicht, Mulden- . . 43.4
—haken 105.15
—haken, federnder . . 105.17
—hebel 149.4
—hebelbelastung 385.10
—hebel, oberer 385.12
—luft. 466.11
—luftkratzenreiniger . . 341.2
—messer 385.15
—regler 339.4
—rolle 611.8
—sattel 106.13
—sattelbelastung für die Streckwalzen. . . . 252.13
—stange, federbelastete. . 21.1
—stelle 46.2
Druckwalze 85.11, 115.7, 142.9, 197.9, 223.6, 249.8, 389.9
– mit Kerbe 546.2
—, angetriebene 267.6
—, belastete 502.12
—, eiserne geriffelte . . 115.8
—, elastische 115.9
—, federnde 115.9
—, gesattelte 143.10
—, Einzug- 142.11
—nsattel 143.8
Druckwasser-leitung . . 478.2, 488.12
—presse 288.2
—strahl 477.15
—zerstäuber 574.5
Druckzylinder 142.9
Dublier-fitzweife. . . . 565.15
—maschine 40.9, 453.10
—platte. 251.10
—spindel 502.10
—spulmaschine für Scheibenspulen 521.15
—weife 565.15
– und Zwirnmaschine von Aubena 432.1
dublieren (s. a. duplieren) 104.6
– (Rohseide) 430.7
– (Wickelbahnen) . . . 41.10
Dublieren der Bänder . 222.20
Dublierer 5.9
Dubliererin 2.4, 5.10
dublierter Zwirn 539.15
Dublierung, xfache . . 430.8
Duchte 493.16
dunkelgraues Haargarn 585.12
dunkle Flachshede. . . 220.5
dunkles Mischgarn. . . 582.9
dunkle Naturfarbe der wilden Seide 427.21
dünnflüssiger Kautschuk 63.12, 65.11
Dunstkamin 297.4
Duplex-Kämmaschine von Dobson u. Barlow 91.1
– von Schlumberger . 91.2
Duplieren. 12.6
duplieren 104.6
Dupliermaschine . . . 12.8
duplierte Garne 12.9
Durcharbeiten der besprengten Wolle . . 317.10
Durchbieger, Ketten- . 152.9
Durchbiegung des Deckels 53.10
durchbohrte Welle. . . 509.10
durchbrochener Bogen . 79.10
– Kokon 415.18, 436.7
durcheinandergearbeiteter Wollhaufen . . 317.11
durchgabeln (Wolle) . 317.9
Durchgang 25.15, 103.8
– des Bandes durch das Streckwerk 101.5
—, mehrmaliger – der Baumwolle 25.16
—, Schläger- 42.4
—, Strecken- 371.15
durchgehende Papierhülsen. 516.2
– Welle 189.1
durchgekochte Kokons. 436.22
durchgezogene Seilerware 507.16
durchhängend, lose —e Kette 183.10
Durchhängestelle der Kette 447.1
—, an der – einen Klemmdruck erzeugen 447.2
Durchhülse aus Papier . 356.8
durchkneten, den Ausputz mit Walkerde . 298.15
Durchkrempelung . . . 49.19
durchlassen, mehrere Male (Baumwolle) . 25.17
Durchlaßöffnung des Rostes 48.3
durchlaufen, eine geschlossene Bahn (Litze) 511.2
—, ein Natronbad (Faden) 459.10
—, x Strecken (Bänder). 452.1
durchlöchert-er Boden . 283.3
—e Röhre 282.6
durchlochter Ständer . 286.4
– Weißblechkasten . . 571.11
Durchmesser der vollen Spule 124.15
—, Seil- 500.16
—zunahme im Oberteil des Kötzerkörpers . 174.9
Durchmischung, innige. 310.19
Durchrutschen des Spinnstoffes 319.19
Durchschnitt, Mischungs- 19.1
durchschnittlicher Wassergehalt der Wolle . . 287.7
Durchschnitts-güte, auf – mischen 19.2
—nummer 598.6
—temperatur 293.9
—titer 602.6
—wärmegrad 293.9
durchsetzt, mit Feuchtigkeit —e Luft . . . 296.5
—, mit Puppenfett —es Haspelwasser . . . 419.10
durchsichtiger Kokon . 416.16
– Seidenfaden 428.1
durchstechen, schräg (die nebeneinandergelegten Seile) . . . 512.5
Durchtreiben von Feuchtluft durch das Garn 573.3
Durchziehen 507.13
durchziehen durch den Vorstechkamm . . . 92.13
Durchzug 103.8
– des Bandes durch das Streckwerk 101.5
—, erster (zweiter, dritter) 222.17.18.19
—, x-facher 101.17
Düse 478.1
—, Dampf- 280.12
—, verstopfte 466.10
Düsenmund 467.9
Dynamometer 606.24

E

Eastwoodsche Wollwaschmaschine . . 283.13
eben-e Rißfläche . . . 10.6
—er Schmirgelbelag . . 71.14

echt-e Seide 410.5
—farbiges Garn 605.14
Eckfaden 334.7
eckiger Ballen 15.21
Ecruseide 426.22
edle Seide 410.5
Effekt-faden 559.4
—zwirn 589.13
eggenformiger Rahmen 283.6
Eichenholz 77.6
—haube, aufklappbare 201.9
—hechelbrett 229.7
Eichen-lohgrubengerbung 332.4
—rindenabkochung 419.16
—seide, chinesische 410.8
Eichmaß 500.17
Eieralbumin 471.12
eiformig-er Kokon 414.8
—e Wollspulmaschine 285.1
—e Wollspulmaschine mit Treiber 285.12
Eigengewicht 606.12
Eigenschaft, hygroskopische — der Garne 615.6
—, verseifende — des Schweißes 272.4
einander gegenuberstehende Hechelreihen 214.9
einballige Knäuelmaschine 518.6, 538.11
einbatschen (Jute) 237.4
Einbatschen der Jute 237.2
einbinden, in den Flachs (Stroh und Werg) 209.16
Einbuchtung 174.13
Eindampfen der Fettlösung 298.11
— der Lauge 273.11
— der Lösung 305.18, 471.7
eindrähtiger Zwirn 539.14
Eindringen der Fasern in den Trommelbelag 322.14
eindringen, in das Innere der Kotzer (Dampf) 571.15
Eindrucker 383.8
—, Kletten- 381.4
Eindrück-klinge, stumpfe 382.18
—messer, stumpfes 382.18
—walze 20.12, 311.12, 372.8, 384.14
einerntige Seidenraupenrasse 413.15
einfach belegen (Hechelreihen) 252.11
— beschicken (Hechelreihen) 252.11
— laufen (Faden) 133.14
— laufender Faden 133.15
—es Band 386.11
—er Einlauf 142.2
—er Faden 515.4, 539.3
—e Fitzweife 564.14
—er Flor 326.16
—e Gewichtswage 613.7
—e Hechelmaschine 213.14
—er Knecht 495.6
—e Kammgarnkrempel 369.13
—e Krempel 319.3
—e Kreuzung 422.6
—er Läuferputzer 150.16
—e Leitrollen 43.16
—e Nadelwalzenstrecke 372.14
—es Nitschelwerk 333.9
—er Schläger 40.9
—er Schraubenschlüssel 363.7
—e Spindelgeschwindigkeit 189.3
—es Strecken 371.10
—es Vorgespinst 142.1
—er Vorstecher 337.16
—er Zwirn 539.14
Einfach-hechelfeldstrecke 371.18
—nadler 371.18
—spulen 12.5
—weife 564.14
einfädig-es Schappegarn 587.20
—er Zylinder 143.1, 393.11
einfahren (Wagen) 166.13
Einfahren des Wagens 166.12
Einfahrt 161.2, 188.14
—, Wagen- 159.13, 343.17
—bremshebel 179.4
—drehungsrichtung der Trommel 181.8
—seil 206.7
Einfahrts-glocke 349.13
—kupplung, Wagen- 349.13
Einfallen der Falle 357.13
Einfallen der Kupplung durch Eigengewicht 166.10
einfallen (Vorstechkamm) 85.9
—, durch Eigengewicht (Kupplung) 166.11
einfarbiges Flammgarn 589.17
einfetten (Schläger) 441.15
— (Wolle) 313.14
Einfetten der Abfallseide 441.2
— des Hanfwergs mit Talg 232.8
— der Seile 359.11
— der Wolle 313.13
Einfettungsvorrichtung 366.12
— fur Kammwolle 366.10
Einflechtfaden 511.8
Einfluß, Waschflotten- 280.14
—, zerstörender — der Säuren 302.13
einfuhren (Futter) 338.7
—, von Hand (Lunte) 130.9
—, in jede Nadelstabreihe (x Bänder) 223.7
Einfuhr-tuch 308.3
—walze 197.2, 319.18
—walze, geriffelte 267.7
Einfuhrung, Woll- 296.15
Einfuhruugsrechen 111.1
Eingang 249.13
eingängige Schnecke 566.6
eingefettet-e Schnur 359.12
—es Werg 232.7
eingefräste Nut 523.9
eingeklärter Hanf 496.1
eingelassen-er Zapfen 543.10
—es Zwischenstuck 344.2
eingelegter Draht 589.9
— Faden 589.8
— Seidenbart 445.8
eingelotete Öse 501.18
eingenietete Stahlspindel 568.12
eingerolltes Auge 501.17
eingeruckt 346.16
—e Stellung 346.18
eingesackte Wolle 264.8
eingeschnurter Kokon 414.10
eingeschobener Kamm 376.5
eingeschraubter Stift 312.6
— Zahn 312.6
eingeschrumpfter Seidenfaden 434.17
eingesetzt-er Kegeldorn 484.12
—e Nadel 244.2
—e Rippe 355.3
—e Siebplatte 285.9
eingespannte Riste 214.13, 230.5
eingewebte Metallstreifen 477.11
eingezapfter Ständer 497.2
Eingriff, im — halten (Kupplung) 191.15
—, in — stehen 343.12
Einguß, Metall- 513.14
—, Öl- 148.3
einhängen (Litzenenden) 504.16
Einheit, Wärme- 293.7
Einkäufer, Flachs- 210.9
Einkehren der Einzugskupplung 191.8
Einkerbung mit Schmierdocht 344.13
einklären (Hanf) 495.18
einklemmen, in die Zange (Faserbart) 445.10
Einklemmung des Bandes 99.2
Einkopf-Flachkämmer 83.6
—strecke 103.9
Einkreuzen der Fitzschnur zwischen die Gebinde 564.3
Einlage, Holz- 112.10
einlagern (Baumwolle) 17.9
— (Flachs) 210.12
Einlagerung der Ballen 17.10
— des Flachses 210.13
Einlaß, Baumwoll- 35.6
—walze 321.4, 373.4
Einlauf 141.20
—gabel 129.8
—platte 84.3
—platte, Band- 111.1
—tisch 111.2
einlaufen lassen (Spindeln) 359.22
einlaufende Watte 45.8
Einläuferputzer 150.16
Einlegedraht 578.5
Einlegen der Fasern 383.13
— der Juteristen 239.8
einlegen (Vorgarnspulen) 352.13
—, schichtenweise (Juteristen) 239.9
Einleger, Jute- 239.5
Einlegevorgang 237.5
Einlegung, Band- 76.19
Einnummer 102.4
Einölen der Wolle 313.13
Einöler 366.12
einpressen (Riffeln) 120.20
Einpressen heißer Luft 282.8
einreiben, mit Graphit (Trommel) 63.14
—, mit Schlämmkreide 253.2
—, mit Tran 333.5
einreißen (Saum) 108.4
Einrichtung, Aufwinde- 137.18
—, Sektor- 170.6
Einriemchenflorteiler 330.10
einrucken 346.11
Einrucken der Einzugskupplung 191.8
Einruckhebel 208.11
—, dreiarmiger 350.1
Einrutschen der Fasern in den Beschlag 67.10
einsacken (Wolle) 264.7
Einsatz, Spitzen- 128.8
—, Stein- 376.1
Einsäuerungsbad 303.10
einschalten 346.11
Einschalten der Einzugskupplung 191.8
Einscheibenhulse 518.15
Einschieben eines Drahtstiftes in die Seile 512.12
Einschlag 139.1
—buchse 382.17
—burste 379.14
—seide 586.11
—vorrichtung 382.15
einschlagen 375.7
— in den Speisekamm 448.14
— (Wollbart) 383.10
Einschlagen in Feuchttucher 573.13
Einschmelzen mit der Hand 317.1
einschnappen 346.15
einschneiden, in die Walze (Riffeln) 120.19
Einschnitt, keilförmiger 354.5
Einschnurung 174.13
einschurige Wolle 264.9
Einschurwolle 264.9
Einschußkötzer 520.6
Einschuttrichter 259.4
einseitig belasteter Trommelkorb 308.5
—es Belegen 480.3
—er Flachkämmer 83.10
—e Flugelzwirnmaschine fur Wolle 548.9
—e Jutezwirnmaschine 549.11
—e Maschine 209.10
—er Ring 391.13
—er Schraubenschlussel 363.7
—e Weife 564.14
—e Zwirnmaschine 543.1
einsetzen (Deckel) 53.6
Einsetzen des Deckels 53.5
einspannen (Faden) 432.6
—, in Kluppen (Risten) 214.12
Einspanner 215.15
—, mechanischer 215.9
einsprengen 441.4
—, gleichmäßig 239.11
Einsprengen mit Besen 317.5
— von Hand 441.6
— der Juteristen mit der Batschflüssigkeit 239.10
— der Wolle mittels Gießkanne 317.4
Einsprengtisch 441.8
—vorrichtung 441.7
—vorrichtung, Friarsche 241.6
—vorrichtung, Patersons 241.5
—walze 441.9
einspurig 353.11
Einstechen von Löchern in die Seile 512.4
— der Nadelstäbe 383.4
—, geradliniges — der Hechelnadeln in die Watte 253.11
einstechen, in den Bart (Kamm) 383.5
—, in das Fasergut (Vorstechkamm) 85.9
—, in die Wolle (Rechen) 283.11
einstellbar-e Klappe 286.8
—er Klinkenkopf 132.2
einstellen (Deckel) 77.8
— (Ringbank) 151.10
einstellen (Windevorrichtung) 175.14
— (Zange) 85.2
—, zu eng (Walzen) 105.11
—, nach dem Gehör (Schnellwalze) 322.17
—, gleichlaufend (die arbeitenden Flächen) 60.16
—, von Hand aus (Steuerwelle) 191.13
—, parallel (die arbeitenden Flächen) 60.16
—, genau in das Ringmittel (Spindel) 552.9
—, mittels Schublehre (Walzen) 105.9
—, sich selbst in die Schwerpunktlage (Spindeln) 191.6
—, tief in die Zähne der Trommel (Schnellwalze) 322.16
— die Walzen mittels Stellkreuzes 105.7
—, zu weit (Walzen) 105.10
Einstellen der einander gegenüberstehenden Hechelreihen 214.9
—, konzentrisches — von Fadenführerring und Spindel 554.14
Einsteller 3.10
—, Karden- 4.8
—, Krempel- 60.17
Einstell-handgriff 30.6
—mutter 54.10
—schlitz 90.9
—schraube 92.5, 132.12, 162.2, 362.13
—schraube für die Abnehmerwalze 88.10
—schraube, Anker- 113.11
Einstellung des Aufwinders 167.1
— mit Blechlehre 78.4
— des Deckels 53.14
— der Einzugwalze 78.2
— nach dem Gehör 78.3
— der Krempelwalzen 324.1
— der Schleifwalze 339.7
— mit Stellblech 78.4
— der Streckweite 390.18
— der Walzen 58.12
—, Krempel- 60.15
—, unrichtige — der Windeschiene 174.3
Einstellungskontrolle 80.3
—vorrichtung, Deckel- 53.16
—weite der Krempelflächen 58.13
einstöckiges Gatter 142.2
einströmend-e Luft 281.15
—es Wasser 282.1
Einströmungskanal, Dampf- 291.9
Eintauchen der Garne in fließendes (stehendes) Wasser 573.14.15
Eintauch-trommel 278.8, 281.14
—trommelflügel 278.9
—walze 385.8, 441.10
einteilige Büchsenwalze 116.6
Einteilung 358.6
Eintrag 139.1
—kötzer 520.6
eintretende Nummer 102.4
Eintritt, Dampf- 571.7
Eintrommel-krempel 80.7
—maschine 144.9
Einwalze 50.16, 137.1, 142.5, 197.2, 253.7, 257.6
—, geriffelte 267.7
einwalzen (Riffeln) 120.20
Einweichen der Haare 514.2
— der Jute 237.2
einweichen (Jute) 237.4
— (Lumpen) 401.4
—, in Wasser (Seilerware) 507.8
Einweich-becken 418.9
—bottich 280.2
—bottich aus Schieferplatten 304.8
—vorgang 237.5
Einwirkung der Nässe auf Seile 500.18
— der Wärme auf das Wollhaar 292.17
—, mechanische — des Schweißes 272.6
Einwurfkasten 308.1

Einzelantrieb des Haspels durch Schnurriemen 473.11
Einzelfaser 49.18
Einzelflor 326.16
Einzellagerung der Spindeln auf Latten . . 354.15
Einzelteil 121.12
Einzelverzug 101.6
einzeln verarbeiten . . 212.5
einziehen (Schnur) . . 158.13, 359.16
— (Stahllamellen) . . . 56.7
Einziehen der Hanfschnur in die Seile . 512.8
— der Schnuren . . . 359.15
—, Schnur- 158.12
Einziehwalze 218.7, 251.7, 321.4, 341.10
Einzug 170.4
—antrieb 161.5
—druckwalze 142.11
—geschwindigkeit der Bänder 249.5
—getriebe, Wagen- . . . 349.7
—schnecke 169.10
—seil 169.12, 359.5
—seilbefestigung mit Nachspannung . . . 181.7
—seite der Krempel . . 202.10
—tisch 50.10, 77.11
—walze 43.3, 50.16, 77.12, 111.3, 257.6, 388.6, 393.3
—walze, mit Sägezahndraht bezogene . . . 199.2
—werk, Walzen- 223.5
—zylinder 43.3, 50.16, 142.5, 393.3
Einzugs-glocke 349.13
—kupplung 191.8
einzwirnen, zerschnittene Fadenstücke 562.2
Einzylinder . . . 50.16, 137.1
eirunder Draht 65.18
— Kokon 414.8
— Zapfen 558.10
Eisen, an der Oberfläche zementiertes 120.15
—band 16.11
—blech 307.9
—chlorür 456.12
—chlorürlösung, alkoholische 456.13
—draht 493.7
—draht, verkupferter . 493.10
—draht, verzinkter . . 493.8
—draht, verzinnter . . 493.9
—drahtkratzenbeschlag . 335.5
—drahtseil 595.20
—garn 580.7
—gatter mit Holzfutter . 128.11
—gußplatte, aufgesetzte — mit vorspringenden Rippen 376.2
—kern 115.10
—kern, hufeisenförmiger 113.9
—oxydul, schwefelsaures 469.12
—oxydulsulfat 469.12
—rahmen 394.15
—reif[en] 16.11
—rohr 566.12
—salz 270.13
—stabfach 570.16
—sulfid, unlösliches . . 469.16
—vitriol 469.12
—walze 120.9
eisenfreies Wasser . . . 438.19
eisern 115.8
Eisessig 459.8
—kollodium 459.5
Eiweißkörper 471.10
Elain 315.4
elastisch 14.4
Elastizität 66.15
— des Stoffes 64.9
—, erhöhte — des Fadens 475.9
Elbeufer-Nummer . . . 600.2
elektrisch 102.6
Elektrizität . . . 102.7, 570.1
Elektrotechniker . . . 5.21
Element, Faser- 6.13
Elevator 40.2
—, Déruscher 281.1
—, Schieb- 278.12
—becher 40.3
—welle 281.3
Elle, Berliner 600.16
—, französische 600.19
—, Leipziger 600.18
—, Pariser 600.19
—, preußische 600.16
Elle, sächsische 600.18
—, Wiener 600.17
emaillierte Drahtöse . . 564.17
— Holzspule 149.14
Emballage 16.10
Empfangsdaumen . . . 252.4
empfindliche Abstellvorrichtung 534.15
Empfindlichkeit der Seide gegen Alkalien . . . 437.6
— des Speisereglers . . 44.7
— der Wage 613.10
emporschalten (Sektormutter) 170.15
Emulsion 275.3
— aus Wasser und Öl . 238.14
—sbildung 275.4
Ende, Flachs- 211.5
—, zugespitztes 243.10
Enden-öffner 405.10
—reißer 405.10
End-feuchtigkeit, hohe . 573.6
—gestell 94.15
—gewicht 615.16
—platte 381.12
—schild 558.16
—stück des einfädigen Riffelzylinders . . . 393.11
—träger 394.10
—verzug 101.9
—wand, Haspel- 565.12
—wickel 47.8
endgültige Reinigung der Baumwolle 26.8
endlos-es Fördertuch . 308.2
—e Kette 254.5
—es Lattentuch 20.8
—es Leder 451.8
—e Musterkarte 559.13
—er Riemen 441.16
—e Schraube 223.15
—er Stahlgliedertisch . 365.9
—es Tuch 328.6
—er Zuführtisch . . . 259.12
englisch-e Drahtlehre . 66.20
—er Haspel 563.16
—es Maß 600.12
—e Nummer . . 66.18, 599.14
—es Pfund 601.3
—es Spinnverfahren . . 364.9
—e Splissung . . 359.21, 493.23
—es Zwirnen 542.11
Entbasten der Abfallseide mit kochendem Wasser 436.18
— der Seide 432.14
— der Seidenabfälle . . 436.14
— der Stengel 261.4
entbasten (Seide) . . . 432.15, 436.15, 472.7
—, halb (Seide) 434.9
—, mit kochendem Wasser (Abfallseide) . . 436.17
—, mit Seife (Abfallseide) 437.1
entbastete Seide . . . 434.5
Entbastungs-ausbeute . 437.7
—flotte 436.16
—kufe 433.1
—mittel 433.4
—mittel, alkalisches . . 433.5
—verfahren 433.2
entfalten (Juteriste) . . 236.1
entfernen (Abfall) . . . 75.14
— (Flug) 75.14
— (Puppen) 438.21
—, den harzigen Farbstoff 432.16
—, die äußere Flockseide 420.10
—, den Flor von der Oberfläche des Abnehmers 59.17
—, den Schleifgrat . . . 70.4
—, von der Seiloberfläche (Schäbeteilchen) . . 507.4
—, Unreinigkeiten . . . 49.21
Entfernen der Flachsklümpchen 216.8
— der kurzen Fasern . 374.4
— der pflanzlichen Beimengungen 301.4
— des Wassers aus der Wolle 287.8
—, teilweises — des Spülwassers mit Maschinen 287.9
Entfernung der Einziehwalzen von den Streckwalzen 218.13
— der Stellarme 127.9
— der Stichelhaare . . 409.9
— der Wickel 108.1
—, Noppen- 561.8
entfetten 273.16
— (Wolle) 273.14
Entfetten 385.6
— mittels Alkalien und Wasser 275.9
— der Seide 433.6
— durch Verseifung . . 275.3
— der Wolle 273.13
entfettete Wolle . . . 273.17
Entfettung 273.15
—, chemische 297.9
Entfilzer 372.16
entflammbar 297.11
Entflammbarkeit, leichte — der Kollodiumseide 462.7
entflammen, leicht (Seide) 462.8
entgegengesetzt der Spinndrehung . . . 499.14
entgegengesetzt-e Fadenlage in den Windungsschichten 517.9
— gerichtet (Spitzen) . 67.6
— geriffelte Quetschwalzen 240.11
—e Richtung 165.3
—e Schraubengänge . . 339.5
Enthärtung des Wassers 270.21
Entholzen der Stengel . 261.4
Entholzungsmaschine für Ramiestengel . . . 261.5
Entkletten der Kammwolle 366.13
— mit Wasserglas . . . 369.7
—, chemisches — der Wolle 301.1
—, mechanisches 367.2
Entkletter, Woll- . . . 366.15
Entkletterin, Woll- . . 367.1
Entklettungs-maschinenarbeiter 367.3
—vorrichtung für Krempeln 368.10
—vorrichtung, Offermannsche — für Krempeln 368.15
entkräuseln 385.4
Entkräuseln des Kammzugs 385.3
entkupfern, den getrockneten Faden . . . 467.16
Entkupferung des Fadens 467.15
entkuppeln (Bremsschalen) 163.2
Entkupplung der Bremsschalen 163.3
—, Hebel- 121.7
—svorrichtung für Riffelwalzen 121.4
entladen (Preßtisch) . . 445.18
entlasten (Bremse) . . 47.6
— (Gegenwinder) . . . 168.12
Entlastung des Gegenwinders 168.11
Entlastungs-hebel . . . 106.10
—seiltrieb der Hauptwelle 37.1
—vorrichtung für die Trommelwelle 79.8
—vorrichtung, Druck- . . 94.9
—vorrichtung, Gewichts- 86.2
entleeren (Bottich) . . 280.15
— (Kessel) 464.12
Entleeren der Dämpfkammern 572.4
Entleerung der Schleuder 305.2
—swalze 38.5
entleimte Seide 434.18
Entmischen 311.9
Entnässen der Wolle . . 287.5
— der Wolle durch Schleuder 288.12
Entölen 385.6
Entsäuern 403.6
— auf Waschmaschinen 310.1
— der Wolle 309.4
— der Wolle mit Schlämmkreide . . 310.4
entsäuert-e Lumpen . . 403.7
—es Rüböl 148.9
entschälen (Seide) . . . 432.15
Entschälen der Seide . 432.14
Entschäl-bad 433.3
—mittel 433.4
—verlust 434.14
entschält-e Seide 427.16, 434.5
—er Titer 602.8
entschwefeln (Seide) . . 434.22
entschweißen (Wolle) . 271.18
Entschweißen der Wolle 271.17
—, physikalisches . . . 366.9
Entschweißer 298.1
Entschweißer, Malardscher 365.6
Entschweiß-bad 272.14
—verfahren, Schliepersches 276.14
—vorrichtung . . 272.18, 298.1
entstauben (Wolle) . . 266.16
Entstauben der Lumpen 400.17
— der Wolle 266.15
Entstauber 22.7
Entstaubungstrommel, Lumpen- 400.19
Entwässerungspresse . 478.17
Entweichen der aufgenommenen Feuchtigkeit 572.10
entwirren (Flocken) . . 49.17
— (Jutefasern) 247.4
Entwirren der Jutefasern 247.2
Entwirrer, Garn- . . . 3.22
Entwirrerin, Garn- . . 3.23
entziehen (Fett) 273.16
—, das chemisch gebundene Wasser (dem Faden) 468.1
Entziehung, Fett- . . . 273.15
—, Wärme- 294.13
Entzündbarkeit, leichte — der Kollodiumseide 462.7
epizyklisches Stirnradgetriebe 126.12
Erdnußölseife 433.19
Erdöl 315.3
erfassen (Faserschichten) 21.5
Erfassen des vorstehenden Wollbartes . 378.1
erforderliche Wärmemenge 293.1
ergänzen (Bad) 304.14
Ergänzungskokon . . . 421.9
Ergebnis, Hechel- . . . 212.7
—, Sortier- 266.7
erhalten, den Antrieb (Spindel) 516.8
—, den Antrieb (Spule) 516.9
—, beim Waschen (Stapel) 269.4
Erhaltung der Farben . 403.2
— des Stapels beim Waschen 269.5
Erhitzer, Luft- 306.4
erhöhen, die Spinnfähigkeit der Jutefaser . 237.13
—, die Stärke des Garnes 541.15
—, die Teilbarkeit der Fasern 237.8
—, den Walzendruck . 107.4
—, die Zähigkeit der Lösung 464.10
erhöhte Elastizität des Fadens 475.9
Erhöhung, ringartige . 490.10
erholen, sich (Fasern) . 25.1
Eriaseide 410.10
Erkalten des Garnes . . 572.9
Erlenholz 77.5
Ermittlung des Feuchtigkeitsgehaltes . . 615.5
— der Kämmlingsmengen 100.2
Erneuerung, Luft- . . . 293.16
Errechnung des Garnpreises 19.9
erregter Strom 360.15
Erregung, elektrische — der Fasern beim Verziehen 102.6
Ersatz, Öl- 316.12
—, Seifen- 277.20
—, Spindel- 555.8
ersetzen, die abgenutzten Stifte 313.12
—, die vollen Kannen durch leere 60.11
Ersparnis, Wärme- . . . 294.16
erstarren (Wollfett) . . 300.17
Erstarren der Schmelze 316.17
— des Wollfettes . . . 300.16
erstarrt-e Schmelze . . 316.18
—es Wollfett 300.18
Erstarrungsflüssigkeit . 462.15
erste-r Abzug 175.7
— Drehung der Seide . 429.15
—r Durchzug 222.17
—r Filter 362.1
— Schicht 168.1
—r Schläger 41.20
— Strecke 222.18
ersticken (Puppe) . . . 417.8
—, durch Wasserdampf (Puppen) 418.3

Ersticken mittels Wasserdampf 418.1
erstklassige Ware . . . 14.3
Erstlingsvlies, kurzwolliges 365.1
—, langwolliges 364.18
Erteilung, Draht- . . . 9.5
erwärmen (Batschöl) . 238.17
—, sich (gebatschte Jute) 237.15
Erwärmen durch Rohrschlangen 437.18
Erwärmung, trockene . 570.6
erweichen (Wollfett) . . 274.15
—, durch ein Gasgebläse (einen Glasstab) . . 491.6
—, durch kochendes Wasser (Kokonhülle) . . 418.8
Erweichen des Klebschmutzes 274.13
— der Kokons 418.6
— des Wollfettes . . . 274.14
erweichter Seidenleim . 412.2
erzeugen, starke Wasserbewegung (Treiber). 286.10
Erzeuger, Flachs- . . . 210.7
Erzeugung von Nähfaden 556.3
—, Kammgarn- 364.2
—, Kratzentuch- . . . 65.13
—, Streichgarn- 263.11
Erzielung beliebiger Gebindelängen 566.9
Espartogras 492.19
Essig-ätherlösung . . . 460.10
—esterlösung 460.10
—säure, verdünnte . . 438.11
essigsaures Kali 457.17
— Natron 459.2
Estramaduragarn . . . 580.14
Etage 188.11
—nzwirnmaschine . . . 474.9
europäisch-er Hanf . . 492.3
—e Rohseide 426.14
Exhaustor . . . 37.10, 296.13
Expander 250.15
Expansionsschiene . . . 567.3
Explosionsfähigkeit des Kollodiums 462.4
explosiv 297.12
—er Pyroxylinfaden . . 462.10
—er Schießbaumwollfaden 462.10
—er Stoff 462.6
Expreßkarde von Risler 48.5
Extradoppelfein-bank . 122.11
—fleier 122.11
—spindelbank 122.11
Extrafeinfleier 122.10
extrahieren (Fett) . . 273.16
Extrahierung, Fett- . . 273.15
Extrakteur 298.8
Extrakt-garn 583.2
—kunstwolle 407.21
—öl 316.11
Extraktionsapparat . . 298.1
Exzenter . 60.2, 98.15, 260.10, 283.9
—, Achsial- 249.11
—, Speise- 93.12
—, Zylindersteuerungs- . 162.9
—hebel 346.1
—stange 111.15
—trommel 156.2
—verschluß 219.9
—verstellung 79.7
—welle 182.8
exzentrisch gelagerte Kämmtrommel . . . 447.6
—e Rollenscheibe . . . 420.7
—e Spitzenführung . . 30.5
—e Welle 106.9

F

Fabrik, Kratzen- 69.8
Fabrik-nummer 19.8
—wäsche 268.20
Fabrikant, Kratzen- . . 69.6
Fabrikation, Kammgarn- 364.2
—, Streichgarn- 263.11
fabrikgewaschene Wolle 268.21
Fach 239.2
—fitzweife 565.15
Fachmaschine 12.7
— für Kreuzwicklung . 523.11
— für Scheibenspulen . 521.15
— für Seide . . 430.13, 534.11
— mit selbsttätiger Abstellung bei Reißen des Fadens 534.10
Fachmaschine für starke Garne 535.14
Fach- und Knäuelwickelmaschine 521.1
—platte 251.10
—weife 565.15
Fachen 12.6, 515.2
— der Bänder 222.20
— der Seide 430.6
fachen 12.7
— (Fäden) 515.8
— (Rohseide) 430.7
Facher 5.9
Facherin 5.10
Fachung, x-fache . . . 430.8
Faden . . . 9.18, 535.5, 599.10
— zu x Meter 599.9
— zu x Yards 599.8
—, angeschirrter 498.11
—, draller 498.7
—, der — erhält x Drehungen auf den Meter 431.2
—, durch Eigengewicht gestreckter 466.15
—, einfach laufender . . 133.15
—, einfacher . . . 515.4, 539.3
—, feingesponnener . . 590.3
—, gefilzter 591.14
—, einen gerissenen — wieder anmachen . . 158.15
—, gesengter 455.13
—, haltbarer 9.22
—, harter 398.15, 605.22
—, vom Kötzer ablaufender 525.2
—, mittelharter 606.1
—, ruckgewundener . . 165.14
—, teergetränkter . . . 508.15
—, den — um die Unter- und Oberwalze herumführen 543.5
—, zu einem — vereinigen (mehrere Kokonfäden) 421.4
—, wasserfester 468.7
—, den — durch Wasser führen 542.6
—, weicher 606.2
—, zur Wickelung laufender 528.8
—, zulaufender 533.3
Fäden im Gebinde . . 599.6
—, gefachte 515.5
—, in — reißen (Lumpen) 404.2
—, zusammengelaufene . 334.8
Faden-anfang 496.16
—anleger 421.12
—aufwicklung 350.4
—ballon 152.11
—bauch 152.11
—bildung 456.6, 468.10
—bruch 554.4
—dicke 10.1
—ende 404.3
—fertigstellung 456.9
Fadenführer . . 143.12, 257.10, 423.9, 431.20, 486.14, 523.3, 525.10, 528.9, 530.9, 531.6, 534.13, 538.8, 611.3
— mit veränderlichem Hub 551.15
— mit sich verlegendem Hub 551.15
—, auf und ab-gehender 143.14
—, hin- und hergehender 474.8, 522.3, 536.12
—, kreisender 531.1
—, als Läufer ausgebildeter 532.3
—, durch Reibrolle geschalteter 530.1
—, schwingender 143.14, 208.7, 526.13
—, schwingender — des Zierfadens 560.8
—blech 523.15
—blech mit drei Schlitzen 559.10
—brettchen 143.13
—haken 548.7
—hebel 534.2
—hub 533.13
—klappe 143.13, 391.1, 554.13
—öse 143.15
—ring 554.14
—röllchen 529.9
—schlitz 527.10, 537.9
—schlitztrommel 523.8
—stange, hin- und hergehende 473.7, 529.10, 537.11
—stellstange 538.1
—träger mit Trichter . . 531.7
—welle 532.7
Fadenführungslatte, auf- und abschwingende . 561.6
—, verschiebbare . . . 565.9
Faden-gehalt des Kokons 417.3
—greifer, Kokon- . . . 423.7
—klauber 196.5
—kluppe 557.6
—kluppe, Parr-Curtissche 558.6
—kreuzung 517.10
—lage, entgegengesetzte — in den Windungsschichten 517.9
—länge 563.1
—länge des Gebindes . . 599.7
—legung bei nicht zusätzlicher Verschiebung der Spindel 532.1
—legung bei zusätzlicher Verschiebung der Spindel 532.2
—leitauge 423.1
—leiter 422.2, 423.9
—leiter, hölzerner . . . 394.14
—leiterweg 535.10
—leitöse 525.3
—leitöse, fur verschiedene Höhen einstellbare . 473.5
—leitröllchen 473.6
—leitschnecke 545.8
—leitschieneneinstellung 535.12
—leitstange 544.7
—lieferung 554.10
—lieferung während des Nachdrehens 189.9
—mantel 9.23
—prufung nach dem Ansehen 610.1
—putzer, stählerner . . 429.7
—putzer mit Tuchuberzug 429.5
—regler 180.9
—reiniger 536.6
—reserve 145.13
—riß 521.7
—ruckwinderegler . . . 184.1
—schicht, zuerst gewickelte 520.1
—schleier 152.11
—schleiertrenner 153.4
—schleife 425.14
—schoner 168.13
—sichter 4.4
—sichterin 4.5
—sortierer 4.4
—sortiererin 4.5
—spanner 522.14
—spanner mit Porzellanzähnen und Überlaufrolle 536.5
—spannrolle 526.12
—spannung 155.10
—spannung durch Belastung des Gegenwinders 168.9
—spirale 165.5
—stoff, Seiden- 411.9
—stück 152.13
—stucke, zerschnittene . 562.2
—trenner 153.4, 568.1
—trum 152.13
—umgang 562.23
—unterwindspiralen . . 145.13
—vorrat 145.13, 156.10
—vorrat, zweiter 157.2
—vorratsring 528.1
—wächter 521.8
—wächter für Zwirnmaschinen 554.3
—wächterhebel 533.5
—wickel, Vorgarn- . . . 208.3
—windung 517.7
—windung, abwärts- (aufwärts) gehende . . . 551.14
—zahl im Gebinde . . . 599.6
—zahl, bestimmte . . . 563.19
—zieherei 467.5
—zug 140.6, 554.7
—zug, tangentialer . . 155.11
fädig, x—e Litze . . . 594.3
Fagaraseide 410.9
Fahne 16.9
— für die gekämmten Bärte 450.10
fahrbar-er Dörrofen . . 417.17
—es Gatter 557.3
—es Gestell 328.1
—e Spindel 343.6
—er Spindelträger . . . 160.3
Fahr-bühne 572.16
—gestell 371.2
—stuhl 575.5
fahrender Wagen . . . 557.14
Fairbairnsche Kämmereianlage 447.11
Fakturengewicht . . . 16.19
Fall-hebel 179.8
—stift 536.1
Fäll-bad 468.2
—flüssigkeit, ätzalkalische 464.14
—flüssigkeit, langsam wirkende 466.14
—mittel, alkalisches . . 464.13
Fällungsverfahren . . . 299.16
Falle 346.3
fallen (Nadel) 525.7
—, von Stockwerk zu Stockwerk (Wolle) . 297.1
—, in die unteren Schrauben (Stab) 251.15
fällen (Kalk) 271.2
— (Wollfett) 299.17
—, mit Chlorammoniumlösung 468.13
fällend, langsam —e Flüssigkeit 466.14
—e Kraft des Methylalkohols 463.7
falsch-er Boden 285.8
—er Draht 9.7, 204.1, 331.11
—e Drehung geben . . 331.10
—e Organsinseide . . . 586.13
Falten 484.13
— des Flors 327.15
Falzen 484.13
Falzvorrichtung 488.14
Familienspinner-kokon, kugelförmiger 414.11
—nest, kugelförmiges . . 414.11
Fang-büchse 187.11
—daumen, Ketten- . . . 152.9
—haken 132.9, 526.2
—hebel 526.3
—kante des Kratzendrahtes 335.18
—kante der Mulde . . . 203.9
—kasten für Stücke . . 404.10
—leine 593.19
—nase 533.2
—platte 188.3
—trog, Wasser- 477.3
—walze . 51.13, 323.10, 368.14
Fänger, Band- 104.14
—, Werg- 213.15
Farbe der Baumwolle . 13.9
— der Kokons 414.14
—, gute 398.1
—, Teer- 16.8
—, die —n werden nicht angegriffen 403.3
Farben mischen . . . 310.20
—abtönung 194.7
—änderung durch Dämpfen 569.11
—gemisch, gleichmäßiges 311.2
—mischung 310.21
—sortierung 399.12
Färben der Lumpen . . 401.7.17
farbig-es Band 387.3
—e Baumwolle 13.10
—er Glasfaden 491.14
—e Lumpen 397.22
—e Noppe 590.11
—e Seide 587.12
—er Zug 374.12
farbloses Batschöl . . 238.7
Farbmischgarn, Cheviot- 583.24
Farbmischung, noppenfreie 311.1
Farbstoff, harziger . . 432.16
—, Lackmus- 309.6
Farbtönung 194.7
Faser 6.12, 49.18
—, bandartige — der wilden Seide 427.17
—, beschädigte 25.2
—, elastische 14.4
—, gekräuselte 6.19
—, kraftlose 14.5
—, kurze 6.16, 195.5
—, lange 6.15
—, die —n liegen lose . 7.10
—, schlichte 6.17
—, schlüpfrige 194.8
—, wellige 6.18
—, Flachs- 211.17
—abfall, Jute- 258.11
—band 7.20
—band, ein — bilden . 50.7
—bändchen 476.18
—bandwickel 250.5
—bandzuführung . . . 382.3

Faserbart 82.10, 217 21, 445.12
der Steckmuschel . . 411.4
–, ausgekämmter . . . 446 10
–, dressierter 446.10
–, den – mit dem Wikkelstock in die Zange legen 450 6
Faser-bundel 7.5
–buschel 25.13
–elektrizität 102.8
–element 6 13
–element der Seide . . 411.11
–ertrag des Hechelns . 212.7
–festigkeit 6.24
–flaum, Seiden- . . . 425.9
–flocke. 49.16
–flor . . . 7.18, 50.1, 480.12
–flor, einen – bilden . 50.2
–flor, zwischen zwei Papierbahnen eingebetteter 480.9
–garn 486 3
–garnwickel 485.11
Fasergut 6.9
–, gekämmtes 82.2
–, loses 7 9
–, ungekämmtes . . . 82.1
Faser-klotz 20 5
–klumpen 20.5
–lage 386.7
–länge 6.14, 14.11
–masse. 21.7
–masse, lockere . . . 440.18
–menge, abgewogene . 319.15
–oberfläche 6.20
–reibung 6 21
–riste 8.7, 217.21
–riste, reine 231 10
–riste, Seiden- 444 8
–schicht 7.17
–schwanz 92.13
–steigungswinkel . . . 9.1
–stoff, im Flug begriffener 25.19
–stoff, frei schwebender 25 19
–stoffbändchen 478.10
–strecke, mittlere . . . 445.14
–verteilung, gleichmäßige – ohne Parallellegung 263.6
–vlies, ein – bilden . 50.5
–wulst 101.20
–zahl 100.13
faserartige Kristalle . 489.12
Fasern, durch Elektrizität erregte. 102.7
–, gehechelte 245.3
–, die – liegen in der Laufrichtung . . . 325.14
–, mittellange 451.3
Faß 578.10
–, Öl- 361.15
Fassondraht 493 14
Fäul-anlage 437.14
–grube 437.15
–verfahren 437.12
–vorgang 437.13
Fäulen der Seidenabfälle 437.8
fäulen (Seidenabfälle) . 437.11
–, im Freien (Abfallseide) 437.19
fauler Harn. 276.15
Faulgeruch 437.20
Feder . . . 27.5, 98.8, 149.6
–, Druck- 106.2
–, flachdrähtige . . . 235.17
–, gespannte 106.4
–, Kontakt- 113.8
–, lahme 106.5
–, Puffer- 290.4
–, Wagen- 279.7
–, Zangen- 89.4
–, Zug- 106.3
–bogen. 54.6.17
–bogeneinstellung . . . 53.15
–doppelboden 76.13
–druck 235.14
–einlage 106.1
–kasten 607.11
–puffer 359.1
–ring 119.11
–stahl 106.6
–wage für Wickel. . . 47.12
federbelastete Druckstange. 21.1
federnd-e Anstoßvorrichtung 192.9
–er Bogen 339.3
–er Druckhaken . . . 105.17
–e Druckwalze 115.9
–es Halslager 289.13
federnd-e Kraft 66.15
–er Laufbogen 54.6
–er Läufer 529.13
–er Prellbock 359.1
–e Ruckbiegung des Zahnes 67.8
fehlendes Band 81.12
fehlerfreies Haspeln . . 421.3
fehlerhaft-e Kokons . . 415.8
–er Kötzer 174.12
–e Stellen 455 2
–es Vlies 264 20
Fehlgewicht. 17.1
fein geteiltes Stirnrädchen 566 14
Feinbank 122.9
feindrähtiges Drahtseil . 595.10
fein-er Flachs 216 18
–es Garn. 598.17
–e Garnnummer . . . 19! 1
–e Hechel . . . 213.7, 495 16
–es Korn 71.3
–er Kratzenbeschlag . . 335 12
–e Lumpen 396 14
–e Nummer 598 7
–e Riffelung 143.4
–e Rohseide 425 17
–er Titer 602 7
feinfädige Rohseide . . 425 17
Feinerfleiern 2.11
Feinfleier . . . 122.9, 390.14
Feinfleierin 2 10
Feinfrotteur 387.20
Feingarnspinnerei, Jute- 234.9
feingehechelter Hanf . 228.6
feingemahlener Kalk . 298.17
Feingespinst 9.18
feingesponnener Faden . 590.3
Feinhecheln 212.19
Feinheit des Kokonfadens 416.5
–, Besatz- 68.4
–, Garn- 598.16
Feinheits-berechnung . . 606 19
–grad 598.15
–grad der Seide . . . 601.14
–nummer 598.4
–nummer des Zwirnläufers 552 5
Feinjutegarn 582.6
Feinkorneisen 191.4
feinkörniger Kokon . . 416 20
Feinkrempel . 199.10, 232 16, 324.11
– fur Flachswerg mit Streckkopf . . . 221.3
– mit Wickelspeisung . 250 2
–, Asbest- 491.2
Feinkrempeln der Jute 249.1
Feinlunter . . . 122.9, 390.14
Feinnitschler 387 20
Feinpelz 325 5
Feinschläger 42.2
Feinsortieren 399.11
Feinspindelbank . 122 9, 390.14
Feinspinnen 9.16, 137.4, 204 12, 390.15
– der Jute 256.14
feinspinnen 9.17
Feinspinnerei (Fabrik) . 1.8
Feinspinnselfaktor . . . 188.16
Feinspuler . . . 122.9, 390.14
Feinstellschraube . . . 56.16
Feinstrecke 103.14
Feinstrecker, Woll- . . 388.1
Feinstreckerin, Woll- . 388.2
Feld, Hechel- 214.8
Fell 325.3
–maschine 324.11
–trommel 321.11
Fenster 38.6
–verschluß zur Siebtrommel 44.10
Fergstube 576.8
Fermentieren der Seidenabfälle 437.8
Fermentierungsvorgang 437.13
Ferrosulfat 469.12
–lösung 469.15
fertig gesponnen . . . 164.9
–er Faden 591.2
–spinnen. 9.17
Fertig-gespinst 9.18
–spinnen 9.16
–spinnen des Flachses . 224.14
–spinnen des Hanfes . 234.2
–stellen der Seidenabfallgarne 454.6
–stellung, Faden- . . . 456.9
–trocknen der Wolle . 292.8
–waschen 269.2
fest gedrehtes Garn . . 9.20
Festdeckelkarde 77.3
fest-e Anspannung des Fadens 552.2
–er Bogen 79.12
–er Flachs 217.2
–er Griff 427.9
–er Kokon 416.10
–e Mulde 312.3
–e Noppe 590.13
–er Rechen 366.3
–er Verschlußsteg mit Leitauge. 488.2
–e Zangenbacke . . . 381.13
–s Zusammendrehen. . 8.24
–es Zusammendrehen der Seilerarbeit ohne Drallerhohung . . . 501.6
–er Zwirn 539.23
–gekeilte Mitnehmerscheibe 158.2
–geklemmte Wolle . . 311.17
–gelagerte Speisewalze 311.14
–gelagerte Unterwalze 20.10
–hängen, in gesenkter Lage (Gegenwinder) 175.11
Festhaltekerbe 186.3
–haltepunkt 42.17
–halten der Fasern . . 383.13
festhalten (Kletten) . . 367.14
festigen, durch Dämpfen (Windungen) . . . 591.7
–, durch Drehung . . . 9.21
Festigkeit der Faser . . 6.24
– des Garnes 10.3
– des Gespinstes . . . 606.17
– der Hanfseile . . . 513.2
– des Stoffes 64.7
–, spezifische 606.10
–, Zug- 66.11, 513.3
Festigkeitsprufer . . . 606.24
– zur Befestigung an der Wand 607.2
– mit Federwage . . . 607.4
– mit Wage 607.3
–, Baumgärtelscher . . 607.9
–, Davidscher 607.7
–, Hoyerscher 608.7
–, Pollerscher. 607.8
–, Reuschscher 608.11
–, Riedingerscher . . . 607.6
–, Schopperscher . . . 608.6
–, senkrechter,, Wainwrightscher 608.5
–, selbsttätiger 607.5
–, selbsttätiger – für ganze Strähne mit Dehnungsmesser und Elektromotor . . . 609.5
–, vertikaler Wainwrightscher 608.5
–, Wainwrightscher . . 607.10
Festigkeits-prufmaschine fur Seile 513.12
–prufung 606.9
–versuch 606.20
Fest-kamm . 85.8, 90.1, 378.5
–klemmen des Fadenvorrats der Unterwindungen 146.3
festlaufen (Kastenspeiser) 29.14
Festlegen des Wagens 206.12
festliegendes Handbrett 318.15
festpressen (Tuch) . . . 118.6
Festscheibe auf der Hauptwelle 187.2
– mit Lederkegel . . . 187.3
– des Riemens für die Wagenausfahrt . . 160.12
Festsetzung des Garnpreises 19.9
festsitzen (Scheibe) . . 160.13
feststehend-er Anschlag 167.5
–er Deckel 52.6
–er Fadenführer . . . 612.2
–er Finger 549.10
–e Haargarnspule . . . 409.2
–e Kette 183.13
–es Muster 13.8
–er Putzdeckel 108.9
–es Putztuch 108.9
–e Spindeln 341.4
–e Spule 516.15
–es Stahlband 331.5
–er Topf 385.1
–er Wagen 557.5
Fett aus Wollwaschwasser gewinnen . . 299.14
–, flüssiges 315.13
–, gebundenes 272.2
Fett, natürliches . . . 315.14
–, natürliches – der Wolle 274.1
–, neutrales 315.16
–, pflanzliches 315.11
–, Puppen- 419.11
–, ranziges 274.11
–, säurehaltiges . . . 315.15
–, tierisches 315.12
–, unverbundenes . . . 274.2
–, verseifbares . 274.3, 315.10
–, verseiftes 275.7
–, Woll- 274.1
–entziehung 273.15
–extrahierung. 273.15
–gehalt der gebrauchten Flotte 299.3
–gehalt der rohen Wolle 274.4
–gehaltsbestimmung . 299.15
–gewinnung, Woll- . . 299.13
–lösung 298.11
–sammler 298.2
–säure 300.13
–säure, sulfonierte . . 458.1
–schicht des Wollhaares 274.5
–schweiß, wachsartiger 274.9
–seife, Pflanzen- . . . 433.18
–stoff 314.3
–substanz 299.18
fett-es Öl 314.10
–freies Reißen 403.14
–haltiges Garn 605.6
–lösend 275.2
–reiches Öl 148.10
–reine Wolle 269.11
–schwere Schweißwolle. 274.6
feucht krempeln. . . . 369.12
– verarbeiten (Rohseide) 428.5
Feucht-anlage für Garnkeller 574.19
–fach 572.17
–keller 574.13
–keller mit Wasserkanälen 575.3
–keller mit Zerstäuber . 574.14
–lappen 507.9
–luft, bewegte 574.17
–luft, ruhende 574.16
–luftstrom, kreisender . 573.1
–schacht 575.6
–trog 485.3
–tücher 573.13
–vorrichtung 485.12
–vorrichtung mit Kühleinrichtung 572.1
–vorrichtung, Garn- . 575.4
–walze 486.13
–walze, mit Filz bezogene 482.3
–werk 481.4
feucht-e Baumwolle . . 15.3
–es Garn. 606.4
–e Luft 575.2
–es Vlies 264.21
–e Wolle 287.11
–er Wollklumpen . . . 287.10
feuchten (Garn) . . . 573.7
Feuchten der Garne . 569.10
– der Kötzerschichten in Garnkästen durch Zerstäuber 574.2
feuchtgehaltener Keller. 574.11
Feuchtigkeit . . . 15.4, 293.15
– des Garnes 615.4
–, absolute – der Luft 293.13
–, zulässige. 573.9
Feuchtigkeits-aufnahme, verschiedene 572.11
–aufnahmevermögen der Baumwolle . . . 573.8
–gehalt 10.8, 15.5
–gehalt der Luft . . . 293.13
–prüfer 616.5
–prüfer für Seide . . . 616.10
–prüfung der Garne . . 615.3
–prüfverfahren 615.9
–verlust 615.18
Feuchtung, Keller- . . 574.12
feuchtwarme Luft . . . 570.2
Feuer fangen (Flachs) . 222.4
–, freies 418.11
–gefahr 308.8
–gefährlichkeit der Flachskrempeln . . . 222.2
–gefährlichkeit der Kollodiumseide 462.7
feuer-fester Kanal . . . 227.8
–gefährliche Kunstseide 462.9
Feuerung 306.14
Fiberkanne 52.4

Fibroin 411.9
—faden 434.6
Fichtenholzzellstoff nach dem Natronverfahren 479.8
Filande, Seiden- 412.9
Filet 51.7, 587.2
Filieren der Seide 429.15
Filierstuhl 429.17
filierte Seide 430.5
Fillingmaschine mit Nadeltuchzuführung 443.5
— mit Walzenzuführung 443.13
Filosellegarn 587.24
Filter, erster (zweiter) 362.1.2
—, Öl- 361.17
—brunnen 271.16
—gaze 463.13
—gehäuse 470.5
—kasten 271.14
—material 271.4
—presse 271.13
—stoff 271.4
—stoff, verstopfter 463.14
—stoff, verunreinigter 463.14
—watte 463.12
Filtern durch Asbestfilz 465.17
filtern, unter Hochdruck 271.3
filtrieren, unter Hochdruck 207.3
Filz 332.7
—auflage 65.4
—band, mit Öl getränktes 356.1
Filzfähigkeit, geschwächte 406.14
— der Kunstwolle 396.3
— des Wollhaares 302.9
Filz-garn 591.14
—tuch 389.13, 478.16
—tuchmuff 115.14
—unterlage der Spule 140.11
—unterlagscheibe 544.12
Finedel 499.4
Finger 533.7
—, feststehender 549.10
—, stellbarer 205.11
finnenfreies Vlies 49.4
Firnis 117.22
Fisch-leim 333.2, 471.2
—netz, altes 507.14
—tran 238.2
Fitz[e] 12.8, 562.22
—faden 564.4
—knoten 564.5
—schnur 564.1
—weife, einfache 564.14
—zwirn 564.1
Fitzen 12.19
— der Zahlen 563.22
—arbeiter 5.1
—arbeiterin 5.2
—reißer 405.10
fitzen 12.20, 563.23
Fitzer 5.1
Fitzerin 5.2
fixieren, durch Dämpfen (Windungen) 591.7
Fixkamm 378.5
flach spinnen 496.18
—e Kämmaschine 444.17
—e Seide 586.22
—es Seil 597.12
Flachdraht 65.19, 493.13
—seil 597.14
Fläche 60.16
Flächeneinheit 68.4
Flach-eisenstabrost 368.7
—feder 95.11
—garn 589.7
—garn mit eingelegten Drähten 589.9
—garn mit eingelegten Fäden 589.8
—gewinde 218.11
—kämmer 83.3, 376.20, 444.17
—kämmer, Einkopf- 83.6
—kämmer, einseitiger 83.10
—kämmer, zweiseitiger 83.11
—korn 71.5
—nadel 86.17
—seil 597.12
—seil, genähtes 597.13
flach-drähtige Feder 235.17
—gängige Spirale 561.1
—gängige Schraube 252.5
—litziges Drahtseil 595.14
—zylindrischer Kokonfaden 411.12
Flachs 492.9
—, Berg- 489.6
—, feiner 216.18
—, fester 217.2
Flachs, gerissener 211.3
—, geschnittener 211.3
—, gesunder 216.21
—, gleichmäßiger 216.20
—, grober 217.3
—, handgehechelter 212.10
—, kräftiger 217.1
—, kurzer 211.4
—, langer 210.22
—, neuseeländischer 492.8
—, reiner 216.19
—, schäbiger 217.6
—, schwacher 217.5
—, ungerissener 210.23
—, ungeschnittener 210.23
—, ungesichteter 216.16
—, unklassifizierter 216.16
—, weicher 217.4
Flachs-ballen 210.6
—bast 211.17
—bauer 210.7
—bund 217.8
—bündel, zusammengeschnürtes 210.5
—einkäufer 210.9
—ende 211.5
—erzeuger 210.7
—faser 211.17
—faser, gummireiche 225.11
—faserband 218.3
—garn 581.5, 592.9
—garn, halbnaß gesponnenes 581.12
—garn, naß gesponnenes 581.13
—garn, trocken gesponnenes 581.11
—gebund, zugerichtetes 210.3
—händler 210.8
—haspler 562.16
—hasplerin 562.17
—hechelei 211.10.13
—hechelmaschine, doppelte 214.3
—hechler 211.14
—hechlerin 211.15
—hede 212.13
—hede, dunkle 220.5
—hede, klebschäbige 220.6
—käufer 210.10
—klümpchen 216.8
—knötchen 216.8
—krempel 221.11
—krempelei 222.2
—lager 210.14
—lager, zeitweiliges 210.15
—los 210.1
—magazin 210.14
—magazin, zeitweiliges 210.15
—mittelstück, langes 211.7
—partie 210.1
—partie, frisch riechende 210.2
—posten 210.1
—produzent 210.7
—reißmaschine 211.2
—reiste 212.8
—riste 212.8
—schneidemaschine 211.2
—sichter 216.6
—sortierer 216.6
—spinner 224.15
—spinnerei 209.4.6
—spinnerin 224.16
—spinnmaschine 226.8
—spitze 211.8
—streckerin 224.2
—stuhl 215.13
—vorgarn 224.10
Flachswerg 212.13, 492.10
—aufbereitung 219.12
—band 221.16
—spinnerei 210.19
Flachs-zopf 212.8
—zug 222.10
Flamiegarn 589.14
Flammen-faden, aufgedrehter 561.13
—garn 589.14
—zwirn 591.16
Flammgarn 589.14
—, bedrucktes 580.24
—, durch Fachen erzeugtes 589.15
flammiertes Garn 580.23, 589.14
flammiges Band 101.23
Flammkammgarnspinnerei 590.4
Flanell 397.6
—bezug 78.10, 117.3
—garn 583.9
—muff 115.13
—shoddy 407.7
Flansche 150.3
Flanschenhülse 124.1
flaschenförmige Spule 141.1
Flaschenspule 519.2
Flaum, äußerer — des Kokons 417.4
flaumfreie Seide 427.15
flaumig werden (Seide) 434.16
flaumig-er Doppelfaden 425.8
—e Rohseide 425.7
Flausche, in —n zusammenliegen (Faser) 14.7
Flecht-auge 511.14
—garn 580.17
—maschine 506.15
—maschine für Quadratseile 510.3
—maschine für Vierkantseile 510.3
—stelle 511.13
fleckend, nicht —es Batschöl 238.8
fleckig-e Baumwolle 13.10
—er Kokon 415.13, 436.9
Fleier 121.11
—gehilfin 2.12
Fleischseite des Leders 118.15, 332.5
Flexibelbogenregelung 53.15
Fliege 150.6
Fliehkraft 130.14, 288.13
fließendes Wasser 573.14
Flimmern wilder Seide 427.20
Floches 586.23
Flocke 25.13, 49.17
Flocken des Krempelbeschlags 338.6
flockenfreie Seide 427.15
Flockenschicht 200.8
Flockseide 435.15
—, äußere 420.10
—gehalt des Kokons 424.6
Flor 7.18
—, abgekämmter 330.13
—, einfacher 326.16
—, glatter 329.4
—, gleichmäßig starker 326.15
—, haariger 329.5
—, mehrfacher 326.18
—, rauher 329.5
—, Krempel- 193.5
—abzug 326.20
—aufschichtung 326.3
—band 331.9
—bändchen 203.14
—brecher 321.15
—deckentuch 328.6
—garn 580.21
—legung, durch — gebildeter Pelz 325.1
—querleger 327.10
—schicht 326.5
Florstreifen 203.14, 221.14, 329.8, 486.3
—führung 486.6
—schichtung 328.7
—wickel 485.11
Flor-teiler 193.9, 203.11, 330.5
—wickelung, durch — gebildeter Pelz 324.13
Florett 435.14
—garn 587.19
—masse 435.14
—material 435.14
—seide 435.14
—sorte 451.1
—spinnerei 435.12
Flotte 439.3
—, gebrauchte 299.3
—, Wasch- 278.7
Flottenumlauf, ununterbrochener 280.7
flüchtiges Lösungsmittel 297.10
Flug absetzen 322.10
—, im — begriffener Faserstoff 25.19
—, Krempel- 371.5
—, Sauger- 194.21
—absonderung 31.14
—fäden 424.9
—kanal 38.14
—wender 323.10
Flügel 10.20, 22.6, 40.10, 123.12, 257.12, 538.6,12, 567.13
— mit eingerollten Augen 501.17
— mit durchbohrtem Kopf 548.12
— mit Kurvenschlitz 123.14
— mit Nadelbesatz 47.18
— mit eingelöteten Ösen 501.18
Flügel mit Preßfinger 123.13, 452.4
— mit gehärtetem Ring im Kopf 501.16
—, doppelarmiger 123.12
—, spiralförmig angeordnete 309.2
—, von der Spindel getrennter 548.1
—, zweischieniger 40.11
—arm 130.3, 548.5
—arm, voller 452.6
—aufwindung 125.1
—bank 121.11
—bein 548.5
—bremse 548.2
—drehung 130.10
—fadenführer 533.8
—feinspinnmaschine 11.13
—garn 138.6
—gehäuse 44.9
—kopf 130.6
—mutter 332.19, 548.4
—pumpe 365.14
—rad ohne Ölung 575.1
—rad, Saug- 37.5
—rahmenwelle 505.12
—rohr 130.7, 547.15
—spindel 10.19, 122.5, 139.10, 257.11, 485.8
—spinner 11.13
—spinner, zweiseitiger 257.2
—spinnerin 2.17
Flügelspinnmaschine 138.3, 139.3, 225.3
— mit liegendem Flügel 501.13
— für Papiergarn mit Feuchtwerk und Rundungsvorrichtung 485.1
— für Papierstoffgarn 479.5
— für das gleichzeitige Verspinnen von Papier- und Florstreifen 485.9
Flügel-stäbe, umlaufende 195.10
—staub 49.7
—vorspinnmaschine 11.10
—walze 267.4
—walze, Leder- 368.3
—welle 404.9, 525.8
—wolf 312.9
—wolf für Seidenabfälle 442.5
Flügelzwirnmaschine 545.5
— für Bindfaden 501.15
—, doppelseitige 548.10
—, doppelseitige — für Zephirgarne 545.11
—, einseitige — für Wolle 548.9
flüssig-es Fett 315.13
—er Kohlenwasserstoff 463.1
—es Wollfett 300.15
Flüssigkeit, alkalische 275.10
—, langsam fällende 466.14
—, ölartige 315.17
Flüssigkeits-trog 482.4, 486.10
—zuleitung 488.15
Flußwasser 270.6
Flyer 11.10, 121.11
Folger 501.9
—stange 501.10
Foncégarn 581.15
Förder-band 328.11
—becher 40.3
—gabel 286.9
—gitter, gegeneinander laufende 23.3
—gitter, gleichlaufende 23.2
—schnecke 40.4
—seil 596.5
—tisch 453.11
—tuch 20.8
—tuch, endloses 308.2
—vorrichtung, pneumatische — für die Baumwolle 37.7
—wagen für den Hürdenwagen 307.11
Form 503.6
— der Kokons 414.5
— der Wickelfläche 155.6
—, Kratzenzahn- 335.14
—, Mulden- 33.1
—, Wickelflächen- 155.6
Formaldehyd 297.17
Formalin 316.8
Formdraht 493.14
Formol 316.8
Form-platte 167.6
—platte, unebene 175.3
—schiene 167.3
—schuh 167.6, 352.6

Fort-führrechen 278.10
—rücklatte 504.18
—rückrad 358.5
—schaltung des Sperrades 190 12
Fransenseide 587.8
französisch-e Elle 600.19
—er Haspel 563.13
—es Haspeln 422.1
—es Haspelverfahren 422.1
—e Nummer 599.15
—e Nummerung 66.17
—e Rohseide 426.15
—es Spinnverfahren 364.10
—er Stich 68.15
—er Titer 601.19
Fräser 57.1
Fräsmaschine, Hand- 363.4
frei drehbar, auf der Welle —e Nabe 528.11
— pendelnde Zinkengabel 281.9
—schwebender Faserstoff 25.19
— werden (Feder) 528.15
frei-es Alkali 277.14
—es Fett 277.15
—es Feuer 418 11
—e Nadellänge 86.13
freihängendes Gewicht 105.14
Fremdkörper 24.12
Friarsche Einsprengvorrichtung 241.6
Friktionsschale 158.1
frisch angesetzte Lauge 275.14
— anspinnen 352.12
— betuchte Walze 118.10
— riechende Flachspartie 210.2
frisch-es Ölen 555.5
—es Seifenbad 433.9
Frisons 435.15
Frosch 207.11, 354 1
Frotteurstrecke 387.13
Frottieren 8.17
frottieren 8.18
Frottier-leder 387.15
—platte 388.4
—strecke 387.13
—strecke für Bourrette 454 2
—werk 479.2
—werk, mit wasserdichten Gummihosen bezogenes 479.3
Frühlingskokon 413.7
Fucus crispus 316.14
Fuge, Band- 81.8
Fühlerhebel 530.17
Fuhlhebel 534.16
führen, langsam (Lehre) 499.10
—, durch heißes Wasser (Vorgarn) 225 12
—, schnell (Lehre) 499.11
—, mit einer Schnur (Lehre) 499.9
—, durch den Trommelschlitz (Faden) 524.10
—, um die Walze (Faden) 556.4
—, durch Wasser (Faden) 542.6
Führer, Band- 104.12
—leiste, Vorgarn- 142.8
Führhebel des Spulenstiftes 523.13
Führung 506.6
— für den Einflechtfaden 511.10
— des Fadens durch kaltes Wasser 542.7
— aus Kupferdraht 461.11
— der Spindeltrommelleine 353.2
—, Kettenglied- 254.3
—, Kulissen- 46.3
—, kulissenartige 20.13
—, Läufer- 149.15
—, löffelartige 111.11
—, Rollen- 29.8, 33.4
—, Schlitten- 125.7
—, Spindel- 130.1
—, Spitzen- 30.5
—, verstellbare 372.10
—, Wagen- 345.2
—, zwangläufige — des Aufwinders 171.9
Führungs-arm 559.6
—blech 84.3, 377.3
—blech, geschlitztes 522.5
—bogen, halbrunder 564.16
—büchse 130.2
—finger 349.4
—gabel 129.8
—kamm 461.10
Führungs-kamm für die Papierstreifen 489.9
—latte 558.2
—lehre 505.4
—leiste 104.13
—löcher, versetzte 105.1
—nut, Messer- 196.13
—öse 610.4
—plättchen 392.2
—rechen 331.3
—ring 345.20
—rinne 334.11
—rolle, Ketten- 244.6
—rollen für die Litzen 504.7
—scheibchen 150.18
—schiene 257.5, 558.11
—schienenzapfen 558.12
—schlitz der Windeschiene 167.4
—seil 177.10
—stange 559.5, 560.15
—stück des Putztuches 395.3
—stück, hohlkegelförmiges 534.5
—stutze 357 3
—tisch, Band- 90.12
—walze 331.2, 393.4, 489.3
Füll-behälter 423.11
—kamm 375.14
Fullen des Krempelbeschlags 338.6
füllen (Presse) 448.3
—, sich mit Fasergut (Kamm) 443.7
Füllung, die — aus den Beschlägen nehmen 75.4
—, Kork- 595.5
fünf-fach gekittetes Baumwollköpergewebe 65.4
—rädriges Gehänge 133.4
—strähnige Docke 576 14
Furche 499.7
Fuselöl 297.18
Fuß (englisch) 600.14
— der Aufsteckspindel 128.7, 544.2
— des Kotzers 527.17
— der ersten Schicht 156 13
—, Hulsen- 147.3
—, Spindel- 131.4
—, Tragstangen- 151.14
Fuß-boden 291.4
—bodenplatte 352 18
—ende des Flachses 211.9
—lager 97.12, 122 17, 177.14, 289.4, 354.14, 553.3
—lager, Bronze- 355.1
—lager, wassergekuhltes 36.13
—lagerung 131.3
—locken 265.20
—platte 95.3, 167.10, 352.18
—platte für den Ansatz 168.7
—teller 76.5
—tritt 234.1
—trittspinnrad 10.18
—welle 115.4
—zapfen 97.11
Futter 338.7
—, Seil- 494.3
Futter-ring 494.3
—stoff 407.16
Füttern des Krempelbeschlags 338.6

G

Gabel 166.9
—, Einlauf- 129.8
—, eiserne 340.11
—, hölzerne 317.8
—, Riemen- 186.4
—, Spulen- 523.13
—, Zinken- 173.7
—bolzen 281.7
—bolzenlager 281.6
—lager 530.10
—rechen 278.10, 282.14
—zinke 278.11
Galetta 436.10
Galettegarn 587.24
gallertartiger Pflanzenstoff 472.11
Gallsche Kette 395.7
galvanisiert-er Eisendraht 493.8
—es Verbindungsrohr 39.6
Gang 103.7
— des Läufers 150.14
Gang des Seilers 497.16
—, Gewinde- 350.15
Ganghöhe der Kötzerwindung 155.7
— der Litzenschraubenlinien 498.15
Gangrad 186.10
Gangtellerachse, hohle 511.12
ganz-e Klette 367.4
—er Schneller 610.13
Ganzzeug 477.12
Garbenbindegarn 592.15
Gären der naß verpackten Jute 236.18
Garn 9.18
— aus Abfällen 195.3
— für Besatz und Borten 580.18, 585.7
— im Fett 583.14
—, bedrucktes 581.1
—, beschwertes 605.15
—, dehnbares 606.3
—, echtfarbiges 605.14
—, feines 598.17
—, fest gedrehtes 9.20
—, fetthaltiges 605.6
—, feuchtes 606.4
—, mit Feuchtigkeit gesättigtes 615.7
—, flammiertes 580.23, 589.14
—, gebleichtes 605.11
—, gefärbtes 580.22, 605.13
—, geflammtes 580.23
—, gehaspeltes 610.12
—, gespanntes 140.8
—, gewaschenes 605.9
—, geweiftes 610.12
—, glattes 363.17
—, gleichmäßiges 605.19
—, haariges 193.11
—, ein Haspel 564.8
—, jaspiertes 584.9
—, kurzgehaspeltes 563.6
—, lose gedrehtes 9.19
—, x-lotiges 604.7
—, meliertes 582.14
—, mercerisiertes 581.3
—, minder gleichmäßiges 605.20
—, ölhaltiges 605.7
—, persisches 584.23
—, reines 605.5
—, rohes 581.8
—, schlaffes 140.7
—, schnittiges 169.1
—, sehr gleichmäßiges 605.18
—, starkes 598.18
—, straffes 140.8
—, trockenes 606.5
—, ungewaschenes 605.8
—, ungleichmäßiges 605.21
—, walkfähiges 606.6
—, wenig gespanntes 140.7
—, zerrissenes 395.13
—art 579.1
—aufkarter 5.11
—aufkarterin 5.12
—beförderer 2.14
—bündel 577.3
—bündelei 576.8
—bündelpresse 577.13
—dicke 598.14
—drehung 610.8
—drehungsprüfer 9.11
—drehungszähler 610.9
—entwirrer 3.22
—entwirrerin 3.23
—feinheit 598.16
Garnfestigkeitsprüfer mit Dehnungsmesser 609.1
— mit Dehnungsmesser für Kraftbetrieb 609.3
—, selbsttätiger — mit Dehnungsmesser für einzelne Fäden 609.4
—, Goldschmidtscher — mit Dehnungsmesser 609.2
Garn-feuchtvorrichtung 575.4
—gewicht 141.13, 598.10
—gleichheitsprüfer 610.2
—gleichheitsprüfer für zwei Fäden 610.7
Garn-kalkulation 19.9
—kasten 574.2
—keller 574.19
—korb 570.17
—körper 556.9
—numerierung 598.1
—nummer 598.4
—nummer, feine 194.1
—nummer, grobe 193.13
—nummer, hohe 194.1
Garn-nummer, niedere 193.13
—packpresse 577.13
—paket 577.3
—paket zu fünf (zehn) Pfund engl. 577.4.5
—preis 19.9
—preisberechnung 19.9
—presse 577.13
—probe 605.3
—prüfung 605.1
—rechen 498.1
—rolle 520.16
—sortierwage mit gewöhnlicher Weife 614.9
—spuler 4.14
—spulerin 4.15
—stange 227.10
—stärke 10.1
—strähn 522.12
—strähn, gezopfter 576.12
—stütze 498.1
—tafel 612.12
—umrechnung 603.10
—umrechnungstafel 612.12
—untersuchung 605.1
—wage 387.10, 612.13
—wage, Amsler-Laffonsche 614.7
—wage, mikrometrische 614.6
—wage, Staubsche 614.8
Garnweife mit Kötzerhalter und beweglichem Fadenführer 612.1
— mit Kötzerhalter und feststehendem Fadenführer 612.2
— mit Rollengestell und beweglichem Fadenführer 612.7
— mit Wage und Kötzerhalter 611.17
Garn-zuführwalze 535.15
—zwirner 5.7
—zwirnerin 5.8
Garne, duplierte 12.9
—, gefachte 12.9
Garnitur, Kratzen- 60.18
—, Walzen- 62.13
—band 337.7
—nummer 68.7
Gärung 236.19
Gas, Suinter- 300.6
—brenner 455.8
—flamme 455.6
—heizung 610.14
—sengmaschine für Florettgarne 455.7
—zuführung 455.9
gasförmig-e Salzsäure 440.11
—e Säure 305.10
—es Schwefeldioxyd 460.9
Gasieren der Fäden 455.4
gasieren (Faden) 455.5
Gasiermaschine 521.5
gasiertes Baumwollgarn 580.21
Gasse 68.12
Gatter 141.19
— für doppelten Einlauf 188.9
— für einfachen Einlauf 188.4
— für doppelreihige Aufsteckung in vier Etagen 188.11
— für gemischte Aufsteckung 551.3
— für Zickzackaufsteckung 188.10
—, Baumwoll- 22.10
—, dreistöckiges — für doppelten Einlauf 141.20
—, dreistöckiges — für doppeltes Vorgespinst 141.20
—, einstöckiges — für einfachen Einlauf 142.2
—, einstöckiges — für einfaches Vorgespinst 142.2
—, fahrbares 557.3
—, leeres 24.14
—, Spulen- 385.7
—, volles 24.13
—, zweistöckiges — für einfachen Einlauf 142.1
—, zweistöckiges — für einfaches Vorgespinst 142.1
Gattersäule 188.12
—stab 188.12
Gattieren der Baumwolle 17.15
Gattung, Baumwoll- 13.5
—, Spulen- 153.7
—, Woll- 266.8
gaufrierte Seide 587.17
— Trame 587.17

Gaze, Filter- 463.13
geätzte Glaspfanne 128.16
gebackener Kokon 413.10
gebatschte Jute 237.17
geben (Draht) 9.6
Gebind 12.18
Gebinde 562.22, 599.1
—, ein — zu x Fäden 599.5
—, sechs 590.4
—, Seiden- 432.12
—, x — im Strahn 599.2
—, zwei 599.3
—länge 566.9
Gebläse mit Flügelrad ohne Ölung 575.1
—, Glas- 491.6
gebleicht-er Bindfaden 593.1
—es Garn 605.11
—es Leinengarn 581.17
—er Zug 374.13
gebogener Wolfstift 313.11
gebrannte Soda 309.12
gebrauchte Flotte 299.3
— Lauge 276.5
gebremste Leittrommel 356.6
— Spule 516.16
— Winde 522.13
Gebund 210.11
gebundenes Fett 272.2
gedörrter Kokon 413.10
gedrehte Seilerwaren 592.2
gefachte Fäden 515.5
— Garne 12.9
gefärbt-e Baumwolle 194.4
—es Garn 580.22, 605.13
—es Kammgarn 584.12
—er Mungo 407.3
gefäulte Abfallseide 438.3
— Seide 438.1
gefeuchteter Luftstrom 574.18
gefilterte Spinnlösung 463.15
gefilzter Faden 591.14
— Stoff 396.1
geflammtes Garn 580.23, 589.14
— Streichgarn 582.15
geflochten-e Schnur 597.6
—es Seil 597.7
—e Seilerwaren 597.5
gefräste Nitschelhose 331.18
Gefüge der Kokons 416.1
—, gleichartiges — des Gespinstes 605.17
gefüllt, gänzlich mit Fasern (Beschlag der Krempel) 75.3
—er Kamm 375.15
Gegauffsche Kämmaschine 91.7
gegeneinanderlaufen (Führungsgabeln) 129.11
gegeneinanderlaufende Fördergitter 23.3
gegeneinander verschiebbare Knaggenscheiben 190.4
— versetzen (Schlagnasen) 31.1
— versetzt 384.2
Gegengewicht 39.2, 133.1, 258.8, 328.5, 613.15
—shebelarm 549.9
Gegen-kurbel 292.6
—lenker 133.6
—muffe 163.5
—runde 499.14
—schnecke 169.11, 349.15
—seil 169.13, 359.7
—stromverfahren 280.8, 295.11
—topf 352.3
Gegenwinder 160.6, 175.9, 351.18
—bewegung, zwangläufige 169.5
—bügel 166.5
—draht 160.7
—stange 362.16
—welle 162.6
—welle, auf Antifriktionsrollen gelagerte 169.8
gegliederte Leitschiene 168.4
geglühter Draht 596.1
gehäkelte Hadern 397.17
Gehalt 303.12
—, Feuchtigkeits- 10.8, 15.5
—, Schmutz- 26.9
Gehänge, fünfrädriges 133.4
—, Pedal- 28.11
gehärtet 70.6
—, im Einsatz —e Walze 107.7
—er Ring 149.18
—e Spitze 66.5
—es Stahlband 331.4
—er Stahldraht 66.4
gehaspeltes Garn 610.12
Gehäuse 72.5
—, Flügel- 44.9
—, Lager- 145.9
—, Regler- 29.9
—, Seiden- 413.1
—, Trommel- 31.9
—deckel 31.8
gehechelt-e Fasern 245.3
—er Flachs 216.4
—er Hanf 228.5, 495.17
—e Jute 246.9
geheiztes Haspelgehäuse 420.16
Gehilfe 5.17
Gehilfin 5.18
gehobener Aufwinder 169.6
— Fadenführer 528.14
Gehör 78.3
gekalkte Gerberwolle 301.7
gekämmt-e Abfallseide 446.9
—er Bart 450.10
—es Baumwollgarn 580.6
—e Bourrettebänder 453.17
—er Faserbart 447.8
—es Fasergut 82.2
—es Werg 222.10
—, ungenügend 376.8
gekardetes Baumwollgarn 580.5
gekauftes Gebund 210.4
gekerbte Scheibe 421.13
gekittetes, fünffach Baumwollköpergewebe 65.4
geklopfte Kokonmasse 440.17
geklöppelte Spindelschnur 359.10
geknickter Bartteil 383.7
geknüpfte Enden 428.17
gekocht-es Holz 476.8
—e Seide 426.21
—er Zopf 514.12
gekräuselte Faser 6.19
gekrempelte Wolle 318.9
gekreuzt-e Bänder 387.18
—e Köpfe 103.15
—e Noppen 561.10
—er Riemen 24.5, 330.9
—er Seillauf 360.7
gekrümmt-er Arm 169.7
—er Schlagarm 285.11
—er Steg 373.12
—er Walzenkamm 381.8
—er Windflügel 45.4
gekühlter Spinnkessel 464.11
gelagerter Muldenhebel 44.2
Gelatine 459.9, 471.1
—faden, unlöslicher 471.9
—kunstseide 470.19
—lösung 471.4
—seide 470.19
geläutertes Rüböl 314.13
Gelbbast 588.1
gelber Kokon 414.16
Geleise 503.9
—, Hechelstab- 219.6
Gelenk 27.14
—arm 567.9
—hebel 44.6
—kette 152.4, 184.9, 560.1
—rahmen 201.12
—schienenstück für die Kreuzung 168.6
—stift 534.17
—stück 168.4
—stück, Schaltnasen- 353.16
geliefertes Vorgarnstück 345.10
gelocht-e Abwurftrommel 24.11
—e Messinghülse 124.7
—es Stahlblech 32.4
—e Stahlblechmulde 267.11
—er Streifen 282.5
—er Trog 283.14
gelöste Pottasche 273.7
gemauerter Kanal 306.9
gemessene Seide 602.17
Gemisch 19.4
—, Hand- 19.14
gemischt-e Aufsteckung 551.3
—e Karde 80.6
—e Partien 216.15
—es Zweiabnehmersystem 202.3
genäht-es Flachseil 597.13
—e Seilerwaren 597.11
Genappegarn 584.14
genau einstellen in das Ringmittel (Spindel) 552.9
geneigt-e Platte 98.2
—es Streckwerk 142.4
genetzte Seilerware 507.10
genieteter Bottich 278.6
genitschelter Vorgarnfaden 334.6
geöffnet-er Baumwollballen 18.6
—e Kluppe 558.3
—er Kokon 436.7
—e Zange 382.11
gepreßt-er Ballen 16.2
—e Baumwolle 20.2
gepulverter Kopal 458.19
gequetschte Seilseele 594.19
gerade Kämmaschine 444.17
—r Stich 68.13
—r Wolfstift 313.10
Geradelegung der Fasern 101.1, 386.6
Geradkämmer 83.3
geradliniges Einstechen 253.11
geradschaufliger Windflügel 45.3
gerauht-e Abzugwalze 550.4
—er Wollstoff 397.5
Gerberwolle 264.12
—, gekalkte 301.7
Gerbung, Eichenlohgruben- 332.4
gereinigter Robbentran 238.3
gerichtet, entgegengesetzt (Spitzen) 67.6
geriffelt-e Abzugwalze 90.4, 247.13
—e Druckwalze 115.8
—e Einführwalze 267.7
—e Reibscheibe 448.11
—es Schmirgelband 71.19
—e Speisewalze 30.11
—e Walze 42.15
—es Walzenpaar 443.15
—e Wickelwalze 34.3, 48.11
—er Zylinder 42.15, 115.6
gerillt-es Schleifband 71.19
—er Schmirgelbelag 71.15
geringe Anfangsfeuchtigkeit 573.5
— Spinnfähigkeit der Mungowolle 406.13
geringwertiges Öl 316.1
— Wollstück 265.21
Gerinnen, zum — bringen (Viskoselösung) 468.14
Gerippe 94.14
gerippt-er Kautschukbelag 245.7
—e Nitschelhose 331.17
—e Oberfläche 333.12
—e Reibungsfläche 332.10
—er Schmirgelbelag 71.15
gerissen-er Faden 158.15
—er Flachs 211.3
—e Lumpen 403.11
—es Material 402.6
gerösteter Kokon 413.10
Geruch, übler — beim Faulen 437.20
geruchlos machen, die gefäulte Seide 438.1
gerundeter Papierstreifen 484.14
Gerüstseil 594.10
Gesamthärte des Wassers 269.21
Gesamtheit der abgezogenen Spulen 133.19
Gesamtverzug 101.10
gesattelte Druckwalzen 143.10
gesättigte Salzlösung 469.5
gesättigt, mit Feuchtigkeit —e Luft 572.12
—, mit Puppensäften —es Haspelwasser 419.9
—, mit Schweiß —es Wasser 272.16
—, mit Wasserdampf —e Luft 293.14
gesäuerte Wolle 304.17
geschärfte Lauge 267.7
Geschirr, Seil- 498.17
—faden 581.21
geschlämmter Suinter 300.5
geschlickter Strähn 567.12
geschliffene Kratze 338.16
geschlitzt-e Antiballonplatte 153.2
—es Führungsblech 522.5
—e Holzstiften 568.10
—er Kegel 332.14
—er Trichter 208.8
—e Trommel 523.12
—e Zugstange 246.4
geschlossen-e Bahn 511.2
—e Haube 323.7
—er Kernkasten 242.3
—es Lager 324.6
geschlossen-e Wicklung 519.9
—e Zange 382.12
geschmälzte Wolle 314.5
geschmeidig machen (Jutefaser) 237.7, 240.3
— machen (Wollhaar) 314.4
— machender Zusatz 483.16
—es Papier 479.13
—er Zwirn 539.21
geschmelzte Wolle 317.12
geschmiedeter Ring 149.17
geschnitten-er Flachs 211.3
—e Lumpen 400.6
—e Nitschelhose 331.19
—e Streifen 483.7
geschränkte Kegelradzahnung 343.2
geschwächt, durch das Teeren —es Seil 508.22
—e Filzfähigkeit 406.14
—e Walkfähigkeit 406.14
geschwefelter Kokon 413.11
Geschwindigkeit, erste 353.3
—, Verzugs- 102.16
—, Wagen- 164.2
Geschwindigkeits-regelrad der Zählerwelle 207.9
—verminderung 347.10
geseift verarbeiten (Rohseide) 428.6
geseifte Rohseide 428.8
geseilte Arbeit 500.7
gesengter Faden 455.13
gesenkte Lage 175.11
Gesetz, Windungs- 155.5
gesetzmäßige Ringbankbewegung 151.5
gesichtete Jute 236.3
gesiebter Kies 271.12
gesondert auf den Haspel bringen (Rohseidenfäden) 421.15
— verarbeiten 212.5
—e Jute 236.3
—e Lumpen 399.8
gespannt (Kette) 152.6
—e Feder 106.4
—es Garn 140.8
—e Litze 499.16
Gespinst 9.18
—, Bourrette- 454.5
—, gewöhnlich gedrehtes 153.13
—, grobes — von großer Weichheit 193.10
—, linksgedrehtes 153.13
—, loses 9.19, 159.19
—, rechtsgedrehtes 153.14
—, umgekehrt gedrehtes 153.14
gesponnener Asbest 491.11
— Faden 498.6
Geßnersche Drosselspindel 341.8
Gestänge mit Gabel und Leitrolle für die Abwinderkette 166.8
gestanzter Ring 150.2
Gestell 54.5, 538.14
—, fahrbares 328.1
—, Rad- 344.5
—, Rahmen- 22.11
—, Spulen- 448.9
—bock 550.12
—bogen 54.5
—kranz 55.12
—nase 185.6
—rahmen 534.14
—rippe 55.12
—ständer 249.4
—tisch 88.13
—wand, aufrechte 89.7
gestreckt, durch Eigengewicht —er Faden 466.15
—es Band 101.19
gestrichene Seilerware 507.12
gestrickte Hadern 397.11
gesuchte Nummer 603.15
gesund-er Flachs 216.21
—es Vlies 365.2
geteert-er Hanffaden 508.16
—es Seil 508.18
—es Tauwerk 492.11
getränkt, mit Öl —es Filzband 356.1
getränkt-er Abfall 440.12
—e Papierspule 149.9
—e Wolle 282.11
Getriebe, hypozyklisches 140.3
—, in Öl laufendes 555.2
—, Quadranten- 170.6
—, Ringspinnmaschinen- 158.10
—, Ringzwirnmaschinen- 555.9

Getriebe, Selbstspinner- 160.11
—, Selfaktor- 160.11
—, Spulenbank- 134.1
—, Strecken- 114.1
getriebene Schnurscheibe 144.13
getrocknet-es Band 386 3
—er Faden 467.16
—es Garn 227.11
gewalkter Stoff 399.13
gewaschen-e Florettmasse 438 22
—es Garn 605.9
—es Kammgarn 583.19
—er Ledermuff 332.13
—e Wolle 301.6
Gewebe 614 15
—, Baumwoll- 64.22
—lage 65.5
gewebte Seilerwaren 512.1
geweiftes Garn 610.11
Gewicht 600 21
— der rohen Wolle 269.16
—, Ansatz- 223.10
—, Ballen- 16.20
—, Belastungs- 125.11
—, freihängendes 105.14
—, Garn- 141 13
—, Kötzer- 157 5
—, langes 94.10
—, Rechnungs- 16.19
—, Reifen- 17 4
—, Rohflachs- 212 6
—, Spulen- 141.12
—, verstellbares 253.1
—, wasserfreies 615 16
gewichtbelasteter Hebel 233.15
Gewichts-abnahme durch Verdampfung 570.7
—arm 74 2
—auflage 168.10
—belastung 183 1, 337.10
—druck durch Federeinlage in der Zwischenstange 106.1
—einheit 598.13
—einlage 596.12
—entlastung 88.14
—entlastungsvorrichtung 86.2
—entlastungsvorrichtung fur die Druckwalze 106.7
—haken 105.15
—hebel 536 4
—kontrolle der Ballen 16.16
—prufung der Ballen 16.16
—satz, Präzisions- 615 2
—schale der Wage 613.3
—steigerung, augenblickliche 571.13
—steigerung, voruber-gehende 571.13
—topf 352 2
—verlust der Seide 434.13
—verlust beim Waschen 269.17
—wage 614 14
—wage, einfache 613.7
—winkelhebel 173.10
—zug 181.6
—zunahme der Kötzer durch das Dämpfen 571.12
—zunahme des Wickels 47.13
—zunahme, bleibende 571.14
Gewicht- und Preßluftbelastung des Gegenwinders 352.1
gewickelt, links 164.5
Gewinde-bolzen 346.6
—gang 350.15
—spindel 530.7
—stange 529.12
Gewinnung der Ramie 261.2
— der Seide aus den Kokons 418.5
—, Wollfett- 299.13
gewirkte Hadern 397.12
gewöhnlich gedrehtes Gespinst 153.13
gewöhnlich gewickelt 164.5
—e Weife 614.9
gewölbt-er Knäuel 520.18
—e, nach innen — Kötzerspitze 174.6
—e Stäbe 372.11
gewolfte Wolle 310.9
gewürgelter Vorgarnfaden 334.6
gezahnt-es Bronzesegment 94.6
—e Klammer 118.5
—es Kreismesser 478.5
gezogen, gleichmäßig 66.13
—e Probe 298.10
gezopfter Garnsträhn 576.12
gezupftes Werg von geteertem Tauwerk 492.11
gezwirnt, lose 541.3
—es Schappegarn 587.21
—e Seide 431.8
Ghoze Sun 492 7
Gießkanne 239 13
Giftschärfe der Kratze 340.5
Gill 218.9
—feld 371.17
—stab 372.9, 379.12
Gips-belag 336.15
—niederschlag 310.6
Gitter 23.9
—, Draht- 297.5
—, Holzstab- 229.13
—, Speise- 41.1
—bürste 49 3
—kasten 48.13
—rost 49.1
Glanz der Jutefaser 237.1
— des Seidenfadens 427.18
—flor 581.2
—garn 580 7
—stoff 588 6
—stoffkunstseide 464.4
—stoffseide 464.4
Glas 467.7
—auge 422.4
—bläser 467.11
—bottich 304 9
—faden, biegsamer 491.8
—faden, farbiger 491.14
—gebläse 491.6
—gespinst 491 13
—hahn 466 5
—hütte 467.10
—napf 128.14
—öse 544.9
—öse mit Einschnitt 543.9
—papier 63.10
—perle 591.9
—pfännchen 544.4
—pfanne 128.14
—pfanne, geätzte 128.16
—platte 283 12
—platte, polierte 283.5
—pulver 109.12
—rohr 608.10
—seide 491.13
—spinnerei 491.5
—spule 468.6
—stab 491.6
—stange 544.8
—trommel 109 12
—watte 491.15
—zapfen 543 7
gläserne Spule 466.8
glashart härten 74.11
glatt abschneiden (Wurzelenden) 243.4
Glätte der Rille 116.15
Glätten 507.1
— der belederten Walze 119 14
— der Watte 45.13
Glattstreichen des herausstehenden Wollbartes 380.7
glätten (Oberfläche der Watte) 45.12
—, die belederte Walze 119.13
Glätt-block 87.5
—bürste 70.5
—bürste mit gehärtetem Stahldrahtbeschlag 70.6
—vorrichtung 45.11
—vorrichtung, Zweiwalzen- 45.14
Glättwalze 34.2, 253.5
glatt-er Flor 329.4
—es Garn 363.17
—e Hülse 515.14
—e Lederhose 331.15
—e Noppen 561.11
—es Schmirgelband 71.20
—es Walzensegment 89.12
—er Zwirn 539.24
Glaubersalz 303.7, 309.15
gleich, im Stapel 14.14
— machen, den Verzug der Dublierung 104.8
— sein (Wagschalenfüllungen) 200.12
gleich-artiges Gefüge des Gespinstes 605.17
—bleibende Drehungszahl 139.11
— Länge der Speisebänder 223.13
— Umlaufzahl 123.8
— Winkelgeschwindigkeit 516.7
gleich-formig gearbeitete Litze 594.6
Gleichförmigkeit des Gespinstes 605.16
gleichgerichtet (Spitzen) 67.7
—e Kopfe 104.4
Gleich-gewicht, Drehmoment und Reibungsmoment sind im 149.7
—gewichtsregler 291.3
Gleichheits-prufer mit Wickelkarte 610.3
—prufer mit Wickeltrommel 610.6
—prufung 609.9
gleichlaufend einstellen (die arbeitenden Flächen) 60.16
—e Fordergitter 23.2
—e Lieferung 14.16
gleichmäßig anliegen 390.2
— einsprengen 239.11
— gezogen 66.13
— machen (Oberfläche) 64.19
— starker Flor 326.15
—e Abnahme der Stärke des Kotzerkorpers 174.11
—e Auflage 319.16
—er Ausfall der ganzen Lieferung 14.16
—er Ausfall der ganzen Partie 14.16
—e Beschaffenheit der Rohseide 425.3
—es Farbengemisch 311.2
—e Faserverteilung 263.6
—er Flachs 216.20
—es Garn 605.19
—e Härte 66.12
—e Rohseide 425.4
—e Schaltbewegung des Fadenfuhrers 517.4
—e Spannung der Spindelschnure 391.9
—es Tränken der Wolle mit dem Schmelzmaterial 316.22
—er Wickel 47.15
—e Zunahme 174.10
—e Zwirnung 431.1
Gleichmäßigkeit der Flanschen des Ringes 150.3
— des Wickelbandes 81.7
gleichrichten (Spitzen) 67.7
gleichschenklige Zickzacklinie 512.10
Gleichsetzen der Nadeln 87.2
Gleichstrommotor 157.8
Gleichstrommotorantrieb 157.7
gleichzeitiges Verspinnen von Papier- und Florstreifen 485.9
Gleis 503.9
Gleit-arm 184.4
—bahn 99.10, 281.11
—blech 84.3, 377.3
Gleiten der Fasern zwischen den Walzen 103.5
— der Lehre 499.8
gleiten, durch die Läufer (Fäden) 151.3
Gleit-fläche, schräge 184.2
—lager 59.3
—schiene (für die Abstellvorrichtung) 95.5
—stäbchen 392.3
—stück 55.6, 73.12, 121.5, 531.13
—stück, Bolzen- 165.11
Glied, Ketten- 254.2
Glieder-anordnung 34.9
—speiseregler 44.4
Glocke 370.11, 392.7
glockenförmige Senkwage 365.16
Glocken-kupplung 183.5
—kupplung, Wageneinzug- 161.6
—spindel 392.5
—spinnmaschine 392.5
Glühen der geriffelten Walze in kohlenstoffreichen Körpern 120.10
Glühspan 66.7
Glyzerin 428.11, 484.1
glyzerinhaltiges Öl 315.21
Glyzerinzusatz 315.8
goldgelber Kokon 415.2
Goldperle 591.11
Goldschmidtscher Garnfestigkeitsprüfer mit Dehnungsmesser 609.2
Grad der Durchkrempelung 49.19
Grad, Dörrhitze- 417.13
—, Drehungs- 9.3
—, Härte- 74.12
—, Sättigungs- 272.17
—, Zwirn- 431.3
—bogen 613.19, 614.10
—einteilung 241.10
—kämmer 444.17
Graf, Vorrichtung zur Bildung von Noppen- und Flammenzwirn 560.12
Gramm 600.23
Grän 603.1
Granthaspel 432.2
Graphit 63.14
Gras- China- 261.3
—, Esparto- 492.19
Grat, Schleif- 70.3
graufarbiger Kokon 415.5
Gravityspindel 548.11, 553.5
Grège 425.2
Greifer 423.13
—, Kokonfaden- 423.7
Greifnase 158.5
Greling 594.17
Grenadine-seide 586.10
—zwirnung 586.10
Grenze, Belastungs- 513.10
griechische Rohseide 426.19
Griefe, Harz- 508.12
griesiger Kämmling 374.20
Griff 13.12
—, baumwollartiger 427.12
—, elastisch fester 427.9
—, harter 427.5
—, knirschender 427.6
—, krachender 427.6
—, rauh im 14.1
—, schwellender 427.10
—, Seiden- 427.3
—, trockener 427.11
—, weicher 427.8
—brett 500.14
griffige Seide 427.4
Griseillegarn 583.5
grob geriffelte Walze 92.15
—drähtiges Drahtseil 595.11
—maschiges Metalltuch 477.7
grob-e Basthülle 411.17
—er Flachs 217.3
—es Garn 568.3
—e Garnnummer 193.13
—es Gespinst 193.10
—e Hechel 213.5, 495.14
—es Jutepackleinen 16.13
—es Korn 71.2
—er Kratzenbeschlag 335.11
—e Lumpen 396.13
—e Nummer 598.5
—e Rohseide 426.1
—e Seidengarne 545.3
—e Spindelbank 122.7
—e Stelle des Fadens 454.10
—er Titer 602.5
—e Unreinigkeiten 26.11
—e Unreinigkeiten des Vlieses 265.10
Grob-bank 122.7
—faden 354.4
—fleier 122.7, 390.12
—fleierin 2.8
—frotteur 387.16
—krempel 199.9
—lunter 122.7, 390.12
—nitschler 387.16
—schläger 41.20
—sortieren 399.10
—spindelbank 390.12
—spinnerei, Kammgarn- 364.13
—spinnmaschine für niedere Abfallgarne 209.12
—spuler 122.7, 390.12
—stößer, dreieckiger 261.6
—strecke 371.16
Grosbündel 577.9
Größe, Verzugs- 142.12
groß-er Kammring 379.1
—er Kopf 189.1
—er Kreiskamm 379.1
—e Spindelgeschwindigkeit 189.4
—e Trommel 30.10, 51.2, 321.3, 369.17, 406.4
Großhändler, Lumpen- 399.5
großmaschiger Kokon 416.18
Grube, Beton- 437.16
Grund 335.1
—doppelkegel 167.7
—faden 559.3.8, 561.15, 591.4
—fadenlieferung 560.4
—farbe 311.4

Grund-gewicht 598.9
—kegel 167.7
—litze 509.6
—maß 598.11
—platte. 611.1
—platte, umgebogene . 62.3
—seil 503.2
—ton 311.4
—wasser 270.9
grün-er Kokon 415.4
—e Seife 277.16, 316 3
Gruppe von Heizröhren 295.5
Gruppenlagerung der Spindeln auf Latten 354.12
Gullyscher Regler . . . 172.4
Gummi arabicum . . . 428.16
—band, aufgelegtes . . 477.6
—einlage 76.14
—gehalt des Kokons . . 417.1
—hosen, wasserdichte . 479.3
—nitschelhose 332.8
—puffer 290.8
gummireiche Flachsfaser 225.11
Gurt-antrieb 502.2
—band 328.8
—tisch 201.1
Gußeisenwalze, mit Putztuch bezogene . . . 129.3
gußeisern-er Deckel . . 77.7
—er Hohlzylinder . . . 21.3
—e Mulde 247.7
—e Trommel 22.5
—es Wagenzwischenstück 178.5
Guß-kegel 289.9
—mantel 289.7
—rosette 524.8
—stuck 184.14
Gut, pittsfreies 404.13
—, unvollkommen gelöstes 405.3
Güte der Baumwolle . 14.2
—, nach — sondern (Ballen) 18.11
—bezeichnung 235.5
—klasse der Wolle . . . 266.9
—verbesserung des gehechelten Flachses durch Lagern . . . 217.13
—verhältnis 9.2, 154.8
—zeichen 235.7
gut laufen 390.5
gut-es Ablaufen der Ansatzschichten. . . . 155.18
—e Farbe 398.1
—e Wäsche 269.9

H

Haar 493.1
Haare, lange 374.3
—, verschiedene 408.5
Haarende 570 1
Haargarn 585.8
—, dunkelgraues . . . 585 12
—, halbweißes 585.10
—, hellgraues 585.11
—, weißes 585.9
—nitschelwerk 409.5
—spinner 408.7
—spinnerei (Fabrik) . 408.6
—spinnerin 408.8
—spule, aufrechte, feststehende. 409.2
Haar-krempel 409.3
—krempler 409.4
—parisergarn 586.2
—röhrchen 461.2
—röhrchen aus Glas . . 467.7
—röhre 467.12
—seite des Leders . . . 332.6
—spinner 408.7
—spinnerin 408.8
—streiche 507.5
—zopf 514.10
haarig-er Flor. 329.5
—es Garn. 193.11
Habenlänge des Garnes. 604.9
Hacker 51.8, 59.18, 86.8, 88.8, 98.1, 99.12, 204.2, 321.10, 327.12, 378.14
— mit Zahnlücken. . . 330.4
—, vollbeschlagener . . 330.3
—gehäuse 60.8
—kamm 51.8
—schiene 60.1
—welle 60.6
Hader 396.6
Hadern, gehäkelte . . 397.17
—, gestrickte 397.11
Hadern, gewirkte . . . 397.12
—sortierer 400.1
—sortiererin 400.2
Haften der Fasern aneinander 6.23
Haftvermögen, ausreichendes (Schmieröl) 148 5
Hahn, Dreiweg- 371.1
Hairasgarn 584 5
Häkelgarn . . . 580.12, 585.3
Haken 172.8
—, Gewichts- 105.15
—hebel 528.6
—kette 179.14, 395.6
—kopf 497.10
—leiste 498.1
—messer 196.14
—spindel . 497.9, 503.4, 504 9
—stabkette 367.15
—walze 320 10
—wirtel 497.8
halb entbasten (Seide) . 434.9
— und halb mischen. . 19.3
—er Haspel Garn . . . 564 9
—er Strähn 562.20
—gekreuzte Auflage . . 326 10
—kreisformige Krempel. 249 13
—kreisformige Pfanne . 510.8
—naß gesponnenes Flachsgarn 581.12
—ringförmige Antiballonvorrichtung . . . 152.18
—ringförmiger Schleierbrecher 152.18
—runder Führungsbogen 564.16
—weißes Haargarn . . 585.10
—wollene Lumpen . . 396.12
—wollenes Strickgarn . 585.2
—zirkulare Muldenvorkrempel 247.5
—zylindrisches Bleibecken 466.9
Halb-deckel-Halbwalzenkrempel 80.6
—deckelkrempel 80.6
—entbasten 434.8
—flachdraht 66.3
—kammgarn . . 364.11, 583.17
—kammwollspinnerei. . 364 12
—kettgarn 580 4
—naßspinnmaschine . . 226 2
—wagen 344 15
Halbwolle spinnen . . 408.3
—, Tibet- 407.20
Halbwoll-garn 579.11
—gespinst 408.4
—gewebe 64.23
—mungo 407.2
—spinnerei 408.1
Halbzirkularkrempel . 249.13
— mit oberer Arbeitsseite 232.18
— mit unterer Arbeitsseite 232.19
hälftig mischen 19 3
Hals, Walzen- 393.12
—, Zylinder- 110.1
—- und Fußlager, vereinigtes 553.4
Halslager . 130.2, 130.15, 354.13
—, bewegliches 178.1
—, Bronze- 354.16
—, elastisches 289.13
—, federndes 289.13
Halt aneinander gewinnen (Fasern) 8.20
Haltbarkeit des Gespinstes 606.17
haltbarer Faden 9.22
Halter 214.5
—, Kamm- 99.9
—, Schlagriemen- . . . 441.14
—, Spindellatten- . . . 344.8
—, verschiebbarer . . . 202.16
—, Wickel- 41.3
Haltezange 382.8
Hammer 252.7, 370.10
Handels-gelatine. . . . 471.3
—gewicht 616.2
—gewicht des Garnes . 606.8
—gewicht des Kokons . 413.13
—kasein 471.14
—pfund, Berliner . . . 601.4
—pfund, preußisches . . 601.4
—wert des Garnes . . 606.7
hand-gehechelter Flachs 212.10
—gekämmter Kammzug 374.8
—trockenes Material . . 306.17
—warm 60.10
Hand, beschicken von . 28.1
—, mischen von 19.13
Hand-auflage 27.17
—blasebalg 75.16
—brett, bewegliches . . 318.16
—brett, festliegendes . 318.15
—fertigkeit 10.14
—fräsmaschine für Spindelhalslager 363.4
—garn 581.9
—gemisch 19.14
—geschicklichkeit . . . 10.14
—griff 74.3
—haspel 565.4
—haspler 4.20
—hasplerin 4.21
—hebel . . 24.4, 347.15, 350.9
—hebel für die Gewichtsentlastung 88.14
—hechel 8.5, 212.20, 245.4, 495.13
—hechel für Hanf . . . 229.6
—hecheln 212.14
—hechler 213.10
—kämmer. 375.5
—kämmerei 375.4
—kardätsche 318.13
—klappe 27.11
—kratze 49.10, 318.13
—kratzen 49.11
—kurbel 71.3, 181.1, 504.8, 611.5
—mischung 19.14
—mule 159.6
—putzblatt 75.6
—putzerei 454.13
—putzkratze 75.5
—rad 10.16, 567.11
—schleifen 338.19
—schleiftuch 70.15
—schwingwerg. 219.14
—seiler 494.7
—seilerei 494.20
—speisung 27.17
—spindel 10.12
—spinner 10.10
—spinnerei 10.9
—spinnerin 10.11
—spinnrad 10.16
—spuler 4.16
—spulerin 4.17
—voll Flachs . . 212.8, 213.3
—voll machen 213.4
—vollmacher 215.14
—weifer 4.20
—weiferin 4.21
—zug 374.8
Händler, Flachs- . . . 210.8
—, Lumpen- 399.4
—, Seiden- 412.20
Hanf anlegen 231.19
—, ausgekernter 496.9
—, ausgemachter 496.9
—, ausgespitzter 496.3
—, Ausschuß- 228.3
—, bengalischer 492.7
—, brauner 492.7
—, eingeklärter 496.1
—, europäischer 492.3
—, feingehechelter . . . 228.6
—, gehechelter . . 228.5, 495.17
—, neuseeländischer . . 492.8
—, ostindischer 492.7
—, reinabgezogener . . 496.6
—, schäbenfreier . . . 228.8
—abfall 228.9
—anlegemaschine . . . 232.1
—ballen 228.10
—ballen, mit x Bändern unterbundener . . . 228.12
—band 496.14
—bärtel 496.11
—bund 496.13
—docke 496.13
—faden 592.6
—faden, geteerter . . . 508.16
—garn 582.1, 592.6
—gewebe 445.2
—hechelei 229.1
—hechelmaschine mit selbsttätiger Umspannung 229.14
—hechler 229.2
—hechlerin 229.3
—hede 232.3, 492.4
—kabel 494.16
—kaule 496.14
—leine 593.18
—litze 592.5
—nähgarn. 582.4
—öl 458.14
—reibe 231.1
—reibeisen 495.12
—reiber 495.11
—reißmaschine. 231.15
Hanf-riste, eingespannte 230.5
—riste, zu Knoten geschlungene 231.5
—riste, zusammengedrehte. 231.4
—schnur 512.7, 593.11
—seele 594.21
—seil 592.4
—seil, altes 507.6
—seilerei 494.19
—sichter 231.8
—sortierer 231.8
—spinner 234.11
—spinnerei 228.1
—spinnerei (Fabrik) . . 234.13
—spinnerin 234.12
—spinnmaschine . . . 234.4
—strecke 233.2
—tau 592.3
—vorspinnmaschine . . 233.8
Hanfwerg 232.3, 492.4
—, unreines 232.4
—aufbereitung 232.2
—garn 582.2
—krempel 232.14
—spinnerei 228.14
Hanf-zwirner 539.10
—zwirnerin 539.11
Hänge-arm 360.2
—druck 105.13
—gewicht 499.3
—stab 34.8
hängen, sich an die Bürste (Kokonfadenende) . 420.13
Hänger 499.4
Hank-uhr. 133.11
—zähler 133.11
Härchen 507.15
Harn, fauler 276.15
—bad 276.16
harnsaures Ammoniak . 276.19
hart-er Bast 411.16
—er Draht 138.8
—er Faden . . . 605.22, 398.15
—es Fandenende 196.2
—er Griff 427.5
—es Kammgarn 364.7
—es Kettgarn 138.10
—er Kitt 117.15
—es Wasser 270.2
—es Wurzelende 243.3
—er Zwirn 539.22
—e Zwirndrehung . . . 541.5
hartgedreht-es Seidengarn 545.4
—er Zwirn 544.11
Hart-gummiplatte . . . 112.11
—gußriffelwalze 308.14
—gußzapfen 55.1
Hartholz-druckwalze . 225.5
—hülse 124.6
—leiste 98.13
—meißel 110.10
—schwelle 497.1
—spitze 128.9
—spule 149.11
—verdeck zwischen den Spindeln 123.6
Hartwind-en, Spitzen- . 175.5
—er, Spitzen- 171.5
—evorrichtung, Spitzen- 184.5
härten, glashart 74.11
Härte des Gespinstes . 138.9
— des Ringes 150.1
—, bleibende 270.1
—, gleichmäßige 66.12
—, permanente 270.1
—, temporäre 269.22
—, vorübergehende . . 269.22
—grad 74.12
—grad des Wassers . . 269.20
Härtung des Stahldrahtes unter Luftabschluß . 66.9
—sbad 74.13
—sverfahren. 66.6
Harz-ballen 508.12
—griefe 508.12
—kuchen 508.12
—träber 508.11
harz-reicher Teer . . . 508.1
—haltiges Öl 315.20
harziger Farbstoff . . . 432.16
haspelbar, nicht —er Kokon 415.10
haspelbarer Kokon . . 413.5
haspeln . . 12.15, 562.4, 610.11
— (Probesträhn) 602.16
—, kurzhaspelig 563.4
Haspel 12.16, 423.2, 473.9, 611.4
— mit einer Ablieferung 564.10

Haspel mit mehreren Ablieferungen . . . 564.11
— mit Expansionsschienen 567.3
— Garn, ein 564.8
— Garn, halber 564.9
— für grobes Garn . . 568.3
— mit Klappvorrichtung 567.3
— mit einem Kopf . . . 564.10
— mit mehreren Köpfen 564.11
— mit Vorrichtung zum Lockern der Strähne 432.10
—, englischer 563.16
—, französischer . . . 563.13
—, gebremster. 522.13
—, irischer . . . 563.14
—, mechanischer . . . 565.6
—, metrischer . . . 563.10
—, österreichischer . . 563.11
—, schlesischer 563.12
—, schottischer 563.15
—, sechsarmiger . . . 565.5
—, x-strähniger 564.12
—, unabhängiger . . . 431.15
—abfall 424.9, 435.18
—abzug. 564.6
—achse 567.7
—achsenrosette 567.6
—antrieb 474.1
—arm, zweiteiliger . . 432.11
—aufseherin 421.2
—bank, Seiden- 422.15
—becken 422.16, 423.12
—endwand mit Bügel . 565.12
—gehäuse, geheiztes . . 420.16
—kreuz 566.13, 567.6
—krone 566.1
—latte 565.7
—mühle 431.16
—rahmen 566.1
—schiene 565.7, 567.4
—seide 412.18
—seil 596.10
—stab 565.7
—umfang 563.2
—verfahren 421.14
—verfahren, französisches 422.1
—verfahren, italienisches 421.18
—vorgang 562.8
—vorrichtung, Kreuz- . 565.13
—vorrichtung, Seiden- . 422.15
Haspelwasser 419.1
—, metallsalzhaltiges . 419.8
—, mit Puppenfett durchsetztes 419.10
—, mit Puppensäften gesättigtes 419.9
Haspel-zettel 602.19
—- und Zwirnmaschine, Camelsche 430.3
Haspelei 562.9
Haspeln 12.14
— zu x Fäden. 421.5
— der Garne 562.3
— der Kunstseide . . . 473.1
—, fehlerfreies 421.3
—, französisches . . . 422.1
—, italienisches 421.18
Haspler 4.18, 562.10
Hasplerei, Seiden- . . . 412.9
Hasplerin 4.19, 562.11
—, Kokon- 421.1
Haube mit Längsschienen 312.14
— mit Schlagleisten . . 312.14
—, aufklappbare . . . 267.1
—, geschlossene 323.7
—, Schläger- 44.9
—, Schutz- 195.12
—, Trommel- 31.9
Hauerzahn 406.8
Häufung, Schichten- . . 197.6
Haupt, Wagen- . 206.2, 351.6
Haupt-achsrad 135.4
—fördergitter 23.7
—krempel 369.14
—schnecke 169.10
—steuerhebel 186.2
—trommel . . . 199.11, 321.3
—vlies 373.14
—welle 99.5, 161.7
—welle parallel zum Triebkopf 188.5
—welle parallel zum Wagen 188.4
—wellenrad 187.5
Haus-arbeiter 6.5
—arbeiterin 6.6
—gewerbe 412.8
—industrie 412.8
Hausenblase 471.2
Hautgehalt des Kokons 424.8
Hautwolle 264.12
Hebe-daumen . . 246.6, 445.7
—vorrichtung 304.3
—vorrichtung für Kämmlinge 380.2
—walze für die Flüssigkeit 486.11
Hebel 172.6, 190.2, 207.1, 530.12
— der Glockenkupplung 183.5
— mit Gradeinteilung . 241.10
— mit Knagge 350.2
— mit Übergewicht . . 180.7
— auf dem Winder . . 172.14
—, dreiarmiger . 178.11, 179.10
—, gewichtbelasteter . 233.15
—, Hand- 24.4
—, loser 178.11
—, Mulden- 28.10
—, niederklappbarer . . 172.7
—, Speisehubscheiben- . 93.13
—, ungleicharmiger . . 535.13
—, wagerechter 192.13
—, zweiarmiger . . . 487.17
—abkröpfung 179.1
—arm, Gegengewichts- . 549.9
—belastung 106.11
—bolzen 354.2
—entkupplung für die Riffelwalzen 121.7
—kopf 179.15, 551.9
—speiseregler 44.4
—steuerung 186.1
—walze, Mulden- . . . 28.13
—werk 185.11
—werk zur Hebung der Ösen 143.16
—zapfen, Zangen- . . . 89.5
heben (Trommel) . . . 56.9
—, sich — und senken um die Spulenhöhe (Flügel) 548.8
Heben des Bartes . . . 383.12
— der Trommel 56.10
Heber 362.3
Hebung der Trommel . 56.10
—, Ringbank- 151.7
Hechel 8.5
—, feine 213.7, 495.16
—, grobe 213.5, 495.14
—anordnung, Cottonsche 215.10
—ausbeute 212.7
—bank 213.1, 229.10
—brett, Eichenholz- . . 229.7
—ergebnis. 212.7
—feld . . 214.8, 218.8, 371.17
—felder, schräg liegende 246.1
—feldstrecke, Einfach- . 371.18
—flachs 212.9
—flachslager 217.11
—garn, Jute- 582.6
—garnspinnerei, Jute- . 234.9
—hanf 228.5
—kette 219.5
—leiste 245.6
—leistenmantel 230.9
—los 212.4
Hechelmantel 214.4
—scheibe 230.8
—scheibe, obere (untere) 214.10.11
Hechelmaschine 8.6
— mit x Hechelsätzen . 215.11
—, einfache 213.14
—nputzer 216.1
Hechel-nadel 229.8
—partie. 212.4
—reihe 214.8
—satz 214.8
—spitze 213.9
Hechelstab 36.12, 218.9, 251.14, 253.10
— mit zweireihig eingesetzten Nadeln . . 254.7
—geleise 219.6
—kopf 252.9
—träger, ringförmiger . 219.7
—verschiebung, horizontale 252.10
Hechelstock. 229.10
—stuhl 213.1, 229.10
—tuch 245.12
—werg 212.12
—zahn 229.8
Hechelei 217.9
—, Flachs- 211.10
Hecheln 8.3
— des Flachses 211.10
— der Haare 514.5
— des Hanfes . . 229.1, 495.10
— der Jute 245.1
Hecheln der Ramie . . 262.10
hecheln. 8.4
— (Flachs) 211.13
— (Jutefasern) 245.2
—, den geschnittenen Flachs 212.3
—, den ungeschnittenen Flachs 212.2
—, mit der Hand (Flachs) 212.15
—, stufenweise (Flachs) 212.1
Hechler, Flachs-. . . . 211.14
—, Hanf- 228.2
Hechlerin, Flachs- . . 211.15
—, Hanf- 229.3
Hede, abgeschnippte . 244.7
—, Flachs- 212.13
—, Hanf- 492.4
—, zu — reißen (Langjute) 244.8
—, Wurzel- 220.3
—abnehmvorrichtung. . 213.15
—garn 581.7
—garn, Jute- 582.7
—garnspinnerei, Jute- . 234.10
—kasten 214.1
—schmelze 220.22
—spinner 225.1
—spinnerin 225.2
Heft, Holz- 340.12
Heilmannsche Kammmaschine . . . 84.1, 377.1
— Wergkämmaschine . 222.9
Heim-arbeit. 6.7
—arbeiter 6.5
—arbeiterin 6.6
heiß laufen (Spindel) . . 148.17
heiß-e Flüssigkeit . . . 274.16
—e Luft 282.7, 417.16
—e Seifenlösung . . . 433.12
—e Sodalösung 470.14
—es Wasser 225.12
—es Wasserbad 418.14
Heißlaufen der Spindel . 148.16
— des Spindelhalslagers 555.1
Heiß-luft, bewegte. . . 308.6
—wasserspinnmaschine . 225.8
—wassertrog, abgedeckter 225.14
Heiz-rohr 308.4, 402.12
—rohr, Rippen- . 294.9, 306.15
—röhre 616.12
—vorrichtung 227.9
Heizung, Dampf- 308.7
helles Mischgarn . . . 582.10
hellgraues Haargarn . . 585.11
Hemmvorrichtung, Litzen- 504.6
herabfallen, von Hürde auf Hürde (Wolle) . 295.15
—, auf die Spindeln (Hülsen). 361.7
Heranrücken 390.3
heraus-heben (Flor) . . 322.15
—klauben (Kletten) . . 368.4
—reiben, aus dem Faden (Unreinigkeiten) . . 455.3
—springen (Aufsteckspindel) 128.18
—stehender Wollbart. . . 380.7
—ziehen, aus der sich drehenden Kapsel (Vorgarnfaden) . . . 208.5
—ziehen, aus dem Spinnstoff (Fadenanfang). 496.16
Heraus-lesen der Kletten 369.5
—schneiden der fehlerhaften Stellen . . . 455.2
—springen der Aufsteckspindel 128.17
—ziehen aus der Hechel 216.10
—ziehen des Vorgarnfadens aus der Kapsel 208.4
Herbstkokon 413.8
Herrichten der Lumpen 400.3
Herrichtung der Oberwalzen 116.16
Herstellen von Farbenmischungen . . . 310.22
Herstellung von Flammgarn beim Feinspinnen 590.1
— von Papierstoffvorgarn 478.14
— der Riffelzylinder . . 120.8
herum-führen, um die Unter- und Oberwalze (Faden) . . . 543.5
—gehen, um die Druckwalze (Faden) . . . 546.1
—nehmen, um sich (Grundfaden) . . . 560.2
herunterfallen (Kammstab) 379.13
herunterstreichen, den angedrehten Faden an der Spindel . . . 158.16
Herz 551.7
—hebel 551.8
—scheibe . 246.7, 537.13, 551.7
—scheibe, symmetrische 551.12
—scheibe, unsymmetrische 551.11
Hetheringtonsche Schleifwalze 74.6
Higginsche Deckelputzvorrichtung 52.14
Hilfs-bremse 190.9
—karder 251.3
—spinner 3.1
—strecke 389.3
—vlies 373.15
Hillesche Zierzwirnmaschine 561.4
Hinaufschieben des Kötzers auf der Spindel 175.13
hinausschleudern, aus der Wolle (Wasserteilchen) 288.14
Hindurchziehen der Fäden durch Gasflammen 455.6
hineinspinnen, in eine warme Ammoniaksalzlösung (Viskosefaden) 468.12
hin- und herbewegen, sich längs der Streckwalzen (Faden) . . 129.9
hin- und herbewegter Wagen 233.3
Hin- und Herbewegung, achsrechte — der Trommel 72.3
—, axiale — der Trommel 72.3
hin- und her-gehende Bewegung ausführen (Fadenführer) . . . 516.18
—gehender Fadenführer 522.3, 536.12
—gehender Fadenführer 536.12
—gehende Fadenführerstange. 537.11
—rollende Walze . . . 201.3
hinreichend auflösen (Fasermasse) . . . 21.7
Hinter-bandabsteller . . 111.10
—rad 500.1
—walze 142.5
—walzenrad 176.15
—welle 255.4
—wellenrad mit Fangbüchse 187.11
—zylinderantriebrad . . 114.7
—zylindertrieb für den zweiten (dritten) Zylinder. 114.8.10
hinter-e Abwickelwalze 89.9
—e Abzugswalze . . . 90.4
—es Bartende 375.11
—er Kammbart 375.11
—e Spur 353.10
—e Streckwalze 137.1
—es Wagenzwischenstück 178.6
—e Welle 89.2
hintereinander anordnen (Bottiche) 279.14
— aufstellen (Köpfe) . . 104.3
— setzen (Zähne) . . . 69.5
—stehen, in geraden Linien (Zähne) . . 68.14
Hißtau 596.17
Hitze, trockene 417.14
Hobel, Kratzen-. . . . 340.1
Hochdruck 271.3
Hochfein-lunter 122.10
—spuler 122.10
hochkant stellen (Ballen) 17.13
hochklappbare Scheidewand zwischen den Spindeln 568.1
— Seitenwand. 488.3
hochprozentige Kollodiumlösung 457.10
Höchstfein-lunter . . . 122.11
—spuler 122.11
Höchstspannung des Fadens 454.17
hohe Endfeuchtigkeit . 573.6
— Garnnummer . . . 194.1

hohe Spindelgeschwindigkeit 147.10
Höhe, Ansatz- 167.8
—, Beschlag- 60.13
—, Verschlag- 22.13
—, Verzugs- 142 12
Höhenlehre, Spindel- . 362.9
höher einstellen, von Schicht zu Schicht (Aufwinder) 191.3
hohl schleifen 70 1
—drähtiger Zwirn . . 539.20
—e Achse 538.5
—e Gangtellerachse . . 511.12
—er Mittelteil des Kötzers 174 7
—er Ölkegel 149.2
—e Spinnachse 233 9
—e Trommelwelle . . . 402 13
—e Wickelrolle 46.7
—e Wickelseele 46.7
—kegelförmiges Fuhrungsstuck 534 5
—strängiger Zwirn . . 539.20
Hohl-arm 130.7
—arm, seitlich aufgeschlitzter 130.8
—kehle 109.15
—raum 294.10
—rinne 109 9
—schleifen 69.19
—welle 189.8
—zylinder 72.10
—zylinder, gußeiserner . 21.3
Holdensche Kämmmaschine 379.4
Holländer 476.12
Holz 59.10
—belag 312.5
—boden 76.9
—bottich 304.5
—bottich, mit Blei ausgeschlagener . . . 304.6
—daubenbottich 285.3
—deckel 77.4
—einlage 112.10
—faser 476.4
—fasergarn 588.19
—futter 128.11
—geist 459.1
—heft 340.12
—hulse 97.3, 124.4, 356.10, 518.9, 552.13
—hülse mit Einschnitten 356.11
—hulse fur den Wickel . 96 6
—keil, mit Plusch ausgeschlagener 108.10
—klotz 243 8
—lehre mit Einschnitten 356.11
—leistenbelag mit eingesetzten Nadeln . . 244.2
—muff 116.2
—pfeife 516 3
—rahmen 344.1
—röhrchen 567.15
—röllchen 537.8
—schliff 475.3
—span 476.2
—spule 149.10
—spule für zylindrische Windung 554.11
—spule, emaillierte . . . 149.14
—stab, runder 444.11
—stabgitter 229.13
—stange 440.6
—stift, geschlitzter . . 568.10
—teer 507.20
—trichter 422.12
—unterlage 442.2
—unterlage, keilförmige . 229.9
—watte 476.1
—wolle 476.1, 492.18
—wolleseil 595.7
—wollmaschine 476.3
—zellstoff 475.4
—zellulose 475.4
Holzachscher ununterbrochen arbeitender Dehnungs- und Festigkeitsprüfer . . . 609.8
hölzern 377.2, 248.1
Homespungarn 583.6
homogene Struktur des Gespinstes 605.17
Hoofd, dreirämmeliges . 499.6
Horde 575.9
—, Blech- 267.12
—, Draht- 294.4
Horden, wandernde . . 572.14
horizontal-es Auflaufen . 550.9
—e Hechelstabverschiebung 252.16
horizontale Verseilmaschine 506.3
Horn, Ochsen- 497.13
—pulver 120.13
Horsfall-Schleifscheibe . 339.8
—sche hin- und herwandernde Schleifscheibe 72.8
Hose, Leder- 204.6
Houldworthsches Differentialgetriebe . . . 126.1
Howard & Bullough, Deckeleinstellungsvorrichtung von . . 53 16
Hoyerscher Festigkeitsprufer 608.7
Hub, Fadenführer- . . 533.13
—, Kluppen- 215.5
—, veränderlicher . . . 144.1
—, Wagen- 214 7, 551 10
—, zunehmender 334 2
—exzenter, Kluppenbahn- 230 2
—hebel 346.1
—hohe der Ringbank . 151.7
—höhe, ständige — der Ringbank 151.8
—höhe, unveränderliche — der Ringbank . 151.8
—nocken 531.14
—rad 134.5
—rad, Wagen- 230 1
—scheibe 60.2, 98 15, 246.8, 260.10, 283.9, 560.9
—scheibe, aufgeschraubte 560.10
—scheibe, Speise- 93.12
—scheibenhebel, Speise- 93.18
—scheibenverschluß . . 219.9
—scheibenverstellung . 79.7
—stange 111.15, 151.13
—verkurzung 125.13
—vorrichtung 152 7
—wechsel 134.5
—wechselrad . . . 132.3, 135 10
—welle 246 5
Hubnersche Kämmmaschine . . . 96.10, 381.7
— Leitwalze 99.1
hufeisenförmiger Eisenkern 113 9
Hufeisenspleißung . . . 494 1
Hulse 72 10, 145.5.12, 176.10, 188.13, 392.6, 518.8
— mit kegelformigem Ansatz 529.5
— mit kegelförmigem Ansatz am Fuß . . 518.17
— mit einer Scheibe . . 518.15
— mit zwei Scheiben . 518.14
—, Blech- 97.2, 139.8
—, Holz- 356.10
—, kegelförmige 518.13
—, kurze 515.14
—, längsgewellte 473.4
—, Messing- 156.11
—, Papier- 175.19
—, Scheiben- 124.1
—, scheibenlose 518.18
—, wasserfuhrende . . . 461.3
Hulsen, die — fallen auf die Spindeln herab 361.7
—aufsteckvorrichtung 175.20, 361.2
—aufziehvorrichtung . . 119.10
—beförderer 2.14
—fuß 147.3
—kammer 361.9
—länge 518.1
—sammler 3.9
—scheibe 518.16
—trichter 361.4
—trommel 361.8
hungrige Waschlauge . 275.20
Hürde 307.10
— zum Abtropfenlassen nasser Wolle . . . 287.16
—, Arbeits- 399.15
—, Draht- 295.4
—, von — auf Hürde herabfallen (Wolle) . 295.15
Hürdenwagen 307.8
—schiene 307.13
Hütchen 431.19
hydraulisch zusammengepreßtes Vlies . . 264.14
—e Presse 288.2
Hydro-lyse des Zellstoffes 460.13
—zellulose 301.15
hygroskopische Eigenschaft 573.8, 615.6
Hyperbel-rad 135.2.6
—trieb 135.1.5
hypozyklisch-e Bandlegung 76.20
—es Getriebe 140.3

I

Igel, Speise- . . . 84.5, 377.5
—gatter 544.10
—lattentuch 22.4, 28.6
—strecke 221.8
—trommel 26.21, 27.8
—walze 84.5, 92.14, 221.9, 377.5, 384.12
Imbssche Kämmaschine 99.3
Imitat-garn 579.8
—spinnerei 194.3
imprägnieren (Faden) . 463.18
—, mit Chlorkalziumlosung (Kollodiumwolle) 457.19
imprägnierte Papierspule 149.9
indifferente Salzlösung . 465.8
indirekte Befestigung des Beschlages . . 61.16
indische Mezankooriensei de 410.15
— Rohseide 426.9
— Tasarseide 410.13
— Tussahseide 410.13
— Tusserseide 410.13
Induktionsspule 112.7
Industrie, Kratzen- . . 69.9
induzierter Strom . . . 360,15
ineinandergreifende Riffelwalzen 116.8
Ingenieur 1.15
Inhalt, Kasten- 30.2
Injektor 280.10
inkrustierende Stoffe . 475.7
innen verbleite Schleuder 304.21
— Zentrifuge 304.21
innenliegende Antriebscheibe 114.3
Innen-schicht des Kokons 436.1
—tur 38.7
—verzahnung 126.10
innere Kokonhaut . . . 417.5
— Kokonschicht . . . 417.5
— Verzahnung des Mangelrades 256.11
innerer Bottich 285.4
Inneres der Kotzer . . 571.15
innige Durchmischung 310.19, 318.8
Intensität der Kardierung 49.19
international-er Denier . 602.24
—e Numerierung . . . 599.12
—e Nummer 509.13
—er Titer 601.15
—e Titrierung 601.12
Interzellularsubstanz der Jutezellen 237.10
irischer Haspel 563.14
irländisches Moos . . . 316.14
isolieren, gegen den elektrischen Strom . . 112.9
Isolierung 112.8
italienisch—es Haspeln . 421.18
—es Haspelverfahren . 421.18
—e Rohseide 426.16

J

Jacke, wollene 397.15
japanische Rasse 414.3
— Rohseide 426.6
— Strähnform der Rohseide 426.7
Jaspé 584.9
—garn 579.19
jaspiertes Garn 584.9
Jenny-Maschine 11.15, 159.5, 341.5
Josephysche Spindelschmiervorrichtung . 355.15
Jute 492.14
—, die — wird angelegt . 246.11
—, gebatschte 237.17
—, gesichtete 236.3
—, gesonderte 236.3
—, knotige 236.16
—, lange 236.7
—, ungebatschte 237.14
—, zusammengepreßte . 235.9
Jute-abfall 258.12
—abfallverwertung . . 258.10
—anlegemaschine . . . 246.12
—ballen 235.2
—batscher 239.5
—einleger 239.5
—faser 242.9
—faser, aufgelockerte—n 247.3
—faser, biegsame . . . 240.5
—faserabfall 258.11
—feingarnspinnerei . . 234.9
—garn 582.5
—hechelgarn 582.6
—hechelgarnspinnerei . 234.9
—hechelmaschine, stehende — mit Abnehmerleisten . . . 245.5
—hechelmaschine mit schräg liegenden Hechelfeldern . . . 246.1
—hedegarn 582.7
—hedegarnspinnerei . . 234.10
—karder 251.2
—krempler 251.2
—lunte 254.12
—öffner 235.12
Jutepackleinen, dichtgewebtes 16.12
—, grobes 16.13
—, lose gewebtes 16.13
Jute-quetschmaschine . 240.6
—quetschwalze 240.9
—reibemaschine 241.4
—reißwolf 244.9
Juteriste 235.18
—, bastige 236.15
—, minderwertige . . . 236.17
—, mißfarbige 236.14
—, zopfförmig zusammengedrehte 235.19
Jute-schichten 235.11
—schlagmaschine, doppelte 259.11
—schneider 242.13
—schneiderin 242.14
—sichter 236.6
—sortierer 236.6
—spinner 256.17
—spinnerei 234.5.7
—spinnerin 257.1
—strick 235.4
—vorgarn 254.12
—vorgespinst 254.12
—vorspinnmaschine . . 254.13
—werggarn 582.7
—werggarnspinnerei . . 234.10
—zelle 237.9
—zwirnmaschine von Brigg und Webb . 549.13
—zwirnmaschine, einseitige 549.11

K

Kabel 596.22
—, armiertes 597.4
—, bewehrtes 597.4
—, Hanf- 494.16
—, aus parallel nebeneinander gelegten Drähten gebildetes . 596.23
—garn 592.11
—schlag 501.1
—schlagmaschine, Draht- 509.4
kabelweise geschlagenes Seil 594.17
Kachel 98.7
Kalandern der Watte . 45.13
kalandern (Watte) . . 45.12
—, die frisch betuchte Walze 118.10
Kalanderwalze 34.2, 46.1, 51.9, 111.6, 115.2
Kälberhaar-garn . . . 585.22
—spinner 408.9
—spinnerin 408.10
Kalbleder 64.12, 118.13
Kali, chromsaures . . 316.5
—, doppeltchromsaures . 300.11
—, doppeltschwefelsaures 303.8
—, essigsaures 457.17
—, kohlensaures . 272.9, 273.8
—, reines 273.8
—, reines kohlensaures . 273.8
—, rohes kohlensaures . 273.9
—, schwefelsaures . . . 272.10
—, übermangansaures . 401.15
—seife 277.16

Kaliwasserglas 369.8
kalihaltiges Waschwasser 270.19
Kaliber 362.5
–, Seil- 500.16
Kalium, chromsaures 316.5
–aluminat 469.9
–azetat 457.17
–bichromat 300.11
–chlorid 272.11
–chromat 316.5
–karbonat 272.9
–permanganat 401.15
–seife 277.16
–sulfat 272.10
Kalk 271.2
–, feingemahlener ungeloschter 298.17
–, schwefelsaurer 310.6
–fettmasse 300.3
–seife 270.16
–seifenniederschlag 270 18
–verbindung 270.12
kalk-freies Wasser 419 4
–haltiges Bad 270.17
–haltig, schwach –es Wasser 419.5
Kalkulationslänge des Garnes 604 8
Kalkuttahanf 492.7
Kalorie 293.7
Kalorifer 306.4
kalt laufen (Spindel) 148 15
kaltes Flußwasser 284.16
– Wasser 490.3
kaltgeleimter Ledermuff 119.5
Kalt-laufen der Spindel 148 14
–registrieren 508.24
–teeren 508.24
– -und Warmbehandlung, wechselnde 573.4
–waschvorrichtung 439 8
Kalzinierofen 273.12
kalzinierte Soda 309 12
Kalziumchlorid 457.12
Kamelhaar-garn 585.13
–spinner 408.11
–spinnerin 408 12
Kamin, Dunst- 297.4
Kamm 245 13, 445 4, 446.3, 447.9, 466 6
–, Abschlag- 260 8
–, angewärmter 375.17
–, auf- und niederschnellender 320.12
–, eingeschobener 376.5
–, gefullter 375.15
–, Hacker- 51.8
–, senkrechter 382 7
–, Stahl- 36.12
–arm 58.5
–bart, hinterer 375.11
–bart, vorderer 375.9
–bartmitte 375.10
–bewegung, oszillierende 58.10
–bewegung, schwingende 58.10
–flug 375 2
Kammgarn 363.18, 583.18
–, gewaschenes 583.19
–, hartes 364.7
–, meliertes 364.1
–, ungewaschenes 583.18
–, weiches 364.8
–doppelkrempel 369.15
–erzeugung 364.2
–fabrikation 364.2
–flügelmaschine 390.16
–grobspinnerei 364.13
–haspel, kurzer 563.5
–haspel, langer 563.9
–haspel, mittlerer 563.8
–krempel, einfache 369.13
–plättchen 340.9
–melange 364.1, 584.6
–selbstspinner 392.14
–selbstspinnerstreckwerk 393.8
–selfaktor 392.14
–spinner 364.5
–spinnerei 363.9
–spinnerei (Fabrik) 364.3
–spinnereibesitzer 364.4
–spinnerin 364.6
–spinnmaschine, System Cornet 392.9
–watermaschine 390.16
–zwirn 584.11
Kamm-geschirr 498.17
–halter 99.9
–ofen 375.18
–reihe 85.5
Kamm-ring 379.17, 449.5
–ring, großer 379.1
–ring, kleiner 379 2
–ring, Speise- 448 12
–segment 85.4, 383 1
–spiel 82.17
–spiele, x – in der Minute 82.19
–stab 48.2, 379 12
–stabfuhrung 379 11
–staub 375.3, 398 9
–stuhl 83 1
–stuhlarbeiter 4 12
–stuhlarbeiterin 4.13, 376.13
–topf 375.18
–träger 58 9
–trommel 97.15, 368 2
–walze 85.3, 377.11
–wolle 363 11
–wollmischgarn 584.6
–wollspinnerei 363.9
–zahn, langer 373.5
Kammzug 8.1, 82.3, 374.7, 450 9
–, angebläuter 386.2
–, bedruckter 374.16
–, handgekämmter 374.8
–, Ramie- 262 8
–band 82 4
–spule 392.10
Kamm-zwecke 338 4
–zwirn 581 21
Kämmaschine 7.23, 83.1 262.3, 376.16
–maschine mit fortlaufendem Arbeitsvorgang 83.12
– mit unterbrochenem Arbeitsvorgang 83.3
– mit ununterbrochenem Arbeitsvorgang 83.12
– mit zweifach wirkender Kämmtrommel (Schlumberger) 91 2
– mit zweifach wirkender Kämmtrommel (Dobson u. Barlow) 91.1
– fur kurze Wollen 376 18
– fur lange Wollen 376.17
– mit schwingender Zange 91 7
–, absetzend arbeitende 83 3
–, Crossleysche 446 13
–, flache 444 17
–, Gegauffsche 91.7
–, gerade 444 17
–, Heilmannsche 84.1, 377.1
–, Holdensche 379 4
–, Hubnersche 96.10, 381.7
–, Imbssche 99 3
–, linkshandige 83 4
–, Listersche 379.8
–, Lister-Warburtonsche 449 13
–, Meunier-Grunsche 380 9
–, Nasmiths 87.7
–, Noblesche 378 15
– Pinel u. Lecoeursche 99.14
– Staub und Monfortsche 99.15
–, rechtshandige 83.5
–, ununterbrochen Zug liefernde 83.12
Kämmen 7.21, 81.13
– (Baumwolle) 80.13
– der Bourrette 453.14
– der Florettseide 444.12
– mit der Hand 375.4
– mit der Maschine 376.12
– der Ramie 262.2
– des Schwanzes des Faserbartes 82.12
– des Wergs 222.5
– der Wolle 374.1, 376.14
kämmen (Faserbart) 443.10
– (Schwanz) 82.15
– (Seidenfasern) 444.14
– (Werg) 222.6
–, den Kopf des Bartes 445.13
–, den Kopf des Faserbartes 82.12
Kammer 573.2
–, Baumwoll- 23.1
–, Hülsen- 361.9
–, kastenförmige 307.7
–, Luft- 296.2, 352.4
–, Trommel- 282.3
–säure 303.2
Kämmer 4.12, 7.23, 83.1.2
–, Hand- 375.5
–, x-köpfiger 83.8
Kämmer, Werg- 222.7
Kämmerei, Hand- 375.4
–, Seiden- 444.15
–, Woll- 376.14
–abgang 452.15
–anlage, Fairbairnsche 447.11
–band 374.6
Kämmerin 4.13
–, Werg- 222.8
kämmfähige Wolle 363.16
Kämm-geschwindigkeit 82.16
–gut 99.7
–gut, in der Zange liegt 99.7
Kämmling 8.2, 82.7, 100.1, 374.19
–, griesiger 374.20
–, Ramie- 262.9
–, speckiger 374.21
Kämmlings-abnehmer 94.8
–band 82.9
–kiste 96.9
–menge 100.2
–presse 375.1
–probe 100.2
–sammler 94.8
–vlies 82.8
–wage 100.3, 614.13
–walze 86 7, 94.8, 378.13, 449.12
Kämmstuhl fur lange Wollen 376.17
Kämmtrommel 92.7, 262.4
– mit Nadelstäben mit zunehmend dichter gestellten Nadeln 380.10
– exzentrisch gelagerte 447.6
–welle 91.10
Kämm-walze 85.3, 87.8, 97.15, 321.9, 377.11, 450.8
–walzenachse 87.9
Kämmungen 49.19
Kämmungskonstante 49.20
Kanal 379.6
–, Dampfeinströmungs- 291.9
–, feuerfester 227.8
–, gemauerter 306.9
–, unterirdischer 402.18
–, Wasser- 575.3
–maschine 80.12
–rost 33.8
–rostkasten 48.13
–rost, Schläger- 33.16
–strecke 104.11
–system 80.11
–trockner fur Flachsgarne 227.7
Kanne 52.1, 76.1.4, 219.3, 451.4
– aus geriffeltem Blech mit Federdoppelboden 76.13
– aus gewelltem Blech 76.13
– mit Schutzring und Gummieinlage 76.14
– mit Spiralfeder 76.12
– aus Vulkanfiber 76.11
–, Ansatz- 223.11
–, Öl- 361.13
–, vollgelaufene 112.3
Kannen-art 76.6
–satz 223.12
–träger 2.5
–welle 115.3
Kante, Rost- 367.12
–, schräge 317.16
–, Trog- 226.1
–, Zangen- 449.2
Kantenrost, Messer- 197.11
Kanzleibindfaden 593.2
Kapillarrohr 461.2
Kappe, dreirämmelige 499.6
Kapsel 487.3
– mit aufklappbarem Deckel 487.2
–, sich drehende 208.5
–, Kupfer- 360.13
–reste 26.15
–spindel 487.1
–spinnmaschine 208.1
–spinnmaschine für Papiergarn 486.16
Karbolsäure-bad 460.2
–lösung 460.1
Karbonisation s. a. Auskohlen
–, Lumpen- 402.1
Karbonisations-anlage 306.1
–ofen 306.3
–verfahren 301.8
–wirkung 301.13
Karboniseur 301.12
Karbonisier-anlage 301.9
–arbeiter 301.12
–kammer 306.6
Karbonisier-ofen 440.12
–temperatur 306.5
–trommel 402.14
–vorrichtung 303.17
Karbonisieren, s. a. Auskohlen
– der Lumpen 402.1
– der Seidenabfälle 440.7
– der Wolle 301.1
karbonisieren (Kokons) 440.8
–, die Wolle im Fett 301.11
karbonisierte Wolle 308.9
Karborund 70.21
–band 71.18
Kardätsche 49.10
–, Hand- 318.13
Karde 7.15, 49.12
–, Band- 198.5
–, Deckel- 77.2
–, Doppelsammler- 201.13
–, gemischte 80.6
Kardeel 493.17
Karden-abfall 194.16
–abfallreinigungsmaschine 260.5
–aufzieher 63.8
–band 51.15
–beschlag 60.18
–einsteller 4.8
–meister 4.7, 75.17
–nadelrichter 4.9
–putzer 4.10
–schleifer 4.9
–setzer 4.8
–system 77.1
–tuch 445.1, 448.1
–tuch aus Hanfgewebe 445.2
–tuch mit Kautschukdecke 45.3
Karderiearbeiter 14.6
–, Baumwoll- 49.14
kardieren 7.14
– (Baumwolle) 49.13
Kardieren 7.13
– (Baumwolle) 49.8
Kardierflügel 47.18
kardiertes Baumwollgarn 580.5
– Werg 220.8
Kardierung 49.19
Karre, Ballen- 17.7
Karte, Wickel- 536.10
Karten-blatt 16.9
–wickel 520.14
Karussellmaschine 505.6
Kaschmir-garn 585.21
–haare 409.7
–lumpen 407.17
–wolle 363.14
Kasein 471.13
–lösung 471.15
–lösung, wässerig-alkoholische 472.2
–masse, schwammige 471.18
–seide 471.13
Kasten aus Eisenblech 307.9
–, eiserner 570.12
–, hölzerner 570.11
–ballenöffner 21.12
–ballenöffner mit Staubabzug 22.1
–inhalt 30.2
–mischer mit Staubabzug 22.1
–öffner, pneumatischer 38.3
–rost 33.8
–speiser 490.14
–speiser, selbsttätiger 28.5
kastenförmig-e Kammer 307.7
–es Lagergehäuse 342.13
–er Saugöffner 38.3
Kastorgarn 584.3
Käufer-, Flachs- 210.10
Kaule, Hanf- 496.14
Kausche 494.3
Kautschuk, dünnflüssiger 65.11
–, künstlicher 65.10
–, natürlicher 65.9
–, vulkanisierter 65.12
–belag, gerippter 245.7
–decke 445.3
–deckplatte 65.8
–klebung 65.7
–lösung 463.6
–muff 116.1
–naturel, vierfach 65.7
–rohr 466.4
–rolle 392.11
–stoff 335.3

Kautschukunterlage, Baumwoll-Woll- . . 65.3
Kegel 43.12, 255.16
—, Ansatz- 167.7
—, geschlitzter 332.14
—, oberer 136 7
—, Papier- 289.8
—, unterer 136.8
—dorn, eingesetzter . . 484 12
—gerippe, verschiebbares 224 9
—getriebe 34.7
—hubrad auf der Welle des Differentialwechsels 135 8
Kegelöffner 34 11
— mit Voröffner . . . 35.2
— mit stehender Welle für Asbest 490 12
Kegelrad . 24.3, 126.4, 132.7, 176.7, 187.7.12, 252 8
—, nach oben gerichtetes — auf der Hubwelle 135.9
— mit Klauenmuffe . . 187.13
— mit Klinke 187.8
—zahnung, geschränkte . 343.2
Kegel-reibrad, doppeltes 527.3
—riemen . 28.12, 43.13, 255 17
—schicht 155.2
—schraube 349 3
—spule 519 2
—spule, Doppel- 122.1
—trieb, Riemen- 43 5
—trommel 255 16
—trommelriemen . . . 255.17
—wechsel 134.7
kegelförmig 518.13
kegelig 431.17
kegelig zulaufende Spindel 145.8
Kehle, Sattel- 106.14
Kehr-bank 448.4
—getriebe 23.12, 125.4
—getriebe mit offenen und gekreuzten Riemen 24.5
—junge 3 20
—laminoir 81.9
—mädchen 3.21
—rad 132.3
—scheibe 448.5
—strecke 81.9
—vorrichtung für die Faserbärte 446 1
—wolle, ölige 194.20
—zeug 125.4
Kehren der Bärte mit der Hand 450.11
kehren (Faserbart) . . 445.15
—, mit der Hand (Bart) 450.12
Keil . . . 73.13, 332.15, 497.7
—ausgleichung, Asworthsche 74.4
—ausgleichung, Rietersche 74.5
—stange 28.11, 33.3, 34.8, 43.8
—stangenregler 43.6
—stangenrolle 43 9
—stellvorrichtung . . . 73.7
—stuck 73.6
—unterlage, ausgleichende 73.7
keilförmig-e Bremsrille . 180.14
—e Holzunterlage . . . 229.9
—er Unterlagebogen . . 53.17
Keller, feucht gehaltener 574.11
—feuchtung 574.12
Kennel, Wasser- 543.4
Kerbe 174.13, 533.1
—, abgerundete 373.13
kerbenartige Aussparung 186.3
Kerbenring 548.6
Kerbleiste 258.5
Kerbung 41.4
Kern 496.10
—, Litzen- 594.8
—faden 559.3, 591.4
—fänger 78.1
—fängermesser 78.7
—flachs 212.9
—hechel 495.16
—kasten, geschlossener . 242.3
—seife 277.19
—werg 232.6
Kessel, liegender . . . 571.10
—, Röhren- 296.3
—, Schleuder- 289.3
—boden 289.1
—welle 289.2
Kette zur Verkürzung der Abschlagszeit . . . 207.2
—, Abschlag- 206.13
—, endlose 254.5
—, feststehende 183.13
Kette, Gallsche 395.7
—, Hechel- 219 5
—, kleine 138 21
—, Krempel- 324 7
—, lockere 180 1
—, lose durchhängende 183 10
—, schlaffe 180.1
—, Sektor- 170 12
Ketten-antrieb 242.4
—aufwickler, Sektor- . . 351.4
—aufwindungsvorrichtung, Sektor- . . . 173 8
—befestigung 170 13
—drehung 541.1
—drucker 547 3
—durchbieger 152.9
—fangdaumen 152 9
—fitzen 564 2
—führung 253 9
—führungsrolle 244 6
—glied 254.2
—gliedführung 254.3
—gliedstift 254.4
—kammgarn 583.20
—laufbahn 244 4
—rad 172.12
—rolle 180.12, 183.11
—rolle auf dem Zapfen des Sektors 172 13
—schnippmaschine . . . 244.3
—spanner 40.5
—spannung 351.3
—strecke 219.4, 253.9
—trieb 447.4
—trommel 173.6
—trommel, Sektor- . . . 171.6
—trommelwelle, Quadranten- 181.9
—übertragung 106.16
Kettgarn 138.11, 154 14
—, hartes 138.10
—, mittleres 138 21
—spinner 2.19
—spinnerin 2 20
—spinnmaschine 138.2
—spule 520 5
Kettkötzer 154 13
—, Selbstspinner- . . . 569.1
Kett-schappe 587 21
—seide 431 9, 586 7
—spulmaschine . 12.1, 521 14
Kienol 314 22
Kies, gesiebter 271.12
—filter 271 10
—schicht 271 11
Kilogramm 600.22
Kiste, mit Papier ausgeschlagene 578.9
—, Kämmlings- 96.9
Kitt, harter 117.15
—, klumpiger 117.13
—, schnelltrocknender . 117.11
—, Tuch- 117.10
—, zäher 117 12
—maschine 117.23
— -undSchneidemaschine 117.23
kitten, ubereinander (Gewebelagen) . . . 65.5
Klammer 535.4
—, gezahnte 118.5
—, Verbindungs- 328.4
—band Deiß 62.8
Klapp-boden 320.6
—vorrichtung 567.3
Klappe 201.4
— für den Auswurf . . 260.3
—, Auswurf- 27.13
—, drehbare 365.11
—, Drossel- 297.3
—, einstellbare 286.8
—, Fadenführer- 143.13, 391.1, 554.13
—, Luftabzugs- 306.11
—, Verschluß- . . . 27.11, 39.11
Klappen-ventil 306.10
—winkel 321.16
Klappergeschirr 498.18
Klär-anlage, Schmutzwasser- 299.8
—kufe 299.19
Klären 299.6
klären, die schmutzigen Abwässer 299.7
Klärung und weitere Verwendung der Waschwässer 299.1
Klasse 14.20
—, Baumwoll- 13.7
—, Güte- 266.9
Klassierung des gehechelten Flachses 216.17
Klaue, Mitnehmer- . . . 347.3
Klauen-kupplung . . . 345.17
—muffe 29.12
—walze 30.3
Klaviermulden-speiseregler 28.9
—zuführung 312.7
Klebemittelbehälter . . 118.4
kleberhaltig 435.2
klebrig (Lederuberzug der Druckwalze) . 109.6
— werden (Baumwolle) 15.10
—er Viskosefaden . . . 469.3
—e Wolle 269.14
Klebschäbe 220.18
klebschäbige Flachshede 220.6
Klebschmutz 274.13
Kleiderstoff, Damen- . 397.2
kleinasiatische Rohseide 426.12
klein-er Kammring . . 379.2
—e Kette 138.21
—er Kopf 206.8
—e Spindelgeschwindigkeit 189.3
Kleinmuliniergewerbe . 412.12
Kleister, mit — behaftete Lumpen 396.18
—, Stärke- 117.18
Klemmen der Fordergitter 23.5
— des Scheibenrades . . 57.2
Klemm-backen 506.12
—druck 103.3
—druck, an der Durchhängestelle einen — erzeugen 447.2
—druck der Walzen . . 554.9
—schraube . 54.12, 55.9, 59.5, 126.5, 567.2
—stelle 103.2
—stelle der Speisewalzen 311.16
—vorrichtung . 343.9, 384.7
—vorrichtung, verschiebbare 432.5
—wirkung 103.4
Klemmung der Fasern zwischen den Walzen 103.1
Klette 402.4
—, ausgekohlte 308.11
—, ganze 367.4
—, murbe 302.8
—, schwarze 307.2.4
—, verkohlte 307.5
—, zerstorte 308.10
—, zerstuckelte —n . . 367.5
Kletten-brechwalze . . 367.7
—eindrucker 381.4
—reinigungswalze 319.20, 321.2
—rest 406.3
—schläger 368.12
—walze 319.20, 368.11
—wolf 367.8
—wolle 301.3
—zerstörer 367.6
klettige Wolle 301.3
Klinge, stumpfe 382.18
Klingel 223.14
Klingellänge 223.16
—, gleiche — der Streckbänder 223.17
Klingelvorrichtung . . 249.10
Klinke 358.9
—, Zinken- 173.7
Klinken-hebel 205.6
—kopf, einstellbarer . . 132.2
—kopf, regelbarer . . . 132.2
—rad 187.1
—zapfen 96.1
Klinkrad 256.2
Klopfen des Flachses . 217.15
— der Kokons 440.13
— der Wolle 266.18
klopfen (Kokons) . . . 440.14
— (Vlies) 265.11
— (Wolle) 266.17
Klopf-maschine 441.11
—raum . . 197.4, 267.10, 442.6
—saal 442.6
—welle 220.16
—wolf 266.19, 311.10
—wolf für Baumwollabfälle 196.15
Klöppel 510.6
—bahn 510.14
—büchse 510.9
—maschine 520.9
—spule 520.9
—träger in Kreuzform . 510.7
Klotz 243.8
—faden 159.1
Klumpen 20.5
Klumpen, Faser- 20.5
klumpiger Kitt 117.13
Klunkerwolf 406.7
Kluppe mit geripptem Kautschukbelag . . 245.7
—, Faden- 557.6
—, geöffnete 558.3
Kluppenbahn . . 214.6, 230.3
—hubexzenter 230.2
—hubscheibe 230.2
Kluppen-halter . 214.6, 245.8
—hub 215.5
—stange 558.9
—stangenbügel 558.8
—verschiebung 215.6
—wechsel 215.8
—wender 230.12
Knagge, verstellbare . . 241.11
Knaggenscheibe, gegeneinander verschiebbare —n 190.4
Knäuel 518.4, 520.17
—, Bindfaden- 593.7
—, gewölbter 520.18
Knäuelmaschine . 518.5, 538.2
—, einballige . . 518.6, 538.11
—, mehrballige . 518.7, 538.15
Knäueln 518.2
knäueln (Bindfaden) . 518.3
Knäuel-spindel 538.9
—wickelmaschine 518.5, 521.1, 538.2
—wickeln 515.2, 518.2
—winden 518.2
Knauler 5.5
Knaulerin 5.6
Knaulwickler 5.5
Knaulwicklerin 5.6
Knecht 11.7
—, doppelter 495.7
—, einfacher 495.6
kneten (Spinnpaste) . . 460.15
Knicken 475.11
Knie 133.3
—, Kratzen- 335.15
—bremse für die Spindel 147.9
—hebel 450.7
—scheitel 336.2
—winkel 336.3
knieförmiges Ablaßrohr 294.6
Knirschen der Seide . . 427.7
knirschender Griff . . . 427.6
Knochen-leim 472.15
—meißel(zum Abbrennen) 110.9
—öl 441.3
Knollen 20.5
Knopf 400.8
—loch 400.9
Knorpeltang 316.14
Knoten 424.1, 454.8
—, zu — geschlungene Hanfriste 231.5
—bildung 423.14
—bildung durch Unterbrechung der Grundfadenlieferung . . . 560.4
—garn, Schellack- . . . 591.13
—garnzwirnmaschine von Martin 559.2
—garnzwirnmaschine von Stein 559.11
—reißer 424.2
—stelle 424.1
—zwirn 591.18
knotig-e Jute 236.16
—er Seidenfaden . . . 425.16
—es Werg 220.7
Knüpferin, Docken- . . 576.11
Knüpfgarn 580.16
Koagulierungs-bad aus Karbolsäurelösung . . 460.1
—fähigkeit des Fällbades 464.5
—flüssigkeit 462.15
Kochen des Flachses . 217.18
— des Holzes mit Lauge 476.7
kochen (Abfallseide) . . 436.19
— (Haarzöpfe) 514.11
—, mit Aschenlauge (Flachs) 217.19
—, auf freiem Feuer (Kokons) 418.11
—, die Kokons 418.10
—, in Pflanzenlauge (Kokons) 419.14
—, in Siedekästen (Asbest) 490.4
kochendes Wasser . . . 418.8
Kocher 418.12
Koch-kessel 436.1
—pfanne 418.13
—salz 438.22

Koch-salzlauge 469.5
-salzlösung 465.5
-vorrichtung 418.12
Kodille 219.13
Koeffizient, Reibungs- . 47.3
-, Zwirn- 9.2
kohlen (Kokons) . . . 440.8
Kohlen der Seidenabfälle 440.7
Kohlensäureatmosphäre 459.14
kohlensäureerfullter Raum 459.14
kohlensaures Ammoniak 276.18
- Kali 272.9, 273.8
- Natron . . . 276.1, 309.10
Kohlenstoff 301.16
-sulfid 238.19
kohlenstoffreicher Körper 120.12
Kohlenwasserstoff, flüssiger 463.1
Kokon 413.1
- von Actias selene, mit Blättern umwickelter 414.9
- der bengalischen Rasse 414.4
- der einerntigen Seidenraupenrasse 413.15
- der japanischen Rasse 414.3
- der mehrerntigen Rasse 413.17
- reiner Rasse 414.1
- der zweierntigen Rasse 413.16
-, abgetöteter 413.10
-, nicht abhaspelbarer . 415.10
-, abwickelbarer . . . 413.5
-, angefaulter 415.16
-, angefressener 415.17
-, angestochener 415.19
-, atlasartiger 416.15
-, beschädigter 415.11
-, blaßgrüner 415.3
-, dichter 416.11
-, dickwandiger 416.14
-, durchbrochener 415.18, 436.7
-, durchsichtiger . . . 416.16
-, eiförmiger 414.8
-, eingeschnürter . . . 414.10
-, elastischer 416.21
-, fehlerhafter 415.8
-, feinkörniger 416.20
-, fester 416.10
-, fleckiger . . . 415.13, 436.9
-, gebackener 413.10
-, gedörrter 413.10
-, gelber 414.16
-, geöffneter 436.7
-, gerösteter 413.10
-, geschwefelter 413.11
-, goldgelber 415.2
-, graufarbiger 415.5
-, großmaschiger . . . 416.18
-, grüner 415.4
-, haspelbarer 413.5
-, nicht haspelbarer . . 415.10
-, lebender 413.9
-, lockerer 416.19
-, männlicher 414.6
-, metallisch schimmernder 415.6
-, netzartig gesponnener 416.17
-, regelmäßig gefertigter 416.6
-, rostiger 415.14
-, schimmliger 415.15
-, schwimmender 420.2
-, seidenarmer 416.3
-, seidenreicher 416.2
-, aus feinfädiger Seide 416.4
-, spitzer 414.13
-, stark basthaltiger . 417.2
-, strohgelber 415.1
-, unabwickelbarer . . 436.6
-, unentwirrbarer . . . 436.6
-, unfertiger . . 415.9, 436.5
-, unregelmäßig gefertigter 416.7
-, unterbrochen gesponnener 416.8
-, ununterbrochen gesponnener 416.8
-, wasserdichter . . . 416.12
-, wasserundichter . . . 416.13
-, weiblicher 414.7
-, weißer 414.15
-, wurmstichiger 415.19, 436.8
-arten 413.14
-faden 411.5
-faden, angelegter . . 421.10
-faden, flachzylindrischer 411.12
-fadenende, richtiges . 420.12
-fadengreifer 423.7
-halterzelle 423.10
Kokon-haspel, selbsttätiger 423.3
-hasplerin 421.1
-haut, innere 417.5
-hulle 418.8
-klopfmaschine 441.11
-korb 415.20
-masse, geklopfte . . . 440.17
-offner 442.15
-ruckstand 436.1
-schicht, innere 417.5
-schlagen mit der Hand 420.3
-schläger, mechanischer 420.6
-schlägerin 419.20
-sieb 418.15
-sortiererin 413.3
-watte 436.3
-wattenmaschine . . . 442.15
-zufuhrung, selbsttätige 423.8
Kokos-bast 492.15
-faser 492.15
-garn 588.14
Kokosnuß-faser 492.15
-ol 315.7
-olseife 433.20
Koksfeuerung 402.10
Kolbe 492.4
Kolben 291.10
-stange 291.14
-werg 232.5
Kollektor, Kupfer- . . . 113.5
Kollergang . . . 476.11, 490.11
Kollodium, leichtflussiges 462.12
-faden 461.5
-lösung 458.7
-lösung, starke 457.10
-lösung, wasserhaltige . 462.5
-seide 456.5, 588.7
-wolle 457.18
Kolonnenstich 69.2
Kolophonium 117.20
Kombination, Leder- . . 64.15
Kombinationswolf . . . 313.3
Kompressions-vorrichtung 45.11
-walze 46.1
komprimieren (Watte) . 45.10
komprimierte Luft . . 455.10
Kondensator 298.4
Kondensationswasser . 316.19, 419.3
Kondenswasser . 270.8, 419.3
-abfluß 571.8
Konditionier-anstalt . . 616.4
-ergebnis 615.17
-raum 616.11
-schein 616.3
-verfahren 615.9
-verlust 615.18
-vorrichtung 616.5
-vorrichtung für Seide 616.10
Konditionieren der Garne 615.3
konditionieren (Garn) . 615.4
konditionierter Titer . . 602.9
konisch-e Kreuzspule . 523.10
-e Schuttelmaschine . 259.1
-er Zapfen 543.10
- zulaufende Spindel . 145.8
konkave Kötzerspitze . 174.6
Konsistenz des Kittes . 117.14
Konstante, Kämmungs- . 49.20
Kontakt, elektrischer . 423.6
-feder 113.8
Kontinuekrempel . . . 203.5
Kontrolle, Ballen- . . . 16.15
-, Baumwoll- 13.3
-, Mischungs- 19.5
Kontroll-feder 423.4
-gewicht 613.17
-hebel 423.5
-putzhaspel für Seide . 568.4
-wägung 614.5
Konus 43.12
-riemen 43.13
Konvexdraht 65.18
konvexe Spule 140.19
konzentrierte Alkalilauge 464.16
- Kollodiumlösung . . 457.10
- Lauge 275.18
konzentrisches Einstellen von Fadenführerring und Spindel 554.14
Kopal, gepulverter . . 458.19
-lack zusetzen, dem Kollodium 458.20
Köper 68.16
-gewebe 64.24
-satz 68.15
Kopf 103.3
Kopf des Bartes . . . 445.13
- des Faserbartes . . . 82.12
- des Kötzers 556.9
- der Riste 375.9
- durchbohrter 548.12
-, Flugel- 130.6
-, Haken- 497.10
-, Hebel- 179.15
-, Hechelstab- 252.9
-, kleiner 206.8
-, Schrauben- 54.10
-, Spindel- 123.11
-, Zahnstangen- 46.10
Kopfende des Flachses . 211.8
- der Jutefaser 236.8
- des Vlieses 265.15
Kopf-gestell der Selbstzwirnmaschine . . . 558.13
-heber 93.7
-kämmen 82.13
-machen 576.10
-teller 76.3, 112.4
-wolle 265.19
Köpfe, gekreuzte . . . 103.15
Korb, Draht- 273.1
-, Garn- 570.17
-, Kokon- 415.20
-, Latten- 304.1
-, Schleuder- 289.3
-, Spulen- 361.11
-, umlaufender 305.3
-, Woll- 286.13
-boden 289.1
-welle 289.2
Korde 593.15
Kordel 593.10
Kördelchen 580.11
Kordelmaschine 502.8
Kordonnet-garn 580.10
-seide 586.19
kordonnierte Seide . . 586.19
koreanische Rohseide . 426.8
Korkfullung 595.5
Korkpolster 146.8
Korn, feines 71.3
-, grobes 71.2
-, spitzes 71.6
-beschaffenheit des Schmirgels 71.1
Körnerspitze 233.16
körnige Leimschicht . . 411.19
Korper 168.3
-, kohlenstoffreicher . . 120.12
-, rauher 507.2
-, zellstoffartiger . . . 472.12
Kotonisieren des Bastes 261.10
Kotspitzen 266.1
kotzen (Volant) 323.5
Kötzer . . 154.9, 530.4, 532.11
- mit Kreuzwicklung . 519.13
-, beendeter 357.10
-, fehlerhafter 174.12
-, Kreuz- 351.16
-, vollendeter 157.3
-ablaufzeug, abnehmbares 569.1
-ansatz 154.18, 543.14
-aufbau 154.17
-ausrücker 357.10
-bildung 154.17
-dämpfer 571.4
-dämpfer mit liegendem Kessel 571.10
-form 154.16
-führung, selbsttätige . 612.4
-fuß 527.17
-garn 583.11
-gewicht 157.5
-halter 611.17
-hülse 175.19
-körper 543.15
-leiste 611.2
-schicht 574.2
-schicht, bildende . . 155.14
-schicht, kreuzende . . 155.15
-schicht, trennende . . 155.15
-spindel 531.2
Kötzerspitze 155.1
-, nach innen gewölbte 174.6
-, konkave 174.6
-, zu lange 174.5
-, weiche 175.4
Kötzerspulmaschine . . 526.4
- mit hin- und hergehendem Fadenführer . 529.2
- mit Flügelfadenführer 533.8
- mit Leitkegel . . . 527.14
- mit Vorrichtung zum Aufwinden des Fadens unter beliebig einstellbarer Spannung 526.9
Kötzer-ständer 611.2
-stock 612.5
-stütze 165.7
-tüte 175.19
-vollendung 180.4
-windung 155.7
Krachen der Seide . . 427.7
krachender Griff . . . 427.6
Kraft, fällende - des Methylalkohols . . 463.7
-, federnde 66.15
-betrieb 609.3
-haspel für Leinengarne 568.2
-mehrverbrauch durch dickflüssiges Öl . . 148.11
kräftiger Flachs . . . 217.1
kraftlose Faser 14.5
krankes Schaf 206.4
- Vlies 365.3
Kranz, Gestell- 55.12
-, Rad- 281.2
-, Sektor- 170.11
Kratze 7.15, 49.12
-, abnehmende 323.15
-, geschliffene 338.16
-, Hand- 49.10
-, reihige 339.15
Kratz-maschine 7.15
-fläche 60.14
kratzen 7.14
Kratzen 7.13
- (Baumwolle) 49.8
- von Hand 49.11
-aufzieher 4.11, 63.8
-aufziehvorrichtung mit Gewichtsbelastung . 337.10
-aufziehvorrichtung, selbsttätige 337.11
-band 60.20, 449.4
-band mit Baumwollunterlage 62.12
Kratzenbeschlag 60.12.18, 323.11, 334.13
- der Abnehmerwalze . 88.6
- aus verzinntem Stahldraht 335.7
- mit Grund aus Leder und Stoffauflage . . 335.2
- mit Grund aus Stoff und Filz 335.1
- mit Stoffgrund . . . 334.15
-, feiner 335.12
-, grober 335.11
-, rauh gewordener . . 339.17
-nummer 335.9
Kratzenblatt 60.19
Kratzenblattbefestigung 61.5
- (Deißsche) 62.7
- mittels Draht . . . 62.4
- mittels umgebogener Grundplatte 62.3
- mittels Stahlklammern 62.5
- mittels Umbiegestreifen 62.2
-, Tweedalesche - mit Wulstklammern . . 62.6
Kratzen-deckel 54.13
-draht 65.14
-drahtindustrie 67.1
-fabrik 69.8
-fabrikant 69.6
-garnitur 60.18
-hobel 340.1
-industrie 67.1, 69.9
-knie 335.15
-leder, künstliches . . 64.20
-macher 69.6
-oberfläche, blanke . . 338.9
-oberfläche, wolkige . 338.10
-reiniger, pneumatischer 341.2
-schleifmaschine . . . 339.6
-setzmaschine 69.7
-spitze 67.5
-stich 335.10
-stoff 64.6
-streifen 60.19
-trommel 443.4
-tuch 64.21
-tuch, vierschichtiges - mit Kautschukklebung 65.7
-tuch, x-schichtiges . . 65.1
-tucherzeugung 65.13
-tuchherstellung . . . 65.16
-walze 202.15, 444.1
Kratzenzahn . . . 67.2, 335.3
- mit Doppelknie . . . 336.4
-, stumpfer 338.15
-form 67.3, 335.14
-spitze 335.17
-steg 335.16

Kratzenzähne, x – auf y Quadratzentimeter 335.9
Kräusel-garn, Pol- . . 591.3
–zwirn 591.20
Kräuseln der Haare . 514.8
Kräuselung der Faser . 101.2
Kreis, Spitzen- 30.8
–, Spulen- 97.1
–kamm 85.4, 379.7
–kamm, großer 379.1
–kämmer. 83.12
–messer 482.11, 483.2
–messer, gezahnte . . 478.5
–säge 231.16
–scheibe 35.3
–zange 449.1
kreisen (Flotte) 439.3
– (Lauge) 439.8
kreisender Fadenführer. 531.1
– Feuchtluftstrom . . 573.1
kreisförmig-er Rahmen. 96.12
–e Teilung 361.1
–er Vorstechkamm . . 98.10
kreisrunde Öffnung . . 295.9
Krempel 7.15, 49.12, 480.11, 481.5
– mit zwei Abnehmern 322.3
– mit Ausgang entgegengesetzt zum Eingang 249.13
– mit feststehenden Deckeln 77.3
– mit wandernden Deckeln 77.9
– mit Ein- und Ausgang auf derselben Seite. 250.1
– fur die Herstellung von Flammgarn 589.16
– mit selbsttätiger Reinigung 340.19
– mit Stichelhaarausscheidevorrichtung . 322.11
– mit nur halb ausgenutzter Trommeloberfläche 249.13
– mit nur oben ausgenutzter Trommeloberfläche 232.18
– mit nur unten ausgenutzter Trommeloberfläche 232.19
– mit vollständig ausgenutzter Trommeloberfläche 250.1
– mit Vortrommel . . 321.17
– mit Vorwalze . . . 321.17
– mit Wollflugsammler 322.5
–, Baumwoll- 198.2
–, Doppelabnehmer- . 201.13
–, einfache 319.3
–, halbkreisförmige . . 249.13
–, überdeckte. 221.12
–, uneingedeckte . . . 221.13
–, zusammenarbeitende –n eines Satzes . . 198.13
–abfall 194.16
–absteller 324.9
–arbeit 318.10
–arbeiter 4.6
–art 77.1, 319.8
–aufseher 75.17
–ausputz . . . 371.4, 398.7
–ausputz, öliger 298.13
–ausstoßer 75.10
–ausstrich 398.7
–band 7.20, 51.15
–beschlag 60.18
–bezieher 4.11
–bogen 56.4
–einsteller 60.17
–einstellung 60.15
–fläche 58.13
–flor 7.18, 50.1, 193.5, 326.14, 329.3
–flug 371.5
–garn 263.5
–haube 201.8
–kette 324.7
–meister 4.7
–putzer 4.10, 340.8
–reinigung mittels Saugvorrichtung 370.13
–roß 318.14
–satz . . 80.10, 198.10, 318.20
–schleifer. 4.9, 71.22
–setzer 4.8
–sortiment . . . 198.10, 318.20
–speiser, Lemairescher . 320.8
–speisung 319.9
–vlies 481.6
–walzenschleifmaschine 202.12
–wirkung des Deckels . 58.11
Krempelwolf . . 197.15, 313.4
krempeln 7.14
– (Baumwolle) 49.13
– (Wolle) 318.6
–, feucht 369.12
Krempeln 7.13
– (Baumwolle) 49.8
– des Flachswergs . . 220.20
– des Hanfwergs . . . 232.13
– der Jute 246.13
– der Kammwolle . . 369.11
– der Spinnereiabfälle . 198.1
– der Wolle 318.4
–, leichtes 221.2
Krempelung, doppelte . 80.9
Krempler 4.6
–, Baumwoll- 49.14
–, Woll- 318.11
Kreppen 484.19
Kreppgarn 584.19
Kreuz der Steuerwelle . 394.3
–, ins – gelegtes Vlies 325.18
Kreuz-fachmaschine . . 523.11
–fachmaschine mit Abstellung bei Reißen des Fadens 525.1
–form 510 7
–form, in – gewickelte Spule 96.14
–gewinde 373.17
–haspelvorrichtung . . 565.13
–kopf 292.1
–kötzer 351.16
Kreuzkötzerspulmaschine mit hin- und hergehendem Fadenführer . 528.16
– mit kreisendem Fadenführer 531.1
– mit als Läufer ausgebildetem Fadenführer und Vorrichtung zum Abstellen bei Reißen des Fadens 532.3
– mit Schlitztrommel . 529.1
– mit achsrecht hin- und herbewegter Spindel und durch Reibrolle geschaltetem Fadenführer 530.1
–schlag 509.2
–schnur 169.14
Kreuzspule . . . 96.14, 519.5
– mit kegelförmigen Enden 519.7
– mit geschlossener Wicklung 519.9
– mit offener Wicklung 519.8
–, konische 523.10
–, zylindrische 519.6
Kreuzspulmaschine . . 524.5
– mit Fadenfuhrerschlitztrommel . . . 523.8
– mit Schlitztrommel und zwangläufig angetriebener Spulenspindel 524.13
– fur beiderseits kegelförmige Spulen . . . 522.10
– für zylindrische Spulen 522.9
– mit mehreren Spulköpfen 521.4
– für Stickmaschinen . 533.9
Kreuz-wickel 551.4
–wicklung . . . 204.10, 474.7
–windung 155.15
–windung auf kegelförmige Hülsen 516.1
–windung auf kurze glatte Hülsen 515.14
–zwirn 591.17
kreuzen (Seidenfäden) . 422.5
–, die aufwärtsgehenden Fadenwindungen – sich mit den abwärtsgehenden 551.14
Kreuzen der Bänder . 386.19
– der Schicht im Abwärtsgang 552.1
kreuzend-e Kötzerschicht 155.15
–er Teil der Schichten 155.15, 351.12
kreuzförmiger Zapfen . 242.16
kreuzgerippte Nitschelhose 232.1
Kreuzung. . . . 155.15, 351.12
– der Flore 327.8
– der Riemen 330.8
–, doppelte 422.7
–, einfache 422.6
–, Faden- 517.10
Kreuzung, mit – übertragen (Pelz) . . . 325.17
Kreuzungs-stelle . . . 422.3
–stelle der Klöppelbahn 511.1
–vorrichtung nach Bergier 422.13
–vorrichtung nach Martin 422.10
kreuzweises Überspinnen 561.9
Kristall, faserartiger . . 489.12
–soda 276.2
kristallisierte Soda . . 276.2
kritischer Drehungsgrad 9.9
Krollen der Haare . . 514.8
Krollhaar 514.16
Krone, Haspel- 566.1
–, Spindel- . . 431.19, 355.14
–, längs zusammenklappbare 566.3
–, rund zusammenklappbare 566.2
Kronenkreuz 566.13
Kron-spule 519.12
–zahl 68.6
Krücke, Ausputz- . . . 340.13
Krümmer, Rohr- . . . 39.8
Krummzapfen. 373.8
krustenbildende Stoffe . 475.7
Kübel 283.1
–deckel 283.2
Kuchen, Harz- 508.12
Kufe, Entbastungs- . . 433.1
–, hölzerne 304.5
–, Klär- 299.19
Kugel-form 442.11
–gelenk 334.5
–kappe 381.10
–lager mit Laufrille. . 355.7
–lagerung 355.5
kugelförmig-er Familienspinnerkokon . . . 414.11
–es Familienspinnernest 414.11
kugelweise geschlagenes Seil 594.16
Kuhhaar 493.5
–garn 585.23
Kühler 298.4
–, Rückfluß- 298.7
Kühl-einrichtung . . . 572.1
–gefäß 572.2
–schlange 462.1
Kühlung, Trockenraum- 294.12
Kulisse 259.6
kulissenartige Führung. 20.13
Kulissen-führung . . . 46.3
–lagerung der Oberwalze 279.6
Kunkel 10.17
Kunstfaden aus Eiweißkörpern 471.10
– aus Fibroin 472.5
– aus Kasein 471.13
– aus Osseinlösung . . 472.16
– aus gallertartigen Pflanzenstoffen . . 472.11
Kunstseide aus Kupferoxydammoniakzelluloselösungen 464.4
– aus Viskose 468.9
–, feuergefährliche . . 462.9
Kunstseiden-garn . . . 588.5
–spinnerei 456.3
Kunstwolle 395.10
– aus Enden 395.13
– aus zerrissenen Garnen 395.13
– aus gefilztem Stoff . 396.1
– aus ungefilztem Stoff 395.14
– aus zerrissenen Wirkwaren 396.2
Kunstwoll-arten . . . 406.11
–erzeugung 395.8
–fabrik 396.4
–garn 582.18
–krempel 406.10
–wolf mit doppelter Arbeitsstelle 405.6
Kunstzwirn 589.13
künstlich-er Kautschuk 65.10
–es Kratzenleder . . . 64.20
–e Noppe 590.10
–es Roßhaar 588.11
–es Trocknen 292.14
– erzeugte Wärme . . 292.15
– eingefettete Wolle. . 274.12
Kupfer, schwefelsaures . 458.23
–blechtrommel 282.2
–bürste 113.3
–draht 461.11
–drahtseil 595.18
–haken zur Entfernung der Wickel 108.1
Kupfer-kapsel, sich drehende 360.13
–kollektor 113.5
–niete 61.10
–oxydammoniak . . . 458.22
–oxydammoniakseide . 588.6
–oxydammoniakzelluloselösung 464.4
–seide 464.4, 588.6
–vitriol 458.23
kupfer-armer Seidenfaden 467.17
–haltiger Faden. . . . 467.4
–ne Tauchwalze . . . 576.2
Kuppel-hebel 354.8
–muffe, Walzen- . . . 345.16
–rad 127.4
–rad, Streckwalzen- . . 187.14
–schale 161.10
–teil, angegossener . . 348.12
–teil, verschiebbarer . 345.18
Kupplung 166.10
–, Klauen- 345.17
–, Mandausen- 394.4
–, Reibungs- 157.14
–, Sektor- 173.1
–, Wagen- 183.6
–, Wageneinzug- . . . 161.6
–, Zahn- 182.12
–shebel 510.10
Kurbel, Hand- 171.4
–rechen 278.10
–scheibe . . 60.2, 98.15, 292.3
–stange 111.15, 292.2
–zapfen 219.8
Kurve 524.12
–, Ansatz- 167.13
Kurven-bahn 510.13
–bahn, abfallende . . 531.11
–bahn, aufsteigende . . 531.10
–scheibe 536.13
–scheibenwelle 536.14
–schiene 153.6
–schlitz 123.14
Kurz-flachs 211.4
–hülse 166.18, 356.9
–spliß 493.23
–splissung 359.21
kürzen (Jutefasern) . . 242.10
Kürzen der Jutefasern. 242.11
– des Seiles 494.4
kurzfaseriger Asbest . . 490.1
–e Lumpen. 396.9
–er Rohstoff 6.10
kurz-gehaspeltes Garn . 563.6
–haspelig haspeln . . . 563.4
–stapelige Baumwolle . 14.12
–strähnige Rohseide . . 426.3
–wolliges Erstlingsvlies 365.1

L

Lack für Ledermuffen . 120.6
Lack-schicht 120.7
–überzug 120.7
lackieren (Leder) . . . 120.5
Lackmus-farbstoff, blauer 309.7
–farbstoff, roter . . . 309.6
–papier 309.8
Lage 175.11
– des Garns 576.3
–, Baumwoll- 19.17
–, Papier- 64.18
lagenweises Schmelzen . 317.6
Lager der Abnehmerwalze 88.7
–, amerikanisches . . . 324.4
–, Ballen- 17.8
–, elastisches 146.9
–, Fuß- 97.12
–, geschlossenes . . . 324.6
–, Hechelflachs- . . . 217.11
–, Schleifwalzen- . . . 73.10
–, Walzen- 105.4
–, Wickel- 34.5
–, Woll- 264.5
–bock . . . 59.6, 105.5, 281.5
–deckel der Wagenwellenbüchse 94.13
–gehäuse 145.9
–gehäuse, kastenförmiges 342.13
–kopf für das Trommelwellenende 192.8
–körper 59.9, 145.9
–platte 132.11
–rippe 324.5
–schale 105.6, 360.1
–ständer 289.6

Lager-stutze, verstellbare 55.2
–träger 373.7
–verwalter 6.2
–winkel 349.5
–zapfen der Spindel 355.12
Lagern 217.13
lagern (Baumwolle) 17.9
– (Flachs) 210.12
–, beweglich in kulissenartigen Führungen 20.13
–, leicht drehbar (Vorgarnspule) 128.6
–, die gefilterte Spinnlösung 463.15
–, warm (Beschläge) 64.3
Lagerung der Aufsteckspindel 128.12
– des Flachses 210.13
– des Garnes in feucht gehaltenen Kellern 574.11
– der Trommelwelle 192.7
lahme Feder 106.5
Lama 397.7
–garnspinner 408.16
–garnspinnerin 408.17
Lamelle, Stahl- 56.5
Lamellenfeder 279.7
laminierte Seide 587.16
Lammwolle 264.11
lang zuführen (Fasern) 328.16
langfaserig-er Asbest 489.13
–e Lumpen 396.10
–er Rohstoff 6.11
lang-stapelige Baumwolle 14.13
–strähnige Seide 426.4
–wolliges Erstlingsvlies 364.18
Lang-flachs 210.22, 212.9
–flachsgarn 581.6
–flachsspinnerei 210.18
–hanf 496.10
–hanfspinnerei 228.13
–jute 244.8
–pelzvorrichtung 327.18
–riffelung 241.2
–sieb 476.15
–spliß 493.22
–splissung 359.20
Länge des Fadenfuhrerhubes 533.13
– der Faser 6.14
– der Speisung 93.11
– des Stapels 14.11
– der Verlötung 86.1
–, gleiche – der Speisebänder 223.13
Längen-einheit 598.12
–maß 600.5
–verlust des Garnes 604.10
Längsfaser-band 329.2
–pelz 325.6
–speisung 198.15, 320.1
Längs-gitter 23.7
–kanal 477.4
–kante 119.6
–leisten, rostartige 477.5
–richtung des Flors 327.16
–schiene 312.14
Längsschneider 481.11, 489.4
– mit Messerwelle und Nutenwalze 482.14
– mit einer Messerwelle 481.13
– mit zwei Messerwellen 481.12
– mit Nutenwalze 482.14
– mit zwei Nutenwalzen 483.8
Längs-streifen, dichtgewebte 477.7
–streifung, scharfe– der wilden Seide 427.23
längs zusammenklappbare Krone 566.8
–gewellte Hülse 473.4
langsam bewegte Drahthürde 295.14
– fällende Flüssigkeit 466.14
– führen (Lehre) 499.10
– trocknen 292.20
– wirkende Fällflüssigkeit 466.14
langsam-es Auseinanderziehen 606.23
–e Vorlösung 25.10
Langsamschliff 69.17
Lanolin 300.19
Lappen 400.7
Lastinggarn 584.18
Lastseite der Wage 613.2
Laterne 502.5
Lätsche 496.17
Lätschpfahl 494.2
Latte 354.12
Lattengitter, unteres 21.8
Lattengitter, Verteilungs- 23.8
–, wagrechtes 21.8
Latten-halter, Spindel- 344.8
–kasten 437.17
–kette 446.14
–korb 304.1
–korb, aufgehängter 304.2
Lattentuch 20.8, 22.3, 196.10, 327.11
– mit selbsttätiger Umsteuerung 40.7
–, endloses 20.8
–, Nadel- 28.6
–, Speise- 41.1
–, unteres 29.2
–, Staubfang- 38.15
–, wanderndes 375.14
Latten-trommel 24.1
–walze 24.6
Lauf des Gitters 23.11
–, Bänder- 386.17
–, schräger – des Betriebseiles 349.10
–, Wagen- 344.6
–bahn, Ketten- 244.4
–bogen, Deckel- 55.5
–bogen, federnder 54.6
–bursche 3.19
–deckel 53.7, 54.7
–ende 73.6
–junge 3.19
–leder 93.3, 332.2
Laufrichtung der Deckel 57.3
– der Fasern 325.15
–, in der – liegen (Fasern) 325.14
Lauf-rille 355.7
–ring 355.6
–ringkugellager 355.7
–rolle 447.5, 504.2, 510.12
–schiene 167.3, 431.20
–schiene, auf dem Boden der Seilbahn angeordnete 504.1
–schiene, an der Decke der Seilbahn angebrachte –n für den Ausziehwagen 503.15
–spule 153.8, 520.4
–stock 430.2, 431.20
laufen in derselben Richtung wie die Trommel (Deckel) 57.4
– in der entgegengesetzten Richtung wie die Trommel (Deckel) 57.5
– mit der Trommel (Deckel) 57.4
–, auseinander (Führungsgabeln) 129.12
–, einfach (Faden) 133.13
–, gegeneinander (Führungsgabeln) 129.11
–, gut 390.5
–, leicht 390.7
–, in Öl (Wellenzapfen) 290.11
–, ruckweise 386.18
–, schlecht 390.6
–, schwer 390.8
–, gegen die Trommel (Deckel) 57.5
laufendes Tauwerk 596.21
Läufer 137.20, 150.6, 321.8, 497.17, 502.15, 552.3
– für Naßzwirnmaschinen 552.6
– für Trockenzwirnmaschinen 552.7
–, federnder 529.13
–, kegelförmiger 231.3
–, leichter 150.10
–, Messingdraht- 226.10
–, ohrförmiger 552.8
–, schwerer 150.11
–, zurückbleibender 141.18
–bremsung 150.15
–führung 149.13
–nummer 150.12
–putzer, einfacher 150.16
–reibung 150.15, 552.4
–ring mit Stahlblechunterlage 391.12
–stab 392.1
–stäbchen 392.3
–walze 200.2, 313.6
–zug 151.1
Läufern 497.18
Lauge 275.11
–, alkalische 437.4
–, Aschen- 419.15
–, frisch angesetzte 275.14
Lauge, gebrauchte 276.5
–, geschärfte 276.7
–, konzentrierte 275.18
–, starke 275.18
–, warme 275.17
–, x-gradige 275.19
Laugen-behälter 439.2
–bereiter 275.12
läutern (Fett) 300.8
Läutern der Rohpottasche 273.10
Läuterung, Pech- 508.10
Läutwerk 370.9
lauwarm 60.10
–e Sodalösung 309.18
Lawsonsche Vorkrempel 248.8
lebender Kokon 413.9
Leblancsche Soda 309.14
Leder 64.11
– aus Eichenlohgrubengerbung 332.4
–, abgeschliffenes 185.8
–, endloses 451.8
–abfall 120.14
–ansatz 535.3
–band mit Gewichtbelastung 183.1
–beschlag der Abnehmerwalze 248.6
–bezug mit Hohlrinnen 109.9
–bezug der Walze 118.11
–flügelwalze 368.3
–hose 204.6
–hose, aufgerauhte 331.16
–hose, glatte 331.15
–hulsenende 110.4
–kegel 187.3
–kombination 64.15
Ledermuff 98.5, 115.15, 118.12
–, gewaschener 332.13
–, kaltgeleimter 119.5
–aufziehmaschine 119.10
Leder-polster 442.1
–schlauch 98.5
–schleifmaschine 118.17
–segment 85.6
–seil 592.10
–sektor 85.6
–spleißmaschine 118.20
–streifen 64.16
–streifenschneidmaschine 118.18
–stulp 547.12
–tuch 389.14
–überzug 110.2
–überzug der Druckwalze 109.6
–unterlage der Spule 140.12
–walze 85.11
leer-es Gatter 24.14
–e Spule 141.10
Leer-lauf 387.8
–scheibe 100.14
Leeson-Spule mit geschlossener Wicklung 519.11
– mit offener Wicklung 519.10
Lege-trichter 328.9
–vorrichtung 327.13
–vorrichtung von Blamire 327.10
legen, um die Walze (Tuch) 118.7
Legierung, säurebeständige 304.22
Lehm, mit – ausgeschlagene Platte 376.4
Lehner-seide 588.7
–sche Spinnvorrichtung 461.13
Lehre 92.3, 362.5
– zum Bleien der Gegenwinderstangen 362.16
– zum Stellen der Aufwinderwelle 362.14
–, dreirämmelige 499.6
leicht bläuen (Kammzug) 386.1
– drehbar lagern (Vorgarnspule) 128.6
– drehen, beim Aufspulen (Fäden) 430.9
– entflammen (Seide) 462.8
– laufen 390.7
–es Ablaufen des Zierfadens 560.5
–es Abrollen 41.15
–e Auflage 102.2
–e Entflammbarkeit der Kollodiumseide 462.7
–e Entzündbarkeit der Kollodiumseide 462.7
–es Krempeln 221.2
–er Läufer 150.10
–es Papier 479.12
–e Papierhülse 124.8
leicht-es Seilergarn 592.12
–es Vlies 264.17
–e Vorlage 102.2
–e Zwirnung 431.5
leichtflüssig-es Kollodium 462.12
–es Spindelöl 148.7
–es Wollfett 274.7
Leichtflüssigkeit des Lösungsmittels 463.10
leiden (Farben) 403.4
Leim 117.17
–, tierischer 459.9, 471.1
–, Fisch- 333.2
–, Seiden- 411.8
–aufstrich 71.9
–fuge des Leders 119.7
–lösung 71.11
–schicht 411.14
–schicht, körnige 411.19
–schicht, Seiden- 411.10
–stelle der Hose 333.3
–stoff 471.5
–wasser 71.11
Leimen des Laufleders 333.1
leimen (Lederbezug) 119.4
Lein-garn 493.15
–öl 458.21, 484.8
–samen 316.15
Leine 593.17
–, Spindeltrommel- 353.2
leinenfreier Mungo 407.1
Leinengarn 581.5, 592.9
–, appretiertes 581.14
–, gebleichtes 581.17
–, lüstriertes 581.16
–weife mit beweglichem Fadenführer 612.6
Leinenzwirn 581.19
Leipziger Elle 600.18
Leiste 31.10
–, aufgeschraubte 603.6
–, Bogen- 342.11
–, Führungs- 104.13
–, Haken- 498.1
–, Hartholz- 98.13
–, Kötzer- 611.2
–, Nadel- 48.2, 86.11
–, Schlag- 40.13
–, schwingende 381.3
–, Zahn- 312.10
Leisten-führung zwischen den Zangen 86.3
–garn 582.17
–mantel, Hechel- 230.9
–rost, Nadel- 260.11
–support des Wagenhebels 603.9
Leistung je Kopf und Stunde 83.9
– der Krempel 318.12
Leitauge 452.7
–, Faden- 423.1
Leit-blech 247.14, 250.13, 257.8
–hebel 379.16
–holz, dreirämmeliges 499.6
–kegel 528.2
–kegelachse 528.5
–öse, Faden- 525.3
–platte, stellbare 226.3
Leitrolle 144.14, 171.14, 506.7, 525.9
– für das Papierband 488.10
–, Aufwinder- 180.11
–, einfache 43.16
–, polierte 384.10
Leitrollen-lager des dreirilligen Schnurtriebes 192.3
–stelleisen 353.5
Leit-röllchen, Faden- 473.6
–schiene 281.11
–schiene, gegliederte 168.4
–schieneneinstellung, Faden- 535.12
–schnecke, Faden- 545.8
–spindel 190.15
–spindel für die Riemengabel 527.2
–stäbchen 487.18
–stange 128.1
–stift 560.14
–trommel 245.9, 448.10
–trommel, gebremste 356.6
–walze 482.5, 485.4
–walze, Hübnersche 99.1
leiten, über eine Brücke (Florschichten) 201.2
–, über eine Brücke (Watte) 201.2
–, mit der Hand (Faden) 521.13

leiten, pneumatisch — durch Rohre (Baumwolle) . . . 39.4
—, während des Zusammendrehens (Fäden) 498.13
Leiter, Betriebs- . . . 1.16
—, Faden- . . . 422.2
—, Spinnerei- . . . 1.12
Leitung der Flotte nach dem Gegenstromverfahren . . . 280.8
—, Rohr- . . . 24.9, 27.15
—, Wärme- . . . 294.15
—sdraht, elektrischer . . 113.4
Lemairescher Krempelspeiser . . . 320.8
Lenkstange . . . 131.9, 283.10
letzte Anwindungsstelle 165.7
— Nadelreihe . . . 88.2
— Schicht . . . 168.2
Leukogen, doppeltschwefligsaures . . 401.10
levantinische Rohseide . 426.11
Leviathan . . . 279.11
— mit drei Bottichen . 280.1
—rechen . . . 286.11
—trog . . . 366.2
—-Wollspulmaschine . . 286.12
Liefer-walze 51.9, 86.5, 358.13, 378.11, 393.5, 486.9, 489.10, 502.11, 526.11, 545.6
—zylinder . . . 51.9
liefern (Wärmemenge) . 293.4
—, das verzogene Vorgespinst (Streckwerk) . . . 163.13
Lieferung . . . 103.7
— des Lunters . . . 133.7
— des Öffners . . . 26.18
—, gleichlaufende . . . 14.16
—, Walzen- . . . 345.9
Lieferungs-fähigkeit des Lunters . . . 133.7
—seite . . . 35.11
—uhr . . . 133.9
liegen, in der Zange (Kämmgut) . . . 99.7
liegend-e Aufsteckspindel . . . 566.7
—er Flügel . . . 501.13
—er Kessel . . . 571.10
—er Saugöffner . . . 39.3
—e Verseilmaschine . . 506.3
—e Vorgarnspule . . . 341.11
Liene . . . 593.17
linde Seide . . . 427.16, 434.5
Lindenbast . . . 492.17
Lineal . . . 87.4, 119.1
Linie . . . 593.17
links gedreht-es Gespinst 153.13
—e Litze . . . 510.5
—er Zwirn aus rechtsgedrehten Fäden . . 540.7
links gewickelt . . . 164.5
— verlaufend . . . 68.18
—drähtige Litze . . . 594.4
—gängige Schraubenlinie . . . 517.12
—händige Kämmaschine 83.4
—sinnig drehen (Faden) 154.1
Links-drehung . . . 540.11
—schraubengang . . . 240.13
—zwirn . . . 540.12
Linse, Stahl- . . . 289.5
linsenförmige Scheibe . 421.13
Lister-sche Kämmmaschine . . . 379.8
—sche zweiköpfige Seidenkämmaschine . . 448.7
—-Warburtonsche Kämmmaschine . . . 449.13
Little und Eastwoodsche Zangentrommel . . 381.11
Litze . . 493.16, 503.12, 580.11
—, gespannte . . . 499.16
—, gleichförmig gearbeitete . . . 594.6
—, Hanf- . . . 592.5
—, linksdrähtige . . . 594.4
—, links gedrehte . . . 510.5
—, rechtsdrähtige . . . 594.5
—, rechts gedrehte . . . 510.4
—, schlaffe . . . 499.15
—, x-fädige . . . 594.8
Litzen-austreibemaschine 502.8
—ende . . . 504.15
—garn . . . 580.10
—hemmvorrichtung . . . 504.6
—kern . . . 594.8
—kern, unrunder . . . 595.14
—schicht, äußere . . . 594.7
Litzen-schlagmaschinen . 502.13
—schnur . . . 593.14
—schraubenlinie . . . 498.15
—seil, Dreikant- . . . 595.15
—spinnmaschine, Seil- . 502.13
—spule . . 503.13, 505.3, 509.12
—zwirn . . . 581.21
—zwirnmaschine . . . 502.8
Loch . . . 512.4
— für den Spulenmitnehmer . . . 554.12
—lehre . . . 363.1
—reihe . . . 61.7
—scheibe . . . 503.5, 509.9
Lochung der Deckelplatte an beiden Rändern . . . 61.6
Locke . . . 329.12
Locken . . . 265.18
— ohne Ende . . . 329.16
—band . . . 329.16
—kasten . . . 329.14
—krempel . . . 329.9
—maschine . . . 329.9
—mulde . . . 329.14
—schüssel . . . 329.14
—spinnmaschine . . . 343.8
—tisch . . . 329.15
—trommel . . . 329.13
—wolle . . . 265.18
locker gebauter Kokon 416.19
— zwirnen . . . 431.4
—e Fasermasse . . . 440.18
—e Kette . . . 180.1
—er Kokon . . . 416.19
—e Noppe . . . 590.12
—e Wolle . . . 269.13
lockern (Florettmasse) . 440.1
— (Strähn) . . . 424.17
—, beim Abnehmen (Strähne) . . . 432.9
—, den Zusammenhang der Jutezellen . . . 237.9
Lockern der Strähne 432.10
Lockerung des inneren Zusammenhanges des Kotzers . . . 571.17
Loden . . . 402.7
Löffel . . . 111.11
—, Sieb- . . . 418.16
löffelartige Führung . 111.11
Log[g]leine . . . 593.24
Lohgrubengerbung, Eichen- . . . 332.4
Lohnkämmerei . . . 376.15
lombardischer Titer . 601.16
Londoner Pfund . . . 601.3
Loopgarn . . . 591.19
Los, Flachs- . . . 210.1
—, Woll- . . . 266.11
Losdrehen der Litzen . 500.6
lose aufgesetzt . . . 342.10
— gedrehtes Garn . . . 9.19
— durchhängende Kette 183.10
— gewebtes Jutepackleinen . . . 16.13
— gezwirnt . . . 541.3
— liegen (Fasern) . . . 7.10
— sitzen (Scheibe) . . 160.15
— sitzen, auf der Hauptwelle (Abschlagbremsrad) . . . 161.9
— sitzen, auf der Spindel (Spule) . . . 255.10
— stecken (Scheibe) . . 160.15
—r Deckel . . . 284.1
—s Fasergut . . . 7.9
—s Gespinst . . 9.19, 159.19
—r Hebel . . . 178.11
— Lunte . . . 122.4
— Rolle . . . 547.3
— Schäbe . . . 220.19
— Wicklung . . . 169.3
—s Zusammendrehen . . 8.23
— Zwirndrehung . . . 541.4
Lösen und Reinigen des Asbestes auf nassem Wege . . . 490.2
— und Reinigen des Asbestes auf trocknem Wege . . . 490.5
lösen (Pottasche) . . . 273.6
— (Verbund) . . . 165.5
—, mittels alkalischer Flüssigkeit (Kasein) 471.19
—, vom Flügel (Spindel) 547.13
—, durch Gas (Verkittung der Seidenfasern) . . . 438.5
—, die Interzellularsubstanz der Jutezellen 237.10
losen, sich (Kollodiumwolle) . . . 462.2
Löslichkeit des Leimstoffes in Wasser . 471.5
— des Schweißes . . . 272.3
löslich-e Seife . . . 272.7
—e Verunreinigungen . 268.5
—es Zinksalz . . . 469.13
Losrolle auf dem Sektorzapfen . . . 171.10
Losscheibe . . . 160.14
— auf der Hauptwelle . 187.4
Lösung, Alaun- . . . 238.18
—, alkoholische — von Ammoniumchlorid . 457.11
—, neutrale . . . 305.13
—, Pottasche- . . . 273.5
—, Salpeter- . . . 419.17
—, schäumende . . . 277.10
Lösungs-abfluß . . . 298.8
—behälter . . . 298.3
—mittel . . . 463.10
—mittel, flüchtiges . . . 297.10
Lösungsvermögen . . . 457.18
— des Haspelwassers . 419.7
— der Waschmittel . . 275.1
löten, die ausgekämmten Faserbärte . . . 85.18
Löt-gestell . . . 87.1
—kolben . . . 86.22
Lotleine . . . 593.23
lotrecht-e Bewegung des Spulenwagens . . 140.16
—er Sperrschieber . . . 526.1
—e Welle . . . 333.14
Lowry-Ballen . . . 16.1
Lücke, Beschlag- . . . 329.11
—, Verzahnungs- . . . 537.2
Luft, mit Feuchtigkeit durchsetzte . . . 296.5
—, mit Feuchtigkeit gesättigte . . . 572.12
—, feuchtwarme . . . 570.2
—, heiße . . . 417.16
—, ölfreie feuchte . . . 575.2
—, trockene . . . 295.7
—, verdichtete . . . 455.10
—, mit Wasserdampf gesättigte . . . 293.14
—abschluß . . . 66.9
—abzugsklappe . . . 306.11
—anfeuchter . . . 575.7
—ansaugen . . . 31.16
—auslaß . . . 296.6
—bahnseil . . . 597.3
—erhitzer . . . 306.4
—erneuerung . . . 293.16
—erneuerung durch Wärmeunterschiede 293.17
—kammer . . . 296.2, 352.4
—leere . . . 572.5
—rohr . . . 306.12
—rohrleitung . . . 575.8
—strom . . . 32.2
—strom, gefeuchteter und angewärmter . . 574.18
—stromstrahl . . . 384.6
—strömung . . . 59.12
—verteiler . . . 572.18
—wechsel . . . 293.16
—zug, mit der Schnellwalze kreisender . . 323.1
—zutritt . . . 294.11, 323.2
Lüfter . . . 22.7, 259.9, 306.7
—, blasender . . . 295.6
—, Saugzug- . . . 24.8
Lüftung . . . 293.16
Luisianagarn . . . 579.4
Lumpen . . . 396.6
— von Damenkleiderstoffen . . . 397.2
— von guter Farbe . . 398.1
— von schlechter Farbe 398.2
— reißen . . . 403.10
—, abgeschossene . . . 398.3
—, alte . . . 396.7
—, aufgefärbte . . . 398.4
—, ausgeschleuderte . . 403.19
—, bunte . . . 397.22
—, entsäuerte . . . 403.7
—, farbige . . . 397.22
—, feine . . . 396.14
—, gerissene . . . 403.11
—, geschnittene . . . 400.6
—, gesonderte . . . 399.8
—, grobe . . . 396.13
—, halbwollene . . . 396.12
—, mit Kleister behaftete 396.18
—, kurzfaserige . . . 396.9
—, langfaserige . . . 396.10
—, mittelfeine . . . 396.15
Lumpen, neue . . . 396.8
—, reinwollene . . . 396.11
—, saubere . . . 396.16
—, schmutzige . . . 396.17
—, schwarze . . . 397.24
—, sortierte . . . 399.8
—, staubige . . . 396.19
—, trocken gerissene . . 403.16
—, ungelöste . . 404.12, 405.2
—, verschiedenfarbige . 397.23
—, verschossene . . . 398.3
—, verweste . . . 396.21
—, verwitterte . . . 396.20
—, weiße . . . 397.21
—auflösungsmaschine . . 405.1
—auskohlung . . . 402.1
—entstaubungstrommel . 400.19
—großhändler . . . 399.5
—händler . . . 399.4
—karbonisation . . . 402.1
—reißer . . . 403.12
—reißmaschine . . . 404.5
—reißwolf mit doppelter Arbeitsstelle . . . 405.6
—sammler . . . 399.3
—sortierer . . . 400.1
—sortiererin . . . 400.2
—sortiertisch . . . 399.14
—wäsche . . . 401.2
—waschmaschine . . . 401.6
—wolle . . . 395.10
Lunaseide . . . 588.8
Lungenschützer der Wolfer . . . 442.9
Lunte 9.15, 122.2, 342.6, 579.18
— der Vorspinnkrempel 328.15
—, Jute- . . . 254.12
—, lose . . . 122.4
—, schwachgedrehte . . 122.4
Luntenanwindungspunkt . . . 124.18
Luntenführer . . 129.6, 257.5
— mit veränderlichem Hub . . . 144.1
— für den Mittelzylinder 191.12
—latte . . . 129.7
—stange . . . 129.7
Lunten-führung . . . 129.5
—führungsstab . . . 394.12
—platte . . . 257.7
—platte, stellbare . . . 226.8
—riß . . . 125.8
—schiene . . . 142.8
—spannung . . . 125.2
—spinnmaschine . . . 11.10
—weife . . . 611.6
Lunter . . . 11.10, 121.11
Lüstergarn . . . 584.4
lüstriert-es Leinengarn 581.16
—e Seide . . . 587.15
Lyoner Titer . . . 601.18
— Titrierung, neue . . 601.13

M

Madrashanf . . . 492.7
Magazin, Flachs- . . . 210.14
—wärter . . . 6.2
Magermilch . . . 471.16
mager-e Waschlauge . 275.20
—er Zwirnfaden . . . 541.8
Magnesia, schwefelsaure . 465.11
—seife . . . 270.15
—verbindung . . . 270.11
Magnesium-chlorid . . 305.17, 457.13, 483.15
—hydroxyd . . . 465.12
—salz . . . 465.9
—sulfat . . . 465.11
—sulfatbad . . . 465.10
Magnet, Stahl- . . . 360.11
—pol . . . 360.12
magnetelektrische Maschine . . . 113.1
Mähnenhaar . . . 493.4
Mailänder Titer . . . 601.16
Mako-abfall . . . 194.15
—garn . . . 579.3
malachitgrüner Seidenfaden . . . 467.18
Malardscher Entschweißer . . . 365.6
Malcolmsche Batschvorrichtung . . . 242.1
Manchester Titer . . . 601.20
Mandause . . . 163.7, 177.6
Mandausen-bewegung . 163.8
—kupplung . . . 394.4
—walze . . . 177.6

Mandausenwelle 163.6, 177.7, 394.5
Mangan-chlorür 457.4
—oxydul, schwefelsaures 401.16
—oxydulsalz 469.14
—sulfat 401.16
—vitriol 401.16
Mangel 119.15
—rad 256.9, 546.8
—radanordnung für die hin- und hergehende Bewegung des Spulenwagens 546.7
mangelhafte Wäsche 269.10
Mangeln der belederten Walze 119.14
mangeln, die belederte Walze 119.13
Manilahanf 492.5
—seil 592.7
Manilaseil 592.7
männlicher Kokon 414.6
Mannloch 298.5
Manometer 385.15
Mantel der Druckwalze 115.11
— des Trockners 616.13
—, Bohlen- 244.11
—, Faden- 9.23
—, Guß- 289.7
—, Hechel- 214.4
—fläche, rauhe 559.12
—scheibe, Hechel- 230.8
—stift, Trommel- 260.2
—trommel, obere 214.10
—trommel, untere 214.11
Marabuseide 586.14
Marke 16.6
—, Qualitäts- 235.7
Marken-brettchen 235.6
—lappen mit Gutebezeichnung 235.5
—lappen mit Qualitätsbezeichnung 235.5
Marlpfriem 494.2
Marsch-kolben 186.10
—rad 186.10
Marseiller Seife 277.18
Martin, Knotengarnzwirnmaschine von 559.2
Masche 496.17
Maschen, verlötete 477.8
—weite des Drahtgewebes 195.11
maschenartig gesponnener Kokon 416.17
maschig, ~—es Metalltuch 465.18
Maschine zum Auflegen eines Faserflors auf eine im Entstehen begriffene Papierbahn 480.10
— zum Belegen einer Papierbahn mit Faserflor 481.2
— zur Herstellung von Dreikantseilen 509.15
— zur Herstellung von Papierstoffvorgarn 478.14
— zum Krollen von Roßhaar 514.9
— mit einer Messerwelle zum Schneiden einer Papierbahn in Streifen 482.1
— zum Spinnen von Papiergarn aus Papierbahnen 489.1
— zum Strecken und Polieren von Schnuren 507.17
—, doppelseitige 209.11
—, einseitige 209.10
—, magnetelektrische 113.1
Maschinen-bett 117.24
—flachs 212.11
—garn 581.10
—gestell 104.2
—hecheln 213.13
—hechler 215.18
—kämmen 376.12
—öl 361.12
—putzerei 454.14
—schleifen 338.21
—seide 587.9
—seilerei 501.11
—speisung 28.4
—spinnerei 11.9
—wäsche 268.19
—werg 220.1
—zug 374.9
Marseiller Seife 434.2
Maß, englisches 600.12
Maß, metrisches 600.6
Masse, Faser- 25.10
Masse, säurefeste — für den Säurebehälter 304.4
Massengewicht 290.15
Material, handtrockenes 306.17
—, ungefilztes 395.14
matt-e Seide 427.19
—glänzende Seide 427.19
Mattzwirn 580.9
Maul, Zangen- 84.13
Maulbeer-kokon 414.2
—seide 410.5
—seide, wilde 410.7
—seidenfaden 411.6
Maurer-schnur 593.12
—seil 594.10
Maximalspannung des Fadens 454.17
Mazerieren des Bastes 261.9
Mc Naught-scher Ausheber 283.4
—sche Wolltrockenvorrichtung 295.3
mechanisch-er Ausrücker 113.15
—er Einspanner 215.9
—e Einwirkung des Schweißes 272.6
—es Entkletten 367.2
—er Haspel 565.6
—er Kokonschläger 420.6
—es Reinigen der Kratzenbeschläge 340.18
—e Reinigung der Wolle 266.14
—e Schaltung 113.14
—e Speisung 28.4
Medio 580.4
—garn 580.4
—kette 138.21
—twist 580.4
mehrballige Knäuelmaschine 518.7, 538.15
mehreckige Spindelspitze 355.14
mehrere Aufsteckspindeln tragen 568.14
— Kokonfäden 421.4
mehrerntige Rasse 413.17
mehrfach-er Flor 326.18
—er Vorstecher 338.1
—e Wickelauflage 41.12
—er Zwirn 539.15
Mehrgewicht, zulässiges 616.1
Mehrkopf-Flachkämmer 83.7
—strecke 103.10
mehrmalig-er Durchgang der Baumwolle 25.16
—es Schlagen 42.3
mehrzeitige Welle 185.11
Meißel, Knochen- 110.9
meißeldrähtiger Zwirn 539.20
Meister, Baumwollspinnerei- 137.8
—, Spinn- 1.17
Melange 310.21
—, Kammgarn- 364.1
Mélenscher Ausheber 282.12
melieren 310.20
Melier-wolf 313.1
—wolle 311.3
meliert-es Garn 582.14
—es Kammgarn 364.1
Menge, Soda- 309.17
Mennige 117.21
mercerisiertes Garn 581.3
Merinogarn 583.22
Meßbereich der Wage 612.14
Messen des Garnes beim Haspeln 563.21
Messer 78.7, 119.3, 406.2, 409.10
— zum Abnehmen der Belederung 389.11
— zum Abziehen der Belederung 389.11
—, Drehungs- 9.11
—, Haken- 196.14
—, Oberzangen- 84.10
—, sensenartiges 231.13, 400.16
—, stumpfes 382.18
—führungsnut 196.13
—hebel, schwingender 603.8
—kantenrost 197.11
—oberfläche 409.11
—rost 367.10
—schiene 44.3
—schlitten 118.3
—schneide 44.2
—walze 322.12, 368.5, 482.10, 483.1
Messingdraht 512.9
—läufer 226.10
—seil 595.19
Messing-hülse 156.11
—hülse, gelochte 124.7
—läufer 150.8
—rad 347.2
—ring 226.11
Meßleine 593.24
Messung, Draht- 9.10
Meß-vorrichtung 149.8
—walze 29.3
—werk mit Klingel 223.14
metall-beschlagene Trogkante 226.1
—salzhaltiges Wasser 419.8
Metall-chlorür, reduzierendes 456.11
—einguß 513.14
—einlage 149.13
—kabel 494.17
—knopf 146.2
—kügelchen 591.10
—niete 61.8
—nitschelwerk 333.11
—ring 547.14
—röhre, sich drehende 422.11
—salz, in Weingeist gelöstes 460.11
—salzlösung 469.4
—streifen, eingewebte 477.11
—sulfidniederschlag 469.17
—tuch, grobmaschiges — mit dichtgewebten Längsstreifen 477.7
—tuch, ~maschiges 465.18
—zinke 283.7
Metallic-Druckwalze 116.8
metallisch schimmernder Kokon 415.6
Meteorseide 588.10
Meter 600.7
—, ~ — auf ein Kilogramm 604.6
—anzahl eines Strähns 603.13
—rolle für die Vorgespinste 611.6
Methylalkohol 459.1
metrisch-er Haspel 563.10
—es Maß 600.6
—e Numerierung 599.12
—e Nummer 599.13
Meunier-Grunsche Kämmaschine 380.9
Mezankooriense ide, indische 410.15
Mikrometerschraube 56.16
mikrometrische Garnwage 614.6
Mikromillimeter 600.11
Mikroskop 467.13
Milch 316.4
mild trocknen 292.20
Milligramm 601.2
Millimeter 600.10
Mindergehalt an Säure 303.15
minderwertige Juteriste 236.17
— Wolle 266.3
mineralisch-e Säure 302.17
—er Teer 508.2
Mineralöl 315.3
Mi-perlé 587.1
mischen (Baumwolle) 18.13
— (Farben) 310.20
— (Jute) 236.11
— (Seidenabfälle) 442.12
—, die Abfälle mit Naturbaumwolle 195.2
—, auf Durchschnittsgüte 19.2
—, halb und halb 19.3
—, hälftig 19.3
—, von Hand 19.13
—, auf der Krempel mit Baumwolle (Asbestfasern) 491.4
—, auf der Maschine 19.16
—, durch schichtenweises Übereinanderstreuen (Abfälle) 197.5
—, verschieden gefärbte Baumwolle 194.5
Mischen 18.8
— der Abfälle mit guter Naturbaumwolle 195.1
— der Baumwolle 17.15
— der Bourrette 453.2
— von Hand 19.12
— mit der Maschine 19.15
— durch Saugluft 24.7
— von Schafwolle mit Baumwolle 408.2
— verschiedener Wollsorten 310.17
Mischen des Wergs 220.21
— der Wolle 310.7
—, inniges 318.8
—, pneumatisches 24.7
Mischer 18.16
—, Kasten- 22.1
Misch-fähigkeit der Baumwollsorten 18.17
—farbe 194.6
—garn 582.8
—garn, dunkles 582.9
—garn, helles 582.10
—gefachanordnung 22.15
—krempel mit Frottierstrecke 370.5
—raum 18.15, 23.1
—raumarbeiter 18.16
—stift, stumpfer 313.2
—wolf 313.1
Mischung 19.4
—, Hand- 19.14
—, durch — entstandene Sorte 236.12
—, Woll- 310.18
Mischungs-arbeit 19.11
—buch 19.6
—durchschnitt 19.1
—fähigkeit der Baumwollsorten 18.17
—kontrolle 19.5
—plan 22.15
—prüfung 19.5
—raum 18.15
—verhältnis 18.18
—verschlag 22.10
mißfarbige Juteriste 236.14
Mitlauftrommel 144.13
Mitnehmen der Spule durch den Faden 140.4
mitnehmen, durch den Faden (Spule) 140.5
—, durch Reibung (Walze) 251.9
Mitnehmer-bolzen, in der Höhe verstellbarer 537.14
—büchse 209.2
—klaue 347.3
—scheibe 132.4, 345.19, 552.15
—scheibe, festgekeilte 158.2
—stift 130.5
—stift der Spule 552.11
Mitte, Kammbart- 375.10
Mittel, rostschützendes 64.2
Mittel-bank 122.8
—bock 352.16
—fleier 122.8, 390.13
—fleierin 2.9
—frotteur 387.17
—gestell 95.1
—hechel 213.6, 495.15
—lunter 122.8, 390.13
—schläger 42.1
—schlagmaschine 42.1
—spindelbank 122.8, 390.13
—spuler 122.8, 390.13
—strecke 103.13
—stück des einfädigen Riffelzylinders 393.13
—stück, Wagen- 177.12, 205.14, 351.5
—teil des Flachses 211.6
—teil, hohler — des Kötzers 174.7
—walze 137.2, 142.6
—zylinder 137.2, 142.6
mittel-bare Befestigung des Beschlages 61.16
—feine Lumpen 396.15
—harter Faden 606.1
—lange Fasern 451.3
mittler-e Faserstrecke 445.14
—er Kammgarnhaspel 563.8
—es Kettgarn 138.21
—e Streckwalze 137.2
—e Temperatur 293.9
—er Wärmegrad 293.9
Moderateur 205.9, 349.1
Modul, Arbeits- 606.18
Mohär-garn 585.19
—haare 409.13
—kämmling 409.15
—krempel 409.16
—mischgarn 585.20
—schlingenfaden 562.1
—spinnerei (Fabrik) 409.12
—wolle 363.13
—zug 409.14
Mohnöl 314.15, 458.13
Molton 397.9
Moo[n]gaseide 410.11
Moos, irländisches 316.14

Moos-garn 584.23
—wolle 585.3
Motor 504.4
Mottled-Alpakagarn 585.15
Mottledgarn 584.10
Moulinégarn 584.12
Mucke 150.6
Mucoidin 411.7
—schleim 411.7
Muff 332.16
—, Leder- 118.12
Muffe zum Drehen der Vorderwalzen des Streckwerks 176.8
—, Klauen- 29.12
—, verzahnte 531.4
—, Walzenkuppel- 345.16
Mugaseide 410.11
Muhle, Seiden- 431.16
Mulde 43.2, 50.10, 203.6, 328.2
—, feste 312.3
—, gußeiserne 247.7
—, Schmutzfang- 201.7
—, Wickel- 34.5
Mulden-ballenbrecher 21.10
—druckgewicht 43.4
—form 33.1
Muldenhebel 28.10, 32.14, 43.7, 312.8
—, auswechselbarer 33.2
—, auf einer Messerschneide gelagerter 44.2
—walze 28.13, 32.13
Mulden-profil 33.1
—schnabel 50.15
—speiseregler, Klavier- 28.9
—taste 28.10, 32.14
—vorkrempel mit nur teilweiser Ausnutzung der Trommeloberfläche 247.5
—vorkrempel, halbzirkulare 247.5
—zufuhrung 21.11, 43.1, 196.9
—zufuhrung mit fester Mulde fur lange Wollen 312.3
Mule-Jenny 11.15, 343.7
—garn 138.18, 580.3
—kette 138.21
—maschine 11.16, 138.13, 159.2
—spinnerei 138.15
—twist 138.21, 580.3
Mulezwirnmaschine mit fahrbarem Gatter 557.3
— mit fahrendem Wagen 557.14
Mulinier-abfall 435.18
—anstalt 412.10
—gewerbe 412.11
—grad 431.3
—industrie 412.11
—seide 586.5
Mulinieren der Seide 428.2
mulinierte Seide 431.8
Multiplikator 9.2
Mund, Dusen- 467.9
—stuck 39.9
—stuck, breites 380.6
Mündung des Haarröhrchens 467.13
—, Rohr- 39.9
Mungo, alter 406.15
—, baumwollfreier 406.17
—, gefärbter 407.3
—, leinenfreier 407.1
—, neuer 406.16
—, weißer 407.4
—garn 583.3
—wolle 406.12
mürbe Klette 302.8
Muschel-bart 411.4
—schieber 291.7
—schiebersteuerung 291.6
—seide 411.2
Musselinlumpen 407.13
Muster, feststehendes 13.8
—, Vergleichs- 13.8
—karte, endlose 559.13
—zwirn 589.13
Mutter 558.7
—, Sektor- 170.14

N

Nabe, auf der Welle feste 528.12
—, auf der Welle frei drehbare 528.11
Nacharbeiten 515.1
nachbehandeln, mit Lauge (Faden) 467.14
Nachbehandlung der naßgesponnenen Garne 227.3
Nachdraht 159.11, 164.16, 343.15, 506.2
Nachdrehen 501.4
Nachdrehung geben, den gesponnenen Fäden 498.6
Nachdrehvorrichtung 506.1
nacheilen 123.10
nacheilende Spule 124.13
Nachfilter 271.9
Nachfiltern 271.6
nachfullen (Säure) 304.15
nachgelassener Stahldraht 66.4
nachgeschwungenes Werg 219.15
nachgewogen (Tara) 17.3
Nachhalter 499.4
Nachhänger 499.4
—stange 499.1
nachhärten (Zähne) 74.10
Nachhecheln des gehechelten Flachses 216.4
— des Hanfes 231.6
Nachkämmen 376.9
Nachlassen des Flors 327.4
— des Glanzes der Jutefaser durch Lagern 237.1
nachlassen (Flor) 327.5
nachlaufen (Spule) 124.14
Nachleimen 333.4
Nachliefern des Streckwerkes beim Nachdraht 170.3
Nachlieferung 189.9
— beim Einzug 170.4
nachmessen, den Originalsträhn 602.18
Nachprufwägung 614.5
nachregeln (Kratzendeckel) 54.13
Nachrichten des Wagens 174.2
Nachschirrhaken 499.12
Nachschlaghaken 499.11, 500.9
Nachschleifen des Beschlages 340.2
Nachsichten des Flachses 216.5
Nachsortieren des Flachses 216.5
Nachspannen der Schnuren 359.17
— des Wagens 174.2
Nachspannung 181.7
Nachstellen der Reibflächen 185.7
nachstellen (Kratzendeckel) 54.13
Nachtrocknen der Wolle 292.8
Nachtwächter 6.4
Nachwaschen 269.1
Nachwiegen der Ballen 16.16
nachwiegen (Ballen) 16.17
Nachzugvorrichtung, Wagen- 164.12
Nachzwirn, Organsin- 431.12
Nachzwirnen 557.11
— der Seide 430.15
nackte Spindel 165.5
Nadel 87.12
—, angerostete 86.19
—, blanke 86.18
—, Hechel- 229.8
—, x —n auf die Längeneinheit 215.12
—, stählerne 343.4
—besatz 68.3
—beschlag 445.4
—blech 86.12
—feld 371.17
—kamm 368.8, 443.6
—kasten 525.6
—länge, freie 86.13
—lattentuch 22.4, 28.6
—leiste 48.2, 86.11, 88.1, 245.6, 254.6
Nadelleisten, pendelnde 220.13
—rost 260.11
Nadelreihe 85.5, 444.5
— der Kammwalze 383.9
—, letzte 88.2
—n, stufenförmige 372.6
Nadel-richter, Karden- 4.9
—schiene 241.13
—schliff 67.13
—segment 85.4, 87.11, 378.2
—speisetuch, aufsteigendes 28.6
—spitzband 336.5
Nadelstab 86.11, 372.9, 379.12, 383.2
—, drehbarer 383.3
—abstand 372.2
—kette 233.5
—reihe 223.7
—strecke mit Anwärmeplatten 388.5
—strecke mit stufenförmigen Nadelreihen 372.6
—streckenarbeiter 372.12
—streckenarbeiterin 372.13
—streckwerk 385.17
Nadel-teilung 372.3
—tuch 200.7, 443.8
—tuchwelle 246.2
—tuchzufuhrung 443.5
—vorrat 86.15
—walze 200.9, 221.9, 250.3, 259.14, 384.12, 392.12, 443.1
—walze, mit langen Kammzähnen besetzte 373.5
—walzenmulde 250.4
—walzenstrecke 221.8, 254.9
—walzenstrecke, einfache 372.14
—zange 86.10
nadelbesetzt-es Speisetuch 260.9
—e Trommel 446.4
Nadeln des Hechelstabes 252.3
— des Kammringes 449.6
—, x — auf einen Zoll Länge stecken 68.5
Nadler mit gewölbten Stäben 372.11
Nagel 338.4
Nageln der Blätter 338.3
Nagelung 64.4
nahe aneinanderliegen (Fadenwindungen) 517.7
Nähen 512.2
Näherin, Riemen- 3.13
Nähfaden 556.3
Nähgarn, Hanf- 582.4
Nähmaschinenschiffchen 520.12
Nähseide 586.17
Nähzwirn 580.8, 581.22
Naht 400.15
Napf, Glas- 128.14
Naphtha 297.19
Naphthol 316.7
Narbenseite des Leders 332.6
Nase mit schräger Anlauffläche 162.1
—, Aufwinderstelzen- 165.13
—, Schlag- 27.9, 31.1
—, Trommel- 30.13
—, vorruckende 181.14
Nasen-trommel 30.12, 33.5, 35.5
—walze 26.21, 322.6
—zahl 31.2
—zwischenraum 31.3
Nasmiths Kämmaschine 87.7
naß gesponnenes Flachsgarn 581.13
— verpackte Jute 236.18
— zwirnen 542.5
—, auf nassem Wege 302.11
nass-es Auskohlen 456.2
—er Ballen 15.7
—e Reinigung 268.3
—e Wolle 287.6
Naß-presse 476.16
—reißen 403.18
—reißer 404.1
—reißmaschine 404.1
—spinner 225.9
—spinnerin 225.10
—spinnmaschine 225.8
—zwirnen 542.4
—zwirnmaschine 552.6
Nässe 500.18
Nässen des Vorgarns 226.4
Natrium, rizinusölsaures 464.9
—, übermangansaures 401.14
—, wolframsaures 464.3
—aluminat 469.10
—azetat 459.2
—bichromat 300.12
—bisulfit 465.2
—karbonat 276.1, 309.10
—laktat 457.16
—nitrit 463.20
—nitritlösung 460.5
—permanganat 401.14
—seife 277.17
—sulfat 303.6, 483.14
—sulfitbad 459.17
—wolframat 464.3
Natron, doppeltchromsaures 300.12
—, doppeltschwefligsaures 401.10
—, essigsaures 459.2
—, kohlensaures 276.1, 309.10
—, salpetrigsaures 463.20
—, saures schwefligsaures 465.2
—, schwefelsaures 303.6, 483.14
—bad 459.10
—hydrat 472.8
—lauge 276.11
—seife 277.17
—verfahren 479.3
—wasserglas 369.9
—zellulose 475.5
Natur-baumwolle 195.1
—farbe, dunkle — der wilden Seide 427.21
—fett 315.14
—fett der Wolle 274.1
—seidenabfall 472.6
naturfarbenes Wollgarn 584.7
natürlich-es Fett 315.14
—es Fett der Wolle 274.1
—er Kautschuk 65.9
—e Noppe 590.9
—e Seide 472.6
—es Trocknen im Freien 292.10
Nebel, Wasser- 574.15
nebeneinander anordnen (Bottiche) 279.13
—sitzen auf demselben Maschinengestell (Köpfe) 104.2
—gelegte Seile 512.3
nehmen, aus den Beschlägen (Füllung) 75.4
Neigung zur Schleifenbildung 569.13
—, Spindel- 160.2
Neigungswinkel 54.4
nervige Seide 427.14
Nest, Familienspinner- 414.11
Nettogewicht der Spule 141.15
Netz, Draht- 202.8
—, Fisch- 507.14
netzartig gesponnener Kokon 416.17
Netzen der Baumwolle mit Wasser 194.9
— in schwachem Seifenwasser 573.17
— in warmem Wasser 573.16
netzen (Schwingflachs) 209.17
—, mit Baumöl (Gerberwolle) 269.8
—, mit Wasser (Baumwolle) 194.10
neu beledern (Walze) 110.3
neu-er Abzug 175.8
—e Lumpen 396.8
—e Lyoner Titrierung 601.13
—er Mungo 406.16
Neu-bestecken mit leeren Spulen 141.10
—mungo 406.16
Neuseelandflachs 492.8
neutral-e Alkalisalzlösung 469.6
—es Fett 315.16
—e Lösung 305.13
—e Seife 277.12
—es Verfahren 305.11
—es Wasserglas 277.1
neutralisieren (Schwefelsäure) 463.4
—, durch Bisulfit (Ammoniak) 465.3
Neutralisieren der Wolle 309.4
Neutuch 406.15
Nickel-sulfatlösung 472.9
—vitriollösung 472.9
niedere Abfallgarne 209.12
— Garnnummer 193.13
niederklappbar-er Hebel 172.7
—e Tür 195.13
niederländische Nummer 600.4
niederlassen (Windeschiene) 352.8
Niederschlag von schwefelsaurem Kalk 310.6
—, Kalkseifen- 270.18
—, Tonerdehydrat- 459.16
—rohr, Dampf- 294.3
—wasser 270.8, 316.19, 419.3
—wasserabfluß 571.8
niedersenken, sich (Aufwinder) 165.16

Niederstreichen der Härchen 507.15
niedrig-e Temperatur 572.6
—er Wärmegrad 572.6
nierenförmiger Kokon 414.10
Niete 61.13
—, Metall- 61.8
—, versenkte 61.14
Nietzange 61.12
Nippel 506.6
Nitragarn 581.4
Nitratseide 588.7
Nitroseide 456.5, 588.7
— aus Azetonkollodium 460.3
— aus Eisessigkollodium 459.5
Nitrozellulose 458.2
Nitschel-exzenter 333.15
—fläche 332.9
Nitschelhose 204.6, 331.14
— aus Filz und Leder 332.7
— aus Gummi 332.8
—, Draht- 388.3
—, gefräste 331.18
—, gerippte 331.17
—, geschnittene 331.19
—, kreuzgerippte 332.1
Nitschelhosenspannkreuz 332.17
Nitschel-hub 334.4
—hub, regelbarer 334.3
—hubscheibe 333.15
—leder 332.2
—platte 388.4
—platte mit gerippter Oberfläche 333.12
—spule 568.9
—strecke 387.13
—walze 204.5, 333.6
—walzenachse 334.1
—werk 203.16, 478.11, 479.2
—werk mit zunehmendem Hub 334.2
—werk, sechsreihiges einfaches 333.9
—zeug 203.16, 331.13
—zeug mit abgestufter Nitschelung 333.10
—zeug mit Walzenstrekkung 333.7
—zeugantrieb 333.13
nitscheln 8.18, 203.15
Nitscheln 8.17, 331.12, 484.17
— der Faserstoffbändchen 478.10
Nitschelung, abgestufte 333.10
Nitschler 203.16
Nivellierröhre der Zylinderbänke 363.3
Noblesche Kämmaschine 378.15
Nonnenschleiergarn 584.20
Noppe 454.7
—, farbige 590.11
—, feste 590.13
—, künstliche 590.10
—, lockere 590.12
—, natürliche 590.9
Noppen 96.7
—, die — auf dem fertigen Faden bilden 591.2
—, gekreuzte 561.10
—, glatte 561.11
—behälter 591.1
—bildevorrichtung mit Hubscheibe 560.7
—bildevorrichtung mit zeitweise sich drehenden Zuführwalzen 559.7
—bildung beim Aufwärtsgehen des Fadenführers 560.6
—entfernung 561.8
—garn 590.5
—spiegel 561.8
—streuvorrichtung 590.20
—zwirn 560.12
noppenfreie Farbmischung 311.1
normaler Zug 374.10
Normallage 200.13
Northropschußspule 147.2
Nortonsche Wolltrockenvorrichtung 295.12
Nudel-geschirr 498.18
—hose 331.14
nudeln 203.15
Null-marke 614.2
—stellung 614.3
—strich 614.2
numerieren 598.3
Numerierung des Gespinstes 598.1
—, internationale 599.12
Numerierung, metrische 599.12
Numerierungs-art 599.11
—gewicht 598.8
Nummer 562.19
—, alte österreichische 599.16
—, alte sächsische 599.19
—, austretende 102.5
—, Berliner 599.17
—, Brunner 599.16
—, Draht- 66.19
—, eintretende 102.4
—, Elbeufer- 600.2
—, englische 599.14
—, Fabrik- 19.8
—, feine 598.7
—, französische 599.15
—, gesuchte 603.15
—, grobe 598.5
—, internationale 599.13
—, Läufer- 150.12
—, metrische 599.13
—, niederländische 600.4
—, Partie- 19.7
—, preußische 599.17
—, sächsische 599.18
—, schweizerische 600.3
—, Sedaner 600.1
—, umzurechnende 603.14
—bestimmung 603.11
—rad 134.2
—teilung 183.15
—wechsel 134.2
—wechselrad 114.7
—wechseltrieb 114.2, 176.14
Nummern-systeme 614.11
—wage 613.6
Nummerung, englische 66.18
—, französische 66.17
Nußöl 458.15
Nut, eingefräste 523.9
—, Messerführungs- 196.13
—, Öl- 355.2
Nute 483.5
Nuten-scheibe 182.11, 183.3
—trommel 531.9
—walze 483.4

O

obere Abzugwalze 93.2
— Arbeitsseite 232.18
—s Bandführungsblech 89.11
—r Boden 285.8
—r Druckhebel 385.12
— Hechelmantelscheibe 214.10
—r Kegel 136.7
— Manteltrommel 214.10
—r Riemenkegel 136.7
— Siebtrommel 33.10
— Speisewalze 311.13
— Trommel 406.4
—s Übertragungsrad 136.4
— Wickelwalze 90.10
— Zangenbacke 89.16, 92.10, 99.6
—r Zuführtisch 405.5
—s Zwirntransportrad 555.14
—r Zwirnwechsel 555.10
Oberfläche 59.17
—, Faser- 6.20
—, gerippte 333.12
Oberflächen-reibung 6.22
—schliff 67.12
—streifung, schwache — der Maulbeerseide 427.22
—wasser 270.4
Ober-kegel 149.3
—teil 174.9
—teil, Zangen- 84.10
—walze 20.11, 85.11, 115.7, 142.9
—walze mit Federdruck 235.14
—walze, mit Hanfseil umwickelte 279.4
—walze, mit Kammzug umwickelte 279.5
—walzenabstellung mit Spindelbremse bei Fadenbruch 554.4
—walzenführung 163.14
—walzenrahmen 163.15
Oberzangen-backenbürste 93.6
—messer 84.10, 377.9
Ochsenhorn 497.13
Ofen, Kamm- 375.18
—, Karbonisations- 306.3
offen-e Dampfkammer 570.9
—er Kokon 415.18
—er Riemen 24.5
—er Ring 565.10
offen-er Seillauf 360.8
—es Spindellager 356.2
—e Wicklung 519.8
—e Wolle 269.13
—er Zustand (Baumwolle) 24.15
Offermannsche Entklettungsvorrichtung für Krempeln 368.15
Öffnen der Abfälle 442.9
— der Ballen 18.1, 235.1
— der Baumwolle 25.8
— der feuchten Wollklumpen 287.10
— des Vlieses 265.8
öffnen (Ballen) 18.2
— (Fasergut) 7.4
— (Juteballen) 235.8
— (Vlies) 265.7
—, die feuchte Wolle 287.11
—, sich selbsttätig (Presse) 450.1
öffnende Bewegung der Zange 91.6
Öffner 7.6, 26.17
— für feuchte Wolle 287.12
— mit kegeliger Schlagnasentrommel 34.11
— mit stehendem Kegel 35.1
— mit wagrechter, kegelförmiger Schlagnasentrommel 37.3
—, Crighton- 34.11
—, Jute- 235.12
—, Kastenballen- 21.12
—, Kegel- 34.11
—, Kokon- 442.15
—, Schläger- 34.11
—, Trommel- 30.9
—, Vertikal- 37.2
—arbeiter 22.8
—lattentuch 29.7
—trommel 30.12, 33.5
Öffnung in der Antriebscheibe 44.13
— des Haarröhrchens 467.13
—, Auswurf- 36.8
—, kreisrunde 295.9
—, Spindel- 553.11
Öffnungsmaschine 26.16, 371.14
Ohr 150.6
Öhr, Strick- 594.12
ohrförmiger Läufer 552.8
Öl, dickes 359.14
—, fettes 314.10
—, fettreiches 148.10
—, geringwertiges 316.1
—, glyzerinhaltiges 315.21
—, harzhaltiges 315.20
—, an der Luft trocknendes 458.11
—, Pflanzen- 238.4
—, tierisches 314.24
—, unverfälschtes 315.22
—, vegetabilisches 148.8, 238.4
—, verfälschtes 315.23
—, verharztes 238.11
—, verschnittenes 315.24
—, verseifbares 315.18
—, vulkanisiertes 458.10
ölartig-e Flüssigkeit 315.17
—es Wollfett 274.7
Öl-bad 60.7
—becher 148.2
—becher, abnehmbarer 147.8
—becher, abschraubbarer 146.12
—behälter 148.2, 361.16, 461.15
—einguß 148.3
—ersatz 316.12
—faß 361.15
—filter 361.17
—gehalt des Kammgarns 570.3
—kanne 361.13
—kasten 241.9
—kegel, hohler 149.2
—napfdeckel 178.2
—nut 355.2
—pfeife 95.4
—preßtuchshoddy 407.10
—probemaschine, Rietersche 149.1
—pumpe 361.14
—pumpe, Ringspindel- 391.7
—rückstand 238.13
—schicht 237.11
—säure, rohe 315.5
—schiff 360.4
—seife, Erdnuß- 433.19
—seife, Palm- 428.9
—seifenbad 438.2
—spritze 239.14
Öl-süß 428.11
—trichter 553.1
—tülle 553.1
—umlauf, selbsttätiger 148.4
—walze 242.7
—wolf 317.13
—zerteilbürste 318.1
—zusatz 458.9
—zusetzen (der Nitrozellulose) 458.8
Ölen der Lumpen 403.13
—, frisches 555.5
ölen (Wolle) 313.14
—, mit Petroleum (Spindeln) 555.4
—, ohne Spindelaushebung (Spindellager) 148.1
Olein 315.4
—seife 434.3
Öler 3.11
—, Ringspindel- 391.6
öl-freie Luft 575.2
—haltiges Garn 605.7
ölig-e Kehrwolle 194.20
—er Krempelausputz 298.13
Olivenöl 314.19
—, denaturiertes 314.20
—, vergälltes 314.20
Ölung 575.1
—, dauernd gleichmäßige — durch Ringschmierung 148.18
Ombré-Seide 587.13
Ondé 586.15
ordnen (Watte) 41.9
organische Base 457.5
organsinieren (Seide) 430.16
Organsinieren der Seide 430.15
Organsin-nachzwirn 431.12
—seide 431.9, 586.7
—seide, falsche 586.13
—vorzwirn 431.11
Organzin 586.7
Originalsträhn 602.18
Orleans-garn 584.17
—lumpen 407.15
Orsoyseide 431.9, 586.7
Öse 533.4
—, eingelötete 501.18
—, Fadenführer- 143.15
Ösenschiene 566.4
Ossein 472.15
—lösung 472.16
österreichisch-er Haspel 563.11
—es Pfund 601.5
ostindischer Hanf 492.7
oszillierende Kammbewegung 58.10
oval-er Draht 65.18
—e Wollspülmaschine 285.1
—er Zapfen 558.10
Ovalé 587.4
oxydierbare Base 457.6

P

Pack, ein — von drei (sechs, zwölf) Bündeln 577.6.7.8
—bank 577.12
—leine 593.20
—presse für Abfälle 260.13
—schnur 577.15
—schnurkasten 577.16
—stock 577.11
Packen der Kötzer 578.8
— der Strähngarne 576.9
Packer 576.7
Packerei 576.8
Packung der Baumwolle 13.2
—, Baumwoll- 15.19
Paket, Garn- 577.3
Palmöl 315.7
—seife 428.9
Papier, geschmeidiges 479.13
—, leichtes 479.12
—, wasseraufnahmefähiges 480.1
—, zähes 479.14
Papierbahn, angefeuchtete 480.7, 482.6
—, mit Faserflor belegte 480.8
—, zulaufende 483.6
Papierband 487.12
Papiergarn 588.21
Papierhülse 124.5, 175.19, 518.11
—, durchgehende 516.2
—, kurze 166.18

Papierhülse, leichte . . 124.8
Papierkanne 76.8
— mit Holzboden . . . 76.9
Papier-kegel 289.8
—lage 64.18
—maschine 476.13
—röhrchen, zylindrisches 518.12
—rolle 481.3, 489.2
—spule, getränkte . . . 149.9
—spule, imprägnierte . . 149.9
—stoffbahn 481.1
—stoffbahn, vorgeteilte 478.7
—stoffbändchen 478.9
—stoffgarn 588.20
—stoffvorgarn 479.4
—streifen 486.2, 487.12
—streifen, gerundeter . 484.14
—streifen, zulaufender 484.13
—streifenführung . . . 486.5
—streifenwickel . . . 485.2 10
—wickel 482.2
Papp-einlage 62.1
—kanne 76.10
—karte 610.5
Paraffin 484.5
Paraldehyd 458.4
parallel einstellen, die arbeitenden Flächen 60.16
— laufende Zuführtische 221.5
— legen (Fasern) . . . 374.5
— nebeneinandergelegte Drähte 596.23
— stehen zur Trommel (Schleifwalze . . . 73.3
Parallel-antrieb . . . 360.5
—legen der Fasern . . . 231.9
—legung der Fasern . . 101.1
—wicklung 518.20
—windung auf Blechpfeifen 516.4
—windung auf durchgehende Papierhülsen 516.2
—windung auf Holzpfeifen 516.3
Pariser Elle 600.19
Parr-Curtissche Fadenkluppe 558.6
Partie 14.16
—, Flachs- 210.1
—, Woll- 266.11
—nummer 19.7
Passage 103.8
—, Strecken- 371.15
passive Spindel . . . 233.12
— Spule 547.11
Paßkorde 593.16
Patent, Butterworths . 58.4
Patersons Batschvorrichtung 241.5
— Einsprengvorrichtung 241.5
Pause, Spindel- 354.7
Pazacgarn 579.7
Pech 508.3
—, braunes 508.7
—, rohes 508.4
—, schwarzes 508.6
—, weißes 508.5
—griefe 508.12
—läuterung 508.10
Pedalgehänge 28.11
—speiseregler 28.9
—vorrichtung 21.10
Peigneur 51.7, 200.3
—beschlag für einfarbiges Flammgarn 589.17
peitschen (Kokons) . . 440.14
Peitschenschnur . . . 593.13
Pektinstoff, schwerlöslicher 412.3, 437.9
Pelo 586.16
Pelseide 426.20, 586.18
Pelz . . 7.19, 50.3, 198.8, 325.3
—, durch Florlegung gebildeter 325.1
—, durch Florwickelung gebildeter 324.13
—abführung 198.6
—bildner, Blamirescher . 325.2
—brecher 321.15
—dicke 325.8
—gewicht 325.9
—karde 198.6
—krempel 319.6, 324.11
—reißer 321.15
—trommel 321.11
—übertragung 324.12
—wäsche 268.17
pendelnde Nadelleisten . 220.13
— Rechen 220.13
pendelnde Schwingung der Korbwelle . . . 290.1
perforierte Abwurftrommel 24.11
Pergament 390.1
—, pflanzliches . . . 389.12
—, vegetabilisches . . 389.12
Pergamentaufzieherin . 3.16
Perl-faden 591.8
—garn, Schellack- . . . 591.13
—moos 316.14
—mutterglanz des Kokons 415.7
—zwirn 591.20
permanente Härte . . 270.1
persisch-es Garn . . . 584.23
—e Rohseide 426.10
Petroleum . . . 238.6, 462.18
—dampf 438.7
Petsche 286.9
Pfaffsche Deckelputzvorrichtung 52.11
Pfännchen, Glas- . . . 544.4
Pfanne, halbkreisförmige 510.8
—, Steingut- 128.13
Pfannensäure 303.8
Pfeifen-garn 583.13
—kopfspindel 556.7
Pferdehaar 493.2
—strick 507.5
Pferdekopfrad 114.6
Pflanze, schleimgebende 316.13
Pflanzen-faser 402.3
—fett 315.11
—fettseife 433.18
—gallert[e] 472.14
—gummi lösen 225.13
—lauge 419.14
—leim 261.8
—öl 148.8, 238.4, 314.11
—schleim 472.13
—stoff 302.13
—stoff, gallertartiger . 472.11
—stoffe, zerriebene . . 308.12
—teer 507.20
—teil 302.7
pflanzlich-e Beimengungen 301.4
—e Bestandteile . . . 402.2
—es Fett 315.11
—es Pergament 389.12
Pflücken der Wolle . . 310.13
Pflugschliff 67.10
Pförtner 6.3
Pfund, deutsches . . . 601.6
—, englisches 601.3
—, Londoner 601.3
—, österreichisches . . 601.5
—, russisches 601.9
—, schwedisches . . . 601.8
—, Turiner 601.7
—, Wiener 601.5
Phantasie-seide . . . 587.10
—zwirn 589.13
Phormiumfaser 492.8
phosphorsaueres Ammoniak 464.1
Phosphorsäure 433.15
physikalisches Entschweißen 366.9
Pielstrecke 372.11
piemontesischer Titer . 601.17
Pilgerschritt-bewegung . 406.9
—drehung 381.6
Pilotgarn 580.19
Pinel und Lecoeur, Kämmaschine von . . 99.14
Pinmulecop 569.3
Pitts 404.12
pittsfreies Gut 404.13
Pitze 404.12
—, die — werden auf den Anlegetisch zurückgeworfen 404.14
Pitzfangkasten 404.10
Plan, Mischungs- . . . 22.15
Planeten-rad 126.3
—träger 134.11
Platine 532.14
Platt Brothers, Deckelschleifvorrichtung von 73.8
Platts zurückweichender Ausstoßkamm . . . 58.8
Plattband 355.16
Plättchen, Führungs- . 392.2
Platte 117.16
— mit versetzten Führungslöchern 105.1
—, geneigte 98.2
Platte, mit Lehm ausgeschlagene 376.4
—, Schlagnasen- 35.3
—, tote 87.10
—, Trommeldeckel- . . . 33.6
platt-e Seide 586.22
—es Seil 597.12
Plätte 385.5
Plattenrost 36.7
plätten 385.4
Plätten des Kammzugs . 385.3
Plätter 385.18
Plätterin 385.19
Platt-seide 586.22
—stich 68.10
Plättmaschine 385.5
Plättmaschinenarbeiter 385.18
—arbeiterin 385.19
platzen, an der Leimfuge (Ledermuff) 119.12
Pleuelstange . . 96.3, 292.2
plotzbar 297.12
Plüsch 108.10
—backe 568.5
—latte 557.16
—scheibe 98.12
—walze . . 85.12, 378.10, 522.2
Plusen der Wolle . . . 310.18
pneumatisch leiten, durch Rohre (Baumwolle) 39.4
pneumatisch-e Fördervorrichtung 37.7
—er Kastenöffner . . . 38.3
—er Kratzenreiniger . . 341.2
—es Mischen 24.7
Pol 113.6
—, Magnet- 360.12
—faden 591.5
—kräuselgarn 591.3
Polier-band 62.10
—bürste 70.5
Polieren 507.13
— von Schnüren . . . 507.17
polierte Glasplatte . . 283.5
— Leitrolle 384.10
Pollerscher Festigkeitsprüfer 607.8
Polster, Leder- 442.1
—masse 514.15
—material 514.15
Porcupine-Öffner . . . 26.20
—Schläger 26.21
Portier 6.3
Porzellan-pfanne . . . 128.15
—zahn 536.5
Posamentier-garn 580.18, 585.7
—seide 587.6
positiver Seiltrieb . . 144.11
Posten, Flachs- 210.1
—, Woll- 266.11
Pottasche 272.9
—, gelöste 273.7
—gewinnung aus dem Wollschweiß 273.4
—lösung 273.5
Präparation für das Kämmen 371.6
Präzisionsgarnwage, wagerechte 613.5
Präzisionsgarnweife mit selbsttätiger Faden- und Kötzerführung . 612.4
— mit selbsttätiger Fadenführung und senkrecht stehenden Kötzern 612.3
Präzisions-gewichtsatz . 615.2
—wage 612.15, 616.8
Prellbock 358.16
—, federnder 359.1
Presse 445.9, 448.2
— zum Aufeinanderpressen der schrägen Längskanten des Muffes 119.6
—, Filter- 271.13
—, hydraulische 288.2
pressen, in Ballen (Juteabfall) 260.12
—, durch Haarröhrchen (Spinnflüssigkeit) . 463.8
—, heiße Luft in die Waschflüssigkeit . . 282.7
—, auf die Walze (Tuch) 118.6
Presser 130.11
Pressung, gleichmäßig dichte (Ballen) . . 16.3
Preß-boden 577.14
—buchse 503.6
—finger 130.11, 452.5
Preß-gewicht 43.4
—hebel 149.4
—holz 445.11, 446.15
—kasten 288.3
—kolben 288.5
—kopf . . 46.10, 288.4, 577.14
Preßluft-belastung des Gegenwinders . . . 352.1
—strahlen 478.3
—zerstäuber 574.3
Preß-mulde mit Führungsrinnen 334.11
—rahmen 445.5
—raum 288.3
—riegel 578.1
—stück 334.12
—tisch 445.5
—trog 283.15
—tuchshoddy, Öl- . . . 407.10
—walze 20.12, 32.7, 34.2, 46.1, 48.10, 109.13, 385.11, 453.12
—zylinder 109.13
preußisch-e Elle . . . 600.16
—es Handelspfund . . . 601.4
—e Nummer 599.17
Prima-garn 579.12
—ware 14.3
Prisma, Stahl- 213.2
Probe, Batschöl- 238.21
—, Garn- 605.3
—, gezogene 298.10
—, Kämmlings- 100.2
—, Woll- 363.15
—, eine — ziehen . . . 298.9
—haspel 610.16
—haspeln 610.10
—machen 563.8
—strähn 562.21
Produzent, Flachs- . . 210.7
Profil, Mulden- 33.1
—draht 493.14
proteinhaltig 435.2
Prozent- und Gewichtswage 614.14
—satz 100.7
— Tara 17.2
—wage 100.3, 614.3
prozentig, x —es Schwefelsäurebad 440.10
Prozeß, Spinn- 1.4
—, Vorbereitungs- . . . 17.16
prüfen (Garn) 605.2
Prüfen der Strähne am Teilstock 542.12
Prüfer, Garndrehungs- . 9.11
Prüf-feder 423.4
—maschine, Festigkeits- 513.12
Prüfung der Baumwolle 13.2
— des Drahtes 66.10
— der Garndrehung . . 610.8
—, Ballen- 16.15
—, Batschöl- 238.21
—, Garn- 605.1
—, Mischungs- 19.5
—, Seil- 513.1
Puffer 358.16
—, Gummi- 290.3
Puffer-bolzen 347.1
—feder 288.11, 290.4
—platte 192.10
Pulver, Seifen- 277.21
Pumpe 284.7
— für Spinnlösungen . 469.18
—, Flügel- 365.14
—, Öl- 361.14
—, Strahl- 280.10
Pumpenhebel 288.6
Puppe mit Doppelumhüllung 417.6
Puppenfett 419.11
—, mit — durchsetztes Haspelwasser . . . 419.10
Puppen-rest 441.1
—rückstand 438.20
—säfte, mit —n gesättigtes Haspelwasser . 419.9
—säure 419.12
—staub 442.7
Putz-belag 340.17
—blatt 75.7
—brett 98.4, 108.8
—bürste 58.3
—deckel 95.12
—deckel, feststehender . 108.9
—haspel, Kontroll- . . . 568.4
—kante 429.12
—kegel 109.2
—keil 109.4
—kratze 340.13

Putz-kratze mit Kammplättchen 340.9
—kratze, Hand- 75.5
—leiste 251.11, 253.6
—maschine fur Florettgarne 454.15
—platte 109.3
—schlauch 108.12
—streifen 611.13
—tisch 109.3
—tuch 395.5
—tuch, feststehendes . . 108.9
—tuch, wanderndes . . 108.12
—tuchträger aus Draht . 395.4
Putzvorrichtung mit auf- und niedergehendem Putzzeug 455.1
— von Brown 129.1
— fur Nadelwalzen . . 389.6
— für ruhende Deckel . 52.9
—, selbsttätige — für wandernde Deckel . 57.10
—, Trommel- 322.13
—, Wagen- 395.2
—, Walzen- 108.7
Putzwalze 98.3, 142.10, 199.3, 201.11
— aus Holz mit Flanellbezug 108.15
— für die Schnellwalze 51.13
— mit seitlicher Verschiebung 109.1
— mit spiralförmig eingesetzten Borsten . 389.7
—, untere 255.2
Putzzeug, auf- und niedergehendes 455.1
putzen (Baumwolle) . . 26.4
— (Deckel) 52.8
— (Krempel) 75.2
— (Rohseidenfaden) . . 429.4
Putzen der Baumwolle . 26.3
— des Deckels 52.7
— der Garne 454.11
— mit der Hand . . . 454.13
— der Kokons 419.19
— der Kratzenbeschläge 340.6
— der Kratzenbeschläge mit der Hand . . . 340.7
— des Krempelbeschlages 75.1
— mit der Maschine . 454.14
— der Rohseide . . . 429.1
Putzer 3.17
—, Hechelmaschinen- . 216.1
—, Karden- 4.10
—, Krempel- 340.8
—, ruhender 251.11
—, Trommel- 75.9
—, Woll- 366.15
Putzerei, Hand- . . . 454.13
Putzerin, Woll- 367.1
pyramidale Erhöhung . 240.14
Pyroxylinfaden, explosiver 462.10

Q

Quadrant 170.7, 350.5
—regulator 171.8
—getriebe 170.6
—kettenende 184.11
—kettentrommelwelle . 181.9
—muttersperrad 184.6
—wage 613.13
—zahnbogen 170.11
Quadrat-seil 597.9
—zentimeter 335.9
Qualität der Wolle . . 266.9
Qualitäts-abfall 14.17
—abweichung 15.2
—bezeichnung 235.5
—marke 235.7
—verbesserung des gehechelten Flachses durch Lagern 217.13
Quecksilber-chloridbad . 459.13
—chlorürlösung 459.12
—gefäß 608.8
—thermometer 616.7
Quellwasser 270.10
quer einführen (Fasern) 325.19
— zur Länge stauchen . 484.20
— liegen, zur Laufrichtung (Fasern) . . . 326.1
— vorlegen (Pelz) . . . 325.17
Quer-balken 499.2
—faserband 326.12
—faserpelz 325.7
Quer-faserspeisung . . 198.16
—gitter 23.8
—leger, Flor- 327.10
—riegel 290.7, 500.10
—rost 27.6
—schiene 106.8
—schnitt 100.13
—streifen 329.10
—stück 344.3
—träger 290.7
Quetschen der gebatschten Jute 240.1
quetschen, die gebatschte Jute 240.2
Quetsch-maschine, Jute- 240.6
—maschine, Walzen- . 490.9
—presse 288.7
—prozeß 240.4
—vorgang 240.4
Quetschwalze 279.2, 288.9, 439.12
— mit abgerundeten Riffeln 240.8
— mit ringartigen Erhöhungen 490.10
Quetschwalzen, entgegengesetzt geriffelte . . 240.11
—werk mit wechselnder Riffelung 241.1
Quetschwerk 278.14
—, Walzen- 288.7
Quillaja saponaria . . . 278.2
Quillajarinde 278.2

R

Raaband 596.8
Rabbeth-spindel 145.7
—zwirnspindel 553.4
Rad mit angegossenem Kuppelteil 348.12
— auf der Differentialwechselachse . . . 135.7
— auf dem dritten Zylinder 114.11
— des oberen Riemenkegels 135.11
— des unteren Riemenkegels 134.7
— auf dem zweiten Zylinder 114.9
—, eisernes 497.15
—, innen verzahntes . . 505.15
—dreher 494.11
—dreherjunge 494.11
—gestell 344.5
—kranz 281.2
—kopf 497.10
—nabe mit Seilrille . . 497.12
—reifen 56.15
Räder, abwechselnd angetriebene 537.3
—gehänge 133.3
—kasten 349.2
radial stehende Nadeln . 243.13
—e Verschiebung . . . 55.13
—e Verschiebung von der Trommelmitte her 56.1
Raffinieren der Rohpottasche 273.10
raffinieren (Fett) . . . 300.8
raffiniertes Rüböl . . . 314.13
Rahband 596.8
Rahmen, drehbar gelagerter 536.3
—, eggenförmiger . . . 283.6
—, Haspel- 566.1
—, Holz- 344.1
—, kreisförmiger 96.12
—, Oberwalzen- 163.15
—, Spindel- 523.6
—, Spulen- 257.3, 502.6
Rahmen-garn 580.15
—gestell 22.11
—umdrehung 563.18
—verlängerung 530.16
—welle, Flügel- 505.12
Ramie 261.3
—faser 261.3
—garn 588.15
—kämmling 262.9
—kammzug 262.8
—kammzugsspinnerei . 262.12
—krempel 262.15
—spinnerei 261.1
—stengel 261.5
—stengelbrechmaschine . 261.5
Rämmel 499.7
Rand, kegelförmiger . . 531.5
—faden 334.7
—spule 519.4
—wulst 116.9
ranziges Fett 274.11
Rasenflachs 209.7
Rasse, zweierntige . . . 413.16
Rast 182.4
Rauch-abzug 376.3
—gas 306.16
Raufwolle 264.12
rauh im Griff 14.1
— gewordener Kratzenbeschlag 339.17
—er Flor 329.5
—er Körper 507.2
—es Leder 381.9
—e Mantelfläche . . . 559.12
—er Stoff 322.7
Rauhhechler 212.17
Rauhechlerin 212.18
Raum, Klopf- 197.4
—, Misch- 23.1
—, schädlicher 59.10
Räumer, Schmutz- . . . 203.10
rautenförmige Beschlagnadel 248.10
reagieren, sauer 309.5
reale Seide 586.4
Rechen 296.16
—, fester 366.3
—, Garn- 498.1
—, Kurbel- 278.10
—, pendelnde 220.13
—, umlegbarer 504.12
—, verstellbarer 309.3
—gestell 504.11
—wagen 504.10
Rechnungs-gewicht . . 16.19
—länge des Garnes . . 604.8
rechteckiger Bottich aus Eisenblech 365.7
— Draht 65.19
Rechts-drehung 541.1
—schraubengang 240.12
—zwirn 541.2
rechts gedrehte Litze . 510.4
— gewickelt 164.6
— verlaufend 68.17
rechts-drähtige Litze . 594.5
—gängige Schraubenlinie 517.11
—gedrehte Fäden . . . 540.7
—gedrehtes Gespinst . 153.14
—handige Kämmaschine 83.5
—sinnig drehen (Faden) 153.15
rechtwinklig zur Längsrichtung des Flors liegen (Haare) . . . 327.16
recken (Seil) 513.7
reduzierendes Metallchlorur 456.11
reelle Tara 17.3
Reepbahn 496.19
Reeper 494.9
—bahn 496.19
Reepschläger 494.6
Reepschlägerei 494.13
regelbarer Klinkenkopf . 132.2
— Nitschelhub 334.3
regelmäßig gefertigter Kokon 416.6
—e Seide 427.13
—e Speisung 27.2
—e Windung 517.8
regeln (Florabzug) . . . 326.20
— (Wasserstand) . . . 286.7
— (Zug) 32.1
—, den Abstand der Schlagschienen vom Rost 42.19
—, die Dicke des Fadens 421.7
—, sich nach der Fadendicke (Schaltbewegung des Fadenführers) 517.6
—, selbsttätig (Baumwollzufuhr) 30.1
—, den Zufluß der Seifenlauge 439.6
Regel-punkt 54.16
—rad, Geschwindigkeits- 207.9
—schraube . 92.5, 162.2, 132.12
—stange 43.8
regelrechter Zug . . . 374.10
Regelung der Speisegeschwindigkeit im umgekehrten Verhältnis zur Dicke der Watte 42.9
— der Spindelneigung . 178.4
— des Wasserstandes . 286.6
Regelung der Wattenzuführungsgeschwindigkeit 42.10
—, Flexibelbogen- . . . 53.15
Regenwasser . . 270.5, 316.20
regieren, mit einer Schnur (Lehre) . . . 499.9
Registerplatte . . 503.5, 509.9
registrieren, warm . . 508.23
Regler, Druck- 339.4
—gehäuse 29.9
—walze 28.18, 32.13
—, Gleichgewichts- . . 291.3
—, Gullyscher 172.4
—, Hebelspeise- 44.4
—, Keilstangen- 43.6
—, Klaviermuldenspeise- 28.9
—, Rückwinde- 165.9
—, Speise- 28.5, 42.8
—, Zug- 31.17
Regulatorgehäuse . . . 29.9
Regulier-punkt 54.16
—schraube 92.5, 132.12
—schraube, Anker- . . 113.11
Regulierung, Deckel- . 53.14
Reib-band 331.14
—eisen, Hanf- 495.12
—fläche 185.7
—hose 204.6
—kegel, belederter . . 158.3
—leder 332.2, 387.15
—rad 532.5
—rolle 140.1, 523.7, 529.8, 530.8
—schale 158.1
—scheibe 140.1, 529.11
—scheibe, geriffelte . . 448.11
—wirkung der Nitschelhosen 332.11
Reibe, Hanf- 231.1
Reibe-bett, mit Holz ausgefüttertes . . . 231.2
—birne 231.3
—kegel 231.3
—maschine, Jute- . . . 241.4
Reiben 8.17
reiben 8.18
Reiber, Hanf- 495.11
Reibung 251.9
—, Brems- 47.2
—, Faser- 6.21
—, Läufer- . . . 150.15, 552.4
Reibungs-antrieb . . . 516.14
—antrieb für den Haspel 473.10
—fläche 332.9
—fläche, gerippte . . . 332.10
—koeffizient 47.3
—kupplung 157.14
—moment 149.7
—oberantrieb 288.17
—scheibe 233.13
—zahl 47.3
Reif, Eisen- 16.11
Reifen, Eisen- 16.11
—, eiserner 578.7
—, Rad- 56.15
—gewicht 17.4
Reihe, Hechel- 214.8
reihige Kratze 339.15
rein abziehen (Hanf) . 496.5
Reinabziehen des Hanfes 496.4
reinabgezogener Hanf . 496.6
rein-e Faserriste . . . 231.10
—er Flachs 216.19
—es Garn 605.5
—es Kali 273.8
—e Rasse 414.1
—e Seife 277.12
—es Wasser 270.23
—es Wollfett 300.19
—es Zweiabnehmersystem 202.2
Reinflachs . . . 209.13, 212.9
Reingewicht der Spule . 141.15
Reinhanf 495.9
Reinheit der Baumwolle 15.12
— des Garnes 605.4
—, abweichend in der . 15.14
reinigen (Baumwolle) . 26.4
— (Bourrettemasse) . . 453.1
— (Deckelbeschlag) . . 57.8
— (Fasergut) 7.3
Reinigen des Asbestes . 490.2
— der Baumwolle . 25.6, 26.3
— des Hanfwergs . . . 232.9
— der Putzvorrichtung . 109.5
— der Rohpottasche . . 273.10
— der Spinnereiabfälle . 195.4
— der Streckwalzen . . 108.6
— des Wergs 220.10

Reinigen, mechanisches
— der Kratzenbeschläge . . . 340.18
—, selbsttätiges — des Wagens durch Putztücher . . . 193.1
—, mit Benzin (Lederbezug) . . . 109.7
—, durch Druckluft (Duse) . . . 466.11
—, im trockenen Zustande (Fasern) . . . 196.1
—, durch Walzen (Fußboden) . . . 193.8
Reiniger . . . 3.17
— für die Abzugswalzen 90.6
—, Baumwoll- . . . 26.5
—, Faden- . . . 536.6
—, rotierender — für Einziehwalzen . . . 253.7
—, Speisewalzen- . . . 90.2
—, umlaufender — für Einziehwalzen . . . 253.7
Reinigung der Seidenfasern . . . 438.16
—, Abfall- . . . 49.5
—, endgültige — der Baumwolle . . . 26.8
—, mechanische — der Wolle . . . 266.14
—, nasse . . . 268.8
—, selbsttätige . . . 340.19
—, Spinnereiabfall- . . . 298.12
—, trockene — der Wolle 266.14
—, Wasser- . . . 270.20
Reinigungs-bürste 97.16, 446.5
—maschine, Kardenabfall- . . . 260.5
—messer . . . 199.6
—rost . . . 31.12
—vorrichtung für die Haarröhrchen . . . 466.12
—walze . . . 199.3, 341.1
—walze, Kletten- . . . 319.20
Reinkämmen . . . 376.7
reinwollene Lumpen . 396.11
Reisewage . . . 614.12
Reisigbesen . . . 420.4
Reiß-belastung . . . 606.14
—festigkeit des Fadens 454.18
—festigkeit des Garnes . 10.4
—flügel . . . 196.6
—krempel . 199.9, 319.5, 320.14
—länge . . . 513.11, 606.11
Reißmaschine, Flachs- . 211.2
—, Hanf- . . . 231.15
—, Lumpen- . . . 404.5
Reiß-nadel . . . 363.5
—stelle des Garns . . . 10.5
—trommel . . . 48.7, 244.10
—wolf 197.8, 232.12, 311.11, 490.8
—wolf, Jute- . . . 244.9
—wolf für Schweißwolle 268.1
—walze . . . 20.9
—zange . . . 382.9
Reißen des Bandes . . . 111.8
— des Fadens . . . 554.8
— des Fadens durch Eigengewicht . . . 606.13
— des Flachses . . . 210.21
— des Flors . . . 50.4
— des Hanfes . . . 231.11
— der Lunte . . . 125.3
— des Seiles . . . 192.1
— des Streckenbandes . 111.8
— des Vlieses . . . 111.8
—, fettfreies . . . 403.14
reißen (Draht) . . . 345.14
— (Flachs) . . . 211.1
—, in Fäden (Lumpen) . 404.2
—, zu Hede (Langjute) . 244.8
—, Lumpen . . . 403.10
Reißer, Baumwoll- . . . 197.14
—, Pelz- . . . 321.15
—, Woll- . . . 268.2
Reiste, Flachs- . . . 212.8
Reiter . . . 150.6
Rendement der Krempel . . . 318.12
Reparaturwerkstättenleiter . . . 5.20
Reprise . . . 578.9, 616.1
Retorte . . . 402.15
Reunionstrecke . . . 388.14
Reuschscher Festigkeitsprüfer . . . 608.11
Rhea . . . 261.3
rhombusförmige Beschlagnadel . . . 248.10
richtiges Kokonfadenende . . . 420.12
Richtmaß . . . 500.17
Richtung . . . 165.3
Riedingerscher Festigkeitsprüfer . . . 607.6
Riegel . . . 183.12, 384.1, 497.4
—, Verschluß- . . . 487.16
Riemchen . . . 203.12
—florteiler . . . 203.13, 330.7
—spannwalze . . . 204.3
Riemen . . . 43.14, 160.12
—, endloser . . . 441.16
—, gekreuzte . . . 330.9
—, Kegel- . . . 28.12, 43.13
—, offene . . . 24.5
—antrieb . . . 502.3
—aufleger . . . 3.14
—aufsetzer . . . 3.14
—ausrückzeug . . . 357.1
—führer . . . 43.11
—gabel . . . 186.4
—gabelhebel . . . 161.1
—hebel . . . 185.2
—hebelschaltklinke . . . 179.7
—kegel, oberer . . . 136.7
—kegel, unterer . . . 136.8
—kegelachse . . . 136.1
—kegelgetriebe . . . 527.1
—kegeltrieb . . . 43.5
—nähern . . . 3.13
—schalter . . . 161.1
—schalterexzenter . . . 162.11
—schalterscheibe . . . 162.11
—schalterstange . . . 112.1
—schaltklinke . . . 185.1
—schaltvorrichtung . . . 178.10
—scheibe . . . 24.2, 257.13
—steuerung . . . 205.5
—vorschaltevorrichtung . 191.9
—vorschaltung . . . 191.10
Riemerpech . . . 508.9
Rieselmatte aus Drahtgewebe . . . 573.12
Rietersche Deckeleinstellung mit Bogenabschnitten . . . 55.4
— Deckelputzvorrichtung . . . 52.13
— Keilausgleichung . . . 74.5
— Ölprobemaschine . . . 149.1
— Walzeneinstellung . . . 58.14
— Walzenlagerung . . . 58.14
— Zwirnspindel . . . 552.12
Riffel . . . 116.11
Riffeln . . . 507.3
Riffelsegment . . . 85.7, 378.3
Riffelung . . . 116.10
—, achsrechte . . . 241.2
—, feine . . . 143.4
—, Schrauben- . . . 240.10
—, ungleiche — der Zylinder . . . 191.5
Riffelwalze 42.15, 143.3, 191.4, 243.16
— mit pyramidalen stumpfen Erhöhungen . . . 240.14
— mit Randwulsten . . . 116.9
Riffelwalzen, bis auf den Grund ineinandergreifende . . . 116.8
—verbindung . . . 121.1
Riffelzahl auf den Zentimeter . . . 116.13
— auf den Zoll . . . 116.14
Riffelzahn . . . 116.12
Riffelzylinder . . . 115.6
—, einfädiger . . . 393.11
Rille . . . 116.11
— im unteren Spulenrad 546.6
—, Bremsschnur- . . . 140.10
—, Seilscheiben- . . . 506.11
Rillen, x — auf den Zoll 71.16
—scheibe . . . 171.11
—walze . . . 483.4, 485.7
Rinde, Quillaja- . . . 278.2
—, Seifenbaum- . . . 278.2
Rindleder . . . 64.14
Ring . . . 97.8, 149.15
— mit Läuferstab . . . 392.1
—, mit Dampf geheizter 380.1
—, doppelflanschiger . . . 150.4
—, einseitiger . . . 391.13
—, gehärteter . . . 501.16
—, geschmiedeter . . . 149.17
—, geschmiedeter und gehärteter . . . 149.18
—, gestanzter . . . 150.2
—, offener . . . 565.10
—, mit rauhem Leder bekleideter . . . 381.9
—, Unterzangen- . . . 98.7
Ring, zweiseitiger 150.4, 391.14
Ringbank . . . 151.11
—, mit dem Maschinengestell fest verbundene . . . 226.9
—bewegung . . . 151.4
—bewegung, gesetzmäßige . . . 151.5
—bewegung, veränderliche . . . 151.6
—hebung . . . 151.7
Ring-beschlag . . . 221.6
—drossel . . . 138.4, 141.16
—flügelspindel von Bölsterli . . . 547.9
—garn . . . 138.7
—kettgarnmaschine . . . 138.4
—mittel . . . 552.9
—nase . . . 172.1
—schmierung . . . 138.18
Ringspindel 144.2, 486.15, 489.11
— für Flachsspinnmaschinen . . . 226.8
—ohr . . . 391.6
—ölpumpe . . . 391.7
Ring-spinner 11.14, 138.4, 141.16, 341.9
—spinner (Arbeiter) . . . 141.17
—spinner für Kammgarne . . . 390.17
—spinnerei . . . 138.5
—spinnergarn . . . 580.2
—spinnerin . . . 2.18
Ringspinnmaschine 11.14, 141.16, 138.4, 226.7, 341.9
— mit Drehkopf . . . 342.1
— für Kammgarne . . . 390.17
— für Papiergarn . . . 480.7
— für Papierstoffgarn . 479.6
— für Schußkötzer . . . 154.12
— mit schwingender Spindelbank . . . 391.8
— für Seidengarne . . . 452.9
— für Zettelkötzer . . . 154.15
Ringspinnmaschinengetriebe . . . 158.10
Ring-spinnverfahren . . . 138.5
—weite . . . 149.16
Ringzwirnmaschine . . . 550.5
— zur Erzeugung von Nähfaden . . . 556.3
— für Kammgarne . . . 556.1
— mit einer Schnurtrommel . . . 550.6
— mit zwei Schnurtrommeln . . . 550.7
— für Zierzwirne . . . 561.3
Ringzwirnmaschinengetriebe . . . 555.9
ringartige Erhöhungen . 490.10
Ringelzwirn . . . 591.19
ringförmiger Hechelstabträger . . . 219.7
— Vorstechkamm . . . 379.5
Rippe, eingesetzte . . . 355.3
—, Gestell- . . . 55.12
—, Lager- . . . 324.5
—, vorspringende —n . 376.2
Rippen-anschluß . . . 53.11
—heizrohr . . . 294.9, 306.15
—rohr . . . 306.15
—stich . . . 69.2
Riß, Faden- . . . 521.7
—, Lunten- . . . 125.8
Risse zeigen (Basthülle) . 412.1
Rißfläche, büschelige . 10.7
—, ebene . . . 10.6
Riste, auseinandergefaltete . . . 236.2
—, eingespannte . . . 214.13
—, Faser- . . . 8.7
—, Flachs- . . . 212.8
—, Seidenfaser- . . . 444.8
Ristenmaschine mit Nadeltuchzuführung . . . 443.5
— mit Walzenzuführung 443.13
ristenweise sondern (Juteballen) . . . 236.5
Ritter . . . 339.16
Rizinusöl . . . 314.16, 458.17
—säure . . . 238.5
rizinusölsaures Natrium 464.9
Robbentran, gereinigter 238.3
Robinseide . . . 588.10
Rocken . . . 10.17
Roh-asbest . . . 489.7
—baumwolle . . . 13.4
—flachs . . . 209.9
—flachsgewicht . . . 212.6
—gewicht . . . 141.14
—gewicht der Seide . . . 434.12
Roh-pelz . . . 325.4
—pottasche . . . 273.9
Rohseide . . . 425.2
— mit geknüpften Enden 428.17
—, bengalische . . . 426.9
—, chinesische . . . 426.5
—, europäische . . . 426.14
—, feine . . . 425.17
—, feinfädige . . . 425.17
—, flaumige . . . 425.7
—, französische . . . 426.15
—, geseifte . . . 428.8
—, gleichmäßige . . . 425.4
—, griechische . . . 426.19
—, grobe . . . 426.1
—, indische . . . 426.9
—, italienische . . . 426.16
—, japanische . . . 426.6
—, kleinasiatische . . . 426.12
—, koreanische . . . 426.8
—, kurzsträhnige . . . 426.3
—, levantinische . . . 426.11
—, persische . . . 426.10
—, spanische . . . 426.18
—, starkfädige . . . 426.1
—, syrische . . . 426.13
—, umgehaspelte . . . 424.18
—, ungarische . . . 426.17
—, ungleichmäßig dicke 424.18
Rohseiden-ballen . . . 412.17
—doppelfaden mit Seidenleimschicht . . . 411.10
Rohseidenfaden mit Anhängsel . . . 425.10
— mit Flaum . . . 425.6
— mit Knoten . . . 425.15
— mit Schleifen . . . 425.12
— mit Spirale . . . 425.11
—, brüchiger, trockener 428.4
—, schlecht gehaspelter 425.5
Rohseidenputzmaschine 429.13
Rohstoff . . . 6.8
—, kurzfaseriger . . . 6.10
—, langfaseriger . . . 6.11
Roh-stoffe der Florettspinnerei . . . 435.13
—strecke . . . 371.16
—wasser . . . 270.22
roh-er Bindfaden . . . 592.17
—es Garn . . . 581.8
—es Kali . . . 273.9
—e Ölsäure . . . 315.5
—es Pech . . . 508.4
—e Wolle . . . 274.4
Rohr . . . 39.4
—, Zuführungs- . . . 28.14
—band . . . 39.10
—bogen . . . 39.8
—krümmer . . . 39.8
—leitung . . . 24.9, 37.9, 39.5
—leitung zum Öffner . . . 27.15
—mündung . . . 39.9
—schelle . . . 39.10
—schlange . . . 437.18
—stutzen . . . 289.10
—trichter . . . 39.7
—verschluß . . . 39.11
—winde . . . 569.6
Röhre, durchlöcherte . 282.6
Röhren-kessel . . . 296.3
—rost . . . 36.9
rohrförmiger Zapfen . . 342.15
Röllchen . . . 520.16
Rolle . . . 156.3, 470.6
— für die Befestigung des Quadrantenkettenendes . . . 184.11
— des Schalthebels . . . 182.10
—, Antifriktions- . . . 44.1
—, Bindfaden- . . . 593.8
—, eiserne . . . 611.7
—, Kautschuk- . . . 392.11
—, Keilstangen- . . . 43.9
—, lose . . . 547.3
—, Papier- . . . 481.3
—, Zapfen- . . . 165.10
Roll-kalander . . . 119.15
—presse . . . 288.7
—seil . . . 596.9
Rollen des Flachses . . . 217.16
— der Papierstreifen von Hand . . . 484.21
—führung . . . 29.8, 33.4
—gestell . . . 612.7
—hebel . . . 183.8
—lager, bewegliches — für das Trommelseil 192.4
—lager, Trommel- . . . 158.9
—scheibe, exzentrische . 420.7
—winde . . . 569.7
—winde, verstellbare . 611.18

rollend, hin und her –e Walze 201.3
Roller 3.15
–krempel 318.19
Rondontiaseide 410.16
Rosanilin 457.9
Rosette 157.10
–, Haspelachsen- 567.6
Rosmarinöl 314.21
Roßhaar 493.2
–, kunstliches 588.11
–garn 586.1
Roßkopf 176.13
Rost 27.16, 220.12, 259.3
–, Abfall- 29.6
–, Gitter- 49.1
–, Kanal- 33.8
–, Kasten- 33.8
–, kegelförmiger 35.4
–, Nadelleisten- 260.11
–, Platten- 36.7
–, Reinigungs- 31.12
–, Röhren- 36.9
–, Schällibaumscher 48.1
–, Schläger- 33.15, 35.4
–, seitlich ausziehbarer 196.16
–, Stab- 27.6
–, stellbarer 48.4
–, Taschen- 36.9
–, Trichter- 36.9
–, Trommel- 31.12, 33.7
–, Zug- 48.4
–anordnung, Stab- 36.4
–kammer 33.9
–kanal 33.9
–kante 367.12
–kasten 33.9, 48.13
–spalte 36.6
–stab 27.7
–stab, Dreikant- 36.5
rostartig angeordnete Schienen 369.1
–e Längsleisten 477.5
Rosten des Beschlages 64.1
Rösten des Bastes 261.9
rösten, die Kokons 417.9
rostfarbener Kokon 415.14
rostiger Kokon 415.14
rostschutzendes Mittel 64.2
roter Lackmusfarbstoff 309.6
Rotfitz 579.16
Rotgußbuchse 351.10
rotieren, mit steigenden Umfangsgeschwindigkeiten (Walzenpaare) 102.15
rotierend-er Reiniger 253.7
–e Spindel 137.14
Rottannenöl 458.18
Rubol 314.12
–, entsäuertes 148.9
–, geläutertes 314.13
–, raffiniertes 314.13
Ruck-biegung, elastische – des Zahnes 67.8
–drehung der Hauptwelle 165.4
–drehung des Klöppels 511.5
–drehung der Spindeln 165.2
–drehung, Spindel- 348.16
–drehvorrichtung für die Spulenflügel 505.7
–flußkühler 298.7
–führschiene für die Trennungsplatten 153.6
–gang des Laufleders 94.4
–gang, Wagen- 205.4, 348.10
–haltekamm 85.8, 90.1
–haltevorrichtung 388.8
–kräuselung der Faser nach dem Verstrekken 101.3
–lauf des Gitters 23.10
–schreiten des Seilers 496.20
Rückstand, Kokon- 436.1
–, Öl- 238.13
–, Salz- 305.20
–, Säure- 310.2
Rücken-schliff 67.12
–wand, bewegliche 320.9
–wäsche 268.17
rückgewundener Faden 165.14
rückschwingende Bewegung der Zange 91.4
rückwärts biegen (Nadeln) 339.18
– gekrümmter Windflügel 45.4
– laufende Unterwalze 543.3
Rückwärtsgang 23.10
ruckweise Bewegung der Speisewalze 84.7
ruckweise sich drehen (Speisewalze) 84.8
– laufen 386.18
ruckweise-s Speisen 84.6
–s Vorspeisen 377.6
– Vorwärtsbewegung der Speisewalze 377.7
Rückwinderegler 165.9, 179.11, 184.1
Ruffeln 507.3
Ruffer 213.5, 495.14
ruhend-er Deckel 52.6
–e Feuchtluft 574.16
–er Putzer 251.11
ruhige Zylinderbelastung 267.8
Ruhr-arm 277.4
–butte 476.10
Ruhrer 299.10
rund drehen (Walzenkörper) 203.1
– zusammenklappbare Krone 566.2
–, vollkommen (Trommel) 78.12
–er Holzstab 444.11
–e Zugstange 567.10
Rund-ballen 15.22
–burste 88.4
–draht 493.12
–eisendraht 65.17
–garn 589.6
–kämmer 83.12, 376.19
–kämmaschine, Bauart Neyret-Bremer 449.14
–korn 71.4
–nadel 86.19
–schlag 500.3
–seil 596.3
–sieb 476.14
–stange 97.9
–zapfenlager 111.12
Runde 498.8
–, wilde 499.13
Runden des Papierstreifens 484.10
runden (Papierstoffbändchen) 478.9
–, sich an der Kreuzungsstelle (Seidenfaden) 422.8
Rundungs-durchmesser der Schraubenfeder 608.1
–trichter 484.11, 485.6, 486.4, 478.12
–trichter mit kegelförmiger Bohrung 478.13
–vorrichtung 485.1
Rupfen 16.13
russisch-es Pfund 601.9
–er Talg 359.13
Rüst-bock 500.13
–seil 596.11
Rutschblech 247.14, 250.13
Rutschen der Bremse 347.10
– der Fordergitter 23.6

S

Saalmeister 1.17
Säbel 93.9
sächsische Elle 600.18
– Nummer 599.18
sachtes Anheben des Wagebalkens 613.12
Sack 264.8
–band 593.9
sacken (Flor) 326.21
Sägezahn 336.10
–draht 199.2
–drahtbeschlag 199.7, 336.11
Saite, Darm- 497.5
Salmiak 316.6
Salpeter-äther 462.14
–lösung 419.17
–säure 303.5
salpetrigsaures Natron 463.20
Salz 302.2
–, Ammoniak bindendes 465.6
–, anorganisches 463.19
–, wasseranziehendes 483.13
Salze zusetzen, dem Waschwasser 463.17
Salzlösung, nicht angreifende 465.8
–, alkoholische 460.12
–, gesättigte 469.5
–, indifferente 465.8
Salzlösung, mit – behandelte Wolle 305.14
Salzruckstand 305.20
salzsauer-es Bad 305.6
–er Dampf 305.9
–e Tonerde 305.16
Salzsäure 305.5
–, gasförmige 440.11
–, verdunnte 438.13
–behälter 402.17
–lösung, wässerige 305.7
Samenreste 26.14
Sammelbehälter 439.15
– fur Kämmlinge 447.10
Sammel-kamm, Abfall- 58.1
–kanal der Rauchgase 306.16
–kasten 244.14
–kasten, Woll- 296.1
–rohr 399.17
–rolle 478.6
–walze, mit rauhem Stoff bezogene 322.7
Sammeln der Bärte 444.9
– der Lumpen 399.2
sammeln (Bärte) 444.10
–, die ausgeschleuderte Flussigkeit 288.15
Sammet-zwirn 586.9
–zwirnung 586.9
Sammler 51.7, 79.5, 86.7, 200.3, 321.9, 368.16
– der Vorgarnkrempel 590.19
–, Hulsen- 3.9
–, Lumpen- 399.3
–, Schlamm- 279.9
Sand 26.12, 268.7
–filter 271.15
–steinbottich 304.10
Saponin 277.23
Satinzwirnung 586.8
Sattel 252.14, 393.9
–, Druckwalzen- 143.8
–belastung 106.12
–kehle 106.14
satteln (Druckwalze) 143.9
Sattelung 106.12
satter Aufsitz der Spule 97.4
sättigen, sich mit Öl (Wolle) 314.1
Sättigungsgrad 272.17
Sattlerpech 508.9
Satz 68.8
–, Hechel- 214.8
–, Kannen- 223.12
–, Krempel- 80.10, 198.10
–, Strecken- 387.12
–art 68.9
saubere Lumpen 396.16
Säubern des Garnes von anhängenden Unreinigkeiten 454.12
– des Vlieses 265.12
sauer reagieren 309.5
– wirken 309.5
saueres schwefligsaures Ammoniak 465.1
– schwefligsaures Natron 465.2
säuern (Faden) 467.3
Sauerstoff 301.18
saugen, durch die Spinndüse (Faden) 463.9
Sauger 33.12, 37.10, 45.2, 197.13, 259.9, 296.13, 370.16
–flug 194.21
Saug-flügelrad 37.5
–kasten 37.6
–kolben 470.3
–leitung 370.17
–luft 24.7
–lüfter 37.10, 296.13
–öffner, kastenförmiger 38.3
–öffner, liegender, mit Voröffner und Schlagmaschine 39.3
–vorrichtung 370.13
–walze 392.8
–zuglüfter 24.8
–zugventilator 24.8
Säule 505.13
säulenartig 69.5
Säulenstich 69.2
Saum 108.4
– des Streckbandes 108.3
Säure 302.3
– zusetzen, der Kollodiumlösung 458.7
–, gasförmige 305.10
–, mineralische 302.17
–, schweflige 300.7, 434.21
–, wasserfreie 303.4
Säure-bad 303.10
–bad, durch Fett verunreinigtes 303.16
–behälter 303.18
–dampf 305.8
–fällbad für Viskosefäden 469.2
–flotte 303.19
–rückstand 310.2
–schöpfer mit Selbstverschluß 402.16
–spinnverfahren 468.16
–verfahren 302.12
–wirkung 302.14
säure-beständige Legierung 304.22
–feste Masse für den Säurebehälter 304.4
–haltiges Fett 315.15
Sauschwanz 143.15
Sauschwänzchen 524.4
Sayettegarn 583.17
Schäbe 220.17
–, lose 220.19
–kasten 214.2
–teilchen 507.4
Schäben 495.4
schäbenfreier Hanf 228.8
Schaber 479.1
Schabfeder 96.4
Schablone 92.3
schäbiger Flachs 217.6
Schachtbefeuchtungsanlage mit wandernden Horden 572.14
schadhafter Ballen 16.5
schädlicher Raum 59.10
Schaf 266.4
–leder 64.13, 118.14
–wolle 408.2
–wollgarn 582.11
–wollkrempel 318.17
Schaft 493.16
–, Trommel- 206.4
–, Walzen- 345.15
schäftig, x –es Seil 594.14
Schale, Friktions- 158.1
–, Wasser- 242.6
–, Wickel- 34.5
Schalen-gehalt des Kokons 424.8
–kasten 203.8
–walze 52.5
Schällibaumscher Rost 48.1
Schaltbewegung des Fadenführers 517.3
–, gleichmäßige – des Fadenführers 517.4
–, selbsttätige – des Fadenführers 517.5
Schalter 158.7
–achse 178.12
–, elektrischer 423.6
Schalt-gabel 158.6
–gesperre 531.8
–getriebe, Dobson u. Barlows 132.5
–hebel 423.5
–hebel, schwingender 181.13
–höhe der Sektormutter 172.3
–klinke, Riemen- 185.1
–klinke, Riemenhebel- 179.7
–nase 353.15
–nasengelenkstück 353.16
–platte 167.6
–rad 125.10, 132.1.6, 134.4, 370.7
–rad, 14er 96.2
–rolle 530.8, 559.14
–scheibe 52.12
–schraube 156.4
–schraubenspindel 181.12
–spindel 184.8
–stelleisen 353.14
–stift 181.2
–vorrichtung 125.4, 152.7, 256.7
–vorrichtung, Riemen- 178.10
–walze 549.5
–werk 53.1
–zeug 353.13
Schaltung der Steuerhülse 163.11
–, mechanische 113.14
Schaltungslinie für den Körper des Kötzers 168.3
Schappegarn 587.19
–, einfädiges 587.20
–, gezwirntes 587.21
Schappespinner 452.10
Schappespinnerin 452.11
scharf 70.11

scharf trocknen 292.19
—e Biegung 517.8
—e Längsstreifung der wilden Seide . . . 427.23
—es Trocknen 292.18
—e Zwirnung 541.6
Schärfe des Schmirgels . 71.7
Schärfen des Beschlages 69.12
— des Zahnes 67.11
schärfen (Beschlag) . . 69.13
— (Lauge) 276.6
Schärfung des Beschlages 69.12
— des Zahnes 67.11
Schaubrett, schwarzes 422.17
Schaukelstuck. 125.6
schäumende Abkochung 278.1
— Lösung 277.10
Scheibe mit kegelförmigem Rand . . . 531.5
— des Schlagflügels . 35.3
—, Antrieb- 24.2
—, ausgebrochene. . . 370.8
—, gekerbte linsenformige 421.13
—, Herz- 246.7
—, Schlagnasen- . . . 35.3
—, Teil- 54.11
Scheiben-führung . . 253.8
—hälfte 251.1
—hulse 124.1
—messer 482.11
—rad 56.14
scheibenlose Hülse. . . 518.18
Scheibenspule für die Vorzwirnmaschine . 522.7
—, bauchige 519.1
—, stehende. 544.6
—, zylindrische . . . 519.4
Scheibenwalzenstrecke . 253.8
Scheidewand, hochklappbare — zwischen den Spindeln 568.1
Scheidholz 498.1
Scheitel, Knie- 336.2
—punkt der Kurve . 524.12
Schellack-knotengarn . 591.13
—perlgarn 591.13
Schelle, Rohr- . . . 39.10
Schenkel 493.17
—, Zahn- 335.17
Scheren der Fäden . 498.9
Schicht 155.14
—, Ballen- 19.17
—, Faser- 7.17
—, kegelige 155.2
—, Kies- 271.11
—, Lack- 120.7
—, Windungs- 155.13
—, Zementierungs- . . 120.16
Schichten verschiedener Höhe 156.1
—häufung. 197.6
schichtenweis-e einlegen (Juteristen) . . . 239.9
—e Aufeinandertäfelung des Flors 326.4
—es Schmelzen 317.6
schichtiges, z.— Kratzentuch 65.1
Schiebe-elevator . . . 278.12
—fenster 31.17
—leiste 431.20
—tür 572.15
schieben, auf die Spindel (Spule) 128.5
—, bis zur Spindelspitze (Kötzer) 175.12
Schieber . . 31.17, 361.6, 366.1
— unter der Unterzange 93.7
—, Muschel- 291.7
—kasten 291.8
—stange 292.7
—steuerung, Muschel- . 291.6
—tisch 262.6
schiefe Anordnung der Zuführungswalzen . 404.6
Schieferplatte 304.8
Schiemannsgarn 593.6
Schiene 307.13
— mit Nummerteilung . 183.15
—, ansteigende 180.2
—, ausgezackte 383.14
—, Hacker- 60.1
—, kurze 183.14
—, Schlag- 40.13
—, stellbare 180.2
—, Verschluß- 44.12
—, Winde- 167.3
Schienen, rostartig angeordnete 369.1
Schienen-spindel 384.8
—stuck, bewegliches 307.12
—stuck, Gelenk- . . . 168.6
Schießbaumwollfaden, explosiver 462.10
Schiffstau 596.19
Schild, beweglicher . . 177.5
—bolzen, Wagen- . . 174.1
Schimmelbildung . . . 574.10
schimmliger Kokon . . 415.15
Schlachtwolle 264.12
schlaff sein (Kette) . . 152.5
—es Garn. 140.7
—e Kette 180.1
—e Litze 499.15
Schlag-arm 40.12
—arm, gekrummter . 285.11
—becken 420.9
—besen 420.5
—blatt 27.9
—burste 420.8
—flugel 266.21
—holz 495.5
—kraft 31.6
—kreis 42.18
—kreis der Schlager . 196.7
—leiste 40.13
Schlagmaschine 7.7, 40.8, 502.14
— mit einem Flügel . . 40.9
— mit zwei Flügeln . 41.19
— mit Nadelbesatz auf den Schlagflugeln . 47.17
— mit Wickelvorrichtung 197.16
— ohne Wickelvorrichtung 197.17
—, doppelte 41.19
—, einfache 40.9
—, Seil- 505.2
—, Werg- 258.13
Schlagmaschinenarbeiter 42.5
—wickel 50.9
Schlagnase 27.9, 36.3
Schlagnasen, versetzte . 30.14
—platte. 35.3
—scheibe 35.3
—trommel 37.4
Schlag-riemen aus Leder 441.12
—riemenhalter 441.14
—schiene 40.13
—stab, Trommel- . . 260.1
—stäbe, spiralförmig angeordnete 312.12
—stift 259.8
—trommel . 26.21, 259.7, 267.9
—trommelwelle . . . 259.15
—walze, hölzerne . . . 281.12
—wirkung. 31.5
—wolf 311.10
—wolf, kegeliger . . 259.1
—zahl 31.7
Schlagen und Putzen der Kokons 419.19
— der Schleifscheibe . 73.1
—, mehrmaliges . . . 42.3
schlagen (Bourrette) . . 453.3
— (Hanf) 495.3
— (Kokons) 440.14
— (Schleifscheibe) . . . 73.2
—, mit dem Reisigbesen (Kokons) 420.4
Schläger . . . 22.6, 36.3, 262.7
— mit einem Flügel . . 40.9
— aus Kautschuk . . . 441.13
— aus Leder 441.12
—, doppelter 41.19
—, einfacher 40.9
—, erster 41.20
—, Kletten- 368.12
—, Kokon- 420.6
—, Reep- 494.6
—, Seil- 494.9
—, vierflügeliger . . . 261.7
—deckel 33.14
—durchgang. 42.4
—eisen 27.9
—haube 44.9
—kanalrost 33.16
—öffner. 34.11
—rost 33.15, 35.4
—sicherung 44.8
—speisewalze 33.13
—speisezylinder . . . 33.13
—trommel 369.4
—verdeck 33.14
Schlägerin, Kokon- . . 419.20
Schlamm, Wollfett- . . 300.2
—sammler 279.9
schlämmen (Suinter) . . 300.4
Schlämmkreide 298.18
Schlange, Dampf- . . . 298.6
—, Strick- 594.12
Schlangenzwirn 591.20
schlank spinnen . . . 496.18
Schlauch, Leder- . . . 98.5
—copspinnmaschine . . 208.1
—kotzer 520.3
—kötzerspinnmaschine . 208.1
Schlaufe 496.17
schlecht laufen 390.6
— gehaspelter Rohseidenfaden 425.5
—es Ablaufen der Ansatzschichten 155.19
—es Ablaufen (Wickel). 41.16
—er Andreher 159.1
—e Farbe 398.2
—e Spule 133.16
Schleier 152.16
—, Faden- 152.11
—bildung des Fadens . 152.12
—brecher 153.1
—brecher, halbringförmiger 152.18
—kurve 152.14
—zug 152.15
Schleif- und Abdrehsupport 405.8
—band 71.17
—band, geriiltes . . . 71.19
—brett 70.13
—feder 173.5
—fläche 202.14
—geräusch 339.10
—grat 70.3
—holz 338.20
—kupplung 173.1
—lagerbock 73.9
—leder 340.4
Schleifmaschine 71.24
— für den Lederbezug . 109.10
—, Kratzen- 339.6
—, Krempelwalzen- . . 202.12
—, Leder- 118.17
Schleif-mittel 70.19
—ring 233.11
—rolle 72.9
Schleifscheibe . . . 70.12, 72.9
—, Horsfallsche 72.8
—, wandernde 339.8
—, wandernde — für Seitenschliff 72.13
Schleif-spule 153.9
—staub 339.11
—stuck 283.8
—trommel 70.9, 72.2
—tuch 70.14, 339.2
—vorrichtung, Deckel- . 73.5
—walze 70.9, 73.11, 74.7, 202.13
—walze von Hetherington 74.6
—walzenlager 73.10
Schleife 191.14
—, Umspanner- 230.11
—, Zwirn- 540.3
Schleifen bilden (Kokonfaden) 425.13
— von Hand 71.23
— der Kratzen 338.8
— des Krempelbeschlages 69.10
—bildung . 133.13, 169.4, 358.1
—zwirn 591.19
schleifen (Krempelbeschlag) 69.11
— (Leder) 118.16
—, außer Arbeit . . . 70.7
—, während der Arbeit 70.8
—, hohl 70.1
—, mit Öl 338.18
—, trocken 338.17
Schleifer, Karden- . . . 4.9
—, Krempel- 71.22
—, Wandertuch- . . . 339.1
Schleim, Mucoidin- . . 411.7
schleimgebende Pflanze. 316.13
schleimige Spinnlösung. 464.6
Schlepper. 608.2
Schlepp-tau 596.13
—trommel 556.2
—zeiger 513.15, 608.2
schlesischer Haspel . . 563.12
Schleuder. 288.16
— mit Reibungsoberantrieb 288.17
— mit Unterantrieb . . 289.12
—, innen verbleite . . 304.21
—antriebscheibe 290.14
—flügel 258.3
—kessel 289.3
—korb 289.3
Schleuder-kraft 130.14
—kraft der Trommel . 31.4
—maschine 288.16
—sauger 33.12
—zentrifuge 439.17
Schleudern der Druckwalze 107.10
schlichte Faser 6.17
Schlickhaken 577.2
Schlieperches Entschweißverfahren . 276.14
schließen (Strom) . . . 113.12
—, sich selbsttätig (Presse) 450.2
schließende Bewegung der Zange 91.5
Schließkopf 61.11
Schliff, Oberflächen- . . 67.12
—, Seiten- 339.9
Schlinge, eine — um den Bügel bilden . . . 553.13
—, Strick- 594.12
schlingen, um die Rollen (Faden) 454.16
—, um den Zapfen (Juteriste) 243.1
Schlingen-faden, Crossbred 562.1
—garnzwirnmaschine . . 561.14
—streckvorrichtung . . 358.8
—zwirn 591.19
Schlitten 121.5, 185.10, 499.5
— der Riemengabel . . 324.10
— zur Veränderung der Streckweite 392.13
—, belasteter 500.12
—, Messer- 118.3
—führung 125.7
schlittenartig geführter Windeschienenträger 190.14
Schlitz 429.9, 524.7
—, Einstell- 90.9
—, Fadenführer 527.16
—, zentraler — für den Mitnehmerstift der Spule 552.11
—arm 360.3
—führung 352.7, 482.9
—hebel 121.6
—lager 342.5
—trommel 524.6
—trommel, Fadenführer- 523.8
—weite, verstellbare . . 429.11
Schloß, Seil- 513.15
Schlottern der Druckwalze 107.12
schlottern (Druckwalze) 107.11
Schlumberger-sche Duplex-Kämmaschine 91.2
—scher Selbstspinner. . 184.12
Schlüpfpfahl 494.2
schlüpfrige Faser . . . 194.8
Schlüpfrigmachen der Jutefaser durch Einölen. 237.12
Schluß der Einfahrt . 188.14
—drehung. 154.4
—vorrichtung, Sperrkegel- 180.3
—wickel 47.8
—wicklung, zylindrische. 533.11
Schlüssel 86.6
Schmalz 315.1, 428.13
Schmälz-gefäß, bewegliches 317.14
—kasten 317.2
—maschine 241.4
—masse 314.8
—material 316.22
—öl 314.9
—verfahren 314.7
—wolf 317.13
Schmälze 314.8
— auftragen 316.21
—, abtropfende 317.15
—, erstarrte 316.18
—, Hede- 220.22
Schmälzen der Wolle . 313.13
—, lagenweises 317.6
—, schichtenweises . . 317.6
schmälzen (Wolle) . . 313.14
Schmälzer 314.6
Schmetterlingspuppe . 417.7
Schmied 5.22
schmiedeeiserner Bottich 286.1
Schmier-büchse 295.10
—docht 344.13
—kopf 126.8
—loch 126.9
—öl aufnehmender Stoff 355.1

Schmieröl, das — hat ausreichendes Haftvermögen 148.5
Schmierseife 277.16, 316.3
—vorrichtung, Spindel- 355.15
—wolf 317.18
Schmiere, Woll- 314.8
Schmierer 3.11
Schmirgel 70.20
—band 71.17
—band, geriffeltes 71.19
—band, glattes 71.20
—belag, ebner 71.14
—belag, gerillter 71.15
—belag, gerippter 71.15
—brettchen 338.20
—holz 70 18, 338.20
—papier 63.11
—staub 72.1
—tuch 70.14, 339.2
—walze 109.11, 202.18
Schmutz 284.5
—ablagerung 284.5
—absonderungsraum 361.18
—bruhe 279.8
—fangmulde 201.7
—gehalt der Baumwolle 26 9
—kammer 38.8
—kasten 267.2
—mulde 203.8
—räumer 203.10
—walze 52.5
—wasser 439 7
—wasserbehälter 299.9
—wasserkläranlage 299.8
schmutzig-es Abwasser 299.7
—e Lumpen 396.17
—es Öl 555.3
Schnabel, Zangen- 84.13
Schnecke 72.6, 188.1
—, Auszugs- 177.6
—, eingängige 566.6
—, Transport- 40.4
—, Wageneinzug- 169.9, 349.14
schneckenförmige Windung 517.8
Schneckenrad 72.7, 188.2
— mit Klauenmuffe 207.8
— mit Teilung 207.13
—getriebe fur die Fadenfuhrerstange 473.8
Schnecken-seil 359.9
—spur 351.7
Schneide 67.14
— des Doppelarms 535.2
— des Kratzenzahns 338 12
—, überpreßte 70 2
—maschine 117.23
—maschine, Flachs- 211.2
—maschine, Lederstreifen- 118.18
Schneiden des Flachses 210.21
— des Hanfes 231.11
— der Lumpen 400.4
schneiden (Flachs) 211.1
— (Lumpen) 400 5
Schneidenlager 111.13
Schneider, Jute- 242.13
Schneidereiabfall 397.18
schnell führen (Lehre) 499.11
— trocknen 292.19
—e Abwärtsbewegung 561.7
—es Trocknen 292.18
—trocknender Kitt 117.11
schneller laufen als die Trommel (Schnellwalze) 323.3
Schneller 12.17, 133.8, 562.19
—, ganzer 610.13
—, voller 610.13
—ende 564.4
—uhr 133.11
Schnelligkeit der Säurewirkung 302.14
Schnell-schliff 69.18
—wage 387.10
Schnellwalze 51.12, 200.2, 313.6, 321.8, 323.8
— mit geschlossener Haube 323.7
—, die — nach dem Gehör einstellen 322.17
—, die — tief in die Zähne der Trommel einstellen 322.16
Schnellwalzen-band 62.11, 323.6
—band aus Leder 336.6
—beschlag mit Zahnlücken 336.8
Schnellwalzen-beschlag mit zwischengelegten stärkeren Zähnen 336.7
—haube 323.9
Schnippen der Juteristen 243.9
Schnipp-hede 244.7
—maschine 231 15, 243.12
Schnitte haben (Garn) 169.2
Schnittfläche des Kratzendrahtes 335 18
schnittig (Band) 101 21
— (Streckband) 108 2
— (Streckvlies) 108.2
—es Band 101.22
—es Garn 169 1
Schnur 98.16, 593 10
—, eingefettete 359.12
—, geflochtene 597.6
—, Kreuz- 169.14
—, Trieb- 11 3
—antrieb 502.1
—antrieb der Spindel 144.5
Schnur-einziehen 158.12, 359.15
—lauf 144.7
—maschine 502.4
—rad 521.11
—riemen 473.11
—rille 180.13
—rille, Brems- 140.10
—scheibe, getriebene — auf der Achse der Mitlauftrommel 144.13
—scheibe, treibende — auf der Achse der Haupttrommel 144.12
—stange 499.1
—trieb 98.16
—trommel 557.8
—wirtel 487.10
Schnuren 400.13
—maschine 505.8
Schnure 400.13
schnuren 498.14
— (Litzen) 505.1
Schnür-haken 499.12, 504.9
—nadel 499.4
schonend-e Auflösung 25.14
—e Behandlung 38.4
—es Waschen 269.3
Schoner, Faden- 168.13
Schopperscher Festigkeitsprufer 608 6
schottisch-er Haspel 563.15
—es Zwirnen 542.8
schräg durchstechen, die nebeneinandergelegten Seile 512.5
— gelagerte Trockentrommel 366.11
— gestellte Beschlagnadel 243.14
— liegende Hechelfelder 246 1
— liegende Spulen 551.1, 544.10
— liegende Stahlspindel 553.10
—e Anlauffläche 162.1
—er Arm 554.6
—es Auflaufen der Schnuren auf die Wirtel 550.8
—e Gleitfläche 184.2
—e Kante 317.16
—er Lauf des Betriebseiles 349.10
—er Siebboden 278.13
Schrägspeisung 326.11
Schraube 530.14
— mit Kreuzgewinde 373.17
—, endlose 223.15
—, endlose — auf dem Zylinder 568.6
—, flachgängige 252.5
—, kegelförmige 205.10, 349.3
—, Mikrometer- 56.16
Schrauben-bolzen 346.6, 362.11
—feder 510.11, 607.12
—feder, die Welle umgebende 528.13
—führung der Hechelstäbe 251.13
—gang 252.6
—gänge entgegengesetzte 339.5
—kopf 54.10
—linie 63.7
—linie, linksgängige 517.12
—linie, rechtsgängige 517.11
—rad 373.9
—regler 172.15
—regulator 172.15
—riffelung 240.10
—schlüssel, doppelter 363.8
—schlüssel, einfacher 363.7
—schlüssel, einseitiger 363.7
Schraubenspindel 72.11, 349.12
— mit Flachgewinde 218.11
—, Sektor- 171.2
—, zweigängige 256.1
Schrauben-strecke 218.10, 251.6
—strecke für Flachswerg 224.1
—trieb für die Spindeln 135.1
—windung 71.21
—wolf 312.9
schraubenförmig gewundene Walze 92.15
Schrei-, Seiden- 427.7
Schreiner 5.23
Schrubbelmaschine 320.14
Schublade 307.14
Schublehre 105.9
Schubstange 98.14, 233.14
Schuh, Form- 167.6
—, stellbarer 206.15
Schuhmacherpech 508.8
Schuppen, Baumwoll- 17.8
Schuß 12.2
—abfall 398.21
—drehung 540.11
—drossel 154.12
—garn 139.1
—garnspinner 2.21
—garnspinnerin 2.22
—hulse 154.11
—kammgarn 583.21
—kötzer 154.10, 520.6
—kötzer, Selbstspinner- 569.3
—ringspinner 154.12
—seide 586.11
—selbstspinner 188.15
—spinner 2.21
—spinnerin 2.22
—spule fur Bandwebstuhle 520.8
—spule, Northrop- 147.2
Schußspulmaschine 12.4, 526.5
— mit unten liegenden Haspeln 526.8
— fur Kreuzwicklung 526.7
— für Parallelwicklung 525.6
Schüssel, Locken- 329.14
Schuttelmaschine, konische 259.1
—, Werg- 220.11, 258.13
Schuttel-nadel 260.6
—stäbe 38.10
schutteln (Vlies) 265.9
—, die Stäbe — die Baumwolle 38.11
Schutz-blech 344.14, 441.17
—blech, Wind- 45.1, 48.9
—brett 225.16, 229.11
—deckel 311.15
—haube 195.12, 201.8
—hulse fur den Schmierdocht 344.14
—ring 76.14
—tisch 391.2
—walze 311.12
schutzen (Tuchunterlage) 110.6
—, gegen den elektrischen Strom 112.9
—, durch Metalleinlage (Spule) 149.13
schwach kalkhaltiges Wasser 419.5
—e Auflage 102.2
—er Flachs 217.5
—e Oberflächenstreifung der Maulbeerseide 427.22
—e Seifenlösung 194.11
—es Seifenwasser 573.17
—er Verzug 101.11
—e Vorlage 102.2
—e Zwirnung 431.5
schwächende Wirkung des harten Wassers auf Säuren 302.16
schwachgedrehte Lunte 122.4
schwammige Kaseinmasse 471.18
Schwanken des Wagens 345.3
— des Wagebalkens 613.11
schwanken (Wagen) 345.4
schwankend-e Aufwickelgeschwindigkeit des Fadens 517.13
—er Wassergehalt der Garne 615.8
Schwankung in der Fadenspannung 155.10
Schwanz des Faserbartes 82.14
— der Riste 375.11
—ende des Vlieses 265.16
—halter 93.9
schwarz-e Klette 307.4
—e Lumpen 397.24
—es Pech 508.6
—es Schaubrett 422.17
—e Seife 277.16, 316.3
Schwarzblechkanne 76.17
Schwarzöl 314.14
Schwebe-stoffe 270.24
—teile 270.24
schwedisches Pfund 601.8
Schwefel-äther 71.13
—dioxyd, gasförmiges 460.9
—kammer 434.20
—kohlenstoff 238.19, 297.20, 438.6
—kohlenstoffwaschverfahren 366.8
Schwefelsäure 302.19, 403.5
—, mit — angesäuertes Wasser 304.13
—, verdünnte 303.1, 438.12
—bad, x prozentiges 440.10
—gehalt der rohen Ölsäure 315.6
—lösung 440.9
schwefelsauer-es Ammoniak 469.8
—es Bad 302.18
—es Eisenoxydul 469.12
—es Kali 272.10
—er Kalk 310.6
—es Kupfer 458.23
—e Magnesia 465.11
—es Manganoxydul 401.16
—es Natron 303.6, 483.14
—e Tonerde 303.9, 465.15
Schwefeln 401.11
— der gekochten Seide 434.19
schwefeln (Kokons) 418.4
schweflige Säure 300.7, 434.21, 460.9
Schweifhaar 493.3
Schweineschwänzchen 143.15
Schweiß 301.10
—, Woll- 272.1
—filz 397.20
—gehalt der Wolle 271.19
—wachs 274.10
—wasser 272.15
—wassertrog 365.8
—wolle 268.1
—wolle, fettschwere 274.6
schweizerische Nummer 600.3
Schwelle, Hartholz- 497.1
schwellender Griff 427.10
schwenken (Spindelrahmen) 530.6
Schwenk-maschine 288.16
—wasserzufluß 365.15
schwer laufen 390.8
— laufen (Druckwalze) 170.13
—er Läufer 150.11
—es Vlies 264.18
—er Zwirn 552.10
schwerflüssiges Spindelöl 148.6
— Wollfett 274.8
schwerlöslicher Pektinstoff 412.3, 437.9
Schwer-laufen der Walze 107.14
—metallsalz 469.11
—punkt 291.2
—punktachse 553.6
—punktlage 191.6
schwimmen, im Haspelwasser (Kokon) 420.1
—, in der Lauge (Wolle) 282.10
schwimmender Kokon 420.2
Schwimmer 365.12, 608.9
Schwimmkugelregler 574.7
Schwindmaß 604.11
Schwing-arm 391.11
—beil 495.5
—flachs 209.13
—flachs, verfälschter 209.15
—hanf 228.4, 495.9
—hebel 60.4, 125.6, 131.7, 186.2
—hebel für die Abzugswalze 89.1
—stange 112.5, 131.9
—vorrichtung 98.17
—werg 219.13
—zapfen für den Leitkegel 528.3
—zapfen, Zangen- 88.12
schwingbar gelagerter Arm 537.10
Schwinge 125.6, 495.5
—messer 495.5
Schwingen des Hanfes 495.1
schwingen (Hanf) 495.3

schwingend-er Abstreifkamm 320.3
—e Bewegung der Zange 92.4
—er Doppelhebel 560.13
—er Fadenführer 143.14, 208.7, 526.13
—er Fadenführer des Zierfadens 560.8
—e Kammbewegung 58.10
—e Leiste 381.3
—er Messerhebel 603.8
—er Schalthebel 181.13
—e Spindelbank 391.8
—er Steuerhebel 160.10
—e Welle 382.2
—e Zange 91.7
Schwinger 495.8
Schwingung, pendelnde — der Korbwelle 290.1
—, Sektor- 350.17
—, Spindel- 554.15
Schwingungswinkel des Sektors 170.9
Schwitzen des Hanfes im Ballen 228.11
schwitzen (Baumwolle) 15.9
schwulstiges Seilergarn 592.14
Schwungrad 292.5, 343.10, 567.11
—welle 292.4
Schwungrolle 603.7
sechs Gebinde 599.4
—armiger Haspel 565.5
—reihiges Nitschelwerk 333.9
Sechserstich in Köper 69.1
Sedaner Nummer 600.1
seebeschädigter Ballen 15.8
Seele, Spindel- 544.3
—, umsponnene 595.4
Seelen-faden 591.4
—trommel 509.11
Seelfaden 559.3
Seeseide 411.2
Segment, Zahnrad- 360.17
—welle, Bürsten- 99.4
Seide 410.3
— von geschwefelten Kokons 427.1
— mit Grenadinezwirnung 586.10
— mit Sammetzwirnung 586.9
— mit Satinzwirnung 586.8
—, abgehaspelte 425.2
—, assouplierte 434.11
—, beschwerte 587.11
—, chevillierte 587.14
—, degummierte 434.5
—, echte 410.5
—, edle 410.5
—, entbastete 434.5
—, entschälte 427.16, 434.5
—, farbige 587.12
—, filierte 430.5
—, flache 586.22
—, flaumfreie 427.15
—, flockenfreie 427.15
—, gaufrierte 587.17
—, gefaulte 438.1
—, gekochte 426.21
—, gemessene 602.17
—, gezwirnte 431.8
—, griffige 427.4
—, kordonnierte 586.19
—, laminierte 587.16
—, langsträhnige 426.4
—, linde 427.16, 434.5
—, lüstrierte 587.15
—, matte 427.19
—, mattglänzende 427.19
—, mulinierte 431.8
—, nervige 427.14
—, platte 586.22
—, reale 586.4
—, regelmäßige 427.13
—, unentschälte 426.22, 434.4
—, ungekochte 426.22, 434.4
—, vorgedrehte 430.5
—, wilde 410.6
Seidenabfall 435.5
—garn 454.6
—klopfwolf 442.4
—spinnerei 435.3
Seiden-alpakagarn 585.16
—arbeiter 412.13
—arbeiterin 412.14
—art 410.4
—bart 444.8
—bart, eingelegter 445.8
—bast 411.8
—decke 450.17
—dreher 412.15
—dreherin 412.16
Seidenfaden, durchsichtiger 428.1
—, eingeschrumpfter 434.17
—, knotiger 425.16
—, kupferarmer 467.17
—, malachitgrüner 467.18
—gehalt des Kokons 424.7
—stoff 411.9
Seiden-faserbart 444.8
—faserflaum 425.9
—faserriste 444.8
—filande 412.9
—garn 586.3
—garn, grobes 545.3
—gebinde 432.12
—gehäuse 413.1
—gewerbe 412.6
—griff 427.3
—händler 412.20
—haspelbank 422.15
—haspelvorrichtung 422.15
—hasplerei 412.9
—industrie 412.6
—industrieller 412.7
—kämmaschine 444.16
—kämmaschine, Listersche zweiköpfige 448.7
—kämmerei 444.15
—kämmling 446.12, 452.14
—kokon 413.1
—kokon, wilder 436.13
—leim 411.8
—leim, erweichter 412.2
—leimschicht 411.10
—lumpen 455.15
—mühle 431.16
—mühle mit Spulen 429.17
—mühle, Chardonnetsche 431.14
—noppe 590.8
—numerierung 601.10
—nummer 601.14
—probe 602.22
—raupenrasse, einerntige 413.15
—schrei 427.7
—shoddy 412.5
—shoddyspinnerei 455.14
—spinner 435.10
—spinnerei 410.1
—spinnerin 435.11
—spulerin 429.3
—strähn 426.2
—strang 432.13
—strecke 451.17
—titer 601.14
—umhasplerin 424.19
—watte 450.17
—werg 446.12, 452.14
—zwirner 412.15
—zwirnerei 412.10
—zwirnerin 412.16, 430.17
—zwirnmaschine 431.16
—zwirnmühle 431.16
seiden-armer Kokon 416.3
—reicher Kokon 416.2
Seife 484.6
—, die — enthält freies Fett 277.14
—, die — enthält freies unzersetztes Alkali 277.14
—, grüne 277.16, 316.3
—, Magnesia- 270.15
—, Marseiller 277.18, 434.2
—, neutrale 277.13
—, Pflanzenfett- 433.18
—, reine 277.12
—, schwarze 277.16, 316.3
—, tierische 434.1
—, Unschlitt- 310.5
—, unverfälschte 277.12
—, weiße 316.2
Seifenbad 277.5, 385.9
—, frisches 433.9
—, Öl- 438.2
—, zweifaches 437.2
Seifen-baumrinde 278.2
—ersatz 277.20
—gehalt des Bades 277.6
—kocher 277.3
—lauge 275.11, 277.9
Seifenlösung, ammoniakalische 468.4
—, heiße 433.12
—, schwache 194.11
Seifen-pulver 277.21
—stein 276.10
—verbrauch 277.8
—wasser 441.5
—wasser, schwaches 573.17
—wurzel 277.22, 316.16
seifen (Rohseidenfaden) 428.7
seifenhaltige Wolle 366.4
Seihen durch Asbestfilz 465.17
Seil 493.18, 594.13
— mit Gewichtseinlagen für Fischereizwecke 596.12
— mit Gewichtszug 181.6
—, Ausfahrt- 206.6
—, Auszug- 177.9
—, dreischäftiges 594.15
—, flaches 597.12
—, geflochtenes 597.7
—, geteertes 508.18
—, Hanf- 592.4
—, kabelweise geschlagenes 594.17
—, kugelweise geschlagenes 594.16
—, plattes 597.12
—, mit Teer gesättigtes 508.19
—, durch das Teeren geschwächtes 508.22
—, troßweise geschlagenes 594.15
—, ungeteertes 508.21
—, verjüngtes 594.11
—, vierschäftiges 594.16
—, x-schäftiges 594.14
Seil-anordnung für den Wagen 173.11
—austreibeeinrichtung 503.10
—bahn 503.15
—dehnung 513.5
—drehen 500.3
—dreher 494.9
—drehmaschine, stehende 505.2
—durchmesser 500.16
—faden 493.15
—fang 192.5
—flechtmaschine für 510.2
—flechtmaschine für Vierkantseile mit verschiedenem Querschnitt 511.7
—führung 177.8
—futter 494.3
—garn 493.15
—garnspinner 494.8
—geschirr 498.17
—herz 594.18
—kaliber 500.16
—klemme für Verseilmaschinen 506.9
—lauf, gekreuzter 360.7
—lauf, offener 360.8
—lauf, ungekreuzter 360.8
—litzenspinnmaschine 502.13
—oberfläche 507.4
—prüfmaschine 513.12
—prüfung 513.1
—rad 503.3
—rille 497.12
—rolle für den Antrieb der Ablieferungsseite 35.11
—rolle für den Antrieb des Lüfters 36.1
—rolle für den Antrieb der Nasentrommel 36.2
Seilscheibe 503.3, 550.13
—, ausdehnbare 224.8
—, doppelläufige 557.7
Seilscheiben-kegel 538.4
—rille 506.11
Seil-schlagen 500.3
—schläger 494.9
Seilschlagmaschine mit Rückdrehvorrichtung für die Spulenflügel 505.7
—, horizontale 506.3
—, liegende 506.3
—, stehende 505.26
Seil-schlag- und Schnurmaschine 505.8
—schloß 513.13
Seilseele 594.18
—, ausgestreckt liegende 594.20
—, gequetschte 594.19
Seil-spannarm 349.9
—spannrolle 144.15
—spliß 493.21
—splissung 493.19
—spule 505.5
—stärke 500.15.16
Seiltrieb des Sektors durch den Wagen 171.1
—, Ausgleich- 37.1
—, Entlastungs- 37.1
—, positiver — der zweiten Trommel 144.11
—, zwangläufiger — der zweiten Trommel 144.11
Seil-umfang 500.15
Seil-verspleißung 493.19
—wirtel für das Abwinden und die Einfahrt 161.2
—wirtel, Wagen- 206.3
—zwirnanlage 503.10
Seilen 500.3
seilen 500.4
Seiler 3.12, 494.6
—arbeit 501.6
—arbeiten aus Haaren 514.1
—bahn 496.19, 503.11
—garn 592.11
—garn, dickes 592.13
—garn, leichtes 592.12
—garn, schwulstiges 592.14
—geschirr 498.17
—hanf 495.2
—haspel 498.3
—meister 494.12
—rad 496.21
—schlitten 499.5, 500.8
—spule 498.3
—ware, durchgezogene 507.16
—ware, genetzte 507.10
—ware, gestrichene 507.12
Seilerwaren 507.2
—, gedrehte 494.18, 592.2
—, geflochtene 597.5
—, genähte 597.11
—fabrik 494.13
Seilerwinde 498.3
Seilerei 492.1, 494.13
—erzeugnisse 592.1
Seiten-gestell 55.7
—saum des Streckbandes 108.3
—schliff 67.15, 339.9
—verstärkung des Rippenanschlusses 53.11
—wand der Trommel 79.13
—wand, um Gelenke drehbare 303.19
—wand, hochklappbare 488.3
—wandung, aufklappbare 488.1
seitlich aufgeschlitzter Hohlarm 130.8
— ausziehbarer Rost 196.16
—er Öleinguß 147.11
—e Spindelöffnung 553.11
—e Verschiebbarkeit 24.6
—e Verschiebung 109.1
—e Verstellung der Walzen 59.7
Sektor 152.1, 170.7, 350.5
—, Leder- 85.6
—, Zahn- 94.5, 152.3, 181.4
Sektor-arm 170.3, 350.6
—daumen 171.5
—drehzapfen 350.16
—einrichtung 170.6
—kette 170.12, 350.10
—kettenaufwickler 351.4
—kettenaufwindungsvorrichtung 173.8
—kettentrommel 171.6
—kranz 170.11
—kupplung 173.1
—mutter 170.14, 350.7
—schraube 171.3
—schraubenspindel 171.2
—schwingung 350.17
—spindel 350.14
—triebkolben 170.10
—wage 613.13
—zahnkranz 350.13
—zapfen 171.10
Sektoraldraht 66.2, 336.9
Sekundagarn 579.13
Selbst-abstellen beim Fachen 566.8
—absteller 535.7
—abstellung beim Reißen des Fadens 524.3
—abstellungshaken 524.1
—aufleger 320.1
—aufleger, abfahrbarer 200.4
—ausrücker 357.5
—einstellen der Spindel in ihre Schwerpunktachse 553.6
—entzündungsgefahr der geschmälzten Wolle 317.12
Selbstspinner 11.17, 138.14, 159.7, 204.13, 343.13
— für hohe Nummern 188.16
—, Schlumbergerscher 184.12
—, Schuß- 188.15
—garn 580.3
—getriebe 160.11
—kette 138.21

Selbstspinner-kettkotzer 569.2
–kötzer 549.13
–schußkötzer 569.3
–seil 359.4
–seite 176.6
–triebwerk 186.7
Selbst-verschluß 402.16
–zähler 389.5
–zwirner mit fahrendem Wagen 557.14
–zwirnmaschine 558.13
selbst-putzender Deckel 53.2
–regelnde Wickelmaschine 249.3
–schließende Deckelverriegelungsvorrichtung 487.14
–schmierendes Trommellager 145.2
selbsttätig regeln (Baumwollzufuhr) 30.1
–, sich – öffnen (Presse) 450.1
–e Abstellung der Abnehmerwalze 59.14
–e Abstellung bei Kötzervollendung 180.4
–e Abstellvorrichtung 47.7, 110.13, 157.4
–e Abstellvorrichtung bei beendetem Kötzer 357.10
–e Aufwickelvorrichtung 327.17
–e Ausruckvorrichtung 110.13
–e Bremsvorrichtung 258.4
–e Entleerung 38.13
–e Fadenfuhrung 612.3
–er Festigkeitsprüfer 607.5
–er Festigkeitsprüfer für ganze Strähne mit Dehnungsmesser und Elektromotor 609.5
–er Garnfestigkeitsprufer mit Dehnungsmesser fur einzelne Fäden 609.4
–er Kastenspeiser 28.5
–er Kokonhaspel 423.3
–e Kokonzufuhrung 423.8
–e Kötzerfuhrung 612.4
–e Kratzenaufziehvorrichtung 337.11
–er Ölumlauf 148 4
–e Putzvorrichtung fur wandernde Deckel 57.10
–es Reinigen 193.1
–e Reinigung 340.19
–e Schaltbewegung des Fadenfuhrers 517.5
–e Speisevorrichtung 320.1
–es Stillsetzen der Spindel bei Fadenbruch 430.12
–e Streckenausruckvorrichtung 111.3
–e Titrierwage 603.3
–e Überfuhrung des Faserflors 198.14
–es Überleiten des Wassers 365.13
–e Übertragung 198.14
–e Umkehrung des Faserbartes 450.13
–e Umstellvorrichtung für den Luftstrom 575.10
–e Umsteuerung 40.7
–e Vorrichtung für Spitzenhartwindung 181.10
–er Wärmeregler 616.16
–er Waschbottich 273.3
–e Wiederauflage des unvollkommen gelösten Gutes 405.3
Selfaktor 11.17, 138.14, 159.7, 343.13
–garn 580.3
–getriebe 160.11
–seil 359.4
–spinner 176.1
–zwirnmaschine 557.1
Sengen der Fäden 455.4
sengen (Faden) 455.5
Sengmaschine, Gas- 455.7
Senk-blei 363.2
–lot 363.2
–wage, Beauméscho 303.13
–wage, glockenförmige 365.16
Senken des Aufwinders 165.15
– des Deckels 55.3
– des Gegenwinders 175.9
– des Preßbodens 578.3
– der Trommel 56.12
senken (Trommel) 56.11
– (Windeschiene) 352.8
senken, sich (Gegenwinder) 175.10
–, sich heben und – um die Spulenhöhe (Flügel) 548.8
–, sich (Preßboden) 578.4
senkrecht abstechen (Schichtenhäufung) 197.7
– stehen (Kötzer) 529 3
– stehende Kötzer 612.3
– verstellbarer Backen 162.7
– verstellbare Stufen 567.1
–er Abstellhebel 567.5
–er Kamm 382.7
–e Wagenstütze 547.4
–er Wainwrightscher Festigkeitsprüfer 608.5
–e Welle 333.14
Senkung der Trommel 56.12
–, Deckel- 55.3
sensenartiges Messer 231.13, 400.16
Sensenmesser 243.6
Serizin 411.8
–schicht 411.14
Sesamseife 433.21
Setz-block 87.3
–latte 363.6
–maschine, Kratzen- 69.7
Setzen der Zähne 08 1
setzen (Zähne) 68.2
Setzer, Krempel- 4 8
–, Stuhl- 3 10
Shakertrommel 400 19
Shoddy-garn 582 19
–spinnerei, Seiden- 455 14
–wolle 407.6
sichelformiger Arm 184.7
Sichelmesser 196.14
Sicherheitsausrucker fur die Wageneinfahrt 357.6
–schuh 351.9
–ventil 385.16
–vorkehrung bei der Wageneinfahrt 170 1
sichern, durch Klemmdruck (Bartstellung) 447.3
Sicherung, Schläger- 44 8
Sicherungs-feder 95 8
–hebel 357.12
Sichte-abfall 236 13
–ergebnis 266 7
–tisch 265.6
Sichten des gehechelten Flachses 216 4
– von gemischten Partien 216 14
– des Hanfes 231 7
– der Wolle 263.13
sichten (Wolle) 263.14
–, den gehechelten Hanf 228.7
–, gemischte Partien 216.15
–, sorgfältig 216 13
Sichter, Abfall- 4.2
–, Jute- 236 6
Sichterin, Abfall- 4.3
Sieb 38 9
– mit aufgelegten Gummibändern 477.6
–, Blech- 267.12
–, Kokon- 418.15
–boden 286.2, 571.6
–boden, schräger 278.13
–kasten 439.14
–löffel 418.16
–mulde 312.13
–mulde aus Stahlblech 267.11
–platte 299.12
–platte, eingesetzte 285.9
Siebtrommel 32.3, 35.8, 37.11, 44.14, 48.8, 195.9, 196.11, 313.9, 476.14
–, Blech- 32.5
–, innen mit Haken versehene 400.20
–, obere 33.10
–, untere 33.11
–, zweite obere 33.17
–, zweite untere 34.1
Siebzylinder 220.15
Sieben des Asbestes 490.6
Siede-kasten 490.4
–punkt des Dampfwassers 570.8
sieden (Haarzöpfe) 514.11
Signal- und Summiervorrichtung 370.6
Signum 16.7
Silberperle 591.12
Silkin 588.7
Silvalin 589.2
Siriusseide 588.9
Sisalhanf 492.6
Skala 613.18
–, Bogen- 100.5
–, kreisförmige 361.1
Skene und Devallée, Waschmaschine von 282.17
Smyrnagarn 585.5
Snoeckscho Wolltrockenvorrichtung 296.7
Soda 309.10
–, chemisch reine wasserfreie 309.11
–, gebrannte 309.12
–, kalzinierte 309.12
–, kristallisierte 276.2
–, Leblancsche 309.14
–bad, alkalisches 309.19
–gehalt, den – einer Waschlauge bestimmen 276.4
–lauge 275.21
Sodalösung 316.10, 419.18
–, heiße 470.14
–, lauwarme 309.18
Sodamenge 309.17
Sollänge des Garnes 604.8
Solvay-Soda 276.3, 309.13
Sondern und Auflockern der Wolle 364.15
– der Ballen 18.10
– der Docken auf Wagen 576.17
– nach Farbe 399.12
– nach Feinheit 265.3, 399.11
– des gehechelten Flachses 216.4
– von gemischten Partien 216.14
– des Hanfes 231.7
– der Jute 235.1
– der Kokons 413.2
– der Lumpen 399.7
– nach Stapel 265.3
– der Wolle 263.13
sondern (Abgang) 49.6
– (Seidenlumpen) 455.16
– (Wolle) 263.14
–, nach Farbe 265.4
–, nach der Feinheit 364.17
–, den gehechelten Hanf 228.7
–, gemischte Partien 216.15
–, nach ihrer Gute (Ballen) 18.11
–, mit der Hand 265.2
–, nach der Länge (Faserbärte) 446.11
–, nach ihrer Länge (Wolle) 364.16
–, sorgfältig 216.13
–, durch Wiegen 612.10
Sondierleine 593.23
Sonnen-blumenol 314.17
–hitze, durch – dörren 417.15
–rad 546.8
–radanordnung für die hin- und hergehende Bewegung des Spulenwagens 546.7
–strecke 253.8, 372.7
–wärme 292.11
sorgfältig sondern 216.13
Sorte 236.4
–, Baumwoll- 13.5
–, durch Mischung entstandene 236.12
–, Woll- 266.8
Sortier-abfall 236.13
–buch 612.11
–ergebnis 266.7
–rolle für die Vorgespinste 611.6
–tisch 265.6
–tisch, Lumpen- 399.14
–verfahren 610.15
–wage 387.10
–wage, Garn- 614.9
–weife 610.16
–werg 220.2
Sortieren der Ballen 18.10
– des gehechelten Flachses 216.4
– der Kokons 413.2
sortieren (Abgang) 49.6
– (Seidenlumpen) 455.16
–, nach Güte (Ballen) 18.11
–, durch Wiegen 612.10
Sortierer, Abfall- 4.2
–, Baumwollabfall- 196.4
–, Hadern- 400.1
Sortierer, Hanf- 231.8
–, Werg- 216.3
Sortiererin, Abfall- 4.3
–, Hadern- 400.2
sortierte Lumpen 399.8
Sortierung, Farben- 399.12
Sortiment, Krempel- 198.10, 318.20
Souple 434.11
–seide 434.11
Souplieren 434.8
Spalte, Rost- 36.6
Spalten der Fasern 230.16
spalten (Fett) 300.14
– (Flachs) 211.19
Spaltung des Flachses 211.18
spanische Rohseide 426.18
– Spleißung 493.22
Spannarm 332.18
–, Seil- 349.9
Spann-bolzen 344.12
–faden 511.8
–führung 356.5
–hebel 94.12
–kreuz, Nitschelhosen- 332.17
–lager des Bechertuches 40.1
–leiste 340.14
–rolle 41.6, 144.15, 157.11
–rolle mit Sperrverzahnung 177.11
–rolle, Faden- 526.12
–schlitten 41.5
–schraube 340.16, 344.10
–schraubenwinkel 344.11
–stange 208.6
–vorrichtung für den Einflechtfaden 511.11
–vorrichtung für Gegenwinder und Fadenschoner 354.6
–vorrichtung für gewaschene Ledermuffen 332.13
–walze 98.6
–walze, Riemchen- 204.3
–wirtel 353.7
–wirtelbolzen 349.11
Spannen der Fäden 498.12
– des Fadens durch den Gegenwinder 557.12
– der Kette 351.1
– der Schnuren 359.17
spannen (Flor) 327.3
– (Garniturband) 337.7
– (Kette) 351.2
– (Speisegitter) 41.2
–, durch den gehobenen Fadenführer (Feder) 528.14
–, durch Gewichte (Ketten) 244.5
–, durch Gewichtsauflage (Gegenwinder) 168.10
–, in Kluppen (Risten) 214.12
Spanner 160.6
–, Faden- 522.14
–, Spitzen- 168.13, 181.10
Spannung des Flors 327.2
– der Kette 351.3
–, beliebig einstellbare 526.9
–, in – erhalten, das fertig gesponnene Fadenstück 164.9
–, gleichmäßige – der Spindelschnüre 391.9
–, Lunten- 125.2
Spannungsmesser 609.7
Spanwinde 569.5
Sparseide 581.20
speckiger Kämmling 374.21
Speiblech 259.5
speichern (Baumwolle) 17.9
Speicherung der Baumwolle 13.2, 16.14
Speise-band 448.13
–dauer 94.3
–exzenter 93.12
–exzenterhebel 93.13, 94.2
–geschwindigkeit 41.17
–gitter 41.1
–hebel 93.14
–hubscheibe 93.12
–hubscheibenhebel 93.13, 94.2
–igel 84.5, 377.5
–kamm 382.4
–kammring 448.12
–kanal 379.10
–kasten 22.2, 29.1, 260.7
–lattentuch 20.8, 27.1, 41.1
–leitung 466.8
–mulde 89.15, 93.4
–platte 94.1, 98.9
Speiseregler 42.8

Speiseregler mit Antifriktionsrollen . . . 34.6
– mit Doppelrollen . . 34.6
– mit Gliederanordnung 34.9
–, Hebel- 44.4
–, Klaviermulden- . . 28.9
–, selbsttätiger 28.5
Speise-regelung 42.7
–richtung 325.12
–rohr 28.14
–stachelwalze . 84.5, 377.5
–tisch 50.10, 77 11
–trichter 39.7
–trog 284.6
Speisetuch 243.15, 308.3, 321.1
–, aufrechtes 260 9
–, Nadel- 28 6
–, nadelbesetztes . . 260.9
–walze 244 1
Speisevorrichtung 42.6, 93.10, 319.17, 382 15
– der Reißkrempel . . 198 17
–, doppelte 40.6
–, selbsttätige 320 1
–, wechselnde 40 6
Speisewalze 27.4, 29.13, 32.12, 77.12, 84.5, 89 14, 92.14, 203.7, 247.8, 287.14, 319.18, 321.4, 377.5
–, beweglich gelagerte obere 311 13
–, fest gelagerte untere 311.14
–, geriffelte 30 11
–, Schläger- 33.13
Speisewalzen-beschlag . 248 3
–reiniger 90.2
Speise-wickel 448.8
–zange, bewegliche . . 381.1
–zange, unbewegliche . 380.12
Speisezylinder . 28 8, 50.16, 77.12
–, geriffelter 30.11
–, Schläger- 33.13
Speisen. 319.10
–, ruckweises 84.6
speisen, jede Ablieferung durch x Bänder . . 81.10
–, von Hand 319.11
–, jeden Kopf durch x Bänder 81.10
–, mit zwei Watten (Maschine) 91 8
Speiser, abfahrbarer . . 200 4
–, Baumwoll- 28.2
–, Kasten- 28.5
Speisung mit Decken . 324 12
– mit Pelzen 324 12
– mit Pelzen vom Blamireschen Pelzbildner 325 2
– durch unmittelbare Übertragung . . 236.2
– mit Vliesen . . . 324.12
– durch Walzen . . 42.14
–, Hand- 27.17
–, Längsfaser- 198.15, 329.1
–, mechanische 28.4
–, regelmäßige 27.2
–, unregelmäßige . . . 27.3
Sperr-falle . . 185.4, 206.11
–haken . . . 172.9, 608.3
–hebel 180.10
–kegel 578.2
–kegelschlußvorrichtung 180.3
–klinke 95.10, 131.15, 162.15
–klinkenträger 95.9
–platte. 549.6
Sperrad 125.10, 173.4, 190.6, 256.2, 258.6, 358.6
– mit Kettenrad . . . 172.12
–, Quadrantenmutter- 184.6
–klinke 258.7
Sperring 95.7
Sperr-schieber 525.14
–schieber, lotrechter . 526.1
–schiene 369.2
–verzahnung 608.4
–zeug 350.3
spezifische Festigkeit . 606.10
Spicken der Wolle . . 313.13
spicken (Wolle) 313.14
Spicköl 314.9
Spiegel, Noppen- 561.8
Spiel, Wagen-. 159.9
–, Zangen- 382.10
–zahl 82.18
Spiele in der Minute . 82.19
Spille 10.12
Spillseil 596.24
Spindel 96.11, 160.1, 521.10, 527.7.15, 530.3, 532.10, 552.14
Spindel mit abnehmbarem Ölbecher . 553.7
– ohne abnehmbaren Ölbecher. 553.8
– fur Fachmaschine. 430 14
– für Gurtantrieb . 502.2
– mit Korkpolster . . 146.8
– mit Körnerspitze . . 233.16
– mit Kugellagerung . 355.5
– für Riemenantrieb . 502.3
– fur Schnurantrieb . 502.1
– mit seitlichem Öleinguß 147.11
– mit Vielgewindeölbecher 146 11
– mit Wirtel. 474.5
–, achsrecht hin- und herbewegte . . . 530.1
–, Booth-Sawyersche . 145.4
–, dreikantige 455.11
–, sich drehende . . . 137.14
–, sich links drehende. 541.14
–, sich rechts drehende 541.13
–, eine 564.13
–, sich selbst in die Drehachse einstellende 146.5, 548.11
–, einzeln ausruckbare. 521.6
–, an beiden Enden kegelig zulaufende . . 145.8
–, an beiden Enden konisch zulaufende . . 145.8
–, feststehende 341.4
–, Flugel- 122 5
–, mit gleichbleibender Drehungszahl voraneilende 139 11
–, mit gleichbleibender Umlaufzahl sich drehende 123 8
–, kegelige 431.17
–, lange – fur schwere Zwirne 552.10
–, rotierende 137.14
–, der Spule gegenuber nacheilende 123.10
–, der Spule gegenuber voreilende 123.9
–, stehende. 208 10
–, stufenförmig erweiterte 355.9
–, die – macht x Umdrehungen in der Minute 144.3
–, mit veränderlicher Geschwindigkeit nacheilende 139.12
–, verschiebbare . 534.6
–, viereckige 208.9
–abstand 150.5
–achse 122 16
–allee 123.3
Spindelantrieb beim Verbund. 188.6
–, dreirilliger 192.2
–scheibe 529.7
–zwischenrad 136.13
Spindel-aushebung . . 148.1
Spindelbank . . 11.10, 121.11, 152.10, 355.16
– mit Nadelstabstreckwerk 390.11
–, grobe 122.7
–, schwingende 391.8
–gehilfin 2.12
–meister 2.6
–wärterin 2.7
Spindel-bauart 145.3
–bohrung 488.13
–bremse 147.4, 209.3
–büchse 532.9
–büchse, bewegliche . 146.6
–dorn 544.3
–drehung. 144.4
–drehung, x –en in der Minute 137.15
–drehungsbeschleuniger 181.10
–ersatz. 555.8
–flügel 255.6
–führung 130.1
–fuß. 131.4
–fuß, der – läuft in einem Glaspfännchen 544.5
Spindelgeschwindigkeit. 189.2
–, doppelte 164.17
–, dritte 348.2
–, hohe 147.10
–, zweite 348.1
Spindel-halslager . . . 363.4
–halter. 255.5, 384.4
–höhenlehre 362.9
Spindel-kasten 530.2
–klinge 155.17
–kopf 123.11, 534.7
–krone. 431.19
–krone, Bertholonsche . 432.3
–krone, mehreckige . . 355.14
–lager 177.13
–lager, offenes 356.2
–lagerstutze 344.7
–lagerung 354.11
–lattenhalter 344.8
–neigung 160.2
–öffnung, seitliche . . 553.11
Spindelöl, dickflussiges . 148.6
–, leichtflussiges . . . 148.7
–, schwerflussiges . . . 148.6
Spindel-pause 354.7
–platte. 355.4
–rädchen. 255.15
–rahmen . 523 6, 529.6, 530.5
–reihe 123.3
–ruckdrehung 348.16
–schaft 255.7
–schiene 391.10
–schmiervorrichtung, Josephysche 355.15
–schnur . 341.13, 356.3, 359.8
–schnur, geklöppelte. . 359.10
–schnurstreckmaschine. 356.4
–schwingung 554.15
–seele 544.3
–spitze 130.4, 146.1
–spitze mit Metallknopf 146.2
–spitze, mehreckige . . 355.14
–teilung . . . 129.13, 150.5
–teller 566.7
–teller mit eingenieteten Stahlspindeln fur Kötzer 568.12
–tourenzähler. 133.10
–träger, fahrbarer. . . 160.3
–trieb durch Reibrolle. 139.13
–trieb durch Zahnrad . 140.2
–triebrad . . . 134.9, 532.8
–triebrad, außenseitiges 134.12
–trommelachse 206.4
–trommellehre 362.10
–trommelleine 353.2
–trommelwelle 162.14, 173.3
–umlauf 123.7
–umlaufzähler 133.10
–vibration 554.15
–wage 178.7, 362.6
–wirtel 555.16
Spinn-achse, hohle . . 233.9
–arm, umlaufender . . 233.10
–drehung. 540.8
–duse 466.7
–enden. 298.14
–fähigkeit 7.1
–fähigkeit der Jutefaser 237.13
–fähigkeit, geringe – der Mungowolle 406.13
–fleck 498.2
–flug 398.12
–flugel 225.15
–flussigkeit 463.8
–gut. 6.9
–kanne 121.13
–kapsel 487.9
–kapsel mit aufklappbarer Seitenwandung 488.1
–kapsel mit selbstschließender Deckelverriegelungsvorrichtung . 487.14
–kessel, gekühlter . . 464.11
–kokon 413.5
–kollodium 459.6
–krempel . . . 203.5, 341.6
–lappen 498.2
–lösung 461.14
–lösung, gefilterte . . . 463.15
–lösung, schleimige . . 464.6
Spinnmaschine 137.7
– mit fahrbaren Spindeln 343.6
– mit feststehenden Spindeln 341.4
– für Papiergarn . . . 484.23
–, Chardonnetsche . . 460.16
–, Kettgarn- 138.2
Spinn-meister 1.17
–mühle 431.16
–papier 479.11
–paste 460.14
–prozeß 1.4
–rad. 10.15
–rad, zweispuliges . . 11.8
–richtung 499.13
–ring 149.15
–rocken 10.17
Spinn-spule 473.2
–stoff, unreiner . . . 195.6
Spinnstuhl 11.11
– für Kunstseide 466.2, 467.6
–führer 2.15
–führerin 2.16
Spinn-topf 52.1
–topf, umlaufender . . 470.8
Spinnverfahren 1.5
–, englisches 364.9
–, französisches . . . 364.10
–, stetiges 138.1
–, ununterbrochenes . 138.1
Spinnvorgang 1.4
–, unterbrochener . . 138.12, 159.4
Spinnvorrichtung, Chardonnetsche 461.1
–, Lehnersche 461.18
–, Thielesche 466.13
Spinn- und Zwirndrehung 540.4.5
spinn-bar 7.2
–fähig 7.2
Spinnen 1.2
– der Angorahaare . . 409.13
– der Baumwolle . . . 121.8
– des einfachen Fadens 496.15
– des Flachses 210.17
– der Florettseide. . . 452.2
– der Haare 514.7
– des Hanfes 233.6
– der Jute 254.10
– der Kammwolle . . 386.4
– von Kaschmirhaaren 409.7
– der Kunstseide . . . 456.4
– der Mohärhaare. . . 409.13
– mit Nachdraht . . . 164.13
– ohne Nachdraht . . 164.14
– der Ramie 262.11
– der Ramiekämmlinge 262.14
– auf Schußhülsen . . 154.11
– der Streichwolle . . 341.3
– verschiedener Haare. 408.5
– ohne Wagenverzug . 393.7
–, zweimaliges 343.5
–seide 411.1
spinnen 1.3
– (Baumwollabfälle) . . 194.13
– (Flachs) 210.16
– (Halbwolle). 408.3
– (Hanf) 234.3
– (Jute) 234.8
–, mit wenig Drehung 496.18
–, geschmelzte Wolle . 318.2
–, auf der Mulemaschine (Bourrettegarn) . . 454.4
–, ohne Nachdraht . . 164.15
–, schlank 496.18
–, trockene Wolle . . 318.3
–, in eine warme Ammoniaksalzlösung (Viskosefaden) . . . 468.12
–, weich 138.17
Spinner 2.15, 422.2
–, Baumwoll- 137.9
–, Hand-. 10.10
–gehilfe 3.2
–gehilfin 3.3
Spinnerei 1.2
Spinnerei (Fabrik) . . 1.6
–, Baumwoll- . . 1.7, 137.6
–, Hand-. 10.9
–abfall. 196.2
–abfallreinigung . . . 298.12
–abgang 398.11
–besitzer 1.9
–direktor 1.11
–leiter 1.12
–werg 220.9
Spinnerin 2.16
–, Baumwoll- 137.10
Spiral-bürstenwalze . . 57.11
–drahtseil 595.13
–feder 76.12
–putzblatt 75.8
–reiß- und Klopfwolf . 312.9
–speisewalze, Doppel- . 370.4
Spirale 425.11
–, flachgängige 561.1
–, steilgängige mit starker Steigung . . . 561.2
spiralförmig angeordnete Flügel 309.2
– angeordnete Schlagstäbe 312.12
– eingesetzte Borsten . 389.7
Spiritusbrenner 616.6
Spitze, Flachs- 211.8
–, gehärtete 66.5
–, Hartholz- 128.9

Spitze, kegelförmige . . 519.3
—, Kötzer- 155.1
—, Kratzenzahn- 335.17
—, Spindel- . . 130.4, 146.1
Spitzen. 400.11
— der Risten 213.8
—einsatz 128.8
—fuhrung, exzentrische. 30.5
—hartwinden 175.5
—hartwindevorrichtung 184.5
—hartwinder 171.5
—hartwindung. 181.10
—kegel 167.11
—kreis 30.8
—lattentuch 22.4
—platte. 167.12
—seide 587.7
—spanner . . . 168.13, 181.10
—zwirn 581.23
spitz-er Kokon 414.13
—es Korn 71.6
—er Stift 197.10
Spitzhede 220.4
spleißen (Seil). 493.20
Spleißen 359.18
— des Seiles 493.19
Spleißer 494.5
Spleiß-maschine, Leder- 118.20
—nagel 494.2
Spleißung, kurze . . . 493.23
—, lange 493.22
—, vlämische 493.22
Spliß. 359.19, 493.21
—dorn 494.2
Splisser 494.5
Splissung . . . 359.19, 493.19
—, deutsche. 359.20
—, englische 359.21
Springen der Druckwalze 107.10
Spritz-brett 225.16
—dusen für das Teilen der Papierstoffbahn auf dem Sieb . . . 477.14
—rohr 439.13
—strahlen 477.13
Spritzen der Spinnflügel 225.15
spröde (Faser) 15.17
—r Bast 411.15
Spruhregenform . . . 239.12
Sprunge zeigen (Basthulle) 412 1
Spul-art 535.11
—frau 4.15
—kopf 521 4
—mädchen 4.15
Spulmaschine . . 389.1, 521.1
— zum Bewickeln von Holzröllchen 537.7
— mit nur einer Wickelspindel 521.2
— mit mehreren Spindeln 521.3
— fur Sternwickel . . 536.9
— fur zylindrische Kreuzspulen mit durch Reibrollen angetriebener Spule. . 522.11
Spulmaschinenarbeiterin 2.13
Spul-rad 521.9
—träger, Vorgarn- . . . 139.8
Spule 11.1, 122.6, 128.2, 137.19, 255.8, 257.15, 461.12, 505.9, 506.5, 523.4, 525.11, 527.6, 611.11
— mit Archimedeswicklung 519.3
— für Bobbinetwebstühle 520.10
— für den Einflechtfaden 511.9
— mit farbigen Bändern 387.3
— der Flügelzwirnmaschine 546.5
— mit gefachten Fäden 545.2
— für Klöppelmaschinen 520.9
— mit Laufstock . . . 429.6
— für Nähmaschinenschiffchen 520.12
— mit Parallelwicklung. 518.20
— für Stickmaschinenschiffchen 520.11
— für Umspinnmaschinen 520.7
— mit zylindrischem Unterteil und kegelförmiger Spitze 519.3
—, abwindende 430.10
—, aktive 547.10
—, aufwindende 430.11
—, bauchige 140.19
—, Doppelkegel-. . . . 122.1
—, flaschenförmige. . . 141.1
Spule, feststehende . . 516.15
—, gebremste 516.16
—, gläserne 466.8
—, mit gleichbleibender Drehungszahl voraneilende 139 12
—, Holz- 149.10
—, konvexe 140.19
—, in Kreuzform gewickelte 96.14
—, nacheilende 124 13
—, passive 547.11
—, stehende. 153.9
—, mit veränderlicher Geschwindigkeit nacheilende 139.11
—, volle 140.17
—, voreilende . . 124.11, 141.18
—, vorlaufende 124.11
—, zylindrische 140.18
spulen (Kette) 11.19
— (Rohseide) 429.2
— (Schuß) 12.3
Spulen 515.2
— der Kette 11.18
— und Putzen der Rohseide 429.1
— des Schusses 12.2
—anordnung fur grobe Seidengarne 545.3
—anordnung fur hartgedrehte Seidengarne 545.4
—antrieb 135.6
—antriebzwischenrad . 136.12
—aufsteckung 522.4
—aufwindung 124.21
—bank . . 11.10, 121.11, 255.14
—bankgetriebe 134.1
—banktriebwerk . . . 134.1
—becher 145.11
—bremse 545 9, 549.2
—brett 556 5
—draht 112.12
—flügel 505.10
—flugelhalter 505.11
—gabel . 356.15, 523.13, 535.8
—garn 583.12
—gatter 385.7
—gattung 153.7
—gestell 448 9, 569.8
—gewicht 141.12
—halter. 534.12, 611.12
—hulse . . 527.16, 530.18, 531.3
—junge 569.9
—kasten . 113.7, 556.5, 569.8
—korb 361.11
—kreis 97.1
—länge 533.12
—latte 394.11
—latte mit Eisenrahmen 394.15
—mitnehmer 554.12
—rahmen . 257.3, 502.6, 503.8
—rahmen aus Blech . . 509.7
—rahmengestell, sich drehendes 506.4
—rand, unterer 546.6
—reihen, verschieden geneigte 544.14
—sammler 3.9
—schicht, zerzauste . . 387.4
—schiene 547.5
—spindel 523.5
—stab 128.3
—ständer 379.9, 503.8
—stift 523.14, 565.8
—tisch . . 123.1, 139.6, 394.13
—tisch, langer 122.13
—tisch, kurzer 122.12
—tischträger 394.8
—träger 2.14, 176.5, 382.16, 569.9
—tragschiene 140.15
—triebrad . 126.6, 131.1, 134.8
—triebrad, äußeres. . . 135.3
—triebrädchen 131.1
—trommel 506.8
—umfang 124.9
—umfang, veränderlicher 224.7
—umfang, zunehmender 535.9
—wagen . 125.8, 140.15, 361.10, 547.5
—wagen, aufgehängter . 503.14
—wechsel 141.2
—welle 255.11
—zahl 429.14
Spuler . . 4.14, 121.11, 515.12
Spulereiabfall 398.16
Spulerin . . 2.13, 4.15, 515.13
—, Seiden- 429.3
spulig, x—e Drahtseilspinnmaschine . . . 509.13
Spül-bottich . . 280.4, 285.2
Spül-rechen 278.10
—wasser 284.15
—wasserzuflußrohr . . 285.5
Spülen der Lumpen . . 401.5
— der Wolle 284.14
— der Wolle in reinem Wasser 284.17
spülen, mit kaltem Flußwasser 284.16
Spur, hintere 353.10
—, vordere 353.9
—lager 131.5, 289.4
—lager, bewegliches . . 289.15
—lager, birnenförmiges . 289.14
—scheibe 343.1
Stab, Nadel- 86.11
—, Rost- 27.7
—, verschiebbarer . . . 373.6
—gitter, Holz- 229.13
—kette, Haken- 367.15
—kette, Nadel- 233.5
Stabrost 27.6, 49.1
— mit Hechelstab . . . 36.11
—, Flacheisen- 368.7
—anordnung 36.4
—burste 49.3
Stab-trommel 233.4
—tuch 201.6
Stäbe, gewölbte . . . 372.11
Stachel-lattentuch . . . 28.6
—walze 20.9, 29.13, 313.5, 367.13
—walze, Speise- . 84.5, 377.5
Stahl 554.13
Stahlband . . . 56.2.5, 331.1
—, bewegliches 331.6
—, feststehendes . . . 331.5
—, gehärtetes 331.4
—florteiler 330.12
Stahlbeschlag 48.12
Stahlblech 93.8
—, gelochtes 32.4
—mulde, gelochte . . . 267.11
—unterlage 391.12
Stahlbremsband 347.7
Stahldraht . . . 65.16, 493.11
—, gehärteter 66.4
—, nachgelassener . . . 66.4
—, verzinnter 335.7
—beschlag 70.6
—kratzenbeschlag . . . 335.6
—seil 596.2
Stahl-gliedertisch, endloser 365.9
—kamm 36.12, 340.10
—klammer 62.5
—lamelle 56.5
—läufer 150.7
—linse 289.5
—magnet 360.11
—nadel, kegelige. . . . 241.7
—platte mit aufgenieteten Belag 61.17
—platte, verstellbare . . 429.8
—prisma 213.2
—ring 527.18
—rohrwalze, mit Putztuch bezogene . . . 129.4
—spindel, eingenietete . 568.12
—spindel, schräg liegende 553.10
—staub 339.12
—stift, mit —en besetzte Trommel 404.7
—verdeck 123.5
—wagen 178.3
—walze 120.18
—welle 21.4
stählern-er Fadenputzer 429.7
—e Nadel 343.4
stampfen, mit den Füßen (Florettmasse) . . . 440.2
Stampfer 439.10
Stampfwerk . . . 439.9, 476.9
Standard 13.8
—gewicht der Hechelei . 217.9
—zwirnmuster 540.2
Ständer . 132.13, 252.15, 538.3
—, durchlochter 286.4
—, eingezapfter 497.2
—, Gestell- 249.4
—, Kötzer- 611.2
—, Lager- 289.6
—, Spulen- 379.9
ständige Hubhöhe der Ringbank 151.8
Stange 11.7
— mit Muttern 558.7
—, Keil- 34.8
—, Verschluß- 44.12
Stanze 105.4
Stapel 265.3
— der Baumwolle . . . 14.8
Stapel, im — abweichend 14.15
—, Ballen- 17.12
—, im — gleich 14.14
—, vernichteter 269.7
—, den — beim Waschen erhalten 269.4
—, den — ziehen . . . 14.10
—länge 14.11
—ziehen 14.9
—zugmaschine 373.2
stark basthaltiger Kokon 417.2
stark-e Auflage 102.3
—es Bad 303.14
—es Garn 598.18
—e Kollodiumlösung . 457.10
—e Lauge 275.18
—e Steigung 561.2
—er Verzug 101.12
—e Vorlage 102.3
—e Wasserbewegung . . 286.10
—e Zwirnmaschine . . 549.12
—e Zwirnung 431.6
—fädige Rohseide . . . 426.1
Stärke 428.14
— des Garnes. 541.15
— des Kötzerkörpers . . 174.10
— des Säurebades . . 303.11
— der Säurewirkung . . 302.15
—, Band- 386.10
—, Draht- 66.16
—, Garn- 10.1
—, Seil- 500.15
—kleister 117.18
Staub 26.13
—, Flügel- 49.7
—, Kamm- 375.3, 398.9
—, Puppen- 442.7
—, Ventilator- 194.21
Staub-abführrohr . . . 197.1
—abzug 22.1
—abzugsrohr 399.16
—entwicklung der Flachskrempel 221.11
—fanglattentuch 38.15
—flügel 33.12
—gehalt der Lumpen . 400.18
—haube 195.7
—kammer. 38.8
—kasten 27.10, 38.12
—kasten mit selbsttätiger Entleerung . . . 38.13
—rohr 259.10
—rost 260.4
—sammler 221.10
—wolf 401.1
Staubsche Garnwage . 614.8
Staub und Monfort, Kämmaschine von . 99.15
Stauben der Flachskrempel 221.11
stauben (Baumwolle) . 15.16
staubige Lumpen . . . 396.19
stauchen quer zur Länge 484.20
Stauen der Fasern . . 103.6
Stech-eisen 118.9
—karre 17.7
stecken, über die Spindel (Spule) 255.9
—, auf einen Zoll Länge (x Nadeln) 68.5
Steckenbleiben der Fördergitter. 23.5
— des Scheibenrades. . 57.2
Steckmuschel 411.3
Steg 251.12
— des Kratzenzahnes . 68.11
—, gekrümmter 373.12
—, Kratzenzahn- 335.16
—, Verschluß- 488.2
stehend-e Jutehechelmaschine mit Abnehmerleisten 245.5
—e Scheibenspulen . . 544.6
—e Seildrehmaschine. . 505.2
—e Spindel 208.10
—e Spule 153.9
—es Tauwerk 596.20
—es Wasser 573.15
—e Welle 490.12
Steifigkeit des Kratzenzahnes 67.4
Steigen des Gegenwinders 166.1
steigen (Gegenwinder) . 166.2
—, nach oben im Zickzack (Luft) 297.2
Steigern, stufenweises — der Wärme in den Bädern 280.5
Steigerung, Gewichts- . 571.13
Steig-gitter . . . 21.9, 38.2

Steig-lattentuch 21.9
—rad 134.5, 207.12
—rohr 285.10
—tisch 23.4
—wechsel 184.5
Steigung, starke. . . . 561.2
steil aufwinden 351.15
—e Windungen 565.14
—gängige Spirale mit starker Steigung . . 561.2
Stein, Knotengarnzwirnmaschine von . . . 559.11
Stein-einsatz 376.1
—gutpfanne 128.13
—kohlenteer. 508.2
Stell-arm 127.8
—blech 404.8, 405.4
—bolzen der Aufwindestelze 165.12
—bolzen des Verbindungshebels. 165.12
—dorn der Aufwindestelze 165.12
—dorn des Verbindungshebels. 165.12
Stelleisen 58.6, 206.10
— mit zwei Doppelarmen 129.2
— mit Zeiger 80.2
—, Anschlag- 346.8
—, Bogen- 348.7
—, Leitrollen- 353.5
Stell-hebel 534.8
—kreuz 105.8
—lehre 78.5
—punkt 54.16
—ring . . 95.14, 205.13, 346.9
—schiene 354.9
Stellschraube 43.10, 54.8, 55.8, 59.4, 80.1, 119.2, 258.9, 614.1
— fur die Regelung der Wagenhöhe 178.8
— fur das Trommellager 56.8
Stell-stange, Fadenfuhrer- 538 1
—stift der Aufwindestelze 165.12
—stift des Verbindungshebels. 165.12
—support 55.2
—vorrichtung 362.5
—vorrichtung, Keil- . . . 73.7
—zeug . . 43.15, 486.14, 527.4
stellbar-er Anschlag auf der Verbindungsstange. 180.6
—e Blechhulle 202.7
—er Finger 205.11
—e Leitplatte. 226.3
—e Luntenplatte . . . 226.3
—er Rost 48.4
—e Schiene 180.2
—er Schuh 206.15
—es Winderwellenlager. 178.9
Stelle, Abscheidungs- . 24.12
—, Abwurf- 24 10
—, dicke — des Fadens 159.1
—, unentschälte 434.7
Stellen der Aufwinderwelle 362.14
—, ungleichmäßige — im Beschlage 338.11
—, unregelmäßige — im Faden 428.19
stellen (Kamm) 377.12
—, hochkant (Ballen) . 17.13
Stellung des ausgefahrenen Wagens . . . 164.11
— der Kratzenspitzen . 67.5
— der Ringbank für das Aufwinden des Fadenvorrats. 156.12
— der Ringbank vor Beginn des Spinnens 156.9
— der Ringbank für den Fuß der ersten Schicht 156.13
— der Ringbank für die Spitze der letzten Schicht 157.1
—, eingerückte 346.18
—, Zahn- 335.13
—, Zangen- 85.1
Stellungen, verschiedene — der Ringbank beim Spinnen 156.8
Stelze, Aufwinder- . . . 166.7
Stelzenbügel 206.14
Stempel 288.4
Stengel 261.4
—brechmaschine, Ramie- 261.5
Sterblings-kokon 415.12, 436.11
Sterblingswolle 266.5
sternförmig ausgezackte Walze. 235.13
Stern-kette 138 21
—wickel 520.15
stetiges Spinnverfahren 138.1
— Zwirnen 542.18
Stetigspinner . . 11.12, 139.2
—, zweiseitiger 257 2
Stetigzwirner 542.15
Steuer-exzenter 176.9
—gabel 347.13
—hebel . . 162.3, 348.6, 371 3
—hebel, schwingender . 160.10
—hubscheibe 176.9
—hulse 161.12
—hulse, zeitweise in Drehung versetzte . . 177.1
—organ 160.8
—rohr 161.12
—scheibe 161.11
—welle 161.4
— mit Schaltzeug. . . 353.13
—, sich drehende . . . 160.9
Steuerung 125.4, 160.8
— mit Hebelwerk ohne mehrzeitige Welle . 185.13
— mit mehrzeitiger Welle und abhängigem Hebelwerk 185.11
— mit mehrzeitiger Welle und teilweise abhängigem Hebelwerk . 185 12
— des Selbstspinners. . 159.8, 182.1
— fur die Streckwerkwalzen 182.1
—, Hebel- 186.1
—, Riemen- 205.5
—, Wagen- 183.2
Steuerungsexzenter, Zylinder- 162.9
Stich. 68 8
—, französischer 68.15
—, gerader 68.13
—, voller 68.10
Stich-art 68.9
—farbe 311.5
Stichelhaare 409.8
Stichelhaarausscheidevorrichtung 322.11
stichelhaariges Vlies . . 264.22
Stick-garn 584.22
—maschinen. 533.9
—maschinenschiffchen . 520.11
—seide . . . . 586.22.
Stift 72.12, 172.5.11
— am Fadenführer . . 528.10
—, abgenutzter 313.12
—, eingeschraubter . . 312.6
—, Kettenglied- 254.4
—, zurücktretender . . 30.4
Stift-ende 512.13
—leiste 367.9
—reihe 444.5
—walze 200.9
Stillsetzen, selbsttätiges — der Spindel bei Fadenbruch 430.12
Stillstand, Wagen- . . 164.19
stillstehen (Aufwinder und Gegenwinder) . 165.1
— (Wagen) 164.18
Stillstellen der Maschine bei Bandbruch . . . 81.11
— der Maschine bei fehlendem Band 81.11
Stirnrad 560.11
— auf der Hauptwelle . 189.5
—bremsschale 190.8
—differentialgetriebe mit Innenverzahnung . 126.10
—differentialwerk mit doppelter Übersetzung 127.2
—getriebe, epizyklisches 126.12
Stirnrädchen 547.1
—, fein geteiltes 566.14
—führung, vertiefte . . 546.10
Stirnscheibe 124.3
Stirnwand, Zylinder- . . 291.11
Stock 22.10
—, Hechel- 229.10
—, Kötzer- 612.5
—höhe 22.13
—werk, von — zu Stockwerk fallen (Wolle). 297.1
—werkzwirnmaschine . 474.9
Stocken der Fasern . . 103.6
stocken (Baumwolle). . 22.9
Stoff, explosiver 462.6
Stoff, gefilzter 396.1
—, gewalkter 399.13
—, Kratzen- 64.6
—, rauher 322.7
—, Schmieröl aufnehmender 355.11
—, zu trocknender . . 292.9
—, ungefilzter 395.14
—, verseifender 275.8
Stoff-auflage 335.2
—grund. 334.15
Stoßen mit der Hand . 231.12
— des Hanfes 231.11
Stoß-fuge des Leders . 119.7
—leiste, Baudouinsche . 98.11
—lineal, Baudouinsches. 98.11
—stelle der Pelze . . . 325.11
stoßweise Abwärtsbewegung 561.7
— sich drehen (Speisewalze) 84.8
straff aufziehen (Band) . 63.5
—es Garn. 140.8
Straffheit der Aufwindung 155.9
Strahl, Luftstrom- . . . 384.6
Strahlenrad 379.3
strahlenförmig stehende Nadeln 243.13
Strahlpumpe 280.10
Strahlung, Wärme- . . 294.14
Strähn 12.17, 562.19
— mulinierter Seide . . 586.6
— zu x Gebinden . . . 598.22
— von x Metern . . . 603.18
— von x Yards 604.1
—, abgebundener . . . 12.21
—, abgefitzter 12.21
—, geschlickter 576.12
—, halber 562.20
—, x —e wiegen ein Kilogramm 604.3
—, x —e wiegen ein halbes Kilogramm . . . 604.2
—, x —e wiegen 1 englisches Pfund . . . 604.4
—form, japanische — der Rohseide 426.7
—form, in — bringen (Gespinst) 562.18
—garn 576.9
—hanf 495.9
—länge 598.21
—länge in Metern . . . 603.16
—länge in Yards . . . 603.17
—sattel 603.5
Strähnezahl 598.20
strähnig, x—er Haspel . 564.12
Strang 562.19, 594.9
Straße, Wagen- . 344.6, 558.5
Strazza. 435.18
Strebe 497.3
Streck-band 101.18, 121.14, 387.11
—druckwalze 253.2
—gang 103.7
—kopf . . 103.8, 221.7, 232.17
—kopfanordnung . . . 103.11
—organ 102.12
—passage, x-fache . . . 101.17
—maschine, Spindelschnur- 356.4
—vlies 108.2
—vorrichtung, Schlingen- 358.3
Streckwalze 102.13, 115.5, 218.12, 251.8, 255.1, 257.9
—, hintere 137.1
—, mittlere 137.2
—, verstellbare 389.4
—, vordere 137.3
Streckwalzen-baum . . 136.6
—kuppelrad 187.14
—paar 102.14
Streckweite 218.13
Streckwerk 8.15, 102.9, 122.3, 159.16, 486.1
— der Spulenbank . . . 128.19
— mit tieferstehenden Vorderwalzen . . . 143.7
—, Dreiwalzen- 143.11
—, geneigtes 142.4
—, Nadelstab- 385.17
—, Walzen- 139.9
—, Zweiwalzen- 205.1
—trieb für beide Selbstspinnerseiten 176.6
—walze 182.9
—zeug 102.12
Streckzylinder 115.5.6, 142.7, 388.7
Streckzylinderlehre . . 362.15
Strecke. 8.15, 102.9
— für Flammkammgarnspinnerei 590.4
— mit gekreuzten Köpfen 103.15
— mit gleichgerichteten Köpfen 104.4
— mit Kettenführung für die Hechelstäbe 253.9
— für langen Flachs . . 223.4
— mit Scheibenführung für die Hechelstäbe 253.8
— mit x Köpfen zu y Ablieferungen und z-facher Dopplung . . 104.10
—, die — hat achtfachen Verzug 101.13
—, dritte 222.15
—, Hanf- 233.2
—, zweite 222.14
Strecken 8.12, 80.16, 222.11, 251.4, 371.8
— der Baumwolle . . . 100.8
— der Bourrettebänder 453.7
— des Hanfes 233.1
— des Kammzugs . . . 386.5
— von Schnuren . . . 507.17
— der Seidenbänder . . 451.15
—, doppeltes 371.11
—, einfaches 371.10
—, das — wiederholen . 101.16
—abgang 398.8
—abstellung 110.11
—ausrückvorrichtung, elektrische 112.6
—ausrückvorrichtung, selbsttätige — bei vollgelaufener Kanne 112.3
—band 101.18
—durchgang. 371.15
—getriebe. 114.1
—passage 371.15
—satz 387.12
—triebwerk 114.1
—wärterin 2.3
strecken 8.13
— (Band) 100.12
— (Bänder) 222.12
— (Faserband) 8.16
— (Faserbänder). . . . 251.5
— (Fasern) 100.15
— (Garnsträhn) 576.16
— (Jutevorgarn). . . . 256.15
— (Krempelband) . . . 371.7
— (Ramie) 262.13
—, die entleimte Seide. 434.18
—, das Fasergut mittels Walzen 102.11
—, die Krempelbänder vor dem Kämmen . 80.15
—, in verdünnter Alkalilauge (Faden) . . . 467.2
Streckerin, Baumwoll- 100.17
—, Flachs- 224.2
—, Woll- 371.9
Streckung der Fasern in der Längsrichtung . 100.16
—, die — zu weit treiben 101.15
Streckungsverhältnis . . 386.8
Streiche 340.13
Streichen 7.13, 507.11
— (Baumwolle) 49.8
streichen 7.14
— (Baumwolle) 49.13
— (Wolle) 318.6
streichende Wirkung des Deckels 58.11
Streicher 379.3, 449.8
Streichfläche der Krempelwalzen 323.14
Streichgarn . . 263.5, 582.12
—, Baumwoll- . 193.12, 580.5
—, geflammtes 582.15
—erzeugung 263.11
—fabrikation 263.11
—selbstspinner, Baumwoll- 204.14
—spinner 263.9
—spinnerei 263.2.7
—spinnerei, Baumwoll- . 193.2
—spinnereibesitzer . . . 263.8
—spinnerin 263.10
—verfahren 193.4
—zwirn 583.15
Streich-hader 507.7
—maschine . . . 7.15, 49.12
—messer 368.6
—wolle 263.4
—wollkrempel 318.18
—wollspinnerei 263.2

Streichwollwäscherei . . 268.11
Streifen . . 329.6
—, Beschlag- . . 60.19
—, Flor- . . 203.14, 221.14
—, gelochter . . 282.5
—, Kratzen- . . 60.19
—rundsieb . . 477.2, 478.15
streifen-förmiges Abscheiden der Zellstofffasern auf dem Sieb 477.1
—weises Abtrennen . . 201.5
streng laufen (Spule) . 97.5
streuen, auf den Abnehmer der Vorgarnkrempel (Noppen) . 590.19
—, auf den Sammler der Vorgarnkrempel (Noppen) . . 590.19
Streuvorrichtung, Noppen- . . 590.20
Strich . . 7.16
Strick . . 594.11
—, Jute- . . 235.4
—, Pferdehaar- . . 507.5
—garn . . 580.13, 585.1
—garn, halbwollenes . . 585.2
—öhr . . 594.12
—schlange . . 594.12
—schlinge . . 594.12
—seide . . 586.18
strickige Wolle . . 269.15
Strips . . 194.17
Stroh . . 402.5, 492.16
—seil . . 595.6
strohgelber Kokon . . 415.1
Strom, elektrischer . . 112.9
—, erregter . . 360.15
—, induzierter . . 360.15
—, Luft- . . 32.2
—schluß . . 113.13
Strömung, die — trägt die Wolle durch das Bad . . 283.16
Struktur der Kokons . 416.1
—, homogene — des Gespinstes . . 605.17
Strumpf . . 397.14
—garn . . 580.13
Strusa . . 435.15
Strusi . . 435.15
Stück . . 562.19
Stücke . . 265.18
—, ungelöste . . 404.12
Stückwolle . . 265.18
Stufe . . 103.8
Stufen . . 508.20
—, senkrecht verstellbare 567.1
—platte . . 566.5
—scheibe . . 382.1, 565.1
—scheibe zur Erzielung beliebiger Gebindelängen . . 566.9
—trommel . . 337.14
—wirtel . . 348.11
stufenförmig erweiterte Spindel . . 355.9
—es Ausziehen der Fäden 472.10
—e Nadelreihen . . 372.6
stufenweis-e hecheln (Flachs) . . 212.1
—es Steigern der Wärme in den Bädern . . 280.5
Stuhl, Drossel- . . 341.7
—einsteller . . 3.10
—setzer . . 3.10
Stumba . . 446.12, 452.14
stumpf abgeschnittenes Wurzelende . 236.10, 243.5
— abschneiden (Wurzelenden) . . 243.4
—e Eindrückklinge . . 382.18
—es Eindrückmesser . . 382.18
—e Erhöhung . . 240.14
—e Klinge . . 382.18
—er Kratzenzahn . . 338.13
—es Messer . . 382.18
—er Mischstift . . 313.2
—er Stift . . 287.15
Stütze, Führungs- . . 357.3
—, Garn- . . 498.1
—, Kötzer- . . 165.7
—, Spindellager- . . 344.7
Stutzen, Rohr- . . 289.10
Stützführung . . 361.3
Substanz, inkrustierende 475.7
—, krustenbildende . . 475.7
suchen (Kokonfadenende) . . 420.11
Suinter . . 300.3
—, geschlämmter . . 300.5
—gas . . 300.6
Sulfat-soda . . 309.14
—stoff . . 475.5
Sulfit-stoff . . 475.6
—verfahren . . 479.10
—zellstoff . . 475.6
—zellulose . . 475.6
Sulfofettsäure . . 458.1
sulfonierte Fettsäure . . 458.1
Sulfo-olein . . 238.10
—oxysäure . . 457.20
Summiervorrichtung . . 370.6
Sun . . 492.7
—hanf . . 492.7
Sunn . . 492.7
—hanf . . 492.7
Support . . 54.9
—, Leisten- . . 603.9
Surfilieren . . 343.5
symmetrische Herzscheibe . . 551.12
syrische Rohseide . . 426.13

T

Tachometer für Spindeln 360.10
Tafel, Werkzeug- . . 362.4
Talg . . 428.12, 484.4
—, russischer . . 359.13
—seife . . 310.5
talgartiges Wollfett . . 274.8
Talkum . . 253.3
Tambour . . 51.2
Tang, Knorpel- . . 316.14
tangentialer Fadenzug . 155.11
Tapisseriegarn . . 585.6
Tara nachgewogen . . 17.3
Tara, reelle . . 17.3
Tasarseide, indische . . 410.13
Tasche . . 36.10
Taschen-festigkeitsprüfer in Uhrform . 607.1
—rost . . 36.9
—wage . . 614.12
Taste . . 312.8
—, Mulden- . . 28.10
Taster, Walzen- . . 120.3
—achse . . 29.11
—brett . . 29.10
tatsächlich vorhandene Drehung . . 154.6
Tau . . 494.15, 596.14
—, abgestücktes . . 501.3
—, aufgerolltes . . 596.18
—, dreifaches . . 596.15
—, Hanf- . . 592.3
—garn . . 582.3
—rolle . . 596.18
—schläger . . 494.10
—schlägerei . . 494.13
—werk, geteertes . . 492.11
—werk, laufendes . . 596.21
—werk, stehendes . . 596.20
Tauch-trommel . . 281.14
—walze . . 281.13.14
—walze für die Flüssigkeit . . 486.11
—walze, kupferne . . 576.2
Teer . . 484.7, 507.19
—, harzreicher . . 508.1
—, mineralischer . . 508.2
—, vegetabilischer . . 507.20
—farbe . . 16.8
Teeren . . 507.18
— im Faden . . 508.17
— des Hanffadens . . 508.13
— im Stück . . 508.20
teeren (Hanffaden) . . 508.14
—, im warmen Zustande 508.23
teergetränkter Faden . 508.15
Teichwasser . . 270.7
Teil der Leitschiene für den bildenden Teil der Schicht . . 168.5
Teil-barkeit der Faser . 237.8
—kasten . . 27.12
—marke . . 55.11
—platte . . 153.5
—riemchen . . 204.11
—scheibe . . 54.11, 55.10
—stock für Garnsträhne 542.13
—strähn . . 562.22
—strich . . 55.11
—verzug . . 101.6
—walze . . 204.4
Teilen des Flors in Streifen . . 329.6
— der Papierstoffbahn 477.14
teilen (Flachs) . . 211.19
— (Flor) . . 329.7
Teiler, Flor- . . 203.11, 330.5
Teilung . . 613.18
— des Flachses . . 211.18
— des Flors in Querstreifen . . 329.10
— des Flors durch Riemchen . . 203.12
— durch gezahnte Kreismesser . . 478.5
— des Krempelflors . . 193.6
— durch Nadeln . . 478.4
— der Papierstoffbahn durch Spritzstrahlen 477.13
— durch Preßluftstrahlen . . 478.3
— für verschiedene Nummernsysteme . . 614.11
—, kreisförmige . . 361.1
—, Nadel- . . 372.3
—, Spindel- . . 129.13, 150.5
—, unvollkommene . . 211.20
Teilungswalze . . 330.14
teilweise abhängiges Hebelwerk . . 185.12
— Ausnutzung der Trommeloberfläche . . 247.5
—s Entfernen des Spülwassers mit Maschinen 287.9
— mit Kratzen beschlagener Abnehmer . . 330.2
Teller . . 488.7
—spindel mit Feuchtvorrichtung . . 488.6
—spinnmaschine . . 488.5
—spule . . 519.4
Temperatur der Luft . 293.8
— des Wassers . . 269.19
—, mittlere . . 293.9
—, niedrige . . 572.6
—grenze, bestimmte . . 417.12
Tempokreuz der Steuerwelle . . 394.3
temporäre Härte . . 269.22
Teppich-garn . . 583.7
—shoddy . . 407.9
Terpentin . . 117.19
—öl . . 314.23, 462.16
terrassenförmige Anordnung der Waschbottiche . . 279.12
Tertiagarn . . 579.14
Tetrachlorkohlenstoff . 297.21
Teufel . . 7.8
Teufler . . 197.3
textilfadenähnliche Beschaffenheit des Papiergarns . . 475.8
Textilin . . 589.5
Textilit . . 589.4
Textilose . . 480.8, 589.3
Thermometer, Quecksilber- . . 616.7
Thermoregulator, automatisch wirkender . 616.16
Thielesche Spinnvorrichtung . . 466.13
Tibet-garn . . 583.1
—halbwolle . . 407.20
—nähte . . 407.18
Tibetwolle . . 363.14, 407.12
— aus Futterstoffen . . 407.16
— aus Kaschmirlumpen 407.17
— aus Musselinlumpen . 407.13
— aus Orleanslumpen . 407.15
— aus Zephirlumpen . 407.14
tieferstehende Vorderwalze . . 143.7
tiefliegen (Schwerpunkt) 291.2
Tierfett . . 315.12
tierisch-er Leim . 459.9, 471.1
—es Öl . . 314.24
—e Seife . . 434.1
Tiftikwolle . . 363.13
Tisch . . 321.1
—, Auflage- . . 20.8
—, sich drehender 439.11, 442.3
—, Einzug- . . 50.10
—, Schieber- . . 262.6
—, Spulen- . . 123.1
—walze . . 319.18
Tischler . . 5.23
—leim . . 71.12
Titer der Seide . . 601.14
—, alter Mailänder . . 602.2
—, amerikanischer . . 602.4
—, dezimaler . . 601.15
—, entschälter . . 602.8
—, feiner . . 602.7
—, französischer . . 601.19
—, grober . . 602.5
—, internationaler . . 601.15
Titer, konditionierter . 602.9
—, lombardischer . . 601.16
—, Lyoner . . 601.18
—, Mailänder . . 601.16, 602.3
—, Manchester . . 601.20
—, piemontesischer . . 601.17
—, Turiner . . 601.17
—, Wiener . . 602.1
—grenze . . 602.12
—wert . . 602.11
—zahl . . 602.10
Titrieren der Seide . . 601.10
titrieren (Seide) . . 601.11
Titrier-haspel . . 602.14
—verfahren . . 602.13
—wage . . 603.2
—wage, automatische . 603.3
Titrierung, internationale . . 601.12
—, neue Lyoner . . 601.13
Togolinagarn . . 579.6
Toleranzzahl . . 616.1
Tonbehälter . . 403.1
Tonerde . . 484.9
—, salzsaure . . 305.16
—, schwefelsaure . 303.9, 465.15
—hydrat . . 465.13
—hydratniederschlag . . 459.16
—natron . . 469.10
—salz . . 270.14
Tönung, Farb- . . 194.7
Topf . . 52.1, 76.4
—, feststehender . . 385.1
—, Gewichts- . . 352.2
—, Kamm- . . 375.18
—art . . 76.6
—strecke . . 384.9
—träger . . 2.5
Tophamsche Vorrichtung zum Verspinnen von Viskose . . 470.4
Torf-garn . . 588.17
—grus, mit — gefüllter Behälter . . 299.11
Torsionsmesser . . 432.4
totaler Verzug . . 101.10
tote Baumwollfaser . . 14.6
— Platte . . 87.10
Töten der Schmetterlingspuppe . . 417.7
töten (Puppe) . . 417.8
—, durch trockene Hitze (Puppe) . . 417.14
Tourenzähler, Spindel- . 133.10
Tournaigarn . . 584.21
Towgarn . . 581.7
Träber, Harz- . . 508.11
Trag-arm . . 127.7
—horde . . 296.10
—scheibe, Deckel- . . 56.14
—schiene, Spulen- . . 140.15
—seil . . 596.6
—stange . . 151.13
—stangenfuß . . 151.14
Träger . . 3.18, 54.19, 344.11
—, Kamm- . . 58.9
—, Spulen- . . 176.5
—, Vorgarnspul- . . 139.8
Trama . . 586.11
Trame, gaufrierte . . 587.17
Trametteseide . . 586.12
Tramseide . . 431.10, 586.11
Tran . . 315.2
—, Robben- . . 238.3
Tränken, gleichmäßiges — der Wolle mit dem Schmälzmaterial . . 316.22
tränken (Faden) . . 463.18
—, mit Chlorkalziumlösung (Kollodiumwolle) . . 457.19
—, mit Schwefelsäurelösung . . 440.6
—, mit Sodalösung (Seidenabfälle) . . 437.10
Transmissionsseil . . 597.1
Transport, Ballen- . . 17.5
—klinkenrad . . 187.9
—rad, Zwirn- . . 555.14
—schnecke . . 40.4
transportabler Dörrofen 417.17
transportieren, von Hand 17.6
Trapezseil . . 597.10
Traverse . . 290.7
Treib-maschine . . 521.14
—rad und Fangplatte . . 188.3
—rolle . . 470.9
—schnur . . 359.8
—stange . . 99.11
—trommel . . 245.16
—walze . . 342.3

treibend-es Doppelseil für zwei Trommeln . 550.11
–e Schnurscheibe . . . 144.12
Treiber 286.9
Trennen der gewalkten von den ungewalkten Stoffen 399.13
– der langen von den kurzen Fasern . . . 444.13
– der langen Wollhaare von den kurzen . . 374.3
– der Wolle von Vlies zu Vlies 264.23
trennend-eKötzerschicht 155.15
–er Teil der Schichten . 155.15
Trenner, Faden- 568.1
Trennungs-platte . . . 153.5
–wand 306.8
Treppe 566.5
Tret-rad 10.18
–schemel 11.6
–spinnrad 10.18
Trichter . 36.10, 51.10, 111.7, 370.3, 470.7, 484.16, 527.9, 611.10
– mit eingesetztem Kegeldorn 484.12
–, sich drehender . . . 449.10
–, geschlitzter 208.8
–, Holz- 422.12
–, Hülsen- 361.4
–, Rohr- 39.7
–, Verdichtungs- . . . 372.5
–ausschnitt mit loser Rolle 527.13
–rost 36.9
–spulmaschine 527.5
trichterförmiger Ansatz. 36.10
Trieb auf der Achse der vorderen Streckwalzen 136.3
– auf der oberen Riemenkegelachse . . . 136.1
–hebel 537.15
–kolben, Sektor- . . . 170.10
–kopf 188.5
–lager, Wagen- 176.11
–maschine 504.4
Triebrad für die hinteren Streckwalzen. . . . 134.10
– für den Spulenflügel 505.14
–, Blechtrommel . . . 555.12
–, Spulen- . . . 126.6, 131.1
Triebrädchen, Spulen- . 131.1
Trieb-scheibe 249.12
–scheibe mit veränderlichem Durchmesser. 250.15
–schnur 11.3
–seil 503.1, 597.1
–seil für den Spulenwagen 504.3
–stock 352.16
–welle 534.3
–werk, Spulenbank- . 134.1
–werk, Strecken- . . . 114.1
–wirtel 527.8
Trift 11.5
Trikot, wollener . . . 397.16
–garn 585.4
Tritt 11.6
–hebel 47.4, 357.9
–hebel der Bremsvorrichtung 290.12
Trittrad 10.18
– mit doppelter Schnur 11.4
– mit einfacher Schnur 10.18
trocken abhaspeln (Kokon) 421.17
– gerissene Lumpen . 403.16
– gesponnenes Flachsgarn 581.11
– schleifen 338.17
– verspinnen (Jute) . . 256.19
– wolfen 310.11
– zwirnen 542.3
–, auf – em Wege . . . 305.4
–es Abhaspeln 421.16
–es Auskohlen 456.7
–e Erwärmung. 570.6
–es Garn. 606.5
–er Griff 427.11
–e Hitze 417.14
–e Luft. 292.16
–e Reinigung der Wolle 266.14
–er Rohseidenfaden . . 428.4
–e Wolle 318.3
–er Zustand 196.1
Trocken-boden . 227.6, 293.18
— und Einfettungsvorrichtung für Kammwolle 366.10
Trocken-gespinst . . . 581.11
–gewicht 615.16
–gewicht, absolutes . . 15.6
–gewicht, wirkliches . 15.6
–heit, absolute – des Garnes 615.11
–heitsgrad 615.12
–kammer 294.5.7, 295.13, 296.4, 616.11
–kasten 616.11
–luft. 296.12
Trockenraum 616.11
– mit Dampfniederschlagvorrichtung. . 294.1
–abkühlung 294.12
–kühlung. 294.12
Trocken-reißen 403.15
–reißer 403.17
–reißmaschine 403.17
–schleuder 288.16
–schrank für Dampfheizung 616.15
–schrank für Gasheizung 616.14
–spinnmaschine . . . 225.4
–spinnmaschine mit Anfeuchtwalzen . . . 226.2
–spinner 225.6
–spinnerin 225.7
–stange 227.10
–stoff 292.9
–temperatur 293.5
–trommel, schräg gelagerte 366.11
–vorrichtung für Florettmasse 440.5
–vorrichtung für Seide . 616.10
–walze 481.7
–wärmegrad 293.5
–zwirnen 542.2
–zwirnmaschine . . . 552.7
–zylinder 476.17
–zylinder, mit Dampf geheizte 385.14
Trocknen bis zum absoluten wasserfreien Gewicht 615.10
– des Flachsgarns. . . 227.4
– des Flachsgarns über den Dampfkesseln . 227.5
– der Florettmasse . . 440.3
– nach dem Gegenstromverfahren . . 295.11
– der Kammwolle . . . 365.5
– der Wolle 287.4
– bei *x* Grad Wärme . 293.2
–, künstliches 292.14
–, natürliches – im Freien. 292.10
–, scharfes 292.18
–, schnelles. 292.18
trocknen, die gewaschene Florettmasse . . . 440.4
–, auf der Glasspule (Seide) 468.6
–, auf Hurden 292.13
–, im Karbonisierofen (den getränkten Abfall) 440.12
–, langsam 292.20
–, durch Luft und Sonnenwärme 292.11
–, mild 292.20
–, scharf 292.19
–, schnell 292.19
–, unter Spannung (Seide) 470.16
–, im Verkohlungsofen (den getränkten Abfall) 440.12
trocknend, an der Luft –es Öl 458.11
Trockner 616.13
–, Kanal- 227.7
–, Woll- 297.6
Trocknung, Umlauf- . 293.19
Trog 543.8
–, Flüssigkeits- . . . 482.4
–, Heißwasser- 225.14
–, Schweißwasser- . . . 365.8
–, Speise- 284.6
–kante, metallbeschlagene 226.1
Trommel 51.2, 78.11, 247.9, 250.6, 257.16, 312.4, 321.3, 370.14, 443.12, 444.3, 450.3, 522.1
– für die Abwindekette 179.12
– mit eingefräster Nut 523.9
– aus gelochtem Stahlblech 32.4
– mit Holzbelag . . . 336.14
Trommel mit Pilgerschrittbewegung . . 406.9
– mit Schneckenspur . 351.7
– mit spiralförmig angeordneten Flügeln . 309.2
– mit spitzen Stiften . 197.10
–, ausbalanzierte 144.16, 312.1
–, geschlitzte 523.12
–, große . . 51.2, 321.3, 369.17
–, gußeiserne 22.5
–, nadelbesetzte . . . 446.4
–, Nasen- 35.5
–, obere große 406.4
–, Reiß- 48.7
–, Sieb- 32.3, 35.3, 37.11, 44.14, 48.8
–, mit Stahlstiften besetzte 404.7
–, mit Stiftleisten besetzte 367.9
–, mit stumpfen Stiften besetzte 287.15
–, untere große . . . 406.5
–auskerbung 444.4
–ausputz 194.19
–belag 322.14
–besatz 201.14
–beschlag 60.21, 248.4
–bremse 192.11
–deckblech, aufklappbares 79.3
–deckelplatte 33.6
–einstellvorrichtung von Dobson u. Barlow . 79.6
–flug 78.14
–gehäuse 31.9
–haube 31.9
–kammer. 282.3
–korb, einseitig belasteter 308.5
–lager 56.8
–lager, selbstschmierendes 145.2
–lagerung im Wagen . 192.6
–lehre, Spindel- . . . 362.10
–mantelstift 260.2
–mitte 55.13
–nase 30.13
–oberfläche 232.18
Trommelöffner 30.9
– mit großer Trommel 30.10
– mit mehreren kleinen Trommeln 34.10
– mit Schläger und Wickelvorrichtung . 32.11
Trommel-putzer . . . 75.9
–putzvorrichtung . . . 322.13
–putzwalze 51.12
–rollenlager. 158.9
–rost 31.12, 33.7, 79.1
–schaft 206.4
–schlagstab 260.1
–schleiftuch 70.16
–schlitz 524.10
–seil 192.4
–triebrad, Blech- . . . 555.12
–tür 195.14
Trommelwelle 79.8
–, hohle 402.13
–, Quadrantenketten- . 181.9
–, Spindel- . . . 162.14, 173.3
Trommel-wellenende . . 192.8
–wirtel 353.6
Trommeln, übereinandergelagerte – mit strahlenförmig stehenden Nadeln 243.13
Tropfen (sich bilden) . 464.8
–bildung 464.7
–fall 574.8
Trosse 596.13
Trossenschlag 600.3
troßweise geschlagenes Seil 594.15
Tuch, Draht- 295.4
–, endloses 328.6
–, Latten- 22.3
–, Steiglatten- 21.9
–, Walzen- 117.4
–, *x*-schichtiges 65.1
–bezug 117.2
–cheviot 397.4
–kitt 117.10
–lumpen 397.1
–rand 118.8
–überzug 429.5
–unterlage 110.6
–wolle 263.4
tüchtig waschen (Haare) 514.3
Tülle, Öl- 553.1
Tür, niederklappbare . 195.13
–klappe 27.13
Turbine 97.13
Turbinen-achse 97.10
–scheibe 97.13
Turiner Pfund 601.7
– Titer 601.17
Türkischrotöl 238.9
Turmform 307.15
Tussah, chinesische . . 410.8
–, indische 410.13
–schappegarn 587.22
–seide, chinesische . . 410.8
–seide, indische . . . 410.13
Tusserseide, indische . 410.13
Tüte, Kötzer- 175.19
Tweedale-sches Differentialgetriebe . . . 126.11
–sche Kratzenblattbefestigung mit Wulstklammern 62.6
Twist 580.1

U

überdeckte Krempel . 221.12
überdrehen, beim Zwirnen (Faden) 541.7
überdrehte Stelle des Fadens 454.9
übereinander gelagerte Trommeln 243.13
– kitten (Gewebelagen) 65.5
–liegende Spindelreihen 474.9
Übereinanderstreuen . 197.5
überfaulte Abfallseide . 438.4
überflüssige Säure . . 304.19
Überführen der Waschflotte von Bottich zu Bottich 280.6
– der Watte in Bänder 451.11
Überführung der Gebunde in die Spinnerei 210.11
–, selbsttätige – des Faserflors 198.14
Übergewicht 180.7
Übergießen der Wolle mit Waschlauge 284.8
übergießen, mit Waschlauge (Wolle) . . . 284.9
Übergriff des Wirtels . 553.2
überlaufen, die Trommel (Schnellwalze) . . . 323.2
Überlauf-rolle 536.5
–rohr 285.10
Überleiten, selbsttätiges – des Wassers . . 365.13
übermangansaures Kali 401.15
– Natrium 401.14
übermäßiger Drall . . 501.7
überpreßte Schneide . 70.2
Überschuß an Seife . 277.7
überschüssige Säure . . 304.18
Übersetzung 127.2
Übersetzungs-antrieb des Wagens 177.3
–verhältnis 537.5
Überspeisung 28.3
Überspinnen, kreuzweises – der schon gebildeten Noppen . 561.9
übertragen, mit Kreuzung (Pelz) 325.17
Übertragung ohne Kreuzung 325.13
–, Pelz- 324.12
–, selbsttätige – des Faserflors 198.14
–, unmittelbare . . . 326.2
Übertragungs-bürstenwalze 444.2
–kamm 379.15
–rad, oberes 136.4
–walze 199.5, 319.20, 322.2, 368.13, 486.12
überwiegen, das Doppeln (Strecken) 223.3
Überziehen der Druckwalzen 389.10
Überzug, dünner – von Kitt 117.9
–, Lack- 120.7
übler Geruch beim Faulen 437.20
Uhr, Lieferungs- . . . 133.9
–form 607.1
–leine 593.22
Umbiegestreifen 62.2
Umdrehung des Haspels 563.17

Umdrehungen, ~ — in der Minute (Spindel) 144.5
Umdrehungsgeschwindigkeit, veranderliche 537.6
Umfang, Seil- 500.15
—, Spulen- 124.9
Umfangsgeschwindigkeit, veränderliche — der Mandause 163.9
—, zunehmende 21.2
Umgang, Faden- 562.23
umgebogene Grundplatte 62.3
umgehaspelte Rohseide 424.18
umgekehrt gedrehtes Gespinst 153.14
— gewickelt 164.6
—e Drehrichtung 431.7
—en Draht geben 540.6
umhaspeln 562.7
— (Rohseide) 424.11
Umhaspeln der Rohseide 424.10
Umhasplerin, Seiden- 424.19
umhullen (Handvoll) 216.12
Umhullung der Flachsbunde 217.10
—, Ausheber- 202.6
Umkehrbarkeit des Feuchtluftstroms in den Kammern 573.2
umkehren, die Bewegungsrichtung des Wagens 131.14
Umkehren des Wagens 352.11
Umkehrung, selbsttätige — des Faserbartes 450.13
umklappbar-er Bartträger 446.16
—es Buch 446.16
Umlauf des Läufers 150.14
— der Waschflotte 284.10
umlaufen, beständig (Hulse fur die zweiseitige Steuerwelle) 182.8
umlaufend-e Abstellachse 567.12
—e Flugelstäbe 195.10
—er Korb 305.3
—er Reiniger 253.7
—er Spinnarm 233.10
—er Spinutopf 470.8
Umlaufgetriebe 125.14
—wechsel 134.6
Umlauf-trocknung 293.19
—werk 125.14
—zahl 123.8
—zähler, Spindel- 133.10
umlegbarer Rechen 504.12
Umlegescheibe 98.12
umlegen (Faserbart) 445.15
— (Rechen) 504.13
Umlegvorrichtung für die Faserbärte 446.1
Ummauerung 375.19
Umrechnung, Garn- 603.10
Umrechnungstafel, Garn- 612.12
umschalten 346.13
— (Steuerhulse) 163.12
—, den Lauf des Gitters 23.11
Umschalt-hebel 24.4
—vorrichtung 125.4
Umschlingung des Bügels 554.1
Umspannen der Risten 215.3
umspannen, in den Kluppen (Risten) 215.4
Umspanner 215.17
—schleife 230.11
Umspannung 229.14
Umspinnen der aufgedrehten Flammenfäden mit einem dritten Faden 561.13
— der Seele 595.2
umspinnen (Seele) 595.3
Umspinnmaschine 506.14, 591.6
umsponnene Seele 595.4
umstellen, den Lauf des Gitters 23.11
Umstellvorrichtung, selbsttätige — für den Luftstrom 575.10
umsteuern (Wagenbewegung) 133.2
Umsteuerrad 132.3
Umsteuerung 349.6
umtreiben, die Deckelkette mittels Handkurbel 54.14
umwechseln (Kehrräder) 131.13
Umwenden der Handvoll 216.11
umwenden, beim Herausziehen aus der Hechel (Handvoll) 216.10
umwickelt, mit Blättern —er Kokon von Actias selene 414.9
—, mit Hanfseil —e Oberwalze 279.4
—, mit Kammzug —e Oberwalze 279.5
umziehen, im Seifenbad (Seidensträhne) 433.14
umzurechnende Nummer 603.14
unabhängig voneinander arbeiten 198.12
—er Haspel 431.15
unabwickelbarer Kokon 415.10, 436.6
unbeschlagener Deckel 53.12
unbewegliche Speisezange 380.12
unebene Formplatte 175.3
uneingedeckte Krempel 221.13
unentbasteter Abfall 436.2
unentschälte Seide 426.22, 434.4
— Stellen 434.7
unentwirrbarer Kokon 415.10, 436.6
unfertiger Kokon 415.9, 436.5
ungarische Rohseide 426.17
ungebatschte Jute 237.14
ungedörrter Zustand 413.12
ungefilzter Stoff 395.14
ungegluhter Draht 595.21
ungekämmt-e Abfallseide 446.8
—es Fasergut 82.1
ungekochte Seide 426.22, 434.4
ungekreuz-te Auflage 326.2
—er Seillauf 360.8
ungelöschter Kalk 298.17
ungeloste Lumpen 404.12, 405.2
— Stucke 404.12
ungenugend gekämmt 376.8
ungepreßter Ballen 16.4
ungerissener Flachs 210.23
ungeschnittener Flachs 210.23
ungesichteter Flachs 216.16
ungeteert-e Seile 508.21
—es Tauwerk 492.12
ungewalkter Stoff 399.13
ungewaschenes Garn 605.8
— Kammgarn 583.18
ungleich-es Ablaufen der Zapfen 202.17
—es Band 102.1
—e Drahtverteilung 154.7
—e Riffelung der Zylinder 191.5
—er Zwirn 540.1
ungleicharmiger Hebel 535.13
ungleichförmige Beanspruchung 517.14
ungleichmäßig dicke Rohseide 428.18
—e Dicke des Kokonfadens 411.13
—es Garn 605.21
—e Stellen im Beschlage 338.11
—e Wasseraufnahme 574.9
Unionspindel 146.5
Universal-garn 582.13
—garnwage 614.16
—musterwage 614.16
unklassifizierter Flachs 216.16
unlöslich-es Eisensulfid 469.16
—er Gelatinefaden 471.9
—e Verunreinigungen 268.6
unmittelbar verseifen 276.8
unmittelbare Aufnietung des Beschlags 61.15
— Beheizung 306.2
— Druckerzeugung 105.13
— Übertragung 326.2
unregelmäßig gefertigter Kokon 416.7
—e Speisung 27.3
—e Stellen im Faden 428.19
—er Wickel 47.14
Unregelmäßigkeit in der Aufwindung 171.7
unrein-e Baumwolle 15.15
—es Hanfwerg 232.4
—er Spinnstoff 195.6
Unreinigkeiten 15.13, 26.10
—, anhängende 454.12
—, grobe 26.11
—, grobe — des Vlieses 265.10
unrichtige Einstellung 174.3
unrund gehen (Walze) 107.8
— laufender Walzenkörper 202.18
—er Litzenkern 595.14
unrunde Walze 337.1
Unrundgehen der Walze 107.8
Unschlittseife 310.5
unsymmetrische Herzscheibe 551.11
Unterantrieb 289.12
Unterband 562.22
unterbinden 563.23
Unterbinden der Zahlen 563.22
unterbrechen (Lieferung) 554.5
Unterbrechung der Grundfadenlieferung 560.4
unterbrochen arbeitende Zwirnmaschine 557.1
— gesponnener Kokon 416.9
—er Spinnvorgang 138.12, 159.4
—e Verzahnung 546.12
—es Zwirnen 557.2
Unterbrochenspinner 138.13
unterbunden, mit ~ Bändern —er Hanfballen 228.12
Unterdeckelkrempel 80.4
Unterdruck 572.5
—dämpf- und Feuchtvorrichtung mit Kuhleinrichtung 572.1
untereinandermischen, verschiedene Florettsorten 451.1
Untergewicht 17.1
unterirdischer Kanal 402.18
Unterkasten 242.2
Unterlage, hölzerne 442.2
—bogen, keilförmiger 53.17
Unterlagscheibe 355.13
—, Filz- 544.12
unterle 'en, die Laufenden der Deckel mit Keilstucken 73.6
Unternehmer 1.14
Untersatz, walzenförmiger 290.9
—, zylindrischer 290.9
Unterschied, Drehungs- 154.5
—, Wärme- 293.6
Untersorte 13.6
untersuchen (Garn) 605.2
—, auf seinen Gehalt (Säurebad) 303.12
—, die Kokons 413.4
—, mit dem Mikroskop (die Öffnung des Haarröhrchens) 467.13
Untersuchung, Garn- 605.1
Unterteil, Zangen- 84.11
—, zylindrischer 519.3
Untertisch 201.1
Unterwalze 85.10
—, mit Messinghulse 542.9
—, festgelagerte 20.10
—, ruckwärts laufende 543.3
—, vorwärts laufende 543.6
Unterwinden 156.7, 175.8, 551.13
Unterwinde-stellung 156.9
—vorrichtung 145.6
Unterwindungen 146.3
Unterzange 93.7
Unterzangen-backe 93.5
—platte 84.11, 377.10
—ring 98.7
Unterzylinder 115.6
unter-e Abzugwalze 93.1
—e Arbeitsseite 232.19
—es Bockrad 555.13
—e Hechelmantelscheibe 214.11
—er Kegel 136.8
—es Lattentuch 29.2
—e Manteltrommel 214.11
—e Putzwalze 255.2
—er Riemenkegel 136.8
—e Schraube 251.15
—e Siebtrommel 33.11
—e Speisewalze 311.14
—er Spulenrand 546.6
—e Trommel 406.5
—es, wagrechtes Lattengitter 21.8
—e Wickelwalze 90.11
—e Zangenbacke 89.13, 92.11
—er Zwirnwechsel 555.11
ununterbrochen arbeitender Dehnungs- und Festigkeitsprüfer 609.6
— gesponnener Kokon 416.8
— Zug liefernde Kämmmaschine 83.12
—er Betrieb 307.16
—e Bewegung 182.7
—er Flottenumlauf 280.7
—es Spinnverfahren 138.1
ununterbrochenes Zwirnen 542.18
unveränderliche Hubhöhe der Ringbank 151.8
unverbundenes Fett 274.2
unverfälscht-es Öl 315.22
—e Seife 277.12
unversehrtes Vlies 264.19
unvollkommen gelöstes Gut 405.3
—e Teilung 211.20
unwirksam machen, durch Bisulfit (Ammoniak) 465.3
— machen (Schwefelsäure) 463.4
unzersetztes Alkali 277.14
Urin, fauler 276.15
—bad 276.16

V

Vakuum 572.5
Vanduaraseide 470.19
Vanduraseide 470.19
Vaseline 428.10
Vaucansonkette 395.6
vegetabilisch-es Öl 148.8, 238.4
—es Pergament 389.12
—er Teer 507.20
Ventil, Klappen- 306.10
—, Sicherheits- 385.16
Ventilation 293.16
Ventilator 22.7, 259.9, 295.6, 306.7
—, Saugzug- 24.8
—staub 49.7, 194.21
veränderlich-er Durchmesser 250.15
—e Fadenzahl 563.20
—e Geschwindigkeit 139.11
—er Hub 551.15
—e Ringbankbewegung 151.6
—er Spulenumfang 224.7
—e Umdrehungsgeschwindigkeit 537.6
—e Umfangsgeschwindigkeit 163.9
Veränderung der Länge 533.13
— der Streckweite 392.13
verarbeiten (Seidenabfälle) 435.8
— (Wollwaschwässer) 299.4
—, einzeln (die verschiedenen Flachspartien) 212.5
—, feucht (Rohseide) 428.5
—, in ungedörrtem Zustande (Kokon) 413.12
Verarbeitung der Lumpen 399.6
— der Wollwaschwässer 299.5
Verbinden 170.2, 352.10
— von Rundseilen durch Nähen 512.2
Verbindung des Wollfettes mit dem Wollschweiße zu einer löslichen Seife 272.7
—, Chlor- 305.15
—, Riffelwalzen- 121.1
Verbindungs-faden 561.16
—hebel 166.7
—hebel für die Zange 89.6
—klammer 328.4
—riemen 149.5
—rohr, galvanisiertes 39.6
—stange 180.6
—stange der Formplatten 180.5
—stück 60.5
verbleit, innen —e Schleuder 304.21
verbogen (Zangenbacke) 84.12
Verbrauch, Seifen- 277.8
—, Woll- 264.4
Verbund 165.5
—wolf 313.3
verdampfen (Petroleum) 438.8
Verdampfung 570.7
—, Benzin- 438.10
Verdeck über der Bürste 88.3
— für den Spindelantrieb 255.13
—, Abnehmer- 79.2
—, Schläger- 33.14
—, Stahl- 123.5
Verderben wasserhaltiger Jute durch Gärung 236.19
Verdichten des Flors 327.6
verdichten (Flor) 59.16, 327.7

verdichten (Vlies) 453.6
— (Watte) 45.10
verdichtete Luft 455.10
Verdichtungs-trichter 372.5, 451.13
—vorrichtung 45.11
—walze 46.1, 48.10
Verdickung des Kötzeransatzes 174.8
—, wulstartige — des Bastes 411.18
verdünnte Alkalilauge 464.15
— Essigsäure 438.11
— Salzsäure 438.13
— Schwefelsäure 303.1, 438.12
— Waschlauge 275.20
Verdunsten 293.10
— der Feuchtigkeit beim Erkalten des Garnes 572.9
verdunstete Wassermenge 293.12
Veredeln des gehechelten Flachses 217.12
— des gehechelten Hanfes 230.13
Vereinigen mehrerer Fäden in steilen Windungen 565.14
— mehrerer Strähne zu einer Docke 576.13
— von Rundseilen durch Nähen 512.2
—, zu Bändern (die gehechelten Faserristen) 218.1
—, „ Bänder eines Ganges 104.7
—, zu Bunden (den gehechelten Flachs) 217.7
—, mehrere Bottiche zu einer Maschine 279.10
—, zu einem Faden (mehrere Kokonfäden) 421.4
vereinigtes Hals- und Fußlager 553.4
Vereinigungsstrecke 388.14
Verfahren zur Bestimmung des Trockengewichts 615.9
—, neutrales 305.11
—, Spinn- 1.5
verfälscht-es Öl 315.23
—er Schwingflachs 209.15
Verfälschung des Schwingflachses 209.14
Verfeinern des Faserbandes durch Verziehen 100.10
— des gehechelten Hanfes 230.18
verfeinern (Faserband) 100.11
— (Hanf) 230.14
— (Vorgespinst) 159.17
Verfeinerungs-hechel 495.15
—krempel 334.9
verfilzt-es Bauchhaar 265.22
—e Wolle 269.15
vergällt-es Olivenöl 314.20
—er Weingeist 458.6
vergleichmäßigen (Faserband) 100.14
— (Krempelband) 100.14
Vergleichmäßigung durch Doppeln 81.1
— der Faserlage 386.7
— der Flockenschicht 200.8
Vergleichsmuster 13.8
vergrößern, am Schlusse der Einfahrt (Drehungszahl der Spindeln) 188.14
Verhältnis, Mischungs- 18.18
—zahl 603.12
verharzen (Öl) 238.12, 459.4
verharztes Öl 238.11
verhindern (Luftströmungen) 59.12
Verhinderung des Entmischens 313.7
Verhütung von Schleifenbildung 358.2
verjüngtes Seil 594.11
Verkaufsspule 520.13
Verkittung der Seidenfasern 412.4
Verknoten des Fitzfadens mit den Schnellerenden 564.4
verknoten (Litzenenden) 504.15
verknotete Litzenenden 504.16
verknüpfen, die Fadenenden 421.11
verkohlen (Klette) 307.3
verkohlte Klette 307.5
Verkohlungsofen 440.12
verkupferter Eisendraht 493.10
Verkürzen des Fadens durch den Draht 164.7
— der Fäden beim Zwirnen 541.16
verkürzen (Fadenleiterweg) 535.10
—, den Wagenhub 125.12
—, durch den Draht (Faden) 164.8
—, sich (Litze) 499.17
—, sich — beim Zwirnen (Fäden) 541.17
Verkürzung des Fadens beim Nachdraht 348.9
— des Seiles 494.4
—, Hub- 125.13
Verkürzungsexzenter 350.8
Verlängerung, Rahmen- 530.16
verlaufend, links 68.18
—, rechts 68.17
verlegend, sich —er Hub 551.15
Verlesen der Wolle 310.13
Verlitzen 498.4
Verlitzmaschine 502.8
verlötete Maschen 477.8
Verlötung 86.1
Verlust der Festigkeit 302.6
— an Seidenleim 434.14
—, Draht- 146.4
—, Längen- 604.10
—, Wasch- 269.17
Vermeidung von Tropfenfall 574.8
vermindern (Filzfähigkeit) 302.10
—, die Faserzahl im Querschnitt 100.13
Verminderung der Filzfähigkeit des Wollhaares 302.9
— der Geschwindigkeit der Einzugwalze 42.16
—, Drall- 501.8
—, Geschwindigkeits- 347.16
Vermischen der Noppen mit der Wolle 590.16
vernichten, beim Waschen (Stapel) 269.6
vernichteter Stapel 269.7
Vernieten der Stiftenden 512.13
Verpacken in Ballen 578.6
— der Garne 576.5
— der Kötzer in Fässern 578.10
— der Kötzer in mit Papier ausgeschlagenen Kisten 578.9
verpackt, in Säcken —e Wolle 264.8
Verpackung 16.10
Verriegelungsvorrichtung, Deckel- 487.14
verringern (Ansatzhöhe) 167.9
Versand der Bündel 577.10
— der Pakete 577.10
—leiter 6.1
verschiebbar gelagerte Zahnstange 190.13
—, gegeneinander —e Knaggenscheiben 190.4
—e Büchse 567.8
—e Fadenführungslatte 565.9
—er Halter 202.16
—es Kegelgerippe 224.9
—e Klemmvorrichtung 432.5
—er Kuppelteil 345.18
—e Spindel 534.6
—er Stab 373.6
Verschiebbarkeit, seitliche — der Lattentuchwalzen 24.6
verschieben (Formschuhe) 352.9
— (Kluppen) 215.7
— (Unterlagebogen) 54.2
Verschiebung des Riemens 43.14
— der einen Scheibenhälfte 251.1
— der Spindel 532.1
— des Unterlagebogens 54.1
—, Kluppen- 215.6
—, radiale — gegen die Trommelmitte 55.13
—, radiale — von der Trommelmitte her 56.1
—, seitliche 109.1
—, wagerechte 54.3
Verschiebungsrichtung der beweglichen Zahnstange 191.2
verschieden gefärbte Baumwolle mischen 194.5
— geneigte Spulenreihen 544.14
—e Feuchtigkeitsaufnahme 572.11
—e Florettsorten 451.1
—e Stellungen der Ringbank 156.8
—e Wollsorten 310.17
—farbige Lumpen 397.23
Verschlag, Abfall- 22.14
—, Mischungs- 22.10
—boden 22.12
—gestell 22.11
—höhe 22.13
verschleißen (Spindelschnur) 555.7
verschlossenes Drahtseil 595.16
Verschluß, Exzenter- 219.9
—, Fenster- 44.10
—, Rohr- 39.11
—deckel 355.10
—eisen 44.11
—haken 487.5
—klappe 27.11, 39.11, 361.5
—laden 303.19
—riegel 487.16
—schiene 44.12
—stange 44.12
—steg, fester — mit Leitauge 488.2
verschnittenes Öl 315.24
Verschnürung der Juteballen 235.3
verschossene Lumpen 398.3
versehen, mit einer Schicht Antioxyd (Trommel) 63.13
—, mit Zetteln (die gekauften Gebunde) 210.4
verseifbares Fett 274.3, 315.10
— Öl 315.18
Verseifen des Fettes 275.5
verseifen (Fett) 275.6
— (Öl) 315.19
—, direkt 276.8
—, unmittelbar 276.8
verseifend-e Eigenschaft des Schweißes 272.4
—er Stoff 275.8
verseiftes Fett 275.7
Verseifung 275.3
— des Fettes 275.5, 315.9
Verseilen 500.3
verseilen 500.4
Verseilmaschine, liegende 506.3
versenken (Niete) 61.13
versenkte Niete 61.14
Versenkung, viereckige 121.3
versetzen, gegeneinander (Schlagnasen) 31.1
—, mit Säure (Magermilch) 471.17
versetzt anordnen (Spindeln) 123.4
— angeordnete Spulen 551.2
—, gänzlich mit Fasern (Beschlag der Krempel) 75.3
—, gegeneinander 384.2
—e Schlagnasen 30.14
Verspinnen 1.2
— der Baumwolle 121.8
— der Holzfasern 476.4
— der Jute mit Flachswerg 234.14
— der Jute mit Hanfwerg 234.15
— der Papierstreifen 484.22
— von Viskose 470.4
verspinnen 1.3
— (Viskose) 468.11
—, mit Säure (Viskose) 469.1
—, nach dem Streichgarnverfahren (Baumwolle) 193.4
Verspleißen 359.18
Verspleißung, Seil- 493.19
Versteifung, Wagen- 345.5
Versteifungsstange 89.8
verstellbar-e Führung 372.10
—es Gewicht 253.1
—e Knagge 241.11
—e Lagerstütze 55.2
—er Rechen 309.3
—e Rollenwinde 611.18
—e Schlitzweite 429.11
—e Stahlplatte 429.8
verstellbar-e Streckwalze 389.4
—er Zapfen 246.3
—es Zapfenlager der Arbeitswalze 324.2
verstellen (Schlitzweite) 429.10
Verstellung, Exzenter- 79.7
—, seitliche — der Walzen 59.7
verstopft-e Düse 466.10
—er Filterstoff 463.14
Verstrecken 345.11
Verstreckung 345.11
verstreichen, dünn (Kitt) 117.8
verteilen, in Sprühregenform (Batschflüssigkeit) 239.12
Verteiler 466.6
—, Luft- 572.18
Verteilungslattengitter 23.8
vertiefte Stirnrädchenführung 546.10
Vertiefung der Knaggenscheibe 190.5
Vertikal-bewegung des Spulenwagens 140.16
—öffner 35.1
—öffner mit Schläger und Winkelvorrichtung 37.2
—öffner, doppelter, mit Abfallabführung 39.12
vertikal verstellbare Stufen 567.1
—e Wagenstütze 547.4
—er Wainwrightscher Festigkeitsprüfer 608.5
verunreinigt, durch Fett —es Säurebad 303.16
—e Bourrettemasse 452.16
—er Filterstoff 463.14
Verunreinigungen, lösliche 268.5
—, unlösliche 268.6
Verwalter, Lager- 6.2
verweigern (Annahme) 15.18
Verwendung, weitere — der Waschwässer 299.1
Verwertung der Seidenabfälle 435.7
verweste Lumpen 398.21
verwitterte Lumpen 396.20
verworrene Bourrettemasse 452.17
verzahnt, innen —es Rad 505.15
—e Muffe 531.4
Verzahnung 531.12
—, äußere — des Mangelrades 256.10
—, innere — des Mangelrades 256.11
—, unterbrochene 546.12
Verzahnungslücke 537.2
Verziehen 8.12
— der Bourrettebänder 453.18
verziehen 8.13
— (Band) 100.12
— (Bänder) 222.12
— (Faserband) 8.16
— (Vorgespinst) 159.17
—, um die Dopplung 452.8
—, die Schleifen des Fadens 191.14
verzinkter Eisendraht 493.8
verzinnter Eisendraht 493.9
— Stahldraht 335.7
verzogenes Vorgespinst 159.19
verzögerte Wagengeschwindigkeit 166.15
Verzögerungsvorrichtung für die Abschlagbewegung 205.9
Verzug 8.14, 101.4
— der ersten Strecke 222.13
—, doppelter 371.12
—, schwacher 101.11
—, starker 101.12
—, totaler 101.10
—, Watten- 42.11
—, zu weit getriebener 101.14
Verzugs-berechnung 222.16, 387.9
—größe 142.12
—höhe 142.12
—rad 134.2, 186.8
—walze 102.13
—wechselrad 114.7
—wechseltrieb 114.2, 176.14
Vibration, Spindel- 554.15
Vicuñagarn 585.17
vielfache Dopplung 386.13

Vielgewindeölbecher . . 146.11
Vielriemchenflorteiler . 330 11
viereckig-er Ansatz . . 121.2
—er Ausläufer 121.2
—er Ballen 15.21
—e Spindel 208.9
—e Versenkung . . . 121.3
Viererstich in Köper . 68.16
vierfach Kautschuknaturel 65 7
vierflügeliger Schläger . 261.7
Vierkantseil 597.8
vierrädriger Wagen . . 445.6
vierschäftiges Seil . . . 594.16
vierschichtiges Kratzentuch 65.7
Vierwalzenglattvorrichtung 45.16
Vigogne-garn . . 408.4, 579 10
—gespinst 408.4
— -Imitatgarn 579 9
—spinner 409.1
—spinnerei 408.1
—wollgarn 585.17
Vigoureuxgarn 584 8
Viktoria-Moulinet . . 584.13
Viscellineseide 588.12
Visiermaß 500 17
Viskose-faden, klebriger 469 3
—pumpe 469.18
—seide 468.9, 588.8
Viskosität 463 11
vlämische Spleißung . . 493 22
Vlies 7.18, 50.1, 51.14, 264.13, 325.3
— der Vorgarnkrempel . 590.13
—, mit der Druckwasserpresse zusammengepreßtes 264.14
—, fehlerhaftes 264.20
—, feuchtes 264 21
—, finnenfreies 49.4
—, gesundes 365.2
—, hydraulisch zusammengepreßtes . . . 264 14
—, Kämmlings- 82.8
—, krankes 365 3
—, ins Kreuz gelegtes . 325.18
—, leichtes 264.17
—, schweres 264.18
—, stichelhaariges . . . 264.22
—, unversehrtes 264.19
—, zerrissenes 265.14
—, zusammengebundenes 264.16
—, zusammengerolltes . 264 15
—krempel 319.6, 324 11
—maschine . . . 373.1, 453.4
—platte. 111.5
—strecke 81.9
—trommel 321.11
—übertragung 324.12
—waschmaschine . . . 284 11
—wicklerwärterin . . . 2.4
Volant 200.2, 321.8
—anordnung 202.4
—band 62 11
vollbeschlagener Hacker 330.8
voll-e Dopplung . . . 386.14
—er Flügelarm . . . 452.6
—es Gatter 24.13
—er Schneller 610.13
—e Spule 140.17
—er Stich 68.10
vollendeter Kötzer . . 157.3
Vollendungsarbeiten . . 515.1
vollgelaufene Kanne . 112.3
vollkommen rund (Trommel) 78.12
vollschlächtiges Drahtseil 595.16
vollständig ausgenutzte Trommeloberfläche . 250.1
Voll-stich 68.10
—walze 72.2, 116.3
—welle 189.7
Vomhundertwage . . . 100.3
voraneilende Spindel . . 139.11
Voranstrich 117.1
Vorarbeiten . . . 263.12, 364.14
Vorauflösung der Baumwolle bis zur Flocke . 25.8
Vorbeiführen feuchter Luft am Garn . . . 573.10
vorbereiten, für das Verspinnen (Baumwolle) 17.17
Vorbereitung der Baumwolle für das Mischen durch Dämpfen . . 19.10
— des Flachses für das Spinnen 210.20
Vorbereitung des Hanfes für das Spinnen . . 228.15
— der Jute für das Spinnen 234.16
— für das Kämmen . . 371.6
— der Ramie für das Spinnen 262.1
— der Wolle für das Krempeln 310.8
Vorbereitungs-arbeiten für das Verspinnen der Baumwolle . . 17.14
—kanne 223.11
—prozeß 17.16
—vorgang 17.16
Vordämmer 536.7
Vorder-bandabstellung . 112.2
—bock 206.8, 352.17
—rad 496.21
—walze . . 142.13, 143.7, 176.8
—walzenrad 176 12
—zylinder 142.7
—zylinderantrieb . . . 114.4
—zylinderantriebrad . . 114.5
Vordrehgestell 502.14
Voreilen der Spule . . 124.10
voreilen 123.9
voreilende Spule . 124.11, 141 18
Vorfein-frotteur 387.19
—nitschler 387.19
Vorfilter 271.8
Vorfiltern. 271.5
Vorfleier 122.7
Vorgang, Auflösungs- . 49.15
—, Spinn- 1.4
—, Vorbereitungs- . . . 17.16
Vorgarn 9.15, 122.2, 204.8, 342.6, 579.18
—, angenetztes 226.5
—, Flachs- 224.10
—, Jute- 254 12
—bestand 224.11
—enden. 398.14
—faden 256 5
—faden, genitschelter . 334.6
—faden, gewurgelter . 334 6
—fadenwickel 208.3
—führerleiste 142.8
—krempel 590.17
—rolle 334 10
—spule 137.11, 204.9, 224 6, 393.2, 590 2
—spule, auf das Gatter aufgesteckte . . . 137.12
—spule, liegende . . . 341.11
—spulträger 139.8
—stuck, geliefertes . . 345.10
—trommel 204.15
—walze 342.2
—wickel 204.9
—zähler 207.3, 346.19
—zählerkupplung . . . 346.4
—zählrad 346.5
—zufuhrung 345.8
vorgedrehte Seide . . . 430.5
Vorgelege 158.8
—, Decken- 359.23
—welle 115.4
Vorgespinst . 9.15, 122.2, 159.15
—, Jute- 254.12
—, verzogenes 159.18
—meßapparat 611.6
—spule . . 137.11, 139.4, 567.16
vorgeteilte Papierstoffbahn 478.7
Vorhechel 495.14
Vorhecheln 212.16
Vorhechelwerg 219.16
Vorhechler . . . 212.17, 213.11
Vorhechlerin 212.18
Vorkarde 199.9
vorkarden (Flachswerg) . 221.1
Vorkehrung, Sicherheits- . 170.1
Vorkrempel 199.9, 232.15, 319.5, 320.14
—, Lawsonsche 248.8
—band 249.2
Vorkrempeln der Jute . 247.1
Vorlage, leichte 102.2
—, schwache 102.2
—, starke 102.3
Vorlagenummer 102.4
Vorlauf des Gitters . . 23.9
Vorlaufen der Spule . 124.10
vorlaufen (Spule) . . . 124.12
vorlaufende Spule . . . 124.11
Vorlegen 319.10
vorlegen, von Hand . . 319.11
—, den Schlagmaschinenwickel der Krempel 50.12
—, x Bänder 104.5
Vorlegtuch 321.1
vorlösen (Faserstoff) . 25.9
Vorlösung, langsame — der Fasermasse . . 25.10
Voröffner 26.19
— mit Nasenwalze. . . 26.20
Vorrat, Band- 224.4
—, Faden- 145.13, 156.10
—, Woll- 264.3
Vorrats-behälter . . . 320.2
—raum 200.5, 320.2
—ring, Faden-. 528.1
vorreinigen (Baumwolle) 26.6
Vorreinigung der Baumwolle 26.7
Vorreißer 51.1, 77.13, 199.4, 406.1, 444.1
—rost 78.1
Vorrichtung zum Anlegen der Watten an die Wickelseele. . . 46.5
— zum Aufziehen der Kratzen mit Hand . 337.8
— zum Batschen und Quetschen der Jute 239.1
— zur Bildung von Noppen- und Flammenzwirn von Graf . . 560.12
— zum Einlegen und Festhalten der Fasern 383.13
— zur Entfernung der Stichelhaare 409.9
— zur Erzeugung von Schichten verschiedener Höhe 156.1
— für die Hin- und Herbewegung der Schleiftrommel 72.4
— zur Nachlieferung während des Aufwindens 181.15
— für Veränderung der Länge des Fadenführerhubes 533.13
— zur Verhinderung des Entmischens . . . 313.7
— zur Verhutung von Schleifenbildung . . 358.2
— zum Zerreißen der Doppelfäden 354.3
—, selbsttätige — für Spitzenhartwindung. 181.10
—, Wickel- 32.11
vorrückende Nase . . . 181.14
Vorsatzplatte 306.13
Vorschaltevorrichtung, Riemen- 191.9
Vorschaltklinke 185.1
Vorschaltung, Riemen- . 191.10
vorschieben (Hinterrad) 500.2
Vorschlagen. 337.15
Vorschläger 26.19
Vorschlagmaschine 41.20, 502.14
Vorschubbrett. 200.14
vorschwingende Bewegung der Zange . . 91.3
Vorspanner 536.7
Vorspeisen, ruckweises . 377.6
Vorspinnen 9.13, 121.9, 203.4, 328.14, 390.10
— des Flachses 224.3
— des Hanfes 233.7
— der Jute 254.11
vorspinnen 9.14
Vorspinnkrempel 199.10, 203.5, 319.7, 328.15
Vorspinnmaschine . . . 11.10, 121.10.11, 502.14
— für langen Flachs . . 224.5
— für Seide 452.3
— mit passiven Spindeln 233.12
—, Werg- 224.12
Vorspinnspule 257.4
Vorspitzen 212.16
Vorspringen der Haarenden aus dem Garn infolge Elektrizität . 570.1
vorspringende Rippen . 376.2
Vorstechen 378.4
Vorstecher, einfacher . 337.16
—, mehrfacher 338.1
Vorstechkamm 85.8, 90.1, 92.12, 378.2, 381.2, 382.5
—, kreisförmiger . . . 98.10
—, ringförmiger 379.5
Vorsteckstift 497.11
vorstehend-er Wollbart 378.1
—e Zahnspitze 339.16
Vorstrecke 81.3, 103.12, 371.16
Vorstrecken 81.4
— des Kammzugs . . . 384.8
Vorstreckung 81.4
Vortrocknen der Wolle . 287.5
Vortrommel . . 322.1, 369.16
vorübergehend-er Draht 9.7, 331.11
—e Drehung geben . . 331.10
—e Gewichtssteigerung . 571.13
—e Härte 269.22
Vorverzug 101.7
Vorwalze 319.20, 322.1
vorwärts gekrümmter Windflügel. 45.5
— laufende Unterwalze. 543.6
Vorwärts-bewegung, ruckweise — der Speisewalze 377.7
—gang des Gitters . . 23.9
Vorwaschen 268.22
Vorwickeln der Spule . 97.6
Vorzwirn 539.17
—, Organsin- 431.11
—maschine 522.7
—spule 545.1
Vorzwirnen der Seide . 429.15
Vulkanfiber 76.11
vulkanisiert-er Kautschuk 65.12
—es Öl 458.10

W

Wachholderöl 462.17
Wachs 484.3
—, Schweiß- 274.10
wachsartiger Fettschweiß 274.9
Wächter, Faden- 521.8
Wage 320.5, 603.4
— für Garne und Gewebe 614.15
—, Feder- 47.12
—, Garn- 387.10
—, Kämmlings- 100.3
—, Spindel- . . 178.7, 362.6
—, Wickel- 47.11
Wagebalken . . 162.3, 613.8
—hebel 328.3
Wagen 92.1, 96.5, 123.1, 160.3, 327.14, 608.14
— der Hechelmaschine . 214.6
— des Selbstspinners . 343.18
—, beweglicher 557.4
—, feststehender . . . 557.5
—, hin- und herbewegter 233.3
—, hölzerner 558.15
—, vierrädriger 445.6
—, zwangläufig geführter 206.5
wägen 612.9
Wägen der Garne . . 612.9
Wagen-anprall 191.11
—antrieb 162.12
—antrieb durch Schraube mit Kreuzgewinde . 373.17
—ausfahrt . . .159.10, 343.14
—ausfahrtkupplung . . 163.4
—auszug 557.10
—auszuggetriebe . . . 347.11
—auszugseil 177.9
—auszugwelle . . 173.12, 177.7
—bahn 344.6, 353.1
—bewegung 344.16
—einfahrt 159.13, 343.17, 557.13
—einfahrtkupplung . . 349.13
Wageneinzug 557.13
—bremskupplung . . . 161.6
—getriebe 349.7
—glockenkupplung . . 161.6
—kupplung . . . 161.6, 349.13
—seil 169.12
—schnecke . . . 169.9, 349.14
Wagen-falle 162.15
—feder 279.7
—führung 345.2
—gabel 344.5, 351.3
—geschwindigkeit . . . 164.2
—geschwindigkeit, beschleunigte 166.14
—geschwindigkeit, verzögerte 166.15
—gestell 558.4
—haupt. 206.2, 351.6
—hebel 603.9
—höhe 178.3
—hub 214.7, 551.10
—hubrad 230.1
—hubvorrichtung der Ringzwirnmaschine . 551.6
—kupplung 183.6
—lauf 344.6

Wagen-mittelstuck . . 177.12, 205.14, 351.5
—nachzugvorrichtung . 164.12
—putzvorrichtung . . . 395.2
—rad 206.1
—ruckgang . . . 205.4, 348.10
—schiene . . . 344.6, 558.5
—schildbolzen 174.1
—seilwirtel 206.8
—spiel 159.9
—spinner . 11.16, 138.13, 343.13
—stange 608.12
—steuerung 183.2
—steuerungsexzenter . . 162.10
—steuerungscheibe . . 162.10
—stillstand 164.19
—straße 344.6, 558.5
—stutze, senkrechte . . 547.4
—stutze, vertikale . . . 547.4
—trieblager 176.11
—trommel 388.12
—versteifung 345.5
—verzug 393.7
—verzugrad 186.12
—weg 164.10, 345.1
—welle 92.2
—welle mit Differentialgetriebe 347.12
—welle mit Umlaufgetriebe 347.12
—wellenbuchse 94.13
—zahnstange 136.11
—zugrädchen 187.10
—zwischenstuck, gußeisernes 178.5
—zwischenstück, hinteres 178.6
—zwischenstuck, vorderes 178.5
Wäger 16.18
wagerecht gelagertes Walzenpaar 240.7
— liegen (Kötzer) . . . 529.4
— verstellbarer Backen . 162.7
—es Auflaufen der Schnuren auf die Wirtel . 550.9
—er Hebel 192.13
—e Hechelstabverschiebung 252.10
—es Lattengitter . . . 21.8
—e Präzisionsgarnwage . 613.5
—e Schlagnasentrommel 37.3
—e Verschiebung . . . 54.3
Wagschale 613.9
— mit Klappboden . . 200.10
Wagschalenfullungen, die — sind stets gleich 200.12
Wägung des Strähns . 602.20
Wainwrightscher Festigkeitsprüfer 607.10
Waldwollegarn 588.16
Walkerde 298.15
walkfähiges Garn . . . 606.6
Walkfähigkeit, geschwächte 406.14
Walkfett 316.11
Walze mit Gipsbelag . 336.15
— mit Zapfenbuchsen . 116.4
—, Abfuhr- 38.5
—, Abliefer- 35.9
—, Abzug- 35.9
—, belederte . . 115.12, 142.9
—, im Einsatz gehärtete 107.7
—, Einzug- 43.3
—, Entleerungs- 38.5
—, mit Fasern beladene 323.16
—, frisch betuchte . . . 118.10
—, geriffelte 42.15
—, mit Glaspulver belegte 109.12
—, grob geriffelte . . . 92.15
—, hin- und herrollende 201.3
—, Kalander- 34.2
—, Nasen- 26.20
—, Regler- 28.13
—, Schlägerspeise- . . . 33.13
—, schraubenförmig gewundene 92.15
—, Speise- 27.4
—, Stachel- 20.9
—, sternförmig ausgezackte 235.13
—, unrunde 337.1
—, Verdichtungs- . . . 46.1
—, mit zunehmender Umfangsgeschwindigkeit umlaufende . 21.2
Walzen-abfall 398.13
—anstreicher 120.2
—ausschluß 346.10
—bank 105.3
—baum 105.3, 393.6
Walzen-belastung . . . 105.12
—beschlag 62.13
—burste 86.6, 444.2
—dreher 3.15
—druck 107.4
—einstellung, Rietersche 58.14
—einstellung, Wiedesche 59.8
—einzugwerk 223.5
—garnitur 62.13
—hals 110.1, 393.12
—kamm, gekrummter . 381.8
—klemmstelle 103.2
—körper, unrund laufender 202.18
—krempel 80.5, 198.3, 221.4, 318.19
—krempel mit Bandablieferung 198.5
—krempel mit Pelzabfuhrung 198.6
—kuppelmuffe 345.16
—lager 105.4
—lagerung, Rietersche . 58.14
—lieferung 345.9
—macher 120.1
—macherei 119.16
—paar 561.5
—paar, geriffeltes . . . 443.15
—paar, wagerecht gelagertes 240.7
—papier 390.1
—prufer 120.3
—putzer, mit Filz uberzogener 255.2
—putzvorrichtung . . . 108.7
—quetschmaschine fur Asbest 490.9
—quetschwerk 288.7
—schaft 345.15
—segment, glattes . . . 89.12
—ständer 90.8
—strecke 102.10
—streckung 333.7
—streckwerk . . 139.9, 480.13
—tafel 394.2
—taster 120.3
—tisch 105.3
—tuch 117.4, 118.1
—wickel 398.13
—zapfen 59.1, 394.1
—zufuhrung 42.14
walzenförmiger Untersatz 290.9
Wand, Trennungs- . . . 306.8
Wander-deckel 53.7
—deckelkrempel . . 77.9, 248.11
—putztuch 108.12
—tuchschleifer 339.1
wandernd-er Deckel . 53.7, 77.9
—e Horden 572.14
—e Lattentücher 575.14
—es Putztuch 108.12
—e Schleifscheibe . . . 339.8
—e Schleifscheibe fur Seitenschliff 72.13
Wandung, Seiten- . . . 488.1
Wange 373.11
Wanttau 596.11
Ware, erstklassige . . . 14.3
Warm-behandlung . . . 573.4
—laufen des Hackergehäuses 60.9
—waschvorrichtung . . 439.4
warm lagern (Beschläge) 64.3
—laufen (Hackergehäuse) 60.8
— registrieren 508.23
—e Ammoniaksalzlösung 468.12
—e Lauge 275.17
—e Luft 292.16
—es Wasser 573.16
—er Zustand 508.23
Wärme, künstlich erzeugte 292.15
—einheit 293.7
—entziehung 294.13
—ersparnis 294.16
—grad, mittlerer 293.9
—grad, niedriger 572.8
—grad der Luft 293.6
—grad der Waschlauge 275.15
—grad des Wassers . . 269.19
—leitung 294.15
—menge, erforderliche . 293.1
—quelle 293.3
—regler, automatisch wirkender 616.16
—regler, selbsttätiger . . 616.16
—strahlung 294.14
—unterschied 293.6
Warpmulecop 569.2
Warpspinner 2.19
Warpspinnerin 2.20
Wärterin, Bandwickler- 2.4
—, Strecken- 2.3
Waschbottich . . 278.5, 280.3
—, selbsttätiger 273.3
Wasch-dauer 268.14
—flotte 278.7
—flotteneinfluß 280.14
—flüssigkeit 282.7
—kessel 439.5
—lauge 275.11
—lauge, hungrige . . . 275.20
—lauge, magere 275.20
—lauge, verdunnte . . . 275.20
—leine 593.21
—maschine, Lumpen- . 401.6
—maschine von Skene und Devallée 282.17
—maschine, Woll- . . . 278.4
—maschinenabgang . . 398.6
—maschinenarbeiter . . 284.13
—mittel 274.17
—partie 268.15
—posten 268.15
—prozeß 268.13
—verfahren, Ammoniak- 366.5
—verlust 269.17, 605.10
—vorgang 268.13
—vorrichtung fur Seidenabfälle 439.1
—wasser 269.18
—wasser, kalihaltiges . . 270.19
—zug 279.11
Wäsche, Lumpen- . . . 401.2
—, gute 269.9
—, mangelhafte 269.10
—, Woll- (Fabrik) . . . 268.10
Waschen mit faulem Harn 276.15
— der Florettmasse . . 438.14
— von Hand 268.16
— der Kammwolle . . . 365.5
— der Lumpen 401.2
— mit Maschinen . . . 268.19
— mit Seife 277.2
— der Streichwolle . . 268.3
— mit Walkerde . . . 309.20
— der Wolle 268.9
— der Wolle mit der Maschine 278.3
—, schonendes 269.3
—, den Stapel beim — erhalten 269.4
waschen (Florettmasse) 438.15
— (Lumpen) 401.3
— (Streichwolle) 268.12
—, die aufgespulte Seide 470.13
—, chemisch (Wolle) . . 297.8
—, mit kaltem Wasser (Asbest) 490.3
—, mit Seifenwasser (Lederbezug) 109.8
—, tüchtig (Haare) . . . 514.3
Wäscher, Woll- 268.18
Wäscherei, Woll- (Fabrik) 268.10
—abgang 398.6
—arbeiter, Woll- 284.12
Wasser, alkalisches . . . 419.6
—, destilliertes 419.2
—, eisenfreies 438.19
—, hartes 270.2
—, kalkfreies 419.4
—, kochendes 418.8
—, reines 270.23
—, schwach kalkhaltiges . 419.5
—, mit Schwefelsäure angesäuertes 304.13
—, mit Schweiß gesättigtes 272.16
—, weiches 270.3
—abfluß, Niederschlag- . 571.8
—aufnahme der Fäden . 556.6
—aufnahme, ungleichmäßige 574.9
—aufnahmefähigkeit . . 302.1
—aufnahmefähigkeit der Baumwolle 573.8
—aufnahmefähigkeit der Garne 615.6
—aufsaugungsvermögen . 302.1
—bad 385.13
—bad, heißes 418.14
—behälter 294.2, 570.14
—bewegung 286.10
—dampf, im Kessel erzeugter 572.7
—dunst 293.11
—fangtrog 477.3
—festigkeit des Fadens . 468.8
—filter 271.7
Wasser-flachs 209.8
—gehalt der Baumwolle 15.5
—gehalt, durchschnittlicher — der Wolle . 287.7
—gehalt, schwankender — der Garne 615.8
Wasserglas 433.16
—, neutrales 277.1
—lösung 463.3
—lösung mit Ammoniakzusatz 369.10
Wasser-kanal 575.3
—kasten 241.8, 573.11
—kennel 543.4
—leitungsrohr 461.4
—menge, verdunstete . 293.12
—nebel 574.15
—reinigung 270.20
—schale 242.6
—stand 286.6
—staubkegel 574.6
—stoff 301.17
—strom 285.6
—teilchen 288.14
—trog . . 542.10, 543.4, 558.1
—wage 362.12
—walze 242.8
wasser-anziehende Salze 483.13
—aufnahmefähiges Papier 480.1
—dichte Gummihosen . 479.3
—dichter Kokon . . . 416.12
—fester Faden 468.7
—fest machender Zusatz 484.2
—freies Gewicht . . . 615.16
—freie Säure 303.4
—freie Soda 309.11
—führende Hülse . . . 461.3
—gekühltes Fußlager . 36.13
—haltige Jute 236.19
—haltige Kolodiumlösung 462.5
—haltiger Weingeist . . 459.3
—haltiger Zellstoff . . 301.15
—undichter Kokon . . . 416.13
—unlöslich machen (Gelatine) 471.6
wässerig-alkoholische Kaseinlösung 472.2
—e Ammoniumsalzlösung 465.7
—e Salzsäurelösung . . 305.7
Water-garn . . . 138.11, 580.2
—maschine 11.12, 138.2, 139.2
—maschine, Kammgarn- 390.16
—spindel 139.10
—twist 580.2
—zwirnmaschine 542.15
Watte 7.11, 41.7
— aus Doppelkokons . 436.4
—, auslaufende 45.9
—, einlaufende 45.8
—, Filter- 463.12
Watte-bildung 32.8
—wickel 50.9
Watten bilden, aus den Bärten 450.16
—band 451.16
—bildung 32.8
—dicke 32.9
—maschine . . . 451.12, 453.4
—maschine, Kokon- . . . 442.15
—menge, in der Minute zugeführte 41.18
—strecke 81.9
—trommel 451.9
—verzug 42.11
—wickel 7.12, 77.10
—zuführungsgeschwindigkeit 42.10
Wattseide 435.16
Webereiabgang 398.18
Webeschappe 587.23
Web-garn 581.18
—kettenenden 398.20
—seide 587.5
—stuhl, Band- 520.8
Wechsel 230.12
— für den Verzug . . 134.2
—, Kluppen- 215.8
—, Luft- 293.16
—, Nummer- 134.2
—, Spulen- 134.2
—, Zwirn- 555.10
—rad . . . 136.5, 187.16, 503.7
—trieb, Verzugs- 114.2, 176.14
—wirkung zwischen Luft und Wärme 292.12
—wirkung zwischen Luftstrom und Schleuderkraft 32.2
Wechseln des Haspelwassers 419.13

wechseln (Spulen) . . . 141.3
wechselnde Kalt- und Warmbehandlung . . 573.4
— Riffelung 241.1
— Speisevorrichtung . 40.6
Weftgarnspinner 2.21
Weftspinner 2.21
Weg, Wagen- . 164.10, 345.1
wegschaffen, von Hand (Ballen) 17.6
weiblicher Kokon . . . 414.7
Weichheit des Gespinstes 138.20
Weichmachen des Garns durch Dämpfen . . 569.12
— des Hanfes 230.15
— des Holzes durch Dämpfen 476.6
Weichspinnen 138.16
Weichwerden der Kötzer 571.16
Weichwolle 407.19
weich machen (Jutefaser) 237.7, 240.3
— machen (Seidenabfall) 440.16
— spinnen 138.17
—er Draht 138.19
—e Drehung 170.5
—er Faden 606.2
—er Flachs 217.4
—er Griff 427.8
—es Kammgarn 364.8
—e Kötzerspitze . . . 175.4
—es Wasser 270.3
—er Zwirn 539.19
Weidenkorb 286.14
Weife 12.16
— mit Zähluhr 611.14
—, doppelseitige . . . 565.2
—, einseitige 564.14
—, gebremste 522.13
Weif-krone 566.1
—kronenachse 566.10
—rahmen 566.1
Weifen 12.14
— der Garne 562.3
weifen . . 12.15, 562.4, 610.11
Weifer 4.18
Weifereiabgang 398.19
Weifern 4.19
Weingeist 460.11
—, denaturierter . . . 458.6
—, dem — Lösungsvermögen fur Kollodiumwolle erteilen . . . 457.18
—, vergällter 458.6
—, wasserhaltiger . . . 459.3
weiß-er Bindfaden . . . 593.1
—es Haargarn 585.9
—er Kokon 414.15
—e Lumpen 397.21
—er Mungo 407.4
—es Pech 508.5
—e Seife 316.2
—e Wolle 269.12
—er Zug 374.11
Weißbast 588.2
Weißblech-achse . . . 566.11
—kanne 76.16
—kasten, durchlochter . 571.11
Weißbuchenspule . . . 149.12
Weißfitz 579.15
Weißkochen der Seide . 433.11
weißkochen (Seide) . . 433.8
Weißmetall 290.8
Weite, Ring- 149.16
weitgeflochtener Dämpfkorb 571.5
weitgehende Auflösung der Batzen 25.18
Welkwerden der Haare 514.13
Wellblechkanne . 52.3, 76.15
Welle für das Abwinden und den Wageneinzug 349.8
— der Lattentuchtrommel 24.1
— des Umlaufgetriebes . 136.10
— für die Zange . . . 89.3
—, durchbohrte 509.10
—, exzentrische 106.9
—, vom großen zum kleinen Kopf durchgehende 189.1
—, Hacker- 60.6
—, hintere 89.2
—, lotrechte 333.14
—, schwingende 382.2
—, senkrechte 333.14
—, Stahl- 21.4
Wellen-bund 533.6
—kopf, um Bolzen drehbarer 534.4
Wellen-rad 187.16
—zapfen, in Öl laufender 290.10
—zwirn 591.20
wellige Faser 6.18
Wende-getriebe . 23.12, 125.4, 131.6
—rad 132.3
—ring 150.4
—stück 125.5, 131.8
—walze 51.5, 247.11, 250.8, 321.6
—walze, doppeltwirkende 321.7
—walzenbeschlag . . . 248.5
—zeug 125.4
wenden (Docken) . . . 576.4
—, beim Hecheln (Risten) 215.2
Wender 51.5, 200.1, 321.6, 370.2, 443.3, 443.11
—, Flug- 323.10
—, Kluppen- 230.12
—riemen 324.8
—walze 200.1
Wendungswechsel . . . 134.4
wenig gespanntes Garn 140.7
werfen (Volant) 323.5
Werft 584.2
Werg 8.8, 496.12
—, eingefettetes 232.7
—, gekämmtes 222.10
—, gezupftes — von geteertem Tauwerk . 492.11
—, gezupftes — von ungeteertem Tauwerk . 492.12
—, Hanf- 492.4
—, Hechel- 212.12
—, kardiertes 220.8
—, knotiges 220.7
—, nachgeschwungenes . 219.15
—, Seiden- 446.12
—abfallöffner 258.13
—abnehmwalze 230.6
—abstreicher 230.7
—arbeiter 216.2
—aufbereitung, Flachs- . 219.12
—fänger 213.15
—garn 581.7
—garnspinnerei, Jute- . 234.10
—junge 213.12
—kämmaschine, Heilmannsche 222.9
—kämmer 222.7
—kämmerin 222.8
—kasten 229.12
—mischung 220.21
—schlagmaschine . . . 258.13
—schuttelmaschine 220.11, 258.13
—sichter 216.3
—sortierer 216.3
—spinner 225.1
—spinnerei, Hanf- . . . 228.14
—spinnerin 225.2
—vorgarn 224.13
—vorspinnmaschine . . 224.12
—wolf 220.14
Werk-führer 1.16
—stättenleiter 5.20
—stättenmeister 5.20
—zeug zum Abbrennen . 110.7
—zeugtafel 362.4
Wickel . . . 7.12, 34.4, 328.12
— aus mehreren Bändern bilden 81.5
— des Feinschlägers . . 47.8
—, gleichmäßiger . . . 47.15
—, Papier- 482.2
—, Schlagmaschinen- . . 50.9
—, Schluß- 47.8
—, unregelmäßiger . . 47.14
—, Walzen- 398.13
—auflage, mehrfache . 41.12
—aufsatz 41.3
—bahn 41.10
—band 81.7
—bildung 45.6
—bildung durch Verunreinigung der Streckwalzen 108.5
—fläche, kegelförmige — der letzten Schicht des Ansatzes . . . 168.2
—fläche, zylindrische — der ersten Schicht des Ansatzes . . . 168.1
—flächenform 155.6
—form, die Watte in — bringen 45.7
—gewicht 42.13
—halter 41.3
—holz 249.2.7
—karte 536.10, 610.5
—lager 34.5
Wickelmaschine 453.10
—, Band- 81.6
—, selbstregelnde . . . 249.3
Wickel-mulde 34.5
—rolle, hohle 46.7
—schale 34.5
—scheibe 249.6
—schritt 537.4
—seele 46.5
—seele, hohle 46.7
—speisung 250.2
Wickelspindel . . 534.1, 538.13
— mit Drehbewegung und achsrecht fortschreitender Bewegung 517.2
— mit Drehbewegung und achsrecht hin- und hergehender Bewegung 517.1
—, achsrecht hin- und herbewegte 526.14
Wickel-spule . . 373.16, 474.6
—stab 46.8
—stock 450.5
—strecke 81.9
—träger 250.12, 379.9
—trommel 522.8
—vorrichtung 32.11
—wage 47.11, 613.4
—wagen 47.16
Wickelwalze . . . 50.8, 249.7
— fur die belegte Papierbahn 481.8
— fur die geschnittenen Streifen 483.7
—, geriffelte . . . 34.3, 48.11
—, hölzerne 83.2
—, obere 90.10
—, untere 90.11
Wickel-watte 7.11
—welle 536.11
Wickeln der Garne zu Knäueln 518.2
— der Walze 107.16
—, Knäuel- 518.2
wickeln (Schnellwalze) . 323.4
— (Walze) 107.15
—, auf den Haspel . . . 473.2
—, in Kreuzwindung . 515.10
Wickler 4.18, 5.5, 81.6
Wicklerin 4.19, 5.6
Wicklung, Kreuz- . . . 204.10
—, lose 169.3
—, offene 519.8
Wiedesche Deckelputzvorrichtung 52.10
— Walzeneinstellung . 59.8
Wiedel 562.22
Wiederauflage, selbsttätige — des unvollkommen gelösten Gutes 405.3
Wiederaufsetzen des Flügels 141.7
wiederaufsetzen (Flugel) 141.6
Wiedereinstellen der Wage in die Normallage 200.13
wiedergewinnen, durch Destillation (das Lösungsmittel) . . . 463.5
—, durch Eindampfen (das Lösungsmittel) . 463.5
Wiedergewinnung des Wollfettes 299.13
wiederholen (Strecken) . 101.16
Wiegemeister 16.18
Wiegen der Garne . . . 612.8
— der Pelze 325.10
wiegen 612.9
— (Strähn) 602.21
— (Wickel) 47.10
—, in Deniers (Seidenprobe) 602.22
wiegen, ein engl. Pfund (x Strähne) 604.4
—, ein halbes Kilogramm (x Strähne) . . . 604.2
—, ein Kilogramm (x Strähne) . . . 604.3
—, nach dem Trocknen wieder 615.14
—, vor dem Trocknen . 615.13
Wiel 562.22
Wiener Elle 600.17
— Pfund 601.5
— Titer 602.1
wild-e Maulbeerseide . 410.7
—e Runde 499.13
—e Seide 410.6
—er Seidenkokon . . . 436.13
Wilkinsonsche Deckeleinstellung 56.13
Wind-fangbrett 391.2
—flügel . . . 31.13, 33.12, 45.2
—flügel, geradschaufliger 45.3
—flügel, rückwärts gekrümmter 45.4
—flügel, vorwärts gekrümmter 45.5
—rohr 380.5
—schutzblech . . . 45.1, 48.9
—werk 273.2
Winde, gebremste . . . 522.13
—, Seiler- 498.3
Winde-maschine . . 12.8, 521.1
—schiene 167.3, 352.5
—schiene mit Gelenkstück 168.4
—schiene, abgenutzte . 174.4
—schiene, bewegliche . 190.11
—schienenträger, schlittenartig geführter . 190.14
—stelle 155.8
—vorrichtung 167.2
—zeug 167.2
Winden 156.5
— der Schicht im Aufwärtsgang 551.16
—, Knäuel- 518.2
winden 156.6
Winder 4.18, 12.8
—draht 362.8
—lehre 362.7
—wellenlager, stellbares . 178.9
Winderin 2.13, 4.19
windschief stehen zur Trommel (Schleifwalze) 73.4
Windung, absteigende . 351.12
—, aufsteigende 351.11
—, regelmäßige 517.8
—, zylindrische 554.11
Windungen, die — legen sich in schräger Richtung über den Dorn 538.10
Windungs-gesetz . . . 155.5
—kegel 155.12
—regler 171.8
—richtung 153.12
—schicht 155.13
—zahl 124.19
Winkel des Fadens mit der Spindel 191.7
—, Auflauf- 226.12
—, Fasersteigungs- . . . 9.1
—, Klappen- 321.16
—, Knie- 336.3
—, Neigungs- 54.4
—, Schwingungs- . . . 170.9
—antrieb 360.6
—eisen, drehbare . . . 367.11
—eisenrost 367.10
—geschwindigkeit, gleichbleibende 516.7
—hebel 111.14, 152.2, 162.5, 179.9, 254.8, 347.4, 482.12
—hebel mit Schlitzarm . 360.3
—hebel, belasteter . . . 173.10
—stück 183.4
winkelförmiger Arm . . 181.11
Wirkwaren, zerrissene . 396.2
wirken, sauer 309.5
wirkliches Trockengewicht 15.6
Wirkung der Batschmittel 237.6
—, ausgleichende — der Doppelung 81.2
—, chemische 301.5
—, chemische — des Schweißes 272.5
—, Schlag- 31.5
—, schwächende — des harten Wassers auf Säuren 302.16
Wirtel 10.13, 11.2, 144.6, 145.10, 258.1, 487.8, 497.8, 521.12, 524.9
— mit Bremsglocke . . 354.10
—, Draht- 186.11
—, Wagenseil- 206.3
—halter 146.7
—spur 353.8
wöchentlicher Baumwollverbrauch 18.14
Wolf 7.8, 311.10
—, Krempel- 197.15
Wolfen der Kammwolle 365.4
wolfen 310.10
Wolfer 197.3, 267.3
wolframsaures Natrium 464.3

Wolfstift, gebogener 313.11
—, gerader 313.10
Wolfszahn 406.8
wolkige Kratzenoberfläche 338.10
Woll-art 266.10
—auflegeboden 294.8
—aufleger 319.12
—auflegerin 319.13
—ausgeberin 266.13
—auswurf 312.2
—ballen 264.6
—bandabfall der Druckwalzen 399.1
—bart, abgezogener 378.8
—bart, vorstehender 378.1
—bett 311.6
—bezeichnung 266.12
—buschel 375.8
—einfuhrung 296.15
—entfettung 273.13
—entkletter 366 15
—entkletterin 367.1
—faser 314.3
—feinstrecker 388.1
—feinstreckerin 388.2
Wollfett 274 1
—, erstarrtes 300.18
—, flussiges 300 15
—, leichtflussiges 274.7
—, ölartiges 274 7
—, reines 300 19
—, schwerflussiges 274.8
—, talgartiges 274 8
—, zähes 274.8
—gewinnung 299 13
—schlamm 300.2
Woll-filz 397.19
—flocke 310 15
—flugsammler 322 5
—garn, naturfarbenes 584.7
—garnzwirner 539.12
—garnzwirnerin 539 13
—gattung 266 8
—gewinnung aus Lumpen 395 11
—haar, angegriffenes 276 13
—haare, lange 374.3
—haspler 562 14
—hasplerin 562.15
—haufen, aufgeschichteter 317.7
—haufen, durcheinandergearbeiteter 317 11
—kämmer 375 6
—kämmerei 374.1, 376 14
—kämmerin 376.13
—klumpen 287.10
—korb 286 13
—krempler 318.11
—lager 264 5
—los 266.11
—menge 319.14
—mischung 310.18
—musselingarn 584.15
—noppe 590 6
—parisergarn 583.8
—partie 266.11
—posten 266.11
—probe 363.15
—putzer 366.15
—putzerin 367.1
—putzschlauch 108.13
—reißer 268.2
—sammelkasten 296.1
—schmälzer 314.6
—schmiere 314.8
—schweiß 272.1
—schweißbestandteile 272.8
—sichter 264.1
—sichterin 264.2
—sorte 266.8
—sorten, verschiedene 310.17
—sortierer 264.1
—sortiererin 264.2
—spinnerei 263.1
—spülmaschine mit Leviathanrechen 286.11
—spülmaschine, ovale 285.1
—spülmaschine, ovale — mit Treiber 285.12
—stoff 335.4
—stoff, gerauhter 397.5
—streckerin 371.9
—stück, geringwertiges 265.21
—treiber 286.9
—trockenraum mit Dampfniederschlagvorrichtung 294.1
—trockenvorrichtung Mc Naughtsche 295.3
Woll-trockenvorrichtung, Nortonsche 295.12
—trockenvorrichtung, Snoecksche 296.7
—trockner 297.6
—verbrauch 264.4
—vlies 264.13
—vlieswaschmaschine 284.11
—vorrat 264.3
—waschmaschine 278.4
—waschmaschine, Eastwoodsche 283.13
—waschwasser 299.4
—wäsche 268.18
—wäsche (Fabrik) 268.10
—wäsche, chemische 297.7
—wäscherei (Fabrik) 268.10
—wäschereiabwasser 299 2
—wäschereiarbeiter 284.10
—wolfer 267.3
—zupfer 366 15
—zupferin 367.1
—zwirner 539.12
—zwirnerin 539.13
Wolle vom kranken Schaf 266.4
—, aufgebettete 311.7
—, ausgekohlte 308.9
—, eingesackte 264.8
—, einschurige 264 9
—, entfettete 273 17
—, fabrikgewaschene 268 21
—, festgeklemmte 311.17
—, fettreine 269.11
—, gekrempelte 318.9
—, gesäuerte 304 17
—, geschmälzte 314 5
—, getränkte 282.11
—, gewolfte 310 9
—, kämmfähige 363.16
—, karbonisierte 308.9
—, klebrige 269.14
—, klettige 301.3
—, kunstlich eingefettete 274.12
—, kurze 263.4
—, lange 363 11
—, lockere 269.13
—, minderwertige 266. 3
—, nasse 287.6
—, offene 269.13
—, in Säcken verpackte 264.8
—, mit Salzlösung behandelte 305 14
—, seifenhaltige 366.4
—, strickige 269.15
—, verfilzte 269.15
—, weiße 269.12
—, aus zerrissenen Lumpen hergestellte 395 12
—, zusammengeballte 310 12
—, zweischurige 264.10
—, die — sättigt sich mit Öl 314.1
wollen-e Jacken 397 15
—e Lumpen 401 8
—er Trikot 397.16
Wrack 442.7
Wulst 282.4
—, Faser- 101.20
—klammer 62.6
wulstartige Verdickung des Bastes 411.18
Würgel-hub 334.4
—strecke für Bourrette 454.2
—werk 331.13
—zeug 478.11, 479.2
Würgeln 8.17, 331.12
— des Kammzugs 386.5
würgeln 8.18, 203.15
wurmstichiger Kokon 415.19, 436.8
Wurzelende 218.2
— des Flachses 211.9
— der Jutefaser 236.9
—, hartes 243.3
—, stumpf abgeschnittenes 236.10, 243.5
Wurzelhede 220.3

X

Xylolin 589.1

Y

Yamamayseide, blaßgrüne 410.14
Yard 600.13
—, x —s auf ein englisches Pfund 604.5
—rolle fur die Vorgespinste 611.6

Z

Zacken-rad 74.8
—scheibe 74.1
—walze 92.14
zackiger Beschlag 248.9
zäh-er Kitt 117.12
—es Papier 479.14
—es Wollfett 274.8
Zähflussigkeit 463.11
Zähigkeit 66.14
— der Lösung 464.10
Zahl 562.19
Zahl, s. a. Anzahl
— der Drehungen fur die Auszugslänge 207.7
— der Kammspiele 82.18
— der Spindeldrehungen 144.4
— der Spindelumläufe in der Minute 123.7
— der Umdrehungen der Spindeln in der Minute 122.7
— der Windungen 124.19
— der Zähne auf die Flächeneinheit 68.4
—, Draht- 9.2, 154.8
—, Nasen- 31.2
—, Schlag- 31.7
Zählrad, mit Einteilung versehenes 358.6
—, mit Skala versehenes 358.6
—, Vorgarn- 346.5
Zähl-scheibe 432.7
—strecke 389.2
—uhr 358.4
—vorrichtung 611.15
—vorrichtung, Anzeige- und 370.6
—werk fur bestimmte Fadenzahl 563.19
—werk fur veränderliche Fadenzahl 563.20
zählen (Rahmenumdrehungen) 563.18
Zähler 389.2
—, Draht- 186.9
—, Garndrehungs- 610.9
—, Vorgarn- 207.3
—, Zug- 358.4
—bock 358.7
—daumen 179.3
—daumenwelle 190.1
—hebel, Draht- 186.6
—kupplung, Vorgarn- 346.4
—welle 348.4
—zeiger 207.6
Zahn 36 3, 72.12, 312.11
—, eingeschraubter 312.6
—, Hechel- 229.8
—, Kratzen- 67.2
—, Riffel- 116.12
—besetzung 68.3
—bogen 547.2
—bogen für die Rückdrehung des Klöppels 511.6
—bogen, Quadranten- 170.11
—form, Kratzen- 67.3
—kranz, Sektor- 350.13
—kupplung 182.12
—leiste 312.10
—lücke 330.4
—rad 187.15, 532.6
—rad mit unterbrochener Verzahnung 537.1
—rad für Zylinder- und Wagenantrieb 162.12
—radausschnitt 94.5
—radsegment 360.17
—richtung 323.12
—riffelung 241.3
—ring 369.3
—scheibe 254.1
—schenkel 335.17
—segment 547.2
—segment für die Rückdrehung des Klöppels 511.6
—sektor 94.5, 152.8, 181.4
—spitze 336.1
—spitze, vorstehende 339.16
—stange 343.11, 566.15
Zahn-stange, beiderseits mit Zähnen versehene 506.10
—stange, Wagen- 136.11
—stange, im Wagen verschiebbar gelagerte 190.13
—stangengetriebe zur Einstellung der Streckweite 390.18
—stangenkopf 46.10
—stangenrad 191.1
—stellung 335.13
—stift 546.9
—teilung der Trommel 311.18
—trieb für die Klemmbacken 506.13
—trommel 26.21, 27.8
—walze 368.5
Zähne der Trommel 322.16
Zahnung, Kegelrad- 343.2
Zanella 397.10
Zange 84.9, 91.9, 343.9, 377.8, 445.9, 450.4, 461.6
—, Ballen- 18.4
—, Beschlag- 338.5
—, geöffnete 382.11
—, geschlossene 382.12
—, Nadel- 86.10
—, Niet- 61.12
Zangen-apparat 92.1
—backe 84.12
—backe, feste 381.13
—backe, obere 89.16, 92.10, 99.6
—backe, untere 89.13, 92.11
—biß 382.14
—feder 89.4
—hebelzapfen 89.5
—kante 449.2
—maul 84.13, 92.6
—oberteil 84.10, 92.10
—reihe 449.15
—ring, mit Einschnitten versehener 449.3
—schnabel 84.13, 92.6
—schwingzapfen 88.12
—spiel 382.10
—stellung 85.1, 92.9
—trommel, Little und Eastwoodsche 381.11
—unterteil 84.11, 92.11
—welle 89.3
Zapfen 532.13
— des Spannhebels der Drehtopfkette 94.11
—, eingelassener, kegeliger 543.10
—, eirunder 558.10
—, Fuß- 97.11
—, Hartguß- 55.1
—, kreuzförmiger 242.16
—, ovaler 558.10
—, rohrförmiger 342.15
—, verstellbarer 246.3
—, Walzen- 59.1
—büchse 116.4
—lager 289.4, 528.4
—lager des Wenders 324.3
—lager, Rund- 111.12
—lager, verstellbares — der Arbeitswalze 324.2
—lehre 363.1
—- und Lochlehre 363.1
—rolle 165.10
Zausen der Wolle 310.13
Zehnerwage 613.1
zehnsträhnige Docke 576.15
Zeichen 16.7
—stift 608.13
zeigen, gegen die Drehrichtung (Preßfinger) 130.13
—, in der Drehrichtung (Preßfinger) 130.12
Zeiger 100.4, 207.6, 348.5
—, Drehungs- 360.18
—, der — ist in der Nullstellung 614.3
—rolle 207.5
—wage 100.3
zeitweiliges Flachslager 210.15
— Flachsmagazin 210.15
zeitweise sich drehende Zuführwalzen 559.7
Zelle, Kokonhalter- 423.10
Zellstoff 301.14
— zusetzen, der Kaseinlösung 472.1
—, wasserhaltiger 301.15
—faser 447.1
—garn 558.18
—papier nach dem Natronverfahren 479.9

Zellstoffpapier nach dem Sulfitverfahren . . 479.10
zellstoffartiger Körper . 472.12
Zellulose 301.14
—garn 588.18
Zement auftragen . . . 117 7
—bottich 304.7
—masse. 65.6
—stahl 120.17
zementieren (Eisenwalze) 120.11
zementiert 120.15
Zementierungsschicht . 120.16
Zentigramm 601.1
Zentimeter 600.9
zentraler Schlitz für den Mitnehmerstift der Spule 552 11
Zentralölung für Zwirnspindeln 555.6
Zentrifugal-kraft . . . 130 14
—maschine 288 16
—trockenmaschine . . 288.16
Zentrifuge 288.16
—, innen verbleite . . 304.21
—, Schleuder- 439.17
Zephir 397.13
—garn 584.24
—lumpen 407.14
Zerfasern (Baumwolle) 20.2
— der Fadenenden . . 404.3
zerfasern (Asbeststücke) 490.7
— (Baumwollklumpen) . 20.4
— (Seidenlumpen) . . . 456 8
—, die Enden 404.4
Zerkleinerung der Baumwollagen von Hand 20.1
Zerlegen des Flors in Streifen 329.6
zerlegen (Vlies) 265.1
—, in Risten (Juteschichten) 235.11
—, in Schichten (Juteballen) 235 10
zermalmen (Puppenreste) 441.1
zerpulvern (Pflanzenteile) 302.7
Zerreiben der ausgekohlten Kletten zu Staub 308.11
Zerreibwolf 308.13
Zerreißen der Doppelfäden 354.8
— der langen Hanfhede 232.11
— der Wollfasern . . 369.6
zerreißen (Faserschichten). 21.6
— (Jute). 243.2
— (Vlies). 265.13
— (Wollhaar) 310.16
Zerreiß-festigkeit des Garnes 10.4
—gewicht 606.15
—kraft 606.16
—maschine 242.15
zerriebene Pflanzenstoffe 308.12
zerrissen-e Garne . . . 395.13
—e Lumpen. 395.12
—es Vlies 265.14
—e Wirkwaren 396.2
zerschlagen, in Batzen (Faserstoff) 20.3
Zerschneiden des Flors . 330.6
— der Papierbahn in Streifen 481.9
zerschneiden (Flachs) . 211.1
— (Juteriste) 242.12
—, in Streifen (Papier) . 481.10
zerschnittene Fadenstücke. 562.2
Zersetzung der Chlorverbindung 305.19
Zersetzungsbottich . . 300.1
Zerstäuber 574.2
zerstören, die Farben (Schwefelsäure). . . 403.5
zerstörender Einfluß der Säuren auf Pflanzenstoffe 302.13
Zerstörer, Kletten- . . 367.6
zerstörte Klette . . . 308.10
Zerstörung der Kletten durch chemische Wirkung 301.5
— des Pflanzenleims . 261.8
zerstückelte Kletten . . 367.5
Zerteilbürste, Öl- . . . 318.1
Zerteilen (Baumwolle) . 20.2
— der Fadenenden . . 405.9
— der langen Jutefasern 242.9
zerteilen (Abfallbatzen) 195.8
— (Baumwollklumpen) 20.4
zerteilen (Wollflocken) 310.15
zerzauste Spulenschicht 387.4
Zerziehen der gepreßten Baumwolle 20.2
zerziehen (Baumwollklumpen) 20.4
Zerzupfen der Lumpen von Hand 403.9
zerzupfen (Baumwollklumpen) 20.4
— (Seidenabfälle) . . . 442.10
Zettel 210.4
—, Haspel- 602.19
—drossel 154 15
—gespinst 154.14
—kotzer 154.13
Zibelinegarn 582.16
Zick-zack, im — nach oben steigen (Luft). 297.2
—aufsteckung 188.10
—linie, gleichschenklige 512.10
—linien, sich kreuzende . 512.11
Ziegenhaar-garn . . . 585.18
—spinner 408.13
—spinnerin 408.14
Ziehen von Hand . . . 606.21
—, Stapel- 14.9
ziehen (Probesträhne) . 602.15
—, durch ein Bad von Magnesiumsulfat (den kupferhaltigen Faden) 467.4
—, einen Glasfaden . . 491.7
—, durch die Hechel (Handvoll) 216.7
—, über die Hechelspitzen (Handvoll) . 213.9
—, den Stapel 14.10
Zier-faden . . . 559.4.9, 589.12
—zwirn 589.13
—zwirnmaschine von Hille 561.4
Zifferblatt zur Einstellungskontrolle . . . 80.8
Zink-blech 239.7
—chlorid 457.15
—salz, lösliches . . . 469.13
Zinke, Gabel- 278.11
—, Metall- 283.7
Zinkengabel. 173.7
—, frei pendelnde . . 281.9
Zinkenklinke 173 7
Zinnchlorür 457.1
—lösung 457.2
Zirkularkrempel . . . 250.1
Zirkulationstrocknung . 293.19
Zoll (englisch). 600.15
—pfund. 601 6
Zopf 217.21
—, Flachs- 212 8
—, gekochter 514.12
—, Haar- 514 10
—haken 577.2
zopfförmig zusammengedrehte Juteriste . . 235.19
Zubehör 360.9
Zubereitungsarbeiter . . 2.1
Zubereitungsarbeiterin . 2.2
Zubringer. 40.2
—, Déruscher 281.1
—welle 281.3
zucken (Nadelwalze) . . 384.13
Zucker-bindfaden . . . 593.3
—preßtuchshoddy . . . 407.11
zudrehen, sich (Litze) . 511.4
zudrehendes Zwirnen . . 540.10
zuerst abwickeln, die zuerst gewickelte Fadenschicht 520.1
Zufluß der Seifenlauge . 439.6
—, Schwenkwasser . . 365.15
—rohr, Spülwasser- . . 285.5
Zuführ-band 218.5
—hebel 90.3
—lattentuch . 20.8, 27.1, 199.1
—mulde 93.4
Zuführtisch 27.1, 48.6, 267.5, 287.13, 288.8, 443.14
— der Vorgarnkrempel . 590.17
—, endloser 259.12
—, oberer 405.5
—, parallel laufende —e 221.5
—, zweiter 405.5
Zuführ-trichter . 196.8, 218.6, 259.4, 266.20
—walze 29.13, 197.2, 253.5, 259.13, 559.7
—walze mit rückwärts laufender Unterwalze 543.3
—walze mit vorwärts laufender Unterwalze 543.6
—zylinder 142.5
zuführen, Kopfende auf Wurzelende 218.2
—, lang (Fasern) . . . 328.16
Zuführung der komprimierten Luft. . . . 455.10
—, Mulden- . 21.11, 43.1, 196.9
—, Vorgarn- 345.8
—, Walzen- 42.14
Zuführungs-geschwindigkeit der Watten . . 41.17
—mulde für die Juteristen 244.13
—rohr 28.14
—rohr für die Spinnlösung. 461.9
—tuch 235.15
—walze 99.13
—walze mit rauher Mantelfläche 559.12
Zug 82.3, 446.9
—, Faden- 140.6
—, farbiger 374.12
—, gebleichter 374.13
—, Kamm- 8.1
—, normaler 374.10
—, regelrechter 374.10
—, weißer 374.11
—abrisse 398.10
—band 384.11
—beanspruchung, ungleichförmige — des auflaufenden Fadens 517.14
—feder 106.3
—festigkeit . . . 66.11, 513.8
—probe 374.17
—rädchen, Wagen- . . . 187.10
—regler 31.17
—rest 374.18
—rost 48.4
—schiene 391.3
—seil 596.7
—spule 388.13
—stange 46.4, 241.12, 252.16, 290.2, 530.13
—stange, geschlitzte . . 246.4
—stange, runde . . . 567.10
—strang 594.9
—walze 262.5
—zähler 207.10, 358.4
zugeführte Wattenmenge 41.18
zugerichtetes Flachsgebund 210.3
zugerundeter Ausschnitt 497.14
zugespitztes Ende . . . 243.11
zulässig-e Feuchtigkeit. 573.9
—es Mehrgewicht . . . 616.1
zulaufend-er Faden . . 533.3
—e Papierbahn . . . 483.6
—er Papierstreifen . . 484.13
Zuleitung 28.14
—, Flüssigkeits- . . . 488.1
Zuleitungs-blech . . . 373.3
—platte. 379.10
—rohr, Dampf 280.11
zuletzt gewickelte Fadenschicht 520.2
Zunahme der Bandspannung 337.13
— des Verzuges 42.12
—, Gewichts- 47.13, 571.12.14
—, gleichmäßige — der Stärke des Kötzerkörpers 174.10
zunehmen, mit der Streckung (Walzendruck) 107.5
zunehmend dichter gestellte Nadeln . . . 380.10
—e Geschwindigkeit. . . 347.17
—er Hub 334.2
—er Spulenumfang . . 535.9
—e Umfangsgeschwindigkeit 21.2
Zupf- und Schlagwolf mit drei Flügelwalzen 267.4
Zupfen der Wolle . . . 310.13
Zupfer, Woll- 366.15
Zupferin, Woll- 367.1
Zurichten der Ballen für das Mischen 18.8
— der Kratzen 339.13
— der Seide 428.2
zurichten (Kratzen) . . 339.14
—, für das Mischen (Ballen) 18.9
zurückbleibender Läufer 141.18
zurückdrängen, durch den ausschwingenden Leitkegel (Hakenhebel) 528.7
zurückdrehen 501.5
zurückgehen, auf Null (Zeiger) 614.4
zurückschrauben (Sektormutter) 170.16
zurückstellen, in der Güte abweichende Ballen. 18.12
zurücktretender Abstreifstift 30.7
— Stift 30.4
zurückweichender Ausstoßkamm 58.4.8
zurückwerfen, auf den Anlegetisch (Pitze) . 404.14
Zusammendrehen, festes 8.24
—, festes — der Seilerarbeit ohne Drallerhöhung 501.6
—, loses 8.23
Zusammen-hang der Jutezellen 237.9
—laufen des Garnes beim Abziehen vom Kötzer 569.14
—legen des Flors . . . 327.6
—nähen der nebeneinandergelegten Seile . 512.8
—rollen der Florbänder 331.9
—schlagen der Ballone . 152.17
—schlagen der Schleier. 152.17
—ziehen der Ballen mit eisernen Reifen . . 578.7
zusammenarbeitende Krempeln eines Satzes. 198.13
zusammendrehen (Rohseidenfäden) 422.9
— (Fäden) 539.4
— (Fasern) 8.19
—, sich (Bänder) . . . 387.6
—, in Gegenrunde (Litzen) 499.14
—, zu einer Litze (Fäden) 498.5
—, in wilder Runde (Litzen) 499.13
—, in der Spinnrichtung (Litzen) 499.13
—, der Spinndrehung entgegengesetzt (Litzen) 499.14
zusammen-geballte Wolle 310.12
—gebundenes Vlies . . 264.10
zusammengedrehte Bänder 387.7
— Hanfriste 231.4
zusammengelaufene Fäden 334.8
zusammengepreßt, mit der Druckwasserpresse —es Vlies 264.14
—e Jute 235.9
zusammen-gerolltes Vlies 264.15
—geschnürtes Flachsbündel 210.5
—klappbare Krone . . . 566.2
—laufen lassen (x Bänder) . 104.7, 223.8
—leimen (Lederstreifen). 64.16
—liegen, in Flauschen . 14.7
zusammenpressen (Watte) 45.10
— (Zangen) 449.16
zusammenschlagen (Ballone) 152.16
— (Schleier) 152.16
zusammen-spulen (Fäden) 515.8
—stellen, nach Sorten (Juteballen) 236.4
zusammenzwirnen, bunte Fäden 591.15
—, mit der Hand (Fäden) 431.13
Zusatz von Schwefeläther 71.13
—, geschmeidig machender 483.16
—, Glyzerin- 315.8
—, Öl- 458.9
—, wasserfest machender 484.2
zusätzliche Verschiebung der Spindel 532.2
Zuschneiden 480.2
zuschneiden, nach der Länge der Walze (Lederstreifen) . . . 118.19
Zusetzen der Noppen . 590.14
— der Waschmittel . . 274.18
zusetzen (Noppen) . . 590.15
— (Säure) 304.12
— (Seife) 277.11

zusetzen, ein Aldehyd (dem Lösungsmittel fur Nitrozellulose) . 458.2
—, Kopallack (dem Kollodium) 458.20
—, Öl (der Nitrozellulose) 458.8
—, Salze (dem Waschwasser) 463.17
—, Säure (der Kollodiumlösung) 458 7
—, ein Waschmittel . . 274.19
—, Zellstoff (der Kaseinlösung) 472 1
Zuspitzen der Enden . 243.10
Zustand, offener . . . 24.15
—, trockener 196 1
Zutritt, Luft- . . .294.11. 323.2
zwangläufig angetriebene Spulenspindel . . . 524.13
— gefuhrter Wagen . . 206.5
—e Fuhrung des Aufwinders 171.9
—e Gegenwinderbewegung 169.5
—er Seiltrieb 144.11
Zweiabnehmer-anordnung 322.4
—system, gemischtes . . 202.3
—system, reines 202.2
Zweier-Rippenstich . . 69.3
—Säulenstich 69.3
Zweikrempelsatz .198.11, 319.1
— mit Längsfaserspeisung 199.8
Zweiläuferputzer . . . 150.17
Zweipeigneur-krempel . 201.13
—system 322.4
Zweisammlerkrempel . 322.3
Zweischeibenhulse . . . 518.14
Zweischurwolle 264.10
Zweiwalzen-garn. . . . 579.17
—glättvorrichtung . . . 45.14
—streckwerk 205.1
Zweizylinder-garn . . . 579.17
—selbstspinner 204.14
—spinnerei, Baumwoll- . 193.2
zwei Gebinde 599.3
— Spindelgeschwindigkeiten 189 2
zweiarmiger Abstellhebel 567.5
— Drahtflugel 431.18
— Hebel 487.17
zweierntige Rasse . . 413.16
zweifach wirkende Kämmtrommel . . 91.1
—e Aushebung 201.14
—es Nitschelzeug . . . 333.8
—es Seifenbad 437.2
zweifädiger Zylinder . 143.2
zweifedrige Aufsteckspindel 568.13
zweigängige Schraubenspindel 265.1
zweiköpfige Listersche Seidenkämmaschine. 448.7
zweimaliges Spinnen . 343.5
zweireihig eingesetzte Nadeln 254 7
zweischäftiger Bindfaden 593.4
zweischieniger Flugel . 40 11
zweischurige Wolle . . 264 10
zweiseitig-es Belegen . 480.4
—er Flachkämmer . . 83 11
—er Flugelspinner . . . 257.2
—er Ring . . . 150 4, 391.14
—er Stetigspinner . . . 257 2
—e Steuerwelle 182.8
zweispuliges Spinnrad . 11.8
zweispurig 353 12
zweistöckiges Aufsteckgatter 551 1
zweite Drehung der Seide 430.15
— Geschwindigkeit . . 353 4
— obere Siebtrommel . 33.17
— untere Siebtrommel . 34.1
— Spindelgeschwindigkeit 348.1
— Strecke 222.14
zweiter Anmacher . . 176.3
— Durchzug 222 18
— Fadenvorrat 157.2
— Filter 362.2
— Zufuhrtisch. 405.5
— Zylinder 114.8
zweiteilig-e Buchsenwalze 116.7
—er Haspelarm 432.11
Zwillings-räder . 132.3, 135.10, 187.6
—zwirnspindel 553.9
Zwinge 535.4
Zwirn 12.13
— aus gefärbten Kammgarnen 584.12
— mit gleicher Spinn- und Zwirndrehung . 540.8
— mit Kettendrehung . 541.2
— mit Schußdrehung . 540 12
—, dublierter 539.15
—, eindrähtiger 539.14
—, einfacher 539.14
—, fester 539.23
—, geschmeidiger . . . 539 21
—, glatter 539.24
—, harter 539 22
—, hohldrähtiger . . . 539.20
—, hohlsträngiger . . . 539.20
—, linksgedrehter — aus rechtsgedrehten Fäden 540.7
—, mehrfacher 539.15
—, meißeldrähtiger . . 539.20
—, schwerer. 552.10
—, ungleicher 540.1
—, weicher 539.19
Zwirn, x-facher 539.16
—anlage, Seil- 503.10
—drehung, harte . . . 541. 5
—drehung, lose 541.4
—drehungen auf die Längeneinheit . . . 542.1
—faden 553.13
—faden, magerer . . . 541.8
—flugel 430.1, 546.4
—grad 431.3
—koeffizient. 9.2
—läufer 552.5
Zwirnmaschine . 12.12, 542.14
— fur Abfallseide . . . 549.4
— mit mehreren ubereinanderliegenden Spindelreihen . . . 474.9
— fur Zierzwirne . . . 559.1
—, Bindfaden- 501.14
—, Camelsche Haspelund 430.3
—, doppelseitige . . . 543.2
—, einseitige 543.1
—, Flugel- 545.5
—, Seiden- 431.16
—, unterbrochen arbeitende 557.1
Zwirn-muster, Standard 540.2
—schleife 540.3
Zwirnspindel 502.10, 546.3, 555.6
— fur Archimedeswindung 556.8
— mit vereinigtem Hals- und Fußlager . . . 553.4
—, Rietersche 552.12
Zwirn-spule . . . 474.4, 551.5
—transportrad, oberes . 555.14
—vorrichtung fur Kunstseide 474.3
—wechsel 134.3
—wechsel, oberer . . . 555.10
—wechsel, unterer . . . 555.11
Zwirnen 12.10, 539.1
— der Kunstseide . . . 474.2
— auf Watermaschinen 542.17
—, aufdrehendes . . . 540.9
—, englisches 542.11
—, schottisches 542.8
—, stetiges 542.18
—, unterbrochenes . . 557.2
—, ununterbrochenes . 542.18
—, zudrehendes 540.10
zwirnen 12.11, 539.5
— (Seide) 430.16
—, auf der Flügelzwirnmaschine (das gefachte Garn) . . . 545.12
—, locker 431.4
—, naß 542.5
—, trocken 542.3
—, unmittelbar von den Kötzern 543.11
Zwirner 5.7, 12.12, 539.6, 542.14
Zwirner, Seiden- 412.15
Zwirnerei, Seiden- . . 412.10
—abgang 398.17
Zwirnerin 5.8, 539.7
—, Seiden- . . . 412.16, 430.17
Zwirnung, gleichmäßige 431.1
—, leichte 431.5
—, scharfe 541.6
—, schwache 431.5
—, starke 431.6
Zwischen-farbe 194.6
—frotteur 387.17
—nitschler 387.17
—rad, Spulenantrieb- . 136.12
—raum 308.15
—raum, Nasen- 31.3
—schild 546.11
—stange 105.16
—stück, brillenartiges . 44.5
—stück, eingelassenes . 344.2
—träger 394.9
—trieb an der Ringspinnmaschine . . . 158.8
—triebrad 505.16
—verzug 101.8
—wand 284.4, 296.11
zwischengelegte Zähne . 336.7
Zylinder mit Kern . . . 116.5
—, einfädiger 143.1
—, Einzug- 43.3
—, geriffelter . . 42.15, 115.6
—, Schlägerspeise- . . 33.13
—, Speise- 28.8
—, zweifädiger 143.2
—antrieb 162.12
—bank 105.3, 115.1, 127.6, 136.6, 393.6, 558.14
—baum . 105.3, 127.6, 358.10, 393.6
—deckel 291.11
—decker 3.15
—hals 110.1
—kamm 377.11
—kupplung 347.6
—lager 358.12
—papier 390.1
—putzvorrichtung . . . 108.7
—steuerungsexzenter . . 162.9
—steuerungsscheibe . . 162.9
—stirnwand 291.11
—tisch 105.3
—träger 545.7
—zuführung 42.14
zylindrisch-er Ballen . 19.19
—e Kreuzspule 519.6
—es Papierröhrchen . . 518.12
—e Scheibenspule . . . 519.4
—e Schlußwicklung . . 533.11
—e Spule 140.18
—er Untersatz 290.9
—er Unterteil 519.3
—e Wickelfläche . . . 168.1
—e Windung 554.11

Englisch · English · Английскій · Anglais · Inglese · Inglés · Anglès

A

absolute dry weight . . 15.6
— dryness (yarn) . . . 615.11
— humidity (air) . . . 293.13
absorb, to 314.2.3
—ed humidity 572.10
absorption of humidity . 572.11
— of water . . 556.6, 574.9
abstraction of heat . . 294.13
accelerated carriage speed 166 14
acceptance (refuse) . . 15.18
access of air 59.11
accessories 360 9
accumulation of fibres . 101.20, 103.6
acetate of collodion . . 459.5
— of potassium 457.17
— of sodium 459.2
—, ethyl 460.10
acetic acid, diluted . . 438.11
— acid, glacial 459.8
— aldehyde 458.3
— ether 460.10
acetone casein solution, alkaline 471.20
— collodion 460 3
— solution 460.4
acid 302.3
— action, to show an . 309.5
— bath 303.10.16
— container 303.18
— fat 315.15
—-free rape oil 148.9
— free from water . . 303.4
—-freed rags 403.7
— liquid 303.10
— process 302.12
—-proof alloy 304.22
—-proof material . . . 304.4
— residue. 310.2
— scooper 402.16
— spinning process . . 468.16
— vapour 305.8
—, anhydrous 303 4
—, chamber 303 2
—, crude oleic 315.5
—, diluted acetic . . . 438.11
—, evaporated 303.3
—, fatty 300.13
—, gaseous 305.10
—, hydrochloric 305.5
—, mineral 302.17
—, muriatic 305.5
—, nitric 303.5
—, pan 303.3
—, phosphoric 433.15
—, pupa 419.12
—, pure 303.4
—, ricinoleic 238.5
—, sulfo-oxy 457.20
—, sulfo-sebacic 458.1
—, sulphovinic 462.13
—, sulphuric 302.19
—, sulphurous 300.7
—, superfluous 304.18
acidulate, to 467.3
—d, bath 303.10
—d wool 304.17
Acme spindle 147.1
Actias selene 414.9
action of the bar edges . 367.12
— of the batching medium 237.6
— of the heat. 292.17
— of humidity on ropes 500.18
—, carbonising 301.13
—, carding 318.10
—, chemical. 272.5
—, continuous 83.12
—, intermittent 83.3
—, mechanical 272.6
action, reciprocal . . . 292.12
active bobbin 547.10
actual length 604.9
— tare 17.3
— twist 154.6
add, to — acid . 304.12, 458.7, 471.17
—, to — new acid . . . 304.15
—, to — the knops . . 590 15
addition of glycerol . . 315.8
— of the knops . . . 590.14
— to produce impermeability 484.2
— to produce suppleness 483 16
additional twist . 498 6, 506 2
adhere, to — to the brush 420.13
—, to — uniformly . . 390.2
adherent chaff 220 18
adhering impurities . . 454 12
adhesion 6.23, 237 9
adhesive viscose filament 469.3
adhesiveness, good . . 148.5
adjust, to — the comb . 377.12
—, to — the distance of the beater blades to the grid 42.19
—, to — by hand . . . 191.13
—, to — the width of slot 429.10
—, to — oneself . . . 191.6
adjustable 48.4
adjuster, automatic drag 258.4
adjusting arm 348.7
— bar of thread-guide . 538.1
— bracket 80.2, 206 10
— collar 95.14
— device 527.3
— handle 30.6
— lever 534.8
— nut 54.10
— point 54.16
— of ratch 390 18
— rod 354.9
— the rollers 58.12
— screw 258.9, 362.13
— slot 90 3
adjustment by eccentrics 79.7
— of faller 167.1
— of the spindle bevel . 178.4
— of yarn guiding bars 535.12
—, automatic 553 6
—, concentric 554.14
—, lateral. 59.7
—, Wiede's roller . . . 59.8
—, wrong 174.3
admission, air . . 294.11, 323.2
—, wool 296.15
adulterated oil 315.23
— swingled flax . . . 209.15
adulteration of swingled flax 209.14
advance, to — the traveller 500.2
aerial cableway 597.3
affected, not (colour) . 403.3
African grass 492.19
after-glueing 333.4
—-stretch motion . . . 164.12
—-treatment of wet spun yarns 227 3
—-twist, to give an . . 498.6
agate guide 430.4
agent, batching 238.1
—, rust preventing . . 64.2
—, scouring 433.4
agglutination of silk filaments 412.4
agitate, to — with a besom (cocoons) . . . 420.4
agitating arm, curved . 285.11
— besom 420.5
— brush 420.8
— tank 476.10
— the cocoons . 419.19, 420.3
agitation, strong . . . 286.10
agitator 277.4, 299.10
—, mechanical cocoon . 420.6
Ailantus silk 410.12
air admission 294.11
— blast pipe 380.5
— chamber . . . 296.2, 352.4
— current, humidified and tempered . . . 574.18
— distributor 572.18
— moistening apparatus 575.7
— outlet 296.6
— outlet valve 306.11
— pipe 306.12
— piping 575.8
— charged with moisture 296.5
— saturated with moisture 293.14, 572.12
—, compressed 455.10
—, drying 296.12
—, hot 282.7
—, in the open . 292.10, 437.19
albumen, egg 471.12
albumin bath 459.11
— filament 471.11
albuminous substance . 471.10
alcohol 297.14
—, denaturated 458.6
—, hydrated 459.3
—, methyl 459.1
alcoholic ammonium chloride solution . . 457.11
— casein solution, aqueous 472.2
— ferrous chloride solution 456.13
— salt solution 460.12
aldehyde 458.2
—, acetic 458.3
—, benzoic 458.5
alder wood 77.5
alkali 437.6
— salt solution, neutral 469.6
— solution, vegetable . 419.14
—, free undecomposed . 277.14
alkaline acetone casein solution 471.20
— bisulphate solution . 465.4
— liquid 437.4
— liquor 471.19
— lye 464.15.16
— precipitant 464.13
— residue. 310.3
— scouring agent . . . 433.5
— soda bath 309.19
— solution 275.10, 467.2, 309.9
— water 419.6
alley boy 3.20
— girl 3.21
alloy, acidproof 304.22
alpaca hair 363.12
— spinner 408.15
— spinning 409.6
— yarn 585.14.15
alter, to — the position of the yarn 576.3
alteration of colour by steaming 569.11
alternate cold and warm treatment 573.4
—ly driven wheels . . 537.3
—ly set 384 2
alum solution 238.18
alumina 484.9
— hydroxyde 459.16
aluminate of potassium . 469.9
— of sodium 469.10
aluminium chloride . . 305.16, 457.14
— hydroxide 465.13
— salt 270.14, 465.14
— sulphate . . . 303.9, 465.15
— sulphate bath 459.15, 465.16
American bearing bracket 324.4
— titre 602.4
amianthus 489.6
ammonia 465.3
— addition 369.10
— compound 276.17
— gas 460.8
— salt solution 469.7
— soap 276.20
— soda 276.3, 309.13
— vapours 466.1
— washing process . . 366.5
— water 458.24
ammoniacal copper oxide 458.22
— soap solution . . . 468.4
ammonium bicarbonate. 464.2
— bisulphite 465.1
— chloride 316.6
— phosphate 464.1
— salt solution, aqueous 465.7
— sulphate 469.8
amount of acid, inferior 303.15
— of doubling 452.8
— of filament 417.3
— of floss silk 424.6
— of heat, necessary . 293.1
— of husk 424.8
— of impurities 26.9
— of moisture 10.8, 15.5, 287.7, 293.13
— of movement . . . 172.3
— of soda 309.17
— of suint 271.19
— of twist 9.3
Amsler-Laffon's yarn scales 614.7
amyl alcohol . . 297.15, 238.20
Anaphe nest 414.11
— silk 410.17
anchor bar 131.9
— rope 596.16
angle of bend 336.3
— of inclination . . . 54.4
— of twist in the yarn . 9.1
— of yarn from roller nip to spindle point 191.7
— bar grid 367.10
— bars, adjustable . . 367 11
— lever 152.2
— roller 323.10, 368.14
— stripper 323.10
—, ballooning 226.13
—, winding 226.12
—, working — of quadrant 170.9
angular drive 360.6
— flap lever 321.16
— grain 71.6
— speed, constant . . . 516.7
— spindle point . . . 355.14
anhydrous acid 303.4
— soda, chemically pure 309.11
aniline 457.8
animal fat 315.12
— oil 314.24, 441.3
— soap 434.1
annealed wire rope . . 596.1
annealing in a composition rich in carbon 120.10
anti-balloon plate, open 152.19
—-balloon wire 153.3
—-ballooning device . . 152.18, 153.1
—-ballooning plate, closed 153.2
—-ballooning ring . . . 233.11
—-ballooning separator. 153.4
—-friction bowls . 34.6, 44.1
—-snarling motion. . . 358.2
aperture of the capillary tube 467.13
apex of the curve . . . 524.12

apparatus for cop building by layers of variable heights 156.1
— to impede falling-out of the blend 313.7
— for mouting the card filleting by hand 337.8
appliance to prevent double 354.3
apply, to — the cement 117.7
—, to — the paste 117.7
—, to — the softener 316 21
apron, feed(ing) 48.6, 308.3
aqueous hydrochloric acid solution 305.7
Arachis oil soap 433.19
arc of contact with front roller 142 13
Archimedian winding 519 3
archin 606.20
areometer, bell-shaped 365.16
arm 205.8
— of comb 58.5
— of the immersion roller 278.9
— of reel, collapsible 432.11
— of taking-in friction lever 183.5
—, adjustable bracket 127.8
—, adjusting 348.7
—, beater 40 12
—, beating 266.21
—, brake lever 147. 7
—, carriage 344.5, 351.8
—, counterpoise 549.9
—, curved 169.7, 206.14
—, double 535.1
—, eccentric 111.15
—, expanding 332.18
—, guiding 559.6
—, hollow 130.7
—, movable 342.9, 611.9
—, nosing 184.7
—, quadrant 170.8, 350.6
—, sickle-shaped 184.7
—, slanting 554.6
—, sliding 184.4
—, slotted 360.3
—, tightening pulley 349.9
—, yarn guiding 534.2
—s of unequal length 535.13
—s, gripping 118 5
armature 113.2, 360.14
armed beater 267.9
armoured cable 597.4
arrange, to — side by side (bowls) 279.13
—, to — straight through (bowls) 279.14
arrangement of draw heads 103.11
— of dust bars 36.4
— to lay and hold the fibres 383.13
— of rim band 353.2
— of wash bowls in steps 279.12
—, inclined 404.6
—, uniform — 7.16
artificial card leather 64.20
— drying 292.14
— filaments from albuminous substances 471.10
— filaments from casein 471.13
— filaments from fibroin 472.5
— filaments from ossein solution 472.16
— filaments from vegetable jellies 472.11
— heat 292.15
— horse hair 588.11
— knop 590.10
— rubber 65.10
— silk mill 467.5
— silk spinning 456.3
— silk yarn 588.5
— silk, easily inflammable 462.9
—y greased wool 274.12
asbestos 489.6
— band 595.8
— card 490.13.14
— felt 465.17
— spinning 489.5
— spinning machine 491.9
— yarn 589.10.11
—, long-fibred 489.13
—, raw 489.7
—, short-fibred 490.1
—, spun 491.11
ascending path of cam 531.10
ash lye 419.15
ash pit 402.11
Ashworth's flat bevelling arrangement 74.4
— flat setting system 56.3
Asia Minor raw silk 426.12
aside, to set (bales) 18.12
assembled ends 545.2
assistant brake 190 9
— friction 190 9
—, carder's 251.3
—, ropemaker's 494.11
asymmetric heart cam 551.11
atmosphere of ammonia gas 460.8
— of carbonic acid 459.14
atomiser, brush 576.1
—, compressed air 574.3
—, high-pressure water 574 5
—, steam 574.4
attach, to — the yarn 352 15
attaching the yarn 352.14
attack, to — the wool fibre 276.12
attacked wool fibre 276.13
—, not (colour) 403.3
attenuate, to — the sliver 100.11
attenuation of the sliver 100.10
Aubena's throwing machine 432 1
aune 600.19
Austrian count, old 599.16
— pound 601.5
— reel 563.11
automatic feed 320.1
— cocoon feed 423.8
—ally, to regulate 30.1
autumn cocoon 413 8
auxiliary drawing 389.3
average of the mixing 19.1
— amount of moisture 287.7
— quality 19 2
— temperature 293.9
awn 220.17
— box 214 2
axial cam 249.11
— progressive motion 517.2
— traverse movement 72.3
— traversing motion 517.1
—y to and fro moving winding spindle 526.14
axis of gravity 553.6
—, spindle 122.16
axle of rubbing rollers 334.1

B

back board, movable 320.9
— carriage bracket 178.6
— change wheel 186.10
— detaching roller weight hook 90.7
— end of tuft 375.11
— lap roller 89.9
— part of carriage 178.6
— plate 404.8
— roller 137.1, 142.5
— roller driving wheel 114.7
— roller wheel 134.10, 176.15
— roller wheel driving second (third) roller 114.8.10
— roller, low 389.8
— shaft 89.2, 255.4, 394.5
— shaft with differential year 347.12
— shaft catch box 183.6
— shaft coupling 394.4
— shaft drawing-out scroll 163.7
— shaft scroll 177.6
— shaft scroll motion 163.8
— shaft spur wheel and catch box 187.11
— shaft wheel 177.4
— shaper plate 167.12
— stop motion 111.10
— top roller, self-weighted 142.11
back-off, to 165.5
backed-off yarn 165.14
backing, sheet metal 340.15
— friction lever 163.1
— lever 179.5, 205.12
— lever for backing-off rod 179.9
— lever pivot 185.9
— motion 166.3, 206.9, 348.15
— period 207.2
— regulator 349.1
backing retarding motion 205.9
— wheel 161.8.9
backing-off 159 12, 165.6, 343.16
— chain 179.13, 184.3, 206.13
— chain drum 179.12
— chain tightening motion 179.11, 184.1
— control 205.9
— friction 179.6
— friction, double 190.7
backward bent blade 45.4
— movement 23.10, 94.4
— walking of the rope maker 496.20
backwasher (machine) 385.5
— (worker) 385.18.19
bad bobbin 133.16
baffle plate 404.3, 405.4
bag 433.10
—, gunny 16.13
bagging, close woven jute 16.12
—, loose woven jute bale 16.13
bake, to — the cocoons 417.9
baked cocoon 413.10
baking the cocoons 417.10
— method 417.11
balance 603.4
— of pressure 572.13
— for yarns and fabrics 614.15
— of the weights of moving masses 290.15
— beam 613.8
— lever 125 6, 131.7, 328.3
— plain for body to be weighed 613.2
— regulator 291.3
— weight 39.2, 133.1, 258.8, 328.5
—, decimal 613.1
—, percentage — for waste 614.13
—, pocket 614.12
—, precision 612.15, 616.8
—, spring — for laps 47.12
—, test 603.2, 613.6
—, testing — with ordinary swift 614.9
—, testing and percentage 614.14
—, titre 603.2
—, universal 614.16
—, yarn 612 13
—, to — the beater arms 40.14
—, to — the tin roller 145.1
—, to — the weights 291.1
—, to — one another 149.7
balanced cylinder 78.13, 312.1
— drop door 39.1
— drop lid 39.1
— rope driving of vertical shaft 37.1
— tin roller 144.16
balancing of the bobbin rail 132.10
bale of flax 210.6
— bagging, loose woven jute 16.13
— breaker (worker) 18.3
— breaker 20.6
— breaker with travelling lattices 20.7
— breaker, pedal 21.10
— control 16.15
— hoop cutter 18.4
— mark 16.7
— opener (worker) 18.3
— opener, exhaust hopper 22.1
— opener, hopper 21.12
— ticket 16.9
— trolley 17.7
— truck 17.7
—, compressed 16.2
—, cotton 15.20
—, damaged 16.5
—, damp 15.7
—, hemp 228.10
—, jute 235.2
—, Lowry 16.1
—, no — mark 16.6
—, raw silk 412.17
—, round 15.22
—, sea-damaged 15.8
—, square 15.21
—, uniformly pressed 16.3
—, unpressed 16.4
—, wet 15.7
—, wool 264.6
baling and packing press for waste 260.13
ball 392.10, 393.2, 518.4, 520.17
ball with coloured slivers 387.3
— of twine 593.7
— bearing 355.5
— bobbin 388.13
— carrier 382.16, 387.14
— creel 379.9
— joint 334.5
— race 355.6
— race bearing 355.7
—-shaped nest of Anaphe 414.11
— winder 5.5.6
— winding 518.2
—, bellied 520.18
—, metal 591.10
—, to — the twine 518.3
baller 5.5.6
balling 518.2
— the slives 386.15
— head roller 388.12
— machine 538.2
— machine, multiple 538.15
— machine, single 538.11
— spindle 538.13
balloon of the yarn 152.11
— curve 152.14
— tension 152.15
ballooning of the yarn 152.12
— angle 226.13
band of paper, entering 484.13
— brake 46.9
— brake for roller coupling 347.6
— breakage 192.1
— driven spindle 502.1
— driving for quadrant 171.1
— driving of the spindle 144.5
— groove 180.13
— guiding pulley 171.14
— pulley 524.9
— pulley, driven 144.13
— pulley, driving 144.12
— rope 597.12
— rope, sewn 597.13
— tightening pulley 177.11, 353.7
— tightening screw 349.12
— wharve 487.10
—, asbestos 595.8
—, brake 46.13
—, card wire 449.4
—, check 177.10, 359.7
—, check scroll 169.13
—, cut paper 483.7
—, drag 545.10
—, drawing-out 177.9, 206.6, 359.6
—, drawing-up 169.12, 359.5
—, driving 11.3, 98.16
—, greased 359.12
—, grid-like longitudinal 477.5
—, guide 177.10
— main 55.12
—, mule 359.4
—, paper 486.2, 487.12
—, rope 596.8
—, rubber 477.6
—, scroll 359.9
—, self-acting 359.4
—, soldered-up 477.9
—, spindle 341.13, 356.3, 359.8
—, squaring 169.14
—, steel 56.2.5, 331.1
—, steel brake 347.7
—, stop 549.8
—, straw 595.6
—, taking-in 169.12, 206.7, 359.5
—, tin roller 192.4
—, weighted 181.6
—, wood wool 595.7
—s 400.13
banding 400.13, 550.10
—, spindle 158.12
bar 183.12
— with nuts 558.7
— edge 367.12
— grid with spiked plate 36.11
—, anchor 131.9
—, bearing 344.2
—, beater 40.12
—, bottom tension 344.12
—, cap 545.7
—, carriage 008.12
—, comb 58.6
—, cross 384.1
—, cylinder beater 260.1
—, follower 501.10
—, gill 218.3
—, grate 27.7
—, grid 27.7

bar, guide 431.20
—, guiding 429.6, 430.2
—, hackle 218.9, 245.6
—, locking 558.9
—, needle 383.2
—, nipper 377.9
—, notched 532.14
—, pin 48.2, 367.9
—, pressure 334.12
—, shifter 564.18
—, sliding 373.6
—, stripper 213.6, 245.11
—, swinging 381.3
—, swivelling needle 383.3
—, tension 337.9, 340 14
—s, dust 27.6, 29.6
—s, gridlike arranged 369.1
—s, inclined 197.11
barchant spinning 193.2
— yarn 193.12, 579.17
barege yarn 584.20
barrel 392.6
—, oil 361.15
—-shaped bobbin 140.19, 519.1
base of the cop 527.17
— of guide 104.13
— of spindle, conical 355.12
— plate 352.18
— plate of framing 290.7
—, conical 518.17
—, cop 154.18
—, inserted conical 543.10
—, organic 457.5
basin, beating 420.9
—, cocoon 423.11
—, lead 466.9
—, reeling 422.16, 423.12
—, steeping 418.9
basket, cocoon 415.20
—, lath 304.1
—, wicker 286.14
—, wire 273 1, 616.9
—, wool 286.13
bast 261.8
—, flax 211.17
—, lime tree 492.17
—, linden 492.17
basty jute strick 236.15
batch, to — the jute 237.4
batched jute 237.17
batcher, jute (worker) 239.5
batcher-softener, jute 241.4
batching agent 238.1
— in bins 239.2
— the jute 237.2
— apparatus (Braunschweig) 242.5
— apparatus, friar's 241.6
— apparatus, Malcolm's 242.1
— apparatus, Paterson's 241.5
— bin 239.6
— foreman 239.4
— liquid 239.10
— medium 238.1
— oil test 238.21
— oil, colourless 238.7
— oil, stainless 238.8
— process 237.5
— ripeness 237.16
— room 239.3
— stall 239.6
bath s. a. liquid, liquor
— for half-boiling the silk 434.1
—, acid 303.10.16
—, acidulated 303.10
—, albumin 459.11
—, calcareous 270.17
—, degumming 436.16
—, hardening 74.13
—, hot water 418.14
—, hydrochloric acid 305.6
—, mercuric chloride 459.13
—, oil 60.7
—, oil soap 438.2
—, scouring 433.3
—, soap 385.9, 433.9, 437.2
—, steeping 272.14
—, strengthened 276.7
—, strong 303.14
—, sulphuric acid 302.18
—, urine 276.16
—, used 276.5
—, washing 278.7
—, water 385.13
batt feed 327.16
Baudouin's sliver formation device 98.11
Baumgärtl's yarn tester 607.9
bayonett locking between spindle and flyer 549.1
Bazar yarn 579.7
bead in the yarn 159.1
— yarn 591.8
—, glass 591.9
—, gold 591.11
—, metal 591.10
—, silver 591 12
beaked wire 70.2
beam 603.9
— scales, common 613.7
—, balance 613.8
—, roller 358.10, 393.6
beard of wing shell 411.4
bearer, carriage 558.4
bearing 59.9
— for carriage motion 176.11
— of tin roller shaft 192 7
— bar 344 2
— bracket, American 324.4
— brasses 105 6
— bush 360 1
—, ball 355.5
—, ball race 355.7
—, closed 324.6
—, comb bar 58.9
—, doffer 88.7
—, elastic 146.9
—, flexible collar 289.13
—, footstep 289.4
—, forked 530.10
—, grinding roller 73.10
—, individual — of the spindles 354.15
—, knife edge 111.13
—, movable 289.15
—, pear-shaped footstep 289.14
—, pivot 111.12, 324.2.3
—, roller 158.9
—, self-lubricating tin roller 145.2
—, slide 59.3
—, spindle s. spindle bearing
—, tin roller — in the carriage 192.6
beat, to — the bourrette 453.3
—, to — the cocoons 440 14
—, to — to lumps 20.3
—, to — the wool 266.17
—-off, to — the dog hairs from the drum 409.8
beaten cocoon mass 440.17
beater 22.6, 37.4, 196.6, 262.7, 266.21
— arm 40.12
— bar 40.12
— bar, cylinder 260.1
— blade 40.13
— cover 33.14, 44.9
— cylinder 259.7
— cylinder shaft 259.15
— dust box bars 33.16
— feed rollers 33.13
— grid 33.15
— grid, conical 35.4
— holder 441.14
— knife 36.3
— lag 40.13
— locking motion 44.8
— opener 34.11
— opener, horizontal conical 37.3
— opener, vertical 35.1.2, 37.2
— passage 42.4
— path, circular 42.18
— plate, circular 35.3
— rods, revolving 195.10
— scutcher 32.11
— scutcher, double 41.19
— scutcher, single 40.9
— shaft 220.16
—, armed 267.9
—, carding 47.18
—, first 41.20
—, four-armed 261.7
—, India rubber 441.13
—, leather 441.12
—, two-bladed 40.11
beating the cocoons 440.13
— the flax 217.15
— the hair 514.6
— the wool 266.18
— arm 266.21
— basin 420.9
— besom 420.5
— chamber 197.4
— department 442.6
— machine, cocoon 441.11
— room 442.6
— space 267.10
— willow, spiral bladed 442.5
beating willow, waste 267.14
—, repeated 42.3
Beaumé hydrometer 303.13
beaver yarn 850.20
bed of gills 218.8
— of hackles 218.8
—, machine 117.24
beech wood pressure roller 393.10
begin, to — spinning 155.3
beige yarn 584.7
Belgian condenser 330.7
bell 370.11
—, indicator 249.10
— apparatus, signal and 370.6
— crank drive 360.6
— crank lever 133.6, 162.5, 183.4, 184.4, 482.12
— crank lever of disengaging motion 357.2
— crank lever with slotted arm 360.3
— crank lever, weighted 173.10
— frame 222.13
—-shaped areometer 365.16
bellied ball 520.18
bellows, hand 75.16
below contract 14.20.21, 15.1
belt disengaging motion 357.1
— driven spindle 502.3
— driving, duplex 182.6
— guide 43.11
— pulley 24.2, 257.13
— setter 3.14
— shifter 357.1
—, cone 28.12
—, cone drum 43.13
—, endless 441.16
—s, crossed 24.5
—s, open 24.5
bench 500.13
—, hackle 213.1
—, hackling 229.10
bend, card framing 56.4
—, flexible 54.6
—, pipe 39.8
—, rigid 53.17, 79.12
—, slotted flexible 79.10
—, wedge-shaped 53.17
—, to — backwards 339.18
bending 475.11
— back, elastic 67.8
— point 336.2
Bengal breed 414.4
— hemp 492.7
— raw silk 426.9
bent guide 342.11
— lever 162.5
— nipper 84.12
— outlet pipe 294.6
— part of the tuft 383.7
— plate 373.12
— strip 62.2
— wire, copper 108.1
—, backward 45.4
—, forward 45.5
benzaldehyde 458.5
benzene 462.20
benzoic aldehyde 458.5
benzole 462.20
Bergier's crossing apparatus 422.13
Berlin ell 600.16
— pound 601.4
Bertholon's spindle cap 432.3
besom 420.4
—, beating 420.5
best quality 14.3
bevel of the spindle 160.2
— and catch wheel, long boss 187.13
— gauge, spindle 362.6
— wheel 24.3, 132.7, 176.7, 187.7.12, 252.8
— wheel with click 187.8
— wheel, bobbin 135.6
— wheel, lifter — on jack shaft 135.8
— wheel, spindle 135.2
— wheels 126.4
— wheels, lifter 132.3, 135.10
—, cast iron 289.9
—, compressed paper 289.8
—, spindle 178.4
—, upright — on lifter shaft 135.9
—s, reversing 132.3
bevelled edge 119.6
bevelling arrangement, Ashworth's flat 74.4
bevelling arrangement, Rieter's flat 74.5
bicarbonate, ammonium 464.2
bichromate of potassium 300.11
— of sodium 300.12
big piecer (workman) 176.2
billy, waste 204.14
bin, batching 239.6
bind, to — straw and tow into the flax 209.16
—, to — the water 302.5
binder twine 592.15
binding of the knops by another thread 561.9
— of the opened flake yarn by means of a third thread 561.13
— the reserve for underwinding 146.3
— thread 561.16
— twine 592.16
birdcage creel 569.4
— reel 569.7
— reel with movable yarn guide 612.7
—s, adjustable 611.18
Birmingham wire gauge 66.20
bisulphate of potassium 303.8
— solution, alkaline 465.4
bisulphide of carbon 238.19, 297.20, 438.6
— of carbon washing process 366.8
bisulphite 465.3
— of sodium bath 459.17
—, ammonium 465.1
—, sodium 465.2
bit box 404.10
—, cop 167.7, 175.16
—s 404.12, 405.2
bite of the nippers 382.14
„biter" shaft 404.9
bivoltine variety 413.16
black burr 307.4
— oakum 492.11
— rape oil 314.14
— sheet iron can 76.17
—, to become (burr) 307.2
blade 27.9, 36.3
—, adjustable steel 429.8
—, backward bent 45.4
—, beater 40.13
—, doffer comb 60.1
—, dull 382.18
—, longitudinal 312.14
—, scutching 495.5
—, spindle 155.17
—, spring 96.4
—, straight 45.3
—s in spiral order 312.12
bladed wheel 379.3
Blamire's feed 327.10
blank space in the doffer clothing 329.11
blanket feed 327.10
— shoddy 407.8
blast pipe 384.5
bleach, to — the grease 300.9
—, to — in the rinsing water 286.16
—, to — the top 374.14
bleached flax yarn 581.17
— top 374.13
— twine 593.1
— yarn 605.11
bleaching the bast 261.11
— the rags 401.7
— the woollen rags 401.8
— with sodium bisulphite 401.10
— with sulphurous acid 401.9
— with sulphur 434.19
— during washing 286.15
— effect 287.3
— liquor 287.2, 300.10, 470.15
— vessel 287.1
—, half — the rags 401.7
blend yarn 582.8
— yarn, dark 582.9
— yarn, light 582.10
—, to — by colour 310.20
—, to — the cotton 18.18
blend, to — the waste silk 442.12
—, wool 310.18
blended oil 315.24
blending of cotton 17.15
— various sorts 310.17
— wool 311.9
—, colour 310.21
—, thorough 310.19

block brake 47.5
—, brake 147.5, 359.3
—, building 87.3
—, finishing 87.5
—, soldering 87.1
—, tension 41.6
—, tubular 342.14
—, twisting 342.14
—, wood 243.8
blond silk 587.7
blow-out, to — the fly. 75.15
blow pipe, gas 491.6
blower 447.8
— with fan 575.1
—, glass (worker) 407.11
blowing fan 295.6
blue litmus 309.7
—, to slightly — the sliver 386.1
blued top 386.2
blunt card wire 338.13
— cut root end 236.10
— pointed mixing pin 313.2
board, clearing 108.8
—, creel 564.15
—, emery 338.20
—, feed 200.14
—, foot treadle 11.6
—, grinding 70.13, 338.20
—, protection 229.11
—, screen 391.2
—, spindle 344.8
—, spindle footstep 344.9
—, stripping 340.13
—, tackle 500.8
—, thread 143.13
—, ticket 235.6
—, top creel 394.10
—, tucking-in 46.6
—s, drying 227.6
—s, hardwood — for filling in between the spindles 123.6
bobbin 122.15, 128.2, 393.2
— with Archimedian winding 519.3
— with cone-shaped head 519.3
— with conical base 518.17
— with conical ends 122.1
— with constant excess speed and spindle with variable retarded speed 139.12
— with cylindrical body and tapered end 519.3
— with doubling-wound ends 545.2
— for embroidering machine shuttles 520.11
— of the flyer doubler 546.5
— with guiding bar 429.6
— lagging behind the spindle 124.13
— for market 520.13
— with parallel layers 518.20
— from the preliminary doubler 545.1
— revolved by a friction disc 516.13
— revolved by a friction roller 516.12
— revolved directly by the spindle 516.11
— revolved by the pull of the yarn 140.5
— for sewing machine shuttles 520.12
— with spindle lead 123.9
— for the tension thread 511.9
— for thread covering machines 520.7
— of twine 593.8
— for wire covering machines 520.7
— bevel wheel 135.6
— boy 3.6
— bracket, forked 356.15
— brake 545.9
— brake cord 258.2
— cage 569.8
— carriage, suspended 503.14
— carrier (worker) 2.14, 3.9, 176.5, 569.9
— carrier 387.14
— carrier frame 523.13, 529.6, 530.5
— cup 145.11
— doffer 3.8
— drag 545.9, 549.2
— drawing 387.18
bobbin drawing box 387.16.17.19
— driver 554.12
— driver pin 552.11
— driving drum 356.14, 358.15
— driving pinion 126.6
— flange 518.16
— frame 502.6
— hand 2.14
— holder 448.9, 534.12, 535.8, 611.12
— lath 394.11.15
— layer-on 3.6.7
— to lead 123.10, 124.11
— peg 565.8
— rail 123.1, 125.8, 255.14, 547.5
— rail, long 122.13
— rail, short 122.12
— setter 3.6.7
— shelf 556.5
— skewer 142.3
— skip 361.11
— sleeve wheel 134.8
— spindle 523.14
— tube 139.8, 188.13
— wheel 131.1, 521.9
— wheel, outside 135.3
— yarn 583.12
—, active 547.10
—, bad 133.16
—, ball 388.13
—, barrel-shaped 140.19, 519.1
—, bottle 141.1
—, bottle-shaped 519.2
—, braider 520.9
—, braiding 512.12
—, braked 516.16
—, close wound Leeson 519.11
—, condenser 204.9, 208 3, 334.10, 342.2, 590.2
—, convex 140.19, 519.1
—, creel 430.10, 503.13, 538.7
—, cross wound 96.14, 519.5
—, cylindrical 140.18
—, double flanged 124.1, 522.7
—, doubler 550.3
—, driven 516.9
—, enamelled wood 149.14
—, feeding 526.10
—, fixed 153.9, 516.15
—, full 140.17
—, glass 466.8
—, hard wood 149.11
—, horizontal condenser 341.11
—, hornbeam 149.12
—, lap 249.7
—, leading 141 18
—, parallel wound 518.20
—, passive 547.11
—, revolving 153.8, 520.4
—, roving 204.9, 224.6, 257.4, 567.16
—, sliver 96.13, 448.8
—, single-flanged 519.2
—, spaced Leeson 519.10
—, straight 140.18, 519.4
—, strand 503.13, 505.3
—, taper 141.1, 519.2
—, tin 453.13
—, twister 550.3, 551.5
—, twisting 474.4
—, upright flanged 544.6
—, warping 520.5
—, weft 147.2, 520.8
—, winding 430.11
—, wood(en) 96.6, 552.13, 554.11
—, worsted 392.10
bobbin-net machine 520.10
body rich in carbon 120.12
— of the roller 203.1
—, cop 543.15
—, cylindrical 519.3
boil, to — the asbestos 490.4
—, to— the cocoons 418.10. 419.14
—, to — the flax 217.19
—, to — the hair tresses 514.11
—, to — over an open fire 418.11
—, to partially — the silk 434.9
—, to — the waste silk 436.19
— -off, to — in the degumming bath 433.7
— -off, to — in a fresh soap bath 433.9
— -off, to — the silk 433.8.10
— -out, to — the dye 401.12
boiled tress 514.12
— wood 476.8
— -off silk 426.21
boiler, soap 277.3
boiler, tubular 296.3
boiling the flax 217.18
— the wood in a lye 476.7
— apparatus 418.12
— pan 418.13
— point of steaming water 570.8
— room 436.21
—, partial 434.8
— -off the silk 433.11
— -out the rags 401.13
bolster 123.2, 354.13
— block, wooden 442.2
—, bronze 354.16
—, leather 442.1
—, loose 178.1
Bölsterli's ring flyer spindle 547.9
bolt, buffer 347.1
—, iron 497.6
—, screw 346.6, 362.11
bone ending tool 110.9
book 450.4, 445.9
—, mixing 19.6
—, reversible 446.16
—, wrapping 612.11
— keeper 5.24
boot of faller leg 165.13
Booth-Sawyer's spindle 145.4
borax 316.9, 433.17
border thread 582.17
—, cone-shaped 531.5
bork, quillaja 278.2
boss of roller 394.2
— roller 218.12
— roller, loose 116.5.6.7
— roller, single 393.11
—, fast — on the shaft 528.12
—, grooved wheel 497.12
—, loose — on the shaft 528.11
Botany yarn 584.1
bottle bobbin 141.1, 519.2
bottom of bowl 285.7
— of cage 289.1
— cage 33.11
— cage, second 34.1
— calender roller 90.11
— cone drum 136.8
— cone end wheel 134.7
— detaching roller 93.1
— drum 406.5
— flange of the bobbin 546.6
— horizontal lattice 21.8
— lattice 29.2
— nipper 84.11, 89.13
— nipper plate 92.11, 377.10
— roller 85.10, 115.6, 486.11
— roller with brass covering 542.9
— roller, fixed 20.10
— shaft 115.4
— sheet roller 214.11, 230.8, 245.10
— tension bar 344.12
— twist wheel 555.11
—, cop 154.18, 167.7
—, false 285.8, 571.6
—, hinged 320.6
—, perforated 283.3, 286.2
—, slanting perforated 278.13
—, spring buffer 76.13
—, upper 285.8
—, wooden 76.9
bought bundle 210.4
bound with x bands (bale) 228.12
— knops 561.10
bourrette 452.14
— card 453.5
— drawing frame 453.9
— flyer 454.3
— industry 452.13
— material 452.16.17
— noil 453.16
— roving frame 454.3
— sliver 453.15, 454.1
— spinning 452.12
— twist 588.4
— yarn 454.5, 588.3
bowl 281.4, 603.7
— on copping faller arm 180.11
— of double lever 182.10
— for fastening the end of the quadrant chain 184.11
— for fish tail 43.9
— made of wood staves 285.3
— rail 29.8, 33.4
—, automatic wash 273.3
—, chain 180.12, 183.11
—, grooved 171.11
—, inner 285.4
bowl, locking 165.12
—, loose 547.3
—, Malard's steeping 365.6
—, rectangular sheet iron 365.7
—, regulating 559.14
—, rinsing 280.4, 285.2
—, rivetted 278.6
—, runner 447.5, 510.12
—, scouring 280.3
—, shaper 156.3, 165.10
—, steeping 272.18, 280.2
—, suint water 365.8
—, wash 278.5, 366.2
—, yarn tension 526.12
—s, antifriction 34.6, 44.1
—s, guide 525.9
—s, ordinary 43.16
box 72.5
— frame 342.13
— minder 372.12.13
— opener, pneumatic 38.3
—, awn 214.2
—, bit 404.10
—, can 384.9
—, catch s. catch box
—, chaff 214.2
—, clutch 207.8
—, dirt 203.8
—, drawing 387.16.17.19
—, drop 24.12
—, drying 295.13
—, dust 28.7, 31.11, 38.16
—, feed 379.10
—, feeding-up 382.17
—, filter 271.14
—, finisher 387.20
—, fire 306.14
—, friction 157.14
—, gill s. gill box
—, iron 570.12
—, knop 591.1
—, lattice 437.17
—, paste 118.4
—, perforated tinned plate 571.11
—, preparing 371.16
—, press 288.3
—, reducing 389.1
—, regulator 29.9
—, roll 329.14
—, roving 390.14
—, sheet metal 208.2
—, sheeter 373.1
—, sieve 439.14
—, slubbing 390.12
—, spring 607.11
—, tow 214.1, 229.12
—, twine 577.16
—, waste 86.9
—, weigh 389.2
—, wheel 349.2
—, wooden 570.11
—, wool collecting 296.1
boxlike chambre 307.7
boxwood 110.8
— skewer 544.1
— tip 128.10
boy, bobbin 3.6
—, can 2.5
—, tow 213.12
bracket 251.12, 373.7
— carrying the conical core 484.15
— arm, adjustable 127.8
— guide 59.6
— rib 324.5
—, adjustable faller 178.9
—, adjusting 206.10
—, American 324.4
—, back carriage 178.6
—, brush 88.11
—, carriage band 174.1
—, carrying 54.9, 127.7
—, cast iron front carriage 178.5
—, cranked 349.5
—, creel 127.8, 394.9
—, fork stud 281.6
—, forked bobbin 356.15
—, frog 207.11
—, fulcrum 252.15
—, grinding 73.9
—, guide 357.3
—, guide pulley 353.5
—, horizontally and vertically adjustable 162.7
—, indicator 358.7
—, pivot 528.4
—, reversing 125.5, 131.8
—, slide 165.11

bracket, sliding 190.14
—, slotted 342 5
—, spindle box 344.7
—, steadying — for the beam 603.9
—, supporting 54.9
—, tension 344.11
—, tightening 41.5
braid 597.6
braider bobbin 520 9
braided cordage 510 1
— rope 597.7
— rope ware 597.5
— spindle band 359.10
braiding bobbin 519.12
— eye 511 14
— machine 506 15
— machine, rope 510.2
— point 511 13
— yarn 580.17
brake 289 11, 337.12
— band 46.13, 564.19
— band, steel 347 17
— block 147.5, 359.3
— friction 47.2
— lever 147.6
— lever arm 147.7
— plate, leather covered 290 13
— pressure 47.1
— pulley 46 12, 171 12, 347.8
— shoe 147.5, 171.13, 359.2
— shoe lever 192 12
— spring 207.14, 358.8
—, assistant 190.9
—, band 46.9, 347.6
—, block 47.5
—, bobbin 545.9
—, hand 109.14
—, knee — for the spindle 147.9
—, shoe 549.12
—, spindle 147.4, 209.3
—, tin roller 192.11
—, to — the bobbin 140.9, 544.13
braked bobbin 516.16
— cheese 525.13
— drum 356.6
— swift 522.13
— yarn 527.11
brass bush 351.10
— collar 156.11
— covering 542.9
— ring 226.11
— traveller 150 8, 226 10
— tube, perforated 124 7
— wheel 347.2
— wire 512.9
— wire rope 595.19
—es, bearing 105.6
break, to 108 4, 345.14, 424.4
—, to — the ends 146.10
—, to — the lap 321.13
— out, to 64.10
— out, to — a bad bobbin 133.16
— up, to — the adhesion 237.9
— up, to — the fleece 444.7
— up, to — the lumps of waste 195.8
breakage of filament 424.3
— of roving 125.3
— of sliver 111.8
— of thread 521.7, 554.8
— of web 50.4
— of yarn 606.13
—, band 192.1
breaker 232.12
— bar, triangular 261.6
— card 197.15, 199.9, 320.14
— card, asbestos 490.14
— card, half circular shell 247.5
— card, large roller 248.8
— card, Lawson's 248.8
— scutcher 41.20
—, bale 18.3, 20.6.7, 21.10
—, cotton (worker) 42.5
—, first 319.5, 320.14
—, hard waste 197.8
—, knot 424.2
—, lap 321.15
—, second 319.6, 324.11
breaking the lap from the drum 321.14
— device, spool 506.8
— elongation of the rope 513.6
— length 513.11, 606.11
— load 513.9, 606.14
— machine 242.15, 490.8
— machine for ramie stalks 261.5
— place of the yarn 10.5
breaking power 606.16
— strength 10.4, 454.18
— strength, tensile 513.8
— weight 606.15
— out of singles 387 8
— up the boiled wood 476.8
— up the cotton layers by hand 20.1
breast 369.16
— roller 322.1
breed, Bengal 414 4
—, Japanese 414.3
breeding cocoon 413.6
brickwork duct 306.9
bridge 565.12
— doffing motion 565.11
Brigg & Webb's jute doubler 549.13
bright surface of card clothing 338.9
brightness of silk fibre 427.18
brilliant lisle 581.2
brillantine yarn 583.10
brine 465.5
bristle roller, spiral 57.11
brittle burr 302.8
— fibre 15.17
— leather covering 110 2
bristles, spirally arranged 389.7
broken burs 367.5
— cocoon 415.18, 436.7
— end 133.12, 158.15
— end feeler 533.5
— end stop motion 525.1, 534.10
— seeds 26.14
— silk 435 18
bronze bolster 354 16
— traveller 150.9
Brooks and Doxey's differential motion 127.1
broom 317.5
brown hemp 492.7
Brown's revolving clearer 129.1
brush 449.7
— with spirally arranged bristles 389.7
— on top nipper 93.6
— atomiser 576.1
— bracket 88.11
— cover 88.3
— markings 96.8
— roller 250.11, 255.3, 368 1
— segment shaft 99.4
— shaft 88.5
—, agitating 420.8
—, burnishing 70.5
—, circular 88.4, 94.7
—, circular comb 86.6
—, cleaning 97.16, 446 5
—, copper 113 3
—, cylinder stripping 75.9
—, dabbing 379.14
—, oil distributing 318.1
—, revolving 378.12
—, roller 444.2
—, stripping 75.13
—, up and down moving dabbing 448.15
brusher, card 4.10
—, cocoon 419.20
brushing the cocoons by hand 420.3
— the flax 217.17
bucket 283.1
— lid 283.2
—, elevator 40.3
bucking the flax 217.18
buff leather 204.7
buffalo rubber leather 332.3
buffer 358.16
— back stops with springs for carriage 192.9
— bolt 347.1
— plate 192.10
— spring 288.11, 290.4
—, rubber 290.3
—, spring 359.1
buffing of carriage 191.11
build, to — the bobbin 140.14
builder motion 531.8
building of the bobbin 140.13
— block 87.3
— motion 137.18, 152.7
— movement 517.3.4.5.6
— part of layer 155.14, 351.11
—, cop 154.17
bulb 467.8
bulge 174.14
bulged clamp 62.6
bump of carriage 191.11
bunch, fibre 7.5
—, hemp 496.13
bund of horse hair 507.5
bundle of flax 210.3.5, 217.8
— of yarn 577.3
— boy 3.18
— scales 615.1
—, bought 210.4
—, gross 577.9
—, five pound 577.4
—, ten pound 577.5
—, to — the yarn 576.6
bundler 5.3.4, 576.7
bundling of yarn 576.5.9
— department 576.8
— peg 577.11
— press, yarn 577.13
— room 576.8
— stool 577.12
buoyancy of the wool 282.9
bur 70.3, 402.4
— beater hand 367.3
— crusher hand 367.3
— crushing rollers 367.7
— extracting 301.1, 369.5
— picker (worker) 366.15, 367.1
— residues 406.3
— wool 301.3
—, black 307.4
—, brittle 302.8
—, broken 367.5
—, carbonised 307.5
—, complete 367.4
—, destroyed 308.10
burner, gas 455.8
burning of the card 222.3
burnishing brush 70.5.6
— fillet 62.10
burr s. bur
burring with water glass 369.7
— the long wool 366.13
— machine 367.8
— motion 367.6, 368.10.15
— roller 319.20, 321.2
—, mechanical 367.2
burry wool 301.3
burst, to — easily into flame 462.8
—, to (leather sleeve) 119.12
bush 59.2, 176.10, 189.8
— of driving drum shaft 358.14
— for shaft of comb cylinder 92.8
— bearing 324.6
—, bearing 360.1
—, brass 351.10
—, loose 567.8
—, poker 151.12
—, spindle 532.9
bushed support for end of tin roller shaft 192.8
bushing of carriage main shaft 94.13
butterfly nut 332.19
Butterworth's receding stripping comb 58.4
button 400.8
— hole 400.9
buyer, flax 210.10
byssus silk 411.2

C

cabinet, oil 361.16
cable 494.15, 596.22
— for aerial cableways 597.3
— for inclined planes 597.2
— formed by wires laid side by side 596.23
— laying 501.1
— maker 494.10
— works 494.13
— yarn 592.11
—, armoured 597.4
—, hemp 592.3
—, metallic 494.17
—s, ship 596.19
câblé 587.3
cabled thread 539.15, 580.11
— yarn 539.15
cable-laid rope 501.3, 594.17
— twine 593.10
cableway, aerial 597.3
cabling machine 502.8
— spindle 502.10
cage 35.8, 37.11, 48.8, 289.3
— damper 48.9
— shaft 289.2
cage, bobbin 509.8
—, bottom 33.11, 34.1
—, cylinder 308.5
—, cylindrical 195.9, 196.11, 313.9
—, delivery 24.11
—, dust 32.8
—, perforated — with hooks inside 400.20
—, perforated sheet iron 32.5
—, perforated steel plate 32.4
—, revolving 305.8
—, top 33.10.17
—, wire 32.6
cake of resin 508.12
calcareous bath 270.17
calcined soda 309.12
calcining oven 273.12
calcium chloride 457.12
— chloride solution 457.19
calculated length 604.8
calculation of fineness 606.19
— of slivers to feed up 223.9
—, draft 222.16, 387.9
—, yarn price 19.9
Calcutta hemp 492.7
calender 119.15
— roller 46.1, 51.9, 111.6, 115.2, 453.12
— roller, bottom 90.11
— roller, top 90.10
— rollers 34.2, 48.10, 250.10
—, roller 45.14.15.16, 119.15
—, sliver 86.5, 378.11
—, to — the lap 45.12
—, to — the roller 118.10, 119.13
calendering of the lap 45.13
— the leather covered roller 119.14
— apparatus 45.11
calf hair spinner 408.9.10
— hair yarn 585.22
— skin 64.12, 118.13
caliper, slide 363.1
calorie 293.7
calorifere 306.4
calotte 381.10
cam 60.2, 181.3, 252.7, 282.15
— adjustment 79.7
— cylindre 531.9
— disc 185.3, 536.13
— lever 551.8
— lever, feed 93.13, 94.2
— motion with lever arrangement 185.11.12
— plate 161.11
— screwed-on 560.10
— shaft 161.4, 246.5, 536.14
— shaft with change motion 353.13
— shaft drive 161.3
— shaft lever 346.1
— shaft shell 161.12, 177.1
— shaft sleeve 163.11
— shaft, revolving 160.8
— shell 182.3
—, adjustable 190.4
—, axial 249.11
—, carriage 162.10
—, grooved 182.11, 183.3
—, heart 537.13, 551.7
—, heart-shaped 246.7
—, lifter 246.8
—, lifting 445.7
—, nipper 382.1
—, roller 162.9
—, strap fork 162.11
—, timing 179.8
camel's hair spinner 408.11.12
— hair yarn 585.13
Camel's spinning machine 430.3
cameline seed oil 458.16
can 52.1, 219.3, 451.14
— with iron protector and rubber packing 76.14
— with spiral spring 76.12
— boy 2.5
— carrier 2.5
— dish wheel 76.5
— gill box 384.9
— spinning frame 208.1
—, black sheet iron 76.17
—, coiler 76.4
—, coiling 385.2
—, compressed pulp 76.10
—, corrugated iron 52.3, 76.15
—, drawing 223.11
—, fibre 52.4
—, oil 361.13
—, paper 76.8

can, revolving 208.5
—, sheet iron . . . 52.2, 76.7
—, sheet metal 208.2
—, sliver 76.1, 121.18
—, spinning 470.10
—, stationary 385.1
—, tin 76.16
—, vulcanised fibre . . 76.11
—, watering 239.13
canal system 104.11
—, underground 402.18
cane swift 569.6
canvas, close woven jute 16.12
caoutchouc tube 466.4
cap 392.7, 487.3
— for bushing of carriage main shaft 94.13
— with hinged cover . 487.2
— bar 163.14, 545.7
— bar nep 163.15
— spindle 487.1
— spinning frame 392.5, 486.16
—, adjustable 286.8
—, metal 149.13
—, spindle . . . 431.19, 432.3
—, spinning 487.9
—, twisting 487.9
capacity, spinning . . . 7.1
capillary tube. . 461.2, 467.7
capstan rope 596.24
carbolic acid bath . . . 460.2
carbon 301.16
— bisulphide . 238.19, 297.20, 438.6
— tetrachloride 297.21
— tetrachloride washing process 366.7
—, rich in 120.10.12
carbonate of ammonia . 276.18
— of potassium . 272.9, 273.8
— of sodium . . 276.1, 309.10
carbonisation with circulating hot air . . 308.6
— by the dry process 305.4, 456.7
— with salt solutions . 305.12
— of waste silk 440.7
— by the wet process 302.11, 456.2
carbonise, to (bur) . . 307.3
—, to — the cocoons . 440.8
—, to — the wool . . . 301.11
carbonised bur 307.5
— wool. 308.9
carboniser hand 301.12
carbonising of milled material 402.8
— with preservation of colours 403.2
— the rags 402.1
— the silk rags 456.1
— of slipe wool 301.7
— the torn-up material 402.6
— of unions 407.22
— of unmilled material 402.7
— of wool 301.1.6.10
— action 301.18
— apparatus . . 303.17, 402.9
— chamber 306.6
— drum 402.14
— method 301.8
— plant 306.2, 301.9
— stove . 306.3, 307.6.14.15.16
— temperature 306.5
carborundum 70.21
— fillet. 71.18
card 480.11, 481.5
— for artificial wool . . 406.10
— with automatic stripper 340.19
— with breast roller . . 321.17
— with two doffers . . 201.13
— with doffing action . 323.15
— with dog hair extractor 322.11
— with flats below the cylinder 80.4
— with fly collector . . 322.5
— for mohair 409.16
— with roving feed . . 334.9
— showing rows. . . . 339.15
— board 610.5
— brusher 4.10
— cleaner. 4.10
— cloth 64.21
— cloth of hemp fabric 445.2
— cloth with India rubber layer 445.3
— clother. 4.11
— clothing 60.12.18, 323.11, 334.18
card clothing with cloth foundation. 334.15
— clothing with cloth and felt foundation 335.1
— clothing with leather and cloth foundation 335.2
— clothing industry . . 69.9
— clothing manufactory 69.8
— clothing manufacturer 69.6
— clothing, iron wire . 335.5
— clothing, saw-toothed 199.7
— clothing, steel wire . 335.6
— clothing, tinned steel wire 335.7
— cover(ing) . . 201.8, 323.11
— dresser. 4.11
— driving chain. . . . 324.7
— feed 319.9
— feeding apparatus, Lemaire's 320.8
— fillet(ing). . . 60.20, 337.6
— film 326.14
— fixer. 4.8
— fleece 481.6
— fly 371.5
— foreman 75.17
— foundation 64.6
— framing bend. . . . 56.4
— gauge 78.5
— grinder 4.9, 71.22
— grinding . . . 69.10, 338.3
— grinding machine . . 339.6
— leather, artificial . . 64.20
— minder. 4.6
— mounter 63.8
— mounting apparatus 337.10.11
— mounting machine . 63.9
— roller 202.15
— roller grinding machine 202.12
— setter 60.17
— setting. 60.15
— setting machine. . . 69.7
— shaft relieving motion 79.8
— sheet 60.19, 64.5
— sliver 7.20, 51.15
— spool 520.14
— staple 67.2, 335.8.9
— stripper (worker) 4.10, 75.10, 340.8
— stripper, pneumatic . 341.2
— stripping boy. . . . 75.10
— stripping, pneumatic 370.13
— strips . 194.17, 203.3, 371.4, 398.7
— table, endless. 445.1, 448.1
— tenter 4.6
— waste 194.16, 398.7
— waste cleaning machine 260.5
— waste, oily 298.13
— web 7.18, 50.1, 193.5, 326.14, 329.3
— winder. 5.11.12
— wire (s. a. wire) 65.14, 67.2
— wire with double knee 336.4
— wire band 449.4
— wire industry. . . . 67.1
— wire leveller 340.1
— wire point 67.5
— wire, blunt. 338.13
— wire, deformed . . . 339.13
— wire, roughened . . 339.17
—, asbestos 490.13
—, bourette 453.5
—, cotton. 198.2
—, covered-in 221.12
—, cross strip 329.9
—, double 80.8, 319.4
—, double doffer . . . 201.13
—, double worsted. . . 369.15
—, flake yarn 589.16
—, flat 77.2.3.9, 248.11
—, full circle down-striker — with feed and delivery at the same side 250.1
—, ground 338.16
—, hair. 409.3
—, half circle up-striker — with delivery at the oppite side from the feed. 249.18
—, half circular down-striker 232.19
—, hand 49.10, 318.13
—, hemp tow 232.14
—, intermediate 324.11
—, jumbo. 248.8
—, main 369.14
—, mixed. 80.6
—, mixing — with rubbers 370.5
—, revolving flat . . . 77.9
—, Risler's express . . . 48.5
card, roller 198.5.6
—, roller and clearer 80.5, 198.3, 221.4, 318.19
—, sheep's wool 318.17
—, shoddy 406.10
—, single 80.7, 319.3
—, single worsted . . . 369.13
—, spinning. 341.6
—, star-shaped 520.15
—, two doffer 322.3
—, uncovered 221.13
—, under flat 80.4
—, up-striker half circular 232.18
—, woollen 318.18
—, worker and stripper 318.19
—, wrapping 536.10
—s coupled together. . 198.13
—s working in a set. . 198.13
—, to . . . 7.14, 49.13, 318.6
—, to — wet 369.12
carded cotton yarn . . 580.5
— tow 220.8
— wool. 318.9
— wool yarn 263.5
— worsted yarn 583.17
— yarn 364.11
carder (engine) . . 7.15, 318.18
— (worker) 4.6, 75.17
—, cotton. 49.14
—, hair. 409.4
—, jute. 251.2
—, wool 318.11
—'s assistant 251.3
carding. 7.13, 507.3
— of cotton 49.8
— of flax tow 220.20
— by hand 49.11
— the hemp tow . . . 232.13
— of jute. 246.13
— of spinning waste. . 198.1
— of wool 318.4
— action 58.11, 318.10
— beater 47.18
— capacity of the wire 67.9
— constant 49.20
— cylinder 443.4
— edge of the wire . . 335.18
— engine . 7.15, 49.12, 203.5, 318.18
— machine 7.15
— machine, ramie . . . 262.15
— master. 4.7, 75.17
— room, flax 222.2
— stock 318.14
— surface. 58.13
— willow 197.15, 313.4
— wool. 263.4
—, double 80.9
—, fine 249.1
—, light 221.2
—, preliminary 247.1
—, worsted 369.11
careful treatment . . . 38.4
carpenter 5.23
carpet shoddy 407.9
— yarn. 583.7
— yarn, hair 586.2
— yarn, woollen. . . . 583.8
—s 397.8
Carragheen moss . . . 316.14
carriage . . 92.1, 96.5, 106.3, 327.14, 608.14
— of the selfactor . . . 343.18
— arm 344.5, 351.8
— band arrangement 173.11, 177.8
— band bracket 174.1
— bar 608.12
— bearer 558.4
— bracket 178.5.6
— cam 162.10
— draft 393.7
— drive by screw . . . 373.17
— driving gear 177.3
— gain. 393.7
— main shaft 92.2
— motion. 183.2
— rail . . 344.6, 353.1, 558.5
— receding motion . . 205.4
— rest 206.2, 351.6
— scavenger, travelling 395.2
— scrolls 169.9
— speed 166.14.15
— square 177.12, 205.14, 351.5
— stays 345.5
— stop 358.16
— wheel 206.1
— wheel guard 351.9
—, controlled 206.5
—, four-wheeled 445.6
carriage, half 344.15
—, hurdle. 307.8
—, lap 47.16
—, rake 504.10
—, stationary 557.5
—, steel 178.3
—, to-and-fro moving . 233.3
—, travelling 557.4
—, wooden 558.15
carrier 3.18
— comb 448.12
— roller 393.4
— spur wheel for jacking motion 187.9
— system for slivers . . 80.11
— wheel 505.16
— wheel, double . . . 187.6
— wheel, top 136.4
—, ball 382.16, 387.14
—, bobbin (worker) 2.14, 3.9, 176.5, 569.9
carrier, bobbin (of rubber drawing). . . . 387.14
—, can (worker). . . . 2.5
—, click 95.9
—, compound 187.6
—, creel table. 394.8
—, drag motion 187.9
—, lap 250.12
—, sliding copping plate 190.14
carry, to — the fancy thread (ground thread) 560.2
—, to — several skewers (one plate) 568.14
—, to — the drawing action too far . . . 101.15
—, to — the wool through the bath 283.16
carrying over the washing liquid from bowl to bowl (liquid) . . 280.6
— bracket 54.9, 127.7
— comb 379.15
— roller 368.13
— rope 596.6
case 72.5
—, coil 113.7
—, double 417.6
—, paper-lined 578.9
— hardened pin 55.1
— hardened roller . . . 107.7
casein 471.13
— silk 471.13
— solution . . . 471.15, 472.2
—, commercial 471.14
—, spongy 471.18
Cashmere hair 409.7
— rags 407.17
— wool. 363.14
— yarn 585.21
casing 616.13
—, cylinder 31.9
—, fan 37.6
—, fancy 323.9
—, filter 470.5
—, heated reel 420.16
—, hinged 267.1
—, sheet iron . . 195.12, 307.9
—, spindle footstep . . 255.13
—, steel 123.5
—, valve 291.8
cask 578.10
cast iron flat 77.7
— iron piece 184.14
—-on clutch 348.12
castor oil. . . . 314.16, 458.17
— yarn 584.3
catch 125.9, 131.15, 172.8.9, 181.5, 206.11, 526.2, 533.2, 578.2, 606.3
— on disc 172.1
— box 29.12, 182.12
— box for drawing out 163.4
— box for drawing rollers 176.8
— box, back shaft . . 183.6
— box, front roller . . 187.14
— finger 190.3
— lever, safety 357.12
— nose 158.5
— plate 188.3
—, adjustable 132.2
—, holding down . . . 146.7
—, holding out 162.15
—, hooked 487.5
—, locking 185.4
—, ratchet 132.9
—, safety 346.14
—, strap fork 185.1
—, to — fire 222.4
catcher, oil 360.4
—, tow 213.15

catgut 497.5
caustic alkaline precipitant 464.14
— potash 276.9
— soda 472.8
— soda liquid 437.5
— soda solution . . . 276.11
cell, cocoon container . 423.10
—, jute 237.10
cellar moistening . . . 574.12
—, damp 574 11
—, moistening 574.13
cellular tissue 237.9
cellulose 301.14
— paper 479.9.10
— yarn 588.18
—, nitrated 458.2
—, pine wood 479.8
—, wood 475.4
—-like substance . . . 472.12
cement 65.6
— steel 120.17
— vat 304.7
—, roller 117.10
—, tenacious 117.12
—, to — the cloth . . . 117.6
—, to — the leather covering 119.4
—, to — the leather strips 64.16
—, to — the plies together 65 5
— on, to 64.17
cementate, to — the iron roller 120.11
cementation 120.16
cemented iron (on the surface) 120.15
cementing the cloth on the roller 117.5
centigramme 601.1
centimetre 600 9
central oiling 555.6
centre of backing-off lever 179.2
— of gravity . . 191.6, 291.2
— of rotation for spindle footstep board . . . 344.9
— shaft, quadrant . . . 184 10
—, quadrant arm . . . 172.13
centrifugal drying-machine 288.16
— flyer 258.3
— force . 31.4, 130.14, 288.13
centrifugated rags . . . 403.19
centrifuge, to — the waste silk 439.16
—, to — the wool . . . 305.21
certificate, conditioning 616.3
chaff 220.17
— box 214.2
—, adherent 220.18
—, free from 228.8
—, loose 220.19
chaffy flax 217.6
chain bar drawing frame 253.9
— bar spreader 501.12
— bowl 180.12, 183.11
— depressing finger . . 547.8
— drawing frame . . . 219.4
— driving 242.4
— driving wheel 447.4
— gill drawing frame . 253.9
— guide 244.4
— guide drawing . . . 253.9
— guide roller 244.6
— link 254.2
— roller 447.5
— to shorten backing-off period 207.2
— shortening eccentric . 350.8
— skeining 564.2
— snipping machine . . 244.3
— sprocket wheel . . . 254.1
— tension 351.3
— tension motion, quadrant 351.4
— tightener 40.5
— tightening motion, backing-off 184.1
— wheel on quadrant arm centre 172.13
—, backing-off . 179.13, 184.3, 206.13
—, card driving 324.7
—, clamp 446.14
—, coiler driving . . . 94.11
—, endless 254.5
—, fixed 183.13
—, flat 73.14
—, flat link . . . 184.9, 560.1
—, Gall's 395.7
chain, gill 219.5
—, hackle 219.5
—, hook link . . 179.14, 395.6
—, loose 180.1
—, loosely hanging . . 183.10
—, pitch . 152.4, 184.9, 395.7
—, quadrant . . 170.22, 350.10
—, slack 152.5, 180.1
—, tight 152.6
chamber s. a. compartment, department, room
— with perforated wall 286.4
— acid 303.2
—, air 296.2, 352.4
—, beating 197.4
—, boxlike 307.7
—, carbonising 306.6
—, concrete 570.13
—, cotton 22.10
—, dirt 267.2
—, dirt settling 361.18
—, drying . . 294.1.5.7, 295.13, 296.4, 616.11
—, dust 27.10
—, dust and dirt . . . 38.8
—, fireproof 227.8
—, mixing . . 22.10, 24.13.14
—, moistening 575.6
—, roller 282.3
—, sulphuring 434.20
—, tube 361.9
—, waste 22.14
change of air 293.16
— of bobbins 141.2
— in gearing 159.8
— of holders 215 8
— in kind of winding . 535.11
— feed plate 94.1
— finger 348 14
— lever 348.6
— mechanism of self-acting mule 182.1
— motion 160.8
— pinion 114.2, 176.14
— rod 353.16
— wheel . 136.5, 176 14, 503.7
— wheel in roller motion 187.16
— wheel, twist 134.3
—, early — of driving belt 191.10
—, to 346.13
—, to — the bobbins . 141 3
—, to — the counterpoise 613.16
—, to — the reversing bevels 131.13
—, to — the spinning can 470 11
—, to — the steel bands 56.6
changer (worker) . . . 215 17
—, clamp 230.12
changing the reeling water 419.13
— motion, early — for driving belt 191.9
— shaft 178 12
channel . . 230.3, 245.8, 257 8, 379.6
— of the hackling machine 214.6
— guide 373.11
— lifting cam 230.2
—, feed 379.10
—, grooved 344.13
—, water 575.3
Chapon's cup spinning frame 209.12
chappe s. schappe
characteristics of card clothings 334.14
Chardonnet silk 588.7
—'s method 456.10
—'s silk mill 431.14
—'s spinning apparatus . 460.16
—'s spinning organ . . 461.1
charge, to — the fixed comb 375.7
charged with fibres . . 75.3
check band . . 177.10, 359.7
— scroll 169.11
— scroll band 169.13
— scroll, drawing-up . 349.15
—, to — the weight . . 16.17
checking the weight . . 16.16
cheese . . 523.4, 525.11, 551.4
— with tapered ends . 519.7
—, braked 525.13
—, close wound 519.9
—, conical 523.10
—, cylindrical 519.6
—, open wound 519.8
—, parallel 519.6
—, tapered 523.10
chemical action . 272.5, 301.4
— degreasing 297.9
chemical wool washing 297.7
—ly combined 468.1
—ly pure 309.11
chest, stuff 476.10
chevillé silk 587.14
cheviot 397.3
— melange 583.24
— warp 584.2
— yarn 583.23
—, woollen 397.4
chilled fluted roller . . 308.14
chimney humidifying installation 572.14
—, vapour 297.4
china-crape yarn . . . 586.21
— grass 261.3
— grass yarn 588.15
Chinese oak silk . . . 410.8
— raw silk 426.5
— tussah silk 410.8
chip, wood 476.2
chloride of aluminium 305.16, 457.14
— of calcium 457.12
— of potassium 272.11
— of sodium solution . 465.5
— of zinc 457.15
—, ammonium 316.6
—, chromous 457.3
—, ferrous 456.12
—, magnesium 305.17, 457.13, 483.15
—, manganous 457.4
—, reducing metallic . . 456.11
—, stannous 457.1
chlorine compound . . 305.15
chloroform 463.2
choked 29.14, 463.14
chromate, potassium . . 316.5
chromic acid 401.13
chromous chloride . . 457.3
chrysalis 417.8
chute 439.15
circle of bobbins . . . 97.1
— covered with rough leather 381.9
—, comb 377.11, 379.17
—, feeding comb . . . 448.12
—, large 379.1, 449.5
—, notched 449.3
—, small 379.2
—, spike 30.8
—, steam heated . . . 380.1
circuit 113.12, 511.2
circular beater path . . 42.18
— beater plate 35.3
— brush 88.4, 94.7
— comb brush 86.6
— comber . . . 83.12, 376.19
— drawing 253.8
— frame 96.12
— gill box 372.7
— knife 482.11, 483.2
— nippers 449.1
— punching comb . . . 98.10
— rib 490.10
— saw 231.16
— scale 361.1
circulate, to (lye) . . . 439.3
circulating current of moist air 573.1
circulation of the liquor 284.10
—, continuous 280.7
—, oil 148.4
circumference of bobbin 124.9
— of reel 563.2
— of rope 500.15
—, increasing 535.9
—, variable 224.7
circumferential speed . 102.15
cistern, closed 242.3
—, lower 242.2
—, washing 439.5
—, water 241.8
clamp . . 214.5, 230.4, 445.9
— with grooved rubber lining 245.7
— chain 446.14
— changer 230.12
—, bulged 62.6
—, connecting 328.4
—, Deiss's toothed . . . 62.8
—, rope 513.13
—, steel 62.5
—, to — the tuft in the book 445.10
clarification of the washing water 299.1
clarify, to — the paste water 299.7
clarifying 299.6
clarifying vat 299.19
clash, to — together (ballons) 152.16
clashing of the balloons 152.17
clasp 361.5
class of cotton 13.7
— of wool 266.9
classifying the hackled lax 216.17
claw roller 30.3
clean combing 376.7
— fibre stricks 231.10
— flax 216.19
— yarn 605.5
clean, to — by compressed air 466.11
—, to — the cotton . . 26.4
—, to — in a dry condition 196.1
—, to — the flat . . . 52.8
—, to — the hemp from awn 495.4
—, to — with petrol . 109.7
—, to — with a roller scavenger 193.8
cleaned cordage . . . 507.12
— hemp 496.9
cleaner 3.17.20.21
—, card 4.10
—, comb 216.1
—, cotton 26.5
cleaning the asbestos . 490.2.5
— the card clothing . . 75.1
— of the clearer . . . 109.5
— the cocoons 419.19
— of the cotton 26.3
— of the drawing rollers 108.6
— the flat 52.7
— by hand 454.13
— the hemp 496.7
— the hemp tow . . . 232.9
— by machine 454.14
— the silk fibres . . . 438.16
— of spinning waste . . 195.4, 298.12
— the tow 220.10
— of the waste 49.5
— the yarns 454.11
— apparatus for thread 536.6
— apparatus for capillary tubes 466.12
— brush 97.16, 446.5
— cloth 395.5
— frame for silk schappe yarns 454.15
— machine, card waste . 260.5
— machine, raw silk . 429.13
—, automatic 193.1
—, dry 266.14
—, final 26.8
—, mechanical 266.14
—, preliminary 26.6.7
—, rope 507.3
—, wet 268.8
cleanliness of cotton . . 15.12
cleanness of the yarn . 605.4
clear, to — the thread . 429.4
clearer 51.5, 142.10, 368.12, 370.2, 433.3.11
— for silk schappe yarns 454.15
— with up and down movement 455.1
— hose 108.12.13.14
— plate 98.4
— roller 85.12, 98.3, 199.3, 200.1, 201.11
— strap 324.8
— stripper 321.6
— waste 108.11
—, Brown's revolving . 129.1
—, cloth thread 429.5
—, conical 109.2
—, detaching roller . . 90.6
—, double — for travellers 150.17
—, feed roller 90.2
—, fixed 108.9
—, flat 108.8
—, revolving 253.7
—, roller . 85.12, 108.15, 109.1
—, single traveller . . 150.16
—, steel thread 429.7
—, top 95.12
—, travelling cloth . . 108.12
—, wedge-shaped . . . 109.4
—, yarn 536.6
clearing of raw silk . . 429.1
— apparatus for rollers 108.7
— apparatus for the swift 322.18

clearing appliance for porcupine rollers 389 6
— board 108.8
— edge 429 12
— flat 108.8
— strip 611.18
click 95.10, 173.7
— carrier 95.9
— locking motion 180.3
— motion 173.1 2
— spring 173.5
— wheel 173.4
clip 535.4
—, adjustable 432.5
—, pipe 39.10
—, steel 62.5
clippings, tailors' 397.18
clock line 593.22
clockwise direction 153.15
— twist 541.1
—, turning 541.13
clogged nozzle 466.10
close-laid wire rope 595.16
close wound cheese 519.9
— wound Leeson bobbin 519.11
— woven 16.12
—, set too 70.11, 105.11
—, to — the books 449.16
—, to — the circuit 113.12
—, to — a rope 500.4
—, to — the strand 511.4
—, to — automatically (nippers) 450.2
closed bearing 324.6
— work 500.7
— in cover 323.7
closely woven 477.7
closing of the circuit 113.13
— head 61.11
— machine, horizontal rope 506.3
— movement of the nippers 91 5
—, tight — the work 501.6
cloth covering 117.2
— and felt foundation 335.1
— foundation 110.6, 334.15
— line 593.21
— paste 117.10
— rags 397 1
— strickle 339.2
—, card 64.21
—, cleaning 395.5
—, cotton 64.22
— emery 70 14
—, endless 328.6
—, feeding 321.1
—, five-ply cotton twill 65.4
—, four-ply — cemented with rubber solution 65.7
—, India rubber 335.3
—, leather 389.14
—, moist 573.13
—, roller 117.4, 118.1
—, twill 64.24
—, umbrella 397.10
—, union 64 23
—, woollen 335.4, 389.13
—, x-ply 65.1
cloth, to — with rough leather 97.14
clother, card 4.11
clothing of the main cylinder 63.1
— pincers 338.5
— wool 263.4
—, card 60.12.18, 323.11, 334.13
—, coarse wire 335.11
—, doffer 329.11
—, fine wire 335.12
—, flat 57.8
—, Garnett 336.11
—, leather 248.6
—, old 336.13
—, ring 221.6
—, saw-toothed card 199.7
—, worker 248.7
cloudy sliver 101.23
— surface of card clothing 338.10
clutch box 207.8
— coupling 345.17
— coupling, roving delivery 346.4
— fork lever 347.13
— plate 345.19
—, disengaging 345.18
—, fork 347.3
—, half coupling 348.12
coagulate, to — by ammonium sulphate 468.14
coagulating liquid 462.15
coagulating properties 464.5
coal tar 508.2
coarse count 193.13 598.5
— flax 217.3
— grain 71.2
— hackle 213.5, 229.4, 495.14
— hackled tow 219 16
— impurities 26.11
— meshed wire cloth 477.7
— neps 96.7
— raw silk 426.1
— strand wire rope 595.11
— titre 602.5
— tram 586.12
— wire clothing 335.11
— worsted spinning 364.13
— yarn of great softness 193.10
coat, to — the leather with a glue solution 120.4
coating of varnish 120.7
—, inner — of the cocoon 417.5
—, rust preventing 63.18
—, thin — of paste 117.9
cobbler's wax 508.8
cock, three-way 371.1
Coconada yarn 579 5
coco-nut fibre 492 15
— hair 492.15
— oil 315.7
— oil soap 433.20
cocoon 413.1
— of Actias selene wrapped in leaves 414.9
— of annual silkworm variety 413.15
— of Bengal breed 414.4
— of bivoltine variety 413.16
— with a double case 417 6
— of fine fibred silk 416 4
— of Japanese breed 414.3
— of metallic lustre 415.6
— of the mulberry silkworm 414.2
— of multivoltine variety 413.17
— poor in silk 416.3
— rich in sericin 417.2
— rich in silk 416 2
— agitator, mechanical 420.6
— basin 423.11
— basket 415.20
— beating machine 441 11
— brusher 419.20
— container cell 423 10
— feed automatic 423.8
— filament 411 5
— filament, flattened cylindrical 411.12
— filament, pieced 421 10
— mass, beaten 440.17
— matted waste 436.3
— opener 442 15
— reeler 421.1
— shell 418 8
— sieve 418.15
— sorter 413.3
—, autumn 413 8
—, baked 413.10
—, breeding 413.6
—, broken 415.18, 436.7
—, continuously spun 416.8
—, damaged 415.11
—, dead 415.12, 436.11
—, dense 416.11
—, double 414.12, 436.12
—, dried 413.10
—, egg-shaped 414.8
—, elastic 416.21
—, faulty 415.8
—, female 414.7
—, fine grained 416.20
—, firm 416.10
—, floating 420.2
—, fresh 421.9
—, fumed 413.11
—, gnawed 415.17
—, golden yellow 415.2
—, green 415.4
—, grey coloured 415.5
—, incomplete 415.9, 436.5
—, injured 415.11
—, intermittently spun 416.9
—, irregularly spun 416.7
—, kidney-shaped 414.10
—, large-meshed 416.18
—, loosely built 416.19
—, male 414.6
—, meshy 416.17
—, mildewy 415.15
—, moth-eaten 415.17
—, mouldy 415.15
—, net-like 416.17
cocoon, open 415.18
—, oval 414.8
—, pale green 415.3
—, permeable 416.13
—, polluted 414.13
—, pricked 415.19
—, pure bred 414.1
—, raw 413.9
—, reelable 413.5
—, regularly spun 416.6
—, rotten 415.16
—, rust-stained 415.14
—, satiny 416.15
—, solid 416.10
—, spotted 415.13, 436.9
—, spring 413.7
—, stifled 413.10
—, straw-coloured 415.1
—, thick-walled 416.14
—, transparent 416.16
—, twin 414.12
cocoon, unfinished 415.9, 436.5
—, unreelable 415.10, 436.6
—, waterproof 416.12
—, white 414.15
—, wild silk 436.13
—, worm-eaten 415.9, 436.8
—, yellow 414.16
codilla 219.13
—, hemp 232.4
coefficient of friction 47.3
— of twist 9.2
coil of rope 596.18
— case 113.7
—, cooling 462.1
—, induction 112.7
—, steam 298.6
—s placed on the spindle in an oblique position 538.10
—s, regular helical 517.8
—s, starting 533.10
coiler 51.16, 76.2
— can 76.4
— cover 112.4
— driving chain 94.11
— head 112.4
— roller 51.11
— shaft 115.3
coiling of the sliver 76.19
— can 385 2
—, hypocyclic 76.20
coir 492.15
— yarn 588.14
coke furnace 402.10
cold cemented leather sleeve 119.5
— running of the spindle 148.14
— water washing apparatus 439.8
collapsible arm of reel 432.11
collar 123.2, 130.15
— at the end 116.9
— on shaft 533.6
— on stripper connecting rod 95.7
— bearing, flexible 289.13
—, adjusting 95.14
—, brass 156.11
—, long 131.2
—, short 130.16
—, spindle 130.2
collect, to — the thrown out liquid 288.15
—, to — the tufts 444.10
collecting the tufts 444.9
— box, noil 447.10
— box, wool 296.1
— comb, waste 58.1
— pipe 399.17
— roller 478.6
— roller, felt covered 322.7
— vat 439.15
collector, copper 113.5
—, dust 221.10
—, fly 322.5
—, grease 298.2
—, sud and dirt 279.9
collodion for spinning purposes 459.6
— silk 456.5, 588.7
— solution containing water 462.5
— solution, concentrated 457.10
—, acetone 460.3
—, very fluid 462.12
colophony 117.20
colour of cocoons 414.14
— of cotton 13.9
— blend[ing] 310.21, 311.1.2
— mixture 310.21
colour, not affected 403.3
—, not attacked 403.3
—, dark natural 427.21
—, mixed 194.6
—, tar 16.8
—s, of various 194.5
coloured glass filament 491.14
— knop 590.11
— silk 587.12
— sliver 387.3
— top 374.12
— twist yarn 584.9.12
— yarns 194.2
colouring matter, resinous 432.16
colourless batching oil 238.7
comb (s. a. comber and combing machine) 262.3, 368.8, 443.6, 445.4, 446.3, 447.9
— placed in the pot 376.5
— bar 58.6
— bar bearing 58.9
— brush, circular 86.6
— circle 377.11, 379.17
— cleaner 216.1
— cylinder 87.8, 92.7
— hand 4.12.13, 375.6, 376.13
— holder 99.9
— pot 375.18
— segment 85.4, 383.1, 378.2
— shaft 60.6, 87.9
— strip 86.11
— tenter 4.12.13, 81.15.16, 375.6, 376.13
—, carrying 379.15
—, circular punching 98.10
—, circular top 379.5
—, feeding 382.4
—, filled 375.15
—, fixed 375.14
—, french 377.1
—, heated 375.17
—, holding 375.14
—, intersecting 381.4
—, medium coarse 495.15
—, nip 379.8
—, Noble's 378.15
—, noil stripping 378.14
—, oscillating evener 320.3
—, revolving ring 379.7
—, steel 340.10
—, stripping (stripper) 98.1, 245.13, 260.8, 320.12, 446.6
—, top 85.8, 90.1, 92.12, 378.5, 381.2, 382.5
—, vertical 382.7
—, vibrating 51.8
—, waste collecting 58.1
—, working 375.13
comb, to 7.22, 81.14
—, to — the end of tuft 82.12.15, 445.13
—, to — the fibre tuft 443.10
—, to — the silk fibres 444.14
—, to — the tow 222.6
—, to — the web from the doffer 59.17
— -out, to — the ends 376.6
— -out, to — the tuft 82.11
combed cotton yarn 580.6
— fibre tuft 446.10
— fibres 450.9
— fibrous material 82.2
— material 8.1
— sliver 82.4, 374.7, 384.11
— tow 222.10
— waste silk 446.9
—, insufficiently 376.8
comber (worker) 4.12.13
— (s. a. comb and combing machine) 7.23, 83.1
— with continuous action 83.12
— with intermittent action 83.3
— for long wool 376.17
— for short wool 376.18
— cylinder 377.11
— dust 375.8
— fly 375.2, 398.9
— sliver 374.6
— tenter 83.2
— waste 8.2, 82.7, 100.1, 262.14, 374.19
— waste fleece 82.8
— waste sliver 82.9
—, circular 83.12, 376.19
—, continuous 83.12
—, cotton (worker) 81.15.16
—, Crossley 446.13

comber, Dobson and Barlow's duplex 91.1
—, flax (worker) 211.14.15
—, Gegauff's 91.7
—, hand 375.5
—, Heilmann's 377.1
—, hemp 229 3
—, Holden's 379.4
—, Hubner's 96.10, 381.7
—, Imbs' 99.3
—, left hand 83.4
—, Lister's 379.8
—, Lister-Warburton's 449.13
—, Meunier-Grun's 380.9
—, Nasmith's 87.7
—, Neyret-Brenier's round 449.14
—, Noble's 378.15
—, oakum (worker) 222.7 8
—, one-sided rectilinear 83.10
—, Pinel and Lecoeur's 99.14
—, rectilinear 83 3.7
—, right hand 83.5
—, round 83.12
—, Schlumberger's duplex 91.2
—, silk 444 16, 448.7
—, single head rectilinear 83.6
—, square motion 379.4
—, Staub and Montfort's 99.15
—, straight 376.20
—, tow (worker) 222.7.8
—, two-sided rectilinear 83.11
—, wool (worker) 375.6
—, x head 83.8
combination of lime 270.12
— of the wool fat and suint 272 7
combine, to — several bowls to one machine 279.10
—, to — the tipples into slivers 218 1
combined fat 272.2
— fleece 373.14
— stranding and wire rope laying machine 509.5
— willow 313.3
—, chemically 468.1
combing 7.21, 81.13
— the bourrette 453.14
— of cotton 80.13
— of the ends of the tuft 82.13.14
— by machine 376.12
— out the lap 81.17
— the ramie 262.2
— of waste silk 444.12
— cylinder 85.3, 97.15, 262.4, 368.2, 450.8
— cylinder with fallers with needles increasing in number 380.10
— cylinder, curved 381.8
— cylinder, eccentrically mounted 447.6
— machine (s. a. comb and comber) 7.23, 83.1
— machine, Heilmann's 84.1, 222.9
— machine, silk 444.16
— material 99.7
— plant, Fairbairn's 447.11
— room waste 452.15
— wool 363.11
—, clean 376.7
—, commission 376.15
—, hand 375.4
—, silk 444.15
—, tow 222.5
—, wool 374.1
combining round ropes by sewing 512.2
come, to — to (flax) 217.14
— -down, to — into the fibres (top comb) 85.9
commence, to — a fresh set of cops 175.7, 352.12
commencement of spinning 155.4, 175.6
commercial casein 471.14
— gelatine 471.3
— potash 273.9
— value of the yarn 606.7
— weight 413.13, 606.8, 616.2
commission combing 376.15
common salt solution 465.5
— twine 592.17
commutator, copper 113.5
compartment (s. a. chamber and room) 27.12
compartment, humidifying 572.17
compensating arrangement, Dobson and Barlow's 79.6
— swing 133.5
— wedge 73.7
complete bur 367.4
— hank 610.13
—d cop 157.3
composition rich in carbon 120.12
compound balling machine 538 15
— carrier 187.6
— leather 64.15
— wire rope machine 509.5
—, ammonia 276 17
—, chlorine 305.15
—, magnesia 270.11
compress, to — the lap 45.10
compressed air 455.10
— air atomiser 574.3
— bale 16.2
— jute 235.9
— paper bevel 289.8
— pulp can 76.10
— roller 46.1, 197.9
compressor 197.9
Concanee hemp 492.7
concave cop nose 174.6
concentrated lye 275.18
concentrating by vaporisation 471.7
concentration of the solution 305.18
concentric adjustment 554.14
concrete chamber 570.13
— pit 437.16
condensation water 316.19
condense, to — the fleece 453.6
—, to — the web 59.16, 327.7
condensed sliver 328.15, 334.6, 342.6
— yarn 579.17
condenser 298.4
— bobbin 204.9, 208.3, 334.10, 342.2, 590.2
— bobbin horizontal 341.11
— bobbin roller 204.15
— card 199.10, 203.5, 319.7, 328.13
— drum 204.15
— funnel 372.5
— pipe, steam 294.3
— roller, traversing 204.5
— yarn 193.12
—, Belgian 330.7
—, rubber 333.9.13
—, steel tape 330.12
—, tape 203 13, 330.7
condensing the web 327.6
— apparatus, steam 294.1
— funnel 451.13
— roller 32.7
condition of silk 427.2
—, dry 196.1
—, even 425.3
—, granular 71.1
—, loose 7.10
—, textile thread-like 475.8
—, thin liquid 463.10
conditioned titre 602.9
—, to become (flax) 217.14
conditioning certificate 616.3
— house 616.4
— loss 615.18
— method 615.9
— oven for silk 616.10
conducting the electricity away 570.2
— pipe 461.9
— pipe to opener 27.15
— wire, electric 113.4
conduction of the liquor on the contraflow principle 280.8
—, heat 294.15
conductor 218.6, 247.14, 379.10
—, tin 250.13
—, web 250.14
cone 43.12
— of atomised water 574.6
— of cop, top 167.11
— belt 28.12, 255.17
— drive gear 527.1
— drum 255.16
— drum belt 43.13
— drum driving 43.5
— drum strap 43.13
— feed regulator 28.9
cone lever for forming cap bottom 152.9
— pivot 528.3
— shaft 528.5
— strap 28.12
— wheel 134.7
—, friction 163.2
—, guiding 528.2
—, split 332.14
—, step 337.14
—, swinging 528.7
—, top 149.3
—, winding 155.12
—s, regulator 34.7
—s, sliding 224.9
cone-shaped border 531.5
congeal, to (wool grease) 300.16.17.18
conical base, inserted 543.10
— beater grid 35.4
— cheese 523.10
— clearer 109.2
— cylinder 37.4
— layers 155.2
— oil cup 149.2
— rollers 231.3
— screw 205.10, 349.3
— shell spindle 355.9
— tube 518.13
connect, to 346.11
—ed 346.16
connecting round ropes by stitching 512.2
— bar 98.14
— clamp 328.4
— lever for nippers 89.6
— pipe, galvanised 39.6
— rod 11.7, 96.3, 99.11, 283.10, 292.2
— rod of shaper plates 180.5
— strap 149.5
consistence of the paste 117.14
constant lift of the ring rail 151.8
— number for twist 154.8
—, carding 49.20
—, twist 154.8
constituent 6.13, 272.8
—, vegetable 402.2
consumption of soap 277.8
—, weekly 18.14
—, wool 264.4
contact spring 113.8
—, electric 423.6
contain, to 200.12, 277.14.15
container, acid 303.18
—, cooled 464.11
—, hydrochloric acid 402.17
—, lye 439.2
—, oil 461.15
—, solution 298.3
—, waste water 299.9
—, water 570.14
— cell, cocoon 423.10
contents of hopper 30.2
— of sericin 417.1
—, dust 400.18
—, grease 299.3
—, low lime 419.5
—, soap 277.6
—, soda 276.4
—, sulphuric acid 315.6
continuation of frame 530.16
continuous circulation 280.7
— comber 83.12
— current motor 157.3
— doublers 542.15
— doubling 542.18
— motion of cam shaft 182.7
— spinning machine 138.2, 341.7
— spinnig method 138.1
— [water] trough 543.4, 558.1
—ly spun cocoon 416.8
contract, below 14.18.20.21, 15.1
contractor 1.14
contraflow principle 280.8
control of carriage movement 345.2
— lever 179.4, 423.5
— motion with lever arrangement 185.13, 186.1
— spring 423.4
— test 614.5
—, backing-off 205.9
—, bale 16.15
—, setting 80.3
—led carriage 206.5
—ling weight 613.17
conversion of counts 603.10
conversion table, yarn 612.12
converted, to be (count) 603.14
convex bobbin 140.19, 519.1
— wire 65.18
convey, to — cotton (pneumatic system) 37.7
conveyer worm 40.4
—, screw 40.4
cooker 418.12
cool, to — the dried yarn 227.11
cool, to run (spindle) 148.15
cooled container 464.11
—, water- 36.13
cooler, return flow 298.7
cooling of the drying chamber 294.12
— of the yarn 572.8
— appliance 572.1
— coil 462.1
— surface 295.1
— vessel 572.2
cop 154.9, 520.6
— base 154.18
— bit 167.7, 175.16
— body 543.15
— body forming line 168.3
— body, hollow 174.7
— bottom 154.18, 167.7, 175.16, 543.14
— bottom curve of front shaper plate 167.13
— building 154.17
— building apparatus 156.1
— creel 543.13
— holder 611.17
— lath 611.2
— nose 155.1, 174.4.5.6
— spinning frame, tubular 208.1
— spun yarn 583.11
— stand 612.5
— steaming box 571.4.10
— tube 175.19
— tubing apparatus 361.2
— winder 526.7
— winding machine 526.4.9, 527.14
—, completed 157.3
—, cross wound 351.16, 519.13
—, defective 174.12
—, faulty 174.12
—, full 157.3
—, pin s. pin cop
—, tubular 520.3
—, twist 154.13
—, warp 154.13, 569.2
—, weft 154.10
copal, powdered 458.19
— varnish 458.20
copper bent wire to remove roller laps 108.1
— brush 113.3
— coated iron wire 493.10
— collector 113.5
— commutator 113.5
— immersion roller 576.2
— rivet 61.10
— sleeve, revolving 360.13
— sulphate 458.23
— wire 461.11
— wire rope 595.18
—, poor in 467.17
copping motion 152.7, 190.10
— plate 167.6, 352.6
— plate, front 167.10, 168.7
— plate, uneven 175.3
— rail 167.3, 168.4.5
— rail, travelling 190.11
— rail, worn 174.4
— rail guide 167.4, 352.7
— wire gauge 362.8
cord 593.15
— driving, individual 473.11
— laying machine 502.4
—, bobbin brake 258.2
—, drag 258.2
—, heald 593.14
—, linen 593.21
—, mason's 593.12
—, passementery 593.16
—, scaffolding 594.16
—, weighted 140.16
—, whip 593.13
cordage 592.1
— manufacture, twisted 494.18
— mill 494.13
—, braided 510.1
—, cleaned 507.12
—, damped 507.16
—, finished 507.16
—, hair 514.1

cordage, plaited 510.1
—, sewn 512.1
—, white 508.21
cordonnet . . . 580.10, 586.19
core of strand 594.8
— drum 509.11
— strand 509.6
— thread 559.3, 561.15, 591.4
—, covered 595.4
—, crushed 594.19
—, hemp 594.21
—, horse-shoe iron . . . 113.9
—, inserted conical . . . 484.12
—, iron 115.10
—, rope 594.18
—, straight rope 594 20
—, thread 589.8
—, wire 595.1
Corean raw silk 426.8
cork cushion flexible spindle 146.8
— filling 595.5
— screwed thread . . . 539.20
Cornet's worsted spinning machine 392.9
correct position of the bobbin 97.4
corrugated [sheet] iron can 52.3, 76.13.15
— wood pirn 356.11
cotton 492.13
— of various colours . . 194.5
— bale 15.20
— bale storage 16.14
— bale store 17.8
— breaker 42 5
— card 198 2
— carder 49.14
— chamber 22.10
— cleaner 26.5
— clearer hose 108.14
— cloth 64 22
— comber 81.15.16
— delivery . . . . . . -35.7
— doubler 539.8.9
— drawer 100.17
— drawing-frame tenter 100.17
— feed 35 6
— feeder 28.2
— fibre, dead 14.6
— foundation 62.12
— inlet 35.6
— knop 590 7
— layer 19.17
— lump 20.5
— mixer 18.16
— operative 5.15.16
— outlet 35.7
— passage 38.14
— reeler 562.12
— rope 592 8
— seed oil . . . 314.18, 458.12
— shaker 42.5
— spinner 137.9 10
— spinning 13.1
— spinning master . . 137 8
— spinning mill . . 1.7, 137.6
— supplier 28.2
— twister 539.8.9
— waste hand 196.4
— waste shaker 196.15
— waste spinning . . . 194.12
—-wool-cotton foundation 65.2
—-wool-rubber foundation 65.3
— yarn 580.1
— yarn, carded 580.5
— yarn, combed 580.6
— yarn, gassed 580.21
—, damp 15.3
—, dirty 15.15
—, dyed 194.4
—, long-stapled 14.13
—, raw 13.4, 195.12
—, sewing 580.8
—, short-stapled . . . 14.12
—, spotted 13.10
—, stained 13.10
—, tinged 13.10
—-free mungo 406.17
Cotton's hackling arrangement 215.10
cottonising the bast . . 261.10
cottony feel 427.12
cotty wool 266.4
cotwool 406.7
count to be converted . 603.14
— of delivered sliver . . 102.5
— of feed 102.4
— of the traveller . . . 552.5
— required 603.15
— of wire 68.7, 335.9
count of yarn 598.4
—, old Austrian 599.16
—, coarse 193.13, 598.5
—, Dutch 600.4
—, Elbeuf 600.2
—, English 599.14
—, fine 194.1
—, French 599.15
—, high 194.1
—, international 599.13
—, low 193 13
—, medium 598.6
—, metrical 599 13
—, Prussian 599.17
—, Saxon (old) . . . 599 18.19
—, Sedan 600.1
—, Swiss 600 3
—, to — the revolutions 563.18
counter for threads . 563.19.20
—, twist 9.11
—-clockwise direction . 154.1
—-clockwise twist . . . 540.11
—-crank 292.6
—-current principle . . 295.11
— dial 432.7
— faller . 160.6, 165.1, 351.18
— faller motion, positive 169.5
— faller shaft . . 162.6, 169.8
— faller sickle 166.5
— faller weighting with air cushioning effect 352.1
— faller wire 160.7
—-poise 613.15
—-poise arm 549.9
— scroll 169 11
—-shaft, overhead . . . 359 23
—-sink, to — the rivet . 61.13
—-sunk rivet 61.14
counting, yarn 598 1
— device 611.15
— reel 611.14
coupled together 104 2, 198.13
coupling on roller shaft 345.16
—, back shaft 394.4
—, clutch 345.17
—, fluted roller 121.1
—, friction 157.14
—, roller 347.6
—, rope 513.13
—, roving delivery clutch 346.4
—, toothed 182 12
— disc 132.4
— lever 354.8, 510.10
— wheel 127.4
cover . 126.7, 311.15, 444.6, 487.4.15
— of bale 18 5
— with longitudinal blades 312.14
— to fancy 323.9
— to oil groove 344.14
— lid lined with loam . 376.4
— locking arrangement, automatic 487.14
— piece, fixed 488.2
— plate . 31 8, 355.10, 441.17
— plate, cylinder . . . 33.6
— plate, flanged cast iron 376.2
—, adjustable sheet metal 202.7
—, beater 33.14, 44.9
—, brush 88.8
—, closed-in 323.7
—, coiler 112.4
—, doffer 79.2
—, fancy 202.6
—, friction 158.1, 161.10
—, front cylinder . . . 291.11
—, glass 44.10
—, hinged 487.2
—, hinged oak 201.9
—, loose 284.1
—, movable 177.5
—, oil cup 178.2
—, protection 201.8
—, sheet metal 201.10
—, taker-in 78.8
—, wooden . . . 108.10, 248.1
—s 397.8
—, to — with cloth(ing) 116.18, 337.4
—, to — with a rust preventing coating . . . 63.13
—, to — with a film of oil 237.11
covered core 595.4
— flat 53.13
—-in card 221.12
— with fibres 323.4
coverer, roll(er) . 3.15.16, 120.1
covering of bale 18.5
— of press rollers . . . 389.10
covering of top roller . 115.11
—, brass 542.9
—, card 323.11
—, cloth 117.2
—, cylinder . . . 60.21, 248.4
—, doffer 61.1
—, feeder 248.3
—, felt 115.14
—, flannel 78.10, 115.13, 117.3
—, flat 61.2
—, leather 109.6.9, 102.2, 115.15, 118.11, 119.4
—, roller 119.16
—, rubber 116.1
—, sheet metal . 244.12, 259.2
—, stripper 248.5
—, wood 116.2
—, wood lag — with inserted needles . . . 244.2
— with cloth 116.17
— with emery 70.17
— machine, braid . . . 506.15
— machine, spiral . . . 506.14
cow hair 493.5
— hair yarn 585.23
cracking 475.11
cracks, to show 412.1
cradle for spindle . . . 523.6
—, lap 34.5
crank 373.8
— disc 292.3
— lever 347.4
—, adjustable throw . . 246.3
cranked bracket 349.5
— lever 111.14
crape yarn . . . 584.19, 586.20
craping 484.19
creel 127.5, 257.3, 385.7, 391.4, 393.1, 394.6, 448.9, 522.4, 557.15
— with bobbins set zigzag 188.10
— for different bobbins 551.3
— with double spring cop skewers 568.13
— for heavy doubling . 544.11
— in two heights for single roving . . . 142.1
— in three heights for double roving . . . 141.20
— with conical wooden plugs 568.11
— with split wood plugs for reeling from cops 568.10
— with revolving tubes for flanged bobbins . 568.8
— for ring doubling frames 550.14
— with rows of bobbins differently inclined . 544.14
— for staggered rows of bobbins 551.2
— for self-acting mules 188.7
— with skewers for condenser bobbins . . . 568.9
— for upright flanged bobbins 544.6
— board 564.15
— board, movable . . . 522.6
— bobbin . . . 503.13, 538.7
— bracket 127.8, 394.9
— peg, horizontal . . . 568.7
— pillar 188.12
— rod 188.12, 394.7
— spindle 550.1
— support 395.1
— table 139.6, 394.13
— table carrier 394.8
—, ball 379.9
—, bird-cage 569.4
—, cop 543.13, 569.1
—, double row — in four heights 188.11
—, flat — for single roving 142.2
—, iron — with wood lining 128.11
—, moving 557.3
—, porcupine 544.10
—, revolving 535.6
—, single (double) roving 188.8.9
—, slanting 391.5
—, sloping 391.5
—, table — for single roving 142.2
—, travelling 557.3
—, two-height porcupine 551.1
—, upright 89.7
—, to — the bobbin 97.7, 128.5
—, to — the roving . . 226.6
creeled roving bobbins . 137.12
creeler 176.4
creeling the bobbins . . 128.4
— system for silk yarns 545.3.4
crescent-shaped knife . 400.16
Crighton opener . . 34.11, 37.3
critical degree of twist . 9.9
crochet work rags . . . 397.17
— yarn 580.12, 585.3
cross bar 106.8, 384.1
— bar on case cover . . 31.10
— bar, adjustable . . . 309.3
— fibre lap 325.7
— gauge 105.8
— head 292.1
— motion pirn winder 528.16, 529.1, 530.1, 531.1, 532.3
— piece . 344.3, 497.4, 499.2
— pin 130.5
— reeling motion . . . 565.13
— ribbed rubbing leather 332.1
— ribbon feed 326.9
— section 100.13
—-shaped lacer carrier . 510.7
—-shaped pin 242.16
— strip card 329.9
— winding . . . 204.10, 474.7
— winding on to conical tubes 516.1
— winding on to short plain tubes 515.14
— winding frame with several heads . . . 521.4
— wind, to 515.10
—-wise direction, laid in a 325.17
—-wise to the length . 484.20
— wound bobbin 96.14, 519.5
— wound cop . 351.16, 519.13
—, expanding — for rubbing leathers 332.17
—, hand change — of change motion . . . 394.3
—, to — the silk filaments 422.5
—, to (thread spirals) . 551.14
crossed belts 24.5
— feed 326.9
— leather tapes 330.9
— rope drive 360.7
— slivers 387.18
— yarn 591.17
crossing the layer during the descent 552.1
— the leather tapes . . 330.8
— of the skeining thread between the leas . . 564.3
— the slivers 386.19
— the webs 327.8
— of the yarn 517.10
— apparatus, Bergier's . 422.13
— apparatus, Martin's . 422.10
— layer 168.6
— motion 565.13
— motion pirn winder 528.16, 529.1, 530.1, 531.1, 532.3
— part of the layers . 155.15
— point 422.3
— point of the lacer path 511.1
— zigzag lines 512.11
—, double 422.7
—, single 422.6
Crossley comber 446.13
crown 68.6
— of staple . . . 68.11, 335.16
— wheel . 114.6, 136.4, 176.13
crude oleic acid 315.5
— silk 426.22
crush, to — the pupae residues 441.1
crushed core 594.19
crushing machine . . . 308.13
— machine, roller . . . 490.9
— roller 368.11
— roller with circular ribs 490.10
— rollers, bur 367.7
— roller mill 490.11
crystal, fibrous 489.12
crystallised soda . . . 276.2
cultivated silk 410.5
cup 527.9
— spinning frame, Chapon's 209.12
— winding frame . . . 527.5
—, bobbin 145.11
—, conical — with slit . 208.8
—, drip 360.4
—, leather 547.12
—, lubricating 126.8
—, oil . . . 148.2, 295.10, 553.1
—, rinsing 281.8
cuprammonium cellulose solution 464.13

cuprammonium silk 464.4, 588.6
cuprated silk 588.6
cupriferous filament 467.4
curd soap 277.19
curled hair 514.16
curliness of the fibre 101.2
curling back of the fibre after drawing 101.3
— the hair 514.8
curly fibre 6.19
current of air 32.1, 59.12, 281.15
— of compressed air 478.3
— of moist air 573.1
—, electric 112.9, 113.14
—, induced 360.15
—, water 285.6
curve, balloon 152.14
—, cop bottom — of front shaper plate 167.13
curved agitating arm 285.11
— arm 206.14
— arm on counter faller shaft 169.7
— nosing arm 181.11
— path 510.13
— plate 373.12
— slit 123.14
— stop plate 153.6
— willow pin 313.11
—, backward 45.4
—, forward 45.5
cushion plate 84.11, 377.10
cushioning pot 352.8
cut 12.18, 599.1
— of x threads 599.5
— flax 211.3
— paper band 483.7
— sliver 101.22, 108.2
— yarn 169.1.2
—s, to show 101.21
—s, two 599.3
—, to — the fleece between two combs 444.7
—, to — the flax 211.1
—, to — the flutes into the roller 120.19
—, to — the jute strick 242.12
—, to — the leather strips 118.19
—, to — the paper into strips 481.10
—, to — the root ends even 243.4
—-off jute hards 244.7
— off, to — the projecting edges of the cloth 118.8
— off, to — the threads wound on the shaft 196.12
— out, to — the button holes 400.9
— up rags 400.6
— up, to — the rags 400.5
cutter 118.9, 328.10
— shaft 482.10, 483.1
—, bale hoop 18.4
—, jute 242.13.14
—, lengthwise 481.11
—, longitudinal 481.11.12.13, 482.14, 483.8, 489.4
—, milling 57.1
—, tie 18.4
cutting 480.2, 483.9
— of flax 210.21
— by hand 231.12
— of hemp 231.11
— the long hemp hards 232.11
— the long jute fibres 242.9
— the paper sheet into strips 481.9
— the web 330.6
— machine, flax 211.2
— machine, leather strip 118.18
— machine, roller leather 118.18
— shaft 481.12
—-out the faulty places 455.2
—-out the selvedges 400.14
—-up the rags 400.4
cuttings, tailors' 397.18
cycle of nipper operations 382.10
cylinder 257.16, 312.4, 370.14, 443.12, 444.3
— with spirally arranged blades 309.2
— with wooden lagging 336.14
— with long needles 373.5
— covered with pin bars 367.9
— with intermittent return motion 406.9
— covered with dull pointed spikes 287.15
cylinder beater bar 260.1
— cage charged on one side 308.5
— casing 31.9
— cover, front 291.11
— cover, hinged 79.3
— cover pin 260.2
— cover plate 33.6
— covering 60.21, 248.4
— grid bars 31.12, 33.7
— knife 30.13
— notch 444.4
— opener 30.9.10, 32.11, 34.10
— strickle 70.16
— stripping brush 75.9
— tooth 30.13
— waste 194.19
— wires 322.16
—, balanced 312.1
—, beater 259.7
—, cam 531.9
—, carding 443.4
—, comber 377.11
—, comb(ing) 85.3, 87.8, 92.7, 97.15, 368.2, 450.8
—, conical 37.4
—, doffing 321.9
—, drying 476.17
—, Little and Eastwood's nip 381.11
—, main 51.2, 78.11, 199.11, 250.6, 321.3
—, opening 30.12, 33.5
—, perforated 220.15
—, pin 446.4
—, porcupine 26.21, 27.8, 35.35
—, sheet metal — with toothed covering 248.9
—, spiked 197.10
—, steam 291.12
—, steam heated drying 385.14
—, tearing 244.10
—, toothed opening 48.7
—, wire 44.14, 195.9
—s, superposed — with radial pins 243.13
cylindrical bobbin 140.18
— cage 195.9, 196.11, 313.9
— cheese 519.6
— sieve 476.14
— winding 554.11

D

dab, to — the sliver into the carrier comb 448.14
—, to — the wool tuft into the needles 383.10
dabber 379.14
dabbing brush 379.14, 448.15
— brush lever 379.16
— ring 98.12
— roller 383.8, 384.14
dagging the yarn 574.1
damaged bale 16.5
— cocoon 415.11
— fibre 26.2
damask yarn 584.16
damp bale 15.7
— cotton 15.3
— fleece 264.21
— yarn 606.4
—, to — the cordage 507.9
—, to — the mixed material 442.13
—, to — the paper sheet 480.6
—, to — the yarn 573.7
— cordage 507.19
— paper sheet 480.7, 482.6
damper, cage 45.1, 48.9
damping the cocoons 442.14
— the paper bands 483.10.11
— the paper sheet 480.5, 483.9
— the spools of paper band 483.12
— and rounding apparatus 485.1
— appliance 485.12, 488.6
— roller 482.3, 486.13
— trough 481.4, 485.3
danger of spontaneous combustion 317.12
— of fire 222.2, 308.8
dark coloured flax tow 220.5
— tow yarn 581.15
dash pot 352.2
daubing cloth 507.7
David's yarn tester 607.7
dead cocoon 415.12, 436.11
— cotton fibre 14.6
— plate 87.10
— rubber 251.11, 253.6
— space 59.10
— spindle 233.12
— weight 606.12
— weighted 337.10
— weighting 105.13
— wool 266.5
dealer, flax 210.8
—, rag 399.4
—, silk 412.20
decantation of a liquid 462.3
decayed rags 396.21
decigramme 600.24
decimal balance 613.1
— titre 601.15
decimetre 600.8
decoction of gelatinous plants 316.13
— of oak bark 419.16
—, frothy 278.1
decomposing tank 300.1
decomposition of the chlorine compound 305.19
decortication of the stems 261.4
decorticator, ramie 261.5
decrease, gradual — in the diameter of cop body 174.11
—, to (viscosity) 463.11
defective cop 174.12
definite plan, according to a 151.5
deflecting disc 282.16
— roller 281.10
deflection of the armature 360.16
— of flat 53.10
deformed card wire 339.13
degrease, to — the wool 273.14
degreased wool 273.17
degreasing 385.6
— by means of alkalies and water 275.9
— by saponification 275.3
— the wool 273.13
—, chemical 297.9
degree of draft 142.12
— of dryness 615.12
— of fineness 598.15
— of hardness 74.12, 269.20
— of humidity 615.5
— of saturation 272.17
— of twist 9.3, 431.3
— of twist, critical 9.9
degum, to — the (waste) silk 432.15, 436.15.17, 437.1, 472.7
degummed silk 434.5
— titre 602.8
degumming the bast 261.8
— the waste silk 436.14.18
—, silk 432.14
— bath 436.16
— bath, exhausted 435.1
— yield 437.7
Deiß's fastening of card sheet 62.7
— toothed clamp 62.8
deliver, to — the drawn-out roving 163.13
—, to — the quantity of heat 293.4
delivered, lap 45.9
delivery 24.10, 103.7
— of the fibrous layers 326.6
— in the form of a sliver 221.15
— arrangement for doubling and twisting 356.13
— end of the card 202.11
— lattice 38.1, 197.12, 235.16, 313.8
— motion 59.13, 253.4
— plate 379.10
— roller 28.8, 35.9, 247.15, 378.11, 384.15, 393.5, 488.11, 545.6
— rollers 86.5, 219.2, 358.13, 449.11, 489.10, 526.11
— spindle 502.9
— table 288.10
— wheel, roving 346.5
— cage, perforated 24.11
—, cotton 35.7
—, fleece 198.6
—, lap 197.16
—, roller 345.9
—, roving 345.8
—, sliver 198.5
—, yarn 554.10
deliveries all on one side 104.4
— in zig-zag form 103.15
demi-sec spinning frame 226.2
denaturated alcohol 458.6
— olive oil 314.20
denier 602.23.24
density of the material 64.8
— of staples 68.4
department s. a. chamber, compartment, room
—, beating 442.6
—, bundling 576.8
—, reeling 562.9
deposit, to (fly) 322.10
deposition of dirt 284.5
depressing finger, chain 547.8
deprive, to — the yarn of the tendency to kink 569.13
Derby doubler 81.6
Déru's lifter 281.1
descend, to (bobbin rail) 547.7
—, to (gill bar) 379.13
—, to (flyer) 548.8
—, to (press plate) 578.4
—, to (scale) 200.11
—, to (winding faller) 165.16
descending path of cam 531.11
— spiral 351.12, 551.15
— (spirals) 552.1
describe, to — a circuit (strand) 511.2
despatch of the bundles 577.10
despatching clerk 6.1
destroy, to — the colours 403.5
—, to — the staple 269.6
—, to — the pupa 417.8
destroyed staple 269.7
destruction of the burs 301.5
destructive effect 302.13
detach, to 378.6
—, to — the combed material 82.6
—, to — the spindle from the flyer 547.13
—, to — the wool tuft 382.6
detachable cop creel 569.1
— oil cup 147.8
detached wool tuft 378.8
detaching the buttons 400.8
— the combed material 82.5
— of the seams 400.15
— the web in sheets 201.5
— appliance, noil 380.2
— flap 328.10
— motion with notch wheel mechanism 381.6
— movement of the nippers 382.13
— nippers 99.8, 382.9
— roller 85.10, 322.6, 381.5
— roller, bottom 93.1
— roller, fluted 90.4.5, 378.7
— roller, leather 85.11, 378.9
— roller, top 93.2
— roller, wooden 281.12
— roller clearer 90.6
— roller frame 95.13
— roller rocker rod 89.1
— roller stand 95.13
details 121.12
detector wire 525.5
detergent 274.17
determination of the amount of grease 299.15
— of the count 603.11
— of the degree of humidity 615.5
— of elongation 608.17
— of twist 9.10
determine, to — the humidity of the yarn 615.4
—, to — the soda contents 276.4
determined number of threads 563.19
deviating in cleanliness 15.14
— in quality 18.12
deviation of quality 15.2
development of the drum slit 524.11
devil for greasy wool 268.1
—, rag 404.5, 405.1
— tenter 197.3
—, to — rags 403.10
devilled rags 403.11
deviller 197.3, 268.2
devilling the combing wool 365.4
dew-retted flax 209.7
dextrine 428.15

diagonal feed 326.10.11
— set 68.15
dial, counter 432.7
—, indicator 55.10, 80.3
diametre of the full bobbin 124.15
— of helical spring coils 608.1
— of ring 149.16
— of rope 500.16
— of wire 66.16
diamond-shaped pin 248.10
difference between calculated and actual length 604.11
— in temperature 293.6
— in twist 154.5
different in staple 14.15
differential disc 347.14
— gear 347.12
— motion 125.14, 255.12
— motion, Brooks and Doxey's 127.1
— motion, Dobson and Barlow's 127.3
— motion, Houldsworth's 126.1
— motion, spur wheel 126.10, 127.2
— motion, Tweedale's 126.11
— speed of rollers 309.1
— wheel 126.3
differently inclined 544.14
difficult to dissolve 437.9
—ly soluble pectine 412.3
diluted lye 275.20
diminution of the lap weight 42.13
dioxide, gaseous sulphur 460.9
dipping drum 278.8, 281.14
— roller 281.14, 441.10
direct current motor 157.8
— feed 326.2
— riveting 61.15
direction of course of the flats 57.3
— of displacement of the travelling rack 191.2
— of feed 325.12
— of formation of the lap 325.16
— of motion of the rack wheel 191.1
— in which the fibres move forward 325.15
— of rotation 130.12.13, 541.11
— of outward run of carriage 173.9
— of the tin roller during inward run 181.8
— of twist(ing) 8.22, 153.11, 431.7, 541.12
— of winding 153.12
—, clockwise 153.15
—, counterclockwise 154.1
—, in the opposite 23.3, 29.4, 57.5
—, in the same 23.2, 57.4
director, managing — of spinning mill 1.11
dirt, adhering 274.13
— box 203.8
— chamber 38.8, 267.2
— collector, sud and 279.9
— remover 203.10
— roller 52.5
— shell 201.7, 203.8
— settling chamber 361.18
— trough 201.7
dirty cotton 15.15
— oil 555.3
— spinning material 195.6
— water 439.7
disc 488.7
— with cone-shaped border 531.5
— fixed on main shaft 158.2
—, cam 185.3, 536.13
—, coupling 132.4
—, crank 292.3
—, deflecting 282.16
—, differential 347.14
—, driving 552.15
—, friction 233.13
—, grinding 70.12, 72.9
—, guiding 150.18
—, indicator 54.11, 55.10
—, notched 370.8, 421.13
—, revolving 422.14
— plate drawing 253.8
— wheel 57.2
discharge motion, noil 446.2
— pipe 280.13
discharge, to — the liquor 280.9
—, to — the press table 445.18
discharging roller 38.5
discoloured jute strick 236.14
disconnect, to 346.12
disconnected 346.17
disconnecting rod 233.14
diseased wool 266.5
disengage, to 346.12
—, to — the friction cones 163.2
—, to — the latch 256.4
—, to — each spindle separately 521.6
—, to — the spinning can 470.10
disengaged 346.7
disengaging of the clutch 163.10
— the friction cones 163.3
— clutch 345.18
— fork lever 348.13
— gear, mechanical 113.15
— lever 357.7, 455.12
— motion for reel 474.1
— motion, automatic 357.5
— motion, belt 357.1
— rod 357.4.8
disentangle, to 7.5, 247.4
dish, friction 354.10
—, press 334.11
— feed, fixed — for long wool 312.3
— feed plate 203.6
disintegrate, to — the waste silk 436.15
disintegrating the waste silk 436.14
disintegration of wood into fibres 475.11
dispatch of the bundles 577.10
displace, to — the rigid bend 54.2
—, to — the copping plates 352.9
—, to — the holders 215.7
displacement of the belt 43.14
— of the rigid bend 54.1
— of one half of the expanding pulley 251.1
— of the holders 215.6
—, horizontal 54.3
—, radial 55.13, 56.1
disposition of yarn with (without) additional traverse motion of spindle 532.1.2
dissolve, to — in glacial acetic acid 459.8
—, to — by an alkaline liquor 471.19
—, to — in boiling water 436.20
—, to — in carbon bisulphide 459.7
—, to — by gas 438.5
—, difficult to 437.9
dissolved potash 273.7
dissolving the wool grease in a hot liquid 274.16
— capacity 275.1
—, fat 275.2
distaff 10.17
distance between detaching roller and nipper plate 93.5
— of the fallers 372.2
— between feed rollers and drawing rollers 218.13
— between knops 561.8
— of spindles from centre to centre 129.13
—, setting 58.13
distended spring 528.16
distil, to — acetone over quicklime 460.7
distillation of the grease solution 298.11
distilled water 419.2
distribute, to — the liquid in a fine spray 239.12
distributing lattice 23.8
distribution of fibres without parallelisation 263.6
— of twist, irregular 154.7
distributer, air 572.18
—, wool (worker) 266.13
divide, to — the flax 211.19, 213.4
—, to — the web 329.7
divided rubbing leathers 333.10
divider (roller) 199.5
— (worker) 215.14
divider, tape 203.13, 330.7.10.11
—, web 193.9, 203.11, 330.5
— strap 204.11
— tape 204.11
dividing by currents of compressed air 478.3
— the flax 211.18
— by toothed circular knives 478.5
— by needles 478.4
— the pulp sheet by sprays 477.13
— of the web by leather tapes 203.12
— the web into transverse strips 329.10
— partition 284.4, 306.8
— roller 204.4, 330.14
divisibility of the fibres 237.8
division of the card web 193.6
— of the web into strips 329.6
— mark on disc 55.11
— plate, hinged — between the spindles 568.1
Dobson & Barlow's duplex comber 91.1
— compensating arrangement for wear of cylinder bearing 79.6
— differential motion 127.3
— flat grinding apparatus 74.9
— flat setting 54.15
— reversing motion 132.5
— automatic stop motion 110.14
doff, to 256.12
—, to — the bobbins 133.17, 141.9, 226.14
—, to — the cops 175.18
—, to — the hanks 564.7
doffed web 330.13
doffer 51.7, 94.8, 202.1, 321.9, 370.15
— with ring fillets 330.2
—, bobbin 3.8
—, double — with double rubbers 333.8
— system, double 202.2.3
—, piecer and 3.4.5
—, tow 230.6
— bearing 88.7
— card, double 491.3
— comb 51.8, 99.12, 230.7
— comb with blank spaces 330.4
— comb blade 60.1
— cover(ing) 61.1, 79.2
— clothing 329.11
— fillet(ing) 88.6, 589.17
— set screw 88.10
doffing 133.19, 227.1, 386.20
— the bobbins 133.18
— the cops 175.17
— the full bobbins 141.8
— whilst running 387.2
— action, with 323.15
— comb 51.8, 59.18, 86.8, 88.8, 204.2, 321.10, 330.3
— cylinder 321.9
— knife 213.16
— motion 145.6, 565.11
— ring, spaced 565.10
— roller, fluted iron 247.13
dog hair 409.8
— hair extractor 322.11
door to wire cylinder 195.14
—, balanced drop 39.1
—, dust delivery 27.13
—, grid 27.13
—, hinged 195.13
—, inside 38.7
—, sliding 572.15
— plate 306.13
—keeper 6.3
double 334.8
—, appliance to prevent 354.3
— acting stripping roller 321.7
— arm 535.1
— arm flyer 123.12
— armed traveller 150.13
—-armed wire fly 431.18
— beater scutcher 41.19
— boss roller 143.2
— card 80.8, 319.4
— carding 80.9
— carrier wheel 187.6
— clearer for travellers 150.17
— clip wool 264.10
— cocoon 436.12
— doffer card 201.13
double doffer system 202.2.3, 322.4
— draft 371.12
— drawing 371.11
— end 334.8, 354.4
—-ended spanner 363.8
—-ended spool 518.14
— flanged bobbin 124.1
— flanged ring 150.4
— flanged spool 518.14
— grooved band pulley 557.7
— grooved pulley 157.9
—-headed silk comber, Lister's 448.7
— jack frame 122.11
— knee 336.4
— lever 44.6, 132.14
— lift of the ring rail 151.9
— opener 32.10
— roller calender 45.14
— roving 141.20
— roving creel 188.9
— row creel in four heights 188.11
— rubbers 333.8
—-sided flyer doubler for zephyr yarns 545.11
—-sided machine 209.11
— sliver guide 105.2
— speed driving of spindles 189.6
— spinning 343.5
— spinning wheel 11.8
— thread, fluffy 425.8
— threaded screw spindle 256.1
— traverse motion 129.10
— vertical opener with dust remover 39.12
— web 326.17
—, to 12.7.11, 104.6, 539.5
—, to — direct from cops 543.11
—, to draw and — the card slivers before combing 80.15.16
—, to — dry 542.3
—, to — on the flyer twister 545.12
—, to — the laps 41.10
—, to — the raw silk 430.7
—, to — the slivers 251.5, 451.16, 453.8.19
—, to — wet 542.5
doubled organzine 431.12
— thread 539.14
— worsted 584.11
— yarn 12.13, 539.14
doubler (frame) 542.14
— (worker) 2.4, 5.9.10, 539.6.7
—, continuous 542.15
—, cotton 539.8.9
—, Brigg & Webb's jute 549.13
—, Derby 81.6
—, fancy 561.3
—, flyer 545.5
—, ring 551.6
—, sewing thread ring 556.3
—, worsted ring 556.1
— bobbin 550.3
— spindle 550.2
— spindle for single flanged bobbins 556.8
—-winder (s. a. doubling w.) 521.1
—-winder for double-flanged bobbins 521.15
doubling 12.10, 41.13, 222.21, 223.1.2
— of the hemp 233.1
— in the opposite direction 540.9
— in the same direction as the twist in the spun yarn 540.10
— the flax slivers 222.20
— on water twisting frames 542.17
—, complete 386.14
—, continuous 542.18
—, dry 542.2
—, heavy 544.11, 552.10
—, equalising 326.19
—, *x*-fold 430.8
—, multiple 386.13
—, too much 104.9
—, wet 542.4
— flyer 546.4
— frame 12.12, 453.10
— frame, continuous 542.15
— frame, dry 552.7
— frame, fancy 559.1, 561.3
— frame, flyer 545.5

doubling frame, Martin's
— for spot yarns . . 559.2
— frame, one-sided . . 543.1
— frame, ring . . . 550.5 6 7
— frame, silk 430.13
— frame, Stein's — for spot yarns 559.11
— frame, two-sided . . 543.2
— frame, water 542.15
— frame, wet 552.6
— machine with several rows of bobbins one above the other . . 474.9
— machine, continuous 542.15
— plate 219.1, 251.10
— reel 565.15
— roller 388.11
— spindle. 546.3
— spindle with collar and step united . . 553.4
— spindle, Rabbeth . . 553.4
— spindle, Rieter's . . 552 12
— spindle, self-contained 553.4
— spindle, twin 553.9
— system, English. . . 542 11
— system, Scotch . . . 542 8
— winder (s. a. doubler w.) 12 8
— winder for silk . . . 534.11
— winder with automatic broken end stop motion 534.10
— winder for coarse yarns 535.14
— winder, quick traverse 525.1
— winding 12.6
— winding of silk . . . 430.6
— winding frame . . . 12 8
—-wound ends 545.2
down-striker card, half circular . . . 232.19, 250.1
downward motion, intermittent quick . . . 561.7
drag adjuster, automatic 258.4
downy silk 434.16
drag band 545.10
— board 525.4, 557.16
— cord 258 2
— motion, spool. . . . 506.8
— motion, strand . . . 504.6
— motion carrier . . . 187 9
— piece 548.3
— pinion 187.10
— ring 488.9, 549.3
— wheel 186 12
—, bobbin . . . 545.9, 549.2
—, felt 544.12
—, flyer 548.2
—, rope 499.5, 500.8
dragging traveller . . . 141.18
draft s. a. draught
— 8.14, 101.4, 345.11
— of eight 101.13
— equal to the number of ends 104 8
— in the bell frame . . 222.13
— in the first frame . . 222.13
—, carriage 393.7
—, considerable 101.12
—, double 371.12
—, excessive 101.14
—, finishing. 101.9
—, intermediate 101.8
—, partial 101.6
—, preliminary 101.7
—, slight 101.11
—, total 101.10
— calculation . . 222.16, 387.9
— gear for both halves of the mule 176.6
— pinion 114.2, 134.2
— wheel 114.2, 134.2, 176.14, 186.8
drain-off, to — the superfluous acid 304.19
draught s. a. draft
— 8.14, 32.1, 101.4
— of air caused by the fancy roller 323.1
— of the lap 42.11
— plate 404.11
— preventer . . . 78.9, 391.2
— preventer roller. . . 202.9
— regulator. 31.17
draw. 163.16
— bar 530.13
— frame 102.9
— frame with deliveries all on one side. . . 104.4
— frame with deliveries in zig-zag form . . 103.15
draw frame with x heads of y deliveries and z ends 104.10
— frame for spinning worsted flake yarn 590.4
— frame, multiple head 103.10
— frame, single head . 103.9
— frame sliver 121.14
— head. 103.11
— head with three lines of rollers 143.11
— indicator 358.4
— rail 391.3
— rod 252.16, 290.2
— rod, round 567.10
— rod, slotted 246.4
— rope 596.7
— spring 106.3
—, to 8.13
—, to — by the amount of doubling . . . 452.8
—, to — the fibres by means of rollers . . 102 11
—, to — the ramie . . 262.13
—, to — the roving end from the revolving can 208.5
—, to — and double the card slivers before combing. 80.15 16
—, to — the jute roving 256.15
—, to — the sample . . 298 9
—, to — the sliver 8.16, 100 12
—, to — the staple . . 14.10
—, to — the starting end out of the material 496.16
—, to — the strick through the hackle (pins) 213.9, 216.7
—, to — the tail end of the tuft through the top comb 92.13
—, to — test leas . . . 602.15
—, to — the tuft through the comb 375.12
—-in, to — air . 31.16, 295.8
—-in, to — the spindle banding 158.13
—-in, to — the steel bands 56.7
—-off, to 378.6
—-off, to — the hank . 610.14
—-off, to — the vapours 466.1
—-on, to — the leather sleeve 119.9
—-out, to. 502.7
—-out, to — the capillary tube 467.12
—-out, to — the card sliver 371.7
—-out, to — the gelatine to filaments 471.8
—-out, to — a glass filament 491.7
—-out, to — the filament in a solution. . . . 467.2
—-out, to — the roving 159.17
—-out, to — the sliver 100.12, 222.12, 251.5
drawn sample. 298.10
drawer 2.3
—, cotton. 100.17
—, flax. 224.2
—, wool 371.9
drawing s. a. draw(ing) frame
— (action) 8.12, 101.15, 345.11, 371.8
— the bourette slivers 453.7.18
— of the cotton . . . 100.8
— in excess of the doubling 223.3
— of the hemp 233.1
— the roving end from the can 208.4
— of the silk slivers. . 451.15
— the staple 14.9
— the top 386.5
— the yarn vertically from the bobbin . . 153.10
—, auxiliary 389.3
—, bobbin 387.13
—, chain guide 253.9
—, circular 253.8
—, disc plate 253.8
—, double 371.11
—, double-head porcupine 372.15
—, first. 371.16
—, porcupine 254.9
—, preparatory 81.4
—, ring guide 253.8
—, rotary. 254.9
drawing, rubber . . . 387.13
—, single 371.10
—, single-head porcupine 372.14
—, spiral 251.6
— appliance 388.9
— head. 232.17
— box, bobbin . . 387.16.17.19
— can 223.11
— frame (s. a. draw frame and drawing) . 8.15, 102.3
— frame with canal system 104.11
— frame with x lines of rollers 102.10
— frame, bourrette . . 453.9
— frame, chain 219.4
— frame, chain bar . . 253.9
— frame, chain gill . . 253.9
— frame, finishing. . . 103.14
— frame, hemp 233.2
— frame, intermediate . 103.13
— frame, long line . . 223.4
— frame, porcupine . . 221.8
— frame, preliminary . 103.12
— frame, preparatory . 81.3
— frame, rotary 451.7
— frame, screw gill 218.10, 251.6
— frame, second (third) 222.14.15
— frame, silk 451.17
— frame rollers 115.5
— frame sliver 101.18
— frame tenter . . 2.3, 100.17, 371.9
— head. 221.3.7
— mechanism . . 102.12, 205.1
— rod 241.12
— roller 102.13, 115.6, 218.12, 251.8, 255.1
— roller drive 182.9
— rollers . 122.3, 257.9, 388.7, 480.3, 486.1
— rollers with front rollers placed low. . . 143.7
— rollers of worsted mule 393.8
— rollers, adjustable. . 389.4
— rollers, fly frame . . 128.19
— rollers, inclined . . . 142.4
— speed 102.16
— waste 398.8
drawing-in the spindle banding 158.12
drawing-off rollers 250.10, 380.4, 449.9, 489.8
drawing-on the leather sleeve 119.8
drawing-out of the carriage 159.10
— the filaments in stages 472.10
— of the sliver . 100.10, 371.13
— band . . 177.9, 206.6, 359.6
— mechanism 347.11
— wheel on rim shaft . 189.5
drawing-up 161.2
— of carriage 343.17
— band 169.12, 359.5
— check scroll 349.15
— friction 161.6
— lever 179.4
— motion 161.5, 349.7
— scroll 169.10, 349.14
drawn sliver 101.19
—, uniformly 66.13
drawn-out by own weight 466.15
— filament 467.1
— roving 159.18
dress, to — the hemp . 496.5
—, to — the silk fibres 444.14
dressed hemp 496.6
— line 212.9
dresser, card 4.11
—'s tool, hand — for hemp 229.6
dressing the flax 212.19, 216.4
— the hemp 496.4
— the ramie 262.10
— the silk 444.12.15
— machine (silk) . . 444.16.17
dried cocoon 413.10
— filament 467.16
— sliver 386.3
drip cup 360.4
dripper, oil 360.4
—, wire netting 573.12
dripping 574.8
drive, angular. 360.6
—, bell crank 360.6
—, cam shaft 161.3
—, carriage 373.17
—, crossed rope 360.7
—, drawing roller . . . 182.9
—, friction 516.14
drive, lifter wheel . . 256.8
—, parallel 360.5
—, rope 144.11, 360.8
—, underneath 291.5
—, to — by a double band 191.16
—, to — by friction . . 251.9
driven band pulley on second tin roller shaft 144.13
— bobbin. 516.9
— drum 556.2
— press roller. 267.6
— spindle. 516.8
driver, bobbin . 552.11, 554.12
driving the wheel by the walk of the ropemaker 497.16
—, band — for quadrant by the carriage . . 171.1
—, band — of the spindle 144.5
—, chain 242.4
—, cone drum. 43.5
—, double speed — of spindles 189.6
—, electric 157.6.7.12
—, individual cord. . . 473.11
—, intermediate 158.8
—, spindle 139.13, 140.2, 188.6
—, underneath 289.12
— arrangement, spindle band 144.7
— band, single 10.18
— band 11.3, 98.16
— band pulley on main tin roller shaft. . . 144.12
— bevel for differential motion 135.4
— chain, card. 324.7
— chain, coiler 94.11
— disc 552.15
— double rope for two drums 550.11
— drum, bobbin . . . 358.15
— gear of gripping heads 506.13
— gear, carriage. . . . 177.3
— lever 537.15
— plate 132.4
— pulley . 24.2, 35.10, 136.14, 470.9
— pulley of hydro-extractor 290.14
— pulley, front roller . 114.4
— pulley, inside. . . . 114.3
— rim, small (large) . 189.3.4
— roller 388.12, 482.8
— rope 597.1
— rope for the bobbin carriage 504.3
— for rubbing leathers 333.13
— shaft . . 60.3, 115.4, 126.2, 136.9, 532.4, 534.3
— wheel 11.5
— wheel for bobbins. . 134.8
— wheel for spindles . 134.9
— wheel, back roller. . 114.7
— wheel, front roller . 114.5
— wheel, spool frame . 505.14
drop box for foreign matter 24.12
— door, balanced . . . 39.1
— formation 574.9
— lever 179.8
— lid 27.11
— lid, balanced 39.1
— motion swift 567.3
— pin 536.1
—, to (pin) 525.7
—, to — from one shelf to another (wool) . 295.15
— down, to — on lower screws (faller) . . . 251.15
dropping oil 317.15
— vertically (swift) . . 566.2
drum . . . 321.3, 450.3, 522.1
— with milled groove . 523.9
— covered with steel pins 404.7
—, backing-off chain. . 179.12
—, bobbin driving . . 356.14
—, bottom 406.5
—, bottom cone 136.8
—, braked 356.6
—, carbonising 402.14
—, condenser 204.15
—, core. 509.11
—, dipping . . . 278.8, 281.14
—, driven. 556.2
—, eccentric 156.2
—, guide 448.10
—, inclined 366.11
—, iron 611.7
—, lap 321.11, 451.9
—, lattice. 24.1.6
—, quadrant 171.6

drum, scroll 171.6
—, sleeve 476.14
—, slotted cam 522.8
—, split 523.12
—, top 406.4
—, top cone 136.7
—, winding 171.6, 351.7, 522.8
—, winding chain 173.6
— shaft, hollow 402.13
dry carbonisation 456.1
— condition 196.4
— cleaning 266.12
— doubling 542.7
— doubling frame 552.7
— ground rags 403.16
— heat 417.14
— heating 570.6
— method, by the 490.5
— reeling 421.16
— spinner 225.6.7
— spinning frame 225.4
— spun flax yarn 581.11
— way, in the 421.17
— weight 615.16
— weight, absolute 15.6
— wool 318.3
— yarn 606.5
—, to — by air and sun 292.11
—, to — in a carbonising stove 440.12
—, to — on the glass bobbin 468.6
—, to — on hurdles 292.13
—, to — quickly 292.19
—, to — slowly 292.20
—, to — in the sun 417.15
—, to — under tension 470.16
dryer hand 297.6
—, Mc Naught's wool 295.3
—, Norton's wool 295.12
—, wool (worker) 297.6
drying by circulating air 293.19
— by hot air 417.16
— the cocoons 417.10
— of combing wool 365.5
— according to the counter-current principle 295.11
— to absolute dry weight 615.10
— of the fibrous material 25.4
—-out of the hair 514.13
— within given limits of temperature 417.12
— over the steam boilers 227.5
— at a temperature of x degrees 293.2
— of waste silk 440.3
—, artificial 292.14
—, flax yarn 227.4
—, natural — in the open air 292.10
—, quick 292.18
—, wool 287.4
— air 296.12
— apparatus, waste silk 440.5
— apparatus, double wool 296.14
— boards 227.6
— box 295.13
— chamber 294.5.7, 295.13, 296.4, 616.11
— chamber for flax-yarn 227.7
— chamber with steam condensing apparatus 294.1
— cylinder 476.17
— cylinder, inclined 366.11
— cylinders, steam heated 385.14
— heat 417.13
— machine, centrifugal 288.16
— method 417.11
— and oiling apparatus for long wool 366.10
— oven, portable 417.17
— range, gas-heated 616.14
— range, steam-heated 616.15
— roller 481.7
— room 293.18
— temperature 293.5
dryness, absolute 615.11
duct, brickwork 306.9
dull blade 382.18
— lustre, of 427.19
— pointed spikes 287.15
— thread 580.9
dung bits 266.1
duplex belt driving 182.6
— comber 91.1.2
— flax hackling machine 214.3
durable thread 9.22
duration of carbonising process 307.1
— of washing process 268.14
dust 26.13
— bar, triangular 36.5
— bars 27.6, 29.6, 33.8, 49.1
— box 28.7, 31.11, 33.9, 38.13, 38.16
— box bars, beater 33.16
— cage 32.3
— chamber 27.10, 38.8
— collector 221.10
— contents of rags 400.18
— delivery door 27.13
— and dirt chamber 38.8
— extraction pipe 399.16
— fan 31.13, 33.12
— grid 260.4, 312.13
— hood 195.7
— lattice 38.15
— pipe 197.1, 259.10
— remover 39.12
— shaker 400.19
— trunk 27.10, 38.12.13
— willow 401.1
—, comber 375.3
—, fan 49.7, 194.21
—, grinding 72.1, 339.11
—, peat 299.11
—, steel 339.12
—, to give off (cotton) 15.16
dusting of the flax card 221.11
— the rags 400.17
— the wool 266.15
— willey 401.1
dusty rags 396.19
Dutch count 600.4
dyed cotton 194.4
— mungo 407.3
— yarn 580.22, 605.13
dyeing the rags 401.7.17
dynamometer 606 24
—, watch-shaped pocket 607.1

E

ear, to set by 78.3, 322.17
— -shaped traveller 552.8
early changing motion for driving belt 191.9
earth, fuller's 298.15
— flax 489.6
easing motion, faller 354 6
— motion, yarn 168.13, 354.6
East Indian hemp 492.7
Eastwood's wool washing machine 283.13
easy unrolling 41.15
ebonite plate 112.11
eccentric 98.15, 260.10, 283.9, 373.8
—, chain shortening 350 8
—, rubber 333.15
— arm 111.15
— drum 156 2
— feed regulator 93.12
— lock 219.9
— pulley 420.7
— rod 60.5
— shaft 106.9
— spike motion 30.5
—ally mounted combing cylinder 447.6
economy of heat 294.16
edge 67.14
— of double arm 535.2
— of the card wire 338.12
— of trough, plated 226.1
—, bevelled 119.6
—, clearing 429.12
—, inclined 317.16
—, knife 44.2
—, serrated 70.2
—, striking (shell) 203.9
— roller mill 231.1
— runner 490.11
—s, at the 61.6
—s, projecting 118.8
effect, bleaching 287.3
—, equalising 81.2
—, gripping 103.4
—, nipping 103.4
—, reciprocating 32.2
—, rubbing 332.11
—, striking 31.5
efficiency of the roller 51.4
egg albumen 471.12
egg-shaped cocoon 414.8
— rinsing machine 285.1
Egyptian yarn 579.3
elastic bearing 146.9
— cocoon 416.21
— fibre 14.4
— top roller 115.9
— yarn 606.3
elasticity 64.9, 66.15
—, increased 475.9
Elbeuf count 600.2
electric conducting wire 113.4
— contact 423.6
— current 112.9, 113.14
— driving 157.6.7.12
— releasing mechanism 112.13
— stop motion for drawing frames 112.6
electrical excitation of the fibres during drawing 102.6
electrician 5.21
electricity of fibres 102.8
element (fibre, filament) 6.13, 411.11
elevating lattice 38.2
elevator 40.2
— bucket 40.3
— lattice 21.9, 23.4
— tightening bracket 40.1
eliminate, to — the impurities 49.21
—, to — chemically combined water 468.1
elimination of the acid 403.6
— of copper 467.15
— of the suspended matter 271.1
ell, Berlin 600.16
—, Saxon 600.18
—, Vienna 600.17
elongation of the rope 513.5.6
— of the yarn 608.16
— indicator 513.16
— test 608.15
— tester 608.18
elongation and strength tester 609.6.8
embroidering machine 533.9
— machine shuttle 520.11
embroidery silk 586.22
— yarn 584.22
emery 70.20
— board 70.13, 338.20
— cloth 70.14
— fillet[ing] 71.17.19
— grinder 72.2
— layer 71.14.15
— roller 72.2, 109.11, 202.13
— wheel 70.12
employer 1.13
empty mixing chamber 24.14
—, to let run 222.1
—, to — the bowl 280.15
—, to — the vessel 464.12
emptying the hydro-extractor 305.2
— the steaming chamber 572.4
emulsification 275.4
emulsion of water and oil 238.14
enamelled wood bobbin 149.14
— wire guide 564.17
enclosing wall 375.19
end of bobbin 147.3
— of single boss roller 393.11
— of the cocoon filament 420.11.12
— of flax 211.5
— running-on 533.3
— running-on to winding 528.8
— unwinding from the cop 525.2
— frame, gearing 95.2
— framing 94.15
— plate 381.12
—, broken 133.12, 158.15
—, faller 252.9
—, frame 558.16
—, inserted 128.8
—, knotted 428.17
—, lap roller 249.6
—, leather 535.3
—, lessened 243.11
—, pointed 233.16
—, roller 394.1
—, root 218.2
—, square 121.2
—, starting 496.16
—, tapered 519.3
—, top 218.2
—s, assembled 545.2
—s, double 334.8
end-s, doubling-wound 545.2
—s, folded 536.8, 545.2
—s, hard 298.14, 398.15
—s, warp 398.20
—, to — the roller 110.5
end-on feeding of the fibres 329.1
end up, to place 17.13
ending, roller 110.4
— tool 110.7.9.10
endless belt 441.16
— card table 445.1, 448.1
— chain 254.5
— cloth 328.6
— [feed] lattice 20.8, 308.2
— leather 214.4
— rope 503.1
— screw 223.15
— strap 214.4
— travelling feed sheet 218.5
— wire 476.15
engage, to 166.11, 346.11
engaged 346.16
engaging of the coupling by dead weight 166.10
engaging the taking-in friction 191.8
engine, carding 49.12
— oil 361.12
engineer 1.15
English doubling system 542.11
— count 599.14
— measure 606.12
— pound 601.3
— reel 563.16
— spinning system 364.9
— wire gauge 66.20
— wire numbering 66.18
enrich, to — with copper 468.2
enrichment with copper 468.3
entangled bourette material 452.17
— layer on bobbin 387.4
entanglement, thread 425.14
entering band of paper 484.13
— paper sheet 483.6
epicyclic spur wheel motion 126.12
equal in staple 14.14
equalisation by doubling 81.1
— of pressure 572.13
equalise, to — the sliver 100.14
—, to — the surface 64.19
equalising the position of the fibres 386.7
— doubling 326.19
— effect of doubling 81.2
equilibrium, in 78.13
errand boy 3.19
Eria silk 410.10
escape of the absorbed humidity 572.10
escapement wheel 207.12
esparto grass 492.19
establishment, silk reeling 412.9
ether 297.13
—, acetic 460.10
—, sulphuric 71.13
— vapour 462.11
— washing process 366.6
ethyl acetate 460.10
ethylic sulphuric acid 462.13
European hemp 492.3
— raw silk 426.14
evaporated acid 303.3
— quantity of water 293.12
evaporating the sud 273.11
— oven 273.12
evaporation of the humidity 572.9
—, natural 293.10
even condition 425.3
— cut root ends 243.5
— lap 47.15
— silk 427.13
— web 326.15
— yarn 605.19
evener comb 200.6, 260.8, 320.11
— comb, oscillating 320.3
— roller 29.3
— roller with receding spikes 30.4
evenly worked strand 594.6
evenness of the yarn 605.16
— tester 610.2.3.6.7
evenrunning quality of the whole lot 14.16
evolutions of the self-acting mule 159.8
examination of bales 16.15

examine, to — the cocoons 413.4
—, to — the capillary tube under the microscope . 467.13
examining of cotton . 13 2.3
— machine, yarn . 610.2
excess of soap . 277.7
excessive draft . 101 14
— feed . 28.3
— twist . 501.7
excitation, electrical . 102.6
exhaust fan 22.7, 24.8, 37 5 10, 296.13
— hopper bale opener . 22.1
— opener, horizontal — with small opener and beater . 39 3
— port, steam . 291.13
exhausted degumming bath . 435 1
exhauster . 197 13
expand to (fibre tufts) 25.3
expanding arm . 332 18
— cross for rubbing leathers . 332 17
— pulley . 250 15
— pulley, half of . 251.1
— rope pulley on Combe's roving frame . 224.8
expansion of the fibre tufts . 25.2
explosive . 297.12
— gun cotton fibre . 462 10
— properties . 462.4
— substance . 462.6
expose, to — to dry hot air . 292 16
express card, Risler's . 48.5
extra hard twist . 541 6
extract, logwood . 238 16
— wool . 407.21
— yarn . 583.2
—, to — the grease 273.16, 299.14
—, to — the hard ends 196.3
—, to — the impurities 49.21
extracting, bur 301.1, 369 5
— the fatty matter . 433.6
— the hard ends from the spinning waste 196.2
— the vegetable constituents . 402.2
— apparatus, grease . 298.1
extraction of grease . 273.15
— of knots from the flax 216.8
— of silk from the cocoons . 418.5
extractor . 298 3
—, dog hair . 322.11
—, thread . 196.5
eye, glass . 544.9
—, guide . 487.6
— guide . 511.14
— splice . 493 24
eyelet 131.10, 143.15, 423.1, 533.4
—, glass . 422 4
—, wire . 137.13
—, yarn guide . 525.3
—s rolled-in . 501.17

F

fabric, hemp . 445.2
face, indicator . 432.7
—, rubber . 65.8
factory, spinning . 1.6
—, twine . 494.14
—, wool washing . 268.10
— mark . 19.8
— washed wool . 268.21
— washing . 268.20
faded rags . 398.3
Fagara silk . 410.9
fall, to (yarn delivery). 554.10
Fairbairn's combing plant . 447.11
fall, to (gill bar) . 379.13
—, to — from stage to stage (wool) . 297.1
— out, to — on to the spindles (tubes) . 361.7
fallen wool . 266.5
faller 218.9, 251.14, 253.10, 372.9, 379.12, 439.10
—, winding . 160.4, 351.17
— bars, curved . 372.11
— bracket, adjustable . 178.9
— easing motion . 354.6
— end . 252.9
— gauge . 362.7
faller guide . 379.11
— leg . 166.7
— leg shoe, adjustable . 206 15
— sickle . 166.4
— wire . 160.5
—s with needles increasing in number . 380.10
—s, graduated . 372.6
falling-in lenthwise (swift) . 566.3
— -in vertically (swift). 566.2
— off in quality . 14.17
— out of the blend . 311.9
false bottom 285.8, 571 6
— bottom, slanting . 278.13
— twist . 9.7, 204 1, 331.10 11
fan . 31 13, 45 2, 306 7
— with backward bent blades . 45.4
— with forward bent blades . 45.5
— with straight blades. 45.3
—, blowing . 295.6
—, dust . 31.13, 33.12
—, exhaust 22.7, 24.8, 37 5.10, 296.13
—, suction . 259.9, 296 13
— casing . 37.6
— dust . 49.7, 194.21
— shaft . 404.9
fancy . 200.2
— with closed-in cover 323.7
— over the doffer . 202.5
— arrangement . 202 4
— casing . 323.9
— cover . 202.6
— doubler . 561.3.4
— doubling frame . 559.1
— filleting . 336.6.7 8
— roller 51.12, 321.8, 323 8
— roller fillet . 62.11
— silk . 587 10
— sleeve, travelling . 323.6
— stripper . 51.13
— thread . 559 4.9
— twist . 589.13
— yarn . 589 12
fanny . 49 7, 194.21
fast dyed yarn . 605.14
— knop . 590 13
— pulley on rim shaft. 160.12
— rim shaft pulleys . 187.2
fastener, steel . 391.12
fastening of card sheet 61.5, 62.2.3 4.5.6.7
— of the clothing . 61 16.18
— pin . 497.11
— point of the chain . 350.11
fat, acid . 315 15
—, animal . 315.12
—, combined . 272 2
—, free . 277.15
—, hog . 315.1, 428.13
—, liquid . 315.13
—, natural . 315.14
—, neutral . 315.16
—, pupæ . 419.11
—, rancid . 274.11
—, saponifiable . 274.3, 315.10
—, uncombined . 274.2
—, vegetable . 315.11
— dissolving . 275.2
fatty acid . 300.13
— oil . 148.10, 314.10
— substance . 299.18, 314.3
faultless reeling . 421.3
faulty cocoon . 415.8
— cop . 174.12
— fleece . 264.20
— places . 455.2
— unrolling . 41.16
fearnought . 313.4
fed, lap . 45.8
—, slubbing . 345.10
feed, automatic . 320.1
—, automatic cocoon . 423.8
—, batt . 327.10
—, Blamire's . 327.10
—, blanket . 327.10
—, card . 319.9
—, cotton . 35.6
—, crossed . 326.9
—, diagonal . 326.10.11
—, direct . 326.2
—, double — of the slivers . 387.5
—, excessive . 28.3
—, half crossed . 326.10
—, hand . 27.17
—, heavy . 102.3
—, intermittent . 84.6, 377.6
feed, irregular . 27.3
—, lap . 41.11
—, light . 102.2
—, long fibre . 329.1
—, mechanical . 28.4
—, regular . 27.2
—, ribbon . 326.7
—, roller . 42.14
—, straight . 325.13
—, straight ribbon . 326.8
—, tin dish . 377.4
—, uncrossed ribbon . 326.8
—, uniform . 319.16
— apron . 48.6
— arrangement of the self-acting mule . 205.3
— board . 200.14
— box . 379.10
— cam lever . 93.13, 94.2
— channel . 379.10
— curve . 50.15
— end of the card . 202.10
— guide . 218.6
— hopper . 308.1, 320.2
— lattice (s. a. feeding lattice) 27.1, 41.1, 243.15, 296.10, 308.3
— lattice, needled . 443.5.8
— lever . 90.3, 93.14
— motion, pedal . 312.7
— motion, reversing . 40.6
— motion, roller . 223.5
— motion, sliver . 382.3
— pedal . 28.10, 32.14
— pipe . 28.14, 466.3
— plate, cast iron shell 247.7
— plate, change . 94.1
— plate, dish . 203.6
— plate, shell . 244.13
— press roller . 372.8
— regulation . 42.7.9
— regulator . 42.8
— regulator with anti-friction bowls . 34.6
— regulator with link arrangement . 34.9, 44.4
— regulator, cone . 28.9
— regulator, eccentric . 93.12
— regulator, piano . 21.11
— roller 32 12, 77.12, 142.5, 287.14, 341.10, 502.11
— roller with rough covering . 559.12
— roller, fixed bottom . 311.14
— roller, fluted . 30.11
— roller, movable top . 311.13
— roller, porcupine . 377.5
— roller, spiked . 84.5
— roller, saw-toothed . 199.2
— roller, shell . 247.8
— roller, spiked . 29.13
— roller, toothed . 313.5
— roller clearer . 90.2
— rollers 27.4, 197.2, 259.13, 486.9
— rollers with bottom roller turning inwards (outwards) . 543.3.6
— rollers, beater . 33.13
— rollers, fluted . 267.7
— sheet, endless travelling . 218.5
— table 27.1, 111.2, 287.13, 443.14
— table, second . 405.5
— table, upper . 405.5
— tables, parallel running . 221.5
— tank . 423.11
— trunk . 28.14
—, to — with x ends up 104.5
—, to — the fibres across 325.19
—, to — the fibres end on 328.16
—, to — by hand 28.1, 319.11
—, to — with two laps 91.8
—, to — the series of fallers . 252.11.12
—, to — each delivery with x slivers . 81.10
—, to — x slivers into each set of gill bars 223.7
—, to — top end on root end . 218.2
feeder (worker) . 22.8
— (pipe) . 466.3
—, cotton . 28.2
—, hopper . 28.5, 200.4, 320.1
—, ribbon . 491.1
—, shell . 247.8
— covering . 248.3
feeder hand, scouring machine . 284.13
— plate . 77.11
— plate, shell . 50.15, 196.9
feeding . 319.10
— in lap form . 324.12
— with laps . 325.2
— with wool . 305.1
—, hand . 27.17
— apparatus . 93.10, 319.17, 382.15
— apron . 308.3
— arrangement of breaker card . 198.17
— bobbin . 526.10
— cloth . 321.1
— comb . 382.4
— comb circle . 448.12
— funnel . 39.7, 259.4
— hopper 22.2, 196.8, 200.5, 260.7, 266.20
— lap . 448.8
— lattice (s. a. feed lattice) . 199.1, 235.15
— lattice, endless . 20.8, 259.12
— lattice, pinned vertical . 260.9
— motion . 42.6
— nippers, stationary . 380.12
— period . 94.3
— plate . 98.9
— roller (s. a. feed roller)
— roller for the yarn 535.15
— rollers, double spiral 370.4
— speed . 41.17, 249.5
— trough . 89.15, 284.6
— trough, lap . 93.4
— -up box . 382.17
feel . 13.12
— of silk . 427.3
—, compact elastic . 427.9
—, cottony . 427.12
—, dry . 427.11
—, elastic . 427.10
—, of good . 427.4
—, hard . 427.5
—, rough to the . 14.1
—, scrooping . 427.6
—, soft . 427.8
—, to — the cotton . 13.11
feeler . 530.17, 534.16
—, broken end . 533.5
— plate . 29.10
— plate rod . 29.11
fellmongered wool . 264.12
felt . 478.16
—, asbestos . 465.17
—, greasy . 397.20
—, thick . 65.4
—, woollen . 397.19
— covered under-clearer 255.2
— covered collecting roller . 322.7
— covered damping roller . 482.3
— covering . 115.14
— drag . 544.12
felted material . 396.1
— yarn . 591.14
felting property 302.9, 396.3
— quality, reduced . 406.14
female cocoon . 414.7
ferment, to — the waste silk . 437.11.19
fermentation of waste silk . 437.8
— of the wet packed jute 236.13
— method . 437.12
— process . 437.13
fermented waste silk . 438.3
fermenting pit . 437.15
— plant . 437.14
ferrous chloride . 456.12
— chloride solution, alcoholic . 456.13
— sulphate . 469.12
— sulphate solution . 469.15
fettler . 75.10, 340.8
fettling . 340.6
filled with combing material (nippers) . 99.7
fibre . 6.12
—, dead cotton . 14.6
—, curly . 6.19
—, damaged . 26.2
—, elastic . 14.4
—, flax . 211.17, 225.11
—, individual . 49.18
—, injured . 26.2
—, long . 6.15
—, short . 6.16, 195.5

fibre, silk 428.1
—, single 49 18
—, slippery 194 8
—, smooth 6.17
—, straight 6.17
—, vegetable 402.3
—, wavy 6 18
—, weak 14.5
—, wool 274.5
— bunch 7.5
— can 52.4
— element 6.13
— feed 198.15 16
— holder 93.9
— mass, loose 440.18
— tuft 25.3, 49.16, 445.12
— tuft, combed 446.10
— yield of the cocoons 424.5
—s excitated by electricity 102.7
—s, combed 450.9
—s, hackled 245.3
—s, pulp 477 1
—s, waste 435.6
—s, wood 476.4
fibroin 411.9
— filament 434.6
fibrous crystals 489.12
— film 480.12
— material 6.9
— material, combed 82.2
— material, flying 25 19
— material, loose 7.9
— material, uncombed 82.1
— ribbon 486.3
— web 7.18, 50.1, 480.12
fid, splicing 494.2
filament s. a. silk filament
— drawn out by its own weight 466 15
—, albumin 471.11
—, artificial 471.10 13, 472.5.11.16
—, cocoon 411.5.12, 421.10
—, cupriferous 467 4
—, drawn out 467.1
—, dried 467.16
—, fibroin 434 6
—, glass 491.8 14
—, mulberry silk 411.6
—, viscose 468.12
—, waterproof 468.7
— guide 422 2, 461 10, 466.6
— guide adjustable to different heights 473.5
— guide roller 473.6
filature 412.9
filet 587.2
fill, to — the comb 443.7
—, to — the press 448.3
filled comb 375.15
fillet s. a. filleting
—, burnishing 62 10
—, carborundum 71.18
—, card 60.20
—, doffer 589.17
—, fancy roller 62.11
—, grooved emery 71.19
—, grooved grinding 71.19
—, plain grinding 71.20
—, ring 330.2
—, roller 62.13
—, stripping 62.9, 75.7
filleting s. a. fillet
— in cotton foundation 62.12
—, card 60.20
—, doffer 88.6
—, emery 71.17
—, fancy 336.6.7.8
—, needle pointed 336.5
—, saw tooth wire 336.11
filling (yarn) 139.1
— with needled feed lattice (machine) 443.5
— with roller feed (machine) 443.13
— the dead spaces with wood lining 59.10
— of a nipper 448.6
— the steaming chamber 572.3
— the hydro-extractor with wool 305.1
—, cork 595.5
— carrier 2.14
— hand 2.14
— piece 445.11, 446.15
film 193.5
— of fibres 480.2.8.9
— of oil 237.11
— of paper pulp 478.7
—, card 326.14
film, fibrous 480.12
filoselle yarn 587.24
filter, first 271.8, 362.1
—, gravel 271.10
—, oil 361.17
—, sand 271.15
—, second 271.9, 362.2
—, water 271.7
— box 271 14
— casing 470 5
— gauze 463.13
— press 271.13
— wadding 463.12
—, to — under high pressure 271.3
filtered spinning solution 463.15
filtering, final 271.6
—, preliminary 271.5
— material 271.4
— material, choked 463.14
— tower 271.16
filtration through asbestos felt 465.17
final cleaning 26.8
— filtering 271.6
— twist 154.4
— weight 615.16
find, to — the end of the cocoon filament 420.11
fine carding of jute 249.1
— count mill 1.8
— count of yarn 194.1
— -fibred silk 416.4
— flax 216.18
— fluting 143.4
— grain 71.3
— -grained cocoon 416.20
— -grained iron 191.4
— hackle 213.7, 229.5, 495 16
— -hackled hemp 228.6
— hackling 212.19
— titre 602.7
— number 598.7
— pitch spur wheel 566.14
— raw silk 425.17
— roving frame 122.10
— sorting 399.11
— strand wire rope 595.10
— thread silk 425.17
— wire clothing 335.12
— yarn 598.17
fineness of the cocoon filament 416.5
— of the yarn 598.16
—, according to 364 17
finger 100.4, 172.11, 533 7
—, adjustable 205 11
—, catch 190.3
—, chain depressing 547.8
—, change 348.14
—, fixed 549.10
—, guide 349.4
—, indicator 360.18
—, lifter 246.6, 445.7
—, locking 44 11, 180.8, 353.15
—, pull indicator 513.15, 608.2
finished cordage 507.16
finisher 388.1.2
—, flax 216.6
—, hemp 231.8
— box 387.20
— card 199.10, 203.5, 232.16, 319.7, 328.13
— card with web divider 491.2
— card with drawing head 221.3
— card with lap feed 250.2
— carding engine 203.5
— lap 47.8
— scutcher 42.2
finishing 384.8, 507.13
— of filament 456.9
— block 87.5
— box minder 388.1.2
— draft 101.9
— drawing frame 103.14
— drying of the wool 292.8
— grinding 338.14.15
— hackle 213.7, 495.16
— hackling of hemp 231.6
finishing layer, cylindrical 533.11
— processes 454.6 515.1
— touch (card wire) 340.3
— yarn 539.18
fire, open 418.11
—, to catch 222.4
— box 306.14
—proof chamber 227.8
firm flax 217.2
— thread 539.23
—ly held wool 311.17
first beater 41.20
— breaker 319.5, 320.14
— passage of drawing 103.12
— swift 322.1
fish glue 333.2, 471.2
— jaw 166.9
— oil 238.2, 315.2
— tail 34.8, 43.8
— tail pendant 33.3
— tail regulator 43.6
— net, old 507.14
fitted with plush 108.10
fitter, rope 3.12
five-ply cotton twill cloth with thick felt 65.4
— -wheel swing 133.4
fix, to — the spirals by steaming 591.7
— in, to — the thread 432.6
fixed bobbin 153.9, 516.15
— bottom feed roller 311.14
— comb 375.14
— finger 549.10
— hand card 318.15
— nippers 381.13
— rake 366.3
fixer, card 4.8
—, frame 3.10
fixing of chain 170.13
— of the taking-in band with tightening arrangement 181.7
— screw 567.2
flake twist 591.16
— yarn 580.23, 589.14
— yarn made by doubling winding 589.15
— yarn, opened 561.13
— yarn, plain 589.17
— yarn, printed 580.24
— yarn card 589.16
flame, gas 455.6
flange 124.2
— of the ring 150.3
—, bobbin 518.16
—, side 79.13
— less spool 518.18
flannel 389.13, 397.6
— bobbin washer 140.11
— covering 78.10, 115.13, 117.3
— padding 78.10
— roller 522.2
— shoddy 407.7
— yarn 583.9
flap 201.4
—, detaching 328.10
— door for discharge 260.3
— lever, angular 321.16
— valve 306.10
— valve, rotatable 365.11
flat 51.6, 79.11
— without card wire 53.12
—, cast iron 77.7
—, clearing 108.8
—, covered 53.13
—, revolving 53.7, 54.7, 57.10
—, self-cleaning 53.2
—, stationary 52.6
—, uncovered 53.12
—, wooden 77.4
— bevelling arrangement, Ashworth's 74.4.5
— card 77.2.3.9, 248.11
— chain 57.6.7, 73.14
— chain wheel 74.1
— clearer 108.8
— clothing 57.8
— covering 61.2
— creel for single roving 142.2
— grain 71.5
— grinding apparatus 73.8.9
— grinding motion 73.5
— iron bar grate 368.7
— link chain 184.9, 560.1
— needle 86.17
— setting by flexible bend 53.15
— setting, Ashworth's 56.3
— setting, Dobson and Barlow's 54.15
— setting, Howard and Bullough's 53.16
— setting, Rieter's 55.4
— setting, Wilkinson's 56.13
— setting mechanism for revolving flat cards 79.9
— spiral spring 235.17
— spring 95.11
— -strand wire rope 595.14
— stripping apparatus 52.10.11.13.14, 75.11
flat strips 194.18
— supporting disc 56.14
— waste 194.18
— wire 65.19, 493.13
— wire rope 597.14
— yarn 589.7.8.9
flattened round wire 66.3
— silk 587.16
flax 492.9
—, chaffy 217.6
—, clean 216.19
—, coarse 217.3
—, cut 211.3
—, dew-retted 209.7
—, fine 216.18
—, firm 217.2
—, grassed 209.7
—, hackled 212.9
—, hand hackled 212.10
—, healthy 216.21
—, long 210.22
—, machine hackled 212.11
—, machined 212.11
—, New Zealand 492.8
—, raw 209.9
—, scutched 209.13
—, short 211.4
—, soft 217.4
—, strong 217.1
—, swingled 209.13
—, uncut 210.23
—, uniform 216.20
—, unsorted 216.16
—, water-retted 209.8
—, weak 217.5
— bale 210.6
— bast 211.17
— buyer 210.10
— carding room 222.2
— comber (worker) 211.14.15
— cutting machine 211.2
— dealer 210.8
— drawer 224.2
— fibre 211.17
— fibre rich in gummy matter 225.11
— finisher 216.6
— -free mungo 407.1
— grower 210.7
— hackler 211.14.15
— hackling 211.10
— hards 212.13
— harl 211.17
— line yarn 581.6
— merchant 210.8
— purchaser 210.9
— reeler 562.16.17
— ribbon 218.3
— roving 224.10
— sliver 218.3
— spinner 224.15.16
— spinning 209.4, 210.17
— spinning frame 226.8
— spinning mill 209.6
— store 210.14
— store, temporary 210.15
— thread 581.19
— thread, hard finished 581.14
— tow (s. a. tow) 212.13, 492.10
— tow, slimy 220.9
— tow finisher card with drawing head 221.3
— tow preparing 219.12
— tow sliver 221.16
— tow spinning 210.19
— warehouse 210.14
— waste 212.13
— yarn, bleached 581.17
— yarn, dry spun 581.11
— yarn, half-wet spun 581.12
— yarn, lustered 581.16
— yarn, wet spun 581.13
— yarn drying 227.4
— yarn reel with movable yarn guide 612.6
fleece 7.19, 50.3, 51.14, 198.8
— loaded with dog hair 264.22
— free from neps 49.4
— formed by lapping the webs 324.13
— formed by superimposing the webs 325.1
—, card 481.6
—, comber waste 82.8
—, damp 264.21
—, faulty 264.20
—, heavy 264.18
—, hydraulically pressed 264.14
—, light 264.17
—, long-haired first year's 364.18

fleece, main 373.14
—, rolled 264.15
—, short-haired first
year's 365.1
—, single 373.15
—, sound 365.2
—, tied 264.16
—, undamaged 264.19
—, unsound 365.3
—, wool 264 13
— delivery 198.6
— machine 373.1
— washing machine 284.11
flesh side of the leather 118.15,
332.5
flexible bend 54 6.17
— bend, perforated 79.10
— collar bearing 289.13
— glass filament 491.8
— jute fibre 240.5
— spindle 146.5, 548.11, 553 5
— wire rope 595.17
flexibility of the rope 513 3
float 365.12, 574.7, 608.9
float, to — in the liquor 282.10
—, to — in the reeling
water 420 1
floating cocoon 420 2
flock silk 435 15
flocked noil 374.21
floor 291.4
— of the mixing chamber 22.12
— of the walk 504.1
floss 425.6
—, free from 427.15
—, outer 417 4, 420.10
— silk 435.16
flowing water 573.14
flue, smoke 306.16
fluff 425.6.9
fluffy raw silk 425.7
— double thread 425.8
— yarn 193.11
fluidity of the solvent 463.10
flute 116.11
—, guiding 334.11
—, rounded 240.8
fluted back detaching
roller 90.4
— detaching roller 378.7
— feed roller 30.11
— friction disc 448.11
— front detaching roller 90.5
— iron doffing roller 247 13
— iron top roller 115.8
— lap roller 34.3, 48.11
— leather covering 109.9
— roller 42.15, 115 6, 143.3,
243.16, 329.13
— roller with collars at
the ends 116.9
— roller of fine grained
iron 191.4
— roller with pyramidal
teeth 240.14
— roller, chilled 308.14
— roller coupling 121.1
— rollers 120.8
— rollers gearing com-
pletely into each other 116.8
— rubbing surface 332.10
— segment 85.7, 378.3
fluting 116.10
—, alternative 241.1
—, fine 143.4
—, irregular 191.5
—, longitudinal 241.2, 477.4
—, opposite 240.11
—, spiral 240.10
—, toothed 241.3
— tooth 116.12
fly (spindle) 430.1
— (waste) 31.14
—, card 371.5
—, comber 375.2, 398.9
—, double-armed wire 431.18
—, spinning 398.12
—, stave 569.5
— collector 322.5
— comb 51.8, 204.2
— comb spindle 60.6
— frame 11.10, 121.11
— frame with gill box
drawing 390.11
— frame, silk 452.3
— frame drawing rollers 128.19
— frame foreman 2.6
— frame hand 2.7
— frame helper 2.12
— frame overlooker 2.6
— frame spinner 2.17
fly frame tenter 2.7
— nut 332.19
— roller 321 8
— rope 503.1
— waste under cylinder 78.14
— wheel 292.5, 343.10, 567.11
— wheel shaft 292 4
flyer 10.20, 255 6, 257.12, 538.6.12
— and bobbin 122.15
— with eyelets rolled-in 501.17
— with guide eyes sol-
dered-in 501.18
— with perforated head 548.12
— with presser 452 4
— with presser arm 123.13
— with hardened ring in
the head 501.16
— with curved slit 123.14
— separated from the
spindle 548.1
—, bourrette 454.3
—, double arm 123.12
—, doubling 546.4
—, centrifugal 258 3
—, horizontal 501.13
—, revolving 233.10
—, twisting 546.4
— arm, solid 452.6
— doubler 545.5 11
— doubling frame 545.5
— drag 548.2
— frame 11.10
— frame with dead spind-
les 233.12
— guide 533.8
— leg 130.3, 548.5
— spindle 10.19, 122.5, 139.10,
257.11, 485.8
— spinning frame 11.13, 138.3,
139.3, 225.2
— spinning frame for
worsted yarn 390.16
— spinning frame, double 257.2
— spinning machine with
horizontal flyer 501.13
— spinning machine for
paper yarn 485.1
— spinning machine for
pulp yarn 479.5
— spinning machine for
paper and fibrous
bands 485.9
— throstle 11.13, 138.3
— top 130.6
— tube 547.15
— twister 545 5
— twister for twines 501.15
— twister, one-sided 548.9
— twister, two-sided 548.10
— twisting frame 545.5
— yarn 138.6
flying fibrous material 25.19
fold, to — the yarn 515.8
—, x — yarn 539.16
folded ends 536.8, 545.2
— yarn 12.13, 515.5
folding the web 327.15
— lever 172.7
— -over 484.13
— -over appliance 488.14
follower 501.9
— bar 501.10
foot 600.14
— of flax 211.9
— of skewer 128.7, 544.2
—, conical 518.17
—, lifter rod 151.14
—, poker 151.14
—, spindle 131.4
— lever 47.4
— lever for brake 290.12
— plate, hard wood 497.1
footstep 97.11, 122.17, 131.3,
177.14, 354.14
— of the skewer 128.12
—, bronze 355.1
—, glass 128.14
—, porcelain 128.15
—, pot 128.13
—, rough glass 128.16
—, water cooled 36.13
— bearing 97.12, 131.5, 289.4.14
force, centrifugal 31.4, 32.2
288.13
—, to — hot air 282.7
—, to — back the hooked
lever 528.7
—, to — through capil-
lary tubes 463.8
—, to — the solution into
a precipitating bath 472.3
forcing of moist air
through the yarn 573.3
foreboard 502.14
forehard 506.2
— motion 506.1
—, to give a 498.6
foreign matter 24.12
foreman, card 75.17
—, fly-frame 2.6
— rope maker 494.12
foreturn 506.2
— machine 502.14
forged and hardened ring 149.18
fork 282.14
—, guide 331.3
—, iron 340.11
—, lifting 278.12
—, propelling 278.10
—, strap 95.6, 324.9
—, swing 281.9
—, traverse guide 129.8
— clutch 347.3
— stud 281.7
— stud bracket 281.6
— frame, triangular 282.13
— lever, disengaging 348.13
forked bearing 530.10
— bobbin bracket 356.15
— lever 166.9
form, in a globular 442.11
—, roundish — of silk
filament 422.8
—, to — the bottom 154.19
—, to — drops 464.8
—, to — the knops on the
finished yarn 591.2
—, to — a lap 107.15
—, to — loops 425.13
—, to — pockets 326.22
—, to — a sliver 50.7
—, to — the tufts into
laps 450.16
—, to — a fibrous web 50.2
—, to — the web into a
fleece 198.7
formaldehyde 297.17
formalin 316.8
formation of cop 154.17
— of drops 464.7
— of filament 456.6, 468.10
— of knops 560.6
— of knots 423.14
— of lap 32.8, 45.6
— of long laps with
crossing 327.9
— of loops 133.13
— of mildew 574.10
— of pockets 327.1
— of the rope by the eye
guide 511.15
— of sheets of paper 476.18
— of the sliver 50.6
— of snarls 169.4
— of spots 560.4
—, in state of 480.10
forming (strand) 498.4
— line, cop body 168.3
— machine 502.15
— machine, sliver 330.1
forward bent blade 45.5
— movement of the lat-
tice 23.9
— motion, intermittent
— of feed roller 377.7
foundation, card 64.6
—, cloth 110.6, 334.15
—, cloth and felt 335.1
—, cotton 62.12
—, cotton-wool-cotton 65.2
—, cotton-wool-rubber 65.3
—, leather and cloth 335.2
—, machine 117.24
—, paper 64.18
—, paste-board 62.1
—, timber 290.6
— board 611.1
— material 64.6
— plate 95.3
— thread 591.4
four-ply cloth cemented
with rubber solution 65.7
— -strand rope 594.16
— -twill set 68.16
— -wheeled carriage 445.6
fracture, smooth 10.6
—, tufted 10.7
frame 534.14
—, first 222.13
—, bobbin 502.6
—, bobbin carrier 523.13, 529.6,
530.5
frame, box 349.13
—, circular 96.12
—, detaching roller 95.13
—, doubling 453.10
—, drawing s. drawing
frame
—, dry spinning 225.4
—, fly s. fly frame
—, hinged side 201.12
—, intermediate 122.8
—, jack 122.10
—, loper 499.1
—, main 505.13
—, middle 95.1
—, rake 504.11
—, rocking 536.3
—, roving 122.9
—, silk ring 452.9
—, sliding 371.2
—, slubbing 122.7
—, speed 11.10, 121.10.11
—, spinning s. spinning
frame
—, spool 505.10
—, travelling 328.1
—, triangular fork 282.13
—, twisting hook 504.14
—, water 138.2
—, wet spinning 225.8
— end 558.16
— fixer 3.10
— side 55.7
framing 54.5, 88.13, 94.14, 249.4,
538.14
— of chamber 22.11
—, end 94.15
—, iron 394.15
—, pedestal 289.6
—, side 55.7
—, wooden 344.1
— support, cylindrical 290.9
free on the spindle
(bobbin) 255.10
—, to — from awn 495.4
—, to — from the bur
(wire) 70.4
—, to — from burs (wool) 366.14
—, to — from chaff 232.10
—, to — from copper 467.16
—, to — from the cover-
ing 18.5
—, to — from dust 266.16
—, to — from the scale 66.7
—, to — from sulphur 434.22
—, to — from superfluous
acid 304.13
—, to — the latch 256.4
freeing the yarn from
adhering impurities 454.12
freely suspended weight 105.14
French comb 377.1
— count 599.15
— raw silk 426.15
— reel 563.13
— reeling 422.1
— spinning system 364.19
— titre 601.19
— wire numbering 66.17
fresh cocoon 421.9
— lye 275.14
— oiling 555.5
— set of cops 352.12
Friar's batching appara-
tus 241.6
friction of fibres 6.21
— of the traveller on the
ring 150.15
—, assistant 190.9
—, backing-off 179.6
—, double backing-off 190.7
—, brake 47.2
—, drawing-up 161.6
—, surface 6.22
—, taking-in 161.6, 349.13
—, traveller 552.4
— bowl 529.11, 530.8
— box 157.14
— clutch, conical — on
cam shaft 161.10
— cone, double 527.3
— cone, leather covered 158.3
— cones 163.2
— coupling 157.14
— cover 158.1, 161.10
— cover, spur wheel 190.8
— disc 140.1, 233.13, 529.8,
532.5
— disc on spindle 529.7
— disc, fluted 448.11
— dish 354.10
— drive 516.14

friction drive for the reel . . . 473.10
— drive, overhead . . . 288.17
— groove, wedge-shaped 180.14
— moment . . . 149.7
— pulley . . . 46.12
— ring . . . 488.9
— roller . . . 341.14, 523.1.7
— surface . . . 185.7
fringe silk . . . 587.8
frog bracket . . . 207.11
front carriage bracket, cast iron . . . 178.5
— copping plate 167.10, 168.7
— cylinder cover . . . 291.11
— detaching roller weight hook . . . 88.15
— end of headstock . . 352.17
— end of tuft . . . 375.9
— holding out catch for carriage . . . 162.15
— lap roller . . . 89.10
— roller . 137.3, 142.7, 251.8, 393.5
— roller catch box . . 187.14
— roller driving pulley . 114.4
— roller driving wheel . 114.5
— roller shaft . . . 345.15
— roller wheel . . . 176.12
— roller wheel, large . 136.2
— roller wheel, small . 136.3
— rollers . . . 262.5
— stop motion . . . 112.2
frothy decoction . . . 278.1
— solution . . . 277.10
Fucus crispus . . . 316.14
fulcrum bracket . . . 252.15
— bracket of balancing lever . . . 132.13
full bobbin . . . 140.17
— can stop motion, automatic . . . 112.3
— circle down-striker card . . . 250.1
— cop . . . 157.3
— cop stop motion, automatical . 157.4, 180.4
— cop stopping motion . 357.10
— mixing chamber . . 24.13
— set . . . 68.10
fuller's earth . . 298.15, 309.20
fumed cocoon . . . 413.11
fumigate, to — with sulphur . . . 418.4
funnel 51.10, 111.7, 257.8, 470.7, 484.16, 611.10
— with an inserted conical core . . . 484.12
—, condenser . . . 372.5
—, condensing . . . 451.13
—, feeding . . . 39.7, 259.4
—, layering . . . 328.9
—, revolving . . 372.4, 380.8, 449.10
—, rounding 478.12.13, 484.11, 485.6, 486.4
—, sliver . . . 51.10, 370.3
—, wooden . . . 422.12
— guide . . . 506.6
furnace, coke . . . 402.10
fusel oil . . . 297.18

G

gain, carriage . . . 393.7
galettame . . . 436.10
galvanised connecting pipe . . . 39.6
— iron wire . . . 493.8
Gall's chain . . . 395.7
galloon . . . 400.10
Garnett clothing . . . 336.11
gas, ammonia . . . 460.8
—, suinter . . . 300.6
— blow pipe . . . 491.6
— burner . . . 455.8
— flame . . . 455.6
—-heated drying range 616.14
— pipe . . . 455.9
— singeing machine for silk schappe yarns . 455.7
gaseous acid . . . 305.10
— hydrochloric acid . . 440.11
— sulphurous acid . . 460.9
gasoline . . . 462.19
gass, to — the thread . . 455.5
gassed cotton yarn . . . 580.21
— thread . . . 455.13
gassing the threads . . 455.4
— frame for silk schappe yarns . . . 455.7
— machine . . . 521.5
gathering of the rags . . 399.2
gauge . . . 92.3, 362.5, 500.17
— to fix the position of [counter] faller shaft 362.14.16
— for height of spindles 362.9
— of spindles . . . 150.5
— of wire . . . 66.19
—, by . . . 78.4
—, Birmingham wire . . 66.20
—, faller . . . 362.7
—, copping wire . . . 362.8
—, cross . . . 105.8
—, English wire . . . 66.20
—, pressure . . . 385.15
—, roller . . . 362.15
—, setting . . . 78.5
—, sliding . . . 105.9
—, spindle . . . 129.13
—, spindle bevel . 178.7, 362.6
—, tin drum . . . 362.10
—, wire . . . 509.14
gauze, filter . . . 463.13
gear, automatic reversing 40.7
—, cone drive . . . 527.1
—, differential . . . 347.12
—, driving . . . 177.3, 506.13
—, hypocyclic . . . 140.3
—, mechanical disengaging . . . 113.15
—, reversing . . . 23.12
—, rubber . . . 331.13
—, slide valve . . . 291.6
—, worm wheel . . . 473.8
—, to keep in . . . 191.15
—, to put in . . . 346.11
—, to put out of . . . 163.2
—, to take out of . . 346.12
— ratio . . . 537.5
— wheel . . . 532.6
— wheel, skew . . . 135.5
—, to . . . 343.12
gearing of draw frame . 114.1
— of the fly frame 122.14, 134.1
— of ring frame . . . 158.10
— of a ring doubling frame . . . 555.9
— running in oil . . . 555.2
— of the self-acting mule 160.11, 186.7
—, intermittent . 537.1, 546.12
— end frame . . . 95.2
— headstock . . . 95.2
Gegauff's comber . . . 91.7
gelatine . . . 459.9, 471.1
—, commercial . . . 471.3
— filament, insoluble . 471.9
— silk . . . 470.19
— solution . . . 471.4
gelatinous plant . . . 316.13
genappe yarn . . . 584.14
gentle spiral . . . 561.1
genuine silk . . . 410.5
Gessner's throstle spindle 341.8
gill, screw . . . 218.10
gill-bar . . 218.9, 251.14, 372.9, 379.12
— slide . . . 219.6
gill-box . . . 385.17
— with curved faller bars . . . 372.11
— with double set of fallers . . . 372.1
— with graduated fallers 372.6
— with single set of fallers . . . 371.18
— with warming plates 388.5
—, can . . . 384.9
—, circular . . . 372.7
—, intersecting . . . 372.1
—, preparer . . . 371.16
— minder . . . 372.12.18
gill chain . . . 219.5
gilling the hair . . . 514.5
girth of the rope . . . 500.15
give, to — twist . . . 9.6
—, to — a false twist . . 331.10
giving twist . . . 9.5
glacé thread . . . 580.7
glacial acetic acid . . 459.8
Glanzstoff . . . 588.6
glass bead . . . 591.9
— blower (worker) . . 467.11
— bobbin . . . 466.8
— capillary tube . . . 467.7
— cover of the cage . . 44.10
— eyelet . . . 422.4
glass filament, coloured 491.14
— filament, flexible . . 491.8
— footstep . . . 128.14
— eye . . . 544.9
— guide with nick . . 543.9
—-hard . . . 74.11
— peg . . . 543.7
— plate, polished . . . 283.5
— rod . . . 491.6, 544.8
— silk . . . 491.13
— spinning . . . 491.5
— step . . . 544.4
— tap . . . 466.5
— tube . . . 608.10
— vat . . . 304.9
— wadding . . . 491.15
— works . . . 467.10
Glauber's salt . . 303.7, 309.15
glazed silk . . . 387.15
gliding through of the spinning material . . 319.19
glittering of wild silk . 427.20
globular form, in a . . 442.11
glue . . . 117.17
—, joiner's . . . 71.12
— solution . . . 120.4
— on, to . . . 64.17, 71.8
glued joint of the leather 119.7
— part of the rubber . 333.8
glueing the rubber leather 333.1
gluey substance . . . 471.5
glutinous . . . 435.2
glycerine . . . 428.11, 484.1
— addition . . . 315.8
gnawed cocoon . . . 415.17
go back, to — to zero (finger) . . . 614.4
goat's hair spinner . . 408.13.14
— hair yarn . . . 585.18
goffered silk . . . 587.17
going-down of the scale pan . . . 320.7
—-in of the carriage . . 159.13
gold bead . . . 591.11
—en yellow cocoon . . 415.2
Goldschmidt's strength tester combined with elongation tester . . 609.2
governing motion . . . 180.9
governor, Gully's . . . 172.4
—, screw . . . 172.15
—, winding . . . 171.8
— motion . . . 171.8, 183.7
grade of carding . . . 49.19
— of rigidity . . . 67.4
—, full — below contract 14.19
—, half a — below contract . . . 14.18
grading of hemp . . . 231.7
— the jute . . . 235.1
gradual increase of temperature . . . 280.5
gradually, to hackle . 212.1
graduated fallers . . . 372.6
— lever . . . 241.10
Graf's knop and flake yarn motion . . . 560.12
grain . . . 603.1
—, angular . . . 71.6
—, coarse . . . 71.2
—, fine . . . 71.3
—, flat . . . 71.5
—, round . . . 71.4
— side of the leather . 332.6
— soap . . . 277.19
gram[me] . . . 600.23
grandrill yarn . . . 579.19
Grant reel . . . 432.2
granular condition of the emery . . . 71.1
— layer of sericin . . 411.19
graphite . . . 63.14
grassed flax . . . 209.7
grate . . . 296.16
—, flat iron bar . . . 368.7
—, iron rod . . . 570.16
— bar . . . 27.7
grating, wire . . . 297.5
—, wooden . . . 229.13
gravel . . . 271.11
—, sieved . . . 271.12
— filter . . . 271.10
gravity axis . . . 553.6
— spindle . 146.5, 548.11, 553.5
grease from felting water 316.11
—, free from . . . 269.11
—, saponified . . . 275.7
—, wool . . . 274.1.7.8, 300.15
— collector . . . 298.2
— contents . . . 299.3
— extracting apparatus 298.1
grease scum . . . 300.2
— solution . . . 298.11
—, to (s. a. to oil) — the beater . . . 441.15
greased band . . . 359.12
— tow . . . 232.7
greaser . . . 3.11
greasing the bands . . 359.11
— with tallow . . . 232.8
— the waste silk . . . 441.2
greasy felt . . . 397.20
— wool . . . 268.1
— yarn . . . 605.6
Grecian raw silk . . . 426.19
Greek raw silk . . . 426.19
green soap . . . 277.16
— vitriol . . . 469.12
grenadine silk . . . 586.10
grey coloured cocoon . 415.5
grid . . . 25.6, 27.16, 220.12, 259.3
— with inclined bars . . 197.11
— under the cylinder . . 79.1
— removable at the side 196.16
—, adjustable . . . 48.4
—, angle bar . . . 367.10
—, conical beater . . . 35.4
—, dust . . . 260.4, 312.13
—, pin bar . . . 260.11
—, plate . . . 36.7
—, pocket . . . 36.9
—, Schällibaum's . . . 48.1
—, taker-in . . . 78.1
—, slowly moving wire . 295.14
— bar . . . 27.7
— bars, beater . . . 33.15
— bars, cylinder . . 31.12, 33.7
— door . . . 27.13
—like arranged bars . . 369.1
—like longitudinal bands 477.5
grind, to — the card clothing . . . 69.11
—, to — the card when (not) working . . . 70.7.8
—, to — dry . . . 338.17
—, to — hollow . . . 70.1
—, to — the leather . . 118.16
—, to — with oil . . . 338.18
grinder . . . 70.9
— for roller leather . . 118.17
—, card (worker) . 4.9, 71.22
—, emery . . . 72.2
—, needle-point . . . 72.13
—, rag . . . 404.5, 405.1
—, traversing side . . . 72.13
—, traversing strickle . 339.1
grinding by hand . . . 71.23
— without oil . . . 403.14
— of the wire . . . 67.11
—, card . . . 69.10, 338.8
—, finishing . . . 338.14.15
—, hand . . . 338.19
—, hollow . . . 69.19
—, machine . . . 338.21
—, needle . . . 339.9
—, needle point . . . 67.13
—, plough . . . 67.16
—, quick . . . 69.18
—, side . . . 67.15
—, slow . . . 69.17
—, surface . . . 67.12
— apparatus, Platt's flat 73.8
— and turning-up apparatus . . . 405.8
— board . . . 70.13, 338.20
— bracket . . . 73.9
— disc . . . 70.12, 72.9
— disc, Horsfall's travelling . . . 72.8
— dust . . . 339.11
— fillet, plain . . . 71.20
— fixing . . . 73.9
— leather . . . 340.4
— machine . . . 71.24
— machine for leather covering . . . 109.10
— machine, card . . . 339.6
— machine, card roller . 202.12
— machine, roller leather 118.17
— material . . . 70.19
— mill . . . 476.11
— motion, flat . . . 73.5
— roller 70.9, 73.11, 74.7, 202.13
— roller, Hetherington's 74.6
— roller, Horsfall's traversing . . . 339.3
— roller bearing . . . 73.16
— strickle . . . 70.14
— surface . . . 202.14
grip . . . 42.17
— between the rollers . 103.2

grip, rope 506.9
—, to — the layers of fibres 21.5
gripped hemp strick 230.5
gripper 214.5
gripping of the fibres between the rollers 103.1
— the projecting wool tuft 378.1
— arms 118.5
— appliance 384.7
— edge of nippers 449.2
— effect 103.4
— heads 506.12
— point 46.2
—, pressure of the rollers 554.9
griseille yarn 583.5
groove 116.11, 483.5, 499.7
— on bobbin for weighted cord 140.10
— in the bottom flange of the bobbin 546.6
— of the rope pulley 506.11
—, back 353.10
—, band 180.13
—, front 353.9
—, guiding — for the knife 196.13
—, milled 523.9
—, oil 355.2
—, rim 353.8
—, wedge-shaped friction 180.14
—s, x — per inch 71.16
grooved bowl 171.11
— cam 182.11, 183.3
— channel with lubricating wick 344.13
— emery fillet 71.19
— emery layer 71.15
— ring 548.6
— roll 483.4
— roller 485.7
— rubber lining 245.7
—, single (double) 353.11.12
grooving 116.10
gross hundle 577.9
— weight of bobbin 141.14
— weight of silk 434.12
ground card 338.16
— flat top of the wire 335.18
— rope 503.2
— thread 559.3.8, 591.4
— tint 311.4
— water 270.9
groundnut oil soap 433.19
grower, flax 210.7
guard, carriage wheel 351.9
guide 257.8
— for cleaning cloth 395.3
— of copper wire 461.11
— for the fibrous ribbon 486.6
— for paper band 486.5
— for roller necks 46.3
— shifted by friction bowl 530.1
— for the tension thread 511.10
—, adjustable 372.10
—, agate 430.4
—, bent 342.11
—, chain 244.4
—, copping rail 167.4, 352.7
—, faller 379.11
—, feed 218.6
—, filament 422.2, 461.10
—, flyer 533.8
—, hackle 219.6
—, link 254.3
—, rocking 560.8
—, rope 192.5
—, roving 257.5
—, screw 251.13
—, selvedge 86.3
—, sliver 76.18, 111.1, 104.12.14
—, split 482.9
—, Tatham 105.2
—, thread 423.9
—, traverse 129.6, 142.8
— band 177.10
— bar 431.20, 558.11, 560.15
— bar, traversing 529.10
— board, semi-circular 564.16
— bowl 529.9
— bowls 525.9
— bracket 357.3
— comb for the cut paper strips 489.9
— drum 448.10
— eye 452.7, 487.6, 610.4
— eyes soldered-in 501.18
— finger 349.4
— fork 331.3
guide hole 452.7
— lath 558.2
— lath, rocking 561.6
— lever 133.6
— piece, hollow cone 534.5
— pin 560.14
— plate 373.3.11
— plate, adjustable 226.3
— plate, slotted 522.5
— plate, thread 523.15
— plate, web 250.14
— pulley 144.14
— pulley for spindle band 206.3
— pulleys 504.2
— pulley bracket 353.5
— pulley support of treble grooved rim band driving 192.3
— rail 281.11, 566.4
— rail, traverse 505.9
— ring for needle 392.2
— rod 128.1, 487.18, 544.7, 559.5
— rod for the strap fork 527.2
— rod, roving 394.12
— rod, traversing 473.7, 537.11
— roller 331.2, 485.4, 489.3, 506.7
— roller for the paper band 488.10
— roller, filament 473.6
— roller, polished 384.10
— rollers 482.5
— rollers for the strands 504.7
— support 361.3
—, to — the roving through hot water 225.12
—, to — the top 499.9.10.11
—, to — the thread by hand 521.13
—, to — the thread over the roller 556.4
—, to — the web over a bridge 201.2
—, to — the wool upwards along the glass plate 283.12
—, to — the yarn around the top roller 546.1
—, to — the yarn over bottom and top roller 543.5
—, to — the yarn through the slit in the drum 524.10
—, to — the yarn during twisting 498.13
—, to — the yarn through water 542.6
guiding of the rove 129.5
— the yarn through cold water 542.7
—, positive (faller) 171.9
—, spindle 130.1
— arm 534.2, 559.6
— arrangement, automatic (for yarn and cop) 612.4
— bar 430.2
— cone 528.2
— disc 150.18
— flutes 334.11
— groove for the knife 196.13
— holes, staggered 105.1
— mechanism, strap 178.10
— pulley, band 171.14
— slit for the yarn 527.10, 537.9
Gully's governor 172.4
gum arabic 428.16
—, vegetable 225.13
gummy layer 411.14
— matter, rich in 225.11
— places 434.7
— waste 436.2
gun cotton fibre, explosive 462.10
— cotton silk 588.7
— metal quadrant, toothed 94.6
gunny bag 16.13
gut band 497.5
guttapercha 459.7
gypsum 310.6

H

hackle 495.13
—, coarse 213.5, 229.4, 495.14
—, fine 213.7, 229.5, 495.16
—, finishing 217.7, 495.16
—, hand 212.20, 229.6, 245.4
—, intermediate 495.15
—, medium 213.6
hackle, rougher's 213.5, 495.14
— bar 218.9, 245.6
— bar with pins inserted in double rows 254.7
— bar pin 219.8
— bench 213.1
— chain 219.5
— guide 219.6
— pin 213.9
— sheet 214.4, 230.9
— stock 213.1
— tool 214.8
— tow 212.12, 220.9
—, to 8.4
—, to — the flax 211.12, 212.1.2.3.15
—, to — the jute fibres 245.2
hackled fibres 245.3
— flax 212.9
— hemp 228.5, 495.17
— stricks 218.1
— jute yarn 582.6
hackler, flax 211.14.15
—, hand 213.10
—, hemp 229.3
—, machine 215.18
hackling 8.3
— the hair 514.5
— of hemp 495.10
— of jute 245.1
— the ramie 262.10
—, fine 212.19
—, finishing 231.6
—, flax 211.10
—, hand 212.14
—, hemp 229.1
—, machine 213.13
—, tow 211.16
— arrangement, Cotton's 215.10
— bench 229.10
— block, oak 229.7
— machine 8.6
— machine with x sets of hackles 215.11
— machine, duplex flax 214.3
— machine, hemp — with automatic screwers 229.14
— machine, jute — with inclined hackling sheets 246.1
— machine, jute-root 243.12
— machine, single 213.14
— machine, vertical sheet stripper bar 245.5
— machine tow 220.1
— pins 229.8
— room 211.13
— sheet 214.4, 245.12
— sheets, inclined 246.1
— stock, oak 229.7
— teeth 229.8
hair 493.1
—, artificial horse 588.11
—, Cashmere 409.7
—, cow 493.5
—, curled 514.16
—, horse 493.2
—, mane 493.4
— card 409.3
— carder (worker) 409.4
— carpet yarn 586.2
— cordage 514.1
— side of the leather 332.6
— spinner 408.7.8
— tress 514.10
— yarn 585.8
— yarn, dark grey 585.12
— yarn, light grey 585.11
— yarn, white 585.9
— yarn, whitish 585.10
— yarn rubbers 409.5
— yarn spinning mill 408.6
hairas yarn 584.5
half of coupling, movable 345.18
— of expanding pulley 251.1
— bleaching the rags 401.7
— boil, to — the silk 434.9
— boiled silk 434.11
— boiling 434.8
— carriage 344.15
— circle up-striker card 249.13
— coupling clutch 348.12
— crossed feed 326.10
—-dry spinning frame 226.2
—-hank 562.20
— lap, needled 85.4, 87.11, 378.2
—-wet spun flax yarn 581.12
—-wool mungo 407.2
—-wool rags 396.12
—-wool yarn 408.4
— wollen yarn 579.11
half worsted 583.17
— and half, to mix 19.3
halliard 596.17
hammer 370.10
hand, bobbin 2.14
—, bur beater 367.3
—, bur crusher 367.3
—, comb 375.6, 376.13
—, cotton waste 196.4
—, dryer 297.6
—, fly-frame 2.7
—, opener 22.8
—, scouring machine feeder 284.13
—, waste 3.24, 4.1, 213.12
— bellows 75.16
— brake 109.14
— card 49.10, 318.13
— card, fixed 318.15
— card, loose 318.16
— change cross of change motion 394.3
— combed top 374.8
— comber 375.5
— combing 375.4
— dresser's tool for hemp 229.6
—-dry material 306.17
— feeding 27.17
—ful of flax 292.8, 213.3
— grinding 338.19
— hackle 8.5, 212.20, 245.4, 495.13
— hackle for hemp 229.6
— hackled flax 212.10
— hackler 213.10
— hackling 212.14
— labour, by 17.6
— lever 347.15, 350.9
— milling machine for spindle collars 363.4
— mixing 19.14
— reel 565.4
— reeler 4.20.21
— rope maker 494.7
— scutching tow 219.14
— spindle 10.12
— spinner 10.10
— spinning 10.9
— spinning wheel 10.16
— spooler 4.16.17
— spun yarn 581.9
— strickle 70.15
— stripping board 75.5
— stripping fillet 75.6
— tool 212.20
—-warm 60.10
— wheel 567.11
—, by (to mix) 19.13
—, by (to move) 17.6
handle 74.3, 171.4, 500.14, 611.5
—, adjusting 30.6
—, quadrant 181.1
—, relieving 106.10
—, valve 371.3
—, weight relieving 88.14
—, winch 504.8
—, wooden 340.12
hang, to — the waste silk on wooden rods 440.6
hanger 360.2
hank 12.17, 133.8, 562.19
— of delivered sliver 102.5
— of feed 102.4
— of x leas 598.22
— of x metres 603.18
— of raw silk, Japanese 426.7
— of silk 424.12
— of x yards 604.1
— of yarn 522.12
—, complete 610.13
—, silk 426.2
—, skeined 12.21
— form 562.18
— indicator 133.11
— knotter 576.11
— number of sliver 386.10
— winder 5.1.2
hard 498.8
— ends 298.14, 398.15
— finished flax thread 581.14
— paste 117.15
— running of the roller 107.14
— soap 277.17
— thread 539.22, 605.22
— twist 138.8, 431.6, 541.5
—-twisted yarn 9.20, 498.7
—-twisted mungo yarn 583.4
— twisting 8.24
— warp yarn 138.19
— waste breaker 197.8

hard waste breaker tenter 197.14
– water 270.2
– wood bobbin 149.11
– wood ending tool 110.10
– wood foot plate 497.1
– wood pressure roller 225.5
– wood pusher 98.13
– wood tip 128.9
– wood tube 124.6
– worsted yarn 364.7
–s, flax 212.13
–s, hemp 232.3, 492.4
–s, knotty 220.7
harden, to – glass-hard 74.11
–, to – the yarn 498.6
hardened point 66.5
– ring 501.16
– ring, forged and 149.18
– steel tape 331.4
– steel wire clothing 70.6
– and tempered steel wire 66.4
hardening 501.4, 506.2
– the steel wire under a vacuum 66.9
– bath 74.13
– process 66.6
hardness 74.12
– of the ring 150.1
– of the yarn 138.9
–, permanent 270.1
–, temporary 269.22
–, total 269.21
–, uniform 66.12
harl, flax 211.17
harness thread 581.21
harrow 283.6
harvest yarn 592.15
hatchel 8.5
–, to 8.4
hatcheling 8.3
hatchet 231.14, 243.7
hauling rope 596.5
hawser 594.15
–-laid rope 594.15
– laying 500.3
head 103.8, 230.3, 245.8, 355.8
– of flax 211.8
– of the hackling machine 214.6
– of lap rack 46.10
–, closing 61.11
–, coiler 112.4
–, cone-shaped 519.3
–, draw(ing) 143.11, 221.8, 232.17
–, intermediate 390.13
–, jute 235.18
–, lever 179.15, 551.9
–, perforated 548.12
–, press 288.4
–, roving 390.14
–, shaft 534.4
–, slubbing 390.12
–, spindle 123.11, 534.7
–, twisting 342.12
–, whirl 497.10
–s arranged in the tandem order 104.3
–s arranged in the zigzag order 104.1.2
– end of the jute fibre 236.8
– end of the tuft 82.12
– piecer 3.1
– twisting 159.11
headstock 352.16
– of twiner 558.13
–, gearing 95.2
–, main 189.1
heald cord 593.14
– twine 581.21
healthy flax 216.21
heap, to – the boiled cocoons 436.22
heart of flax 211.6
–, rope 594.18
– cam 537.13, 551.7
– cam, asymmetric 551.11
– cam, symmetric 551.12
– shaped cam 246.7
heat, artificial 292.15
–, dry 417.14
–, drying 417.13
– conduction 294.15
– regulator, automatic 616.16
–, to – the batched jute 237.15
–, to – the batching oil 238.17
heated comb 375.17
– reel casing 420.16
heating of the spindle 148.16
– by steam coils 437.18
heating, dry 570.6
–, steam 308.7
– apparatus 227.9
– pipe 308.4, 402.12, 616.12
– pipe, ribbed 294.9
heavy doubling 552.10, 544.11
– feed 102.3
– impurities 26.11
– metallic salt 469.11
– running of the roller 107.14
– spindle oil 148.6
– traveller 150.11
– twister 549.12
– wool grease 274.8
heckle s hackle
heddle thread 581.21
heel, to – the flat ends with wedges 73.6
heer, one 599.3
height of the bobbin 548.8
– of the carriage 178.8
– of clothing 60.13
– of mixing chamber 22.13
–s, adjustable to different 473.5
–s, in three (two) 141.20, 142.1
Heilmann's comber 377.1
– combing machine 84.1
– tow combing machine 222.9
helical coils, regular 517.8
– spring 510.11
helper 5.17.18
–, fly-frame 2.12
–, spinner 3.2.3
hemp free from chaff 228.8
– for rope making 495.2
–, Bengal 492.7
–, brown 492.7
–, Calcutta 492.7
–, cleaned 496.9
–, Concanee 492.7
–, dressed 496.6
–, East Indian 492.7
–, European 492.3
–, fine 496.9
–, fine hackled 228.6
–, hackled 228.5, 495.17
–, long-stapled 496.10
–, Manilla 492.5
–, New Zealand 492.8
–, nipped 496.3
–, outshot 228.3
–, refined 496.9
–, rouhed 496.1
–, scutched 228.4, 495.9
–, short-stapled 496.11
–, Sisal 492.6
–, sorted 496.9
–, spread 231.19
–, Sunn 492.7
– bale 228.10.12
– bunch 496.13
– cable 494.16, 592.3
– codilla 232.4
– comber 229.3
– core 594.21
– drawing frame 233.2
– fabric 445.2
– finisher 231.8
– hackler 229.2
– hackling 229.1
– hackling machine with automatic screwers 229.14
– hards 232.3, 492.4
– lap 496.14
– line 593.18
– oil 458.14
– rope 592.4
– rope, old 507.6
– rope making 494.19
– roving frame 233.8
– rubber 495.11
– scraper 495.11
– scraper iron 495.12
– snipping machine 231.15
– softening mill 231.1
– spinner 234.11.12
– spinning 228.1, 233.6
– spinning frame 234.4
– spinning mill 234.13
– spread board 232.1
– strand 592.5
– strick, gripped 230.5
– strick, knotted 231.5
– strick, twisted 231.4
– string 593.11
– thread 582.4
– tow 232.8, 492.4
– tow card 232.14
– tow preparing 232.2
– tow spinning 228.14
hemp tow yarn 582.2
– truss 496.13
– twine 512.7
– twister 539.10.11
– waste 228.9
– yarn 592.6
– yarn, tarred 508.16
Hetherington's grinding roller 74.6
hexagonal swift 565.5
high count of yarn 194.1
– number 598.7
–-pressure water atomiser 574.5
– pressure, under 271.3
– quality yarn 579.12
– spindle speed 147.10
– tension of the thread 552.2
Higgin's flat stripping apparatus 52.14
Hille's fancy doubler 561.4
hinge 27.14
– pin 488.4
hinged bottom 320.6
– casing 267.1
– cover 487.2
– cylinder cover 79.3
– division plate 568.1
– door to casing 195.13
– lid 208.2
– oak cover 201.9
– part of cover 488.3
– side 303.19
– side frame 201.12
– top 208.2
hog fat 315.1, 428.13
hoisting rope 596.17
hold, to – fast the bur 367.14
–, to – the fibres (arrangement) 383.13
Holden's comber 379.4
holder 214.5, 230.4, 553.12
– with grooved rubber lining 245.7
–, beater 441.14
–, bobbin 448.9, 534.12, 535.8, 611.12
–, comb 99.9
–, fibre 93.9
–, lap 41.3
–, pivot 384.4
–, spindle 255.5
–, spring 339.3
–, waste 447.10
–, wire 395.4
holding comb 375.14
– point 42.17, 46.2
– nippers 382.8
– out catch for carriage 162.15
– down catch for spindle 146.7
hole 61.7, 512.4
–, conical 478.13
–, oil 126.9
–, spindle 488.13
–s for the bobbin driver 554.12
–s, guiding 105.1
hollow 174.13
– arm 130.7
– cast iron roller 21.3
– cop body 174.7
– drum shaft 402.13
– grinding 69.19
– lap roller 46.7
– leg 130.7
– pivot 342.15
– shaft 509.10
– space 294.10
– spindle 233.9
Holzach's continous elongation and strength tester 609.8
home industry 412.8
– spun yarn 583.6
– work 6.7
– worker 6.5.6
homogeneous structure of the yarn 605.17
hood, dust 195.7
hook of automatic knocking-off motion 524.1
–, knotting 577.2
–, lea 613.14
–, spring 105.17, 529.13
–, twisting 499.12, 503.4, 504.9
–, weight 100.6, 105.15
–, yarn guide 548.7
– link chain 179.14, 395.6
hooked catch 487.5
– lever 528.6
– pin lattice 367.15
– spindle 497.9
hoop, iron 16.11
–, set 205.13
– cutter (bale) 18.4
hooping the bales 578.7
hopper 29.1
–, feed 308.1, 320.2
–, feeding 22.2, 196.8, 200.5, 260.7
– bale opener 21.12
– bale opener, exhaust 22.1
– feeder, automatic 28.5, 320.1
– feeder, movable automatic 200.4
horizontal displacement 54.3
– conical beater opener 37.3
– Crighton opener 37,3
– exhaust opener with small opener and beater 39.3
– flyer 501.13
– lever 192.13
– running of the bands on to the wharves 550.9
–ly, to lie (pirn) 529.4
horn, powdered 120.13
hornbeam bobbin 149.12
horse hair 493.2
– hair, artificial 588.11
– hair bund 507.5
– hair yarn 586.1
–-shoe iron core 113.9
–-shoe splice 494.1
– tail hair 493.3
Horsfall's travelling grinding disc 72.8
– traversing grinding roller 339.8
hose, clearer 108.12
–, leather 98.6, 204.6
–, travelling leather 93.3
hosiery, torn-up 396.2
– rags 397.12
– yarn 364.11, 580.13, 585.4
hot, leather (sleeve) 115.15, 118.12
hot air 282.7, 417.16
– air, circulating 308.6
– soap solution 433.12
– water bath 418.14
– water trough, covered 225.14
–, running 60.9
–, to run 60.8, 148.17
Houldsworth's differential motion 126.1
hour, per 83.9
house, conditioning 616.4
–, testing 616.4
Howard and Bullough's system of flat setting 53.16
Hoyer's yarn tester 608.7
Hübner's comber 96.10, 381.7
– roller 99.1
humber line 594.1
humidification plant for yarn cellars 574.19
humidified air current 574.18
humidify, to – the yarn 573.7
humidifying in skips by atomisers 574.2
– of yarns 569.10
– arrangement 572.1
– compartment 572.17
– installation, chimney 572.14
humidity 15.4
–, absolute 293.13
–, absorbed 572.10
–, high ultimate 573.6
– low initial 573.5
Hungarian raw silk 426.17
hurdle 307.10, 575.9
– for draining wet wool 287.16
–, wire 294.4, 295.4
– carriage 307.8
husks 26.15, 436.1
hydrate of potash 276.9
hydrated alcohol 459.3
hydraulic press 288.2
hydraulically pressed fleece 264.14
hydrocarbon, liquid 463.1
hydrocellulose 301.15
hydrochloric acid 305.5
– acid, diluted 438.13
– acid, gaseous 440.11
– acid bath 305.6
– acid container 402.17
– acid solution, aqueous 305.7
– acid vapour 305.9
hydro-extracting of the wool 288.12
hydroextractor 288.16, 439.17

hydroextractor with overhead friction drive 288.17
– with underneath driving 289.12
–, lead-lined 304.21
hydrogen 301.17
hydrolysis of the cellulose 460.13
hydrometer, Beaumé . 303.13
hydroxide, aluminium . 465.13
–, magnesium 465.12
hygroscopic capacity of cotton 573.8
– property 302.1
– salts 483.13
hygroscopicity of cotton 573.8
– of the yarn 615.6
hypocyclic coiling of the sliver 76.20
– gear 140.3

I

Imbs' comber 99.3
imitation worsted . . . 583.17
– yarn 579.8
– yarn, vigogne . . . 579.9
immersion roller 278.8, 281.13.14, 385.8, 441.10, 576.2
imperfect splitting . . . 211.20
impermeability of filament 468.8
impregnate, to – the filament 463.18
–, to – with calcium chloride solution . . 457.19
–, to – with diluted sulphuric acid 440.9
–, to – oneself with oil 314.1
impregnated paper tube 149.9
impregnation, uniform . 316.22
improving the quality by storage 217.13
impurities 15.13, 26.10
–, adhering 454.12
–, coarse 26.11
–, heavy 26.11
–, insoluble 268.6
–, soluble 268.5
–, vegetable 301.4
inch 600.15
– of length, per . . . 68.5
inclination (angle) . . . 54.4
incline 172 10, 184.2
– to regulate backing-off 165.9
–, adjustable 180.2
–, hinged – for the crossing layer 168.6
–, movable 179.16
–, steel 162.1
inclined arrangement . 404.6
– bars 197.11
– drawing rollers . . . 142.4
– drum 366.11
– drying cylinder . . . 366.11
– edge 317.16
– pins 243.14
– planes 597.2
– plate 98.2
– running 349.10
–, differently 544.14
incomplete cocoon 415.9, 436.5
increase of the diameter of cop body 174.9
– of draught 42.12
– of tension on fillet . 337.13
– in weight (permanent) 47.13, 571.14
– of weight (momentary) 571.12.13
–, gradual . . . 174.10, 280.5
–, to –the divisibility of fibres 237.8
–, to – the pressure . 107.4.5
–, to – the resistance . 541.15
–, to – the spinning quality 237.13
–, to – the viscosity . 464.10
increased elasticity . . 475.9
increasing circumference of bobbin 535.9
– circumferential speed 102.15
– speed 347.17
– surface speed 21.2
– traverse 334.2
incrusting substances . 475.7
indented rim 383.14
independent reel . . . 431.15
India-rubber (s. a. rubber) 65 9
– rubber, vulcanised . 65.12
– rubber beater . . . 441.13
– rubber cloth 335.3
– rubber layer 445.8
– rubber solution . . . 63.12
Indian Mezankooria silk 410.15
Indian raw silk 426.9
– tussur silk 410.13
indicator showing number of draws 207.10
– for a determined number of threads . . . 563.19
–, elongation 513.16
–, hank 133.11
–, production 133.9
–, roving 207.3
–, spindle speed 133.10, 360.10
– bell 249.10
– bracket 358.7
– dial 55.10
– dial for adjustment control 80 3
– disc 54 11, 55.10
– face 432.7
– finger 360.18
– plate wheel 358.6
– wheel 207.5
indifferent salt solution 465 8
indirect fastening . . . 61.16
individual-bearing of the spindles 354.15
– cord driving of the reel 473.11
– fibre 49.18
induced current 360.15
induction coil 112.7
industry, bourrette . . 452.13
–, card clothing . . . 69.9
–, card wire 67.1
–, home 412.8
–, silk 412.6
–, silk noil 452.13
–, silk throwing . . . 412.11
inferior wool 266.3
inflammability of collodion silk 462.7
inflammable 297.11
–, easily 462.9
ingredient, washing . . 274.17
initial humidity, low . 573 5
– position 175.15
– weight 615.15
injector 280.10
injured cocoon 415.11
– fibre 26.2
inlet for the washing liquor 280.14
–, cotton 35.6
–, rinsing water . . . 365.15
–, steam 571.7
– pipe for moistening liquid 488.15
– pipe, rinsing water . 285.5
inorganic salt 463.19
insert, to – the flat . . 53.6
inserted conical base . . 543.10
– conical core 484.12
– end of the skewer . 128.8
– needles 244.2
– rib 355.3
– sieve plate 285.9
– in double rows . . . 254.7
inserting the flat . . . 53.5
insertion, rectilinear – of the needles into the fleece 253.11
–, wood 112.10
inside door 38.7
– driving pulley . . . 114.3
insoluble gelatine filament 471.9
– impurities 268.6
– iron sulphide 469.16
– in water 471.6
insufficiently combed . 376.8
insulate, to – from the electric current . . . 112.9
insulation 112.8
intensity of carding . . 49.19
intensive opening . . . 25.18
intercellular substance . 237.10
interchange, to – the nozzle 466.10
interchangeable pedal . 33.2
intermediate card . . . 324.11
– draft 101.8
– drawing frame . . . 103.13
– driving of the ring frame 158.8
intermediate fly-frame tenter 2.9
– frame 122.8
– hackle 495.15
– head 390.13
– part of single boss roller 393.13
– scutcher 42.1
– speeder 2.9
– spreader 451.3
intermittent action . . 83.3
– feed 84.6, 377.6
– gearing 546.12
– motion of the feed roller 84.7
– return motion . . . 406.9
– spinning process . . 138.12, 159.4
– turning of the condenser bobbin . . . 342.8
– twisting 557.2
intermittently spun cocoon 416.9
– turning feed rollers . 559.7
–, to revolve 84.8
–, to run 386.18
internal toothing . . . 126.10
–ly toothed wheel . . 505.15
international count . . 599.13
– denier 602.24
– system of numbering 599.12
– titration 601.12
– titre 601.15
interrupt, to – the delivery 554.5
interruption in the gearing 537.2
intersecting 451.6
– comb 381.4
– gill-box 372.1
interspersed stronger points 336.7
intimate mixing 318.8
introduce, to – the lining 338.7
inverse ratio, in 42.9
invoice weight 16.19
inward run of carriage 159.13, 166.12
–s, turning 543.3
Irish moss 316.14
– reel 563.14
iron cemented on the surface 120.15
–, corrugated 52.3
–, fine-grained 191.4
–, soldering 86.22
– bolt 497.6
– core 115.10
– core, horse-shoe . . 113.9
– creel with wood lining 128.11
– fork 340.11
– framing 394.15
–-free water 438.19
– hoop 16.11
– protector 76.14
– rod grate 570.16
– roller 120.9
– salt 270.13
– sulphide, insoluble . 469.16
– tie 16.11
– wheel 497.15
– wire 493.7
– wire, copper-coated . 493.10
– wire, galvanised . . 493.8
– wire, round 65.17
– wire, tinned 493.9
– wire card clothing . 335.5
– wire rope 595.20
irregular feed 27.3
– places in the clothing 338.11
– thickness 428.18
– winding of the bobbin 97.6
irregularities in the thread 428.19
irregularity in winding . 171.7
irregularly spun cocoon 416.7
isinglass 333.2, 471.2
isosceles zigzag line . . 512.10
Italian raw silk 426.16
– reeling 421.18

J

jack frame 122.10
– frame, double . . . 122.11
– frame tenter 2.11
– shaft 136.10
– shaft wheel 135.7
– tenter 2.11
– wheel 134.6
jacking motion 164.12
– motion wheel 187.9
jag-about 3.20.21
jamming of the disc wheel 57.2
– of the lattices . . . 23.5
Japanese breed 414.3
– grapes hank of raw silk 426.7
– raw silk 426.6
jelly, vegetable 472.14
Jenny, Mule 343.7
–, Spinning 341.5
jet of air blast 384.6
– of water under pressure 477.15
joiner's glue 71.12
joint of laps 325.11
–, ball 334.5
–, glued – of the leather 119.7
–, lap 81.8
–, rope 513.13
Josephy's spindle lubricator 355.15
judge, to – by the feel 13.11
–, to – by the touch . 13.11
jumbo card 248.8
jumping of the top roller 107.10
juniper oil 462.17
jute 492.14
– long line 236.7
–, batched 237.17
–, compressed 235.9
–, knotty 236.16
–, long 236.7
–, sorted 236.3
–, unbatched 237.14
– bagging 16.12
– bale 235.2
– batcher 239.5
– carder 251.2
– cutter 242.13.14
– doubler, Brigg&Webb's 549.13
– fibre, flexible . . . 240.5
– fibre waste 258.11
– hards, cut-off . . . 244.7
– hards, snipped . . . 244.7
– head 235.18
– knifing machine . . 244.9
– long line spread board 246.12
– long line yarn . . . 582.6
– opener 235.12
– root hackling machine 243.12
– rope 235.4
– rove 254.12
– roving frame 254.13
– softener 240.6
– softener with batching apparatus 241.4
– softener roller . . . 240.9
– sorter 236.6
– spinner . . . 256.17, 257.1
– spinning 234.5.9
– spinning mill . . . 234.7
– spreading machine . 246.12
– strick 235.18
– strick, basty 236.15
– strick, discoloured . 236.14
– strick, low quality . 236.17
– strick, twisted . . . 235.19
– teaser 244.9
– tie 235.4
– tow 258.11
– tow spinning 234.10
– tow yarn 582.7
– twisting frame, one-sided 549.11
– willow, double . . . 259.11
– yarn 582.5
– yarn, hackled . . . 582.6

K

keenness of the emery . 71.7
– of the wire 67.9
keep, to – the fillets in a warm place . . . 64.3
–, to – in gear 191.15
–, to – in (under) tension 164.9, 244.5
kemp 409.8
– removing arrangement 409.9
key 87.6
kidney-shaped cocoon . 414.16
kill, to – the chrysalis (pupa) 417.3.14
kilogram(me) 600.22
–, per 604.6

kind of bobbin 153.7
— of cotton 13.5
— of sliver can 76.6
— of silk 410.4
— of waste 194.14
— of wool 266.10
kink 540.3
kinking of the yarn 569.14
knead, to — the spinning paste 460.15
— to — waste with fuller's earth 298.15
knee of card wire 335.15, 336.4
— brake for the spindle 147.9
knife 27.9, 36.3, 118.2, 119.3, 368.6, 406.2
—, circular 482.11, 483.2
— crescent-shaped 400.16
—, cylinder 30.13
—, doffing 213.16
—, mote 78.7, 199.6
—, nipper 84.10, 377.9
—, scythe-like 231.13
—, scythe-shaped 400.16
—, sickle-shaped 196.14
—, toothed circular 478.5
— edge 44.2
— edge bearing 111.13
— lever, swinging 603.8
— rail 44.3
— roller 322.12, 368.5
— slide 118.3
knifing the long hemp hards 232.11
— machine, jute 244.9
knitted rags 397.11
knitting, six-fold 580.14
—, union 585.2
— silk 586.18
— yarn 580.13, 585.1
— yarn, six-fold 580.14
knock(ing)-off motion 389.5, 521.8, 524.1
knop, artificial 590.10
—, coloured 590.11
—, cotton 590.7
—, fast 590.13
—, loose 590.12
—, natural 590.9
—, silk 590.8
—, wool 590.6
—s on the doffer (condenser card) 590.19
—s on the feed table (condenser card) 590 17
—s on the fleece (condenser card) 590.18
—s, bound 561.10
—s, plain 561.11
— box 591.1
— and flake yarn motion, Graf's 560.12
— yarn 590.5
knopping motion 590.20
— motion with cam disc 560.7
— motion with intermittently turning feed rollers 559.7
knot 424.1, 454.8, 576.12
— of x hanks 598.19
— of the lea 564.5
—, five hank 576.14
—, ten hank 576.15
—, silk 426.2
— breaker 424.2
— formation 423.14
— layer 578.5
— -like thickening of sericin 411.18
— -work yarn 580.16
—, to — together 504.15
knotted end 428.17
— hemp strick 231.5
knotter, hank 576.11
knotting 576.10
— of the skeining thread to the ends of the hank 564.4
— hook 577.2
— machine 577.1
knotty hards 220.7
— jute 236.16
— silk thread 425.16

L

label, red 579.16
—, test 602.19
—, white 579.15
labourer 5.13
—, rope work 494.6
lace 400.11
— thread 581.23
lacer 510.6
— carrier, cross-shaped 510.7
— path 510.14
— sheath 510.9
lactate, sodium 457.16
ladies' dress material 397.2
lag, beater 40.13
—, wooden — with steel pins 405.7
lagging behind (bobbin) 124.13
—, plank 244.11
—, plaster 336.15
—, wood(en) 312.5, 336.14
lama 397.7
— yarn spinner 408.16.17
lamb's wool 264.11
laminated spring 279.7
lamp, spirit 616.6
lanoline 300.19
lantern 502.5
lap 7.11, 34.4, 250.5, 325.13 328.12
— laid in a crosswise direction 325.18
— delivered 45.9
— fed 45.8
— fed per minute 41.18
— from the finisher card 325.5
— with fibres in the direction of the feeding 325.6
— made out of several slivers 81.5
—, cross fibre 325.7
—, even 47.15
—, feeding 448.8
—, finisher 47.8
—, hemp 496.14
—, scribbler 325.4
—, scutcher 50.9, 77.10
—, silk 450.17
—, uneven 47.14
—, waste 322.8
—, to form a (roller) 107.15
— bobbin 249.7
— breaker 321.15
— carriage 47.16
— cradle 34.5
— carrier 250.12
— delivery 197.16
— drum 321.11, 451.9
— feed 41.11
— feeding trough 93.4
— formation due to impurities 108.5
— guide plate 84.3
— holder 41.3
— joint 81.8
— lattice 328.11
— licking 50.13
— machine 32.11, 40.8
— machine, regulating 249.3
— machine, ribbon 81.9
— machine, sliver 80.12, 81.6
— plate 377.3
lap rack head 46.10
— rest 34.5
— rod 46.8, 249.7, 373.16, 450.5
— roll 7.12
— roller 50.8, 249.7
— roller, back 89.9
— roller, fluted 34.3, 48.11
— roller, front 89.10
— roller, hollow 46.7
— roller, wooden 84.2, 377.2
— roller ends 249.6
— scales 47.11, 613.4
— shaft pulley 249.12
— tin, top 89.11
— tube 249.7
— weight 42.13
—, to — the breaker card slivers on the lap rod 249.2
—, to — the strick 216.12
lapper, ribbon 81.9
—, sliver 81.6
lappet 143.13, 391.1
—, steel thread guide 554.13
lapping the webs 324.13
— apparatus, automatic 327.17
lard 315.1
large circle 379.1, 449.5
— cylinder opener 30.10
— driving rim 189.4
— front roller wheel 136.2
— -meshed cocoon 416.13
lash, to (balloons) 152.16
lashing of the balloons 152.17
lasting yarn 584.18
latch 131.11, 256.3, 526.3
—, locking 487.16
—, strap fork 179.7
—, twist 207.6
— head, adjustable 132.2
— lever 205.6
—, to 346.15
lateral adjustment 59.7
— oil spout 147.11
— opening of the spindle 553.11
— strengthening of the rib 53.11
lath, bobbin 394.11
—, cop 611.2
—, guide 558.2
—, setting 363.6
— basket 304.1
lattice 196.10, 327.11
—, bottom horizontal 21.8
—, bottom 29.2
—, distributing 23.8
—, double upright 201.6
—, double vertical 201.6
—, dust 38.15
—, elevating 38.2
—, elevator 21.9, 23.4
—, endless 308.2
—, feed(ing) s. feed(ing) lattice
—, hooked pin 367.15
—, horizontal — on leather strips 201.1
—, lap 328.11
—, main 23.7
—, needle 233.5
—, opener 29.7
—, spiked 22.4, 28.6, 200.7
—, spreading 247.6
—, stripping 320.4
—, travelling s. travelling lattice
—, upright 21.9, 23.4, 38.2
—, delivery 38.1, 197.12, 313.8
— box 437.17
— drum 24.1.6
— roller 24.6, 244.1
— skip 304.1
— skip, suspended 304.2
Lawson's breaker card 248.8
lay, to — round the core 595.3
—, to — and hold the fibres (arrangement) 383.13
—, to — the fibres parallel 374.5
—, to — a rope 500.4
lay-out of the mixing room 22.15
layer of cementation 120.16
— of cotton in the bale 19.17
— of fibres 7.17, 21.5.6
— of glue 71.9
— of gravel 271.11
— of grease 274.5
— after layer 191.3
— of sericin, granular 411.19
— of strands, outer 594.7
— of thread 520.1.2
— of web 326.5
—, conical 155.2
—, entangled — on bobbin 387.4
—, grooved emery 71.15
—, India rubber 445.3
—, knot 578.5
—, opposite yarn 517.9
—, plain emery 71.14
—, sericin 411.14
—, twine 502.8
—, winding 155.13, 517.9
—s of the cop bit 155.18.19
—s of variable heights 156.1
—s, in 317.6
layer-on, bobbin 3.6.7
layering apparatus 327.13
— funnel 328.9
laying round the core 595.2
—, cable 501.1
—, hawser 500.3
— machine, cord 502.4
— machine, twine 501.14, 502.8
— plant, rope 503.10
— pole 498.16
— top 505.4
— top, treble-grooved 499.6
lea 12.18, 562.22, 599.1
—, test 602.15
—s, six 599.4
—s, x — in the hank 599.2
— hook 613.14
— reeling 12.19
lea saddle 603.5
lead, red 117.21
— basin, semi-cylindrical 466.9
— line 593.23
— rivet 61.9
— -lined hydro-extractor 304.21
— -lined wooden vat 304.6
lead of the bobbin 124.10
—, bobbin 123.10
—, spindle 123.9
—, to (bobbin) 124.12
leading bobbin 141.18
leather 64.11
— for rubbers 332.2
—, artificial card 64.20
—, buff 204.7
—, compound 64.15
—, endless 214.4
—, grinding 340.4
—, neat's 64.14
—, oak tanned 332.4
—, rough 97.14, 381.9
—, rubber (rubbing) s. rubber (rubbing) leather
—, worn-off 185.8
— band, endless 451.8
— band, weighted 183.1
— beater 441.12
— bobbin washer 140.12
— bolster 442.1
— cloth 389.14
— clothing of doffer 248.6
— and cloth foundation 335.2
— covered friction cone 158.3
— covered roller 115.12, 142.9
— covered segment 380.11
— covering 115.15, 118.11, 119.4
— covering, brittle 110.2
— covering, fluted 109.9
— covering, sticky 109.6
— cup 547.12
— cutting machine 118.18
— detaching roller 85.11, 378.9
— end 535.3
— flapped roller 368.3
— grinding machine 118.17
— hose 98.5, 204.6
— hose, travelling 93.3
— hot 115.15, 118.12
— rope 592.10
— segment 85.6
— sleeve 115.15, 118.12
— sleeve, cold cemented 119.5
— splicing machine 118.20
— strip 64.16
— strip cutting machine 118.18
— tape divider 330.7
— tapes 203.12, 330.9
— tube 115.15, 118.12
— waste 120.14
leave, to — in the mixing (cotton) 25.5
Leblanc soda 309.14
ledge, screwed-on 603.6
Leeson bobbin, close wound 519.11
— bobbin, spaced 519.10
left, running to the 68.18
left-hand comber 88.4
— thread strand 594.4
— threaded screw 373.17
— twist 540.11.12
— twist, to give 154.1
— twisted thread 540.7
— twisted yarn 153.13
— wound 164.5
left-handed screw line 517.12
— strand 510.5
— thread 240.13
leg, faller 166.7
—, flyer 130.3, 548.5
—, hollow 130.7.8
Lehner's spinning apparatus 461.13
Lemaire's card feeding apparatus 320.8
length of bell 223.16
— of bobbin 518.1, 533.12
— of cop bit 167.8
— of the cut 599.7
— of fibre 6.14
— of flat 53.8
— of hank 598.21
— of hank in metres 603.16
— of hank in yards 603.17
— of lap feed 93.11
— of overlapping 86.1

length of skein 566.6
— of slivers, same 223.17
— of slubbing fed 345.10
— of staple 14.11
— of top roller nip 107.8
— of the yarn 563.1
—, according to 364.16
—, actual (yarn) 604.9
—, calculated (yarn) 604.8
—, crosswise to the 484.20
—, uniform (fed slivers) 223.13
— altering device of thread guide traverse 533.13
lengthwise cutter 481.11
— fibre feed 198.15
lens, steel 289.5
— -shaped notched disc 421.13
lessened end 243.11
lessening of ends 243.10
let-in stand 497.2
let-off pipe 571.9
Levantine raw silk 426.11
level, spirit 362.12
—, water 362.12
leveller, card wire 340.1
levelling of the fed sheet of fibres 200.8
— tube to test level of roller beam 363.3
— tube roller beam 363.3
lever 172.6, 190.2, 207.1, 530.12
— with arms of unequal length 535.13
— with bowl 183.8
— and chain weighting 106.16
— on faller shaft 172.14
— with tappet 350.2
—, adjusting 534.8
—, angle 152.2
lever, backing-off 179.2.5, 205.12
—, backing-off friction 163.1
—, balance 328.3
—, bell crank 133.6, 162.5, 183.4, 184.4, 357.2, 360.3, 482.12
—, bent 162.5
—, brake 147.6
—, brake shoe 192.12
—, cam 551.8
—, cam shaft 346.1
—, change 348.6
—, clutch fork 347.13
—, control 423.5
—, connecting — for nippers 89.6
—, coupling 354.8, 510.10
—, crank(ed) 111.14, 347.4
—, dabbing brush 379.16
—, disengaging 357.7, 455.12
—, disengaging fork 348.13
—, double 44.6, 132.14
—, drawing-up 179.4
—, driving 537.15
—, drop 179.8
—, feed 90.3, 93.14
—, feed cam 93.13, 94.2
—, foot 47.4, 290.12
—, forked 166.9
—, graduated 241.10
—, guide 133.6
—, hand 347.15, 350.9
—, hooked 528.6
—, horizontal 192.13
—, latch 205.6
—, long 162.3, 186.2
—, loose three-armed 178.11
—, pedal 312.8
—, piano 32.14
—, upper press 385.12
—, pump 288.6
—, releasing 455.12
—, reversing 24.4, 125.6
—, rocking 60.4
—, rocking double 560.13
—, safety catch 357.12
—, slit 121.6
—, strap 185.2
—, starting 208.11
—, stop 209.1, 532.12
—, strapping motion 180.10
—, suspended 181.13
—, swinging knife 603.8
—, tension 94.12
—, three-armed 179.10
—, three armed drawing-up cone clutch 350.1
—, tipping 254.8
—, toggle 450.7
—, traverse 537.12
—, treadle 357.9
—, twist motion 186.6
lever, two-armed 183.9, 487.17
—, weight(ed) 74.2, 149.4, 180.7, 233.15, 536.4
—, weighting 393.9
— head 179.15, 551.9
— pivot, backing-off 185.9
— stud 354.2
— weight(ing) 106.11.15
—s with fish jaw and guide pulley for backing-off chain 166.8
leviathan with three bowls 280.1
— rakes 286.11
— rinsing machine 286.12
— washer 279.11
liability of fire of collodion silk 462.7
lick, to (lap) 50.14
—, to (roller) 107.15
licker-in 51.1, 77.13, 319.20, 406.1, 444.1
licking of the roller 107.16
—, lap 50.13
lid, balanced drop 39.1
—, bucket 283.2
—, cover 376.4
—, drop 27.11
—, hinged 208.2
lie, to — in the direction of the feed 325.14
—, to — horizontally 529.4
—, to — at right angles to the movement of the lap 326.1
—, to — at right angles to the length of the web 327.16
—, to — together in tufts 14.7
lift 575.5
— of bobbin rail 125.12
— of head 214.7
— of the holders 215.5
— of ring rail 151.7.8.9, 551.10
—, variable 551.15
—, to — away from the driving drum (cheese) 525.12
— -out, to — the sheet of fibres 322.15
— -up, to — the faller 252.2
lifter 278.12, 357.11, 560.9
—, Déru's 281.1
—, McNaught's 283.4
—, Mélen's 282.12
— bevel wheel on jack shaft 135.8
— bevel wheels 132.3, 135.10
— cam 246.8
— finger 246.6, 445.7
— rod 151.13
— rod foot 151.14
— shaft 281.3
— wheel 134.5, 230.1
— wheel drive 256.8
lifting the cylinder 56.10
— up of the faller 252.1
— of the tuft 383.12
— cam 445.7
— cam, channel 230.2
— fork 278.12
— motion 152.7
— motion for lappets 143.16
— pin 531.14
— poker 151.13
— rack 136.11
— sleeve 209.2
— tackle 304.3
light carding 221.2
— feed 102.2
— paper tube 124.8
— spindle oil 148.7
— traveller 150.10
lime 271.2
— contents, low 419.5
— -free water 419.4
— powder, unslaked 298.17
— soap 270.16
— tree bast 492.17
limit of load 513.10
— of the titre 602.12
—, given —s of temperature 417.12
—, to — the cooling surfaces 295.2
linden bast 492.17
line 593.17
— of needles 383.9
— of spindles 123.3
—, clock 593.22
—, cloth 593.21
—, dressed 212.9
line, hemp 593.18
—, lead 593.23
—, log 593.24
—, long 210.22, 212.9
—, packing 593.20
— store 217.11
—, in straight —s behind each other 68.14
—, to — with sheet zinc 239.7
linear measures 600.5
linen cord 593.21
— thread 581.19
— yarn 581.6, 592.9
lining (card) 338.7
— the card wire 338.6
—, grooved rubber 245.7
—, stone 376.1
—, wood 128.11, 231.2
—s 407.16
link 44.5, 98.14, 105.16, 252.16
—, chain 254.2
—, operating 99.11
— arrangement 34.9, 44.4
— guide 254.3
— pin 254.4
— regulating motion 44.4
linseed 316.15
— oil 458.21, 484.8
liquid s. a. bath, liquor
— saturated with suint 272.16
—, acid 303.10
—, alkaline 437.4
—, batching 239.10
—, caustic soda 437.5
—, coagulating 462.15
—, hot 274.16
—, moistening 488.15
—, oily 315.17
—, thrown-out 288.15
—, washing 280.6
— fat 315.13
— wool grease 300.15
liquor s. a. bath, liquid
— of *x* degrees 275.19
—, alkaline 471.19
—, bleaching 287.2, 300.10, 470.15
—, scouring 275.11
—, washing 275.11, 278.7
—s, pupe 419.9
lisle, brilliant 581.2
list 498.2
— yarn 582.17
Lister-Warburton's comber 449.13
Lister's comber 379.8
—'s double-headed silk comber 448.7
litmus paper 309.8
—, blue 309.7
—, red 309.6
little piecer (worker) 176.3
Little and Eastwood's nip cylinder 381.11
load, breaking 606.14
—, to — the vat 304.11
loaded silk 587.11
loam 376.4
lock, eccentric 219.9
— screw 54.12, 55.9, 59.5
—, to 346.15
—, to — the long lever by a bent lever 162.4
—, to — the counter faller in its low position 175.11
—, to — the stricks in the holders 214.12
locked position 346.18
— strick 214.13
locking of carriage 206.12
— of the catch 357.13
—, bayonet 549.1
— arm 346.3
— arrangement 350.3
— arrangement, automatic cover 487.14
— bar 44.12, 558.9
— bowl of the winding faller 165.12
— catch 185.4
— device 557.6
— device of builder motion 531.8
— device, opened 558.3
— device, Parr-Curtis 558.6
— finger 44.11, 180.8, 353.15
— latch 487.16
— lever 180.10
— motion, beater 44.8
— motion, click 180.3
— plate 353.14, 549.6
locking rack 608.4
— roller 549.5
locomotive tube shaft 566.12
log line 593.24
logwood extract 238.16
long bobbin rail 122.13
— boss bevel and catch wheel 187.13
— collar 131.2
— fibre 6.15
— fibre feed 329.1
— -fibre ribbon 329.2
— -fibred asbestos 489.13
— -fibred rags 396.10
— fibred raw material 6.11
— flax 210.22
— -haired first year's fleece 364.18
— hemp spinning 228.13
— jute 236.7
— lap apparatus 327.19
— lever 162.3, 186.2
— line 210.22, 212.9
— line drawing frame 223.4
— line spinning 210.18
— ruffer 229.4, 495.14
— skeined raw silk 426.4
— splice 493.22
— spreader 451.4
— -stapled cotton 14.13
— -stapled hemp 496.10
— stretch 345.6
— weight 94.10
— wool 363.11
longitudinal cutter 481.11.12.13, 482.14, 483.8, 489.4
— fluting[s] 241.2, 477.4
— slitter 489.4
— traverse motion 109.1
—ly wavy tube 473.4
look, by the 610.1
—, to — after the silk threads being wound 424.14
loom, ribbon 520.8
loop, thread 425.14
— formation 133.13
— thread, mohair 562.1
— yarn 591.19
— yarn twister 561.14
—, to — round the holder (thread) 553.13
loose bolster 178.1
— boss roller 116.5.6.7
— bush 567.8
— bowl 547.3
— chaff 220.19
— chain 180.1
— condition 7.10
— fibre mass 440.18
— fibrous material 7.9
— hand card 318.16
— knop 590.12
— pulley 160.14.15
— rim shaft pulley 187.4
— three-armed lever 178.11
— twist 431.5
— twisting 8.23
— winding 169.3
— wool 269.13
— woven bagging 16.13
— yarn 9.19
loosely built cocoon 416.19
— hanging chain 183.10
— set 342.10
— spun yarn 159.19
— twisted 541.3
— twisted yarn 9.19
—, to twist 431.4
loosen, to — the cotton 25.12
—, to — the fibre bunches 7.5
—, to — the hank 424.17
—, to — the jute fibres 247.4
—, to — the fibrous material sufficiently 21.7
—, to — the skeins 432.9
—, to — the wool 310.14
— -up, to — cocoons 440.15
loosened jute fibres 247.3
loosening of the built of the cop 571.17
— the cotton 25.11
— the jute fibres 247.2
— device for skeins 432.10
loper 499.4
— frame 499.1
Lord's regulator 43.6
loss through bleaching 605.12
— of gum in scouring (boiling) 434.14.15
— in length of the yarn 604.10

loss of moisture 615.18
— of resistance 302.6
— of twist 146.4
— through washing 605.10
— in weight of the silk 434.13
— of weight by washing 269.17
lot of flax 210.1.2
— half a grade below contract 14.18
— for washing 268.15
— of wool 266.11
—, mixed 216.14
—, whole 14.16
— number 19.7
Louisiana yarn 579.4
low count of yarn 193.13
— number 598.5
— quality jute strick 236.17
— temperature 572.6
—, placed (front rollers) 143.7
lower sliding ring 98.7
—, to — the cylinder 56.11
—, to — the shaper rail 352.8
lowering the counter faller 175.9.10
— the cylinder 56.12
— of the flat 55.3
— of the press plate 578.3
— of the top comb 378.4
— of the winding faller 165.15
Lowry bale 16 1
lubricant 355.11
lubricate, to — the spindles 555 4
—, to — the wool 313 14
lubricating cup 126 8
— oil of good adhesiveness 148.5
— wick 344.13
lubrication of the jute fibres by oiling 237.12
—, ring 148.18
lubricator, Josephy's spindle 355.15
lukewarm soda solution 309.18
lump, cotton 20 5
—s of waste 195 8
—s of wool, damp 287.10
—s, to beat to 20 3
lumpy cotton 15.11
— paste 117 13
Luna silk 588 8
lustered flax yarn 581.16
lustracellulose 588.6
lustre of silk fibre 427.18
—, of dull 427.19
—, of metallic 415.6
— yarn 584.4
lye of wood ashes 217.19
—, ash 419.15
—, concentrated 275 18
—, common salt 469 5
—, diluted 275.20
—, fresh 275.14
—, soap 277.9
—, soda 275.21, 276 11
—, strong 275 18
—, used 276.5
—, warm 275.17
—, weak 275.20
—, weak alkaline 464.15
— container 439.2
Lyon's titration, new 601.13
— titre 601.18

M

maceration of the bast 261.9
machine for curling horse hair 514.9
— for making triangular ropes 509.15
— for spinning paper yarn from sheets of paper 489.1
— to lay a web of fibres on to paper sheet 480.10, 481.2
— for the production of pulp roving 478.14
— with single (double) tin roller 144.9.10
—, double-sided 209.11
—, single-sided 209.10
—, wet press 476.16
—, by (to mix) 19.16
— bed 117.24
— combed top 374.9
— foundation 117.24
machine grinding 338.21
— hackled flax 212.11
— hackler 215.18
— hackling 213.13
— oil 361.12
— silk 587.9
— spun yarn 581.10
— tow 220.1
machined flax 212.11
machinery, by 278.3
magazine, tube 361 8
magnesia compound 270.11
— soap 270 15
magnesium chloride 305.17, 457.13, 483.15
— hydroxide 465.12
— salt 465.9
— sulphate 465 11
— sulphate bath 465.10
magnet, steel 360.11
magneto 113.1
—-electric machine 113 1
main band 55.12
— card 369.14
— cylinder 51.2, 78.11, 199.11, 247.9, 250.6, 321 3
— fleece 373.14
— frame 505.13
— headstock 189.1
— lattice 23.7
— shaft 99 5, 161.7
— shaft, carriage 92 2
make, to — laps out of several slivers 81.5
—, to — a soap bath 433.13
— up, to — the washing liquor 275.13
maker, cable 494.10
—, skein 5, 1 2
—, soap solution 275.12
making, hemp rope 494.19
—-up piece 79.4
malachite greenish silk filament 467 18
Malard's steeping bowl 365 6
Malcolm's batching apparatus 242 1
male cocoon 414.6
manager 1.12, 16
managing direction of spinning mill 1 11
Manchester titre 601.20
mane hair 493 4
manganese sulphate 401.16
manganous chloride 457.4
— oxide salt 469.14
mangle wheel 256.9, 546.7.8
— wheel arrangement 546.7
manhole 298 5
Manilla hemp 492.5
— rope 592.7
mantle, cast iron 289.7
manual skill 10.14
manufactory, card clothing 69 8
—, packing thread 494.14
manufacture of card clothing 65.13
— of braided cordage 510.1
— of sewn cordage 512.1
— of twisted cordage 494.18
— of flake yarn in the spinning process 590.1
— of carded wool yarn 263.11
—, worsted yarn 364.2
manufacturer, card clothing 69.6
—, silk 412.7
marabou 586.14
mark of wool 266.12
—, bale 16.7
—, division — on dial 55.11
—, factory 19.8
—, quality 235.7
—, zero 614.2
markings, brush 96.8
marling spike 494.2
Marseilles soap 277.18, 434.2
Martin's crossing apparatus 422.10
— doubling frame for spot yarns 559.2
mason's cord 593.12
masses, moving 290.15
master, carding 4.7, 75.17
—, ropery 494.12
—, spinning 1.17
— cotton spinner 1.10
— mechanic 5.20
— spinner 1.9
matching 264.23
material free from bits 404.13
— to be dried 292.9
— taking up the lubricant 355.11
— of wire 65.15
—, acidproof 304.4
—, combed 8.1
—, felted 396.1
—, fibrous 6.9, 7 9, 25.19, 82.12
—, filtering 271.4
—, grinding 70.19
—, hand-dry 306.17
—, insufficiently opened 405.3
—, mixed 19.1, 442.13
—, raw 6.8.10.11
—, rough 507.2
—, softening 314.8
—, spinning 6.9
—, torn-up 402.6
—, unfelted 395.14
—s, primary 470.18
matted fibre machine 372.16
— wool 269.15
matter, foreign 24.12
—, suspended 270.24
maximum tension of the yarn 454.17
McNaught's lifter 283.4
— wool dryer 295.3
mean temperature 293.9
measure, English 600.12
—, metrical 600.6
—, standard 598.11
—s, linear 600.5
measure, to — the length of the original hank 602.18
measured silk 602.17
measuring of the yarn during reeling 563.21
— motion 149.8
— motion with bell 223.14
— parchment 500.17
mechanical action of the suint 272.6
— burring 367.2
— cleaning 266.14
— disengaging gear 113.15
— feed 28.4
— mixing 19.15
— rope making 501.11
— spinning 11.9
— strick mounting device 215.9
— stripping of the card wire 340.18
medical twine 593.1
medio twist (yarn) 580.4
medium, batching 238.1
—, rust preventing 64.2
—, scouring 433.4
—, washing 274.17
— coarse comb 495.15
— count 598.6
— hackle 213.6
— hard thread 606.1
— titre 602.6
— warp yarn 138.21
melange, cheviot 583.24
—, worsted 584.6
— yarn 582.14, 584.8
Mélen's lifter 282.12
mercerised yarn 581.3
merchant, flax 210.8
mercuric chloride bath 459.13
mercurous chloride solution 459.12
mercury thermometer 616.7
— vessel 608.8
merino yarn 583.22
mesh, double 386.12
—, single 386.11
—, wire 195.11
—es, soldered 477.8
—es, x — per unit of area 465.18
—es, with wide 571.5
meshy cocoon 416.17
metal, white 290.8
— ball 591.10
— bead 591.10
— plate with wedge-shaped slits 354.5
— prong 283.7
— ring 547.14
— rivet 61.8
— rubbers 333.11
— tip 146.2
— tube 356.12
— tube, revolving 422.11
metallic cable 494.17
— chloride, reducing 456.11
— lustre, of 415.6
— salt 460.11
metallic salt, heavy 469.11
— salt solution 469.4
— sieve 465.18
— sulphide 469.17
meteor silk 588.10
method of setting the wires 68.9
— of testing for moisture 615.9
—, carbonising 301.8
—, Chardonnet's 456.10
—, conditioning 615.9
—, drying 417.11
—, fermentation 437.12
—, precipitation 299.16
—, reeling 421.14
—, scouring 433.2
—, spinning 1.5
—, by the dry 490.5
—, by the wet 490.2
methyl alcohol 459.1
metre 600.7
metrical count 599.13
— measure 600.6
— reel 563.10
— numbering system 599.12
Meunier-Grün's comber 380.9
mi-perlé 587.1
micrometer screw 56.16
micrometric yarn scales 614.6
micromillimetre 600.11
microscope 467.13
middle frame 95.1
— part of flax 211.6.7
— part of tuft 375.10, 445.14
— roller 137.2, 142.6
— roving guide 191.12
Milan titre (old) 601.16, 602.2.3
mildew 574.10
—y cocoon 415.15
milk 316.4
—, skimmed 471.16
mill, artificial silk 467.5
—, edge roller 281.1
—, fine count 1.8
—, silk reel 431.16
—, shoddy 396.4
—, spinning s. spinning mill
— spun yarn 581.10
milled groove 523.9
— rags 399.13
milligramme 601.2
millimetre 600.10
milling, suitable for 606.6
— cutter 57.1
—-machine, band 363.4
— quality, reduced 406.14
minder, box 372.12.13
—, card 4.6
—, finishing box 388.1.2
—, gill-box 372.12.13
—, self-acting 176.1
mineral acid 302.17
— oil 315.3
— tar 508.2
mingled yarn 582.14
minute, per 82.19
mist 574.15
mix, to — for average quality 19.2
—, to — cotton 18.13, 194.5, 491.4
—, to — with raw unworked cotton 195.2
—, to — half and half 19.3
—, to — by hand 19.13
—, to — the jute 236.11
—, to — by machine 19.16
—, to — by stacking in layers 197.5
—, to — the waste silk 451.1
442.12
mixed card 80.6
— colour 194.6
— lot 216.14
— material 19.1, 442.13
— mohair yarn 585.20
— yarn 582.8
mixer, cotton 18.16
mixing (material) 19.4
— (room) 18.15, 25.5
— of cotton 17.15
— by hand 19.12
— the knops with the wool 590.16
— sheep wool with cotton 408.2
— the silk noils 453.2
— various sorts of wool 310.17

mixing the waste with raw unworked cotton 195.1
—, hand (material) 19.14
—, intimate 318.8
—, mechanical 19.15
—, pneumatic 24.7
—, thorough 317.10
—, tow 220.21
— bock 19.6
— card with rubbers 370.5
— chamber 22.10, 24.13.14
— pin, blunt pointed 313.2
— properties 18.17
— ratio 18.18
— room 18.5, 23.1
— willow 313.1
mixture, colour 310.21
—-worsted yarn 364.1
— yarn 582.14
mock water 580.4
—-worsted 583.17
modulus of work 606.18
mohair 363.13
— loop thread 562.1
— noil 409.15
— spinning 409.13
— spinning mill 409.12
— top 409.14
— yarn 585.19
moist air free from oil 575.2
— air, moving 574.17
— air, stagnant 574.16
— jute 236.19
— yarn 606.4
moisten, to — the mixed material 442.13
—, to — the yarn 573.7
moistened paper sheet 480.7
moistening the cocoons 442.14
— apparatus 575.7.11.12.13
— cellar 574.13.14, 575.1
— chamber 575.6
— liquid 488.15
— plant (yarn) 575.4
— trough 481.4
moisture 15.4
— test 615.17
—, amount of — of the air 293.13
moity wool 301.3
molton 397.9
moment, friction 149.7
—, turning 149.7
momentary increase of weight 571.13
Mooga silk 410.11
Morel roller 368.13
moss, Carragheen 316.14
—, Irish 316.14
mote knife 78.7, 199.6
moth-eaten cocoon 415.17
mother-of-pearl lustre of cocoon 415.7
motion, continuous — of cam shaft 182.7
motor 504.4
—, continuous current 157.8
—, direct current 157.8
—, three-phase current 157.13
mottled (alpaca) yarn 484.10, 585.15
mouldy cocoon 415.15
— rags 396.20
mount, to — the fillet 63.3.5.6.7
—, to — the roving bobbin loosely 128.6
mountain cork 489.6
— flax 489.6
— leather 489.6
mounted on wheels 320.13
mounting the card clothing 336.12
— the card sheets 337.5
— of the fillet 63.2, 337.6
—, ⊥ shaped 344.4
— apparatus card 337.8.10.11
— device, mechanical strick 215.9
— machine, card 63.9
— method 63.4
— spiral 351.11
mouthpiece 39.9
—, wide 380.6
movable arm 342.9, 611.9
— automatic hopper feeder 200.4
— back board 320.9
— bearing 289.15
— cover 177.5
— creel board 522.6
— incline 179.16
movable inner tube of spindle 146.6
— nippers 381.14
— oiling trough 317.14
— steel tape 331.6
— top feed roller 311.13
move, to — about 304.16
—, to — in the bath 433.14
—, to — by a current of air 281.15
—, to — in the direction of the wire points 323.12
—, to — in the opposite direction of the wire points 323.13
—, to — away from each other 129.12
—, to — towards each other 129.11
—, to — by hand labour 17.6
—, to — sideways 530.6
—, to — by a stream of water 282.1
—, to — to and fro 516.17.18
—, to — upwards 170.15
movement of carriage 344.16
— of the ratchet wheel 190.12
— of the ring rail 151.4.6
—, axial traverse 72.3
—, backward 23.10, 91.4, 94.4
—, closing — of the nippers 91.5
—, forward 23.9, 91.3
—, horizontal 252.10
—, opening — of the nippers 91.6
—, oscillating 58.10, 92.4
—, pendulum-like 290.1
—, swinging 350.17
—, up and down 140.16, 455.1
—, vertical 140.16
moving creel 557.3
— masses 290.15
— moist air 574.17
mucilage 472.13
mucoidine 411.7
mulberry silk 410.5
— silk, wild 410.7
— silk filament 411.6
mule 11.16
—, self-acting (S. A.) 11.17, 138.14, 159.7, 204.13, 343.13
—, spinning — for cardings 343.8
—, weft 188.15
—, worsted 392.14
— band 359.4
— carriage 343.18
— jenny 11.15, 159.6, 343.7
— machine 159.2
— spinning 138.15
— spinning machine 138.13, 159.2
— spun yarn 580.3
— twiner 557.1.3
— twist 138.21
— warp 580.4
— yarn 138.18
multiple balling machine 538.15
— cylinder opener 34.10
— doubling 386.13
— head draw frame 103.10
— pricker 338.1
— reel 564.11
— screw oil-cup spindle 146.11
— spindle bearing 354.12
— spindle winding frame 521.3
— tape divider 330.11
— web 326.18
multiplier 603.12
—, twist 9.2
multivoltine variety 413.17
mungo 406.12
— from new rags 406.16
— from old rags 406.15
—, blue 407.5
—, cotton-free 406.17
—, dyed 407.3
—, flax-free 407.1
—, half-wool 407.2
—, union 407.2
—, white 407.4
— yarn 583.3.4
muriatic acid 305.5
— acid, gaseous 440.11
muslin rags 407.13
— yarns, woollen 584.15

N

nail on, to 338.2
nailing on 64.4, 338.3
nap 454.7
naphtha 297.19
—, wood 459.1
naphthol 316.7
Nasmith's comber 87.7
natural fat 315.14
— knop 590.9
— silk 472.6
— water 270.22
near together (winding coils) 517.7
neat's foot oil 441.3
— leather 64.14
neck, roller 110.1, 393.12
needle 87.12
—, conical steel 241.7
—, flat 86.17
—, inserted 244.2
—, polished 86.18
—, round 86.16
—, rusted 86.19
—, steel 343.4
—, traveller 392.3
— of the bar 252.3
—s of large circle 449.6
needle bar 241.13, 254.6, 383.2
— bar, swivelling 383.3
— grinding 339.9
— lattice 233.5
—-point grinder 72.13
—-point grinding 67.13
—-pointed filleting 336.5
— roller 250.3, 259.14, 392.12, 443.1
— segment 85.4
— strip 86.11, 88.1
needled feed lattice 443.5
— half lap 85.4, 87.11, 378.2
needling of the comb strip 86.14
nep 454.7
—, cap bar 163.15
—s, coarse 96.7
—s, free from 49.4
neppy noil 374.20
nest, ball shaped 414.11
net-like cocoon 416.17
net silk 586.4
— weight of bobbin 141.15
netting silk 586.18
—, wire 202.3, 295.4
neutral alkali salt solution 469.6
— fat 315.16
— process 305.11
— soap 277.13
— solution 305.13
— waterglass 277.1
neutralise, to — the ammonia 465.3
—, to — the sulphuric acid 463.14
neutralising the acid in the wool 309.4
New-Zealand flax 492.3
— hemp 492.3
Neyret-Brenier's round comber 449.14
nib 499.12, 500.9
nick 543.9, 546.2
nicked strip 258.5
nickel sulphate solution 472.9
nip 82.17
— of the feed rollers 311.16
— between the rollers 103.2
—, adjustable 432.5
—, top roller 107.6
—, one — is performed during one revolution of the comb segment 82.20
—, x —s per minute 82.19
— comb 379.8
— cylinder, Little and Eastwood's 381.11
— pressure of the rollers 554.9
—, to — the thread 432.6
nipped hemp 496.3
nipper 377.8
—, bottom 84.11, 89.13
—, top 84.10, 89.16, 99.6, 377.9
—s 84.9, 91.9, 118.5, 343.9, 445.9
—s filled with combing material 99.7
—s, circular 449.1
—s, closed 382.12
—s, detaching 99.8, 382.9
nipper-s, fixed 381.15
—s, holding 382.8
—s, movable 381.14
—s, open 382.11
—s, oscillating 381.1
—s, stationary feeding 380.12
— bar 377.9
— cam 382.1
— knife 84.10, 92.10, 377.9
— pivot 88.12
— plate, bottom 92.11
— shaft 89.3
— spring 89.4
— swivel pin 89.5
nipping the hemp 496.1
— of the sliver 99.2
— effect 103.4
nitrated cellulose 458.2
— yarn 581.4
nitric acid 303.5
nitrite of ethyl 462.14
— of soda solution 460.5
—, sodium 463.20
nitro-cellulose 458.8
— cellulose silk 588.7
— silk 456.5
— silk from acetate of collodion 459.5
— silk from acetone collodion 460.3
no-mark bale 16.6
Noble's comber 378.15
noil 8.3, 82.7, 100.1, 374.19
—, bourrette 453.16
—, flocked 374.21
—, mohair 409.15
—, neppy 374.20
—, ramie 262.9
—, silk 446.12, 452.14
— collecting box 447.10
— detaching appliance 380.2
— discharge motion 446.2
— press 375.1
— rollers 449.12
— stripping comb 86.8, 378.14
noose, rope 594.12
nop 454.7
normal position 200.13
Northrop weft bobbin 147.2
Norton's wool dryer 295.12
nose of lever 179.1
—, catch 158.5
—, cop 155.1
—, pedal 43.2
—, travelling 181.14
— end of the nippers 84.13, 92.6
nosing arm 184.7
— arm, curved 181.11
— motion 171.5, 184.5
— motion, automatic 181.10
notch 41.4, 109.15, 533.1
—, cylinder 444.4
—, rounded [off] 373.13, 497.14
—, semicircular 510.8
— wheel mechanism 381.6
notched bar 532.14
— circle of nippers 449.3
— disc 370.8
— disc, lens-shaped 421.13
nozzle 478.1
—, choked 466.10
—, clogged 466.10
—, spinning 466.7
—, spray 477.14
—, steam 280.12
—, suction 370.16
— end of tube 467.9
number 562.19
— of bobbins 429.14
— of coils 124.19
— of fibres 100.13
— of flutes per centimeter (inch) 116.13.14
— of hanks 598.20
— of metres per hank 603.13
— of nips 82.18
— of revolutions 144.4
— of staples per unit of surface 68.4
— of strokes 31.7
— of teeth 31.2
— of threads in the hank 599.6
— of threads, determined 563.19
— of threads, variable 563.20
— indicating the titre 602.19
— of traveller 150.12
— of turns (per unit length) 144.4, 542.1
— for twist, constant 154.3
— of wire clothing 68.7
— of yarn 598.4

number, fine 598.7
—, high 598.7
—, lot 19.7
—, low 598.5
—, to 598.3
numbering, English wire 66.18
—, french wire 66.17
—, yarn 598.1
— system 599.11.12
— weight 598.8
nut, adjusting 54.10
—, butterfly 332.19
—, double 290.5
—, quadrant . . . 170.14, 370.7
—, wing 332.19, 548.4
— oil. 458.15

O

oak bark suds 419.16
— cover, hinged. . . . 201.9
— hackling block . . . 229.7
— tanned leather . . . 332.4
— wood 77.6
oakum, black 492.11
—, tarred 492.11
—, untarred. 492.12
—, white 492.12
— comber 222.7.8
— sorter 216.3
oblique position, in an. 538.10
— steel spindle 553.10
occupier 1.13
odourless, to make . . 438.1
Offermann's burring motion for cards 368.15
oil containing glycerine 315.21
— drying in the air . . 458.11
— of rosemary 314.21
— of turpentine 314.23, 462.16
—, adulterated 315.23
—, animal . . . 314.24, 441.3
—, blended 315 24
—, cameline seed . . . 458.16
—, castor . . . 314.16, 458 17
—, coco-nut. 315.7
—, cotton seed . 314.18, 458.12
—, dirty 555.3
—, dropping 317.15
—, engine. 361.12
—, fatty 148.10, 314.10
—, fish 238.2, 315.2
—, fusel 297.18
—, heavy spindle . . . 148.6
—, hemp 458.14
—, juniper 462.17
—, linseed . . . 458.21 484 8,
—, lubricating 148.5
—, machine 361.12
—, mineral 315.3
—, neat's foot. 441.3
—, nut 458.15
—, olive 314.19
—, pine 314.22
—, poor 316.1
—, poppy. . . . 314.15, 458.13
—, rape 314.12
—, acid-free rape . . . 148.9
—, red pine 458.18
—, refined seal 238.3
—, resinified 238.11
—, resinous 315.20
—, running in . 290.10, 555.2
—, saponifiable 315.18
—, sun flower. 314.17
—, thick 359.14
—, tow 220.22
—, train 315.2
—, Turkey red 238.9
—, unadulterated . . . 315.22
—, vegetable . . 148.8, 238.4
—, vulcanised 458.10
—, whale 238.2
—, wool 314.9
— barrel 361.15
— bath. 60.7
— cabinet 361.16
— can [for ring spindles] 361.13, 391.6
— catcher 360.4
— circulation, self-acting 148.4
— container. 461.15
— cup . . 148.2, 295.10, 553.1
— cup that can be screwed off 146.12
— cup, conical 149.2
— cup, detachable . . . 147.8
— cup, removable . . . 147.8
— cup, withdrawable . 147.8
oil cup cover 178.2
— distributing brush. . 318.1
— dripper 360.4
— film 237.11
— filter 361.17
— groove 355.2
— hole 126.9
— press cloth shoddy . 407.10
— pump 361.14
— pump, ring spindle . 391 7
— residue. 238.13
— screw 95.4
— soap bath 438.2
— spout (lateral) 147.11, 148.3
— sprayer 239.14
— substitute 316.12
— syringe 239 14
— tank 241.9, 317.2
— tester, Rieter's . . . 149.1
— tube 95.4
—, to — (s. a. to grease) the beater 441.15
—, to — the wool 313.14
oiled wool 314.5
oiler 3.11, 366.12
—, ring spindle 391.6
—, wool 314.6
oiling 237.12
— by hand 317.1
— the rags 403.13
— the waste silk . . . 441.2
—, central 555.6
—, constant regular — by ring lubrication . . 148.18
—, fresh 555 5
—, wool 313.13
— appliance 366 12
— arrangement 575 1
— process 314.7
— roller 242.7
— trough, movable . . 317.14
— willow 317.13
oily card waste 298.13
— liquid 315.17
— sweepings 194.20
— wool grease 274.7
— yarn 605 7
old hemp rope 507.6
oleic acid, crude . . . 315.5
olein 315.4
— soap 434.3
olive oil 314.19
— oil, denaturated . . 314.20
ombré silk 587 13
ondee 586.15
one-sided doubling frame 543.1
— rectilinear comber. . 83.10
— reel 564.14
open air . . . 292.10, 437.19
— belts. 24.5
— cocoon 415.18
— rope drive 360 8
— set 68 10
— spindle bearing . . . 356.2
— state, in an 24.15
— teaser 220.14
— wool. 269.13
— wound cheese 519.8
—, to — automatically the nippers 450.1
—, to — a bale 18.2
—, to — the cocoons. . 418.7
—, to — the fibrous material 7.4, 25.9
—, to — the jute bale . 235.8
—, to — the tufts . 26.1, 49.17
—, to — the waste silk 440.1
open-out, to — the damp wool 287.11
—-out, to — the fibre tufts 198.4
—-out, to (strand). . . 511.3
opened cotton bale . . 18.6
— flake yarn 561.13
— locking device . . . 558.3
opener 7.6, 26.17
— for damp wool . . . 287.12
—, bale. . . 18.3, 21.12, 22.1
—, beater 34.11, 35.1.2, 37.2.3
—, cocoon 442.15
—, Crighton. 34.11
—, cylinder 30.9.10, 32.11. 34.10
—, double 32.10
—, double vertical — with dust remover . 39.12
—, exhaust 39.3
—, horizontal Crighton . 37.3
—, jute. 235.12
—, pneumatic box . . . 38.3
—, porcupine 26.20
—, preliminary 26.19
—, small 26.20
opener, tow 220.14
—, vertical — for asbestos 490.12
—, vertical beater . . . 35.1
— lattice 29.7
— tenter 22.3
opening the asbestos . 490.2.5
— the bales. . . . 18.1, 235.1
— of the cotton. . . . 25.6
— of [spinning] waste . 195.4, 442.9
— of the wool . 310.7, 364.15
—, careful 25.14
—, circular 295.9
—, intensive — of the lumps 25.18
—, lateral — of the spindle 553.11
—, preliminary — of the cotton. 25.8.10
— cylinder 30.12, 33.5
— cylinder, toothed . . 48.7
— machine . . . 26.16, 371.14
— movement of the nippers. 91.6
— process 49.15
— out the damp lumps of wool 287.10
— up the ends 405.9
—-up the rags 403.8
operate, to — the strick from both sides . . 243.17
operating the quadrant screw by hand. . . 171.3
— link 99.11
— screw 181.12
operation of mixing . . 19.11
—s, preparatory 17.14
operative, cotton . . 5.15.16
operator putting strick in holder. 215.15
— removing strick from holder 215.16
opposite direction, in 23.3, 29.4
— fluting 240.11
— yarn layer 517.9
order, in regular . . . 87.2
ordinary bowls 43.16
organic base 457.5
organzine 431.9, 586.7
— single 431.11
—, doubled 431.12
—, trebled 431.12
organziner 430.17
Orleans yarn 584.17
oscillating of the beam 613.11
— evener comb 320.3
— motion. 98.17
— movement of comb . 58.10
— movement of the nippers. 92.4
— nippers 381.1
— reversing lever . . . 160.10
— shaft 382.2
— yarn guide 526.13
ossein 472.15
— solution 472.16
ostrich yarn 591.3
ounce, half 604.7
outlet 24.10, 36.8, 259.5
— for the solution. . . 298.8
— of suction fan . . . 312.15
— for twisted band . . 487.13
—, air 296.6
—, cotton. 35.7
—, smoke. 376.3
—, waste water 571.1
—, wool 312.2
— pipe 286.5
— pipe, bent 294.6
— valve 286.3, 470.2
— valve, air 306.11
output of the card . . 318.12
outshot hemp. 228.8
outside bobbin wheel . 135.8
— slivers 334.7
— spindle driving wheel 134.12
outward position of carriage 164.11
— run of carriage 159.10, 557.10
—s, turning 543.6
oval cocoon. 414.8
—-shaped peg 558.10
— wire 65.18
ovalé. 587.4
oven, calcining 273.12
—, conditioning — for silk 616.10
—, evaporating 273.12
—, portable drying . . 417.17
—, testing — for moisture 616.5
overtwist, to 541.7
overtwisted place in the yarn 454.9
— thread 541.8
overfeeding 28.3
overfermented waste silk 438.4
overflow, automatic — of water 365.13
— pipe 285.10
overhead countershaft . 359.23
— friction drive . . . 288.17
— rails 503.15
overlap of the wharve . 553.2
overlapping 86.1
— apparatus, web . . . 328.7
overlaying the paper sheet with a film of fibres 480.2
— on one side 480.3
— on both sides. . . . 480.4
overlooker, fly-frame . 2.6
—, reeling 421.2
own weight 666.12
owner of a cotton spinning mill 1.10
— of a spinning mill. . 1.9
— of a wool spinning mill 263.8
— of a worsted spinning mill 364.4
oxhorn 497.13
oxid[is]able base . . . 457.6
oxide, ammoniacal copper 458.22
oxygen 301.18

P

pack of three (six, twelve) bundles 577.6.7.8
— thread 592.16
—, to — the wool in bags (sacks) 264.7
packed, wet 236.18
packing 16.10
— in bales 578.6
— the cops 578.8.9.10
— of cotton 15.19
— of yarn 576.5
—, rubber 76.14
— line 593.20
— press, baling and . . 260.13
— room 576.8
— thread manufactory . 494.14
— twine 577.15, 592.16
padding, flannel. . . . 78.10
painter 593.19
—, roller 120.2
painting, preparatory . 117.1
pair of rollers. 561.5
— of drawing rollers. . 102.14
— of fluted rollers. . . 443.15
— of horizontal rollers. 240.7
pale green cocoon . . . 415.3
palm oil soap 428.9
pan, boiling 418.13
—, scale 320.5
—, steeping 418.9
— acid 303.3
paper, cellulose . . . 479.9.10
—, flexible 479.13
—, light 479.12
—, litmus. 309.8
—, roller 390.1
—, sand 63.10
—, spinning. 479.11
—, tenacious 479.14
—, tough 479.14
—, water absorbing . . 486.1
— band 486.2, 487.12
— band, cut 483.7
— band, rounded . . . 484.14
— bevel, compressed. . 289.8
— can 76.8
— can with wooden bottom. 76.9
— foundation 64.18
—-lined case 578.9
— machine 476.13
— pulp 477.12
— pulp strip 478.9
— ribbon 486.2
— ribbon spool 487.11
— roll 489.2
— sheet overlayed with a film of textile fibres 480.8
— sheet, damped 480.7, 482.6
— sheet, entering . . . 483.6
— sheet, moistened . . 480.7
— strip. 484.10

paper stuff 477.12
— stuff sheet 481.1
— through-tube 356.8
— tube. . 124.5, 175.19, 518.11
— tube, cylindrical . . 518.12
— tube, impregnated . 149.9
— tube, light 124.8
— tube, short 166.18
— yarn 588.21
paraffin 484.5
paraldehyde 458.4
parallel to the cylinder (grinding roller) . . 73.3
— cheese 519.6
— drive 360.5
— fibre feed 198.15
— running feed tables 221.5
— winding 516.2.3.4
— wound bobbin . . . 518.20
—, to lay 374.5
parallelisation of the fibres 231.9
parallelising of the fibres 101.1
parcel of flax 212.5
— to be hackled . . . 212.4
parchment, measuring . 500.17
—, vegetable 389.12
Parr-Curtis' locking device 558.6
part, bent — of the tuft 383.7
—, glued — of the rubber 333.3
—, hinged — of cover 488.3
—, intermediate — of single boss roller . . 393.13
—, to — the strands . . 500.5
partial boiling 434.8
— draft 101.6
particle, water 288.14
partition 296.11
—, dividing . . . 284.4, 306.8
pass, to — x drawing frames 452.1
—, to — several times . 25.17
—, to — the yarn round the rollers 454.16
—, to — through a magnesium sulphate bath 467.4
—, to — through a soda bath 459.10
—, to — through the travellers 151.3
—, to — through a wire eyelet 137.13
passage 25.15, 103.8
— of drawing 371.15
— of drawing, first . . 103.12
— of drawing, second . 103.13
— of drawing, third . . 103.14
— of the sliver 386.17
— of the sliver through the drawing frame . 101.5
—, beater 42.4
—, cotton 38.14
—, first (second, third) 222.17.18.19
—, repeated 25.16
—s, x — through the drawing frame 101.17
passementery cord . . . 593.16
passing the hemp twine through the ropes . . 512.8
— moist air over the yarn 573.10
— the threads through gas flames 455.6
passive bobbin 547.11
paste 117.7
—, cloth 117.10
—, hard 117.15
—, lumpy 117.13
—, quick drying 117.11
—, spinning 460.14
—, starch 117.18
—, wood 475.3
—-board foundation . . 62.1
— box 118.4
pasting and cutting machine 117.23
patent strong yarn . . 580.7
Paterson's batching apparatus 241.5
path of the beaters . . 196.7
— of cam, ascending . 531.10
— of cam, descending . 531.11
—, circular beater . . . 42.18
—, curved 510.13
—, lacer 510.14
pattern card, endless . 559.13
pawl 258.7, 358.9
pear-shaped footstep bearing 289.14
peat dust 299.11
— yarn 588.17
pectine, difficultly soluble 412.3, 437.9
pedal on knife edge . . 44.2
—, feeding 28.10
—, interchangeable . . 33.2
— bale breaker . . . 21.10
— feed, roller and . . . 43.1
— feed motion 312.7
— lever 312.8
— motion 28.9
— nose 43.2
— pendant 28.11, 33.3
— plate 28.10, 43.7
— roller 32.13, 43.3
— regulating roller . . 28.13
— weight 43.4
pedestal 550.12
—, shaft 281.5
— framing 289.6
— set screw 56.8
peg 354.1, 546.9
— to move the quadrant rack 181.2
—, bobbin 565.8
—, bundling 577.11
—, glass 543.7
—, oval-shaped 558.10
—, release 346.7
— stand for hanks . . 542.13
pelt wool 264.12
pencil 608.13
pendant 34.8
—, fish tail 33.3
—, pedal 28.11, 33.3
pendent pin bars . . . 220.13
pendulum-like movement of the cage 290.1
penetrate, to — into the cops (steam) . . . 571.15
—, to — the fibre tuft (comb) 383.5
—, to — the wool (rakes) 283.11
penetration of fibres into the cylinder covering 322.14
— of the needle bars into the fibre tuft . . . 383.4
percentage of noil . . 100.7
— balance for waste . . 614.13
— quadrant for noil . . 100.3
perforated bottom 283.3, 286.2
— [delivery] cage 24.11, 32.4.5, 400.20
— cylinder 220.15
— flexible bend 79.10
— head 548.12
— pipe 282.6
— strip 282.5
— trough 283.14
— brass tube 124.7
perforation of the flat at the edges 61.6
period, backing-off . . 207.2
—, feeding 94.3
—s and evolutions to form a stretch . . . 159.9
permanent hardness . . 270.1
— increase of weight . 571.14
— twist 9.8
permanganate of potassium 401.15, 460.6
— of sodium 401.14
permeable cocoon . . . 416.13
Persian raw silk . . . 426.10
— yarn 584.23
petrol 297.16, 462.19
— vapours 438.9
petroleum . . . 238.6, 462.18
— vapours 438.7
Pfaff's flat stripping apparatus 52.11
phosphate, ammonium . 464.1
phosphoric acid 433.15
physical method of scouring 366.9
piano feed regulator . . 21.11
— lever 32.14
— motion 28.9
— motion regulator . . 21.11
pick, to — the tares . . 18.7
—, to — the wool flocks 310.15
—-out, to — the burs . 368.4
—-up, to — the end of the cocoon filament 420.11
picker (worker) 376.11
— hand 22.8
—, bur (workman) 366.15, 367.1
—, thread 196.5
picker, waste 196.5
picking the tufts . . . 450.14
— the wool 310.13
—-off the burs 369.5
—-out the impurities . 376.10
piece of flax 217.21
—, cast iron 184.14
— to pull to —s . . . 20.2.4
—, untorn —s 404.12
—, to — the flax out into handfuls . . . 213.4
—, to — up the broken ends 133.12, 158.15
—, to — up the combed tufts 85.13
pieced cocoon filament 421.10
piecer (apparatus) . . 421.12, 423.7.13
— and doffer (worker) . 3.4.5
—, big 176.2
—, little 176.3
piecing the cocoon filament 421.8
— the yarn 158.14
— machine 330.1
Piedmont titre 601.17
pig tail guide 524.4
—'s foot 167.4
pierce, to — obliquely the ropes 512.5
piercer 512.6
piercing holes into the ropes 512.4
pile of wool, thorough mixed-up 317.11
— thread 591.5
pillar, creel 188.12
pilot yarn 580.19
pin 72.12, 172.5, 312.11, 534.17, 546.9
— adjustable as regards height 537.14
— to move the quadrant rack 181.2
— on the yarn guide . 528.10
—, case-hardened . . . 55.1
—, cross-shaped 242.16
—, curved willow . . . 313.11
—, cylinder cover . . . 260.2
—, diamond shaped . . 248.10
—, fastening 497.11
—, hackle 213.9
—, hackle bar 219.8
—, hinge 488.4
—, lifting 531.14
—, link 254.4
—, nipper swivel . . . 89.5
—, screwed-in 312.6
—, shaking 260.6
—, steel 404.7
—, striking 259.8
—, wire 512.12
—s inserted in double rows 254.7
—s, hackling 229.8
—s, inclined 243.14
—s, radial 243.13
—s, shaker 38.10
—s, tension 356.5
—s, worn 313.12
— bar 48.2, 251.14
— bars, pendent . . . 220.13
— bar grid 260.11
— box 525.6
— cop 154.10
— cop from self-acting mules 569.3
— cylinder 446.4
— tin 86.12
pincers, clothing . . . 338.5
pine needle yarn . . . 588.16
— oil 314.22
— wood cellulose prepared by the soda method 479.8
Pinel and Lecœur's comber 99.14
pinion, bobbin driving . 126.6
—, change . . . 114.2, 176.14
—, draft 114.2, 134.2
—, drag 187.10
—, quadrant 170.10
—, rim shaft 186.10
—, spindle 532.8
—, spur 547.1
— guide, recessed . . . 546.10
pinna nobilis 411.3
pinned vertical feeding lattice 260.9
pinning of the comb strip 86.14
—, steel 48.12
pipe for compressed air 455.10
—, air 306.12
—, air blast 380.5
—, bent outlet 294.6
—, blast 384.5
—, collecting 399.17
—, conducting 461.9
—, discharge 280.13
—, dust 259.10
—, dust extractor . . . 197.1
—, dust extraction . . 399.16
—, feed 28.14
—, galvanised connecting 39.6
—, gas 455.9
—, heating . . . 308.4, 402.12
—, inlet 488.15
—, let-off 571.9
—, outlet 286.5
—, overflow 285.10
—, perforated 282.6
—, pressure water 478.2, 488.12
—, ribbed 306.15
—, ribbed heating . . . 294.9
—, rinsing water inlet . 285.5
—, spraying 439.13
—, steam condenser . . 294.3
—, steam supply . . . 280.11
—, suction 370.17
—, water 461.4
—, water jet 439.13
— bend 39.8
— bowl spindle 556.7
— clip 39.10
— socket 289.10
— valve 39.11
piping 24.9, 37.9, 39.5
—, air 575.8
pirn 530.4, 532.11
— with conical base . . 529.5
—, [corrugated] wood 356.10.11
—, weft 520.6
— spindle 531.2
— tube 530.18, 531.3
— winder with flyer guide 533.8
— winder, crossing motion with split drum 529.1
— winder, cross motion — with revolving thread guide 531.1
— winder, cross motion — with traveller guide and broken end stop motion 532.3
— winder, crossing motion — with axially traversing spindle and with guide shifted by friction bowl . . 530.1
— winder, crossing motion with traversing yarn guide 528.16
— winding machine with traversing guide shifted by means of a friction disc . . . 529.2
piston 291.10
—, press 288.5
—, suction 470.3
— rod 291.14
pit, ash 402.11
—, concrete 437.16
—, fermenting 437.15
pitch 508.3
— of the coil 155.7
— of cylinder spikes . . 311.18
— of spindels . . 129.13, 150.5
— of twist in the strand 498.15
—, black 508.6
—, brown 508.7
—, raw 508.4
—, white 508.5
— ball 508.12
— chain . . 152.4, 184.9, 395.7
pivot . . 353.17, 530.15, 532.13
—, cone 528.3
—, hollow 342.15
—, nipper 88.12
—, quadrant 350.16
—, rim 384.3
—, strap fork lever . . 182.2
— bearing of stripper . 324.3
— bearing, adjustable of worker 324.2
— bearing, round . . . 111.12
— bracket 528.4
— holder 384.4
pivoted pulley support for tin roller band . 192.4
— thread guide 208.7
place, faulty —s 455.2

place, gummy —s 434.7
—, irregular —s in the clothing 338.11
—, overtwisted 454.9
—, thick 159.1, 454.10
—, to — the bale end up 17.13
—, to — the bobbin on the spindle 255.9
—, to — the centre of gravity low 291.2
—, to — the fibre tuft into the book 450.6
—, to — the jute bales together according to sorts 236.4
—, to — the jute stricks in layers 239.8 9
—, to — the knops on the feed table 590 17
—, to — the knops on the fleece 590.18
—, to — the knots on the press table 577.17
—, to — the knotted ends into the nibs 504.16
—, to — the scutcher lap on the card 50.12
—, to — the silk filament separately on the reel 421.15
placing the scutcher lap on the lap roller 50.11
plain, balance 613 2
— emery layer 71.14
— grinding fillet 71.20
— knops 561.11
— segment 89.12
— set 68.10
plaited cordage 510.1
plaiting machine for ropes 510.2.3, 511.7
plan of the mixing room 22.15
—, according to a definite 151.5
plane, inclined —s 597.2
plank lagging 244 11
plant for moistening yarn 575.4
—, carbonising 301.9
—, fermenting 437.14
plants, gelatinous 316 13
plaster lagging 336.15
plate 488.7
— for roving 257.7
—, adjustable steel 429.8
—, back 404.8
—, back shaper 167.12
—, baffle 404.8, 405.4
—, base 352.18
—, bent 373 12
—, bottom nipper 377.10
—, cam 161.11
—, circular beater 35.3
—, clearer 98.4
—, closed anti-ballooning 153.2
—, clutch 345.19
—, copping 167.6, 352.6
—, cover 31.8, 355.10, 441.17
—, curved 373.12
—, cushion 84.11, 377.10
—, dead 87.10
—, delivery 379.10
—, door 306.13
—, doubling 219.1, 251.10
—, draught 404.11
—, driving 132.4
—, ebonite 112.11
—, end 381.12
—, feeding 98.9
—, feeler 29.10
—, foundation 95.3
—, guide 373.3
—, inclined 98.2
—, lap 377.3
—, lap guide 84.3
—, lap roller —s 249.6
—, locking 353.14, 549.6
—, metal — with wedge shaped slits 354.5
—, pedal 28.10, 43.7
—, pressure 158.4
—, protecting 404.11
—, register 503.5
—, reversing 448.5
—, rubbing —s 388.4
—, separating 153.5, 404.11
—, shaper —s 167.6
—, shell feeder 196.9
—, shell roller 250.4
—, sieve 299.12
—, sliver 90.12, 111.1, 251.10
—, spiked 36.12
plate, spindle 355.4
—, spindle bearing 355.16
—, steel 32.4, 61 17, 93.8, 429.8
—, stripping 369.2
—, thread guide 523.15
—, under-nipper 84.11
—, vulcanite 112.11
—, warming 388 10
— grid 36.7
— spindle with damping appliance 488.6
— spinning machine 488 5
— spring 461.7
plated edge of trough 226.1
platform, travelling 572.16
Platt's flat grinding apparatus 73.8
— receding stripping comb 58.8
play of the carriage 159.9
—, side 24.6
pliability of the rope 513.3
pliable, to make the fibre 237.7, 240.3
plough grinding 67.16
pluck, to — the cotton from the cover 18.7
plucked wool 264.12
plucking the wool 310.13
plug, conical wooden 568.11
—, split wood 568.10
plumb rule 363.1
plummet 363.2
plush 108.10
— covered drag board 557.16
— covered roller 378.10
— thread clearer 568.5
ply 65.5
—, *x* — thread 539.16
pneumatic box opener 38 3
— card stripper 341.2
— card stripping 370.13
— mixing 24.7
— system to convey cotton 37.7
pocket 36.10
— of web 326.22, 327.1
— balance 614.12
— dynamometer, watch-shaped 607.1
— grid 36.9
point of card wire 335.17
—, adjusting 54.16
—, angular spindle 355.14
—, bending 336.2
—, card wire 67.5
—, crossing 422.3
—, double working 405.6
—, fastening 350.11
—, gripping 46.2
—, hardened 66.5
—, holding 42 17
—, interspersed stronger —s 336.7
—, setting 54 16
—, spindle 130.4, 146.1
—, twisting 165 8
— sharpness of the wire 340.5
—, to — against the direction of rotation 130.13
—, to — in the direction of rotation 130.12
—, to — to zero 614.3
pointed cocoon 414.13
— cop nose 174.5
— end 233.16
—, blunt 313.2
pointer 100.4, 207.6, 348.5
poker, lifting 151.13
—, vertical 547.4
— bush 151.12
— foot 151.14
pole 113.6
— of magnet 360.12
—, laying 493.16
—, yarn 227.10
polish, to — the steel wire 66.8
polished glass plate 283.5
— guide roller 384.10
— needle 86.18
— yarn 580.7
polishing 507.1.11
— machine, twine 507.17
Poller's yarn tester 607.8
polluted by fat 303.16
pond water 270.7
poor in copper 467.17
— oil 316.1
poppy oil 314.15, 458.13
porcelain footstep 128.15
— teeth 536.5
porcupine creel 544.10
— creel, two-height 551.1
— cylinder 26.21, 27.8, 35.5
— drawing 254.9
— drawing, double-head 372.15
— drawing, single-head 372.14
— drawing frame 221.8
— feed roller 377.5
— opener 26.20
— roller 221.9, 367.13, 384.12
port, steam exhaust 291.13
portable drying oven 417.17
position of card wire points 67.5
— of carriage, outward 164.11
— of nippers 85.1, 92.9
— of the ring rail 156.8.12.13 157.1
— of the tuft 447.3
— of wire points 335.13
—, correct (bobbin) 97.4
—, initial 175.15
—, locked 346.18
—, normal 200.13
—, in an oblique 538.10
—, starting 175.15
—, winding 155.8
positive counter faller motion 169.5
— guiding of faller 171.9
— pressure 447.2
— rope drive for second tin roller 144.11
—ly driven spindle 524.13
pot, comb 375.18
—, cushioning 352.3
—, dash 352.2
— footstep 128.13
potash 272.9
—, caustic 276.9
—, commercial 273.9
—, dissolved 273.7
—, raw 273.9
— hydrate 276.9
— recovery 273.4
— soap 277.16
— solution 273.5
— water glass 369.8
potassium acetate 457.17
— aluminate 469.9
— bichromate 300.11
— bisulphate 303.8
— carbonate 272.8.9
— chloride 272.11
— chromate 316.5
— permanganate 401.15
— silicate 369.8
potency of the acid's action 302.15
pound avoirdupoids 601.3
— of the Zollverein 601.6
—, Austrian 601.5
—, Berlin 601.4
—, English 601.3
—, Prussian 601.4
—, Russian 601.9
—, Swedish 601.8
—, Turin 601.7
—, per 604.5
pounder 439.10
pounding appliance 439.9
— machine 476.9
pour, to — washing liquor over the wool 284.9
pourer, yarn 2.14
pouring washing liquor over the wool 284.8
powder, soap 277.21
powdered copal 458.19
— horn 120.13
power, striking 31.6
—, working — of the roller 51.4
— consumption (surplus) 148.11
— reel 565.6
— reel for flax yarn 568.2
— strength tester 609.3
precipitant (caustic) alkaline 464.13.14
—, slow acting 466.14
— power 463.7
precipitate of alumina hydroxyde 459.16
— of gypsum 310.6
— of lime soap 270.18
— of metallic sulphide 469.17
— of sulphate of lime 310.6
—, wool grease 300.3
—, to — the casein 471.16
—, to — the lime 271.2
—, to — the viscose 468.13.15
precipitate, to — the wool grease 299.17
precipitating acid bath 469.2
precipitation method 299.16
precision balance 612.15, 616.8
— reel 612.3.4
— weights (set) 615.2
— yarn scales, horizontal 613.5
preliminary carding of jute 247.1
— cleaning of cotton 26.7
— draft 101.7
— drawing frame 103.12
— filtering 271.5
— opener 26.19
— opening of the cotton 25.8
— processes 263.12
— tension device 536.7
— washing 268.22
preparation of colour blends 310.22
— for combing 371.6
— of the condensed sliver 328.14
— of the cotton for mixing by steaming 19.10
— for flax spinning 210.20, 224.3
— of hemp for spinning 233.7
— of jute for spinning 234.16, 254.11
— of ramie for spinning 262.1
— of the roving 9.13, 390.10
— of the slubbing 9.13
— of wool for carding 310.8
preparatory drawing 81.4
— drawing frame 81.3
— operations 17.14
— painting 117.1
— process 17.16
— spinning 9.13
prepare, to — the bales for mixing 18.9
—, to — the cotton for spinning 17.17
—, to — the roving 9.14
—, to — the slubbing 9.14
—, to — the soap bath 433.13
—, to — the strick 213.4
—, to — the washing liquor 275.13
prepared bundle of flax 210.3
preparer 2.1.2
— gill-box 371.16
preparing the bales for mixing 18.8
— the hemp for spinning 228.15
— the rags 400.3
— the fluted rollers 120.8
— of the top rollers 116.16
—, flax tow 219.12
—, hemp tow 232.2
— box 371.16
— yarn 539.17
preservation of colours 403.2
— of the staple 269.5
preserve, to — the staple in washing 269.4
press 448.2
—, filter 271.13
—, hydraulic 288.2
—, noil 375.1
—, roller 288.7
—, screw — for roller leathers 119.6
—, yarn bundling 577.13
— box 288.3
— dish with guiding flutes 334.11
— finger 130.11
— head 288.4
— lever, upper 385.12
— lever weight 385.10
— piston 288.5
— plate 577.14
— ram 288.5
— roller 20.12, 34.2, 46.1, 233.4, 321.12, 385.11, 453.12, 611.8
— roller, driven 267.6
— roller, feed 372.8
— table 445.5, 577.14
— trough 283.15
— wheel for coiler 76.3
—, to — the covering over the roller 118.6
—, to — the flutes into the roller 120.20
—, to — the jute tow into bales 260.1

press, to — the nippers together 449.16
pressed bale 16.2
pressed fleece, hydraulically 264.14
presser 130.11
— arm 123.13
— finger 452.5
pressing roller, weighted 502.12
pressing-in of hot air 282.8
pressure of head of lap rack 46.11
— between the rollers 103.3
—, brake 47.1
—, gripping 554.9
—, under high 271.3
—, nip 554.9
—, positive 447.2
—, uniform 267.8
—, by 447.3
— bar 334.12
— gauge 385.15
— plate 158.4
— regulator 339.4
— roller 109.13, 223.6
— roller, beech wood 393.10
— roller, hard wood 225.5
— saddle 106.13
— spring 106.2, 483.3, 534.9
— water pipe 478.2, 488.12
— weight 523.2
prevent, to — the access of air 59.11
—, to — air currents 59.12
preventer, draught 78.9, 391.2
prevention of dripping 574.8
— of drop formation 574.8
pricked cocoon 415.19
pricker, multiple 338.1
—, single 337.16
pricking previous to tacking 337.15
primary materials 470.18
principle of winding 155.5
—, contraflow 280.8
printed flake yarn 580.24
— top 374.16
— yarn 581.1
printing the combed sliver 374.15
process of fermentation 437.13
—, acid 302.12
—, batching 237.5
—, hardening 66.6
—, neutral 305.11
—, oiling 314.7
—, opening 49.15
—, preliminary —es 263.12
—, preparatory 17.16
—, reeling 562.8
—, softening 240.4
—, spinning 1.4
—, titreing 602.13
—, washing 268.13
—, wrapping 610.15
production of the fly frame 133.7
— per head and hour 83.9
— of the opener 26.18
— of paper yarns 479.7
— of pulp roving 478.14
— of ramie fibre 261.2
— of re-manufactured wool 395.8
— of wood fibre yarns 475.10
— of wood pulp yarn 476.5
— of yarns from wood cellulose 475.1
— indicator 133.9
progressive axial motion 517.2
projecting edges 118.8
— wire point 339.16
— wool tuft 378.1
projection of the fibre ends from the yarn owing to electricity 570.1
— on framing 185.6
— on guide bar 558.12
— of the needle 86.13
prong of the fork 278.11
—, metal 283.7
propeller 285.12
—, wool 286.9
propelling fork 278.10
— rake 278.10
property, felting 396.3
—, mixing 18.17
—, solvent 419.7
proportion of grease in the raw wool 274.4
— of oil in worsted yarn 570.3
proportion of suint in the wool 271.19
protect, to — the bobbin by metal caps 149.13
—, to — the cloth foundation 110.6
protecting plate 404.11
— roller 311.12
protection board 229.11
— cover 201.8
protector, iron 76.14
protein, containing 435.2
Prussian count 599.17
— pound 601.4
pull of the thread 554.7
— of the yarn 140.4
— indicator finger 513.15, 608.2
—, to — the cotton lumps to pieces 20.4
—, to — the ends into fibres 404.4
—, to — the waste silk into pieces 442.10
pulley 470.6
— with friction dish 354.10
— at top, small 214.10
—, band 521.11
—, band guiding 171.14
—, band tightening 353.7
—, band tightening — with ratchet teeth 177.11
—, belt 24.2, 257.13
—, brake 46.12, 171.12, 347.8
—, double grooved 157.9
—, double grooved band 557.7
—, driving 24.2, 470.9
—, eccentric 420.7
—, expanding 250.15
—, fast — with leather cone 187.3
—, fast rim shaft 187.2
—, fixed 160.13
—, friction 46.12
—, inside driving 114.3
—, lap shaft 249.12
—, large driving 214.11
—, loose 160.14.15
—, loose rim shaft 187.4
—, rim 162.13, 186.11, 189.3.4, 353.3.4
—, rope 35.11, 36.1
—, step 348.11
—, tension 157.11
—, tightening 144.15
—, tin roller 353.6
—, twitch nick — on quadrant centre shaft 171.10
— support, pivoted — for tin roller band 192.4
pulling asunder, slow 606.23
— by hand 606.21
— the ends 405.9
— the pressed cotton to pieces 20.2
— the wool 310.13
— roller, toothed 20.9
— rope 596.7
—-on machine for leather sleeves 119.10
—-on spring 119.11
pulp, paper 477.12
—, sodium 475.5
—, sulphite 475.6
—, wood 475.3
— engine 476.12
— fibre 477.1
— roving 479.4
— sheet 477.13
— yarn 588.20
pulverise, to — the vegetable matter 302.7
pulverised vegetable matter 308.12
pulverising the carbonised burs 308.11
— machine 308.13
pump 284.7
—, oil 361.14
—, rotary 365.14
—, viscose 469.18
—, wing 365.14
— lever 288.6
—, to — out the oil 148.13
pumping out the (dirty) oil 148.12, 555.3
punching comb, circular 98.10
pupa 417.7
pupae acid 419.12
— dust 442.7
— fat 419.11
— liquors 419.9
pupae residues 438.20
— scum 419.11
— waste 442.7
purchaser, flax 210.9
pure acid 303.4
— bred cocoon 414.1
— water 270.23
purification of water 270.20
purify, to — the grease 300.8
purse silk 586.19
— twist 586.19
push, to — the cop upwards to the spindle point 175.12
pusher, hard wood 98.13
pushing the cop upwards on the spindle 175.13
— a wire pin into the ropes 512.12
put, to — the bobbin on the skewer 128.5
—, to — the empty bobbins on the spindles 141.11
—, to — the emery on the roller 70.18
—, to — the flyer on the spindle 255.7
—, to — in gear 346.11
—, to — out of gear 163.2
—, to — a layer rubber solution on the cylinder 63.12
—, to — the scutcher lap on the card 50.12
—, to — tension on the fillet 337.7
—, to — the yarn into hank form 562.18
— in, to — the roving bobbins 352.13
— on, to — the bands 359.16
— on, to — the lap 41.8
— on, to — the spindle banding 158.13
putting in several laps for doubling 41.12
— on the bands 359.15
pyramidal teeth 240.14
pyroxiline fibre, explosive 462.10

Q

quadrant 170.7, 350.5
—, percentage — for noil 100.3
—, toothed 94.5.6
— arm 170.8, 350.6
— arm centre 172.13
— centre shaft 184.10
— chain 170.12, 350.10
— chain drum shaft 181.9
— chain tension motion 351.4
— drum 171.6
— handle 181.1
— mechanism 170.6
— nut 170.14, 350.7
— nut ratchet wheel 184.6
— pinion 170.10
— pivot 350.16
— rack 181.4
— scales 613.13
— screw 171.2, 350.14
— segment, toothed 350.13
— slide 170.8
— toothing 170.11
quality of cotton 14.2
— of slubbing 342.7
— of wool 266.9
—, average 19.2
—, best 14.3
—, deviating in 18.12
—, evenrunning — of the whole lot 14.16
—, spinning 7.1
— mark 235.7
quantity of fibres, weighed off 319.15
quick drying 292.18
— drying paste 117.11
— grinding 69.18
— traverse doubling winder with broken end stop motion 525.1
— traverse winder for bobbins of embroidering machines 533.9
— traverse winder with slotted cam drum 523.8
— traverse winding frame 524.5
quick traverse winding frame for cheeses with tapered ends 522.10
— traverse winding frame for cylindrical cheeses 522.9
— traverse winding frame for doubling yarns 523.11
— traverse winding frame for making parallel cheeses with friction driven spool 522.11
quicklime 460.7
quillaja bork 278.2
quinine 457.7

R

Rabbeth doubling spindle 553.4
— spindle 145.7
race, ball 355.6
rack 343.11, 566.15
— for draining wet wool 287.16
—, double 506.10
—, lifting 136.11
—, locking 608.4
—, quadrant 181.4
—, ropemaker's 498.1
—, tool 362.4
—, travelling — on carriage 190.13
— and pinion gear for ratch adjusting 390.18
— plate 566.5
— wheel 52.12
radial displacement 55.13, 56.1
— pins 243.13
radiation of heat 294.14
rag 396.6
—, rubbing 507.7
—, wet 507.9
rags of bad colour 398.2
— from crochet work 397.17
— of good colour 398.1
— from ladies'dress material 397.2
— of various colours 397.23
—, acid freed 403.7
—, all-wool 396.11
—, black 397.24
—, centrifugated 403.19
—, clean 396.16
—, cloth 397.1
—, coarse 396.13
—, coloured 397.22
—, cut-up 400.6
—, decayed 396.21
—, devilled 403.11
—, dirty 396.17
—, dry ground 403.16
—, dusty 396.19
—, faded 398.3
—, fine 396.14
—, half-wool 396.12
—, hosiery 397.12
—, knitted 397.11
—, long-fibred 396.10
—, medium 396.15
—, milled 399.13
—, mouldy 396.20
—, new 396.8
—, old 396.7
—, pure wool 396.11
—, re-dyed 398.4
—, short-fibred 396.9
—, silk 455.15
—, sized 396.18
—, soiled 396.17
—, sorted 399.8
—, starched 396.18
—, torn-up 403.11
—, unmilled 399.13
—, untorn 404.12
—, white 397.21
rag dealer 399.4.5
— devil 404.5, 405.1
— devil with double working point 405.6
— devil, two-sided 405.6
— grinder 404.5, 405.1
— grinder with double working point 405.6
— grinder, two-sided 405.6
—man 399.3
— shaker 400.19
— sorter 400.1.2
— sorting table 399.14
— tearing machine, dry (wet) 403.17, 404.1

rag washing . . . 401.2
— washing machine . . 401.6
rail for hurdle carriage 307.13
— with scale . . . 183.15
—, bobbin 140.15, 255.14, 547.5
—, bowl . . . 29.8, 33.4
—, carriage . . . 344.6, 558.5
—, copping . . 167.3.4, 168.4.5
—, draw . . . 391.3
—, guide . . . 281.11
—, knife . . . 44.3
—, shaper . . . 167.3, 352.5
—, short . . . 183.14
—, spindle . . . 152.10, 391.10
—, swing spindle . . 391.8
—, thread . . . 142.8
—, travelling shaper . . 190.11
—s . . . 503.9
—s arranged on the floor of the walk . . . 504.1
—s, carriage . . . 353.1
—s, overhead . . . 503.15
— filler . . . 3.6.7
— motion of the ring doubler . . . 551.6
— piece, movable . . . 307.12
— setter . . . 3.6.7
rain water . . 270.5, 316.20
raise, to — the cylinder 56.9
—, to — the flat . . . 53.4
—, to — the winding faller layer after layer 191.3
— up, to — the combed fibre tuft . . . 447.8
raised winding faller . 169.6
— woollen cloth . . . 397.5
— yarn guide . . . 528.14
raising the cylinder . . 56.10
— the flat . . . 53.3
—, gentle — of the beam 613.12
rake . . . 282.14
—, fixed . . . 366.3
—, leviathan . . . 286.11
—, propelling . . . 278.10
—, reversible . . . 504.12
—, swing . . . 278.10
—, wooden . . . 317.8
— carriage . . . 504.10
— frame . . . 504.11
—, to — the [wool] stack down vertically 197.7, 311.8
—, to — the wool through 317.9
ram . . . 288.5
ramie carding machine . 262.15
— decorticator . . . 261.5
— fibre . . . 261.3
— noil . . . 262.9
— spinning . . . 261.1, 262.11
— top . . . 262.8
— top spinning . . . 262.12
— yarn . . . 588.15
rancid fat . . . 274.11
range of balance . . . 612.14
—, drying . . . 616.14.15
rape oil . . . 314.12
— oil, acid-free . . . 148.9
— oil, black . . . 314.14
— oil, refined . . . 314.13
rapidity of the action of the acid . . . 302.14
ratch . . . 218.13
— of the fallers . . . 372.2
— adjusting . . . 390.18
ratchet catch . . . 132.9
— motion . . . 53.1
— teeth . . . 177.11
— wheel 125.10, 132.1, 190.6, 256.2, 358.5
— wheel with chain wheel . . . 172.12
— wheel, 14's . . . 96.2
— wheel, quadrant nut 184.6
— wheel, winding . . 134.4
ratio of doubling . . . 386.9
— of drafting . . . 386.8
—, gear . . . 537.5
—, in inverse . . . 42.9
—, mixing . . . 18.18
raw asbestos . . . 489.7
— cocoon . . . 413.9
— cotton . . . 13.4
— unworked cotton . . 195.1.2
— flax . . . 209.9
— material . . . 6.8.10.11
— potash . . . 273.9
— silk . . . 425.2
— silk of irregular thickness . . . 428.18
— silk with knotted ends . . . 428.17
— silk, Asia Minor . . 426.12
raw silk, Bengal . . . 426.9
— silk, Chinese . . . 426.5
— silk, coarse . . . 426.1
— silk, Corean . . . 426.8
— silk, European . . . 426.14
— silk, even . . . 425.4
— silk, fine . . . 425.17
— silk, fluffy . . . 425.7
— silk, French . . . 426.15
— silk, Grecian . . . 426.19
— silk, Hungarian . . . 426.17
— silk, Indian . . . 426.9
— silk, Italian . . . 426.16
— silk, Japanese . . . 426.6
— silk, Levantine . . . 426.11
— silk, long skeined . . 426.4
— silk, Persian . . . 426.10
— silk, re-reeled . . . 424.18
— silk, short skeined . 426.3
— silk, soaped . . . 428.8
— silk, Spanish . . . 426.18
— silk, Syrian . . . 426.13
— silk, uniform . . . 425.4
— silk bale . . . 412.17
— silk cleaning machine 429.13
— silk fibre, brittle and dry . . . 428.4
— silk thread with floss 425.5.6.10.11 12.15
— water . . . 270.22
— wool . . . 274.4
— yarn . . . 581.8
reach . . . 218.13
— of the fallers . . . 372.2
react, to — as acid . . . 309.5
read-off, to — the number of twists . . . 432.8
—, to — the percentage of noil . . . 100.7
readjusting the friction surfaces . . . 185.7
readjustment of the carriage . . . 174.2
reaper yarn . . . 592.15
receding of carriage . 348.10
— motion, carriage . . 205.4
— spike . . . 30.7
— stripping comb, Butterworth's . . . 58.4
receiving rollers . . . 218.7
receptacle . . . 244.14
— of weighing arrangement (with hinged bottom) . . . 200.10, 320.5
recess . . . 383.6
— in the cam . . . 190.5
— in the lever . . . 186.3
— in saddle . . . 106.14
—, square . . . 121.3
recessed pinion guide . 546.10
— sleeve . . . 345.20
reciprocal action . . . 292.12
reciprocating effect between the air current and centrifugal force 32.2
recombing . . . 376.9
recover, to — the solvent by distillation . . . 463.5
—, to — the roller with leather . . . 110.3
recovering the wool from rags . . . 395.11
recovery of potash from the suint . . . 273.4
—, wool grease . . . 299.13
rectangular cross section 208.9
— rope . . . 597.8
— wire . . . 65.19
rectilinear comber 83.3.6.7.10.11
— dressing machine . . 444.17
— insertion of the needles . . . 253.11
redyed rags . . . 398.4
reel 12.16, 423.2, 473.9, 505.9, 520.16, 611.4
— with balance and cop holder . . . 611.17
— for coarse yarns . . 568.3
— with cop holder and yarn guide . . . 612.1.2
— with Grant motion . 432.2
— for long wool . . . 373.2
— with device for loosening the skeins 432.10
— for slipping on . . . 611.16
— of yarn . . . 564.8.9
—, Austrian . . . 563.11
—, bird-cage . . . 569.7
—, bird cage — with movable yarn guide . . 612.7
—, counting . . . 611.14
reel, double . . . 565.2
—, doubling . . . 565.15
—, English . . . 563.16
—, flax yarn — with movable yarn guide . 612.6
—, French . . . 563.13
—, hand . . . 565.4
—, x hank . . . 564.12
—, independent . . . 431.15
—, Irish . . . 563.14
—, long worsted . . . 563.9
—, medium worsted . . 563.8
—, metrical . . . 563.10
—, multiple . . . 564.11
—, one-sided . . . 564.4
—, power . . . 565.6
—, precision — with automatic yarn and cop guiding arrangement . . . 612.4
—, precision — with automatic yarn guide and vertical creel. . . . 612.3
—, ropemaker's . . . 498.3
—, running-off . . . 424.13
—, Scotch . . . 563.15
—, short worsted . . . 563.5
—, Silesian . . . 563.12
—, single . . . 564.14
—, single head . . . 564.10
—, spool . . . 521.9
—, test . . . 602.14
—, testing and cleaning — for silk . . . 568.4
—, wick . . . 567.14
—, wooden . . . 537.8
—, wrap . . . 610.16
— casing, heated . . . 420.16
— end with bridge . . 565.12
— stop motion, double 565.3
—, to . . . 12.15, 562.4, 616.11
—, to — from the bobbins . . . 473.2
—, to — in the dry way 421.17
—, to — the glass filament . . . 491.12
—, to — leas . . . 12.20
—, to — short lengths . 563.4
—, to — skeins . . . 12.20
—, to — the test lea . . 602.16
—-off, to . . . 562.5
—-on, to . . . 562.6
reelable cocoon . . . 413.5
reeled silk . . . 412.18, 425.1
— yarn . . . 610.12
reeler . . . 4.18.19, 562.10.11
—, cotton . . . 562.12.13
—, flax . . . 562.16.17
—, silk . . . 421.1
—, wool . . . 562.14.15
—'s trough . . . 422.16
—'s waste . . . 398.19
reeling . . . 12.14
— the artificial silk . . 473.1
— x ends together . . 421.5
— of yarns . . . 562.3
—, dry . . . 421.16
—, faultless . . . 421.3
—, French . . . 422.1
—, Italian . . . 421.18
—, lea . . . 12.19
—, silk . . . 420.15
—, test . . . 610.10
— apparatus . . 422.15, 423.3
— basin . . . 422.16, 423.12
— department . . . 562.9
— establishment, silk . 412.9
— frame for artificial silk . . . 473.3
— method . . . 421.14
— motion, cross . . . 565.13
— overlooker . . . 421.2
— process . . . 562.8
— room . . . 562.9
— waste . . . 424.9, 435.18
— water . . . 419.1.8.9.10
red label . . . 579.16
— lead . . . 117.21
— litmus . . . 309.6
— pine oil . . . 458.18
reduce, to — the asbestos to fibres . . 490.7
—, to — the felting property . . . 302.10
—, to — the number of fibres in the cross section . . . 100.13
reducer . . . 389.1
reducing metallic chloride . . . 456.11
— box . . . 389.1
reduction of feed roller speed . . . 42.16
— of the felting property 302.9
— in the lustre of the jute fibre through storage . . . 237.1
— of twist . . . 501.8
— of the lap weight . . 42.13
— in weight by evaporation . . . 570.7
—, speed . . . 347.16
refine, to — the grease . 300.8
—, to — the hemp 230.14, 496.8
refined hemp . . . 496.9
— rape oil . . . 314.13
refining the hackled flax 217.12
— the [hackled] hemp 230.13, 496.7
— the pitch . . . 508.10
— the raw potash . . 273.10
refuse, to — acceptance 15.18
regain of humidity . . 573.9
regenerate, to — the bath . . . 304.14
register plate . . 503.5, 509.9
registering machine . . 502.8
regrinding the clothing. 340.2
regular feed . . . 27.2
regularity of the lap . 81.7
regularly spun cocoon . 416.6
regulate, to — the admission . . . 439.6
—, to — the draught . . 32.1
—, to — the feed automatically . . . 30.1
—, to — the tension of web . . . 326.20
—, to — the thickness of the thread . . . 421.7
—, to — the water level 286.7
regulating bowl . . . 559.14
— lap machine . . . 249.3
— motion, link . . . 44.4
— roller, pedal . . . 28.13
— screw . . . 113.11, 162.2
— thread guide . . . 486.14
regulation of the speed of the lap . . . 42.10
— of the water level . . 286.6
—, feed . . . 42.7
regulator, automatic heat . . . 616.16
—, backing-off . . . 349.1
—, balance . . . 291.3
—, draught . . . 31.17
—, feed s. feed regulator
—, fish tail . . . 43.6
—, piano motion . . . 21.11
—, pressure . . . 339.4
—, twist . . . 348.3
—, winding . . 171.8, 180.9
— box . . . 29.9
— cones . . . 34.7
reharden, to — the wires 74.10
relaxed spring . . . 106.5
release peg . . . 346.7
—, to — the catch . . . 357.14
—, to — the latch . . . 131.12
—, to — the stop motion 113.14
—, to — the tended spring 528.15
releasing lever . . . 455.12
— mechanism, electric . 112.13
relieve, to — the brake 47.6
—, to — the counter faller . . . 168.12
relieving of the counter faller . . . 168.11
— the weights from the rollers . . . 107.2
— handle . . . 106.10
— motion, card shaft . . 79.8
— motion, weight . 86.2, 94.9
remanufactured wool 395.10.13.14, 396.1.2
— yarn . . . 582.18
removable oil cup . . 147.8
— at the side . . . 196.16
removal of acid . . . 310.1.4
— of the destroyed burs 308.10
— of the potash salts . 272.12
— of the vegetable impurities . . . 301.4
— of water . . . 287.5.9
remove, to — the air . 293.15
—, to — the alcohol by rinsing . . . 463.16
—, to — the old clothing 336.13
—, to — the cops. . . . 175.18
—, to — the cotton from the bale in layers . 19.18

remove, to — the resinous colouring matter 432.19
—, to — the ether vapours 462.11
—, to — the outer floss 420.10
—, to — the fly 75.14
—, to — the grinding dust by suction . . 72.1
—, to — the impurities 49.21
—, to — the irregularities in the thread . . . 428.21
—, to — the lap 47.9
—, to — the potash salts from the suint . . 272.13
—, to — the pupæ 438.21
—, to — the scale from the wire 66.7
—, to — the shove from the rope. 507.4
—, to — the strips from the clothing . . . 75.4
—, to — the wadding from the drum. . 198.9
—, to — the waste . 75.14
—, to — the weights from the top roller . . . 107.3
—, to — the wool from the burs. 368.9
remover, dirt 203.10
—, dust 39.12
removing the short fibres 374.4
— the irregularities in the thread 428.20
— the water from the wool 287.8
renewal of air . . 293.16.17
reoil, to — the spindle bearing 148.1
repeat, to — the drawing process 101.16
repeated beating . . 42.3
— passage of the cotton 25.16
replace, to — the cans . 60.11, 470.11
—, to — the flyer . . . 141.6
—, to — the clogged nozzle 466.10
—, to — the worn pins 313.12
replacement of a spindle 555.8
replacing the flyer . 141.7
— full bobbins by empty ones 141.10
required (count) . . 603.15
rereel, to 424.11, 562.7
rereeled raw silk . . . 424.18
rereeling of raw silk . . 424.10
rescutched tow 219.15
reserve, roving . . . 224.11
—, sliver 224.4
—, thread . . . 145.13, 156.10
—, yarn 156.10, 528.1
—, to — the pieces during hackling 215.2
reset, to — the flats . . 54.13
residue of combed sliver 374.18
—, acid 310.2
—, alkaline 310.3
—, oil 238.13
—, resinous 508.11
—, salt 305.20
—, pupæ 438.20
resinified oil 238.11
resinify, to — the oil. . 238.12, 459.4
resinous colouring matter 432.16
— oil. 315.20
— residue. 508.11
resistance of the yarn . 541.15
resolve, to — the fat . . 300.14
resorting the flax . . . 216.5
respirator for willow tenters 442.8
rest, adjustable tool . 202.16
—, carriage . . . 206.2, 351.6
—, lap 34.5
restart, to — the new doffing 175.7
result of moisture test . 615.17
— of sorting 226.7
retard, to — the bobbin 124.14
retarded carriage speed 166.15
retarding appliance . . 388.8
— motion, backing-off . 205.9
retort 402.15
retting of the bast . . . 261.9
return of the receptacle to its normal position 200.13
return, automatic — of the insufficiently opened material . . 405.3
— flow cooler 298.7
— motion of the lacer . 511.5
— motion, intermittent 406.9
réunion 388.14
Reusch's yarn tester . . 608.11
reversable rake 504.12
reverse direction of twist 431.7
—, to 346.13
—, to — the current of air (device) 575.10
—, to — the direction of the lattice 23.11
—, to — the lift of bobbin rail 133.2
—, to — the motion of bobbin rail 131.14
—, to — the pieces in the holders 215.4
—, to — the rakes . . . 504.14
—, to — the cam shaft sleeve 163.12
—, to — the tuft . 445.15, 450.12
reversibility of moist air current 573.2
reversible book 446.16
— ring 150.4
reversing 349.6
— of the carriage . . . 352.11
— the pieces 215.3
— of the rim shaft . . . 165.4
— of the cam shaft sleeve 163.11
— of the spindles 165.2, 348.16
— the strick 216.11
— the tufts 450.11.13
— bevels 132.3
— bracket 125.5, 131.8
— click motion 173.2
— feed motion 40.6
— gear 23.12, 40.7
— lever 24.4, 125.6
— lever, oscillating . . 160.10
— loop 230.11
— motion 23.12, 125.4, 131.6, 256.7
— motion for fibre tufts 446.1
— motion with open and crossed belts 24.5
— motion, Dobson and Barlow's. 132.5
— plate 448.5
— table 448.4
revolution of the comb segment 82.20
— of the reel 563.17
—, x—s of the spindle . 137.15, 144.3
revolve, to — continuously 182.8
—, to — in the opposite direction 29.4, 165.3, 447.7
—, to — intermittently 84.8
—, to — irregularly . . 384.13
—, to — at constant angular speed . . . 516.7
—, to — with increasing circumferential speed 102.15
—, to — at constant surface speed 516.10
—, to — the flat chain by a crank 54.14
revolving the bobbin by the pull of the yarn 140.4
— beater rods 195.10
— bobbin . . . 153.8, 520.4
— brush 378.12
— cage 305.3
— cam shaft 160.3
— can 208.5
— clearer for the feed rollers 253.7
— clearer, Brown's . . 129.1
— copper sleeve . . . 360.13
— creel 535.6
— disc 422.14
— flat 53.7, 54.7
— flat card 77.9, 248.11
— flyer 233.10
— funnel . 372.4, 380.8, 449.10
— metal tube 422.11
— motion. 517.1
— ring 392.4
— ring comb 379.7
— rubber 250.11, 253.7
— spider shaft 567.12
— spindle. 137.14
— spinning can 470.8
— spool frame 506.4
revolving table . 439.11, 442.3
— thread guide 531.1
— tube 342.14, 343.3
— tube with steel needle 343.4
— twisting tube . 341.12, 343.3
rewinder, silk 424.19
rhea 261.3
rib 282.4
—, bracket 324.5
—, circular 490.10
—, inserted 355.3
— set 69.2
ribbed heating pipe . . 294.9
— pipe 306.15
— rubbing leather . . 331.17
— surface. 333.12
ribbon of crossed fibres 326.12
—, fibrous 486.3
—, flax 218.3
—, long-fibre 329.2
—, paper 486.2
— feed 326.7
— feed, cross 326.9
— feed, straight 326.8
— feed, uncrossed . . . 326.8
— feeder 491.1
— lap machine 81.9
—-like filament 427.17
— loom 520.8
rich in carbon 120.10.12
ricinoleic acid 238.5
— sodium 464.9
Riedinger's yarn tester . 607.6
Rieter's flat bevelling arrangement 74.5
— flat setting system with segments 55.4
— flat stripping apparatus 52.13
— oil tester 149.1
— arrangement for supporting and adjusting the rollers 58.14
— doubling spindle . . 552.12
rigging, running . . . 596.21
—, standing 596.20
right, running to the . 68.17
right-hand comber. . . 83.5
— thread strand . . . 594.5
— threaded screw . . . 373.17
— twist 153.15, 541.1
— twisted yarn 153.14
— wound 164.6
—ed screw line 517.11
—ed strand 510.4
—ed thread 240.12
rigid bend 53.17, 79.12
rigidity of the wire . . 67.4
rim 56.15
—, indented. 383.14
—, small (large) driving 189.3.4
—, wheel 281.2
— band arrangement (treble grooved) . . 192.2, 353.2
— groove 353.8
— pivot 384.3
— pulley 162.13, 186.11
— pulley for the first (second) speed . . . 353.3.4
— pulley, single (double) speed 189.3.4
— shaft 161.7
— shaft parallel to carriage (headstock) . . 188.4.5
— shaft traversing from main headstock to winding stock . . . 189.1
— shaft, solid 189.7
— shaft pinion 186.10
— shaft pulley, fast (loose) 187.2.4
— shaft spur wheel . . 187.5
ring 97.8, 149.15
— with needle 392.1
—, antiballooning . . . 233.11
—, brass 226.11
—, dabbing. 98.12
—, double flanged 150.4, 391.14
—, drag 488.9, 549.3
—, forged and hardened 149.17
—, friction 488.9
—, grooved 548.6
—, hardened 501.16
—, lower sliding 98.7
—, metal 547.14
—, reversible 150.4
—, revolving 392.4
—, single flanged . . . 391.13
—, stamped 150.2
—, steel 527.18
ring, toothed 369.3
—, toothed — carrying the hackle bars . . 219.7
—, traveller 391.12
— clothing 221.6
— doffer 330.2
— doubler 551.6
— doubler, swing thread 556.3
— doubler, worsted . . 556.1
— doubling frame with double tin roller . . 550.7
— doubling frame with single tin roller . . 550.6
ring frame 11.14
—-frame tenter 2.18
— fillet 330.2
— guide drawing . . . 253.8
— lubrication 148.18
— plate, fixed 226.9
— rail 151.11
— rail, fixed 226.9
— spindle . 144.2, 486.15, 489.11
— spindle for flax spinning frame 226.8
— spindle oil pump . . 391.7
— spindle oiler 391.6
— spinner 2.18, 141.17
— spinning frame 11.14, 138.4, 141.16, 226.7, 341.9
— spinning frame for pin-cops 154.12
— spinning frame for pulp yarn 479.6
— spinning frame with swing spindle rail . 391.8
— spinning frame for twist cops 154.15
— spinning frame with twisting head . . . 342.1
— spinning frame for worsted yarn . . . 390.17
— spinning machine for paper yarn 486.7
— spinning system . . 138.5
— spun yarn 580.2
— throstle 138.4
— twisting frames . . 550.5
— warp 580.2
— yarn 138.7
ringing apparatus . . . 370.9
rinse, to — the waste silk 438.17
—, to — with cold river water 284.16
rinsing 463.16
— of the rags 401.5
— the wool 284.14.17
— bowl 280.4, 285.2
— cup 281.8
— machine, egg-shaped 285.1
— machine, leviathan . 286.12
— machine, oval . . . 285.1.12
— machine, wool . . . 286.11
— water 284.15
— water inlet 365.15
— water inlet pipe . . 285.5
ripeness, batching . . . 237.16
rise (spirals) 551.16
—, to (bobbin rail) . . . 547.6
—, to (counter faller) . 166.2
—, to (fibres) 25.1
—, to (flyer) 548.8
riser 560.9
rising of the counter faller 166.1
— thread spirals . . . 551.14
Risler's express card. . 48.5
river water 270.6
— water, cold 284.16
rivet, copper 61.10
—, countersunk 61.14
—, lead. 61.9
—, metal 61.8
riveted bowl 278.6
—-in skewers 568.12
—-on clothing 61.17
riveting the pins . . . 512.13
—, direct — of the clothing 61.15
— tongs 61.12
roband 596.8
rocker 125.6, 131.7
— rod, detaching roller 89.1
rocking double lever . . 560.13
— frame 536.3
— guide of the fancy thread 560.8
— guide lath 561.6
— lever 60.4
— rod 112.5

rod, adjustable two-armed 129.2
—, adjusting 354.9
—, change 353.16
—, connecting 11.7, 99.11, 180.5, 283.10, 292.2
—, creel 188.12, 394.7
—, disconnecting . . . 233.14
—, disengaging 357.8
—, draw 252.16, 290.2
—, drawing 241 12
—, eccentric 60.5
—, feeler plate 29 11
—, glass 544.8
—, guide . 128.1, 487.18, 544.7
—, lap 46.8, 249 7, 373.16, 450.5
—, lifter 151.13
—, piston 291.14
—, rocking 112 5
—, round 97 9
—, roving. 129.7
—, safety 44.12
—, spring-weighted . . 21.1
—, stay 89.8
—, stop . . 205.7, 348 14, 525.14
—, strap fork 112.1
—, tension 208.6
—, valve 292.7
—, weight 46.4
—, winding-on 450.10
—, wooden 440.6
roll 329 12
— of fibrous ribbon . . 485.11
— of paper . 481.3, 482.2, 489.2
— of paper band 485.2, 485 10
— of twine 593.8
—, double-flanged . . . 518.14
—, grooved 483.4
—, lap 7.12
—, two-headed 518 14
—, winding-on 481.8
— box 329.14
— coverer 3 15.16
—, to — the cloth on . . 118.7
—, to — the flutes into the roller 120.20
— up, to — the lap . . . 45.7
rolled fleece 264.15
— in eyelets 501.17
roller 3.15, 51.3, 199 12, 321.5, 370.1, 443.2.9
— with loose bushes . 116.4
— covered with fibres . 323.16
— with plaster lagging 336.15
— running untrue . . 202.18
—s running at increasing surface speeds . . . 21.2
—, angle . . . 323.10, 368.14
—, back . 137.1, 142.5, 393.3
—, balling head 388.12
—, boss 218.12
—, bottom 85.10, 115.6 486 11
—, bottom sheet 214.11, 230.8
—, breast 322.1
—, brush 368 1
—, burnishing 70.5
—, burring . . . 319 20, 321.2
—, calender 46.1, 51.9, 111.6, 115.2, 453.12
—, card 202.15
—, carrier 393.4
—, carrying 368.13
—, case hardened . . . 107.7
—, cast iron 129.3
—, chain 447.5
—, chain guide 244.6
—, claw 30.3
—, clearer 85.12, 98.3, 199.3, 200.1, 201.11
—, coarse spirally fluted 92.15
—, coiler 51.11
—, collecting 478.6
—, compression . . 46.1, 197.9
—, condenser bobbin . 204.15
—, condensing. 32.7
—, conical 231.3
—, copper sheet 282.2
—, crushing 368.11
—, dabbing . . . 383.8, 384.14
—, damping —s 486.13
—, deflecting 281.10
—, delivery 28.8, 86.5, 378.11, 384.15
—, detaching . 85.10.11, 90.4.5, 93.1.2, 281.12, 322.6, 378.7.9, 381.5
—, dipping . . . 281.14, 441.10
—, dirt 52.5
—, discharging 38.5
—, dividing . . . 204.4, 330.14
—, doffing 247.13
roller, doubling 388 11
—, draught preventer . 202.9
—, drawing s. drawing roller
—, drawing frame —s . 115 5
—, drawing-off —s . . . 449.9
—, driving 388 12
—, emery . 72.2, 109.11, 202.18
—, evener 29.3, 30.4
—, fancy . 51 12, 321.8, 323 8
—, feed s. feed roller
—, felt covered collecting 322.7
—, flannel 522.2
—, fluted s. fluted roller
—, fly 321.8
—, friction . . 341.14, 523 1.7
—, front 137.3, 142 7, 251 8, 393.5
—, grinding s. grinding roller
—, grooved 485.7
—, guide . 331.2, 485.4, 488.10, 489.3, 506.7
—, hollow cast iron . . 21.3
—, Hubner's 99.1
—, immersion 278 8, 281.13.14, 385.8, 441.10, 576.2
—, iron 120.9
—, jute softening . . . 240 9
—, knife 322.12, 368.5
—, lap s lap roller
—, lattice 24.6
—, leather covered 115.12, 142 9
—, leather detaching . . 85 11
—, leather flapped . . . 368.3
—, locking 549.5
—, loose boss 116.5.6 7
—, low back 389 8
—, middle . . . 137.2, 142.6
—, Morel 368.13
—, needle 250.3, 259 14, 392.12, 443.1
—, newly covered . . . 118.10
—, noil —s 449.12
—, oiling 242.7
—, pedal 43 3
—, pedal regulating 28.13, 32.13
—, plush covered . . . 378.10
—, porcupine . . 221.9, 367.13, 384.12
—, press[ure] s. press[ure] roller
—, protecting 311.12
—, receiving —s 218.7
—, rubber 392.11
—, rubbing 333.6
—, sand paper 109 12
—, sheet . . 214.10.11, 245 10
—, shell 250 3
—, single (double) boss 143 1.2
—, slicking-in 253 5
—, slubbing 342.8
—, softener —s with alternative fluting . 241.1
—, softening — with rounded flutes . . . 240 8
—, solid 116.3
—, spiked . 20.9, 22.5, 320.10
—, spiral bristle 57.11
—, sprinkling 441.9
—, squeezer —s 478.17
—, squeezing . . 279.2, 288.9, 439.12, 485.5
—, star-fluted 235.13
—, steel 120.18, 129.4
—, stripper 29.5, 200.9
—, stripping 75.12, 321.6, 369.4
—, suction 392.8
—, tension 204.3
—, tightening 98.6
—, tin 144.8.16, 248.2, 555.15, 557.8
—, toothed 259.14
—, top s. top roller
—, transferring —s . . 322.2
—, travelling 201.3
—, untrue 337.1
—, waste —s 449.12
—, watering. 242.8
—, winding-on 482.7
—, wire-covered 446.4
—, wire stripping . . . 57.12
—, wood 497.8
— and clearer card 80.5, 198.3, 221.4, 318.19
— and pedal feed . . . 43.1
— adjusting arrangement, Rieter's . . . 58.14
— adjustment, Wiede's 59.8
roller beam 105.3, 115.1, 127.6, 358.10, 393.6, 558.14
— bearing of the tin roller 158.9
— bearing support. . . 105.5
— bosses 129.3
— brush 444.2
— calender 119.15
— calender, double (three, four) . 45.14.15.16
— cam 162.9, 176.9
— card with fleece delivery 198.6
— card with sliver delivery 198.5
— cement 117.10
— chamber 282.3
— clearer 85.12, 108.15, 109.1
— clearer with longitudinal traverse motion 109.1
— clearer, wooden — covered with flannel . 108.15
— clearing apparatus . 108.7
— cloth 117.4, 118.1
— coupling 347.6
— coupling, fluted . . 121.1
— coverer 120.1
— covering 119.16
— crushing machine for asbestos 490.9
— delivery 345.9
— delivery whilst twisting at the head . . 170.3
— delivery during winding 170.4
— end 394.1
— ending 110. 4
— feed 42.14
— feed motion 223.5
— fillet 62.13
— gauge 362.15
— leather cutting machine 118.18
— leather grinding machine . . 109.10, 118.17
— leather stripper . . 389.11
— motion whilst twisting 189.9
— motion whilst winding 181.15
— neck 110.1, 393.12
— painter 120.2
— paper 390.1
— press 288.7
— rubbers (s. a. rubbing leathers) 333.7
— scavenger 193.8
— shaft, front 345.15
— spring 27.5
— squeezing apparatus . 288.7
— stand . . 90 8, 105.4, 358.12
— stud 59.1
— tester 120.3
— testing machine . . 120.3
— varnish 120.6
— waste 398.13
— weight 257.14
rolling the flax 217.16
Rondontia silk 410.16
room s. a. chamber, compartment, department
—, beating 442.6
—, boiling 436.21
—, bundling 576.8
—, drying 293.18
—, flax carding 222.2
—, hackling 211.13
—, mixing 18.15, 23.1
—, packing 576.8
—, reeling 562.9
root of soapwort . 277.22, 316.16
— end of flax. 211.9
— end of the jute fibre 236.9
— end, blunt cut . . . 236.10
— end, even cut . . . 243.5
— ends, hard 243.3
rope . . . 493.18, 594.13, 596.14
— of annealed wire . . 596.1
— with crushed core. . 594.19
— for pulley blocks . . 596.9
— of unannealed wire 595.21
— weakened by tarring 508.22
—, anchor 596.16
—, band 597.12
—, braided 597.7
—, brass wire 595.19
—, cable-laid . . 501.3, 594.17
—, capstan 596.24
—, carrying 596.6
—, copper wire 595.18
—, cotton. 592.8
rope, draw 596.7
—, driving 597.1
—, driving double — for two drums 550.11
—, endless 503.1
—, flat wire 597.14
—, fly 503.1
—, four-strand 594.16
—, ground 503.2
—, hauling 596.5
—, hawser-laid 594.15
—, hemp 592.4
—, hoisting 596.17
—, iron wire 595.20
—, jute 235.4
—, leather 592.10
—, Manilla 592.7
—, pulling 596.7
—, rectangular 597.8
—, round 596.3
—, sewn band. 597.13
—, shroud-laid 594.16
—, square 597.9
—, steel wire 596.2
—, taper 594.11
—, tar saturated . . . 508.19
—, tarred 508.18
—, three-fold 596.15
—, three-ply 596.15
—, three-strand 594.15
—, tow 596.13
—, traction 596.7
—, transmission 597.1
—, trapezium-shaped . 597.10
—, triangular 596.4
—, untarred. 508.21
—, weighted 181.6
—, weighted (for fishing) 596.12
—, winch 596.10
—, wire s. wire rope
—, x-strand 594.14
— and cord laying machine 505.8
— arrangement, carriage 177.8
— band 596.8
— braiding machine . . 510.2
— clamp 513.13
— core 594.18
— coupling 513.13
— drag 499.5, 500.8
— drive, positive — for second tin roller . . 144.11
— driving, balanced . . 37.1
— fitter 3.12
— grip for laying machines 506.9
— ground. 496.19
— guide 192.5
— heart 594.18
— hemp 495.2
— joint. 513.13
— laying machine with turning-back motion for the flyers . . . 505.7
— laying machine horizontal 506.3
— laying machine vertical 505.2.6
— laying plant 503.10
— maker 494.6
— maker, hand 494.7
— maker's wheel . . . 496.21
— making 492.1
— making by hand . . 494.20
— making, mechanical 501.11
— noose 594.12
— plaiting machine . . 510.2, 511.7
— pulley 550.13
— pulley for backing-off and drawing-up . . 161.2
— pulley for driving delivery end 35.11
— pulley for driving fan 36.1
— pulley for driving porcupine cylinder . 36.2
— pulley, expanding — on Combe's roving frame 224.8
— setter 3.14
— sledge 499.5
— splicer 494.5
— splicing 493.19
— spool 505.5
— step pulley 538.4
— testing 513.1
— testing machine. . . 513.12
— top, treble-grooved . 499.6
— twister 494.9
— walk 496.19, 503.11
— ware, braided . . . 597.5

rope ware, sewn . . . 597.11
— ware, twisted . . . 592.2
— work labourer . . . 494.6
— works 494.13
— yard 496.19
— yarn . . 493 15, 582.3, 592.11
— yarn, coarse 592.13
— yarn, fine 592.12
— yarn, uneven 592.14
— yarn spinner 494.8
ropemaker assistant . . 494.11
—'s loper 499.4
—'s rack 498.1
—'s reel 498.3
—'s ware 592.1
roper. 494 6
ropery 494 13
— master 494.12
rosaniline 457.9
rosemary oil 314.21
rosette 157.10
—, cast iron 524.8
rotary drawing 254.9
— drawing frame . . . 451.7
— pump 365.14
rotatable flap valve . . 365.11
rotor 113.2.10
rotten cocoon 415.16
rough to the feel . . . 14.1
— glass footstep. . . . 128.16
— leather 97.14, 381.9
— material 507.2
— web 329.5
—, to — the hemp . . . 495.18
roughed hemp 496.1
roughened card wire . . 339.17
— drawing-off roller . . 550 4
— rubbing leather . . 331.16
rougher (worker) . 212.17.18, 213.11
—, long 229.4
—'s hackle . . . 213.5, 495 14
—'s tool 213.5
—'s tow 219.16
roughing (flax) 212.16
— hackle. 213.5
round bale 15.22
— comber 83.12
— grain 71.4
— iron wire. 65.17
— needle 86.16
— pivot bearing . . . 111 12
— rod 97.9
— rope 596.3
— wire 493.12
— wire, flattened . . . 66.3
— yarn 589.6
—, to — the paper pulp strips 478.9
rounded notch 373.13
— paper band 484.14
— -off notch 497 14
rounding the paper strip 484 10
— the strips of web . . 331.9
— apparatus 485.1
— funnel 478.12, 484.11 ,485 6, 486.4
— funnel with conical hole. 478.13
roundish form of silk filament 422.8
rove 122.2
—, jute 254.12
rover. 390.14
roving 9.15, 122.2, 159.15, 204.8, 579.18
—, double 141.20
—, drawn-out 159.18
—, flax 224.10
—, pulp 479.4
—, single 142.1
—, tow 224.13
—, wetted 226.5
— bobbin 204.9, 208.3, 224.6, 257.4, 567.16
— box 390.14
— carrier 2.14
— delivery 345.8
— delivery wheel . . . 346.5
— frame 122.9
— frame for long flax . 224.5
— frame, bourrette . . 454.3
— frame, fine 122.10
— frame, hemp 233.8
— frame, jute 254.13
— frame, silk 452.3
— frame, tow 224.12
— frame tenter 2.10
— guide 257.5
— guide, middle. . . . 191.12
— guide, wooden . . . 394.14
roving guide rod . . . 394.12
— hand 2.14
— head. 390.14
— indicator 207.3
— reserve. 224.11
— rod 129.7
— traverse motion, variable 144.1
— waste 398.14
row of gills, double . . 451.6
— of holes 61.7
— of needles . . . 85.5, 444.5
— of needles, last . . . 88.2
— of pins 371.17
— of spindles 123.3
—s, inserted in double . 254 7
—s, showing 339.15
rub, to 8.18, 203.15
—, to — the impurities out of the yarn . . 455.3
—, to — down with emery cloth 63.11
—, to — with fish oil . . 333.5
—, to — with graphite 63.14
—, to — down with sand paper 63.10
—, to — with whiting . 253.2
rubber (s. a. India rubber) 204.6
— of felt and leather . . 332.7
— made of wire netting 388.3
—, artificial 65.10
—, dead 251.11, 253.6
—, hemp 495.11
—, revolving . . . 250.11, 253.7
—, waterproof 479.3
—s (s. a. rubbing leathers) with increasing traverse 334.2
—s, double 333.8
—s, hair yarn 409.5
—s, metal 333.11
—s, roller 333.7
— buffer 290.3
— condenser 331.13
— condenser for bourrette 454.2
— condenser, six height single 333.9
— covering 116.1
— drawing 387.13
— eccentric 333.15
— face 65.8
— gear 203.16, 331.13
— leather 331.14
— leather, buffalo . . . 332.3
— leathers, washed . . 332.13
— lining, grooved . . . 245.7
— packing 76.14
— roller 392.11
— tape 477.6
— solution 463.6
rubbing . . 8.17, 331 12, 484.17
— the cordage with rough materials . . 507.2
— down the fibres. . . 507.15
— the paper bands by hand 484.21
— the pulp strips . . . 478.10
— the strips of web . . 331.9
— the top 386.5
— effect of the rubbing leathers 332.11
— leather . 204.6, 332.16, 387.15
— leather of India rubber 332.8
— leather with cut surface 331.19
— leather with indented surface 331.19
— leather with scraped surface 331.18
— leather cross ribbed . 332.1
— leather, ribbed . . . 331.17
— leather, roughened . 331.16
— leather, smooth . . 331.15
— leathers (s. a. [roller] rubbers) 331.13, 478.11, 479.2
— leathers covered with waterproof rubber . 479.3
— leathers, divided . . 333.10
— plate with ribbed surface 333.12
— plates 388.4
— rag 507.7
— roller 333.6
— surface. 332.9
— surface, fluted . . . 332.10
ruffer, long 495.14
rule, according to a definite 151.5
run of carriage, inward 166.12
run of carriage, outward 164.1 557.10,
—, to — badly 390.6
—, to — cool 148.15
—, to — easily 390.7
—, to let — empty . . . 222.1
—, to — in a glass step . 544.5
—, to — hard 107.13
—, to — heavily . 107.13, 390.8
—, to — hot . . 60.8, 148.17
—, to — intermittently . 386.18
—, to — in oil 290.11
—, to — single 133.14
—, to — stiffly 97.5
—, to — x slivers together 223.8
—, not to — true 107.8
—, to — well 390.5
— in of the carriage . . 159.13
— in, to (carriage) . . 166.13
— in, to — the spindles 359.22
— off, to (filament) . . 421.6
— off, to — a round bale 19.19
— out 390.9
— out of carriage 159.10, 343.14
— out, to (carriage) . . 163.17
runner 313.6
—, edge 490.11
—, supporting — for the hurdle carriage . . 307.11
— bowl. 447.5, 510.12
— wheel 497.17
running of the traveller . 150.14
— hot . . . 60.9, 148.16, 555.1
— to the left 68.18
— in oil 555.2
— to the right 68.17
— untrue 202.18
—, cold 148.14
—, horizontal 550.9
—, inclined — of the driving band. . . . 349.10
—, slanting 550.8
—, untrue 107.3
— rigging 596.21
— -on end 533.3
— -off reel 424.13
— -off, good (bad) . . 155.18.19
Russian pound 601.9
— tallow 359.13
rust preventing agent . 64.2
— preventing medium . 64.2
— -stained cocoon . . . 415.14
rusted needle 86.19

rusting of the clothing . 64.1

S

sack tie 593.9
sacked wool 264.8
sacking, close woven jute 16.12
saddle 252.14
—, lea 603.5
—, pressure 106.13
—, weighting — for top rollers. 143.8
— -weighted top rollers 143.10
— weighting 106.12
— weighting of drawing rollers. 252.13
—, to — the top rollers 143.9
saddler's wax 508.9
saddling the weights. . 107.1
safety catch 346.14
— catch lever 357.12
— device for disengaging the drawing-in of the carriage 170.1
— motion for inward run of carriage. . . 357.6
— rod 44.12
— valve 385.16
sag, to (web) 326.21
sagging point of the chain 447.1
sal ammoniac 316.6
salt 302.2
— binding ammonia . . 465.6
—, aluminium . . 270.14, 465.14
—, Glauber's . . 303.7, 309.15
—, heavy metallic . . . 469.11
—, hygroscopic 483.13
—, inorganic 463.19
—, iron 270.13
—, manganous oxide. . 469.14
—, magnesium 465.9
—, metallic — dissolved in alcohol 460.11
salt, water absorbing . 483.15
— residue. 305.20
— lye, common 469.5
— solution, alcoholic . 460.12
— solution, ammonia . 469.7
— solution, common . . 465.5
— solution, indifferent . 465.8
— solution, saturated . 469.5
— solution 419.17
S. A. mule . . . 10.17, 138.14
sample of silk 602.22
— of wool 363.15
— of yarn 605.3
—, drawn 298.10
—, standard 13.8
—, standard thread . . 540.2
—, top 374.17
samson post 504.11
sand 26.12, 268.7
— filter 271.15
— paper 63.10
— paper roller 109.12
— stone vat 304.10
saponifiable fat . 274.3, 315.10
— oil. 315.18
saponification of the grease. 275.5
saponified grease . . . 275.7
saponify, to — by the direct method . . . 276.8
—, to — the grease . . 275.6
—, to — the oil . . . 315.19
saponifying of the fat . 315.9
— character of the suint 272.4
— substance 275.8
saponin 277.23
satiny cocoon 416.15
saturated with oil . . . 356.1
— salt solution 469.5
savety spring 95.8
saw, circular 231.16
— tooth 336.10
— tooth wire filleting . 336.11
— -thoothed card clothing 199.7
— -thoothed feed roller 199.2
Saxon count 599.18
— count, old 599.19
— ell 600.18
scaffolding cord . . . 594.10
scalding the flax . . . 217.18
scale 613.18
— of the balance . . . 613.3
— for various numbering systems 614.11
— of wire 66.7
—, circular 361.1
—, sector 100.5
—, weighing 613.9
—, yarn 387.10
— pan 320.5
scales, Amsler-Laffon's . 614.7
—, bundle 615.1
—, common beam . . . 613.7
—, horizontal precision yarn 613.5
—, lap 47.11, 613.4
—, micrometric yarn. . . 614.6
—, quadrant 613.13
—, Staub's yarn. . . . 614.8
—, yarn 612.13
scatter, to — the knops 590.19
scavenger 3.20.21
—, roller 193.8
—, travelling 193.1
—, travelling carriage . 395.2
Schällibaum's grid. . . 48.1
schappe, weaving . . . 587.23
— silk twist 587.21
— silk yarn 587.19
— silk yarn, single . . 587.20
— silk yarn, white . . 588.2
— silk yarn, yellow . . 588.1
— silk yarn spinning . 435.12
— spinner 452.10.11
— spinning . . . 435.12 452.2
— yarn, tussah 587.22
Schlieper's scouring method 276.14
Schlumberger's duplex comber 91.2
— self-acting mule (gearing) 184.12
Schopper's yarn tester. 608.6
scooper, acid 402.16
Scotch doubling system 542.8
— reel 563.15
scour, to — the silk . . 432.16
—, to — the wool . . . 273.14
scoured silk. . . 427.16, 434.5
— wool 273.17
scourer, wool 284.12

scouring with stale urine . . . 276.15
— the wool . . . 273.13
—, silk . . . 432.14
— agent, alcaline . . . 433.5
— bath . . . 433.3
— bowl . . . 280.3
— liquor . . . 275.11
— loss . . . 269.17
— machine, Skene and Devalée's . . . 282.17
— machine feeder hand 284.13
— medium . . . 433.4
— method . . . 433.2
— method, Schlieper's . 276.14
— vessel . . . 433.1
scraper . . . 479.1
—, hemp . . . 495.11
— iron, hemp . . . 495.12
screen . . . 38.9
—, sorting . . . 399.15
— board . . . 391.2
screening the asbestos . 490.6
screw . . . 530.14
—, adjusting 43.10, 258.9, 362.13, 614.1
—, band tightening . . 349.12
—, conical . . . 205.10, 349.3
—, endless . . . 223.15
—, fixing . . . 567.2
—, left-hand threaded . 373.17
—, lock . . . 54.12
—, micrometer . . . 56.16
—, oil . . . 95.4
—, operating . . . 181.12
—, quadrant . . 171.2, 350.14
—, regulating . . 113.11, 162.2
—, right-hand threaded 373.17
—, set 54.8, 56.8, 88.10, 178.8
—, shaper 156.4, 184.8, 190.15
—, square-threaded . . 252.5
—, tension . . . 340.16
—, tightening . . . 344.10
— bolt . . . 346.6, 362.11
— conveyor . . . 40.4
— gill . . . 218.10
— gill for flax tow . . 224.1
— gill drawing frame . 218.10, 251.6
— guide of gill bars . 251.13
— governor . . . 172.15
— line, left-handed . . 517.12
— line, right-handed . . 517.11
— press for joining the bevelled edges of roller leathers . . . 119.6
— spindle . . . 72.11, 530.7
— spindle with square thread . . . 218.11
— spindle, double threaded . . . 256.1
— thread . . . 252.6
— threads running in opposite directions . 339.5
— off, to — the oil cup 146.12
screwed spindle . . . 529.12
—-in pin . . . 312.6
— -on cam . . . 560.10
— -on ledge . . . 603.6
screwer . . . 215.15
—s, automatic . . . 229.14
screwing device, automatic strick . . . 215.9
scribbler . . . 319.5, 320.14
— card . . . 199.9
— lap . . . 325.4
scriber . . . 363.5
scroll . . . 351.7
—, back shaft . . . 177.6
—, back shaft drawing-out . . . 163.7
—, carriage . . . 169.9
—, drawing-up . 169.10, 349.14
—, drawing-up check . 349.15
—, taking-in . . . 169.10
— bands . . . 359.9
— drum . . . 171.6
— motion, back shaft . 163.8
scroop of silk . . . 427.7
—ing feel . . . 427.6
scum, grease . . . 300.2
—, pupæ . . . 419.11
scutch, to — the hemp 495.3
scutched flax . . . 209.13
— hemp . . . 228.4, 495.9
scutcher (worker) . 7.7, 495.8
— (lap machine) . . 40.8
— with carding beater . 47.17
— with single beater . 40.9
— with two beaters . . 41.19
— with lap delivery . . 197.16
scutcher with lattice delivery . . . 197.17
—, beater . . . 32.41
—, double beater . . 41.19
—, breaker . . . 41.20
—, finisher . . . 42.2
—, intermediate . . . 42.1
— lap . . . 50.9, 77.10
scutching of hemp . . 495.1
— blade . . . 495.5
— frame . . . 495.6.7
— machine . . . 7.7
— tow . . . 219.13
scythe-shaped knife 231.13, 400.16
sea-damaged bale . . . 15.8
sea silk . . . 411.2
seal oil, refined . . . 238.3
seam . . . 400.15
—s, „Tibet" . . . 407.18
seaming . . . 400.15
season, to — the spinning solution . . . 463.15
second bottom cage . . 34.1
— breaker . . 319.6, 324.11
— motion shaft . . . 349.8
— passage of drawing . 103.13
— quality yarn . . . 579.13
— top cage . . . 33.17
—s (hemp) . . . 228.3
section . . . 27.12
—, cross . . . 100.13
—, of various —s . . 511.7
sector 152.1, 170.7, 613.19, 614.10
— on faller shaft . . . 186.5
—, toothed . . . 94.5, 152.8
—, winding faller . . . 166.6
— scale . . . 100.5
— wire . . . 66.2, 336.9
secure, to — the position of the tuft by pressure . . . 447.3
Sedan count . . . 600.1
seeds, broken . . . 26.14
segment . . . 55.5
—, comb . 85.4, 378.2, 383.1
—, fluted . . . 85.7, 378.3
—, leather . . . 85.6
—, leather covered . . 380.11
—, needle(d) . . 85.4, 378.2
—, plain . . . 89.12
—, toothed . . 360.17, 547.2
—, toothed quadrant . 350.13
selection of cocoons . . 413.2
self-acting band . . . 359.4
— minder . . . 176.1
— mule . 11.17, 138.14, 159.7, 204.13, 343.13
— mule for cotton barchant . . . 204.14
— mule for cotton waste yarns . . . 204.14
— mule for fine yarns . 188.16
— mule, Schlumberger's 184.12
— oil circulation . . . 148.4
— spinner . . . 176.1
— stripper . . . 57.10
— twiner . . . 557.1.3
self-cleaning flat . . . 53.2
self-contained doubling spindle . . . 553.4
— spindle . . . 145.7
self-locking valve . . . 402.16
self-lubricating tin roller bearing . . . 145.2
self-weighted back top roller . . . 142.11
selfactor, worsted . . . 392.14
selvedge . . . 400.14
— of the sliver . . . 108.3
— guide . . . 86.3
— yarn . . . 582.17
semi-cylindrical lead basin . . . 466.9
semi-wet spun flax yarn 581.12
semi-worsted spinning . 364.12
— yarn . . . 364.11, 583.17
sense of rotation . . . 541.11
sensibility to alkalies . 437.6
sensitive stop motion . 534.15
sensitiveness of the feed regulator . . . 44.7
— of the scales . . . 613.10
separate, to — the bale into layers . . . 235.10
—, to — the layers into stricks . . . 235.11
—, to — the strands . . 500.5
—, to — the fatty substance . . . 299.18
separate, to — the diseased wool . . . 266.6
separately, to disengage 521.6
separating film into strips . . . 478.8
— the long (wool) fibres from the short ones 374.3, 444.13
— the pulp fibres into strips . . . 477.1
— of milled from unmilled rags . . . 399.13
— plate . . . 153.5, 404.11
separation into individual fibres . . . 318.7
— of fly . . . 31.14
— of the dead wool . . 266.5
separator, anti-ballooning . . . 153.4
sericin . . . 411.8
—, brittle . . . 411.15
—, hard . . . 411.16
—, softened . . . 412.2
— coating, coarse . . 411.17
— covering . . . 411.10
series of fallers . . . 252.11.12
— of heating pipes . . 295.5
— of nippers . . . 449.15
— of wash bowls . . . 279.11
serrated edge . . . 70.2
sesame oil soap . . . 433.21
set of cans . . . 223.12
— of cards 80.10, 198.10.11, 318.20
— of cops, fresh 175.7, 352.12
— of drawings . . . 387.12
— of fallers . . . 371.17
— of hackles . . . 214.8
— of three pairs of drawing rollers . . 205.2
— of precision weights . 615.2
— of reeled yarn . . . 564.6
— of wire . . . 68.8
— of wires . . . 335.10
—, three card . . . 319.2
—, two card . . . 319.1
—, diagonal . . . 68.15
—, full . . . 68.10, 387.1
—, open . . . 68.10
—, plain . . . 68.10
—, rib . . . 69.2
—, three rib . . . 69.4
—, two rib . . . 69.3
—, straight . . . 68.13
—, twill . . . 68.15
—, four twill . . . 68.16
—, six twill . . . 69.1
—, zig-zag . . . 31.1
— frame . . . 451.12, 453.4
— hoop . . . 205.13
— screw 43.10, 54.8, 55.8, 59.4, 126.5
— screw for regulating the height of the carriage . . . 178.8
— screw, doffer . . . 88.10
— screw, pedestal . . . 56.8
— alternately . . . 384.2
— too close . . . 70.11, 105.11
— loosely . . . 342.10
— too wide apart . . . 105.10
—, to — aside the bales 18.12
—, to — the comb . . 377.12
—, to — the fancy . 322.16.17
—, to — the flats . . . 77.8
—, to — the points against each other . 67.6
—, to — the rollers . 105.7.9
—, to — the spindle exactly in the middle of the ring . . . 552.9
—, to — the water free 302.4
—, to — the wires 60.16, 67.7, 68.2.5, 69.5
setter, belt . . . 3.14
—, bobbin . . . 3.6.7
—, card . . . 60.17
—, rail . . . 3.6.7
—, rope . . . 3.14
setting by ear . . . 78.3
— of flats . . . 53.14
— by gauge . . . 78.4
— the hackle tools placed opposite each other . . . 214.9
— nearer . . . 390.3
— the needles in regular order . . . 87.2
— the rollers . . . 58.12
— of the card rollers . 324.1
— of the feed roller . 78.2
setting of the grinding roller . . . 339.7
— the grinding roller too close . . . 70.11
— wider . . . 390.4
— of wires . . . 68.1
—, card . . . 60.15
— arrangement . . . 43.15
— control . . . 80.3
— distance between the working surfaces . . 58.13
— gauge . . . 78.5
— lath . . . 363.6
— machine, card . . . 69.7
— mechanism, flat . . 79.9
— point . . . 54.16
— system, flat . . . 56.3
settling chamber, dirt . 361.18
— plant, waste water . 299.8
— tank . . . 299.19
sewing . . . 512.2
— together the ropes laid side by side . 512.3
— cotton . . . 580.8
— machine shuttle . . 520.12
— silk . . . 586.17
— thread . . . 580.6, 581.22
— thread ring doubler . 556.8
— thread spooling machine . . . 537.7
— twist . . . 580.8
sewn band rope . . . 597.13
— cordage . . . 512.1
— rope ware . . . 597.11
shade tint . . . 311.5
shaft of bobbin . . . 255.11
— of combing cylinder . 91.10
— of lattice drum . . 24.1
— of swift . . . 566.10
— of yarn guide . . . 532.7
—, back . . . 89.2, 394.5
—, beater . . . 220.16
—, beater cylinder . . 259.15
—, „biter" . . . 404.9
—, bottom . . . 115.4
—, brush . . . 88.5
—, brush segment . . . 99.4
—, cage . . . 289.2
—, cam . 246.5, 353.13, 536.14
—, changing . . . 178.12
—, coiler . . . 115.3
—, comb . . . 60.6, 87.9
—, cone . . . 528.5
—, counter faller . . . 162.6
—, cutter . . . 482.10, 483.1
—, cutting . . . 481.12
—, driving 60.3, 126.2, 136.9
—, eccentric . . . 106.9
—, fan . . . 404.9
—, flywheel . . . 292.4
—, front roller . . . 345.15
—, hollow . . . 509.10, 538.5
—, hollow drum . . . 402.13
—, hollow plate . . . 511.12
—, lifter . . . 281.3
—, locomotive tube . . 566.12
—, main . . . 99.5
—, nipper . . . 89.3
—, oscillating . . . 382.2
—, quadrant chain drum 181.9
—, rim . . . 161.7
—, second motion . . . 349.8
—, steel . . . 21.4
—, swift . . . 567.7
—, tin plate . . . 566.11
—, tin roller 162.14, 173.3, 206.4
—, spider . . . 525.8
—, spool frame . . . 505.12
—, traversing — with screw threads running in opposite directions . . . 339.5
—, turbine . . . 97.10
—, twist motion . 190.1, 348.4
—, vertical . . . 333.14
—, winding faller . . . 162.8
—, wrapping . . . 536.11
— end running in oil . 290.10
— head rotating round pivot . . . 534.4
— pedestal . . . 281.5
— relieving motion, card 79.8
— wheel . . . 187.16
shake, to (top roller) . 107.11
—, to — the cotton . . 38.11
shaker . . . 266.19
— with three drums . . 267.4
—, cotton . . . 42.5
—, cotton waste . . . 196.15
—, dust . . . 400.19
—, rag . . . 409.19

shaker, tow . . 220.11, 258.13
—, waste 195.7, 267.14
— pins 38.10
shaking of the top roller 107.12
— machine, tow 220 11, 258.13
— pin 260.6
shank of skewer . . . 544.3
shape of card wire . . 67.3
— of cocoons 414.5
— of pedal 33 1
— of winding surface . 155 6
shaped wire 493.14
shaper bowl . . 156.3, 165.10
— motion. 190.10
— plate 167.6 12
— rail 167.3, 352.5
— rail, travelling . . 190.11
— screw . 156.4, 184.8, 190 15
— wheel 187.1
sharpen, to — the card clothing 69 13
sharpening of the clothing 69.12
— of the wire . . . 67.11
sharpness, point — of the wire 340.5
shaver 479 1
sheath, lacer 510.9
sheave 470.6
sheep skin 64.13
—'s wool card. 318 17
sheet of paper 476.18
—, card 60.19, 64.5
—, hackle. 230 9
—, hackling 214.4, 245.12, 246.1
—, paper stuff 481 1
—, pulp 477.13
—, stripping 340.17
— copper roller . . . 282 2
— iron, perforated . . 32.5
— iron can . . . 52.2, 76 7
— iron casing 307 9
— iron damper 45.1
— metal backing . . . 340 15
— metal cover 201.10
— metal cover over taker-in 78 8
— metal covering . . . 244.12
— metal cylinder with toorthed covering . 248.9
— metal sieve. 267.12
— metal spool 518 10
— metal table 365 10
— metal trough 84 4
— metal tube . 97.2, 124 3
— roller, bottom 214.11, 245.10
— roller, top 214.10
— roller shaft. 246 2
— zinc 239.7
sheeter box 373.1
shelf 295.15
—, bobbin 556.6
—, slowly moving wire 295.14
shell 329.14, 392.6
—, cam 182.3
—, cam shaft 161.12
—, cam shaft — moving intermittently . . . 177.1
—, cocoon 418.8
—, dirt 201.7, 203.8
—, double 417.6
— breaker card, half circular 247.5
— feed plate . . 244.13, 247.7
— feed roller 247.8
— feeder 247.8
— feeder plate . 50.15, 196.9
— roller 250.3
— roller plate. 250.5
shellac bead yarn . . . 591.13
shifter, belt 357.1
— bar 564.18
ship cables 596.19
shive 220.17
shoddy 407.6
—, blanket 407.8
—, carpet 407.9
—, flannel 407.7
—, oil press cloth . . . 407.10
—, sugar press cloth. . 407.11
— card 406.10
— mill 396.4
— silk 412.5
— teaser 403.12
— yarn 582.19
shoe, brake 147.5, 171.13, 359.2
—, adjustable faller leg 206.15
— brake for heavy twisters 549.12
shoot 361.4
short bobbin rail . . . 122.12
— collar 130.16
short fibre 6.16, 195.5
— -fibred asbestos . . . 490.1
— -fibred rags 396.9
— -fibred raw material. 6.10
— flax 211.4
— -haired first year's fleece 365.1
— paper tube 166.18
— rail 183.14
— skeined raw silk . . 426 3
— splice 493 23
— spreader 451.2
— -stapled cotton . . . 14.12
— -stapled hemp . . . 496 11
— stretch 345 7
— tube 356.9
— wool 263 4
shortweight 17.1
shorten, to — the jute fibres 242 10
—, to — the length of cop bit 167.9
—, to — the lift of the bobbin rail . . . 125.12
—, to — the traverse of the yarn guide . . 535.10
—, to — the strand . . 499.17
—, to — during twisting (yarn) 541.17
shortened by twisting (yarn) 164 8
shortening the jute fibres 242.11
— the lift 125.13
— of the rope 494.4
— of the yarn by twisting 164.7
— of the yarn during twisting at the head 348.9
shove 507.4
—, to — crosswise to the length 484.20
shovel under the cushion plate 93.7
show board tester . . 610.2
—, to — cuts (sliver) . 101.21
shred 400 7
—s, untorn 404 12
shrinkage of the yarn . 541.16
shroud 596.11
— -laid rope 594.16
shrunk silk thread . . 434.17
shuttle for embroidering machine 520 11
— for sewing machine . 520.12
sickle 243 6
—, counter faller . . . 166 5
—, faller 166.4
— -shaped arm 184.7
— -shaped knife . . . 196.14
side, hinged 303.19
— flange of cylinder . . 79.13
— frame, hinged . . . 201 12
— framing 55.7
— grinder, traversing . 72.13
— grinding 67.15
— plate 445.11
— play of the lattice rollers 24.6
—ways, to move 530.6
sieve 71.10
— with rubber tapes . 477.6
—, cocoon 418.15
—, cylindrical . . 476.14, 477.2
—, cylindrical taped . . 478.15
—, metallic 465.18
—, sheet metal 267.12
—, wire 267.13
— box 439.14
— drum 476.14
— plate 299.12
— plate, inserted . . . 285.9
— spoon 418.16
sieved gravel 271.12
sifter 38.9
signal and bell apparatus 370.6
Silesian reel 563.12
sight board, black coated 422.17
silicate of potassium . 369.8
— of sodium 369.9
silk 410.3
— of dull lustre. . . . 427.19
— from fumed cocoons 427.1
— of good feel 427.4
— free from floss . . . 427.15
— for trimmings . . . 587.6
— comber 444.16
— comber, Lister's double-headed . . . 448.7
— combing 444.15
— combing machine . . 444.16
silk dealer 412.20
— degumming. 432.14
— doubling frame . . . 430.13
— drawing frame . . . 451.17
— dressing 444.15
— fibre, transparent . 428.1
— fibre fluff 425.9
— filament poor in copper 467.17
— filament, double raw — with sericin covering 411.10
— filament, flat wild . 427.17
— filament, malachite greenish 467.18
— filament, ribbon-like wild 427.17
— fluid 411.9
— fly frame 452.3
— gum 411.8
— hank 426.2
— industry 412.6
— knop 590.8
— knot 426.1
— lap 450.17
— manufacturer 412.7
— mill, Chardonnet's . 431.14
— noil 446.12, 452.14
— noil industry 452.13
— noil spinning 452.12
— noil yarn 454.5
— rags 455.15
— reel mill 431.16
— reeler 421.1
— reeling 420.15
— reeling apparatus . . 422.15
— reeling establishment 412.9
— rewinder 424.19
— ring frame 452.9
— roving frame 452.3
— scouring 432.14
— shoddy spinning . . 455.14
— skein 433.14
— spinner 435.10.11
— spinning 429.15
— spinning machine . . 429.17
— spooler 429.3
— substance 411.9
— thread, knotty . . . 425.16
— thread, shrunk . . . 434.17
— throwing 428.2
— throwing industry. 412.11.12
— throwing machine, Chardonnet's . . . 431.14.16
— throwing mill . . . 412.10
— throwster 412.15.16
— titration 601.10
— titre 601.14
— top 446.9
— tuft set in the book 445.8
— twist, schappe . . . 587.21
— twisting 430.15
— waste 472.7
— wool 585.16
— worker 412.13.14
— worm variety, annual 413.15
— yarn 586.3
— yarn, artificial . . . 588.5
— yarn, coarse 545.3
— yarn, hard-twisted . 545.4
— yarn, schappe . . . 587.19
— yarn, single schappe 587.20
— yarn, spun 587.18
— yarn, white schappe 588.2
— yarn, yellow schappe 588.1
—, Ailantus 410.12
—, Anaphe 410.17
silk, artificial s. artificial silk
—, blond 587.7
—, boiled-off 426.21
—, broken 435.18
—, byssus 411.2
—, casein 471.13
—, Chardonnet 588.7
—, chevillé 587.14
—, Chinese oak 410.8
—, Chinese tussah . . . 410.8
—, collodion . . 456.5, 588.7
—, coloured. 587.12
—, compact elastic . . 427.14
—, crude 426.22
—, cultivated 410.5
—, cuprammonium 464.4, 588.6
—, cuprated 588.6
—, degummed 434.5
—, downy 434.16
—, embroidery 586.22
—, Eria 410.10
—, even 427.13
—, Fagara 410.9
silk, fany 587.10
—, fine fibred. 416.4
—, fine-thread. 425.17
—, flattened 587.16
—, flock 435.15
—, floss 435.16
—, fringe 587.8
—, gelatine 470.19
—, genuine 410.5
—, glass 491.13
—, glazed 587.15
—, goffered 587.17
—, grenadine 586.10
—, gun-cotton 588.7
—, half-boiled 434.11
—, Indian Mezankooria 410.15
—, Indian tussur . . . 410.13
—, knitting 586.18
—, lightgreen Yamamay 410.14
—, loaded 587.11
—, Luna 588.8
—, machine 587.9
—, measured 602.17
—, meteor 588.10
—, Mooga 410.11
—, mulberry 410.5
—, natural 472.6
—, net 586.4
—, netting 586.18
—, nitro s. nitro silk
—, nitrocellulose . . . 588.7
—, ombré 587.13
—, purse 586.19
—, raw s. raw silk
—, reeled . . . 412.18, 425.2
—, Rondontia 410.16
—, scoured . . . 427.16, 434.5
—, sea 411.2
—, sewing 586.17
—, shoddy 412.5
—, single 430.5
—, Sirius 588.9
—, slack 586.23
—, spider 411.1
—, spooled 470.13
—, strong-thread . . . 426.1
—, thrown . . . 431.8, 586.5
—, true. 410.5
—, uniform 427.13
—, unscoured . . 426.22, 434.4
—, viscose . . . 468.9, 588.8
—, waste s. waste silk
—, weaving 587.5
—, weft 586.11
—, wild 410.6.7
silky thread 581.20
silvalin pulp yarn . . 589.2
silver bead 591.12
singe, to — the thread 455.5
—d thread 455.13
singeing the threads . 455.4
— machine, gas 455.7
single . . 133.15, 426.20, 586.16
—, organzine 431.11
— balling machine. . . 538.11
— beater scutcher . . 40.9
— boss roller 143.1
— card 80.7, 319.3
— clip wool. 264.9
— drawing 371.10
— -ended spanner . . . 363.7
— -ended spool 518.15
— fibre 49.18
— -flanged bobbin . . 519.2
— -flanged spool . . . 518.15
— fleece 373.15
— head draw frame . . 103.9
— head reel 564.10
— pricker. 337.16
— reel 564.14
— roving 142.1
— roving creel 188.8
— sided machine . . . 209.10
— silk 430.5
— spindle winding frame 521.2
— tape divider 330.10
— thread 515.4
— traveller clearer. . . 150.16
— web 326.16
— winding 12.5
— yarn 539.3
siphon 362.3
Sirius silk 588.9
Sisal hemp 492.6
six-fold knitting . . . 580.14
— twill set 69.1
size of the rope. . . 500.15.16
— of the wire mesh . . 195.11
— of yarn 598.14
sized rags 396.18
skein . . 12.18, 562.22, 599.1

skein of silk 432.12
— of thrown silk . . . 586.6
—, short reeled 563.7
—, silk 433.14
— maker 5.1.2
— reeling 12.19
skein, to 12.20, 563.23
—ed hank 12.21
skeiner 5.1.2
skeining 12.19
— of the leas 563 22
—, chain 564.2
— thread 564.1
Skene and Devallée's scouring machine . 282.17
skew bevel toothing . 343.2
— gear wheel for bobbins 135.5
— gear wheel for spindles 135.1
—, set on the 73.4
skewer . . 128.3, 139.7, 557.9
—, bobbin 142.3
—, boxwood 544.1
—, double spring cop . 568.13
—, steel cop — rivetted -in 568.12
—, wooden 543.16
— plate 566.7
— plate with steel cop skewers rivetted-in . 568.12
skill, manual 10 14
skimmed milk 471.16
skin, calf 64 12
—, sheep 64.13
— wool 264.12
skip, bobbin 361.11
—, lattice 304.1
—, steaming — with wide meshes 571 5
—, yarn 570.17
— truck 361.10
slab 117.16
—, slate 304 8
slack chain . . . 152.5, 180 1
— silk 586.23
— strand 499.15
— yarn 140.7
slacken, to (web) . . . 327.5
slackening of the web . 327.4
slanting arm 554 6
— creel 391.5
— perforated bottom . 278.13
— running of the bands on to the wharves . 550 8
slate slab 304 8
sledge, rope. 499.5
—, weighted 500 12
sleeve 189.8
—, cam shaft . 161.12, 163.11
—, cam shaft — moving intermittently 177.1
—, leather . . 115.15, 118.12
—, lifting 209.2
—, recessed 345 20
—, revolving copper . . 360 13
—, toothed 531 4
—, travelling fancy . . 323.6
—, web 328.8
slicking-in rollers . . . 253.5
slide 73.12, 99.10, 185.10, 279.6, 361.6
— to adjust reach . . . 392.13
—, gill bar 219.6
—, knife 118.3
—, quadrant 170.8
—, strap fork 324.10
— bar 95.5, 283.8
— bearing 59.3
— block 121.5
— bracket 165.11
— caliper 363.1
— rack 125.7
— valve 291.7
— valve gear 291.6
—, supported in —s . . 20.13
sliding of the top . . . 499.8
— arm 184.4
— bar 373.6
— block 531.13
— bracket 190.14
— cones 224.9
— copping plate carrier 190.14
— door 572.15
— frame 371.2
— gauge 105.9
— part of clutch . . . 163.5
— piece 73.12
— plate 262.6
— ring, lower 98.7
— rod 233.14
slight draft 101.11
— twist 431.5
—ly, to twist 430.9
slimy flax tow 220.6
sling, to — the jute strick round the pin . . . 243.1
slip, one 599.4
slipe wool 301.7
slippery fibre 194.8
slipping of the brake . 347.10
— of the fibres between the rollers 103.5
— of the fibres into the wires 67 10
— of the lattices . . . 23.6
— on (reel) 611 16
slit 524.7
—, central — of the bobbin driver pin . . . 552.11
—, curved 123.14
—, guiding 537.9
—, wedge-shaped . . . 354.5
— lever 121.6
— down on the side . . 130.8
—, to — the paper sheet 481 10
slitter, longitudinal . . 489.4
slitting the paper sheet 481 9
— machine with one cutting shaft 482.1
sliver 387 11, 448.13
— with complete doubling 386.14
— formed by end to end piecing of transversely cut strips . . . 329 16
—, bourrette 453.15
—, breaker card 249.2
—, card . . 7 20, 51.15, 100.14
—, cloudy 101.23
—, coloured 387.3
—, combed 82.4, 374.7, 384 11
—, comber 374.6
—, comber waste . . . 82 9
—, condensed . 328.15, 334 6, 342.6
—, cut 101.22
—, double 386.12
—, draw[ing] frame . 101 18, 121 14
—, drawn 101.19
—, dried 386 3
—, flax. 218.3
—, flax tow. 221.16
—, single 386 11
—, uneven 102.1
—s to feed up 223 9.10
—s twisted together . 387 6.7
—s, crossed 387.18
—s, outside 334.7
— bobbin . . . 96.13, 448 8
— calender . . . 86.5, 378.11
— can 76.1, 121.13
— delivery 198.5
— delivery motion. . . 253 4
— feed motion 382 3
— formation device, Baudouin's 98.11
— forming machine . . 330.1
— funnel 51.10, 370.3
— guide 76.18, 104.12.14, 111.1.4
— guide for fleece machines 373.10
— guide, double 105.2
— lap machine . 80.12, 81.6, 373.1
— lap machine tenter . 2.4
— plate . 90.12, 111.1.5, 251.10
— plate with staggered guiding holes 105.1
— reserve. 224.4
— stop motion 81.12
— table 90.12
sloping, creel 391.5
slot . . . 55.6, 259.6, 429.9
— in the cup with loose bowl 527.13
— in driving pulley . . 44.13
—, adjusting 90.9
slotted arm. 360.3
— bracket 342.5
— draw rod 246.4
— flexible bend 79.10
— guide plate 522.5
slow acting precipitant. 466.14
— grinding 69.17
— preliminary opening. 25.10
slub 590.12
slubber. 390.12
— tenter 2.8
slubbing . 9.15, 122.2, 342.6
—, loosely twisted . . 122.4
slubbing box 390.12
— frame 122.7
— frame tenter 2.8
— head 390.12
— motion. 346.19
— roller 342.8
small circle 379.2
— driving rim 189.3
— front roller wheel . 136.3
— opener 26.20
smell, strong — during fermentation . . . 437.20
smelling, fresh 210.2
smith 5.22
smoke flue 306.16
— outlet 376.3
smooth fibre 6.17
— fracture 10.6
— rubbing leather . . 331.15
— thread 539.24
— web 329.4
— yarn 363.17
—, to — the copping plate 175.2
—, to — the surface of lap 45.12
smoothing of the copping plate 175.1
— down the fibres . . 507.15
— the projecting wool tuft 380.7
smoothness of the flute 116.15
Smyrna yarn 585.5
snap, to (yarn) 541.10
snapping of the yarn . 541.9, 606.22
snarl 169.4
— preventer 358.2
— stretching motion . 358.3
snarling 358.1
snipped jute hards . . 244.7
snipper 243.12
—, hemp 231.15
snipping the jute stricks 243.9
— machine 243.12
— machine, chain . . . 244.3
— machine, hemp . . . 231.15
Snoeck's wool dryer . 296.7
snug, adjustable . . . 241.11
soak, to — the cordage 507.8
—, to — the rags . . . 401.4
soaked wool 282.11
soaking the cocoons . . 418.6
— the hair 514.2
— vat of slate slabs . . 304.8
soap 484.6
—, ammonia 276.20
—, animal 434.1
—, Arachis oil 433.19
—, black 316.3
—, coconut oil 433.20
—, curd 277.19
—, grain 277.19
—, green 277.16
—, groundnut oil . . . 433.19
—, hard 277.17
—, lime 270.16
—, magnesia 270.15
—, Marseilles' . 277.18, 434.2
—, neutral 277.13
—, olein 434.3
—, palm oil 428.9
—, potash 277.16
—, sesame oil 433.21
—, soda 277.17
—, soft . . . 277.16, 316.3
—, soluble 272.7
—, tallow. 310.5
—, unadulterated . . . 277.12
—, vegetable oil. . . . 433.18
—, white 316.2
— bath 277.5, 385.9
— bath, double 437.2
— bath, fresh 433.9
— boiler 277.3
— contents of the bath 277.6
— lye 277.9
— powder 277.21
— solution 275.11
— solution, ammoniacal 468.4
— solution, hot 433.12
— solution, weak . . . 194.11
— solution maker . . . 275.12
— substitute 277.20
— water 441.5
— to — the raw silk thread 428.7
soaped raw silk . . . 428.8
— state, in the 428.6
soapwort root 277.22, 316.16
socket for wire ropes, metal lined 513.14
socket, pipe 289.10
soda 276.1, 309.10
—, ammonia 276.3
—, calcined 309.12
—, caustic . . 276.10, 472.8
—, chemically pure anhydrous 309.11
—, crystallised 276.2
—, Leblanc 309.14
—, Solvay 276.3
— bath, alkaline . . . 309.19
— contents 276.4
— lye 275.21 276.11
— method 479.8
— soap 277.17
— solution . . 316.10, 419.18
— solution, caustic . . 276.11
— solution, hot 470.14
— solution, lukewarm . 309.18
sodium, ricinoleic . . . 464.9
— acetate 459.2
— aluminate 469.10
— bichromate 300.12
— bisulphite 465.2
— bisulphite bath . . . 459.17
— carbonate 276.1
— lactate 457.16
— nitrite 463.20
— permanganate . . . 401.14
— pulp 475.5
— silicate 369.9
— sulphate . . . 303.6, 483.14
— tungstate 464.3
— water glass 369.9
soft cop nose 175.4
— flax 217.4
— soap 277.16
— spinning 138.16
— thread . . . 539.19, 606.2
— twist . 138.19, 170.5, 541.4
— water 270.3
— worsted yarn 364.8
—, to make (fibre) 237.7, 240.3
—, to spin 496.18
soften, to — the cocoon shell in boiling water 418.8
—, to — a glass rod by a gas blow pipe . . . 491.6
—, to — the batched jute 240.2
—, to — the waste silk 440.16
—, to — the wool fibre 314.4
—, to — the yolk . . . 274.15
softener 314.8
—, jute 240.6, 241.4
—, solidified 316.18
— roller, jute 240.9
— rollers with alternative fluting 241.1
softening of the cops . 571.16
— the adhering dirt . . 274.13
— the hair 514.2
— the hemp 230.15
— the batched jute . . 240.1
— by sprinkling in layers 317.6
— the wood by steaming 476.6
— of the yarn by steaming 569.12
— the yolk 274.14
—, water 270.21
— apparatus for jute . 239.1
— machine, jute . . . 240.6
— material 314.8
— mill, hemp 231.1
— process 240.4
— roller with rounded flutes 240.8
— rollers with opposite fluting 240.11
— tank 317.2
softness of the yarn . 138.20
soiled rags 396.17
soiling the yarn during spinning 227.2
solder, to — the needles 86.20
soldered meshes . . . 477.8
—-in guide eyes 501.18
—-up band 477.9
—-up wire 477.10
soldering on of the needles 86.21
— block 87.1
— iron 86.22
solid rim shaft 189.7
— roller 116.3
solidification of the softener 316.17
solidified softener . . . 316.18
— wool grease 300.18
solidify, to (wool grease) 300.17

solidifying of the wool grease 300.16
solubility of the suint . 272.3
— in water 471.5
soluble impurities . . . 268.5
— soap 272.7
— zinc salt 469.13
—, difficultly 412.3
solution of acetic ether 460.10
— of ethyl acetate . . 460.10
— of glue 71.11
— of wood ashes . . . 419.15
—, acetone 460.4
—, alkaline . . 275.10, 309.9
—, alum 238.18
—, chloride of sodium . 465.5
—, ferrous sulphate . . 469.15
—, frothy 277.10
—, glue 120.4
—, grease 298 11
—, neutral 305.13
—, neutral alkali salt . 469.6
—, nickel sulphate . . 472.9
—, potash 273.5
—, rubber 65.7
—, saltpetre 419.17
—, soap 275.11
—, soda 316.10, 419.18
—, spinning 461 14
—, stannous chloride . 457.2
—, thin India rubber . 65.11
—, viscose 468.14
— container 298.3
Solvay soda 276.3
solvent for nitrated cellulose 458.2
—, volatile 297.10
— property 419.7
—, to make the alcohol a 457.18
sort obtained by mixing 236.12
— of wool 266.8
—, to — the jute bale into stricks 236.5
—, to — carefully . . . 216.13
—, to — according to fineness 364.17
—, to — the (hackled) hemp 228.7, 496.8
—, to — the jute waste 258 12
—, to — according to length . . . 364.16, 446.11
—, to — mixed lots . . 216 15
—, to — according to quality 18.11
—, to — the silk [rags] 455.16, 601 11
—, to — the waste . . 49.6
—, to — the wool . . . 263.14
— hemp 496.9
— jute 236.3
— out 399.9
— rags 399.8
sorter, cocoon 413.3
—, jute 236.6
—, oakum 216.3
—, rag 400.1.2
—, tow 216.3
—, twisted waste . . . 4.4.5
—, waste 4.2.3
—'s tow 220.2
—'s waste 236.13
sorting the bales . . . 18.10
— according to colour . 399.12
— of cocoons 413.2
— according to fineness 399.11
— the hackled flax . . 216.17
— of hemp . . . 231.7, 496.7
— mixed lots 216.14
— the rags 399.7
— the wool by fleeces . 264.23
—, coarse 399.10
—, rough 399.10
—, wool 263.13
— screen 399.15
— table, rag 399.14
— out the knots on balances 576.17
sound fleece 365.2
— of grinding 339.10
source of heat 293.3
space 68.12, 308.15
— under the base plate 290.8
— between the dust bars 36.6
— between the grid bars 48.3
— of spindles . 129.13, 150.5
— between the teeth . . 31.3
—, beating 267.10
—, blank — in the doffer clothing 329.11
—, dead 59.16
—, hollow 294.16
spaced doffing ring . . 565.10
— Leeson bobbin . . . 519.10
spacing of the needles 372.3
— of the winding . . . 537.4
„spangle, one" 564.13
Spanish raw silk . . . 426.18
spanner, double-ended . 363 8
—, single-ended 363.7
spare spinner 3.1
special wire 493 14
species of cotton . . . 13.5
— of silk 410.4
specific strength . . . 606.10
speed of carriage . . . 164.2
— of combing 82.16
— of the lap 42.10
— of revolution, variable 537.6
—, accelerated 166.14
—, circumferential . . . 102.15
—, constant angular . . 516.7
—, constant excess . 139.11.12
—, constant surface . . 516.10
—, differential 309 1
—, double — of spindles 164.17
—, drawing 102 16
—, feed roller 42 16
—, feeding 249.5
—, increasing 347 17
—, irregular winding . . 517.13
—, retarded 166 15
—, second spindle . . . 348.1
—, third spindle . . . 348.2
—, two spindle —s . . 189.2
—, surface s. surface speed
—, uniform 123.8
—, variable retarded 139.11.12
—, winding [-on] 124 20, 166.19
— frame . . . 11.10, 121.10.11
— indicator, spindle 133 10, 360.10
— wheel 186.9, 207.9
— up, to — the spindles at the end of the inward run 188.14
speeder 11.10
—, intermediate 2.9
— tenter 2.10
spider 567.13
— shaft 525.8
— shaft, revolving . . 567.12
— silk 411.1
spike 312.11
—, dull pointed 287.15
—, marling 494.2
—, receding 30.7
—, screwed-in 312.6
— circle 30.8
— motion, eccentric . . 30.5
— studding, steel . . . 48.12
spiked cylinder 197 10
— feed roller . . 29.13, 84.5
— lattice . . 22.4, 28.6, 200.7
— plate 36 12
— pulling roller 20.9
— roller 320 10
— roller, cast iron . . 22.5
spin, to 1.3
—, to — bourrette yarn on the mule . . . 454.4
—, to — cotton on the condenser system . . 193.4
—, to — cotton waste . 194.13
—, to — the flax . . . 210.16
—, to — the hemp . . 234.3
—, to — the jute (dry) 234.8, 256.16
—, to — proper 9.17
—, to — soft . . 138.17, 496.18
—, to — without twisting at the head 164.19
—, to — vigogne yarns. 408.3
—, to — the viscose 468.11,12, 469.1
—, to — the oiled (dry) wool 318.2.3
spinable 7.2
spindle 160.1, 527.7.15, 530.3, 532.10, 538.9, 552.14
— with ball bearing . . 355.5
— with bobbin lead . . 123.10
— of rectangular cross section 208.9
— for doubling frame . 430.14
— with pointed end . . 233.16
— with detachable oil cup 553.7
— without detachable oil cup 553.8
— with lateral oil spout 147.11
spindle with constant excess speed and bobbin with variable retarded speed . . . 139.11
— tapered at both ends 145.8
— turning clockwise . . 541.13
— turning counter-clockwise 541.14
— turning with uniform speed 123.8
— with wharve 474.5
—, Acme 147.1
—, adjustable 534.6
—, axially traversing . . 530.1
—, balling 538.13
—, band driven 502.1
—, belt driven 502.3
—, Bölsterli's ring flyer 547.9
—, Booth-Sawyer's . . 145.4
—, cabling 502.10
—, cap 487.1
—, conical 431.17
—, conical shell 355.9
—, cork cushion 146.8
—, creel 550.1
—, dead 233.12
—, delivery 502.9
—, doubler 550.2
—, doubler — for single flanged bobbins . . 556.8
—, doubling 546.3
—, doubling — with collar and step united 553.4
—, driven 516.8
—, flexible 146.5, 548.11, 553.5
—, fly comb 60.6
—, flyer 10.19, 122.5, 257.11, 485.8
—, Gessner's throstle . 341.8
—, gravity 146.5, 548.11, 553.5
—, hand 10.12
—, hollow 233.9
—, hooked 497.9
—, long — for heavy doubling 552.10
—, multiple screw oilcup 146.11
—, oblique steel . . . 553.10
—, pipe bowl 556.7
—, pirn 531.2
—, plate 488.6
—, positively driven . . 524.13
—, Rabbeth 145.7
—, Rabbeth doubling . 553.4
—, revolving 137.14
—, ring . . . 486.15, 489.11
—, screw 72.11
—, screwed 529.12
—, self-contained . . . 145.7
—, self-contained doubling 553.4
—, stationary 341.4
—, tape driven 502.2
—, travelling 343.6
—, twin doubling . . . 553.9
—, twister 550.2
—, twisting 546.3
—, upright 208.10
spindle, winding s. winding spindle
— axis 122.16
— band . 341.13, 356.3, 359.8
— band, braided . . . 359.10
— band driving arrangement 144.7
— band stretching machine 356.4
— banding 158.12
— bearing 145.9, 177.13, 354.11
— bearing, multiple . . 354.12
— bearing, open 356.2
— bearing plate 355.16
— bevel 178.4
— bevel gauge . 178.7, 362.6
— bevel wheel 135.2
— blade 155.17
— board 344.8
— bolster 354.13
— box 530.2
— box bracket 344.7
— brake 147.4, 209.3
— bush 532.9
— cap 431.19
— cap, Bertholon's . . 432.3
— carrier wheel 136.13
— collar 130.2
— distance 150.5
— driving by friction disc 139.13
— driving by gearing . 140.2
spindle driving by toothed wheels . . . 140.2
— driving for winding on the blade 188.6
— driving wheel, outside 134.12
— foot 131.4
— footstep board . . . 344.9
— footstep casing . . . 255.13
— frame 523.6
— gauge 129.13
— guiding 130.1
— head 123.11, 534.7
— holder 255.5
— hole 488.13
— lead 123.9
— lubricator, Josephy's 355.15
— oil, heavy 148.6
— oil, light 148.7
— pinion 532.8
— plate 355.4
— point 130.4, 146.1
— point with metal tip 146.2
— point, angular . . . 355.14
— rail 152.10, 391.10
— speed, high 147.10
— speed, second 348.1
— speed, third 348.2
— speed indicator . . 133.10, 360.10
— stoppage 354.7
— tip 146.1
— top 130.4
— turn during outward run of carriage 164.3
— wharve . . . 527.8, 555.16
— wheel 255.15
spinner 2.15.16
—, alpaca 408.15
—, calf's hair 408.9.10
—, camel's hair . . . 408.11.12
—, cotton 137.9.10
—, dry 225.6.7
—, flax 224.15.16
—, fly-frame 2.17
—, goat's hair 408.13.14
—, hair 408.7.8
—, hemp 234.11.12
—, jute 256.17, 257.1
—, lama yarn 408.16.17
—, ring 2.18, 141.17
—, rope-yarn 494.8
—, schappe 452.10.11
—, self-acting 176.1
—, silk 435.10.11
—, tow 225.1.2
—, vicuna 409.1
—, warp-thread 2.19.20
—, weft-yarn 2.21.22
—, wool 263.9.10
—, worsted 364.5.6
— helper 3.2.3
spinneret 466.7
spinning . . . 1.2, 137.4, 204.12
— of artificial silk . . 456.4
— of carding wool . . . 341.3
— without carriage draft 393.7
— of Cashmere hair . . 409.7
— of coloured yarns . 194.2
— of the cotton . . . 121.8
— of coarse cotton yarns 193.2
— the hair 514.7
— of various hairs . . 408.5
— of hemp 234.2
— of imitation yarns . 194.3
— of jute . . . 254.10, 256.14
— the jute with flax tow 234.14
— the jute with hemp tow 234.15
— the paper bands . . 484.22
— proper 9.16
— ramie comber waste. 262.14
— with the runner wheel 497.18
— the single yarn . . 496.15
— with twisting at the head 164.13
— without twisting at the head 164.14
— on weft pirns . . . 154.11
— the wood fibres . . . 476.4
—, alpaca 409.6
—, artificial silk . . . 456.3
—, asbestos 489.5
—, barchant 193.2
—, bourrette 452.12
—, coarse silk 452.12
—, coarse worsted . . 364.13
—, cotton 13.1
—, cotton waste . . . 194.12
—, double 343.5
—, English 364.9
—, flax . . 209.4, 210.17, 224.14

spinning, flax tow . . . 210.19
—, French 364.10
—, glass 491.5
—, hand 10.9
—, hemp 228.1, 233.6
—, hemp tow 228.14
—, jute 234.5.9
—, jute tow 234.10
—, long hemp 228.13
—, long line 210.18
—, mechanical 11.9
—, mohair 409.13
—, mule 138.15
—, preparatory 9.13
—, ramie 261.1, 262.11
—, ramie top 262.12
—, schappe . . 435.12, 452.2
—, semi-worsted 364.12
—, silk 429.15
—, silk noil 452.12
—, silk shoddy 455.14
—, soft 138.16
—, vigogne 408.1
—, waste silk 435.3
—, wool 263.1
—, woollen 263.2
—, worsted . . . 363.9, 386 4
— apparatus, Chardonnet's 460.16
— apparatus, Lehner's . 461.13
— apparatus, Thiele's . 466 13
— apparatus, Topham's 470.4
— can, revolving . . . 470.8
— cap 487.9
— cap with automatic cover locking arrangement 487.14
— cap with hinged part of cover 488.1
— capacity 7.1
— card 341.6
— factory 1.6
— fly 398.12
— frame 11.11, 137.7
— frame, can 208.1
— frame, cap 392.5
— frame, cap — for paper yarn 486 16
— frame, Chapon's cup 209.12
— frame, demi-sec . . 226.2
— frame, double flyer . 257.2
— frame, flyer . 11.13, 138.3, 139.3, 225.3
— frame, half-dry . . . 226.2
— frame, hemp 234.4
— frame, ring 138.4, 141.16, 154.12, 341.9, 479.6
— frame, tubular cop . 208.1
— Jenny 159.5, 341.5
— machine . . . 11.11, 137.7
— machine for artificial silk 466.2, 467.6
— machine for paper yarn 484.23
— machines with stationary spindles . . . 341.4
— machines with travelling spindles . . . 343.6
— machine, asbestos . . 491.9
— machine, Camel's . . 430.3
— machine, continuous 138.2, 139.2, 341.7
— machine, Cornet's worsted 392.9
— machine, double twist 491.10
— machine, flyer 479.5, 485.1.9
— machine, mule . . . 138.13
— machine, plate . . . 488.5
— machine, ring . . . 486.7
— machine, silk . . . 429.17
— master 1.17
— master, cotton . . . 137.8
— material 6.9
— material, dirty . . . 195.6
— method 1.5
— method, continuous . 138.1
— mill 1.6
— mill for carded wool 263.7
— mill, cotton . . 1.7, 137.6
— mill, flax 209.6
— mill, hair yarn . . . 408.6
— mill, hemp 234.13
— mill, jute 234.7
— mill, mohair 409.12
— mill, worsted 364.3
— mill manager 1.12
— mule for cardings . . 343.8
— nozzle 466.7
— organ, Chardonnet's . 461.1
— paper 479.11
— paste 460.14
spinning process . . . 1.4
— process, acid 468.16
— process, intermittent 138 12, 159.4
— property, inferior . . 406.13
— quality 7.1
— solution 461.14
— solution, filtered . . 463.15
— solution, viscous . . 464.6
— start 155.4
— system, ring 138.5
— waste 398.11
— wheel 10.15, 496.21
— wheel, double . . . 11.8
spinster 10.11
spiral, descending . . . 351.12
—, gentle 561.1
—, mounting 351.11
—, steep 561.2
— bristle roller 57.11
— covering machine . . 506.14
— drawing 251.6
— fluting 240 10
— order, in 312.12
— spring 76.12
— twisting machine for pile threads 591.6
— wire rope 595.13
— wound stripping fillet 75.8
—ly arranged blades . . 309.2
—ly fluted roller, coarse 92.15
—ly, to wind 71.21
—, wood 459.1
spirit lamp 616.6
— level 362.12
splash board 225.16
splashing of the flyers . 225.15
splice 359.19, 493.21
—, eye 493.24
—, horse shoe 494.1
—, long 359.20, 493.22
—, short 359.21, 493.23
—, to — the rope . . . 493.20
splicer, rope 494.5
splicing 359.18, 493.19
— fid 494.2
— machine, leather . . 118.20
split cone 332.14
— drum 523.12, 524.6
— drum winder with positively driven spindle 524.13
— guide 482.9
—, to — the flax . . . 211.19
— -off, to — the water 302.4
splitting of the fibres . 230.16
— the flax 211.18
—, imperfect 211.20
— up the tow 220.10
spoiling of moist jute through fermentation 236.19
spongy casein 471.18
spool . . 505.9, 506.5, 523.4
— for bobbin-net machine 520 10
— of paper band . . . 485.2
—, card 520.14
—, double-flanged . . . 518.14
—, flangeless 518.18
—, friction driven . . . 522.11
—, paper ribbon 487.11
—, rope 505.5
—, sheet metal 518.10
—, single-flanged . . . 518.15
—, strand 509.12
—, two-headed 518.14
—, upright stationary hair yarn 409.2
—, winding 356.7
—, wire 509.8
— breaking device for laying machines . . 506.8
— frame 505.10
— frame, revolving . . 506.4
— frame, sheet metal . 509.7
— frame driving wheel . 505.14
— frame shaft 505.12
— frame support . . . 505.11
— reel 521.9
—, to — the silk . . . 470.12
—, to — weft 12.3
spooled silk 470.13
spooler 2.13, 4.14.15, 515.12.13
—, silk 429.3
spooling, weft 12.2
— girl 2.13
— machine, sewing thread 537.7
— wheel 521.9
spoon, sieve 418.16
— guide 111.11
spot yarn 591.18
spotted cocoon . 415.13, 436.9
— cotton 13.10
spout, oil . . . 147.11, 148.3
spray, fine 239.12
— nozzles for dividing the pulp sheet on the sieve 477.14
—, to — uniformly . . 239.11
sprayer, oil 239.14
spraying with batching liquid 239.10
— pipe 439.13
spread, to 8.10
—, to — the combed bourrette slivers . . 453.17
—, to — the cement thinly 117.8
—, to — the emery on the roller with a sieve 71.10
—, to — the long hemp 231.18
—, to — the hackled jute . 246.10.11
—, to — the paste on a slab 117.16
— out, to — the hair to dry 514.4
spreadboard 8.11, 218.4, 232.1, 246.12
spreader (worker) . . 219.10.11
— (machine) . . 8.11, 218.4
— with gill box . . . 451.5
— with porcupine rollers 451.7
—, chain bar 501.12
—, intermediate 451.3
—, long 451.4
—, short 451.2
spreading 8.9
— the long hemp . . . 231.17
— of the hackled jute . 246.9
— of the lap 86.4
— the line 217.20
— the fibre tufts . . . 450.15
— lattice 247.6
— machine 8.11
— machine, jute . . . 246.12
spring 98.8, 149.6
— tended by the raised yarn guide 528.14
— under tension . . . 106.4
—, brake 207.14, 358.8
—, buffer . . . 288.11, 290.4
—, click 173.5
—, contact 113.8
—, control 423.4
—, draw 106.3
—, flat 95.11
—, flat spiral 235.17
—, helical . . . 510.11, 607.12
—, helical — surrounding the shaft 528.13
—, laminated 279.7
—, nipper 89.4
—, plate 461.7
—, pressure 106 2, 483.3, 534.9
—, pulling-on 119.11
—, relaxed 106.5
—, roller 27.5
—, savety 95.8
—, spiral 76.12
—, tension 106.3
—, worn out 106.5
— balance 607.4
— balance for laps . . 47.12
— blade 96.4
— box 607.11
— buffer 359.1
— buffer bottom . . . 76.13
— cocoon 413.7
— holder 339.3
— hook 105.17, 529.13
— piece 358.11, 546.11
— steel 106.6
—-weighted rod 21.1
— weighted top roller . 235.14
— water 270.10
sprinkle, to 441.4
—, to — olive oil (wool) 269.8
—, to — salt 438.22
—, to — uniformly . . 239.11
sprinkled wool 317.10
sprinkling with batching liquid 239.10
— with a broom . . . 317.5
— by hand 441.6
— with soap water . . 317.3
— with cold water . . 570.5
— with a watering can 317.4
— apparatus 441.7
— roller 441.9
— table 441.8
sprocket wheel, chain . 254.1
spun, continuously . . 416.8
—, intermittently . . . 416.9
—, irregularly 416.7
—, regularly 416.6
— asbestos 491.11
— preparation yarn . . 590.3
— silk yarn 587.18
spunyarn 593.6
spur pinion 547.1
— wheel 187.15, 560.11
— wheel on back shaft 177.4
— wheel and catch plate 188.3
— wheel, back shaft — and catch box . . . 187.11
— wheel, fine pitch . . 566.14
— wheel, rim shaft . . 187.5
— wheel differential motion with double gearing 127.2
— wheel differential motion with internal toothing 126.10
— wheel friction cover . 190.8
— wheel motion, epicyclic 126.12
„spyndle, one" 564.12
square bale 15.21
— centimetre 335.9
— end 121.2
— motion comber . . . 379.4
— rope 597.9
— thread 218.11
— threaded screw . . . 252.5
—, carriage 177.12, 205.14, 351.5
squaring band 169.14
squeeze, to — the wool 279.1
squeezed-out suds . . . 279.8
squeezer rollers 478.17
squeezing out the suds . 279.3
— out the wool 288.1
— apparatus, roller . . 288.7
— arrangement 278.14
— roller 279.2, 288.9, 439.12, 485.5
stack 197.7
— of bales 17.12
— of wool in layers . . 317.7
— of wool, built-up . . 311.6
— of wool, thorough mixed-up 317.11
—, to — the bales . . . 17.11
—, to — the cotton . . . 22.9
stacked wool 311.7
stacking in layers . . . 197.6
stage for wool 294.8
—, in —s 472.10
staggered 384.2
— guiding holes . . . 105.1
— rows of bobbins . . 551.2
— teeth 30.14
stagnant moist air . . 574.16
— water 573.15
stained cotton 13.10
— wool 266.2
stainless batching oil . 238.8
stake head 497.2
stale urine 276.15
stall, batching 239.6
stamp, to — the waste silk with the feet . 440.2
stamped ring 150.2
stamping machine . . . 476.9
stand 538.3
— let-in 497.2
—, cop 612.5
—, detaching roller . . 95.13
—, roller . . 90.8, 105.4, 358.12
—, to — vertically (pirn) 529.3
standard measure . . . 598.11
— sample 13.8
— thread sample . . . 540.2
— top 374.10
— weight 598.9
— weight of hackling . 217.9
standing rigging . . . 596.20
stannous chloride . . . 457.1
— chloride solution . . 457.2
staple of cotton 14.8
—, card 67.2, 335.8.9
—, destroyed 269.7
—, different in 14.15
—, equal in 14.14
—, x —s per y square centimetres 335.8
—, to draw the 14.16
star of swift . . 566.13, 567.6
—-fluted roller 235.13
—-shaped card 520.15
— spool 520.15
— wheel . 125.10, 132.6, 134.4

starch 428.14
– paste 117.18
–ed rags 396.18
start, spinning . 155.4, 175.6
–, to – spinning . . . 155.3
– up, to – after doffing 256.13
starting coils 533.10
– end 496.16
– lever 208.11
– position 165.7, 170.16, 175.15
state of formation, in . 480.10
–, in an open 24.15
stationary can 385.1
– carriage 557.5
– feeding nippers . . . 380.12
– flat 52.6
– flat card 77.3
– spindle. 341.4
– twister. 502.14
– winding faller and counter faller . . . 165.1
Staub and Montfort's comber 99.15
–'s yarn scales 614.8
stave of swift. . 565.7, 567.4
–, wood[en] . . 285.3, 444.11
– fly 569.5
– swift 569.5
stay 497.3, 500.10
–s, carriage 345.5
– rod 89.8
steadying bracket for the beam 603.9
steam generated in the boiler 572.7
– atomiser 574.4
– boiler 227.5
– coil 298.6
– condenser pipe . . . 294.3
– condensing apparatus 294.1
– cylinder 291.12
– engine for hydro-extractor with underneath drive 291.5
– exhaust port 291.13
– heated circle 380.1
– heated drying cylinders 385.14
– heated drying range 616.15
– heating 308.7
– inlet. 571.7
– nozzle 280.12
– pipe 570.15
– supply pipe 280.11
– supply way 291.9
–, to – the cops . . . 571.3
steamer 570.18
steaming 418.2
–, by 476.6
–, vacuum 571.18
– in open boxes . . . 570.9
– with circulating current of moist air. . 573.1
– of the cops 571.2
– under pressure . . . 571.1
– the silk skeins . . . 432.13
– of yarns 569.10
– box, cop 571.4
– box, horizontal cop 571.10
– box, open 570.9
– chamber, yarn . . . 570.10
– skip with wide meshes 571.5
– waste 435.17
steel, cement 120.17
–, spring 106.6
– band 56.2.5, 331.1
– blade, adjustable . . 429.8
– brake band 347.7
– carriage 178.3
– casing 123.5
– clamp 62.5
– clip 62.5
– comb 340.10
– cover with making-up piece between cylinder and doffer . . . 79.4
– dust 339.12
– fastener 391.12
– incline 162.1
– lens 289.5
– magnet 360.11
– needle 343.4
– needle, conical . . . 241.7
– pin 404.7
– pinning 48.12
– plate 93.8
– plate with clothing riveted on 61.17
– plate, adjustable . . 429.8
– plate, perforated . . 32.4
– rings 527.18
steel roller 120.18
– roller covered with flannel 129.4
– shaft 21.4
– spike studding . . . 48.12
– spindle, oblique. . . 553.10
– tape 331.1
– tape, fixed 331.5
– tape, hardened . . . 331.4
– tape, movable . . . 331.6
– tape, travelling . . . 331.6
– tape condenser . . . 330.12
– tape divider 330.12
– traveller 150.7
– wedge 213.2
– wire 65.16, 493.11
– wire, hardened and tempered 66.4
– wire card clothing . 335.6
– wire clothing, hardened 70.6
– wire rope 596.2
steep spiral 561.2
– winding 565.14
–, to – the cordage in water 507.8
–, to – the waste silk in a soda solution . 437.10
–, to – the wool . . . 271.18
steeping the cocoons. . 418.6
– the yarn in flowing (stagnant) water . 573.14.15
–, wool 271.17
– bath. 272.14
– bowl. 272.18, 280.2
– bowl, Malard's . . . 365.6
– pan 418.9
Stein's doubling frame for spot yarns . . . 559.11
step (s. a. footstep) . . 553.3
– for the grinding roller 73.9
–, glass 544.4
–, pot 128.13
–, vertically adjustable –s 567.1
– cone 337.14
– plate 566.5.9
– pulley 348.11, 565.1
– pulley, rope 538.4
– rack 566.5
stick, wooden 440.6
– on, to 64.17
sticky leather covering 109.6
– wool. 269.14
–, to become 15.10
stifle, to – the pupa 417.8, 418.3
stifled cocoon 413.10
stifling of the pupa . . 417.7
– by steam 418.1
stiffly, to run (bobbin) 97.5
stirrer 277.4, 299.10
stitcher, tape band . . 3.18
stitching 512.2
– twine 593.2
stock of needles 86.15
– of wool 264.3
–, carding 318.14
–, hackle. 213.1
–, tumming 318.14
–, winding 206.8
stocking yarn 580.13
–s 397.14
stone lining. 376.1
stoneware vessel . . . 403.1
stool, bundling 577.12
stop . . . 132.3, 182.5, 346.3, 348.3, 524.2
– on carriage. 172.2
–, adjustable – on connecting rod 180.6
–, automatic – when an end breaks 524.3
–, buffer back –s with springs for carriage. 192.9
–, carriage 358.16
–, fixed 167.5
–, to (carriage) 164.18
–, to – the counter. . 370.12
–, to – the reel . . . 424.15
– band 549.8
– catch 182.4
– lever 209.1, 532.12
– lever, three-armed . 549.7
– lever, two-armed vertical 567.5
– motion. 504.5
– motion for doubling frames 554.3
– motion for drawing frames 110.12
– motion for reel . . . 474.1
stop motion, automatic 47.7, 535.7
– motion, automatic – on draw frame. . . 110.13
– motion, automatic full can 112.3
– motion, automatical full cop . . . 157.4, 180.4
– motion, back . . . 111.10
– motion, broken end 525.1, 532.3
– motion, Dobson and Barlow's automatic. 110.14
– motion, electric – for drawing frames . . 112.6
– motion, front. . . . 112.2
– motion, sensitive . . 534.15
– motion, sliver . . . 81.12
– motion, top roller – with spindle brake on the breakage of an end 554.4
– plate, curved . . . 153.6
– ring, adjustable. . . 346.9
– rod . 205.7, 348.14, 525.14
– rod, vertical 526.1
stoppage of the carriage 164.19
– of the doffer by hand 59.15
– of draw frames . . 110.11
– of the rollers 346.10
– when a sliver breaks 81.11, 111.9
–, automatic 59.14
–, spindle 354.7
stopping of draw frames 110.11
–, automatic – when doubling. 566.8
–, automatic – when an end breaks 430.12
– motion for inward run of carriage. 357.6
– motion, full cop . . 357.10
storage 237.1
– of the flax 210.13
–, cotton bale . . 16.14, 17.8
store, flax 210.14
–, line 217.11
–, to – the cotton 17.9, 24.15
–, to – the flax . . . 210.12
storekeeper 6.2
storeman 6.2
storing the bales . . . 17.10
– of cotton 13.2
– the yarn in damp cellars 574.11
–, cotton bale 16.14
stove, carbonising . . . 306.3, 307.6.15.16, 440.12
strafilato 586.8
straight blades 45.3
– bobbin. . . . 140.18, 519.4
– comber 376.20
– edge. 87.4, 119.1
– feed 325.13
– fibre. 6.17
– lines, in 68.14
– ribbon feed 326.8
– rope core 594.20
– set 68.13
– willow pin 313.10
straighten, to. 385.4
straightening of the fibres 101.1, 386.6
– the top 385.3
strand . . . 7.20, 493.16, 503.12
– of a cable-laid rope. 493.17
– of web. 329.8
–, evenly worked . . . 594.6
–, hemp 592.5
–, left-hand thread . . 594.4
–, left-handed 510.5
–, right-hand thread . 594.5
–, right-handed . . . 510.4
–, slack 499.15
–, x-thread. 594.3
–, tight 499.16
–, wire 594.2
–, woven-in metal . . 477.11
– bobbin. . . . 503.13, 505.3
– drag motion 504.6
– forming 498.4
– spool 509.12
–, to 498.5
strander 502.8
stranding 498.4
– machine 502.8.13
– and wire rope laying machine, combined . 509.5
strap, clearer 324.8
–, cone 28.12
–, cone drum. 43.13
strap, connecting . . . 149.5
–, divider 204.11
–, endless 214.4
–, stripper 324.8
– fork . . 95.6, 161.1, 186.4
– fork of card 324.9
– fork cam. 162.11
– fork catch 185.1
– fork latch 179.7
– fork lever pivot . . 182.2
– fork mechanism . . 205.5
– fork rod 112.1
– fork slide 324.10
– guide 43.11
– guiding mechanism . 178.10
– lever 185.2
strapping motion . . . 171.8
– motion lever 180.10
stratorto 586.9
straw 402.5, 492.16
– band 595.6
–-coloured cocoon. . . 415.1
stream of water. . . . 282.1
strength of the acid bath 303.11
– of the fibre 6.24
– of hemp ropes . . . 513.2
– of the material . . . 64.7
– of the yarn . . 10.3, 606.17
–, breaking. . . 10.4, 454.19
–, specific 606.10
–, [ultimate] tensile. . 66.11, 454.19
– test 606.20
– tester (s. a. yarn tester). 606.24
– and elongation tester 609.2.3.4.5.6.8
– testing. 606.9
strengthen, to – the lye 276.6
–, to – the thread by twisting 9.21
strengthened bath . . 276.7
strengthening, lateral – of the rib 53.11
stress, irregular tensile. 517.14
stretch 163.16
–, long 345.6
–, short 345.7
–, to – the fibres . . 100.15
–, to – the hank. . . 576.16
–, to – the rim band. 191.17
–, to – the rope . . . 513.7
–, to – the degummed silk 434.18
–, to – the snarls of the yarn 191.14
stretched by own weight 466.15
stretching the fibres longitudinally. 100.16
– the yarn 498.12
– machine, spindle band 356.4
– and polishing machine, twine 507.17
– motion. 164.12
– motion, snarl 358.3
– property 10.2, 513.4
striation, faint surface . 427.22
–, marked longitudinal 427.23
strick of fibres 8.7
– of flax . . . 212.8, 217.21
–, clean fibre. 231.10
–, hackled 218.1
–, hemp 230.5, 231.4.5
–, jute. . 235.18.19, 236.14.15.17
–, locked. 214.13
–, twisted hemp . . . 231.4
–, unfolded. 236.2
–, untwisted 236.2
– mounting device, mechanical 215.9
– screwing device, automatic 215.9
strickle, cloth 339.2
–, cylinder 70.16
– grinder, traversing . 339.1
–, grinding 70.14
–, hand 70.15
–, wood 338.20
strike wheels . . 132.3, 135.10
striking edge of the shell 203.9
– effect 31.5
– pin 259.8
– power 31.6
string 577.15, 593.10
–, hemp 593.11
stringy wool 269.15
strip of felt saturated with oil 356.1
– of needles 383.9
– of web 193.7, 203.14, 221.14, 329.8

strip, bent 62.3
—, clearing 611.13
—, closely woven longitudinal 477.7
—, comb 86.11
—, leather 64.16
—, needle. 86.11, 88.1
—, nicked 258.5
—, paper 484.10
—, paper pulp 478.9
—, perforated 282.5
—, sheet metal — with leather end 535.3
—, tin 87.10
—, toothed 312.10
—, transverse 329.10
—s, card . 194.17, 203.3, 371.4, 398.7
—s, flat — 194.18
strip table 329.15
—, to — the card . . . 75.2
—, to — the cops . . . 175.18
—, to — the flat . . . 52.8
—, to — the flat clothing 57.8
—, to — the tow from the pins 213.17
stripper . 247.11, 250.8, 327.12, 370.2, 449.8, 495.8
—, angle 323.10
—, automatic 340.19
—, card . . 4.10, 75.10, 340.8
—, clearer 321.6
—, fancy 51.13
—, hand 75.5
—, pneumatic card . . 341.2
—, roller leather. . . . 389.11
—, self-acting — for revolving flats . . . 57.10
—, tow 213.16
— bar 213.16, 245.11
— comb 320.12
— covering 248.5
— knife 409.10
— roller 29.5, 200.9
— strap 324.8
stripping the card by suction 370.13
— the card clothing . . 75.1
— the card rollers. . . 203.2
— the card wire . . 340.6.7
— the cops 175.17
— the flat 52.7, 57.9
—, double — of the fibres from the cylinder clothing 201.14
—, mechanical — of card wire 340.18
— off the bur residues. . 406.3
— apparatus for flats . 52.9, 75.11
— appliance for removing old leathers 389.11
— board, [hand] 75.5, 340.13
— boy, card 75.10
— brush 75.9.13
— comb . . 58.2, 98.1, 245.13, 260.8, 340.9, 446.6
— comb, Butterworth's receding 58.4
— comb, noil . . 86.8, 378.14
— comb, Platt's receding 58.8
— comb, tow 230.7
— fillet. 62.9, 75.7.8
— lattice 320.4
— movement of the comb 58.7
— plate 369.2
— roller . 75.12, 321.6, 341.1, 369.4
— roller, double acting 321.7
— roller, wire 57.12
— sheet 340.17
stroke 31.7
—, to — the pieced end down the spindle. . 158.16
— off, to — the filament from the brush . . 420.14
stroker 379.3
strong alkaline lye . . 464.16
— bath. 303.14
— flax 217.1
— lye 275.18
—-thread silk 426.1
— yarn. 598.18
structure of cocoons . 416.1
—, homogeneous. . . . 605.17
strut 497.3
stud 530.11
— for click 96.1
— for tension lever of the coiler driving chain 94.11
stud, case-hardened . . 55.1
—, fork. 281.7
—, lever 354.2
—, roller 59.1
—, tightening pulley . 349.11
studding, steel spike . 48.12
stuff, paper. 477.12
— chest 476.10
subsequently, to treat . 467.14
subspecies 13.6
substance, albuminous . 471.10
—, cellulose-like . . . 472.12
—, fatty 299.18, 314.3
—, gluey 471.5
—, incrusting 475.7
substitute, oil 316.12
—, soap 277.20
suck, to — (dry) air. . 31.16, 295.8
—, to — the cotton through pipes . . . 39.4
—, to — the filament through the spinneret 463.9
— off, to — the grinding dust 72.1
suction 37.8
— of dry air 295.7
— fan 259.9, 296.18
— nozzle 370.16
— pipe 370.17
— piston 470.3
— roller 392.8
— valve 470.1
sud 272.15
—, squeezed-out —s . . 279.8
— and dirt collector . 279.9
suffer, to — from carbonisation (colours) . . 403.4
sufficiently, to loosen . 21.7
sugar press cloth shoddy 407.11
— twine 593.3
suint 272.1
— water bowl 365.8
suinter 300.3
—, washed 300.5
— gas 300.6
suit, to — the distance of creel brackets to the length of the bobbin 127.9
suitable for milling . . 606.6
sulphate of lime . . . 310.6
— of manganese . . . 401.16
— of potassium 272.10
— of soda 309.16
—, aluminium . . 303.9, 465.15
—, ammonium 469.8
—, copper 458.23
—, ferrous 469.12
—, magnesium 465.11
—, sodium . . . 303.6, 483.14
sulphide, insoluble iron 469.16
—, metallic 469.17
sulphite method. . . . 479.10
— pulp 475.6
sulpho-olein. 238.10
sulfo-oxy-acid 457.20
—-sebacic acid 458.1
sulphovinic acid. . . . 462.13
sulphur. 434.19
— dioxide, gaseous . . 460.9
sulphuric acid. 302.19
— acid bath . . 302.18, 440.10
— acid contents of crude oleic acid 315.6
— acid, diluted . 303.1, 438.12
— acid, ethylic 462.13
— ether 71.13
sulphuring chamber . . 434.20
sulphurous acid . 300.7, 434.21
— acid, gaseous . . . 460.9
sun flower oil. 314.17
— wheel 126.3, 134.11
Sunn hemp 492.7
superfluous acid. . . . 304.18
superimposing the web [in layers] . . 325.1, 326.4
superposed cylinders with radial pins. 243.18
superposition of web . 326.3
supple thread 539.21
suppleness, to produce . 483.16
supplier, cotton 28.2
—, wool 319.12.13
supply pipe, steam . . 280.11
— way, steam 291.9
support 132.11
—, bushed — for end of tin roller shaft. . . 192.8
—, creel 395.1
—, guide 361.8
—, roller bearing . . . 105.5
support, spool frame . 505.11
supported by each other (fibres) 8.20
— in slides 20.13
supporting bracket 54.9, 55.2
— disc, flat. 56.14
— runner for the hurdle carriage 307.11
surface of card clothing 338.9.10
— of fibre 6.20
— of fracture 10.6.7
— of the rope 507.4
— of stripper 409.11
— of the yarn 9.23
—, carding 58.13
—, cooling 295.1
—, friction 185.7
—, grinding 202.14
—, ribbed. 333.12
—, rubbing 332.9
—, winding 155.6
—, working 60.14, 61.3, 152.3, 323.14
— friction of the fibres . 6.22
— grinding 67.12
— speed 102.15
— speed, constant . . 516.10
— speed, higher . . . 323.3
— speed, increasing . . 21.2
— speed, variable . . . 163.9
— striation, faint . . . 427.22
— water 270.4
surplus of power consumption by thick oil 148.11
suspended bobbin carriage 503.14
— lattice skip 304.2
— lever 181.13
— matter. 270.24
— weight 499.3
sweat, to (cotton) . . . 15.9
sweater, woollen . . . 397.15
sweating of the hemp in the bale 228.11
Swedish pound 601.8
sweeper 3.20.21
sweepings, oily 194.20
swell, to (wool) 284.2
swelling of the wool. . 284.3
—, knot-like 411.18
swift 51.2, 199.11, 321.3, 369.17, 566.1
— below 526.8
— dropping vertically . 566.2
— falling-in lengthwise. 566.3
— falling-in vertically . 566.2
— covered with steel pins 404.7
—, braked 522.13
—, cane 569.6
—, drop motion 567.3
—, first. 322.1
—, hexagonal 565.5
—, ordinary. 614.9
—, stave 569.5
—, toothed 197.10
— shaft 567.7
swing 133.3
—, compensating . . . 133.5
—, five-wheel 133.4
— arm 391.11, 537.10
— carrier 136.12
— fork 281.9
— lever . 125.6, 131.7, 180.10
— rake 278.10
— spindle rail. 391.8
— tow 219.13
swinging back of the scale pan 320.7
— bar 381.3
— cone. 528.7
— knife lever 603.8
— movement of the quadrant 350.17
swingle, to — the hemp 495.3
swingled flax 209.13.15
swingler 495.8
swingling of hemp. . . 495.1
— tool 495.5
Swiss count 600.3
switch (hackle) . 213.7, 495.16
switch 158.7
— fork 158.6
swivel 567.9
— pin, nipper. 89.5
swivelling needle bar . 383.3
symmetric heart cam . 551.12
syphon 362.3
Syrian raw silk 426.13
syringe, oil 239.14
systems, numbering . . 599.11

T

table with clamps . . 445.5
—, creel 139.6, 394.13
—, delivery 288.10
—, feed . . 27.1, 111.2, 221.5, 287.13, 405.5, 443.14
—, press 445.5
—, reversing 448.4
—, revolving . . 439.11, 442.3
—, sheet metal 365.10
—, sliver 90.12
—, sprinkling 441.8
—, strip 329.15
— creel for single roving 142.2
tachometer 360.10
tack 338.4
tackle board 500.8
tail end of the tuft 82.14, 92.13
— hair, horse 493.2
tailors' cuttings 397.18
— clippings 397.18
take, to — out of gear 346.12
—, to — the hank from the reel 424.16
—-off, to — the hank . 610.14
—-off, to —the tuft . . 445.16
—-out, to — the noils . 446.7
—-out, to — a sample . 298.9
—-up, to — the collodion filament with tongs 461.5
—-up, to — moisture . 217.14
—-up, to — the tension 151.2
taking-in of carriage. . 557.13
— band . 169.12, 181.7, 206.7, 359.5
— control lever 179.4
— friction . . . 161.6, 349.13
— friction lever 183.5
— motion. . . . 161.5, 349.7
— scroll 169.10
taking off the tuft. . . 445.17
taking out the noils. . 380.3
taking up of the traveller tension by a guiding disc. 151.1
taker-in . 51.1, 77.13, 199.4, 319.20, 406.1, 444.1
— cover 78.3
— grid 78.1
— waste chamber . . . 78.6
takle, lifting 304.3
talc 253.3
tallow 428.12, 484.4
—, Russian 359.13
—-like wool grease . . 274.8
— soap 310.5
tambour-work yarn . . 580.15
tandem order, in the . 104.3
tangential yarn tension 155.11
tank 281.4
— filled with peat dust 299.11
—, agitating 476.10
—, concrete 437.16
—, decomposing 300.1
—, feed. 423.11
—, oil 241.9
—, settling 299.19
—, softening 317.2
—, water 241.8, 294.2
—, wrought iron . . . 286.1
tap, glass. 466.5
—, three-way 371.1
tape driven spindle . . 502.2
—, crossed leather —s . 330.9
—, divider 204.11
—, leather 203.12
—, rubber 477.6
—, steel 331.1.4.5.6
— band stitcher 3.13
— condenser . . 203.13, 330.7
— divider. 203.13
— divider, leather . . . 330.7
— divider, multiple . . 330.11
— divider, single . . . 330.10
taper bobbin . . 141.1, 519.2
— rope 594.11
—ed cheese 523.10
—ed end 519.3.7
—ed at both ends (spindle) 145.8
tapestry yarn 585.6
tappet 350.2
— on cam shaft. . . . 346.2
— wheel 74.8
tar. 484.7
— rich in resins. . . . 508.1
—, coal. 508.2
—, highly resinous. . . 508.1
—, mineral 508.2
—, vegetable 507.20

tar, wood 507.20
— colour 16.8
— saturated rope . . . 508.19
— soaked thread . . . 508.15
—, to — in the hot state 508.23
—, to — the hemp yarn 508.14
tarred hemp yarn . . . 508.16
— oakum 492.11
— rope 508.18
tarring 507.18
— cold 508.24
— hemp yarn 508.13
— in the rope 508.20
— in the yarn 508.17
tare, actual 17.3
—, x per cent. 17.2
Tatham guide 105.2
tear, to — the layers of fibres 21.6
—, to — the jute asunder 243.2
—, to — the long jute into tow 244.8
—, to — the silk rags into fibres 456.8
—, to — the wool fibre 310.16
—-off, to — the points of the strick 216.9
—-up, to — the ends into fibres 404.4
—-up, to — rags 403.10, 404.2
tearing the ends into fibres 404.3
— without oil 403.14
— the rags asunder by hand 403.9
— the wool fibres . . . 369.6
—, dry 403.15
—, wet 403.18
— cylinder 244.10
— machine for greasy wool 268.1
— machine, dry rag . . 403.17
— machine, wet rag . . 404.1
— machine tenter . . . 403.12
—-up roller 406.1
teaser (teazer) . 311.11, 405.10
—, jute 244.9
—, open 220.14
—, shoddy 403.12
teeth, hackling 229.8
—, porcelain 536.5
—, pyramidal 240.14
—, ratchet 177.11
—, staggered 30.14
temperature of air . . 293.8
— of washing liquor . . 275.15
— of water 269.19
—, average 293.9
—, carbonising 306.5
—, drying . . . 293.5, 417.13
—, low 572.6
—, mean 293.9
— differences 293.17
tempered air current . 574.18
— steel wire, hardened and 66.4
temporary flax store. . 210.15
— hardness 269.22
ten (hackle) . . 213.6, 495.15
tenacious cement . . . 117.12
tenacity 66.14
tended spring 528.14
tendency to kink . . . 569.13
tensile breaking strength 513.8
— strength (ultimate) . 10.4, 66.11, 454.18
— stress, irregular . . 517.14
tension in the roving . 125.2
— of the rubbing leather 332.12
— of the traveller . . 151.2
— of the web . . 326.20, 327.2
— of the yarn by means of the counter faller 557.12
— in the yarn when winding 140.6
—, balloon 152.15
—, chain 351.3
—, high 552.2
—, maximum 454.17
—, tangential yarn . . 155.11
—, uniform — of the spindle bands . . . 391.9
—, winding — of the yarn 168.8
— bar 337.9, 340.14
— bar, bottom 344.12
— block 41.6
— bowl, yarn 526.12
— bracket 344.11
— device, adjustable. . 526.9
— device, preliminary . 536.7
tension device, yarn — with porcelain teeth and guide roller . . 536.5
— lever 94.12
— motion, quadrant chain 351.4
— pins 356.5
— pulley . . . 157.11, 353.7
— pulleys for the tension thread 511.11
— rod 208.6
— roller for tapes . . . 204.3
— screw 340.16
— spring 106.3
— tester 609.7
— thread 511.8
—, in (under) . . 164.9, 244.5, 470.16
—, to — the web . . . 327.3
tenter, card 4.6
—, comb[er] . . 81.15.16, 83.2, 375.6, 376.13
—, cotton drawing-frame 100.17
—, devil 197.3
—, drawing-frame . 2.3, 371.9
—, fly-frame 2.7
—, hard waste breaker. 197.14
—, intermediate fly-frame 2.9
—, jack-frame 2.11
—, opener 22.8
—, ring-frame 2.18
—, roving-frame 2.10
—, sliver lap machine . 2.4
—, slubbing-frame . . . 2.8
—, tearing machine . . 403.12
—, tow 213.12
—, willow 197.3
tentering of the ring frame 158.11
tepid 60.10
— soda solution . . . 309.18
test, batching oil . . . 238.21
—, control 614.5
—, elongation 608.15
—, moisture 615.17
—, strength 606.20
— balance . . . 603.2, 613.6
— label 602.19
— lea 562.21, 602.15
— reel 602.14
— reeling 610.10
—, to — the contents . 303.12
—, to — by weighing . 612.10
—, to — the yarn . . 605.2
tester, elongation 513.16, 603.18
—, evenness 610.2.3.4.7
—, Rieters oil 149.1
—, roller 120.3
—, show board 610.2
—, strength 605.24
—, tension 609.7
—, torsion 432.4
—, twist 432.4
—, yarn 606.24, 607,2.3.4.5.6.7.8.9.10, 608,5.6.7.11
testing 563.3
— of the hanks on the peg 542.12
— the mixing 19.5
— for moisture of yarns 615.3
— the percentage of noil 100.2
— for regularity. . . . 609.9
— of wire 66.10
— the yarn by the look 610.1
— the yarn for twist . 610.8
—, rope 513.1
—, strength 606.9
—, yarn 605.1
— balance with ordinary swift 614.9
— and cleaning reel for silk 568.4
— house 616.4
— machine, roller . . . 120.3
— machine, rope . . . 513.12
— method, wire . . . 66.21
— oven for moisture . . 616.5
— and percentage balance 614.14
tetrachloride of carbon 297.21
textile thread-like condition of paper yarn 475.8
textiline paper yarn . . 589.5
textilite paper yarn . . 589.4
textilose 480.8
— paper yarn 589.3
thermal unit 293.7
thermometer, mercury . 616.7
thermostat, automatic . 616.16
„Thibet" yarn 583.1
thick oil 148.11
— place in sliver (yarn) 101.20, 159.1, 454.10
—-walled cocoon . . . 416.14
thickening of cop bottom 174.8
—, knot-like 411.18
thickness of the feed . 41.14
— of lap 32.9, 325.8
— of the paste 117.14
— of the thread 421.7, 517.6
— of wire 66.16
— of yarn 10.1
—, irregular . . 411.13, 428.18
Thiele's spinning apparatus 466.13
thimble 494.3
thin liquid condition. . 463.10
third quality yarn . . 579.14
thread . . 9.18, 350.15, 535.5, 599.10
— (false organzine) . . 586.13
— (turn of reel) . . . 562.23
— with left hand twist 540.12
— spun and twisted in the same direction . 540.8
— with right-hand twist 541.2
— of x metres 599.9
— of x yards 599.8
—s being wound . . . 424.14
—s wound on the shaft 196.12
—s wound together . . 12.9
—, binding 561.16
—, border 582.17
—, cabled 539.15, 580.11
—, core . . 559.3, 561.15, 591.4
—, cork screwed . . . 539.20
—, doubled 539.14
—, dull 580.9
—, durable 9.22
—, fancy 559.4
—, firm 539.23
—, flax 581.19
—, fluffy double . . . 425.8
—, foundation 591.4
—, gassed 455.13
—, glacé 580.7
—, ground . . . 559.3, 591.4
—, hard 539.22, 605.22
—, hard finished flax . 581.14
—, harness 581.21
—, heddle 581.21
—, hemp 582.4
—, knotty silk 425.16
—, lace 581.23
—, left-hand[ed] . . . 240.13
—, left-hand twisted — from right-hand twisted yarn . . . 540.7
—, linen 581.19
—, medium hard . . . 606.1
—, mohair loop 562.1
—, over-twisted 541.8
—, pack 592.16
—, pile 591.5
—, right-handed . . . 240.12
—, screw 252.6
—, sewing . . . 580.8, 581.22
—, silky 581.20
—, singed 455.13
—, single 133.15, 515.4
—, skeining 564.1
—, smooth 539.24
—, soft 539.19, 606.2
—, square 218.11
—, supple 539.21
—, tar soaked 508.15
—, tension 511.8
—, three-ply 593.5
—, twisted 539.14
—, twisted whilst looping the holder 554.1
—, two-ply 593.4
—, uneven 540.1
—, x-ply 539.16
— board 143.13
— cleaning apparatus . 536.6
— clearer, cloth . . . 429.5
— clearer, plush . . . 568.5
— clearer, steel . . . 429.7
— core 589.8
— covering machine . . 520.7
— entanglement . . . 425.14
— extractor 196.5
— guide 143.12, 523.3.9, 534.13, 538.8, 611.3
— guide with variable lift 551.15
— guide, pivoted . . . 208.7
— guide, regulating . . 486.14
— guide, revolving . . 531.1
— guide, traverse . . . 474.8
thread guide, traversing 143.14, 522.3, 536.12
— guide, wire 545.8
— guide adjusting bar . 538.1
— guide lappet, steel . 554.13
— guide plate 523.15
— guide plate with three slits 559.10
— guide wire 143.15
— lappet 391.1
— loop 425.14
— picker 196.5
— plate, adjustable . . 226.3
— rail 142.8
— reserve 145.13, 156.10
— spirals, descending . 551.15
— spirals, rising 551.14
— wire 257.10
—, to — the rove by hand 130.3
three-armed lever 178.11, 179.10, 549.7
—-card set 319.2
—-fold rope 596.15
—-phase current motor 157.13
—-ply rope 596.15
—-ply thread 593.5
—-rib set 69.4
—-strand rope 594.15
—-strand twine 593.5
—-way cock 371.1
third passage of drawing 103.14
thorough blending . . . 310.19
— mixed-up stack of wool 317.11
— mixing [of the sprinkled wool] . . 317.10, 318.8
throstle, flyer . . 11.13, 138.3
—, ring 138.4
— frame 341.7
— spindle, Gessner's . 341.8
throttle valve 297.3
through-tube, paper . . 356.8
throw of head 214.7
—, to — the bits back on to the feed table 404.14
—, to — the wool out . 322.9
— off, to — the superfluous acid by a hydroextractor . . . 304.20
— off, to — the fibres . 323.5
— out, to — the water particles from the wool 288.14
thrower, silk 412.15
throwing, silk 428.2
— machine silk 431.14.16, 432.1
thrown silk . . 431.8, 586.5
— out liquid 288.15
throwster 412.15.16
thrumb 152.13
thrums 398.20
ticket showing quality . 235.5
—, bale 16.9
— board 235.6
—, to — the bought bundles 210.4
tie, iron 16.11
—, jute 235.4
—, sack 593.9
— cutter (bale) 18.4
—, to — the ends of filaments 421.11
tied fleece 264.16
—-up bundle of flax . . 210.5
tight chain 152.6
— closing (rope work) . 501.6
— strand 499.13
— yarn 140.8
tighten, to — the brake 347.9
—, to — the chain . . 351.2
—, to — the lattice . . 41.2
tightener, chain 40.5
tightening of the chain 351.1
—-up the bands 359.17
— arrangement for washed rubber leathers . 332.13
— bracket 40.1, 41.5
— motion, backing-off chain 179.11, 184.1
— pulley 144.15, 353.7
— pulley arm 349.9
— pulley stud 349.11
— roller 98.6
— screw 344.10, 349.12
tightness of winding . . 155.9
timber foundation . . 290.6
timing cam 179.3
tin, pin 86.12
—, top lap 89.11
— bobbin 453.13

tin can 76.16
— conductor 250.13
— dish feed 377.4
— drum gauge 362.10
— plate shaft 566.11
— roller 144.8, 248.2, 555.15, 557.8
— roller, balanced 144.16
— roller band 192.4
— roller bearing in the carriage 192.6
— roller bearing, self-lubricating 145.2
— roller brake 192.11
— roller pulley 353.6
— roller shaft 162.14, 173.3, 206.4
— roller wheel 555.12
— strip 87.10
— tube 139.8
tinged cotton 13.10
tinned iron wire 493.9
— steel wire card clothing 335.7
tint 194.7
tip of the card tooth 336.1
—, boxwood 128.10
—, hard wood 128.9
—, metal 146.2
—, spindle 146.1
tipping lever 254.8
tipple 218.1
— box 215.13
tissue, cellular 237.9
titrate, to — the silk 601.11
titration of silk 601.10
—, international 601.12
—, new Lyon's 601.13
titre, American 602.4
—, coarse 602.5
—, conditioned 602.9
—, decimal 601.15
—, degummed 602.8
—, fine 602.7
—, French 601.19
—, international 601.15
—, Lyon's 601.18
—, Manchester 601.20
—, medium 602.6
—, Milan 602.3
—, old Milan 602.2
—, Piedmont 601.17
—, silk 601.14
—, Turin 601.17
—, Vienna 602.1
— balance 603.2.3
titreing process 602.13
to-and-fro moving carriage 233.3
toggle lever 450.7
Togolina yarn 579.6
tolerance 616.1
tongs 461.6
—, riveting 61.12
tool, ending 110.7
—, backle 214.8
—, hand 212.20
—, rougher's 213.5
—, turning 337.3
— rack 362.4
— rest, adjustable 202.16
tooth, coarse 406.8
—, cylinder 30.13
—, fluting 116.12
toothed clamp, Deiß's 62.8
— circular knife 478.5
— coupling 182.12
— feed roller 313.5
— fluting 241.3
— gun metal quadrant 94.6
— opening cylinder 48.7
— part 531.12
— pulling roller 20.9
— quadrant 94.5
— quadrant segment 350.13
— ring 369.3
— roller 259.14
— sector 94.5, 152.8
— segment 360.17, 547.2
— segment for return motion of the lacer 511.6
— sleeve 531.4
— strip 312.10
— swift 197.10
— wheel for driving rollers and carriage 162.12
toothing of mangle wheel, inner (outer) 256.10.11
—, internal 126.10
—, quadrant 170.11
—, skew bevel 343.2
top 8.1, 82.3, 374.7
top of the bobbin 155.1
—s of flat 61.2
— of the wire, ground flat 335.18
—, bleached 374.13
—, blued 386.2
—, coloured 374.12
—, flyer 130.6
—, hand combed 374.8
—, hinged 208.2
—, laying 505.4
—, machine combed 374.9
—, mohair 409.14
—, printed 374.16
—, ramie 262.8
—, ropemaker's 499.6
—, silk 446.9
—, spindle 130.4
—, standard 374.10
—, white 374.11
—, woollen 279.5
— bar 578.1
— cage, (second) 33.10.17
— calender roller 90.10
— carrier wheel 136.4
— clearer 95.12
— comb 85.8, 90.1, 92.12, 378.5, 381.2, 382.5
— comb, circular 379.5
— cone 149.3
— cone of cop 167.11
— cone drum 136.7
— cone drum end wheel 136.1
— cone drum wheel 135.11
— creel board 394.10
— detaching roller 93.2
— drum 406.4
— end 218.2
— end of flax 211.8
— end of tuft 445.13
— lap tin 89.11
— lever 230.10
— nipper 84.10, 89.16, 99.6, 377.9
— pressure roller 253.2
— roller 85.11, 115.7, 142.9, 486.12
— roller covered with hemp rope 279.4
— roller covered with woollen top 279.5
— roller with nick 546.2
— roller, back 142.11
— roller, elastic 115.9
— roller, spring-weighted 235.14
— roller, weighted 502.12
— rollers, saddle-weighted 143.10
— roller nip 107.6
— sheet roller 214.10, 245.9
— twist wheel 555.10
— waste 398.10
Topham's apparatus for spinning the viscose 470.4
topmaking 384.8
topping the flat 61.4
— and tailing 213.8
— and tailing the hemp 496.2
torn-up hosiery 396.2
— material 402.6
— rags 403.11
torsion tester 432.4
total draft 101.10
touch, finishing (card wire) 340.3
tough wool grease 274.8
Tournay yarn 584.21
tow 8.8, 496.12
— of head ends 220.4
— of root ends 220.3
— from coarse hackled hemp 232.5
— from fine hackled hemp 232.6
—, carded 220.8
—, coarse hackled 219.16
—, combed 222.10
—, dark coloured flax 220.5
—, flax 212.13, 492.10
—, greased 232.7
—, hackle 212.12, 220.9
—, hackling machine 220.1
—, hand scutching 219.14
—, hemp 232.3, 492.4
—, jute 258.11
—, machine 220.1
—, rescutched 219.15
—, rougher's 219.16
—, scutching 219.13
—, sorter's 220.2
—, swing 219.13
tow box 214.1, 229.12
— boy 213.12
— catcher 213.15
— comber 222.7.8
— combing 222.5
— combing machine, Heilmann's 222.9
— doffer 230.6
— doffer comb 230.7
— hackling 211.16
— hand 216.2
— mixing 220.21
— oil 220.22
— opener 220.14
— rope 596.13
— roving 224.13
— roving frame 224.12
— shaker 220.11, 258.13
— shaking machine 220.11, 258.13
— sorter 216.3
— spinner 225.1.2
— stripper 213.16
— stripping comb 230.7
— tenter 213.12
— yarn 581.7
— yarn, dark 581.15
tower, filtering 271.16
—-formed carbonising stove 307.15
trace 594.9
traction rope 596.7
train of wheels 133.3
— oil 315.2
tram 431.10, 586.11
—, coarse 586.12
transfer, to — the lap with the fibres lying in a crosswise direction 325.17
transference arrangement 326.13
transferring rollers 322.2
transformation of the lap into slivers 451.11
transmission rope 597.1
transparent cocoon 416.16
— silk fibre 428.1
transport of the bales 17.5
— of the bundles to the spinning mill 210.11
—, automatic — of the web 198.14
transverse fibre feed 198.16
— strip 329.10
trapezium-shaped rope 597.10
travel of carriage 164.10, 345.1
—, to — in the opposite direction 57.5
—, to — in the same direction 57.4
—, to — upwards 297.2
traveller 137.20, 150.6, 500.1, 502.15, 552.3
— for dry doubling frame 552.7
— for wet doubling frames 552.6
—, brass 150.8, 226.10
—, bronze 150.9
—, double armed 150.13
—, dragging 141.18
—, ear-shaped 552.8
—, heavy 150.11
—, light 150.10
—, steel 150.7
— clearer, single 150.16
— friction 552.4
— guide 532.3
— needle 392.3
— ring with steel fastener 391.12
— tension 151.1
travelling carriage 557.4
— carriage scavenger 395.2
— cloth clearer 108.12
— copping rail 190.11
— creel 557.3
— fancy sleeve 323.6
— frame 328.1
— lattice with automatic reversing gear 40.7
— lattice, endless steel 365.9
— lattice, upper 296.9
— lattices 22.3, 575.14
— lattices running in opposite directions 23.3
— lattices running in the same direction 23.2
— leather hose 93.3
— nose 181.14
— platform 572.16
— rack on carriage 190.13
— roller 201.3
travelling scavenger 193.3
— shaper rail 190.12
— spindle 343.6, 557.14
— steel tape 331.6
traverse of the ring rail 151.4.5
— of rubbing leathers 334.3.4
—, increasing 334.2
— guide 129.6, 142.8
— guide fork 129.8
— guide rail 565.9
— lever 537.12
— motion 72.4, 129.6
— motion, additional 582.1.2
— motion, double 129.10
— motion, longitudinal 109.1
— motion, variable roving 144.1
— movement, axial 72.3
— thread guide 474.8
—, to — on the roller bosses (rove) 129.9
traversing condenser roller 204.5
— guide bar 529.10
— guide rod 473.7, 537.11
— motion, axial 517.1
— shaft 339.5
— side grinder 72.13
— strickle grinder 339.1
— thread guide 143.14, 522.3, 536.12
tray 328.2, 575.9
treadle 234.1
— board, foot 11.6
— lever 357.9
— wheel with double driving band 11.4
— wheel with single driving band 10.13
treat, to — the filament subsequently with a lye 467.14
—, to — the flax tow on the breaker card 221.1
—, to — the various parcels of flax separately 212.5
—, to — the waste silk with an alkaline liquid 437.3
—, to — the wool by perforated troughs 283.14
treating the suds 299.5
— with sulphurous acid 401.11
treatment of the press rollers 389.9
— by steam 418.2
—, alternate cold and warm 573.4
—, careful 38.4
treble-grooved laying top 499.6
— grooved rim band arrangement 192.2
trebled organzine 431.12
tress, boiled 514.12
—, hair 514.10
triangular dust bar 36.5
— rope 596.4
— strand wire rope 595.15
— wiper 455.11
— wire 66.1
tricot, woollen 397.16
trim, to — the card wires 339.14
—, to — the end of the lap 41.9
trimming yarn 580.13
— -up deformed card wires 339.13
trimmings 400.12
trolley, bale 17.7
trough 543.8
— of the hackling machine 214.6
— for liquid 482.4, 486.10
—, circular — with wood lining 231.2
—, continuous 558.1
—, covered hot water 225.14
—, damping 481.4, 485.3
—, feeding 89.15, 284.6
—, lap feeding 93.4
—, moistening 481.4
—, movable oiling 317.14
—, perforated 283.14
—, press 283.15
—, reeler's 422.16
—, water 242.6, 542.10
truck, bale 17.7
—, skip 361.19

true in circumference, perfectly 78.12
— silk 410.5
—, not 107.8
— up, to — the body of the roller 203.1
trumpet 111.7
trunk, dust 27.10, 38.12
—, feed 28.14
truss of flat 212.8
—, hemp 496.13
tub, scouring 433.1
tube 72.10, 145.5.12, 392.6, 503.6, 527.16
— of spindle, movable inner 146.6
— to test level of roller beam 363.8
—, bobbin 139.8, 188.13
—, caoutchouc 466.4
—, capillary 461.2
—, conical 518.13
—, cop 175.19
—, cylindrical paper 518.12
—, flyer 547.15
—, glass 608.10
—, glass capillary 467.7
—, hardwood 124.6
—, impregnated paper 149.9
—, lap 249.7
—, leather 115.15, 118.12
—, light paper 124.8
—, longitudinally wavy 473.4
—, metal 356.12
—, oil 95.4
—, paper 124.5, 175.19, 518.11
—, perforated brass 124.7
—, pirn 530.18, 531.8
—, revolving 342.14, 343.4
—, revolving twisting 341.12, 343.3
—, sheet metal 97.2, 124.3
—, short 356.9
—, short plain 515.14
—, tin 139.8
—, water conducting 461.3
—, wooden 124.4, 356.10, 567.15
— chamber 361.9
— magazine 361 8
— yarn 583.13
tubing apparatus 175.20, 361.2
tubular block 342.14
— boiler 296.3
— cop 520.3
— cop spinning frame 208.1
tucking-in apparatus 46.5
— board 46.6
tuft 25.13, 375.9.10.11
— of cotton 82.10
— of silk fibres 444.8
— of wool 375.8
—, fibre 49.16, 445.12
—, silk 445.8
—, wool 318.7, 378.1.8
—s pieced together 383.11
—s, to lie together in 14.7
tufted fracture 10 7
tumble out, to (skewer) 128.18
tumbling out of the skewer 128.17
tungstate of sodium 464.3
turbine 97.13
— shaft 97.10
Turin pound 601.7
— titre 601.17
Turkey red oil 238.9
tumming stock 318.14
turn of cam shaft sleeve half a revolution 177.2
turn of the flyer 130.10
— of the reel 563.17
—, spindle — during outward run of carriage 164.3
—s of spindle per minute 123.7, 137.15
—s, two — for one revolution of the spindle 554.2
—s, x — to the metre 431.2
—, to — intermittently 342.4
—, to — the knots over 576.4
—, to — the pieces during hackling 215.2
—, to — the strick whilst drawing out of the hackle 216.10
—, to — to resin (oil) 459.4
—-off of the card 318.12
—-up, to — the body of the roller 203.1
—-up, to — the roller 337.2
turner, wheel 494.11
turning of the spindles at an increasing speed 347.17
— clockwise 541.13
— counter-clockwise 541.14
— inwards 543.8
— outwards 543.6
— the strick 216.11
—, intermittent — of the condenser bobbin 342.3
—, spindle — with uniform speed 123.8
— moment 149.7
— tool 337.8
— back motion for the flyers 505.7
— out the noils 380.3
— up apparatus, grinding and 405.8
turpentine 117.19, 462.16
— oil 314.23
tussah schappe yarn 587.22
tussur silk, Chinese 410.8
Tweedale's differential motion 126.11
— fastening of card sheet with bulged clamps 62.6
tweezers 86.10
twill cloth 64.24
— set 68.15
twin cocoon 414.12
— doubling spindle 553 9
twine 518.3
— natural colour 592.17
—, binder 592 15
—, binding 592.16
—, bleached 593.1
—, cable-laid 593.10
—, common 592.17
—, heald 581.21
—, hemp 512.7
—, medical 593.1
—, packing 577.15, 592.16
—, stitching 593.2
—, sugar 593.3
—, three-ply 593.5
—, three-strand 593.5
—, two-ply 593.4
—, two-strand 593.4
—, unbleached 592.17
— ball 593.7
— box 577.16
— factory 494.14
— layer 502.8
— laying machine 501.14, 502.8
— reel 593 8
— roll 593.8
— stretching and polishing machine 507.17
— twister 501.14
— twisting machine 501.14
—, to 12.11, 539.5
twiner 12.12
— with moving creel 557.3
— with travelling spindles 557.14
—, mule 557.1
twining 12.10, 539.1
twist 9.4, 498.8
— in opposite direction 509.2
— in same direction 509.3
— of spinning and doubling in opposite directions 540.5
— of spinning and doubling in the same direction 540.4
— put in as the carriage runs out 164.4
— per stretch 207.7
—, additional 498.6, 506.2
—, actual 154.6
—, bourrette 588.4
—, clockwise 541.1
—, counter-clockwise 540.11
—, critical 9.9
—, excessive 501.7
—, extra hard 541.6
—, false 9.7, 204.1, 331.10.11
—, fancy 589.13
—, final 154.4
—, flake 591.16
—, hard 138.8, 431.6, 541.5
—, left-hand 540.11.12
—, loose 431.5
—, medio 380.4
—, mule 138.21
—, permanent 9.8
—, purse 586.19
—, regular 431.1
—, right-hand 541.1
twist, schappe silk 587.21
—, sewing 580.8
—, slight 431.5
—, soft 138.19, 170.5, 541.4
—, uniform 431.1
—, victoria ondee 584.13
—, water 138.11, 580.2
—, worsted 584.11
—, to give 9.5.6, 153.15, 154.1, 429.16
—, x —s to the metre 431.2
— carrier wheel, bottom 555.13
— carrier wheel, top 555.14
— change wheel 134.3
— constant 154.8
— cop 154.13
— counter 9.11
— latch 207.6
— motion 207.4, 348.3
— motion lever 186.6
— motion shaft 190.1, 348.4
— multiplier 9.2
— regulator 348.3
— tester 432.4
— wheel 186.9, 207.5
— wheel, bottom 555.11
— wheel, top 555.10
—, to 8.21, 12.11, 498.14, 539.5
—, to — in a clockwise direction 153.15
—, to — in a counter-clockwise direction 154.1
—, to — in the opposite direction 540.6
—, to — the fancy thread (ground thread) 560.3
—, to — the ends together 422.9, 539.4, 591.15
—, to — the fibres together 8.19
—, to — the hawsers together 501.2
—, to — a loop 496.17
—, to — loosely 431.4
—, to — a rope 500.4
—, to — the silk 430.16
—, to — the strands 499.13.14, 505.1
—, to — the thread whilst looping the holder 554.1
—, to — the threads together by hand 431.13
—, to — the threads slightly during winding 430.9
—, to — and wind on the yarn in the same direction 154.3
—, to — the yarns into a strand 498.5
— in, to — cut ends 562.2
twisted cordage manufacture 494.13
— hemp strick 231.4
— rope ware 592.2
— jute strick 235.19
— thread 539.14
— together (slivers) 387.6.7
— waste sorter 4.4.5
— wire rope 595.13
— woollen yarn 583.15
— yarn 12.13, 539.14
— yarn waste 398.17
—, hard 9.20
—, loosely 9.19, 541.3
twister 5.7.8, 12.12, 498.17, 539.6.7, 542.14
— for small work 498.18
— for waste silk 549.4
—, cotton 539.8.9
—, flyer 501.15, 545.5, 548.9.10
—, heavy 549.12
—, hemp 539.10.11
—, loop yarn 561.14
—, rope 494.9
—, stationary 502.14
—, twine 501.14
—, wool 539.12.13
— bobbins 550.3, 551.5
— spindle 550.2
twisting 12.10, 345.12, 539.1
— the artificial silk 474.2
— of the ground thread 561.12
— at the head 159.11, 164.16, 343.15, 557.11
— during the outward run 345.13
—, hard 8.24
—, intermittent 557.2
—, loose 8.23
—, silk 430.15
twisting appliance for artificial silk 474.3
— block 342.14
— bobbin 474.4
— cap 487.9
— head 342.12
— hook 499.12, 503.4, 504.9
— hook frame 504.14
— flyer 546.4
— frame 12.12, 542.14
— frame, one-sided jute 549.11
— frames, flyer 545.5
— frames, ring 550.5
— frames, water 542.15
— machine with several rows of bobbins one above the other 474.9
— machine for pile threads, spiral 591.6
— machine, twine 501.14
— point 165.8
— spindle 546.3
— tube, revolving 341.12, 343.3
twitch nick pulley on quadrant centre shaft 171.10
two-armed lever 183.9, 487.17
—-bladed beater 40.11
—-card set 198.11, 319.1
—-card set with parallel fibre feed 199.8
—-doffer card 322.3
—-headed spool 518.14
—-height porcupine creel 551.1
—-ply thread 593.4
—-rib set 69.3
—-sided doubling frame 543.2
—-sided rectilinear comber 83.11
—-strand twine 593.4
tying the jute bales 235.3
type of bobbin 153.7
— of card 319.8
— of spindle 145.3
—s of carding engines 77.1
—s of rags 396.5

U

ultimate humidity, high 573.6
— tensile strength 10.4, 454.18
umbrella cloth 397.10
unadulterated oil 315.22
— soap 277.12
unannealed wire rope 595.21
unbatched jute 237.14
unbleached twine 592.17
unclean reeled raw silk thread 425.5
uncombed fibrous material 82.1
— waste silk 446.8
uncombined fat 274.2
uncouple, to — the spinning can 470.10
uncoupling of fluted rollers by levers 121.7
— apparatus for fluted rollers 121.4
uncovered card 221.13
— flat 53.12
uncrossed ribbon feed 326.8
uncut flax 210.23
undamaged fleece 264.19
undecomposed alkali 277.14
undercasing, perforated sheet steel 267.11
underclearer 109.8
—, felt covered 255.2
under flat card 80.4
underground canal 402.18
underneath drive 291.5
under-nipper plate 84.11
underweight 17.1
underwinding 156.7, 175.8, 551.13
— position of the ring rail 156.9
undried condition, in an 413.12
uneven copping plate 175.8
— lap 47.14
— places in the clothing 338.11
— sliver 102.1
— thread 540.1
— yarn 605.21
unfelted material 395.14
unfinished cocoon 415.9, 436.5
unfold, to — the jute strick 236.1

unfolded strick 236.2
uniform arrangement of fibres 7.16
— colour blend 311.2
— feed 319.16
— flax 216.20
— hardness 66.12
— length of the fed slivers 223.13
— silk 427.13
— speed 123.8
— web 326.15
uniformity of flanges of the ring 150.3
uniformly spun cocoon 416.6
— drawn 66.13
— pressed bale 16.3
—, to adhere 390.2
union cloth 64.23
— knitting yarn . . . 585.2
— mungo 407.2
—s, Tibet 407.20
unit of area, per . . . 465.18
— of heat 293.7
— of length . . 215.12, 542.1, 598.12
— of surface, per . . . 68.4
— of weight 598.13
—, thermal 293.7
unite, to — the hackled flax into bunches . . 217.7
—, to — several filaments to one thread . . . 421.4
—, to — x slivers into one 104.7
uniting several threads in steep winding . . 565.14
— several hanks to a knot 576 13
universal balance . . . 614.16
— yarn 582.13
unlatching 185.5
unlocking . . . 185.5, 352.10
— of faller 170.2
— of the safety catch . 346.14
— the stricks 215.1
unmilled rags 399.13
unpressed bale 16.4
unpurified water . . . 270.22
unreelable cocoon 415.10, 436.6
unroll, to — a round bale 19.19
unrolling, easy — of the individual laps . . 41.15
—, faulty — of the laps 41.16
unscoured silk . 426.22, 434.4
unscrew, to — the flyer 141.4
unscrewing the flyer . 141.5
unslaked lime powder . 298.17
unsorted flax 216.16
unsound fleece 365.3
untangler, yarn 3.22.23
untarred oakum . . . 492.12
— ropes 508.21
untorn rags 404.12
untrue roller 337.1
— running of the roller 107.9
—, running 202.18
untwist, to 236.1, 501.5, 569.15
untwisted strick . . . 236.2
untwisting the strands . 500.6
— the tresses 514.14
— of the yarn by hand 9.12
unwashed worsted yarn 583.18
— yarn 605.8
unwind, to (cocoon filament) 421.6
—, to — the coils from the bare spindles . 165.5
—, to — the hank of silk 424.12
—, to — the silk from the bobbin 468.5
unwinding of the chain 350.12
— of the yarn endways 556.9
— of the yarn sideways 556.10
— of the yarn over the top of the bobbin . 556.9
— the yarn vertically from the bobbin . . 153.10
—, easy — of the fancy thread 560.5
unwound from the end (cop) 519.14
— from the inside (cop) 519.15
— layer, first 520.1.2
up and down movement 455.1
upholstering material . 514.15
upright creel 89.7
— flanged bobbin . . . 544.6
— lattice . . 21.9, 23.4, 38.2
— spiked lattice . . . 28.6
upright spindle 208.10
up-striker card, half circle 249.13
— half circular card . 232.18
upwards, to move (quadrant nut) 170.15
urate of ammonia . . 276.19
urine bath 276.16
—, stale 276.15
used bath 276.5
— lye 276.5
— scouring bath . . . 299.3
utilisation of jute waste 258.10
— of the washing water 299.1
— of waste silk 435.7

V

vacuum 572.5
— steaming 571.18
— steaming and humidifying arrangement with cooling appliance 572.1
—, under a 66.9
value of the titre . . . 602 11
—, commercial 606.7
valve 366.1
—, air outlet 306.11
—, flap 306.10
—, outlet . . . 286.3, 470.2
—, pipe 39.11
—, rotatable flap . . . 365.11
—, safety 385.16
—, self-locking 402.16
—, slide 291.7
—, suction 470 1
—, throttle 297.3
— casing 291.8
— handle 371.3
— rod 292.7
vaporisation of petrol . 438.10
vaporise, to (petroleum) 438.8
vapour, acid 305.8
—, ether 462.11
—, hydrochloric acid . 305.9
—, water 293.11
—s, ammonia 466.1
—s, petrol 438.9
—s, petroleum 438.7
— chimney 297.4
variable circumference of bobbin 224.7
— lift 551.15
— movement of the ring rail 151.6
— number of threads . 563.20
variation in the tension of the yarn 155.10
variety of cotton . . . 13.5
—, annual silk-worm . 413 15
—, bivoltine 413 16
—, multivoltine 413.17
varnish 117.22
—, copal 458.20
—, roller 120.6
—, to — the leather . . 120.5
varying water contents of the yarns 615.8
vaseline 428.10
vat, cement 304.7
—, clarifying 299.19
—, collecting 439.15
—, glass 304.9
—, lead-lined 304.6
—, rectangular sheet iron 365.7
—, sand stone 304.10
—, soaking 304.8
—, wooden 304.5
vegetable alkali solution 419.14
— constituent 402.2
— fat 315.11
— fibres 402.3
— gum 225.13
— impurities 301.4
— jelly 472.14
— matter, pulverised . 308.12
— oil . . . 148.8, 238.4, 314.11
— oil soap 433.18
— parchment 389.12
— tar 507.20
ventilation 293.16
vertical beater opener . 35.1.2, 37.2
— opener . . . 39.12, 490.12
— shaft 333.14
—ly, to stand (pirn) . . 529.3
vessel 490.4
—, bleaching 287.1
vessel, cooled — for the spinning solution . . 464.11
—, cooling 572.2
—, mercury 608.8
—, scouring 433.1
—, stoneware 403.1
—, water draining . . 477.3
vibrate, to . . . 73.2, 345.4
vibrating comb 51.8
vibration of the carriage 345.3
— of the grinding disc . 73.1
— of the spindle . . . 554.15
— of the top roller . . 107.10
victoria ondee twist . . 584.13
vicuna spinner 409.1
— yarn 585.17
Vienna ell 600.17
— titre 602.1
vigogne imitation yarn . 579.9
— spinning 408.1
— yarn 408.4, 579.10
vigoureux yarn 584.8
viscelline yarn 588.12
viscose 468.11
— filament, adhesive . 469.3
— pump 469.18
— silk 468.9, 588.8
— solution 468.14
viscous spinning solution 464.6
vitriol, green 469.12
volatile solvent 297.10
vulcanised fibre can . . 76.11
— India rubber 65.12
— oil 458.10
vulcanite plate 112.11

W

wadding 198.8
— from double cocoons 436.4
—, filter 463.12
—, glass 491.15
— waste 452.18
Wainwright's vertical yarn tester 608.5
— yarn tester 607.10
walk of the ropemaker . 497.16
walking, backward — of the rope maker . . 496.20
wall, enclosing 375.19
warehouse man 6.2
—, flax 210.14
—, wool 264.5
—, to 17.9
warehousing the bales . 17.10
warm water washing apparatus 439.4
— lye 275.17
— place, to keep in a (fillets) 64.3
—, to — the comb . . 375.16
—, to — the washing liquor 275.16
warmed-up by the steam 572.8
warming plate 388.10
warp cheviot 584.2
—, mule 580.4
—, ring 580.2
—, worsted 583.20
— cop 154.13
— cop from self-acting mules 569.2
— ends 398.20
—-thread spinner . . . 2.19.20
— winder 12.1
— winding 11.18
— winding frame 12.1, 521.14
— yarn 138.11, 154.14
— yarn, hard 138.10
— yarn, medium . . . 138.21
—, to — the yarn . . . 498.10
warped yarn 498.11
warping the yarn . . . 498.9
— bobbin 520.5
warve 11.2
wash bowl . . . 278.5, 366.2
— bowl, automatic . . 273.3
—, to — the carding wool 268.12
—, to — chemically . . 297.8
—, to — in cold water . 490.3
—, to — the rags . . . 401.3
—, to — with soap water 109.8
—, to — the spooled silk 470.13
—, to — the suinter . . 300.4
—, to thoroughly . . . 514.3
—, to — the waste silk 438.15
— -off, to — the impurities 438.18
wash-out, to — the fuller's earth . . . 298.16
washed rubber leathers 332.13
— suinter 300.5
— waste silk 438.22
— worsted yarn . . . 383.19
— yarn 605.9
washer 355.13
—, flannel bobbin . . . 140.11
—, leather bobbin . . . 140.12
—, leviathan 279.11
—, three-bowl 280.1
—, wool (worker) . . . 268.18
washing of carding wool 268.3.11
— of combing wool . . 365.5
— with fuller's earth . 309.20
— by hand 268.16
— by machine 268.19
— the rags 401.2
— on sheep's back . . 268.17
— with soap 277.2
— out the sulphate of soda 309.16
— of waste silk 438.14
— the wool 268.9
—, careful 269.3
—, clean 269.9
—, factory 268.20
—, final 269.2
—, good 269.9
—, inferior 269.10
—, preliminary 268.22
—, second 269.1
—, wool — by machinery 278.3
— apparatus for waste silk 439.1
— apparatus, cold water 439.3
— apparatus, warm water 439.4
— bath 275.11, 278.7
— cistern 439.5
— factory, wool . . . 268.10
— ingredient 274.17
— liquid 280.6
— liquor 275.11, 278.7
— machine, Eastwood's wool 283.13
— machine, fleece . . . 284.11
— machine, rag 401.6
— machine, wool . . . 278.4
— machine waste . . . 398.6
— medium 274.17
— process 268.13
— process, ammonia . 366.5
— process, bisulphide of carbon 366.8
— process, carbon tetrachloride 366.7
— process, ether . . . 366.6
— water 269.18
— water containing potash 270.19
waste 31.15, 398.5
— of Egyptian cotton . 194.15
— with coarse neps . . 96.7
— from natural silk . . 472.6
— of washing machine roller covering . . . 399.1
—, card 194.16, 398.7
—, clearer 108.11
—, cocoon matted . . . 436.3
—, comber 8.2, 82.7, 100.1, 374.19
—, combing room . . . 452.15
—, cylinder 194.19
—, drawing 398.8
—, flat 194.18
—, flax 212.13
—, hemp 228.9
—, gummy 436.2
—, jute fibre 258.11
—, leather 120.14
—, reeler's 398.19
—, reeling 424.9, 435.18
—, roller 398.13
—, roving 398.14
—, silk 472.7
—, sorter's 236.13
—, spinning 398.11
—, steaming 435.17
—, top 398.10
—, twisted yarn 398.17
—, washing machine . 398.6
—, weaver's 398.18
—, weft 398.21
—, winder's 398.16
—, yarn 298.14
— billy 204.14
— box 86.9, 96.9
— chamber 22.14
— chamber, taker-in . . 78.6

waste cleaning 49.5
— collecting comb 58.1
— fibres 435.6
— hand 3.24, 4.1, 213.12, 216.2
— holder 447.10
— lap 322.8
— picker 196.5
— rollers 449.12
— shaker 267.14
— shaker with dust hood 195.7
— shaker, cotton 196.15
— silk 412.19, 435.5.14
— silk in a globular form 442.11
— silk of various kinds 451.1
— silk, combed 446.9
— silk, fermented 438.3
— silk, overfermented 438.4
— silk, uncombed 446.8
— silk, washed 438.22
— silk drying apparatus 440.5
— silk spinning 435.3
— silk willow 442.4
— sorter 4.23
— wadding 452.18
— water from wool washing 299.2
— water container 299.9
— water outlet 571.8
— water settling plant 299.8
— -willow, conical 259.1
— yarn 195.3
watchman 6.4
water of condensation 270.8, 316.19, 419.3
— wiht low lime contents 419.5
— acidulated with sulphuric acid 304.13
—, alkaline 419.6
—, ammonia 458.24
—, cold river 284.16
—, dirty 439.7
—, distilled 419.2
—, flowing 573.14
—, ground 270.9
—, hard 270.2
—, iron-free 438.19
—, lime-free 419.4
—, natural 270.22
—, pond 270.7
—, pure 270.23
—, rain 270.5, 316.20
—, raw 270.22
—, reeling 419.1
—, rinsing 284.15
—, river 270.6
—, soap 441.5
—, soft 270.3
—, spring 270.10
—, stagnant 573.15
—, surface 270.4
—, unpurified 270.22
—, washing 269.18
— absorbing paper 480.1
— absorbing salt 483.13
— bath 385.13
— box 573.11
— channel 575.3
— cistern 241.8
— container 570.14
— conducting tube 461.3
— contents, varying — of the yarn 615.8
— cooled footstep 36.13
— current 285.6
— doubling frames 542.15
— draining vessel 477.3
— filter 271.7
— frame 11.12, 138.2
— glass 433.16
— glass solution 463.3
— glass solution with ammonia addition 369.10
— glass, potash 369.8
— glass, sodium 369.9
— jet pipe 439.13
— level 362.12
— particles 288.14
— pipe 461.4
— -retted flax 209.8
— softening 270.21
— tank 241.8, 294.2
— trough 242.6, 542.10
— trough, continuous 543.4
— twist 138.11, 580.2
— twisting frames 542.15
— vapour 293.11
—, to — the swingled flax 209.17
waterglass, neutral 277.1
waterproof cocoon 416.12
— filament 468.7
— rubber 479.3
watertight cocoon 416.12
watering can 239.13
— roller 242.8
waved yarn 591.20
wavy fibre 6.18
wax 484.3
—, cobbler's 508.8
—, saddler's 508.9
—, yolk 274.10
waxy yolk 274.9
way, steam supply 291.9
weak alkaline lye 464.15
— alkaline solution 467.2
— fibre 14.5
— flax 217.5
— lye 275.20
— soap solution 194.11
weakening effect 302.16
wear by sharpening 69.14
—, irregular — of roller necks 202.17
—, to — by grinding 69.15
— -out, to 331.7, 555.7
wearing of the steel tapes 331.8
weaver's waste 398.18
weaving schappe 587.23
— silk 587.5
web, card 7.18, 50.1, 193.5, 326.14, 329.5
—, doffed 330.13
—, double 326.17
—, even 326.15
—, fibrous 7.18, 50.1, 480.12
—, multiple 326.18
—, rough 329.5
—, single 326.16
—, smooth 329.4
—, uniform 326.15
— conductor 250.14
— divider 193.9, 203.11, 330.5
— guide plate 250.14
— overlapping apparatus 328.7
— sleeve 328.8
wedge 73.13, 332.15, 497.7
—, compensating 73.7
—, steel 213.2
— setting arrangement 73.7
— -shaped bend 53.17
— -shaped clearer 109.4
— -shaped friction groove 180.14
— -shaped slit 354.5
— -shaped wood block 229.9
weekly cotton consumption 18.14
weft 139.1
—, worsted 583.21
— bobbin for ribbon looms 520.8
— bobbin, Northrop 147.2
— cop 154.10
— mule 188.15
— pirn 520.6
— silk 586.11
— spooling 12.2
— waste 398.21
— winder 12.4, 526.5
— winder for cross winding 526.7
— winder for parallel winding 526.6
— winder with swifts below 526.8
— winding machine 526.5
— yarn 139.1
— -yarn spinner 2.21.22
weigh box 389.2
—, to 604.2.3.4
—, to — again after drying 615.14
—, to — before drying 615.13
—, to — the lap 47.10
—, to — the lea 602.21
— -off, to 602.22, 612.9
—ed-off quantity of fibres 319.15
weigher 16.18
weighing of the laps 325.10
— the lea 602.20
—, the yarns 612.8
— -off the quantity of wool 319.14
— scale 613.9
weight 125.11, 249.9, 482.13, 600.21
— of bale 16.20
weight of bobbin 141.12
— of cop 157.5
— of flat 53.9
— of hoops 17.4
— of lap 325.9
— of the raw flax 212.6
— of raw wool 269.16
— of the slivers to feed up 223.10
— of yarn 141.13, 598.10
—, absolute dry 615.10
—, adjustable 253.1
—, balance 39.2, 133.1, 258.8, 328.5
—, breaking 606.15
—, commercial 616.2
—, controlling 613.17
—, dead 606.12
—, dry 615.16
—, final 615.16
—, freely suspended 105.14
—, gross 141.14, 434.12
—, initial 615.15
—, invoice 16.19
—, lever 106.15
—, long 94.10
—, net 141.15
—, numbering 598.8
—, own 606.12
—, pedal 43.4
—, press lever 385.10
—, pressure 523.2
—, roller 257.14
—, standard 217.9, 598.9
—, suspended 499.3
—, to — the counter faller 168.10
—, to — the drawing rollers 143.5
— hook 100.6, 105.15
— hook, back detaching roller 90.7
— hook, front detaching roller 88.15
— lever 149.4, 536.4
— lever arm 74.2
— relieving handle 88.14
— relieving motion 86.2, 94.9
— relieving motions for the top rollers 106.7
— rod 46.4
weighted band 181.6
— bell-crank lever 173.10
— cord 140.10
— leather band 183.1
— lever 180.7, 233.15
— rope 181.6
— rope for fishing purposes 596.12
— sledge 500.12
— top roller 502.12
— winding spindle 527.12
— yarn 605.15
weighting of the drawing rollers 143.6
— of rollers 105.12
— the sledge 500.11
— by spring inserted in the link 106.1
— of the yarns by steaming 570.4
—, counter faller — with air cushioning effect 352.1
—, dead 105.13
—, lever 106.11
—, lever and chain 106.16
—, saddle 106.12, 252.13
— lever 393.9
— saddle for top rollers 143.8
wet bale 15.7
— carbonisation 456.2
— cleaning 268.8
— doubling 542.4
— doubling frame 552.6
— method, by the 490.2
— packed jute 236.18
— press machine 476.16
— process, by the 302.11
— rag 507.9
— spinner 225.9.10
— spinning frame 225.8
— spun flax yarn 581.13
— state, in the 428.5
— wool 287.6
—, to — with water 194.10
wetted roving 226.5
wetting the cotton with water 194.9
— the roving 226.4
— in warm water 573.16
— in weak soap water 573.17
whale oil 238.2
wharve 11.2, 145.10, 258.1, 343.1, 487.8
—, band 487.10
—, spindle 527.8, 555.16
wheel with half coupling clutch cast-on 348.12
— on second (third) roller 114.9.11
—s with intermittent gearing 537.1
—s, alternately driven 537.3
—s, mounted on 320.13
—s, strike 132.3, 135.10
—, back change 186.10
—, back roller 134.10, 176.15
—, back roller driving 114.7
—, back roller — driving second (third) roller 114.8.10
—, back shaft 177.4
—, backing-off 161.8
—, bevel 24.3, 126.4, 187.7
—, bladed 379.3
—, bobbin 131.1, 521.9
—, bobbin sleeve 134.8
—, bottom cone end 134.7
—, bottom twist carrier 555.13
—, brass 347.2
—, can dish 76.5
—, carriage 206.1
—, change 503.7
—, chain driving 447.4
—, chain sprocket 254.1
—, click 173.4
—, coupling 127.4
—, differential 126.3
—, disc 57.2
—, draft 114.2, 134.2, 176.14, 186.8
—, double carrier 187.6
—, double spinning 11.8
—, draft change 114.2
—, drag 186.12
—, driving 11.5, 114.5.7, 134.8.9, 505.14
—, emery 70.12
—, escapement 207.12
—, flat chain 74.1
—, front roller 176.12
—, gear 185.5, 582.6
—, band spinning 10.16
—, indicator 207.5
—, indicator plate 358.6
—, internally toothed 505.15
—, iron 497.15
—, jack 134.6
—, jack shaft 135.7
—, jacking motion 187.9
—, large front roller 136.2
—, lifter 134.5
—, long boss bevel and catch 187.13
—, mangle 256.9
—, press 76.3
—, rack 52.12
—, ratchet 125.10, 134.4, 256.2, 358.5, 370.7
—, rope maker's 496.21
—, roving delivery 346.5
—, runner 497.17
—, shaft 187.16
—, shaper 187.1
—, skew gear — for spindles 135.1
—, small front roller 136.3
—, speed 186.9, 207.9
—, spindle 255.15
—, spindle carrier 136.13
—, spinning 10.15, 496.21
—, spooling 521.9
—, spur 560.11
—, star 125.10, 134.4
—, sun 126.3, 134.11
—, tappet 74.8
—, tin roller 555.12
—, toothed 140.2
—, top carrier 136.4
—, top cone drum 135.11
—, top cone drum end 136.1
—, top twist carrier 555.14
—, treadle 10.16, 11.4
—, twist 134.3, 186.9, 207.5
—, winding 135.7
—, worm 72.7, 373.9
— boss, grooved 497.12
— box 349.2
— rim 281.2
— turner 494.11
whelp wheel 503.3
wherve 11.2
whet, to — the wires 69.16

whip cord 593 13
whirl 10.13, 497.8
— head 497.10
white cordage 508.21
— label 579.15
— metal 290.8
— oakum 492.12
whiting 298 18
whitish hair yarn 585 10
wholesale rag dealer 399 5
whorl 10.13
wick, lubricating 344 13
— reel 567 14
wicker basket 286.14
wide-meshed cocoon 416 18
—, set too — apart (rollers) 105.10
width of slot, adjustable 429.11
Wiede's flat stripping apparatus 52 10
— roller adjustment 59.8
wild [mulberry] silk 410.6.7
— silk cocoon 436.13
— silk filament, ribbonlike 427.17
Wilkinson's flat setting system 56 13
willey 7.8, 266.19, 311.10
—, dusting 401 1
willeyer 197.3, 267.3
willow 7.8, 266.19, 311.10
— for cotwool 406.7
—, carding 197.15, 313 4
—, combined 313.3
—, double jute 259.11
—, dust 401 1
—, mixing 313.1
—, oiling 317.13
—, spiral bladed beating 442 5
—, spiral bladed opening and beating 312.9
—, waste beating 267.14
—, waste silk 442.4
— pin, curved 313.11
— pin, straight 313.10
— tenter 197.3
—, to — (dry) 310.10.11
willowed wool 310 9
willower 197 3, 267.3
willowing the combing wool 365.4
— machine 7.8, 197.8
— machine, conical 259 1
winch handle 504 8
— rope 596.10
wind, to — the filament on to bobbins 461 8
—, to — the emery filleting spirally 71.21
—, to — the folded ends on to paper tubes 536.8
—, to — the rove on the bobbin 124 17
—, to — the raw silk 429 2
—, to — steeply 351.15
—, to — the single thread 515.7
—, to — the threads in layers 515.6
—, to — together before doubling 12.7
—, to — together the threads 515.8
—, to — the tufts on round wooden staves 444.11
—, to — the warp 11.19
—, to — the yarn on the spindle blade 155.17
—, to — the yarn on the bare spindle 155.17
— down, to (quadrant nut) 170.16
— -on, to 156.6
—, -on, to — the drawn out filament 467.1
— -on, to — the lap 451.10
— -on, to — the reserve 133.20
— -on, to — in a right-hand direction 154.2
— -on, to — the silk 470.12
— -on, to — without tension 256.5
— -on, to — the yarn 137.16
winder (worker) 2.13, 4.18.19
—, cop 526.4
—, crossing motion pirn 528.16
—, doubling s. doubling winder
—, hank 5.1.2
—, pirn s. pirn winder
winder, quick traverse — for bobbins of embroidering machines 533.9
—, split drum — with positively driven spindle 524.13
—, warp 12 1
—, weft 526 6 7.8
—'s waste 398.16
winding 124 16, 166 16
— on to the bare spindle 515.9
— on to a bobbin 515.11
— with bobbin to lead 124.21
— from the cop 516 5
— in cop form 154.16
— tight cop noses 175.5
— downwards 351.13
— with flyer to lead 125.1
— from the hank 516.6
— the layer during the rise 551.16
— of raw silk 429.1
— the slivers on to bobbins 386.16
winding upwards 351.14
— the yarns into balls 518.2
— the yarn on the bare spindle 155.16, 166.17
—, Archimedian 519.3
—, cross 204.10, 474.7
—, cylindrical 554.11
—, doubling 12 6
—, irregular 97.6
—, loose 169.3
—, parallel 516 2, 526.6
—, single 12 5
—, steep 565.14
—, warp 11 18
— angle 226 12
— appliance 273.2
— bobbin 430.11, 536.2, 474.6
— chain drum 173.6
— click motion 173.1
— cone 155.12
— drum 522.8
— drum with scroll 351.7
— faller 160.4, 351.17
— faller, raised 169.6
— faller, stationary 165 1
— faller sector 166.6
— faller shaft 162 8
— faller wire 160.5
— frame, cross — with several heads 521 4
— frame, cup 527 5
— frame, doubling 12 8
— frame, multiple spindle 521 3
— frame, quick traverse s. quick traverse winding frame
— frame, single spindle 521.2
— frame, warp 12.1, 521.14
— governor 171 8
— layer 155.13
— machine for wrapping on to star-shaped cards 536.9
— machine, cop 526.4
— machine, cop — with adjustable tension device 526.9
— machine, cop — with guiding cone 527.14
— machine, pirn 529.2
— machine, weft 526.5
— mechanism 175.14
— mechanism for roving frames 256.6
— motion 137.18, 167.2, 190.10
— part of the layer 155.14
— point for rove 124.18
— position 155.8
— ratchet 134.4
— regulator 171.8, 180.9
— and counter faller shafts mounted on antifriction bowls 169.8
— speed of the bobbin 124.20
— speed, irregular 517.13
— spindle 523.5, 534.1
— spindle with revolving and axial traversing motion 517.1
— spindle with revolving and progressive axial motion 517.2
— spindle, axially to and fro moving 526.14
winding spindle, weighted 527.12
— spool 356.7
— stock 206.8
— surface 155.6
— surface, conical — of the last layer of cop bottom 168.2
— surface, cylindrical — of the first layer of cop bottom 168.1
— tension of the yarn 168.8
— wheel 135.7
— -on 156.5
— -on the reserve 133.21
— -on the yarn 137.17, 350.4
— -on drum 171.6
— -on rod for the combed tufts 450.10
— -on roll for the overlayed paper sheet 481.8
— -on roller for the cut paper bands 483.7
— -on roller for the paper bands 482.7
— -on speed 166.19
— -up motion for quadrant chain 173.8
window 38.6
wing nut 332.19, 548.4
— pump 365.14
— shell 411.3
wiper, triangular 455.11
wipper 252.4
wire (s. a. card wire) 68.3
— of the coil 112.12
—, antiballoon 153.3
—, beaked 70.2
—, brass 512.9
—, convex 65.18
—, copper bent — to remove roller laps 108.1
—, counter-faller 160.7
—, detector 525.5
—, electric conducting 113.4
—, endless 476.15
—, flat 65.19, 493.13
—, flattened round 66.3
—, iron s iron wire
—, oval 65.18
—, rectangular 65.19
—, round 493.12
—, round iron 65.17
—, sector 66.2, 336.9
—, shaped 493.14
—, soldered-up 477.10
—, special 493.14
—, steel 493.11
—, thread 257.10
—, thread guide 143.15
—, triangular 66.1
—, winding faller 160.5
—, cylinder —s 322.16
— basket 273.1, 616.9
— cage 32.6
— cloth, coarse meshed 477.7
— core 595.1
—-covered roller 446.4
— covering machine 520.7
— cylinder 44.14, 195.9
— eyelet 137.13
— filleting, saw tooth 336.11
— fly, double-armed 431.18
— gauge 509.14
— gauge, Birmingham 66.20
— gauge, English 66.20
— grating 297.5
— guide, enamelled 564.17
— holder of the cloth 395.4
— hurdle 294.4, 295.4
— lattice 296.8
— mesh 195.11
— netting 202.8, 295.4
— netting dripper 573.12
— pin 512.12
— point, projecting 339.16
— rope 595.9
— rope with hemp core 595.12
— rope, brass 595.19
— rope, close-laid 595.16
— rope, coarse-strand 595.11
— rope, copper 595.18
— rope, fine-strand 595.10
— rope, flat 597.14
— rope, flat-stranded 595.14
— rope, flexible 595.17
— rope, iron 595.20
— rope, spiral 595.13
— rope, steel 596.2
— rope, triangular strand 595.15
— rope, twisted 595.13
wire rope laying machine, combined stranding and 509.5
— rope machine 509.4
— rope machine, compound 509.5
— rope machine, x spool 509.13
— rope making 509.1
— shelf, slowly moving 295.14
— sieve 267.13
— spool 509.8
— strand 594.2
— stripping roller 57.12
— testing method 66.21
— thread guide 545.8
withdrawable 320.13
— oil cup 147.8
wood, boiled 476.8
— bobbin 97.3, 149.10.14
— block 243.8
— block, wedge-shaped 229.9
— cellulose 475.4
— chip 476.2
— covering 116.2
— fibre 476.4
— fibre yarn 588.19
— insertion 112.10
— lag covering with inserted needles 244.2
— lagging 312.5
— lining 128.11, 231.2
— naphtha 459.1
— paste 475.3
— pirn 356.10.11
— pulp 475.3
— pulp yarn 476.5
— roller 497.8
— spirit 459.1
— strickle 338.20
— tax 507.20
— wool 476.1, 492.18
— wool band 595.7
— wool making machine 476.3
wooden bobbin 518.9
— bottom 76.9
— cover fitted with plush 108.10
— flat 77.4
— funnel 422.12
— grating 229.13
— lagging 336.14
— lap rollers 84.2
— stave 444.11
— tube 124.4, 356.10
woof, worsted 583.21
wool suitable for combing 363.16
— from diseased sheep 266.4
— free from grease 269.11
— in lumps 310.12
— recovered from torn-up rags 395.12
— packed in sacks 264.8
— containing soap 366.4
— treated with salt solution 305.14
—, acidulated 304.17
—, artificially greased 274.12
—, burry 301.3
—, carbonised 308.9
—, carded 318.9
—, carding 263.4
—, Cashmere 363.14
—, clothing 263.4
—, combing 363.11
—, cotty 266.4
—, dead 266.5
—, degreased 273.12
—, diseased 266.5
—, dry 318.3
—, extract 407.21
—, factory washed 268.21
—, fallen 266.5
—, fellmongered 264.12
—, firmly held 311.17
—, greasy 268.1
—, very greasy 274.6
—, inferior 266.3
—, lamb's 264.11
—, long 363.11
—, loose 269.13
—, matted 269.15
—, moity 301.3
—, oiled 314.5
—, open 269.13
—, pelt 264.12
—, plucked 264.12
—, raw 274.4
—, re-manufactured 395.10.13, 396.1.2.14
—, scoured 273.17
—, short 263.4
—, silk 585.16

wool, single (double) clip 264.9.10
—, skin. 264.12
—, slipe 301.7
—, soaked 282.11
—, soft 407.19
—, sprinkled 317.10
—, stacked 311 7
—, stained 266.2
—, sticky 269.14
—, stringy 269.15
—, Tibet . . . 407.13.14.15.16.17
—, wet 287.6
—, white 269.12
—, willowed 310.9
—, wood 476.1, 492.18
—, yearling's 264.11
— admission 296.15
— bale 264.6
— basket 286.13
— blend 310.18
— carder 318.11
— collecting box . . . 296.1
— comber 375 6
— combing 374.1
— combing plant . . . 376.14
— consumption 264.4
— drawer. 371.9
— distributer 266.13
— dryer (worker) . . . 297 6
— dryer, Mc Naught's . 295 3
— dryer, Norton's . . . 295.12
— dryer, Snoecks . . . 296 7
— drying 287.4
— drying apparatus, double 296.14
— fibre. 274.5
— fibre, attacked . . . 276.13
— fleece 264.13
— grease, congealed . . 300.18
— grease, fluid 274.7
— grease, heavy. . . . 274.8
— grease, liquid . . . 300.15
— grease, natural . . . 274.1
— grease, oily. 274.7
— grease, solidified . . 300.18
— grease, tallow-like. . 274.8
— grease, tough 274.8
— grease precipitate . . 300 3
— grease recovery . . 299.13
— knop 590.6
— oil. 314.9
— oiler 314.6
— oiling 313.13
— outlet 312.2
— propeller 286.9
— reeler 562.14
— rinsing machine. . 285.12, 286.11
— scourer 284.12
— sorter 264.1.2
— sorting. 263.13
— spinner 263.9.10
— spinning 263.1
— spinning mill . . . 263.7
— supplier 319 12.13
— steeping 271.17
— tuft 375.8
— tuft, detached . . . 378.8
— tuft, projecting . . . 378.1
— twister 539.12.13
— warehouse 264.5
— washer 268.18
— washing 268.9
— washing by machinery 278.3
— washing, chemical. . 297.7
— washing factory . . 268.10
— washing machine . . 278.4
— washing machine, Eastwood's 283.13
— yarn. 582.11
woollen card 318.18
— carder (engine) . . . 318.18
— carding engine . . . 318.18
— carpet yarn 583.8
— cheviot 397.4
— clearer hose 108.13
— cloth 335.4, 389.13
— cloth, raised 397.5
— felt 397.19
— flake yarn 582.15
— muslin yarn 584.15
— spinning 263.2
— spinning mill . . . 263.7
— sweater 397.15
— top 279.5
— tricot 397.16
— yarn. 582.12
— yarn, twisted. . . . 583.15
work, closed 500.7
work, to — independently of each other (cards of a set) 198.12
—, to — the cocoon in an undried condition . 413.12
—, to — the raw silk . 428.5.6
— up, to — the waste silk 435.8
worker . 51.3, 199.12, 247.10, 250.7, 321.5, 370 1
—, silk 412.13.14
— clothing 248.7
— roller 406.6
— and stripper card . . 318.19
working angle of quadrant 170.9
— capacity of the wire 67.9
— comb 375.13
— point of the chain . 447.1
— point, double. . . . 405.6
— power of the roller . 51.4
— surface. . 60.14, 61.3, 152.3, 323.14
—, when 70.8
—, when not 70.7
— -up of rags 399.6
— -up the waste . . . 435 9
workman 5.13
workmen 5.19
workwoman 5.14
worm 72.6, 188 1
— on cylinder shaft . . 568.6
—, conveyor 40 4
—, single 566.6
— -eaten cocoon . 415.19, 436.8
— wheel . . 72.7, 188.2, 373.9
— wheel with clutch. . 207.8
— wheel with scale . . 207.13
— wheel gear for operating the guide rod. . 473.8
worn copping rail . . . 174 4
— pin 313 12
— -off leather 185.8
— -out 390.9
— -out spring 106.5
worsted, doubled . . . 584.11
—, half 583.17
—, imitation 583.17
— bobbin 392 10
— carder, single . . . 369.13
— carding 369.11
— melange 584.6
— mule 392 14
— ring doubler 556.1
— selfactor 392.14
— spinner 364.5.6
— spinning . . . 363.9, 386.4
— spinning machine, Cornet's 392.9
— spinning mill 364.3
— twist 584.11
— warp 583.20
— weft 583.21
— woof. 583.21
— yarn. 363.18
— yarn, carded 583.17
— yarn, hard 364.7
— yarn, soft 364.8
— yarn, washed 583.19
— yarn, unwashed. . . 583.18
— yarn manufacture. . 364.2
wound in regular helical coils 517.8
— together (threads). . 12.9
—, left-hand 164.5
—, right-hand 164.6
woven, close 16.12
—, loose 16.13
— -in metal strand. . . 477.11
wrap reel. 610.16
wrapped in leaves (cocoon) 414.9
wrapper 16.13
wrapping of the flax bundles 217.10
— in moist cloth . . . 573.13
— block 611.6
— book 612.11
— card 536.10
— drum 610.6
— process 610.15
— reel 610.16
— shaft 536.11
wrench, double-ended . 363.8
—, single-ended 363.7
— adjustment of the copping rail 174.3
wrought iron tank . . . 289.1

Y

Yama-may silk, lightgreen 410.14
yard 600.13
yarn 9.18
— on the bobbin . . . 583.12
— in the cop 583.11
— saturated with moisture 615.7
— suitable for milling . 606.6
— in oil 583.14
— of x half ounces . . 604.7
— guided around the top roller 546.1
— for trimmings . . . 585.7
— on tubes 583.13
— for weaving purposes 581.18
— from wood cellulose 475.1
—, alpaca 585.14
—, artificial silk 588.5
—, asbestos 589.10.11
—, backed-off 165.14
—, barchant . . . 193.12, 579.17
—, barege 584.20
—, Bazar 579.7
—, bead 591.8
—, beaver 580.20
—, beige 584.7
—, bleached. 605.11
—, bleached flax . . . 581.17
—, blended 582.8
—, bobbin 583.12
—, Botany 584.1
—, bourrette . . . 454.5, 588.3
—, braiding 580.17
—, brillantine 583.10
—, cable 592.11
—, cabled 539.15
—, calf hair. 585.22
—, camel's hair 585.13
—, carded . . . 364.11, 582.12
—, carded cotton . . . 580.5
—, carded wool 263.5
—, carded worsted. . . 583.17
—, carpet. 583.7
—, cashmere 585.21
—, castor 584.3
—, cellulose 588.18
—, cheviot 583.23
—, china-crape 586.21
—, china grass 588.15
—, clean 605.5
—, coarse — of great softness 193.10
—, coarse rope 592.13
—, Coconada 579.5
—, coir 588.14
—, combed cotton . . . 580.6
—, condensed . . 193 12, 579.17
—, condenser 193.12
—, cop spun 583.11
—, cordonet. 580.10
—, cotton 580.1
—, coloured —s 194.2
—, cow's hair 585.23
—, crape 584.19, 586.20
—, crochet . . . 580.12, 585.3
—, crossed 591.17
—, cut 169.1.2
—, damask 584.16
—, damp 606.4
—, dark grey hair . . . 585.12
—, dark blend 582.9
—, dark tow 581.15
—, double coloured twist 584.12
—, doubled . . . 12.13, 539.14
—, dry 606.5
—, dry spun flax . . . 581.11
—, dyed 580.22, 605.13
—, Egyptian 579.3
—, elastic 606.3
—, embroidery 584.22
—, even 605.19
—, very even 605.18
—, extract 583.2
—, fancy 589.12
—, fast dyed 605.14
—, felted 591.14
—, filoselle 587.24
—, fine 598.17
—, fine rope 592.12
—, finishing 539.18
—, flake 580.23, 589.14
—, flannel 583.9
—, flat 589.7.8.9
—, flax line 581.6
—, fluffy 193.11
—, flyer 138.6
—, x-fold 539.16
yarn, folded 12.13, 515.5
—, gassed cotton . . . 580.21
—, genappe 584.14
—, goat's hair. 585.18
—, grandrill. 579.19
—, greasy. 605.6
—, griseille 583.5
—, hackled jute 582.6
—, hair. 585.8
—, hair carpet 586.2
—, hairas 584.5
—, half-wet spun flax . 581.12
—, half-wool 408.4
—, half woollen 579.11
—, hand spun 581.9
—, hard-twisted . 9.20, 498.7
—, hard twisted mungo 583.4
—, hard warp. 138.10
—, harvest 592.15
—, hemp 592.6
—, hemp tow 582.2
—, high quality 579.12
—, home spun 583.6
—, horse hair 586.1
—, hosiery 364.11, 580.13, 585.4
—, imitation 579.8
—, jute. 582.5
—, jute long line . . . 582.6
—, jute tow 582.7
—, knitting . . . 580.13, 585.1
—, knop 590.5
—, knot-work 580.16
—, lasting 584.18
—, left-hand twisted . 153.13
—, light blend 582.10
—, light grey hair . . 585.11
—, linen 581.6, 592.9
—, list 582.17
—, loop 591.19
—, loose 9.19
—, loosely spun 159.19
—, loosely twisted . . . 9.19
—, Louisiana 579.4
—, lustre 584.4
—, lustered flax . . . 581.16
—, machine spun . . . 581.10
—, medio 580.4
—, melange . . . 582.14, 584.8
—, mercerised 581.3
—, merino 583.22
—, mill spun 581.10
—, mingled 582.14
—, mixed 582.8
—, mixed mohair . . . 585.20
—, mixture 582.14
—, mixture worsted . . 364.1
—, mohair 585.19
—, moist 606.4
—, mottled 584.10
—, mottled alpaca . . . 585.15
—, mule 138.18
—, mule spun 580.3
—, mungo 583.3
—, nitrated 581.4
—, oily 605.7
—, Orleans 584.17
—, ostrich 591.3
—, paper 588.21
—, partly coloured . . 582.14
—, patent strong . . . 580.7
—, peat 588.17
—, Persian 584.23
—, pilot 580.19
—, pine needle 588.16
—, polished 580.7
—, preparing 539.17
—, printed 581.1
—, printed flake. . . . 580.24
—, pulp 588.20
—, ramie 588.15
—, raw 581.8
—, reaper 592.15
—, reeled 610.12
—, remanufactured . . . 582.18
—, right-hand twisted . 153.14
—, ring 138.7
—, ring spun 580.2
—, rope . 493.15, 582.3, 592.11
—, round 589.6
—, schappe silk 587.19
—, second quality . . . 579.13
—, selvedge 582.17
—, semi-worsted 364.11, 583.17
—, shellac bead 591.13
—, shoddy 582.19
—, short reeled 563.6
—, silk 586.3
—, silk noil 454.5
—, silvalin pulp 589.2
—, single 539.3
—, single coloured twist . 584.9

yarn, single schappe silk 587.20
—, six-fold knitting . . 580.14
—, slack 140.7
—, smooth 363.17
—, Smyrna 585.5
—, spot 591.18
—, spun preparation . 590.3
—, spun silk 454.6
—, stocking 580.13
—, strong. 598.18
—, tambour-work . . . 580.15
—, tapestry 585.6
—, textiline paper . . . 589.5
—, textilite paper . . . 589.4
—, textilose paper . . 589.3
—, „Thibet" 583 1
—, third quality. . . . 579.14
—, tight 140.8
—, Togolina. 579.6
—, Tournay 584 21
—, tow 581.7
—, trimming 580.18
—, tube 583.13
—, tussah schappe. . . 587.22
—, twisted 12.13, 539.14
—, twisted woollen . . 583.15
—, uneven 605.21
—, rather uneven . . . 605.20
—, uneven rope 592.14
—, union knitting . . . 585.2
—, universal 582.13
—, unwashed 605.8
—, unwashed worsted . 583.18
—, vicuna 585.17
—, vigogne . . . 408.4, 579.10
—, vigoureux 584.8
—, viscelline 588.12
—, warp 138.11
—, warped 498.11
—, washed 605.9
yarn, washed worsted . 583.19
—, waste 195.3
—, waved 591.20
—, weft 139.1
—, weighted 605.15
—, wet spun flax . . . 581.13
—, white hair 585.9
—, white schappe silk . 588.2
—, whitish hair 585.10
—, wood fibre. 588.19
—, wood pulp. 476.5
—, wool 582.11
—, woollen 582.12
—, woollen carpet . . . 583 8
—, woollen flake 582.15
—, woollen muslin. . . . 584.15
—, worsted . . 363.18, 364.7 8, 583.17.18.19
—, xylolin 589.1
—, yellow schappe silk 588.1
—, zephir 584.24
—, zibeline 582.16
— balance 612.13
— bundling 576.5
— bundling press . . . 577.13
— cellar 574.19
— clearer 536.6
— conversion table . . 612.12
— counting 598.1
— delivery 554.10
— easing motion 168.13, 354.6
— examining machine . 610.2
— guide . 525.10, 528.9, 530.9, 531.6
— guide, fixed 612 2
— guide, movable . . . 612.1
— guide, oscillating . . 526 13
— guide, raised 528.14
— guide carrier with cup 531 7
— guide eyelet 525.3
yarn guide hook . . . 548.7
— guiding arm . . . 534.2
— and cop guiding arrangement, automatic 612.4
— layer, opposite . . . 517.9
— numbering 598.1
— packing 576.5
— pole 227.10
— pourer 2.14
— price calculation . . 19.9
— reserve 156.10, 157.2, 528.1
— scales 387.10, 612.13
— scales, Amsler-Laffon's 614.7
— scales, horizontal precision 613.5
— scales, micrometric . 614.6
— scales, Staub's . . . 614.8
— skip 570.17
— spinning 496.15
— spooler 4.14.15
— steaming chamber . 570.10
— strength tester combined with elongation tester 609.1
— tension by weighted counter faller . . . 168.9
— tension, tangential . 155.11
— tension appliance . . 522.14
— tension bowl 526.12
— tension device with porcelain teeth and guide roller . . . 536.5
— tester (s. a. strength tester). 606.24
— tester with balance . 607.3
— tester with spring balance 607.4
— tester for fastening on the wall 607.2
— tester, automatic . . 607.5
yarn tester, Baumgärtel's 607.9
— tester, David's . . . 607.7
— tester, Hoyer's . . . 608.7
— tester, Poller's . . . 607.8
— tester, Reusch's. . . 608.11
— tester, Riedinger's . 607.6
— tester, Schopper's. . 608.6
— tester, Wainwright's 607.10, 608.5
— testing. 605.1
— twist tester 610.9
— untangler 3.22.23
— waste 298.14
yearling's wool 264.11
yield of hackling . . . 212.7
—, degumming 437.7
—, fibre 424.5
yolk 274.1
—, waxy 274.9
— wax 274.10

Z

zanella cloth 397.10
zephyr 397.13
— rags 407.14
— yarn. 584.24
zero mark 614.2
zibeline yarn 582.16
zigzag course, in a . . 297.2
— fashion 31.1
— form, deliveries in . 103.15
— line, isosceles . . . 512.10
— lines, crossing . . . 512.11
— order, in the 104.1.2
—, set 123.4
zinc chloride 457.15
— salt, soluble 469.13

Russisch · Russian · Русскій · Russe · Russo · Ruso · Rus

A

абсолютн-ая сухость 615.11
–ая влажность воздуха. . . . 293.13
–ый вѣс 615.10
автоматически регулировать . . 30.1
автоматическій с. т. самодѣйствующій
–заправщик . . . 215.9
агатовый глазок . 430.4
азотистокислый натр 463.20
азотная кислота. 303.5
азотнокислый эфир 462.14
азотокислый натр 460.5
айлантус, шелк . 410.12
Акмэ, веретено . 147.1
активная катушка 547.10
алкоголь 297.14
–, амиловый 297.15, 238.20
–, денатурированный 458.6
алмазная стежка 68.15
Альберт, витье по –у 509.3
альбумин из бѣлков. 471.12
альбуминовая нить 471.11
альдегид 458.2
альпака, подкрашенная пряжа 585.15
–, полушелковая пряжа 585.16
–, шерсть 363.12
алюминат калія . 469.9
алюминіевая соль. 465.14
алюминій, сѣрнокислый . 303.9, 465.15
–, хлористый . . 305.16, 457.14
амбар льна . . . 210.14
–, хлопковый . . 17.8
аміант 489.6
амиловый алкоголь . . 238.20, 297.15
амміак. 369.10
–, мочекислый . . 276.19
–, углекислый . . 276.18
амміачн-ая вода . 458.24
–ая окись мѣди . 464.4
–ая сода . 276.3, 309.13
–ая соль 469.7
–ое мысло 276.20
–ое соединеніе . . 276.17
–ые пары 466.1
–ый газ 460.8
–ый раствор окиси мѣди . . . 458.22
–ый способ мытья 366.5
аммоній, двууглекислый . . . 464.2
–, кислый сѣрнистокислый . . 465.1
–, сѣрнокислый . 469.8
–, фосфорнокислый 464.1
–, хлористый . . 316.6
Амслер-Лафон, вѣсы для пряжи –а 614.7
анафа (шелк) . . 410.17
ангидрид, газообразный сѣрнистый 460.9
–, сѣрнистый . . 434.21
ангорская шерсть. 363.13
анилин 457.8
антибаллонное кольцо 233.11
антифрикціонный ролик 44.1
апликапія, односторонняя . . 480.3
аппарат с. т. механизм
– для запариванія и увлажненія 572.1
– для испытанія масла системы Ритера 149.1
– для навиванія полстины . . . 328.7
– для намотки слоями различной высоты . 156.1
– для образованія ленты 198.5
– для обтягиванія кардною лентою 63.9
– для очистки шляпок . . . 52.10, 11.13.14
– для полученія расправленной полстины . . . 327.18
– для прессовки . 45.11
– для горячей промывки 439.4
– для холодной промывки . . 439.8
– для просушки (шелка) . . . 440.5
– для пряденія вискозы 470.4
– для увлажненія катушек 575.11.12.13
– для уплотненія 45.11.14
–, автоматически подающій коконы 423.8
–, вытяжной с. т. вытяжной аппарат
–, газовый опаливательный . . 455.7
–, гекельный. . . 215.10
–, дифференціальный 125.14, 127.2, 255.12
–, зажимный – для стренг 504.6
–, катушечный . 389.1
–, кондиціонный 616.5.10
–, контрольный 185.13, 186.1
–, кропильный . 441.7
–, мотальный . . 167.2
–, мягчильный . 242.5
аппарат, навойный 32.11
–, отжимной . . 278.14
–, очистительный 454.15
–, питательный с. т. питательный аппарат .
–, плющильный . 241.1
–, пріемный – чесальной . . . 59.13
–, промывной . . 439.1
–, прядильный . 460.16, 461.13, 466.13, 467.6
–, раскладочный . 327.10
–, распредѣлительный – мотального механизма 125.4
–, скатывающій с. т. скатывающій аппарат
–, сушильный . . 616.10
–, съемный . . . 245.5
–, тазовый . . . 51.16
–, точильный . . 73.9
–, холстовой . . 197.17
–, цѣпной натяжной 501.12
–, электрическій – для останова ленточной . . 112.6
аппаратн-ая пряжа 263.5, 582.12
–ая шерсть . . . 263.4
–ое бумагопряденіе 193.2
–ое шерстепряденіе 263.2
аппаратно-шерстопрядильня . 263.2
аравійская камедь 428.16
ареометр Бомэ . . 303.13
–, колоколообразный 365.16
архимедовая мотка 556.8
аршин 600.20
асбест . . . 489.6, 493.6
–-сырец 489.7
–, выпряденый . 491.11
–, длинно волокнистый 489.13
–, коротковолокнистый 490.1
асбестов-ая пряжа 589.10.11
–ый канат. . . . 595.8
асимметричное сердце 551.11
аспидная плита . 304.8
ассортимент чесальных машин . . 318.20
атласный кокон . 416.15
Аубен, крутильная машина –а . . 432.1
ацетальдегид . . 458.3
ацетон 460.6
ацетоновый раствор 460.4
– щелочный раствор казеина. 471.20
Ашворт, подводка шляпок по способу –а . . . 56.3
Ашворт, прибор –а для подводки клиньев . . . 74.4

Б

бадья 283.1
–, деревянная . . 304.5
базарная пряжа . 579.7
байковый верх . 65.4
баланс масс . . . 290.15
–, нажимной . . 21.1
балансир . . 125.6, 131.7
балансирный привод 37.1
балансировать массы 291.1
балка, поперечная 290.7, 499.2
–, распорная. . . 344.2
баллон, описываемый нитью . . 152.11
баллонный угол . 226.13
банкаброш . .11.10, 121.11
– для бурета . . 454.3
– с вытяжным гребенным аппаратом. 390.11
– для джута . . 254.13
– для длиннаго льна 224.5
– для кудели . . 224.12
– с пассивными веретенами . . . 233.12
– для пеньки . . 233.8
– для шелка . . . 452.3
–, второй перегонный 122.9
–, второй тонкій . 122.10
–, перегонный . . 122.8, 390.13
–, самый тонкій . 122.11
–, средній . 122.8, 390.13
–, толстый . 122.7, 390.12
–, тонкій . 122.9, 390.14
банкаброшница . 2.7
– на перегонных банкаброшах . 2.9
– на самых тонких банкаброшах . 2.11
– на средних банкаброшах . . 2.9
– на толстых банкаброшах . . 2.8
– на тонких банкаброшах . . . 2.10
банкаброшный мастер 2.6
барабан с. т. ролик или цилиндр или валик
– 51.2, 78.11 247.9, 250.6, 257,16, 312.4, 370.14, 443.12, 444.3, 450.3, 522.1
– с бительными шипами. . . . 267.9
– с деревянным покровом 336.14

барабан имѣет правильную цилиндрическую форму 78.12
— с канавкой . . 531.9
— с клещами системы Литля и Иствуда . . . 381.11
— из листовой мѣди 282.2
— для набора гильз 361.8
— для навиванія ваточнаго холста 321.11
— с намотанным стержнем . . . 509.11
— с ножами . . . 37.4
— с острыми штифтами 197.10
— из перфорированной жести . 32.5
— из перфорированной листовой стали . . . 32.4
— из проволочной сѣтки 32.6
— с прорѣзом 523.12, 524.6
— разрыхлителя . 30.12
— с расположенными по спирали крыльями . 309.2
— для скатыванія локона 329.13
— с толчкообразным продвиженіем 406.9
— с улитообразным желобом . . . 351.7
— с фрезерованной канавкой . . . 523.9
— для холста . . 451.9
— с шипами . . . 30.12
—, бительный . 26.21, 37.4, 259.7, 369.4
—, большой . 321.8, 369.17
—, большой верхній 406.4
—, большой нижній 406.5
—, ведомый . . . 556.2
—, ведущій . . . 230.8
—, веретенный . . 173.8
—, вертикальный . 35.1
—, верхній 214.10
—, второй 144.11
—, выбалансированный . 144.16, 312.1
—, главный . 199.11, 321.8
—, гребенной 92.7, 97.15, 373.5
—, гребенчатый . 262.4, 368.2, 380.10
—, гребнечесальный эксцентрично установленный 447.6
—, желобчатый . . 531.9
—, жестяной 144.8, 555.15
—, загрузочный . . 278.8
—, задній 369.17
—, заправочный . 233.4
—, зубчатый . . . 27.8
—, игольчатый . . 26.20
—, карбонизаціонный 402.14
—, кардный . 47.17, 443.4
—, колотильный . 37.4
—, коническій горизонтальный . 37.3
—, малый 369.17
—, мяльный . . . 490.10
—, направляющій 245.9, 448.10
—, нижній большой 406.5
барабан, нижній —, ведущій безконечную гребенчатую рѣшетку 214.11
—, обматываемый . 610.6
—, обтянутый кардою 446.4
—, отмоточный . . 179.12
—, парный 144.13
—, передаточный . 368.13
—, передній 322.1, 369.16
—, перфорированный выкидной 24.11
—, погрузочный . 281.14
—, пріемный 368.11, 406.1
—, приводный . . 245.10
—, прорѣзной нитеводный . . . 523.8
—, снабженный направляющим прорѣзом . . . 529.1
—, пруточный . . 233.4
—, пыльный для лоскута 400.19
—, раскатывательный 204.15
—, рѣшетчатый . . 32.3
—, сгоночный . . 356.14, 358.15
—, ситчатый с. т. ситчатый барабан
—, сорный 195.7
—, ступенчатый . 337.14
—, сушильный . . 366.11
—, схватывающій репей 368.14
—, сѣтчатый . . . 32.3
—, сѣтчатый выкидной 24.11
—, съемочный . . 29.5
—, точильный . . 70.9
—, уравновѣшенный 312.1
—, усаженный стальными зубьями . . . 404.7
—, усаженный тупыми шипами . 287.15
—, усаженный зубчатыми планками 287.15
—, цѣпной 181.9
—, чугунный выравнительный . 22.5
—, шнуровой . . . 557.8
—, щетевидный . 524.13
—, щипальный 48.7, 244.10, 311.11, 490.8
—, эксцентриковый 156.2
—, ярдный 611.6
барабаны, гребенные вращаются в противоположные стороны 447.7
—, размѣщенные друг над другом 243.13
барабаная коробка 308.5
— шестерня жестянного барабана 555.12
барабанный блок . 353.6
— вал 192.7
— опенер 30.9
— очес 194.19
— разрыхлитель . 30.10, 34.10
— шип 30.13
— шнур 192.4
барабанное сито . 477.2
барабанчик для прикрѣпленія конца цѣпи журавля 184.11
—, веретенный . . 162.14
—, желобчатый . . 171.11
—, навивальный . 522.8
—, соединенный цѣпью с журавлем 171.6
—, тормазной . . 356.6
—, цѣпной 173.6
баран 473.9, 566.1, 611.4
— с выдвижными крыльями . . . 567.3
—, складывающійся вдоль оси . 566.3
—, складывающійся вокруг оси . . 566.2
—, съемный . . 611.16
баран-ій опоек 64.13, 118.14
—ья кожа 64.13
баранчик, тормазный 522.13
барашек . . 332.19, 548.4
бережевая пряжа . 584.20
бархатная крутка 568.9
бассейн для воды . 570.14
Баумгертль, динамометр —я . . 607.9
бахромный шелк . 587.8
башмак 352.6
— колонки . . . 151.14
— тормаза 192.12
—, задній 167.12
—, начиночный . . 167.10
—, носочный . . . 167.12
—, передній — для начинка . . . 168.7
—, предохранительный 351.9
—, тормазной . . 359.2
башмаки 167.6
башмачная плита 352.18
башня 307.15
бежевая пряжа . . 584.7
безводн-ая кислота 303.4
—ый вѣс 615.10
безвоздушное пространство . . 572.5
безконечн-ая лента пылесобирателя 38.15
—ая рѣшетка . . 365.9, 367.15, 446.14
—ая рѣшетка, игольчатая . . 443.8
—ная рѣшетка питательная 20.8, 259.12
—ая цѣпь . 254.5, 559.13
—ая цѣпь гребней 214.4, 230.9, 245.12
—ое полотно 108.12, 196.10, 327.11, 328.6.8
—ое полотно для локонов . . . 329.15
—ое кожаное полотно . . 93.8, 451.8
—ое питательное полотно . . . 308.2
—ое полотно, прикрывающее . . 296.9
—ое полотно, проволочное . . . 296.8
—ый винт . . . 223.15
—ый локон . . . 329.16
—ый ремень . . 441.16
—ыя рѣшетки. движущіяся . . . 575.14
безпорочный размот 421.3
безпрерывное крученіе 542.16
безупречн-ая острота карды 340.5
—ый размот . . . 421.3
безцвѣтное мягчильное масло . 238.7
безчелночный станок 520.10
бенгальск-ая порода 414.4
—ій шелк-сырец . 426.9
бензальдегид . . 458.5
бензин . . .297.16, 462.19
бензол 462.20
бережное мытье . 269.3
Бержье, приспособленіе — для скрещиванія . 422.13
Бертолон, шляпка веретена —а . 432.3
Бетман, закалка стальной проволоки без доступа воздуха —а 66.9
бетонн-ая яма . . 437.16
—ое помѣщеніе . . 570.13
бечева, пеньковая 512.7
бечевка 592.16
— для кнута . . . 593.13
— для паковки . 577.15
— бѣлая 593.1
—, двухстренговая 593.4
—, крѣпкая . . . 593.15
—, обмоточная . . 593.6
—, отбѣленная . . 593.1
—, суровая . . . 592.17
—, тонкая 580.11
—, трехстренговая 593.5
бечевочная пряжа 580.10
— фабрика . . . 494.14
била, вращающіяся 195.10
било 27.9, 36.8, 40.10, 262.7, 495.5
— барабана . . . 260.1
— с игольчатыми планками . . 47.18
—, игольчатое . . 47.17
—, очистительное . 29.5
—, четырехкрыльчатое 261.7
бисер, золотой . . 591.11
—, металлическій . 591.10
—, серебряный . . 591.12
—, стекляный . . 591.9
бисерн-ая нить . 591.8
—ая крученая нить 591.20
бительн-ая машина для кудели 258.13
—ая метелка . . . 420.5
—ая метла 420.5
—ый барабан 26.21, 369.4
—ый волчек . . . 312.9
—ый шип 259.8
—ый шиповидный барабан 259.7
—ое крыло . . . 266.21
бить (валик) . . . 107.11
— коконы 440.14
— руно 265.11
— (точильный круг) 73.2
біеніе точильнаго круга 73.1
благородный шелк 410.5
Бламир, питаніе полстиной системы —а . . . 325.2
—, раскладочный аппарат системы —а 327.16
блеск шелковой нити 427.13
—, металлическій . 415.6

блеск, перламутровый 415.7
блестящая поверхность карды 338.9
близк-ая, подводка 70.11
—о, слишком 105.11
блок с. т. шкив
— 470.6
— с фрикціонным конусом 354.10
—, барабанный 353.6
—, ведущій 470.9
—, двухжелобчатый 157.9, 557.7
—, задній — для крутки 189.3
—, зубчатый — сцѣпляющійся с дугою квадранта 170.10
—, канатный с. канатный блок
—, кулачный 74.1, 74.8
—, малый — для крутки 189.3
—, направляющій 180.11, 206.3, 244.6
—, натяжной 157.11, 353.7
—, приводный двухжелобчатый 157.9
—, ступенчатый 348.11, 538.4
—, тормазный 180.14
—, холостой 171.10
—, цѣпной 74.1, 172.13, 180.12, 183.11
—, шнурочный 521.12, 524.9
блоки, направляющіе 504.2
—, трехжелобчатые 192.2
блочек 10.13, 487.8
— веретена 11.2, 144.6, 145.10, 258.1, 555.16
— с крючком 497.8
—, крутильный 497.8
—, фрикціонный 139.13
—, шнурочный 343.1, 427.8, 487.10
блѣдно-зеленый кокон 415.3
бобина 11.1
— закрѣпленной крестовой мотки 519.9
— открытой крестовой мотки 519.8
— с ровницею 204.9
—, двуфлянцовая 518.14
—, коническая 523.10
—, однофлянцовая 518.15
— уточная 520.8
бобровая пряжа 580.20
богат-ое, вещество — содержаніем углерода 120.12
—ый углекислотой воздух 459.14
бок журавля 170.8
боков-ая отточка 67.15, 339.9
—ая стѣнка 79.13, 177.12, 381.12, 565.12
—ое перемѣщеніе валиков 59.7
—ой глазок веретена 553.11
больное руно 365.8
болт 362.11
— натяжного блока 349.11
—, буферный 347.1
—, желѣзный 497.6
—, натяжной 344.10.12
—, установительный 165.12
больш-ая передаточная шестерня передняго цилиндра 136.2
—ая подготовительная чесальная машина системы Лоусона 248.8
—ое гребенное кольцо 379.1
—ой барабан 321.3, 369.17, 406.4.5
—ой маховик 189.4
Бомэ, ареометр 303.13
бордюры 400.10
борнокислый натрій 316.9, 433.17
боров 402.18
бородка волокна 444.8, 445.12, 446.10
— холста 99.7
— шерсти 375.8
— щипка 82.10
—, волокнистая 411.1
—, задняя 375.11
—, защемленная 445.8
—, передняя 375.9
—, средняя 375.10
—, торчащая 378.1
бородки, прочесанныя 85.13
—, сочлененныя друг сдругом 383.11
боронообразная рама 283.6
бочка из подмасла 361.15
бочковидная мотка 519.1
бракованный 399.9
брать вертикальными стѣнками мѣшку 311.8
— пробные мотки 602.15
Браун, приспособленіе очистительное вращающееся -а 129.1
Брауншвейгская джутовая прядильня 242.5
брашпиль 596.24
бремсберг 597.2
Бригг и Вебб (крутильная машина для джута) 549.13
бриллiантиновая пряжа 583.10
броженіе с. т. гніеніе
— влажнозапакованнаго джута 236.18
бродильное устройство 437.14
бронза фосфористая 351.10
бронзов-ый бѣгунок 150.9
—ый зубчатый сегмент 94.6
—ый подпятник 355.1
—ый подшипник 354.16
бронированный кабель 597.4
Брукс и Доксей, дифференціальная передача 127.1
брус вытяжного аппарата 358.10, 393.6
— под вытяжными парами 136.6
— с плошками 394.11
— для прикрѣпленія веретен 391.10
— рамы 188.12
— для цилиндров 558.14
брус под цилиндрами 127.6
—, веретенный 152.10, 355.16
—, кареточный 140.16
—, качающій 230.2
—, нитеводный 558.2
—, опорный 115.1
—, тормазной и направляющій 337.9
брусчатая основная рама 290.6
брутто, вѣс 141.14, 434.12
брызгалка с. т. пульверизатор
— 439.13
брызгательный аппарат 441.7
брюшные края 265.23
буйволова кожа 204.7, 332.3
бук, бѣлый 149.12
буковое дерево 110.8
буксирный канат 596.7.13
булавочный бѣгунок 392.3
бумага для валиков 390.1
— из натровой целлулозы 479.9
— из сульфоцеллулозы 479.10
—, водопоглощающая 480.1
—, вязкая 479.14
—, гибкая 479.13
—, гигроскопичная 480.1
—, годная для пряденія 479.11
—, лакмусовая 309.8
—, легковѣсная 479.12
—, мягкая 479.13
—, наждачная 63.11
—, стекляная 63.10
бумагопряденіе 13.1
—, аппаратное 193.2
—, угарное 194.12
бумагопрядильн-ая фабрика 1.7
—ое производство 13.1
бумагопрядильня 137.6
бумажн-ая гильза 166.18, 175.19, 518.11
—ая катушка 124.5
—ая лента 486.2, 487.10, 487.12
—ая масса 476.5, 477.12, 588.21
—ая пряжа 580.12, 589.2
—ая полоска 478.9
—ая ровница 479.4
—ое полотно 477.12, 480.7.8, 481.1
—ый конус 289.8
—ый навой 481.3, 482.2
—ый патрон 166.18
—ый патрончик 356.8, 518.11
—ый таз 76.8.9
бунт с. т. связка
— льна 217.8
— пеньки 496.13
бура 316.9, 433.17
бурет 446.12, 452.14
—, загрязненный 452.16
—, перепутанный 452.17
буретн-ая промышленность 452.13
—ая пряжа 454.5, 588.3
—ая пряжа, крученая 588.4
—ый шелк 452.14
бурый пек 508.7
Бут-Сойер, веретено — а 145.4
бутылочная катушка 519.2
бутылкообразная мотка катушки 141.1
буфер 191.11
—, резиновый 290.3
—, упругій 192.9
буферн-ая колодка 358.16
—ая пружина 288.11, 290.4
—ая тарелка 192.10
—ый болт 347.1
—ый круг 192.10
—ый поршень гири 352.3
бухгалтер 5.24
быстр-ая сушка 292.18
—ая точка 69.18
—о вести шаблон 499.11
— сушить 292.19
быстровысыхающая мастика 117.11
быстрота дѣйствія кислоты 302.14
бычачій рог 497.13
бьющій валик 202.18
бѣгун 51.5, 200.1, 247.11, 250.8, 321.6, 497.17
— для машин мокраго крученія 552.6
— для пуха 323.10
—, пружинный 529.13
—, работающій на двѣ стороны 321.7
—, съемный 313.6
—, точильный 70.12
бѣгун — нитевод 532.3
бѣгунковое кольцо 554.14
бѣгунок 137.20, 150.6, 510.12, 552.8
— для машин сухого крученія 552.7
— из мѣдной проволоки 226.10
—, бронзовый 150.9
—, булавочный 392.3
—, двувильчатый 150.13
—, легкій 150.10
—, мѣдный 150.8
—, прутяной 392.3
—, стальной 150.7
—, тяжелый 150.11
—, ушкообразный 552.8
бѣгуны для пеньки 231.1
—, коническіе 231.3
бѣдн-ая мѣдью шелковая нить 467.17
—ый шелком кокон 416.3
бѣл-ая бечевка 593.1
—ая жесть 76.16
—ая перевязка 579.15
—ый бук 149.12
—ый металл 290.8
—ый пек 508.5
бѣленая с. т. отбѣльная
бѣлильн-ая ванна 470.15
—ая жидкость 287.2, 300.10
—ый чан 287.1
бѣлить при полосканіи 286.16
бѣлковое вещество 471.10
бѣло, отвариваніе до —а 433.11
бѣлок 471.12
бѣлужій клей 333.2, 471.2
Бэльстерли, рогульчатое кольцевое веретено — 547.9

В

вагонетка с. т. телѣжка
вагонетка 575.5
вазелин 428.10
Вайнрайт., динамометр. —а 607.10
вакуум 572.5
вал бительнаго барабана 259.15
— вальяна 88.7
— ведущих цилиндров 24.1
— волчка 259.15
— вытяжных роликов 345.15
— гребенки 60.6
— гребенного барабана 91.10
— для игольчатаго полотна 246.2
— каретки 92.2
— колотильнаго валика 220.16
— маховика 292.4
— мотыля 536.14
— надниточника 162.8
— с ножами 322.12
— для отмотки и входа каретки 349.8
— передних роликов 345.15
— подниточника 162.6
— сегментной щетки 99.4
— улитки 163.6
— цѣпного барабана журавля 181.9
— для щипцов 89.3
—, барабанный 192.7
—, ведущій 126.2, 532.4
—, ведущій механизм для отхода каретки 184.13
—, ведущій отход каретки 173.12
—, вертикальный 333.14
—, верхній 20.11
—, верхній — с пружинным нажимом 235.14
—, выводящій 177.7
—, выравнительный чугунный 22.5
—, главный 99.5, 115.4, 161.7
—, главный параллельный 188.4
—, гребенной 85.3
—, загрузочный 278.8
—, задній 163.6, 173.12, 177.7, 184.13, 394.5
—, каландровый 34.2
—, кареточный 176.11
—, кареточный — с дифференціальной передачей 347.12
—, качающійся 382.2
—, кулачный 30.3
—, мотальный 536.11
—, нажимной 20.12, 249.8
—, направляющій — Гюбнера 99.1
—, нижній 20.10
—, подъемный 246.5
—, полый 509.10
—, приводный 60.3, 136.9
—, приводный — головки 534.3
—, приводный — для тазов 115.3
—, пустотѣлый 189.8
вал, разрыхлительный 20.9
—, распредѣлительный 160.9, 161.4
—, распредѣлительный — с выключателями 353.13
—, расщипывательный 20.9
—, соединяющій 189.1
—, стальной 21.4
—, турбинный 97.10
—, уплотнительный 34.2
—, цѣльный 189.7
—, чугунный 21.3, 22.5
—, шиповидный 20.9
—, щеточный 94.7
—, эксцентриковый 106.9
валек 282.4
—, трехгранный 261.6
валеная нить 591.14
валечное сукно 389.13
валик с. т. цилиндр или ролик или барабан
— барабана 206.4
— со втулками, сидящими на его шипах 116.4
— с одной сплошной втулкой 116.6
— с двумя втулками 116.7
— для выключенія питанія 549.5
— с гипсовым покровом 336.15
— с дорожками 438.4
— с закаленной рабочей поверхностью 107.7
— звѣздообразнаго сѣченія 235.13
— с кожаными лопастями 368.3
— койлера 51.11
— навоя 249.7
— для натягиванія ремешков 204.3
— нитевода 532.7
— из одного куска 116.3
— для очистки 75.12
— регулятора 191.13
— для репья 319.20
— к скатывающему рукаву 333.6
— со спиралеобразной щеткой 57.11
— со стержнем 116.5
—, бьющій 202.18
—, вводящій 43.3, 321.4
—, ведущій 342.8
—, верхній 115.7, 142.9
—, верхній каландровый 90.10
—, верхній —, обвитый пеньковой веревкой 279.4
—, верхній —, обмотанный вычесом 279.5
—, верхній питательный — вращающійся в подвижных подшипниках 311.13
—, винтовой грубо-рифленый 92.15
—, вращающійся 201.3, 242.7
—, втяжной 393.3
—, выбрасывающій 28.8
—, выпускной 35.9, 51.9, 378.11, 393.5, 488.11
валик, вытяжной 102.13, 115.6, 218.12, 251.8
—, выходной 38.5
—, гладкій 389.8
—, гребенной 85.3, 87.8, 97.15
—, движущій 482.8
—, деревянный очистительный 108.15
—, дѣлительный 204.4, 330.14
—, желобчатый 485.7
—, желѣзный 120.9
—, желѣзный рифленый нажимной — 115.8
—, загрузочный — сдваивательнаго приспособленія 388.11
—, задній 89.2, 255.4
—, запорный 78.9
—, зубчатый с. т. зубчатый валик
—, игольчатый с. т. игольчатый валик
—, каландровый 46.1, 51.9
—, каландровый нижній 90.11
—, канавчатый 482.14
—, кардный 202.15, 323.14, 444.1
—, каучуковый 392.11
—, кропильный 441.9
—, крыльчатый 404.9, 525.8
—, кулачный 322.6, 525.8
—, навойный верхній 90.10
—, наждачный 109.11, 202.13
—, нажимной с. т. нажимной валик
—, накатный 50.8
—, накатный — для бумажных лент 482.7
—, накатный — для бумажнаго полотна 481.8
—, накатывающій 388.12
—, направляющій 331.2, 485.4, 489.3
—, направляющій отшлифованный 384.10
—, направляющій рѣшетку 244.1
—, настольный 319.18
—, натяжной 98.6
— некруглаго сѣченія 337.1
—, нижній — с латунной гильзой 542.9
—, ножевой 482.10, 483.1
—, обрывающій 378.7
—, однониточный 143.1
—, отбивной — деревянный 281.12
—, отжимной 279.2, 288.9
—, отрывающій 381.5
—, отсасывающій 392.8
—, очистительный с. т. очистительный валик
—, передаточный 199.5, 393.4, 486.12
—, передаточный — для смѣнных шестерен 136.10
—, питательный с. т. питательный валик
валик, плюшевый 85.12, 378.10, 522.2
—, плющильный 46.1, 111.6, 115.2
—, плющильный — для джута 240.9
—, плющильный — с закругленными рифлями 240.8
—, погружаемый мѣдный 576.2
—, погруженный в жидкость 441.10
—, погрузочный 281.13, 385.8
—, подводящій 99.13
—, подводящій жидкость 486.11
—, покрытый волокнами 323.16
—, покрытый кожею 115.12, 142.9
—, покрытый стеклянным порошком 109.12
—, предохранительный 311.12
—, пріемный с. пріемный валик
—, рабочій с. т. рабочій валик
—, разрѣзывающій 330.14
—, раскатывающій 525.12
—, репьеочистительный 321.2
—, рифленый 243.16
—, рифленый — с пирамидальными тупыми зубцами 240.14
—, рифленый — из твердаго чугуна 308.14
—, рифленый — с упорными кольцами на концах 116.9
—, рычажный 32.13
—, сгоночный деревянный 377.2
—, скатывающій 204.5
—, смачивающій водою 242.8
—, снимающій очес 230.6
валик, сорный 52.5, 322.7
—, стальной трубчатый 129.4
—, сушильный 481.7
—, съемный 32.7, 79.5, 86.7, 368.16
—, съемный рифленый задній 90.4
—, съемо-передаточный 321.6
—, съемочно-пріемный 250.10
—, тормазный 523.1, 525.4
—, точильный 70.9, 72.2, 73.11, 74.6.7, 202.13
—, траверсирующій 339.5
—, увлажнительный 482.3
—, уплотнительный 321.12, 372.8, 384.14, 453.12
—, уплотнительный промежуточный 202.9
—, фрикціонный 523.7
—, холостой 389.8
—, холстовой 48.11, 50.8
—, чистильный 51.12.13

валик, чугунный трубчатый 129.3
—, щетинный 86.6
—, щеточный 250.11, 255.3, 368.1, 443.8.11
валики, винтовые 251.15
—, впускные 257.6
—, выпускные 257.9
—, вытяжные 115.5, 262.5, 388.7
—, выходные 219.2
—, каландровые 218.7
—, направляющіе 482.5
—, отводящіе 449.11
—, отжимные 485.5
—, очесочные 449.12
—, передаточные 322.2
—, плющильные 48.10, 240.11, 253.5, 385.11
—, смачивающіе 486.13
—, снимающіе — для очесов 380.4
—, холстовые деревянные 84.2
валикообразная подставка 290.9
валичн-ая кардная машина 221.4
—ая кардочесальная 318.19
—ая отжимная машина 288.7
—ая чесальная 80.5, 198.3.5.6
—ое сукно 117.4, 118.1
—ый вытяжной аппарат 139.9
—ый мастер 120.1
—ый питательный аппарат 223.5
—ый пресс 288.7
—ый угар 398.13
валичник 3.15
валичномяльная машина для асбеста 490.9
валы надниточника и подниточника 169.8
—, вращающіеся 21.2
вальян 51.7, 79.5, 97.17, 200.3, 247.12, 250.9, 321.9, 370.15
—, двойной 333.8
—, обтянутый 330.2
—, очесочный 88.9, 94.8, 378.13
—, сорный 378.13
вальца с. т. валик
—, рифленая 121.4
вальцовая дробилка 476.11
валяльн-ая глина 298.15
—ый жир 316.11
валяный матеріал 396.1
— товар 402.8
валяться, пряжа способная — 606.6
ванна из амміачной соли 469.7
— для выщелачиванія пота 272.14
— для дегумированія 436.16
— из карболовой кислоты 460.2
— из кислаго сѣрнистокислаго натра 459.17
— для мытья 278.7
— из олеиноваго мыла 438.2
— соляной кислоты 305.6
ванна из сѣрнокислаго алюминія 459.15
— из сѣрнокислаго глинозема 465.16
— из сѣрнокислаго магнія 465.10
— для удаленія луба 433.3
— для частичнаго удаленія луба 434.10
—, альбуминовая 459.11
—, водяная 242.6, 385.13, 418.14
—, высаживающая 468.2
—, закалочная 74.13
—, закрѣпительная 464.5
—, известково-молочная 270.17
—, кислая —, загрязненная жиром 303.16
—, кислая осадочная 469.2
—, коагулирующая 460.1
—, крѣпкая 303.14
—, масляная 60.7
—, мочевая 276.16
—, мыльная с. мыльная ванна
—, натровая 459.10
—, окислительная 303.10
—, осадочная 464.5
—, отбѣльная 470.15
—, х-процентная сѣрнокислая 440.10
—, содержащая известь 270.17
—, содовая щелочная 309.19
—, сѣрнокислотная 302.18
—, хлорно-ртутная 459.13
ванты 596.11
вареный конскій волос, курчавый 514.16
варить коконы 418.10.11
варка пека 508.10
— шелка до бѣла 433.11
ватер с. т. ватерная машина
ватер с колпачками 392.5
— мокраго пряденія 225.8
— полумокраго пряденія 226.2
— сухого пряденія 225.4
—, двусторонній рогульчатый прядильный 257.2
—, двухбарабанный 144.10
—, кольцевой 11.14, 138.4, 141.16, 226.7
—, кольцекрутильный — с одним (двумя) барабаном (-ами) 550.6.7
—, кольцекрутильный — для гребнечесанной пряжи 556.1
—, кольцекрутильный — для швейных нитей 556.3
—, кольцепрядильный 341.9
—, колцепрядильный — для бумажной пряжи 486.7
—, кольцепрядильный с крутильною головкою 342.1
ватер, кольцепрядильный — для пряденія бумажной пряжи 479.6
—, кольцепрядильный — для шелка 452.9
—, однобарабанный 144.9
—, основный 154.15
—, прядильная машина 11.12
—, прядильный кольцевой — для уточных початков 154.12
—, прядильный, рогульчатый 11.13
—, рогульчатый 138.3, 225.3
—, рогульчатый прядильный — для бумажной пряжи 485.1
—, рогульчатый прядильный — для одновременнаго пряденія бумажных и волокнистых лент 485.9
—, уточный 154.12
ватеры, кольцекрутильные 550.5
ватерная машина с. т. ватер
ватерн-ая машина 138.2, 341.7
—ая прядильная машина 11.12
—ая рогульчатая машина для пряденія гребенной шерсти 390.16
—ая пряжа 138.11
—ая хлопчатобумажная пряжа 580.2
—ое веретено 139.10
—ое веретено Гесснера 341.8
—ое пряденіе 138.5
—ыя крутильныя машины 542.15
ватерпас 362.12
ватерщица 2.17
вата, асбестовая 465.17
—, стеклянная 491.15
—, фильтровальная 463.12
ватка 7.11, 41.7, 250.5, 480.12
— из двойных коконов 436.4
— равномѣрнаго строенія 326.15
— холста 86.4
— чесальной 7.18, 193.5, 326.14, 329.3, 481.6
—, волокнистая — уложенная между двумя бумажными полотнами 480.9
—, ворсистая 329.5
—, гладкая 329.4
—, двойная 326.17
—, кардная 7.18, 50.1, 51.14, 193.5
—, многослойная 326.18
—, обрывная 329.9
—, одинарная 326.16
—, очесочная 82.8
—, снятая 330.13
ваткообразный угар 436.3
ватный рулон 77.10
ваточный холст 7.19, 50.3, 198.8, 328.12
вахтенный свиной хвостик 524.4
введеніе, приспособленіе для —я и удерживанія волокон 383.13
вверх и вниз движущійся 448.15, 455.1
— откидывающійся 488.3
— (передвигать) 283.12
— (перемѣщеніе) 252.1
— по спирали (мотка) 351.14
ввинченный зуб 312.6
ввод с. т. впуск
вводить волокна поперек 325.19
— в дѣйствіе 346.11
— х лент в каждый ряд гребней 223.7
вводныя отверстія 296.15
вводящій валик 43.3
— фрикціон 349.13
вдавленный носок початка 174.6
вдвижные конусы 224.9
вдоль оси (двигаться) 516.17
— оси складывающійся 566.3
веденіе катушки нитью 140.4
— нити 542.7
ведомый барабан 556.2
ведущ-ая катушка 124.21
—ій барабан 245.10
—ій блок 470.9
—ій вал 126.2, 532.4
—ій валик 342.3, 482.8
—ій глазок 610.4
—ій диск кулачной муфты 345.19
—ій кабель 597.1
—ій канат с. т. тяжник
—ій канат 177.10
—ій палец 349.4
—ій шкив холстового валика 249.12
—іе с. т. направляющіе
—іе ролики 504.7
величина вытяжки 142.12
— хода гайки квадранта 172.3
— хода кольцевой планки 151.7
— щели 429.10
венгерскій шелк-сырец 426.17
вентиль, всасывающій 470.1
—, выпускной 470.2
—, спускной 470.2
вентилятор 22.7, 31.13, 33.12, 259.9, 306.7
— с вогнутыми лопастями 45.5
— с выпуклыми лопастями 45.4
— с прямыми лопастями 45.3
—, всасывающий 24.8
—, нагнетательный 295.6
—, отсасывающий 296.13
—, тяговой 37.5
вентиляція 293.16
верблюжья шерсть 585.13
веревка 593.17
— для зондированія 593.22

веревка для лага 593.24
– для скрѣпленія лѣсов 594.10
– для сушки бѣлья 593.21
– для часовых гирь 593.22
–, землемѣрная 593.23
–, крестовая 169.14
–, лаговая 593.24
–, паковочная 577.15, 593.20
–, пеньковая 593.18
веревочная петля 594.12
веретена банкаброша 123.4
– с крючками 503.4
веретено 96.11, 160.1, 527.7, 527.15, 530.3, 552.14
– Акмэ 147.1
– Бертолона 432.3
– с блочком 474.5
– с боковой заливкой масла 147.11
– Бут-Сойера 145.4
– Бэльстерли 547.9
– для катушек 142.3, 557.9
– для катушки 523.5, 523.14
– клубка 538.9
– для кольцевого пряденія 144.2
– с конической головкою 233.16
– для крутильных ватеров 552.12, 553.4
– для крутильных машин архимедовой мотки 556.8
– с крючком 497.9
– с ленточным приводом 502.2
– льняного кольцепрядильнаго ватера 226.8
– с масляным колпачком 146.11
– для надѣванія катушек 128.3
– для наматыванія 534.1
– для однофлянцевых катушек 556.8
– с постоянным числом оборотов 123.8
– для початка 531.2
– с пробковой прокладкой 146.8
– Раббета 145.7
– с ременным приводом 502.3
–, без смазочнаго колпачка 553.8
– для сматываемых катушек 502.9
– со съемным смазочным колпачком 553.7
– для тростильной машины 430.14
– (х оборотов) 144.3
– с трубкообразной головкой 556.7
– на шариковых подшипниках 355.5
– с шнуровым приводом 502.1
–, буковое 544.1
–, ватерное 139.10
–, ватерное – Гесснера 341.8
–, вертикальное 208.10
–, вращающееся 137.14
веретено, вращающееся влѣво 541.14
–, вращающееся вправо 541.13
–, вращающееся с постоянной скоростью 139.11
–, гибкое 146.5
–, деревянное 543.16
–, длинное – для толстых номеров нити 552.10
–, катушечное 128.3, 139.7
–, квадратное 208.9
–, кольцепрядильное 486.15, 489.11
–, коническое 355.9, 431.17
–, коробчатое 487.1
–, крутильное 546.3
–, крутильное двойное 553.9
–, мотальное –, перемѣщающееся взад и вперед вдоль оси 526.14
–, навивальное 517.1.2
–, неподвижное 341.4
–, пассивное 233.12
–, перегонное 521.2
–, перемѣщающееся 343.6
–, подводящее 550.1
–, пріемное 550.2
–, прицѣпное 504.9
–, рогульчатое 10.10, 139.10, 485.3
–, рогульчатое – банкаброша 122.5
–, рогульчатое кольцевое 547.9
–, ручное 10.12
–, самоцентрирующее 548.11, 553.5
–, стальное косо расположенное 553.10
–, тарелочное 488.6
–, трехгранное 455.11
–, тростильное 502.10
веретенн-ая ведущая шестерня 134.9
–ая втулка 130.2, 391.7
–ая ось, пустотѣлая 233.9
–ая полка 355.4
–ая тарелка 566.7
–ая шестеренка 255.15
–ый барабан 173.3
–ый барабанчик 162.14
–ый брус 152.10, 355.16
–ый крючек 146.7
вертикальная канатная машина 505.2
вертикальная карусельная канатная машина 505.6
вертикальный с. т. стоячій
вертикально с. т. отвѣсно
вертикально стоящая катушка для пряжи из волоса 409.2
– стоять (початок) 529.3
– устанавливаемыя ступени 567.1
– -возвратное движеніе 140.16
вертлюга 383.6
–, натяжная 499.4
вертлюжная шестерня 127.4
вертящаяся металлическая трубка 422.11
верх, байковый 65.4
верхн-ій барабан 214.10
–ій вал 20.11
–ій вал с пружинным нажимом 235.14
–ій валик 115.7, 142.9
–ій валик, обвитый пеньковой веревкой 279.4
–ій гребень 90.1, 92.12
–ій жестяной лоток 89.11
–ій конус 136.7, 149.3
–ій навойный валик 90.10
–ій нажимной рычаг 385.12
–ій питательный валик 311.14
–ій питательный стол 405.5
–ій подмот нити 157.2
–ій пріемный валик 93.2
–ій рожок рамы 394.10
–ій ситчатый барабан 33.10
–ій фрикціонный привод 288.17
–ее дно 285.8
–ее зацѣпленіе 135.9
–ія колѣнца 67.6
–яя гребенка 85.3, 378.5, 381.2, 382.5
–яя губа щипцов 84.10
–яя крутильная смѣнная шестерня 555.10
–яя отбивная гребенка 381.4
–яя передаточная шестерня вытяжного аппарата 136.4
–яя полка 344.10
–яя рабочая половина 232.18
–яя тарелка 76.3, 112.4
–яя ходовая 555.14
–яя часть щипцов 92.10
–яя щека клещей 377.9
–яя щека щипцов 89.16, 99.6
верхушечный башмак 167.12
верхушка веретена 130.4, 146.1.2
– джутоваго волокна 236.8
– льняного волокна 211.8
– початка 165.7
– пучков 213.8
–, коническая 519.3
–, многогранная 355.14
вершина перегиба кривой 524.12
– послѣдняго слоя 157.1
– угла колѣна 336.2
весенній кокон 413.7
вести нить через воду 542.6
– нить через щель барабана 524.10
– шаблон быстро 499.11
– шаблон тихо 499.10
вестись нитью (катушка) 140.5
весьма равномѣрная пряжа 605.18
ветошь 396.6
вещества, неосаждающіяся 270.24
–, образующія корку 475.7
–, растительныя измельченныя 308.12
вещество, с. т. матеріал
вещество для промасливанія 314.8
–, богатое содержаніем углерода 120.12
–, бѣлковое 471.10
–, взрывчатое 462.6
–, волокнистое 6.9
–, волокнистое непрочесанное 82.1
–, волокнистое прочесанное 82.2
–, жировое 299.18
–, застывшее промасливающее 316.18
–, кислотоупорное 304.4
–, клеевое 471.5
–, клѣтчатовидное 472.12
–, красное (лакмуса) 309.6
–, межклѣтное 237.10
–, обмыливающее 275.8
–, поглощающее смазочное масло 355.11
–, промасливающее 316.18
–, прядильное 6.9
–, прядильное засоренное 195.6
–, разрыхленное волокнистое 7.9
–, растительное 302.13
–, синее (лакмуса) 309.7
–, смолистое красящее 432.16
–, смѣшанное 19.4
–, студенистое растительное 472.11
–, фильтрующее 271.4
–, шероховатое 507.2
взад и вперед двигаться 516.17
взаимодѣйствіе воздуха и тепла 292.12
– между тягою и центробѣжною силою 32.2
взбиваніе коконов рукою 420.3
взбиватель 38.10
взбивать руно 265.9
– хлопок (прутки) 38.11
взбитая масса коконов 440.17
взбить моток 424.17
взвѣшенныя в водѣ нерастворимыя вещества 270.24
взвѣшиваніе количества шерсти 319.14
– мотка 602.20
– пряжи 612.8
–, повѣрочное 614.5
взвѣшивать моток 602.21
– пробу шелка в деньерах 602.22
– перед сушкой 615.13
– снова послѣ сушки 615.14
– холст 47.10
взмучивать суинтер 300.4

взрывчат-ая пироксилиновая нить 462.10
—ая способность коллодія 462.4
—ое вещество 462.6
—ый 297.12
взрыхленіе внутренняго строенія початков 571.17
взрыхлить коконы 440.15
— моток 424.17
— прочесный шелк 440.1
взятая проба 298.10
взять пробу 298.9
вибрація веретена 554.15
вибрированіе валика 107.10
вигонь с. т. полушерсть
вигоньев-а шерсть 585.17
—ая пряжа 408.4, 579.10
—ая пряжа-имитація 579.9
вид стежки 68.9
— таза 76.6
— чесальной машины 319.8
—, незасушенный 413.12
—, шероховатый 339.17
виды лоскута 396.5
— мотки 518.19
— угарной шерсти 406.11
Виде, аппарат для очистки шляпок системы —а 52.10
—, подводка валиков по способу —а 59.8
Викторія-мулинэ 584.13
вилка 10.20, 252.14
— для валика 105.4
— для веретена 523.6
— для катушек 356.15
— для направленія лент 111.4
— для переведенія ремня 185.2
— для перевода ремня 186.4
— для укладки холста 41.3
— для шейки цилиндра 105.4
— для шпули 535.8
—, выключательная 95.6
—, выключающая 348.13
—, вытряхивательная 260.6
—, желѣзная 340.11
—, закрѣпленная 366.3
—, зубчатая свободно качающаяся 281.9
—, каретная 344.5
—, кареточная 351.8
—, направляющая ремень 179.7
—, нитеводная 129.8
—, переводная 158.6
—, поводковая 347.13
—, подводящая 129.8
—, ременная 185.2
—, рычажная — для шпильки катушки 523.13
вилки, парныя нитеводныя 129.12
вилкообразный отросток собачки 173.7
вилообразн-ая стойка 530.10
—ыя грабли 278.10, 282.14
вилы, деревянныя 317.8
Вилькинсон (подводка шляпок по способу —а) 56.13
винный спирт водный 459.3
винт 530.14
— для включенія мотальнаго механизма 184.8
— журавля 171.2
— с крестовой нарѣзкой 373.17
— в плечѣ журавля 181.12
— с правой и лѣвой рѣзьбой накрест 339.5
— прямоугольной плоской нарѣзки 252.5
—, безконечный 223.15
—, зажимный 54.12, 55.9, 59.5, 567.2
—, закрѣпительный 126.5
—, коническій 205.10, 349.3
—, микрометрическій 56.16
—, натяжной 340.16
—, перемѣщающій каток 156.4
—, регулирующій 92.5
—, регулирующій — для установки каретки в горизонтальном положеніи 178.8
—, установительный или установочный с. т. установительный винт
винтов-ая ленточная машина 218.10, 251.6
—ая ленточная машина для льняной кудели 224.1
—ая линія 63.7, 71.21
—ая нарѣзка 72.11, 346.6
—ая пружина 510.11, 607.12
—ая пружина, обвивающая вал 528.13
—ое зацѣпленіе для веретен 135.1
—ое рифленіе 240.10
—ой вытяжной аппарат 218.10
—ой груборифленый валик 92.15
—ой регулятор 172.15
—ой ход 350.15
—ой шпиндель 529.12
—ые валики 251.15
винтообразно расположенныя ряды щетины 389.7
винтообразный волчек 312.9
вискоза 588.12
вискозн-ая нить, липкая 469.3
—ый насос 469.18
—ый шелк 588.8
висцелиновый шелк 588.11
висящій свободно груз 105.14
витки, поднимающіеся — нити скрещиваются с опускающимися 551.14
—, крутые 565.14
витки, круто поворачивающіеся в обратную сторону спиралеобразные 517.8
—, опускающіеся 551.14
витыя канатныя издѣлія 494.18
вить 498.14
— канаты 500.4
витье с. т. скручиваніе
— по Альберту 509.3
— канатов 500.3
—, крестовое 509.2
вихревое движеніе воздуха 323.1
вкладыш подшипника 105.6, 360.1
включатель 152.7
включать 346.11
включающій механизм 53.1
включеніе винта квадранта от руки 171.3
— в дѣйствіе фрикціона, вводящаго каретку 191.8
включенн-ое положеніе 346.18
—ый 346.17
вкручивать разрѣзанные концы нитей 562.2
влага 10.8
—, воспринятая 572.10
владѣлец бумагопрядильной фабрики 1.10
— камвольной фабрики 364.4
— угарно-шерстопрядильни для аппаратнаго пряденія 263.8
— хлопчатобумажной прядильной фабрики 1.10
владѣтель прядильной фабрики 1.9
влажн-ая пряжа 606.4
—ая шерсть 287.11
—ое пряденіе 226.2
—ое руно 264.21
—ый воздух без присутствія масла 575.2
—ый воздух, неподвижный 574.16
—ый джут 236.19
—ый ком шерсти 287.10
—ый способ 542.5
—ый хлопок 15.3
влажнозапакованный джут 236.18
влажность 15.4
— пряжи 10.8
—, абсолютная 293.13
—, конечная высокая 573.6
—, начальная малая 573.5
—, средняя (шерсти) 287.7
вліяніе сырости на канаты 500.18
—, ослабляющее 302.16
влѣво крученая стренга 510.5
— скручивать нить 154.1
вложенная гребенка 376.5
вмѣстѣ пустить х лент в одну ленту 223.8
вниз по спирали (мотка) 351.13
внутренн-яя втулка, подвижная 146.6
—яя дверь 38.7
—яя кожица кокона 417.5
—ее зацѣпленіе 505.15
—ее строеніе початка 571.17
—ій крючек 400.20
—ій шкив приводный 114.3
—ій чан 285.4
внутри освинцованная центрофуга 304.21
внѣсортная пенька 228.3
внѣшній несматывающійся слой кокона 435.15
вогнутая лопасть 45.5
— поверхность 69.19
вода 36.13
— для полосканія 284.15
— для размота 419.1
— для размота, насыщенная соком куколок 419.9
— для размота, пропитанная жиром куколок 419.10
— для размота с содержаніем солей металлов 419.8
— со слабым содержаніем извести 419.5
—, амміачная 458.24
—, горячая 225.12
—, грязная 439.7
—, дестиллированная 419.2
—, дождевая 270.5, 316.20
—, жесткая 270.2
—, испаряемая 570.9
—, кипящая 418.8
—, ключевая 270.10
—, конденсаціонная 270.8, 316.19, 419.3
—, лишенная извести 419.4
—, мыльная 441.5
—, мыльная — для дегумированія 436.16
—, мыльная отжатая 279.8
—, мытьевая 269.18
—, мытьевая —, содержащая поташ 270.19
—, мягкая 270.3
—, насыщенная потом шерсти 272.16
—, несодержащая желѣзо 438.19
—, осажденная 270.8
—, поверхностная 270.4
—, почвенная 270.9
—, прудовая 270.7
—, разбрызганная 574.6
—, рѣчная 270.6
—, скисленная сѣрною кислотою 304.13
—, слабомыльная 573.17
—, содержащая пот шерсти 272.15
—, сырая 270.22
—, химически соединенная 468.1
—, холодная рѣчная 284.16

вода, чистая 270.23
—, шерстомоечная 299.14
—, щелочная 419.6
воды, сточныя — с шерстомойки 299.2
водилка 430.2, 431.20
— ленты для холстовой машины 373.10
— для направленія лент 111.4
— для очищающаго сукна 395.3
— ровницы 142.3, 143.12
— ровницы для средних цилиндров 191.12
водн-ая окись алюминія 465.18
—ая соляная кислота 305.7
—ая сѣрная кислота 303.1
—ый винный спирт 459.3
—ый раствор аммiачной соли 465.7
—ый раствор соляной кислоты 305.7
водно-спиртный раствор казеина 472.2
водонапорная трубка 488.12
водонепроницаемый кокон 416.12
—ый резиновый рукав 479.3
—ым дѣлающая примѣсь 484.2
водоотжимной пресс 478.17
водопоглощающ-ая бумага 480.1
—ія соли 483.13
водопровод, напорный 478.2
водопроводная трубка 461.4
водород 301.17
водосборное корыто 477.3
водосодержащій винный спирт 459.3
— раствор коллодія 462.5
водоупорная нить 468.7
водоупорность нити 468.8
водян-ая ванна 242.6, 385.13
—ая ванна, горячая 418.14
—ое корыто 242.6
—ой пар 418.1
—ой пар, образованный в котлѣ 572.7
—ой поток 285.6
—ой туман 574.15
—ой фильтр 271.7
возврат с. т. вход 343.17
возвратно двигающійся 474.8
— передвигающійся 473.7
— -ходячій точильный круг для боковой отточки 72.13
—ое продольно-осевое движеніе 517.1
—ый ход каретки 205.4, 348.10
возвращаться к нулю (стрѣлка) 614.4
воздух 24.7
воздух, богатый углекислотой 459.14
—, влажный движущійся 574.17
—, влажный неподвижный 574.16
—, влажный — без присутствія масла 575.2
—, горячій 308.6
—, движущійся горячій 308.6
—, без доступа —а 66.9
—, насыщенный влагою 572.12
—, насыщенный водяными парами 293.14
—, пропитанный влагою 296.5
—, сжатый 455.10
—, сушильный 296.12
—, тепловлажный 570.2
воздуходувка с крыльчатым колесом без смазки 575.1
воздуходувная труба 380.5, 384.5
воздухонагрѣватель 306.4
воздухопровод 575.8
воздушн-ая камера 296.2, 352.4
—ая струя 575.10
—ая сушилка 292.18
—ая сушка 292.10
—ая труба 306.12
—ое пространство 352.4
воздѣйствіе, подвергнуть шерсть — ю сухого теплаго воздуха 292.16
возрастаніе напряженія ленты 337.13
возрастать вмѣстѣ с увеличеніем вытяжки (давленіе нажимного валика) 107.5
возрастающ-ая окружная скорость 102.15
—ая плотность игл 380.10
—ій ход 334.2
возстановленный щелок 276.7
возстановлять щелок 276.6
войлока, мокрыя 573.13
войлок 397.19
войлокосниматель 372.16
войлочн-ая лента, пропитанная маслом 356.1
—ая обтяжка 115.14
—ая подкладка 544.12
—ое полотно 478.16
—ое сукно 389.13
Вокансон, цѣпь —а 179.14, 395.6
вокруг валика заводить нить 556.4
— оси складывающійся 566.2
— роликов обвить нить 454.16
— цапфы обвить джутовую прядь 243.1
волан 51.12, 200.2, 321.3, 323.8
— с глухим кожухом 323.7
—, лентообразный 323.6
волнист-ая жесть 76.13
—ое волокно 6.18
волокна, асбестовыя 491.4
—, джутовыя разрыхленныя 247.3
—, искусственныя из бѣлковых веществ 471.10
—, искусственныя — из казеина 471.13
—, искусственныя из раствора оссеина 472.16
—, искусственныя из студенистых растительных веществ 472.11
—, искусственныя из фиброина 472.5
—, растительныя 402.8
—, расчесанныя на гекляx 245.3
—, угарныя 435.6
волокно 6.12
— рами 261.3
—, волнистое 6.18
—, гибкое (джута) 240.5
—, гладкое 6.17
—, длинное 6.15
—, древесное 475.10, 588.19
—, дряблое 14.5
—, завитое 6.19
—, кокосовое 492.15
—, короткое 6.16, 195.5
—, курчавое 6.19
—, лентообразное 427.17
—, льняное 211.17
—, льняное богатое содержаніем клея 225.11
—, наэлектризованное 102.7
—, отдѣльное 49.18
—, поврежденное 26.2
—, разрушенное 269.7
—, разрыхленное 7.9
—, скользкое 194.8
—, слабое 14.5
—, упругое 14.4
—, хвойное 588.16
—, хлопковое мертвое 14.6
—, шелковое 438.16
—, эластичное 14.4
волокнина 411.9
волокнист-ая бородка морского пера 411.4
—ая ватка 480.9
—ая лента 7.20
—ое вещество 6.9
—ый полупродукт 102.11
волокновидные с.т. волокнообразные
волокнообразные кристаллы 489.12
волос из гривы 493.4
— из хвоста 493.3
— шерсти 292.17
—, жеребій 586.1
—, жесткій 322.11
—, колючій 409.9
—, конскій 493.2
—, конскій — искусственный 588.11
—, конскій курчавый —, вареный для набивки 514.16
—, коровій 493.5
—, короткій 374.3
—, разный 408.5
—, телячій 408.9, 585.22
волос, шерстяной 276.12
—, шерстяной поврежденный 276.13
волосы 493.1
волосовидные придатки 425.10
волосян-ая коса 514.10
—ая пряжа 409.5
—ая стеклянная трубочка 467.7
—ая сторона кожи 332.6
—ая трубка 461.2
—ый с. т. капиллярный
волчек 26.21, 27.8, 35.5, 196.6, 311.10
— для промасливанія 317.13
— для прощипыванія клочьев 406.7
— для угарной шерсти с двумя рабочими мѣстами 405.6
— для удаленія репья 367.8
— с шипами 33.5
—, валичномяльный — для асбеста 490.9
—, винтообразный 312.9
—, джуто-щипальный 244.9
—, карбонизаціонный 308.13
—, кардный 313.4
—, колотильный 220.14
—, колотильный пылеотдѣляющій 266.19
—, колотильный — для угаров 196.15, 267.14
—, колотильный — для шелковых угаров 442.4
—, комбинированный 313.3
—, крыльчатый 312.9
—, крыльчатый — для шелковых угаров 442.5
—, пыльный 401.1
—, раздробительный 308.13
—, сдвоенный — для джута 259.11
—, смѣшивающій 313.1
—, спиральный разрыхлительный и бительный 312.9
—, трепальный 37.2
—, угарный 258.13
—, шиповидный 33.5
—, щипально-колотильный с тремя бителными барабанами 267.4
—, щипальный 197.8, 232.12, 490.8
—, щипальный — для потной шерсти 268.1
волчок с.т. волчек
вольфрамовокислый натрій 464.3
ворвань 315.2
вороба, камышевая 569.6
—, лучинная 569.5
—, роличная 569.7
—, установочная роличная 611.18

воронка 36.10, 370.3, 470.7, 484.16, 611.10
— со вставленным коническим стержнем . . . 484.12
— для гильзы . . 361.4
— каландра . . . 51.10
— с прорѣзом . . 208.8
— для свертыванія 484.11
— для смазки . . 553.1
—, вращающаяся . 380.8, 449.10
—, вращающаяся — для камвольной шерсти 372.4
—, выпускная . . 487.13
—, деревянная . . 422.12
—, загрузочная . 196.8, 259.4
—, лентоуплотнительная. . . . 51.10
—, питательная . . 218.6, 196.8, 266.20
—, раскладочная . 328.9
—, свертывающая 478.12, 485.6, 486.4
—, свертывающая — с коническим проходом . . . 478.13
—, уплотнительная 111.7, 451.13
—, уплотняющая . 372.5
воронкообразная насадка. . . . 36.10
— труба 39.7
вороночная шпульная машина . 427.5
воротник, кожаный 547.12
вороток на распредѣлительном валикѣ 394.3
ворошить шерсть вилами 317.9
ворсистая ватка . 329.5
— пряжа 193.11
ворситель 449.8
ворсованн-ая шерстяная ткань . 397.5
—ый шерстяной товар. 397.5
ворсовая нить . . 591.5
воск 484.3
— потового жира 274.10
воскообразный жир шерсти . 274.9
воспламененіе пакли на чесальных машинах 222.3
воспламеняемость шелка из коллодія 462.7
воспламеняться легко (шелк) . 462.8
восприниманіе, неравномѣрное (воды) 574.9
воспринимать влажность (лен) . . 217.14
— силу. натяженія бѣгунка направляющим кружком 151.2
воспринятая влага 572.10
воспріятіе силы натяженія бѣгунка направляющим кружком. 151.1
восточная грубоволосая шерсть 584.5
восходящ-ая направляющая канавка . . . 531.10
—ая спираль . . . 351.11
—ее направленіе . 551.16
восьмикратная вытяжка (ленточная машина) . 101.13
вотканыя металлическія полосы. 477.11
вошь 49.4
впадина с. т. чашка
впадина диска . . 190.5
впалый початок . 174.7
впаянныя проушины 501.18
вперед и взад (двигаться) 516.17
— и назад двигающійся 233.3
— подвигать . . . 500.2
вплетаемая нить . 511.8
вплетать солому в лен. 209.16
вправо крученая стренга . . . 510.4
— скручивать . . 153.15
впуск с. т. ввод
впуск воздуха . . 294.11
— моечной воды . 280.14
— пара 571.7
— для полоскательной воды . 365.15
— для хлопка . . 35.6
впускн-ой цилиндр 77.12
—ые валики вытяжного аппарата 257.6
впущенное ребро . 355.3
вращательное движеніе 517.1
вращаться с возрастающей окружной скоростью (вытяжныя пары) . . 102.15
— в маслѣ (пята). 290.11
— в обратную сторону (веретена) 165.3
— с перерывами . 342.4
— порывисто (питательный валик) 84.8
— постоянно (втулка) 182.8
— с постоянной окружною скоростью (катушки) 516.10
— с постоянной угловой скоростью (веретена) 516.7
— в противоположную рѣшеткѣ сторону (выравниватель) . . . 29.4
— в противоположныя стороны (гребенные барабаны) . . . 447.7
— толчками (игольчатый валик) . 384.13
— туго (катушка) 97.5
— тяжело (валик) 107.13
вращающійся валик (в ту и другую сторону) . 201.3
вращеніе бѣгунка 150.14
—веретена посредством зубчатаго зацѣпленія 140.2
— веретена посредством шнура . 144.5
— веретен с возрастающей скоростью 347.17
— веретен во время отхода каретки 164.3
вращеніе винта квадранта от руки 171.3
— колеса от передвиженія канатчика 497.16
— рогульки . . . 130.10
— посредством фрикціоннаго диска. 516.13
— посредством фрикціоннаго ролика 516.12
—, качательное (оси корзины) . 290.1
—, момент — я и момент силы тренія находятся в равновѣсіи 149.7
—, непрерывное . 182.7
—, обратное . . . 165.2.4
—, обратное — коклюшки 511.5
—, перерывистое . 342.3
—, принудительное 524.13
—, толчкообразное 377.7
вредное пространство 59.10
временами, приводить во вращеніе — 177.1
временн-ая жесткость воды . . 269.22
—ый склад льна . 210.15
время, нерабочее 70.7
— пряденія. . . . 483.11
— работы (чесальной машины) . 70.8
вручную работающій канатчик . 494.7
— скручивать нити 431.13
— (вспрыскиваніе) 441.6
—, заводить ровницу 130.9
—, мытье 268.16
—, обтяжка карды 337.8
—, оттачиваніе . . 338.19
—, перемѣщать кипы 17.6
— (промасливаніе) 317.1
—, производство канатов. . . . 494.20
—, прочесывать лен. 212.15
—, свертываніе . . 484.21
—, чистка кардных поверхностей . 340.7
всасыватель . . . 36.1
всасывать жировое вещество (волос шерсти) . . . 313.3
— масло 314.2
всасывающій вентиль 470.1
— вентилятор . . 24.8
— поршень. . . . 470.3
— трубопровод пылесоса 370.17
всклоченная шерсть 265.22, 269.15
вскрыватель холста 321.15
вскрывать кокон . 418.7
— холст 321.13
вскрытіе кип. . . 18.1
вскрыть кипу . . 18.2
всосать воздух . 31.16
вспомогательн-ая ленточная . . 389.3
—ый тормаз . . . 190.9
вспрыскиваніе с. т. окропленіе
вспрыскиваніе вручную . . . 441.6
вспрыскивать . . 441.4
вспять (движеніе) 496.20
вставка, остроконечная — веретена 128.8
вставить катушки ровницы . . . 352.13
вставленн-ая ситчатая плита . 285.9
—ый коническій стержень . . . 484.12
—ый коническій хвостик. . . . 543.10
вставлять стальныя пластинки 56.7
вставной подпятник 129.5
встряхиваніе волоса 514.6
встряхивать руно 265.9
всухую (наческа). 507.3
— разматывать кокон 421.17
— (разрываніе) . 403.15
— точить 338.17
вторичное крученіе 540.10
второсортная пряжа 579.13
втулка 59.2, 176.10, 392.6, 503.6, 506.6
— веретена. . . . 532.9
— веретена с подпятником . . 145.9
— коклюшки . . 510.9
втяжн-ая улитка, главная . . . 169.10
— подшипника веретена 123.2
—ой канатъ . . . 359.5
—ой конус 183.5
— распредѣлительнаго вала. . . 161.12
— сгоночнаго барабана 358.14
— из фосфористой бронзы 351.10
—, веретенная . . 130.2, 391.7
—, внутренняя подвижная. . . . 146.6
—, глухая 528.12
—, глухая — концевого подшипника барабаннаго вала 192.8
—, деревянная . . 552.13
—, длинная . . . 131.2
—, желобчатая . . 497.12
—, замочная . . . 177.2
—, захватывающая веретено . . . 209.2
—, короткая . . . 130.16
—, мѣдная вращающаяся. . . . 360.13
—, осевая — гребенного барабана 92.8
—, передвижная . 567.8
—, подвижная — для шейки веретена 178.1
—, распредѣлительная 177.1
—, неподвижно сидящая на валу 528.12
—, свободно сидящая на валу . 528.11
—, тормазная . . 109.14
втыканіе проволочнаго штифта в канаты 512.12

вулканизированн-ая фибра . . 76.11
—ое масло 458.10
—ый каучук . . . 65.12
вход с. т. возврат
вход каретки 159.13, 205.4, 343.17, 348.10, 557.13
входить (каретка) 166.13
— сдвоенным (холст) 50.14
входн-ая сторона чесальной . . . 202.10
—ой номер 102.4
входящ-ая бумажная лента . . . 484.18
—ее бумажное полотно 483.6
—ій холст 45.8
выбалансированный барабан . 144.16, 312.1
выбалансиро(вы)вать барабан . 145.1
— крылья трепала 40.14
выбиваніе кардной гарнитуры . . 75.1
выбивать кардную гарнитуру . . 75.2
выбираніе репья вручную . . . 369.5
выбирать ртом . . 376.10
выбоина 174.13
выбрасываніе . . 24.10
выбрасывательный клапан 27.13
выбрасывать шерсть 322.9
выбрасывающій валик 28.8
вывариваніе шелка до бѣла . . . 433.11
вываривать лен в растворѣ поташа 217.19
вывинчивающійся колпачек для масла 146.12
выводить из дѣйствія 346.12
выводящ-ая улитка 177.6
—ій тяжник . . . 177.9
вывозной канат . 359.6
вывѣрен (тамбур) 78.13
вывѣренный с т. уравновѣшенный
вывѣренный барабан. 144.16
вывѣрять барабан 145.1
вывѣтрившійся лоскут 396.20
выгружатель с. т. вычерпыватель
выдавальщица шерсти 266.13
выдавливать пряжную жидкость через волосяныя трубки . . 463.8
— рифли 120.20
выдвижн-ая каретка 503.15
—ая сбоку колосниковая рѣшетка 196.16
—ая рѣшетка . . 48.4
—ой ящик 307.14
—ыя крылья . . . 567.3
выдергивать зачаток нити . . . 496.16
выдерживаніе на складѣ 217.13
выдувать пух . . 75.15
выдувное отверстіе вентилятора . 312.15
выдѣленіе взвѣшеннаго нерастворимаго вещества 271.1
— пота пеньки внутри кипы . . 228.11
— растительных составных частей 402.2
выдѣлять воду . 302.4
— жировое вещество 299.18
выдѣляющее слизь растеніе . . . 316.13
выемка с. т. канавка
выемка 41.4, 483.5, 499.7
— на барабанѣ . . 444.4
— для вертлюги . 383.6
— для каната . . 506.11
— со смазочным фитилем . . . 344.13
— в сѣдлѣ 106.14
—, закругленная . 497.14
—, клиновидная — тормаза. . . . 180.14
выжимать раствор в осадочную ванну 472.3
выкачиваніе масла 148.12
выкачивать масло 148.13
выкидн-ая дверка 260.3
—ой лоток 259.5
—ой лоток шерсти 312.2
—ой цилиндр . . . 28.8
—ое отверстіе. . . 36.8
выкидываніе из нити порочных мѣст 428.20
выкипяченный шелк 426.21
выключатель 158.7, 504.5
— привода барана 474.1
—, механическій . 113.15
—, предохранительный – при входѣ каретки . . . 170.1
выключательн-ая вилка 95.6
—ый зубец 353.15
—ый механизм . . 455.12
—ый пруток . . . 357.8
—ый рычаг. . . . 357.7
выключать. 346.12
выключаться в отдѣльности (каждое веретено) . 521.6
выключающ-ая вилка 348.13
—ій ролик, сидящій на стрѣлкѣ . . 207.5
выключеніе предохранителя . . 346.14
—, автоматическое (веретена) . . 340.12
выключить механическое сцѣпленіе при помощи электрическаго тока . 113.14
— прядильный таз 470.10
— с работы плохую катушку . . . 133.16
— собачку 256.4
— счетчик 370.12
выколачиваніе с. т. колоченіе
выколачиваніе лоскута 400.17
— пыли из шерсти 266.15
выколачивать руно 265.11
выколачивать шерсть 266.17
выколупывать репей. 368.4
выкружка для питательнаго валика 50.15
вылавливать конец шелковинки кокона 420.11
вылетать из основанія (крючки) 64.10
вынимальщик прядей 215.16
выниманіе бородки 383.12
— из колодок прядей 215.1
выносливость пряжи 606.17
выпаденіе катушечнаго веретена . 128.17
выпаренная кислота 303.8
выпариваніе жирового раствора . 298.11
— раствора 305.18, 471.7
— шерсти 271.17
— щелока 273.11
выпаривать шерсть 271.18
выпарной угар . . 435.17
выплываніе шерсти 282.9
выполаскивать валяльную глину водою 298.16
выправить ватку . 327.3
выправка ватки . 327.2
— карды 339.13
—, приспособленіе для — и кард . 340.1
выправлять карды 339.14
выпрессовать рифли 120.20
выпрядать . . 1.3, 9.17
— вискозу 468.11
— вискозу с помощью кислоты . 469.1
— вискозную нить в теплом растворѣ амміачной соли . . . 468.12
— джут 234.8
— джут в сухом состояніи . . . 256.16
— лен 210.16
— мягко 138.17
— пеньку 234.3
— пряжу из угаров хлопка 194.13
выпрядающая машина 343.8
выпряден-ая нить 164.9
—ый асбест . . . 491.11
—ый равномѣрно кокон 416.6
выпрядка 1.2
выпрядка, окончательная 204.12
выпрямленіе волокон 101.1
— волоса. 373.2
— каретки посредством боковых тяжников . . . 174.2
выпукл-ая лопасть 45.4
—ая мотка 519.1
—ая мотка катушки 140.19
—ый клубок . . . 520.18
выпуклость 467.8
выпуск 103.7
— валиков 345.9
— ленты 371.15
— нити во время докрутки . . . 189.9
выпуск нити при отходѣ каретки 163.16
— для хлопка . . 35.7
—, добавочный — нитей. 170.3.4
—, каждый — питать x лентами 81.10
—, механизм для — а нити при входѣ каретки . . 181.15
выпускать вытянутую ровницу (вытяжной аппарат) . . . 163.13
выпускн-ая воронка 487.13
—ая машина . . . 388.1
—ая сторона чесальной 202.11
—ое отверстіе для хлопка 35.7
—ой валик . . 35.9, 51.9, 378.11, 488.11
—ой механизм для ленты 253.4
—ой номер 102.5
—ые валики вытяжного аппарата 257.9
выпустить моечную воду . . 280.9
выпущенная длина ровницы . . . 345.10
— чесальными лента 371.7
выработка застилистой пряжи. 590.1
— лоскута 399.6
— узелковой нити 559.11
выравниваніе давленія 572.13
— каретки 174.2
— положенія волокон 386.7
— путем сдваиванія 81.1
— слоя волокон . 200.8
— шаблона. . . . 175.1
выравнивать поверхность . . 64.19
— шаблон 175.2
выравнивающее дѣйствіе сдваиванія 81.2
выравниватель . . 29.3
— с откидными шипами 30.4
выравнитель намотки . 180.9, 183.7
— натяженія для подниточника и предохранителя 354.6
выравнительн-ая клиновидная подкладка . . 73.7
—ое звено 133.5
—ое колѣно . . . 133.5
—ое сдваиваніе . . 326.19
—ый спусковой канат 169.13
—ый чугунный вал 22.5
выравнить чесальную ленту . . 100.14
вырываніе из нити порочных мѣст 428.20
вырывать порочныя мѣста нити 428.21
вырѣзаніе кромок 400.14
— швов 400.15
вырѣзать петли . 400.9
вырѣзываніе порочных мѣст нити 455.2

высадить казеин из снятаго молока 471.16
высаживать вискозную нить кислотою 468.15
высаживающ-ая ванна 468.2
—ій с. т. осадочный или закрѣпительный
высасыватель . . 197.13
высасывать шелковую нить через прядильное отверстіе 463.9
выскакиваніе катушечнаго веретена 128.17
выскакивать (катушечное веретено(. 128.18
— из основанія (крючки) . . . 64.10
высок-ая конечная влажность . . 573.6
—ій номер пряжи. 194.1
—ое давленіе . . . 271.3
высокопроцентный раствор коллодія 457.10
высота закрома . 22.13
— кардной гарнитуры 60.13
— начинка 167.8
— подъема 151.7
— подъема одного слоя намотки . 155.7
— титра 602.10
—, различная. . . 156.1
выступ 355.8
— на дискѣ . . . 172.1
— станины 185.6
выступающ-ее остріе зуба 339.16
—ія кромки (сукна) 118.8
—ія ребра 376.2
выступы с. т. зубцы
выступы, кольцеобразныя . . . 490.10
высушенная лента 386.3
— нить 467.16
высушиваніе до безводнаго вѣса 615.10
высушка шерсти . 292.8
высчитанная длина 604.8
высыханіе волокнистаго вещества 25.4
высыхающее на воздухѣ масло 458.11
вытаскиваніе ровницы из таза . 208.4
— щипка волокон 14.9
вытачиваніе . . . 338.14
вытачивать карды 338.15
вытащить щипок волокон . . . 14.10
выточка с. т. канавка
вытряхиватель . . 400.19
—, коническій . . 259.1
—, угарный . . . 258.13
вытряхивательная вилка 260.6
— машина для пакли 220.11
вытягиваніе . 8.12, 371.8
— волокон в продольном направленіи . . 100.16
— лент бурета . . 453.7
вытягиваніе и сдваиваніе . . 222.11
— и сдваиваніе лент перед гребнечесаніем 80.16
—, однократное . . 371.10
—, подготовительное 81.4
вытягивать . 8.13, 502.7
— волокна 100.15
— волокнистый полупродукт посредством валиков. 102.11
— волосяную трубку 467.12
— дегумированный шелк 434.18
— джутовую ровницу 256.15
— желатин в нить 471.8
— канат 513.7
— капиллярную трубку 467.12
— ленту 8.16
— ленту, выпущенную чесальными 371.7
— ленты 222.12
— нить в разбавленном щелокѣ 467.2
— петли нити . . 191.14
— пробные мотки. 602.15
— рами 262.13
— и сдваивать ленты волокнистаго вещества . 251.5
— и сдваивать ленты чесальных перед гребнечесаніем 80.15
— черезчур. . . . 101.15
вытягиваться (приводный шнур). 191.17
вытяжка 8.14, 101.4, 345.11, 371.8
— камвольной пряжи 386.5
— каната 513.5
— лент бурета . . 453.18
— лент шелка . . 451.15
— на первой головкѣ ленточной. 222.13
— и сдваиваніе. . 251.4
— и сдваиваніе пеньки 233.1
— хлопка 100.8
— холста. 42.11
—, вторая 222.18
—, двукратная . . 371.12
—, малая. 101.11
—, однократная. . 101.6
—, отдѣлочная . . 101.9, 103.14
—, первая 222.17
—, подготовительная . . 101.7, 103.12
—, полная 101.10
—, постепенная . 472.10
—, предварительная — гребенного прочеса . . 384.8
—, предѣльная разрывная — каната 513.6
—, приспособленіе дополнительной — и каретки 164.12
—, промежуточная 101.8, 103.13
—, равная сдваиванію. 452.8
—, сильная . . . 101.12
—, слабая 101.11
вытяжка, третья . 222.19
—, х-кратная 101.17, 371.13
—, чрезмѣрная . . 101.14
вытяжн-ая каретка 502.15
—ая машина . . . 102.9
—ая машина для шелка 451.17
—ая подготовительная машина . 81.3
—ая лента надорвана 108.2
—ая пара 102.14
—ая труба 571.9
—ая шестерня, ведомая кареточная 187.10
—ая шестерня, ведущая кареточная 186.12
—ой аппарат 8.15, 159.16, 480.13, 486.1
—ой аппарат банкаброша . . . 128.19
—ой аппарат для бурета 453.9
—ой аппарат с игольчатыми вытяжными парами 221.8
—ой аппарат с игольчатыми планками . . 385.17
—ой аппарат для обѣих сторон сельфактора . 176.6
—ой аппарат с опущенной передней вытяжною парою 143.7
—ой аппарат сельфактора для пряденія гребенной шерсти 393.8
—ой аппарат, валичный 139.9
—ой аппарат, винтовой 218.10
—ой аппарат, гребенной 451.6
—ой аппарат, двухцилиндровый . 205.1
—ой аппарат, наклонный . . . 142.4
—ой аппарат, простой двухцилиндровый 205.1
—ой аппарат, скатывающій. . . . 370.6
—ой скатывающій — аппарат, для бурета 454.2
—ой аппарат, трехпарный . . . 143.11
—ой аппарат, трехцилиндровый . 205.2
—ой аппарат, цѣпной 219.4
—ой механизм . . 101.5, 102.12
—ой механизм с „х„ парами роликов 102.10
—ыя валичныя пары 480.13
—ыя пары, глубоко захватывающія друг друга рифлями 116.8
вытянут-ая лента 101.19, 387.11
—ая ровница . . . 159.18
—ый носок початка 174.5
вытянуть с. т. утонить
вытянуть ленту . 100.12
выход с. т. продукт
выход воздуха . . 296.6
— волокнистаго вещества из коконов. 424.5
— гребнечесанія . 8.1
— дегумированнаго шелка . . . 437.7
— каретки . 159.10, 164.1, 343.14
— прочесаннаго на кардах волокна 318.12
— прочесаннаго льна с гекли . 212.7
— разрыхлителя . 26.18
— сортировки . . 266.7
—, длинный . . . 345.6
—, короткій . . . 345.7
—, однородный — цѣлой партіи . 14.16
—, равномѣрный (лент) 223.13
выходить с. т. отходить
выходить (каретка). 163.17
выходн-ой валик . 38.5
—ые валики . . . 219.2
выходящій холст 45.9
вычерпыватель системы Дерю . 281.1
— системы Мак. Наута 283.4
— системы Мелана 282.12
вычес 374.7
— ангорской шерсти 409.14
— бурета. 453.16
— рами 262.8
—, бѣлый 374.11
—, машинный . . . 374.9
—, нормальный . 374.10
—, отбѣленный . . 374.13
—, печатаный. . . 374.16
—, ручной 374.8
—, цвѣтной. . . . 374.12
выческа жесткаго волоса 322.11
вычесываніе шишек 216.8
вычесывать волокна джута на геклях 245.2
вычищать кардную гарнитуру . . 75.2
вышивальн-ая машина 520.11
—ая пряжа. . . . 584.22
—ый шелк 586.22
выщелачиваніе пота 272.12
выщелачивать пот 272.13
вьюшка 27.11
вѣник для порки. 420.5
вѣс брутто. 141.14, 434.12
— грязной шерсти 269.16
— катушки . . . 141.12
— кипы 16.20
— льна сырца . . 212.6
— по накладной . 16.19
— немытой шерсти 269.16
— ниже нормальнаго 17.1
— обручей 17.4
— общаго числа заправленных лент 223.10
— полстины . . . 325.9
— початка 157.5
— пряжи. . 141.13, 598.10
— разрыва 606.15
— абсолютно сухого волокна . . 15.6

вѣс ставки лент 223.10
— по счету 16.19
— шляпки 53.9
—, абсолютный 615.10
—, безводный 615.10
—, допустимый избыточный 616.1
—, дѣйствительный — тары 17.3
—, исходный 598.9
—, коммерческій 616.2
—, начальный 615.15
—, конечный 615.16
—, недостающій 17.1
—, общій 141.14
—, опредѣляющій номер 598.8
—, собственный 166.10, 606.12
—, стандартный 217.9
—, сырой (шелка) 434.12
—, торговый 616.2
—, торговый — кокона 413.13
—, торговый — пряжи 606.8
—, уравнительный 328.5
—, фактурный 16.19
—, чистый 615.16
—, чистый — катушки 141.15
вѣсить один англійскій фунт (х мотков) 604.4
— один килограмм (х мотков) 604.3
— (х мотков) 604.2
вѣсов-ой рычаг 613.8
—ыя мѣры 600.21
вѣсовщик 16.18
вѣсок для повѣрки наклона веретена 178.7
вѣсочки Штауба 614.8
вѣсы 603.4
— для опредѣленія процентных отношеній и вѣса 614.14
— с процентными дѣленіями для очеса 614.13
— для пряжи 612.13
— для пряжи Амслера-Лафона 614.7
— для пряжи и ткани 614.15
— со скалкой для опредѣленія номера 387.10
— для холстов 47.11, 613.4
—, автоматическіе титровальные 603.3
—, горизонтальные точные 613.5
—, десятичные 613.1
—, дорожные 614.12
—, карманные 614.12
—, квадрантные 613.18
—, номерные 613.6
—, обыкновенные 613.7
—, очесочные 100.8
—, пачечные 615.1
—, пружинные для холстов 47.12
—, титровальные 603.2
— точные 612.15
—, универсальные — для пряжи 614.16
—, чувствительные 616.8
вѣтер 391.2
вѣшала, рѣшетчатыя 292.13
вѣшала, сушильныя — в видѣ рейки 227.10
вѣшало, рѣшетчатое — для стеканія воды из мокрой шерсти 287.16
вязальн-ая пряжа 580.13, 585.1
—ый шелк 586.18
вязальщик в куфты 5.3
вязальщица куфт 576.11
вязаное тряпье 397.11
— крючком тряпье 397.17
— трикотажное тряпье 397.12
вязанье на крючках 580.12
вязка 593.2
— льна, связанная шпагатом 210.5
—, убранная (льна) 210.3
вязкая бумага 479.14
— мастика 117.12
вязкость 66.14
— раствора повысить 464.10
вялость волос 514.13

Г

газ суинтера 300.6
—, амміачный 460.8
—, сѣрный 413.11
—, топочный 306.16
газов-ая горѣлка 455.8
—ая палилка для прочеснаго шелка 455.7
—ая фильтровочная ткань 463.13
—ое пламя 455.5
—ый опаливательный аппарат для прочеснаго шелка 455.7
газообразн-ая кислота 305.10
—ое состояніе 440.1
—ый сѣрнистый ангидрид 460.9
газопровод 455.9
гайка журавля 350.7
— квадранта 170.14
—, двойная 290.5
—, закрѣпительная 290.5
—, крыльчатая 548.4
—, установительная 54.10
Галль, цѣпь —я 395.7
гальванизированн-ая желѣзная проволока 493.8
—ая соединительная труба 39.6
галэт 587.24
гарнитура с. т. обтяжка
гарнитура 62.4
— барабана 248.4
— валиков 62.13
— гребенки 252.3
— питательнаго валика 248.3
— чесальной 60.19
—, кардная 60.12, 334.13
—, пиловидная 199.7
гарнитурная нить 559.9, 591.5
гвоздь 64.4
—, кардный 338.4
Гейльман, гребнечесальная —а 84.1
—, гребнечесальная машина —а 377.1
—, гребнечесальная машина для кудели системы —а 222.9
гекельн-ая машина 8.6
—ая машина, вертикальная для джута 245.5
—ая с. т. прочесанная
—ый аппарат системы Котона 215.10
—ый очес 212.12
гекельщик 215.18
гекли 8.6, 495.13
—, грубыя 495.14
—, ручныя 8.5
гекля с. т. чесалка 212.20
гекля 211.10
— с автоматической перекидкой пряди пеньки 299.14
— с х комплектами гребенных полотен 215.11
—, грубая 213.5, 229.4
—, двухсторонняя 214.3
—, джутовая с наклонно лежащими рабочими поверхностями 246.1
—, обдирочная 213.5, 229.4
—, обыкновенная 213.14
—, отдѣлочная 213.7, 229.5
—, ручная 212.20, 245.4
—, средняя 213.6
—, тонкая 213.7, 229.5
Гесснер, ватерное веретено —а 341.8
Гетерингтон, точильный валик системы —а 74.6
гибк-ій проволочный канат 595.17
—ое волокно джута 240.5
—о, сдѣлать —им 237.7
гибкость каната 513.3
— (придать) 314.4
Гигин, аппарат для очистки шляпок системы —а 52.14
гигроскопическ-ая способность хлопка 573.8
—ія с. т. водопоглощающія
—ое свойство 615.6
гигроскопичная бумага 480.1
гигроскопичность 302.1
гидравлическій пресс 288.2
— пульверизатор 574.5
гидрат глинозема 465.13
— окиси магнія 465.12
гидролиз клѣтчатки 460.13
— целлулозы 460.13
гидроцеллюлоза 301.15
Гилле, фасонная крутильная машина системы —я 561.4
гильза 145.5, 145.12
— с двумя флянцами 518.14
— с коническим основаніем 518.17, 529.5
гильза для шпули 530.18
—, бумажная 175.19, 518.11
—, деревянная 97.3, 518.9
—, жестяная 97.2, 356.12
—, короткая 356.9
—, короткая бумажная — 166.18
—, латунная 542.9
—, продольнорифленая 473.4
—, сквозная бумажная 356.8
Гильзы 518.8
—, бумажныя сквозныя 516.2
—, гладкія короткія 515.14
—, коническія 516.1
гиперболоидальная шестерня 135.1
— шестерня для приведенія в движеніе веретена 135.2
— шестерня для приведенія в движеніе катушки 135.5
гипоциклодальн-ая шестеренная передача 140.3
—ое укладываніе ленты 76.20
гипс 310.6
гипсовый покров 336.15
гири, накладныя 168.10
гиря 125.11
— в видѣ горшка 352.2
—, горшковидная 352.2
—, контрольная 613.17
—, нагрузочная 106.15, 482.13, 523.2
—, удлиненная 94.10
—, часовая 593.22
главн-ая чесальная машина 369.14
—ая питательная рѣшетка 23.7
—ая дифференціальная шестерня 134.11
—ая втяжная улитка 169.10
—ое сращиваніе 493.24
—ый рычаг контрольнаго аппарата 186.2
—ый холст 373.14
гладильн-ая машина 385.5
—ая тряпка 507.7
—ый диск 379.3
гладить 385.4, 507.11
гладк-ая ватка 329.4
—ая крученая нить 539.24
—ая пряжа 363.17, 580.7
—ій валик 389.8
—ій кожаный рукав 331.15
—ій сегмент 89.12
—ія гильзы, короткія 515.14
—ія шишки 561.11
—ое волокно 6.17
гладкость рифли 116.15
глаженіе 507.1
— гребенного прочеса 385.3
глаженыя канатныя издѣлія 507.12
глазки, раскатанные 501.17
глазок 452.7, 533.4, 538.8
—, агатовый 430.4
—, боковой — веретена 553.11

глазок, ведущій нить 610.4
—, направляющій. 423.1
—, нитеводный . . 391.1
—, отводочный . . 487.6
—, плетельный . . 511.14
—, стекляный 422.4, 544.9
—, устанавливаемый по высотѣ 473.5
гланцштоф . . . 588.6
глауберова соль . 303.7, 309.15
глина, валяльная. 398.15 309.20
глиноземъ 484.9
—, натровый . . . 469.10
—, сѣрнокислый . 465.15
глиняный 403.1
глицерин . .428.11, 484.1
глух-ая втулка . 192.8, 528.12
—ая противобаллонная планка 153.2
—ой кожух. . . . 323.7
глянцевая крашеная пряжа . . 581.2
гнилая моча . . . 276.15
гніеніе с. т. броженіе
гніеніе 437.8
— на воздухѣ . . 437.19
гноильн-ая яма . 437.15
—ое устройство . 437.14
гнѣздо. 328.2
— для гильзы . . 361.9
— для коконов . . 423.10
— в сѣдлѣ 106.14
—, квадратное . . 121.3
Говард и Булло, прибор для установки шляпок системы — и — 53.16
Гойер, динамометр —а . . . 608.7
гол-ая катушка . . 141.10
—ая крученая нить 541.8
—ое веретено . . 155.17
голландер 476.12
головка с. т. верхушка
головка веретена . 123.11
— вытяжного аппарата . . 221.7, 232.17
— гребенки . . . 252.9
— джутоваго волокна 236.8
— каретки . 205.14, 351.6
— кольцекрутильнаго ватера . 555.9
— коромысла . . 551.9
— ленточной . . . 103.8
— нажимнаго крюка 46.10
— початка 155.1
— прялки 497.10
— рогульки . . . 130.6
— рычага 179.15
— шпинделя . . . 534.7
—, вторая — ленточной 222.14
—, замыкающая — заклепки . . . 61.11
—, коническая . 233.16
—, крутильная . . 342.12, 498.18
—, моточная передняя 206.8
—, первая (ленточной(. 222.13
—, потайная . . . 61.14
—, просверленная 548.12
—, третья — ленточной 222.15
головка, трубкообразная . . . 556.7
—, шарнирная — вала 534.4
головки размѣщены 104.1
головн-ая станина 558.13
—ая часть руна . . 265.15
—ая шерсть . . . 265.19
—ой каркас каретки 206.2
голосинник . . . 593.3
Гольдшмит, динамометр —а с измѣрителем удлиненія. . . 609.2
Гольцах, непрерывно дѣйствующій измѣритель удлиненія и динамометр Гольцаха 609.8
гонять кардочесальную машину вхолостую 222.1
горизонтальн-ая канатная машина 506.3
—ый рычаг 192.13
—о и вертикально устанавливаемый зажим . . 162.7
— лежать 529.4
— расположенныя пары валиков . 240.7
горка 87.10, 111.2, 172.10, 359.2, 531.14
—, вращающаяся — на шарнирѣ . 179.16
—, разгрузочная — подниточника . 165.9
—, шарнирная . . 168.4
горки, моточныя . 167.6
горный лен . . . 489.6
— шелк 489.6
Горсфаль, точильный диск с приспособленіем для осевого движенія системы— 72.8
—, точильный бѣгун —я 339.8
горшковидная гиря 352.2
горшок 352.2
горѣлка, газовая 455.8
—, спиртовая . . . 616.6
горячій воздух . . 308.6
— пресс 385.18
горючій 297.11
готов-ая нить . . 591.2
—ая пряжа. . . . 9.18
—ый кусок 508.20
—ый початок . . . 157.3
гофрированный шелк 587.17
граб 149.12
грабли для раздѣленія прядей . 498.1
—, вилообразныя . 278.10 282.14
—, соединенные с кривошипом . 278.10
гравій, отсѣянный крупитчатый . 271.12
градус, поворот на 180 —ов . . . 177.2
грамм 600.23
гран. 603.1
грани, направляющія 392.2
Грант, мотовило —а 432.2
грань 367.12
Граф, приспособленіе —а для образованія шишковидной и мухояровой нити 560.12
графит 63.14
гребенка . 202.1, 204.2, 218.9, 245.6, 251.14, 253.10, 377.11, 445.4 447.9
— джилля 372.9
— зажима, подвижная 558.9
— для направленія ленты 104.12
— для натяженія шнура 356.5
— для сниманія очеса 378.14
—, верхняя . 85.8, 378.5, 381.2, 382.5
—, верхняя кольцеобразная . . . 379.5
—, вложенная . . 376.5
—, быстро движущаяся вверх и вниз съемочная — . . . 320.12
—, зубчатая — с прогалами . . 330.4
—, игольчатая . . 368.8
—, изогнутая круглая 381.8
—, качающаяся регулирующая . 320.3
—, набивочная . . 375.14
—, набитая . . . 375.15
—, направляющая 111.1, 331.3, 461.10, 466.6
—, отбивная верхняя 381.4
—, отвѣсная . . . 382.7
—, очесочная . . . 98.1
—, перекидывающая 379.15
—, питательная . 382.4
—, подогрѣтая . . 375.17
—, рабочая . . . 375.13
—, регулирующая 320.11
—, рубильная . . 260.8
—, снимающая ватку с вальяна . 51.8
—, снимающая очес 58.2, 213.16
—, снимающая очес с вальяна . . 230.7
—, съемная 86.8, 321.10, 327.12
—, съемная — вальяна 51.8, 88.8
—, съемная — со сплошными зубьями . . . 330.3
—, съемочная —, движущаяся быстро вверх и вниз 320.12
—, тормазная . . 356.5
—, уравнительная 200.6
—, фарфоровая — для натяженія нити с направляющим роликом . . . 536.5
гребенная с. т. камвольная или гребнечесальная
гребенн-ая машина 81.14
—ая машина для длинной шерсти 376.17
гребенн-ая машина для короткой шерсти 376.18
—ая машина Кросслей 446.13
—ая машина для шелка 444.16
—ая машина, круглая 376.19
—ая машина, плоская 376.20
—ая машина, прямая 444.17
—ая скамейка 213.1, 229.10
—ая застилистая пряжа 590.4
—ая планка . 60.1, 218.9
—ая пряжа. . . . 363.18
—ая пряжа, мягкая 364.8
—ое кардное полотно 445.1
—ое кольцо, большое 379.1
—ое кольцо, малое 379.2
—ой барабан . 92.7, 97.15
—ой валик с. т. гребенной вал, гребенной барабан, гребенной цилиндр
—ой валик . . 87.8, 97.15
—ой вытяжной аппарат. 451.5
—ой очес 8.2, 82.7, 374.19
—ой очес бурета . 453.16
—ой прочес, подсиненный 386.2
—ой сегмент . 85.4, 87.11
—ой станок . . . 504.11
—ой холст 8.1
гребенчат-ая ленточная со ступенчатыми рядами гребенок 372.6
—ая планка . . . 36.12
—ая планка, набранная иглами в два ряда . . 254.7
—ое кольцо . . . 449.5
—ое полотно . . . 214.4
—ый барабан 262.4, 368.2
—ый барабан с планками с возрастающею плотностью игл. 380.10
—ый скребок . . . 340.9
гребень . 212.20, 245.13, 446.3, 495.13
—, верхній . . 90.1, 92.12
—, верхній кругообразный . . . 98.10
—, изогнутый. . . 372.11
—, игольчатый . . 443.6
—, неподвижный . 90.1
—, нитеводный — для бумажных лент 489.9
—, отдѣлочный . . 495.16
—, очесочный . . 99.12
—, перекидной . . 504.12
—, подготовительный 495.14
—, средній 495.15
—, стальной . . . 36.12
—, тонкій 495.16
—, цилиндрическій 377.11
гребешок, стекляный 543.9
гребнечесалка, ручная — для пеньки 229.6

гребнечесальная двухсторонняя 83.11
— Гейльмана 84.1
— с x головками 83.8
— «дуплекс» Шлумбергера 91.2
— «дуплекс» 91.1
— Имбса 99.3
— с качающимися щипцами Жегоф 91.8
— Листера 379.8
— с непрерывным процессом прочесыванія 83.12
— Несмита 87.7
— с перерывистым процессом чесанія 83.3
— Нобля 378.15
— Пинель и Лекэр 99.14
— Штауб и Монфорт 99.15
—, двухсторонняя 83.11
—, доставляющая непрерывно продукт прочеса 83.12
—, круглая 83.12
—, лѣвая по расположенію головки 83.4
—, многоголовчатая 83.7
—, одноголовчатая 83.6
—, односторонняя 83.10
—, правая 83.5
— машина 7.23, 262.3
— машина Гейльмана 377.1
— машина для кудели Гейльмана 222.9
— машина Гюбнера 96.10, 381.7
— машина двухсторонняя для шелка Листера 448.7
— машина Листер-Варбуртона 449.13
— машина Меньє-Грюна 380.9
— машина, циркулярная Нейрет-Бреньера 449.14
— машина Хольдена 379.4
— с. т. гребенная
гребнечесальн-ая шерсть 363.11
—ое отдѣленіе по ферберну 447.11
гребнечесальщик 83.2
— на бумагопрядильной фабрикѣ 81.15
— на машинах 4.12
— шерсти 376.13
гребнечесальщица на бумагопрядильной фабрикѣ 81.16
— на машинах 4.13
гребнечесаніе 7.21, 81.13
— джута 245.1
— конопли 495.10
— кудели 222.5
— машинным способом 376.12
— пеньки 229.1
— прочеснаго шелка 444.12
— рами 262.2
— хлопка 80.13
— шелка 444.15
— шерсти 374.1
гребнечесаніе, отдѣлочное — пеньки 231.6
—, ручное 375.4
гребнечесанная хлопчатобумажная пряжа 580.6
греж 425.2
гренадиновая крутка 586.10
грива 493.4
гризель 583.5
гросс 577.9
груб-ая гекля 229.4, 213.5
—ая камвольная пряжа 364.13
—ая кардная покрышка 335.11
—ая ленточная машина 371.16
—ая оболочка серицина 411.17
—ая полстина 325.4
—ая сортировка 399.10
—ая чесальная 199.9, 319.5
—ая ческа 212.16
—ое переплетеніе 477.7
—ое сукно 322.7
—ый лен 217.3
—ый лоскут 396.13
—ый мѣднокислоамміачный шелк 588.9
—ый номер 193.2
—ый номер пряжи 193.13
—ый скатыватель 387.16
—ый титр 602.5
—ый уточный шелк 586.12
—ый шелк-сырец 426.1
—ыя гекли 495.14
—ыя загрязненія руна 265.10
—ыя примѣси 26.11
грубо-кардная машина Ризлера 48.5
грубонадирочная чесальная машина 320.14
грубонасѣченная поверхность 550.4
грубопрядильная машина для низких номеров угарной пряжи 209.12
грубо-расчесанная пенька 496.1
грубо расчесывать пеньку 495.18
грудина ровницы 257.7
грудница полукруглаго сѣченія 564.16
—, натяжная 522.14
—, плюшевая 557.16, 568.5
—, тормазная 525.4
груженый нажимной валик 502.12
груза 125.11
—, свободно висящій 105.14
—, нажимной 106.15, 249.9
—, передвижной 253.1
—, подвѣсной 499.3
грузило 257.14
грузов-ая сторона вѣсов 613.2
—ое плечо рычага 74.1
грузоподъемность вѣсов 612.14
группа нагрѣвательных труб 295.5
групповое расположеніе 354.12
грушевидный опорный подпятник 289.14
грядка, катушечная 544.14
грязевик 279.9
грязеудалитель Маларда 365.6
грязный 396.17
грязь, осажденная 300.2
губа холстового столика 50.15
— щипцов согнута 84.12
—, верхняя (щипцов) 84.10
—, нижняя кольцеобразная (щипцов) 98.7
—, нижняя (щипцов) 84.11
губы, зажимныя 506.12
губчатая казеиновая масса 471.18
Гудворт, дифференціальный аппарат —а 126.1
Гулли, регулятор мотки системы— 172.4
гумми арабик 428.16
густое веретенное масло 148.6
— смазочное масло 359.14
густомасленистый жир шерсти 274.8
густота мастики 117.14
гутаперча с. т. резина
Гюбнер, вал направляющій —а 99.1
Гюбнер, гребнечесальная машина —а 96.10, 381.7

Д

давальческая шерсть 376.15
давать восьмикратную вытяжку (ленточная машина) 101.13
Давид, динамометр —а 607.7
давленіе воздуха 466.11
— (возрастать) 107.5
— (производить) 168.10
—, высокое 271.3
—, тормазное 47.1
дамаст 584.16
дамская матерія 397.2
дать временную крутку 331.10
— вытяжку, равную сдваиванію 452.8
— круткѣ противоположное направленіе 540.6
— дополнительную крутку выпряденым нитям 498.6
— стечь избытку кислоты 304.19
дверка, выкидная 260.3
—, откидная 27.13
дверца барабана 195.14
—, топочная 306.13
дверь, внутренняя 38.7
—, задвижная 572.15
—, навѣшенная 195.13
двигать шерсть в ваннѣ 304.16
двигаться вверх (каретка) 547.6
двигаться вдоль оси взад и вперед (катушка) 516.17
— взад и вперед вдоль вытяжного валика (нить) 129.9
— вниз (каретка) 547.7
— взад и вперед 129.9, 516.18
— в одном направленіи 57.4
— в противоположную сторону по отношенію к барабану (шапки) 57.5
— в одном (противоположном) направленіи 23.2.3
двигающійся вверх и вниз 455.1
двигающійся взад и вперед 536.12
двигающійся возвратно 474.8, 529.10
движеніе воздуха 59.12
— гребенки для снятія очеса 58.7
— канатчика вспять 496.20
— квадранта 350.17
— каретки 344.16
— кольцевой планки 151.4
— лент 386.17
— рѣшетки вперед (назад) 23.9.10
— от электромотора 157.6
— от электромотора перемѣннаго тока 157.12
— от электромотора постояннаго тока 157.7
—, быстрое толчкообразное нисходящее 561.7
—, вертикально-возвратное — кареточнаго бруса 140.16
—, вихревое — воздуха, вызываемое воланом 323.1
—, возвратное продольно-осевое 517.1
—, вращательное 517.1
—, замедленное (каретки) 166.15
—, замыкательное — щипцов для прочеса посредством гребенного барабана 91.5
—, качательное 58.10, 92.4
—, качательное вперед 91.3
—, обратное — веретен 348.16
—, осевое — взад и вперед точильнаго валика 72.3
—, отрывающее 382.13
—, перерывистое 84.7, 381.6
—, поступательное 517.2
—, приспособленіе для качательнаго —я 98.17
—, продольно-осевое возвратное 517.1

движеніе, размыкательное — щипцов для отдѣленія посредством пріемных валиков 91.6
—, сильное 286.10
—, управляющее 517.3.4.5
—, ускоренное 166.14
—, эксцентричное 30.5
движимый канатный блок 144.13
движущій валик 482.8
— канатный блок 144.12
движущ-аяся вверх и вниз 320.12, 448.15
—ійся взад и вперед 537.11
двойная ленточная с игольчатыми валиками 372.15
— чесальная 80.8
— чесальная машина для гребенной пряжи 369.15
двойни 334.8
двойня 354.4
двояковыпуклая проволока 65.18
двувальянная чесальная 491.3
двувильчатый бѣгунок 150.13
двукратн-ая вытяжка 371.12
—ая крутка 491.10
—ая мыльная ванна 437.2
—ое вытягиваніе 371.11
—ое скрещиваніе 422.7
—ое сниманіе 201.14
двуплеч-ая проволочная рогулька 431.18
—ее коромысло качающееся 560.13
—ій колѣнчатый рычаг с прорѣзом в плечѣ 360.3
—ій крючек 535.1
—ій рычаг 132.14, 487.17
—ій рогульчатый прядильный ватер 257.2
—ее накладываніе 480.4
двусѣрнокислое кали 303.8
двууглекислый аммоній 464.2
двуходная очесочная гребенка 58.4
двухромокислый калій 300.11
— натрій 300.12
двухбарабанный ватер 144.10
двухбильное трепало 40.11
двухвальцевый каландр 45.14
двухвальянная система 322.4
— система, чистая (смѣшанная) 202.2.3
двухжелобчатый 353.12
— блок 557.7
двухжильная с. т. двухстренговая
двухкардный набор 319.1
двухколонная стежка 69.3
двухколѣнчатый рычаг для останова 357.2
двухконечная чертилка 363.5
двухконусная катушка 122.1
двухкрыльчатая рогулька 123.12
двухниточный валик 143.2
двухплеч-ая рогулька 123.12
—ій отвѣсный остановочный прибор 567.5
двухпружинная шпилька 568.13
двухрядн-ая стежка 69.3
—ая установка 188.11
—ый набор гребенных планок 451.6
двухсторонн-яя гекля 214.3
—яя крутильная машина 543.2
—яя машина 209.11
—яя рогульчатая крутильная машина 548.10
—яя рогульчатая крутильная машина для тонкой пряжи 545.11
двухстренговая бечевка 593.4
двухурожайная порода 413.16
двухфлянцев-ая катушка 518.14, 519.4
—ая катушка подготовительно — крутильной машины 522.7
—ое кольцо 150.4
двухцилиндровый вытяжной аппарат, простой 205.1
— сельфактор 204.14
двухшпульная прялка 11.8
двухъярусн-ая рамка 551.1
—ыя рамки для одинарной ставки 142.1
деготь 484.7, 507.19
—, богатый смолою 508.1
—, минеральный 508.2
—, смолистый 508.1
дегумированіе 432.14
— лубка 261.8
дегуммированный шелк 434.18
дегумировать шелковый угар 472.7
дезинтеграція шелковых угаров кипятком 436.18
дезинтегрировать шелковые угары 436.15.17, 437.1
Дейсс, закрѣпленіе гарнитуры по способу —а 62.7
—, зубчатая скрѣпляющая скобка системы «—» 62.8
декантированіе 462.3
декстрин 428.15
денатурированн-ое оливковое масло 314.20
—ый спирт 458.6
деньер 602.23
—, международный 602.24
дерби-дублер 81.6
дерево 59.10
—, буковое 110.8
—, дубовое 77.6
—, кампешевое 238.16
—, ольховое 77.5
—, проваренное 476.8
деревянное масло 269.8
державка с. т. подставка или стойка
державка веретена 255.5
— для гребня 99.9
— для зажимных колодок 245.8
— нитевода с воронкой 531.7
— для шпули 535.8
— для шпульки 534.12
—, двойная 129.2
держалка веретена 384.4, 523.6
— стержня 484.15
держатель бородки 93.9
— гребня 58.9, 99.9
держать на складѣ в теплѣ (карду) 64.3
— в натянутом состояніи (выпряденую нить) 164.9
— в сцѣпленном положеніи (муфту) 191.15
держащееся свободно в воздухѣ волокнистое вещество 25.19
Дерю, вычерпыватель 281.1
дерюга, грубая рѣдкая джутовая 16.12.13
—, упаковочная 16.10
дестиллированная вода 419.2
дестилляція жирового раствора 298.11
десятимоточная куфта 576.15
десятичн-ый титр 601.15
—ые вѣсы 613.1
детали 121.12
дефект 174.12
дециграмм 600.24
дециметр 600.8
Дженни — мюль 159.6, 343.7
Дженни, прядильная 11.15, 341.5
—, прядильная машина 159.5
джилль, гребенка —я 372.9
джут 492.14
—, влажнозапакованный 236.18
—, влажный 236.19
—, длинный 236.7
—, замоченный 240.1
—, неумягченный 237.14
—, сортированный 236.3
—, спрессованный 235.9
—, умягченный 237.17
—, шишковатый 236.16
джутов-ая дерюга 16.12
—ая плетенка 235.4
—ая прядильная фабрика 234.7
—ая пряжа 582.5
—ая ровница 254.12
—ое рѣдно 16.13
—ый жгут 235.19
—ый жгут плохого цвѣта 236.14
джутоплющильная машина 240.6
джуторѣз 242.13
джуто-щипальный волчек 244.9
джэк-фрэм 122.10
дикій тутовый шелк 410.7
— шелк 410.6
динамомашина, магнитоэлектрическая 113.1
динамометр 606.24
— Баумгертля 607.9
— Вайнрайта 607.10
— Вайнрайта (вертикальный) 608.5
— Гойера 608.7
— Гольдшмита с измѣрителем удлиненія 609.2
— Давида 607.7
— с измѣрителем удлиненія с механическим приводом 609.3
— с измѣрителем удлиненія нити 609.1
— с коромыслом 607.3
— Поллера 607.8
— с пружинными вѣсами 607.4
— Рейша 608.11
— Ридингера 607.6
— Шопера 608.6
—, автоматическій — для цѣлых мотков 609.5
—, карманный — в видѣ часов 607.1
—, непрерывно дѣйствующій 609.6
—, самодѣйствующій 607.5
—, самодѣйствующій — с измѣрителем удлиненія для отдѣльных нитей 609.4
—, стѣнной 607.2
директор прядильной фабрики 1.11
диск с. т. мотыль или шайба
диск с боковым пазом 183.3
— для вращенія веретена 529.7
— дифференціальной передачи 347.14
— с дырами 509.9
— с дѣленіями 53.10
— катушки 518.16
— с канавкой 182.11
— для перекидыванія бородки 98.12
— с прорѣзами 370.8
— со скосом 531.5
— турбины 97.13
— фрикціоннаго сцѣпленія 529.8
—, ведущій — кулачной муфты 345.19
—, ведущій шляпки 56.14
—, вращающійся 422.14
—, гладильный 379.3
—, зубчатый 254.1
—, канатный 503.3
—, колотильный 35.3
—, кулачный 185.3, 560.9
—, направляющій 150.18
—, ножевый 35.3
—, пазовый 182.11
—, питательный 98.9

диск, распредѣлительный . 52.12, 161.11
—, ступенчатый . 565.1
—, сцѣпляющій заклиненный . . 158.2
—, сцѣпной . . . 132.4
—, сцѣпной – муфты . . . 163.5
—, тормазной . . 347.8
—, точильный 70.12, 72.9
—, фрикціонный . 140.1, 233.13, 529.11
—, фрикціонный рифленый . . 448.11
диски, установительные . . . 190.4
дисков-ая катушка 483.12
—ый кривошип . . 292.3
—ый нож . . 482.11, 483.2
дифференціальн-ая передача . . . 125.14
—ая передача Брукс и Доксей . . . 127.1
—ая передача Добсон и Барлоу . 127.3
—ая скорость вращенія валиков 309.1
—ая шестерня . . 126.3
—ый аппарат . . 125.14
—ый вращающій аппарат . . . 255.12
—ый аппарат с внутренней цилиндрической зубчатой передачей . . . 126.10
—ый аппарат с цилиндрическими шестернями двойной передачи . . . 127.2
діагональн-ая стежка . . . 68.15
—ое питаніе (накладываніе(. . .326.10.11
діаметр винтовой пружины . . . 608.1
— каната . . . 500.16
— кольца . . . 149.16
— полной катушки 124.15
— проволоки . . . 66.16
—, перемѣнный . 250.15
діаметральный прорѣз . . . 552.11
длина . . . 484.20
— волокна . . . 6.14
— катушки . . . 518.1
— одного круга нити в моткѣ . . 562.23
— мотка . . . 598.21
— мотка в метрах . 603.16
— мотка в ярдах . 603.17
— нити . . . 563.1
— нити в пасьмѣ 599.7
— окружности каната . . . 500.15
— питанія . . . 93.11
— пряди . . . 14.11
— пути питательной рѣшетки между двумя сигналами . . 223.16
— разрыва . . . 606.11
— при разрывѣ . . 513.11
— соединенія . . 86.1
— соприкосновенія нажимного валика с нижним цилиндром 107.6
— шляпки . . . 53.8
— шпульки . . . 533.12
— щипка . . . 14.11
—, выпущенная . 345.10
длина, высчитанная (пряжи) . . . 604.8
—, дѣйствительная 604.9
—, калькулированная . . . 604.8
—, любая . . . 566.9
—, наличная . . . 604.9
—, одинаковая (ленты) . . . 223.17
—, равная (лент) . 223.13
—, свободная (иглы) . . . 86.13
длинн-ая шерсть . 376.17
—ое волокно . . . 6.15
—ый выход . . . 345.6
—ый джут . . . 236.7
длинно волокнист-ая пенька . 496.10
—ый асбест . . . 489.13
—ый лен . . . 210.23
—ый сырец . . . 6.11
—ый хлопок . . . 14.13
длинноволос-ый лоскут . . . 396.10
—ое руно первичной стрижки . . 364.18
длинномоточный шелк-сырец . . 426.4
днище, двойное . . 76.13
—, деревянное . . 76.9
—, пружинное . . 76.13
дно корзины . . . 289.1
— чана . . . 285.7
—, ложное . . . 285.8
—, откидное . . . 200.10
—, продырявленное . . . 283.3
—, створчатое . . 320.6
—, ситчатое . . . 286.2
—, сѣтчатое . . . 571.6
добавочн-ая часть рамы . . . 530.16
—ое прочесываніе . 376.9
—ый выпуск нитей 170.3.4
—ый кокон . . . 421.9
добротность с. т. качество
добротность хлопка . . . 14.2
— (шерсти) . . . 266.9
Добсон и Барло, автоматическое остановочное приспособленіе 110.14
— и Барло, дифференціальная передача . . . 127.3
— и Барло, гребнечесальная двойного дѣйствія . 91.1
— и Барло, подводка шляпок системы – и – . 54.15
— и Барло, приспособленіе для центрированія барабана . . . 79.6
—, и Барло, точильный аппарат . 74.9
— и Барло, храповой реверсивный механизм . 132.5
добываніе волокон рами . . . 261.2
— угарной шерсти из лоскутьев . 395.11
— шелка из коконов . . . 418.5
— шерстяного жира . . . 299.13
добывать жир . . 299.14
дождевая вода . . 270.5, 316.20
дождик, мелкій . 239.12
докрутка 164.16, 343.15, 557.11
долото из твердаго дерева . . . 110.10
—, костяное . . . 110.9
домашнее производство . . . 412.8
дополнительный кокон . . . 421.9
дополнить ванну . 304.14
допустим-ое содержаніе влаги . 573.9
—ый избыточный вѣс . . . 616.1
дорога, воздушная канатная . . . 597.3
дорожка с. т. шина
дорожка 68.12, 251.12, 483.5
— каретки . . . 344.6
— для цѣпей . . 244.4
—, канатная 496.19, 503.11
—, лекальная . . . 510.18
—, моточная . . . 190.11
—, направляющая 334.11
—, сбившаяся . . 339.15
—, углубленная – для направленія зубчатаго колеса . . . 546.10
дорожные вѣсы . 614.12
доска с инструментами . . . 362.4
— для крестовой укладки льна . 215.13
— для направленія лент . . 219.1, 251.10
—, дубовая . . . 229.7
—, защитная . . . 225.16
—, калиберная – для проволоки 509.14
—, основная . . . 611.1
—, очистительная . 98.4
—, подвижная . . 262.6
—, подталкивающая . . . 200.14
—, пробная . . . 29.10
—, ступенчатая . . 566.5
—, точильная . . 70.13
—, установительная с двумя двойными державками . . . 129.2
—, фоновая черная . . . 422.17
доска-плита, наклонная . . . 98.2
доска-полка, наклонная . . . 98.2
доставка на полкласса ниже — обусловленнаго 14.18
доставлять непрерывно продукт прочеса . . . 83.12
доступ, без –а воздуха . . . 66.9
— воздуха . . . 59.11
досчатый кожух . 244.11
доффер . . . 79.5
дощечка для марки 235.6
—, нажимная . . 446.15
—, основная . . . 445.11
—, откидная направителя . . . 143.13
—, точильная . . 338.20
—, черная Фоновая . . . 422.17
дратва, мѣшочная 593.9
древесина . . . 261.4
древесн-ая клѣтчатка . . . 475.4
—ая масса с. т. целлулоза
—ая стружка . . 476.2
древесн-ая фибра . 476.4
—ая целлулоза . . 475.4
—ая шерсть 476.1, 492.18
—ое волокно 475.10, 588.19
—ый порошок . . 475.3
—ый спирт . . . 459.1
древянистая прядь джута . . . 236.15
дробилка . . . 490.11
—, вальцовая . . 476.11
дробильная мельница . . . 490.11
дробитель . . . 368.12
дрожаніе валика . 107.12
— веретена . . . 554.15
дрожать (валик) . 107.11
дроссельный клапан . . . 297.3
друг возлѣ друга . 512.5
— на друга, (наклеивать –) . . 65.5
— над другом размѣщенные барабаны . . . 243.13
дрябл-ое волокно . 14.5
—ый репей . . . 302.8
дубильная с. т. убойная или шкурная . . .
дубильная шерсть 264.12
дубленая кожа . . 332.4
дублирная машина 12.8, 453.10
дублированіе с. т. сдваиваніе
дублированіе . 12.6, 41.13
— шелка . . . 430.6
дублировать . 12.7, 104.6
— холсты . . . 41.10
— шелк-греж . . 430.7
дублировка . . . 222.11
дублон . . . 414.12
дубов-ая кора . . 332.4, 419.16
—ое дерево . . . 77.6
—ый . . . 201.9
дуга баллона . . 152.14
— башмака для построенія начинка . . . 167.13
— с дѣленіями . . 613.19, 614.10
— касанія нити на переднем цилиндрѣ . . . 142.13
— надниточника . 166.4
— подниточника . 166.5
— сектора . . . 152.3
— солдата . . . 206.14
— спуска . . . 142.13
— станины . . 54.5, 55.12
—, гибкая . . . 53.15
—, гибкая со сверленьями . . . 79.10
—, зубчатая (квадранта) . 170.11, 350.13
—, направляющая игольчатыя планки . . . 219.6
—, направляющая клиновидная . 53.17
—, направляющая шляпки . . . 55.5
—, натянутая . . 79.12
—, нижняя клиновидная . . . 53.17
—, пружинная . . 339.3
—, упругая . . . 54.17
—, упругая направляющая – для шляпок . 54.6
—, установочная для подшипника . . . 59.6

дугов-ая полка станины 55.12
–ая рама чесальной машины . . . 56.4
–ая шкала . . . 100.5
–ые колосники . 369.1
дугообразн-ый толкач. 186.5
–ые колосники . 369.1
«Дуплекс» гребнечесальная. . . 91.1
дутье 447.8
дужка 342.11
–, установительная 348.7
дымоход 376.3
дыра 61.7
дыры 512.4
дырчат-ая труба . 282.6
–ый ящик . . . 571.11
дышло каретки . . 608.12
дѣйствіе граней колосников . . . 367.12
– зажима 103.4
– карбонизаціи . 301.13
– мягчильных средств 237.6
– отбѣлки 287.3
– тепла на волос шерсти 292.17
– удара 31.5
–, выравнивающее 81.2
–, механическое . 272.6
–, непрерывное . 307.16
–, разрушительное – кислот . . . 302.13
–, расчесывательное шляпки . . 58.11
–, химическое . . 272.5
дѣйствительн-ая крутка 154.6
–ая тара 17.3
–ый вѣс тары . . 17.3
дѣйствовать (привод на веретено) 516.8
дѣйствующая медленно закрѣпляющая жидкость 466.14
дѣлать степень вытяжки равной числу складываемых лент . 104.8
дѣлаться пушистым (шелк) . 434.16
дѣленіе зубьев. . 372.8
–, нулевое . . . 614.2
дѣленія 613.18
– для разных систем нумераціи 614.11
–, процентныя . . 614.13
дѣлитель ватки с. т. конденсор .
дѣлитель ватки . 193.9, 330.5
– ватки со стальными пластинками 330.12
–, многоремешковый 330.11
–, одноремешковый 330.10
дѣлительный валик 204.4, 330.14
– круг 54.11
– ремешок . . . 204.11
дѣлить ватку . . 329.7
дюйм 600.15
дюйм (длины) . . 68.5
дюйм (число рифлей в) 116.14
дюйм (x рифлей в) 71.16
дюжина (двѣнадцать) 577.9

Е

европейск-ая пенька 492.8
–ій шелк-сырец . 426.14
египетскій хлопок 579.3
единица вѣса . . 598.13
– длины 598.12
– теплоты 293.7
–, x игл в –ѣ длины 215.12
еженедѣльн-ое потребленіе хлопка 18.14
–ый расход хлопка 18.14
ель, красная . . 458.18
ершик 321.8
естественн-ая сушка на воздухѣ 292.10
–ая темная окраска 427.21
–ая шишка . . . 590.9
–ый с. т. натур льный
–ый кау ук . . . 65.9
–ый шелк 586.4

Ж

жало 67.14
– зуба. 336.1
– карднаго зуба . 338.12
жар, сухой . . . 417.14
–, сушильный . . 417.13
жаспэ, пряжа . . 579.19
жгут пеньки . . 231.4
–, джутовый косообразный . . . 235.19
–, джутовый – плохого цвѣта 236.14
–, запальный . . 462.10
Жегоф, гребнечесальная с качающимися щипцами . . . 91.7
желатин . . 459.9, 471.1
–, растительный . 472.14
–, торговый . . . 471.3
желатинов-ая нерастворимая нить 471.9
–ый шелк 470.19
желвак 282.4
желвачное утолщеніе серицина 411.18
желоб 43.2, 499.7
– блока 353.8
– для игл 525.6
– для игольчатаго валика 250.4
– для питательнаго цилиндра . 203.6
– для шнура . . 180.13
–, жестяной питательный . . . 377.4
–, изогнутый. . . 373.12
–, крытый подводящій 382.17
–, нажимной – с направляющими дорожками 334.11
–, направляющій 377.3
–, направляющій жестяной . . . 373.3
–, неподвижный питательный . 312.3
–, питательный 89.15, 93.4
–, подводящій . . 379.10
–, свинцовый корытообразный 466.9
желоб, улитообразный 351.7
–, чугунный . . . 247.7
желобок . . . 43.2, 116.11
–, тормазной – катушки . . . 140.10
желобчат-ая втулка колеса. . . 497.12
–ое кольцо . . . 548.6
–ый барабан . . 531.9
–ый барабанчик . 171.11
–ый валик . . . 485.7
–ый диск . . . 536.13
–ый клавиш . . . 312.8
желтый кокон . . 414.16
– хлопок 194.15
желѣзный 115.10
– купорос 469.12
желѣзо с цементированною поверхностью . . 120.15
–, волнистое . . . 52.3
–, листовое . . . 307.9
–, мелкозернистое 191.4
–, полосовое . . . 368.7
–, сѣрнистое нерастворимое . . . 469.16
–, сѣрнокислое. . 469.12
–, угловое 367.10
–, хлористое . . 456.12
женапп 584.14
женскій кокон . . 414.7
жеребій волос . . 586.1
жесткій 322.11
– на осязаніе хлопок 14.1
жесткость пряжи . 138.9
–, остающаяся (воды) 270.1
–, переходящая (воды) 269.22
–, полная (воды) . 269.21
–, средняя . . . 606.1
жесть, бѣлая 76.16, 571.11
–, волнистая . 52.3, 76.13
–, игольчатая . . 86.12
–, перфорированная 32.5
–, стальная . . . 93.8
–, черная 76.17
жестяной 248.2
живой кокон. . . 413.9
животн-ое происхожденіе . . . 314.24
–ый жир 315.12
–ый клей 471.1
жидк-ій жир . . .315.13
–ій жир шерсти . 274.7, 300.15
–ій каучук . . . 65.11
–ій коллодій . . 462.12
–ій углеводород . 463.1
–ое веретенное масло 148.7
–ое стекло . . . 433.16
жидкость, бѣлильная 287.2
–, горячая . . . 274.16
–, закрѣпляющая 466.14
–, клеевая . . . 120.4
–, маслообразная. 315.17
–, мягчильная . . 239.10
–, осадочная – из ѣдкой щелочи . 464.14
–, отбѣльная. . . 300.10
–, отстоявшаяся . 462.3
–, пряжная . . . 463.8
–, твердѣющая . 462.15
–, щелочная . . . 275.10
жила, пеньковая . 592.5
–, плоская . . . 595.14
–, трехгранная . 595.15
жилистый шелк . 427.14
жир 428.13
жир куколок . . . 419.11
–, валяльный . . 316.11
–, воскообразный 274.8
–, естественный . 315.14
–, животный . . . 315.12
–, жидкій . 300.15, 315.13
–, застывшій . . 300.18
–, кудельный . . 220.22
–, маслянистый . 274.7
–, нейтральный . 315.16
–, обмыленный . 275.7
–, обмыливающійся . . . 274.3, 315.10
–, потовой . . . 274.10
–, природный . . 274.1
–, прогорклый . . 274.11
–, растительный . 238.4, 315.11
–, рыбій 238.2
–, салообразный . 274.8
–, свободный. . . 274.2
–, содержащій кислоту . . . 315.15
–, составной . . . 272.2
–, тюленій . . . 238.3
–, шерстяной . . 299.13, 300.17
жирн-ая кислота . 300.18
–ая пряжа. 583.14, 605.6
–ое масло . 148.10, 314.10
–ый пот 274.1
жиров-ая кислота 300.13
–ое вещество. . . 299.18
–ой раствор . . . 298.11
–ой слой в шерстяном волосѣ . . 274.5
жирорастворяющій 275.2
жиррособиратель . 298.2
Жозефи, приспособленіе для смазки веретен 355.15
журавль с. т. квадрант
журавль . . 170.7, 350.5
–, направляющій 559.6

З

забиватель . . . 383.8
забивать гребень бородкою шерсти 383.10
забиваться продуктом обработки (гребень) . . . 443.7
забивочная машина с подводкой валиками. . . . 443.13
– машина с подводкой игольчатыми полотнами 443.5
– щетка 379.14
забита, карда – волокнами 75.3
забитая с. т. набитая 375.15
забѣганіе катушки 97.6, 124.10
забѣгать вперед (катушка) . . 124.12
заведеніе для карбонизаціи . . 301.9
–, прядильное . . 476.5
–, тянульное . . . 467.5
завертываніе пряжи в мокрыя полотна . . . 573.13
завести шнуры . 359.16
завитое волокно . 6.19
завитки нити . . 165.5
завиток с. т. локон

завиток 329.12
завитость волокон 101.2
завод, стекляный 467.10
заводить нить вокруг валика . 556.4
— ровницу вручную 130.9
заводка шнура . . 359.15
заворсованный кожаный рукав . 331.16
завѣдующій прядильной фабрикой 1.12
— технической частью 1.16
— ходом производства 1.16
завязанная узлом прядь пеньки . 231.5
завязываніе узлом талечной нити с концами мотка 564.4
загнутый край . . 62.3
— крючек 70.2
загораться (лен) . 222.4
загородка для угара 22.14
заготовительный короб 200.5
заготовка ленты . 224.4
заготовлять кожаныя полосы по длинѣ валика . 118.19
заготовщик щелока 275.12
загружать чан . . 304.11
загрузка запарок 572.8
— одних щипцов . 448.6
—, недостаточная . 102.2
загрузочн-ая воронка . . . 196.3, 259.4
—ая коробка . . . 320.2
—ая труба 28.14
—ое отверстіе для хлопка 35.6
—ый вал 278.8
—ый валик . . . 388.11
—ый ящик . 22.2, 308.1, 320.2
—ыя порціи . . . 200.12
загрузчик хлопка . 28.2
загрязненіе пряжи во время пряденія 227.2
загрязненія, грубыя — руна . . 265.10
—, липкія 274.13
—, нерастворимыя 268.6
—, растворимыя . 268.5
загрязненный бурет 452.16
— фильтрующій матеріал . . . 463.14
загрязненность . 15.13
задвижка . 31.17, 44.11, 361.6, 366.1
задвижная дверь 572.15
задерживать катушку 140.9
— репье 367.14
задерживающ-ій нож 369.2
—ія клещи 382.8
задираніе холста . 50.13
задн-ее колесо . . 500.1
—ій барабан . . . 369.17
—ій башмак . . . 167.12
—ій блок с. т. малый блок
—ій вал . . . 163.6, 173.2, 177.7, 184.13, 394.5
—ій валик . . 89.2, 255.4
задн-ій ведущій ролик для холста 89.9
—ій рифленый съемный валик . . 90.4
—ій ход рѣшетки . 23.10
—ій цилиндр вытяжного аппарата 137.1
—яя вытяжная пара. 393.3
—яя бородка . . . 375.11
—яя канавка . . . 353.10
—яя пара вытяжных валиков . . . 388.8
—яя стойка для натяжных болтов 344.11
—яя стѣнка каретки 178.6
—яя часть пряди . 375.11
—яя ведомая шестерня 114.7
—яя ведущая шестерня 114.8.10
—яя вытяжная шестерня 134.10
задѣваніе баллонов. 152.17
задѣвать друг друга (баллоны) . 152.16
зажатая прядь . 214.13
зажатіе волокон между валиками 103.1
— диска для шляпок 57.2
зажать бородку волокна в щипцах 445.10
— щипцы 449.16
зажим 230.4
— для бородки . . 445.9
— каната в канатной машинѣ . 506.9
— клещей 382.14
— для нитей . . . 557.6
— (производить) . 447.2
— системы Пар-Куртиса . . . 558.6
— цѣпи 170.13
—, горизонтально и вертикально устанавливаемый 162.7
—, зубчатый (щипцов) 118.5
—, раскрытый . . 558.3
—, соединительный 328.4
зажимы, переставные 432.5
зажимать пряди в клещи 214.12
зажимн-ая колодка . . . 214.5, 230.4
—ая колодка с рифленой резиновой обкладкой 245.7
—ое приспособленіе 343.9, 384.7
—ый аппарат для стренг 504.6
зажимный винт 54.12, 55.9, 59.5, 126.5, 567.2
—ые сегменты . . 449.15
—ыя губы 506.12
зазор между поверхностями кард 58.15
зазубренная планка . . . 258.5, 383.14
закаленн-ая и отпущенная стальная проволока 66.4
—ая стальная пластинка 331.4
закаленн-ое кольцо 501.16
—ое остріе 66.5
закалка (способ —и) 66.6
— стальной проволоки без доступа воздуха . . 66.9
—, добавочная . . 74.10
закатываніе с. т. каландрированіе
закалочная ванна 74.12
закалять хрупко . 74.11
закатанная ровница 334.6
закатываніе и сдваиваніе камвольной пряжи 386.5
закидочный ящик 200.5
закладн-ая шпилька 497.11
—ой пруток . . . 578.5
—ой шпенек . . . 497.11
—ыя нити 589.8
—ыя проволоки. . 589.9
закладочная нить . 591.4
закладчик мягчильнаго отдѣленія 239.5
закладываніе джутовых прядей в закром 239.8
закладывать бородку волокна со скалкой в щипцы 450.6
— джутовыя пряди слоями 239.9
заклепка с утопленною головкой 61.14
—, металлическая . 61.8
—, мѣдная 61.10
—, свинцовая . . 61.9
заклепочные клещи 61.12
заклиненный цѣплющій диск . 158.2
заключительная цилиндрическая мотка . . 533.11
закон навиванія . 155.5
законченный канат 500.7
законченность процесса умягченія джута . . 237.16
закончившая отход каретка. . . . 164.11
закром для угара 22.14
—, деревянный мягчильный . 239.7
—, полный 24.13
—, пустой 24.14
—, сортировочный 22.10
—, хлопковый . . 22.15
закругленн-ая выемка 497.14
—ая рифля . . . 240.8
—ый мостик . . . 373.13
закручиваніе волокон 101.2
— куфты 576.10
—, обратное — волокон послѣ вытяжки 101.3
—, приспособленіе для —я куфт . 577.1
закручиваться (стренга) . . . 511.4
закрываться автоматически (зажим) 450.2
закрыт-ое корыто для горячей воды 225.14
—ое противобалонное приспособленіе 153.1
—ый подшипник . 324.6
—ый проволочный канат. 595.16
—ый стержневой ящик 242.3
—ыя клещи . . . 382.12
закрѣп хлыста . 441.14
закрѣпительн-ая ванна . . 464.5, 468.2
—ая гайка 290.5
—ый с. т. осадочный или высаживающій
закрѣпить положеніе бородки зажимом 447.3
закрѣпленіе гарнитуры посредством загнутых краев основной пластины . . . 62.3
— гарнитуры особыми захватками по способу Твидель . . . 62.6
— гарнитуры посредством проволоки 62.4
— гарнитуры посредством стальной ленты (скобами) 62.5
— гарнитуры по способу Дейсса 62.7
— каретки 206.12
закрѣпленная цѣпь 183.13
закрѣплять витки нити путем пропариванія . 591.7
заливка, боковая — масла . . . 147.11
—, металлическая . 513.14
залитая чашка . . 290.3
замасленная подметь 194.20
замачиваніе волоса 514.2
— джута в водѣ . 237.2
замачивательный чан. 280.2
замачивать канатныя издѣлія в водѣ 507.3
— лоскут 401.4
замедленное движеніе каретки. 166.15
замедлитель . . . 205.9
замкнут-ая траекторія 511.2
—ый путь 511.2
замок 125.4, 131.6, 350.3
—, канатный . . . 513.13
замот 352.10
замотать на катушки конец ровницы 133.20
замоченный джут . 240.1
замочная втулка . 177,2
— муфта 187.13
— смѣнная шестерня 134.4
— шестерня вытяжного валика. . 187.14
замшенный кожаный рукав . . 331.16
замыканіе, приспособленіе для —я щеколды . . . 180.8

замыканіе цѣпи . 113.13
— щеколды. . . . 357.13
замыкатель тока . 423.6
замыкательное движеніе щипцов для прочеса посредством гребенного барабана 91.5
замыкать цѣпь . 113.12
замыкающая головка заклепки . 61.11
— шестерня . . . 187.9
замѣнять износившеся штифты. 313.12
— полные тазы порожними . . . 60.11
заново обтянуть кожею валик . 110.3
заномеровать. . . 598.3
занятіе, автоматическое — веретеном направленія оси центров тяжести . . . 553.6
запальный жгут . 462.10
запариваніе с. т. пропариваніе
запариваніе в вакуумѣ 571.18
— под давленіем . 571.1
— круговой струей влажнаго воздуха 573.1
— в открытых запарках 570.9
— початков . . . 571.2
— и увлажненіе пряжи 569.10
запаривать початки 571.3
запарка для початков с лежащим котлом 571.10
—, открытая . . . 570.9
запарная камера . 571.10
запарочное помѣщеніе 570.10
запарщик 570.18
запас игл 86.15
— ленты 224.4
— нити 156.10
— шерсти на складѣ 264.3
запасной прядильный рабочій . 3.1
запачканный лоскут 396.18
запах, плохой — процесса гніенія 437.20
—, свѣжій 210.2
запирать доступ воздуха. . . . 59.11
заплѣсневѣлый кокон 415.15
заполненіе вредных пространств деревом. . . . 59.10
— початка . 180.4, 357.10
заполнить пресс . 448.3
заполняться (гребень) 443.7
запорный валик . 78.9
заправить новый съем 175.7
— пряди 498.10
— чесальную машину трепальным холстом . . . 50.12
— шнурки 158.13
— шнуры 359.16
заправка 319.10
— прядей 498.9
заправка с цѣпным натяжным аппаратом . . 501.12
— центрофуги шерстью . . . 305.1
— шнурка 158.12
—, приспособленіе • для — и холста на скалку . . 46.5
—, свѣжая 352.12
заправленная прядь 498.11
— в колодку прядь пеньки 230.5
заправлять вручную 319.11
— ленточную x лентами . . . 104.5
— неподвижный гребень шерстью 375.7
— пряди в колодки 214.12
— рулон холста . 41.8
заправочн-ая планка 46.6
—ый барабан . . 233.4
—ый номер . . . 102.5
заправщик прядей 215.15
—, автоматическій 215.9
запрессовать сукно на валикѣ . 118.6
зарубка 41.4, 186.3, 533.1
засасыватель . . 45.2
заслонка. 31.17
засорена, карда . 75.3
засореніе кострикою 232.10
засоренія 455.3
—, оставшіеся . . 49.21
—, приставшія . . 454.12
—, растительныя . 301.4
засоренн-ое прядильное вещество 195.6
—ый мундштук. . 466.10
—ый фильтрующій матеріал . . 463.14
засоренность . . 15.13
застегнуть скобой подниточник в опущенном положеніи . . 175.11
застилистая крученая нить . . . 591.16
— пряжа 589.14
— пряжа, одноцвѣтная 589.17
— пряжа, сдвоенная 589.15
застопоренный мундштук. . . 466.10
застопориться (ящичный питатель) . . . 29.14
застреваніе рѣшетки 23.5
застываніе жира шерсти 300.16
— промасливающаго вещества . 316.17
застывать (жир шерсти) . . . 300.17
застывш-ее промасливающее вещество . . . 316.18
—ій жир шерсти . 300.18
засушенный кокон 413.10
засушиваніе коконов. 417.10
засушивать коконы 417.9
— солнечными лучами 417 15
затвор 346.3, 525.14
затвор эксцентрика 210.9
—, автоматическій 402.16
—, вертикальный . 526.1
—, штыковый — между веретеном и рогулькой 549.1
затворн-ая щеколда 487.16
—ый клапан . 27.11, 361.5
—ый клапан трубы 39 11
—ый клапан. уравновѣшенный . 39.1
—ый крючек . . . 487 5
—ый механизм . . 350.3
—ый стержень . . 44.12
—ый щит . . 48.9, 303.19
—ый щит ситчатаго барабана . . . 45.1
заторможенная катушка 516.16
затормаживаніе веретена 554.4
затормаживаться (катушка) . . 525.13
— (нить) 527.11
заточенная карда. 338.16
заточка 355.8
затягиваніе, приспособленіе для автоматическаго — я носика початка. . . . 181.10
—, приспособленіе для —я носка . 171.5, 184.5
затянутая крученая нить . . 541.8
заусенец 70.3
захват 42.17
захватка 84.9, 423.13, 533.2
— для шелковинок 423.7
захватн-ая плошка 552.15
—ая способность иглы 67.9
—ый зуб 526.2
—ый кулак . . . 347.3
—ый палец . . . 158.5
захватывать валик треніем 251.9
— пласты волокнистаго вещества 21.5
— шерсть (грабли) 283.11
захватывающая втулка 209.2
захватчик 423.13
захлестка, ручная ровницы . . . 133.21
захлестываться (баллоны) . . 152.16
зацѣп 162.15
зацѣпленіе, верхнее 135.9
—, винтовое . . . 135.1
—, внутреннее . . 505.15
—, зубчатое . . . 140.2
—, коническое . . 343.2
—, наружное — маточной шестерни 256.11
—, перерывистое . 537.1
—, перерывистое зубчатое . . . 546.12
—, пятишестеренное 133.4
—, червячное — для движенія нитеводной рейки . 473.8
—, шестеренное передаточное качающееся . . 133.8
зацѣпляющая скалка рѣшетки . 447.5
зацѣпной храповик 132.1
зачатіе намотки . 133.21
зачаток нити . . . 496.16
— початка 154.8
зачать намотку . 133.20
зачин с. т. начатіе 155.4
зачин пряденія. . 175.6
защелка . . 185.4, 532.14
защелкиваніе каретки. 206.12
защелкивать . . . 346.15
защемить бородку волокна в щипцах 445.10
— нить 432.6
защемленіе волокон между валиками 103.1
— диска для шляпок 57.2
— дополнительной намотки (между цѣвкою и веретеном) . . . 146.3
— ленты 99.2
— рѣшетки . . . 23.5
защемленная бородка шелка . 445.8
— крѣпко шерсть 311.17
защитить суконную прокладку . . 110.6
— от электрическаго тока . . . 112.9
защитная доска . 225.16
звено 34.9
— цѣпи 254.2
—, выравнительное 133.5
—, очкообразное . 44.5
—, соединительное 60.5
звонок. 370.11
—, сигнальный автоматическій . 249.10
звоночный прибор 370.9
звѣздообразн-ая карта. . . . 520.15
—ый картон . . . 536.9
—ое сѣченіе . . . 235.13
звѣздочка 520.15
здоров-ый лен . . 216.21
—ое руно 365.2
зеленое мыло . . 277.16
землемѣрная веревка 593.23
зерна, крупныя . 71.2
зернист-ая мастика 117.13
—ый слой серицина 411.19
зерно (наждака) . 71.1
—, круглое . . . 71.4
—, мелкое 71.3
—, остроконечное 71.6
—, плоское . . . 71.5
зерноуловитель 78.1
зефир 397.13
зефирная пряжа . 584.24
зефировый лоскут 407.14
зигзагообразная равносторонняя линія . . 512.10
— ставка 188.10
зигзагообразно (подниматься кверху). . . . 297.2
—, размѣщать . . 31.1
змѣевик 437.18
—, паровой . . . 298.6
—, холодильный 462.1
знак качества . . 235.7
— кипы 16.7
значеніе титра . . 602.11

значительная мягкость (нити) . 193.10
золотисто-желтый кокон 415.2
золотник, коробчатый 291.7
—, плоскій 291.7
золотников-ая коробка 291.8
—ая скалка . . . 292.7
—ое парораспредѣленіе 291.6
—ый шток 292.7
золотой бисер . . 591.11
зольниковое отверстіе 402.11
зондированіе . . 593.23
зонточная матерія 397.10
зуб . . 36.3, 72.12, 312.11
— волчка 406.8
— направляющей планки 558.12
— овальнаго сѣченія 558.10
— рифли 116.12
— собачки 132.2
—, ввинченный . . 312.6
—, захватный. . . . 526.2
—, кардный . . . 335.8
—, косой — храповика 132.9
—, металлическій. . 283.7
—, отбойный установителный . . 346.8
—, пиловидный. . 336.10
—, сцѣпляющій . 349.4
—, тупой 338.13
—, установочный . 205.11
зубец вилы . . . 278.11
—, выключательный 353.15
—, прямой 313.10
зубчатый барабан 27.8
зубчатый валик . 29.13, 320.10, 367.13, 368.5, 443.1
зубчато-кольцевая рама 219.7
зубцы с. т. выступы
—, тупые 240.14
зубы 546.9
зубья, сплошныя. 330.3
зѣв щипцов . 84.13, 92.6

И

ивовая корзина . 286.14
игла. 87.12
— гребенчатаго кольца . . . 449.6
— карды. 67.2
—, кардная. . . . 335.17
—, круглая. . . . 86.16
—, остановочная . 525.5
—, плоская 86.17
—, ржавая 86.19
—, ромбоидальная 248.10
—, сплюснутая . . 86.17
—, стальная коническая 241.7
—, шлифованная . 86.18
иглы с. т. гребенчатое полотно
иглы гекли . . . 229.8
— из желѣзной проволоки . . 335.5
— (править) . . . 69.16
—, длинныя . . . 373.5
—, набранныя . . 244.2
—, наклонныя — гарнитуры . . 243.14
—, торчащія . . . 243.13
игольное остріе . . 323.12
игольчатый валик 200.9, 221.9, 250.8, 259.14, 313.5, 443.1, 384.12, 392.12
игра шишек . . . 561.8
избыток мыла . . 277.7
избыточн-ая кислота 304.18
—ый вѣс, допустимый 616.1
известков-ое мыло 270.16
—ое соединеніе . . 270.12
известково — молочная ванна . . 270.17
известь 301.7
—, негашеная — в порошкѣ . . . 298.17
—, ѣдкая. 460.7
извлекать жир . 273.16
— жир из шерстомоечной воды . 299.14
— репей 368.4
извлеченіе жира . 273.15
— шерстяного жира 299.13
изгиб, колѣнчатый 335.15
изготовленіе аппаратной пряжи из шерсти . . 263.11
— валиков 119.16
— верхних валиков 116.16
— кардных лент . 65.13
— нити 456.9
— рифленых цилиндров . . . 120.8
издѣлія канатнаго производства . 592.1
—, канатныя витыя 494.18
—, канатныя глаженыя 507.12
—, канатныя крученыя 592.2
—, канатныя лощеныя 507.16
—, канатныя плетеныя 597.5
—, канатныя смоченныя 507.10
—, канатныя шитыя 597.11
—, шелковыя. . . 412.7
излученіе тепла . 294.14
измельченіе репья в пыль 308.11
измельченныя растительныя вещества 308.12
измѣненіе, приспособленіе для —я длины хода нитевода 533.13
—, приспособленіе для —я направленія хода . . 23.12
— растоянія . . . 392.13
измѣнять нагрузку 613.16
измѣреніе длины нити при моткѣ 563.21
— крутки нити . 9.10
измѣренія длины . 600.5
измѣренный шелк 602.17
измѣритель вытяжки 513.16
— діаметра цапф и нутромѣр . . 363.1
— крученія. . . . 432.4
— крученія нити . 9.11
— крѣпости . . . 606.24
— натяженія . . . 609.7
— удлиненія . . . 608.19
— удлиненія, непрерывно дѣйствующій . . . 609.8
измѣрительное приспособленіе 149.8
изнашиваніе стальных пластинок 331.8
—, неравномѣрное — цапф 202.17
изнашиваться (веретенный шнур) 555.7
— (стальныя пластинки) . . . 331.7
износившіеся штифты 313.12
износившійся погон 174.4
изнутри освинцованная центрофуга 304.21
— разматываться (початок). . . 519.15
изогнутый 528.6
изолированіе . . 112.8
изоляція 112.8
изслѣдованіе пряжи 605.1
изслѣдовать коконы 413.4
— микроскопически отверстіе волосяной трубки 467.13
— пряжу. 605.2
изъѣденный кокон 415.19
ил из жира шерсти 300.2
Имбс, гребнечесальная —а . . . 99.3
имитаціонная смѣсь 194.3
имитація кустарной пряжи . . 583.6
— (пряжа-) . . . 579.8
импрегнировать коллодійную шерсть раствором хлористаго кальція . . . 457.19
— шелковую нить 463.18
индикатор 207.4
индифферентный раствор соли . 465.8
индуктированный ток 360.15
индукціонная катушка 112.7
инжектор 280.10
инженер 1.15
инкрустаціи . . . 475.7
инструмент для опаливанія . . 110.7
интенсивное разрыхленіе клочьев 25.18
интенсивность дѣйствія кислоты 302.15
— кардочесанія . 49.19
интервал 83.3
искомый номер. . 603.15
ископаемое масло 315.3
искусственн-ая кардная кожа. . 64.20
—ая сушка . . . 292.14
—ая шишка . . . 590.10
—ый каучук . . . 65.10
—ый конскій волос из нитрошелка 588.10
—ый шелк из вискозы 468.9
—ый шелк глянцштоф 588.6
—ый шелк из коллодія 456.5
—ый шелк из раствора целлюлозы в амміачной окиси мѣди 464.4
искусственн-ый шелк огнеопасный 462.9
—ое тепло 292.15
—ыя волокна из бѣлковых веществ 471.10
—ыя волокна из казеина. . . . 471.13
—ыя волокна из раствора костяного клея. . . . 472.16
—ыя волокна из студенистых растительных веществ 472.11
—ыя волокна из фиброина . . . 472.5
искусственно промасленная шерсть 274.12
испареніе 293.10
— бензина 438.10
— влаги при охлажденіи пряжи . 572.9
— воспринятой влаги. 572.10
испарившееся количество воды 293.12
испарина 293.11
испаряемая вода . 570.8
испарять керосин . 438.8
использованіе (вод) 299.1
— шелковых угаров. 435.7
испытаніе канатов 513.1
— на крѣпость . . 606.9
— мотков на колкѣ 542.12
— нити на вид . . 610.1
— проволоки . . . 66.10
— на прочность . 606.20
— пряжи. 605.1
— пряжи на влажность 615.3
— на равномѣрность 609.9
— смѣси 19.5
— на удлиненіе. . 608.15
— хлопка 13.3
—, паковка и складываніе хлопка 13.2
—, аппарат для —я масла. 149.1
—, прибор для —я пряжи на равномѣрность . . 610.2
испытатель крученія нити . . . 9.11
испытательное мотовило 602.14
испытывать пряжу 605.2
Иствуд, шерстомоечная машина —а . . . 283.13
истлѣвшій лоскут 396.21
источник тепла . 293.3
исходн-ое мѣсто крученія нити. 165.8
—ый вѣс 598.9
—ые матеріалы . . 470.18

К

кабель. 596.22
— для воздушной канатной дороги 597.3
—, бронированный 597.4
—, ведущій 597.1
—, изготовленный из параллельно расположенных проволок . . . 596.23

кабель, металлическій 494.17
—, пеньковый 494.16
—, проволочный 509.4
кабельн-ая пряжа 592.11
—ое плетеніе 594.17
кабельтов 594.17
„каблэ„ 587.3
каждый выпуск питать x лентами 81.10
казеин, торговый 471.14
казеинов-ая масса губчатая 471.18
—ый шелк 471.13
каймы 400.10
кал 266.1
каландр 111.6, 115.2
— для валиков 119.15
—, двухвальцевый 45.14
—, трехвальцевый 45.15
—, четырехвальцевый 45.16
каландрированіе обтянутаго кожею валика 119.14
— холста 45.13
каландрировать обтянутый кожею валик 119.13
— холст 45.12
каландров-ый вал 34.2
—ый валик 46.1, 51.9
—ые валики с. т. плющильные —
кали с. т. калій
кали, двусѣрнокислое 303.8
—, марганцовокислое 460.6
—, углекислое сырое 273.9
—, углекислое чистое 273.8
—, хромокислое 316.5
—, ѣдкое 276.9
калибр 362.5
— каната 500.16
—, англійскій 66.20
калиберная доска 509.14
каліевое жидкое стекло 369.8
калій с. т. кали
калій, двухромокислый 300.11
—, сѣрнокислый 272.10
—, углекислый 272.9
—, уксуснокислый 457.17
—, хлористый 272.11
калійноалюминіевая соль 469.9
калорифер 306.4
калорія 293.7
калькулированная длина 604.8
калькуляція тонины 606.19
— цѣны пряжи 19.9
кальцій, хлористый 457.12
кальцинированіе 273.12
кальцинированная сода 309.12
камвольная с. т. гребенная
камвольн-ая крученая нить 584.11
—ая основа 583.20
—ая прядильная 364.3
—ая пряжа 363.18, 583.16
—ая пряжа смѣшанных цвѣтов 364.1
—ая фабрика 364.4
—ая шерсть 363.11
—ый меланж 584.6
камвольн-ый уток 583.21
камедь с. т. клей
камедь, аравійская 428.16
—, растительная 261.8
—, шелковая 411.8
камелина 458.16
Камель, мотально-крутильная машина — я 430.3
каменноугольная смола 16.8
каменный 306.9
камень, мыльный 276.10
камера для запарки початков 571.4
— колотилки 197.4
— для обработки сѣрой 434.20
— для угара, сора и пыли 38.8
—, воздушная 296.2, 352.4
—, запарная — для початков с лежащим котлом 571.10
—, карбонизаціонная 306.6
камера, пыльная 33.9, 38.12
—, сборная 33.9
—, смѣшивательная 23.1
—, сушильная 227.6, 293.18, 294.5.7, 616.11
—, сушильная — с приспособленіем для конденсаціи пара 294.1
—, увлажнительная 575.6
—, фильтраціонная 470.5
—, ящикообразная 307.7
камерная кислота 303.2
кампешевое дерево 238.16
камышовая вороба 569.6
канавка с. т. выемка
канавка 116.11, 483.5
— блока 353.8
— в нижнем фланцѣ катушки 546.6
— для шнура 180.13
—, задняя 353.10
—, нисходящая направляющая 531.11
—, передняя 353.9
—, смазочная — для масла 355.2
—, фрезерованная 523.9
канавки, продольныя 477.4
канавчатый валик 482.14
канал для выхода пара 291.13
— для наливанія масла 148.3
—, каменный 306.9
—, нагрѣвательный 227.7
—, огнеупорный 227.8
—, паровпускной 291.9
—, подземный 402.18
—, сборный — для топочных газов 306.16
—, сверленный (веретена) 488.13
канальная ленточная 104.11
— система 80.11
— чесальная 80.12
канат 493.18, 494.15, 594.13
— для блока 596.9
— для брашпиля 596.24
— для бремсберга 597.2
канат для воздушной канатной дороги 597.3
— для воротов 596.10
— с грузилами для рыбной ловли 596.12
— из древесной шерсти 595.7
— из желѣзной проволоки 595.20
— кабельнаго плетенія 594.17
— из неотожженной проволоки 595.21
— из отожженной проволоки 596.1
— из плоских жил 595.14
— для полиспаста 596.9
— сельфактора 359.4
— из толстой проволоки 595.11
— из тонкой проволоки 595.10
— из трехгранных жил 595.15
— для тяжников 596.7
—, асбестовый 595.8
—, буксирный 596.7.13
—, ведущій с. т. тяжник
—, ведущій каретку 177.8
—, втяжной 359.5
—, вывозной 359.6
—, выравнительный спусковой 169.13
—, двойной приводный — для двух барабанов 550.11
—, x-жильный 594.14
—, законченный 500.7
—, квадратный 597.9
—, кожаный 592.10
—, крестовой 169.14
—, круглый 596.3
—, латунно-проволочный 595.19
—, манильскій пеньковый 592.7
—, мѣдно-проволочный 595.18
—, насыщенный дегтем 508.19
—, натянутый гирей 181.6
—, ослабленный осмоленіем 508.22
—, основной 503.2
—, пеньковый 592.4
—, плетеный 597.7
—, плоскій 597.12
—, плоскій шитый 597.13
—, подвѣсный 596.6
—, подъемный 596.5
—, приводный 597.1
—, проволочный 509.1, 595.9
—, проволочный гибкій 595.17
—, проволочный закрытый 595.16
—, проволочный — с пеньковым стержнем 595.12
—, проволочный плоскій 597.14
—, проволочный спиральный 595.13
—, проволочный стальной 596.2
—, просмоленый 508.18
—, регулирующій отход каретки 359.7
канат, свернутый в круг 596.18
—, соломенный 595.6
—, старый пеньковый 507.6
—, сшивной 512.1
—, тканый 512.1
—, трапецевидный 597.10
—, трехгранный 596.4
—, трехстренговый 594.15
—, уравнительный 359.7
—, утоняющійся 594.11
—, четырехгранный 597.8
—, четырехстренговый 594.16
—, хлопчатобумажный 592.8
—, якорный 594.1
канаты от улитки 359.9
—, лежащіе друг возлѣ друга 512.5
—, лощеные 507.16
—, корабельные 596.19
—, несмоленые 508.21
канатн-ая дорожка 503.11
—ая машина, вертикальная 505.2
—ая машина, вертикальная карусельная 505.6
—ая машина, горизонтальная 506.3
—ая машина с раскручивающим приспособленіем 505.7
—ая и шнурочная машина 505.8
—ая фабрика 494.13
—ое производство 492.1
—ый блок 503.8, 550.13
—ый блок, движущій на оси главнаго барабана 144.12
—ый блок, движимый на оси парнаго барабана 144.13
—ый блок для отмотки и для входа каретки 161.2
—ый блок для привода подготовительнаго разрыхлителя 36.2
—ый блок для привода всасывателя 36.1
—ый блок для привода выпускного валика 35.11
—ый блок, крутильный 162.13
—ый блок, раздвижной 224.8
—ый диск 503.3
—ый замок 513.13
—ый мастер 494.12
—ый привод квадранта от каретки 171.1
канатно-плетельная машина 510.2
— машина для четырехгранных канатов 511.7
канатокрутильная лебедка 498.16
канатокрутильщик 494.9
канатчик 3.12, 494.6.9
—, работающій вручную 494.7
канелюры 116.10
канифоль 117.20
капель 574.8

капиллярн-ая стеклянная трубочка 467.7
–ая трубка 461.2
–ый с. т. волосяный
капля 464.7
карболовая кислота 460.1
карбонизаціонн-ая камера 306.6
–ая печь 306.3
–ая печь в видѣ башни 307.15
–ая печь с вагонетками 307.6
–ая печь с выдвижными ящиками 307.14
–ая печь непрерывнаго дѣйствія 307.16
–ая установка 301.9
–ое устройство для лоскута 402.9
–ое устройство с прямым нагрѣваніем от собственной топки 306.2
–ый барабан 402.14
–ый волчек 308.13
карбонизація 301.1
– валянаго товара 402.8
– посредством движущагося горячаго воздуха 308.6
– лоскута 402.1
– мокрым способом 302.11
– мытой шерсти 301.6
– неваляннаго товара 402.7
– обработанной известью дубильной шерсти 301.7
– полушерсти 407.22
– потной шерсти 301.10
– прощипаннаго матеріала 402.6
– растворами солей 305.12
– с сохраненіем окраски 403.2
– сухим способом 305.4
– шелковаго лоскута 456.1
– шелковых угаров 440.7
–, мокрая 456.2
–, сухая 456.7
карбонизированная шерсть 308.9
карбонизировать коконы 440.8
– шерсть в поту 301.11
карборунд 70.21
карборундовая точильная лента 71.18
карда 49.12
– с промежуточными болѣе толстыми зубьями 336.7
– со сбившимися дорожками 339.15
– чесальной совершенно (засорена) забита волокнами 75.3
–, заточенная 338.16
–, кольцевая 330.2
–, ручная 318.13
–, съемочная 323.15
кардн-ая ватка 7.18, 50.1, 51.14, 193.5
кардн-ая гарнитура 60.12, 334.13
–ая игла 335.17
–ая лента 60.20
–ая лента для волана 62.11
–ая лента для волана с кожаным основаніем 336.6
–ая лента с зубьями, имѣющими игольчатыя острія 336.5
–ая лента для снимания очеса 62.9
–ая машина 49.12
–ая машина для бурета 453.5
–ая машина для рами 262.15
–ая машина, валичная 221.4
–ая машина, отдѣлочная 232.16
–ая машина, подготовительная 232.15
–ая машина, подготовительная полуокружная 247.5
–ая машина, полуокружная 232.18
–ая машина, полуциркулярная 249.13
–ая машина, циркулярная 250.1
–ая обтяжка 60.18, 323.11
–ая обтяжка очесочнаго вальяна 88.6
–ая обшивка питательнаго валика 248.3
–ая пластина 64.5
–ая поверхность, принявшая шероховатый вид 339.17
–ая поверхность с темными мѣстами 338.10
–ая покрышка, грубая 335.11
–ая покрышка с иглами из желѣзной проволоки 335.5
–ая покрышка из луженой стальной проволоки 335.7
–ая покрышка с основаніем из кожи, покрытой тканью 335.2
–ая покрышка с основаніем из ткани 334.15
–ая покрышка с основаніем из ткани и войлока 335.1
–ая покрышка с пилообразными зубьями 336.11
–ая покрышка со стальной проволокой 335.6
–ая покрышка, тонкая 335.12
–ая полоса 60.19
–ая промышленность 67.1, 69.9
–ая пряжа 263.5
–ая рѣшетка 448.1
–ая скобка 335.8
кардн-ая скобка с двойным колѣном 336.4
–ая точильная машина 339.6
–ая фабрика 69.8
–ый барабан 47.17, 443.4
–ый валик 202.15, 444.1
–ый волчек 313.4
–ый гвоздь 338.4
–ый зуб 335.8
–ый мастер 63.8
–ый покров чесальной 60.18
–ое основаніе 65.1
–ое полотно 448.1, 449.4
–ое полотно, гребенное 445.1
–ое полотно из пеньковой ткани 445.2
–ое полотно с резиновым слоем 445.3
–ое сукно 64.21
кардовщик волоса 409.4
кардолента 60.20
– на хлопчатобумажном основаніи 62.12
кардонаборная машина 69.7
кардочесальная 7.15
– для аппаратной шерсти 318.18
– машина 49.12
– машина, тонкая (для кудели с вытяжной головкой) 221.3
– для овечьей шерсти 318.17
–, валичная 318.19
–, настилочно-холстовая 324.11
кардочесаніе 7.13
– гребенной шерсти 369.11
– джута 247.13
– льняной пакли 220.20
– пеньковой пакли 232.13
– хлопка 49.8
– шерсти 318.4
–, легкое 221.2
–, предварительное (джута) 247.1
–, тонкое (джута) 249.1
кардочесная хлопчатобумажная пряжа 580.5
кардочиститель, пневматическій 341.2
каретка 96.5, 123.1, 125.8, 160.3, 255.14, 608.14
– гекли 214.6, 230.3
– с катушками, подвѣсная 503.14
– с направляющим гребнем 504.10
– с прицѣпными веретенами 504.14
– сельфактора 343.18
–, выдвижная 503.15
–, вытяжная 502.15
–, двигающаяся вперед и назад 233.3
–, деревянная 558.15
–, длинная 122.13
–, закончившая отход 164.11
–, катушечная 547.5
–, кольцевая 151.4
–, контролируемая 206.5
каретка, короткая 122.12
–, неподвижная 557.5
–, подвижная 557.4
–, стальная 178.3
каретная вилка 344.5
кареточн-ая ведомая вытяжная шестерня 187.10
–ая вилка 351.8
–ая вытяжная шестерня, ведущая 186.12
–ая планка 140.15
–ый вал 176.11
–ый вал с дифференціальной передачей 347.12
–ыя улитки 169.9
каркас, головной – каретки 206.2
–, чугунный – передней (задней) стѣнки каретки 178.5.6
карманн-ые вѣсы 614.12
–ый динамометр 607.1
карта с. т. картон
карта, звѣздообразная 520.15
картон с. т. карта
картон 610.5
– для намотки 536.10
–, звѣздообразный 536.9
картонн-ая прокладка 62.1
–ый таз 76.10
карточка 16.9, 520.14
карточный моток 520.14
карчетка, ручная 318.13
касаніе 142.13
касательн-ое направленіе 155.11
–ое натяженіе нити 155.11
касторов-ая пряжа 584.3
–ое масло 314.16, 458.17
–ый шелк 410.10
касторовокислый натрій 464.9
касторово-масляная кислота 238.5
катающаяся станина 328.1
катки, вводящіе 111.3
–, коническіе 231.3
–, направляющіе с. т. ролики, направляющіе
каток с. т. каточек или ролик
каток 156.3
– для валиков 119.15
– для включенія 559.14
– самоклада 51.11
–, желѣзный 611.7
–, жестяной 248.2
–, каландровый 51.9
–, качающійся 603.7
–, метровый – для ровницы 611.6
–, моточный 165.10
–, нажимной 611.8
–, направляющій 506.7
–, натягивающій нить 526.12
–, отводящій 281.10
–, отжимной 439.12
–, очистительный 142.10
–, фрикціонный 532.5
–, хвостовой 501.10
–, эксцентриковый 420.7
каточек с. т. каток
каточек включающаго рычага 182.10

катушечн-ая ведущая шестерня . 134.8
—ая грядка . . . 544.14
—ая каретка . . . 547.5
—ая клѣтка . . . 502.6
—ая машина . . . 398.16
—ая планка . . . 140.15
—ая пряжа 583.12
—ая рама с.т. рама, катушечная
—ая рама 385.7
—ая шестерня . . 131.1
—ое веретено 128.3, 139.7
—ое колесо . . . 521.9
—ый аппарат . . 389.1
—ый стаканчик . 139.8
—ый стол 139.6
катушечник . . . 176.5
катушка 11.1, 122.6, 128.2, 255.8, 257.15, 461.12, 505.9, 506.5, 523.4, 525.11, 611.11
— бечевки 593.8
— для вплетаемой нити 511.9
— с двумя конусами 122.1
— с закрѣпленной моткой 519.11
— для коклюшечной машины . 520.9
— с коронкой . . 519.12
— крестовой мотки 519.5
— крестовой мотки с коническими концами . . . 519.7
— ленты из волокнистаго вещества 485.11
— для намота . . 356.7
— для намотки каната 505.5
— для намота проволоки 509.8
— для намота стренги 505.3
— для намотки холста 373.16
— с намотанной лентой 96.13
— нити подготовительнаго крученія 545.1
— для обмоточных машин 520.7
— параллельной мотки 518.20
— для плетельной машины . . . 520.9
— для продажи . 520.13
— рогульчатой крутильной машины . . . 546.5
— ровницы 137.11, 208.3, 257.4, 342.2, 485.11, 590.2
— для ровницы . . 567.16
— с ровницею . . 139.4, 334.10, 393.2
— с ровницею гребенной шерсти 392.10
— ромбической крестовой мотки Лизона . . 519.10
— сдвоенной ленты 388.13
— со сдвоенными нитями 545.2
— для стренги . . 509.12
— из твердаго дерева 124.6
— без флянцев . . 518.18
— с флянцами . . 124.1
— с цвѣтными лентами 387.3
катушка с цилиндрическим основанiем и с конической верхушкой 519.3
— для челноков вышивальных машин 520.11
— для челноков швейных машин 520.12
—, активная . . . 547.10
—, бумажная . . . 124.5
—, бутылочная — с одним флянцем 519.2
—, вращающаяся . 153.8
—, вращающаяся с (перемѣнною) постоянною скоростью . 139.11.12
—, голая деревянная — для цилиндрической мотки 554.11
—, горизонтальная (ровницы) . . 341.11
—, двухконусная . 122.1
—, двухсторонняя коническая . . 522.10
—, двухфлянцевая 518.14, 519.4
—, двухфлянцевая — с выпуклой моткой 519.1
—, двухфлянцевая — подготовительно-крутильной машины . 522.7
—, деревянная . . 124.4
—, деревянная — для холста . . 96.6
—, дисковая — для бумажной ленты 486.8, 487.7.11, 488.8
—, жестяная . . . 453.13
—, заполненная . . 133.17
—, заторможенная 516.16
—, зубчатая . . . 519.12
—, индукционная . 112.7
—, латунная продырявленная . 124.7
—, наклонная . . 544.10
—, наматываемая . 536.2
—, намотанная . . 140.17
—, насаживаемая . 538.7
—, неподвижная . 153.9, 516.15
—, однофлянцевая 518.15
—, опережающая . 124.11
—, отстающая . . 124.13
—, пассивная . . . 547.11
—, перегонная . . 568.9
—, перегоняемая . 526.10
—, плохая 133.16
—, плотно посаженная на веретено 547.10
—, пріемная . . . 550.3
—, разматываемая 526.10
—, ровничная . . 224.6
—, сгоночная . . 430.10
—, свободно сидящая на веретенѣ 547.11
—, сматываемая сбоку 520.4
—, сновальная . . 520.5
—, стеклянная . . 466.8
—, стоящая вертикально — для пряжи из волоса 409.2
—, тарелочная . . 483.12
—, тростильная . . 474.6
катушка, трубчатая 124.3
—, уточная — для безчелночных станков . . . 520.10
—, цилиндрическая 522.9
—, цилиндрическая — крестовой мотки 519.6
катушки крестовой мотки . . 551.4
— с ровницей, установленныя на рамкѣ машины 137.12
— со стренгой . . 503.13
—, вертикальныя двухфлянцевыя 544.6
—, крутильныя . . 551.5
каустическая сода 276.10
каучук, вулканизированный . 65.12
—, естественный . 65.9
—, жидкій 65.11
—, искусственный . 65.10
каучуков-ая мастика 65.7
—ый 392.11
качаніе гребенки для снятія очеса 58.7
— журавля 170.9
— каретки 345.3
— квадранта . . . 350.17
— коромысла . . . 613.11
качательное вращеніе оси корзины 290.1
— движеніе гребня 58.10
— движеніе щипцов вперед (назад) 91.3.4, 92.4
качающій брус несущій нажимныя колодки . 230.2
качающійся вал . 382.2
качество ровницы 342.7
— хлопка 14.2
— шелка 427.2
— шерсти 266.9
—, равномѣрное — шелка-сырца . 425.3
—, среднее 396.15
—, среднее — композиціи 19.1
кашемир 407.17
кашемирская коза 585.21
— шерсть 363.14
квадрант с. т. журавль
квадрант . 170.7, 350.5, 387.10, 613.13
— с обыкновенным мотовилом . . 614.9
—, микрометрическій — для пряжи 614.6
квадрат цилиндра 394.1
квадратн-ое веретено 208.9
—ое гнѣздо . . . 121.3
—ый канат . . . 597.9
—ый сантиметр . 335.9
—ый шип 121.2
—ые вѣсы 613.13
квасцы 238.16
квиллая, кора растенія — . . . 278.2
керосин . . 238.6, 462.18
килограмм . . . 600.22
кипа джута . . . 235.2
— льна 210.6
— без марки . . . 16.6
— равномѣрно плотной прессовки 16.3
кипа пеньки . . . 228.10
— пеньки, затянутая х обручами 228.12
— системы Лори . 16.1
— сырого шелка . 412.17
— хлопка 15.20
— шерсти 264.6
—, круглая 15.22
—, мокрая 15.7
—, непрессованная 16.4
—, поврежденная . 16.5
—, поврежденная при морской перевозкѣ . . 15.8
—, подмоченная . 15.8
—, попорченная . 16.5
—, прессованная . 16.2
—, прямоугольная 15.21
—, раскрытая (хлопка) 18.6
—, сырая 15.7
кипер, четырехстежный . . . 68.16
—, шестистежный 69.1
киперн-ая стежка 68.15
—ая ткань 64.24
—ая ткань, жесткая 65.4
кипн-ая марка . . 16.7
—ая тачка 17.7
—ый слой 19.17
кипоразбиватель . 20.6
— для джута . . . 235.12
— с питательными рѣшетками . . 20.7
—, ящичный . . . 21.12
—, ящичный — с вентиляціей . . 22.1
кипоразрыхлитель 20.6
— с педалями . . 21.10
кипятильник . . . 418.12
кипятильники . . 490.4
кипятильный таз . 418.13
кипятить асбест в кипятильниках 490.4
— волосяныя косы 514.11
— коконы . 418.10, 419.14
— шелковые угары 436.19
кипяток 436.17
кипяченая коса . 514.12
кипяченіе дерева со щелоком . 476.7
— шелка до бѣла . 433.11
кипящая вода . . 418.8
кисл-ая ванна . . 303.10
—ая ванна, загрязненная жиром 303.16
—ая осадочная ванна для вискозных нитей . . 469.2
—ый способ . . . 302.12
—ый сѣрнисто-кислый аммоній . 465.1
—ый сѣрнисто-кислый натрій . . 465.2
кислород 301.18
кислостойкій сплав 304.22
кислота 302.3
— куколок 419.12
—, азотная 303.5
—, безводная . . . 303.4
—, водная соляная 305.7
—, выпаренная . . 303.8
—, газообразная . 305.10
—, жировая . . . 300.13
—, избыточная . . 304.18
—, камерная . . . 303.2
—, карболовая . . 460.1
—, касторово-масляная 238.5
—, крѣпкая . . . 303.4
—, минеральная . 302.17
—, соляная 305.5, 402.17, 438.13

кислота, соляная — в газообразном состоянiи 440.11
—, сульфожирная 458.1
—, сырая олеиновая 315.5
—, сѣрная 302.19
—, сѣрная водная 303.1
—, сѣрная разбавленная 438.12
—, сѣрнистая 300.7
—, сухая 305.10
—, уксусная крѣпкая 459.5
—, уксусная разбавленная 438.11
—, фосфорная 433.15
—, хромовая 401.13
—, эфирно-сѣрная 462.13
кислотн-ое прядение 468.16
—ые пары 305.8
кислотоупорное вещество сосуда для кислоты 304.4
кишечная струна 497.5
клавиш 111.11
—, желобчатый 312.8
кладка, каменная 375.19
кладовая для шерсти 264.5
клапан для выходящаго воздуха 306.11
—, всасывающiй 470.1
—, выбрасывательный 27.13
—, дроссельный 297.3
—, затворный 361.5
—, затворный — трубы 39.11
—, затворный, уравновѣшенный 39.1
—, поворотный 365.11
—, предохранительный 385.16
—, уравновѣшенный 39.1
—, шарнирный 306.10
класс, полный 14.19
— хлопка 13.7
— шерсти по ея добротности 266.9
классификацiя прочесаннаго льна 216.17
класть кипу стоймя 17.13
клеев-ая жидкость 120.4
—ое вещество 471.5
—ой с. т. серициновый
—ой прослоек 411.10
клеевина 435.2
—, шелковая 411.8
клей 71.9, 117.7
—, бѣлужiй 333.2, 471.2
—, грязный 396.18
—, животный 471.1
—, жидкiй растворенный 71.11
—, костяной 472.15
—, растительный 225.13
—, рыбiй 333.2
—, столярный 71.12, 117.17
—, холодный 119.5
клеильная и рѣзальная машина 117.23
клейменая мѣра 500.17
клеймо кипы 16.7
клейстер, крахмаловый 117.18
клепанный чан 278.6
клепка 285.3
клеровка пека 508.10
клещи 214.5, 230.4, 343.9, 377.8
— для кардной ленты 338.5
—, задерживающiя 382.8
—, заклепочные 61.12
—, закрытыя 382.12
—, отрывающiя 382.9
—, питательныя 380.12
—, плющильные 61.12
—, разжатыя 382.11
—, раскрытыя 382.11
—, сжатыя 382.12
клин 73.13, 332.15, 497.7
клиновидн-ая выемка тормаза 180.14
—ая нижняя дуга 53.17
—ая отточка 67.15
—ая очистительная планка 109.4
—ый паз тормазнаго блока 180.14
клинок с. т. нож
клинок 119.3
клинообразн-ая деревянная подкладка 229.9
—ое сѣченiе 66.2
клинья 73.6
клок 25.13
— хлопка 20.5
клочки с ленточных машин 398.8
клочковатый разрозненный очес 374.21
клочья лоскута 404.12
— с ног 265.20
— шерсти 265.18
—, малоцѣнные — шерсти 265.21
—, непрощипанные 405.2
клуб 518.4
клубок 518.4, 520.17
— бечевки 593.7
—, выпуклый 520.18
клубочная машина 518.5, 538.12
клубочник 5.5
клубочница 5.6
клуп 214.5, 230.4, 445.9
клѣтка 307.10
—, катушечная 502.6
клѣтки, паяныя 477.8
клѣтчатка 301.14
—, древесная 475.4
клѣтчатовидное вещество 472.12
ключ 87.6
—, двойной 363.8
—, одностороннiй 363.7
ключевая вода 270.10
кляп 577.11
книга мѣшек 19.6
— проб 612.11
— смѣсей 19.6
— сортировок 19.6
коагулирующая ванна из карболовой кислоты 460.1
— способность закрѣпительной ванны 464.5
кованое кольцо 149.17
— и закаленное прядильное кольцо 149.18
ковров-ая пряжа 583.7
—ое шодди 407.9
ковш, полоскательный 281.8
—, споласкивающiй 281.8
кожа с. т. опоек
кожа 64.11
— для скатыванiя 387.15
— для скатывающих рукавов 332.2
—, баранья 64.13
—, буйволова 204.7, 332.8
—, дубленая дубовою корою в чанах 332.4
—, искусственная кардная 64.20
—, составная 64.15
—, телячья 64.12
—, терочная 387.15
—, точильная 340.4
—, шероховатая 97.14, 381.9
—, яловая 64.14
кожан-ая обтяжка 115.15, 118.12
—ая обтяжка, склеенная холодным клеем 119.5
—ый лак 120.6
кожица, внутренняя (кокона) 417.5
кожух 404.11, 616.13
— волана 323.9
— из листового желѣза 307.9
— с продольными рейками 312.14
—, глухой 323.7
—, досчатый 244.11
—, жестяной 259.2, 344.14
—, отопленный — мотальной машины 420.16
—, предохранительный 311.15
—, стальной 123.5
—, чугунный 289.7
кова, кашемирская 585.21
козел с чесалками 318.14
козлы 500.13
козырек 225.16
козья шерсть 408.13, 585.18
койлер 51.16, 76.2
коклюшка 510.6
кокон 413.1
— Actias selene, окутанный листьями 414.9
— бенгальской породы 414.4
— двухурожайной породы 413.16
— дикаго шелка 436.13
— металлическаго блеска 415.6
— многоурожайной породы 413.17
— с недостатками 415.8, 436.10
— одноурожайной породы шелковичных червей 413.15
— рыхлой структуры 416.19
— тонковолокнистаго шелка 416.4
— чистой породы 414.1
— японской породы 414.3
—, атласный 416.15
—, блѣдно-зеленый 415.3
—, богатый шелком 416.2
—, бѣдный шелком 416.3
—, бѣлый 414.15
—, весеннiй 413.7
—, водонепроницаемый 416.13
кокон, неравномѣрно выпряденый 416.7
—, непрерывно выпряденый 416.8
—, двойной 436.12
—, добавочный 421.9
—, дополнительный 421.9
—, желтый 414.16
—, женскiй 414.7
—, живой 413.9
—, заплѣсневѣлый 415.15
—, засушенный 413.10
—, зеленый 415.4
—, золотисто-желтый 415.2
—, изъѣденный червем 415.19
—, крупнопетельный 416.18
—, мелковернистый 416.20
—, мужской 414.6
—, негодный для размотки 436.6
—, незрѣлый 415.9, 436.5
—, неразматывающiйся 415.10
—, окуренный сѣрными газами 413.11
—, омертвѣлый 415.12, 436.11
—, осеннiй 413.8
—, остроконечный 414.13
—, парный 414.12
—, перепоясанный 414.10
—, с перерывами выпряденый 416.9
—, петлевидный 416.17
—, плавающiй 420.2
—, плотный 416.11
—, поврежденный 415.11
—, подгнившiй 415.16
—, подъѣденный 415.17
—, порченный 436.10
—, почковидный 414.10
—, проломанный 436.7
—, прозрачный 416.16
—, проломленный 415.18
—, прочный 416.10
—, прядильный 413.5
—, пятнистый 415.13, 436.9
—, разводочный 413.6
—, ржавый 415.14
—, содержащiй много серицина 417.2
—, соломенно-желтый 415.1
—, сѣрый 415.5
—, сѣтчатый 416.17
—, толстостѣнный 416.14
—, тутовый 414.2
—, упругiй 416.21
—, червивый 436.8
—, шарообразный 414.11
—, эластичный 416.21
—, яйцевидный 414.8
коконы, отварные 436.22
коконада 579.5
коконная нить 425.13
— путанка 435.16
коконовая нить 411.5
коконщица 419.20
кокосовое волокно 492.15
— масло 315.7
— мыло 433.20
кокс 402.10
колебанiе валика 107.12
— в натяженiи нити 155.10
колеблющееся содержанiе 615.8
колесо 281.2
— каретки 206.1

колесо счетчика ровницы . . . 346.5
— с циферблатом. 358.6
—, гребенное вращающееся . . 379.7
—, желѣзное . . . 497.15
—, заднее . . . 500.1
—, зубчатое . . . 532.6
—, зубчатое — для привода вытяжного аппарата и каретки . . 162.12
—, катушечное . . 521.9
—, кулачное . . . 74.8
—, маточное . . . 546.8
—, маховое. . . . 343.10
—, мотальное. . . 521.9
—, педальное . . 11.4
—, приводное . . 11.5
—, прядильное . . 10.15
—, ручное прядильное 10.15
—, точильное . . 70.12
—, храповое . . . 132.6
—, цилиндрическое зубчатое . . 547.1
—, червячное . . 72.7
колесный стан . . 344.5
количество влаги в воздухѣ . . 293.13
— влаги в пряжѣ. 10.8
— волокон 100.13
— оболочек в коконах 424.8
— соды 309.17
— теплоты развить 293.4
— холста, подаваемое в минуту . 41.18
— шелка в коконѣ 417.3
— шелка-сырца в коконах . . . 424.6
— шелковинки в коконах . . . 424.7
— шипов. 31.2
—, испарившееся (воды) 293.12
—, отвѣшанное . . 319.15
—, перемѣнное (нитей) 563.20
—, постоянное (нитей) 563.19
—, потребное . . 293.1
коллектор . 399.17, 478.6
—, мѣдный . . . 113.5
коллекторный цилиндр 478.6
коллодій 457.10
—, жидкій 462.12
—, пряжный . . . 459.6
коллодійная нить. 461.5
— шерсть 457.19
колода 243.8
колодезь, фильтровочный 271.16
колодка . . 288.4, 445.11
— для насадки игл 87.3
— пресса 577.14
— тормаза 192.12
—, буферная . . . 358.16
—, буферная пружинная . . . 359.1
—, деревянная . . 442.2
—, зажимная 214.5, 230.4
—, зажимная — с рифленой резиновой обкладкой 245.7
—, лощильная . . 87.5
—, направляющая . 505.4
—, тормазная 147.5, 171.13, 548.3
—, трехжелобная . 499.6
колодковый тормаз 47.5
колодочный тормаз. 549.12
колок 429.6
— для мотков . . 542.13
—, стекляный . . 543.7
колоколообразный ареометр . . . 365.16
колонка 151.13
колонна ребристая 69.5
—, ступенчатая . . 69.5
колонная стежка. 69.2
колосник 27.7
—, продольный — трепала. . . . 33.16
—, пылевой . . . 260.4
—, трехгранный . 36.5
колосники, дуговые 369.1
—, продольные . . 369.1
колосниковая планка для отбиванія комков и шишек 199.6
— рѣшетка 27.6, 27.16, 31.12, 49.1, 220.12, 259.3
— рѣшетка барабана 33.7
— рѣшетка под барабаном . . . 79.1
— рѣшетка из игольчатых планок 260.11
— рѣшетка из полосового желѣза 368.7
— рѣшетка с заостренными колосниками . . 197.11
— рѣшетка из продырявленнаго листа 36.7
— рѣшетка из продырявленной листовой стали 267.11
— рѣшетка Шеллибаума 48.1
— рѣшетка трепала 33.15
— рѣшетка из углового желѣза . 367.10
колосникообразныя продольныя планки. . 477.5
колотилка 27.9
— из кожи. . . . 441.12
колотильн-ая машина для коконов 441.11
—ая машина . . . 439.9
—ая планка . . . 36.3
—ый барабан . . 37.4
—ый волчек для пакли 220.14
—ый волчок для угаров 196.15, 267.14
—ый волчек для шелковых угаров. 442.4
—ое помѣщеніе . . 442.6
—ый пылеотдѣляющій волчек . . 266.19
—ый разрыхлитель 34.11
колотить с. т. выколачивать
колотить коконы 440.14
— коноплю . . . 495.3
— руно. 265.11
колоченіе волоса. 514.6
— коконов 440.13
— коконов рукою. 420.3
— льна 217.15
— шерсти 266.18
колпак волана . . 323.9
—, направляющій. 392.7
—, откидывающійся 267.1
—, предохранительный 311.15
—, установочный . 286.8
колпак, шаровидный 381.10
колпачек веретена 431.19
— веретена Бертолона 432.3
—, вывинчивающійся — для масла 146.12
—, масляный . . . 146.11
—, съемный смазочный 553.7
колпачки 392.5
—, вращающіеся . 568.8
колышек, коническій 568.11
колышки, разрѣзные 568.10
кольцев-ая карда. 330.2
—ая каретка с. т. кольцевая планка
—ая обтяжка . . . 221.6
—ая планка с. т. каретка, кольцевая
—ая планка . . . 151.11
—ая планка, прикрѣпленная к станинѣ . . . 226.9
—ая прядильная машина 138.4, 141.16
—ое веретено, рогульчатое. . . 547.9
—ое утолщеніе . . 174.14
—ой ватер . 11.14, 138.4, 141.16, 226.7
—ой прядильный ватер. 158.10
—ой прядильный ватер для пряденія основы . 154.15
—ой прядильный ватер для уточных початков . 154.12
—ой наварок вала 533.6
—ой самосмаз . . 148.18
кольцекрутильн-ая машина для фасонных нитей. 561.3
—ый ватер с одним (двумя) барабан(ом) (ами). 550.6.7
—ый ватер для гребнечесанной пряжи 556.1
—ый ватер для швейных нитей 556.3
кольцеобразная верхняя гребенка. 379.5
— нижняя губа щипцов 98.7
кольцеобразно обтягивать ленты 63.6
кольцепрядильн-ая машина 226.7
—ая машина для гребенной шерсти. 390.17
—ая машина с подвижной кареткою веретен . 391.8
—ый ватер . . . 341.9
—ый ватер с крутильною головкою 342.1
—ый ватер для пряденія бумажной пряжи 479.6
—ый ватер для шелка 452.9
—ое веретено 486.15, 489.11
кольца, стальныя. 527.13
кольцо . . 97.8, 149.15
— для бѣгуна со стальной плиткой 391.12
— с двумя ободками 150.4
— с прутяным бѣгунком 392.1
— с рожком . . . 207.11
— между серьгами 43.9
— щипцов с насѣчками 449.3
—, антибаллонное. 233.11
—, большое гребенное 379.1
—, бѣгунковое . . 554.14
—, вращающееся . 355.6, 392.4
—, гребенное вращающееся . . 379.7
—, гребенчатое . . 449.5
—, гребенчатое питательное . . 448.12
—, двустороннее . 391.14
—, двухфлянцевое 150.4
—, желобчатое . . 548.6
—, закаленное . . 501.16
—, зубчатое 369.2, 531.12
—, кованое . . . 149.17
—, малое гребенное 379.2
—, металлическое 547.14
—, мѣдное 226.11
—, нагрѣваемое паром 380.1
—, одностороннее . 391.13
—, опорное. . . . 182.5
—, отдѣлочное гребенное 379.17
—, предохранительное. 76.14
—, поводковое . . 345.20
—, покрытое шероховатой кожею 381.9
—, пружинное . . 119.11
—, разомкнутое . 565.10
—, резиновое. . . 477.6
—, соединительное для трубы . . 39.10
—, стопорное. . . 95.7
кольцо, тормазное 488.9, 549.3
—, упорное . . . 95.7
—, установительное . . 205.13, 346.9
—, установочное . 95.14
—, центробѣжное . 10.13
—, штампованное . 150.2
колѣно . . 27.14, 39.8
— кардной скобки 335.15
—, выравнительное 133.5
—, двойное . . . 336.4
—, скользящее . . 184.4
колѣнце, верхнее. 67.6
колѣнчат-ая труба 39.8
—ая труба для отвода 294.6
—ая часть склиза. 168.6
—ый изгиб 335.15
—ый рычаг. 162.5, 181.11, 254.8, 347.4, 450.7, 482.12
—ый тормаз веретена 147.9
колюч-ее коротковолосое руно . 264.22
—ій волос 409.9
ком 25.13
— волокон 7.5
— хлопка 20.5
—, влажный (шерсти) 287.16
Комб, банкаброш — а. 224.8

комбинированный волчек 313.3
— крейтон 37.2
— разрыхлитель 32.11
комель 236.9
—, тупосрѣзанный 236.10
комков-ая мастика 117.13
—ый хлопок 15.11
комлев-ая пакля 220.3
—ые концы 218.2
комли с. т. концы
комли, жесткіе корневые 243.3
коммерческ-ая цѣнность 606.7
—ій вѣс 616.2
комовая шерсть 310.12
компенсаціонная улитка 349.15
комплект из двух чесальных машин 198.11
— из двух чесальных машин с питаніем по направленію движенія волокон 199.8
— ленточных машин 387.12
— тазов одной ставки 223.12
— точных разновѣсок 615.2
— чесальных 80.10
— чесальных машин 198.10
— щипцов 449.15
композиція 19.4
комья 195.8
конденсаціонная вода 270.8, 316.19, 419.3
конденсатор 298.4
конденсація пара 294.1
конденсор с. т. дѣлитель ватки
конденсор 203.13
конденсорн-ая пряжа 579.17
—ая чесальная 203.5
—ое пряденіе 193.4
кондиціонн-ое свидѣтельство 616.3
—ое удостовѣреніе 616.3
—ое учрежденіе 616.4
—ый аппарат 616.5
—ый титр 602.9
кондиціонированіе пряжи 615.3
кондиціонировать пряжу 615.4
конец мундштука 467.9
— шелковинки 420.13
— щипка 82.15
—, верхній (веретена) 146.1
—, кожаный 535.3
—, коническій 519.7
—, корневой 211.9, 236.9
—, настоящій (шелковинки) 420.12
—, пушистый 10.7
—, расчесанный — пряди 243.11
концы с. т. комли
концы катушечных машин 398.16
— с крутильных машин 398.17
— основы ткацкой 398.20
— пряди 218.1
— прядильной 298.14
— ровницы 398.14
— стренг 504.15
концы со шпуль 398.21
— штифтов 512.13
—, комлевые 218.2
—, корневые жесткіе 243.3
—, крутые 398.15
—, надвязанные 428.17
—, нитяные 405.9
—, тупообрѣзанные 243.5
конечн-ая влажность, высокая 573.6
—ая крутка 154.4
—ый вѣс 615.16
коническій 337.14
конически сточенный 145.8
конопля 495.8
конопляное масло 458.14
консистенція мастики 117.14
конскій волос 493.2
— волос, искусственный 588.11
консоль 54.9, 127.7, 206.10
— для прикрѣпленія стойки рамы 395.1
— для трехжелобчатаго направляющаго канатного блока 192.3
—, рядовой (рамы) 394.9
контакт, электрическій 423.6
контактная пружина 113.8
контролировать перегоняемый шелк 424.14
контролируемая каретка 206.5
контролирующ-ая шпилька 536.1
—ій рычаг 423.5
контроль вѣса кип 16.16
— кип 16.15
— количества очеса 100.2
— подводки 80.3
контрольн-ая гиря 613.17
—ая проволока 534.16
—ая пружина 423.4
—ое с. т. повѣрочное
—ый аппарат, рычажный 186.1
—ый аппарат без центральнаго распредѣлительнаго органа с самостоятельной системой рычагов 185.13
—ый механизм для вытяжных роликов 182.9
—ый механизм с центральным распредѣлительным органом и управляемой им (частично) системой рычагов 185.11.12
—ый нитевод 521.8
—ый рычаг 423.5
контр-кривошип 292.6
контр-привод, потолочный 359.23
контр-улитка 169.11
конус 43.12
— мотки 155.12
— для отмотки 179.6
конус из прессованной бумаги 289.8
— разбрызганной воды 574.6
—, бумажный 289.8
—, верхній 149.3
—, втяжной 183.5
—, направляющій 528.2
—, нижній — для ременной передачи 136.8
—, очистительный 109.2
—, прорѣзанный 332.14
—, пустотѣлый — для масла 149.2
—, фрикціонный 163.2, 354.10
—, фрикціонный — на главном валу 161.10
—, фрикціонный — обтянутый кожею 158.3
—, фрикціонный чугунный 289.9
конусн-ая ременная передача 43.5
—ый шкив 255.16
конусовый ремень 28.12, 43.13
конусы, вдвижные 224.9
—, терочные 231.3
концев-ая станина 94.15
—ая часть льняного волокна 211.5
—ая часть однониточнаго рифленаго цилиндра 393.11
—ой подшипник 192.8
—ой флянец 124.2
—ой шип каретки 174.1
концентрированн-ая щелочь 464.16
—ый щелок 275.18
концентрическая установка 554.14
кончик с. т. головка
коп 154.9
копал, порошкообразный 458.19
копаловый лак 458.20
кора растенія квиллая 278.2
—, дубовая 332.4, 419.16
—, мыльная 278.2
корабельные канаты 596.19
корда 593.15
кордонет 580.10
кордонный шелк 586.19
коренн-ая ведущая шестерня 114.6
—ая нить с. т. стержневая или основная нить
—ая нить 561.15
—ой шкив с кожаным фрикціонным конусом 187.3
—ой шкив приводнаго ремня для отхода каретки 160.12
—ые шкивы на главном валу 187.2
корень льняного волокна 211.9
—, мыльный 277.22, 316.16
корзина для пряжи 570.17
— рѣдкаго плетенія для запарки 571.5
— для початков 361.11
— центрофуги 289.3
корзина для шерсти 286.13
—, вращающаяся 305.3
—, ивовая 286.14
—, проволочно-сѣтчатая 273.1
корзинка для коконов 415.20
—, проволочная 616.9
корка 475.7
корнев-ая часть с. т. корень
—ой конец с. т. корень
—ой конец джутоваго волокна 236.9
короб, заготовительный 200.5
коробка 72.5, 487.3
— гребенки 60.8
— для мастики 118.4
— с откидною крышкою 478.2
— для пружины 607.11
— для пыли 38.12
— элеватора 40.3
—, барабанная — нагруженная односторонне 308.5
—, вращающаяся 305.3
—, загрузочная 320.2
—, волотниковая 291.8
—, прядильная 487.9
—, прядильная — с откидною боковою стѣнкою 488.1
—, прядильная — с самозакрывающейся крышкою 487.14
—, шестеренная 349.2
коробчат-ая прядильная машина для пряжи из бумаги 486.16
—ый волотник 291.7
—ый подшипник 342.13
—ое веретено 487.1
коровій волос 493.5
коромысло 125.6, 131.7, 162.3, 551.8, 613.8
—, качающееся двуплечее 560.13
—, очкообразное 44.5
—, распредѣлительное качающееся 160.10
коромысловый регулятор питанія 34.9
коронн-ая шестерня 176.13
—ое число 68.6
коротковолокнист-ая пенька 496.11
—ый асбест 490.1
—ый сырец 6.10
—ый хлопок 14.12
коротковолос-ое колючее руно 264.22
—ое руно первичной стрижки 365.1
—ый лоскут 396.9
короткомоточный шелк-сырец 426.3
коротк-ій лен 211.4
—ое волокно 6.16, 195.5
корпус телѣжки 371.2
—, полый 342.14
корыто 543.3
— с водою 543.4
— для воды 542.10, 558.1
— с жидкостью 482.4, 486.10
— для костры 214.2

корпус левіафана . 366.2
— с промывною водою 365.8
— для скатыванія локона 329.14
— для сора 203.8
— для улавливанія сора 201.7
—, водосборное 477.3
—, водяное 242.6
—, жестяное 84.4
—, закрытое 225.14
—, моечное 278.5
—, отжимное 283.15
—, питательное 284.6
—, продырявленное 283.14
—, увлажнительное 481.4, 485.3
корытообразный свинцовый желоб 466.9
корытце, чугунное 247.7
коса, волосяная 514.10
—, кипяченая 514.12
косвенное прикрѣпленіе заклепками гарнитуры 61.16
косо расположенное стальное веретено 553.10
кос-ое набѣганіе 550.8
—ое расположеніе питательных валиков 404.6
—ой зуб храповика 132.9
—ой приклон 554.6
—ое направленіе 538.10
косообразн-ая джутовая прядь 235.19
—ый джутовый жгут 235.19
костра 220.17
—, отставшая 220.19
—, приставшая 220.18
кострика 220.17
—, неудаленная 217.6
костыль собачки 190.3
костян-ое долото 110.9
—ое масло 441.3
—ой клей 472.15
котел 464.12
— для промывки 439.5
— центрофуги 289.3
—, лежащій 571.10
—, мыльный 277.3
—, пряжный охлажденный 464.11
—, трубчатый 296.3
Котон, гекельный аппарат системы — а 215.10
котонизированіе лубка 261.10
коуш 494.3
кошма, шерстяная 397.19
коэффиціент крученія 9.2, 154.8
— для сравненія номеров 603.12
— тренія 47.3
край вытяжной ленты 108.3
— корыта, обитый металлом 226.1
— щипцов 449.2
—, загнутый 62.3
—, наклонный 317.16
—, скошенный (обтяжки) 119.6
—, ударный — корыта 203.9
края 61.6
края валика 110.4
—, брюшные 265.23
крайній ряд игл 88.2
кран, спускной 286.3
—, стекляный 466.5
—, трехходовый 371.1
краска из каменноугольной смолы 16.8
красн-ая ель 458.18
—ая перевязка 579.16
—ое вещество лакмуса 309.6
—ое масло, турецкое 238.9
крахмал 428.14
крахмаловый клейстер 117.18
крашен-ая глянцевая пряжа 581.2
—ая пряжа 580.22, 605.13
—ое мунго 407.3
—ый хлопок 194.4
крашеніе лоскута 401.7.17
крейтон 34.11
— комбинированный с трепальным волчком и с навойным приспособленіем 37.2
—, сдвоенный с отводом угара 39.12
крейцкопф 292.1
креп-де-шин 586.21
креповая пряжа 584.19
— шелковая пряжа 586.20
крест для натяжки скатывающих рукавов 332.17
крестов-ая веревка 169.14
—ая мотальная машина о нѣскольких головках 521.4
—ая мотка катушки 474.7
—ая мотка на коротких гладких гильзах 515.14
—ая намотка 204.10
—ая нарѣзка 373.17
—ая обмотка шишек 561.9
—ая укладка (льна) 215.13
—ая шпуля 96.14
—ой канат 169.14
—ой канатный привод 360.7
—ое витье 509.2
—ое накладываніе 326.9
—ое положеніе 517.9
крестовидная подставка 510.7
крестовина барана 566.13, 567.6
—, трехплечная 282.13
крестообразн-ая цапфа 242.16
—ый шаблон 105.8
крестообразно (наматывать) 515.10
крестообразнорифленый скатывающій рукав 332.1
кривой прорѣз 123.14
криволинейная направляющая 510.13
кривошип 373.8
—, дисковый 292.3
—, ручной 171.4, 504.8, 611.5
кривошипная шайба 292.3
кристаллическая сода 276.2
кристаллы, волокнообразные 489.12
кромка 108.4, 582.17
— вытяжной ленты 108.3
— щипцов 449.2
—, очищающая 429.12
кромки, выступающія 18.8
кромочныя нити 334.7
кронштейн 127.7, 206.10
— катушечной полки 394.8
— счетчика 358.7
—, передвижной 127.8
—, поддерживающій 357.3
кропильн-ый аппарат 441.7
—ый валик 441.9
—ое приспособленіе Патерсона 241.5
—ое приспособленіе Фріэра 241.6
кропленіе вручную 441.6
Крослей, машина гребенная 446.13
круг из бумажных лент 485.2.10
— с дѣленіями 54.11, 55.10
— для установки катушек 97.1
— для шляпок 56.14
—, буферный 192.10
—, дѣлительный 54.11
—, поворотный 448.5
—, распредѣлительный 52.12
— тормазной 347.8
—, точильный — возвратно-ходячій для боковой отточки 72.13
—, точильный — Горсфаля 339.8
—, чечевицеобразный рубчатый 421.13
кругл-ая гребенная машина 376.19
—ая гребнечесальная 83.12
—ый канат 596.3
—ый циферблат 361.1
круговая струя 573.1
кругообразный верхній гребень 98.10
кружева 400.11
кружевной шелк 587.7
кружок, направляющій 151.1
крупитчатый очес 374.20
— гравій 271.12
крупн-ый мюльный початок 569.2
—ыя зерна 71.2
крупнопетельный кокон 416.18
крут-ая крутка 431.6
—ая пряжа-мунго 583.4
—ая спираль 561.2
—ое крученіе 541.6
—ые концы 398.15
крутильная 134.3, 186.9
—ая головка 342.12, 498.18
—ая машина 12.12, 502.14
—ая машина Аубена 432.1
—ая машина для выработки узелковой нити (Штейна) (Мартина) 559.2.11
крутильн-ая машина для джута (Бригг и Вебб) 549.13
—ая машина для искусственнаго шелка 474.3
—ая машина для обматыванія нити 591.6
—ая машина для производства петлистой пряжи 561.14
—ая машина Шардоннэ 431.14
—ая машина для шелковаго угара 549.4
—ая машина, двухсторонняя 543.2
—ая машина, двухсторонная рогульчатая 545.11
—ая машина, х-катушечная (для проволочных канатов) 509.13
—ая машина, односторонная 543.1
—ая машина, одностороняя для джута 549.11
—ая машина, ступенчатая 474.9
—ая машина, фасонная Гилля 561.4
—ая рогулька 430.1, 546.4
—ая смѣнная верхняя шестерня 555.10
—ый блок, канатный 162.13
—ый блочек 497.8
—ый крюк 500.9
—ый механизм 164.14, 186.11
—ый мюль с кареткой для питательнаго аппарата 557.3
—ый станок 429.17
—ое веретено 546.3
—ые сельфакторы 557.1
—ыя ватерныя машины 542.15
—ыя катушки 551.5
крутильщик 5.7, 539.6
— бумажной пряжи 539.8
— пеньковой пряжи 539.10
— шелка 412.15
крутильщица 5.8, 539.7
— бумажной пряжи 539.9
— пеньковой пряжи 539.11
— шелка 412.16
крутить с. т. скручивать
крутить 8.21, 9.6, 12.11
— нить вправо 153.15
— непосредственно с початков 543.11
— сдвоенную нить на рогульчатой крутильной машинѣ 545.12
— слабо 431.4
крутиться при образованіи петли вокруг стремячка (нить) 554.1
крутка 9.4.5, 498.8

крутка во время отхода каретки 345.13
— коренной нити 561.12
— нити во время отхода каретки 164.4
— пряжи и нити одного направленія 540.4
— пряжи и нити разнаго направленія 540.5
— шелка 428.2
—, бархатная 586.9
—, временная 331.11
—, вторая (шелка) 430.15
—, гренадиновая 586.10
—, двукратная 491.10
—, дополнительная 159.11, 506.2
—, конечная 153.4
—, крутая 431.6
—, крѣпкая 431.6
—, ложная 9.7, 204.1
—, лѣвая 153.13, 540.11
—, мнимая 204.1
—, мягкая 138.19
—, окончательная 539.18
—, основная 541.1
—, остающаяся 9.8
—, первая 429.15
—, подготовительная 539.17
—, полная — нити в один отход каретки 207.7
—, правая 541.1
—, результирующая 154.6
—, сатиновая 586.8
—, слабая 170.5, 431.5
—, твердая 138.8
—, уточная 540.11
—, чрезмѣрная 501.7
—, шестикратная 580.14
круто навивать 351.15
— скрученная нить 498.7
круточная 186.9
кручен-ая буретная пряжа 588.4
—ая нить 12.13
—ая нить, голая 541.8
—ая нить, образцовая 540.2
—ая основа 541.2
—ая пряжа 12.13
—ая пряжа из кардной шерсти 583.15
—ая шелковая основа 586.7
—ый основный шелк 586.7
—ый прочесный шелк 587.21
—ый трощеный шелк 586.5
—ый уток 540.12
—ый уточный шелк 586.11
—ый шелк 430.5, 431.8
—ый шелковый уток 586.11
крученіе 9.5, 12.10
— бѣгунами 497.18
— искусственнаго шелка 474.2
— нитей 539.1
— нити на ватерах 542.17
— проволочных стренг 509.5
—, англійское 542.11
—, безпрерывное 542.18
—, вторичное 540.10
—, x-кратное 539.16
—, крутое 541.6
—, крѣпкое 8.24
крученіе, многократное 539.15
—, мокрое 542.4
—, однократное 539.14
—, ослабляющее первоначальную крутку 540.9
—, перерывистое 557.2
—, плотное 541.5
—, приспособленіе для — я канатов 503.10
—, равномѣрное 431.1
—, рыхлое — нити 541.4
—, сильное 8.24
—, слабое 8.23
—, слабое (нити) 541.4
—, сухое 542.2
—, усиливающее 540.10
—, шотландское 542.8
крученія, два — на один оборот веретена 554.2
крученка 12.13
крученыя канатныя издѣлія 592.2
крыло 22.6, 567.13
— барана 565.7
— загрузочнаго барабана 278.9
— трепала 40.12
—, бительное 266.21
—, массивное 452.6
—, пустотѣлое 130.6
—, трепальное 495.5
крылья, выдвижныя 567.3
крыльчат-ая гайка 548.4
—ый валик 404.9, 525.8
—ый волчек 312.9
—ый волчек для шелковых угаров 442.5
—ый насос 365.14
крытый подводящій желоб 382.17
крыть лаком кожу 120.5
крышка 126.7, 444.6, 487.4.15
— барабана 31.8, 33.6
— блочка 553.2
— доффера 79.2
— для игольчатой щетки 88.3
— кардной машины 201.8
— с колотильными планками 312.14
— масленки 178.2
— подшипника втулки кареточнаго вала 94.13
— трепала 33.14, 44.9
— чана 283.2
—, деревянная 248.1
—, деревянная — покрытая плюшем 108.10
—, дубовая откидная 201.9
—, жестяная 201.10
—, неподвижная обитая сукном 108.9
—, откидная (барабана) 79.3
—, очистительная 95.12, 108.8
—, предохранительная 311.15, 355.10
—, самозакрывающаяся 487.14
—, свободная 284.1
крѣпость с. т. прочность
крѣпость волокна 6.24
крѣпость кислой ванны 303.11
— основной ленты 64.7
— нити 10.3
— нити на разрыв 454.18
— пеньковых канатов 513.2
— (потеря) 302.6
— на разрыв 66.11, 513.8
—, удѣльная 606.10
крѣпленіе, жесткое (каретки) 345.5
крѣпк-ая кислота 303.4
—ая крутка 431.6
—ая нить 9.22
—ая шишка 590.13
—ая намотка носка 175.5
крѣпко защемленная шерсть 311.17
— крученая пряжа 9.20
— скрученная нить 498.7
крюк для груза 105.15
— для подвѣшиванія моточной пряжи 613.14
—, крутильный 500.9
—, моточный 577.2
—, нажимный 46.10
—, скручивающій 499.12
крючек 143.15
— для автоматическаго останова 524.1
— каретки 162.15
—, веретенный 146.7
—, внутренній 400.20
—, двуплечій 535.1
—, загнутый от переточки 70.2
—, затворный 487.5
—, мѣдный для срыванія намотки 108.1
—, нитеводный 548.7
—, эмалированный проволочный 564.17
крючки для подвѣшиванія 100.6
—, крутильные 503.4
крючковая цѣпь 179.14
крючкообразный нож 196.14
— рычаг 528.6
ксилолиновая пряжа 589.1
кудель с. т. льняной очес 210.19
кудель в видѣ ленты 221.16
—, джутовая щипаная 244.7
—, льняная 212.13
—, пеньковая 232.3
—, прочесанная 220.8, 222.10
кудельн-ая пряжа 581.7.15
—ый жир 220.22
кузнец 5.22
куколка с двойной оболочкой 417.6
куколки 438.21
кукольная пыль 442.7
кулак 181.3, 252.7, 531.14
— на дискѣ 172.1
— распредѣлительнаго вала 346.2
—, вращающійся — счетчика 179.3
—, захватный 347.3
—, отводящій цѣпь 152.9
—, подъемный 246.6, 445.7
—, пріемный 252.4
—, прикрѣпленный 560.10
кулачн-ая муфта 29.12, 345.17
кулачн-ый блок 74.1.8
—ый вал 30.2
—ый валик 322.6, 525.8
—ый диск 185.8, 560.9, 565.1
—ое колесо 74.8
кулачек с. т. собачка
кулачек 282.15
—, отводящій цѣпь 547.8
культированный кокон 413.6
кулисса 259.6
кулисный рычаг нитевода 538.1
кунжутное мыло 433.21
купленная вязка 210.4
купорос, желѣзный 469.12
—, марганцевый 401.16
—, мѣдный 458.23
курчав-ое волокно 6.19
—ый конскій волос, вареный для набивки 514.16
курчавость 514.8
куски асбеста раздѣлять 490.7
кусок 116.8
—, готовый 508.20
кустарн-ая пряжа 583.6
—ая работа 6.7
—ое производство 412.8
—ое производство крученаго шелка 412.12
кустарь 6.5
кустарья 6.6
куфта 564.8, 576.12
—, десятимоточная 576.15
—, пятимоточная 576.14
— из x мотков 598.19

Л

лаг 593.24
лаговая веревка 593.24
лаз к ситчатому барабану 44.10
лак для кож 120.6
—, кожаный 120.6
—, копаловый 458.20
лакировать кожу 120.5
лаковый покров 120.7
лакмусовая бумага 309.8
лама 397.7
ланолин 300.19
лапка с нитеводным глазком 391.1
—, нажимная 452,5
—, прижимная 123.13
—, стальная — нитевода 554.13
ластиковая пряжа 584.18
латунный 156.11
латунно-проволочный канат 595.19
лебедка 273.2
—, канатокрутильная 498.16
Леблан, сода —а 309.14
левантійскій шелк-сырец 426.11
левіафан 279.11
— о трех чанах 280.1
—, шерстополоскательная машина 286.12
легкій 124.8
легко работать 390.7
легковѣсная бумага 479.12
лежаніе 237.1

лежать витками (нити) 517.8
— горизонтально 529.4
— перпендикулярно к продольной оси ватки (волокна) 327.16
— равномѣрными поворачивающимися в обратную сторону спиралеобразными витками (нити) 517.8
— рыхло (волокна) 7.10
лежащій в подвижных подшипниках типа кулисс 20.13
лежень из твердаго дерева 497.1
лезвіе, опорное 44.3
лейка 239.13
— для разбрызгиванія масла 239.14
лекальная дорожка 510.13
Лемэр, питательный аппарат чесальных системы — 320.8
лен 492.9
— машиннаго прочеса 212.11
— моченец 209.8
— с неудаленной кострикой 217.6
— ручной чески 212.10
— со свѣжим запахом 210.2
— стланец 209.7
— сырец 209.9
—, горный 489.6
—, грубый 217.3
—, длинноволокнистый 210.23
—, здоровый 216.21
—, короткій 211.4
—, крѣпкій 217.2
—, мягкій 217.4
—, неклассифицированный 216.16
—, неразрѣзанный 210.23
—, несортированный 216.16
—, новозеландскій 492.8
—, однородный 216.20
—, очищенный 209.13
—, прочесанный 212.9
—, разрѣзанный 211.3
—, слабый 217.5
—, тонкій 216.18
—, трепаный 209.13
—, фальсифицированный трепаный 209.15
—, чистый 216.19
—, шелудивый 217.6
—, ядреный 217.1
Ленер, прядильный аппарат системы —а 461.13
лента 7.20
— бурета ложной крутки 454.1
— из ватки 203.14, 329.8
— из волокнистаго вещества 486.3
— гарнитуры 337.7
— гребенного прочеса 82.4
— с ленточной 121.14
— с ленточной машины 101.18
— надорвана 101.21
лента неравномѣрнаго строенія 102.1
— неравномѣрной толщины 101.23
— полнаго сдваиванія 386.14
— с поперечным расположеніем волокон 326.12
— прочесанной пеньки 496.14
— из прядей льна 218.3
— с расположеніем волокон по длинѣ 329.2
— с чесальной машины 51.15
— с чесальной приготовительнаго пряденія 328.15
—, безконечная скатывающая 331.14
—, безконечная (пылесобирателя) 38.15
—, бумажная 486.2, 487.12
—, войлочная пропитанная маслом 356.1
—, волокнистая 7.20
—, входящая бумажная 484.13
—, выпущенная чесальными 371.7
—, высушенная 386.3
—, вытянутая 101.19, 387.11
—, двойная 386.12
—, жестяная — с кожаным концом 535.3
—, канатная 597.12
—, кардная 60.20
—, кардная — с зубьями, имѣющими игольчатыя острія 336.5
—, наждачная 71.17.19
—, нарѣзанная 483.7
—, кожаная 64.16
—, одинарная 386.11
—, основная 64.7
—, очесочная 62.9, 82.9
—, питательная 218.5, 448.13
—, прочесанная 384.11
—, прочесываемая 374.6
—, свернутая бумажная 484.14
—, сдвоенная 387.5
—, скатанная — ватки 329.12
—, стальная — тормаза 347.7
—, тормазная 46.13, 564.19
—, точильная 62.10, 71.17
—, точильная карборундовая 71.18
—, чесальная 7.20, 51.15
—, точильная ровная 71.20
—, элеваторная 40.1
ленты 452.1
— бурета 453.7
—, скрещенныя 387.18
—, скрученныя 387.7
—, цвѣтныя 387.3
лентовидная пряжа 589.7
— пряжа с закладными нитями 589.8
— пряжа с закладными проволоками 589.9
лентомѣр 389.2
ленто-направитель 104.14
лентообразн-ое волокно дикаго шелка 427.17
—ый волан 323.6
—ый проволочный канат 597.14
лентоуплотнительная воронка 51.10
ленточка выдѣленная из ватки 193.7
ленточная 8.15, 102.9
— с головками, направленными в одну сторону 104.4
— в нѣсколько головок 103.10
— с гребенными планками с нагрѣвательными плитами 388.5
— с изогнутыми гребнями джилля 372.11
— с катушечным аппаратом 389.1
— в одну головку 103.9
— с тазами 384.9
—, вспомогательная 389.3
—, гребенчатая — со ступенчатыми рядами гребенок 372.6
—, двойная 372.15
—, канальная 104.11
—, лучевая 372,7
—, одинарная — с игольчатыми валиками 372.14
ленточная машина 246.12
— машина с ведущими дисками для гекельных планок 253.8
— машина с гребенною цѣпью 253.9
— машина для длиннаго льна 223.4
— машина с игольчатыми валиками 254.9
— машина с одинарным набором гребней 371.18
— машина с парным набором гребней 372.1
— машина для производства гребенной застилистой пряжи 590.4
— машина с накрест расположенными головками 103.15
— машина со скатывающим аппаратом 387.13
— машина для шелка 451.17
— машина, винтовая 218.10, 251.6
— машина, винтовая (для льняной кудели) 224.1
— машина, грубая 371.16
— машина, пеньковая 233.2
— машина, приготовительная 371.16
— машина, сдваивающая 388.14
ленточная машина, состоящая из x головок по y выпусков в каждой и с z кратным соединеніем лент 104.10
— машина, цѣпная 253.9
ленточный привод 502.2
— таз 52.1
— тормаз 46.9
— тормаз для муфты вытяжных цилиндров 347.6
— шелк 587.16
ленточник на выпускных машинах шерстепрядильни 388.1
— на машинах первоначальнаго пропуска 372.12
ленточница 2.3, 224.2
— на бумагопрядильной фабрикѣ 100.17
— на выпускных машинах шерстепрядильни 388.2
— на машинах первоначальнаго пропуска 372.13
— на шерстепрядильной фабрикѣ 371.9
летучій растворитель 297.10
Лизон, катушка с закрѣпленной моткой системы — 519.11
—, катушка ромбической крестовой мотки —а 519.10
линейка 87.4, 119.1
линіи, зигзагообразныя перекрещивающіяся 512.11
линія, винтовая с. т. спираль
линія, винтовая 63.7, 71.21
—, прямая 68.14
—, равносторонняя зигзагообразная 512.10
липкій 15.10
липовый 492.17
лист, продырявленный 36.7
листья 414.9
Листер, гребнечесальная —а 379.8
—, двухсторонняя гребнечесальная машина —а 448.7
Листер-Варбуртон, гребнечесальная машина —а 449.13
листов-ая мѣдь 282.2
—ая сталь 32.4
—ой свинец 304.6
—ой цинк 239.7
—ое желѣзо 307.9
Литл и Иствуд, барабан с клещами —а 381.11
лишенная извести вода 419.4
лишить пряжу способности закручиваться 569.13

лишить ферментированный шелк запаха 438.1
лобовая стѣнка цилиндра 291.11
— шестерня 190.8
ловкость рук 10.14
лодыжка, эксцентриковая 445.7
ложе, двойное 495.7
—, одинарное 495.6
ложечка 373.12
ложка 111.11
—, ситовая 418.16
ложн-ая крутка 9.7, 204.1
—ое дно 285.8
—ый крученый основный шелк 568.13
локон с. т. завиток
локон 329.12
—, безконечный 329.16
локонная ровница 329.16
— чесальная 329.9
локоновидная ровница 343.8
локоть, берлинскій 600.16
—, вѣнскій 600.17
—, лейпцигскій 600.18
— парижскій 600.19
—, прусскій 600.16
—, саксонскій 600.18
—, французскій 600.19
ломкая сухая нить шелка-сырца 428.4
ломко (волокно) 15.17
лопасть, вогнутая 45.5
—, выпуклая 45.3
—, кожаная 368.8
—, прямая 45.3
лопаться в склейкѣ 119.12
— в стыкѣ (кожаная обтяжка) 119.12
Лорд, регулятор с клиновидными серьгами —а 43.6
Лори (кипа) 16.1
лоскут 396.6
— из дамской матеріи 397.2
— плохой окраски 398.2
— средняго качества 396.15
— средней тонины 396.15
— хорошей окраски 398.1
— чистой шерсти 396.11
— шелка 455.15
—, бѣлый 397.21
—, вывѣтрившійся 396.20
—, грубый 396.13
—, грязный 396.17
—, длинноволосый 396.10
—, запачканный грязным клеем 396.18
—, зефировый 407.14
—, истлѣвшій 396.21
—, коротковолосый 396.9
—, мокрый 404.1
—, муслиновый 407.13
—, непрощипанный 405.2
—, новый 396.8
—, обезкисленный 403.7
—, орлеанскій 407.15
—, отжатый на центрофугѣ 403.19
—, отсортированный 399.8
—, пестрый 397.23
—, подкрашенный 398.4
—, полинялый 398.3
—, полушерстяной 396.12
—, пропитанный пылью 396.19
лоскут, разорванный в сухом видѣ 403.16
—, разрѣзанный 400.6
—, расщипленный 395.12
—, рваный 403.11
—, старый 396.7
—, суконный 397.1
—, сухой 403.17
—, тонкій 396.14
—, цвѣтной 397.22
—, черный 397.24
—, чистый 396.16
—, шелковый 456.1
—, шерстяной 401.8
лоскутник 399.4
лоскуторазрывная машина 404.5
лот 363.2
лотовая пряжа (x —) 604.7
лоток 33.1
— для холста 34.5
—, выкидной 259.5
—, выкидной — шерсти 312.2
—, жестяной 257.8
—, жестяной верхній для направленія холста 89.11
—, жестяной направляющій 247.14
—, жестяной — для спуска ватки 250.14
—, направляющій 377.8
—, направляющій жестяной 84.3, 250.13
Лоусон, большая подготовительная чесальная машина —а 248.8
лощен-ая пряжа 580.7
—ые канаты 507.16
—ыя канатныя издѣлія 507.16
лощеніе шнура 507.17
лощильная колодка 87.5
лощильщик валиков 120.2
лубковая прядь джута 236.15
лубок льна 211.17
—, липовый 492.17
—, шелковый 411.8
лубяной с. т. серициновый
лубяной угар 436.2
луженая желѣзная проволока 493.9
— стальная проволока 335.7
луизіанскій хлопок 579.4
луч, солнечный 417.15
лучевая ленточная 372.7
лучинная вороба 569.5
лыко, липовое 492.17
льновод 210.7
льнопряденіе 209.4, 210.17
льнопрядильня 209.6
льнопрядильщик 224.15
льнопрядильщица 224.16
льночесальное отдѣленіе 211.18
льнян-ая кудель 212.18
—ая нить 581.19
—ая нить для вязанія кружев 581.23
—ая пакля 212.13, 492.10
—ая пряжа 581.5, 592.9
—ая ровница 224.10
—ое волокно 211.17
—ое волокно, богатое содержаніем клея 225.10
льнян-ое масло 458.21, 484.8
—ое сѣмя 316.15
—ой очес с. т. кудель
—ой очес 212.13, 492.10
лѣвая гребнечесальная 83.4
— крутка 540.11
— рѣзьба 339.5
лѣво-винтовое рифленіе 240.13
лѣво-діагональная 68.18
лѣвой мотки 164.5
лѣстница, моточная 566.5.9
люб-ая длина пасьм 566.9
—ое устанавливаемое натяженіе 526.9
люк 298.5
люстриновая пряжа 584.4
— льняная пряжа 581.16
люстрированный шелк 587.15
лягушка 354.1
лядвейная шерсть 265.17

М

магнезіальн-ая соль 465.9
—ое мыло 270.15
—ое соединеніе 270.11
магній, сѣрнокислый 465.11
магній, хлористый 305.17, 457.13, 483.15
магнит, стальной 360.11
магнитный полюс 360.12
магнитоэлектрическая динамомашина 113.1
Мак Наут с. т. Наут
мако 579.3
маковка 497.10
маковое масло 314.15, 458.13
Малард, грязеудалитель —а 365.6
мал-ая вытяжка 101.11
—ая движущая шестерня передняго цилиндра вытяжного аппарата 136.3
—ая начальная влажность 573.5
—ое гребенное кольцо 379.2
—ый барабан 369.16
малахито-зеленая шелковая нить 467.18
малоцѣнн-ое масло 316.1
—ые клочья шерсти 265.21
Малькольм, устройство мягчильное —а 242.1
мальчик канатчика 494.11
—, второй 3.4
—, очесочный 213.12
—, первый 3.1
—, посыльный 3.19
манометр 385.15
марабу 586.14
марганец, хлористый 457.4
марганцевый купорос 401.16
марганцовокаліевая соль 401.15
марганцовокислое кали 460.6
марганцовонатріевая соль 401.14
марка с. т. знак
марка кипы 16.7
—, кипная 16.7
марсельское мыло 277.18, 434.2
Мартин, крутильная машина для выработки узелковой нити (—а) 559.2
—, приспособленіе —а для скрещиванія 422.10
масленка 295.10, 361.13
— для смазки веретен кольцевого ватера 391.6
маслянистый жир шерсти 274.7
— очес кардных машин 298.13
масло 290.10
— животнаго происхожденія 314.24
— камелины 458.16
— красной ели 458.18
— для промасливанія 314.9
— хлопковых сѣмян 458.12
—, безцвѣтное мягчильное 238.7
—, вулканизированное 458.10
—, высыхающее на воздухѣ 458.11
—, густое веретенное 148.7
—, густое смазочное 359.14
—, денатурированное оливковое 314.20
—, деревянное 269.8
—, жидкое веретенное 148.7
—, жирное 148.10, 314.10
—, загрязненное 555.3
—, касторовое 314.16, 458.17
—, кокосовое 315.7
—, конопляное 458.14
—, костяное 441.3
—, льняное 458.21, 484.8
—, маковое 314.15, 458.13
—, малоцѣнное 316.1
—, машинное 361.12
—, минеральное 238.15, 315.3
—, можжевелевое 462.17
—, мягчильное, недающее пятен 238.8
—, нефальсифицированное 315.22
—, обезкисленное сурѣпное 148.9
—, оливковое 314.19
—, орѣховое 458.15
—, осмолившееся 238.11
—, поддѣланное 315.23
—, подсолнечное 314.17
—, растительное 148.8, 238.4, 314.11
—, розмариновое 314.21
—, сивушное 297.18
—, смазочное 355.11
—, смѣшанное 315.24
—, содержащее глицерин 315.21
—, содержащее смолу 315.20
—, сосновое 314.22

масло, способное обмыливаться 315.18
—, стекающее 317.15
—, сурѣпное 314.12
—, темное 314.14
—, терпентиновое 314.23, 462.16
—, турецкое красное 238.9
—, фалсифицированное 315.23
—, хлопковое 314.18, 458.12
масловка с. т. промасливаніе
маслообразная жидкость 315.17
маслян-ая ванна 60.7
—ый остаток 238.13
масса, бумажная 476.5, 477.12, 588.21
—, взбитая — коконов 440.17
—, казеиновая губчатая 471.18
—, рыхлая (волокна) 440.18
—, цементирующая 65.6
массивн-ое плечо 452.6
—ый вал 189.7
мастер мягчильнаго отдѣленія 239.4
—, банкаброшный 2.6
—, валичный 120.1
—, канатный 494.12
—, кардный 63.8
—, прядильный 1.17
—, ремонтный 5.20
—, слесарный 5.20
—, чесальный 4.7, 60.17
мастеровой по обтяжкѣ кардами 4.11
мастика 117.16
— для наклеиванія сукна 117.10
—, быстровысыхающая 117.11
—, комковая 117.13
—, каучуковая 65.7
—, проклеивающая 65.6
—, твердая 117.15
—, тягучая 117.12
матеріал без клочьев лоскута 404.13
—, валяный 396.1
—, набивочный 514.15
—, неваляный 395.14
—, не вполнѣ прощипанный 405.3
—, непрочесанный 82.1
—, подвергающійся сушкѣ 292.9
—, предназначенный для пряденія 496.16
—, проволочный 65.15
—, прочесанный 82.2
—, прощипанный 402.6
—, сухой на ощупь 306.17
—, сырой 6.8
—, точильный 70.19
—, фильтрующій засоренный 463.14
матеріалы, исходные 470.18
матерія, дамская 397.2
—, зонточная 397.10
—, фильтровочная газовая 463.13
матов-ая швейная 580.9
—ый шелк 427.19
—ая шестерня 256.9
—ое колесо 546.8
маховик 230.1, 292.5, 567.11
— с кривошипом 230.1
маховик, большой — (для крутки при двойной скорости веретен) 189.4
—, ходовой — для первой (второй) скорости 353.3.4
маховое колесо 343.10
мацерація лубка 261.9
машина, выпрядающая пряжу из локоновидной ровницы 343.8
— для выпрямленія волоса 373.2
— для вытяжки и лощенія шнура 507.17
— для вытяжки холста 373.2
— для испытанія крѣпости каната 513.12
— для крестовой мотки на двухсторонніяконическія катушки 522.10
— для крестовой мотки с прорѣзным нитеводным барабаном 523.8
— для крестовой мотки на цилиндрическія катушки 522.9
— для крестовой мотки с щелевидным барабаном и с принудительным вращеніем веретена катушки 524.13
— для крученія проволочных стренг и канатов 509.5
— для мойки рун 284.11
— для мотки початков 526.4
— для мотки початков с нитеводом, двигающимся взад и вперед и и устанавливаемым фрикціонным роликом 529.2
— для мотки початков с рогульчатым нитеводом 533.8
— для мытья лоскута 401.6
— для накладыванія 246.12
— для накладыванія волокнистой ватки на бумажное полотно 481.2
— для накладыванія волокнистой ватки на бумажное полотно в момент. его образованія 480.10
— для натягиванія кожаных обтяжек 119.10
— с одним ножевым валиком для разрѣзанія бумажнаго полотна на ленты 482.1
— для очистки кардного очеса 260.5
машина для предварительнаго скручиванья 502.14
— для приданія курчавости конскому волосу 514.9
— для производства бечевы 501.14
— для производства бумаги 476.13
— для производства древесной шерсти 476.3
— для производства предпряжи из бумаги 478.14
— для производства трехгранных канатов 509.15
— для пряденія бумажной пряжи из полосок бумаги 489.1
—, разрывающая сухой лоскут 403.17
— для разрушенія репья 367.6
— для растягиванія веретеннаго шнура 356.4
— для расщепленія кожи 118.20
— для рѣзки льна 211.2
— для скручиванія стренг 502.8
— для удаленія древесины из стебля рами 261.5
— Шапона 209.12
машина-рѣчка 81.6
машинн-ая мойка 268.19
—ая очистка 454.14
—ая точка 338.21
—ый вычес 374.9
—ый способ (гребнечесаніе) 376.12
—ый шелк 587.9
—ое масло 361.12
—ое мытье 268.19
—ое питаніе 28.4
—ое пряденіе 11.9
—ое производство канатов 501.11
—ое смѣшиваніе 19.15
—ое чесаніе на гекляx 213.13
—ые часы 133.11
медіо 138.21
медленн-ая точка 69.17
—ое разрыхленіе 25.10
—ое растягиваніе 606.23
медленно двигающаяся проволочная рѣшетка 295.14
— дѣйствующая закрѣпляющая жидкость 466.14
— сушить 292.20
международн-ая нумерація 599.12
—ый деньер 602.24
—ый номер 599.13
—ый титр 601.15
—ое титрованіе 601.12
межклѣтное вещество 237.10
мезанкор 410.15
Мелан, вычерпыватель —а 282.12
меланж 310.21
меланж из ангорской шерсти 585.20
— для шевіота 583.24
— камвольный 584.6
меланжевая пряжа 582.14
— набивная камвольная пряжа 584.8
мелк-ая основа 138.21
—ій дождик 239.12
—ій мюльный початок 569.3
—ое зерно 71.3
—ое рифленіе 143.4
мелкозернист-ое желѣзо 191.4
—ый кокон 416.20
мелко-зубчатая цилиндрическая шестерня 566.14
мелочь, торфяная 299.11
мельница, дробильная 490.11
—, терочная 231.1
Менье — Грюн, гребнечесальная машина—а 380.9
мериносовая пряжа 583.22
мерсеризованная пряжа 581.3
мертвое хлопковое волокно 14.6
мерцаніе дикаго шелка 427.20
металл 226.1
—, бѣлый 290.8
—, сѣрнистый 469.17
—, тяжелый 469.11
—, хлористый редуцирующій 456.11
металлическій 494.17
— скатывающій аппарат 333.11
метелка 420.4
метиловый спирт 459.1
метла 317.5
—, бительная 420.5
метод с. т. способ
метод испытанія проволоки 66.21
— сушки 417.11
методы нумераціи 599.11
метр 600.7
метрическ-ая мотка 563.10
—ая мѣра 600.6
—ая нумерація 599.12
—ій номер 599.13
метровый каток 611.6
механизм с. т. аппарат
механизм банкаброша 134.1
— для выпуска нити при входѣ каретки 181.15
— двойной скорости веретен 189.6
— квадранта 170.6
— для отводки ремня 205.5
— для переводки ремня 205.5
— для прямого и обратнаго хода 256.7
— сцѣпленія цѣпного и веретеннаго барабанов 173.2
механическ-ая точка 338.21
—ая чистка 454.14
—ая чистка кард 340.18
—ій выключатель 113.15
—ій порщик коконов 420.6
—ій способ очистки шерсти 266.14

механическ-ій счетчик 133.9
—ое дѣйствіе пота 272.6
—ое мотовило . . 565.6
—ое мотовило для льняной пряжи 568.2
—ое питаніе . . . 28.4
—ое пряденіе . . 11.9
—ое смѣшиваніе . 19.5
—ое сцѣпленіе выключить при помощи электрическаго тока . 113.14
микрометрическій винт 56.16
— квадрант . . . 614.6
микромиллиметр. 600.11
микроскопически изслѣдовать отверстіе волосяной трубки . 467.13
миллиграмм . . . 601.2
миллиметр . . . 600.10
минеральн-ая кислота 302.17
—ое масло 315.3
—ый деготь . . . 508.2
минута, в —у . . 41.18
„ми-перлэ„ . . . 587.1
мнимая крутка . . 204.1
многоголовчатая гребнечесальная 83.7
многогранная верхушка веретена 355.14
многоклубочная машина . 518.7, 538.15
многослойная ватка 326.18
многоурожайная порода 413.17
многоходовая рѣзьба 146.11
многозубое шило . 338.1
многократн-ое наслоеніе холстов 41.12
—ое сдваиваніе . . 386.13
—ое трепаніе . . . 42.3
—ый пропуск . . 42.3
—ый пропуск хлопка 25.16
многомоточное мотовило 564.11
многоремешковый дѣлитель . . . 330.11
могаирова шерсть 363.13
модуль работы . 606.18
моечн-ая машина . 279.11
—ая машина Скене и Деваллэ . . 282.17
—ый чан . . 278.5, 280.3
—ое корыто . . . 278.5
можжевелевое масло 462.17
мойка аппаратной шерсти 268.3
— фабричным способом. 268.20
—, машинная . . 268.19
мойная с. т. моечная
мойщик 268.18
мокрый пресс . . 476.16
молоко 316.4
—, снятое . . . 471.16
молотильная машина для коконов. 441.11
молотить с. т. колотить
молоточек 370.10
молочнокислый натр 457.16
мольтон 397.9
момент вращенія и момент силы тренія находятся в равновѣсіи 149.7
— разрыва 513.8
— силы тренія . . 149.7
монтер, прядильный 3.10
морск-ое перо . . 411.3
—ой шелк 411.2
мостик, закругленный 373.13
—, неподвижный — с глазком . . 488.2
мостовидн-ая рѣшетка 201.2
—ое приспособленіе 565.11
мотало 566.1
мотальная 562.9
мотальная машина с. т. шпульная машина
— машина для крестовой мотки. 524.5
— машина для крестовой цилиндрической мотки с вращаемой катушкой . . 522.11
— машина с многократным числом перегонных веретен 521.3
— машина для мотки сновальных катушек . . . 521.14
— машина для намота нити на звѣздообразный картон . 536.9
— машина с одним перегонным веретеном . . . 521.2
— машина для основы 12.1
— машина для перегона пряжи на деревянныя катушки . . . 537.7
— машина, крестовая о нѣскольких головках. 521.4
— машина, початочная — с приспособленіем для наматыванія нити 526.9
— смѣнная шестерня 125.10
— щечка с. т. шаблон или башмачек . . . . .
мотальное веретено, перемѣщающееся 526.14
— колесо . . . 521.9
— приспособленіе для шелка . . 422.15
мотальный аппарат 167.2
— вал 536.11
— механизм . . . 184.8
— механизм для банкаброшов . 256.6
— угар 424.9
мотально-крутильная машина Камеля . . . 430.3
мотальщик 4.14, 515.12, 562.10
— бумажной пряжи на мотовилах 562.12
мотальщик вручную 4.16
— вручную на мотовилах . . . 4.20
— в мотки 5.1
— на мотовилах . 4.18
— шерсти 562.14
мотальщица . 2.13, 4.15, 515.13, 562.11
— бумажной пряжи на мотовилах . 562.13
— вручную . . . 4.17
— вручную на мотовилах . . . 4.21
— в мотки 5.2
— шелка 421.1
— шелка в шпули. 429.3
— шерсти на мотовилах 562.15
мотаніе 12.14
— в клубки . . . 515.2
мотать 12.15, 156.6, 562.4
— бечеву в клубки 518.3
— коротким размотом. 563.4
— основу 11.19
— пряжу в мотки. 562.18
— уток 12.3
мотка с. т. наматываніе или намотка
мотка . . .124.16, 156.5
— вниз (вверх) по спирали . . 351.13.14
— клубков 518.2
— нити (при) без добавочнаго перемѣщенія веретена . . . 532.1.2
— початка 166.16
— початка в одну нить 12.5
— в видѣ початка 154.16
— пряжи. 562.3
—, архимедовая . 556.8
—, бутылкообразная — катушки 141.1
—, выпуклая . . . 140.19
—, заключительная цилиндрическая 533.11
—, крестовая . . . 351.16
—, крестовая закрѣпленная . 519.9
—, крестовая — катушки 474.7
—, крестовая — на конических гильзах. . . . 516.1
—, крестовая — на коротких гладких гильзах . 515.14
—, крестовая открытая 519.8
—, крестовая ромбическая . . . 519.10
—, метрическая . 563.10
—, мягкая 169.3
—, овальная . . . 140.19
—, параллельная 526.6
—, параллельная — на деревянных цѣвках 516.3
—, параллельная — на жестяных трубках . . . 516.4
—, параллельная — на сквозных бумажных гильзах 516.2
—, пробная. . . 610.10
—, слабая . . . 169.3
—, цилиндрическая (катушки). . . 140.18
мотки, лѣвой . . 164.5
—, обыкновенной . 164.5
—, обратной . . . 164.6
—, правой 164.6
мотки шелка. . . 433.14
мотовило . 12.16, 423.2, 473.9
— Гранта 432.2
— для канатов . . 498.3
— для крестового размота. . . . 565.13
— для льняной пряжи с подвижным нитеводом 612.6
— для метрической мотки 563.10
— для мотки фитильной пряжи 567.14
— с приспособленіем для ослабленія мотков . 432.10
— с роличной воробой и с подвижным нитеводом 612.7
— со счетчиком. . 611.14
— для толстых номеров 568.3
—, австрійское . . 563.11
—, автоматическое — для коконов . 423.3
—, англійское . . 563.16
—, двойное . . . 565.2
—, двухстороннее — с самодѣйствующим остановом при обрывѣ нити 565.3
—, длинное — для гребнечесальной пряжи . . 563.9
—, ирландское . . 563.14
—, контрольное — для шелка . . 568.4
—, короткое — для гребнечесальной пряжи . . 563.5
—, механическое . 565.6
—, механическое — для льняной пряжи . . . 568.2
—, многомоточное. 564.11
—, x-моточное . . 564.12
—, обыкновенное . 564.14
—, одномоточное . 564.10
—, отдѣльное . . 431.15
—, перегонное . . 424.13
—, пробное . . . 610.16
—, пробное —с вѣсами и рамой для початков . 611.17
—, пробное — с рамой для початков и с неподвижным нитеводом 612.2
—, пробное — с рамой для початков и с подвижным нитеводом 612.1
—, пробное точное — с автоматическим нитеводом и с вертикально стоящими початками . . 612.3
—, пробное точное — с автоматическим перемѣщеніем нитевода и початка 612.4
—, ручное 565.4
—, силезское . . . 563.12

мотовило, соединительное 565.15
—, среднее — для гребнечесальной пряжи . . 563.8
—, титровальное . 602.14
—, французское . . 563.13
—, шестикрыльчатое 565.5
—, шотландское . 563.15
мотовильная шелкокрутильная машина . . . 431.16
мотовильце . . . 566.1
мотовильщик. . . 4.19
— бумажной пряжи 562.12
— льняной пряжи 562.16
— пряжи. 4.20
мотовильщица бумажной пряжи 562.13
— льняной пряжи 562.17
— пряжи. 4.21
моток 12.17, 133.8, 562.19
— на звѣздообразной картѣ . . 520.15
— пряжи. 522.12
— трощенаго шелка 586.6
— в x метров . . 603.18
— в x пасем . . . 598.22
— в x ярдов . . . 604.1
— шелка 426.2
—, карточный . . 520.14
—, перевязанный . 12.21
—, пробный . . . 562.21
—, цѣлый 609.5
—, четверной . . . 564.13
мотор 504.4
моточн-ая дорожка 190.11
—ая лѣстница . . 566.5
—ая передняя головка 206.8
—ая шина 167.3, 352.5
—ая щечка . . . 352.6
—ый каток 165.10
—ый крюк 577.2
—ый механизм . . 190.10
—ый механизм для начинка . . . 188.6
—ыя щеки 167.6
моточник 5.1
моточница 5.2
мотыль с. т. диск или шайба . .
мотыль 551.7
— желобчатый . 536.13
мох, ирландскій . 316.14
моча 266.2
—, гнилая 276.15
мочало, липовое . 492.17
мочевая ванна . . 276.16
мочекислый амміак 276.19
моченец 209.8
мочильный чан. . 280.2
— чан из аспидных плит 304.8
мочка волоса . . 514.2
муга, шелк . . . 410.11
мужской кокон . 414.6
мукоидин 411.7
мулинэ 584.12
мунго 583.3
— без примѣси . . льна 407.1
— без примѣси хлопка 406.17
—, бѣлое 407.4
—, крашеное . . . 407.3
—, новое 406.16
—, полушерстяное 407.2
—, синее 407.5
—, старое 406.15
мунго, шерсть . . 406.12
мундштук . 39.9, 478.1
— пылесоса . . . 370.16
—, засоренный . . 466.10
—, прядильный . 466.7
—, широкій . . . 380.6
мундштуки брызгалок. 477.14
муслинов-ая шерстяная пряжа . 584.15
—ый лоскут . . . 407.13
муфта для вращенія передних цилиндров . . 176.8
—, замочная . . . 187.13
—, зубчатая 182.12, 345.17, 531.4
—, зубчатая — счетчика ровницы. 346.4
—, кулачная . . . 29.12
—, прижимная . . 158.4
—, прилитая сцѣпная 348.12
—, распредѣлительная 163.12
—, соединительная 157.10
—, соединительная — вала роликов 345.16
—, сцѣпная . . . 163.4
—, сцѣпная — задняго вала улитки 183.6
—, тормазная . . 179.9
—, фрикціонная . 157.14
—, фрикціонная — для входа каретки. 161.6
—, шипообразная . 345.17
мухояровая нить . 560.12
— петлистая нить 562.1
мыканье пеньки . 232.6
мыло 484.6
— животнаго происхожденія . . . 434.1
— из масла полевого орѣха . . 433.19
— из растительнаго жира 433.18
— содержит свободный жир . 277.15
— содержит свободную нерасщепленную щелочь 277.14
—, амміачное . . . 276.20
—, бѣлое 316.2
—, известковое . . 270.16
—, калійное мягкое 277.16
—, кокосовое . . . 433.20
—, кунжутное . . 433.21
—, магнезіальное . 270.15
—, марсельское . . 277.18, 434.2
—, натровое . . . 277.17
—, нейтральное . 277.13
—, нефальсифицированное . . . 277.12
—, олеиновое . . . 434.3
—, оливковое . . 277.18
—, пальмовое . . . 428.9
—, поташное . . . 277.16
—, растворимое . 272.7
—, сальное 310.5
—, черное 316.3
—, чистое 277.12
—, ядровое . . . 277.19
мыльн-ая ванна . 277.5, 385.9
—ая ванна, двукратная . . . 437.2
—ая ванна, отработавшая, содержащая луб 435.1
мыльн-ая ванна, свѣжая 433.9
—ая вода 441.5
—ая вода для дегумированія . 436.16
—ая кора 278.2
—ый камень . . . 276.10
—ый корень 277.22, 316.16
—ый котел 277.2
—ый порошок . . 277.21
—ый раствор, горячій 433.12
—ый раствор, слабый 194.11
—ый щелок . 277.9, 439.6
мытый 438.22
мыть аппаратную шерсть 268.12
— лоскут 401.3
— намотанный на катушку шелк 470.13
— прочесный шелк 438.15
— шерсть химическим способом . 297.8
мытье аппаратной шерсти 268.3
— лоскута 401.2
— мылом. 277.2
— прочеснаго шелка 438.14
— шерсти 268.9
— шерсти машинным способом. 278.3
— шерсти химическим способом 297.7
—, бережное . . . 269.3
—, вручную . . . 268.16
—, дополнительное 269.1
—, машинное. . . 268.19
—, недостаточное . 269.10
—, окончательное 269.2
—, подготовительное 268.22
—, способ сѣроуглеродный —я . 366.8
—, способ —я с четыреххлористым углеродом 366.7
—, хорошее . . . 269.9
мытьевая вода . . 269.18
— вода, содержащая поташ . . 270.19
мѣдь, листовая. . 282.2
мѣдный 113.5
— купорос 458.23
мѣднокисло-амміачный шелк 588.6
мѣдно-проволочный канат . . 595.18
мѣл, отмученный 298.18
мѣнять расположеніе пряжи . . 576.3
мѣра, англійская . 600.12
—, клейменая . . 500.17
—, метрическая . 600.6
—, штандартная . 598.11
мѣры длины . . . 600.5
—, вѣсовыя . . . 600.21
мѣсить пряжную пасту 460.15
мѣста, необлупленныя 434.7
—, неровныя . . . 338.11
—, порочныя — в нити 428.19
—, темныя 338.10
мѣсто вступленія ровницы в намотку 124.18
— выбрасыванія . 24.10
— зажатія 103.2
— захвата 42.17
— защемленія питательными валиками 311.16
мѣсто навиванія . 155.8
— нажима 46.2
— переплетенія . 511.13
— прикрѣпленія тяжника с приспособленіем для тяжки . . 181.7
— для прикрѣпленія цѣпи . . . 350.11
— присучки . . . 165.7
— провала 24.10
— разрыва пряжи 10.5
— склейки 119.7
— склейки рукава 333.3
— скрещенія путей 511.1
— скрещиванія . . 422.3
— сращиванія . . 359.19, 493.21
— ссучки 493.21
— стыка холстов . 325.11
— узла 424.1
— утолщенія нити 159.1
—, исходное — крученія нити . . 165.8
—, перекрученое . 454.9
—, пустое 294.10
—, рабочее 405.6
—, толстое 454.10
мѣх, ручной . . . 75.16
мѣшалка . .277.4, 299.10
мѣшальный чан . 476.10
мѣшать угары путем накладыванія одного сорта на другой слоями 197.5
— угары с настоящим хлопком 195.2
мѣшень 582.8
—, свѣтлая . . . 582.10
—, темная 582.9
мѣшка. 19.4
— пакли 220.21
— разноцвѣтных слоев шерсти . 311.6
— хлопка 17.15
— шерсти 310.18
—, ручная 19.14
—, цвѣтная. . . . 310.22
—, цвѣтная — без шишек 311.1
мѣшки 326.22
мѣшок. 264.7
мѣшочная дратва 593.9
мюль с. т. сельфактор . . . .
мюль-Дженни . . 343.7
мюль 138.13
—, крутильный — с кареткой для питательнаго аппарата . . . 557.3
—, крутильный — с кареткой мотальнаго аппарата 557.14
—, ручной 159.6
—, тонкопрядильный 188.16
—, уточный . . . 188.15
мюльн-ая машина 11.16, 138.13
—ая основа . . . 138.21
—ая пряжа. . . . 138.18
—ая хлопчатобумажная пряжа 580.3
—ое пряденіе . . 138.15
—ый початок . . . 543.13
мюльщик 176.1
мяздровая сторона кожи 332.5
— старона опойка 118.15
мягк-ая нить . . 606.2
—ое калійное мыло 277.16

мягко выпрядать 138.17
– прясть 496.18
–, сдѣлать –им 237.7
мягкость пряжи 138.20
–, значительная 193.10
мягчильн-ая жидкость 239.10
–ая машина 241.4
–ое масло 238.7
–ое отдѣленіе 239.4
–ое средство 237.6
–ый аппарат Браунштейгской джутовой прядильни 242.5
–ый закром 239.7
–ый ящик 239.6
–ое приспособленіе Патерсона 241.5
–ое устройство системы Малькольма 242.1
–ые составы 238.1
мяльный барабан с кольцеобразными выступами 490.19

Н

набивн-ая пряжа 581.1
–ая пятнистая пряжа 580.24
набивочн-ая гребенка 375.14
–ый матеріал 514.15
набираніе на себя валика 107.16
набирать скобочки одну за другою ребристыми (ступенчатыми) колоннами 69.5
набитая гребенка 375.15
набор гребней 214.8
– зубьев карды 335.10
– скобочек 68.3
– смѣнных шестерен для вытяжки и для номера 114.2
– чесальных машин 318.20
–, двухкардный 319.1
–, двухрядный – гребенных планок 451.6
–, одинарный 371.18
–, парный 372.1
–, полный – гребней 371.17
–, трехкардный 319.2
наборка игл 86.14
–, равномѣрная игл 87.2
набранн-ая иглами планка 88.1
–ый гребенками сегмент 383.1
–ыя иглы 244.2
набѣганіе волокон 103.6
–, горизонтальное – шнуров на блочки 550.9
–, косое – шнуров на блочки 550.8
–, легкое – фасонной нити 560.5
наварок, кольцевой 533.6
навиваемая шпуля 430.11
навивальн-ый барабанчик 522.8
навивальн-ое веретено 517.1.2
навиваніе ватки 324.18
– лент 386.15
– лент на шпули 386.16
–, аппарат для –я полстины 328.7
навивать на себя (валик) 107.15
– кардную ватку на барабан для образованія ваточнаго холста 198.7
– круто 351.15
– ленты с подготовительных чесальных на валик навоя 249.2
– холст 451.10
навивающее самодѣйствующее приспособленіе 327.17
навивка, простая 12.5
навинчиваніе рогулек 141.7
навинчивать рогульки 141.6
наводчик канатов 192.5
наводящая плита 87.10
навой с. т. навойка
навой из бумажных лент 485.2.10
– с намотанным сердечником 509.11
– для нарѣзанных лент 483.7
–, бумажный 481.3, 482.2
навойка с. т. навиваніе
навойка, пустотѣлая 46.7
навойн-ая машина, саморегулирующая 249.3
–ое приспособленіе 37.2
–ый аппарат 32.11
–ый ролик, рифленый 34.3
навѣшенная дверь 195.13
навѣшивать прочесный шелк на сушильныя рейки 440.6
– связанные узлом концы стренг на прицѣпныя веретена 504.16
навстрѣчу (двигаться – барабану) 57.7
навык рук 10.14
нагнетаніе горячаго воздуха 282.8
нагнетательный вентилятор 295.6
– насос 288.6
нагнетать горячій воздух в моечную воду 282.7
нагружать вытяжные валики 143.5
нагружено (шпульное веретено) 527.12
нагруженн-ый, односторонне 308.5
–ыя салазки 500.12
нагрузка вытяжных валиков 143.6
– вытяжных валиков нажимным сѣдлом 252.13
– гирею 337.10
нагрузка нажимным рычагом 385.10
– подниточника гирями и воздушным давленіем 352.1
– роликов 105.12
– салазок 500.10
–, непосредственная 105.13
–, постоянно-равномѣрная 267.8
–, разрывающая 606.14
–, разрывная – каната 513.9
–, рычажная 43.4, 106.11
–, способ – и посредством цѣпной передачи 106.16
–, сѣдлообразная 106.12
нагрузочн-ая гиря 106.15, 482.13, 523.2
–ое сѣдло 106.13
–ый рычаг 149.4
–ый колѣнчатый рычаг с плечами 173.10
–ый рычаг для задняго пріемнаго валика 90.7
–ый рычаг для передняго отдѣлительнаго валика 88.15
нагрѣв веретена 148.16
нагрѣваемое кольцо (паром) 380.1
нагрѣваніе втулки веретена на ходу 555.1
– посредством змѣевиков 437.18
– коробки гребенки 60.9
–, прямое 306.2
–, сухое 570.6
нагрѣвательн-ая плита 388.10
–ая труба 308.4, 616.12
–ый канал 227.7
нагрѣваться (веретена) 148.17
– (коробка гребенки) 60.8
– (неумягченный джут) 237.15
нагрѣтые паром сушильные цилиндры 385.14
надвинуть початок на конец веретена 175.12
надвязанные концы 428.17
надзиратель чесальнаго отдѣленія 4.6
надирочная рабочая поверхность кардных валиков 323.14
надлом 475.11
надниточник 160.4, 351.17
–, поднятый 169.6
надорвана, вытяжная лента 108.2
–, лента 101.21
надорванная лента 101.22
надрыв 412.1
надрываться (кромка) 108.4
надрѣз 546.2
надѣваніе кожаной обтяжки 119.8
– порожних катушек 141.10
–, прибор для –я гильз 361.2
–, приспособленіе для –я гильз 175.20
надѣвать катушки 97.7
– шнурки 158.13
надѣть с. т. насадить
надѣть катушку на веретено 128.5, 255.9
– кожаную обтяжку 119.9
наждак 70.20
наждачн-ая бумага 63.11
–ая лента 71.17
–ая планка 70.13
–ое полотно 70.14, 339.2
–ое полотно для ручной точки 70.15
–ый валик 109.11, 202.13
нажим 94.9
– грузом подвѣшенным на пружинной подвѣскѣ 106.1
нажим, пружинный 235.14
нажимн-ая дощечка 446.15
–ая лапка 452.5
–ая пружина 106.2, 483.3, 534.9
–ое сѣдло 252.13
–ой вал 20.12, 249.8
–ой валик 109.13, 115.7, 142.9, 197.9, 378.9, 384.14, 453.12
–ой валик из буковаго дерева 393.10
–ой валик из твердаго дерева 225.5
–ой валик с надрѣзом (зарубкой) 546.2
–ой валик, груженый 502.12
–ой валик, приводимый во вращеніе 267.6
–ой валик, пріемный 142.11
–ой валик, упругій 115.9
–ой груз 106.15, 249.6
–ой желоб с направляющими дорожками 334.11
–ой каток 611.8
–ой приклон 393.9
–ой рычаг 393.9
–ой рычаг, верхній 385.12
–ой стол 445.5
–ой цилиндр с. т. верхній цилиндр
–ой цилиндр, покрытый кожею 85.11
–ые валики с наложенными на них сѣдлами 143.10
назад отогнуть иглы 339.18
названіе шерсти 266.12
наибольшее натяженіе нити 454.17
наискось прокалывать 512.8
накатный валик 50.8
– валик для бумажнаго полотна, покрытаго ваткою 481.6

накатывать сукно. 118.7
накатывающій валик 388.12
накачиваніе горячаго воздуха . 282.8
накладка одних щипцов . . . 448.6
накладная . 134.2, 176.14, 186.8
накладныя гири . 168.10
накладка, равномѣрная 319.16
накладчик 219.10
– шерсти 319.12
–, автоматическій 200.4, 320.1
накладчица . . . 219.11
– шерсти 319.13
накладываніе . . 8.9
– ватки 325.1
– ватки слоями . 326.4
– волокнистой ватки на бумажное полотно до разрѣзки 480.2
– вручную . . . 27.17
– длинной пеньки 231.17
– прочесаннаго джута 246.9
– трепальнаго холста на холстовой валик . 50.11
–, двустороннее . 480.4
–, діагональное . 326.10
–, крестовое . . . 326.9
–, машина для –я 481.2
–, одностороннее . 480.3
–, продольное . . 326.8
накладывательная машина . . . 232.1
накладывать . . . 8.10
– длинную пеньку 231.18
– ленту на питательную гребенку 448.14
– куфты на колодку пресса. . . 577.17
– нити на ватку, снятую с вальяна конденсорной чесальной 590.18
– прочесанный джут 246.10
– рулон холста . 41.8
– сѣдла на шейки нажимных валиков 143.9
– шишки на питательный стол конденсорной чесальной. . . 590.17
накладываться (джут) 246.11
– (пенька) . . . 231.19
наклеиваніе сукна 117.5
наклеивать . . . 64.17
– наждак на точильные валики . 71.8
– слой тканей друг на друга . . . 65.5
– сукно на валик. 117.6
наклейщица пергамента . . . 3.16
наклон 54.4
– веретена . . . 160.3
наклонн-ая доска-плита 98.2
–ая рѣшетка . . 278.13
–ый вытяжной аппарат 142.4
–ый край 317.16
–ый ход приводнаго каната. . 349.10
–ыя иглы карды . 243.14
наклонно установленный сушильный барабан . 366.11
наконечник, металлическій . . . 146.2
накрест, ленточная машина с – расположенными головками . . 103.15
– (передача) . . . 326.9
налаживать щипцы 85.2
наливаніе 148.8
наличная длина . 604.9
наличность ровницы 224.11
намазать мастику 117.7.8
наматываемая катушка 536.2
– шпуля. 430.11
наматываніе с. т. намотка или мотка
наматываніе 12.14, 124.16
– валика 107.16
– ведущей рогулькой 125.1
– ведущей катушкой 124.21
– на голое веретено 515.9
– друг на друга смежных лент ватки. 331.9
– нити на голое веретено . . 166.17
наматывать . . . 562.6
– бородки на деревянныя скалки 444.11
– на себя (валик) 107.15
– на себя (волан) 323.4
– катушку . . . 140.14
– на катушку . . 515.11
– крестообразно . 515.10
– в одном и том же направленіи (нить) 154.3
– нить 137.16
– нить слѣва направо 154.2
– нити на голое веретено . . . 155.17
– нити слоями . 515.6
– растянутую нить 467.1
– ровницу на катушку 124.17
– ровницу без натяженія . . . 256.5
– стеклянную нить 491.12
– строщеныя нити на бумажные патроны . . . 536.8
– шелковинки раздѣльно на мотовило . . . 421.15
– шелковую нить на катушки . 461.8
– шелк-сырец . . 429.2
намертво посажен 160.18
намотавшіяся нити 196.12
намотанн-ая катушка 140.17
–ый сердечник . . 509.11
–ый слой 520.1
намотать 610.11
– шелк на катушку 470.12
намотка с. т. наматываніе *или* мотка
намотка . . 124.6, 166.16
– в восходящем направленіи . 551.16
намотка запаса пряжи 156.12
– катушки . . . 140.13
– на катушки и чистка шелка-сырца 429.1
– нити 137.17
– нити на голое веретено . . . 155.16
– пряжи. 350.4
– холста. 373.16
–, аппарат для –и слоями различной высоты . . 156.1
–, дополнительная 145.13
–, крестовая . . . 204.10
–, крѣпкая – носка початка . . 175.5
–, приспособленіе для –и цѣпи журавля . . . 173.8
намотчик 160.4
– пряжи на картон 5.11
намотчица пряжи на картон . . 5.12
намыленный шелк 428.8
намыливать нить шелка-сырца . 428.7
нанести клей . . 117.7
наносить наждак на валик . . . 70.18
– промасливающее вещество . 316.21
–ся на плиту (мастика) 117.16
напитываться маслом (шерсть) . 314.1
наполненная аміачным газом среда 460.8
напор 477.15
напорн-ая струя воды 477.15
–ый водопровод . 478.2
направитель с. т. водилка
направитель ленты 76.18, 104.12
– из мѣдной проволоки 461.11
– ровницы . 129.6, 143.12
– ровницы с перемѣнным ходом 144.1
направленіе веретена 130.1
– витка 153.12
– вращенія барабана при входѣ каретки . . . 181.8
– вращенія веретена 541.11
– вращенія пряжи 541.12
– вращенія шестерни сцѣпляющейся с зубчатой рейкой 191.1
– для гребенчатой планки 379.11
– движенія . . . 57.3
– движенія волокон 325.15
– движенія каретки при отходѣ 173.9
– движенія шляпок 57.3
– для звеньев цѣпи 254.3
– игольных острій 323.12
– крученія . 8.22, 153.11
– моечной воды по способу противотока 280.8
направленіе образованія полстины 325.16
– острій кардных скобок 67.5
– передвиженія подвижной зубчатой рейки . 191.2
– питанія 325.12
– ровницы . . . 129.5
– склиза 167.4
– холста. 89.11
–, восходящее . . 551.16
–, косое 538.10
–, лѣвое (винтовой линіи) 517.12
–, нисходящее . . 552.1
–, обратное (крутки) . . . 431.7
–, одно 540.4
–, правое – винтовой линіи. . . 517.11
–, принудительное – надниточника 171.9
–, приспособленіе для –я ремня . 43.11
–, продольное . . 100.16
–, противоположное 540.6
–, разное 540.5
направлены в противоположныя стороны (верхнія колѣнца) . 67.6
– в одну (противоположную)сторону (острія) 67.6.7
направлять . . . 340.8
– ваточный холст по мостовидной рѣшеткѣ . . . 201.2
– нить рукою . . 521.13
– пряди при их скручиваніи в шнур 498.13
– в одну сторону . 67.7
– в противоположныя стороны . 67.6
– в сторону, обратную вращенію (пресс-лапку) . 130.13
– шаблон посредством шнура . 499.9
направляющая . . 160.5
– для бумажной ленты 486.5
– для волокнистой ленты 486.6
– для верхних цилиндров 163.14
– подниточника . 160.7
– для подъемных штанг 151.12
–, двойная – для соединенных лент 105.2
–, изогнутая . . 153.6
–, криволинейная 510.13
–, подвижная . . 190.11
–ая вилка 179.7
–ая гребенка 111.1, 331.3, 461.10, 466.6
–ая канавка, (восходящая) нисходящая . . .531.10.1
–ая колодка . . . 505.4
–ая опора 361.3
–ая планка 104.13, 558.11, 559.5
–ая рама 46.8
–ая рейка 128.1
–ая рейка для кольцевой планки 391.9

направляющая стойка 99.10
–ая шина 281.11
–ій барабан 245.9, 448.10
–ій блок для канатов 206.3
–ій блок надниточника 180.11
–ій вал Гюбнера 99.1
–ій валик 331.2, 485.4, 489.3
–ій винт 156.4
–ій глазок 423.1
–ій диск 150.18
–ій желоб 377.3
–ій жестяной желоб 373.3
–ій жестяной лоток 84.3, 247.14, 250.13
–ій журавль 559.6
–ій каток 506.7
–ій колпак 392.7
–ій конус 528.2
–ій паз 352.7, 482.9
–ій палец 560.14
–ій устанавливаемый по высотѣ 537.14
–ій прут 560.15
–ій пруток 487.18
–ій ролик 144.14, 510.12
–ій рычаг 133.6
–ій стакан 534.5
–ій шпиндель 190.15
–іе блоки 504.2
–іе валики 482.5
–іе ролики с. т. ведущіе ролики
–іе ролики 525.9
–ія грани 392.2
направляющія между захватками 86.3
направо наматывать нить 154.2
напрягаться (пружина) 528.14
напряженіе, неравномѣрное – наматываемой нити 517.14
напуск волокон 103.6
наружн-ая шестерня, ведущая веретено 134.12
–ая шестерня, ведущая катушку 135.3
–ое зацѣпленіе маточной шестерни 256.10
–ый покров нити 9.23
–ый пух кокона 417.4
–ый слой стренги 594.7
нарѣзаніе, приспособленіе для –я кожаных полос 118.18
нарѣзанная лента 483.7
нарѣзать кожаныя полосы по длинѣ валика 118.19
– на цилиндрѣ рифли 120.19
нарѣзка, винтовая 72.11, 346.6
–, крестовая 373.17
–, противоположная 256.1
–, прямоугольная плоская 252.5
насадить рогульку на веретено 255.7
– рогульки 141.6
насадка игл 86.14
– катушек 128.4
насадка рогулек 141.7
–, воронкообразная 36.10
насаженн-ое ребро 355.3
–ый свободно 342.10
насаживаемая катушка 538.7
наслаивать полстину поперек направленія передачи 325.17
наслоеніе 41.14
– ватки 326.3
– наждака рядами 71.15
– полосок ватки 328.7
–, многократное холстов 41.12
–, рифленое (наждака) 71.15
–, ровное (наждака) 71.14
насос 284.7
– для выкачиванія масла из веретенных втулок 391.7
– для масла 361.14
–, вискозный 469.18
–, крыльчатый 365.14
–, нагнетательный 288.6
наставка 564.15
настил с. т. пол
– закрома 22.12
настилальная машина 8.11
настилочно-холстовая кардочесальная 324.11
настилальщик 219.10
настилальщица 219.11
настой дубовой коры 419.16
настольный валик 319.13
настоящій хлопок 195.1
– конец шелковинки 420.12
– шелк 410.5
наступленіе вялости волос 514.13
насыщать шелковые угары раствором соды 437.10
насыщаться маслом (шерсть) 314.1
насыщенн-ая вода (потом) 272.16
–ая соком куколок вода для размота 419.9
–ая пряжа (влагою) 615.7
–ая среда (углекислотой) 459.14
–ый влагою воздух 572.12
–ый водяными парами воздух 293.14
–ый дегтем канат 508.19
–ый раствор соли 469.5
–ый угар 440.12
насѣчка 449.3
натереть кожаный рукав ворванью 333.5
натирать нажимной валик вытяжного аппарата отмученным мѣлом 253.2
– поверхность барабана графитом 63.14
натр, азотистокислый 463.20
–, азотокислый 460.5
–, борнокислый 433.17
–, кислый сѣрнистокислый 459.17
натр, молочнокислый 457.16
–, сѣрнокислый 483.14
–, углекислый 309.10
–, уксуснокислый 459.2
–, ѣдкій 276.10, 472.8
натрій, борнокислый 316.9
–, вольфрамовокислый 464.3
–, двухромокислый 300.12
–, касторовокислый 464.9
–, кислый сѣрнистокислый 465.2
–, сѣрнокислый 303.6
–, углекислый 276.1
натроалюминіевая соль 469.10
натров-ая ванна 459.10
–ая целлулоза 475.5
–ая целлулоза сосноваго дерева 479.8
–ое жидкое стекло 369.9
–ое мыло 277.17
–ый глинозем 469.10
–ый щелок 276.11
натуральный с. т. естественный
натуральный шелк 472.6
натягиваніе кожаной обтяжки 119.8
– прядей 498.12
– ремешков 204.3
– ручным способом 606.21
натягивать ленту гарнитуры 337.7
– цѣпь 351.2
– цѣпи гирями 244.5
натягиваться поднятым нитеводом (пружина) 528.14
натягивающій нить каток 526.12
натяженіе ватки 327.2
– мотки 155.9
– нити 140.6, 554.7
– нити подниточником 557.12
– нити при намоткѣ 168.8.9
– ровницы 125.2
–, вызываемое баллоном 152.15
–, любое устанавливаемое 526.9
–, наибольшее 454.17
–, полное – нити 552.2
–, предварительное 536.7
–, прибор для –я цѣпи 40.5
–, приспособленіе для –я вплетаемой нити 511.11
–, равномѣрное – шнурочной оснастки 391.9
–, тангенціальное – нити 155.11
натяжка скатывающих рукавов 332.12
– цѣпи 351.1
–, приспособленіе для – и цѣпи квадранта 351.4
натяжн-ая вертлюга 499.4
–ая грудница 522.14
–ая планка 340.14
–ая салазка 41.5
–ая штанга 208.6
натяжн-ое плечо 332.18
–ой аппарат, цѣпной 501.12
–ой блок 157.11, 353.7
–ой болт верхней (нижней) полки 344.10.12
–ой валик 98.6
–ой винт 340.16
–ой подшипник для элеваторной ленты 40.1
–ой ползун 41.5
–ой пруток 208.6
–ой ремень 149.5
–ой ролик 41.6, 144.15
–ой ролик с храповиком 177.11
–ой рычаг 46.4, 94.12
–ой рычажек 179.4.5
–ой стояк 499.1
–ой шпиндель 349.12
натянут-ая дуга 79.12
–ая пружина 106.4
–ое состояніе 164.9
–ый гирей канат 181.6
натянутость с. т. натяженіе 155.9
натянутость цѣпи 351.3
натянуть ватку 327.3
– кожаную обтяжку 119.9
– питательную рѣшетку 41.2
– цѣпь 152.6
Наут, вычерпыватель системы Мак. – а 283.4
–, шерстосушилка системы Мак – 295.3
нафтол 316.7
нахаживать веретена 359.22
находиться в сцѣпленном состояніи 343.12
– в щипцах (бородка холста) 99.7
начало с. т. зачаток
начало крученія нити 165.8
– образованія слоя 165.7
– початка 154.18
начальн-ая влажность, малая 573.5
–ое положеніе кольцевой планки 156.13
–ое положеніе шаблонов 175.15
–ый вѣс 615.15
начатіе пряденія 155.4
начес, щеточный 96.8
наческа всухую 507.3
–, ручная 49.10
начесочная пряжа 193.12
начинать прясть 155.3
начинаться с послѣдняго (перваго) намотаннаго слоя нити 520.1.2
начинка, пробковая 595.5
начинок 154.18, 167.7, 175.16, 533.10
– початка 527.17
начиночн-ая гильза 356.9
–ый башмак 167.10
–ый патрон 175.19
начисто прочесанная пенька 496.6

начисто прочесанныя и разсортированныя пряди волокон 231.10
— (прочесываніе) 376.7
— прочесывать пеньку 496.5
нашатырь 316.6
нашивка кардных пластин 337.5
наэлектризованное волокно 102.7
неваляный матеріал 395.14
— товар 402.7
негашеная известь в порошкѣ 298.17
негодный для размотки кокон 436.6
недающее пятен мягчильное масло 238.8
недокрутка 146.4
недоразвитый кокон 415.9
недостатки 415.8
недостаточн-ая загрузка 102.2
—ое мытье 269.10
—ое содержаніе кислоты 303.15
недостаточно прочесанный 376.8
— равномѣрная пряжа 605.20
недостающій вѣс 17.1
независимый привод 473.11
независимо, работать — друг от друга 198.12
незасушенный вид (кокона) 413.12
незначительная способность к пряденію шерсти мунго 406.13
Нейрет-Бреньер, циркулярная гребнечесальная машина — а 449.14
нейтрализація шерсти 309.4
нейтрализировать аммоній кислой сѣрнисто-кислой солью 465.3
— сѣрную кислоту 463.4
нейтральн-ое мыло 277.13
—ое жидкое стекло 277.1
—ое фуксіево стекло 277.1
—ый жир 315.16
—ый процесс 305.11
—ый раствор 305.13
—ый раствор щелочной соли 469.6
некипяченый шелк 426.22
неклассифицированный лен 216.16
некруглое сѣченіе 337.1
немытая пряжа 605.8
необтянутая кардою шляпка 53.12
— кардою чесальная 221.13
необлупленный шелк 434.4
—ыя мѣста 434.7
неорганическая соль 463.19
неосаждающіяся вещества 270.24
неотожженная проволока 595.21
неочищенный шелк 434.4
неповрежденное 264.19
неподвижный 596.20
неподвижно, надниточник и подниточник стоят — 165.1
непокрытая шляпка 53.12
неполное раздѣленіе 211.20
непосредственн-ая нагрузка 105.13
—ая передача 326.2
—ое прикрѣпленіе заклепками гарнитуры 61.15
непосредственно веретеном сообщается вращеніе 516.11
— обмыливать 276.8
неправильн-ая установка погона 174.3
—ый размот 425.5
неправильность мотки 171.7
непрерывн-ая циркуляція моечной воды 280.7
—ое вращеніе 182.7
—ый процесс пряденія 138.1
непрерывно выпряденый кокон 416.8
— доставлять (продукт прочеса) 83.12
— дѣйствующій динамометр 609.6
— дѣйствующій измѣритель удлиненія 609.8
непрерывнопрядильная машина 341.7
непрессованная кипа 16.4
непроницаемый щит ситчатаго барабана 45.1
непрочесанн-ое волокнистое вещество 82.1
—ый матеріал 82.1
—ый угарный шелк 446.8
непрощипанный лоскут 405.2
нерабочее время 70.7
неравномѣрный 47.14
неравномѣрно выпряденый кокон 416.7
неравноплечій рычаг 535.13
неразматывающійся кокон 415.10
неразрѣзанный лен 210.23
нерастворенная соль 305.20
нерастворим-ая желатиновая нить 471.9
—ое сѣрнистое желѣзо 469.16
—ым в водѣ сдѣлать желатин 471.6
—ыя вещества 270.24
—ыя загрязненія 268.6
неровн-ый ход валика 107.10
неровн-ыя мѣста кардной обтяжки 338.11
несвязанный жир 274.2
несматывающійся слой, внѣшній 435.15
Несмит, гребнечесальная — а 87.7
несмоленые канаты 508.21
несодержащ-ая желѣзо вода 438.19
—ій паучков холст 49.4
несортированный лен 216.16
нетто, вѣс — катушки 141.15
неудаленная кострика 217.6
неумягченный джут 237.14
нефальсифицированное масло 315.22
— мыло 277.12
нефть 297.19
нечистое прядильное вещество 195.6
нивелирная рейка 363.6
— трубка для брусьев вытяжных пар 363.3
ниже початка (подмотка) 156.7
нижн-яя губа щипцов 84.11
—яя конусная шестерня 134.7
—яя крутильная смѣнная шестерня 555.11
—яя полка для пяточек веретен 344.8
—яя пята вала 97.11
—яя стойка для подшипников 550.12
—яя горизонтальная рѣшетка 21.8
—яя рѣшетка 29.2, 201.1
—яя тарелка 76.5
—яя ходовая шестерня 555.13
—яя часть щипцов 92.11
—яя шляпка 80.4
—яя щека клещей 377.10
—яя щека щипцов 89.13
—ій барабан, ведущій безконечную гребенчатую рѣшетку 214.11
—ій большой барабан 406.5
—ій вал на неподвижных подшипниках 20.10
—ій валик с латунной гильзой 542.9
—ій конус для ременной передачи 136.8
—ій навойный валик 90.11
—ій питательный валик, вращающійся в подвижных подшипниках 311.14
—ій пріемный валик 93.1
—ій привод 289.12
—ій ситчатый барабан 33.11
—іе червяки 251.15
низкосортная прядь джута 236.17
низкосортная шерсть 266.3
низк-ая температура 572.6
—ій номер с. т. грубый номер
—ій номер 598.5
низко расположить центр тяжести 291.2
никкель, сѣрнокислый 472.9
ниппель 506.6
нисходящ-ая направляющая канавка 531.11
—ая спираль 351.12
—ее движеніе 561.7
—ее направленіе 552.1
нисшій сорт 13.6
нитевод 257.10, 422.2, 423.9, 523.3, 525.10, 528.9, 530.9, 531.6, 534.13, 538.8, 611.3
— для вплетаемой нити 511.10
— с перемѣнным ходом 551.15
— для предварительнаго натяженія 536.7
— с тремя прорѣзами 559.10
— ровницы 143.12
—, вращающійся 531.1
—, поперемѣнно вверх и вниз движущійся 143.14
—, двигающійся взад и вперед 536.12
—, возвратно двигающійся 474.8
—, деревянный 394.14
—, качающійся 208.7, 526.13
—, качающійся — для фасонной нити 560.8
—, контрольный 521.8
—, поднятый 528.14
—, рогульчатый 533.8
—, траверсирующій 522.3
нитеводитель, двойной 129.10
нитеводн-ая вилка 129.8
—ая планка 558.2
—ая планка для ровницы 257.5
—ая планка желѣзная 522.5
—ая рейка, возвратно передвигающаяся 473.7
—ая рейка, перемѣщающаяся 565.9
—ая щель 427.10
—ое приспособленіе 535.12
—ое ушко 525.3
—ый брус 558.2
—ый глазок 391.1
—ый гребень 489.9
—ый пруток 473.6, 544.7
—ый пруток, двигающійся 529.10
—ый крючек 548.7
нитедѣлитель, ремешковый 330.7
ните-направитель 503.5
— с перемѣнным разгоном 551.15
нитеобразованіе 456.6, 468.10
нитеотдѣлитель 196.5
нитеочиститель 536.6

ните-распредѣлитель 503.5
нитераздѣлительныя перегородки 153.5
нитеудалительная машина 196.5
нитка 404.2
—, голландская 593.3
нити, кромочныя 334.7
—, намотавшіяся 196.12
—, сдвоенныя 515.5
—, слившіеся 334.8
ниточн-ая машина для искусственнаго шелка 474.3
—ая шпуля 474.4
—ый пресс 577.13
нитрованная пряжа 581.4
нитрошелк 456.5
— силкин 588.7
— из ацетоноваго раствора коллодія 460.8
— из раствора коллодія в крѣпкой уксусной кислотѣ 459.5
нитроцеллулоза 458.2
нить с. т. пряжа
нить 9.18, 535.5, 599.10
— идет одна 133.14
— кокона 411.5
— крестовой крутки 591.17
— лѣвой крутки из пряжи правой крутки 540.7
— окончательной крутки 539.16
— основной крутки 541.2
— подготовительной крутки 539.17
— правой крутки 153.14
— многократнаго крученія 539.15
— однократнаго крученія 539.14
— слабаго крученія 539.19
— х-кратнаго крученія 539.16
— в х метров 599.9
— для перевязки 564.1
— средней жесткости 606.1
— шелка-сырца неправильнаго размота 425.5
— шелка-сырца с петлями 425.12
— шелка-сырца со спиральной шелковинкой 425.11
— шелка-сырца с приставшими шелковинками 425.10
— шелка-сырца с пушком 425.6
— шелка-сырца с узлами 425.15
— в *x* ярд 599.8
—, альбуминовая 471.11
—, бисерная 591.8
—, валеная 591.14
—, вискозная 468.12
—, вискозная липкая 469.8
—, водоупорная 468.7
—, ворсовая 591.5
—, вплетаемая 511.8
—, вращающаяся 152.12
—, выпряденая 164.9
нить, высушенная 467.16
—, гарнитурная 559.9
—, готовая 591.2
—, двойная 354.4
—, двойная пушистая 425.8
—, двойная — шелка-сырца с клеевым прослойком 411.10
—, закладочная 591.4
—, желатиновая нерастворимая 471.9
—, жесткая 605.22
—, закладная 589.8
—, коконная 425.13
—, коконовая 411.5
—, коконовая овальная 411.12
—, коллодійная 461.5
—, коренная 559.8, 561.15
—, крученая 12.13
—, крученая бисерная 591.20
—, крученая гладкая 539.24
—, крученая жесткая 539.22
—, крученая застилистая 591.16
—, крученая затянутая 541.8
—, крученая камвольная 584.11
—, крученая крѣпкая 539.23
—, крученая — лѣвой крутки 540.12
—, крученая мягкая 539.21
—, крученая неравномѣрная 540.1
—, крученая образцовая 540.2
—, крученая одутловатая 539.20
—, крученая петлистая 591.19
—, крученая — правой крутки 541.2
—, крученая сложная 539.15
—, крученая узелковая 591.18
—, крѣпко крученая 9.20
—, слабо крученая 9.19
—, крѣпкая 9.22
—, льняная 581.19
—, льняная тонкая 581.20
—, мухояровая 560.12
—, мягкая 606.2
—, наматываемая 517.14
—, крѣпко натянутая 140.8
—, слабо натянутая 140.7
—, обыкновенная 515.4
—, одинарная 539.3
—, опаленная 455.13
—, органзиновая простая 431.11
—, основная 559.3
—, пеньковая 592.6
—, петлистая мохаировая 562.1
—, пироксилиновая взрывчатая 462.10
—, подводимая 528.8, 533.3
—, просмоленая 508.15
—, просмоленая пеньковая 508.16
нить, простая крученая 539.14
—, прочная 9.22
—, растянутая собственным вѣсом 466.15
—, ремизная 581.21
—, крѣпко скрученная 498.7
—, сдвоенная 12.9
—, содержащая мѣдь 467.4
—, соединительная 561.16
—, стеклянная 491.8
—, строщеная 12.9
—, сходящая с початка 525.2
—, талечная 564.4
—, толстая — значительной мягкости 193.10
—, тонкая 590.3
—, третья 561.13
—, трощеная органзиновая 431.12
—, тяжелая крутая 544.11
—, Фасонная 559.4, 589.13
—, хлопчатобумажная — покрытая вискозой 588.12
—, цвѣтная стеклянная 491.14
—, швейная 580.8, 581.22
—, швейная пеньковая 582.4
—, шелковая малахито-зеленая 467.18
—, шелковая узловатая 425.16
—, шелковая укоротившаяся 434.17
— шелка-сырца, ломкая сухая 428.4
нитян-ая петля 425.14
—ые концы 405.9
Нобль, гребнечесальная — я 378.15
нов-ый лоскут 396.8
—ый съем 175.7
—ое ліонское титрованіе 601.13
—ое мунго 406.16
нога 440.2
нож 27.9, 36.3, 78.7, 118.9, 119.3, 406.2, 409.10
— двуплечаго крючка 535.2
— для направленія нити 523.15
— для отбиванія комков и шишек 199.6
— для срѣзанія кожи с валиков 389.11
—, дисковый 482.11
—, задерживающій 369.2
—, круглый 483.2
—, круглый зубчатый 478.5
—, опорный 44.3
—, отбивной 368.6
—, отдѣлительный 328.10
—, серповидный 196.14, 231.13, 243.6, 400.16
—, тупой 382.18
ножевой валик 482.10, 483.1
ножка 538.3
— веретена 128.7, 131.4
— початка 543.14
— рогульки 548.5
— скобочки 335.17
— шпильки 544.2
ножн-ая педаль 357.9
—ая прялка 10.18
—ая шерсть 265.17
—ой привод 10.18
ножницы для вскрытія кип 18.4
номер бѣгунка 150.12, 552.5
— гарнитуры 68.7
— карды 68.7
— партіи 19.7
— проволоки 66.19
— пряжи 598.4
— тонины 598.4
—, австрійскій старый 599.16
—, англійскій 599.14
—, Берлинскій 599.17
—, Брюннскій 599.16
—, вводной 102.4
—, выпускной 102.5
—, высокій 194.1
—, голландскій 600.4
—, грубый 193.2
—, заправочный 102.5
—, искомый 603.15
—, метрическій 599.13
—, низкій 598.5
—, переводимый 603.14
—, прусскій 599.17
—, саксонскій 599.18
—, старый саксонскій 599.19
—, седанскій 600.1
—, средній 598.6
—, толстый 598.5
—, тонкій 598.7
—, фабричный 19.8
—, Французскій 599.15
—, швейцарскій 600.3
—, эльбефскій 600.2
номерн-ая таблица 612.12
—ые вѣсы 613.6
нормальная с. т. штандартная *или* основная *или* установленная
нормальный образец 13.8
Нортоновская шерстосушилка 295.12
Нортроп, цѣвка уточная — а 147.2
нос 27.9
— с горкой 162.1
носик мундштука 467.9
носильщик 3.18
— катушек 2.14
носок 167.11
—, вдавленный — початка 174.6
—, вытянутый — початка 174.5
—, мягкій — початка 175.4
носочный башмак 167.12
ночной сторож 6.4
нулев-ая отмѣтка 614.2
—ое дѣленіе 614.2
нумерація пряжи 598.1
— шелка 601.10
—, англійская 66.18
—, метрическая 599.12
—, французская 66.17
нутромѣр 363.1
нѣмецкое сращиваніе 359.20, 493.22
нѣсколько мотков 576.13
— чанов соединить в одну машину 279.10
— шелковинок соединить в одну нить 421.4

О

обвивать вокруг себя фасонную (коренная нить) . 560.2
обвить нить вокруг роликов . 454.16
— джутовую прядь вокруг цапфы. 243.1
— вокруг цапфы джутовую прядь 243.1
обвитый валик . 279.4
обводить нить вокруг нижняго и верхняго валиков 543.5
обвязка с. т. обруч
— джутовой кипы веревкою . . . 235.3
—, желѣзная . . . 16.11
обдирочн-ая гекля 213.5, 229.4
—ое прочесываніе . 212.16
обдирщик 213.11
обезвлаживаніе шерсти 287.5
обезжиреніе шелка 433.6
обезжиренная шерсть 273.17
обезжириваніе путем обмыливанія 275.3
— шерсти 273.13
— посредством щелочей с. водой. 275.9
—, устройство для — я 298.1
—, химическое . . 297.9
обезжирить шерсть 273.14
обезкисленіе . . . 403.6
— в мойкѣ . . . 310.1
— в мытьевой машинѣ 310.1
— шерсти 309.4
— шерсти отмученным мѣлом . . 310.4
обезкисленн-ый лоскут 403.7
—ое сурѣпное масло 148.9
обезпыливаніе шерсти 266.15
обертка 16.10
— связки льна . . 217.10
обивка волана кардою с промежуточными болѣе толстыми зубьями . . . 336.7
— волана с прогалами 336.8
— иглами 86.14
— чесальной кардою 336.12
—, деревянная — с набранными иглами 244.2
—, кардная. . . . 322.14
—, кольцевая . . 221.6
—, старая 336.13
обильная загрузка 102.3
— подводка . . . 102.3
обитый грубым сукном сорный валик 322.7
— кожею тормазной шкив . . 290.13
обить листовым цинком деревянный мягчильный закром 239.7
обкладка, резиновая рифленая . 245.7
облагораживаніе прочесаннаго льна 217.12
— прочесанной на геклях пеньки 230.13
облагораживать пеньку 230.14
обладать достаточною вязкостью (смазочное масло) 148.5
обливаніе шерсти моечным щелоком 284.8
обливать шерсть моечным щелоком 284.9
облупить шелк . 432.15
облупленный шелк 434.5
облупливаніе шелковинок . . . 432.14
обмазанная плита 376.4
обматываемый барабан 610.6
обматывать стержень 595.3
обматывающая машина 506.14
обмотанн-ый вычесом верхній валик 279.5
—ый стержень . . 595.4
—ыя шишки . . . 561.10
обмотка мухояровой нити третьей нитью 561.13
— стержня . . . 595.2
—, крестовая — шишек 561.9
обмоточная бечевка 593.6
— машина 591.6
обмывать мыльною водою кожаный покров 109.8
обмывка, спинная (овец) 268.17
—, хребтовая . . 268.17
обмыленный жир 275.7
обмыливать жир . 275.6
— непосредственно 276.8
обмыливаніе жира 275.5, 315.9
обмыливающее вещество 275.8
обмыливающійся жир . . . 274.3, 315.10
обмылить масло . 315.19
обмѣн воздуха . 293.16
обнаруживать надрывы (серициновая оболочка) 412.1
обновленіе веретен 555.8
— воздуха 293.16
обогащаться мѣдью (закрѣпительная ванна) 468.2
обогащеніе высаживающей ванны мѣдью . . . 468.3
обод диска 56.15
— колеса. 281.2
—, зубчатый . . . 531.12
обозначеніе шерсти 266.12
обойная пряжа . 585.6
оболочка, грубая (серицина) . . . 411.17
—, двойная . . . 417.6
—, серициновая. . 412.1
оборвавшаяся ровница 133.12
оборвать 378.6
оборвать верхушку пряди . . . 216.9
— съем 146.10
оборки 400.12
оборот 21.2
— мотовила . . . 563.17
—, x — ов веретена в минуту . . . 137.15
—, веретено дѣлает x — ов 144.3
—, при одном — ѣ гребенного сегмента происходит полный цикл гребнечесанія . 82.20
—, два крученія на один — веретена 554.2
обрабатываніе спрыснутой шерсти 317.10
— сточных вод с шерстомойки . 299.5
обрабатывать на волчкѣ . . . 310.10;11
— ацетон марганцовокислым кали 460.6
— вискозную нить раствором металлической соли 469.4
— кокон в незасушенном видѣ . 413.12
— нить щелочью . 467.14
— прядь с обѣих сторон 243.17
— раствором металлической соли вискозную нить 469.4
— сточныя воды с шерстомойки . 299.4
— угарный шелк щелочами . . . 437.3
— хлопок сульфокислотами . . 457.20
— шелк аммiачномыльным раствором. . . . 468.4
— шелк-греж в мылѣ (во влажном состояніи) . . 428.5.6
— щелоком шелковый угар . . . 437.3
— шелковые угары 435.8
— шерсть в продырявленных корытах 283.14
обработанная известью дубильная шерсть . . 301.7
— шерсть 305.14
обработка посредством гніенія . 437.6
— льняной пакли . 219.12
— нажимных валиков 389.9
— нитей посредством формальдегида 472.4
— пеньковой пакли 232.2
— пряжи послѣ мокраго пряденія 227.3
— шелковых угаров 435.9
—, перемѣнная — холодным и теплым воздухом 573.4
—, подготовительная 263.12
образец крученой нити 540.2
— для сличенія. . 13.8
образец для сравненія. 13.8
—, нормальный . 13.8
—, стандартный. . 13.8
— установленный . 13.8
образцовая крученая нить . . . 540.2
образованіе баллона вращающеюся нитью . . 152.12
— ваточнаго холста 198.7
— ваточнаго холста вслѣдствіе засоренія роликов. 108.5
— вершины послѣдняго слоя . . 157.1
— волокнистых полосок на ситѣ писчебумажной машины . . . 476.19
— длинных полстин с крестовой накладкой . . . 327.9
— капель 464.7
— ленты 50.6
— мѣшков 327.1
— нити 468.10
— петель . 133.13, 169.4, 358.1
— плѣсени 574.10
— початка 154.17
— узелков путем періодическаго перерыва подачи коренной нити 560.4
— узлов 423.14
— холста. . 32.8, 45.6
— шишек при восходящем движеніи нитевода 560.6
— шишковидной и мухояровой нити (приспособленіе) 560.12
— шишек, приспособленіе для — — 559.7
— шишек, приспособленіе для —я шишек при помощи кулачнаго диска . . . 560.7
— эмульсій . . . 275.4
образованн-ая накладываніем ватки полстина 325.1
—ый навиваніем ватки холст. . 324.13
образовать кардную ватку . . 50.2
— зачаток 154.19
— ленту 50.7
— мѣшки (ватка). 326.22
— петли (коконная нить). 425.13
— петлю вокруг стремячка (нить) 553.13
— ватные холсты из многих лент 81.5
образоваться (капли). 464.8
образовывать кардную ватку . . 50.5
— холсты из бородок. 450.16
образующ-ій слой початка. 155.14
—ія инкрустаціи вещества . . . 475.7

обратимость струи влажнаго воздуха в камерах 573.2
обратн-ое вращеніе веретен 165.3
—ое вращеніе главнаго вала головки 165.4
—ое вращеніе коклюшки 511.5
—ое движеніе веретен 348.16
—ое закручиваніе волокон послѣ вытяжки 101.3
—ое направленіе крутки 431.7
—ый охладитель 298.7
—ой ход безконечнаго кожанаго полотна 94.4
—ый ход (каретки) 133.2
—ый ход рѣшетки 23.10
обратно вращающійся 543.3
— смотанная пряжа 165.14
обратно-пропорціонально, регулированіе питанія — толщинѣ холстов 42.9
обратной мотки 164.6
обращаться в смолу (масло) 459.4
обращеніе, бережное — с волокном 38.4
обруч с. т. обвязка
обруч, желѣзный 16.11
—, резиновый 477.6
—, тормазной 564.19
обрыв ленты 111.8
— нити 521.7, 541.9, 554.8, 606.22
— ровницы 125.8
— шнура 192.1
—, приспобленіе для останова при — ѣ ленты сзади 111.10
—, приспособленіе для останова при — ѣ ленты спереди 112.2
обрываніе шелковинки 424.3
обрывать 378.6
обрываться (нить) 541.10
— (шелковинка) 424.4
обрывающій валик 378.7
обрывная ватка 329.9
обрызгиваніе с. т. опрыскиваніе
— пряжи водою 574.1
— пряжи холодною водою перед запариваніем 570.5
— шерсти лейкой 317.4
обрѣзать тупо корневые концы 243.4
обрѣзки 398.5
— лоскута 400.7
—, кожаные 120.14
—, портняжные 397.18
обрѣшетка, переставная 309.3
обслуживаніе кольцевого прядильнаго ватера 158.11
обсыпать валик наждаком при помощи сита 71.10
обтягиваніе лентою 63.2
—, аппарат для — я кардною лентою 63.9
обтягивать ленту по винтовой линіи 63.7
обтяжка барабана 60.21
— барабана кардою 63.1
— валика кожею 118.11
— вальяна 61.1
— вальяна для одноцвѣтной застилистой пряжи 589.17
— кардными лентами 337.6
— кардою 334.18
— карды вручную 337.8
— карды с нагрузкою гирею 337.10
— нажимных валиков 115.11, 389.10
— шляпки кардою 61.2.4
—, войлочная 115.14
—, кардная 60.18, 323.11
—, кардная — очесочнаго вальяна 88.6
—, кожаная 115.15
—, кожаная — хрупка 110.2
—, кольцевая 221.6
—, очистительная 340.17
—, резиновая 116.1
—, способ — и 63.4
—, суконная 429.5
—, фланелевая 78.10
обтянутый войлоком очистительный валик 255.2
— кожею валик 142.9
обтянуть валик кардою 337.4
— заново кожею валик 110.8
— диск турбины шероховатой кожей 97.14
— кардною лентою 63.3
— наждачной лентою по винтовой линіи 71.21
обугливаться (репей) 307.3
обуглившійся репей 307.5
обхват катушки 124.9
— мотовила 563.2
—, перемѣнный — катушки 224.7
—, увеличивающійся — шпули 535.9
обшивка с. т. обтяжка
обшивка листовым желѣзом 244.12
—, деревянная 312.5
—, зубчатая 248.9
—, кардная — барабана 248.4
—, кардная-бѣгуна 248.5
—, кардная — вальяна на кожаном основаніи 248.6
—, кардная — питательнаго валика 248.3
—, кардная — рабочаго валика 248.7
—, стальная игольчатая 48.12
обшивки 400.12
общ-ая вытяжка 101.10
—ій вѣс катушки 141.14
обыкновенн-ый канатный привод 360.8
—ой мотки 164.5
овальная шерстополоскательная машина 285.1
— шерстополоскательная машина с погоняльным приспособленіем 285.12
„овалэ„ 87.4
овечья, шерсть 263.1
овца, больная 266.4
—, палая 266.5
огнеопасность 308.8
— отдѣленія для кардочесанія льна 222.2
— шелка из коллодія 462.7
огнеопасный искусственный шелк 462.9
огнеупорный канал 227.8
огонь, открытый 418.11
оградительн-ое приспособленіе для трепала 44.8
—ый щиток 404.11
огражденіе, подвижное 177.5
ограничить поверхность охлажденія 295.2
одинаковая длина ленты, вводимой по сигналу 223.17
одинарная с. т. обыкновенная
одинарн-ая ватка 326.16
—ая клубочная машина 538.11
—ая лента 386.11
—ая ленточная с игольчатыми валиками 372.14
—ая нить 515.4, 539.3
—ая ровница 133.15
—ая ставка 142.1
—ая стрижка 264.9
—ая трепальная машина 40.9
—ая чесальная 80.7, 319.3
—ая чесальная машина для камвольной пряжи 369.13
—ое ложе 495.6
—ый набор 371.18
—ый скатывающій аппарат 333.9
—ый холст 373.15
одиночн-ая передаточная к веретенам 136.13
—ое расположеніе подшипника веретена 354.15
однобарабанный ватер 144.9
одновременное пряденіе 485.9
одноголовчатая гребнечесальная 83.6
одножелобчатый 353.11
одноклубочная машина 518.6
однократн-ая вытяжка 101.6
—ое вытягиваніе 371.10
—ое крученіе 539.14
—ое скрещиваніе 422.6
одномоточное мотовило 564.10
однониточный валик 143.1
— рифленый цилиндр 393.11
одноремешковый дѣлитель 330.10
однородн-ая цвѣтная смѣсь без шишек 311.1.2
—ый выход цѣлой партіи 14.16
—ый лен 216.20
—ый шелк 425.4, 427.13
—ый по щипку 14.14
односторонн-яя апликація 480.3
—яя гребнечесальная 83.10
—яя крутильная машина 543.1
—яя крутильная машина для джута 549.11
—яя машина 209.10
—яя рогульчатая крутильная машина 548.9
—ее кольцо 391.13
—ее накладываніе 480.3
—ій ключ 363.7
—е нагруженный 308.5
одноурожайная порода 413.15
однофлянцевая катушка 518.15
одноходовой червяк 566.6
одноцвѣтная застилистая пряжа 589.17
одноярусныя рамки для одинарной ставки 142.2
одутловатая крученая нить 539.20
одѣяла 397.8
одѣяльное шодди 407.8
окалина 66.7
окисленная шерсть 304.17
окислительная ванна 303.10
окислить нить 467.3
окисляться 457.6
окись алюминія 484.9
— мѣди 458.22
—, водная — алюминія 465.13
оклеить сукном нажимной валик 116.18
оклейка сукном 117.2
— сукном нажимного валика 116.17
— фланелью 117.3
окно 38.6
— барабана 195.14
оконечность, отточенная (иглы) 335.18
окончательн-ая вытяжка 101.9
—ая выпрядка 204.12
—ая отдѣлка пеньки 496.7
—ая очистка хлопка 26.8
—ое прочесываніе 212.19
окошко к ситчатому барабану 44.10
окраска хлопка 13.9
—, плохая 398.2
—, предварительная 117.1
—, прочная 605.14
—, разная (шерсти) 310.20

окраска, разноцвѣтная 194.5
—, смѣшанная 194.6
—, темная естественная (дикаго шелка) 427.21
—, хорошая 398.1
окрашенная шерсть 266.2
окропить равномѣрно 239.11
окропленіе джутовых прядей мягчильною жидкостью 239.10
окружная перемѣнная скорость 163.9
— постоянная скорость 516.10
окружность дѣйствія била 196.7
— катушки 124.9
—, описываемая билом 42.18
—, описываемая зубами 30.8
—, перемѣнная (катушки) 224.7
окуренный кокон 413.11
окуривать коконы сѣрою 418.4
окутанный кокон 414.9
олеин 315.4
олеиновое мыло 434.3
оливковое масло 314.19
— мыло с. т. марсельское мыло
олифа 117.22
олово, хлористое 457.1
ольховое дерево 77.5
омбрэ 587.13
омертвѣлый кокон 415.12, 436.11
омыляться, (свойство) 272.4
„ондэ„ 586.15
опаленая бумажная пряжа 580.21
— нить 455.13
опаливаніе газом 455.4
— краев валика 110.4
— нитей газом 455.4
опаливать нить в газовом пламени 455.5
опалить края валика 110.5
опасность самовоспламененія промасленной шерсти 317.12
опенер 7.6, 26.17, 371.14
— для джута 235.12
—, барабанный 30.9
—, вертикальный 35.1
—, вертикальный комбинированный с питателем „Поркюпэн„ 35.2
—, горизонтальный засасывающій с предварительным разрыхлителем и трепальной машиной 39.3
—, двойной 32.10
операція смѣшиванія 19.11
опережать барабан (волан) 323.3
— веретено, вращающееся с перемѣнною скоростью (катушка) 139.12
опережать, веретено, вращающееся с постоянной скоростью, —ает катушку, вращающуюся с перемѣнною скоростью 139.11
опережающая веретено рогулька 123.9
— катушка 124.11
— катушка и отстающій бѣгунок 141.18
описываемая билом окружность 42.18
— зубами окружность 30.8
опоек, бараній 64.13, 118.14
опоек, телячій 64.12, 118.13
опора коромысла вѣсов 603.9
—, направляющая 361.3
—, передвижная — подшипника 55.2
опоражниваніе центрофуги 305.2
опорн-ая полка 59.6
—ое кольцо 182.5
—ое лезвіе 44.3
—ое плечо 127.7
—ый брус для валиков 115.1
—ый нож 44.3
—ый подпятник 289.14
опорожнитель 38.16
опорожнить котел 464.12
— чан 280.15
оправа, жестяная 340.15
оправка 494.2
опредѣленіе длины нити в моткѣ 563.3
— крутки пряжи 610.8
— крученія нити 9.10
— номера 603.11
— содержанія влаги 615.5
— содержанія жира 299.15
— удлиненія 608.17
—, прибор для —я равномѣрности с картой для намота нити 610.3
—, прибор для —я равномѣрности с обматываемым барабаном 610.6
—, прибор для —я равномѣрности пряжи для двух нитей 610.7
опредѣленн-ое сѣченіе 511.15
—ый предѣл температуры 417.12
опредѣлить содержаніе соды в мытьевом щелокѣ 276.4
— степень влажности пряжи 615.4
— крѣпость кислой ванны 303.12
опрыскиваніе с. т. обрызгиваніе
оптовый торговец лоскутом 399.5
опусканіе барабана 56.12
— колодки пресса 578.3
— надниточника 165.15
— подниточника 175.9
опусканіе шляпки 53.5, 55.3
опускаться (надниточник) 165.16
— на веретена (гильзы) 361.7
— (гребенка) 379.13
— (колодка пресса) 578.4
— (подниточник) 175.10
— и подниматься (рогулька) 548.8
опускающіеся витки 551.14
опустить склиз 352.8
опущенн-ая передняя вытяжная пара 143.7
—ое положеніе 175.11
орган, центральный распредѣлительный 185.11
органы, передача между вращающимися —ами ленточной 114.1
органзинов-ая простая нить 431.11
—ая трощеная нить 431.12
—ый шелк 431.9
органическое основаніе 457.5
орѣх 26.15
—, полевой 433.19
орѣховое масло 458.15
орѣшек, цѣльный 367.4
осадок гидрата глинозема 459.16
— гипса 310.6
— от очистки смолы 508.11
— в видѣ смѣси жира с известью 300.3
— сѣрнистых металлов 469.17
—, сѣрнокислый — извести 310.6
осадочная с. т. закрѣпительная *или* высаживающая
осадочн-ая ванна 464.5
—ая жидкость из ѣдкой щелочи 464.14
—ая кислая ванна для вискозных нитей 469.2
—ая способность древеснаго спирта 463.7
—ое пространство 24.12
—ое средство, щелочное 464.13
—ый чан 299.19
осаждать вискозу 468.13
— вискозу раствором хлористаго аммонія 468.13
— вискозную нить кислотою 468.15
— известь 271.2
— шерстяной жир 299.17
осажденіе известковаго мыла 270.18
—, способ — я 299.16
осажденная вода 270.8
— грязь из жира шерсти 300.2
освинцованная изнутри центрофуга 304.21
освободить от мѣди высушенную нить 467.16
освобождать шелк от сѣры 434.22
— шерсть от избыточной кислоты 304.18
освобожденіе нити от мѣди 467.15
освѣженіе воздуха помощью разницы температур 293.17
освѣтленіе 299.6
освѣтлять грязныя сточныя воды 299.7
— окраску 401.12
осев-ая втулка гребенного барабана 92.8
—ое с. т. продольное
—ое движеніе взад и вперед точильнаго валика 72.8
—ое движеніе, приспособленіе для — ого движенія точильнаго валика 72.4
—ой размот початка 153.10
—ой эксцентрик 182.3
осенній кокон 413.8
осетровый клей 333.2
ослабить связь клѣток между собою в джутовом волокнѣ 237.9
ослабленіе блеска джутоваго волокна от лежанія 237.1
ослабленн-ая способность сваливаться 406.14
—ый канат 508.22
ослаблять мотки при сниманіи 432.9
ослабляющее вліяніе жесткой воды на кислоты 302.16
— крученіе 540.9
ослабшая пружина 106.5
осмолившееся масло 238.11
осмоляться (масло) 238.12, 459.4
оснастка барабана шнурами 550.10
— веретен шнурками 158.12, 359.15
—, неподвижная 596.20
—, шнурочная 391.9
основа 138.11
основа-медіо 138.21, 580.4
основа из прочеснаго шелка 587.21
— для шевіота 584.2
—, жесткая 138.10
—, камвольная 583.20
—, крученая 541.2
—, крученая шелковая 586.7
—, мюльная 138.21
—, шелковая 431.9
основаніе 65.8
— кардной гарнитуры 64.6
— початка 527.17
— из ткани 334.15
— из ткани и войлока 335.1

основаніе из хлопчатобумажной, шерстяной и каучуковой тканей 65.2.3
— шпильки для посадки 544.2
—, кардное 65.1
—, кожаное . . . 248.6
—, коническое . . 518.17
—, органическое . 457.5
—, пяти-слойное из жесткой саржевой ткани . . 65.4
—, способное окисляться 457.6
—, утолщенное . . 147.3
—, хлопчатобумажное 62.12
—, цилиндрическое 519.3
—, четырех-слойное — на каучуковой мастикѣ 65.7
—, четырех-слойное с резиновым покровом 65.7
основательное перемѣшиваніе . 310.19
— смѣшиваніе . . 318.8
основательно перемѣшанная партія шерсти . 317.11
основная с. т. штандартная *или* нормальная *или* установленная
основн-ая доска . 611.1
—ая дощечка . . 445.11
—ая крутка . . . 541.1
—ая лента 64.7
—ая нить с. т. коренная *или* стержневая нить
—ая нить 559.3
—ая пластина . . 62.3
—ая пряжа. 138.11, 154.14
—ая станина . . 95.2
—ая шестерня . . 135.4
—ой вѣс 598.9
—ой канат каретки 503.2
—ой установительный винт . . . 56.8
—ой цвѣт 311.4
—ый ватер 154.15
—ый крученый шелк 586.7
особенности кардовых покрышек 334.14
оссеин 472.15
оставлять хлопок нѣсколько дней в смѣси . . . 25.5
оставшіеся засоренія удалить . 49.21
останов вальяна от руки 59.15
— ленточной . . . 110.11
— нажимного валилика с заторможиваніем веретена в момент обрыва нити . 554.4
— при обрывѣ ленты 111.9
— привода барана 474.1
— рѣшетки . . . 23.5
—, автоматическій 47.7
—, автоматическій — вальяна . . 59.14
—, автоматическій — для готоваго початка 157.4
останов, автоматическій — в момент заполненія початка . . 180.4
—, приспособленіе для — крутильных машин . . 554.3
—, приспособленіе для автоматическаго —а сельфактора в момент заполненія початка 357.10
—, приспособленіе для —а ремня . 357.1
—, самодѣйствующій 535.7
—, самодѣйствующій — при обрывѣ нити . . . 524.3
—, самодѣйствующій — при сдваиваніи 566.8
—, электрическій аппарат для —а ленточной . . 112.6
остановить мотовило 424.15
остановка валиков 346.10
— машины при разрывѣ ленты . 81.11
остановочн-ая игла 525.5
—ая пружина . . 423.4
—ый крючек . . . 535.1
—ый механизм ленточной 110.12
—ый прибор . . . 504.5
—ый прибор отвѣсный двухплечій 567.5
—ый рычаг . 205.7, 532.12
—ый трехплечій рычаг 549.7
остатки куколок . 438.20
— луба 434.7
— орѣшка 26.15
— скорлупы . . . 26.15
— смолы, отжатые твердые 508.12
— сѣмян 26.4
остаток кислоты . 310.2
— масла 238.13
— нерастворенной соли 305.20
— щелока 310.3
остающ-аяся жесткость воды . . 270.1
—аяся крутка . . 9.8
—ееся увеличеніе вѣса 571.14
осторожное мытье 269.3
остріе 67.14
— зуба 336.1
— кардных скобок 67.5
— призмы 44.2
— из самшита . . 128.10
— из твердаго дерева 128.9
—, выступающее . 339.16
—, закаленное . . 66.5
—, игольное . . . 323.13
—, нижнее — веретена вращается в стеклянной пяточкѣ 544.5
—, пишущее . . . 608.13
—, самшитовое . . 128.10
острія кардных скобок 67.5
— направлены в противоположные стороны . 67.6
остроконечн-ая вставка веретена 128.8
остроконечн-ое зерно 71.6
—ый кокон 414.13
острота, безупречная — карды . 340.5
острый штифт . . 197.10
остужать высушенную пряжу . 227.11
ось 530.11
— барабана для вращенія веретен 206.4
— барана . 566.10, 567.7
— валика скатывающаго рукава 334.1
— веретена . . . 122.16
— веретеннаго барабана 173.3
— веретеннаго барабанчика . . 162.14
— вилы 281.7
— вращенія пяточной полки веретен 344.9
— вычерпывателя . 281.3
— гребенного валика 87.9
— из желѣзной трубы 566.12
— качанія журавля 184.10
— корзины . . . 289.2
— механизма для перевода ремня 178.12
— направляющаго конуса 528.5
— рычага отмоточнаго механизма 179.2
— рычага ременных вилок . . 182.2
— рычага счетчика 190.1
— станка для рогулек 505.12
— счетчика . . . 348.4
— филера 29.11
— центра тяжести 191.6
—, веретенная пустотѣлая . . . 233.9
—, вертикальная . 490.12
—, вращающаяся — останова . . . 567.12
—, жестяная . . . 566.11
—, поворотная . . 185.9
—, продольная . . 327.16
—, пустотѣлая . . 538.5
—, пустотѣлая — барабана . . . 402.13
осязаемая шелковистость . . . 427.4
отбивн-ая верхняя гребенка . . . 381.4
—ой нож 368.6
отбираніе крутых концов из прядильнаго угара 196.2
отбой 165.6, 170.2, 182.4, 343.16
отбойный двойной тормаз 190.7
отбор смѣшанной партіи 216.14
отборка шерсти . 263.13
отборн-ая пряжа для шевіота . . 584.1
—ый с. т. прочесанный 212.9
—ый лоскут . . . 396.14
отбрасываніе, приспособленіе для —я очеса . . . 380.2
отбрасываться обратно (клочья) 404.14
отброс 28.7, 49.6
— пеньки 228.9
отброс прочесанной ленты 374.18
— при сортировкѣ 236.13
—, портняжный . . 397.18
отбросы 398.5
отбросная пенька 228.3
отбѣленн-ая бечевка 593.1
—ая пряжа . . . 605.11
—ый вычес . . . 374.14
отбѣливаніе во время мытья . . . 286.15
отбѣливать вычес 374.14
— жир 300.9
отбѣлка 401.7
— (дѣйствіе) . . . 287.3
— кислым сѣрнистокислым натром 401.10
— лубка 261.11
— сѣрою 401.11
— сѣрнистой кислотой 401.9
— шерстяного лоскута 401.8
отбѣльная с. т. бѣлильная
— ванна 470.15
— льняная пряжа 581.17
отвар дубовой коры 419.16
— растеній, выдѣляющих слизь 316.13
—, пѣнистый . . . 278.1
отвариваніе шелка до бѣла . . . 433.11
—, частичное . . . 434.8
отваривать в ваннѣ для дегумированія 433.7
— в свѣжей мыльной ваннѣ . . 433.9
— шелк 433.8.10
отварка льна . . 217.18
— (шелка) 434.16
отварн-ый шелк . 427.16
—ые коконы . . . 436.22
отверстіе 105.1
— волосяной трубки 467.13
— в приводном шкивѣ 44.13
—, выдувное — вентилятора . . . 312.15
—, выкидное . . . 36.8
—, выпускное для хлопка 35.7
—, загрузочное для хлопка 35.6
—, вольниковое . . 402.11
—, круглое 295.9
—, прядильное . . 463.9
—, смазочное . . 126.9
отверстія для захватчиков катушки 554.12
—, вводныя для шерсти 296.15
отвинчивать рогульки 141.5
отвод 39.8
— угара 39.12
— электричества тепловлажным воздухом . . . 570.2
отводимый питатель 200.4
отводить гребенной очес 446.7
— насыщенный влагою воздух . . 293.15
— пары эфира . . 462.11
отводиться (рама для веретена) 530.8

отводка 158.6, 161.1, 390.4
– привода барана 474.1
– ремня 185.2
– с ручкою 357.4
– слоев волокон 326.6
–, ременная 185.1
–, ременная – кардной машины 324.9
отводочный глазок 487.6
отводящ-ая рѣшетка 38.1, 197.12
–ій ролик 281.10
–ій кулак (цѣпь) 152.9
–ій ролик 282.16
–ій стол 288.10
–іе валики 449.11
отвѣс 363.2
отвѣсить 612.9
отвѣсн-ая гребенка 382.7
–ый двухплечій остановочный прибор 567.5
–ый стояк 547.4
отвѣсно с. т. вертикально
отвѣшанное количество волокна 319.15
отвѣшиваніе количества шерсти 319.14
отгибаніе, назад 67.8
–, упругое 67.8
отглаживать 507.11
отгонка 463.5
отдыхать (волокна) 25.1
отдѣланная камвольная пряжа 583.19
– крученая нить 539.18
отдѣленіе барабана 282.3
– валеных от неваленых матерій 399.13
– волокон клѣтчатки полосками на ситѣ 477.1
– длинных волокон от коротких 444.13
– длиннаго волоса от короткаго 374.3
– крутых концов из прядильных отбросов 196.2
– отпуска пряжи 576.8
– пуха 31.14
– холста от барабана 321.14
– шерсти с палых овец 266.5
– ящика 27.12
–, гребнечесальное – по Ферберну 447.11
–, льночесальное 211.13
–, мягчильное 239.4
–, увлажнительное 572.17
отдѣлительн-ый нож 328.10
–ый цилиндр 85.10
–ые щипцы 99.8
отдѣлить веретено от рогульки 547.13
– гребенкой бородку шерсти 382.6
отдѣлка пряжи 454.11
– пряжи из угаров шелка 454.6
–, окончательная – пеньки 496.7
отдѣлочн-ая вытяжка 103.14
–ая гекля 213.7, 229.5
отдѣлочн-ая кардная машина 232.16
–ая крутка 506.2
–ая полстина 325.5
–ая стренговая машина 502.13
–ая сушка шерсти 292.8
–ая трепальная машина 42.2
–ая чесальная для асбеста 491.2
–ая чесальная 199.10
–ое гребенное кольцо 379.17
–ое гребнечесаніе пеньки 231.6
–ое мытье 269.2
–ое прочесываніе 212.19
–ый гребень 495.16
–ый холст 47.8
–ыя производства 515.1
отдѣльн-ая лента из ватки 221.14
–ое волокно 49.18
–ое мотовило 431.15
отдѣльность 521.6
отдѣлять воду 302.4
– крутые концы 196.3
– шерсть с палых овец 266.6
отжат-ая мыльная вода 279.8
–ый на центрофугѣ лоскут 403.19
–ые твердые остатки смолы 508.12
отжать прочесный шелк на центрофугѣ 439.16
отжиманіе шерсти 288.1
– шерсти на центрофугѣ 288.12
– щелока 279.3
отжимать с. т. плющить
отжимать шерсть 279.1
отжимка с. т. плющеніе
отжимка 278.14, 478.17
–, приспособленія для – и 239.1
отжимн-ая валичная машина 288.7
–ое корыто 283.15
–ой аппарат 278.14
–ой валик 279.2, 288.9
–ой каток 439.12
–ые валики 485.5
отказывать в пріемѣ 15.18
откалывать вертикальными стѣнками мѣшку 311.8
откачиваніе загрязненнаго масла 555.3
откидной 201.9
откидываніе, приспособленіе для –я нитеводной планки 143.16
откидывающая вверх 488.3
откинуть собачку 131.12
отклоненіе стрѣлки вѣсов 320.7
– якоря 360.16
отклоняться (вѣсы) 200.11
– в качествѣ 15.2
открываніе кип 18.1
открыт-ая запарка 570.9
–ая крестовая мотка 519.8
открыт-ое противобаллонное приспособленіе 152.18
–ый подшипник веретена 356.2
отлого прясть 496.18
отложеніе грязи 284.5
отмотать завитки нити с голаго веретена 165.5
отмотка 159.12, 165.6
отмоточн-ая передаточная тормозная шестерня 161.8
–ая цѣпь 184.3
–ый барабан 179.12
–ый механизм 166.3, 206.9, 348.15
–ый рычаг 205.12
–ый тормазной рычаг 163.1
отмученный мѣл 298.18
– суинтер 300.5
отмываніе сѣрнокислаго натра 309.16
отмѣтка, нулевая 614.2
отмѣтчик 149.8
отношеніе, процентное 614.14
отнятіе тепла 294.13
отогнуть назад иглы 339.18
отожженная проволока 596.1
отопленіе, паровое 308.7
отопленный кожух мотальной машины 420.16
оторванная часть бородки шерсти 378.8
оторвать 378.6
отпарываніе пуговиц 400.8
отполировать стальную проволоку 66.8
отправка пачек 577.10
отпускать 501.5
– барабан 56.11
отпускаться (натянутая пружина) 528.15
отпустить тормаз 47.6
отработавшая мыльная ванна 435.1
отрегулировать подводку шляпки 54.13
отросток 172.11
–, вилкообразный – собачки 173.7
–, поперечный – на плечѣ рычага 179.1
–, хвостовой – для закрѣпленія веретена 355.12
отрывающ-ій валик 378.7, 381.5
–ее движеніе клещей 382.13
–ія клещи 382.9
отрѣзок нити 152.13
отсасыватель пыли 22.7
отсасывать аммiачные пары из фильтра 466.1
– точильную пыль 72.1
отсасывающ-ая труба (пыль) 197.1
–ій валик 392.8
–ій вентилятор 296.13
отсортированн-ая шерсть 265.5
отсортированн-ый лоскут 399.8
отсортировать джутовый угар 258.12
– тщательно 216.13
отсортировка льна 216.5
отставлять отступающія по качеству кипы 18.12
отставшая костра 220.19
отстаиваніе 299.6
отстаивать с. т. освѣтлять
отстать (катушка) 124.14
отстающ-ая катушка 124.13
–ая рогулька – (от веретена) 123.10
–ій бѣгунок и опережающая катушка 141.18
отстоявшаяся жидкость 462.3
отступающій назад снимающій штифт 30.7
отсѣянный крупитчатый гравій 271.12
оттачиваніе 338.14
– вручную 338.19
– иглы 67.11
– карды 338.8
– по вогнутой поверхности 69.19
оттачивать 338.15
– гарнитуру 69.13
оттопыриваніе кончиков волокон в пряжѣ вслѣдствіе электризаціи 570.1
отточенная оконечность кардной иглы 335.18
отточка под иглу 67.13
– по формѣ иглы 67.13
–, боковая 67.15, 339.9
–, клиновидная 67.15
–, плоская 67.12
–, плуговидная 67.16
оттрепанная пенька 495.9
оттѣнок краски 194.7
оттѣняющій цвѣт 311.5
отход с. т. выход
– каретки 557.10
отходить с. т. выходить
отцетрофужить избыток кислоты 304.20
– шерсть 305.21
отчитывать показанія процентнаго содержанія очеса 100.7
отшлифованный направляющій валик 384.19
отщелкиваніе 185.5
отыскивать конец шелковинки кокона 420.11
отъемный подпятник с резервуаром для масла 147.8
отяжеленн-ая жиром потная шерсть 274.6
–ая пряжа 605.15
–ый шелк 587.11
Офферман, репьеудалительное приспособленіе для чесальных машин – а 368.15

охладитель, обратный 298.7
охлаждаемый водою подпятник трепала. . . . 36.13
охлажденіе . . . 294.13
— нагрѣтой паром пряжи 572.8
— сушильнаго помѣщенія . . . 294.12
охлажденный пряжный котел . . 464.11
оцинкованная желѣзная проволока 493.8
очес . 8.8, 100.1, 194.7
— ангорской шерсти 409.15
— из под барабана 78.14
— с барабана . . 194.19
— бурета. 453.16
— с геклей . . . 212.12
— с грубых геклей 219.16
— с очистителей . 108.11
— пеньки 228.9
— рами 262.9
— чесальной . . . 371.4
— с чесальных машин 398.7
— шелка 452.14
— со шляпок . . 194.18
—, гребенной 8.2, 82.7, 374.19
—, гребенной шелковый 446.12
—, клочковатый разрозненный 374.21
—, крупитчатый . 374.20
—, льняной 212.13, 492.10
—, масленистый — кардных машин 298.13
—, пеньковый . . 492.4
очесы 203.3
очесать шляпки . 57.8
очесочи-ая ватка . 82.8
—ая гребенка 58.1, 98.1
—ая гребенка, двуходная 58.4
—ая гребенка, качающаяся. . . 58.4
—ая гребенка, самоотходящая . 58.4
—ая лента . . 62.9, 82.9
—ая планка . . . 245.11
—ый вальян. . 88.9, 94.8, 378.13
—ый гребень . . . 99.12
—ый мальчик. . . 213.12
—ый пух 322.8
—ые валики . . . 449.12
—ые вѣсы 100.3
очистители 109.5
очиститель для двух бѣгунков 150.17
— нити 536.6
— питательнаго валика 90.2
— пріемных валиков. 90.6
—, вращающійся — для питательных валиков . 253.7
—, двигающійся вверх и вниз 455.1
—, неподвижный . 251.11
—, простой — для бѣгунка . . . 150.16
очиститель-ая машина для шелка-сырца . . . 429.13
—ое приспособленіе для игольчатых валиков . . . 389.6
очиститель-ый аппарат с очистителем, двигающимся вверх и вниз . 455.1
—ый аппарат для чесаннаго шелка 454.15
—ый валик . . 98.3, 142.10, 199.3, 201.11, 341.1
—ый валик с проволочной щеткой 57.12
—ый валик с продольным перемѣщеніем . 109.1
—ый валик с рядами щетины, расположенными винтообразно . 389.7
—ый валик, обтянутый войлоком 255.2
—ый деревянный валик, покрытый фланелью 108.15
—ый конус . . . 109.2
очистить кудель от засоренія кострикою . . . 232.10
— пеньку от костры 495.4
— совершенно от костры пеньку 496.8
— стальную проволоку от окалины 66.7
— шерсть от репья 366.14
— шляпки . . 52.8, 57.8
очистка с. т. чистка
— воды 270.20
— и использованіе моечных вод . 299.1
— пеньковой кудели 232.9
— поверхности кардных валиков . 203.2
— потоваго поташа 273.10
—, приспособленіе для — и неподвижных шляпок 52.6
— прядильных угаров. 298.12
— пряжи. 454.11
— пряжи от приставших засореній 454.12
— и разрыхленіе асбеста 490.2.5
— смолы 508.11
— (способ) 266.14
— угара 49.5
— хлопка . . . 25.6, 26.3
— шляпки 52.7
—, автоматическая передвигающихся шляпок 57.10
—, аппарат для — и шляпок . 52.11.13.14
—, машина для — и карднаго очеса 260.5
—, машинная . . . 454.14
—, мокрая 268.8
—, окончательная (хлопка) . . . 26.8
—, предварительная (хлопка) . . 26.7
—, приспособленіе для —и барабана 322.13
—, приспособленіе для — и пуха с поверхности каретки . . . 395.2
очистка, приспособленіе для —и шляпок. . . . 75.11
—, устройство для — и грязных сточных вод . 299.6
очищать бензином кожаный покров 109.7
— бурет 453.1
— волокна в сухом видѣ 196.1
— волокнистое вещество 7.8
— жир 300.8
— поверхность барабана наждачною (стеклянною) бумагою. 63.10.11
— пыльный ящик. 49.2
— ртом 376.10
— хлопок 26.4
очищающ-ая кромка 429.12
—ее сукно 395.5
очищеніе пека . . 508.10
— шляпок 57.9
очищенн-ая пенька 495.9
—ая совершенно пенька 496.9
—ое сурѣпное масло 314.13
—ый с. т. прочесанный 212.9
—ый лен 209.13
—ый тюленій жир 238.3
очко. 44.5
очкообразное коромысло 44.5
ощупываніе . . . 13.12
ощупывать хлопок 13.11
ощущеніе, жесткое 427.5
—, мягкое 427.8
—, суховатое . . . 427.11
—, хлопкообразное 427.12
—, хрустящее . . 427.6
—, эластичное . . 427.10
—, эластичное и твердое 427.9

П

падать (игла) . . 525.7
— с полки на полку (шерсть) . . 297.1
— с рѣшетки на рѣшетку (шерсть) 295.15
—, в концѣ хода на винтовые валики (гребенка) 251.15
паденіе качества . 14.17
паз 36.10, 533.1
— на валикѣ для направленія ножа 196.13
— для установки . 90.9
—, клиновидный — тормазнаго блока 180.14
—, направляющій 352.7, 482.9
пазовидная колосниковая рѣшетка 36.9
пазовый диск . . 182.11
— эксцентрик . . 183.3
пакет в гросс . . . 577.9
— из двѣнадцати пачек. 577.8
— из трех пачек . . 577.6
— из шести пачек 577.7
пакля с. т. кудель
пакля 8.3, 496.12
— от машиннаго чесанія 220.1
— с мягкой кострикой 220.6
— от мыканья пеньки 232.6
— от прочеса головок (концов) . 220.4
— от ручного трепанія 219.14
— от трепанія . . 219.13
—, льняная 212.13, 492.10
—, льняная темная 220.5
—, пеньковая 232.3, 492.4
—, получаемая от раздѣлки концов прядей . . 232.5
—, протрепаная. . 219.15
—, прочесанная . 220.8
—, прощипанная — из несмоленаго (просмоленаго) каната . 492.11.12
—, прядильная . . 220.9
—, сортированная. 220.2
—, шишковатая . 220.7
паковка в кипы . 578.6
— моточной пряжи 576.9
— початков . . . 578.8
— хлопка 13.2
паковочная . . . 576.8
паковочи-ая веревка . . . 593.20, 577.15
—ый пресс для пачек 577.13
паковщик 576.7
палая овца . . . 266.6
палец 181.3, 252.7, 282.15, 531.13, 533.7
— с горкой . . . 162.1
—, барабанный . . 30.13
—, ведущій . . . 349.4
—, захватный. . . 158.5
—, направляющій 560.14
—, направляющій —, устанавливаемый по высотѣ 537.14
—, неподвижный . 549.10
—, отводящій цѣпь 547.8
—, передвижной . 181.14
—, пріемный . . . 252.4
палилка, газовая 455.7
палильная машина 521.5
палка 500.14
пальмовое мыло . 428.9
пар, водяной. . . 293.14
—, водяной —, образованный в котлѣ 572.7
пары бензина . . 438.9
— керосина . . . 438.7
— кислоты 305.8
— соляной кислоты 305.9
— эфира 462.11
—, аммiачные . . 466.1
пара валиков . . 561.5
— рифленых валиков. 443.15
— вытяжных валиков. 102.14
—, вытяжная . . . 102.14
—, задняя (передняя) — вытяжных валиков 388.8.9
пары валиков, расположенныя горизонтально 240.7
—, вытяжныя валичныя . . . 480.13

пары, вытяжныя, глубоко захватывающія друг друга рифлями 116.8
—, вытяжныя переставныя 389.4
параллели 99.10
параллелизація волокон 101.1, 231.9, 386.6
— волоса 386.6
— прядильный угаров 198.1
параллелизировать волокна 374.5
параллельный головкѣ (кареткѣ) главный вал 188.4.5
— привод 360.5
параллельно идущіе питательные столы 221.5
— раскладывать волос 374.5
— сложенные канаты 512.2
— установлять к барабану точильный валик 73.3
— установить рабочія поверхности 60.16
паральдегид 458.4
парафин 484.5
парильщик 570.18
Пар-Куртис, зажим —а 558.6
парн-ый барабан 144.13
—ый кокон 414.12
—ый набор 372.1
—ый ремень 182.6
—ыя гребенчатыя полотна 214.9
—ыя нитеводныя вилки сближаются 129.11
паров-ая машина для центрофуги с нижним приводом 291.5
—ая труба 570.15
—ое отопленіе 308.7
—ой змѣевик 298.6
—ой пульверизатор 574.4
—ой цилиндр 291.12
паровпускной канал 291.9
паропровод 570.15
паропроводная труба 280.11
парораспредѣленіе, золотниковое 291.6
партія льна 210.1
— льна, прочесанная на геклях 212.4.5
— шерсти 266.11
— промываемой шерсти 268.15
— шерсти, основательно перемѣшанная 317.11
— шерсти, уложенная слоями 317.7
—, цѣлая 14.16
пассивн-ая катушка 547.11
—ыя веретена 233.12
паста, пряжная 460.14
пасьма 12.18, 562.22, 599.1
— короткой мотки 563.7
— в *x* нитей 599.5
—, полная 610.13
—, шелковая 432.12
пасьменная рейка 564.18
Патерсон, приспособленіе мягчильное —а 241.5
патрон шпули 527.16, 530.18
—, деревянный 97.3
—, жестяной 97.2, 356.12
—, коническій 518.13
—, короткій бумажный 166.18
—, латунный 156.11
—, легкій бумажный 124.8
—, начиночный 175.19
— уточный 154.11
патроны 518.8
патрончик, бумажный 518.11
—, жестяной 139.8
—, сквозной бумажный 356.8
патрончики 518.8
патрубок 289.10
паук-шелкопряд 411.1
паук, крупный 96.7
пачечные вѣсы 615.1
пачка пряжи 577.3
— пряжи в десять англійских фунтов 577.5
— пряжи в пять англійских фунтов 577.4
паяльник 86.22
паяльный станок 87.1
паяныя ячейки 477.8
педаль 11.6, 47.4, 234.1
—, лежащая на остріѣ призмы 44.2
—, ножная 357.9
—, питательная 28.10, 32.14, 43.7
—, съемная 33.2
педальн-ая подвѣска 33.3, 34.8
—ая подводка 43.1
—ая серьга 28.11, 33.3
—ое колесо с двойным шнурком 11.4
—ое питательное приспособленіе 21.11
—ый питательный механизм 196.9
—ый питательный регулятор 28.9
—ый рычаг тормаза 290.12
—ый цилиндр 28.13
пек 508.3
—, бурый 508.7
—, бѣлый 508.5
—, сапожный 508.8
—, сырой 508.4
—, сѣдельный 508.9
—, черный 508.6
—, шорный 508.9
пектин, тугорастворимый 437.9
пектиновое вещество, тугорастворимое 412.3
пеньер 200.3, 321.9
пенька для канатов 495.2
—, внѣсортная 228.3
—, грубо-расчесанная 496.1
—, длинноволокнистая 228.13, 496.10
—, европейская 492.3
—, коротковолокнистая 496.11
—, манильская 492.5
—, остиндская 492.7
пенька, отбросная 228.3
—, оттрепанная 495.9
—, очищенная от кострики 228.8
—, совершенно очищенная 496.9
—, пропитанная жиром 232.7
—, просаленная 232.7
—, прочесанная 228.5, 495.17
—, прочесанная на концах 496.3
—, прочесанная начисто 496.6
—, сизальская 492.6
—, тонкопрочесанная 228.6
—, трепаная 228.4
—, угарная 228.9
пеньков-ая бечева 512.7
—ая веревка 593.18
—ая кудель 582.2
—ая ленточная машина 233.2
—ая нить 592.6
—ая пакля 232.3, 492.4
—ая прядильная фабрика 234.13
—ая прядильная машина 234.4
—ая пряжа 582.1
—ая стренга 592.5
—ая ткань 445.2
—ый кабель 494.16
—ый канат 592.4
—ый канат, старый 507.6
—ый очес 492.4
—ый стержень 594.21
—ый шнур 593.11
—ый тросс 592.3
первичная стрижка 364.18
первоклассный товар 14.3
первосортн-ая пряжа 579.12
—ый товар 14.3
первоначальный вѣс 615.15
— пропуск 372.12
пергамент, растительный 389.12
перевертываніе прядей 215.3
перевертывать с. т. перекидывать
перевертывать бородку 445.15
— куфты 576.4
перевести каретку на обратный ход 133.2
— ход каретки 131.14
перевод с. т. переключеніе
перевод 349.6
— номеров 603.10
—, преждевременный (ремня) 191.10
—, приспособленіе для — а ремня 178.10
переводимый номер 603.14
переводн-ая вилка 158.6
—ыя шестерни 132.3
перевозка вязок на прядильню 210.11
— кип 17.5
— початков 361.10
перевѣс 180.7
перевѣшиваніе кип 16.16
перевѣшивать кипы 16.17
перевязанн-ое руно 264.16
—ый моток 12.21
перевязать прядь льняным волокном 216.12
перевязка с. т. упаковка *или* обертка
перевязка пасем 563.22
— шнуром 359.15
—, бѣлая 579.15
—, красная 579.16
перевязываніе пасьм в мотки и мотков в куфты 12.19
перевязывать 12.20, 563.23
— стренги 505.1
перевязь 564.1
перегиб кривой 524.12
перегнать на катушку одинарную нить 515.7
перегнившій шелк 438.4
перегнутая часть бородки 383.7
перегон основы 11.18
— уточной пряжи 12.2
перегонка искусственнаго шелка на катушки 473.1
— на катушки 515.2
— с мотка 516.6
— с початка 516.5
— холста в ленты 451.11
перегонн-ая катушка 568.9
—ая трепальная машина 42.1
—ое веретено 521.2
—ое мотовило 424.13
—ый банкаброш 122.8
—ый банкаброш 390.13
—ый мюльный початок 569.2
—ый скатыватель 387.19
перегоняем-ая катушка 526.10
—ый шелк 424.14
перегонять ацетон при помощи ѣдкой извести 460.7
— основу 11.19
— уток 12.3
— мытый искусственный шелк с цѣвок в мотки 473.2
— шелк с катушек 468.5
перегородка 284.4, 296.11, 306.8, 546.11
—, откидная — между веретенами 568.1
перегородки, нитераздѣлительныя 153.5
передаточная к катушкам 136.12
—, одиночная — к веретенам 136.13
передаточн-ая планка 11.7
—ая шестерня 505.16
—ая шестерня, сдвоенная 187.6
—ая шестерня для установки скорости вращенія 207.9
—ая тормозная отмоточная шестерня 161.8
—ое число 537.5
—ый барабан 368.13
—ый валик 199.5, 486.12

передаточн-ый валик для смѣнных шестерен . 136.10
—ый валик средней вытяжной пары 393.4
—ый механизм . . 555.2.9
—ый механизм сельфактора Шлумбергера . . . 184.12
—ый привод кольцевого прядильнаго ватера . 158.8
—ый ремень конусов 28.12
—ые валики . . . 322.2
передача зубчатой рейкой для установки разстоянія между вытяжными парами 390.18
— к кареточному валу 177.3
— конусами . . . 34.7
— лентою 326.7
— лентой накрест. 326.9
— лентой без перекреста 326.8
— моечной воды из чана в чан . . 280.6
— между вращающимися органами ленточной . 114.1
— к конусу для входа каретки 161.5
— для перемѣны хода 256.8
— к распредѣлительному валу. 161.3
— автоматическая — кардной ватки с одной чесальной на другую 198.14
—, двойная . . . 127.2
—, дифференціальная 125.14
—, дифференціальная Добсон и Барло 127.3
—, канатная . . . 538.4
—, канатная принудительная для второго барабана 144.11
—, коническая . . 34.7
—, конусная ременная 43.5
—, непосредственная 326.2
—, реверсивная (с прямыми и крестовыми ремнями) 24.5
—, ременная — посредством конических шкивов 527.1
—, шестеренная гипоциклоидальная 140.3
—, шнуровая . . . 98.16
—, шнурочная . . 144.7
—, эпициклоидальная цилиндрическими шестернями . . . 126.12
передающ-ая гребенка. 379.15
—ая вращеніе катушкам (шестерня) . . . 126.6
—ій валик (масло) 242.7
—ій движеніе (рычаг) 537.15
передвигать нижнюю дугу. . . 54.2
— мотки шелка в мыльной ваннѣ 433.14
— шерсть вверх по стеклянной плитѣ 283.12
— шляпки вращеніем ручки . . 54.14
передвигающаяся возвратно нитеводная рейка . 473.7
— шляпка 53.7
передвиженіе канатачика 497.16
—, горизонтальное — гребенки . . 252.10
—, добавочное . . 532.2
передвижка ремня 43.14
передвижн-ая втулка 567.8
—ая задняя стѣнка 320.9
—ая зубчатая рейка в кареткѣ . 190.13
—ая опора подшипника 55.2
—ая планка . . . 373.6
—ая платформа . 572.16
—ая подводка . 372.10
—ая подвѣска . 241.11
—ая стальная пластинка 429.8
—ая сушильная печь 417.17
—ая цапфа. . . . 246.3
—ое наждачное точильное полотно 339.1
—ой веретенный станок 160.8
—ой груз 253.1
—ой кронштейн . 127.8
—ой палец 181.14
—ой скользящій подшипник . . 59.3
—ой пол 572.16
—ой шип 205.11
—ые конусы . . . 224.9
передвинуть башмаки 352.9
передн-ій барабан 322.1, 369.16
—ій башмак . . . 167.10
—ій башмак для начинка 168.7
—ій ведущій ролик для холста . 89.10
—ій маховик с. т. большой маховик
—ій рифленый съемный валик . . 90.5
—ій ход рѣшетки . 23.9
—ій цилиндр . . . 142.7
—ій цилиндр вытяжного аппарата 137.3
—яя бородка . . . 375.9
—яя ведущая . . 114.5
—яя головка, моточная 206.8
—яя канавка . . . 353.9
—яя вытяжная пара 393.5
—яя пара вытяжных валиков . 388.9
—яя поперечина . 178.5
—яя часть пряди . 375.9
—яя часть станины 352.17
—яя стѣнка каретки 178.5
пережабина . . . 174.13
перезаправить прядь в колодках 215.4
перекидка с. т. перевертываніе . 215.3
— пряди 216.11
—, автоматическая 229.14
—, приспособленіе для — и бородок волокна . 446.1
перекидной гребень 504.12
перекидочныя грабли 278.10
перекидчик 125.5, 131.8, 215.17, 565.11
— зажимной колодки 230.12
перекидываніе бородок вручную 450.11
—, автоматическое (бородки) . 450.13
перекидывать бородку 445.15
— бородку вручную 450.12
— гребни 504.13
— пряди во время процеса 215.3
— прядь при выниманіи из гекли 216.10
— шерсть вилами . 317.9
перекидывающая гребенка . . . 379.15
перекинуть с. т. перезаправить. .
перекладина . . . 499.2
переключатель . . 23.12, 163.1
переключательный стержень выключателя . . 353.16
переключать . . . 346.13
— ход рѣшетки. . 23.11
переключеніе 170.2, 349.6
— в обратную сторону распредѣлительной втулки 163.11
—, преждевременное 191.9
—, приспособленіе для преждевременнаго —я ремня 191.9
перекрашенный лоскут 398.4
перекрест в нисходящем направленіи 552.1
— нитей 517.10
— (передача) . . . 326.8
перекрещенные ремешки 330.9
перекрещиваніе лент 386.19
— перевязи между пасьмами . . . 564.3
— ремешков . . . 330.8
перекрещивающіяся зигзагообразныя линіи . . 512.11
перекрутить нить при крученіи . 541.7
перекрученое мѣсто нити . . . 454.9
перекупщик льна. 210.9
перелив, самодѣйствующій . . . 365.13
переливная труба 285.10
перематывать . . 562.7
— шелк-сырец . . 424.11
перемежка, планка с отверстіями расположенными в —у . . . 105.1
перемот шелка-сырца 424.10
перемотанный шелк-сырец . . 424.18
перемотка шелка-сырца 424.10
перемотчица шелка 424.19
перемѣна с. т. смѣна
— окраски от париванія. . . 569.11
— хода, автоматическая 40.7
перемѣнить направленіе хода каретки. 131.14
перемѣнн-ая обработка 573.4
—ая окружность катушки . . . 224.7
—ая окружная скорость вращенія улитки 163.9
—ая скорость вращенія 537.6
—ое количество нитей 563.20
—ое рифленіе . . 241.1
—ый діаметр . . . 250.15
—ый ток 157.13
—ый ход кольцевой планки . . 151.6
перемѣсить очес с валяльной глиной 298.15
перемѣшиваніе шерсти 310.7
—, основательное 310.19
перемѣшивать шелковые угары . 442.12
перемѣщаемость, боковая — валов рѣшетки . . . 24.5
перемѣщать гайку вверх по винту квадранта. . . 170.15
— кипы ручным способом . . . 17.6
— колодки 215.7
— нижнюю дугу . 54.2
— шерсть 304.16
перемѣщаться по трубам пневматически (хлопок) . . . 39.4
перемѣщающ-аяся нитеводная рейка 565.9
—аяся планка . . 564.18
—аяся шляпка . . 54.7
—еся веретено . . 343.6
—ійся супорт . . 202.16
—ійся шпиндель . 534.6
перемѣщеніе гребенки вверх . 252.1
— нижней дуги. . 54.1
— одной половины шкива 251.1
— посредством эксцентриков . 79.7
—, боковое — валиков. 59.7
—, горизонтальное 54.3
—, добавочное . . 532.1
—, продольное . . 109.1
—, радіальное по отношенію к центру барабана 55.13
—, радіальное от центра барабана 56.1

переносная сушильная печь 417.17
переносчик 3.18
— тазов 2.5
— шпуль 2.14
переплетеніе, грубое 477.7
переплетшаяся подбрюшная шерсть 265.22
переполненіе, автоматическое остановочное приспособленіе для предупрежденія —я таза 112.3
перепоясанный кокон 414.10
перепуск моечной воды 280.6
перепутанный бурет 452.17
перерабатывать разныя партіи льна каждую отдѣльно 212.5
— шелковые угары 435.8
переработанный шелк 435.14
перерасход силы благодаря густому маслу 148.11
перерыв 342.4
— подачи, періодическій 560.4
перерывист-ая подводка 84.6
—ое вращеніе катушки ровницы 342.3
—ое движеніе 381.6
—ое движеніе питательнаго валика 84.7
—ое зацѣпленіе 537.1
—ое зубчатое зацѣпленіе 546.12
—ое крученіе 557.2
—ое питаніе 84.6
—ый процесс чесанія 83.3
переслѣжина с. т. утоненіе
переслѣжистая канатная пряжа 592.14
— пряжа 169.1
пересортировка льна 216.5
переставить башмаки 352.9
переставлять ход рѣшетки 23.11
переставн-ая обрѣшетка 309.3
—ой подъем 180.2
—ой подшипник для цапфы рабочаго валика 324.2
—ые зажимы 432.5
—ыя вытяжныя пары 389.4
перестановка валиков 59.7
— ремня 43.14
перестать быть точно цилиндрическим (валик) 107.8
переточка 70.2
переходящая жесткость воды 269.22
періодически вращающіеся питатели 559.7
періодическій перерыв подачи 560.4
перламутровый блеск кокона 415.7
перо, морское 411.3
перпендикулярное погруженіе игл гребенки в ватку 253.11
перпендикулярно лежать (волокна) 327.16
перфорированн-ая жесть 32.5
—ая листовая сталь 32.4
—ый выкидной барабан 24.11
песок 26.12, 268.7
песочный фильтр 271.15
пест 288.4, 439.10
пестрый 397.23
песчаник 304.10
петлевидный кокон 416.17
петлистая крученая нить 591.19
— могаировая нить 562.1
петлиться 569.13
петля 27.14
— в крученой нити 540.3
— перекидного приспособленія 230.11
—, веревочная 594.12
—, нитяная 425.14
печатаніе вычеса 374.15
печатаный вычес 374.16
печь для гребней 375.18
— для кальцинированія 273.12
—, карбонизаціонная 306.3
—, карбонизаціонная — в видѣ башни 307.15
—, карбонизаціонная — с выдвижными ящиками 307.14
—, карбонизаціонная — непрерывнаго дѣйствія 307.16
—, карбонизаціонная — с тележками 307.6
—, сушильная передвижная 417.17
пила, круглая 231.16
пиловидн-ая гарнитура 199.7
—ый зуб 336.10
пилот 580.19
Пинель и Лекэр, гребнечесальная — и Лекэр 99.14
пирамидальные тупые зубцы 240.14
пироксилиновая взрывчатая нить 462.10
писчебумажная машина 476.18
питаніе с. т. подводка *или* подача
питаніе 41.11
— вручную 27.17
— по длинѣ волокна 329.1
— по направленію движенія волокон 198.15
— перпендикулярно движенію волокон 198.16
— путем непосредственной передачи 326.2
питаніе полстиной системы Бламира 325.2
— при помощи педалей 43.1
— сдвоенной лентой 387.5
— сдвоенным холстом 50.13
— холстами 324.12
— чесальной 319.9
—, діагональное 326.11
—, машинное 28.4
—, механическое 28.4
—, неравномѣрное 27.3
—, перерывистое 84.6
—, приспособленіе для —я 382.15
—, продольное 325.13
—, равномѣрное 27.2
—, толчкообразное 377.6
—, чрезмѣрное 28.3
питатель (Поркюпэн) 35.2
— раскладочнаго аппарата 327.13
—, отводимый 200.4
—, ящичный 490.14
питательн-ая воронка 196.8, 218.6, 266.20
—ая гребенка 382.4
—ая лента 218.5, 448.13
—ая педаль 28.10, 32.14, 43.7
—ая плита 98.9
—ая рѣшетка 27.1, 41.1, 199.1, 235.15, 243.15, 321.1
—ая рѣшетка разрыхлителя 29.7
—ая сторона 202.10
—ая труба 28.14
—ый аппарат 42.6
—ый аппарат чесальных Лемэра 320.8
—ый аппарат щипально-чесальной машины 198.17
—ый аппарат, валичный 223.5
—ый аппарат, поперемѣнно дѣйствующій 40.6
—ый аппарат, самодѣйствующій 320.1
—ый валик 29.13, 32.12, 50.16, 89.14, 92.14
—ый валик, с грубонасѣченной поверхностью 550.4
—ый валик с шероховатой поверхностью 559.12
—ый валик, верхній вращающійся 311.13
—ый валик, игольчатый 84.5, 377.5
—ый валик, нижній 311.14
—ый валик, обтянутый пиловидной гарнитурой 199.2
—ый валик, рифленый 30.11
—ый диск 98.9
—ый желоб 93.4
—ый желоб для джутовых прядей 244.13
—ый желоб, жестяной 377.4
—ый механизм 93.10
питательн-ый механизм для сельфактора 205.3
—ый механизм педальный 196.9
—ый стол 27.1, 48.6, 77.11, 247.6, 267.5, 288.8, 453.11
—ый трубопровод 466.8
—ый регулятор, педальный 28.9
—ый холст 448.8
—ый цилиндр 43.3, 50.16, 77.12
—ый цилиндр трепала 33.13
—ый цилиндр для подачи пряжи 535.15
—ый ящик 22.2, 29.1, 260.7
—ое веретено 550.1
—ое гребенчатое кольцо 448.12
—ое корыто 284.6
—ое полотно с. т. питательная лента
—ое полотно 296.10, 328.11
—ое полотно, безконечное 308.2
—ое приспособленіе 319.17
—ые валики 27.4, 197.2, 259.13, 489.10, 526.11
—ые валики с двойными спиралями 370.4
—ые валики с обратно вращающимся нижним валиком 543.3
—ые валики, рифленые 267.7
—ые столы параллельно идущіе 221.5
—ые цилиндры 86.5
—ыя клещи 380.12
—ыя рѣшетки движущіяся 23.2.3
питать вручную 28.1
— машину двумя холстами 91.8
— ряд геклей в один (два) слой (—я) 252.11.12
пишущее остріе 608.13
плавать (кокон) 420.1
— в щелокѣ (шерсть) 282.10
плавающій кокон 420.2
плавильная трубка 491.6
плавное подниманіе 613.12
пламя, газовое 455.5
план сортировочной 22.15
планка барана 565.7, 567.4
— колосниковой рѣшетки 260.4
— с отверстіями расположенными в перемежку 105.1
— для очистки 611.13
— для очистки нижних валиков 109.3
— для подпятничков шпуль 394.15
— с подпятничками 394.11
—, бительная 36.3
—, гребенная 48.2, 60.1, 218.9

планка, гребенчатая 36.12
—, гребенчатая набранная иглами в два ряда . 254.7
—, деревянная со стальными зубьями 405.7
—, желѣзная нитеводная 522.5
—, зазубренная . 258.5, 383.14
—, заправочная . 46.6
—, зубчатая . . . 312.10
—, игольчатая 86.11, 88.1, 241.13, 245.6, 254.6, 372.9, 379.12
—, игольчатая закрѣпленная . 383.2
—, игольчатая качающаяся. . . 383.3
—, катушечная . . 140.15
—, качающаяся . 201.4, 537.10
—, колосниковая . 48.3
—, колосниковая — для отбиванія комков и шишек 199.6
—, колотильная . 36.3
—, кольцевая . . 151.11
—, кольцевая —, прикрѣпленная к станинѣ . . 226.9
—, наждачная . 70.13
—, направляющая 104.13, 111.1, 558.11, 559.5
—, натяжная . . . 340.14
—, нитеводная . . 558.2
—, нитеводная —, качающаяся вверх и вниз . 561.6
—, нитеводная —, для ровницы . 257.5
—, нитеводная устанавливающаяся 226.3
—, очистительная 251.11, 253.6
—, очистительная клиновидная . 109.4
—, передаточная . 11.7
—, передвижная . 373.6
—, перемѣщающаяся 564.18
—, подвижная — из твердаго дерева между веретенами 123.6
—, подталкивающая 200.14
—, поперечная . . 31,10
—, привернутая . 603.6
—, противобаллонная глухая . . 153.2
—, противобаллонная — с прорѣзами 152.19
—, ровничная с проушинами . 142.8
—, самогрузочная 334.12
—, съемная . . . 245.11
—, точильная . . 338.20
—, чистильная . 70.7
—, чистильная ручная 75.6
—, чистильная спиральная . . 75.8
планка-скребок из твердаго дерева 98.13
планки с возрастающею плотностью игл . . 380.10
—, игольчатыя качающіяся . . . 220.13
—, колотильныя . 312.12
планки, продольныя колосникообразныя 477.5
планочная колосниковая рѣшетка 36.11
пласт 19.18
пластина, кардная 64.4
—, качающаяся . 381.3
—, основная . . . 62.3
—, стальная . . . 56.2
пластинка, гребневидная стальная 340.10
—, передвижная стальная . . . 429.8
—, стальная . 56.5, 331.1
—, стальная закаленная 331.4
—, стальная закрѣпленная 331.5
—, стальная подвижная . . . 331.6
—, ударная. . . . 27.9
—, установочная с указателем . . 80.2
Платт, система —а 58.8
—, приспособленіе для точки шляпок системы — 73.8
платформа для перевозки початков 361.10
— для подачи вагонеток 307.11
—, передвижная . 572.16
плетельн-ая машина . . . 506.15, 510.3
—ая пряжа 580.17
—ый глазок . . . 511.14
плетеніе, кабельное 594.17
—, рѣдкое 571.5
—, спиральное . . 388.3
плетенка для коконов 415.20
— из конскаго волоса 507.5
—, джутовая . . . 235.4
плетен-ый канат . 597.7
—ый шнур 597.6
—ый шнур для веретен 359.10
—ыя канатныя издѣлія 597.5
плечо 360.2
— гребенки . . . 58.5
— журавля. . . . 350.6
— рогульки 130.3, 548.5
— рычага 205.8
— рычага противовѣса 549.9
— рычага, нагруженное гирею . 233.15
— тормазного рычага 147.7
—, вращающееся — рогульки . . . 233.10
—, грузовое рычага 74.2
—, качающееся . . 60.4
—, массивное . . 452.6
—, натяжное . . . 332.18
—, опорное . . . 127.7
—, пустотѣлое . . 130.7
—, шарнирное . . 567.9
плисовая пряжа . 193.12
плита под выпускной лентой . . 111.5
— подпятника . . 132.11
— пресса 577.14
—, аспидная . . . 304.8
—, башмачная . . 352.18
—, каучуковая . . 112.11
плита, нагрѣвательная. 388.10
—, наводящая . . . 87.10
—, обмазанная глиною 376.4
—, питательная . 98.9
—, прикрывающая чугунная — с выступающими ребрами . . . 376.2
—, ситчатая вставленная 285.9
—, скатывающая — с рифленой рабочей поверхностью 333.12
—, стеклянная шлифованная . . . 283.5
—, фундаментная . 95.3
—, эбонитовая . . 112.11
плиты, терочныя . 388.4
плитка, стальная . 391.12
плоск-ая гребенная машина . 444.17
—ая гребенная машина 376.20
—ая жила 595.14
—ая игла 86.17
—ая проволока . 65.19, 493.13
—ая пружина 95.11, 461.7
—ая пряжа. . . . 589.7
—ая спиральная пружина . . . 235.17
—ое зерно 71.5
—ій золотник . . 291.7
—ій проволочный канат. 597.14
—ій канат 597.12
плотн-ая джутовая дерюга 16.12
—ая крученая нить 539.22
—ая подводка . . 70.11
—ая (равномѣрно) прессовка кипы 16.8
—ая ткань 477.7
—ая шишка . . . 590.13
—ое с. т. полное
—ое крученіе нити 541.5
—ое натяженіе нити 552.2
—ый кокон . . . 416.11
—ый слой намотки 155.14
плотно прилегать. 517.7
плотность набора игл 68.4
— основной ленты 64.8
— проволочной сѣтки 195.11
— распредѣленія игл барабана . 311.18
—, возрастающая 380.10
плохой запах процесса гніенія . 437.20
— сход зачатка . . 155.19
плохо работать . . 390.6
плошка с. т. подпятник
— с конической фаской 531.5
— со скосом 531.5
—, глиняная обливная 128.13
—, захватная . . . 552.15
—, стеклянная . . 128.14, 544.4
—, стеклянная протравленная . . 128.16
—, фарфоровая . . 128.15
плуговидная отточка 67.16
плѣсень 574.10
плюшев-ая грудница 568.5
плюшев-ая подушка 557.19
—ый валик 85.12, 378.10, 522.2
плющеніе с. т. отжимка
плющеніе умягченнаго джута 240.1
плющильномаслопропитывательная машина . . 241.4
плющильн-ый аппарат с перемѣнным рифленіем 241.1
—ый вал. 34.2
—ый валик . 111.6, 115.2
—ый валик для джута 240.9
—ый валик с закругленными рифлями . . . 240.8
—ые валики 218.7, 253.5, 385.11
—ые валики, рифленые 240.11
—ые клещи. . . . 61.12
плющить с. т. отжимать
— умягченный джут 240.2
пневматическ-ая подача 37.7
—ій кардочиститель 341.2
—ій пульверизатор 574.3
—ій разрыхлитель. 38.3
—ое смѣшиваніе хлопка 24,7
пневматически перемѣщаться по трубам (хлопок) 39.4
поваренная соль . 438.22
поверхность вальяна 59.17
— волокна 6.20
— кард 58.13
— ножа 409.11
— охлажденія сушильнаго помѣщенія 295.1
— тренія с продольными ребрами 332.10
—, блестящая . . 338.9
—, вогнутая . . . 69.19
—, грубонасѣченная 550.4
—, кардная принявшая шероховатый вид . 339.17
—, кардная — с темными мѣстами 338.10
—, коническая — послѣдняго слоя начинка . 168.2
—, рабочая с. т. поле, рабочее
—, рабочая — гребней. 218.8
—, рабочая закаленная 107.7
—, рабочая — кардной гарнитуры 60.14
—, рабочая — рифленая 333.12
—, рабочая (рукава) 332.9
—, рабочая (цилиндра) . . . 394.2
—, рабочая (шляпок) 61.3
—, ровная 10.6

поверхность, сработанная кожи . 185.8
—, терочная — рукава 332.9
—, точильная . . 202.14
—, цементированная 120.15
—, цилиндрическая — перваго слоя начинка . . . 168.1
—, шероховатая . 559.12
поверхностн-ая вода 270.4
—ое треніе волокон 6.22
поводков-ая вилка 347.13
—ое кольцо . . . 345.20
—ый диск 132.4
поводок, установочный — регулятора . . . 43.15
поворачивающіеся желѣзные угольники . . 367.11
— спиралеобразные витки . . 517.8
поворот замочной трубки на 180° 177.2
— каретки 352.11
поворотн-ая ось тормазнаго рычага 185.9
—ый клапан . . . 365.11
—ый круг 448.5
—ый стол 448.4
повредить шерстяной волос. 276.12
повреждаться, не — (окраски) . . 403.3
поврежденн-ая кипа 16.5
—ая, при морской перевозкѣ кипа 15.8
—ое волокно . . . 26.2
—ый шерстяной волос 276.13
—ый кокон . . . 415.11
—ый слой катушки 387.4
повторная автоматическая подводка. 405.3
повторять вытяжку 101.16
повысить вязкость раствора . . . 464.10
— прядильную способность джутоваго волокна 237.13
повышать надниточник с каждым слоем початка 191.3
повышеніе качества прочесаннаго льна . . 217.12
—, постепенное — температуры ванн 280.5
повѣрка 563.3
— вѣса кип 16.16
— количества очеса 100.2
— смѣси 19.5
повѣрочное мотовило с. т. контрольное мотовило
повѣрочное взвѣшиваніе 614.5
повѣряльщик кардных машин . . 4.8
поглощаемость, различная — влаги 572.11
поглощать влажность (лен) . . 217.14
поглощать влагу (способность) . 302.1
— масло 314.2
поглощающее вещество 355.11
поглощеніе воды нитями 556.6
погон с. т. полоз *или* склиз
погон . . . 167.3, 558.5
— каретки . 344.6, 353.1
—, подвижной . . 190.11
—, скользящій . . 190.14
погонялка шерсти 286.9
—, изогнутая . . 285.11
погоняльное приспособленіе . . 285.12
погружаться в волокна (верхняя гребенка) . . 85.6
погруженіе пряжи в текущую воду 573.14
—, перпендикулярное — игл гребенки в ватку . 253.11
погруженный валик 441.10
погрузочный барабан. 281.14
— валик . . 281.13, 385.8
подавальщик . . 176.5
— хлопка 28.2
подача с. т. питаніе
подача ровницы . 345.8
— храповика . . . 190.12
—, пневматическая 37.7
подающ-ая труба для хлопка . . 38.14
—ее безконечное полотно. 320.4
—ій автоматически коконы (аппарат) 423.8
—ій автоматически аппарат . . . 423.8
—ій валик 311.12
—ій стол 111.2
подбивка кардной обтяжки . . . 338.6
подбирать хлопок с дерюги . . . 18.7
подбор, прибор для —а валиков . . 120.8
подбрюшная шерсть 265.22
подвал, сырой . . 574.11
—, увлажнительный 574.13
—, увлажнительный — с пульверизатором 574.14
—, увлажнительный — с водяными каналами 575.3
подвальный пух . 49.7
подвергать гніенію на воздухѣ шелковые угары . 437.19
— скобки добавочной закалкѣ . 74.10
подвергающійся сушкѣ матеріал 292.9
подвергнуть гніенію шелковые угары 437.11
— шерсть воздѣйствію сухого теплаго воздуха . 292.16
подвести волан вплотную . . 323.16
подвести точильный валик 70.10
— шляпки 77.8
подвигать вперед станок с задним колесом . . . 500.2
подвижн-ая втулка для шейки веретена 178.1
—ая внутренняя втулка 146.6
—ая гребенка зажима 558.9
—ая доска 262.6
—ая каретка . . . 557.5
—ая направляющая 190.11
—ая планка между веретенами . . 123.6
—ая ручная чесалка. 318.16
—ая стальная пластинка 331.6
—ая часть рельса 307.12
—ая часть соединительной кулачной муфты . . 345.18
—ая щека клещей 381.14
—ая щека питательных клещей . . 381.1
—ое огражденіе . 177.5
—ой погон . . . 190.11
—ой подпятник . . 289.14
—ой подшипник . 311.14
—ой роликовой подшипник для барабаннаго шнура 192.4
—ой сосуд для промасливанія . . 317.14
—ой такелаж . . 596.21
—ой щит 177.5
подвод газа . . . 455.9
—сжатаго воздуха 455.10
подводимая нить. 528.8, 533.3
подводить валики друг к другу при помощи крестообразнаго шаблона . . 105.7
— волан на слух . 322.17
— волокна вдоль их оси . . . 328.16
— к выпуску *x* лент 104.5
— клинья под движущіяся шляпки 73.6
— цилиндры посредством шаблона 105.9
подводиться позади нажимного валика (нить) . 546.1
подводка . 319.10, 390.3
— валиками . . . 443.13
— валиков 58.12
— валиков по способу Вида . . 59.8
— валиков и их установка в подшипниках . . 58.14
— валиков на чесальной . . . 324.1
— волокнистой ленты 382.8
— друг к другу парных гребенчатых полотен . 214.9
— жидкости . . . 488.15
— игольчатыми полотнами . . . 443.5
— клиньев . . . 74.5
подводка посредством неподвижнаго питательнаго желоба для длинной шерсти 312.3
— питанія цилиндрами 42.14
— питательнаго цилиндра . . . 78.2
— по слуху . . . 78.3
— холста. 42.10
— чесальной машины. 60.15
— по шаблонам . 78.4
— шляпок 53.14
— шляпок по способу Апворта 56.3
— шляпок по способу Вилькинсона 56.13
— шляпок системы Добсон и Барло 54.15
— шляпок системы Ритера 55.4
—, близкая . . . 70.12
—, обильная . . . 102.3
—, педальная . . 43.1
—, передвижная . 372.10
—, перерывистая . 84.6
—, плотная . . . 70.11
—, повторная автоматическая . . . 405.3
—, прибор для —и шляпок на чесальных машинах с передвигающимися шляпками . . 79.9
—, приспособленіе для —и 93.10
—, рычажно-желобчатая 312.7
—, слабая 102.2
подводящ-ая вилка 129.8
—ая трубка для пряжнаго раствора 461.9
—ая трубка . . . 461.3
—ее с. т. питательное
—ее полотно . . . 308.3
—ій валик . . 99.13, 319.18
—ій жидкость валик 486.11
—ій винт 54.8
—ій желоб . 93.4, 379.10
—ій крытый желоб 382.17
подвѣска 360.2
— для груза . . . 105.15
— для педали . . 28.11
— для собачки . . 95.9
—, педальная 33.3, 34.8
—, передвижная . 241.11
—, пружинная . . 105.17
—, регулировочная 43.8
—, чугунная . . . 184.14
подвѣски 360.2
подвѣсн-ая каретка с катушками 503.14
—ая щетка 193.8
—ой груз 499.3
—ой рычаг 180.10
—ый канат. . . . 596.6
—ый рѣшетчатый ящик 304.2
подвѣшиваніе грузов 107.1
подвѣшанные рельсы 503.15
подвѣшенное полотно. 193.1
подгнившій кокон 415.16

подгонка, окончательная — под толщину 501.4
подготовительн-ая вытяжка 101.7, 103.12
—ая вытяжная машина 81.3
—ая кардная машина 232.15
—ая крутка 539.17
—ая обработка 263.12
—ая сушка 287.5
—ая фильтрація 270.5
подготовительная чесальная 199.9, 319.5
—ая чесальная машина 320.14
—ое вытягиваніе 81.4
—ое кардочесаніе джута 247.1
—ое мытье 268.22
—ое прочесываніе 212.16
—ый гребень 495.14
—ый разрыхлитель 35.5
—ый фильтр 271.8
подготовительно-крутильная машина 522.7
подготовительно чесать паклю 221.1
подготовка кип для мѣшки 18.8
подготовленіе хлопка для мѣшки путем проваривания 19.10
подготовлять кипы для мѣшки 48.9
поддерживающій канат 596.6
— кронштейн 357.8
поддержка, стойка для — и полки 344.7
поддѣланное масло 315.23
подземный канал 402.18
подталкивающая стѣнка 200.14
подкислить кислотою снятое молоко 471.17
подкладка, войлочная 544.12
—, деревянная 442.2
—, деревянная клинообразная 229.9
—, клиновидная выравнительная 73.7
—, кожаная под катушкою 140.12
—, суконная под катушкою 140.11
подкладочная ткань 407.16
— шайба 355.13
подкладывать подкладки 338.7
подклейка 333.4
подковообразн-ое сращиваніе 494.1
—ый желѣзный сердечник 113.9
подкос 497.3
подкрашенн-ая пряжа альпака 585.15
—ая полушерстяная пряжа с бумажной нитью 584.10
—ый лоскут 398.4
подливать кислоту 304.15
подмастер, чесальный 4.8
подметальщик 3.20
подметальщица 3.21
подметать пух с пола под кареткой при помощи подвѣсной вращающейся щетки 193.8
подметь, замасленная 194.20
подмот, второй 157.2
подмотка 528.1
подмотка ниже початка 156.7, 175.8, 551.13
подмоченная кипа 15.8
подмѣшиваніе составов для мытья 274.18
подмѣшивать кислоту 304.12
— мыло 277.11
— к мягчильному маслу минеральное масло 238.15
— состав для мытья 274.19
подниманіе барабана 56.10
— подниточника 166.1
— шляпки 53.3
—, плавное — коромысла 613.12
поднимать барабан 56.9
— гребенку вверх 252.2
подниматься (воздух) 297.2
— зигзагообразно кверху (воздух) 297.2
— (подниточник) 166.2
— и опускаться на высоту длины катушки (рогулька) 548.8
поднимающіеся витки 551.14
подниточник 160.6, 351.18
подножка 11.6, 234.1
— солдата 165.12
подносчик катушек 569.9
поднятый надниточник 169.6
— нитевод 528.14
подобно, свойство — текстильной нити 475.8
подогрѣтая гребенка 375.17
— струя воздуха 574.18
подогрѣть гребенку 375.16
— мытьевой щелок 275.16
— мягчильное масло 238.17
подпятник с. т. плошка
подпятник 97.12, 122.17, 131.3, 177.14, 289.4, 354.14
— колонки 151.14
— трепала охлаждаемый водою 36.13
—, бронзовый 355.1
—, вставной 131.5
—, глиняный обливной 128.13
—, грушевидный опорный 289.14
—, отъемный — с резервуаром для масла 147.8
—, подвижной 289.15
—, стекляный 128.14
подпяточный подшипник 354.14
подручный 5.17
подсасываніе с. т. присасываніе
подсиненный гребенной прочес 386.2
подсинивать 386.1
подсолнечное масло 314.17
подстава для цилиндров 545.7
подставка с. т. стойка *или* державка
подставка для гребня 99.9
— для прядей 498.1
—, валикообразная 290.9
—, крестовидная — для конлюшки 510.7
—, цилиндрическая 290.9
подсчет вытяжки 222.16, 387.9
подтягиваніе шнуров 359.17
подтянуть тормаз 347.9
подушка под призму 111.13
— подшипника 105.6
—, кожаная 442.1
—, плюшевая 557.16
подцвѣтка 311.3
подшивка, тавровая 344.4
подшипник 59.9, 553.3
— барабаннаго вала 192.7
— для вала вальяна 88.7
— для валика 105.4
— для веретен 354.11
— веретена 128.12, 177.13
— для кареточнаго вала 176.11
— кареточнаго вала 94.13
— для круглой цапфы 111.12
— для оси вилы 281.6
— для шейки 130.15
— для шейки веретена 354.13
— для цапф 528.4
— для цапфы бѣгуна 324.3
— для цапфы барабана в кареткѣ 192.6
— щеточнаго валика 88.11
—, американскій 324.4
—, бронзовый — для шейки веретена 354.16
—, закрытый 324.6
—, концевой 192.8
—, коробчатый 342.13
—, натяжной — для элеваторной ленты 40.1
—, открытый — веретена 356.2
—, переставной — для цапфы 324.2
—, подвижной 311.14
—, подпяточный 354.14
—, роликовый — для барабана 158.9
—, роликовый подвижной — для барабаннаго шнура 192.4
—, самосмазывающійся — барабана 145.2
—, скользящій передвижной 59.3
—, угловой 349.5
подшипник, упругій 146.9
—, установочный — для валиков над — и подниточников 178.9
—, шариковый 355.7
—, эластичный — шейки 289.18
подъем с. т. ход
подъем, возрастающій 334.2
—, двойной 151.9
—, крутой 561.2
—, переставной 180.2
—, слабый 561.1
подъемн-ая кареточная шестерня 134.5
—ая рѣшетка 21.9, 23.4
—ая игольчатая рѣшетка 28.6
—ая шайба 246.8
—ая штанга 151.13
—ое приспособленіе 304.3
—ый вал 246.5
—ый канат 596.5
—ый кулак 246.6, 445.7
—ый маховик 230.1
—ый механизм 273.2
—ый стояк 135.9
—ый шкив 246.8
—ыя подводныя шестерни 135.10
подъемщик 357.11
подъѣденный кокон 415.17
позитивный механизм подниточника 169.5
позументн-ая пряжа 580.13, 585.7
—ый шелк 587.6
—ый шнур 593.16
показаніе снять со счетчика 432.8
показанія процентнаго содержанія очеса 100.7
показывающій, счетчик — число оборотов веретена 133.10
покачиваніе каретки 345.3
покачиваться (каретка) 345.4
покоющіеся на антифрикціонных роликах валы надниточника и подниточника 169.8
покров, нажимного валика 115.11
—, деревянный 336.14
—, гипсовый 336.15
—, кардный 60.18
—, каучуковый (основанія) 65.8
—, кожаный — нажимного валика липок 109.6
—, кожаный с рифлями 109.9
—, лаковый 120.7
—, наружный (нити) 9.23
—, приклепной кардный 61.17
—, резиновый 65.7
покрываніе сукном нажимного валика 116.17

покрываніе точильнаго валика наждаком 70.17
покрывать поверхность барабана составом против ржавчины . . 63.13
покрыт-ая мѣдью проволока . . 493.10
—ая кардою чесальная 221.12
—ая шляпка . . . 53.13
—ый волокнами валик 323.16
—ый кожею сегмент 380.11
—ый фланелью валик 108.15
—ое волокнистою ваткою бумажное полотно . 480.8
покрытіе клеем . 71.9
покрыть волокна джута слоем жира 237.11
— кожу клеевою жидкостью . . 120.4
— сукном нажимной валик . . . 116.18
покрышка с. т. обтяжка
покрышка . . 72.5, 195.12
— волана 202.6
—, деревянная . . 116.2
—, желѣзная над пріемным валиком 78.8
—, жестяная 259.2, 441.17
—, жестяная устанавливаемая . 202.7
—, кардная — с основаніем из ткани и войлока 335.1
—, кардная — со стальной проволокой . . . 335.6
—, кардная с основаніем из ткани 334.15
—, пылеудалительная 195.7
—, фланелевая . . 115.13
покупщик с. т. покупатель . . .
покупатель льна . 210.10
пол 291.4
— закрома 22.12
— для раскладки шерсти 294.8
—, передвижной . 572.16
—, сушильный . . 227.6
пол-ая крутильная головка (корпус) 342.14
—ый вал . . 189.8, 509.10
—ый початок . . 208.1
поле, рабочее . . 246.1
полевой орѣх . . 433.19
ползун 55.6, 73.12, 121.5, 125.7, 283.8, 531.13
—, натяжной . . . 41.5
полинялый лоскут 398.3
полиспаст 596.9
полка 307.10
— из желѣзных прутьев 570.16
— для катушек . . 394.13, 556.5
— для наставки початков 564.15
— шляпки 61.6
—, веретенная . . 355.4
—, верхняя 344.10
—, дуговая . . . 55.12
—, захватная . . . 552.15
полка, катушечная 394.8
—, нижняя . . . 344.8
—, опорная 59.6
—, рѣшетчатая . . 296.16
—, пяточная . . . 344.9
полное с. т. плотное
полный ход скатывающаго аппарата 334.4
Поллер, динамометр —а . . . 607.8
половина каретки 344.15
—, рабочая верхняя 232.18
—, рабочая нижняя 232.19
пологая спираль . 561.1
положеніе бородки закрѣпить зажимом 447.3
— каретки, закончившей отход . 164.11
— кольцевой планки для намотки запаса пряжи . 156.12
— кольцевой планки при нижней подмоткѣ . . . 156.9
— кольцевой планки для образованія вершины послѣдняго слоя 157.1
— острій кардных скобок 67.5
— щипцов 92.9
—, включенное . . 346.18
—, начальное . . . 156.13
—, начальное — башмачков . . 175.15
—, неподвижное (каретки) . . . 164.19
—, нормальное (вѣсов) 200.13
—, опущенное . . 175.11
—, противоположное — витков нити в слоях . 517.9
—, сцѣпленное (муфты) 191.15
положенія, разныя — кольцевой планки при пряденіи . . . 156.8
положить на склад фильтрованный пряжный раствор 463.15
полоз с. т. погон
полоз 283.8
— каретки . . . 344.6
—, короткій . . . 183.14
полок для перевозки початков 361.10
полон, съем . . . 387.1
полоса колосниковой рѣшетки . 27.7
—, кардная 60.19
—, кожаная . . . 118.18
—, продырявленная 282.5
—, стальная . . . 56.2
—, стальная с приклепным кардным покровом . 61.17
—, щеточная . . . 96.8
полосы, металлическія вотканыя 477.11
—, припаянныя . . 477.9
—, продольныя колосникообразныя 477.5
полоска ватки . . 329.8
— из ватки . . . 203.14
полоска для очистки 611.13
—, бумажная . . 478.9
—, волокнистая . 476.18
—, x — ок в дюймѣ 71.16
полоски, поперечныя 329.10
полосканіе лоскута 401.5
— шерсти . . . 284.14.17
полоскательн-ый ковш 281.8
—ый чан . 280.4, 285.2
полоскать холодной рѣчной водой 284.16
полосовое желѣзо 368.7
полотна 22.3
— мокрыя 573.13
полотно . . . 7.18, 50.1
— бумажной массы, предварительно раздѣленное 478.7
— из бумажной массы 481.1
— гребенки . . . 60.1
— для полстины . 328.6
—, безконечное с. т. безконечное полотно
—, безконечное . . 108.12, 196.10, 327.11, 328.8
—, безконечное байковое 108.13
—, безконечное кожаное 93.3
—, безконечное — для локонов . 329.15
—, безконечное подающее . . . 320.4
—, безконечное проволочное . 296.8
—, безконечное хлопчатобумажное . . . 108.14
—, бумажное 477.12, 481.1
—, бумажное —, покрытое волокнистою ваткою 480.8
—, бумажное увлажненное . 480.7
—, войлочное . . . 478.16
—, входящее бумажное . . . 483.6
—, гребенчатое . . . 214.4
—, игольчатое . . 22.4
—, кардное . 448.1, 449.4
—, кардное гребенное 445.1
—, кардное — из пеньковой ткани 445.2
—, кардное — с резиновым слоем 445.3
—, кожаное безконечное 451.8
—, металлическое грубаго переплетенія с полосками плотной ткани . . 477.7
—, прикрывающее безконечное . . 296.9
—, кожаное . . . 389.14
—, наждачное . . 70.14, 339.2
—, питательное . 218.5, 296.10, 328.11
—, питательное безконечное . . . 308.2
—, подводящее . . 308.3
—, подвѣшенное . 193.1
полотно, приспособленное для точенія барабана 70.16
—, проволочное . 295.4
—, точильное . . 70.14
—, точильное передвижное . . . 339.1
—, увлажненное бумажное — . 482.6
полстина с. т. холст, ваточный
полстина . 325.3, 328.12
— вдоль (поперек) волокна . . . 325.6.7
—, грубая 325.4
—, длинная . . . 327.9
—, образованная накладываніем ватки 325.1
—, отдѣлочная . . 325.5
—, поперечная . . 325.19
—, расправленная 327.18
—, сырая 325.4
—, тонкая 325.5
полубѣлая волосяная пряжа . . 585.10
полубѣлить . . . 401.12
полубѣлка хромовой кислотой . 401.13
— и крашеніе лоскута 401.7
полугребенная пряжа 364.11
полукамвольная пряжа 583.17
полукласс 14.18
полукругл-ое сѣченіе 564.16
—ый противень . . 510.8
полукуфта 564.9
полуматовый шелк 427.19
полумокрое пряденіе, ватер —аго —я 226.2
полумоток 562.20
полумягкій шелк . 434.11
полуокружная с. т. полуциркулярная
полуокружная кардная машина с верхней рабочей половиной 232.18
— подготовительная кардная машина . . . 247.5
полупродукт, вытягивать волокнистый — посредством валиков 102.11
полусъем 564.9
полуудаленіе луба 434.8
полуциркулярная с. т. полуокружная
полуциркулярная кардная машина 249.13
полученіе нити . 468.10
— поташа из пота шерсти 273.4
— шелка из коконов 418.5
получить обратно растворитель отгонкой . . . 463.5
полушелковая пряжа альпака . . 585.16
полушерсть с. т. вигонь
полушерсть, тибетская 407.20

полушерстян-ая вязальная пряжа 585.2
– пряжа . 408.4, 579.11
– ткань 64.23
–ое мунго 407.2
–ой лоскут . . . 396.12
полушляпочная чесальная . . . 80.6
полюс 113.6
–, магнитный . . 360.12
помощник 5.17
– канатчика . . . 494.11
– кардовщика . . 251.3
– прядильщика . 3.2
помощница . . . 5.18
– банкаброшницы 2.12
– прядильщика . 3.3
помѣщеніе волана над вальяном . 202.5
– кип на складѣ . 17.10
– для мѣшки хлопка 23.1
– для отвариванія 436.21
– для умягченія . 239.3
–, бетонное . . . 570.18
–, запарочное – для пряжи . . 570.10
–, колотильное . . 442.6
–, складочное . . 264.5
–, сушильное . . 296.4
понижаться в качествѣ на 1/4 класса . . 14.20
– в качествѣ на 1/2 класса . . 14.21
– в качествѣ на 3/4 класса . . 15.1
пониженіе качества 14.17
поперек вводить волокна . . . 325.19
– направленія передачи наслаивать полстину . 325.17
попеременно приводимыя во вращеніе 537.3
поперечина . . . 344.3
– из твердаго дерева 497.1
–, задняя 178.6
–, чугунная задняя (передняя) распорная – каретки 178.5.6
поперечн-ая балка 290.7, 499.2
–ая колосниковая рѣшетка . . . 27.6
–ая планка . . . 31.10
–ая полстина . . 325.18
–ая рейка 106.8
–ая траверза . . . 290.7
–ое расположеніе волокон . . . 326.12
–ое сѣченіе . . . 100.13
–ый отросток на плечѣ рычага . 179.1
–ый штифт . . . 130.5
–ыя полоски . . . 329.10
поплавок . 365.12, 574.7, 608.9
пополам смѣшивать 19.3
поползушка . . . 55.6
– нижней части щипцов 93.7
попорченная кипа 16.5
порог 50.15
порка коконов . 419.19, 440.13
– коконов рукою . 420.3
Поркюпэн 35.2
порода хлопка . 13.5
– шелка 410.4
– шерсти 266.8
–, бенгальская . 414.4
–, двухурожайная 413.16
–, многоурожайная 413.17
–, одноурожайная 413.15
–, чистая 414.1
–, японская . . . 414.3
породы кокона . . 413.14
порожек, закругленный . . . 373.13
порожніе тазы . . 60.11
пороть с. т. бить
пороть коконы метелкой 420.4
порочныя мѣста в нити 428.19
порошкообразный копал 458.19
порошок 302.7
–, древесный . . 475.3
–, мыльный . . . 277.21
–, роговой . . . 120.13
–, стеклянный . . 109.12
портняжн-ый угар 397.18
–ые обрѣзки . . 397.18
порціи, загрузочныя – отвѣшиваемыя вѣсами постоянно одинаковы 200.12
порча влажнаго джута от броженія 236.19
порченный кокон . 436.10
поршень 291.10
– пресса 288.5
–, буферный . . . 352.3
–, всасывающій . 470.3
поршневой шток . 291.14
порщик, механическій – коконов 420.6
порщица коконов 419.20
порывисто вращаться 84.8
порядок, шахматный 551.2
посадка с. т. присадка *или* ставка
–, правильная катушки 97.4
послойное промасливаніе . . . 317.6
послѣдній слой холста 47.8
послѣдовательное скатываніе . . 333.10
посыльный мальчик 3.19
посыпать поваренною солью мытый прочесный шелк 438.22
постав, терочный . 231.1
поставить шипы в разбивку . . . 30.14
– шляпку на мѣсто 53.6
поставка на пол-класса ниже обусловленнаго 14.18
поставленный на шип стояк . . 497.2
постель, деревянная 231.2
постепенн-ая вытяжка нитей . 472.10
–ое повышеніе температуры ванн 280.5
постепенн-ое разрыхленіе волокнистаго вещества 25.10
постепенно прочесывать лен на геклях 212.1
постоянная прочеса 49.20
постоянн-ая высота подъема кольцевой планки . 151.8
–ая жесткость воды 270.1
–ое количество нитей 563.19
–ое число оборотов (веретена) . . 123.8
постоянно вращаться (втулка) . 182.8
постоянно-равномѣрная нагрузка 267.8
– смазка кольцевым самосмазом 148.18
пострадавшая при морской перевозкѣ кипа . . 15.8
построеніе начинка 167.13
постромка 594.9
поступательн-ое движеніе . . . 517.2
–ый ход рѣшетки . 23.9
потайная головка 61.14
поташ 272.9
–, потовый 273.9
–, растворенный . 273.7
поташное мыло . 277.16
пот шерсти . . . 272.1
–, жирный . . . 274.1
потеря влажности 615.18
– вѣса от мытья . 269.17
– в вѣсѣ при отваркѣ 434.15
– в вѣсѣ от удаленія луба . . . 434.14
– длины пряжи . 604.10
– крѣпости . . . 302.6
– крутки 146.4
– от мытья . . . 605.10
– в отбѣлкѣ . . 605.12
– шелка в вѣсѣ . 434.13
потовой жир . . . 274.10
– поташ 273.9
потная шерсть . . 268.1
поток, водяной . . 285.6
потолок 503.15
потолочный контрпривод 359.23
потоудалитель Маларда . . . 365.6
потребленіе шерсти 264.4
–, еженедѣльное – хлопка 18.14
потребное количество тепла . . 293.1
потѣніе пеньки внутри кипы . 228.11
потѣть (хлопок) . 15.9
початок . . 154.9, 530.4, 532.11
– с дефектами . . 174.12
– крестовой мотки 351.16, 519.13
– неправильной мотки 174.12
– основы 154.13
–, готовый 157.3
–, мюльный . . . 543.13
–, мюльный – перегонный . . . 569.2
–, мюльный челночный . . . 569.3
початок, тощій . . 174.7
–, трубчатый . . . 520.3
–, уточный 154.10, 520.6
початки, вертикально стоящіе . . 612.3
початочная мотальная машина . 526.9
– пряжа 583.11
– шина 352.5
почвенная вода . 270.9
почковидный кокон 414.10
пояс, средній (бородки) 445.14
–, тормазной . . 564.19
поясной тормаз . 347.6
поярок 264.11
прав-ая гребнечесальная . . . 83.5
–ая крутка . . . 541.1
–ая рѣзьба . . . 339.5
–ое направленіе винтовой линіи 517.11
правой мотки . . 164.6
право-винтовое рифленіе . . . 240.12
право-діагональная 68.17
правильн-ая посадка катушки . 97.4
–ая цилиндрическая форма . . 78.12
–ое движеніе планки 151.5
править 340.3
– иглы 69.19
превратить раствор вискозы в студенистую массу 468.14
превышать сдваиваніе (вытяжка) . 223.3
предварительн-ая вытяжка гребенного прочеса 384.8
–ая окраска . . . 117.1
–ая очистка хлопка 26.7
–ая просушка . . 287.5
–ая разбивка кип на комья . . . 25.8
–ое кардочесаніе джута 247.1
–ое натяженіе . . 536.7
–ое прикрѣпленіе 337.15
–ое пряденіе 9.13, 203.4
–ое скручиванье . 502.14
–ый разрыхлитель 26.19
–ый разрыхлитель с волчком . . 26.20
–ый разрыхлитель с игольчатым барабаном . . 26.20
предварительно очистить хлопок . 26.6
– раздѣленное полотно бумажной массы . . 478.7
– разрыхлить волокнистое вещество 25.9
предназначенный для пряденія матеріал . . . 496.16
предотвращеніе, приспособленіе для – я образованія петель . 358.2
–, приспособленіе для – разстройства мѣшки . 313.7
предохранительн-ая крышка 311.15, 355.10
–ая пружина . . 95.8

предохранительн-ое кольцо 76.14
—ый башмак 351.9
—ый валик 311.12
—ый выключатель 170.1
—ый клапан 385.16
—ый наклонный щит 229.11
—ый остановочный механизм для входа каретки 357.6
—ый рычаг 357.12
предприниматель 1.14
предпряжа, бумажная 479.4
предупрежденіе 112.3
предѣл нагрузки 513.10
— титра 602.12
—, опредѣленный 417.12
предѣлы грузоподъемности вѣсов 612.14
предѣльная разрывная вытяжка 513.6
— степень крученія 9.9
преждевременное переключеніе 191.10
прекратить питаніе 554.5
препятствовать движеніям воздуха 59.12
прерываться (подача) 554.10
пресс 448.2
— для очеса 375.1
— для паковки угаров в кипы 260.13
— для сжиманія наложенных друг на друга скошенных краев обтяжки 119.6
—, валичный 288.7
—, водоотжимной 478.17
—, гидравлическій 288.2
—, горячій 385.18
—, мокрый 476.16
—, ниточный 577.13
—, паковочный — для пачек 577.13
прессвал 20.12
пресслапка 130.11.12, 452.5
прессованная кипа 16.2
прессовать джутовую паклю в кипы 260.12
прессовка, аппарат для —и 45.11
— кипы, равномѣрно плотная 16.3
прецизіонное точное мотовило 611.3
прибавить альдегид к растворителю для нитроцеллулозы 458.2
— к коллодію копаловый лак 458.20
— соль к промывной водѣ 463.17
прибавленіе масла 458.9
сѣрнаго эфира 71.13
прибавлять кислоту 304.12
— кислоту к раствору коллодія 458.7
— масло к нитроцеллулозѣ 458.8
— состав для мытья 274.19
прибиваніе гвоздями 64.4
прибивать гвоздями 338.2
прибивка кардных пластин 337.5
— кардных полос 61.5
прибор для испытанія пряжи на равномѣрность 610.2
— для надѣванія гильз 361.2
— для намотки 137.18
— для насадки игл 87.3
— для натяженія цѣпи 40.5
— для опредѣленія равномѣрности с картой для намота нити 610.3
— для опредѣленія равномѣрности пряжи для двух нитей 610.7
— для опредѣленія равномѣрности с обматываемым барабаном 610.6
— Ашворта для подводки клиньев 74.4
— Ритера для подводки клиньев 74.5
— для подводки шляпок Говард и Булло 53.16
— для провѣрки валиков 120.3
— для установленія шляпок на чесальных машинах с передвигающимися шляпками 79.9
— для эксцентричнаго движенія зубьев 30.5
—, звоночный 370.9
—, остановочный 504.5
—, остановочный — двухплечій отвѣсный 567.5
—, прядильный — Шардоннэ 461.1
—, сигнальный суммирующій 370.6
—, тростильный — для дублированія и скручиванія 356.13
—, увлажнительный 481.4
—, установительный 427.4
приведеніе вѣсов в нормальное положеніе 200.13
— в движеніе веретена 139.13
привернутая планка 603.6
привести холст в порядок 41.9
привод 35.11
— барабана и каретки 162.12
— для входа каретки 349.7
— для отхода каретки 347.11
— парным ремнем 182.6
— для перемѣны хода 256.8
— под прямым углом 360.6
— сельфактора 160.11
привод скатывающаго аппарата 333.13
— телѣжки посредством винта 373.17
—, балансирный для главнаго вала 37.1
—, верхній фрикціонный 288.17
—, двойной коническій фрикціонный 527.3
—, канатный — квадранта от каретки 171.1
—, крестовой канатный 360.7
—, ленточный 502.2
—, механическій 609.3
—, независимый — барана кожаным шнуром 473.11
—, нижній 289.12
—, ножной 10.18
—, обыкновенный канатный 360.8
—, параллельный 360.5
—, передаточный — кольцевого прядильнаго ватера 158.8
—, ременной 502.3
—, усовершенствованный (барабана) 79.8
—, фрикціонный 516.14
—, фрикціонный — для барана 473.10
—, цѣпной 242.4
—, червячный — гребневых планок 251.13
—, шнуровой 502.1
приводим-ая временами во вращеніе (распредѣлительная втулка) 177.1
—ыя, поперемѣнно 537.3
приводить веретена во вращеніе 191.16
— во вращеніе временами 177.1
— в движеніе валик 251.9
— в движеніе шерсть 282.1.15
приводн-ая станина 95.2
—ая шестерня верхняго ременного конуса 135.11
—ая шестерня для каретки на главном валу 189.5
—ая шестерня для зажимных губ 506.13
—ая зубчатая шестерня для рѣшетки 447.4
—ое колесо 11.5
—ый вал 60.3, 136.9
—ый вал для тазов 115.3
—ый вал головки 534.3
—ый канат 359.8, 597.1
—ый механизм кольцевого прядильнаго ватера 158.10
—ый механизм сельфактора 186.7
—ый ремень между конусами 255.17
—ый шкив 24.2, 35.10, 136.14, 257.13
приводн-ый шкив перемѣннаго діаметра 250.15
—ый шкив центрофуги 290.14
—ый шнур 497.5
—ый шнурок 11.3
привратник 6.3
пригарь 297.18
приглаживаніе торчащей бородки шерсти 380.7
пригодн-ая для гребнечесанія шерсть 363.16
—ый для пряденія 7.2
приготовительн-ая ленточная машина 371.16
—ая чесальная для асбеста 490.14
—ое пряденіе 328.14
—ое пряденіе джута 254.11
—ый процесс 17.16
—ый таз 223.11
—ый чесальщик 213.11
—ыя работы 364.14
приготовить мыльную ванну 433.13
приготовленіе для гребнечесанія 371.6
— джута для пряденія 234.16
— лоскута 400.3
— льна для пряденія 210.20
— льняной ровницы 224.3
— пеньки для пряденія 228.15
— пеньковой ровницы 233.7
— рами для пряденія 262.1
— ровницы 9.13, 121.9, 203.4, 390.10
— шерсти для кардочесанія 310.8
— цвѣтных мѣшек 310.22
приготовлять ровницу 9.14
— хлопок для выпрядки 17.17
придаваніе опредѣленнаго сѣченія канату посредством глазка 511.15
придавать крутку 9.6
приданіе крутки 345.12
— курчавости волосу 514.8
придатки, волосовидные 425.10
придать гибкость волосу шерсти 314.4
— спирту растворительную способность для коллодійной шерсти 457.18
пріем 343.5
— ватки регулировать 326.20
— (отказывать в — ѣ) 15.18
—, приспособленіе для — а прочеса с перерывистым движеніем 381.6
пріемн-ая катушка 550.3
—ая рѣшетка 235.16
—ая сторона 202.11
—ое веретено 550.2

пріемн-ый 51.1
–ый аппарат чесальной . . . 59.13
–ый барабан 368.11, 406.1
–ый валик . . 51.1, 77.13, 89.1, 378.11, 384.15
–ый валик, верхній 93.2
–ый валик, второй 247.15
–ый валик, главный 199.4
–ый валик, желѣзный рифленый 247.13
–ый валик, нажимной 142.11
–ый валик, нижній 93.1
–ый валик, передній 88.15
–ый валик, рифленый передній . 90.5
–ый вальян . . . 247.12
–ый кулак . . . 252.4
–ый стол на выходѣ 313.8
–ый цилиндр . . 142.5
–ый ящик 244.14
–ый ящик для обрывков лоскута 404.10
–ый ящик для шерсти 296.1
–ые валики 218.7, 449.9, 489.8
–ые катки 111.3
–ые щипцы . . . 99.8
пріемник 321.2
– коконов 423.11
прижатый пружинами нажимной баланс 21.1
прижимная лапка 452.5
– муфта 158.4
призма 111.13
–, стальная . . . 213.2
призматическая рейка между барабаном и вальяном . . . 79.4
приклепанная стальная шпилька . . . 568.12
приклепной кардный покров . . 61.17
приклон, косой . 554.6
–, нажимной . . . 393.9
прикрывающ-ая чугунная плита с выступающими ребрами . 376.2
–ее безконечное полотно . . . 296.9
прикрѣпленіе гарнитуры посредством скобок . 62.2
– карднаго покрова посредством стальной пластины 61.18
– конца цѣпи журавля 184.11
– стойки рамы . . 395.1
–, косвенное – заклепками гарнитуры . . . 61.16
–, непосредственное – заклепками гарнитуры. 61.15
–, предварительное 337.15
–, способ –я боковых тяжников к кареткѣ . . 173.11
прикрѣпленный кулак 560.10
прилегать плотно (витки нити) . 517.7
прилегать без просвѣта. 390.2
прилив станины . 185.6
прилипаніе волокон друг к другу 6.23
прилитая сцѣпная муфта 348.12
примѣненіе кислоты 302.12
примѣси 26.10
–, грубыя 26.11
примѣсь глицерина 315.8
– масла 458.9
–, дѣлающая водонепроницаемым 484.2
–, сообщающая гибкость . . . 483.16
примѣшать к раствору казеина клѣтчатку . . 472.1
примѣшиваніе составов для мытья 274.18
принудительн-ая канатная передача для второго барабана. . 144.11
–ое вращеніе. . . 524.13
–ое направленіе надниточника . 171.9
принадлежности . 360.9
припаиваніе игл . 86.21
припаивать иглы . 86.20
припаянныя полосы 477.9
– проволоки . . 477.10
приподнимать гребенной очес . 446.7
– шляпку 53.4
приподнять ватку 322.15
– дутьем прочесанную бородку 447.8
природный жир шерсти 274.1
присадка с. т. посадка
присадка шишек . 590.14
присаживать шишки 590.15
присасываніе . . 37.8
– сухого воздуха. 295.7
присасыватель . . 37.10
присасывать сухой воздух 295.8
присасывающій ящик 37.6
присоединеніе шелковинки . . . 421.8
присоединять шелковинки . . . 421.11
приспособленіе для введенія и удерживанія волокон 383.13
– для вскрытія кип 18.4
– для выдѣленія пота 272.18
– для выправки кард 340.1
– для вычески жесткаго волоса . 322.11
– дополнительной вытяжки каретки 164.12
– для дополнительной крутки . 506.1
– для закручиванія куфт . . . 577.1
– для замыканія щеколды . . . 180.3
приспособленіе для заправки холста на скалку. . . 46.5
– для затягиванія носка. . .171.5, 184.5
– для автоматическаго затягиванія носика початка 181.10
– для измѣненія длины подъема нитевода . . . 533.13
– для надѣванія гильз 175.20
– для намотки цѣпи журавля . 173.8
– для измѣненія направленія хода 23.12
– для качательнаго движенія . 98.17
– для конденсаціи пара 294.1
– для крученія канатов 503.10
– для направленія ремня 43.11
– для нарѣзанія кожаных полос 118.18
– для наслоенія полосок ватки. 328.7
– для натяженія вплетаемой нити 511.11
– для натяжки цѣпи квадранта . 351.4
– для образованія шишек с періодически вращающимися питателями 559.7
– Графа для образованія шишковидной и мухояровой нити . . 560.12
– для обтяжки карды . . . 337.8.10
– для осевого движенія точильнаго валика . . 72.4
– для останова крутильных машин 554.3
– для останова при обрывѣ ленты сзади 111.10
– для останова при обрывѣ ленты спереди . . . 112.2
– для останова ремня 357.1
– для автоматическаго останова сельфактора в момент заполненія початка . 357.10
– для остановки машины при разрывѣ ленты 81.12
– для отбрасыванія очеса . . . 380.2
– для откидыванія крючков . . . 143.16
– для очистки барабана 322.13
– для очистки пуха с поверхности каретки. . 395.2
– для очистки шляпок 52.10.11.13.14
– для очистки шляпок . . . 75.11
– для очистки неподвижных шляпок . . . 52.9
приспособленіе для перевода ремня 178.10
– для перекидки бородок волокна 446.1
– для питанія 93.10, 382.15
– для преждевременнаго переключенія ремня 191.9
– для предотвращенія образованія петель . . 358.2
– для предотвращенія разстройства мѣшки . 313.7
– для пріема прочеса с прерывистым движеніем 381.6
– для промасливанія 366.12
– для прочистки волосяных трубок. 466.12
– для разгрузки нажима . . . 94.9
– для разсыпки шишек 590.20
– для разъединенія рифленых вальцев. . . . 121.4
– для растягиванія мытых кожаных рукавов 332.13
– для растягиванія петель . . 358.3
– для скрещиванія 422.10.13
– Жозефи для смазки веретен 355.15
– для сниманія колючаго волоса 409.9
– для сниманія початков (без присучки концов нити) 145.6
– для сушки и промасливанія гребенной шерсти 366.10
– для съема очеса 213.15
– для точки шляпок 73.5.8
– на чесальных для удаленія репья 368.10
– для удаленія сора 203.10
– для укладыванія ленты 326.13
– для устраненія сдваиванія нитей. 354.3
– для фальцовки. 488.14
– для хода каретки кольцекрутильнаго ватера 551.6
– для центрированія барабана Добсон и Барло 79.6
– для чистки валиков 108.7
–, автоматическое остановочное Добсон и Барло 110.14
–, зажимное 343.9, 384.7
–, закрытое противобаллонное 153.1
–, измѣрительное 149.8
–, кропильное – Патерсона . . 241.5
–, мостовидное – для спуска съема. 565.11

приспособленіе, мотальное — для шелка 422.15
—, навойное 37.2
—, нитеводное 535.12
—, оградительное для трепала 44.8
—, остановочное автоматическое для предупрежденія переполненія таза 112.3
—, очистительное 389.6
—, очистительное вращающееся Брауна 129.1
—, питательное 319.17
—, питательное педальное 21.11
—, погоняльное 285.12
—, подъемное 304.3
—, предохранительное — для трепала 44.8
—, противо-баллонное открытое — 152.18
—, разгрузочное для вала барабана 79.8
—, разгрузочное для гири 82.2
—, раскручивающее 505.7
—, репьеудалительное — для чесальных машин Оффермана 368.15
—, самодѣйствующее навивающее 327.17
—, самодѣйствующее для обтяжки барабана кардою 337.11
—, сдваивательное 388.11
—, скатывательное 478.11, 479.2
—, скатывательное —, обтянутое водонепроницаемыми резиновыми рукавами 479.3
—, скатывающее 331.13
—, скатывающее для волосяной пряжи 409.5
—, съемное — для гребенного очеса 446.2
—, съемочное 446.6
—, тормазное 347.5
—, тормазное — для катушечнаго станка канатной машины 506.8
—, увлажнительное 485.12
—, установительное 486.14
—, установительное защелкивающее 531.8
—, чувствительное — для останова 534.15
приспособленія для умягченія и отжимки джута 239.1
—, разгрузочныя для нажимных валиков 106.7
приспособленн-ое для точенія барабана полотно 70.16
—ый к отводу 320.18
приставать к щеткѣ (конец) 420.13
приставш-ая костра 220.18
—ія засоренія 454.12
— шелковинки 425.10
приступать к выпрядкѣ 155.3
— к выпрядкѣ со свѣжей заправкой 352.12
присучальная машина 330.1
присучать нить 352.15
— шелковинки 421.11
присучальщик 176.2, 421.12
—, второй 176.3
присучальщица 3.5
присученная шелковинка 421.10
присучиваніе нити 158.14, 352.14
— шелковинки 421.8
присучить оборвавшуюся нить 158.15
— оборвавшуюся ровницу 133.12
присучка нити 158.14, 352.14
—, плохая 159.1
приток воды для полосканія 285.5
— воздуха 323.2
— моечной воды 280.14
— мыльнаго щелока регулировать 439.6
прицѣпное веретено 504.9
причал 494.15, 596.14
пришиваніе гвоздями 64.4
пришивка кардных полос 61.5
проба 563.3
— вычеса 374.17
— мягчильнаго масла 238.21
— пряжи 605.3
— шерсти 363.15
—, взятая 298.10
пробирать 375.12
пробковая начинка 595.5
— прокладка 146.8
пробн-ая доска 29.10
—ая мотка 610.16
—ое мотовило 610.16
—ое мотовило с вѣсами 611.17
—ое мотовило с рамой 612.1
—ое мотовило с рамой для початков и с неподвижным нитеводом 612.2
—ый моток 562.21
пробовать на ощупь хлопок 13.11
пробѣгать с коклюшкой замкнутый путь (стренга) 511.2
провал 24.10
проваливаться (игла) 525.7
проваренное дерево 476.8
провариваніе 19.10
провисать (ватка) 326.21
провисающая нить 140.7
— цѣпь 183.10
— часть рѣшетки 447.1
провисная часть 447.2
провод, электрическій 113.4
проводка с. т. пропусканіе
проводник для бумажной (волокнистой) ленты 486.5.6
проволока 62.4
— для карды 65.14
— клинообразнаго сѣченія 66.2
— надниточника 160.5
— для прикрѣпленія сукна 395.4
—, двояковыпуклая 65.18
—, желѣзная 493.7
—, желѣзная —, покрытая мѣдью 493.10
—, контрольная 534.16
—, круглая 493.12
—, латунная 512.9
—, луженая желѣзная 493.9
—, мѣдная 226.10
—, неотожженная 595.21
—, овальная 65.18
—, отожженная 596.1
—, оцинкованная желѣзная 493.8
—, плоская 65.19
—, плющенная 493.13
—, противобаллонная 153.3
—, профильная 493.14
—, прямоугольная 65.19
—, секторальная 336.9
—, сплющенная 66.3
—, стальная 65.16, 493.11
—, стальная закаленная 66.4
—, стальная луженая 335.7
—, стальная отпущенная 66.4
—, толстая 595.11
—, тонкая 595.10
—, трехгранная 66.1
—, фасонная 493.14
—, шпульная 112.12
проволоки, закладныя 589.9
—, припаянныя 477.10
проволочн-ая рѣшетка 297.5
—ое безконечное полотно 296.8
—ое полотно 295.4
—ый кабель 509.4
проволочно-сѣтчатая корзина 273.1
проворство рук 10.14
провѣрка вѣса полстины 325.10
— кип 16.15
провѣрять перегоняемый шелк 424.14
провѣтриваніе 293.16
прогал обтяжки вальяна 329.11
прогалина кардной обивки вальяна 329.11
прогиб шляпки 53.10
прогорклый жир 274.11
продвиженіе, толчкообразное 406.9
продолговатое ушко 360.3
продолжительность карбонизаціи 307.1
— мытья 268.14
— отмотки 207.2
— питанія 94.3
продольное питаніе 325.13
продольнорифленая гильза 473.4
продольно-осевое возвратное движеніе 517.1
продуваніе влажнаго воздуха через пряжу 573.3
продукт с. т. выход
продукт гребнечесанія 8.1
— прочеса 374.7, 450.9
— ручного прочеса 374.8
продуктивность банкаброша 133.7
— разрыхлителя 26.18
продырявленн-ая полоса 282.5
—ая труба 282.6
—ое дно 283.3
—ый лист 36.7
—ый цилиндр 286.4
продырявливаніе полки шляпки по обоим краям 61.6
продѣваніе пеньковой бечевы сквозь канаты 512.8
проекція, горизонтальная — развертки щели барабана 524.11
прозор между колосниковыми планками (колосниками) 48.3
прозрачн-ая шелковинка 428.1
—ый кокон 416.16
производитель льна 210.7
производительность банкаброша 133.7
— одной головки в час 83.9
— опенера 26.18
производить чрезмѣрно большую вытяжку 101.15
— давленіе подниточника накладными гирями (путем нагрузки) 168.10
— зажим в провисной части рѣшетки 447.2
— сильное движеніе воды (погонялка шерсти) 286.10
— шишки на готовой нити 591.2
производства, отдѣлочныя 515.1
производство аппаратной пряжи из шерсти 263.11
— бумажной пряжи 479.7
— валиков 119.16
— витых канатных издѣлій 494.18
— застилистой пряжи при тонком пряденіи 590.1
— камвольной пряжи 364.2
— канатов 500.8
— канатов из волоса 514.1

производство канатов вручную . 494.20
— кардных лент . 65.13
— крученаго шелка 412.11
— пеньковых канатов 494.19
— плетеных канатных издѣлій . 510.1
— проволочных канатов 509.1
— пряжи из бумажной массы . . 476.5
— пряжи из древеснаго волокна 475.10
— пряжи из древесной массы . 475.1
— рифленых цилиндров . . . 120.8
— сшивных *или* тканых канатных издѣлій . . . 512.1
— трехгранных канатов 509.15
— угарной шерсти 395.8
—, бумагопрядильное . . . 13.1
—, канатное . . . 492.1
—, кустарное . . . 412.8
—, машина для — а предпряжи из бумаги 478.13
—, машина для — а стренг 502.8
—, машинное — канатов 501.11
происхожденіе, животное 434.1
прокаландрить свѣжепокрытый сукном валик . 118.10
прокаливаніе рифленаго цилиндра в веществах, богатых содержаніем углерода . 120.10
прокалываніе бородки иглами гребенки . . . 383.4
— дыр в канаты . 512.4
прокалывать наискось друг возлѣ друга лежащіе канаты 512.5
прокатка льна . . 217.16
прокладка, деревянная 112.10
—, картонная . . . 62.1
—, пробковая . . . 146.8
—, резиновая . . . 76.14
проклеенная льняная пряжа . 581.14
проклеивающая мастика . . . 65.6
проломанный кокон 436.7
проломленный кокон 415.18
промаслен-ая пенька 232.7
—ая шерсть . . . 314.5
—ый шнур . . . 359.12
промасливаніе вручную . . . 317.1
— джутоваго волокна 237.12
— лоскута перед разрываніем . 403.13
— слоями . . . 317.6
— шелковых угаров 441.2
— шерсти 313.13
—, послойное . . . 317.6
промасливаніе, приспособленіе для сушки и —я гребенной шерсти 366.10
—, способ —я . . 314.7
промасливальщик шерсти 314.6
промасливать шерсть 313.14
промасливающее вещество . . . 316.18
промаслить хлыст 441.15
промежуток между веретенами . 150.5
— между нижним пріемным валиком и нижнею губою щипцов . 93.5
— между шипами . 31.3
промежуточн-ая вытяжка 101.8, 103.13
—ое пространство . 308.15
—ая передаточная шестерня к веретенам . . 136.13
—ая шестерня для передачи к катушкам . 136.12
—ый скатыватель . 387.17
—ый стержень . . 105.16
—ый уплотнительный валик . . . 202.9
промываніе посредством валяльной глины . . 309.20
— гнилою мочею . 276.15
промывать асбест холодною водою 490.8
— сильно волос . 514.3
— сорности 438.18
— шелковую нить до полнаго удаленія алкоголя 463.16
промывка прочеснаго шелка . . 438.14
— и сушка камвольной шерсти . . 365.5
—, горячая 439.4
—, холодная . . . 439.6
промывная с. т. мочечная
промывн-ая ванна 278.7
—ой аппарат для шелковых угаров 439.1
—ой чан 280.3
промышленность, буретная . . 452.13
—, кардная . 67.1, 69.9
—, шелковая . . 412.6
—, шелко-очесочная 452.13
промѣрить пробный моток . . 602.18
пронизывать бородку (планка гребенки) . . . 383.5
прониканіе верхней гребенки в бородку . . . 378.4
— в бородку игл гребенки . . . 383.4
— волокон в карду 67.10
— волокон в кардную обивку барабана 322.14
—, перпендикулярное 253.11
проникать во внутрь початков (пар) . . . 571.15
— в шерсть (грабли) 283.11
пропариваніе с. т. запариваніе
пропариваніе мотков шелка . . 432.13
—, способ —я . . 418.2
пропитанный влагою воздух . . 296.5
пропитать жиром . 232.7
— коллодійную шерсть раствором хлористаго кальція . . . 457.19
пропитываніе отварнаго шелка сѣрою 434.19
—, равномѣрное — шерсти промасливающим веществом . . . 316.23
пропитывать дубильную шерсть деревянным маслом 269.8
— раствором сѣрной кислоты . 440.9
— шелковую нить 463.18
прополаскиваніе шерсти 284.14
прополаскивать прочесный шелк 438.17
пропуск 25.15
— зацѣпленія . 537.2
— камвольной шерсти через волчек 365.4
— под отдѣлку . 507.13
— через трепальную 42.4
—, многократный . 42.3
—, *x*-кратный — через вытяжной аппарат . . . 101.17
—, первоначальный 372.12
пропусканіе с. т. проводка
пропусканіе влажнаго воздуха мимо пряжи . 573.10
пропускать ровницу через горячую воду . . 225.12
пропускаться нѣсколько раз (хлопок) . . . 25.17
пропускная способность валика 51.4
пропустить прядь через геклю . 216.7
пропущенная через волчек шерсть 310.9
пропылка 340.19
прорѣз 524.7
— для направленія склиза 167.4
— нитевода 537.9
— в приводном шкивѣ 44.13
—, діаметральный 552.11
—, клиновидный . 354.5
—, кривой 123.14
—, центральный — для захватной шпильки катушки 552.11
прорѣзанный конус 332.14
прорѣзной нитеводный барабан 523.8
просаленн-ая пенька 231.7
просаленн-ый шнур 359.12
просаливаніе пеньковой кудели . 232.8
— шнура 359.11
просаливать шерсть 313.14
просверленная головка 548.12
просвѣт между поверхностями кард 58.13
проскальзываніе обрабатываемаго продукта . 319.19
прослоек, клеевой 411.10
прослойка намотки 155.15
прослойное увлажненіе пряжи . 574.2
просмаливаніе в готовом кускѣ . 508.20
— пеньковой нити 508.13
— в прядях . . . 508.17
— в холодном состояніи . . . 508.24
просмаливать пеньковую нить 508.14
— в теплом состояніи 508.23
просмолен-ый канат 508.18
—ая нить 508.15
—ая пеньковая стренга 508.16
проставка между барабаном и вальяном . . . 79.4
простой двухцилиндровый вытяжной аппарат . 205.1
— шелк 586.16
— прочесный шелк 587.20
пространство дѣйствія колотилок 267.10
— для осажденія грязи 361.18
— для отдѣленія посторонних тѣл 24.12
—, безвоздушное . 572.5
—, воздушное . . 352.4
—, вредное . . . 59.11
—, осадочное . . . 24.12
—, промежуточное 308.15
—, пустое 294.10
—, разрѣженное . . 571.18
простѣнок 284.4
просушиваніе при температурѣ воздуха в *x* градусов 293.2
просушивать шелк в натянутом состояніи . . . 470.16
просушка 514.4
—, аппарат для — и прочеснаго шелка 440.5
—, предварительная 287.5
просѣиваніе асбеста 490.6
протаскиваніе с. т. продѣваніе
— нитей через газовое пламя . 455.6
протаскивать нить, содержащую мѣдь, через ванну из сѣрнокислаго магнія . . 467.4
— хвост бородки сквозь верхній гребень 92.13

протащить прядь льна через гребень 213.9
протеин 435.2
противень для стекающаго масла 360.4
—, полукруглый . 510.8
противобаллон . . 153.4
противобаллонная планка с прорѣзами 152.19
— проволока . . . 153.3
противовѣс . 39.2, 133.1, 258.8, 328.5, 613.15
противоположное направленіе крутки 431.7
противоток . . . 280.8
протираніе канатных издѣлій шероховатыми веществами . . . 507.2
проточка 109.15
протравленная стеклянная плошка 128.16
протрепаная пакля 219.15
протягиваніе нити через холодную воду 542.7
протягивать нить через воду . . 542.6
проушина 142.8
проушины, впаянныя 501.18
профиль башмака для построенія начинка . . . 167.13
— башмака для построенія цилиндра. 168.3
— желоба 33.1
профильная проволока 493.14
проход с. т. ряд
проход 25.15
— ленты 371.15
— ленты через вытяжной механизм 101.5
— через трепальную 42.4
—, коническій . . 478.13
проходить x вытяжных аппаратов (ленты) . 452.1
— через бѣгунки (нити) 151.3
— через натровую ванну (нить) . 459.10
— через проволочное ушко (ровница) 137.13
процент (x — ов тары) 17.2
процентн-ая, x — сѣрнокислая ванна 440.10
—ый состав мѣшки 18.18
—ыя дѣленія . . . 614.13
процесс гніенія . 437.18
— мотки 562.8
— мытья 268.13
— плющенія . . . 240.4
— пряденія. . . . 1.4
— пряденія с перерывами 138.12, 159.4
— размягченія в водѣ 237.5
— разрыхленія перед кардочесаніем 49.15
— титрованія. . . 602.13
—, нейтральный . 305.11
процесс, непрерывный — пряденія. 138.1
—, перерывистый —чесанія . . . 83.3
—, приготовительный 17.16
прочес 82.3
—, гребенной . . 82.4
—, гребенной подсиненный . . 386.2
—, машинный . . 212.11
—, первый 212.17
—, ручной 374.8
прочесанный . . . 212.9
прочесать бородку 82.11
— концы 376.6
проческа с. т. прочесываніе . . 211.10
прочесный шелк . 435.14, 587.19
— шелк для ткачества 587.23
— шелк тусса . . 587.22
— шелк, бѣлый. . 588.2
— шелк, желтый . 588.1
— шелк, мытый . 438.22
прочесываемая лента 374.6
прочесываніе . . . 7.13
— бурета. 453.14
— волоса. 514.5
— головки 82.13
— джута на геклях 245.1
— конца щипка . 82.14
— льна на геклях 211.10
— льна щетками . 217.17
— начисто 376.7
— очесов 211.16
— пеньки на концах 496.2
— пеньки на отдѣлочных геклях 496.4
— прядильных угаров 198.1
— рами на геклях 262.10
— хвоста щипка . 82.14
— хлопка 49.8
— холста. 81.17
—, двойное 80.9
—, дополнительное 376.9
—, окончательное 212.19
—, отдѣлочное . . 212.19
—, подготовительное 212.16
прочесывать с. т. чесать
— 7.14
— бородку 443.10
— волокна шелка на гребенных машинах . . . 444.14
— головку бородки 445.13
— головку щипка. 82.12
— на гребенной машинѣ 81.4
— на гребнечесальной машинѣ . . 7.22
— на гребнях . . . 81.14
— на геклях рѣзаный лен . . . 212.3
— лен вручную. . 212.15
— постепенно лен на геклях . . 212.1
— на кардах шерсть 318.6
— кудель 222.6
— мокрым способом 369.12
— начисто пеньку 496.5
— хвост щипка . . 82.15
— хлопок на кардных машинах . 49.13
прочистка, приспособленіе для — и капиллярных трубок 466.12
прочистить мундштук давленіем воздуха. 466.11
прочіе сорта искусственнаго шелка 470.17
прочн-ая нить . . 9.22
—ый кокон 416.10
прочность с. т. крѣпость.
прочность пряжи . 606.17
прощипанная пакля . . . 492.11.12
прощипленная ткань. 396.2
прощипываніе нитяных концов . 405.9
— и очистка прядильных угаров. 195.4
прудовая вода . . 270.7
пружина 27.5, 98.8, 149.6
— для щипцов . . 89.4
—, буферная . . 288.11, 290.4
—, винтовая 510.11, 607.12
—, винтовая —, обвивающая вал 528.13
—, контактная . . 113.8
—, нажимная 106.2, 483.3, 534.9
—, натянутая . . 106.4
—, ослабшая . . . 106.5
—, остановочная . 423.4
—, плоская 95.11, 461.7
—, предохранительная 95.8
—, растяжная . . 106.3
—, спиральная . . 76.12
—, спиральная плоская . . . 235.17
—, тормазная . . 207.14, 358.8
—, фрикціонная . 173.5
пружинн-ый скребок. 96.4
—ые вѣсы для холстов 47.12
прут для холстовых рулонов . . . 46.8
—, желѣзный . . . 570.16
—, направляющій . 560.15
—, стеклянный . . 491.6
—, толкающій упругій . . . 98.14
—, хвостовой . . 501.10
—, центральный . 558.7
пруток с винтовой нарѣзкой . . . 530.7
— для закладыванія 578.5
— для катушки 523.5.14
— нитевода, движущійся взад и вперед 537.11
— для холстовых рулонов . . . 46.8
—, выключательный 357.8
—, деревянный — для направленія нити . . . 394.14
—, закладной . . 578.5
—, направляющій . 487.18
—, направляющій ровницу . . . 394.12
—, натяжной . . . 208.6
—, нитеводный . . 473.6, 544.7
пруток, нитеводный — двигающій взад и вперед . 529.10
—, стекляный . . 544.8
пруточный барабан. 233.4
прутяной бѣгунок 392.3
пряденіе 1.2
— альпаки 409.6
— ангорской шерсти. 409.13
— аппаратной шерсти. 341.3
— асбеста 489.5
— бумажных лент 484.22
— бурета. 452.12
— вигони 408.1
— волокна рами . 261.1
— волоса. 514.7
— волоса кашемира 409.7
— с выключеніем крутильнаго механизма . . 164.14
— без вытяжки кареткою . . . 393.7
— вычеса рами . . 262.12
— джута . 234.5, 254.10
— джута с примѣсью пеньковой (льняной) кудели 234.14.15
— джута, прочесаннаго на геклях 234.9
— джутовой кудели 234.10
— с докруткой (без докрутки) . 164.13.14
— древеснаго волокна 476.4
— из имитаціонной смѣси 194.3
— искусственнаго шелка . . . 456.3.4
— камвольной пряжи 386.4
— грубой камвольной пряжи . . 364.13
— камвольной шерсти 363.9
— льна 224.14
— льняного очеса. 210.19
— длинноволокнистаго льна . 210.18
— овечьей шерсти 263.1
— одинарной нити 496.15
— очесов рами . . 262.14
— очеса шелка . . 452.12
— пеньки . 228.1, 233.6, 234.2
— длинноволокнистой пеньки . 228.13
— пеньковой кудели 228.14
— из пестраго хлопка 194.2
— полугребенной пряжи 364.12
— в два пріема. . 343.5
— прочеснаго шелка . . . 435.12, 452.2
— разнаго волоса. 408.5
— рами 262.11
— ровницы 121.9
— стекла 491.5
— толстых номеров 193.2
— на уточных патронах 154.11
— хлопка 121.8
— шелка 410.1
— шелка, переработаннаго из лоскута. . . . 455.14
— шелковых угаров 435.3
—, аппарат для —я вискозы Тофама 470.4

пряденіе, ватерное 138.5
—, влажное 226.2
—, кислотное 468.16
—, конденсорное 193.4
—, машинное 11.9
—, механическое 11.9
—, мокрое 225.8
—, мюльное 138.15
—, мягкое 138.16
—, одновременное 485.9
—, предварительное 9.13, 203.4
—, приготовительное 328.14
—, приготовительное — джута 254.11
—, процесс —я с перерывами 138.12, 159.4
—, ручное 10.9
—, сухое 225.4
—, тонкое 9.16, 137.4
—, тонкое — джута 234.9
прядеспособный 7.2
прядильная Дженни 11.15, 341.5
—, камвольная 364.3
прядильн-ая машина 11.11, 137.7
—ая машина для асбеста 491.9
—ая машина для бумажной пряжи 484.23
—ая машина „ватер„ 11.12
—ая машина для гребенной шерсти 392.9
—ая машина Дженни 159.5
—ая машина двукратной крутки 491.10
—ая машина для трубчатых початков 208.1
—ая машина, коробчатая 486.16
—ая машина, рогульчатая 479.5
—ая машина, тарелочная 488.5
—ыя машины с неподвижными веретенами 341.4
—ыя машины с перемѣщающимися веретенами 343.6
—ое вещество 195.6
—ое заведеніе для искусственнаго шелка 467.5
—ое колесо 10.15
—ое колесо с ножным приводом 10.18
—ый аппарат для искусственнаго шелка 467.6
—ый аппарат Ленера 461.13
—ый аппарат Тиле 466.13
—ый аппарат Шардоннэ 460.16
—ый прибор Шардоннэ 461.1
—ый мастер бумагопрядильной фабрики 137.8
—ый монтер 3.10
прядильно-чесальная машина 341.6
прядильня 1.6
— ангорской шерсти 409.12
— для волоса 408.6
прядильщик 2.15, 10.10
— аппаратной шерсти 263.9
— верблюжьей шерсти 408.11
— вигони 409.1
— волоса 408.7
— джута 256.17
— камвольной пряжи 364.5
— канатной пряжи 494.8
— козьей шерсти 408.13
— на кольцевых ватерах 141.17
— мокрым способом 225.9
— на мюлях 176.1
— основы 2.19
— очесов 225.1
— пеньки 234.11
— сухим способом 225.6
— телячьяго волоса 408.9
— угаров 225.1
— утка 2.21
— хлопка 137.9
— чесаннаго шелка 452.10
— шерсти альпака 408.15
— шерсти лама 408.16
прядильщица 2.16, 10.11
— аппаратной шерсти 263.10
— верблюжьей шерсти 408.12
— волоса 408.8
— джута 257.1
— камвольной пряжи 364.6
— козьей шерсти 408.14
— на кольцевых ватерах 2.18
— мокрым способом 225.10
— основы 2.20
— очесов 225.2
— пеньки 234.12
— на рогульчатых ватерах 2.17
— сухим способом 225.7
— телячьяго волоса 408.10
— угаров 225.2
— утка 2.22
— хлопка 137.10
— чесаннаго шелка 452.11
— шерсти лама 408.17
прядь 217.21, 493.16
— волокон 8.7
— джута 235.18
— льна 212.8
— пеньки, завязанная узлом 231.5
— хлопка 14.8
— шерсти 375.8
—, заправленная 214.13, 498.11
—, заправленная в колодку — пеньки 230.5
—, кособразная джутовая 235.19
—, лубковая — джута 236.15
—, низкосортная 236.17
—, развернутая 236.2
—, скрученная — пеньки 231.4
пряжа с. т. нить
пряжа 9.18
— из ангорской шерсти 585.19
— из бумажной массы 588.20
пряжа из верблюжьей шерсти 585.13
— из вигоньевой шерсти 585.17
— из волокнистаго вещества 486.3
— из волоса 585.8
— галэт 587.24
— из гребнечесаннаго джута 582.6
— дамаст 584.16
— из джутовой кудели 582.7
— из древеснаго волокна 588.19
— из египетскаго хлопка 579.3
— жаспэ 579.19, 584.9
— женапп 584.14
— искусственнаго шелка 588.5
— из кардной шерсти 582.12
— из козьей шерсти 585.18
— коконада 579.5
— из кокосоваго волокна 588.14
— с кольцевых ватеров 138.7
— из конскаго волоса 586.1
— из коровьяго волоса 585.23
— короткой мотки 563.6
— из крашеной шерсти с примѣсью длинных животных волос 582.16
— лѣвой крутки 153.13
— правой крутки 540.7
— из луизіанскаго хлопка 579.4
— машиннаго пряденія 581.10
— мулинэ 584.12
— прочной окраски 605.14
— для основы 154.14
— из пеньковой кудели 582.2
— пилот 580.19
— для работ на пяльцах 580.15
— из рами 588.15
— с рогульчатых ватеров 138.6
— ручного пряденія 581.9
— текстилин 589.5
— текстилит 589.4
— текстилоза 489.3
— из телячьяго волоса 585.22
— для ткачества 581.18
— из тоголинскаго хлопка 579.6
— из торфа 588.17
— Турнэ 584.21
— из угарнаго шелка 587.18
— имѣет утоненія 169.2
— филовель 587.24
— из хвойнаго волокна 588.16
— из чесаной шерсти 583.16
— шерсти альпака 585.14
— из шерсти кашемирских коз 585.21
—, аппаратная 263.5
—, асбестовая 589.10
—, асбестовая — со стержнем 489.11
пряжа, базарная 579.7
—, барежевая 584.20
—, бежевая 584.7
—, бечевочная 580.10
—, бобровая 580.20
—, брилліантиновая 583.10
—, бумажная — для вязанья на крючках 580.12
—, буретная 454.5, 588.3
—, буретная крученая 588.4
—, бѣлая волосяная 585.9
—, ватерная 138.11
—, вигоньевая 579.10
—, влажная 606.4
—, волосяная 409.5
—, волосяная полубѣлая 585.10
—, волосяная свѣтлосѣрая 585.11
—, волосяная темносѣрая 585.12
—, ворсистая 193.11
—, второсортная 579.13
—, выпряденая и скрученная в нить в одну и ту-же сторону 540.8
—, вышивальная 584.22
—, вязальная 580.13
—, вязальная — шестикратной крутки 580.14
—, гладкая 363.17, 580.7
—, готовая 9.18
—, гребенная жесткая 364.7
—, гребенная мягкая 364.8
—, гребенная застилистая 590.4
—, грубая — для кромок 582.17
—, джутовая 582.5
—, жирная 583.14, 605.6
—, застилистая 589.14
—, зефирная 584.24
—, кабельная 592.11
—, камвольная 363.18, 583.16
—, камвольная грубая 364.13
—, камвольная — из грубоволосых восточных шерстей 584.5
—, камвольная меланжевая набивная 584.8
—, камвольная смѣшанных цвѣтов 364.1
—, камвольная суровая 583.18
—, камвольная чистая 583.19
—, канатная 493.15
—, канатная пеньковая 582.3
—, канатная переслѣжистая 592.14
—, канатная толстая 592.13
—, канатная тонкая 592.12
—, кардная 263.5
—, касторовая 584.3
—, катушечная 583.12
—, ковровая 583.7
—, ковровая — из волоса 586.2
—, ковровая шерстяная 583.8

пряжа, конденсорная 579.17
—, крашеная 580.22, 605.13
—, креповая . . . 584.19
—, креповая шелковая 586.20
—, круглая . . . 589.6
—, крученая . . . 12.13
—, крѣпко крученая 9.20
—, слабо крученая 9.19
—, крученая — из кардной шерсти 583.15
—, крѣпкая . . . 598.18
—, ксилолиновая . 589.1
—, кудельная . . . 581.7
—, кустарная . . 583.6
—, ластиковая . . 584.18
—, лентовидная . 589.7
—, x-лотовая . . . 604.7
—, лощеная . . . 580.7
—, льняная 581.5, 592.9
—, льняная — гребенного прочеса 581.6
—, льняная — люстриновая . . 581.16
—, льняная — отбѣльная . . . 581.17
—, льняная — полумокраго прядения 581.12
—, льняная — проклеенная . . . 581.14
—, льняная — мокраго прядения . 581.13
—, люстриновая . 584.4
—, льняная — сухого прядения . 581.11
—, меланжевая . . 582.14
—, мериносовая . . 583.22
—, мерсеризованная 581.3
—, муслиновая шерстяная . . 584.15
—, мытая 605.9
—, мюльная . . . 138.18
—, набивная . . . 581.1
—, набивная пятнистая 580.24
— нагрѣтая . . . 572.8
—, насыщенная влагою 615.7
—, начесочная . . 193.12
—, немытая . . . 605.8
—, неравномѣрная 169.1, 605.21
—, нитрованная . 581.4
—, обойная . . . 585.6
—, опаленая бумажная . . . 580.21
—, орлеанская . . 584.17
—, основная . . . 138.11
—, основная средняя 138.21
—, отбѣленная . . 605.11
—, отборная — для шевiота 584.1
—, отяжеленная . 605.15
—, пеньковая . . 582.1
—, первосортная . 579.12
—, персидская . . 584.23
—, плетельная . . 580.17
—, подкрашенная полушерстяная — с шелковой нитью 584.10
—, позументная . . 580.18, 585.7
—, полугребенная . 364.11
—, полукамвольная 583.17
—, полушерстяная 408.4, 579.11
пряжа, полушерстяная вязальная 585.2
—, початочная . . 583.11
—, пятнистая крашеная 580.23
—, равномѣрная . 605.19
—, весьма равномѣрная . . . 605.18
—, размотанная . . 610.12
—, расщипленная 395.13
—, рыхлая 159.19
—, скрученная из двух нитей разной толщины (Викторiя-мулинэ) 584.13
—, смирнская . . 585.5
—, обратно смотанная 165.14
—, сноповязальная 592.15
—, содержащая масло 605.7
—, способная сваливаться . . . 606.6
—, стеклянная . . . 491.13
—, страусовая . . 591.3
—, суровая 581.8
—, сухая 606.5
—, сырая 606.4
—, тонкая 598.17
—, третьесортная . 579.14
—, трикотажная . 585.4
—, угарная . . . 195.3
—, угарная шерстяная — с примѣсью натуральной шерсти . 583.5
—, угарная шерстяная 582.18
—, увло-вязальная 580.16
—, универсальная 682.13
—, упругая 606.3
—, уточная 139.1
—, фасонная . . . 589.12
—, фитильная . . 567.14, 579.18
—, хлопчатобумажная 579.2, 580.1
—, хлопчатобумажная ватерная 580.2
—, хлопчатобумажная гребнечесанная . . 580.6
—, хлопчатобумажная кардочесная 580.5
—, хлопчатобумажная мюльная 580.3
—, целлулозовая . 588.18
—, цѣвочная . . . 583.13
—, чистая 605.5
—, чулочно-вязальная 585.1
—, шевiотовая . . 583.23
—, шелковая . . . 586.3
—, шелковая крутая 545.4
—, шелковая толстая 545.3
—, шеллаковая бисерная 591.13
—, шерстяная . . 582.11
—, шерстяная — для вязанья на крючках . . . 585.3
—, шишковидная . 590.5
—, эластичная . . 606.3
пряжа-альпака . . 583.2
пряжа-имитацiя . 579.8
—, вигоньевая . . 579.9
пряжа-мунго . . . 583.3
—, крутая 583.4
пряжа-тибет . . . 583.1
пряжа-шодди . . 582.19
пряжн-ая жидкость 463.8
—ая паста 460.14
—ое тѣсто 460.15
—ый коллодiй . . 459.6
—ый котел охлажденный 464.11
—ый раствор . . . 461.14
—ый раствор, слизистый 464.6
—ый раствор, фильтрованный . . 463.15
прялица 10.17
прялка 10.17
— канатчика . . . 496.21
— с двумя катушками 11.8
—, двухшпульная . 11.6
—, ножная 10.18
прямая гребенная машина . . . 444.17
прямоугольный . 365.7
прясти 1.3
прясть 1.3, 9.17
— буретную пряжу на мюлѣ . 454.4
— с выключенiем крутильнаго механизма . . 164.15
— джут 234.8
— джут в сухом состоянiи . . . 256.16
— без докрутки . 164.15
— мягкую пряжу . 138.17
— отлого 496.18
— полушерсть . . 408.3
— промасленную шерсть 318.2
— ровницу . . . 9.14
— сухую шерсть . 318.3
— хлопковые угары 194.13
— хлопок по способу аппаратнаго пряденiя . . 193.4
пряха 10.11
пуговица 400.8
пузырь 467.8
пук волокон . . . 8.7
— пеньки 496.13
пульверизатор с. т. брызгалка
пульверизатор, гидравлическiй . 574.5
—, паровой . . . 574.4
—, пневматическiй 574.3
—, щеточный . . . 576.1
пускать кардочесальную машину вхолостую . 222.1
пустить вмѣстѣ x лент в одну ленту 223.8
— в ход послѣ съема катушек . 256.13
пустой закром . . 24.14
пустотѣл-ая веретенная ось . . 233.9
—ая ось 538.5
—ая ось барабана 402.13
—ая скалка . . . 46.7
—ое крыло 130.7
—ое плечо 130.7
—ый вал 189.8
—ый стержень . . 46.7
—ый цилиндр . . 72.10
путанка 398.21
—, коконная . . . 435.16
путь 503.9
— каретки 345.1
— коклюшки . . 510.14
путь нитевода укоротить 535.10
—, замкнутый . . 511.2
—, фабричный . . 268.21
пух 193.8
— из вентиляторов 194.21
— с гребнечесальных машин . . 398.9
— гребенного чесанiя 375.2
— с очистителей . 108.11
— чесальной . . . 371.5
—, вентиляторный 49.7
—, наружный (кокона) 417.4
—, очесочный . . 322.8
—, прядильный . 398.12
—, шерстяной . . 322.5
пуховщик . . 4.10, 340.8
пучек . . . 25.13, 217.21
— волокон . . . 49.16
— льна . . 212.8, 213.8
— пеньки 496.13
—, разрушенный — волокон . . 269.7
пучок с. т. пучек
пушек шелка-сырца 425.9
пушист-ая двойная нить 425.8
—ый конец разрыва 10.7
—ый шелк-сырец . 425.7
Пфафф (аппарат для очистки шляпок — а) . 52.11
пѣнистый отвар . 278.1
— раствор 277.10
пѣнящiйся раствор 277.10
пылевой колосник 260.4
пыленiе льняной карды 221.11
пылеотсасывающая труба 399.16
пылесобиратель . 221.10
пылесобирательная труба . . 259.10
пылесос 370.18
пылеудалительная покрышка . . 195.7
пылиться (хлопок) 15.16
пыль 26.13
— из вентилятора . 49.7
— гребенного чесанiя 375.3
— от точки 339.11
—, кукольная . . 442.7
—, стальная . . . 339.12
—, точильная . . 72.1
пыльн-ая камера . 33.9, 38.12
—ый барабан для лоскута 400.19
—ый волчек . . . 401.1
—ый ящик . 27.10, 48.18
—ый ящик с автоматическим удаленiем 38.13
пята вала, вращающаяся в маслѣ 290.10
— колонки . . . 151.14
— початка 543.14
—, нижняя (вала) 97.11
—, установочная — солдата 206.15
пятимоточная куфта 576.14
пяти-слойное основанiе из жесткой киперной ткани с толстым байковым верхом 65.4
пятишестеренное зацѣпленiе . . 133.4

пятка веретена . 131.4
пятнист-ая аппаратная пряжа. 582.15
–ая крашеная пряжа 580.23
–ый кокон . 415.13, 436.9
–ый хлопок . . . 13.10
пятно 238.8
пяточная полка . 344.9
пяточка веретена 128.7
–, стеклянная. . . 544.4

Р

Раббет, веретено –а 145.7
–, веретено для крутильных ватеров –а . . . 553.4
работа чесальной . 318.10
–, кустарная . . 6.7
работы, приготовительныя . . . 364.14
работать плохо . 390.6
– против (по) направленія(-ю) игольных острій 323.12.13
– тяжело 390.8
– хорошо 390.5
работающ-ая интервалами гребнечесальная . 83.3
–ій вручную канатчик 494.7
–ій в маслѣ (механизм) 555.2
работодатель . . 1.13
работоспособность иглы 67.9
рабочая 5.14
– на горячем прессѣ 385.19
– на ленточной машинѣ 224.2
– на ленточных машинах 2.3
– приготовительнаго отдѣленія 2.2
– угарнаго отдѣленія 4.1
– по хлопку . . 5.16
– на холстовой вытяжной машинѣ 2.4
– шелкопрядильни 412.14
рабочій 5.13
– валичнаго отдѣленія 3.15
– на волчкѣ 197.3, 268.2
– на горячем прессѣ 385.18
– при карбонизаціи 301.12
– на лоскуторазрывной машинѣ 403.12
– на мойной машинѣ 284.13
– по очисткѣ . . 376.11
– для очистки кард 75.10
– по очисткѣ хлопка 26.5
– приготовительнаго отдѣленія 2.1
– сортировочнаго отдѣленія . . 18.16
– трепальнаго отдѣленія . . . 22.8
– на угарах . . . 216.2
– угарнаго отдѣленія 3.24
рабочій по хлопку 5.15
– чесальнаго отдѣленія . . . 4.6
– шелкопрядильни 412.13
– на шерстяном волчкѣ 267.3
– на шерстощипальной машинѣ 367.3
–, запасной прядильный . . . 3.1
рабочіе фабрики 5.19
рабоч-ая гребенка 375.13
–ая поверхность гребней . . . 218.8
–ая поверхность кардной гарнитуры 60.14
–ая поверхность рукава 332.9
–ая поверхность цилиндра . . . 394.2
–ая поверхность шляпок . . . 61.3
–ая поверхность, рифленая . . . 333.12
–ая поверхность, чешущая . . . 323.14
–ая рѣшетка . . 399.15
–ая часть рѣшетки 447.1
–ее мѣсто 405.6
–ее поле 246.1
–ій валик . . 51.3, 199.12, 247.10, 250.7, 321.5, 370.1
–ій ролик 470.9
–ій шкив посажен намертво . . . 160.13
–ія мѣста (два) . . 405.6
равная длина подаваемых лент 223.13
равновѣсіе масс . 290.15
равномѣрный выход лент . . . 223.13
равномѣрно окропить 239.11
–тянутая 66.13
равномѣрность пряжи 605.16
– флянцев кольца 150.3
– холста из лент. 81.7
– шерсти 364.17
равносторонняя зигзагообразная линія 512.10
радіальное перемѣщеніе по отношенію к центру барабана . . . 55.13
– перемѣщеніе от центра барабана 56.1
радіально торчащія иглы 243.13
разбавить кислотою снятое молоко 471.17
разбавленный щелок 464.15
разбиваніе влажных комьев шерсти 287.10
– кип и сортировка джута . . 235.1
– и перемѣшиваніе шерсти . . 310.7
– угаров 442.9
разбивальщик кип 18.3
разбиватель . . . 22.6
– коконов 442.15
разбивать бурет . 453.3
– влажную шерсть 287.11
– волокнистое вещество на комья 7.4, 20.3
разбивать кипу джута на отдѣльныя пряди 236.5
– комья 195.8
– пучки волокон . 7.5
разбивка, предварительная (кип хлопка на комья) 25.8
разбирать отбросы 49.6
разбить кипу . . 18.2
– коконы 440.15
– руно по сортам 265.1
разборка кип . . 18.10
разборщик пряжи 3.22
разборщица пряжи 3.23
разбрызганная вода 574.6
разбрызгиваніе воды рогульками на веретенах . 225.15
– масла 239.14
разбрызгивать мягчильную жидкость мелким дождиком . . 239.12
разбуханіе шерсти 284.3
разбухать (шерсть) 284.1
разведенный щелок 464.15
развернутая прядь 236.2
развертываніе кос 514.14
–, затрудненное (валиков) . . . 41.16
–, легкое (отдѣльных холстов) . 14.15
развиваніе с. т. развертываніе
развить количество теплоты . . . 293.4
разводочный кокон 413.6
развѣсить 612.9
разглаживаніе холста на каландрах 45.13
разглаживать поверхность холста 45.12
разгон 226.13
разгружать нажимной стол . . . 445.16
разгрузить нажимной валик . . 107.3
– подниточник . . 168.12
– тормаз 47.6
разгрузка запарок 572.4
–, приспособленіе для – и нажима 94.9
разгрузочн-ая горка подниточника 165.9
–ое приспособленіе для вала барабана 79.8
–ое приспособленіе для гири . . . 86.2
–ый рычаг . . . 106.10
–ыя приспособленія для нажимных валиков . 106.7
раздатчица шерсти 266.13
раздвижной канатный блок . . 224.8
раздираніе пеньки 231.11
раздирать пласты волокнистаго вещества . . . 21.6
раздирочная машина 231.15
дробитель репья . 367.7
раздробительный волчек 308.13
раздробленный репей. 367.5
раздроблять клочья шерсти 310.15
– остаток куколок 441.1
раздѣланная вязка льна 210.3
раздѣленіе ватки на ленты . . . 329.6
– ватки на поперечныя полоски . 329.10
– ватки посредством ремешков. 203.12
– ватки чесальной на полоски . . 193.6
– ваточнаго холста на полосы при помощи планок 201.5
– длинных джутовых волокон . 242.9
– посредством игл 478.4
– круглыми зубчатыми ножами . 478.5
– льняного волокна 211.18
– полотна бумажной массы на ситѣ в полоски посредством брызгалок . . 477.13
– струями сжатаго воздуха . . 478.3
– шерсти по рунам 264.23
–, неполное . . . 211.20
раздѣленное предварительно полотно бумажной массы . . 478.7
раздѣлитель ватки 203.11
–, ремешковый . 203.13
раздѣлительный слой початка . 155.15
раздѣлка с. т. разбиваніе
раздѣлка концов прядей 232.5
раздѣльно наматывать 421.15
раздѣльщик . . . 215.14
раздѣлять куски асбеста на отдѣльныя волокна 490.7
– лен на пучки . 213.4
– стренги 500.5
разжатыя клещи . 382.11
раззенковать головку заклепки . 61.13
различные сорта пряжи 588.13
разложеніе. . . . 300.1
– хлористаго соединенія . . . 305.19
разложить джутовую кипу на слои 235.10
– слои джута прядями 235.11
разматываемая катушка 526.10
разматываніе . . 12.14
– катушки с головки (сбоку) . . 556.9.10
разматывать 12.15, 562.5
– кокон всухую . 421.17
– шелк со шпуль . 468.5
разматываться изнутри, сверху (початок) . . 519.14.15
– (шелковинка) . 421.6
разматывающійся кокон 413.5

размачиваніе коконов 418.6
размачиваться (шерсть) . . . 284.2
размельчать в порошок частицы растенія . . . 302.7
размельченіе пластов хлопка вручную . . . 20.1
— спрессованнаго хлопка 20.2
размот. 12.14
— коконов 420.15
— цѣпи 350.12
— по x шелковинок 421.5
—, безпорочный . 421.3
—, короткій . . . 563.4
—, неправильный . 425.5
—, осевой — початка. 153.10
—, способ —а . . . 421.14
размотанн-ая пряжа 610.12
—ый шелк . 412.18, 425.2
размотать 610.11
— пробный моток. 602.16
размотка катушки ровницы, лежащей в тазу . . 208.4
— основы 11.18
— уточной пряжи. 12.2
—, сухая 421.16
размотный таз . . 422.16
размотчик бумажной пряжи на мотовилах . . 562.12
— вручную на мотовилах . . . 4.20
— на мотовилах . 4.18
— льняной пряжи на мотовилах . 562.16
— шерсти на мотовилах 562.14
размотчица бумажной пряжи на мотовилах . . 562.13
— вручную на мотовилах . . . 4.21
— коконов на мотовилах . . . 421.1
— льняной пряжи на мотовилах . 562.17
— шерсти на мотовилах 562.15
размыкатель, электрическій . . . 112.13
размыкательное движеніе щипцов для отдѣленія посредством пріемных валиков. 91.6
размѣщать в один ряд с интервалами 104.1
— в ряд на одной и той же станинѣ 104.2
— на разных станинах 104.3
—, зигзаго-образно 31.1
размѣщеніе головок. 103.11
— зубьев 335.13
размѣщены одна за другой (скобочки) 68.14
— в один ряд с промежутками, послѣдовательно (головки) . 104.1.2
размѣщенные друг над другом барабаны 243.13
размягчать джут в водѣ 237.4
— джутовыя волокна путем плющенія 240.3
— жир шерсти . . 274.15
— канатныя издѣлія в водѣ . . 507.8
— оболочку кокона кипящею водою 418.8
— стекляный прут посредством плавильной трубки 491.6
— шелковый угар 440.16
размягченіе дерева путем распариванія 476.6
— джута в водѣ . 237.2
— коконов 418.6
— липких загрязненій 274.13
— пеньки 230.15
—пота 274.14
— початков . . . 571.16
— пряжи пропариваніем 569.12
—, процесс —я в водѣ 237.5
размягченный серицин 412.2
разница между калькуляціонной и дѣйствительной длиной 604.11
— крученія нити . 154.5
— температур . . 293.6
разновѣска, точная 615.2
разнородный по щипку 14. 15
разныя положенія кольцевой планки при пряденіи 156.8
разноцвѣтный слой шерсти 311.6
разомкнутое кольцо 565.10
разомкнуть щеколду 357.14
разорванное руно. 265.14
разработавшійся . 390.9
разрозненный клочковатый очес . 374.21
разрушать волокно при мытьѣ . 269.6
— краски (сѣрная кислота) . . . 403.5
— пучек волокон при мытьѣ . . 269.6
разрушеніе растительной камеди 261.8
— репья химическим путем . . 301.5
разрушенн-ое волокно 269.7
—ый пучек волокон 269.7
разрушительное дѣйствіе кислот на растительное вещество . . . 302.13
разрыв с. т. обрыв
разрыв 66.11
— кардной ватки . 50.4
— ленты 81.11
— нити от собственнаго вѣса. . . 606.13
разрываніе ветоши руками 403.9
— волос шерсти . 369.6
— всухую 403.15
разрываніе длинной пеньковой пакли 232.11
— лоскута 403.8
— льна 210.21
— без масла . . . 403.14
— в мокром видѣ . 403.18
разрыватель холста 321.15
разрывательная машина . . . 242.15
разрывать джут . 243.2
— длинный джут на кудель . . 244.8
— лоскут по ниткам 404.2
— руно 265.13
— холст 321.13
разрывающая мокрый лоскут машина . . . 404.1
— сухой лоскут машина 403.17
— нагрузка . . . 606.14
разрывная нагрузка каната . . 513.9
— предѣльная вытяжка 513.6
разрыхленіе джутовых волокон 247.2
— клочьев шерсти на волокна . . 318.7
— лоскута 403.8
— и очистка асбеста сухим (мокрым) способом 490.2.5
— и очистка пакли 220.10
— и сортировка шерсти 364.15
— хлопка 25.6.11
—, бережное . . . 25.14
—, интенсивное . 25.18
—, медленное . . 25.10
—, постепенное . . 25.10
—, (процесс —я) . . 49.15
—, тщательное . . 25.14
разрыхленн-ое волокно 7.9
—ыя джутовыя волокна 247.3
разрыхлитель 7.6, 26.17, 371.14
— с вертикальным барабаном . . 35.1
— для влажной шерсти 287.12
— с горизонтальным коническим барабаном . . 37.3
—, барабанный . . 30.9.10
—, барабанный, состоящій из нѣскольких небольших барабанов. 34.10
—, бительный . . 34.11
—, комбинированный с трепалом. 32.11
—, коническій — с вертикальною осью для асбеста 490.12
—, пневматическій 38.3
—, подготовительный 35.5
—, предварительный 26.19
разрыхлитель-ный вал. 20.9
—ый волчек . . . 312.9
—ыя машины . . . 26.16
разрыхлять волокнистое вещество 7.4
— в достаточной мѣрѣ волокнистое вещество . . 21.7
— предварительно волокнистое вещество 25.9
— джутовыя волокна 247.4
— клочья 26.1
— прочесный шелк 440.1
— хлопок 25.12
— шерсть 310.14
— влажную шерсть 287.11
разрѣженное пространство . . 571.18
разрѣзаніе бумажнаго полотна на ленты 481.9
— ватки 330.6
— ватки на ленты. 329.6
— льна 210.21
— лоскута 400.4
—, машина с одним ножевым валиком для —я . . . 482.1
разрѣзанный лен. 211.3
разрѣзать бумагу на ленты . . . 481.10
— джутовую прядь 242.12
— лен 211.1
— лоскут 400.5
— холст между двумя гребнями 444.7
разрѣзной колышек 568.10
разрѣзыватель, продольный . 481.11, 489.4
—, продольный — с (одним) двумя ножевыми валиками 481.12.13
—, продольный —, состоящій из двух канавчатых валиков . 483.8
—, продольный —, состоящій из ножевого и канавчатаго валиков 482.14
разрѣзывающій валик 330.14
разслоеніе дерева в волокна путем сгибанія и разслоеніе дерева в волокна путем сгибанія и надлома . . 475.11
— провареннаго дерева 476.9
разсортировка с. т. пересортировка
разстиланіе . . . 8.9
— длинной пеньки 231.17
разстилать . . . 8.10
— волос для просушки 514.4
разстилка льна . 217.20
разстояніе между веретенами . . . 150.5
— между веретенами 129.13
— между гребнями 372.2
— между нижним пріемным валиком и нижнею губою щипцов 93.5
— между питательными и вытяжными валиками 218.13

разстояніе между поверхностями кард 58.13
— между шишками 561.8
разстройство мѣшки 311.9
разсчет тонины 606.19
— числа лент для заправки 223.9
разсыпать шишки по вальяну конденсорной чесальной 590.19
разсыпка. приспособленіе для —и шишек 590.20
разсѣканіе льна 210.21
разцѣпить фрикціонные конусы 163.2
разцѣпленіе фрикціонных конусов 163.3
разъединеніе муфты 163.10
разъединительный рычаг 121.6
разъединять волокна шерсти 310.16
разъем рифленых цилиндров рычагами 121.7
—, приспособленіе для —а рифленых вальцев 121.4
ракля 118.2
раковинный шелк 411.2
рама 89.7, 257.3
— для валиков 382.16
— для веретена 529.6, 530.5
— для верхних цилиндров 163.15
— с вращающимися колпачками для катушек с флянцами 568.8
— с двухпружинными шпильками для початков 568.13
— закрома 22.11
— для катушек 127.5, 159.14, 379.9, 382.16, 391.4, 448.9, 502.6, 557.15
— для катушки 611.12
— для вертикальных двухфлянцевых катушек 544.6
— для катушек кольцекрутильных ватеров 550.14
— для катушек, устанавливаемых в шахматном порядкѣ 551.2
— для наклонных катушек 544.10
— для различных катушек 551.3
— для катушечных грядок разнаго наклона 544.14
— с коническими колышками 568.11
— машины 117.24
— для початков 611.2, 612.5
— с разрѣзными колышками для початков 568.10
— для роликов 29.8, 33.4
— с роличной воробой 569.4
рама в видѣ сѣдла 391.5
— для тяжелых крутых нитей 544.11
— для установки катушек 139.5
— со шпильками для перегонных катушек 568.9
—, боковая 55.7, 558.16
—, боронообразная 283.6
—, вращающаяся 536.3
—, деревянная 344.1
—, дуговая 56.4
—, желѣзная 394.15
—, жестяная — для катушек 509.7
—, зубчато-кольцевая — для гребенных планок 219.7
—, катушечная с. т. рама для катушек
—, катушечная 385.7
—, круглая установочная 96.12
—, направляющая 46.3
—, основная брусчатая 290.6
—, съемная — для размота початков 569.1
—, шарнирная 201.12
рамы для зигзагообразной ставки катушек ровницы 188.10
— для одинарной (двойной) ровницы 188.8.9
— сельфактора 188.7
—, четырехъярусныя — с двухрядной установкой катушек 188.11
рами, волокно 261.8
рамка 543.12
— для катушек 522.4
— для катушек, вращающаяся 535.6
— для мюльных початков 543.13
— телѣжки 558.4
—, вращающаяся — для катушек 522.6
—, двухъярусная — с наклонными катушками 551.1
—, желѣзная с деревянной обшивкой 128.11
рамки 141.19
— для установки катушек 127.5, 139.5
—, двухъярусныя 142.1
—, одноярусныя 142.2
—, трехъярусныя 141.20
рамочка для шпули 535.8
раскатанные глазки 501.17
раскатывательный барабан 204.15
раскатывать круглую кипу 19.19
раскатывающій валик 525.12
раскладка с. т. разстилка
— бородок 450.15
— (шерсти) 294.8
раскладочн-ая воронка 328.9
—ая машина 218.4
раскладочн-ый аппарат Бламира 327.10
раскладыватель ленты 76.18
раскладывать параллельно волокна 374.5
расклепываніе концов штифтов 512.13
раскрутить джутовую прядь 236.1
раскрутка пряжи от руки 9.12
раскручиваніе нити рукой 9.12
— стренг 500.6
раскручивать 501.5
раскручиваться (пряжа) 569.15
— (стренга) 511.3
раскручивающее приспособленіе 505.7
раскрывать кокон 418.7
— руно 265.7
раскрываться автоматически (зажим) 450.1
раскрывающееся дно 200.10
раскрытый зажим 558.8
раскрытіе руна 265.8
раскрыть кипу джута 235.8
распаковщик кип 18.3
распариваніе 476.6
расплавленіе хлопковых комьев 25.2
распластывающая машина с подводкой игольчатыми полотнами 443.5
расположеніе волана 202.4
— волокон 7.16
— головок 103.11
— зубьев 335.13
— каната для движенія веретен 353.2
— колосников 36.4
— хлопковых закромов 22.15
—, групповое — подшипников веретен 354.12
—, косое — питательных валиков 404.6
—, одиночное — подшипника веретена 354.15
—, поперечное (волокон) 326.12
—, равномѣрное — волокон без параллелизаціи 263.6
—, ступенчатое — моечных чанов 279.12
расположены по направленію движенія (волокна) 325.14
— поперек направленія питанія (волокна) 326.1
расположенн-ое косо стальное веретено 553.10
—ые в шахматном порядкѣ 384.2
—ыя по спирали колотильныя планки 312.12
расположенныя по спирали крылья (барабана) 309.2
расположить волокна поперек направленія питанія 326.1
— низко центр тяжести 291.2
— чаны один рядом с другим (за другим) 279.13.14
распорка 89.8, 497.4, 500.10
распорная балка 344.2
— поперечина 178.5
расправить холст 41.9
расправленіе ватки холста 86.4
расправленная полстина 327.13
— прядь 236.2
расправлять волокна 100.15
расправляться (волокна) 25.1
распредѣленіе движенія сельфактора 159.8
— зубьев барабана 311.18
— на полоски предварительно раздѣленнаго полотна 478.8
—, неравномѣрное (крутки) 154.7
распредѣлитель воздуха 572.18
—, автоматическій — воздушной струи 575.10
распредѣлительн-ая машина 8.11
—ая муфта 163.11
—ая рѣшетка 23.8
—ый аппарат мотальнаго механизма 125.4
—ый вал 161.4
—ый вал с выключателями 353.13
—ый диск 52.12, 161.11
—ый механизм 160.8
—ый механизм сельфактора 182.1
—ый рычаг 348.6, 379.16
—ый центральный орган 185.11
—ый эксцентрик 176.9
распредѣлять 8.10
распрямленіе гребенного прочеса 385.3
— положенія волокон 386.7
распрямлять 385.4
распутывать джутовыя волокна 247.4
растаскиваніе спрессованнаго хлопка 20.2
— шерсти 310.13
растаскивать волокна шерсти 310.16
раствор азотокислаго натра 460.5
— висковы превратить в студенистую массу 468.14
— желатина 471.4
— жидкаго стекла 463.3
— жидкаго стекла с примѣсью аміака 369.10

раствор казеина . 471.15
— казеина, водноспиртный . . . 472.2
— казеина, щелочный ацетоновый 471.20
— каучука 463.6
— квасцов 238.18
— коллодія, высокопроцентный 457.10
— оссеина 472.16
— поташа 273.5
— селитры 419.17
— соды . . 316.10, 419.18
— соды, слабо подогрѣтый 309.18
— поваренной соли 465.5
— соли, индифферентный . . . 465.8
— соли, насыщенный 469.5
— соли, спиртный 460.12
— сѣрнистокислой щелочи 465.4
— сѣрной кислоты 440.9
— сѣрнокислаго желѣза 469.15
— сѣрнокислаго никкеля . . . 472.9
— уксуснаго эфира 460.10
— хлористаго натрія 465.5
— хлористаго олова 457.2
—, амміачный — окиси мѣди . . 458.22
—, ацетоновый . . 460.4
—, водный — амміачной соли . 465.7
—, водный — соляной кислоты . 305.7
—, водосодержащій — коллодія . . 462.5
—, жировой . . . 298.11
—, мыльный горячій 433.12
—, мыльный слабый 194.11
—, нейтральный . 305.13
—, нейтральный — щелочной соли 469.6
—, пряжный . . . 461.14
—, пряжный слизистый 464.6
—, пѣнистый . . . 277.10
—, содовый горячій 470.14
—, спиртовый — хлористаго аммонія 457.11
—, спиртовый — хлористаго желѣза 456.13
—, фильтрованный пряжный . . . 463.15
—, хлористо-ртутный 459.12
—, щелочный 309.9, 437.4
раствореніе жира шерсти в горячей жидкости . 274.16
растворенн-ая в спиртѣ металлическая соль . 460.11
—ый жидкій клей . 71.11
—ый поташ 273.7
растворим-ая соль цинка 469.13
—ое мыло . . . 272.7
—ыя загрязненія . 268.5
растворимость клееваго вещества в водѣ 471.5
— пота 272.3
растворитель . . 298.3
растворитель, летучій 297.10
растворительная способность воды для размота 419.7
растворить казеин в щелочной жидкости . . . 471.19
— клеевину шелковых волокон газом 438.5
— межклѣтное вещество в джутѣ 237.10
— резину в сѣроуглеродѣ 459.7
— рыбій клей в крѣпком уксусѣ 459.8
— серицин кипятком 436.20
растворять поташ 273.6
— растительный клей 225.13
растворяться (коллодійная шерсть) 462.2
растворяющая способность составов для мытья 275.1
растеніе 302.7
—, выдѣляющее слизь 316.13
растираніе 8.17
— репья в пыль . 308.11
растирать 8.18
растительн-ая слизь 472.13
—ая смола 507.20
—ое вещество . . . 302.13
—ое масло . 148.8, 238.4, 314.11
—ый желатин . . 472.14
—ый жир . 238.4, 315.11
—ый клей 225.13
—ый пергамент . . 389.12
—ый сор 49.4
—ый студень . . . 472.14
—ый щелок . . . 419.14
—ыя вещества, измельченныя . 308.12
—ыя волокна . . . 402.3
—ыя засоренія . . 301.4
—ыя составныя части 402.2
растрепанный слой катушки . . . 387.4
растягиваніе . . . 8.12
—, медленное . . 606.23
—, машина для —я веретеннаго шнура 356.4
—, приспособленіе для —я мытых кожаных рукавов 332.13
—, приспособленіе для — петель . 358.3
растягивать с. т. вытягивать
растягивать 8.13
— желатин в нить 471.8
— канат 513.7
— моток пряжи . 576.16
— нить в разбавленном щелокѣ . 467.2
— петли нити . 191.14
растяженіе каната 513.5
— нити 608.16
растяжимость каната 513.4
— нити 10.2
растяжная пружина 106.3
растянут-ая собственным вѣсом нить 466.15
—ая пружина . . 106.5
—ый стержень . . 594.20
расход мыла . . 277.8
— шерсти 264.4
—, еженедѣльный (хлопка) . . . 18.14
расходиться (нитеводныя парныя вилки) 129.12
расчесанный конец пряди 243.11
расчесываніе . . . 7.13
— концов прядей . 243.10
расчесывательное дѣйствіе шляпки 58.11
расчесывать . . . 7.14
— грубо пеньку . 495.18
расчещик 212.17
расчещица 212.18
расширеніе . . . 467.8
расщепленіе волокон 230.16
— кожи 118.20
— лубка 261.10
— льняного волокна 211.18
— пеньки 231.11
расщеплять жир . 300.14
— льняное волокно 211.19
расщепляться . . 237.8
расщипать клочки волокон . . . 198.4
расщипка джутовых прядей . . 243.9
— нитяных концов на волокна . . 404.3
расщипленн-ая пряжа 395.13
—ый лоскут . . . 395.12
расщипываніе шерсти 310.13
расщипывательный вал . . . 20.9
расщипывать клочья шерсти 310.15
— комья хлопка . 20.4
— нитяные концы на волокна . . 404.4
— хлопья на отдѣльныя волокна 49.17
— шелковый лоскут 456.8
— шелковые угары 442.10
рафинированіе потоваго поташа . 273.10
рафинированное сурѣпное масло 314.13
рафинировать жир 300.8
рваный лоскут . . 403.11
рвать лоскут . . 403.10
рваться (нить) . . 345.14
реагировать на кислоту . . . 309.5
реакція, химическая 272.5
ребра, выступающія 376.2
ребро 282.4
— подшипника . . 324.5
— шляпки 53.11
—, впущенное . . . 355.3
—, насаженное . . . 355.3
—, продольное . . . 332.10
ребристая колонна 69.5
— нагрѣвательная труба 294.9
— труба 306.15
ребрышки, острыя 331.17
ревант 596.8
реверсивн-ая передача с прямыми и крестовыми ремнями . . . 24.5
—ый механизм . . 131.6, 256.7
—ый механизм с прямыми и крестовыми ремнями 24.5
регенерація шерстяного жира . 299.13
регенерировать растворитель отгонкой 463.5
регулированіе питанія 42.7
— питанія обратно-пропорціонально толщинѣ холстов 42.9
— подводки холста 42.10
— уровня воды . . 286.6
регулировать автоматически питаніе хлопка . 30.1
регулировать автоматически подводку хлопка . 30.1
— приток мыльнаго щелока . . 439.6
— пріем ватки . . 326.20
— разстояніе между билом и колосниковой рѣшеткой 42.19
— толщину шелковой нити . . . 421.7
— тягу 32.1
— уровень воды . 286.7
регулироваться (управленіе движеніем) . . 517.6
регулировка питанія 42.7
регулировочная подвѣска . . . 43.8
регулируемый скатывающій ход. 334.3
регулирующ-ая гребенка . . . 320.11
—ая качающаяся гребенка . . . 320.3
—ая улитка . . . 349.15
—ая цѣпь 207.2
—ій валик 32.13
—ій винт 92.5
—ій винт для установки каретки в горизонтальном положеніи 178.3
регулятор 43.15
— для вытяжного аппарата . . . 182.9
— с клиновидными серьгами Лорда 43.6
— мотки 171.8
— мотки Гулли . . 172.4
— нажима 339.4
— отбоя 349.1
— отмотки . 179.11, 184.1, 349.1
— питанія 42.8
— питанія с антифрикціонными роликами . . . 34.6
— питанія, коромысловый . . 34.9
— питанія, состоящій из звеньев 34.9
— равновѣсія . . . 291.3
— тяги 31.17

регулятор, автоматическій — нагрѣванія . . . 616.16
—, винтовой . . . 172.15
—, коромысловый рычажный . . 44.4
—, питательный, педальный . . 28.9
—, суставный . . 44.4
редуцирующій хлористый металл . 456.11
резервуар для воды 241.8, 294.2
— для грязной воды . . . 299.9
— для масла 148.2, 241.9, 361.16, 461.15
—, жестяной . . . 365.10
—, заполненный торфяною мелочью . . . 299.11
—, сточный . . . 439.15
резиновый буфер . 290.8
результат зажима 103.4
— кондиціонированія 615.17
— сортировки . . 266.7
рейка барана . . 565.7
— с дѣленіями . . 183.15
— направителя ровницы . . . 129.7
— с нитеводными крючками . . . 566.4
—, двухсторонняя зубчатая . . 506.10
—, зубчатая 343.11, 566.15
—, зубчатая — каретки 136.11
—, зубчатая храповая 608.4
—, качающаяся . 112.5, 131.9
—, направляющая 128.1
—, направляющая — для кольцевой планки 391.8
—, нивелирная . . 363.6
—, нитеводная возвратно передвигающаяся . . 473.7
—, нитеводная перемѣщающаяся 565.9
—, пасьменная . . 564.18
—, передвижная зубчатая — в кареткѣ . . . 190.13
—, поперечная . . 106.8
—, призматическая 79.4
—, соединяющая башмаки . . . 180.5
— ударная Бодуэна 98.11
—, установочная . 354.9
рейки, продольные 312.14
Рейш, динамометр —а 608.11
рельс для вагонеток 307.13
— каретки 353.1
рельсы для выдвижной каретки, подвѣшанные . 503.15
—, расположенные на полу канатной дорожки . 504.1
ремень для бѣгунов 324.8
— для передачи между конусами 43.13
—, безконечный . . 441.16
—, конусовый 28.12, 43.13
—, крестовый . . 24.5
—, нагруженный гирею 183.1
ремень, натяжной 149.5
—, парный 182.6
—, передаточный . 28.12
—, приводный — между конусами 255.17
—, прямой 24.5
ременн-ая вилка 324.10
—ая отводка кардной машины . 324.9
—ая передача . . 527.1
—ая конусная передача 43.5
—ой привод . . . 502.3
—ой шкив 24.2
ременьщик 3.14
ремешки, перекрещенные . . . 330.9
ремешковый дѣлитель 330.7
— раздѣлитель . . 203.13
ремешок 330.8
— для раздѣленія ватки на ленты 204.11
ремизная с. т. ремизовязальная
ремизовязальная нить 581.21
ремонтный мастер 5.20
репей 402.4
—, дряблый . . . 302.8
—, раздробленный 367.5
—, разрушенный . 308.10
—, обуглившійся . 307.5
—, цѣльный . . . 367.4
—, черный 307.4
—, хрупкій . . . 302.8
репейник 301.1
репьеудалительное приспособленіе для чесальных машин Оффермана 368.15
репьеочистительный валик . . 321.2
респиратор для рабочих на волчкѣ 442.8
рессора, экипажная 279.7
реторта 402.15
ржавеніе кардной гарнитуры . . 64.1
ржав-ая игла . . 86.19
—ый кокон . . . 415.14
ржавчина 63.13
ригель 497.4
Ридингер, динамометр —а . . . 607.6
Ризлер, грубо-кардная машина —а 48.5
Ритер, аппарат для испытанія масла—а 149.1
—, веретено для крутильных ватеров —а . . . 552.12
—, подводка валиков и их установка в подшипниках по способу —а 58.14
—, подводка шляпок —а 55.4
—, прибор —а для подводки клиньев 74.5
—, приспособленіе для очистки шляпок —а . . 52.13
рифленіе 116.10
—, винтовое . . . 240.10
—, зубчатое . . . 241.3
—, лѣво-винтовое . 240.13
рифленіе, мелкое . 143.4
—, неравномѣрное — цилиндров . 191.5
—, перемѣнное . . 241.1
—, право-винтовое 240.12
—, продольное . . 241.2
рифлен-ая наждачная лента . . 71.19
—ая поверхность цилиндра . . . 394.2
—ое наслоеніе наждака 71.15
—ый валик . . . 243.16
—ый валик с пирамидальными тупыми зубцами. 240.14
—ый валик с упорными кольцами на концах . . 116.9
—ый валик из твердаго чугуна. . 308.14
—ый питательный валик 30.11
—ый сегмент 85.7, 378.3
—ый скатывающій ролик 34.3
—ый фрикціонный диск 448.11
—ый холстовой валик 48.11
—ый цилиндр 42.15, 143.3
—ый цилиндр из мелкозернистаго желѣза . . 191.4
—ые питательные валики 267.7
—ые в противоположном направленіи плющильные валики . 240.11
рифли 116.10
рифля 116.11
— (x —ей в дюймѣ) 71.16
—, закругленная . 240.8
ровн-ая поверхность разрыва 10.6
—ая точильная лента 71.20
—ое наслоеніе наждака 71.14
ровница 9.15, 122.2, 159.15, 204.8, 342.6
— из кудели. . . 224.13
—, бумажная . . 479.4
—, вытянутая . . 159.18
—, двойная . . . 188.9
—, джутовая . . . 254.12
—, локонная . . . 329.16
—, локоновидная . 343.8
—, льняная . . . 224.10
—, одинарная . . 133.15
—, рыхлая слабокрученая . . . 122.4
—, скатанная . . 334.6
—, смоченная . . 226.5
—, толстая (бурета) 454.1
ровничная катушка 224.6
— машина 11.10
— планка с проушинами . . . 142.8
рог для холста . . 41.3
—, бычачій 497.13
роговой порошок 120.13
рогулька 10.20, 255.6, 257.12, 505.10, 538.6.12
— со впаянными проушинами . 501.18
— с закаленным кольцом в головкѣ 501.16
— и катушка . . . 122.15
— с кривым прорѣзом. 123.14
рогулька с пресслапкой 452.4
— с прижимной лапкой 123.13
— с просверленной головкой . . . 548.12
— с раскатанными глазками . . . 501.17
—, ведущая . . . 125.1
—, горизонтальная 501.13
—, двухкрыльчатая 123.12
—, двухплечая . . 123.12
—, двуплечая проволочная . . . 431.18
—, катушечная . . 505.7
—, крутильная . . 430.1, 546.4
—, опережающая веретено . . . 123.9
—, отстающая от веретена . . . 123.10
—, самостоятельная 548.1
—, центробѣжная 258.8
рогульчат-ая ватерная машина для пряденія гребенной шерсти 390.16
—ая двухсторонняя крутильная машина для тонкой пряжи 545.11
—ая крутильная машина для бечевы 501.15
—ая крутильная машина, двухсторонняя . . . 548.10
—ая крутильная машина, односторонняя . . 548.9
—ая прядильная машина . 138.8, 139.3, 225.3, 479.5
—ая прядильная машина с горизонтальной рогулькой . . . 501.13
—ое веретено 10.19, 139.10, 257.11, 485.8
—ое веретено банкаброша . . . 122.5
—ое кольцевое веретено 547.9
—ый ватер . 138.3, 225.8
—ый прядильный ватер 11.13
—ый прядильный ватер для бумажной пряжи с увлажнителем и свертывателем 485.1
—ый прядильный ватер, двусторонній 257.2
—ый нитевод . . . 533.8
рогульчато-ватерная пряжа . . 138.6
род стежки . . . 68.9
родниковая вода . 270.10
рожок 533.7
— для мотков . . 542.13
— солдата 165.13
—, верхній — рамы 394.10
—, закрѣпленный на валикѣ подниточника . . 169.7
—, моточный . . . 577.2
—, рядовой — рамы 394.9
розанилин 457.9

розетка, чугунная торцовая . . . 524.8
розмариновое масло 314.21
ролик с. т. цилиндр *или* валик *или* барабан
ролик 470.6
— для вращенія веретена . . . 529.7
— между серьгами 43.9
— фрикціоннаго сцѣпленія . . . 529.8
—, антифрикціонный 44.1
—, ведущій задній (передній) для холста 89.9.10
—, выключающій —, сидящій на стрѣлкѣ . . . 207.5
—, двойной . . . 34.6
—, навойный рифленый 34.3
—, направляющій 144.4, 282.16, 510.12
—, направляющій — для бумажной ленты . . 488.10
—, направляющій нить 529.9
—, натяжной 41.6, 144.15
—, натяжной — с храповиком . 177.11
—, отводящій . . 281.10
—, простой . . . 43.16
—, рабочій 470.9
—, свободный. . . 547.3
—, скатывающій рифленый . . 34.3
—, тормозной . . 341.14
—, управляющій 530.8
—, фрикціонный .516.12
—, холстовой рифленый 34.4
—, эксцентриковый 420.7
ролики, ведущие — для стренг . . 504.7
—, направляющіе . 525.9
роликовый подшипник 192.4
— подшипник для барабана . . . 158.9
роличная вороба . . 569.7
— вороба, установочная 611.18
ромбическая крестовая мотка . 519.10
ромбоидальная игла карды . . . 248.10
рондонтій, шелк . 410.16
рот 376.10
ртутный термометр 616.7
рубильная гребенка 260.8
рубчатый чечевицеобразный круг 421.13
рука вращенія веретена 541.11
— (теплый как —). 60.10
рукав 332.16
—, гладкій кожаный 331.15
—, кожаный замшенный . . . 331.16
—, резиновый непроницаемый . 479.3
—, скатывающій . 204.6, 331.14
—, скатывающій крестообразнорифленый . . 332.1
рукав, скатывающій — из проволочной сѣтки спиральнаго плетенія . 388.3
—, терочный . . .
рукоятка . . 74.3, 181.1, 350.9, 504.8, 611.5
— для разгрузки валиков . . . 88.14
—, установочная . 30.6
рулон бумаги . . 489.2
— из бумажных лент 485.2.10
— холста. 7.12
—, бумажный. . . 481.3
—, ватный 77.10
—, холстовой 7.12, 34.4
руно с недостатками 264.20
—, больное . . . 365.3
—, влажное . . . 264.21
—, длинноволосое 364.18
—, здоровое . . . 365.2
—, коротковолосое 365.1
—, коротковолосое колючее . . . 264.22
—, легкое 264.17
—, неповрежденное 264.19
—, перевязанное . 264.16
—, разорванное . 265.14
—, свернутое . . . 264.15
—, спрессованное гидравлическим прессом. . . . 264.14
—, сырое 264.21
—, тяжелое. . . . 264.18
—, шерстяное. . . 264.13
русло для выходящей ленты . . . 111.5
ручка . 74.5, 171.4, 350.9, 500.14, 611.5
— гребенки . . . 58.5
— для останова . 209.1
— для пуска в ход 208.11
— для разъема . . 121.6
— для распредѣлителя воздуха . 371.3
—, вращающаяся . 342.9
—, деревянная . . 340.12
—, составная — барана 432.11
ручн-ая точка . . 71.23
—ой мюль 159.6
—ое чесаніе . . . 212.14
—ой рычаг . . . 347.15
—ыя гекли 8.5
рыбій жир . . . 238.2
— клей . . . 333.2, 471.2
рыболовная сѣть, старая 507.14
рыночный леп . . 209.13
рыхл-ая масса волокна 440.18
—ая слабокрученая ровница . . . 122.4
—ая стуктура . . 416.19
—ая шерсть . . . 269.13
—ая шишка . . . 590.12
—ое крученіе нити 541.4
рыхло, лежать . . 7.10
рычаг 172.6, 190.2, 207.1
— с вилкой и роликом для цѣпи подниточника . 166.8
— для включенія и выключенія вытяжного аппарата 346.1
— втяжного конуса 183.5
— выключательнаго механизма . 455.12
— вѣсов 328.3
— с дѣленіями . . 241.10
рычаг с желобчатым клавишем. 312.8
— крышки 230.10
— нагнетательнаго насоса 288.6
— с нажимным роликом 183.8
— надниточника . 172.14
— для натяженія каната 349.9
— нитевода. . . . 534.2
— для останова . 209.1
— с перевѣсом одного плеча . . . 180.7
— переключателя 24.4
— питательнаго валика 90.3
— питательнаго механизма . . . 93.14
— для пуска в ход. 208.11
— для разгрузки валиков . . . 88.14
— для тормазной муфты отмоточнаго механизма 179.9
— указателя крутки 186.6
— фрикціона . . . 354.8
— с шипом . . . 350.2
— со щеколдой . 205.6
— щипцов 89.5
—, включающій трехплечій . . 350.1
—, выключательный 357.7
—, вѣсовой . . . 613.8
—, главный — контрольнаго аппарата 186.2
—, горизонтальный 192.13
—, двойной . 44.6, 132.14, 183.9
—, двухколѣнчатый — для останова 357.2
—, двуплечій колѣнчатый с продолговатым ушком 360.3
—, двуплечій 132.14, 487.17
—, изогнутый. . . 528.6
—, качающійся . . 60.4, 537.12
—, колѣнчатый . . 44.6, 111.14, 162.5, 181.11, 254.8, 482.12
—, контролирующій обрыв нити 533.5
—, контрольный . 423.5
—, крючкообразный — отводится качающимся направляющим конусом . . . 528.7
—, кулисный — нитевода 538.1
—, нагруженный гирею 536.4
—, нагрузочный . 149.4
—, нагрузочный — для задняго пріемнаго валика 90.7
—, нагрузочный — для передняго пріемнаго валика 88.15
—, нагрузочный колѣнчатый — с плечами под прямым углом 173.10
—, нажимной 385.10, 393.9
—, направляющій . 133.6
рычаг, натяжной . 46.4, 94.12
—, неравноплечій . 535.13
—, ножевый качающійся 603.8
—, опускающійся . 172.7
—, остановочный . 205.7, 532.12
—, откидной . . . 179.8
—, отмоточный . . 205.12
—, отмоточный тормазной 163.1
—, педальный — тормаза. . . . 290.12
—, передающій движеніе . . . 537.15
—, подвѣсной. . . 180.10
—, предохранительный . . . 357.12
—, разгрузочный . 106.10
—, разъединительный 121.6
—, распредѣлительный . . 348.6, 379.16
—, ручной . 24.4, 347.15
—, серповидный . 184.7
—, сцѣпляющій . 510.10
—, трехплечій . . 179.10
—, трехплечій остановочный . 549.7
—, трехплечій свободный 178.11
—, тормазной . . 147.6
—, угловой .152.2, 183.4
—, установительный 534.8
—, установочный — для пріемнаго валика 89.1
—, эксцентриковый — питательнаго механизма 93.13
рычаги, качающіеся (для щипцов) 88.12
рычажек 530.12
— для установки гребенки . . . 58.6
—, натяжной — для отмотки . . . 179.5
—, тормазной — при входѣ каретки 179.4
рычажн-ая вилка 523.13
—ая нагрузка 43.4, 106.11
—ый валик . . . 32.13
—ый контрольный аппарат . . . 186.1
—ый коромысловый регулятор . . 44.4
рычажно — желобчатая подводка 312.7
рѣдкое плетеніе . 571.5
рѣднина 16.13
рѣдно, джутовое . 16.13
рѣзак . . . 118.9, 243.6
рѣзальная и клеильная машина . . 117.23
рѣзанный лоскут 400.6
рѣзать лоскут . . 400.5
рѣзец с. т. нож
рѣзец 119.3
—, токарный . . . 337.3
рѣзка 483.9
— лоскута 400.4
—, машина для — и льна 211.2
рѣзкая продольная штриховка дикаго шелка . . 427.23
рѣзчик джута . . 242.13
рѣзчица джута . 242.14
рѣзьба, лѣвая . . 339.5
—, многоходовая . 146.11
—, правая 339.5
рѣчная вода . . . 270.6

рѣшетка 575.9
— с автоматическою перемѣнною хода 40.7
— с планками . . 201.6
— под прiемным валиком 78.1
— на ремнях . . 201.1
—, безконечная с. т. безконечная рѣшетка
—, безконечная . 446.14
—, безконечная из зубчатых планок 367.15
—, безконечная игольчатая . . 200.7, 443.8
—, безконечная питательная . . 259.12
—, безконечная — со стальными шарнирами . . 365.9
—, вертикальная . 23.4, 38.2
—, выдвижная . . 48.4
—, выкидная . . . 38.1
—, горизонтальная 21.8
—, деревянная . . 229.13
—, жестяная . . . 267.12
—, игольчатая . . 22.4
—, кардная 448.1
—, колосниковая . 27.6, 27.16, 31.12, 49.1, 220.12, 259.3
—, колосниковая — барабана . . . 33.7
—, колосниковая, воронкообразная 36.9
—, колосниковая — выдвижная сбоку 196.16
—, колосниковая — с заостренными колосниками . 197.11
—, колосниковая — из игольчатых планок 260.11
—, колосниковая коническая . . 35.4
—, колосниковая, планочная . . 36.11
—, колосниковая из полосового желѣза 368.7
—, колосниковая поперечная . . 27.6
—, колосниковая продольная . . 33.8
—, колосниковая — из продырявленнаго листа 36.7
—, колосниковая — из продырявленной листовой стали 267.11
—, колосниковая — трепала 33.14
—, колосниковая трубчатая . . . 36.9
—, колосниковая из углового желѣза 367.10
— колосниковая, угарная . . . 29.6
—, колосниковая установочная . . 48.4
—, колосниковая Шеллибаума . 48.1
—, мостовидная . 201.2
—, наклонная . . 278.13
—, нижняя . 29.2, 201.1
рѣшетка, нижняя горизонтальная 21.8
—, отводящая . . 38.1, 197.12
—, очистительная . 31.12
—, питательная 27.1, 41.1, 199.1, 235.15, 243.15, 321.1
—, питательная — опенера 29.7
—, питательная главная . . . 23.7
—, питательная игольчатая вертикальная . . 260.9
—, подъемная 21.9, 23.4, 38.2
—, подъемная игольчатая 28.6
—, прiемная . . . 235.16
—, проволочная . 267.13, 294.4, 295.4, 297.5
—, проволочная медленно двигающаяся . . . 295.14
—, рабочая . . . 399.15
—, распредѣлительная 23.8
—, ситчатая колосниковая . . . 312.13
рѣшетки 22.3
—, безконечныя движущiяся . 575.14
—, питательныя —, движущiяся в одном (противопол.) направленiи 23.2.3
рѣшетчат-ая полка 296.16
—ая телѣжка . . . 307.8
—ое вѣшало для стеканiя воды из мокрой шерсти 287.16
—ый барабан . . 32.3
—ый ящик . . . 304.1, 439.14
—ыя, вѣшала . . 292.13
рѣшето для коконов 418.15
—, угарное . . . 38.9
ряд веретен . . . 123.3
— геклей 252.11
— гребней . . 85.5, 214.8
— дыр 61.7
— игл 85.5
— игл круглой гребенки 383.9
— с промежутками 104.1
—, крайнiй (игл) . 88.2
ряды гребней . . 444.5
— игл 444.5
рядов-ая стежка . 69.2
—ой консоль рамы 394.9
рядом, расположить чаны один — с другим 279.13

С

сажанiе скобочек . 68.1
сажать x игл на 1 дюйм длины . 68.5
— катушки . . . 97.7
— скобочки . . . 68.2
салазки 93.7, 125.7, 165.11, 185.10
— для зажимных колодок . . . 230.3
— для измѣненiя разстоянiя между вытяжными парами 392.13
салазки канатчика 499.5, 500.8
— для ножа . . . 118.3
— для остановочнаго приспособленiя 95.5
— для погона . . 190.14
— ременной вилки 324.10
—, нагруженныя . 500.12
—, натяжныя . . 41.5
—, супортныя . . 405.8
сало . 315.1, 428.12, 484.4
—, русское 359.13
салообразный жир шерсти 274.8
сальное мыло . . 310.5
самовзгоранiе . . 317.12
самовоспламененiе 317.12
самогрузочная планка 334.12
самодѣйствующ-ая мюльная машина 159.7
—ая чистка . . . 340.19
—ее мотовило для коконов . . . 423.3
—ее навивающее приспособленiе 327.17
—ее приспособленiе для обтяжки барабана кардою 337.11
—iй с. т. автоматическiй
—iй динамометр . . 607.5
—iй динамометр с измѣрителем удлиненiя . . . 609.4
—iй моечный чан . 273.3
—iй останов . . . 535.7
—iй останов при обрывѣ 524.3
—iй остановочный механизм . . . 357.5
—iй перелив воды . 365.13
—iй питательный аппарат . . . 320.1
—iй регулятор нагрѣванiя . . . 616.16
самозакрывающаяся крышка . . 487.14
самоклад 51.16
самоотходящая очесочная гребенка 58.4
самоочищающаяся шляпка 53.2
самопрялка . 10.15, 343.13
самопряльщик . . 159.7, 343.13
саморегулирующаяся навойная машина 249.3
самосмаз, кольцевой 148.16
самосмазывающiйся подшипник барабана . . . 145.2
самостоятельная рогулька . . . 548.1
— система рычагов 185.13
самоцентрированiе веретена . . . 553.6
самоцентрирующ-ее веретено . . . 553.5
—ееся веретено . . 548.11
самшитовое острiе 128.10
самый тонкiй банкаброш . . . 122.11
сантиграмм . . . 601.1
сантиметр 600.9
—, квадратный . . 335.9
сапожный пек . . 508.8
сапонин 277.23
сарай, хлопковый . 17.8
саржевая дiагональная ткань . . 64.24
— ткань, жесткая . 65.4
сатиновая крутка 586.8
сбереженiе тепла . 294.16
сбиванiе остатков репья 406.3
сбившаяся дорожка 339.15
сближаться (парныя нитеводныя вилки) . . 129.11
сбоку выдвигать . 196.16
— (разматыванiе) 556.10
сборн-ая труба . . 399.17
—ый канал для топочных газов . 306.16
—ый ящик 244.14
сборщица 3.9
сбрасыванiе очеса 380.3
сбрасыватель . . . 200.9
сбрасывать увлеченную им шерсть (волан) 323.5
сбрасывающiй шип, отступающiй назад 30.7
сбѣганiе пряжи при сходѣ с початка 569.14
сваливаться, способность . . . 302.9
—, способность угарной шерсти 396.3
свалить (в комья волокна) . . . 14.7
свалянная шерсть 269.15
свалявшаяся грязная шерсть . . 397.20
сверленный канал веретена . . . 488.13
свернут-ая бумажная лента . . 484.14
—ое руно 264.15
—ый канат 596.18
—ый холст 7.12
свертыванiе . . . 484.17
— бумажной ленты 484.10
— бумажных лент вручную . . . 484.21
— волокон 101.2
свертыватель . . 485.1
свертывать бумажныя полоски . 478.9
свертывающ-ая воронка . 478.12, 485.6, 486.4
—ее приспособленiе 478.11, 479.2
свивать с. т. скручивать
свивать 498.14
свидѣтельство, кондицiонное . 616.3
свинец, листовой 304.6
свинцовый корытообразный жолоб 466.9
свиной хвостик . 143.15, 525.3, 545.8
— хвостик, вахтенный 524.4
свинчиванiе рогулек 141.5
свить петлю . . . 496.17
свободн-ая длина иглы 86.13
—ая крышка . . . 284.1
—ая цѣпь 180.1
—ое набѣганiе . . 560.5
—ое развертыванiе отдѣльных холстов 41.15

свободн-ый жир 274.2
—ый ролик 547.3
— ый трехплечій рычаг 178.11
свободно висящій груз 105.14
—качающаяся вилка 281.9
— лежать 7.10
— насаженный 342.10
— сидѣть на веретенѣ (катушка) 255.10
— сидѣть (шестерня) 161.9
— сидѣть (шкив) 160.15
— устанавливать катушку с ровницей 128.6
свободносидящая коническая шестерня на распредѣлительном валикѣ 135.8
свойство бумажной пряжи подобно текстильной нити 475.8
— верен наждака 71.1
— пота омыляться 272.4
— шелка на ощупь 427.3
—, гигроскопическое (пряжи) 615.6
свѣж-ая заправка 352.12
—ая мыльная ванна 433.9
—ая смазка 555.5
—ій запах 210.2
свѣжесоставленный щелок 275.14
свѣтлая мѣшень 582.10
свѣтло-зеленый ямамайскій шелк 410.14
свѣтлосѣрая волосяная пряжа 585.11
связанные узлом концы стренг 504.16
связка с. т. бунт
связка льна 217.8
— пеньки 496.13
связующая аммiак соль 465.6
связываніе и упаковка пряжи 576.5
связывать воду 302.5
— прочесанный на геклях лен в бунты 217.7
— пряжу 576.6
— узлами концы стренг 504.15
связь 237.9
сгибаніе 475.11
сглаживаніе волокон 507.15
сгоночн-ая катушка 430.10
—ый барабан 356.14, 358.15
—ый деревянный валик 377.2
сдать (ватка) 327.5
сдваиваніе с. т. дублированіе
сдваиваніе 12.6, 41.13
— и вытягиваніе лент перед гребнечесаніем 80.16
— и вытяжка пеньки 233.1
— и закатываніе камвольной пряжи 386.5
— на второй головкѣ ленточной 223.1
сдваиваніе на первой головкѣ ленточной 222.21
— на третьей головкѣ ленточной 223.2
— лент 222.20
— и мотаніе в клубки 515.2
— шелка 430.6
—, выравнительное 326.19
—, многократное 386.13
—, х-кратное 430.8
—, полное 386.14
—, слишком сильное 104.9
сдваиватель 81.6
сдваивательн-ая машина 453.10
—ое приспособленіе 388.11
сдваивать 12.7
— и вытягивать ленты волокнистаго вещества 251.5
— и вытягивать ленты чесальных перед гребнечесаніем 80.15
— ленты бурета 453.19
— ленты из холста 451.16
— нити 515.8
— холсты 41.10
— холсты бурета 453.8
— шелк-греж 430.7
сдваивающая ленточная машина 388.14
сдвиг початка вверх по веретену 175.13
сдвинуть вниз по веретену нахлестку нити 158.16
сдвоенн-ая застилистая пряжа 589.15
—ая лента 387.5
—ая передаточная шестерня 187.6
—ая ставка 141.20
—ая трепальная машина 41.19
—ая чесальная 319.4
—ая шерстосушилка 296.14
—ый волчек для джута 259.11
—ый крейтон с отводом угара 39.12
—ый холст 50.13
—ыя нити 12.9, 515.5
сдирать шерсть с репья 368.9
сдѣлать желатин нерастворимым в водѣ 471.6
сегмент, бронзовый 94.6
—, гладкій (гребенного валика) 89.12
—, гребенной 85.4
—, зубчатый 360.17, 547.2
—, зубчатый — для обратнаго вращенія коклюшки 511.6
—, игольчатый 378.2
—, кожаный 85.6
—, набранный гребенками 383.1
—, набранный иглами 87.11
—, направляющій шляпки 55.5
—, покрытый кожею 380.11
сегмент, рифленый 85.7, 378.3
сегменты, зажимные 449.15
сегментная щетка 99.4
севень 596.8
секрет 125.14
сектор 152.1
— на валикѣ надниточника 166.6
— питательнаго механизма 94.1
—, зубчатый 94.5, 152.8, 181.4
—, кожаный 85.6
секторальная проволока 336.9
селитра 419.17
сельфактор с. т. мюль
сельфактор 11.17, 138.14, 139.7, 204.13, 343.13
— для аппаратнаго пряденія 204.14
— для гребенной шерсти 392.14
—, двухцилиндровый 204.14
сельфакторы, крутильные 557.1
сепаратор 153.4
сердечник каната 594.18
—, намотанный 509.11
—, подковообразный желѣзный 113.9
сердце 537.13, 551.7
—, асимметричное 551.11
—, симметричное 551.12
сердцевидный эксцентрик 246.7
сердцевина кокона 436.1
сердцевинная стренга 509.6
серебряный бисер 591.12
серицин 411.8
—, хрупкій 411.15
—, размягченный 412.2
—, твердый 411.16
серицинов-ая оболочка 412.1
—ый слой 411.14
серповидный нож 196.14, 231.13, 243.6, 400.16
— рычаг 184.7
серьга для груза 105.15
—, откидная 611.9
—, педальная 28.11, 33.3, 34.8
серьги, клиновидные 43.6
сжат-ый воздух 455.10
—ый стержень 594.19
—ыя клещи 382.12
сжиманіе, пресс для — я наложенных друг на друга скошенных краев обтяжки 119.6
сивушное масло 297.18
сигнальн-ый звонок, автоматическій 249.10
—ый счетчик с колокольчиком 223.14
—ый суммирующій прибор 370.6
сидѣть свободно на валу головки (шестерня) 161.9
— свободно на веретенѣ (катушка) 255.10
сизальская пенька 492.6
сила давленія нажимнаго крюка 46.11
— дѣйствія кислоты 302.15
— зажима 103.3
— зажима валиков 554.9
— натяженія бѣгунка 151.1
— разрыва 606.16
— тренія тормаза 47.2
— удара 31.6
—, центробѣжная 130.14, 288.13
—, центробѣжная — барабана 31.4
силкин 588.7
силок 594.12
сильвалин 589.2
сильн-ая вытяжка 101.12
—ое крученіе 8.24
сильно промывать волос 514.3
симметричное сердце 551.12
синее вещество лакмуса 309.7
— мунго 407.5
система веретена 145.3
— рычагов, самостоятельная 185.13
— рычагов, управляемая 185.12
— таза 76.6
—, двухвальянная 322.4
—, канальная 80.11
—с. т. метод *или* способ
системы нумерацій, разныя 614.11
сито 38.9, 299.12
— для коконов 418.15
— с резиновыми обручами 477.6
—, круглое 476.14
—, продольное 476.15
—, цилиндрическое — с полосками 477.2
ситовая ложка 418.16
ситчат-ая плита, вставленная 285.9
—ая колосниковая рѣшетка 312.13
—ое дно 286.2
—ый, барабан 35.8, 37.11, 48.8, 195.9, 196.11, 313.9
—ый барабан с внутренними крючками 400.20
—ый барабан с полосками 478.15
—ый, барабан, верхній 33.10
—ый, барабан, второй верхній 33.17
—ый, барабан, нижній 33.11
—ый, барабан, второй нижній 34.1
—ый цилиндр 220.15
сифон 362.3
скала, англійская 66.20
скалка 46.5
— для намота прочесанных бородок 450.10
— для опредѣленія номера 387.10
— для холста 450.5
—, деревянная 444.11
—, зацѣпляющая — рѣшетки 447.5
—, золотниковая 292.7
—, пустотѣлая 46.7

скамейка, гребенная . . .213.1, 229.10
скамья для паковки 577.12
— с карчетками . . 318.14
скатанная лента ватки. 329.12
— ровница 334.6
скатываніе 8.17, 331.12, 484.17
— бумажных лент 478.10
— локона 329.14
—, послѣдовательное 333.10
скатыватель . . . 203.16
—, грубый 387.16
—, перегонный . . 387.19
—, промежуточный 387.17
—, тонкій 387.20
скатывательн-ое приспособленіе 478.11, 479.2
—ое приспособленіе, обтянутое водонепроницаемыми резиновыми рукавами . . . 479.3
скатывать . . 8.18, 203.15
— холст 45.7
скатывающ-ая безконечная лента 331.14
—ая плита с рифленой рабочей поверхностью . . 333.12
—ее приспособленіе 331.13
—ее приспособленіе для волосяной пряжи 409.5
—ій аппарат с вытяжными валиками 333.7
—ій аппарат с возрастающим подъемом . . . 334.2
—ій аппарат с послѣдовательным скатываніем . 333.10
—ій аппарат, двойной 333.8
—ій аппарат, одинарный шестирядный . . 333.9
—ій валик 204.5
—ій вытяжной аппарат. 370.5
—ій вытяжной аппарат для бурета 454.2
—ій рукав . 204.6, 331.14
—ій рукав из войлока и кожи . 332.7
—ій рукав с острыми ребрышками 331.17
— й рукав из проволочной сѣтки спиральнаго плетенія . . . 388.3
—ій рукав с прорѣзами 331.19
—ій рукав с фрезерованными углубленіями . 331.18
—ій рукав, резиновый 332.8
—ія плиты 388.4
сквозн-ая бумажная гильза . . 356.8
—ой бумажный патрончик . . . 356.8
скидываніе грувов 107.2
скипидар . 117.19, 314.23, 462.16
скисленная вода . 304.18
склад 16.14
— льна 210.14
— прочесаннаго льна 217.11
—, временный . . 210.15
складка ватки . . 327.15
складочное помѣщеніе для шерсти 264.5
складываніе . . . 484.18
— кип 17.10
— льна в амбар . 210.13
— пряжи в сырых подвалах . . . 574.11
— слоями 197.6
— хлопка 13.2
— хлопка в амбар 16.14
складывать кипы штабелями . . 17.11
— в кучу отварные коконы 436.22
— лен в амбар . . 210.12
— ленты прочесаннаго бурета . 453.17
— хлопок 17.9
— хлопок в закромах 22.9
— хлопок в открытом состояніи . 24.15
складывающійся вдоль (вокруг) оси 566.2.3
склеиваніе волокон шелка 412.4
— кожаных рукавов 333.1
склеивать кожаныя ленты . . 64.16
— кожаную обтяжку 119.4
склейка 333.3
склиз с. т. погон
склиз . . . 167.3, 352.5
— каретки 391.3
— с шарнирной горкой для прослойки 168.4
—, износившійся . 174.4
скоба . . . 495.12, 535.4
—, стальная . . . 62.5
скобка. 62.2
—, зубчатая . . . 62.3
—, кардная. . . . 335.8
—, кардная — с двойным колѣном 336.4
скобки, x-кардныя 335.9
скобочка. 68.1
— карды 67.3
скольженіе волокон между валиками 103.5
— рѣшеток . . . 23.6
— тормаза 347.10
— шаблона 499.3
скользкое волокно 194.3
скользун . . 93.7, 165.11, 359.3, 531.13
— с наклонной плоскостью . . 184.2
скользящ-ее колѣно 184.4
—ій передвижной подшипник . . 59.3
—ій погон 190.14
—ій указатель . . 608.2
скорлупа 26.15
скорая сушка . . 292.18
скорости, двѣ — вращенія веретен 189.2
скорость вращенія, перемѣнная . 537.6
— вытяжки . . . 102.16
скорость гребнечесанія 82.16
— движенія каретки 164.2
— навиванія на шпулю 124.20
— наматыванія . . 166.19
— питанія лент . 249.5
— подачи холстов 41.17
—, большая — веретена 147.10
— возрастающая окружная. . . 102.15
—, вторая (третья) веретена . . . 348.1.2
—, двойная. . . . 189.4
—, дифференціальная (валиков) 309.1
—, неравномѣрная — намотки нити 517.13
—, окружная перемѣнная — вращенія улитки . 163.9
—, окружная постоянная . . . 516.10
—, первая 353,3
—, угловая постоянная . . . 516.7
—, удвоенная — веретена 164.17
скоросхватывающая мастика . 117.11
скос 531.5
скошенный край (обтяжки) . . 119.6
скребок 118.2, 340.9, 479.1
—, гребенчатый . 340.9
—, пружинный . . 96.4
—, ручной 49.10
—, упругій 96.4
скрещенныя ленты 387.18
скрещиваніе . . . 422.3
— слоев ватки . . 327.3
—, двукратное . . 422.7
—, однократное . 422.6
—, приспособленіе Бержье для —я 422.13
—, приспоисобленіе для —я Мартина 422.10
скрещивать нити шелка 422.5
скрещиваться (витки) 551.14
скрип шелка . . 427.7
скроль с. т.улитка
скроль 359.5
скругляться (шелковая нить) . . 422.3
скрученн-ая круто нить 498.7
—ая прядь пеньки 231.4
—ыя ленты . . . 387.7
скручиваніе с. т. витье
скручиваніе . . .12.10
— нѣскольких прядей в стренгу . 498.4
—, крѣпкое — без увеличенія крутки стренг. 501.6
—, предварительное 502.14
—, равномѣрное . 431.1
скручивать с. т. свивать
скручивать . 8.21, 12.11, 539.5
—. волокна 8.19
— и наматывать нить в одном и том же направленіи 154.3
— нити 539.4
скручивать нити вручную . . . 431.13
— слегка нити при навиваніи . . 430.9
— вмѣстѣ нити шелка-сырца . 422.9
— пестрые нити . 591.15
— прядь в одну стренгу . . . 498.5
— влажным способом 542.5
— сухим способом 542.3
— стренги в канат 498.14
— стренги в направленіи крутки пряжи (противоположную сторону) . . 499.13.14
скручиваться (ленты) . . . 387.6
скручивающій крюк 499.12
скрѣпленіе лѣсов . 594.10
скупщик льна . . 210.9
слабина ватки . . 327.4
слабнуть (ватка) . 327.5
слабый мыльный раствор . . . 194.11
слабокрученый . 541.3
слабомыльная вода 573.17
слабонатянутая цѣпь 180.1
слабо крутить . . 431.4
— натянута (цѣпь) 152.5
слегка скручивать нити при навиваніи 430.9
— подсинивать гребенной прочес 386.1
слесарный мастер 5.20
сливаніе отстоявшейся жидкости с осадка . 462.3
слившіеся нити . 334.8
слизистый пряжный раствор . 464.6
слизь 316.13
—, растительная . 472.13
слишком плотная подводка точильнаго валика . 70.11
— сильное сдваиваніе 104.9
сложенн-ая шерсть 311.7
—ые параллельно канаты 512.3
сложная крученая нить 539.15
слой. 19.18
— бумаги 64.18
— ватки 326.5
— волокон 7.17
— гравія 271.11
— лака 120.7
— намотки 155.13
— нити, послѣдній (первый) намотанный 520.1.2
— тканей 65.5
— цементаціи . . 120.16
— (в два —я) . . . 50.14
—, жировой . . . 274.5
—, зернистый (серицина) 411.19
—, кипный 19.17
—, намотанный . . 520.1
—, наружный (стренги) . . . 594.7
—, несматывающійся внѣшній — кокона 435.15
—, образующій (початка) 168.5

слой, первый (послѣдній) — начинка 168.1.2
—, поврежденный (катушки) 387.4
—, послѣдній — холста 47.8
—, раздѣлительный 155.15
—, разноцвѣтный 311.6
—, резиновый 445.3
—, серициновый 411.14
—, тонкій (мастики) 117.9
слои, коническіе 155.2
слойное, x — кардное основаніе 65.1
—, пяти — основаніе 65.4
—, четырех — основаніе 65.7
слѣд, щеточный 96.8
слух 322.17
смазка веретен 391.6
—, постоянно-равномѣрная 148.18
—, свѣжая 555.5
—, центральная — крутильных веретен 555.6
—, приспособленіе Жозефи для — и веретен 355.15
смазочн-ая канавка для масла 355.2
—ая чаша 126.8
—ое масло 355.11
—ое отверстіе 126.9
—ый фитиль 344.13
смазчик 3.11
смазываніе дегтем 507.18
смазывать веретена керосином 555.4
— веретено, не вынимая его 148.1
сматываемая катушка 430.10
сматываніе коконов 420.15
— нити вдоль початка 153.10
сматывать моток шелка 424.12
сматываться (шелковинка) 421.6
смачиваніе с. т. увлажненіе 226.4
смачиваніе коконов 442.14
— мыльной водой 317.3
— в слабомыльной водѣ 573.17
— в теплой водѣ 573.16
— хлопка водою 194.9
смачивать канаты мокрой тряпкой 507.9
— трепаный лен 209.17
— хлопок водою 194.10
смачивающіе валики 486.13
смола 507.19
—, каменноугольная 16.8
—, растительная 507.20
смоленіе 507.18
смолист-ое красящее вещество 432.16
—ый деготь 508.1
сморщиваніе 484.19
смотанная обратно пряжа 165.14
смотать моток шелка 424.12
смотритель за кардами 75.17
— чесальных машин 60.17
смотрительница мотальной 421.2
смоченныя канатныя издѣлія 507.10
смыканіе круглых канатов 512.2
смычка каната 513.13
—, канатная 513.13
—, продольная (лент) 81.8
смѣна с. т. перемѣна
смѣна веретен 555.8
— воды для размота 419.13
— катушек 141.2
— колодок 215.8
— способа мотки 535.11
смѣнить застопоренный мундштук 466.10
— прядильный таз 470.11
— засоренный мундштук 466.10
— храповик 131.13
смѣнять катушки 141.3
— стальныя пластинки 56.6
смѣнная шестерня 136.5, 503.7
— шестерня вытяжного аппарата 176.14, 186.8
— шестерня дифференціальнаго зацѣпленія 135.7
— крутильная шестерня 134.3
— мотальная шестерня 132.1
— номерная шестерня 134.2
— секретная шестерня 134.6
— шестерня, верхняя крутильная 555.10
смѣсь 19.4
— шерсти 310.18
— цвѣтных шерстей, равномѣрная 311.2
—, имитаціонная 194.3
—, цвѣтная 311.1
смѣшанн-ая валично-шляпочная чесальная 80.6
—ая двухвальянная система 202.3
—ая чесальная со скатывающим вытяжным аппаратом 370.5
—ая окраска 194.6
—ое волокнистое вещество 19.4
—ое масло 315.24
—ый цвѣт 364.1
смѣшиваніе бурета 453.2
— вручную 19.12
— овечьей шерсти с хлопком 408.2
— разных сортов шерсти 310.17
смѣшиваніе угаров с настоящим хлопком 195.1
— хлопка 17.15
— хлопка при помощи воздуха 24.7
— шерсти разных окрасок 310.21
— шишек с шерстью 590.16
—, машинное 19.15
смѣшиваніе, механическое 19.15
—, пневматическое (хлопка) 24.7
—, полное 318.8
смѣшивательная камера 23.1
смѣшивать с.т. мѣшать
смѣшивать вручную 19.13
— джут 236.11
— посредством машины 19.16
— для полученія смѣси средняго качества 19.2
— в равных долях 19.3
— между собою разные сорта прочеснаго шелка 451.1
— хлопок 18.13
— хлопок разноцвѣтной окраски 194.5
— шелковые угары 442.12
— шерсть разных окрасок 310.20
— на чесальной асбестовыя волокна с хлопком 491.4
смѣшивающій волчек 313.1
смягченіе воды 270.21
снабжать вручную 28.1
— купленныя вязки ярлыками 210.4
снасти 596.21
снашиваться (веретенный шнур) 555.7
Снек, шерстосушилка —а 296.7
сниманіе бородки волокна 445.17
— грузов 107.2
— полных катушек 141.8
— лентой прочесанной кудели 221.15
— остатков репья 406.3
— очеса 62.9
— очеса со шляпок 57.9
— початков 175.17
— на ходу 387.2
—, двукратное — волокон с барабанной гарнитуры 201.14
—, приспособленіе для —я колючаго волоса 409.9
—, приспособленіе для —я початков 145.6
снимать 141.9
— бородку волокна 445.16
— ваточный холст с барабана 198.9
— кардную ватку с поверхности вальяна 59.17
— катушки 256.12
— полныя катушки 226.14
— коллодійную нить щипцами 461.5
— моток с мотовила 424.16
— очес с гребенчатаго полотна 213.17
— початки 175.18
— пух 322.10
— хлопок с кип пластами 19.18
— холст с машины 47.9
снимать щипцами коллодійную нить 461.5
сниматься (катушка) 525.12
снимающ-ая гребенка (очес) 213.16, 230.7
—ій валик (очес) 230.6
—іе валики для очесов 380.4
сновальная катушка 520.5
снова взвѣшивать 615.14
сновка с. т. основа
сноповязальная пряжа 592.15
снят-ая с вальяна ватка 330.13
—ое молоко 471.16
снятіе бородки волокна 445.17
— гребенного прочеса 82.5
— катушек 133.18
— очеса 58.7
снять с барабана колючій волос 409.8
— гребенной прочес 82.6
— грузы с валиков 107.3
— заполненную катушку 133.17
— катушки 141.9
— конец шелковинки со щетки 420.14
— мотки с мотовила 564.7
— обертку с кип 18.5
— очес с карды 75.4
— очес со шляпок 57.8
— пасьму 610.14
— старую обивку 336.13
— со счетчика показаніе числа крученій 432.8
— с шелка луб 432.15
собачка 95.10, 125.9, 131.11, 172.8.9, 256.3, 258.7, 358.9, 608.3
— храповика 131.15
—, качающаяся 181.13
—, тормозящая 181.5
собираніе бородок 444.9, 450.14
— лоскута 399.2
собиратель жира 298.2
— лоскута 399.3
— шерстяного пуха 322.5
собирать бордки 444.10
— отжатую центрофуженіем воду 288.15
собирающій цилиндр 478.6
собственн-ая топка 306.2
—ый вѣс 606.12
совершенная отдѣлка пеньки 496.7
совершенно отдѣлать от костры пеньку 496.8
— очищенная пенька 496.9
совмѣстно работающія чесальныя 198.13
совок для направленія нити 523.15
согласованное движеніе планки 151.5
согнута (губа щипцов) 84.12
сода 276.1, 309.10
— Леблана 309.14
— Сольвея 276.8

сода, амміачная 276.3, 309.13
—, кальцинированная 309.12
—, каустическая 276.10
—, кристаллическая 276.2
—, сульфатная 309.14
—, химически-чистая безводная 309.11
содовый раствор, горячій 470.14
— щелок 275.21
содержаніе влаги в хлопкѣ 15.5
— жира в отработанной мытьевой водѣ 299.3
— жира в сырой шерсти 274.4
— масла в пряжѣ гребенного проческа 570.3
— мыла в ваннѣ 277.6
— посторонних примѣсей в хлопкѣ 26.9
— пота в шерсти 271.19
— пыли в лоскутѣ 400.18
— серицина в коконѣ 417.1
— соды в мытьевом щелокѣ 276.4
— сѣрной кислоты в сыром олеинѣ 315.6
— шелка-сырца в коконах 424.6
—, допустимое — влаги 573.9
—, колеблющееся — влаги в пряжѣ 615.8
—, недостаточное — кислоты 303.15
—, процентное — очеса 100.7
—, слабое (извести) 419.5
содержащій клеевину 435.2
содержимое ящика 30.2
соединеніе жира шерсти с потом шерсти в растворимое мыло 272.7
— круглых канатов путем сшиванія 512.2
— нѣскольких мотков в одну куфту 576.13
— нѣскольких нитей крутыми витками 565.14
— хлора 305.15
— рифленых цилиндров 121.1
—, амміачное 276.17
—, известковое 270.12
—, магнезіальное 270.11
—, слишком сильное 104.9
—, хлористое 305.19
соединенный барабанчик 171.6
— холст 373.14
— храповик 172.12
соединительная с.т. тростильная
соединительн-ая машина 12.8, 81.6, 218.4, 232.1
—ая машина для катушек с флянцами 521.15
—ая муфта 157.10
—ая муфта вала роликов 345.16
соединительн-ая нить 561.16
—ая рейка 180.5
—ая труба 39.6
—ая тяга 283.10
—ая часть 60.5
—ая шестерня 127.4
—ое звено 60.5
—ое кольцо для трубы 39.10
—ое мотовило 565.15
—ый зажим 328.4
соединить x лент одного выпуска в одну ленту 104.7
— нѣсколько чанов в одну комбинированную моечную машину 279.10
— нѣсколько шелковинок в одну нить 421.4
соединять 12.7
— длинную пеньку 231.18
— комлевые концы с головками 218.2
— концы пряди прочесаннаго льна в ленты 218.1
соединяться в нахлестку (бородки) 85.13
— концами (пенька) 231.19
соединяющій вал 189.1
— штифт 254.4
сок куколок 419.9
сократить ход каретки 125.12
сокращеніе каната 494.4
— хода каретки 125.13
солдат 166.7
солнечная теплота 292.11
солнце 417.15
солома 402.5, 492.16
соломенный канат 595.6
соломенно-желтый кокон 415.1
соль 302.2
— глинозема 270.14
— желѣза 270.13
— марганцовистой кислоты 469.14
— металлов 419.8
— тяжелаго металла 469.11
— цинка, растворимая 469.13
—, алюминіевая 465.14
—, амміачная 469.7
—, глауберова 303.7, 309.15
—, калійалюминіевая 469.9
—, магнезіальная 465.9
—, марганцово каліевая 401.15
—, марганцовонатріевая 401.14
—, металлическая растворенная 460.11
—, натроалюминіевая 469.10
—, неорганическая 463.19
— нерастворенная 305.20
—, поваренная 438.22
—, связующая амміак 465.6
—, сѣрнонатріевая 303.6
—, сѣромарганцовистая 401.16
—, щелочная 469.6
соли, гигроскопическія 483.13
соляная кислота 305.5
— кислота в газообразном состояніи 440.11
— кислота, водная 305.7
— кислота, разбавленная 438.13
сообщать дополнительнуюкрутку выпряденным нитям 498.6
— нити крутку 429.16
— крутку гарнитурной нити нити (коренная нить) 560.3
— спирту растворительную способность 457.18
— шелковой нити вторую крутку 430.16
сообщаться (вращеніе непосредственно веретеном катушкѣ) 516.11
— x крученій в метр (нити) 431.2
сообщающая гибкость примѣсь 483.16
соотвѣтственность сортов хлопка для взаимнаго смѣшиванія 18.17
сопла брызгалок для раздѣленія бумажнаго полотна 477.14
сопло 478.1
— для пара 280.12
— пылесоса 370.16
—, широкое 380.6
соприкосновеніе 107.6
сопротивленіе в момент разрыва 513.8
— нити на разрыв 10.4
сор 26.10
—, растительный 49.4
сорвать старую обивку 336.13
сорн-ая пеньковая пакля 232.4
—ый барабан с пылеудалительной покрышкой 195.7
—ый валик 52.5
—ый валик, обитый грубым сукном 322.7
—ый вальян 378.13
—ый хлопок 15.15
—ый ящик 267.2
сорность 15.13
сорт угара 194.14
— хлопка 13.5
— шелка 410.4
— шерсти 266.8,10
—, низшій 13.6
—, полученный путем смѣшиванія 236.12
сорта кокона 413.14
— пряжи 579.1
— угарной шерсти 406.11
—, отклоняющіеся по чистотѣ 15.14
—, прочіе (искусственнаго шелка) 470.17
—, различные — пряжи 588.13
—, разные — шерсти 310.17
сорты лоскута 396.5
сортированн-ая пакля 220.2
—ый с. т. прочесанный 212.9
—ый джут 236.3
сортировать бородки по длинѣ 446.11
— путем взвѣшиванія 612.10
— вручную 265.2
— джутовый угар 258.12
— кипы по качеству 18.11
— лоскут шелка 455.16
— по окраскѣ 265.4
— прочесанную пеньку 228.7
— смѣшанныя партіи 216.15
— угары 49.6
— по цвѣту 265.4
— шерсть по ея длинѣ (равномѣрности) 364.16.17
сортировка по длинѣ и тонинѣ 265.3
— джута 235.1
— кип 18.10
— коконов 413.2
— куфт на вѣсах 576.17
— лоскута 399.7
— по окраскѣ 399.12
— пеньки 231.7
— смѣшанной партіи 216.14
— по тонинѣ 399.11
— шерсти 263.13
— и разрыхленіе шерсти 364.15
—, грубая 399.10
сортировочная 18.15
сортировочный закром 22.10
— стол 265.6
сортировщик 18.16
— джута 236.6
— концов 4.4
— лоскута 400.1
— льна 216.6
— пакли 216.3
— пеньки 231.8
— угаров 4.2
— хлопчатобумажных угаров 196.4
— шерсти 264.1
сортировщица коконов 413.3
— концов 4.5
— лоскута 400.2
— угаров 4.3
— шерсти 264.2
сосновое масло 314.22
состав для мытья 274.17
— против ржавчины 63.18
—, двухкардный 319.1
—, процентный — смѣси 18.18
—, трехкардный 319.2
составы, мягчильные 238.1
составлять мыльную ванну 433.13
— мѣшку хлопка 18.13
— щелок 275.18
составн-ая кожа 64.15
—ая ручка барана 432.11
—ой жир 272.2
—ыя части пота шерсти 272.8
—ыя части, растительныя 402.2
состояніе, газообразное 440.11
—, натянутое 164.9, 470.18

состояніе, неподвижное (веретен) 354.7
—, открытое 24.15
—, сухое (волокон) 196.1, 256.16
—, сцѣпленное 343.12
—, теплое 508.23
—, холодное 508.24
состоящій из звеньев регулятор питанія 34.9
сосуд для кислоты 303.18
— для масла 461.15
— для размягченія 418.9
— для растворителя 298.3
— с ртутью 608.8
— для соляной кислоты 402.17
— для щелока 439.2
—, глиняный 403.1
—, подвижной 317.14
сосун 370.16
сотрясатель 38.10
сохраненіе окраски 403.2
— пучка волокон при мытьѣ 269.5
сохранитель нити 168.13
сохранить с. т. щадить
сочлененныя друг с другом бородки 383.11
спинка скобочки 68.11, 335.16
спинная обмывка овец 268.17
спиралеобразн-ая щетка 57.11
—ые поворачивающіеся витки 517.8
спирали, двойныя 370.4
спираль с. т. линія, винтовая
спираль крутого подъема 561.2
— слабаго подъема 561.1
—, восходящая 351.11
—, крутая 561.2
—, нисходящая 351.12
—, пологая 561.1
спиральн-ая пружина 76.12
—ая пружина, плоская 235.17
—ая чистильная планка 75.8
—ая шелковинка 425.11
—ое плетеніе 388.3
—ый проволочный канат 595.13
—ый разрыхлительный и бительный волчек 312.9
спирт 297.14
—, винный водосодержащій 459.3
—, денатурированный 458.6
—, древесный 459.1
—, метиловый 459.1
спиртный раствор соли 460.12
спиртов-ая горѣлка 616.6
—ый раствор хлористаго аммонія 457.11
—ый раствор хлористаго желѣза 456.13
спица, составная — барана 432.11
сплав, кислотостойкій 304.22
сплав, кислотоупорный 304.22
сплачивательная машина для длинных волокон 451.4
— машина для коротких волокон 451.2
— машина для волокон средней длины 451.3
— машина с игольчатыми валиками 451.7
— машина для шелка с гребенным вытяжным аппаратом 451.5
сплачивать ленты прочесаннаго бурета 453.17
сплетать с. т. сростить *или* сращивать *или* ссучать
сплетать канат 493.20
сплетеніе с. т. срощеніе *или* сращиваніе *или* ссучка
сплетеніе веревки 359.18
— каната 493.19
сплошныя зубья 330.3
сплющенная круглая проволока 66.3
сплюснутая проволока 493.13
споласкивающій ковш 281.8
способ с. т. метод *или* система
способ Бетмана 66.9
— гніенія 437.12
— закалки 66.6
— карбонизаціи 301.8
— кислотнаго пряденія 468.16
— кондиціонированія 615.9
— мытья с четыреххлористым углеродом 366.7
— нагрузки посредством цѣпной передачи 106.16
— намотки шелка-сырца (японскій) 426.1
— обтяжки 63.4
— опредѣленія влажности 615.9
— осажденія 299.16
— прикрѣпленія боковых тяжников к кареткѣ 173.11
— с примѣненіем кислоты 302.12
— промасливанія 314.7
— пропариванія 418.2
— пряденія 1.5
— размота 421.14, 610.15
— сушки 417.11
— титрованія 602.13
— удаленія луба 433.2
— Шардоннэ 456.10
—, амміачный 366.5
—, англійскій (пряденія) 364.9
—, влажный 542.5
—, итальянскій — размота 421.18
—, механическій — очистки 266.14
—, мокрый 225.9
способ, ручной 606.21
—, сухой 225.6
—, сухой — очистки шерсти 266.14
—, сѣроуглеродный — мытья 366.8
—, фабричный (мойки) 268.20
—, французскій (пряденія) 364.10
—, французскій (размота) 422.1
—, химическій (мытья) 297.7
—, химическій — удаленія репейника 301.1
—, эфирный 366.6
способы мотки 518.19
способность поглощать влагу 302.1
— пряжи поглощать влагу 615.6
— прясться 7.1
— расщепляться 237.8
— угарной шерсти сваливаться 396.8
—, взрывчатая (коллодія) 462.4
—, гигроскопическая — хлопка 573.8
—, захватная 67.9
—, захватная (валика) 51.4
—, коагулирующая — закрѣпительной ванны 464.5
—, незначительная — к пряденію шерсти мунго 406.13
—, осадочная (спирта) 463.7
—, ослабленная (сваливаться) 406.14
—, прядильная 237.13
—, растворительная 457.18
—, растворительная — воды для размота 419.7
—, растворяющая 275.1
—, точильная (наждака) 71.7
способный прясться 7.2
спрессованн-ое руно 264.14
—ый джут 235.9
—ый хлопок 20.2
спрессовывать холст 45.10
спрыскиваніе метлой 317.5
спрыснутая шерсть 317.10
спрядать вискозу 468.11
спуск с. т. сток
— раствора 298.8
— цѣпи 350.12
—, плохой — зачатка 155.19
—, хорошій — начинка 155.18
спускной вентиль 470.2
— кран 286.3
спусковой выравнительный канат 169.13
спустить гайку журавля 170.16
— моечную воду 280.9
сработанная поверхность кожи 185.8
сработанность валика 107.9
сработаться (валик) 107.8
сращиваніе с. т. срощеніе *или* сплетеніе *или* ссучка
сращиваніе веревки 359.18
— каната 493.19
—, англійское 359.21, 493.23
—, главное 493.24
—, нѣмецкое 359.20, 493.22
—, подковообразное 494.1
сращивать с. т. сростить *или* сплетать *или* ссучать
сращивать канат 493.20
среда, наполненная амміачным газом 460.8
—, насыщенная углекислотой 459.14
средн-яя бородка 375.10
—яя влажность шерсти 287.7
—яя вытяжная пара 393.4
—яя гекля 213.6
—яя основная пряжа 138.21
—яя станина 95.1
—яя температура 293.9
—яя трепальная машина 42.1
—яя часть льняного волокна 211.6
—яя часть одноточнаго рифленаго цилиндра 393.13
—яя часть пряди 375.10
—ее качество мѣшки 19.1
—ій банкаброш 122.8, 390.13
—ій гребень 495.15
—ій номер 598.6
—ій пояс бородки 445.14
—ій титр 602.6
—ій цвѣт 194.6
—ій цилиндр 142.6
—ій цилиндр вытяжного аппарата 137.2
средство для мытья 274.17
— против ржавенія 64.2
— для удаленія луба 433.4
—, мягчильное 237.6
—, щелочное 433.5
—, щелочное осадочное — для раствора целлулозы в амміачной окиси мѣди 464.13
срощеніе с. т. сращиваніе *или* сплетеніе *или* ссучка
срощеніе веревки 359.18
— каната 493.19
сростить с. т. сращивать *или* сплетать *или* ссучать
сростить канат 493.20
срываніе намотки 108.1
срѣзаніе 389.11
срѣзать выступающія кромки сукна 118.8

срѣзать нити, намотавшіяся на валик 196.12
ссучка с. т. сращиваніе *или* срощеніе *или* сплетеніе
ссучать с. т. сростить *или* сплетать *или* сращивать
ссучальщик канатов 494.5
ставильщик 176.4
— катушек 3.6
ставильщица катушек 3.7
ставить на веретена свѣжія катушки 141.11
— ровницу на рамку 226.6
ставка с. т. заправка *или* посадка
—, двухрядная 141.20
—, зигзагообразная 188.10
—, одинарная 142.1
стакан крутильной головки 342.15
—, направляющій — с коническим углубленіем 534.5
стаканчик, катушечный 139.8
сталь, листовая 32.4
—, пружинная 106.6
—, цементированная 120.17
стальн-ая пыль 339.12
—ой магнит 360.11
стан, колесный 344.5
стандарт 13.8
стандартный вѣс связки чесаннаго льна (20¹/₁₈ р. ф). 217.9
— образец 13.8
станина 54.5, 88.13, 94.18, 249.4, 534.14
— для валиков 90.8
— для пріемных валиков 95.13
— центральной части головки каретки 352.16
— центральной части машины 352.16
—, боковая 55.7, 558.16
—, головная — крутильнаго мюля 558.13
—, катающаяся 328.1
—, концевая 94.15
—, основная 95.2
—, приводная 95.2
—, средняя 95.1
становиться липким (хлопок) 15.10
станок 538.14
— вытяжного аппарата 105.3
— вытяжных пар 105.3
— с задним колесом 500.1
— для початков 612.5
— для пріемных валиков 95.13
— для рогулек 505.11
— для шлифовки кожи 118.17
—, бевчелночный 520.10
—, веретенный передвижной 160.3
станок, гекельный — ручной 229.10
—, гребенной 504.11
—, катушечный вращающійся 506.4
—, крутильный 429.17
—, опорный для валиков 115.1
—, паяльный 87.1
—, прядильный — для искусственнаго шелка 466.2
—, ручной фрезерный — для втулок веретенных шеек 363.4
—, точильный 71.24
—, точильный — для валиков 202.12
—, чесальный 213.1
старый австрійскій номер 599.16
— миланскій титр 602.2
— саксонскій номер 599.10
стачиваніе при точкѣ 69.14
створка с. т. дверь
створный клапан 306.10
створчат-ое дно 320.6
—ые щипцы для бородки 446.16
стебель (рами) 261.4
стегать с. т. пороть
стежка 68.8
—, алмазная 68.15
—, двухколонная 69.3
—, двухрядная 69.3
—, діагональная 68.15
—, канатная 496.19
—, киперная 68.15
—, колонная 69.2
—, полная 68.10
—, прямая 68.13
—, рядовая 69.2
—, трехколонная 69.4
—, трехрядная 69.4
—, французская 68.15
стеканіе воды из мокрой шерсти 287.16
стекающее масло 317.15
стекло, жидкое 433.16
—, жидкое каліевое 369.8
—, жидкое натровое 369.9
—, жидкое нейтральное 277.1
—, фуксіево 277.1
стеклодув 467.11
стеклян-ая бумага 63.10
—ая вата 491.15
—ая пряжа 491.13
—ый завод 467.10
—ый шелк 491.13
степень вытяжки 142.12, 386.8
— вытяжки дѣлать равной числу складываемых лент 104.8
— жесткости воды 269.20
— загрязненности хлопка 26.9
— закалки 74.12
— крутки 431.3
— крученія 9.3
— насыщенія 272.17
— прочесыванія 49.19
— сдваиванія 386.9
— сухости 615.12
— теплоты 293.8
— тонины 598.15
— тонины шелка 601.14
степень, предѣльная (крученія) 9.9
стержень 509.6
— веретена 544.3
—веретена, конически сточенный от середины к концам 145.8
— с винтовой нарѣзкой 72.11
— для выключенія фрикціона 233.14
— каната 594.18
— катушки 255.11
— клубка 538.9.13
— круглой щетки 88.5
— стренги 594.8
—, вставленный коническій 484.12
—, желѣзный 115.10
—, затворный 44.12
—, качающійся 112.5
—, круглый 97.9
—, обмотанный 595.4
—, пеньковый 594.21
—, переключательный 353.16
—, проволочный 595.1
—, промежуточный 105.16
—, пустотѣлый 46.7
—, растянутый 594.20
—, сжатый 594.19
—, центральный — с установительными гайками 558.7
стержневая нить с. т. коренная *или* основная нить
стержнев-ая нить 591.4
—ая стренга 509.6
—ой ящик, закрытый 242.3
стечь, дать 304.19
стланец 209.8
стойка с. т. подставка *или* державка
стойка 54.9, 89.7, 252.15, 538.8
— для валиков 90.8
— для поддержки полки с подшипниками веретен 344.7
— для подшипника 289.6
— для подшипников 105.5
— подшипника 281.5, 373.7
— с подшипниками для вытяжных цилиндров 358.12
— с прорѣзью 342.5
— под скалку холста 250.12
—, вилообразная 530.10
—, задняя 344.11
—, качающаяся 391.11
—, качающаяся — балансира 132.13
—, направляющая 99.10
—, нижняя — для подшипников 550.12
стойкость иглы 67.4
стоймя (класть кипу) 17.13
сток с. т. спуск
сток для конденсата 571.8
стол с дорожками для цѣпей 244.4
— для направленія лент 251.10
стол для направленія ленты 90.12
— для обрызгиванія 441.8
— пресса 577.14
— для сортировки лоскута 399.14
—, вращающійся 439.11, 442.3
—, катушечный 139.6
—, нажимной 445.5
—, питательный 27.1, 77.11, 111.2, 267.5, 288.8, 453.11
—, питательный верхній 405.5
—, питательный второй 405.5
—, поворотный 448.4
—, подводящій 27.1
—, пріемный 288.10
—, пріемный — на выходѣ 313.8
—, сортировочный 265.6
столы, питательные —, параллельно идущіе 221.5
столик, питательный 50.10
—, холстовой 50.10
столб 505.13
столяр 5.23
столярный клей 71.12, 117.17
стопорное кольцо 95.7
сторож у ворот 6.3
—, ночной 6.4
сторона (в противоположную—у) 29.4
—, волосяная — кожи 332.6
—, грузовая — вѣсов 513.2
—, мяздровая — кожи 118.15, 332.5
—, обратная вращенію 130.19
—, питательная 202.10
—, пріемная 202.11
сточить валик 337.2
— валик по окружности 203.1
сточн-ая труба 280.13, 286.5
—ая яма 439.15
—ый резервуар 439.15
—ыя воды с шерстомойки 299.2
стояк для катушек 503.8
— рамы для катушек 394.7
—, вертикальный — каретки 547.4
—, натяжной 499.1
—, подъемный 135.9
—, поставленный на шип 497.2
стоять вертикально (початок) 529.3
— неподвижно (каретка) 164.13
— неподвижно (надниточник и подниточник) 165.1
— на нулевом дѣленіи (стрѣлка) 614.3
стоячія двухфлянцевыя катушки 544.6
стоящ-ая вертикально катушка 409.2
—ее веретено 208.10
—ій с. т. вертикальный

стоящ-іе вертикально початки 612.8
страдать от карбонизаціи (окраска) 403.4
страивать 12.7
страусовая пряжа 591.3
стремя подвижной гребенки зажима 558.8
стремячко 553.12
стренга 493.16.17
— лѣвой крутки 594.4
— правой крутки 594.5
—, крученая вправо (влѣво) 510.4.5
—, х-ниточная 594.3
—, пеньковая 592.5
—, проволочная 594.2
—, пропитанная дегтем 508.15
—, просмоленая пеньковая 508.16
—, равномѣрная 594.6
—, слабая 499.15
—, сердцевинная 509.6
—, стержневая 509.6
—, тугая 499.16
стренги 503.12
стренгов-ая отдѣлочная машина 502.13
—ый шнур 593.14
стрижка, одинарная 264.9.10
—, первичная 364.18
строеніе коконов 416.1
— початка 154.17
—, внутреннее — початка 571.17
—, слабое 416.19
—, равномѣрное 326.15
—, равномѣрное — пряжи 605.17
строщиваніе 501.1
строщиватель 494.10
строщивать тросс 501.2
строщен-ый тросс 501.3
—ыя нити 12.9, 515.5
структура коконов 416.1
—, однородная — пряжи 605.17
—, рыхлая 416.19
струна 593.12
— надниточника 160.5
—, кишечная 497.5
струнка 593.12
струпья, шерстяные — с калом 266.1
струя воды 285.6
— воды под давленіем 477.15
— воздуха 384.6
— воздуха, увлажненная и подогрѣтая 574.18
— влажнаго воздуха 573.2
—, воздушная 575.10
—, круговая 573.1
—, напорная 477.15
стрѣлка 100.4, 207.6, 348.5
— указателя натяженія 513.15
—, указывающая направленіе вращенія 360.18
студень, растительный 472.14
студенистое растительное вещество 472.11
ступени, устанавливаемыя вертикально 567.1
ступенчат-ая доска 566.5
—ая колонна 69.5
—ая крутильная машина 474.9
—ое расположеніе моечных чанов 279.12
—ый барабан 337.14
—ый блок 348.11
—ый блок для канатной передачи 538.4
—ый диск 565.1
—ый шкив 382.1
ступица цѣвки 147.3
стык кожи 119.7
стѣнка, боковая 381.12
—, боковая — барабана 79.13
—, боковая —, вращающаяся на петлях 303.19
—, боковая — каретки 177.12
—, боковая — мотовила с мостом 565.12
—, вертикальная 311.8
—, задняя 178.6
—, задняя передвижная 320.9
—, лобовая 291.11
—, откидная боковая 488.1
—, откидывающаяся вверх боковая 488.3
—, передняя 178.5
—, подталкивающая 200.14
стѣнной динамометр 607.2
стягиваніе кип желѣзными обручами 578.7
стяжка 535.4
стянуть конец шелковинки со щетки 420.14
суинтер 300.3
—, отмученный 300.5
сукно 116.18
— для очистки 129.3
—, валичное 117.4, 118.1
—, войлочное 389.13
—, грубое 322.7
—, кардное 64.21
—, очищающее 395.5
—, очистительное вращающееся 108.12
суконн-ая обтяжка 429.5
—ая подкладка под катушкою 140.11
—ое безконечное полотно 108.13
—ый лоскут 397.1
—ый шевіот 397.4
сульфатная сода 309.14
— целлулоза 475.6
сульфожирная кислота 458.1
сульфокислота 457.20
сульфо-олеин 238.10
сульфоцеллулоза 479.10
суммарная вытяжка 101.10
суммирующій сигнальный прибор 370.6
супорт с. т. консоль
— коромысла вѣсов 603.9
— точильнаго аппарата 73.9.10
супорт, перемѣщающійся 202.16
супортныя салазки для точенія и обтачиванія 405.8
сурик 117.21
суровая бечевка 592.17
— камвольная пряжа 583.18
—ая пряжа 581.8
сурѣпное масло 314.12
— масло, очищенное 314.13
суррогат масла 316.12
— мыла 277.20
суставн-ая цѣпь 184.9
—ый регулятор 44.4
сух-ая карбонизація 456.7
—ая кислота 305.10
—ая пряжа 606.5
—ая размотка 421.16
—ое крученіе 542.2
—ое нагрѣваніе 570.6
—ое пряденіе (ватер) 225.4
—ой жар 417.14
—ой на ощупь матеріал 306.17
—ой способ очистки шерсти 266.14
суховатое ощущеніе 427.11
сухость, абсолютная — пряжи 615.11
сушеніе до абсолютнаго вѣса 615.10
— прочеснаго шелка 440.3
сушилка 294.7
— на колесах 417.17
— для льняной пряжи с нагрѣвательным каналом 227.7
—, воздушная 292.18
сушильн-ая камера 227.6, 293.18, 294.5, 616.11
—ая камера с приспособленіем для конденсаціи пара 294.1
—ая печь переносная 417.17
—ое помѣщеніе 296.4
—ый аппарат для шелка 616.10
—ый барабан 366.11
—ый валик 481.7
—ый воздух 296.12
—ый жар 417.13
—ый пол 227.6
—ый цилиндр 476.17
—ый шкап 616.15
—ый ящик 295.13
—ые цилиндры, нагрѣтые паром 385.14
—ыя вѣшала в видѣ рейки 227.10
сушильня 293.18
сушильщик шерсти 297.6
сушить посредством воздуха и солнечной теплоты 292.11
— горячим воздухом 417.16
— коконы 417.9
— мытый прочесный шелк 440.4
— насыщенный угар в карбонизаціонной печи 440.12
сушить на рѣшетчатых вѣшалах 292.13
— солнечными лучами 417.14
— скоро 292.19
— тихо 292.20
— шелк на стеклянной катушкѣ 468.6
сушка с. т. высушиваніе
сушка коконов 417.10
— льняной пряжи 227.4.5
— в предѣлах опредѣленных температуры 417.12
— и промывка камвольной шерсти 365.5
— по способу противотока 295.11
— прочеснаго шелка 440.3
— путем циркуляцій воздуха 293.19
— шерсти 287.4
—, быстрая 292.18
—, воздушная 292.10
—, дополнительная 292.8
—, естественная — на воздухѣ 292.10
—, искусственная 292.14
—, отдѣлочная 292.8
—, подготовительная 287.5
—, приспособленіе для — и и промасливанія гребенной шерсти 366.10
схватываніе торчащей бородки 378.1
схватывающій барабан 368.14
сходить с верхушки (початок) 519.14
— изнутри (початок) 519.15
— с кончика (початок) 519.14
сходящ-ая нить 525.2
—ій канат 594.11
сцѣпленіе волокон между собою 6.23
— задняго валика 394.4
— фрикціона от собственнаго вѣса 166.10
—, механизм —я барабанов 173.2
—, фрикціонное 157.14
—, храповое — журавля для мотки 173.1
сцѣпленное положеніе 191.15
— состояніе 343.12
сцѣпляться друг с другом (волокна) 8.20
— от собственнаго вѣса (фрикціон) 166.11
сцѣпляющій зуб 349.4
— рычаг 510.18
сцѣпн-ая муфта для выхода каретки 163.4
—ая муфта задняго вала 183.6
—ой диск муфты 163.5
—ой шип 158.5
счесываніе волокон 507.15
— очеса 380.8
счетчик 432.7, 611.15
— крутки 186.9, 207.4, 348.8

счетчик крученія нити 9.11
— мотков 133.11
— для опредѣленія крутки пряжи 610.9
— для перемѣннаго (постояннаго) количества нитей. . . . 563.19.20
— производительности машины 207.10
— ровницы . 207.3, 346.19
— числа отходов каретки 207.10, 358.4
—, автоматическій 389.5
—, механическій . 133.9
—, показывающій число оборотов веретена . . . 133.10
—, сигнальный . . 223.14
считать обороты мотовила . . . 563.18
сшивальщица ремней. 3.13
сшиваніе параллельно сложенных канатов . 512.3
сшивной канат . 512.1
съем. 133.19, 227.1
— лент. 386.20
— лент полон . . 387.1
— мотаной пряжи. 564.6
—, новый 175.7
—, приспособленіе для —а очеса . 213.15
съемн-ая гребенка 86.3, 321.10, 327.12
—ая гребенка вальяна 51.3, 59.18, 88.8
—ая масляная чашка 553.7
—ая педаль . . . 33.2
—ая рама 569.1
—ый аппарат . . 245.5
—ый баран . . . 611.16
—ый бѣгун . . . 313.6
—ый валик 32.7, 79.5, 86.7, 368.16
—ый смазочный колпачек . . . 553.7
—ое приспособленіе для гребенного очеса . . 446.2
съемо-передаточный валик . . 321.6
съемочно-пріемный валик 250.10
съемочн-ая карда. 323.15
—ый барабан . . 29.5
—ое безконечное полотно 320.4
—ое приспособленіе 446.6
сьемщица 3.8
сырец 6.8
—, длинноволокнистый 6.11
—, коротковолокнистый 6.10
сыр-ая олеиновая кислота. . . . 315.5
—ое углекислое кали 273.9
—ой вѣс шелка. . 434.12
—ой матеріал . . 6.8
—ой пек 508.4
—ой хлопок . . . 15.3
—ой шелк 412.17
сырость 15.4
— (вліяніе — и). . 500.18
сырье 6.8
— для пряденія прочеснаго шелка 435.13
сѣдельный пек . 508.9
сѣдла 143.9
сѣдло 252.14
— для мотка . . . 603.5
— нажимных валиков. 143.8
—, нагрузочное . 106.13
—, нажимное . . 252.13
сѣдлообразная нагрузка 106.12
сѣмя 26.14
—, льняное . . . 316.15
—, хлопковое . . 458.12
сѣра 401.11
сѣрн-ая кислота . 302.19
—ая кислота, разбавленная . . 303.1, 438.12
—ый газ 413.11
—ый эфир 71.13
сѣрнист-ая кислота 300.7
—ое желѣзо нерастворимое. . . 469.16
—ый ангидрид . . 434.21
—ый металл . . . 469.17
—ый углерод . . 238.19
сѣрнокисл-ое желѣзо 469.12
—ый алюминій 303.9, 465.15
—ый аммоній . . 469.8
—ый калій . . . 272.10
—ый магній . . . 465.11
—ый натр 303.6, 483.14
—ый никкель . . 472.9
—ый осадок извести 310.6
—ый этил 462.13
сѣрнокислотная ванна 302.18
сѣрнонатріевая соль 303.6
сѣромарганцовистая соль 401.16
сѣроуглерод 238.19, 297.20, 438.6
сѣроуглеродный способ мытья . 366.8
сѣрый кокон . . 415.5
сѣтка 299.12
—, проволочная . 202.8
сѣтки, увлажнительныя — из проволочной ткани 573.12
сѣть, старая рыболовная 507.14
сѣтчат-ое дно . . 571.6
—ый барабан . . . 32.3
—ый выкидной барабан 24.11
—ый кокон 416.17
сѣтчатопроволочная рѣшетка . 267.13
сѣченіе, звѣздообразное 235.13
—, клинообразное. 66.2
—, некруглое . . . 337.1
—, овальное . . . 558.10
—, опредѣленное . 511.15
—, полукруглое . 564.16
—, поперечное . . 100.18
—, различное . . 511.7
сѣчка джутовых прядей 243.9

Т

таблица для пряжи 612.12
—, номерная . . . 612.12
тавровая подшивка 344.4
таз . . 52.1, 76.4, 219.3, 451.14
— для коконов . 422.16
— для ленты 52.1, 121.18
— из вулканизированной фибры. 76.11
— из волнистаго желѣза . . . 52.3
— из бѣлой жести 76.16
— из волнистой жести . 52.3, 76.13.15
— из черной жести 76.17
— для порки коконов. 420.9
— с предохранительным кольцом и резиновой прокладкой . 76.14
— для размотки . 423.12
— для размягченія 418.9
— со спиральной пружиной . . 76.12
— для ставки . . 223.11
—, бумажный. . . 76.8
—, вращающійся . 208.5, 385.2
—, картонный . . 76.10
—, жестяной 52.2, 76.7
—, жестяной — с откидной крышкой 208.2
—, кипятильный . 418.13
—, ленточный . . 52.1
—, неподвижный . 385.1
—, прядильный вращающійся . 470.8
—, размотный . . 422.16
—, фибровый 52.4, 76.11
тазы, полные . . 60.11
—, порожніе . . . 60.11
тазовщик 2.5
тазовый аппарат . 51.16
такелаж, неподвижный . . . 596.20
—, подвижной . . 596.21
талечная нить . . 564.4
тали. 596.21
тальк 253.3
талька с. т. перевязка
— пасем 563.22
—, цѣпочная . . . 564.2
тамбур 78.12
— выбалансирован 78.13
таможенный фунт 601.6
тангенціальное натяженіе нити . 155.11
тара 16.10
—, дѣйствительная 17.3
—, x процентов —ы 17.2
—, чистая 17.3
тарелка 488.7
— катушки . . . 518.16
— с приклепанными стальными шпильками . . 568.12
— с нѣсколькими початочными шпильками . . 568.14
—, буферная . . . 192.10
—, веретенная . . 566.7
—, верхняя. . . . 76.3
—, нижняя 76.5
—, раскладочная . 112.4
—, фрикціонная . 158.1
тарелочн-ая катушка 483.12
—ая прядильная машина . . . 488.5
—ое веретено с увлажнительным приспособленіем . . 488.6
тахометр для веретен 360.10
тачка, кипная . . 17.7
тверд-ая крутка . 138.8
—ая мастика . . . 117.15
—ый серицин . . . 411.16
—ый чугун . . . 308.14
—ый закаленный чугун 55.1
—ые отжатые остатки смолы . . 508.12
твердость кольца. 150.1
— пряжи. 138.9
—, равномѣрная . 66.12
твердѣющая жидкость 462.15
Твидель, дифференціальный аппарат — я . . . 126.11
—, закрѣпленіе гарнитуры особыми захватками по способу — я . 62.6
текстилин 589.5
текстилит 589.4
текстилоза . . . 480.8
текучесть растворителя 463.10
телѣжка с. т. вагонетка
телѣжка 327.14
— для катушек . 387.14
— для перевозки початков . . . 361.10
— для холстов . . 47.16
—, рѣшетчатая . . 307.8
—, четырехколесная 445.6
телячій волос . . 585.22
— опоек . . 64.12, 118.13
телячья кожа . . 64.12
темн-ая кудельная пряжа 581.15
—ая льняная пакля 220.5
—ая мѣшень . . . 582.9
—ая естественная окраска дикаго шелка 427.21
—ое масло 314.14
темносѣрая волосяная пряжа . 585.12
температура ванн 280.5
— воды 269.19
— воздуха 293.8
— засушиванія . . 417.13
— карбонизаціи . 306.5
— мытьевого щелока 275.15
— сушки. 293.5
—, низкая 572.6
—, средняя. . . . 293.9
тепло 64.3
—, искусственное . 292.15
тепловатый раствор 309.18
тепловлажный воздух 570.2
теплопроводимость 294.15
теплота, солнечная 292.11
теплый как рука. 60.10
— щелок 275.17
терка для конопли 495.11
термометр, ртутный 616.7
терморегулятор, автоматическій 616.16
терочн-ая кожа . 387.15
—ая мельница . . 231.1
—ая поверхность рукава 332.9
—ый рукав 204.6
—ые конусы . . . 231.8
—ыя плиты . . . 388.4
терпентиновое масло . . . 314.23, 462.16

теченіе 283.16
тибетская полушерсть 407.20
— шерсть 407.12
— шерсть из лоскута . . . 407.13.14.15.17
— шерсть из подкладочных тканей. 407.16
Тиле, прядильный аппарат . . . 466.13
тип веретена . . . 145.3
— катушки . . . 153.7
— чесальной машины 319.8
типы угарной шерсти 406.11
тисочки 118.5
титр дегумированнаго шелка . 602.8
—, американскій . 602.4
—, вѣнскій . . . 602.1
—, грубый 602.5
—, десятичный . . 601.15
—, кондиціонный . 602.9
—, ліонскій. . . . 601.18
—, ломбардскій . 601.16
—, манчестерскій . 601.20
—, международный 601.15
—, миланскій . . . 601.16, 602.3
—, пьемонтскій . . 601.17
—, старый миланскій 602.2
—, средній 602.6
—, тонкій 602.7
—, туринскій . . 601.17
—, французскій . . 601.19
—, шелковый . . 601.14
титровальн-ое мотовило 602.14
—ые вѣсы 603.2
титрованіе шелка 601.10
—, ліонское новое 601.13
—, международное 601.12
титровать шелк . 601.11
тихо вести шаблон 499.11
— сушить 292.20
тканый канат . . 512.1
ткань кардной гарнитуры . . . 64.6
—, асбестовая . . 465.17
—, ворсованная шерстяная . . 397.5
—, зонточная . . 397.10
—, каучуковая . . 65.3
—, киперная . . . 64.24
—, металлическая х-петельная . . 465.18
—, пеньковая . . 445.2
—, плотная . . . 477.7
—, подкладочная . 407.16
—, полушерстяная 64.23
—, проволочная . 195.11
—, прощипленная 396.2
—, резиновая . . . 335.3
—, саржевая діагональная . . . 64.24
—, саржевая жесткая 65.4
—, фильтровочная газовая 463.13
—, хлопчатобумажная 64.22
—, шерстяная . . 335.4
ткацкая 398.18
ткацкій шелк . . 587.5
товар, валяный . 402.8
—, неваляный . . 402.7
—, первоклассный 14.3
—, первосортный . 14.3
—, шерстяной ворсованный . . . 397.5
тоголинскій хлопок 579.6
ток, индуктированный 360.15
—, перемѣнный (электромотора) 157.13
—, постоянный (электормотора) 157.8
—, электрическій . 113.14
токарный рѣзец . 337.3
толкач. 98.14
—, дугообразный . 186.5
толкающій упругій прут . . . 98.14
толстый 390.12
толстостѣнный кокон 416.14
толчек 384.13
толченіе вручную 231.12
— пеньки 231.11
толчея . . . 439.9, 476.9
толчкообразное вращеніе питательнаго валика 377.7
— движеніе . . . 561.7
— питаніе . . . 377.6
— продвиженіе . . 406.9
толщина, неравномѣрная . . . 428.18
—, неравномѣрная (нити кокона). 411.13
— ваты 32.9
— ленты 386.10
— наслоенія . . . 41.14
— полстины . . . 325.8
— початка 174.11
— проволоки . . . 66.16
— пряжи. . . 10.1, 598.14
— холста. 32.9
томлянка 120.17
тонина нити . . . 10.1
— пряжи 598.16
— шелковинки . . 416.5
—, средняя 396.15
тонк-ая гекля 213.7, 229.5
— кардная машина 232.16
— кардочесальная машина для кудели с вытяжной головкой . . . 221.3
—ая чесальная 199.10, 203.5
—ая чесальная машина с питаніем холста . . . 250.2
—ое кардочесаніе джута 249.1
—ое пряденіе . . . 9.16
тонковолокнистый шелк 416.4
тонкопрочесанная пенька 228.6
тонкопряденіе . . 390.15
— джута 256.14
тонкопрядильня . . 1.8
тонкопрядильный мюль 188.16
топка . . . 227.9, 306.14
— для кокса . . . 402.10
—, собственная . . 306.2
топор . . . 231.14, 243.7
топочн-ая дверца . 306.13
—ый газ 306.16
топтать прочесный шелк ногами . 440.2
торгов-ая цѣнность пряжи 606.7
—ый вѣс 616.2
—ый вѣс кокона . 413.13
—ый вѣс пряжи . 606.8
—ый казеин . . . 471.14
—ый желатин . . . 471.3
—ый фунт, берлинскій 601.4
торговец льном . 210.8
— шелком 412.20
—, оптовый (лоскутом) 399.5
тормаз. . . 289.11, 337.12
— барабана . . . 192.11
— веретена 147.4, 209.3
— катушки 545.9, 549.2
— для отмотки . . 179.6
— рогульки . . . 548.2
—, автоматическій 258.4
—, вспомогательный 190.9
—, колодковый . . 47.5
—, колодочный – для сильных крутильных машин 549.12
—, колѣнчатый – веретена . . . 147.9
—, ленточный . . . 46.9
—, отбойный двойной 190.7
—, поясной . . . 347.6
тормозить катушку . . . 140.9, 544.13
— коромысло при помощи колѣнчатаго рычага. 162.4
тормазн-ая втулка 109.14
—ая гребенка . . 356.5
—ая грудница . . 525.4
—ая колодка 147.5, 171.13, 548.3
—ая лента . 46.13, 564.19
—ая муфта . . . 179.9
—ая пружина . . 207.14, 358.8
—ая передаточная отмоточная шестерня 161.8
—ое давленіе . . . 47.1
—ое кольцо 488.9, 549.8
—ое приспособленіе 347.5
—ое приспособленіе для катушечнаго станка 506.8
—ой барабанчик . 356.6
—ой башмак . . . 359.2
—ой и направляющій брус . . . 337.9
—ой желобок катушки 140.10
—ой круг 347.8
—ой обруч 564.19
—ой отмоточный рычаг 163.1
—ой ролик 341.14
—ой рычаг 147.6
—ой шкив, обитый кожею 290.13
—ой шнурок . . . 545.10
—ый баранчик . . 522.13
—ый блок 180.14
—ый валик 523.1, 525.4
—ый шкив . 46.12, 171.12
—ый шнур 258.2
тормозящій с. т. тормазной
тормозящая собачка 181.5
торможеніе бѣгунка 150.15
торфяная мелочь 299.11
торцов-ая кулачная шайба . . 249.11
—ая плоская отточка игл 67.12
—ая чугунная розетка 524.8
—ый эксцентрик . 249.11
торчащ-ая бородка 378.1
—ія иглы 243.13
Тофам, аппарат для пряденія вискозы – а 470.4
точеніе барабана . 70.16
— иглы 67.11
точило. 338.20
точильн-ая доска . 70.13
—ая дощечка . . 338.20
—ая кожа 340.4
—ая лента . 62.10, 71.17
—ая машина . . . 71.24
—ая машина, кардная 339.6
—ая поверхность . 202.14
—ая пыль 72.1
—ая способность наждака . . . 71.7
—ое колесо . . . 70.12
—ое полотно . 70.14, 339.2
—ый аппарат . . 73.9
—ый аппарат Добсон и Барло . 74.9
—ый барабан . . . 70.9
—ый бѣгун 70.12
—ый валик . . 70.9, 72.2, 73.11, 74.7
—ый валик Гетерингтона . . . 74.6
—ый диск . 70.12, 72.9
—ый диск с приспособленіем для осевого движенія Горсфаля . 72.8
—ый круг Горсфаля 339.8
—ый матеріал . . 70.19
—ый станок . . . 71.24
—ый станок для валиков . . . 202.12
точильщик кард . 4.9
— при чесальном отдѣленіи . . 71.22
точить по вогнутой поверхности . 70.1
— в нерабочее время (во время работы) чесальной машины . 70.7.8
— всухую 338.17
— гарнитуру . . . 69.13
— кардную гарнитуру 69.11
— с маслом . . . 338.18
точка кипѣнія испаряемой воды 570.8
— перегиба кривой 524.12
— установки . . . 54.16
— гарнитуры . . . 69.12
— карды 338.8
— от руки 71.23
—, быстрая . . . 69.18
—, дополнительная 340.2
—, машинная . . . 338.21
—, медленная. . . 69.17
—, приспособленіе для – и шляпок 73.5
—, приспособленіе для – и шляпок Платта 73.8
—, ручная 71.23
точн-ая разновѣска 615.2
—ое пробное мотовило 612.3
—ое пробное мотовило с автоматическим перемѣщеніем нитевода 612.4
—ые вѣсы 616.8
—ые вѣсы 612.15
—ые горизонтальные вѣсы для пряжи 613.5

тощій мытьевой щелок 275.20
— початок 174.7
трава „эспарто" . 492.19
траверза, поперечная 290.7
траверсирующій винт 339.5
— нитевод 522.3
траекторія, замкнутая 511.2
трама, шелк . . . 431.10
транспорт кип . . 17.5
транспортер . . . 40.2
— ленты 491.1
—, кожаный . . . 98.5
—, червячный . . 40.4
трапецевидный канат 597.10
треніе 47.2
— бѣгунка 552.4
— волокон 6.21
—, поверхностное 6.22
трепало 22.6, 40.10, 495.5
—, двухбильное . . 40.11
трепальная . . . 7.7
— с двумя трепалами 41.19
— с холстовым аппаратом (без х. а.) 197.16.17
— машина . . . 7.7 40.8
— машина с игольчатыми билами 47.17
трепальное крыло 495.5
трепальщик . 22.3, 42.5, 495.8
трепан-ая пенька . 228.4, 495.9
—ый лен 209.13
трепаніе конопли . 495.1
—, многократное . 42.8
трепать коноплю . 495.3
треск шелка . . . 427.7
третьесортная пряжа 579.14
трехвальцевый каландр 45.15
трехколонная стежка 69.4
трехгранн-ая проволока 66.1
—ое веретено . . 455.11
—ый валек . . . 261.6
—ый канат . . . 596.4
—ый колосник . . 36.5
трехжелобная колодка 499.6
трехжелобчатые блоки 192.2
трехжильный тросс 596.15
трехкардный набор 319.2
трехпарный вытяжной аппарат . 143.11
трехплечій рычаг . 179.10
— включающій рычаг 350.1
— остановочный рычаг 549.7
— рычаг, свободный 178.11
трехплечная крестовина . . . 282.13
трехрядная стежка 69.4
трехстренгов-ая бечевка 593.5
—ый канат . . . 594.15
трехходов-ая колодка 499.6
—ый кран 371.1
трехцилиндровый вытяжной аппарат 205.2
трехъярусныя рамки для сдвоенной ставки . . 141.20
трещина 412.1
трико, шерстяное . 397.16
трикотажн-ая пряжа 585.4
—ое вязаное тряпье 397.12
тросс . . . 494.15, 596.14
—, пеньковый . . 592.3
—, строщеный . . 501.3
—, трехжильный . 596.15
—, якорный . . . 596.16
тростильная с. т. соединительная
тростильн-ая катушка 474.6
—ая машина 12.8, 534.10
—ая машина для грубой пряжи 535.14
—ая машина для крестовой мотки 523.11
—ая машина для крестовой мотки с остановом 525.1
—ая машина для проволочных кабелей 509.4
—ая машина для шелка . 430.13, 534.11
—ая тряпка . . . 498.2
—ое веретено . 502.10
—ое мотовило . 565.15
—ый прибор для дублированія и скручиванія . . 356.13
—ыя, мотальныя и клубочныя машины 521.1
тростильщик . . 5.9
— шелка 412.15
тростильщица . . 5.10
— шелка 430.17
тростить 12.7
трощен-ая органзиновая нить . 431.12
—ый крученый шелк 586.5
труба для конденсаціи пара . . 294.3
— для отвода паров 297.4
—, водонапорная . 488.12
—, воздуходувная . 380.5
—, воздушная . . 306.12
—, воронкообразная 39.7
—, вытяжная . . . 571.9
—, желѣзная . . . 566.12
—, загрузочная . . 28.14
—, колѣнчатая . . 39.8
—, колѣнчатая для спуска 294.6
—, нагрѣвательная 308.4, 616.12
—, отсасывающая пыль 197.1
—, паровая . . . 570.15
—, паропроводная 280.11
—, переливная . . 285.10
—, питательная . . 28.14
—, подающая для хлопка 38.14
—, продырявленная 282.6
—, пылеотсасывающая 399.16
—, пылесобирательная 257.10
—, ребристая . . 306.15
труба, ребристая нагрѣвательная . 294.9
—, сборная 399.17
—, соединительная гальванизированная 39.6
—, сточная 280.13, 286.5
трубка 145.5.12
— катушки . . . 255.11
— для масла . . . 95.4
— для надѣванія катушки . . . 188.13
— рогульки . . . 547.15
—, водопроводная . 461.4
—, воздуходувная . 384.5
—, волосяная . . 463.8
—, жестяная . . . 516.4
—, капиллярная . 461.2
—, металлическая вращающаяся 422.11
—, нивелирная — для брусьев вытяжных пар 363.3
—, плавильная . . 491.6
—, подводящая воду 461.3
—, подводящая — для пряжнаго раствора . . . 461.9
—, резиновая . . . 466.4
—, стеклянная . . 608.10
—, цилиндрическая бумажная . 518.12
трубкообразная головка 556.7
трубопровод 24.9, 37.9, 39.5
— к опенеру . . . 27.15
—, всасывающій . 370.17
—, питательный . 466.3
трубочка, вращающаяся 341.12, 343.3.4
—, капиллярная стеклянная . . 467.7
трубчат-ая катушка 124.3
—ый котел 296.3
—ый початок . . 520.3
—ый чугунный (стальной) валик, покрытый сукном для очистки . . . 129.3.4
тряпичник . . . 399.3
тряпка, гладильная 507.7
—, мокрая 507.9
—, тростильная . . 498.2
тряпье 396.6
—, вязаное . . . 397.11
—, вязаное крючком 397.17
—, вязаное трикотажное 397.12
тугая нить 140.8
— стренга 499.16
туго натянута (цѣпь) 152.6
— вращаться (катушка) 97.5
— натягивать ленту 63.5
тугорастворим-ое пектиновое вещество 412.3
—ый пектин . . . 437.9
тугость мотки . . 155.9
туман 293.11
—, водяной . . . 574.15
тупой зуб карды . 338.13
— нож 382.18
— штифт для перемѣшиванія . . 313.2
тупо обрѣзать . . 243.4
тупообрѣзанные концы 243.5
тупосрѣзанный комель 236.10
турбина 97.13
турбинный вал . 97.10
турецкое красное масло 238.9
Турнэ 584.21
тусклый шелк . . 427.19
тусса 587.22
—, китайскій шелк 410.8
—, остиндскій шелк 410.13
тутовый кокон . 414.2
— шелк 410.5.7
— шелкопряд . . . 411.6
тщательное разрыхленіе 25.14
тщательно отсортировать 216.13
тѣло початка . . 543.15
тѣсто, пряжное . 460.15
тюленій жир . . . 238.3
тяга 215.16, 241.12, 290.2, 530.13
— с прорѣзом (щелью) . . . 246.4
—, круглая 567.10
—, соединительная 283.10
—, эксцентриковая 111.15
тяговой вентилятор 37.5
тягучая мастика . 117.12
тягучесть 66.14
тяжел-ая крутая нить 544.11
—ое руно 264.18
—ый бѣгунок . . 150.11
—ый металл . . . 469.11
—ый ход валика . 107.14
тяжело работать . 390.8
тяжка, приспособленіе для — и 181.7
тяжник с. т. канат
тяжник . . . 46.4, 503.1
— каретки 169.12
— для каретки с катушками . . 504.3
— от кареточнаго вала 359.6
— от скроля . . . 359.5
—, боковой 173.11
—, ведущій каретку 177.8.10
—, ведущій каретку при отходѣ (входѣ) 206.6.7
—, выводящій каретку 177.9
тянульное заведеніе для искусственнаго шелка . . 467.5
тянутая, равномѣрно 66.13
тянуть нить через воду 542.6
— стеклянную нить 491.7
— ровницу из вращающагося таза 208.5

У

убавить ход каретки 125.12
убавленіе скорости 347.16
убить куколку . . 417.8
убойная с. т. шкурная *или* дубильная
убойная шерсть . 264.12
уборка руна . . . 265.12

убранная вязка льна 210.8
убывать (вязкость) 463.11
увеличеніе вытяжки 42.12
— вѣса початков от запариванія 571.12
— вѣса холста 47.13
— вѣса, остающееся 571.14
— діаметра в верхней части початка 174.9
— крутки 501.6
—, временное — вѣса 571.13
—, равномѣрное — толщины початка от середины к носку 174.10
увеличенная упругость нити 475.9
увеличивать число оборотов веретен к концу входа каретки 188.14
увеличивающ-аяся скорость вращенія 21.2
—ійся обхват 535.9
увеличить крѣпость нити 541.15
— нагрузку нажимных валиков 107.4
— прочность нити 541.15
— способность джута расщепляться 237.8
увлажненіе бумажных лент при навиваніи (во время пряденія) 483.10.11
— бумажнаго полотна перед накладываніем 480.5
— бумажнаго полотна перед рѣзкой 483.9
— дисковых катушек для бумажнаго полотна 483.12
— катушек (аппарат) 575.11
— коконов 442.14
— мотков (аппарат) 575.13
— в подвалах 574.12
— початков (аппарат) 575.12
— и пропариваніе пряжи 569.10
— ровницы 226.4
—, прослойное — пряжи в ящиках брызгалкой 574.2
увлажненн-ая ровница 226.5
—ая и подогрѣтая струя воздуха 574.18
—ое бумажное полотно 480.7, 482.6
увлажнитель 485.1
— воздуха 575.7
увлажнительн-ая шахта 575.6
—ое корыто 481.4, 485.3
—ое отдѣленіе 572.17
—ое приспособленіе 485.12
—ое устройство для пряжных подвалов 574.19
—ое устройство, шахтообразное 572.14
увлажнительн-ый валик, обтянутый войлоком 482.8
—ый подвал 574.13
—ый прибор 481.4
—ыя сѣтки 573.12
увлажнять бумажное полотно 480.6
— мѣшку 442.13
— пряжу 573.7
увлекать шерсть вдоль ванны (теченіе) 283.16
увлеченная шерсть 323.5
угар 31.15, 398.5
— от гребней 8.2
— гребнечесанія 452.15
— из джутовых волокон 258.11
— желтаго египетскаго хлопка Мако 194.15
— с ленточных машин 398.8
— с моечной машины 398.6
— мотальной 398.19, 435.18
— натуральнаго шелка 472.6
— с плющильных валиков моечной машины 399.1
— с приготовительных машин 398.10
— с примѣсью крупных пауков 97.7
— прочесанной ленты 374.18
— прядильни 435.18
— ткацкой 398.18
— чесальной 194.16
—, валичный 398.13
—, ваткообразный 436.3
—, выпарной 435.17
—, лубяной 436.2
—, мотальный 424.9
—, насыщенный 440.12
—, прядильный 398.11
—, чесальный 203.3
—, шелковый 412.5
—, шелковые 435.5
угарн-ая колосниковая рѣшетка 29.6
—ая пенька 228.9
—ая прядильщица 225.2
—ая пряжа 195.3, 579.17
—ая шерсть 395.10
—ая шерсть из валяннаго матеріала 396.1
—ая шерсть из невалянаго матеріала 395.14
—ая шерсть из прощипленных тканей 396.2
—ая шерсть, полученная из расщипленных лоскутьев (пряжи) 395.12.13
—ая шерстяная пряжа 582.18
—ая шерстяная пряжа с примѣсью натуральной шерсти (гризель) 683.5
—ое бумагопряденіе 194.12
—ое рѣшето 38.9
—ый валик 392.8
—ый волчек 258.13
—ый прядильщик 225.1
—ый холст 452.18
угарн-ый шелк 412.19, 435.5
—ый шелк, непрочесанный 446.8
—ый ящик 28.7, 86.9
—ыя волокна 435.6
углеводород, жидкій 463.1
углекислота 459.14
углекислый амміак 276.18
— калій 272.9
— натр 276.1, 309.10
углерод 301.1.6
—, сѣрнистый 238.19
—, четыреххлористый 297.21
углов-ая скорость, постоянная 516.7
—ое желѣзо 367.10
—ой подшипник 349.5
—ой рычаг 111.14, 152.2, 183.4
углубленіе 174.13
—, коническое 534.5
—, фрезерованное 331.18
углубленія, продольныя 477.4
углубленная дорожка 546.10
угол качанія журавля 170.9
— колѣна 336.8
— крученія волокна 9.1
— наклона 54.4
— наклона нити между веретеном и вытяжным аппаратом 191.7
— намотки 226.12
— разгона нити 226.13
—, баллонный 226.18
—, прямой 360.6
угольник, шарнирный 321.16
угольники, желѣзные — поворачивающіеся 367.11
удаленіе воды посредством центробѣжной силы 288.12
— воды из шерсти 287.8
— древесины со стебля рами 261.4
— жира 385.6
— короткаго волоса 374.4
— луба 434.8
— луба из шелковых угаров 436.14
— масла 385.6
— пота механическим способом 366.9
— пота мытьем шерсти 276.14
— пыли из лоскута 400.17
— пыли из шерсти 266.15
— разрушеннаго репья из шерсти 308.10
— растительных засореній 301.4
— растительных составных частей 402.2
— репья из гребенной шерсти 366.13
— репья жидким стеклом 369.7
— репья механическим способом 367.2
— серицина 432.14
— узлов 216.8
—, автоматическое 38.13
удаленіе, полное (алкоголя) 463.16
—, приспособленіе для —я сора 203.10
—, приспособленіе на чесальных для —я репья 368.10
—, химическій способ —я репейника 301.1
—, частичное — промывной воды 287.9, 434.10
удалить заточку с острій 70.4
— заусенцы с острій 70.4
— луб из шелковых угаров 436.15
— луб частично 434.9
— куколки 438.21
— наружный пух кокона 420.10
— из нити химически соединенную воду 468.1
— куколки 438.21
— оставшіеся засоренія 49.21
удалять засоренія из нити 455.3
— кострику с поверхности троса 507.4
— пух 75.14
— пыль из шерсти 266.16
— смолистое красящее вещество 432.16
— угар 75.14
— частицы воды 288.14
удар 31.5
— каретки о буфер 191.11
ударн-ая пластинка 27.9
—ая рейка Бодуэна 98.11
—ый край корыта 203.9
удвоенная скорость веретена 164.17
удерживаніе волокон 383.13
удлиненіе нити 608.16
удлиненная гиря 94.10
удостовѣреніе, кондиціонное 616.3
удушать куколки 417.8.14, 418.3
удушеніе водяным паром 418.1
удѣльная крѣпость 606.10
узел 424.1, 454.8
— тальки 564.5
узелковая крученая нить 591.13
узловатая шелковая нить 425.16
узловатый с. т. шишковатый
узло-вязальная пряжа 580.16
узлообрыватель 424.2
указатель 100.4, 207.6, 348.5
—, скользящій 608.2
указывающая стрѣлка 359.18
укладка холста 41.3
—, крестовая 215.13
укладываніе ленты 76.19
—, приспособленіе для —я ленты 326.13
—, гипоциклоидальное (ленты) 76.20

укладываться на стержень в косом направленіи (витки) . . 538.10
укорачиваніе джутовых волокон 242.11
укорачивать джутовыя волокна 242.10
укорачиваться от крученія (нить) 164.8
— при скручиваніи (нити) 541.17
— (стренга) . . . 499.17
укорачивающій эксцентрик . . 350.6
укоротившаяся шелковая нить 434.17
укоротить путь нитевода 535.10
укороченіе с. т. усадка
укороченіе нити от докрутки . . . 348.9
— нити при скручиваніи 541.16
укрѣплять нить крученіем . . 9.21
— цѣвку посредством металлическаго наконечника (кольца) . 149.13
уксус, крѣпкій . . 459.8
уксусн-ая кислота разбавленная . 438.11
—ый эфир 460.10
уксуснокислый калій 457.17
— натр 459.2
укупорка 16.10
улитка с. т. скроль
улитка 163.7
— для ввода каретки 349.14
—, втяжная . . . 169.10
—, выводящая каретку 177.6
—, компенсаціонная 349.15
—, регулирующая 349.15
улитки, кареточныя 169.9
улитообразный желоб 351.7
улиточный механизм 163.8
— шелк 411.2
уложенная волокнистая ватка . 480.9
— слоями партія шерсти 317.7
улучшеніе качества прочесаннаго льна 217.18
уменьшаться (вязкость) 463.11
— (тягучесть) . . 463.11
уменьшеніе вѣса вслѣдствіе испаренія 570.7
— вѣса холста . . 42.13
— крутки 501.8
— нагрузки подниточника 168.11
— скорости. . . . 347.16
— скорости питанія цилиндром 42.16
— способности шерсти сваливаться 302.9
— хода каретки . 125.13
—, равномѣрное — толщины початка от середины к носку . . . 174.11
уменьшить высоту начинка . . . 167.9
— количество волокон в поперечном сѣченіи 100.13
— способность шерсти сваливаться 302.10
— ход каретки . . 125.12
умерщвленіе куколки 417.7
умягченіе воды . . 270.21
— в закромах . . 239.2
—, приспособленія для —я и отжимки джута . . 239.1
умягченный джут 237.17
— крашеный шелк 587.14
универсальн-ая пряжа 582.13
—ый храповой механизм Добсон и Барло 132.5
—ые вѣсы 614.16
уничтоженіе пропусков 387.8
упакованная шерсть 264.8
упаковка 16.10
— початков в бочки (ящики) 578.9.10
— связки льна . . 217.10
— и связываніе пряжи . . . 576.5
— хлопка 15.19
упаковочная дерюга 16.10
упаковывать джут в кипы сообразно сортам . . 236.4
— шерсть в мѣшки 264.7
уплотненіе ватки . 327.6
—, аппарат для —я 45.11
—, аппарат для —я холста 45.14
уплотнитель . . . 383.8
уплотнительн-ая воронка 111.7, 451.18
—ый валик . 321.12, 372.8, 384.14, 453.12
—ый валик, промежуточный. . . 202.9
—ый цилиндр . . 46.1
—ые валики . . 48.10
уплотнить ватку . 327.7
— кардную ватку. 59.16
уплотнять холст . 45.10, 453.6
уплотняющая воронка 372.5
упор . . . 180.8, 182.4
— внутри каретки 172.2
—, установочный — на соединительной рейкѣ . . 180.6
упорка 132.8, 180.8, 348.8, 524.2
— для выключенія 348.14
—, неподвижная . 167.5
упорное кольцо. . 95.7
управленіе движеніем каретки . 183.2, 345.2
— движеніем нитевода 517.6
управляемая каретка 206.5
— система рычагов 185.11
управляющ-ій складом 6.2
—ее движеніе нитевода 517.3
—ій ролик 530.8
упруг-ая внутренняя втулка . . 146.6
—ая дуга 54.17
—ая направляющая дуга для шляпок 54.6
—ая пряжа. . . . 606.3
—ій буфер каретки 192.9
—ій кокон 416.21
—ій нажимной валик 115.9
—ій подшипник . 146.9
—ій скребок . . . 96.4
—ое веретено . . 146.5
—ое отгибаніе иглы назад 67.8
упругость 66.15
— нити 10.2
—, увеличенная (нити) 475.9
уравнительн-ая гребенка . . . 200.6
—ый вѣс 328.5
—ый канат 359.7
уравновѣсить крылья трепала 40.14
уравновѣшенный барабан . . . 312.1
— затворный клапан 39.1
уравновѣшиваніе каретки . . . 132.10
уравновѣшивать массы 291.1
урегулировать щипцы 85.2
уровень 362.12
— воды 286.6
— для установки веретен . . . 362.6
усадка. 604.11
— ватки 327.6
— нити от крутки 164.7
усаженный зубчатыми планками барабан . . . 367.9
— стальными шипами барабан . 404.7
— тупыми шипами барабана . . . 287.15
усаживать по длинѣ 484.20
усиленная вытяжка 107.4
усиливающее крученіе 540.10
ускоренное движеніе каретки . 166.14
усовершенствованный привод барабана 79.8
устанавливаем-ая головка собачки 132.2
—ая жестяная покрышка 202.7
—ая ширина щели 429.11
—ый глазок . . . 473.5
—ыя вертикально ступени. . . . 567.1
устанавливать валики друг к другу при помощи крестообразнаго шаблона . . 105.7
— величину щели. 429.10
— волан на слух . 322.17
— свободно катушку с ровницей 128.6
— катушки 97.7
— от руки валик регулятора . . 191.13
— цилиндры . . . 105.9
устанавливаться самостоятельно по оси центра тяжести (веретена) 191.6
устанавливающаяся нитеводная планка 226.3
установительн-ая гайка. 54.10
—ая доска с двумя двойными державками . . . 129.2
—ая дужка . . . 348.7
—ая цапфа направляющаго ролика 353.5
—ое защелкивающее приспособленіе 531.8
—ое кольцо . 205.13, 346.9
—ое приспособленіе 486.14
—ый болт 165.12
—ый винт 54.8, 55.8, 59.4, 132.12, 362.13, 614.1
—ый винт, основной 56.8
—ый отбойный зуб 346.8
—ый отбойный штифт 346.7
—ый прибор . . . 527.4
—ый рычаг . . . 534.8
—ый хомут переключателя . . 353.14
—ый щиток 404.8, 405.4
—ые диски 190.4
установить веретено точно в центрѣ кольца 552.9
— гребенку . . . 377.12
— кольцевую планку 151.10
— моточный механизм 175.14
— параллельно рабочія поверхности 60.16
— разстоянія между передвижными кронштейнами 127.9
— слишком далеко друг от друга (цилиндры) . . 105.10
— цилиндры слишком близко друг к другу . . . 105.11
установка с. т. устройство
установка валиков 58.12
— валиков на чесальной . . . 324.1
— верхняго валика в подшипниках 279.6
— гребенки . . . 58.6
— каретки в горизонтальном положеніи . . . 178.8
— катушек . . . 128.4
— надниточника . 167.1
— наклона веретена 178.4
— нитеводнаго приспособленія 535.12
— для пневматической подачи хлопка 37.7
— точильнаго валика 339.7
— фрикціонных шайб 185.7
— шляпки на мѣсто 53.5
— шляпок 53.14

установка шляпок посредством гибкой дуги . . . 53.15
— щипцов 85.1
—, двухрядная . . 188.11
—, карбонизаціонная 301.9
—, концентрическая – бѣгунковаго кольца и веретена . . 554.14
—, неправильная – склиза 174.3
—, прибор для – и шляпок Говард и Булло . . . 53.16
установлен (не) параллельно к барабану (точильный валик) 73.3.4
установленная с. т. штандартная *или* нормальная
установленный вѣс. 217.9
— образец 13.8
— наклонно сушильный барабан. 366.11
установленныя на рамкѣ машины катушки с ровницей 137.12
установочн-ая дуга для подшипника . . . 59.6
—ая колосниковая рѣшетка . . . 48.4
—ая пластинка со стрѣлкой . . . 80.2
—ая пята солдата 206.15
—ая рейка 354.9
—ая роличная вороба 611.18
—ая рукоятка . . 30.6
—ое кольцо . . . 95.14
—ый винт 43.10, 55.3, 80.1, 92.5, 119.2, 162.2, 258.9
—ый винт для очесочнаго вальяна 88.10
—ый винт для якоря 113.11
—ый зуб 205.11
—ый колпак . . . 286.8
—ый поволок регулятора 43.15
—ый подшипник для валиков над- и подниточников . . . 178.9
—ый рычаг для пріемнаго валика 89.1
—ый упор на соединительной рейкѣ 180.6
устраненіе капели 574.8
—, приспособленіе для –я сдваиванія нитей . . 354.3
устройство с. т. установка
устройство для замедленія отмотки 205.9
— для карбонизаціи 303.17
— катушек для (толстой) крутой шелковой пряжи . . . 545.3.4
устройство маточнаго колеса для передвиженія каретки . . . 546.7
— для обезжириванія 298.1
— для очистки грязных сточных вод . . . 299.8
— для увлажненія пряжи 575.4
—, бродильное . . 437.14
—, гноильное . . . 437.14
—, карбонизаціонное (для лоскута) 402.9
—, карбонизаціонное – с прямым нагрѣваніем. . 306.2
—, мягчильное – Малькольма . 242.1
—, увлажнительное – для пряжных подвалов . . . 574.19
—, увлажнительное шахтообразное – с движущимися рѣшетками 572.14
устье трубы 39.9
усушка волокнистаго вещества 25.4
утилизація джутовых угаров . . 258.10
утка. 166.9
уток. 139.1
—, камвольный . . 583.21
—, крученый . . . 540.12
—, шелковый крученый 586.11
утолщеніе основанія початка . . 174.8
— от сбившихся волокон 101.20
—, боковое – ребра шляпки. . . . 53.11
—, желвачное (серицина) . . . 411.18
—, кольцевое . . . 174.14
утолщенное основаніе 147.3
утоненіе ленты путем вытяжки . 100.10
утоненія 169.2
утонять ленту . . 100.11
— ровницу 159.17
утоняющійся канат 594.11
утопить головку заклепки . . . 61.13
уточн-ая бобина . 520.8
—ая крутка . . . 540.11
—ая мотальная машина 12.4
—ая пряжа. . . . 139.1
—ая цѣвка Нортропа 147.2
—ая шпуля . . . 520.6
—ый ватер 154.12
—ый крученый шелк. 586.11
—ый мюль 188.15
—ый патрон . . . 154.11
—ый початок 154.10, 520.6
—ый шелк, грубый 586.12
утюг 495.12
утюжная машина 385.5
утяжелѣніе пряжи путем пропариванія 570.4
ухватик для направленія лент 111.4
учрежденіе, кондиціонное . . . 616.4
ушко . 131.10, 533.4, 545.8
ушко, направляющее нить 143.15
—, нитеводное . . 525.8
—, проволочное . 137.13
—, продолговатое 360.8
ушкообразный бѣгунок 552.8

Ф

фабрика угарной шерсти 396.4
—, бумагопрядильная 1.7
—, камвольная . . 364.4
—, канатная . . . 494.13
—, кардная. . . . 69.8
—, прядильная джутовая . . . 234.7
—, прядильная пеньковая . . 234.13
—, шелкокрутильная 412.10
—, шнурочная . . 494.14
фабрикант кардных лент . . . 69.6
— шелковых издѣлій 412.7
фабричный номер. 19.8
— путь 268.21
— способ (мойки). 268.20
фагара шелк . . 410.9
фактурный вѣс . . 16.19
фал 596.17
фальсификація трепанаго льна 209.14
фальсифицированн-ое масло . 315.23
—ый трепаный лен 209.15
фальцовка, приспособленіе для –и 488.14
фартук 93.3
фарфоровая гребенка. 536.5
фаска, коническая 531.5
фасонн-ая крутильная машина Гилля 561.4
—ая нить . 559.4.9, 589.13
—ая проволока . . 493.14
—ая пряжа. . . . 589.12
—ый шелк 587.10
фаянсовый сосуд . 403.1
Ферберн, гребнечесальное отдѣленіе по –у . . . 447.11
ферментированный шелк 438.1
— угарный шелк . 438.3
фибра 6.12
—, вулканизированная 76.11
фибровый таз 52.4, 76.11
фиброин. 411.9
фиброиновая шелковинка . . . 434.6
фидер, (автоматическій) ящичный 28.5
филер 29.11
филозель 587.24
фильтр из гравія . 271.10
— для масла . . . 361.17
—, водяной . . . 271.7
—, второй 362.2
—, дополнительный 271.9
—, первый 362.1
—, песочный . . . 271.15
—, подготовительный 271.8
фильтр-пресс . . . 271.13
фильтрація через асбестовую вату 465.17
—, дополнительная 271.6
—, подготовительная 271.5
фильтраціонная камера 470.5
фильтровальн-ая вата 463.12
—ый ящик 271.14
фильтрованный пряжный раствор 463.15
фильтровать под высоким давленіем 271.3
фильтровочн-ая газовая матерія . 463.13
—ый колодезь . . 271.16
фильтрующ-ее вещество 271.4
—ій матеріал, загрязненный . . 463.14
„филэ„ 587.2
фитиль, смазочный 344.13
фитильная пряжа 579.18
фланель 397.6
фланелев-ая обтяжка . . . 78.10, 115.13
—ое шодди 407.7
флорет 435.14
„флош„ 586.23
флянец 518.16
— навойки 249.6
—, концевой . . . 124.2
фонарь машины . 502.5
форма зубьев карды 335.14
— иглы 67.3
— катушки . . . 153.7
— коконов 414.5
— лотка 33.1
— поверхности мотки 155.6
—, цилиндрическая правильная . . 78.12
формалин 316.8
формальдегид . . 297.17
фосфористая бронза 351.10
фосфорная кислота 433.15
фосфорнокислый аммоній . . . 464.1
фреза 57.1
фрезер. 57.1
фрезерный станок ручной 363.4
фрезерованн-ая канавка 523.9
—ое углубленіе . 331.18
фрикціон 166.10
— для отмотки . . 179.6
—, вводящій каретку 349.13
фрикціонн-ая муфта 157.14
—ая муфта для входа каретки 161.6
—ая пружина . . 173.5
—ая тарелка . . . 158.1
—ая шайба . . . 185.7
—ое сцѣпленіе . . 157.14
—ый блочек . . . 139.13
—ый валик . . . 523.7
—ый диск . 140.1, 233.13, 529.11
—ый каток 532.5
—ый конус на главном валу . . . 161.10
—ый конус, обтянутый кожею . . 158.3
—ый привод . . . 516.14

фрикціонн-ый рифленый диск . . 448.11
–ый привод . . . 473.10
–ый ролик . . . 516.12
Фрірэр, приспособленіе кропильное . . . 241.6
фундаментная плита 95.3
фунт, австрійскій . 601.5
–, англійскій. . . 601.3
–, вѣнскій 601.5
–, германскій . . 601.6
–, лондонскій . . 601.3
–, русскій 601.9
–, таможенный . 601.6
–, торговый прусскій 601.4
–, туринскій . . . 601.7
–, шведскій . . . 601.8
фут 600.14
футеровка, каменная 376.1
футляр . . . 72.5, 126.7
– барабана 31.9
– для веретенных шестерен . . . 255.18
–, обхватывающій 260.2
фуфайки, шерстяныя 397.15

Х

хвойное волокно . 588.16
хвост 501.9
– бородки 92.13
– цилиндра . . . 394.1
– щипка 82.15
хвостик, коническій вставленный . 543.10
–, свиной . 143.15, 525.3, 545.8
–, вахтенный свиной 524.4
хвостов-ая часть руна 265.16
–ой отросток для закрѣпленія веретена 355.12
–ой прут 501.10
–ой чурбан . . . 501.9
химическ-ая реакція пота . . . 272.5
–ое дѣйствіе пота 272.5
–ое обезжириваніе 297.9
–ій способ (мытья) 297.7
–ій способ удаленія репейника 301.1
химически соединенную воду удалить . . . 468.1
химически-чистая безводная сода 309.11
хинин 457.7
хлоп волокон . . 49.16
хлопок 492.13
– сырец 13.4
– в партіи ниже на полный класс 14.19
–, влажный 15.3
–, длинноволокнистый 14.13
–, египетскій. . . 579.3
–, желтый 194.15
–, жесткій на ощупь 14.1
–, комковый . . . 15.11
–, коротковолокнистый 14.12
–, крашеный . . 194.4
–, луизіанскій . . 579.4
–, настоящій . . 195.1
хлопок, пестрый . 194.2
–, пятнистый . . 13.10
–, сорный 15.15
–, спрессованный. 20.2
–, сырой. 15.3
–, тоголинскій . . 579.6
–, цвѣтной. . . . 13.10
хлопков-ое масло 314.18, 458.12
–ое сѣмя 458.12
–ый амбар 17.8
–ый сарай 17.8
хлопкообразное ощущеніе . . . 427.12
хлопчатобумажн-ая пряжа . . 579.2, 580.1
–ая ткань 64.22
–ая шишка . . . 590.7
–ое безконечное полотно . . . 108.14
–ое основаніе . . 62.12
–ый канат 592.8
хлорист-ое желѣзо 456.12
–ое олово 457.1
–ое соединеніе . . 305.19
–ый алюминій . 305.16, 457.14
–ый аммоній . . 316.6
–ый калій 272.11
–ый кальцій . . . 457.12
–ый магній . 305.17, 457.13, 483.15
–ый марганец . . 457.4
–ый металл, редуцирующій. . . . 456.11
–ый хром 457.3
–ый цинк 457.15
хлористо-ртутный раствор 459.12
хлорно – ртутная ванна 459.13
хлороформ . . . 463.2
хлыст из кожи . 441.12
–, каучуковый . . 441.13
ход с. т. подъем
ход 103.7
– винта 252.6
– винтовой линіи стренги . . . 498.15
– гайки 172.3
– каретки . 155.7, 164.10, 551.10
– клещей 382.10
– коклюшки . . . 510.14
– крученія волокна 9.1
– лент. 386.17
–, вертикальный – каретки . . . 214.7
–, вертикальный – колодки . . . 215.5
–, винтовой . . 350.15
–, возвратный . 205.4
–, возвратный (каретки). 348.10
–, горизонтальный – колодки . . 215.6
–, горячій (веретена) 148.16
–, задній 23.10
–, наклонный . . 349.10
–, неровный (валика) 107.10
–, обратный . . . 23.10
–, обратный (безконечнаго кожанаго полотна) . 94.4
–, передній – рѣшетки 23.9
–, перемѣнный – кольцевой планки 151.6
–, полный 334.4
ход, полный (каретки) 159.9
–, поступательный 23.9
–, скатывающій регулируемый . 334.3
–, тяжелый – валика 107.14
–, холодный – веретена 148.14
ходить легко. . . 390.7
– плохо 390.6
– толчками . . . 386.18
– тяжело 390.8
– холодным (веретено) 148.15
– хорошо 390.5
ходовая . . 177.4, 186.10
–, верхняя. . . . 355.14
ходов-ая шестерня, нижняя. . . . 555.13
–ой маховик для первой (второй) скорости . . . 353.3.4
хозяин 1.13
холодильник . . 298.4
холодильный змѣевик 462.1
– чан 572.2
холодный 148.14
холостой блок на шипѣ журавля 171.10
– валик 389.8
– шкив 160.14
– шкив на главном валу 187.4
холст 7.11, 41.7
– из волокнистаго вещества . . . 250.5
– из очесочнаго пуха 322.8
– для питанія . . 41.11
– для подачи . . 41.11
– с трепальной 50.9, 77.10
–, ваточный с. т. полстина
–, ваточный . 7.19, 50.3, 198.8, 328.12
–, вводный . . . 45.8
–, выходящій . . 45.9
–, главный . . . 373.14
–, гребенной . . . 8.1
–, неравномѣрный 47.14
–, несодержащій растительнаго сора (вшей) . . 49.4
–, образованный навиваніем ватки 324.13
–, одинарный . . 373.15
–, отдѣлочный . . 47.8
–, питательный . 448.8
–, равномѣрный . 47.15
–, свернутый. . . 7.12
–, сдвоенный. . . 50.13
–, тонкій 7.18
–, трепальный . . 50.11
–, угарный . . . 452.18
–, шелковый . . . 450.17
холсты из бородок 450.16
холстов-ая машина 81.6, 373.1, 451.12, 453.4
–ая вытяжная машина 81.9
–ая чесальная . . 319.6
–ой барабан . . 321.11
–ой валик 50.8
–ой ролик, рифленый 34.4
–ой рулон . . 7.12, 34.4
–ой столик . . . 50.10
–ые вѣсы 47.11
Хольден, машина гребнечесальная –а 379.4
хомут каната с металлическою заливкою . . . 513.14
– для трубы . . 39.10
–, пружинный . . 173.5
–, установительный – переключателя 353.14
хорошій сход зачатка 155.18
хорошо ходить . 390.5
храненіе хлопка на складѣ . . 16.14
храповая 134.4
храпов-ая зубчатая рейка 608.4
–ая шестерня . . 187.1
–ое колесо . . . 132.6
–ое сцѣпленіе журавля 173.1
–ой реверсивный механизм Добсон и Варло . . 132.5
храповик . 125.10, 132.6, 134.4, 173.4, 190.6, 207.12
–, зацѣпной . . . 132.1
–, сидящій в ползунѣ журавля. 184.6
–, соединенный с цѣпным блоком 172.12
–, четырнадцатизубый 96.2
храповичный механизм 350.8
хребтовая обмывка овец 268.17
хром, хлористый . 457.3
хромовая кислота 401.13
хромокислое кали 316.5
хромпик 300.11
хрупкій репей . . 302.8
– серицин 411.15
хрупка (кожаная обтяжка) . . . 110.2
хрупко (волокно) 15.17
– закалять . . . 74.11
хруст шелка. . . 427.7
хрустящее ощущеніе 427.6

Ц

цанелла 397.10
цапфа с. т. шип
цапфа 532.13
– для вращенія квадранта . . 350.16
– вилы с. т. ось вилы . . . . .
– с винтовой нарѣзкой 346.6
– натяжного рычага 94.11
– кривошипа . . 219.8
– для рычага щипцов . . . 89.5
– храповика . . . 96.1
–, круглая. . . . 111.12
–, качающаяся – направляющаго конуса 528.3
–, крестообразная 242.16
–, передвижная . 246.3
–, полая – зубчатаго диска . . 511.12
–, прямоугольная 219.8
–, установительная 353.5
цвѣт коконов . . 414.14
– для оттѣнка . . 311.5
– хлопка 13.9
–, основной . . . 311.4

цвѣт, плохой 236.14
—, смѣшанный 364.1
—, средній 194.6
цвѣтной шелк 587.12
целлулоза с. т. древесная масса
целлулоза 301.14
—, древесная 475.4
—, натровая 475.5
—, натровая — сосноваго дерева 479.8
—, содержащая воду 301.15
—, сульфитная 475.6
целлулозовая пряжа 588.18
целлулозоподобное вещество 472.12
цементація 120.16
цементированная поверхность 120.15
— сталь 120.17
цементировать желѣзный цилиндр 120.11
цементирующая масса 65.6
цементный чан 304.7
цементовать желѣзный цилиндр 120.11
центр барабана 56.1
— кольца 552.9
— тяжести 191.6
центральная часть каретки 351.5
центрированіе, приспособленіе для —я барабана Добсон и Барло 79.6
центробѣжн-ая рогулька 258.3
—ая сила 130.14, 288.13
—ая сила барабана 31.4
—ое кольцо 10.13
центрофуга 288.16, 439.17
— с верхним фрикціонным приводом 288.17
— с нижним приводом 289.12
—, освинцованная изнутри 304.21
центрофуженіе шерсти 288.12
цикл гребнечесанія 82.17
—, полный (гребнечесанія) 82.20
цилиндр с. т. валик *или* ролик *или* барабан
цилиндр, впускной 77.12
—, второй 114.9
—, выкидной 28.8
—, вытяжной 115.6, 255.1
—, двухниточный 143.2
—, жестяной — с зубчатой обшивкой 248.9
—, задній 142.5
—, задній — вытяжного аппарата 137.1
—, коллекторный 478.6
—, нажимной 85.11
—, отдѣлительный 85.10
—, паровой 291.12
—, педальный 28.13
—, передній 142.7
цилиндр, передній — вытяжного аппарата 137.3
—, питательный 32.12, 43.3, 50.16, 77.12
цилиндр, питательный — для подачи пряжи 535.15
—, питательный — трепала 33.13
—, прессовой 46.1
—, продырявленный 286.4
—, пустотѣлый 72.10
—, регулирующій 32.13
—, рифленый 42.15, 143.3
—, рифленый — из мелкозернистаго желѣза 191.4
—, рифленый одноиточный 393.11
—, ситчатый 220.15
—, собирающій 478.6
—, средній 142.6
—, средній — вытяжного аппарата 137.2
—, стальной 120.18
—, сушильный 476.17
—, третій 114.11
—, чугунный 21.3
цилиндры, вытяжные 115.5
—, питательные 86.5
—, сушильные 385.14
цилиндрическій 377.11
цинк, листовой 239.7
—, хлористый 457.15
циркулировать (мыльная вода) 439.3
— (щелок) 439.3
циркулярная гребнечесальная машина Нейрет-Бреньера 449.14
— кардная машина 250.1
циркуляція моечной воды 284.10
—, автоматическая — масла 148.4
—, непрерывная — моечной воды 280.7
циферблат 358.6, 432.7
— для контроля подводки 80.3
—, круглый 361.1
цѣвка с. т. шпуля *или* шпулька
цѣвка 530.18, 531.3, 567.15
— из бѣлаго бука 149.12
— из твердаго дерева 149.11
—, бумажная пропитаная 149.9
—, вращающаяся 520.4
—, деревянная 122.6, 149.10, 356.10
—, деревянная — с канавками 356.11
—, покрытая эмалью 149.14
—, уточная 147.2
цѣвочная пряжа 583.13
цѣлый моток 609.5
цѣльный вал 189.7
— орѣшек 367.4
— репей 367.4
цѣна (калькуляція —ы пряжи) 19.9
цѣнность, коммерческая — пряжи 606.7
—, торговая 606.7
цѣпн-ая ленточная машина 253.9
—ая щипальная машина 244.3
—ая передача 106.16
—ая шестерня 74.1
—ой барабан 181.9
—ой барабанчик 173.6
цѣпн-ой блок 74.1, 180.12, 183.11
—ой блок на шипѣ журавля 172.13
—ой вытяжной аппарат 219.4
—ой натяжной аппарат 501.12
—ой привод 242.4
цѣпочная талька 564.2
цѣпь 40.5
— Вокансона 179.14, 395.6
— Галля 395.7
— гребней 214.8, 219.5
— журавля 350.10
— игольчатых планок 219.5, 233.5
— квадранта 170.12
— кардной машины 324.7
— для отмотки 179.13
— отмоточнаго аппарата 206.13
— подниточника 166.8
— шляпок 73.14
— шляпок, двигающаяся в одну сторону с барабаном 57.6
—, безконечная 254.5
—, безконечная — гребней 214.4, 230.9
—, безконечная — игольчатых планок 245.12
—, закрѣпленная 183.13
—, крючковая 179.14
—, отмоточная 184.3
—, провисающая 183.10
—, регулирующая продолжительность отмотки 207.2
—, слабонатянутая 180.1
—, шаблонная безконечная 559.13
—, шарнирная 152.4, 184.9, 560.1

Ч

чалка 593.19
чан 281.4, 283.1
— из песчаника 304.10
— для разложенія 300.1
— для удаленія луба 433.1
—, бѣлильный 287.1
—, деревянный 304.5
—, деревянный — из клепок 285.3
—, деревянный —, обитый снутри листовым свинцом 304.6
—, внутренній 285.4
—, желѣзный 286.1
—, замачивательный 280.2
—, клепанный 278.6
—, моечный 278.5
—, мочильный — из аспидных плит 304.8
—, моечный самодѣйствующій 273.3
—, мѣшальный 476.10
—, осадочный 299.19
—, полоскательный 280.4, 285.2
—, промывной 280.3
—, прямоугольный 365.7
—, стекляный 304.9
—, холодильный 572.9
—, цементный 304.7
час (производительность одной головки в —) 83.9
часовая гиря 593.22
часы, машинные 133.11
частица воды 288.14
частицы растенія 302.7
частичное отвариваніе луба 434.8
— удаленіе промывной воды 287.9
частично удалить луб 434.9
— управляемая система рычагов 185.12
части, составныя 272.8, 402.2
часть склиза для намотки образующих слоев початка 168.5
—, верхняя (щипцов) 84.10, 92.10
—, головная (руна) 265.15
—, добавочная — рамы 530.16
—, задняя (пряди) 375.11
—, колѣнчатая — склиза для намотки прослойки 168.6
—, корневая 211.9
—, концевая (волокна) 211.5
—, концевая (цилиндра) 393.11
—, нижняя (щипцов) 84.11, 92.11
—, оторванная (бородки) 378.8
—, перегнутая (бородки) 383.7
—, передняя (пряди) 375.9
—, передняя (станины) 352.17
—, подвижная 345.18
—, подвижная (рельса) 307.12
—, провисающая (рѣшетки) 447.1
—, соединительная 60.5
—, средняя (волокна) 211.6
—, средняя (пряди) 375.10
—, средняя (цилиндра) 393.13
—, хвостовая (руна) 265.16
—, центральная 352.16
—, центральная (каретки) 351.5
—, смазочная 126.8
чашечка веретена 145.11
чашка вѣсов 320.5, 613.9
— вѣсов для гирь 613.3
— вѣсов с створчатым дном 200.10
— в поперечной балкѣ, залитая бѣлым металлом 290.8
—, съемная масляная 553.7
челнок 520.11
челночно-вышивальная машина 533.9
челночный мюльный початок 569.3
червивый кокон 436.8

червь, шелковичный 413.15
червяк 72.6, 188.1, 223.15
– с плоской нарѣзкой 218.11
– с двумя противоположными нарѣзками . . . 256.1
– двойного хода . 256.1
– на цилиндрѣ . . 568.6
–, одноходовой . 566.6
червяки, нижніе . 251.15
червячн-ая шестерня . . . 188.2, 373.9
–ая шестерня с дѣлительным кругом. 207.13
–ая шестерня с кулачной муфтой 207.8
–ое зацѣпленіе . 473.8
–ое колесо . . . 72.7
–ый привод гребневых планок . 251.13
–ый транспортер. 40.4
черезчур вытягивать 101.15
черн-ая жесть . . 76.17
–ая фоновая доска 422.17
–ое мыло 316.3
–ый репей 307.4
–ый пек 508.6
чернѣть (репей) . 307.2
черпак кислоты с автоматическим затвором . . . 402.16
черпальщик шерсти 278.12
черта дѣленія . . 55.11
чертилка, двухконечная . . . 363.5
чесалка с. т. гекля 212.20
чесалка . . . 8.5, 318.13
–, ручная . 212.20, 495.13
–, ручная закрѣпленная 318.15
–, ручная подвижная 318.16
чесальная . . 7.15, 59.13
– для ангорской шерсти 409.16
– для асбеста . . 490.13
– для волоса . . 409.3
– для выработки застилистой пряжи 589.16
– с двумя вальянами . . 201.13, 322.3
– с вращающейся цѣпью шляпок 248.11
– с дѣлителем ватки 328.13
– с дѣлителем холста 319.7
– с конденсором . 319.7, 328.13
– с неподвижными шляпками . . 77.3
– с нижними шляпками 80.4
– для обрывной ватки. 329.9
– с передним барабаном 321.17
– с передвигающимися шляпками 77.9
– с приспособленіем для вычески жесткаго волоса 322.11
– с самодѣйствующей чисткою . 340.19
– с собирателями шерстяного пуха 322.5
чесальная для утоненія ровницы 334.9
– для хлопка . . 198.2
–, валичная . 80.5, 198.3
–, валичная – с аппаратом для образованія ленты 198.5
–, валичная – с пріемным барабаном для ваточнаго холста 198.6
–, грубая 199.9
–, двойная . . . 80.8
–, двувальянная . 491.3
–, канальная . . 80.12
–, конденсорная . 203.5
–, локонная . . . 329.9
–, настилочно – холстовая. . . 324.11
–, одинарная 80.7, 319.3
–, отдѣлочная . . 199.10
–, отдѣлочная – для асбеста с дѣлителем ватки 491.2
–, подготовительная . . . 199.9, 319.5
–, полушляпочная 80.6
–, приготовительная – для асбеста с ящичным питателем. . . 490.14
–, сдвоенная . . . 319.4
–, смѣшанная . . 370.5
–, смѣшанная валично-шляпочная 80.6
–, тонкая . 199.10, 203.5
–, холстовая . . 319.6
–, шляпочная . . 77.2
чесальн-ая машина 197.15, 480.11, 481.5
–ая машина для угарной шерсти 406.10
–ая машина, тонкая 250.2
–ая лента . . 7.20, 51.15
–ая лента (сдѣлать равномѣрно) . 100.14
–ый мастер . . 4.7, 60.17
–ый подмастер . . 4.8
–ый станок . . . 213.1
–ый угар 203.3
–ыя комплекта работают независимо друг от друга. 198.12
чесальщик 4.6
– на бумгопрядильной фабрикѣ 49.14
– волоса. 409.4
– гребнем перваго прочеса . . . 212.17
– джута 251.2
– льна вручную . 213.10
– льна на геклях 211.14
– на машинных геклях 215.18
– пакли 222.7
– пеньки на геклях 229.2
– на шерстяной фабрикѣ . . . 318.11
–, приготовительный 213.11
–, ручной 375.5
чесальщица гребнем перваго прочеса . . . 212.18
– льна на геклях 211.15
– пакли 222.8
чесальщица пеньки на геклях . . 229.3
чесаніе волоса . . 514.5
– на геклях . . . 8.3
– давальческой шерсти 376.15
– на кардах . . . 318.10
– от руки 49.11
– хлопка 49.8
–, дополнительное 216.4
–, машинное – на геклях 213.13
–, ручное 212.14
чесать на геклях . 8.4
– на геклях лен . 211.12
– на кардах . . . 7.14
– хлопок на кардных машинах . 49.13
– подготовительно паклю 221.1
ческа, грубая . . 212.16
–, ручная 212.10
–, тонкая 212.19
четверной моток . 564.13
четырехвальцевый каландр . . . 45.16
четырехгранный канат. 597.8
четырехколесная телѣжка . . . 445.6
четырехкрыльчатое било . . . 261.7
четырех-слойное основаніе на каучуковой мастикѣ . . . 65.7
четырехстежный кипер 68.16
четырехстренговый канат . . 594.16
четыреххлористый углерод. . . . 297.21
четырехъярусныя рамы 188.11
четырнадцатизубый храповик 96.2
чечевица, стальная 289.5
чечевицеобразный рубчатый круг 421.13
чешущая рабочая поверхность кардных валиков 323.14
чист-ая вода . . . 270.23
–ая двухвальянная система . . . 202.2
–ая камвольная пряжа 583.19
–ая порода . . . 414.1
–ая пряжа. . . . 605.5
–ая тара 17.3
–ое мыло 277.12
–ое углекислое кали 273.8
–ый вѣс 615.16
–ый вѣс катушки 141.14
–ый лен 216.19
чистильн-ая планка 75.7
–ый валик для барабана . 51.12, 75.9
–ый валик волана 51.13
чистильщик . 3.17, 75.10, 376.11
– гекли 216.1
– кард 340.8
– кардных маши . 4.10
чиститель нити с суконной обтяжкой 429.5
–, стальной . . . 429.7
чистить нить шелка-сырца . . . 429.4
чистка с. т. очистка
чистка вручную . 454.13
– вытяжных валиков. 108.6
– кардной гарнитуры 75.1
– кардных поверхностей (вручную) 340.6.7
– коконов 419.19
– очистителей . . 109.5
– руна 265.12
– чесальной посредством сосуна 370.13
– шелковых волокон 438.16
– шелка-сырца . 429.1
–, автоматическая – каретки посредством подвѣшенных полотен . . . 193.1
–, механическая – кард 340.18
–, приспособленіе для – и цилиндров 108.7
–, самодѣйствующая 340.19
чистота пряжи . 605.4
– хлопка 15.12
число витков . . 124.19
– катушек . . . 429.14
– метров в одном моткѣ 603.13
– мотков 598.20
– нитей в пасьмѣ. 599.6
– оборотов. . . . 21.2
– оборотов веретен 123.7, 133.10, 144.4, 188.14
– оборотов крутки на единицу длины 542.1
– рифлей в одном сантиметрѣ (дюймѣ) . . 116.13.14
– ударов 31.7
– циклов гребнечесанія 82.18
– шипов 31.2
–, коронное . . . 68.6
–, передаточное . 537.5
–, постоянное – оборотов (веретена) 123.8
чрезмѣрн-ая вытяжка 101.14
–ая крутка . . . 501.7
–ое питаніе . . . 28.3
чувствительн-ое приспособленіе для останова . 534.15
–ые вѣсы 616.8
чувствительность вѣсов. 613.10
– питательнаго регулятора . . . 44.7
– шелка к щелочам 437.6
чугун, твердый . . 308.14
чугунный 289.7
чулки 397.14
чулочно-вязальная пряжа . . 585.1
чурбан, хвостовой 501.8

Ш

шабер 479.1
шаблон 78.5, 92.3, 362.5
– для надниточника 362.7

шаблон с неровной поверхностью 175.3
– для струн подниточника и надниточника 362.8
– для установки барабана относительно веретен 362.10
– для установки веретен по высотѣ 362.9
– для установки вытяжных пар 362.15
– для установки подниточника 362.16
– для установки пруточнаго вала надниточника 362.14
–, крестообразный 105.8
–, трехходовый 499.6
шаблонная цѣпь, безконечная 559.13
шаг мотки 537.4
шайба с. т. диск *или* мотыль
шайба между сергами 43.9
–, зубчатая 254.1
–, кривошипная 292.8
–, подкладочная 355.13
–, подъемная 246.8
–, торцовая кулачная 249.11
–, фрикціонная 185.7
шапки 57.5
Шапон, машина –а 209.12
Шардоннэ, крутильная машина –. 431.14
–, способ 456.10
–, прядильный аппарат 460.16
–, прядильный прибор 461.1
шариковый подшипник с канавками 355.7
шарнир 488.4, 530.15
–, стальной 365.9
–, шаровой 334.5
шарнирн-ая головка вала 534.4
–ая горка 168.4
–ая рама 201.12
–ая цѣпь 152.4, 184.9, 560.1
–ое плечо 567.9
–ый клапан 306.10
–ый угольник 321.16
шаровидный колпак 381.10
шаровой шарнир 334.5
шарообразный кокон „анафа" 414.11
– шелковый угар 442.11
шарошка 57.1
шатун 11.7, 96.3, 99.11, 292.2
– для щипцов 89.6
– эксцентрика 111.15
–, эксцентриковый (питательнаго механизма) 94.2
шатунная крутильная головка 498.18
шахта, увлажнительная 575.6
шахтообразное увлажнительное устройство 572.14
шахматный порядок 551.2
шашка с нитеводом 391.1
шашка, стальная 554.13
швартовы 596.19
швейн-ая машина 520.12
–ая нить 580.8, 581.22
–ая нить, матовая 580.9
–ая пеньковая нить 582.4
–ый шелк 586.17
шевіот 397.3
–, суконный 397.4
шевіотовая пряжа 583.23
шейка валика 110.1
– нажимного валика 143.9
– цилиндра 393.12
шелк 410.3
– айлантус 410.12
– анафа 410.17
– бархатной крутки 586.9
– для гренадина 586.10
– гренадиновой крутки 568.10
– марабу 586.14
– муга 410.11
– с надвязанными концами 428.17
– неравномѣрной толщины 428.18
– „ондэ" 586.15
– окуренных сѣрою коконов 427.1
– с хорошо осязаемой шелковистостью 427.4
– паука-шелкопряда 411.1
– дѣлается пушистым при отваркѣ 434.16
– равномѣрнаго строенія 425.4
– рондонтій 410.16
– сатиновой крутки 586.8
– трама 431.10
– из двух очень толстых грежевых нитей, скрученных между собою 586.23
– с частичным удаленіем луба 434.11
– фагара 410.9
–, бахромный 587.8
–, благородный 410.5
–, буретный 452.14
–, вискозный 588.8
–, висцелиновый 588.12
–, выкипяченный 426.21
–, вышивальный 586.22
–, вязальный 586.18
–, горный 489.6
–, гофрированный 587.17
–, грубый мѣднокисло-амміачный 588.9
–, грубый уточный 586.12
–, дегумированный 434.18
–, дикій 410.6
–, естественный 586.4
–, желатиновый 470.19
–, жилистый 427.14
–, измѣренный 602.17
–, искусственный из вискозы 468.9
–, искусственный – глянцштоф 588.6
–, искусственый – из раствора целлюлозы 464.4
–, казеиновый 471.18
–, касторовый 410.10
–, китайскій тусса 410.8
шелк, крашеный умягченный 587.14
–, кружевной 587.7
–, крученый 430.5, 431.8
–, крученый основный ложный 586.13
–, ленточный 587.16
–, люстрированный 587.15
–, матовый 427.19
–, машинный 587.9
–, морской 411.2
–, мѣднокисло-амміачный 588.6
–, мягкій 427.16, 434.5
–, намыленный 428.8
–, настоящій 410.5
–, натуральный 472.6
–, некипяченный 426.22
–, необлупленный 434.4
–, неочищенный 434.4
–, не содержащій хлопьев 427.15
–, облупленный 434.5
–, однородный 425.4, 427.13
–, органзиновый 431.9
–, основный крученый 586.7
–, остиндскій мезанкор 410.15
–, остиндскій тусса 410.13
–, отварный 427.16
–, отяжеленный 587.11
–, перегнившій 438.4
–, перегоняемый 424.14
–, переработанный 455.14
–, позументный 587.6
–, полумягкій 434.11
–, простой 426.20, 586.16
–, прочесанный угарный 446.9
–, прочесный 435.14, 587.19
–, прочесный бѣлый 588.2
–, прочесный желтый 588.1
–, прочесный крученый 487.21
–, прочесный простой 587.20
–, прочесный – для ткачества 587.23
–, прочесный – тусса 587.22
–, равномѣрный 427.13
–, размотанный 412.18, 425.2
–, раковинный 411.2
–, стеклянный 491.13
–, сырой 412.17
–, ткацкій 587.5
–, тонковолокнистый 416.4
–, трощеный крученый 586.5
–, тусклый 427.19
–, тутовый 410.5
–, угарный 412.19, 435.5
–, угарный непрочесанный 446.8
–, угарный ферментированный 438.3
–, улиточный 411.2
–, уточный крученый 586.11
–, фасонный 587.10
–, ферментированный 438.1
–, цвѣтной 587.12
–, швейный 586.17
–, шнурочный 586.19
шелк, ямамайскій свѣтлозеленый 410.14
шелк-греж 428.5
шелк-омбрэ 587.13
шелко-очесочная промышленность 452.13
шелк-сырец 411.10
–, бенгальскій 426.9
–, венгерскій 426.17
–, греческій 426.19
–, грубый 426.1
–, длинномоточный 426.4
–, европейскій 426.14
–, испанскій 426.18
–, итальянскій 426.16
–, китайскій 426.5
–, корейскій 426.8
–, коротномоточный 426.3
–, левантійскій 426.11
–, малоазіатскій 426.12
–, остиндскій 426.9
–, перемотанный 424.18
–, персидскій 426.10
–, пушистый 425.7
–, сирійскій 426.13
–, тонкій 425.17
–, французскій 426.15
–, японскій 426.6
шелков-ая клеевина 411.3
–ая нить тутоваго шелкопряда 411.6
–ая нить, бѣдная мѣдью 467.17
–ая нить, узловатая 425.16
–ая нить, укоротившаяся 434.17
–ая основа 431.9
–ая основа, крученая 586.7
–ая пасьма 432.12
–ая промышленность 412.6
–ая пряжа 586.3
–ая пряжа для креп-де-шина 586.21
–ая шишка 590.8
–ое волокно 438.16
–ый гребенной очес 446.12
–ый крученый уток 586.11
–ый лубок 411.8
–ый очес 452.14
–ый титр 601.14
–ый угар шодди 412.5
–ый угар, шарообразный 442.11
–ый холст 450.17
–ыя издѣлія 412.7
шелковинка 411.11
–, присученная 421.10
–, прозрачная 428.1
–, спиральная 425.11
–, фиброиновая 434.6
шелковистость 427.3
шелковичный червь 413.15
шелкокрутильная мотовильная машина 431.16
– фабрика 412.10
шелкокрутильня 412.10
шелкокрутильщик 412.15
шелкокрутильщица 412.16
шелкомотальня 412.9
шелкопряд, тутовый 411.6
шелкопряденіе 410.1

шелкопрядильня 412.13
шелкопрядильщик 435.10
шелкопрядильщица 435.11
шеллаковая бисерная пряжа 591.13
Шеллибаум, колосниковая рѣшетка — а 48.1
шелудивый лен 217.6
шероховат-ая кожа 381.9
—ая поверхность 559.12
—ое вещество 507.2
—ый вид 339.17
шерстекрутильщик 539.12
шерстекрутильщица 539.13
шерстепряденіе, аппаратное 263.2
шерстепрядильщик 263.9
шерстепрядильщица 263.10
шерстогребнечесальная 376.14
шерстомоечная вода 299.14
— машина 278.4
— машина Иствуда 283.13
шерстомойка 268.10
шерстомойщик 284.12
шерстополоскательная машина с вилами левіафана 286.11
— машина „Левіафан„ 286.12
— машина, овальная 285.1
— машина, овальная — — с погоняльным приспособленіем 285.12
шерстопрядильная аппаратной пряжи 263.7
шерстосушилка Мак Наута 295.3
— Нортоновская 295.12
— Снека 296.7
—, сдвоенная 296.14
шерсточесальщик 375.6
шерстощипальщик 268.2
шерсть альпака 363.12
— с больной овцы 266.4
— для изготовленія сукон 263.4
— мунго 406.12
— набухает 284.2
— одинарной стрижки 264.9
— для поддцвѣтки 311.3
— разных окрасок смѣшивать 310.20
— с репейником 301.3
— ткани альпаки 407.21
— для фланели 583.9
— шодди 407.6
—, ангорская 363.13
—, аппаратная 263.4
—, бѣлая 269.12
—, верблюжья 408.11
—, вигоньева 585.17
—, влажная 287.11
—, всклоченная 269.15
—, головная 265.19
—, гребнечесальная 363.11
—, грубоволосая восточная 584.5
—, давальческая 376.15
—, длинная 376.17
—, древесная 476.1, 492.18
—, дубильная 301.7
шерсть, крѣпко защемленная 311.17
—, камвольная 363.11
—, карбонизированная 308.9
—, кашемирская 363.14
—, козья 408.13
—, комовая 310.12
—, короткая 263.4
—, липкая 269.14
—, лядвейная 265.17
—, могаирова 363.13
—, мокрая 287.6
—, мытая 301.6
—, мытая фабричным путем 268.21
—, мягкая 407.19
—, низкосортная 266.3
—, ножная 265.17
—, обработанная раствором соли 305.14
—, окисленная 304.17
—, окрашенная мочей 266.2
—, отсортированная 265.5
—, подбрюшная 265.22
—, потная 268.1
—, пригодная для гребнечесанія 363.16
—, промасленная 314.5
—, промасленная искусственно 274.12
—, пропитанная 282.11
—, пропущенная через волчек 310.9
—, прочесанная на кардах 318.9
—, рыхлая 269.13
—, свалявшаяся грязная 397.20
—, свободная от жира 269.11
—, сложенная для мѣшки слоями 311.7
—, содержащая мыло 366.4
—, спрыснутая 317.10
—, тибетская 407.12
—, тибетская из лоскута зефира 407.14
—, тибетская из лоскута кашемира 407.17
—, тибетская из муслиноваго лоскута 407.13
—, тибетская из орлеанскаго лоскута 407.15
—, тибетская из подкладочных тканей 407.16
—, убойная 264.12
—, увлеченная 323.5
—, угарная 395.10
—, угарная — из валянаго матеріала 396.1
—, угарная — из невалянаго матеріала 395.14
—, угарная — из прощипленных тканей 396.2
—, угарная —, полученная из расщипленных лоскутьев 395.12
—, угарная —, полученная из расщипленной пряжи 395.13
шерсть, упакованная в мѣшки 264.8
—, ягнячья 264.11
шерстян-ая ковровая пряжа 583.8
—ая кошма 397.19
—ая пряжа 582.11
—ая ткань 335.4
—ая угарная пряжа 582.18
—ая шишка 590.6
—ое руно 264.13
—ое трико 397.16
—ой волос 276.12
—ой жир 299.13
—ой пот 272.1
—ые струпья с калом 266.1
—ыя фуфайки 397.15
шестеренка, веретенная 255.15
—, катушечная 131.1
шестеренная коробка 349.2
шестерня 187.15, 532.6
— для вращенія веретена 532.8
— внутренняго зацѣпленія 505.15
— на главном валу 187.5
— дифференціальнаго зацѣпленія 134.11
— на оси верхняго конуса 136.1
— на передаточном валикѣ 187.16
— с прилитою сцѣпною муфтою 348.12
— со сцѣпной муфтой на заднем валу 187.11
—, барабанная — жестяного барабана 555.12
—, большая передаточная передняго цилиндра 136.2
—, ведомая задняя 114.7
—, ведомая — задняго цилиндра 176.15
—, ведомая второго цилиндра 114.9
—, ведомая — третьяго цилиндра 114.11
—, ведомая кареточная вытяжная 187.10
—, ведущая задняя — для вращенія второго цилиндра 114.8
—, ведущая задняя для вращенія третьяго цилиндра 114.10
—, ведущая — с зацѣпляющей пластинкой 188.3
—, ведущая коренная 114.6
—, ведущая — передняго цилиндра 176.12
—, ведущая, сидящая на переднем цилиндрѣ 114.5
—, веретенная ведущая 134.9
—, вертлюжная 127.4
—, верхняя крутильная смѣнная 555.10
шестерня, верхняя передаточная 136.4
—, вытяжная ведомая кареточная 187.10
—, вытяжная ведущая кареточная 186.12
—, гиперболоидальная 135.1
—, главная дифференціальная 134.11
—, дифференціальная 126.3
—, дифференціальная смѣнная 134.6
—, задняя вытяжная 134.10
—, замочная — вытяжного валика 187.14
—, замочная мотальная 134.4
—, замыкающая 187.9
—, катушечная ведущая 134.8
—, коническая 24.3, 132.7, 176.7, 252.8
—, коническая — с верхним зацѣпленіем на подъемном стоякѣ 135.9
—, коническая — с замочной муфтой 187.13
—, коническая — с собачкой 187.8
—, коронная 176.13
—, латунная 347.2
—, лобовая — с фрикціонным конусом 190.8
—, маточная 256.9
—, мотальная смѣнная 125.10, 132.1
—, наружная —, ведущая веретено 134.12
—, наружная —, ведущая катушку 135.3
—, нижняя конусная 134.7
—, нижняя крутильная смѣнная 555.11
—, нижняя ходовая 555.13
—, основная 135.4
—, передаточная 505.16
—, передаточная сдвоенная 187.6
—, передаточная тормозная отмоточная 161.8.9
—, передаточная — для установки скорости вращенія оси счетчика 207.9
—, передающая вращеніе катушкам 126.6
—, приводная — верхняго ременного конуса 135.11
—, приводная — для вращенія рогульки 505.14
—, приводная — для зажимных губ 506.13
—, приводная зубчатая 447.4
—, приводная — для каретки на главном валу 189.5
—, промежуточная передаточная к веретенам 136.13

шестерня, промежуточная для передачи к катушкам 136.12
—, свободносидящая коническая — на распредѣлительном валикѣ 135.8
—, смѣнная 136.5, 503.7
—, смѣнная — вытяжного аппарата 176.14, 186.8
—, смѣнная кареточная 134.5
—, смѣнная номерная 134.2
—, смѣнная ходовая 134.8
—, сцѣпляющая 127.4
—, сцѣпляющаяся с зубчатой рейкой 191.1
—, храповая 187.1
—, цилиндрическая 560.11
—, цилиндрическая мелко-зубчатая 566.14
—, цѣпная 74.1
—, червячная 188.2, 373.9
—, червячная — с дѣлительным кругом 207.13
—, червячная — с кулачной муфтой 207.8
шестерни с перерывистым зацѣпленіем 537.1
—, коническія 126.4
—, перекидныя 132.3
—, подъемныя переводныя 135.10
—, попеременно приводимыя во вращеніе 537.3
шестикратная крутка 580.14
шестикрыльчатое мотовило 565.5
шестирядный одинарный скатывающій дѣлительный аппарат 333.9
шестистежный кипер 69.1
шибер 31.17
шило 512.6
—, многозубое 338.1
—, простое 337.16
шина с. т. рейка
шина трепала 40.13
—, моточная 167.3, 352.5
—, направляющая 281.11
шип с. т. зуб *или* цапфа
шип 172.5, 530.11, 532.13, 534.17
— валика 59.1
— для качающихся рычагов щипцов 88.12
— нитевода 528.10
— из твердаго закаленнаго чугуна 55.1
— для тяжников каретки 174.1
— футляра, обхватывающаго волчек 260.2
—, барабанный 30.13
—, бительный 267.9
шип, боковой 174.1
—, квадратный 121.2
—, направляющій —, устанавливаемый по высотѣ 537.14
—, снимающій отступающій назад 30.7
—, сцѣпной 158.5
—, ударный 259.8
шипы 546.9
— размѣщены зигзагообразно 31.1
—, поставленные в разбивку 30.14
шиповидный вал 20.9
— волчек 33.5
шипообразная муфта 345.17
ширина, устанавливаемая 429.11
широк-ій мундштук 380.6
—ое сопло 380.6
шитье, тибетское 407.18
шит-ый плоскій канат 597.13
—ыя канатныя издѣлія 597.11
шишка 454.7
—, естественная 590.9
—, искусственная 590.10
—, плотная 590.13
—, рыхлая 590.12
—, хлопчатобумажная 590.7
—, цвѣтная 590.11
—, шелковая 590.8
—, шерстяная 590.6
шишки, гладкія 561.11
—, закрѣпленныя 561.10
шишковат-ая пакля 220.7
—ый джут 236.16
шишковидная пряжа 590.5
шкала 613.18
—, дуговая 100.5
шкап, сушильный — для нагрѣванія паром 616.15
шкворень 353.17, 530.11
шкив с. т. блок
шкив на концѣ передняго цилиндра 114.4
— крутильнаго механизма 186.11
—, ведущій 249.12
—, внутренній приводный 114.3
—, канатный 550.13
—, коническій 43.12, 527.1
—, конусный 255.16
—, коренной — с кожаным фрикціонным конусом 187.3
—, направляющій канат 171.14
—, подъемный 246.8
—, приводный 24.2, 35.10, 136.14, 257.13
—, приводный — перемѣннаго діаметра 250.15
—, приводный — центрофуги 290.14
—, рабочій — приводнаго ремня для отхода каретки 160.12
—, ременной 24.2
—, ступенчатый 382.1
—, тормазный 46.12, 171.12
шкив, тормазной —, обитый кожею 290.13
—, холостой 160.14
—, холостой — на главном валу 187.4
—, шнурочный 521.11
шкивы, коренные на главном валу 187.2
шкурная с. т. убойная *или* дубильная
шкурная шерсть 264.12
Шлипер, удаленіе пота мытьем шерсти по способу — а 276.14
шлифовальная машина для кожаных покровов 109.10
— щетка 70.5
— щетка из твердо закаленной стальной проволоки 70.6
шлифованная игла 86.18
— стеклянная плита 283.5
шлифовать кожу 118.16
шлифовка, станок для — и 118.17
Шлумбергер, гребнечесальная ,,дуплекс,, — а 91.2
—, передаточный механизм сельфактора — а 184.12
шляпка 51.6, 79.11
—, деревянная 77.4
—, необтянутая кардою 53.12
—, неподвижная 52.6
—, непокрытая 53.12
—, нижняя 80.4
—, обтянутая 53.13
—, передвигающаяся 53.7
—, перемѣщающаяся 54.7
—, самоочищающаяся 53.2
—, чугунная 77.7
шляпки, движущіяся 73.6
шляпочн-ая чесальная 77.2
—ый очес 194.18
шнур 98.16, 593.10
— для веретен 341.13
— для веретена 356.3
— для останова 549.8
—, барабанный 192.4
—, кожаный 473.11
—, пеньковый 593.11
—, плетеный 359.10, 597.6
—, позументный 593.16
—, приводный 497.5
—, просаленный 359.12
—, стренговый 593.14
—, тормазный 258.2
шнуров-ая передача 98.16
—ой барабан 557.8
—ой блок с. т. канатный блок
—ой привод 502.1
—ой привод веретена 144.5
шнурочн-ая машина 502.4
—ая и канатная машина 505.8
—ая оснастка 391.9
шнурочн-ая передача 144.7
—ая фабрика 494.14
—ый с. т. кордонный
—ый блок 521.12, 524.9
—ый блочек 341.1, 427.8, 487.10
—ый шкив 521.11
шнурок 593.10
—, приводный 11.3
—, тормозящій 545.10
шнуры 400.13
шодди 582.19
— из сукна маслобоен 407.10
— из сукна паточных прессов 407.11
—, шерсть 407.6
—, ковровое 407.9
—, одѣяльное 407.8
—, фланелевое 407.7
Шопер, динамометр — а 608.6
шорник 3.14
шорный пек 508.9
шпагат 592.16
шпагатная фабрика 494.14
шпенек, закладной 497.11
шпилька 10.13, 494.2
— для катушек 142.3
— для катушки 523.5.14, 565.8
— для надѣванія катушек 128.3
— для ставки 543.16
—, горизонтальная — для катушек 568.7
—, закладная 497.11
—, контролирующая обрыв нити 536.1
—, стальная приклепанная 568.12
шпиндель 96.11
— с винтовой нарѣзкой 72.11, 349.12, 530.7
— с винтовой рѣзьбой 529.12
— квадранта 350.14
— направляющей планки 384.3
—, винтовой — с прямоугольной нарѣзкой 218.11
—, винтовой — для передвиженія ременной вилки 527.2
—, направляющій 190.15
—, перемѣщающійся 534.6
шпулька с. т. шпуля *или* цѣвка
шпулька 520.16, 523.4
—, стеклянная 466.8
шпульная машина с. т. мотальная машина
шпульная машина для искусственнаго шелка 473.3
— машина крестовой мотки для шпулек челночно-вышивальных машин 533.9
— машина для мотки уточных початков 526.5
— машина для параллельной мотки 526.6

шпульная машина для початков крестовой мотки с возвратным движенiем веретена вдоль своей оси и с нитеводом, управляемым фрикцiонным роликом . . . 530.1
— машина для початков крестовой мотки с вращающимся нитеводом . . 531.1
— машина для початков крестовой мотки с барабаном, снабженным направляющим прорѣзом . . . 529.1
— машина для початков крестовой мотки с бѣгуном-нитеводом и с остановочным приспособленiем при обрывѣ нити . 532.3
— машина, вороночная 527.5
— проволока . . . 112.12
шпульник 4.16
шпульница . . . 4.17
шпуля 11.1, 122.6, 137.19, 427.6, 461,12. 505.9
— с водилкою . . 429.6
— с колком . . . 429.6
— с намотанной лентой 96.13
— с флянцами . . 124.1
—, крестовая . . 96.14
—, наматываемая . 430.11
—, ниточная . . . 474.4
—, уточная 520.6
штабель кип . . 17.12
штампованное кольцо 150.2
штанга, круглая . 97.9
—, натяжная . . . 208.6
—, подъемная . . 151.13
штандартная с. т. основная *или* нормальная *или* установленная
штандартная мѣра 598.11
Штауб, вѣсочки — а 614.8
— и Монфорт, гребнечесальная системы — и — . 99.15
Штейн, крутильная машина для выработки узелковой нити — а 559.11
штифт . . 72.12, 534.17
— для включенiя зубчатаго сегмента. 181.2
— рычага 354.2
—, ввинченный . . 312.6
—, изогнутый — волчка 313.11
—, острый 197.10
—, отбойный установительный . 346.7
—, поперечный . . 130.5
—, проволочный . 512.12
—, прямой — волчка 313.10
—, соединяющiй звенья цѣпи . 254.4
штифт, тупой — для перемѣшиванiя 313.2
штифты, износившiеся 313.12
шток, золотниковый 292.7
—, поршневой . . 291.14
штриховка, продольная рѣзкая — дикаго шелка 427.23
—, слабая — поверхности тутоваго шелка 427.22
штыковый затвор 549.1
шум от точки . . 339.10
шумовка 418.16

Щ

щадить пучек волокон при мытьѣ 269.4
щека, верхняя (клещей) 377.9
—, верхняя (щипцов) 84.10, 89.16, 99.6
—, неподвижная — клещей . . . 381.13
—, неподвижная — питательных клещей . . . 380.12
—, нижняя (клещей) 377.10
—, нижняя (щипцов) . . 84.11, 89.13
—, подвижная (клещей) . . . 381.14
—, подвижная — питательных клещей 381.1
щеки, моточныя . 167.6
щеколда . 44.11, 183.12, 206.11, 526.3, 549.6
— каретки 162.15
— пресса 578.1
— ременной вилки 112.1
— ременной отводки . . . 112.1, 185.1
—, затворная . . 487.16
щелевидный барабан. 524.13
щелок из золы . 419.15
— ѣдкаго натра . 437.5
—, бывшiй в употребленiи . . 276.5
—, возстановленный 276.7
—, x-градусный . 275.19
—, крѣпкiй . . . 275.18
—, моечный . . . 284.8
—, мытьевой . . 275.11
—, мыльный . . . 277.9
—, мытьевой разведенный 275.20
—, натровый . . . 276.11
—, промывной . . 275.11
—, разбавленный . 467.2
—, разведенный. . 464.15
—, растительный . 419.14
—, свѣжесоставленный 275.14
—, содовый . . . 275.21
—, теплый 275.17
щелочь, концентрированная . . . 464.16
—, нерасщепленная свободная. 277.14
щелочн-ая вода . 419.6
—ая жидкость . . 275.10
—ая содовая ванна 309.19
—ая соль 469.6
—ое средство для удаленiя луба. 433.4
щелочн-ое осадочное средство . . . 464.13
—ый ацетоновый раствор казеина 471.20
—ый раствор .309.9, 437.4
щель 379.6, 429.9, 524.7
— барабана . . . 524.10
— воронки с свободным роликом 527.13
— между колосниками 36.6
—, нитеводная . . 427.10
щетина 389.7
щетинный валик . 86.6
щетка 86.6, 378.12, 449.7
— для верхней щеки щипцов . . 93.6
— для очистки . . 75.13
— для очистки колосников . . . 49.3
— для очистки рѣшетки 49.3
— для порки . . 420.8
— для разбрызгиванiя масла . 318.1
—, забивочная . . 379.14
—, кардная ручная 75.5
—, круглая. .88.4, 444.2
—, мѣдная 113.3
—, очистительная 340.13
—, очистительная круглая . . . 97.16
—, подвѣсная . . . 193.8
—, проволочная . . 57.12
—, сегментная . . 99.4
—, спиралеобразная 57.11
—, цилиндрическая 444.2
—, шлифовальная 70.5
щеточн-ая полоса. 96.8
—ый вал 94.7
—ый валик . 250.11, 255.3, 368.1, 443.3.11
—ый начес 96.8
—ый пульверизатор 576.1
—ый слѣд 96.8
щечка 373.11
—, моточная . . . 352.6
щипальн-ая машина 243.12
—ая машина для концов 405.10
—ая машина для лоскута. . . . 405.1
—ая машина для лоскута с двумя рабочими мѣстами . . . 405.6
—ый барабан 48.7, 244.10, 311.11, 490.8
—ый волчек 197.8, 232.12, 490.8
—ый волчек для потной шерсти 268.1
щипально-колотильный волчек с тремя бительными барабанами . . . 267.4
щипально-трепальная машина системы Ризлера 48.5
щипальночесальная машина . 197.15, 199.9
щипальщик шерсти вручную . 366.15
— хлопка 197.14
щипальщица шерсти вручную . 367.1
щипаная джутовая кудель 244.7
щипка шерсти . . 310.13
щипок хлопка . . 14.8
щипцы 84.9, 91.9, 377.8, 445.9, 450.4, 461.6
— для вскрытiя кип 18.4
— для кардной ленты 338.5
—, игольчатые . . 86.10
—, круглые . . . 449.1
—, отдѣлительные 99.8
—, прiемные . . . 99.8
—, створчатые (для бородки) . . . 446.16
щит против вѣтра от барабанов . 391.2
— ровницы 257.7
—, затворный. . . 303.19
—, затворный — ситчатаго барабана 45.1
—, подвижной . . 177.5
—, предохранительный наклонный 229.11
щиток 225.16
— с клиновидными прорѣзами . . 354.5
—, затворный. . . 48.9
—, оградительный 404.11
—, установительный . . 404.8, 405.4

Э

эбонитовая плита. 112.11
экипажная рессора 279.7
эксгаустер с. т. вентилятор
эксгаустер . 22.7, 37.10, 45.2, 197.13, 296.13
экспедитор . . . 6.1
экстракт кампешеваго дерева . 238.16
эксцентр 98.15
эксцентрик . 60.2, 98.15, 260.10, 283.9, 373.8, 537.13, 551.7
— для скатывающаго аппарата 333.15
— для питательнаго механизма . 93.12
—, несущiй зажимныя колодки . 230.2
—, осевой 182.3
—, пазовый. . . . 183.3
—, переводящiй ременную вилку. 162.11
—, распредѣлительный 176.9
—, сердцевидный . 246.7
—, торцовый . . . 249.11
—, укорачивающiй 350.8
—, управляющiй вытяжным аппаратом . . . 162.9
—, управляющiй движенiем каретки. 162.10
эксцентриков-ая лодыжка . . . 445.7
—ая тяга. 111.15
—ый барабан . . 156.2
—ый вал 106.9
—ый ролик . . . 420.7
—ый рычаг. . . . 93.13
—ый шатун питательнаго механизма 94.2

эксцентрично установленный гребнечесальный барабан . . . 447.6
эксцентричное движенiе, (прибор для – аго движенiя зубьев) . 30.5
эластичн-ая пряжа 606.3
–ое волокно . . . 14.4
–ое ощущенiе . . 427.10
–ое и твердое ощущенiе 427.10
–ый кокон 416.21
–ый подшипник шейки 289.13
эластичность нити 10.2
– основной ленты 64.8
эльбефскiй номер. 600.2
элеватор 40.2
– шерсти 278.12
элеваторная лента 40.1
электризацiя . . 570.1
– волокон во время вытяжки . 102.6
электрическ-iй аппарат для останова ленточной 112.6
–iй контакт . . . 423.5
–iй провод . . . 113.4
–iй размыкатель . 112.13
–iй ток 113.14
электричество . . 570.2
– волокон 102.8
электромагнит . . 113.7
электромотор 157.6, 609.5
– перемѣннаго тока 157.13
– постояннаго тока 157.8
электротехник . . 5.21
элемент волокна . 6.13
– шелковаго волокна 411.11
эмалированный проволочный крючек . . . 564.17
эмаль 149.14
эмульсiя из воды и масла 238.14
– (образованiе –iй) 275.4
эпициклоидальная передача цилиндрическими шестернями . 126.12
эспарто 492.19
этикетка 16.9
этил, азотнокислый 462.14
–, сѣрно-кислый . 462.13
эфир 297.13
–, азотнокислый . 462.14
–, сѣрный 71.13
–, уксусный . . . 460.10
эфирный способ мытья 366.6
эфирно-сѣрная кислота 462.13
эффект удара . . 31.5
– тренiя скатывающих рукавов 332.11

Ѣ

ѣдк-ая известь . 460.7
–iй натр . . 276.10, 472.8
–ое кали 276.9

Я

ягнячья шерсть . 264.1
ядреный лен . . 217.1
ядровое мыло . . 277.19
яйцеобразный кокон 414.8
якорь . . 113.2.10, 360.14
якорный канат . 594.1
– тросс 596.16
яловая кожа . . 64.14
яма, бетонная . . 437.16
–, гноильная . . . 437.15
–, сточная . . . 439.15
ярд 600.13
ярдный барабан . 611.6
ярлык 16.9
– с отмѣткою качества 235.5
– пробнаго мотка 602.19
ячейки, паяныя . 477.8
ящик 288.3
– барабана . . . 31.9
– для веревки . . 577.16
– для веретен . . 530.2
– для веретенных шестерен . . . 255.13
– для воды 241.8, 573.11
– для гребенного очеса 447.10
– для запаса . . 320.2
– для катушек . 569.8
– под колосниками 33.9
– для костры . . 214.2
– для масла . . . 241.9
– для отбросов . 28.7
– для очеса . 96.9, 214.1
– для пакли . . 229.12
– для промасливанiя 317.2
– регулятора . . 29.9
– скоростей банкаброша 122.14
– для угара 31.11, 78.6, 203.8
– для хлопка . . 29.1
– для шишек . . 591.1
– из щитов . . . 437.17
– для электромагнита 113.7
–, выдвижной . . 307.14
ящик, деревянный 570.11
–, дырчатый – из бѣлой жести . 571.11
–, желѣзный . . . 570.12
–, загрузочный . . 22.2, 308.1, 320.2
–, закидочный . . 200.5
–, мягчильный . 239.6
–, нижнiй 242.2
–, нитательный . 22.2, 29.1, 260.7
–, присасывающiй 37.6
–, прiемный . . . 296.1
–, прiемный – для клочков лоскута 404.10
–, пыльный 27.10, 48.13
–, пыльный с автоматическим удаленiем 38.13
–, рѣшетчатый . 304.1, 439.14
–, угарный . 28.7, 86.9
–, сборный . . . 244.14
–, сорный 267.2
–, стержневой закрытый . . 242.3
–, сушильный . . 295.13
–, фильтровальный 271.14
ящики, выложенные бумагою . 578.9
ящикообразная камера 307.7
ящичный кипоразбиватель . . . 21.12
– кипоразбиватель с отсасыванiем пыли 22.1
– вентиляцiонный разрыхлитель . 38.3
– питатель 490.14
– автоматическiй фидер 28.5

Französisch · French · Французскій · Français · Francese · Francés · Francès

A

abaissement de la baguette 165.15
— du chapeau 55.3
— de la contre-baguette 175.9
— du presseur 578.3
— du tambour 56.12
abaisser le centre de gravité 291.2
— l'écrou du secteur . . 170.16
— la règle de renvidage 352.8
— le tambour 56.11
—, s' (baguette) . . . 165.16
—, s' (contrebaguette) . 175.10
—, s' (presseur) 578.4
abats 265.5
abattant 201.4
absolu, siccité —e . . 615.11
absorbant l'eau, sels . 483.13
— l'huile, matière . . . 355.11
absorbé, humidité —e . 572.10
absorber l'huile 314.2
— l'humidité 217.14
— de la matière grasse 314.3
absorption différente d'humidité 572.11
— d'eau par les fils . . 556.6
— irrégulaire 574.9
accéléré, vitesse —e . . 166.14
acceptation 15.18
accès d'air 294.11
accessoires 360.9
accomplir (coup d'arrachage) 82.20
accouplement à friction 157.14
— à griffes 345.17
— à griffes pour le compteur d'alimentation . 346.4
— de la main-douce . 394.4
accrocher les extrémités nouées des torons . . 504.16
accumulation des fibres 103.6
acétate d'éthyle . . . 460.10
— de potassium . . . 457.17
— de sodium 459.2
acétone 460.4
achevé, cocon non . . 415.9
acide 302.3
— acétique dilué . . . 438.11
— acétique glacial . . 459.8
— anhydre 303.4
— azotique 303.5
— carbolique 460.1
— carbonique 459.14
— des chambres . . . 303.2
— chlorhydrique . . . 305.5
— chlorhydrique dilué . 438.13
— chlorhydrique gazeux 440.11
— chromique 401.13
— de chrysalide . . . 419.12
— éthylsulfurique . . . 462.13
— gazeux 305.10
— gras 300.13
— minéral 302.17
— muriatique 305.5
— muriatique gazeux . 440.11
— nitrique 303.5
— oléique brut 315.5
— phénique 460.1
— phosphorique 433.15
— ricinoléique 238.5
— sébacique 300.13
— sulfo-oxyde 457.20
— sulfo-sébacique . . . 458.1
— sulfovinique 462.13
— sulfureux . . . 300.7, 434.21
— sulfureux gazeux . . 460.9
— sulfurique 302.19
— sulfurique concentré par évaporisation . . 303.3
— sulfurique dilué 303.1, 438.12
—, graisse 315.15
acidifier le fil 467.3
acidulé, eau —e 304.13
—, laine —e 304.17
aciduler le fil 467.3
acier 21.4
— cémenté 120.17
— durci 331.4
— à ressorts 106.6
Acmé, broche 147.1
à-coups, par 386.18
Actias selene 414.9
actif, bobine —ve . . . 547.10
action des acides . . . 302.14
— des agents d'ensimage 237.6
— des arêtes des barreaux 367.12
— chimique du suint . 272.5
— de l'humidité 500.18
— mécanique du suint . 272.6
— réciproque . . . 32.2, 292.12
actionner le cylindre par frottement 251.9
actuel, longueur — le . 604.9
adapter, faire s'— par rodage (broches) . . 359 22
addition des agents de lavage 274.18
— assouplissante . . . 483.16
— des boutons 590.14
— d'éther sulfurique . . 71.13
— de glycérine 315.8
— d'huile 458.9
— imperméabilisante . . 484.2
additionner le lait écrémé d'un acide 471.17
adhérent, impuretés —es 454.12
adhérer uniformément . 390.2
adhésion des fibres . . 6.23
— du tissu cellulaire . . 237.9
adouci, séricine —e . . 412.2
adoucissement des canettes 571 16
— de l'eau 270.21
— du fil par le vaporisage 569.12
affaibli par le goudronnage 508 22
affaiblissant, effet . . . 302.16
affilement de la dent . 67.11
affinage 212.19
— (des deux bouts) du chanvre 496.2.7
— des extrémités . . . 213.8
— du lin peigné 217.12
affiner le chanvre 230.14, 496.8
affineur de chanvre . . 231.8
— de lin 216.6
affinoir 213.7, 495.16
agate 430.4
agent acheteur de lin . 210.9
— de décreusage (alcalin) 433.4.5
— de lavage 274.17
—s d'ensimage 238.1
agglutination des filaments de soie . . . 412.4
agglutiner, s'— (coton) . 15.10
agitateur 277.4, 299.10
agitation, vive — de l'eau 286.10
agrafe pour fixer les battes 441.14
— de jonction pour câbles 513.13
aide 5.17.18
—-banc-brocheuse . . . 2.12
—-cardeur 251.3
—-fileur 3.2, 494.11
—-fileuse 3.3
aiguillage en acier . . . 48.12
aiguille . . 87.12, 172.5, 348.5, 392.3
— d'acier conique . . . 241.7
— du compteur 207.6
— de la dent de carde . 335.17
— détectrice 525.5
aiguille entraînée 513.15, 608.2
— de forme rhomboïde 248.10
— guide 560.14
— métallique 512.12
— plate 86.17
— polie 86.18
— ronde 86.16
— rouillée 86.19
— du secteur 181.2
— tombante 536.1
—s de la barrette . . . 252.3
—s dirigées en sens inverse 67.6
—s inclinées 243.14
—s intercalées 336.7
—s longues 373.5
—s radiales 243.13
—s à secousses 38.10
—s de tension 356.5
—s, x — par pouce de longueur 68.5
—s, x — à l'unité de longueur 215.12
aiguillée 163.16
— courte 345.7
— longue 345.6
aiguisage des cardes . . 69.10, 338.8
— des chapeaux . . 73.5, 74.9
— creux 69.19
— de la dent 67.11
— par le dos 67.12
— en fin 338.14
— latéral 67.15, 339.9
— latéral en ouvrant préalablement les canaux par un soc . . 67.16
— lent 69.17
— à la main . . 71.23, 338.19
— mécanique 338.21
— en pointe conique . . 67.13
— rapide 69.18
— à toile d'émeri voyageante 339.1
aiguisé, carde —e . . . 338.16
aiguiser quand la carde (ne) travaille (pas) . 70.7.8
— en creux 70.1
— en fin 338.15
— la garniture 69.11
— à l'huile 338.18
— à sec 338.17
aiguiseur de cardes 4.9, 71.22
ailanthe, soie de l' . . 410.12
aile 266.21
— de la bobine 505.10
—s 567.13
ailette . . 10.20, 255.6, 257.12, 430.1, 538.6.12
— avec anneau trempé 501.16
— et bobine 122.15
— à deux bras 123.12
— centrifuge 258.3
— à doigt presseur . . 123.13
— à fente courbe . . . 123.14
— métallique à double bras 431.18
— à œillets enroulés . . 501.17
— avec œillets soudés . 501.18
— à presseur 452.4
— à retordre 546.4
— séparée de la broche 548.1
— à tête perforée . . . 548.12
— tournante 233.10
—s battantes rotatives 195.10
aimant en acier 360.11
air chargé d'humidité . 296.5
— chaud 282.7
— chaud et humide . . 570.2
— comprimé 455.10
— humide ne contenant pas d'huile 575.2
air humide stagnant (mouvant) 574.16.17
— humidifié 574.18
— libre, à l' 292.10
— saturé d'humidité . 572.12
— saturé de vapeur d'eau 293.14
— sec 295.6
— sec et chaud 292.16
— de séchage 296.12
— tempéré 574.18
ajouter de l'acide 304.12, 458.7
— un agent de lavage . 274.19
— un aldéhyde 458.2
— les boutons 590.15
— de la cellulose . . . 472.1
— de l'huile . . 238.15, 458.8
— de la laque de copal 458.20
— du savon 277.11
— des sels 463.17
ajustable 48.4
ajustage automatique de la broche suivant son axe de gravité . . . 553.6
ajusté, rebord 355.3
ajuster le peigne . . . 377.12
—, s' (broches) 191.6
Albert, tors 509.3
albumine du blanc d'œuf 471.12
albumineux, substances —ses 471.10
alcali libre et non décomposé 277.14
alcalin, liquide 437.4
alcool 297.14
— amylique . . . 238.20, 297.15
— contenant de l'eau . 459.3
— dénaturé 458.6
— méthylique 459.1
aldéhyde acétique . . . 458.3
— formique 297.17
alène 512.6
alfa 492.19
alimentaire, appareil . . 42.6
alimentation 319.10
— à auge 196.9
— à auge fixe 312.8
— à auges à pédales . . 43.1, 312.7
— automatique 423.8
— des boutons 590.20
— de la carde 319.9
— de la carde briseuse 198.17
— continue 307.16
— sans croisement . . . 325.13
— par cylindres 42.14
— en diagonale . . . 326.10.11
— directe 326.2
— de l'essoreuse 305.1
— excessive 28.3
— forte 102.3
— intermittente . 84.6, 377.6
— irrégulière 27.3
— légère 102.2
— en long 198.15
— en longueur 329.1
— lourde 102.3
— à la main 27.17
— mécanique 28.4
— de la mèche 345.8
— sous forme de nappe 324.12
— à nappes Blamire . . 325.2
— à une paire de cylindres étireurs 205.3
— régulière 27.2
— réversible 40.6
— du ruban 382.3
— à rubans 326.7
— à deux rubans . . . 387.5
— en rubans à fibres en long (en travers) . . 326.8.9
— de la solution . . . 439.6
— à tables sans fin . . 443.5
— à tambour 443.13

alimentation en travers 198.16
— uniforme 319.16
alimenté, nappe —e . . 45.8
—, pince —e de matière à peigner 99.7
alimenter chaque tête de *x* rubans 81.10
— en long 328.16
— à la main . . 28.1, 319.11
— la nappe avec des fibres posées parallelement aux axes (perpendiculairement au mouvement) de la carde 325.17
— avec deux nappes. . 91.8
— avec *x* rubans . . . 104.5
— *x* rubans dans chaque largeur de gills. . . 223.7
— les séries de barrettes par une nappe (par deux nappes) . . 252.11.12
— tête sur queue . . . 218.2
— en travers 325.19
alimenteur de coton. . 28.2
— de laine 319.12
alimenteuse de laine . . 319.13
alléger la baguette . . 354.6
alliage résistant aux acides 304.22
allongement de la corde 513.5
— du fil 608.16
— de rupture 513.6
allonger la corde à broches 356.4
—, s' (corde) 191.17
alpaga 408.15
—, laine renaissance . . 407.21
altération de la couleur 569.11
altéré, couleurs —es . . 403.4
—, les couleurs ne sont pas —es 403.3
alternatif, traitement . 573.4
alternativement, roues commandées 537.3
alterné, arrangement. . 551.2
—, cannelures —es . . 241.1
—, placé 384.2
aluminate 270.14
— de potassium . . . 469.9
— de sodium 469.10
alumine 484.9
amarre 596.16
ambulant 3.19
âme 509.6, 591.4
— du câble (droite) . 594.18.20
— de chanvre 594.21
— creuse pour nappe . 46.7
— de fil textile 589.8
— de fil métallique . . 595.1
— recouverte 595.4
— du toron 594.8
amélioration du lin par le magasinage . . . 217.13
amiante 489.6, 493.6
— brut 490.7
— courte-soie 490.1
— cru 489.7
— filé 491.11
— longue-soie 489.13
amidon 428.14
amidonné, chiffons —s . 396.18
aminci, extrémité —e . 243.11
amincissement des extrémités 243.10
amolli, masse —e . . . 440.18
amollir la coque du cocon 418.8
amplitude de mesure de la balance 612.14
Amsler-Laffon, romaine 614.7
anaphe 414.11.17
anglais, jauge —e . . . 66.20
—, numérotage 66.18
—, procédé de filature . 364.9
—, système — de retordage 542.11
angle de ballonnement 226.13
— droit, à 326.1
— droit, à — dans la longueur du voile (fibres) 327.16
— formé par le fil. . . 191.7
— de genou. 336.8
— d'inclinaison 54.4
— très prononcé. . . . 517.8
— de renvidage 226.12
— de torsion 9.1
— de travail du secteur 170.9
angora 409.13
anhydre, acide 303.4
anhydride sulfureux gazeux 460.9
aniline 457.8
anneau . 97.8, 149.15, 174.14, 182.5
— à aiguille 392.1
— d'arrêt 95.14
— d'arrêt réglable . . . 346.9
— de bois de la broche 431.19
— denté 369.3
— denté supportant les barrettes 219.7
— double 150.4
— à encoches 95.7
— estampé 150.2
— forgé 149.17
— forgé et trempé. . . 149.18
— de friction 488.9
— à gorge 548.6
— de guidage 233.11
— en laiton 226.11
— avec lunette en acier 391.12
— métallique 547.14
— à un seul rebord . . 391.13
— à deux rebords 150.4, 391.14
— réversible 150.4
— simple 391.13
— tournant 392.4
— trempé 501.16
—x en acier 527.18
anti-ballon, fil métallique 153.3
—-ballonnement, dispositif 153.1
—-friction, galets . . . 44.1
—-oxydant, couche —e . 63.13
—-rouille, moyen . . . 64.2
—-vrilles 358.2
aplati, fil métallique. . 493.13
—, fil rond 66.3
appareil v. a. dispositif, mécanisme, mouvement, machine
appareil d'aiguisage des chapeaux . . . 73.8, 74.9
— d'aiguisage à mouvement de va-et-vient 339.1
— d'aiguisage à toile d'éméri voyageante 339.1
— alimentaire 42.6
— d'alimentation . . . 319.17
— d'alimentation de la carde Lemaire . . . 320.8
— automatique de montage des garnitures 337.11
— de carbonisage . . . 303.17
— de changement . . . 230.12
— de chauffage 227.9
— compensateur à coin 74.4.5
—-compteur pour un nombre fixe (variable) de tours 563.19.20
—-croiseur Bergier. . . 422.13
—-croiseur Martin . . . 422.10
— de débourrage des chapeaux 52.10.11.13.14
— de débourrage pour chapeaux fixes . . . 52.9
— de débourrage du tambour. 322.13
— à débourrer les chapeaux 75.11
— à débourrer le tambour 75.9
— à découper les manchons de cuir . . . 389.11
— de dégraissage . . . 298.1
— de désemmanchement 121.4
— double pour le séchage de la laine 296.14
— d'élimination des déchets 39.12
— à enfiler les busettes 361.2
— à enfiler les tubes. . 175.20
—, d'enroulage. 37.2
— d'enroulement . . . 327.17
— ensimeur. . 241.5.6, 242.1.5, 366.12
— à essayer les cylindres 120.3
— pour l'examen des filés 610.2
— de filage de Thiele . 466.13
— frotteur . . . 203.16, 331.13
— d'humidification pour bobines (canettes, écheveaux) . . 575.11.12.13
— de lavage pour déchets de soie 439.1
— mesureur pour mèches de préparation . . . 611.6
— pour le montage des rubans de carde . . 63.9
— pour le nettoyage des capillaires 466.12
appareil de pose . . . 327.13
— purgeur 536.6
— pour rubans longs. . 327.18
— de séchage et d'ensimage pour laine à peigne 366.10
— de Topham pour le filage de la viscose . 470.4
— de transformation du voile en nappe . . . 328.7
— de transport et d'alimentation Blamire . 327.10
— de voltée 230.12
appel d'air occasionné par le volant . . . 323.1
application d'une couche de fibres 480.5
appliquer une couche anti-oxydante . . . 63.13
— une couche de solution de caoutchouc sur le tambour. 63.12
— l'ensimage 316.21
— le frein 347.9
— la pâte 117.7
apprêt, deuxième 430.15, 539.18
—, faible 431.5
—, fort 431.6
—, premier . . . 429.15, 539.17
apprêté, fil de lin . . . 581.14
approprier la distance des supports du râtelier 127.9
approvisionnement de rubans 224.4
aptitude à être filé . . 7.1
— pour le filage, petite 406.13
— de mélange. 18.17
aqueux, solution —se . 465.7
arbre en acier 21.4
— de l'aile 505.12
— à ailettes 525.8
— d'arrêt tournant . . 567.12
— arrière. 89.2
— des baguettes. . . . 162.8
— du batteur 220.16
— de bobinage 536.11
— de la brosse 88.5
— à came 536.14
— à cames 160.9, 161.4, 246.5
— à cames avec mécanisme de changement . 353.13
— de changement . . . 178.12
— du chariot 92.2
arbre-de-commande 136.9, 532.4, 534.3
— arrière 255.4
— du bas 115.4
— des bobines 255.11
— du compteur de torsion. 348.4
— du cône 135.9
— des pots tournants . 115.3
— du tablier 24.1
arbre du compteur de torsion 190.1
— du cône 528.5
— de la contre-baguette 162.6
— de la couronne 566.10, 567.7
— des couteaux 482.10, 483.1
— creux . 189.8, 509.10, 538.5
— creux du disque . . 511.12
— creux du tambour . 402.13
— du cylindre étireur . 345.15
— du cylindre peigneur 87.9
— de dépointage et de rentrée 349.8
— du différentiel . . . 135.8
— de l'élévateur. . . . 281.3
— excentrique. 106.9
— à excentrique. . . . 536.14
— à excentriques . . . 160.9
— en fer-blanc 566.11
— de la fourche . . . 281.7
— du guide-fil 532.7
— de main-douce 163.6, 173.12, 177.7, 184.13, 395.5
— de main-douce avec mouvement différentiel 347.12
— moteur 60.3, 126.2, 136.9, 161.7
— moteur allant de la grande à la petite têtière. 189.1
— moteur parallèle au chariot (à la têtière) 188.4.5
— oscillant 382.2
— du peigne détacheur 60.6
— de la pince. 89.3
— plein du volant. . . 189.7
arbre à plusieurs temps 160.9
— principal 99.5
— des rechanges du mouvement différentiel . 136.10
— du récipient 289.2
— de renvoi 115.4
— du rouleau inférieur du tablier 246.2
— du segment des brosses 99.4
— du tambour des broches 206.4
— du tambour de la chaîne du secteur . 181.9
— du tambour dérouleur 358.14
— du tambour peigneur 91.10
— des tambours 162.14, 173.3
— transversal avec pas de vis à va-et-vient 339.5
— de la turbine. . . . 97.10
— en tuyau de fer . . 566.12
— du ventilateur . . . 404.9
— vertical . . . 37.1, 333.14
— du volant . . 259.15, 294.4
arc-boutant pour porte-bobines 395.1
arc du contact du fil . 142.13
— élastique 339.3
— gradué 613.19
Archimède, renvidage . 519.3
archine. 600.20
aréomètre de Beaumé . 303.13
— en forme de cloche . 365.16
arête de barreaux. . . 367.12
— de l'extrémité de la dent 335.18
—s circulaires 490.10
armature en tôle . . . 340.15
— (tournante) des bobines 506.4, 509.7
—, câble recouvert d'une 597.4
armoire à sécher . . 616.14.15
armure, câble recouvert d'une 597.4
arrachage de la partie peignée 82.5
—, mécanisme d' . . . 381.6
arraché, touffe —e. . . 378.8
arracher 378.6
— le bout de la poignée 216.9
— le jute long 244.8
— la partie peignée . . 82.6
— la touffe 382.6
— la vieille garniture . 336.13
arracheuse pour jute. . 244.9
arrangement alterné des bobines 551.2
arrêt 348.8, 524.2
— d'arrière 111.10
arrêt-automatique . . . 535.7
— du banc d'étirage 110.13.14
— pour canettes pleines (terminées) . 157.4, 180.4, 357.10
— en cas de rupture de fil 524.3
— au doublage 566.8
— du peigneur 59.14
— pour pots pleins . . 112.3
arrêt avant 112.2
— des bancs d'étirage 110.11.12
— de la broche . 354.7, 40.12
— de chariot 358.11
— du chariot 164.19
— des cylindres 346.10
— du cylindre supérieur 554.4
— électric pour bancs d'étirage. 112.6
— faisant revenir les séparateurs 153.6
— fixe 167.5
— fixé au chariot . . . 172.2
— de la machine . . . 81.11
— mécanique 113.14
— pour métiers à retordre 554.3
— du peigneur à la main 59.15
— réglable 346.8
— réglable sur la tringle de liaison 180.6
— par rupture du ruban 111.9
arrêter le chariot . . . 357.6
— le compteur 370.12
— le dévidoir 424.15
—, s'— (chargeuse automatique) 29.14
—, s' (chariot) 164.18
arrière, arbre 89.2
—, mouvement en . . . 91.4
—, tournant en 543.3
arrivée de l'air 59.11
— de la vapeur 571.7
arrondi, bande de papier —e 484.14

arrondir les bandes de pâte 478.9
—, s' (brin de soie) 422.8
arrondissement de la bande de papier 484.10
arrosage avec un arrosoir 317.4
— au moyen d'un balai 317.5
— avec l'eau de lavage 284.8
— à l'eau de savon 317.3
— du fil 574.1
— des fils avant de vaporisage 570.5
— des poignées de jute 239.10
arrosé, laine —e 317.10
arroser uniformément 239.11
arrosoir 239.13
articles de corderie tordus (tressés, cousus) 592.2, 597.5.11
articulation sphérique 334.5
articulé, bras 567.9
artificiel, caoutchouc 65.10
asbeste 489.6
ascenseur 575.5
Ashworth, appareil compensateur à coin 174.4
—, réglage des chapeaux 56.3
aspe (v. a. asple) 423.2
— freiné 522.13
—s par en-dessous 526.8
asperger 441.4
aspersion à la main 441.6
aspirateur 197.13, 296.13, 370.16
aspiration 37.8
— d'air sec 295.7
aspiré par des tuyaux (coton) 39.4
aspirer l'air 31.16
— de l'air sec 295.8
— le fil par la fillère 463.9
— la poussière d'aiguisage 72.1
— les vapeurs ammoniacales 466.1
asple (v. a. aspe) 423.2, 473.9, 611.4
— avec dispositif d'expansion 567.3
— système Grant 432.2
assemblage 12.6
assemblé (soie) 587.21
—, fils —s 12.9, 515.5
assembler 12.7
— les balles de jute 236.4
— les fils 515.8
assembleur 5.9
assembleuse (machine) 12.8
— (ouvrière) 5 10
assiette 488.7
— à brochettes 566.7
— avec brochettes d'acier rivées 568.12
— à canal oblique 112.4
—, une — porte plusieurs brochettes 568.14
assorti, jute 236.3
assortiment de cardes 80.10, 198.10, 318.20
— de deux (trois) cardes 198.11, 319.1.2
— de deux cardes avec alimentation à rubans en longeur 199.8
— d'étirages 387.12
— de poids de précision 615.2
— de pots 223.12
assortir la balle de jute par poignées 236.5
— le chanvre peigné 228.7
— les déchets de jute 258.12
— les torques sur des bascules 576.17
assortisseur de jute 236.6
assouplir la fibre de laine 314.4
— le jute ensimé 240.2
— la soie 434.9
assouplissage 434.8
assouplissant, addition —e 483.16
assouplissement du chanvre 230.15
— du jute ensimé 240.1
assouplisseuse de jute avec appareil ensimeur 241.4
— mécanique pour jute 240.6
assurer la position de la barbe 447.3
atelier de corderie 494.13
— de dévidage 562.9
— de fabrication du fil 467.5
— de sérançage 211.13
atmosphère chargée d'acide carbonique 459.14
atmosphère de gaz d'ammoniaque 460.8
attache-bave 423.7
attache de câbles 513.13
attacher, s'— à la brosse (maître-brin) 420.13
attacheur de cordes 3.14
— de courroies 3.14
attaqué à l'acide 128.16
—, cocon 415.17
—, les couleurs ne sont pas —es 403.3
attaquer la fibre de laine 276.12
Aubena, métier à retordre 432.1
auge 43.2, 203.6, 283.1, 328.2, 543.8
— alimentaire 50.10
— alimentaire en ferblanc 377.4
— d'alimentation 77.11, 89.15
— d'alimentation pour les bottes de jute 244.13
— d'alimentation de la nappe 93.4
— avec cannelures de guidage 334.11
— circulaire avec revêtement en bois 231.2
— du cylindre à aiguilles 250.4
— à eau 543.4
— à eau chaude couverte 225.14
— fixe 312.3
— en fonte 247.7
— à impuretés 203.8
— à loquettes 329.14
— à pédale 312.8
— peseuse 200.10, 320.5
— à poussière 201.7
— semi-cylindrique en plomb 466.9
— en tôle 84.4
augmentation du diamètre 174.9
— de l'étirage 42.12
— graduelle du corps de la canette 174.10
— graduelle de la température 280.5
— de poids 571.12
— de poids momentanée 571.13
— de poids de la nappe 47.13
— de poids restante 571.14
— de tension 337.13
— de la torsion, sans 501.6
— de vitesse circonférencielle 21.2
augmenter la divisibilité 237.8
— les facilités de filature 237.13
— la pression sur les cylindres quand l'étirage augmente 107.4.5
— la résistance 541.15
— la viscosité 464.10
— la vitesse des broches 188.14
aune de France 600.19
— de Leipzig 600.18
— de Paris 600.19
— de Prusse 600.16
— de Saxe 600.18
— de Vienne 600.17
—, bois d' 77.5
aussière, commettre en 500.4
automatique 28.5
avalies 264.12
avançant, écrou 181.14
avance de la bobine 97.6, 124.10.11.12
— de la courroie 191.9.10
avancer, faire (chariot) 500.2
avant, cylindre tournant en 543.6
—, mouvement en 91.8
—, rouleau 89.10
avant-tendeur 536.7
avant-train 321.17
avarié, balle —e (par l'eau de mer) 15.8, 16.5
—, cocon 415.11
avivage de la garniture 69.12
aviver la garniture 69.13
avoirdupoids, livre 601.8
axe de la broche 122.16
— des cylindres 334.1
— de gravité 553.6
— de la planche sensitive 29.11
— de la poulie 349.11
— du secteur 171.10
axial, mouvement 72.3

B

bac 281.4
— à acide chlorhydrique 402.17
— d'alimentation 284.6
— collecteur de laine 296.1
— en douves de bois 285.3
— à eau 242.6, 542.10, 543.4, 558.1
— intérieur 285.4
— de lavage 278.5, 280.3, 366.2
— de lavage automatique 273.3
— à liquide 482.4, 486.10
— rectangulaire en tôle 365.7
— de rinçage 280.4, 285.2
— riveté 278.6
— de trempage 280.2
bâcleur 3.6
bâcleuse 2.12, 3.7
bague 148.18
— d'arrêt 345.20
— d'arrêt réglable 346.9
— de réglage 205.13
baguette 351.17
— à double bras 150.13
— enrouleuse pour la barbe 450.5
— levée 169.6
— de renvidage 160.4
— de rouleau creux 46.8
— de verre 491.6
— du volant 260.1
baignage des cocons 418.6
baignant dans l'huile 290.10, 555.2
bain acide 303.10
— d'acide carbolique 460.2
— d'acide chlorhydrique 305.6
— à l'acide sulfurique 302.18
— d'acide sulfurique à x pourcent 440.10
— d'albumine 459.11
— d'assouplissage 434.10
— de bisulfite de soude 459.17
— calcaire 270.17
— de chlorure mercurique 459.13
— de coagulation à l'acide carbolique 460.1
— de coagulation à l'acide phénique 460.1
— de décreusage 433.3
— de dégommage 436.16
— de dégommage usé 435.1
— de dessuintage 272.14
— de dévidage 419.13
— d'eau 385.13
— d'eau chaude 418.14
— en fil métallique 267.13
— fort 303.14
— d'huile 60.7
— de précipitation 469.2
— de savon 275.11, 277.5, 385.9
— de savon, double 437.2
— de savon frais 433.9
— de savon d'huile 438.2
— de sel ammoniac 469.7
— de soude 459.10
— de soude alcalin 309.19
— souillé de graisse 303.16
— de sulfate d'alumine 459.15
— de sulfate de magnésium 465.10
— du tambour 79.1
— en t^le d'acier perforé 267.11
— de trempe 74.13
— d'urine 276.16
— usé 276.5
balai de battage 420.5
— de bruyère 420.4
— de cuivre 113.3
balance (v. a. romaine) 603.4
— pour échevettes 612.13
— à fléau ordinaire 613.7
— de numérotage 613.6
— de précision 612.15, 616.8
— de précision horizontale 613.5
— à ressort pour nappe 47.12
— pour rouleaux 47.11, 613.4
— de titrage (automatique) 603.2.3
balancier 125.6, 131.7, 162.3, 348.6, 560.13
balayeur (cylindre) 51.5
— (ouvrier) 3.20
balayures huileuses 194.20
balle avariée (par l'eau de mer) 15.8, 16.5
— de chanvre 228.10
— de coton 15.20
— cylindrique 19.19
— humide 15.7
— de jute 235.2
— de laine 264.6
— liée avec x liens 228.12
— de lin 210.6
— Lowry 16.1
— sans marque 16.6
— ouverte 18.6
— pressée 16.2
— non-pressée 16.4
— prismatique 15.21
— de résine 508.12
— ronde 15.22
— de soie grège 412.17
— uniformément pressée 16.3
—s qui diffèrent de classement 18.12
ballon de fil 152.11
ballonnement du fil 152.12
ballot de trois (six, douze) paquets 577.6.7.8
banc à ailettes 11.13, 138.3
— à ailettes à soie 452.3
banc-à-broches 11.10, 121.11
— pour bourette 454.3
— pour chanvre 233.8
— de combe 224.8
— entraînées par la mèche 233.12
— avec étirage à barrettes 390.11
— pour étoupes 224.12
— extrafin 122.11
— en fin 122.9, 390.14
— en gros 122.7, 390.12
— intermédiaire 122.8, 390.13
— pour jute 254.13
— pour lin long 224.5
— passives 233.12
— à soie 452.3
— en surfin 122.10
banc-brocheuse 2.7
— en fin 2.10
— en gros 2.8
— intermédiaire 2.9
— en surfin 2.11
banc à carder 318.14
— pour le changement des pinces 448.4
— à chevilles pour écheveaux 542.13
banc-d'étirage (v. a. étirage, étireuse) 8.15, 102.9
— pour chanvre 233.2
— pour le filage de fil peigné flammé 590.4
— pour lin long 223.4
— de passage intermédiaire 103.13
— de passage en fin 103.14
— de premier passage 103.12
— de deuxième passage 103.13
— de dernier passage 103.14
— avec x passages de y têtes à z doublages 104.10
— préparatoire 81.3
— à x rangs de cylindres 102.10
— réunisseur 388.14
— à soie 451.17
— à sortie en canal 104.11
— à une tête 103.9
— à plusieurs têtes 103.10
—, premier 222.13
—, second 222.14
—, troisième 222.15
banc à paqueter 577.12
— à peigne 213.1, 229.10
— à renversement des pinces 448.4
— à teiller double 495.7
— à teiller simple 495.6
bandage 56.15
bande en acier 56.2.5, 331.1
— en acier munie de points, système Deiss 62.8
— dentée 383.14
— à encoches 258.5
— en fer 16.11
— de feutre saturée d'huile 356.1
— du frein 347.7, 564.19
— métallique avec extrémité en cuir 535.3
— de papier 486.2
— de papier arrondie 484.14
— de papier entrante 484.13
— perforée 282.5
— de voile 203.14, 329.8

bande-s 400.13
—s de caoutchouc 477.6
—s en fer 578.7
—s longitudinales en forme de grille 477.5
—s métalliques soudées 477.9
—s de papier 476.18
—s de papier coupées 483.7
—s de pâte à papier 478.9
barbe 8.7
— de fibres 82.10, 445.12
— de fibres de soie 444.8
— peignée 446.10
— de la pinne 411.4
— de soie mise en livre 445.8
—, le cylindre forme une 107.16
—, faire la 146.10
—, formation d'une — au cylindre 107.16
—s 398.13
barbin 422.4, 423.1
— en agate 430.4
baril d'huile 361.15
barillet 171.6, 173.1
barre 106.8, 183.12
— d'accouplement 344.2
— à aiguilles 48.2, 241.13
— briseuse triangulaire 261.6
— à dents 312.10
— de déplacement 564.18
— de fermeture 44.12
—-glissière 283.8
— de guidage 560.15
—-guide 558.11
— du guide-fil à va-et-vient 529.10
— de pression 334.12
— réglable 373.6
— de réglage du guide-fil 538.1
— de tension 337.9, 340.14
— de tension à vis 344.11
—s guide-fils 535.12
—s oscillantes à aiguilles 220.13
barreau 31.10
— à dents 312.10
— de grille 27.7
— de grille triangulaire 36.5
— du haut 578.1
barreaux ajustables 309.3
— angulaires réglables 367.11
— disposés en forme de grille 369.1
— plates métalliques 368.7
barrette 218.9, 251.14, 253.10, 372.9, 379.12
— à aiguilles 85.5, 86.1, 88.1, 354.6, 383.2, 443.6
— à aiguilles à rotule 383.3
— à dents 245.6
— à deux rangées d'aiguilles 254.7
barrettes d'aiguilles augmentat de population 380.10
— bombées 372.11
— commandées par chaînes 219.5
— incurvées 372.11
bas 397.14
—, numéro 193.13
—, toile sans fin du 21.8
basculant, peigne 320.12
—, rebord 488.3
bascule 125.4, 391.11
— décimale 613.1
— du frein 359.3
—, à 200.10
basculeur 16.18
base de la canette 167.7
— de la première couche 156.13
— en cuir 336.6
— de la dent 68.11
— du guide 104.13
— organique 457.5
— oxydable 457.6
bassin d'agitation 476.10
— de décantation 300.1
— à eau 481.4
— d'eaux résiduaires souillées 299.9
— en grès cérame 403.1
bassine 418.13, 422.16, 423.12
— de battage 420.9
— de chargement 423.11
— à pâte 118.4
— de trempage 418.9
bassinettes 436.1
bâti 88.13, 249.4, 534.14, 538.3.14
— du bout 94.15
bâti du bout du dévidoir avec pont 565.12
— du chariot 558.4
— circulaire 96.12
— du côté de la commande 95.2
— déplaçable 328.1
— de l'émerillon 499.1
— extérieur 558.16
— à glissière 371.2
— inférieur 550.12
— intermédiaire 95.1, 546.11
— latéral 55.7, 94.15, 565.12
— de la machine 117.24
— du râteau guide-fils 502.11
— vertical 89.7
bâton pour fil 227.10
—s de bois ronds 444.11
battage des cocons 440.13
— des cocons à la main 420.3
— du jute ensimé 240.1
— de la laine 266.18
— du lin 217.15
— des poils 514.6
— répété 42.3
battant 378.14
— de la pince 89.5
batte de l'asple 567.4
— en caoutchouc 441.13
— en cuir 441.12
— du dévidoir 565.7
batterie de laveuses 279.11
batteur 7.7, 262.7, 368.5
— double 41.19
— sans enroulage 197.17
—-enrouleur 197.16
—-éplucheur 41.20
—-étaleur 40.8
— finisseur 42.2
— intermédiaire 42.1
—-ouvreur 34.11
— porc-épic 27.8
— simple 40.9
— avec volant cardeur 47.17
— à deux volants 41.19
—, premier 41.20
batteuse 266.19
— mécanique pour cocons 420.6, 441.11
battoir 266.19
battre 310.10
— la bourette 453.3
— les cocons 440.14
— les cocons au balai de bruyère 420.4
— les cocons à l'escoubette 420.4
— la laine 266.17
— la matière fibreuse en mottes 20.3
— à sec 310.11
— la toison 265.11
battu, laine —e 310.9
Baudouin, trembleur 98.11
Baumgärtel, dynamomètre 607.9
bavures du drap 118.8
Beaumé, aréomètre 303.13
—, densimètre 303.13
bec 201.4, 467.9
— de l'auge 50.15
— à gaz 455.8
— de graissage 148.3
— de graissage latéral 147.11
— du levier 179.1
— des mâchoires 92.6
— oblique 162.1
— de la pince 84.13
— de prise 158.5
beige, fil 584.7
benzaldéhyde 458.5
benzine 297.16, 462.19
benzol 462.20
Bergier, appareil-croiseur 422.13
Bertholon, coronelle 432.3
béton 437.16
biais, en 512.5
bicarbonate d'ammonium 464.2
bichromate de potassium 300.11
— de soude 300.12
bielle 11.7, 96.3, 98.14, 99.11, 292.2
— à coulisse 246.4
billot en bois 243.8
Birmingham, jauge de 66.20
biscuits 434.7
biseau, en 119.6
bisulfate alcalin 465.4
— de potasse 303.8
bisulfite d'ammonium 465.1
— de soude 465.2
bitord 593.4.6
bivoltin, variété —e 413.16
blaise 417.4, 435.16
Blamire, alimentation à nappes 325.2
—, appareil de transport 327.10
blanc d'Espagne 298.18
— de Meudon 298.18
— de Troyes 298.18
blanchâtre 585.10
blanchi, fil 605.11
blanchiment par l'acide sulfureux 401.9
— par du bisulfite de soude 401.10
— des chiffons 401.8
— de la filasse 261.11
— pendant le lavage 286.15
— au soufre 434.19
blanchir dans l'eau de rinçage 286.16
— la graisse 300.9
— le ruban 374.14
bleui, ruban peigné 386.2
bleuir légèrement 386.1
bloc de bois en forme de coin 229.9
— de bois à pointes d'acier 405.7
— creux cylindrique 342.14
—-finisseur 87.5
— de frein 147.5, 359.3
— à glissière 121.5
— de peigne en chêne 229.7
— pour le placement des aiguilles 87.3
— régulateur 501.9
— pour le soudage 87.1
blousse 8.2, 82.7, 100.1, 374.19
— de bourre de soie 453.16
— floconneuse 374.21
— de mohair 409.15
— noueuse 374.20
— de ramie 262.9
bobinage 515.11
— sur broche nue 515.9
— de la canette 516.5
— de la chaîne 11.18
— croisé 204.10, 474.7
— croisé sur tubes coniques 516.1
— croisé sur tubes cylindriques courts 515.14
— cylindrique 554.11
— de l'écheveau 516.6
— parallèle 516.2.3.4
— en pelotes 518.2
— simple 12.5
bobine 11.1, 122.6, 255.8, 257.15, 461.12, 505.9, 523.4, 527.6, 611.11
— active 547.10
— agissante 547.10
— alimentaire 538.7
— d'alimentation 334.10, 526.10
— ayant de l'avance 124.11
— ayant du retard 124.13
— de banc 137.11, 139.4
— des bancs à broches 567.16
— en bois 97.3, 537.8
— en bois pour le rouleau 96.6
— bombée 519.1
— de boudin 208.3
— bouteille 141.1, 519.2
— à bouts coniques 122.1
— de condenseur 204.9, 208.3
— avec cône 141.1
— conique 141.1
— convexe 140.19
— de corde 505.5
— de cordier 498.3
— à couches cylindriques 518.20
— à couronne 519.12
bobine-croisée 96.14, 519.5
— conique 523.10
— cylindrique 519.6
— à enroulage ouvert 519.8
— à enroulage serré 519.9
— en pointe 523.10
bobine cylindrique 140.18
— à défiler 153.9
— à dérouler 153.8, 520.4
— à disques 568.8
— droite 519.4
— à enroulage cylindrique 518.20
— d'enroulement 474.6
— avec fils assemblés 545.2
— de fil de chaîne 520.5
— de fil à coudre 520.16
— à fil croisé 519.5
bobine à fil croisé et pointes coniques 519.7
— de fil métallique 509.8
— de fil de poil 409.2
— pour le fil tendeur 511.9
— fixe 516.15
— freinée 516.16
— d'induction 112.7
— Leeson à enroulage ouvert 519.10
— Leeson à spires juxtaposées 519.11
— de la première machine à retorder 545.1
— pour machines à guiper 520.7
— de mèche peignée 392.10
— pour métiers à lacets 520.9
— du métier à retordre à ailettes 546.5
— pour métiers à tulle-bobin 520.10
— pour navettes de machines à coudre 520.12
— pour navettes de métiers à broder 520.11
— passive 547.11
— placée librement sur la broche 255.10
— à plateaux pour le premier métier à retordre 522.7
— à plateau unique 556.8
— pleine 140.17
— de préparation 204.9, 224.6, 257.4, 342.2, 393.2, 590.2
— de préparation horizontale 341.11
— à renvidage Archimède 519.3
— à renvider 536.2
— retardée 139.11
— de retordage 474.4
— de retors 550.3
— de ruban 96.13
— pour le ruban de cœur 388.13
— à soubassement cylindrique et point conique 519.3
— de toron 505.3, 509.12
— tournante 356.7
— tournant plus vite que la broche 123.10
— tournant à vitesse constante 139.12
— de trame pour métiers à rubans 520.8
— tubulaire 208.1
— pour la vente 520.13
—, mauvaise 133.16
bobines de banc placées dans le râtelier 137.12
— à bouts coniques 522.10
— croisées 551.4
— différentes 551.3
— de fil à coudre 537.7
— de frotteurs 568.9
— du métier à retordre 551.5
— de renvideur 543.13
— de torons 503.13
bobiné, soie —e 470.13
bobineau 128.2
— à plateaux 124.1
bobiner (chaîne) 11.19
— par bobinage croisé 515.10
— le fil 461.8
— les fils assemblés 536.8
— les fils en couches 515.6
— le fil étiré 467.1
— le fil simple 515.7
— la soie 470.12
bobinet avec le va-et-vient 429.6
bobineur 3.6, 176.4, 515.12
— de fil 4.14
— à la main 4.16
bobineuse 2.13, 3.7, 515.13
— de fil 4.15
— à la main 4.17
— de soie 429.3
— croisée pour métiers à broder 533.9
bobinoir 389.1
— à aspes par en-dessous 526.8
— assembleur 521.15
— pour bobines croisées cylindriques 522.11
— à une seule broche 521.2
— à plusieurs broches 521.3
— pour canette 526.4

bobinoir pour chaîne . 12.1
— croisé pour bobines à bouts coniques . . 522.10
— croisé pour bobines cylindriques 522.9
— croisé à came à rainure 523.8
— croisé à plusieurs têtes 521.4
— à doubler avec mouvement automatique d'arrêt 534.10
— doubleur pour gros fils 535.14
— doubleur à renvidage croisé 523.11
— doubleur à renvidage croisé et avec mécanisme casse-fil . . . 525.1
— pour étoiles en carton 536.9
— à fil croisé 524.5
— pour fils de chaîne . 521.14
— à godet 527.5
— à renvidage parallèle (croisé) 526.6.7
— à tambour fendu . . 524.13
— pour trame. 526.5
bobinot 145.5.12
bois d'aune 77.5
— bouilli 476.8
— de buis 110.8
— de campêche 238.16
— de chêne. 77.6
— dur 110.10
— de Panama. 278.2
— de pin 479.8
boîte. 72.5
— à aiguilles . . 86.12, 525 6
— d'alimentation 22.2, 260.7, 308.1, 320.2, 382.17
— de l'arbre du chariot 94.13
— de l'arbre du tambour-peigneur . . . 92.8
— à blousse 96.9
— à bobines 113.7
— en bois 570.11
— à broches 530.2
— à chènevottes . . . 214.2
— collective des blousses 447.10
— à déchets 28.7, 38.16, 86.9
— à déchets du canal . 48.13
— à duvets 33.9
— d'élimination pour matières étrangères. 24.12
— à étoupes . . 214.1, 229.12
— à excentrique. . . . 98.17
— en fer 570.12
— à ficelles 577.16
— filtrante 271.14
— de filtration . . . 470.5
— formant support . . 342.13
— à huile 295.10
— à lin 215.13
— métallique avec couvercle à charnières . 208.2
— à pailles 214.2
— du peigne 60 8
— perforée en fer-blanc 571.11
— de presse 288.3
— à ressort 607.11
— de séchage 295.13
— à tiroir 291.8
— à tôle perforée . . . 439.14
— tournante 208.5
— du trembleur . . . 98.17
— à tube 361.9
Bölsterli, broche à ailettes 547.9
bombyx du murier . . 414.2
bon brin 420.12
— dévidage 155.18
— au foulage 606.6
bonneterie 397.12
Booth-Sawyer, broche . 145.4
borax 316.9, 433.7
bord de l'auge 226.1
— du ruban 108.3
bordereau de conditionnement 616.3
bosse. 593.19
Botany, fil 584.1
botte de chanvre . . . 496.13
— de jute 235.18
— de lin (préparée) 210.3, 217.8
—, lié en 210.5
bouché, filière —e . . . 466.10
bouchonneux, fil de soie 425.16
bouchons 425.15
boucle 496.17
— de corde 594.12
— de fil 425.14
boucler. 496.17
boucler sur la chape (fil) 554.1
bouclette, métier à faire la. 561.14
boucleuse. 561.14
boudin . . 204.8, 328.15, 334.6
boues de graisse de laine 300.2
bouilli, bois 476.8
bouillir, faire — au bain de dégommage . . 433.7
—, faire — dans un bain de savon frais . . . 433.9
—, faire — dans des chaudières 490.4
—, fair — les cocons. . 418.10
—, faire — les déchets de soie 436.19
—, faire — à feu nu. . 418.11
—, faire — dans une lessive alcaline végétale 419.14
—, faire — dans une lessive de cendres . . 217.19
—, faire — dans des sacs à toile 433 10
—, faire — la soie . . 433.8
—, faire — les tresses de crin. 514.11
bouillissage du bois dans une lessive 476.7
bouillon 174.14
boulon 530.11
— du butoir 347.1
— en fer 497.6
— de tension 348.12
— à vis 346.6, 362.11
bourre 435.15
— en masse. 436.3
—, coton en 13.4
—, première. . . . 417.4, 435.16
bourrée, garniture de carde 75.3
bourrelet de fibres. . . 101.20
bourrette . . . 446.12, 452.14
— (fil) 454.5
— chargée d'impuretés. 452.16
— mêlée 452.17
bourreuse 417.4, 435.16
bout de l'arbre du tambour 192.8
— carré 121.2
— du cylindre cannelé 393.11
— de la filasse 496.16
— de la matière à filer 496.16
— de la poignée. . . . 216.9
bouts 404.3
— de chaîne de tissage. 398.20
— du cylindre 202.17
— durs 298.14
— de fils 395.13
— de fil coupés 562.2
— de fil durs 398.15
— de mèche de préparation 398.14
— noués 428.17
— de peigné 398.10
— rejetés en arrière . . 404.14
— de retors 398.17
boutage 68.8
— à côtes 68.15
— à quatre côtes . . . 68.16
— à six côtes 69.1
— des dents . . 68.1, 335.10
— en diagonale 68.15
— droit 68.13
— en ligne 68.13
— à lignes 69.2
— à lignes à deux (trois) dents 69.3.4
— plein 68.10
bouteille, bobine . . . 141.1
bouter les dents. . . . 68.2
bouter les dents dans un boutage à lignes avec des rangées alternant l'une derrière l'autre 69.5
bouteuse 69.7
bouton 454.7
— artificiel 590.10
— de coton 590.7
— de couleur 590.11
— floche 590.12
— de laine 590.6
— de manivelle réglable 246.3
— métallique 146.2
— naturel 590.9
— de soie 590.8
— solide 590.13
boutons 400.8
— formés 561.9
— liés 561.10
— du lin 216.8
— plats 561.11
boutons unis 561.11
—, déchets avec gros . 96.7
—, exempt de 311.1
—, nappe sans —s . . 49.4
boutonnage, dispositif de 560.7
boutonneux, jute . . . 236.16
boutonnières 400.9
boyau 497.5
branler (cylindre de pression) 107.11
bras 40.12, 205.8
— de l'ailette . . 130.3, 548.5
— articulé 567.9
— de la baguette . . . 166.4
— de la contre-baguette 166.5
— du contrepoids 74.2, 549.9
— coulissant 184.4
— creux 130.7
— creux fendu de côté 130.8
— du cylindre d'immersion 278.9
— double 535.1
— de l'excentrique . . 60.5
— à glissière 360.3
— -guide 559.6
— de guide-fil. 534.2
— de guindre en deux parties 432.11
— inégaux 535.13
— du levier de la cloche de rentrée 183.5
— du levier de frein. . 147.7
— mobile . . . 342.9, 611.9
— oblique 554.6
— oscillant 537.10
— du peigne 58.5
— plein de l'ailette . . 452.6
— pour la poulie de tension 349.9
— recourbé d'agitation. 285.11
— recourbé sur l'arbre de la contre-baguette . 169.7
— réglable 58.6
— de réglage 348.7
— du secteur . . 170.8, 350.6
— serre-pointes courbé 181.11
— de support (réglable) 127.7.8
— de tension 332.18
— du volant 260.1
Braunschweigische Jutespinnerei, appareil ensimeur 242.5
bride 384.1
— de connexion . . . 39.10
— de la tringle de pinçage 558.8
Brigg et Webb, métier à retordre pour jute . 549.13
brillant de la fibre de soie 427.18
—, surface —e 338.9
brin 6.12
— de lin 212.9
— de soie 411.11
—, bon 420.12
—, à — fin 425.17
—, à — grossier 426.1
brindilles 507.4
brise-balles 20.6
— à pédales 21.10
— avec tables sans fin. . 20.7
brise-mariage 354.3
brisé, fil 158.15
briser l'adhésion du tissu cellulaire 237.9
— les touffes de déchets 195.8
briseur 51.1, 77.13, 199.4, 232.12, 406.1
— échardonneur 319.20
briseuse pour tiges de ramie 261.5
brisoir 368.11
brisure des nappes . . 325.11
broche 160.1, 527.7.15, 530.3, 532.10, 552.14
— Acmé 147.1
— à ailettes 10.19, 122.5, 139.10, 257.11, 485.8
— à ailettes de Bölsterli 547.9
— à anneau . . 486.15, 489.11
— avec bec de graissage latéral. 147.11
— à bobiner avec mouvement de rotation et course axial progressive. 517.2
— à bobiner avec mouvement de rotation et avec mouvement axial de va-et-vient 517.1
— Booth-Sawyer . . . 145.4
broche câbleuse. . . . 502.10
— de la canette. . . . 531.2
— à centrage automatique 146.5
— de la charnière . . . 488.4
— à collet et crapaudine réunis 553.4
— avec collet en liège . 146.8
— avec commande par corde (par ruban, par courroie) 502.1.2.3
— conique 431.17
— conique à ses deux extrémités 145.8
— pour continus à anneau 144.2
— de continu à anneau à filer le lin 226.8
— de continu Gessner . 341.8
— à coussinet à billes . 355.5
— creuse 233.9
— à crochet 497.9
— à cuveau. 487.1
— à cuvette 487.1
— avec (sans) cuvette à l'huile détachable 553.7.8
— déplaçable 534.6
— dévideuse 502.9
— de disque avec dispositif d'humidification 488.6
— pour doubleuses . . 430.14
— émoussée à mélanger 313.2
— s'équilibrant automatiquement . . 548.11, 553.5
— filetée 349.12
— avec godet à filet multiple 146.11
— à gravitation . . . 146.5
— à noix 474.5
— nue 155.16
— oblique en acier . . 553.10
— à pelotonner 538.13
— avec pivot en pointe 233.16
— Rabbeth 145.7
— de râtelier 550.1
— de renvidage à mouvement axial de va-et-vient 526.14
— renvidante 141.18
— à renvider 534.1
— retardée 139.12
— de retordage Rabbeth 553.4
— à retordre 546.3
— à retordre à double action 553.9
— à retordre pour bobine à plateau unique 556.8
— à retondre de Rieter 552.12
— de retors 550.2
— du secteur 350.14
— à section rectangulaire 208.9
— tournante 137.14
— tournant dans le sens (en sens inverse) des aiguilles d'une montre 541.13.14
— tournant plus vite que la bobine . . . 123.9
— tournant à vitesse constante. 139.11
— tournant à une vitesse uniforme 123.8
— triangulaire. 455.11
— à tube graisseur latéral 556.7
— à va-et-vient axial . 530.1
— verticale 208.10
—, grande (longue) — pour retordage d'articles lourds 552.10
broches entraînées par la mèche 233.12
— fixes 341.4
— voyageantes 343.6
brochette 96.11, 128.3, 538.9, 557.9
— de la bobine 523.5, 565.3
— à bobine 523.14
— en bois 543.16
— en buis 544.1
— horizontale 568.7
brochettes d'acier rivées 568.12
— coniques 568.11
— fendues 568.10
— à deux ressorts . . 568.13
bronze 351.10
Brooks et Doxey, mouvement différentiel . . 127.1
brossage du lin 217.17
brosse 449.7

brosse de battage . . . 420.8
— à brunir (à fil d'acier trempé) 70.5.6
— brunisseuse 70.5
— circulaire 86.6, 88.4, 94.7, 250.11, 255.3, 368.1, 378.12
— à débourrer 58.3, 75.13, 97.16
— de distribution de l'huile 318.1
— enfonceuse 379.14
— enfonceuse à mouvement de va-et-vient vertical 448.15
— sur la mâchoire supérieure 93.6
— pour nettoyer les barreaux de la grille . 49.3
— nettoyeuse 446.5
— avec soies disposées en spirale 389.7
brosseur de cardes . . 4.10
brosseuse 419.20
brouillard d'eau 574.15
Brown, nettoyeur rotatif 129.1
broyage 475.11
broyer les résidus de chrysalides 441.1
broyeur à meules . . . 490.11
broyeuse mécanique à cylindres pour amiante 490.9
brûleur à gaz 455.8
brunir, brosse à 70.5
brut, acide oléique . . 315.5
—, coton 13.4
buis, bois de 110.8
bulletin de conditionnement 616.3
burette pour broches à anneaux 391.6
— à huile 361.13
buse 478.1
— d'aspiration 370.16
busette 166.18, 175.19
butée, dispositif de — du chariot 192 9
butoir 358.16
— réglable horizontalement et verticalement 162.7
— à ressort 359.1
Butterworth, peigne débourreur 58.4
byssus 411.2

C

câble (v. a. corde) 594.13.15, 596.14.22
— armé 597.4
— de cabestan 596.24
— en chanvre 494.16, 592.3
— en chanvre, vieux . 507.6
— clos 595.16
— de commande 98.16
— de commande du chariot à bobines . . . 504.3
— conique 594.11
— croisé 360.7
— diminué 594.11
— directe 360.8
— d'extraction 596.5
— en fil d'acier 596.2
— en fil de cuivre rouge (jaune) 595.18.19
— en fil de fer 494.17, 595.20
— en fil de laiton . . . 595.19
— formé de fils métalliques placés parallèlement les uns à côté des autres . . 596.23
— métallique 595.9
— métallique avec âme en chanvre 595.12
— métallique à fils fins 595.10
— métallique à gros fils 595.11
— métallique en fil (non) recuit 595.21, 596.1
— métallique flexible . 595.17
— métallique hélicoïdal 595.13
— métallique plat . . . 597.14
— métallique à torons plats 595.14
— métallique tors . . . 595.13
— à noyau écrasé . . . 594.19
— pour plans inclinés . 597.2
— plat (cousu) 597.12.13
— porteur 596.6
câble recouvert d'une armature 597.4
— de remorque 596.13
— rond 596.3
— à torons triangulaires 595.15
— tracteur 596.7
— de transmission . . . 597.1
— pour transports aériens 597.3
— pour treuils 596.10
— triangulaire 596.4
— en trois bouts . . . 596.15
câblé (fil) 539.15, 580.11
— (soie) 587.3
câbler 498.14
— les torons 505.1
câbler, machine à . . . 502.4
câbleur 494.10
câbleuse de corderie . 502.4
câblier 494.10
cabre 499.6
cachemire 363.14
cadran 170.7, 613.19
— divisé 358.6
— gradué 100.5
cadre articulé 201.12
— de bobine 535.8
— pour canettes . . . 612.5
— pour le guide des cylindres de pression 163.15
— intermédiaire 546.11
— oscillant 536.3
— à presses 445.5
— de support 105.5
— pour toile nettoyeuse du chariot 395.3
cage à bouts 404.10
— cylindrique chargée d'un côté 308.5
— à déchets . . 27.10, 38.12
— à déchets du canal . 48.13
— à déchets à décharge automatique 38.13
— d'humidification . . 575.6
— à poussière 195.7
— du régulateur 29.9
cages d'écureuil avec guide-fils mobile . . 612.7
— d'écureuil réglables . 611.18
caisse 289.3
— d'alimentation . . . 29.1
— à bobines 569.8
— à claire-voie 437.17
— à étoupes 229.12
— des guindres chauffée 420.16
— à humidifier 573.11
— à poussière 221.10
— à refroidissement . . 572.2
— de séchage 295.13
— à trous 283.15
—s garnies de papier . 578.9
caissette pour mèche de graissage 344.14
— de pression 283.15
caisson à poussière . . 27.10
calandrage de la nappe 45.13
calandre . . 45.11, 48.10, 115.2
— à deux (trois, quatre) rouleaux 45.14.15.16
calandrer le cylindre fraîchement garni . 118.10
— la nappe 45.12
— le rouleau garni de cuir 119.13
calcaire, eau faiblement 419.5
calcul d'étirage 387.9
— du nombre des rubans à réunir 223.9
calculé, longueur —e du fil 604.8
cale 73.13
calibre . . . 92.3, 362.5, 445.11
— des bases 167.10
— pour carde 78.5
— à coulisse 363.1
— pour régler les cylindres cannelés . . . 362.15
— pour régler les tringles de contre-baguettes 362.16
— des sommets 167.12
—s 167.6
calorie 293.7
calorifère 306.4
calotte 381.10
came 252.7, 282.15
— sur l'arbre à excentriques 346.2
— en cœur . . . 246.7, 537.13
— en cœur dissymétrique 551.11
— en cœur symétrique . 551.12
— de levage 445.7
came de la lève 240.8
— de levée 531.14
— des pinces 382.1
— à rainure pour la conduite des guide-fils . 523.8
— de réception 252.4
—s opposées réglables . 190.4
Camel, metier à filer . 430.3
canal . . . 230.3, 245.8, 379.6
— d'admission de la vapeur 291.9
— d'alimentation . . . 379.10
— entre les barreaux . 48.3
— de la broche 488.13
— de dépot 328.9
— d'entrée du coton . 35.6
— maçonné 306.9
— de la peigneuse . . . 214.6
— de séchage pour fil de lin 227.7
— de sortie du coton . 35.7
— souterrain 402.18
—, système à 80.11
canaux longitudinaux . 477.4
canette . . 154.9, 530.4, 532.11
— -chaîne 154.13
— -chaîne du renvideur 569.2
— cocon 520.3
— défectueuse 174.12
— à enroulage croisé . . 519.13
— placée horizontalement 529.4
— placée verticalement . 529.3
— pleine 157.3
— à renvidage croisé . 351.16
— schappe 587.20
— -trame 154.10
— -trame du renvideur . 569.3
— pour trame 520.6
— tubulaire 520.3
—s terminées 357.10
—s verticales 612.3
cannelé (cylindre) . . . 115.6
— arrière 137.1
— avant 137.3
— intermédiaire 137.2
— en étoile, rouleau . 235.13
cannelure 116.11
— dentée 241.3
— en spirale 240.10
— variée 191.5
—, grosse 92.15
cannelures 116.10
— alternées 241.1
— fines 143.4
— de guidage 334.11
— longitudinales 241.2
— opposées 240.11
— à profil arrondi . . . 240.8
cannetage de la trame . 12.2
canneter (trame) . . . 12.3
canneteuse de soie . . 429.3
cannetière . . . 12.4, 526.4
— à cône de guidage . 527.14
— avec dispositif d'enroulage du fil sous tension réglable . . 526.9
— à fil croisé avec broche à va-et-vient axial et guide-fil à course déplacée par un galet de friction 530.1
— à fil croisé avec guide-fil formant curseur et mécanisme d'arrêt en cas de rupture de fil 532.8
— à fil croisé à guide-fil tournant 531.1
— à fil croisé avec guide-fil de va-et-vient . . 528.16
— à fil croisé avec tambour fendu 529.1
— avec guide-fil à ailettes 533.8
— à guide-fil et à mouvement de va-et-vient dont la course est déplacée par un plateau de friction . . 529.2
canon 176.10
— à cames de l'arbre des cames 161.12
— à cames tournant d'une façon intermittente 177.1
— à deux temps de l'arbre des excentriques . . 163.11
— de levée 209.2
caoutchouc artificiel . . 65.10
— cannelé 245.7
caoutchouc durci . . . 112.11
— naturel 65.9
— vulcanisé 65.12
capacité de se coaguler 464.5
— mordante de l'émeri . 71.7
— de travail de la dent 67.9
— de travail du rouleau 51.4
capillaires 466.12
caporal 3.1
capsules 26.15
carbonate d'ammoniaque 276.18
— neutre de sodium . . 276.1, 309.10
— de potasse 272.9
— de potasse impure . 273.9
— de potasse pur . . . 273.8
carbone 301.16
carbonisage des chiffons 402.1
— des chiffons de draps (non) foulés 402.7.8
— des chiffons mi-laine 407.22
— à circulation d'air chaud 308.6
— avec conservation des couleurs 403.2
— de laine lavée . . . 301.6
— de la laine de peau . 301.7
— de la laine en suint . 301.10
— de la matière déchiquetée 402.6
— du sec 305.4
— par solutions salines . 305.12
— par voie humide . . 302.11
carbonisation des chiffons de soie 456.1
— des déchets de soie . 440.7
— humide 456.2
— à sec 456.7
carbonisé, chardon . . 307.5
carboniser les cocons . 440.8
— la laine en suint . . 301.11
—, se (chardon) 307.3
carboniseur de laine . 301.12
carboniseuse pour chiffons 402.9
carborundum 70.21
carbure d'hydrogène . 463.1
carcasse 94.14
cardage 7.13
— du coton 49.8
— des déchets de filature 198.1
— des étoupes de chanvre 232.13
— des étoupes de lin . 220.20
— en fin 249.1
— en gros 247.1
— du jute 246.13
— de la laine 318.4
— de la laine à peigne . 369.11
— à la main 49.11
—, double 80.9
—, léger 221.2
—, premier 247.1
carde 7.15, 49.12, 480.11, 481.5
— aiguisée 338.16
— avec alimentation de boudins 334.9
— à amiante 490.13
— à avant-train 321.17
— à boudin 328.13
— boudineuse 328.13
— à bourrette 453.5
— briseuse 197.15, 199.9, 232.15, 319.5, 320.14
— briseuse pour amiante avec alimentation automatique 490.14
— briseuse demi-circulaire avec alimentation à auge 247.5
— briseuse Lawson . . 248.8
— à chapeaux 77.2
— à chapeaux fixes . . 77.3
— à chapeaux marchants . . . 77.9, 248.11
— à chapeaux sous le tambour 80.4
— à chapelets 77.9
— circulaire avec sortie et entrée du même côté 250.1
— à collecteur des duvets du volant . . . 322.5
— à coton 198.2
— avec couvercle . . . 221.12
— sans couvercle . . . 221.13
— couverte 221.12
— à débourrage automatique 340.19
— débourreuse 323.15
— découverte 221.13

carde dégrossisseuse 232.15
– demi-circulaire avec sortie diamétralement opposée à l'entrée 249.13
– double 80.8, 319.4
– double pour laine à peigne 369.15
– effilocheuse 197.8, 405.10
– à étoupes de chanvre 232.14
– express Risler 48.5
– à extracteur des jarres 322.11
– pour fil flammé 589.16
– fileuse 199.10, 203.5, 319.7, 341.6
– en fin 232.16
– finisseuse 232.16
– finisseuse avec alimentation de nappe 250.2
– finisseuse pour amiante avec diviseur de voile 491.2
– finisseuse pour étoupes de lin avec tête d'étirage 221.3
– en gros 199.9, 319.5
– à hérissons 80.5, 198 3, 221.4, 318.19
– à hérissons avec livraison de ruban (de nappe) 198.5.6
– pour laine courte 318.18
– à laine de mouton 318.17
– pour laine renaissance 406.10
– à lin 221.11
– à loquettes 329.9
– à main 49.10, 318.13
– mélangeuse avec frottoirs 370.5
– mixte 80.6
– à mohair 409.16
– à deux peigneurs 201.13, 322.3, 491.3
– plate 318 13
– à poils 409 3
– principale 369 14
– à ramie 262 15
– à rangées de pointes qui chevauchent 339.15
– semi-circulaire avec surface travaillante en haut (en bas) 232.18.19
– simple 80.7, 319.3
– simple pour laine à peigne 369.13
– à tambour enrouleur 319.6
– à un tambour 80.7
– à deux tambours 80.8
– à tambour enrouleur 324.11
– à toile sans fin 324.11
–s accouplées 198.13
–, grosse 319.5
cardé, étoupe –e 220.8
cardé-peigné 364.11, 583.17
carder 7.14
– le coton 49.13
– en humide 369.12
– la laine 318.6
carderie de lin 222.2
cardeur 4.6
– de coton 49.14
– de jute 251.2
– de laine 318.11
– de poils 409.4
caret de cordier 498.3
carneau 306.16
carragaheen 316.14
carrageen 316.14
carré de cordier 498.3
carré, bout 121.2.3
carrément, extrémités coupées 243.5
carte en étoile de fil à coudre 520.15
– de marque 16.9
carton à bobiner 536.10
– de dessin sans fin 559.13
– durci 76.10
– enrouleur 610.3
– de fil à coudre 520.14
– de montagne 489.6
caséine-acétone 471.20
caséine commerciale 471.14
– spongieuse 471.18
casier pour déchets 22.14
– de mélange 22.10
– de mélange rempli (vide) 24.13.14
cassant, fil 428.4
casse du fil 521.7
casse-fil 521.8
– pour métiers à retordre 554.3
casse-ruban à l'entrée 111.10
– à la sortie 112.2
casser (brin de cocon) 424.4
cassure du brin de cocon 424.3
cavalier 339.16
cave à déchets du briseur 78.6
– d'humidification 574.13
– d'humidification avec pulvérisateur 574.14
– d'humidification avec rigoles d'eau 575.3
–s à fils 574.19
–s humides 574.11
cavité 383.6
céladon 415 4
cellule du porte-cocons 423.10
–s du jute 237.10
cellulose 301.14
– de bois 475.4
– de bois de pin préparée par le procédé à la soude 479.8
– à l'oxyde de cuivre ammoniacal 464.13
cellulosique, substance 472.12
cementé, acier 120.17
– à la surface, fer 120.15
cémenter le cylindre en fer 120.11
cendres de bois 419.15
cendrier 402.11
centaine 564.1
centigramme 601.1
centimètre 600.9
–s carrés 335.9
central, fente –e 552 11
centre de l'anneau 552.9
– de gravité 191.6
– du levier 179.2
– de rotation 344.9
– du tambour 55.13
centrifugé, chiffons –s 403.19
centrifuger les déchets de soie 439.16
– la laine 305.21
cercle des bobines 97.1
– à encoches de la pince 449.3
– des pointes 30.8
– du volant 42.18
–s 17.4
chable 596.9
chablot 594.10
chaîne à articulations 152.4, 184.9, 560.1
– des chapeaux 73.14
– des chapeaux marchant dans la même direction que le grand tambour 57.6
– des chapeaux marchant en sens inverse 57.7
– cheviot 584.2
– commandant le pot 94.11
– de dépointage 179.13, 184.3, 206.13
– fixe 183.13
– à forte torsion 138.10
– Galle 395.7
– lâche 180.1, 183.10
– de presses 446.14
– de raccourcissement de la période de dépointage 207.2
– du renvideur 138.21
– sans fin 254.5
– de schappe 587.21
– du secteur 170.12, 350.10
– tendue 152.6
– à torsion ordinaire 138.11
chaîne (à la) Vaucanson 179.14, 395.6
chair du cuir 118.15
chaleur artificielle 292.15
chalumeau à gaz 491.6
chambre d'air 296.2, 352.4
– de battage 197.4, 267.10
– en béton 570.13
– de bouillissage 436.21
– de carbonisation 306.6
– à déchets 31.11, 38.8, 267.2
– de dépôt des boues 361.18
– en forme de boîte 307.7
– incombustible 227.8
– de séchage 294.5.7, 296.4, 616.11
– de séchage avec condenseur de vapeur 294.1
chambre à soufre 434.20
– de vaporisage pour fil 570.10
– à vaporiser horizontale pour canettes 571.10
–s ouvertes 570.9
champ d'aiguilles 371.17
– de travail, double 405.6
champ, placer de 17.13
champignon tournant 422.14
chandelle 151.13, 547.4
changeant, dispositif – automatiquement la direction du courant d'air 575.10
changement d'air 293.16
– du bain de dévidage 419.13
– de bobines 141.2
– du genre de bobinage 535.11
– de marche 349.6
– de marche du chariot 183.2
– des presses 215.8
changer les bobines 141.3
– le contrepoids 613.16
– la direction du chariot 133.2
– la direction du tablier 23.11
– les lamelles d'acier 56.6
– la longueur de la course du guide-fil 533.13
– la position du fil 576.3
– le pot à filer 470.11
– les roues de renversement 131.13
changeur de presse 215.17
chantier à commettre 498.16
chanvre affiné aux deux bouts 496.3
– du Bengale 492.7
– sans chènevotte 228.8
– de cordier 495.2
– à court brin 496.11
– émoucheté 496.1
– étalé 231.19
– d'Europe 492.3
– pour fil de corderie 495.2
– long 228.13
– à long brin 496.10
– de Manille 492.5
– nettoyé 496.6
– peigné 228.5, 495.17
– peigné en fin 228.6
– raffiné 496.9
– sérancé de la seconde sorte 228.3
– de Sisal 492.6
– teillé 228.4, 495.9
chape 553.12
chapeau 51.6, 79.11, 545.7
– en bois 77.4
– pour la boîte de l'arbre du chariot 94.13
– à débourrage automatique 53.2
– dégarni 53.12
– fixe 52.6
– en fonte 77.7
– garni 53.13
– marchant 53.7, 54.7
– de propreté 95.12, 108.8, 251.11, 253.6
– de propreté du cylindre alimentaire 90.2
– de propreté pour les cylindres arracheurs 90.6
– réglable 286.8
– tournant 52.5
– voyageant 53.7
chapelet 73.14, 324.7
– des chapeaux marchant dans la même direction que le grand tambour 57.6
– des chapeaux marchant en sens inverse 57.7
Chapon, métier 209.12
chaquette, bonne 415.12
–, mauvaise 415.13
chardon carbonisé 307.5
– entier 367.4
– friable 302.8
– noir 307.4
chardons 402.4
– brisés 367.5
– carbonisés 308.11
– détruits 308.10
Chardonnet, métier à filer 460.16
–, moulin à soie 431.14
–, organe à filer 461.1
–, procédé de 456.10
–, soie artificielle 456.5
charge des fils par le vaporisage 570.4
– d'une pince 448.6
– de rupture 513.9, 606.14
chargé, cage –e d'un côté 308.5
– d'impuretés 15.15
–, fil 605.15
–, peigne 375.15
–, soie –e 587.11
chargement des cylindres étireurs 143.6
– du traîneau 500.11
charger la contre-baguette 168.10
– la cuve 304.11
– des cylindres étireurs 143.5
– le peigne fixe 375.7
– la presse 448.3
–, se – de fibres (volant) 323.4
chargeur de laine 319.12
chargeuse automatique 28.5, 320.1
– automatique montée sur roulettes 200.4
chargeuse de laine (ouvrière) 319.13
– -mélangeuse à trémie 21.12
– -mélangeuse à ventilateur 22.1
chariot (du cordier) 500.1, 502.15
– (du dynamomètre) 608.14
– (de l'étirage) 387.14
– (de la peigneuse) 92.1, 96.5, 214.16, 230.3, 245.8
– (du renvideur) 160.3, 348.13
– en acier 178.3
– à bobines 361.10
– à bobines suspendu 503.14
– des bobines 123.1, 125.8
– des bobines court (long) 122.12.13
– en bois 558.15
– à claies 307.8
– des crochets 504.14
– à déplacement forcé 206.5
– fixe 557.5
– mobile 557.4
– à mouvement de va-et-vient 233.3
– porte-bobines 123.1, 140.15
– porte-rouleaux 47.16
– à quatre roues 445.6
– à râteau guide-fils 504.10
– transporteur 327.14
– voyageant 557.4
charme 149.12
charnière 27.14
–, couvercle à 267.1
charpente 290.6
châssis de bobine 534.12, 535.8
– en bois 344.1
– pour brochette 523.6.13, 529.6, 530.5
– du chariot 177.12, 205.14, 351.5
chaud 573.4
–, endroit 64.3
chaudière à savon 277.3
– tubulaire 296.3
– pour vaporiser les canettes 571.4
chauffage à l'air sec 570.6
– direct 306.2
– par des serpentins 437.18
– à vapeur 308.7
chauffé au gaz 616.14
– à la vapeur 616.15
chauffer l'huile d'ensimage 238.17
– la lessive 275.16
– le peigne 375.16
chaux 271.2
– non éteinte 298.17
– vive 298.17
chef d'exploitation 1.16
– -mécanicien 5.20
chemin de fer 503.9
– du fuseau 510.14
– incurvé 510.13
– de roulement 355.6
cheminée d'évent 297.4
chemise de la broche 146.6
chêne, bois de 77.8
chènevotte 220.17
– agglutinante 220.18
– lâche 220.19
–, sans 228.8
chènevotteux, lin 217.6
cherché, numéro 603.15

chevalet 500.13
— de cordier 498.1
— de palier 281.5
cheville 354.1.17
— de détente 346.7
— d'entraînement 130.5
— en fer 497.6
— à glissière 165.11
— dans le guide-fil 528.10
— de paquetage 577.11
—s 546.9
chevillée, soie 587.14
cheviot 397.3
chiffon 396.6
— rugueux 507.7
chiffons amidonnés 396.18
— blancs 397.21
— de bonneterie 397.12
— bruts 396.13
— de cachemire 407.17
— centrifugés 403.19
— couleur 397.22
— de bonne couleur 398.1
— de différentes couleurs 397.23
— coupés 400.6
— déchirés 395.12
— désacidifiés 403.7
— de drap 397.1
— de drap (non) foulés 402.7.8
— effilochés (à sec) 403.13 16
— non effilochés 404.12, 405.2
— encollés 396.18
— encrassés 396.17
— fanés 398.3
— à courtes fibres 396.9
— à fibres longues 396.10
— fins 396.14
— grossiers 396.13
— humides 507.9
— de laine 401.8
— de mauvaise couleur 398.2
— mi-fins 396.15
— mi-laine 396.12
— moisis 396.20
— de mousseline 407.12
— neufs 396.8
— noirs 397.24
— d'orléans 407.15
— pourris 396.21
— poussiéreux 396 19
— propres 396.16
— pure laine 396.11
— reteints 398.4
— de soie 455.15
— souillés 396.17
— de travail au crochet 397.17
— tricotés 397.11
— triés 399.8
— de vêtements pour dames 397.2
— vieux 396 7
chiffonnier 399.3
chimiquement pur 309.11
—, combiné 468.1
China-grass 261.3
chiné, fil 580.23
chique 415.12
chiquette 400.7
chlore, composé du 305.15
chloroforme 463.2
chlorure d'aluminium 305.16, 457.14
— d'ammonium 316.6
— de calcium 457.12
— chromeux 457.3
— ferreux 456.12
— de magnésium 305.17, 457.13, 483.15
— manganeux 457.4
— mercureux 459.12
— mercurique 459.13
— métallique réducteur 456.11
— de potassium 272.11
— de sodium 465.5
— stanneux 457.1
— de zinc 457.15
choc des ballons 152.17
— du chariot 191.11
choix 14.3
Chrighton, ouvreuse 34.11
chromate de potasse 316.5
chute de la brochette 128.17
— du mélange 311.9
ciment 65.6
cimetière 78.6
cintre 54.5, 55.7
— de la carde 56.4
— flexible 54.6.17
— flexible troué 79.10
circonférence de la bobine 124.9
circonférence de la corde 500.15
— croissante de la bobine 535.9
— variable de la bobine 224.7
circuit 113.12
circulaire, bâti 96.12
circulation d'air chaud 308.6
— continuelle 280.7
— de courant d'air humide 573.1
— des eaux de lavage 284.10
— d'huile automatique 148.4
circuler (lessive) 439.3
cire 4.843
— du suint 274.10
cireux, suint 274.9
claie 265.6, 307.10, 575.9
— d'arrosage en grillage métallique 573 12
— en fil métallique 294.4, 295.4
— pour laine 294.8
—s 437.17
clair, fil mixte 582.10
clapet 306.10
— équilibré 39.1
— de fermeture 27.11
clarification 299.6
— des eaux de lavage 299.1
clarifier les eaux souillées 299.7
classe de coton 13.7
classé, lin non 216.16
classement des balles 18.10
— du chanvre 231.7
— du jute 235.1
— du lin peigné 216.17
— des parties mélangées 216.14
classer les balles suivant leur qualité 18.11
— les barbes suivant leur longueur 446.11
— les parties mélangées 216.15
classeur de chanvre 231.8
— d'étoupes 216.3
— de lin 216 6
clavette 535.4
clé 87.6
clef 87.6
— double 363.8
— à écrous simple 363.7
clenche 526.3
cliquet 95.10, 125.9, 172 9, 181 5, 190 3, 206.11, 258.7, 358 9, 578.2, 608.3
— de la fourche guide-courroie 179.7, 185 1
— à goupille 173.7
— à rochet 131.15, 132 9
cloche 370.11, 392 7
— de friction 354.10
— de rentrée 161.6, 349.13
— des scrolls 191.8
cloison 284.4, 306.8
— à claire-voie 22.11
— intermédiaire 296.11
clou 338.4
clouage 64 4
— des plaques 338.3
clouer 338.2
coagulation 460.1
coaguler, faire — la solution de viscose 468.14
cocalon 416.19
cochoir 499.6
coco, fibre de 492.15
cocon 413.1
— non achevé 415.9
— d'Actias selene entouré de feuilles 414.9
— attaqué (par la moisissure 415.15.17
— d'automne 413.8
— avarié 415.11
— blanc 414.15
— du bombyx du mûrier 414.2
— céladon 415.4
— à double chemise 417.6
— confectionné en forme de réticule 416.17
— confectionné irrégulièrement 416.7
— confectionné regulièrement 416.6
— à contexture fine 416.4
— à coque épaisse 416.14
— à double coque 417.6
— destiné à la reproduction 413.6
— dévidable 413.5
— double 414.12
— d'éclat métallique 415.6
— élastique 416.21
cocon pour l'élevage 413.6
— à l'épreuve de l'eau 416.12
— étouffé 413.10
— étranglé 414.10
— femelle 414.7
— à fil fin 416.4
— filé sans (avec) interruption 416.8.9
— flottant 420.2
— fondu 415.12, 436.11
— gâté 415.13.16
— à grain fin 416.20
— à grandes mailles 416.18
— gris 415.5
— indévidable 415.10, 436.6
— jaune 414.16
— jaune doré 415.2
— lourd 416.11
— mâle 414.6
— moisi 415.15
— mort 415.12
— ouvert 415.18
— ovale 414.8
— paille 415.1
— à paroi épaisse 416.14
— pauvre en soie 416.3
— percé 415.18
— perforé 415.18, 436.7
— perméable à l'eau 416.13
— piqué 415.19, 436.8
— pointu 414.13
— pourri 415.16
— de printemps 413.7
— de la race du Bengale 414.4
— de la race japonaise 414.3
— de race pure 414.1
— réniforme 414.10
— riche en séricine 417.2
— riche en soie 416.2
— rongé 415.17
— rouillé 415.14
— satiné 416.15
— séché 413.10
— de soie sauvage 436.13
— solide 416.10
— soufré 413.11
— taché 415.13, 436.9
— non terminé 415.9, 436.5
— à tissure lâche 416.19
— à tissure serrée 416.11
— à tissure peu serrée 416.19
— transparent 416.16
— de l'univoltin 413.15
— de la variété annuelle 413.15
— de la variété bivoltine 413.16
— de la variété polyvoltine 413.17
— vermoulu 436.8
— vert 413.9
— vert pâle 415.3
—, nouveau 421.9
cocons battus 440.17
— défectueux 415.8
coconneuse croissée pour métiers à broder 533.9
coefficient de frottement 47.3
— de torsion 9.2, 154.8
cœur 374.7, 450.9
— de l'étoupe 220.10
— de lin 212.9
— du lin 211.6
— de ramie 262.8
— de soie 446.9
—, came en 246.7
coin 73.13, 332.15, 497.7
— en acier 213.2
— en bois recouvert de peluche 108.10
— compensateur 73.7
— et couvercle entre le grand tambour et le peigneur 79.4
— de nettoyage 108.9, 109.4
coincement de la roue à disque 57.2
— des tabliers 23.5
coir 492.15
coke 402.10
collage des cuirs 333.1
— du drap 117.5
— de la nappe 50.13
collant 109.6
colle d'amidon 117.18
— de Cologne 117.17
— forte 71.12, 117.17
— de Givet 71.12, 117.17
— de poisson 333.2, 471.2
collé à froid 119.5
—, partie —e 333.3
collecteur des boues 279.9
— en cuivre 113.5
collecteur des duvets du volant 322.5
— de graisse 298.2
coller 64.17
— (nappe) 50.14
— les côtés coupés en biseau des manchons de cuir 119.6
— le drap sur le cylindre 117.6
— l'émeri sur les cylindres à aiguiser 71.8
— la garniture de cuir 119.4
— les plis ensemble 65.5
— les rayures de cuir 64.16
collet 123.2, 130.15, 354.13
— de la broche 130.2
— en bronze 354.16
— court 130.16
— de cylindre 110.1
— déplaçable 567.8
— élastique 289.13
— en liège 146.8
— long 131.2
— mobile 178.1
colleuse de parchemin 3.16
— de rouleaux 3.16
collier 39.10
— sur l'arbre 533.6
— en laiton 156.11
collodion d'acétone 460.3
— en laine 457.18
— très liquide 462.12
— très mobile 462.12
— propre au filage 459.6
colonne 505.13
— de porte-bobines 394.7
colonnette du râtelier 188.12
colophane 117.20
coloré, ruban 374.12
Combe, banc à broches 224.8
combinaison ammoniacale 276.17
— de chaux 270.12
— de cordes par le coussage 512.2
— de magnésie 270.11
— du suint et de la graisse de laine 272.7
combinant, sel se — à l'ammoniaque 465.6
combiné chimiquement 468.1
—, graisse —e 272.2
—, graisse non —e 274.2
combiner plusieurs bacs dans une seule machine 279.10
commande à angle 360.6
— de l'arbre à cames 161.3
— de la broche par corde 144.5
— de la broche à l'empointage 188.6
— de la broche par engrenage 140.2
— de la broche par plateau de friction 139.13
— des broches par volant à trois gorges 192.2
— par câble croisé 360.7
— par câble direct 360.8
— par chaîne 242.4
— par cônes 43.5
— d'un continu à retordre à anneau 555.9
— par corde 502.1
— par courroie 502.3
— par courroie double 182.6
— par en dessous 291.5
— double vitesse des broches 189.6
— électrique 157.6
— électrique par moteur à courant continu (triphasé) 157.7.12
— à équerre 360.6
— par friction 473.10, 516.14
— gauche (droite), à 83.4.5
— individuelle de l'asple par corde 473.11
— inférieur 289.12
— du mouvement latéral des cuirs de frottage 333.13
— parallèle 360.5
— du pignon de changement de marche 256.8
— positive par corde 144.11
— de renversement automatique 40.7
— par renvoi 158.8
— de la roue par la marche du cordier 497.16
— par roue à soleil 546.7

commande par ruban . 502.2
— du secteur par le chariot . 171.1
— à tension équilibrée . 37.1
— par vis à filet croisé 373.17
— par vis sans fin . 473.8
—, la broche (bobine) reçoit la . 516.8.9
commandé, rouleau . 267.6
commander les broches par une corde double 191.16
commencement du filage 155.4, 175.6
commencer à filer . 155.3
— une nouvelle levée . 352.12
commettage croisé . 509.2
— en grelin . 501.1
— en haussières . 500.3
— solide sans augmentation de la torsion . 501.6
commetteur . 494.9
commetteuse combinée pour torons et câbles métalliques . 509.5
— pour cordes et ficelles 505.8
— horizontale pour cordes . 506.3
— à mouvement de retour des ailes . 505.7
commettre en grelin . 501.2
— en haussière . 500.4
commis une fois, travail 500.7
— en grelin, cordage . 501.3, 594.17
— en haussière, cordage 594.15
— en quatre, cordage . 594.16
commis expéditionnaire 6.1
compartiment . 27.12
— d'ensimage . 239.6
— d'humidification . 572.17
— à paroi perforée . 286.4
— du plongeur . 282.3
compensateur, appareil — à coin . 74.4.5
—, coin . 73.7
compensation de la pression . 572.13
—, effet de . 81.2
compenser, se — (moments de rotation et de frottement) . 149.7
composants du suint . 272.8
composé du chlore . 305.15
— de magnésie . 270.11
— riche en carbone . 120.12
composition de cuir . 64.15
comprimé, air . 455.10
—, coton . 20.2
comprimer la nappe . 45.10
comptable . 5.24
compter le nombre de tours . 563.18
compteur 112.3, 389.2, 611.15
— des aiguillées . 358.4
— d'alimentation 207.8, 346.16
— d'apprêt . 432.4
— d'écheveaux . 133.11
— de préparation . 389.5
— de production . 133.9
— à sonnette . 223.14
— de torsion 9.11, 207.4, 348.3
— des tours de broches 133.10
concentration de la solution par vaporisation 305.18, 471.7
concentré, solution —e . 457.10
condensation du voile . 327.6
condenser la nappe . 45.10, 453.6
— le voile . 59.16, 327.7
condenseur 298.4, 331.13, 372.5, 451.13
— à courroies . 330.7
— à lanières . 203.13
— simple à six rangées 333.9
— de vapeur . 294.1
condition . 616.4
— de la soie . 427.2
— uniforme de la soie grège . 425.3
conditionnement . 616.4
conditionner le fil . 615.4
conducteur . 247.14, 250.13
— de loup . 267.3
— de loup briseur . 268.2
— du voile . 250.14
— de willow . 267.3
conduction de chaleur . 294.15
conduire lentement (toupin) . 499.10
— rapidement (toupin) 499.11
conduit à tube . 361.4
conduite d'alimentation 28.14
— d'amenée de vapeur 280.11
— du coton . 38.14
— d'eau . 461.4
— forcée de la broche . 524.13
— du métier à anneau . 158.11
— positive de la broche 524.13
— des poussières . 259.10
— de raccordement galvanisée . 39.6
cône . 43.12, 255.16
— creux . 534.5
— en cuir . 187.3
— d'eau pulvérisée . 574.6
— d'embrayage extérieur (intérieur) . 158.1.3
— fendu . 332.14
— en fonte . 289.9
— de friction double . 527.3
— de friction de la roue de dépointage . 190.6
— de guidage . 528.2
— inférieur . 136.8
— oscillant . 528.7
— en papier mâché . 289.8
— de propreté . 109.2
— de renvidage . 155.12
— supérieur . 136.7, 149.3
— supérieur de la canette 167.11
—s . 34.7
—s rentrants . 224.9
congélation de la graisse 300.16
congelé, graisse —e . 300.18
congéler (graisse) . 300.17
conique . 24.3
conservation des couleurs 403.2
— de la mèche au lavage 269.5
conserver les rubans dans un endroit chaud . 64.3
consistance de la pâte . 117.14
console coudée du râtelier 394.9
—-guide . 357.3
— supérieure du râtelier 394.10
— de support . 54.9
— supportant les plaques renfermant les broches 344.7
consolidation, tige de . 89.8
consommation de force 148.11
— hebdomadaire de coton . 18.14
— en laine . 264.4
— de savon . 277.8
constante de cardage . 49.20
— pour la torsion . 154.8
construction interne de la canette . 571.17
contact électrique . 423.6
contenant du cuivre . 467.4
— de l'eau . 459.3
— de la potasse . 270.19
— de la protéine . 435.2
— du savon . 366.4
— des sels métalliques 419.8
—, ne — pas d'huile . 575.2
contenir de l'alcali libre et non décomposé (savon) . 277.14
— de la graisse libre (savon) . 277.15
contenu de la trémie . 30.2
contexture fine . 416.4
continu v. a. métier continu
— à ailettes . 138.3, 225.3
— à ailette à retordre . 545.5
— pour chaîne . 11.12
— à cloches . 392.5
— à filer . 341.7
— à filer à anneau . 341.9
— à filer à anneau pour fil peigné . 390.17
continu, filage . 138.1
—, peigneuse à action —e 83.12
—, retordage . 542.18
continuation du châssis 530.16
continuel, circulation — le 280.7
contrat, en dessous du 14.18
contre-baguette . 160.6, 351.18
— chargée . 168.9
contre-corde . 169.13, 177.10, 359.7
contre-courant . 295.11
contremaître des bancs à broches . 2.6
— de cardes . 4.7, 75.17
— ensimeur . 239.4
— de filature . 1.17
— de filature de coton . 137.8
contre-manivelle . 292.6
contrepoids 39.2, 133.1, 258.8, 613.15
— des pédales . 28.11, 33.3
contre-scroll . 169.11, 349.15
contrôle des balles . 16.15
— du mélange . 19.5
— du poids . 16.16
conversion des numéros 603.10
convertir, numéro à . 603.14
—, se — en résine (huile) 459.4
copal pulvérisé . 458.19
copeau de bois . 476.2
coque épaisse . 416.14
corbeille en fil métallique 616.9
cordage pour ancre . 596.16
— commis en grelin . 501.3, 594.17
— commis en haussière 594.15
— commis en quatre . 594.16
— goudronné . 508.18
— lissé . 507.12
— de maçon . 594.10
— mouillé . 507.10
— noir . 508.18
— passé . 507.16
— avec poids pour la pêche . 596.12
— en quatre . 594.16
— à quatre torons . 594.16
— à trois torons . 594.15
— en trois . 594.15
— à x torons . 594.14
cordages de chanvre . 494.19
— cousus . 512.1
— pour la marine . 596.19
— tordus . 494.18
corde (v. a. câble) . 493.18, 593.15, 594.13
— affaiblie par le goudronnage . 508.22
— en amiante . 595.8
— de boyau . 497.5
corde à broches 341.13, 356.3, 359.8
— à broches tressée . 359.10
— carrée . 597.9
— en chanvre . 592.4
— de commande du chariot . 503.2
— à contrepoids . 181.6
— en coton . 592.8
— de crin . 507.5
— croisée . 169.14
— en cuir . 592.10
— double . 550.11
— d'échafaudage . 594.10
— d'emballage . 593.20
— à fouet . 593.13
— à frein . 258.2
— graissée . 359.12
— d'horloge . 593.22
— de jute . 235.4
— à linge . 593.21
— pour lisses . 593.14
— en Manille . 592.7
— motrice . 349.10
— en paille . 595.6
— en paille de bois . 595.7
— à plomb . 258.2
— à pont . 594.10
— rectangulaire . 597.8
— de rentrée . 206.7, 359.5
— de renvideur . 359.4
— sans fin . 503.1
— saturée de goudron . 508.19
— de scroll . 181.7
— des scrolls de rentrée 169.12, 359.5
— de section carrée . 597.9
— de section rectangulaire . 597.8
— de section trapézoïdale . 597.10
— de sortie 177.9, 206.6, 359.6
— des tambours . 192.4
— tressée . 597.7
— du volant . 353.2
—, à double . 11.4
—, à — simple . 10.18
cordes blanches . 508.21
— non goudronnées . 508.21
— en poils . 514.1
— rondes . 512.2
— à scroll . 359.9
cordeau . 593.12
cordelette . 593.10.17
— en chanvre . 593.18
corder . 500.4
corderie . 492.1, 496.19
— (atelier) . 494.13
— mécanique . 501.11
cordier . 3.12, 494.6
— à la main . 494.7
cordon . 493.17, 593.10
— de chanvre . 593.11
— de passementerie . 593.16
— de sac . 593.9
cordonnet . 586.19
corne de bœuf . 497.13
—, poudre de . 120.13
Cornet, métier à filer . 392.9
cornières en fer . 394.15
cornue . 402.15
coronelle de Bertholon . 432.3
— de bois de la broche 431.19
corps de la bobine . 543.15
— de la broche . 145.9
— creux de la canette . 174.7
— du cylindre tournant mal rond . 202.18
— étrangers . 26.10
— riche en carbone . 120.12
— de la tête tournante 342.14
correct, position —e . 97.4
cosse . 494.3
—s de capsules . 26.15
côte à côte . 512.3
—s de tissu métallique . 477.11
côté de l'alimentation de la carde . 202.10
— chair du cuir 118.15, 332.5
— à charnière . 303.19
— coupé en biseau . 119.6
— de la livraison de la carde . 202.11
— poil du cuir . 332.6
—, métier à un seul . 209.10
—, mettre les balles de 18.12
—, sur un . 480.3
—s, sur les deux . 480.4
coton . 492.13
— en bourre . 13.4
— brut . 13.4
— cardé, fil de . 580.5
— chargé d'impuretés . 15.15
— comprimé . 20.2
— courte-soie . 14.12
— d'Égypte . 194.15
— humide . 15.3
—-laine-caoutchouc . 65.3
—-laine-coton . 65.2
— longue-soie . 14.13
— mort . 14.6
— peigné, fil de . 580.6
— taché . 13.10
— tacheté . 13.10
— teint . 194.4
— teint de différentes couleurs . 194.5
cotonisation de la filasse 261.10
Cotton, disposition des barrettes . 215.10
couche anti-oxydante . 63.13
— en caoutchouc . 445.3
— de cémentation . 120.16
— de colle . 71.9
— de coton dans la balle 19.17
— d'émeri rayée . 71.15
— d'émeri unie . 71.14
— emmêlée sur la bobine 387.4
— extérieure en caoutchouc . 65.8
— extérieure des torons 594.7
— de fibres . 7.17
— de fibres textiles . 480.8
— de fil renvidée (dévidée), première . 520.1
— finisseuse cylindrique 533.11
— des flocons . 200.8
— de graisse sur la fibre de laine . 274.5
— granuleuse . 411.19
— de gravier . 271.11
— d'huile . 237.11
— interne du cocon . 417.5
— du noyeau, première (dernière) . 168.1.2
— de pâte, mince . 117.9
— de renvidage . 155.13
— de séricine . 411.14
— de vernis . 120.7
— de voiles 7.19, 50.3, 326.5
—, enlever par des —s . 19.18
—, mince — de fibres entre deux couches de papier . 480.9
—s de canettes . 574.2
—s coniques . 155.2
—s à hauteurs variables 156.1
—s de jute . 235.11
—s de papier . 480.9

couche-s renvidées 517.9
—s superposées 197.5
—s, en 317.7
—s par 317.6
couchoir 499.6
coude de sellette 106.14
— de tuyautage 39.8
coudé, tuyau 294.6
coulage du lin 217.18
couleur des cocons 414.14
— du coton 13.9
— défectueuse 236.14
— au goudron 16.8
— mélangée 194.6
— pour nuancer 311.5
—, de bonne 398.1
—, bouton de 590.11
—, chiffons 397.22
—, de mauvaise 398.2
—, soie 587.12
—s altérées 403.4
—s, de différentes 397.23, 591.15
—s, teint de différentes 194.5
coulisse. 55.6, 99.10, 127.5, 185.10, 259.6
— du couteau 118.3
— de réglage 90.9
— de la règle 352.7
coulisseau de tension 41.5
— de réglage d'écartement 392.13
couloir conique 51.10
coup d'arrachage 82.17.19 20
— de sonnette 223.17
coupage des bottes de jute 243.9
— du chanvre 231.11
— des chiffons 400.4
— des étoupes longues 232.11
— des fibres de jute longues 242.9
— du lin 210.21
— des lisières 400.14
— à la main 231.12
— des parties défectueuses 455.2
— du voile 330.6
coupe-mariage 424.2
coupé, lin 211.3
—, lin non 210.23
couper les bandes de cuir à la longeur du cylindre 118.19
— les bavures du drap 118.8
— les boutonnières 400.9
— les chiffons 400.5
— les couches verticalement 197.7
— les cuirs pour cylindres 118.18
— les fils enroulés sur l'arbre 196.12
— le lin 211.1
— la nappe 321.13
— les parties des pieds carrément 243.4
— la poignée de jute 242.12
— verticalement les piles de laine 311.8
— le voile entre deux peignes 444.7
coupeur de jute 242.13
— de nappe 321.15
coupeuse de lin 211.2
— de jute (ouvrière) 242.14
— mécanique 242.15
— mécanique à chaînes 244.3
— mécanique pour chanvre 231.15
coupures (fil) 169.2
— (ruban) 101.21
— (voile) 108.1
courant d'air 32.1
— d'air humide 573.1
— d'air humidifié et tempéré 574.18
— continu 157.8
— d'eau 285.6
— électrique 112.9
— induit 360.15
— triphasé 157.13
—s d'air comprimé 478.3
courant à droite 68.17
— à gauche 68.18
—, support 307.11
courbe du ballon 152.14
courbure 475.11
—, double 336.4
coureuse 502.15
couronne du bâti 55.12
— de bois 431.19
couronne de la broche 130.4
— de la broche à faces aplaties 355.14
— dentée du secteur 350.13
— du dévidoir 566.1
— pliable circulairement 566.2
— pliable le long de l'axe 566.3
— tournante en cuivre 360.13
courroie des cônes 28.12, 43.13, 255.17
— de connexion 149.5
— de cuir avec deux contrepoids inégaux 183.1
— double 182.6
— des nettoyeurs 324.8
— sans fin 441.16
—s croisées 24.5
—s droites 24.5
—s ouvertes 24.5
course augmentante 334.2
— axial progressive 517.2
— du chariot 164.10, 214.7, 345.1, 551.10
— constante 151.8
— de la corde à broche 144.7
— déplacée par un plateau de friction 529 2
— des frottoirs 334.4
— du guide-fil 533.13
— inclinée de la corde motrice 349.10
— de la plate-bande porte-anneaux 151.7
— des presses 215.5
— réglable des frottoirs 334.3
— variable 144.1
courte-soie, coton 14.12
cousage ensemble des cordes juxta-posées 512.3
couseuse de courroies 3.13
— de rubans 3.13
coussinet 105.6, 360.1
— à billes 355.5
cousu, câble plat 597.13
couteau 44.3, 78.3, 118.2, 119.3, 368.6, 406.2
— actionnant en long 481.11
— de l'auge 203.9
— à bout recourbé 196.14
— du bras double 535.2
— circulaire 482.11, 483.2
— à dégarnir les rouleaux 389.11
— en forme de croissant 400 16
— en forme de faucille 231.13
— nettoyeur 199.6
— séparateur 328.10
—x circulaires dentés 478.5
coutures 400.15
— thibet 407.18
couvercle 31.8, 126.7, 311.15, 441.17, 444 6, 487.4 15
— de l'auge 283.2
— avec bandes longitudinales 312.14
— en bois 248.1
— du briseur 78.8
— de la brosse 88.3
— à charnière 267.1
— à charnière du tambour 79.3
— fermé 323.7
— en fonte avec rainures en saillie 376.2
— frontal du cylindre 291.11
— libre 284.1
— métallique réglable 202.7
— mobile 177.5
— du peigneur 79.2
— protecteur 195.12, 201.8
— de rabattement en chêne 201.9
— à rebord basculant 488.3
— du réservoir d'huile 178.2
— revêtu de limon 376.4
— du tambour 33.6
— en tôle 201.10, 344.14
— du volant 33.14, 44.9, 202.6, 323.9
couvert de fibres, cylindre 323.16
—, carde —e 221.12
couverture du cylindre de pression 115.11, 389.10
— en flanelle 78.10
—s 397.3
—s des rouleaux des laveuses mécaniques 399.1
couvre-engrenages des crapaudines 255.13
—-joint 355.10
—-roue du chariot 351.9
couvre-roues en acier 123.5
—-roues des crapaudines 255.13
couvreur de cylindres 3.15, 120.1
couvrir, se — du fil fantaisie (fil primitif) 560.2
cracher (volant) 323.5
cran 543.9
crapaudine 122.17, 131.3, 177.14, 289.4, 354.14, 553.3
— en bronze 355.1
— en forme de poire 289.14
— mobile 289.15
— en porcelaine 128.15
— à refroidissement d'eau 36.13
— semicirculaire 510.8
— en terre cuite 128.13
— en verre 128.14, 544.4
— en verre attaqué à l'acide 128.16
craquelures 412.1
craquement de la soie 427.7
crayon 608.13
crémaillère 343.11, 566.15
— du chariot 136.11
— à double denture 506.10
— à encliquetage 608.4
— mobile 191.2
— pour le réglage de l'écartement des cylindres 390.18
— voyageuse sur le chariot 190.13
crêpage 484.19
crêpe, fil pour 584.19
—, fil soie 586.20
— de Chine, fil soie 586.21
creux 174.13
—, cylindre 21.3
cri de la soie 427.7
criblage de l'amiante 490.6
crible 299.12, 439.14
— pour cocons 418.15
— cylindrique 476.14
— cylindrique avec des sections longitudinales 477.2
— inséré 285.9
— de la machine à papier 476.18
— à poussières 312.13
criblé, gravier 271.12
crin 507.5
— artificiel 588.11
— de cheval 493.2
— de la queue 493.3
crinière du cheval 493.4
crinol 588.11
crispation en arrière de la fibre 101.3
cristallisé, soude —e 276.2
cristaux fibreux 489.12
critique, degré de torsion 9.9
crochet 504.9, 526.2
— d'arrêt 146.7
— à contrepoids du cylindre arracheur 88.15, 90.7
— de cuivre pour débarber les cylindres 108.1
— du dispositif d'arrêt automatique 524.1
— à échevette 613.14
— guide-fil 548.7
— intermédiaire 105.16
— de maintien 578.5
— des poids de pression 105.15
— de pression à ressort 21.1
— à ressort 105.17
— de torquage 577.2
— de torsion 499.12, 500.9
—s 100.6, 503.4
—s recourbés 62.2
croisant, partie —e de la couche 351.12
croisé (tissu) 64.24
croisement de la centaine entre le échevettes 564.3
— de la couche à la descente 552.1
— du fil 351.13, 517.10
— des lanières 330.8
— des rubans 386.19
— simple 422.6
— des voiles 327.8.10
croiser les brins de soie 422.5
— fortement le fil 351.15
—, se (spires de fil) 551.14
croisillon 40.12, 282.13
— de l'arbre à excentriques 394.3
— de l'asple 566.13, 567.6
— en fonte 524.8
croissant, circonférence —e 535.9
croisure double 422.7
— du fil 517.10
— simple 422.6
—, grande 565.13
croix pour tendre les cuirs 332.17
crosse 292.1
Crossley, peigneuse mécanique 446.13
crottes 266.1
crottins 266.1
cru, amiante 489.7
cueillement des barbes 444.9
cueillette des chiffons 399.2
cueillir les barbes 444.10
cuiller 111.11
cuir 64.11
— d'aiguisage 340.4
— artificiel pour carde 64.20
— fossile 489.6
cuir-de-frottage cannelé 331.17
— fraisé 331.18
— lisse 331.15
— rugueux 331.16
— avec surface piquetée 331.19
— à surface quadrillée et losangée 332.1
cuir-de-frottoirs 387.15
— avec division en deux par en-dessous 333.10
— sectionnés 333.10
cuir de laine 389.14
— pour manchons 332.2
— de montagne 489.6
— de mouton 64.13, 118.14
— rugueux 97.14
— tanné au chêne 332.4
— usé par le frottement 185.8
— de vache 64.14
— de veau 64.12, 118.13
—s de frottage 331.13
cuiseuse 418.12
cuisson des cocons 418.6
— du lin 217.18
— de la soie 433.11
cuivre 467.4
— jaune 542.9
— rouge 595.18
cuivré, fil de fer 493.10
cul de la bobine 543.14
— de la canette 154.18, 167.7, 527.17
cultivateur de lin 210.7
curseur 72.12, 137.20, 150.6, 552.3
— en acier 150.7
— à double bras 150.13
— en bronze 150.9
— en forme d'oreille 552.8
— en laiton 150.8, 226.10
— léger 150.10
— lourd 150.11
— pour métiers à retordre au mouillé (à sec) 552.6.7
— à ressort 529.13
— retardant 141.18
cuve 98.7
— d'agitation 476.10
— d'alimentation 284.6
— de blanchiment 287.1
— en bois 304.5
— en bois revêtue de plomb 304.6
— de clarification 299.19
— collectrice 439.15
— à décreuser 433.1
— d'eau de suint 365.8
— d'ensimage 317.2
— en fer forgé 286.1
— en grès 304.10
— à humidifier 485.3
— de lavage 439.5
— à mercure 608.8
— recouverte de cuir rugueux 381.9
— rectangulaire en tôle 365.7
— de trempage avec plaques en ardoise 304.8
— en verre 304.9
cuveau 487.3
— avec couvercle à charnières 487.2
— à filer 487.9
— à filer avec couvercle à rebord basculant 488.1
— à filer avec dispositif automatique de fermeture du couvercle 487.14
cuvette 487.3

cuvette de la bobine 145.11
— en cuir 547.12
— à eau 481.4
— d'égouttage 360.4
— à filer 487.9
— à huile 149.2, 553.1
— à l'huile détachable 553.7
cycle d'opération des pinces 382.10
cylindrage du lin 217.16
— du rouleau garni de cuir 119.14
cylindre v. a. rouleau
— en acier 120.18
— à aiguilles 250.3, 384.12, 392.12
— à aiguilles longues 373.5
— d'aiguisage 339.7
— aiguiseur 70.9, 74.7
— aiguiseur de Hetherington 74.6
— aiguiseur parallèle au grand tambour 73.3
— aiguiseur de travers avec le grand tambour 73.4
— à ailettes en cuir 368.3
cylindre alimentaire 32.12, 43.3, 50.16, 84.14, 99.13, 287.14, 321.4, 373.4, 502.11, 545.6
— cannelé 30.11
— à dents de scie 199.2
— pour le fil 535.15
— à pointes 29.13
— inférieur fixe 311.14
— supérieur mobile 311.13
— à surface rugueuse 559.12
cylindre d'alimentation 77.12, 203.7, 251.7, 341.10, 388.6
— à dents 313.5
cylindre d'appel rugueux 550.4
— arracheur 85.10, 378.7, 381.5
— arracheur cannelé arrière (avant) 90.4.5
— arracheur garni de cuir 378.9
— arracheur inférieur 93.1
— arracheur supérieur 93.2
— arrière 142.5, 393.3
— d'aspersion 441.9
— d'aspiration 392.8
— assouplisseur avec cannelures à profil arrondi 240.8
— assouplisseur pour jute 240.9
— avant 142.7, 393.5
— balayeur 321.6
— en bois 249.7
— briseur 20.9, 368.11
— broyeur avec arêtes circulaires 490.10
— calendreur 453.12
— cannelé 42.15, 115.6, 143.3, 243.16
— cannelé avec colliers 116.9
— cannelé à dents pyramidales 240.14
— cannelé en fer à grain fin 191.4
— cannelé fondu en coquille 308.14
— cannelé avec manchons 116.9
— cannelé à un seul fil par table 393.11
— caoutschouté 392.11
— de carde 202.15
— chasseur 319.20
— collecteur 478.6
— condenseur 32.7
— conducteur 482.8
— à couteaux 322.12
— couvert de fibres 323.16
— creux en fonte 21.3
— de cuir 115.7
— débourreur 75.12, 199.3, 321.6, 341.1
— de décharge 38.5
— déchargeur 321.6
— délivreur 247.15, 384.15, 488.11
— à dents 20.9
— dérouleur 50.8, 342.8, 358.15
— de dessous 115.6
— de dessus 115.7
— détacheur 29.5, 35.9, 381.5
— détacheur en bois 281.12
— détacheur en fer cannelé 247.13
— détacheur en fonte 22.5
— doubleur 388.11
cylindre à douilles mobiles 116.4
— de duvets 323.10
— à eau 242.8
— échardonneur 319.20, 321.2, 368.12, 369.4
— égaliseur 29.3
— égaliseur à pointes rentrantes 30.4
— égrateronneur 319.20
— d'émeri 73.11, 109.11
— enfonceur 20.12, 233.4, 383.8, 384.14
— enfonceur en fer blanc 248.2
— enfonceur en tôle avec garniture en forme de lames (reglettes) 248.9
— d'enroulement des bandes de papier (coupés) 482.7, 483.7
— enrouleur cannelé 48.11
— enrouleur de la feuille de papier 481.6
— entasseur 311.12
— d'entrée 137.1, 142.5, 247.8
— d'entrée à aiguilles 443.1
— d'entrée à garniture en dents de scie 367.13
— d'étirage 218.12, 251.3
— étireur 102.13, 115.6, 137.3, 255.1
— exprimeur 279.2
— en fer 120.9
— de fermeture 78.9, 202.9
— à un seul fil (à deux fils) par table 143.1.2
— de friction 341.14
— de frottoir 333.6
— garni d'émeri 202.13
— garni de flanelle 522.2
— garni de peluche 378.10
— à gorges 483.4, 485.7
— à griffes 30.3
— à grosses cannelures en spirale 92.15
— hérissé 20.9
— à l'huile 242.7
— humidificateur recouvert de feutre 482.3
— d'immersion 278.8, 281.14, 441.10
— d'immersion en cuivre 576.2
— inférieur fixe 20.10
— inférieur tournant en arrière (en avant) 543.3.6
— inférieur tournant à l'intérieur (à l'extérieur) 543.3.6
— intermédiaire 137.2, 142.6
— libre 393.4, 549.5
— lisse 389.8
— avec manchon en cuir 204.5
— massif 116.3
— du milieu 142.6
— du milieu avec manchon en cuivre jaune 542.9
— à nervures 329.13
— nettoyeur 85.12, 98.3, 142.10, 199.3, 321.6
— nettoyeur à double action 321.7
— nettoyeur recouvert de feutre 255.2
— à nez 322.6
— ouvreur à dents 48.7
— à papier de verre 109.12
— à pédales 28.13
— peigneur 85.3, 87.8, 97.15, 377.11, 378.13, 450.8
— peigneur avec barrettes d'aiguilles augmentant de population 380.10
— peigneur courbe 381.8
— de peigneuse 262.4
— perforé 220.15
— plein 116.3
— plongeur 385.8, 486.11
— à pointes 20.9
— presseur 20.12, 115.7
— de pression 85.11, 109.13, 115.7, 321.12, 323.6, 378.9
— de pression cannelé 115.8
— de pression chargé 502.12
— de pression garni de cuir 142.9
— de pression élastique 115.9
— de pression en hêtre 393.10
— de pression, gros — arrière 142.11
— de propreté 253.7
— recouvert de cuir 115.12
cylindre recouvert de lattes à pointes 367.9
— régulateur 28.13, 32.13
— de séchage 476.17
— sécheur 481.7
— de sortie 51.9, 137.3
— supérieur 20.11
— à table mobile 116.5
— à une seule table mobile 116.6
— à deux tables mobiles 116.7
— transporteur 199.5, 368.13, 444.2
— transporteur de l'eau 486.12
— travailleur 321.5
— trempé en coquille 107.7
— à vapeur 291.12
—, second 191.12
—s alimentaires 27.4, 197.2, 218.7, 257.6, 259.13, 358.13, 486.9
—s alimentaires à dents de scie en spirales opposées 370.4
—s alimentaires du volant 33.13
—s d'alimentation 111.3, 253.5
—s arracheurs 262.5, 449.9
—s arracheurs des blousses 380.4
—s assouplisseurs à cannelures opposées (alternées) 240.11, 241.1
—s avant placés en contrebas 143.7
—s à blousse 449.12
—s briseurs des chardons 367.7
—s canneles alimentaires 267.7
—s délivreurs 86.5, 219.2, 449.11, 489.10, 526.11
—s dérouleurs en bois 84.2
—s détacheurs 250.10
—s engrenant jusqu'au fond 116.8
—s d'étirage 159.16, 388.7
—s d'étirage du banc 128.19
—s d'étirage avec cylindres avant placés en contrebas 143.7
—s d'étirage inclinés 142.4
—s d'étirage réglables 389.4
—s étireurs 122.3, 139.9, 257.9
—s exprimeurs 485.5
—s horizontaux, paire de 240.7
—s pour l'humidification 486.13
—s de pression 385.11
—s de pression chargés des sellettes 143.10
—s sécheurs chauffés par la vapeur 385.14
—s de sortie 262.5
—s superposés avec aiguilles radiales 243.13
—s tournants avec augmentation de vitesse circonférencielle 21.2
—s transporteurs 322.2
cylindrer le rouleau 337.2
— le rouleau garni de cuir 119.13
cylindrique, support 290.9

D

damassé, fil pour 584.16
danger d'incendie 222.2, 308.8
— d'inflammation spontanée 317.12
David, dynamomètre 607.7
déballeur de balles 18.3
débarber les cylindres 108.1
débarraser la laine de l'excès d'acide 304.18
— la surface du câble des fragments de chènevotte 507.4
débouché du tuyau 39.9
débourgeonneur de laine 366.15
débourgeonneuse de laine 367.1
débourrage automatique 53.2, 340.19
— des blousses 380.3
— des chapeaux 57.9
— des chapeaux de propreté 109.5
— des cylindres de carde 203.2
— des garnitures 75.1
— des garnitures à la main 340.6.7
débourrage mécanique 340.18
— pneumatique 370.13
— du tambour 322.13
débourrer la carde 75.2
— le chapeau 52.8
débourrer le peigne 446.7
débourreur (cylindre) 51.5, 200.1, 247.11, 250.8, 446.6
— (ouvrier) 216.1
— de cardes 4.10, 75.10
— du cylindre alimentaire 90.2
— des cylindres arracheurs 90.6
— pneumatique 341.2
— du volant 51.13
débourreuse automatique des chapeaux marchants 57.10
débourrures de carde 194.17, 203.3, 371.4, 398.7
— de chapeaux 194.18
— de grand tambour 194.19
— de hérisson 398.13
débrayage de l'asple 474.1
— automatique pour pots pleins 112.3
— des bancs d'étirage 110.11
— des cônes de friction 163.3
— du manchon 163.10
— quand un ruban manque 81.12
débrayé 346.17
—, broche —e séparément 521.6
débrayer 346.12
— les cônes de friction 163.2
— le pot à filer 470.10
— la rentrée du chariot 170.1
débrayeur automatique 357.5
— de courroie 357.1
— mécanique 113.15
débris de capsules 26.15
— de chardons 367.5
— de chrysalides 442.7
— de cosses 26.15
— de graines 26.14
— de graterons 406.3
— végétaux 301.4
décantation d'un liquide 462.3
décapage des extrémités du manchon de cuir 110.4
—, outil de 110.9.10
décaper les extrémités du manchon de cuir 110.5
décharge automatique 38.13
déchargement 24.10
décharger la table à presses 445.18
—, se (volant) 323.5
déchargeur, volant 22.6
déchet de nettoyeur 108.11
— du tambour 78.14
déchets 31.15, 398.5
— d'assortiment 236.13
— de bobinoir 398.16
— avec gros boutons 96.7
— de carde 194.16
— de chanvre 228.9
— de coton 194.13
— de coton d'Égypte 194.15
— de couvertures des rouleaux des laveuses mécaniques 399.1
— de cuir 120.14
— de dévidage 398.19, 424.9
— d'étirage 398.8
— de fibres de jute 258.11
— de filature 398.11, 435.6
— de fils 298.14
— foulés et non foulés 399.13
— gommeux 436.2
— huileux de carde 298.13
— de jumel 194.15
— de machine de lavage 398.6
— au moulinage 435.18
— de peignage 452.15
— de peignage mécanique 220.1
— de soie 412.19, 435.5.14
— de soie de différentes sortes 451.1
— de soie fermentés 438.3
— de soie en forme de boule 442.11
— de soie naturelle 472.6
— de soie (non) peignés 446.8.9
— de soie surfermentés 438.4
— de teillage 219.13
— de teillage à main 219.14
— de tissage 398.18

déchets de trame . . . 398.21
— de vaporisation . . 435.17
déchiqueté, matière —e 402.6
déchiqueter les couches de fibres 21.6
— les déchets de soie . 442.10
déchiré, toison (non) —e 264.14.19
déchirement des fibres de laine 369.6
déchirer les couches de fibres 21.6
— la fibre de laine . . 310.16
— le jute 243.2
— la nappe 321.13
— la toison 265.13
—, se (bord) 108.4
déchireuse pour jute . 244.9
décigramme 600.24
décimètre 600 8
déclanchement électric. 112.13
déclassement dans la qualité 14.17
déclencher le loquet . . 357.14
déclic 357.11
décliquetage 185.5
décliqueter le loquet . 256.4
décoction écumeuse . . 278.1
— de plantes gélatineuses 316.13
— de tan 419.16
décoloration des chiffons 401.13
décolorer 401.12
décomposé, alcali non . 277.14
décomposition du composé du chlore . . 305.19
décorticage des tiges . . 261.4
décortiqueuse mécanique à ramie 261.5
découpage en bandes de la feuille de papier 481.9
découper en bandes (papier) 481.10
— les manchons de cuir 389.11
— la poignée de jute . 242.12
découpeur longitudinal 481.11—13, 482.14, 483.3, 489.4
découpures de tailleurs 397.18
découvert, carde —e . 221.13
décreusage de la soie . 432 14
décreusé, soie —e . . . 427.16
décreusement de la soie 432.14
décreuser la soie . . . 432.15
décrochable, dévidoir . 611.16
décruage de la soie . . 432.14
décrûment de la soie . 432.14
décruser la soie 432.15
dédoubler la graisse . . 300.14
défectueux, cocons . . 415.8
—, déroulement 41.16
défeutreur 372.16
défibrage des bouts . . 404.3, 405.9
défibrer l'amiante brut. 490.7
— les bouts 404.4
— les chiffons de soie . 456.8
— les flocons 49.17
définitif, séchage . . . 292.8
déformé, mâchoire —e . 84.12
dégagement des cônes de friction 163.3
— de la contre-baguette 168.11
— du loquet de sûreté . 346.14
— de poussières de la carde 221.11
— de la pression . . . 94.9
dégager les cônes de friction 163.2
— la contre-baguette . 168.12
— le loquet 131.12
— de la poussière (coton) 15.16
dégarni, chapeau . . . 53.12
dégarnir les rouleaux . 389.11
dégommage des déchets de soie 436.14
— à l'eau bouillante (schappe) 436.18
— de la filasse 261.8
— de la soie 432.14
dégommé, soie —e . . . 434.5
dégommer les déchets de soie . . . 436.15, 472.7
— à l'eau bouillante . 436.17
— au savon 437.1
— la soie 432.15
dégraissage 385.6
— par des alcalis et par l'eau 275.9
— chimique 297.9
— de la laine 273.13
dégraissage par saponification 275.3
— de la soie 433.6
— à l'urine pourrie . . 276.15
dégraissé, laine —e . . 273.17
dégraisser la laine . . 273.14
dégraisseur de laine . . 284.12
degré de broches . . . 362.6
— de dureté de l'eau . 269.20
— d'étirage 142.12
— de finesse 598.15
— d'humidité 615.5
— hydrotimétrique . . 269.20
— de rigidité 67.4
— de saturation 272.17
— de siccité 615.12
— de torsion 9 3
— de torsion critique . 9.9
— de trempe 74.12
—, lessive à x —s . . . 275.19
—, un $^1/_4$, $^1/_2$, $^3/_4$ — en dessous du contrat 14.19.20.21, 15.1
Deiss, bande en acier munie de points . . 62.8
—, montage de la garniture 62.7
délié, fil de caret . . . 592.12
delivré, nappe —e . . . 45.9
démêlage du coton . . 25.11
— du coton comprimé . 20.2
— et nettoyage des étoupes 220.10
— des fibres de jute . 247.2
— des flocons de laine en leurs fibres élémentaires 318.7
démêlé, fibres —es . . 7.10
démêler le coton . . . 25.12
— les fibres de jute . . 247.4
— les flocons 7.5
— les mottes de coton . 20.4
— suffisamment . . . 21.7
démêleur de coton . . 22.8
— de fils 3.22
démêleuse de fils . . . 3.23
démêloir 373.2
demi-chaîne 138.21
— -chariot 344.15
— -cuite 434.8
— -degré 14.18
— -dévidoir 564.9
— -écheveau 562.20
— -kilogramme 604.2
— -lune 565.10
— -lune sur l'arbre de la contre-baguette . . 169.7
— -once, fil de x —s. . 604.7
— -tour du canon de l'arbre à deux temps 163.12, 177.2
démontage des chiffons 401.7
démonter (couleur primitive) 401.12
dénaturé, alcool . . . 458.6
denier 602.23
— international . . . 602.24
densimètre de Beaumé . 303.13
densité de la matière . 64.8
dent 27.9, 36.3, 172.8, 181.5, 312.11
— de la barre-guide . . 558.12
— de la cannelure . . . 116.12
— de carde . . 67.2, 335.8
— de carde à double courbure 336.4
— de carde à double genou 336.4
— de carde émoussée . 338.13
— courbée du loup . . 313.11
— droite du loup . . . 313.10
— de forme triangulaire 406.8
— de fourche 278.11
— de garniture 67.2
— métallique 283.7
— ovale 558.10
— à profil croisé . . . 242.16
— de scie 336.10
— suraiguisée 70.2
— du tambour 30.13
— vissée 312.6
—s fines 566.14
—s du grand peigne annulaire 449.6
—s de peigne 229.8
—s placées en ligne droite les unes derrière les autres 68.14
—s placées en quinconce 30.14
—s à pointe d'aiguille . 336.5
—s en porcellaine . . . 536.5
dent-s pyramidales . . 240.14
—s du tambour 311.18
—s usées 313.12
—s, grosses (fines) . . 335.11.12
—s, rochet de 14 . . . 96.2
—s, x — par y centimètres carrés . . . 335.9
denté, complètement . . 330.3
dentelles 400.11
dentelure du tambour . 444.4
denture extérieure (intérieure) de la roue à lanterne 256.10.11
— hyperboloïde 343.2
—, à double 506.10
dépelotonner, se (brin de cocon) 421.6
déplaçable 320.13
déplacement automatique 517.5
— de la courroie . . . 43.14
— de la course du guide-fil 517.3
— forcé, à 206.5
— horizontal . . . 54.3, 252.10
— latéral 24.6
— d'une moitié de la poulie extensible . . 251.1
— des presses 215.6
— radial vers le centre du tambour 55.13
— radial du centre du tambour 56.1
— du segment 54.1
— uniforme 517.4
— vertical 143.14
déplacer les platines . 352.9
— les presses 215.7
— le segment 54.2
—, se — en sens inverse des pointes (garniture) 323.13
—, se — dans le sens des pointes (garniture) . 323.12
dépliage de la toison . 265.8
déplié, poignée —e . . 236.2
déplier la poignée de jute 236.1
— la toison 265.7
dépointage 159.12, 165.6, 343.16
dépointé, fil 165.14
dépointer le fil 165.5
déposer le coton ouvert 24.15
— le duvet 322.10
— les fibres 383.13
— un voile de fibres sur la feuille de papier (à l'état de formation) 480.10, 481.2
dépôt des boues 361.18
— de fibres textiles . . 480.2
— des impuretés . . . 284.5
dépouilleur 213.16, 245.11
dépoussiérage des chiffons 400.17
— de la laine 266.15
dépoussiérer la laine . . 266.16
dérivation de l'éléctricité 570.2
déroulement de la chaîne 350.12
— défectueux des rouleaux 41.16
— facile de chaque rouleau 41.15
dérouler 562.5
— une balle cylindrique 19.19
—, se — double (nappe) 50.14
Déru, élévateur 281.1
désacidification 403.6
désacidifié, chiffons —s . 403.7
—, huile de colza —e . 148.9
désagrégation du coton comprimé 20.2
— des déchets de soie . 436.14
désagréger les déchets de soie 436.15
— les mottes de coton . 20.4
descendant, partie —e . 531.11
—, spirale —e 351.12
descendre (chariot à bobines) 547.7
— (récipient) 200.11
descente de l'auge . . 320.7
— du chapeau 55.3
—, à la 552.1
désemmanchement des cylindres cannelés par pouces 121.7
désintégration du bois bouilli 476.8
— du bois en fibres par courbure et par broyage 475.11
desséchage à l'air chaud 417.16
— des cocons 417.10
— dans les limites données de temperature 417.12
dessécher les cocons . . 417.9
— au soleil 417.15
desserrage des poignées 215.1
dessiccateur 616.5
dessiccation à l'absolu . 615.10
— complète 615.10
— des poils 514.13
dessous de carde . . . 371.5
dessous, en — du contrat 14.18.19.20.21
destructif, influence —ve 302.13
destruction des chardons par l'action chimique 301.5
dessuintage par l'eau . 366.9
— de la laine 271.17
— physique 366.9
dessuinter la laine . . 271.18
dessuinteur (appareil) . 272.18
— de laine 284.12
dessuinteuse 272.18
— Malard 365.6
détachable, râtelier . . 569.1
—, réservoir d'huile . . 147.8
détaché, voile 330.13
détachement des coutures 400.15
— du voile en lames au moyen d'abattants . 201.5
détacher 378.6
— la bourre 420.10
— la broche de l'ailette 547.13
— les étoupes des aiguilles 213.17
— le frison 420.10
— la nappe du tambour 198.9
— le voile 322.15
— le voile de la surface du peigneur 59.17
—, se — du ruban (dents) 64.10
détacheur de blousses . 380.2
détails 121.12
détendoir de l'asple . . 566.13
détente, cheville de . . 346.7
—, glissière de la . . . 94.5
détérioration du jute humide par la fermentation 236.19
détermination de l'allongement 608.17
— du degré d'humidité . 615.5
— du numéro 603.11
— du prix de revient . 19.9
— de la teneur en graisse 299.15
— de la torsion 9.10
déterminer l'allongement et la résistance du fil 609.1
— l'humidité 615.4
— la soie 14.10
— la teneur en soude . 276.4
détordage du fil à la main 9.12
— des tresses 514.14
détordre la poignée de jute 236.1
—, se (fil) 569.15
détordu, fil 561.13
—, poignée —e 236.2
détortillement des torons 500.6
détortiller 501.5
détour des broches 165.2, 348.16
détournement 281.10
détourner les torques . 575.4
détrancaneuse de soie . 424.19
détricheur de laine . . 264.1
détricheuse de laine . . 264.2
détruire les couleurs . 403.5
— la mèche au lavage . 269.6
détruit, chardons —s . . 308.10
deuxième apprêt . . . 539.18
— apprêt de la soie . . 430.15
— retors 539.18
— tors de la soie . . . 430.15
développement de la fente du tambour . 524.11
développer une balle ronde 19.19
déviation de l'induit . 360.16
dévidable, cocon . . . 413.5
dévidage 12.14
— axial du fil de la bobine 153.10
— croisé 565.13
— pour l'essai 610.10
— facile 560.5
dévidage des fils . . . 562.3
— irrégulier 97.6

dévidage parfait . . . 421.3
— perpendiculairement à l'axe de la bobine . 556.10
— par la pointe de la canette 556.9
— de la soie artificielle . 473.1
— de la soie grège . . 429.1
—, bon 155.18
—, mauvais 155.19
dévidé, fil 610.12
—, soie grège —e non nette 425.5
dévider 12.15, 562.4.5, 610.11
— de courts écheveaux . 563.4
— l'écheveau de soie . 424.12
— l'échevette de titrage 602.16
— le fil de verre . . . 491.12
— la soie 468.5
— la soie grège 429.2
—, ne pas se — facilement (bobine) 97.5
—, se — par la pointe (par le noyau) . . 519.14.15
dévideur 4.18, 562.10
— de coton 562.12
— d'écheveaux 5.1
— de laine 562.14
— de lin 562.16
— à la main 4.20
dévideuse 4.19, 562.11
— de cocons 421.1
— de coton 562.13
— d'écheveaux 5.2
— de laine 562.15
— de lin 562.17
— à la main 4.21
dévidoir 12.16, 423.2
— anglais 563.16
— autrichien 563.11
— compteur 611.14
— de contrôle et de nettoyage pour soie . . 568.4
— de cordier 498.3
— décrochable 611.16
— double 565.2
— double à casse-fil . 565.3
— à doubler 565.15
— à ∞ écheveaux . . . 564.12
— écossais 563.15
— pour filés de lin à guide-fil mobile . . 612.6
— pour fils gros . . . 568.3
— pour fil de mèche . 567.14
— français 563.13
— irlandais 563.14
— de laine peignée de moyen (grand) périmètre 562.8.9
— à main 565.4
— mécanique 565.6
— mécanique pour fil de laine 568.2
— métrique 563.10
— à mouliner 565.15
— de numérotage . . . 610.16
— de périmètre court pour laine peignée . 563.5
— avec porte-bobines et guide-fils mobile (fixe) 612.1.2
— de précision avec dispositif de guidage automatique du fil et des canettes . . . 612.4
— de précision à fils guidés automatiquement et à canettes verticales 612.3
— avec romaine et porte-bobines 611.17
— de Silésie 563.12
— simple 564.14
— à six pans 565.5
— pour soie artificielle . 473.3
— à une tête 564.10
— à plusieurs têtes . . 564.11
— pour titrage 602.14
—, un — de fils . . . 564.8
dévissable, réservoir d'huile 146.12
dévissage de l'ailette . . 141.5
dévisser l'ailette . . . 141.4
dextrine 428.15
diable 7.8
— à balle 17.7
diableur 197.3
diamètre de l'anneau . 149.16
— de la bobine pleine . 124.15
— de la corde 500.16
— du fil 10.1, 66.16
diamètre des spires du ressort à boudin . . 608.1
différence entre la longueur calculée et la longueur réelle . . 604.11
— de qualité 15.2
— de température . . 293.6
— de torsion 154.5
différent, absorption —e 572.11
—es hauteurs 473.5
différentiel (mouvement) 125.14, 126.1.10.11, 127.1.2.3, 255.12
differer de classement (balles) 18.12
— de propreté (qualités) 15.14
diminué, propriété feutrante —e 406.14
diminuer (viscosité) . . 463.11
— la course du chariot 125.12
— la hauteur du fond de la canette 167.9
— le pouvoir feutrant . 302.10
diminution de brillant de la fibre par le magasinage 237.1
— graduelle du corps de la canette 174.11
— de poids par évaporation 570.7
— du poids de la nappe 42.13
— du pouvoir feutrant . 302.9
— de torsion 501.8
directeur de filature . 1.12
— -gérant de filature . 1.11
— technique 1.16
direction de l'alimentation 325.12
— du chariot . . 131 14, 133.2
— du courant d'air . 575.10
— de déplacement de la crémaillère mobile . 191.2
— de formation de la nappe 325.16
— de marche des fibres 325.15
— du mouvement, fibres placées dans la . . 325.14
— du mouvement du pignon de la crémaillère 191.1
— opposée à la rotation 130 13
— de renvidage 153.12
— reverse de la torsion 431.7
— de la rotation . . 181.8
— de la sortie du chariot 173 9
— de la torsion 153.11
—, courant dans la même 23.2
—s opposées . . . 23.3, 447.7
diriger lentement (toupin) 499.10
— rapidement (toupin) 499.11
— le toupin au moyen d'une corde . . . 499.9
dirigeur de cardes 4.7, 75.17
disloquement de la construction interne de la canette 571.17
dilué, acide 303.1
—, lessive —e 275.20
disposé alterné 384.2
— en spirale 389.7
disposées dans le même sens (aiguilles) . . . 67.7
disposer les bacs les uns à côté (à la suite) des autres 279.13.14
dispositif v. a. appareil, mécanisme, mouvement, machine
dispositif d'aiguisage des chapeaux 73.5
— d'alimentation 93.10, 382.15
— d'alimentation des boutons 590.20
— d'alimentation de la carde briseuse . . . 198.17
— d'alimentation pour doubler et retordre . 356.13
— d'alimentation du renvideur à une paire de cylindres étireurs . . 205.3
— d'alimentation réversible 40.6
— d'alimentation du ruban 382.3
— pour alléger la baguette 354.6
— anti-ballonnement . 152.18, 153.1
— anti-vrilles 358.2
— d'arrêt d'arrière . . 111.10
dispositif d'arrêt automatique du banc d'étirage 110.13
— d'arrêt automatique pour canettes terminées 357.10
— d'arrêt automatique de Dobson et Barlow 110.14
— d'arrêt automatique pour pots pleins . . 112.3
— d'arrêt avant 112.2
— d'arrêt sur les bancs d'étirage 110.12
— d'arrêt électrique . . 112.6
— d'aspersion 441.7
— automatique de fermeture du couvercle 487.14
— de boutonnage à excentrique 560.7
— brise-mariage 354.3
— de butée du chariot . 192.9
— de casse-ruban . . . 81.12
— de casse-ruban de derrière 111.10
— de casse-ruban de devant 112.2
— changeant automatiquement la direction du courant d'air . . 575.10
— pour changer la longueur de la course du guide-fil 533.13
— à crémaillère pour le réglage de l'écartement des cylindres . 390.18
— de débrayage automatique pour pots pleins 112.3
— de débourrage . . . 446.2
— de declic 350.3
— pour le dégagement de la pression . . . 94.9
— de dépointage . . . 348.15
— pour déposer et maintenir les fibres . . . 383.13
— détacheur de blousses 380.2
— pour le dévidage croisé 565.13
— éliminant la tension de la courroie . . . 79.8
— d'embrayage 527.4
— d'enlèvement de la pression sur les cylindres supérieurs . . 106.7
— d'enroulage du fil sous tension variable 526.9
— d'étirage 388.9
— d'étirage du renvideur pour laine peignée . 393.8
pour laine peigne . . 393.8
— pour étirer les vrilles 358.3
— pour éviter les chutes de mélange 313.7
— d'expansion 567.3
— pour exprimer . . . 278.14
— de fermeture du mouvement de monte et baisse 531.8
— de formation de la bobine par couches à hauteurs variables 156.1
— de freinage pour la bobine dans les commetteuses 506.8
— de freinage des torons 504.6
— à grande croisure . 565.13
— de griffe 384.7
— de guidage automatique du fil et des canettes 612.4
— d'humidification . . 485.12
— de livraison de la carde 59.13
— de mesure 149.8
— de montage des garnitures avec contrepoids 337.10
— pour le montage à la main du ruban de la garniture 337.8
— de mouvement excentrique des pointes . 30.5
— de nettoyage des cylindres 108.7
— de nettoyage des hérissons 389.6
— de pinçage 384.7
— de pince du fil Parr-Curtis 558.6
— de pinces 343.9
— de pliage 488.14
dispositif à pont pour l'enlèvement des écheveaux 565.11
— pour raccourcir la chaîne de dépointage 179.11
— de réglage des barres guide-fils 535.12
— de réglage pour cardes à chapeaux marchants 79.9
— de réglage du grand tambour de Dobson et Barlow 79.6
— pour régler le dépointage 165.9
— de relâchement des écheveaux 432.10
— pour relever le poids 86.2
— de renversement des barbes 446.1
— de renvidage 137.18
— pour le renvidage de la chaîne du secteur 173.8
— de retenue 388.8
— à retordre la soie artificielle 474.3
— Rieter pour supporter et régler les hérissons 58.14
— pour la sortie en ruban 253.4
— de sousrenvidage . . 145.6
— de sûreté pour arrêter le chariot à la rentrée 357.6
— de sûreté pour débrayer la rentrée du chariot 170.1
— de tamponnement du chariot 192.9
— pour tendre les pointes des couches 168.13
— de tension pour les cuirs lavés 332.13
— de torsion supplémentaire 506.1
— de va-et-vient du rouleau d'aiguisage . . 72.4
disposition des bacs de lavage en étages . . 279.12
— des barreaux de grille 36.4
— des barrettes système Cotton 215.10
— des bobines pour fils de soie à forte torsion 545.4
— des bobines pour gros fils de soie 545.3
— des cordes pour le déplacement du chariot 173.11
— des cordes de main-douce 177.8
— de la corde du volant 353.2
— des fibres 386.7
— du fil sans (avec) mouvement additionnel de la broche . 532.1.2
— inclinée des cylindres alimentaires 404.6
— des passages 103.11
— uniforme des fibres . 7.16
— du volant 202.4
— du volant au-dessus du peigneur 202.5
disque 124.2, 488.7
— aiguiseur . . . 70.12, 72.9
— aiguiseur de Horsfall avec mouvement de va-et-vient 72.8
— à came . . . 185.3, 536.13
— compteur 432.7
— -couteau 482.11
— de détournement . . 282.16
— à divisions . . . 54.11, 55.10
— entaillé 370.8
— d'entraînement . . . 552.15
— entraîneur 132.4
— fixé sur l'arbre moteur 158.2
— en forme de lentille avec entaille . . . 421.13
— de frein 46.12
— de friction . . 140.1, 293.13, 532.5
— de friction cannelé . 448.11
— garni de peluche . . 98.12
— à gradins pour obtention de différentes longueurs d'échevettes 566.9
— de guidage 150.18
— indicateur 55.10

disque indicateur pour le réglage du cintre. 80.3
— à rebord conique . 531.5
— -support des chapeaux 56.14
— tournant . . 422.14, 448.5
— du volant 35.3
dissolution de la graisse de laine 274.16
dissolvant volatil 297.10
dissolvant la graisse . 275.2
dissoudre la caséine 471.19
— de la colle du poisson 459.8
— la guttapercha 459.7
— la matière gommeuse 225.13
— la potasse 273.6
— la substance intercellulaire 237.10
—, faire — dans l'eau bouillante (séricine). 436.20
—, faire — par des gaz les matières d'agglutination des fibres de soie 438.5
—, se (collodion en laine) 462.2
dissous dans l'alcool . 460.12
dissymétrique, came en cœur 551.11
distance des barrettes . 372.2
— entre les boutons 561.8
— des broches 129.13
— entre les cylindres alimentaires et les cylindres d'étirage 218.13
— entre le cylindre arracheur inférieur et la mâchoire inférieure. 93.5
— des règles du volant 42.19
— des séries de peignes 214.9
— des supports du râtelier 127.9
distillation de la solution de graisse 298.11
distiller l'acétone à la chaux vive 460.7
distribuer la liqueur d'ensimage en fine pluie 239.12
distributeur d'air 572.18
distribution irrégulière de la torsion 154.7
— par tiroir à coquille 291.6
— uniforme des fibres sans parallélisation . 263.6
distributrice de laine . 266.13
—, toile 23.8
diverses sortes de laine 310.17
divisé, cadran 358.6
divisée préalablement, feuille de pâte 478.7
diviser les brins de lin 211.19
— le lin par poignées . 213.4
— les mottes de coton. 20.4
— le voile 329.7
diviseur 566.5
— (ouvrier) 215.14
— à bandes d'acier 330.12
— à lanières 330.7
— à lanières multiples. 330.11
— à lanière simple 330.10
— de nappe 203.11
— de voile . . . 193.9, 330.5
divisibilité des fibres . 237.8
division par des aiguilles 478.4
— par des courants d'air comprimé 478.3
— par des couteaux circulaires dentés 478.5
— de la feuille de pâte au moyen de jets diviseurs 477.13
— des fibres 230.16
— du voile 193.6
— du voile en bandes . 329.6
— du voile au moyen de lanières 203.12
— du voile en loquettes transversales 329.10
—, large — des mottes. 25.18
—s 183.15
Dobson et Barlow, appareil d'aiguisage des chapeaux 74.9
—, dispositif d'arrêt automatique 110.14
—, dispositif de réglage du grand tambour . 79.6
—, mécanisme de changement 132.5
—, mouvement différentiel 127.3
—, peigneuse duplex . 91.1

Dobson et Barlow, réglage des chapeaux 54.15
doffer d'étoupes 230.6
doigt 172.11, 181.3, 348.5, 533.7
— des axes des barrettes 219.8
— du bâti 185.6
— comprimeur . 130.11, 452.5
— du compteur 179.3
— de direction 353.15
— entraîneur Hubner . 99.1
— de fermeture 180.8
— fixe 549.10
— -guide 349.4
— -guide en verre 543.7
— indicateur 360.18
— des joux du chariot 174.1
— de la lève . . 246.6, 445.7
— des maillons 254.4
— presseur . . . 130.11, 452.5
— réglable 205.11
— du secteur 171.5
— pour serrer les pointes des couches 171.5
— tendeur de la chaîne 547.8
donner une fausse torsion 331.10
— de la solidité au fil par la torsion 9.21
— de la torsion . . 9.6, 429.16
doublage 12.6, 41.13
— de x 430.8
— du chanvre 233.1
— complet 386.14
— égalisant 326.19
— du premier étirage . 222.21
— du second étirage 223.1
— du troisième étirage. 223.2
— trop fort 104.9
— multiple 386.13
— du peigné 386.5
— des rubans 222.20
— de la soie 430.6
double action, à 321.7
— bras 129.2
— cardage 80.9
— face, métier 257.2
— fond 285.8
— -fond à ressort 76.13
— levier 44.6
— mèche 141.20
— peigneur, système de 322.4
—, métier 209.11
doubler 12.7, 104.6
— les nappes 41.10
— les rubans 451.16
— les rubans de bourette 453.8
— la soie grège 430.7
doubleur 5.9
doubleuse (machine) . 12.8, 81.6
— (ouvrière) 5.10
— (plaque) . . . 219.1, 251.10
— avec mouvement automatique d'arrêt 534.10
— pour soie 534.11
doubloir 81.6
doublures 407.16
douceur du fil 138.20
douille 59.2, 176.10
— pour le bout de l'arbre du tambour 192.8
— de la broche 532.9
— en bronze 351.10
— à deux temps 161.12
—s mobiles 116.4
doupion 414.12
douves de bois 285.3
doux, fil 606.2
—, filer 496.18
—, rendre la fibre 237.7, 240.3
drap cheviot 397.4
— pour cylindre 117.4, 118.1
— de laine 389.13
— de laine gratté 397.5
— de presse à huile (à sucre) 407.10.11
drapeau 450.10
dressage des déchets de soie 444.12
— des rubans de voile 331.9
dresser les fibres de soie 444.14
dresseuse mécanique pour soie 444.16
drisse 596.17
droite, âme du câble . 594.20
—, à commande 83.5
—, courant à 68.17
—, torsion 153.14
duité, toile de jute peu —e 16.13
duplex, peigneuse 91.1.2
duppion 414.12

durée de l'alimentation 94.3
— de la carbonisation . 307.1
— du lavage 268.14
dureté de l'anneau 150.1
— permanente 270.1
— régulière 66.12
— temporaire 269.22
— totale 269.21
— uniforme 66.13
duvet du brin de soie . 425.9
— de carde 371.5
— de filature 398.12
— fixe 425.14
— de peigne . . 375.2, 398.9
—s de ventilateur 194.21
—s du volant 322.5
duveteux, fil 193.11
—, la soie devient —se par le bouillissage 434.16
—, soie grège —se 425.7
dynamomètre 606.24
— de Baumgärtel 607.9
— de David 607.7
— de Goldschmidt 609.2
— de Holzach 609.8
— de Hoyer 608.7
— de Poller 607.8
— de Reusch 608.11
— de Riedinger 607.6
— de Schopper 608.6
— de Wainwright . . 607.10, 608.5
— automatique 607.5
— automatique à écheveaux, mû par moteur électrique 609.5
— à balance 607.3
— à balance à ressort . 607.4
— à commande mécanique 609.3
— continu 609.6
— pour cordages 513.12
— pour déterminer l'allongement 608.18
— pour déterminer la résistance et l'allongement du fil . 609.1.4
— pour fixer au mur. 607.2
— de poche à cadran . 607.1
— vertical 608.5

E

Eastwood, laveuse mécanique à laine 283.13
eau acidulée 304.13
— alcaline 419.6
— ammoniacale 458.24
— de bassine 419.1
— brute 270.22
— faiblement calcaire . 419.5
— chaude 573.16
— exempte de chaux . 419.4
— combinée chimiquement 468.1
— de condensation 270.8, 316.19, 419.3
— condensée 419.8
— courante 573.14
— de dévidage 419.1
— de dévidage contenant de la graisse de chrysalide 419.10
— de dévidage saturée de liquide de chrysalides 419.9
— de dévidage contenant des sels métalliques. 419.8
— distillée 419.2
— douce 270.3
— dure 270.2
— d'étang 270.7
— sans fer 438.19
— froide 542.7
— de lavage 269.18
— de lavage contenant de la potasse 270.19
— non-épurée 270.22
— de pluie . . . 270.5, 316.20
— sous pression 477.15
— pulvérisée 574.6
— pure 270.23
— de rinçage 284.15
— de rivière 270.6
— sale 439.7
— salée 465.5
— salée saturée 469.5
— saturée de suint 272.16
— de savon 441.5

eau faiblement savonneuse 573.17
— souillée 439.7
— souillée exprimée 279.8
— de source 270.10
— souterraine 270.9
— stagnante 573.15
— de suint 272.15
— de surface 270.4
— de vaporisation 570.8
—x résiduaires du lavage de la laine 299.2
ébarbure 70.3
ébauchoir . . . 213.5, 495.14
ébonite 112.11
ébouillanter, faire — les cocons 418.10
ébranlement du cylindre 107.12
écailles, fil en 591.13
écang 495.5
écangueur 495.8
écarté, réglé trop 105.10
écartement des broches 129.13, 150.5
— des cylindres 218.13
— des dents 68.12
— des dents du tambour 311.18
— des surfaces cardantes 58.13
échancrure arrondie 497.14
échantillon de fil 605.3
— de laine 363.15
— de laine peignée 374.17
— pris 298.10
— de soie 602.22
— -type 13.8
— -type de retors 540.2
—, prendre un 298.9
échantillonnage 562.3
échappement de l'humidité absorbée 572.10
échardonnage chimique 301.1
— de la laine à peigne. 366.13
— mécanique 367.2
— au verre soluble 369.7
échardonneur 381.4
— de laine 366.15
— à la machine 367.3
—, mécanisme 367.6, 368.10.15
échardonneuse de laine. 367.1
— mécanique 367.8
échauffé, peigne 375.17
échauffement de la boîte du peigne 60.9
— de la broche par la rotation 148.16
— du collet de la broche 555.1
échauffer, s' (boîte du peigne) 60.8
—, s' (broche) 148.17
—, s' (jute ensimé) 237.15
échelle 613.18
— circulaire 361.1
— pour divers systèmes de numérotage 614.11
échelonné, touffes —es . 383.11
échelonnement de la matière textile 319.19
écheveau . 12.17, 133.8, 562.19
— complet 610.13
— de x échevettes 598.22
— de fil 522.12
— à la japonaise 426.7
— lié en échevettes 12.21
— à liure blanche 579.15
— à liure rouge 579.16
— de x mètres 603.13
— original 602.18
— de soie 426.2
— de x yards 604.1
—, mettre les fils sous forme d' 562.18
—x, courts 563.4
—x, en grands 426.4
—x, mettre en 562.23
—x, x — pèsent un (demi-) kilogramme . . 604.2.3
—x, x — pèsent une livre anglaise 604.4
—x, en petits 426.3
échevettage . . 12.19, 563.22
— en chaîne 564.2
échevette . . . 12.18, 599.1
— dévidée court 562.7
— de preuve 562.21
— de soie 432.12
— de titrage 602.16
—, une — de x fils 599.5
—s, courtes 563.6
—s, six 599.4
échevetter 563.23
éclat de la fibre de soie 427.18

éclat métallique 415.6
— nacré 415.7
économie de chaleur 294.16
écorce de quillaja 278.2
écossais, système — de retordage 542.8
écouler, faire — les eaux de lavage 280.9
—, faire — le fil dans une solution 468.12
écran 610.5
écrou d'ajustage 43.10
— avançant 181.14
— double 290.5
— à oreilles 332.19, 548.4
— réglable 258.9
— de réglage 54.10
— du secteur 170.14, 350.7
— de serrage 59.5, 344.10
— de tension 340.16
écru, ficelle —e 592.17
—, soie —e 434.4
écumeux, solution —se 277.10
effet affaiblissant 302.16
— de battage 31.5
— du blanchiment 287.3
— du carbonisage 301.13
— de compensation par doublage 81.2
— de frottage 332.11
— lent, à 466.14
— de pinçage 103.4
effilochage des chiffons à la main 403.9
— sans ensimage 403.14
— humide 403.18
— au mouillé 403.18
— à sec 403.15
effiloché, chiffons —s 403.11
—, chiffons —s à sec 403.16
—, chiffons non —s 404.12
effilocher les chiffons 403.10, 404.2
effilocheur de chiffons 403.12
— de coton 197.14
effilocheuse pour chiffons 404.5
— à chiffons à double champ de travail 405.6
— humide 404.1
— à sec 403.17
effort de tension irrégulier du fil 517.14
égal, fil (très) 605.18.19
également, toron travaillé 594 6
égalisage par doublage 81.1
égalisant, doublage 326.19
égalisation de la couche des flocons 200.8
— de la disposition des fibres 386.7
égaliser le cuir 118.16
— la nappe 41.9
— le ruban 100.14
— la surface 64.19
— les manchons de cuir, machine à 109.10
égalité du fil 605.16
églouteronneuse mécanique 367.8
égouttage, cuvette d' 360.4
égouttant, lubrifiant 317.15
égoutter l'excès d'acide 304.19
égrateronneur de laine 366.15
égrateronneuse de laine 367.1
élasticité 66.15
— d'allongement de la corde 513.4
— élevée du fil 475.9
— de la matière 64.9
élastique, fibre 14.4
—, flexion 67.8
—, support 146.9
électricien 5.21
électricité des fibres 102.8
électrique, commande 157.6
—, excitation — des fibres 102.6
élément de fibre 6.13
— du filament de soie 411.11
élévateur 560.9
— de Déru 281.1
— à godets 40.2
— Mc Naught 283.4
— Mélen 282.12
élévatoire, tablier 21.9
élevé, élasticité —e 475.9
—, numéro 194.1
élimination des boutons du lin 216.8
— des chardons détruits 308.10
élimination du cuivre du fil 467.15
— des débris végétaux 301.4
— des déchets 39.12
— des fibres courtes 374.4
— des matières en suspension 271.1
— des parties végétales 402.2
éliminer les chrysalides 438.21
— le cuivre du fil 467.16
— l'eau 302.4
— les impuretés laissées 49.21
— les jarres 409.9
— les matières colorantes résineuses 432.16
— une mauvaise bobine 133.16
— le soufre 434.22
— les vapeurs d'éther 462.11
elliptique, fil 65.18
éloignement 390.4
émaillé 149.14, 564.17
emballage 16.10
— des bottes de lin 217.10
— des canettes 578.8
— des canettes dans des barils 578.10
— des canettes dans des caisses garnies de papier 578.9
— du coton 15.19
— des fils 576.5
emballé humide jute 236.18
embase de la broche 355.12
— de la brochette 544.2
— de la canette 154.18, 527.17
— conique 518.17
embouchure, large 380.6
embrayage de la cloche des scrolls 191.8
— et débrayage du manchon du premier cylindre 182.9
— à dents pour la sortie du chariot 163.4
— à frottement 157.14
embrayé 346.16
embrayer 346.11
embrochement des bobineaux 128.4
émeri 70.20
émerillon 499.4
émerissage du rouleau 70.17
émerisé, ruban 71.17
émeriser le cylindre 70.18
emmagasinage des balles 17.10
— du coton 16.14
— du fil dans des caves humides 574.11
— du lin 210.13
emmagasiner le coton 17.9
— le lin 210.12
emmanchement des cylindres cannelés 121.1
emmelé, couche —e 387.4
emmortaisé 497.2, 543.10
émouchetage 212.16
émoucheté, chanvre 496.1
émoucheter le chanvre 495.18
émoucheteur 212.17, 213.11
émoucheteuse 212.18
émouchures 219.16
émoussé, dent —e 338.13
—, pied coupé 236.10
empaquetage en balles 578.6
— des écheveaux de fils 576.9
empaqueter les fils 576.6
empaqueteur 5.3, 576.7
empaqueteuse 5.4
empêchement de formation de gouttes 574.8
empêcher l'arrivée de l'air 59.11
— les courants d'air 59.12
empilé, laine —e 311.7
empiler les balles 17.11
employeur 1.13
empointage 170.2 352.10
empois 117.18
émulsion d'eau et d'huile 238.14
émulsionnement 275.4
encarteur de fils 5.11
encarteuse de fils 5.12
enclanchement du loquet 357.13
enclencher, s' 346.15
encliquetage du chariot 206.12
encoche 109.15
— pour mèche de graissage 344.13
—s, à 449.3
encollé, chiffons —s 396.18
encrassé, chiffons —s 396.17
endommagé, fibre —e 26.2
enduire le cuir d'une solution de colle 120.4
enfiler les busettes 361.2
— les tubes 175.20
enflammer, s'— facilement (soie) 462.8
enfoncement d'une aiguille métallique dans les cordes 512.12
— du peigne fixe 378.4
enfoncer le ruban dans le peigne 448.14
— la tête de la mèche dans les aiguilles 383.10
enfonceur 372.8, 381.4
— émoussé 382.18
engagement de l'embrayage par son propre poids 166.10
engager, s' 346.15
engin de levage 304.3
engluer 64.17
engraisser le cuir 333.5
engraisseur de laine 314.6
engrenage assurant le pinçage des mâchoires 506.13
— baignant dans l'huile 555.2
— épicycloïdal droit 126.12
— hypocycloïdal 140.3
— intermittent 546.12
—, double 127.2
—s commandant la rentrée du chariot 161.5
—s de marche du chariot 177.3
—s du métier renvideur 186.7
—s du renvideur Schlumberger 184.12
engrener, s' 343.12
enlacer la poignée de jute autour de la dent 243.1
enlevage des poids 107.2
enlèvement des acides par le blanc de Meudon 310.4
— des acides par des laveuses mécaniques 310.1
— de la barbe 445.17
— des blousses 380.3
— des boutons 400.8
— du chapeau 53.3
— des chardons 369.5
— des débourrures 58.1
— des débris de gratterons 406.3
— des écheveaux 565.10
— de l'huile par pompe 148.12
— des impuretés 376.10
— des impuretés adhérentes du fil 454.12
— des inégalités du fil 428.20
— par le lavage du sulfate de soude 309.16
— de la nappe du tambour 321.14
— de la pression 106.7
— des simples 387.8
—, double des fibres de la garniture du tambour 210.14
enlever l'alcool du fil par lavage 463.16
— la barbe 445.16
— la bourre 420.10
— les brindilles de la surface du câble 507.4
— la broche 148.1
— le chapeau 53.4
— les chardons 366.14, 368.4
— la chènevotte du chanvre 495.4
— la chènevotte de l'étoupe 232.10
— le coton de la balle par couches 19.18
— les débourrages des garnitures 75.4
— les duvets 75.14
— les duvets par soufflage 75.15
— l'eau 302.4
— l'eau combinée chimiquement du fil 468.1
— les ébarbures des dents 70.4
— l'écheveau 610.14
— l'écheveau du dévidoir 424.16, 564.7
— l'emballage de la balle 18.5
— le frison 420.10
enlever les impuretés du fil par frottement 455.3
— les impuretés par le rinçage 438.18
— les inégalités du fil 428.21
— les jarres du tambour 409.8
— la laine des chardons 368.9
— une mauvaise bobine 133.16
— la nappe 47.9
— les pailles d'oxyde du fil d'acier 66.7
— les poids du cylindre de pression 107.3
— la terre à foulon en lavant 298.16
— la vieille garniture 336.13
— le voile de la surface du peigneur 59.17
enleveur d'étoupes 213.12, 216.1
— de poussières 203.10
enrichir, s'— en cuivre (précipitant) 468.2
enrichissement du précipitant par le cuivre 468.3
enroulage 124.16
— croisé 519.13
— cylindrique 518.20
— ouvert 519.8
— serré 519.9
— sous tension variable 526.9
enroulé, soie —e 470.13
enroulement par l'ailette 125.1
— par la bobine 124.21
— hypocycloïdal du ruban 76.20
— du ruban 76.19, 386.15
— des torons sur l'âme 595.2
enrouler 562.6
— les barbes autour de bâtons 444.11
— en écheveaux la soie artificielle 473.2
— le fil sur des bobines 461.8
— la mèche sur la bobine 124.17
— la nappe 45.7, 451.10
— le ruban d'émeri en spirale 71.21
— la soie 470.12
— les torons sur l'âme 595.3
— le voile sur un tambour 198.7
ensimage (produit) 314.8
— des chiffons 403.13
— en compartiments 239.2
— par couches 317.6
— des déchets de soie 441.2
— des étoupes au suif 232.8
— du jute 237.2
— de la laine 313.13
— à la main 317.1
— à point 237.16
— solidifié 316.18
ensimé, jute 237.17
—, jute non 237.14
—, laine —e artificiellement 274.12
ensimer le jute 237.4
— la laine 313.14
ensimeur 239.5
— de laine 314.6
ensimeuse 317.13
ensouple 249.7
entaille 109.15
— dans le levier 186.3
entaillé, disque 370.8
entassement par couches 197.6
entasser les balles 17.11
— les cocons bouillis 436.22
entoilage du fil dans des étoffes humides 573.13
entoiler 64.17
entonnoir 51.10, 111.7, 257.8, 370.3, 470.7, 484.16, 611.10
— avec aiguille d'acier 343.4
— alimentaire 266.20
— d'alimentation 39.7, 196.8, 259.4
— à arrondir 478.12, 484.11, 485.6, 486.4
— à arrondir avec trou conique 478.13
— en bois 422.12
— comprenant un noyau conique 484.12
— condenseur 451.13
— fendu 208.8
— -guide 506.6
— à l'huile 553.1
— de sortie 487.12

entonnoir tournant 341.12, 343.3, 380.8, 449.10
— tournant pour laine à peigne 372.4
entraînement de la bobine par le fil 140.4
entraîner l'air 293.15
— par le fil bobine 140.5
entrant, feuille de papier —e 483.6
—, numéro 102.4
entrecoupé, roue —e 565.10
entrée de l'air 323.2
— du coton 35.6
— de l'eau de lavage 280.14
— de l'eau de rinçage 365.15
— de la laine 296.15
— de la vapeur 571.7
entrepreneur 1.14
entrer dans l'intérieur des canettes (vapeur) 571.15
—, faire — le volant profondément dans la garniture 322.16
entretoise 344.3, 497.4, 500.10
— de maintien 344.2
—s du chariot 345.5
enveloppe 616.13
— grossière de séricine 411.17
— interne du cocon 417.5
— du tambour 31.9
— en tôle 259.2, 307.9
— du ventilateur 37.6
envelopper la poignée 216.12
envideur 430.11
épaillage chimique 301.1
épailleur de laine 366.15
épailleuse de laine 367.1
épaisseur de l'alimentation 41.14
— du fil 10.1, 66.16, 598.14
— irrégulière du fil 411.13
— de la nappe 32.9
épaississement du fond de la canette 174.8
éparpillement des extrémités des fibres par suite de l'électricité 570.1
epicycloïdal, engrenage — droit 126.12
épisser la corde 493.20
épisseur 494.5
épissoir 494.2
épissure 359.18.19, 493.21
— carrée 359.21, 493.23
— des cordes 493.19
— de ganse 493.24
— en greffe 494.1
— longue 359.20, 493.22
— à œil 493.24
— à œillet 493.24
— en portière 494.1
— en queue de vache 494.1
épluchage 376.10
— des barbes 450.14
— de la laine 310.13
— des traits 450.14
éplucher le coton de l'emballage 18.7
éplucheur 212.17, 376.11
— de laine 366.15
éplucheuse 212.18
— de laine 367.1
épreuve de l'eau, à l' 416.12
— hygrométrique 615.3
éprouver, les cordes 513.12
épurateur de fil 536.6
épuration du coton 26.3
— de l'eau 270.20
— humide 268.8
épurer la bourrette 453.1
épurer le coton 26.4
équilibrage du chariot 132.10
équilibre des masses 290.15
équilibré (tambour) 78.13
—, commande à tension —e 37.1
équilibrer les bras du volant 40.14
— les masses 291.1
— le tambour 145.1
éria, soie 410.10
escoubette 420.5
espace 308.15
— en blanc dans la garniture du peigneur 329.11
— entre les dents 31.3
— sous la traverse rempli avec du métal blanc 290.8
— vide 294.10
espacement des aiguilles 372.3
espacement entre les barreaux 36.6
— des dents 68.12
— des mailles du tissu métallique 195.11
—, panier à larges —s 571.5
espadeur 495.8
espèce de coton 13.5
— de laine 266.10
— de pot 76.6
— de soie 410.4
—s de bobinage 518.19
—s de cocons 413.14
—s de fils 579.1
esprit de bois 459.1
esquive de la bobine 554.12
essai d'allongement 608.15
— des cordes 513.1
— des écheveaux sur le banc à chevilles 542.12
— d'élasticité 608.15
— du fil 66.10 605.1
— de l'huile d'ensimage 238.21
— du pourcentage de blousse 100.2
— de régularité 609.9
— de résistance 606.20
— à la vue 610.1
essayer les cylindres 120.3
— les cordes 513.12
— les fils 605.2
— les huiles 149.1
— la teneur du bain acide 303.12
essence 297.16, 462.19
— de pin 314.22
— de romarin 314.21
— de térébenthine 314.23
essorage de la laine 287.8
— par hydro-extracteur 288.12
essorer les déchets de soie 439.16
— l'excès d'acide 304.20
— la laine 305.21
essoreuse 439.17
— centrifuge 288.16
— centrifuge à commande inférieure 289.12
— centrifuge à disques de friction supérieurs 288.17
— à panier à garniture en plomb à l'intérieur 304.21
estampé, anneau 150.2
estrasse 435.18
étage 297.1
—, disposition en —s. 279.12
étalage 8.9
— du chanvre long 231.17
— du jute peigné 246.9
— du lin 217.20
— des traits 450.15
— uniforme 319.16
étalé (chanvre) 231.19
— (jute) 246.11
étaler 8.10
— le chanvre long 231.18
— le jute peigné 246.10
— les mèches peignées de bourrette 453.17
étaleur 219.10, 326.13
étaleuse 8.11, 218.4
— (ouvrière) 219.11
— à chaîne 501.12
— pour chanvre 232.1
— avec étirage à hérisson 451.7
— pour fibres courtes 451.2
— pour fibres longues 451.4
— pour fibres moyennes 451.3
— mécanique pour jute 246.12
étamé, fil de fer 493.9
étendage de la nappe du rouleau 86.4
état de formation 480.10
— humide 428.5
— savonneux 428.6
— sec 196.1
étendre la corde 513.7
étendu, pâte —e sur une plaque 117.16
éther 297.13
— acétique 460.10
— sulfurique 71.13
étiquette indiquant le classement 235.5
— de titrage 602.19
étiqueter les bottes achetées 210.4
étirage (action et effet) 8.12.14, 101.4
— par le chariot 393.7
étirage du coton 100.8
— double 371.11.12
— excessif 101.14
— finisseur 101.9
— fort 101.12
— de huit 101.13
— intermédiaire 101.8
— léger 101.11
— de la nappe 42.11
— partiel 101.6
— du peigné 386.5
— du premier banc d'étirage 222.13
— préparatoire 81.4, 101.7
— par progression 472.10
— de x des rubans 371.13
— des rubans avant peignage 80.16
— des rubans de bourrette 453.7
— des rubans de la peigneuse 384.8
— des rubans de soie 451.15
— simple 371.10
— supérieur au doublage 223.3
— supplémentaire par le chariot 164.12
— total 101.10
—, mécanisme d'— pour les deux côtés du renvideur 176.6
—, rendre l'— égal au nombre des rubans alimentés 104.8
—, système d'— à une paire (trois paires) de cylindres 205.1.2
étirage v. a. banc d'étirage, étireuse
— auxiliaire 389.3
— à barrettes à aiguilles 385.17
— à barrettes commandées par chaînes 219.4
— à barrettes commandées par vis 218.10, 251.6
— à barrettes commandées par vis pour étoupe de lin 224.1
— à barrettes s'entrecroisant 372.1
— à barrettes à mouvement circulaire 372.7
— à barrettes avec plaques de chauffage 388.5
— à chaînes 253.9, 501.12
— à un seul champ d'aiguilles 371.18
— à deux champs d'aiguilles 372.1
— à plusieurs champs d'aiguilles disposés en escalier 372.6
— pour chanvre 233.2
— en fin 103.14
— à frottoirs 387.13
— en gros 103.12, 371.16
— à hérissons 221.8, 254.9
— à hérisson simple (double) 372.14.15
— intermédiaire 103.13
— pour lin long 223.4
— nappeur 81.9
— à plateaux pour la conduite des barrettes 253.8
— à pots 384.9
— préparatoire 371.16
— à double rangée de barrettes 372.1
— à une seule rangée de barrettes 371.18
— -réunion 388.14
— à soie 451.17
— soleil 253.8
— supplémentaire 389.3
— à surface gauche 81.9
— à têtes croisées 103.15
— avec têtes du même côté 104.4
— vide-pots 384.9
—, premier 371.16
—, second 223.1
—, troisième 223.2
étirageuse de lin 224.2
étiré, fil — par son propre poids 466.15
—, mèche —e 159.18
— régulièrement 66.13
étirer 8.13, 502.7
étirer et allonger la corde à broches 356.4
— les fibres par des cylindres 102.11
— les ficelles 507.17
— le fil dans une solution diluée alcaline 467.2
— un fil de verre 491.7
— la gélatine en fils 471.8
— la mèche 159.17
— la mèche de jute 256.15
— à outrance 101.15
— de la même quantité qu'on double 452.8
— la ramie 262.13
— le ruban 8.16, 100.12, 251.5
— le ruban de carde 371.7
— les rubans de lin 222.12
— les rubans avant peignage 80.15
— la soie dégommée 434.18
— le tube capillaire 467.12
— les vrilles du fil 191.14, 358.3
étireuse de laine (ouvrière) 371.9
— de lin (ouvrière) 224.2
étireuse (v. a. étirage, banc d'étirage) 102.9
— préliminaire 81.3
— à soie 451.17
étoffes humides 573.13
— voyageuses 193.1
étoiles en carton 536.9
étouffage de la chrysalide 417.7
— à la vapeur 418.1
étouffé, cocon 413.10
étouffement de la chrysalide 417.7
étouffer à la chaleur sèche 417.14
— la chrysalide 417.8
— à la vapeur 418.3
étouffoir-séchoir mobile 417.17
étoupe 8.8, 496.12
— de l'affinoir 232.6
— boutonneuse 220.7
— cardée 220.8
— de chanvre 232.3, 492.4
— ensimée 232.7
— d'espadage 219.13
— (non) goudronnée 492.11.12
— impure de chanvre 232.4
— de jute coupée 244.7
— de lin 212.13, 492.10
— de lin agglutinée 220.6
— de lin foncée 220.5
— longue 232.11
— noire 492.11
— noueuse 220.7
— de peignage 212.12, 220.9
— de peignage en fin 232.6
— de peignage en gros 232.5
— peignée 222.10
— des pieds 220.3
— de la racine 220.3
— de repassage 220.2
— de teillage 219.13
— de teillage à main 219.14
— teillée 219.15
— des têtes 220.4
— de triage 220.2
étoupeur 213.12
étranger, corps —s. 26.10
étranglé, cocon 414.10
étrier 39.10
étuve de conditionnement 616.5
évacuation par pompage des huiles sales 555.3
— des poussières 27.13
évaporation 293.10
— de benzine 438.10
— de carde 371.5
— de l'humidité par refroidissement du fil 572.9
— du liquide suinteux 273.11
évaporé, eau —e 293.12
évaporer du pétrole 438.8
évent 297.4
évidement carré 121.3
— de la poulie 44.13
éviter les chutes de mélange 313.7
évolutions du renvideur 159.8
exagéré, torsion —e 501.7
exagérer l'étirage 101.15
examen des filés 610.2
examiner les cocons 413.4

examiner au microscope l'ouverture du tube capillaire 467.13
excentrique 60.2, 98.15, 260.10, 283.9, 382.1, 373.8
— de l'alimentation 93.12
— axial 249.11, 536.13
— du chariot 162.10
— en cœur 551.7
— des cuirs 333.15
— des cylindres 162.9, 176.9
— à déplacement axial 182.3
— pour le déplacement de la chaîne du secteur 350.8
— de la fourche guide-courroie 162.11
— à rainure 182.11, 183.3
— supérieur du mouvement du chariot 230.2
— vissé 560 10
excentriquement, monté 447.6
excès d'acide 304.18
— de consommation de force par l'huile lourde 148.11
— de savon 277.7
excessif, alimentation —ve 28.3
—, étirage 101.14
excitation électrique des fibres 102.6
excité par l'électricité 102.7
exempte de boutons 311.1
exempte de chaux 419.4
exhausteur 24.8
existences en laine 264.3
expansion, dispositif d' 567.3
expédition des paquets 577.10
expéditionnaire, commis 6.1
explosif 297.12
explosion, facilité d' 462.4
exposer la laine à l'air 292.16
expression des eaux de lavage 279 3
— de la laine 288.1
exprimé, eau souillée —e 279.8
exprimer la laine 279.1
extensible, poulie 224.8
extensibilité du fil 10.2
extension de la corde 513.5
extérieur, cylindre tournant à l' 543.6
—, roue —e 134.12
extract, laine renaissance 407.21
extracteur 298.3
— des jarres 322.11
extraction des bouts durs des déchets de filature 196.2
— de l'eau de la laine 287.8
— partielle de l'eau de rinçage à la machine 287.9
— de la graisse 273.15
— des sels de potasse du suint 272.12
— de la soie des cocons 418.5
extraire les bouts durs 196.3
— la graisse 273.16
— la graisse des eaux de lavage 299.14
— les impuretés laissées 49.21
— les sels de potasse du suint 272.13
extrait de bois de campêche 238.16
extrémité amincie 243.11
— de la barrette 252.9
— de la broche 175.12
— de la chaîne du secteur 184.11
— en cuir 535.3
— du lin 211.5
— de retenue de la pince 449.2
—s des fibres 570.1
—s des pieds coupées carrément 243.5

F

fabricant de garnitures de cardes 69.6
fabrication v. a. industrie
— des câbles métalliques 509.1
— des cordages 492.1
— des cordages de chanvre 494.19
fabrication des cordages cousus 512.1
— des cordages à la main 494.20
— des cordage tordus 494.18
— des cordes tressées 510.1
— des cylindres cannelés 120.8
— de fils artificiels de la cellulose de bois 475.1
— de fils venant de fibres de bois 475.10
— du fil flammé par filage en fin 590.1
— de fil de laine cardée 263.11
— de fils de papier 479.7
— de fils de pâte de bois 476.5
— du fil peigné 364 2
— du tissu de carde 65.13
fabrique de cordages 494.13
— de ficelles d'emballage 494.14
— de garnitures de cardes 69.8
— de laine artificielle 396.4
— de shoddy 396.4
facile, déroulement 41.15
facilement, la bobine ne se dévide pas 97.5
facilité d'explosion 462.4
—s de filature de la fibre 237.13
façon, à 376.15
façonnier 6.5
façonnière 6.6
facture 16.19
faculté hygrométrique 573.8, 615.6
fagara, soie 410.9
faible apprêt 586.9
—, fibre 14.5
—, solution 194.11
faiblement tordu 122.4
—, eau — savonneuse 573.17
Fairbairn, peignage 447.11
falsification du lin teillé 209 14
falsifié, huile (non) —e 315.22 23
—, lin teillé 209.15
fané, chiffons —s 398.5
fatigué, ressort 106.5
faucille 196.14, 243.6
— de la baguette 166.4
—, en forme de 231.13
fausse torsion 9.7, 204.1, 331.11
faux-fond 285.8, 571.6
— incliné 278 13
faux-rond du cylindre 107.9
—, rouleau tournant 337.1
fendre, se (manchon) 119.12
fendu, entonnoir 208.8
— de côté 130.8
fenêtre 38.6
— du tambour à crible 44.10
fente 429.9, 524.7
— arrondie 373.13
— centrale pour le pivot de la bobine 552.11
— courbe 123.14
— dans le godet avec galet fou 527.13
— de guidage 537.9
— de guidage du fil 527.10
— du tambour 524.11
—, à 522.5
fentes (enveloppe de séricine) 412.1
— en forme de coins 354.5
fer blanc 76.16
— cémenté à la surface 120.15
— forgé 286.1
— à frotter le chanvre 495.12
— à grain fin 191.4
— noir 76.17
— à souder 86.22
ferme, lin 217.2
fermé, position —e 346.18
—, réservoir 242.3
fermentation des déchets de soie 437.8
— du jute emballé humide 236.18
fermenté, déchets de soie —s 438.3
fermenter à l'air libre 437.19
— les déchets de soie 437.11
fermer le circuit 113.12
fermer, se (toron) 511.4
—, se — automatiquement (pince) 450.2
fermeture automatique 402.16
— à baïonnette entre ailette et broche 549.1
— du circuit 113.13
— du couvercle 487.14
— à excentrique 219.9
— du mouvement de monte et baisse 531.8
— du volant 44.8
—, mouvement de 91.5
feu nu 418.11
—, le lin prend 222.4
feuille d'acier 93.8
— de carde 60.19
— métallique 45.1
— de papier entrante 483.6
— de papier humidifiée 480.7, 482.6
— de papier recouverte d'une couche de fibres textiles 480.8
— de pâte à papier 481.1
— de pâte à papier divisée préalablement 478.7
—s de zinc 239.7
feutrant, pouvoir 396.3
—, propriété —e diminuée 406.14
feutre 478.16
— épais 65.4
— gras 397.20
— de laine 397.19
feutré, laine —e (du ventre) 265.22, 269.15
—, matières (non) —es 395.14, 396.1
fibre 6.12
— de bois 588.19
— de coco 492.15
— courte 6.16, 195.5
— élastique 14.4
— endommagée 26.2
— faible 14.5
— de fibroïne 434.6
— frisée 6.19
— glissante 194.8
— individuelle 49.18
— isolée 49.18
— de jute flexible 240.5
— de laine 274.5
— de laine attaquée 276.13
— de lin riche en matières gommeuses 225.11
— du lin de la Nouvelle-Zélande 492.8
— lisse 6.17
— longue 6.15
— ondulée 6.18
— de ramie 261.3
— de soie transparente 428.1
— vrillée 6.19
— vulcanisé 76.11
—, pot en 52.4
—s élémentaires 318.7
—s démêlées 247.8
—s peignées 245.3
—s textiles 480.2
—s végétales 402.3
fibreux, matière —se 6.9
fibroïne 411.9
—, fils artificiels de 472.5
ficelé, toison —e 264.16
ficelle d'arrêt 549.8
— blanche 593.1
— blanchie 593.1
— deux brins 593.4
— trois brins 593.5
— à brocher 593.2
— en chanvre 512.7
— écrue 592.17
— d'emballage 577.15, 592.16
— du frein 545.10
— de penne 564.1
— de pienne 564.1
— de pontine 564.1
— pour sucre 593.3
fiche de titrage 602.19
fil 9.18, 535.5
— (mesure) 599.10
— d'acier 65.16, 493.11
— d'acier étamé 335.7
— d'acier trempé et recuit 66.4
— d'albumine 471.11
— allant au renvidage 528.8
— d'alpaca 585.14
fil d'alpaga 585.14
— d'alpaga marbré 585.15
— d'âme 559.3.8, 561.15, 591.4
— d'amiante 589.10
— d'amiante avec âme 589.11
— d'arcade 581.21
— autruche 591.3
— de barège 584.20
— Bazar 579.7
— beige 584.7
— blanchi 605.11
— en bobine 583.12
— de la bobine 112.12
— bon au foulage 606.6
— de bonneterie 585.4
— de bonneterie union 585.2
— Botany 584.1
— bouclé en mohair 562.1
— de bourrette 454.5, 588.3
— boutonneux 590.5
— six bouts pour bonneterie 580.14
— brillantine 583.10
— brisé 158.15
— à broder 584.22
— de broderie 584.22
— de broderie au tambour 580.15
— brut 581.8
— câblé 539.15
— cachemire 585.21
— en canette 583.11
— cardé retors 583.15
— pour cardes 67.1
— de caret 493.15, 582.3, 592.11
— de caret délié 592.12
— de caret gros 592.13
— de caret inégal 592.14
— de caret ourdi 498.11
— castor 584.3
— pour castorin 580.20
— de cellulose 588.18
— de chaîne 154.14
— de chaîne du continu 580.2
— de chanvre 592.6
— de chanvre goudronné 508.16
— chargé 605.15
— chauffé par la vapeur 572.8
— cheviot 583.23
— chiné 580.23
— choix 579.12
— de coco 588.14
— de cocon en forme de cylindre aplati 411.12
— de cocon jeté 421.10
— Coconada 579.5
— de condenseur 193.12
— conducteur électrique 113.4
— contenant du cuivre 467.4
— de continue à ailettes 138.6
— de continue à anneau 138.7
— de la contre-baguette 160.7
— cordonnet 580.10
— de coton 580.1
— coton cardé 193.12, 580.5
— de coton d'Égypte 579.3
— de coton gazé 580.21
— de coton peigné 580.6
— à coudre 580.8, 581.22
— à coudre en chanvre 582.4
— coupé 169.1
— à courtes échevettes 563.6
— pour crêpe 584.19
— de crin 586.1
— à crochet 585.3
— à crocheter 580.12
— de cuivre 461.11
— de cuivre jaune 595.19
— de cuivre rouge 595.18
— pour damassé 584.16
— de déchet 195.3
— de x demi-onces 604.7
— à dentelles 581.23
— dépointé 165.14
— détordu 561.13
— se dévidant de la canette 525.2
— dévidé 610.12
— double 354.4
— double duveteux 425.9
— doux 606.2
— dur 605.22

fil moyennement dur 606.1
– duveteux 193.11
– en écailles 591.13
– d'Écosse brillant . 581.2
– égal 605.19
– très égal 605.18
– élastique 606.3
– elliptique 65.18
– qui s'envide sur la bobine 517.14
– étiré par son propre poids 466.15
– d'étoupe 581.7
– d'étoupe de chanvre 582.2
– d'étoupe foncé . . 581.15
– d'étoupe de jute . 582.7
– extra 579.12
– extract 583.2
– façonné profilé . . 493.14
– fantaisie retordu . 589.13
– de fer 493.7
– de fer de la baguette 106.5
– de fer cuivré . . . 493.10
– de fer étamé . . . 493.9
– de fer galvanisé . 493.8
– de fer recouvert de zinc 493.8
– de fer rond . . . 65.17
– feutré 591.14
– de fibre de bois . . 588.19
– filé en fin 590.3
– pour filet 580.16
– fin 598.17
– fini 591.2
– flammé . . 580.23, 589.14
– flammé imprimé . 580.24
– flammé de laine cardée 582.15
– flammé produit par doublage 589.15
– flammé unicolore . 589.17
– pour flanelle . . . 583.9
– de fleuret 587.19
– de fleuret blanc . 588.2
– de fleuret jaune . 588.1
– de fond . . 559.3, 591.4
– formant la fantaisie 559.4.9
– fort 598.18
– fortement tordu . 498.7
– à fuseau 581.9
– de futaine . 193.12, 579.17
– pour garniture . . 65.14
– gazé 455.13
– de gélatine insoluble 471.9
– genappe 584.14
– glacé 580 7
– dans la graisse . . 583.14
– graisseux 605.6
– gras 605.6
– griseille 583.5
– de gros numéro de grande douceur . 193.10
– hairas 584.5
– pour harnais . . . 581.21
– home spun 583.6
– huileux 605.7
– humide 606.4
– imitation 579.8
– imitation de vigogne 579.9
– imperméable . . . 468.7
– imprégné de goudron 508.15
– imprimé 581.1
– inégal 605.21
– un peu inégal . . 605.20
– jaspé . . . 579.19, 584.9
– Jumel 579.3
– de jute peigné . . 582.6
– lâche 104.7
– de laine de bois . . 588.16
– de laine cardée . . 263.5
– de laine renaissance 582.18
– de laine de soie . . 585.16
– de laine pour tapis 583.8
– de laine dite de vigogne 579.10
– de laiton 512.9
– pour lasting . . . 584.18
– (non) lavé 605.8.9
– de liage 561.16
– de lin . . . 581.6, 592.9
– de lin apprêté . . 581.14
– de lin blanchi . . 581.17
– de lin de filage au (mi-)mouillé . . 581.12.13
– de lin lustré . . . 581.16
– de lin au sec . . 581.11
– à lisière 582.17
– lisse 363.17
– Louisiane 579.4
fil lustre 584.4
– de main 581.9
– marbré 584.10
– mécanique 581.10
– mèche 579.16
– mélangé 582.14
– mercerisé 581.3
– mérinos 583.22
– métallique anti-ballon 153.3
– métallique aplati . 493.13
– métallique méplat . 493.13
– métallique plat . . 493.13
– métallique rond . 493.12
– de x mètres . . . 599.9
– mi-chaîne 580.4
– mi-laine 579.11
– mixte 364.1, 408.4, 582 8
– mixte clair . . . 582.10
– mixte foncé . . . 582.9
– mohair 585.19
– mohair mixte . . . 585.20
– pour moissonneuse-lieuse 592.15
– mouliné 584.12
– mousseline de laine 584.15
– moyen 579.13
– mungo 583.3
– mungo à forte torsion 583.4
– nitré 581.4
– ondé 591.20
– Orléans 584.17
– ovale 65.18
– de papier 588.21
– de papier textiline . 589.5
– de papier textilite . 589.4
– de papier textilose . 589.3
– de passement . . 585.7
– de passementerie . 580.18
– de pâte 478 14
– de pâte de bois . . 476.5
– de pâte de papier . 588.20
– de pâte silvaline . 589.2
– peigné 363.18
– peigné-cardé . . . 364.11
– peigné pour chaîne 583.20
– peigné doux . . . 364.8
– peigné dur 364.7
– peigné flammé . . 590.4
– peigné (non) lavé 583.18.19
– peigné mélangé . . 364.1
– peugné pour trame 583.21
– de perles 591.8
– perse 584.23
– petite-chaîne . . . 580.4
– pilot 580.19
– plat 65.19, 589.7
– plat avec âme de fil textile 589.8
– plat avec âme métallique 589.9
– à plomb 363.2
– poil 430.5, 591.5
– de poil 409.2
– de poil blanchâtre 585.10
– de poil blanc . . . 585.9
– de poil de chameau 585.13
– de poil de chèvre . 585.18
– à poil frisé . . . 591.3
– de poil gris foncé . 585.12
– de poil grisâtre . . 585.11
– de poil pour tapis . 586.2
– de poil de vache . . 585.23
– de poil de veau . 585.22
– primitif 559.3
– principal 559.3
– propre 605.5
– de pyroxyline explosif 462.10
– de qualité inférieure 579.14
– de premier qualité . 579.12
– de seconde qualité . 579.13
– de troisième qualité 579.14
– de ramie 588.15
– rattaché 158.16
– rectangulaire . . . 65.19
– (non) recuit 595.21, 596.1
– se rendant sur la canette 533.3
– de renvideur . . . 580.3
– retors (v. a. retors) 12.13
– retors gauche avec fil simple tordu à droite 540.7
– retors de lin . . . 581.19
– retors lin soyeux . 581.20
– retors simple . . . 539.14
fil retors avec torsion de filature et de retordage dans le même sens . . . 540.8
– rompu 133.12
– rond 589.6
– rond aplati . . . 66.3
– à rouet 581.9
– saturé d'humidité . 615.7
– de sayette 583.17
– de schappe . . . 587.19
– sec 606.5
– sec et cassant . . 428.4
– séché 467.16
– de shoddy 582.19
– silvaline 589.2
– simple . . . 515.4, 539.3
– simple tordu à droite 540.7
– Smyrne 585.5
– de soie bouchonneux 425.16
– soie crêpe 586.20
– soie crêpe de Chine 586.21
– de soie galette . . 587.24
– de soie grège avec des bouchons . . 425.15
– de soie grège avec boucles 425.12
– de soie grège dévidée non nette . 425.5
– de soie grège avec duvet (fixe) . . 425.6.12
– de soie grège avec vrille 425.11
– de soie pauvre en cuivre 467.17
– de soie rétréci . . 434.17
– de soie vert-malachite 467.18
– solide 9.22
– de support 591.4
– surtordu 541.8
– de tapisserie 583.7, 585.6
– teint 580.22, 605.13
– grand teint 605.14
– tendeur 511.8
– tendu 140.8
– peu tendu 140.7
– textile 589.8
– textiline 589.5
– textilite 589.4
– texilose 589.3
– Thibet 583.1
– à tisser 581.18
– Togolina 579.6
– tordu à droite . . . 153.14
– tordu à gauche . . 153.13
– trop tordu 541.8
– à torsion droite . . 153.14
– à torsion floche . . 159.19
– à torsion inverse . 153.14
– à torsion ordinaire 153.13
– de tourbe 588.17
– de Tournai 584.21
– de trame 139.1
– pour tresser . . . 580.17
– triangulaire . . . 66.1
– triangulaire convexe sur une face 66.2, 336.9
– à tricoter . . 580.13, 581.1
– sur tube 583.13
– uniforme 605.19
– universel 582.13
– de verre coloré . . 491.14
– de verre flexible . 491.8
– vigogne 408.4
– de vigogne 585.17
– vigoureux 584.8
– de viscelline . . . 588.12
– de viscose 468.15
– de viscose gluant . 469.3
– xyloline 589.1
– de x yards 599.8
– zébré 584.10
– zéphir 584.24
– zibeline 582.16
–, gros 159.1
–s artificiels de la caséine 471.13
–s artificiels de la cellulose de bois . 475.1
–s artificiels de fibroïne 472.5
–s artificiels de gelées végétales 472.11
–s artificiels de la solution d'osséine . 472.16
–s artificiels des substances albumineuses 471.10
–s assemblés . 12.9, 515.5
fil-s de couleur . . . 194.2
–s de différentes couleurs 591.15
–s de déchets de soie 587.18
–s doubles 334.8
–s enroulés sur l'arbre 196.12
–s fantaisie 589.12
–s filés au mouillé . 227.3
–s guidés automatiquement 612.3
–s imitation laine . 194.3
–s de laine peignée . 583.16
–s de lisière 334.7
–s métalliques soudés 477.10
–s de soie 586.3
–s de soie artificielle 588. 5
–s de soie à forte torsion 545.4
–s de soie, gros . . 545.3
filable 7.2
filage 1.2, 9.16
– avec un acide . . 468.16
– de l'angora . . . 409.13
– à anneau 138.5
– des bandes de papier 484.22
– de la blousse de ramie 262.14
– à x bouts 421.5
– du chanvre 233.6
– continu 138.1
– discontinu 138.12
– double 343.5
– sans étirage par le chariot 393.7
– des fibres de bois . 476.4
– du fil de caret . . 496.15
– du fil simple . . . 496.15
– en gros 9.13
– intermittent . . . 138.12
– du jute 256.14
– du jute avec des étoupes de lin (de chanvre) . . . 234.14.15
– des laines à carde . 341.3
– du lin 210.17
– à la main 10.9
– du mohair 409.13
– des poils 514.7
– de la ramie . . . 262.11
– de la ramie peignée 262.12
– au renvideur . . . 138.15
– et retordage dans le même sens . . 540.4
– et retordage dans des sens opposés 540.5
– de la schappe . . 452.2
– simultané des rubans de papier et de la matière fibreuse 485.9
– de la soie 429.15
– de la soie artificielle 456.4
– à torsion floche . 138.16
– avec (sans) torsion supplémentaire . 164.13.14
– sur tubes canettestrame 154.11
filament 6.12
– de cocon 411.5
– double de soie brute 411.10
– de soie du bombyx du mûrier 411.6
– de la soie sauvage en forme de ruban 427.17
–s de laine 292.17
filasse 261.8
– de lin . . . 211.17, 212.9
filateur 1.9
– de coton 1.10
– de soie 412.7
filature 1.2, 9.16
– (usine) 1.6
– d'alpaga 409.6
– de l'amiante . . . 489.5
– de la bourre de soie 435.3
– de la bourrette . . 452.12
– de chanvre . . . 234.13
– du chanvre 228.1
– du chanvre long . 228.13
– des cocons 420.15
– de coton . . . 1.7, 137.6
– du coton 13.1
– de coton cardé . . 193.2
– de coton en gros numéros 193.2
– des déchets de coton 194.12
– des déchets de soie 435.3

filature de l'étoupe de chanvre 228.14
— des étoupes de jute 234.10
— d'étoupes de lin 210.19
— de fils de couleur 194.2
— de fils imitation laine 194.3
— de fils de poils 408.6
— de fins numéros 1.8
— de gros numéros de laine peignée 364.13
— de jute 234.7
— du jute 234.9
— de la laine 263.1
— de la laine cardée 263.2
— de laine cardée 263.7
— de la laine mixte 408.1
— de laine peignée 364.3
— de la laine peignée 363.9
— de la laine vigogne 408.1
— de lin 209.6
— du lin 209.4
— du lin long 210.18
— mécanique 11.9
— du mohair 409.12
— de peigné-cardé 364.12
— de poil cachemire 409.7
— de la ramie 261.1
— de renvideur 138.15
— avec roue de renvoi 497.18
— du shoddy de soie 455.14
— de soie 412.9.10
— de la soie 410.1
— de soie artificielle 467.5
— de la soie artificielle 456.3
— du verre 491.5
filé 9.18
— en fin 590.3
— floche 9.19
— très tordu 9.20
— sans (avec) arrêt, cocon 416.8.9
— sans (avec) interruption, cocon 416.8.9
filer 1.3
— le chanvre 234.3
— le coton au condenseur 193.4
— des déchets de coton 194.13
— doux 496.18
— à faible torsion 496.18
— le fil de papier de feuilles de papier 489.1
— des fils de vigogne 408.3
— le fil de viscose dans une solution chaude de sel ammoniac 468.12
— en fin 9.17
— en gros 9.14
— le jute 234.8
— la laine sèche 318.3
— la laine ensimée 318.2
— le lin 210.16
— sur renvideur 454.4
— au sec (jute) 256.16
— à torsion floche 138.17
— sans torsion supplémentaire 164.1.5
— la viscose 468.11
— la viscose avec un acide 469.1
filet (soie) 587.2
filet carré 252.5
— croisé 373.17
— à droite 240.12
— à gauche 240.13
— multiple 146.11
— à poisson, vieux 507.14
— rectangulaire 218.11
— de vis 252.6
—, double 256.1
fileté, tige —e 72.11
fileur 2.15
— d'alpaga 408.15
— de chaîne 2.19
— de chanvre 234.11
— au continu 141.17
— de coton 137.9
— de crins 408.7
— d'étoupes 225.1
— de fil de caret 494.8
— de jute 256.17
— de laine cardée 263.9
— de laine de lama 408.16
— de laine peignée 364.5
— de lin 224.15
— à la main 10.10
— au mouillé 225.9
— de poils 408.7
fileur de poils de chameau 408.11
— de poils de chèvre 408.13
— de poils de veau 408.9
— au renvideur 176.1
— de schappe 452.10
— au sec 225.6
— de soie 435.10
— suppémentaire 3.1
— de trame 2.21
— de vigogne 409.1
fileuse 2.16
— de chaîne 2.20
— de chanvre 234.12
— au continu à ailettes 2.17
— au continu à anneau 2.18
— de coton 137.10
— de crins 408.8
— d'étoupes 225.2
— à gamelles 208.1
— en gros 502.14
— de jute 257.1
— de laine cardée 263.10
— de laine de lama 408.17
— de laine peignée 364.6
— de lin 224.16
— à la main 10.11
— au mouillé 225.10
— de poils 408.8
— de poils de chameau 408.12
— de poils de chèvre 408.14
— de poils de veau 408.10
— à pots 208.1
— de schappe 452.11
— au sec 225.7
— de soie 435.11
— de trame 2.22
filerie 496.19, 503.11
filière 422.2, 466.7
— bouchée 466.10
filins 596.19
fille d'allées 3.21
filoselle 435.14, 587.24
filtrant, matière —e 271.4
filtration par un filtre en amiante 465.17
— finale 271.6
— préliminaire 271.5
filtre en amiante 465.17
— à eau 271.7
— à gravier 271.10
— à huile 361.17
— préparatoire 271.8
—-presse 271.13
— au sable 271.15
—, premier 271.8, 362.1
—, second 271.9, 362.2
filtré, solution —e 463.15
filtrer sous forte pression 271.3
fin de l'écheveau 564.4
— de la rentrée 188.14
—, numéro 194.1
final, nettoyage 26.8
finesse du fil 598.16
— du filament du cocon 416.5
finissage du chanvre 231.6
— du fil 456.9
— des fils de fantaisie 454.6
— des fils filés au mouillé 227.3
finisseur (frotteur) 387.20
finisseur (ouvrier) 388.1
— de chanvre 231.8
— de lin 216.6
—, étirage 101.9
finisseuse 2.10, 388.2
fixage de la section de la corde par l'œillet-guide 511.15
fixation de l'extrémité de la chaîne du secteur 184.11
— de la plaque de garniture 61.5
— de la réserve du fil du sousrenvidage 146.3
fixe 167.5
fixé, disque — sur l'arbre moteur 158.2
fixer la contre-baguette dans sa position basse 175.11
— l'eau 302.5
— par retordage des bouts de fil coupés 562.2
fixer les spires par la vaporisation 591.7
flambage des fils 455.4
flamber le fil 455.5
flamme du gaz 455.6
flammé, fil 580.23
flammes, ruban présentant des 101.23
flanelle 389.13, 397.6
fléau de balance 613.8
fléchissement du chapeau 53.10
flexibilité de la corde 518.3
flexible, fibre 240.5
—, rendre les fibres —s 240.3
flexion élastique en arrière de la dent 67.8
floche, filé 9.19
—, retordu 541.3
—, retors 539.19
—, torsion 8.23
flocon 25.13, 49.16
—s de laine 310.15
flottant, cocon 420.2
flotte 432.12
flotter dans l'eau de dévidage (cocon) 420.1
— dans la lessive (laine) 282.10
flotteur 365.12, 574.7, 608.9
fluidité du dissolvant 463.10
foisonnement des flocons 25.2
— de la laine 284.3
foisonner (flocons) 25.3
— (laine) 284.2
folle, roue 161.9
foncé, étoupe —e 220.5
fond du bac 285.7
— de bois 76.9
— de la canette 167.7, 175.16
— du casier 22.12
— circulaire avec revêtement en bois 231.2
— en cuir et tissu 335.2
— formant bascule 320.6
— perforé 283.3, 286.2
— du récipient 289.1
— en tissu 334.15
— en tissu et feutre 335.1
—, double 285.8
—, double — à ressort 76.13
—, toile sans fin du 21.8
fondu en coquille 308.14
fonte 247.7
— durcie 55.1
—, en 21.3
force du bain acide 303.11
— de battage 31.6
— centrifuge 130.14, 288.13
— centrifuge du tambour 31.4
— de rupture 606.16
forcé, à déplacement 206.5
forcer de l'air chaud dans l'eau de lavage 282.7
— le fil dans une solution 468.12
— la solution dans un liquide précipitant 472.3
— la solution à travers des tubes capillaires 463.8
forgé, anneau 149.17
forgeron 5.22
formaldéhyde 297.17
formaline 316.8
formant, partie —e 351.11
formation de bandes de papier 476.18
— d'une barbe au cylindre 107.16
— de barbes due aux impuretés sur les cylindres 108.5
— de la bobine 140.13
— de la bobine par couches à hauteurs variables 156.1
— de boucles 169.4
— de boutons pendant la levée du guide-fil 560.6
— de boutons, mécanisme de 559.7
— de la canette 154.17
— du corps de la canette 168.3
— de la couche à la montée 551.16
formation d'une émulsion 275.4
— du fil 456.6, 468.10
— de fil boutonneux et flammé 560.12
— de fils noueux 560.4
— de gouttes 464.7
— de mariages 423.14
— de moisissures 574.10
— de la nappe 32.3, 45.6
— du noyau 168.7
— de poches 327.1
— du ruban 50.6
— de rubans longs avec croisement des voiles 327.9
— de rubans de papier 476.18
— de vrilles 133.13, 169.4, 358.1
forme des aiguilles 335.14
— de canette 154.16
— des cocons 414.5
— de la couche 155.6
— de la dent de garniture 67.3
— de la surface du renvidage 155.6
— de boîte, en 307.7
— de boule, en 414.11
— de cloche, en 365.16
— de coin, en 229.9
— de croissant, en 400.16
— de croix, en 510.7
— d'écheveau, sous 562.18
— de faucille, en 231.13
— de grille, en 477.5
— d'oreille, en 552.8
— de poire, en 289.14
— de ruban, en 427.17
— de toit, en 391.5
— de tour, en 307.15
former la bobine 140.14
— des boucles (fil de cocon) 425.13
— une boucle sur la chape (fil) 553.13
— les boutons sur le fil fini 591.2
— l'embase 154.19
— des nappes de plusieurs rubans 81.5
— des poches (voile) 326.22
— un ruban 50.7
— un voile 50.2
—, se (gouttes) 464.8
formol 316.8
fort apprêt 431.6
—, alimentation —e 102.3
—, étirage 101.12
—, lessive —e 275.18
—e torsion 138.10
fosse en béton 437.16
— de fermentation 437.15
fou, galet 547.3
—, placé 342.10
fouettage des ballons 152.17
foulage, bon au 606.6
foulé, déchets (non) —s 399.13
fouler en largeur 484.20
four de calcination 273.12
— de carbonisage à alimentation et livraison continues 307.16
— de carbonisage en forme de tour 307.15
— de carbonisage à tiroirs 307.14
— de carbonisation 306.3
— de carbonisation à chariot 307.6
— à conditionner pour la soie 616.10
— à peigne 375.13
— à potasse 273.12
fourche 166.9, 282.14
— de commande de la courroie 324.9
— de débrayage 95.6
— en fer 340.11
—-guide 331.3
— guide-courroie 112.1, 161.1
— du levier guide-courroie 186.4
— oscillante 281.9
— de transport 278.10, 286.9
fourchette d'embrayage 158.6
— à griffes 347.3
— guide-mèche 129.8

fournir la quantité de chaleur 293.4
fournisseur 430.10
foyer 306.14
— à coke 402.10
fragments de chènevotte 507.4
frais, lessive —che . . 275.14
fraise 57.1
fraisé, cuir de frottage 331.18
—, rainure —e 523.9
fraiser les collets de broches 363.4
français, numérotage . 66.17
—, procédé de filature 364.10
frapper la toison . . . 265.11
fraude sur le lin teillé 209.14
frein . 289.11, 337.12, 347.5
— de l'ailette 548.2
— à bande 347.6
— à bloc 47.5
— de bobine . 545.8, 549.2
— de broche 209.3
— de broche à genoux 147.9
— à lames 46.9
— à lanière 347.6
— à main 109.14
— à sabot . . . 47.5, 549.12
— à semelles 549.12
— du tambour . . . 192.11
freinage automatique 258.4
— des torons 504.6
freiné 522 13
freiner le balancier par un levier coudé . 162.4
— la bobine . 140.9, 544.13
freinte 8.2, 82.7, 100.1, 374.19
— de bourre de soie 453.16
friable, chardon . . 302.8
Friar, appareil ensimeur 241.6
friction 347.8
— de dépointage . . 179.6
— de dépointage double 190.7
— de rentrée 349.13
— supplémentaire . . 190.9
frisé, fibre —e. 6.19
frison 417.4, 435.15
froid 573.4
—, la broche tourne —e 148.15
fromage 525.11
frottage 8.17, 331.12, 484.17
— des bandes de pâte 478.10
— des cordages . . . 507.2
— à la main 484.21
— au mouillié . . . 507.11
— du peigné 386.5
— au sec 507.3
frottement du curseur 150.15, 552.4
— des fibres 6.21
— du frein 47.2
— superficiel des fibres 6.22
frotter 203.15
— avec du blanc d'Espagne (cylindre de pression) . . . 253.2
— avec du graphite (tambour) 63.14
— les mèches 8.18
frotteur 3.17, 203.16, 331.13, 478.11
— avantfinisseur . . 387.19
— en fin 387.20
— en gros 387.16
— intermédiaire . . . 387.17
frottoir 204.6, 331.14, 478.11
— pour bourrette . . 454.2
— pour chanvre . . . 495.11
— avec course augmentante 334.2
— à fil de poils . . . 409.5
— à manchons imperméables en caoutchouc 479.3
— à rouleaux 333.7
— en treillis métallique 388.3
frottoirs 203.16
— métalliques . . . 333.11
— sectionnés 333.10
Fucus crispus 316.14
fumé 376.3
funin. 508.21
fuseau 510.6
— de la bobine . . . 565.8
— en bois rainé . . 356.11
— à main 10.12
fût. 128.2
— de la brochette . . 544.3
fût conique de la broche 355.9
futaine, fil à 579.17

G

gabieu 499.6
gaine du fuseau. . . . 510.9
galet . . 43.9, 156.3, 165.10, 470.6, 603.7
— placé à la baguette . 180.11
— de la chaîne 180.12
— de conduite 488.10
— de détournement . . 281.10
— pour la fixation de l'extrémité de la chaîne du secteur . 184.11
— fou 547.3
— de friction . . 529.11, 530.8
— guide 536.5
— guide-fil . . . 473.6, 529.9
— du levier de liaison . 165.12
— du levier des manchons 182.10
— mobile 510.12
— de redressage 98.12
— de réglage 559.14
— de renvoi 144.14
— tendeur 144.15
— tendeur avec rochet 177.11
— de tension . . 525.4, 526.12
—s antifriction . . 34.6, 169.8
—s doubles antifriction 44.1
—s simples 43.16
galette 436.10
Galle, chaîne 395.7
galons 400.10
galvanisé, fil de fer . . 493.8
gamelle métallique avec couvercle à charnières 208.2
garçon d'allées 3.20
garde de nuit. 6.4
Garnett, garniture. . . 336.11
garni de peluche (cylindre) 378.10
garnir les broches de bobines 141.11
— le cylindre supérieur de drap 116.18
— la turbine de cuir rugueux 97.14
garnissage du grand tambour 63.1
garnisseur de cardes . 4.11
garniture annulaire . . 221.6
— en bois 112.10
— de carde 60.12.18, 323.11, 334.13
— de carde à dents fines 335.12
— de carde à grosses dents 335.11
— de carde en fil d'acier (étamé) 335.6.7
— de carde en fil de fer 335.5
— de carde avec fond en cuir et tissu 335.2
— de carde avec fond en tissu (et feutre) . 334.15, 335.1
— de carde du peigneur 88.6
— de carde rugueuse . 339.17
— en caoutchouc . . . 76.14
— en caoutchouc cannelé 245.7
— du chapeau 61.2
— en cuir . . . 118.11, 248.6
— du cylindre alimentaire 248.3
— du cylindre de pression 115.11
— de débourrage . . . 340.17
— du débourreur . . . 248.5
— en dents de scie 199.7, 336.11
— en drap 117.2
— en flanelle . . 78.10, 117.3
— des hérissons 62.13
— en forme de lames . 248.9
— en forme de réglettes 248.9
— Garnett 336.11
— métallique . . 149.13, 226.1
— du peigneur . 61.1, 329.11
— du peigneur pour fil flammé unicolore . . 589.17
— en plâtre. 336.15
— en plomb à l'intérieur 304.21
— rivetée. 61.17
— du grand tambour . 20.21, 248.4
— en tôle 244.12
— du travailleur . . . 248.7
garniture de volant avec aiguilles plus fortes intercalées 336.7
— de volant avec espaces blancs 336.8
—, vieille 336.13
—s en forme de plaques (de rubans) . . . 337.5.6
gâté, cocon 415.13
gateau de résine . . . 508.12
gaton 500.14
gauche, à commande . 83.4
—, courant à 68.18
—, fil tordu à. 153.13
gaufrée, trame 587.17
gaz d'ammonique . . . 460.8
— de suintine. 300.6
gazage des fils 455.4
gaze à filtrer 463.13
gazé, fil 455.13
gazer le fil 455.5
—, métier à. 521.5
gazeux, acide 305.10
Gegauff, peigneuse — à pince voyageante. . 91.7
gélatine 459.9, 471.1
— commerciale 471.3
gélatineux, matière —se 471.5
gélée végétale. 472.14
générateur de vapeur . 227.5
genou 207.11
— de l'aiguille 335.15
—, double 336.4
genouillère . . . 133.3, 328.4
— à compensation. . . 133.5
genre de bobinage. . . 535.11
— de boutage. 68.9
Gessner, broche de continu. 341.8
gill 218.9, 379.12
— box 385.17
— box à barrettes bombées 372.11
— box à barrettes incurvées 372.11
— box à escalier . . . 372.6
— box avec plaques de chauffage 388.5
—-boxeur 372.12
—-boxeuse 372.13
— circulaire. 372.7
— soleil 372.7
glacé, fil 580.7
Glanzstoff, soie . . . 588.6
glène de cordage . . . 596.18
glissant, fibre —e . . . 194.8
glissement des fibres entre les cylindres . 103.5
— du frein 347.10
— des tabliers 23.6
— du toupin 499.8
glissière . 46.3, 73.12, 281.11, 361.6, 531.13
— du cylindre supérieur 279.6
— de la détente 95.5
— des galets . . . 29.8, 33.4
—-guide pour la règle . 167.4
— de la fourche . . . 324.10
— pour le mouvement d'arrêt 95.5
—s, supporté par des . 20.13
glissoir du dispositif pour faire la voltée . . . 230.11
gluant, fil de viscose . 469.3
glycérine 428.11, 484.1
godet 392.7, 527.9
— de l'élévateur. . . . 40.3
— à filet multiple . . . 146.11
— à l'huile 126.8
— de rinçage 281.8
— en terre cuite . . . 128.13
Goldschmidt, dynamomètre 609.2
gomme arabique . . . 428.16
— de la soie 411.8
gommeux, déchets. . . . 436.2
gonflement de la laine. 284.3
— de la séricine. . . . 411.18
gonfler, se (laine) . . . 284.2
gorge 483.5
— arrière. 353.10
— avant 353.9
— de la bobine pour la corde de frein . . . 140.10
— de la corde 180.13
— du cylindre 393.12
— de friction en forme de coin 180.14
— de guidage pour couteau 196.13
— de la poulie de corde 506.11
gorge du volant . . . 353.8
—, à deux —s. 557.7
—, à double 353.12
—, à simple. 353.11
goudron 484.7, 507.19
— de houille 508.2
— minéral 508.2
— riche en résine . . . 508.1
— végétal 507.20
goudronnage 507.18
— du câble entier . . . 508.20
— par fils 508.17
— du fil de chanvre. . 508.13
— à froid. 508.24
— en paquet 508.20
goudronné, cordage . . 508.18
—, cordes non —es . . 508.21
goudronner à chaud . . 508.23
— le fil de chanvre . . 508.14
goujon réglable en hauteur. 537.14
goujure. 499.7
goupille 497.11, 534.17
— du battant de la pince 89.5
— de jonction. 328.4
— du levier 354.2
gouttes, formation de . 574.9
gradins réglables verticalement 567.1
graduation 207.13
gradué, levier 241.10
graduel, augmentation —le 174.10
graduellement, peigner . 212.1
Graf, mécanisme de formation de fil boutonneux et flammé . . 560.12
grain (poids) 603.1
grain de l'émeri 71.1
— fin 71.3
— plat 71.5
— à pointe 71.6
— rond 71.4
—, gros. 71.2
graine de lin 316.15
—s, débris de 26.14
graissage automatique . 145.2
— continu et régulier par bague 148.18
— des cordes 359.11
— des étoupes au suif . 232.8
— du jute 237.2
— de la laine 313.13
graisse acide 315.15
— animale 315.12
— combinée. 272.2
— non combinée . . . 274.2
— de la chrysalide . . 419.11
— de laine 274.1
— de laine congélée . . 300.18
— de laine douce . . . 274.7
— de laine huileuse . . 274.7
— de laine liquide. . . 300.15
— de laine solidifiée . . 300.18
— de laine suiffeuse . . 274.8
— de laine tenace . . . 274.8
— libre. 277.15
— liquide. 315.13
— naturelle 315.14
— neutre 315.16
— rance 274.11
— saponifiable . 274.3, 315.10
— saponifiée 275.7
— végétale 315.11
graissé, corde —e . . . 359.12
—, laine —e artificiellement 274.12
graisser la batte . . . 441.15
— la laine 313.14
— le jute. 237.4
graisseur 3.11
graisseux, fil 605.6
gramme 600.23
grand tambour . 51.2, 199.11, 247.9, 250.6, 321.3, 369.17, 370.14, 450.3
— tambour inférieur . 406.5
— tambour supérieur . 406.4
— teint, fil 605.14
grande roue à planètes du mouvement différentiel. 134.11
— vitesse de la broche. 147.10
—s soies 586.4
Grant, asple 432.2
granuleux, couche —se. 411.19
graphite 63.14
gras, fil 605.6
graterons 402.4
gratté, drap 397.5
gravier criblé 271.12

grège (v. a. soie grège) 425.2
— avec bouts noués 428.17
— à section irrégulière 428.18
grelin, en 594.17, 501.1
grenadine 586.10
grès (séricine) 411.8
— cérame 403.1
griffe 533.2
— à crochet 487.5
—, dispositif de 384.7
grillage en charpente 290.6
— des fils 455.4
— en fil métallique 297.5
— en poutres 290.6
grille 27.16, 49.1, 220.12, 259.3
— ajustable 48.4
— à barreaux 27.6
— à barreaux angulaires 367.10
— à barreaux inclinés 197.11
— à barreaux plats métalliques 368.7
— à barreaux avec plaque à pointes 36.11
— à barreaux réglables 48.4
— des barres à pointes 260.11
— en bois 229.13
— sous le briseur 78.1
— du canal 33.8.16
— conique du volant 35.4
— à déchets 29.6
— en fer 570.16
— en fil métallique 267.13
— en forme de poches 36.9
— à poussières 260.4
— se retirant latéralement 196.16
— Schällibaum 48.1
— du tambour 31.12, 33.7, 79.1
— en tôle 267 12
— en tôle d'acier perforée 267.11
— en tôle perforée 36.7
— de triage 399.15
— du volant 33.15
gris foncé 585.12
grisâtre 585.11
gros cylindre de pression arrière 142.11
— fil 159.1, 454.10
— grain 71.2
— numéro 193.13
— peigne 213.5
grosse, une 577.9
grosses impuretés 26.11
grosseur 174.14
— dans le fil 159.1
— de la nappe 325.8
grossier, lin 217.3
grumeleux, pâte —se 117.13
guidage automatique du fil et des canettes 612.4
— de la broche 130.1
— du chariot 345.2
— des eaux suivant le principe du contre-courant 280.8
— de la mèche 129.5
guide 251.12, 281.11
—-aiguille 392.2
—-ailette 255.5
— des barrettes 219.6
— des bords 86.3
— des chaînes 244.4
—-corde 192.5
—-courroie 43.11
— des cylindres de pression 163.14
— fendu 482.9
guide-fil 422.2, 423.9, 431.20, 466.6, 523.3, 525.10, 528.9, 530.9, 531.6, 534.13, 538.8, 611.3
— à ailettes 533.8
— à course déplacée par un galet de friction 530.1
— à course variable 551.15
— se déplaçant 551.15
— à déplacement vertical 143.14
— émaillé 564.17
— formant curseur 532.3
— mobile 526.13
— montant et descendant 143.14
— oscillant 208.7
— oscillant du fil fantaisie 560.8
— réglable 486.14
— réglable pour différentes hauteurs 473.5
— tournant 531.1
guide-fil à va-et-vient 474.8, 522.3, 536.12
—s 461.10, 503.5
guide en fil de cuivre 461.11
— pour le fil tendeur 511.10
— des maillons de la chaîne 254.3
guide-mèche 129.6, 257.5
— à course variable 144.1
— double 129.10
— réglable 226.3
— du second cylindre 191.12
guide-nappe 84.3
— supérieur 89.11
guide de peigne 379.11
— recourbé 342.11
— réglable 372.10
— de la règle 352.7
guide-ruban 76.18, 104.12.14, 111.4
— double 105.2
— d'entrée 111.1
— pour nappeuse 373.10
guide pour le ruban de matière fibreuse 486.6
— pour le ruban de papier 486.5
— en verre avec cran 543.9
— du voile sortant 111.5
—s du tablier 218.6
guider le fil autour du cylindre (inférieur et supérieur) 543.5, 556.4
— le fil à travers la fente du tambour 524.10
— le fil à la main 521.13
— la nappe sur un pont 201.2
— les fils pendant la torsion 498.13
guindre 423.2
— à bâtons 569.5
— à cages d'écureuil 569.7
— à cannes 569.6
— à déroulage 424.13
— avec dispositif de relâchement des écheveaux 432.10
— freiné 522.13
— indépendant 431.15
guiper, machines à 520.7
guipeuse 506.14
Gully, régulateur 172.4
guttapercha 459.7
gypse 310.6

H

habileté manuelle 10.14
habilleur de cardes 4.11
hache 231.14, 243.7
haspleur 4.18
haspleuse 4.19
hauban 596.11
haussière, en 500.4, 594.15
hauteur de la bobine 548.8
— des broches 362.9
— du casier 22.13
— du chariot 178.8
— de la course de l'écrou du secteur 172.3
— du fond de la canette 167.3
— de la garniture 60.13
—s différentes 473.5
hebdomadaire, consommation 18.14
Heilmann, peigneuse 84.1, 377.1
—, peigneuse à étoupes 222.9
hélice à droite 517.11
— à gauche 517.12
—s régulières qui reviennent en arrière en formant un angle très prononcé à chaque extrémité 517.8
hérissé, cylindre 20.9
hérisson 84.5, 221.9, 259.14, 384.12
— alimentaire 92.14, 377.5
Hetherington, cylindre aiguiseur 74.6
hêtre 393.10
heurter, se (ballons) 152.16
Higgin, appareil de débourrage des chapeaux 52.14
Hille, métier à retordre pour fil de fantaisie 561.4
Holden, peigneuse 379.4
Holzach, dynamomètre continu 609.8
home spun, fil 583.6
homogène, nappe 47.15
horizontal, passage — des cordes 550.9
horizontalmente, canette placée 529.4
Horsfall, disque aiguiseur 72.8
—, poulie trotteuse 72.8
—, trotteuse 339.8
Houldsworth, mouvement différentiel 126.1
Howard et Bullough, mécanisme de réglage des chapeaux 53.16
Hoyer, dynamomètre 608.7
Hübner, doigt entraîneur 99.1
—, peigneuse 96.10
—, peigneuse circulaire 381.7
huilage 237.12
— central pour broches à retordre 555.6
— frais 555.5
huile animale 314.24
— de baleine 238.2
— de basse qualité 316.1
— à broches épaisse 148.6
— à broches très fluide 148.7
— de caméline 458.16
— de chènevis 458.14
— de coco 315.7
— de colza 314.12
— de colza désacidifiée 148.9
— noire de colza 314.14
— de colza raffinée 314.13
— de coprah 315.7
— de coton 314.18, 458.12
— des eaux de foulonnage 316.11
— d'ensimage 314.9
— d'ensimage pour les étoupes 220.22
— d'ensimage incolore 238.7
— d'ensimage ne tachant pas 238.8
— (non) falsifiée 315.22.23
— de genièvre 462.17
— contenant de la glycérine 315.21
— de graine de coton 458.12
— de graissage 355.11
— grasse 314.10
— inférieure 316.1
— de lin 458.21, 484.8
— lourde 359.14
— de machines 361.12
— riche en matières grasses 148.10
— mélangée 315.24
— minérale 315.3
— de noix 458.15
— d'œillette 458.13
— d'olive 314.19
— d'olive dénaturée 314.20
— de palme 315.7
— de pavot 314.15
— de phoque raffinée 238.3
— de pied de bœuf 441.3
— de poisson 238.2, 315.2
— de pommes de terre 297.18
— résineuse 315.20
— résinifiée 238.11
— de ricin 314.16, 458.17
— pour rouge turc 238.9
— de sapin rouge 458.18
— saponifiable 315.18
— séchant à l'air 458.11
— de sésame 433.21
— de térébenthine 462.16
— de tournesol 314.17
— végétale 148.8, 238.4, 314.11
— vulcanisée 458.10
—s sales 555.3
huiler les broches au pétrole 555.4
huileur 3.11
— pour broches à anneaux 391.6
— de laine 314.6
huileux, fil 605.7
—, liquide 315.17
humectage de la laine avec un arrosoir 317.4
— de la mèche 226.4
humecté, mèche —e 226.5
humecter le lin teillé 209.17
humide, coton 15.3
—, par voie 302.11
humidificateur 485.1
humidificateur d'air 575.7
humidification des bandes de papier 483.10.11
— dans des caves 574.12
— des cocons 442.14
— du coton par l'eau 194.9
— des couches de canettes 574.2
— de la feuille de papier 480.5, 483.9
— des fils 569.10
— des rouleaux de ruban de papier 483.12
humidifié, air 574.18
humidifier le coton par l'eau 194.10
— la feuille de papier 480.6
— le fil 573.7
— les matières mélangées 442.13
humidité 15.4
— absolue de l'air 293.13
— absorbée 572.10
— initiale basse 573.5
— terminale élevée 573.6
— variable 615.8
hydrate de potassium 276.9
hydrauliquement, toison pressée 264.14
hydrocarbure liquide 463.1
hydrocellulose 301.15
hydro-extracteur 288.16, 439.17
hydrogène 301.17
hydrolyse de la cellulose 460.13
hydrotimétrique, degré 269.20
hydroxyde d'aluminium 465.13
— de magnésium 465.12
hygrométrique, épreuve 615.3
—, faculté 573.8
hyperbolique, pignon 135.5
hypocycloïdal, engrenage 140.3
—, enroulement 76.20

I

imbibé, laine —e 282.11
Imbs, peigneuse 99.3
immersion des cocons 418.6
immobile (baguette et contre-baguette) 165.1
imparfait, séparation —e 211.20
imperméabilisant, addition —e 484.2
imperméabilité du fil 468.8
imperméable, fil 468.7
imprégnation uniforme de la laine par l'ensimage 316.22
imprégné de goudron 508.15
imprégner avec de l'acide sulfurique dilué 440.9
— le collodion en laine d'une solution de chlorure de calcium 457.19
— les déchets de soie d'une solution de soude 437.10
— le fil 463.18
— la laine pelade avec de l'huile d'olive 269.8
impression du ruban peigné 374.15
imprimé, fil flammé 580.24
—, peigné 374.16
impur, étoupe —e 232.4
impuretés 15.13, 26.10
— adhérentes 454.12
— insolubles 268.6
— solubles 268.5
—, grosses 26.11
inaltéré, savon 277.12
incendie de la carde 222.3
inclinaison de la broche 160.2
— différente 544.14
incliné, tablier 28.6
incolore, huile 238.7
incombustible, chambre 227.8
incrustant, matières —es 475.7
indépendamment, travailler 198.12
indépendant, guindre 431.15
indévidable, cocon 415.10
index 100.4
indicateur d'allongement 513.16
— de pente de la broche 178.7, 362.6
— de production 133.9, 207.10
individuel, commande —le 473.11
—, fibre —le 49.18
induit 113.2, 360.14
—, courant 360.15

industrie v. a. fabrication
— de la bourette 452.13
— à domicile 412.8
— familiale 412.8
— du fil pour cardes 67.1
— de garnitures de cardes 69.9
— du moulinage 412.11
— de la soie 412.6
—, petite — du moulinage 412.12
inégal, fil 605.21
—, un peu 605.20
inégalités du fil 428.19
inférieur, cylindre 20.10
—, laine —e 266.3
inflammabilité de la soie de collodion 462.7
inflammable 297.11
—, facilement 462.9
inflammation spontanée 317.12
influence de la chaleur 292.17
— destructive des acides 302.13
ingénieur 1.15
initial, position —e 175.15
injecteur 280.10
injection de l'air chaud 282.8
inodore, rendre la soie 438.1
inorganique, sel 463.19
inséré, crible 285.9
insertion d'aiguilles 244.2
— en bois 112.10
— rectiligne des aiguilles dans la nappe 253.11
insoluble, rendre la gélatine — dans l'eau 471.6
installation pour le carbonisage 301.9
— de carbonisation à chauffage direct 306.2
— de clarification d'eaux souillées 299.8
— pour la fabrication de cordages 503.10
— de fermentation 437.14
— d'humidification pour caves à fils 574.19
— d'humidification à tabliers sans fin 572.14
— à humidifier les fils 575.4
— de peignage d'après Fairbairn 447.11
— de transport pneumatique du coton 37.7
— de vaporisage et d'humidification par le vide avec refroidisseur 572.1
insuffisamment peigné 376.8
intact, toison —e 264.19
intensité de l'action des acides 302.15
— de cardage 49.19
intercalé, aiguilles plus fortes —es 336.7
intercellulaire, substance 237.10
interchangeable, pédall 33.2
intérieur des canettes 571.15
—, cylindre tournant à l' 543.3
intermédiaire, cylindre 137.2
intermittence, tourner à 84.8
intermittent, alimentation —e 84.6
—, engrenage 546.12
—, mouvement 84.7
international, numérotage 599.12
interrompre la livraison 554.5
interrupteur 158.7
interruption des dents 330.4
— dans l'engrenage 537.2
— de la livraison du fil primitif 560.4
intersecting 451.6
introduire la mèche à la main 130.9
— le rembourrage 338.7
inverse, en sens — des aiguilles d'une montre 541.14
—, rotation 165.4
—, torsion 540.6
irrégularité de renvidage 171.7
irrégulier, alimentation —ère 27.3
—, nappe —ère 47.14
isocèle, ligne — en zigzag 512.10
isolation 112.8
isolé, fibre —e 49.18
isoler du courant électrique 112.9

J

jambe de force 497.3
jante de la roue 281.2
jarres 322.11, 409.8
jarreux, toison —se 264.22
jaspé, fil 579.19
jauge 362.5
— anglaise pour fils de fer 66.20
— pour l'arbre de la baguette 362.14
— pour baguette 362.7
— de Birmingham 66.20
— pour carde 78.5
— à coulisse 105.9
— croisée 105.8
— en croix 105.8
— pour fils métalliques 509.14
— pour la hauteur des broches 362.9
— pour le réglage du fil de fer de la baguette 362.8
— pour les tambours en fer-blanc 362.10
jaune doré 415.2
Jeanette 159.5, 341.5
Jenny 159.5, 341.5
jet du brin de cocon 421.8
— de courant d'air 384 6
— d'eau sous pression 477.15
—s diviseurs 477.13
jeté, fil de cocon 421.10
jette-bouts 421.12, 423.7.13
jeu de peignes 371.17
— des pinces 382.10
joint à boulet 334.5
— de câbles 513.13
— à la colle du cuir 119.7
— avec remplissage de métal pour câbles métalliques 513.14
— sphérique 334.5
jointure collée 119.7
— de la nappe 81.8
Josephy, lubrificateur pour broches 355.15
joue du frein 548.3
—s pour le rouleau 250.12
Jumel, fil 579.3
jute 492.14
— assorti 236.3
— boutonneux 236.16
— comprimé 235.9
— emballé humide 236.18
— ensimés 237.17
— non ensimé 237.14
— étalé 246.11
— humide 236.19
— long 236.7
— peigné 246.9
juxtaposées, spires du fil 517.7

K

kaïr 492.15
kilogramme 600.22
kilogrammétrique, numérotage 599.12

L

lâche chaîne 152.5
—, fil 140.7
lâcher (voile) 327.5
lactate de sodium 457.16
laine acidulée 304.17
— d'agneaux 264.11
— agneline 264.11
— d'alpaca 363.12
— d'animaux malades 266.4
— arrosée 317.10
— artificielle 395.10
— battue 310.9
— blanche 269.12
— de bois 476.1, 492.18
— brute 269.16
— carbonisée 308.9
— cardée 318.9
— à cardes 263.4
— chardonneuse 301.3
— contenant du savon 366.4
— courte 263.4
— dégraissée 273.17
— douce 407.19
— empilée 311.7
— ensimée 314.5
laine ensimée artificiellement 274.12
— feutrée 269.15
— feutrée du ventre 265.22
— filée 582.11
— sans graisse 269.11
— graissée artificiellement 274.12
— grateronneuse 301.3
— humide 287.11
— imbibée 282.11
— inférieure 266.3
— de lama 408.16
— lavée mécaniquement 268.21
— de longue soie 363.11
— Mazamet 264.12
— de mélange 311.3
— mise en sacs 264.8
— mixte 408.1
— morte 266.5
— mouillée 287.6
— mungo 406.12
— ouverte 269.13
— pailleuse 301.3
— de peau 264.12
— de peau traitée à la chaux 301.7
— à peigne 363.11
— peignée 386.4
— pelade 264.12
— pincée 311.17
— en plocs 310.12
— propre au peignage 363.16
— récupérée de chiffons déchirés 395.12
— refaite 395.10
— renaissance 395.10
— renaissance dite Alpaga 407.21
— renaissance de bouts fils 395.13
— renaissance de drap foulé 406.12
— renaissance dite extract 407.21
— renaissance de matières (non) feutrées 395.14, 396.1
— renaissance d'objets de bonneterie déchiquetés 396.2
— renaissance dite thibet 407.12
— riche en graisse 274.6
— sèche 318.3
— en suint 268.1
— traitée par une solution saline 305.14
— de deux tontes 264.10
— d'une seule tonte 264.9
— vigogne 408.1
— visqueuse 269.14
laisser le coton pendant plusieurs jours au mélange 25.5
lait 316.4
— écrémé 471.16
laiton 124.7
lama 397.7
lame 27.9, 36.3
— d'acier avec garniture rivetée 61.17
— de la broche 155.17
— du frein 46.13
— du peigne détacheur 60.1
—s, détachement en 201.5
lamelle d'acier 56.5
lamière fixe (mobile) en acier 331.5.6
laminage 8.12, 101.4
— du coton 100.8
laminé, soie —e 587.16
laminer 8.13
— la laine 279.1
— la mèche 159.17
— le ruban 100.12
laminoir 8.15, 102.9, 288.7
— à soie 451.17
lampe à alcool 616.6
lance-bouts 421.12
lanière 204.11
— en acier durci 331.4
— en caoutchouc 441.13
— en cuir 441.12
— du frein 347.7
—s croisées 330.9
lanoline 300.19
lanterne 502.5
laque de copal 458.20
large division des mottes 25.18
largeur de la fente réglable 429.11
látéral, déplacement 24.6
latéralement, se retirant (grille) 196.16
latte à bobines 394.11
— avec cornières en fer pour porte-bobines 394.15
— de guidage déplaçable 565.9
— de guidage mobile 565.9
— de guidage à mouvement oscillatoire 561.6
—-guide 558.2
— guide-fil 566.4
— pour guide-mèches 129.7
— pour niveler 363.6
—s à pointes 367.9
lavage à l'ammoniaque 366.5
— des chiffons 401.2
— chimique 297.7
— des déchets de soie 438.14
— à dos 268.17
— à l'éther 366.6
— final 269.2
— à fond 269.2
— industriel 268.20
— de la laine 268.9
— des laines à carde 268.3
— des laines à peigne 365.5
— à la machine 268.19
— à la main 268.16
— mécanique 268.19, 278.3
— sur pied 268.17
— préliminaire 268.22
— au savon 277.2
— soigné 269.3
— au sulfure de carbone 366.8
— à la terre à foulon 309.20
— au tétrachlorure de carbone 366.7
—, bon 269.9
—, mauvais 269.10
lavé, fil 605.9
—, fil non 605.8
—, laine —e mécaniquement 268.21
laver l'amiante à l'eau froide 490.3
— les chiffons 401.3
— chimiquement (laine) 297.8
— les déchets de soie 438.15
— à fond les poils 514.3
— la laine à carde 268.12
— la soie bobinée 470.13
— la suintine 300.4
laveur de laine 268.18
— à la machine 284.13
laveuse à l'eau chaude (froide) 430.4.8
— mécanique à chiffons 401.6
— mécanique à laine 278.4
— mécanique à laine (Eastwood) 283.13
— mécanique (Skene et Devallée) 282.17
— mécanique pour toison entière 284.11
Lawson, carde briseuse 248.8
Leeson, bobine 519.10.11
léger, étirage 101.11
—, papier 479.12
légèrement, placé 342.10
Lehner, métier à filer 461.13
Lemaire, appareil d'alimentation 320.8
lent, à effet 466.14
—, mouvement 295.14
lentement, sécher 292.20
lentille en acier 289.5
lessivage du lin 217.18
lessive 275.11
— alcaline concentrée 464.16
— alcaline diluée 464.15
— alcaline végétale 419.14
— chaude 275.17
— concentrée 275.18
— à x degrés 275.19
— diluée 275.20
— faible 275.20
— forte 275.18
— fraîche 275.14
— maigre 275.20
— rafraîchie 276.7
— remontée 276.7
— de savon 277.9
— de soude 275.21, 276.11
— usée 276.5
levage, engin de 304.3
—, mécanisme de 273.2
levé, baguette —e 169.6
levée 133.19, 227.1, 386.20
— des bobines 133.18
— des bobines pleines 141.3

levée des canettes . . . 175.17
— du guide-fil 560.6
— en marche 387.2
— de la touffe 383.12
—, double 151.9
—, faire la 133.17, 141.9, 226.14, 256.12, 445.18
lever les canettes . . . 175.18
lève-tête 381.3
leveuse de bobines . . 3.8
léviathan 279 11
— à trois bacs 280.1
—, rinceuse 286.12
levier . . 172.6, 190.2, 207.1, 530.12
— d'accouplement 354.8, 510.10
— d'alimentation . 90.3, 93.14
— de l'arbre de la baguette 172.14
— d'arrêt 209.1, 532.12
— d'arrêt à trois bras . 549.7
— d'arrêt vertical à deux bras 567.5
— à auge 43.7
— à auge placé sur un couteau 44.2
— de balance 328.3
— basculeur 537.12
— à deux bras . 132.14, 183.9, 487.17
— à trois bras 179.10
— à bras inégaux 535.13
— de la brosse enfonceuse 379.16
— de la came 551.8
— casse-fil 533.5
— de changement 348.6
— à cliquet oscillant. . 181.13
— de la cloche des scrolls 179.4
— de commande 537.15
— du compteur de torsion 186 6
— à contrepoids. 233.15
— contrôleur 423.5
— coudé . 152.2, 162.5, 183.4, 254.8, 347.4, 450.7, 482.12
— coudé du battant . 321.16
— coudé avec bras à glissière 360.3
— coudé à contrepoids. 173.10
— coudé du débrayeur de courroie 357.2
— à crans 566.5
— à crochet 528.6
— de culbute 179.8
— de débrayage 357.7, 455.12, 532.12
— de déclanchement . . 455.12
— à demi-lune 206.14
— de dépointage 205.12
— d'embrayage et de débrayage 346.1
— d'encliquetage 205.6
— en équerre 111.14
— non équilibré 180.7
— de l'excentrique d'alimentation 93.13, 94.2
— en forme de faux . . 184.7
— fou à trois bras . . . 178.11
— à fourche et galet pour la chaîne de dépointage 166.8
— de la fourche guide-courroie 185.2, 205.7, 208.11
— à fourchette 347.13
— à fourchette de débrayage 348.13
— du frein 147.6, 192.12
— de la friction de dépointage. . . 163.1, 179.5
— à galet 183.8
— à gradins 566.5
— gradué 241.10
—-guide 133.6
— horizontal 192.13
— de liaison 166.7
— de liaison pour la pince 89.6
— à main 347.15
— de manœuvre de la friction de dépointage 179.9
— de mise en marche . 208.11
— oscillant 60.4, 603.8
— oscillant du cylindre arracheur 89.1
— à pedale 28.10, 43.7, 357.9
— à pédale du frein 47.4, 290.12
— à plusieurs temps . . 160.10, 186.2
— à poids 536.4
— de la pompe 288.6
— de pression . 149.4, 393.9
— de pression supérieur 385.12
— de prise de sécurité . 357.12
levier à rainure 121.6
— réglable 534.8
— relié à la contre-baguette 180.10
— de rentrée à trois bras 350.1
— de rentrée du chariot 179.4
— de renversement . . 24.4
— repliable 172.7
— pour soulever la mâchoire supérieure . . 230.10
— à taquet 350 2
— de tension 94.12
— de tension de la chaîne commandant le pot 94.11
—, double 44.6
liage des balles 235.3
— des boutons 561.9
— de cordes rondes par le cousage 512.2
— en échevettes 12.19
— du fil flammé détordu 561.13
liber de tilleul 492.17
libérer le cliquet 256.4
libre, alcali 277.14
—, couvercle 284.1
—, le ressort tendu devient 528.15
librement, monter . . . 128.6
—, suspendu 105.14
lié en botte, lin 210.5
—, balle —e avec x liens 228.12
liège 146.8
— fossile 489.6
liens 228.12
lier en échevettes . . . 12.20
— de la paille et des étoupes dans les bottes de lin 209.16
lieu de renvidage . . . 155.8
ligne d'amarrage 594 1
— isocèle en zigzag . . 512.10
— de loch 593.24
— de pinçage entre les cylindres . . 103.2, 311.16
— de sonde 593.23
—s en zigzag se croisant 512.11
limite de charge 513.10
— de titre 602.12
—s de température . . 417.12
limiter les surfaces refroidissantes 295.2
limon 376.4
lin 492.9
— brut 209.9
— chènevotteux 217.6
— non classé 216.16
— coupé 211.3
— non coupé 210.23
— court 211.4
— à courts brins 211.4
— doux 217.4
— lié en botte 210 5
— faible 217.5
— ferme 217.2
— fin 216.18
— fort 217.1
— grossier 217.3
— homogène 216.20
— long 210.22
— à longs brins 210.22
— de la Nouvelle-Zélande 492.8
— peigné 212.9
— peigné à la main . . 212.10
— peigné mécaniquement 212.11
— propre 216.19
— roui à l'eau 209.8
— roui sur pré 209.7
— sain 216.21
— solide 217.1
— souple 217.4
— teillé 209.13
— teillé falsifié 209.15
— non trié 216.16
liqueur alcaline 471.19
— de blanchiment 287.2, 300.10, 470.15
— d'ensimage 239.10
liquide alcalin 437.4
— chaud 274.16
— de chrysalides 419.9
— de coagulation 462.15
— huileux 315.17
— laveur 275.11, 278.7
— précipitant 472.3
— projeté 288.15
— suinteux 272.15
—, hydrocarbure 463.1
—, solution très 63.12
lire le nombre de tours sur le disque . . . 432.8
lire le pourcentage de blousse 100.7
lisière de drap 498.2
—s 400.14
lissage 507.1.11
— de la nappe 45.13
— du peigné 385.3
— de la tête de mèche 380.7
lisse de la cannelure . . 116.15
—, fibre 6.17
lissé, cordage 507.12
lisser 385.4
— la surface de la nappe 45.12
lisseur 385.18
lisseuse 385.5
— (ouvrière) 385.19
Lister, peigneuse 379.8
—, peigneuse mécanique à double tête pour soie 448.7
—-Warburton, peigneuse mécanique 449.18
lit, placer en —s 239.9
litière d'ensimage . . . 239.6
Little et Eastwood, tambour pinceur 381.11
liure blanche 579.15
— rouge 579.16
livraison 103.7
— sur un seul coté . . 83.10
— sur deux côtés 83.11
— des cylindres 345.9
— du fil à la rentrée du chariot 170.4
— du fil pendant la torsion supplémentaire 170.3, 189.9
— intermittente 559.7
— de nappe 198.6
— pendant le renvidage 181.15
— de ruban 198.5
livre (m) 445.9
— des mélanges 19.6
— de pesée 612.11
— réversible 446.16
—, mise en (barbe) . . 445.8
livre (f) allemande . . 601.6
— anglaise 577.4
— autrichienne 601.5
— avoirdupoids 601.3
— commerciale de Berlin 601.4
— commerciale de Prusse 601.4
— métrique 601.6
— russe 601.9
— de Suède 601.8
— de Turin 601.7
— de Vienne 601.5
— du Zollverein 601.6
livrer la mèche étirée (cylindres) 163.13
logement des fibres dans la garniture 67.10
loi définie, suivant une 151.5
— du renvidage 155.5
longue-soie, coton . . . 14.13
longueur actuelle du fil 604.9
— de l'aiguillée 207.7
— de l'alimentation . . 93.11
— de la bobine 533.12
— calculée 604.8
— du chapeau 53.8
— de contact 107.6
— de la course du guide-fil 533.13
— d'écheveau 598.21
— de l'écheveau en mètres 603.16
— de l'écheveau en yards 603.17
— d'échevette 599.7
— de la fibre 6.14
— du fil 563.1
— franche de l'aiguille . 86.13
— de mèche alimentée . 345.10
— du rattachement . . 86.1
— réelle 604.11
— du ruban pour une sonnerie 223.16
— de rupture . . 513.11, 606.11
— de la soie 14.11
— de la soudure 86.1
— uniforme des rubans alimentés 223.13
— du tube 518.1
— du voile 327.16
—, même — de rubans indiquée par le coup de sonnette 223.17
—s d'échevettes, différentes 566.9
loquet . . 131.11, 185.4, 256.3
— du chariot 162.15
— de fermeture 346.3
loquet de sûreté 346.14
loquette 329.12
—s 265.18
—s continues 329.16
—s de pattes 265.20
—s de tête 265.19
losangé, surface —e . . 332.1
lot d'un demi-degré en dessous du contract 14.18
— de laine 266.11
— pour le lavage 268.15
— de lin 210.1
— de lin d'odeur fraîche 210.2
louche à trous 418.16
loup 7.8, 233.12, 311.10
— à baguettes pour déchets de soie 442.5
—-batteur . . . 266.19, 311.10
—-batteur pour déchets 267.14
—-batteur pour déchets de coton 196.15
— à briser 490.8
—-briseur pour déchet dur 197.8
—-briseur pour laine en suint 268.1
—-broyeur 308.13
—-cardeur . . . 197.15, 313.4
— combiné 313.3
— en forme de cône pour déchets 259.1
— pour crottins de laine 406.7
— à déchets de soie . . 442.4
— démêleur 311.11
— pour étoupes . 220.14, 258.13
— pour jute 244.9
— pour laine humide . 287.12
—-mélangeur 313.1
—-ouvreur 311.11
— à poussière 401.1
— à volant en hélice . 312.9
— à volant en hélice pour déchets de soie . . 442.5
— à deux volants s'entre-croisant pour jute . 259.11
— à trois volants . . . 267.4
lourd, alimentation —e . 102.3
—, tourner (cylindre de pression) 107.13
lourdeur de la rotation 107.14
louvetage de la laine à peigne 365.4
louveteur de laine . . . 267.3
Lowry, balle 16.1
lubrifiant 314.8
— égouttant 317.15
lubrificateur Josephy pour broches 355.15
lubrification des fibres de jute par huilage 237.12
lubrifier la laine 313.14
luchette 499.5
lumière d'échappement de la vapeur 291.13
lunette en acier 391.12
lustre de la fibre de soie 427.18
lustré, fil de lin 581.16

M

macération des déchets de soie 436.14
— de la filasse 261.9
macérer les déchets de soie 436.15
machine v. a. appareil, dispositif, mécanisme, mouvement .
— à aiguiser 71.24
— à aiguiser les cardes 339.6
— à aiguiser les cylindres de carde 202.12
— à arracher les pieds des tiges 243.12
— à bobiner les bobines de fil à coudre . . . 537.7
— à bouter les cardes . 69.7
— à câbler 502.4
— verticale à câbler . 505.6
— à faire les câbles métalliques 509.4
— à x bobines pour câbles métalliques 509.13
— à fabriquer des câbles triangulaires 509.15
— à carder 7.15, 49.12
— à coller et à couper . 117.23
— verticale à commettre 505.1.6

machine à couper les cuirs pour cylindres 118.18
— à couper le lin . . . 211.2
— à couper les pieds des tiges 243.12
— coureuse 502.15
— à cylindrer 119.15
— pour le découpage de la feuille de papier en bandes 482.1
— à déposer un voile de fibres sur la feuille de papier (à l'état de formation) . 480.10, 481.2
— à doubler pour soie. 430.13
— à effilocher au mouillé 404.1
— à égaliser les manchons de cuir . . . 109.10
— à enrouler automatique 249.3
— à éprouver les cordes 513.12
— à essayer les cordes. 513.12
— à essayer les huiles . 149.1
— à étaler 8.11
— à étaler avec gill-box 451.5
— à étaler pour jute . 246.12
— à étirer et allonger la corde à broches . . 356.4
— à étirer et à polir les ficelles 507.17
— à fabriquer la laine de bois 476.3
— à fabriquer les torons 502.8
— à filer à double torsion 491.10
— à filer le fil de papier de feuilles de papier 489.1
— à filer la soie artificielle 467.6
— fixe 502.14
— à main pour fraiser les collets de broches 363.4
— à gazer pour schappe 455.7
— à laver la laine . . 278 4
— lisseuse 385.5
— magnéto-électrique . 113.1
— pour former une mèche continue . . 330.1
— à meuler les cuirs . 118.17
— à monter les manchons de cuir . . . 119.10
— à monter les rubans de carde 63.9
— à faire onduler le crin de cheval 514.9
— à ouvrir et nettoyer les étoupes 220.11
— à papier 476.13
— à peigner 8.6
— à peigner le lin, double 214.3
— de préparation pour fil de pâte. 478.14
— à refendre les cuirs . 118.20
— à retirer les fils durs des barbes 196.5
— à retordre, première. 545.1
— à réunir 80.12, 81.6
— à tirer la soie . . . 422.15
— à torquer 577.1
— à tresser pour cordes 510.2
— à tresser pour faire des cordes rectangulaires (de différentes sections) . . 510.3, 511.7
— à vapeur pour essoreuse avec commande par en-dessous . . . 291.5
—, à la. 19.16
—s à coudre 520.12
—s à guiper 520.7
—s à pelotonner . . . 521.1
mâchoire 214.5
— fixe 381.13
— inférieure 84.11, 89.13, 92.11, 377.10
— mobile 381.14
— supérieure 84.10, 89.16, 92.10, 99.6, 377.9
—s 91.9, 377.8
—s arracheuses 99.8
—s de pinçage 506.12
maçonné, canal 306.9
madriers, revêtement en 244.11
magasin aux balles . . 17.8
— de laine 264.5
— à lin 210.14
— de lin peigné . . . 217.11
— temporaire à lin . . 210.15
— à tubes 361.8
magasinage 217.13
magasinier 6.2
magnéto 113.1
— -électrique, machine. 113.1
maigre, lessive 275.20
mailles soudées 477.8
—, à grandes 416.18
—, à grosses 477.7
maillon 44.5
— de la chaîne 254.2
main, à 19.14
—, à la. 19.12
main-douce 163.7
maintenir les fibres . . 383.13
— la mèche au lavage . 269.4
— en prise (accouplement) 191.15
— sous tension 164.9
maintien de la corde de scroll 181.7
— interne de la canette 571.17
maître 1.13
— -brin 420.12
— cordier 494.12
— fileur 494.12
mal rond, tournant . . 202 18
Malard, dessuinteuse . 365.6
malaxer les déchets avec de la terre à foulon 298.15
— la pâte à filer . . . 460.15
Malcolm, appareil ensimeur 242.1
malsain, toison —e . . 365.3
manchon . . . 331 14, 332.16
— d'accouplement sur l'arbre du cylindre . 345.16
— d'accouplement à dents 182.12
— d'accouplement pour la rentrée du chariot 161.6
— en bois 116 2
— en caoutchouc 116.1, 332.8
— en cuir 93.3, 98.5, 115 15, 547.12
— de cuir cannelé . . 109.9
— de cuir collé à froid 119.5
— en cuivre jaune. . . 542.9
— du cylindre alimentaire 347.6
— du cylindre de pression 115.11
— denté 531.4
— d'embrayage pour les cylindres étireurs . 176.8
— en feutre. 115 14
— en feutre et cuir . . 332.7
— en flanelle 115.13
— frotteur 204.6
— à griffes . . 29.12, 163.5
— à griffes mobiles . . 345.18
— de la main-douce . . 183.6
— nettoyeur 108.12
— nettoyeur en coton . 108.14
— nettoyeur en laine . 108.13
— de panne 110.6
— en peau de buffle. . 332 8
—s de cuir usés . . . 389.11
—s imperméables en coutchouc 479.3
mandrin creux pour nappe 46.7
— à lames d'acier . . 119.11
manette 357.4
Manille, corde en . . . 592.7
manivelle. 181.1, 350.9, 504.8, 611.5
manœuvre aux étoupes. 216.2
— à la main de la vis du secteur. 171.3
—s courantes 596.21
—s dormantes. 596.20
manœuvrer, faire — l'arrêt mécanique par le courant électric . . 113.14
manomètre 385.15
manque de poids . . . 17.1
manuel, habileté — le . 10.14
manuelles. 500.14
marabout 586.14
marbré, fil 584.10
marchand de lin . . . 210.8
— de soies 412.20
marche arrière du cordier. 496.20
marcher dans le même sens que le grand tambour (chapeaux) 57.4
—, en sens inverse (chapeaux) 57.5
—, faire — le chapelet au moyen d'une manivelle 54.14
marcher, faire — ensemble ∞ rubans . . 223.8
—, laisser — la carde à vide 222.1
mariage . 334.8, 354.4, 424.1
marque de balle . . . 16.7
— de la laine 266.12
— de qualité 235.7
— de subdivision . . . 55.11
— du zéro 614.2
marteau 252.7, 370.10
Martin, appareil-croiseur. 422.10
—, métier à retordre. . 559.2
masque respiratoire . . 442.8
masse des cocons battus 440.17
— des fibres amollie .. 440.18
massif, cylindre 116.3
masson à trois rainures 499.6
matière absorbant l'huile de graissage 355.11
— d'aiguisage 70.19
— déchiquetée 402.6
— explosive 462.6
— fibreuse 6.9
— fibreuse en bourre . 7.9
— fibreuse (non) peignée 82.1.2
— fibreuse volante . . 25.19
— du fil 65.15
— filable 6.9
— filable non pure . . 195.6
— filtrante 271.4
— filtrante saturée . . 463.14
— gélatineuse 471.5
— grasse 299.17
— grasse naturelle de la laine 274.1
— insuffisamment ouverte 405.3
— sans parties non effilochées 404.13
— à peigner 99.7
— première 6.8
— première à fibres courtes (longues) . . 6.10.11
— de rembourrage . . 514.15
— résistant aux acides. 304.4
— sèche à la main . . 306.17
— à sécher 292.9
— de soubassement de la garniture 64.6
— soyeuse 411.9
— textile 6.9
—s d'agglutination . . 438.5
—s colorantes résineuses 432.16
—s étrangères 24.12
—s (non) feutrées 395.14, 396.1
—s incrustantes . . . 475.7
—s mélangées 442.13
—s premières 470.18
—s pulvérisées 308.12
—s rugueuses 507.2
—s en suspension . . . 270.24
—s végétales 302.7
matteau de soie moulinée 586.6
mauvais dévidage . . . 155.19
— lavage 269.10
—e bobine 133.16
—e rattache 159.1
maximum, tension. . . 454.17
Mazamet, laine 264.12
Mc Naught, élévateur . 283.4
—, séchoir 295.3
mécanicien 3.10
mécanique 498.17
— pour cordage fin . . 498.18
—, peigneuse 7.23
mécanisme v. a. dispositif, appareil, mouvement, machine
— d'alimentation à cylindres 223.5
— d'arrachage à mouvement de pèlerinage . 381.6
— d'arrêt. 504.5
— d'arrêt automatique. 47.7, 535.7
— d'arrêt automatique pour canette pleine. 157.4, 180.4
— d'arrêt du cylindre supérieur avec frein sur la broche à la rupture d'un fil . . 554.4
— d'arrêt pour métiers à retordre 554.3
— d'arrêt sensible . . . 534.15
— d'arrondissement . . 485.1
— pour l'avance de la courroie 191.9
mécanisme casse-fil . . 525.1
— de changement 125.4, 131.6, 256.7
— de changement avec arbre à plusieurs temps et leviers (partiellement) dépendants 185.11.12
— de changement de Dobson et Barlow . 132.5
— de changement avec leviers. 186.1
— de changement avec leviers et sans arbre à plusieurs temps . 185.13
— de changement de marche 160.8
— de changement de marche du chariot . 183.2
— du chariot des métiers à retordre à anneau 551.6
— commandant les évolutions du renvideur 182.1
— de commande par cônes 527.1
— de débrayage de l'asple 474.1
— de déclanchement électrique 112.13
— de dépointage 166.3, 206.9
— à différentiel 125.14
— échardonneur . . . 367.6
— échardonneur adapté aux cardes 368.10
— échardonneur pour cardes Offermann . 368.15
— d'encliquetage . 53.1, 180.3
— d'étirage 102.12
— d'étirage pour les deux côtés du renvideur 176.6
— de fermeture du volant 44.8
— de formation de boutons 559.7
— de formation de fil boutonneux et flammé de Graf 560.12
— de freinage automatique 258.4
— guide-courroie . . . 178.10
— de levage 273.2
— à levier pour relever les guide-fils. . . . 143.16
— de livraison du fil pendant la torsion supplémentaire . . 189.9
— de réglage 43.15
— de réglage des chapeaux, Howard et Bullough 53.16
— de renversement . . 23.12
— de renversement à courroies droites et croisées 24.5
— de renvidage 167.2
— de renvidage pour bancs à broches . . 256.6
— pour replier la nappe autour du mandrin. 46.5
— du secteur 170.6
— de sortie du chariot. 347.11
— des vis des barrettes 251.13
mèche . . . 9.15, 82.10, 204.8
— de bourrette avec fausse torsion . . . 454.1
— continue de blousse . 82.9
— détruite 269.7
— étirée 159.18
— faiblement tordue. . 122.4
— de frottoir 334.6
— de graissage 344.13
— humectée 226.5
— de jute 254.12
— de lin 212.8
— de peigné 374.6
— de préparation 122.2, 159.15, 342.6
— de préparation d'étoupe 224.13
— de préparation pour fil de pâte. 479.4
— de préparation de lin 224.10
— simple 133.15
— à torsion floche. . . 122.4
—, double 141.20
—s échelonnées 383.11
—s soudées 383.11
médian, partie —e. . . 445.14
mélange 19.4

mélange de la bourrette 453.2
— des boutons à la laine 590.16
— du coton 17.15
— de couleurs. 310.21
— de couleurs exempte de boutons 311.1
— des déchets avec du bon coton brut . . 195.1
— de diverses sortes de laine 310.17
— des étoupes 220.21
— à fond de la laine arrosée 317.10
— intime 310.19, 318.8
— de laine 310.18
— de la laine 310.7
— de la laine avec du coton 408.2
— à main 19.14
— à la main 19.12
— mécanique 19.15
— peigné 584.6
— pneumatique 24.7
— uniforme de couleurs 311.2
—, laisser le coton au . 25.5
mélangé, huile —e . 315.24
—, tas de laine —e à fond 317.11
mélanger le coton . . 18.13
— du coton à l'amiante à la carde 491.4
— le coton teint de différentes couleurs . . 194.5
— par couleur 310.20
— les déchets avec du bon coton brut . . 195.2
— les déchets en les mettant par couches superposées 197.5
— des déchets de soie (de différentes sortes) . 442.12, 451.1
— le jute 236.11
— à la machine . . . 19.16
— à la main 19.13
— moitié par moitié . 19.3
— pour avoir une qualité moyenne . . . 19.2
mélangeur de coton . . 18.16
mélangeuse avec table sans fin 20.7
mêlé, bourrette —e . . 452.17
mêlé-cheviot 583.24
Mélen, élévateur . . . 282.12
même longueur de rubans 223.17
menuisier 5.23
mé-plat, fil métallique . 493.13
mercerisé, fil 581.3
mercure 616.7
mérinos, fil 583.22
merlin 593.5
mesurage du fil pendant le dévidage 563.21
mesure anglaise 600.12
— de base 598.11
— métrique 600.6
—s de longueur 600.5
mesurer la longueur de l'echeveau originel . 602.18
—, parchement à . . . 500.17
mesureur pour mèches 611.6
— de tension 609.7
métal blanc 290.8
météore, soie 588.10
méthode de carbonisation 301.8
— de conditionnement . 615.9
— de décreusage . . . 433.2
— de dégraissage de Schlieper 276.14
— de dévidage 421.14
— pour l'essai du fil . . 66.21
— de fermentation . . . 437.12
— de filage continu . . 138.1
— de filature 1.5
— de montage 63.4
— de précipitation . . . 299.16
— de séchage 417.11
— de tirage 421.14
— de tirage à la française 422.1
— de tirage à l'italienne 421.18
— de tirage sans mariage 421.18
— de tirage à la tavelle 421.18
métier à ailettes 138.3, 139.3
— à boîtes tournantes . 208.1
— à faire la bouclette . 561.14
— continu (v. a. continu) 138.2
— continu à ailettes 11.13, 138.3
— continu à anneau . 11.14
métier continu à anneau pour soie 452.9
— continu pour chaîne. 11.12
— continu à filer à anneau 138.4, 226.7
— continu à filer double face 257.2
— à un seul côté . . . 209.10
— double 209.11
— à filer 11.11, 137.7
— à filer à ailettes . . 225.3
— à filer à ailette horizontale 501.13
— à filer à ailettes pour fil de papier . . . 485.1
— à filer à ailettes pour fil de pâte. 479.5
— à filer à ailettes pour fil peigné 390.16
— à filer à ailettes pour le filage simultané des rubans de papier et de la matière fibreuse. 485.9
— à filer l'amiante . . 491.9
— à filer à anneau pour canette-chaîne . . . 154.15
— à filer à anneau pour canette-trame . . . 154.12
— à filer à anneau pour fil de papier . . . 486.7
— à filer à anneau pour fil de pâte. 479.6
— à filer à anneau avec rail à broches oscillant 391.8
— à filer à anneau avec tête de fausse torsion 342.1
— à filer à assiette . . 488.5
— à filer des bobines tubulaires 208.1
— à filer de Camel . . 430.3
— à filer le chanvre . . 234.4
— à filer de Chardonnet 460.16
— à filer à cloches . . 392.5
— à filer à cuveau . . 486.16
— à filer à cuvette . . 486.16
— à filer à disque. . . 488.5
— à filer à l'eau chaude 225.3
— à filer à eau froide . 226.2
— à filer pour fil de papier 484.23
— à filer la laine peignée, Cornet 392.9
— à filer de Lehner . . 461.13
— à filer pour loquettes 343.8
— à filer au mouillé . . 225.8
— à filer pour très gros numéros en bas déchets, système Chapon 209.12
— à filer à plateau . . 488.5
— à filer au sec. . . . 225.4
— à filer la soie artificielle 467.6
— à gazer 521.5
— à gazer pour schappe 455.7
— à guiper 506.14
— renvideur (v. a. renvideur) 11.16, 138.13, 343.13
— renvideur automatique 11.17, 138.14
— à retordre 12.12
— à retordre à ailettes double (pour fils zéphyr) 545.10.11
— à retordre à ailettes simple pour la laine 548.9
— à retordre à anneau pour fil à coudre 556.3
— à retordre à anneau pour fils fantaisie . . 561.3
— à retordre à anneau pour laine peignée . 556.1
— à retordre à anneau avec un seul tambour (avec deux tambours) 550.6.7
— à retordre d'Aubena 432.1
— à retordre Brigg et Webb pour jute . . 549.13
— à retordre à un seul côté. 543.1
— à retordre à deux côtés 453.2
— à retordre double . 543.2
— à retordre pour ficelles 501.14.15
— à retordre pour fil bouclé. 561.14
— à retordre pour fil de fantaisie de Hille. . 561.4
métier à retordre le jute 549.11
— à retordre de Martin pour fils noueux . . 559.2
— à retordre à plusieurs rangées de bobines l'une au-dessus de l'autre 474.9
— à retordre pour schappe 549.4
— à retordre simple . . 543.1
— à retordre les spirales du fil poil 591.6
— à retordre de Stein pour fils noueux . . 559.11
— à retordre, premier. 522.7
— selfacting . . 11.17, 138.14
— à un seul tambour . 144.9
— à deux tambours . . 144.10
— à tresser 506.15
—s à broder 520.11
—s continus à retordre. 542.15
—s à filer à broches fixes 341.4
—s à filer à broches voyageantes 343.6
—s à lacets 520.9
—s à retordre lourds. . 549.12
—s à retordre au mouillé 552.6
—s à retordre au sec . 552.7
—s à rubans 520.8
—s à tulle-bobin . . . 520.10
mètre 600.7
—s, *x* — au kilogramme 604.6
métrique, dévidoir . . 563.10
—, numérotage 599.12
metteur de cordes . . . 3.14
— de courroies 3.14
mettre les bobines. . . 97.7
— de côté les balles . 18.12
— le drap autour du cylindre 118.7
— en écheveaux . . . 563.23
— les fils sous forme d'écheveau. 562.18
— la laine en sac . . . 264.7
— le rouleau de batteur à la carde 50.12
— en route la nouvelle bobine 256.13
meuler le cuir 118.16
Meunier-Grun, peigneuse 380.9
Mézankoora, soie . . . 410.15
mi-chaîne, fil 580.4
— -cuite, soie 434.11
— -fin, chiffons —s . . 396.15
— -laine 396.12
— -perlé 587.1
micrométrique, romaine 614.6
micromillimètre 600.11
micron 600.11
microscope 467.13
milligramme 601.2
millimètre 600.10
mince couche de pâte 117.9
minium 117.21
mis à part 399.9
mise en bobines des rubans 386.16
— en place du chapeau 53.5
— en pointe avec alimentation à tables sans fin 443.5
— en pointe avec alimentation à tambour 443.13
mixte thibet 407.20
mobile, couvercle . . . 177.5
—, collodion très . . . 462.12
modérateur . . . 205.9, 349.1
module de travail . . . 606.18
mohair 383.13
moineau 125.9
moist, chiffons —s . . 396.20
moisissures 574.10
moissonneuse-lieuse . . 592.15
moitié par moitié, mélanger 19.3
molleton 397.9
moment de frottement. 149.7
— de rotation 149.7
momentané, augmentation de poids —e. . 571.13
montage automatique des garnitures . . . 337.11
— des cordes à broche. 158.12
— des cordes sur le tambour 550.10
— de la garniture . . . 63.2
— de la garniture par des bandes d'acier . 62.5
montage de la garniture au moyen de bandes en acier à crochets recourbés 62.2
— de la garniture par des bandes pinçant les bords des plaques, système Tweedale . 62.6
— de la garniture de carde 336.12
— de la garniture du chapeau 61.4
— des garnitures avec contrepoids 337.10
— de la garniture par le système Deiss . . 62.7
— de la garniture par des fils de fer 62.4
— de la garniture en employant outre la lame d'acier un soubassement de carton . . 61.18
— de la garniture par une plaque recourbée 62.3
— des garnitures en forme de plaques (de rubans) . . . 337.5.6
— indirect de la garniture. 61.16
— à la main du ruban de la garniture. . . 337.8
— du manchon de cuir 119.8
— de la plaque de garniture. 61.5
— des rubans 63.9
montant 289.6
— en forme de ⊥ . . . 344.4
— du support du levier de balancement . . 132.13
— vertical emmortaisé . 497.2
—, partie —e 531.10
—, tablier 21.9
— et descendant, guide-fil 143.14
monte et baisse, mouvement de 140.16
monté excentriquement 447.6
— sur roulettes 200.4
—, poignée —e 214.13
—, retordage 541.5
montée, à la 551.16
monter la bobine de préparation librement . 128.6
— les cordes à broche . 158.13
— le manchon de cuir . 119.9
— la préparation dans le râtelier 226.6
— le ruban 63.3
— les rubans en anneaux 63.6
— le ruban sous forte tension 63.5
— le ruban en spirales. 63.7
— (chariot à bobines) . 547.6
— (contre-baguette) . . 166.2
—, faire — l'écrou du secteur 170.15
— et descendre (ailette) 548.8
monteur de cardes 4.11, 63.8
— de métiers 3.10
morceau de rail mobile 307.12
—x de laine de qualité inférieure 265.21
morcelage à la main des couches de coton . . 20.1
mordache 214.5
mordage des pinces . . 382.14
mordant de la garniture 340.5
—, capacité —e de l'émeri 71.7
mort, coton 14.6
mort-volant 425.10
motte de coton 20.5
—s de laine 287.10
—s, coton en 15.11
moteur 504.4
— à courant continu . . 157.8
— à courant triphasé . 157.13
mou, rendre —s les cocons 440.15
—, renvidage 169.3
mouillage dans l'eau chaude 573.16
— dans l'eau faiblement savonneuse 573.17
mouillé, cordage . . . 507.10
mouiller le cordage . . 507.8
— le cordage avec des chiffons humides . . 507.9
moule 499.6
moulin à cylindre . . . 476.12
— à cylindres broyeurs . 490.11

moulin à cylindres concasseurs 490.11
— à cylindres coniques pour chanvre . . . 231.1
— à guindres 431.16
— à meules verticales . 476.11
— à pilons 439.9
— -purgeur 429.13
— à soie de Chardonnet 431.14
— à tordre la soie. . . 429.17
moulinage de la soie. . 428.2
— de la soie artificielle 474.2
mouliné, fil 584.12
moulineur en soie . . . 412.15
moulineuse en soie . . 412.16
moulinier 412.15
mousse d'Irlande . . . 316.14
— perlée 316.14
mousseline 407.12
mouvant, air 574.17
mouvement additionnel de la broche. . . . 532.2
— d'arrachage des pinces 382.13
— en arrière . . 23.10, 91.4
— en avant . . 23.9, 91.3
— axial de va-et-vient. 72.3
— du chariot 344.16
— continu de l'arbre à cames 182.7
— de débourrage du peigne. 58.7
— excentrique des pointes 30.5
— de fermeture des mâchoires 91.5
— forcé de la baguette. 171.9
— intermittent 84.7
— intermittent en avant 377.7
— latéral 333.13
— lent du fléau 613.12
— des mains-douces . . 163.8
— de monte et baisse du chariot 140.16
— de la nappe 326.1
— oscillant du peigne . 58.10
— oscillant de la pince. 92.4
— oscillant du secteur . 350.17
— oscillatoire 561.6
— d'ouverture des mâchoires 91.6
— de pèlerinage 381.6, 406.9
— de la plate-bande porte-anneaux . . . 151.4.5
— positif de la contre-baguette. 169.5
— de recul du chariot . 205.4
— de retour des ailes . 505.7
— de retour du fuseau. 511.5
— de rotation 517.1
— de va-et-vient (guide-fil) 516.13
— de va-et-vient suivant son axe (bobine) . . 516.17
— de va-et-vient vertical 448.15
— variable de la plate-bande porte-anneaux 151.6
—s saccadés. 384.13
mouvement v. a. dispositif, mécanisme, appareil, machine
— d'arrêt 95.5
— de la courroie . . . 205.5
— différentiel 125.14, 126.1.10.11, 127.1.2.3, 255.12
— à engrenage épicycloïdal droit 126.12
— de formation 152.7
— de formation de la bobine 190.10
— de lève 152.7
— de livraison pendant le renvidage 181.15
— pour raccourcir la chaîne de dépointage 184.1
— de rentrée du chariot 349.7
— de renversement automatique 229.14
— de renvidage 137.13
— de renvidage de la chaîne du secteur . 351.4
— serre-pointes . 181.10, 184.5
— de voltée automatique 229.14
mouvoir, se — loin l'une de l'autre (fourchette guide-mèche) 129.12
—, se — l'une vers l'autre (fourchettes guide-mèche) 129.11
moyen anti-rouille. . . 64.2
— de décreusage . . . 433.4
—, qualité —ne . . . 19.2
moyenne du mélange . 19.1
moyennement dur, fil . 606.1
moyeu fou (fixe) sur l'arbre 528.11.12
— avec gorge 497.12
mû de côté (châssis pour brochette) 530.6
mucilage 472.13
mucoïdine 411.7
muga, soie 410.11
mule-jenny . 11.15, 159.6, 343.7
multiplicateur 603.12
mungo blanc 407.4
— bleu 407.5
— sans coton 406.17
— sans lin 407.1
— mi-laine 407.2
— mixte 407.2
— neuf 406.16
— teint. 407.3
—, vieux 406.15
mur en maçonnerie . . 375.19

N

nacré, éclat 415.7
nactage 376.10
nacteur, peigne 378.5
naphte 297.19
naphthol 316.7
nappe 7.11, 41.7, 198.8, 325.3, 328.12
— alimentaire 41.11
— alimentée 45.8
— alimentée par minute 41.18
— du batteur finisseur. 47.8
— sans boutons 49.4
— de la carde en gros (en fin) 325.4.5
— de déchets 322.8
— délivrée 45.9
— à fibres croisées . . 325.7
— à fibres placées dans le sens de l'alimentation 325.6
— formée par des superpositions, de voiles sans fin pliés . . . 325.1
— formée par des voiles enroulés en spirale . 324.13
— homogène 47.15
— irrégulière 47.14
— posée parallèlement aux axes de la carde 325.18
—, posé en travers aux axes de la carde. . 325.18
— principale 373.14
— régulière 47.15
— du rouleau 86.4
— seule 373.15
— de soie continue . . 450.17
—s, former des — de plusieurs rubans . . . 81.5
nappeur, étirage. . . . 81.9
nappeuse 373.1, 442.15, 451.12, 453.4
Nasmith, peigneuse . . 87.7
natte de chanvre . . . 496.13
naturel, caoutchouc . . 65.9
navettes de machines à coudre 520.12
— de métiers à broder. 520.11
négociant (en gros) en chiffons 399.4.5
— en lin 210.8
— en soies 412.20
nervure 282.4, 355.8
— du bâti 55.12
— du palier. 324.5
nettoyage de l'amiante par la voie humide (sèche) 490.2.5
— automatique du chariot par des étoffes voyageuses 193.1
— des capillaires . . . 466.12
— du chanvre affiné . 496.4
— des chapeaux de propreté 109.5
— du coton 26.3
— des cylindres d'étirage 108.6
— des déchets 49.5
— des déchets de filature 298.12
— des étoupes 220.10
— des étoupes de chanvre 232.9
— des fibres de soie. . 438.16
— des fils 454.11
— final du coton . . . 26.8
nettoyage des garnitures de carde 75.1
— des hérissons 389.6
— humide 268.8
— à la main 454.13
— mécanique 454.14
— mécanique de la laine 266.14
— préliminaire du coton 26.7
— à sec de la laine . . 266.14
— de la soie grège . . 429.1
— de la toison 265.12
nettoyé, poignées de fibres —es 231.10
nettoyer la cage à déchets 49.2
— le chanvre affiné . . 496.5
— le coton 26.4
— les fibres à l'état sec 196.1
— le fil de soie grège . 429.4
— la filière à l'air comprimé 466.11
— la garniture des chapeaux 57.8
— le grand tambour avec du papier émeri . . 63.11
— le grand tambour avec du papier de verre 63.10
— en gros le coton . . 26.6
— le manchon de cuir à la benzine (à l'eau de savon) 109.7.8
— la matière fibreuse . 7.3
— le plancher par des rouleaux. 193.8
— préalablement le coton 26.6
nettoyeur . 3.17, 51.5, 611.13
— automatique de chariot 395.2
— de cardes 4.10
— en coin 109.4
— de coton 26.5
— de curseur simple. . 150.16
— pour deux curseurs . 150.17
— fixe 108.9
— garni de brosses . 443.3.11
— garni de drap . . . 429.5
— mécanique pour déchets de carde . . 260.5
— en peluche 568.5
— rotatif de Brown . . 129.1
neutralisation des acides 309.4
neutraliser l'acide sulfurique 403.4
— l'ammoniaque par des bisulfites 465.3
neutre, procédé 305.11
—, savon 277.13
Neyret-Brenier, peigneuse mécanique circulaire 449.14
nez 36.3
— à bec oblique . . . 162.1
— sur le disque . . . 172.1
— du tambour 30.13
nid de l'anaphe . . . 414.11
nitré, fil 581.4
nitrite d'éthyle 462.14
— de sodium 463.20
— de soude. 460.5
niveau à bulle d'air . . 362.12
— de l'eau 286.6
niveler les portes-cylindres 363.3
niveleur des dents de carde 340.1
Noble, peigneuse . . . 378.15
nœud 454.8
— d'échevette. 564.5
noir (chardon) 307.2
noix 11.2, 145.10, 258.1, 343.1, 487.8
— de la broche . 144.6, 527.8, 555.16
— à corde 487.10
— à trois rainures. . . 499.6
nombre d'apprêt . . . 431.3
— -base du peuplage . . 68.6
— des bobines 429.14
— de coups. 31.7
— de coups d'arrachage 82.18
— des dents 31.2
— de dents par unité de surface 68.4
— d'écheveaux 598.20
— de fils dans une échevette 599.6
— fixe (variable) de tours 563.19.20
— indicatif du titre . . 602.10
nombre de mètres d'un écheveau 603.13
— de rainures par centimètre (pouce anglais) 116.13.14
— de retors par unité de longueur. 542.1
— des rubans à reunir. 223.9
— de spires. 124.19
— de tours de la broche 144.4
— de tours du dévidoir 563.18
Northrop, tube pour trame 147.2
Norton, séchoir 295.12
nouage 576.10
— de la ficelle de pienne à la fin de l'écheveau 564.4
noué, poignée de chanvre —e 231.5
nouer ensemble les extrémités des torons 504.15
— les fils 421.11
noyau de la bobine . . 543.14
— du câble 594.18
— de la canette 154.18, 167.7, 527.17
— conique 484.12
— en fer 115.10
— en fer à cheval. . . 113.9
— en liège 595.5
noyer le rivet 61.13
nuageux, surface —se . 338.10
nuance de la couleur . 194.7
— de fond 311.4
numéro, v. a. titre
— de l'alimentation . . 102.4
— anglais 599.14
— vieux autrichien . . 599.16
— bas 193.18
— cherché 603.15
— à convertir. 603.14
— du curseur . . 150.12, 552.5
— d'Elbeuf 600.2
— élevé 194.1
— entrant 102.4
— du fil 66.19, 598.4
— fin 194.1, 598.7
— français 599.15
— de la garniture . . . 68.7
— gros 193.18, 598.5
— international 599.13
— kilogrammétrique . . 599.13
— du lot 19.7
— métrique 599.13
— moyen 598.6
— néerlandais 600.4
— d'ordre de la fabrication 19.8
— de la partie 19.7
— de Prusse 599.17
— du ruban 386.10
— saxon 599.18
— vieux saxon 599.19
— de Sedan 600.1
— de la soie 601.14
— sortant 102.5
— suisse 600.3
— du treillis métallique. 195.11
numérotage anglais . . 66.16
— des fils 598.1
— français 66.17
— international 599.12
— kilogrammétrique . . 599.12
— métrique 599.12
numéroter 598.3

O

objets de bonneterie déchiquetés 396.2
oblique, passage en — des cordes 550.8
—, position 538.10
odeur fraîche 210.2
— putride pendant la fermentation . . . 437.20
œil du guide 487.6
— -guide 610.4
— guide-papier 488.2
— en verre 544.9
œillet 131.10, 533.4
— -guide 511.14
— guide-fil 525.3
— métallique du guide-fil 143.15
— de tressage. 511.14
— en verre 422.4
—s enroulés. 501.17
—s soudés 501.18

Offermann, mécanisme échardonneur . . . 368.15
oléine 315.4
olive 381.10
ombrée, soie 587.13
ondée, soie 586.15
ondulation de la fibre . 101.2
— des poils 514.8
ondulé, poil. 514.16
onduler le crin 514.9
onglet 118.9
opération du cardage . 318.10
—s complémentaires . . 515.1
—s préparatoires 17.14, 364.14
opposé, courant dans des directions —es . . . 23.3
—, rangée de spires —es 517.9
—, sens — des aiguilles d'une montre . . . 540.11
—, sens — de la marche 45.4
—, torsion —e à celle des fils simples . . . 540.11
oreille, réglage à l' . . 78.3
—s des chapeaux . . . 73.6
organe à filer Chardonnet 461.1
— de renvidage 137.18
—s de commande du banc à broches . . 122.14
—s de commande du banc d'étirage . . . 114.1
—s de commande du métier renvideur . . . 160.11
—s d'étirage 102.12
organique, base 457.5
organsin 431.9, 586.7
— à faible apprêt . . . 586.9
— à fort apprêt 586.8
— retordu 431.12
— simple 431.11
organsinage de la soie . 430.15
organsiner la soie . . . 430.16
organsineuse 430.17
orifice de décharge . . 259.5, 312.2
— de sortie 467.9
orléans, chiffon d' . . . 407.15
oscillant, guide-fil . . . 208.7
oscillation du fléau . . 613.11
— pendulaire 290.1
oscillatoire, mouvement 561.6
osier 286.14
osséine 472.15
ôter le maître-brin de la brosse 420.14
ouate de déchets 452.18
— de doupions 436.4
— à filtrer 463.12
— de verre 491.15
ouïe, régler à l' . . . 322.17
ourdi, fil de caret . . . 498.11
ourdir les fils de caret. 498.10
ourdissage des fils de caret 498.9
outil de décapage en os (en bois dur) . . . 110.9.10
— à décaper 110.7
— à tourner 337.3
outrance, étirer à . . . 101.15
ouverture des balles . . 18.1
— des balles du jute. . 235.1
— circulaire 295.9
— latérale de la broche 553.11
— du tube capillaire. . 467.13
ouvraison de l'amiante par la voie humide (sèche) 490.2.5
— des chiffons 403.8
— du coton 25.6
— des déchets 442.9
— des déchets de filature 195.4
— de la laine 310.7
— lente 25.10
— des mottes humides. 287.10
— préliminaire du coton en flocons 25.8
— soignée 25.14
— de la toison 265.8
ouvreur 51.5
— de balles 18.3
— de coton 22.8
— de presse, ouvrier . 215.16
ouvreuse . . 7.6, 26.17, 371.14
— pour chiffons . . . 405.1
— conique horizontale . 37.3
— Crighton 34.11
— double 32.10
— double verticale avec appareil d'élimination des déchets . . 39.12
— pour étoupes 220.14
ouvreuse fermée pneumatique 38.3
— à grand tambour . . 30.10
— à jute 235.12
— pour laine humide . 287.12
— à plusieurs petits tambours 34.10
— pneumatique horizontale avec ouvreuse porc-épic et batteur 39.3
— préparatoire 26.19
— préparatoire porc-épic 26.20
— à tambour 30.9
— à tambour combinée avec un batteur-enrouleur 32.11
— verticale 35.1
— verticale pour amiante 490.12
— verticale combinée avec batteur-enrouleur 37.2
— verticale combinée avec sous-ouvreuse . 35.2
ouvrier 5.13
— de battage 22.8
— de carderie 4.6
— en coton 5.15
— aux déchets . . 3.24, 216.3
— à domicile 6.5
— à façon 6.5
— de filature de coton 137.9
— au mélange 18.16
— -ouvreur de presse . 215.16
— peigneur 83.2
— de préparation . . . 2.1
— -presseur 215.15
— en soie 412.13
— de willow 197.3
—s 5.19
—s travaillant au loup . 442.8
ouvrière 5.14
— en coton 5.16
— aux déchets 4.1
— à domicile 6.6
— à façon 6.6
— de filature de coton. 137.10
— de préparation . . . 2.2
— en soie 412.14
ouvrir une balle. . . . 18.2
— la balle de jute. . . 235.8
— les cocons 418.7
— les couches de fibres 21.6
— les déchets de soie . 440.1
— les flocons 26.1
— les flocons de laine . 310.15
— en gros la matière fibreuse 25.9
— la laine 310.14
— la laine humide . . 287.11
— la matière fibreuse . 7.4
— les mottes de coton. 20.4
— la toison 265.7
— les touffes de fibres 198.4
—, s'— automatiquement (pince) 450.1
—, s' (toron) 511.3
ovale, fil 65.18
ovalé. 587.4
ovaliste 412.15
oxydable, base 457.6
oxyde d'aluminium . . . 484.9
— de cuivre ammoniacal 458.22
oxygène 301.88

P

paille . . . 402.5, 492.16
— de bois . . 476..1, 492.18
—, cocon 415.1
—s d'oxyd 66.7
paire de cylindres . . . 561.5
— de cylindres cannelés 443.15
— de cylindres étireurs 102.14
— de cylindres horizontaux 240.7
— d'échevettes 599.3
palettes courbes 45.4.5
— droites (x) 45.3
palier américain 324.4
— fermé 324.6
— du pivot du nettoyeur 324.3
— réglable avec index 80.2
— réglable du pivot du travailleur . . . 324.2
palier à roulement à billes. 355.7
— du tambour à graissage automatique. 145.2
pan dévidoir à six —s 565.5
panier basculeur en fil de fer 273.1
— à bobines 361.11
— aux cocons 415.20
— de fils 570.17
— à laine. 286.13
— à lattes en bois . . 304.1
— à lattes suspendu . 304.2
— d'osier 286.14
— tournant 305.3
— de vaporisage à larges espacements . 571.5
panne sans fin nettoyant les cylindres. 108.12
papier de cellulose préparé par le procédé à la soude (au bisulfite) . . . 479.9.10
— pour cylindre . . . 390.1
— émeri 63.11
— filable 479.11
— à filer 479.11
— flexible 479.13
— fossile 489.6
— léger. 479.12
— mâché 289.8
— perméable à l'eau 480.1
— tenace 479.14
— de tournesol 309.8
— de verre 63.10
papillon . . . 31.17, 297.3
—-parchemin 390.1
paquet de fil 577.3
— d'une grosse 577.9
— de lin 217.8
— de cinq (dix) livres anglaises 577.4.5
paraffine 484.5
paraldéhyde 458.4
parallèle au chariot . . 188.4
— à la têtière 188.5
—, commande 360.5
— ,cylindre aiguiseur — au grand tambour 73.3
parallèlement, marchant 221.5
—, placés — les uns à côté des autres (fils métalliques) . 596.23
parallélisation des fibres 101.1, 231.9, 386.6
paralléliser les fibres . 374.5
paralléliseur . . 219.1, 251.10
parchemin à mesurer la circonférence de la corde 500.17
— végétal 389.12
parcours circulaire des batteurs 196.7
pare-déchets 38.9
paroi épaisse 416.14
— intermédiaire . . . 296.11
— latérale 79.13
Parr-Curtis, dispositif de pince du fil . . 558.6
partager les torons . . 500.5
partageur 215.14
particules d'eau . . . 288.14
partie articulée pour la partie croisante de la couche . . . 168.6
— avant de la têtière 352.17
— collée du cuir . . . 333.3
— correspondant au fond 167.13
— croisante de la couche . . 155.15, 351.12
— dentée 531.12
— dentée du secteur 350.13
— descendante de la rainure 531.11
— duveteuse de la surface du cocon . . 417.4
— de fil 152.13
— de fil dévidé . . . 564.6
— formante de la couche . . .155.14, 351.11
— intermédiaire du cylyndre cannelé . . 393.13
— médiane de la barbe 445.14
— médiane de la mèche 375.10
— du milieu de la filasse de lin . . 211.7
partie montante de la rainure 531.10
— peignée 82.6
— à peigner 212.4
— de la platine utilisée pour la formation du corps de la canette 168.3
— de la règle correspondant à la partie formante de la couche 168.5
— repliée de la touffe 383.7
— supérieure du corps de la canette . . 174.9
—s défectueuses . . . 455.2
—s (dures) des pieds 243.3.4
—s non effilochées . 404.13
—s mélangées 216.14
—s des pieds coupées carrément 243.5
—s végétales 402.2
partiel, étirage 101.6
—, extraction — le . . 287.9
pas 350.15
— du bobinage 537.4
— des fils tordus . . 498.15
— de pèlerin 406.9
— de renvidage 155.7
— simple, à. 566.6
— de la vis 252.6
— de vis à va-et-vient 339.5
—, à grand 561.2
—, à petit 561.1
passage 25.15, 103.8
— (des cordes) 507.13
— de l'air humide sur les fils 573.10
— de batteur 42.4
— des cordes 359.15
— d'étirage 371.15
— de la ficelle en chanvre à travers les cordes 512.8
— du fil dans l'eau froide 542.7
— des fils à travers la flamme du gaze . . 455.6
— forcé de l'air humide à travers le fil . 573.3
— horizontal des cordes sur les noix . 550.9
— de la matière textile sans être retenue par les dents du cylindre alimentaire 319.19
— en oblique (horizontal) des cordes sur les noix . . 550.8.9
— répété du coton . 25.16
— des rubans 386.17
— du ruban à travers le banc d'étirage 101.5
—, premier 222.17
—, second 222.18
—, troisième 222.19
—s, disposés les uns derrière les autres 104.3
—s indépendants les uns des autres . . 104.1
—s placés l'un à côté de l'autre sur le même bâti. 104.2
—s, x — d'étirage . . 101.17
passagère, torsion 9.7, 331.11
passé, cordage 507.16
passementeries 400.12
passer par à-coups . . 386.18
— à x bancs d'étirage (rubans) 452.1
— par un circuit (toron) 511.2
— les cordes 359.16
— les cordes à broche 158.13
— à travers les curseurs (fils) 151.3
— autour du cylindre de pression (fil) . . 546.1
— le fil dans l'eau . . 542.6
— à mouvement intermittent 386.16
— par un œillet métallique (mèche) . 137.13
— plusieurs fois (coton). 25.17
— la poignée sur les dents 213.9
— la poignée sur le peigne. 216.7

passer la touffe sur les dents du peigne 375.12
—, faire — le fil dans un bain 467.4
—, faire — le fil autour des galets 454.16
—, faire — la mèche dans l'eau chaude 225.12
—, faire — la queue de la barbe à travers le peigne fixe 92.13
passif, bobine — ve 547.11
—, broches — ves 233.12
pâte au bisulfite 475.6
— de bois 475.3
— pour drap 117.10
— dure 117.15
— à filer 460.14
— grumeleuse 117.13
— à papier 477.1
— à séchage rapide 117.11
— à la soude 475.5
— tenace 117.12
Paterson, appareil ensimeur 241.5
patin de frein 147 5
patron 1.13
pattelettes 265.17
paumelle 498.2
pauvre en soie cocon 416.3
— en cuivre, fil de soie 467.17
peau de buffle 204.7
— de mouton 64.13, 118.14
— de veau 64.12
pectine difficilement soluble 412.3, 437.9
pédale 11.6, 234.1
— d'alimentation 28.10, 32.14
— interchangeable 33.2
peignage 7.21, 8.3, 81.13
— de la bourrette 453.14
— du chanvre 229.1, 495.10
— du coton 80.13
— des déchets de soie 444 12
— des étoupes 211.16, 222.5
— à façon 376.15
— d'après Fairbairn 447.11
— en fin 212.19, 376.7
— du jute 245.1
— de la laine 374.1, 376.14
— du lin 211.10
— à la machine 376.12
— à la main 212.14, 375.4
— mécanique 213.13
— de la nappe 81.17
— des poils 514.5
— de la queue 82 14
— de la ramie 262.2.10
— de la soie 444.15
— de la tête 82.13
peigne 368.8, 445.4, 446.3, 447.9
— en acier 340.10
— d'alimentation 382.4
— annulaire 379.17
— annulaire alimentaire 448.12
— annulaire, grand 379.1, 449.5
— annulaire, petit 379.2
— annulaire rotatif 379.7
— basculant 320.12
— chargé 375.15
— circulaire 85.4, 98.10, 377.11
— circulaire avec barrettes d'aiguilles augmentant de population 380.10
— complètement denté 330.3
— débourreur 58.2, 98.1, 340.9
— débourreur à mouvement de recul 58.4.8
— détacheur (de la carde) 51.8, 59.18, 204.2, 321.10, 327.12
— détacheur (de la peigneuse) 86.8, 88.8 99.12, 245.13
— détacheur d'étoupes 213.15 230.7
— droit 85.8
— échauffé 375.17
— égaliseur 200.6, 260.8, 320.11
— égaliseur oscillant 320.3
— émoucheteur 495.14
— pour l'enlèvement des débourrures 58.1
— fin 213.7, 229.5, 495.16
— fixe 85.8, 90.1, 92.12, 375.14, 378.5, 381.2, 382.5
peigne à grosses dents 213.5
— de guidage pour les rubans de papier 489.9
— avec interruption des dents 330.4
— à main 212.20, 245.4, 495.12
— à main pour chanvre 229 6
— moyen 213.6, 495.15
— nacteur 98.10, 321.10, 378.5
— nacteur annulaire 379 5
— placé dans le four 376.5
— à repasser 213.7
— de retient 98.10
— avec segments dentés 330.4
—-séran 8.5
— transporteur 379.15
— de travail 375.13
— vertical 382.7
—, gros 213.5, 229.4, 495.14
peigné 8.1, 82.3, 374.7
— de bourrette 453.15
—-cardé 364.11, 583.17
—-chaîne 583.20
— en fin 228.6
— imprimé 374.16
— à la main 374.8
— mécaniquement 374 9
—-mixte 583.17
— de mohair 409.14
—-trame 583.21
—, insuffisamment 376.8
—, matière (non) —e 82.1.2
peigner 7.22, 8.4, 81.14
— la barbe 82.11
— les étoupes 222.6
— les extrémités 376.6
— les fibres de jute 245.2
— les fibres de soie 444.14
— le lin 211.12
— le lin (non) coupé 212.2.3
— le lin graduellement 212.1
— à la main 212.15
— la queue 82.15
— la tête 82.12, 445.13
— la touffe 443.10
peigneur de chanvre 229.2
— de coton 81.15
— d'étoupes 222.7
— de laine 375.6
— de lin 211.14
— à la machine 4.12, 215.18
— à la main 213.10, 375.5
peigneur (de la carde) 51.7, 79.5, 200.3, 202.1, 247.12, 250.9, 321.9, 368.16, 370.15
— (de la peigneuse mécanique) 86.7, 88.9, 94.8, 97.17, 378.13
— à garniture annulaire 330.2
— à garniture placée en anneaux 330.2
—, double — avec doubles frotteurs 333.8
—, système de double 202.2.3
peigneuse à action continue 83.12
— à action intermittente 83.3
— de chanvre 229.3
— à chanvre à mouvement de renversement (de voltée) automatique 229.14
— circulaire 83.12, 376.19
— à commande droite 83.5
— à commande gauche 83.4
— de coton 81.16
— Crossley 446.13
— curviligne 376.19
— double 214.3
à double tête pour
— soie 448.7
— duplex 91.1.2
— d'étoupes 222.8
— à étoupes 222 9
— Gegauff à pince voyageante 91.7
— Heilmann 84.1, 222.9, 377.1
— Holden 379.4
— Hübner 96.10, 381.7
— Imbs 99.3
— pour jute avec dépouilleur et tablier vertical 245.5
— pour jute à tabliers inclinés 246.1
peigneuse de laine 376.13
— pour laine longue (courte) 376.17.18
— de lin 211.15
— Lister 379.8, 448.7
— Lister-Warburton 449.13
— à la machine 4.13
— mécanique 8.6, 7.23
— Meunier-Grun 380.9
— Nasmith 87.7
— Neyret-Brenier 449.14
— Noble 378.15
— Pinel et Lecoeur 99.14
— (ramie) 262.3
— plane 444.17
— à x rangées de peignes 215.11
— rectiligne 83.3, 376.20, 444.17
— rectiligne à livraison sur un seul côté (sur deux côtés) 83.10.11
— rectiligne à une tête 83.6
— rectiligne à plusieurs têtes 83.7
— simple 213.14
— pour soie 444.16
— Staub et Montfort 99.15
— à x têtes 83.8
peignon de jute 235.18
peinture préliminaire 117.1
pelade, laine 264.12
pèlerinage, mouvement de 381.6
pelettes 436.1
pelotage 518.2
pelote 518.4, 520.17
— de ficelle 593.7
peloteur 5.5
peloteuse 5.6
— mécanique 518.5
peloton 518.4
pelotonner la ficelle 518.3
pelotonneur 5.5
pelotonneuse 5.6
— mécanique 518.5, 538.2
— simple 518.6, 538.11
— à plusieurs têtes 518.7, 538.15
peluche 98.12
pendant 34.8
— de la pédale 43.8
—s des pédales 28.11
pendart 360.2
pendre (voile) 326.21
pendulaire, oscillation 290.1
pêne de serrage 487.16
pénétration des barrettes 383.4
— des fibres dans la garniture du tambour 322.14
pénétrer dans les fibres (peigne) 85.9
pénétrer dans la nappe (peigne) 383.5
pennes 398.20
pente de la broche 178.7
perçage de trous dans les cordes 512.4
percé, cocon 415.18
perche de séchage 227.10
—s en bois 440.6
perforation de la plaque aux extrémités 61.6
perforé, cocon 436.7
—, fond 283.3
périmètre du dévidoir 563.2
—, de grand 563.9
—, de moyen 563.8
période de dépointage 207.2
—s et évolutions pour faire une aiguillée 159.9
perle argentée 591.12
— dorée 591.11
— métallique 591.10
— en verre 591.9
permanent, dureté —e 270.1
permanganate de potasse 401.15
— de soude 401.14
perméable à l'eau 480.1
perte due au blanchiment 605.12
— due au lavage 605.10
— d'humidité au conditionnement 615.18
— en longueur du fil 604.10
— en poids 269.17, 434.13
— de la résistance 302.6
perte en séricine due à la cuisson 434.15
— de torsion 146.4
pesage de contrôle 614.5
— de l'échevette 602.20
— des filés 612.8
— des nappes 325.10
— de la quantité de laine 319.14
pesé, quantité —e 319.15
pesée 612.10
peser 612.9
— en deniers 602.22
— avant dessiccation 615.13
— l'échevette 602.21
— la nappe 47.10
peseur 16.18
peson 10.13
— pour nappe 47.12
petit tambour 322.1, 369.16
petite-chaîne, fil 580.4
— vitesse 189.3
pétrole 238.6, 462.18
peu tordue 122.4
peuplage des dents 68.4, 335.9, 372.3
Pfaff, appareil de débourrage 52.11
phosphate d'ammonium 464.1
physique, dessuintage 366.9
pièce à bascule 125.5, 131.8
— en colimaçon 184.7
— à coulisse 73.12
— fixe du couvercle avec œil guide-papier 488.2
— de fonte 184.14
— guide en forme de cône creux 534.5
—s (laine) 265.5
pied anglais 600.14
— en bois dur 497.1
— de la broche 131.4
— de la brochette 128.7, 544.2
— de la canette 527.17
— à coulisse 363.1
— coupé émoussé 236.10
— de la dent 68.11, 335.16
— de la fibre de jute 236.9
— du lin 211.9
— de la tige 151.14
— du tube 147.3
pignon (v. a. roue) 187.15
— de l'arbre moteur 187.5
— des broches 255.15
— du cannelé avant 136.3
— pour la chaîne 254.1
— de change 114.2
— de changement d'étirage 176.14
— de changement de marche 134.5
— de changement de numéro 176.14
— commandant le chariot 176.11
— de commande de l'aile 505.14
— de commande des bobines 126.6, 134.8
— de la commande des broches 134.9, 532.8
— de commande du premier (deuxième, troisième) cannelé 114.5, 8.10
— du compteur de torsion 186.9
— du cône inférieur 134.7
— du cône supérieur 136.1
— conique 24.3, 176.7, 187.7.12
— conique de la commande du différentiel 135.4
— conique supérieur sur l'arbre de commande du cône 135.9
— de la crémaillère 191.1
— du cylindre étireur 176.12
— du différentiel 134.6
— droit 547.1
— d'étirage 114.2, 134.2, 186.6
— d'étirage du chariot 187.10
— extérieur de la commande des bobines 135.3
— hyperbolique de la commande des broches (des bobines) 135.1.5

pignon de marche . . 186.10
— de rechange 503.7
— réglant le nombre de spires renvidées 134.6
— du secteur 170.10
— du tambour en ferblanc 555.12
— tête de cheval . . 136.4
— de torsion 134.3
— de vitesse du compteur. 207.9
pile à cylindre . . . 476.12
— de laine 311.6
— raffineuse 476.12
pilon 439.10
pilonner avec le pied (déchets de soie) . 440.2
pilonneuse 476.9
pinçage des fibres entre les cylindres . . . 103.1
— du ruban 99.2
— de la tête de la touffe 378.1
pince 91.9, 214.5, 361.5, 377.8, 450.4, 503.6
— à aiguilles 86.10
— alimentaire fixe . 380.12
— circulaire 449.1
— pout corde dans les commetteuses . . . 506.9
— à dents 118.5
— détachante 382.9
— fermée 382.12
— du fil 557.6
— oscillante. 381.1
— ouverte . . 382.11, 558.3
— à ouvrir les balles 18.4
— réglable 432.5
— de retient . . 84.9, 382.8
— réversible 446.16
— à rivets 61.12
— voyageante 91.7
—s 401.6
—s à mâchoires . . . 343.9
pincé, laine —e . . . 311.17
pincer la barbe dans le livre 445.10
— le fil 432.8
Pinel et Lecoeur, peigneuse 99.14
pinne marine 411.3
piqué, cocon . 415.19, 436.8
piquer en biais les cordes 512.5
— la laine (râteaux) . 283.11
piqueur multiple . . 338.1
— simple 337.16
piston 291.10, 352.3
— aspirant 470.3
— de la presse 288.5
piton graisseur . . . 95.4
pivot . 97.11, 353.17, 530.15, 532.13
— de l'arbre baignant dans l'huile . . . 290.10
— de la bande . . . 384.3
— de la bobine . . . 552.11
— du bras de la pince 88.12
— du cône de guidage 528.3
— creux 342.15
— du levier de fourche guide-courroie . . 182.2
— du levier pour la friction de dépointage 185.9
— du nettoyeur . . 324.3
— en pointe 233.16
— du secteur . 184.10, 350.16
— du travailleur . . 324.2
place surtordue dans le fil 454.9
—s gommeuses . . . 434.7
—s inégales dans la garniture 338.11
placé alterné 384.2
— fou 342.10
— lâche 342.10
— légèrement 342.10
placement des aiguilles dans un ordre régulier 87.2
— des dents 68.1
— des poids 107.1
— des poignées de jute dans les compartiments d'ensimage 239.8
— du rouleau de batteur sur le cylindre dérouleur 50.11
placer l'ailette sur la broche 255.7
placer la balle de champ 17.13
— la barbe dans la pince au moyen de la baguette . . . 450.6
— la bobine sur la brochette 128.5
— les bobines 97.7
— les bobines de préparation 352.13
— les boutons sur le tablier alimentaire (sur le voile) . . 590.17.18
— les brins de soie séparément sur le dévidoir 421.15
— des coins sous les oreilles des chapeaux 73.6
— les dents 68.2
— les dents dans un boutage à lignes . . 69.5
— les lamelles d'acier 56.7
— par pesée 612.10
— les poignées de jute en couches . . . 239.9
— en quinconce . . . 31.1
— le rouleau 41.8
— les sellettes sur les cylindres 143.9
— les torques sur le plateau 577.17
—, se — à angle droit (fibres) 326.1
placeur de cordes . . 3.14
— de courroies . . . 3.14
plafond. 359.23
plan incliné . 172.10, 184.2, 359.2
— incliné mobile . . 179.16
— incliné réglable . . 180.2
— incliné réglable horizontalement et verticalement . . 162.7
— incliné pour régler le dépointage . . . 165.9
— d'une salle de mélange 22.15
—, surface de rupture —e 10.6
planche à aiguiser . 70.13
— d'alimentation . . 200.14
— arrière mobile . . 320.9
— à bobines 556.5
— en bois dur entre les broches . . . 123.6
— brise-courant d'air 391.2
— à débourrer 75.5
— d'émeri . . 70.13, 338.20
— d'encastrement des broches 344.8
— d'enroulement de la nappe 46.6
—-guide semi-circulaire 564.10
— à nettoyer 108.8
— de protection . . 229.11
— du râtelier 564.15
— recouverte de peluche 557.16
— sensitive 29.10
plancher 291.4
planchette de guide-fil 143.13, 391.1
— de guide-fil en acier 554.13
— de marque 235.6
planètes du mouvement différentiel . 347.14
plantes gélatineuses . 316.13
plaque d'acier. . . . 93.8
— d'acier réglable . . . 429.8
— à aiguilles 244.2
— d'aiguisage . . . 338.20
— annulaire chauffée par de la vapeur . . 380.1
— anti-ballonnement avec fentes 153.2
— à bobines tournante 522.6
— en caoutchouc durci 112.11
— de carde . . . 60.19, 64.5
— de chauffage 388.10
— à cliquet 188.3
— courbe 373.12
— à débourrer 340.13
— à doubler 251.10
— en ébonite 112.11
— échardonneuse . . . 369.2
— d'entrée 377.3
— de fermeture . 404.11, 549.6
— de fondation . 95.3, 352.18, 611.1
plaque de frottage à surface cannelée . . 333.12
— de guidage à trous disposés en quinconce 105.1
—-guide 373.3.11
—-guide à fente 522.5
— guide-fil 523.15
— guide-fil à trois fentes 559.10
— guide-mèche 257.7
—-guide du voile . . . 250.14
— inclinée 98.2
— latérale 381.12
— métallique avec fentes en forme de coins 354.5
— mobile 262.6
— morte 87.10
— nettoyeuse . . 98.4, 109.3
— noire 610.2
— à pointes 36.12
— recourbée 62.3
—-régistre 503.5, 509.9
— réglable . . . 404.8, 405.4
— sensitive 29.10
— de séparation à charnière entre les broches 568.1
— trouée 111.1
— de verre 283.12
— de verre polie . . 283.5
— du volant 35.3
—s en ardoise 304.8
—s de séparation . . . 153.5
plat, fil 65.19
plate-bande 355.16
— des broches . 355.4, 391.10
— porte-anneaux . . . 151.11
— porte-anneaux fixe . 226.9
plateau 124.2, 488.7
— à aiguille 207.5
— à aiguilles sur bois fixe (mobile) . . . 318.15.16
— alimentaire 98.9
— de la balance 613.9
— de la balance pour le corps à peser . . . 613.2
— de commande sur la brochette 529.7
— de direction 353.14
— à doigt 207.5
— d'entraînement . . . 345.19
— entraîneur 132.4
— de friction . . 140.1, 529.8, 532.5
— de friction conique sur l'arbre à cames 161.10
—-manivelle 292.3
— du mouvement différentiel 347.14
— des poids de la balance 613.8
— porte-cliquet 95.9
— de la presse 577.14
— de pression 158.4
— redresseur 98.12
— de renversement . . 161.11
— en tôle 365.10
— tournant 448.5
— du tube 518.16
—x 249.6
—x de frottoir 388.4
plateforme voyageuse . 572.16
platine 352.6, 532.14
— des bases 167.10
— des bases pour la formation du noyau . 168.7
— bosselée 175.3
— des sommets 167.12
—s 167.6
Platt Brothers, appareil d'aiguisage. 73.8
—, peigne à débourrer 58.8
plein, bobine —e 124.15
—, cylindre 116.3
— une levée est —e . . 387.1
pliable circulairement, couronne 566.2
— le long de l'axe, couronne 566.3
pliage 484.18
plier en arrière les aiguilles 339.18
plieur réglable . . . 152.9
plis 65.1.5
plissage du voile . . . 327.15
plocs, laine en . . . 310.12
plomb 363.2
plongeage du fil dans l'eau 573.14.15
plongeur . 278.8, 281.13.14, 385.8
— en cuivre 282.2
ploque 329.12
pluie, en fine 239.12
pneumatique, mélange . 24.7
poche 36.10
—s 326.22, 327.1
poids . 125.11, 249.9, 482.13, 600.21
— anglais 601.3
— de balance 328.5
— de la balle 16.20
— de base 598.9
— de la bobine 141.12
— brut 141.14, 434.12
— de la cannette . . . 157.5
— des cercles 17.4
— du chapeau 53.9
— commercial du fil . 606.8
— de contrôle 613.17
— de la facture . . . 16.19
— du fil 141.13, 598.10
— final 615.16
— de la laine brute . . 269.16
— du levier de pression 385.10
— du lin brut 212.6
— long 94.10
— marchand . . 413.13, 616.2
— de la nappe 325.9
— net 141.15
— de numérotage . . . 598.8
— de la pédale 43.4
— de pression . 106.15, 257.14, 523.2
— primitif 615.15
— propre 606.12
— réglable 253.1
— des rubans à réunir 223.10
— de rupture 606.15
— sec absolu 15.6
— suspendu librement . 105.14
— de suspension . . . 499.3
—-type 217.9
—, propre 166.10.11
poignée . . 74.3, 171.4, 217.21
— en bois 340.12
— de chanvre nouée . 231.5
— de chanvre saisie par la presse 230.5
— dépliée 236.2
— détordue 236.2
— d'enlèvement . . . 106.10
— de fibres 8.7
— de jute 235.18
— de jute de couleur défectueuse 236.14
— de jute filandreuse . 236.15
— de jute de qualité inférieure 236.17
— de jute tordue . . . 235.19
— de lin 212.8, 213.3
— montée 214.13
— de réglage 30.6
— de relevage du poids 88.14
— serrée 214.13
— de la valve 371.3
—s de fibres nettoyées . 231.10
poil (soie) . . . 426.20, 586.16
— cachemire 409.7
— de chèvre d'Angora . 363.13
— de la crinière . . . 493.4
— ondulé 514.16
— de vache 493.5
— de veau 585.22
—s 493.1
—s de chameau 408.11
—s de chèvre 408.13
poinçon 494.2
point conique 519.8
— de courbure 336.2
— de croisement . . . 422.3
— de croisement du chemin du fuseau . . 511.1
— d'ébullition 570.8
— de fixation de la chaîne. 350.11
— de pinçage 42.17
— de pression 46.2
— de réglage 54.16
— de rotation 344.9
— de rupture 10.5
— de sortie 24.10
— de torsion 165.8
— de travail 447.1
— de tressage 511.13
pointage 337.15
pointe de l'aiguille . . 336.1
— appliquée à la brochette 128.8
— de batteur 259.8
— en bois de buis. . . 128.10
— en bois dur 128.9
— de la broche . 130.4, 146.1

pointe de la broche avec bouton métallique . 146.2
— de la broche à faces aplaties 355.14
— de la canette 155.1
— de canette concave . 174.6
— de canette trop longue 174.5
— de canette molle . . 175.4
—, de dent qui dépasse . 339.16
— intérieure de l'enveloppe du tambour . 260.2
— de recul 30.7
— rentrante. 30.7
— secoueuse 260.6
— à tracer 363.5
— trempée 66.5
—s d'acier 404.7
—s qui chevauchent . . 339.15
—s emoussées 287.15
pointeur multiple . . . 338.1
— simple 337.16
poix 508.3
— blanche 508.5
— brune 508.7
— brute 508.4
— de cordonnier . . . 508.8
— noire 508.6
— de sellier 508.9
pôle 113.6
— magnétique. 360.12
poli, aiguille —e . . . 86.18
—, rouleau-guide . . . 384.10
polir les ficelles 507.17
— le fil d'acier 66.8
Polier, dynamomètre . 607.8
polyvoltin, variété —e . 413.17
pompage 555.3
pompe 284.7
— à ailettes 365.14
— à huile 361.14
— à huile pour broches à anneaux 391.7
— à viscose 469.18
pomper l'huile 148.13
pont 565.11
porc-épic, ouvreuse préparatoire 26.20
—, tambour 26.21, 27.8
porcellaine 128.15
porte à charnière du tambour 79.3
— pour l'évacuation des poussières 27.13
— du foyer 306.13
— pour l'intérieur . . . 38.7
— de nettoyage équilibrée 39.1
— d'ouverture du tambour métallique . . 195.14
— à rabattement . . . 195.13
— roulante 572.15
— de sortie des flocons 260.3
porte-bobine 611.12
—-cliquet, plateau . . 95.9
—-cocons 423.10
—-cylindres 115.1, 127.6, 136.6, 358.10, 558.14
—-systèmes 88.13
—-toile en fil de fer . . 395.4
portée de mesure de la balance 612.14
porteur 3.18
— de bobines . . . 2.14, 569.9
— de déchets 216.2
— d'étoupes 216.2
— de fil 2.14
— de fuseaux 2.14
— de pots 2.5
portier 6.3
portion de fil 152.13
pose, appareil de . . . 327.13
poser à la main les premières spires . . . 175.7
positif, commande —ve 144.11
—, mouvement 169.5
position des aiguilles de garniture . . . 67.5, 335.13
— de la barbe 447.3
— basse 175.11
— du chariot sorti . . 164.11
— correcte de la bobine 97.4
— de départ pour le renvidage 165.7
— d'enroulement de la mèche 124.18
— fermée 346.18
— du fil 576.3
— initiale des platines . 175.15
— des mâchoires . . 85.1, 92.9
— oblique 538.10
— primitive 200.13
positions, diverses — de la platebande . . . 156.8
pot 52.1, 219.3, 487.3
— en carton durci . . . 76.10
— à contrepoids . . . 352.2
— d'étirage 223.11
— en fer blanc (noir) . 76.16.17
— en fibre 52.4
— en fibre vulcanisée . 76.11
— fixe 385.1
— métallique avec couvercle à charnières . 208.2
— en papier-mâche (avec fond de bois) . . . 76.8 9
— à peigne 375.18
— à rebord protecteur et garniture en caoutchouc 76.14
— à ruban 76.4
— de ruban à ressort . 76.12
— en tôle 52.2, 76.7
— en tôle ondulée . 52.3, 76.15
— en tôle ondulée avec double-fond à ressort 76.13
— tournant 51.16, 76.2, 385.2, 470.8
—s plein 60.11
potasse caustique . . . 276.9
— dissoute 273.7
— impure 273.10
poteau à câbler 499.1
pouce anglais 600.15
— de longueur, *x* aiguilles par 68.5
—, *x* rainures par . . . 71.16
poudre de chaux non éteinte 298.17
— de chaux vive . . . 298.17
— de corne 120.13
— de savon 277.21
poudrer les déchets de soie de sel 438.22
poulie de l'arbre de la bobine 249.12
— avec cloche de friction 354.10
— de commande . 24.2, 35.10, 136.14
— de commande sur l'arbre du tambour moteur 144.12
— de commande de l'hydro-extracteur . 290.14
— de commande du premier cannelé . . . 114.4
— de commande du tablier 245.10
— commandée sur l'arbre du second tambour . 144.13
— à corde 550.13
— à courroie . . 24.2, 257.13
— à étages . . 348.11, 565.1
— excentrique. 420.7
— extensible 250.15
— extensible du banc à broches de Combe . 224.8
— fixe sur l'arbre . . . 160.13
— fixe avec cône en cuir 187.3
— fixe pour la courroie motrice 160.12
— folle 160.14.15
— folle de l'arbre moteur 187.4
— de frein 46.12, 171.12, 347.8
— de frein garnie de cuir 290.13
— à gorge 171.11, 497.8, 503.3, 524.9
— à double gorge . . . 557.7
— à gorge actionnant la sortie du coton . . 35.11
— à gorge actionnant le tambour porc-épic . 36.2
— à gorge actionnant le ventilateur 36.1
— à gorge folle sur l'axe du secteur 171.10
— à gorges de première (seconde) vitesse . .353.3.4
— à gradins pour la corde 538.4
— de guide du tablier . 245.9
— inférieure du tablier 230.8, 214.11, 245.10
— de main-douce .163.7, 177.6
— du renvoi . . . 114.3, 171.14
— supérieure du tablier 214.10, 245.9
— de tension 353.7
— trotteuse de Horsfall 72.8
—s fixes de l'arbre moteur. 187.2
poulies de tension pour le fil tendeur. . . . 511.11
poupée 576.12
— de soie moulinée . . 586.6
pourcent, à *x* 440.10
pourcentage de blousse. 100.2
pourri, chiffons —s . . 396.21
—, urine —e 276.15
poussée de la canette à l'extrémité de la broche 175.13
— verticale de la laine . 282.9
pousser la canette à l'extrémité de la broche 175.12
poussière 26.13
— d'acier 339.12
— d'aiguisage 339.11
— de peignage 375.3
— de tourbe 299.11
— de ventilateur . 49.7, 194.21
—, dégager de la . . . 15.16
poussiéreux, chiffons . 396.19
poussoir en bois dur . 98.13
poutres 290.6
pouvoir dissolvant . . . 275.1
— dissolvant, donner le 457.18
— feutrant 396.3
— précipitant 463.7
— saponifiant 272.4
préalablement, divisé . 478.7
—, nettoyer 26.6
précipitant alcalin . . 464.13
— alcalin caustique . 464.14
— à effet lent 466.14
—, pouvoir 463.7
précipitation 299.16
précipité de graisse de laine 300.3
— de gypse 310.6
— d'hydroxyde d'alumine 459.16
— de savon de chaux . 270.18
— de sulfate de chaux. 310.6
— de sulfure métallique 469.17
précipiter la caséine du lait écrémé 471.16
— la chaux 271.2
— le fil de viscose par un acide 468.15
— la graisse de laine . . 299.17
— la viscose dans une solution de chlorure d'ammonium . . . 468.13
préliminaire, lavage . . 268.22
—, nettoyage 26.7
premier apprêt . 429.15, 539.17
— retors 539.17
— tors de la soie . . . 429.15
— première vitesse . . 353.3
prendre un échantillon . 298.9
— feu (lin) 222.4
préparateur de lessive . 275.12
— de savon 275.12
préparation des balles pour le mélange . . 18.8
— du boudin 328.14
— du chanvre pour le filage 233.7
— des chiffons 400.3
— du coton pour le mélange 19.10
— des cylindres de pression 116.16
— des étoupes de chanvre 232.2
— des étoupes de lin . 219.12
— du filage 390.10
— de filature 9.13
— du jute pour le filage 254.11
— de la laine pour le cardage 310.8
— du lin pour le filage . 210.20
— de la mèche . . 9.13, 121.9
— de mélanges de couleurs 310.22
— pour le peignage . . 371.6
— de la ramie pour le filage 262.1
— pour retors 539.17
préparatoire, étirage . 101.7
—, procédé 17.16
préparé, botte de lin—e 210.3
préparer un bain de savon 433.13
— les balles pour le mélange 18.9
— le coton pour la filature. 17.17
— la lessive. 275.13
préparer la mèche pour la filature 9.14
près, reglé trop 105.10
préserver la mèche au lavage. 269.4
presse . 214.5, 230.4, 445.9, 448.2
— à blousse 375.1
— à coller les côtés des manchons 119.6
— à empaqueter les fils 577.13
— à fil 577.13
— avec garniture en caoutchouc cannelé. 245.7
— humide 476.16
— hydraulique 288.2
— mécanique 215.9
— à mettre en balle et empaqueter les déchets 260.13
pressé, balle (non) —e . 16.2.4
presser de l'air chaud dans l'eau de lavage 282.7
— en balles (déchets) . 260.12
— les cannelures sur le cylindre 120.20
— la garniture sur le cylindre 118.6
presseur . . 130.11, 452.5, 577.14
— placé dans la (opposée à la) direction de la rotation 130.12.13
—, ouvrier — 215.15
pression par chaîne et levier 106.16
— sur les cylindres . . 105.12
— des cylindres d'étirage par sellette 252.13
— directe 105.13
— du frein 47.1
— par levier 106.11
— de pinçage 103.3
— de pinçage des cylindres. 554.9
— par ressort 235.14
— par ressort placée entre crochet et contrepoids 106.1
— à sellette 106.12
— de la tête de la crémaillère 46.11
— uniforme 267.8
—, faire une — au point de travail 447.2
—, forte 271.3
—, à haute 574.5
principal, tablier . . . 23.7
principe du contre-courant 295.11
priseur 444.1
prisonnier de la tête de cheval . . . 114.6, 176.13
— de la tête de cheval inférieur (supérieur) 555.13.14
priver le fil de sa tendance à se vriller . . 569.13
prix de revient 19.9
procédé aux acides . . 302.12
— d'assouplissement . . 240.4
— au bisulfite. 479.10
— de Chardonnet . . . 456.10
— de dévidage 562.8
— d'ensimage . . 237.5, 314.7
— de fermentation . . 437.13
— de filage avec un acide 468.16
— de filage discontinu . 138.12
— de filage intermittent 138.12, 159.4
— de filature 1.4
— de filature anglais . 364.9
— de filature français . 364.10
— de lavage 268.13
— de lavage à l'ammoniaque 366.5
— de lavage à l'éther . 366.6
— de lavage au sulfure de carbone 366.8
— de lavage au tétrachlorure de carbone 366.7
— neutre 305.11
— préparatoire 17.16
— de séparation . . . 49.15
— à la soude 479.8
— de titrage 602.13
— de trempe 66.6
— de triage 610.15
producteur de lin . . . 210.7
production du banc à broches 133.7

production de la fibre de ramie 261.2
— de la laine artificielle 395.8
— de l'ouvreuse . . . 26.18
— par tête et par heure . 83.9
produire une vive agitation de l'eau (propulseur) 286.10
produit anti-rouille . . 64.2
— d'ensimage 314.8
profil de l'auge 33.1
— croisé, dent à . . . 242.16
progression, par . . . 472.10
projection de l'eau par les ailettes 225.15
projeté, liquide 288.15
projeter les particules d'eau de la laine . . 288.14
prononcé, striation —e . 427.23
proportion de mélange . 18.18
propre à la filature . . . 7.2
— au peignage 363.16
— poids 166.10
—, fil 605.5
propreté du coton . . 15.12
— du fil 605.4
propriétaire de filature . 1.9
— d'une filature de coton 1.10
— d'une filature de laine cardée (peignée) 263.8, 364.4
propriété feutrante diminuée 406.14
— hygroscopique . . . 302.1
—s adhésives suffisantes 148.5
—s dissolvantes 419.7
propulseur de laine . . 286.9
protecteur en feuille métallique du tambour 45.1
protéger le soubassement de panne . . . 110.6
— le tube par une garniture métallique . 149.13
protéine 435.2
protoxyde de manganèse 469.14
provisions de laine . . 264.3
pulseur de l'acide à fermeture automatique 402.16
pulpe de papier 477.12
pulvérisateur à air comprimé 574.3
— à brosses 576.1
— d'eau à haute pression 574.5
— à vapeur 574.4
pulvérisation des chardons carbonisés . . 308.11
pulvérisé, copal 458.19
—, eau —e 574.6
pulvériser les matières végétales 302.7
pure, matière filable non 195.6
purge des cocons . . . 419.19
purgeage des fils . . . 454.11
purgeoir 429.13
— en acier 429.7
— garni de drap . . . 429.5
purger le fil de soie grège 429.4
purgeur 611.13
pyramidal, dents —es . 240.14
pyroxyline explosif . . 462.10

Q

quadrant (v. a. secteur) 170.7
quadrillé, surface —e . . 332.1
qualité d'allongement de la corde 513.4
— du coton 14.2
— inférieure 236.17
— de la laine 266.9
— de la mèche 342.7
— moyenne 19.2
— textile 475.8
— uniforme pour tout le lot 14.16
—, basse 316.1
—s qui diffèrent de propreté 15.14
quantité de chaleur nécessaire 293.1
— d'eau évaporée . . . 293.12
— d'étirage 142.12
— de fibres pesée . . . 319.15
— d'humidité 10.8
— de laine 319.14
— de soude 309.17
quenouille 10.17
— de chanvre 496.13
queue de la barbe . . . 82.14
— de cochon . . 143.15, 257.10, 524.4, 525.3
— de la fibre de jute . . 236.9
— du lin 211.9
— de la mèche 375.11
— de la toison 265.16
quillaja, écorce de . . 278.2
quinconce, en 30.14
quinine 457.7

R

raban 596.8
rabat-queues 93.9
rabattage des duvets . 507.15
rabattement, porte à . 195.13
Rabbeth, broche . . . 145.7
—, broche de retordage 553.4
raccourcir la chaîne de dépointage . 179.11, 184.1
— la course du chariot 125.12
— les fibres de jute . . 242.10
— par le retordage (fils) 541.17
— la traverse du guide-fil 535.10
—, se (toron) 499.17
—, se — par la torsion (fil) 164.8
raccourcissement de la corde 494.4
— de la course 125.13
— des fibres de jute . 242.11
— du fil par la torsion 164.7
— du fil dû à la torsion supplémentaire . . 348.9
— des fils par le retordage 541.16
— de la période de dépointage 207.2
race du Bengale 414.4
— japonaise. 414.3
— pure. 414.1
racine de la saponaire 277.22, 316.16
racle . . . 96.4, 118.2, 429.12
racleuse pour fils de schappe 454.15
— à mouvement de monte et baisse . . 455.1
racloir 203.10, 479.1
radial, déplacement 55.13, 56.1
radiateur 306.15
— à ailettes 294.9
raffinage du chanvre . 496.7
— du chanvre peigné . 230.13
— de la poix 508.10
— de la potasse impure 273.10
raffiné, huile —e . . . 238.3
raffinement du ruban par l'étirage 100 10
raffiner le chanvre 230.14, 496.8
— la graisse 300.8
— le ruban 100.11
rafraîchi, lessive —e . . 276.7
rafraîchir le bain . . . 276.6
rail des bobines 123.1, 255.14
— à broches oscillant 391.8
— du chariot . . 344.6, 558.5
— court 183.14
— avec divisions . . . 183.15
— de formation 352.5
—s du chariot. 353.1
—s disposés sur le sol de la filerie 504.1
—s suspendus au plafond de la filerie 503.15
rainé, fuseau 356.11
rainure 41.4, 116.11, 174.13, 499.7
— de la came 190.5
— fraisée 523.9
— pour guider le pignon 546.10
— pour l'huile 355.2
— dans le rebord inférieur de la bobine . 546.6
—s par pouce 71.16
—s en saillie 376.2
rajouter de l'acide. . . 304.15
rajustage du chariot . . 174.2
ramasseur 51.13, 323.10, 368.14
— de tubes 3.9
ramie 261.3
ramolli, séricine —e . . 412.2
ramollir une baguette de verre 491.6
— la coque du cocon . 418.8
— les déchets de soie . 440.18
— la graisse de laine . 274.15
ramollissement du bois 476.6
— de la graisse de laine 274.14
— des impuretés adhérentes 274.13
rance, graisse 274.11
rang de broches . . . 123.3
rangée d'aiguilles 85.5, 444.5
— d'aiguilles du cylindre peigneur 383.9
— de broches 123.3
— de gills s'entrecroisant 451.6
— de peignes 214.8
— de pinces 449.15
— des spires opposées dans les couches renvidées 517.9
— de trous 61.7
—, dernière 88.2
—s d'aiguilles, barrette à deux 254.7
—s de bobines l'une au-dessous de l'autre . 474.9
—s, à six 333.9
rapide, séchage 292.18
rapidement, diriger . . 499.11
rapidité de l'action des acides 302.14
rapport de doublage . . 386.9
— d'étirage 386.8
— de transmission . . . 537.5
rapprochement 390.3
— du chapeau 55.3
râteau . 278.12, 282.14, 283.6, 296.16
— en bois 317.8
— de cordier 498.1
— fixe 366.3
— guide-fils réversible . 504.12
— de léviathan 286.11
râtelier 127.5, 257.3, 391.4, 393.1, 394.6, 448.9, 522.4, 557.15
— pour l'arrangement alterné des bobines . 551.2
— des bobines 503.8
— pour bobines différentes 551.3
— pour bobines à inclinaison différente . . 544.14
— à bobines de renvideur 543.13
— pour bobines verticales à plateaux . . 544.6
— avec brochettes pour bobines de frotteurs 568.9
— avec brochettes coniques en bois . . . 568.11
— avec brochettes fendues en bois. . . . 568.10
— avec brochettes à deux ressorts . . . 568.13
— à cages d'écureuil. . 569.4
— à canettes détachable 569.1
— pour continus à retordre à anneau . . 550.14
— de cordier 498.1
— double 188.9
— double à quatre étages 188.11
— pour double mèche . 188.9
— pour l'égouttage de la laine mouillée . . . 287.16
— à un seul étage pour simple mèche 142.2
— à deux étages pour simple mèche . . . 142.1
— à trois étages pour double mèche . . . 141.20
— en fer avec tablette de bois 128.11
— oblique 544.10
— oblique à deux étages 551.1
— porte-bobines . . . 385.7
— pour renvideurs. . . 188.7
— pour retordage d'articles lourds 544.11
— simple 188.8
— en toit. 391.5
— tournant 535.6
— à tubes tournants pour bobines à disques 568.8
— voyageur 557.3
— en zig-zag 188.10
râtisser la laine 317.9
rattache du fil . 158.14, 352.14
—, mauvaise 159.1
rattachement 86.1
rattacher le fil 352.15
— un fil brisé. 158.15
— le fil rompu 133.12
— (queues des barbes) . 85.13
rattacheur 3.4
—, premier 3.1, 176.2
—, second 176.3
rattacheuse 3.5
rattrappeur d'eau . . . 225.16
rayé, couche d'émeri —e 71.15
rayonnement de la chaleur 294.14
rayure de cuir 64.16
—s longitudinales serées 477.7
réaction acide 309.5
réaiguisage de la garniture. 340.2
rebord ajusté 355.3
— basculant 488.3
— conique 531.5
— en cuir 547.12
— incliné 317.16
— inférieur de la bobine 546.6
— protecteur 76.14
— du tube 518.16
—s de l'anneau 150.3
réceptacle 244.14
— peseur 200.10
rechange (v. a. roue de rechange) 136.5
— du compteur d'alimentation 346.5
— cône. 134.7
— étirage 176.14
— de torsion supérieur (inférieur) . . . 555.10.11
récipient 289.3, 439.15
— à acide 303.18
— à bascule 200.10
— à blousse 96.9
— pour l'eau 477.3
— fixe en fonte . . . 289.7
— d'huile. 461.15
— de la lessive 439.2
— refroidi de la solution à filer 464.11
— à trappe 200.10
réciproque, action . . . 32.2
recollage 333.4
recourbé, bras 169.7
recouvert de cuir . . . 115.12
— de flanelle 129.3.4
— de peluche 108.10
—, âme —e 595.4
recouvrage des cylindres 119.16
— avec du drap. . . . 116.17
recouvrement en acier . 123.5
— de l'âme 595.2
— de la noix 553.2
recouvrir l'âme 595.3
— le cylindre de cuir . 110.3
— le cylindre de drap . 116.18
— le cylindre de garniture. 337.4
— les fibres de jute d'une couche d'huile . . . 237.11
rectangulaire, broche à section 208.9
rectification de la platine 175.1
rectifier la platine . . . 175.2
recueillir le liquide projeté 288.15
recuisson du cylindre cannelé 120.10
recuit, fil (non) . 595.21, 596.1
recul du chariot. . . . 348.10
— du manchon en cuir 94.4
— rapide intermittent du guide-fil 561.7
—, mouvement de . . 58.4
—, pointe de 30.7
reculer par l'action du cône oscillant (levier à crochet) 528.7
récupération de la graisse de laine . . 299.13
— de la laine des chiffons 395.11
— de la potasse du suint 273.4
récupérer le dissolvant par distillation . . 463.5
redévidage de la soie grège 424.10
redévidé, soie grège . . 424.18
redévider 562.7
— la soie grège 424.11
redressage des dents de carde 339.13
redressement des fibres 101.1
— des fibres dans le sens de leur longueur . . 100.16
redresser les dents de carde 339.14

redresser les fibres . . 100.15
— se (fibres) 25.1
redresseur 449.8
réducteur, chlorure métallique 456.11
réduction de la tension 151.1
— de vitesse . . 42.16, 347.16
réduire le nombre des fibres par unité de section 100.13
— la tension du curseur 151.2
réel, longueur —le . . 604.11
refendre les cuirs . . . 118.20
refouler le fil rattaché vers la pointe de la canette 158.16
réfrigérant à liquide de retour 298.7
— à reflux 298.7
refroidi, réservoir 464.11
refroidir le fil séché . . 227.11
refroidissant, surface —e 295.1
refroidissement de la chambre de séchage 294.12
— d'eau 36.18
— du fil 572.9
— du fil chauffé par la vapeur 572.8
refroidisseur 572.1
refuser l'acceptation . . 15.18
régénération de la graisse de laine 299.13
régénérer le bain . . . 304 14
registre 31.17, 503.5
réglable pour différentes hauteurs, guide-fil . 473.5
— en hauteur, goujon . 537.14
— horizontalement et verticalement . . . 162.7
—, support 55.2
réglage de l'alimentation 42.7
— de l'alimentation en raison inverse de l'épaisseur de la nappe 42.9
— de la baguette . . . 167.1
— des barres guide-fils 535.12
— par calibre 78.4
— de la carde 60.15
— des chapeaux . 53.14.15.16, 54.15, 55.4, 56.3.13
— concentrique du guide-fil et de la broche. 554.14
— du cylindre d'aiguisage 339.7
— du cylindre d'alimentation 78.2
— des cylindres de carde 324.1
— défectueux de la règle 174.3
— de la distance des séries de peignes. . . 214.9
— de l'écartement des cylindres 390.18
— par excentriques . . 79.7
— du fil de fer de la baguette. 362.8
— du grand tambour . 79.6
— des hérissons . . 58.12, 59.8
— de l'inclinaison de la broche 178.4
— par jauge 78.4
— latéral des hérissons 59.7
— du niveau de l'eau . 286.6
— à l'oreille 78.3
— des plateaux de friction 185.7
— trop près du cylindre aiguiseur 70.11
— de la vitesse 42.10
—, dispositif de — pour cardes à chapeaux marchants 79.9
règle 40.13, 87.4, 445.11, 446.15
— articulée . . . 168.4, 190.11
— du dévidoir 565.7
— droite 119.1
— fixe 31.10
— de formation 167.3
— de formation usée . 174.4
— mobile 190.11
— de renvidage 352.5
—s disposées en spirale. 312.12
réglé suivant l'épaisseur des fils (déplacement de la course du guide-fil) 517.6
— trop écarté 105.10
— trop près 105.11
régler l'alimentation de la solution de savon 439.6
— automatiquement l'alimentation du coton 30.1
régler la broche exactement au centre de l'anneau. 552.9
— les chapeaux 77.8
— le courant d'air. . . 32 1
— le cylindre aiguiseur. 70 10
— les cylindres cannelés 362.15
— les cylindres à la jauge à coulisse 105.9
— les cylindres à la jauge croisée 105.7
— le dépointage 165.9
— le diamètre du fil. . 421.7
— la distance des règles du volant à la grille 42.19
— la grosseur du fil . 421.7
— les hérissons 58 14
— la largeur de la fente 429.10
— les mâchoires 85.2
— à la main l'arbre à excentriques 191.13
— le mécanisme de renvidage 175.14
— le niveau de l'eau . 286.7
— le peigne 377.12
— la plate-bande porte-anneaux 151.10
— les surfaces travaillantes parallèles les unes aux autres . . 60.16
— la tension du voile . 326.20
— les tringles de contre-baguettes 362.16
— le volant à l'ouïe . 322.17
réglettes disposées en spirale 309.2
régleur de cardes . 4.8, 60.17
régularité de la nappe . 81.7
régulateur d'alimentation 42.8
— d'alimentation à cones et pédales 28.9
— d'alimentation à galets antifriction . . 34.6
— d'alimentation à maillons 34.9
— d'alimentation à pédales 21.11
— de chaleur automatique 616.16
— de l'embrayage de la friction de dépointage 205.9, 349.1
— d'équilibre 291.3
— de fil 171.8, 180.9
— Gully 172.4
— à levier à maillons . 44.4
— par pendants 43.6
— de pression 339.4
— de renvidage 183.7
— par tringles coniques 43.6
— à vis 172.15
régulier, alimentation —ère 27.2
—, nappe —ère 47.15
rejeté, bouts —s en arrière 404.14
rejeter la laine 322.9
relâchement des écheveaux 432.10
— du voile 327.4
relâcher l'écheveau . . 424.17
— les écheveaux pour l'enlèvement 432.9
relavage 269.1
relevage des poids . . 107.2
relèvement de la barrette 252.1
— de la contre-baguette 166.1
— du tambour 56.10
relever la baguette de couche en couche . 191.3
— la barbe peignée par une soufflerie . . . 447.8
— la barrette 252.2
— les guide-fils 143.16
— le poids 86.2
— le tambour 56.9
—, se (contre-baguette). 166.2
rembourrage de la garniture de carde . . 338.6
remettre en place le chapeau 53.6
remonté, lessive —e . . 276.7
remonter le bain . . . 276.6
remplacement des bobines pleines par des vides 141.10
— de la broche 555.8
remplacer les dents usées 313.12
— la filière bouchée . . 466.10
remplacer les pots pleins par des vides . . . 60.11
rempli, casier de mélange 24.13
remplir du métal blanc 290.8
—, se — de fibres (barrette) 443.7
remplissage de la chambre de vaporisation . . 572.3
— des espaces vides . . 59.10
— de métal 513.14
remuer les écheveaux dans le bain 433.14
— la laine dans le bain 304.16
rendement de la carde. 318.12
— en fibre du cocon. . 417.3
— en fibres du peignage 212.7
— de la maceration . . 437.7
— en soie des cocons . 424.5
rendre les fibres de jute douces et flexibles . 240.3
renforcement latéral de la nervure 53.11
renouveler l'huile du corps sans enlever la broche 148.1
renouvellement d'air . . 293.16
— d'air par différences de température . . 293.17
rentrant, pointe —e . . 30.7
rentrée du chariot 159.13, 166.12, 343.17, 557.13
rentrer (chariot) . . . 166.13
rentreur de déchets . . 3.24
rentreuse de déchets . 4.1
renversement automatique de la barbe . 450.13
— des barbes à la main 450.11
— de marche du chariot 352.11
— des poignées 215.3
renverser la direction du chariot . . . 131.14, 133.2
— la marche 346.13
— la marche du tablier 23.11
— les poignées pendant le peignage 215.2
— les poignées dans les presses 215.4
— les râteaux guide-fils 504.13
renvidage 124.16, 156.5, 166.16
— par l'ailette 125.1
— Archimède 519.3
— vers le bas 351.13
— par la bobine . . . 124.21
— de la chaine du secteur 351.4
— du fil 137.17, 350.4, 351.14
— du fil sur broche nue 155.16, 166.17
— sous forme de canette 154.16
— vers le haut 351.14
— mou 169.3
— de la réserve . . . 133.21
renvidé en sens inverse 164.6
— en sens ordinaire . . 164.5
renvider 156.6
— la base de la première couche . . . 156.13
— le cul 154.19
— le fil 137.16
— le fil sur broche nue 155.17
— le fil sur la lame de la broche 155.17
— le fil dans le sens des aiguilles d'une montre 154.2
— la mèche sur la bobine 124.17
— la mèche sans tension 256.5
— le noyau 154.19
— les premières spires . 175.7
— la réserve 133.20
— les rubans de la carde briseuse sur un cylindre en bois (ensouple) 249.2
— le sommet de la dernière couche . . . 157.1
—, tordre et — le fil dans la même direction 154.3
renvideur (v. a. métier renvideur) 138.13
— automatique 11.16, 138.14, 204.13
— pour déchets de coton 204.14
— pour fils fins . . . 188.16
— pour fil peigné . . . 392.14
— à retordre avec chariot voyageant . . 557.14
— à retordre à râtelier voyageur 557.3
— pour trame 188.15
renvoi de plafond . . . 559.23
—, commande par . . 158.8
répandre l'émeri sur le cylindre au moyen d'un tamis 71.10
— la pâte légèrement . 117.8
— les poils 514.4
répartir le coton dans les casiers 22.9
répartition irrégulière de la torsion 154.7
repassage du lin peigné 216.4
repasser 340.3
— les dents 69.16
repasseur de chanvre . 231.8
— de chiffons 400.1
— de déchets 4.2
— de lin 216.6
repasseuse de chiffons . 400.2
— de déchets 4.3
repeignage 376.9
repeser après dessication 615.14
répété, passage — du coton 25.16
répéter l'étirage . . . 101.16
replacement de l'ailette 141.7
replacer l'ailette . . . 141.6
repliable, levier 172.7
replié, partie —e . . . 383.7
replier la nappe, mécanisme pour 46.5
reposer, laisser la solution 463.15
reprise d'humidité . . 573.9
réserve d'aiguilles . . . 86.15
— de fil 156.10, 528.1
— de fil, seconde . . . 157.2
— de fil du sous-renvidage 145.13
— de mèche de préparation 224.11
réservoir à boutons . . 591.1
— en ciment 304.7
— fermé 242.3
— d'eau 294.2, 570.14
— d'huile. 148.2, 241.9, 361.16
— d'huile détachable . 147.8
— d'huile dévissable . 146.12
— inférieur 242.2
— mobile du lubrifiant. 317.14
— refroidi de la solution à filer 464.11
— rempli de poussière de tourbe 299.11
résidu acide 310.2
— alcalin 310.3
— d'huile 238.13
— résineux 508.11
— de sel 305.20
—s de chrysalides . . . 438.20
résine 508.1
résineux, huile —se . . 315.20
résinifié, huile —e . . . 238.11
résinifier, se (huile) 238.12, 459.4
résistance des cordages. 513.2
— de la fibre 6.24
— du fil 10.3, 606.17
— à la rupture 454.18
— spécifique 606.10
— à la traction . 66.11, 513.8
résistant aux acides . . 304.22
respirateur 442.8
resserrement des balles par des bandes en fer 578.7
ressort 27.5, 98.8, 149.6
— à boudin . . 510.11, 607.12
— de contact 113.8
— contrôleur 423.4
— fatigué 106.5
— à feuilles 279.7
— du frein . . . 207.14, 358.8
— en hélice 510.11
— en hélice entourant l'arbre 528.13
— à lame 461.7
— à lames 279.7
— pinçant 173.5
— de la pince 89.4
— plat 95.11
— de pression 106.2, 483.3, 534.9
— en spirale plat . . . 235.17
— de sûreté 95.8
— tendu 106.4
— de traction 106.3
— à volute . . . 288.11, 290.4
ressuage du chanvre dans la balle 228.11
ressuer (coton) 15.9
restant d'un ruban de peigné 374.18

restant, augmentation de poids —e 571.14
—, torsion —e 9.8
résultat de conditionnement 615.17
— de triage 266.7
retard, bobine ayant du 124.13
—, la bobine a du 124.14
retardé, vitesse —e 166.15
reteint, chiffons —s 398.4
retenir les chardons 367.11
retenue, dispositif de 388.8
réticule, en forme de 416.17
retient du levier 182.4
retirer le boudin de la boite tournante 208.5
— les chardons 368.4
— les échevettes de titrage 602.15
— les fils durs des barbes 196.5
retordage 12.10, 539.1
—, anglais 542.11
— d'articles lourds 552.10
— continu 542.18
— doux 541.4
— à l'eau 542.4
— écossais 542.8
— extra-fort 541.6
— floche 541.4
— fort 541.5
— intermittent 557.2
— dans le même sens que celui du fil simple 540.10
— sur métiers continus 542.17
— monté 541.5
— au mouillé 542.4
— au sec 542.2
— en sens opposé 540.9
— de la soie artificielle 474.2
retordeur 5.7, 539.6
— de chanvre 539.10
— de coton 539.8
— de laine 539.12
retordeuse (machine) 12.12
— (ouvrière) 5.8, 539.7
— de chanvre 539.11
— de coton 539.9
— de laine 539.13
retordoir 12.12
retordre 12.11, 539.5
— directement des canettes 543.11
— à l'eau 542.5
— les fils assemblés 545.12
— des fils de différentes couleurs 591.15
— au mouillé 542.5
— au sec 542.3
— dans le sens opposé 540.6
— la soie 430.16
— la soie artificielle 474.3
retordu floche 541.3
retors (v. a. fil retors) 12.13, 593.10
— pour bonneterie 580.13
— bouclé 591.19
— bourrette 588.4
— boutonné 591.18
— boutonneux 591.18
— à x bouts 539.16
— de chanvre 593.11
— croisé 591.17
— droit 541.2
— dur 539.22
— de fil de laine peignée 584.11
— final 539.18
— flammé 591.16
— floche 539.19
— gauche 540.12
— inégal 540.1
— lisse 539.24
— mat 580.9
— simple 539.14
— solide 539.23
— souple 539.21
— en tire-bouchon 539.20
— vrillé 539.20
—, deuxième 539.18
—, premier 539.17
retoucher le réglage des chapeaux 54.13
retour automatique de la matière insuffisamment ouverte 405.3
— des broches 348.16
— du récipient à sa position primitive 200.13
—, mouvement de 505.7
retournage des poignées 215.3, 216.11
retourner la barbe 445.15
— la barbe à la main 450.12
— la poignée en sortant du peigne 216.10
— les poignées pendant le peignage 215.2
— les poignées dans les presses 215.4
retrait 604.11
retraite du boudin de la boite 208.4
rétréci, fil de soie 434.17
retremper les dents 74.10
retriage du lin 216.5
réunion des fils de caret en torons 498.4
— de plusieurs écheveaux dans une seule torque 576.13
— de plusieurs fils en spires allongées 565.14
réunir en bottes le lin peigné 217.7
— en nattes les poignées de lin peigné 218.1
— plusieurs brins de cocon 421.4
— en rubans les poignées de lin peigné 218.1
— x rubans 104.7
réunissage 41.13
réunisseur (appareil) 81.6
— (ouvrier) 5.9
—, banc d'étirage 388.14
réunisseuse (machine) 80.12, 81.6, 453.10
— (ouvrière) 5.10
Reusch, dynamomètre 608.11
reverse, direction 431.7
—, torsion 540.6
réversibilité du courant d'air 573.2
réversible, dispositif d'alimentation 40.6
—, pince 446.16
revêtement en acier 123.5
— en bois 312.5
— en bois avec insertion d'aiguilles 244.2
— sur un côté 480.3
— sur les deux côtés 480.4
— de la feuille de papier par un dépôt de fibres textiles 480.2
— en madriers 244.11
— en pierre 376.1
revêtir le compartiment d'ensimage avec des feuilles de zinc 239.7
revêtu de limon 376.4
rhomboïde, de forme 248.10
riche en carbone 120.12
— en graisse 274.6
— en matières gommeuses 225.11
— en matières grasses 148.10
— en résine 508.1
— en séricine 417.2
— en soie 416.2
ricinate de sodium 464.9
Riedinger, dynamomètre 607.6
Rieter, appareil compensateur à coin 74.5
—, appareil de débourrage des chapeaux 52.13
—, broche à retordre 552.12
—, dispositif pour supporter et régler les hérissons 58.14
—, machine à essayer les huiles 149.1
—, réglage des chapeaux par des segments 55.4
rigidité 67.4
rigoles d'eau 575.3
rinçage des chiffons 401.5
— dans l'eau pure 284.17
— de la laine 284.14
rincer les déchets de soie 438.17
— avec de l'eau de rivière froide 284.16
rinceuse de forme ovale 285.1
— léviathan 286.12
— mécanique pour laine avec râteaux de léviathan 286.11
— ovale pour laine avec propulseur 285.12
Risler, carde express 48.5
riste 8.7, 82.10, 217.21
— de jute 235.16
riste de laine arrachée 378.8
— de lin 212.8
—s échelonnées 383.11
—s soudées 383.11
rivé, brochettes d'acier —es 568.12
rivet en cuivre 61.10
— à tête fraisée 61.14
— métallique 61.8
— en plomb 61.9
— à tête noyée 61.14
— à tête perdue 61.14
rivetage des aiguilles 512.13
— direct de la garniture 61.15
riveté, bac 278.6
—, garniture —e 61.17
robinet en verre 466.5
— à trois voies 371.1
rochet 132.1.6, 134.4, 173.4, 190.6, 256.2, 358.5
— de l'écrou du secteur 184.6
— de 14 dents 96.2
romaine (v. a. balance) 387.10, 613.3
— et dévidoir ordinaire 614.9
— pour fil de Amsler-Laffon 514.7
— pour fil de Staub. 614.8
— pour fils et tissus. 614.15
— micrométrique 614.6
— de numérotage 612.13
— pour paquet 615.1
— de poche 614.12
— à poids et de pourcentage 614.14
— de pourcentage de blousse 100.3, 614.13
— de titrage 603.2
— universelle 614.16
rompre, se (fil) 345.14
—, se (brin de cocon) 424.4
—, se — subitement (fil) 541.10
rompu, fil 133.12
rond, le cylindre ne tourne pas bien 107.8
— parfaitement (tambour) 78.12
—, tournant mal 202.18
rondelle 355.13
— en cuir 140.12
— en feutre 140.11, 544.12
— de frein 549.8
rondontia, soie du 410.16
rongé, cocon 415.17
roquet envideur 430.11
— fournisseur 430.10
roqueteuse de soie 429.3
rosaniline 457.9
rosette 157.10
— en fonte 524.8
rota-frotteur 203.16, 331.13
rotatif, ailettes —ves 195.10
rotation de l'ailette 130.10
— des broches pendant la sortie du chariot 164.3
— des broches à vitesse croissante 347.17
— du canon à deux temps 163.11
— du curseur 150.14
— du cylindre 107.14
— à froid de la broche 148.14
— intermittente 342.3
— inverse de l'arbre principal 165.4
— inverse des broches 165.2
— du rochet 190.12
—, la bobine reçoit sa — directement par la broche (par un galet, un disque de friction) 516.11.12.13
roteur 48.8
rotor 113.2.10
roue v. a. pignon
— d'accouplement 127.4
— d'angle avec manchon à griffes 187.13
— de calandre 546.8
— à canal oblique 76.3, 112.4
— du cannelé avant 136.2
— au deuxième cannelé 114.9
— du troisième (quatrième) cannelé 114.11.7
— à chaine sur le centre du levier du secteur 172.13
— de la chaine des chapeaux 74.1
— de change des cannelés 187.16
— du chariot 206.1
— à cliquet 187.1
roue commandant chariot et cannelés 189.5
— de commande de l'arbre de la main-douce (avec manchon d'embrayage) 177.4, 187.11
— de commande des bobines 131.1
— de commande à cliquet 187.9
— de commande des cylindres et du chariot 162.12
— de commande du différentiel 135.7
— de commande et plaque à cliquet 188.3
— conductrice de la chaine 447.4
— du cône de dépointage (folle) 161.8.9
— du cône supérieur 135.11
— conique 24.3, 132.7, 252.8
— conique à cliquet 187.8
— conique commandant le chariot sur l'arbre du différentiel 135.8
— de cordage 596.18
— du cylindre alimentaire 176.15
— sur le cylindre d'entrée 134.10
— dentée 532.6
— dentée avec cadran divisée 358.6
— dentée à lanterne 256.9, 546.8
— à denture intérieure 505.15
— différentielle 126.3
— à disque 57.2
— double 187.6
— droite 560.11
— droite à dents fines 566.14
— entrecoupée pour l'enlèvement des écheveaux 565.10
— à esquives 131.1
— d'étirage du chariot 186.12
— extérieure sur l'arbre de commande des broches 134.12
— de la friction de dépointage 161.8
— à griffes des cannelés 187.14
— à hélice 188.2, 373.9
— hyperbolique des bobines 135.6
— hyperbolique des broches 135.2
— intermédiaire 505.16
— intermédiaire de la commande des bobines (des broches) 136.12.13
— en laiton 347.2
— à main 567.11
— avec manchon d'accouplement fondus ensemble 348.12
— de marche 186.10
— de montée du canal 230.1
— de montée du chariot 230.1
— à planètes du mouvement différentiel 126.3, 134.11
— réceptrice du pot 76.5
— de rechange (v. a. rechange) 136.5
— de renvoi 497.17
— à rochet 52.12, 125.10, 207.12, 258.6, 370.7
— à rochet avec roue à chaine 172.12
— à soleil 379.3, 546.8
— à taquets 74.8
— à vis sans fin 72.7, 188.9
— à vis sans fin avec graduation 207.13
— à vis sans fin avec manchon à griffes 207.8
— à volant 567.11
—s d'angle 126.4
—s commandées alternativement 537.3
—s coniques 136.4
—s coniques de changement de marche 135.10
—s coniques de renversement de marche 132.3
—s à engrenages intermittents 537.1
—s jumelles 132.3, 135.10
—s de renversement 131.13

rouet 10.15
— à bobiner 521.9
— de cordier 496.21
— à double broche 11.8
— de fer 497.15
— à main 10.16
— à pédale à corde simple 10.18
— à pédale à double corde 11.4
rouillage de la garniture 64.1
rouillé, aiguille —e. 86.19
—, cocon 415.14
rouissage de la filasse 261.9
roule-ta-bosse 319.20, 368.11
roulé, toison —e 264.15
rouleau (v. a. cylindre) 34.4
— d'aiguisage 72.2
— d'aiguisage à va-et-vient 339.8
— aiguiseur 70.9
— alimentaire 28.8, 319.18
— d'alimentation 448.8
— d'appel 111.6, 115.2
— d'appel inférieur 90.11
— d'appel du ruban 378.11
— d'appel supérieur 90.10
— de bande de papier 485.2.10
— de batteur 50.9, 77.10
— de batteur, mettre le — à la carde 50 12
— à brosse en spirale 57.11
— calandreur 46.1, 111.6
— cannelé en étoile 235.13
— de la chaine 447.5
— collecteur recouvert de feutre 322.7
— compresseur 46.1, 197.9
— à couteaux 368.5
— creux pour nappe 46.7
— débourreur garni de fils métalliques 57.12
— délivreur 378.11
— délivreur au pot 51.11
— dérouleur en bois 377.2
— dérouleur de nappe arrière (avant) 89.9.10
— détacheur 200.9
— diviseur 204.4, 330.14
— d'émeri 72.2, 202.13
— enrouleur 388.12
— d'étirage 218.12
— exprimeur 439.12
— de ficelle 593.8
— formé de rubans 250.5
— de friction 523.1.7
— avec garniture en plâtre 336.15
— à gorge des chaînes 244.6
— -guide 331.2, 485.4, 489.3, 506.7
— -guide poli 384.10
— d'immersion 278.8, 281.14
— livreur 50.8
— de nappe 7.12
— nettoyeur 201.11
— nettoyeur en bois couvert de flanelle 108 15
— nettoyeur à mouvement de va-et-vient 109.1
— de papier 481.3, 482.2, 489.2
— à pointes 320.10
— presseur 279.2, 288.9, 611.8
— de pression 249.8
— de pression en bois dur 225.5
— de pression commandé 267.6
— de pression avec rainure 546.2
— de ruban de matière fibreuse 485.11
— de ruban de papier 486.8, 487.7.11, 488.8
— de rubans colorés 387.3
— de rubans teints 387.3
— supérieur faisant pression par ressort 235.14
— supérieur recouvert d'une corde de chanvre 279.4
— supérieur recouvert de ruban de laine 279.5
— du tablier 244.1
— de tension 41.6, 98.6
— de tension des lanières 204.3
— tournant faux-rond 337.1
— voyageur 201.3
—x, d'alimentation 111.3
—x d'appel 86.5, 489.8
—x calandreurs 34.2
—x comprimeur 34.2
rouleau-x enrouleurs cannelés 34.3
—x-guides 482.5, 525.9
—x-guides des torons 504.7
—x presseurs 478.17
—x de ruban de papier 483.12
—x tronconiques 231.3
route, mettre en 256.13
ruban 387.11, 448.13
— blanc 374.11
— blanchi 374.13
— de blousse 82.9
— de carborundum 71.18
— de carde 7.20, 20.19, 51.15, 449.4
— de carde avec dents à pointe d'aiguille 336.5
— de carde avec tissu de coton 62.12
— de chanvre 496.14
— coloré 374.12
— coupé 101.22
— de débourrage 62.9, 75.7
— pour débourrage à main 75.6
— de débourrage en spirale 75.8
— avec doublage complet 386 14
— double 386.12
— d'émeri 71.17
— d'émeri à rainures 71.19
— d'émeri uni 71.20
— émerisé 71.17
— d'étirage 101.18, 121.14
— étiré 101.19
— d'étoupes de lin 221.16
— de fibres placées parallèlement au ruban 329.2
— de fibres en travers 326.12
— du frein 46.13
— de la garniture 337.7
— de garniture pour volant 62.11
— inégal 102.1
— de laine 279.5
— de lin 218.3
— de matière fibreuse 486.3
— normal 374.10
— de papier 486.2, 487.12
— peigné 82.4, 374.6, 384.11
— peigné bleui 386.2
— peigné à la main 374.8
— peigné mécaniquement 374.9
— à polir 62.10
— présentant des flammes 101.23
— séché 386.8
— simple 386.11
— de voile 193.7, 203.14, 221.14
— de volant à base en cuir 336.6
—s alimentés 223.18
—s de bourette 453.7
—s de la carde briseuse 249.2
—s colorés 387.3
—s croisés 387.18
—s longs 327.9.19
—s teints 387.3
—s tordus ensemble 387.7
rubaneuse à soie 451.17
rude au toucher 14.1
rugueux, cuir 381.9
—, garniture de carde —se 339.17
rupture du brin de cocon 424.3
— brusque du fil 606.22
— de la corde 192.1
— du fil 521.7, 554.8
— du fil par son propre poids 606.13
— de la mèche 125.3
— du ruban 111.8
— subite du fil 541.9
— du voile 50.4

S

sable 26.12, 268.7
sabot 192.10
— du frein 548.3
— réglable 206.15
— à trois rainures 499.6
sabre 93.9
sac, mettre en (laine) 264.7
—s à toile 433.10
saillie franche de l'aiguille 86.13
sain, lin 216.21
saindoux 315.1, 428.13
saisie par la presse (poignée) 230.5
saisir les couches de fibres 21.5
— le fil avec des pinces 461.5
— le maître-brin du cocon 420.11
sale, eau 439.7
salin brut de potasse 273.9
salissure du fil pendant le filage 227.2
salle de battage 442.6
— d'empaquetage 576.8
— d'ensimage 239.3
— de mélange 18.15, 23.1
— de peignage du lin 211.13
saponaire 277.22
saponifiable, graisse 274.3
saponifiant, pouvoir 272.4
—, substance —e 275.8
saponification de la graisse 275.5, 315.9
saponifié, graisse —e 275.7
saponifier la graisse 275.6
— l'huile 315.19
— par la méthode directe 276.8
saponine 277.23
satiné, cocon 416.15
saturé d'humidité 572.12, 615.7
—, corde —e de goudron 508.19
—, matière filtrante —e 463.14
—, solution de sel —e 469.5
saturer, se — d'huil (laine) 314.1
sauter du ruban (dents) 64.10
savon 484.6
— ammoniacal 276.20
— animal 434.1
— blanc 316.2
— blanc ordinaire 277.19
— de chaux 270.16
— dur 277.17
— d'huile 438.2
— d'huile d'arachide 433 19
— d'huile de coco 433.20
— d'huile de palme 428.9
— d'huile de sésame 433.21
— d'huile végétale 433.18
— inaltéré 277.12
— de magnésie 270.15
— de Marseille 277.18, 434.2
— mou 277.16, 316.3
— neutre 277.13
— noir 316.3
— d'oléine 434.3
— de potasse 277.16
— de soude 277.17
— de suif 310.5
— vert 277.16, 316.3
savonné, soie grège —e 428.8
savonner le fil de grège 428.7
savonneux, eau faiblement —se 573.17
Schällibaum, grille 48.1
schappage 436.18
schappe pour tissage 587.23
— tussah 587.22
Schlieper, méthode de dégraissage 276.14
Schlumberger, engrenages du renvideur 184.12
—, peigneuse duplex 91.2
Schopper, dynamomètre 608.6
scie circulaire 231.16
scintillement de la soie sauvage 427.20
scroll de rentrée 169.10, 349.14
—s du chariot 169.9
sec, battre à 310.11
—, état 196.1
—, fil 606.5
—, matière sèche à la main 306.17
séchage artificiel 292.14
— à circulation d'air 293.19
— des cocons 417.10
— suivant le principe du contre-courant 295.11
— définitif 292.8
— des déchets de soie 440.3
— du fil de lin 227.4
— du fil de lin au-dessus des générateurs de vapeur 227.5
— de la laine 287.4
— des laines à peigne 365.5
— de la matière fibreuse 25.4
— naturel à l'air libre 292.10
séchage rapide 292.18
— à la température de x degrés 293.2
séchant à l'air 458.11
séché, fil 227.11
sécher à l'air et au soleil 292.11
— sur des claies 292.13
— les cocons 417.9
— dans un four de carbonisation (déchets imprégnés) 440.12
— lentement 292.20
— rapidement 292.19
—, faire — les déchets de soie lavés 440.4
—, faire — la soie sous tension 470.16
—, faire — sur le tube en verre (soie) 468.6
sécheur de laine 297.6
séchoir 227.6, 293.18
— pour déchets de soie 440.5
— Mc Naught 295.3
— Norton 295.12
— Snoeck 296.7
seconde vitesse 353.4
secouer le coton 38.11
— la toison 265.9
secoueur à chiffons 400.19
sécoueuse mécanique pour étoupes 220.11, 258.13
secteur 152.1, 170.7, 350.5, 613.19, 614.10
— alimentaire 94.1
— sur l'arbre des baguettes 186.5
— de la baguette 166.6
— denté 152.8, 181.4
— à dents 94.5
— pour échevettes 613.13
section 103.8
—s longitudinales 477.2
—s, de différentes 511.7
segment 55.5
— à aiguilles 85.4, 87.11, 378.2, 383.1
— des brosses 99.4
— cannelé 85.7
— conique 53.17, 79.12
— en cuir 85.6
— denté 360.17, 547.2
— denté en bronze 94.6
— denté pour le mouvement de retour du fuseau 511.6
— denté du secteur 170.11
— lisse 89.12
— métallique cannelé 378.3
— plein 45.1, 48.9
— recouvert de cuir 380.11
seizaine 593.20
sel 302.2
— alcalin 469.6
— d'aluminium 465.14
— ammoniac 316.6
— d'ammonium 465.7
— se combinant à l'ammoniaque 465.6
— de cuisine 438.22
— ferrique 270.13
— de Glauber 303.7, 309.15
— inorganique 463.19
— de magnésium 465.9
— métallique dissous dans l'alcool 460.11
— métallique lourd 469.11
— de protoxyde de manganèse 469.14
— soluble de zinc 469.13
—s absorbant l'eau 483.13
self-acting, métier 11.17, 138.14
sellette 252.14, 393.9
— des cylindres de pression 143.8
— pour l'échevette 603.5
— à pression 106.13
semelle de frein 359.2
semer les boutons sur le peigneur 590.19
semi-circulaire 564.16
—-cylindrique 466.9
sens des aiguille d'une montre 541.1
— inverse des aiguilles d'une montre 541.14
— inverse, renvidé en 164.6
— de la marche des chapeaux 57.3
— opposé des aiguilles d'une montre 540.11

sens opposé de la marche 45 4
— ordinaire, renvidé en 164.5
— de rotation de la broche 541.11
— de la torsion 8.22, 541.12
—, dans le même 540.4
—, même — que la marche 45.5
sensible, mécanisme d'arrêt 534.15
sensibilité de la balance 613.10
— du régulateur d'alimentation 44.7
— de la soie aux alcalis 437.6
sentène 564.1
sentinelle 358.11
— à leviers et à ressorts 192.9
séparateur des fils 153.4
séparation en bandes de la feuille 478.8
— en bandes de la pâte à papier 477.1
— des brins de lin 211.18
— des déchets foulés et non foulés 399.18
— de duvets 31.14
— des fibres 230.16
— des fibres longues et des fibres courtes 374.3, 444.13
— imparfaite 211.20
— de la laine morte 266.5
— lente 606.23
— du mélange par l'action du loup 311.9
séparément, broche débrayée 521.6
—, travailler 212 5
séparer la balle de jute en couches 235.10
— les brins de lin 211.19
— les couches de jute en poignées 235.11
— la laine morte 266.6
— la matière grasse 299.18
séparateur de jute 236.6
séran 495.14
— à main 8.5
sérançage 8.3
— du chanvre 495.10
— du lin 211.10
sérancer 8.4
— le lin 211.12
séranceur de chanvre 229.2
— de lin 211.14
séranceuse de lin 211.15
sérançoir 8.5, 495.14
— pour chanvre 229.6
séricine 411.8
— adoucie 412.2
— cassante 411.15
— dure 411.16
— ramollie 412.2
série de barrettes 218.8
— de peignes 214.8
— de poids de précision 615.2
— de tuyaux de chauffage 295.5
seringue à huile 239.14
serpentin de refroidissement 462.1
— à vapeur 298.6
serrage des pointes des canettes 175.5
serré, enroulage 519.9
—, poignée —e 214.13
—, tissure —e 416.11
serre-pointes 171.5, 181.10, 184.5
serrer le frein 347.9
— les pinces 449.16
— les poignées dans les presses 214.12
service du métier à anneau 158.11
shoddy 407.6
— de couverture 407.8
— de drap de presse à lucile (à sucre) 407.10.11
— de flanelle 407.7
— de soie 412.5
— de tapis 407.9
siccité absolue du fil 615.11
signal d'appel par cloche 370.6
silésienne 397.10
silicate de potasse 369.8
— de soude 369.9
sillon 499.7
silvaline, fil 589.2
simple (mèche) 133.15
— vitesse 189.3
—, la mèche reste 133.14
simples 387.8
simultané, filage 485.9
siphon 362.3
Sirius, soie 588.9
Sisal, chanvre de 492.6
six échevettes 599.4
Skene et Devallée, laveuse mécanique 282.17
Snoeck, séchoir 296.7
soie 410.3
— de l'ailanthe 410.12
— d'anaphe 410.17
— d'araignée 411.1
— artificielle de Chardonnet 456 5
— artificielle de collodion 456.5
— artificielle facilement inflammable 462.9
— artificielle de gélatine 470.19
— artificielle à l'oxyde de cuivre ammoniacal 464.4
— bobinée 470.13
— du bombyx du mûrier 410.5
— à broder 586.22
— de caséine 471.13
— de Chardonnet 588.7
— chargée 587.11
— chevillée 587.14
— au collodion 588.7
— à coudre 586.17
— couleur 587.12
— crue 426.22
— cuite 426.21
— au cuivre 588.6
— décreusée 427.16, 434.5
— dégommée 434.5
— à dentelles 587.7
— dévidée 425.2
— sans duvets 427.15
— en écheveaux 412.18
— écrue 426.22, 434.4
— enroulée 470.13
— éria 410.10
— fagara 410.9
— fantaisie 587.10
— fermentée 438.1
— à filet 586.18
— floche 586.23
— à franges 587.8
— glacée 587.15
— Glanzstoff 588.6
— grège 425.2
— grège de l'Asie Mineure 426.12
— grège du Bengale 426.9
— grège à brin fin 425.17
— grège à brin grossier 426.1
— grège de chine 426.5
— grège de la Corée 426.8
— grège duveteuse 425.7
— grège en petits (grands) écheveaux 426.3.4
— grège de l'Espagne 426.18
— grège de l'Europe 426.14
— grège française 426 15
— grège de la Grèce 426.19
— grège de la Hongrie 426.17
— grège des Indes 426.9
— grège de l'Italie 426.16
— grège du Japon 426.6
— grège du Levant 426.11
— grège de la Perse 426.10
— grège redévidée 424.18
— grège savonnée 428.8
— grège de la Syrie 426.13
— grège uniforme 425.4
— indienne du Mézankoora 410.15
— laminée 587.16
— pour machine à coudre 587.9
— marine 411.2
— de mer 411.2
— météore 588.10
— mi-cuite 434.11
— moulinée 431.8, 586.5
— muga 410.11
— du mûrier sauvage 410.7
— naturelle 472.6
— nerveuse 427.14
— à la nitrocellulose 588.7
— à la nitrocellulose de l'acétate de collodion 459.5
— à la nitrocellulose de collodion d'acétone 460.3
— ombrée 587.13
— ondée 586.15
— ouvrée 586.5
— à l'oxyde de cuivre ammoniacal 588.6
— de passementerie 587.6
— plate 586.22
soie provenant de cocons soufrés 427.1
— au pyroxyle 588.7
— retorse 431.8, 586.5
— du ricin 410.10
— du rondontia 410.16
— sauvage 410.6
— Sirius 588.9
— souple 434.11
— terne 427.19
— à tisser 587.5
— torse 431.8, 586.5
— ayant du toucher 427.4
— à tours comptés 602.17
— trame 431.10, 586.11
— à tricoter 586.18
— tussah de la Chine 410.8
— tussah des Indes 410.13
— uniforme 427.13
— verdâtre du yamamaï 410.14
— de verre 491.13
— viscose 468.9, 588.8
—, grandes —s 586.4
soie de coton 14.8
—, de — égale 14.14
—, de — différente 14.15
soigné, lavage 269.8
soigneur de batteur 42.5
— de carde 4.6
— de peigneuse 4.12
— des peigneuses d'étoupes 222.7
soigneuse d'étirage 2.3, 100.17
— de l'étirage à surfaces gauches 2.4
— de peigneuse 4.13
— des peigneuses d'étoupes 222.8
— de la réunisseuse 2.4
soigneux, traitement 38.4
soigneusement, trier 216.13
sol de la filerie 504.1
solide, fil 9.22
solidification de la graisse de laine 300.16
— de l'ensimage 316.17
solidifié, ensimage 316.18
solidifier, se (graisse de laine) 300.17
solidité de la matière 64.7
—, donner de la — au fil 9.21
solubilité dans l'eau 471.5
— du suint 272.3
soluble, difficilement 412.3
—, impuretés —s 268.5
solution d'acétate d'éthyle 460.10
— d'acétone 460.4
— alcaline 275.10, 309.9
— alcaline de caséine-acétone 471.20
— alcoolique aqueuse 472.2
— alcoolique de chlorure d'ammonium 457.11
— alcoolique de chlorure ferreux 456.13
— d'alun 238.18
— aqueuse d'acide chlorhydrique 305.7
— aqueuse de sel d'ammonium 465.7
— de bisulfate alcalin 465.4
— de caoutchouc 463.6
— de caoutchouc très liquide 65.11
— de caséine 471.15
— de cellulose à l'oxyde de cuivre ammoniacal 464.13
— de cendres de bois 419.15
— chaude de sel ammoniac 468.12
— chaude de soude 470.14
— de chlorure d'ammonium 468.13
— de chlorure mercureux 459.12
— de chlorure de sodium 465.5
— de chlorure stanneux 457.2
— de colle 71.11
— de collodion concentrée 457.10
— de collodion contenant de l'eau 462.5
— diluée alcaline 467.2
— écumeuse 277.10
— d'éther acétique 460.10
— faible de savon 194.11
— à filer 461.14
— à filer filtrée 463.15
— à filer visqueuse 464.6
solution de gélatine 471.4
— de graisse 298.11
— neutre 305.13
— neutre de sel 465.8
— neutre de sel alcalin 469.6
— de nitrite de soude 460.5
— d'osséine 472.16
— de potasse 273.5
— de salpêtre 419.17
— de savon ammoniacale 468.4
— de savon chaude 433.12
— d'un sel dans l'alcool 460.12
— de sel de cuisine 465.5
— de sel métallique 469.4
— de sel saturée 469.5
— de silicate additionnée d'ammoniaque 369.10
— de silicate de potasse 463.3
— de soude 316.10, 419.18
— de soude caustique 276.11, 437.5
— de soude tiède 309.18
— de sulfate ferreux 469.15
— de sulfate de nickel 472.9
— de viscose 468.14
—s salines 305.12
solvant pour la nitrocellulose 458.2
sommet de la broche 146.1
— de la couche 165.7
— de la dernière couche 157.1
— de la courbe 524.12
son de l'aiguisage 339.10
sonnerie 223.16, 249.10, 370.9
sonnette, compteur à 223.14
sortant, numéro 102.5
sorte de coton 13.5
— de déchets 194.14
— de laine 266.8
— obtenu par le mélange 236.12
—s de chiffons 396.5
—s de laine renaissance 406.11
—s, diverses —s de laine 310.17
sortie 103.7
— de l'air 296.6
— du chariot 159.10, 164.1, 343.14, 347.11, 557.10
— des couches de fibres 326.6
— du coton 35.7
— diamétralement opposée à l'entrée 249.13
— de l'eau de condensation 571.8
— et entrée du même côté 250.1
— de l'étoupe de lin cardé sous forme de ruban 221.15
— de la fumée 376.3
— en ruban 253.4
— de la solution 298.8
sortir (chariot) 163.17
soubassement en bois 312.5
— en carton 62.1
— conique 53.17
— en coton-laine-caoutchouc 65.8
— en coton-laine-coton 65.2
— cylindrique 519.3
— de la garniture 64.6
— de panne 110.6
— de papier 64.18
soudage des aiguilles 86.21
soude 276.1, 309.10
— ammoniacale 309.13
— à l'ammoniaque 276.3
— anhydre chimiquement pure 309.11
— calcinée 309.12
— caustique 276.10, 472.8
— cristallisée 276.2
— Leblanc 309.14
— sulfatée 309.14
soudé, mailles —es 477.8
—, touffes —es 383.11
souder les aiguilles 86.20
— (queues des barbes) 85.13
soudure 86.1
— des nappes 325.11
soufflant, ventilateur 295.6
soufflerie avec ventilateur sans huilage 575.1
soufflet à main 75.16
souffleur de verre 467.11
soufflure 467.8
soufré, cocon 413.11
soufrer les ccoons 418.4
soufroir 434.20
souillé, chiffons —s 396.17
—, eau —e 439.
soulager le frein.

soulevé du tambour (fromage) 525.12
soupape d'aspiration . . 470.1
— à clapet 306.10
— de décharge 286.3
— de sortie 470.2
— de sûreté 385.16
souple 434.8
—, retors 539.21
—, rendre la fibre . . . 237.7
—, soie 434.11
source de chaleur . . . 293.3
sous-espèce 12.6
—-ouvreuse 35.2
—-renvidage . . 156.7, 175.8, 551.13
—-renvider 156.9
soustraction de chaleur 294.13
soutaches 400.13
sparte 492.19
spécifique, résistance . 606.10
spindle, un — écossais . 564.13
spirale allongée 561.2
— aplatie 561.1
— descendante 351.12
— montante 351.11
— à grand pas 561.2
— à petit pas 561.1
—, disposé en 389.7
—s opposées 370.4
spire à droite 517.11
— à gauche 517.12
—s allongées 565.14
—s de départ 533.10
—s de fil montantes (descendantes) 551.14
—s juxtaposées 519.11
spongieux, caséine —se 471.18
squelettes 153.5
stagnant, air humide . 574 18
standard 13.8
Staub et Montfort, peigneuse 99.15
Staub, romaine pour fil 614.8
Stein, métier à retordre 559.11
stock d'aiguilles . . . 86.15
strasse 435.18
striation longitudinale prononcée de la soie sauvage 427.23
— superficielle faible de la soie du mûrier . . 427.22
strié, couche d'émeri —e 71 15
structure des cocons . . 416.1
— homogène du fil . . 605.17
substance cellulosique . 472.12
— explosive 462.6
— intercellulaire . . . 237.10
— saponifiante 275.3
—s albumineuses . . . 471.10
substitution de savon . 277.20
succédané de l'huile . . 316.12
— de savon 277.20
suif 428.12, 484.4
— russe 359 13
suiffeux, graisse —se . . 274 8
suint 272 1
— cireux 274.9
suinteux, liquide . . . 272.15
suintine 300.3
— lavée 300.5
sulfate d'aluminium . . 303.9, 465.15
— d'ammonium 469.8
— de chaux 310.6
— de cuivre 458.23
— ferreux 469.12
— de manganèse . . . 401.16
— de magnésium . . . 465.11
— de nickel 472.9
— de potasse 272.10
— de soude . . . 303.6, 483.14
sulfo-oléine 238.10
sulfure de carbone . . 297.20, 238.19, 438.6
— de fer insoluble . . . 469.16
— métallique 469.17
sunn 492.7
superposition de plusieurs nappes 41.12
— du voile (par couches) 326.3.4
support . 59.9, 132.11, 252.15, 273.7
— d'aiguisage 73.9
— d'aiguisage et de tournage 405.8
— des ailes 505.11
— de l'arbre de la fourche 281.6
— de l'arbre des tambours 192.7
— d'arrachage 95.13
support de bobine 139.8, 379.9, 535.8
— de bobines . . 387.14, 502.6
— des bobines 611.2
— de bobine en forme de fourche 356.15
— de la broche 145.9
— des broches 354.11
— des broches ouvert . 356.2
— de la brochette . . 128.12
— de la brosse 88.11
— du compteur 358.7
— courant pour le chariot 307.11
— de crapaudine 97.12, 131.5
— des cylindres . 90.8, 105.4, 127.6, 358.12, 393.6, 545.7
— des cylindres arracheurs 95.13
— du cylindre d'émeri . 73.10
— cylindrique 290.9
— élastique 146.9
— d'engrenages 349.2
— en équerre 349.5
— fendu 342.5
— forme fourchette . . 530.10
— à frein 359.3
— de fuseau en forme de croix 510.7
— à glissière 59.3
—-guide 59.6, 361.3
— de guide-fil avec godet 531.7
— intermédiaire d'arrière du chariot 178.6
— intermédiaire de devant en fonte du chariot 178.5
— individuel des broches 354.15
— du levier de balance 603.9
— mobile du volant de renvoi pour la corde des tambours . . . 192.4
— du noyau conique . . 484.15
— du peigne 58.9, 99.9, 213.1
— du peigneur 88.7
— du pignon commandant le chariot . . . 176.11
— du pivot . . 528.4, 384.4
— de pivot rond . . . 111.12
— de la planche . . . 394.8
— en plate-bande guidant plusieurs broches 354.12
— de la poulie de guidage 353.5
— réglable 55 2, 202.16, 206.10
— réglable de la baguette 178.9
— réglable avec index . 80.2
— de la règle se déplaçant dans une coulisse 190 14
— des roues du chariot . 344.5, 351.8
— de rouleaux 34 5, 41.3, 382.16
— à rouleaux du tambour en fer-blanc . 158.9
— de la table à bobines 394.8
— du tambour 56.8
— des tambours dans le chariot 192 6
— tendeur de l'élévateur 40.1
— à tranchant de couteau 111.13
— du volant de renvoi à trois brins 192.3
—, boîte formant . . . 342.13
—s de la broche 177.13
—s du râtelier 127.9
supporté par des glissières 20.13
supporter et régler les hérissons, dispositif pour 58.14
—, se — l'une l'autre (fibres) 8.20
suraiguisé, dent —e . . 70.2
sûreté, dispositif de — pour débrayer la rentrée du chariot . . . 170.1
surface d'aiguisage . . 202.14
— brillante de la garniture 338.9
— du câble 507.4
— cannelée 333.12
— conique pour la dernière couche du noyau 168.2
— du couteau 409.11
— cylindrique pour la première couche du noyau 168.1
— de la fibre 6.20
— frottante 332.9
— frottante cannelée . . 332.10
— du fil 9.23
— hérissée d'aiguilles . 68.3
surface nuageuse de la garniture 338.10
— du peigneur 59.17
— piquetée 331.19
— quadrillée et losangée 332.1
— refroidissante 295.1
— du renvidage 155.6
— rugueuse 559.12
— de rupture en forme de touffes 10.7
— de rupture plane . . 10.6
— travaillante du chapeau 61.3
— travaillante de la garniture de carde . . 60.14
— travaillante des cylindres de carde . . 323.14
— travaillante en haut (en bas) 232.18.19
— travaillante du secteur 152.3
—s cardantes 58.13
surfermenté, déchets de soie —s 438.4
surfilage 159.11, 343.5
surge 272.1
surtordre le fil 541.7
surtordu, fil 541.8
—, place —e 454.9
surveillance du métier à anneau 158.11
surveillant des cardes . 75.17
— de salle 1.17
surveillante de dévidage 421.2
surveiller les fils de soie en dévidage 424.14
suspendre sur des perches en bois (déchets de soie) 440.6
suspendu librement, poids 105.14
— au plafond 503.15
—, livraison du fil —e . 554.10
suspension de la chaîne 170.13
sweaters en laine . . . 397.15
système anglais de retordage 542.11
— de broche 145.3
— à canal 80.11
— de double peigneur à la carde de l'assortiment 202.2
— de double peigneur à la carde briseuse seulement 202.3
— écossais de retordage 542.8
— d'étirage 139.9
— d'étirage à une paire de cylindres 205.1
— d'étirage à trois paires de cylindres 205.2
— d'étirage à trois rangées de cylindres . . 143.11
— de filage à anneau . 138.5
— de filage au renvideur 138.15
—s de numérotage . . . 599.11
symétrique, came en cœur 551.12
syphon 362.3

T

table alimentaire . 20.8, 27.1, 267.5
— alimentaire sans fin à pointes 443.8
— d'alimentation 50.10, 111.2, 443.14
— d'alimentation supérieure 405.5
— d'alimentation, seconde 405.5
— d'aspersion 441.8
— à bobines 394.13
— de conversion des fils 612.12
— de cylindre 394.2
— à étaler 8.11, 218.4
— à lin 215.13
— mobile 116.5.6.7
— à ploques 329.15
— de la presse 577.14
— à presses 445.5
— du râtelier 139.6
— à ruban 90.12
— tournante . . 439.11, 442.3
— de triage 265.6
— de triage à chiffons 399.14
tableau noir 422.11
— à outils 362.4
tablette de bois 128.11
tablier 245.12, 327.11
— à aiguilles 233.5
— alimentaire . . 48.6, 235.15, 296.10, 308.3, 453.11
— alimentaire vertical à dents 260.9
— d'alimentation . 41.1, 77.11, 199.1, 243.15, 247.6, 287.13
— d'alimentation de l'ouvreuse 29.7
— cardeur sans fin . . 445.1, 448.1
— avec commande de renversement automatique 40.7
— à déchets 38.15
— délivreur 38.1, 197.12, 235.16, 313.8
— détacheur 320.4
— de distribution . . . 23.8
— double élévatoire . . 201.6
— élévatoire . . . 21.9, 23.4
— en fil métallique . . 296.8
— horizontal 201.1
— horizontal du bas . . 29.2
— incliné à pointes . . 28.6
— inférieur horizontal . 21.8
— montant 21.9
— de la nappe 328.11
— de la peigneuse 214.4, 230.9
— à pointes . . . 22.4, 200.7
— principal 23.7
— releveur 38.2
— sans fin . . . 196.10, 308.2
— sans fin en acier . . 365.9
— sans fin d'alimentation 20.8, 259.12
— sans fin en cuir . . 451.8
— sans fin garni de crochets 367.15
— de sortie 288.10
— supérieur 296.9
—s d'alimentation . . . 218.5
—s d'alimentation marchant parallèlement . 221.5
—s sans fin 22.3
—s sans fin courant dans la même direction . 23.2
—s sans fin courant dans des directions opposées 23.3
—s voyageurs 575.14
tachant, huile ne — pas 538.8
taché, cocon . . 415.13, 436.9
—, coton 13.10
tacheté, coton 13.10
tachymètre 360.10
taillant 67.14
talc 253.3
tailler les cannelures sur le cylindre 120.19
talon de frein 171.13
— du levier de liaison . 165.13
tambour . 78.11, 257.16, 312.4, 443.12, 444.3, 522.1
— à aiguiser 70.9
— de l'âme 509.11
— batteur 259.7, 267.9
— des broches 557.8
— à brosse 97.16
— de carbonisage . . . 402.14
— à chaîne 173.6
— de la chaîne de dépointage 179.12
— de la chaîne du secteur 171.6
— commandé par corde croisée 556.2
— conique 37.4
—-crible 476.14
—-crible en bandes . . 478.15
— à crible 32.3
— à crible en fils métalliques 32.6
— à dents . . . 26.21, 197.10
— dérouleur . . 204.15, 356.14, 358.15
— détacheur en fonte . 22.5
— égreneur 26.21
— à émeri 72.2
— enrouleur . . . 522.8, 610.6
— enrouleur de nappe . 321.11
— équilibré . . . 144.16, 312.1
— à étages 337.14
— excentrique 156.2
— fendu 523.12, 524.6
— en fer 611.7
— en fer-blanc . 144.8, 555.15
— freiné 356.6
— garni d'aiguilles . . . 446.4
— avec garniture en bois 336.14

tambour à garniture de carde 443.4
— guide 448.10
— de livraison perforé 24.11
— métallique 32.3, 35.8, 37.11, 44.14, 48.8, 195.9, 196.11, 313.9
— métallique à dépoussiérer les chiffons 400.19
— métallique inférieur 33.11
— métallique supérieur 33.10
— métallique supérieur, deuxième 33.17
— moteur 144.12
— à mouvement de pèlerinage 406.9
— à nappe, grand 451.9
— nettoyeur de déchets avec cage à poussière 195.7
— ouvreur à dents 30.12, 33.5
— au pas de pèlerin 406.9
— de peignage monté excentriquement 447.6
— peigneur 92.7, 368.2, 377.11
— peigneur avec barrettes d'aiguilles augmentant de population 380.10
— perforé 195.9, 196.11, 476.14
— perforé à crochets intérieurs 400.20
— pinceur de Little et Eastwood 381.11
— à pointes 244.10
— à pointes émoussées 287.15
— porc-épic 26.21, 27.8, 35.5
— à rainure 531.9
— à rainure fraisée 523.9
— recouvert de pointes d'acier 404.7
— avec scroll 351.7
— sécheur incliné 366.11
— en tôle perforée 32.5
— en tôle d'acier perforée 32.4
— pour vaporiser les canettes 571.4
—, grand 51.2, 247.9, 250.6, 369.17, 370.14
—, petit 322.1, 369.16
—, premier 322.1
tamis à bandes de caoutchouc 477.6
— cylindrique avec des sections longitudinales 477.2
tampon en caoutchouc 290.3
— en cuir 442.1
tamponnement, dispositif de — du chariot 192.9
tan 419.16
tangentiel, tension —le 155.11
tanné au chêne, cuir 332.4
tapis 397.8
taquet 132.8
tare de x pour cent 17.2
— réelle 17.3
tas des balles 17.12
— de laine en couches 317.7
— de laine mélangée à fond 317.11
tasseau 73.13
— réglable 241.11
tâteur 530.17, 534.16
taux de reprise 616.1
tavellage de la soie grège 429.1
taveller la soie grège 429.2
teillage du chanvre 495.1
teillé, étoupe —e 219.15
teiller le chanvre 495.3
teilleur 495.8
teint, coton 194.4
—, grand 605.14
teinte foncée naturelle de la soie sauvage 427.21
teinture des chiffons 401.17
telettes 436.1
température de l'air 293.8
— des bains 280.5
— de carbonisation 306.5
— de x degrés 293.2
— de desséchage 417.13
— de l'eau 269.19
— de la lessive 275.15
— moyenne 293.9
— de séchage 293.5
—, basse 572.6
tempéré, air 574.18
temporaire, dureté 269.22
—, magasin 210.15
tenace, papier 479.14
ténacité 66.14
tenaille de garniture 338.5
tendance à se vriller (fil) 569.13
tendeur de chaîne 40.5
— avec dents en porcelaine et galet-guide 536.5
— de fil 522.14
— à ressort du fil à la rentrée 354.6
tendu, chaîne —e 152.6
—, ressort — par le guide-fil soulevé 528.14
tendre la chaîne 351.2
— les chaînes par des poids 244.5
— l'écheveau 576.16
— les pointes des couches 168.13
— le ruban de la garniture 337.7
— le tablier 41.2
— le voile 327.3
teneur en acide sulfurique 315.6
— en bourre du cocon 424.6
— en fil du cocon 424.7
— en graisse du bain usé 299.3
— en graisse de la laine brute 274.4
— en huile du fil peigné 570.3
— en humidité de l'air 293.13
— en humidité du coton 15.5
— en humidité du fil 10.8
— en impuretés du coton 26.9
— inférieure en acide 303.15
— moyenne d'eau de la laine 287.7
— en poussière des chiffons 400.18
— en savon du bain 277.6
— en séricine du cocon 417.1
— en soude 276.4
— en suint de la laine 271.19
— en telette du cocon 424.8
tenon carré du cylindre 394.1
— conique emmortaisé 543.10
— en fonte durcie 55.1
tension du ballon 152.15
— de la chaîne 351.1.3
— sur la contre-baguette à compression d'air 352.1
— des cordes 359.17
— de la courroie, dispositif éliminant la 79.8
— du cuir de frottage 332.12
— du curseur 151.1
— du fil 140.6
— des fils 498.12
— du fil par la contre-baguette 557.12
— des fils par contre-baguette chargée 168.9
— forte 552.2
— maximum 454.17
— de la mèche 125.2
— du renvidage 155.9, 168.8
— sur le ruban 337.13
— tangentielle du fil 155.11
— uniforme des cordes 391.9
— variable 526.9
— du voile 327.2
—, dispositif de — pour les cuirs lavés 332.13
—, grande 552.2
—, maintenir sous 164.9
térébenthine 117.19
terminal, humidité —e 573.6
terminé, cocon non 415.9
terne, soie 427.19
terre cuite 128.13
— à foulon 298.15, 309.20
têtard de la toison 265.15
tête de l'aillette 130.6
— de l'arbre 534.4
— de la barbe 82.12
— de la barrette 252.9
— de la broche 123.11, 534.7
— de châssis du chariot 206.2, 351.6
— de cheval, pignon 136.4
— de cheval, prisonnier de la 176.13, 555.13.14
— de la crémaillère 46.10
— d'étirage 103.8, 221.7, 232.17, 480.13, 486.1
— de fausse torsion 342.12
— fermante 61.11
— de la fibre de jute 236.8
— fraisée 61.14
— du levier 179.15, 551.9
— du lin 211.8
— de loquet réglable 132.2
— de la mèche 375.9
— de la nappe 380.7
— noyée 61.14
tête perdue 61.14
— perforée 548.12
— de la presse 288.4, 578.1
— du rouet 497.10
— de serrage 61.11
— de la touffe 378.1
— tournante 342.12
têtière du renvideur à retordre 558.13
—, grande 189.1
—, petite 206.8, 352.17
tétrachlorure de carbone 297.21
textile, matière 6.9
—, qualité 475.8
textiline 589.5
textilite 589.4
textilose 480.8
texture des cocons 416.1
thermomètre à mercure 616.7
thermorégulateur automatique 616.16
thibet de chiffons de cachemire 407.17
— de chiffons de mousseline 407.13
— de chiffons d'Orléans 407.15
— de chiffons de zéphir 407.14
— de doublures 407.16
— mi-laine 407.20
—, coutures 407.18
—, laine renaissance 407.12
—, mixte 407.20
—, union 407.20
Thiele, appareil de filage 466.13
tiède 60.10
—, solution 309.18
tige 151.13, 290.2
— à bascule 112.5
— de consolidation 89.8
— de l'excentrique 60.5
— filetée 72.11, 181.12, 346.6
—-guide 128.1
— de piston 291.14
— ronde 97.9
— de sûreté 44.12
— de tiroir 292.7
tirage 345.11
— du fil 554.7
— à la française 422.1
— à l'italienne 421.18
— sans mariage 421.18
— de la mèche 14.9
— à sec 421.16
— de la soie 420.15
— à la tavelle 421.13
tirant 391.3
tire-bouchon, retors en 539.20
tirer le bout de la filasse 496.16
— le cocon à sec 421.17
— la queue de la barbe à travers le peigne fixe 92.13
— la soie 14.10
tireuse de soie 421.1
tiroir à coquille 291.7
tissu en caoutchouc 335.3
— de carde en chanvre 445.2
— de carde avec couche en caoutchouc 445.3
— cellulaire 237.9
— de coton 64.22
— de coton cinq plis en croisé avec feutre épais à l'intérieur 65.4
— pour garniture de carde 64.21
— de laine 335.4
— métallique 195.11
— métallique à grosses mailles avec rayures longitudinales serrées 477.7
— mi-laine 64.23
— mixte 64.23
— x plis 65.1
— quatre plis collés au caoutchouc 65.7
tissure des cocons 416.1
— lâche 416.19
— (peu) serrée 416.11.19
titrage v. a. numérotage
— des fils 598.1
— international 601.12
— de la soie 601.10
—, nouveau — de Lyon 601.13
titre v. a. numéro
— américain 602.4
— conditionné 602.9
— décimal 601.15
— après décreusage 602.8
— du fil 598.4
— fin 602.7
titre français 601.19
— gros 602.5
— international 601.15
— de Lyon 601.18
— de Manchester 601.20
— de Milan 602.3
— vieux Milan 602.2
— moyen 602.6
— de Piémont 601.17
— de la soie 601.14
— de Turin 601.17
— de Vienne 602.1
titrer 598.3
— la soie 601.11
toile alimentaire 321.1
—-cuir 389.14
— distributrice 23.8
— d'émeri 70.14, 339.2
— d'émeri à main 70.15
— d'émeri pour le tambour 70.16
— émerisée 70.14
— de jute peu duitée 16.13
— de jute serrée 16.12
— métallique à x mailles par unité de surface 465.18
— métallique sans fin 476.15
— métallique sans fin à mouvement lent 295.14
— nettoyeuse 395.5
— sans fin 21.9, 328.6.8
— sans fin d'alimentation 20.8
— sans fin ascendante 38.2
— sans fin horizontal du bas 21.8
toison 264.13
— de la première année à longs poils (à poils courts) 364.18, 365.1
— (non) déchirée 264.19, 265.14
— défectueuse 264.20
— ficelée 264.16
— humide 264.21
— intacte 264.19
— jarreuse 264.22
— légère 264.17
— lourde 264.18
— malsaine 365.3
— pesante 264.18
— pressée hydrauliquement 264.14
— roulée 264.15
— saine 365.2
tôle 52.2
— d'acier 32.4
— de guide 87.10
— de maintien de la tête de la barbe 93.7
— ondulée 52.3
— sous pince 93.7
— de soubassement oscillante 381.3
tolérance 616.1
— de titre 602.12
tomber (aiguille) 525.7
— (barrette) 379.13
— sur les broches (busettes) 361.7
— dehors (brochette) 128.18
— d'étage en étage (laine) 297.1
— d'un tablier sur l'autre (laine) 295.15
— dans les vis inférieures (barrette) 251.15
tonneaux 578.10
Topham, appareil pour le filage de la viscose 470.4
tordage 501.4
tordre 8.21
— une boucle 496.17
— à droite 153.15
— ensemble les bouts de grège 422.9
— ensemble les fils 539.4
— ensemble à la main 431.13
— faiblement 431.4
— les fibres ensemble 8.19
— les fils de caret en un toron 498.5
— à gauche 154.1
— légèrement pendant le dévidage (fils) 430.9
— et renvider dans la même direction 154.3
— dans le sens des aiguilles d'une montre 153.15
— en sens contraire des aiguilles d'une montre 154.1

tordre les torons dans le même sens que celui de leur torsion . . . 499.13
— les torons dans un sens opposé à celui de leur torsion 499.14
—, se — ensemble (rubans) 387.6
tordu à droite . 153.14, 510.4
— à gauche . . . 153.13, 510.5
—, faiblement 122.4
—, le fil est — pendant qu'il boucle sur la chape 554.1
—, fortement 498.7
—, très 9.20
—, trop 541.8
toron 493.16
— central 509.6
— en chanvre 592.5
— à x fils 594.3
— lâche 499.15
— métallique 594.2
— tendu 499.16
— tordu à droite . . . 510.4
— tordu à gauche . . 510.5
— à torsion droite . . . 594.5
— à torsion gauche . . 594.4
— travaillé également . 594.6
—s 503.12
—s plats 595.14
—s triangulaires 595.15
toronnage 498.4
toronner 498.5
toronneuse 502.8.13
torquage 576.10
torque de x écheveaux . 598.19
— de cinq (dix) écheveaux 576.14.15
— de fil 576.12
torquer, machine à . . 577.1
torqueuse 576.11
tors 498.8
— Albert 509.3
— allongé 509.3
— croisé 509.2
— régulier 431.1
— sans filé 586.13
—, deuxième 430.15
—, premier 429.15
torsiomètre . . . 432.4, 610.9
torsion . . 9.4.5, 345.12, 498.8
— donnée pendant la sortie du chariot . . 164.4
— droite . . . 153.14, 541.1
— effective 9.8, 154.6
— exagérée 501.7
— du fil primitif . . . 561.12
— de filature 540.8
— finale 154.4
— floche . . 8.23, 138.19, 170.5
— forte. . 8.24, 138.8.9, 431.6
— gauche 540.11
— inverse . . . 153.14, 541.1
— inverse, donner la . 540.6
— pour la longueur de l'aiguillée 207.7
— opposée à celle des fils simples 540.11
— ordinaire . . 138.11, 153.13
— passagère . . . 9.7, 331.11
— réelle 154.6
— restante 9.8
— de retordage 540.8
— reverse 541.1
— reverse, donner la . 540.6
— saturée 9.9
— dans le sens (opposé) des aiguilles d'une montre . . . 540.11, 541.1
— pendant la sortie . . 345.13
— supplémentaire 159.11, 164.16 343.15, 557.11, 506.1.2
— supplémentaire, donner une 498.6
—, donner de la . . 9.6, 429.16
—, double 491.10
—, faible 431.5
—, fausse 9.7
—, le fil primitif donne de la — au fil fantaisie 560.3
total, étirage 101.10
toucher le coton . . 13.11.12
toucher cotonneux . . 427.12
— craquant 427.6
— doux 427.8
— dur et élastique . . 427.9
— moelleux 427.10
— rude 427.5
— sec 427.11
— de la soie 427.3
touffe de fibres de soie 444.9
— de laine 375.8
— de laine arrachée . . 378.8
—s de déchets 195.8
—s échelonnées 383.11
—s soudées 383.11
—s, les fibres se tiennent en 14.7
—s, en forme de . . . 10.7
toupin 499.6, 505.4
tour à aiguiser les cardes 339.6
— automatique 423.3
— à filtrer 271.16
— à soie 422.15
tour (d'asple) 562.23
— de la broche 554.2
— du dévidoir 563.17
— du peigne circulaire . 82.20
—s de broche par minute 123.7, 137.15
—s comptés 602.17
—s de fils dans une échevette 599.6
—s au mètre 431.2
—s de torsion, deux — pour un tour de la broche 554.2
—s la broche fait x . . 144.3
tourbe 299.11
touret 506.5
— de cordier 498.3
tourillon 165.10
— du cliquet 96.1
— du hérisson 59.1
— du levier de tension . 94.11
tournage, support d'aiguisage et de 405.8
tournant autour du pivot (tête de l'arbre) 534.4
—, broche —e 137.14
— mal rond 202.18
tourner bien 390.5
— continuellement . . . 182.8
— dans la crapaudine (pied de la brochette) 544.5
— difficilement 390.6
— dans des directions opposées 447.7
— facilement 390.7
— dans l'huile (pivot) . 290.11
— à intermittence 84.8, 342.4
— lourd 107.13
— mal 390.6
— à mouvements saccadés 384.13
— en sens inverse 29.4, 165.3
— à une vitesse angulaire constante . . . 516.7
— à une vitesse circonférentielle constante 516.10
— à une vitesse circonférentielle croissante 102.15
— le cylindre 337.2
— rond le corps du cylindre 203.1
tournesol bleu 309.7
— rouge 309.6
tournette du dévidoir . 566.1
tourneur de roue . . . 494.11
traction 66.11
— à la main 606.21
train d'engrenages du banc à broches . . 134.1
— d'engrenages du banc d'étirage 114.1
— d'engrenages du métier à anneau 158.10
— de laveuses 279.11
— de cinq roues . . . 133.4
traîneau chargé 500.12
— de cordier . . . 499.5, 500.8
trait (corde) 594.9
— (peigné) 8.1, 450.9
— de bourrette 453.15
— de laine 374.7
— de ramie 262.8
— de soie 446.9
— de subdivision . . . 55.11
—s de brosse 96.8
traitement par l'acide sulfureux 401.11
— alternatif par le froid et le chaud 573.4
— des chiffons 399.6
— des cylindres de pression 389.9
— des eaux de lavage . 299.5
— des fils par la formaldéhyde 472.4
— soigneux des fibres . 38.4
— par la vapeur . . . 418.2
traiter l'acétone avec du permanganate de potassium 460.6
— le coton par un acide sulfo-oxyde 457.20
— les déchets de soie dans un liquide alcalin 437.3
— les eaux de lavage . 299.4
— les étoupes de lin à la carde briseuse . . . 221.1
— le fil de viscose par une solution de sel métallique 469.4
— la laine avec des caisses à trous 283.14
— postérieurement à la lessive (fil) 467.14
— la soie par une solution de savon ammoniacale 468.4
trame 139.1, 431.10
— de chappe 587.20
— gaufrée 587.17
— du renvideur 138.18
tramette 586.12
trancaneuse de soie . . 424.19
tranchant de l'aiguille de carde 338.12
transformation de la nappe en rubans . . 451.11
— du voile en nappe . 328.7
transformer les traits en nappes 450.16
transmission, rapport de 537.5
transparent, cocon . . . 416.16
transport automatique du voile 198.14
— des balles 17.5
— des bottes dans la filature 210.11
— pneumatique du coton 37.7
transporter la balle à la main 17.6
— en haut la laine le long de la plaque de verre 283.12
— la laine par un courant d'air (d'eau) 281.15, 282.1
— la laine à travers le bain 283.16
transporteur du ruban . 491.1
— à vis 40.4
—s 322.2
transvasement automatique de l'eau . . . 365.13
— de l'eau de lavage . 280.6
trappe 260.3
—, à 200.10
travail de cardage du chapeau 58.11
— commis une fois . . 500.7
— au crochet 397.17
— des déchets 435.9
— à domicile 6.7
— du mélange 19.11
travailler la botte des deux côtés 243.17
— le cocon vert 413.12
— les déchets de soie . 435.8
— indépendamment les unes des autres (cardes) 198.12
— la soie grège à l'état savonneux 428.6
— séparément les différents lots de lin . . 212.5
— la soie grège à l'état humide 428.5
—, aiguiser quand la carde (ne) travaille (pas) 70.7.8
travailleur 51.3, 199.12, 247.10, 250.7, 406.6, 443.2.9
travaux préparatoires . 263.12
travers, cylindre aiguiseur de — avec le grand tambour 73.4
traverse . 251.12, 290.7, 499.2
— du guide-fil 535.10
— guide-mèche 142.8
— porte-broches 152.10
traverser un bain de soude (fil) 459.10
— en zig-zag (air) . . . 297.2
treillage en bois 229.13
treillis métallique . . . 202.8
trembleur Baudouin . . . 98.11
trémie 200.5
— d'alimentation . 22.2, 29.1, 320.2
trempage de la laine . . 271.17
— des poils 514.2
trempe 66.6
— au vide 66.9
trempé, anneau 501.16
— en coquille 107.7
tremper les chiffons . . 401.4
— la laine 271.18
— comme du verre . . . 74.11
tresse 597.6
— bouillie 514.12
— de chanvre 231.4
— de crin 514.10
tressé, corde —e 597.7
tresseuse 506.15
— mécanique pour cordes 510.2
tréteau 500.13
— du bloc régulateur . 501.10
triage du chanvre . . . 231.7
— des chiffons 399.7
— des cocons 413.2
— par couleur 399.12
— suivant la finesse . . 399.11
— en gros 399.10
— de la laine 263.13
— de la laine suivant les qualités des toisons 264.23
— du lin peigné 216.4
— suivant la mèche et la finesse 265.3
— des parties mélangées 216.14
—, premier 399.10
triangulaire, barreau . . 36.5
tricot de laine 397.16
tricoté, chiffons —s . . 397.11
trié, chiffons —s . . . 399.8
—, lin non 216.16
trier les chiffons de soie 455.16
— suivant la couleur . 265.4
— les déchets 49.6
— suivant la finesse . 364.17
— la laine 263.14
— suivant la longueur . 364.16
— à la main 265.2
— les parties mélangées 216.15
— par pesée 612.10
— soigneusement . . . 216.13
— la toison 265.1
trieur de bouts 4.4
— de chiffons 400.1
— de déchets . . . 4.2, 216.3
— de déchets de coton . 196.4
— d'étoupes 216.3
— de jute 236.6
— de laine 264.1
trieuse de bouts 4.5
— de chiffons 400.2
— de cocons 413.3
— de déchets 4.3
— de laine 264.2
tringle . . 131.9, 233.14, 241.12, 252.16
— d'arrêt 525.14
— d'arrêt verticale . . 526.1
— en bois pour guide-mèches 394.14
— de butée 348.14
— de changement . . . 353.16
— du chariot 608.12
— du collier de l'excentrique 111.15
— conique 43.6
— de connexion 283.10
— de débrayage 357.8
— de débrayage à manette 357.4
— avec écrous 558.7
— d'enroulement pour les barbes peignées . 450.10
— d'enroulement de la nappe 373.16
— filetée 529.12
— de guidage 559.5
— -guide 487.18
— -guide pour la fourche de la courroie . . . 527.2
— -guide des mèches . 394.12
— -guide à va-et-vient . 473.7
— guide-fil 544.7
— de liaison des platines 180.5
— métallique réglable à double bras 129.2
— de pinçage 558.9
— de poids 46.4
— réglable 354.9
— de rouleau creux . . 46.8
— de tension 208.6
— de tirage 530.13
— de tirage ronde . . . 567.10
— à va-et-vient du guide-fil 537.11

tringle en verre 544.8
— vissée 603.6
—s de contre-baguettes 362.16
tronconique, rouleaux —s 231.3
trotteuse pour aiguisage latéral 72.13
— Horsfall 339.8
trou conique 478.13
— -guide 452.7
— d'homme 298.5
— à l'huile 126.9
— de sortie 36.8
—s disposés au quinconce 105.1
—s pour l'esquive de la bobine 554.12
troué, cintre flexible 79.10
tube 72.10, 188.13, 392.6, 503.6
— d'acier recouvert de flanelle 129.4
— de l'ailette 547.15
— d'amenée d'eau 461.3
— de la bobine 530.18, 531.3
— en bois 124.4, 149.10, 356.10, 518.9, 552.13, 567.15
— en bois pour bobinage cylindrique 554.11
— en bois dur 124.6, 149.11
— en bois émaillé 149.14
— de la broche 527.16
— à cannelures longitudinales 473.4
— capillaire 461.2
— capillaire en verre 467.7
— en carton 518.11
— des chandelles 151.12
— en charme 149.12
— conique 518.13
— court 356.9
— cylindrique 518.12
— à disques 124.1
— avec embase conique 518.17, 529.5
— en fonte recouvert de flanelle 129.3
— graisseur latéral 556.7
— intérieur mobile de la broche 146.6
— en laiton perforé 124.7
— métallique 97.2, 356.12, 453.13, 518.10
— métallique tournant 422.11
— Northrop pour trame 147.2
— en papier 175.19, 518.11
— de papier court 166.18
— de papier imprégné 149.9
— en papier léger 124.8
— en papier-mâché 124.5
— à plateaux 124.1
— à deux plateaux 518.14
— sans plateau 518.18
— à un seul plateau 518.15
— à deux rebords 518.14
— des tiges 151.12
— en tôle 124.3, 139.8
— traversant en papier 356.8
— en verre 466.8
tubulure 289.10
tungstate de soude 464.3
turbine 97.13, 439.17
tussah, schappe 587.22
—, soie — de la Chine 410.8
—, soie — des Indes 410.13
tuyau 37.9
— d'air 306.12, 384.5
— d'air comprimé 380.5
— d'alimentation 466.3
— d'amenée de l'air comprimé 455.10
— d'amenée de l'eau de rinçage 285.5
— d'amenée du gaz 455.9
— d'amenée pour la solution à filer 461.9
— d'arrivée du liquide 488.15
— d'aspersion 439.13
— d'aspiration 370.17
— en caoutchouc 466.4
— de chauffage 308.4, 616.12
— collecteur 399.17
— de condensation de vapeur 294.3
— conducteur pour l'ouvreuse 27.15
— de décharge 571.9
— de décharge coudé 294.6
— d'eau sous pression 478.2
— d'écoulement 286.5
— d'évacuation de la poussière 197.1, 399.16
tuyau à jet d'eau 439.13
— pour niveler les porte-cylinders 363.3
— perforé 282.6
— de sortie 280.13
— de sortie du ventilateur 312.15
— de trop-plain 285.10
— à vapeur 570.15
— en verre 608.10
tuyautage 24.9, 39.5
tuyauterie 24.9
— d'air 575.8
— de chauffage 402.12
tuyère 478.1
— à vapeur 280.12
—s à jet d'eau pour diviser les feuilles de pâte 477.14
Tweedale, montage de la garniture 62 6
—, mouvement différentiel 126.11
type de bobine 153.7
— de broche 145.3
— de carde 319.8
—, échantillon — 13.8

U

uni, couche —e 71.14
unicolore, fil flammé 589.17
uniforme, fil 605 19
—, longueur — des rubans alimentés 223.13
—, qualité — pour tout le lot 14.16
uniformément, arroser 239.11
uniformiser la surface 64.19
uniformité des rebords de l'anneau 150.3
union thibet 407.20
unité de chaleur 293.7
— de longueur 598.12
— de poids 598.13
— de surface, x mailles par 465.18
— thermique 293.7
univoltin 413.15
urate ammoniacal 276.19
urine pourrie 276.15
usé 390.9
usé, bain 276.5
— par le frottement, cuir 185.8
user, s' (corde à broche) 555.7
—, s' (lanières d'acier) 331.7
—, s'— par l'aiguisage 69.15
usine de lavage pour laine 268.10
usure par l'aiguisage 69.14
— irrégulière des bouts du cylindre 202.17
— des lamières d'acier 331.8
utilisation des déchets de jute 258.10
— des déchets de soie 435.7
— des eaux de lavage 299.1

V

va-et-vient (m) 430.2, 431.20
—, mouvement de 109.1
—, la mèche — le long des cylindres d'étirage 129.9
valeur commerciale du fil 606.7
— du titre 602.11
valve 366.1
— de sortie de l'air 306.11
— de tuyautage 39.11
vanne tournante 365.11
vapeur d'acide 305.8
— d'acide chlorhydrique 305.9
— d'eau 293.11
— produite dans la chaudière 572.7
—s ammoniacales 466.1
—s de benzine 438.9
—s d'essence 438.9
—s d'éther 462.11
—s de pétrole 438.7
vaporisage des canettes 571.2
— dans des chambres ouvertes 570.9
— sous pression 571.1
— par le vide 572.18
vaporisateur 570.18
vaporisation 418.2
— par circulation de courant d'air humide 573.1
— des écheveaux de soie 432.13
vaporiser les canettes 571.3
vaporiseur 570.18
variable, humidité 615.8
variation dans la tension du fil 155.10
variété annuelle du ver à soie 413.15
— bivoltine 413.16
— polyvoltine 413.17
varouleur 3.6, 176.5
varouleuse 3.7
vase à refroidissement 572.2
vaseline 428.10
Vaucanson, chaîne 395.6
ventilateur 31.13, 45.2, 259.9, 306.7
— aspirant 24.8
— aspirateur 22.7, 37.5.10
— à palettes 45.3.4.5
— à poussière 33.12
— soufflant 295.6
ventilation 293.16
ventre jaune 266.2
—s 265.23
verdâtre 410.14
vérificateur pour cylindres 120.3
— d'égalité 610.2
— d'égalité avec carton enrouleur 610.3
— d'égalité pour deux fils 610.7
— d'égalité avec tambour enrouleur 610.6
vérification des balles 16.15
— du coton 13.3
— de la résistance 606.9
— de la torsion 610.8
vérifier le poids 16.17
vermoulu, cocon 436.8
vernir le cuir 120.5
vernis 117.22
— pour les manchons de cuir 120.6
vernisseur des cylindres 120.2
verre attaqué à l'acide 128.16
— filé 491.13
— soluble 433.16
— soluble neutre 277.1
verrerie 467.10
verrou de sûreté 44.11
verser l'eau de lavage sur la laine 284.9
vert-malachite 467.18
— pâle 415.3
vertical, bâti 89.7
verticalement, canette placée 529.3
vêtements pour dames 397.2
vibration de la broche 554.15
— du chariot 345.3
— du cylindre de pression 107.10
— de la poulie trotteuse 73.1
vibrer (chariot) 345.4
— (poulie trotteuse) 73.2
vidange de la chambre de vaporisation 572.4
— de l'essoreuse 305.2
vide (m) 572.5
—, casier de mélange 24.14
—, marcher à 222.1
vider le bac 280.15
— le réservoir 464.12
vigogne, fil 408.4
vigoureux, fil 584.8
virgule 173.2
vis 530.14
— d'avancement 156.4
— conique 205.10, 349.3
— à filet carré 252.5
— à filet croisé 373.17
— à double filet 256.1
— à filet rectangulaire 218.11
— inférieures 251.15
— micrométrique 56.16
— des platines 184.8, 190.15
— de réglage 54.8, 55.8
— de réglage de la hauteur du chariot 178.8
— de réglage du peigneur 88.10
— de réglage du rotor 113.11
— de réglage du support du tambour 56.8
— sans fin 72.6, 188.1, 223.15
— sans fin du cylindre 568.6
— sans fin à pas simple 566.6
vis du secteur 171.2
— de serrage 54.12, 55.9, 126.5, 567.2
— transporteuse 40.4
— à tube graisseur 95.4
viscelline, fil de 588.12
viscose (f) 468.11
—, soie 468.9
visqueux, solution —se 464.6
vissé, excentrique 560.10
vitesse accélérée 166.14
— d'alimentation des nappes 41.17
— d'alimentation des rubans 249.5
— angulaire constante 516.7
— des broches à la fin de la rentrée 188.14
— du chariot 164.2
— circonférentielle 21.2
— circonférentielle constante 516.10
— circonférentielle croissante 102.15
— circonférentielle plus élevée que le tambour (volant) 323.2
— circonférentielle variable 163.9
— constante 139.11
— croissante 347.17
— du cylindre alimentaire 42.16
— différentielle 309.1
— double des broches 164.17, 189.2
— d'enroulement 124.20
— de l'étirage 102.16
— irrégulière 517.13
— de la nappe 42.10
— de peignage 82.16
— périphérique 21.2
— du renvidage 166.19
— retardée 166.15
— de rotation 537.6
— uniforme 123.8
— variable 139.11
—, deux —s des broches 189.2
—, deuxième (troisième) — des broches 348.1.2
—, grande — de la broche 147.10
—, petite 189.3
—, première 353.3
—, seconde 353.4
— simple 189.3
voie ferrée 503.9
voile 51.14
— de la blousse 82.8
— de carde 7.18, 481.6
— détaché 330.13
— double 326.17
— duveteux 329.5
— de fibres (entre deux couches de papier) 480.9.12
— lisse 329.4
— multiple 326.18
— simple 326.16
— uniforme 326.15
volant (du batteur) 40.10
— (du bobinoir) 521.11
— (de la carde) 51.12, 200.2, 313.6, 321.8, 323.8
— (du loup) 259.7
— (de la machine à égaliser) 109.14
— (de la machine à retirer les fils durs) 196.6
— (de la machine à vapeur) 292.5
— (du métier à anneau) 343.10
— (de l'ouvreuse) 37.4
— (du renvideur) 186.11
— (du rouet) 11.5
— sur l'axe des tambours 353.6
— à quatre bras 261.7
— pour câble commandant le dépointage et la rentrée 161.2
— cardeur 47.18
— de commande à double gorge 157.9
— avec couvercle fermé 323.7
— déchargeur 22.6
— du dévidoir 566.1
— à étages 348.11
— en forme de tablier sans fin 323.6
— à gorge 524.9, 550.13
— à gorge de commande 470.9
— à deux gorges 557.7
— à trois gorges 192.2

volant à deux règles . 40.11
— à réglettes disposées en spirale 309.2
— de renvoi 144.14
— de renvoi à trois brins 192.3
— de renvoi de la corde à broche 206.3
— tendeur 157.11
— de tension 144.15
— de torsion 162.13
— pour la grande vitesse 189.4
— pour la petite vitesse 189 3
—, matière fibreuse —e 25.19
—s-guides 504.2
volatil, dissolvant . . . 297.10
volet à charnière . . . 267.1
voltee automatique . . 229.14
voltée, faire la . 215.2, 445.15
—, faire la — à la main 450.12
vrillage du fil en le tirant de la bobine . 569.14
vrille 540.3
vrillé, fibre —e 6.19
—, retors 539.20
vriller, se (fil) 569.13
vue, à la 610.1
vulcanisé, caoutchouc . 65.12
—, huile —e 458.10

W

Wainwright, dynamomètre 607.10
Wainwright, dynamomètre vertical . . . 608.5
Wiede, appareil de débourrage des chapeaux 52.10
—, réglage des hérissons 59.8
Wilkinson, réglage des chapeaux 56.13

X

xyloline, fil 589.1

Y

yamamaï, soie 410.14
yard 600.13
—s, x — à la livre anglaise 604.5

Z

zébré, fil 584.10
zéphyr 397.13
zéro, l'aiguelle est au . 614.3
—, l'aiguille revient à . 614.4
zig-zag, lignes en . . . 512.11
—, traverser en (air) . 297.2
zinc 493.3

Italienisch · Italian · Итальянскій · Italien · Italiano · Italiano · Italià

A

abaca 492.5
abbassamento della bacchetta 165.15
— del cappello 55.3.5
— della controbacchetta 175.9
— del pettine rettilineo 378.4
— del tamburo 56.12
— della tavola della pressa 578.3
abbassare il cappello 53.6
— il dado del quadrante 170.16
— la rotaia 352.8
— il tamburo 56.11
abbassarsi (bacchetta) 165.16
— (controbacchetta) 175 10
— (tavola della pressa) 578.4
abilità manuale 10.14
accatastare le balle 17.11
accelerato, velocità —a. 166 14
accensione spontanea 317.12
accerchiamento delle balle 578.7
accesso d'aria 59.11, 294.11
accessori 360.9
accetta 243.7
accettazione 15.18
acciaio di cementazione 120.17
— da molle 106.6
— stagnato 335.7
— temperato 331.4
accoppiamento (v. a. addoppiatura, binatura) 12 6
— dell'albero di mano dolce 394.4
— dei cilindri scanalati 121.1
— della seta 430.6
—, mantenere in 191.15
accoppiare (v. a. addoppiare, binare) 12 7
— i fili 515.8
— la greggia 430.7
accoppiato, fili —i. 12.9, 515.5
accoppiatrice 12.8, 219.1, 251.10
accoppiatura 12.6
accorciamento dei fili 541 16
— del filo 164.7
— della fune 494.4
accorciarsi (fili) 164.8, 541.17
accumulamento delle fibre 103.6
accurato, trattamento 38.4
acetato di collodione 459.5
— di potassio 457.17
— di sodio 459.2
acetone 460.4
acido 302.3
— acetico cristallizzabile 459.8
— acetico diluito 438.11
— acetico glaciale 459.8
— anidrico 303.4
— carbonico 459.14
— cloridrico 305.5
— cloridrico diluito 438.13
— cloridrico gasoso 440.11
— della crisalide 419.12
— cromico 401.13
— etilsolforico 462.13
— fenico 460.2
— fosforico 433.15
— gasoso 305.10
— grasso 300.13
— minerale 302.17
— muriatico 305.5
— muriatico gasoso 440.11
— nitrico 303.5
— oleico crudo 315.5
— ricinoleico 238.5
— scevro d'acqua 303.4
— sebaceo 300.13
— solforico 302.19
acido solforico delle camere 303.2
— solforico diluito 303.1, 438.12
— solforico evaporato 303.3
— solforico di x gradi 440.10
— solforoso 300.7, 401.9.11, 434.21
— solforoso gasoso 460.9
— solfovinico 462.13
— sulfo-ossido 457.20
— sulfo-sebaceo 458.1
acido, bagno 303 10
acidulare il filo 467.3
acidulato, lana —a 304.17
Acmé, fuso 147.1
acqua acidulata di acido solforico 304 13
— alcalina 419.6
— ammoniacale 458.24
— bollente 436.17
— calda 573.16
— caricata di sudiciume 272.15
— chimicamente combinata 468 1
— di condensazione 270.8, 316.19, 419.3
— corrente 573 14
— di corrente 270.6
— distillata 419.2
— dolce 270.3, 419.4
— dura 270.2
— esente da sali di ferro 438.19
— di filatura 419.1
— di fiume 270.6
— a giorno 270.4
— greggia 270 22
— incollata 120.4
— di lavaggio 269.18, 272.15
— di lavatura contenente potassa 270.19
— leggermente calcaria 419 5
— leggermente saponata 573 17
— molle 270.3
— morbida 270.3
— non depurata 270 22
— di pioggia 270.5
— piovana 270.5, 316.20
— pluviale 270.5
— polverizzata 574.6
— pura 270.23
— di rifiuto dal lavaggio 299.2
— di risciacquo 286.16
— pel risciacquo 284.15
— salina 465.5
— saponata 109.8, 441.5
— di sapone 317.3
— di scarico sudicia 279.8
— scevra di calce 419.4
— sorgiva 270.10
— sotterranea 270.9
— sporca 279.8, 439.7
— spremuta 288.15
— di spruzzamento 225.16
— stagnante 573.15
— di stagno 270.7
— superficiale 270.4
— di torrente 270.6
— di trattura 419.1
— di trattura addizionata con grasso di crisalide 419.10
— di trattura contenente sali metallici 419.8
— di trattura saturata di infuso di crisalide 419.9
acque sudicie 299.7
acquoso, soluzione —a 305.7
Actias selene, bozzolo di 414.9
adattare la distanza dei sopporti 127.9
— i fusi 359.22
adatto alla follatura 606.6
— per pettinare 363.16
addensamento dei nastri 331.9
addensare la falda 453.6
addentellato, filo di greggia 425.11
addizione dei bottoni 590.14
— dei detergenti 274.18
— impermeabilizzante 484.2
— per produrre morbidezza 483.16
addolcimento dell'acqua 270.21
— del filo 569.12
addoppiamento (v. a. accoppiamento, binatura) 41.13, 222.11
— multiplo 386.13
— dei nastri 222.20
— dei nastri di carda 80.16
— del nastro pettinato 386.5
— del primo (secondo, terzo) banco a tirare 222.21, 223.1.2
— totale 386.14
— troppo forte 104.9
addoppiare (v. a. accoppiare, binare) 104.6
— le falde 41.10
— i fili 515.8
— i nastri 251.5, 451.16
— i nastri di borretta 453.8
— i nastri di carda 80.15
addoppiato, fili —i 515.5
addoppiatore 5.9
addoppiatrice 5.10
— per bobine a flange piane 521.15
— per far rocche a filo incrociato 523.11
addoppiatura (v. a. accoppiamento, binatura) 515.2
— della canapa 233.1
— egualiante 326.19
adduzione del vapore 280.11
aderenza sufficiente 148.5
aderire alla spazzola (capofilo) 420.13
— uniformemente 390.2
adesione delle fibre 6.23
— del tessuto cellulare 237.9
adulterato, olio 315.23
—, olio non 315.22
adulterazione del lino scotolato 209.14
afferramento della parte sporgente del fiocco 378.1
—, dispositivo d' 384.7, 388.8, 556.6
afferrare i manipoli nei morsetti 214.12
— gli strati di fibre 21.5
afferrato, lana —a 311.17
affilamento della guarnizione 69.12
affilare la guarnizione 69.13
affilatura del dente 67.11
affinamento del lino pettinato 217.12
afflusso dell'acqua di risciacquatura 365.15
— della soluzione di sapone 439.6
agata 430.4
agenti d'oliaggio 238.1
agganciarsi sul sostegno (filo) 554.1
agganciatore 146.7
aggiungere acido 304.12
— un acido al latte scremato 471.17
— acido alla soluzione di collodione 458.7
aggiungere un aldeide al dissolvente per la nitrocellulosa 458.2
— dell'altro acido 304.15
— i bottoni 590.15
— la cellulosa alla soluzione di caseina 472.1
— un detergente 274.19
— lacca copale al collodione 458.20
— dell'olio minerale all'olio di bagnatura 238.15
— olio alla nitrocellulosa 458.8
— sali all'acqua di lavaggio 463.17
— del sapone 277.11
aggiunta di etere solforico 71.13
— di glicerina 315.8
— d'olio 458.9
aggiustabile 286.8
— verticalmente 567.1
aggiustamento automatico del fuso al suo asse di gravità 553.6
—, difettoso — della rotaia 174.3
aggiustarsi a secondo del centro di gravità (fusi) 191.6
agglomeramento di fibre 101.20
agglutinamento delle bavelle 412.4
agglutinato, stoppa —a 220.6
aggomitolare lo spago 518.3
—, macchina per 538.2
aggomitolatrice meccanica 518.5
— multipla 518.7, 538.15
— semplice 518.6, 538.11
aggomitolatura 518.2
aggrovigliamento del filo 191.14
aggrovigliato, borretta —a 452.17
aghi della sbarretta 252.3
— di tensione 356.5
agitatore 277.4, 278.10, 299.10
agitazione dell'acqua 286.10
agnello, lana d' 264.11
ago 87.12, 172.5, 392.3
— d'acciaio conico 241.7
— cascante 536.1
— del contatore 207.6
— del dente di carda 335.17
— di guida 560.14
— indicatore trascinato 513.15, 608.2
— del settore 181.2
— a sezione romboidale 248.10
agugliata 163.16
— corta 345.7
— lunga 345.6
ailanta, seta 410.12
aiutante 5.17.18
— attaccafili 176.3
— per operaia di banco a fusi 2.12
ala del cilindro d'immersione 278.9
alberi per le bacchette e controbacchette montati sopra rulli ad antifrizione 169.8
albero d'acciaio 21.4
— dell'aletta 505.12
— ad alette 525.8
— ad alette di cuoio 368.3
— d'arresto girevole 567.12
— dell'aspa 566.10, 567.7
— d'avvolgimento 536.11
— delle bacchette 162.8
— del battitore 220.16
— di cambiamento 178.12
— del carrello 92.2

albero cavo . . 189.8, 509.10, 538.5
— cavo del disco di scorrimento 511.12
— cavo del tamburo . 402.13
— del cilindro. 345.16
— del cilindro pettinatore 87.9, 91.10
— del cilindro spazzolatore 88.5
— del cilindro stiratore 345.15
— a coltelli . 481.13, 482.1.14
— dei coltelli . . 482.10, 483.1
— di comando posteriore 255.4
— di comando delle spole 255.11
— di comando della tela senza fine 24.1
— del cono 528.5
— del contatore di torsione 190.1, 348.4
— della controbacchetta 162.6
— a croce 160 9
— del differenziale. . . 136.10
— a due tempi 161.4
— a eccentrici 161.4
— a eccentrici con meccanismo di cambiamento 353.13
— degli eccentrici . . . 246.5
— eccentrico 106.9
— ad eccentrico . . . 536.14
— del guida-filo . . . 532.7
— dell'inversione di marcia 135.9
— di latta 566.11
— di mano dolce 163.6, 173.12. 177.7, 184.13, 394.5
— di mano dolce con meccanismo differenziale 347 12
— motore. .60.3, 115.4, 126.2, 136.9, 161.7, 532.4
— motore parallelo al carro (alla testiera). 188.4.5
— motore ai tamburi dei fusi 173.3
— motore che va dalla testiera grande alla piccola testiera . . 189.1
— motore dei vasi girevoli 115.3
— oscillante 382.2
— del pettine staccatore 60.6
— pieno del volante . . 189.7
— della pinza 89.3
— a più tempi 160.9
— posteriore 89.2, 163.6, 177.7
— principale . . . 99.5, 161.7
— del recipiente 289.2
— del rullo inferiore del nastro continuo . . 246.2
— del rullo di svolgimento 358.14
— per lo scoccamento e la rientrata 349 8
— del secondo tamburo 144.13
— del sollevatore 281.3
— del settore a spazzola 99.4
— dei tamburi 162.14
— del tamburo battitore 259.15
— del tamburo a catena del settore 181.9
— del tamburo dei fusi 206.4
— del tamburo motore 144.12
— della tela senza fine 24.1
— di tensione 337.9
— a tubo di ferro. . . . 566.12
— della turbina 97.10
— del ventilatore . . . 404.9
— verticale 333.14
— del volano 292.4
Albert, torsione sistema 509.3
albumina 459.11
— del bianco dell'uovo 471.12
albuminoso, sostanze —e 471.10
alcali caustico. 464.14
— non combinato e non scomposto 277.14
alcalino, soluzione —a . 275.10, 309.9
alcool 297.14
— amilico . . . 238.20, 297.15
— contenente acqua . . 459.3
— denaturato 458.6
— metilico 459.1
alcoolico, soluzione —a 456.13
aldeide acetica 458.3
aletta 10.20, 255.6, 257.12, 430.1, 538.6.12
— con anello temperato nella testa. 501.16
aletta e bobina 122.15
— centrifuga 258.3
— con compressore . . 123.13
— a due bracci 123.12
— a feritoia curva. . . 123.14
— giratoria 233.10
— metallica a doppio braccio 431.18
— con occhielli avvolti nelle estremità . . . 501.17
— con occhielli saldati 501.18
— operante 130.7
— orizzontale 501.13
— con pressoio 452.4
— per ritorcere 546.4
— separata dal fuso . . 548.1
— della spola 505.10
— a testa perforata . . 548.12
— a tubo 130.7
alette di cuoio 368.3
— disposte elicoidalmente 312.12
— disposte in spirale . 309.2
ali 567.13
alimentare con *x* capi . 104.5
— con due tele 91.8
— le fibre in senso parallelo alla lunghezza 328.16
— le file di pettini con un carico semplice (doppio) . . . 252.11.12
— a mano . . . 28.1, 319.11
— *x* nastri in ciascuna fila di gills 223.7
— la rastrelliera. . . . 352.13
— il ritorcitoio direttamente colle cannette 543.11
— la testa sulla coda . 218.2
— ogni testa di *x* nastri 81.10
— trasversalmente (fibre). 325.19
alimentatore automatico a tramoggia 28.5
— di cotone 28.2
— di lana 319.12
—, apparato — a nastro 326.13
alimentatrice di lana . 319.13
alimentazione 319.10
— automatica 320.1
— automatica della rosa dei bozzoli. 423.8
— dei bottoni 590.20
— a canale 312.3
— della carda. 319.9
— della carda rompitrice 198.17
— con cilindri. 42 14
— dei cilindri durante la rientrata 170.4
— dei cilindri durante la torsione supplementare 170.3
— debole 102.2
— a due nastri 387 5
— eccessiva 28.3
— con falde 324.12
— con falde prodotte coll'apparecchio Blamire 325.2
— delle fibre per lungo 198.15
— delle fibre in senso parallelo alla lunghezza 329.1
— delle fibre per traverso 198.16
— forte. 102.3
— a giacitura diagonale 326.11
— a graticci guarniti di punte 443.5
— intermittente . 84.6, 377.6
— irregolare 27.3
— leggera. 102.2
— del lucignolo 345.8
— a macchina 28.4
— a mano 27.17
— meccanica 28.4
— del nastro 382.3
— con un paio di cilindri stiratori 205.3
— a pedali 43.1
— regolare 27.2
— riversibile 40.6
— supplementare durante l'incannatura . 181.15
— di tela d'ovatta . . 250.2
— durante la torsione supplementare . . . 189.9
— per trasporto diretto 326.2
— e uscita diametralmente opposte . . . 249.13
— e uscita allo stesso lato. 250.1
annaspare 12.15, 562.4
annaspare il filo di vetro 491.12
annegare il chiodo. . . 61.13
allacciamento delle matasse 563.22
allacciare 563.23
— attorno al perno (manipolo) 243.1
alleggerire la bacchetta 354.6
allentamento del filo . 168.13
— del velo 327.4
allentare il velo . . . 327.5
allentato, catena —a. . 180.1
—, filo 140.7
allontanamento 390.4
allume 238.18
allumina 484.9
alluminato di potassio . 469.9
— di sodio 469.10
allungamento 101.4
— della corda 513.5
— del filo 608.16
— alla rottura della corda 513.6
allungamento, potere di 513.4
allungato, lisciva alcalina —a 464.15
alno, legno d' 77.5
alpaca 407.21
—, filato d' 585.14
—, lana di 363.12
alterato, colori —i . . . 403.4
—, colori non —i 403.3
alterazione del colore . 569.11
alternativamente, ruote azionate 537.3
alternativo, trattamento — di freddo e di caldo 573.4
alternato, collocamento 551.2
—, disposto 384.2
—, scanalature —e . . . 241.1
altezza del carro 178.8
— dei fusi 362.9
— della gabbia 22.13
— della guarnizione . . 60.13
— del nocciolo della bobina 167.8
— variabile 156.1
alzare il tamburo . . . 56.9
alzata ed abbassamento 140.16
— doppia del portaanelli 151.9
— dei guida-fili 143.16
amianto 489.6, 493.6
— di fibra corta . . . 490.1
— a fibre lunghe . . . 489.13
— filato 491.11
— greggio 489.7
amido 428.14
ammanco di peso . . . 17.1
ammassi di cotone . . 20.4
— fibrosi 21.6
ammissione del vapore 291.9
ammoniaca 369.10
ammoniacale, combinazione 276.17
ammorbidimento della canapa 230.15
ammucchiamento a strati 197.6
ammucchiare il cotone nelle gabbie 22.9
— il cotone già sciolto. 24.15
ammucchiato, lana —a . 311.7
ammuffito, bozzolo . . 415.15
—, stracci —i 396.20
Amsler-Laffon, romana 614.7
Anaphe 410.17, 414.11
andante 431.5
andata del carro 343.14, 557.10
andirivieni 430.2
anelletto viaggiante . . 150.6
anelli d'acciaio 527.18
anellini, tendenza a formare 569.13
anellino (v. a. cursore) . 552.3
— d'acciaio 150.7
— di bronzo 150.9
— a gancio 552.8
— leggero. 150.10
— di ottone 150.8
— pesante 150.11
— per ritorcitoio ad umido (a secco) . . 552.6.7
— viaggiante 150.6
anello . . 97.8, 149.15, 182.5
— con ago 392.1
— aperto per il ritiro delle matasse . . . 565.10
— d'arresto 95.7
— d'arresto regolabile . 346.9
anello dell'asta d'afferramento 558.8
— di catena 254.2
— dentato 383.14
— dentato che porta le sbarrette 219.7
— a denti 369.3
— con una sola flangia 391.13
— con due flange 150.4, 391.14
— forgiato 149.17
— forgiato e temperato 149.18
— di frizione 488.9
— girevole 392.4
— a gola 548.6
— di guida . . . 233.11, 345.20
— metallico 547.14
— di ottone 226.11
— della pinza inferiore. 98.7
— portasfere 355.6
— prottetore 76.14
— a punte di pettine . 379.2
— di registro 95.14
— di regolazione . . . 205.13
— riversibile 150.4
— della ruota 281.2
— con sopporto d'acciaio 391.12
— stampato. 150.2
— temperato 501.16
—, torcere un 496.17
angolare, a sezione . . 355.14
angolo di ballonamento 226.13
— formato fra il filo ed il fuso 191.7
— d'incannatura. . . . 226.12
— d'inclinazione. . . . 54.4
— d'inclinazione delle fibre 9.1
— della piega 336.3
— retto, le fibre riposano ad — nella lunghezza del velo 327.16
— di spostamento del settore 170.9
anidrico, acido 303.4
anidride solforosa gasosa 460.9
anilina 457.8
anima 509.6
— di canapa 594.21
— conica 484.12
— della corda 594.18
— di filo metallico . . 595.1
— di filo tessile . . . 589.8
— del lignuolo 594.8
— metallica 589.9
— ricoperta 595.4
animella della corda . 594.18
— diritta e tesa. . . . 594.20
animelle cilindriche corte 515.14
annaffiamento del filato 574.1
annaffiatoio 239.13
annaspamento. 12.14
annodare le estremità dei trefoli 504.15
annodato, manipolo di canapa 231.5
ansa del filo 425.14
antherea assama . . . 410.11
antiballone, congegno — a piastra aperta (chiusa) . . . 152.18, 153.1
—, filo metallico . . . 153.3
—, griglia 153.4
anticipato, cambio. . . 191.10
anticipo della bobina . 124.10
— della cinghia 191.9
—, bobina in 141.18
antifrizione, rulli . 34.6, 44.1
anti-ruggine, dare una mano di 63.13
—, prodotto. 64.2
apertura 429.9
— delle balle 235.1
— circolare 295.9
— laterale 553.11
— della pinza 91.6
— del tubo capillare. . 467.13
apice della curva . . . 524.12
apparato v. a. apparecchio, dispositivo, meccanismo, macchina
— alimentatore a nastro 326.13
— di alimentazione 42.6, 319.17
— di alimentazione automatica 320.1
— di alimentazione automatica montato sopra rulli. 200.4
— di alimentazione per carde Lemaire . . . 320.8
— di alimentazione della carda rompitrice . . 198.17

apparato ad alimentazione trasversale di Blamire 327.10
– di arresto automatico-elettrico 112.6
– di arresto degli stiratoi 110.12
– di aspersione 441.7
– di avvolgimento 37.2, 137.18
– a collegare le estremità degli stoppini . 330.1
– di compressione. . . 45 11
– di divisione a cigna 203.13, 330.7
– divisore del velo . 203.11, 330.5
– di essiccazione per cascami di seta . . 440.5
– a gomitoli 538.2
– di immersione Malard 365.6
– di lavaggio ad acqua calda (fredda) . . . 439.4.8
– di lavaggio per cascami di seta 439.1
– per liberare il pettine dei rifiuti 380.2
– moderatore 205.9
– raccoglitore. . . 51.16, 76.2
– di recisione a cigna . 203 13
– di recisione del velo. 330.5
– di scioglimento . . . 232.12
– a sfregamento 478.11, 479 2.3
– sfregante per borretta 454.2
– di stagionatura . . . 619.5
– di stagionatura per la seta 616.10
– di stiramento . . . 486.1
– per stirare 122.3
– di stiratura 480.13
– per stracciare automaticamente la falda 321.15
– tenditore dei fili . . 522.14
– per tirare del banco a fusi 128.19
– di tiratura . . 139.9, 159.16
– di tiratura con cilindri frontali in basso . . 143.7
– di tiratura del filatoio automatico per fili pettinati. 393.8
– di tiratura in giacitura obliqua 142.4
– di tiratura inclinato. 142.4
– di tiratura con un paio (con tre paia) di cilindri 205.1.2
– di tiratura a sbarrette 385.17
– di tiratura a sbarrette con piacche di riscaldamento. 388.5
– di tiratura a tre file di cilindri 143.11
– di tiratura, primo. . 371.6
apparecchi per la bagnatura e la compressione della juta 239.1
apparecchio v. a. apparato, dispositivo, meccanismo, macchina
– per arrotare i cappelli 73.5.8, 74.9
– automatico d'avvolgimento 327.18
– automatico per montare le guarnizioni . 337.11
– automatico di spazzatura per cappelli girevoli 57.10
– d'avvolgimento dei nastri da carda . . 63.9
– di carbonizzazione . 303.17
– di carbonizzazione per stracci 402.9
– per collaudare i cilindri 120.3
– compensatore a cunei 74.4.5
– per disinnestare i cilindri scanalati. . . 121.4
– doppio per essiccare la lana 296.14
– di eliminazione della polvere 39.12
– di equilibramento dell'albero del tamburo 79.8
– per esaminare l'uniformità dei fili. . . 610.2
– di essiccazione e di oliatura della lana . 366.10
– a filare Chardonnet . 461.1
– di filatura Thiele . . 466.13
apparecchio per la filatura del viscosio . . 470.4
– per guida positiva della controbacchetta 169.5
– d'immersione . 241.6, 242.1.5
– incrociatore . . . 422.10.13
– per infilare i tubetti 175.20, 361.2
– per il macero dei bozzoli 418.12
– misuratore per lucignoli 611.6
– molatore 73.9
– di molatura 339.1
– per montare a mano il nastro di guarnizione 337.8
– d'oliaggio 241 5.6
– pulitore di fili . . . 536.6
– per la pulitura dei tubetti capillari . . . 466.12
– di regolazione del gran tamburo 79.6
– per la regolazione e il sopporto dei cilindri 58.14
– di riscaldamento . . 227.9
– rompitore dei fili accoppiati 424.2
– rompitrama . 81.12, 525.1
– sfregatore per filo di peli 409.5
– di sgrassamento . . 298.1
– di sicurezza per avvolgere la tela . . . 46.5
– di spazzatura per cappelli . 52.9.10.11.13.14, 75.11
– di spazzatura pneumatica 341.2
– per trasformare il velo in falde 328.7
– di umidificazione dell'aria 575.7
– di umidificazione per spole (cannette, matasse) 575.11.12.13
appendice quadrata . . 121.2
appezzato, filamento di bozzolo 421.10
appiattito, fibra serica di forma cilindrica 411.12
applicare la colla . . . 117.7
– il liquido per oliare . 316.21
– uno strato di soluzione di caucciù sul tamburo 63.12
applicazione d'uno strato di fibre 480.5
appoggio del fuso . . . 177.13
apprettato, filo di lino 581.14
appuntito, bozzolo. . . 414.13
apri-balle 20.6
– (operaio) 18.3
– a tramoggia 21.12
– a tramoggia con ventilatore 22.1
aprimento dell'amianto 490 2.5
aprire una balla. . . . 18.2
– la balla di juta. . . 235.8
– i bioccoli di cotone . 20.4
– i bozzoli . . . 418.7, 440.15
– i cascami di seta . . 440.1
– i fiocchi di fibre 7.5, 26.1, 198.4
– la lana umida . . . 287.11
– il materiale fibroso . 7.4
– sufficientemente gli ammassi fibrosi . . 21.7
aprirsi (fiocchi di fibre) 25.3
– (lignuolo) 511.3
– automaticamente (pressa) 450.1
apritoio . . 7.6, 26.17, 371.14
– ad aspirazione chiuso 38.3
– per bozzoli 442.15
– doppio 32.10
– doppio verticale con apparecchio di eliminazione della polvere 39.12
– a gran tamburo . . 30.10
– di juta 235.12
– per lana umida . . . 287.12
– con più tamburi piccoli 34.10
– pneumatico orizzontale con apritoio porcospino e battitoio . . 39.3
– porcospino 26.20
– per stoppa 220.14
– a tamburo 30.9
– a tamburo combinato con battitore e avvolgitore 32.11
apritoio a tamburo conico orizzontale. . 37.3
– Crighton 34.11
– verticale 35.1
– verticale per l'amianto 490.12
– verticale con battitoio e apparato di avvolgimento della falda. 37.2
– verticale combinato con apritoio preparatorio porcospino . . 35.2
–, piccolo – con tamburo a denti . . . 26.20
–, primo 26.19
–, primo – con tamburo a denti 26.20
apritura delle balle . . 18.1
– blanda 25.14
– del cascame 442.9
– dei cascami di filatura 195.4
– del cotone 25.6
– del cotone pressato . 20.2
– dolce 25.14
– dei fiocchi bagnati di lana 287.10
– dei fiocchi di fibre . 25.2
– a fondo 25.18
– lenta preliminare . . 25.10
– sommaria 25.9
– della stoppa 220.10
–, prima – del cotone 25.8
arcate, filo per 581.21
archino 600.20
arco della carda. . . . 56.4
– conico 53.17, 79.12
– di contatto del filo sul cilindro frontale 142.13
– elastico 339.3
– fisso 53.17
– flessibile 54.6.17
– flessibile traforato. . 79.10
– graduato . . 613.19, 614.10
– molleggiante 54.6
– del settore 152.3
areometro di Beaumé . 303.13
– a guisa di campana . 865.16
argilla 376.4
aria aperta 292.19
– calda 287.7
– calda circolante . . 308.6
– carica di umidità . . 296.5
– compressa 455.10
– d'essiccazione 296.12
– satura d'umidità . . 572.12
– saturata d'acqua . . 293.14
– secca e calda 292.16
– umida 573.3
– umida corrente . . . 574.17
– umida libera d'olio . 575.2
– umida stagnante . . 574.16
arindi, seta 410.10
armadio 503.8
– di stagionatura . . 616.14.15
armatura 113.2
– di carde 60.18
– girante delle bobine. 506.4
– in lamiera 340.15
– delle spole 509.7
arpioncino rigonfio . . 62.6
arpione . 125.9, 131.15, 172.8, 526.2
– della stella 132.9
arpionismo della madrevite del settore . . 184.6
arrestare il movimento di alzata e discesa . . 531.8
arrestarsi (caricatore) . 29.14
arresto . 131.11, 132.8, 159.12, 343.16, 524.2
– automatico durante l'addoppiatura . . . 566.8
– automatico a bobina ultimata 157.4, 180.4, 357.10
– automatico alla rottura di un filo 521.3, 524.3
– automatico del fuso alla rottura di un filo 430.12
– automatico alla parte anteriore 112.2
– automatico alla parte posteriore 111.10
– automatico per recipienti pieni 112.3
– automatico dello scaricatore 59.14
– automatico dello stiratoio 110.13
– automatico-elettrico per stiratoi 112.6
– del carro . . 206.12, 358.11
– nel carro 172.2
arresto casuale dei graticci 23.5
– dei cilindri 346.10
– del cilindro superiore, con freno sul fuso alla rottura d'un filo 554.4
– del disco per mancanza di gioco . . . 57.2
– fisso 167.5
– del fuso 354.7
– della macchina alla rottura di un nastro 81.11
– a mano dello scaricatore 59.15
– regolabile 346.8
– regolabile sulla verga di collegamento . . 180.6
–, alla rottura d'un filo per ritorcitoi . . . 554.3
– per rottura del nastro 111.9
– degli stiratoi 110.11
–, meccanismo d'– per l'aspa 474.1
–, meccanismo d'– sensibile 534.15
arricchimento del precipitante di rame . . 468.3
arricchirsi di rame (precipitante) 468.2
arricciamento del filo . 569.14
arricciare, macchina per – il crine 514.9
arricciarsi, tendenza ad 569.13
arricciato, filo di greggia 425.11
–, pelo. 514.16
arricciatura dei peli . . 514.8
arricciature 358.1.2.3
–, disfare le 358.3
–, tendenza a formare. 569.13
arrotante, sostanza . . 70.19
–, superficie 202.14
arrotare v. a. molare
– i cappelli . . . 73.5.8, 74.9
– la guarnizione . . . 69.11
– i cilindri da carda . 202.12
arrotatura laterale . . 72.13
– a mano 71.23
– delle punte da carda 69.10
arrotolamento 8.17
arrotolare. . . . 8.18, 203.15
– le barbe su bacchette tonde di legno . . . 444.11
arrotolato, fune –a . . 596.18
–, vello 264.15
arrotondamento del nastro di carta. . . 484.10
–, meccanismo d' . . . 485.1
arrotondare i nastri di pasta da carta . . . 478.9
arrotondarsi al punto d'incrocio (filo). . . 422.8
arrotondato, fessura –a 373.13
arruffato, filo 425.16
–, strato – nella bobina 387.4
arrugginato, punta –a. 86.19
arte del filare 1.2
articolato, rotaia –a . 168.4
articolazione sferica . . 334.5
ascendente, incannatura 351.14
–, parte – della scanalatura 531.10
–, spire –i 551.14
ascensore 575.5
ascia 231.14
asciugatrice centrifuga . 439.17
asciutto, stato 196.1
Ashworth, apparecchio compensatore a cunei 74.4
–, meccanismo registratore dei cappelli . . 56.3
asimmetrico. 551.11
aspa (v. a. aspo, aspino) 12.16, 37.4, 40.10, 423.2, 473.9
– addoppiatrice 565.15
– austriaca 563.11
– automatica 423.3
– a bacchette 569.5
– a canne 569.6
– da cordaio 498.3
– con dispositivo d'espansione 567.3
– con dispositivo per liberare le matasse . 432.16
– a due regoli 40.11
– esagonale 565.5
– francese 563.13
– ad incrociatura Grant 432.2
– indipendente 431.15
– inglese 563.16
– irlandese 563.14
– per lucignolo 567.14

aspa a x matasse . . . 564.12
— per matasse corte (lunghe) 563.5.9
— per matasse di media lunghezza 563 8
— metrica 563.10
— con romana e porta-bobine 611.17
— a ruzzelle 569.7
— scozzese 563.15
— di Silesia 563.12
— spostabile 611.16
— a zettatura Grant . 432.2
aspare 12 15
aspatoio doppio 565.2
— doppio a rompifilo . 565.3
— per filato grosso . . 568.3
— a mano 565.4
— meccanico 565.6
— meccanico per fili di lino 568.2
— a più teste 564 11
— semplice 564.10 14
— per seta artificiale . 473.3
— a una sola fronte . . 564.14
— con una testa . . . 564.10
aspatore 4.18, 562 10
— a mano 4.20
aspatrice 4.19, 562.11
— a mano 4 21
— di seta 421.1
aspatura 12.14
— dei fili 562.3
— incrociata 565.13
aspergere 441.4
— uniformemente . . . 239.11
aspersione dei manipoli di juta 239.10
— a mano 441.6
—, apparato di 441.7
aspetto della madreperla 415.7
aspi collocati sotto il banco 526.8
aspino (v. a. aspa, aspo) 423.2
— a contagiri 611.14
— a guida-fili mobile . 612.6
— con porta-bobine e guida-fili mobile (fisso) 612.1.2
— di precisione 612 3.4
— per provini . 602.14, 610.16
— a ruzzelle con guida-fili mobile 612.7
—. a ruzzelle regolabili . 611.18
aspirare dell'aria . . . 31.16
— aria secca 295.8
— il filo per la filiera . 463.9
— la polvere di smeriglio 72.1
— i vapori ammoniacali 466.1
aspiratore 22.7, 24 8, 197.13, 296.13, 370.16
aspirazione 37.8
— d'aria secca 295 7
aspo (v. a. aspa, aspino) 12.16, 423.2
— frenato 522.13
— di svolgimento . . . 424.18
asportare le barbe dal cilindro 108.1
— il cotone dalla balla 19.18
— il pettenuzzo 446.7
— il pulviscolo mediante soffiamento 75.15
asportazione degli scarti 380.3
assaggiare il filato . . . 605.2
assaggio dei filati . . . 605.1
asse dei cilindri sfregatori 334.1
— del fuso 122.16
— di gravità 553.6
— con impanatura a passo contrario 339.5
— d'incassatura dei fusi 343.8
— della leva del guida-cinghia 182.2
— della leva di scoccamento 185.9
— della placca regolatrice 29.11
— di rotazione del settore 184.10
— superiore della rastrelliera 394.10
assiale, movimento . . 516.17
—, svolgimento 153.10
assicella di marca . . . 235.6
— di protezione 229.11
assicelle 445.9
assicurare la posizione della barba colla pressione 447.3
assistente 5.17
— cardatore 251.3
assistente cordaio . . . 494.11
— filatore 3.2.3
assorbente, sali —i l'acqua 483.13
assorbimento d'acqua dai fili 556.6
— diverso d'umidità . . 572.11
— irregolare dell'acqua 574.9
assorbire materia grassa (fibra di lana) . . . 314.3
— olio 314 2
— l'umidità (lino) . . . 217.14
assorbito, umidità —a . 572.10
assortimento di apparati di tiratura 387.12
— di carde 80.10, 198.10, 318.20
— di due (tre) carde . 198.11, 319 1.2
— di due carde con alimentazione per lungo 199.8
— di pesi di precisione . 615.2
— di vasi 223.12
—, processo d' 610.15
assortire le barbe per la loro lunghezza . . . 446.11
— le manelle sopra bilance 576.17
— in manipoli (balla di juta) 236.5
— per pesata 612.10
assortito, juta —a . . . 236.3
—, stracci —i 399.8
assortitore di cascami 4.2, 216.3
— di cascami ritorti . . 4.4
— di juta 236.6
— della lana 264.1
— di stoppe 216.3
— di stracci 400.1
assortitrice di cascami . 4.3
— di cascami ritorti . . 4.5
— della lana 264.2
— di stracci 400.2
assottigliamento delle estremità 243.10
— del nastro per stiramento 100.10
assottigliare il nastro . 100.11
assottigliato, estremità —a 243.11
asta 11.7
— di accoppiamento . . 344.2
— d'afferramento . . . 558.9
— di arresto 525.14
— di avvolgimento delle nappette 450.10
— di cambiamento . . 353 16
— del carro 608.12
— del cassetto 292.7
— di connessione . . . 283.10
— con dadi 558.7
— dentata (v. a. dentiera, cremagliera) 343.11
— dentata doppia . . . 506.10
— dentata mobile . . . 191.2
— dentata mobile sul carro 190.13
— dentata per regolare lo scartamento dei cilindri 390.18
— dentata a scatto . . 608.4
— di disinnesto 357.8
— filettata 349.12, 529.12, 530.7
— di guida 128.1, 487.18, 558.2.11 559.5, 560.15
— del guida-cinghia . . 527.2
— dei guida-fili 430.2, 431.20, 566.4
— dei guida-fili a movimento trasversale . 565.9
— guida-fili con movimento di va e vieni 473.7, 529.10, 537.11
— del guida-filo oscillante 561.6
— guida-filo 544.7
— guida-lucignoli . . . 394.12
— oscillante 381.3
— a pettine 379.12
— del pettine 58.6
— porta-bobine 394.11
— porta-bobine con guarnizione di ferro 394.15
— di pressione 334.12
— pulitrice 213.16
— a punte 218.9
— regolabile . . 354.9, 573.6
— di regolamento del guida-filo 538.1
— dei sopporti della piastra d'anello . . 151.13
— sospesa cuneiforme . 43.8
— spogliatrice . . 213.16, 245.11
asta di spostamento . . 564.18
— di tensione . 337.9, 340.14
— verticale d'arresto . . 526.1
— verticale della rastrelliera 394.7
— di vetro . . . 543.7, 544.8
aste inclinate 197.11
— a scosse 38.10
— sospese, serie di . . 28.11
— spogliatrici 245.5
asticciola molleggiante . 529.13
astuccio dell'albero del cilindro pettinatore 92.8
— per impiombare le funi metalliche 513.14
atmosfera carica d'acido carbonico 459.14
— di gas d'ammoniaca . 460.8
attacca-bave . 421 12, 423.7.13
attaccafili . . . 3.4.5, 176.2
— di prima categoria . 3.1
attaccare il filo 352.15
— il pelo di lana . . . 276.12
attaccaticcio (cuoio) . . 109.6
—, filo di viscosio . . . 469.3
—, lana —a 269.14
attaccato, pelo di lana . 276.13
attacco della catena . . 170.13
— del filo . . . 158.14, 352.14
—, fare l'— ad un filo rotto 158.15
—, fare l'— del lucignolo rotto 133.12
attacus cynthia 410.12
attenuare il nastro . . 100.11
attenuazione del nastro per stiramento . . . 100.10
attingitoio dell'acido a chiusura automatica 402.16
attivo, bobina —a . . . 124.11, 547.10
atto alla filatura . . . 7.2
attorcigliare i fili di seta 422.5
attrito dell'anellino . . 552.4
— tra anello e anellino 150.15
— fra le fibre 6.21
— del freno 47.2
— al mantello delle fibre 6.22
—, momento di 149.7
Aubena, torcitoio . . . 432.1
aumentando di densità, sbarrette ad aghi . . 380.10
aumentante, circonferenza 535.9
aumentare la divisibilità delle fibre 237.8
— la filabilità della fibra 237.13
— la pressione dei cilindri 107.4.5
— la resistenza del filo 541.15
— (stiramento) 107.4
— la torsione 501.6
— la velocità dei fusi . 188.14
— la viscosità 464.10
aumento del diametro alla parte superiore del corpo della bobina 174.9
— graduale nel diametro del corpo della bobina 174.10
— graduale della temperatura 280.5
— momentaneo di peso 571.13
— permanente di peso . 571.14
— di peso delle bobine per la vaporizzazione 571.12
— di peso della tela . . 47.13
— dello stiramento . . 42.12
— della tensione sul nastro 337.13
auna di Lipsia 600.18
— di Parigi 600.19
— della Prussia 600.16
— di Sassonia 600.18
— di Vienna 600.17
autolubrificante, cuscinetto 145.2
automaticamente . . . 30.1
automatico 180.4
avanti, movimento in . 91.3
avantreno 321.17
avanzante, chiocciola . 181.14
avanzare, far —il carretto 500.2
avanzi di torcitura . . 435.18
— di trattura 435.6
avaria marittima . . . 15.8
avariato, balla —a . . 16.5.8
—, bozzolo 415.11
avvicinamento 390.8
avviluppare il manipolo 216.12
avvitato, dente 312.6
—, eccentrico 560.10
avvolgere 156.6
— in curve rapide . . . 351.15
— la falda 451.10
— il filato nel senso delle lancette dell'orologio 154.2
— i fili separatamente sull'aspo 421.15
— il filo 137.16
— il filo sulle bobine . 461.8
— il filo sul fuso nudo 155.17
— il filo sui rulli . . . 454.16
— il filo stirato 467.1
— il lucignolo intorno alla bobina 124.17
— i nastri sopra la bacchetta 249.2
— il nastro smerigliato ad elica 71.21
— i rocchetti con filo cucirino 537.7
— la seta su rocchetti . 470.12
— in spire incrociate . . 515.10
— sopra stelle di cartone 536.9
— la tela 45.7
avvolgimento (v. a. incannatura) . 124.16, 156.5
— aperto 519.8
— automatico . 249.3, 327.18
— della catena del settore 173.8
— della falda 37.2
— del filo 137.17
— in forma di bobina . 154.16
— sul fuso nudo 155.16, 515.9
— incrociato 96.14
— iniziale 133.21
— per mezzo dell'aletta 125.1
— per mezzo della bobina 124.21
— dei nastri 386.15
— dei nastri su bobine 386.16
— dei nastri da carda . 63.9
— parallelo . . . 518.20, 526.6
— della riserva di filo . 156.12
— serrato 519.9
— sotto tensione regolabile 526.9
— sopra un tubo . . . 515.11
— del velo 324.13
avvolgitore di filo su cartoncini 5.11
avvolgitrice di filo su cartoncini 5.12
avvolto, fili —i sull'albero 196.12
azionamento v. a. comando
— dell'albero a due tempi 161.3
— per attrito 516.14
— a catena 242.4
— dei cilindri stiratori . 182.9
— a cinghia 502.3
— a corda 502.1
— con corda incrociata (aperta) 360.7.8
— a doppia velocità dei fusi 189.6
— a due cinghie 182.6
— dei fusi per l'avvolgimento sul fuso . . 188.6
— dei fusi per cordette 144.5
— dei fusi con puleggia a tre gole 192.2
— intermediario 158.8
— a nastro 502.2
— del pignone del carro 256.8
— positivo del fuso . . 524.13
— della ruota colla marcia del funaio . 497.16
azionare per attrito (cilindro) 251.9
— i fusi con una corda doppia 191.16
azionato direttamente dal fuso 516.11
— da un disco di frizione 516.13
— (fuso) 516.8
— meccanicamente . . 609.3
— con motore elettrico 609.5
— da un rullo di frizione 516.12
—, la bobina viene . . 516.9
—, cilindro di pressione 267.6
azionatore della spola 554.12
azione degli acidi . . . 302.14
— degli agenti d'oliaggio 237.6
— del calore sulla fibra 292.17
— cardatrice del cappello 58.11
— chimica del sudiciume 272.5

azione d'indebolimento dell'acqua dura sugli acidi 302.16
— meccanica del sudiciume 272.6
— reciproca fra aria e calore 292.12
— degli spigoli dei ferri 367.12
— dell'umidità sulle corde 500.18
azza di seta lavorata . 586.6
azzurrare leggermente il nastro pettinato . . 386.1
azzurrato, pettinato . . 386.2

B

bacchetta 160.4, 351.17, 431.20
— d'avvolgimento della tela 373.16
— avvolgitrice per la barba 450.5
— per la cannella . . . 46.8
— in legno 249.7
— rialzata 169.6
— del tamburo battitore 260.1
— di tensione 208.6
— triangolare della griglia 36.5
— di vetro 544.8
bacchette tonde di legno 444.11
bacinella 418.13, 422.16, 423.12
— di carica 423.11
— a colla 118.4
— per il macero. . . . 418.9
— della sbattrice . . . 420.9
bacino 281.4
— ad acqua calda coperto 225.14
— di ferro battuto . . 286.1
— rettangolare in lamiera di ferro . . . 365.7
bagnamento, tinozza di 304 8
bagnante in olio 290.10, 555.2
bagnare il cordame con acqua 507 8
— la juta. 237.4
— il lino scotolato. . . 209.17
— con olio d'oliva. . . 269.8
bagnata dello stoppino 226.4
bagnato 507 10
bagnatore 485.1
bagnatura in acqua calda 573.16
— in acqua leggermente saponata 573.17
— della juta 237.2
— della lana 271.17
— dei peli 514.2
— in scompartimenti. . 239.2
bagno acido 303.10
— acido carico di grasso 303.16
— d'acido cloridrico . . 305.6
— d'acido fenico . . . 460.2
— acido precipitante per fili di viscosio . . . 469.2
— d'acido solforico . . 302.18
— di acido solforico di x gradi. 440.10
— d'acqua calda . . . 418.14
— d'albumina 459.11
— di bisolfito di sodio. 459.17
— calcareo 270.17
— di candeggio 470.15
— di cloruro mercurico . 459.13
— di coagulazione ad acido fenico 460.1
— forte. 303.14
— di lavaggio. 272.14
— di macerazione . . . 436.16
— d'olio 60.7
— d'orina. 276.16
— di risciacquo 385.13
— di sale ammoniacale 469.7
— saponato 385.9
— di sapone . . 275.11, 277.5
— di sapone doppio . . 437.2
— di sapone d'olio. . . 438.2
— di sapone rinnovato. 433.9
— per sbiancare. . . . 470.15
— di sgommatura . . . 433.3
— di sgommatura consumato 435.1
— di sgommatura parziale 434.10
— di soda 459.10
— di soda alcalina . . 309.19
— di solfato d'alluminio 459.15, 465.16
— di solfato di magnesio 465.10
— di tempera 74.13
— usato 299.3

baionetta, chiusura a . 549.1
balla con avaria marittima 15.8
— avariata 16.5
— avariata dall'acqua di mare 15.8
— bagnata 15.7
— di canapa 228.10
— di canapa legata con x corde 228.12
— cilindrica 15.22
— di cotone 15.20
— di cotone aperta . . 18.6
— di juta 235.2
— di lana 264 6
— di lino. 210.6
— Lowry 16.1
— senza marca 16.6
— parallelepipeda . . . 15.21
— pressata 16.2
— ben pressata 16.3
— non pressata 16.4
— a pressione uniforme 16.3
— rotonda 15.22
— di seta greggia . . . 412.17
— tonda 15.22
ballare (cilindro di pressione) 107.11
balle di qualità diversa 18.12
ballonamento 226.13
ballone di filo 152.11
bambagiato, bozzolo . 416.15
banco 550.12
— di carda a mano . . 318.14
— delle filatrici di seta 422.15
— a frotteur 387.13
— a fusi 11.10, 121.11
— a fusi per borretta . 454.3
— a fusi per canapa . . 233 8
— a fusi Combe 224.8
— a fusi in fino. 122.9, 390.14
— a fusi in doppio fino 122.11
— a fusi in extra fino . 122 11
— a fusi in finissimo . 122.10
— a fusi con fusi passivi 233.12
— a fusi in grosso. . . 122.7, 390.12
— a fusi intermedio . . 122.8, 390.13
— a fusi per juta . . . 254.13
— a fusi per lino a lunga fibra 224.5
— a fusi per seta . . . 452.3
— a fusi in sopraffino . 122.10
— a fusi con stiramento a sbarrette 390.11
— a fusi per stoppa . . 224.12
— da imballare 577.12
— di inversione 484.4
— del pettine . . 213.1, 229.10
— porta-cilindri 105.3
— a rota frotteur in grosso. 387.16
— a rota frotteur in fino 387.20
— a rota frotteur intermedio, primo (secondo) 387.17.19
banco a tirare (v. a. stiratoio) . . 102.9
— a tirare per canapa . 233.2
— a tirare in grosso. . 8.11
— a tirare in grosso per fibre corte (lunghe) 451.2.4
— a tirare in grosso per fibre di media lunghezza 451.3
— a tirare in grosso con gill-box 451.5
— a tirare in grosso a pettini circolari . . 451.7
— a tirare per lino lungo 223.4
— a tirare per seta . . 451.17
— a tirare con teste disposte tutte nella stessa direzione 104.4
— a tirare a teste incrociate 103.15
— a tirare a x teste di y uscite con z capi . 104.10
— tiratore preliminare . 81.3
— di tiratura a catena. 253.9
— di tiratura a catena continua. . . 219.4, 253.9
— di tiratura doppio con cilindri guarniti di pettini 372.15
— di tiratura con file d'aghi a gradini . . 372.6
— di tiratura con moto a vite. . . . 218.10, 251.6

banco di tiratura con moto a vite per stoppa di lino 224.1
— di tiratura a pettini circolari 221.8
— di tiratura a sbarrette a movimento circolare 372.7
— di tiratura semplice con cilindri guarniti di pettini 372.14
— di tiratura con doppia serie di pettini. . . 372.1
— di tiratura con una sola serie di pettini 371.18
banderuola 450.10
bandolo 564.1
barba di fibre 445.12
— di fibre di seta . . 444.8
— pettinata 446.10
— di seta inserita nel morsetto 445.8
—, il cilindro fa la . . 107.15
—, formazione di 107.16, 108.5
—, mettere la — nella pressa 450.6
barbino di vetro . . . 422.4
— guida-filo regolabile per differenti altezze 473.5
barège, filo 584.20
barile d'olio 361.15
bariletto 171.6, 173.1
barili. 578.10
barra 183.12
— dei guida-stoppini. . 129.7
— irrigidente 89.8
— oscillante. 112.5
— a punte . . . 48.2, 241.13
— regolabile 309.3
— di rinforzo 89.8
— rotonda 97.9
— trasversale 106.8
barre disposte in forma di griglia 369.1
— inclinate 197.11
— oscillanti ad aghi . . 220.13
— piatte di ferro . . . 368.7
base 13.8
— della bobina 543.14
— della cannetta . . . 527.17
— conica 518.17
— conica del fuso . . . 355.12
— conica incassata . . 543.10
— della guida. 104.13
— organica 457.5
— ossidabile 457.6
— del primo strato . . 156.13
bassa temperatura . . . 572.6
bassi prodotti di seta . 435.5
bastone da imballaggio 577.11
bastoni del battitore rotativo 195.10
battere 310.10
— i bozzoli 440.14
— la lana 266.17
— il pettenuzzo 453.8
— a secco 310.11
— il vello 265.11
batteria di lavaggio . . 279.11
battimento, effetto di . 31.5
battitoio 7.7
— con aspa cardatrice 47.17
— per cascami di seta . 441.11
— doppio 41.19
— finitore 42.2
— in fino 42.2
— intermedio 42.1
— preliminare. 41.20
— semplice 40.9
— a due volanti . . . 41.19
—, operaio addetto al . 42.5
—, primo 41.20
battitore 7.7, 37.4, 196.6, 201.4, 232.12, 262.7
—-avvolgitore 197.16
— a quattro braccia . . 261.8
— cardatore 318.4
— di caucciù 441.13
— per cenci. 400.19
— di cuoio 441.12
— doppio per juta . . 259.11
— con graticcio di scarica 197.17
— da oliare. 317.13
— spirale 312.9
— spirale per cascami di seta 442.5
— a tamburo conico. . 259.1
— rotativo 195.10
battitrice per cascami di juta. 258.13

battitura dei bozzoli . 440.13
— della lana 266.18
— della lana da pettine 365.4
— del lino 217.15
— dei peli 514.6
— ripetuta 42.3
battuto, lana —a . . . 310.9
Baudouin, dispositivo per la formazione del nastro 98.11
Baumgärtel, dinamometro 607.9
bava 70.3
— di bozzolo 411.5
— fina 425.17
— grossa 426.1
— regolare 427.13
— ricoperta di sericina 411.10
bavella 411.11
— di seta selvatica . . 427.17
Bazar, filo 579.7
Beaumé, areometro . . 303.13
becco della filiera . . . 467.9
— a gas 455.8
— della leva 179.1
— per l'olio. 148.3
— del pedale 50.15
— di presa 158.5
beige, filo 584.7
bendella 498.2
benzaldeide 458.5
benzina 297.16, 462.19
benzolo. 462.20
Bergier, apparecchio incrociatore 422.13
Bertholon, corona del fuso. 432.3
biancastro 585.10
bianco di Spagna . . . 298.18
bicarbonato di ammonio 464.2
bicromato potassico . . 300.11
— di sodio 300.12
bidone 361.13
biella 96.3, 98.14, 99.11, 292.2
— a corsoio 246.4
— dell'eccentrico . . . 60.5
biglietto di stagionatura 616.3
bilancetta di precisione 612.15
— per provini 603.2
bilancia (v. a. romana, bilancetta). 603.4
— automatica per provini. 603.3
— decimale 613.1
— differenziale e di titolo 614.14
— a molla per tela d'ovatta. 47.12
— a pacchi 615.1
— di precisione 616.8
— di precisione orizzontale per filati . . . 613.5
— per provini . 603.2, 612.13
— a quadrante 613.13
— per i rotoli degli apritoi e battitoi . . . 613.4
— semplice a peso. . . 613.7
— sferica 613.13
— per tela d'ovatta . . 47.11
— di titolo 613.6
bilanciare la pressione . 94.9
bilanciere 125.6, 131.7, 162.3, 560.13
bilancino . 525.5, 530.17, 534.16
binaggio 12.6
binare (v. a. accoppiare, addoppiare) 12.7
— i fili 515.8
— la greggia 430.7
binario 503.9
— del carro 558.5
— fissato sul pavimento della corderia . . . 504.1
— sospeso al soffitto della corderia 503.15
binato, fili —i 515.5
binatoio 12.8
— per fili grossi . . . 535.14
binatrice 12.8
— per bobine a flange piane 521.15
— di nastri 81.6
— per far rocche a filo incrociato 523.11
— di seta. . . . 430.13, 534.11
binatura (v. a. accoppiamento, addoppiamento) 12.6
— a x capi 430.8
— della seta 430.6
bindelli di seta 451.15
bioccoli di cascame . . 195.8

bioccoli sodi 25.18
bioccolo di cotone . . . 20.5
Birmingham, scala di . 66.20
bisolfato alcalino . . . 465.4
— potassico 303.8
bisolfito d'ammonio . . 465.1
— di sodio 465.2
—, pasta al 475.6
—, processo al 479.10
bisso 411.2
— del mitilo 411.4
Blamire, apparato ad alimentazione trasversale 327.10
blando, apritura —a . . 25.14
bloccaggio del volante . 44.8
blocco per il collocamento delle punte . . . 87.3
— cuneiforme di legno . 229.9
— finitore 87.5
— del freno 359.3
— di legno . . . 243.8, 442.2
— di legno con punte d'acciaio 405.7
— del pettine 229.7
— regolatore 501.9
— di torsione 342.14
— tubulare 342.14
bobina (v. a. cannetta, spola, rocca, rocchetto, rocchettone) 122.6, 137.19, 154.9, 257.15, 527.6
— di alimentazione 334.10, 393.2
— in anticipo 141.18
— attiva 124.11, 547.10
— d'avvolgimento 356.7, 388.13
— ad avvolgimento incrociato 96.14
— cilindrica 140.18
— cilindrica a filo incrociato 519.6
— completa 157.3
— conica 141.1
— convessa 140.19
— con corpo cilindrico e punta conica 519.3
— difettosa 174.12
— ad estremità coniche 122.1
— a filo incrociato . . 519.5
— a filo incrociato ad avvolgimento aperto (serrato) 519.8.9
— a filo incrociato ed estremità coniche . . 519.7
— per il filo da intrecciare 511.9
— fissa 516.15
— a flange piane con profilo cilindrico . . 519.4
— a flange per il primo ritorcitoio 522.7
— ad una flangia . . . 519.2
— a forma di bottiglia 519.2
— frenata 516.16
— d'incannatura 536.2
— ad incannatura incrociata 351.16
— di lucignolo 208.3
— per macchine ad intreccio 520.9
— per macchine da rivestire fili 520.7
— di nastro 96.13
— con nastri colorati . 387.3
— per navette di macchine a ricamare . . 520.11
— d'ordito 154.13
— d'ordito dei selfactings 569.2
— passiva . . . 124.13, 547.11
— di pettinato 392.10
— piena 140.17
— che precede il fuso . 124.11
— di preparazione . . 342.2
— di preparazione orizzontale 341.11
— rimanente indietro al fuso 124.13
— a svolgimento assiale 153.9
— di stoppino 204.9
— per telai a tulle inglese 520.10
— di trama 154.10
— di trama dei selfactings 569.3
— di trama per telai a nastri 520.8
— per trecciare 519.12
— di trefolo 505.3
— tubulare 208.1
— ultimata 157.3
bobinatore 4.14
bobinatore a mano . . 4.16
bobinatrice 4.15
— a mano 4.17
bobine di frotteur . . 568.9
— con strati di altezza variabile 156.1
— di trefoli 503.13
bobinoir 389.1
bocca di caricamento . 35.6
— di scaricamento . . 35.7
— di scarico 24.10, 259.5, 312.2
— del tubo 39.9
bocchettone 289.10
bocciolo . 181.3, 246.6, 282.15, 445.7
— sull'albero ad eccentrici 346.2
bollettino del titolo . . 602.19
bollire i bozzoli 418.10, 419.14
—, far — l'amianto . . 490.4
—, far — in bagno di sapone rinnovato . . . 433.9
—, far — nel bagno di sgommatura 433.7
—, far — i cascami di seta 436.19
—, far — a fuoco diretto 418.11
—, far — la seta in sacchi di tela 433.10
—, far — le trecce di crine 514.11
bollito, treccia —a . . . 514.12
bollitura 436.21
— di piante gelatinose 316.13
Bölsterli, fuso per ritorcitoio 547.9
bombyx mori 414.2
Booth-Sawyer, fuso . . 145.4
borace 316.9, 433.17
borato sodico 433.17
borra in massa 436.3
boretta 446.12, 452.14
— aggrovigliata 452.17
— carica d'impurezze . 452.16
bossolo 59.2
— dell'albero del carrello 94.13
— dell'albero del rullo di svolgimento . . . 358.14
— in bronzo 351.10
— del fuso 532.9
— mobile 567.8
bosso 110.8, 544.1
Botany, filo 584.1
botte di lavaggio . . . 278.5
bottone 423.1
— in agata 430.4
— artificiale 590.10
— colorato 590.11
— di cotone 590.7
— di lana 590.6
— metallico 146.2
— molle 590.12
— naturale 590.9
— di seta 590.8
— solido 590.13
bottoni 400.8
—, grossi 96.7
— legati 561.10
— piatti 561.11
—, formare 560.7
—, formazione dei . . . 559.7
bourrette 452.14
bozzoli cotti 436.22
— difettosi 415.8
— solforati 427.1
bozzolo 413.1
— di Actias selene . . 414.9
— ammuffito 415.15
— appuntito 414.13
— autunnale 413.8
— avariato 415.11
— bambagiato 416.15
— a bava fina 416.4
— bianco 414.15
— del bombyx mori . . 414.2
— cinturato 414.10
— dipanabile 413.5
— non dipanabile 415.10, 436.6
— doppio 414.12
— a doppio inviluppo . 417.6
— elastico 416.21
— essiccato 413.10
— femmina 414.7
— filabile 413.5
— non filabile . 415.10, 436.6
— filato irregolarmente 416.7
— filato regolarmente . 416.6
— filato a foggia di reticella 416.17
— filato con interruzione 416.9
bozzolo filato senza interruzione 416.8
— forato 415.18
— fresco 413.9
— galleggiante 420.2
— giallo 414.16
— giallo dorato 415.2
— a grana fina 416.20
— grigio 415.5
— impermeabile 416.12
— macchiato . . 415.13, 436.9
— a maglie grandi . . . 416.18
— marcio 415.16
— maschio 414.6
— morto 415.12, 436.11
— nuovo 421.9
— ovale 414.8
— paglierino 415.1
— a pareti spesse . . . 416.14
— permeabile all'acqua 416.13
— povero di seta . . . 416.3
— primaverile 413.7
— della razza annuale . 413.15
— della razza bivoltina 413.16
— della razza monovoltina 413.15
— della razza polivoltina 413.17
— ricco in sericina . . 417.2
— ricco di seta 416.2
— con dei riflessi metallici 415.6
— per la riproduzione . 413.6
— ristretto al centro . . 414.10
— rosicchiato 415.17
— rugginoso 415.14
— secco 413.10
— selvatico 436.13
— da seme di razza del Bengala 414.4
— da seme di razza giapponese 414.3
— da seme di razza pura 414.1
— sfarfallato . . 415.18, 436.7
— soffocato 413.10
— solforato 413.11
— solido 416.10
— sottoposto a suffumigazioni solforose . . 413.11
— stagnonato 413.10
— stufato 413.10
— tarmato . . . 415.19, 436.8
— a tenuta d'acqua . . 416.12
— a tessuto fitto . . . 416.11
— di tessuto a strati non uniti 416.19
— trasparente 416.16
— verde 415.5
— verde pallido 415.3
braccia dell'aspa . . . 566.13
braccio 205.8
— d'agitazione curvato . 285.11
— dell'aletta . . 130.3, 548.5
— articolato 567.9
— dell'aspa in due parti 432.11
— della bacchetta . . . 180.11
— battitore 266.21
— della bilancia 613.8
— cavo dell'aletta . . . 130.7
— cavo con fessura laterale 130.8
— del contrappeso . 74.2, 549.9
— curvo serra-punte . . 181.11
— doppio 535.1
— dell'eccentrico 60.5, 111.15
— d'espansione 332.18
— a forma di falcetto . 184.7
— a glifo 360.3
— di guida 559.6
— del guida-filo 534.2
— della leva della campana di rientrata . . 183.5
— di leva del freno . . 147.7
— mobile 342.9, 611.9
— obliquo 554.6
— oscillante . . 391.11, 537.10
— del pettine 58.5
— pieno dell'aletta . . 452.6
— per la puleggia di tensione 349.9
— della rastrelliera . . 394.9
— regolabile del sopporto 127.8
— di regolazione . . . 348.7
— ricurvo sull'albero della controbacchetta 169.7
— ricurvo della (contro-) bacchetta 166.4.5
— a scatto 346.3
— scivolante 184.4
— del settore . . 170.8, 350.6
— del sopporto 127.7
bracciuolo 39.10
Braunschweig, Jute-spinnerei, apparecchio d'immersione . . . 242.5
Brigg e Webb, ritorcitoio per juta 549.13
brocca . . 128.3, 523.14, 538.9
— della bobina 523.5
bronzo 94.6
Brooks e Doxey, differenziale 127.1
brovatura delle matasse di seta 432.13
Brown, pulitore rotativo 129.1
bruciapeli, macchina a . 521.5
bruciare le estremità della guarnizione di cuoio 110.5
— il filo 455.5
bruciatura dei fili . . . 455.4
brunitoio 70.5
— con fili d'acciaio temperato 70.6
bucare obliquamente le corde 512.5
buchi, produzione di — nelle corde 512.4
buco conico 478.13
— di guida 452.7
— d'uomo 298.5
budella 497.5
buffalo, pelle di 332.3
bullone 530.11
— di ferro 497.6
— di fissaggio 54.12
— del paracolpi 347.1
— di tensione 344.12
— a vite 346.6, 362.11
buretta 361.13
bussola di guida delle aste dei sopporti . . 151.12
— mobile 116.4
Butterworth, pettine spazzatore 58.4

C

cadere (asta a pettine) 379.13
— (bilancino) 525.7
— sui fusi (tubetti) . . 361.7
— nelle viti inferiori (sbaretta) 251.15
caduta dell'arpione . . . 357.13
calandra 45.11, 48.10, 51.9, 119.15
— a due (tre, quattro) rulli 45.14.15.16
calandrare il cilindro appena rivestito . . 118.10
— l'ovatta 45.12
— il rullo rivestito di cuoio 119.13
calandratura dell'ovatta 45.13
calcareo, bagno 270.17
—, acqua leggermente —a 419.5
calce 270.12
— viva 298.17, 460.7
calcestruzzo 570.13
calcinazione, forno di . 273.12
calcolo della finezza . . 606.19
— del numero dei nastri da riunire 223.9
— del prezzo del filato 19.9
— dello stiramento . 222.16, 387.9
caldaia per bagno di sapone 277.3
— tubolare 296.3
— di vaporizzazione per bobine 571.4
caldaie di cottura . . . 490.4
— a vapore 227.5
caldo, conservare in un ambiente 64.3
calibro 92.3, 362.5, 445.11, 446.15, 505.4
— per l'albero della bacchetta 362.14
— per l'altezza dei fusi 362.9
— per bacchetta 362.7
— di carda 78.5
— a corsoio 363.1
— a croce 105.8
— per fili metallici . . 509.14
— inglese per fili di ferro 66.20
— per regolare i cilindri scanalati 362.15
— per regolare il filo di ferro della bacchetta 362.8
— per regolare l'inclinazione dei fusi 178.7, 362.6

calibro per regolare la posizione della contro-bacchetta 362.16
— per i tamburi di latta 362.10
— a triplice scanalatura 499.6
calo di peso 17.1
calore artificiale 292.15
— secco 417.14
caloria 293.7
calorifero 306.4
calotta 381.10
calze 397.14
calzeria, stracci di 397.11
cambiamento dell'aria 293.16
— d'incannatura 535 11
— dei morsetti 215.8
cambiare le bobine 141.3
— il contrappeso 613.16
— la lunghezza della corsa del guida-filo 533.13
— la posizione del filato 576.3
— il recipiente di filatura 470.11
— le ruote di inversione 131.13
cambio dell'acqua di trattura 419.13
— anticipato della cinghia 191.10
— delle bobine 141.2
— della marcia del carro 183.2
—, meccanismo di — con albero a più tempi e disposizione a leve (in parte) dipendenti 185.11.12
Camel, filatoio 430.3
camera d'aria 352.4
— di battitura 197.4, 267.10
— di bollitura 436.21
— in calcestruzzo 570 13
— di carbonizzazione 306.6
— di deposito dei cas cami 78 6
— di deposito dei fanghi 361.18
— d'essiccazione 294.5.7, 296.4, 616.11
— d'essiccazione con condensatore a vapore 294 1
— a guisa di cassa 307.7
— incombustibile 227.8
— di mischia 22 10
— a parete perforata 286.4
— di solforazione 434.20
— di umidificazione 575.6
— della valvola a cassetto 291.8
— di vaporizzazione per filati 570.10
— di vaporizzazione orizzontale per bobine 571.10
camicia di ottone 542.9
camino per il fumo 306.16
— per i vapori 297.4
camma 252.4.7
campana 370.11, 392.7, 500.14
— di frizione 354.10
— di rientrata 161.6, 349.13
campeggio 238.16
campi di lavoro inclinati (verticali) 246.1.5
campione del filato 605.3
— di lana 363.15
— del nastro pettinato 374.17
— preso 298.10
— tipo 13.8
— tipo di ritorto 540.2
—, prendere un 298.9
campo di misura della bilancia 612.14
— di pettinatura 218.8
— di pettinatura, doppio 451.6
canale 379.6
— di alimentazione 203.6, 379.10
— di alimentazione per i fasci di juta 244.13
— di alimentazione in latta 377.4
— d'ammissione del vapore 291.9
— del cilindro ad aghi 250.4
— del cilindro scanalato 329.14
— del fuso 488.13
— di ghisa 247.7
— per le impurità 201.7, 203.8
— di lubrificazione 344.14
— di muratura 306.9
— per l'olio 355.2
— sotterraneo 402.18
— per stoppino di lubrificazione 344.13
—, sistema a 80.11
canali per l'acqua 575.3
— longitudinali 477.4
canapa battuta 228.4
canapa da cordaio 495.2
— corta 496.11
— d'Europa 492.3
— da funaio 495.2
— digrossata 496.1
— lunga 496.10
— di Manilla 492.5
— pettinata 228.5, 495.17
— pettinata in fino 228.6
— pulita 496.6
— raffinata 496 9
— scapecchiata 495.17
— di scarto 228.3
— scevra di lische 228.8
— scotolata 228.4, 495.9
— di Sisal 492.6
— spuntita 496.3
canapificio 234.13
canapo 494.16
candeggio, bagno di 470.15
canna 76.4
cannella per avvolgere la tela 46.7
cannello a gas 491.6
cannetta (v. a. bobina) 530.4, 532.11
— ad avvolgimento incrociato 519.13
— disposta verticalmente (orizzontalmente) 529 3.4
— per trama 520.6
— tubulare 520.3
cannettiera 526.4
— con cono di guida 527.14
— con dispositivo d'avvolgimento del filo sotto tensione regolabile 526.9
— a filo incrociato con guida-filo rotativo 531.1
— a filo incrociato con guida-filo di va e vieni 528.16
— a filo incrociato con guida-filo viaggiante e con apparecchio rompitrama 532.3
— a filo incrociato con tamburo a scanalatura spirale 529.1
— con fuso a movimento assiale di va e vieni e con guida-filo mosso da rullo di frizione 530.1
— con guida-filo ad alette 533.8
— con guida-filo avente movimento di va e vieni azionato da disco di frizione 529 2
cantina di umidificazione 574.13
— di umidificazione con canali per l'acqua 575.3
— di umidificazione con polverizzatore 574.14
cantine per filato 574.19
— umide 574.11
capacità di coagulamento del precipitante 464.5
capecchio di canapa 492.4
capi annodati 428.17
— di fili ritorti 398.17
— della matassa 564.4
— svolazzanti 425.10
— tagliati 562.2
capillare 461.2
capo-carderia 4.7, 75.17
—-cordaio 494.12
— d'esercizio 1.16
—-filo 420.12
— del fuso 123.11
— libero del nastro 82.10
— del materiale da filare 496.16
—-meccanico 5.20
—-oliatore 239.4
—-riparto dei banchi 2.6
—-sala 421.2
—-sala di filatura 1.17
—-sala di filatura di cotone 137.8
capovolgere la barba 445.15
— a mano la barba 450.12
cappello 51.6, 79.11
— aggiustabile 286.8
— della bossola 94.13
— fisso 52.6
— del fuso 431.19
— di ghisa 77.7
— girevole 53.7, 54.7
— guarnito 53.13
— non guarnito 53.12
— di legno 77.4
cappello sferico 381.10
— a spazzatura automatica 53.2
cappiare 563.23
cappiatura a catena 564.2
— delle matasse 563.22
cappio 540.3
— del filzuolo 564.5
capsula di oliatura 317.2
— del tamburo 31.9
capsule, frantumi di 26.15
caratteristiche delle guarnizioni di carda 334.14
carbonato ammonico 276.18
— potassico 272.9
— potassico greggio 273.9
— potassico puro 273.8
— potassico non raffinato 273.9
— di soda 276.1, 309.10
carbone 120.12
carbonio 301.16
carbonizzare i bozzoli 440.8
— la lana sudicia 301.11
carbonizzarsi (lappola) 307.3
carbonizzato, lana —a 308.9
carbonizzatore della lana 301.12
carbonizzazione mediante aria calda circolante 308.6
— dei cascami di seta 440.7
— dei cenci di seta 456.1
— della lana 301.1
— della lana calcinata 301.7
— della lana lavata 301.6
— della lana sudicia 301.10
— del materiale strappato 402.6
— con preservazione dei colori 403.2
— con soluzioni di sale 305.12
— degli stracci 402.1
— degli stracci di mezzalana 407.22
— di tessuti follati 402.8
— di tessuti in loden 402.7
— in via secca 305.4, 456.7
— in via umida 302.11, 456.2
carborundo 70.21
carcassa 94.14
carda 7.15, 49.12, 480.11, 481.5
— con alimentazione di stoppini 334.9
— ad amianto 490.13
— ad avantreno 321.17
— a borretta 453.5
— a cappelli 77.2
— a cappelli fissi 77.3
— a capelli girevoli 77.9, 248.11
— a cappelli inferiori 80.4
— a cilindri 80.5, 198.3, 221.4, 318.19
— a cilindri con consegna di nastri (di tela d'ovatta) 198.5.6
— a due cilindri pettinatori 491.3
— circolare con alimentazione e uscita allo stesso lato 250.1
— continua 199.10
— continua americana 203.5, 319.7, 328.13
— a coperchio 221.12
— coperta 221.12
— per cotone 198.2
— a doghe 77.2
— a doghe ed a cilindri 80.6
— doppia 80.8
— doppia per lana da pettine 369.15
— con estrattore dei peli rigidi 322.11
— a falda 319.6, 324.11
— a filare in grosso 199.10, 203.5, 319.7, 328.13
— filatrice 341.6
— di filatura in grosso con tramoggia di alimentazione 490.14
— a file di punte che si scavalcano 339.15
— per filo flammé 589.16
— finitrice 199.10, 232.16
— finitrice con alimentazione di tela d'ovatta 250.2
— finitrice per amianto con divisore di velo 491.2
— in fino 199.10, 232.16
— in fino da stoppa di lino con testa di stiramento 221.3
— in grosso 199.9, 232.15, 319.5, 320.14
carda in grosso di Lawson 248.8
— in grosso semicircolare con alimentazione a canale 247.5
— per lana artificiale 406.10
— per lana corta 318.18
— per lana di pecora 318.17
— a loquettes 329.9
— a mano 318.13
— a mano fissa 318.15
— a mano libera 318.16
— mescolatrice con sfregatori 370.5
— mista 80.6
— per mohair 409.16
— molata 338.16
— per peli 409.3
— a due piccoli tamburi 201.13
— principale 369.14
— con raccoglitore dei pulviscoli di lana 322.5
— da ramiè 262.15
— rapida Risler 48.5
— ripassatrice 324.11
— rompitrice 197.15
— di rottura 197.15, 199.9, 319.5
— a rulli 80.5
— semicircolare con alimentazione e uscita diametralmente opposte 249.13
— semicircolare con parte operatrice alla metà inferiore 232.19
— semicircolare con parte operatrice alla metà superiore 232.18
— semplice 80.7, 319.3
— senza coperchio 221.13
— singola per lana da pettine 369.13
— spazzatrice 323.15
— con spazzatura automatica 340.10
— spogliatrice 323.15
— da stoppa di canapa 232.14
— a due tamburi pettinatori 201.13, 322.3
—, doppia 319.4
—, doppia — con alimentazione per lungo 199.8
—, prima 319.5
cardaggio, lavoro di 318.10
cardante, estremità — del dente 335.18
—, facoltà 51.4
cardare 7.14, 8.4
— il cotone 49.13
— la lana 318.6
— in umido 369.12
cardato, lana —a 318.9
cardatore 4.6
— di cotone 49.14
— di juta 251.2
— di lana 318.11
— di peli 409.4
—, cilindro 51.3
cardatrice, azione 58.11
cardatura 7.13, 8.3
— dei cascami di filatura 198.1
— del cotone 49.8
— in fino (grosso) della juta 247.1, 249.1
— della juta 246.13
— della lana 318.4
— della lana da pettine 369.11
— leggera 221.2
— a mano 49.11
— della stoppa di canapa 232.13
— della stoppa di lino 220.20
—, doppia 80.9
carde riunite 198.13
carderia di lino 222.2
cardine del cilindro 59.1, 394.1
cardo a mano 49.10
carica della camera di vaporizzazione 572.3
— disposta diagonalmente 326.10
— dei filati con vaporizzazione 570.4
— dell'idroestrattore con lana 305.1
— (non) incrociata 326.8.9
— di un morsetto 448.6
— uniforme 319.16
carica di materiale da pettinare (pinza) 99.7
caricamento dei cilindri stiratori 143.6

caricamento dei pesi. . 107.1
— del traino 500.11
caricare i cilindri stiratori 143.5
— la controbacchetta . 168.10
— la pressa 448.3
— il recipiente 304.11
caricarsi di fibre (pettine) 443.7
caricato (fuso d'avvolgimento) 527.12
— di rame, filo 467.4
—, seta —a 587.11
caricatore automatico a tramoggia 28.5
carico doppio 252.12
— di fibre, cilindro . . 323.16
— d'impurezze, borretta —a 452.16
— a leva e contrappesi dei cilindri stiratori 252.13
— di rottura . . 513.9, 606.14
— semplice 252.11
—, pettine 375.15
carniccio 118.15, 332.5
carpine 149.12
carragheen 316.14
carrello 92.1, 96.5, 123.1, 160.3, 327.14
— a bobine 361.10
— corto 122.12
— a graticci 307.8
— lungo 122.13
— da trasporto 17.7
carretto 500.1, 502.15
carro d'acciaio 178 3
— a bobine sospeso . . 503.14
— (del dinamometro) . 608.14
— del filatoio intermittente 160.3, 343.18
— fisso 557.5
— in legno 558.15
— mobile 557.4
— a movimento di va e vieni 233.3
— (della pettinatrice) . 214.6, 230.3, 245.8
— portabobine . 123.1, 125.8, 140.15, 255.14, 391.10, 547.5
— porta-tele 47.16
— a quattro ruote. . . 445.6
— a rastrello 504.10
— dei ritorcitoi ad anelli 551.6
— a spostamento comandato 206.5
— degli uncini 504.14
— uscito 164.11
carrucola . 11.2, 144.6, 145.10, 521.12
— sull'asse di rotazione del settore 171.10
— a corda per la manovra dello scoccamento e della rientrata 161.2
— espansibile 250.15
— espansibile nel banco a fusi Combe . . . 224.8
— del fuso 527.8
carrucolina 144.6
carta di cellulosa preparata col processo alla soda (al bisolfito) 479.9.10
— per cilindri 390.1
— filabile 479.11
— a filare 479.11
— flessibile 479.13
— impregnata 149.9
— di laccamuffa 309.8
— leggera 479.12
— permeabile all'acqua 480.1
— tenace 479.14
— di tornasole 309.8
— vetrata 109.12
cartellino 16.9
cartoccio, temperato a. 107.7
cartoncino (a stella) di filo cucirino . . . 520.14.15
cartone 62.1
— per avvolgere. . . . 536.10
— avvolgitore 610.3
— a fondo oscuro . . . 610.5
— pressato 76.10
casalingo, industria —a 412.8
cascame dell'assortimento 236.13
— di borretta 453.16
— con grossi bottoni. . 96.7
— impregnato 440.12
— di pettinatura . . . 8.2
cascami 31.15, 398.5
— di annaspatura . . . 398.19
— di bassa qualità . . 209.12
cascami di canapa . . 228.9
— dei cappelli 194.18
— di carda 194.16
— di carda unti di olio 298.13
— della catena 398.20
— dei cilindri 398.13
— delle coperture dei cilindri delle lavatrici meccaniche 399.1
— di cotone 194.12
— di cotone egiziano . 194.15
— di cuoio 120.14
— di fibre di juta . . . 258.11
— di filanda 435.18
— di filato . . . 298.14, 398.15
— di filatura 398.11
— del gran tamburo . . 194.19
— d'incannatura 398.16
— di jumel 194.15
— dei lucignoli 398.14
— della macchina lavatrice 398.6
— di macò 194.15
— di pettinato 398.10
— di pettinatura . 82.7, 100.1, 452.15
— prodotti dal pulitore 108.11
— serici 435.5
— di seta. . . 412.19, 435.5.14
— di seta fermentati . 438.3
— di seta naturale . . 472.6
— di seta (non) pettinati 446.8.9
— di seta sovramacerati 438.4
— di seta vera 472.6
— non sgommati . . . 436.2
— degli stiratoi 398.8
— del tamburo 78.14
— di tessitura. 398.18
— della trama 398.21
— di trattura 424.9
— di vaporizzazione . . 435.17
cascata, disposto in . . 104 3
cascemir, filato di . . 585.21
—, stracci di 407.17
caseina all'acetone . . 471.20
— mercantile 471.14
— spugnosa 471.18
cassa 244.14
— d'acqua 573.11
— alimentare 320.2
— di alimentazione . . 382.17
— d'aria 37.6
— per i cascami. . 86.9, 96.9
—. di ferro 570.12
— filtrante 271.14
— di filtrazione 470.5
— dei fusi 530.2
— di latta perforata. . 571.11
— di legno 570.11
— metallica con coperchio a cerniere . . . 208.2
— a molla 607.11
— a polvere 28.7, 33.9, 38.8 16, 48.13, 221.10, 267.2
— raccoglitrice della lana 296.1
— raccoglitrice dei pettenuzzi 447.10
— raccoglitrice dei pezzi 404.10
— del regolatore . . . 29.9
— a rocchetti . . 113.7, 569.8
— rotante 208.5
— separatrice per corpi estranei 24.12
— a stoppa 229.12
— per tubetto 361.9
—, a guisa di 307.7
casse foderate di carta. 578.9
— girevoli 208.1
cassetta 487.3
— con coperchio a cerniere 487.2
— da filare . . 487.9.14, 488.1
cassettiera a bilancini . 525.6
cassetto a chiocciola. . 291.7
cassone delle aspe riscaldato 420.16
— di essiccazione . . . 295.13
— con fondo bucherellato 439.14
— a polvere 27.10, 38.12, 31.11
— a polvere a scaricamento automatico . 38.13
— di pressa 288.3
castoro, filo di 584.3
catasta di balle 17.12
catena allentata 180.1
— articolata 152.4, 184.9, 560.1
— per l'azionamento della carda 324.7
— dei cappelli 73.14
catena dei cappelli moventesi nella stessa direzione del (in senso inverso al) gran tamburo 57.6.7
— di chappe 587.21
— che comanda il vaso girevole 94.11
— continua 254.5
— a disegno senza fine 559.13
— fissa 183.13
— di Galle 395.7
— a gomito 179.14
— dei morsetti 446.14
— ordinaria 138.11
— pendente 183.10
— di pettini senza fine 214.4
— per raccorciare il periodo di scoccamento 207.2
— a sbarrette 219.5
— di scoccamento . . . 179.13, 183.3, 206.13
— senza fine 254.5
— del settore . . 170.12, 350.10
— a torsione forte . . 138.10
— ad uncini alla Vaucanson 395.6
catenaccio di chiusura . 44.11
catramato, filo di canapa 508.16
—, funame non 508.21
—, fune —a 508.18
catrame 484.7, 507.19
— di carbon fossile . . 508.2
— di legno 507.20
— ricco di resina . . . 508.1
— vegetale 507.20
—, colore di 16.8
caucciù artificiale . . . 65.10
— naturale 65.9
— scanalato. 245.7
— vulcanizzato 65.12
cavaliere 339.16
cavalletto. 281.5, 289.6, 500.13
— da cordaio 498.1
— del sopporto 105.5
cavare la matassa . . . 610.14
— le matasse dall'aspa 564.7
cavi per manovra 596.21
— stanti 596.20
— triangolari 509.15
— per uso marittimo . 596.19
caviglia 354.1
cavità 328.2, 383.6
— della puleggia . . . 44.13
cavo (v. a. fune, corda) 494.15, 596.14.22
— d'alaggio 596.5
— per uso ancoraggio . 596.16
— per argani 596.24
— armato 597.4
— di canapa . . 494.16, 592.3
— a tre capi 596.15
— formato da fili metallici paralleli . . . 596.23
— a gherlino 594.17
— metallico 494.17
— da rimorchio 596.13
—, albero 189.8
—, braccio 130.7
—, cilindro 21.3
cellula del porta-bozzoli 423.10
cellule della juta . . . 237.10
cellulosa 301.14
— di legno 475.4
— di legno di pino preparata col processo alla soda 479.8
cellulosico, sostanza —a 472.12
cementare il cilindro di ferro 120.11
cementato, ferro — alla superficie 120.15
cementazione . . 120.16, 120.17
cemento 65.6
cenci (v. a. stracci)
— di tessuti di seta . . 455.15
cenciaio 399.3
cenciaiuolo 399.3
cencio 396.6
— per lo sfregamento . 507.7
cenerario 402.11
ceneratoio 402.11
centigrammo 601.1
centimetri quadrati . . 335.9
centimetro 600.9
—, per 116.13
centrifugare i cascami di seta 439.16
— la lana 305.21
centrifugato, stracci —i 403.19
centrifugazione della lana 288.12
centro di gravità . . . 191.6
— della leva di scoccamento 179.2
— di rotazione. 344.9
ceppo del freno 171.13
cera 484.3
— del sudiciume . . . 274.10
ceralacca 591.13
cerchietti, tendenza a formare 569.18
cerchio di bobine . . . 97.1
— di ferro 16.11
cerchione 56.15
cernere la canapa pettinata 228.7
— i cascami 49.6
— i cascami di juta . . 258.12
— i cenci di seta . . . 455.16
— con cura 216.13
— la lana 263.15
— le lane secondo la loro lunghezza 364.16
— a mano 265.2
— partite miste 216.15
— a secondo del colore 265.4
— a secondo della finezza 364.17
— secondo la qualità . 18.11
cerniera 27.14
— sferica 334.5
—, porta a 195.13
cernita delle balle . . . 18.10
— dei bozzoli 413.2
— della canapa 231.7
— in fino 399.11
— in grosso 399.10
— della lana 263.14
— della lana a secondo della qualità dei velli 264.23
— del lino pettinato. . 216.17
— di partite miste . . 216.14
— a secondo dei fiocchi e della finezza . . . 265.3
— degli stracci 399.7
cernito, lino non . . . 216.16
—, stracci —i 399.8
ceroso, sudiciume . . . 274.9
cesta a lana 286.13
— di vimini 286.14
cestino di fili metallici 273.1
cesto 289.3
— a bobine 361.11
— di filati 570.17
— di fili metallici . . . 273.1
— di filo di ferro . . . 616.9
— girante. 305.3
— di vaporizzazione a larghe maglie . . . 571.5
cestone per bozzoli . . 415.20
Chapon, filatoio 209.12
chappe bianco 588.2
— giallo 588.1
— per tessitura 587.23
— tussah 587.22
Chardonnet, apparecchio a filare 461.1
—, filatoio 460.16
—, processo 456.10
—, torcitoio per seta. . 431.14
cheviot 397.3
— mescolato 583.24
— di panno 397.4
chiarificare le acque sudicie 299.7
chiarificazione 299.6
— dell'acqua di lavaggio 299.1
chiave 87.6
— doppia 363.8
— semplice per dadi. . 363.7
chiavetta 535.4
chiazze, nastro che presenta delle 101.23
chilogramma 600.22
chilogrammetrico, titolo 599.13
chimica, azione 272.5
chimicamente combinata, acqua 468.1
— puro 309.11
chimico, lavaggio . . . 297.7
china grass 261.3
chinino 457.7
chiocciola avanzante . . 181.14
— del settore 170.14
chiodatura 64.4
— diretta della guarnizione 61.15
chiodo 338.4
— a capocchia nascosta 61.14
— metallico 61.8
— di piombo 61.9
— di rame 61.10
— a testa cieca 61.14

chiudere il circuito . . 113.12
— il freno 347.9
— le pinze 449.16
— la punta alla bobina 171.5
chiudersi (lignuolo) . . 511.4
— automaticamente (pressa) 450.2
chiusura automatica . . 402.16
— a baionetta 549.1
— del circuito. . . . 113.13
— del coperchio . . . 487.14
— per eccentrico . . . 219.9
— dell'innesto. 357.13
— dello scatto 180.3
— stretta della fune senza aumentarne la torsione 501.6
—, movimento di — della pinza 91.5
ciclo di colpi 82.17.20
— dei movimenti delle pinze 382.10
cigna continua 441.16
cilindrare il rullo rivestito di cuoio 119 13
cilindratura del lino . . 217.16
— del rullo rivestito di cuoio 119.14
cilindri alimentari . . . 486.9
— alimentatori . 259.13, 358.13
— alimentatori con cilindro inferiore che gira indietro (avanti) 543.3.6
— alimentatori a denti di sega in spirali opposte 370.4
— alimentatori del volante 33.13
— di alimentazione 253.5, 257.6
— attiratori 86.5
— conici 231.3
— di consegna 526.11
— fornitori 489.10
—-guida 482.5
— di guida per i trefoli 504.7
— ingrananti sino al fondo 116.8
— d'introduzione 218.7
— di pressione 385.11
— di pressione caricati delle selle 143.10
— di raddolcimento con scanalature opposte (alternate) . . 240.11, 241.1
— per rompere le lappole. 367.7
— scanalati di alimentazione 267.7
— scaricatori dei pettenuzzo 449.12
— separatori degli scarti 380.4
— sovrapposti con punte radiali. 243.13
— spremitori . . 478.17, 485.5
— di stiramento regolabili 389.4
— stiratori . . . 122.3, 257.9
— strappatori 449.9
— di svolgimento dei nastri tagliati . . . 489.8
— trasportatori 322.2
— di trazione . . . 86.5, 115.5
— per l'umidificazione . 486.13
— d'uscita 219.2, 262.5, 449.11
cilindrico, perfettamente (tamburo) 78.12
cilindro v. a. rullo
— d'acciaio 120.18
— d'acciaio ricoperto di flanella 129.4
— ad aghi . . . 250.3, 384.12
— con aghi lunghi. . . . 373.5
— ad alette disposte in spirale 309.2
— alimentatore . 43.3, 502.11, 319.18, 502.11
— alimentatore a denti di sega 199.2
— alimentatore del filo 535.15
— alimentatore a scanalature 30.11
— alimentatore a superficie ruvida 559.12
— di alimentazione 99.13, 203.7, 251.7, 373.4, 545.6
— di alimentazione a denti 313.5
— anteriore 142.7, 199.4, 319.20, 321.2, 393.5
— armato di striscie a denti 367.9
— arrotatore . . 70.9, 202.13
cilindro per arrotolare il foglio di carta . . . 481.8
— d'aspersione 441.9
— d'aspirazione . 313.9, 392.8
— attiratore 378.11
— attiratore ruvido . . 550.4
— attiratore superiore (inferiore) 90.10.11
— d'attrito per l'avvolgimento 482.8
— d'avvolgimento . . . 249.12
— d'avvolgimento dei nastri di carta 482.7, 483.7
— avvolgitore scanalato 48.11
— a bussole mobili . . . 116.4
— a canale . . . 247.8, 250.3
— da carda. 202.15
— cardatore 51.3
— carico di fibre . . . 323.16
— di caucciù 392.11
— cavo 21.3
— cavo per avvolgere la tela 46.7
— di chiusura . . 78.9, 202.9
— a coltelli. . . . 322.12, 368.5
— di compressione. . . . 249.8
— compressore 197.9
— condensatore 32.7
— dentato 443.1
— dentato di alimentazione 29.13, 377.5
— dentato a stella . . 235.13
— a denti 259.14
— a denti inclinati . . . 30.3
— disintegratore 20.9
— distaccatore . 85.11, 247.12, 250.9
— distaccatore di legno 281.12
— divisore . . . 204.4, 330.14
— egualizzatore . . . 22.5, 29.8
— egualizzatore con punte rientranti . . . 30.4
— d'entrata a guarnizione di denti a sega 367.13
— non esattamente circolare 337.1
— essiccatore 481.7
— d'essiccazione. 476.17
— di ferro 120.9
— a due fili (ad un solo filo) per tavola. . 143.1.2
— fornitore 51.1, 77.13, 393.5, 488.11
— frantumatore con nervature circolari . . 490.10
— di frizione . . 341.14, 523.7
— frontale . . . 142.7, 393.5
— di ghisa ricoperto di flanella 129.3
— girante scentrato . . 202.18
— a gole 483.4, 485.7
— del graticcio 244.1
— con guarnizione di gesso 336.15
— con guarnizione di legno 336.14
— di guida 331.2, 394.4, 485.4, 489.3, 506.7
— di guida di Hübner . 99.1
— guida-catene 244.6
— guida-fili 473.6
—-guida lucidato . . . 384.10
—-guida per il nastro di carta 488.10
— di immersione 278.8, 281.13.14 385.8, 441.10, 486.11
— di immersione in rame 576.2
— inferiore 115.6
— inferiore d'alimentazione fisso 311.14
— inferiore fisso . . . 20.10
— inferiore che gira indietro (avanti) . . . 543.3.6
— d'innaffiamento d'acqua 242.8
— intiero 116.3
— di introduzione 372.8, 393.3
— di latta 248.2
— di latta con guarnizione a denti . . . 248.9
— lavoratore . . 115.6, 199.12
— libero 549.5
— liscio 389.8
— del manicotto di sfregamento 204.5
— di marcia 156.3
— mediano 142.6
— di mezzo 142.6
— da molare 70.9
— molatore 70.9
cilindro a movimento di va e vieni 201.3
— a naso 322.6
— nettatore 85.12
— d'oliaggio 242.7
— operatore 51.3, 199.12, 247.10, 250.7, 321.5, 370.1, 406.6, 443.2.9
— perforato 220.15
— pettinatore 51.3, 85.3, 87.8, 92.7, 262.4, 321.5.9, 377.11, 580.8
— pettinatore del cascame 378.13
— pettinatore con guarnizione ad anelli . . 330.2
— pettinatore ricurvo . 381.8
— pettinatore per il volante 51.13
— a pettine. 97.15
— posteriore . . 142.5, 393.3
— di presa 341.10
— di pressione . 20.12, 85.11, 109.18, 115.7, 223.6, 233.4, 321.12, 611.8
— di pressione azionato 267.6
— di pressione caricato 502.12
— di pressione elastico 115.9
— di pressione guarnito di pelle 142.9
— di pressione di legno faggio 393.10
— di pressione posteriore 142.11
— di pressione ricoperto di cuoio 378.9
— di pressione scanalato 115.8
— di pressione con scanalatura 546.2
— di protezione 311.12
— provvisto di punte da pettine 368.2
— pulitore . 52.5, 98.3, 199.3, 201.11, 443.3.11
— pulitore dei cilindri di alimentazione . . . 253.7
— pulitore guarnito con fili metallici 57.12
— pulitore ricoperto di feltro 255.2
— di pulitura 142.10
— a punte . . . 320.10, 392.12
— raccoglitore. 368.14, 388.13, 478.6
— raccoglitore ricoperto di feltro 322.7
— di raddolcimento per juta 240.9
— di raddolcimento con scanalature arrotondate 240.8
— raddoppiatore . . . 388.11
— rapido 200.2, 321.8
— regolatore . . . 28.13, 32.13
— ricoperto di cuoio. . . 85.11
— ricoperto di feltro per inumidire 482.3
— ricoperto di peluzzo. 378.10
— di rinculo 85.10
— di ritegno . . 383.8, 384.14
— rivestito di carta vetrata 109.12
— rivestito di cuoio . . 115.12
— rompi-lappole . . . 368.11
— scanalato 42.15, 115.6, 143.3, 243.16, 329.13
— scanalato anteriore . 137.3
— scanalato con denti piramidali 240.14
— scanalato in ferro a grana fina 191.4
— scanalato ad un sol filo per tavola . . . 393.11
— scanalato frontale. . . 137.3
— scanalato di ghisa dura 308.14
— scanalato intermedio 137.2
— scanalato ad orli . . 116.9
— scanalato posteriore. 137.1
— scanalato di rinculo posteriore (anteriore) 90.4.5
— scanalato a risalti . 116.9
— a scanalatura 581.9
— scaricatore 35.9, 38.5, 75.12, 86.7, 88.9, 94.8, 321.9
— scaricatore della stoppa 230.6
— di scarico 384.15
— separatore 200.9
— sfregatore . . 115.2, 333.6
— slappolatore . 368.12, 369.4
— smerigliato 109.11
cilindro a smeriglio . . 202.13
— a spazzola 255.3
— spazzolatore 86.6, 88.4, 341.1, 378.12
— spogliatore . 200.1, 247.11, 250.8, 321.6, 370.2
— spogliatore e battitore 22.6, 29.5
— spogliatore a doppia azione 321.7
— spogliatore in ferro scanalato 247.13
— spogliatore, grande 51.7, 79.5
— spremitore279.2, 288.9, 439.12
— a staccio 32.3, 37.11
— stiratore 102.13, 115.6, 218.12, 251.8, 255.1
— di strappamento 85.11, 378.7
— strappatore . . 85.11, 381.5
— strappatore inferiore (superiore) 93.1.2
— superiore . . . 20.11, 115.7
— superiore d'alimentazione spostabile . . 311.13
— superiore coperto di strati di corda di canapa 279.4
— superiore coperto di uno strato di nastri di lana 279.5
— superiore di legno duro 225.5
— superiore a pressione a molla 235.14
— a (una sola) tavola mobile 116.5.6
— a due tavole mobili . 116.7
— temperato a cartoccio 107.7
— di tensione per le cigne 204.3
— trasportatore . 199.5, 368.13
— trasportatore dell'acqua 486.12
— di trazione 378.11
— a vapore 291.12
— a velocità circonferenziale progressiva 21.2
cimento 304.7
cimosse. 400.14
cinghia aperta 24.5
— dei cilindri spogliatori 324.8
— dei coni 28.12, 43.13, 255.17
— di connessione . . . 149.5
— di cuoio con peso . . 183.1
cinghie incrociate . . . 330.9
cinturato, bozzolo . . . 414.10
ciocca di lana strappata 378.8
— da pettinare 82.10
ciocche congiunte . . . 383.11
ciottoli crivellati . . . 271.12
circolare (lisciva) . . . 439.3
circolare, cilindro non esattamente 337.1
circolazione d'aria . . . 293.19
— automatica dell'olio . 148.4
— (continua) dell'acqua di lavaggio . 280.7, 284.10
circolo dentato delle pinze 449.3
— delle punte 30.8
circonferenza aumentante della bobina . . 535.9
— della bobina 124.9
— della fune 500.15
— variabile della spola. 224.7
circuito. 113.12
classe di cotone . . . 13.7
— di lana 266.9
—, 1/4 (1/2, 3/4) di 14.20.21, 15.1
—, intera 14.19
—, mezza 14.18
—, tipo di prima 14.8
classifica della balle . . 18.10
— del lino pettinato . . 216.17
classificare secondo la qualità (balle) . . . 18.11
classificato, juta —a . . 236.3
—, lino non 216.16
classificazione francese (inglese) del filo . . 66.17.18
— della juta 235.1
— secondo la finezza (il colore) 399.11.12
cloroformio 463.2
cloruro di alluminio . . 305.16, 457.14
— di ammonio 316.6
— di calcio 457.12
— cromoso 457.3
— ferroso 456.12

cloruro di magnesio . 305.17, 457.13, 483.15
— manganoso 457.4
— mercurico 459.13
— mercuroso 459.12
— metallico riduttore . 456 11
— potassico 272.11
— di sodio 465 5
— stannoso 457.1
— di zinco 457.15
coagulamento, capacità di 464.5
coagulare, far — la soluzione di viscosio . . 468 14
coagulazione, bagno di . 460.1
cocco, fibra di 492.5
—, filato di 588.14
coclea di trasporto . . 40.4
coda del fiocco 375.11
— del vello 265 16
codilla 232.4
codino di porco 143.15, 257 10, 524.4
coefficiente d'attrito . 47.3
— di torsione . . . 9.2, 154.8
coesione, acquistare . . 8.20
coke 402.10
colla d'amido 117.18
— dura 117.15
— ad essiccamento rapido 117.11
— da falegname . . . 71.12
— forte 71.12, 117.17
— grumosa 117.13
— da panno 117.10
— di pesce . . . 333 2, 471.2
— tenace 117.12
—, applicare la 117.6
collare 39.10, 123.2, 130.15, 131.2, 176.10, 354.13
— sull'albero 533.6
— di bronzo 354.16
— per le estremità dell'albero dei tamburi 192.8
— del fuso 555.1
— mobile 178.1
— di ottone 156.11
— di registro 95.14
collare il panno al cilindro 117.6
—, macchina a 117.23
—, pressa per 119.6
collari del cilindro . 202.17
collarino 130.16
— del fuso 130.2
collato a freddo . . . 119.5
collaudare i cilindri . . 120.3
collegamento, condotto di 39 6
—, verga di 180.5
collegare le estremità degli stoppini . . . 330.1
colletto del cilindro . . 110.1
collettore di rame . . . 113.5
collo del cilindro . . . 110.1
— d'oca della bacchetta 166.4
collocamento alternato delle bobine 551.2
— della guarnizione . . 63.2
— del rotolo sul rullo di svolgimento . . . 50.11
collocare attorno del cilindro (panno) . . . 118.7
— le manelle sulla tavola della pressa 577.17
— il nastro da carda, . 63.3
— in piedi la balla . . 17.13
— i recipienti uno accanto all'altro (dietro l'altro) 279.13.14
— il rotolo 41.8
collocato liberamente . 342.10
collocatore di tubetti . 176.4
collocazione dei recipienti a diverso livello 279.12
collodione di acetone . 460.3
— filabile 459.6
— fluidissimo 462.12
colofonia 117.20
colonna 505.13
— della rastrelliera . . 188.12
colorato 491.14, 590.11
colore di base 311.4
— dei bozzoli 414.14
— di catrame 16.3
— del cotone 13.9
— difettoso 236.14
— madre 311.4
— mescolato 194.6
— per nuanzare . . . 311.5
—, di un solo 589.17
colori, seta a 587.12
colori, di vari . 397.23, 591.15
colpi di pinza (al minuto) 82.17.19
colpo della soneria . 223.17
coltelli circolari dentati 478.5
coltello 27.9, 36.3, 51.8, 118.2,9, 119.3, 368.6, 406.2, 409.10
— da cascami 78 7
— circolare . . . 482.11, 483.2
— a estremità ricurva . 196.14
— in forma di falce . . 231.13, 400.16
— a lama smussa . . . 382.18
— pulitore 199 6
— della scotola 495.5
—, sopporto a 111.13
coltivatore di lino . . 210.7
comandato, spostamento 206.5
comando v. a. azionamento
— a corda 171.1
— destro, a 85.5
— con disco a frizione 139 13
— elettrico 157.6
— elettrico per motore a corrente continua (trifasica) 157.7.12
— per frizione 473.10
— a frizione superiore . 288.17
— individuale con corda 473.11
— inferiore 289.12
— con leva a squadra 360.6
— per il movimento laterale dei cuoi di sfregamento 333 13
— di oscillazione . . . 98.17
— parallelo 360.5
— positivo a fune . . 144.11
— con puleggie a cono. 43 5
— a ruote dentate. . . 140.2
— sinistro, a 83 4
— a tensione equilibrata 37.1
— mediante una vite a passo contrario. . . 373 17
— con vite senza fine . 473.8
comando bianco . . . 596.8
— catramato 593.6
Combe, banco a fusi . . 224.8
combinantesi, sale — coll'ammoniaca . . 465.6
combinato, grasso . . . 272.2
—, grasso non . . . 274 2
combinazione ammoniacale 276.17
— di calce 270.12
— del grasso di lana col sudiciume in un sapone solubile . . . 272 7
— di magnesia 270.11
cominciare a filare . . 155.8
— una nuova levata . . 175.7, 352.12
commerciante in sete . 412.20
commesso una volta, lavoro 500.7
commettere una corda 500 4
— cordami 503.10
commettitore 494.9
— di gomene 494.10
commettitura doppia . 501.1
— semplice 500.3
commissione, pettinatura a 376.15
compartimento 27.12
— del tamburo 282.3
compensare il peso . . 86.2
compensatore a cunei . 74.4.5
—, cuneo 73.7
compensazione della pressione 572.13
completo, levata —a . 387.1
complimentare, operazioni —i 515.1
composizione di cuoio . 64.15
composto del cloro . . 305.15
— di magnesia 270.11
compratore di lino . . 210.10
compressione d'aria . . 352.1
— della juta . . 239.1, 240.6
— della juta bagnata . . 240.1
compresso, juta —a . . 235.9
compressore 130.11
comprimere in balle (cascami di juta) . 260.12
— la juta bagnata. . . 240.2
— l'ovatta 45.10
— il velo 59.16
concentrato, lisciva —a. 275.18
concentrazione per vaporizzazione 273.11, 305.18, 471.7
concentrico, regolamento 554.14
conciato alla quercia, cuoio 332.4
condensamento del velo 327.6
condensare il velo . . 327.7
condensatore 298.4
— a vapore 294.1
condizionare il filato . 573.7, 615.4
condizionatura dei filati 569.10
condotta d'acqua . . . 461.4
condotto 111.7
— d'adduzione del vapore 280.11
— di alimentazione . . 28.14
— dell'aria compressa . 455.10
— di collegamento zincato 39.6
— del cotone 38.14
— del gas 455.9
— in lamiera 84.4
— del nastro 76.18
— della polvere 259.10
— dei tubetti 361.4
conduttore, filo — elettrico 113.4
conduzione delle acque di lavaggio secondo il principio della contracorrente . . . 280.8
— di calore 294.15
congegno antiballone a piastra chiusa (aperta) . . . 153.1, 152.18
congiungimento 493.21
congiunto, ciocche —e . 383.11
congiunzione, fermaglio di 328.4
coni 34.7
— di frizione 163.2
— mobili uno sull'altro 224.9
conico, pignone . . . 176.7
connessione, cinghia di . 149.5
cono 43.12, 255.16
— d'avvolgimento . . . 155.12
— di carta compressa . 289.8
— di cuoio 187.3
— di frizione doppio . 527.3
— di frizione esteriore . 158.1
— di frizione rivestito di cuoio 158.3
— di frizione della ruota di scoccamento. . . 190.8
— di ghisa 289.9
— di guida 528.2
— inferiore 136.8
— nettatore 109.2
— spaccato 332.14
— superiore . . . 136.7, 149.3
— superiore della bobina 167.11
conocchia 10.17
consegna dei cilindri . 345.9
— di nastri 198.5
— di tela d'ovatta . . 198.6
—, meccanismo di — della carda 59.13
—, parte di — della carda 202.11
conservare i nastri in un ambiente caldo. . . 64.3
consistenza della colla . 117.14
consumarsi (corda del fuso) 555.7
— (nastri d'acciaio) . . 331.7
— durante la molatura 69.15
consumato, cuoio . . . 185.8
—, rotaia —a 174.4
consumazione di forza . 148.11
consumo dovuto alla molatura 69.14
— irregolare dei collari del cilindro 202.17
— di lana 264.4
— dei nastri d'acciaio . 331.8
— di sapone 277.8
— settimanale di cotone 17.14
contabile 5.24
contagiri 360.10
— dei fusi 133.10
contare i giri 563.18
contatore 389.2
— delle agugliate . . . 358.4
— di alimentazione . . 346.19
— automatico 389.5
— del lucignolo 207.3
— di matasse 133.11
— per un numero fissato (variabile) di giri 563.19.20
— della produzione . . 133.9
— a suoneria . 223.14, 249.10, 370.6
— di torsione . . 207.4, 348.3
contatto elettrico . . . 423.6
—, lunghezza del . . . 107.6
conversione dei titoli . 603.10
convertire, numero da . 603.14
contenente acido . . . 315.15
— acqua 459.3
— glicerina 315.21
— proteina 435.2
— sapone 366.4
contenere grasso libero 277.15
contenuto v. a. tenore, percentuale
— in acido solforico . . 315.6
— d'acqua 15.5
— di grasso 274.4
— di impurità 26.9
— di sudiciume 271.19
— della tramoggia . . . 30.2
— di umidità 10.8, 15.5, 293.13
continuazione del telaio 530.16
continuo, movimento . 182.7
contracorrente, principio della 280.8, 295.11
contralbero pendente . 350.23
contramanovella . . . 292.6
contrappesi 28.11
contrappeso 34.8, 39.2, 106.15, 125.11, 133.1, 258.8, 328.5, 613.15
— del pedale . . . 33.3, 43.4
contrario, in direzione —a 57.5
—, muoversi in senso 447.7
controbacchetta . 160.6, 351.18
— caricata 168.9
contro-corda . . . 177.10, 359.7
—-marcia 555.10
—-scroll 169.11, 349.15
controllo del cotone . . 13.3
— della fibra 14.9
— della mischia 19.5
— della percentuale di cascame 100.2
— del peso delle balle . 16.16
— della regolarità . . . 609.9
— della regolazione . . 80.3
— della resistenza . . . 606.9
— della torsione del filo 610.8
copale polverizzato . . 458.19
coperchio 31.8, 126.7, 361.5, 441.17, 444.6, 487.4.15
— d'acciaio 123.5
— aggiustabile 286.8
— anteriore del cilindro 291.11
— della bossola 94.13
— del canale di lubrificazione 344.14
— a cerniera . . . 79.3, 267.1
— chiuso 323.7
— in ghisa con nervatura 376.2
— dell'introduttore . . . 78.8
— con lame longitudinali 312.14
— in lamiera 201.10
— di legno 248.1
— di legno guarnito di velluto 108.10
— libero 284.1
— metallico regolabile . 202.7
— nettatore 108.8
— protettore . . 195.12, 201.8
— pulitore 108.8
— di pulizia 95.12
— di quercia 201.9
— dello scaricatore . . 79.2
— della secchia 283.2
— del serbatoio d'olio . 178.2
— della spazzola . . . 88.3
— di spia 27.11
— spostabile 177.5
— superiore rivestito con argilla. 376.4
— del tamburo 33.6
— del vaso girevole . . 112.4
— del volante. . 33.14, 44.9, 202.6, 323.9
coperte 397.8
coperto, bacino 225.14
copertura dell'anima . . 595.2
— di caucciù 116.1
— del cilindro di pressione 115.11
— di cuoio . . . 115.15, 118.11
— di feltro 115.14
— di flanella 78.10, 115.13, 117.3
— di legno 116.2
— di panno 117.2
— di vernice 120.7
copiglia 497.11
coppa 527.9
— della bobina 145.11
— di cuoio 547.12

coppa di frizione sull'albero a due tempi 161.10
coppia di cilindri 561.5
— di cilindri orizzontali 240.7
— di cilindri scanalati . 443.15
— di cilindri stiratori . 102.14
— di tiratura 388.7
coprimento dei cilindri di pressione 389.10
— del filato con delle tele bagnate 573.13
coprire le fibre di juta d'uno strato d'olio 237.11
coprirsi di fibre (volante) 323 4
— del filo esterno (filo fondamentale) . . . 560.2
copri-ruota del carro . 351.9
—-ruote 349.2
—-ruote delle ralle dei fusi 255 13
copritore di cilindri . . 3 15
corda (v. a. fune, cavo) 493.18, 594 13
— in amianto 595.8
— d'azionamento del carro a bobine . . 504.3
— ad anima schiacciata 594 19
— aperta 360.8
— d'arresto 549.8
— di budella 497.5
— di canapa 592.4
— a tre (quattro) capi 594.15.16
— di comando del carro 503.2
— commessa in gherlino 594.17
— conica 594.11
— a contrappeso . . . 181.6
— a x cordoni 594 14
— di cotone 592.8
— di crine di cavallo . 507 5
— di cuoio 592.10
— doppia 191.16
— doppia per l'azionamento dei due tamburi 550.11
— di entrata del carro. 169.12
— del filatoio automatico 359.4
— dei fusi 341.13
— a gherlino 501.3
— incrociata 169.14
— indebolita dall'incatramatura 508.22
— ingrassata 359.12
— intrecciata 597.7
— di juta 235.4
— in lana di legno . . 595.7
— da lancia 593.19
— della lumaca di rientrata 359.5
— di Manilla 592.7
— motrice 349.10
— di ormeggio 594.1
— in paglia. 595.6
— per paranchi 596.9
— per la pesca caricata con pesi 596.12
— piatta 597.12
— piatta cucita 597.13
— a piombo 258.2
— da ponte 594.10
— quadrata 597.9
— in quattro 594.16
— a quattro trefoli . . 594.16
— rettangolare 597.8
— di rientrata 206.7
— senza fine 503.1
— a sezione di trapezio 597.10
— per trasmissione . . 597.1
— in tre 594.15
— a tre trefoli 594.15
— di uscita 177.9, 206.6, 359.6
cordaio 494.6
— a mano 494.7
cordaiolo 494.6
cordame bagnato . . . 507.10
— di peli 514.1
— ripassato 507.16
— sfregato 507.12
cordami 592.1
— di canapa 494.19
— cuciti 597.11
— intrecciati 597.5
— ritorti 592.2
corde intrecciate . . . 510.1
— delle lumache . . . 359.9
— rettangolari 510.3
— rotonde 512.2
cordellina 593.10
corderia 492.1, 494.13, 496.19, 503.11
corderia a mano 494.20
— meccanica 501.11
cordetta 11.3
— del freno 140.10
— dei fusi . . 356.3, 398.8
— per i fusi intrecciata 359.10
cordicella . . . 11.3, 593.10
— per asciugatoi . . . 593.21
— di canapa 593.11
— da frustino. 593.13
— per imballaggio . . 593.20
— da licci 593.14
— da muratori 593.12
— per stenditoi . . . 593.21
cordificio 494.13
cordino 593.15
cordoncino 580.11
— di cappiatura . . . 564.1
cordone 493.17
— di canapa 592.3
— da passamanteria . . 593 16
— di sacco 593.9
cordonet 380.10
cordonetto 586 19
— grossolano 587.3
coreggia continua . . . 441.16
Cornet, filatoio per lana pettinata 392.9
corno di bue 497.13
corona 149.15
— dentata 379.17
— del dente . . 68.11, 335.16
— del fuso 431.19
— del fuso di Bertholon 432.3
— girevole a punte di pettine 379.7
— dell'intelaiatura . . 55.12
— a punte 379.5
— a punte di pettine girevole 448.12
— rotante di rame . . 360.13
—, grande . . . 379.1, 449.5
—, numero 68.6
corpi estranei 24.12
— ruvidi 507.2
corpo della bobina . . 543.15
— cilindrico 519.3
— ricco in carbone . . 120 12
corrente d'acqua . . . 285.6
— d'aria inumidita . 573.1
— d'aria prodotta dal volante 323.1
— d'aria umidificata e temperata 574 18
— continua 157.8
— elettrica 112.9
— indotta 360.15
— trifasica 157.13
corrente a destra . . . 68 17
— a sinistra 68.18
correnti d'aria compressa 478.3
correre intermittentemente 386.18
— semplice (lucignolo) . 133.14
corretto, posizione —a . 97.4
corsa d'andata del carro 159.10
— assiale progressiva . 517.2
— aumentante 334.2
— del carro 164.10, 214.7, 345.1, 551.10
— della cordetta . . . 144.7
— costante 151.8
— del guida-filo . . . 535.10
— inclinata della corda motrice 349.10
— intermittente 177.1
— della madrevite del settore 172.3
— dei morsetti 215.5
— del porta-anelli . . . 151.7
— regolabile 334.3
— di ritorno del carro . 159.13
— degli sfregatori . . . 334.4
— variabile . . . 144.1, 551.15
corsoio 552.3
— della rotaia . 167.4, 352.7
—, biella a 246.4
corteccia interna del bozzolo 417.5
— di quillaia 278.2
costante della cardatura 49.20
— dello stiramento . . 49.20
— di torsione 154.8
—, corsa 151.8
costola 282.4
— dell'aspa . . . 565.7, 567.4
costruzione del fuso . . 145.3
— interna della bobina 571.17
cotone 492.13
— collodio 457.19
— diagonale 65.4
cotone egiziano 194.15
— di fibra corta (lunga) 14.12.13
— fulminante 462.10
— greggio 13.4
— impuro 15.15
— indurito 15.11
—-lana-cotone, fondazione di. 65.2
—-lana-gomma elastica, fondazione di . . . 65.3
— macchiato 13.10
— in masse compatte . 15.11
— originario 195.1
— pressato 20.2
— sodo 13.4
— di tiglio corto (lungo) 14.12.13
— tinto 13.10, 194.4
— umido 15.3
cotonificio 1.7, 137.6
cotonizzazione della filaccia 261.11
cotoniera 5.16
cotoniere 5.15
cotonoso, tatto 427.12
Cotton, disposizione delle sbarrette 215.10
cottura del lino 217.18
— della seta 433.11
cremagliera v. a. dentiera, asta dentata
— verticale 136.11
crespaggio 484.19
crespo 586.20
— della Cina 586.21
creta purgata 298.18
Crighton, apritoio . . . 34.11
crine artificiale 588.11
— di cavallo 493.2
— della chioma 493.4
— delle code 493.3
— del collo 493.4
crisalide 417.7
cristalli fibrosi 489.12
crivellato, ciottoli —i . 271.12
croce 498.16
— dell'albero ad eccentrici 394.3
— dell'aspa . . . 566.13, 567.6
— a espansione per cuoi di sfregamento . . 332.17
—, perno con sezione a 242.16
crocile 499.1, 500.13
cromato di potassio . . 316.5
Crossley, pettinatrice . 446.13
cucchiaio a staccio . . 418.16
cucirina, seta 586.17
cucirino, filo 581.22
cucito, cordami —i . . 597.11
cucitrice di cinghie . . 3.13
cucitura delle corde . . 512.5
cuciture 400.15
— „Tibet" 407.18
cuffia del tamburo . . 31.9
— del volante 44.9
culissa di guida 20.13
cuneo . . . 73.13, 332.15, 497.7
— d'acciaio 213.2
— compensatore 73.7
— regolabile orizzontalmente e verticalmente 162.7
—, disporre dei —i sotto le estremità dei cappelli 73.6
cuocere la seta 433.8
cuoi di sfregamento . . 331.13
— sfregatori divisi . . 333.10
— sfregatori lavati . . 332.13
cuoio 64.11
— artificiale 64.20
— di buffalo 204.7
— conciato alla quercia 332.4
— consumato 185.8
— di frotteur 387.15
— di lana 389.14
— di molatura 340.4
— di montone 64.13
— ruvido 97.14
— senza fine . . . 93.3, 98.5
— di sfregamento . . . 332.16
— di sfregamento liscio 331.15
— di sfregamento di pelle di buffalo 332.3
— di sfregamento ruvido 331.16
— di sfregamento con scanalature 331.17
— di sfregamento con scanalature incrociate 332.1
— di sfregamento con superficie raschiata (intagliata) . . . 331.18.19
— sfregatore . . 331.13, 387.15
cuoio per sfregatori . . 332.2
— di vacca 64.14
— di vitello 64.12
—, composizione di . . 64.15
cuore del lino 211.6
— di ramiè 262.8
—, eccentrico a 551.7
cursore (v. a. anellino, travellina, mobile) 137.20, 150.4
— a forcella 150.12
— in ritardo 141.18
curva 524.12
— molto rapida 517.8
curvato, braccio . . . 285.11
curvatura 475.11
cuscinetto . . . 105.6, 360.7
— autolubrificante . . . 145.2
— a collo flessibile . . 289.13
— a rulli 158.9
— a scorritoio 59.3
— a sfere 355.5

D

dado ad alette . 332.19, 548.4
— d'aggiustaggio . . . 54.10
— doppio 290.5
— sul quadrante . . . 350.7
— del settore 170.14
danneggiato, fibra —a . 26.2
—, vello non 264.19
davanti della testiera . 352.17
David, dinamometro . 607.7
debole, fibra 14.5
—, lisciva 275.20
decantazione d'un liquido 462.3
decigrammo 600.24
decimetro 600.8
decolorazione degli stracci 401.7.13
decomporre il grasso. . 300.14
decomposizione del composto di cloro . . . 305.19
—, filatoio a 225.8
—, tino di 300.1
decorticazione dei fusti 261.4
decozione schiumosa . 278.1
— di scorza di quercia. 419.16
deformata (mascella). . 84.12
Deiss, fissaggio della guarnizione 62.7
—, placca d'acciaio munita di punte . . . 62.8
denaro 602.23
denaturato, alcool . . . 458.6
—, olio di oliva 314.20
denier internazionale. . 602.24
denominazione della lana 266.12
densità della guarnizione di denti 68.4
— della materia . . . 64.8
dentato, rullo 20.9
—, segmento 170.11
— a stella, cilindro . . 235.13
dentatura esterna . . . 256.10
— interna 126.10, 256.11, 505.15
— iperboloide 343.2
dente . . . 36.3, 72.12, 312.11
— dell'agitatore 278.11
— dell'asta di guida. . 558.12
— avvitato 312.6
— di carda . . . 67.2, 335.8
— di carda con doppio ginocchio 336.4
— di carda smussato . 338.13
— dritto del lupo . . . 313.10
— di guarnizione . . . 67.2
— metallico 283.7
— ovale 558.10
— della scanalatura . . 116.12
— di sega 336.10
— a sezione triangolare 406.8
— del tamburo 30.13
dentello del tamburo . 444.4
denterella 173.4
— con noce 172.12
denti fini 335.12
— grossi 335.11
— del pettine 229.8
— piramidali 240.14
— in porcellana 536.5
— sfalsati 30.14
—, disporre i — alternativamente l'uno dietro all'altro secondo costole longitudinali 69.5

denti, i — sono disposti su linee rette gli uni dietro gli altri . . . 68.14
dentiera (v. a. asta dentata, cremagliera) 343.11, 566.15
depositare il pulviscolo 322.10
— e tenere le fibre . . 383.13
— un velo di fibre 480.10, 481.2
—, far — la calce . . . 271.2
deposito di cotone. . . 17.8
— dei fanghi 361.18
— di fibre tessili . . . 480.2
— del filato in cantine umide. 574.11
— del sudiciume . . . 284.5
—, mettere in. 17.9
deposizione (ipocicloidale) del nastro 76.19.20
depurazione dell'acqua . 270.20
— dei cascami di filatura 298.12
— delle fibre di seta. . 438.16
derivazione dell'elettricità 570.2
Déru, sollevatore . . . 281.1
desintregazione del legno bollito. 476.8
— del legno in fibre . . 475.11
destrina 428.15
destro, a comando . . 83.4
—, filato a torsione . . 153.14
destrorso, torsione —a . 541.1
detergente 274.17
deterioramento per la fermentazione . . . 236.19
determinare il tenore di soda 276.4
— il titolo 598.3
— l'umidità 615.4
determinazione dell'allungamento 608.17
— del grado d'umidità 615.5
— del tenore in grasso 299.15
— del titolo 603.11
— della torsione . . . 9.10
deviazione dell'indotto . 360.16
diaframma intermedio . 296.11
diagonale, alimentazione a giacitura 326.11
—, cotone 65 4
—, stoffa 64.24
diagonalmente, carica disposta 326.10
diametro dell'anello . . 149.16
— della bobina 124.15
— del filato. . . . 10.1, 66.16
— della fune 500.16
— irregolare del filo . . 411.13
— delle spire della molla 608.1
difetti, trattura senza . 421.3
difettoso agguistamento 174.3
—, bobina —a 174.12
—, di colore 236.14
—, parti —e. 455.2
differenti lunghezze di filzuoli 566.9
differenza tra la lunghezza calcolata e quella reale 604.11
— di qualità 15.2
— di temperatura . . . 293.6
— di torsione 154.5
differenziale Brooks e Doxey 127.1
— Dobson e Barlow . . 127.3
— Houldsworth 126.1
— Tweedale. 126.11
— con ingranaggio cilindrico a dentatura interna 126.10
— con ingranaggio cilindrico a doppio rapporto 127.2
—, disco 347.14
—, meccanismo 125.14
—, ruota 134.11
—, ruotismo 255.12
digrassatura chimica . . 297.9
digrossare la canapa . . 495.18
digrossato, canapa —a . 496.1
diluito, acido 303.1
—, lisciva —a 275.20
diminuire la altezza del nocciolo della bobina 167.9
— la proprietà di feltratura 302.10
— (viscosità) 463.11
diminuzione di peso per evaporazione 570.7
— del peso della falda 42.13
diminuzione della proprietà di feltratura . 302.9
dinamometro 606.24
— Baumgärtel 607.9
— David 607.7
— Goldschmidt 609.2
— Holzach 609.8
— Hoyer 608.7
— Poller 607.8
— Reusch 608.11
— Riedinger 607.6
— Schopper. 608.6
— Wainwright . 607.10, 608.5
— automatico per fili semplici 609.4
— automatico a matasse 609.5
— continuo 609.6
— per determinare l'allungamento 608.18
— per determinare la resistenza e l'allungamento 609.1.3
— per fissare al muro . 607.2
— a molla 607.4
— a peso 607.3
— tascabile a quadrante 607.1
— a trazione meccanica 607.5
— verticale 608.5
dipanabile, bozzolo . . 413.5
—, bozzolo non 436.6
dipanamento per la punta della canetta. . . . 556.9
dipanare 562.5
dipendente, leve in parte —i 185.12
direttore di filatura . . 1.12
—-gerente di filatura. . 1.11
— tecnico. 1.16
direttrice 421.2
direzione dell'alimentazione 325.12.14
— dell'avvolgimento . . 153.12
— contraria. . . . 57.5, 540.5
— di formazione della falda 325.16
— di giramento del fuso 541.11
— di marcia delle fibre 325.15
— del movimento . . . 191.1
— opposta alla torsione 431.7
— opposta, torcere nella 499.14
— di rotazione 181.8
— dello spostamento . 191.2
— di torsione . . 153.11, 541.12
— trasversale 325.18
— della uscita del carro 173.9
—, nella stessa . . 23.2, 57.4, 499.13
dirigere il calibro lentamente (rapidamente) 499.10.11
— il calibro a mezzo d'una corda 499.9
diritto, palette —e . . 45.3
—, animella —a 594.20
dirompimento 475.11
disacidificato, olio . . 148.9
—, stracci —i 403.7
disacidificazione 403.6
disbracamento automatico 357.5
disbracare 346.12
disbracato 346.17
discendente, incannatura 351.13
—, parte — della scanalatura 531.11
—, spirale 351.12
discendere (bacchetta) . 165.16
— (carro porta-bobine) . 547.7
— (truogo) 200.11
discesa del recipiente . 320.7
disco . . . 97.13, 488.7, 603.7
— arrotatore 73.2
— del bocciolo 185.3
— di chiusura 124.2
— a condotto obliquo . 76.3
— coperto di cuoio ruvido 381.9
— di cuoio per il rocchetto 140.12
— di deviazione 282.16
— differenziale 347.14
— a divisioni . . 54.11, 55.10
— di feltro 544.12
— di feltro per il rocchetto 140.11
— del freno 549.3
— a frizione . . 140.1, 233.13, 529.8, 532.5
— a frizione sulla brocca 529.7
— a frizione scanalato 448.11
— girevole 422.14
— del giunto 345.19
disco a gradini per ottenere differenti lunghezze di filzuoli 566.9
— graduato 432.7
— di guida 150.18
— Horsfall 72.8
— inchiavettato sull'albero motore 158.2
— intagliato 370.8
— d'inversione . 161.11, 448.5
— lentiforme con intagli 421.13
— a manovella 292.3
— con orlo conico . . 531.5
— portante i cappelli . 56.14
— raddrizzatore guarnito di felpa 98.12
— di scorrimento . . . 511.12
— a smeriglio 70.12
— di trascinamento . . 552.15
— trascinante 132.4
— del volante 35.3
discontinuità, nastro che presenta delle . . . 101.23
disfare le arricciature . 358.3
disgiro dei fusi 165.2
disgiungere il meccanismo d'arresto 113.14
disgranaggio 185.5
disgrassatura della lana 273.13
— col metodo fisico . . 366.9
disgregamento delle falde a mano 20.1
disgregare gli ammassi di cotone 20.4
— gli ammassi fibrosi . 21.6
disimpegno dello scatto 346.14
disinnestare 346.12
— i cilindri scanalati . 121.4
— i coni di frizione . . 163.2
— il recipiente di filatura 470.10
— la rientrata del carro 170.1
disinnestato 346.17
—, ogni fuso può essere — separatamente . . 521.6
disinnesto automatico per recipienti pieni . . . 112.3
— dei coni di frizione . 163.3
— elettrico 112.13
— del manicotto . . . 163.10
— meccanico 113.15
disinserire il recipiente. 470.10
dislocamento della costruzione interna della bobina 571.17
disodorare la seta fermentata. 438.1
disporre le bobine. . . 97.7
— dei cunei sotto le estremità dei cappelli 73.6
dispositivo v. a. meccanismo, apparecchio, apparato, macchina
— d'afferramento 384.7, 388.8
— d'afferramento di Parr-Curtis 558.6
— di alimentazione . . 93.10, 382.15
— di alimentazione per binare e ritorcere . 356.13
— di alimentazione dei bottoni 590.20
— di alimentazione del filatoio automatico con un paio di cilindri stiratori 205.3
— di alimentazione riversibile 40.6
— per arrestare il movimento di alzata e discesa 531.8
— ad asta dentata per regolare lo scartamento dei cilindri . 390.18
— automatico a chiudere la punta alla bobina 181.10
— automatico di chiusura del coperchio . 487.14
— automatico per l'inversione del manipolo 229.14
— di avvolgimento della catena del settore . 173.8
— di avvolgimento del filo sotto tensione regolabile 526.9
— per bilanciare la pressione 94.9
— per cambiare la lunghezza della corsa del guida-filo . . . 533.13
— a chiudere la punta alla bobina 171.5
dispositivo per compensare il peso 86.2
— per depositare e tenere le fibre 383.13
— di disinnesto meccanico. 113.15
— per eliminare i peli rigidi 409.9
— d'espansione 567.3
— per evitare fili doppi 354.3
— per evitare la separazione della miscela 313.7
— per formare lunghe falde 327.19
— per la formazione del nastro, di Baudouin 98.11
— di freno per la bobina 506.8
— di guida automatico del filo e delle bobine 612.4
— d'innesto. . . 53.1, 527.4
— d'inumidimento . . . 485.12
— di inversione automatica della corrente d'aria 575.10
— di levata 145.6
— per liberare le matasse 432.10
— di misura 149.8
— a molle per resistere all'urto del carro . . 192.9
— per montare le guarnizioni 337.10
— di movimento eccentrico delle punte . . 30.5
— per il movimento di saliscendi 152.7
— per l'oliatura 366.12
— di piegatura 488.14
— a pinze 343.9
— a ponte per il ritiro delle matasse . . . 565.11
— di presa 388.8
— di pulimento dei cilindri a punte . . . 389.6
— per la pulitura dei cilindri 108.7
— per raccorciare la catena di scoccamento 179.11, 184.1
— per regolare le aste dei guida-fili. . . . 535.12
— per rimuovere vecchi cuoi dai cilindri . . 389.11
— per ripiegare la coda 93.9
— per scaricare il pettenuzzo 446.2
— per lo scemamento della pressione sui cilindri superiori . . 106.7
— di sfregamento . . . 331.13
— di sfregamento a cilindri 333.7
— di sicurezza per disinnestare la rientrata del carro 170.1
— di sollevamento. . . 304.3
— spazzatamburo . . . 322.13
— di stiramento supplementare pel carro 164.12
— di tensione per cuoi sfregatori 332.13
— di tensione preliminare 536.7
— di tensione dei trefoli 504.6
— di tiratura 388.9
— per torcere la seta artificiale 474.3
— d'umidificazione . . 488.6
disposizione aperta dei denti 68.10
— delle bacchette della griglia 36.4
— delle corde per l'azionamento del carro . 177.8
— dei denti . . 68.8, 335.10
— dei denti a linee . . 69.2
— diagonale dei denti . 68.15
— diagonale dei denti da quattro (da sei) 68.16, 69.1
— diritta dei denti . . 68.13
— delle falde 327.13
— delle fibre 386.7
— del filo con (senza) movimento addizionale del fuso . . 532.1.2
— delle funi per lo spostamento del carro . 173.11
— della funicella del volante 353.2
— inclinata dei cilindri di alimentazione . . 404.6
— in linee a due (tre) denti 69.3.4

disposizione dei passaggi 103.11
— piena dei denti 68.10
— delle punte di guarnizione 67.5
— di rocchetti per filati di seta 545.3.4
— delle sbarrette, sistema Cotton 215.10
— semplice dei denti 68.10
— uniforme delle fibre 7.16
— del volante 202 4
— del volante sopra lo scaricatore 202.5
disposti a zigzag (fusi) 123.4
disposto alternato 384.2
disseccamento della materia fibrosa 25.4
— sino al peso assoluto 615.10
disseccare la seta sul rocchetto 468.6
— la seta sotto tensione 470.16
dissoluzione del grasso di lana 274.16
dissolvente per la nitrocellulosa 458.2
— volatile 297.10
dissolvente il grasso 275.2
—, potere 275.1
—, proprietà 419.7
dissolvere la caseina 471.19
— colla di pesce 459.8
— la guttaperca 459.7
— l'incollamento delle bavelle mediante gas 438.5
— la potassa 273.6
distaccabile, serbatoio ad olio 147.8
distaccamento della falda dal tamburo 321.14
—, meccanismo di 381.6
distaccare 378.6
— il fuso dall'aletta 547.13
— il saltarello 131.12
— la stoppa dai denti 213.17
distaccarsi (denti) 64.10
distaccatore 213.16, 328.10
distacco dei cilindri scanalati mediante leve 121.7
— delle cuciture 400.15
—, doppio — delle fibre dalla guarnizione 201.14
distante, cilindri registrati troppo —i fra di loro 105.10
distanza fra le assi dei fusi 129.13
— fra i bottoni 561.8
— fra il cilindro strappatore inferiore e la mascella inferiore 93.5
— delle sbarrette 372.2
—, adattare la — dei sopporti 127.9
distendere la canapa 231.18
— la colla sopra una lastra 117.16
— la juta pettinata 246.10
— i peli per asciugarli 514.4
distendimento della canapa 231.17
— della juta pettinata 246.9
— del lino 217.20
— della tela del rotolo 86.4
distenditore 219.10
distenditrice 219.11
disteso, canapa —a 231.19
—, juta —a 246.11
distillare l'acetone alla calce viva 460.7
distillazione della soluzione di grasso 298.11
distorcere 501.5
distorcersi ((filato) 569.15
distorcimento delle trecce 514.14
— dei trefoli 500.6
distorto, filo flammé 561.13
distribuire il liquido d'oliaggio sotto forma di fine spruzzo 239.12
— l'olio 318.1
distributore d'aria 572.18
distributrice di lana 266.13
distribuzione a cassetto a chiocciola 291.6
— irregolare della torsione 154.7
— uniforme delle fibre senza parallelizzazione 263.6
—, meccanismo di — del filatoio automatico 182.1
distruggere i colori (acido solforico) 403.5
— il fiocco nella lavatura 269.8
distruttivo, influenza —a degli acidi 302.13
distrutto, fiocco 269.7
distruzione della lappola per azione chimica 301.5
disuguale, filo 169.1
dito 172.11, 533.7
— d'arresto 180.8
— del contatore 179.3
— fisso 549.10
— di guida 349.4
— d'innesto 353.15
— delle maglie 254.4
— regolabile 205 11
— sul telaio 185.6
— tenditore della catena 547.8
dividere il lenzuolo fra due pettini 444.7
— in manipoli (lino) 213.4
— i trefoli 500.5
— il velo 329.7
— il vello 205.1
divisibilità delle fibre 237.8
divisione con aghi 478.4
— con coltelli circolari dentati 478.5
— con correnti d'aria compressa 478.3
— delle fibre 230.16
— del foglio di pasta sullo staccio in nastri per mezzo di getti 477.13
— del velo della carda 193.6
— del velo con cigne 203.12
— del velo in striscie (trasversali) 329 6.10
—, apparato di — a cigna 203.13, 330.7
—, apparato di — del velo 330.5
divisioni 183.15
divisore (operaio) 215.14
— belgio 330.7
— a cigna 203.13
— a cinghie multiple 330.11
— a una sola cinghia 330.10
— della falda 203.11
— a nastro d'acciaio 330.12
— di velo 193.9, 203.11, 330.5, 491.2
Dobson e Barlow, apparecchio per arrotare i cappelli 74.9
—, apparecchio di regolazione del gran tamburo 79.6
—, differenziale 127.3
—, meccanismo d'arresto automatico 110.14
—, meccanismo di inversione 132.5
—, meccanismo registratore dei cappelli 54 15
—, pettinatrice duplex 91 1
doghe di legno 285.3
dolce, apritura 25.14
—, rendere la fibra di juta 237.7
dolcezza del filato 138.20
doppia azione, cilindro spogliatore a 321.7
— carda 319.4
— carda con alimentazione per lungo 199.8
— cardatura 80.9
— facciata, con 257.2
— filatura 343.5
— leva 182.10
— serie di pettini 372.1
— torsione, filatoio a 491.10
— torta 422.7
— velocità 189.4, 189.6
doppio (bozzolo) 414.12, 436.12
doppio braccio 129.2
— campo di pettinatura 451.6
— cilindro pettinatore 333.8
— distacco delle fibre dalla guarnizione 201.14
— effetto, lupo a cenci a 405.6
— fondo 285.8, 571.6
— fondo a molla 76.13
— fondo a staccio inclinato 278.13
— ginocchio 336.4
— rapporto 127.2
— svolgimento della tela 50.13
—, filo 354.4
doppione 414.12, 436.12
drappi follati e non follati 399.13
drizza 596.17
due fronti, a 545.11
— piani, a 551.1
— velocità dei fusi 189.2
duplex, pettinatrice 91.1.2
durata dell'alimentazione 94.3
— della carbonizzazione 307.1
— del lavaggio 268.14
durezza dell'anello 150.1
— media, filato di 606.1
— permanente 270.1
— temporanea 269.22
— totale dell'acqua 269.21
— uniforme 66.12
— vitrea 74.11
duttilità del filo 10.2, 608.16

E

Eastwood, lavatrice per lana 283.13
ebanite 112.11
ebollizione del legno in una lisciva 476.7
—, punto d' 570.8
ebonite 112.11
eccentricamente, montato 447.6
eccentrici regolabili 190.4
eccentrico 60.2, 98.15, 260.10, 283.9, 373.8
— dell'alimentazione 93.12
— per l'alzata del carro 246.8
— anteriore 125.5
— assiale 249.11, 536.13
— avvitato 560.10
— del carro 162.10
— dei cilindri 162.9, 176.9
— a cuore 246.7, 537.13, 551.7
— a cuore asimmetrico (simmetrico) 551.11.12
— della leva del guidacingolo 162.11
— delle pinze 382.1
— posteriore 125.6
— per raccorciare la catena del settore 350.8
— a scanalatura 182.11, 183.3
— degli sfregatori 333.15
— a spostamento assiale 182.3
— superiore del movimento del carro 230.2
—, albero 106.9
—, dispositivo di movimento 30.5
eccessivo, alimentazione —a 28.3
—, tiratura —a 101.14
eccesso di acido 304.18
— di consommazione di forza 148.11
— di sapone 277.7
eccitato, fibre —e dall'elettricità 102.7
eccitazione elettrica delle fibre 102.6
effetto di battimento 31.5
— della carbonizzazione 301.13
— egualizzatore dell'addoppiamento 81.2
— reciproco fra la corrente d'aria e la forza centrifuga 32.2
— della sbianca 287.3
— di serraggio 103.4
— di sfregamento 332.11
efficacia del cilindro 51.4
eguagliamento della disposizione delle fibre 386.7
eguagliare il nastro 100.14
eguagliatura dello strato di fiocchi 200.8
eguale (quantitativo del materiale nel truogo) 200.12
—, lunghezza 223.17
egualiante, addoppiatura 326.19
egualizzare il cuoio 118.16.17
— la falda 41.9
— la superficie 64.19
egualizzatore, effetto 81.2
egualizzazione mediante addoppiamento 81.1
elasticità 66.15
— aumentata 475.9
— della materia 64.9
Elbeuf, titolo francese 600.2
elementi del sudiciume 272.8
elementi vegetali 402.2
elemento della fibra 6.13
elettricista 5.21
elettricità delle fibre 102.8
elettrico, azionato con motore 609.5
—, comando 157.6, 157.7.12
—, eccitazione —a 102.6
elevatore 560.9
— a secchielli 40.2
— a tazze 40.2
elica a passo piccolo (largo) 561.1.2
—, avvolgere ad 71.21
elicoidale, scanalatura 92.15
elicoidalmente, alette disposte 312.12
eliminare l'acqua 302.4
— l'acqua chimicamente combinata dal filo 468.1
— l'alcool dal filo mediante lavaggio 463.16
— l'aria saturata d'umidità 293.15
— le crisalidi 438.21
— le impurezze del filo mediante sfregamento 455.3
— la lana morticina 266.6
— i peli rigidi dal tamburo 409.8.9
— il pulviscolo 75.14
— il rame dal filo disseccato 467.16
— le sostanze coloranti resinose 432.16
— il sudiciume della lana 271.18
— la terra da follone lavando con acqua 298.16
— i vapori di etere 462.11
— lo zolfo della seta 434.22
eliminatore della polvere 203.10
eliminazione dell'acido 403.6
— dell'acido nella lana con bianco di Spagna 310.4
— dell'acido con macchine di lavaggio 310.1
— dell'acqua dalla lana (mediante idroestrattore) 287.5, 288.12
— dei bottoni 400.8
— chimica della lappola 301.1
— degli elementi vegetali 402.2
— delle fibre corte 374.4
— delle impurità del filo 428.20, 454.12
— della lana morticina 266.5
— delle lappole 308.10, 369.5
— delle materie in sospensione 271.1
— dei nodi di lino 216.8
— dell'olio 385.6
— parziale a macchina dell'acqua di risciacquo 287.9
— delle polveri dagli stracci 400.17
— del rame dal filo 467.15
— del solfato di sodio per lavaggio 309.16
— delle sostanze vegetali 301.4
— dei tratti sottili del nastro 387.8
emulsione d'acqua e d'olio 238.14
entrante, tela 45.8
entrare, far — la ciocca negli aghi 383.10
entrata dell'acqua di lavaggio 280.14
— d'aria 323.2
— della lana 296.15
— del vapore 571.7
epicicloidale, ingranaggi con denti —i 126.12
equilibraggio del carro 132.10
equilibramento, apparecchio di 79.8
equilibrare le masse 291.1
— le razze dell'aspa 40.14
— il tamburo 145.1
equilibrarsi (momenti di rotazione e di attrito) 149.7
equilibrato, tamburo 144.16, 312.1
—, tensione —a 37.1
equilibrio delle masse 290.15
erezione delle fibrille in seguito di elettricità 570.1
eri, seta 410.19
esagerare la tiratura 101.15

esame del cotone 13.3
— della mischia 19.5
esaminare i bozzoli 413.4
— al microscopio 467.13
— col tatto (cotone) 13.11
— il tenore del bagno acido 303.12
— il tiglio 14.10
— l'uniformità dei fili 610.2
esente da sali di ferro, acqua 438.19
esistenza di lana 264.3
espansibile, carrucola 250.15
espansione, dispositivo d' 567.3
esplosivo 297.12
esporre all'aria secca e calda (lana) 292.16
essenza di patate 297.18
essiccamento rapido, colla ad 117.11
essiccante all'aria, olio 458.11
essiccare all'aria ed al sole 292.11
— i bozzoli 417.9
— il cascame impregnato in un forno di carbonizzazione 440.12
— i cascami di seta lavati 440.4
— lentamente 292.20
— rapidamente 292.19
— al sole 417.15
essiccato, nastro 386.3
essiccatoio a canale per filati di lino 227.7
— meccanico Mc Naught 295.3
— meccanico Norton 295.12
— meccanico Snoeck 296.7
essiccazione con aria calda 417.16
— artificiale 292.14
— dei bozzoli 417.10
— dei cascami di seta 440.3
— a circolazione d'aria 293.19
— completa della lana 292.8
— in dati limiti di temperatura 417.12
— del filato di lino 227.4.5
— finale della lana 292.8
— della lana 287.4
— della lana da pettine 365.5
— naturale all'aria aperta 292.10
— dei peli 514.13
— rapida 292.18
— secondo il principio della contracorrente 295.11
— alla temperatura di x gradi 293.2
estensibilità del filo 10.2
estract 407.21
estraneo, corpi —i 24.12
estrarre il grasso 273.16
— il grasso di lana dall'acqua di lavaggio 299.14
— le parti dure 196.3
— provini 602.15
— i sali di potassa dal sudiciume 272.13
estratto 316.11
— di campeggio 236.16
estrattore 298.3
— dell'acqua dalla lana 287.8
— del grasso 273.15
— delle impurità 376.10
— dell'olio colla pompa 148.12
— delle parti dure dai cascami di filatura 196.2
— dei peli rigidi 322.11
— della polvere 197.1
— dei residui delle lappole 406.3
— dei sali di potassa dal sudiciume 272.12
estrazione della seta dai bozzoli 418.5
estremità d'afferramento delle pinze 449.2
— anteriore del fiocco 375.9
— assottigliata 243.11
— dei cappelli 73.6
— cardante del dente 335.18
— del cilindro scanalato 393.11
— di coda del lino 211.9
— coniche 519.7
— dure delle radici 243.3
— della guarnizione di cuoio 110.4
— del lino 211.5
— posteriore del fiocco 375.11
— alle radici del lino 211.9
— delle radici tagliate ad angoli retti 243.5
estremità della sbarretta 252.9
— sporgenti 118.8
— del telaio 558.16
— del telaio con ponte 565.12
— di testa del lino 211.8
etere 297.13
— acetico 460.10
— solforico 71.13
etichetta 16.9
— indicante la qualità 235.5
—, mettere le —e ai fasci comprati 210.4
evacuazione dell'olio sporco mediante pompa 555.3
evaporare del petrolio 438.8
evaporato, acqua —a 293.12
evaporazione 293.10
— di benzina 438.10
— dell'umidità raffreddando il filato 572.9
evitare l'accesso d'aria 59.11
— la separazione della miscela 313.7
evoluzioni del filatoio automatico 159.8, 182.1

F

fabbrica di guarnizioni da carda 69.8
— di lana artificiale 396.4
— di scardassi 69.8
— della seta artificiale 467.5
— di spago 494.14
fabbricante di guarnizioni da carda 69.6
— di scardassi 69.6
fabbricazione dei cavi metallici 509.1
— dei cilindri scanalati 120.8
— dei cordami di canapa 494.19
— dei cordami cuciti 512.1
— dei cordami torti 494.18
— delle corde intrecciate 510.1
— del filato pettinato 364.2
— di fili artificiali di cellulosa di legno 475.1
— dei fili di carta 479.7
— di fili di pasta di legno 476.5
— di fili provenienti da fibre di legno 475.10
— del filo flammé per filatura in fino 590.2
— di filo di lana cardata 263.13
— dei tessuti da carda 65.12
fabbro 5.25
facile, svolgimento 41.16
facilmente girevole 128.1
—, marciare 390.7
facoltà cardante 51.4, 67.9
— precipitante 463.7
— di presa 51.4, 67.9
fagara, seta 410.9
faggio 393.10
Fairbairn, impianto di una pettinatura 447.11
falce 243.6
—, in forma di 231.13
falda (v. a. ovatta, tela d'ovatta) 7.11, 41.7, 198.8, 325.3, 328.12
— alimentata nella direzione trasversale 325.18
— alimentata al minuto 41.18
— alimentatrice 41.11
— della carda in grosso (in fino) 325.4.5
— di cascame 322.8
— di cotone nella balla 19.17
— a fibre disposte nel senso dell'alimentazione 325.6
— a fibre incrociate 325.7
— formata per avvolgimento del velo 324.13
— formata sovrapponendo i veli 325.1
— di seta 450.17
falde prodotte coll'apparecchio Blamire 325.2
falegname 5.23
faloppa 415.9, 436.5
falsa torsione 9.7
falsificazione del lino 209.14
falso fondo 571.6
— organsino 586.13
— pelo di camello 363.13
fango 361.18
— del grasso di lana 300.2
farina di torba 299.11
fascio 243.17
— di lino 217.8
— di lino legato 210.5
— preparato di lino 210.3
fastello di canapa 496.13
— di lino 217.8
— di lino legato 210.5
fattura, peso di 16.19
felpa 98.12, 557.16
feltrante, potere 396.3
—, proprietà 406.14
feltrato, materiali (non) —i 395.14, 396.1
feltratura, proprietà di 302.10
feltro 478.16
— grosso 65.4
— di lana 397.19
— unto 397.20
fendere il cuoio 118.20
fendersi (manicotto) 119.12
feritoia curva 123.14
— di guida 537.9
— di regolazione 90.9
fermaglio di congiunzione 328.4
fermare l'aspa 424.15
— il carro durante l'entrata 357.6
— il contatore 370.12
— le estremità annodate dei trefoli agli uncini 504.16
fermarsi (carro) 164.18
fermata del carro 164.19
fermentare i cascami all'aperto 437.19
— i cascami di seta 437.11
fermentazione dei cascami di seta 437.8
— della juta imballata umida 236.18
ferri angolari girevoli 367.11
ferro battuto 286.1
— di cavallo, nucleo a — 113.9
— cementato alla superficie 120.15
— per entrare le matasse 578.5
— a grana fina 191.4
— per sfregare la canapa 495.12
fessura arrotondata 373.13
— laterale 130.8
fessure a forma d'angoli 354.5
fiacco, fibra —a 14.5
fiamma d'un canello a gas 491.6
fiammelline di gas 455.6
fibra 6.12
— arricciata 6.19
— di cocco 492.15
— corta 6.16, 195.5
— di cotone 14.8
— danneggiata 26.2
— debole 14.5
— elastica 14.4
— elementare 49.18
— fiacca 14.5
— di fibroina 434.6
— flessibile 240.5
— a foggia di nastro 427.17
— di legno 588.19
— del lino della Nuova Zelanda 492.8
— di lino ricca in materie gommose 225.11
— liscia 6.17
— lunga 6.15
— morta 14.6
— ondulata 6.18
— di ortica bianca 261.3
— pieghevole 240.5
— della pinna marina 411.2
— di radice 236.9
— sdrucciolevole 194.8
— senza resistenza 14.5
— serica del bombice domestico 411.6
— serica di forma cilindrica appiattita 411.12
— di seta trasparente 428.1
— di testa 236.8
— vulcanizzata 76.11
fibre eccitate dall'elettricità 102.7
— di media lunghezza 451.3
— pettinate 245.3
— sciolte 247.3
— tessili 480.2
— vegetali 402.3
fibrille 570.1
fibroina 411.9
fibroso, materia —a 20.3
fibroso, cristalli —i 489.12
fila di cilindri 103.7
— di denti 85.5
— di fori 61.7
— di fusi 123.3
— di gills 223.7
— di punte, ultima 88.2
filabile 7.2
—, non (bozzolo) 436.6
filabilità 7.1
— della fibra di juta 237.13
— inferiore del mungo 406.13
filaccia 261.9
— di lino 211.17
filaccioso, juta —a 236.15
filamento di bozzolo appezzato 421.10
filanda 412.9.10
filandiere 412.7
filare 1.3
— la canapa 234.3
— i cascami di cotone 194.13
— il cotone al sistema di carda a filare 193.4
— i fili di vigogna 408.3
— il filo di borretta 454.4
— il filo di viscosio 468.12
— in fino 9.17
— in grosso 9.14
— la juta 234.8
— la lana oliata 318.2
— la lana secca 318.3
— con leggera torsione 496.18
— il lino 210.16
— a secco 256.16
— senza torsione supplementare 164.15
— la seta artificiale 467.6
— la seta dal bozzolo a secco 421.17
— a torsione dolce 138.17
— il viscosio 468.11, 469.1
filastica 582.3
filati v. a. fili
— di canapa 582.1
— di cascami di seta 587.18
— colorati 194.2
— di cotone 579.2
— di fantasia 589.12
— grossolani di seta 545.3
— di juta 582.5
— di lana 582.11
— di lana cardata 582.12
— di lana pettinata 583.16
— di lino 581.5
— di peli 585.3
— di seta 586.3
— di seta artificiale 588.5
— di seta a forte torsione 545.4
filato (v. a. filo) 9.18
— (seta) 430.5
— adatto alla follatura 606.6
— d'alpaca 585.14.15
— di amianto 589.10
— di amianto con anima 589.11
— di borretta 588.3
— carico 605.15
— di carta 588.21
— di cascame 195.3
— di cascemir 585.21
— per catena 154.14
— per catena ordinario 138.11
— per catena a torsione forte 138.10
— di cellulosa 588.18
— di chappe 587.19
— di chappe ad un sol capo 587.20
— di cocco 588.14
— per corda 493.15
— per corda (fino, grossolano) 592.11.12.13
— per corda mal unito 592.14
— di crine di cavallo 586.1
— di durezza media 606.1
— duro 605.22
— di fibra di legno 588.19
— di filosella 587.24
— finito 591.2
— in fino 590.3
— flammé 589.14
— forte 598.18
— a forte torsione 498.7
— di galettame 587.24
— imitazione 194.3
— increspato 591.3
— ineguale 605.21
— irregolare 605.21
— di lana di pino 588.16
— lavato 605.9
— non lavato 605.8

filato liscio 363.17
— da maglierie 585.4
— in matassine corte . 563.6
— meno regolare . . . 605.20
— di x mezz'once . . . 604.7
— di mezza catena . . 138.21
— mezza-lana per maglieria 585.2
— mezzo pettinato . . 364.11
— misto di alpaca e seta 585.16
— di mohair (misto) . 585.19.20
— molto regolare . . . 605 18
— olioso 605.7
— ordito 498.11
— di passamanteria . . 585.7
— di pasta da carta. . 588.20
— di pelo biancastro . 585.10
— di pelo bianco . . . 585.9
— di pelo di cammello. 585.13
— di pelo di capra . . 585.13
— di pelo grigiastro . . 585.11
— di pelo grigio scuro . 585.12
— di pelo per tappeti . 586.2
— di pelo di vacca . . 585.23
— di pelo di vitello . . 582.22
— a perle di ceralacca . 591.13
— di pettenuzzo. . . . 454.5
— pettinato 363.18
— pettinato duro . . . 364.7
— pettinato mescolato . 364.1
— pettinato soffice . . 364.8
— piatto 589.7
— piatto con anima di filo tessile 589.8
— piatto con anima metallica 589.9
— pulito 605.5
— di ramiè 588 15
— regolare 605.19
— resistente 9.22
— ritorto (v. a. ritorto, filo ritorto) 12.13
— rotondo 589.6
— saturo d'umidità . . 615.7
— sbiancato 605.11
— secco 606.5
— della seta 429.15
— silvaline 589.2
— sinistroso. 153.13
— di Smirne 585.5
— soffice 159.19, 606 2
— per tappezzeria . . . 585.6
— tessiline 589.5
— tessilite 589.4
— tessilosa 589.3
— tinto 605.13
— tinto in colori solidi. 605.14
— di torba 588.17
— a torsione destra . . 153.14
— con torsione dolce . 9.19
— con torsione forte . 9.20
— a torsione sinistra . 153.13
— per trama 139.1
— umido 606.4
— a umido 227.8
— per l'uncinetto . . . 585 8
— uniforme 605.19
— unto 605.6
— viscelline 588.12
— water 138.11
— xiloline 589.1
— zeffiro 545.11
filato senza (con) interruzione 416.8.9
— irregolarmente . . . 416.7
— regolarmente 416.6
filatoi a fusi fissi . . . 341.4
— con fusi viaggianti . 343.6
filatoio 10.15, 137.7
— ad acqua calda . . 225.8
— ad alette 225.3
— ad aletta orizzontale 501.13
— ad alette per la filatura simultanea dei nastri di carta e di materia fibrosa 485.9
— ad alette per fili di carta con bagnatore e meccanismo d'arrotondamento 485.1
— ad alette per filo di pasta di carta. . . 479.5
— per amianto 491.9
— ad anelli per seta. . 452.9
— automatico 343.13
— automatico per cascami di cotone. . . . 204.14
— automatico per filo pettinato 392.14
— automatico intermittente . 11.17, 138.14, 159.7
filatoio automatico per numeri fini 188.16
— per bobine tubulari . 208.1
— Camel 430.3
— a campana 392.5
— per canapa. 234.4
— a casse girevoli . . 208.1
— a cassette per filati di carta 486.16
— Chapon 209.12
— del Chardonnet . . . 460.16
— continuo . . . 11.12, 138.2
— continuo ad alette . 11.13, 138.3
— continuo ad anelli . 11.14, 138.4, 226.7, 341.9
— continuo ad anelli per filare la catena . . 154 15
— continuo ad anelli per filare il lino . . 226.8
— continuo ad anelli per filare la trama . . 154.12
— continuo ad anelli per filo di carta 480.7
— continuo ad anelli per filo di pasta da carta 479.6
— continuo ad anelli per lana pettinata . . . 390.17
— continuo ad anelli con porta-fusi oscillante 391.8
— continuo ad anelli con testa a torsione . . 342.1
— continuo a fusi . . . 341.7
— continuo a fusi con doppia facciata . . 257.2
— continuo trostle. . . 390.16
— a decomposizione . . 225.8
— a disco 488.5
— doppio 11.8
— a doppia torsione . . 491.10
— per filati di numeri grossi prodotti da cascami 209.12
— per fili di carta. . . 484 23
— a due fusi 11.8
— a fusi con alette per lana pettinata . . . 390.16
— intermittente . 11.16, 138 13, 343.13
— per lana pettinata sistema Cornet . . . 392.9
— di Lehner 461.13
— per loquettes 343.8
— a mano 10.16
— meccanico 11 11
— a mezzo umido . . . 226.2
— a pedale con cordicella semplice . . . 10.18
— a pedale con doppia cordicella 11.4
— ring 138.4, 141.16
— a secco 225.4
— per seta 429.17
— a due tamburi . . . 144.10
— ad un solo tamburo. 144.9
— ad umido 225.8
filatore 2.15
— d'alpaca 408.15
— di canapa 234.11
— di chappe 452.10
— di cotone 1.10, 137.9
— di crine 408.7
— di filato per corde . 494.8
— di juta 256.17
— di lana di capra . . 408.13
— di lana cardata . . . 263.10
— di lana di lama . . 408.16
— di lana pettinata . . 364.5
— di lino 224.15
— a mano 10.10
— d'orditi 2.19
— di peli 408.7
— di peli di cammello 408.11
— di peli di vitello . . 408.9
— di pelo caprino . . . 408.13
— a secco 225.6
— del selfacting . . . 176.1
— di seta 435.10
— di stoppa 225.1
— di trama 2.21
— in umido. 225.6
— di vigogna 409.1
filatrice 2.16
— di canapa 234.12
— di chappe 452.11
— di cotone 137.10
— di crine 408.8
— al filatoio ad alette . 2.17
— al filatoio ad anelli . 2.18
— di juta 257.1
— di lana di capra . . 408.14
filatrice di lana cardata 263.11
— di lana di lama . . . 408.17
— di lana pettinata . . 364.6
— di lino 224.16
— a mano 10.11
— d'orditi 2.20
— di peli 408.8
— di peli di cammello . 408.12
— di peli di vitello . . 408.10
— a secco 225.7
— di seta 421.1, 435.11
— di stoppa 225.2
— di trama 2.22
— in umido. 225.10
filatura 1.2
— (opificio) 1.6
— d'alpaca 409.6
— dell'amianto 489.5
— ad anelli 138.5
— della borretta . . . 452.12
— della canapa . 228.1, 233.6
— di canapa (opificio) . 234.13
— della canapa lunga . 228.13
— a x capi 421.5
— a un capo 496.15
— dei cascami di cotone 194.12
— dei cascami di seta 435.3.12
— dello chappe 452.2
— di cotone 1.7
— di cotone (opificio) . 137.6
— del cotone . . . 13.1, 121.8
— definitiva . . . 9.16, 137.4
— effettiva 9.16
— delle fibre di legno . 476.4
— di filati colorati . . 194.2
— di filati imitazione . 194.3
— di fili di peli . . . 408.6
— di filo pettinato flammé 590.4
— del filo semplice . . 496.15
— in fino 137.4
— in fino della canapa. 234.2
— in fino della juta . . 256.14
— in fino del lino . . . 224.14
— in grosso 9.13
— in grosso della canapa 233.7
— in grosso del lino . 224.3
— intermittente . 138.12, 159.4
— della juta . . 234.5.9, 254.10
— di juta (opificio) . . 234.7
— della juta con stoppa di canapa 234.15
— della juta con stoppa di lino 234.14
— della lana 263.1
— della lana d'Angora 409.13
— della lana da carda 341.3
— della lana cardata . 263.2
— di lana cardata (opificio) 263.7
— della lana pettinata . 363.9
— di lana pettinata (opificio) 364.3
— della lana da pettine 386.4
— del lino 210.17
— di lino (opificio) . . 209.6
— del lino a lunga fibra 210.18
— a mano 10.9
— meccanica 11.9
— del mezzo pettinato 364.12
— del mohair 409.13
— di mohair (opificio) . 409.12
— al mule 138.15
— multipla 146.11
— dei nastri di carta . 484.22
— dei peli 514.7
— di peli di cascemir . 409.7
— preparatoria . . 9.13, 121.9
— preparatoria della juta 254.11
— del ramiè 261.1.11
— del ramiè pettinato . 262.12
— colla ruota di ritorcitura 497.18
— dello scarto di pettinatura del ramiè . . 262.14
— senza stiramento supplementare del carro 393.7
— senza torsione supplementare 164.14
— della seta . . 410.1, 420.15
— della seta artificiale . 456.3 4
— di shoddy di seta. . 455.14
— della stoppa di canapa 228.14
— della stoppa di juta 234.10
— della stoppa di lino. 210.19
— di titoli bassi della lana pettinata . . . 364.13
— di titoli fini (opificio) 1.8
— a torsione dolce . . 138.16
filatura con torsione supplementare . . . 164.13
— su tubetti per bobine di trama 154.11
— del vetro. 491.5
— di vigogna 408.1
—, doppia 343.5
file d'aghi a gradini . . 372.6
— di rocchetti l'una sopra l'altra 474.9
filettato, asta —a . . . 529.12
filetti 398.15
filetto piano 252.5
— rettangolare 218.11
— della vite 252.6
fili v. a. filati
— accoppiati 12.9, 424.1, 515.5
— addoppiati 515.5
— artificiali della caseina 471.13
— artificiali di cellulosa di legno 475.1
— artificiali di fibroina 472.5
— artificiali di materie vegetali gelatinose . 472.11
— artificiali della soluzione di osseina . . 472.16
— artificiali di sostanze albuminose 471.10
— avvolti sull'albero . 196.12
— binati 515.5
— di carta 479.7
— doppi 334.7
— doppi, dispositivo per evitare 354.3
— duri, macchina per ritirare i 196.5
— esteriori 334.7
— grossi 535.14
— da innaspare 424.14
— metallici saldati . . 477.10
— di pasta di legno . . 476.5
— provenienti da fibre di legno. 475.10
— di vari colori. . . . 591.15
filiera 422.2, 466.7
— otturata 466.10
filling, macchina . . 443.5.13
filo (v. a. filato) . . . 535.5
— d'acciaio . . . 65.16, 493.11
— d'acciaio temperato e ricotto 66.4
— di albumina 471.11
— allentato. 140.7
— alpaga 583.2
— d'arcade 581.21
— attaccaticcio 469.3
— barège 584.20
— Bazar 579.7
— beige 584.7
— di borretta 454.4
— Botany 584.1
— a bottoni 560.12
— di bozzolo 411.5
— brillante 581.2
— brillantino 583.10
— da calze 580.13, 585.1
— da far calzette . . . 580.13
— di canapa 592.6
— di canapa incatramato 508.16
— in cannetta 583.11
— per carde 65.14
— caricato di rame . . 467.4
— di carta 475.8
— alla casalinga 583.6
— per castorina 580.20
— per castoro . 580.20, 584.3
— di catena pettinato . 583.20
— cheviot 583.23
— di cimossa 582.17
— Coconada 579.5
— conduttore elettrico . 113.4
— di cotone 580.1
— di cotone cardato. . 580.5
— di cotone egiziano . 579.3
— di cotone gazato . . 580.21
— di cotone pettinato . 580.6
— per crespo 584.19
— da cucire in canapa. 582.4
— cucirino . . . 580.8, 581.22
— damascato 584.16
— definitivo 539.18
— disseccato 467.16
— disuguale. 169.1
— doppio. 354.4
— doppio peloso . . . 425.8
— elastico 606.3
— elementare 539.3
— esplosivo di cotone fulminante (pirossilina) 462.10
— essiccato 227.11

filo esterno 559.4, 559.9
– estract 583.2
– feltrato 591.14
– di ferro 493.7
– di ferro della bacchetta 160.5
– di ferro cilindrico 65.17
– di ferro a sezione circolare 65.17
– di ferro della controbacchetta 160.7
– di ferro galvanizzato 493.8
– di ferro ramato 493.10
– di ferro stagnato 493.9
– di ferro tondo 65.17
– di ferro zincato 493.8
– del filatoio continuo 580.2
– del filatoio continuo ad alette 138.6
– per filetto 580.16
– finale 539.18
– fino 598.17
– in fino 9.18
– flammé 580.23
– flammé di un solo colore 589.17
– flammé di lana cardata 582.15
– flammé prodotto per addoppiatura 589.15
– flammé stampato 580.24
– da flanella 583.9
– fondamentale 559.3.8, 561.15, 591.4
– fondamentale, il – si copre del filo esterno 560.2
– fondamentale, il – dà della torsione al filo esterno 560.3
– di fondo 591.4
– fragile di seta greggia 428.4
– per fustagni 193.12, 597.17
– gazato 455.13
– di gelatina insolubile 471.9
– genappe 584.14
– glacé 580.7
– di greggia addentellato 425.11
– di greggia arricciato 425.11
– di greggia con capi svolazzanti 425.10
– di greggia con occhielli 425.12
– di greggia peloso 425.6
– di greggia seghettato 425.11
– di greggia con sfiloni 425.15
– greggio 581.8
– griseille 583.5
– in grosso 342.6, 579.18
– in grosso di lino 224.10
– in grosso di stoppa 224.13
– hairas 584.5
– imbevuto di catrame 508.15
– di imitazione 408.4, 579.8
– di imitazione vigogna 579.9
– impermeabile all'acqua 468.7
– che va all'incannatura 528.8, 533.3
– innaspato 610.12
– da intrecciare 511.8, 580.17
– jaspé 579.19, 584.9
– di Jumel 579.3
– di juta pettinata 582.6
– di lana artificiale 582.18
– di lana cardata 263.5
– di lana meccanica 582.18
– di lana mussolina 584.15
– di lana semipettinata 364.11
– di lana per tappeti 583.8
– per lasting 584.18
– per lavori all'uncinetto 580.12
– di legatura 561.16
– per licci 581.21
– di lino 581.6, 592.9
– di lino apprettato 581.14
– di lino di filatura a mezzo umido 581.12
– di lino di filatura a secco (ad umido) 581.11.13
– di lino lucido 581.16
– di lino sbiancato 581.17
– Luisiana 579.4
– lustrato 580.7, 584.4
– a macchina 581.10
– di Macò 579.3
– a mano 581.9
– marmorizzato 584.10
– meccanico 581.10
– mercerizzato 581.3
– merino 583.22
– per merletti 581.23
– mescolato 582.14
filo metallico antiballone 153.3
– metallico cilindrico 493.12
– metallico piatto 493.13
– metallico tondo 493.12
– di mezza-lana 579.11
– mezzo pettinato 583.17
– misto 582.8
– misto chiaro 582.10
– misto di lana e cotone 579.10
– misto scuro 582.9
– mouliné 584.12
– mungo 583.3
– mungo a forte torsione 583.4
– nitrato 581.4
– di numero grosso di grande morbidezza 193.10
– ad occhielli di mohair 562.1
– in olio 583.14
– d'ordito pettinato 583.20
– Orleans 584.17
– d'ottone 512.9
– a sezione ovoidale 65.18
– per passamanterie 580.18
– di pasta 478.14
– di pelo 591.5
– peloso 193.11
– perlato 591.8
– persiano 584.23
– pettinato 392.14
– pettinato flammé 590.4
– pettinato (non) lavato 583.18.19
– piatto 65.19
– pilot 580.19
– a piombo 363.2
– per pizzi 581.23
– profilato 493.14
– di prima (seconda, terza) qualità 579.12.13.14
– di rame 461.11, 595.18
– a sezione rettangolare 65.19
– per ricamo 584.22
– per ricamo al tamburo 580.15
– (non) ricotto 595.21, 596.1
– di ring 138.7
– ritirandosi dalla cannetta 525.2
– ritorto v. a. ritorto
– ritorto a bottoni 590.5
– ritorto a nodi 590.5, 591.18
– ritorto semplice 539.14
– del rocchetto 112.12
– in rocchetto 583.12
– rotondo spianato 66.3
– screziato 580.23
– secco e fragile 428.4
– del self-acting 580.3
– semplice 515.4, 539.3
– serico 425.9
– di seta arruffato 425.16
– di seta greggia irregolarmente innaspato 425.5
– di seta povero di rame 467.17
– di seta raggrinzato 434.17
– di seta verde-malachite 467.18
– settorale 66.2, 336.9
– di shoddy 582.19
– speciale 493.14
– stampato 581.1
– stirato 467.1
– stirato pel suo proprio peso 466.15
– di stoppa 581.7
– di stoppa di canapa 582.2
– di stoppa di juta 582.7
– di stoppa scuro 581.15
– tagliato 169.1
– da tappeti 583.7
– teso 140.8
– per tessere 581.18
– tessile 589.8
– „Thibet" 583.1
– tinto 580.22
– Togolina 579.6
– di Tournai 584.21
– di trama pettinato 583.21
– troppo torto 541.8
– a sezione triangolare 66.1
– sul tubo 583.13
– universale 582.13
– di vetro colorato 491.14
– di vetro flessibile 491.8
– di vigogna 408.4, 585.17
– vigoureux 584.8
– water 580.2
– zeffiro 584.24
– zibeline 582.16
–, il – passa entro un occhiello di guida 137.15
filo, il – è torto mentre s'aggancia sul sostegno 554.1
filosella, filato di 587.24
filtrante, materia 271.4
filtrare sotto alta pressione 271.3
filtrato, soluzione –a 463.15
filtrazione finale 271.6
– mediante un filtro di amianto 465.17
– preventiva 271.5
filtro ad acqua 271.7
– di amianto 465.17
– a ghiaia 271.10
– per olio 361.17
– a pressione 271.13
– di sabbia 271.15
–, primo 271.8, 362.1
–, secondo 271.9, 362.2
filzuolo 562.22, 599.1
– di seta 432.12
fine della catena del settore 184.11
– della rientrata 188.14
finestra 38.6
– del tamburo crivellato 44.10
finezza della bava 416.5
– del filo 598.16
finimento dei fili di fantasia 454.6
– del lino pettinato 216.4
finitore 388.1
finitrice 388.2
fiocchi 265.18
– bagnati 287.10
– di fibre 198.4
– di seta 450.17
– delle zampe 265.20
–, le fibre trovansi in 14.7
fiocco 25.13
– distrutto 269.7
– di fibre 49.16
– di fibre di seta 444.8
– di lana 375.8
– della pinna 411.4
fissa-corde 3.12
fissaggio della corda di rientrata 181.7
– del foglio di guarnizione 61.5
– della guarnizione 61.18, 62.2.3.4.5.6.7
– indiretto della guarnizione 61.16
– del nastro 99.2
– della riserva per formare il fondo 146.3
fissare l'acqua 302.5
– la barba sul morsetto 445.10
– la controbacchetta 175.11
– i denti 68.2
– il filo 432.6
– la fine della catena del settore 184.11
– i manipoli nei morsetti 214.12
– per ritorcitura i capi tagliati 562.2
– le spire con vaporizzazione 591.7
fissazione dei denti 68.1
fitto, tela juta –a 16.12
flanella 389.13, 397.6
flangia inferiore del tubo 546.6
– della spola 518.16
flange del cilindro d'avvolgimento 249.6
flessibile, rendere la fibra 237.7
flessibilità della corda 513.3
flessione del cappello 53.10
– elastica del dente indietro 67.8
floche 586.23
floche floche 587.2
floscio, ritorto 539.19
fluidissimo, olio 148.7
fluidità del dissolvente 463.10
focolare 306.14
– a coke 402.10
foderare con lamiera di zinco 239.7
foderato, casse –e di carta 578.9
foderatura di caucciù scanalato 245.7
fodere 407.16
foglio di carta entrante 483.6
– di carta inumidito 480.7, 482.6
– di carta ricoperto di (uno strato di) fibre (tessili) 480.8, 481.8
foglio di guarnizione 60.19, 64.5
– di pasta da carta 481.1
– di pasta da carta diviso precedentemente 478.7
follare in larghezza 484.20
follatura, addatto alla 606.6
fondamento in legno 290.6
fondazione di carta 64.18
– di cotone-lana-cotone 65.2
– di cotone-lana-gomma elastica 65.3
– in cuoio e tessuto 335.2
– in tessuto e feltro 335.1
fondino 131.3
fondo della bobina 175.16
– bucherellato 439.14
– di cartone 62.1
– della gabbia 22.12
– di legno 76.9
– perforato 283.3, 286.2
– del recipiente 289.1
– a staccio, doppio 278.13
– in tessuto di cotone 62.12
– del tino 285.7
– unito da cerniera 320.6
–, doppio 571.6
–, doppio – a molla 76.13
–, falso 571.6
forato, bozzolo 415.18
foratura della placca del cappello 61.6
forca disbracatrice della carda 324.9
– di disinnesto 95.6, 156.6, 348.18
– di guida 331.3
forchetta 166.9
– del giunto a denti 347.3
– guida-stoppino 129.8
– spostacinghia 112.1
forchetto di ferro 340.11
forgiato, anello 149.17
fori per l'azionatore della spola 554.12
– sfalsati 105.1
forma dei bozzoli 414.5
– del dente di guarnizione 67.3
– di griglia 477.5
– delle punte de carda 335.14
– della superficie d'avvolgimento 155.6
formaldeide 297.17
formalina 316.8
formante, parte – dello strato 155.14, 351.11
formare la bobina 140.14
– i bottoni 591.2
– un nastro 50.7
– il nocciolo 154.19
– nodi (bava) 425.13
– delle tele di parecchi nastri 81.5
– un velo 50.2.5
formazione di arricciature 169.4, 358.1.2
– di ballone 152.12
– di barba 107.16, 108.5
– della bobina 140.13, 154.17, 190.10
– di bobine con strati di altezza variabile 156.1
– di bottoni 560.6
– della corda coll'occhiello di guida 511.15
– d'una emulsione 275.4
– del filo 456.6, 468.10
– di gocce 464.7
– di lunghe falde con incrociamento 327.9
– di muffa 574.10
– di nastri di carta sullo staccio 476.18
– del nastro 50.6, 98.11
– del nocciolo 168.7
– di nodi 423.14
– di nodi per interruzione dell'alimentazione 560.4
– delle punte dure alle bobine 175.5
– di ricci 133.13
– dello strato durante l'alzata 551.16
– di tasche 327.1
– della tela d'ovatta 32.8, 45.6
– dei trefoli 498.4
–, allo stato di 480.10
fornello ad alcool 616.6
fornire il lucignolo 163.13
– la quantità di calore 293.4
fornitura su due lati 83.11

fornitura da un solo lato 83.12
forno di calcinazione . 273.10
— di carbonizzazione 306.3.6, 370.14.15.16
— a pettine 375.18
foro per l'olio 126.9
— di sortita 36.8
forte tensione del filo . 552 2
—, alimentazione . . . 102.3
—, lisciva 275.18
—, torsione 8 24
forza del bagno acido 303.11
— centrifuga . . 130.14, 288.13
— centrifuga del tamburo 31.4
—, dare la — al filato . 9.21
fosfato di ammonio . . 464.1
fossa di fermentazione . 437.15
fragile (fibra) 15.17
— (rivestimento di cuoio) 110 2
frammenti di crisalidi . 442.7
francese, classificazione — del filo 66.17
—, procedimento — di filatura 364.10
frantoio per balle . . . 20.6
— per i fusti del ramiè 261.5
— per la juta 240.6
frantumatrice meccanica a cilindri per amianto 490.9
frantumi di capsule . . 26.15
— di semi 26.14
freddo, collato a . . . 119.5
—, girare 148.15
—, rotazione —a . . . 148.14
fregare con olio di pesce 333.5
frenante, pressione . . 47.1
frenare il bilanciere mediante una leva ad angolo 162.4
— il rocchetto 544.13
— la spola 140.9
frenato, filo 527.11
—, rocca —a 525.13
freno . . 289.11, 337.12, 347.5
— dell'aletta 548.2
— automatico 258.4
— del fuso . . . 147.4, 209.3
— al ginocchio 147.9
— a mano 109.14
— a mascella 47.5
— a nastro 46.9
— a nastro per il manicotto del cilindro di alimentazione . . . 347.6
— a scarpa per ritorcitoi pesanti 549.12
— di scoccamento . . . 161.8
— della spola . . 545.9, 549.2
— del tamburo 192.11
fresa tagliatrice 57.1
fresato, scanalatura —a 523 9
fretta, molatura in . . 69.18
friabile, lappola 302.8
—, sericina 411.15
Friar, apparecchio d'immersione 241.6
frizione (doppia) di scoccamento . . . 179.6, 190.7
— supplementare . . . 190.9
frontale, sopporto intermediario. 178.5
fronte, di una sola . . 548.9
fronti, a due 548.10
frotteur 387.13
Fucus crispus 316.14
fulcrato 44.2
fumana 574.15
fumo 306.16
funaio 494.6
funaiuolo 494.6
funame bianco 508.21
— non catramato . . . 508.21
funami torti 494.18
fune (v. a. cavo, corda) 493.18, 594.13
— arrotolata 596.18
— per aspo 596.10
— catramata 508.18
— per ferrovie aeree . . 597.3
— di filo d'acciaio . . . 596.2
— di filo di ferro . . . 595.20
— di filo di ottone . . . 595.19
— di filo di rame . . . 595.18
— dei fusi 206.3
— di juta 235.4
— per legare i ponti dei muratori 594.10
— metallica 595.9
— metallica con anima di canapa 595.12
fune metallica a costruzione chiusa 595.16
— metallica a fili fini (grossi) 595.10.11
— metallica in filo (non) ricotto . . . 595.21, 596.1
— metallica flessibile . 595.17
— metallica piatta . . . 597.14
— metallica a spirale . 595.13
— metallica a trefoli piatti 595.14
— per orologi da torre . 593.22
— per piani inclinati . . 597.2
— portante 596.6
— per pozzi d'estrazione 596.5
— rotonda 596.3
— satura di catrame . . 508.19
— traente 596.7
— di trasmissione . . . 98.16
— di trazione 596.7
— a trefoli triangolari . 595.15
— a sezione triangolare 596.4
— vecchia di canapa . 507.6
funicella 11.3, 593.17
— del volante 353.2
fuoco diretto 418.11
—, pigliare 222.4
fuoruscita dell'umidità assorbita 572.10
fusaiuolo 10.13
fusi passivi 233.12
fuso 160.1, 510.6, 527.7 15, 530.3, 532.10, 552.14
— ad accentramento automatico 146 5
— Acmé 147.1
— ad aletta 10.19, 122.5, 139.10 257.11, 485.8
— ad alette di Bölsterli 547.9
— ad anello . . 486.15, 489.11
— d'avvolgimento . . . 534.1
— d'avvolgimento a movimento assiale di va e vieni 526.14
— d'avvolgimento con movimento di rotazione e corsa assiale progressiva 517.2
— d'avvolgimento con movimento di rotazione e con moto assiale di va e vieni . 517.1
— con azionamento a corda (nastro, cinghia) 502.1.2 3
— con becco per l'olio laterale 147.11
— per binatrici di seta . 430.14
— Booth-Sawyer . . . 145.4
— della cannetta . . . 531.2
— con cassetta 487.1
— cavo 233.9
— conico 431.17
— conico alle due estremità 145 8
— consegnatore 502.9
— con cuscinetto a sfere 355.5
— a disco con dispositivo d'umidificazione . . 488.6
— ad equilibrio automatico 548.11, 553.5
— per filatoi ad anelli . 144.2
— di filatoio continuo ad anelli 226.8
— del filatoio continuo Gessner 341.8
— che gira come (nella direzione opposta del)le sfere d'un orologio 541.13.14
— girante con velocità uniforme 123.8
— per fare gomitoli . . 538.13
— a gravitazione 146.5, 548.11
— con imbottitura di sughero 146.8
— lungo per ritorcitura d'articoli pesanti . . 552.10
— a mano 10.12
— a movimento assiale di va e vieni . . . 530.1
— con noce 474.5
— nudo 155.16, 155.17
— obliquo in acciaio . . 553.10
— precedente la bobina 123.9
— con punta conica . . 233.16
— Rabbeth 145.7
— di rastrelliera 550.1
— a sezione rettangolare 208.9
— ritardato 139.12
— per ritorcere 502.10
fuso per ritorcere a doppia azione . . . 553.9
— per ritorcere per bobine ad una sola flangia 556.8
— per ritorcere con collare e ralla riuniti 553.4
— per ritorcere Rabbeth 553.4
— per ritorcere di Rieter 552.12
— di ritorcitoio 546.3
— di ritorcitura 550.2
— rotante 137.14
— rotante a velocità uniforme 139.11
— con serbatoio ad olio a filettatura multipla 146.11
— a serbatoio d'olio laterale 556.7
— con (senza) serbatoio ad olio staccabile . 553.7.8
— spostabile 534.6
— susseguente la bobina 123.10
— a sezione triangolare 455.11
— ad uncino 497.9
— verticale 208.10
—, un (misura) 564.13
fusone 154.9
fusti del ramiè 261.5
fusto della bacchetta . 166.7
— del perno 544.3

G

gabbia di aspirazione . 48.8
— per cascami 22.14
— cilindrica caricata da una parte 308.5
— in legno 304.1
— di mischia 22.10
— piena 24.13
— a polvere 195.7
— sospesa 304.2
— vuota 24.14
galetta avariata . . . 415.11
— morta 415.12
galettame 436.10
galettamini 436.1
Galle, catena 395.7
galleggiante 365.12, 574.7, 608.9
—, bozzolo 420.2
galleggiare sull'acqua (bozzolo) 420.1
— nella lisciva (lana) . 282.10
galloni 400.10
galoppino 3.19
galvanizzato, filo di ferro 493.8
gambe 265.17
gancio di chiusura . . 487.5.16
— da cordaio 499.4
— sul disco 172.1
— per appendere il battuffolo di cascami . 100.6
— per fermare il carro . 162.15
— di pressione 46.10
— di pressione a molla 21.1
— di sospensione . . . 613.14
Garnett, guarnizione . 336.11
garza per filtrare . . . 463.13
garzato, panno 397.5
gas 438.5, 455.6
— d'ammoniaca 460.8
— proveniente dal precipitato di grasso di lana 300.6
gasoso, acido 305.10
gazare il filo 455.5
—, macchina per 455.7, 521.5
gazato, filo 455.13
gazatura dei fili . . . 455.4
Gegauff, pettinatrice . . 91.7
gelatina 459.9 471.1
— mercantile 471.3
— vegetale 472.14
gelatinoso, sostanza —a 471.5
generi del filato 579.1
Gessner, fuso 341.8
gesso 310.6, 336.15
gettare i filamenti sopra il pettine fisso . . . 375.7
— via le fibre (volante) 323.5
getto d'acqua sotto pressione 477.15
— della bava 421.8
— del capo 421.8
— d'una corrente d'aria 384.6
gherlino, cavo a 594.17
—, corda a 501.3
ghiaia stacciata 271.12
ghiera d'arresto 95.7
ghisa 21.8
— dura 55.1
giallo dorato, bozzolo . 415.2
Gianetta 159.5, 341.5
gill 218.9
gill-box 371.18, 385.17
— circolare 372.7
— con sbarrette incurvate 372.11
ginocchiera 133.3
— a compensazione . . 133.5
ginocchio della punta di carda 335.15
girante attorno al perno 534.4
— scentrato 202.18
— con velocità uniforme 123.8
girare continuamente . 182.8
— con difficoltà . . . 107.13
— freddo 148.15
— intermittentemente . 342.4
— a intermittenza . . . 84.8
— irregolarmente . . . 384.13
— in una padellina . . 544.5
— non rotondo 107.8
— in senso inverso . . 165.3
— in senso opposto . . 29.4
— ad una velocità angolare costante 516.7
— con velocità periferica crescente 102.15
— ad una velocità periferica costante . . . 516.10
—, far — mediante manovella 54.14
giratorio, aletta —a . . 233.10
girevole, cappello . . . 53.7
—, facilmente 128.6
giri contati, seta a . . 602.17
— del fuso al minuto . 137.15
— di torcitura, due — con un giro del fuso . . . 554.2
— di torsione per metro 431.2
giro dell'anellino . . . 150.14
— d'aspo 562.23, 599.10
— d'aspo di x yards (metri) 599.8.9
— del fuso 554.2
— del pettine circolare . 82.20
—, il fuso fa x —i . . 144.3
giù, mettere in 291.2
giudizio del filo all'occhio 610.1
giunto a denti . 29.12, 345.17
— a denti per il contatore di alimentazione 346.4
— incollato del cuoio . 119.7
— metallico per corde . 513.13
giuntura (v. a. intrecciatura) 359.18.19
— delle corde 493.19
— del cuoio 119.7
— delle falde 325.11
— mal fatta 159.1
— della tela 81.8
giuoco del filatoio . . . 159.9
— delle pinze 382.10
Glanzstoff 588.6
glicerina 428.11, 484.1
glifo, pezzo a 125.7
—, sopporto a 190.14
gocce, si formano . . . 464.8
gocciolare, far — l'eccesso di acido 304.19
gola 109.15, 483.5
— del cilindro 393.12
— della corda 180.13
— di davanti 353.9
— di dietro 353.10
— doppia 353.12
— di frizione a forma di cuneo 180.14
— della puleggia da corda 506.11
— del rocchetto per la cordetta del freno . 140.10
— della sella 106.14
— singola 353.11
— del volante 353.8
Goldschmidt, dinamometro 609.2
gomena 494.15, 596.16
gomito 39.8
gomitolaia 5.6
gomitolaio 5.5
gomitolatrice 538.2
gomitolo 518.4, 520.17
— rigonfiato nel mezzo 520.18
— di spago 593.7
—, macchina a —i . . 518.5
gomma 290.3
— arabica 428.16
— elastica 65.8
— di seta 411.3

gommoso, materie —e 225.11
—, punti —i 434.7
gonfiamento della lana 284.3
— della sericina sotto forma di nodo 411.18
gonfiarsi (lana) 284.2
gradazione di tinta 194.7
gradi, lisciva di x 275.19
gradini aggiustabili verticalmente 567.9
grado di cardatura 49.11
— di durezza 74.12
— di durezza dell'acqua 269.20
— di finezza 598.15
— idrotimetrico dell'acqua 269.20
— di rigidità del dente 67.4
— di saturazione 272.17
— di secchezza 615.12
— di stiramento 142.12
— della tempera 74.12
— di torcitura 431.3
— di torsione 9.3
graduale, aumento 174.10, 280.5
—, riduzione 174.11
gradualmente, pettinare 212.1
graduato, leva —a 241.10
Graf, meccanismo di formazione del filo a bottoni 560.12
graffa 39.10
grafite 63.14
grammo 600.23
gran tamburo 51.2, 78.11, 199.11, 247.9, 250.6, 369.17, 370.14, 450.3
— tamburo inferiore 406.5
— tamburo superiore 406.4
grana fina 71.3, 191.4, 416.20
— grossa 71.2
— piatta 71.5
— rotonda 71.4
— dello smeriglio 71.1
— a spigoli vivi 71.6
granatina 586.10
grande corona 379.1, 449.5
— cilindro spogliatore 51.7, 79.5
— velocità del fuso 147.10
grandi matasse, greggia in 426.4
granellini di crisalidi 442.7
grano 603.1
Grant, aspa ad incrociatura 432.2
granuloso, strato — di sericina 411.19
grasso animale 315.12
— (non) combinato 272.2, 274.2
— contenente acido 315.15
— di crisalide 419.11
— di gualchiera 316.11
— di lana 299.14
— di lana leggero 274.7
— di lana liquido 300.15
— di lana oleoso 274.7
— di lana pesante 274.8
— di lana solidificato 300.18
— di lana viscido 274.8
— libero 274.2
— liquido 315.13
— naturale 315.14
— naturale delle lana 274.1
— neutrale 315.16
— rancido 274.11
— saponificabile 274.3, 315.10
— saponificato 275.7
— vegetale 315.11
graticci senza fine 575.14
— senza fine con movimento nella stessa direzione (opposto) 23.2.3
— di trasporto 22.3
graticcio (v. a. tavola) 307.10, 375.9
— alimentatore 48.6
— di alimentazione 41.1, 199.1
— di alimentazione a punte 443.8
— alimentatore verticale a punte 260.9
— d'aspersione in rete metallica 573.12
— distributore 23.8
— elevatore a punte 28.6
— per falda 328.11
— di filo metallico 294.4, 295.4
— inclinato a punte 28.6
graticcio inferiore orizzontale 21.8 29.2,
— con meccanismo di inversione automatica 40.7
— mobile 20.8
— orizzontale sopra liste di cuoio 201.1
— a polvere 38.15
— principale 23.7
— a punte 22.4, 200.7
— spogliatore 320.4
— verticale 23.4
— verticale doppio 201.6
— verticale di trasporto 21.9
graticola di legno 229.13
gravità, asse di 553.6
—, centro di 191.6
greggia (v. a. filo di greggia, seta greggia) 425.2
— dell'Anatolia 426.12
— del Bengala 426.9
— di Brussa 426.12
— con capi annodati 428.17
— cinese 426.5
— della Corea 426.8
— europea 426.14
— francese 426.15
— giapponese 426.6
— in grandi matasse 426.4
— greca 426.19
— italiana 426.16
— levantina 426.11
— pelosa 425.7
— persiana 426.10
— in piccole matasse 426.3
— rinnaspata 424.18
— siriaca 426.13
— spagnuola 426.18
— ungherese 426.17
— uniforme 425.4
greggio, cotone 13.4
—, filo 581.8
grigiastro 585.11
grigio scuro 585.12
griglia 27.6 16, 49.1, 220.12, 259.3
— antiballone 153.4
— con barre inclinate 197.11
— a barre piatte di ferro 368.7
— a barre con placca a pettine 36.11
— di cernita 399.15
— conica del volante 35.4
— di ferro 570.16
— a ferri angolari 367.10
— in filo metallico 267.13, 297.5
— del gran tamburo 79.1
— sotto l'introduttore 78.1
— in lamiera 267.12
— di lamiera d'acciaio 267.11
— mobile 48.4
— a piastra 36.7
— a polvere 29.6, 260.4, 312.13
— registrabile 48.4
— regolabile 48.4
— rettilinea 33.8, 33.16
— delle sbarre a punte 260.11
— Schällibaum 48.1
— spostabile di fianco 196.16
— del tamburo 31.12, 33.7
— a tasche 36.9
— del volante 33.15
griglie 153.5
grossa 577.9
grossezza 174.14
— della carica 41.14
— della falda 325.8
— del filato 10.1, 598.14
— nel filo 454.10
grossolano, lino 217.3
—, tela juta —a 16.13
grumello 454.7
grumoso, colla —a 117.13
gruppo 454.7
— di cilindri 103.7
— di tubi di riscaldamento 295.5
guaina del fuso 510.9
gualchiera, grasso di 316.11
guardapalma 498.2
guarnire il cilindro 337.4
— con cuoio ruvido (turbina) 97.14
guarnito di aghi, tamburo 446.4
—, cappello (non) 53.12.13
guarnitore di carde 4.11
guarnitura di punte d'acciaio 48.12
guarnizione ad anelli 221.6
guarnizione del cappello 61.2
— di carda 323.11, 334.13
— di carda a denti grossi (fini) 335.11.12
— da carda a denti di sega 199.7
— di carda con fondazione in cuoio e tessuto 335.2
— di carda con fondazione in tessuto e feltro 335.1
— di carda con fondazione in tessuto 334.15
— di carda con punte d'acciaio (stagnato) 335.6.7
— di carda con punte di ferro 335.5
— di carda rugosa 339.17
— di cilindro 62.13
— del cilindro alimentatore 248.3
— del cilindro operatore 248.7
— del cilindro di pressione 115.11
— del cilindro spogliatore 248.5
— in cuoio del cilindro distaccatore 248.6
— di cuoio del cilindro di pressione 100.6
— di cuoio scanalata 109.9
— di denti 68.3
— a denti di sega 336.11
— di ferro 394.15
— Garnett 336.11
— di gesso 336.15
— di gomma 76.14
— del gran tamburo 60.21, 248.4
— inchiodata 61.17
— di lamiera 244.12
— di legno 336.14
— di liste di legno con rivestimento di punte 244.2
— metallica 149.13
— del pettinatore per filo fiamme di un solo colore 589.17
— di punte di carda del cilindro scaricatore 88.6
— di punte della sbarretta 86.14
— dello scaricatore 61.1
— a sega 199.7
— di spazzatura 340.17
— del tamburo 201.14
— del volante con aghi più forti ad intervalli 336.7
— del volante con spazi vuoti 336.8
guida 247.14, 250.13, 251.12, 281.11
— per ago 392.2
— del carro 345.2
— delle catene 244.4
— dei cilindri di pressione 163.14
— del cilindro superiore 279.6
— del coltello 118.3
— a culissa 46.3
— per il filo da intrecciare 511.10
— di filo di rame 461.11
— del fuso 130.1
— a imbuto 506.6
— delle maglie della catena 254.3
— per il nastro di carta 486.5
— per il nastro di materia fibrosa 486.6
— orizzontale delle morse 214.6, 230.3
— del pettine 379.11
— fra le pinze 86.3
— positiva della (contro-) bacchetta 169.5, 171.9
— regolabile 372.10
— ricurva 342.11
— dei rulli 29.8, 33.4
— delle sbarrette 219.6
— spaccata 482.9
— dello stoppino 129.5
— per il tessuto pulitore 395.3
— trasversale del nastro 111.4
— di vetro con scanalatura 543.9
— a vite delle sbarrette 251.13
guida-cinghia 186.4
guida-cingolo 357.1
guida-corda 192.5
guida-fili 423.1.9, 461.10, 466.6
— fisso 612.2
— mobile 612.1
guida-fili smaltato 564.17
guida-filo 523.3, 525.10, 528.9, 530.9, 531.6, 534.13, 538.3, 611.3
— ad alette 533.8
— a corsa variabile 551.15
— mobile 143.14
— mosso da rullo di frizione 530.1
— con movimento in senso verticale 143.14
— a movimento di va e vieni 474.3, 522.3, 536.12
— oscillante 208.7, 526.13
— oscillante del filo esterno 560.8
— regolabile 226.3, 486.14
— rotativo 531.1
— viaggiante 532.3
guida-fuso superiore 255.5
guida-lucignolo di legno 394.14
— del secondo cilindro 191.12
guida-nastro 90.12, 104.12
— doppio 105.2
— per riunitrici 373.10
— superiore 89.11
— trasversale 104.14
guida-stoppino 129.6, 257.5
— doppio 129.10
— a corsa variabile 144.1
guida-tela 84.3
guidare il filato durante la torcitura 498.13
— il filo attorno al cilindro 556.4
— il filo attraverso la scanalatura del tamburo 524.10
— il filo in giro al cilindro inferiore e superiore 543.5
— il filo a mano 521.13
— insù la lana lungo la piastra di vetro 283.12
— sopra un ponte (tela d'ovatta) 201.2
Gully, regolatore 172.4
gusciolo 424.8
guttaperca 459.7

H

Heilmann, pettinatrice 84.1, 377.1
—, pettinatrice per stoppa 222.9
Hetherington, rullo arrotatore 74.6
Higgin, apparecchio di spazzatura 52.14
Hille, ritorcitoio per filo di fantasia 561.4
Holden, pettinatrice 379.4
Holzach, dinamometro 609.8
Horsfal, disco 72.8
—, rullo arrotatore 339.8
Houldsworth, differenziale 126.1
Howarde e Bullough, meccanismo registratore dei cappelli 53.16
Hoyer, dinamometro 608.7
Hübner, pettinatrice 96.10, 381.7
—, cilindro di guida 99.1

I

idoneità delle varie specie ad essere mischiate 18.17
idrato di potassio 276.9
idraulicamente, vello pressato 264.14
idraulico, pressa —a 288.2
idrocarburo liquido 463.1
idrocellulosa 301.15
idroestrattore 288.16, 439.17
— con comando superiore (inferiore) 288.17, 289.12
— piombato all'interno 304.21
idrogeno 301.17
idrolisi della cellulosa 460.13
idrossido di alluminio 465.13
— di magnesio 465.12
idrotimetrico, grado 269.20
igroscopicità 573.8, 615.6
igroscopico, proprietà —a 302.1
—, sali —i 483.13

imballaggio 16.10
– in balle 578.6
– delle bobine (in casse foderate di carta, in barrili) 578.8.9.10
– del cotone 15.19
– dei fasci di lino . . 217.10
– dei filati 576.5
– delle matasse . . . 576.9
imballato, juta –a . . 236.18
imbevere il cordame con acqua 507.8
imbevuto di catrame . 508.15
imbiancato, spago . . . 593.1
imbianchimento all'acido solforoso 401.9
– al bisolfito di sodio . 401.10
– della seta cotta . . 434.19
– degli stracci di lana 401.8
imboccare 346.15
– sino al fondo (cilindri) 116.8
imboccatura, larga . . 380.6
imbottire 338.7
imbottitura della guarnizione 338.6
– di sughero 146.8
imbozzimare il filo di seta greggia 428.7
imbozzimato, seta greggia –a 428.8
imbracamento, mantenere in 191.15
Imbs, pettinatrice . . . 99.3
imbuto . 51.10, 111.7, 370.3, 470.7, 484.16, 527.9, 611.10
– di addensamento . . 451.13
– di alimentazione 39.7, 196.8, 257.8, 259.1
– con anima conica . . 484.12
– per arrotondare . . 478.12, 484.11, 485.6, 486.4
– per arrotondare con buco conico 478.13
– condensatore 372.5
– forma-strati 328.9
– girante 380.8
– girevole 449.10
– girevole per lana da pettine 372.4
– di legno 422.12
– a scanalatura . . . 208.8
– d'uscita 487.13
immagazzinaggio del lino 210.13
immagazzinamento delle balle 17.10
– del cotone 16.14
immagazzinare il cotone 17.9
– il lino 210.12
immersione del filato in acqua corrente (stagnante) 573.14.15
–, apparecchio d' 241.6, 242.1.5, 365.6
immorbidire il cordame con acqua 507.8
impaccare i filati . . . 576.6
impaccatore 5.3
impaccatrice 5.4
impacchettare cascami, pressa per 260.13
impacchettatore 576.7
impacco dei filati . . . 576.5
impalmatura (v. a. intrecciatura) . 359.18.19, 493.21
impanatura a destra . . 240.12
– doppia 256.1
– diretta 240.12
– a passo contrario . . 339.5
– quadrangolare . . . 252.5
– rovescia 240.13
– a sinistra 240.13
– della vite 252.6
impastarsi (cotone) . . 15.10
impasto 19.4
impedimento di sgocciolamento 574.8
– di stillicidio 574.8
impedire correnti d'aria 59.12
impegnarsi per il proprio peso (accoppiamento) 166.11
impegno dell'accoppiamento 166.10
imperfetto, separazione –a 211.20
impermeabile all'acqua 468.7
impermeabilità del filo all'acqua 468.8
impermeabilizzante, addizione 484.2
impernatura degli spilli 512.18
impianto di carbonizzazione 301.9, 306.1
– di carbonizzazione a riscaldamento diretto 306.2
– di chiarificazione delle acque sudicie . . . 299.8
– di fermentazione . . 437.14
– per inumidire il filato 575.4
– di una pettinatura secondo Fairbairn . . 447.11
– di umidificazione per cantine per filato . 574.19
– d'umidificazione a graticci senza fine . 572.14
– per vaporizzare ed inumidire nel vuoto 572.1
impiombare la corda . 493.20
impiombatura (v. a. intrecciatura) 359.18
– delle corde 493.19
impregnare con acido solforico diluito 440.9
– i cascami di seta . . 437.10
– il cotone collodio . . 457.19
– il filo 463.18
impregnarsi d'olio (lana) 314.1
impregnato, carta –a . 149.9
impregnatura uniforme 316.22
impregnazione di catrame 507.18
imprenditore 1.14
impurità 15.13, 26.10
– aderenti 274.13
– sul cilindro 108.5
– del filo 428.19
– grosse del vello . . 265.10
– insolubili 268.6
– solubili 268.5
–, grosse 26.11
–, togliere le 49.21
impuro, cotone 15.15
imputridito, stracci –i 396.21
inaffiamento con acqua di sapone 317.3
inaffiatoio 317.4
inamidato, stracci –i 396.18
incamminare gli anellini (fili) 151.3
incannare 156.6
– la base del primo strato 156.13
– il filo 137.16
– il filo semplice . . . 515.7
– il fili binati sopra tubetti di carta . . . 536.8
– i fili a strati . . . 515.6
– la greggia 429.2
– (ordito) 11.19
– la punta del ultimo strato 157.1
– la seta 470.12
– senza tensione . . . 256.5
– (trama) 12.3
incannato in senso ordinario (inverso) . . . 164.5.6
incannatoio 521.1
– accoppiatore 12.8
– accoppiatore per far rocche a filo incrociato con apparecchio di rompitrama . . . 525.1
– addoppiatore con arresto automatico alla rottura d'un filo . . 534.10
– addoppiatore per fili grossi 535.14
– per far bobine cilindriche a filo incrociato mediante moto impartito con rullo di attrito 522.11
– a fili incrociati per far spolette per macchine ricamatrici 533.9
– a più fusi 521.3
– ad un solo fuso . . . 521.2
– a imbuto 527.5
– a mano 521.9
– per l'ordito 12.1
– per trama 526.5
– per trama ad avvolgimento in parallelo (incrociato) . . . 526.6.7
– per trama con aspi collocati sotto il banco 526.8
incannatore 515.12
incannatrice per catene 521.14
– (operaia) 515.13
incannatura (v. a. avvolgimento) . . 124.16, 156.5, 166.16
– ascendente 351.14
incannatura dalla bobina 516.5
– cilindrica 554.11
– discendente 351.13
– del filo . . . 137.17, 350.4
– a filo incrociato sopra animelle cilindriche corte (sopra tubetti conici) . . . 515.14, 516.1
– sul fuso 166.17
– incrociata . . 204.10, 474.7
– dalla matassa 516.6
– molle 169.3
– dell'ordito 11.18
– parallela sopra rocchetti di legno (di lamiera) 516.3.4
– parallela sopra tubetti passanti di carta 516.2
– semplice 12.5
– dello strato durante l'alzata 551.16
– della trama 12.2
incassare il chiodo . . . 61.13
incassato, sostegno verticale 497.2
incassatura dei fusi . . 343.8
incastellatura 88.13
– di estremità 94.15
– per il gruppo di comando 95.2
– della macchina . . . 117.24
– di mezzo 95.1
incastrarsi 346.15
incatramaggio nel filato 508.17
– del filato di canapa . 508.13
– nella fune 508.20
incatramare a caldo . . 508.23
– il filato di canapa . 508.14
incatramato, filo di canapa 508.16
–, sfilacci (non) –i . 492.11.12
incatramatura 507.18
– a freddo 508.24
incavatura 533.1
– dell'eccentrico . . . 190.5
– nella leva 186.3
incavigliato, seta –a . 587.14
incavo 41.4, 116.11
– quadrato 121.3
incendio della carda . . 222.3
–, pericolo d' 222.2
incettatore di lino . . . 210.9
inchiavettato, disco . . 158.2
inchiodamento dei fogli 338.3
inchiodare 338.2
inchiodato, perni –i . . 568.12
inchiodatura degli spilli 512.13
inclinato, tamburo . . 366.11
inclinazione del fuso . . 160.2
incollamento delle bavelle 412.4
– complementare . . . 333.4
– del cuoio di sfregamento 333.1
– del panno 117.5
incollare 64.17
– la guarnizione di cuoio 119.4
– lo smeriglio sui cilindri molatori 71.8
– uno sull'altro gli strati di tessuto . . 65.5
– fra di loro le striscie di cuoio 64.16
incollato, parte –a . . 333.3
–, stracci –i 396.18
incollatore di cilindri . 120.2
incollatrice di pergamena 3.16
incoloro, olio 238.7
incombustibile, camera . 227.8
increspatura della fibra 101.2
– di ritorno 101.3
incrociamento dei veli . 327.8
–, trasportare la falda con 325.17
incrociare i fili di seta 422.5
incrociarsi (linee a zigzag) 512.11
– (spire dei fili) . . . 551.14
incrociato, carica (non) –a 326.8.9
incrociatore, apparecchio 422.10.13
incrocio del bandolo fra i filzuoli 564.3
– delle cinghie 330.8
– del filo 517.10
– dei nastri 386.19
– dello strato alla discesa 552.1
incrostante, sostanze –i 475.7
incurvamento del ballone 152.14
incurvato, sbarrette –e 372.11
indebolimento, azione d' 302.16
indebolito, corda –a . . 508.22
indicatore . . . 348.5, 360.18
– d'allungamento . . . 513.16
– della lunghezza . . . 223.14
– della produzione . . 207.10
indice 100.4
indietro, movimento . . 91.4
–, rimanere – al fuso (bobina) 124.14
indipendente, aspa . . 431.15
indipendentemente, lavorare 198.12
individuale, comando . 473.11
indotto 113.2, 360.14
indurito (cotone) . . . 15.11
industria della borretta 452.13
– casalinga 412.8
– domestica 6.7
– del filo da carda . . 67.1
– delle guarnizioni da carda 69.9
– degli scardassi . . . 69.9
– della seta 412.6
– della torcitura della seta (piccola) . . 412.11.12
industriale, lavaggio . . 268.20
induzione, rocchetto d'. 112.7
ineguale, filato 605.21
–, tratti –i nella guarnizione 338.11
infeltrato, lana –a . . 269.15
inferiore di una intera classe 14.19
– di qualità di $^1/_4$ ($^1/_2$, $^3/_4$) di classe . . . 14.20.21, 15.1
–, graticcio 21.8
infiammabile 297.11
–, facilmente 462.9
infiammabilità della seta al collodione . . . 462.7
infiammarsi facilmente (seta) 462.8
infilamento delle spole 128.4
infilare la bobina sul perno 128.5
– i tubetti . . . 175.20, 361.2
influenza distruttiva degli acidi 302.13
infuso di crisalidi . . . 419.9
ingegnere 1.15
inglese, calibro – per filo di ferro 66.20
–, classificazione – del filo 66.18
–, procedimento – di filatura 364.9
–, sistema – di ritorcitura 542.11
ingranaggi comandanti la rientrata del carro 161.5
– con denti epicicloidali 126.12
– per il movimento del carro 177.3
– dello stiratoio . . . 114.1
ingranaggio bagnante nell'olio 555.2
– cilindrico 126.10
– cilindrico a doppio rapporto 127.2
– intermittente 546.12
– ipocicloidale 140.3
– delle mascelle . . . 506.13
ingranare 343.12
– sino al fondo (cilindri) 116.8
ingrassamento del cascame di seta 441.2
ingrassare il battitore . 441.15
– la juta 237.4
– la lana 313.14
ingrassato, corda –a . 359.12
–, lana –a artificialmente 274.12
ingrassatura della lana 313.13
ingrasso delle corde . . 359.11
– della juta 237.2
– della stoppa col sego 232.8
– a strati 317.6
ingrossamenti del filo . 428.19
ingrossamento del fondo della bobina 174.8
iniettore 280.10
iniezione d'aria calda . 282.8
iniziale, posizione 165.7, 175.15
iniziare l'avvolgimento . 133.20
innaffiamento della lana 284.8
– dei manipoli di juta 239.10
innaffiatoio 239.18
innalzamento della contro-bacchetta . . . 166.1

innalzarsi (controbacchetta) 166.2
innaspamento 12.14
innaspare. 12.15, 562.6, 610.11
— matasse corte . . . 563.4
— il provino 602.16
— dai rocchetti . . . 473.2
innaspata, un' — di filato 564.8
innaspato, filo 610.12
innaspatura della seta artificiale 473.1
innestare 346.11
innestato 346.16
innesto a frizione . . . 157.14
— della campana di rientrata 191.8
inorganico, sale 463.19
insaccare la lana . . . 264.7
insaccato, lana —a . . . 264.8
insaponare il filo di seta greggia 428.7
insaponato, seta greggia —a 428.8
inserire il nastro nella corona a punte . . 448.14
inserirsi nel fiocco (pettine) 383.5
inserito, barba —a nel morsetto 445 8
insertato, nervatura —a 355.3
inserzione di legno . . 112.10
— delle sbarrette nel fiocco 383.4
insolubile, rendere la gelatina — nell'acqua. 471.6
installazione pel richiamo pneumatico del cotone 37.7
insufficientemente pettinato 376 8
intaccato, colori non —i 403.3
intagliato, disco . . . 370.8
intaglio semicircolare . . 510.8
intatto, vello 264.19
intelaiatura del carro 205.14, 351.5
— laterale 55.7
intensità dell'azione degli acidi 302.15
— di cardatura 49.19
intera classe 14.19
intermittente, alimentazione 84.6
—, a corsa 177.1
—, ingranaggio 546.12
—, moto 84.7
intermittenza, alimentazione a 377.6
interno delle bobine . . 571.15
interrompere l'alimentazione 554.5
interruttore 158.7
interruzione dell'alimentazione 560.4
intervallo fra i denti . . 31.3
— tra due sonerie . . . 223.16
intrecciamento delle corde 493.19
intrecciare la corda . . 493.20
intrecciato, corda —a . . 597.7
—, lana —a 269.15
intrecciatore di corde . 494.5
intrecciatrice . . 494.2, 506.15
intreccio, macchine ad . 520.9
intrecciatura (v. a. impalmatura) . 359.18, 493.21
— corta 359.21, 493.23
— a ferro di cavallo . . 494.1
— lunga 359.20, 493.22
— ad occhielli 493.24
introdurre i nastri d'acciaio 56.7
— lo stoppino a mano . 130.9
introduttore 51.1, 77.18, 199.4, 406.1, 444.1
introduttori 218.6
introduzione dei denti nella tela in senso rettilineo 253.11
— d'uno spillo di filo metallico nelle corde 512.12
inumidificazione in cantine 574.12
— per mezzo di polverizzatori 574.3
inumidimento dei bozzoli 442.14
— del cotone con acqua 194.9
— del foglio di carta . 480.5, 483.9
inumidimento durante l'avvolgimento . . . 483.10
— durante la filatura . 483.11
— dei rotoli di nastro di carta 483.12
inumidire il cordame con stracci bagnati . . 507.9
— il cotone con acqua. 194.10
— il filato 573.7
— il foglio di carta . . 480.6
— la mischia 442.13
inumidito, foglio di carta 480.7
inversione automatica della barba 450.13
— dei manipoli . 215.3, 216.11, 229.14
— a mano delle barbe . 450.11
— di marcia 349 6
— di marcia del carro . 352.11
inverso, i fusi girano in senso 165.3
—, rotazione —a dei fusi 348.16
invertire la barba . . . 445 15
— la corsa del carro. . 131.14, 133.2
— i manipoli durante la pettinatura 215.2
— il manipolo nell'uscirlo dal pettine . . . 216.10
— il moto . . 23.11, 346.13
— i rastrelli 504.13
invertitore 230.12
— dei morsetti 215.17
— a scatto 125.4
inviluppo 311.15
— di ghisa 289.7
— grossolano di sericina 411.17
— interno del bozzolo . 417.5
— in lamiera 259.2
— del volante 323 9
involto, un — con tre (sei, dodici) pacchi 577.6.7.8
involucro 616.13
— di lamiera di ferro . 307.9
inzuppare gli stracci . . 401.4
iperbolico, pignone . . 135.1
—, ruota —a 135 2
iperboloide, dentatura . 343.2
ipocicloidale, deposizione — del nastro . . . 76.20
—, ingranaggio 140.3
irradiamento di calore . 294.14
irregolare, alimentazione . 27.3
— (filo) 169.2
—, tratti —i nella guarnizione 338.11
irregolarità d'incannatura 171.7
irregolarmente, girare . 384.13
irrigidente, barra . . . 89.8
irruginimento della guarnizione 64.1
isocele, linea — a zig-zag 512.10
isolamento 112.8
isolare dalla corrente elettrica 112.9
ittiocolla 471.2
iuta (v. juta) 492.14

J

jaspé, filo 584.9
Josephy, lubrificatore per fusi 355.15
jumel, cascami di . . . 194.15
juta 492.14
— assortita 236.3
— classificata 236.3
— compressa 235.9
— a fibre lunghe . . . 236.7
— nodosa 236.16
— (non) oliata . . . 237.14.17
jutificio 234.7

L

labbra della pinza 84.13, 92.6
lacca copale 458.20
laccamuffa, carta di . 309.8
lama 27.9, 40.13, 85.8, 397.7
— d'acciaio 331.1
— d'acciaio con guarnizione inchiodata . . 61.17
— di carda 78.5
— di coltello 36.3
— del pettine staccatore 60.1
lame longitudinali . . . 312.14
lamiera d'acciaio . . . 267.11
— di chiusura del tamburo a staccio . 45.1, 48.9
— guida 87.10
— nera 76.17
— ondulata 52.3
— perforata 32.5
— a punte 86.12
— registrabile 404.8
— scanalata 76.15
— di zinco 239.7
lamina 379.3
— d'acciaio 56.5, 93.8, 331.1
laminato, seta —a . . . 587.16
laminatoio . . . 102.9, 288.7
— per seta 451.17
laminatura del lino . . 217.16
laminazione, praticare le scanalature mediante 120.20
lampada ad alcool. . . 616.6
lana acidulata 304.17
— adatta per pettinare 363.16
— afferrata 311.17
— d'agnello 264.11
— di alpaca 363.12
— ammucchiata 311.7
— d'Angora 409.13
— aperta 269.13
— artificiale 395.10
— artificiale di articoli di maglieria sfilacciata 396.2
— artificiale di materiali (non) feltrati 395.14, 396.1
— artificiale detta Tibet 407.12—17
— attaccaticcia 269.14
— battuta 310.9
— bianca 269.12
— in bioccoli 310.12
— di calcina 264.12
— calcinata 264.12
— del capo 265.19
— di capra 408.13
— della capra hircus . . 363.14
— della capra del Tibet 363.14
— carbonizzata 308.9
— da carda 263.4
— cardata 318.9
— carica di lappole . . 301.3
— carica di sostanze vegetali 301.3
— da cenci 395.10
— contenente sapone . 366.4
— corta 263.4
— di corto pelo 263.4
— gialla 266.2
— imbevuta 282.11
— industriale 395.10
— infeltrata 269.15
— inferiore 266.3
— ingrassata artificialmente 274.12
— insaccata 264.8
— intrecciata 269.15
— di lama 408.16
— lavata industrialmente 268.21
— di legno . . 476.1.2, 492.18
— lunga 363.11
— meccanica 395.10
— di mischia 311.3
— morticina 266.6
— oliata 314.5
— di pecora 318.17
— di pecore ammalate . 266.4
— di pecore da macello 264.12
— pelata 269.8
— pelata con calcina . 264.12
— da pettine 363.11
— di pino 588.16
— renaissance 395.10
— ricavata da filati strappati 395.13
— ricavata da filetti . 395.13
— ricavata da stracci strappati 395.12
— ricca di grasso . . . 274.6
— rigenerata 395.10
— rinascimento 395.10
— scevra di grasso . . 269.11
— sgrassata 273.17
— soffice 407.19
— spruzzata 317.10
— da stracci 395.10
— sudicia 268.1
— di una sola tosatura 264.9
— di due tosature . . . 264.10
— trattata con una soluzione di sale 305.14
— umida 287.6
— del ventre infeltrata 265.22
— di vetro 491.13
lanciar fuori della lana le particelle d'acqua 288.14
lane diversamente colorate 310.20
lanolina 300.19
lanterna 502.5
lanterna, ruota a 546.3, 256.9
lanuggine di pettinatura 375.2
lappola carbonizzata . . 307.5
— friabile 302.8
— intera 367.4
— nera 307.4
lappole 402.4
— distrutte 308.10
— rotte 367.5
larghezza dell'apertura registrabile 429.11
— delle maglie della rete metallica 195.11
lasciare il cotone nella mischia 25.5
lastra di sfregamento . 333.12
lastre di lavagna . . . 304.8
lastrina di guida (a feritoia) 522.5, 523.15
laterale, regolazione . . 59.7
—, spostamento 24.6
lateralmente, telaio della cannetta mosso . . 530.6
lato della carne del cuoio 118.15
latta 76.16
lattato di sodio 457.16
latte 316.4
— scremato 471.16
— spannato 471.16
lavaggio v. a. lavatura
— all'ammoniaca . . . 366.5
— chimico 297.7
— completo 269.2
— curato 269.3
— all'etere 366.6
— di fabbrica 268.20
— finale 269.2
— industriale 268.20
— della lana 268.9
— della lana da carda 268.11
— della lana da pettine 365.5
— a macchina 268.19
— meccanico 278.3
— con sapone 277.2
— al solfuro di carbonio 366.8
— degli stracci 401.2
— con terra da follone 309.20
— al tetracloruro di carbonio 366.7
—, buon 269.9
—, cattivo 269.10
—, primo 268.22
—, secondo 269.1
lavagna 304.8
lavanderia di lana . . 268.10
lavare con acqua saponata 109.8
— l'amianto con acqua fredda 490.3
— i cascami di seta . . 438.15
— chimicamente 297.8
— a fondo 514.3
— la lana da carda . . 268.12
— il precipitato di grasso di lana 300.4
— la seta incannata . . 470.13
— gli stracci 401.3
— i velli 284.11
lavato, filo pettinato (non) 583.18.19
lavatore di lana . . . 268.18
— a macchina 284.13
lavatrice a macchina per la lana 278.4
— meccanica per lana Eastwood 283.13
— meccanica Skene e Devallée 282.17
— meccanica per stracci 401.6
lavatura v. a. lavaggio
— addosso 268.17
— dei cascami di seta . 438.14
— della lana 268.9
— a mano 268.16
lavorante v. a. operaio, sorvegliante
lavorante addetta allo stiratoio . . . 100.17, 371.9
— addetto ai cascami . 216.2
— al gill-box 372.12.13
— al lupo 267.3
lavorare il bozzolo a fresco 413.12
— i cascami di seta . . 435.8

lavorare il fascio di sotto e di sopra 243.17
— la seta greggia imbozzimata 428.6
— la seta greggia insaponata 428.6
— la seta greggia allo stato umido 428.5
lavorazione dei cascami 435.9
— dei fili per fustagni 193.2
— della stoppa di canapa 232.2
— della stoppa di lino 219.12
— degli stracci 399.6
lavori a crochet 397.17
— preventivi 263.13
lavoro di cardaggio 318.10
— commesso una volta 500.7
Lawson, carda in grosso 248.8
Leeson, rocca — con avvolgimento chiuso 519.11
—, rocca — a spire con un dato spazio fra l'una e l'altra 519.10
lega resistente agli acidi 304.22
legaccio bianco (rosso) 579.15.16
— del filzuolo 564.5
legamento delle balle 235.3
— dei bottoni con un altro filo 561.9
legare la matassa 12.20
— della paglia e della stoppa nel lino 209.16
legato con x corde, balla —a 228.12
legatura 12.19
— del bandolo ai capi della matassa 564.4
— del filo fiamme distorto con un terzo filo 561.13
legge d'avvolgimento 155.5
leggera torsione 496.18
leggere al disco il numero dei giri 432.8
— le percentuali dei cascami 100.7
leggero, alimentazione —a 102.2
—, anellino 150.10
—, cardatura —a 221.2
legno 59.10
— d'alno 77.5
— bollito 476.8
— di bosso 110.8
— duro 98.13
— faggio 393.10
— d'ontano 77.5
— di pino 479.8
— di quercia 77.6
legnolo 493.16
Lehner, filatoio 461.13
Lemaire, apparato di alimentazione 320.8
lembo sporgente della ciocca 380.7
lentamente, dirigere 499.10
—, essiccare 292.20
lente d'acciaio 289.5
lentiforme, disco 421.13
lento, moiatura —a 69.17
—, precipitante 466.14
— rialzo del braccio 613.12
lenzuolo 444.7
leva 172.6, 190.2, 207.1, 530.12
— d'accoppiamento 354.8, 510.10
— dell'albero della bacchetta 172.14
— di alimentazione 90.3, 93.14
— ad angolo 111.14, 152.2, 162.5, 183.4, 254.8, 347.4
— ad angolo del battente 321.16
— ad angolo con braccio a glifo 360.3
— ad angolo a contrappeso 173.10
— ad angolo del guidacingolo 357.2
— d'arresto 209.1, 532.12
— d'arresto a tre braccia 549.7
— d'arresto verticale a due braccia 567.5
— a due bracci 132.14, 183.9, 487.17
— a tre braccia 179.10
— con braccia di lunghezza ineguale 535.13
— a caduta 179.8
— di cambiamento 348.6
— caricata da peso 233.15
— della cinghia 185.2
— di comando 537.15
leva di comando della bacchetta 166.7
— del contatore di torsione 186.6
— contrappesata 536.4
— a contrappeso 180.7, 328.3
— di controllo 423.5
— di disinnesto 346.1, 357.7
— doppia 44.6
— dell'eccentrico 551.8
— dell'eccentrico di alimentazione 93.13, 94.2
— con feritoia 121.6
— della forchetta del giunto a denti 347.13
— del freno 147.6, 192.12
— di frizione di fermata 163.1
— di frizione di scoccamento 163.1
— a gomito 482.12, 450.7
— graduata 241.10
— di guida 133.6
— del guida-cingolo 161.1, 205.7
— di interruzione 455.12
— d'inversione 24.4
— libera a tre braccia 178.11
— lunga 162.3, 186.2
— a mano 347.15
— a mano per lo scarico del peso 88.14
— di manovra per la frizione di scoccamento 179.9
— del meccanismo d'arresto 533.5
— per mettere in moto 208.11
— orizzontale 192.13
— oscillante 60.4, 131.9, 180.10, 181.13, 537.12, 603.8
— oscillante per il cilindro di rinculo 89.1
— oscillante per l'inversione della marcia 160.10
— a pedale 28.10, 43.7, 47.4, 357.9
— a pedale del freno 290.12
— con peso del cilindro di rinculo posteriore 90.7
— con peso del cilindro strappatore 88.15
— piegabile 172.7
— della pompa 288.6
— di presa di sicurezza 357.12
— di pressione 149.4, 393.9
— di pressione a molla 21.1
— di pressione superiore 385.12
— con puleggia 183.8
— regolabile 534.8
— regolatrice 30.6
— ricurva 206.14
— di rientrata a tre braccia 350.1
— di rientrata del carro 179.4
— di scatto 205.6, 526.3
— per lo scemamento del peso 106.10
— di scoccamento 179.5, 205.12
— per sollevare la morsa superiore 230.10
— della spazzola di ritegno 379.16
— a squadra 163.1
— a tacchetto 350.2
— di tensione 94.12
— ad uncino 528.6
leva-bobine 3.8
leve in parte dipendenti 185.12
—, disposizione a 186.1
—, sistema di — con forchetta e rullo di guida per la catena di scoccamento 166.8
levare la barba 445.16
— la bobina piena 133.17, 226.14
— fuori il velo di fibre 322.15
— il fuso 148.1
— la lisca dalla stoppa 232.10
— il riempimento dalle guarnizioni 75.4
— la tela 47.9
— la vecchia guarnizione 336.13
levata 133.19, 227.1, 386.20
— della barba 445.17
— delle bobine 133.18, 175.17
— delle bobine piene 141.8
— completa 387.1
— durante la marcia 387.2
—, cominciare una nuova 175.7, 357.12
—, dispositivo di 145.6
levata, fare la 133.17, 141.9, 175.18, 256.12
levato, rocca— a dal tamburo di comando 525.12
leviathan 279.11
— a tre bacini 280.1
—, risciacquatrice 286.12
libano 507.6
libbra di Berlino 601.4
— daziaria 601.6
— inglese 601.3
— russa 601.9
— di Svezia 601.8
— di Torino 601.7
— di Vienna 601.5
libera d'olio, aria 575.2
liberamento della bacchetta 170.2, 352.10
liberare la canapa dalla lisca 495.4
— il freno 47.6
— la lana dall'eccesso d'acido 304.18
— la lana dalle lappole 366.14
— le matasse 432.10
— il nottolino 256.4
— il pettine dei rifiuti 380.2
— lo scatto 357.14
libero da cotone (da lino), mungo 406.17, 407.1
—, coperchio 284.1
—, grasso 274.2
—, la molla tesa diviene —a 528.15
—, spola —a sul fuso 255.10
—, trovarsi —a sull'albero (ruota) 161.9
libro 445.9
— riversibile 446.16
— di tiglio 492.17
lignuolo (v. a. trefolo) 493.16
— di canapa 592.5
— centrale 509.6
— a x fili 594.3
— di fili metallici 594.2
— lavorato uniformemente 594.6
— con torsione a destra 510.4, 594.5
— con torsione a sinistra 510.5, 594.4
limitare le superfici refrigeranti 295.2
limite di carico 513.10
— del titolo 602.12
limiti di temperatura 417.12
linaiuolo 210.8
linea d'afferramento tra i cilindri 103.2, 311.16
— formante il corpo della bobina 168.3
— isocele a zig-zag 512.10
— di punte del pettine circolare 383.9
linee a zig-zag che s'incrociano 512.11
linificio 209.6
lino 492.9
— adulterato 209.15
— battuto 209.13
— non cernito 216.16
— non classificato 216.16
— duro 217.2
— a fibre lunghe (corte) 210.22, 211.4
— fino 216.18
— greggio 209.9
— grossolano 217.3
— macerato sul prato (all'acqua) 209.7.8
— morbido 217.4
— della Nuova-Zelanda 492.8
— omogeneo 216.20
— paglioso 217.6
— pettinato 212.9
— pettinato a macchina 212.11
— pettinato a mano 212.10
— pulito 216.19
— reciso 211.3
— sano 216.21
— scotolato 209.13
— (non) tagliato 210.23, 211.3
— tenace 217.1
— tenue 217.5
liquidissimo, collodione 462.12
liquido di coagulazione 462.15
— cupro-ammoniacale 464.13
— di lavaggio 278.7
— oleoso 315.17
— d'oliaggio 239.10
— per oliare 314.8
liquido per oliare solidificato 316.18
— precipitante 464.14
— saturato di sudiciume 272.16
— di sbianca 287.2, 300.10
lisca 220.17
— aderente 220.18
— molle 220.19
liscezza della scanalatura 116.15
lisciamento del pettinato 385.3
lisciare 385.4
— il pattino 175.2
lisciatura 507.1
— del lembo sporgente della ciocca 380.7
— del pattino 175.1
— della peluria 507.15
liscio, cuoio 331.15
—, filato 363.17
lisciva 275.11, 437.4
— alcalina allungata (concentrata) 464.15.16
— alcalina diluita 464.15
— calda 275.17
— di ceneri 419.14.15
— concentrata 275.18
— debole 275.20
— diluita 275.20
— forte 275.18
— fresca 275.14
— di x gradi 275.19
— rafforzata 276.7
— di sapone 277.9
— di soda 275.21
— di soda caustica 437.5
— usata 276.5
liscivatura del lino 217.18
lisseuse 385.5
liste di legno 244.2
listello guida-stoppino 142.8
Lister, pettinatrice 379.8
—, pettinatrice per seta 448.7
—-Warburton, pettinatrice 449.13
Little e Eastwood, tamburo a pinze 381.11
livella a bolla d'aria 362.12
livellare i porta-cilindri 363.3
livellatore dei denti di carda 340.1
livello dell'acqua 286.7
—, collocazione a diverso 279.12
locale di mischia 18.15
loden 402.7
logoramento dei nastri d'acciaio 331.8
logorarsi 331.7
logorato 390.9
longitudinale, nel senso 100.16
—, scanalature —i 241.2
loquette 329.12
lotto cavato dall'aspa 564.6
— di lana 266.11
— di lino 210.1.2
— da pettinare 212.4
Lowry, balla 16.1
lubrificante, prodotto 314.8
lubrificare i fusi con petrolio 555.4
— la lana 313.14
lubrificatore Josephy per fusi 355.15
lubrificazione delle corde 359.11
— costantemente uniforme ad anello 148.18
— delle fibre per oliaggio 237.12
luce tra le sbarrette 48.3
— di scarico del vapore 291.13
lucentezza caratteristica della seta selvatica 427.20
— della fibra serica 427.18
lucidare il filo d'acciaio 66.8
lucidato, cilindro-guida 384.10
—, seta —a 587.15
lucido, punta —a 86.18
lucignolo (v. a. stoppino) 9.15, 122.2, 159.15, 342.6, 579.18
— di borretta con falsa torsione 454.1
— doppio 141.20
— leggeramente torto 122.4
— di pasta di carta 479.4
— di poca consistenza 122.4
— semplice 133.15
— stirato 159.18
lumaca di rientrata 169.10, 349.14
— di uscita 163.7.8.9, 177.6
lumache del carro 169.9
Luna, seta 588.8
lunghe falde, formare 327.19

lunghe falde, formazione di 327.9
lunghezza dell'agugliata 207.7
— della bobina 533.12
— calcolata del filato . 604.8
— del cappello 53.8
— del contatto 107.6
— della corsa 533.13
— eguale di nastri indicata dal colpo della soneria 223.17
— della fibra . . . 6.14, 14 11
— del filato da produrre 604.8
— del filo 563.1
— libera delle punte . . 86.13
— della matassa. . . . 598.21
— della matassa in metri (yards) 603.16 17
— della matassina . 599.7
— della porzione di tela alimentata. 93.11
— reale del filato . . 604.9
— riscontrata del filato 604 9
— della sovrapposizione 86.1
— di strappamento . 513.11, 606.11
— del tiglio 14.11
— del tubo 518.1
— uniforme dei nastri alimentati 223.13
— del velo 327.17
—, pollice di 68.5
lupo 7.8, 232.12
— battitore . . . 266.19, 311.10
— battitore per cascami 267.14
— battitore per cascami di cotone 196.15
— battitore-sfibratore a tre tamburi 267 4
— cardatore . . 197.15, 313.4
— per cascami di seta . 442.4
— a cenci 405.1.5
— a cenci a doppio effetto 405 6
— a cenci secchi . . . 403 17
— a cenci umidi . . . 404.1
— combinato 313.3
— ingrassatore 317.13
— per juta 244.9
— mescolatore 313.1
— a polvere 401.1
— polverizzatore . . . 308.13
— per scarti di lana . 406.7
— sfibratore . . 197 8, 311.11
— sfibratore per lana sudicia 268 1
— sfilacciatore . 404.5, 490.8
— per stoppa 220.14
lustrare lo spago . . . 507.17

M

macchiare (olio di bagnatura) 238.8
macchiato, bozzolo . 415.13, 436.9
—, cotone 13.10
macchina v. a. apparato, apparecchio, meccanismo, dispositivo
— addoppiatrice per bobine a flange piane. 521.15
— per aggomitolare . . . 538.2
— per arricciare il crine 514.9
— per arrotare i cilindri da carda 202.12
— per avvolgere i rocchetti con filo cucirino 537.7
— per avvolgere sopra stelle di cartone . . 536.9
— a fare l'avvolgimento automatico 249.3
— a bruciapeli 521.5
— a far cannette . . . 526.4
— cardatrice 49.12
— da carta 476.13
— per fare cavi triangolari 509.15
— per cilindrare . . . 119.15
— per collare e tagliare 117.23
— di compressione per la juta. 240.6
— per far corde a movimento di ritorno delle alette 505.7
— per far corde e spaghi 505.8
— per fare cordicelle . 502.4
— a cucire 520.12
macchina per depositare un velo di fibre sul foglio di carta . 480.10, 481.2
— per disporre le carde 69.7
— doppia. 209 11
— per egualizzare il cuoio 118 17
— a falda 451.12, 453 4
— per fendere il cuoio. 118 20
— per filare 11 11
— per filare il filo di carta da fogli di carta 489 1
— a filare in grosso . 121.11
— a filare la seta artificiale 466 2, 467.6
— filatrice per seta artificiale 466 2
— di filatura 137.7
— filling 443 5.13
— fissa 502 14
— a due fronti 209.11
— per fare le funi metalliche 509.4
— per gazare 521.5
— per gazare i filati di chappe 455.7
— a gomitoli 518.5
— per intrecciare . 506.15
— per intrecciare le corde 510.2
— per intrecciare corde rettangolari . 510.3, 511.7
— per fabbricare la lana di legno 476 3
— per lavare i velli . . 284 11
— magneto-elettrica . . 113.1
— a mano per tornire i collari dei fusi . . . 363 4
— mobile 502.15
— a molare . . 71.24, 339.6
— per montare i manicotti di cuoio . . . 119.10
— orizzontale per far corde 506.3
— per pestare il legno 476.9
— pettinatrice semplice 213 14
— pettinatrice di seta . 444.16
— di preparazione per filo di pasta . . . 478 14
— per la prova dell'olio 149.1
— per provare le corde 513.12
— per pulire cascami di carde 260 5
— a recidere 242.15
— a recidere la canapa 231 15
— a recidere il lino . . 211.2
— risciacquatrice per lana con rastrelli leviathan 286 11
— risciacquatrice ovale 285.1
— per ritirare i fili duri dai cascami 196 5
— per rivestire le corde 506.14
— per sbattere la stoppa 220.11
— a schiacciare e raddolcire le fibre di juta 241 4
— sciacquatrice con propulsore 285.12
— scopinatrice 420.6
— scorrevole 502.15
— semplice 209.10
— spanditrice 218.4
— spanditrice per canapa 232.1
— spanditrice per juta. 246.12
— a far spole 12.4
— a x spole per fare cavi metallici 509.13
— a stirare 102.9
— per stirare e lustrare lo spago 507.17
— a tagliare il lino . . 211.2
— per tagliare le strisce di cuoio 118.18
— per il taglio del foglio di carta in nastri . 482.1
— per tirare ed allungare le cordette dei fusi. 356.4
— per fare trefoli . . 502.8.13
— combinata per far trefoli e cavi metallici 509.5
— a vapore 291.5
— verticale per far le corde 505.2.6
macchinario per commettere cordami . . 503.10
macchine mietitrici-legatrici 592.15
— ricamatrici 533.9
— a ritorcere 542.14
— a ritorcere ad anelli 550.5
— da rivestire fili . . . 520.7
macerare i cascami di seta . . . 436.15.17, 437.1
— la chappe in acqua bollente 436.17
macerazione dei cascami di seta 436.14
— della chappe 436.18
— della filaccia 261.10
macero dei bozzoli . 418.6.12
macina verticale 476.11, 490.11
macò, cascami di . . . 194.15
madreperla 415.7
madrevite del settore 170.14, 350.7
maestra 421.2
maestranza 5.19
magazzinaggio del cotone 16.14
magazziniere 6.2
magazzino di cotone . 17.8
— di lana 264.5
— di lino 210.14
— di lino pettinato . . 217.11
— temporaneo 210.15
maglia 44.5
— di catena 254.2
— della rete metallica . 195.11
maglie articolate . . . 44.4
— saldate. 477.8
—, a — fine 16.12
—, a grosse 16.13
—, a larghe 571.5
maglieria sfilacciata . 396.2
magnesia 270.11
magnete d'acciaio . . . 360.11
magneto-elettrica, macchina. 113.1
Malard, apparato di immersione 365.6
Malcolm, apparecchio d'immersione. . . . 242.1
malsano, vello 365.3
manata. 82.10
— di fibre 8.7
— di lino 212.8
mandrino filettato . . 72.11
— a molle 119.11
maneggiare la pasta per filare 460.15
— con terra da follone (cascami) 298.15
manella 576.12
— da cinque (dieci) matasse 576.14.15
manico di legno. . . . 340.12
manicotto d'accoppiamento. . . . 183.6, 345.16
— d'accoppiamento a denti 182.12
— d'accoppiamento per la rientrata del carro 161.6
— dell'albero a due tempi 161.12
— del cilindro di pressione 115.11
— di cuoio 118.12
— di cuoio collato a freddo 119.5
— dentato 531.4
— di disinnesto . 163.5, 345.18
— di distacco per la uscita del carro . . 163.4
— d'innesto per i cilindri stiratori 176.8
— di sfregamento . . . 204.6
— di sollevamento. . . 209.2
— a due tempi a corsa intermittente. . . . 177.1
maniglia 74.3
manipoli di fibre pulite 231.10
manipolo 217.21
— afferrato . . . 214.13, 230.5
— di canapa annodato. 231.5
— di fibre 8.7
— di juta 235.18
— di juta di colore difettoso 236.14
— di juta filacciosa . . 236.15
— di juta di qualità scadente 236.17
— di juta ritorto . . . 235.19
— di lino. . . . 212.8, 213.3
— sciolto. 236.2
mano dolce, albero di 163.6, 177.6, 394.5
manometro 385.15
manovella 171.4, 181.1, 350.9, 500.14, 504.8, 567.11, 611.5
manovra a mano della vite del settore . . . 171.3
mantello della fibra . . 6.20
— del filato. 9.23
mantenere in imbraccamento 191.15
— la regolarità del titolo 421.7
mantice a mano . . . 75.16
manuale, abilità . . . 10.14
manubrio della valvola 371.3
marabout 586.14
marca della balla . . . 16.7
— di qualità 235.7
— di suddivisione . . . 55.11
marcia (pignone) . . . 555.11
— indietro del cordaio. 496.20
—, levata durante la. . 387.2
marciare bene. 390.5
— facilmente 390.7
— male. 390.6
— pesantemente. . . . 390.8
— a vuoto 222.1
marcio, bozzolo 415.16
martello 370.10
Martin, apparecchio incrociatore 422.10
Martin, ritorcitoio per fili nodosi. 559.2
mascella fissa. 381.13
— inferiore 84.11, 89.13, 92.11, 377.10
— superiore 84.10, 89.16, 92.10, 99.6, 377.9
mascelle d'afferramento 506.12
mascello del freno. . . 147.5
maschera di respirazione degli operai al lupo 442.8
massa di bozzoli sbattuta 440.17
— fibrosa sciolta . . . 440.18
masse compatte, in (cotone) 15.11
matassa . 12.17, 133.8, 562.19
— completa. 610.13
— di filo 522.12
— giapponese 426.7
— di greggia 424.12
— di juta 235.18
— legata in matassine . 12.21
— di x matassine . . . 598.22
— di x metri 603.18
— originale 602.18
— ripiegata 576.12
— di seta. 426.2
— di x yards 604.1
matassatore 5.1
matassatrice 5.2
matasse lunghe 563.9
— di media lunghezza . 563.8
—, x — pesano mezzo (un) chilogramma . 604.2.3
—, x — pesano una libbra inglese 604.4
matassina 12.18, 562.22, 599.1
— corta 563.7
—, una — di x giri d'aspo 599.5
—, due (sei) 599.3.4
matassine, x — nella matassa 599.2
matello di x matasse . 598.19
— di seta lavorata . . 586.6
materassa d'ovatta . . 41.7
— di seta. 450.17
materia che assorbe l'olio lubrificante 355.11
— esplosiva 462.6
— fibrosa 6.9
— fibrosa (non)pettinata 82.1.2
— fibrosa volante . . . 25.19
— filabile. 6.9
— filabile impura . . . 195.6
— da filare 6.9
— filtrante (otturata) . 271.4, 463.14
— di fondo della guarnizione 64.6
— gommosa. 225.13
— grassa 299.18
— greggia 6.8
— greggia di fibra corta (lunga) 6.10.11
— prima 6.8
— resistente agli acidi . 304.4
— da seccare 292.9
— tessile 6.9
— vegetale polverizzata 308.12
materiale fibroso aperto 7.9
— fibroso in fiocco . . 7.9
— fibroso sfioccato . . 7.9
— del filo 65.15
— di imbottitura . . . 514.15
— da pettinare 99.7
— da seccare 292.9
— secco al tatto . . . 306.17

materiale senza pezzi non strappati 404.13
materiali (non) feltrati 395.14, 396.1
materie prime. 470.18
— prime della filatura dei cascami di seta. 435.13
— in sospensione . . . 270.24
— vegetali gelatinose . 472.11
matita 608.13
mazzo di fibre di seta . 444.8
mazzotto di filato . . 577.3
Mc Naught, essiccatoio. 295.3
—, sollevatore 283.4
meccanicamente, azionato 609.3
meccanismo v. a. dispositivo, apparecchio, apparato, macchina
— di alimentazione a cilindri 223.5
— di alimentazione del filo durante la torsione supplementare 189.9
— di alimentazione del nastro 382.3
— di alimentazione supplementare durante l'incannatura. . . . 181.15
— per alleggerire la bacchetta 354.6
— per l'alzata dei guidafili 143.16
— per l'anticipo della cinghia 191.9
— d'arresto 504.5
— d'arresto per l'aspa . 474.1
— d'arresto automatico 47.7, 535.7
— d'arresto automatico a bobina ultimata . 157.4, 357.10
— d'arresto automatico Dobson e Barlow . 110.14
— d'arresto automatico alla rottura di un filo 521.8
— d'arresto automatico per recipienti pieni. 112.3
— d'arresto del cilindro superiore con freno sul fuso 554.4
— d'arresto alla rottura d'un filo per ritorcitoi 554.3
— d'arresto sensibile. . 534.15
— d'arrotondamento . . 485.1
— ad aspatura incrociata 565.13
— per l'azionamento dei cilindri stiratori . . 182.9
— di cambio con albero a più tempi e disposizione a leve (in parte) dipendenti 185.11.12
— di cambio con disposizione a leve (e senza albero a più tempi) 185.13, 186.1
— di cambio della marcia del carro . . . 183.2
— del carro dei ritorcitoi ad anelli 551.6
— di chiusura dello scatto 180.3
— di consegna della carda 59.13
— di consegna dei nastri 253.4
— contagiri 611.15
— contatore per un numero fissato (variabile) di giri . . 563.19.20
— differenziale . 125.14, 255.12
— di disbracamento automatico 357.5
— per disfare le arricciature. 358.3
— di disinnesto elettrico 112.13
— per la disposizione delle falde 327.13
— di distaccamento con movimento al passo di pellegrino. . . . 381.6
— di distribuzione del filatoio automatico . 182.1
— per le evoluzioni del filatoio automatico . 182.1
— di formazione della bobina 190.10
— per la formazione di bobine con strati di altezza variabile . . 156.1
— per la formazione dei bottoni 559.7
meccanismo di formazione del filo a bottoni e flammé di Graf 560.12
— guida-cinghia 178.10
— d'incannatura. . . . 167.2
— d'incannatura per banchi a fusi . . . 256.6
— ad ingranaggi con denti epicicloidali. . 126.12
— di inversione . 125.4, 131.6
— di inversione delle barbe 446.1
— di inversione a cinghie aperte ed incrociate 24.5
— di inversione Dobson e Barlow 132.5
— di inversione della marcia . . . 23.12, 163.8
— delle lumache di uscita 163.8
— di movimento di va e vieni del rullo arrotatore 72.4
— per prevenire la formazione di arricciature. 358.2
— registratore dei cappelli 53.16, 54.15, 55.4, 56.3.13
— registratore dei cappelli per carde a cappelli girevoli. . . . 79.9
— di rientrata del carro 349.7
— a ruota a lanterna per il movimento di va e vieni del carro . . 546.7
— a scatto . . . 256.7, 350.3
— di scoccamento 166.3, 206.9, 348.15
— serra-punte . . 181.10, 184.5
— del settore 170.6
— di sicurezza per fermare il carro durante l'entrata 357.6
— per slappolare per carde 368.15
— slappolatore 367.6
— slappolatore per carde 368.10
— di sollevamento . 273.2
— sposta-cinghia 205.5, 357.1
— di stiramento . . . 102.12
— di stiramento per le due parti del selfacting. 176.6
— a suoneria 223.14
— di tensione della catena del settore . . 351.4
— di torcitura supplementare 506.1
— di trasmissione a coni 527.1
— d'uscita del carro . 347.11
media di mischia . . . 19.1
mediano, parte —a . . 211.6
medio (filo) . . . 138.21, 580.4
— alcalino di sgommatura 433.5
— per sgommare . . . 433.4
—, parte —a della barba 445.14
—, parte —a del fiocco. 375.10
—, qualità —a. 19.2
—, tenore — di acqua . 287.7
Mélen, sollevatore . . . 282.12
mensola di guida . . . 357.3
mercenario, pettinatura —a 376.15
mercerizzato, filo . . . 581.3
mercurio 608.8
merletti 400.11
mescolando, qualità ottenuta 236.12
mescolare del cotone coll'amianto alla carda 491.4
— le struse di diverse specie. 451.1
mescolato, lana bene —a 317.11
—, olio 315.24
mescolatore di cotone . 18.16
messaggero 3.19
messo da parte 399.9
metallo bianco 290.8
Meteora, seta 588.10
metodo di carbonizzazione 301.8
— di condizionatura . . 615.9
— di essiccazione . . . 417.11
— di fermentazione . . 437.12
— di filatura 1.5
— di filatura continua. 138.1
— di precipitazione . . 299.16
— per la prova del filo 66.21
— di sgommatura . . . 433.2
metodo di sgrassatura Schlieper 276.14
— di stagionatura . . . 615.9
— di titolazione . . . 602.13
— di trattura 421.14
metri, x— al chilogramma 604.6
metrico, misura —a . . 600.6
—, sistema — di titolazione 599.12
—, titolo 599.13
metro 600.7
mettere l'aletta sul fuso 255.7
— la barba nella pressa colla bacchetta . . 450.6
— i bottoni sulla tavola alimentatrice . . . 590.17
— i bottoni sul velo. . 590.18
— il fuso esattamente nel mezzo dell'anello . 552.9
— in moto, leva per. . 208.11
— in pacchi 576.6
— da parte le balle di qualità diversa. . . 18.12
— la spola sul fuso . . 255.9
— in strati (manipoli di juta) 239.9
Meunier-Grün, pettinatrice 380.9
Mezankoora, seta indiana 410.15
mezza catena, filato di 138.21
— classe 14.18
— innaspata di filato, una 564.9
—-lana Tibet 407.20
—-lana, filo di 579.11
— matassa 562.20
mezzo dell'anello . . . 552.9
—-carro 344.15
—-fino, stracci —i . . . 396.15
—-giro del manicotto a due tempi. . 163.12, 177.2
— pettinato 364.12
— umido, filatoio a . . 226.2
micrometrica, romana . 614.6
—, vite 56.16
micron 600.11
microscopio 467.13
miglioramento del lino pettinato durante il magazzinaggio . . . 217.13
milligrammo 601.2
millimetro 600.10
minio 117.21
minuto, colpi di pinza al 82.19
miperle 587.1
miscela di colori (libera di bottoni, uniforme) 310.21, 311.1.2
— intima 310.19, 318.8
— della lana 310.7
— di lane diversamente colorate 310.21
— di qualità diverse. . 310.17
mischia. 19.4
— dei bottoni alla lana 590.16
— dei cascami con cotone originario . . . 195.1
— del cotone 17.15
— di lana 310.18
— della lana al cotone. 408.2
— a macchina 19.15
— a mano 19.12
— fatta a mano. . . . 19.14
— dei pettenuzzi . . . 453.2
— pneumatica. 24.7
— della stoppa 220.21
—, fare la 18.13
—, far la — a macchina 19.16
—, lasciare il cotone nella 25.5
mischiare i cascami con cotone originario . . 195.2
— i cascami mettendoli a strati sovrapposti 197.5
— i cascami di seta . . 442.12
— il cotone 18.13
— il cotone tinto in diversi colori 194.5
— la juta. 236.11
— lane diversamente colorate 310.20
— a mano 19.13
— per ottenere una qualità media. 19.2
— in parti uguali . . . 19.3
misto, partite —e . . . 216.15
misura di base 598.11
— inglese 600.12
— metrica 600.6
misurare la matassa originale 602.18
misuratore della circonferenza della corda. 500.17
— del lucignolo 207.3
— di tensione 609.7
misurazione del filo durante l'innaspamento 563.21
misure lineari 600.5
— di lunghezza 600.5
mitilo 411.3
mobile (v. a. cursore, anellino, travellina) 150.6, 552.3
— di ottone 226.10
mobile in culisse di guida 20.13
—, stufa 417.17
moderatore . . . 205.9, 349.1
modo di montatura . . 63.4
modulo di lavoro . . . 606.18
mohair 409.13
mola a disco . . . 70.12, 72.9
— viaggiante per arrotatura laterale 72.13
molare v. a. arrotare
— le carde 339.6
— concavo 70.1
— a fondo i denti . . . 338.15
— la guarnizione da carda 69.11
— mentre la carda lavora 70.8
— con olio 338.18
— durante il riposo . . 70.7
— a secco 338.17
— e tornire, scorritoio per 405.8
molato, carda —a . . . 338.16
molatore di carde . 4.9, 71.22
molatura concava . . . 69.19
— del dente 67.11
— a fondo 338.14
— in fretta 69.18
— delle guarnizioni . . 338.8
— laterale 67.15, 339.9
— lenta 69.17
— a macchina 338.21
— a mano . . . 71.23, 338.19
— precisa 340.5
— a punta conica . . . 67.13
— delle punte da carda 69.10
— superficiale 67.12
— a vomere 67.16
molazza per canapa a cilindri conici . . . 231.1
molettone 397.9
molla 27.5, 98.8, 149.6
— di contatto 113.8
— di controllo 423.4
— ad elica . . . 510.11, 607.12
— ad elica intorno all'albero 528.13
— a fogli . . . 279.7, 461.7
— per freno . . 207.14, 358.8
— piana 95.11
— della pinza 89.4
— di pressione . 106.2, 483.3, 534.9
— di repulsione 290.4
— rilassata 106.5
— per scatto 173.5
— di sicurezza 95.8
— snervata 106.5
— a spirale 76.12
— a spirale conica. . . 288.11
— a spirale piatta . . . 235.17
— in tensione 106.4
— tesa 106.4
— di trazione 106.3
molle, incannatura . . 169.3
—, punta — della bobina 175.4
—, trefolo 499.15
molleggiante, arco . . 54.6
momentaneo, aumento. 571.13
momento di attrito . . 149.7
— critico della torsione 9.9
— di rotazione 149.7
mondarina di bozzoli . 413.3
mondarino 376.11
mondatura 376.10
— dei bozzoli 413.2
— delle nappette . . . 450.14
montaggio delle corde . 359.15
— delle corde sul tamburo 550.10
— delle cordette dei fusi 158.12
— della guarnizione . . 63.3
— del manicotto di cuoio 119.9
montante in forma di ⊥ 344.4
— del sopporto della leva oscillante 132.13
montante, spirale . . . 351.11

montare facilmente girevole. 128.6
— le bobine di preparazione 352.13
— le cordette . . 359.16, 158.13
— le guarnizioni. . . 337.10.11
— il manicotto di cuoio 119.9
— a mano il nastro di guarnizione 337.8
— i nastri ad anelli . 63.6
— il nastro da carda . 63.3
— il nastro ad elica . . 63.7
— il nastro sotto forte tensione 63.5
— le spole dei banchi . 226.6
— a zig-zag (aria). . . 297.2
montato eccentricamente 447.6
— sopra rulli 200.4
montatore di carde 4.11, 63.8
— di cinghie 3.14
— di filatoi 3.10
montatura dei fogli di guarnizione 337.5
— della guarnizione . . 63.2
— della guarnizione del cappello 61.4
— della guarnizione di carda 336.12
— della guarnizione sul gran tamburo . . . 63.1
— dei nastri di guarnizione 337.6
morbidezza 483.16
—, filo di grande . . . 193.10
morbido, acqua —a . . 270.3
—, lino 217.4
mordente, potere — dello smeriglio 71.1
moresca 435.15
morire, far — la crisalide (con calore secco) 417 8.14
moritura della crisalide 417.7
— a secco dei bozzoli . 417 10
morsa . . . 84.9, 214.5, 230 4
morsetta 214.5, 230.4
— con foderatura di caucciù scanalato . . . 245.7
morsetti 84.9
morsetto 445 9
— di alimentazione . . 98.9
— strappatore 99.8
morso della pinza . . . 382.14
morto, bozzolo 415.12
—, fibra —a. 14.6
moto v. a. movimento
— d'arresto automatico 110.13
— assiale di va e vieni 517.1
— impartito con rullo di attrito 522 11
— intermittente 84.7
motore 504.4
— a corrente continua (trifasica) 157.8.13
— elettrico 609.5
motore, pignone conico — 135.4
motrice, puleggia . . . 35.10
mouliné, filo 584.12
mouliné Vittoria . . . 584.13
movimento v. a. moto
— addizionale del fuso 532.1.2
— d'allentamento del filo 168.13
— di alzata ed abbassamento 140.16
— di alzata e discesa . 531.8
— d'apertura della pinza 91.6
— assiale di va e vieni 72.3, 516.17
— in avanti . . . 23.9, 91.3
— del carro 344.16
— di chiusura della pinza 91.5
— continuo dell'albero a due tempi 182.7
— di distaccamento della pinza 382.13
— eccentrico 30.5
— della falda 326.1
— d'incannatura a scatto 173.1
— all'indietro . . . 23.10, 91.4
— intermittente in avanti 377.7
— laterale 333.13
— secondo date leggi . 151.5
— lento 295.14
— di nettatura del pettine 58.7
— opposto 23.3
— oscillante. . . . 58.10, 92.4
— oscillatorio 350.17
— al passo di pelegrino 406.9
— del porta-anelli . . . 151.4
— retrogrado 58.4
movimento di rinculo . 205.4
— di ritorno delle alette 505.7
— di ritorno del fuso . 511.5
— di rotazione 517.1
— della ruota a stella . 190.12
— di saliscendi . 140.16, 152.7
— nella stessa direzione 23.2
— di va e vieni 201.3, 516.18
— di va e vieni lungo i cilindri stiratori . . 129.9
— variabile 151 6
— verticale del carro . 140 16
— in senso verticale. . 143.14
mozzo folle (fisso)sull'albero 528.11.12
— scanalato. 497.12
mucchio di balle . . . 17.12
— di lana (bene mascolata) 311 6, 317.11
— di lana a strati . . 317.7
mucilaggine. 472.13
mucoidina 411.7
muffa 574.10
muga, seta 410.11
mule 11.16, 138.13
—-jenny . 11.15, 159.6, 343.7
mulinello 10.15
multiplicatore 603.12
multiplo, velo 326 18
mungo 406.12
— bianco. 407.4
— bleu. 407.5
— libero da cotone (da lino) 406.17, 407 1
— mezza lana 407.2
— da stracci vecchi (nuovi) 406.15.16
— tinto 407.3
muovere in olio (perno) 290.11
— e rimuovere le matasse nel bagno 433.14
muoversi allontanandosi l'una dall'altra (forchette guida-stoppino) 129.12
— in direzione contraria 57.5
— nel senso (contrario) della dentatura . 323.12.13
— in senso contrario (tamburi pettinatori) 447.7
— in senso inverso . . 57.7
— nella stessa direzione 57.4
— l'una verso l'altra (forchette guida-stoppino) 129.11
muratura, canale di . . 306.9
muro di rinchiudimento 375.19
mussolina, stracci di. . 407.13

N

nafta. 297.19
naftolo 316.7
nappetta di fibre di seta 444.8
nappeuse 442.15
nasello 36.3
Nasmith, pettinatrice . 87.7
naso 27.9
— a lumaca 162.1
— del pedale . . . 43.2, 50.15
— regolabile 152.9
nastri 400.10.13
— della carda rompitrice 249.2
— di carta 476.18
— di caucciù 477.6
— impermeabili di caucciù 479.3
— incrociati. 387.18
— longitudinali a forma di griglia 477.5
— metallici saldati . . 477.9
— di seta. 451.15
— tagliati 489.8
— torti assieme 387.7
nastro 387.11, 448.13
— d'acciaio . . . 56.2.5, 331.1
— d'acciaio fisso . . . 331.5
— d'acciaio del freno . 347.7
— d'acciaio spostabile . 331.6
— d'acciaio temperato . 331.4
— con addoppiamento totale 386.14
— alimentato 102.4
— bianco 374.11
— di canapa 496.14
— di carborundo . . . 71.18
— di carda 7.20, 51.15, 60.20, 449.4
nastro di carda con fondo in tessuto di cotone 62.12
— di carta . . . 486.2, 487.12
— di carta arrotondato 484.14
— di carta entrante . . 484.13
— di cascami di pettinatura 82.9
— di cascami di seta pettinati. 446.9
— colorato 374.12
— continuo 245.12
— continuo della pettinatrice . . . 214.4, 230.9
— divisore 204.11
— doppio. 386.12
— essiccato 386.3
— di feltro saturato d'olio 356.1
— di fibre disposte in senso parallelo alla lunghezza 329.2
— di fibre trasversali . 326.12
— finale 102.5
— senza fine di cuoio . 93.3
— del freno . . 46.13, 564.19
— di guarnizione . . . 60.20
— di guarnizione con punte d'ago 336.5
— di guarnizione del volante (con fondazione di cuoio) . . 62.11, 336.6
— ineguale 102.1
— introdotto 102.4
— lavorato 82.3
— di lino. 218.3
— di materia fibrosa. . 486.3
— metallico con estremità di cuoio . . . 535.3
— normale 374.10
— pettinato 82.4, 374.7, 384.11
— pettinato a macchina 374.9
— pettinato a mano . 374.8
— di pettinato 450.9
— di pettinatrice . . . 374.6
— che presenta delle discontinuità (chiazze). 101.23
— prodotto 102.5
— proveniente dallo stiratoio . . . 101.18, 121.14
— pulitore 62.10
— pulitore continuo . . 108.12
— pulitore continuo di lana (cotone) . . 108.13.14
— con rigature 101.22
— sbiancato 374.13
— di sfregamento . . . 331.14
— di sfregamento di feltro e cuoio (caucciù). 332.7.8
— singolo. 386.11
— smerigliato (liscio) 71.17.20
— smerigliato a striature 71.19
— spazzatore . . . 62.9, 75.7
— spazzatore a mano . 75.6
— spazzatore a spirale. 75.8
— stampato. 374.16
— stirato 101.19
— di stoppa 221.16
— con strappi 101.22
— con striature 101.22
— di velo 193.7, 203.14, 221.14
—, sotto forma di . . . 221.15
—, il — presenta dei tagli trasversali 108.2
natura della seta . . . 427.2
naturale, caucciù . . . 65.9
—, essiccazione 292.10
navette delle macchine a cucire 520.12
— di macchine a ricamare 520.11
nebbia d'acqua 574.15
negoziante (in grosso) di cenci 399.4.5
— di lino. 210.8
nero, la lappola diventa —a 307.2
nervatura. . . . 53.11, 355.8
— insertata 355.3
— del sopporto 324.5
nervature circolari . . 490.10
nettare v. a. pulire
— la cassa a polvere. . 49.2
— il materiale fibroso . 7.3
nettatore a cuneo . . . 109.4
nettatura v. a. pulitura
— del cotone 25.6
nettezza del cotone . . 15.12
— del filato. 605.4
—, qualità diverse in rapporto alla . . . 15.14
netto, sezione di rottura —a 10.6
neutralizzare l'acido solforico 463.4
— l'ammoniaca mediante bisolfiti 465.3
neutralizzazione degli acidi nella lana . . 309.4
neutro, grasso. 315.16
—, procedimento . . . 305.11
—, sapone 277.13
—, soluzione —a. . . . 469.6
Neyret-Brenier, pettinatrice meccanica circolare 449.14
nido sferico dell'Anaphe 414.11
nitrite di etile 462.14
— di sodio (in soluzione) 460.5, 463.20
Noble, pettinatrice . . 378.15
noce 11.2, 258.1, 343.1, 487.8, 521.12
— della catena dei cappelli 74.1
— a corda 487.10
— del fuso . . . 144.6, 555.16
—, denterella con . . . 172.12
nocciolo della bobina 154.18, 167.7
— di ferro 115.10
—, formare il 154.19
nodi, la bava forma . . 425.13
nodo 424.1, 454.8
— del filzuolo. 564.5
— di lino 216.8
— lungo 159.1
—, gonfiamento sotto forma di 411.18
nodoso, juta —a. . . . 236.16
normale, nastro 374.10
Northrop, tubo per trama 147.2
Norton, essiccatoio . . 295.12
nota di stagionatura. . 616.3
nottolino 131.11, 172.9, 173.7, 256.3, 258.7, 358.9, 608.3
— d'arresto 95.10
— di levata 531.14
nuanza 194.7
nuanzare, colore per . . 311.5
nucleo della bobina . . 543.14
— di ferro 115.10
— a ferro di cavallo . . 113.9
— di fibre pettinate . . 82.3
nudo, fuso 155.17
numerare 598.3
numerazione chilogrammetrica 599.12
— internazionale . . . 599.12
— metrica 599.12
numero v. a. titolo
— dell'alimentazione . . 102.4
— alto 194.1
— dell'anellino . . 150.12, 552.5
— basso 193.13, 598.5
— cercato 603.15
— dei colpi. . . . 31.7, 82.18
— da convertire. . . . 603.14
— corona 68.6
— dei denti 31.2
— di fabbrica 19.8
— del filo 66.19, 598.4
— fino 194.1
— di giri d'aspo per matassina 599.6
— dei giri del fuso . . 144.4
— dei giri di torsione per unità di lunghezza . 542.1
— grosso 193.13
— della guarnizione 68.7, 335.9
— degli incavi per centimetro (pollice) . . 116.13.14
— indice del titolo . . 602.10
— di matasse 598.20
— di metri contenuto in una matassa . . . 603.13
— dei nastri da riunire . 223.9
— dei Paesi Bassi . . . 600.4
— della partita 19.7
— dei rocchetti 429.14
— della seta 601.14
— delle spire 124.19
nuvoloso, superficie ad aspetto — della guarnizione di carda . . 338.10

O

obliquo, il cilindro arrotatore è all'— con rispetto al gran tamburo 73.4

obliquo, in giacitura —a 142.4
—, passaggio in 550.8
occhielli 400.9
— avvolti nelle estremità dell'aletta 501.17
— saldati 501.18
—, filo con 425.12
—, tendenza a formare 569.13
occhiello 533.4
— di guida 487.6, 511.14, 610.4
— di guida in filo metallico 143.15
— guida-nastro 488.2
— d'intrecciatura 511.14
— di inversione 230 11
— di vetro 544.9
—, il filo forma un — sul sostegno 553.13
occhio 131.10
—, giudizio all' 610.1
odore fresco (lino) 210.2
—, forte — durante la fermentazione 437.20
Offermann, meccanismo per slappolare 368.15
olandese 476.12
oleina 315.4
oleoso, grasso di lana 274.7
oliaggio centrale per fusi da ritorcere 555.6
— (compiuto) della juta 237.2.16
— degli stracci 403.13
oliare la juta 237.4
— la lana 313.14
oliato, juta (non) —a 237.14.17
oliatore 3.11, 95.4, 128.6, 295.10
— per fusi del filatoio ad anelli 391.6
— di juta 239.5
— della lana 314.6
oliatura del cascame di seta 441.2
— della lana 313.13
— a mano 317.1
olio (non) adulterato 315.22.23
— animale 314.24
— d'arachide 433.19
— di balena 315 2
— di bagnatura incoloro 238.7
— di bagnatura che non macchia 238.8
— di bassa qualità 316.1
— di camelina 458.16
— di canapa 458.14
— di cocco 315.7
— di colza disacidificato 148.9
— contenente glicerina 315.21
— di cotone 314.18, 458.12
— denso 359.11
— essiccante all'aria 458.11
— di foca raffinato 238.3
— per fusi denso (fluidissimo) 148.6.7
— di ginepro 462.17
— grasso 314.10
— per l'ingrasso della lana 314.9
— di lino 458.21, 484.8
— lubrificante 355.11
— per macchine 361.12
— mescolato 315.24
— minerale 315.3
— di noce 458.15
— di oliva (denaturato) 314.19.20
— di papavero 314.15
— di patate 297.18
— di pesce 238.2, 315.2
— di piede di bue 441.3
— di pino 314.22
— di pino rosso 458.18
— di ravizzone 314.12
— di ravizzone raffinato 314.13
— di ravizzone nero 314.14
— resinificato 238.11
— resinoso 315.20
— ricco in materie grasse 148.10
— di ricino 314.16, 458.17
— di rosmarino 314.21
— per rosso turco 238.9
— saponificabile 315.18
— di sesamo 433.21
— sgocciolante 317.15
— sporco 555.3
— per stoppa 220.22
— tagliato 315.24
— di tornasole 314.17
— di trementina 314.23, 462.16
— vegetale 148.8, 238.4, 314.11
— vulcanizzato 458.10
—, rinnovare l' 148.1
olio, togliere l'— colla pompa 148.13
olioso, filato 605.7
—, scopature —e 194.20
oltranza, stirare a 101.15
omogeneità della tela 81.7
omogeneo, lino 216.20
—, struttura —a 605.17
ondata, seta 586.15
ondulato, fibra —a 6.18
ontano, legno d' 77.5
opaco, seta —a 427.19
operaia 5.14
— addetta alla lisseuse 385 19
— addetta alla riunitrice 2.4
— addetta agli stiratoi 2.3
— addoppiatrice 5.10
— aspatrice 4.10, 562.11
— aspatrice di cotone 562.13
— aspatrice di lana 562.15
— aspatrice di lino 562.17
— di banco 2.7—11
— ai cascami 4.1
— domestica 6.6
— della incannatrice 2.13
— d'organzini 430.17
— piegatrice 576.11
— preparatrice 2.2
— per seta 412.14,
operaio (v. a. lavorante, sorvegliante) 5.13
— addetto al battitoio 42.5
— addetto alla cernita dei cascami 196.4
— addetto alla lisseuse 385.18
— addetto al lupo (sfibratore) 197.3, 268.2
— addetto alla pettinatrice 215.18
— addetto alla regolazione delle carde 60.17
— addetto al ring 141.17
— addetto alla vaporizzazione 570.18
— addoppiatore 5.9
— dell'apritore 22.8
— aspatore 4.18, 562.10
— aspatore di cotone 562.12
— aspatore di lana 562.14
— aspatore di lino 562.16
— carbonizzatore 301.12
— ai cascami 3.24
— domestico 6.5
— che entra (esce) i manipoli nei (dai) morsetti 215.15, 215.16
— al lupo 267.3
— pettinatore 4.12, 83.2
— porta-bobine 2.14
— preparatore 2.1
— per seta 412.13
— spazzatamburi 4.10
operatore (cilindro) 370.1
operazione di mischia 19.11
operazioni complementari 227.3, 515.1
— preparatorie 17.14
— preventive 364.14
opificio di pettinatura del lino 211.13
opposto, direzione —a alla torsione 431.7
—, disposto in direzione —a alla rotazione (pressoio) 130.13
—, girare in senso 29.4
—, movimento 23.3
—, le punte sono rivolte in senso 67.6
—, strati di filato —i negli strati incannati 517.9
ora, produzione per 83.9
orecchio di corda 594.12
—, regolare per l' 322.17
ordinamento delle punte 87.2
ordire il filato 498.10
ordito di cheviot 584.2
orditura del filato 498.9
organi di comando 114.1, 134.1, 158.10, 160.11, 184.12, 186.7, 555.9
— operatori 122.14
organico, base —a 457.5
organo di regolazione 43.15
organzino 431.9, 586.7
— ritorto 431.12
— semplice 431.11
—, falso 586.13
orificio della filiera 467.9
orina putridita 276.15
orizzontale, graticcio 21.8
orizzontale, passaggio 550.6
—, spostamento 54.3
orizzontalmente, cannetta disposta 529.4
orli dell'anello 150.3
orlo conico 531.5
— del nastro 108.3
— del recipiente con guarnizione metallica 226.1
ortica bianca 261.3
oscillante, guida-filo 208.7
—, leva 181.13
—, movimento 58.10
oscillatorio, movimento 350.17
oscillazione del braccio della bilancia 613.11
— pendolare dell'albero del recipiente 290.1
oscuro, seta —a 427.19
osseina 472.15
ossidabile, base 457.6
ossido d'alluminio 484.9
— di rame ammoniacale 458.22
ossigeno 301.18
ottone 124.7
otturato, materia filtrante —a 463.14
—, filiera —a 466.10
ovale, dente 558.10
ovale di seta 587.4
ovatta (v. a. tela, falda) 7.11
— di cascami 452.18
— da bozzoli doppi 436.4
— per filtrare 463.12
— di vetro 491.15
ovoidale, filo a sezione 65.18

P

pacco di filato 577.3
— di filato di libbre cinque (dieci) 577.4.5
— ad una grossa 577.9
padella 131.3
padellina 122.17, 177.14
— di porcellana 128.15
— di terra cotta 128.13
— di vetro 128.14, 544.4
— di vetro attaccato di acido 128.16
padrone 1.13
paglia 402.5, 492.16
—, legare della — nel lino 209.16
paglierino, bozzolo 415.1
paglioso, lino 217.6
palo di cilindri 205.1
palette diritte 45.3
— ricurve all'indietro (in avanti) 45.4
pallottole 442.11
palo del blocco regolatore 501.10
pane di resina 508.12
paniere pei bozzoli 418.15
— di filati 570.17
pannicello 400.7
panno per cilindri 117.4, 118.1
— di lana garzato 397.5
paracolpi 347.1
paraffina 484.5
paraldeide 458.4
parallelepipeda, balla 15.21
parallelizzamento delle fibre 101.1
parallelizzare le fibre 374.5
parallelizzazione delle fibre 231.9, 386.6
parallelo al carro (alla testiera) 188.4, 188.5
—, cilindro arrotatore — al gran tamburo 73.3
—, comando 360.5
—, a marcia —a 221.5
—, regolare le superfici di lavoro —e fra di loro 60.16
paravento 391.2
parete della gabbia 22.11
— intermedia 284.4, 296.11 306.8
— laterale a cerniera 303.19
— laterale del gran tamburo 79.18
— posteriore spostabile 320.9
paroma 507.6
Parr-Curtis, dispositivo d'afferramento del filo 558.6
parte di alimentazione della carda 202.10
parte articolata per l'incrocio degli strati 168.6
— ascendente della scanalatura 531.10
— carnosa del cuoio 332.5
— centrale vuota della bobina 174.7
— di coda del lino 211.9
— di consegna della carda 202.11
— del coperchio a cerniere 488.3
— corrispondente al nocciolo 167.13
— dentata 531.12
— dentata del settore 350.13
— discendente della scanalatura 531.11
— formante dello strato 155.14, 351.11
— granitica del cuoio 332.6
— incollata dello sfregatore 333.2
— d'incrocio dello strato 155.15, 351.12
— intermedia del cilindro scanalato 393.13
— media della barba 445.14
— media del fiocco 375.10
— mediana (lunga) del lino 211.6.7
— operante dell'ago di carda 338.12
— alle radici del lino 211.9
— ripiegata della ciocca 383.7
— sovratorta nel filo 454.9
— sporgente del fiocco 378.1
— superficiale di gomma elastica 65.8
— superiore del corpo della bobina 174.9
— di testa del lino 211.8
— d'uscita della carda 202.11
parti difettose 455.2
— dure 196.2.3
— singole 121.12
particelle d'acqua 288.14
partita di lana 266.11
— per lavaggio 268.15
— di lino 210.1
— da pettinare 212.4
— di qualità inferiore di mezza classe 14.18
—, intera 14.16
partite miste 216.15
parziale, eliminazione 287.9
—, stiramento 101.6
passa-filo 527.10
passaggio 25.15, 103.8
— dell'acqua di lavaggio 284.10
— dei bagni di lavaggio da bacino a bacino 280.6
— al banco a tirare 371.15
— per il battitoio 42.4
— dei fili sopra fiammelline di gas 455.6
— del filo traverso acqua fredda 542.7
— (forzato) dell'aria umida per il filato 573.3.10
— della materia tessile senza essere afferrata dai denti del cilindro 319.19
— dei nastri 386.17
— del nastro attraverso lo stiratoio 101.5
— in obliquo (orizzontale) delle corde sulle noci 550.8.9
— ripetuto 25.16
— dello spago attraverso le corde 512.8
passagi di tiratura 101.17
passamanterie 400.12
passare attorno al cilindro (filo) 546.1
— in un bagno (filo) 459.10, 467.4
— entro un occhiello di guida (filo) 137.13
— per *x* stiratoi (nastri) 452.1
—, far — nell'acqua calda (filo) 225.12
—, far — attraverso il pettine (coda della ciocca) 92.13
—, far — traverso acqua (filo) 542.6
passato più volte di seguito 25.17
passiva, bobina 124.13, 547.11
passo 350.15

passo ampio 561.2
— d'avvolgimento . . . 155.7
— contrario 339.5
— dei fusi 129.13
— d'incannatura. 155.7, 537.4
— largo 561.2
— di pelegrino . 381.6, 406.9
— piccolo 561.1
— semplice 566.6
— delle spire nel trefolo 498.15
— d'uomo 298.5
pasta al bisolfito . . . 475.6
— di carta 477.12
— per filare 460.14
— di legno 475.3
— alla soda 475.5
pastoso rendere —a la fibra 314.4
Paterson, apparecchio d'oliaggio 241.5
pattini 167.6
pattino 125.7, 352.6
— di davanti (per la formazione del nocciolo) 167.10, 168.7
— diseguale 175.3
— per freno . . 359.2, 548.3
— di inversione 230.11
— posteriore 167.12
pavimento 291.4
pece 508.3
— bianca. 508.5
— bruna 508.7
— da calzolaio 508.8
— greggia 508.4
— nera 508.6
— da sellaio 508.9
pectina difficilmente solubile 412.3, 437.9
pedale 11.6, 32.14, 43.7, 50.10, 234.1
— fulcrato sulla sbarra a coltelli 44.2
— ricambiabile 33.2
pedaliera 28.11
peggioramento di qualità 14.17
pelli 493.1
— di cascemir. 409.7
— rigidi 409.8
pelle di buffalo 332.3
— di montone . 64.13, 118.14
— di vitello. . . 64.12, 118.13
pelo (seta) 426.20
— arricciato 514.16
— di cammello 585.13
— di capra 585.18
— caprino 408.13
— di chèvre 303.13
— del filo serico . . . 425.9
— di lana attaccato . . 276.13
— di seta. 586.16
— di vacca 493.5
— di vitello. 585.22
peloso, filo 193.11
—, greggia —a 425.7
—, la seta diviene —a durante l'ebollizione 434.16
—, seta non —a 427.15
peluria 435.16
— di filatura 398.12
peluzzo. 378.10
pendente, catena . . . 183.10
pendolare, oscillazione . 290.1
pendolo sospeso, a . . 281.9
penetrare (vapore) . . 571.15
— nelle fibre (pettine fisso) 85.9
— nella lana (rastrelli). 283.11
penetrazione delle fibre nella guarnizione . . 322.14
percentuale v. a. contenuto, tenore
— di cascame 100.2
— d'olio nel filo pettinato 570.3
percorso dei battitori . 196.7
perdita dovuta al lavaggio (alla sbianca) 605.10.12
— in lunghezza 604.10
— in peso per la lavatura 269.17
— in peso della seta. . 434.13
— di resistenza 302.6
— in sericina alla sgommatura (cottura) . 434.14.15
— di torsione 146.4
— d'umidità alla stagionatura 615.18
perfetto, trattura —a . 421.3
perforato, tamburo . . 32.3
perforatore 512.6
— multiplo 338.1
perforatore singolo . . 337.16
perforazione prima dell'inchiodamento . . 337.15
pergamena vegetale . . 389.12
pericolo d'accensione spontanea 317.12
— del fuoco 308.8
— d'incendio nelle carderie 222.2
periferia dell'aspo . . . 563.2
periodi ed evoluzioni per la formazione di una agugliata 159.9
periodo di scoccamento 207.2
perla argentata 591.12
— dorata 591.11
— metallica. 591.10
— di vetro 591.9
perle di ceralacca . . . 591.13
permanganato potassico 401.15
— di soda 401.14
permeabile all'acqua, carta 480.1
perni 546.9
— d'acciaio inchiodati . 568.12
— di legno conici . . . 568.11
— a due molle 568.13
— spaccati in legno . . 568.10
—, un piatto porta più 568.14
perno 96.11, 128.3, 139.7, 142.3, 353.17, 530.15, 532.13, 534.17, 557.9
— dell'albero 290.11
— dell'anello 384.3
— d'appoggio bagnante in olio 290.10
— della bobina . . . 523.5.14
— di bosso 544.1
— del braccio della pinza 88.12
— cavo. 342.15
— della cerniera. . . . 488.4
— del cilindro lavoratore (spogliatore) 324.2.3
— del cono di guida . . 528.3
— della forchetta . . . 281.7
— di ghisa dura. . . . 55.1
— nel guida filo. . . . 528.10
— di legno 543.16
— della leva 354.2
— della leva portapinza 89.5
— della leva di tensione della catena 94.11
— di liberamento . . . 346.7
— di manovella regolabile 246.3
— del nottolino 96.1
— orizzontale per il rocchetto. 568.7
— per la puleggia di tensione 349.11
— a punta smussata per mescolare . . . 313.2
— regolabile in altezza 537.14
— delle sbarrette . . . 219.8
— del settore . . 181.2, 350.16
— con sezione a croce . 242.16
— della spola 565.8
— trascinante 130.5
— verticale 97.11
pertica di essiccatoio . 227.10
pesante, anellino . . . 150.11
pesantemente, marciare 390.8
pesare 612.9
— a denari 602.22
— prima del disseccare. 615.13
— il provino 602.21
— la tela 47.10
pesatore 16.18
pesatura di controllo . 614.5
— delle falde 325.10
— dei filati 612.8
— del provino 602.20
— della quantità di lana 319.14
—, recipiente di 200.10
pesi 600.21
— di precisione 615.2
peso 249.9, 482.13
— assoluto 615.16
— della balla 16.20
—-base (della pettinatura) 217.9, 598.9
— della bobina . 141.12, 157.5
— brutto 141.14
— del cappello 53.9
— dei cerchi 17.4
— commerciale 606.8
— di controllo 613.17
— della falda 325.9
— di fattura 16.19
— del filato. 141.13
— finale 615.16
peso della lana sudicia. 209.16
— della leva di pressione 385.10
— del lino greggio . . 212.6
— lordo 141.14, 434.12
— lungo 94.10
— mercantile . . 413.13, 616.2
— dei nastri da riunire 223.10
— netto 141.15
— a pagamento 616.2
— di pressione . 257.14, 523.2
— primitivo. 615.15
— proprio 606.12
— regolabile 253.1
— di rottura 606.15
— secco assoluto . . . 15.6
— di sospensione . . . 499.3
— a sospensione libera. 105.14
— stagionato 615.16
— tipo 598.9
— di titolazione 598.8
—, togliere il — dal cilindro 107.3
pestare i cascami coi piedi 440.2
— il legno 476.9
pestatore triangolare. . 261.7
pestello. 439.10
— meccanico 439.9
petrolio 238.6, 462.18
pettenuzzo . . . 446.12, 452.14
pettinare . . . 7.22, 8.4, 81.14
— la barba 443.10
— la ciocca 82.11
— la coda 82.15
— le estremità 376.6
— le fibre di juta . . . 245.2
— le fibre di seta . . . 444.14
— gradualmente 212.1
— il lino 211.12
— il lino (non) tagliato 212.2.3
— a mano 212.15
— la stoppa 222.6
— la testa . . . 82.12, 445.13
pettinato 8.1, 374.7
— azzurrato 386.2
— di borretta 453.15
— di lana mohair . . . 409.14
— a macchina 374.9
— a mano 374.8
— mélange 584.6
— di ramiè 262.3
— in fino, canapa —a. . 228.6
— a macchina, lino . . 212.11
— a mano, lino 212.10
—, materia fibrosa non —a 82.1
pettinatore 4.12, 370.15
— di canapa 229.2
— di cotone 81.15
— in grosso. . . 212.17, 213.11
— di lana 375.6
— di lino. 211.14
— a mano 213.10, 375.5
— di stoppe 222.7
pettinatrice (macchina) 7.23, 8.6, 262.3
— circolare . . . 83.12, 376.19
— a comando sinistro (destro) 83.4.5
— continua 83.12
— Crossley 446.13
— con dispositivo automatico per l'inversione del manipolo. . . . 229.14
— duplex 91.1.2
— Gegauff con pinza oscillante 91.7
— Heilmann . . . 84.1, 377.1
— Holden 379.4
— Hübner 96.10, 381.7
— Imbs 99.3
— intermittente 83.3
— per lana lunga (corta) 376.17.18
— Lister 379.8
— Lister-Warburton . . 449.13
— meccanica doppia . . 214.3
— meccanica per juta con campi di lavoro verticali (inclinati) 245.5, 246.1
— meccanica per stoppa 222.9
— meccanica a due teste per seta tipo Lister 448.7
— Meunier-Grün . . . 380.9
— Nasmith 87.7
— Neyret-Brenier . . . 449.14
— Noble 378.15
— piana 444.17
— Pinel e Lecoeur . . 99.14
— rettilinea 83.3, 376.20, 444.17
— rettilinea con fornitura da un solo lato (su due lati) 83.10.11
pettinatrice rettilinea multipla 83.7
— rettilinea a una testa (a più teste) . . . 83.6.7
— semplice 213.14
— con ∞ serie di pettini 215.11
— di seta. 444.16
— Staub e Montfort . . 99.15
— a ∞ teste 83.8
pettinatrice (operaia) . 4.13
— di canapa 229.3
— di cotone 81.16
— in grosso 212.18
— di lino 211.15
— a macchina della lana 376.13
— di stoppe 222.8
pettinatura . . 7.21, 8.3, 81.13
— della canapa . 229.1, 495.10
— dei cascami di seta . 444.12
— della coda della ciocca 82.14
— a commissione . . . 376.15
— del cotone 80.13
— finale 231.6
— in fino 212.19
— a fondo 376.7
— in grosso 212.16
— della juta 245.1
— della lana 374.1
— di lana 376.14
— del lino 211.10
— a macchina 376.12
— a mano . . . 212.14, 375.4
— meccanica 213.13
— mercenaria 376.15
— dei peli 514.5
— del pettenuzzo . . . 453.14
— del ramiè 262.2.10
— della seta 440.15
— della stoppa . 211.16, 225.5
— della tela 81.17
— della testa della ciocca 82.13
pettine 8.5, 308.8, 443.6, 446.3, 447.9
— d'acciaio 340.10
— di alimentazione . . 382.4
— anulare 379.5
— carico 375.15
— circolare 85.4, 98.10, 221.9, 378.2
— circolare con sbarrette ad aghi aumentando di densità 380.10
— collocato nel forno . 376.5
— continuo articolato . 233.5
— distaccatore . 321.10, 327.12
— egualizzatore . 200.6, 260.8, 320.3.11
— in fino 213.7, 229.5, 495.16
— fisso 85.8, 90.1, 92.12, 375.14
— fitto 229.5
— in grosso 213.5, 229.4, 495.14
— di guida per i nastri di carta 489.9
— interamente fornito di denti 330.3
— intersecante 381.4
— a mano 212.20, 245.4, 495.13
— a mano per canapa . 229.6
— medio 213.6, 495.15
— mobile 375.13
— oscillante. . . 213.15, 245.13
— oscillante scaricatore di stoppa 230.7
— pulitore 320.12
— per la raccolta del cascame 58.1
— rado 229.4
— rettilineo 85.8, 90.1, 378.5, 381.2, 382.5
— riscaldato 375.17
— scaricatore della stoppa 213.15
— con spazi vuoti . . . 330.4
— spazzatore . . . 58.2, 340.9
— spazzatore a movimento retrogrado. . 58.4.8
— superiore 85.3
— staccatore 51.8, 59.18, 98.1, 99.18, 204.2
— staccatore del cascame 86.8, 88.8, 378.14
— tagliatore 381.4
— di trasporto 379.15
— verticale 382.7
pezzi 121.12
— di crisalidi 442.7
— di lana di qualità scadente 265.21
— non strappati 404.12, 405.2
pezzo d'amianto. . . . 490.7
— articolato 111.11

pezzo fisso del coperchio 488.
— di ghisa 184.14
— a glifo 125.7
— a gradini. 566.5
— di guida in forma di cono cavo 534 5
— di guida ricurvo . . 564.16
— oscillante anteriore . 125.5 131.8
— oscillante posteriore . 125.6
— di rotaia mobile . . 307.12
— scorritore 531.13
Pfaff, apparecchio di spazzatura per cappelli 52.11
piani, rastrelliera a tre. 141.20
piano inclinato . 172.10, 184.2
— inclinato regolabile . 180.2
— inclinato per regolare lo scoccamento . . 165.9
— inclinato spostabile . 179.16
—, strato — di smeriglio 71.14
pianta della sala di mischia 22.15
piastra alimentare 84.3, 377.3
— antiballone aperta (chiusa) . . . 152.19, 153.2
— di appoggio del nastro 111.5
— di base 95.3
— di ebanite 112.11
— di guida del nastro . 111.1
— di sostegno dell anello 151.11
— di vetro polita . . . 283.5
piastre di separazione . 153.5
piattaforma girevole . . 442.3
— girevole dei vaso . . 76.5
— mobile 572.10
piatto 488.7
— della bilancia 613.9
— dei perni 566.7
— con perni d'acciaio inchiodati per cannette 568.12
— dei pesi della bilancia 613.3
— della pressa 577.14
—, un — porta più perni 568.14
piazzamento dei manipoli di juta negli scompartimenti d'oliaggio . 239.8
piede dell'asta 151.14
— della fibra di juta . 236.9
— del fuso 131.4
— inglese 600.14
— in legno duro . . . 497.1
— del lino 211.9
— del perno . . 128.7, 544.2
— tagliato smusso . . 236.10
— del tubo 147.3
piega. 336.3
piegamento del velo. . 327.15
piegare indietro gli aghi 339.18
piegarsi (velo). 326.21
piegatrice, operaia . . . 576.11
piegatura 484.18
— della matassa. . . . 576.10
pieghevole, fibra . . . 240.5
pieno, albero 189.7
—, bobine —e 226.14
—, vaso 60.11
pietra arenaria 304.10
pignone (v. a. ruota). . 187.15
— dell'asta dentata . . 191.1
— del carro 134.5
— per la catena 254.1
— cilindrico 547.1
— di comando delle bobine 134.8
— di comando del carro 176.11
— di comando dei cilindri anteriori . . 136.3
— per il comando del cilindro frontale . . 114.5
— di comando dei fusi 134.9, 532.8
— per il comando del secondo (terzo) cilindro 114.8.10
— conico 176.7, 187.12
— conico motore del differenziale 135.4
— conico superiore sul l'albero dell'inversione di marcia 135.9
— del cono inferiore (superiore) . 134.7, 136.1
— del contatore di torsione 186.9
— del differenziale. . . 134.6
— esterno del comando delle bobine 135.3
— dei fusi 255.15
pignone iperbolico per il comando dei fusi (delle bobine) 185.1.5
— di marcia . . 134.3, 186.10, 555.11
— di ricambio . 114.2, 176.14, 503.7
— del rullo frontale . . 176.12
— del settore 170.10
— di stiramento 114.2, 134.2, 176.14, 186.8
— del tamburo di latta 555.12
— testa di cavallo . . 136.4
— di tiratura del carro 187.10
— di torsione 134.3
— di torsione superiore (inferiore) 555.10.11
— di trazione. 186.8
— di velocità del contatore 207.9
piletta 122.17, 131.3
pillaccole 266.1
piluccare il cotone dagli imballaggi 18.7
Pinel e Lecœur, pettinatrice 99.14
pinna marina 411.3
pinza . . . 84.9, 91.9, 377.8
— di alimentazione fissa 380.12
— aperta 382.11, 558.3
— chiusa 382.12
— nelle macchine per far corde 506.9
— dentata 118.5
— a denti 86 10
— per il filo 557.6
— oscillante. 381.1
— regolabile 432.5
— di ritegno 382.8
— di strappamento . . 382.9
pinze. 461.6
— circolari 449.1
pinzette 461.6
piombato all'interno, idroestrattore . . . 304.21
piombatura delle corde (v. a. intrecciatura) 493.19
piombino 363.2
piombo 61.9
piramidale, denti —i . 240.14
pirossilina 462.10
pistone 352.3
pittura preliminare . . 117.1
pizzi, filo per. 581.23
pizzichetta ricoperta di felpa 568.5
placca d'acciaio munita di punte, Deiss . . 62.8
— d'acciaio regolabile . 429.8
— anulare riscaldata a vapore 380.1
— di base 352.18
— a bobine mobile . . 522.6
— del cappello 61.6
— di chiusura. 355.10, 404.11, 549.6
— di fondazione . . . 611.1
— dei fusi 343.7
— di guida 373.3.11
— guida- filo . . 143.13, 391.1
— guida-filo in acciaio. 554.13
— guida-filo a tre scanalature 559.10
— di guida con fori sfalsati 105.1
— guida-stoppino . . . 257.7
— di guida del velo . . 250.14
— d'innesto. 353.14
— laterale 381.12
— metallica con fessure a forma d'angoli . . 354.5
— mobile 262.8
— per la molatura . . 338.20
— a pettine. 36.12
— porta-fusi 355.4.16
— di pressione 158.4
— di pressione con scanalature di guida . 334.11
— pulitrice 98.4
— registrabile . 404.8, 405.4
— di registro 503.5
— regolatrice di alimentazione 29.10
— ricurva 373.12
— ricurva d'arresto . . 153.6
— ripiegata 62.3
— di riscaldamento . . 388.10
— di separazione a cerniera fra i fusi. . . 568.1
— slappolatrice 369.2
— a smeriglio 338.20
placca spazzatrice . . . 340.13
— d'urto 192.10
placche sfregatrici. . . 388.4
platina 532.14
Platt, apparecchio per arrotare i cappelli . 73.8
—, pettine spazzatore a movimento retrogrado 58.8
pneumaticamente, richiamare — il cotone. . 39.4
pneumatico, mischia —a 24.7
—, richiamo — del cotone 37.7
polito, piastra di vetro —a 283.5
Poller, dinamometro . . 607.8
pollice inglese. 600.15
— di lunghezza, mettere x aghi per un . . . 68.5
—, x striature per. . . 71.16
polo 113.6
— magnetico 360.12
polvere. 26.13
— d'acciaio 339.12
— di calce viva. . . . 298.17
— di carda 371.5
— di corno 120.13
— della molatura . . . 339.11
— di pettinatura 375.3, 398.9
— di sapone 277.21
— di smeriglio 72.1
— di ventilatore. 49.7, 194.21
—, il cotone fa 15.16
polverizzamento delle lappole 308.11
polverizzare le sostanze vegetali 302.7
polverizzato, materia vegetale —a 308.12
polverizzatore d'acqua ad alta pressione. . 574.5
— ad aria compressa . 574.3
— a spazzola 576.1
— a vapore. 574.4
polveroso, stracci —i. . 396.19
pompa 284.7
— ad alette. 365.14
— ad olio 361.14
— ad olio per filatoio ad anelli 391.7
— di viscosio 469.18
ponte 201.2
—, dispositivo a — per il ritiro delle matasse . 565.11
porcellana 128.15
porcospino, apritoio . . 26.25
—, tamburo. 26.21
porta a cerniera. . . . 195.13
— del focolare 306.13
— per l'interno 38.7
— scorrevole 572.15
— del tamburo di aspirazione 195.14
— d'uscita 260.3
porta-anelli 151.11
—-anelli fisso 226.9
—-battitore 441.14
—-bobine 387.14, 612.5
—-bobine (operaio) . . 176.5
—-bozzoli 423.10
—-cilindri . 105.8, 115.1, 127.6, 136.6, 358.10, 393.6, 558.14
—-fusi 391.10
—-fusi oscillante. . . . 391.8
—-fuso 145.9
—-nottolino di arresto 95.9
—-pettine 99.9
—-rotolo 250.12
—-spola 611.12
—-spole (operaio) . . . 569.9
—-tela 34.5
—-tessuto in filo di ferro 395.4
—-tubetti 3.9
—-vasi 2.5
portar via le impurità . 438.18
portinaio 6.3
positivo, azionamento . 524.13
posizione di avvolgimento del lucignolo 124.18
— della barba. 447.3
— bassa 175.11
— del carro uscito. . . 164.11
— corretta della bobina 97.4
— di fermata 346.18
— del filato. 576.3
— iniziale dell'incannatura 165.7
— iniziale dei pattini . 175.15
— normale 200.13
— obliqua (spire) . . . 538.10
— della pinza . . 85.1, 92.9
— delle punte 335.13
posizioni differenti del porta-anelli durante la filatura 156.8.9.12.13, 157.1
potassa caustica. . . . 276.9
— greggia 273.9
— sciolta 273.7
potere di allungamento 513.4
— battente 31.6
— dissolvente 275.1
— esplosivo 462.4
— feltrante 396.3
— mordente 71.7
— saponificante 272.4
— solvente 457.18
povero di rame, filo di seta 467.17
— di seta, bozzolo. . . 416.3
precedente, fuso — la bobina 123.9
precedere (bobina) . . 124.12
precipitante alcalino . . 464.13
— a base di una soluzione alcalina caustica . . 464.14
— lento 466.14
precipitante, bagno . . 469.2
precipitare la calce . . 271.2
— la caseina 471.16
— il filo di viscosio . . 468.15
— il grasso della lana . 299.17
— il viscosio 468.13
precipitato di gesso . . 310.6
— di grasso di lana (lavato) 300.3.5
— d'idrossido di alluminio 459.16
— di sapone di calce . 270.18
— di solfato di calce. . 310.6
— di solfuro metallico. 469.17
precipitazione. 299.16
precisione, aspino di. . 612.3
prelevare provini . . . 602.15
preliminare, apritura. . 25.10
prendere il filo di collodione con pinzette . 461.5
preparare un bagno di sapone 433.13
— le balle per la mischia 18.9
— alla filatura . . 9.14, 17.17
— la liscìva 275.13
preparato, fascio — di lino 210.3
preparatore di cilindri . 120.1
— della liscìva 275.12
preparatorio, processo . 17.16
—, stiramento 101.7
preparazione . . . 9.13, 122.2
— delle balle per la mischia 18.8
— della canapa per la filatura 228.15
— dei cilindri 116.16
— dei cilindri superiori 119.16
— del cotone alla mischia mediante vaporizzazione 19.10
— della juta per la filatura 234.16
— della lana pel cardaggio 310.8
— del lino per la filatura 210.20
— di miscele di colori . 310.22
— per la pettinatura. . 371.6
— del ramiè per la filatura 262.1
— degli stracci 400.3
—, filatura di. 121.9
presa, facoltà di . . . 51.4
—, ridare — alla guarnizione 69.13
preservare il fiocco nella lavatura. 269.4
preservazione dei colori 403.2
— del fiocco nella lavatura 269.5
pressa . . 445.9, 448.2, 450.4
— per collare gli orli del cuoio 119.6
— per filati. 577.13
— a filtro 271.13
— idraulica 288.2
— meccanica per afferrare i manipoli. . . 215.9
— per mettere in balle ed impacchettare cascami 260.13
— per scarto di pettinatura 375.1
— umida 476.16
—, mettere la barba nella 450.6
pressare dell'aria calda nel liquido di lavaggio 282 .7

pressare il filo di viscosio in una soluzione 468.12
— il panno sul cilindro 118.6
pressato, balla (non) —a 16.2.4
pressione sui cilindri . 105.12
— a contrappesi . . . 105.13
— esercitata dal gancio 46.11
— esercitata mediante (catena e) leva . 106.11.16
— frenante 47.1
— mediante molla inserita nel tirante . 106.1
— a sella 106.12
— di serraggio (dei cilindri) 103.3, 554.9
— uniforme 267.8
—, alta 271.3
—, creare — nel punto di lavoro 447.2
pressoio . 130.11, 278.14, 452.5
— per pacchi 577.13
preventivamente, pulire 26.6
preventivi, lavori . . . 263.13
prezzo, calcolo del . . . 19.9
principale, graticcio . . 23.7
procedimento inglese (francese) di filatura 364.9.10
— neutro 305.11
processo acido 302.12
— di aspatura 562.8
— d'assortimento . . . 610.15
— di bagnatura 237.5
— al bisolfito 479.10
— Chardonnet 456.10
— di compressione . . . 240.4
— di fermentazione . . 437.13
— di filatura 1.4
— di filatura con un acido 468.16
— di filatura intermittente 138.12, 159.4
— d'ingrassamento . . . 314.7
— di lavaggio 268.13
— di lavaggio all'ammoniaca 366.5
— di lavaggio all'etere . 366.6
— di lavaggio al solfuro di carbonio 366.8
— di lavaggio al tetracloruro di carbonio . 366.7
— preparatorio 17.16
— di separazione . . . 49.15
— alla soda 479.8.9
— di tempera 66.6
prodotto anti-ruggine . 64.2
— lubrificante 314.8
produzione dell'apritoio 26.18
— del banco a fusi . . 133.7
— di buchi nelle corde 512.4
— della carda 318.12
— della lana artificiale 395.8
— del ramiè 261.2
— per testa e per ora . 83.9
profilo del pedale . . . 33.1
progressiva, velocità . . 21.2
proporzione d'impasto . 18.18
proprietà dissolvente . . 419.7
— feltrante ridotta . . 406.14
— igroscopica . . 302.1, 573.8
proprietario di filatura . 1.9
— di una filatura di cotone 1.10
— di una filatura di lana cardata (pettinata) . 263.9, 364.4
proprio peso 466.15
propulsore per la lana . 286.9
proteggere il rivestimento di panno 110.6
— il tubo di una guarnizione metallica . . . 149.13
proteina 435.2
protezione, assicella di 229.11
protossido di manganese 469.14
prova di allungamento 608.15
— delle corde 513.1
— di duttilità 608.15
— del filo 66.10
— delle matasse sul telaio a bastoni . . . 542.12
— dell'olio 149.1
— dell'olio di bagnatura 238.21
— di resistenza 606.20
— di tenacità 606.9
— della torsione . . . 610.8
provare le corde . . . 513.12
provinare il filato . . . 605.2
provinatura . . . 563.3, 610.10
provino 562.21
provvedere i fusi con rocchetti 141.11
provvista di lana . . . 264.3
puleggia 257.13, 470.6
— sul braccio della bacchetta 180.11
— con campana di frizione 354.10
— della catena . 180.12, 183.11
— del cilindro d'avvolgimento 249.12
— di comando . . 24.2, 35.10
— di comando sull'albero del tamburo motore 144.12
— di comando dell'idroestrattore 290.14
— a cono 43.12
— a cono superiore (inferiore) 136.7.8
— a corda 521.11
— della doppia leva . . 182.10
— eccentrica 420.7
— fissa della cinghia motrice, azionante l'uscita del carro . 160.12
— fissa con cono di cuoio 187.3
— folle 160.14
— folle sull'albero principale 187.4
— del freno 46.12, 171.12, 347.8
— del freno guarnita di cuoio 290.13
— a gola . 171.11, 497.8, 503.3, 524.9, 550.13
— a gola comandata sull'albero del secondo tamburo 144.13
— a gola per il comando dell'aspiratore . . . 36.1
— a gola per il comando dello scaricatore . 35.11
— a gola per il comando del tamburo porcospino 36.2
— a doppia gola . . . 157.9
— a due (tre) gole 192.2, 557.7
— a gradini . . . 348.11, 565.1
— a gradini per corda . 538.4
— di guida per le corde 171.14
— inferiore della tela . 230.8
— motrice . . . 35.10, 136.14
— motrice del cilindro frontale 114.4
— motrice inferiore . . 114.3
— di rinvio 144.14
— tenditrice con scatto libero 177.11
— di tensione 353.7
puleggie fisse sull'albero principale 187.2
— di guida 504.2
— di tensione per il filo da intrecciare . . . 511.11
pulimento dei cilindri a punte 389.6
pulire v. a. nettare
— con benzina (guarnizione di cuoio . . . 109.7
— la canapa spuntita . 496.5
— cascami di carde . . 260.5
— il cotone 26.4
— le fibre allo stato asciutto 196.1
— la filiera all'aria compressa 466.11
— il filo d'acciaio . . . 66.8
— il filo di greggia . . 429.4
— il materiale fibroso . 7.3
— il pavimento 193.8
— il pettenuzzo 453.1
— preventivamente . . 26.6
pulito, filato 605.5
pulitore . . 3.17, 251.11, 611.13
— automatico del carro 395.2
— di canapa 231.8
— per i cilindri di rinculo 90.6
— di cotone 26.5
— di cursore semplice . 150.16
— per due cursori . . 150.17
— fisso 108.9
— inferiore 109.3
— di lino 216.6
— della pettinatrice . . 216.1
— rotativo di Brown . . 129.1
— del rullo di alimentazione 90.2
pulitrice meccanica per filati di chappe . . 454.15
— con movimento di saliscendi 455.1
— di stoppa 220.11
pulitura v. a. nettatura
— dell'amianto in via umida (secca) . . . 490.2.5
— della canapa spuntita 496.4
— cappelli 194.18
— dei cascami 49.5
— dei cascami di filatura 195.4
— dei cilindri da carda 203.2
— dei cilindri stiratori . 108.6
— completa 26.8
— del cotone 26.3
— dei filati 454.11
— della greggia 429.1
— a macchina 454.14
— a mano 454.13
— a mano della lana . 310.13
— meccanica della lana 266.14
— a secco della lana . 266.14
— della stoppa 220.10
— della stoppa di canapa 232.9
— dei tubetti capillari 466.12
— a umido 268.8
— del vello 265.12
—, prima — del cotone . 26.7
pulizia automatica dei carro con tessuti viaggianti 193.1
— del coperchio nettatore 109.5
pulviscolo di filatura . 398.12
—, eliminare il 75.14
punta 87.12
— dell'ago 336.1
— arrugginata 86.19
— battitrice 259.8
— della bobina 155.1
— di bosso 128.10
— della cannetta . . . 556.9
— concava della bobina 174.6
— conica 233.16
— del dente di carda . 335.17
— di dente che sporge . 339.16
— del fuso . . . 130.4, 146.1
— del fuso con bottone metallico 146.2
— del fuso a sezione angolare 355.14
— di guarnizione . . . 67.5
— inserita nel perno . . 128.8
— interiore dell'inviluppo del tamburo 260.2
— di legno duro 128.9
— lucida 86.18
— del lupo foggiata ad uncino 313.11
— molle della bobina . 175.4
— piatta 86.17
— rientrante 30.7
— rotonda 86.16
— scuotitrice 260.6
— per segnare 363.5
— smussata 313.2
— temperata 66.5
— per tracciare 363.5
— troppo sottile della bobina 174.5
— dell'ultimo strato . . 157.1
punte d'acciaio 335.6
— d'acciaio stagnato . 335.7
— d'ago 336.5
— dure, formazione delle 175.5
— di ferro 335.5
— della grande corona . 449.6
— inclinate 243.14
— del manipolo 216.9
— del pettine 213.9
— radiali 243.13
— smusse 287.15
— a uncino 367.15
puntello 497.3
punteruolo 512.6
— multiplo 338.1
— singolo 337.16
punti gommosi 434.7
puntini, velo senza . . 49.4
punto di afferramento 42.17
— d'avvolgimento . . . 155.8
— d'ebollizione 570.8
— di fissamento della catena 350.11
— grosso nel filo . . . 424.1
— d'incrocio 422.3
— d'incrocio della traiettoria del fuso . . . 511.1
— d'intrecciatura . . . 511.13
— di lavoro della catena 447.1
— di piegatura 336.2
— di pressione 46.2
— di regolazione . . . 54.16
— di rottura 10.5
— di scarico 24.10
— di torsione 165.8
pura lana, di 396.11
purezza del cotone . . 15.12
purga dei bozzoli . . . 419.19
— della seta 432.14
purgazione del vello . . 265.12
puro, acqua —a 270.23
putrefare i cascami di seta 437.11
putridito, stracci —i . . 396.21

Q

quadrante (v. a. settore) 170.7, 350.5
— per il controllo della regolazione 80.3
— graduato 100.5
quadro per utensile . . 362.4
qualità di cascami . . . 194.14
— del cotone 14.2
— diversa 18.12
— diverse in rapporto alla nettezza 15.14
— del filo in grosso . . 342.7
— di lana 266.9
— media 19.2
— ottenuta mescolando 236.12
— scadente 236.17
— tessile 475.8
— uniforme dell'intera partita 14.16
— uniforme della seta greggia 425.3
—, seconda 579.13
—, terza 579.14
quantità d'acqua evaporata 293.12
— di denti per unità di superficie 68.4
— di lana pesata . . . 319.15
— necessaria di calore . 293.1
— di soda 309.17
quantitativo del materiale nel truogo . . 200.12
quercia, legno di . . . 77.6
quillaia, corteggia di . . 278.2

R

Rabbeth, fuso 145.7
—, fuso per ritorcere . . 553.4
raccoglimento delle barbe 444.9
raccogliere l'acqua spremuta 288.15
— le balle a secondo delle qualità 236.4
— le barbe 444.10
— in mucchi i bozzoli cotti 436.22
raccoglitore del grasso . 298.2
— con molla a spirale . 76.12
— del nastro 121.13
— per l'olio 360.4
— dei pulviscoli . . . 322.5
— del sudiciume . . . 279.9
raccolta degli stracci . . 399.2
raccorciamento delle fibre 242.11
— del filo dovuto alla torsione supplementare 348.9
— della fune 494.4
raccorciare la catena di scoccamento . 179.11, 184.1
— la catena del settore 350.8
— la corsa 535.10
— le fibre 242.10
— il periodo di scoccamento 207.2
—si (trefolo) 499.17
radancia 494.3
raddolcire la fibra 237.7, 240.3
raddrizzamento delle fibre (nel senso longitudinale) . . 100.16, 101.1
— dei denti 339.13
raddrizzare i denti . . . 339.14
— le fibre 100.15
—si (fibre) 25.1
raddrizzatore 449.8
radiale, punte —i . . . 243.13
—, spostamento 55.13
radiatore 306.15
— ad alette 294.9
radiazione di calore . . 294.14
radice della saponaria 277.22, 316.16

radici del lino 211.9
raffinaggio della pece . 508.10
raffinamento della canapa (pettinata) 230.13, 496.7
— delle estremità . . . 213.8
raffinare la canapa . 230.14, 496.8
— il lucignolo 159.17
raffinato, canapa —a . 496.9
—, carbonato potassico non 273.9
—, olio 238.3
raffinatura della potassa greggia 273.10
rafforzare la lisciva . . 276.6
rafforzato, lisciva —a . 276.7
rafforzino 593.10
raffreddamento ad acqua 36.13
— della camera d'essiccazione 294 12
— del filato 572.8
raffreddare il filo . . . 227.11
raffreddato, recipiente . 464.11
ragazzo-portatore . . . 3.18
raggina 497.8
raggrinzato, filo . . . 434.17
ralla 97.12, 177.14, 289.4, 553.3
— mobile 289.15
rallentare la matassa . 424.17
— la tensione sulle matassa 432.9
ramato, filo di ferro . 493.10
rame 61.10
ramiè 261.3
rammollimento delle bobine 571.16
— del grasso di lana . 274.14
— delle impurità . . . 274.13
— del legno per vaporizzazione 476.6
rammolire una bacchetta di vetro alla fiamma d'un cannello a gas . 491.6
— il cordame con acqua 507.8
— il grasso 274.15
— l'involucro del bozzolo con acqua bollente 418.8
rammollito, sericina —a 412 2
rampone d'acciaio . . 62.5
rancido, grasso 274.11
rapidamente, dirigere . 499.11
rapidità dell'azione degli acidi 302.14
rapido, essiccazione —a . 292.18
rapporto di addopiamento 386.9
— inverso 42.9
— di stiramento . . . 386.8
— di trasmissione . . . 537.5
raschiato, cuoio con superficie —a . . . 331.18
raschiatoio 96.4
raschino 479.1
rassettamento del carro 174.2
rastrellare la lana . . . 317.9
rastrelli leviathan . . . 286.11
rastrelliera 96.12, 127.5, 257.3, 379.9, 391.4, 393.1, 394.6, 448.9, 522.4, 557.15
— di bobine 503.8
— per bobine differenti . 551.3
— per bobine ad inclinazione diversa . . . 544.14
— a bobine dei selfactings 543.13
— a cannette staccabile 569.1
— per collocamento alternato delle bobine 551.2
— in ferro con tavolette di legno 128.11
— in forma di tetto . 391.5
— girevole 535.6
— per due lucignoli . . 188.9
— mobile 557.3
— obliqua (a due piani) 544.10, 551.1
— con perni per bobine di frotteur 568.9
— con perni di legno conici 568.11
— con perni a due molle per cannette . . . 568.13
— con perni spaccati in legno per innaspare da cannette 568.10
— ad un solo piano (a due piani) per lucignolo semplice . . . 142.1.2
rastrelliera a tre piani per lucignolo doppio 141.20
— doppia a quattro piani 188.11
— per ritorcitoi ad anelli 550.14
— per ritorcere articoli pesanti 544 11
— a ruzzelle 569.4
— di sgocciolamento della lana umida . 287.16
— per selfactings . . . 188.7
— semplice 188.8
— per spole a flange verticali 544.6
— che porta le spole a zig-zag 188.10
— a tubi girevoli per spole a dischi . . . 568. 8
rastrello 278.12, 282.14, 283.6, 296.16
— fisso 366.3
— di legno 317.8
— a pendolo sospeso. . 281.9
— riversibile 504.12
ravvivare i denti . . . 69.16
razza (dell'aspa) . . . 40.12
— annuale di bachi . . 413.15
— del Bengala 414.4
— bivoltina 413.16
— giapponese 414 3
— monovoltina 413.15
— polivoltina 413.17
— pura 414.1
razze dell'aspa 566.13
rea 261.3
reazione acida 309.5
recesso 383 6
recidere la canapa . . 231.15
— la juta. 243.2
— il lino 211.1.2
— il velo 329 7
recipiente d'acido . . . 303.18
— per l'acido cloridrico 402 17
— d'acqua 570.14
— per acque sudicie 299.9, 365.8
— alimentatore 320.5
— d'aria 296.2
— di bagnatura 280.2
— di ferro battuto . . . 286.1
— forato 289.3
— girevole di filatura . 470.8
— inferiore 242.2
— di lavaggio 280.3, 306.2, 439.5
— per la lisca. 214.2
— della lisciva 439.2
— a mercurio 608.8
— d'olio 241.9, 461.15
— di pesatura . 200.10, 320.5
— pieno 112.3
— per il pulviscolo . . 214.2
— raccoglitore (dell'acqua) 219.3, 477.3
— raffreddato 464.11
— riempito di farina di torba 299.11
— di risciacquatura . . 280.4
— della soluzione . . . 298.3
— per la stoppa. . . . 214.1
— in terracotta 403.1
— di tubetti 361.8
recipienti raccoglitori . 76.1
reciproco, azione —a . 292.12
—, effetto 32.2
recisione della canapa . 231.11
— del lino 210.21
— del velo 330.5.6
— del velo con cigne . 203.12.13
— del velo in striscie . . 329.6
reciso, lino 211.3
refe 580.8, 581.22
refrigerante a riflusso . 298.7
—, superficie 295.1
refrigeratore 572.1
reggia 16.11
registrabile, griglia . . 48.4
registrare i cappelli . . 77.8
— il cilindro arrotatore 70.10
— i cilindri mediante il calibro a croce (a corsoio) 105.7.9
— troppo distante (vicino) (cilindri) . . . 105.10.11
registratore, meccanismo — dei cappelli 53.16, 54.15, 55.4, 56.3.13, 79.9
— dei cappelli (con arco flessibile) 53.14.15
registrazione troppo vicina 70.11
registro di mischia . . 19.6
registro regolatore . . . 31.17
— di revisione 612.11
—, placca di 503.5
regolabile in altezza . . 537.14
— per differenti altezze 473.5
— orizzontalmente e verticalmente 162.7
regolamento v. a. regolazione
— concentrico del guidafilo e del fuso . . . 554.14
— delle superfici di frizione 185.7
regolare l'afflusso . . . 439.6
— l'apertua della stribbia 429.10
— le aste dei guida-fili . 535.12
— automaticamente l'alimentazione . . 30.1
— la corrente d'aria . 32.1
— la distanza 42.19
— il livello dell'acqua . 286.7
— a mano 191.13
— il meccanismo d'incannatura 175.14
— il pettine 377.12
— la pinza 85.2
— lo scartamento . . . 390.18
— lo scoccamento . . . 165.9
— lo spostamento del guida-filo secondo lo spessore dei fili . . 517.6
— lo spostamento del porta-anelli . . . 151.10
— le superfici di lavoro parallele fra di loro . 60.16
— il volante per l'orecchio. 322.17
— la tensione del velo 326.20
regolare, alimentazione. 27.2
—, filato meno 605.20
—, filato molto 605.18
regolarità del filo . . . 605.16
— del titolo 421.7
regolarmente, stirato . 66.13
regolatore di alimentazione 42.8
— di alimentazione a maglie articolate 34.9, 44.4
— di alimentazione a pedali . . 21.11, 28.9, 312.7
— d'alimentazione a rulli antifrizione . . 34.6
— ad aste cuneiformi . 43.6
— automatico del calore 616.16
— di carde 4.8
— d'equilibrio 291.3
— Gully 172.4
— d'incannatura 171.8, 180.9, 183.7
— della pressione . . . 339.4
— a vite 172.15
regolazione v. a. regolamento
— dell'alimentazione . . 42.7
— dell'alimentazione in rapporto inverso allo spessore della falda. 42.9
— della bacchetta . . . 167.1
— mediante il calibro . 78.4
— della carda 60.15
— dei cilindri 58.12
— dei cilindri, Wiede . 59.8
— dei cilindri della carda 324.1
— del cilindro arrotatore 339.7
— della distanza . . . 214.9
— mediante eccentrici . 79.7
— del gran tamburo . 79.6
— dell'inclinazione del fuso. 178.4
— mediante la lama . 78.4
— laterale dei cilindri . 59.7
— del livello dell'acqua 286.6
— della posizione dei cappelli, rifare la . 54.13
— del rullo alimentatore 78.2
— all'udito 78.3
— della velocità della falda 42.10
—, apparecchio Rieter per la 58.14
regolo . . . 40.13, 87.4, 119.1
— avvitato 603.6
— in legno duro . . . 98.13
rendimento della carda 318.12
— della macerazione . 437.7
— della pettinatura . . 212.7
— in seta del bozzolo 417.3, 424.5
repulsore 358.16
repulsore a molla . . . 359.1
residui delle bacinelle . 436.1
— di crisalidi 438.20
— delle lappole 406.3
— di semi 26.14
residuo acido 310.2
— di alcali 310.3
— d'un nastro pettinato 374.18
— d'olio 238.13
— resinoso 508.11
— di sale 305.20
resinificarsi (olio) 238.12, 459.4
resinificato, olio . . . 238.11
resinoso, olio . . 315.20, 459.4
resistente agli acidi . 304.4.22
—, filato 9.22
resistenza delle corde . 513.2
— della fibra 6.24
— del filato . . . 10.3, 606.17
— alla rottura . . 10.4, 454.18
— specifica 606.10
— alla trazione . 66.11, 513.8
respingera l'accettazione 15.18
respintore 358.16
respirazione, maschera di 442.8
rete metallica 202.8
— da pesca 507.14
retrocedere a zero (lancetta) 614.4
retrogrado, pettine a movimento 58.4
rettangolare, bacino . . 365.7
—, filo a sezione . . . 65.19
rettificare il cuoio . . 118.17
rettificatrice per guarnizione di cuoio . . . 109.10
rettilineo, in senso . . 253.11
Reusch, dinamometro . 608.11
revisione dei filati . . 605.1
rialzamento della bobina sul fuso 175.13
— della sbarretta . . . 252.1
rialzare la bacchetta di strato in strato . . 191.3
— la barba pettinata con un soffiatore . . . 447.8
— la sbaretta 252.2
rialzato, rocca —a dal tamburo di comando 525.12
rialzo lento del braccio 613.12
riannodare i capi . . . 421.11
riattaccare il filo rotto 133.12, 158.15
ribadito, testa —a . . . 61.11
ribalta 27.13
ricacciare giu per il fuso (filo riattaccato) . . 158.16
ricamare, macchina a . 520.11
ricamatrici, macchine . 533.9
ricambiabile, pedale . . 33.2
ricambiare la filiera otturata. 466.10
— i nastri d'acciaio . . 56.6
ricambio del fuso . . . 555.8
ricavare il grasso di lana 299.14
ricavatura del grasso . 299.13
— della lana dagli stracci 395.11
ricci, formazione di . . 133.13
riccio-guidafilo . 143.15, 524.4, 525.3, 545.8
— di vetro 422.4
ricco in sericina 417.2
ricercare il capofilo . . . 420.11
richiamare pneumaticamente mediante una tubazione (cotone) . 39.4
richiamo pneumatico del cotone 37.7
ricinolato di sodio . . 464.9
ricollocamento dell' aletta 141.7
ricollocare l'aletta . . . 141.6
ricongiungere per sovrapposizione (ciocchi pettinati) 85.13
ricoperto di feltro . . . 322.7
—, anima —a 595.4
ricopertura di colla . . 71.9
ricoprimento della noce 553.2
ricoprire l'anima . . . 595.3
— il cilindro colla guarnizione 337.4
— il cilindro con una nuova guarnizione . 110.3
ricoprirsi di fibre (pettine) 443.7
ricotti 436.1
ricotto, filo (non) 595.21, 596.1
ricottura del cilindro in un corpo ricco in carbone 120.16

ricuperare il dissolvente per mezzo della distillazione 463.5
ricuperazione della potassa 273.4
ricupero del grasso della lana 299.13
ricurvo in avanti . . . 45.5
— all'indietro 45.4
ridare presa alla guarnizione 69.13
ridotto, proprietà feltrante —a 406.14
ridurre la corsa 125.12
— il filo a matasse . . . 562.18
— il numero delle fibre in una sezione trasversale 100.13
— la tensione del cursore 151.2
riduzione della corsa. . 125.1
— graduale nel diametro del corpo della bobina 174.11
— dello splendore della fibra 237.1
— della tensione del cursore 151.1
— della torsione . . . 501.8
— della velocità . 42.16, 347.16
Riedinger, dinamometro 607.6
riempimento di legno duro tra i fusi . . 123.6
— con legno degli spazi nocivi 59.10
—, levare il — dalle guarnizioni 75.4
riempitura di sughero . 595.5
rientrante, punta . . . 30.7
rientrata del carro 159.13, 166.12, 349.7
Rieter, apparecchio compensatore 74.5
—, apparecchio per la regolazione dei cilindri 58.14
—, apparecchio di spazzatura per cappelli . 52.13
—, fuso per ritorcere . 552.12
—, macchina per la prova dell'olio 149.1
—, meccanismo registratore dei cappelli . . 55.4
rifare la guarnizione di cuoio 110.3
— la regolazione . . . 54.13
rifinimento del lino . . 216.5
rifinitura del filo . . . 456.9
rifiutare l'accettazione . 15.18
rifiuti di pettinatura 374.19, 452.15
riga 87.4
rigato, spicchio . 85.7, 378.3
rigature, nastro con . . 101.22
rigenerare il bagno . . 304.14
rigettato, i pezzi non strappati vengono —i 404.14
rigidità 67.4
rigonfiamento 467.8
rigonfiato nel mezzo, rocchetto 519.1
rilassato, molla —a . . 106.5
rilavorato, stoppa —a . 219.15
rimpiazzare le spine logorate 313.12
rimpicciolimento del nastro per stiramento 100.10
rimuovere l'eccesso d'acido coll'idroestrattore 304.20
— la lana nel bagno . . 304.16
— la lana dalle lappole 368.9
— la lisca dalla superficie della corda . . 507.4
— le matasse nel bagno 433.14
— la tela dal tamburo . 198.9
— vecchi cuoi dai cilindri 389.11
rincannare la matassa . 424.12
rinculare (leva ad uncino) 528.7
rinculo, movimento di . 205.4
— rapido intermittente 561.7
rinforzo laterale della nervatura 53.11
ring, filatoio 138.4
rinnaspaggio della seta greggia 424.10
rinnaspare (la seta greggia) 424.11, 562.7
rinnaspato, greggia —a. 424.18
rinnaspatrice di seta . . 424.19
rinnaspatura della seta greggia 424.10
rinnovare l'olio senza levare il fuso 148.1
rinnovato, bagno . . . 433.9
rinnovazione dell'aria (per differenze di temperatura) . . 293.16 17
— dell'olio 555.5
riparto d'innaspamento. 562.9
— d'umidificazione . . 572.17
ripassare alla mola . . 340.3
— i nastri 101.16
— il gran tamburo con carta vetrata . . . 63.10
ripassata (della guarnizione) 340.2, 507.13
— dare una 340.3
ripassato, cordame . . 507.16
ripesare dopo il disseccare 615.14
ripetere la tiratura . . 101.16
ripetuto, battitura —a . 42.3
—, passaggio 25.16
ripettinatura 376.9
ripiano per la lana . . 294.8
ripiegare, dispositivo per — la coda 93.9
ripiegato, parte —a della ciocca 383.7
riposare ad angolo retto nella lunghezza del velo (fibre) 327.17
riposo, bacchetta e controbacchetta sono in 165.1
—, molare durante il . 70.7
ripresa 616.1
ripulire la filiera all'aria compressa 466.11
ripulsore 358.16
risalto, cilindro a —i . . 116.9
riscaldamento all'aria secca 570.6
— al collare del fuso . . 555.1
— diretto 306.2
— del fuso 148.16
— della scatola del pettine 60.9
— mediante serpentini . 437.18
— a vapore 308.7
riscaldar-e la lisciva . . 275.16
— il pettine 375.16
— (scatola del pettine) . 60.8
—si (juta oliata). . . . 237.15
riscaldato a gas . . . 616.14
— dal vapore 572.8
risciacquare con acqua . 284.16
— i cascami di seta . . 438.17
risciacquatrice leviathan 286.12
—, macchina 285.1
—, macchina — con rastrelli leviathan . . 286.11
risciacquatura della lana 284.14
— degli stracci 401.5
risciacquo della lana nell'acqua pura 284.17
riserva di filo 145.13, 156.10, 528.1
— di filo, seconda . . . 157.2
— di lucignoli 224.11
— di nastri 224.4
— di punte 86.15
Risler, carda rapida . . 48.5
risparmio di calore . . 294.16
risultato della cernita . 266.7
— della stagionatura . 615.17
ritagli 396.8
— di sartoria 397.18
— di tessuti di seta . . 455.15
ritagliare il manipolo . 242.12
ritagliatura della canapa 231.11
— a mano 231.12
— della stoppa lunga . 232.11
ritardato, fuso 139.12
—, spola —a 139.11
—, velocità —a 166.15
ritardo, cursore in . . . 141.18
ritemperare i denti . . 74.10
ritenere le lappole . . . 367.14
ritinti, stracci 398.4
ritirandosi, filo — dalla cannetta 525.2
ritirare il lucignolo dalla cassa 208.5
ritiro del lucignolo dalla cassa 208.4
— delle matasse . . . 565.10
ritorcere 12.11, 539.5
ritorcere nella direzione opposta 540.6
— i fili accoppiati . . . 545.12
— dei fili di vari colori 591.15
— leggermente 431.4
— a secco 542.3
— la seta 430.16
— ad umido 542.5
ritorcitoi continui . . . 542.15
— pesanti 549.12
ritorcitoio 12.12
— ad alette per spago . 501.15
— ad alette di una sola fronte 548.9
— ad alette a due fronti 548.10
— ad alette per filato zeffiro 545.11
— ad anelli per fili di fantasia 561.3
— ad anelli per filo cucirino 556.3
— ad anelli per lana pettinata 556.1
— ad anelli con un solo tamburo (con due tamburi) 550.6.7
— Brigg e Webb per juta 549.13
— per chappe 549.4
— doppio 543.2
— per filo di fantasia di Hille 561.4
— per filo ad occhielli . 561.14
— ad una sola fronte . 543.1
— a due fronti 543.2
— intermittente automatico con rastrelliera (con carro) mobile 557.3.14
— per juta 549.11
— di Martin per filati nodosi 559.2
— a secco 552.7
— semplice 543.1
— per spago 501.14
— per spirali di filo di pelo 591.6
— di Stein per fili nodosi 559.11
— ad umido 552.6
—, primo 522.7
ritorcitore 5.7, 539.6
— di canapa 539.10
— di cotone 539.8
— di lana 539.12
ritorcitrice 5.8, 539.7
— di canapa 539.11
— di cotone 539.9
— di lana 539.13
ritorcitura 12.10, 539.1
— d'articoli pesanti . . 552.10
— continua 542.18
— extra forte 541.6
— floscia 541.4
— forte. 541.5
— intermittente 557.2
— con ritorcitoi continui 542.17
— a secco 542.2
— nel senso opposto . . 540.9
— nello stesso senso . . 540.10
— della seta 430.15
— ad umido 542.4
ritornare (carro) . . . 166.13
ritorno delle alette . . 505.7
— automatico del materiale insufficientemente aperto 405.3
— del carro 343.17, 348.10, 557.13
— del cuoio senza fine . 94.4
— del fuso 511.5
— del truogo alla sua posizione normale . . . 200.13
ritorsione del filo su se stesso 569.14
ritorto (v. a. filo ritorto) 12.13
— ad anellini 591.19
— borretta 588.4
— bourrette. 588.4
— a più capi 539.15
— a sei capi per maglieria 580.14
— a x capi 539.16
— dolce 539.21
— duro 539.22
— fantasia 589.13
— flammé 591.16
— floscio 539.19
— forte. 539.23
— incrociato 591.17
— ineguale 540.1
— di lana cardata . . . 583.15
— di lana pettinata . . 584.11
— di lino 581.19
— di lino setaceo . . . 581.20
ritorto liscio 539.24
— mat 580.9
— ad ondulazioni . . . 591.20
— seghettato 539.20
— semplice 539.14.17
— a sinistra da filo con torsione a destra . . 540.7
— con torsione sinistorsa (destorsa) . . 540.12, 541.2
— con poca torsione . . 541.3
— con torsione di filatura e di ritorcitura eguale 540.8
—, manipolo 235.19
riunimento di corde ritonde a mezzo di cuciture 512.2
riunione di parecchie matasse in una manella 576.13
— di più fili 565.14
riunire più bave in un filo 421.4
— in fasci (lino pettinato) 217.7
— x nastri (in un nastro unico) . . . 104.7, 223.8
— più recipienti in una macchina 279.10
riunito, carde —e . . . 198.13
riunitoio 81.6, 251.10
riunitrice . 80.12, 81.6, 373.1, 453.10
riversibile, alimentazione 40.6
—, rastrello 504.12
riversibilità della corrente d'aria 573.2
rivestimento di cuoio . . 110.2
— del foglio di carta . . 480.2
— di legno 312.5
— con panno 116.17
— da una parte 480.3
— sulle due parti . . . 480.4
— in pietra 376.1
— di punte 244.2
— di tavole 244.11
rivestire le corde . . . 506.14
— fili 520.7
— di panno 116.18
rivestito di cuoio . . . 158.3
rivolto in senso opposto 67.6
— nello stesso senso . 67.7
robinetto a tre vie . . 371.1
— di vetro 466.5
rocca (v. a. rocchetto, rocchettone) . 10.17, 525.11
— a forma di bottiglia. 141.1
— conica a filo incrociato 523.10
— Leeson con avvolgimento chiuso 519.11
— Leeson a spire con un dato spazio fra l'una e l'altra 519.10
— di lucignolo 590.2
— per la vendita . . . 520.13
roccadino. . . . 446.12, 452.14
rocche a filo incrociato . 551.4
rocchetti di lamiera. . 516.4
rocchettiera 12.1
— ad avvolgimento incrociato (a più teste) 521.4, 524.5
— per filo incrociato con tamburo guida-fili . 523.8
— a rapido movimento d'incrociatura per bobine cilindriche (coniche) 522.9.10
— a tamburo con scanalatura spirale ed azionamento positivo del fuso. 524.13
rocchetto (v. a. rocca, rocchettone) 11.1, 128.2, 461.12, 523.4
— sull'albero principale 187.5
— con asta dei guidafili 429.6
— avvolgitore 474.6
— di carta 124.5
— con dischi di chiusura 124.1
— per filo cucirino . . 520.16
— d'induzione 112.7
— di legno . . 97.3, 124.4, 537.8
— di legno duro . . . 124.6
— in legno per la tela . 96.6
— d'ordito 520.5
— di ottone perforato . 124.7
— raccoglitore . 430.11, 550.3
— rigonfiato nel mezzo . 519.1

rocchetto di ritorto . . 550.3
— a schiena d'asino . . 519.1
— scorrevole 520.4
— del settore 170.10
— di spago 593.8
— a superficie convessa 519.1
— di svolgimento. . . . 430.10
— di torcitura 474.4
— di vetro 468.6
rocchettone (v. a. rocchetto, rocca) . . . 525.11
romana (v. a. bilancia) 387.10, 613.13
— di Amsler-Laffon . . 614.7
— e aspa ordinaria . . 614.9
— differenziale per i cascami 100.3, 614.13
— per filati e tessuti . . 614.15
— micrometrica 614.6
— per provini 603.2
— di Staub 614.8
— tascabile 614.12
— universale 614.16
— per viaggio 614.12
romboidale, a sezione . 248.10
romper - e l'adesione del tessuto cellulare . . 237.9
— gli ammassi fibrosi . 21.6
— i bioccoli di cascame 195.8
— la fibra di lana . . . 310.16
— le lappole 367.7
— via le punte del manipolo 216.9
—si (bava) 424.4
—si (filo) . . . 345.14, 541.10
rompi-balle 20.6
—-balle a pedali. . . . 21.10
—-balle con tavole di alimentazione 20.7
—-filo 565.3
—-lappole. 368.11
—-tela 321.15
—-trama 81.12, 521.8
rompitore dei fili accoppiati 424.2
rosanilina 457.9
rosetta 157.10, 355.13
— in ghisa 524.8
— in gomma 290.3
rosicchiato, bozzolo . . 415.17
rota-frotteur 203.16
— in tela metallica . . 388.3
rotaia articolata . . . 168.4
— per il carrello a graticci 307.13
— del carro 343.6
— consumata 174.4
— corta 183.14
— con divisioni 183.15
— di formazione mobile 190.11
— d'incannatura 167.3, 352.5
rotaie del carro 353.1
rotante, fuso 137.14
rotazione dell'aletta . . 130.10
— fredda del fuso . . . 148.14
— dei fusi durante l'uscita del carro . . 164.3
— intermittente 342.3
— inversa . . . 165.2.4, 348.16
— del manicotto a due tempi 163.11
— ad una velocità accelerata 347.17
rotella 144.6, 258.1
— di deviazione 281.10
— guida-filo 529.9
— mobile 510.12
rotolato, vello. 264.15
rotolo di alimentazione . 448.8
— di carta 481.3, 482.1, 489.2
— a falda 34.4
— di fune 596.18
— formato di nastri . . 250.5
— di nastro di carta 485.2 485.10, 486.8, 487.7.11, 488.8
— di nastro di materia fibrosa 485.11
— di tela dal battitore 50.9,77.10
— di tela d'ovatta . . . 7.12
rotondo, balla —a . . . 15.22
—, il cilindro non gira . 107.8
—, punta —a 86.16
— spianato, filo . . . 66.3
rotore 113.2.10
rotto, lappole —e . . . 367.5
rottura della bava . . . 424.3
— della corda 192.1
— del filo 521.7, 541.9, 554.8
— del filo per il suo peso proprio 606.13
— istantanea del filo . 606.22
rottura del lucignolo . 125.8
— del nastro 111.8
— del velo 50.4
rovesciamento dei manipoli 215.3
rovesciare i manipoli (durante la pettinatura) 215.2.4
rugginoso, bozzolo . . 415.14
rugoso, guarnizione —a 339.17
rulli di alimentazione . 197.2
— da calandra . . 34.2, 48.10
— di compressione. . . 250.10
— dei graticci 24.6
— di guida 525.9
— di legno per l'avanzamento della tela . . 84.2
— scanalati 34.3
— semplici 43.16
— di tiratura 122.3
rullo (v. a. cilindro) . . 43.9
— di addensamento . . 453.12
— adduttore al vaso . . 51.11
— alimentatore 28.8, 32.12, 43.3, 50.16, 77.12, 92.14, 287.14
— d'alimentazione 27.4, 89.14, 111.3, 321.4
— anteriore per l'avanzamento della tela . . 89.10
— ad antifrizione . . . 44.1
— d'appoggio della leva di comando della bacchetta 165.12
— arrotatore 70.9, 72.2, 73.11, 74.7
— arrotatore Hetherington 74.6
— arrotatore Horsfall . 339.8
— di attrito 523.1
— di attrito per l'avvolgimento 388.12
— di avvolgimento . . 173.2
— da calandra 46.1
— della catena 447.5
— cilindratore 51.9
— di compressione. . . 247.15
— compressore . . 51.9, 111.6, 115.2
— coperto di flanella . 522.2
— dentato 20.9
— dentato di alimentazione 84.5
— per fissare la fine della catena 184.11
— folle 547.3
— di fondo con camicia di ottone 542.9
— formatore 165.10
— di frizione . . 529.11, 530.8
— frontale 176.12
— di guida 166.8
— inferiore del nastro continuo. 245.10
— inferiore della tela 214.11, 230.8
— posteriore per l'avanzamento della tela . 89.9
— di pressione . . 46.1, 115.7
— pulitore di legno coperto di flanella . . 108.15
— pulitore con movimento di va e vieni 109.1
— raccoglitore cavo . . 46.7
— raccoglitore del pulviscolo 323.10
— regolatore 559.14
— regolatore di svolgimento 342.8
— a scanalature elicoidali grosse 92.15
— a spazzola a spirale . 57.11
— spogliatore 51.5
— stiratore 102.13
— superiore 115.7
— superiore del nastro continuo 245.9
— superiore della tela . 214.10
— di svolgimento 356.14, 358.15
— di svolgimento in legno 377.2
— di svolgimento della tela 50.8
— tenditore 144.15, 157.11, 525.4
— di tensione 41.6, 98.6, 525.4, 526.12
— di trazione 115.6
ruota (v. a. pignone)
— d'accoppiamento . . 127.4
— sull'albero motore per l'uscita del carro . . 189.5
ruota di alzamento ed abbassamento del carro 230.1
— ad arpioni 74.8
— d'arresto 125.10, 258.6, 358.5, 370.7
— d'arresto a 14 denti. 96.2
— azionatrice della catena 447.4
— del carro 206.1
— a catena del braccio del settore 172.13
— cilindrica. 560.11
— cilindrica per l'albero posteriore con arresto 187.11
— cilindrica a denti fini 566.14
— cilindrica per lo stacco 188.3
— sul secondo (terzo) cilindro 114.9.11
— di comando dell'albero posteriore 177.4
— di comando dell'aletta 505.14
— che comanda le bobine 131.1
— di comando dei cilindri e del carro . . . 162.12
— di comando del cilindro anteriore 136.2
— di comando dei cilindri posteriori . . . 134.10
— di comando del cono superiore 135.11
— di comando del differenziale 135.7
— conica 24.3, 132.7, 187.7, 252.8
— conica sull'albero del differenziale 135.8
— conica con arresto . 187.8
— del contatore di alimentazione 346.5
— a cricco 52.12
— dentata 532.6
— dentata con scala . . 358.6
— dentata della vite perpetua 72.7
— a dentatura interna . 505.15
— a denti di sega . . . 125.10
— differenziale . .126.3, 134.11
— esterna di comando dei fusi 134.12
— facente un pezzo col manicotto d'accoppiamento 348.12
— di ferro 497.15
— a formare spolette a mano 521.9
— del freno di scoccamento 161.8
— del funaio 496.21
— di fune 596.18
— indicatrice 207.5
— intermedia . . 187.9, 505.16
— intermedia del comando delle bobine (dei fusi) 136.12.13
— di inversione 131.13
— iperbolica delle bobine 135.6
— iperbolica dei fusi. . 135.2
— a lanterna . . 256.9, 546.8
— per il moto dei rulli . 187.16
— motrice 11.5
— motrice del cilindro posteriore 114.7
— a largo mozzo con giunto a denti . . . 187.13
— di ottone 347.2
— di ricambio 136.5
— di ricambio posteriore 186.10
— di ritorcitura 497.17
— dei rulli e innesto . 187.14
— del rullo posteriore . 176.15
— a scatto 187.1
— di scoccamento . . . 190.8
— a stella 125.10, 132.1, 190.6, 207.12
— testa di cavallo 114.6, 176.13
— testa di cavallo inferiore (superiore) 555.13.14
— di tiratura del carro 186.12
— di torsione 207.5
— a vite perpetua 188.2, 373.9
— a vite perpetua con divisione 207.13
— a vite perpetua con giunto a denti . . . 207.8
ruote azionate alternativamente 537.3
— coniche 126.4
ruote coniche di inversione di marcia . . 132.3, 135.10
— con ingranaggi intermittenti 537.1
ruotismi composti . . . 187.6
ruotismo differenziale . 255.12
ruvido al tatto (cotone) 14.1
—, cuoio 331.16
—, velo. 329.5
ruzzelle. 612.7

S

sabbia 26.12, 268.7
sacchi di tela 433.10
sagola per lock 593.24
— per scandaglio . . . 593.23
— del solcometro . . . 593.24
— di sonda 593.23
sala di bagnatura . . . 239.3
— di battitura 442.6
— d'imbalaggio 576.8
— di mischia . . . 18.15, 23.1
— d'oliaggio 239.3
— di pettinatura . . . 211.13
saldare le punte. . . . 86.20
saldato, maglie —e . . . 477.8
—, occhielli —i 501.18
saldatoio 86.22
saldatore 86.22
saldatura delle punte . 86.21
sale 302.2
— d'alluminio . . 270.14, 465.14
— ammoniacale 316.6
— combinantesi coll'ammoniaca 465.6
— comune 465.5
— di Glauber . . 303.7, 309.15
— inorganico 463.19
— di magnesio 465.9
— marziale 270.13
— metallico pesante . . 469.11
— metallico sciolto nell'alcool 460.11
— di protossido di manganese 469.14
— solubile di zinco . . 469.13
sali assorbenti l'acqua . 483.13
— igroscopici 483.13
— di potassa 272.12
salire (carro porta-bobine) 547.6
— e discendere per l'altezza della bobina (aletta) 548.8
saliscendi, movimento di. . . 152.7, 448.15, 455.1
salnitro. 419.17
saltare fuori (perno) . . 128.18
saltarello 131.11
saltellamento del cilindro di pressione 107.10
sano, lino 216.21
—, vello 365.2
saponaria 316.16
saponato, acqua leggermente —a 573.17
sapone 484.6
— non adulterato . . . 277.12
— ammoniacale 468.4
— d'ammonio 276.20
— anidro 277.19
— animale 434.1
— bianco 316.2
— di calce 270.16
— duro 277.17
— di magnesia 270.15
— di Marsiglia . . 277.18, 434.2
— molle 277.16, 316.3
— neutro 277.13
— all'oleina 434.3
— all'olio d'arachide . 433.19
— all'olio di cocco. . . 433.20
— all'olio di sesamo . . 433.21
— all'olio vegetale . . . 433.18
— di palma 428.9
— in pezzi 277.19
— in polvere 277.21
— di potassa . . 277.16, 316.3
— di sego 310.5
— di soda 277.17
— solubile 272.7
— verde 316.3
saponificabile, grasso . 274.3
saponificante, sostanza. 275.8
saponificare direttamente 276.8
— il grasso 275.6

saponificare l'olio 315.19
saponificato, grasso 275.7
saponificazione del grasso 275.5, 315.9
saponina 277.23
sartia 596.11
saturato d'olio, nastro di feltro 356.1
— di sudiciume, liquido 272.16
—, aria —a d'acqua 293.14
saturazione, grado di 272.17
saturo di catrame, fune —a 508.19
— d'umidità, filato 615.7
sbarra 31.10
— di chiusura 44 12
— a coltelli 44.3
— a denti 312.10
— di griglia 27.7
— con incavature 258.5
sbarretta 251.14, 372 9, 445.4
— ad aghi (oscillante) 383.2.3
— armata di aghi 245.6
— a due file di denti 254.7
— a pettini 218 9, 253.10, 254.6
— a punte 85.5, 86.11, 88.1
sbarette ad aghi aumentando di densità 380.10
— incurvate 372.11
sbattere i bozzoli 420.4
— la stoppa 220.11
sbattitrice per cascami di seta 441.11
sbattrice meccanica 420.6
sbattuta a mano dei bozzoli 420.3
sbattuto, massa di bozzoli —a 440.17
sbavatura 70 3
sbiadito, stracci —i 398.3
sbianca della filaccia 261.12
— durante il lavaggio 286 15
— degli stracci 401.7.8
sbiancare nell'acqua di risciacquo 286.16
— il grasso 300.9
— il nastro 374.14
sbiancato, filato 605.11
scadente, di qualità 236.17
scaglia, levare le —e dal filo d'acciaio 66.7
scala 613.18
— di Birmingham 66.20
— circolare 361.1
— per diversi sistemi di titolazione 614 11
scaldar-e l'olio di bagnatura 238.17
—si (fuso) 148.17
scalpello di legno duro 110.10
— di ossa 110.9
scanalato 42.15
scanalatura 116.11, 259.6, 499.7, 524.7
— centrale per il perno della bobina 552.11
— con denti 241.3
— elicoidale 240.10
— fina 143.4
— nella flangia inferiore del tubo 546.6
— di guida per il coltello 196.13
— per guidare il pignone 546.10
— dell'imbuto 527.10
— nell'imbuto con rullo folle 527.13
— irregolare 191.5
—, praticare le —e sui cilindri mediante laminazione 120.20
scanalature 116.10
— alternate 241.1
— arrotondate 240.8
— incrociate 332.1
— longitudinali 241.2
— opposte 240.11
scapecchiare 8.4
scapecchiato, canapa —a 495.17
scapecchiatoio 212.20
— a macchina 8.6
— a mano 8.5
— meccanico 8.6
scapecchiatrice 8.6
scapecchiatura 8.3
— della canapa 495.10
scapecchio di lino 212.13
scardassa 77.3
scardassare 8.4
scardassatura 8.3
scardasso 60.18
scaricamento automatico 38.13
— dei pesi 107.2
scaricare l'acqua di lavaggio 280.9
— la controbacchetta 168.12
— la lana 322 9
— il pettenuzzo 446.2
— il recipiente 464.12
— la tavola a morsetti 445.18
scaricarsi dai piani superiori sugli inferiori (lana) 297.1
— dalla tela superiore sulla inferiore (lana) 295.15
scaricatore 51.7, 79.5, 97.17, 200.3, 202.1, 446.6
scaricatori, sistema a due 202.2.3
scarico della camera di vaporizzazione 572.4
— della controbacchetta 168.11
— dell'idroestrattore 305.2
— del peso 88 14
— di troppo pieno 285.10
scarpa aggiustabile 241.11
scartamento degli aghi 372.3
— dei cilindri 218.13
— dei fusi 129.13, 150.5
— delle punte 311 18
— delle sbarrette 372.2
— delle superfici cardanti 58.13
scarti 265.5
scarto con fiocchi 374.21
— d'incannatura 165.14
— con nodi 374.20
— di pettinatura 8.2, 82.7, 374.19, 452.15
— di pettinatura della lana mohair 409.15
— di pettinatura del ramiè 262 9
scatola 72 5
— del pettine 60.8
— per spago 577.16
scattare 346.12
scatto 173.7, 181.5, 190.3, 206.11, 357.11, 578.2
— d'arresto 47.7
— di chiusura 185.4
— di fermata 182.4
— del guida-cinghia 179.7, 185.1
— libero 177.11
— di sicurezza 346.14
scavalcarsi (file di punte) 339.15
scemamento del peso 106.10
— della pressione 106.7
scentramento del cilindro 107.9
scentrato, cilindro girante 202.18
scevro di lische, canapa —a 228.8
Schällibaum, griglia 48 1
scheggia di legno 476.2
schermo nero 422.17
schiacciare, macchina a 241.4
schiumarola 418 16
schiumoso, soluzione —a 277.10
Schlieper, metodo di sgrassatura 276.14
Schlumberger, organi di comando del selfacting 184.12
—, pettinatrice duplex 91.2
Schopper, dinamometro 608.6
sciacquare con acqua di fiume fredda 284.16
sciacquatrice, macchina — con propulsore 285.12
sciogliere i bioccoli 20.4
— il cotone 25.12
— le fibre di juta 247.4
— i fiocchi in fibre elementari 49.17
— i fiocchi di lana 310.15
— la lana 310.14
— il manipolo di juta 236.1
— la materia gommosa 225.13
— la potassa 273.6
— la sericina con acqua bollente 436.20
— la sostanza intercellulare 237.10
sciogliersi (cotone collodio) 462.2
scioglimento del cotone (pressato) 20.2, 25.11
— delle fibre di juta 247.2
— dei fiocchi di lana nei loro elementi 318.7
— della lana 310.7, 364.15
scioglimento degli stracci 403.8
sciolto nell'alcool 460.11
—, le fibre si trovano —e 7.10
scivolamento delle fibre nella guarnizione 67.10
— del freno 347.10
scoccamento 159.12, 165.6
—, meccanismo di 166.3
scodella ad olio 149.2
scolorare 401.12
scompartimento di bagnatura 239.6
— d'oliaggio 239.6
scomparto del banco a tirare 103.8
scomposto, alcali non 277.14
scopa 317.5
scoparina 419.20
scopatore 3.20
scopatrice 3.21
scopature oliose 194.20
— unte 194.20
scopinatrice, macchina 420.6
scopinatura dei bozzoli 419.19
— a mano 420.3
scopinetto 420.5
scorrimento delle fibre tra i cilindri 103.5
scorritoio 283.8, 361.6
— della forca 324.10
— per molare e tornire 405.8
— per regolare lo scartamento 392.13
scorritore, pezzo 531.13
scorza di quercia 419.16
scosse, aste a 38.10
scotola doppia 495.7
— singola 495.6
scotolare la canapa 495.3
scotolato, canapa —a 228.4
scotolatore 495.8
scotolatura della canapa 495.1
scozzese, sistema — di ritorcitura 542.8
screpolature 412.1
screziato, filo 580.23
scricchiolio serico 427.6.7
scroll di rientrata 169.10
scuotere il cotone 38.11
— il vello 265.9
sdrucciolevole, fibra 194.8
seccare sui graticci 292.13
seccatoio 227.6, 293.18
seccatore della lana 297.6
secchezza assoluta 615.11
secchia 283.1
secchiello dell'elevatore 40.3
secco al tatto 306.17
—, carbonizzazione in via —a 456.7
Sedan, titolo francese 600.1
sedia del pettine 213.1
sega circolare 231.16
seghettato, filo 425.11
—, ritorto 539.20
segmento (v. a. settore) 55.5
— dentato 360.17, 547.2
— dentato per il movimento di ritorno del fuso 511.6
— dentato del settore 170.11
— scanalato 85.7
segno dello zero 614.2
sego 428.12, 484.4
— russo 359.13
selfacting 138.14, 343.13
— per filare le trame 188.15
— ritorcitore 557.3
sella di pressione 106.13, 143.8
—, disporre le —e sui cilindri 143.9
selletta 252.14
— per il provino 603.5
selvatico, bozzolo 436.13
seme di lino 316.15
—, frantumi di 26.14
seminare i bottoni sul pettinatore 590.19
semipettinato, filo di lana —a 364.11
semplice velocità 189.3
—, correre (lucignolo) 133.14
—, lucignolo 133.15
sensibile, meccanismo d'arresto 534.15
sensibilità della bilancia 613.10
— del regolatore di alimentazione 44.7
— della seta agli alcali 437.6
senso contrario 447.7
senso inverso 57.7
— longitudinale 100.16
— di movimento 57.3
— della rotazione 130.12
— della torsione 8.22, 541.12
—, nello stesso 67.7
separare le fibre di lino 211.19
— in manipoli (strati di juta) 235.11
— la materia grassa 299.18
— in strati (balla di juta) 235.10
separatamente, avvolgere i fili di seta — sull'aspo 421.15
—, trattare — le diverse partite 212.5
separato, aletta —a dal fuso 548.1
separatore di filato 3.22
separatrice di filato 3.23
separazione in drappi follati e non follati 399.13
— delle fibre di lino 211.18
— delle fibre lunghe e delle corte 374.3, 444.13
— imperfetta 211.20
— lenta 606.23
— della miscela 313.7
— della miscela per l'azione del lupo 311.9
— in nastri del foglio diviso precedentemente 478.8
— in nastri della pasta da carta sullo staccio 477.1
— delle pelurie 31.14
— della polvere dalla lana 266.15
— del velo in nastri a mezzo di battitori 201.5
serbatoio d'acqua 294.2
— a bottoni 591.1
— di lavaggio 278.5
— ad olio 148.2, 361.16, 553.1
— ad olio distaccabile 147.8
— ad olio svitabile 146.12
— ribadito 278.6
sericina 411.8
— dura 411.16
— friabile 411.15
— rammollita 412.2
serie di aghi 444.5
— di aste sospese 28.11
— di cilindri 103.7
— di fusi 123.3
— di pettini 214.8, 371.17
— di pinze 449.15
— di punte, ultima 88.2
serimetro 606.24
serpentino refrigerante 462.1
— a vapore 298.6
serraggio delle fibre tra i cilindri 103.1
serrandola a mano 27.11
serra-punte, meccanismo 181.10, 184.5
serrato, avvolgimento 519.9
seta (v. a. greggia) 410.3
— ailante 410.12
— dell'anaphe 410.17
— dell'antherea assama 410.11
— arindi 410.10
— artificiale a base di gelatina 470.19
— artificiale a base dell'ossido di rame ammoniacale 464.4
— artificiale di Elberfeld 588.6
— artificiale facilmente infiammabile 462.9
— artificiale di Oberbruch 588.6
— artificiale al viscosio 468.9
— dell'attacus cynthia 410.12
— del baco domestico 410.5
— a base di nitrocellulosa dall'acetato di collodione 459.5
— a base di nitrocellulosa di collodione di acetone 460.3
— a bava regolare 427.13
— del bombice domestico 410.5
— buona al tatto 427.4
— caricata 587.11
— di caseina 471.13
— da cenci 412.5
— Chardonnet 588.7
— chinese tussah 410.8
— al collodione 456.5
— a colori 587.12

seta cotta 426.21
– cruda 426.22, 434.4
– da cucire 586.17
– cucirina 586.17
– domestica del gelso . 427.22
– eri 410.10
– fagara 410.9
– fantasia 587.10
– fermentata 438.1
– filata 412.18
– fina 425.17
– per frange 587.8
– gaufré 587.17
– del gelso selvatico . 410.7
– a giri contati . . . 602.17
– glacé 587.15
– greggia 425.2
– greggia imbozzimata . 428.8
– greggia insaponata . 428.8
– greggia di titolo irregolare 428.18
– incannata 470.13
– incavigliata 587.14
– indiana del Mezankoora 410.15
– innaspata . . 412.18, 425.1
– lanimata 587.16
– lavorata 586.5
– lucidata 587.15
– Luna 588.8
– per macchina 587.9
– per maglieria 586.18
– in matasse 412.18
– per merletto 587.7
– Meteora 588.10
– muga 410.11
– naturale 472.6
– nervosa 427.14
– nitro 588.7
– alla nitrocellulosa . . 456.5
– ombreggiata 587.13
– ondata 586.15
– opaca 427.19
– operata 431.8
– oscura 427.19
– all'ossido di rame ammoniacale 588.6
– parigina 464.4
– da passamanteria . . 587.6
– non pelosa 427.15
– piatta 586.22
– di pirossilio 588.7
– proveniente da bozzoli solforati 427.1
– di ragno 411.1
– ritorta 431.8
– della rondontia . . . 410.16
– selvatica 410.6
– sgommata . . 427.16, 434.5
– sgommata parzialmente 434.11
– Sirius 588.9
– tasar 410.13
– per tessitura 587.5
– tonda 426.1
– torta 586.5
– trama 431.10, 586.11
– trama grossolana . . 586.12
– tussah dell'India . . 410.13
– vera 472.7
– viscose 588.8
– Yamamay verde pallido 410.14
setaccio 71.10
setaiuolo 412.20
sete industriali 456.3
– reali 586.4
setole disposte in spirale 389.7
settimanale, consumo . 18.14
settorale, filo 66.2
settore (v. a. segmento, quadrante) 152.1, 170.7, 350.5
– sull'albero delle bacchette 186.5
– di alimentazione . . 94.1
– armato di punte 85.4, 87.11
– della bacchetta . . . 166.6
– coperto di cuoio 85.6, 380.11
– dentato 94.5, 152.8, 181.4
– dentato di bronzo . 94.6
– liscio 89.12
– scanalato 378.3
– a spazzola 99.4
–, meccanismo del . . 170.6
sevo 484.4
sezione angolare . . . 355.17
– del banco a tirare . . 103.8
– di rottura netta (fioccosa) 10.8.7
– trasversale 100.13
– triangolare 455.11
sfalsato, denti –i . . 30.14, 31.1
–, fori –i 105.1
sfarfallato 415.18, 436.7
sfeltratore 372.16
sfera 348.5
sfibramento dei capi . . 405.9
sfibrare i bozzoli . . . 440.15
– i capi 404.4
– i cascami di seta . . 442.10
– i cenci di seta . . . 456.8
– i fiocchi 49.17
– i pezzi d'amianto . . 490.7
sfibratrice 405.10
sfibratura dei capi . . 404.3
sfilacci bianchi 492.12
– (non) incatramati 492.11.12
– neri 492.11
sfilacciare gli stracci 403.10, 404.2
sfilacciato a secco, stracci –i 403.16
sfilacciatore degli stracci 403.12
sfilacciatrice a cenci . . 405.6
sfilacciatura a mano . . 403.9
– a secco 403.15
– senza olio 403.14
– ad umido 403.18
sfilacciature bianche . 492.12
– (non) incatramate 492.11.12
– nere 492.11
sfilone 425.15
sfioccamento del cotone pressato 20.2
sfioccare il materiale fibroso 7.4
– sufficientemente . . 21.7
sfioccatura del cotone . 25.11
sforzamento della rotazione del cilindro . . 107.14
sforzare il filo di viscosio in una soluzione . . 468.12
– la soluzione in un bagno precipitante . 472.3
– la soluzione attraverso tubetti capillari . . 463.8
sforzo di rottura . . . 606.16
– di tensione irregolare 517.14
sfregamento 8.17, 331.12, 484.17
– dei balloni 152.17
– dei funami con corpi ruvidi 507.2
– a mano dei nastri di carta 484.21
– dei nastri di pasta da carta 478.10
– del nastro pettinato . 386.5
– a secco 507.3
– a umido 507.11
–, dispositivo di – a cilindri 333.7
sfregante, apparato – per borretta 454.2
sfregare 8.18
– con creta purgata . . 253.2
– il gran tamburo con grafite 63.14
sfregato, cordame . . . 507.12
sfregatore per canapa . 495.11
sfregatore per filo di peli 409.5
– semplice a sei altezze 333.9
sfregatori con corsa aumentante 334.2
– doppi 333.8
– di metallo 333.11
sgocciolamento 287.16
sgocciolante, olio . . . 317.15
sgocciolatoio 360.4
sgommamento della filaccia 261.9
sgommare i cascami di seta 472.7
– leggeramente 434.9
– parzialmente 434.9
– la seta 432.15
sgommato, cascami non –i 436.2
sgommatura leggera . . 434.8
– parziale 434.8
– della seta 432.14
sgrassamento della lana . 273.13
–, apparecchio di . . . 298.1
sgrassare la lana . . . 273.14
sgrassato, lana –a . . . 273.17
sgrassatore della lana . 284.12
sgrassatura della lana . 273.13
– mediante alcali ed acqua 275.9
– mediante saponificazione 275.3
– col metodo fisico . . 366.9
sgrassatura col metodo naturale con acqua . 366.9
– all'orina imputridita . 276.15
– della seta 433.6
shoddy 407.6
– di coperte 407.8
– di flanella 407.7
– di seta 455.14
– di tappeti 407.9
– di tessuto di presse a olio (a zucchero) 407.10.11
sicurezza, apparecchio di – per avvolgere la tela 46.5
–, dispositivo di – per disinnestare la rientrata del carro . . 170.1
–, meccanismo di – per fermare il carro durante la entrata . . 357.6
sifone 362.3
silicato di potassa . . 369.8
– di sodio 369.9
silvaline 589.2
simetrico 551.12
singole parti 121.12
singolo, stiramento . . 371.10
–, velo 326.16
sinistro, a comando . . 83.4
–, filato a torsione –a 153.13
sinistrorso, torsione –a 540.12
siringa a olio 239.14
Sirius, seta 588.9
Sisal 492.6
sistema a canale . . . 80.11
– di carda a filare . . 193.4
– di cilindri 103.7
– di disposizione dei denti 68.9
– di filatura 1.5
– di filatura ad anelli . 138.5
– inglese di ritorcitura . 542.11
– di leve con forchetta e rullo di guida per la catena di scoccamento 166.8
– metrico di titolazione 599.12
– precipitante 299.16
– di doppio scaricatore 202.3
– a due scaricatori 202.2, 322.4
– scozzese di ritorcitura 542.8
– di torta all'italiana (alla francese) 421.18, 422.1
– di trattura all'italiana (alla francese) 421.13, 422.1
– di trattura alla tavella 421.18
sistemi di numerazione . 599.11
– di titolazione 599.11
Skene e Devallée, lavatrice 282.17
slappolatore della lana . 366.15
– a macchina 367.3
–, meccanismo . 367.6, 368.10
slappolatrice della lana 367.1
– meccanica 367.8
slappolatura della lana . 366.13
– meccanica 367.2
– con vetro solubile . . 369.7
slitta 55.6, 73.12, 99.10, 121.5, 185.10
– di guida per l'arresto 95.5
– del rullo di tensione . 41.5
slittamento del calibro . 499.8
– delle fibre tra i cilindri 103.5
– dei graticci 23.6
smaltato, tubo di legno 149.14
smerigliare il cilindro . . 70.18
– il tamburo 63.11
smerigliato, nastro . . . 71.17
smerigliatura del cilindro 70.17
smeriglio 70.20
–, applicare lo – sul cilindro 70.18
sminuzzolare i residui di crisalidi 441.1
smussato a punta . . . 119.6
–, dente di carda . . 338.13
smusso, coltello a lama –a 382.18
–, tagliato 236.10
snervato, molla –a . . 106.5
Snoeck, essiccatoio . . 296.7
sobbalzare (cilindro) . . 107.11
soda 276.1, 309.10
– ammoniacale . 276.3, 309.11
– anidra 309.11
– calcinata 309.12
– caustica . . . 276.10, 472.8
– cristallizzata 276.2
soda Leblanc 309.14
– Solvay 276.3, 309.13
–, processo alla . . . 479.8.9
sodo, cotone 13.4
soffiamento 75.15
soffiatore con ventilatore 575.1
– del vetro 467.11
soffice, rendere – il cascame di seta . . . 440.16
–, torsione 170.5
soffietto a mano . . . 75.16
soffitto 503.15
soffocare le crisalidi col vapore 418.3
soffocato, bozzolo . . . 413.10
soffocazione con vapore d'acqua 418.1
solaio della gabbia . . 22.12
solfato di alluminio . . 303.9, 465.15
– d'ammonio 469.8
– di calce 310.6
– ferroso 469.12
– di magnesio 465.11
– di manganese 401.16
– di nickel 472.9
– potassico 272.10
– di rame 458.23
– di sodio . . . 303.6, 483.14
solforato, bozzolo . . . 413.11
solforatoio 434.20
solforatura della seta cotta 434.19
solforazione della seta cotta 434.19
solfuro di carbonio 238.19, 297.20, 438.6
– di ferro insolubile . . 469.16
– metallico 469.17
solidezza della materia . 64.7
solidificarsi (grasso) . . 300.17
solidificato, grasso . . 300.18
solidificazione del grasso 300.16
– del liquido per oliare 316.17
sollevamento del cappello 53.8
– della ciocca 383.12
– del tamburo 56.10
–, dispositivo di . . . 304.3
sollevare il cappello . . 53.4
sollevatore Déru . . . 281.1
– Mélen 282.12
– Mc Naught 283.4
sollevazione, meccanismo di 273.2
solubile, difficilmente . 412.3
solubilità nell'acqua . . 471.5
– del sudiciume . . . 272.3
soluzione di acetone . . 460.4
– acquosa di acido cloridrico 305.7
– acquosa di sale di ammonio 465.7
– alcalina . . . 275.10, 309.9
– alcalina di caseina all'acetone 471.20
– alcalina caustica . . . 464.14
– alcoolica acquosa di caseina 472.2
– alcoolica di cloruro d'ammonio 457.11
– alcoolica di cloruro ferroso 456.13
– alcoolica di un sale . 460.12
– d'allume 238.18
– di bisolfato alcalino . 465.4
– calda di soda 470.14
– di caseina 471.15
– di caucciù (fluidissima) 65.11, 463.6
– di cloruro d'ammonio 468.13
– di cloruro di calcio . 457.19
– di cloruro mercuroso 459.12
– di cloruro di sodio . 465.5
– di cloruro stannoso . 457.2
– di colla 71.11
– di collodione contenente acqua 462.5
– di collodione concentrata 457.10
– debole di sapone . . 194.11
– di etere acetico . . . 460.10
– a filare 461.14
– a filare viscosa . . . 464.6
– di gelatina 471.4
– di grasso 298.11
– neutra 305.13
– neutra di sale (alcalino) 465.8, 469.6
– di nitrite di sodio . . 460.5
– di potassa 273.5
– di sale comune . . . 465.5

soluzione di sale metallico 469.4
— di sale satura . . . 469.5
— di salnitro 419.17
— di sapone calda. . . 433.12
— schiumosa 277.10
— di silicato con ammoniaca 369.10
— di silicato di potassio 463.3
— di soda 316.10, 419.18
— di soda caustica . . 276.11
— di soda tiepida . . . 309.18
— di solfato ferroso . . 469.15
— di solfato di nickel . 472.9
solvente 463.5
sopporto . 54.9, 59.9, 132.11, 252.15, 373.7
— dell'albero dei tamburi 192.7
— delle alette 505.11
— americano 324.4
— dell'anima conica . . 484.15
— anulare mobile a sfere 355.7
— dell'apparecchio molatore 73.9
— di base . . . 289.4, 354.14
— di base di bronzo. . 355.1
— di base in forma di pera 289.14
— di base del perno . . 128.12
— del bilanciere 603.9
— di bobina in forma di forca 356.15
— delle bobine . 502.6, 611.2
— delle bobine di alimentazione 382.16
— chiuso 324.6
— dei cilindri 90.8, 105.4, 127.6, 358 12, 545.7
— cilindrico 290.9
— del cilindro scaricatore 88.7
— a collare 354.13
— a coltello 111.13
— del contatore . . . 358.7
— per la corda del carro 174.1
— elastico 146.9
— a forma di cassa . . 342.13
— a forma di forca . . 530.10
— dei fusi 354.11
— dei fusi aperto . . . 356.2
— del fuso 145.9
— del fuso in forma di croce 510.7
— a glifo della rotaia . 190.14
— a gomito. 349.5
—-guida 59.6, 361.3
— guida-filo con coppa 531.7
— individuale per i fusi 354.15
— degli ingranaggi . . 349.2
— intermediario frontale (posteriore) del carro 178.5.6
— mobile per il carrello a graticci. 307.11
— mobile del volante di rinvio per la corda dei tamburi 192.4
— multiplo per i fusi . 354.12
— pendente 360.2
— del perno . . 384.4, 528.4
— del perno del cilindro spogliatore 324.3
— per il perno della forchetta. 281.6
— a perno rotondo . . 111.12
— del pettine . . . 58.9, 99.9
— del pignone di comando del carro 176.11
— della piletta 131.5
— della placca dei fusi 343.7
— della puleggia di guida 353.5
— a ralla con raffreddamento ad acqua . . 36.13
— della rastrelliera . . 395.1
— regolabile 55.2, 202.16, 206.10
— regolabile della bacchetta 178.9
— regolabile con indice 80.2
— regolabile del perno del cilindro lavoratore 324.2
— del rotolo 41.3
— del rullo arrotatore . 73.10
— delle ruote del carro 343.5, 351.8
— a saldare. 87.1
— scanalato. 342.5
— della spazzola . . . 88.11
— dei tamburi nel carro 192.6
— della tavola a bobine 394.8
— tenditore dell'elevatore 40.1
sopporto triangolare . . 282.13
— verticale 89.7
— verticale del carro . 547.4
— della vite di tensione 344.11
— del volante di rinvio 192.3
sorgente del calore . . 293.3
sorta di cotone 13.5
— di lana 266.8
sortita del carro . . . 159.10
— per il fumo 376.3
sorvegliante v. a. operaio, lavorante
— al lupo sfibratore . . 197.14
sorveglianza del filatoio continuo ad anelli . 158.11
sorvegliare i fili da innaspare 424.14
sospensione libera, peso a 105.14
—, materie in 270.24
sospeso al soffitto . . . 503.15
sospeso, alimentazione del filo —a 554 10
sostanza arrotante. . . 70.19
— cellulosica 472.12
— esplosiva 462.6
— gelatinosa 471.5
— intercellulare 237.10
— saponificante 275.8
— per sgommare . . . 433.4
sostanze albuminose . . 471.10
— coloranti resinose . . 432.16
— incrostanti 475.7
— in sospensione . . . 270.24
— vegetali 301 4
sostegno 538.3, 553.12
— verticale incassato . 497.2
sostituente d'olio . . . 316.12
sostituire i vasi pieni . 60.11
sostituto di sapone . . 277.20
sostituzione delle bobine piene 141 10
sotterraneo, canale . . 402.18
sottile, strato 117.9
sotto-incannatura 156.7, 175.8, 551.13
sottospecie 13.6
sottrazione di calore . . 294.13
sovramacerato, cascami —i 438.4
sovrapposizione di varie falde 41.12
— del velo (a squame) 326 3.4
—, ricongiungere per . 85.13
sovrapposto, cilindri —i 243.13
sovraritorcere il filo . . 541.7
sovratorto, parte —a nel filo 454.9
spaccato, cono 332.14
spago 577.15, 592.16
— di canapa 512.7
— a due (tre) capi . 593.4.5
— del freno 545.10
— greggio 592.17
— imbiancato 593.1
— per legare 593.2
— per macchine mietitrici-legatrici . . . 592.15
— per zucchero 593.3
spalmare con acqua incollata (cuoio) . . . 120.4
spandere in istrato sottile (colla) 117.8
spanditrice 218.4
— per canapa 232.1
— a catena 501.12
— per juta 246.12
spargere del sale sui cascami 438.22
— lo smeriglio sul cilindro mediante un setaccio 71.10
spartea 492.19
spazio 68.12, 308.15
— fra i denti 31.3
— nocivo 59.10
— sotto la traversa . . 290.8
— vuoto 294.10
spazzare il cappello . . 52.8
— la carda 75.2
— la guarnizione dei cappelli 57.8
spazzatamburi . . 4.10, 340.8
spazzatamburo, dispositivo 322.13
spazzatore di carde . . 75.10
spazzatura automatica 340.19
— del cappello 52.7, 57.9, 75.11
— di carda . . . 371.4, 398.7
— della carda con disposizione d'aspirazione 370.13
— delle guarnizioni 75.1, 340.6
spazzatura a mano . . 340.7
— meccanica 340.18
— pneumatica. 370.13
— di carda . . . 194.17, 203.3
spazzola 449.7
— circolare 94.7, 250.11, 368.1
— per distribuire l'olio. 318.1
— della mascella superiore 93.6
— per nettare la griglia 49.3
— nettatrice . . . 58.3, 75.13
— nettatrice a mano . 75.5
— pulitrice 446.5
— di rame 113.3
— di ritegno 379.14
— di ritegno con movimento di saliscendi 448.15
— scaricatrice 75.13
— con setole disposte in spirale 389.7
— a tamburo 75.9
— trasportatrice. . . . 444.2
spazzolatore cilindrico . 97.16
spazzolatura del lino . 217.17
spazzolo 420.5
spazzolone 420.8
specie di bozzoli . . . 413.14
— di cotone 13.5
— del filato. 579.1
— d'incannatura. . . . 518.19
— di lana 266.10
— di lana artificiale. . 406.11
— di seta 410.4
— di stracci 396.5
— di vaso 76.6
spedizione dei pacchi . 577.10
spedizioniere 6.1
spelaia 417.4, 435.16
spessore della falda (alimentatrice) . 41.14, 42.9
— del filo 66.16
— della tela d'ovatta . 32.9
spezzare la materia fibrosa 20.3
spezzarsi (bava) . . . 424.4
— (filo). 541.10
spezzatura del filo. . . 541.9
spia, coperchio di . . . 27.11
spicchio armato di punte 85.4, 378.2, 383.1
— coperto di cuoio . . 85.6
— rigato 85.7, 378.3
spigoli dei ferri 367.12
spigolo del braccio doppio 535.2
— del canale 203.9
— inclinato 317.16
— pulitore 429.12
spillo di filo metallico . 512.12
spina logarata 313.12
— a punta smussata . . 313.2
spindle, uno 564.13
spingere la bobina verso la punte del fuso . 175.12
spinta di galleggiamento della lana 282.9
spira della vite 252.6
spirale a destra 517.11
— discendente. 351.12
— montante 351.11
— a sinistra 517.12
—, alette disposte in. . 309.2
spirali opposte 370.4
spire adiacenti in contatto 519.11
— ascendenti (discendenti) 551.14
— elicoidali regolari che si inversano con una curva molto rapida. 517.8
— di filo 165.5
— incrociate 515.10
— iniziali 533.10
spirito di legno 459.1
splendore della fibra. . 237.1
spogliatore 370.2
spola 128.2, 255.8, 505.9, 506.5 611.11
— di alimentazione . 526.10, 538.7
— con avvolgimento parallelo. 518.20
— dei banchi . . 137.11, 139.4, 257.4, 567.16
— per corda 505.5
— con dischi di chiusura 124.1
— di filo metallico . . 509.8
— di filo di peli verticale e fissa 409.2
— a doppia flangia . . 518.14
— ad una sola flangia . 518.15
spola formata da fili accoppiati 545.2
— girevole 153.8
— di lamiera 518.10
— di legno . . . 124.4, 518.9
— di lignuolo 509.12
— mobile 153.8
— di preparazione . . 224.6
— del primo ritorcitoio 545.1
— ritardata 139.11
— rotante a velocità uniforme 139.12
— a svolgimento tangenziale 153.8, 520.4
— di vetro 466.8
spolatore 3.6
spolatrice 3.7
— di seta. 429.3
spole dei banchi collocate sulla rastrelliera . . 137.12
— del ritorcitoio . . . 551.5
spoletta 145.5
— per bobina 175.19
— per macchine ricamatrici. 533.9
spolettina per le navette delle macchine a cucire 520.12
spolverare la lana . . . 266.16
sporcamento del filo . . 227.2
sporgente, parte . . . 378.1
sporgenza delle punte . 86.13
— della scanalatura . . 116.12
sporgere (punta di dente) 336.16
sporto d'arresto . 348.8, 533.2
spostabile. 320.13
— di fianco 196.16
spostacinghia . . 43.11, 357.1
spostamento dell'arco conico 54.1
— automatico del guidafilo 517.5
— della cinghia 43.14
— comandato 206.5
— del guida-filo . . . 517.3
— laterale 24.6
— orizzontale . . 54.3, 252.10
— d'una parte della carrucola espandibile . 251.1
— del porta-anelli . . . 151.10
— radiale verso l'asse (dall'asse) del tamburo 55.13, 56.1
— uniforme 517.4
spostare l'arco conico . 54.2
— i pattini 352.9
— in su il dado. . . . 170.15
spostatore 242.3
spremere la lana . . . 279.1
spremitura della lana . 288.1
— della lisciva 279.3
spruzzamento delle alette 225.15
— con un inaffiatoio. . 317.4
— con una scopa . . . 317.5
spruzzato, lana —a . . 317.10
spruzzatura dei filati con acqua fredda . . . 570.5
— del filato con acqua 574.1
spruzzo. 239.12
spugnoso, caseina —a . 471.18
spuntato, stoppa —a. . 244.7
spuntatrice meccanica (a catene) . . 243.12, 244.3
spuntatura della canapa 496.2
spuntito 496.3
srotolare una balla cilindrica 19.19
stabilimento di stagionatura 616.4
stabilire il titolo (della seta) 598.3, 601.11
staccabile, serbatoio ad olio 553.7
staccamento del tratto pettinato 82.5
staccare dalla spazzola il capofilo 420.14
— il tratto pettinato . 82.6
— il velo 59.17
stacciato, ghiaia —a . . 271.12
stacciatura dell'amianto 490.6
staccio 299.12
— cilindrico (a nastri) 476.14, 478.15
— cilindrico con sezioni longitudinali 477.2
— girevole 295.14
— inserito 285.9
— della macchina da carta 476.18
— con nastri di caucciù 477.6

staccio a polvere 38.9
staffa 11.6
— fra il gran tamburo e lo scaricatore . . . 79.4
— di regolazione a doppio braccio 129.2
stagionare il filato . . . 615.4
— la soluzione a filare 463.15
stagionato, bozzolo . . 413.10
stagionatura, apparato di 616.5.10
stagnato, filo di ferro . 493.9
stampa del nastro pettinato 374.15
stampato, anello . . 150.2
—, filo . . . 581.1
—, nastro. . . . 374.16
stampito 439.9
standard 13.8
stantuffo 291.10
— aspirante. . . . 470.3
— premente. . . . 288.5
stato asciutto 196.1
— di formazione . . . 480.10
— igrometrico variabile 615.8
— umido 428.5
Staub, romana per filato 614.8
— e Montfort, pettinatrice 99.15
steccato della gabbia . . 22.11
Stein, ritorcitoio per fili nodosi. 559.11
stella 125.10, 132.6, 134.4, 256.2
stelle di cartone . . . 536.9
stelo dello stantuffo . . 291.14
— a vite del settore . . 350.14
stendere a lungo la corda 518.7
— su telai di legno (cascami di seta) . . . 440.6
stillicidio 574.8
stiramento (v. a. tiratura) . . 8.12, 101.4, 345.11
— ed addoppiamento dei nastri di carda . . 80.16
— del cotone 100.8
— doppio 371.11
— della falda 42.11
— finale 101.9
— intermedio 101.8
— di x dei nastri . . . 371.13
— parziale 101.6
— preparatorio 101.7
— singolo 371.10
— superiore all'addoppiamento 223.3
— supplementare del carro 393.7
— totale 101.10
—, rendere lo — uguale al numero dei nastri alimentati 104.8
stirare 8.13, 502.7
— ed addoppiare i nastri 80.15, 251.5
— l'aggrovigliamento del filo 191.14
— le fibre a mezzo di cilindri 102.11
— il filo in una soluzione alcalina 467.2
— il lucignolo 159.17
— la matassa 576.16
— il nastro 8.16, 100.12, 222.12, 371.7
— a oltranza 101.15
— il ramiè 262.13
— a secondo del quantitativo d'addoppiamento. 452.8
— lo stoppino 256.15
— il tiglio 14.10
— il tubo capillare . . 467.12
stirarsi (corda) 191.17
stirato regolarmente . . 66.13
stiratoio (v. a. banco a tirare, banco tiratore) 8.15, 102.9
— ausiliario 389.3
— per borretta 453.9
— a canale 104.11
— a cilindri dentati . . 254.9
— circolare 253.8
— da falda 451.12
— per filatura di filo pettinato flammé. . 590.4
— con x file di cilindri 102.10
— finitore 103.14
— in grosso. 451.2
— intermedio 103.13
— preliminare 103.12
— riunitore . . . 81.9, 388.14
stiratoio semplice . . . 103.9
— per seta 451.17
— supplementare . . . 389.3
— a più teste 103.10
— a vasi 384.9
—, lavorante addetta allo 100.17, 371.9
—, primo 371.16
stiratrice di lino . . . 224.2
stiratura (v. a. tiratura) 101.4, 371.8
— dei bindelli di seta . 451.15
— doppia 371.11
— dei nastri di borretta 453.7
— dei nastri di seta . . 451.15
— singola 371.10
stiro 8.14
stivare le balle 17.11
stock di lana 264.3
stoffa diagonale 64.24
stoffe per abiti da signora 397.2
stoppa 8.8, 496.12
— agglutinata 220.6
— di battitura in fino . 219.15
— di canapa . . 232.3, 492.4
— cardata 220.8
— della cernita 220.2
— impura 232.4
— ingrassata 232.7
— di juta 258.11
— di juta spuntata . . . 244.7
— di lino 212.13, 492.10
— nodosa. 220.7
— pettinata 222.10
— della pettinatrice meccanica 220.1
— di pettinatura 220.9
— di pettinatura in grosso (in fino) . . 219.16, 232.5.6
— di radice 220.3
— rilavorata 219.15
— di scotolatura (a mano) 219.13.14
— scura 220.5
— delle teste 220.4
stoppatore 216.2
stoppino (v. a. lucignolo) 9.15, 122.2, 204.8, 342.6, 579.18
— alimentato 345.10
— bagnato 226.5
— continuo di loquettes 329.16
— di juta 254.12
— di lino 224.10
— di lubrificazione . . 344.13
— sfregato . . . 328.15, 334.6
storcitura a mano . . . 9.12
stornello 498.3
storta 402.15
stozzare le scanalature 120.19
stracannare il filo di greggia 429.4
stracannatoio 429.13
— incannatore per seta 568.4
stracannatura della greggia 429.1
stracci ammuffiti . . . 396.20
— assortiti 399.8
— bagnati 507.9
— bianchi 397.21
— di calzeria 397.11
— di cascemir. 407.17
— centrifugati 403.19
— cerniti 399.8
— colorati 397.22
— di buon (cattivo) colore 398.1.2
— di vari colori 397.23
— disacidificati 403.7
— a fibra corta (lunga) 396.9.10
— fini 396.14
— grossolani 396.13
— imputriditi 396.21
— inamidati 396.18
— incollati 396.18
— da lavori a crochet . 397.17
— di maglieria 397.12
— di mezza lana . . . 396.12
— mezzo-fini 396.15
— di mussolina 407.13
— neri 397.24
— nuovi 396.8
— d'Orleans 407.15
— di panno 397.1
— polverosi 396.19
— puliti 396.16
— di pura lana 396.11
— ritinti 398.4
— sbiaditi 398.3
— sfilacciati (a secco) 403.11.16
— di stoffe per abiti da signora 397.2
stracci strappati . . . 403.11
— sudici 396.17
— tagliati 400.6
— di tessuti di seta . . 455.15
— usati 396.7
— vecchi 396.7
— di zeffiro. 407.14
stracciaiuolo 399.3
stracciamento delle fibre di lana 369.6
stracciare la falda . 321.13.15
— in stoppa (juta lunga) 244.8
— il vello 265.13
stracciato, vello 265.14
straccio 396.6
— per lo sfregamento . 507.7
stracciovendolo 399.4
strafilato 586.8
strappamento a mano degli stracci 403.9
strappare 378.6
— la ciocca di lana . . 382.6
— la fibra di lana. . . 310.16
— i fili 146.10
— gli stracci 403.10
— gli strati di fibre . . 21.6
strapparsi (l'orlo) . . . 108.4
strappato, pezzi non —i 404.12
strappi, nastro con . 101.21.22
strascinamento della spola per il filo . . 140.4
strascinare la spola . . 140.5
strati di altezza variabile, bobine con . . 156.1
— di base della bobina 155.18
— di carta 480.9
— conici 155.2
— di corda di canapa . 279.4
— fibrosi 327.6
— di filato opposti negli strati incannati . . 517.9
— sovrapposti 197.5
— di tessuto 65.5
—, ammucchiamento a . 197.6
—, ingrasso a 317.6
—, mettere in — i manipoli 239.9
—, tessuto a quattro . 65.7
strato arruffato nella bobina 387.4
— d'avvolgimento . . . 155.13
— di caucciù 445.3
— di cementazione . . 120.16
— di ciottoli 271.11
— di colla 71.9
— di cotone nella balla 19.17
— esteriore dei lignuoli 594.7
— di fibre 7.17
— di fibre tessili . . . 480.8
— di fiocchi 200.8
— di ghiaia. 271.11
— (granuloso) di sericina. 411.14.19
— di grasso. 274.5
— di nastri di lana . . 279.5
— d'olio 237.11
— piano di smeriglio . 71.14
— di soluzione di caucciù 63.12
— sottile 117.9
— striato di smeriglio . 71.15
— superficiale del bozzolo 417.4
— di velo 326.5
—, primo 156.13, 168.1
—, il primo — di filo avvolto è il primo svolto 520.1
—, ultimo 157.1, 168.2, 533.11
—, l'ultimo — di filo avvolto è il primo svolto 520.2
stratorto 586.9
strazza 435.18
stretto, chiusura — a della fune 501.6
—, trefolo 499.16
striato, strato — di smeriglio 71.15
striatura longitudinale della seta selvatica 427.23
— superficiale della seta domestica del gelso. 427.22
striature, nastro con. . 101.22
—, x — per pollice . . 71.16
stribbia d'acciaio . . . 429.7
— ricoperta di panno (felpa). . . . 429.5, 568.5
strigatrice 373.2
stringere il freno . . . 347.9
striscia arrotolata . . . 329.12
— perforata. 282.5
— del velo 329.3
strisciatura 507.3
striscie di cuoio . . . 64.16
— a denti 367.9
— di tessuto metallico 477.11
— trasversali 329.10
strofinamento dei funami 507.2
strofinare. 203.15
strofinatoio 203.16
strusa 435.15
— compressa a guisa di pallottole 442.11
struse di diverse specie 451.1
strutto 315.1, 428.13
struttura dei bozzoli. . 416.1
— omogenea 605.17
stufa mobile 417.17
stufato, bozzolo 413.10
stufatura (a secco) dei bozzoli 417.7.10
stumba 452.14
succhiamento 37.8
sudamento della canapa 228.11
sudare (cotone) 15.9
suddivisione, tratto di . 55.11
sudicio, stracci —i . . 396.17
sudiciume ceroso . . . 274.9
— della lana. 272.1
suffumigare i bozzoli . 418.4
sughero 146.8, 595.5
sugna 428.13
sulfo-oleina 238.10
sunn 492.7
suoneria 223.14, 370.9
suono della molatura . 339.10
superfici di frizione . . 185.7
superficie arrotante . . 202.14
— ad aspetto nuvoloso della guarnizione . . 338.10
— d'avvolgimento . . . 155.6
— brillante della guarnizione 338.9
— cardante 58.13
— cilindrica per il primo strato del nocciolo . 168.1
— del coltello 409.11
— conica per l'ultimo strato del nocciolo . 168.2
— della fibra 6.20
— del filato. 9.23
— di lavoro. . . . 60.14, 61.3
— refrigerante. 295.1
— scanalata. 333.12
— dello scaricatore . . 59.17
— di sfregamento (scanalata) 332.9.10
superiore, cilindro . . . 20.11
—, stiramento — all'addoppiamento. . . . 223.3
supplementare, frizione . 190.9
surfilage 343.5
surrogato di sapone . . 277.20
susseguente, fuso — la bobina 123.10
sviluppo d'aspo . . . 59.8.9.10
— di polvere 221.11
— della scanalatura . . 524.11
svitabile, serbatoio ad olio 146.12
svitamento dell'aletta . 141.5
svitare l'aletta 141.4
svolgere una balla cilindrica 19.19
— il lucignolo. 204.15
— la seta dal rocchetto 468.5
— le spire dal fuso nudo 165.5
— il vello 265.7
svolgersi (filo del bozzolo) 421.6
— dal di dentro (cannetta) 519.15
— con difficoltà (bobina) 97.5
— doppio (tela) 50.14
— dalla punta (cannetta) 519.14
svolgimento assiale . 153.10, 556.10
— della catena 350.12
— difettoso 41.16
— facile 41.15, 560.5
— irregolare . . . 41.16, 97.6
— per la punta della cannetta 556.9
— sbagliato 155.19
— del vello. 265.8
—, buon 155.18
—, doppio — della tela 50.13
sweaters in lana . . . 397.15

T

tacca. 533.1
— arrotondata 497.14
tacchetto 350.2

tacco della leva di comando della bacchetta 165.13
tachimetro 360.10
tacometro 360.10
tagli trasversali (nastro) 108.2
tagliar fuori gli occhielli 400.9
tagliare ad angoli retti le estremità delle radici 243.4
— una balla 18.2
— la carta in nastri . . 481.10
— le estremità sporgenti del panno 118.8
— i fili avvolti sull'albero 196.12
— il lino 211.1
— il manipolo di juta . 242 12
— gli stracci 400.5
— le strisce di cuoio secondo la lunghezza del cilindro 118.19
— verticalmente (mucchi) 197 7, 311.8
tagliato, lino (non) 210.23, 211.3
— smusso. 236 10
—, olio 315.24
tagliatore 328.10
— di juta 242 13
tagliatrice di juta . . . 242 14
— longitudinale . 481.11.12.13, 489.4
— longitudinale a due cilindri a gole . . . 483.8
— longitudinale con albero a coltelli e cilindro a gole 482.14
— meccanica 242.15
tagliatura delle balle . 18.1
tagliente 67.14
— con sbavatura . . . 70.2
taglio delle cimosse . . 400.14
— dei fasci di juta . . 243.9
— delle fibre lunghe . 242.9
— del foglio di carta . 482.1
— in nastri 481.9
— delle parti difettose . 455.2
— degli stracci 400.4
talco 253.3
tamburi di essiccazione riscaldati a vapore . 385.14
tamburo 257.16, 312.4, 443 12, 444.3, 450.3, 522.1
— dell'anima 509.11
— apritore 48.7
— di aspirazione 195.9, 196.11
— d'avvolgimento 321.11
— d'avvolgimento della falda 451.9
— avvolgitore 610.6
— azionato da corda incrociata 556.2
— battitore 267.9
— battitore a lame . . 40.10
— di carbonizzazione . 402.14
— da carda 443.4
— a catena . . . 171.6, 173.6
— della catena di scoccamento. 179.12
— di comando 525.12
— crivellato. 44.14
— a denti . 26.21, 27.8, 30.12, 33.5, 197.10
— eccentrico 156.2
— equilibrato . . 144.16, 312.1
— di essiccazione inclinato 366.11
— a falda 321.11
— di ferro 611.7
— frenato 356.6
— dei fusi 557.8
— a gradini. 337.14
— guarnito di aghi . . 446.4
— guarnito di punte d'acciaio 404.7
— di guida 448.10
— di immersione . . . 281.14
— d'incannatura. 522.8
— di lamiera 144.8
— di lamiera (d'acciaio) perforata 32.4.5
— di latta . . . 144.8, 555.15
— lavoratore 85.3
— con lumaca 351.7
— motore. 144.12
— con movimento al passo di pellegrino . 406.9
— perforato 32.3, 35.8
— perforato superiore (inferiore) 33.10.11
— perforato con uncini interni 400.20
tamburo pettinatore montato eccentricamente 447.6
— a pinze di Little e Eastwood 381.11
— principale . . 321.3, 369.17
— pulitore di cascami . 195.7
— a punte 244.10
— a punte smusse . . 287.15
— porcospino . . . 26.21, 35.5
— a quadrante . 171.6, 173.1
— raccoglitore. 368.16
— di rame 282.2
— a rete metallica . 32 6
— con scanalatura fresata. 523.9
— a scanalatura spirale 523.12, 524 6
— scaricatore perforato 24 11
— spirale per il ritorno del carro . . 169.10, 349.14
— a staccio. 48.8
— per svolgere il lucignolo 204.15
—, gran 51.2, 78.11
—, piccolo . . . 200.3, 202.1
—, primo 369.16
—, secondo 144.11
—, secondo — perforato superiore (inferiore) 33.17, 34.1
tampone di cuoio . . . 442.1
tanaglia da chiodi . . . 61.12
tangenziale, tensione — del filo 155.11
tappeti 397.8
tara reale 17.3
—, x per cento di . . . 17.2
tarmato, bozzolo 415.19, 436.8
tasar, seta 410.13
tasca 36.10
tascabile, dinamometro 607.1
tasche, il velo forma . 326.22
tassello 73.13
tasto. 312.8
tatto. 13 12
— cotonoso 427.12
— craquant 427.6
— dolce 427.8
— duro ed elastico . . 427.9
— elastico 427 10
— morbido 427.8
— ruvido 427.5
— secco 427.11
— della seta 427.3
—, buono al 427 4
—, ruvido al 14.1
tavella, torta alla . . . 421.18
tavola v. a. graticcio
tavola alimentare 200.14, 453 11
— alimentare superiore 405 5
— alimentatrice 267.5, 296.10
— di alimentazione . . 77.11, 111.2, 235.15, 243.15, 287.13, 288.8, 308.3, 443.14
— di appoggio del nastro 90.12, 111.5, 251.10
— di appoggio sotto la mascella inferiore. . 93.7
— di aspersione 441.8
— a bobine 394.13
— cardatrice senza fine 445.1, 448.1
— catturante l'acqua di spruzzamento . . . 225.16
— di cernita 265.6
— per la cernita dei cenci 399.14
— dei cilindri 105.3
— del cilindro. 394.2
— continua 20.8
— continua alimentare 247.6, 327.11
— continua di alimentazione 321.1
— continua articolata d'acciaio. 365.9
— di conversione dei filati 612.12
— coperta di felpa . . 557.16
— per distendere . . . 218.4
— elevatrice 38.2
— senza fine di alimentazione 259.12
— senza fine in cuoio . 451.8
— senza fine provvista di guarniture da carda 445.1
— girevole . . . 439.11, 442.3
— di guida 104.12
— inclinata 98.2
— per loquettes 329.15
tavola per manipoli di lino pettinato . . . 215.13
— mobile, cilindro a . . 116.5
— mobile guarnita di punte a uncino . . 367.15
— mobile di scarico 38.1, 197.12
— a morsetti 445.5
— nera 422.17, 610.2
— dei pettine 229.10
— della pressa 577.14
— di pulitura 108.8
— della rastrelliera . . 139.6, 564.15
— di scarico . . 235.16, 288.10
— a smeriglio 70.13
— per le spole 556.5
— d'uscita 313.8
—, un sol filo per . . . 393.11
tavolato della bilancia per il carico 613.2
tavole di alimentazione a marcia parallela . 221.5
— continue mobili . . . 218.5
tavolettina nera 610.5
tazza di cuoio 547.12
— dell'elevatore 40.3
— di scolo 281.8
tegolo armato di punte 85.4
tela di alimentazione. . 27.1
— di alimentazione dell'apritoio 29.7
— del battitoio 50.9
— del battitoio finitore. 47.8
— completata 47.8
— continua 328.6.8
— continua di filo metallico 295.14, 296.8
— continua superiore . 296.9
— elevatrice 21.9
— entrante 45.8
— senza fine . . 196.10, 308.2
— fornitrice. 321.1
— irregolare 47.14
— juta grossolana . . . 16.13
— juta fitta 16.12
— juta a grosse maglie 16.13
— juta a maglie fine . 16.12
— metallica 295.4
— metallica senza fine . 476.15
— metallica a x maglie per unità di superficie. 465.18
— d'ovatta (v. a. ovatta, falda) . . 7.11, 41.7, 198.8
— di pettini senza fine 214.4
— principale 373.14
— regolare 47.15
— singola 373.15
— smerigliata 70.14.16
— a smeriglio . . 70.14, 339.2
— a smeriglio a mano . 70.15
— uniforme 47.15
— uscente 45.9
—, formare delle —e di parecchi nastri . . . 81.5
telai a nastri 520.8
— a tulle inglese . . . 520.10
telaio 54.5, 249.4, 534.14, 538.14
— a bastoni per matasse 542.13
— della bobina . 534.12, 535.8
— della brocca . . . 523.6.13
— della cannetta 529.6, 530.5
— del carro . . 177.12, 558.4
— circolare portafusi . 92.12
— di fianco a cerniere . 201.12
— per la guida dei cilindri di pressione 163.15
— intermedio 546.11
— in legno 344.1
— oscillante. 536.3
— del rastrello 504.11
— dei rulli strappatori . 95.13
— a scivolamento . . . 165.11
— spostabile . . 328.1, 371.2
— di tavole. 437.17
tele bagnate 573.13
tempera del filo d'acciaio nel vacuo 66.9
temperare a durezza vitrea 74.11
temperato a cartoccio . 107.7
—, aria —a 574.18
temperatura dell'acqua. 269.19
— dell'aria 293.8
— di carbonizzazione . 306.5
— di essiccazione 293.5, 417.13
— della lisciva 275.15
— media 293.9
— per stufare 417.13
—, bassa 572.6
temporaneo, durezza —a 269.22
—, magazzino 210.15
tenace, lino 217.1
tenacità 66.14
tenaglia 84.9, 377.8
— per guarnizione. . . . 338.5
tendenza ad arricciarsi. 569.13
tendere la catena . . . 351.2
— il graticcio. 41.2
— il nastro di guarnizione 337.7
— il velo 327.3
tendifili 522.14
— con denti in porcellana 536.5
tenditore 160.6
— per la catena. 40.5
— dei fili 522.14, 536.5
tenore v. a. contenuto, percentuale
— d'acqua 15.5
— medio di acqua. . . 287.7
— del bagno acido . . 303.12
— in filo del bozzolo . 424.7
— in galettamino . . . 424.8
— in grasso 290.3
— in gusciolo del bozzolo 424.8
— inferiore d'acido . . 303.15
— di polvere 400.18
— in sapone 277.6
— in sericina 417.1
— di soda 276.4
— in strusa. 424.6
— di umidità . . . 10.8, 15.5
tensione del ballone . . 152.15
— della catena . . . 351.1.3.4
— sulla controbacchetta a compressione d'aria 352.1
— delle cordette. . . . 359.17
— del cuoio di sfregamento 332.12
— del cursore 151.2
— equilibrata 37.1
— del filo . . . 140.6, 498.12
— del filo all'avvolgimento 168.8
— del filo a mezzo della controbacchetta . . 557.12
— dei fili per controbacchetta caricata . . . 168.9
— del lucignolo 125.2
— massima 454.17
— preliminare 536.7
— regolabile 526.9
— stretta dell'avvolgimento 155.9
— tangenziale del filo . 155.11
— dei trefoli 504.6
— uniforme 391.9
— del velo 327.2
—, dispositivo di — per cuoi sfregatori . . . 332.13
—, forte 63.5, 552.2
—, mantenere la — al tratto del filo prodotto 164.9
—, tenere sotto (catene) 244.5
tenue, lino 217.5
tenuta d'acqua, bozzolo a 416.12
tepido 60.10
—, soluzione —a 309.18
terebentina 117.19
termometro a mercurio 616.7
terra cotta 128.13
— da follone . . 298.15, 309.2
— di gualchiere 298.15
teso, animella diritta e —a 594.20
—, filo 140.8
—, molla —a 528.14
tessere, filo per 581.18
tessile, materia 6.9
—, qualità 475.8
tessiline 589.5
tessilite 589.4
tessilosa 589.3
tessitura, seta per . . . 587.5
tessuti viaggianti . . . 193.1
tessuto di caucciù . . . 335.3
— cellulare 237.9
— per cilindro 118.1
— di cotone. 64.22
— di cotone diagonale quintuplo intramezzato da feltro . . . 65.4
— di guarnizione in canapa 544.2
— per guarnizione di carda 64.21
— di guarnizione con strato di caucciù . . 445.3
— di lana 335.4

tessuto metallico a grosse maglie . . . 477.7
— mezza lana 64.23
— di presse a olio (a zucchero) 407.10.11
— pulitore 395.5
— a quattro strati incollati con soluzione di caucciù 65.7
— a x strati 65.1
testa 103.8
— dell'albero 534.4
— dell'aletta 130.6
— della barba. 445.13
— del carro . . 206.2, 351.6
— di cavallo 125 4
— di cavallo, ruota . . 114.6, 176.13, 555.13 14
— a croce 292 1
— della fibra 236.8
— del fiocco 375 9
— del fuso 534.7
— girevole 342 12
— della leva 551.9
— del lino 211 8
— del nottolino regolabile 132.2
— perforata 548.12
— della pressa . 288.4, 578.1
— ribadita 61.11
— della ruota 497.10
— di stiramento . . . 221.7
— di tiratura 232.17
— a torsione 342.12
— del vello 265.15
—, pettinatrice a una . 83.6
testata 352.16
— del ritorcitoio intermittente 558.13
teste disposte in cascata 104.3
— disposte l'una dietro all'altra 104.3
— disposte independentemente l'una di fianco all'altra 104.1
— disposte l'una presso all'altra sulla stessa incastellatura 104.2
— disposte nella stessa direzione 104 4
— incrociate 103.15
—, pettinatrice a più . 83.7
testiera 352 16
— grande. 189 1
—, piccola . . . 206.8, 352 17
tetracloruro di carbonio 297.21
Thiele, apparecchio di filatura 466.13
Tibet di fodere 407.16
— di stracci di cascemir 407.17
— di stracci di mussellina 407.13
— di stracci d'Orleans. 407.15
— di stracci di zeffiro . 407.14
—, lana artificiale . . . 407.12
tiepido 60.10
tiglio di cotone 14.8
— corto 14.12
— lungo 14.13
—, di — diverso (uguale) 14.14.15
—, libro di 492.17
tino d'agitazione 476.10
— di cemento 437.16
— di decomposizione. . 300.1
— a doghe di legno . . 285.3
— d'immersione 272.18
— d'ingrasso spostabile 317.14
— interiore 285.4
— per inumidire. . . . 485.3
— di lavaggio 278.5
— di lavaggio automatico 273.3
— raccoglitore. 439.15
— di raffreddamento. . 572.2
— di risciacquo 285.2
— di sbianca 287.1
tinozza per acqua . . . 242.6
— di bagnamento . . . 304.8
— di cemento. . 304.7, 437.16
— di chiarificazione . . 299.19
— di fermentazione . . 437.15
— di lavaggio. 278.5
— di legno 304.5
— di legno rivestita di piombo 304.6
— di pietra arenaria. . 304.10
— di vetro 304.9
tinta scura naturale . . 427.21
—, graduazione di . . . 194.7
tinto in colori solidi . 605.14
— in diversi colori. . . 194.5
—, cotone 13.10
tinto, filo 580.22
tintura degli stracci . . 401.7
tipo di bobina 153.7
— di carda 319.8
— di cotone 13.5
— del fuso 145.3
— di prima classe . . . 14.3
— ufficiale 13.8
tirante . 46.4, 105.16, 233.14, 241.12, 252.16, 290.2, 391.3, 530.13
— della pinza 89.6
— rotondo 567.10
tirar fuori il capo del materiale da filare . 496.16
tirare ed allungare le cordette dei fusi . . . 356.4
— attraverso le punte del pettine (manipolo) 213.9
— un filo di vetro . . 491.7
— il fiocco attraverso il pettine 375.12
— in grosso 8.10
— in grosso i nastri pettinati 453.17
tira-stoppa 213.12
tirata 163.16
tiratura (v. a. stiratura, stiramento) . 101.4, 371.8
— della canapa 233.1
— del cotone 100.8
— eccessiva 101.14
— forte. 101.12
— in grosso. 450.15
— leggera. 101.11
— dei nastri della pettinatrice 384.8
— di otto 101.13
— preparatoria 81.4
— del primo banco . . 222.13
—, prima 8.9
tirella 594.9
titolare. 598.3
titolazione dei filati . . 598.1
— internazionale . . . 601.12
— di Lione, nuova . . 601.13
— della seta 601.10
— universale 601.12
titolo v. a. numero
— americano 602.4
— austriaco, antico . . 599.16
— chilogrammetrico . . 599.13
— corrente 602.6
— decimale 601.15
— del filato. 598.4
— fino 598.7, 602.7
— francese . . . 599.15, 601.19
— francese Elbeuf . . 600.2
— francese Sedan . . . 600.1
— inglese 599.14
— internazionale 599.13, 601.15
— irregolare 428.18
— di Lione 601.18
— di Manchester . . . 601.20
— medio 598.6, 602.6
— metrico 599.13
— milanese . . . 601.16, 602.3
— milanese, antico . . 602.2
— del nastro 386.10
— del nastro alimentato 102.4
— del nastro finale . . 102.5
— del nastro introdotto 102.4
— del nastro prodotto . 102.5
— ordinario. 602.6
— a peso stagionato . 602.9
— piemontese 601.17
— prussiano 599.17
— sassone 599.18
— sassone, antico . . . 599.19
— della seta 601.14
— dopo sgommatura. . 602.8
— svizzero 600.3
— della tela 32.9
— tondo 602.5
— universale 601.15
— di Vienna 602.1
— viennese 602.1
toccamento dei balloni 152.17
toccarsi (balloni) 152.16
togliere la bava dai denti 70.4
— una bobina cattiva . 133.16
— al filo la tendenza a arricciarsi 569.13
— il cotone dalla balla 19.18
— gli imballaggi dalla balla 18.5
— le impurità. . 49.21, 428.21
— le lappole 368.4
— la matassa . . 424.16, 610.14
— l'olio colla pompa. . 148.13
— il peso sul cilindro . 107.3
togliere la spelaia . . . 420.10
— la stoppa dai denti . 213.17
toglimento dei manipoli dai morsetti 215.1
tolla 451.14
tolleranza. 616.1
— di umidità 573.9
tondo, filo di ferro . . 65.17
—, seta —a 426.1
—, titolo 602.5
Topham, apparecchio per la filatura del viscosio 470.4
torba, filato di 588.17
torcere 8.21, 498.14
— un anello 496.17
— assieme i fili (a mano) 422.9, 431.13
— assieme le gomene . 501.2
— ed avvolgere il filato nella stessa direzione 154.3
— le fibre insieme . . . 8.19
— i filati in trefolo . . 498.5
— il filato nel senso destro 153.15
— il filato nel senso (contrario) delle lancette dell'orologio . 153.15, 154.1
— il filato nel senso sinistroso 154.1
— i fili leggermente . . 430.9
— la seta artificiale . . 474.3
— la seta alla caviglia . 434.18
— i trefoli 505.1
— i trefoli nella direzione (opposta) seguita dalla torsione del filato 499.13.14
torcersi assieme (nastri) 387.6
torchio per pacchi . . 577.13
torcimetro 432.4
torcitoio ad aspi 431.16
— Aubena 432.1
— Chardonnet 431.14
— con diverse file di rocchetti 474.9
— fisso 502.14
— per seta 429.17
torcitore 412.15
torcitrice 412.16, 498.17
— per lavoro limitato . 498.18
torcitura della seta . . 428.2
— della seta artificiale. 474.2
— supplementare 501.4, 506.1
—, prima 429.15
—, seconda 430.15
tornasole azzurro . . . 309.7
— rosso 309.6
tornello per ripiegare le matasse 577.1
tornire il cilindro 203.1, 337.2
— i collari dei fusi . . 363.4
—, scorritoio per molare e 405.8
—, utensile per 337.3
torre filtrante. 271.16
torsiometro 9.11, 610.9
torsione . . 9.4, 345.12, 498.8
— addizionale 498.6
— Albert 509.3
— complementare . . . 343.15
— debole 431.5
— a destra 510.4
— destrorsa. 541.1
— nella direzione opposta a quella dei fili semplici 540.11
— dolce 8.23, 138.19
— eccessiva 501.7
— effettiva 154.6
— falsa . . 9.7, 204.1, 331.10.11
— del filato e del ritorto nella stessa direzione (nella direzione contraria). 540.4.5
— di filatura 540.8
— del filo fondamentale 561.12
— finale 154.4
— forte. . 8.24, 138.8.9, 431.6
— dei lignuoli e funi in senso inverso (nello stesso senso) . . 509.2.3
— per la lunghezza dell'agugliata 207.7
— permanente 9.8
— reale. 154.6
— regolare 431.1
— di ritorcitura. 540.8
— a sinistra 510.5
— sinistrorsa 540.11
— soffice 170.5
— nello stesso senso delle sfere d'un orologio . 541.1
torsione supplementare 159.11, 164.16, 343.15, 506.2, 557.11
— durante l'uscita 164.4, 345.13
—, dare . 9.5.6, 429.16, 560.3
—, leggera 496.18
torta alla francese . . 422.1
— all'italiana 421.18
— semplice 422.6
— alla tavella 421.18
—, dare la 422.5
—, doppia 422.7
torto della seta 430.15
—, filo — mentre s'aggancia sul sostegno. 554.1
—, leggeramente 122.4
traballamento del cilindro 107.12
trafila 503.5, 509.9
— per seta artificiale . 466.2
trafilare la gelatina . . 471.8
trafilato uniformemente 66.13
trafilatura graduale . . 472.10
— della seta artificiale. 467.5
traforato 79.10
traiettoria chiusa . . . 511.2
— circolare 42.18
— del fuso 510.14
— incurvata 510.13
traino caricato 500.12
— da cordaio . . 499.5, 500.8
trama 139.1
— di selfacting 138.18
—, seta 431.10
tramoggia d'acqua. . . 543.4
— d'alimentazione 22.2, 29.1, 89.15, 200.5, 260.7, 266.20, 308.1
— d'alimentazione automatica 28.5
— d'alimentazione della tela 93.4
tramutare le nappette in falde 450.16
trancia-cerchi 18.4
—-reggie 18.4
trapezio, a sezione di . 597.10
trascinare la spola. . . 140.5
— la lana attraverso il bagno 283.16
trasformare il velo in falde 328.7
— il velo in tela d'ovatta 198.7
trasformazione della falda in nastri 451.11
— dei titoli 603.10
traslatare i morsetti . . 215.7
traslazione dei morsetti 215.6
— orizzontale 252.10
trasmissione a coni . . 527.1
trasportare la falda con incrociamento . . . 325.17
— la lana mediante una corrente d'acqua . . 282.1
— a mano (balla) . . . 17.6
trasportatore dei nastri 491.1
trasporto automatico del velo. 198.14
— delle balle 17.5
— diretto. 326.2
— con falde 324.12
— dei fasci 210.11
— senza incrociamento. 325.13
— a nastro con (senza) incrociamento . . 326.7.8.9
trasversale, sezione . . 100.13
trattamento accurato . 38.4
— con acido solforoso . 401.11
— delle acque di lavaggio 299.5
— alternativo di freddo e di caldo. 573.4
— dei cilindri. 389.9
— mediante formaldeide 472.4
— con vapore. 418.2
trattare con un acido sulfo-ossido 457.20
— le acque di lavaggio 299.4
— alla carda in grosso (stoppa) 221.1
— la lana a mezzo di truoghi perforati . . 283.14
— con lisciva . . 217.19, 437.3
— col permanganato di potassio 460.6
— separatamente le diverse partite. . . . 212.5
— con una soluzione di sapone ammoniacale 468.4
— con una soluzione di sale metallico . . . 469.4
— ulteriormente. . . . 467.14

tratti ineguali nella guarnizione 338.11
— sottili del nastro . . 387.8
— di spazzola 96.8
tratto di filo 152.13
— del filo prodotto . . 164.9
— grosso 159.1
— pettinato 82.3
— della rotaia per la parte formante . . 168.5
— di stoppino alimentato 345.10
— di suddivisione . . . 55.11
trattura senza difetti . 421.3
— alla francese 422.1
— all'italiana 421.18
— perfetta 421.3
— a secco 421.16
— della seta 420.15
— alla tavella 421.18
travasamento automatico dell'acqua . . . 365.13
travellina (v. a. anellino, cursore, mobile) . . 552.3
traversa . 106.3, 290.7, 344.3, 384.1, 497.4, 499.2, 500.10
— di legno 46.6
— portafusi 152.10
— dei rulli 29 8
traverse di rafforzo . . 345.5
trazione 101.4
— doppia 371.12
— del filo 554.7
— a mano 606.21
trecce 400.13
treccia 597.6
— bollita 514.12
— di canapa 231.4
— di crine 514.10
trefoli 503.12
— piatti 595.14
— triangolari 595.15
trefolo (v. a. lignuolo) . 493.16
— di canapa 592 5
— di fili metallici . . . 594.2
— molle 499.15
— stretto 499.16
trementina 117.19
treno di cinque ingranaggi 133 4
triangolare, filo a sezione 66.1
triangoli 28.11
tricot di lana 397.16
trine 400.11
trostle 341.7
truciolo di legno . . . 476.2
truoghi perforati . . . 283.14
truogo per acqua . . . 242.6
— di alimentazione . 196.9, 284.6
— per inumidire 481.4
— a liquido . . 482.4, 486.10
— di pesatura 200.10
— di pressione 283.15
truogolo 543.8
— d'acqua 542.10, 543.4, 558.1
tubazione . . 24.9, 37.9, 39.5
— all'apritore 27.15
— d'aria 575.8
— di riscaldamento . . 402.12
tubetto a base conica . 529.5
— capillare 461.2
— capillare di vetro . . 467.7
— di carpine 149.12
— di carta . . . 175.19, 518.11
— di carta cilindrico . . 518.12
— di carta impregnata 149.9
— di cartone 518.11
— corto 166.13, 356.9
— del fuso 527.16
— girevole . . . 341.12, 343.3
— girevole con ago d'acciaio 343.4
— interno mobile del fuso 146.6
— di legno 149.10
— di legno duro . . . 149.11
— passante 356.8
tubo . 72.10, 145.5.12, 188.13, 392.6, 503.6
— d'acqua sotto pressione 478.2, 488.12
— d'afflusso . . 285.5, 488.15
— dell'aletta 547.15
— di alimentazione . . 466.3
— d'ammissione 461.9
— d'aria 306.12, 384.5
— d'aria compressa . . 380.5
— d'aspersione 439.13
— di aspirazione della polvere 399.16
— con base conica . . 518.17
— per bobina 175.19
tubo della cannetta . 530.18, 531.3
— di carta 175.19
— di caucciù 466.4
— collettore 399.17
— di condensazione di vapore 294.3
— conduttore d'acqua . 461.3
— conico 518.13
— conico del fuso . . . 355.9
— per l'estrazione della polvere 197.1
— senza flange 518.18
— a getto d'acqua . . 439.13
— in lamiera 97.2, 356.12, 453.13
— in lamiera per la spola 139 6
— di latta 124.3
— leggero 124.8
— di legno 356.10, 552.13, 567.15
— di legno per incannatura cilindrica . . . 554.11
— di legno con scanalature 356.11
— di legno smaltato . 149.14
— per livellare i portacilindri 363.3
— di lubrificazione . . 95.4
— metallico girevole . . 422.11
— Northrop 147.2
— perforato 282.6
— di riscaldamento . . 308.4, 616.12
— del ritorcitoio ad alette 546.5
— a scanalature longitudinali 473.4
— di scarico . . 280.13, 286.5, 289.10, 571.9
— di scarico a ginocchio 294.6
— semplice 518.18
— di troppo pieno . . . 285.10
— a vapore 570.15
— di vetro 608.10
tungstato sodico . . . 464.3
turbina 97.13
tussah chinese 410.8
— della India 401.13
Tweedale, differenziale . 126.11
—, fissaggio della guarnizione 62.6

U

udito, regolazione all' . 78.3
ugelli a getto d'acqua . 477.14
ugello 478.1
— a vapore 280.12
uguagliare il nastro . . 100.14
uguale, stiramento — al numero dei nastri alimentati 104.8
—, di tiglio 14.14
ultimato, bobina —a . . 157.3
ultimo strato 157.1
— strato cilindrico . . . 533.11
umidificazione, apparecchio di — dell'aria . 575.7
—, dispositivo d' . . . 488.6
umidità 15.4
— assoluta 293.13
— finale elevata . . . 573.6
— iniziale bassa . . . 573.5
— variabile 615.8
umido, carbonizzazione in via —a 456.2
—, lavorare la greggia allo stato 428.5
uncini di torsione . . . 503.4
uncino per asportare le barbe dal cilindro . 108.1
— del dispositivo di arresto 524.1
— guida-filo 548.7
— di pesi di pressione . 105.15
— di pressione a molla . 105.17
— di torcitura . 499.12, 500.9
— del tornello 577.2
— di torsione 504.9
uniforme, greggia . . . 425.4
—, velocità 123.8
uniformemente, aspergere 239.11
uniformità del filo . . . 605.16
— degli orli dell'anello . 150.3
— della tela 81.7
unire in nastri (manipoli) 218.1
unità di calore 293.7
— di lunghezza 598.12
unità di lunghezza, x punte per 1 . . . . 215.12
— di peso 598.13
— di superficie, x maglie per 465.18
unto, filato 605.7
urato ammoniacale . . 276.19
urto del carro . 191.11, 192.9
usato, lisciva —a . . . 276.5
—, stracci —i 396.7
uscente, tela 45.9
uscire (carro) 163.17
— dal pettine (manipolo) 216.10
uscita 103.7
— dell'acqua di condensazione 571.8
— dell'aria 296.6
— del carro . . . 159.10, 164.1, 347.11
— del perno 128.17
— della soluzione . . . 298.8
— della stoppa sotto forma di nastro . . 221.15
— degli strati fibrosi . 326.6
— del ventilatore . . . 312.15
—, parte d' 202.11
utensile a bruciare . . 110.7
— a tagliare 118.9
— per tornire 337.3
—, quadro per 362.4
utilizzazione dell'acqua di lavaggio 299.1
— del cascame di juta 258.10
— dei cascami di seta . 435.7

V

vacuo 66.9
va e vieni, meccanismo di movimento di . . 72.4
valico a ritorcere . . . 431.16
— a torcere 429.17
valore commerciale . . 606.7
— del titolo 602.11
valvola 366.1
— di aspirazione . . . 470.1
— a cassetto 291.8
— a cerniera 306.10
— a cerniera equilibrata 39.1
— a farfalla 297.3
— girevole 365.11
— di scarico . . 286.3, 470.2
— di sicurezza 385.16
— della tubazione . . . 39.11
— per l'uscita dell'aria . 306.11
vano 116.11
— della griglia 36.6
— nell'ingranaggio . . . 537.2
vapore d'acido 305.8
— d'acido cloridrico . . 305.9
— acqueo 293.11
— della caldaia 572.7
vapori ammoniacali . . 466.1
— di benzina 438.9
— di etere 462.11
— di petrolio 438.7
vaporizzare le bobine . 571.3
vaporizzazione delle bobine 571.2
— in camere aperte . . 570.9
— dei filati 569.10
— delle matasse di seta 432.13
— mediante una corrente d'aria inumidita . . 573.1
— sotto pressione . . . 571.1
— col vuoto 571.18
variabile, movimento . . 151.6
variazione nella tensione del filo 155.10
vasca circolare 231.2
— di sgommatura . . . 433.1
— semi-cilindrica di piombo 466.9
vaselina 428.10
vaso 52.1, 451.14
— con anello protettore e guarnizione di gomma 76.14
— di carta pesta (con fondo di legno) . . 76.8.9
— di cartone pressato . 76.10
— a contrappeso . . . 352.2
— con doppio fondo a molla 76.13
— di fibra (vulcanizzata) 52.4, 76.11
— fisso 385.1
— girevole . 51.16, 76.2, 385.2
— di lamiera (nera) . 76.7.17
vaso di lamiera ondulata 52.3, 76.15
— di lamiera scanalata . 76.15
— di latta 52.2, 76.16
— pieno 60.11
— raccoglitore 76.4
— raffreddato per la soluzione a filare . . . 464.11
— dello stiratoio . . . 223.11
— vuoto 60.11
vassoio in lamiera . . . 365.10
Vaucanson, catena . . . 395.6
vecchia guarnizione . . 336.13
— rete da pesca 507.14
vello 264.13
— arrotolato 264.15
— non danneggiato . . 264.19
— difettoso 264.20
— intatto 264.19
— legato 264.16
— leggero 264.17
— malsano 365.3
— con peli grossi e rigidi 264.22
— pesante 264.18
— pressato idraulicamente 264.14
— della prima annata 364.18, 365.1
— sano 365.2
— stracciato 265.14
— umido 264.21
velluto 108.10
velo 51.14
— senza bottoni 49.4
— di carda . 7.18, 50.1, 481.6
— di cascami di pettinatura 82.8
— distaccato 330.13
— doppio 326.17
— di fibre 480.12
— di fibre fra due strati di carta 480.9
— liscio 329.4
— multiplo 326.18
— ruvido 329.5
— sullo scaricatore 7.19, 50.3
— singolo 326.16
— uniforme 326.15
—, il — presenta dei tagli trasversali 108.2
velocità accelerata . . . 166.14
— di alimentazione . . 249.5
— angolare costante . . 516.7
— di avvolgimento . . 124.20
— del cilindro 42.16
— circonferenziale progressiva 21.2
— differenziale 309.1
— doppia . . . 164.17, 189.4.6
— della falda 42.10
— dei fusi 188.14
— d'incannatura 166.19
— irregolare 517.13
— periferica costante . 516.10
— periferica crescente . 102.15
— periferica maggiore . 323.3
— periferica variabile . 163.9
— di pettinatura . . . 82.16
— ritardata 166.15
— di spostamento . . . 164.2
— di stiratura 102.16
— di svolgimento . . . 41.17
— uniforme 123.8
— variabile 537.6
—, due — dei fusi . . . 189.2
—, grande 147.10
—, piccola 189.3
—, seconda 348.1
—, semplice 189.3
—, terza 348.2
vendita, rocca per la . 520.13
ventilatore . 22.7, 31.13, 33.12, 259.9, 306.7
— aspiratore 37.5.10
— a palette 45.3.4.5
— soffiante 295.6
ventilazione 293.16
ventri 265.23
verde-malachite 467.18
— pallido 410.14
—, bozzolo 415.4
verga di collegamento dei pattini 180.5
— livellatrice 363.6
— di scatto 348.14
— di spostamento con manico 357.4
verifica delle balle . . . 16.15
— del peso 16.16
— del titolo 603.11
— della torsione 9.10

verificare il peso 16.17
verificatore di uniformità 610.3.6.7
verificazione d'umidità . 615.3
vernice 117.22
— per i manicotti di cuoio 120.6
verniciare il cuoio . . . 120.5
verniciatore di cilindri . 120.2
versare l'acqua di lavaggio sopra la lana . . 284.9
verso della torsione . . 541.12
vetreria 467.10
vetro attaccato di acido 128.16
— filato 491.13
— solubile 433.16
— solubile neutro . . . 277.1
vibrare (carro) 345.4
— (disco arrotatore) . . 73.2
vibrazione del carro . . 345.3
— del cilindro 107.10
— del disco arrotatore . 73.1
— del fuso 554.15
vicino, registrazione troppo 70.11
—, spire —e l'una all'altra 517.7
vigile notturno 6.4
vigogne 408.1
vigoureux, filo 584.8
virgola 173.2
viscido, grasso 274.8
viscosio 468.11
viscosità della soluzione 464.10
viscoso, soluzione —a . 464.6
vite 72.11, 530.14
— di arresto 43.10
— d'avanzamento . . . 156.4
— di bloccaggio 55.9
— conica 205 10, 349.3
— a filetto piano . . . 252.5
vite a filetto rettangolare 218.11
— senza fine 72.6, 568.6
— di fissaggio 55.9, 59.5, 567.2
— ad impanatura doppia 256.1
— ad impanatura quadrangolare 252.5
— micrometrica 56.16
— operante 181.12
— a passo contrario . . 373.17
— dei pattini . . 184.8, 190.15
— perpetua 72.6, 188.1, 223.15
— perpetua a passo semplice 566.6
— di registro . . . 54.8, 55.8
— di registro pel cilindro scaricatore 88.10
— di registro del sopporto del tamburo . 56.8
— regolatrice dell'altezza del carro 178.8
— di regolazione del rotore 113.11
— di serraggio 126.5
— del settore 171.2
— di tensione . 340.16, 344.10
— di trasporto 40.4
— a due vermi 256.1
viti inferiori 251.15
vitriolo di ferro 469.12
— verde 469.12
Vittoria, mouliné 584.13
volano 11.5, 292.5
volante (apritoio) 37.4
— (carda) 51.12, 200.2, 321.8, 323.8
— (filatoio) 343.10
— (macchina a vapore) 292.5
— (selfacting) 186.11
— sull'albero dei tamburi 353.6
volante dell'aspatoio . 566.1
— cardatore 47.13
— con coperchio chiuso 323.7
— in forma di nastro continuo 323.6
— a gola di comando . 470.9
— per la piccola (grande) velocità 189.3.4
— piegabile 566.2.3
— di prima (seconda) velocità 353.8
— di rinvio per la corda dei tamburi 192.4
— di rinvio della fune dei fusi 206.3
— di rinvio a tre gole . 192.3
— di torsione 162.13
—, disposizione del . 202.4.5
—, mettere il — profondamente nella guarnizione 322.16
volante, materia fibrosa 25.19
volatile, dissolvente . . 297.10
voltare le manelle . . 576.4
vulcanizzato, caucciù . 65.12
—, olio 458.10
vuotare il bacino . . . 280.15
vuoto 174.13, 572.5
—, bobine —e 141.10
—, vaso 60.11

W

Wainwright, dinamometro 607.10, 608.5
water 138.11
— forte 138.10
Wiede, apparecchio di spazzatura 52.10
Wiede, regolazione dei cilindri 59.8
Wilkinson, meccanismo registratore dei cappelli 56.13

X

xiloline 589.1

Y

Yamamay, seta 410.14
yard 600.13
—s, x — alla libbra . . 604.5

Z

zampe, fiocchi delle . . 265.20
zanella 397.10
zeffiro 397.13
zephyr 397.13
zero, la lancetta retrocede a 614.4
—, la lancetta è sullo . 614.3
zettatura Grant . . . 432.2
zettiera guida-fili . . . 430.2
zetto 430.2
zigzag, disposti a (fusi) 123.4
—, linee a 512.11
zincato 39.6
zinco 469.13
zoccolo 207.11
— regolabile 206.15
zona di lavoro 323.14

Spanisch · Spanish · Испанский · Espagnol · Spagnuolo · Español Espanyol

A

abacá 492.5
abatanado, capaz de ser 606.6
abatanar a lo largo . . 484.20
abedulillo. 149.12
abertura del algodón . 25.6
— entre los barrotes de la rejilla 48.3
— circular 295.9
— cuidadosa 25.14
— del freno 163.3
— intensa de los mechones 25.18
— de la lana 310.7
— lenta preliminar de la materia fibrosa . . 25.10
— preliminar del algodón en copos 25.8
— de salida 36.8
— de los trapos . . . 403 8
— del vellón 265.8
abierto insuficientemente 405.3
— lateralmente 130.8
—, bala —a 18.6
—, carda —a 221.13
—, lana —a 269.13
ablandado, sericina —a 412.2
ablandamiento de la madera por vaporizado 476.6
ablandar una barra de vidrio 491.6
— los capullos 440 15
— el cordaje en el agua 507.8
abrazadera 39.10
abridor 7 6, 311.10
— de balas 18.3
— de borras 195.7
— de desperdicios de algodón 197 8
— de diablo 197 3
— pulverizador 308.13
— trabajador 406.6
—, obrero 22.8, 42.5
abridora . 26.17, 232.12, 371.14
— ateladora 442.15
— de balas 20.6
— de balas con pedales 21.10
— de balas con tableros de alimentation . . 20.7
— de cilindro 30.9
— Crighton 34.11
— Crighton horizontal . 37.3
— doble 32.10
— de estopas 220.14
— con líneas de dientes en espiral para borra de seda 442.5
— moledora. 308.13
— neumática horizontal con abridora porcupina y batán . . . 39.3
— porcupina 26.20
— preliminar 26.19
— preparatoria 26.19
— preparatoria puercoespin 35.2
— de tambor combinada con batán-arrollador 32.11
— con tambor grande . 30.10
— de tambores múltiples 34.10
— vertical 35.1
— vertical para amianto 490.12
— vertical combinada con batán atelador . 37.2
— vertical combinada con abridora preparatoria puerco-espin 35.2
— vertical doble con extractor de polvo . . 39.12
— de yute 235.12
abrimiento de los mechones de lana mojados 287.10
abrir 310.10
— una bala. 18.2
— la bala de yute. . . 235.8
— la borra de seda . . 440.1
— los capullos 418.7
— los copos . . . 26.1, 198.4
— el freno 163.2
— la fricción 163.2
— la lana 310.14
— la lana húmeda. . . 287.11
— la materia fibrosa . 7.4
— los mechones de lana 310.15
— primeramente la materia fibrosa 25.9
— en seco 310.11
— suficientemente la materia fibrosa. . . 21.7
— el vellón 265.7
—se automáticamente (pinzas) 450.1
—se (copos de fibras) . 25.3
—se (cordón) 511.3
absorbedor, cilindro . . 378.11
—, material 355.11
absorber aceite 314.2
— humedad (lino) . . . 217.14
— las substancias grasas (fibra de lana) . . . 314.3
absorción de agua por los hilos 556.6
— irregular del agua . 574.9
—, diferente — de humedad 572.11
acabado (cordaje) . . . 507.13
— (lino) 212.19
— del hilo 456.9
— de los hilos de borra de seda 454.6
— de los hilos hilados en mojado 227.3
— de testas y colas del cañamo 496.2
acabador, bloque . . . 87.5
acanalado (cilindro) . . 115.6
— cruzado 332.1
— dentado 241.3
— en espiral 240.10
— fino 143.4
— irregular 191.5
— longitudinal 241.2
— redondeado. 240.8
—, cilindro de presión . 115.8
acanalados 116.10
— alternados 241.1
— opuestos 240.11
acaparador, agente — de lino 210.9
acceso de aire 294.11
accesorios. 360.9
acción de los ácidos . 302.14.15
— de los agentes de engrase 237.6
— de los bordes de los barrotes 367.12
— de cardado 318.10
— continua 83.12
— de la humedad . . . 500.18
— intermitente 83.3
— mecánica. 272.6
— química 272.5
— recíproca 292.12
accionado por disco de fricción 530.1
accionamiento por conos 43.5
— por cordón. 144.5
— inferior 291.5
— intermedio 158.8
— positivo 171.9
accionamiento por tornillo de filetes cruzados 373.17
— por volante de tres gargantas 192.2
accionar por la corriente eléctrica 113.14
— por cuerda doble . . 191.16
— por rozamiento . . . 251.9
aceitado de los trapos . 403.13
aceitador 3.11
aceitar el soporte del huso sin levantarlo. 148.1
aceite de adormidera . 314.15
— adulterado 315.23
— de algodón 314.18
— animal. 314.24
— bajo 316.1
— de ballena . . 238.2, 315.2
— de calidad inferior . 316.1
— de camelina 458.16
— de cañamón 458.14
— de coco 315.7
— de colza 314.12
— de colza desacidificada 148.9
— de colza refinado . . 314.13
— que contiene glicerina 315.21
— de enebro 462.17
— para engrasar la lana 314.9
— para el engrase de las estopas 220.22
— de engrase incoloro . 238.7
— de engrase limpio. . 238.8
— espeso 359.14
— (no) falsificado . . 315.22.23
— de foca refinado . . 238.3
— que gotea 317.15
— graso 314.10
— para husos espeso. . 148.6
— para husos muy flúido 148.7
— para husos pesado . 148.6
— para husos viscoso . 148.6
— de linaza . . 458.21, 484.8
— para máquinas . . . 361.12
— mezclado 315.24
— mineral 315.3
— negro de colza . . . 314.14
— de nueces 458.15
— de oliva 314.19
— de oliva desnaturalizado 314.20
— de palma 315.7
— pesado. 359.14
— de pescado . 238.2, 315.2
— de pie de buey . . . 441.3
— de pino 314.22
— de pino rojo 458.13
— puro 315.22
— resinificado 238.11
— resinoso 315.20
— de ricino. . . 314.16, 458.17
— rico en materias grasas 148.10
— para rojo turco . . . 238.9
— de romero 314.21
— saponificable 315.18
— secante al aire . . . 458.11
— de semilla de adormidera 458.13
— de semilla de algodón 458.12
— de trementina 314.23, 462.16
— de tornasol. 314.17
— vegetal 148.8, 238.4, 314.11
— vulcanizado 458.10
—, impregnado de . . . 194.20
—, libre de 575.2
aceitera 361.13
— para las púas de continua de anillos . . 391.6
aceites (borras) 298.13
aceitoso, hilo 605.7
—, líquido 315.17
acelerado, velocidad —a 166.14
aceptación 15.18
acero. 21.4
— cementado 120.17
— endurecido 331.4
— para resortes 106.6
— templado. 70.6
— templado y recocido 66.4
acetato de potasio. . . 457.17
— de sodio 459.2
ácido. 302.3
— acético diluído . . . 438.11
— anhidro 303.4
— carbónico 459.14
— clorhídrico 305.5
— clorhídrico diluído. . 438.13
— clorhídrico gaseoso . 440.11
— de la crisálida . . . 419.12
— crómico 401.13
— etilsulfúrico 462.13
— fénico 460.2
— fosfórico 433.15
— gaseoso 305.10
— mineral 302.17
— muriático 305.5
— muriático gaseoso . 440.11
— nítrico 303.5
— oléico en bruto . . . 315.5
— ricinólico. 238.5
— sebácico 300.13
— sulfo-óxido 457.20
— sulfo-sebáceo 458.1
— sulfovínico 462.13
— sulfúrico 302.19
— sulfúrico concentrado por evaporación . . 303.3
— sulfúrico diluído . . 303.1, 438.12
— sulfúrico de fabricación sin concentrar . . . 303.2
— sulfuroso . . 300.7, 434.21
acidulado, baño 303.10
acidular el hilo 467.3
aclarado, cáñamo . . . 496.1
aclarar el cáñamo . . . 495.18
Acmé, huso. 147.1
acolchar para calabrote 501.2
— una cuerda 500.4
acondicionamiento . . 615.9
— (instituto) 616.4
acondicionar el hilo . . 615.4
acoplado, cardas —as . 198.13
acoplamiento dentado . 345.17
— de fricción 157.14
acortamiento de la cadena 351.1
— de la cuerda 494.4
— de las fibras de yute 242.11
— del hilo por la torsión 164.7
— del hilo durante la torsión suplementaria 348.9
acortar el curso del guíahilo 535.10
— las fibras de yute. . 242.10
—se (cordón) 499.17
—se durante el retorcido (hilos). 541.17
—se por la torsión (hilo) 164.8
Actias selene, capullo de 414.9
acumulación de las impurezas 285.5
acuoso, solución —a . . 305.7
adaptarse, hacer (husos) 359.22
adelantado, bobina —a. 124.11
adelantar (bobina). . . 124.12
adelgazado, borde . . . 119.6
adherencia de la tela . 50.13
adherirse (fibras) . . . 8.20
— al cepillo. 420.13
— uniformemente . . . 390.2
adhesión de las fibras . 6.23
— del tejido celular . . 237.9

adición de aceite 458.9
— de los botones 590.14
— emoliente 483.16
— de éter sulfúrico 71.13
— de glicerina 315.8
— impermeabilizante 484.2
— de los ingredientes de lavado 274.18
adicionar un ácido a la leche desnatada 471.17
adúcar 435.16
aduja de cable 596.18
adulterado, aceite 315.23
afieltrado, lana —a 265.22
afilado del alambre 67.11
afinado de los extremos 213.8
afinador 213.7
afinar 340.3
aflojado de los manojos 215.1
— del velo 327.4
aflojador, mecanismo — del hilo 168.13
aflojamiento del plegado de la husada 571.17
aflojar el freno 47 6
— la grúa 354.6
— la madeja 424.17
— las madejas al hacer mudada 432.9
—se (velo) 327.5
agarre de la testa de la mecha saliente 378.1
ágata 430.4
agente acaparador de lino 210.9
— alcalino de desengomado 433.5
— comprador de lino 210 9
— de desengomado 433.4
— de engrase 237.6
— de lavado 274 17
— precipitante alcalino 464.13
agitación en el agua 286.10
agitador 277.4, 299.10
—, depósito 476.10
aglomeración de las fibras 103 6
aglomerarse en copos (algodón) 15.11
aglutinación de las hebras de seda 412.4
aglutinante de las fibras de seda 438 5
agramiza 220 17
— adherente 220.18
— suelta 220 19
agregar aceite mineral al aceite de engrase 238.15
— aceite a la nitrocelulosa 458 8
— ácido 304.12
— ácido a la solución de colodión 458.7
— un aldehido al disolvente 458.2
— celulosa a la solución de caseína 472.1
— un ingrediente de lavado 274.19
— jabón 277.11
— laca de copal al colodión 458.20
— un ácido a la leche desnatada 471.17
— sales al agua de lavado 463.17
agua acidulada con ácido sulfúrico 304.13
— alcalina 419.6
— amoniacal 458.24
— atomizada 574.6
— libre de cal 419.4
— sin cal 419.4
— lijeramente calcárea 419.5
— caliente 225.12
— de condensación 270.8, 316.19, 419.3
— corriente 573.14
— de churre 272.15
— delgada 270.3
— no depurada 270.22
— destilada 419.2
— para devanar 419.1
— de devanar conteniendo grasa de la crisálida 419.10
— de devanar conteniendo sales metálicas 419.8
— de devanar saturada de jugos de crisálida 419.9
— de enjuagar 284.15
agua estancada 573.15
— de estanque 270.7
— evaporada 293 12
— a flor de tierra 270.4
— fuerte 303.5
— gorda 270.2
— sin hierro 438.19
— hirviente 418.8
— de jabón 441.5
— jabonosa 109 8
— lijeramente jabonosa 573.17
— de lavado 269.18
— de lavado que contiene potasa 270.19
— de lluvia 270.5, 316.20
— de manantial 270.10
— de mar 15.8
— en estado natural 270.22
— pura 270.23
— químicamente combinada 468.1
— de río 270.6
— subterránea 270.9
— sucia 439.7
— sucia exprimida 279.8
— de vaporización 570.8
—s de churre 299.2
—s de lavado 284.10
—s residuales del lavado de lana 299 2
—s, la cinta presenta 101.21, 108 2
aguardiente de patatas 297.18
aguarrás 117.19
agudeza del esmeril 71.7
agudo, punta demasiado —a 174 5
aguja 72.12, 87.12, 172.5, 348.5, 360.18
— de la barrita 252 3
— batidora 260.6
— cónica de acero 241.7
— indicadora 100.4
— indicadora del contador de torsión 207.6
— índice arrastrada 513.15, 608 2
— oxidada 86.19
— plana 86.17
— pulida 86.18
— del rastrillo 229.8
— redonda 86.16
— romboidal 248.10
—s del peine grande circular 449 6
—s sacudidoras 38.10
agujereado (capullo) 436.7
agujerear oblicuamente las cuerdas yuxtapuestas 512.5
— al sesgo 512.5
agujero de hombre 298.5
— cónico 478.13
— cuadrado 121.3
—-guía 452.7
— lateral de la púa 553.11
—s para el arrastre de la bobina 554.12
—s al tresbolillo 105.1
aguller 163.16
— corto 345.7
— largo 345.6
aguzado de las púas 340.5
aguzadura de la guarnición 69.12
aguzar la guarnición 69.13
ahogado de la crisálida 417.7
— por vapor de agua 418.1
ahogar la crisálida 417.8
— por medio de calor seco 417.14
— por vapor de agua 418.3
aire caliente 417.16
— cargado de humedad 296.5
— comprimido 466.11
— corriente humidificado y templado 574.18
— húmedo corriente 574.17
— húmedo estancado 574.16
— húmedo libre de aceite 575.2
— libre, en el 292.10
— saturado de humedad 572.12
— saturado de vapor de agua 293.14
— secador 296.12
— seco y caliente 292.16
aislamiento 112.8
aislar de la corriente eléctrica 112.9
ajustable en altura 537.14
— verticalmente 567.1
ajustable, brazo 127.8
—, paso de la hendidura 429.11
ajustado de las barras de arañeros 535.12
— de la inclinación del huso 178.4
— de los platos de fricción 185.7
ajustador de cardas 4.8, 60.17
ajustar el cilindro esmerilador 70.10
— los cilindros con una galga de cruz 105.7
— los cilindros con galgas de corredera 105.9
— los chapones 77.8
— la distancia de los soportes de la fileta 127.9
— a mano 191.13
— el mecanismo del plegado 175.14
— las mordazas 85.2
— al oído 322.17
— el paso de la hendidura 429.10
— el peine 377.12
— el porta-aros 151.10
—, disposición de Rieter para sostener y — los cilindros 58.14
—se automáticamente a su centro de gravedad (husos) 191.6
ajuste automático de la púa a su eje de gravidad 553.6
— de la carda 60.15
— de los cilindros 58.12
— de los cilindros (Wiede) 59.8
— del cilindro alimentador 78.2
— de los cilindros de carda 324.1
— del cilindro esmerilador 339.7
— de los cojinetes del gran tambor 79.6
— concéntrico del guíahilo y de la púa 554.14
— de los chapones 53.14
— de los chapones por cintra flexible 53.15
— de los chapones por segmentos 55.4, 56.3.13
— demasiado apretado del cilindro esmerilador 70.11
— por excéntricos 79.7
— por medio de galgas 78.4
— lateral de los cilindros 59.7
— al oído 78.3
— del plegador 167.1
—, mal — de la regla 174.3
alambre de acero 65.16, 493.11
— de acero templado y recocido 66.4
— de carda 65.14, 67.2, 335.8
— del carrete 112.12
— conductor eléctrico 113.4
— convexo 65.18
— de disparo 536.1
— elíptico 65.18
— estañado 493.9
— fino 595.10
— galvanizado 493.8
— de la grúa 160.7
— grueso 595.11
— de guarnición 65.14, 67.2
— para guarnición de cardas 67.1
— de hierro 493.7
— de hierro redondo 65.17
— de latón 512.9
— perfilado 493.14
— plano 65.19, 493.13
— del plegador 160.5
— recocido 596.1
— no recocido 595.21
— rectangular 65.19
— recubierto de cobre 493.10
— redondo 493.12
— redondo aplanado 66.3
— revelador 525.5
— de sección especial 493.14
— de suspensión del paño 395.4
— triangular 66.1
— triangular con una cara convexa 66.2, 336.9
—s soldados 477.10
alargado, resorte 106.5
alargamiento de la cuerda 513.5
alargamiento del hilo 608.16
— de rotura 513.6
alargarse (cuerda) 191.17
albúmina de clara 471.12
albuminoso, materia —a 471.10
álcali libre sin descomponer 277.14
alcalino, agente 433.5
—, residuo 310.3
alcance de medida de la balanza 612.14
alcohol 297.14
— amílico 238.20, 297.15
— que contiene agua 459.3
— desnaturalizado 458.6
— metílico 459.1
alcuza 361.13
— para las púas de continua de anillos 391.6
aldehido 458.2
— acético 458.3
— fórmico 297.17
aldúcar 435.16
aleación resistente a los ácidos 304.22
aleta 10.20, 255.6, 257.12, 430.1, 505.10, 538.6.12
— de alambre 431.18
— con anillo templado en la testa 501.16
— y bobina 122.15
— de dos brazos 123.12
— centrífuga 258.3
— del cilindro de inmersión 278.9
— con compresor 123.13, 452.4
— de cuero 368.3
— giratoria 283.10
— con hendidura curvada 123.14
— horizontal 501.13
— con ojetes enrollados 501.17
— con ojetes soldados 501.18
— con presión centrífuga 123.13
— de retorcer 546.4
— separada de la púa 548.1
— con la testa perforada 548.12
alfombra 407.9
alga marina 316.14
algodón 492.13
— en bruto 13.4
— comprimido 20.2
— en crudo 13.4
— egipcio 194.15
— de hebra corta 14.12
— de hebra larga 14.13
— húmedo 15.3
— de jumel 194.15
—-lana-algodón 65.2
—-lana-caucho 65.3
— manchado 13.10
—-pólvora 462.10
—-pólvora soluble 457.13
— en rama 13.4
— sucio 15.15
— teñido 194.4
algodonera 5.16
algodonero 5.15
algodonización de la hilaza 261.10
algodonoso, tacto 427.12
alimentación automática de los capullos 423.8
— de botones 590.20
— de la carda 319.9.10
— de la carda abridora 198.17
— por cilindros 42.14
— de los cilindros durante la torsión suplementaria (durante el plegado) 170.3.4
— de la cinta 382.3
— de dos cintas 387.5
— cruzada Blamire 327.10
— sin cruzar 326.8
— diagonal 326.10.11
— directa 326.2
— excesiva 28.3
— de las fibras longitudinalmente 329.1
— fuerte 102.3
— gruesa 102.3
— intermitente 84.6, 377.6
— irregular 27.3
— ligera 102.2
— longitudinal de mechas 326.3
— a mano 27.17
— manual 27.17
— mecánica 28.4
— de la mecha 345.3

alimentación por mechas 326.7
— de mecha cruzada . 326.9
— paralela a las fibras 199.8
— por medio de pedales 43.1
— pequeña 102.2
— de placa fija para lana larga 312.3
— regular 27.2
— reversible 40.6
— y salida diametralmente opuestas . . 249.13
— y salida por el mismo lado 250.1
— semicruzada 326.10
— en sentido de la longitud de las fibras. 198.15
— suplementaria durante el arrollado 181.15
— con telas formadas con el aparato Blamire 325.2
— en forma de tela . . 324.12
— transversal 198.16
— uniforme 319.16
—, tela de 41.11
alimentado, tela —a por minuto 41.18
alimentador de algodón 28.2
— de lana 319.12
—, aparato 319.17
alimentadora de lana . 319.13
alimentar con x cintas 104.5
— x cintas en cada juego de gills 223.7
— cada chorro con x cintas 81.10
— las fibras longitudinalmente 328.16
— las fibras de punta 328.16
— a mano . . . 28.1, 319.11
— las series de barritas en una capa (en dos capas). 252.11.12
— por superposición de puntas y raíces . . 218.2
— con dos telas 91.8
— de través 325.19
alisado de las mechas salientes 380.7
— del peinado 385.3
— de la platina 175.1
alisador 385.18
alisadora (máquina) . . 385.5
— (obrera) 395.19
alisar 385.4
— la platina 175.2
aliso, madera de . . . 77.5
almacén de balas . . . 17.8
— de empaquetar . . . 576.8
— de lana 264.5
— de lino 210.14
— de lino peinado. . . 217.11
— temporal de lino . . 210.15
almacenaje del algodón 16.14
— de las balas 17.10
— del hilo en sótanos húmedos 574.11
— del lino 210.13
almacenar el algodón . 17.9
— el algodón en estado abierto 24.15
— el lino 210.12
almacenero 6.2
almidón 428.14
almohadilla de cuero . 442.1
alpaca 363.12
alquitrán 484.7, 507.19
— de hulla 508.2
— mineral 508.2
— rico en resina . . . 508.1
— vegetal 507.20
alquitranado de la cuerda 508.20
— en frío 508.24
— por hilos 508.17
— del hilo de cáñamo . 508.13
—, cordaje 508.16
alquitranar en caliente 508.23
— el hilo de cáñamo . 508.14
alteración del color por vaporizado 569.11
alterarse con la carbonización (colores) . 403.4
alternativo, hileras —as 69.5
alternativamente, movido 537.3
alto, número — del hilo 194.1
altura de la base de la husada 167.8
— de la capa 155.7
— de la guarnición . . 60.13
— de la jaula 22.13
alumbre 238.18
alúmina 484.9
aluminato de potasa. . 469.9
— de sodio 469.10
aluminio 270.14
alzada del porta-aros . 151.7
amarra 596.16
amarre de la cadena. . 170.13
amasar la pasta para hilar 460.15
— con tierra de batán (borras) 298.15
ambulante 3.19
amianto 489.6, 493.6
— en bruto 489.7
— de fibra corta . . . 490.1
— de fibra larga . . . 489.13
— crudo 489.7
— hilado 491.11
amoniacal, compuesto . 276.17
amontonar el algodón en las jaulas 22.9
Amsler-Laffon, romana 614.7
ancho, distancia demasiado —a 105.10
ángulo de balonamiento 226.13
— del codo 336.3
— formado entre el hilo y el huso 191.7
— de inclinación . . . 54.4
— de plegado 226.12
— recto, en — del movimiento de la tela. . 326.1
— de torsión 9.1
— de trabajo del sector 170.9
anhidrido sulfuroso gaseoso 460.9
anhidro 309.11
anilina 457.8
anillito 552.3
anillo . . . 44.5, 97.8, 150.6
— de ajuste 95.14
— circular cubierto de cuero rugoso. . . . 381.9
— corredor de latón. . 226.10
— dentado 369.3
— de fricción 488.9
— de garganta 548.6
—-guía 233.11
— metálico 547.14
— de paro ajustable. . 346.9
— de rodamiento . . . 355.6
— templado. 501.16
—s de acero 527.18
—s, montar la guarnición en 63.6
ánima 509.6, 559.3
— de alambre. 595.1
— aplastada 594.19
— del cable. 594.18
— de cable recta . . . 594.20
— de cáñamo 594.21
— del cordón 594.8
— cubierta 595.4
animal, aceite. 314.24
añinos 264.11
ante-tensor 536.7
antibalónico, aparato — abierto 152.18
—, aparato — cerrado . 153.1
—, hilo metálico . . . 153.3
—, placa —a abierta. . 152.19
—, placa —a cerrada. . 153.2
antioxidante 64.2
anudado del centener a los cabos de la madeja 564.4
— de la hebra de capullo 421.8
— del hilo 158.14
—, cabo 158.16
—, manojo de cáñamo. 231.5
anudador . . . 176.2, 421.12
— de cabos 423.7.13
— de cuerdas 3.12
— y mudador. 3.4
—, primer 3.1
anudadora y mudadora 3.5
anudar los cabos de las hebras 421.11
— los extremos de los cordones. 504.15
— el hilo 352.15
— un hilo roto 158.15
— la mecha rota . . . 133.12
añadir aceite mineral al aceite de engrase. . 238.15
— ácido 304.12
— un aldehido 458.2
— los botones. 590.15
— un ingrediente de lavado 274.19
añadir jabón 277.11
— de nuevo ácido . . 304.15
aparato v. t. dispositivo, juego, máquina, mecanismo
— de acondicionar. . . 616.5
— de alimentación. . . 42.6
— alimentador 319.17
— alimentador de carda Lemaire 320.8
— alimentador de cintas 326.13
— antibalónico abierto. 152.18
— antibalónico cerrado. 153.1
— arrollador 197.17
— automático formador de telas 327.17
— automático para montar las guarniciones 337.11
— de calefacción . . . 227.9
— carbonizador 303.17
— de cierre automático de la tapa. 487.14
— compensador a cuñas 74.4
— de corta-uniones . . 354.3
— cruzador Bergier . . 422.13
— cruzador Martin . . 422.10
— de desborrado neumático 341.2
— desborrador de chapones . . . 52.10.11.13.14
— desborrador para chapones fijos . . . 52.9
— para desborrar los chapones 75.11
— para desenchufar cilindros acanalados . 121.4
— desengrasador . . . 298.1
— desenredador 373.2
— de devanado automático 423.3
— de devanar la seda . 422.15
— para enfilar los tubos 175.20, 361.2
— engrasador 317.13
— para engrasar el yute 239.1
— de engrase Braunschweig 242.5
— de engrase de Friar 241.6
— de engrase de Malcolm 242.1
— de engrase de Paterson 241.5
— para el esmerilado de los chapones . 73.8, 74.9
— esmerilador de los chapones 73.5
— para esmerilar y tornear 405.8
— de estiraje con un par de cilindros 205.1
— formador de telas por plegado del velo . . 328.7
— frotador . . . 203.16, 479.2
— para hervir los capullos 418.12
— hilador de Thiele . . 466.18
— para hilar de Chardonnet 461.1
— humidificador del aire 575.7
— humidificador para bobinas (para husadas, para madejas) 575.11.12.13
— para impedir la desaparición de la mezcla 313.7
— limpiador de los cilindros 108.7
— limpiador para el tambor principal . . 322.13
— para la limpieza de tubos capilares. . . . 466.12
— montador de cintas de carda 63.9
— para montar a mano la cinta de carda. . 337.8
— para montar las guarniciones con contrapeso 337.10
— de medición 149.8
— plegador 51.16, 76.2
— rociador 441.7
— para secar y engrasar las lanas largas . . 366.10
— para suavizar el yute 239.1
— de transporte neumático del algodón . . 37.7
aparejo. 304.3
— estable. 596.20
— de torcer. 498.17
— de torcer para trabajo fino. 498.18
apartado 399.9
apelotonado, puncha —a 374.21
—, borra de seda —a . 442.11
apertura de agujeros en las cuerdas 512.4
— de las balas 18.1
— de la borra 442.9
— de las mordazas . . 91.6
apilado, lana —a . . . 311.7
apilamiento por capas . 197.6
apilar el algodón en las jaulas. 22.9
— las balas 17.11
— en capas superpuestas 197.5
— los capullos 436.22
aplanado, hebra —a . . 427.17
aplastado, ánima —a. . 594.19
aplicar una capa de solución de caucho sobre el tambor 63.12
— la cola. 117.7
— el freno 347.9
— la pasta 117.7
— el rectificador . . . 316.21
apolillado (capullo) . 415.19, 436.8
apoyado en soportes móviles guiados por correderas 20.13
apoyo del huso 177.13
aprestado, hilo 581.14
—, trapos —s 396.18
apretado, ajuste demasiado 70.11
apretar el freno . . . 347.9
aprovechamiento de las borras de seda . . 435.7
— de los desperdicios de yute 258.10
aproximación 390.2
apuntado con punzón antes de clavar . . 337.15
arandela 355.13
— de cuero 140.12
— de fieltro 140.11
araña 10.20, 122.5, 123.12, 567.13
arañero. . . 129.6, 331.3, 422.2, 423.9, 431.20, 522.8, 536.12
— de alambre. 137.13
— con cursa variable . 144.1
— doble 129.10
— de madera 394.14
— con movimiento de vaivén . . . 473.7, 474.8
árbol de acero 21.4
— de araña giratoria del disparo 567.12
— batidor 220.16
— del batidor. 259.15
— bobinador 536.11
— de cambio 178.12
— del carro. 92.2
— del centinela 115.3
— del cepillo 88.5
— del cesto. 289.2
— del cilindro inferior del tablero 246.2
— del cilindro peinador 87.9, 91.10
— de conducidas . . . 394.5
— de las conduitas . . 163.6, 177.7
— del cono 528.5
— de cuchillas . 482.10, 483.1
— de desapuntado y de la entrada 349.6
— de detrás 184.13
— de la devanadera . . 566.10, 567.7
— del diferencial . . . 136.10
— excéntrico 106.9
— del excéntrico . . . 536.14
— de los excéntricos. . 160.9, 246.5
— de los excéntricos con mecanismo de cambio 353.13
— del extractor 281.3
— con fileteado rectangular 218.11
— de las grúas 162.6
— del guía-hilo 532.7
— de hojalata. 566.11
— hueco 509.10, 538.5
— hueco del tambor . . 402.13
— de las linternas 162.14, 173.3, 206.4
— de mando 115.4
— de mando de los carretes 255.11
— de mando del contador de torsión . . . 348.4

árbol del mecanismo de la torsión . . . 190.1
— motor . 60.3, 126.2, 136.9, 161.7, 532.4, 534.3
— motor alargado de la testera principal a la testera menor . . 189.1
— motor paralelo al carro 188.4
— motor paralelo a la testera 188.5
— motor del tablero . . 24.1
— oscilante 382.2
— del peine desborrador 60 6
— de la pinza . . . 89.3
— de los plegadores . . 162.8
— de la porta-bobina . 505.12
— posterior 89.2, 173.12, 255.4
— principal 99.5, 161.7
— de salida. 173.12
— de salida con juego diferencial 347.12
— del segmento de cepillos 99.4
— sólido del volante. . 189.7
— del tambor de la cadena del sector . . 181.9
— transversal con dos filetes cruzados. . . 339.5
— de tiempos 160.9
— de dos tiempos . . . 161.4
— de tubo de hierro. . 566 12
— tubular del disco . . 511.12
— de la turbina. . . . 97.10
— vertical 333.14
— del volante. 292.4
— del volante desprendedor 404.9
—es de los plegadores y de las grúas montados sobre rodillos de antifricción 169.8
arco de contacto del hilo sobre el cilindro de delante 142.13
— dentado del sector . 170.11, 350.13
— elástico 339.3
archina. 600.20
arena 26.12, 268.7
areómetro de Beaumé . 303.13
— de campana 365.16
arista cortante 67.14
armado, cable. 597.4
armadura 113.2
armazón del carro. . . 351.5
— de chapa. 340.15
— de la jaula 22 11
— de madera 344.1
— de máquina 117.24
— triangular 282.13
aro 56.15, 149.15
— de ajuste 205.13
— con corredor de aguja 392.1
— dentado 383.14
— entallado de las pinzas 449.3
— estampado 150.2
— forjado 149 17
— forjado y templado . 149.18
— giratorio 392.4
— de hierro. 16.11
— de latón 226.11
— reversible . . 150.4, 391.14
— sencillo 391.13
— con soporte de acero 391.12
arpillera clara. 16.13
arpón 172.8
arrancado, mecha de lana —a 378.8
arrancar 378.6
— la cola del mechón a través del peine rectilíneo. 92.13
— las fibras peinadas . 82.6
— la guarnición vieja . 336.13
— la mecha de lana. . 382.6
— las puntas del manojo 216.9
arranque de las fibras peinadas. 82.5
—, durante una revolución del peine circular se produce un . 82.20
arrojar la lana 322.9
arrollado 124.16, 156.5
— hacia abajo 351.13
— por la aleta 125.1
— hacia arriba 351.14
— por la bobina . . . 124.21
— de la cadena del sector 173.8
— cruzado . . . 204.10, 474.7
— flojo 169.3
— del hilo 137.17
arrollado del hilo sobre el huso 166.17
— inicial del hilo . . . 133.21
— irregular del carrete. 97.6
— de la reserva para formar la base 146.3
—, empezar el 133.20
—, vellón 264.15
arrollador para la hoja de papel forrada . . . 481.8
arrollamiento de la cinta 76.19
— en forma de husada. 154.16
— del hilo 350.4
— hipocíclico de la cinta 76.20
arrollar. 156.6, 562.6
— las cintas de la carda abridora sobre el rodillo plegador . . . 249.2
— en curvas rápidas. . 351.15
— en espiral la cinta de esmeril 71.21
— el hilo 137.16
— el hilo en el sentido de las agujas de un reloj 154.2
— el manojo de yute alrededor de la clavija 243.1
— la mecha sobre la bobina 124.17
— los mechones en palos redondos de madera 444.11
— la tela . . . 45.7, 451.10
— el velo en forma de napa 198.7
arte de hilar 1.2
artesa 543.8
— de agua 242.6, 542.10, 543.4, 558.1
— de alimentación. . . 284.6
— cerrada de agua caliente 225.14
— de empapar 280.2
— de engrase móvil . . 317.14
— de enjuagar 280.4
— humectadora 485.3
— de humedecer . . . 481.4
— interior 285.4
— de lavado . . 280.3, 366.2
— para el líquido 482.4, 486 10
— perforada 283.14
— pesadora 320.5
— prensadora 283.15
— revestida de madera 231.2
articulación esférica . 334.5
artículos de cordelería cosidos 597.11
— de cordelería torcidos 592.2
— de cordelería trenzados 597.5
artificial, caucho . . . 65.10
—, cuero 64.20
—, secado 292.14
artificialmente, engrasado 274.12
asa 553.12
asbesto 489.6
ascendente, cursa . . . 531.10
—, espiral 351 11
ascenso del tambor . . 56.10
ascensor 575.5
asegurar el paralelismo de las superficies de trabajo 60.16
— la posición del mechón por presión 447.3
asfixiado, capullo . . . 413.10
asfixiar la crisálida . . 417.8
Ashworth, ajuste de los chapones 56.3
—, aparato compensador 74.4
asidero 500.14
asiento del huso . . . 177.13
asimétrico, excentrico . 551.11
aspa 12.16, 423.2, 473.9, 611.4
— austríaca 563.11
— de cartón arrollador para examinar la regularidad del hilo . 610.3
— contadora 611.14
— de cordelero 498.3
— corta de estambre . 563.5
— con cuadrante y regla porta-husadas . . . 611.17
— con dispositivo para aflojar las madejas. 432.10
— dobladora 565.15
— doble 565.2
— doble con disparo. . 565.3
— escocesa 563.15
— para examinar la regularidad (sobre dos cabos de hilo) . . 610.2.7
aspa francesa. 563.13
— Grant 432.2
— para hilos gruesos . 568.3
— de hilo, media . . . 564.9
— de hilo, un. 564.8
— independiente. . . . 431.15
— inglesa 563.16
— irlandesa 563.13
— larga de estambre. . 563.9
— para lino con guía-hilos móvil 612.6
— de x madejas . . . 564.12
— a mano 565.4
— mecánica 565.6
— mecánica para hilo de lino 568.2
— para mecha 567.14
— mediana de estambre 563.8
— métrica 563.10
— de precisión con dispositivo automático para guía-hilos y husadas 612.4
— de precisión con guía-hilos automático y fileta vertical 612.3
— de prueba . . 602.14, 610.16
— de prueba y de purga para hilos de seda . 568.4
— con regla porta-husadas y guía-hilos móvil (fijo) 612.1.2
— reunidora 565.15
— sencilla 564.14
— silesiana 563.12
— de tambor arrollador para examinar la regularidad 610.6
— de una testa 564.10
— de varias testas . . 564.11
aspeado 12.14
— de los hilos 562.3
— de prueba 610.10
—, hilo 610 12
—, mal 425.5
aspeador 4.18, 562.10
— de algodón 562.12
— de madejas. 5.1
— a mano 4.20
aspeadora. 4.19, 562.11
— de madejas. 5.2
— a mano 4.21
aspear . 12.15, 562.4, 610.11
— el filamento de vidrio 491.12
— longitudes cortas . . 563.4
— el troquillón de prueba 602.16
áspero al tacto 14.1
—, guarnición de carda —a 339.17
asperón 304.10
aspiración 37.8
— de aire seco 295.7
—, extraer por 75.15
aspirado a través de tubos (algodón) . . . 39.4
aspirador 24.8, 197.13, 296.13
aspirar aire 31.16
— aire seco 295.8
— del filtro-prensa los vapores amoniacales 466.1
— el hilo por la hilera. 463.9
— el polvo del esmerilado 72.1
asta de torcer 498.16
atacado con ácido . . . 128.16
—, color no. 403.3
—, fibra —a. 276.13
atacar la fibra de lana 276.12
atado de las balas con flejes de hierro. . . 578.7
— de las balas de yute 235.3
— de los botones por el cruce de un segundo hilo 561.9
— con cuerdas 228.12
— de cuerdas redondas por cosido 512.2
— en haces. 210.5
— del hilo flameado abierto por medio de un tercer hilo . . . 561.13
—, botones —s 561.10
—, vellón 264.16
atadura en madejas . . 563.22
atelador, batán 197.16
atmósfera cargada de ácido carbónico . . 459.14
— de gas de amoniaco. 460.3
atocha 492.19
atomizado, agua —a . . 574.6
atomizador de aire comprimido 574.3
—, cepillo. 576.1
atornillado, diente. . . 312.6
Aubena, máquina de retorcer 432.1
aumentado, elasticidad —a 475.9
aumentar la calidad hilable 237.13
— la facilidad de subdivisión de las fibras 237.8
— el peso en (la presión de) los cilindros cuando se aumenta el estiraje 107.4.5
— la resistencia del hilo por el retorcido . . 541.15
— la velocidad de los husos 188.14
— la viscosidad de la solución 464.10
aumento del ecartamiento 390.4
— del estiraje 42.12
— gradual del diámetro 174.10
— gradual de la temperatura. 280.5
— momentáneo de peso 571.13
— permanente de peso 571.14
— de peso 47.13
— de peso de las husadas por vaporizado. . . 571.12
— de tensión 337.13
Australia (hilo) 384.1
automático, cargadora —a 28.5
auxiliar, fricción . . . 190.9
avance de la bobina . . 124.10
— del cambio de correa 191.10
— del tablero 23.9
avantrén 321.17
avanzar (bobina) . . . 124.12
— el carro 500.2
averiado (per agua de mar), bala —a . 15.8, 16.5
avidez de las púas . . 340.5
ayudanta 5.18
— de mechera. 2.12
ayudante 5.17
— anudador 176.3
— de cardador 251.3
— de cordelero 494.11
— de hilador 3.2.3
azote de los balones . . 152.17
azufrado, capullo . . . 413.11
azufrar los capullos . . 418.4
azulear lijeramente la cinta 386.1
azuleado, peinado . . . 386.2

B

bacineta de plomo semicilíndrica 466.9
badana 64.13, 118.1
bajada del carro . . . 557.10
— del plato de la prensa 578.3
bajar (carro porta-bobinas). 547.7
— el chapón 53.6
— la regla de formación 352.8
— el tambor 56.11
— la tuerca del cuadrante 170.16
bajo, número — del hilo 193.13
bala de algodón. . . . 15.20
— de algodón abierta . 18.6
— atada con x cuerdas 228.12
— averiada (por agua de mar) 15.8, 16.5
— de cáñamo 228.10
— cuadrada. 15.21
— defectuosa 16.5
— húmeda 15.7
— de lana 264.6
— de lino 210.6
— Lowry 16.1
— sin marca 16.6
— prensada 16.2
— bien prensada . . . 16.3
— sin prensar. 16.4
— de presión homogénea 16.3
— de presión uniforme. 16.3
— redonda 15.22
— de seda cruda . . . 412.17
— de yute 235.2
—s que difieren en calidad 18.12
balancín 123.1, 125.8, 140.15, 255.14, 560.13

balanza (v. t. cuadrante, romana) 603.4
— diferencial para peinado 614.13
— diferencial de porcentaje de borras 100.3
— de hilados 612.13
— de numeración 603.2, 613.6
— de numeración automática 603.3
— de numeración y diferencial 614.14
— ordinaria de platillos 613.7
— para paquetes 615.1
— de precisión 612.15, 616.8
— de precisión horizontal para hilo 613.5
— de resorte para pesar telas 47.12
— de telas 47.11
— para telas de batán 613.4
balón de hilo 152.11
balonamiento del hilo 152.12
balónico, curva —a 152.14
bancada 88.13, 94.14, 95.3, 249.4, 534.14, 538.14, 550.12
— del carro 177.12
— corredera 371.2
— extrema 558.16
— extrema del aspa con puente 565.12
— intermedia 95.1, 546.11
— lateral 94.15
— móvil 328.1
— del rastrillo 504.11
— superior 289.6
—s del carro 205.14
banco 500.13
— de carda a mano 318.14
— doble de espadar 495.7
— sencillo de espadar 495.6
— extendedor 8.11
— de inversión 448.4
— de hacer paquetes 577.12
— de rastrillar 213.1
— del rastrillo 229.10
baño (v. t. líquido)
— de aceite 60.7
— de aceite, funcionando en 290.11
— ácido 303.10
— ácido cargado de grasa 303.16
— de ácido clorhídrico 305.6
— de ácido fénico 460.2
— ácido de precipitación 469.2
— de ácido sulfúrico 302.18
— de ácido sulfúrico de x por ciento 440.10
— acidulado 303.10
— de agua 385.13
— de agua caliente 418.14
— de albúmina 459.11
— de bisulfito de sosa 459.17
— de blanqueo 470.15
— calcáreo 270.17
— de cloruro de mercurio 459.13
— de coagulación de ácido fénico 460.1
— de deschurrado 272.14
— de desengomado 433.3, 436.16
— para desengomar usado 435.1
— fuerte 303.14
— de jabón 275.11, 277.5, 385.9
— de jabón, doble 437.2
— de jabón de aceite 438.2
— de orina 276.16
— de sal amoníaca 469.7
— de sosa alcalino 309.19
— para suavizar la seda 434.10
— de sulfato de aluminio 459.15, 465.16
— de templar 74.13
— usado 299.3
barba 70.3, 82.10
— de fibras de seda 444.8
— de la pina marina 411.4
—, hacer 146.10
barca 281.4
— de agua de churre 365.8
— de duelas de madera 285.3
— de enjuagar 285.2
— de lavado 278.5
— de lavado automático 273.3
— rectangular 365.7
— robionada 278.6
barniz 117.22
— para los manguitos de cuero 120.6
barniz de la seda 411.8
barnizador de cilindros 120.2
barnizar el cuero 120.5
— el tambor con un antioxidante 63.13
barra 183.12
— de acoplamiento 344.2
— de agujas 86.11, 88.1, 241.13
— de aletas 525.8
— del arañero de vaivén 529.10
— de los arañeros 565.9
— del carro 608.12
— de cierre 44.12
— del cilindro de delante 345.15
— deslizadora 283.8
— del disparo 96.5, 525.14
—-guía 487.18, 558.11, 559.5, 560.15
—-guía para la horquilla de la correa 527.2
— guía-hilo 544.7
— guía-mecha 394.12
— de pinzado 558.9
— porta-bobinas 394.11
— porta-bobinas encajada en marco de hierro 394.15
— con puntas 48.2
— redonda de tracción 567.10
— de la rejilla 27.7
— rompedora triangular 261.6
— de seguridad 44.12
— de la serreta 58.6
— de tensión 340.14
— tensora 337.9
— transversal 106.8
— con tuercas 558.7
— de vaivén del arañero 537.11
— vertical 151.13
— vertical de disparo 526.1
— vertical de fileta 394.7
— de vidrio 544.8
—s dispuestas en espiral 312.12
barreduras impregnadas de aceite 194.20
barrendera 3.21
barrendero 3.20
barreta 379.12
— de agujas 88.1, 245.6, 372.9, 383.2, 443.6
— de agujas del peine circular 383.9
— descargadora 245.11
— deslizante 373.6
— de disparo con mango 357.4
— oscilante de agujas 383.3
—s de agujas formando serie progresiva en densidad 380.10
barril de aceite 361.15
barrilete 171.6, 173.1
barrita 251.14, 253.10, 372.9
— de agujas 254.6
— con dos hileras de agujas 254.7
barro 376.4, 403.1
barrote angular ajustable 367.11
— inclinado 197.11
— de rejilla ajustable 309.3
— triangular para polvo 36.5
—s dispuestos en forma de rejilla 369.1
báscula 391.11
— decimal 613.1
— del freno 183.5
—, mecanismo de 125.4, 131.6
basculante, pieza 131.8
base 95.3
— del alambre 68.11, 335.16
— cónica del huso 355.12
— de fieltro 110.6
— de la guía 104.13
— de la husada 154.18, 527.17
— orgánica 457.5
— oxidable 457.6
—, color 311.4
bastidor 292.13
— de la canilla 530.5
— del carro 558.4
— para escurrir la lana 287.16
— de madera 344.1
— oscilante 536.3
— de tejido metálico 294.4, 295.4
basto, envoltura —a 411.17
batán 7.7
— abridor 41.20
— acabador 42.2
— arrollador 32.11
— atelador 197.16
batán con devanadera provista de puntas 47.17
— doble 41.19
— con doble devanadera 41.19
— intermedio 42.1
— con mecanismo napador 197.16
— repasador 42.1
— sencillo 40.9
— sencillo sin aparato arrollador 197.17
— con telera de entrega 197.17
—, primer 41.20
batanado, (no) 399.13
batería 580.14
batido de los capullos 419.19
— de la lana 266.18, 364.15
— de la lana de peine 365.4
— del lino 217.15
— a mano de los capullos 420.3
— a mano de la lana 310.13
— de los pelos 514.6
— repetido 42.3
— de los trapos 400.17
batidor 37.4, 196.6, 262.7, 266.21
— (obrero) 42.5
— de borras de algodón 196.15
— de cuatro brazos 261.7
— de caucho 441.13
— de cuero 441.12
— mecánico para capullos 460.6
batidora (máquina) 266.19
— de capullos 441.11
— de capullos (obrera) 419.20
— para desperdicios 267.14
— con tres tambores 267.4
batiente 201.4
batimiento 31.5
batir la borra con los pies 440.2
— la borrilla 453.3
— los capullos 414.14
— los capullos con la escobilla 420.4
— la lana 266.17
— la materia fibrosa en pedazos 20.3
— el vellón 265.11
batuar 311.10
— abridor y batidor con líneas de dientes en espiral 312.9
— cardador 313.4
— doble para yute 259.11
— de doble efecto para trozos 405.6
— ensimador 317.13
— fearnought 313.4
— para garras 406.7
— para lana húmeda 287.12
— para lanas de cascarría 406.7
— mezclador 313.1
— napador 442.15
— rompedor 490.8
— de trapos 400.19, 405.1
—, pasar por el 310.10
Baudouin, mecanismo para formar la cinta 98.11
Baumgärtel, dinamómetro 607.9
becerro 64.12, 118.13
bencina 462.19
benzaldehido 458.5
benzol 462.20
Bergier, aparato cruzador 422.13
Bertholon, corona de púa 432.3
bicarbonato de amonio 464.2
bicromato de potasa 300.11
— de sosa 300.12
biela 11.7, 96.3, 98.14, 99.11, 283.10, 292.2
— con colisa 246.4
— del excéntrico 60.5, 111.15
— de la pinza 89.6
— de tracción 530.13
biso 411.2
bisulfato alcalino 465.4
— potásico 303.8
bisulfito 465.3
— de amonio 465.1
— de sosa 465.2
Blamire, alimentación cruzada 327.10
blanco de España 298.18
blando, convertir la fibra 237.7
—, hilo 606.2
blanqueado, hilo 581.17, 605.11
—, peinado 374.13
blanquear en el agua de enjuagar 286.16
— la grasa 300.9
— el peinado 374.14
blanqueo con ácido sulfuroso 401.9
— con bisulfito de sosa 401.10
— de la hilaza 261.11
— durante el lavado 286.15
— de la seda 434.19
— de los trapos de lana 401.8
bloc desarrollador de mecha 611.6
bloque acabador 87.5
— corredero 121.5
— estriado para fijar el asiento y la distribución de las agujas 87.3
— giratorio 342.14
— de madera 243.8
— de madera en forma de cuña 229.9
— de madera del tampón 442.2
— del peine de roble 229.7
— regulador 501.9
— seguidor 501.9
— de soldar 87.1
bobina 11.1, 122.6, 461.12, 505.9, 506.5, 611.11
— actora 547.10
— adelantada 124.11
— de alambre 509.8
— de alimentación 538.7
— alimentaria 128.6
— que arrolla 141.18, 547.10
— de arrollado 474.6
— de arrollado cruzado 96.14
— con base cónica 518.17
— en forma de botella 519.2
— cilíndrica 140.18, 518.20, 519.4
— de cinta 96.13, 448.8
— de cinta de papel 485.2
— colocada en la fileta 137.12
— combada 519.1
— de condensador 204.9, 208.3
— cónica 141.1, 519.2
— convexa 140.19, 519.1
— de cordón 505.3, 509.12
— de cuerda 505.5
— de cuerpo cilíndrico y punta cónica 519.3
— de chapa 518.10
— defectuosa 133.16
— derecha 519.4
— para devanado axial 153.9
— para devanado tangencial 153.8
— con extremos cónicos 122.1
— fija 516.15
— frenada 516.16
— girando a más velocidad que el huso 123.10
— giratoria 520.4
— para el hilo de tensión 511.9
— horizontal 341.11
— para las lanzaderas de las máquinas de bordar 520.11
— Leeson con plegado abierto (cerrado) 519.10.11
— loca en la púa 547.11
— llena 140.17
— de madera 518.9
— de la máquina de retorcer 551.5
— para máquinas de trenzar 520.9
— de mecha 334.10, 342.2, 393.2, 567.16, 590.2
— de mechera 137.11, 139.4
— movida 516.9
— pasiva 547.11
— de peinado 392.10
— plegadora 388.13
— con plegado arquimédico 519.8
— con plegado paralelo 518.20
— que retarda 124.13
— de retorcido 550.3
— solidaria a la púa 547.10
— de torcido 474.4
— de trenzar 519.12
— de urdimbre 520.5
— de una valona 519.2
— con velocidad constante 139.12
— con velocidad variable retardada 139.11
— vertical y fija de hilo de pelo 409.2

bobina de vidrio . . . 468.6
—s de cordones 503.13
—s de valones 483.12
bobinado 515.2
— cruzado sobre tubitos cilíndricos 515.14
— cruzado sobre tubos cónicos 516.1
— de la husada 516.5
— paralelo sobre tubos largos 516.2
— paralelo sobre tubos de madera (de chapa) 516.3.4
— sobre la púa desnuda 515.9
— de la seda cruda . . 429.1
— sencillo 12.5
— del urdimbre 11.18
bobinador para urdimbre 12.1
bobinadora para husadas 526.4
— para husadas con mecanismo de ajustar la tensión del hilo . . 526.9
— a mano 521.9
— de una púa 521.2
— de varias púas . . . 521.3
— para urdimbre . . . 521.14
bobinar (urdimbre) . . 11.19
— cruzado 515.10
— el hilo 461.8
— el hilo estirado . . . 467.1
— el hilo sencillo . . . 515.7
— los hilos en capas. . 515.6
— la seda 470.12
— la seda cruda . . . 429.2
bobinuar 12.1, 389.1
— acabador 387.20
— doblador 388.14
— en fino 387.20
— en grueso 387.16
— intermedio 387.17
— repasador 387.19
boca de pez 166.9
— de salida. 259.5
— de salida de la lana 312.2
boj, madera de . . . 110.8
boletín de acondicionamiento 616.3
— de prueba 602.19
bolsa. 326.22, 327.1
— de ramio. 262.9
bolsillo 36.10
bomba 284.7
— de aceite 361.14
— de aceite para púas de continua de anillos . 391.7
— de aletas 365.14
— para la viscose . . . 469.18
—, extraer el aceite con la. 148.13
bombeado, ovillo . . . 520.18
Booth-Sawyer, huso . . 145.4
boquilla aspiradora . . 370.16
— de la hilera 467.9
borato de sosa 316.9
borax 316.9, 433.17
borde adelgazado . . . 119.6
— de la artesa con plancha metálica 226.1
— del barrote 367.12
— de la cinta 108.3
— en forma de cuchillo 203.9
— inclinado 317.16
— mordiente de las pinzas 449.2
— de pico del plato alimentador 50.15
— purgador 429.12
— recto 119.1
— saliente 118.8
—s del chapón 61.6
borra de capullos . . . 436.3
— externa del capullo . 417.4
— impregnada 440.12
— de peinado 452.15
— de la peinadora 82.7, 100.1
— de seda 412.19
— de seda apelotonada 442.11
— de seda fermentada . 438.3
— de seda (no) peinada 446.8.9
— de seda superfermentada 438.4
— de vaporizado . . . 435.17
borras 31.15, 398.5
— aceitosas de carda . 298.13
— de algodón 194.13
— de aspeado 424.9
— de carda 194.16, 203.3, 371.4, 398.7
— de chapones 194.18
— gomosas 436.2
— de hilatura 398.11
borras de lavadero . . 398.6
— del limpiador 108.11
— de lino 212.13
— de máquina de lavar 398.6
— de preparación . . . 398.8
— de seda 435.5
— del tiraje de capullos 435.6
borilla 371.5, 452.14
— borrosa 452.17
— cargada de impurezas 452.16
— enredada 452.17
— externa 420.10
— del hilo de seda . . 425.9
— de peinadora . 375.2, 398.9
— de ventilador . . . 194.21
borroso, superficie —a . 338.10
bota v. t. tambor
— de púas de acero . . 404.7
bote . . . 52.1, 219.3, 451.14
— de cartón 76.10
— del centinela 76.4
— para cinta 121.13
— de chapa 52.2, 76.7
— de chapa acanalada . 52.3
— de chapa ondulada 52.3, 76.15
— de chapa ondulada con fondo movible por resorte 76.13
— del estiraje 223.11
— de fibra (vulcanizada) 52.4, 76.11
— fijo 385.1
— giratorio 51.16, 76.2, 385.2
— giratorio de hilar . . 470.8
— de hojalata. 76.16
— metálico con tapa de charnela 208.2
— de palastro 76.17
— de papel 76.8
— de papel con fondo de madera 76.9
— con reborde de hierro y revestimiento de caucho 76.14
— con resorte espiral . 76.12
—s llenos 60.11
botón 454.7
— de algodón 590.7
— artificial 590.10
— de color 590.11
— flojo 590.12
— fuerte 590.13
— en el hilo 159.1
— de lana 590.6
— de lino 216.8
— metálico 146.2
— natural 590.9
— de seda 590.8
— sólido 590.13
—es atados 561.10
—es gruesos. 96.7
—es lisos 561.11
—es unidos 561.11
—es, mecanismo de hacer 560.7
—es, velo sin 49.4
botonoso, estopa —a . . 220.7
boya 365.12
boza 593.19
Bradford, sistema — de hilatura 364.9
bramante 580.16, 592.16
— para azúcar 593.3
— blanqueado 593.1
— de dos cabos 593.4
— de tres cabos. . . . 593.5
— para coser escrituras 593.2
— en crudo 592.17
— natural 592.17
brazo 205.3
— agitador curvado . . 285.11
— ajustable 127.8
— de ajuste 348.7
— de la aleta . . . 130.3, 548.5
— de aleta lleno . . . 452.6
— de aleta macizo . . . 452.6
— articulado 567.9
— de la balanza 613.8
— batidor 40.12
— del batidor 260.1
— de cierre 346.3
— del cuadrante . . . 170.8
— curvado 206.14
— curvado sobre el árbol de la grúa. 169.7
— curvado para formar la punta 181.11
— de devanadera en dos piezas 432.11
— doble 535.1
— extensible 332.18
— de fileta 394.9
brazo de la grúa . . . 166.5
—-guía 559.6
— del guía-hilo 534.2
— hueco 130.7
— hueco abierto lateralmente 130.8
— inclinado 554.6
— móvil 342.9, 611.9
— oscilante 537.10
— de la palanca del freno 147.7
— del peine 58.5
— del peso 74.2
— del plegador 166.4
— para la polea tensora 349.9
— de las ruedas del carro 351.8
— del sector 350.6
— tubular 130.7
brea 507.19
— vegetal 507.20
brida 105.16, 252.16
— de la barra de pinzado 558.8
Brigg y Webb, máquina de retorcer para yute 549.13
brillante, superficie . . 338.9
brillo de la fibra de seda 427.18
— metálico 415.6
— nacarino del capullo. 415.7
broca del batidor . . . 259.8
— batidora 195.10
— desplazable 534.6
— fileteada 530.7
— de la horquilla . . . 278.11
— interior de la tapa . 260.2
— del ovillo 523.5
— del tubo 523.14
—s de tensión. 356.5
bronce 94.6
bronco, hilo 364.7
Brooks y Doxey, mecanismo diferencial . . 127.1
Brown, limpiador giratorio 129.1
bruto, en 13.4
bucle. 329.12
— de la soga 594.12
—, formar — alrededor del asa (hilo) . . . 553.13
bueno para peine (lana) 363.16
búfalo 387.15
buscar el cabo de la hebra de capullo . . 420.11
Butterworth, peine desborrador con movimiento de retroceso 58.4

C

cabalgado, púa —a . . 339.16
caballero 525.5, 536.1
caballete 281.5, 289.6, 500.13, 538.3
— del bloque regulador 501.10
— de los cilindros 90.8, 358.12
— de cordelero 498.1
— para escurrir la lana 287.16
— del soporte 105.5
cabeza 103.8
— de la aleta 130.6
— del árbol girando alrededor del pivote . . 534.4
— de biela 292.1
— embutida 61.14
— de estiraje 221.7
— de la fibra de yute . 236.8
— del gatillo ajustable 132.2
— del huso 123.11
— del lino 211.8
— del mecanismo compresor 46.10
— de la mecha 375.9
— metálica 149.13
— de la palanca 179.15
— remachada 61.11
— de falsa torsión. . . 342.12
—, peinadora de x —s . 83.8
cable 494.15, 594.13, 596.14.22
— de alambre de acero 596.2
— de alambre recocido. 596.1
— con ánima aplastada 594.19
— armado 597.4
— de arrastre 596.5
— para buques 596.19
— con cabos de alambres triangulares 595.15
— de tres cabos. . . . 596.15
— de cáñamo . . . 494.16, 592.3
— de cobre 595.18
— de extracción. . . . 596.5
cable formado por la torsión de alambres yuxtapuestos . . . 596.23
— de hierro. 595.20
— de latón 595.19
— metálico . . . 494.17, 595.9
— metálico de alambre fino (grueso) . . . 595.10.11
— metálico de alambre (no) recocido 595.21, 596.1
— metálico con ánima de cáñamo 595.12
— metálico con cabos de alambres planos . . 595.14
— metálico cerrado . . 595.16
— metálico espiral . . 595.13
— metálico flexible . . 595.17
— metálico plano . . . 597.14
— plano 597.12
— plano cosido 597.13
— para planos inclinados 597.2
— portador 596.6
— redondo 596.3
— de remolque 596.13
— para torno 596.10
— de tracción. 596.7
— tractor. 596.7
— de transmisión . . . 597.1
— de transportadores aéreos 597.3
— triangular . . 509.15, 596.4
—s marinos 596.19
cableado 587.3
—, hilo 539.15
cableador 494.10
cableadora con movimiento de retorno de las aletas 505.7
cablear 498.14
— en el mismo sentido que la torsión de los hilos 499.13
— en sentido opuesto a la torsión de los hilos 499.14
cabo anudado. 158.16
— de cordelero 592.11
— de cuerda desigual . 592.14
— devanándose de la husada 525.2
— doble 354.4
— duro. 196.2
— fino de cordelero . . 592.12
— grueso de cordelero . 592.13
— de la hebra de capullo 420.12
— sencillo para cuerda. 493.15
cabos 4.4
— anudados 428.17
— arrollados en el árbol 196.12
— dobles 334.8
— duros 298.14, 398.15
— de hilos retorcidos . 398.17
— sueltos. 425.10
— sueltos en espiral . . 425.11
— de urdimbre 398.20
cabria 304.3
cabritilla 64.13
cachemira, lana 363.14
cadarzos 436.1
cadena para acortar el desapuntado 207.2
— articulada . . . 184.9, 560.1
— de cangilones 40.2
— de carda 324.7
— del cuadrante . . . 170.12
— de los chapones . . 73.14
— de los chapones que se mueve en el sentido (en dirección opuesta a la) del gran tambor 57.6.7
— de desapuntado 179.13, 184.3, 206.13
— fija 183.13
— floja . . 152.5, 180.1, 183.10
— Galle 395.7
— de gancho 179.14
— de mando del centinela. 94.11
— de prensas 446.14
— del sector 350.10
— sin fin 254.5
— sin fin de cartones de muestra 559.13
— tendida 152.6
— Vaucanson 395.6
cadenilla, en 68.15
cadillo 402.4
— carbonizado 307.5
— entero 367.4
— negro 307.4
— quebradizo 302.8

cadillos rotos 367.5
caer (barreta) 379.13
— (caballero) 525.7
— (grúa) 175.10
— fuera (husillo) . . . 128.18
— sobre los husos (tubos) 361.7
— de un piso a otro (lana) 297.1
— por su propio peso . 166.11
— de un tablero a otro (lana) 295.15
— en los tornillos inferiores (barrita) . . 251.15
caída de la grúa . . . 175.9
— del husillo 128.17
— de la palanca de gobierno de los plegadores 166.10
— de la pesadora . . . 320.7
caídas 265.5
caja . . 72.5, 244.14, 487.3
—-abridora neumática . 38.3
— de aceite. 295.10
— de agua 573.11
— para agujas . 86.12, 525.6
— de aire de aspiración 37.6
— de alimentación. . . 382.17
— de bobinas 569.8
— de botones 591.1
— de caballeros 525.6
— calentada de las devanaderas 420.16
— de cañamiza 214.2
— de los carretes . . . 113.7
— colectora de fragmentos 404.10
— colectora de mermas 447.10
— de cordeles. 577.16
— corredera del manguito de engrane. . 345.18
— para cuerpos extraños 24.12
— de chapa de hierro . 307.9
— de desecación. . . . 295.13
— de desperdicios . 86.9, 96.9
— de distribución . . . 291.8
— de engranajes . . . 349.2
— de engrane 207.8
— para estopas . 214.1, 229.12
— del excéntrico . . . 98.17
— exterior 616.13
— externa de fundición 289.7
— de filtración 470.5
— filtradora 271.14
— de fondo perforado . 439.14
— de falso fondo . . . 439.14
— forrada de papel . . 578.9
— de hierro. 570.12
— de hilar 487.9
— de hilar con aparato de cierre automático de la tapa. 487.14
— de hilar con parte de la tapa a charnela . 488.1
— de hojalata perforada 371.11
— de humidificación . . 575.6
— de impurezas. 27.10, 31.11, 203.8
— de listones 437.17
— loca del manguito de engranaje 163.5
— de madera 570.11
— de merma 86.9
— de pajillas 214.2
— del peine. 60.8.9
— de polvo 33.9, 38.8.16, 48.13, 267.2
— para el polvo con descarga automática. . 38.13
— porta-capullos . . . 423.10
— de prensar 288.3
— de las púas 530.2
— recojedora de la lana 296.1
— del regulador 29.9
— rellenada de metal para cables metálicos 513.14
— de resorte 607.11
—-soporte 342.13
— con tapa de charnela 487.2
— de torcer. 487.9
— del tubo 361.9
—, doble 417.6
—s de linterna ajustables 611.18
cajón 307.14
cal. 271.2
— viva 460.7
calabrote 594.17
calandra 119.15
calandras 34.2
calandrado del cilindro 119.14
— de la tela 45.13
calandrar el cilindro . 119.13
calandrar el cilindro nuevamente recubierto 118.10
— la tela. 45.12
calandria 45.11
— de dos (tres, cuatro) cilindros . . . 45.14.15.16
calcáreo, baño 270.17
calcetas 397.14
calcetines. 397.14
calcinado, sosa —a . . 309.12
calculado, longitud —a. 604.8
calculo del estiraje . 222.16, 387.9
— de la finura 606.19
— del número de cintas que deben ser dobladas 223.8
— del precio 19.9
caldera para jabón . . 277.3
— tubular 296.3
— de vapor. 227.5
— de vaporizar husadas 571.4
calefacción por aire seco 570.6
— directa. 306.2
— por vapor 308.7
calentado por el vapor 572.8
—, caja —a de las devanaderas 420.16
calentamiento de la caja del peine 60.9
calentar el aceite de engrase 238.17
— el líquido 275.16
— el peine 375.16
— por serpentines . . . 437.18
calentarse (caja del peine) 60.8
— (huso) 148.17
— (yute engrasado) . . 237.15
calibrador de alambres. 509.14
— inglés de alambres . 66.20
calibrar los cilindros . 120.3
calibre . . 92.3, 362.5, 445.11, 500.17
— para ajustar el alambre del plegador . . 362.8
— para ajustar el árbol del plegador 362.14
— de alambres 509.14
— para la altura de los husos 362.9
— para los cilindros acanalados 362.15
— para la grúa 362.16
— para las linternas. . 362.10
— para plegador . . . 362.7
— para regular la inclinación de las púas . 362.6
calidad del algodón . . 14.2
— contratada 14.18
— hilable 237.13
— de la lana 266.9
— de la mecha 342.7
— media 19.2
— obtenida por la mezcla 236.12
— de seda 410.4
— textil del hilo de papel 475.8
— uniforme de todo el lote 14.16
—, de baja 236.17
—, primera 14.3
caliente, agua 418.14
—, sitio 64.3
calor artificial. 292.15
— seco 417.14
caloría 293.7
calorífero 306.4
cámara abierta 570.9
— de aire . . . 296.2, 352.4
— de azufrar 434.20
— de batido 267.10
— de carbonizar. . . . 306.6
— con contrapeso . . . 352.2
— de desecación 294.5.7, 296.4
— en forma de caja . . 307.7
— de hervir 436.21
— horizontal de vaporizar husadas 571.10
— de hormigón 570.13
— incombustible. . . . 227.8
— con pared perforada 286.4
— de polvo 267.2
— de polvo del tomador 78.6
— de secado 227.7
— de secamiento . . . 616.11
— de sedimentación . . 361.18
— de vaporizado del hilo 570.10
cambiar las cintas de acero 56.6
— el contrapeso . . . 613.16
cambiar la dirección del movimiento del tablero 23.11
— la longitud de la cursa del guía-hilo 533.13
— la marcha 346.13
— la posición del hilo . 576.3
— las ruedas del juego de escala 131.13
cambio del agua de devanar 419.13
— del aire 293.16
— de bobinas 141.2
— del manguito del árbol de dos tiempos . . 163.11
— de marcha 349.6
— de mordazas 215.8
— de plegado 535.11
Camel, máquina de hilar 430.3
camisa de latón. . . . 542.9
camisas 436.1
campana 370.11, 392.7
— de la entrada 161.6, 349.13
— de fricción del árbol de dos tiempos . . 161.10
campeche. 238.16
campo de agujas . . . 371.17
canal. 116.11
— para el aceite . . . 355.2
— de agua 575.3
— circular 231.2
—-guía 247.14
— de mampostería. . . 306.9
— de la peinadora mecánica. 214.6
— de la púa 488.13
— subterráneo 402.18
—es longitudinales . . 477.4
candela. 151.13, 547.4
cangilón 283.1
— del elevador 40.3
canilla . . 527.6, 530.4, 532.11
— acanalada de madera 356.11
— con base cónica . . 429.5
— dispuesta horizontalmente. 529.4
— dispuesta verticalmente. 529.3
— para las lanzaderas de las máquinas de bordar (de coser) . . 520.11.12
— de madera . . 149.10, 356.10
— de madera fuerte . . 149.11
— Northrop. 147.2
— para telares de cintas 520.8
— de trama 520.6
canillera 526.4.5
— con cono-guía . . . 527.14
— con cursa de vaivén producida por disco de fricción. 529.2
— con devanaderas colocadas en la parte inferior 526.8
— con guía-hilo de aleta 533.8
— de plegado cruzado (con arañero) 526.7, 528.16
— de plegado cruzado con guía-hilo giratorio 531.1
— de plegado cruzado con guía-hilo móvil y juego de disparo . . 532.3
— de plegado cruzado con púa oscilante axialmente y cursa accionada por disco de fricción. 530.1
— de plegado cruzado con tambor hendido 529.1
— para plegado paralelo 526.6
— de vaso 527.5
cantidad absoluta de humedad del aire. . . 293.13
— de ácido sulfúrico contenida en el ácido oléico 315.6
— de agua evaporada . 293.12
— de alambres por unidad de superficie. . 68.4
— de churre en la lana 271.19
— de estiraje 142.12
— de fibra en el capullo 417.3
— de fibras pesadas . . 319.15
— de grasa del baño usado 299.3
— de humedad . . 10.8, 15.5
— legal de humedad. . 573.9
— necesaria de calor. . 293.1
— de polvo en los trapos 400.13
— de sericina del capullo 417.1
— de sosa 309.17
caña cónica del huso . 355.9
— del husillo 544.3
cañamiza 232.10
cáñamo acabado . . . 496.6
— aclarado 496.1
— de Bengala. 492.7
— para fabricar cuerdas 495.2
— desbastado 496.1
— escuadrado 496.3
— espadado. . . 228.4, 495.9
— de Europa 492.3
— de fibra corta . . . 496.11
— de fibra larga . . . 496.10
— limpio de cañamizas 228.8
— de Manila 492.5
— peinado 228.5
— peinado en fino. . . 228.6
— rastrillado . . 228.5, 495.17
— repasado 496.9
— de segunda calidad . 228.3
— sisal 492.6
cañizo para escurrir la lana 287.16
capa acabadora cilíndrica 533.11
— de aceite. 237.11
— de algodón 19.17
— arrollada, primera. . 520.1
— arrollada, última . . 520.2
— de barniz 120.7
— de la bobina enredada 387.4
— de cementación . . 120.16
— de cola 71.9
— devanada, prima . . 520.1
— devanada, última . . 520.2
— estriada de esmeril . 71.15
— exterior de los cordones 594.7
— de fibras. 7.17
— granulosa de sericina 411.19
— de grasa 274.5
— de grava. 271.11
— de guijo 271.11
— de hilos opuestos en las capas plegadas . 517.9
— de papel 64.18
— de pasta, ligera. . . 117.9
— plana de esmeril . . 71.14
— de plegado 155.13
— de sericina 411.14
— de solución de caucho muy flúida 63.12
— de velo 326.5
— s cónicas 155.2
—s superpuestas. . . . 197.5
capacidad de cardado . 51.4
— de dilatación 10.2
— de dilatabilidad. . . 10.2
— higroscópica 573.8
— de ser hilable . . . 7.1
— de peso de la balanza 612.14
— de trabajo de la púa 67.9
capullo abierto 415.18
— de Actias selene envuelto en hojas . . 414.9
— agujereado 436.7
— amarillo 415.16
— apolillado . . 415.19, 436.9
— asfixiado 413.10
— averiado 415.11
— azufrado 413.11
— blanco 414.15
— con brillo metálico . 415.6
— con doble caja . . . 417.6
— con doble cáscara. . 417.6
— de cáscara gruesa. . 416.14
— de color de paja . . 415.1
— de color verde . . . 415.4
— para la cría 413.6
— defectuoso 415.8
— denso 416.11
— doble 436.12, 414.12
— dorado. 415.2
— elástico 416.21
— enmohecido 415.14
— flojo 416.19
— flotante 420.2
— de grano fino. . . . 416.20
— gris 415.5
— del gusano de seda de la morera 414.2
— hembra 414.7
— hilable 413.5
— no hilable . . 415.10, 436.6
— hilado en forma de red 416.17
— hilado sin (con) interrupción 416.8.9
— hilado con (sin) regularidad 416.6.7
— impermeable 416.12
— incompleto 415.9
— macho 414.6

capullo de mallas anchas 416.18
— manchado 415.13, 436.9
— mohoso 415.15
— muerto 415.12, 436.11
— ocal 414 12
— de otoño 413.8
— oval 414 8
— de pared gruesa 416.14
— perforado 415.18
— permeable 416.13
— picado 415.17
— pobre en seda 416.3
— podrido 415.16
— de primavera 413.7
— puntiagudo 414.13
— de la raza de Bengala 414.4
— de la raza de una cosecha 413.15
— de la raza de dos cosechas 413.16
— de la raza de varias cosechas 413.17
— de la raza japonesa 414.3
— de raza pura 414.1
— reniforme 414.10
— rico en seda 416.2
— rico en sericina 417.2
— satinado 416.15
— secado 413.10
— de seda de hebra fina 416.4
— de seda silvestre 436.13
— semilla 413.6
— sólido 416.10
— no terminado 415.9, 436.5
— transparente 416.16
— tupido 416.11
— verde 413 9
— de un verde pálido 415.3
— verdoso 413.3
— vivo 413.9
—, nuevo 421 9
cara de caucho 65.8
— frotadora 332.9
— frotadora acanalada 332.10
—s aplanadas, de 355.14
caracol del carro 169 9
carbón, rico en 120.12
carbonato amónico 276.18
— de potasa puro 273.8
— potásico 272.9
— potásico comercial 273.9
— sódico 276.1
— de sodio 276.1, 309.10
carbonización con circulación de aire caliente 308.6
— conservando los colores 403.2
— por vía húmeda 302.11, 456.2
— de la lana lavada 301.6
— de la lana de piel tratada con cal 301.7
— de la lana suarda 301.10
— de la materia cortada 402.6
— en seco 305.4
— por vía seca 456.7
— con soluciones de sal 305 12
— de los trapos 402.1
— de trapos (no) batanados 402.7.8
— de los trapos de seda 456.1
— de los trapos de semilana 407.22
—, instalación de 301.9
carbonizado, lana —a 308.9
carbonizador de lana (obrero) 203.12
— de trapos 402.9
—, aparato 303.17
carbonizar los capullos 440.8
— la lana suarda 301.11
carbonizarse (cadillo) 307.3
carbono 301.16
carborundum 70.21
carda 7.15, 49.12, 480.11, 481.5
— abierta 221.13
— abridora 197.15, 199.9, 232.15, 319.5, 320.14
— abridora, tratar en la 221.1
— abridora para amianto con cargadora automática 490.14
— abridora Lawson 248.8
— abridora semicircular con plato de alimentación curvado 247.5
— acabadora 199.10, 232.16 319.7, 328.13
— acabadora con alimentación por tela 250.2
— para algodón 198.2
carda con alimentación de mechas 334.9
— para amianto 490.13
— con avantrén 321.17
— de borrilla 453.5
— de bucles 329.9
— cerrada 221.12
— de cilindros 80.5, 198.3 221.4, 318.19
— de cilindros con entrega en forma de cinta (de napa) 198.5.6
— circular con alimentación y salida por el mismo lado 250.1
— condensadora 319.7, 328.13
— cubierta 221.12
— de chapones 77.2
— con chapones debajo del gran tambor 80.4
— de chapones fijos 77.3
— de chapones giratorios 77.9, 248.11
— con desborrado automático 340.19
— descargadora 323.15
— doble 80.3, 319.4
— doble de estambre 369.15
— emborradora 197.15, 319 5
— esmerilada 338.16
— para estopas de cáñamo 232.14
— con extractor de pelo cabrudo 322.11
— hiladora 341.6
— para hilo flameado 589.16
— intermedia 324.11
— para lana corta 318.18
— de lana de oveja 318.17
— para lana regenerada 406.10
— de doble llevador 491.3
— de dos llevadores 201.13
— a mano 49.10, 318.13
— a mano móvil 318 16
—-manuar de estopas 221 3
— mechera 199.10, 203.5, 319.7, 328.13
— mechera para amianto con divisor del velo 491.2
— mezcladora con rotafrotadores 370.5
— mixta 80.6
— para mohair 409.16
— para pelos 409.3
— principal 369 14
— de ramio 262.15
— con recogedor de borrilla 322.5
— repasadora 319 6, 324.11
— semi-circular con alimentación y salida diametralmente opuestas 249.18
— sencilla 80.7, 319.3
— sencilla de estambre 369.13
— de superficie de trabajo semi-circular a la parte superior del tambor 232.18.19
— de tiras transversales 329.9
—, segunda 324.11
—s acopladas 198.13
cardado 7.13
— del algodón 49.8
— de los desperdicios de hilatura 198.1
— doble 80.9
— del estambre 369.11
— de las estopas de cáñamo 232.13
— de las estopas de lino 220.20
— en fino del yute 249.1
— de la lana 318.4
— lijero 221.2
— a mano 49.11
— preliminar 247.1
— del yute 246.13
—, estopa —a 220.8
—, hilo 580.5
—, primer 247.1
cardador 75.17
— de algodón 49.14
— de pelo 409.4
— de yute 251.2
cardar 7.14
— el algodón 49.13
— la lana 318.6
— en mojado 369.12
cardero 4.6
— de algodón 49.14
carga de la cámara de vaporizado 572.3
— de los cilindros de estiraje 143.6
— de los hilos por vaporizado 570.4
— del hidro-extractor con lana 305.1
— de los pesos 107.1
— de una prensa 448.6
— de rotura 513.9, 606.14
cargado del carro 500.11
— de fibras 323.16
— de grasa 303.16
— de humedad 296.5
— de pajas 301.3
—, carro 500.12
—, cilindro 502.12
—, grúa —a 168.9
cargador 318.11
— automático 196.9
— de lana 319.12
— de mordazas 215.15
cargadora abre-balas 21.12
— abre-balas con ventilador 22.1
— automática 28.5, 320.1
cargar la barba en la prensa 450.6
— los cilindros de estiraje 143.5
— la cuba 304.11
— la grúa 168.10
— el peine fijo 375.7
— la prensa 448.3
—se de fibras (peine) 443.7
cargolí 169.4, 358.1
— del hilo cuando se devana de la husada 569.14
carnaza del cuero 118.15, 332.5
carpintero 5.23
carrera de los batidores 196.7
— circular de la devanadera 42.18
— constante 151.8
— del porta-aros 151.7
carrete 11.1, 128.2, 255.8, 257.15
— de alimentación 526.10
— bobinador 536.2
— de bobinar 430.11
— de bramante 593.8
— de la continua de retorcer de aletas 546.5
— de desarrollado 430.10
— enfilado loco sobre el huso 255.10
— giratorio 356.7
— de hilo de coser 520.16
— de inducción 112.7
— de latón perforado 124.7
— de madera 97.3, 124.4, 537.8
— de madera dura 124.6
— de madera para plegado cilíndrico 554.11
— de madera para la tela 96.6
— de mecha 334.10, 393.2
— de mechera 224.6, 257.4
— de papel 124.5
— de paquetería 520.13
— con regla guía-hilos 429.6
— de retorcido preliminar 545.1
— de reunidora 545.2
— de la tela 249.7
— con una valona 518.15
— de doble valona 124.1
— con dos valonas 518.14
— de valonas para la primera reunidora 522.7
— de vidrio 466.8
carretilla para balas 17.7
carril del carro 344.6
— para las vagonetas 307.13
carriles 503.9
— fijados en el suelo 504.1
— suspendidos en el techo 503.15
carrilla 156.8, 497.17
carrito 344.15
carro (de la alimentación Blamire) 327.14
— (del dinamómetro) 608.14
— (de la máquina de rastrillar) 230.3
— (de la peinadora) 92.1, 96.5, 245.8
— (de la selfactina) 160.3
— de acero 178.3
— alimentador automático 200.4
— bobinador 387.14
carro cargado 500.12
— para los cestos de bobinas 361.10
— de cordelero 499.5, 500.1.8
— corto 122.12
— estacionario 557.5
— fijo 557.5
— de los ganchos torcedores 504.14
— gobernado 206.5
— largo 122.13
— de madera 558.15
— móvil 557.4
— con movimiento de vaivén 233.8
— de la peinadora mecánica 214.6
— porta-bobinas 123.1, 125.8, 547.5
— porta-husos 140.15
— porta-vagonetas 307.11
— con rastrillo guía-hilos 504.10
— de cuatro ruedas 445.6
— salido 134.11
— de la selfactina 343.13
— suspendido de bobinas 503.14
— transportador de telas 47.16
cartón 76.10
— arrollador 610.5
— a bobinar 536.10
— de hilo de coser 520.14
casamiento 334.8
casarse (balones) 152.16
cáscara 416.14
cáscaras 26.15
casco 578.10
caseína comercial 471.14
— esponjosa 471.18
casimir 407.17
casquete esférico 381.10
casquillo 394.2
— fijado en el árbol 528.12
— del huso 510.9
— loco en el árbol 528.11
— móvil 116.5.6.7
— de la púa 527.16, 532.9
—, de un solo (cilindro) 143.1
—s, de dos (cilindro) 143.2
castigado, fibra —a 26.2
caucho 116.1
— acanalado 245.7
— artificial 65.10
— natural 65.9
— vulcanizado 65.12
cavas de hilo 574.19
cavidad 328.2, 383.6
— debajo de la placa solera rellenada con metal antifricción 290.8
cavidades 327.1
cazcarrias 266.1
cazuela 418.13, 422.16
— de batir 420.9
— de remojo 418.9
céfiro 397.13
cegado, materia filtrante —a 463.14
celadora de devanado 421.3
célula de yute 237.10
celulosa 301.14
— de madera 475.4
— de madera de pino preparada por el método a la sosa 479.8
celulósico, substancia —a 472.12
cementado, acero 120.17
cementar el cilindro de hierro 120.11
— los pliegues 65.5
— las tiras de cuero 64.16
cemento 65.6
cenicero 402.11
ceniza de madera 419.15
centelleo de la seda silvestre 427.20
centener 564.1
— blanco 579.15
— rojo 579.16
centígramo 601.1
centímetro 600.9
— cuadrado 335.9
—, por 116.13
centinela 76.2, 358.11, 385.2
centrar la púa 552.9
centrífuga 439.17
centrifugado de la lana 288.12
—, trapos —s 403.19
centrifugar la borra de seda 439.16
— la lana 305.21
centro de gravedad 191.6

centro de la palanca de desapuntado 179.2
— de rotación 344.9
— del tambor 56.1
cepillado del lino 217.17
— a mano de los capullos 420.3
cepillo 449.7
— atomizador 576.1
— batidor 420.8
— bruñidor 70.5
— bruñidor con púas de acero templado 70.6
— de cerdas dispuestas en espiral 389.7
— cilíndrico 378.12
— circular 86.6, 88.4, 94.7, 250.11, 255.3, 368.1
— desborrador 97.16
— para desborrar 58.3, 75.13
— para desborrar el tambor 75.9
— distribuidor de aceite 318.1
— hundidor 379.14
— hundidor con movimiento de vaivén vertical 448.15
— limpiador 446.5
— para limpiar la rejilla 49.3
— sobre la mordaza superior 93.6
— rociador de aceite 318.1
— transportador 444.2
—s espirales 57.11
cera 484.3
— de churre 274.10
cerco de hierro 16.11
cerdas dispuestas en espiral 389.7
cero, estar en el (aguja) 614.3
—, retroceder al (índice) 614.4
ceroso, churre 274.9
cerrado, depósito 242.3
cerrador de tres ranuras 499.6
cerradura excéntrica 219.9
cerrar el circuito 113.12
— la prensa 449.16
cerrarse automáticamente (pinzas) 450.2
— (cordón) 511.4
certificado de acondicionamiento 616.3
cesta de alambre 616.9
— de capullos 415.20
— de listones 304.1
— de mimbres 286.14
cesto 289.3
— de bobinas 361.11
— giratoria 305.3
— de hilo 570.17
— para lana 286.13
— de tela metálica basculante 273.1
— de vaporizar a grandes mallas 571.5
ciclo de trabajo de las pinzas 382.10
ciento, ~ por 440.10
cierre 27.11
— de bayoneta entre la púa y la aleta 549.1
— del carro 206.12
— del circuito 113.13
— de gancho 487.5
— de la devanadera 44.8
— del mecanismo de plegado 531.8
— del trinquete 357.13
cilindrado del lino 217.16
cilíndrico, no 337.1
—, perfectamente 78.12
cilindrito de ángulo 323.10
— arrollador de borrilla 323.10
cilindro abridor 51.1, 199.12, 244.10
— absorbedor 115.2, 388.9
— absorbedor de la cinta 378.11
— absorbedor de superficie áspera 550.4
— absorbedor superior 90.10
— acanalado 143.3, 243.16, 329.13
— acanalado de alimentación 267.7
— acanalado con collarines 116.9
— acanalado de delante 137.3
— acanalado de detrás 137.1
— acanalado con dientes romos piramidales 240.14
— acanalado en forma de estrella 235.13
cilindro acanalado de fundición endurecida 308.14
— acanalado de hierro de grano fino 191.4
— acanalado intermedio 137.2
— para el aceite 242.7
— de acero 120.13
— de acero cubierto de franela 129.4
— del agua 242.8
— de agujas largas 373.5
— con aletas de cuero 368.3
— de alimentación 50.16, 251.7, 257.6, 319.18, 358.13, 386.6
— de alimentación de agujas 443.1
— de alimentación estriado 30.11
— de alimentación guarnecido 313.5
— de alimentación con guarnición de diente de sierra dispuesta en espirales opuestas 370.4
— de alimentación inferior con cojinetes fijos 311.14
— de alimentación superior móvil 311.13
— alimentador 28.8, 77.12, 99.13, 203.7, 321.4, 545.6
— alimentador con dientes de sierra 199.2
— alimentador para el hilo 535.15
— alimentador de púas 84.5
— alimentador de superficie rugosa 559.12
— de ángulo 368.14
— arrancador de cuero 85.11
— de arranque 262.5, 378.7, 449.9
— de arranque guarnecido de cuero 378.9
— de arranque inferior 85.10, 93.1
— de arranque superior 93.2
— arrollador 388.12
— arrollador estriado 48.11
— arrollador de las tiras de papel 482.7
— de aspiración 392.8
— batidor 22.6, 37.4, 259.7
— bobinador 388.12
— calandrador 46.1, 111.6, 115.2
— calandrador inferior 90.11
— calandrador superior 90.10
— de carda 202.15
— cardador 51.3, 443.2.9
— cargado de fibras 323.16
— de un solo casquillo 143.1
— de dos casquillos 143.2
— con casquillo móvil 116.5
— con un casquillo móvil 116.6
— con dos casquillos móviles 116.7
— de caucho 392.11
— con cepillos espirales 57.11
— colector 478.6
— con collarines móviles 116.4
— compresor 20.12, 51.9, 197.9, 439.12, 453.12
— condensador 32.7
— conductor 393.4, 482.8
— conductor de la cinta 378.11
— conductor del cuero frotador 204.5
— cubierto de cuero 115.12
— de cuchillos 223.12, 368.5
— de chapa de cobre 282.2
— de chapa recubierto de dientes 248.9
— de delante 142.7, 384.15, 388.9, 393.5
— delantero acanalado de arranque 90.5
— delantero del arranque 88.15
— delantero para el desarrollo de la tela 89.10
— desarrollador 342.8
— desarrollador de madera 377.2
— desarrollador de la tela 50.8
— desborrador 51.5, 75.12, 341.1, 378.13
— desborrador guarnecido de púas metálicas 57.12
— de descarga 38.5
— descargador 51.5, 199.3, 201.11, 247.11, 321.6
cilindro descargador de doble acción 321.7
— descargador de estopa 230.6
— descargador de hierro acanalado 247.13
— desmotador 319.20, 321.2, 368.12, 369.4
— desprendedor 22.6, 29.5, 200.9, 250.10, 322.6, 381.5
— desprendedor de madera 281.12
— de detrás 142.5, 388.8, 393.3
— de detrás inferior 389.8
— divisor 204.4, 330.14
— doblador 388.11
— de entrega 35.9, 219.2, 247.15, 488.11
— de entrega a la alimentación 311.12
— de entrega al bote 51.11
— entrenador Hubner 99.1
— escobador 321.6
— de esmeril 202.13
— esmerilador 70.9, 72.2, 73.11, 74.7, 109.11, 202.13
— esmerilador de Hetherington 74.6
— estirador 102.13, 388.9
— de estiraje 218.12, 251.8, 255.1
— de estiraje, primer 137.3
— de estiraje, segundo 137.2
— de estiraje, tercer 137.1
— estriado 42.15
— con estrías gruesas en espiral 92.15
— exprimidor 279.2, 485.5
— expulsor 319.20
— extractor de las mermas 449.12
— de felpa 522.2
— de fricción 341.14, 523.1.7
— frotador 333.6
— de gargantas 483.4, 485.7
— que gira descentrado 202.18
— guarnecido de agujas 250.3
— con guarnición de agujas 446.4
— con guarnición de dientes de sierra 367.13
— guía 331.2, 485.4, 489.3
— guía de las cadenas 244.6
— guía para la cinta de papel 488.10
— guía-cintas pulido 384.10
— guía-hilos 473.6
— de hierro 120.9
— de hierro fundido cubierto de franela 129.3
— de hojalata 248.2
— hueco de hierro fundido 21.3
— hundidor 233.4, 372.8, 383.8, 384.14
— igualador 29.3
— igualador de hierro fundido 22.5
— inferior 115.6, 486.11
— inferior cubierto con camisa de latón 542.9
— inferior fijo 20.10
— inferior que marcha hacia atrás (hacia delante) 543.3.6
— de inmersión 278.8, 281.13.14, 385.8, 441.10
— intermedio 142.6
— libre de presión 549.5
— limpiador 85.12, 98.3, 201.11, 319.20, 321.6
— macizo 116.3
— nuevamente recubierto 118.10
— de obturación 202.9
— de obturación del aire 78.9
— partidor 199.5
— peinador 51.7, 85.3, 87.8, 92.7, 262.4
— peinador montado excéntricamente 447.6
— porcupina 26.21
— porcupina de alimentación 377.5
— posterior acanalado de arranque 90.4
— posterior para el desarrollo de la tela 89.9
— posterior de presión 142.11
— prensador 279.2, 288.9, 321.12
cilindro de presión 109.13, 223.6, 249.8, 378.9, 385.11, 611.8
— de presión acanalado de hierro 115.8
— de presión cargado 502.12
— de presión elástico 115.9
— de presión de haya 393.10
— de presión de madera dura 225.5
— de presión con mando positivo 267.6
— de presión con ranura 546.2
— protector 311.12
— de púas inclinadas 30.3
— de puntas 20.9, 259.14, 320.10
— de puntas de alimentación 29.13
— purgador 52.5
— quebrantador 51.1
— recojedor 368.14
— recogedor revestido de fieltro 322.7
— recubierto de felpa 378.10
— recubierto de papel de lija 109.12
— regulador 28.13, 32.13
— regulador con puntas entrantes 30.4
— reunidor 388.11
— rociador 441.9
— rompedor 368.11
— rompedor del cadillo 367.7
— de salida 219.2, 247.15, 250.10, 449.11
— de un solo hilo por casquillo 393.11
— suavizador con acanalado redondeado 240.8
— suavizador para yute 240.9
— sumergidor 486.11
— sumergidor de cobre 576.2
— superior 20.11, 486.12
— superior forrado de cinta de lana peinada 279.5
— superior guarnecido de cuerda de cáñamo 279.4
— superior con presión por muelles 235.14
— superior recubierto de cuero 142.9
— del tablero 244.1
— templado superficialmente 107.7
— de tensión 525.4
— tensor 41.6, 98.6
— tensor de las correhuelas 204.3
— tomador 51.1
— trabajador 51.3, 247.10, 250.7, 321.5, 370.1
— transportador 199.5, 368.13
— transportador del agua 486.12
— de vaivén 201.3
— de vapor 291.12
cilindros absorbedores 489.3
— acanalados engranando hasta el fondo 116.8
— de alimentación 27.4
— alimentadores 486.9
— alimentadores con cilindro inferior que marcha hacia atrás (hacia delante) 543.3.6
— alimentadores del volante 33.13
— delanteros bajos 143.7
— de arranque de la puncha 380.4
— arrolladores estriados 34.3
— compresores 34.2, 48.10
— de entrada 111.3
— de entrega 526.11
— estiradores inclinados 142.4
— de estiraje 122.3, 139.9, 257.9, 388.7, 480.13, 486.1
— de estiraje con los cilindros delanteros bajos 143.7
— de estiraje de la mechera 128.19
— de estiraje regulables 389.4
— de estiraje de la selfactina de estambre 393.8
— exprimidores 478.17
— que giran con velocidad periférica progresiva 21.2
—-guía 482.5
— humectadores 486.13

cilindros de madera para el desarrollo de la tela 84.2
— de presión cargados de las silletas 143.10
— de salida 86.5, 489.10
— secadores calentados por vapor 385.14
— suavizadores con acanalados opuestos (alternados) 240.11, 241.1
— superpuestos con dientes radiales 243.13
— transportadores 322.2
cinta 387.11, 448.13
— de acero 56.2 5, 331.1
— de acero endurecido 331.4
— de acero fija 331.5
— de acero del freno 347.7
— de acero móvil 331.6
— con aguas 101.22
— alimentada de papel 484.13
— de borrilla con falsa torsión 454.1
— de cáñamo 496.14
— de carborundum 71.18
— de carda 7.20, 51.15
— de carda con fundación de tejido de algodón 62.12
— de cuero 203.12
— desborradora 62.9
— para desborrar 75.6.7.8
— desigual 102.1
— de desperdicios de la peinadora 82.9
— divisora 204.11
— doble 386.12
— de esmeril 71.17
— estirada 101.19
— de estopa de lino 221.16
— estriada de esmeril 71 19
— de fibras 486.3
— de fibras cruzadas 326.12
— de fibras dispuestas longitudinalmente 329.2
— formada anudando los extremos de las tiras 329.16
— del freno 46.13, 564.19
— de guarnición 60.20
— de guarnición de carda 449.4
— de guarnición para el volante 62.11
— irregular 101.23
— de lana peinada 279.5
— de lino 218.3
— lisa de esmeril 71 20
— de manuar 101.18, 121.14
— de papel 486.2, 487.12
— peinada 82.4, 384.11
— peinada de borrilla 453.15
— peinada a mano 374 8
— peinada a máquina 374.9
— peinada de ramio 262.8
— de peinadora 374.6
— para el pulido 62.10
— redondeada de papel 484.14
— de salida 102.5
— secada 386.3
— sencilla 386.11
— totalmente doblada 386.14
— unida de esmeril 71.20
— de velo 221.14
cintas cruzadas 387.18
— torcidas juntas 387.7
cintra cónica 53.17
— flexible 54.6.17
— flexible perforada 79.10
— rigida 79.12
circuito 113.12
circulación de las aguas de lavado 284.10
— de aire caliente 308.6
— automática del aceite 148.4
— continua de las aguas de lavado 280.7
circular (lejía) 439.3
círculo de bobinas 97.1
— de las puntas 30.8
circunferencia de la bobina 124.9
— creciente del carrete 535.9
— de la cuerda 500.15
— variable del carrete 224.7
clarificación 299.6
— de las aguas de lavado 299.1
clarificar las aguas sucias 299.7
claro, arpillera —a 16.13
clase de algodón 13.7
— de bobinado 518.19
clase de bote 76.6
— de desperdicios 194.14
— de la lana 266.9
— de seda 410.4
clases de distinta pureza 15.14
— de hilados 579.1
— de lana regenerada 406.11
clasificación de las balas 18.10
— francesa del alambre 66.17
— inglesa del alambre 66.18
— del lino peinado 216.17
— de lotes mezclados 216.14
— del yute 235.1
clasificado, yute 236 3
clasificador de estopas 216.3
— de yute 236 6
clasificadora de capullos 413.3
clasificar la bala de yute por manojos 236.5
— las balas según su calidad 18.11
— los desperdicios 49.6
— a mano 265.2
— los trapos de seda 455.16
clavamiento de las placas 338.3
clavar 338.2
claveteado 64.4
clavija 354.1, 534.17
— ajustable en altura 537.14
— de arrastre de la bobina 552.11
— de disparo 346.7
— de fijación 497.11
— en el guía-hilo 528.10
— de hacer paquetes 577 11
— de hierro 497.6
— oval 558.10
— de sección en forma de cruz 242.16
— del sector 181.2
clavo 312.11
— atornillado 312.6
— gastado 313.12
— insertado 244.2
— de punta roma para mezclar 313.2
cloroformo 463.2
cloruro de aluminio 305 16, 457.14
— amónico 316.6
— de amonio 457.11
— de calcio 457.12
— cromoso 457.3
— estañoso 457.1
— ferroso 456.12
— de magnesio 305.17, 457.13, 483.15
— manganoso 457.4
— de mercurio 459.13
— mercurioso 459.12
— metálico reductor 456.11
— potásico 272.11
— de sodio 465.5
— de zinc 457.15
coagulación de la grasa de lana 300.16
coagulado, grasa —a 300.18
coagulador, propiedad —a 464.5
coagular la solución por sulfato de amonio 468.14
coagularse (grasa de lana) 300.17
cobertura de cilindros 119.16
cobre 61.10
cocción parcial 434.8
cocimiento de corteza de encina 419.16
— de plantas gelatinosas 316.13
cocina de acondicionar calentada por gas (por vapor) 616.14.15
— para hervir los capullos 418.12
codo 39.8
— de la silleta 106.14
coeficiente 603.12
— de rozamiento 47.3
— de torsión 9.2
coger las capas de fibras 21.5
— el hilo de colodión con unas pinzas 461.5
cojinete 105.6, 360.1
— del árbol del carro 94.13
— de bolas 355.5
— de bolas de la linterna 158.9
— movible 289.15
— del tambor 56.8
cola 117.7
— de almidón 117.18
— de carpintero 117.17
— dura 117.15
— fuerte 71.12, 117.17
cola para paño 117.10
— de pescado 333.2, 471.2
— rápida 117.11
— tenaz 117.12
cola en forma de espátula 236.10
— de la fibra de yute 236.9
— del lino 211.9
— de la mecha 375.11
— de milano 43.6
— del pedal 34.8, 43.8
— de puerco 524.4, 545.8
— del vellón 265.16
colapez 333.2
colchar para calabrote 501.2
— una cuerda 500.4
colchón 198.8, 325.3
— formado arrollando el velo 324.13
— formado por la superposición del velo 325.1
colector de aceite 360.4
— de cobre 113.5
— de grasa 298.2
colgante 33.3
colgantes 28.11
colgar la borra de seda en listones de madera 440.6
— el velo 326.21
colocación de las agujas de un modo regular 87.2
— de los carretes 128.4
— de la guarnición 63.1
— de los manojos de yute 239.8
— de los pianos 359.15
— de los pianos a los husos 158.12
— de la tela de batán sobre el cilindro desarrollador 50.11
— en tresbolillo 551.2
colocador de bobinas 3.6
— de correas 3.14
— de cuerdas 3.14
colocar la aleta sobre el huso 255.7
— bajo (centro de gravedad) 291.2
— la bala derecha 17.13
— la bala en pie 17.13
— el carrete en el husillo 128.5
— el carrete sobre el huso 255.9
— los carretes en la fileta 97.7
— las hebras de seda separadamente en la devanadera 421.15
— los manojos de yute en capas 239.9
— los pianos 359.16
— los pianos de los husos 158.13
— las silletas sobre los cilindros de presión 143.9
— la tela 41.8
— la tela de batán sobre la carda 50.12
— las trocas en el plato de la prensa 577.17
colodión acético glacial 459.5
— acetona 460.3
— muy flúido 462.12
— en lana 457.18
— propio para la hilatura 459.6
colofonia 117.20
color del algodón 13.9
— al alquitrán 16.8
— no atacado 403.3
— base 311.4
— de los capullos 414.14
— para combinar 311.5
— defectuoso 236.14
— matriz 311.4
— mezclado 194.6
— natural obscuro 427.21
— perdido, de 236.14
—, según el 399.12
columna 505.13
— de la fileta 188.12
collar 39.10
— de ajuste 95.14
— en el árbol 533.6
— de latón 156.11
— de la púa 555.1
collarín 116.9, 123.2, 130.16, 176.10, 354.13
— del árbol del tambor desarrollador 358.14
— de bronce 351.10, 354.16
— para el extremo del árbol de la linterna 192.8
— del huso 130.2
collarín loco 178.1
— móvil 116.4
combado, bobina —a 519.1
Combe, polea extensible 224.8
combinación de color libre de motas 311.1
— de cuerdas redondas por cosido 512.2
— del churre y de la grasa de la lana 272.7
combinado, grasa (no) —a 272.2, 274.2
—, químicamente 468.1
combinar varias barcas en una sola máquina 279.10
comerciante de lino 210.8
— en seda 412.20
comienzo del hilado 155.4, 175.6
compacto, seda —a y elástica 427.14
compartimiento 27.12, 244.14
— de engrase 239.6
— de humedecer 572.17
— de mezcla 22.10
— del sumergidor 282.3
compensación de la presión 572.13
compensador, aparato — a cuñas 74.4.5
compensarse mutuamente (momentos de rotación y de fricción) 149.7
componente del churre 272.8
— vegetal 402.2
comprador de lino 210.10
compresor 130.11, 452.5
— colocado en el sentido de (en la dirección contraria a) la rotación 130.12.13
—, mecanismo 45.11
comprimido, aire 455.10
—, algodón 20.2
comprimir la tela 45.10
comprobar el contenido del baño ácido 303.12
—, máquina para— los cilindros 120.3
compuerta basculante para el polvo 27.13
compuesto amoniacal 276.17
— de cal 270.12
— del cloro 305.15
— de cuero 64.15
— de magnesia 270.11
— rico en carbón 120.12
cóncavo, punta —a 174.6
concentración de la solución por vaporización 305.18, 471.7
concentrado, lejía —a 275.18
concéntrico, ajuste 554.14
condensación del velo 327.6
condensador 298.4
— de cintas 330.7
— de cintas de cuero 203.13
— de correhuelas 203.13
— de seis juegos de manguitos sencillos 333.9
— de retroceso 298.7
— de vapor 294.1
— del velo 330.5
condensar el velo 59.16, 327.7, 453.6
condición de la seda 427.2
— uniforme 425.3
— hilable, baja 406.13
conducción de las aguas según el principio de contracorriente 280.8
— de calor 294.15
— del carro 345.2
conducir la lana a través del baño 283.16
conducto de admisión 291.9
— de agua 461.4
— del algodón 38.14
— de chapa 84.4
— de humos 306.16
— recojedor de iodo 279.9
— de los tubos 361.4
—s de aire 575.8
conductor 247.14, 250.13
— eléctrico 113.4
— de la lana 286.9
conduita sobre el árbol de detrás 163.7
— de subida del carro 163.7
—s de salida del carro 177.6

cónico a las dos extremidades, huso . . . 145.8
conmutador. 113 5
cono 43.12, 255.16
— de agua atomizada . 574.6
— de arrollamiento . . 155.12
— de cuero 187.3
— doble de fricción . . 527.3
— de embrague exterior 158.1
— de fricción recubierto de cuero 158.3
— de fundición 289.9
—-guía 528.2
— hendido 332.14
— hueco, en forma de . 534.5
— inferior 136 8
— de papel comprimido 289 8
— de poleas . . 337.14, 565.1
— superior . . . 136.7, 149.3
— superior de la husada 167.11
conos 34.7
— deslizantes 224.9
consistencia de la pasta 117.14
constante de cardado . 49.20
consumo de fuerza, exceso de 148.11
— de jabón 277.8
— de lana 264.4
— semanal de algodón . 18.14
contacto eléctrico . . . 423 6
contador . . . 389.2, 611.15
— de agulleres 358.4
— de la alimentación . 346.19
— del aspa para un número fijo de vueltas 563.19
— automático 389.5
— de campanilla 223.14, 249.10
— de madejas. 133.11
— de mecha . . 207.3, 611.6
— para un número variable de vueltas . 563.20
— de revoluciones de los husos 133.10
— de torsión 9.11, 207.4, 348.3
contar las vueltas del aspa 563.18
contener álcali libre sin descomponer . . . 277.14
— grasa libre 277.15
contenido de fibra en el capullo 417.3
— en humedad del hilo 10.8
— de impurezas . . . 26 9
— inferior en ácido . . 303.15
— de jabón. 277.6
— medio de agua . . . 287.7
— en sericina 417.1
— de la tolva. 30.2
conteniendo sales metálicas 419.8
continua (v. t. máquina continua) 11.12, 138.2, 139.2
— de aletas 11.13, 138.3, 139.3
— de aletas con husos muertos 233.12
— de anillos . . 11.14, 138.4
— de anillos con portapúas oscilante . . . 391.8
— de anillos para seda 452.9
— de anillos para trama 154.12
— de anillos para urdimbre 154.15
— de campanas 392.5
— de fantasía. 561.3.4
— de hilar con agua fría 226.2
— de hilar de aletas. . 225.3
— de hilar de aletas para estambre 390.16
— de hilar de anillos . 141.16, 226.7, 341.9
— de hilar de anillos para estambre 390.17
— de hilar de anillos para hilo de pasta de papel 479.6
— de hilar de anillos con juego de falsa torsión 342.1
— de hilar de arañas . 341.7
— de hilar de botes giratorios 208.1
— de hilar de dos caras 257.2
— de hilar Chapon . . 209.12
— de hilar en mojado . 225.3
— de hilar en seco . . 225.4
— para hilos nudosos de Martin 559.2
— con una sola linterna 144.9
— con dos linternas . . 144.10
— de retorcer de anillos con una sola (con doble) linterna . . 550.6.7
continua de torcer de aletas 545.5
— de tubos 392.5
continuo, acción —a . . 83.12
contracción de acortamiento de la fibra . 101.3 n
— del hilo durante el retorcido 541.16
contracorriente 280.8
—, principio de 295.11
contra-cuerda . 169.13, 177.10, 359.7
contraerse (cordón) . . 499.17
contra-espiral . . 169.11, 349.15
contraído, hilo 434.17
contramaestre 1.17
— de cardas . . . 4.7, 75.17
— de hilatura de algodón 137.8
— de mecheras 2.6
contra-manivela 292.6
contramarcha de techo. 359.23
contrapeso 39.2, 133.1, 257.14, 258.8, 328.5, 613.15
contrario, dirección —a 57 5
contratado, calidad —a 14.18
contratista 1.14
conversión de los números 603.10
convertir las barbas en telas 450.16
— la fibra de yute suave y blanda 237.7
—se en vellosa al hervir (seda) 434.16
convexo, alambre . . . 65.18
copa 392.7
— de aceite. 295.10
— de derrame. 281 8
copal pulverizado . . . 458.19
copo 25.13, 49.16
copos de borra 195.8
— de fibras 25.2
— sucios 194.20
corcha para calabrote . 501.1
— para guindaleza. . . 500.3
corchado, cuerda —a para calabrote . . . 501.3
corchar para calabrote. 501.2
— una cuerda. 500.4
corcho 146.8
cordaje acabado. . . . 507.16
— (no) alquitranado . 508.18.21
— blanco 508.21
— cosido 512.1
— humectado 507.10
— negro 508.18
— pulido 507.12
— rectangular de varias secciones 511.7
—s torcidos 494.18
cordel . 493.17, 577.15, 580.11, 592.16, 593.10
— de albañil 593.12
— para atar sacos. . . 593.9
— de cáñamo . . 512.7, 593.11
— de la corredera . . . 593.24
— de disparo 549.8
— del freno. 545.10
— de látigo 593.13
— de sonda. 593.23
cordelería. . . . 494.13, 503.11
— mecánica. 501.11
cordelero 494.6
— a mano 494.7
cordería 494.13
cordón 493.16, 580.10
— de alambre. 594.2
— central. 509.6
— doble 11.4
— flojo 499.15
— fuerte 499.16
— grueso 493.17
— de x hilos 594.3
— de los husos 341.13
— trabajado igualmente 594.6
— impulsador 11.3
— de pasamanería. . . 593.16
— piano . 341.13, 356.3, 359.8
— piano trenzado . . . 359.10
— sencillo 10.18
— torcido a la derecha 510.4
— torcido a la izquierda 510.5
— de torsión derecha . 594.5
— de torsión izquierda 594.4
cordoncillo de seda . . 586.19
cordónes 503.12
Cornet, máquina de hilar estambre 392.9
corona de acoplamiento 127.4
— dentada que soporta los peines 219.7
corona del diferencial de sol y planeta . . . 134.11
— del freno de desapuntado 161.8
— giratoria de cobre. . 360.13
— loca del desapuntado en el árbol motor . 161.9
— (numero) 68.6
— de púa 431.19
— de púa Bertholon. . 432.3
— del puente 55.12
— de la rueda 281.2
— del sector 350.13
correa abierta. 24.5
— de los cilindros desborradores 324.8
— de los conos . 28.12, 43.18, 255.17
— cruzada 24.5
— doble 182.6
— con pesos desiguales 183.1
— sin fin 441.16
— de unión. 149.5
corrección de la platina 175.1
correcto, posición —a del carrete 97.4
corredera . 55.6, 73.12, 99.10, 125.7, 361.6, 379.6
— para ajustar la distancia 392.13
— de la horquilla . . . 324.10
corredizo, tuerca —a. . 181.14
corredor 150.6, 552.3
— de acero 150.7
— de aguja 392.3
— de doble brazo . . . 150.13
— de bronce 150.9
— de latón 150.8
— ligero 150.10
— para máquinas de retorcer en mojado (en seco) 552.6.7
— de oreja 552.8
— pesado. 150.11
— de resorte 529.13
— que tiende 141.18
corregir la platina. . . 175.2
correhuela 204.11
—s cruzadas 330.9
correr bien 390.5
— difícilmente 390.8
— fácilmente 390.7
— flúidamente 390.7
— mal 390.6
— pesadamente 390.8
corriendo a derecha . . 68.17
— a izquierda. 68.17
corriente de agua . . . 285.6
— de aire causada por el volante 323.1
— de aire comprimido . 478.3
— de aire húmedo. . . 578.1
— continua, motor de . 157.8
— eléctrica 112.9
— inducida 360.15
corrompido, trapos —s . 396.21
corronero 120.1
cortado de los puntos defectuosos 455.2
—, lino 211.3
cortador 328.10
— longitudinal . 481.11, 489.4
— longitudinal con un solo árbol (con dos árboles) de cuchillas 481.12.13
— longitudinal con árbol de cuchillas y cilindro de gargantas. . . . 482.14
— longitudinal con dos cilindros de gargantas 483.8
— de la tela 321.15
— de yute 242.13
cortadora mecánica . . 242.15, 244.3
— mecánica para cáñamo 231.15
— de yute 242.14
cortar en ángulos rectos (fibras) 243.4
— los bordes salientes del paño 118.8
— los cabos arrollados en el árbol 196.12
— las capas verticalmente 197.7
— el colchón 321.13
— la lana de la pila por capas verticales . . 311.8
— el lino 211.1
— el manojo de yute . 242.12
cortar los ojales. . . . 400.9
— el velo entre dos peines 444.7
— en tiras 481.10
— las tiras de piel según la longitud del cilindro 118.19
corta-uniones, aparato de 354.3
corte. 67.14
— brusco del hilo . . . 606.22
— del cáñamo 231.11
— central para la clavija de arrastre de la bobina 552.11
— cuneiforme 354.5
— de la estopa larga . 232.11
— de las fibras largas de yute 242.9
— de la hoja de papel en tiras 481.9
— del lino 210.21
— a mano 231.12
— de los manojos de yute 243.9
— de las orillas 400.14
— de la púa de la guarnición 338.12
— del velo 330.6
cortes . . 101.21, 108.2, 169.2
corteza de encina . . . 419.16
— de quillaja 278.2
cosido de cuerdas yuxtapuestas 512.3
—, cordaje 512.1
costilla del soporte . . 324.5
costuras 400.15
— de Tibet 407.18
Cotton, disposición de los rastrillos . . . 215.10
crapodina 122.17, 131.3, 177.14, 553.3, 354.14
— de bronce 355.1
— de corcho 146.8
— de loza 128.13
— de porcelana 128.15
— de vidrio. . . 128.14, 544.4
— de vidrio atacado con ácido 128.16
creciente, circunferencia — del carrete . . . 585.9
cremallera . . . 343.11, 566.15
— doble 506.10
— móvil del carro. . . 190.13
— de retención 608.4
— vertical 136.11
crenol 588.11
crespón. 584.19
criba cilíndrica 476.14
— cilíndrica con secciones longitudinales . . . 477.2
— longitudinal 476.15
— con tiras de caucho. 477.6
cribado del amianto . . 490.6
Crighton, abridora 34.11, 37.3
crin artificial 588.11
— de caballo 493.2
— de la cola 493.3
crisálida 417.7
cristal fibroso 489.12
cristalería. 467.10
crítico, grado — de la torsión 9.9
cromato de potasa . . 316.5
Crossley, peinadora . . 446.13
cruce del hilo 351.13
crucero de brazos de la devanadera 566.13
cruceta 292.1
crudo, en. 13.4
crujido de la seda . . . 427.7
crujiente, tacto 427.6
cruz del árbol de tiempos 394.3
— de la devanadera . . 566.13, 567.6
— de expansión para manguitos de cuero 332.17
—, en forma de 242.16
cruzado 155.15
— (tejido) 64.24
— de algodón 65.4
— de la capa durante el descenso. 552.1
— del centener entre los troquillones 564.3
— de las correhuelas. . 330.8
— doble 422.7
— del hilo 517.10
— sencillo 422.6
— de los velos 327.8
—, arrollado 204.10
cruzador, aparato — Bergier 422.13

cruzador, aparato — Martin 422.10
cruzamiento de las cintas 386.19
cruzante, parte — de la capa 155.15
cruzar las hebras de seda 422.5
—se con las espiras descendentes (espiras ascendentes) 551.14
cuadra de aspeado . . 562.9
— de batido 442.6
— de empaquetar . . . 576.8
— de peinado de lana . 376.14
— de rastrillado del lino 211.13
cuadrado, agujero . . . 121.3
cuadrante (v. t. balanza, romana) . . 170.7, 350.5, 387.10
— dentado 547.2
— graduado. . . 100.5, 613.19, 614.10
— de numeración 603.2, 613.13
cuadro del cilindro . . 394.1
cuarto de borras . . . 22.14
— de engrase 239.3
cuba 283.1
— de alimentación. . . 284.6
— de asperón 304.10
— de blanqueo 287.1
— de cemento 304.7
— de desengomado . . 433.1
— de impregnación de hojas de pizarra . . 304.8
— de lavado 439.5
— de madera 304.5
— de madera revestida con plomo 304.6
— perforada 283.14
— de vidrio 304.9
cubierta 444.6
— del cepillo 88.3
— del cilindro de presión 115.11
— del cojinete 94.13
— de cuero del cilindro 118.11
— de chapa. 195.12
— de franela 78.10, 115.13, 117.3
— de madera provista de felpa 108.10
— de paño 117.2
— del tambor 31.9
— del volante. 323.9
cubierto de cuero . . . 115.12
—, ánima —a 595.4
—, carda —a 221.12
cubo de garganta de la rueda 497.12
— de la pinza 98.7
cubrimiento del ánima . 595.2
— del cilindro con esmeril 70.17
cubrir el ánima 595.3
— el cilindro con esmeril 70.18
— el cilindro con paño. 116.18
— de nuevo con cuero el cilindro 110.3
—se del hilo de fantasía (hilo de ánima) . . 560.2
cuchara 111.11
—-coladera 418.16
cuchilla 118.9, 368.6
— de acero ajustable . 429.8
— circular . . . 482.11, 483.2
— a lo largo 481.11
— oscilante 603.8
— purgadora 429.12
cuchillo. . . 27.9, 36.3, 118.2, 119.3, 358.11, 406.2
— del brazo doble. . . 535.2
— circular dentado . . 478.5
— depurador 78.7
— desborrador 213.16
— de desguarnecer . . 389.11
— desmotador. . 78.7, 199.6, 381.4
— en forma de hoz . . 231.13
— en forma de media luna 400.16
— hundidor 381.4
— longitudinal 312.14
— con la punta curvada 196.14
— para quitar el cuero usado 389.11
— romo 382.18
cuello 130.15
— del cilindro. . 110.1, 393.12
— corto 130.16
— largo 131.2
— de la púa 555.1
cuerda . 493.18, 593.17, 594.13
— de abacá. 592.7
cuerda achicada 594.11
— de algodón 592.8
— de amarra 594.1
— de amianto. 595.8
— de *x* cabos. 594.14
— de cabrestante . . . 596.24
— de cáñamo . . 592.4, 593.18
— de cáñamo de Manila 592.7
— cargada con pesos para fondear las redes de pescar 596.12
— compensadora . . . 169.13
— con contrapeso . . . 181.6
— corchada para calabrote 501.3
— de *x* cordones . . . 594.14
— de crin de caballo . 507.5
— cruzada 169.14
— cuadrada. 597.9
— de cuero. 592.10
— debilitada por el alquitranado. 508.22
— doble para las dos linternas. 550.11
— de embalar. 593.20
— engrasada 359.12
— de entrada del carro 169.12, 206.7, 359.5
— de envergadura . . 596.8
— de extender 593.21
— de frenaje 140.10
— freno de los carretes 258.2
— de garrucha 596.9
— de izar 596.17
— de lana de madera . 595.7
— de mando 98.16
— de mando del carro . 503.2
— de mando para el carro de bobinas. . 504.3
— de paja 595.6
— de polea 596.9
— rectangular. 597.8
— de reloj 593.22
— de retención 177.10
— de salida del carro 206.6, 359.6
— saturada de alquitrán 508.19
— de selfactina 359.4
— sin fin 503.1
— tensora 359.7
— trapeciforme 597.10
— trenzada 597.7
— de tripa 497.5
— usada de cáñamo . . 507.6
— vieja de cáñamo . . 507.6
— del volante. 353 2
— de yute 235.4
cuerdas de las espirales 359.9
— de pelo 514.1
— yuxtapuestas 512.3
cuerdecita 593.15
cuerno 184 7
— de buey 497.13
— pulverizado. 120 13
—s de ciervo 125.6
cuero 64.11
— artificial para cardas 64.20
— curtido al roble. . . 332.4
— de esmerilar 340.4
— frotador 387.15
— gastado por el uso . 185.8
— de lana 389.14
— para manguitos frotadores 332.2
— rugoso 97.14
— sin fin 98.5
— de vaca 64.14
—, compuesto de 64.15
cueros frotadores 331.13, 478.11, 479.2
— frotadores impermeables revestidos de caucho 479.3
cuerpo rico en carbón . 120.12
— cilíndrico 519.8
— del cilindro. 203.1
— de la husada 543.15
—s extraños 24.12
cuidado de la continua de hilar 158.11
cuidadoso, tratamiento. 38.4
cuidante de cardas . . 4.6
cuidar los hilos que se plegan 424.14
culo de la husada . . 175.16, 527.17, 543.14
cultivador de lino . . . 210.7
cuneiforme, corte . . . 354.5
cuña . . . 73.13, 332.15, 497.7
— de acero 213.2
— compensadora . . . 73.7
cuña, en forma de . . 180.14
cursa accionada por disco de fricción. 530.1
— ascendente 531.10
— axial progresiva. . . 517.2
— axial de vaivén . . 516.17
— del carro. . . 214.7, 345.1, 551.10
— del cordón 144.7
— creciente. 334.2
— descendente 531.11
— (ajustable) de los frotadores 334.3.4
— inclinada de la cuerda motora 349.10
— de las mordazas . . 215.5
— del porta-aros . . . 151.7
— del rail porta-aros . 551.10
— de la tuerca del sector 172.3
— variable 144.1
—, doble — del porta-, aros 151.9
curso del carro 164.10
— curvilíneo 510.13
— del husillo 510.14
cursor 137.20, 150.6
— de latón 226.10
curva del balón . . . 152.14
— balónica . . . 152.14, 226.13
—s rápidas, en 351.15
curvado 475.11
curvadura de las palas en el mismo sentido (oppuesta al sentido) de la rotación . . . 45.4.5

Ch

chamuscado de los hilos 455.4
—, hilo 455.13
chamuscar el hilo . . . 455.5
chapa 553.12
— acanalada 52.3
— de acero 93.8
— obturadora del tambor metálico 48.9
— ondulada. 52.3
— perforada 32.5
— de zinc 239.7
chapón 51.6, 79.11
— con desborrado automático 53.2
— desborrador superior 95.12
— fijo 52.6
— de fundición 77.7
— giratorio 53.7, 54.7
— guarnecido 53.13
— sin guarnición . . . 53.12
— de hierro fundido . 77.7
— limpiador 108.9
— limpiador superior . 95.12
— de madera 77.4
Chapon, continua de hilar 229.12
Chardonnet, aparato para hilar 461.1
—, máquina de hilar. . 460.16
—, máquina de retorcer 431.14
—, procedimiento . . . 456.10
—, seda 456.5
charnela 27.14, 133.3
— de compensación . . 133.5
— de cinco ruedas. . . 133.4
—s, tapa de 79.3
chaveta 535.4
cheviot. 397.3, 583.23
chimenea de vapor . . 297.4
china grass 261.3
chocar (balones). . . . 152.16
choque del carro . . . 191.11
chorro de agua bajo presión. 477.15
— de aire 384.6
— divisor. 477.13
—s cruzados 103.15
churre 272.1
— ceroso 274.9
churrina 300.3

D

dar una torsión falsa . 331.10
David, dinamómetro. . 607.7
débil, fibra 14.5
—, lejía 464.15
debilitado por el alquitranado 508.22
decantación de un líquido 462.3
decigramo 600.24
decímetro. 600.8
decocción espumosa . . 278.1
decorticado de los tallos 261.4
dedales. 398.13
dedo 172.11, 533.7
— ajustable 205.11
— de embragar 353.15
— fijo 549.10
—-guía 349.4
— de presión centrífuga 130.11
— de retención 180.8
— de la subida 445.7
— tensor de la cadena. 547.8
defectuoso, bobina —a . 133.16
—, desarrollo 41.16
definitivo, torsión —a . 154.4
deformado, la mordaza está —a 84.12
Deiss, tira de acero con puntas 62.8
—, montura de la guarnición 62.7
dejar el algodón en la mezcla 25.5
denominación de la lana 266.12
densidad de los alambres en la guarnición . . 68.4
— del material 64.8
dentado cónico hiperbólico 343.2
— exterior (interior) de la linterna. 256.10.11
—, manguito 531.4
depositar el algodón en estado abierto . . . 24.15
— la borilla. 322.10
—, dispositivo para (fibras) 383.13
—se en ángulo recto con la longitud del velo (fibras) 327.16
depósito de aceite 148.2, 241.9, 317.2, 361.16, 553.1
— de aceite destornillable 146.12
— de aceite de quita y pon 147.8
— de aceite con rosca multiple 146.11
— de aceite separable . 553.7.8
— de ácido 303.18
— del ácido clorhídrico 402.17
— agitador 476.10
— de agua 241.8, 294.2, 570.14
— de las aguas de churre 299.9
— de agujas 86.15
— basculante con fondo móvil 200.10
— de batir 420.9
— de carga 423.11
— cerrado 242.3
— de clarificación . . . 299.19
— de descomposición . 300.1
— de devanado 423.12
— de hierro forjado . . 286.1
— inferior 242.2
— de lejía 439.2
— lleno de polvo de turba 299.11
— de polvo 201.7
— de la solución 298.2
— de suavizante 317.2
— de tubos 361.8
depuración del agua. . 270.20
— del algodón 26.3
— del amianto por vía húmeda (por vía seca) 490.2.5
depurar la borrilla. . . 453.1
derecha, corriendo a. . 68.17
—, peinadora de mano 83.5
—, torsión a la 153.14
derivación de la electricidad 570.2
Déru, elevador 281.1
desacidación 403.6
desacidado, trapos —s . 403.7
desacidificación 403.6
desacidificado, aceite . 148.9
desagregación del algodón 25.11
— de los desperdicios de hilatura 195.4
— de las fibras 230.16
desagregado del algodón comprimido 20.2
— del amianto por vía húmeda (por vía seca) 490.2.5

desagregado de la borra 442.9
— de la estopa 220 10
— de las fibras de yute 247.2
— de los mechones de lana en fibras sueltas 318.7
desagregar el algodón 25 12
— la borra de seda 440.1, 442.10
— los copos en fibras elementales 49.17
— las fibras de yute 247.4
— los haces de fibras 7.5
— la lana 310.14
desaparición de la mezcla en el batuar 311.9
desapuntado 159.12, 165.6, 343 16
—, hilo 165.14
desapuntar el hilo 165.5
desarrollar una bala redonda 19 19
— la madeja 424.12
—se difícilmente (carrete) 97 5
desarrollo de la cadena 350.12
— defectuoso de las telas 41 16
— fácil de cada tela 41 15
desbastado 212 16
—, cáñamo 496.1
desbastador 212.17
desbastadora 212 18
desbastar el cáñamo 495 18
desborrado automático 53 2
— del chapón 52.7, 57.9
— de los cilindros 203.2
— de las guarniciones 75.1, 340.6.7
— de los limpiadores 109.5
— mecánico 340.18
— neumático 370.13
desborrador 250.8, 443.3.11
— automático para chapones giratorios 57.10
— de cardas, operario 75.10
— del cilindro alimentador 90.2
— de los cilindros de arranque 90 6
— a mano 75 5
— de peines 216 1
—, guarnición —a 340 17
desborrar la carda 75.2
— el chapón 52 8
— los erizones 389 6
— la guarnición 57.8
descarga automatica 38.13
— de la cámara de vaporizado 572.4
— de carda 203.3
— de la grúa 168.11
— del hidro-extractor 305.2
— de las mermas 446.2
descargas de carda 194.17
— de chapones 194.18
— del tambor 194 19
descargador (de la carda) 200 1, 250.8
— (de la peinadora) 86.7, 88 9, 94.8, 97.17, 446.6
— de cardas, operario 4.10, 75.10
— del volante 51.13
descargamiento de los pesos 107.2
descargar la grúa 168.12
— la guarnición 57.8
— el marco de prensas 445.18
descendente, cursa 531.11
—, espiral 351.12
descender (barreta) 379.13
— (báscula) 200.11
— (plato prensador) 578.4
— (plegador) 165.16
descenso del chapón 53.5, 55.3
— del peine rectilíneo 378.4
— del tambor 56.12
— del plegador 165.15
descentrado, girar 202.18
descolorado, trapos —s 398.3
descolorar 401.12
descomponer (grasa) 300.14
descomposición del compuesto de cloro 305.19
descortezadora de ramio (máquina) 261.5
deschurrado de la lana 271.17
deschurradora 272.18
— Malard 365.6
deschurrar la lana 271.18
desdoblar la grasa 300.14
desecación absoluta 615.10
— por aire caliente 417.16
— de los capullos 417.10
desecación completa 615.10
— entre ciertos límites de temperatura 417.12
— de los pelos 514.13
desecado, hilo 467.16
desembalar 18.5
desembragado 346.17
— separadamente 521.6
desembragar 346.12
— el bote de hilar 470.10
— la púa de la aleta 547.13
— el trinquete 357.14
—, mecanismo de seguridad de — la entrada del carro 170.1
desembrague de la fricción 163.10
— del gatillo 185 5
desencajar el gatillo 256.4
desenclavamiento del gatillo 346.14
desenchufado de los cilindros acanalados por palancas 121.7
desenchufar, aparato para — cilindros acanalados 121.4
desengatillar 256.4
desengomado de la borra de seda 436 14
— de la hilaza 261.8
— de la schappe con agua hirviente 436 18
— de la seda 432.14
desengomar la schappe con agua hirviente 436.17
— la borra de seda 436.15.17
— la borra de seda con jabón 437.1
— los desperdicios de seda 472.7
— la seda 432.15
desengrasado 385 6
— por álcalis y agua 275.9
— de la lana 273 13
— con orina podrida 276.15
— químico 297.9
— por saponificación 275.3
desengrasador, aparato 298.1
desengrasar la lana 273.14
desengrase de la lana 273.13
desenredador, aparato 373.2
desenrollarse (hebra de capullo) 421 6
desequilibrado, palanca —a 180 7
desfibrado de los cabos 404.3, 405 9
desfibrador de trapos de lana 403.12
desfibradora 405.10
desfibrar el amianto crudo 490.7
— los cabos 404.4
desfieltrador 372.16
desgarrado de la tela 321.14
— de las fibras de lana 369.6
desgarradora de yute 244.9
desgarrar las capas de fibras 21.6
— las fibras de yute 243.2
— el yute largo para formar estopa 244.8
— el vellón 265.13
desgarro lento 606.23
— progresivo 606.23
desgastado, regla —a 174.4
desgastarse (cintas de acero) 331.7
— al ser esmerilado 69.15
desgaste de las cintas de acero 331.8
— por el esmerilado 69.14
— irregular de los cuellos del cilindro 202.17
desgomado de la hilaza 261.8
deshilachado sin aceite 403.14
— en mojado 403.18
— en seco 403.15
— de los trapos a mano 403.9
deshilachador de algodón 197.14
deshilachadora de trapos 404.5
— de trapos en seco 403.17
deshilachar los trapos 404.2
designación de la lana 266.12
desigual, hilo 605.21
—, de longitud 535.13
—, platina 175.3
—, un poco 605.20
desintegración de la madera en fibras por curvado y hendido 475.11
desintegración de la madera hervida 476.8
deslizador 185.10
deslizamiento del freno 347.10
deslizante, barreta 373.6
desmenuzamiento de las capas de algodón a mano 20.1
desmontable, fileta 569.1
desmontado de los trapos con ácido crómico 401.13
desmontar el color 401.12
desmotado químico 301.1
desmotador de lana (obrero) 366.15
—, cilindro 321.2
—, cuchillo 78.7
—, mecanismo 367.6
desmotadora de lana 367.1
— mecánica 367.8
desmote de las barbas 450.14
— por vía húmeda 302.11
— de la lana larga 366.13
— mecánico 367.2
— con vidrio soluble 369.7
desnaturalizado, aceite 314.20
—, alcohol 458.6
desnudo, púa —a 515.9
desperdicios 31.15, 398.5
— de algodón 194.13
— de algodón egipcio 194.15
— de algodón de jumel 194.15
— de aspeado 398.19, 424.9
— de bobinuar 398.16
— de borrilla 453.16
— con botones gruesos 96.7
— de cáñamo 228.9
— de carda 194.16
— de cinta de lana de cubrir los cilindros de prensa de la lavadora 399.1
— de clasificación 236.13
— de cuero 120.14
— de fibras de yute 258.11
— del gran tambor 78.14
— de lino 212.13
— de mecha 398.14
— de peinado 398.10
— de peinado de ramio 262.9
— de la peinadora 82.7, 100.1, 374.19, 452.14
— de seda 412.19
— de seda natural 472.6
— de tejedura 398.18
— de trama 398.21
desplazable, broca 534.6
desplazamiento automático 517.5
— de la cintra cónica 54.1
— de la correa 43.14
— de la cursa del guiahilos (regulado por el grueso de los hilos) 517.3.6
— horizontal 54.3
— de una mitad de la polea extensible 251.1
— de las mordazas 215.6
— radial alejándose del centro del tambor 56.1
— radial hacia el centro del tambor 55.13
— uniforme 517.4
desplazar la cintra cónica 54.2
— las mordazas 215.7
— las plantillas 352.9
desplegado, buen 155.18
—, mal 155.19
—, manojo 236.2
desplegar la madeja 424.12
— el vellón 265.7
—se doble (tela) 50.14
despliegue del vellón 265.8
desprendedor 328.10
—, cilindro 200.9
—, peine 204.2
desprender la estopa de las agujas 213.17
— el velo de la superficie del peinador 59.17
desprendido, mecha —a 378.8
desprendimiento del velo en hojas 201.5
destilación de la solución grasienta 298.11
destilar la acetona sobre cal viva 460.7
destorcedura del hilo a mano 9.12
destorcer 501.5
— el manojo de yute 236.1
destorcerse (hilo) 569.15
destorcido de los cordones 500.6
— de las trenzas 514.14
destornillable, depósito de aceite 146.12
destornillado de la aleta 141.5
destornillar la aleta 141.4
destreza manual 10.14
destrucción de la crisálida 417.7
— de los residuos vegetales 301.5
destructor, efecto 302.13
destruido, mechón 269.7
destruir los colores 403.5
— la crisálida 417.8
— el mechón en el lavado 269.6
desuardador de lana 284.12
desuntado físico 366.9
— por medio de agua 366.9
desuntadora Malard 365.6
desviación del inducido 360.16
desviador, mecanismo — de la correa 357.1
detalles 121.12
deterioro del yute húmedo por la fermentación 236.19
determinación del alargamiento 608.17
— del grado de humedad 615.5
— del número 603.11
— del percentaje de borras 100.2
— de la proporción de grasa 299.15
— de la torsión 9.10
determinar el contenido de sosa 276.4
— la humedad del hilo 615.4
devanadera 12.16, 423.2, 566.1
— (del apritoio) 37.4
— (del batán) 40.10
— de caña 569.6
— desmontable 611.16
— para desplegar 424.13
— expansible 567.3
— frenada 522.13
— hexagonal 565.5
— de linterna 569.7
— plegable circularmente 566.2
— plegable a lo largo 566.3
— con puntas 47.18
— de dos reglas 40.11
— para seda artificial 473.3
— de varillas 569.5
devanado 12.14
— a ² cabos 421.5
— cruzado 565.13
— del hilo por la punta de la husada 556.9
— de la husada 516.5
— lateral del hilo 556.10
— de la madeja 516.6
— perfecto 421.3
— por la punta de la bobina 153.10
— en seco 421.16
— de la seda artificial 473.1
— en troquillones 12.19
—, aparato de — automático 423.3
—, fácil 560.5
devanador 562.10
— de algodón 562.12
— de lana 562.14
— de lino 562.16
devanadora 562.11
— de algodón 562.13
— de lana 562.15
— de lino 562.17
— de seda 421.1
devanar 12.15, 562.5
— el capullo en seco 421.17
— la seda 468.5
— la seda artificial desde las bobinas 473.2
— en troquillones 12.20
—se por dentro (husada) 519.15
—se por la punta (husada) 519.14
dextrina 428.15
diablo (v. t. willow) 7.8, 196.15, 197.8, 311.11, 490.8
— abridor para lana suarda 268.1
— combinado 313.3
— doble para yute 259.11
— para el polvo 401.1
— de trapos 404.5, 405.1

diagonal, alimentación 326.10
—, líneas —es 68.15
diagrama de la hendedura del tambor 524.11
diametralmente opuesto 249 13
diámetro del aro 149.16
— de la bobina llena 124.15
— de la cuerda 500.16
— de las espiras del resorte helicoidal 608.1
— del hilo 10.1
diente 36.3, 312.11
— de acero inclinado 162 1
— atornillado 312.6
— de la barra-guía 558 12
— de carda embotado 338 13
— curvado del batuar 313.11
— en forma de garra 406 8
— inclinado 243.14
— piramidal 240 14
— de porcelana 536 5
— recto del batuar 313 10
— de sierra 336.10
— del tambor 30.13
— de unión 158.5
dientes de acero 48 12
— radiales 243.13
— dispuestos al tresbolillo 30.14
diferencia en calidad 15.2
— entre la longitud calculada y la efectiva 604.11
— de temperatura 293.6
— de torsión 154.5
diferencial, juego 125.14
—, plato 347.14
—, mecanismo 125.14
—, rueda 126.3
diferente, hebras de — longitud 14.15
—s clases de algodón 18.17
diferir en calidad (balas) 18.12
difícilmente, desarrollarse 97.5
dilatabilitad, capacidad de 10.2
dilatación, capacidad de 10.2
diluído 438,11.12.13
diminución gradual del diámetro 174 11
— del peso 42 13
dinamómetro 606.24
— de Baumgärtel 607 9
— de David 607 7
— de Goldschmidt 609.2
— de Holzach 609.8
— de Hoyer 608.7
— de Poller 607 8
— de Riedinger 607.6
— de Reusch 608.11
— de Schopper 608 6
— de Wainwright 607.10, 608.5
— automático 607.5
— de balanza 607.3
— de balanza de resorte 607.4
— de bolsillo en forma de reloj 607.1
— continuo 609.6
— para cordajes 513.12
— para determinar el alargamiento 608.13
— indicador de la resistencia y del alargamiento del hilo (sencillo) 609.1.4
— de madejas accionado por motor eléctrico 609.5
— accionado mecánicamente 609.3
— para fijar en la pared 607.2
— vertical 608.5
dinero 602.23
— internacional 602.24
dirección de la alimentación 325.12
— del arrollado 153.12
— contraria 57.5
— del desplazamiento 191.2
— de las fibras al avanzar 325.15
— de formación de la tela 325.16
— invertida de la torsión 431.7
— de marcha de los chapones 57.3
— del movimiento de la rueda 191.1
— del movimiento del tablero 23.11
— opuesta a la del gran tambor 57.7
dirección de la rotación de la linterna 181.8
— de rotación de la púa 541.11
— de la salida del carro 173.9
— de la torsión 8.22, 153 11, 541.12
—, en la misma 23.2
directo, calefacción —a 306.2
director de hilatura 1.12
—-gerente de hilatura 1.11
— técnico 1.16
dirigir el cerrador 499.9
disco 603.7
— acanalado de fricción 448.11
— de apoyo de los chapones 56.14
— de arrastre 552.15
— del batidor 35.3
— contador 432.7
— desviador 282 16
— enderezador forrado de felpa 98 12
— con entallas 370 8
— escalonado para plegar distintas longitudes de troquillones 566.9
— esmerilador 70 12, 72.9
— esmerilador de Horsfall de movimiento transversal 72 8
— esmerilador con movimiento de vaivén para esmerilar lateralmente 72 13
— de esmerilar Horsfall 339 8
— excéntrico 185.3, 536 13
— fijado sobre el árbol motor 158 2
— de fricción 140.1, 233.13, 529 8, 530 8, 532.5
— de fricción enfilado en la broca 529.7
— giratorio 422.14
— giratorio del bote 76 5
—-guía 150 18
— indicador 54.11, 55 10
— indicador para el ajuste de la cintra 80.3
— de inversión 448.5
— lenticular con entalladura 421.13
—-manivela 292 3
— con muescas 370.8
— con reborde cónico 531.5
— regulador 559.14
disgregar el algodón 25.12
— los pedazos de algodón 20.4
disminución del brillo de la fibra 237.1
— de la cursa 125.13
— de la dureza del agua 270.21
— del poder fieltrante 302 9
— de velocidad 347.16
disminuir la altura de la base de la husada 167.9
— la cursa del carro 125.12
— el grueso de la cinta 100.11
— el número de las fibras en la sección transversal 100.13
— el poder fieltrante 302.10
— (viscosidad) 463.11
disolución de la grasa de la lana 274.16
disolvente la grasa 275.2
— volátil 297.10
—, hacer el alcohol 457.18
—, poder 275.1
disolver la caseína mediante un licor alcalino 471.19
— cola de pescado en el vinagre glacial 459.8
— con gases el aglutinante de las fibras de seda 438.5
— la gutapercha en el sulfuro de carbono 459.7
— la materia gomosa 225.13
— la potasa 273.6
— la sericina en agua hirviente 436.20
— la substancia intercelular 237.10
—se (colodión en lana) 462.2
disparo 521.8
— automático 535.7
— automático en caso de doblado 566.8
— automático cuando se rompe un cabo 524.3
disparo para el cilindro de presión 554.4
— de la correa 357.1
— eléctrico 112.13
— para manuares 110.12
— para máquinas de retorcer 554.3
— sensible 534.15
—, accionar el — por la corriente eléctrica 113.14
disponer las barcas una después de otra 279.14
— las barcas una al lado de otra 279.13
— el hilo en forma de madeja 562.13
disposición de las barcas en pisos 279.12
— de los barrotes para polvo 36.4
— del cordón 144.7
— de las cuerdas del carro 173.11, 177.8
— de la cuerda del volante 353.2
— del hilo sin (con) movimiento transversal adicional de la púa 532.1.2
— inclinada 404.6
— de los pasajes 103.11
— de los rastrillos, Cotton 215.10
— de una sala de mezclas 22.15
— uniforme de las fibras 7.16
— del volante 202.4
disposición de ajuste de los cilindros, Wiede 59.8
— de ajuste de los cojinetes del gran tambor 79.6
— de la alimentación de la selfactina con un par de cilindros de estiraje 205.3
— para desborrar los erizones 389.6
— mecánica de desembrague 113.15
— de Rieter para sostener y ajustar los cilindros 58.14
dispositivo v. t. aparato, juego, máquina, mecanismo
— de ajustado de las barras de arañeros 535.12
— de ajuste en cardas de chapones giratorios 79.9
— para aflojar las madejas 432.10
— de alimentación 382.15
— de alimentación de botones 590.20
— de alimentación de la carda abridora 198.17
— de alimentación reversible 40.6
— para cambiar la longitud de la cursa del guía-hilo 533.13
— de cierre del mecanismo de plegado 531.8
— para depositar y mantener las fibras 383.13
— de descarga de las mermas 446.2
— de embrague 527.4
— de ensimaje 575.1
— para la extracción de la puncha 380.2
— para formar botones con rotación intermitente de los cilindros alimentadores 559.7
— para la humectación 485.12
— humectador 488.6
— para humectar y redondear 485.1
— de inversión automática del movimiento 40.7
— de inversión del mechón 446.1
— para invertir la corriente de aire automáticamente 575.10
— de levantar la presión 94.9
— de movimiento excéntrico de las puntas 30.5
— de pinzado 384.7
— de pinzado del hilo 557.6
dispositivo de pinzado del hilo, Parr-Curtis 558.6
— de plegado 488.14
— de puente para la mudada 565.11
— para tender el hilo 522.14
— tensor con dientes de porcelana y rodillo-guía 536.5
— de tiraje por el carro 164.12
dispuestos al tresbolillo (husos) 123.4
— en zig-zag (husos) 123.4
distancia de las agujas 372.3
— de las barretas 372.2
— entre los botones 561.8
— entre los cilindros alimentadores y los de estiraje 218.13
— entre el cilindro de arranque inferior y la mordaza inferior 93.5
— entre los clavos del tambor 311.18
— demasiado ancha 105.10
— demasiado estrecha 105.11
— entre los husos 129.13, 150.5
— entre las reglas de la devanadera y la rejilla 42.19
distinta pureza, clases de 15.14
distribución de caja 291.6
— por corredera 291.6
— irregular de la torsión 154.7
— uniforme de las fibras sin paralelización 263.6
distribuidor de aire 572.18
— de caja 291.7
distribuir el líquido de engrase en lluvia fina 239.12
disuelto en alcohol 460.11
—, potasa —a 273.7
dividido previamente 478.7
dividir los cordones 500.5
— el velo 329.7
división por agujas 478.4
— cero de la escala 614.2
— por corrientes de aire comprimido 478.3
— por cuchillos circulares dentados 478.5
— de la hoja de pasta de papel en tiras en la criba 477.13
— del velo de carda 193.6
— del velo por cintas de cuero 203.12
— del velo en tiras (transversales) 329.6.10
divisor de cintas de acero 330.12
— de correhuelas 330.7
— de manojos 215.14
— múltiple 330.11
— sencillo 330.10
— de velo 193.9, 203.11, 330.5
doblado 12.6, 41.13
— de x cabos 430.8
— del cáñamo 233.1
— de las cintas 222.20
— de las cintas de carda 80.16
— compensador 326.19
— del primer estiraje 222.21
— del segundo estiraje 223.1
— del tercer estiraje 223.2
— excesivo 104.9
— igualador 326.19
— múltiple 386.13
— del peinado 386.5
— de la seda 430.6
—, hilos —s 12.9
—, parte —a de la mecha 383.7
doblador 5.9, 539.6
— de algodón 539.8
dobladora 5.10, 539.7.9
— de algodón 539.9
— (máquina) 12.8
doblar 12.7, 104.6
— las cintas 251.5, 451.16
— las cintas de borrilla 453.8
— las cintas de carda 80.15
— los hilos 515.8
— hacia atrás las púas 339.18
— la seda cruda 430.7
— las telas 41.10
doble engranaje 127.2
— fondo 285.8
— hilado 343.5
— velocidad 164.17
—, de garganta 353.12

Dobson y Barlow, aparato para el esmerilado de los chapones . . . 74.9
—, juego de escala . . 132.5
—, mecanismo diferencial 127.3
—, mecanismo de parada automática 110.14
—, peinadora duplex . 91.1
—, regulación de los chapones 54.15
driza 596.17
duela de madera . . . 116.2
— de madera con clavos de acero. 405.7
duplex, peinadora . . . 91.1.2
durable, hilo 9.22
duración de la alimentación 94.8
— de la carbonización . 307.1
— del procedimiento de lavado 268.14
dureza del aro 150.1
— homogénea 66.12
— mediana 606.1
— permanente 270.1
— del plegado 155.9
— temporal 269.22
— total del agua . . . 269.21
— uniforme 66.12
— del vidrio 74.11

E

Eastwood, lavadora de lana 283.13
ebonita 112.11
ebullición, punto de . . 570.8
ecartamiento . 68.12, 308.15
— de las barretas . . . 372.2
economía de calor . . . 294.16
efectivo, torsión —a . . 154.6
efecto del batimiento . 31.5
— del blanqueo 287.3
— de la carbonización . 301.13
— de cardado 58.11
— destructor de los ácidos 302.13
— frotador de los manguitos 332.11
— neutralizador del agua gorda 302.16
— recíproco 82.2
— regularizador del doblado 81.2
— de retención 103.4
eje de los cilindros frotadores 334.1
— de gravedad 553.6
— del huso 122.16
— de la plancha reguladora 29.11
elasticidad 66.15
— aumentada 475.9
— de la cuerda 513.4
— del material 64.9
elástico, hilo 606.3
electricidad de las fibras 102.8
eléctrico, mando . . . 157.6
—, mecanismo de disparo 112.13
electrización de las fibras durante el estirado . 102.6
electrizado, fibras —as . 102.7
electrotécnico 5.21
elemento de fibra . . . 6.13
elevador 560.9
— Déru 281.1
— McNaught 283.4
— Mélen 282.12
eliminación de los botones 400.8
— de los botones de lino 216.8
— del cobre del hilo . 467.15
— de las fibras cortas . 374.4
— de las impurezas adherentes 454.12
— de las irregularidades en el hilo 428.20
— por el lavado 309.16
— de las materias en suspensión 271.1
— de los residuos vegetales 301.4
eliminar el agua. . . . 302.4
— el agua químicamente combinada. 468.1
— el alcohol por el lavado 463.16
— el azufre 434.22
eliminar el cobre del hilo desecado . . 467.16
— el exceso de ácido . 304.20
— las últimas impurezas 49.21
— los vapores de éter . 462.11
embalado 578.6
— de los hilos 576.5
— del hilo con telas mojadas 573.13
— de las husadas (en cajas forradas de papel, en toneles) 578.8.9.10
embalaje 16.10
— del algodón 15.19
— de los paquetes de lino 217.10
embocadura 39.9
— ancha 380.6
émbolo 291.10
— de aspiración 470.3
— de presión 288.5
emborrado de la guarnición 338.6
emborrar 338.7
embotado, diente de carda 338.13
embragado 346.16
embragar 346.11
embrague de la campana de entrada . . 191.8
embudo . 111.7, 257.8, 370.3, 470.7, 484.16, 611.10
— de aceite . . 126.8, 149.2
— con aguja de acero . 343.4
— de alimentación 39.7, 196.8, 259.4
— de la cinta 51.10
— condensador . 372.5, 451.13
— para formar las capas 328.9
— giratorio 343.3, 380.8, 449.10
— giratorio para estambre 372.4
— guía 506.6
— de madera 422.12
— con núcleo interior cónico 484.12
— con ranura 208.8
— de redondear 478.12, 484.11, 485.6, 486.4
— de redondear con agujero cónico 478.13
— de salida 487.13
embutir el remache . . 61.13
emoliente, adición . . . 483.16
empalmador 3.12
— de cuerda 494.5
empalmadora de correas 3.13
empalmar la cuerda . 493.20
—se (mechones peinados) 85.13
empalme 493.21
— corto 359.21, 493.23
— de cuerdas . . 359.18, 493.19
— de herradura 494.1
— largo 359.20, 493.22
— a ojal 493.24
empapado, lana —a . . 282.11
empapar los trapos . . 401.4
— la borra de seda en una solución de sosa 437.10
empaquetado en balas . 578.6
— de los hilos 576.5
— de las madejas . . . 576.9
empaquetador . . . 5.3, 576.7
empaquetadora . . . 5.4, 576.11
empaquetar los hilos . 576.6
emparrillado 259.3
— debajo del gran tambor 79.1
empezar el arrollado del hilo 133.20
— a hilar 155.3
— la mudada . . 175.7, 256.13
— una nueva mudada . 352.12
empresario 1.14
empujado de la husada a la punta del huso 175.13
empujar la husada a la punta del huso . . 175.12
empujar la lana (rastrillos) 283.11
empuje ascensional de la lana 282.9
empunte 170.2, 352.10
emulsificación 275.4
emulsión de agua y aceite 238.14
encajado, espiga —a . . 543.10
encajes 400.11
encanillado sencillo . . 12.5
— de la trama 12.2
— del urdimbre 11.18
encanilladora 12.4
encanillar (trama) . . . 12.3
— (urdimbre) 11.19
encanillera 12.4
encargada del alisado . 385.19
— de devanado 421.2
— de los gills 372.13
— de los manuares . . . 371.9
encargado del alisado . 385.18
— de la batidora . . . 267.3
— de cardas . . . 4.6, 75.17
— del diablo 268.2
— del engrasado . . . 314.8
— del engrase. 239.4
— de los gills 372.12
— del surtido de cardas 318.11
encarretador 515.12
— de hilo 4.14
— a mano 4.16
encarretadora (obrera) 2.13, 4.15, 515.13
— a mano 4.17
— de seda 429.3
— (máquina) 12.1
— de cruzado rápido . . 524.5
— de cruzado rápido para bobinas de las máquinas de bordar 533.9
— de cruzado rápido para ovillos paralelos con tubo movido por fricción. 522.11
— de cruzado rápido para ovillos cilíndricos . . 522.9
— de cruzado rápido para ovillos con puntas cónicas 522.10
— de cruzado rápido con tambor hendido . . 523.8
— para estrellas de cartón 536.9
— para hilos de coser . 537.7
— de purgar seda cruda 429.13
— de tambor hendido con mando positivo de la púa 524.13
encina 419.16
enclavadura del disco . 57.2
enclavar 346.15
encolado del manguito de cuero 333.1
— del paño 117.5
— suplementario . . . 333.4
encolado en frío . . . 119.5
—, junta —a 119.7
—, trapos —s 396.18
encolador de cilindros . 120.2
encolar 64.17
— el esmeril sobre los cilindros 71.8
— la guarnición de cuero 119.4
— el paño al cilindro . 117.6
— y cortar, máquina de 117.23
encorronada, el cilindro forma una 107.15
encrespamiento de la fibra 101.2
encresponado 484.19
enchufado de los cilindros acanalados . . 121.1
enderezador. 449.8
enderezamiento de los fibras en sentido longitudinal 100.16
— de las púas de carda 339.14
enderezar las fibras . . 100.15
— las púas de carda. . 339.14
endurecido, acero . . . 331.4
enfermizo, vellón . . . 365.3
enfilador de bobinas . . 3.6
— de los tubos, muchacho 176.4
enfiladora de bobinas . 3.7
enfilar los tubos, aparato para 175.20, 361.2
enfriamiento del secadero 294.12
enfriar el hilo secado . 227.11
engatillado, mecanismo de 180.3
engranaje en baño de aceite 555.2
— de cierre de las mordazas 506.13
— de la continua de anillos. 158.10
— doble 127.2
— epicíclico 126.12
— hipocíclico 140.3
— intermitente 546.12
— del manuar 114.1
— de la mechera . . . 134.1
engranaje de tornillo sin fin para mover el arañero 473.8
—s de mando del carro 177.3
—s de la selfactina 184.12, 186.7
engranar 343.12
engrane para la entrada del carro 161.6
engrasado de la borra . 441.2
— central para las púas de retorcer 555.6
— de las cuerdas . . . 359.11
— de la lana 313.13
— regando a capas . . 317.6
engrasado artificialmente. 274.12
—, yute 237.17
engrasador 3.11, 239.5, 366.12
—, tornillo 95.4
engrasar el batidor . . 441.15
— la lana 313.14
— las púas con petróleo 555.4
— el yute 237.4
engrase automático . . 145.2
— en compartimientos . 239.2
— completo 237.16
— a mano 317.1
— con sebo 232.8
— del yute 237.2
engrosamiento del diámetro 174.9
— del fondo de la husada 174.8
engrudo de almidón . . 117.18
enhebrarse en los corredores (hilos) 151.8
enjabonado, seda —a . 428.8
enjabonar el hilo de seda cruda 428.7
enjuagado de los trapos 401.5
enjuagar con agua de río fría 284.16
— la borra de seda . . 438.17
— la lana 286.11
enjuague en agua limpia 284.17
— de la lana 284.14
enlucir el cuero con una solución de cola . . 120.4
enmadejado. 563.22
— de cadena 564.2
enmohecido, capullo . . 415.14
enredado, capa de la bobina —a 387.4
enrejado 307.10
— de barrotes planos de hierro 368.7
enriado de la hilaza . . 261.9
enriquecerse con cobre . 468.2
enriquecimiento con cobre 468.3
enrollado, ojete 501.17
enrollar el hilo sobre bobinas 461.8
ensacado, lana —a . . . 264.8
ensacar la lana 264.7
ensayar los hilos . . . 605.2
— por el tacto (algodón) 13.11
ensayo 563.3
— del aceite de engrase 238.21
— del alambre 66.10
— de alargamiento . . 608.16
— del algodón 13.3
— de cuerdas 513.1
— de elasticidad . . . 608.15
— higrométrico 615.3
— de los hilos 605.1
— de las madejas en la clavija 542.12
— de regularidad . . . 609.9
— de la resistencia . 606.9.20
— de la torsión 610.8
ensillado de los pesos . 107.1
ensimado de la lana . . 313.13
ensimador, batuar . . . 317.13
ensimaje de la borra. . 441.2
ensimar la lana 313.14
ensuciamiento del hilo . 227.2
entalla 109.15, 533.1
— para mecha engrasadora 344.13
entalladura del tambor 444.4
entallar los acanalados en el cilindro . . . 120.19
entarimado para la lana 294.8
entrada del aceite 126.9, 148.3
— del agua de enjuague 365.15
— del agua de lavado . 280.14
— de aire . . . 294.11, 323.2
— del algodón 35.6

entrada del carro 159.13, 166.12, 343.17, 557.13
— de la lana 296.15
— del vapor 571.7
entrador 319.18
entrante, punta 30.7
entrar (carro) 166.13
entrar, hacer — el volante profundamente dentro la guarnición 322.16
entrega 103.7
— de la carda 59.13
— por cilindros 345.9
— de la cinta a la pinza 99.2
— en forma de cinta 198.5
— en forma de napa 198.6
— a un solo lado 83.10
— por los dos lados 83.11
entregado, tela —a 45.9
entregar la mecha estirada 163.13
envergue 596.8
envoltura basta de sericina 411.17
envolver el manojo 216.12
epicíclico, engranaje 126.12
equilibrado del carro 132.10
—, bien 78.13
—, mecanismo — de mando del tambor 79.8
—, tambor 312.1
—, tensión —a 37.1
equilibrar los brazos 40.14
— la linterna 145.1
— las masas 291.1
equilibrio de las masas 290.15
erección de las puntas de las fibras del hilo por la electricidad 570.1
erizo 259.14, 384.12, 392.12
escala 613.18
— circular 361.1
escalones ajustables verticalmente 567.1
escamas 66.7
escape de la humedad 572.10
escoba 317.5
escobador, cilindro 321.6
escobilla de cobre 113.3
—-batidora 420.5
escocés, torcido 542.8
escoger el cáñamo peinado 228.7
— cuidadosamente 216.13
— los desperdicios 49.6
— los desperdicios de yute 258.12
— la lana 263.14
escogido del cáñamo 231.7
— de los capullos 413.2
— según el color 399.12
— según la finura 399.11
— en grueso 399.10
— de la lana 263.13
— del lino peinado 216.4
— de los trapos 399.7
—, primer 399.10
—, segundo 216.5
—, trapos —s 399.8
escote redondeado 497.14
escuadrado del cáñamo 496.2
escuadrado, cáñamo 496.3
escurrido de la lana por hidro-extractor 288.12
escurridor 288.7
escurrir el exceso de ácido 304.19
— la lana 287.16
esfuerzo irregular de tensión del hilo 517.14
eslabón de la cadena 254.1
esmaltado, alambre 564.17
esmeril 70.20
esmerilado acabador 338.14.15
— del alambre 67.11
— de las cardas 69.10, 338.8
— de los chapones 73.8, 74.9
— en fino 338.14
— lateral 67.15, 339.9
— lento 69.17
— a mano 71.23, 338.19
— mecánico 338.21
— en forma de punta de aguja 67.13
— de las puntas con la máquina de guías de arado 67.16
— rápido 69.18
— refinador 338.14
— de la superficie 67.12
—, carda —a 338.16
esmerilador de cardas 4.9, 71.22
— con zapatas de esmeril de vaivén 339.1
—, aparato — de los chapones 73.5
esmerilar con aceite 338.18
— el cuero 118.16
— la guarnición 69.11
— lateralmente 72.13
— en seco 338.17
— mientras trabaja la carda 70.8
— cuando la carda no trabaja 70.7
—, aparato para — y tornear 405.8
espaciado de los alambres 195.11
espacio 68.12
— entre los dientes 31.3
— libre entre los barrotes de la rejilla 48.3
— liso en la guarnición del peinador 329.11
— vacío 294.10
espada de la grúa 166.5
— del plegador 166.4
espadado del cáñamo 495.1
—, cáñamo 228.4
espadador 495.8
espadar el cáñamo 495.3
espadilla 495.5
espadón 495.5
espalda del alambre 68.11, 335.16
esparcir los botones en el llevador de la carda mechera 590.19
— los pelos para secarlos 514.4
esparramar el esmeril sobre el cilindro por medio de un tamiz 71.10
esparto 492.19
espátula, en forma de 236.10
especie de algodón 13.5
— de lana 266.10
— de seda 410.4
—s de capullos 413.14
específico, resistencia —a 606.10
espesor del alambre 66.16
— de la alimentación 41.14
— del hilo 10.1
— del la tela 32.9, 42.9, 325.8
espiga de la charnela 488.4
— cónica encajada 543.10
— de fundición dura 55.1
— roscada 72.11
— de vidrio 543.7
—s verticales 28.11
espigón-guía 560.14
espira a la derecha 517.11
— a la izquierda 517.12
—s alargadas 565.14
— de barrena 539.20
— dejadas sobre el husillo en posición oblicua 538.10
— iniciales 533.10
— de plegado yuxtapuestas 517.7
espiral alargada 561.2
— sobre el árbol de detrás 163.7
— ascendente 351.11
— del carro 169.9
— descendente 351.12
— de entrada del carro 169.10, 349.14
— de gran paso 561.2
— de pequeño paso 561.1
—, montar la cinta en 63.7
—es de salida del carro 177.6
espíritu de madera 459.1
esponjoso, hilo 364.8
—, caseína —a 471.18
espumoso, decocción —a 278.1
esquileo 264.9.10
estacado del hilo a la púa 352.14
estacar el hilo 352.15
estado abierto 24.15
— húmedo 428.5
— jabonoso 428.6
estambre 363.18
estampado de la cinta peinada 374.15
estampado, aro 150.2
—, peinado 374.16
estañado, alambre 493.9
estante para bobinas 556.5
— para herramientas 362.4
— superior de fileta 394.10
—, de un solo 142.2
estantes, de tres (dos) 141.20, 142.1
estirado 101.4
— de las cintas de borrilla 453.18
— de las cintas de carda antes de peinarlas 80.16
— de las cintas de la peinadora 384.8
— del peinado 386.5
— progresivo 472.10
— de x veces de las cintas 371.13
—, doble 371.12
—, mecha —a 159.18
— uniformemente 66.13
estiradora en grueso 371.16
— de lino (obrera) 224.2
estiraje (acción) 8.12, 371.8
— (efecto) 8.14, 101.4
— del algodón 100.8
— del cáñamo 233.1
— de las cintas de borrilla 453.7
— de las cintas de seda 451.15
— excesivo 101.14
— final 101.9
— igual al número de cintas 104.8
— intermedio 101.8
— mayor que el doblado 223.3
— parcial 101.6
— preliminar 101.7
— preparatorio 81.4, 101.7
— del primer manuar 222.13
— sencillo 371.10
— de la tela 42.11
— total 101.10
—, doble 371.11
—, gran 101.12
—, mecanismo de — para ambos lados de la selfactina 176.6
—, pequeño 101.11
—, sistema de — con tres hileras de cilindros 143.11
estiraje auxiliar 389.3
— de erizos doble 372.15
— de erizos sencillo 372.14
— con herizones 254.9
— con mando de los peines por cadena 219.4
— de peines erizones 221.8
— de peines porcupinas 221.8
— por rotafrotadores 387.13
— suplementario 389.3
estirar 8.13, 502.7
— la cinta 8.16, 100.12
— la cinta de carda 371.7
— las cintas de carda antes de peinarlas 80.15
— la cuerda 513.7
— demasiado 101.15
— por todo el doblado 452.8
— la fibra 14.10
— las fibras por medio de cilindros 102.11
— un filamento de vidrio 491.7
— la gelatina en filamentos 471.8
— el hilo en una solución alcalina diluida 467.2
— la madeja 576.16
— la mecha 159.17
— la mecha de yute 256.15
— de ocho (manuar) 101.13
— el ramio 262.13
— los rizos del hilo 191.14
— la seda desengomada 434.18
— el tubo capilar 467.12
estopa 8.8, 496.12
— (no) alquitranada 492.11.12
— botonosa 220.7
— de la cabeza 220.4
— de cáñamo 232.2, 492.4
— cardada 220.8
— de desbaste 219.16
— engrasada 232.7
— del escogido 220.2
— espadada 219.15
— de espadado 219.13
— de espadado a mano 219.14
— impura 232.4
— de lino 212.13, 492.10
— de lino de color oscuro 220.5
— de lino pegajosa 220.6
— negra 492.11
— con nudos 220.7
— peinada 220.10
— de peinado 212.12, 220.9
— del peinado en fino 232.6
estopa del peinado en grueso 232.5
— del peinado mecánico 220.1
— del pie 220.3
— de la punta 220.4
— de la raíz 220.3
— de yute 258.11
— de yute cortado 244.7
estopador 213.12
estrecho, distancia demasiado —a 105.11
estregadera de cáñamo 495.11
estrella 132.6
— de la cadena de los chapones 74.1
— de cartón 536.9
— de la devanadera 566.13
— divisora 379.3
— de hilo de coser 520.15
estría por yuxtaposición de las cintas 81.8
—s en espiral 92.15
—s, r — por pulgada 71.16
estriado pronunciado y longitudinal 427.23
—, capa —a de esmeril 71.15
—, cilindro 42.15
—, débil — superficial 427.22
estructura de los capullos 416.1
— homogénea del hilo 605.17
estuco 336.15
estufa 294.5
— de acondicionamiento 616.5.10
— para borra de seda 440.5
— de carbonización 306.3, 307.14.15.16
— de desecación transportable 417.17
éter 297.13
— acético 460.10
— sulfúrico 71.13
etiqueta de la bala 16.9
— indicadora de la calidad 235.5
— de prueba 602.19
—s, poner — a los haces 210.4
evacuar las aguas de lavado 280.9
evaporación 293.10, 371.5
— de las aguas de churre 273.11
— de bencina 438.10
— de hilatura 398.12
— de la humedad al enfriar el hilo 572.9
— de peinadora 375.2, 398.9
evaporado, agua —a 293.12
evaporar petróleo 438.8
evitación de formación de gotas 574.8
evolución de arranque de la pinza 382.13
—es de la selfactina 159.8
exagerar el estiraje 101.15
examen de la fibra 14.9
— visual del hilo 610.1
examinar los capullos 413.4
— al microscopio 467.13
— por el tacto (algodón) 13.11
excéntricamente montado 447.6
—, girar (cilindro) 107.8
excéntrico 60.2, 98.15, 181.3, 252.7, 260.10, 282.15, 283.9, 373.8
— para el acortamiento de la cadena del sector 350.8
— axial 249.11, 536.13
— del carro 162.10
— de los cilindros 162.9, 176.9
— del contador 179.3
— de corazón 246.7, 537.13, 551.7
— de corazón asimétrico 551.11
— de corazón simétrico 551.12
— de desplazamiento axial 182.3
— de la horquilla de la correa 162.11
— de los manguitos 333.15
— de las pinzas 382.1
— de ranura 182.11, 183.3
— regulador de la alimentación 93.12
— en el sentido del eje 249.11
— de la subida del carro 246.3
— de subir el carro 230.2
—s ajustables 190.4
excéntrico, árbol 106.9
—, movimiento 107.9

excesivo, estiraje . . . 101.14
exceso de ácido . . 304.18.19.20
— de consumo de fuerza 148.11
— de jabón. 277.7
expedición de los paquetes. 577.10
expedidor. 6.1
explosivo 297.12
exponer la lana al aire seco y caliente . . 292.16
express-carda Risler . . 48.5
exprimido de la lana . 288.1
exprimidor, mecanismo 278.14
exprimir la lana . . . 279.1
expulsar las fibras (volante) 323.5
extendedor, obrero . . 219.10
extendedora 8.11
— (obrera) 219.11
extender 8.10
— el cáñamo de fibra larga 231.18
— las cintas de borrilla peinada 453.17
— la cola sobre una piedra. 117.16
— los hilos 498.10
— la pasta ligeramente 117.8
— los pelos para secarlos 514.4
— el vellón 265.7
— el yute rastrillado. . 246.10
extendido. 8.9
— de las barbas. . . . 450.15
— del cáñamo de fibra larga 231.17
— de los hilos 498.9
— del lino 217 20
— de la tela del rodillo 86.4
— del yute rastrillado . 246.9
—, cáñamo 231.19
—, yute 246.11
extensión de la soldadura 86.1
extra fuerte, torsión . . 541.6
—-plegado debajo la bobina . . 156.7, 551.13
—-plegado debajo la husada 175.8
extracción del aceite (sucio) por medio de bomba . . 148.13, 555.3
— del ácido de la lana mediante blanco de España 310.4
— del ácido por medio de lavadoras mecánicas 310.1
— del agua de la lana. 287.8
— de los cabos duros . 196.2
— del cadillo destruido de la lana 308.10
— de los componentes vegetales 402.2
— de las costuras . . . 400.15
— de dedales 196.2
— doble de las fibras de la guarnición del tambor principal. . . . 201.14
— de la grasa. 273.15
— de las impurezas . . 376.10
— de la lana de retazos 395.11
— de la lana de trapos 395.11
— de las materias grasas de la seda. 433.6
— mecánica parcial del agua de enjuagar . 287.9
— de las motas 369.5
— por presión. 279.3
— de la puncha. . . . 380.3
— de los restos de cadillo 406.3
— de las sales potásicas de churre 272.12
— de la seda de los capullos 418.5
extracto de palo campeche 238.16
extractor 298.3
— Déru 281.1
— de impurezas 203.10
— McNaught 283.4
— Mélen 282.12
— de pelo cabrudo . . 322.11
— de polvo 39.12
extraer el aceite con la bomba 148.13
— los cabos duros. . . 196.3
— del filtro-prensa los vapores amoniacales 466.1
— la grasa 273.16
— la grasa de las aguas de lavado 299.14
extraer la lana jarrosa del tambor . . 409.8
— la lana de las motas 368.9
— una muestra 298.9
— el polvo por aspiración. 75.15
— las sales potásicas del churre. 272.13
— la tela 47.9
extraído, muestra —a . 298.10
extremidad de cuero. . 535 3
extremo de la barrita . 252.9
— de cilindro 393 11
— cuadrado 121 2
— esmerilado de la púa 335.18
— del lino 211.5
— del manguito de piel 110 4
— de las raíces del lino 211.9
— rebajado 243.11
— superior del lino . . 211.8
—s de los chapones . . 73.6

F

fábrica de bramante. . 494.14
— de cuerdas. 494.13
— de guarniciones. . . 69.8
— de hilados 1.6
— de lana regenerada . 396.4
— de shoddy 396.4
fabricación de cables metálicos 509.1
— de los cilindros acanalados 120 8
— de cordaje cosido . . 512 1
— de cordajes torcidos 494.18
— de cuerdas de cáñamo 494.19
— de cuerdas y cordeles 492 1
— de cuerdas a mano 494.20
— de cuerdas trenzadas 510 1
— de estambre 364.2
— de las guarniciones de carda 65.13
— de hilos de celulosa de la madera . . 475.1
— del hilo flameado por proceso de hilatura 590.1
— de hilos de lana cardada . . . 263 11
— de hilos de papel . . 479.7
— de hilos de pasta de madera 476.5
fabricante de guarniciones de carda . . 69.6
— de hilados de estambre 364.4
— de hilados de lana cardada 263.8
fácil, desarrollo 41.15
facilidad explosiva del colodión 462.4
factor constante para la torsión 154.8
facturado, peso 16.19
facturador 6.1
facultad explosiva del colodión 462.4
Fairbairn, instalación de peinado 447.11
falsificación del lino . . 209.14
falsificado, aceite (no) 315.22.23
—, lino 209.15
falso fondo . . . 285.8, 571.6
— fondo perforado inclinado 278.13
— organzín 586.13
—, mecha —a 334.7
—, torsión —a. 204.1
falta 174.13
— de peso 17.1
— de torsión 146.4
faltar (alimentación del hilo) 554.10
feipa 98.12
fermentación de la borra de seda 437.8
— del yute embalado húmedo 236.18
fermentado, borra de seda —a 438.3
fermentar al aire libre 437.19
— la borra de seda . . 437.11
fibra 6.12
— del algodón 14.8
— atacada 276.13
— castigada. 26.2
— de coco 492.15
— corta 6.16, 195.5
— débil 14.5
— elemental 49.18
fibra floja 14.5
— elástica 14.4
— individual 49.17
— ondulada. 6.18
— peinada 245.3
— larga 6.15
— de lino rica en materias gomosas. . . . 225.11
— lisa 6.17
— muerta 14.6
— quebradiza 428.4
— del ramio 261.3
— resbaladiza 194.8
— rizada 6.19
— seca y quebradiza de seda 428.4
— vegetal 402.3
— vulcanizada 76.11
— de yute flexible . . 240.5
— de yute suelta . . . 247.3
—, bote de 52.4
fibras electrizadas . . . 102.7
— excitadas por la electricidad 102.7
— peinadas 450.9
fibroso, materia —a . . 7.3
fibroína 411.9
fiel, pedal sobre. . . . 44.2
fieltrado 396.1
—, no 395.14
fieltrante, poder 302.9
—, bajo poder 406.14
—, propiedad 396.3
fieltro 478.16
— grasiento 397.20
— grueso 65.4
— de lana 397.19
— mugriento 397.20
fijación de la cuerda de entrada con mecanismo tensor . . 181.7
— indirecta de la guarnición 61.16
— de la placa de guarnición. 61.5
fijado, manojo 214.13
— polea —a 160.13
fijar el agua 302.5
— los cabos anudados en los ganchos 504.16
— las espiras por vaporizado. 591.7
— la grúa en su posición inferior 175.11
— el hilo 432.6
— los manojos en las mordazas 214.12
— por torsión los cabos cortados 562.2
fijo, tope 167.5
filadiz . . . 435.14, 436.10
filamento de albúmina . 471.11
— artificial de caseína . 471.13
— artificial de fibroína. 472.5
— artificial de gelatina vegetal 472.11
— artificial de materias albuminosas 471.10
— artificial de la solución de oseína . . . 472.16
— del capullo 411.5
— de fibroína 434.6
— flexible de vidrio . . 491.8
— de gelatina insoluble 471.9
— de vidrio de color. . 491.14
filamentoso, yute . . . 236.15
filástica 582.3
fileta. . . 127.5, 257.3, 385.7, 391.4, 393.1, 448.9, 522.4, 557.15
— para bobinas 379.9
— para carretes verticales de valonas . . 544.6
— circular 96.12
— para la colocación en tresbolillo de las bobinas 551.2
— para continuas de retorcer de anillos . . 550.14
— desmontable para husadas 569.1
— con devanaderas de linterna 569.4
— para distintas bobinas 551.3
— de doble hilera en cuatro pisos 188.11
— para doble mecha. . 188.9
— de un solo estante para mecha sencilla 142.2
— de dos estantes para mecha sencilla . . . 142.1
fileta de tres estantes para doble mecha . 141.20
— giratoria 535.6
— de hierro con revestimiento de madera . 128.11
— para husadas . . . 543.14
— con husillos para bobinas de rota-frotador 568.9
— con husillos cónicos de madera 568.11
— con husillos de doble muelle para husadas 568.13
— con husillos hendidos de madera para aspear de husadas . . 568.10
— inclinada. 391.5
— para mecha sencilla. 188.8
— oblicua 544.10
— oblicua de dos pisos. 551.1
— con pisos de carretes de diferente inclinación. 544.14
— para retorcer hilos fuertes y gruesos. . 544.11
— para selfactinas. . . 188.7
— con tubos giratorios para carretes de valonas 568.8
filete cruzado 339.5
— cuadrado. 252.5
— hacia la derecha . . 240.12
— hacia la izquierda. . 240.13
— del tornillo. 252.6
fileteado rectangular . . 218.11
filling, máquina . . . 443.5.13
filtración por un filtro de amianto 465.17
filtrado final 271.6
— preliminar 271.5
filtrante, materia . . . 271.4
filtrar a alta presión. . 271.3
filtro para aceite . . . 361.17
— de agua 271.7
— de arena 271.15
— de grava. 271.10
— de gravilla 271.10
—-prensa 271.13
— preparatorio 271.8
—, primer . . . 271.8, 362.1
—, segundo . . . 271.9, 362.2
final, estiraje 101.9
—, torsión 154.4
fino, número (hilo) . . 194.1
finura de la hebra . . . 416.5
— del hilo 598.16
—, según la 399.11
firme, lino 217.2
físico, desuntado . . . 366.9
flaco, vellón 365.3
fleje 16.11
— de hierro. 578.7
flexibilidad de la cuerda 513.3
flexible, convertir en (fibra). 240.3
flexión del chapón . . . 53.10
— elástica hacia atrás del alambre 67.8
flojo, arrollado 169.3
—, cadena —a. 152.5
—, fibra —a. 14.5
—, hilado. 9.19
—, lejía —a 275.20
—, resorte 106.5
—, retorcido 541.3
—, tejido 16.13
—, torsión —a. 8.23
flor del cuero 332.6
flotador . 365.12, 574.7, 608.9
flotante, capullo. . . . 420.2
flotar en el agua de devanar (capullo) . . 420.1
— en el baño (lana) . . 282.10
fluidez del disolvente . 463.10
flúido, aceite muy. . . 148.7
fogón para peines . . . 375.18
fondo de la barca . . . 285.7
— basculante 320.6
— de cartón 61.18
— del cesto 289.1
— colector 439.15
— de descarga basculante 39.1
— de la husada 154.18, 167.7, 543.14
— de la jaula. 22.12
— de madera 76.9
— movible por resorte. 76.13
— móvil 200.10
— perforado . . 283.3, 286.2
—, doble 285.8

fondo, falso 285.8
—, falso — perforado inclinado 278.13
forjado, aro. 149.17
forjador 5.22
forma del alambre de guarnición 67.3
— de los capullos . . . 414.5
— de las púas de carda 335.14
— de la superficie de arrollado 155.7
formación de la bobina 140.13
— de bolsas 327.1
— de botones durante la subida del guía-hilo 560.6
— de bucles 358.1
— de la capa durante la subida 551.16
— de cargolis . . 169.4, 358.1
— de cavidades 327.1
— de la cinta 50.6
— de cordones 498.4
— de la cuerda por el ojete-guía 511.15
— de una emulsión . . 275.4
— de encorronada . . . 107.16
— de encorronada debida a impurezas sobre los cilindros 108.5
— del extremo del manguito de piel. . . . 110.4
— de gotas 464.7
— del hilo . . . 456.6, 468.10
— de hojas de papel en la criba de la máquina papelera . . . 476.18
— de la husada 154.17
— de la husada, mecanismo para la 152.7, 190.10
— de moho 574.10
— de nudos. 423.14
— de nudos por interrupción de la alimentación del hilo de ánima 560.4
— de plegado 551.6
— de rizos . . . 133.13, 169.4
— de la tela . . . 32.3, 45.6
— de telas largas con cruzado 327.9
formador, aparato — de telas 327.18, 328.7
—, mecanismo — de capas 327.13
formaldehido 297.17
formalina 316.8
formante, parte — de la capa 155.14
formar la bobina . . . 140.14
— bolsas (velo) 326.22
— los botones sobre el hilo acabado 591.2
— bucle alrededor del asa 553.13
— una cinta 50.7
— el extremo del manguito de piel. . . . 110.5
— el fondo 154.19
— ojales (hebra de capullo) 425.13
— la punta fuerte en las husadas, mecanismo automático para . . 181.10, 184.5
— telas largas 327.19
— telas de varias cintas 81.5
— un velo 50.2.5
formarse (gotas) . . . 464.8
formol 316.8
forrado de la hoja de papel con un velo de fibras textiles antes del corte 480.2
— en una sola cara . . 480.3
— en ambas caras. . . 480.4
— de felpa 98.12
—, hoja de papel —a . 481.8
forro 407.16
fosfato de amonio. . . 464.1
foso de fermentación . 437.15
— de hormigón 437.16
frágil, fibra. 15.17
fragmentos de cadillo . 367.5
— sin deshilachar . . . 404.12
— duros 404.12
francés, clasificación —a del alambre 66.17
—, sistema — de hilatura 364.10
franela 389.13, 397.6
frenado, devanadera —a 522.13
frenar 347.9
— la bobina 140.9
— el carrete 544.13
freno (v. t. fricción) 289.11, 327.12, 347.5
— de la aleta 548.2
— del árbol de dos tiempos 161.10
— del carrete . . 545.9, 549.2
— de cinta 46.9
— de cinta para el manguito de alimentación 347.6
— de desapuntado. . . 179.6
— para la entrada del carro 161.6
— del huso . . . 147.4, 209.3
— de la linterna . . . 192.11
— de mano 109.14
— de rodilla del huso . 147.9
— de zapata 47.5
— de zapatas para retordedoras pesadas . . 549.12
fresa 57.1
fresado, ranura —a . . 523.9
fresco, lejía —a 275.14
Friar, aparato de engrase 241.6
fricción v. t. freno . .
— auxiliar 190.9
— de desapuntado. . . 179.6
— doble del desapuntado 190.7
frío, girar (huso) . . . 148.15
frotado 331.12, 484.17
— a mano de las tiras de papel 484.21
— de las tiras del velo 331.9
frotador de cáñamo . . 495.11
— con cilindros 333.7
— con cursa creciente . 334.2
—es metálicos 333.11
frotamiento con carda . 507.3
— del cordaje con materias rugosas . . . 507.2
— en mojado 507.11
— del peinado 386.5
— de las tiras de pasta de papel 478.10
frotar 203.15
— el cuero con aceite de pescado 333.5
— el cilindro con tiza en polvo 253.2
— el gran tambor con grafito 63.14
Fucus crispus 316.14
fuego directo, hervir a 418.11
fuelle 75.16
fuente de calor 293.3
fuera, moverse una — de la otra (horquillas) 129.12
fuerte, alimentación . . 102.3
—, baño 303.14
—, retorcido 539.23
—, torsión 541.5
fuerza del baño ácido . 303.11
— batidora 31.6
— centrífuga . . . 130.14, 288.13
— centrífuga del tambor 31.4
— de rotura 606.16
funcionar, dejar — la carda descargada 222.1
fundación de algodónlana-algodón 65.2
— de algodón-lana-caucho 65.3
— de carda con una hoja de caucho 445.3
— de la guarnición . . 64.6
— de papel 64.13
— de tejido de algodón 62.12
— de tejido de cáñamo 445.2
— de vigas de madera. 290.6
fundición 77.7
— endurecida 308.14
fustán 579.17

G

galga para cardas . . . 78.5
— de corredera 105.9
— de cruz 105.8
Galle, cadena 395.7
galones 400.10
galvanizado, alambre . 493.8
gancho del disparo automático 524.1
— de cobre para quitar las encorronadas . . 108.1
— de cordelero 499.4
— guía-hilo 548.7
— de hacer trocas. . . 577.2
— pasador 578.5
— de los pesos 105.15
gancho del peso del cilindro (delantero) posterior de arranque 88.15, 90.7
— de presión por resorte 21.1
— de resorte 105.17
— de retención 146.7
— de retención del carro 162.15
— de suspensión . . . 613.14
— torcedor 499.12, 500.9, 504.9
ganchos 100.6
— de acero 62.5
— torcedores 503.4
garganta 483.5
— para la cuerda . . . 180.13
— delantera. 353.9
— doble 353.12
— de fricción en forma de cuña 180.14
— del manguito móvil 345.20
— de la polea de la cuerda 506.11
— posterior 353.10
— sencilla 353.11
— en la valona inferior del carrete. 546.6
— del volante. 353.8
Garnett, guarnición . . 336.11
garras 406.7
gas de amoníaco . . . 460.8
— de suintina 300.6
gasa filtrante 463.13
gaseado de los hilos . . 455.4
gaseado, hilo 455.13
gasear el hilo 455.5
gaseoso, ácido 305.10
gastado 390.9
—, platina —a. 175.3
—, resorte 106.5
gastarse (piano) 555.7
gasto de jabón 277.8
gata en el hilo 159.1
gatillo . . 95.10, 173.7, 185.4, 258.7, 357.11, 526.2, 578.2
— de cierre 487.16
— de la horquilla de la correa. 179.7, 185.1
— de retención 182.4
— de retención del carro 162.15
— de la rueda de estrella 131.15, 132.9
— de seguridad 44.11
gelatina 459.9, 471.1
— comercial 471.3
— vegetal 472.14
gelatinoso, materia —a 471.5
Gegauff, peinadora . . 91.7
genappe 584.14
género de punto 396.2
Gessner, huso de continua 341.8
gill 218.9, 251.14, 379.12
— de barretas. 218.10
— de barretas para estopa de lino. 224.1
— con barretas curvadas 372.11
— de botes 384.9
—-box 371.18, 385.17
—-box en escalera . . . 372.6
—-box con placas de calentar 388.5
—-box progresivo . . . 372.6
—-box, primer 371.16
— circular . . . 253.8, 372.7
— curvilíneo 372.11
— de estiraje con mando de las barritas por cadenas 253.9
— soleil 253.8, 372.7
— de tornillos . . 218.10, 251.6
— de tornillos para estopa de lino 224.1
—s accionados por cadena 219.5
girando como las agujas del reloj. 541.13
— al revés de las agujas del reloj. 541.14
— alrededor del pivote. 534.4
girar continuamente . . 182.8
— en una crapodina . . 544.5
— en dirección contraria 447.7
— en la dirección del gran tambor (chapones). 57.4
— en dirección opuesta al tablero (cilindro igualador) 29.4
— por disco de fricción 516.13
— excéntricamente . . 107.8
— frío (huso) 148.15
girar intermitentemente 84.3, 342.4
— por medio de una manivela 54.14
— media vuelta 163.12
— pesadamente 107.13
— con la púa (bobina) 516.11
— por rodillo de fricción 516.12
— con sacudidas . . . 384.13
— en sentido inverso . 165.3
— por tracción del hilo (bobina) 140.5
— de una velocidad angular constante . . 516.7
— de una velocidad circumferencial constante 516.10
— a velocidad periférica creciente 102.15
—, hacer — las trocas . 576.4
giratorio, cesto 305.3
—, libremente 128.6
glacé 587.15
Glanzstoff 588.6
glicerina 428.11, 484.1
gobernado, carro . . . 206.5
Goldschmidt, dinamómetro 609.2
golpe de peine 82.17
—s, ⸗ — por minuto. . 82.19
golpear el vellón . . . 265.11
goma arábiga 428.16
— de la seda 411.8
gorrón del cilindro . . 59.1
— para fijar el extremo de la cadena del sector 184.11
— redondo 111.12
gotas. 464.8
grado crítico de la torsión. 9.9
— de dureza 74.12
— de dureza del agua . 269.20
— de finura 598.15
— hidrotimétrico del agua 269.20
— de humedad 615.5
— de rigidez del alambre 67.4
— de saturación. . . . 272.17
— de sequedad 615.12
— de temple 74.12
— de torsión . . . 9.3, 431.3
graduación 613.18
— para diversos sistemas de numeración . . 614.11
graduado, palanca —a . 241.10
gradual, aumento . . . 280.5
Graf, mecanismo de formar hilos botonosos y flameados 560.12
grafito 63.14
gramo 600.23
gran estiraje 101.12
— palanca . . . 162.3, 186.2
— tambor 51.2, 78.11, 247.9, 250.6, 321.3, 370.14, 450.3
grano 603.1
— angular 71.6
— del esmeril 71.1
— fino 71.3
— grueso 71.2
— plano 71.5
— redondo 71.4
Grant, aspa 432.2
granulado del esmeril . 71.1
granuloso, capa —a de sericina 411.19
grapa 533.2
— del batidor 441.14
— para cables. 513.13
— combada 62.6
— de unión. 328.4
grapón 354.1
grasa ácida 315.15
— de las aguas de batanado 316.11
— animal 315.12
— combinada 272.2
— no combinada . . . 274.2
— de la crisálida . . . 419.1
— derretida 315.1
— de lana aceitosa . . 274.7
— de lana flúida . . . 274.7
— de lana líquida . . . 300.15
— de lana sebácea . . 274.8
— de lana solidificada . 300.18
— de lana tenaz . . . 274.8
— libre 277.15
— líquida 315.13
— natural 315.14
— natural de la lana . 274.1

grasa neutra 315.16
— rancia 274.11
— saponificable . 274.3, 315.10
— soponificada 275.7
— vegetal 315.11
grasiento, hilo 605.6
—, substancia —a . . . 299.18
graso, aceite 314.10
grava tamizada 271.12
gravilla tamizada . . . 271.12
grietas 412.1
grifo de tres vías . . . 371.1
— de vidrio. 466.5
grosero, lino 217.3
grúa 160.6, 351.18
— cargada 168.9
grueso 174.14
— del alambre 66.16
— de la cuerda . . . 500.15.16
— del hilo 598.14
— en el hilo . . 159.1, 454.10
— irregular de la hebra 411.13
— de la tela 325.8
—, alimentación —a . . 102.3
—, número — del hilo . 193.13
—, parte —a en la cinta 101.20
grumoso, pasta —a . . . 117.13
grupo de tubos de calefacción 295.6
guarda ajustable . . . 404.8
— ruedas del carro . . 351.9
guardacabo 494.3
guardar las cintas de carda en sitio caliente 64.3
guarnecer el cilindro. . 337.4
— la fileta 226.6
— la turbina con cuero rugoso 97.14
guarnecido de los cilindros de presión . . 389.10
— de cuero 290.13
— de paño 429.5
—, chapón 53.13
guarnición anular . . . 221.6
— de la barra con agujas 86.14
— de cardas 60.13, 323.11, 334.13
— de carda con alambres gruesos (finos) . . 335.11.12
— de carda áspera . . 339.17
— de carda del descargador 88.6
— de carda con espacios 339.15
— de carda con fundación de tejido . . 334.15
— de carda con fundación de cuero y tejido 335.2
— de carda con fundación de tejido y fieltro 335.1
— de carda con púas de acero (estañado) . 335.6.7
— de carda de púas de hierro 335.5
— de cilindro 62.13
— del cilindro alimentador 248.3
— del cilindro peinador 61.1
— del cilindro trabajador 248.7
— de cuero del cilindro 118.11
— de cuero del peinador 248.6
— de chapa. 244.12
— del chapon 61.2
— desborradora 340.17
— del descargador . . . 248.5
— de dientes de acero . 48.12
— de dientes de sierra 199.7, 336.11
— Garnett 336.11
— del gran tambor 60.21, 248.4
— de llevador para hilo flameado unicolor . 589.17
— de púas 68.3
— con punta de aguja 336.5
— remachada 61.17
— de volante con espacios libres 336.8
— de volante con fundación de cuero . . . 336.6
— de volante con púas interpuestas más resistentes. 336.7
guata de borras. . . . 452.18
— filtrante 463.12
— de vidrio. 491.15
guía . . 250.13, 251.12, 281.11
—-alambres 509.9
— de alambre de cobre 461.11
— de alimentación. . . 218.6
— del aro para corredor de aguja 392.2
guía de la barreta de agujas. 379.11
— de las cadenas . . . 244.4
— de los cilindros de presión. 163.14
— de la cinta. 76.18
— para la cinta de fibras 486.6
— para la cinta de papel 486.5
— de la correa 43.11
— con corredora . . . 46.3
— del cuchillo 118.3
— de la cuerda 192.5
— curvada 342.11
— de entrega 379.6
— de los eslabones de la cadena 254.3
— del gill 379.11
— para el hilo de tensión 511.10
—-hilo . 523.3, 525.10, 528.9, 530.9, 531.6, 534.13
—-hilo de alambre esmaltado 564.17
—-hilo a cursa variable 551.15
—-hilo móvil 143.14
—-hilo oscilante . 208.7, 526.13
—-hilo oscilante del hilo de fantasía . . . 560.8
—-hilos . 257.10, 422.2, 431.20, 461.10, 503.5, 611.3
—-hilos ajustable . . . 486.14
—-hilos de altura ajustable 473.5
— hundidora reglable . 372.10
— del huso 130.1
— de inversión 230.11
— de la mecha 129.5
—-mecha 111.4
—-mechas . . 104.12.14, 257.5
—-mechas ajustable . . 226.3
—-mechas doble . . . 105.2
—-mechas para reunidora 373.10
—-mechas del segundo cilindro 191.12
— de las mordazas . . 245.8
— de las orillas . . . 86.3
— de la peinadora mecánica 214.6
— de los peines 219.6
— de la regla de formación. . . . 167.4, 352.7
— de rodillos 33.4
— superior para conducir la tela 89.11
—-tela, mesa 84.3
— de vidrio con escote. 543.9
guiador con agujeros al tresbolillo 105.1
guiar las capas del velo por encima de un puente 201.2
— el cerrador despacio 499.10
— el cerrador a prisa . 499.11
— el hilo a mano . . 521.13
— el hilo sumergido en agua 542.6
— los hilos durante la torsión 498.13
— el hilo a través de la hendedura del tambor 524.10
guijo. 271.11
guindaleta acalabrotada 594.17
— de cuatro cabos . . 594.16
— de tres cordones . . 594.15
guita. 592.16
Gully, regulador de . . 172.4
gutapercha 459.7

H

habilidad manual . . . 10.14
hacia, moverse una — la otra (horquillas) . . 129.11
hacha 231.14, 243.7
harpillera clara 16.13
haya 393.10
haz de lino preparado . 210.3
hazes de fibras 7.5
hebra 6.12
— del algodón 14.8
— aplanada de la seda salvaje 427.17
— del capullo 411.5
— de capullo anudada . 421.10
— de capullo de sección oval 411.12
— corta 14.12
— elemental de seda. . 411.11
— larga 14.13
hebra de la seda de capullo barnizada de sericina 411.10
— de seda de la morera 411.6
— de seda transparente 428.1
—s de diferente longitud 14.15
—s de idéntica longitud 14.14
hedor durante la fermentación 437.20
heer irlandés, un . . . 599.3
Heilmann, peinadora . 84.1, 377.1
—, peinadora de estopas 222.9
hendedura 524.7
— guía-hilo 527.10
— en el vaso con rodillo loco 527.13
hender, máquina para — el cuero 118.20
hendido 475.11
—, tambor 523.12
hendidura 429.9
— curvada 123.14
— de la polea 44.13
herramienta para formar el extremo del manguito de cuero . 110.7
— para formar los extremos 110.9.10
— de tornear 337.3
hervido de la seda . . 433.11
—, madera —a 476.8
hervir el amianto en calderas 490.4
— en el baño de desengomado 433.7
— en un baño de jabón nuevo 433.9
— la borra de seda . . 436.19
— los capullos 418.10
— a fuego directo. . . 418.11
— en una lejía alcalina vegetal 419.14
— parcialmente la seda 434.9
— la seda 433.8
— la seda en sacos . . 433.10
— las trenzas de crines 514.11
—, hacer — el lino . . 217.19
Hetherington, cilindro esmerilador 74.6
hexagonal, devanadera 565.5
hidrato de sosa 276.10
hidráulicamente, prensado 264.14
hidráulico, prensa —a . 288.2
hidrocarburo líquido . 463.1
hidrocelulosa 301.15
hidro-extractor 288.16, 439.17
— con mando por la parte inferior (superior) . . . 288.17, 289.12
— revestido con plomo interiormente . . . 304.21
hidrógeno. 301.17
hidrolisis de la celulosa 460.13
hidróxido de aluminio . 465.13
— de magnesio 465.12
hierro cementado en la superficie 120.15
— forjado 286.1
— frotador para cáñamo 495.12
— fundido 77.7
— de grano fino. . . . 191.4
— redondo 65.17
Higgin, aparato desborrador de chapones . . 52.14
higroscopicidad de los hilados 615.6
higroscópico, propiedad —a 302.1
hilable 7.2
—, baja condición . . . 406.13
—, no (capullo) 436.6
hilado (acción) 1.2
— con anillos 138.5
— a un cabo 496.15
— sobre canillas de trama 154.11
— del cáñamo 234.2
— del cáñamo de fibra larga 228.13
— de las cintas de papel 484.22
— continuo 138.1
— de los desperdicios de peinado de ramio . 262.14
— doméstico 583.6
— de la estopa de cáñamo 228.14
— de las fibras de madera 476.4
— en fino 9.16
— flojo. 138.16
hilado del hilo sencillo 496.15
— sin (con) interrupción 416.8.9
— de la lana de carda 341.3
— del lino 210.17
— a mano 10.9
— manual 10.9
— mecánico. 11.9
— a medio mojado . . 581.12
— del mohair 409.13
— a mojado 581.13
— del peinado de ramio 262.12
— de los pelos 514.7
— del ramio 262.11
— con (sin) regularidad 416.6.7
— de la schappe . . . 452.2
— en seco 581.11
— de la seda 420.15
— de la seda artificial . 456.4
— simultáneo de cintas de papel y de fibras textiles 485.9
— sin tiraje del carro . 393.7
— con (sin) torsión suplementaria 164.13.14
— del yute 254.10
— del yute con estopas de cáñamo 234.15
— del yute con estopas de lino 234.14
—, doble 343.5
hilado (hilo) 9.18
— flojo. 9.19, 159.19
— con huso y rueda . 581.9
— a máquina 581.10
— saturado de humedad 615.7
— con torsión fuerte. . 9.20
— con poca torsión . . 9.19
— de trama 139.1
— de urdimbre 154.14
—s de algodón 579.2
—s de cáñamo 582.1
—s de lana 582.11
—s de lana cardada . . 582.12
—s de yute 582.5
hilador 2.15
— de algodón 137.9
— de alpaca 408.15
— de cáñamo 234.11
— de continua 141.17
— cordelero 494.8
— de crin 408.7
— de estambre 364.5
— de estopas 225.1
— de lama 408.16
— de lana cardada . . 263.9
— de lino 224.15
— manual 10.10
— en mojado 225.9
— de pelo 408.7
— de pelo de cabra . . 408.13
— de pelo de camello . 408.11
— de pelo de vaca . . 408.9
— de schappe 452.10
— en seco 225.6
— de seda . . . 412.7, 435.10
— de selfactina 176.1
— de trama 2.21
— de urdimbre 2.19
— de vicuña 409.1
— de yute 256.17
hiladora 2.16
— de algodón 137.10
— de cáñamo 234.12
— de continua de aletas 2.17
— de continua de anillos 2.18
— de crin 408.8
— de estambre 364.6
— de estopas 225.2
— Jenny 159.5, 341.5
— de lana cardada . . 263.10
— de lino 224.16
— manual 10.11
— en mojado 225.10
— de pelo 408.8
— de schappe 452.11
— en seco 225.7
— de seda 435.11
— para seda artificial . 466.2, 467.6
— de trama 2.22
— de urdimbre 2.20
— de yute 257.1
—, máquina. 11.11
hilandería (acción). . . 1.2
— (fábrica) 1.6
hilandero 1.9
— de algodón 1.10
hilar 1.3
— el algodón con cardas-mecheras 193.4
— borras de algodón . 194.13

hilar el cáñamo 234.3
— con la carrilla 497 18
— desperdicios de algodón 194.13
— el filamento de viscose en una solución caliente de sal amoníaco 468.12
— en fino 9 17
— flojo 138.17, 496 18
— la lana engrasada 318 2
— la lana seca 318.3
— el lino 210.16
— materias de semilana 408.3
— en la selfactina 454.4
— con torsión floja 496.18
— sin torsión suplementaria 164.15
— la viscose 468.11
— la viscose con un ácido 469.1
— el yute 234 8
— el yute en seco 256 16
—, empezar a 155.3
hilatura (acción) 1.2
— del algodón 13.1
— de alpaca 409 6
— del amianto 489.5
— de las borras de seda 435 3
— de la borrilla de seda 452.12
— del cáñamo 228.1
— de los desperdicios de algodón 194.12
— del estambre 386 4
— de las estopas de lino 210.19
— de las estopas de yute 234.10
— en grueso de estambre 364 13
— de hilos de color 194.2
— de hilos de imitación 194.3
— de la lana 263.1
— de la lana cardada 263 2
— de la lana peinada 363.9
— del lino 209.4
— del lino de fibra larga 210.18
— de la media lana 408 1
— del medio-estambre 364.12
— de números gruesos de algodón 193.2
— de pelos 408.5
— de pelo de cachemira 409.7
— del ramio 261 1
— del regenerado de seda 455.14
— de schappe 435.12
— de la seda 410.1
— de la seda artificial 456.3
— de la vicuña 408.1
— del vidrio 491 5
— del yute 234 5.9
hilatura (fábrica) 1.6
— de algodón 1.7, 137.6
— de cáñamo 234 13
— de lana cardada 263 7
— de lana peinada 364 3
— de lino 209.6
— de mohair 409.12
— de números finos 1 8
— de pelo 408 6
— de seda 412 9 10
— de seda artificial 467.5
— de yute 234.7
hilaza 212.9, 435.18
— de lino 211.17
hilera 466.7
— de agujas 85.5, 444.5
— de agujas del peine circular 383.9
— de husos 123.3
— obturada 466.10
—, última — de agujas 88.2
hilillo 587.2
Hille, continua de fantasía 561.4
hilo 9.18, 535.5, 599.10
— aceitoso 605.7
— adamascado 584.16
— para alfombras 583.7
— de algodón 580.1
— de algodón gaseado 580.21
— alpaca 583.2
— de alpaca 585.14
— de alpaca estucado 585.15
— americano 579.4
— de amianto 589.10
— de amianto con ánima 589.11
— de ánima 559.8, 561.15, 591.4
— aspeado 610.12
— aspeado en el aspa corta 583.6
— de atado 561.16
— de Australia 584.1
— de avestruz 591.3
hilo barés 584 20
— de base 559.3
— de Bazar 579.7
— blando 606.2
— blanqueado 605.11
— en bobinas 583 12
— de bordar 584.22
— para bordar al tambor 580.15
— de borra 195 3
— de borras 193 12
— de borrilla 454.5
— con botones 590.5, 591.18
— en bruto 581.3
— con bucles 591.19
— con bucles de mohair 562.1
— de cable 592.11
— cableado 539.15
— a un cabo 515.4
— de x cabos 539.16
— de cachemira 585 21
— calentado por el vapor 572.8
— de calidad inferior 579.14
— de alta calidad 579.12
— de cáñamo 592.6
— de cáñamo alquitranado 508.16
— capaz de ser abatanado 606 6
— de carda-mechera 193.12
— cardado 193 12
— cardado de algodón 580.5
— cardado y peinado 364.11
— con carga 605.15
— castor 580.20
— de castor 584.3
— de celulosa 588.18
— claro de mezcla 582.10
— de clase baja 579 14
— que contiene cobre 467.4
— de coco 588.14
— Coconada 579 5
— de color 580.22
— de la continua de aletas 138.6
— de la continua de anillos 138.7
— para cordeles de hacer gavillas 592 15
— que corre al bobinado 528.3, 533.3
— con cortes 169 1
— de coser 580.8, 581 22
— de crepe 584.19
— de crepe de seda 586.20
— de crespón de China 586.21
— de crin 586.1
— de crochet 580.12, 585.3
— en crudo 581 8
— de cuerda 582.3, 592.11
— chamuscado 455.13
— cheviot 583.23
— chine 580 23
— desapuntado 165.14
— desecado 467.16
— desigual 605.21
— un poco desigual 605 20
— de desperdicios 195 3
— doble peloso 425.8
— durable 9.22
— de dureza mediana 606.1
— duro 605.22
— elástico 606.3
— de encajes 581.23
— ensimado 583.14
— de escama 591.13
— de Escocia brillante 581.2
— de Esmirna 585.5
— de estambre 363.18
— de estambre bronco 364.7
— de estambre cardado 583.17
— de estambre en crudo 583.18
— de estambre duro 364.7
— de estambre desgrasado 583.19
— de estambre esponjoso 364.8
— de estambre lavado 583.19
— de estambre sin lavar 583.18
— de estambre mezclado 364.1
— de estambre mixto 364.1
— de estambre suave 364.8
— estampado 581.1
— estirado por su propio peso 466.15
— de estopa 581.7
— de estopa de cáñamo 582.2
— de estopa oscuro 581.15
— de estopa de yute 582.7
— estucado 584.10
— explosivo de algodón-pólvora 462.10
— haciendo la fantasía 559.4.9
— de fibra de madera 588.19
hilo fieltrado 591.14
— fino 598.17
— fino de seda cruda 425.17
— flameado 580.23, 589.14
— flameado estampado 580.24
— flameado de lana 582.15
— flameado obtenido por torcido 589.15
— flojo 140.7, 539.19
— de fondo 559.3, 591.4
— para franela 583.9
— frenado 527.11
— fuerte 598.18
— fuerte de seda cruda 426.1
— de ganchillo 580.12, 585.3
— gaseado 455.13
— de género de punto 585.4
— glacé 580.7
— grasiento 605.6
— grisalla 583.5
— grueso de gran suavidad 193.10
— grueso de seda cruda 426.1
— hilado en fino 590.3
— de hilaza 581.6
— húmedo 606.4
— en husadas 583.11
— muy igual 605.18
— de imitación 579.8
— imitación de vicuña 579.9
— impermeable 468.7
— impregnado de alquitrán 508.15
— India 579.5
— jaspeado 579.19, 584.9
— Jumel 579.3
— de lana de carda 263.5
— de lana muselina 584.15
— de lana de pino 588.16
— de lana seda 585.16
— de lana para tapices 583.8
— de lana torcido 583.15
— de lana y turba 588.17
— de lasting 584.18
— (no) lavado 605.8.9
— limpio 605.5
— de lino 592.9
— de lino aprestado 581.14
— de lino blanqueado 581.17
— de lino hilado a (medio) mojado 581.12.13
— de lino hilado en seco 581.11
— de lino lustrado 581.16
— de lino para tejer 581.18
— liso 363.17
— Lusiana 579.4
— de lustre 584.4
— en forma de llamas 589.14
— de media lana 408.4
— de x medias onzas 604.7
— para medias 580.14
— medio-estambre 364.11
— medio-peinado 364.11
— medio urdimbre 138.21
— mercerizado 581.3
— merino 583.22
— metálico antibalónico 153.3
— de x metros 599.9
— de mezcla 582.8.14
— de mezcla lustrosa 583.10
— de mezcla mohair 585.20
— mohair 585.19
— molinado 584.12
— multi-color 584.10
— de mungo 583.3
— de mungo a fuerte torsión 583.4
— nitrado 581.4
— nudoso 559.2
— obscuro de mezcla 582.9
— con ojetes 591.19
— ondeado 591.20
— de orillos 582.17
— Orleans 584.17
— de papel 588.21
— de pasamanería 580.18, 585.7
— de pasta de madera 476.5
— de pasta de papel 588.20
— peinado 580.6
—-pelo 591.5
— de pelo para alfombras 586.2
— de pelo blanco 585.9
— de pelo blanquecino 585.10
— de pelo de caballo 586.1
— de pelo de cabra 585.18
— de pelo de cabra de Angora 585.19
— de pelo de camello 585.13
— de pelo gris obscuro 585.12
— de pelo pardo obscuro 585.12
— de pelo parduzco 585.11
hilo de pelo de ternero 585.22
— de pelo de vaca 585.23
— peludo 193.11
— de perlas 591.8
— de Persia 584.23
— piloto 580.19
— plano 589.7
— plano con ánima de alambre 589.9
— plano con ánima de hilo textil 589.8
— pulido 580.7
— de punto 580.13
— de punto de medias 585.1
— de ramio 588.15
— redondo 589.6, 605.19
— de regenerado 582.18
— regular 605.19
— rosario 591.8
— retorcido 12.13
— roto 158.15
— de schappe 587.19
— de schappe amarillo 588.1
— de schappe blanco 588.2
— seco 606.5
— de seda basta 588.3
— de seda contraído 434.17
— de seda de crespón 586.20
— de seda cruda mal aspeada 425.5
— de seda cruda con borrilla 425.6
— de seda cruda con cabos sueltos (en espiral) 425.10.11
— de seda cruda con nudos 425.15
— de seda cruda con ojales 425.12
— de seda cruda con vello 425.6
— de seda nudoso 425.16
— de seda pobre en cobre 467.17
— de seda verde-malaquita 467.18
— de segunda calidad 579.13
— de selfactina 580.3
— de semi-lana 408.4, 579.11
— semi-lana de punto 585.2
— sencillo 430.5, 539.3.14, 515.4
— sencillo para cuerda 493.15
— sencillo de schappe 587.20
— de shoddy 582.19
— silvalina 589.2
— sobretorcido 541.8
— sólido 9.22
— suave 606.2
— de tapicería 585.6
— para tapices 583.7
— tendido 140.8
— teñido 580.22, 605.13
— teñido sólido 605.14
— de tensión 511.8
— textilina 589.5
— textilita 589.4
— textilosa 589.3
— „Thibet" 583.1
— de Togolina 579.6
— torcido mientras forma bucles alrededor del asa 554.1
— demasiado torcido 541.8
— con torsión derecha 153.14
— de torsión fuerte 498.7
— con torsión izquierda 153.13
— de Tournai 584.21
— para trenzar 580.17
— de tricot 585.4
— en tubos 583.13
— uniforme 605.19
— unión de punto 585.2
— urdido 498.11
— de velo 584.20
— vicuña 579.10
— de vicuña 408.4, 585.17
— vigoureux 584.8
— viscelina 588.12
— de viscose pegajoso 469.3
— water 580.2
— de xilolina 589.1
— de x yardas 599.8
— de yute de hilaza 582.6
— de yute peinado 582.6
— zefir 584.24
— zibelina 582.16
hilos de borra de seda 587.18
— botonosos 560.12
— doblados 12.9, 515.5
— duros 298.14
— de fantasía 589.12

hilos plegados en capas de espiras que cruzan fuertemente en la punta 517.8
— que se plegan 424.14
— de seda artificial 588.5
hinchamiento 467.8
hincharse (lana) 284.2
hinchazón de los copos de fibras 25.2
— de la lana 284.3
— de sericina 411.18
hiperbolico, piñon 135.1
—, rueda —a 135.2
hipocíclico, arrollamiento 76.20
—, engranaje 140.3
hirviente, agua 418.8
hogar 306.14
— de cok 402.10
hoja de acero con guarnición remachada 61.17
— alimentada de papel 483.6
— de caucho 445.3
— humectada de papel 480.7
— humedecida de papel 482.6
— de papel forrada con un velo de fibras textiles 480.8
— de pasta de papel (dividida previamente) 478.7, 481.1
— de peine descargador 60.1
— de pizarra 304.8
hojalata 248.2
Holden, peinadora 379.4
Holzach, dinamómetro 609.8
homogéneo, tela —a 47.15
horizontal, tablero 21.8
horizontalmente, dispuesto 529.4
hormigón 437.16
horno de calcinación 273.12
— de carbonización con vagoneta 307.6
— para peines 375.18
— de potasa 273.12
horquilla del arañero 129.8
— de la correa 161.1, 186.4
— de la correa de la carda 324.9
— de desembrague 95.6
— de embrague 158.6
— de hierro 340.11
— del manguito de embrague 347.3
— oscilante 281.9
— transportadora 278.10
Horsfall, disco esmerilador 72.8, 339.8
Houldsworth, mecanismo diferencial 126.1
Howard y Bullough, mecanismo de ajuste de los chapones 53.16
Hoyer, dinamómetro 608.7
hoz 243.6
Hübner, cilindro entrenador 99.1
—, peinadora 96.10, 381.7
hueco 383.6
humectación con agua 194.9
— de las bobinas de tiras de papel 483.12
— de las bobinas de valonas de papel 483.12
— de los capullos 442.14
— de la hoja de papel antes del corte 483.9
— de la hoja de papel antes de forrarla con el velo de fibras 480.5
— de las tiras de papel durante el arrollado (hilado) 483.10.11
humectado, cordaje 507.10
humectador, dispositivo 488.6
humectar con agua 194.10
— el cordaje con trapos mojados 507.9
— el hilo 573.7
— la hoja de papel 480.6
— la mezcla 442.13
humedad 15.4
— inicial, baja 573.5
— terminal, alta 573.6
— variable 615.8
humedecer el lino espadado 209.17
humedecido de la mecha 226.4
húmedo, algodón 15.3
—, por vía —a 302.11
humero 306.16
humidificación de las capas de husadas en cestos por medio de pulverizadores 574.2
— de los hilos 569.10
— en sótanos 574.12
humidificador, aparato — del aire 575.7
—, aparato — para bobinas (para husadas, para madejas) 575.11.12.13
humidificar el hilo 573.7
—, instalación para 575.4
humo 306.16
hundidor, cilindro 383.8
hundimiento de una aguja metálica en las cuerdas 512.12
hundir la cinta en el peine anular 448.14
— la testa de mecha en los peines 383.10
husada 154.9
— de arrollado cruzado 351.16
— defectuosa 174.12
— llena 157.3
— de plegado cruzado 519.13
— terminada 157.3
— de trama 154.10
— de trama de selfactina 569.3
— tubular 520.3
— de urdimbre 154.13
— de urdimbre de selfactina 569.2
husillo 128.3, 510.6, 538.9, 557.9, 565.8
— de boj 544.1
— cónico de madera 568.11
— de doble muelle 568.13
— fileteado 346.6
— horizontal 568.7
— de madera 543.16
— ramachado de acero 568.12
husillos 546.9
huso 96.11, 160.1
— Acmé 147.1
— de aleta 10.19, 122.5, 139.10, 257.11
— de araña 10.19, 139.10
— Booth-Sawyer 145.4
— con cojinete de bolas 355.5
— cónico a las dos extremidades 145.8
— para continuas de anillos 144.2
— de continua de anillos de hilar lino 226.8
— de continua Gessner 341.8
— con crapodina de corcho 146.8
— con depósito de aceite y rosca múltiple 146.11
— fijo 341.4
— flexible 146.5
— girando a más velocidad que la bobina 123.9
— girando con velocidad uniforme 123.8
— giratorio 137.14
— a gravitación 146.5
— hueco 233.9
— manual 10.12
— muerto 233.11
— pasivo 233.12
— con pipa de aceite lateral 147.11
— con punta cónica 233.16
— Rabbeth 145.7
— de sección rectangular 208.9
— con velocidad constante 139.11
— con velocidad variable retardada 139.12
— vertical 208.10
hydrato potásico 276.9

I

igual, hacer el estiraje — al número de cintas 104.8
—, hilo muy 605.18
igualación de la disposición de las fibras 386.7
igualar la cinta de carda 100.14
— el cuero 118.16
— el extremo de la tela 41.9
— el manguito de cuero 109.10
— la superficie 64.19
imán de acero 360.11
Imbs, peinadora 99.3
impedir las corrientes de aire 59.12
— la entrada del aire 59.11
imperfecto, separación —a 211.20
impermeabilidad del hilo 468.7
impermeabilizante, adición 484.2
impermeable, hilo 468.7
impregnación uniforme 316.22
impregnado de aceite 194.20
— de alquitrán 508.15
impregnar con ácido sulfúrico diluido 440.9
— el algodón-pólvora soluble 457.19
— el hilo 463.18
—se de aceite (lana) 314.1
imprimir por prensado el acanalado del cilindro 120.20
impurezas 15.13, 26.10
— adherentes 274.13
— insolubles 268.6
— de peinadora 375.3
— pesadas 26.11
— pesadas del vellón 265.10
— solubles 268.5
impuro, materia hilable —a 195.6
incendiarse (lino) 222.4
incendio de la carda 222.3
inclinación del huso 160.2
inclinado, diente 243.14
inclinar los extremos de los chapones con cuñas 73.6
incoloro, aceite de engrase 238.7
incombustibile, cámara 227.8
incrustante, substancia 475.7
indicador de alargamiento 513.16
— de mecha 207.3
— del número de agulleres 207.10
— de la producción 133.9
— de la tensión 609.7
indice 100.4, 348.5, 360.18
inducido 113.2, 360.14
—, corriente —a 360.15
industria de alambre para guarnición de cardas 67.1
— de borrillas 452.13
— de desperdicios de seda 452.13
— doméstica 412.8
— de guarniciones 69.9
— de molinaje 412.11
— de molinaje, pequeña 412.12
— de la seda 412.6
inferior en 1/1 (1/4, 1/2, 3/4) grado a la calidad contratada 14.19.20.21, 15.1
inferioridad en calidad 14.17
inflamable 297.11
inflamabilidad de la seda de colodión 462.7
inflamarse fácilmente 462.8
influencia del calor sobre la fibra de lana 292.17
— de la humedad sobre los cables 500.18
ingeniero 1.15
inglés, calibrador de alambres 66.20
—, clasificación —a del alambre 66.18
—, sistema — de hilatura 364.9
—, torcido 542.11
ingrediente de lavado 274.17
inodoro, hacer 438.1
inorgánico, sal —a 463.19
inserción del alambre 68.8
— de madera 112.10
— ortogonal 68.10
— de las púas 68.1
insertado de los alambres 335.10
—, clavo 244.2
—s en linea recta los unos detrás de los otros (alambres) 68.14
insertar los alambres 68.2
— los alambres en líneas de costado con hileras alternativas unas tras otras 69.5
— las guarniciones 69.7
insertar n púas por pulgada de longitud 68.5
insoluble en el agua 471.6
instalación de carbonización 301.9
— de carbonización con calefacción directa 306.2
— de clarificación de las aguas sucias 299.8
— de chimenea para humidificar con transportadores sin fin 572.14
— para la fabricación de cuerdas 503.10
— de fermentación 437.14
— de humidificación para cavas de hilo 574.19
— para humidificar el hilo 575.4
— de peinado de Fairbairn 447.11
— para vaporizado y humidificación al vacío con refrigerador 572.1
instituto de acondicionar 616.4
insuficientemente peinado 376.8
intensidad de la acción de los ácidos 302.15
— del cardado 49.19
intenso, abertura —a 25.18
intercambiable, pedal 33.2
intercelular, substancia 237.11
intermitencias, con 386.18
intermitente, alimentación 84.6
—, engranaje 587.1
—, movimiento 84.7
intermitentemente, girar 342.4
interrumpir la alimentación 554.5
interrupción de la alimentación 560.4
— del engranaje 537.2
interruptor 158.7
intersecting 372.1, 451.6
intersticio entre los barrotes 36.6
introducir las cintas de acero 56.7
— la mecha a la mano 130.9
inversión automática de la barba 450.13
— automática del manojo 229.14
— automática del movimiento 40.7
— de la carrera del carro 352.11
— a mano de las barbas 450.11
— de los manojos 215.3, 216.11
— de la marcha 23.12
— del mechón 446.1
— del movimiento de los husos 348.16
inverso, en sentido 165.2.3
invertido, dirección —a 431.7
—, rotación —a 165.4
invertidor de mordazas 215.17
invertir a mano la barba 450.12
— la corriente de aire automáticamente 575.10
— el curso del carro 131.14, 133.2
— los manojos en las mordazas 215.4
— los manojos durante el peinado 215.2
— la marcha 346.13
— el mechón 445.15
— los rastrillos guía-hilos 504.13
inyección de aire caliente 282.8
— del aire húmedo a través del hilo 573.3
inyectar aire caliente 282.7
— la solución en un baño precipitante 472.3
— la solución para hilar a través de tubos capilares 463.8
inyector 280.10
irradiación de calor 294.14
irregular, alimentación 27.3
—, cinta 101.23
irregularidad del plegado 171.7
irregularidades en el hilo 428.19
isóceles, linea 512.10
izquierda, corriendo a 68.17
—, peinadora de mano 83.4
—, torsión a la 153.21

J

jabón 484.6
— de aceite de cacahuete 433.19
— de aceite de coco . . 433.20
— de aceite de palma . 428.9
— de aceite de sésamo 433.21
— de aceite vegetal . . 433.18
— amoniacal 276.20
— animal 434.1
— blanco 316.2
— blando . . . 277.16, 316.3
— de cal 270.16
— de lavandera 316.3
— de magnesia 270.15
— de Marsella . 277.18, 434.2
— negro 316.3
— neutro 277.13
— de oleina 434.3
— de piedra 277.19
— en polvo 277.21
— potásico 277.16
— puro 277.12
— de sebo 310.5
— soluble 272.7
— de sosa 277.17
jabonoso, agua —a . . 109.8
—, lijeramente 573.17
jarcias de labor 596.21
— de maniobra 596.21
— muertas 596.20
jarroso, lana —a . . . 409.8
jaula de listones . . . 304.1
— de mezcla 22.10
— de mezcla llena . . 24.13
— de mezcla vacía . . 24.14
— suspesa 304.2
—s de linterna ajustables 611.18
—s de linterna con guíahilos móvil 612.7
Jenny 159.5, 341.5
Jenua 159.5, 341.5
jornalera de preparación 2.2
jornalero de preparación 2.1
juego v. t. aparato, dispositivo, máquina, mecanismo
— de alimentación para doblar y retorcer . . 356.13
— de barretas de agujas 371.17
— de cardas 80.10
— de desembrague de la aspa 474.1
— diferencial 125.14
— de disparo de la aspa 474.1
— de disparo en caso de ruptura del hilo . . 532.3
— de engrane 182.12
— de engrane de las conducidas 394.4
— de escala de Dobson & Barlow 132.5
— de espirales . . 161.5, 163.8
— de falsa torsión . . . 342.1
— de fricción motriz de la aspa 473.10
— de gatillos . . 125.4, 256.7
— de gills 223.7
— lateral de los cilindros del tablero 24.6
— de muelles de guitarra 173.1
— de peines . . 214.8, 371.17
— de pesos de precisión 615.2
— de retorcer la seda artificial 474.3
— de rueda de husillos para el movimiento de vaivén del carro porta-bobinas . . . 546.7
— de tres pares de cilindros de estiraje . . 205.2
— de trinquete 125.4
—, el cilindro tiene . . 107.11
jugo de crisálida . . . 419.9
junta encolada del cuero 119.7

K

kilogramo 600.22

L

laca de copal 458.20
lactato de sodio 457.16
lado alimentador de la carda 202.10
lado de entrega 202.11
— de salida 202.11
lama (hilo) 408.17
— (resorte plano) . . . 461.7
— (tejido) 397.7
— con extremidad de cuero 535.3
lámina de apoyo debajo de la mordaza inferior 93.7
laminado 8.12
lámpara de alcohol . . 616.6
lana abierta 269.13
— acidulada 304.17
— afieltrada del vientre 265.22
— de animales enfermos 266.4
— apilada 311.7
— artificial 395.10
— blanca 269.12
— carbonizada 308.9
— de carda 263.4
— cardada 318.9
— cargada de pajas . . 301.3
— de cascarría 406.7
— cachemira 363.14
— cerrada 269.15
— desengrasada 273.17
— empapada . . 282.11, 287.6
— enfermiza 266.4
— engrasada 314.5
— engrasada artificialmente 274.12
— ensacada 264.8
— de un solo esquileo . 264.9
— de dos esquileos . . 264.10
— extraída por deshilachado de trapos . . 395.12
— libre de grasa . . . 269.11
— rica en grasa . . . 274.6
— húmeda 287.11
— impregnada 282.11
— inferior 266.8
— que contiene jabón . 366.4
— jarrosa 409.8
— larga 363.11
— lavada industrialmente 268.21
— de madera . . 476.1, 492.18
— en mechones 310.12
— de mezcla 311.8
— mojada 287.6
— mortecina 266.5
— muerta 266.5
— pasada por el batuar 310.9
— de peine 363.11
— buena para peine . . 363.16
— pelada 264.12
— de piel 264.12
— de piel tratada con cal 301.7
— primera de cordero . 264.11
— regenerada 395.10
— regenerada de cabos de hilos 395.13
— regenerada de deshilachado de géneros de punto 396.2
— regenerada de materias (no) fieltradas 395.14, 396.1
— retenida 311.17
— suarda 268.1
— suave 407.19
— tratada con solución de sal 305.14
— viscosa 269.14
lanolina 300.19
lanzadera 520.11
lapiz 608.13
largo, la mecha va y viene a lo — de . . . 129.9
lateral, ajuste 59.7
—, juego 24.6
lateralmente, abierto . . 130.8
—, movible 196.16
latón 124.7
lavadero de lanas . . . 268.16
lavado al amoníaco . . . 366.5
— de la borra de seda . 438.14
— bueno 269.9
— cuidadoso 269.3
— al éter 366.6
— final 269.2
— industrial 268.20
— con jabón 277.2
— de la lana 268.9
— de la lana de peine . 365.5
— de las lanas de carda 268.3.11
— malo 269.10
— a mano 268.16
— con máquina 268.19
— mecánico 278.3
lavado preparatorio . . 268.22
— químico 297.7
— con sulfuro de carbono 366.8
— con tetracloruro de carbono 366.7
— con tierra de batán 309.20
— de los trapos . . . 401.2
—, segundo 269.1
—, hilo (no) 605.8.9
lavador de lana . . . 268.18
— mecánico 284.13
lavadora de agua caliente 439.4
— de agua fría 439.8
— para borra de seda . 439.1
— de lana 278.4
— de lana de Eastwood 283.13
— de trapos 401.6
lavaje sobre el dorso . 268.17
— en pie 268.17
— en vida 268.17
lavar el amianto en agua fría 490.3
— la borra de seda . . 438.15
— a fondo los pelos . . 514.3
— la lana de carda . . 268.12
— el manguito de cuero con agua jabonosa . 109.8
— químicamente . . . 297.8
— la seda bobinada . . 470.13
— la suintina 300.4
— los trapos 401.3
Lawson, carda abridora 248.8
leche 316.4
— desnatada 471.16
lecho de peines 218.8
leer el número de torsiones en el disco . . 432.8
— el percentaje de borras 100.7
Leeson, bobina . . . 519.10.11
Lehner, máquina de hilar 461.13
lejía alcalina concentrada 464.16
— alcalina débil . . . 464.15
— alcalina vegetal . . . 419.14
— caliente 275.17
— de ceniza 419.15
— concentrada 275.18
— diluida 275.20
— floja 275.20
— fresca 275.14
— fuerte 275.18
— de x grados 275.19
— de jabón 277.9
— de lavado 275.11
— nueva 275.14
— regenerada 276.7
— de sosa 275.21
— usada 276.5
lejivación de la madera 476.7
lejivado del lino . . . 217.18
Lemaire, aparato alimentador de carda . . . 320.8
lengua de serpiente . . 166.9
lente de acero 289.5
lenticular, disco 421.13
lento, abertura —a preliminar 25.10
leva 252.4.7
— sobre el árbol de los excéntricos 346.2
— atornillada 560.10
— axial 536.13
— de levantar 531.14
— regulable 152.9
— de subida 445.7
— de subida del carro . 246.6
levantado, plegador . . 169.6
levantador 560.9
levantamiento del chapón 53.3
— de la mecha 383.12
levantar la capa de fibras 322.15
— el chapón 53.4
— los guía-hilos 143.16
— el mechón peinado por soplado 447.8
— el peso 88.14
— el plegador a cada capa del hilo . . . 191.3
— la presión 94.9
— el tambor 56.9
—, sin — el huso . . . 148.1
levantarse (fibras) . . . 25.1
leviatán 279.11
— de tres barcas . . . 280.1
ley, según una — definida 151.5
lezna 512.6
líber de tilo 492.17
libra alemana 601.6
— austriaca 601.5
libra avoirdupois . . . 601.2
— de Berlín 601.4
— inglesa 601.3
— de Prusia 601.4
— rusa 601.9
— sueca 601.8
— de Turín 601.7
— de la Unión aduanera 601.6
— de Viena 601.5
libre de motas, combinación 311.1
libremente, suspendido . 105.14
libro de las mezclas . . 19.6
— de pesadas 612.11
licor alcalino 437.4
ligera capa de pasta . . 117.9
ligero, solución 194.11
lija 63.10
lijeramente jabonoso . . 573.17
límite de carga 513.10
— de temperatura . . 417.12
— del título 602.12
limpiado de la fibras de seda 438.16
limpiador (obrero) . . . 3.17
— del algodón 26.5
limpiador 142.10, 251.11, 253.6, 370.2
— de los cilindros . . . 108.7
— cónico 109.2
— corredizo 193.1
— para dos corredores . 150.17
— en forma de cuña . . 109.4
— fijo 108.9
— giratorio 108.12
— giratorio Brown . . 129.1
— giratorio para los cilindros de alimentación 253.7
— guarnecido de paño . 429.5
— del hilo 536.6
— de hilo de peluche . 568.5
— inferior 109.3
— inferior recubierto de paño 255.2
— móvil del carro . . . 395.2
— de paño sin fin de lana (de algodón) . . . 108.13.14
— sencillo del corredor . 150.16
— para el tambor principal 322.13
limpiar el algodón . . . 26.4
— la borrilla 453.1
— la caja de polvo . . 49.2
— los desperdicios de cardas 260.5
— las fibras en seco . . 196.1
— la hilera por aire comprimido 466.11
— el manguito de cuero con bencina 109.7
— la materia fibrosa . . 7.3
— el piso mediante cilindros 193.8
— previamente el algodón 26.6
— la superficie del gran tambor con lija . 63.10.11
limpieza del algodón 15.12, 25.6
— automática del carro por limpiadores corredizos 193.1
— de los cilindros estiradores 108.6
— de los desperdicios . 49.5
— de los desperdicios de hilatura . . . 195.4, 298.12
— de la estopa 220.10
— de la estopa de cáñamo 232.9
— final del algodón . . 26.8
— de las guarniciones . 75.1
— del hilo 605.4
— a mano 310.13
— mecánica 266.14
— en mojado 268.8
— previa del algodón . 26.7
— en seco de la lana . 266.14
— del vellón 265.12
limpio, hilo 605.5
linaza 316.15
línea de agujeros . . . 61.7
— de contacto de los cilindros 103.2
— isósceles en zig-zag . 512.10
— recta 68.14
— de retención de los cilindros . . . 103.2, 311.16
—s diagonales 68.15
—s en zig-zag que cruzan 512.11
lino 492.9

lino atado en haces . . 210.5
— en bruto 209.9
— sin clasificar 216.16
— cortado 211.3
— sin cortar 210.23
— débil 217.5
— enriado al agua. . . 209.8
— enriado en el prado. 209.7
— espadado. 209.13
— falsificado 209.15
— de fibras cortas. . . 211.4
— de fibras largas. . . 210.22
— fino 216.18
— firme 217.2
— fuerte 217.1
— grosero 217.3
— grueso 217.3
— limpio 216 19
— de Nueva Zelandia . 492.8
— pajizo 217.6
— peinado 212.9
— peinado a mano . . 212.10
— peinado a máquina . 212 11
— en rama 209.9
— rastrillado 212.9
— resistente 217.1
— poco resistente . . . 217.5
— sano. 216.21
— sedoso 581.20
— sin seleccionar . . . 216.16
— suave 217.4
— uniforme 216.20
linterna . 144.8, 256.9, 502.5, 546.8, 555.15, 557.8
— de la bobina de mecha 204.15
— conducida 556.2
— equilibrada 144.16
—s-guías 525.9
líquido v. t. baño
— aceitoso 315 17
— de blanqueo . 287.2, 300.10
— caliente 274.16
— coagulador 462.15
— de engrase 239.10
— extraído 288.15
— de lavado . . 275.11, 278.7
— precipitante de efecto lento 466 14
— saturado de churre . 272.16
—, grasa —a 315 13
liso, hilo 363.17
Lister, peinadora . . . 379.8
—, peinadora de doble testa para seda . . 448.7
—-Warbuton, peinadora 449 13
listón de guía oscilante 561.6
— de madera 244.2
lisura del acanalado . . 116.15
Little * Eastwood, tambor de pinzas . . . 381.11
lobo 311.10, 480.8
— de borra de seda . . 442.4
— de trapos 404.5
loco, collarín 178.1
—, montado 342 10
lodos de grasa de lana 300.2
longitud base 598 11
— de la bobina . 518.1, 533.12
— calculada del hilo. . 604.8
— del chapón 53.8
— desigual 535.13
— efectiva del hilo . . 604.9
— de la fibra . . . 6.14, 14.11
— del hilo 563.1
— de la línea de contacto 107.6
— de la llamada de la campanilla. 223.16
— de la madeja. . . . 598.21
— de la madeja en metros 603.16
— de la madeja en yardas 603.17
— de mecha alimentada 345.10
— de rotura 513.11
— de ruptura. 606.11
— de la tela alimentada 93.11
— del troquillón. . . . 599.7
— uniforme de las cintas alimentadas 223.13
—, hebras de idéntica (diferente) 14.14.15
—, misma — de cinta indicada por la llamada del contador . 223.17
longitudinal, en sentido 100.16
lote inferior en medio grado a la calidad contratada. 14.18
— de lana 266.11
— para lavar 268.15
— de lino 210.1
lote de lino de olor fresco 210.2
— para peinar 212.4
Lowry, bala 16.1
loza 128.13
lubricación de las fibras de yute engrasándolas 237.12
— nueva 555.5
— regular mediante un anillo 148.18
lubricador para husos . 355.15
lumbrera de escape del vapor 291.13
lustrado, hilo de lino . 581.16
lustre de la fibra de seda 427.18
— mate, de. 427.19

LL

llama de gas 455.6
llamador, mecanismo . 370.9
llano, rotura —a . . . 10.6
llanta de la rueda. . . 281 2
llave 87.6
— de dos bocas 363.8
— doble 363 8
— de tres pasos. . . . 371.1
— sencilla 363.7
llenar la cuba. 304.11
— las filetas 352.18
lleno, bobina —a . . . 140 17
llevador . 51.7, 79.5, 247.12, 250.9, 321.9, 370 15
— de anillos 330.2
—, doble — con doble frotador 333.8
—, sistema de doble . 202 2.3, 322.4
llevar el cabo anudado a la punta de la husada 158.16
— varios husillos (plato) 568.14
lluvia fina 239.12

M

maceración de la hilaza 261.9
macerar las borras con tierra de batán . . 298.15
macizo, cilindro 116.3
machacadora 476 9
madeja. . 12.17, 133.8, 562.19
— aspeada en el aspa corta 563.6
— completa. 610.13
— corta, en. 426.3
— devanada en troquillones 12.21
— grande, en 426.4
— de hilo 522 12
— japonesa de seda cruda 426 7
— larga, en. 426.4
— de x metros 603.18
— original 602.18
— pequeña, en 426.3
— de seda . . . 424.12, 426.2
— de seda obrada . . . 586.6
— trenzada 576.12
— de x troquillones . . 598.22
— de x yardas 604.1
—, media 562.20
madejas, hacer 563.23
— inglesas, 18 . . . . 564.13
madejita 12.18
madera de aliso. . . . 77.5
— de boj 110.8
— dura. 98.13
— fuerte 149.11
— hervida 476.8
— de roble 77.6
maestro-cordelero . . . 494.12
— de taller 5.20
magnesia 270.11
magneto 113.1
—-eléctrica, máquina . 113.1
magrana 182.12
Malard, desuntadora. . 365.6
Malcolm, aparato de engrase 242.1
mallas anchas, de . . . 416.18
— soldadas 477.8
mampostería, de . . . 306.9
manchado, algodón . . 13.10
—, capullo 415.13
mando del árbol de dos tiempos 161.3
mando del árbol vertical por cuerdas con tensión equilibrada . . 37.1
— por cadena. 242.4
— de los cilindros de estiraje 182.9
— por cinta 502.2
— por correa 502.3
— por correa doble . . 182.6
— por cuerda 502.1
— por cuerda abierta . 360.8
— por cuerda cruzada . 360.7
— por cuerda del cuadrante por el carro. 171.1
— de doble velocidad de los husos . . . . . 189..
— eléctrico 15766
— eléctrico por motor de corriente continua . 157.7
— eléctrico por motor trifásico 157.12
— a escuadra 360.6
— por fricción 516.14
— por fricción en la parte superior . . . 288.17
— de los husos por engranaje 140.2
— del huso por platos de fricción 139.13
— de los husos para el plegado sobre el huso 188.6
— individual de la aspa 473.11
— por la parte inferior 289.12
— para manguitos frotadores 333.13
— a mano del tornillo de cuadrante 171.3
— paralelo 360.5
— del piñon del balancín 256.8
— positivo por cuerda de la segunda linterna 144.11
— de la selfactina. . . 160.11
— por tornillo de los gills 251.13
— de través 360.6
mandril con resortes. . 119.11
mandrinar, máquina de — a mano 363.4
manejo de la continua de hilar 158.11
mango . . . 74.3, 357.4, 500.14
— de madera 340.12
— relevador. 106.10
— de la válvula. . . . 371.3
manguito. 59.2, 189.8, 331.14, 332.16
— con acanalado cruzado 332.1
— de acoplamiento en la barra del cilindro . 345.16
— de alza 209.2
— del árbol del cilindro peinador 92.8
— del árbol de dos tiempos 161.12
— de búfalo 332.3
— con la cara raspada. 331.18
— de caucho . . 116.1, 332.8
— de cuero . . 115.15, 118.12, 547.12
— de cuero acanalado . 109.9, 331.17
— de cuero áspero . . 331.16
— de cuero encolado en frío 119.5
— de cuero liso 331.15
— de cuero del rotafrotador 204.6
— de cuero rugoso . . 331.16
— de cursa 209.2
— dentado 531.4
— de dos tiempos con movimiento intermitente 177.1
— de embrague 29.12
— de embrague del árbol de conduitas. . . . 183.6
— de embrague para los cilindros estiradores 176.8
— de engranaje para la subida del carro . . 163.4
— de engrane de los cilindros acanalados . 187.14
— de engrane del contador de la alimentación. 346.4
— con entallas en la cara 331.19
— de fieltro 115.14
— de fieltro y cuero. . 332.7
— de franela 115.13
— loco 567.8
manguito para la varilla de unión 95.7
—s frotadores 331.13
—s frotadores partidos. 333.10
manija 171.4, 504.8
manipulaciónes con los cilindros de presión. 389.9
manivela . 171.4, 181.1, 350.9, 504.8
mano, a 4.16
—, a la. 130.9
manojo. 217.21
— de cáñamo 496.13
— de cáñamo anudado. 231.5
— de cáñamo mantenido por la mordaza . . 230.5
— desplegado 236.2
— destorcido 236.2
— de fibras. 8.7
— de fibras limpias . . 231.10
— fijado 214.13
— de lino 212.8, 213.2
— trenzado de cáñamo. 231.4
— de yute 235.18
— de yute de baja calidad 236.17
— de yute de color perdido 236.14
— de yute filamentoso . 236.15
— de yute retorcido. . 235.19
— de yute trenzado . . 235.19
—s, repartir en 213.4
manómetro 385.15
mantas. 397.8
manteca de cerdo 315.1, 428.13
mayorista de trapos. . 399.5
mantener las cadenas tensas mediante pesos 244.5
— el hilo con tensión . 164.9
— el juego de engrane cerrado 191.15
—, dispositivo para — las fibras 383.13
mantenido por la mordaza 230.5
manual, hilado 10.9
manualera 2.3, 371.9
— de algodón 100.17
— de lino 224.2
manuar 8.15, 102.9
— acabador. 103.14
— de borrilla 453.9
— de una cabeza . . . 103.9
— con x cabezas de y chorros y doblado de z 104.10
— de varias cabezas. . 103.10
— de canales 104.11
— de cáñamo 233.2
— de carda 103.12
— de corredores. . . . 104.11
— a chorros cruzados . 103.15
— con x hileras de cilindros 102.10
— para hilo de estambre flameado 590.4
— intermedio 103.13
— para lino largo . . . 223.4
— con mando de los peines por cadena . . 219.4
— de napas 81.9
— de un pasaje. . . . 103.9
— de varios pasajes . . 103.10
— preliminar 103.12
— preparatorio 81.3
— con salidas en zig-zag 103.15
— con todas las salidas á un lado 104.4
— de seda 451.17
— de telas 81.9
—, primer 222.13
—, segundo 222.14
—, tercer 222.15
manubrio. 611.5
máquina v. t. aparato, dispositivo, juego, mecanismo
— abridora 7.6
— abridora de balas. . 20.6
— de aletas de retorcer para hilos de zéfir . 545.11
— de anudar la cinta . 330.1
— batidora de capullos 441.11
— con x bobinas para cables metálicos . . 509.13
— de bordar 520.11
— de hacer cables metálicos 509.4
— combinada de hacer cables metálicos . . 509.5
— para fabricar cables triangulares 509.15

máquina de calandrar 119.15
— para calibrar los cilindros 120.3
— de hacer canillas 526.5
— de una sola cara 209.10
— de dos caras 209.11
— de formar la cinta 330.1
— de colchar 502.4
— para comprobar los cilindros 120.3
— de fabricar cordeles 502.8
— de fabricar cordones 502.13
— continua v. t. continua
— continua de aletas 11.13
— continua de hilar de anillos 138.4
— continua de hilar con anillos para trama (para urdimbre) 154 12.15
— continua de retorcer 542.15
— corredera 502.15
— para cortar la hoja de papel en tiras 482.1
— de cortar el lino 211.2
— para cortar las pieles 118.18
— para cortar los pies de las fibras 243.12
— de coser 520 12
— de cubrir alambre 520.7
— de cubrir hilos 520 7
— de fabricar cuerdas y cordeles 505.8
— horizontal de hacer cuerda 506 3
— de dedales 196.5
— descortezadora de ramio 261.5
— de deshilachar trapos en mojado 404.1
— doble 209.11
— de encolar y cortar 117.23
— de enjuagar leviatán 286.12
— de enjuagar con rastrillos de leviatán 286.11
— de enjuagar de forma ovalada 285.1
— de enjuagar ovalada con removedor 285.12
— para el ensayo del aceite 149.1
— de esmerilar 71.24
— de esmerilar los cilindros de carda 202.12, 339.6
— para estirar el cordón piano 356.4
— de estirar y pulir cordeles 507.17
— de extender 218 4
— para extender el velo de fibras sobre la hoja de papel 480.10, 481 2
— para extender el yute 246 12
— filling 443 5 13
— de gasear 521.5
— de gasear la schappe 455 7
— para hender el cuero 118.20
— hiladora 11.11
— de hilar 11.11, 137.7
— de hilar de aletas para el hilado simultáneo de cintas de papel y de fibras 485.9
— de hilar de aletas para hilo de pasta de papel 479.5
— de hilar de aleta horizontal 501.13
— de hilar amianto 491.9
— de hilar de anillos para hilos de papel 486.7
— de hilar automática 138.14
— de hilar para bucles de carda 343.8
— de hilar de cajas para hilos de papel 486.16
— de hilar de Camel 430.3
— de hilar el cáñamo 234.4
— de hilar continua 11.12
— de hilar de Chardonnet 460.16
— de hilar a doble torsión 491.10
— de hilar estambre 392.9.14
— de hilar hilos de papel 484.23
— de hilar hilo de papel de aletas con dispositivo para humectar y redondear 485.1
— de hilar hilos de papel de hojas de papel 489.1
— de hilar con husos fijos (móviles) 341.4, 343.6
— de hilar intermitente 138.13
máquina de hilar de Lehner 461.13
— de hilar de platos 488 5
— de hilar para seda artificial 466.2
— para hilos nudosos de Stein 559.11
— de hacer husadas 526 4
— para igualar cueros 118.17
— para igualar el manguito de cuero 109.10
— de insertar guarniciones 69.7
— intermitente de hilar 11.16
— de fabricar lana de madera 476.3
— para lavar la lana 278.4
— de lavar de Skene y Devallée 282 17
— de lavar trapos 401.6
— para lavar vellones 284.11
— para limpiar los desperdicios de cardas 260.5
— magneto-eléctrica 113.1
— de mandrinar a mano para los collares de los husos 363.4
— para montar los manguitos de cuero 119 10
— móvil 502.15
— de ovillar 518.5, 538.2
— de ovillar múltiple 518.7
— de ovillar sencilla 518.6
— de papel 476.13
— papelera 476.13
— peinadora (v. t. peinadora) 8.6
— para la preparación de mecha de pasta de papel 478.14
— rastrilladora 8.6
— de rastrillar cáñamo con inversión automática del manojo 229.14
— retorcedora 11.12
— de retorcer de aletas de una cara para lana 548.9
— de retorcer de aletas de dos caras 548.10
— de retorcer de anillos para estambre 556.1
— de retorcer de anillos para hilos de coser 556.3
— de retorcer de Aubena 432.1
— de retorcer de una cara (para yute) 543.1, 549.11
— de retorcer de dos caras 543.2
— de retorcer para cordeles 501.14
— de retorcer para el hilo con bucles 561.14
— de retorcer schappe 549 4
— de retorcer la seda 431 16
— de retorcer la seda, Chardonnet 431.14
— de retorcer con varios pisos de bobinas 474.9
— de retorcer para yute, Brigg & Webb 549.13
— de reunir 80.12
— de reunir las cintas 81.6
— de revestir las cuerdas 506.14
— para rizar las crines de caballo 514.9
— rompedora de rodillos para amianto 490.9
— rompedora de tallos de ramio 261.5
— para sacudir estopa 220.11
— selfactina 11.17
— para separar los hilos duros de las fibras 196.5
— de Topham para el hilado de la viscose 470.4
— de torcer las espiras de hilopelo 591.6
— de trenzar 506.15
— de trenzar para cuerdas rectangulares 510.3
— de trenzar para fabricar cordaje rectangular de varias secciones 511.7
— de hacer trocas 577.1
— de hacer tul 520.10
— de vapor para hidroextractor 291.5
— vertical de cablear 505.2.6
marabú 586.14
marca de la bala 16.7
marca de calidad 235.7
— de los cepillos 96.8
— del disco 55.11
— de la lana 266.12
marco de la canilla (movido lateralmente) 530.5.6
— de hierro 394.15
— oscilante 536.3
— para el paño limpiador 395.3
— con prensas 445.5
— de rodillos 29.8
marcha atrás del cordelero 496.20
marchar bien 390.5
— difícilmente 390.8
— en dirección contraria a la del gran tambor (chapones) 57.5
— en la dirección del gran tambor (chapones) 57.4
— fácilmente 390.7
— flúidamente 390.7
— mal 390.6
— pesadamente 390.8
mármol 117.16
maroma 596.14
— de cuatro cabos 594.16
— de tres cabos 594.15
Martin, aparato cruzador 422.10
—, continua para hilos nudosos 559.2
martillo 370.10
masa 291.1
— abierta de fibras 440.18
— batida de capullos 440.17
mascarilla de respiración para los obreros de las máquinas batidoras 442.8
mate, de lustre 427.19
materia albuminosa 471.10
— de almohadillado 514.15
— colorante resinosa 432.16
— cortada 402.6
— explosiva 462.6
— fibrosa 7.3
— fibrosa a peinar 99.7
— fibrosa en rama 7.9
— fibrosa volante 25.19
— filtrante 271.4
— filtrante obturada 463.14
— gelatinosa 471.5
— gomosa 225.13
— hilable 6.9
— hilable impura 195.6
— para hilar 6.9
— prima 6.8
— rugosa 507.2
— sin trozos duros 404.13
— sin trozos no deshilachados 404.13
— vegetal 302.7
—s grasas 148.10
—s primas 470.18
—s en suspensión 270.24
—s vegetales pulverizadas 308.12
material absorbedor del lubricante 355.11
— del alambre 65.15
— esmerilador 70.19
— fibroso peinado 82.2
— fibroso sin peinar 82.1
— de fundación de la guarnición 64.6
— en rama 6.8
— seco al tacto 306.17
— que debe secarse 292.9
—es de engrase 238.1
matiz 194.7
mayordomo-cordelero 494.12
maza 439.10
McNaught, extractor 283.4
—, secador 295.3
mecánico 3.10
—, desmote 367.2
—, peinado 213.13
mecanismo v. t. aparato, dispositivo, juego, máquina
— aflojador del hilo 168.13
— de ajustar la tensión de hilo 526.9
— de ajuste 43.15
— de ajuste de los chapones 53.16
— de alimentación 93.10
— de alimentación por medio de cilindros 223.5
mecanismo de alimentación de la cinta 382.3
— de alimentación suplementaria durante el arrollado 181.15
— de alimentación suplementaria durante la torsión 189.9
— de arranque con movimiento a paso de peregrino 381.6
— de arrollado 137.18, 167.2
— de arrollado de la cadena del sector 173.8
— arrollador para mecheras 256.6
— automático para formar la punta fuerte en las husadas 181.10
— de avance del cambio de correa 191.9
— de báscula 125.4, 131.6
— de hacer botones con disco excéntrico 560.7
— de cambio 160.8, 353.13
— de cambio con árbol de tiempos y palancas 185.11.12
— de cambio de marcha del carro 183.2
— de cambio con palancas (pero sin árbol de tiempos) 185.13, 186.1
— de cierre de la devanadera 44.8
— comprensor 45.11
— contador con timbre 370.6
— de desapuntado 166.3, 206.9, 348.15
— para deshacer los cargolis 358.3
— desmotador 367.7
— desmotador para cardas (Offermann) 368.10.15
— desviador de la correa 357.1
— para devanado cruzado 565.13
— diferencial 125.14, 255.12
— diferencial de Brooks & Doxey 127.1
— diferencial de Dobson & Barlow 127.3
— diferencial con doble engranaje 127.2
— diferencial de Houldsworth 126.1
— diferencial de ruedas rectas y dientes interiores 126.10
— diferencial de Tweedale 126.11
— de disparo automático 357.5
— de disparo para el cilindro de presión con frenado de la púa al romperse un hilo 554.4
— de disparo de la correa 178.10, 357.1
— de disparo eléctrico 112.13
— de disparo para manuares 110.12
— de disparo para máquinas de retorcer 554.3
— elevador 273.2
— de engatillado 180.3
— de engranaje epicíclico 126.12
— de engrase 241.4
— de entrada del carro 349.7
— de entrega de la carda 59.13
— equilibrado de mando del tambor 79.8
— de estiraje 102.12
— de estiraje para ambos lados de la selfactina 176.6
— para las evoluciones de la selfactina 182.1
— exprimidor 278.14
— para extraer la lana jarrosa 409.9
— para la formación de la husada 152.7, 190.10
— para la formación de husadas con capas de altura variable 156.1
— de formación de plegado en las continuas de retorcer de anillos 551.6
— formador de capas 327.13
— para formar la cinta de Baudouin 98.11

mecanismo de formar hilos botonosos y flameados de Graf . 560.12
— para formar la punta de las husadas 171.5, 184 5
— para formar telas largas 327.9
— de freno automático 258.4
— de freno de las bobinas de la cableadora 506.8
— de la horquilla de la correa 205.5
— de inversión 230.12
— de inversión con correa abierta y cruzada . 24.5
— de inversión de la marcha 23.12
— para levantar los guíahilos 143.10
— llamador 370.9
— de mando de los cilindros de estiraje . 182.9
— de mando por conos 527.1
— de mando de la selfactina 160.11
— de mando por tornillo de los gills 251.13
— de movimiento de vaivén para el cilindro esmerilador 72.4
— para la mudada . . 145.6
— napador 197.16
— de parada automática de Dobson « Barlow 110.14
— de parada automática para husada llena . 157.4
— de parada automática del manuar 110.13
— de parada para botes llenos 112.3
— de parada eléctrica . 112.6
— de parada para manuares 110.12
— de parar cuando se rompe una cinta . . 81.12
— para parar automáticamente el peinador 59.14
— de para-tramas de delante 112.2
— de para-tramas de detrás 111.10
— de paro 504.5
— de paro automático. 47.7
— de paro automático para cuando la husada está llena 180.4, 357.10
— de piñon y cremallera para ajustar los cilindros 390.18
— de plegar la cadena de desapuntado . 179.11, 184.1
— preventor de los cargolis 358.2
— para quitar la presión 86.2
— para quitar la presión de los cilindros . . 106.7
— regulador del arrollado 180.9, 183.7
— regulador del plegado 171.8
— para relevar la grúa 354.6
— de rueda de estrella de inversión 173.2
— de salida de la carda 59.13
— de la salida del carro 347.11
— de salida de la cinta 253.4
— secador doble para lana 296.14
— del sector 170.6
— de seguridad para arrollar la tela . . 46.5
— de seguridad para desembragar la entrada del carro 170.1
— de seguridad para la entrada del carro. . 357.6
— de tensión de los cordones 504.6
— tensor de la cadena del sector 351.4
— tensor para manguitos de piel lavados . . 332.13
— de torsión suplementaria 506.1
— de trinquete 53.1
mecha . . 9.15, 122.2, 159.15, 204.8, 579.18
— alimentada 345.10
— de carda 342.6
— condensada por frotación 328.15, 334.6
— engrasadora 344.13
mecha estirada 159.18
— de estopa 224.13
— humedecida 226.5
— de lana 375.8
— de lana arrancada . 378.8
— de lana desprendida. 378.8
— de lino 224.10
— de pasta de papel . 479.4
— rota 133.12
— saliente 378.1
— sencilla 142.1.2
— poco torcida 122.4
— con poca torsión . . 122.4
— de yute 254.12
—s casadas 354.4
—s falsas 334.7
—s de las orillas . . . 334.7
—s soldadas. 383.11
mechados de lana mojados 287.10
mechera (obrera) . . . 2.7
— acabadora 388.2
— en fino 2 10
— en grueso 2 8
— intermedia 2.9
— superfina 2.11
mechera (máquina) . . 11.10, 121.11
— para borrilla 454.3
— de cáñamo 233.8
— para estopas 224.12
— extrasuperfina . . . 122.11
— en fino . . . 122 9, 390.14
— con gill 390 11
— en grueso . . 122.7, 390.12
— intermedia . . 122.8, 390.13
— para lino largo . . . 224.5
— de seda 452.3
— superfina. 122.10
— para yute 254.13
mechero acabador . . . 388.1
— de gas 455.8
mechón 25.13, 82.10
— destruido. 269.7
— de fibras. 445.12
— de fibras de seda . . 444.8
— peinado 446.10
— de seda en prensa . 445.8
—es, las fibras forman . 14.7
media madeja. 562.20
—-luna para la mudada 565.10
—-luna del plegador . 166.6
— vuelta del manguito 177 2
medias 397.14
medición del hilo durante el aspeado. 563 21
—, aparato de 149.8
medida inglesa 600 12
— métrica 600.6
—s de longitud 600.5
medio cocido, seda —a 434.11
—-estambre 364.12
— de lavado 274.17
—-protector antioxidante 64.2
—-urdimbre. 580.4
—, parte —a de la mecha 375.10
—, término — de una mezcla 19.1
medir la longitud de la madeja original . . 602.18
mejoramiento de la calidad por almacenaje 217.13
Mélen, elevador 282.12
meollar. 593.6
merino 583.22
merma del gran tambor 78.14
— de seda 446.12
mermas 398.5
— de aspeado. 424.9
— de borrilla 453.16
— de chapones 194.18
— de peinado 452.15
mesa de alimentación 50.10, 77.11, 111.2, 453.11
— de alimentación superior 405.5
— de las cintas 90.12
— cóncava de formación de bucles 329.14
— curvada de arrollado 329.14
— dobladora . . 219.1, 251.10
— para empaquetar el lino 215.13
— de escojer trapos . . 399.14
— de extender . . . 451.2.3.4
— de extender de cadena 501.12
— de extender con erizones 451.7
— de extender con gillbox 451.5
mesa extendedora . . . 218.4
— para cáñamo 232.1
— de la fileta. 139.6
— giratoria . . . 439.11, 442.3
— guía-tela 84.3
— inclinada. 98.2
— de inversión 448.4
— de la prensa 577.14
— de rociar. 441.8
— de salida. 288.10
— de sorteo 265.6
metal antifricción . . . 290.8
metálico, botón 146.2
método de acondicionamiento 615.9
— de carbonización . . 301.8
— de desecación. . . . 417.11
— de desengomado . . 433.2
— de desengrasado Schlieper 276.14
— de devanar. 421.14
— directo. 276.8
— de fermentación . . 437.12
— francés de devanar . 422.1
— de hilado continuo . 138.1
— de hilar 1.5
— italiano de devanar . 421.18
— de montaje. 63.4
— de precipitación . . 299.16
— para la prueba del alambre 66.21
— a la sosa. 479.8
métrico, aspa —a . . . 563.10
—, sistema — de numeración. 599.12
metro 600.7
—, x —s por kilogramo 604.6
Meunier-Grun, peinadora 380.9
mezcla 19.4
— del algodón 17.15
— de los botones con la lana 590.16
— de varias calidades de lana 310.17
— de colores 310.21
— de color de estambre natural 584.7
— completa. . . 310.19, 318.8
— completa de la lana engrasada 317.10
— de cheviot 583.24
— de los desperdicios de seda 453.2
— de los desperdicios con algodón en rama 195.1
— de estambre 584.6
— de las estopas . . . 220.21
— íntima 318.8
— de lana 310.7.18
— de la lana con el algodón 408.2
— a mano 19.12
— hecha a mano . . . 19.14
— mecánica. 19.15
— neumática 24.7
— perfecta 310.19
— uniforme de color. . 311.2
— de varias suertes de lana 310.17
—, dejar en la 25.5
—, tejido de 64.23
mezclado, aceite. . . . 315.24
—, color 194.6
mezclador de algodón . 18.16
mezclar el algodón . . 18.13
— algodón con amianto en la carda 491.4
— el algodón teñido de varios colores . . . 194.5
— las borras apilándolas en capas superpuestas 197.5
— las borras de seda . 442.12
— borras de seda de varias clases 451.1
— por colores 310.20
— los desperdicios con algodón en rama. . 195.2
— a mano 19.13
— con máquinas 19.16
— por mitades iguales . 19.3
— para obtener una calidad media 19.2
— el yute 236.11
mezclilla 582.14
micrométrico, tornillo . 56.16
micromilimetro 600.11
micrón 600.11
miera de enebro . . . 462.17
miligramo 601.2
milimetro. 600.10
mimbre 286.14
minio 117.21
minuto, por (vueltas) . 123.7
misma dirección, las púas tienen la 67.7
mitades iguales 19.3
mocoidina 411.7
módulo de trabajo . . 606.18
mohair 363.13
moho 574.10
mohoso, capullo 415.15
—, trapos —s 396.20
mojado con agua . . . 194.9
— en agua caliente . . 573.16
— en agua lijeramente jabonosa 573.17
—, en 542.4.5
—, lana —a 287.6
mojar con agua . . . 194.10
molde 503.6
moler los residuos de crisálidas 441.1
moleta de esmerilar Horsfall 339.8
— igualadora de las púas 340.1
molinado Victoria . . . 584.13
—, seda —a 431.8
molinaje de la seda . . 428.2
molinera de seda . . . 412.16
molinero de seda . . . 412.15
molino de cáñamo con cilindros cónicos . . 231.1
— cilíndrico de pasta . 476.12
— de mazas 439.9
— de muelas verticales 476.11, 490.11
— de pilones 439.9
— purgador para seda cruda 429.13
— de seda 412.10
— para suavizar yute . 240.6
— de torcer la seda . . 429.17
momento de fricción. . 149.7
— de rotación. 149.7
montacarga 575.5
montado excéntricamente 447.6
— sin fijar 342.10
— loco 342.10
— suelto 342.10
montador de guarniciones 4.11, 63.8
— de máquinas 3.10
—, aparato — de cintas de carda 63.9
montaje de la guarnición del chapón 61.4
— del manguito de cuero 119.8
montante en forma de ⊥ 344.4
— a muesca 497.2
— del rastrillo 504.11
montar la bobina libremente giratoria . . 128.6
— las cintas en anillos. 63.6
— la cinta en espiral . 63.7
— la cinta de guarnición 63.3
— la cinta con tensión fuerte 63.5
— el manguito de cuero 119.9
montón de mezcla. . . 311.6
montura de las cintas de carda 337.6
— de la guarnición . . 61.18, 62.3.4.5.6.7, 63.2, 396.12
— de placas de guarnición. 337.5
— de placas de guarnición mediante tiras curvadas 62.2
mordaza 214.5, 230.4
— para balas 18.4
— para cables. 513.13
— fija 381.13
— con guarnición de caucho acanalado . 245.7
— inferior 84.11, 89.13, 92.11, 377.10
— móvil 381.14
— superior . 84.10, 89.16, 92.10, 99.6, 377.9
mordazas . . . 91.9, 343.9
— de arranque 99.8
— para guarnición. . . 338.5
— de la pinza . 377.8, 506.12
mota quebradizo . . . 302.8
—s, libre de 311.1
motor 504.4
— de corriente continua 157.8
— trifásico 157.13

mover la lana por una corriente de aire (de agua) 281 15, 282.1
moverse en la dirección de las puntas de las púas (guarnición) 323.12
— en dirección opuesta a las puntas de las púas (guarnición) 323.13
— en la dirección del gran tambor (chapones) 57.4
— una hacia (fuera) la otra (horquillas guía-mecha) 129 11.12
movible lateralmente 196.16
movido alternativamente 537.3
— lateralmente 530.6
móvil 320.13
movimiento alternativo de subida y bajada del carro 140.16
— de apertura de las mordazas 91.6
— de arranque de la pinza 382.13
— de avance de la pinza 91.3
— del carro 344.16
— de cierre de las mordazas 91.5
— continuo del árbol de dos tiempos 182.7
— desborrador del peine 58.7
— excéntrico del cilindro 107.9
— excéntrico de las puntas 30 5
— giratorio 517.1.2
— horizontal de la barrita 252.10
— intermitente 84.7
— intermitente hacia adelante 377.7
— lateral de vaivén 109.1
— según una ley definida 151.5
— oscilante del peine 58.10
— oscilante de la pinza 92.4
— oscilante del sector 350.17
— de parar cuando se rompe una cinta 81.12
— a paso de peregrino 381 6, 406.9
— de la platabanda de los aros 151.4
— del porta-aros 151.4
— positivo de la grúa 169.5
— de retorno de las aletas 505.7
— de retorno del husillo 511.5
— del retroceso 205.4
— de retroceso de la pinza 91.4
— de retroceso de la tela sin fin de cuero 94.4
— de la rueda de estrella 190.12
— del torno por la marcha del cordelero 497.16
— transversal 72.8
— transversal adicional de la púa 532.1.2
— transversal y de vaivén del cilindro esmerilador 72.3
— de vaivén 72.4
— de vaivén vertical 448.15
— de vaivén, recibir un 516.18
— variable del porta-aros 151.6
—, de — lento 295.14
mozo 3.18
mucílago 472.13
muchacho enfilador de los tubos 176.4
— estopador 213.12
— de fileta 176.5
— porta-bobinas 176.5
mudada 133.19, 227.1, 386.20
— de las bobinas 133.18
— de las bobinas llenas 141.8
— de las husadas 175.17
— llena 387.1
— en marcha 387.2
— del mechón 445.17
—, empezar la 175.7
—, empezar una nueva 352.12
—, hacer la 256.12, 567.7
—, al hacer 432.9
mudadora 3.8
mudar 226.14
— las bobinas 141.3.9
— la bobina llena 133.17
— los botes llenos por vacíos 60.11
— las husadas 175.18
— las madejas del aspa 564.7
muelle 149.6
— del gatillo 173.5
— de hojas 279.7
— plano 95.11
— de seguridad 95.8
muerto, fibra —a 14.6
—, huso 233 11
muesca 109.15
— redondeada 373.13
—, a 497 2
muestra extraída 298.10
— de hilo 605 3
— de lana 363.15
— de peinado 374 17
— de seda 602 22
—-tipo 13 8
—-tipo de retorcido 540 2
—, quitar una 298.9
Mule-Jenny 159.6, 343.7
muletón 397.9
muljénua 11.15, 159.6, 343.7
mull-jenny 11 15
múltiple, doblado 386 13
multiplicador 603.12
mungo sin algodón 406.17
— azul 407.5
— blanco 407.4
— sin lino 407.1
— de media lana 407.2
— regenerado de trapo 406.12
— de retazos 406.16
— teñido 407.3
— de trapos nuevos 406.16
— de trapos viejos 406.15
muselina 407 13
musgo de Irlandia 316.14
muslos 265.17

N

nacarino, brillo 415.7
nafta 297.19
naftol 316.7
napa 7.11, 34.4, 198.6, 328.12
— doblada 373.14
— principal 373.14
— de seda 450.17
— sencilla 373 15
napador, mecanismo 197.16
napadora 451.12, 453.4
nariz de embragar 353.15
Nasmith, peinadora 87 7
natural, caucho 65.9
—, grasa 315.14
naturaleza de la seda 427.2
neblina 574.15
negociante al por mayor de trapos 399.5
— en trapos 399.4
negro, volverse (cadillo) 307.2
nervio 53.11, 355 8, 376.2
neumático, aparato de desborrado 341.2
— aparato de transporte — del algodón 37.7
—, caja abridora —a 38.3
—, mezcla —a 24.7
neutralización de los ácidos en la lana 309.4
neutralizador, efecto 302.16
neutralizar el ácido sulfúrico 463.4
— el amoníaco por los bisulfitos 465.3
neutro, jabón 277.13
—, procedimiento 305.11
Neyret-Brenier, peinadora 449.14
nido en forma de pelota del Anaphe 414.11
nitrito de etilo 462.14
— de sodio 463.20
— de sosa 463.20
nitroseda 456.5
— de colodión acético glacial 459.5
nivel del agua 286.6
— de burbuja de aire 362.12
nivelar los porta-cilindros 363.3
Noble, peinadora 378.15
Northrop, canilla 147.2
Norton, secador 295.12
núcleo 509.6, 559.3
— de corcho 595.5
— de hierro 115.10
— de hierro en forma de U 113.9
— interior cónico 484.12
nudo 424.1, 454.8
— corredizo de la soga 594.12
nudo del hilo 425.14
— del troquillón 564.5
nudoso, hilo de seda 425.16
nuevo capullo 421.9
nuez 11.2, 145.10, 258.1, 343.1, 487.8, 521.12
— de huso 144.6, 555.16
— para piano 487.10
— de la púa 527.8
numeración de los hilados 598.1
numerar 598.3
número del alambre 66.19
— de la alimentación 102.4
— alto del hilo 194.1
— austríaco, antiguo 599.16
— bajo del hilo 193.13
— a buscar 603.15
— de los carretes 429.14
— de la cinta 386.10
— de la cinta de salida 102.5
— a convertir 603.14
— del corredor 150.12, 552.5
— de dientes 31.2
— de Elbeuf 600.2
— de las espiras 124.19
— de fabricación 19.8
— fino 598.7
— fino del hilo 194.1
— francés 599.15
— de golpes 31.7
— de golpes de peine 82.18
— grueso 598.5
— grueso del hilo 193.18
— de la guarnición 68.7
— del hilo 598.4
— de hilos en la madeja 599.6
— indicador del título 602.10
— inglés 599.14
— internacional 599.13
— kilogramétrico 599.13
— de madejas 598.20
— medio 598.6
— métrico 599.13
— de metros por madeja 603.13
— neerlandés 600.4
— de orden de fabricación 19.8
— de la partida 19.7
— pedido 603.15
— de Prusia 599.17
— de las ranuras por centímetro 116.13
— de las ranuras por pulgada inglesa 116.14
— sajón, antiguo 599.19
— de Sajonia 599.18
— de Sedan 600.1
— suizo 600.3
— de vueltas de aspa en la madeja 599.6
— de vueltas del huso 144.4
— de vueltas de torsión por aguller 207.7
— de vueltas por unidad de longitud 542.1

O

obenque 596.11
oblicuo, en posición —a 538.10
obra corchada para guindaleza 500.7
obrado, seda —a 431.8
obrera 5.14
— de algodón 5.16
— extendedora 219.11
— de preparación 2.2
— recogedora de borras 4.1
— recogedora de desperdicios 4.1
— de seda 412.14
— que trabaja a domicilio 6.6
obrero 5.13
— abridor 22.8
— abridor de mordazas 215.16
— de algodón 5.15
— de desmote mecánico 367.3
— estopador 213.12
— extendedor 219.10
— de preparación 2.1
— recogedor de borras 3.24
— recogedor de desperdicios 3.24
— de seda 412.13
— que trabaja a domicilio 6.5
— de vilof 197.3
obreros 5.19
obstruido, cargadora automática —a 29.14
obtención del ramio 261.2
obturado, guarnición de cardas —a por fibras 75.3
—, hilera —a 466.10
—, materia filtrante —a 463.14
Offermann, mecanismo desmotador 368.15
oído, ajuste al 78.3
ojal 400.9
— de ágata 430.4
—-guía 487.6
— guía-hilos 423.1
— guía-hilos de alambre 137.13
— del hilo 425.14
— metálico del guía-hilo 143.15
ojaranzo 149.12
ojete 533.4
— enrollado 501.17
—-guía 511.14
— guía-hilos 525.3, 610.4
— en el retorcido 540.3
— soldado 501.18
— de trenzado 511.14
— de vidrio 422.4, 544.9
oleína 315.4
olor fresco, de 210.2
olla 381.10
ondulación de los pelos 514.8
ondulado, fibra —a 6.18
operación de engrase 237.5
— de mezcla 19.11
—es de acabado 515.1
—es preparatorias para el hilado del algodón 17.14
operario desborrador de cardas 75.10
— descargador de cardas 75.10
opuesto al sentido de la rotación 45.4
—, girar en dirección —a 29.4
—, púas —as una a otra 67.6
oreado de la lana 287.5
oreja-guía 131.10
órganos de mando de la mechera 122.14
organzín 431.9, 586.7
— liso 586.8
— raso 586.8
— retorcido a dos (tres) cabos 431.12
— no retorcido 431.11
— sencillo 431.11
— velloso 586.9
—, falso 586.13
orillas 400.14
orina podrida 276.15
oscilación del brazo de la balanza 613.11
— pendular del árbol del cesto 290.1
oscilador 125.6, 131.7
oscilante axialmente 530.1
—, movimiento 58.10
oseína 472.15
ostrapena 411.3
oval, capullo 414.8
ovalado 587.4
ovillado 518.2
ovillador 5.11
ovilladora 5.12
— de cruzado rápido con varias testas 521.4
— múltiple 538.15
— sencilla 518.6, 538.11
— de varias testas 538.15
ovillar el cordel 518.3
ovillo 474.6, 518.4, 520.17, 523.4, 525.11
— bombeado 520.18
— de bramante 593.7
— cilíndrico 522.9
— cónico 523.10
— cruzado 551.4
— frenado 525.13
— levantado fuera de contacto con el tambor 525.12
— para las máquinas de cubrir alambre 520.7
— de plegado cruzado 519.5
— con punta cónica 522.10
oxidación de la guarnición 64.1
oxidado, aguja —a 86.19
óxido de aluminio 484.9
— cuproamoniacal 458.22
oxígeno 301.18

P

paca de doce paquetes. 577.8
— de seis paquetes . . 577.7
— de tres paquetes . . 577.6
paja 402.5, 492.16
— de madera 492.19
—, de color de 415.1
pajas, cargado de (lana) 301 3
pajilla 220.17
pajizo, lino. 217.6
pasivo, huso 233 12
palanca . 172.6, 190.2, 207.1, 530 12
— acodada 111.14, 152.2, 162.5, 183.4, 347.4, 450.7
— acodada de brazo con corredera 360.3
— acodada con contrapeso 173.10
— acodada del desviador de la correa 357.2
— acodada del pedal . 32.14
— acopladora 354.8
— de acoplamiento . . 510.10
— ajustable 534.8
— ajustable del arañero 538.1
— de alimentación 90.3, 93.14
— angular de la compuerta 321.16
— de ángulo 152.2
— del árbol del plegador 172.14
— basculada por la grúa 180.10
— de la bomba 288.6
— con brazos de desigual longitud 535.13
— de dos brazos 183.9, 487.17
— de tres brazos . . . 179.10
— de tres brazos del freno de entrada 350.1
— de caída 179.8
— de cambio 348.6
— del cepillo hundidor 379.16
— de cerrar el trinquete 205.6
— de colisa 121.6
— del contador de torsión 186.6
— de contrapeso 328.3, 536.4
— del cuadrante . . . 170.8
— de desembrague 357.7, 532.12
— de desengrane . . . 346.1
— de desapuntado 179.5, 205.12
— desequilibrada . . . 180.7
— de disparo . 208.11, 455.12
— de disparo de tres brazos. 549.7
— de disparo vertical de dos brazos. 567.5
— doble 44.6, 132.14
— de entrada del carro 179.4
— de escala 566.5
— de excéntrico. . . . 551.8
— del excéntrico de la alimentación . . 93.13, 94.2
— del freno . . 147.6, 192.12
— del freno del desapuntado 163.1
—-gancho. 528.6
—-gancho empujada por el cono oscilante . . 528.7
— de gobierno de los plegadores 166.7
— graduada. 241.10
—-guía 133.6
— de hendidura 121.6
— horizontal 192.13
—-horquilla 185.2
— de la horquilla del juego de engrane . . 348.13
— de la horquilla del manguito de engrane 347.13
— de inversión 24.4
— loca de tres brazos . 178.11
— para la maniobra de la fricción del desapuntado 179.9
— de mano 347.15
— de mano para levantar el peso 88.14
— motora 537.15
— oscilante 60.4, 181.13, 391.11, 537.12
— oscilante de cambio. 160.10
— oscilante del cilindro de arranque 89.1
— oscilatoria 112.5
— de paro 209.1
— del pedal 28.10, 43.7, 47.4, 312.8, 357.9
— del peso 74.2
palanca plegable . . . 172.7
— de presión 149.4
— de presión superior . 385.12
— de puesta en marcha 208 11
— reguladora . . 30.6, 423.5
— y rodillo 183.8
— de seguridad 357 12
— superior 230.10
— de tensión de la cadena de mando del centinela 94 11
— tensora 94 12
— de tope 350.2
—, gran 162.3, 186 2
—s con lengua de serpiente y rodillo de guía para la cadena de desapuntar . . . 166.8
palas. 45.3.4 5
palastro 76.17
palo arrollador de las barbas 450.5
— arrollador para las barbas peinadas . . 450.10
— campeche 238.16
— redondo de madera . 444.11
paño 389 13
— cheviot 397.4
— para cilindros 117.4, 118.1
— sin fin giratorio del limpiador 108 12
— de lana 335.4
— de lana perchado . . 397.5
— limpiador 395 5
—, cubrir con 116.18
—, guarnecido de . . . 429.5
papel de celulosa preparada por bisulfito . 479.10
— de celulosa preparada por la sosa 479.9
— comprimido 289.8
— de esmeril 63 11
— flexible 479.13
— hilable 479 11
— de lija 109.12
— lijero 479 12
— pergamino para cilindros 390 1
— permeable al agua . 480.1
— tenaz 479.14
— de tornasol. 309.8
— de vidrio. 63.10
paquete de una gruesa. 577.9
— de hilo 577.3
— de cinco (diez) libras inglesas 577.4 5
— de lino 217.8
—s, reunir en 217.7
par de cilindros . . . 561.5
— de cilindros acanalados 443 15
— de cilindros de estiraje 102.14
— de cilindros horizontales 240.7
para-tramas. 521.8
—, mecanismo de — de delante 112.2
—, mecanismo de — de detrás 111.10
parada automática del manuar, mecanismo de 110.13.14
— para botes llenos, mecanismo de 112.3
— del carro. 164.19
— cuando se rompe la cinta 111.9
— eléctrica de manuares 112.6
— para husada llena. . 157.4
— de los manuares . . 110.11
parafina 484.5
paraldehído 458.4
paralelismo de las superficies de trabajo . . 60.16
paralelización de las fibras . . . 231.9, 386.6
paralelizar las fibras. . 374.5
paralelo al tambor (cilindro esmerilador) . 73.3
parar el contador . . . 370.12
— la devanadera . . . 424.15
— automaticamente el peinador. 59.14
—, mecanismo de — cuando se rompe una cinta 81.12
pararse (carro) 164.18
parcial, estiraje 101.6
pared envolvente . . . 375.19
—, de — gruesa. . . . 416.14
paro automático de la púa cuando se rompe un cabo 430.12
— de los cilindros . . . 346.10
— del huso 354.7
— a mano del peinador 59.15
— de la máquina cuando se rompe una cinta. 81.11
— de los tableros . . . 23.5
Parr-Curtis, dispositivo de pinzado del hilo. 558.6
parte carnosa del cuero 332.5
— central del lino . . 211.6
— cilíndrica vacía de la husada 174.7
— cruzante de la capa 155.15, 351.12
— dentada 531.12
— doblada de la mecha 383.7
— encolada del cuero . 333.3
— fija de la tapa con ojal-guía. 488.2
— formante de la capa 351.11
— gruesa en la cinta. . 101.20
— larga del medio de la fibra de lino. . . . 211.7
— media de la mecha . 375.9
— media del mechón . 445.14
— móvil del manguito de engranaje 163.5
— saliente de la aguja. 86.13
— de la tapa a charnela 488.3
partículas de agua . . 288.14
partida de hilo aspeado 564.6
— de lana 266.11
— para lavar 268.15
— de lino 210.1
partidor de manojos. . 215.14
partir el vellón 265.1
pasada de la cinta a través del manuar . 101.5
pasado del cordel de cáñamo a través de las cuerdas 512.8
— de los pianos por la linterna 550.10
pasador 384.1
— de empalmar. . . . 494.2
— de los eslabones . . 254.4
— de seguridad 44.11
pasaje 25.15, 103.8
— de batán. 42.4
— de la cinta a través del manuar 101.5
— de estirado. 371.15
— repetido del algodón 25.16
—, primer 222.17
—, segundo 222.18
—, tercer 222.19
pasajes dispuestos en bancadas separadas en zig-zag 104.1
— dispuestos en tandem 104.3
— dispuestos uno tras otro. 104.3
pasamanería 400.12
pasar por un arañero (mecha) 137.13
— por el batuar. . . . 310.10
— por el batuar en seco 310.11
— el hilo alrededor del cilindro 556.4
— el hilo alrededor de los cilindros 454.16
— el hilo alrededor del cilindro de presión . 546.1
— el hilo alrededor de los cilindros inferior y superior 543.5
— el hilo por un baño 467.4
— el hilo a un baño de sosa. 459.10
— el hilo sumergido en agua 542.6
— el hilo a través de llamas de gas . . . 455.6
— con intermitencias . 386.18
— el manojo entre las agujas del rastrillo 213.9
— la mecha entre las agujas del peine . . 375.12
— los trapos por el diablo. 403.10
— varias veces (algodón) 25.17
—, hacer — la mecha por agua caliente . . . 225.12
paso 350.15
— del aire húmedo sobre el hilo 573.10
— del arrollamiento . . 155.7
— de bobinado 537.4
paso de las cintas . . 386.17
— de las espirales en el cordón 498.15
— de la hendidura ajustable 429.11
— del hilo a través del agua fría 542.7
— horizontal de los pianos 550.9
— oblicuo de los pianos 550.8
—, de gran 561.2
—, de pequeño 561.1
—, primer — de manuar 103.12
—, segundo — de manuar 103.13
—, tercer — de manuar 103.14
—s, x — de manuar 101.17, 452.1
pasta 117.7
— al bisulfito 475.6
— grumosa 117.13
— para hilar 460.14
— de madera 475.3
— de papel 477.12
— a la sosa. 475.5
Paterson, aparato de engrase 241.5
patín. 185.10, 352.6
patio de cordelero . . . 496.19
patrono 1.13
pectina poco soluble . . 412.8
pedal 11.6, 43.7, 234.1
— apoyado sobre fiel . 44.2
— del freno. 290.12
— intercambiable . . . 33.2
pedazo de algodón . . 20.5
pegajoso, manguito de cuero 109.6
—, volverse (algodón) . 15.10
pegar 64.17
—se en copos (algodón) 15.11
peinado (acción) 7.21, 8.3, 81.13
— del algodón 80.13
— de la borra de seda. 444.12
— del cáñamo 495.10
— a comisión 376.15
— de la cola del mechón 82.14
— de las estopas 211.16, 222.5
— en fino 212.19
— en fino del cáñamo . 231.6
— de la lana 374.1
— limpio 376.7
— del lino 211.10
— a mano 375.4
— a máquina 376.12
— mecánico. 213.13
— de los pelos 514.5
— puro. 376.7
— del ramio 262.2
— de la seda 444.15
— de la tela 81.17
— de la testa del mechón 82.13
— del yute 245.1
peinado (fibras peinadas) 8.1, 82.3, 374.7, 450.9
— azuleado 386.2
— blanco 374.11
— blanqueado. 374.13
— de borra de seda . . 446.9
— de borrilla 453.15
— de color 374.12
— corriente 374.10
— estampado 374.16
— a mano 374.8
— de mohair 409.14
— de ramio. 262.8
peinado (hilo) 580.6
—, insuficientemente . . 376.8
—, lino 212.9
— a mano, lino 212.10
— a máquina, lino . . 212.11
peinador (cilindro) 51.7, 79.5, 200.3
— (obrero) 4.12, 83.2
— de algodón 81.15
— en fino del cáñamo . 231.8
— de estopas 222.7
— en grueso 213.11
— de lana 375.6
— de lino 211.14
— a mano . . . 213.10, 375.5
peinadora (obrera). . . 4.13
— de lana 376.13
— de algodón 81.16
peinadora (máquina, v. t. máquina peinadora) . . . 7.23, 8.6, 262.3
— de acción continua . 83.12
— de acción intermitente 83.3
— de x cabezas 83.8
— circular . . . 83.12, 376.19
— circular Neyret-Brenier. 449.14

peinadora Crossley . . 446.13
— de doble testa para seda (Lister) . . . 448.7
— duplex (Dobson y Barlow) 91.1
— duplex (Schlumberger) 91.2
— de estopas 222.8
— de estopas (Heilmann) 222.9
— Gegauff con pinza oscilante. 91.7
— Heilmann . . 84.1, 377.1
— Holden 379.4
— Hubner . . . 96.10, 381.7
— Imbs 99.3
— con *x* juegos de peines 215.11
— para lana corta . . 376.18
— para lana larga. . . 376.17
— Lister 379.8
— Lister-Warburton . 449.13
— de mano derecha . . 83.5
— de mano izquierda . 83.4
— mecánica doble. . . 214.3
— mecánica para seda 444.16
— mecánica sencilla . . 213.14
— mecánica de yute con tablero vertical y barretas descargadoras 245.5
— mecánica de yute con tableros de peines inclinadas 246.1
— Meunier-Grun . . . 380.9
— Nasmith 87.7
— Noble 378.15
— de Pinel y Lecoeur . 99.14
— rectilínea 83.3, 376.20, 444.17
— rectilínea de una cabeza 83.6
— rectilínea de varias cabezas 83.7
— rectilínea con entrega a un solo lado . . 83.10
— rectilínea con entrega por los dos lados . 83 11
— de Staub y Montfort 99.15
peinaje 8.3
— de la borrilla . . . 453.14
peinar . . . 7.22, 8.4, 81.14
— la cabeza del mechón 445 13
— la cola. . . . 82.15, 376.6
— las estopas 222 6
— las fibras de seda . 444.14
— las fibras de yute 245.2
— el lino 211.12
— el mechón 82.11
— los mechones de fibras 443.10
— la testa del mechón. 82.12
—, material fibroso sin 82.1
peine . 218.9, 251.14, 368.8, 372.9, 445.4, 446.3, 447 9
— de acero 340.10
— alimentador 382.4
— anular 379.17
— anular alimentador . 448.12
— anular giratorio. . . 379.7
— anular superior . . . 379.5
— batidor 260.8
— calentado 375.17
— de carga 375.14
— cargado 375.15
— cilíndrico. 377.11
— circular . 85.4, 98.10, 377.11
— circular con barretas de agujas formando serie progresiva en densidad 380.10
— circular curvo . . . 381.8
— circular interior. . . 379.2
— circular pequeño . . 379.2
— colocado en el horno 376.5
— desbastador 213.5
— desborrador . 58.2, 340.9, 378.14
— desborrador con movimiento de retroceso 58.4.8
— descargador . 51.8, 59.18, 86.8, 98.1, 245.13, 320.12
— descargador de la estopa. 230.7
— desprendedor 204.2
— desprendedor de la estopa. 213.15
— erizo. 221.9
— fijo . . 85.8, 92.12, 375.14, 378.5, 381.2, 382.5
— fino 229.5
— grande circular 379.1, 449.5
— grueso 229.4
— guía-mechas 331.3
— igualador. . . 200.6, 260.8, 320.8.11
— a mano . 8.5, 212.20, 245.4
peine a mano para cáñamo. 229.6
— oscilante descargador 51.8
— recogedor de la borra 58.1
— rectilíneo 85.8, 90.1, 92.12, 378.5, 381.2
— regulador 320.3
— seccional 330.4
— superior 85.3
— de todo el ancho . . 330.3
— de trabajo 375.13
— transportador. . . . 379.15
— vertical 382.7
—, bueno para (lana) . 363 16
peines accionados por cadena 219.5
— oscilantes de agujas. 220.13
pelado de la pelusilla superficial 507.15
película de fibras interpuesta entre dos capas de papel . . . 480.9
peligro de combustión espontánea 317.12
— de incendio . . 222.2, 308.8
pelo (seda) 426.20, 430.5, 586.16
— de cabra 408.14
— cabrudo, cargado con 264.22
— de cachemira 409.7
— de camello 408 12
— canino, cargado con 264.22
— de crinlera del caballo 493.4
— de melena del caballo 493.4
— ondulado. 514.16
— de seda de bordar . 586.22
— de vaca 493.5
pelos 493 1
peloso, seda —a 425.7
pelota 518.4, 520.17
— bombeada 520.18
— con cintas de color . 387.3
— de peinado 392.10
—, en forma de. 414.11
pelotera 5.6
pelotero 5.5
peludo, hilo. 193.11
pelusilla 31.14
pendular, oscilación . . 290.1
penetración de las barretas de agujas . . . 383.4
— de las fibras en la guarnición del tambor 322.14
— rectilínea de las agujas en la napa . . 253.11
penetrar en las fibras (peine fijo) 85.9
— en las husadas (vapor) 571 15
— en la mecha (peine). 383.5
pequeño estiraje. . . . 101.11
—, alimentación —a . . 102.2
percentaje de borras. . 100.7
percha para el hilo . . 227 10
perchado, paño 397.5
pérdida en el blanqueo 605.12
— de humedad por el acondicionamiento . 615.18
— en el lavado 605.10
— en longitud 604.10
— en peso 434.13
— de peso por evaporación. 570.7
— de peso en el lavado 269.17
— de la resistencia . . 302.6
— en sericina por cocimiento 434.15
— en sericina por desengomado 434.14
— de torsión 146.4
perfecto, devanado . . 421.3
perfil curvo correspondiente al fondo . . 167.13
— inclinado para el plegado cruzado . . . 168.6
— del pedal 33.1
— de la pinza 84.13
— recto de formación del cuerpo de la husada 168.3
— de la regla para la parte formante de la capa 168.5
perfilado, alambre . . 493.14
perforación de los bordes del chapón 61.6
perforado, capullo . . . 415.18
—, tambor 24.11
pergamino de medir. . 500.17
— vegetal 389.12
perímetro del aspa . . 563.2
periodos y evoluciones para la formación de un aguller 159.9
perla de metal 591.10
— de oro 591.11
— de plata 591.12
— de vidrio. 591.9
permanganato de potasa 401.15
— de sosa 401.14
permeable al agua . . 480.1
perno 172.5, 530.11
— ajustable en altura . 537.14
— ajustable de la manivela 246.3
— conductor 130.5
— de las cuerdas en el carro 174.1
— de fundación dura . 55.1
— del gatillo 96.1
— de la horquilla . . . 281.7
— de oscilación para la pinza 89.5
— de la palanca-horquilla de la correa . 182.2
— para la palanca de tensión de la cadena de mando del centinela 94.11
— de los peines 219.8
— de la pinza 88.12
— de la polea tensora . 349.11
— roscado 362.11
— del sector 184.10
— del tope 347.1
personal obrero 5.19
pesada de comprobación 614.5
— de las telas 325.10
pesadamente, girar . . 107.13
pesadez de giro del cilindro 107.14
pesado de la cantidad de lana 319.14
— de los hilados . . . 618.8
— del troquillón. . . . 602.20
—, aceite 148.6
—, corredor 150.11
pesador 16.18
pesadora 320.7
pesar 612.9
— antes de la desecación 615.13
— en dineros 602.22
— un kilogramo 604.3
— una libra inglesa . . 604.4
— medio kilogramo . . 604.2
— la tela 47.10
— el troquillón 602.21
peso . . 125.11, 249.9, 482.13
— absoluto 15.6
— acondicionado . . . 615.16
— ajustable. 253.1
— de la bala 16.20
— base 598.9
— de la bobina 141.12
— bruto 141.14, 434.12
— de los cercos 17.4
— de las cintas que deben ser dobladas . 223.10
— comercial . . . 413.13, 606.8, 616.2
— de comprobación . . 613.17
— corriente. 217.9
— del chapón 53.9
— facturado 16.19
— final. 615.16
— de los flejes 17.4
— del hilo . . . 141.13, 598.10
— de la husada 157.5
— de la lana en bruto 269.16
— largo 94.10
— del lino bruto . . . 212.6
— neto 141.15
— de numeración . . . 598.8
— del pedal 43.4
— de presión 523.2
— primitivo. 615.15
— propio 606.12
— de la romana. . . . 106.15
— de rotura 606.15
— suspendido 499.3
— suspendido libremente 105.14
— de la tela 325.9
pestillo 526.3
— de cierre 346.3
petróleo 238.6, 462.18
pez 508.3
— blanca 508.5
— bruna 508.7
— en bruto 508.4
— de guarnicionero . . 508.9
— negra 508.6
— de zapatero 508.8
Pfaff, aparato desborrador de chapones . . 52.11
piano (palanca del pedal) 312.8
picado, capullo 415.17
pico 478.1
— de flauta. 380.6
— de la hilera 467.9
— de la pinza 92.6
—s rociadores para dividir la hoja de pasta de papel en la criba 477.14
pie del árbol funcionando en baño de aceite 290.10.11
— de la canilla 147.3
— derecho de clavija para madejas . . . 542.13
— del husillo . . 128.7, 544.2
— del huso 131.4
— inglés 600.14
— del lino 211.9
— de madera dura . . 497.1
— de oscilación de la palanca 132.13
— de puerco 167.4
— de rey 363.1
—s de fibras cortados en ángulos rectos . . . 243.5
piedra 117.16
piel de búfalo. 204.7
pieles de las raíces . . 243.3
pieza basculante 125.5, 131.8
— de disparo 125.5
— del freno. 359.3
— de fundición 184.14
—-guía en forma de cono hueco 534.5
piezas de lana de calidad inferior 265.21
pila de balas 17.12
— de desagüe 477.3
— de lana en capas . . 317.7
— de lana completamente mezclada 317.11
— de mezcla 311.6
pilón. 439.10
pina marina 411.3
Pinel y Lecœur, peinadora 99.14
pintado preparatorio. . 117.1
pinza 84.9, 91.9, 214.5, 377.8, 503.6
— abierta 382.11
— abierta del hilo. . . 558.8
— para agujas 86.10
— ajustable. 432.5
— de arranque 382.9
— cerrada 382.12
— para la cuerda en las cableadoras 506.9
— fija de alimentación 380.12
— llena de materia fibrosa a peinar . . 99.7
— móvil 381.1
— oscilante 381.1
— de retención. 382.8
pinzas . . 343.9, 450.4, 461.6
— circulares 449.1
— dentadas 118.5
pinzado, dispositivo de. 384.7
—, dispositivo de — del hilo sist. Parr-Curtis 558.6
pinzar el hilo 432.6
— el mechón en la prensa 445.10
piña de cordelero de tres ranuras 499.6
piñón (v. t. rueda). . . 187.15
— del árbol motor . . 187.5
— del balancín 134.5
— de cabeza de caballo 134.2
— de cambio . . 114.2, 176.14, 503.7
— del carro. 134.5
— cilíndrico. 547.1
— del cilindro de delante 114.5, 136.3
— del cilindro delantero de estiraje. 176.12
— del cilindro de detrás que mueve el segundo (tercer) cilindro . 114.8.10
— cónico . . . 176.7, 187.7.12
— cónico motor del mecanismo diferencial . 135.4
— cónico superior del árbol vertical que mueve el carro. . . 135.9
— del cono inferior . . 134.7
— del cono superior . . 136.1
— del contador de torsión. 186.9
— del diferencial . . . 134.6

piñón de estiraje 114.2, 134.2, 176.14, 186.8
— hiperbólico del mando de los husos (de los carretes) 135.1.5
— de los husos 255.15
— de la linterna 555.12
— de mando de las bobinas 126.6
— de mando de la púa 532.8
— de marcha 134.3
— recto 547.1
— del sector 170.10
— de tiraje del carro 187.10
— de torsión 134 3
pipa del aceite 148.3
— de aceite lateral 147.11
piroxilina 462.10
pisos de carretes de diferente inclinación 544.14
pistola 123.2, 131.2
— de las barras verticales 151.12
pistón 291.10
— amortiguador 352.3
pivote 97.11, 353.17, 530.15, 532.13
— del aro 384.3
— del cono-guía 528.3
— hueco 342.15
— del husillo 544.2
— del huso 131.4
— de la palanca para el freno de desapuntado 185.9
— del sector 350 16
pizarra hoja de. 304.8
placa ajustable 404.8, 405.4
— de alimentación 203.6
— antibalónica abierta 152.19
— antibalónica cerrada 153.2
— anular calentada por vapor 380.1
— de calentar 388.10
— de carda fija 318 15
— de cierre 549.6
— de las cintas 111.5
— conductora del velo 250 14
— corrediza 262.6
— curva de retención 153.6
— curvada 373.12
— desborradora 340.13
— desmotadora 369.2
— dobladora 219.1
— de ebonita 112.11
— de entrada 377.3
— de entrada de las cintas 111.1
— de esmeril 338.20
— de fondo 290.7
— de fundación 352.18
— de guarnición 60.19, 64.5
— guía 373.3.11
— guía-hilo con tres ranuras 559.10
— guía-mechas 257.7
— guía semi-circular 564.16
— guía de la tela 377.3
— guía del velo 250.14
— metálica con cortes cuneiformes 354.5
— oscilante 381.3
— de puntas 36.12
— rebordeada 62.3
— de retención 549.6
— de separación 153.5
— de separación a charnela entre las púas 568.1
— solera 290.7
— de suplemento 445.11
— de vidrio pulida 283.5
—-zócalo 611.1
plancha esmeriladora 70.13
—-guía 87.10
— de madera dura para las tapas del porta-púas 123.6
— metálica 201.10
— metálica protectora del tambor 45.1
— oscilante 201.4
— posterior móvil 320.9
— reguladora de la alimentación 29.10
plancheta de acero guía-hilo 554.13
— de guía-hilo 143.13, 391.1
plano inclinado 184.2
— inclinado móvil 179.16
— de una sala de mezclas 22.15
plano, alambre 65.19
—, capa —a. 71.14
planta gelatinosa 316.13
plantilla 352.6
—-guía 505.4
— -guía de tres ranuras 499.6
plaquita guía-hilos metálica (con hendedura) 522.5, 523.15
platabanda 355.16
— de los aros 151.4.11
— de los husos 344.8, 355.4
plataforma de inversión 448.5
— móvil 572.16
plateret 135.6
platillo de la balanza 613.9
platina 532.14
— de delante 167.10
— de delante para la formación del fondo 168.7
— desigual 175.3
— de detrás 167.12
— de fondo de husada 167.10
— gastada 175.3
— de punta de husada 167.12
plato 249.6, 488.7
— de alimentación 244.13, 379.10
— de alimentación de hojalata 377.4
— alimentador 98.9
— alimentador curvado de fundición 247.7
— de la balanza para la carga 613.2
— de cambio de tiempo 161.11
— curvado del cilindro guarnecido de agujas 250.4
— de chapa 365.10
— diferencial 347.14
— de embrague 353.14
— de fricción 354.10
— de fricción de la rueda del desapuntado 190.8
— frotador con la superficie acanalada 333.12
— giratorio del bote 76.5
— giratorio superior 76.3
— de husillos 566.7
— con husillos remachados de acero para husadas 568.12
— lateral 381.12
— limpiador 98.4
— del manguito de engrane 345.19
— de los pesos de la balanza 613.3
— de la prensa 577.17
— prensador 577.14
— de presión 158.4
— de presión con canales guías 334.11
— repartidor del centinela 112.4
Platt Brothers, aparato para el esmerilado de los chapones 73 8
—, peine desborrador con movimiento de retroceso 58.8
plegable circularmente, devanadera 566.2
— a lo largo, devanadera 566.3
—, palanca 172.7
plegado 124.16, 166.16, 484.18
— abierto 519.8
— arquimédico 519.3
— de la bobina 140.13
— sobre bobina 515.11
— cerrado 519.9
— de las cintas 386.15.16
— cruzado 474.7
— fuerte de la punta de la husada 175.5
— del hilo sobre el huso 155.16
— en ovillos 518.2
— paralelo 518.20
— en pelotas 518.2
— del velo 327.15
— del velo en capas 326.4
— a la derecha 164.6
— a la izquierda 164.5
plegador 160.4, 249.7, 351.17
— levantado 169.6
plegar 156.6
— la bobina 140.14
— los cabos doblados sobre tubos de papel 536.8
— la cadena de desapuntado 179.11, 184.1
— el hilo sobre el huso 155.17
— la mecha sin tensión 256.5
pliegues 65.5
plomada 363.2
— de los husos 178.7
plomo 61.9
— del huso 10.13
pobre en cobre, hilo 467.17
poder disolvente 275.1
— fieltrante 396.3
— fieltrante, bajo 406.14
— precipitante 463.7
— saponificador 272.4
podrido, capullo 415.16
—, trapos —s 396.21
polea 257.13, 470.6
— acanalada 171.11
— del árbol del plegador 249.12
— para cordón piano 521.11
— para cuerda 550.13
— para la cuerda de mando del desapuntado y de la entrada 161.2
— escalonada 348.11, 565.1
— excéntrica 420.7
— extensible 250.15
— extensible de la mechera sist. Combe 224.8
— fija 136.14
— fija del árbol del volante 187.2
— fija con cono de cuero 187.3
— fija de la correa motora 160.12
— fijada 160.13
— del freno 347.8
— del freno guarnecida de cuero 290.13
— de garganta 503.3, 524.9
— de doble garganta 157.9
— de garganta en el árbol de la linterna motora 144.12
— de garganta de mando del tornillo del sector 171.10
— de garganta motora del mecanismo de salida del algodón 35.11
— de garganta para mover la porcupina 36.2
— de garganta para mover el ventilador 36.1
— de garganta receptora en el árbol de la segunda linterna 144.13
— de gargantas escalonadas 538.7
— grande del tablero peinador 214.11
—-guía 144.14
—-guía de la cuerda 171.14
—-guía de la cuerda del volante 206.3
— del hidro-extractor 290.14
— de impulso 24.2
— inferior del tablero 214.11, 245.10, 280.8
— de la linterna 353.6
— loca 160.14.15
— loca del árbol motor 187.4
— de mando 24.2, 35.10
— de mando del cilindro de delante 114.4
— motriz 35.10, 136.14, 470.9
— motriz interior 114.3
— pequeña del tablero peinador 214.10
— con plato de fricción 354.10
— superior del tablero 214.10, 245.9
— de tensión 144.15
— tensora 157.11, 353.7
— tensora con gatillo 177.11
—s-guía 504.2
—s de tensión para el hilo tensor 511.11
poleita 157.10
— en el brazo del plegador 180.11
— de la cadena 180.12, 183.11
— de la palanca doble 182.10
Poller, dinamómetro 607.8
polo 113.6
— magnético 360.12
polvo 26.13
— de acero 339.12
— de cal viva 298.17
— de crisálida 442.7
— de esmerilado 339.11
— de jabón 277.21
— de peinadora 375.3
— de turba 299.11
— de ventilador 49.7, 194.21
—, desprender 15.16
polvorear con sal 438.22
polvoriento, trapos —s 396.19
poner el paño alrededor del cilindro 118.7
— en tensión el tablero 41.2
— los botones en el tablero (en el velo) de la carda mechera 590.17.18
porcelana 128.15
porción para peinar 212.4
porcupina, abridora 26.20
porta-aros 151.11
—-bobinas 502.6, 505.10, 611.12
—-bobinas circular 96.12
—-bobinas giratorio 406.4
—-bobinas de plancha 509.7
—-bobinas, muchacho 176.5
—-cilindros 105.3, 115.1, 127.6, 136.6, 393.6, 558.14
—-cilindros de arranque 95.13
—-husadas 612.5
—-púas 391.10
—-púas oscilante 391.3
portador de bobinas 569.9
— de paquetes 3.18
portero 6.3
posición de arrollado 155.8
— de arrollado de la mecha 124.18
— del carro salido 164.11
— cerrada 346.18
— correcta del carrete 97.4
— inicial de las platinas 175.15
— de las mordazas 85.1
— normal 200.18
— de partida para el plegado 165.7
— de la pinza 85.1, 92.9
— primitiva de las platinas 175.15
— de las púas 335.13
— de las púas de guarnición 67.5
— oblicua, en 538.10
—es diferentes del porta-aros durante el hilado 156.8, 157.1
positivo, accionamiento 171.9
—, movimiento 169.5
posos de grasa de lana 300.2
poste de cordelero 499.1
— de gancho 499.1
potasa en bruto 273.9
— cáustica 276.9
— comercial 273.9
— disuelta 273.7
potencia de la abridora 26.18
precio del hilo 19.9
precipitación 299.16
precipitado de grasa de lana 300.3
— de hidróxido de aluminio 459.16
— de jabón de cal 270.18
— de sulfato de cal 310.6
— de sulfato de yeso 310.6
— de sulfuro metálico 469.17
precipitante a base de un álcali cáustico 464.14
— lento 466.14
—, poder 463.7
precipitar la cal 271.2
— la caseina de la leche desnatada 471.16
— la grasa de la lana 299.17
— el hilo de viscose por un ácido 468.15
— la viscose en una solución de cloruro de amonio 468.13
preliminar, estiraje 101.7
prensa 385.11, 445.9, 448.2
— de cilindros 288.7
— de empaquetar 577.13
— para encolar los bordes adelgazados del manguito de cuero 119.6
— para formar balas y empaquetar los desperdicios 260.13
— con guarnición de caucho acanalado 245.7
— hidráulica 288.2
— para hilo 577.13
— mecánica para montar manojos 215.9
— en mojado 476.16
— de paquetes 577.13
— para puncha 375.1
— reversible 446.16

prensado, bala (bien) —a 16.2.3
– hidráulicamente . . 264.14
prensador, cilindro . . 321.12
prensar en balas 260.12
– la cubierta sobre el cilindro 118.6
–, bala sin 16.4
preparación 364.14
– del algodón para la mezcla por vaporización 19.10
– de las balas para la mezcla 18.8
– de la borra de seda 444.12
– del cáñamo para el hilado 228.16
– del cáñamo para el hilado 233.7
– de los cilindros de presión 116.16
– de las estopas de cáñamo 232.2
– de las estopas de lino 219.12
– del hilado 203.4
– de la lana para cardado 310.8
– del lino para el hilado 210.20
– de la mecha . 9.13, 328.14
– de la mecha del lino 224.3
– de mezclas de color . 310.22
– para el peinado . . . 371.6
– del ramío para el hilado 262.1
– para retorcer 539.17
– de la seda 444 15
– de los trapos . . . 400.3
– del yute para el hilado 234.16, 254.11
preparado, haz de lino 210.3
preparador del baño de jabón 275.12
preparar el algodón para el hilado 17.17
– las balas para la mezcla 18.9
– un baño de jabón . . 433.13
– las fibras de seda . 444.14
– el líquido de lavado 275.13
– la mecha 9.14
preparatorio, estiraje . 101.7
–, procedimiento . . . 17.16
presa de la pinza . . . 382.14
preservación del mechón en el lavado . . 269.5
preservar el mechón durante el lavado . . 269.4
presión por cadena y romana 106.16
– sobre los cilindros . 105.12
– de contacto de los cilindros . . . 103.3, 554.9
– del freno 47.1
– de la grúa amortiguada por aire comprimido 352.1
– por muelles 285.14
– por pesos directos . 105.13
– positiva en el punto de trabajo 447.2
– por resorte insertado en la brida 106.1
– por romana . 106.11, 385.10
– por silleta . . 106.12, 252.13
– de la testa del mecanismo compresor . . 46.11
– uniforme 267.8
–, a alta 271.3
–, dar 148.5
–, mecanismo para quitar la 86.2
previo, limpieza —a . . 26.7
primer anudador . . . 3.1
– batán 41.20
– cilindro de estiraje . 137.3
– gill-box 371.16
– paso de manuar . . 103.12
– retorcido 539.17
– tambor 369.16
– torsión de la seda . 429.15
primera calidad 14.3
– materia 6.8
– materia de fibra corta (larga) 6.10.11
primeras 579.12
– materias 470.18
– materias de la hilatura de schappe . . 435.13
principal, árbol 99.5
principio del arrollamiento 155.5
procedimiento al ácido . 302.12
– de aspeado 562.8
procedimiento de aspeado de prueba 610.15
– Chardonnet 456.10
– de engrase 237.5
– de fermentación . . 437.13
– de hilado con un ácido 468.16
– de hilado intermitente 159.4
– de hilar 1.4
– de hilar intermitente 138.12
– de lavado . . . 268.13
– de lavado al amoníaco 366.5
– neutro 305.11
– preparatorio 17 16
– de suavización . . . 240.4
– de temple 66.6
– de titraje 602.13
proceso de separación . 49.15
—s de acabado 515.1
producción por cabeza y hora 83.9
– de la carda 318.12
– de hilos de fibras de madera 475.10
– de la lana artificial . 395.8
– de la mechera . . . 133.7
– de polvo de la carda de lino 221.11
producir agitación en el agua (conductor) . . 286.10
– la cantidad de calor 293.4
producto antioxidante . 64.2
progresivo, estirado . 472.10
projectar hacia atrás sobre el tablero de alimentación (trozos) 404.14
– las partículas de agua fuera de la lana . . 288.14
prolongación del bastidor 530.16
promedio, – de una mezcla 19.1
propredad adherente suficiente 148.5
– coaguladora 464.5
– disolvente 419.7
– fieltrante 396.3
– higroscópica 302.1
– para mezclarse de las diferentes clases de algodón 18.17
propietario de una hilatura (de algodón) . 1.9.10
propio peso 166.10
proporción de aceite en los hilos de estambre 570.3
– de cáscara en el capullo 424.8
– de filadiz en el capullo 424.6
– de grasa 274.4
– de hebra de seda en el capullo 424.7
– inferior en ácido . . 308.15
– de la mezcla 18.18
protector de los pulmones para los obreros de las máquinas batidoras 442.8
–, plancha metálica —a 45.1
proteger la base de fieltro 110.6
– la canilla con cabeza metálica 149.13
proteína 435.2
protóxido de manganeso 469.14
prueba 563.3
– del alambre 66.10
– de la resistencia . 606.9.20
– de la torsión 610.8
púa . . 521.10, 527.7.15, 530.3, 532.10, 552.14
– de aleta 485.8
– de aletas para continua de anillos . . . 547.9
– de anillo 486.15
– del aro 384.3
– que arrolla 502.10
– con barba 70.2
– del batidor 259.8
– batidora 195.10
– que bobina con movimiento giratorio y cursa axial progresiva 517.2
– de bobinado cargada 527.12
– bobinadora . . 502.10, 534.1
– bobinadora con (movimiento giratorio y) cursa axial de vaivén 517.1, 526.14
– cabalgada 389.16
– de caja 487.1
– de la canilla 581.2
– de carda con doble rodilla 336.4
púa cónica 431.17
– de continua de anillos 489.11
– de crapodina y collar formando sistema . 553.4
– con depósito de aceite lateral 556.7
– con (sin) depósito de aceite separable . 553.7.8
– que puede ser desembragada separadamente 521.6
– desnuda 515.9
– del diente de carda . 335.17
– que entrega 502.9
– de equilibrio automático 548.11, 553.5
– de fileta 550.1
– de gancho 497.9
– girando como las agujas del reloj 541.13
– girando al revés de las agujas del reloj . 541.15
– de guarnición 67.5
– de la horquilla . . . 278.11
– inclinada 243.14
– interpuesta más resistente 336.7
– larga para retorcido grueso 552.10
– con mando por cinta 502.2
– con mando por correa 502.3
– con mando por cuerda 502.1
– metálica 283.7
– movida 516.8
– con nuez 474.5
– oblicua de acero . . 553.10
– oscilante axialmente . 530.1
– ovilladora 538.13
– de plato con dispositivo humectador 488.6
– del rastrillo 229.8
– que recibe 502.10
– de retorcer . 546.3, 550.2
– de retorcer para carretes de una valona 556.8
– de retorcer de doble acción 553.9
– de retorcer Rabbeth 553.4
– de retorcer Rieter . 552.12
– para reunidoras . . . 430.14
– roma 287.15
– saliente 339.16
– triangular 455.11
púas de acero templado 70.6
– metálicas 57.12
– radiales 243.13
puente 54.5, 55.7, 289.6, 565.11
– de la carda 56.4
puerco-espín 27.3
puerta corredera . . . 572.15
– a charnela 303.19
– de descarga 260.3
– giratoria 195.13
– del hogar 306.13
– interior 38.7
– del tambor metálico 195.14
pulgada inglesa . 116.14, 600.15
– de longitud, por . . 68.5
pulido 507.1
–, aguja —a 86.18
–, cordaje 507.12
pulimentar el alambre de acero 66.8
pulir el alambre de acero 66.8
pulpa de madera . . . 475.3
pulsador 530.17
pulverización del cadillo carbonizado 308.11
pulverizado, materias vegetales —as . . . 308.12
pulverizador de aceite . 239.14
– de agua de alta presión 574.5
– de aire comprimido . 574.3
– de vapor 574.4
pulverizar las materias vegetales 302.7
puncha 374.19
– apelotonada 374.21
– botonosa 374.20
– de mohair 409.15
punta de boj 128.10
– de caras aplanadas del huso 355.14
– cardante de la púa . 335.18
– cónica 233.16
– curvada, cuchillo con la 196.14
– endurecida 66.5
– entrante 30.7
– floja de la husada . 175.4
punta de hoz, cuchillo con la 196.14
– de la husada . 155.1, 167.11
– de la husada demasiado aguda 174.5
– de la husada cóncava 174.6
– del huso . . . 130.4, 146.1
– del huso con botón metálico 146.2
– del huso que tuerce 165.9
– insertada en el husillo 128.8
– de madera dura . . . 128.9
– de la mecha 375.9
– de la púa 336.1
– templada 66.5
– de trazar 363.5
puntiagudo, capullo . . 414.13
puntillas 400.11
punto de acodado . . . 336.2
– de ajuste 54.16
– de contacto 42.17
– de cruce 422.3
– de cruce del curso del husillo 511.1
– defectuoso 455.2
– de descarga 24.10
– de ebullición 570.8
– de empalme 359.19
– de presión 46.2
– de rotura 10.5
– de salida 24.10
– con sobretorsión en el hilo 454.9
– de sujeción de la cadena 350.11
– de trabajo de la cadena 447.1
– de trenzado 511.13
puntos gomosos 434.7
– irregulares en la guarnición 338.11
punzón de empalmar . 494.2
– múltiple 338.1
– sencillo 337.16
puñado de yute 235.18
pureza del algodón . . 15.12
–, de distinta 15.14
purga de los capullos . 419.19
– del hilo . . . 428.20, 454.11
– a mano 454.13
– mecánica 454.14
– de la seda cruda . . 429.1
purgador 611.13
– de acero 429.7
– guarnecido de paño 429.5
– del hilo 586.6
– con movimiento de vaivén vertical . . . 455.1
– para schappe . . . 454.15
purgar el hilo 428.21
– el hilo de seda cruda 429.4
puro, jabón 277.12
–, químicamente . . . 309.11

Q

quebradizo, fibra —a . . 15.17
quebrantador 77.13, 199.4, 406.1
queso 519.5, 551.4
– cilíndrico 519.6
– paralelo 516.6
– de plegado abierto . 519.8
– de plegado cerrado 519.9
– de plegado cruzado con puntas cónicas . 519.7
quicio del cono-guía . . 528.3
Quillaja saponaria . . . 278.2
químicamente puro . . 309.11
–, lavar 297.8
químico, lavado . . . 297.7
quinina 457.7
quita y pon, depósito de aceite de 147.8
quitado de los sencillos 387.8
quitar el agua 302.4
– el algodón de la bala por capas 19.18
– las barbas de los alambres 70.4
– una bobina defectuosa 133.16
– la bobina llena . . . 133.17
– la borrilla externa . 420.10
– el cadillo de la lana 366.14
– la cañamiza de la estopa 282.10
– al cáñamo la cañamiza 495.4
– el colchón del tambor 198.9
– las crisálidas 438.21

quitar el embalaje de la bala 18.5
— las encorronadas 108.1
— las escamas del alambre de acero 66.7
— el exceso de ácido 304.18
— el filadiz 420.10
— los fragmentos de cañamiza de la superficie de la cuerda 507.4
— por frotamiento las impurezas del hilo 455.3
— la guarnición vieja 396.13
— al hilo la tendencia al cargolí 569.13
— las husadas 175.18
— las impurezas 438.18
— las irregularidades del hilo 428.21
— la madeja de la aspa 424.16
— las materias colorantes resinosas 432.16
— el mechón 445.16
— las mermas 446.7
— las motas 366.14, 368 4
— una muestra 298.9
— los pesos del cilindro de presión 107.3
— la presión de los cilindros 106.7
— los troquillones de prueba 602.15

R

Rabbeth, huso 145.7
—, púa de retorcer 553.4
radiación de calor 294.14
radiador 306.15
— de aletas 294.9
radial, desplazamiento 55.13, 56.1
—, dientes —es 243.13
rail para las vagonetas 307.13
—es del carro 353.1
raíz de la fibra de yute 236.9
— en forma de espátula 236.10
— de la saponaria 277.22, 316.16
rama, en 13.4
ramal de hilo 152.13
ramio 261.3
rancio, grasa —a 274 11
rangua 289.4
— con refrigeración por agua 36.13
ranura 41.4, 116.11, 259.6, 499.7
— de ajuste 90.9
— del carrete para la cuerda de frenaje 140.10
— del excéntrico 190.5
— fresada 523.9
—-guía 482.9, 537.9
—-guía del piñón 546.10
— de guía para el cuchillo 196.13
— longitudinal 473.4
— para mecha engrasadora 344.13
— en la palanca 186.3
— redondeada 497.14
— semicircular 510.8
rapidez de la acción de los ácidos 302.14
rápido, secado 292.18
rasgar el colchón 321.13
rasqueta 96.4, 479.1
rastrillado del cáñamo 229.1
— del cáñamo escuadrado 496.4
— en grueso 212.16
— del lino 211.10
— a mano 212.14
— de los pelos 514.5
— del ramio 262.10
— del yute 245.1
—, cáñamo 228.5
rastrillador de cáñamo 229.2
— en grueso 212.17
— de lino 211.14
rastrilladora de cáñamo 229.3
— de lino 211.15
—, máquina 8.6
rastrillaje 8.3
rastrillar 8.4
— el cáñamo escuadrado 496.5
— las fibras de yute 245.2
— gradualmente 212.1
— la lana 317.9
— el lino 211.12
— el lino cortado 212.3
— el lino sin cortar 212.2
— a mano 212.15
rastrillo 245.6, 282.14, 283.6
— acabador 495.16
— alimentador 382.4
— de desbaste 495.14
— elevador 278.12
— en fino 213.7, 495.16
— en grueso 213.5, 495.14
— guía-hilos reversible 504.12
—-guía para las tiras cortadas de papel 489.9
— intermedio 213.6, 495.15
— de leviatán 286.11
— de madera 317.8
— a mano 8.5, 212.20, 245.4, 495 13
— a mano para cáñamo 229.6
rayador 363.5
raza de Bengala 414.4
— de una cosecha 413.15
— de dos cosechas 413.16
— de varias cosechas 413.17
— japonesa 414.3
— multípara 413 17
— pura 414.1
— unípara 413.15
reacción ácida 309.5
reajuste del cárro 174 2
reaspeado de la seda cruda 424.10
reaspear 562 7
— la seda cruda 424.11
rebaba 70.3
rebajado de la dureza del agua 270.21
—, extremo 243.11
rebajamiento de los extremos 243.10
reblandecer la cáscara en agua hirviente 418 8
— la grasa de la lana 274.15
reblandecido, serecina —a 412.2
reblandecimiento de la grasa de lana 274.14
— de las impurezas adherentes 274.13
reborde 174.14
— del aro 150.3
— cónico 531.5
— de cuero 547.12
— de hierro 76 14
— insertado 355.3
rebordeado, placa —a 62.3
recalentamiento del collar de la púa 555.1
— del huso 148.16
recambiar el bote de hilar 470.11
— la hilera obturada 466.10
recambio de la púa 555 8
recipiente 289.3
— de aceite 461.15
— de cola 118.4
— refrigerado 464.11
recíproco, efecto 32.2
recocido del cilindro acanalado en un compuesto rico en carbón 120 10
—, acero templado y 66.4
—, alambre 596.1
—, alambre no 595.21
recogedor de aceite 360.4
— de borras 3.24, 216.2
— de borrilla 322.5
— de desperdicios 3.24
— de madera dura 98.13
— de tubos 3.9
recogedora de borras 4.1
— de desperdicios 4.1
recoger del embalaje borras de algodón 18.7
— el líquido extraído 288.15
— los mechones 444.10
recogida de los mechones 444.9
recolección de trapos 399.2
recorrer un circuito con su husillo (cordón) 511.2
recorrido circular de la devanadera 42.18
rectangular, alambre 65.19
—, cuerda 597.8
rectificación de la platina 175.1
rectificador 314.8
— solidificado 316.18
rectificar 316.21
— el cuerpo del cilindro 203.1
— la platina 175.2
recubierto, nuevamente 118.10
recubridor de cilindros 3.15
recubridora de cilindros 3.16
recubrimiento del cilindro superior con paño 116.17
recubrimiento por la nuez 553.2
recubrir el cilindro de guarnición 337.4
— las fibras con una capa de aceite 237.11
recuperación de la grasa de lana 299.13
— de la potasa del churre 273.4
recuperar el disolvente por destilación 463.5
rechazar la aceptación 15.18
red usada de pescar 507.14
—, en forma de 416.17
redevanado de la seda cruda 424.10
—, seda cruda —a 424.18
redevanar la seda cruda 424.11
redondeado de la tira de papel 484.10
—, ranura —a 497.14
redondear las tiras de pasta de papel 478.9
—se en el punto de cruce (hebra de seda) 422.8
redondo, alambre 493.12
reducción del ecartamiento 390.3
— del grueso de la cinta por estiraje 100.10
— de la tensión del corredor 151.1
— de la torsión 501.8
— de la velocidad 42.16
reducir las superficies de enfriamiento 295.2
— la tensión del corredor 151.2
reductor, cloruro metálico 456.11
reemplazar la hilera obturada 466.10
refinación de la pez 508.10
— de la potasa comercial 273.10
refinado del lino peinado 217.12
—, aceite 314.13
refinar la grasa 300.8
refrigeración por agua 36.13
— del hilo calentado por el vapor 572.8
— del secadero 294.12
refrigerado, recipiente 464.11
refrigerador 572.1
refuerzo lateral del nervio 53.11
regadera 239.13
regenerado 395.10, 582.18
— Alpaca 407.21
— de seda 455.14
— Tibet 407.12
— Tibet de forros 407.16
— Tibet de media lana 407.20
— Tibet de trapos de casimir 407.17
— Tibet de trapos de cefiro 407.14
— Tibet de trapos de estambre Orleans 407.15
— Tibet de trapos de muselina 407.13
regenerado, lejía —a 276.7
regenerar el baño 276.6, 304.14
registro de las balas 16.15
— del tambor metálico 48.9
regla 31.10, 40.13, 87.4
— atornillada 603.6
— corta 183.14
— con dientes 312.10
— desgastada 174.4
— de desplazamiento 564.18
— de la devanadera 565.7, 567.4
— con entalladuras 258.5
— con escala 183.15
— de formación de capas 352.5
— de formación de la husada 167.3
— de formación móvil 190.11
— de formacion con plano inclinado móvil 168.4
—-guía 558.2
— guía-hilos 142.8, 430.2
—-guía de las mordazas 230.3
— para nivelar 363.6
— porta-aros fija 226.9
— porta-bobinas 394.11
— porta-husos 152.10
— porta-husadas 611.2.17
— de puntas 367.9
— usada 174.4
—s dispuestas en espiral 309.2
reglaje del nivel del agua 286.6
regulación de la alimentación 42.7
regulación de la alimentación en relación inversa al espesor de la tela 42.9
— de los chapones, Dobson y Barlow 54.15
— de la distancia 214.9
— de la velocidad 42.10
regulador de alimentación 42.8
— de alimentación con anillos y palancas 34.9, 44.4
— de alimentación de pedales 21.11
— de alimentación con rodillos de antifricción 34.6
— alimentador de pedales 28.9
— del arrollado 180.9
— de colas de milano 43.6
— del embrague de la fricción del desapuntado 205.9
— del equilibrio 291.3
— de la fricción del desapuntado 349.1
— de Gully 172.4
— de pedales 312.7
— del plegado 171.8
— de presión 339.4
— de tiraje 31.17
— por tornillo 172.15
regular automáticamente la alimentación 30.1
— la corriente de aire 32.1
— la distancia 42.19
— la entrada de la lejía 439.6
— el nivel del agua 286.7
— la tensión del velo 326.20
—, alimentación 27.2
—, tela 47.15
regularidad del hilo 605.16
— de la tela 81.7
regularización de la capa de fibras 200.8
— mediante doblado 81.1
regularizador, efecto — del doblado 81.2
regularizar el diámetro del hilo 421.7
rehusar la aceptación 15.18
rejilla 27.16, 49.1, 220.12, 259.3, 296.16, 575.9
— ajustable 48.4
— de alambre 297.5
— de las barras con puntas 260.11
— de barrotes angulares 367.10
— con barrotes inclinados 197.11
— de barrotes con placa de puntas 36.11
— cónica del batidor 35.4
— de chapa 267.12
— de chapa de acero 267.11
— de chapa perforada 36.7
— fija 366.3
— debajo del gran tambor 79.1
— de hierro 570.16
— de madera 229.13
— movible lateralmente 196.16
— de placas en forma de bolsillo 36.9
— para el polvo 27.6, 29.6
— rectilínea de tambor 33.8
— rectilínea de volante 33.16
— Schällibaum 48.1
— del tambor 31.12, 33.7
— de tela metálica 267.13
— debajo del tomador 78.1
— del volante 33.15
—, en forma de 369.1
relación de doblado 386.9
— de estiraje 386.8
— de trasmisión 537.5
relevador, mango 106.10
relevar la grúa 354.6
relleno de los huecos con trozos de madera 59.10
remachado de las agujas 512.13
— directo de la guarnición 61.15
remachado, cabeza —a 61.11
remache de cobre 61.10
— embutido 61.14
— metálico 61.8
— de plomo 61.9
rematador 387.20
remojado de los pelos 514.2
— para reblandecer los capullos 418.6

remojar la borra de seda en una solución de sosa 437.10
— el cordaje en el agua 507.8
removedor de la lana 286.9
remover la lana en el baño 304.16
— las madejas en el baño 433.14
rendimiento de los capullos 424.5
— de desengomado 437.7
— del rastrillado 212.7
renovación del aire 293.16.17
repartidora de lana 266.13
repartir en manojos 213.4
repasado 376.10
— del cáñamo 496.7
— del cáñamo peinado 230 13
— de la guarnición 340.2
— del lino peinado 216.4
—, cáñamo 496.9
repasador de borras 4.2
— en fino del cáñamo 231.8
— de lino 216.6
— de peinado 376.11
repasadora de borras 4.3
repasar el cáñamo 230.14, 496.8
•— después de la desecación 615 14
— las púas 69.16
re-peinado 376.9
repeso de las balas 16.16
repetido, pasaje 25.16
repetir el estiraje 101.16
reponer la aleta 141.6
reposar, hacer — la solución 463.15
reposicion de la aleta 141.7
— de los carretes llenos por otros vacios 141.10
reposo, dejar en — la solución 463.15
reprise 573.9, 616.1
resbaladera 352.6
resbaladizo, fibra —a 194.8
resbalamiento del cerrador 499.8
— de las fibras entre los cilindros 103.5
— de las fibras en la guarnición 67.10
— de la materia de hilar 319.19
— de los tableros 23.6
—, soporte de 59.3
reserva de agujas 86.15
— de cinta 224.4
— de hilo 145.13, 156 10, 528.1
— de hilo, segunda 157.2
— de mecha 224.11
residuo de aceite 238.13
— de ácido 310.2
— alcalino 310.3
— de cinta peinada 374.18
— resinoso 508.11
— de sal 305.20
—s de crisálidas 438.20
—s vegetales 301.4
resina, rico en 508.1
resinificado, aceite 238.11
resinificarse (aceite) 459.4
resinoso, volverse (aceite) 238.12
resistencia de cordajes 513.2
— especifica 606.10
— de la fibra 6.24
— del hilo 10.3, 606.17
— a la rotura 10.4
— a la tracción 66.11, 454.18, 513.8
resistente a los ácidos 304.4
—, lino (poco) 217.1.5
resorte 27.5, 98.8, 149.6
— alargado 106.5
— cilíndrico 510.11, 607.12
— cilíndrico envolviendo el árbol 528.13
— de contacto 113.8
— espiral 76.12
— espiral cónico 288.11, 290.4
— en espiral plano 235.17
— flojo 106.5
— de freno 207.14, 358.8
— gastado 106.5
— de guitarra 173.5
— helicoidal 510.11, 607.12
— de hojas 279.7
— de la pinza 89.4
— plano 461.7
— de presión 106.2, 483.3, 534.9
— regulador 423.4
— tendido 106.4, 528.15
resorte tendido con la subida del guía-hilo 528.14
— de tracción 106.3
restos de semillas 26.14
resudación del cáñamo en la bala 228.11
resultado del acondicionamiento 615.17
— del sorteo 266.7
retales de sastre 397.18
retardado, velocidad —a 166.15
retardar (bobina) 124.13
— con respecto al huso (bobina) 124.14
retasa 616.1
retazo 400.7
retazos 396.8
retención de las fibras entre los cilindros 103.1
retener la gran palanca 162.4
— las motas 367.14
retenido, lana —a 311.17
retentor 524.2
reteñido, trapos —s 398.4
retocar el ajuste de los chapones 54.13
retorcedor 5.7, 539.6
— de algodón 539.8
— de cáñamo 539.10
— de cuerda 494.9
— de lana 539.13
retorcedora (obrera) 5.8, 539.7
— de algodón 539.9
— de cáñamo 539.11
— de lana 539.13
— de seda para organzin 430.17
retorcedora ((máquina) 11.12
— de aletas para cordeles 501.15
— fija 502.14
— pesada 549.12
retorcedura 12 10
retorcer 12.11, 539 5
— directamente de husadas 543.11
— los hilos doblados en la continua de aletas 545.12
— en mojado 542.5
— al revés 540.6
— la seda 430.16
retorcido v. t. torcido
retorcido (acción) 12.10
— continuo 542.18
— en dirección contraria 540.9
— en la misma dirección que la torsión del hilado 540.10
— intermitente 557.2
— con máquinas continuas 542.17
— mojado 542.4
— en seco 542 2
— flojo 541.3
—, manojo de yute 235.19
—, primer 539.17
retorcido (hilo) 12.13
— a la derecha 541.2
— desigual 540.1
— duro 539.22
— con espiras de barrena 539.20
— de fantasía 589.13
— final 539.18
— fuerte 539.23
— fuerte gaseado 584.14
— y hilado torcidos en la misma dirección 540.8
— a la izquierda (de hilos torcidos a la derecha) 540.7.12
— liso 539.24
— mate 580.9
— sencillo 539.14
— sólido 539.23
— suave 539.21
retorno automático del material abierto insuficientemente 405.3
retorsión suplementaria 501.4
retorta 402.15
retortera 10.13
retroceso del carro 348.10
— del cordelero 496.20
— rápido intermitente del guía-hilos 561.7
— del tablero 23.10
—, movimiento de 58.4
reunidora (obrera) 2.4
— (máquina) 12.8, 453.10
— automática 249.3
— para carretes de valonas 521.15
reunidora de cintas 373.1
— de cruzado rápido 523.11
— con disparo automático al romperse un cabo 534.10
— para hilos gruesos 535.14
— de napas 373.1
— con paratramas 525.1
— para seda 430.13, 534.11
reunión de varios hilos en espiras alargadas 565.14
— de varias madejas en una troca 576.13
reunir las balas de yute según el sorteo 236.4
— las cintas 81.6
— s cintas 104.7, 223.8
— varias hebras de capullo en un solo cabo 421.4
— los hilos 515.8
— los manojos en cintas 218.1
— en paquetes 217.7
Reusch, dinamómetro 608.11
reversible, dispositivo de alimentación 40.6
—, prensa 446.16
reversibilidad de la corriente de aire 573.2
revestido de sericina 412.1
revestimiento de caucho 76.14
— interior del capullo 417.5
— de listones de madera con clavos insertados 244.2
— de madera 312.5
— de piedra 376.1
— de tablones de madera 244.11
revestir con una chapa de zinc 239.7
revolución del peine circular 82.20
ricinato de sodio 464.9
rico en carbón 120.12
— en grasa 274.6
Riedinger, dinamómetro 607.6
Rieter, ajuste de los chapones 55.4
—, aparato compensador 74.5
—, aparato desborrador 52.13
—, disposición para sostener y ajustar los cilindros 58.14
—, púa de retorcer 552.12
—, verificador de aceite 149.1
rigidez 67.4
Risler, express-carda 48.5
rizado de la fibra 101.2
— de los pelos 514.8
—, fibra —a 6.19
rizos 133.13, 169.4
roble, madera de 77.6
roblón de cabeza embutida 61.14
roblonado de las agujas 512.13
—, barca —a 278.6
rociado con agua jabonosa 317.3
— con una escoba 317.5
— de la lana con lejía 284.8
— a mano 441.6
— con una regadera 317.4
rociador de tela metálica 573.12
rociamiento del hilo 574.1
— de los hilos con agua fría antes de vaporizarlos 570.5
— de los manojos de yute 239.10
rociar 441.4
— la lana de piel con aceite de oliva 269.8
— la lejía sobre la lana 284.9
— uniformemente 239.11
rodaja de fieltro 544.12
— de freno 549.3
rodajes de una continua de retorcer de anillos 555.9
— de la mechera 134.1
rodilla de la púa 335.15
rodillera 133.3
rodillo 43.9, 86.4
— de antifricción 169.8
— de la cadena 447.5
— cónico 231.3
— desviador 281.10
— exprimidor 279.2
— de fricción 529.11
— de garganta 497.8
—-guía 506.7
—-guía-hilo 529.9
rodillo limpiador de madera cubierto de franela 108.15
— limpiador con movimiento lateral de vaivén 109.1
— loco 547.3
— de madera 497.8
— móvil 510.12
— de la palanca de formación de husada 165.10
— de la palanca de gobierno de los plegadores 165.12
— plegador 249.2
— prensador 279.2
— regulador 559.14
— rompedor con ranuras circulares 490.10
— de tela 7.12
— de tensión 526.12
rodillos 33.4
— de antifricción 44.1
—-guía de los cordones 504.7
— sencillos 43.16
rolina 103.14
rollo de cinta de fibras 485.11
— de cinta de papel 485.2.10, 488.8
— de cuerda 596.18
— de papel 481.3, 482.2, 489.2
— de tira de papel 486.8, 487.7.11
romana (v. t. balanza, cuadrante) 387.10, 613.13
— de bolsillo 614.12
— para hilos de Amsler-Laffon 614.7
— para hilos de Staub. 614.8
— para hilos y tejidos 614.15
— micrométrica 614.6
— de numeración 603.2
— de numeración con devanadera ordinaria 614.9
— superior 385.12
— universal 614.16
romboidal, aguja 248.10
romo, cuchillo 382.18
rompedora, máquina — de tallos de ramio 261.5
rompe-nudos 424.2
romper la adhesión 237.9
— los copos de borra 195.8
— la fibra de lana 310.16
— los trapos 400.5
— los trapos de seda 456.8
romperse (borde) 108.4
— (hebra de capullo) 424.4
— (hilo) 345.14
— bruscamente (hilo) 541.10
— en la unión encolada 119.12
rosanilina 457.9
rosca transportadora 40.4
roscado, perno 362.11
roseta 157.10
— de fundición 524.8
rotación de la bobina por tracción del hilo 140.4
— del corredor 150.14
— en frío del huso 148.14
— de los husos durante la salida del carro 164.3
— de los husos con una velocidad creciente 347.17
— intermitente 342.3
— invertida 165.4, 348.16
— en sentido inverso 165.2
—, en el sentido de la 130.12
rotafrotador 203.16, 479.2
— para borrilla 454.2
— para hilos de pelo 409.5
— de tela metálica 388.3
—es planos 388.4
rotafrotamiento 8.17
rotafrotar 8.18
roto, hilo 158.15
rotor 113.2.10
rotura brusca del hilo 606.22
— de la cinta 111.8
— de la cuerda 192.1
— de las fibras 369.6
— en forma de mechón 10.7
— de la hebra de capullo 424.3
— del hilo 554.8
— del hilo por su peso propio 606.13
— lisa 10.6
— llana 10.6
— de la mecha 125.3

rotura de los trapos 400.4
— del velo 50.4
rozamiento del corredor 150.15, 542.4
— de las fibras 6.21
— del freno 47.2
— superficial de las fibras 6.22
rueca 10.17
— de cordelero 498.1
rueda v. t. piñón
— de acoplamiento 127.4
— de ángulo 132.7
— de ángulo con manguito de engrane 187.13
— del árbol de detrás con manguito de embrague 187.11
— en el árbol principal para la salida del carro 189.5
— del balancín 230.1
— de la barra de las bobinas 135.3
— de la barra de los husos 134.12
— de cabeza de caballo 114.6, 136.4, 176.13
— de la cadena en el eje del brazo del sector 172.13
— de cambio 136.5
— de cambio del árbol 187.16
— de cambio de plegado 135.7
— del carro 206.1, 230.1
— cilíndrica 560.11
— cilíndrica de dientes finos 566.14
— del cilindro de delante 136.2
— del cilindro de detrás 114.7, 134.10
— del cilindro posterior 176.15
— de conducción para la cadena 447.4
— de las conduitas 177.4
— cónica 24.3, 132.7, 252.8
— cónica del árbol corto horizontal 135.8
— cónica con trinquete 187.8
— del cono superior 135.11
— del contador de la alimentación 346.5
— de corona 114.6
— de charnela 134.8
— dentada 532.6
— dentada con esfera graduada 358.6
— de dentado interior 505.15
— diferencial 126.3
— de estacas 74.8
— de estrella 132.1, 134.4, 187.1, 207.12, 256.2, 358.5
— de estrella de la cadena 254.1
— de estrella de 14 dientes 96.2
— de estrella de inversión 173.2
— de estrella con rueda de la cadena 172.12
— de estrella de tender cadena 184.6
— fundida con medio manguito de engrane 348.12
— hiperbólica de los husos 135.2
— hiperbólica para las bobinas 135.6
— de husillos 546.8
— del indicador de la torsión 207.5
— intermedia 187.9, 505.16
— intermedia de charnela 136.12
— intermedia doble 187.6
— intermedia dando movimiento a los husos 136.13
— intermedia inferior (superior) de torsion 555.13.14
— de latón 347.2
— de mando 11.5
— de mando de las bobinas 131.1
— de mando de los cilindros y del carro 162.12
— de mando de los husos 134.9
— de marcha 186.10, 207.9
— de marcha inferior 555.11
— de marcha superior 555.10
— motriz sobre el árbol de detrás 177.4
— motriz de la portabobina 505.14
rueda receptora del cono inferior 135.7
— del segundo cilindro 114.9
— del tercer cilindro 114.11
— de tiraje del carro 186.12
— de tornillo sin fin 72.7, 188.2, 373.9
— de tornillo sin fin con caja de engrane 207.8
— de tornillo sin fin graduada 207.13
— de torsión 186.10
— de torsión inferior 555.11
— de torsión superior 555.10
— de trinquete 52.12, 125.10
— y plato de trinquetes 188.3
ruedas cónicas 126.4
— cónicas gemelas del juego de escala 132.3, 135.10
— con engranaje intermitente 537.1
— del juego de escala 131.13
— movidas alternativamente 537.3
—, de cinco 133.4
ruffer 495.14
rugoso, cuero 97.14
ruptura brusca del hilo 541.9
rusalbós 368.11

S

sable 93.9
sacar la borra de las guarniciones 75.4
— el cabo de la hilaza 496.16
— la mecha del bote giratorio 208.5
— la madeja 610.14
sacos 433.10
sacudidas, pasar con 386.18
sacudido de los trapos 400.17
sacudidor de borras 195.7
sacudidora estopas 258.13
sacudir el algodón (agujas) 38.11
— el vellón 265.9
sal 302.2
— de aluminio 270.14, 465.14
— amoníaca 316.6
— que se combina con el amoníaco 465.6
— férrica 270.13
— de Glauber 303.7, 309.15
— higroscópica 483.13
— inorgánica 463.19
— de magnesio 465.9
— metálica 419.8
— metálica disuelta en alcohol 460.11
— metálica pesada 469.11
— de protóxido de manganeso 469.14
— soluble de zinc 469.13
sala de batido 197.4
— de mezclas 18.15, 23.1
salida 103.7
— del agua de condensación 571.8
— de aire 296.6
— del algodón 35.7
— de las capas fibrosas 326.6
— del carro 159.10, 164.1, 343.14, 557.10
— de la estopa cardada de lino en forma de cinta 221.15
— del humo 376.3
— de la lana 312.2
— de la solución 298.8
— del ventilador 312.15
—s en zig-zag 103.15
saliente 174.14, 355.8
— del acanalado 116.12
— de la bancada 185.6
— de la barra-guía 558.12
— de cierre 180.8
— del disco 172.1
— de la palanca 179.1
— redondeado 282.4
—, borde 118.8
—, mecha 378.1
salina bruta de potasa 273.9
salitre 419.17
salpicadero 225.16
salpicado de las aletas 225.15
salir (carro) 163.17
—, hacer — el aire 293.15
saltar (púas de la guarnición) 64.10
sano, lino 216.21
saponificable, aceite 315.18
saponificación de la grasa 275.5, 315.9
saponificador, poder 272.4
saponificante, substancia 275.8
saponificar el aceite 315.19
— la grasa 275.6
— por método directo 276.8
saponina 277.23
sarga 64.24
satinado, capullo 416.15
saturado de humedad 572.12
—, solución —a 469.5
Schällibaum, rejilla 48.1
schappe para tejer 587.23
— tussah 587.22
Schlieper, método de desengrasado 276.14
Schlumberger, engranaje de la selfactina 184.12
—, peinadora duplex 91.2
Schopper, dinamómetro 608.6
sebáceo, grasa —a 274.8
sebo 428.12, 484.4
— ruso 359.13
secadero 227.6, 293.18, 294.5
— con condensador de vapor 294.1
secado artificial 292.14
— de la borra de seda 440.3
— por circulación de aire 293.19
— definitivo 292.8
— del hilo de lino 227.4.5
— de la lana 287.4
— de la lana de peine 365.5
— natural en el aire libre 292.10
— según el principio de contracorriente 295.11
— rápido 292.18
— a una temperatura de x grados 293.2
secado, capullo 413.10
secador de lana (obrero) 297.6
— McNaught 295.3
— Norton 295.12
— Snoeck 296.7
secamiento de la materia fibrosa 25.4
secante al aire 458.11
secar con aire y sol 292.11
— sobre bastidores 292.13
— la borra en un horno de carbonización 440.12
— la borra de seda lavada 440.4
— los capullos 417.9
— lentamente 292.20
— rápidamente 292.19
— la seda sobre la bobina de vidrio 468.6
— la seda bajo tensión 470.16
— al sol 417.15
sección de aspeado 562.9
— transversal 100.13
seco, en 403.16
—, por vía —a 456.7
sector 152.1, 170.7, 350.5
— de alimentación 94.1
— en el árbol de los plegadores 186.5
— dentado 94.5, 152.8, 181.4
seda 410.3
— ailanthus 410.12
— anaphe 410.17
— de arañas 411.1
— artificial de Elberfeld 588.6
— artificial de gelatina 470.19
— artificial fácilmente inflamable 462.9
— artificial de Oberbruch 588.6
— artificial al óxido cuproamoniacal 464.4
— aspeada 412.18, 425.2
— del attacus cynthia 410.12
— azache 435.15
— para blondas 587.7
— de bordar 586.22
— sin borrilla 427.15
— de capullos 587.24
— proveniendo de capullos azufrados 427.1
— de todo capullo 587.24
— de capullo de nido 410.17
— cargada 587.11
— de caseína 471.13
— al cobre 588.6
— cocida 426.21
— de colodión 588.7
seda de color 587.12
— compacta y elástica 427.14
— de coser 586.17
— cruda 425.2, 426.22, 434.4
— cruda del Asia Menor 426.12
— cruda de la Bengala 426.9
— cruda con cabos anudados 428.17
— cruda de Corea 426.8
— cruda de la China 426.5
— cruda enjabonada 428.8
— cruda española 426.18
— cruda europea 426.14
— cruda francesa 426.15
— cruda griega 426.19
— cruda de grueso irregular 428.18
— cruda húngara 426.17
— cruda de las Indias 426.9
— cruda italiana 426.16
— cruda del Japón 426.6
— cruda del Levante 426.11
— cruda en madejas cortas 426.3
— cruda en madejas grandes 426.4
— cruda en madejas largas 426.4
— cruda en madejas pequeñas 426.3
— cruda pelosa 425.7
— cruda de Persia 426.10
— cruda redevanada 424.18
— cruda semiperlé 587.1
— cruda de la Siria 426.13
— cruda uniforme 425.4
— cruda velluda 425.7
— cultivada 410.5
— Chardonnet 456.5, 588.7
— desengomada 434.5
— desgrasada 427.16
— no desgrasada 426.22
— para encaje 587.7
— eria 410.10
— estampada 587.17
— fagara 410.9
— de fantasía 587.10
— de fleco 587.8
— floja 586.23
— fuerte 427.14
— glacé 587.15
— gofrada 587.17
— granadina 586.10
— igual 427.13
— india de Mezankora 410.15
— india tussah 410.13
— laminada 587.16
— Luna 588.8
— de lustre mate 427.19
— en madejas 412.18
— para máquina de coser 587.9
— marina 411.2
— para medias 586.18
— medida 602.17
— medio cocida 434.11
— Meteoro 588.10
— molinada 431.8, 586.5
— de morera 410.5
— de morera silvestre 410.7
— muga 410.11
— de nitrocelulosa 588.7
— de nitrocelulosa de colodión acético glacial 459.5
— de nitrocelulosa de colodión-acetona 460.3
— obrada 431.8, 586.5
— ocal 435.16
— ocal de capullos dobles 436.4
— ondeada 586.15
— al óxido cupro-amoniacal 588.6
— para pasamanería 587.6
— de ricino 410.10
— rondontia 410.16
— roscada 586.15
— salvaje 410.6
— silvestre 410.6
— Sirio 588.9
— sombreada 587.13
— suavizada 434.11
— de buen tacto 427.4
— para tejer 587.5
— teñida suavizada con clavija 587.14
— torcida 431.8
— trama 431.10, 586.11
— tussah de la China 410.9
— uniforme 427.13
— de vidrio 491.13

seda viscose . . 468.9, 588.8
— de vueltas contadas. 602.17
— verdosa Yamamai . 410.14
—s reales 586.4
sedera 412.14
sedero 412.13
segado del hilo 541.9
—, el hilo queda 541.10
segmento 55.5
— acanalado . . . 85.7, 378.3
— de agujas . . 378.2, 383.1
— de cepillos 99.4
— cubierto de cuero . . 380.11
— de cuero 85.6
— dentado . . . 360.17, 547.2
— dentado de bronce . 94.6
— dentado para el movimiento de retorno del husillo 511.6
— guarnecido de agujas 85.4
— liso 89.12
— peinador 85.4, 87.11
— de peines . . . 85.4, 378.2
segunda carda 324.11
— torsión de la seda. . 430.15
segundas 579.13
segundo cilindro de estiraje 137.2
— paso de manuar . . 103.13
seguridad, mecanismo de 46.5
selección de los capullos 413.2
— de lotes mezclados . 216.14
— según los mechones y la finura 265.3
seleccionar según el color 265.4
— cuidadosamente . . . 216.13
— lotes mezclados . . 216.15
selfactina 11.17, 138.14, 204 13, 343 .13
— de estambre 392.14
— para hilos de borras. 204.14
— para números finos . 188.16
— de retorcer con la fileta sobre carro móvil 557.3
— de retorcer con las púas sobre carro móvil 557.14
— para trama. 188.15
selfacting, máquina . . 11.17
semanal, consumo . . . 18.14
semicircular, ranura . . 510.8
semilla de lino 316.15
semillas 26.14
sencillo. 133.15, 586.16
—, mecha —a . 133.14, 142.1.2
sensible, disparo. . . . 534.15
sensibilidad a álcalis. . 437.6
— de la balanza . . . 613.10
— del regulador de alimentación 44.7
sentido longitudinal . . 100.16
—, en — inverso . . 165.2.3
—, en el mismo 45.5
señal de los cepillos . . 96.8
separable. 320.13
—, depósito de aceite . 553.7.8
separación . . . 68.12, 390.4
— de la borrilla. . . . 31.14
— de las fibras 230.16
— de las fibras largas y cortas. . . 374.3, 444.13
— de las fibras de lino 211.18
— de las fibras de pasta en fajas en la criba 477.1
— de los husos 150.5
— imperfecta 211.20
— de la lana muerta . 266.5
— de la pelusilla . . . 31.14
— del polvo 266.15
— entre las superficies cardantes 58.13
— en tiras de la hoja . 478.8
— de los trapos batanados de los no batanados 399.13
separador. 445.11, 446.15
— de hilos 3.22, 153.4
separadora de hilos . . 3.23
separar las balas que difieren en calidad . . 18.12
— la borilla. 75.14
— las capas de la bala 235.10
— las capas de yute en manojos 235.11
— los copos en fibras elementales 49.17
— los desperdicios . . 75.14
— la estopa de las agujas 213.17
— las fibras de lino . . 211.19
separar los hilos duros de las fibras. . . . 196.5
— la lana de las motas 368.9
— la lana muerta . . . 266.6
— el polvo . . . 75.14, 266.16
— la substancia grasa . 299.18
— la tierra de batán. . 298.16
sequedad absoluta del hilo 615.11
sereno 6.4
sericina. 411.8
— ablandada 412.2
— dura. 411.16
— quebradiza 411.15
— reblandecida 412.2
— suavizada 412.2
serie de peines 214.8
— de pinzas 449.15
— de gills, doble . . . 451.6
serpentear (carro) . . . 345.4
serpenteo del carro . . 345.3
serpentín refrigerante . 462.1
— de vapor. 298.6
serreta 59.18, 131.9
servicio de la continua de hilar 158.11
sesgo, al — con respecto al tambor (cilindro esmerilador) 73.4
shoddy 407.6
— de alfombras 407.9
— de filtro de prensa de aceite (de azúcar) 407.10.11
— de franela 407.7
— de mantas 407.8
— de seda 412.5
sierra circular 231.16
sierrecita 204.2
sifón 362.3
silicato potásico . . . 369.8
— sódico 369.9
silleta 252.14
— para la broca . . 523.6.13
— de los cilindros de presión. 143.8
— colgante 360.2
— de presión 106.13
— de techo. 360.2
— para el troquillón . . 603.5
simétrico, excéntrico de corazón 551.12
simiente de lino. . . . 316.15
sistema Bradford de hilatura 364.9
— de doble llevador . 202.2.3, 322.4
— escocés de torcido. . 542.8
— francés de hilatura . 364.10
— de hilado con anillos 138.5
— de hilado intermitente 138.15
— del huso 145.3
— inglés de hilatura . . 364.9
— inglés de torcido . . 542.11
— de inserción de los alambres 68.9
— internacional de numeración 599.12
— métrico de numeración. 599.12
— de palancas con lengua de serpiente y rodillo de guía para la cadena de desapuntar 166.8
— de transporte de cintas 80.11
sitio caliente 64.3
Skene y Devallée, máquina de lavar. . . 282.17
slip 599.4
Snoeck, secador 296.7
sobretorcer el hilo. . . 541.7
sobretorcido, hilo . . . 541.8
sobretorsión en el hilo. 454.9
soga de albañil 594.10
— de andamio 594.10
soldado, alambre . . . 477.10
—, mechas —as 383.11
soldador 86.22
soldadura de las agujas 86.21
soldar las agujas . . . 86.20
solidez del material . . 64.7
solidificación de la grasa 300.16
— del suavizante . . . 316.17
solidificado, grasa —a . 300.18
solidificarse (grasa) . . 300.17
sólido, hilo 9.22
soltar el gatillo 131.12
solubilidad en el agua . 471.5
— del churre 272.3
soluble, difícilmente . . 437.9
soluble, poco 412.3
solución acuosa de ácido clorhídrico 305.7
— acuosa de sal amoníaco 465.7
— alcalina 275.10, 309.9, 437.4
— alcalina caseína-acetona 471.20
— alcalina diluida . . . 467.2
— alcohólica acuosa de caseína 472.2
— alcohólica de cloruro de amonio. 457.11
— alcohólica de cloruro ferroso 456.13
— de alumbre. 238.18
— de bisulfato alcalino 465.4
— caliente de jabón . . 433.12
— caliente de sal amoníaco 468.12
— caliente de sosa . . 470.14
— de caseína 471.15
— de caucho 463.6
— de caucho muy flúida 65.11
— de celulosa al óxido de cobre amoniacal. 464.13
— de ceniza 419.15
— de cloruro de amonio 468.13
— de cloruro estañoso . 457.2
— de cloruro mercurioso 459.12
— de cloruro de sodio . 465.5
— de cola 71.11
— de colodión concentrada 457.10
— de colodión conteniendo agua 462.5
— espumosa 277.10
— de éter acético . . . 460.10
— de gelatina 471.4
— grasienta 298.11
— para hilar 461.14
— de jabón amoniacal . 468.4
— de jabón ligera . . . 194.11
— neutra 305.13
— neutra de sal. . . . 465.8
— neutra de sal alcalina 469.6
— de nitrito de sosa. . 460.5
— de oseína 472.16
— de potasa 273.5
— de sal 305.12
— de una sal en alcohol 460.12
— de sal saturada . . . 469.5
— de salitre 419.17
— de silicato con amoníaco 369.10
— de sosa . . . 316.10, 419.18
— de sosa cáustica . 276.11, 437.5
— de sosa tibia 309.18
— de sulfato ferroso . . 469.15
— de sulfato de níquel. 472.9
— de vidrio soluble . . 463.3
— viscosa para hilar. . 464.6
sonido del esmerilado . 339.10
soplador con ventilador sin dispositivo de ensimaje. 575.1
— de vidrio. 467.11
soplete de gas 491.6
soporte . . . 54.9, 59.9, 132.11, 251.12, 252.15, 373.7
— abierto de los husos 356.2
— de acero 391.12
— acodado . . . 207.11, 349.5
— ajustable. . . .202.16, 206.10
— ajustable del plegador 178.9
— de ajuste 55.2
— de ajuste con aguja-índice 80.2
— de ajuste vertical y horizontal 162.7
— americano 324.4
— para la barra del disparo 95.5
— de la bobina 534.12
— de caída 165.11
— de la canilla 420.6
— del carrete 535.8
— del carrete en forma de horquilla 356.15
— con casquillo 324.6
— del cepillo 88.11
— cerrado 324.6
— cilíndrico. 290.9
— de cilindros 105.4
— del cilindro esmerilador 73.10
—-cojinete del árbol de la linterna. 192.7
—-cojinete de la linterna en el carro 192.6
— con collarín 324.6
soporte-collarín flexible 289.13
— del contador 358.7
— corredizo de la regla de formación . . . 190.14
— de corte de cuchillo. 111.13
— de la crapodina. . . 131.5
— delantero de fundición del carro . . . 178.5
— del descargador. . . 88.7
— deslizador 165.11
— de deslizamiento . . 279.6
— elástico 146.9
— del esmerilador . . . 73.9
— del fiel de la balanza 603.9
— de fileta 395.1
— del gatillo 95.9
— de gorrón redondo . 111.12
— guía . . . 59.6, 357.3, 361.3
— del guía-hilo con vaso 531.7
— de horquilla 342.5
— en forma de horquilla 530.10
— del husillo 128.12
— del husillo en forma de cruz 510.7
— del huso 145.9
— de los husos 354.11
— individual de los husos 354.15
— lateral oscilante. . . 201.12
— de la linterna con engrase automático . . 145.2
— de montante de la fileta 127.7
— móvil 20.13
— del núcleo cónico . . 484.15
— oscilante de la polea para el mando por cuerda a la linterna 192.4
— oscilante de la serreta 58.9
— de los pedales . . . 44.3
— del peine. 99.9
— de los pernos de las horquillas 281.6
— del piñon de mando del carro 176.11
— del pivote 528.4
— de pivote ajustable del cilindro trabajador . 324.2
— del pivote del cilindro descargador 324.3
— de las platabandas de los husos 344.7
— de platabanda para varios husos 354.12
— de la polea guía . . 353.5
— de la polea-guía del mando por volante de tres gargantas . 192.3
— de las porta-bobinas 505.11
— posterior del carro . 178.6
— de ranuras de los cilindros de presión . 545.7
— de resbalamiento . . 59.3
— de rodamiento anular 355.7
— de las ruedas del carro 344.5
— superior del huso . . 255.5
— de las tablas de fileta 394.8
— tensor 41.5
— tensor del elevador . 40.1
— de la tela 34.5, 41.3, 250.12
— del tornillo tensor . 344.11
— vertical de fileta . . 89.7
sorteador de borras . . 4.2
de cabos 4.4
— de dedales 4.4
— de desperdicios de algodón 196.4
— de lana 264.1
— de trapos 400.1
— de yute 236.6
sorteadora de borras. . 4.3
— de cabos 4.5
— de capullos 413.3
— de dedales 4.5
— de lana 264.2
— de trapos 400.2
sortear según el color . 265.4
— según la finura. . . 364.17
— la lana 263.14
— según la longitud . 364.16, 446.11
— por pesada 612.10
— las trocas en básculas 576.17
sorteo de los capullos . 413.2
— de la lana . . 263.13, 364.15
— de la lana según las calidades de los vellones 264.23
— según los mechones y la finura 265.3
sosa 276.1, 309.10
— amoniacal . . 276.3, 309.13

sosa anhidra químicamente pura 309.11
– calcinada. 309.12
– cáustica . . . 276.10, 472.8
– cristalizada. 276.2
– de Leblanc 309.14
– Solvay. 276.3
– sulfatada. 309 14
sostén de la tela . . . 41.3
sostenedora de la testa de la mecha . . . 381.3
sostener, disposición para – y ajustar los cilindros 58.14
sótano húmedo 574.11
– humidificador. . . . 574.13
– humidificador con canales de agua . . . 575.3
– humidificador con pulverizador 574.14
Staub, romana para hilos 614.8
– y Montfort, peinadora 99.15
Stein, máquina para hilos nudosos . . . 559.11
stock de lana 264.3
suarda 272.1
suave, convertir en (fibras) 240.3
suavidad del hilo . . . 138.20
suavización del yute engrasado 240.1
suavizado. 434.8
– del cáñamo 230.14
– del hilo por vaporizado 569.12
– de las husadas . . . 571.16
suavizador 314.8
– de yute con mecanismo de engrase . . . 241.4
suavizadora de yute . 240.6
suavizante 314.8
– solidificado 316.18
suavizar la borra de seda 440.16
– la fibra de lana. . . 314.4
– la seda 434.9
– el yute engrasado. . 240.2
subespecie 13.6
subida y bajada, movimiento alternativo de 140.16
– de la barrita 252.1
– del carro. . . 159.13, 557.13
– de la grúa 166.1
– del guía-hilo 560.6
– lenta del brazo . . . 613.12
subir (carro) 163.17
– (carro porta-bobinas) 547.6
– (grúa) 166.2
– y bajar de la altura de la bobina (aleta) 548.8
– la barrita 252.2
– la lana a lo largo de la placa de vidrio . . 283.12
– en zig-zag (aire) . . 297.2
–, hacer – la tuerca del cuadrante 170.15
substancia celulósica . . 472.12
– explosiva. 462.6
– grasienta. 299.18
– incrustante 475.7
– intercelular. 237.10
– de lavado 274.17
– saponificante 275.8
– suavizadora 314.8
substituto de aceite . . 316.12
– del jabón 277.20
sucio, algodón 15.15
suelo. 291.4
suelto, fibras –as . . . 7.10
–, montado 342.10
suerte de lana 266.8
suintina 300.3
– lavada 300.5
sujetador. 535.4
sulfato de aluminio . . 303.9, 465.15
– de amonio 469.8
– de cal 310.6
– de cobre. 458.23
– ferroso. 469.12
– de magnesio 465.11
– de manganeso . . . 401.16
– de níquel 472.9
– potásico 272.10
– de sodio 303.6
– de sosa 483.14
sulfoleína 238.10
sulfuro de carbono . . 238.19, 297.20, 438.6
– de hierro insoluble . 469.16
– metálico 469.17
sumergidor 278.8, 281.14, 385.8
– automático 196.9
sumersión del hilo en agua corriente . . . 573.14
– del hilo en agua estancada 573.15
sunn 492.7
superfermentado, borra de seda –a 438.4
superficie borrosa de la guarnición 338.10
– brillante de la guarnición. 338.9
– cilíndrica para la primera capa del fondo 168.1
– cónica para la última capa del fondo. . . 168.2
– del cuchillo 409.11
– de enfriamiento. . . 295.1
– esmeriladora 202.14
– de la fibra 6.20
– frotadora. 332.9
– de hilo 9.23
– de rotura llana. . . 10.6
– de trabajo 152.3
– de trabajo de los cilindros 323 14
– de trabajo del chapón 61.3
– de trabajo de la guarnición 60.14
–s cardantes 58.13
superposición de varias telas 41.12
– del velo 326.3
suplemento de cartón . 62.1
suplente de hilador . . 3.1
surtido de botes 223.12
– de cardas 80.10, 198.10, 318.20
– de dos cardas 198.11, 319.1
– de dos cardas con alimentación paralela a las fibras 199.8
– de tres cardas . . . 319.2
– de estirajes. 387.12
suspendido libremente . 105.14
suspeso, jaula –a . . . 304.2
sustituir los clavos gastados 313.12
sustracción de calor . . 294.13
sweaters de lana . . . 397.15

T

tabique intermedio . . 284.4, 296.11, 306.8
tabla de las cintas . . 251.10
– de equivalencias de hilados 612.12
– de extender 218.4
– de fileta . . . 394.13, 564.15
– de fileta movible . . 522.6
– para herramientos . 362.4
– de madera para el mecanismo de seguridad 46.6
– de madera tapizada de peluche 557.16
– para-viento. 391.2
– de pesos y números de hilados 612.12
– de protección. . . . 229.11
tablero (v. t. telera). . 196.10, 327.11
– de alimentación 27.1, 41.1, 200.14, 235.15, 243.15, 247.6
– de alimentación de la abridora. 29.7
– alimentador . 296.10, 321.1
– alimentador vertical con clavos. 260.9
– de cardas 448.1
– de criba 399.15
– descargador 320.4
– distribuidor 23.8
– elevador . . 21.9, 23.4, 38.2
– de entrega . . 38.1, 313.8
– de entrega de los bucles. 329.15
– inclinado de puntas. . 28.6
– inferior horizontal. . 21.8
– metálico de movimiento lento. . . . 295.14
– móvil 575.14
– peinador 214.4
– de peines . . 230.9, 245.12
– de peines inclinado . 246.1
– para el polvo. . . . 38.15
– principal 23.7
– de puntas . . . 22.4, 233.5
– rastrillador 245.12
tablero de rastrillar . . 230.6
– de salida. 235.16
– sin fin 308.2
– sin fin de acero. . . 365.9
– sin fin de agujas . . 443.8
– sin fin de alimentación 20.8, 259.12
– sin fin de carda . . 445.1
– sin fin corriendo en la misma dirección . 23.2
– sin fin de cuero . . 451.8
– sin fin con dispositivo de inversión automática del movimiento 40.7
– sin fin guarnecido de púas de gancho . . 367.15
– sin fin inferior . . . 29.2
– superior 296.9
– de tejido metálico . 296.8
– para la tela 328.11
– vertical doble . . . 201.6
tableros de alimentación 218.5
– de alimentación moviéndose paralelamente 221.5
– sin fin 22.3
– sin fin que corren en direcciones opuestas 23.3
tablilla de marca . . . 235.6
– negra 422.17
– de la prensa 577.14
tablón de madera . . . 244.11
taco 292.1
– de la corredera . . . 531.13
tacto 13.12
– algodonoso 427.12
– áspero 427.5
– crujiente 427.6
– dulce 427.8
– elástico 427.9.10
– lleno y elástico . . . 427.9
– seco 427.11
– de la seda 427.3
– suave 427.8
–, de buen 427.4
tactor 530.17, 534.16
– revelador de la rotura del hilo 533.5
tachuela 338.4
talco 253.2
talón ajustable 206.15
– de la palanca de gobierno de los plegadores 165.13
tallo 261.4
tamaño de las mallas metálicas 195.11
tambor (v. t. bota) . 257.16, 312.4, 369.17, 443.12, 444.3, 522.1
– abridor . 30.12, 33.5, 244.10
– abridor con puntas metálicas 48.7
– armado de dientes . 197.10
– armado de reglas de puntas 367.9
– armado de púas . . 197.10
– arrollador 171.6
– arrollador de la cadena 173.6
– atelador 451.9
– de avan-tren 369.16
– batidor . . . 259.7, 267.9
– bobinador 522.8
– de la cadena de despuntado 179.12
– de carbonización . . 402.14
– de carda 443.4
– cargado por un lado 308.5
– no cilíndrico 337.1
– de clavos de acero . 404.7
– cribador a tiras. . . 478.15
– de chapa. 144.8
– de chapa de acero perforada. 32.4
– de chapa perforada . 32.5
– desarrollador . 356.14, 358.15
– desarrollador de la bobina de mecha. . 204.15
– de duelas de madera 336.14
– equilibrado 312.1
– con espiral 351.7
– de estuco 336.15
– excéntrico 156.2
– formador de la tela. 321.11
– con freno apretado . 356.6
– guarnecido de púas romas 287.15
–-guía 448.10
– hendido . . . 523.12, 524.6
– de hierro. 611.7
– humectador cubierto de fieltro 482.3
tambor inferior 406.5
– metálico . 35.8, 37.11, 44.14, 48.8
– metálico de aspiración. . 195.9, 196.11, 313.9
– metálico inferior . . 33.11
– metálico inferior, segundo 34.1
– metálico perforado . 220.15
– metálico superior . . 33.10
– metálico superior, segundo 33.17
– con movimiento a paso de peregrino . 406.9
– napador . . . 321.11, 451.9
– del núcleo 509.11
– peinador 368.2
– pequeño . . . 322.1, 369.16
– perforado 32.3
– perforado de descarga 24.11
– perforado con ganchos en el interior . . . 400.20
– de pinzas de Little y Eastwood 381.11
– de la porcupina. . . 26.21
– principal 199.11
– puerco-espín . . 27.8, 35.5
– con ranura excéntrica 531.9
– de ranura fresada. . 523.9
– con reglas dispuestas en espiral 309.2
– secador . . . 476.17 481.7
– secador inclinado . . 366.11
– superior 406.4
– de tela metálica . . 32.6
–, gran . 78.11, 247.9, 250.6, 321.3, 450.3
–, primer 369.16
tamiz 38.9, 299.12
– para capullos. . . . 418.15
– insertado. 285.9
tamizado, gravilla –a . 271.12
tampón de cuero . . . 442.1
tandem, en 104.3
tangencial, tensión – del hilo 155.11
tanque de fermentación 437.15
– de hormigón 437.16
tapa 31.8, 126.7, 311.15, 361.5, 441.17, 487.4
– de acero 123.5
– ajustable. 286.8
– del cangilón 283.2
– del cepillo 88.3
– cerrada 323.7
– con cierre 27.11
– del cilindro peinador 79.2
– de las crapodinas. . 255.13
– con cuchillos longitudinales 312.14
– de chapa. . . . 195.12, 259.2
– a charnela 267.1
– de charnela de roble 201.9
– de charnelas del gran tambor 79.3
– delantera del cilindro 291.11
– del depósito de aceite 178.1
– de descarga 260.3
– de la devanadera . . 44.9
– de fundición en cruz 524.8
– de fundición con rebordes 376.2
– de la guarda ajustable 404.11
– lateral del gran tambor 79.13
– de limpieza 108.8
– de madera 248.1
– metálica ajustable . 202.7
– metálica del tomador 78.8
– móvil 177.5
– de plancha metálica. 201.10
– protectora 201.8
– de la ranura de engrase 344.14
– suelta 284.1
– superior revestida con barro 376.4
– del tambor. 33.6
– entre el gran tambor y el cilindro peinador 79.4
– de vidrio del tambor metálico. 44.10
– del volante. . 33.14, 202.6, 323.9
tapetes 397.8
taquímetro 360.10
tara efectiva 17.3
– de x por ciento . . . 17.2
– real 17.3
taza para la bobina . . 145.11
teclado del pedal . . . 43.2
tejido del alambre 68.8, 335.10

tejido de algodón 64.22
— en cadenilla 68.15
— de camino 68.13
— de cáñamo 445.2
— de caucho 335.3
— celular 237 9
— de costado 69.2
— de costado de dos (tres) costillas 69.3.4
— en diagonales de a cuatro 68.16
— en diagonales de a seis 69.1
— flojo 16.13
— para guarniciones 64.21
— en líneas diagonales 68.15
— en líneas longitudinales 68.13
— de mezcla 64.23
— ortogonal 68.10
— de x pliegues 65.1
— de cuatro pliegues pegados con solución de caucho 65.7
— de cinco pliegues de cruzado de algodón con fieltro grueso interpuesto 65.4
— tupido 16.12
— unión 64.23
tejuelo 97.12, 289.4
— en forma de pera 289.14
— con refrigeración por agua 36.13
tela 7.11, 34.4, 41.7, 325.3, 328.12
— de alimentación 41.11, 448.8
— alimentada 45.8
— alimentada por minuto 41.18
— de batán 50.9, 77.10
— del batán acabador 47.8
— de borra 322.8
— de la carda acabadora 325.5
— de la carda emborradora 325.4
— formada de cintas 250.5
— dejada en una dirección transversal 325.18
— entregada 45.9
— de esmeril 70.14, 339.2
— de esmerilar a mano 70.15
— de esmerilar el tambor 70.16
— de fibras cruzadas 325.7
— de fibras dispuestas en la dirección de la alimentación 325.6
— homogénea 47.15
— irregular 47.14
— metálica 202.8
— metálica con x mallas por unidad de superficie 465.18
— metálica a grandes mallas con tiras longitudinales espesas 477.7
— mojada 573.19
— de paraguas 397.10
— regular 47.15
— de seda 450.17
— silesiana 397.10
— sin fin 196.10, 328.6
— sin fin conductora del velo 328.8
— sin fin de cuero 93.3
— sin fin de entrega 197.12
— sin fin inferior 29.2
— sin fin de salida 197.12
— de yute de tejido tupido (flojo) 16.12.13
telar de cintas 520.8
— para la guía de los cilindros de presión 163.15
telera (v. t. tablero) 196.10
— de cardas 448.1
— horizontal 201.1
— con puntas 200.7
— sin fin de alimentación 20.8
temperatura del agua 269.19
— del aire 293.8
— baja 572.6
— de carbonización 306.5
— de desecación 417.13
— del líquido 275.15
— media 293.9
— de secado 293.5
templado, acero 70.6
—, acero — y recocido 66.4
templar a la dureza del vidrio 74.11
—, volver a — las púas 74.10
temple del alambre de acero al vació 66.9
tenacidad 66.14
tenaz, papel 479.14
tenazas para guarnición 338.5
— para remaches 61.12
tendedero 293.18
tender la cadena 351.2
— la cinta de la carda 337.7
— la cuerda 513.7
— el hilo 522.14
— el velo 327.3
tendido, hilo 140.8
tenedor de libros 5.24
tensión de arrollado 168.8
— del balón 152.15
— de la cadena 351.1.8
— equilibrada 37.1
— fuerte 63.5
— del hilo 140.6, 554.7
— de los hilos 498.12
— del hilo por la grúa 557.12
— de los hilos por grúa cargada 168.9
— del manguito de cuero 332.12
— máxima 454.17
— de la mecha 125.2
— de los pianos 359.17
— tangencial del hilo 155.11
— uniforme 391.9
— del velo 327.2
—, fuerte 552.2
—, poner en 41.2
tensor de cadena 40.5
teñido de los trapos 401.7
—, algodón 194 4
—, hilo 605.13
tercer cilindro de estiraje 137.1
— paso de manuar 103.14
terminado, husada —a 157.3
término medio de una mezcla 19.1
termómetro de mercurio 616.7
termoregulador automático 616.16
testa de la broca 534.7
— del carro 351.6
— de estiraje 232.17, 480 13, 486.1
— de la mecha 375.9
— del mechón 82.12
— de la palanca 551.9
— perforada 548.12
— de la prensa 288 4, 578.1
testera 95.2, 352.16
— del carro 206.2
— de delante 352.17
— delantera 206.8
— menor 189.1
— pequeña 206.8, 352 17
— principal 189.1
— de los rodillos 497.10
— de la selfactina de retorcer 558.13
testuz del vellón 265.15
tetracloruro de carbono 297.21
textilosa 480.8
Thiele, aparato hilador 466.13
tibio 60.10
tierra de batán 298.15.16, 309.20
timbre 370.9
tina de madera 304.5
tintado de los trapos 401.17
tipo de algodón 13.5
— de bobina 153.7
— de carda 319.8
— de fileta para hilos gruesos de seda 545.3
— de fileta para hilos de seda de torsión fuerte 545.4
— del huso 145.3
— obtenido por la mezcla 236.12
tipos de cardas 77.1
— de trapos 396.5
tira de acero 56.5
— de acero con puntas Deiss 62.8
— alimentada de papel 484.13
— de caucho 477.6
— de fieltro saturada con aceite 356.1
— longitudinal espesa 477.7
— de papel 486.2
— de piel 118.19
— perforada 282.5
— transversal 329.12
— de velo 193.7, 203.14, 329.8
tiras 400.13
— de cuero 64.16
— curvadas 62.2
tiras longitudinales en forma de rejilla 477.5
— soldadas 477.9
— de tela metálica 477.11
tiradora de capullos 421.1
tiraje, dispositivo de — por el carro 164.12
tirante 46.4, 89.8, 252.16, 290.2, 391.3, 594.9
— de la horquilla para la correa 112.1
— redondo 97.9
— de sostén 344.2
— tensor inferior 344.12
tirantes del carro 345.5
tirar el manojo entre el rastrillo 216.7
tiro base 598.11
titraje internacional 601.12
— de Lión, nuevo 601.13
— de la seda 601.10
titular la seda 601.11
título 598.4
— acondicionado 602.9
— americano 602.4
— decimal 601.15
— después del desgomado 602.8
— fino 602.7
— francés 601.19
— grueso 602.5
— internacional 601.15
— de Lión 601.18
— de Manchester 601.20
— medio 602.6
— de Milán 601.16
— de Milán, antiguo 602.2
— de la seda 601.14
— de Turín 601.17
— de Viena 602.1
tiza en polvo 298.18
tobera 478.1
— de vapor 280.13
tolerancia 616.1
— del título 602.12
tolva para el algodón 29.1
— de alimentación 22.2, 200.5, 260.7, 266.20, 308.1, 320.2
— alimentadora 89.15, 196.8
— alimentadora de la tela 93.4
toma del cabo de mecha del bote metálico 208.4
tomador 77.13, 199.4, 406.1, 444.1
— de cabos 423.7.13
tomar el cabo de la hebra de capullo 420.11
— del cepillo el cabo de la hebra 420.14
tonel 578.10
tono para combinar 311.5
tope 132.8, 182.5, 192.10, 346.8, 348.8
— ajustable 241.11
— ajustable en la varilla de conección 180.6
— del carro 358.16
— en el carro 172.2
— fijo 167.5
— de goma 290.3
— posterior con resortes para el carro 192.9
— de resorte 359.1
Topham, máquina para el hilado de la viscose 470.4
torcedor 498.17
torcedura 9.5
torcer 8.21, 539.5
— y arrollar el hilo en la misma dirección 154.3
— un bucle 496.17
— los cabos juntos 539.4
— varios cabos teñidos de distintos colores 591.15
— los cordones 505.1
— a la derecha 153.15
— en dirección contraria 540.6
— las fibras 8.19
— flojo 431.4
— los hilos en un cordón 498.5
— el hilo de fantasía 560.3
— los hilos juntos a mano 431.13
— a la izquierda 154.1
— juntos los cabos 422.9
— lijeramente durante el plegado 430.9
— en mojado 542.5
— en seco 542.3
torcer en el sentido (contrario) de las agujas de un reloj 153.15, 154.1
—se juntas (cintas) 387.6
torcido (v. t. retorcido)
— escocés 542.8
— inglés 542.11
— del hilo de ánima 561.12
— de cáñamo 582.4
— para coser 581.22
— cruzado 591.17
— de estambre 584.11
— fino de lino 581.20
— flameado 591.16
— de lino 581.19
— llameado 591.16
— de schappe 587.21
— de la seda artificial 474.2
— de seda basta 588.4
— sencillo 539.14
torcido a la derecha 510.4
— a la izquierda 510.5
—, poco 122.4
tornapunta 497.3
tornasol azul 309.7
— rojo 309.6
tornear el cuerpo del cilindro 203.1
— el tambor 337.2
—, aparato para esmerilar y 405.8
tornillo 529.12, 530.14
— ajustador 43.10
— ajustador del cojinete del tambor 56.8
— de ajuste 54.8, 59.4, 80.1, 119.2, 132.12, 258.9
— de ajuste del peinador 88.10
— de ajuste para el rotor 113.11
— de avance 156.3
— de cierre 54.12, 126.5, 567.2
— cónico 205.10, 349.3
— de cuadrante 171.2
— engrasador 95.4
— de fijación 55.9, 59.5
— de filete cuadrado 252.5
— de filetes cruzados 378.17
— de filete doble 256.1
— fileteado 346.6
— micrométrico 56.16
— de nivelación 614.1
— de las platinas 184.8, 190.15
— regulador 162.2
— regulador de la altura del carro 178.8
— del sector 350.14
— sin fin 72.6, 188.1, 223.15
— sin fin en el árbol del cilindro 568.6
— sin fin de un filete 566.6
— de tender la cadena 181.12
— tensor 340.16, 344.10
— tensor de la polea 349.12
torno 10.15
— automático para montar las guarniciones 337.11
— de cordelero 496.21
— elevador 304.3
— de esmerilar cilindros de carda 339.6
— de hierro 497.15
— con dos husos 11.8
— a mano 10.16
— montador de cintas de carda 63.9
— a pedal a cordón sencillo (doble) 10.18, 11.4
torón de cáñamo 592.5
torrefacción de los capullos 417.10
torre-filtro 271.16
torrión de la palanca 354.2
torsiómetro 9.11, 432.4, 610.9
torsión 9.4, 345.12, 498.8
— de Albert 509.3
— cruzada 509.2
— definitiva 154.4
— a la derecha 153.14, 541.1
— en la dirección de las agujas del reloj 541.1
— en dirección contraria a la de las agujas del reloj 540.11
— directa 509.3
— dura 541.5
— efectiva 154.6
— excesiva 501.7
— extra-fuerte 541.6
— falsa 9.7, 204.1, 331.14
— falsa, dar una 331.10
— final 154.4

torsión floja . . . 8.23, 138.19, 170.5, 431.5, 541.4
— fuerte 8.24, 138.8.9, 431.6, 541.5
— inversa 509.2
— a la izquierda 153.13, 540.11
— permanente 9.8
— real 154.6
— durante la salida . 164.14, 345.13
— suave 170.5, 541.4
— suplementaria 159.11, 164.16, 343.15, 506.2, 557.11
— suplementaria, dar . 498.6
— uniforme 431.1
—, dar 9.6, 429.16
—, con poca 122.4
—, primer — de la seda 429.15
—, segunda — de la seda 430.15
torsiones del hilado y del torcido en dirección contraria 540.5
— del hilado y del torcido en la misma dirección 540.4
— por metro 431.2
tortada de resina. . . . 508.12
tortón de resina. . . . 508.12
torzal 593.10
— para lizos . . 581.21, 593.14
— para peines 581.21
— de seda 586.7
tostado de los capullos 417.10
tostar los capullos. . . 417.9
total, estiraje 101.10
trabajado de las borras 435.9
trabajador 199.12
trabajar las borras de seda 435.8
— el capullo en verde . 413.12
— independientemente (cardas de un surtido) 198.12
— el manojo de los dos lados 243.17
— la seda cruda en estado húmedo (jabonoso) 428.5.6
—, cuando la carda (mientras no) trabaja 70.7.8
—, no 165.1
trabajo apretado sin aumento de torsión. 501.6
— casero 6.7
— a domicilio. 6.7
trabajos preparatorios . 263.12
tracción del hilo . . . 554.7
— a mano 606.21
trama 139.1
— de estambre 583.21
— gruesa 586.12
— de seda 586.11
— de selfactina 138.18
transformación de la tela en cintas 451.11
transparente, hebra de seda 428.1
transpirar (algodón) . . 15.9
transportable 417.17
transportador de botes. 2.5
— de la cinta 491.1
— sin fin 572.14
transportar la bala a mano 17.6
— la tela con cruzado . 325.17
transporte automático del velo 198.14
— de las balas 17.5
— de cintas, sistema de 80.11
— sin cruzar 325.13
— de los haces a la hilatura 210.11
— neumático del algodón 37.7
— en forma de tela . . 324.12
transversal, alimentación. 198.16
—, tela dejada en una dirección 325.18
trapeciforme, cuerda . . 597.10
trapero. 399.3
trapo 396.6
— de cordelero 498.2
— rugoso. 507.7
trapos aprestados . . . 396.18
— bastos 396.13
— blancos 397.21
— de cachemira . . . 407.17
— de calceta 397.11
— de casimir 407.17
— de céfiro 407.14
— centrifugados 403.19
— de color 397.22
trapos de buen color . 398.1
— de mal color 398.2
— de varios colores . . 397.23
— corrompidos 396.21
— de crochet 397.17
— desacidados 403.7
— descolorados 398.3
— deshilachados . . . 403.11
— deshilachados en seco 403.16
— encolados 396.18
— escojidos 399.8
— de estambre Orleans 407.15
— de fibra corta . . . 396.9
— de fibra larga . . . 396.10
— finos. 396.14
— de lana pura 396.11
— semi-lana 396.12
— todo lana 396.11
— limpios 396.16
— de materias de géneros para señora 397.2
— de media lana . . . 396.12
— medio-finos. 396.15
— mohosos 396.20
— mojados 507.9
— de muselina 407.13
— negros 397.24
— nuevos. 396.8
— de paño 397.1
— podridos 396.21
— polvorientos 396.19
— reteñidos. 398.4
— rotos 400.6
— de seda 455.15
— sucios 396.17
— de tejido de gancho 397.17
— de tejido de punto . 397.12
— de tela 397.1
— viejos 396.7
trascanador de madejas 5.1
trascanadora de madejas 5.2
— de seda 424.19
trasiego automático del agua 365.13
— de una barca a otra (agua). 280.6
tratamiento con ácido sulfuroso 401.11
— de las aguas de lavado 299.5
— cuidadoso 38.4
— por el formaldehido. 472.4
— por frío y calor alternados 573.4
— de los trapos . . . 399.6
— por vapor 418.2
tratar la acetona con permanganato de potasa. 460.6
— las aguas de churre. 299.4
— el algodón por un ácido sulfo-óxido . . 457.20
— la borra de seda con licor alcalino. . . . 437.3
— las estopas en la carda abridora 221.1
— el hilo por una solución de sal metálica 469.4
— la lana mediante artesas perforadas . . 283.14
— los lotes diferentes por separado 212.5
— posteriormente con lejía 467.14
— la seda por una solución de jabón amoniacal 468.4
travesaño 344.2, 497.4, 499.2, 500.10
— de la devanadera . . 565.7
trazo de hilo 152.13
trementina 117.19
tren de barcas 279.11
— de lavadoras 279.11
trencillas 400.13
trenza 597.6
— de crines 514.10
— hervida 514.12
— de látigo 593.13
trenzado de madejas. . 576.10
—, cuerda —a 597.7
—, manojo 231.4
trenzadora mecánica para cuerdas . . . 510.2
trepidación del cilindro de presión 107.12
tresbolillo, al 30.14, 31.1, 123.4
—, en 384.2, 551.3
triangular, alambre . . 66.1
tricot de lana 397.16
trifásico, motor 157.13
trineo de cordelero . . 499.5, 500.8
trinquete . 95.10, 125.9, 256.3
— de cierre 350.3
— de seguridad 350.3
troca. 576.12
— catalana 576.15
— de cinco madejas . . 576.14
— de diez madejas . . 576.15
— de x madejas . . . 598.19
troquillón 12.18, 562.22, 599.1
— de x hilos 599.5
— de prueba 562.21
— de seda 432.12
— de x vueltas de aspa 599.5
troquillones, dos . . . 599.3
—, seis 599.4
—, x — en la madeja . 599.2
trozo de algodón . . . 20.5
— intermedio del cilindro 393.13
— de rail móvil . . . 307.12
trozos sin deshilachar 404.12, 405.2
— duros 404.12
tubería . . 24.9, 37.9, 39.5
— de aire 575.8
— de extracción de polvo 197.1
— galvanizada 39.6
— de unión. 39.6
tubito 356.9
— cilíndrico 515.14
— interior flexible del huso 146.6
tubo 37.9, 72.10, 145.5.12, 188.13, 503.6
— de abedulillo 149.12
— a la abridora. . . . 27.15
— de admisión del vapor 280.11
— de agua bajo presión 478.2, 488.12
— de aire 306.12
— de aire comprimido . 455.10
— de aire soplado 380.5, 384.5
— de la aleta 547.15
— de alimentación. . . 466.3
— alimentador 28.14
—, para arrollar la tela. 46.7
— de aspiración . . . 370.17
— de aspiración del polvo 399.16
— de calefacción 308.4, 402.12, 616.2
— de la canilla . 530.18, 531.3
— capilar. 461.2
— capilar de vidrio . . 467.7
— de cartón 518.11
— de caucho 466.4
— cilíndrico de papel . 518.12
— colector 399.17
— condensador de vapor 294.3
— cónico 518.13
— cónico del huso . . 355.9
— corto 356.9
— corto de papel . . . 166.18
— de chapa. 124.3
— de chapa de la bobina 139.8
— de chorro de agua . 439.13
— de derrame. 285.10
— de descarga . 280.13, 286.5
— de descarga acodado 294.6
— de descarga del polvo 399.16
— de entrada de agua. 461.3
— de entrada del agua de enjuagar 285.5
— de entrada de la solución. 461.9
— de gas 455.9
— giratorio . . 341.12, 342.14, 343.3
— largo de papel . . . 356.8
— para el líquido de humectación 488.15
— de madera . . 149.10, 518.9, 552.13, 567.15
— de madera esmaltado 149.14
— de madera fuerte . . 149.11
— metálico 97.2, 356.12, 453.13, 518.10
— metálico giratorio . . 422.11
— movido por fricción . 522.11
— para nivelar los portacilindros 363.3
— de ojaranzo 149.12
— de papel . . . 175.19, 518.11
— de papel impregnado 149.9
— de papel ligero . . . 124.8
— perforado 282.6
— de polvo 259.10
— de la púa 527.16
— de purga. 286.5
— de purga acodado. . 294.6
— radiador 306.15
tubo con ranuras longitudinales 473.4
— rebosadero 285.10
— rociador 439.13
— de salida. . . 286.5, 289.10, 487.13, 571.9
— de la tela 373.16
— sin valonas. 518.18
— de vapor. 570.15
— de vidrio. 608.10
tuerca de ajuste . . . 54.10
— corrediza. 181.14
— del cuadrante . . . 170.14
— doble 290.5
— de mariposa 332.19
— de orejas. 548.4
— del sector 350.7
tungstato de sodio . . 464.3
— de sosa 464.3
tupido, tejido 16.12
turbina. 97.13
turto de resina 508.12
tussah de la China . . 410.8
Tweedale, mecanismo diferencial 126.11
—, montura de la guarnición con grapas combadas 62.6

U

última hilera de agujas 88.2
unidad de calor . . . 293.7
— de longitud . 215.12, 598.12
— de peso 598.13
— de superficie 465.18
— térmica 293.7
unido, cinta —a 71.20
uniforme, hilo. 605.19
—, presión 267.8
uniformemente, adherirse 390.2
uniformidad del hilo. . 605.16
— de los rebordes del aro 150.3
unión 354.4
— encolada 119.12
—, tejido 64.23
uniones de las telas. . 325.11
unir paja y estopa al lino 200.16
—se, por soldadura (mechones) 85.18
untador 366.12
— de la lana 314.6
untadora 317.13
urato amoniacal. . . . 276.19
urdido de los hilos . . 498.9
—, hilo 498.11
urdimbre 138.11
— cheviot 584.2
— de continua 580.2
— de estambre 583.20
— fuerte 138.10
— de selfactina 580.4
— water 138.11
urdir los hilos 498.10
usado, baño 299.3
—, regla —a 174.4
utilización de las aguas de lavado 299.1

V

vacia-botes 384.9
vaciado del hidro-extractor 305.2
vaciamiento por esmerilado 69.19
vaciar la barca 280.15
— por esmerilado . . . 70.1
— el recipiente 464.12
vació. 174.13, 572.5
—, vaporizado al . . . 571.18
—, jaula de mezcla —a 24.14
vagoneta con estantes de rejilla 307.8
vaivén, movimiento lateral de 109.1
—, movimiento de — vertical 448.15
va y viene, la mecha — a lo largo de . . . 129.9
valona 124.2, 249.6
— del carrete 518.16
— de papel 483.12
valor comercial 606.7
— del título 602.11
válvula. 366.1
— de aspiración . . . 470.1

válvula automática 402.16
— de charnela 306.10
— de descarga 286.8
— giratoria 365.11
— de mariposa 297.3
— de purga 286.3
— de salida 470.2
— de salida del aire 306.11
— de seguridad 385.16
— de la tubería 39.11
vapor ácido 305.8
— de ácido clorhídrico 305.9
— acuoso 293.11
— de agua 293.14
— de bencina 438.9
— de éter 462.11
— de petróleo 438.7
— producido en la caldera 572.7
—es amoniacales 466.1
vaporización 19.10
vaporizado 418.2
— en cámaras abiertas 570.9
— por medio de una corriente de aire húmedo 573.1
— de los hilos 369.10
— de las husadas 571.2
— de las madejas de seda 432.13
— a presión 571.1
— al vacío 571.18
vaporizador 570.18
vaporizar las husadas 571.3
vara de Berlín 600.16
— francesa 600.19
— de Leipzig 600.18
— de Sajonia 600.18
— de Viena 600.17
variable, movimiento 151.6
variación en la tensión 155.10
varilla 183.12
— ajustable 354.9
— del arañero 129.7
— de cambio 353.16
— de conección de las platinas 180.5
— desborradora 213.16
— de desembrague 357.8
— del disparo 348.14
—-guía 128.1
— metálica ajustable a dos brazos 129.2
— móvil 233.14
— de paro 205.7
— de presión 334.12
— para los rodillos de telas 46.8
— tensora 208.6
— de la válvula de distribución 292.7
vaselina 428.10
vasija 422.16
— de desengomado 433.1
— refrigerante 572.2
— para sacar ácido con válvula automática 402.16
vaso 527.9
— de barro 403.1
— de mercurio 608.8
vástago del émbolo 291.14
Vaucanson, cadena 395.6
vedijas 265.18
— de la cabeza 265.19
— de las patas 265.20
vegetal, materia 302.7
velo 51.14
— sin botones 49.4
— de carda 193.5, 326.14, 329.3, 481.6
velo cardado 7.18, 50.1
— de desperdicios de la peinadora 82.8
— doble 326.17
— de fibras 480.12
— de fibras interpuesto entre dos capas de papel 480.9
— de fibras textiles 480.2
— liso 329.4
— del llevador 330.13
— múltiple 326.18
— sobre el peinador 50.3
— rugoso 329.5
— sencillo 326.16
— uniforme 326.15
velocidad acelerada 166.14
— de la alimentación 249.5
— angular constante 516.7
— de arrollado 124.20, 166.19
— del carro 164.2
— del cilindro alimentador 42.16
— circunferencial constante 516.10
— creciente 347.17
— de desarrollo de las telas 41.17
— diferencial de los cilindros 309.1
— de estiraje 102.16
— irregular 517.13
— de peinado 82.16
— periférica creciente 102.15
— periférica progresiva 21.2
— periférica variable 163.9
— retardada 166.15
— superficial 323.3
— de la tela 42.10
— uniforme 123.8
— variable 537.6
—, doble — de los husos 164.17
—, gran — del huso 147.10
—, segunda 348.1
—, tercera 348.2
—, pequeña 189.3
vello 425.6
vellón 7.19, 264.13
— arrollado 264.15
— atado 264.16
— cargado con pelo cabrudo 264.22
— cargado con pelo canino 264.22
— defectuoso 264.20
— desgarrado 265.14
— enfermizo 365.3
— de fibras cortas primales 365.1
— de fibras largas primales 364.18
— flaco 365.3
— húmedo 264.21
— intacto 264.19
— ligero 264.17
— pesado 264.18
— prensado hidráulicamente 264.14
— roto 265.14
— sano 365.1
velludo, seda —a 425.7
ventanilla 38.6
ventilación 293.16
ventilador 31.13, 33.12, 45.2, 259.9, 306.7
— de aspiración 296.13
— aspirante 22.7, 24.8, 37.5.10
— con curvadura de las palas 45.4.5
ventilador impelente 295.6
— inyector 295.6
— con palas planas 45.3
verde-malaquita 467.18
verdoso 415.3
verificación de las balas 16.15
— de la mezcla 19.5
— del peso 16.16
verificador de aceite 149.1
verificar el peso 16.17
verticalmente ajustable 567.1
vértice de la curva 524.12
vertido automático del agua 365.13
vestirse con fibras (volante) 323.4
vía húmeda, por 490.2
—, seca, por 490.5
vibración del carro 345.3
— del cilindro de presión 107.10
— del disco esmerilador 73.1
— de la púa 554.15
vibrar (carro) 345.4
— (disco esmerilador) 73.2
vidriería 467.10
vidrio 128.14
— hilado 491.13
— soluble 433.16
— soluble neutro 277.1
vientre 467.8
— amarillo 266.2
— en el hilo 454.10
vientres 265.23
viga de madera 290.6
vigilar los hilos que se pliegan 424.14
vilof v. t. willow, diablo
— de borra de seda 442.4
— para desperdicios 267.14
vinagre glacial 459.8
viruta de madera 476.2
viscosidad 463.11
viscoso, aceite 148.6
volante (de la abridora Chrighton) 37.4
— (de la aspa) 566.1
— (del batán) 40.10
— (de la carda) 51.12, 200.2, 321.3, 323.8
— (de la devanadera) 567.11
— (de la máquina de hilar) 343.10
— (de la máquina de vapor) 292.5
— (de la selfactina) 186.11
— conductor 132.4
— encima del llevador 202.5
— de garganta 550.13
— de dos gargantas 557.7
— de tres gargantas 192.2
— grande 189.4
— pequeño 189.3
— en forma de tablero sin fin 323.6
— con tapa cerrada 323.7
— de torsión 162.13
— para la gran velocidad 189.4
— para la mayor velocidad 353.4
— para la pequeña velocidad 189.3, 353.3
— para la primera velocidad 353.3
— para la segunda velocidad 353.4
volante, materia fibrosa 25.19
volátil, disolvente 297.10
volteador de mordazas 215.17
voltear el manojo saliendo del peine 216.10
volver a templar las púas 74.10
vulcanizado, aceite 458.10
—, caucho 65.12
vuelta de la aleta 130.10
— de aspa 562.23, 563.17, 599.10
— de aspa de x metros 599.9
— de aspa de x yardas 599.8
— del depósito a su posición normal 200.13
—, media — del manguito del árbol de dos tiempos 177.2
vueltas del huso por minuto 123.7, 137.15
—, dos — de torsión por una vuelta de la púa 554.2
—, el huso da x 144.3

W

Wainwright, dinamómetro 607.10
—, dinamómetro vertical 608.5
Wiede, ajuste de los cilindros 59.8
—, aparato desborrador de chapones 52.10
Wilkinson, ajuste de los chapones 56.18
willow (v. t. diablo, vilof) 197.8, 311.10
— cónico para desperdicios 259.1
— doble para yute 259.11
— para el polvo 401.1

Y

yarda 600.13
—, x —s por libra inglesa 604.5
yeso 310.6
yute 492.14
— con botones 236.16
— clasificado 236.3
— comprimido 235.9
— embalado húmedo 236.18
— engrasado 237.17
— sin engrasar 237.14
— extendido 246.11
— de fibra larga 236.7
— con nudos 236.16
yuxtaposición de las cintas 81.8
yuxtapuesto, cuerdas —as 512.3

Z

zamarretas de lana 397.15
zapata del freno 171.13, 359.2
— igualadora de las púas 340.1
— inclinada 172.10
zapatilla 73.13
— de la candela 151.14
— del freno 147.5
— para regular el desapuntado 165.9
zarzo 575.9
zig-zag, en 123.4
zócalo de máquina 117.24

Katalanisch · Catalonian · Каталонскій · Catalan · Catalano · Catalán
Català

A

abacà 492.5
abaixar la bóta 56 11
— el copisplet. 352.8
— la femella del quadrant 170.16
absorbir 217.14, 314.3
absorció (irregular) d'aigua 556.8, 574 9
— d'humitat 572.11
acabament de la neteja 26.8
acabat 507.13
— dels fils 227 3, 454.6
— de testes i cues del cànem. 496.2
acanalat arrodonit . . 240.8
— dentat. 241.3
— en espiral 240.10
— longitudinal 241.2
—s alternats 241.1
acceptació 15.18
accessoris. 360.9
acció dels agents d'ensimatge. 237.6
— de les arestes dels barrots 367.12
— de cardat del xapó . 58 11, 318.10
— de la humitat . . . 500.18
— mecànica 272 6
— química 272.5
— recíproca . . . 32 2, 292.12
accionament de les bosses 333.13
— per cadena 242.4
— per corda en creu. . 360.7
— de doble velocitat a les pues 189.6
— per fricció 288.17
— positiu. 171.0
— de la pua per cordó (piano) 144.5
— de les pues per al plegat sobre la pua . . 188.6
— de les pues per volant de tres canals . . . 192.2
accionar per la corrent elèctrica 113.14
— per fricció 251.9
acer cementat. 120 17
— endurit 55.1
— per a molles 106.6
acetat de potassi . . . 457.17
— de sodi 459.2
acetona 460.4
àcid 302.3
— acètic diluït 438.11
— anhidre 303.4
— carregat de greix . . 303.16
— clorhídric 305.5
— de la crisàlide . . . 419.12
— cròmic 401.13
— etilsulfúric 462.13
— fènic. 460.1
— fosfòric 433.15
— gasós 305.10
— hidroclóric gasós . . 440.11
— mineral 302.17
— muriàtic diluït . . . 438.13
— nítric 303.5
— oleic en brut 315.5
— ricinòlic 238.5
— sebaci 300.13
— sulforós 300.7
— sulfo-sebaci. 458.1
— sulfovínic 462.13
— sulfúric 302.19
— sulfúric concentrat per evaporació . . . 303.3
— sulfúric diluït. 303.1, 438.12
— sulfúric de fabricació sense concentrar . . 303.2
àcid sulfurós 434.21
acidular el fil. 467.3
aclarir el cànem . . . 495.18
acondicionament . . . 616.4
acondicionar el fil. . . 615 4
acoplament de fricció . 157.14
addició dels botons . . 590.14
— emol·lient. 483.16
— d'éter sulfúric . . . 71 13
— de glicerina 315 3
— impermeabilitzant. . 484.2
— d'oli 458.9
addicionar un àcid . . 471.17
— cel·lulosa 472.1
adherència de la tela . 50.13
adherirse uniformement 390.2
adhesió de les fibres. . 6.23
adjudant de corder . . 494.11
adúcar 435 16
afegir àcid . . . 304.12, 458.7
— un aldehid 458.2
— els botons 590.15
— un ingredient de rentat 274 10
— laca de copal. . . . 458.20
— de nou àcid al bany 304 15
— oli (mineral) . 238 15, 458 8
— palla i estopa als feixos de lli 209.16
— sabó. 277 11
— sals 463 17
afegit dels ingredients de rentat. 274.18
afinador 213.7
afinar 340.3
afluixament del plegat de la fusada . . . 571.17
— del vel. 327.4
afluixar el cadell . . . 256.4
— el fre 47.6
— la lleva 357.14
— la madeixa. . 424.17, 432.9
—se (el vel). 327.5
afluixat dels manats. . 215 1
agafador 500.14, 535.4
agafar les capes de fibres 21.5
— els gruixos de fibres 21.5
— amb unes pinces . . 461.5
—se al raspall (cap de bri) 420.13
agarrat de la testa de metxa sortint . . . 378.1
agent alcalí de desgruat 433.5
— comprador de lli . . 210.9
— de descruat 433.4
— precipitant alcalí . . 464.13
— de rentat 274.17
agitador (de la llana) . 277.4, 286.9, 299.10
agitadora mecànica per a capolls 420.6
aglomeració de les fibres 103.6
agrumollarse (cotó) . . 15.11
aguantar la gran palanca 162.4
—se (fibres) 8 20
agudesa del esmeril . . 71.7
agulla indicadora . . . 100.4
agulla 72.12, 87.12, 172.5, 348.5, 360.18
— batidora 260.6
agulla cònica d'acer . . 241.7
— índex arrossegada . . 513.15, 608.2
— indicadora del rellotget de torta 207.6
— plana 86.17
— polida 86.18
— rodona 86.16
— romboïdal 248.10
— rovellada 86.19
—, l'— es al zero . . . 614.3
agullar, bloc d'— . . . 87.3
aguller 163.16, 345.6.7
agulles de la barreta. . 252.3
— del gran pinte circular 449.6
agulles del rastell . . . 229.8
— sacsejadores 38.10
—, x — per unitat de llargada 215.12
aigua acidulada 304.13
— alcalina 419.6
— amoniacal 458.24
— per a aspiar . . 419.1.9.10
— d'aspiat portant sals metàl·liques 419.8
— bruta (espremuda) . 279.8, 439.7
— sense calç 419.4
— de condensació . . . 270.8, 316.19, 419.3
— sense depurar . . . 270.22
— destil·lada 419.2
— dolça 270.3
— dura 270.2
— d'esbandir 284.15
— d'estany 270.7
— sense ferro 438.19
— de font 270.10
— fort 303.5
— lleugeramente calcaria 419.5
— de mar 15.8
— natural 270.22
— de pluja . . . 270.5, 316.20
— pura 270.23
— de rentat (contenint potassa) . . . 269.18, 270.19
— de riu 270.6
— de sabó 441.5
— soma 270.4
— subterrània 270.9
— superficial 270.4
— de xurre 272.15
aiguacuit 71.12, 117.17
aiguardent de patates . 297.18
aiguarrás 117.19
aigües residuals del rentat 299.2
— de suarda 299.2
— de la veta . . 101.21, 108.2
aire assecador 296.12
— carregat d'humitat . 296.5
— comprimit . . 352.1, 455.10
— corrent humidificat i temperat 574.18
— humit corrent 574.17
— humit estancat . . . 574.16
— humit lliure d'oli . . 575.2
— lliure 292.10
— saturat . . . 293.14, 572.12
airejat de la llana. . . 287.5
aixecador. 560.9
aixecadora de la testa de metxa. 381.3
aixecament de la bóta. 56.10
— de la metxa 383.12
— del xapó 53.3
aixecar la barba pentinada 447.8
— la bóta 56.9
— el cadell 256.4
— la capa de fibres . . 322.15
— fora de contacte (ovillo) 525.12
— els guia-fils. 143.16
— la mordassa 230.10
— el pes 88.14
— el plegador. 191.3
— el xapó 53.4
—se (les fibres) 25.1
aixeta de tres passos . 371.1
— de vidre 466.5
ajudant 5.17
— de cardador 251.3
— de filador 3.2
—-nuador 176.3
ajudanta 5.18
— de filador 3.3
— de metxera. 2.12
ajustable 48.4
ajustador de cardes . . 4.8
ajustar l'arbre dels excentrics a mà . . . 191.13
— el balancé 151.10
— el mecanisme del plegat 175.14
— les mordasses . . . 85.2
— el pas de l'escletxa . 420.10
— els xapons 77.8
ajustat concèntric . . . 554.14
— del corró alimentari. 78.2
— per galges 78.4
— a la oïda 78.3
— dels plats del fre . . 185.7
— del plegador 167.1
ajustatge dels cilindres 58.12
— dels xapons . . 53.15, 55.4
—, mal — del copisplet 174.3
albúmina de clara. . . 471.12
alçada de la capa . . . 155.7
— del carro 178.8
— del rodet. 548.8
alcalí. 419.6
alçaria de la gàbia . . 22.13
alcohol. 297.14
— amílic 238.20, 297.15
— que conté aigua . . 459.3
— metílic. 459.1
aldehid acètic. 458.3
— fòrmic. 297.17
aldúcar (de capolls dobles) 435.16, 436.4
aleació resistent als àcids 304.22
alena. 512.6
aleta v. t. aranya
— 10.20, 430.1, 505.10, 538.6.12
— amb anella a la testa 501.16
— del bombo d'immersió 278.9
— amb compressor . . 452.4
— de fil-ferro de dos braços 431.18
— de retòrcer 546.4
— separada de la pua . 548.1
— amb la testa foradada 548.12
— amb ullets enrotllats en els caps de l'aleta 501.17
— amb ullets soldats . 501.18
alimentació (v. t. mecanisme d'alimentació, dispositiu d'alimentació) 319.10
— automàtica de capolls 423.8
— a biaix 326.10
— de la carda 319.9
— per corrons. 42.14
— dels corrons durant el plegat del fil . . . 170.4
— dels corrons durant la torsió suplementària 170.3
— creuada Blamire . . 327.10
— diagonal 326.10
— directa 326.2
— de dues vetes . . . 387.5
— excessiva 28.3
— de les fibres longitudinalment 329.1
— en forma de tela . . 324.12
— forta 102.3
— groixuda 102.3
— intermitent . . . 84.6, 377.6
— irregular 27.3
— longitudinal sense creuar 326.8
— longitudinal de metxes 326.8
— lleugera 102.2
— a mà 27.17
— mecànica 28.4
— de la metxa 345.8
— de metxa creuada . 326.9
— per metxes. 326.7
— per mitjà de pedals. 43.1
— paral·lela a la direcció de les fibres 198.15

alimentació de placa fixa 312.3
— prima 102.2
— regular 27.2
— semi-creuada 326.10
— i sortida diametralment oposades 249.13
— per teleres d'agulles 443.5
— amb teles 325 2
— transversal 198.16
— uniforme 319.16
alimentador de cotó (obrer) 28 2
— de llana (obrer) 319.12
alimentadora de llana (obrera) 319.13
alimentar les fibres longitudinalment 328.16
— les fibres de punta 328.16
— a mà 28.1, 319.11
— cada raig por x cintes 81.10
— les sèries de barretes 252.11.12
— per superposició 218.2
— amb dues teles 91.8
— de travès 325.10
— amb x vetes 104.5, 223.7
allargament de la corda 513.5
— del fil 608.16
— de ruptura 513.6
allargar-se, la corda 191.17
allisar 385.4
allisat de la metxa 380 7
allisat del pentinat 385 3
alpaca 363.12, 585 14
alteració del color 569 11
alterar amb el carbonitzat (colors) 403.4
alternat, pues —des 123.1
alternativament, collocat 384.2
altura de la guarnició 60.13
alúmina 484 9
aluminat de potassi 469.9
— de sodi 469.10
— de sosa 469.10
amarar la borra de seda 437.10
amarra 596.16
amassar les borres 298.15
— la pasta 460.15
amiant 489.6, 489.13, 490.1, 493.6
— en brut 489.7
— filat 491.11
amidat del fil 563.21
amordassar en premsa 445.10
anell 97.8, 150.6
— de fricció 488.9
— circular cobert amb cuiro aspre 381.9
— corredor (de llautó) 150 6, 226.10
—-guia 233.11
— de rodament 355.6
anella 44 5
— d'ajustatge 205.13
— de la cadena 254 2
— de gorja 548.6
— metàl·lica 547.14
— trempada 501.16
anelles d'acer 527.18
anellet 150.6, 552.3
— per a màquines de retòrcer 552.6.7
— d'orella 552.8
anelleta que tiva 141.18
angle del balón 226.13
— del colze 336.3
— format entre el fil i la pua 191.7
— d'inclinació 54.4
— de plegat 226.12
— recte 326.1
— de torta de les fibres 9.1
— de treball del quadrant 170.9
anglès, aspi 563.16
—, sistema — de filatura 364.9
anhidrid sulfur diòxid gasós 460.9
— sulfurós 460.9
anilina 457.8
ànima 509.6, 559.3
— aixafada 594.19
— del cable 594.18.20
— de cànem 594.21
— coberta 595.4
— del cordó 594.8
— de ferro 115.10
— de filferro 595.1
anti-balónic, dispositiu 152.18, 153.1
antifricció 34.6
anti-oxidant 64.2
anyells 264.11
aparell v. t. dispositiu, joc, màquina, mecanisme, sistema
— alimentador 310.17
— alimentador de carda sistema Lemaire 320 8
— alimentador de vetes 326.13
— d'aspiar la seda 422.15
— d'aspiat automàtic 423.3
— per a assecar i ensimar 366.10
— atelador 327.17
— Blamire 325 2
— per a bullir 418.12
— de calefacció 227.9
— carbonitzador 303.17
— compensador a tascons 74.4 5
— de creuar 422.10.13
— de desborrat neumàtic 341.2
— descarregador de xapons 52.9.10.11.13.14
— per a descarregar els xapons 75.11
— desengreixador 298.1
— desenredador 373.2
— per a desmanegar els corrons 121.4
— per a enfilar els tubs 175.20, 361 2
— per a ensimar i suavitzar 239.1
— d'ensimatge 241.5.6, 242.1.5
— esmerilador de xapons de Dobson i Barlow 74.9
— per a esmerilar els xapons 73.5
— per a esmerilar i tornejar 405.8
— d'estiratge amb un parell de corrons 205.1
— de filar deChardonnet 461.1
— de filar de Thiele 466.13
— formador de teles per plegat del vel 328.7
— de ganiveta per a treure el cuiro gastat 389.11
— humidificador 575.7.11.12.13
— per a impedir la desfeta de la mescla 313.7
— mesurador 149.8
— per a muntar les guarnicions de carda 63.9
— per a muntar les guarnicions amb contrapès 337.10
— per a muntar a mà la cinta de carda 337.8
— netejador per a la bóta 322.13
— netejador dels corrons 108.7
— per a netejar els tubs capil·lars 466.12
— neumàtic de transport 37.7
— ruixador 441.7
— de tòrcer 498.17.18
— a torn automàtic per a muntar les guarnicions 337.11
— untador 366.12
apilar (capolls) 436.22
— el cotó 22.9
apilotar el cotó 22.9
aplegar les bales de jute 236.4
aplicar la cola 117.7
— la pasta 117.7
— el rectificador 319.21
aprestat 581.14
apretar el fre 347.9
aprimar la veta 100.11
aprimat de la veta 100.10
aprofitament de les aigües de rentat 299.1
— de les borres de seda 435.7
— dels desperdicis de jute 258.10
apuntat amb punxó avans de clavar 337.15
aram 595.18
aranya v. t. aleta
— 10.20, 143.15, 255.6, 257.12, 567.18
— centrífuga 258.3
— amb compressor 123.13
— de dos braços 123.12
— amb encaix corbat 123.14
— amb galze corbat 123.14
— giratòria 233.10
— amb pressió centrífuga 123.13
— i rodet 122.15
aranyer 129.6, 208.7, 331.3, 522.3, 536.12
aranyer doble 105.2, 129.10
— amb cursa variable 144.1
— de fusta 394.14
— amb moviment de vaivé 473.7, 474.8
— preventor de les metxes casades 354.3
arbre d'accionament dels rodets 255.11
— d'acer 21.4
— allargat de la testera gran a la testera petita 189.1
— d'aranya giratòria del dispar 567.12
— batidor 220.16
— del batidor 259.15
— bobinador 536.11
— buit 509.10, 538.5
— buit del disc 511.12
— buit del tambor 402.13
— de canvi 178.12
— del carro 92.2
— del cilindre pentinador 87.9, 91.10
— de cistell 289.2
— de comanda 60.3, 115.4, 161.7
— de comanda del comptador de torsió 348.4
— del con 528.5
— de les conduides 163.6, 173.12, 177.7, 184.13, 394.5
— de conduides amb joc diferencial 347.12, 163.6, 173.12, 177.7
— del corró inferior de la telera 246.2
— de darrera 89.2, 255.4
— del descargolat i de l'entrada 349.8
— de la devanadora 566.10, 567.7
— del diferencial 136.10
— del excèntric 106.9, 246.5, 536.14
— dels excèntrics amb mecanisme de canvi 353.13
— del extractor 281.3
— amb filetejat rectangular 218.11
— de ganivetes 482.10, 483.1
— de les grues 162.6
— de guia-fil 532.7
— de la llanterna 162.14, 173.3, 206.4
— de llauna 566.11
— del mecanisme de torta 190.1
— motor 126.2, 136.9, 161.7, 532.4, 534.3
— motor paral·lel al carro 188.4
— motor paral·lel a la testera 188.5
— motor de la telera 24.1
— oscil·lant 382.2
— de la pinça 89.3
— dels plegadors 162.8
— de la porta-rodet 505.12
— principal 99.5
— del raspall 88.5
— del segment de raspalls 99.4
— del sentinella 115.3
— de la serreta 60.6
— del tambor de la cadena del quadrant 181.9
— de temps 160.9, 161.4
— transversal amb rosques creuades 339.5
— de tub de ferro 566.12
— de la turbina 97.10
— vertical 333.14
— del volant 189.7, 292.4
— del volant desprenedor 404.9
arbres dels plegadors i de les grues 169.8
arc de contacte 142.13
— dentat del quadrant 170.11
— dentat del sector 350.13
— elàstic 339.3
areòmetre de Beaumé 303.13
— de campana 365.16
aresta esmolada 67.14
armadura 113.2
armari d'eines 362.4
aro 97.8, 149.15
— amb corredor d'agulla 392.1
— dentat 369.3
— estampat 150.2
— forjat 149.17
— forjat (i trempat) 149.18
aro giratori 392.4
— de llautó 226.11
— reversible 150.4, 391.14
— senzill 391.13
— amb suport d'acer 391.12
arpillera clara 16.13
arpó 172.8
arrel de la fibra de jute 236.9
— en forma d'espàtula 236.10
— de la sabonera 277.22, 316.16
arrencada de les fibres pentinades 82.5
— de les motes 369.5
—, es produeix una 82.20
arrencar 378.6
— la cua del floc 92.13
— les fibres pentinades 82.6
— la guarnició vella 336.13
— la metxa de llana 382.6
— les puntes del manat 216.9
— el vel 59.17
arreplegador de fusta dura 98.13
arrissat dels pèls 514.8
arrodonir les tires de pasta de paper 478.9
—-se (bri de seda) 422.8
arrodonit de la tira de paper 484.10
arrossegar la llana (rascles) 283.11
articles de corderia cosits 597.11
articles de corderia trenats 597.5
articulació esfèrica 334.5
— de ròtula 334.5
arxina 600.20
asbest 489.6
ascensor 575.5
aspi 12.16, 423.2, 473.9, 611.4
— anglès 563.16
— austríac 563.11
— de bombo plegador 610.6
— de cartó plegador 610.3
— comptador 611.14
— de corder 498.3
— amb dispositiu per a afluixar les madeixes 432.10
— dobladora 565.15
— doble amb dispar 565.2.3
— doble amb para-trames 565.3
— escocès 563.15
— d'estam 563.5.8.9
— per a examinar la regularitat del fil 610.2.7
— de fil 564.8
— per a fils groixuts 568.3
— francès 563.13
— Grant 431.2
— independent 431.15
— irlandès 563.14
— per a lli 612.6
— a mà 565.4
— de x madeixes 564.12
— mecànic 565.6
— mecànic per a fil de lli 568.2
— mètric 563.10
— per a metxa 567.14
— de precisió 612.3.4
— de prova 602.14, 610.16
— de prova i de purga 568.4
— amb quadrant i regle porta-fusades 611.17
— amb regle porta-fusades i guia-fils 612.1.2
— reunidora 565.15
— per a seda artificial 473.3
— senzill 564.14
— silesia 563.12
— d'una testa 564.10
— de varies testes 564.11
aspiador 4.18, 562.10
— de cotó 562.12
— de llana 562.14
— de lli 562.16
— a mà 4.20
— de madeixes 5.1
aspiadora 4.19, 562.11
— de cotó 562.13
— de llana 562.15
— de lli 562.17
— a mà 4.21
— de madeixes 5.2
— de seda 421.1
aspiar 12.15
— (filament de vidre) 491.12
— llargadas curtes 563.4
— en sec 421.17
— la seda artificial 473.2
— el troquilló de prova 602.16
— en troquillons 12.20

aspiat . . . 12.14
— a *x* caps . . . 421.5
— dels fils . . . 562.3
— perfecte . . . 421.3
— de prova . . . 610.10
— en sec . . . 421.16
— de la seda . . . 420.15
— en troquillons . . . 12.19
aspiració . . . 37.8
— d'aire sec . . . 295.7
aspirador . . . 197.13
aspirar aire (sec) 31.16, 295.8
— la polç de l'esmerilat 72.1
aspre al tacte (cotó) . . 14.1
assaig . . . 563.3
— d'allargament . . . 608.15
— de cables . . . 513.1
— de cordes . . . 513.1
— d'elasticitat . . . 608.15
— del filferro . . . 66.10
— dels fils . . . 605.1
— higromètric dels filats 615.3
— de les madeixes . . 542.12
— de l'oli d'ensimatge . 238.21
— del percentatge de borres . . . 100.2
— de regularitat . . . 609.9
— de resistència . . . 606.20
— de la torsió del fil . 610.8
assajar el cotó . . . 13.11
— els fils . . . 605.2
assecador (cambra) . . 227.6, 293.18, 294.5
— (mecanisme) 295.3.12, 296.7
— amb condensador de vapor . . . 294.1
— de llana . . . 297.6
assecament amb contracorrent . . . 295.11
assecar amb aire i sol . 292.11
— (borra de seda) . . 440.4
— en una estufa de carbonització . . . 440.12
— lentament . . . 292.20
— sobre prestatges . . 292.13
— ràpidament . . . 292.19
— la seda sobre el rodet de vidre . . . 468.6
— al sol . . . 417.15
— sota tensió . . . 470.16
assecat artificial . . . 292.14
— de la borra de seda . 440.3
— per circulació d'aire 293.19
— definitiu de la llana 292.8
— del fil de lli . . . 227.4.5
— a *x* graus . . . 293.2
— de la llana . . . 287.4
— de la llana de pinte . 365.5
— de les matèries fibroses 25.4
— natural al aire lliure 292.10
— ràpid . . . 292.18
assegurar la posició de la barba per pressió . 447.3
assortiment de bots . . 223.12
— de cardes . . 80.10, 198.10, 318.20
— de dues (tres) cardes 198.11, 319.1.2
— de dues cardes amb alimentació paral·lela a les fibres . . . 199.8
— d'estiratges . . . 387.12
asta de tòrcer . . . 498.16
atac de la cadena . . 170.13
atacar la fibra de llana 276.12
atapeïr (la carregadora automàtica) . . . 29.14
atmosfera carregada d'àcid carbònic . . 459.14
— de gas amoniac . . 460.8
atocha . . . 492.19
atomitzador d'aire comprimit . . . 574.3
atur . . . 182.5
— en el carro . . . 172.2
— dels corrons . . . 346.10
— a mà del llevador . 59.15
— dels manuars . . . 110.11
— de la pua . . . 354.7
— al trencarse una veta 81.11
aturada del carro . . 164.19
aturar-se (el carro) . . 164.18
augment de ecartament 390.4
— de l'estiratge . . . 42.12
— gradual del diàmetre 174.10
— gradual de la temperatura . . . 280.5
— momentani de pes . 571.13
— permanent de pes. . 571.14
— de pes de la tela . . 47.13
— de pes per vaporitzat 571.12
augment de tensió . . 337.13
augmentar la facilitat de subdivisió de les fibres 237.8
— el pes en els corrons 107.4
—, la pressió . . . 107.5
— la qualitat filable . . 237.13
— per retort la resistència del fil . . . 541.15
— la velocitat de les pues 188.14
— la viscositat . . . 464.10
Australia . . . 584.1
avançar (bobina) . . . 124.12
avant-tensor . . . 536.7
avenç del canvi de corretja . . . 191.10
— del rodet . . . 124.10
avençar el xarrió . . . 500.2
avidesa de les pues . . 340.5

B

bac interior . . . 285.4
bacineta semi-cilíndrica 466.9
badana . . . 64.13, 118.14
baga corredor de la soga 594.12
— de fil . . . 425.14
baixa de qualitat . . . 14.17
baixada del carro . . . 557.10
— del pinte rectilini . . 378.4
— del plat de la premsa 578.3
— de la taula . . . 578.3
baixar (balancer) . . . 547.7
— (bàscula) . . . 200.11
— (plat premsador) . . 578.4
— pujar i — (aleta) . . 548.8
bala avariada . . . 16.5
— avariada per l'aigua de mar . . . 15.8
— de cànem (lligada) 228.10.12
— de cotó . . . 15.20
— de cotó oberta . . . 18.6
— humida . . . 15.7
— de jute . . . 235.2
— Lowry . . . 16.1
— de llana . . . 264.6
— de lli . . . 210.6
— premsada . . . 16.2.3
— quadrada . . . 15.21
— rodona . . . 15.22
— de seda grega . . . 412.17
— sense marca . . . 16.6
— sense premsar . . . 16.4
— tarada . . . 16.5
balança v. t. quadrant, romana
— . . . 603.4
— decimal . . . 613.1
— diferencial per a pentinats . . . 614.13
— diferencial de percentatge de borres . . 100.3
— de filats . . . 612.13
— de molla . . . 47.12
— de numeració 603.2.3, 613.6
— de numeració i diferencial . . . 614.14
— ordinària de platets . 613.7
— per a paquets . . . 615.1
— de precisió . . 612.15, 616.8
— de precisió horitzontal per a fil . . . 613.5
— de teles . . . 47.11
— per a teles de batan 613.4
balancé . . 123.1, 125.8, 140.15, 151.11, 255.14
balancer . . . 547.5, 560.13
balançó . . . 613.3
balda . . 185.4, 384.1, 526.3
baldó de tanca . . . 346.3
balón del fil . . . 152.11
balonament del fil . . 152.12
balons (casar-se) . . . 152.16
banc . . . 500.13
— de carda a mà . . . 318.14
— d'espadar senzill (doble) . . . 495.6.7
— de fer paquets . . . 577.12
— d'inversió . . . 448.4
— de rastellar . . 213.1, 229.10
bancada . 88.13, 94.14, 249.4, 534.14, 538.14, 550.12
— del cap de màquina (amb pont) . 558.16, 565.12
— del carret . . 177.12, 205.14
— culissa . . . 371.2
— intermitja . . . 546.11
— lateral . . . 94.15
— de la màquina . . . 117.24
— del mig . . . 95.1
bancada mòbil . . . 328.1
— del rastell . . . 504.11
— superior . . . 289.6
— triangular . . . 282.13
banda d'acer . . . 56.5
bany àcid . . . 303.10
— d'àcid clorhídric . . 305.6
— d'àcid fènic . . . 460.2
— àcid de precipitació . 469.2
— d'àcid sulfúric . . . 302.18
— acidulat . . . 303.10
— d'aigua . . 385.13, 418.14
— d'albúmina . . . 459.11
— de bisulfit de sosa . 459.17
— de blanqueig . . . 470.15
— calcari . . . 270.17
— de clorur mercúric . 459.13
— de coagulació d'àcid fènic . . . 460.1
— de descruat . . . 433.3
— de desengomat (exhaurit) . . 435.1, 436.16
— de desxurrat . . . 272.14
— fort . . . 303.14
— d'oli . . . 60.7
— d'orina . . . 276.16
— de sabó 275.11, 277.5, 385.9
— de sabó d'oli . . . 438.2
— de sal amoniaca . . 469.7
— de sosa alcali . . . 309.19
— de suavitzar la seda . 434.10
— de sulfat d'alumini 459.15, 465.16
— de sulfat de magnesi 465.10
— de tremp . . . 74.13
—, doble — de sabó . . 437.2
banya . . . 184.7
— de bou . . . 497.13
— pulveritzada . . . 120.13
banyes de cérvol 125.6, 131.7
barba . . . 70.3
—, fer . . . 146.10
— de fibres . . 82.10, 445.12
— de fibres de seda . . 444.8
— pentinada . . . 449.10
— de la pina marina . 411.4
— de seda en premsa . 445.8
barca . . . 281.4
— d'aigua de xurre . . 365.8
— de delgues de fusta . 285.3
— d'esbandir . . 280.4, 285.2
— d'estovar . . . 280.2
— de fusta (recoberta amb plom) . . . 304.5.6
— reblada . . . 278.6
— rectangular de planxa 365.7
— de remullar . . . 280.2
— de rentar . . . 439.5
— de rentat (automàtic) 273.3, 278.5, 280.3, 366.2
barniz de la seda . . . 411.8
barra d'acoplament . . 344.2
— d'agulles . . . 241.13
— d'aletes . . . 525.8
— del aranyer (de vaivé) 529.10, 565.9
— del carro . . . 608.12
— amb claus . . . 48.2
— del corró de davant. 345.15
— de dispar . . 455.12, 525.14
— dreta de fileta . . . 394.7
— emborradora . . . 78.9
— d'estendre . . . 227.10
— amb femelles . . . 558.7
— per al fil . . . 227.10
—-guia . 487.18, 558.11, 559.5, 560.15
— guia-fil . . . 544.7
—-guia per a la forquilla de la corretja . . . 527.2
— guia-metxa . . . 394.12
— de pinçat . . . 558.9
— de la planxa reguladora . . . 29.11
— porta-rodets . . . 394.11.15
— de pressió . . . 334.12
— rodona de tracció . . 567.10
— de seguretat . . . 44.12
— de la serreta . . . 58.6
— de tanca . . 44.12, 78.9
— tensora . . 337.9, 340.14
— traversera . . . 106.8
— de vaivé del aranyer 537.11
— vertical . . . 151.13
— vertical de dispar . . 526.1
— de vidre . . . 544.8
barreja . . . 19.4
— de les borres amb floca de cotó . . . 195.1
— dels botons amb la llana . . . 590.16
barreja completa . 310.19, 318.8
— del cotó . . . 17.15
— dels desperdicis de seda . . . 453.2
— de les estopes . . . 220.21
— a fons . . . 317.10
— íntima . . . 318.8
— de llana . . . 310.18
— de la llana amb el cotó . . . 408.2
— a mà . . . 19.12
— mecànica . . . 19.15
— neumàtica . . . 24.7
— perfecta . . . 310.19
— de vàries calitats . . 310.17
barrejador de cotó . . 18.16
barrejar les borres amb floca de cotó . . . 195.2
— (borres de seda) . . 442.12, 451.1
— per colors . . . 310.20
— el cotó . . . 18.13
— cotó amb amiant . . 491.4
— el cotó tenyit . . . 194.5
— els desperdicis apilant-los en capes superposades . . . 197.5
— el jute . . . 236.11
— a mà . . . 19.13
— amb màquines . . . 19.16
— a parts iguals . . . 19.3
— per tal obtenir una qualitat mitja . . . 19.2
barreta . 183.12, 241.12, 251.14, 253.10, 379.12
— d'agulles 88.1, 245.6, 254.6, 372.9, 383.2, 443.6
— d'agulles amb joc de ròtula . . . 383.3
— d'agulles del pinte circular . . . 383.9
— ajustable . . . 354.9
— del aranyer . . . 129.7
— de canvi . . . 353.16
— culissa . . 283.3, 373.6
— descarregadora . . . 245.11
— del desembragar . . 357.8
— del dispar . . 205.7, 348.14
— del dispar amb mànec 357.4
— amb dos rengles d'agulles . . . 254.7
— d'engraellat . . . 309.3
—-guia . . . 128.1
— metàl·lica ajustable a dos braços . . . 129.2
— mòbil . . . 233.14
— tensora . . . 208.6
— d'unió de les plantilles 180.5
barretes disposades en espiral . . . 312.12
barril d'oli . . . 361.15
barrilet . . . 171.6, 173.1
— amb espiral . . . 351.7
barrot del engraellat . . 27.7
— triangular per a la pols 36.5
barrots d'angle ajustables . . . 367.11
— disposats en forma de engraellat . . . 369.1
— inclinats . . . 197.11
bàscula . . . 391.11
— del fre dels espirals . 183.5
base cònica de la pua . 355.12
— del filferro . . 68.11, 335.16
— de la fusada . . . 527.17
— de la guia . . . 104.13
— orgànica . . . 457.5
— oxidable . . . 457.6
bastaix . . . 3.14
bastiment de la gàbia . 22.11
basto, revestit — de sericina . . . 411.17
batan . . . 7.7
— acabador . . . 42.2
— atelador . . . 40.8
— amb devanadora de delgues de claus . . 47.17
— doble . . . 41.19
— amb doble devanadora . . . 41.19
— intermedi . . . 42.1
— amb mecanisme atelador . . . 197.16
— obridor . . . 41.20
— repassador . . . 42.1
— senzill . . . 40.9
— senzillador . . . 41.20
— amb telera de sortida 197.17
—, primer . . . 41.20
batanatge repetit . . . 42.3
batent . . . 201.4

bateria 580.14
batidor . . 196.6, 262.7, 266.21
— de cautxú 441.13
— de cuiro 441.12
— de desperdicis de cotó 196.15
— de quatre braços . . 261.7
batidora de capolls . . 419.20
batiment a mà de la llana 310.13
batiport 321.16
batre (borreta) 453.3
— (capolls) 440.14
— la llana 266.17
— la matèria fibrosa en floca 20.3
— amb els peus (borra de seda) 440.2
batuar . . 266.19, 311.10, 490.8
— per a borres 267.14
— de capolls 441.11
— cardador 313.4
— per a cascarries. . . 406.7
— de doble efecte . . . 405.6
— doble per a jute . . 259.11
— de draps. . . 400.19, 405.1
— ensimador 317.13
— per a estopes. . . . 258.13
— fearnought 313.4
— per a garres 406.7
— per la llana humida 287.12
— obridor i batidor amb línies de nassos en espiral 312.9
— per a pegues 406.7
— amb tres bótes . . . 267.4
batut dels capolls . . . 440.13
— de la llana 266.13
— de la llana de pinte. 365.4
— del lli 217.15
— dels pèls 514.6
— repetit 42.3
bec 478.1
— de filera 467.9
— de flauta. 380.6
— de la pinça 92.6
— de succió. 370.16
— de la taula alimentària 50.15
becs ruixadors per a dividir la pasta de paper 477.14
benzaldehid 458.5
benzina 297.16, 462.19
benzol 462.20
bicarbonat d'amoni . . 464.2
bicromat de potassa . . 300.11
— potàssic 300.11
— sòdic 300.12
— de sossa 300.12
biela 11.7, 96.3, 98.14, 99.11, 283.10, 292.2
— del excèntric . 60.5, 111.15
— de la pinça 89.6
— de tracció 530.13
— amb trau culis . . . 246.4
biso 411.2
bisulfat alcali 465.4
— potàssic 303.8
bisulfit d'amoni 465.1
— de sosa 465.2
bitlla . 137.19, 154.10, 520.6, 527.6, 530.4, 532.11
— amb base cònica . . 529.5
— Northrop. 147.2
— posada horitzontal . 529.4
— posada vertical . . . 529.3
bitlles, fer 12.3
bitllot 137.19, 145.5.12, 520.5
— esmaltat de fusta. . 149.14
— de fusta . . 149.10, 518.9
— de fusta forta . . . 149.11
— que plega 141.19
blanc d'Espanya 298.13
blanqueig amb àcid sulfurós 401.9
— amb bisulfit sòdic . 401.10
— dels draps de llana . 401.8
— de la filassa . . . 261.11
— durant el rentat . . 286.15
blanquejar en l'aigua d'esbandir 286.16
— el greix 300.9
— el pentinat 374.14
blanquejat de la seda bullida amb sulfur . 434.19
blanquinós, fil de pèl . 585.10
bloc acabador 87.5
— d'agullar. 87.3
— culis. 121.5
— desplegador de metxa 611.6
— estriat per a fixar la posició de les agulles 87.3
— del fre. 359.3
bloc de fusta en forma de falca 229.9
— de fusta del tampó . 442.2
— giratori 342.14
— del pinte 229.7
— regulador 501.9
— seguidor 501.9
— de soldar 87.1
blussa de seda 446.12
bobina alimentària . . 538.7
— d'assortiment horitzontal 341.11
— avançada 124.11
— amb base cònica . . 518.17
— de botella 519.2
— de condensador 204.9, 208.3, 341.11
— cònica 519.2
— per a desplegat axial 153.9
— per a desplegat tangencial 153.8
— fixa 516.15
— frenada 516.16
— d'inducció 112.7
— per a les llençadores de les màquines de brodar 520.11
— de metxa . . 204.9, 334.10, 342.2, 590.2
— moguda 516.9
— de pentinat 392.10
— plegadora 388.13
— de trenar 519.12
— d'una valona 519.2
— de veta 448.8
bobinadora de seda . . 429.3
bobinar el fil 461.3
— en gros 387.16
bobines de la màquina de retòrcer 551.5
bobinuar 389.1
— avant-finiser 387.19
—-doblador 388.14
— en fi 387.20
— finiser 387.20
— intermedi 387.17
boca ample 380.6
— de decàrrega (de la llana) 259.5, 312.2
— de peix 166.9
bocins no desfibrats . . 404.12
— durs 404.12
— de llapissóns 367.5
— no trinxats 404.12
boia 365.12
boig sobre la pua . . . 255.10
—, politja boja 160.14
boira 574.15
boix, punta de 128.10
bomba 284.7
— de aletas 365.14
— d'oli 361.14
— d'oli per a pues . . 391.7
— per a la viscosa . . 469.18
bombo . . 257.16, 450.3, 522.1
— de l'ànima 509.11
— assecador . . 476.17, 481.7
— assecador inclinat . . 366.11
— atelador 451.9
— batidor 267.9
— excèntric. 156.2
— fendit 523.12, 524.6
— de ferro 611.7
— formador dels matalàs 321.11
— formador de la tela . 321.11
— amb galze excèntric. 531.9
— de galze fresat . . . 523.9
— amb guarnició d'agulles 446.4
—-guia 448.10
— humitejador cobert de feltre 482.3
— d'immersió 278.8, 281.13.14
— napador . . . 321.11, 451.9
— pentinador montat excèntricament . . . 447.6
— de pinces de Little i Eastwood 381.11
— de planxa (d'acer) trepanada 32.4.5
— que plega 522.8
— de la porcupina . . . 26.21
—-sedàs a tires 478.15
boralló 49.16
borat de sosa 316.9
borra de capolls. . . . 436.3
— de la pentinadora 8.2, 82.7, 100.1
— de pentinadora de rami 262.9
— del pentinat 452.15
borra de seda 412.19
— de seda fermentada. 438.3
— de seda en forma de pilotes 442.11
— de seda (no) pentinada 446.8.9
— de seda superfermentada 433.4
— de vaporitzat . . . 435.17
borraix 316.9, 433.17
borraj 433.17
borres 31.15, 398.5
— d'aspiat 424.9
— de carda 194.16
— de cotó 196.4
— de filatura 398.11
— gomoses 436.2
— de lli 212.13
— del netejador . . . 108.11
— oliades de carda . . 298.13
— de pentinadora . . . 452.14
— del raspall 108.11
— de rentador 398.6
— de seda 435.5
— de seda natural. . . 472.6
— del tiratge dels capolls 435.6
— dels xapons 194.18
borreta. 452.14
— borrosa 452.17
— carregada de impureses 452.16
— enredada. 452.17
borrissol 371.5
— del fil de seda . . . 425.9
— de pentinadora . . . 374.2, 398.9
— superficial del capoll 417.4
borrosa, la seda se fa — al bullir-la 434.16
bossa 93.3, 98.5, 331.14, 332.16, 387.15
— de búfal 332.3
— amb la cara raspada 331.18
— de cautxú 332.8
— de cuiro 331.15.16.17
— de cuiro del rotafrotor 204.6
— amb entalles en la cara 331.19
— de feltre i cuiro . . 332.7
— amb ratllat creuat . . 332.1
bosses 331.13, 374.19, 478.11, 479.2
— frotadores impermeables 479.3
— partides 333.10
— pentinadores 214.4
— de rami 262.9
—, fer (vel). 326.22
bot . . . 52.1, 219.3, 451.14
— del estiratge 223.11
— de ferro galvanitzat . 76.16
— de fibra 52.4
— de fibra vulcanitzada 76.11
— fixe 385.1
— giratori 51.16
— giratori de filar . . 470.8
— de llauna 76.7.16
— metàl·lic 208.4
— metàl·lic amb tapa de xarnera 208.2
— amb molla espiral . 76.12
— de paper amb cul de fusta 76.8.9
— de pasta comprimida 76.10
— de planxa . . . 52.2, 76.7
— de planxa acanalada amb fons movible per molla 76.13.15
— de planxa de ferro negra 76.17
— de planxa ondulada . 52.3
— del sentinella . . . 76.4
— de veta 121.13
— amb vora de ferro guarnit de cautxú . 76.14
bóta 51.2, 78.11, 199.11, 312.4, 369.17, 443.12, 444.3
— armada amb regles de broques 367.9
— d'avant-tren 369.16
— de carda 443.4
— carregada per un costat 308.5
— amb claus . 197.10, 244.10, 404.7
— equilibrada . . 78.13, 312.1
— estucada 336.15
— foradada amb ganxos en l'interior 400.20
— guarnida amb pues xates 287.15
bóta guarnida de puntes esmussades 287.15
— incorrecta 337.1
— inferior 406.5
— amb moviment a pas de pelegrí 406.8
— de nassos . . 30.12, 197.10
— obridora 33.5
— obridora amb claus . 48.7
— pentinadora 368.2
— de la pentinadora. . 262.4
— perfectament rodona 78.12
— petita 322.1, 369.16
— porcupina 27.8, 35.5
— de la porcupina . . 26.21
— de pues d'acer . . . 404.7
— amb regles disposades en espiral 309.2
— superior 406.4
—, gran . 247.9, 250.6, 370.14
—, primera 369.16
botó 454.7
— artificial 590.10
— de color 590.11
— de cotó 590.7
— fluix 590.12
— fort 590.13
— de llana 590.6
— metàl·lic 146.2
— natural 590.9
— de la roda de gorja . 497.12
— de seda 590.8
— sòlid 590.13
botonós, jute 236.16
—, punxa —a 374.20
botons lligats 561.10
— llisos 561.11
— units 561.11
bots 76.1
botxa en el fil 454.10
boza 593.19
braç 40.12, 205.8
— agitador corbat . . . 285.11
— ajustable. 127.8
— d'ajustatge 348.7
— de l'aleta . . 130.3, 548.5
— d'aleta massís . . . 452.6
— d'aleta ple 452.6
— articulat 567.9
— de la balança 613.8
— del batidor. 260.1
— buit 130.7
— buit obert lateralment 130.8
— corbat sobre l'arbre de la grua 169.7
— corbat per a fer la punta 181.11
— de la crossa 206.14
— de devanadora en dues peces 432.11
— doble 535.1
— extensible 332.18
— de fileta 394.9
—-guia 559.6
— del guia-fil 534.2
— inclinat 554.6
— mòbil 611.9
— movible 342.9
— oscil·lant 537.10
— de la palanca del fre 147.7
— del pes 74.2
— per a la politja tensora 349.9
— del quadrant 170.8
— de les rodes del carro 351.8
— del sector 350.6
— de la serreta 58.5
braços 487.17
Bradfort, sistema — de filatura 364.9
brandament del corró de pressió 107.12
brandar, el corró de pressió branda 107.11
brea (vegetal) 507.19.20
bri del capoll. 411.5
— de capoll nuat . . . 421.10
— de capoll de secció oval 411.12
— elemental de seda. . 411.11
— de seda de la morera 411.6
— de seda transparent 428.1
—, doble — de la seda de capoll 411.10
brida 105.16, 252.16
— de la barra de pinçat 558.8
brill de la fibra de seda 427.18
broc de sortida 289.10
broca del batidor . . . 259.3
— del batuar 266.21
— de la coberta del tambor 260.2
— desplaçable. 534.6

broca de la forqueta . 278.11
broques batidores . . . 195.10
— de tensió 356.5
broqueta del ovillo . . 523.5
— del tub 523.14
brunyir 62.10
bruta 195.6
buata de borres 452.18
— filtrant 463.12
— de vidre 491.15
bufado d'aire 384.6
bufador de vidre . . . 467.11
búfal 387.15
buida-bots 384.9
buidada del hidro-extractor 305.2
buidar la barca 280.15
— el dipòsit 464.12
— per esmerilat 70.1
buidat per esmerilat . . 69.19
buit 174.13, 572.5
bullir en un bany . . . 433.7.9
— la borra de seda . . 436.19
— en calderes 490.4
— els capolls 418.10
— a foc directe 418.11
— en un lleixiu alcalí vegetal 419.14
— parcialment 434.9
— en sacs 433.10
— la seda 433.8
— les trenes de crines . 514.11
—, fer — el lli 217.19
bullit de la seda . . . 433.11
buscar el cap de bri . . 420.11
butlletí d'acondicionament 616.3
— de prova 602.19
butxaca 36.10

C

caballet 500.13
cable 494.15, 594.13, 596.14.22
— amb ànima aixafada 594.19
— de aram 595.18
— armat 597.4
— per a cabria 596.10
— de cànem . 494.16, 592.3
— de coure 595.18
— d'extracció 596.5
— de ferro 595.20
— de fil d'acer 596.2
— de filferro recuit . . 596.1
— format per la torsió de filferros juxtaposats 596.23
— de llautó 595.19
— metàl·lic . . . 494.17, 595.9
— metàl·lic amb ànima de cànem 595.12
— metàl·lic amb caps de filferros plans (triangulars) 595.14.15
— metàl·lic clos . . . 595.16
— metàl·lic espiral . . . 595.13
— metàl·lic de filferro fi (groixut) 595.10.11
— metàl·lic de filferro no recuit 595.21
— metàl·lic flexible . . 595.17
— metàl·lic pla 597.14
— pla 597.12
— pla cosit 597.13
— per a plans inclinats 597.2
— portador 596.6
— de remolc 596.13
— rodó 596.3
— per a torn 596.10
— tractor 596.7
— de transmissió . . . 597.1
— de transportadors aeris 597.3
— de tres caps 596.15
— triangular 596.4
cablejador 494.10
cablejadora amb moviment de retorn de les aletes 505.7
cablejar 498.14, 500.2
— en el mateix sentit . 499.13
— en sentit contrari . 499.14
cablejat . . 500.7, 501.1, 587.3
cables per a barcos . . 596.19
— marins 596.19
— triangulars 509.15
cabota reblada 61.11
càbria 304.3
caçoleta d'oli 360.4
cadell 95.10, 125.9, 172.9, 173.7, 185.4, 206.11, 258.7, 357.11, 358.9, 526.2, 578.2, 608.3
— de la forquilla 179.7, 185.1
— retentor 182.4
— de la roda d'estrella 131.15, 132.9
— de seguretat 44.11
— de tanca . . 346.3, 487.16
cadena articulada 152.4, 184.9, 560.1
— per a carda 324.7
— de descargolar 179.13, 184.3
— del descargolat . . . 206.13
— per a escursar . . . 207.2
— sens fi 254.5, 559.13
— fixa 183.13
— fluixa 180.1
— de Galle 395.7
— de ganxo 179.14
— penjant 183.10
— de premses 446.14
— del quadrant 170.12
— del sector 350.10
— Vaucanson 395.6
— dels xapons 73.14
— dels xapons (direcció mateixa, contrària de la bóta) . . 57.6, 57.7
cadireta de sostre . . . 360.2
caiguda de la crossa . . 166.10
— del fuset 128.17
— de la grua 175.9
— de la pesadora . . . 320.7
— del plegador 165.15
caire-mordassa de les pinces 449.2
caixa . . . 72.5, 195.9, 244.14
— d'agulles 525.6
— d'aigua 573.11
— d'aire d'aspiració . . 37.6
— alimentària 382.17
— d'aspiració 32.3
— d'assecar 295.13
— de les bobines 113.7, 569.8
— boja de la magrana . 163.5
— de botons 591.1
— de la canamuixa . . 214.2
— de cavallers 525.6
— col·lectora 447.10
— de cordills 577.16
— culissa 345.18
— descarregadora trepanada 24.11
— de desperdicis 31.11, 86.9, 96.9
— dipòsit de bocins de draps 404.10
— de distribució . . . 291.8
— d'engranatges . . . 349.2
— escalfada de les devanadores 420.16
— de les estopes 214.1, 229.12
— del excèntric 98.17
— exterior 616.13
— externa de fundició . 289.7
— de fals fons 439.14
— de ferro 570.12
— de filtració 470.5
— filtradora 271.14
— de fons foradat . . . 439.14
— de fusta 570.11
— per impureses . 24.12, 203.8
— d'humidificació . . . 575.6
— de llauna 307.9
— de llauna perforada 571.11
— de llistons 437.17
— per matèries extranyes 24.12
— de merma 86.9
— metàl·lica 35.8, 37.11, 48.8
— de molla 607.11
— obridora neumàtica . 38.3
— de la palla 214.2
— per a la pallofa . . . 203.8
— de planxa d'acer trepanada 32.4
— de pols 28.7, 33.9, 38.8.16, 221.10, 267.2
— de pols amb descarga 38.13
— de pols del lladre . 78.6
— porta-capolls 423.10
— de la premsa 288.3
— de les pues 530.2
— de recollida 296.1
— del regulador 29.9
— replenada de metall . 513.14
— suport 342.13
— de tela metàl·lica . . 32.6
— del tub 361.9
caixal 109.15
caixal del excèntric . . 190.5
caixes de llanterna . . 611.18
calabrot 594.17
calaix 307.14
calandra . 45.11, 48.10, 119.15
— a dos (tres, quatre) corrons . 45.14, 45.15, 45.16
calandrar el cilindre . 119.13
— el corró 118.10
— la tela 45.12
calandrat del cilindre . 119.14
— del lli 217.16
— de la tela 45.13
calandres 34.2
calç viva 460.7
càlcul del estiratge 222.16, 387.9
— de la finor 606.19
— del nombre de vetes . 223.9
— del preu 19.9
caldera per a sabó . . . 277.3
— tubular 296.3
— de vaporitzar . . . 571.4
calefacció per aire sec . 570.6
— directa 306.2
— per vapor 308.7
calibrar els corrons . . 120.3
calibre 362.5
calor artificial 292.15
caloria 293.7
calorífer 306.4
cama-coix, retort . . . 539.20
cama del fil 152.13
cambra d'aire . . 296.2, 352.4
— d'assecar . . . 296.4, 616.11
— d'assecat de fil de lli 227.7
— d'assecatge 294.5.7
— de batut 267.10
— de bullir 436.21
— de carbonitzar . . . 306.6
— amb contrapès . . . 352.2
— d'ensofrar 434.20
— en forma de caixa . . 307.7
— horitzontal de vaporitzar 571.10
— incombustible 227.8
— de pols 78.6, 267.2
— de sedimentació . . 361.18
— de vaporitzat 570.10
camisa de coure 542.9
camp d'agulles 371.17
campana 392.7
— de baixada . . 161.6, 349.13
campaneta 370.11
canal circular 231.2
— per a la corda . . . 180.13
— de fregament 180.14
— guia d'entrega . . . 379.6
— de guia per al ganivet 196.13
— d'obra 306.9
— per al oli 355.2
— de la pentinadora . 214.6
— de la pua 488.13
— subterrani 402.18
canals d'aigua 575.3
— longitudinals 477.4
canamuixa 220.17
— enganxosa 220.18
— fluixa 220.19
canari 106.13
candela 153.13, 547.4
cànem acabat 496.6
— aclarit 496.1
— sense canamuixa . . 228.8
— de corder 495.2
— desbastat 496.1
— escairat 496.3
— espadat . . . 228.4, 495.9
— d'Europa 492.3
— de fibra llarga (curta) 496.10.11
— per a fil de corderia 495.2
— d'Índia 492.7
— de Manilla 492.5
— pentinat . . . 228.5.6, 495.17
— rastellat . . . 228.5, 495.17
— repassat 496.9
— de segona qualitat . 228.3
caneta 154.10, 527.6, 530.4, 532.11, 569.3
— de fusta 356.10.11
— per a les llençadores 520.11.12
— per a telers de veta . 520.8
canillera 526.5
— amb cursa de vaivé . 529.2
— amb devanadores collocades en la part inferior 526.8
— per a plegat creuat . 526.7
— de plegat creuat amb aranyer 528.16
canillera de plegat creuat amb bombo fendit . 529.1
— per a plegat paral·lel . 526.6
canvi, v. t. mecanisme de canvi
— del aigua d'aspiar . 419.13
— del aire 293.16
— de la mànega del arbre de temps 163.11
— de marxa 349.6
— de mordasses . . . 215.8
— de plegat 535.11
— de rodets 141.2
canviar les cintes d'acer 56.6
— els claus gastats . . 313.12
— el contrapès 613.16
— la direcció 23.11
— la marxa 346.13
— la posició 576.3
— les rodes del joc d'escala 131.13
canya cònica de la pua . 355.9
— del fuset 544.3
cap 4.4
— de l'aranya 130.6
— de les arrels 211.9
— de la barreta 252.9
— de biela 292.1
— del cadell 132.2
— de corró d'un sol fil per casquillo . . . 393.11
— desplegant-se de la fusada 525.2
— esmerilat de la pua . 335.18
— d'estiratge 221.7
— de la fibra de jute . 236.8
— fluixos cargolats . . 425.11
— de la fusada 167.11
— del lli 211.5.8
— de metxa 208.4
— obenc 594.16
— rebaixat 243.11
— senzill 592.11
— senzill per a corda . 493.15
— trempat 66.5
capa acabadora cilíndrica 533.11
— de cementació . . . 120.16
— de cola 71.9
— embolicada 387.4
— embullada 387.4
— estriada d'esmeril . . 71.15
— exterior dels cordons 594.7
— de fibres 7.17
— de fils oposats . . . 517.9
— granulosa de sericina 411.19
— de grava 271.11
— de greix 274.5
—, lleugera — de pasta 117.9
— plana d'esmeril . . . 71.14
— de plegat 155.13
— de sericina 411.14
— de vel 326.5
— de vernís 120.7
—, primera — del cul . 168.1
—, la primera — plegada 520.1
—, la última — plegada 520.1
capacitat de cardat del cilindret 51.4
— de cardat de la pua . 67.9
— explosiva 462.4
— de filatura 7.1
— higroscòpica 573.8
— de pes 612.14
— de treball 67.9
capçal v. t. capsal
— repartidor 76.3
capdell 518.4, 520.17
— bombat 520.18
— de fil d'empalomar . 593.7
capdelladora senzilla (múltiple) 538.11.15
— de varies testes . . . 538.15
capdellar el cordill . . 518.3
capdellat 518.2
capes còniques 155.2
— superposades . . . 197.5
— de vel 201.2
capgirada del manat . 215.3, 216.11
capgirador de mordasses 215.17
capgirar el manat sortint del rastell 216.10
— els manats en les mordasses 215.4
— els manats durant el pentinat 215.2
capoll 413.1
— per acabar . . 415.9, 436.5
— de Actias selene embolicat amb fulles . . 414.9
— arnat 415.19, 436.8

capoll assecat 413.10
— avariat 415.11
— blanc 414.15
— de closca gruixuda . 416.14
— de color de palla . . 415.1
— de color verd. . . . 415.4
— per a la cria 413.6
— de cuc de seda de la morera 414 2
— daurat 415.2
— defectuós. 415.8
— doble 414 12, 436 12
— amb doble caixa . . 417.6
— amb doble closca . . 417.6
— elàstic 416.21
— ensofrat 413.11
— escanyat 414.10
— espès 416 11
— femella 414 7
— filable 413.5
— no filable. 415.10
— filat en forma de xarxa 416 17
— filat amb interrupció 416.9
— filat amb regularitat 416 6
— filat sense interrupció 416.8
— florit 415.14
— flotant 420.2
— fluix 416 19
— foradat . . . 415.13, 436.7
— de gra fi 416 20
— gris 415 5
— groc 414.16
— impermeable 416.12
— inaspiable 436.6
— incomplet 415.9
—-llavor 413.6
— amb lluïssor metàl·lica 415.6
— de malles amples . . 416.18
— mascle 414 6
— mort 415.12, 436.11
— nou 421.9
— obert 415.18
— ofegat 413 10
— oval 414.8
— de paret gruixuda . . 416.14
— pesant 416.11
— picat 415.17
— pobre en seda . . . 416.3
— podrit 415.16
— de primavera . . . 413.7
— punxegut 414.13
— de la raça de Bengala 414.4
— de la raça de una collita (dos collites, varies collites) 413.15.16 17
— de la raça japonesa . 414.3
— de races pures 414.1
— reniforme 414.10
— ric en seda 416.2
— ric en sericina . . . 417.2
— satinat 416 15
— de seda de bri fi . . 416.4
— de seda silvestre . . 436.13
— sòlid 416.10
— tacat 415.13, 436.9
— de tardor 413 8
— transparent. 416.16
— verd 413.9
— verdós 415.3
— viu 413.9
caps dobles 334.8
— dolents 334.7
— durs 298.14, 398.15
— enrotllats 196.12
— de fil 398.15
— de fils retorts . . . 398.17
— fluixos 425.10
— nuats 428.17
— d'ordit 398.20
capsa per a agulles . . . 86.12
capsal (v. t. capçal) . . 487.3
— de filar 487.9
— de filar amb dispositiu de tanca automàtic de la tapa . 487.14
— de filar amb part de la tapa a xarnera . 488.1
— de metall 149.13
— de planxa 340.15
— amb tapa a xarnera . 487.2
— de tòrcer. 487.9
cara de cautxú 65.8
— frotadora (ratllada) .332.9.10
— interna del capoll . . 417.5
carbonat amònic . . . 276.18
— de potassa pur . . . 273.8
— potàssic 272.9
— potàssic comercial. . 273.9
— de sodi 276.1
— sòdic 276.1, 309.10
carboni 301.16
carbonització 301.1
— amb circulació d'aire calent 308.6
— conservant els colors 403 2
— dels draps 402.1
— de draps (no) batanats 402.7.8
— dels draps de mitja-llana 407.22
— dels draps de seda . 456.1
— de la llana de pell . 301.7
— de la llana rentada . 301.6
— de la llana suarda . 301.10
— de la matèria trinxada 402.6
— en sec 305.4, 456.7
— amb solucions de sal 305.12
— per via humida 302 11, 456.2
carbonitzador de draps 402.9
— de llana 301.12
carbonitzar els capolls . 440.8
— la llana suarda . . . 301.11
—-se (llapissó) 307.3
carbonitzat de la borra de seda 440.7
carborundum 70.21
carda . 7.15, 49.12, 480.11, 481.5
— acabadora . 199.10, 232.16, 328.13
— acabadora amb alimentació per tela 250.2
— amb alimentació de metxes 334.9
— per a amiant . . . 490 13
— amb avant-tren . . 321.17
— de borreta 453 5
— de cilindrets . 80 5, 198.3, 221.4, 318.19
— de cilindrets amb sortida de napa . . . 198.6
— de cilindrets amb sortida de veta . . . 198 5
— circular 250 1
— sense coberta . . . 221.13
— condensadora 319 7, 328.13
— per a cotó 198.2
— amb desborrat . . . 340.19
— descarregadora . . . 323.15
— doble 80 8, 319.4
— doble d'estam . . . 369.15
— doble per a les dues llanternes 550.11
— de doble llevador 322.3, 491.3
— de dos llevadors 201.13, 322.3
— emborradora . 197.15, 199 9, 319.5
— esmerilada 338.16
— d'estam senzilla. . . 369.13
— per a estopes de cànem 232.14
— amb extractor de pel caní. 322.11
— per a fil flamejat . . 589.16
— filadora 319.7, 341.6
— intermèdia 324.11
— per a llana curta . . 318.18
— de llana d'ovella . . 318.17
— per a llana regenerada 406.10
— a mà 49.10, 318.13.16
—-manuar de estopes . 221.3
— mescladora amb rotafrotors 370.5
— metxera 199.10, 203.5, 319.7, 328.13
— metxera per a amiant 491.2
— mixta 80.6
— per a mohair 409.16
— oberta 221.13
— obridora 197.15, 199.9, 232.15, 319.5, 320.14
— obridora per a amiant 490.14
— obridora semi-circular 247.5
— per a pèls 409.3
— principal 369.14
— de rami 262.15
— amb recollidor de borrissol 322.5
— repassadora . 319.6, 324.11
— de rulls 329.9
— segona 324.11
— semi-circular amb alimentació i sortida diametralment oposades 249.13
— senzilla 80.7, 319.3
— amb superfície de treball semicircular . 232.18.19
— tapada 221.12
— tencada 221.12
— de tires transversals. 329.9
carda amb xapons dessota la bóta 80.4
— de xapons (fixos) . . 77.2.3
— de xapons giratoris 77.9, 248.11
cardador de jute . . . 251.2
— de pèls 409.4
cardar 7.14
— el cotó. 49.13
— la llana 318.6
— a moll 369.12
cardat 7.13, 580.5
— del cotó 49.8
— dels desperdicis . . . 198.1
— del estam 369.11
— de les estopes de cànem 232.13
— de les estopes de lli. 220.20
— en fi de jute . . . 249.1
— del jute 246.13
— de la llana 318.4
— lleuger 221.2
— a mà 49.11
— preliminar del jute . 247.1
—, doble 80.9
—, primer 247.1
carder 4.6, 75.17
— de cotó 49.14
cardes acoplades . . . 198.13
cargadora automàtica . 490.14
cargol 529 12, 530.14
— d'ajustat . . . 80.1, 132.12
— d'ajustatge 43.10, 92.5, 119.2, 362.13
— d'ajustatge del dau de la bóta 56.8
— d'avançament . . . 156.4
— collador 55.9, 59.5
— cònic 205.10, 349.3
— de l'entrada 349.14
— de fixació 54 12, 126.5, 567.2
— de galgat 59.4
— micromètric 56.16
— de nivell 614.1
— de les platines . . . 190.15
— reglable 258.9
— de reglatge . . . 54.8, 55.8
— de reglatge del llevador 88.10
— de reglatge per a el rotor 113.11
— regulador 162.2
— de tensió. 340.16
— tensor de la politja . 349.12
— de tivar la cadena . 181.12
— d'untatge 95.4
cargolat 170.2, 352.10
cargolí del fil quan es desplega 569.14
cargols del carro . . . 169.9
carnassa del cuiro 118.15, 332.5
càrrega de la cambra de vaporitzat 572.3
— dels corrons d'estiratge 143.6
— dels fils 570.4
— del hidro-extractor . 305.1
— d'una premsa. . . . 448.6
— de ruptura . . . 513.9, 606.14
carregador automàtic . 196.9
— de llana (obrer). . . 319.12
— de mordasses . . . 215.15
carregadora automàtica 28.5, 320.1
— obre-bales . . . 21.12, 22.1
carregar la barba en la premsa 450.6
— els corrons d'estiratge 143.5
— el cubell 304.11
— la grua 168.10
— el pinte 375.7
— la premsa 448.3
— -se de fibres (pinte). 443.7
carregat del xarrió . . 500.11
carrera dels batidors. . 196.7
— del carro 345.1
carret 344.15
carretó per a bales . . 17.7
— per als cistells . . . 361.10
carrilla . . 156.3, 470.6, 497.17
— boja 547.3
— en el braç del plegador 180.11
— de la cadena 180.12, 183.11, 447.15
— de la crossa 165.12
— mòbil 510.12
— de la palanca de copisplet 165.10
— de la palanca doble . 182.10
carilles d'antifricció . . 169.8
carro 92.1, 96.5, 123.1, 140.15, 160.3, 230.3, 245.8
— d'acer 178.3
— alimentador 200.4
— curt 122.12.13
— estacionari 557.5
— fix 557.5
— de fusta 558.15
— dels ganxos torcedors 504.14
— governat 206.5
— mòbil 557.4
— amb moviment de vaivé 233.3
— de la pentinadora . . 214.6
— porta-rodets 547.5
— porta-vagonetas . . 307.11
— de quatro rodes . . 445.6
— de rodets penjat . . 503.14
— de la selfactina . . 343.18
— sortit 164.11
— transportador de teles 47.16
cartó a bobinar . . . 536.10
— de fil de cosir . . . 520.14
— plegador 610.5
casament 334.8
casar-se (els balons) . . 152.16
cascarries 266.1
caseïna comercial . . . 471.14
— esponjosa 471.18
casquet esfèric 381.10
casquillo 394.2
— boig (fort) en l'arbre 528.11.12
— de la pua 532.9
cassola 418.13, 422.16
— de remenar. 420.9
— de remullar 418.9
catifa 407.9
catúfol 283.1
— del elevador 40.3
caure (barreta) 379.13
— (cavaller). 525.7
— (crossa) 166.11
— (fuset) 128.18
— (grua) 175.10
— d'un pis a l'altre (llana). 297.1
— (plegador) 165.16
— sobre les pues (tubs) 361.7
— en les rosques (la barreta) 251.15
— d'una telera a l'altra (llana) 295.15
cautxú artificial 65.10
— natural 65.9
— vulcanitzat 65.12
cavaller 525.5, 536.1
cavallet . . 105.5, 281.5, 538.3
— del bloc regulador . 501.10
— de corder 498.1
— dels corrons . . 90.8, 358.12
cavilla 534.17
cavitat 328.2, 383.6
cedaç 38.9
cel·lulosa 301.14
— de fusta 475.4
— de fusta di pi . . . 479.8
cementar 64.7
— el corró 120.11
— el drap al corró . . 117.6
— els plecs junts . . . 65.5
— les vetes de cuiro . . 64.16
cementat del drap. . . 117.5
cendrer 402.11
centener 564.1
— blanc 579.15
— vermell 579.16
centigram 601.1
centímetre 600.9
centrar la pua 552.9
centre de gravitat . . . 291.2
— de la palanca de descargolat 179.2
— de rotació 344.9
centrífuga 439.17
centrifugar la borra de seda 439.16
— la llana 305.21
cera 484.3
— de la suarda 274.10
cercle 56.15
— d'entalles de les pinces 449.3
— inferior de la pinça . 98.7
— dels rodets 97.1
cèrcol 16.11
— dentat 383.14
— de les puntes 30.8
cèrcols de ferro 578.7
certificat d'acondicionament 616.8
chemic 133.15
cheviot 397.3

china grass 261.3
cicle de treball de les pinces 382.10
cilindre v. t. corró
– alimentari 29.13
– batidor 22.6, 37.4
– de carda 202.15
– compressor 51.9
– condensador 32.7
– descarregador 29.5, 38.5, 85.12, 378.13
– descarregador guarnit amb pues 57.12
– desprenedor 22.6
– entrenador 99.1
– esmerilador paral·lel a la bóta 73.3
– espolsador 259.7
– que gira descentrat 202.18
– hundidor 233.4
– igualador 29.3
– igualador de fundición 22.5
– lladre 321.2
– de llauna guarnit de dents 248.9
– llimpiador 98.3
– netejador 98.3
– pelador 199.3, 247.11
– pentinador 86.3, 87.8, 92.7, 97.15
– amb raspall 57.11
– ratllat 329.13
– regulador amb puntes entrants 30.4
– tensor 41.6
– de vapor 291.12
cilindret 51.3
– d'angle 323.10
– enrotllador 323.10
– partidor 199.5
– transportador 199.5
ciment 65.6
cinta d'acer 16.11, 56.2.5, 331.1
– d'acer fixa 331.5
– d'acer del fre 347.7
– d'acer trempat 331.4
– per a brunyir 62.10
– de carborundum 71.18
– de carda 62.12
– per a desborrar 75.7
– descarregadora 62.9
– de descarregar enrotllada en espiral 75.8
– per a escuretes 75.6
– d'esmeril (llisa) 71.20, 74.17
– estriada d'esmeril 71.19
– del fre 46.13, 564.19
– de guarnició 60.20
– de guarnició de carda 449.4
– de guarnició per el volant 62.11
– de vel 193.7, 203.14
cintra cònica 53.17
– flexible 54.6.17
– flexible foradada 79.10
– rígida 79.12
circulació de les aigües de rentat 284.10
– contínua de les aigües de rentat 280.7
– del oli 148.4
circular (lejía) 439.3
circumferència de la bobina 124.9
– de la corda 500.15
– creixant del rodet 535.9
– variable del rodet 224.7
cistell 289.3
– de capolls 415.20
– de fil 570.17
– giratori 305.3
– per a llana 286.13
– de rodets 361.11
– de tela metàl·lica basculant 273.1
– de vaporitzar 571.5
– de vimets 286.14
cistella de filferro 616.9
– de llistons 304.1
cisterna 242.3
clapes de rovell 66.7
clariana entre vetes en formar la tela 81.8
clarificació 299.6
– de les aigües de rentat 299.1
clarificar les aigües brutes 299.7
classe baixa 579.14
– de bot 76.6
– de cotó 13.7
– de filats 579.1
– de la llana 266.9
classe de llana regenerada 406.11
– obtinguda per la barreja 236.12
– de plegat 518.19
– de seda 410.4
classificació francesa (anglesa) del filferro 66.17.18
– dels lots barrejats 216.14
classificador de borres 4.2
– d'estopes 216.3
classificadora de borres 4.3
classificar la bala de jute 236.5
– els draps de seda 455.16
– lots barrejats 216.15
clau 87.6, 312.11
– doble 363.8
– de dues boques 363.8
– roscat 312.6
– senzilla 363.7
– xato per a mesclar 313.2
clavar 338.2
clavat dels filferros 335.10
– de la guarnició amb filferro 62.4
– de la guarnició amb ganxos d'acer 62.5
– de la guarnició amb grapes torçades 62.6
– de la guarnició per mitjà de fulla d'acer i fons de cartó 61.18
– de la guarnició per mitjà de placa corbada 62.3
– de la guarnició sistema Deiss 62.7
– indirecte de la guarnició 61.16
– de les plaques 338.3
– de plaques de guarnició per mitjà de tires curvades 62.2
claveguera 402.18
claveta 535.4
– en el guia-fil 528.10
– del quadrant 181.2
clavetejat 64.4
clavilla ajustable en alçada 537.14
– de collar 497.11
– de desembragar 346.7
– de fer paquets 577.11
– de ferro 497.6
– oval 558.10
– de travar 497.11
clin de cavall 493.2
clivella conductora 130.5
– de secció en forma de creu 242.16
cloroform 463.2
clorur d'alumini 305.16, 457.14
– amònic 316.6
– de calci 457.12
– cromós 457.3
– estanyós 457.1
– ferrós 456.12
– de magnesi 457.13, 483.15
– magnèsic 305.17
– manganós 457.4
– metàl·lic reductor 456.11
– potàssic 272.11
– de sodi 465.5
– de zinc 457.15
closca gruixuda 416.14
closques 26.15
clot 383.6
– dessota la placa solera 290.8
– de fermentació 437.15
– de formigó 437.16
cloure les mordaces 91.5
– la premsa 449.16
–-se automàticament (pinces) 450.2
coagulació del greix de la llana 300.16
coagular per sulfat d'amoni 468.14
–-se (greix de llana) 300.17
coberta 311.15, 444.6
– de la bóta 31.9
– del catúfol 283.2
– del corró de pressió 115.11
– de cuiro del corró 118.11
– de la devanadora 33.14, 44.9
– del dipòsit de l'oli 178.2
– de drap 117.2
– de franel·la 78.10, 117.3
– de fundició amb nirvis 376.2
coberta de fundició amb revores 376.2
– de fusta (amb pelfa) 108.10, 248.1
– amb ganivetes longitudinals 312.14
– del lladre 78.8
– lliure 284.1
– de planxa 195.12, 259.2
– de protecció 201.8
– del raspall 88.3
– del volant 323.9
– de xarnera 177.5, 267.1
– de xarnera de roure 201.9
cobriment del ànima 595.3
– del corró amb esmeril 70.17
cobrir l'ànima 595.3
– el corró amb esmeril 70.18
– el corró amb drap 116.18
– corrons 119.16
–-se amb el fil de fantasia (fil) 560.2
cocció d'escorxa d'alzina 419.16
– de plantes gelatinoses 316.13
coeficient 603.12
– de fricció 47.3
– de torsió 9.2
– de torta 9.2
coixí de cuiro 442.1
coixinet 360.1
cola per a drap 117.10
– dura 117.15
– forta 117.17
– de fuster 117.17
– de peix 333.2, 471.2
– ràpida 117.11
– tenàs 117.12
–, la – està extesa sobre una marbre (pedra) 117.16
colector de coure conmutador 113.5
col·lector de greix 298.2
– dels solatges 279.9
col·locació de les agulles 87.2
– alternativa dels rodets 551.2
– de la guarnició de la bóta 63.1
– dels manats de jute en els compartiments d'ensimatge 239.8
– dels pianos a les pues 158.12, 359.15
– dels rodets 128.4
– de la tela de batan 50.11
col·locar baix el centre de gravetat 291.2
– els manats de jute en capes 239.9
– els pianos a les pues 158.13, 359.16
– els rodets en la fileta 97.7
– les troques en el plat de la premsa 577.17
col·locat en zig-zag 384.2
col·lodió-acetona 460.3
– molt fluid 462.12
– propi per a la filatura 459.6
colofònia 117.20
color barrejat 194.6
– base 311.4
– dels capolls 414.14
– per a combinar 311.5
– del cotó 13.9
– fosc natural 427.21
– matriu 311.4
– de quitrà 16.8
colors atacats 403.3
columna 505.13
– de la fileta 188.13
colze 39.8
– de la sella 106.14
coll del corró 110.1, 393.12
– de la pua 555.1
collador 54.12
collar en l'arbre 533.6
– els manats en les mordasses 214.12
– les pinces 449.16
collarí 39.10, 59.2, 123.2, 176.10, 354.13
– d'acoplament en la barra del corró 345.16
– d'ajustatge 95.14
– del arbre del cilindre pentinador 92.8
– per a la barreta d'unió 95.7
– boig 178.1
– de bronze 354.16
– per al cap del arbre de la llanterna 192.8
collarí de dispar ajustable 346.9
– de formació 209.2
– de llautó 156.11
– de la pua 130.2
– de pujada 209.2
collat de la corda de baixada 181.7
collita 413.15
comanda del arbre de temps 161.3
– per cons 43.5
– per corda 502.1
– per corda en creu 360.7
– per corda plana 360.8
– per corda del quadrant 171.1
– per corretja (doble) 182.6, 502.3
– elèctrica 157.6.7.12
– per engranatge 140.2
– a escaire 360.6
– per fricció 516.14
– intermèdia de la contínua 158.8
– paral·lela 360.5
– del pinyó del balancé 256.8
– per plats de fricció 139.13
– positiva de la segona llanterna 144.11
– de la sortida del carro 160.12
– del torn mitjançant la marxa del corder 497.16
– de través 360.6
– per veta 502.2
– del xarrió per cargol de dues rosques 373.17
comando individual del aspi 473.11
combinació de color sense motes 311.1
– de cordes rodones per cosit 512.2
– de la suarda i del greix de la llana 272.7
combinar varies barques en una sola màquina 279.10
–-se amb l'amoníac (sal) 465.6
combustió espontana 317.12
començament del filat 155.4, 175.6
començar de filar 155.3
– la mudada 175.7, 256.13
– el plegat del fil 133.20
– una nova mudada 352.12
comerciant de lli 210.8
– de seda 412.20
compartiment 27.12, 244.14
– de barreja 22.10
– de borres 22.14
– del corró enfonsador 282.3
– d'ensimatge 239.6
– d'humitejar 572.17
– amb paret perforada 286.4
compensació de la pressió 572.13
compensar-se (moments de rotació i de fricció) 149.7
complir el cubell 304.11
components del xurre 272.8
composició rica en carbó 120.10
compost amoniacal 276.17
– de calç 270.12
– del clor 305.15
– de cuiro 64.15
– de magnesia 270.11
– ric en carbó 120.12
comprador de lli 210.10
compressor 452.5
–, el – està posat en la direcció (contraria) a la rotació 130.12.13
comprimir la tela 45.10
comprobació de la barreja 19.5
– del pes 16.16
comprovar el pes 16.17
– el contingut del bany àcid 303.12
– els corrons 120.3
comptador 389.2, 611.15
– dels agullers 358.4
– de l'alimentació 346.19
– del aspi per a un nombre fix (variable) de voltes 563.19.20
– automàtic 389.5
– de campaneta 223.14, 249.10, 370.6
– de madeixes 133.11
– de metxa 207.3, 611.6
– de revolucions de les pues 133.10

comptador de torsió 9.11, 207.4, 348.3
comptar (voltes del aspi) 563.18
con 43.12, 255.16
— d'aigua atomitzada 574.6
— d'embrague 158.1
— de fricció doble 527.3
— de fricció forrat de cuiro 158.3
— de fundició 289.9
— guia 528.2
— inferior 136.8
— de paper comprimit 289 8
— de plegat 155.12
— de politges 337.14, 348.11, 565.1
— superior 136.7, 149.3
— superior de la fusada 167.11
— tallat 332.14
concentració de la solució per vaporització 305.18, 471.7
condensació del vel 327.6
condensador 298.4
— de corretjons 203.13
— de retorn 298.7
— amb sis jocs de bosses 333.9
— de vapor 294.3
— del vel 330 5
condensar el vel 59.16, 327.7, 453.6
condició filable 406.13
— de la seda 427.2
— uniforme de la seda crua 425.3
conducció d'aigua 461.4
— de calor 294.15
— del carro 345.2
— del líquid segons el principi de contracorrent 280.8
— a la obridora 27.15
conducte d'admissió de vapor 291.9
— d'aire 306.12
— de planxa 84.4
— de pols 259.10
— de sortida de vapor 291.13
— dels tubs 361.4
conductes d'aire 575.8
conductor 247.14, 250.13
— d'electricitat 113.4
— de la llana 286.9
conduida sobre l'arbre de darrera 163.7
conduides de sortida del carro 177.6
conduir la llana a través del bany (corrent) 283.16
cons 34.7
— culissos 224.9
— entrants 224.9
consistència de la pasta 117.14
constant de cardat 49.20
— de torsió 154.8
consum de cotó per setmana 18.14
— de força 148.11
— de llana 264.4
— de sabó 277.8
contacte elèctric 423.6
contenir àlcali lliure (sabó) 277.14
— greix lliure (sabó) 277.15
contenir la mateixa quantitat (el dipòsit) 200.12
contingut en sericina del capoll 417.1
— de sabó del bany 277.6
— de la tremuja 30.2
contínua 138.2
— d'aletes 11.13, 138.3, 139.3
— d'anells 11.14
— d'anells per a bitlles 154.12
— d'anells per a canetes 154.12
— d'anells amb portapues oscil·lant 391.8
— d'anells per a seda 452.9
— d'aranyes amb pues arrossegades per la mecha 233.12
— d'aranyes amb pues mortes 233.12
— de campanes 392.5
— de fantasia 561.3,4
— de filar amb aigua freda 226.2
— de filar d'aletes per a estam 390.16
contínua de filar d'anells 138.4, 141.16, 226.7, 341.9
— de filar d'anells per a estam 390.17
— de filar d'anells per a fils de pasta de paper 479.6
— de filar d'anells amb joc de falsa torsió 342.1
— de filar d'anells per a ordit 154.15
— de filar d'aranyes 225.3, 341.7
— de filar de bots giratoris 208 1
— de filar de dues cares 257.2
— de filar en mullat 225 8
— de filar en sec 225.4
— de filar sistema Chapon 209.12
— per a fils nuosos 559.2
— amb dues llanternes 144.10
— amb una sola llanterna 144.9
— de retòrcer d'anells amb una sola (doble) llanterna 550.6.7
— de tòrcer 12.12
— de tubs 392.5
contínues de fantasia 559.1
— de retòrcer d'anells 550.5
— de tòrcer d'aletes 545.5
contracció del fil durant el retort 541.16
contra-corda 169.13, 177.10, 359.7
—-espiral 169.11, 349 15
—-manivela 292.6
contramarxa de sostre 359.23
contramestre 1.17
— de cardes 4.7, 75.17
— de metxeres 2.6
contrapès 39.2, 257.14, 613.15
contrari a la rotació 130.13
control de les bales 16.15
conversió de números 603.10
convertir les barbes en telas 450.16
cop de pinte 82.17
copa 392.7
copal en pols 458.19
— polvoritzat 458.19
copejar el velló 265.11
copisplet 167.2, 352.5
— gastat 174.4
— movible 190.11
— usat 174.4
cops per minut 82.19
corba del balon 152.15
— balónica 152.14
corbat 475.11
corda 493.18, 593.17, 594.13
— d'abacà de Manila 592.7
— afeblida per el quitranat 508.22
— de amarra 594.1
— d'amiant 595.8
— de baixada del carro 206.7
— de bastides 594.10
— de budell 497.5
— de cabrestant 596.24
— de x cames 594.14
— de cànem (de Manila) 592.4.7, 593.18
— de x caps 594.14
— carregada amb pesos 596.12
— de comanda 98.16
— de comanda del carro 503.2
— de comanda per al carro de rodets 504.3
— compensadora 169.13
— amb contrapès 181.6
— de la corredora 593.24
— de corriola 596.9
— de cotó 592.8
— creuada 169.14
— de crin de cavall 507.5
— de cuiro 592.10
— d'embalar 593.20
— engreixada 359.12
— de l'entrada del carro 169.12, 359.5
— d'envergadura 596.8
— enxiquida 594.11
— d'estendre 593.21
— sens fi 503.1
— amb format de cable 501.8
— fre dels rodets 258.2
— d'issar 596.17
— de jute 235.4
— de llana de fusta 595.7
— motora 349.10
corda de paleta 594.10
— de politja 596.9
— de palla 595.6
— de pujada del carro 177.9, 206.6
— quadrada 597.9
— rectangular 597.8
— de rellotge 593.22
— de retenció 177.11
— saturada de quitrà 508.19
— de selfactina 359.4
— tensora 359.7
— trapezial 597.10
— trenada 597.7
— untada 359.12
cordam de maniobra 596.21
— mort 596.20
cordatge acabat 507.16
— blanc 508.21
— humectat 507.10
— negre 508.18
— (no) quitranat 508.18.21
— polit 507.12
cordatges cosits 512 1
corder 494.6
— a mà 494.7
corderia mecànica 501.11
cordes de les espirals 359.9
— juxtaposades 512.3
— de pèl 514.1
cordeta 593.15
cordill 493.17, 577.15, 580.11, 593.10
— de cànem 512.7, 592.5, 593.11
— per a cobrir cordam 593.6
— del dispar 549.8
— del fre 545.10
— per a lligar sacs 593.9
— de paleta 593.12
— de tralla 593.13
cordó 11.3, 493.16, 580.10
— central 509.6
— doble 11.4
— de filferro 594.2
— de x fils 594.3
— fluix 499.15
— fort 499.16
— gros 493.17
— de passamaneria 593.16
— plano 341.13, 356.3, 359.8
— plano trenat 359.10
— de les pues 341.13
— senzill 10.18
— tivat 499.16
— tort a la dreta (esquerra) 510.4.5
— de torta dreta (esquerra) 594.4.5
— treballat igualment 594.6
cordonet de seda 586.19
cordons 503.12
corona 68.6
— d'acoblament 127.4
— dentada que soporta els pints 219.7
— del descargolat boja 191.9
— del diferencial de sol y planeta 134.11
— giratòria de coure 360.13
— del joc de descargolar 161.8
— del pont 55.12
— de pua 431.19
— de pua sistema Bertholon 432.3
— de la roda 281.2
correcció de la platina 175.1
corredor 137.20, 150.6
— d'acer 150.7
— d'agulla 392.3
— de bronze 150.9
— de doble braç 150.13
— de llautó 150.8
— lleuger 150.10
— pesat 150.11
corrent d'aigua 285.6
— d'aire produida per el volant 323.1
— a dreta 68.17
— elèctrica 112.9
— a esquerra 68.18
— induida 360.15
córrer bé 390.5
— difícilment 390.8
— fàcilment 390.7
— fluidament 390.7
— malament 390.6
— pesadament 390.8
— al plegat (fil) 528.8, 533.3
—, fer — les plantilles 352.9
corretgir la platina 175.2
corretja dels cons 28.12, 43.13, 255.17
— divisora 204.11
— doble 182.6
— sens fi 441.16
— dels peladors 324.3
— d'unió 149.5
corretjes a mitjà-creu 24.5
— planes 24.5
corretjeta desequilibrada amb pesos 183.1
corretjó 204.11
corretjons creuats 330.9
corró v. t. cilindre
— absorbidor 378.11
— absorbidor de superfície aspre 550.4
— acanalat amb dents piramidals 240.14
— d'acer 120.18
— d'acer recobert de franel·la 129.4
— acompanyador 50.16
— amb agulles llargues 373.5
— del aigua 242.8
— amb aletes de cuiro 368.3
— d'alimentació 203.7, 319.18, 321.4
— d'alimentació superior mòbil 311.13
— alimentari 28.8
— alimentari d'agulles 443.1
— alimentari amb dents de serra 199.2
— alimentari eriçó 377.5
— alimentari per al fil 535.15
— alimentari amb guarnició 313.5
— alimentari inferior amb daus fixos 311.14
— alimentari de pues 84.5
— alimentari ratllat 30.11
— alimentari vestit de matèria aspre 559.12
— alimentari vestit de matèria rugosa 559.12
— d'angle 368.14
— d'arrencar 378.7, 381.5
— d'arrencar de cuiro 85.11, 378.9
— d'arrencar inferior 85.10, 93.1
— d'arrencar superior 93.2
— d'aspiració 392.8
— de baix 486.11
— buid de fundició 21.3
— de calandra 46.1, 378.11
— de la calandra superior 90.10
— calandrador 46.1
— amb casquillo 116.5.6
— d'un sol casquillo 143.1
— de dos casquillos 116.7, 143.2
— de cautxú 392.11
— cobert de pell 115.12
— amb collarins mòbils 116.4
— col·lector 478.6
— compressor 46.1, 197.9, 439.12, 453.12
— conductor 393.4, 482.8
— conductor de fileta 384.10
— de dalt 486.12
— de darrera 90.4, 142.5, 393.3
— de darrera per a desplegar la tela 89.9
— de darrera inferior 389.8
— de darrera de pressió 142.11
— de davant 90.5, 142.7, 384.15, 393.5
— de davant per a desplegar la tela 89.10
— desborrador 86.7, 201.11, 341.1
— descarregador 75.12, 86.7, 200.9, 321.6
— descarregador d'estopes 230.6
— descarregador de ferro acanalat 247.13
— desenrotllador de la tela 50.8
— desmotador 319.20, 321.2, 368.11.12, 369.4
— desplegador de fusta 377.2
— de desplegat 342.8
— desprenedor (de fusta) 281.12, 322.6
— divisor 204.4, 330.14
— doblador 388.11
— que dona aigua 486.12

corró dormidor 52.5
— enfonsador . 281.14, 372 8, 383.8
— enrotllador 388.12
— enrotllador del paper tallat en tires . . . 483. 7
— enrotllador de les tires de paper 482.7
— d'entrada 142 5
— entrador . . . 50 16, 77.12
— d'entrega. 247.15
— d'entrega als alimentaris 311.12
— d'entrega al bot . . 51.11
— d'esmeril . . . 109.11, 202 13
— d'esmerilar a biaix de la bóta 73 4
— esmerilador 70.9, 72.2, 73.11, 74.7, 202.13
— esmerilador de Hetherington 74.6
— espremedor 279.1
— estirador 102.13
— d'estiratge . . 102.13, 115.6, 218.12, 251.8, 255.1
— d'estiratge, primer . 137.3
— d'estiratge, tercer . 137.1
— de ferro 120 9
— de fricció . . 341.14, 523.1.7
— frotador 333.6
— de fundició recobert de franel·la 129.3
— de fusta 249.7
— de ganivetes . 322.12, 368.5
— de gorges . . 483.4, 485.7
— amb guarnició d'agulles 250.3
— guarnit amb dents de serra 367.13
— guarnit de paper de vidre 109.12
—-guia . . 485.4, 489.3, 506.7
—-guia de les cadenes . 244.6
—-guia per a la veta de paper 488.10
— guiador 331.2
— d'immersió . . 385.8, 441.10
— inferior . . . 115.6, 486.11
— inferior fix 20.10
— intermedi 142.6
— de llauna 248.2
— llevador d'estopes . 230.6
— lliure de pressió . . . 549.5
— macis 116.3
— del mig 393.4
— amb moviment de vaivé 201.3
— mullat 486.11
— de nassos 30.3
— d'obturació del aire . 202.9
— per al oli 242.7
— de pedals 28.13
— pelador 321.6
— de pelfa 522.2
— pentinador 450.3
— de planxa de coure . 282.2
— ple 116.3
— plegador 388.12
— polit guiavetes . . . 384.10
— que porta la bossa frotadora 204.5
— prempsador . 115.2, 279.2, 288.9, 321.12
— de pressió . . 20.12, 109.13, 115.7, 223.6, 611.8
— de pressió carregat . 502.12
— de pressió amb comanda positiva 267.6
— de pressió elàstic . . 115.9
— de pressió de faig . . 393.10
— de pressió de fusta dura 225.5
— de pressió amb galze 546.2
— de pressió ratllat de ferre 115.8
— protector 311.12
— amb pues 20.9
— amb puntes 320.10
— purgador 52.5
— ratllat 42.15, 143.3, 243.16
— ratllat d'arrencar . . 90.4.5
— ratllat amb collarins 116.9
— ratllat de darrera . . 137.1
— ratllat de davant . . 137.3
— ratllat enrotllador . . 48.11
— amb ratllat espiral groixut 92.15
— ratllat de fero de gra fi 191.4
— ratllat en forma d'estrella 235.13
corró ratllat de fundició endurida 308.14
— ratllat intermedi . . 137.2
— ratllat plegador . . 48.11
— recobert de cuiro . . 115.12
— recollidor revestit de feltre 322.7
— regulador . . . 28.13, 32.13
— reunidor 388.11
— ruixador 441 9
— del sentinella . . . 51.11
— de sortida . . 35.9, 247.15, 488.11
— de sota forrat amb camisa de coure . . 542 9
— suavitzador amb acanalat arrodonit. . . 240.8
— suavitzador per a jute 240.9
— submergidor 576 2
— de submersió . . . 385 8
— superior 20.11, 115.7, 486.12
— superior amb pressió per molles 235.14
— superior recubert de cuiro 142.9
— superior revestit amb corda de cànem . . 279 4
— superior revestit amb veta de llana pentinada 279.5
— de la telera 244.1
— de tensió. 525.4
— tensor 98.6
— tensor dels corretjons 204.3
— transportador . . . 368.13
— trempat superficialment 107.7
— trencador amb galzes circulars 490.10
— vestit de fibres . . . 323.16
— vestit de pelfa . . . 378.10
— xuclador . . . 90.10, 111.6
— xuclador inferior . . 90.11
—, el — de pressió gira pesadament 107.13
—, primer — d'estiratge 137.3
corronaire. . . 3.15.16, 120.1
corronera inclinada . . 142.4
corronet boig 547.3
— de la cadena 447.5
— desviador 281.10
— enfonsador 384.14
— guia-fils . . . 473 6, 529 9
— regulador 559.14
— de tensió. 526.12
corronets d'antifricció . 44 1
corrons absorbidors 388.9, 489.8
— absorbidors de la punxa 380.4
— aixafadors del llapissó 367.7
— d'alimentació 218.7
— alimentaris 27.4, 197.2, 253.5, 257.6, 259.13
— alimentaris amb corró inferior que marxa cap a davant . . . 543.6
— alimentaris amb corró inferior que marxa cap a fora 543.6
— alimentaris amb corró inferior que marxa a reculons 543.3
— alimentaris de la devanadora 33.13
— alimentaris ratllats . 267.7
— d'arrencar . . 262.5, 449.9
— assecadors escalfats per vapor 385.14
— compressors . . 34.2, 48.10
— cònics 231.3
— cruixidors del llapissó 367.7
— de darrera 388.8
— de davant 388.9
— d'entrada 111.3
— espremedors . 478.17, 485.5
— estiradors 388.9
— d'estiratge . . 115.5, 122.3, 139.9, 159.16, 257.9
— d'estiratge amb els corrons de davant baixos. 143.7
— d'estiratge inclinats . 142.4
— d'estiratge de metxera 128.19
— d'estiratge movibles . 389.4
— d'estiratge de la selfactina d'estam . . 393.8
— extractors de la blussa 449.12
— frotadors 334.1
— de fusta per al desplegat de la tela . . 84.2
corrons-guia 482.5
—-guia dels cordons . . 504.7
— humitejadors 486.13
— massa ecartats . . . 105.10
— netejadors 193.8
— poc ecartats 105.11
— de pressió 385.11
— de pressió carregats de les selles 143.10
— ratllats 443.15
— ratllats engravant fins al fons 116.8
— ratllats enrotlladors . 34.3
— de retenció 388.8
— rodant a una velocitat superficial progressiva 21.2
— de sortida . . 86.5, 219.2, 250.10, 449.11, 489.10
— suavitzadors amb acanalats alternats . 241.1
— suavitzadors amb acanalats oposats . 240.11
— superposats amb dents radials 243.13
— superposats amb pues radials 243.13
— transportadors . . . 322.2
— xucladors 250.10
cos buidat de la fusada . 174.7
— del cilindre 203.1
— de la fusada 543.15
cosidora de corretges . . 3.13
— de vetes 3.13
cosit de cordes juxtaposades 512.3
cosits de Tibet 407.18
costat alimentari de la carda 202.10
— de sortida de la carda 202.11
costella del suport . . . 324.5
costures de Tibet . . . 407.18
cotó 492.13
— aspre al tacte . . . 14.1
— brut 15.15
— cru 13.4
— engantxós 15.10
— de fibra curta (llarga) 14.12.13
— en floca 13.4
— humit 15.3
—-llana-cautxú 65.3
—-llana-cotó 65.2
— premsat 20.2
— tacat 13.10
— tenyit 194.4
cotoner 5.15
cotonera 5.16
cotonina 579.17
cotonització de la filassa 261.10
cove de rodets 361.11
cremallera . . . 343.11, 566.15
— de dentat doble . . 506.10
— movible del carro . . 190.13
— de retenció 608.4
— vertical del balancé . 136.11
cremar, el lli 222.4
crenol 588.11
crep de seda 586.20
crespó 584.19
— de Xina 586.21
creu del arbre de temps 394.3
— de braços de la devanadora 566.13
— de la devanadora . . 567.6
— expansiva per a bosses 332.17
creuament de les vetes . 386.19
creuar (brins de seda) . 422.5
— fortament en la punta 517.8
creuat 155.15
— de la capa durant la baixada 552.1
— del centener entre els troquillons 564.3
— de les corretjons . . 330.8
— del fil 351.13, 517.10
— senzill (doble) . . . 422.6.7
— dels vels 327.8
creuer de braços de la devanadora 566.13
creueta 292.1
creuhat. 64.24
creure-se (espires) . . . 551.14
crin artificial 588.11
— de cavall 493.2
— de la cua de cavall . . 493.3
cristalls fibrosos . . . 489.12
cromat potàssic 316.5
crossa 166.7
— del mecanisme compressor 46.10
cruixit de la seda . . . 427.7
cua de la fibre de jute . 236.9
— en forma d'espàtula . 236.10
— de la metxa 375.11
— del pedal 28.11, 33.3, 34.8, 43.8
— de porc 143.15, 257.10, 524.4, 545.8
— del velló 265.16
cues d'oreneta 43.6
cuba de blanqueig . . . 287.1
cubell de ciment 304.7
— de descruat 433.1
— de fusta 304.5
— d'impregnació de fulles de pisarra . . 304.8
— de pedra esmoladora 304.10
— refrigerant 572.2
— de remenar. 476.10
— de vidre 304.9
cuidant de cardes . . . 4.6
cuidat de la contínua de filar. 158.11
cuina d'acondicionar escalfada per gas . 616.14
— d'acondicionar escalfada per vapor. . . 616.15
— per a bullir els capolls 418.12
cuiro 64.11
— artificial per a cardes 64.20
— aspre 381.9
— per a bosses 332.2
— curtit amb roure . . 332.4
— de drap 389.14
— d'esmerilar 340.4
— sens fi 98.5
— gastat per l'us . . . 185.8
— rota-frotor 387.15
— de vaga 64.14
cuiros frotadors . 331.13, 478.11
cuixes 265.17
cul de capoll 415.9
— de la fusada 154.18, 167.7, 174.8, 175.16, 527.17
— de fusta 76.9
—, fer el 154.19
cullera escorredora . . 418.16
cullereta 111.11
culis guia. 537.9
— del regle 190.14
culissa 55.6, 99.10, 185.10, 345.20, 361.6
— d'aixecar el xapó . . 73.12
— del copisplet 167.4
— per a fixar l'ecartament 392.13
— de la forquilla . . . 324.10
culot 141.1
cursa ajustable dels rotafrotors 334.3
— ascendent del galze . 531.10
— axial de vaivé 516.17, 517.1, 526.14
— del balancé. 151.7
— del balancé, doble . 151.9
— del balancer 551.10
— dels batidors 196.7
— de les bosses 334.4
— del carro . . . 164.10, 214.7
— circular de la devanadora 42.18
— constant del balancé. 151.8
— del cordó 144.7
— creixent 334.2
— curvilínia 510.13
— de la femella del quadrant 172.3
— del fuset 510.14
— inclinada de la corda motora 349.10
— de les mordasses . . 215.5
— variable 551.15
— vertical alternativa del balancé 140.16
cursor de molla 529.13
curva balònica 226.13

D

dau 360.1
— de boles de la llanterna 158.9
— de la bóta 56.8
— de la llanterna . . . 192.6
— movible 289.15
debastador 213.11
deborrat del xapó . . . 52.7
decantació de un líquid 462.3
decigram 600.24

decimetre 600.8
decocció escumosa 278.1
deixar el cotó en la barreja 25.5
– paral·leles les superfícies de treball 60.16
– pols (cotó) 15.16
delga de fusta amb claus 405.7
delgues de claus 244.2
demi-cocció 434.8
densitat dels filferros en la guarnició 68.4
– del material 64.8
dent 36.3, 312.11
– de la barra-guia 558.12
– de carda esmossada 338.13
– corbada del batuar 313.11
– en forma de urpa 406.8
– metàl·lica 283.7
– del ratllat 116.12
– recta del batuar 313.10
– roscada 312.6
– de serra 336.10
– d'unió 158.5
dentat cònic hiperbòlic 343.2
– de la llanterna 256.10.11
dents de bronze 94.6
– groixudes 335 11
– inclinats 243.14
– interiors 126.10
– piramidals 240.14
– de porcellana 536.5
– de serra 199.2
depositar-se en àngle recte (fibres) 327.16
depuració del aigua 270.20
– del cotó 26.3
– i desagregat del amiant 490.2
depurar la borreta 453.1
derivació de l'electricitat 570.2
desacidació 403.6
desagregació i neteja dels desperdicis 195.4
desagregar les fibres 247.4
– els flocs de fibres 7.5
– la llana 310.14
desagregat de la borra 442.9
– del cotó premsat 20.2
– i depuració del amiant 490.2.5
– de les fibres 247.2
– i neteja de la estopa 220.10
desbastador 212 17
desbastadora 212.18
desbastar el cànem 495.18
desbastat 212.16
desborrador de carda 4.10, 75.10 340.8
– per a dos corredors 150.17
– giratori per als corrons alimentaris 253.7
– guarnit de feltre 255.2
– de pintes 216.1
– senzill del corredor 150.16
– per a xapons giratoris 57.10
desborrar la guarnició dels xapons 57.8
desborrat per buit 370.13
– dels cilindres 203.2
– de les guarnicions (a mà) 75.1, 340.6.7
– mecànic de la guarnició 340.18
– neumàtic 370.13
– per succió 370.13
– dels xapons 57.9
descadellat de la baida 185.5
descaragolar el manat de jute 236.1
descarga automàtica 38.13
descargolar l'aleta 141.4
– el fil 165.5
descargolat 159.12, 165.6, 343.16
descargolat de l'aleta 141.5
descàrrega de la cambra de vaporitzat 572.4
– de la grua 168.11
– del hidroextractor 305.2
descarregador 51.5, 446.6
– de cardes 4.10, 75.10
– del cilindre alimentari 90.2
– dels corrons d'arrencar 90.6
– de pintes 216.1
– del volant 51.13
descarregament dels pesos 107.2
descarregar la carda 75.2
– la grua 168.12
– la guarnició dels xapons 57.8
– el marc de premses 445.18
el xapó 52.8
descarregat dels cilindres 203.2
– de les guarnicions 75.1, 340.6
– dels raspalls 109.5
– del xapó 52.7, 57.9
descàrregues 371.4
– de la bóta 194.19
– de carda 194.17, 203.3
– dels xapons 194.18
descens de la bóta 56.12
– del xapó 55.3
descolorir 401.12
descollador de mordasses 215.10
descomposar el greix 300.14
descomposició del compost de clor 305.19
descorxat de les tijes 261.4
– de los troncos 261.4
descruar (borres) 472.7
– (seda) 432.15
descruat de la seda 432.14
desdoblar el greix 300.14
desembalar 18.5
desembragar 346.12
– el bot de filar 470.10
– la entrada del carro 170.1
– la pua 547.13
desencadellar 256.4
desencadellat 346.17
– del baldó de seguretat 346.14
desengomar 432.15, 436 15, 472 7
– amb aigua bullenta 436.17
– amb sabó 437.1
desengomat de la borra de seda 436.14
– de la schappe 436 18
– de la seda 432.14
desengravar 346.12
– el fre 163.2
– la fricció 163.2
desengravat del fre 163.3
– de la fricció 163.10
desengreixat químic 297.9
desfeltrador 372.16
desfer la borra de seda 440.1, 442.10
– una bala rodona 19.19
– les capes de fibres 21.6
– els cargolins del fil 191.14
– les floques de cotó 20 4
– els gruixos de fibres 21.6
desfeta de la barreja en el batuar 311.9
– dels flocs de llana 318.7
desfibrador de cotó 197.14
– de draps 403.12
desfibradora 405.10
desfibrar en brut 490.7
– els caps 404.4
desfibrat 395.13
– dels caps 404.3, 405.9
desfilador de cotó 197.14
desfiladora de draps 404.5
desfilar els draps 404.2
desfogar les pues 359.22
desgarradora de jute 244.9
desgast per l'esmerilat 69.14
– irregular dels colls del cilindre 202.17
– de les lames 331.8
desgastar-se per l'esmerilat 69.15
– (lames) 331.7
desgomat de la filassa 261.8
desgreixar (seda) 432.15
desgreixat 385.6
– per emulsificació 275.3
– per mitjà d'àlcalis i aigua 275.9
– amb orina podrida 276.15
– per saponificació 275.3
– de la seda 432.14
desintegració de la fusta bullida 476.8
– de la fusta per corbat i estallat 475.11
desmanegat dels corrons ratllats per parpalines 121.7
desmontar el color 401.12
desmontat dels draps 401.13
desmot de les barbes 450.14
– de la borra de seda 440.7
– de la llana 366.13
– mecànic 367.2
– químic 301.1
– al silicat soluble 369.7
– per via humida 302.11
– amb vidre soluble 369.7
desmotador de llana 366.15
– a màquina 367.3
desmotadora de llana 367.1
desmotar els capolls 440.8
desnaturalitzat 458.6
despendre la substància intercel·lular 237.10
desperdici d'aspiat 424.9
– de lli 212.13
– de pentinadora 8.2
desperdicis 31.15, 398.5
– d'aspiat 398.19
– de bobinuar 398.16
– de borreta 453.16
– de la bóta 78.14
– amb botons 96.7
– de cànem 228.9
– de carda 194.16, 398.7
– de classificació 236.13
– de cotó 194.15
– de cuiro 120.14
– de fibres de jute 258.11
– de màquina de rentar 398.6
– de metxa 398.14
– de pentinadora 82.7, 100.1, 452.14
– de pentinat 398.10
– de preparació 398.8
– de seda 412.19
– de teixit 398.18
– de trama 398.21
– de veta de llana 399.1
despesa de sabó 277.8
desplaçament axial 182.3
– de la cintra cònica 54.1
– de la corretja 43.14
– de la cursa del guia-fils 517.3.5
– horitzontal 54.3
– d'una meitat de la politja extensible 251.1
– de les mordasses 215.6
– radial 55.13, 56.1
– uniforme de la cursa del guia-fils 517.4
desplaçar la cintra cònica 54.2
– les mordasses 215.7
– les plantilles 352.9
desplegar 562.5
– una bala rodona 19.19
– la madeixa de seda 424.12
– la seda del rodet 468.5
desplegar-se (bri de capoll) 421.6
– per dins (fusada) 519.15
– malament (el rodet) 97.5
– per la punta (fusada) 519.14
– (la tela) 50.14
desplegat de la cadena 350.12
– del cul de la fusada 155.18
– defectuós de les teles 41.16
– dolent del cul de la fusada 155.19
– fàcil de cada tela 41.15
– del fil de costat 556.10
– del fil per la punta 556.9
–, fàcil – del fil de fantasia 560.5
desprendiment de la napa en fulles 201.5
desprenedor 328.10
dessecació absoluta 615.10
– per aire 417.16
– dels capolls 417.10
– completa 615.10
– dels pèls 514.13
– al pes absolut 615.10
dessecar els capolls 417.9
dessecat dels capolls 417.10
– entre limits de temperatura 417.12
destil·lació de la solució 298.11
destil·lar l'acetona 460.7
destorçat del fil a mà 9.12
– de les trenes 514.14
destòrcer 501.5
– el manat de jute 236.1
–-se (fil) 569.15
destort dels cordons 500.6
destral 231.14, 243.7
destriador 215.14
– de fils 3.22
destriadora de fils 3.23
destrucció de la crisàlide 417.7
– dels residus vegetals 301.5
destruir els colors (l'àcid) 403.5
– la metxa en el rentat 269.6
desuntadora Malard 365.6
desuntat físic de l'aigua 366.9
– per mitjà de l'aigua 366.9
desviació del induit 360.16
desxurradora 272.18
– Malard 365.6
desxurrar la llana 271.18
desxurrat de la llana 271.17
detalls 121.12
deterioració per la fermentació 236.19
determinació del allargament 608.17
– del grau d'humitat 615.5
– del número 603.11
– de la proporció de greix 299.15
– de la torsió 9.10
determinar el contingut de sosa 276.4
– la humitat del fil 615.4
deturar el comptador 370.12
devanadora 37.4, 40.10, 423.2, 566.1
– de canya 569.6
– amb delgues de claus 47.18
– desmuntable 611.16
– de desplegar 424.13
– expansible 567.3
– frenada 522.13
– hexagonal 565.5
– de llanterna 569.7
– de llistons 569.5
– plegable 566.2.3
– de dues regles 40.11
devanar 12.15
devanat 12.14
dextrina 428.15
diablador 197.3
diable 7.8, 196.15, 197.8, 311.11 490.8
– combinat 313.3
– doble per a jute 259.11
– de draps 404.5, 405.1
– obridor per a llana suarda 268.1
– per a la pols 401.1
diagrama de la fenedura del bombo 524.11
diàmetre del aro 149.16
– de la bobina plena 124.15
– de la corda 500.16
– de les espires de la molla 608.1
– del fil 10.1
didals 398.13
diferència entre la llargada calculada i la efectiva 604.11
– en qualitat 15.2
– de temperatura 293.6
– de torta 154.5
diferencial 125.14
diferències de temperatura 293.17
dilatabilitat del fil 10.2
dinamòmetre 606.24, 607.6.7.8.10, 608.6.7.11
– automàtic 607.5
– automàtic indicador de la resistència 609.4.5
– de balança (de molla) 607.3.4
– de Baumgärtl 607.9
– de butxaca 607.1
– per a collar a la paret 607.2
– continu indicador del allargament i de la resistència 609.6.8
– per a cordatges 513.12
– per a determinar l'allargament 608.18
– indicador de la resistència i del allargament del fil 609.1.2.3
– de Wainwright vertical 608.5
diner (internacional) 602.23.24
dipòsit d'àcid 303.18
– de l'àcid clorhídric 402.17
– d'agulles 86.15
– d'aigua 241.8, 294.2, 570.14
– de les aigües de suarda 299.9
– d'aspiat 423.12
– basculant 200.10
– de càrrega 423.11
– de clarificació 299.19
– de cola 118.4
– de descomposició 300.1
– de ferro forjat 286.1
– inferior 242.2
– de lleixiu 439.2
– d'oli 148.2, 241.9, 317.2, 361.16, 461.15, 553.1
– d'oli desmontable 146.12, 147.8
– per a la pols 201.7
– ple de pols de turba 299.11
– refrigerat 464.11

dipòsit de la solució 298.3
— de suavitzant 317.2
— tancat 242.3
— de tubs 361.8
direcció de l'alimentació 325.12 14
— contrària 540 5
— del curs dels xapons 57.3
— de la cursa de la cremallera 191 2
— de les fibres al avançar 325.15
— de formació de la tela 325.16
— invertida de la torsió 431.7
— mateixa de les pues 67.7
— del moviment de la roda de la cremallera 191.1
— oposada de les pues 67.6
— del plegat 153.12
— de la rotació de la llanterna 181 8
— de rotació de la pua 541.11
— de la sortida del carro 173.9
— de la torsió (del fil) 153.11, 541.12
— de la torta 8.22
— transversal 325.18
—, en — contraria 323.13
director de filatura 1.12
— tècnic 1.16
—-gerent de filatura 1.11
dirigir el tupí per corda 499 9
disc 603.7
— adreçador 98.12
— d'apoi dels xapons 56.14
— collat sobre el arbre motor 158.2
— comptador 432.7
— desviador 282.16
— de la devanadora 35 3
— amb entalles 370.8
— escalonat per a plegar 566 9
— d'esmeril de moviment transversal 72.8
— esmerilador 70 12, 72.9
— esmerilador amb moviment de vaivé 72.13
— d'esmerilar Horsfall 339.8
— excèntric 185.3, 536.13
— de fricció 140.1, 233 13, 529.8, 530 8, 532.5
— de fricció enfilat a la broca 529 7
— de fricció ratllat 448.11
— giratori 422 14
—-guia 150 18
— indicador 54.11, 55 10
— indicador per al galgat 80.3
— d'inversió 448.5
— lenticular 421.13
— -manivela 292 3
— amb mosses 370.8
— regulador 559.14
— amb revora cònica 531.5
disgregació del cotó 25.11
disgregar el cotó 25.12
disminució del pes de la tela 42 13
disminuir (viscositat) 463.11
— la llargada del cul de la fusada 167.9
disoldre la potassa 273.6
disolució del greix de la llana 274.16
dispar 81.12, 521.8
— automàtic 535.7
— automàtic en cas de doblar 566.8
— automàtic per a fusada plena 180.4
— automàtic quan se trenca un cap 524.3
— dels manuars 110.11
— sensible 534.15
— quan se trenca una veta 111.9
disparador 125.5, 131.8
disparar el cadell 131.12
disposar les barques de rentar 279.13.14
— el fil en forma de madeixes 562.18
disposats en zig-zag (nassos) 31.1
— en zig-zag (los passatges) 104.1
disposició de l'alimentació de la selfactina 205.3
— en pisos 279.12
— de la corda del volant 353.2
— excèntrica de les puntes 80.5
disposició del fil (amb) sense moviment transversal adicional de la pua 532.1.2
— inclinada dels corrons alimentaris 404.6
— dels passatges 103 11
— dels rastells 215.10
— d'una sala de barrejes 22.15
— uniforme de les fibres 7.16
— del volant 202.4
dipositar el borrissol 322 10
dispositiu v. t. aparell, joc, màquina, mecanisme, sistema
— d'ajustatge de les barres dels aranyers 535.12
— d'alimentació 382.15
— d'alimentació de botons 590.20
— d'alimentació de la carda obridora 198.17
— d'alimentació reversible 40.6
— antibalónic clos 153 1
— antibalónic obert 152.18
— dels barrots de la pols 36.4
— per a canviar la llargada de la cursa del guia-fil 533.13
— de cloure el mecanisme de plegat 531 8
— de les cordes en el carro 173.11
— de les cordes de conduides 177.8
— de descàrrega de les blusses 446.2
— de descàrrega dels eriçons 389.6
— de descàrrega de les mermes 446.2
— per a dipositar i mantenir les fibres 383.13
— d'embragar 527.4
— per a la extracció de la punxa 380 2
— de fer botons 559.7
— de galgat dels cilindres 59 8
— de galgat dels xapons 79.9
— per a humectar i arrodonir 485.1
— per a humitejar 485.12
— d'inversió de la barba 446.1
— per a investir la corrent d'aire 575.10
— mecànic de desembragar 113.15
— de pinçat (del fil) 384.7, 557.6, 558 3 6
— de plegar 488 14
— de pont per a la mudada 565.11
— Rieter per a suportar i ajustar els cilindres 58.14
— de tanca automàtic de la tapa 487.14
— tensor amb dents de porcellana i corró-guia 536.5
— de tiratge del carro 164.12
— per a tivar el fil 522.14
— per a treure la pressió dels corrons 106.7
dissoldre la caseïna per un licor alcalí 471.19
— la cola de peix en el vinagre glacial 459.8
— amb gasos l'agglutinant de les fibres de seda 438.5
— la gutaperxa en el sulfur de carboni 459.7
— la matèria gomosa 225.13
— la sericina amb aigua bullenta 436.20
—-se en llana (col·lodió) 462.2
dissolvent, fer al alcohol — del col·lodió en llana 457.18
dissolvent el greix 275.2
— volàtil 297.10
distància de les agulles 372.3
— de les barretes 372.2
— entre els botons 561.8
— entre el corró d'arrencar i la mordassa 93.5
— de les pues 129.13
distribució de caixa 291.6
— irregular de la torta 154.7
— per tiruar 291.6
distribució uniforme de les fibres 263.6
distribuidor d'aire 572.18
distribuir el liquid d'ensimatge 239.12
dit 172.11, 533.7
— ajustable 205.11
— compressor 130.11
— d'embragar 353.15
— fix 549.10
— de fixació 180.8
—-guia 349.4
— de tivar la cadena 547.8
dividir el vel 329.7
divisió per agulles 478.4
— per corrents d'aire comprimit 478.3
— de la fulla de pasta de paper 477.13
— per ganivetes circulars dentats 478.5
— del vel de carda 193.6
— del vel per mitjà de corretjons 203.12
— del vel en tires (transversals) 329.6.10
divisor de corretjons 330.7
— de lames d'acer 330.12
— senzill (múltiple) 330.10.11
— de vel 193.9, 203.11, 330.5
doblador 5.9
— de llana 539.12
dobladora 5 10, 12.8, 536.7
— de cotó 539.9
— de llana 539.13
doblar 12.7, 105.6
— els fils 515.8
— la seda grega 430.7
— les teles 41.10
— les vetes 451.16
— les vetes de borreta 453.8.19
—, estirar i — les vetes 251.5
doblat 12.6, 41.13
— de x caps 430.8
— compensador 326.19
— excessiu 104.9
— igualador 326.19
— múltiple 386.13
— del pentinat 386.5
— del primer estiratge 222.21, 223.1.2
— de la seda 430.6
— de les vetes 222.20
—, estiratge i 251.4
doblegar cap al darrera les pues 339.18
doll d'aigua a pressió 477.15
dolla 59.2
— del arbre del tambor desplegador 358.14
— boja 567.8
— de bronze 351.10
— dentada 531.4
— de formació 209.2
— del fuset 510.9
— de fusta 116.2
— de la pua 527.16
— de pujada 209.2
donar al aspi els brins de seda 421.15
— blauet a la veta 386.1
— una capa de goma sobre la bóta 63.12
— l'esmerilat acabador a les dents de carda 338.15
— una neteja preliminar 26.6
— una pressió positiva 447.2
— reacció àcida 309.5
— resistència al fil 9.21
— una torsió falsa 331.10
— torsió al fil 429.16
— torta 9.6
— una torta suplementària 498.6
— x voltes (pua) 144.3
drap 396.6
— cheviot 397.4
— per a cobrir corrons 118.1
— de corder 498.2
— per a corrons 117.4
— de llana 335.4, 389.13
— de llana peixat 397.5
— netejador 395.5
— rugoso 507.7
drapaire 399.3
— majorista 399.5
draps aprestats 396.18
— bastos 396.13
— batanats 399.13
— blancs 397.21
— de bon color 398.1
draps bruts 396.17
— centrifugats 403.19
— de color 397.22
— de color dolent 398.2
— de color perdut 398.3
— corromputs 396.21
— de crochet de ganxo 397.17
— desacidats 403.7
— descolorits 398.3
— encolats 396.18
— escollits 399.8
— de fibra curta (llarga) 396.9.10
— fins 396.14
— de llana pura 396.11
— de matèries de genres per a senyora 397.2
— mig-fins 396.15
— de mitja llana 396.12
— de mitjes 397.11
— negres 397.24
— nets 396.16
— nous 396.8
— de panyo 397.1
— parats 396.18
— podrits 396.21
— polsosos 396.19
— retenyits 398.4
— rònecs 396.20
— de seda 455.15
— de semi-llana 396.12
— tacats 396.17
— de teixit de punt 397.12
— de teixits de gancho 397.17
— de tela 397.1
— tot llana 396.11
— triats 399.8
— trinxats 304.11, 400.6
— trinxats en sec 403.16
— de varis colors 397.23
— vells 396.7
drissa 596.17
duja de cable 596.18
duració de l'alimentació 94.3
— del procés de rentat 268.14
durada del procés de carbonització 307.1
duresa del aro 150.1
— permanent 270.1
— del plegat 155.9
— regular 66.12
— temporal 269.22
— total del aigua 269.21
— uniform 66.12

E

ebonita 112.11
ecartament 68.12, 308.15
— de les agulles 372.3
— de les barretes 372.2
— dels claus de la bóta 311.18
— entre els corrons d'alimentació i d'estiratge 218.13
— de les pues 129.13, 150.5
— entre les superfícies cardantes 58.13
ecartar amb una galga de creu 105.7
ecartar amb galgues de culissa 105.9
economia del calor 294.10
efecte de batut 31.5
— del blanqueig 287.3
— de carbonització 301.13
— destructor dels àcids sobre les matèries vegetals 302.13
— frotador de les bosses de cuiro 332.11
— neutralitzador del aigua dura 302.16
— de presa 103.4
— de regularització per el doblat 81.2
eina per a fer la vorra 110.7
— de fusta dura per a fer les vores 110.10
— d'ós per a fer les vores 110.9
— de tornejar 337.3
eix dels corrons frotadors 334.1
— de gravetat 553.6
— de la pua 122.16
elasticitat 66.15
— augmentada del fil 475.9
— de la corda 513.4
— del material 64.9
electricitat de les fibres 102.8
electrització de les fibres durant l'estiratge 102.6

electrotècnic 5.21
elevador de catúfols . . 40.2
– Deru 281.1
eliminació del àcid . . 403.6
– dels botons 400.8
– del coure del fil . . 467.15
– de les fibres curtes . 374.4
– de les impureses adherides del fil . . . 454.12
– de les matèries en suspensió 271.1
– dels residus vegetals 301.4
– del sulfat de sosa per rentat 309.16
– dels xemics del fil . 428.20
eliminar l'aigua 302.4
– l'alcohol del fil . . . 463.16
– el coure del fil assecat 467.16
– el sulfur de la seda . 434.22
– els vapors d'èter . . 462.11
embà (intermedi) 284.4, 296.11, 306.8
embalat 578.6
– del cotó 15.19
– dels fils 576.5
– del fil amb teles mulladas 573.13
– de les fusades . 578.8.9.10
embalatge 16.10
– dels paquets de lli . 217.10
embocadura 39.9
èmbol (de la premsa) . 288.5, 289.10
embolicar el manat . . 216.12
emborrar 338.7
emborrat de la guarnició de carda 338.6
embotir el ratllat . . . 120 20
– el rebló 61.13
embragar 346 11
embragat de la campana de baixada 191.8
embrutament del fil durant la filatura . . 227.2
embut . .51.10, 111.7, 257.8, 370.3, 470.7
– amb agulla d'acer . 343.4
– d'alimentació 196.8
– alimentari . . . 39.7, 259.4
– d'arrodonir . 484.11, 478.12, 485 6, 486.4
– d'arrodonir amb forat cònic 478.13
– per a fer les capes . 328.9
– condensador . 372.5, 451.13
– de fusta 422.12
– giratori 343.3, 380.8, 449.10
– giratori per a estam 372.4
– -guia 506.6
– amb nucli interior cònic 484.12
– per a l'oli . . 149.2, 295.10
– de sortida 487.13
– tallat 208.8
– per l'untatge 126 8
emmadeixat 563.22
– de cadena 564.2
empalmar la corda . . 493.20
empalmat (curt, llarg) 359.18.20.21, 493.21.22.23
– de cordas 493.19
– de ferradura 494.1
– amb trau 493.24
empaquetador . . . 5.3, 576.11
empaquetadora . . 5.4, 576.11
empaquetar els fils . . 576.6
empaquetat en bales . 578.6
– del cotó 13.2
– dels fils 576.5
– de les madeixes de fil 576.9
empènyer la fusada a la punta de la pua . . 175.12
empenyiment de la fusada a la punta de la pua 175.13
empesa 428.14
empolsar la borra de seda 438.22
empresari 1.14
emulsificació 275.4
emulsió d'aigua i oli . . 238.14
encadellar 346.15
encadellat (del carro) 206.12, 346.16
encaix 533.1
– corbat 123.14
–-guia del pinyó . . . 546.10
– semicircular 510.8
– del suport 324.5
encaixos 400.11
encallament de la roda de disc 57.2
– de les teleres . . . 23.5
encanyissat 575.9
encargolades 133 13
encarida 359.19
encaridor 3 12
– de corda 494.5
encarit 359.18
encarregada dels aspis 421.2
– dels gills 372.13
encarregat del assortiment de cardes 318.11
– del batuar 267.3
– de les cardes 75.17
– del diable 268.2
– del ensimatge 239.4, 314.6
– dels gills 372 12
– del llop 267.3
encenall de fusta . . . 476.2
encolador de corrons . . 120.2
encolar 64.17
encolat del drap (al corró) 117.5.6
– de la mànega de cuiro 333.1
– supletori 333.4
encomenar en cordó . . 408.5
encorronades 398.13
encorronador 3.15
encresponat 484.19
enferrixament de la caixa de la serreta 60 9
enfilar el fuset en el rodet 128.5
– sobre la pua (el rodet) 255.10
–-se en els corredors (els fils) 151.3
enfonsar la testa de metxa en els pintes 383.10
– la veta en el pinte anular 448.14
enfonsat d'una agulla metàl lica en les cordes 512.12
enganxadora 3.16
enganxar 64.7
– la coberta de cuiro . 119.4
enginyer 1.15
engraellat 27.16, 49 1, 220.12, 259.3, 296.16
– ajustable 48.4
– de barrots d'angle . 367.10
– amb barrots inclinats 197.11
– de barrots amb placa de puntes 36.11
– de les barres amb puntes 260.11
– de la bóta . . .31.12, 33.7, 79.1
– (cònic) de la devanadora 33.15, 35.4
– de ferro 570.16
– de filferro 297.5
– fixe 366.3
– de fusta 229.18
– amb joc lateral . . . 196 18
– del lladre 78.1
– de placa foradada . . 36.7
– de planxa (d'acer trepanada) 267.11.12
– de plaques en forma de butxaca 36.9
– per a la pols 27.6, 29.6, 260.4, 312.13
– rectilini de bóta . . 33.8
– rectilini de devanadora 33.16
– Schällibaum 48.1
– de tela metàl·lica . . 267.13
engranatge hipocíclic . 140.3
engranatges del manuar 114.1
– de la metxera 122.14, 134.1
– de la selfactina . . . 186.7
engravació en bany d'oli 555.2
– de cloure les mordasses 506.13
– intermitent 546.12
engravar 343.12, 346.11
engrossiment (m) . . . 174.14
– del cul de la fusada 174.8
– de diàmetre de cos de la fusada 174.9
enmagatzemar el cotó en estat esponjós . . . 24.15
enreixat 307.10
enriat de la filassa . . 261.9
enriquiment del bany precipitant en coure . . 468.3
enriquir-se en coure (precipitant) 468.2
enrotllador per a la fulla de paper forrada . . 481.8
enrotllar la cinta d'esmeril en espiral . . 71.21
– el manat de jute en la clivella 243.1
– la tela . . 45.7, 46.5, 451.10
– en vergues rodones de fusta 444.11
ensabonar el fil de seda 428.7
ensacar la llana . . . 264.7
ensellat dels pesos . . 107.1
ensimador . . . 239.5, 366.12
– de llana 314.6
ensimar 237.14
– el jute 237.4
– la llana 313.14
ensimat de la borra . . 441.2
– de la llana 313.15
– ruixant a capes . . . 317.6
ensimatge cabal del jute 237.16
– en compartiments . . 239.2
– dels draps 403.13
– de la estopa de cànem 232.8
– del jute 237.2
– a mà 317.1
ensofrar els capolls . . 418.4
entalla 109.15
– arrodonida 373.13
– per a ble d'untatge . 344.13
– de la bóta 444.4
– en la palanca 186.3
entarimat per al la llana 294.8
entrada del aigua d'esbandir 365.15
– del aigua de rentat . 280.14
– d'aire 294.11, 323.2
– del carro . . 159.13, 166.12, 343.17, 557.13
– del cotó 35.6
– de la llana 296.15
– del vapor 571.7
entrador 319.18
entradors amb guarnició de dent de serra a espires oposades . . 370.4
entrar (carro) 166.13
entrar en la metxa (pinte) 383.5
entrega 103.7
– per corrons 345.9
– de la veta a la pinça 99.2
entregar la metxa estirada 163.13
enverga 596.8
envernissar el cuiro (amb una solució de cola) 120.4.5
equilibrar els braços . . 40.14
– la llanterna 145.1
– les masses 291.1
equilibrat del carro . . 132.10
equilibri de les masses . 290.15
equivalència de números 603.10
erecció dels caps de les fibres del fil per l'electricitat 570.1
eriçó . . 221.9, 259.14, 384.12, 392.12
esbandir amb aigua de riu freda 284.16
– la borra de seda . . 438.17
esbandit dels draps . . 401.5
– de la llana (en aigua neta) 284.14.17
escabatet 163.15
escairat del cànem . . 496.2
escala 613.18
escalfador 306.4
escalfament de la caixa de la serreta 60.9
– del coll de la pua . . 555.1
– de la pua 148.16
escalfar el lleixiu de rentat 275.16
– l'oli d'ensimatge . . 238.17
– el pinte 375.16
– per serpentins . . . 437.18
–-se (el jute ensimat) . 237.15
–-se (la pua) 148.17
escampar el esmeril sobre el corró 71.16
– els pèls per a assecar 514.4
escarbat 163.14, 545.7
escarbatina 163.15
escardaces 435.15
escletxa 429.9, 524.7
esclop 165.18, 206.15
esclopet 125.7
– de tres galzes . . . 499.6
escobilla de coure . . . 113.3
escollir d'acord amb la finor 364.17
escombar el paviment mitjançant corrons netejadors 193.8
escombrador 3.20
escombradora 3.21
escombreta de remenar 420.5
escorça de tilia 492.17
escorces de capolls . . . 436.1
escorregut de la llana (per centrifuga) . 288.1.12
– de la llana per hidroextractor 288.12
escórrer l'excés d'àcid . 304.19
– la llana 279.1
escorxa d'alzina 419.16
– de quillaja 278.2
escot arrodonit 497.14
escurar la estopa de les agulles 213.17
escurçament de la cadena 351.1
– de la corda 494.4
– de les fibres de jute 242.11
– del fil per la torsió . 164.7
– del fil durant la torsió suplementària . . . 348.9
escurçar, cadena per a – el descargolat . . . 207.2
– la cursa del guia-fil . 535.10
– les fibres de jute . . 242.10
–-se (cordó) 499.17
–-se durant el retort (fils) 541.17
–-se per la torsió (fil) . 164.8
escureta . 70.15, 75.5, 340.13
escurredor 288.7
escurridor 288.7
esfors de tensió irregular del fil que's plega . 517.14
esmeril 70.20
esmerilador de carda 4.9, 71.22
– amb sabates d'esmeril de vaivé 339.1
– de xapons Platt Brothers 73.8
esmerilar amb la carda parada 70.7
– corrons de carda . . 339.6
– el cuiro 118.16
– la guarnició de la carda 69.11
– amb oli 338.18
– en sec 338.17
– mentre treballa la carda 70.8
esmerilat acabador . . 338.14
– afinador 338.14
– de les cardes . 69.10, 338.8
– en fi 338.14
– dels filferros 67.11
– en forma de punta d'agulla 67.13
– lateral 67.15, 339.9
– lent 69.17
– a mà 70.23, 338.19
– de les puntes amb la màquina de guies d'arada 67.16
– ràpid 69.18
– de la superfície . . 67.12
esmolar la guarnició . . 69.13
esmolat dels filferros . 67.11
– de la guarnició . . 69.12
espadador 495.8
espadadora 495.5
espadar el cànem . . . 495.3
espadat del cànem . . . 495.1
espadella 495.5
espai 68.12
– buit 294.10
– llis en la guarnició del pentinador 329.11
– lliure entre els barrots 36.6
– lliure entre els barrots de la reixa 48.3
– entre els nassos . . . 31.3
espais lliures 336.8
espargir els botons en el llevador de la carda metxera 590.19
esparto 492.19
espasa de la grua . . . 166.5
– del plegador 166.4
espatlla del filferro . . 68.11, 335.16
espècie de llana . . . 266.10
espècies de capolls . . 413.14
esperit de fusta 459.1
espiga d'acer endurit . 55.1
– dels pintes 219.8
espigó del con-guia . . 528.3
espira a la dreta (esquerra) 517.11.12

espiral allargada . . . 561.2
— ascendent 351.11
— descendent 351.12
— d'entrada (del carro) 169.10, 349.14
— de pas petit (gran) . 561.1.2
— de pujada del carro 169.10
espirals del carro . . . 169.9
— de sortida del carro 177.6
espires allargades . . . 565.14
— que baixen 551.14
— deixades sobre el fuset en posició obliqua . 538.10
— inicials 533.10
— de plegat juxta-posades 517.7
— que pujen 551.14
espolsar 75.14
— el velló 265.9
espolsat dels draps . . 400.17
espolseta de draps. . . 400.19
esponjament dels flocs de fibres 25.2
esprémer la llana . . . 279.1
espremut de la llana. . 288.1
espurneig de la seda silvestre 427.20
esqueixar les fibres de jute 243.2
— el jute llarg 244.8
esqueixat de les fibres de llana 369.6
— pausat 606.23
— progressiu 606.23
esquilada 264.9
esquinçada dels gruixos de cotó 20.1
esquinçar el velló . . . 265.13
esquitxada de les aranyes 225 15
estacar el fil 352 15
estacat del fil a la pua 352.14
estallat. 475.11
estam 363.18
estampat de la veta pentinada. 374.15
estanteria per a escórrer la llana 287.16
estanyat, pues d'acer . 335.7
estat esponjós. 24.15
estenalles per a guarnició 338.5
estendre 8.10
— el cànem de fibra llarga 231.18
— els fils 498.19
— el jute rastellat . . 246.10
— el velló 265.7
— les vetes de borreta pentinada 453.17
estenedor. . . . 227.6, 293.18
— (obrer). 219.10
estenedora de jute . . 246.12
— (obrera) 219.11
estès 8.9
— dels fils 498.9
— del velló 265.8
estesa de fibra llarga . 231.17
— del jute rastellat . . 246.9
— del lli 217.20
estiba de bales 17.12
estibada per capes . . 197.6
estibar les bales. . . . 17.11
estiradora en gros . . 371.16
— de lli 224.2
estirar 8.13, 502.7
— la corda 513.7
— el cordó piano . . . 356.4
— i doblar les cintes de carda avant del pentinat. 80.15
— i doblar les vetes . 251.5
— tot el doblat 452.8
— la fibra 14.10
— les fibres per mitjà de corrons 102.11
— el fil en una solució alcalina 467.2
— un filament de vidre 491.7
— la gelatina en filaments 471.8
— la madeixa. 576.16
— el manat per les agulles del rastell . . . 213.9
— massa 101.15
— la metxa 159.17
— la metxa de jute . . 256.15
— el rami 262.13
— la seda desengomada 434.18
— el tub capil·lar . . . 467.12
— la veta . . . 100.12, 222.12
— la veta de carda . . 371.7
— de vuit (el manuar) 101.13
estirat 101.4
— progressiu dels filaments 472.10
— uniformement . . . 66.13
— de les vetes de borreta 453.18
estiratge 8.12.14, 101.4, 345.11, 371.8
— amb accionament dels pintes per cadena . 219.4
— auxiliar 389.3
— del cotó 100.8
— i doblat . . . 222.11, 251.4
— i doblat del cànem . 233.1
— i doblat de les cintes de carda avant del pentinat. 80.16
— d'eriçons . . . 221.8, 254.9
— d'eriçons senzill (doble) 372 14 15
— excessiu 101.14
— final 101.9
— igual al nombre de vetes 104.8
— intermedi 101.8
— parcial 101.6
— del pentinat 386.5
— preliminar 101.7
— preparatori . . 81.4, 101.7
— del primer manuar . 222.13
— de porcupines . . . 221.8
— per rotafrotors . . . 387.13
— senzill (doble) . . 371.10.11
— superior al doblat. . 223.3
— suplementari 389 3
— de la tela 42.11
— total. 101.10
— de x de les vetes . . 371.13
— de les vetes de borreta 453.7
— de les vetes de la pentinadora. 384.8
— de les vetes de seda 451.15
—, gran 101.12
—, petit 101.11
estopa 8.8, 496.12
— de l'arrel. 220.3
— amb botons 220.7
— de cànem . . 232 3, 492.4
— del cap 220.4
— cardada 220.8
— ensimada. 232.7
— espadada 219.15
— d'espadat (a mà) . 219.13.14
— impura de cànem . 232.4
— de jute tallat. . . . 244.7
— de lli 212 13, 492.10
— de lli de color fosc . 220.5
— de lli enganxosa . . 220.6
— nusosa 220.7
— pentinada 222.10
— de pentinat . 212.12, 220.9
— del pentinat en fi. . 232.6
— del pentinat en gros del cànem. 232.5
— del pentinat mecànic 220.1
— del peu 220.3
— de la punta 220.4
— (no) quitranada. . 492 11.12
— de rastellat en gros . 219.16
— del triatge 220.2
estopes de jute 258.11
estovar amb aigua bullent 418.8
— una barra de vidre a la flama d'un buf de gas 491.6
— els capolls 440.15
— el greix de la llana . 274.15
estovat del cànem. . . 230.15
— de fusta per vaporitzat 476.6
— del greix de la llana 274.14
— de les impureses adherents 274.13
estrella 125.10, 132.6
— de braços de la debanadora 566.12
— per a la cadena. . . 254.1
— de la cadena dels xapons 74.1
— divisora 379.3
— d'estaques 74.8
— de fil de cosir . . . 520.15
estriat feble superficial de la seda de morera 427.22
— pronunciat i longitudinal de la seda silvestre 427.23
estries, x — per polçada 71.16
estripar el matalàs . . 321.13
— la tela 321.13
estripat de la tela. . . 321.14
estructura dels capolls. 416.1
estufa 294.5
estufa d'acondicionament per a seda. . 616.10
— d'acondicionar . . . 616.5
— para borra de seda . 440.5
— de carbonització . . 306.3
— de carbonització en forma de torre. . . 307.15
— de carbonitzar amb alimentació i sortida contínua. 307.16
— de carbonitzar de calaixos 307.14
— de dessecació transportable 417.17
esventament de la pua 554.15
èter 297.13
— acètic 460.10
etil-acetat 460.10
etiqueta de marca. . . 16.9
— de prova 602.19
— indicant la qualitat . 235.5
etiquetar els feixos de lli comprats. 210.4
evaporació . . . 293.10, 371.5
— de les aigues de xurre 273.11
— de benzina 438.10
— de filatura 398.12
— de la humitat en refredar el fil 572.9
— de pentinadora . . . 375.2, 398.9
evaporar petroli 438.8
evitació de gotims. . . 574.8
evolució d'arrencada de la pinça 382.13
evolucions de la selfactina 159.8
examen del cotó . . . 13.3
— de la fibra 14.9
— visual del fil 610.1
examinar els capolls . 413.4
— amb microscopi l'obertura del tub capil·lar 467.13
excèntric 60.2, 98.15, 181.3, 252.7, 260.10
— axial. 249.11, 536.13
— de les bosses 333.15
— de canal . . . 182.11, 183.3
— del carro 162.10
— del comptador . . . 179.3
— de cor 246.7, 537.13, 551.7
— de cor assimètric (simètric) . . . 551.11, 551.12
— dels corrons . 162.9, 176.9
— de desplaçament axial 182.3
— per l'escursament de la cadena del sector 350.8
— de la forquilla de la corretja 162.11
— de les pinces 382.1
— de pujada del carro. 246.8
— de pujar el balancé . 230.2
— regulador de l'alimentació 93.12
— en el sentit del eix . 249.11
excèntrics ajustables. . 190.4
excés de consum de força degut al oli espès . 148.11
— de sabó 277.7
expedició dels paquets. 577.10
explosiu 297.12
exposar la llana a l'aire sec i calent 292.16
express-carda Rissler . 48.5
extendre la pasta lleugerament 117.8
— els pèls per a assecar 514.4
extensió de la soldadura 86.1
extès de la tela de la nina 86.4
extesa de les barbes. . 450.15
extracció del àcid de la llana 310.4
— del àcid per rentadores mecàniques 310.1
— del aigua de la llana 287.8
— dels botons de lli . 216.8
— dels caps durs de les borres de filatura . 196.2
— dels components vegetals. 402.2
— de les costures . . . 400.15
— dels didals 196.2
— doble de les fibres de la guarnició de la bóta 201.14
— del greix 273.15
— d'impureses 376.10
— de la llana de draps 395.11
— del llapissó destruit 308.10
— de les matèries grasses de la seda. 433.6
extracció mecànica parcial del aigua d'esbandir. 287.9
— de les motes 369.5
— del oli amb la bomba 148.12
— de l'oli brut mitjançant bomba 555.3
— de la pols de la llana 266.15
— per pressió del lleixiu 279.3
— de la punxa 380.3
— dels residus de llapissó 406.3
— de retalls 395.12
— de les sals potàssiques del xurre 272.12
— de la seda dels capolls 418.5
extractor 281.1, 282.12, 283.4, 298.3
— de impureses 203.10
— de pel caní. 322.11
— de pols 39.12
extra-plegat dessota el bitllot. 156.7
— dessota la fusada . . 175.8
— sota el rodet 551.13
extrem quadrat 121.2
extremitat de cuiro . . 535.3
—, fer l'— del corró de pell 110.5
extret de pal campetxe 238.16
extreure l'aigua químicament combinada del fil 468.1
— les bales de qualitat diferent 18.12
— la borra de les guarnicions 75.4
— el cap de la filassa . 496.16
— les capes de la bala de jute 235.10
— els caps durs . . . 196.3
— l'embalatge de la bala 18.5
— del filtre-premsa els vapors amoniacals . 466.1
— el greix 273.16
— el greix de les aigües de rentat 299.14
— les impureses deixades per les operaciones anteriors 49.21
— la llana del llapissó . 368.9
— una mostra 298.9
— l'oli amb la bomba. 148.13
— la pols per aspiració 75.15
— la pols de la llana . 266.16
— les sals potàssiques de la suarda 272.13
— la tela 47.9

F

fàbrica de cordes . . . 494.13
— de fil d'empalomar . 494.14
— de filats 1.6
— de guarnicions de carda 69.8
— de regenerat 396.4
— de shoddy 396.4
— de tiratge de capolls 412.10
fabricació de cables metàl·lics 509.1
— dels corrons ratllats. 120.8
— d'estam 364.2
— del fil flamejat . . . 590.1
— de fils de cel·lulosa de la fusta 475.1
— de fils de llana cardada 263.11
— de fils de paper . . . 479.7
— dels fils de pasta de fusta 476.5
— de les guarnicions de carda 65.13
— de filats d'estam . . 364.4
— de filats de llana cardada 263.8
— de guarnicions de carda 69.6
facturador 6.1
falç 243.6
— de caiguda 93.9
— de la grua 166.5
— del plegador 166.4
falca . . . 73.13, 332.15, 497.7
— d'acer 213.2
— compensadora . . . 73.7
fallar (alimentació del fil) 554.10
falsificació del lli espadat 209.14
feix de lli preparat . . 210.3
feltre. 478.16
— greixós. 397.20

feltre de llana 397.19
femella d'ajustatge 54.10
— corredera 181.14
— doble 290.5
— d'orelles 548.4
— de papallona 332.19
— del quadrant 170.14
— del sector 350.7
fenedura 524.7
— en el gotet amb corronet boig 527.13
— guia-fil 527.10
fermentació de la borra de seda 437.8
— del jute embalat humit 236.18
fermentar la borra de seda 437.11.19
ferro cementat en la superficie 120.15
— forjat 286.1
— fregador per a cànem 495.12
— de gra fi 191.4
fibra 6.12
— castigada 26.2
— de coco 492.15
— de cotó 14.8
— curta 6.16, 195.5
— elàstica 14.4
— elemental 6.13, 19.18
— fluixa 14.5
— individual 49.18
— de jute flexible 240.5
— de llana atacada 276.13
— llarga 6.15
— de lli 255.11
— llisa 6.17
— morta de cotó 14.6
— ondulada 6.18
— de rami 261.3
— relliscadissa 194.8
— riçada 6.19
— seca i trencadissa 428.4
— trencadissa 15.17
— vulcanitzada 76.11
fibres desiguales, de 14.15
— disposades a angle recte 326.1
— electritzades 102.7
— excitades per l'electricitat 102.7
— iguales, de 14.14
— de jute desfetes 247.3
— pentinades 82.2, 245.3, 450.9
— sense pentinar 82.1
— vegetals 402.3
—, les — son deixades flonges 7.10
fibroina 411.9
ficar les cintes d'acer 56.7
fil 9.18, 535.5, 599.10
— d'acer 65.16, 493.11
— adamascat 584.16
— alpaca 583.2
— d'alpaca (estucat) 585.14.15
— d'alta qualitat 579.12
— americà 579.4
— d'amiant (amb ànima) 589.10.11
— d'ànima 559.8, 561.15, 591.4
— d'aspi de x yardes 599.8
— aspiat 610.12
— aspiat en l'aspi curt 563.6
— d'assortiment 193.12
— d'Austràlia 584.1
— d'austrús 591.3
— amb bagues 591.19
— amb bagues de mohair 562.1
— barés 584.20
— base 559.3
— de Bazar 579.7
— en bitllots 583.12
— blanquejat 605.11
— de la bobina 112.12
— de borra 195.3
— de borreta 454.5
— amb botons 590.5, 591.8
— per a brodar al tambor 580.15, 584.22
— en brut 581.8
— de cable 592.11
— cablejat 539.15
— per a califes 583.7
— de cànem 592.6
— de cànem quitrant 508.16
— a un cap 515.4
— de carda-metxera 193.12
— cardat 193.12, 580.5
— cardat i pentinat 364.11
— amb càrrega 605.15
— castor 580.20
fil de castor 584.3
— de catxemira 585.21
— de cel·lulosa 588.18
— de classe baixa 579.14
— de coco 588.14
— Coconada 579.5
— de color 580.22
— conductor d'electricitat 113.4
— de continua d'aletes 138.6
— de continua d'anells 138.7
— de corda (xemicat) 592.11.14
— de corda 582.3
— per a cordills de fer garbes 592.15
— que corre al plegat 528.8
— de cosir 580.8, 581.22
— de cosir escriptures 593.2
— de cotó 580.1
— de coto gasejat 580.21
— de cotó-polvora 462.10
— de crep de seda 586.20
— de crèpe 584.19
— de crespó de Xina 586.21
— de crin 586.1
— de croxet 585.3
— cru 581.8
— descargolat 165.14
— desigual 605.21
— doble 354.4
— doble pilós 425.8
— dur 605.22
— de duresa mitjana 606.1
— d'Ecòcia brillant 581.2
— elàstic 606.3
— d'empalomar 580.16, 592.16
— d'empalomar blanquejat 593.1
— d'empalomar de dos (tres) caps 593.4.5
— d'empalomar en cru 592.17
— d'empalomar natural 592.17
— d'empalomar per a sucre 593.3
— enfeltrat 591.14
— ensiunat 583.14
— d'escames 591.14
— d'Esmirna 585.5
— d'estam 363.18
— d'estam bronc 364.7, 584.5
— d'estam en brut 583.18
— d'estam cardat 583.17
— d'estam cru 583.18
— d'estam desgreixat 583.19
— d'estam dur 364.7
— d'estam mesclat 364.1
— d'estam mixte 364.1
— d'estam rentat 583.19
— d'estam suau 364.8
— d'estam tou 364.8
— estampat 581.1
— estirat per el pes propi 466.15
— d'estopa 581.7
— d'estopa de cànem 582.2
— d'estopa fosc 581.15
— d'estopa de jute 582.7
— d'estopa negrós 581.15
— estucat 584.10
— feltrant 606.6
— fent la fantasia 559.4.9
—-ferro de dispar 536.1
—-ferro de suspensió del drap 395.4
— fi de corder 592.12
— de fibra de fusta 588.19
— de filassa 581.6
— filat en fi 590.3
— flamejat (estampat) 580.23.24, 589.14
— flamejat de llana 582.15
— flamejat produit per torsió 589.15
— fluix 140.7, 539.19
— fort 598.18
— fort de seda grega 426.2
— per a franel·la 583.9
— frenat 527.11
— en fusades 583.11
— de ganxet 580.12, 585.3
— gasejat 455.13
— de genre de punt 585.4
— glacé 580.7
— greixós 605.6
— grisalla 583.5
— gruixut de corder 592.13
— gruixut de seda grega 426.1
— gruixut de gran suavitat 193.10
— humit 606.4
— d'imitació 579.8
— imitació de vicunya 579.9
fil impermeable 468.7
— impregnat de quitrà 508.15
— India 579.5
— jaspejat 584.9
— jaspiat 579.19
— Jumel 579.3
— de jute de filassa 582.6
— de jute pentinat 582.6
— de lasting 584.18
— de llana cardada 263.5
— de llana mussolina 584.15
— de llana de pi 588.16
— de llana retort 583.15
— de llana seda 585.16
— de llana per a tapissos 583.8
— de llana i turba 588.17
— de llautó 512.9
— de lli 592.9
— de lli aprestat 581.14
— de lli blanquejat 581.17
— de lli enllustrat 581.16
— de lli filat en sec (mullat, mig-mullat) 581.11.12.13
— de lli per a teixir 581.18
— de lligat 561.16
— llis 363.17
— Luisiana 579.4
— de llustre 584.4
— a màquina 581.10
— massa tort 541.8
— merceritzat 581.3
— merino 583.22
— de mescla 582.8.14
— de mescla clar 582.10
— de mescla fosc 582.9
— de mescla llustrosa 583.10
— de mescla mohair 585.20
— de x metres 599.9
— fil una mica desigual 605.20
— una mica xemicat 605.20
— mig ordit 138.21
— per a mitgeria 580.14
— de mitja-llana 408.4
— mitja-llana de punt 585.2
— de x mitjes unces 604.7
— mohair 585.19
— molinat 584.12
— molt igual 605.18
— multi-color 584.10
— de mungo 583.3
— de mungo a forta torsió 583.4
— net 605.5
— nitrat 581.4
— oliós 605.7
— onejat 591.20
— ordit 154.14, 498.11
— Orleans 584.17
— de paper 588.21
— de paper „textilina" 589.5
— de paper „textilita" 589.4
— de paper „textilosa" 589.3
— de passamaneria 580.18, 585.7
— de pasta de paper 588.20
— de pasta „silvalina" 589.2
—-pèl 591.5
— de pèl blanc 585.9
— de pèl blanquinós 585.10
— de pèl de cabra (d'Angora) 585.18.19
— de pèl de camell 585.13
— de pèl de cavall 586.1
— de pèl cendrós 585.11
— de pèl gris fosc 585.12
— de pèl grisenc 585.11
— fil de pèl per a tapissos 586.2
— de pèl de vaca 585.23
— de pèl de vedella 585.22
— pelut 193.11
— pentinat 580.6
— de perles 591.8
— de Persia 584.23
— pilot 580.19
— de piroxilina explosiu 462.10
— pla 589.7
— pla amb ànima de filferro 589.9
— pla amb ànima de fil textil 589.8
— pla de la seda salvatge 427.17
— polit 580.7
— prim 598.17
— prim de seda grega 425.17
— de punt 580.13
— de punt de mitja 585.1
— de puntes 581.23
— de qualitat inferior 579.14
— de rami 588.15
fil de regenerat 582.18
— regular 605.19
— (no) rentat 605.8.9
— amb rinxos 591.19
— en rodets 583.12
— rodó 589.6, 605.19
— rosari 591.8
— de schappe blanc 588.2
— de schappe groc 588.1
— sec 606.5
— de seda basta 588.3
— de seda contret 434.17
— de seda de crespó 586.20
— de seda grega mal aspiada 425.5
— de seda grega amb bagues 425.12
— de seda grega amb borrissol 425.6
— de seda grega amb cap fluixos (cargolats) 425.10.11
— de seda grega amb nusos 425.15
— de seda nuós 425.16
— de seda pobre en coure 467.17
— de seda verd-malaquita 467.18
— sedós 581.20
— de segona qualitat 579.13
— de selfactina 580.3
— de semi-llana 579.11
— senzill 430.5, 515.3, 539.3.14
— senzill per a corda 493.15
— senzill de schappe 587.20
— de shoddy 582.19
— sobre-tort 541.8
— sòlid 9.22
— suau 606.2
— de tapisseria 585.6
— per a tapissos 583.7
— de tensió 511.8
— tenyit 580.22, 605.13
— „Thibet" 583.1
— de tint sòlid 605.14
— tivat 140.8
— de Togolina 579.6
— amb torsió cap a la dreta 153.14
— amb torsió esquerra 153.13
— de torsió forta 498.7
— amb torta cap a l'esquerra 153.13
— tou 606.2
— de Tournai 584.21
— de trama 139.1
— per a trenar 580.17
— de tricot 585.4
— en tubs 583.13
— uniforme 605.19
— unió de punt 585.2
— universal 582.13
— de vel 584.20
— „vicunya" 579.10
— de vicunya 585.17
— de vigonya 408.4
— vigoureux 584.8
— viscelina 588.12
— de viscosa enganxós 469.3
— de vores 582.17
— water 580.2
— xemicat 169.1.2, 605.21
— amb xemics 169.1
— xeviot 583.23
— de xilonina 589.1
— xiné 580.23
— zèfir 584.24
— zibelina 582.16
filable 7.2
filadis 435.14, 436.10
filador 1.9, 2.15
— d'alpaca 408.15
— de cànem 234.11
— de continua 141.17
— de cordes 494.8
— de cotó 1.10, 137.9
— de crins 408.7
— d'estam 364.5
— d'estopes 225.1
— de jute 256.17
— de lama 408.16
— de llana cardada 263.9
— de lli 224.15
— a mà 10.10
— a moll 225.9
— d'ordit 2.19
— de pèls 408.7
— de pèls de cabra 408.13
— de pèls de camell 408.11
— de pèls de vaca 408.9
— de schappe 452.10

filador a sec 225.6
— de seda 412.7, 435.10
— de selfactina 176.1
— de trama 2.21
— de vicunya 409.1
filadora 2.10
— de cànem 234.12
— de contínua d'aletes 2.17
— de contínua d'anells 2.18
— de cotó 137.10
— de crins 408.8
— d'estam 364.6
— d'estopes 225.2
— Jenny 159.5, 341.5
— de jute 257.1
— de lama 408.17
— de llana cardada 263.10
— de lli 224.16
— a mà 10.11
— a moll 225.10
— d'ordit 2.20
— de pèls 408.8
— de pèls de cabra 408.14
— de pèls de camell 408.12
— de pèls de vaca 408.19
— de schappe 452.11
— a sec 225.7
— de seda 435.11
— de trama 2.22
filament 6.12
— d'albúmina 471.11
— del capoll 411.5
— de fibroïna 434.6
— flexible de vidre 491.8
— de gelatina insoluble 471.9
— de vidre de color 491.14
— de viscosa 468.12
filaments artificials de caseïna 471.13
— artificials de fibroïna 472.5
— artificials de gelatines vegetals 472.11
— artificials de matèries albuminoses 471.10
— artificials de la solució d'osseïna 472.16
filar 1.3
— amb un àcid 469.1
— els borres de cotó 194.14
— el cànem 234.3
— amb la carrilla 497.16
— el cotó amb el sistema de cardes-metxeras 193.4
— els desperdicis de cotó 194.13
— en fi 9.17
— el fil de borreta en la selfactina 454.4
— fluix 138.17, 496.18
— el jute (en sec) 234.8, 256.16
— la llana ensimada 318.2
— la llana seca 318.3
— el lli 210.16
— matèries de mitja llana 408.3
— matèries de vigonya 408.3
— en una solució calenta de sal amoníac 468.12
— sense torsió suplementària 164.15
— amb torta fluixa 496.18
— la viscosa 468.11
filassa 212.9, 435.18
— de lli 211.17
filat 9.18
— sobre bitlles de trama 154.11
— d'un cap senzill 496.15
— domèstic 583.6
— fluix 9.19, 138.16, 159.19
— amb fus i filosa 581.9
— del lli 210.17
— a mà 581.9
— a mans 583.6
— del mohair 409.13
— dels pèls 514.7
— saturat d'humitat 615.7
— en sec 581.11
— amb poca torsió 9.19
— amb torsió forta 9.20
— amb (sense) torsió suplementària 164.13.14
— de les vetes de paper 484.22
filats de cànem 582.1
— de cotó 579.2
— de jute 582.5
— de llana cardada 582.12
filatura 1.2.6, 137.4, 204.12, 390.15
— d'alpaca 409.6
— del amiant 489.5
— de les borres de seda 435.3
— de borreta 452.12
filatura del cànem 228.1, 233.6, 234.2.13
— de cànem de fibra llarga 228.13
— del cotó 13.1, 121.8, 137.6
— de cotó (fàbrica) 1.7
— dels desperdicis de cotó 194.12
— dels desperdicis de pentinat de rami 262.14
— de distints pèls 408.5
— del estam 363.9, 386.4
— de l'estopa de cànem 228.14
— de les estopes de jute 234.10
— d'estopes de lli 210.19
— en fi 9.16
— de les fibres de fusta 476.4
— de fils de color 194.2
— de fils d'imitació 194.3
— de gruixut d'estam 364.13
— sense guany del carro 393.7
— de jute 234.5.7.9, 254.10, 256.14
— del jute amb estopes de cànem 234.15
— del jute amb estopes de lli 234.14
— de la llana 263.1
— de llana de carda 341.3
— de la llana cardada 263.2
— de llana cardada (fàbrica) 263.7
— de llana pentinada 364.3
— de lli 209.6, 224.14
— del lli de fibra llarga 210.18
— a mà 10.9
— mecànica 11.9
— del mig-estam 364.12
— de la mitja llana 408.1
— del mohair (fàbrica) 409.12
— de números gruixuts de cotó 193.2
— de números prims (fàbrica) 1.8
— de pèl de catxemira 409.7
— de pèl (fàbrica) 408.6
— de pentinat de rami 262.12
— del rami 262.11
— del regenerat de seda 455.14
— de schappe 435.12
— de seda 412.9.10
— de la seda artificial 456.3.4, 467.5
— del vidre 491.5
— de la vigonya 408.1
filera 466.7
— d'agulles 85.5
filet 587.2
— cap a la dreta (esquerra) 240.12.13
— de la rosca 252.0
fileta 127.5, 139.5, 159.14, 257.3, 385.7
— de les bobines 382.16
— circular 96.12
— per a la col·locació alternativa dels rodets 551.2
— per a contínues de retòrcer d'anells 550.14
— desmontable de fusades 569.1
— amb devanadores de llanterna 569.4
— per a diferents rodets 551.3
— doble amb quatre pisos 188.11
— de ferro amb revestiment de fusta 128.11
— per a fusades 543.13
— amb fusets per a bobines de rota-frotor 568.9
— amb fusets de fusta cònics 568.11
— amb fusets de doble molla 568.13
— amb fusets tallats de fusta 568.10
— giratòria 535.6
— inclinada 391.5
— per a metxa doble 188.9
— per a metxa senzilla 188.8
— obliqua (de dos pisos) 544.10, 551.1
— amb pisos de rodets d'inclinació diferent 544.14
— de tres prestatges per a metxa doble 141.20
— d'un (de dos) prestatge per a metxa senzilla 142.1.2
— per a retòrcer fils forts 544.11
fileta per a rodets 379.9
— per a rodets de valones verticals 544.6
— amb rodets en zig-zag 188.10
— per a selfactines 188.7
— amb tubs giratoris 568.8
filetejat rectangular 218.11
filferro 493.7
— antibalònico 153.3
— de carda 67.2, 335.8
— el·líptic 65.18
— estampat 493.14
— estanyat 493.9
— galvanitzat 493.8
— de la grua 160.7
— de guarnició 65.14, 67.2
— ovalat 65.18
— pla 65.19, 493.13
— del plegador 160.5
— rectangular 65.19
— revelador 525.5
— rodó 65.17, 493.12
— rodó aplanat 66.3
— de secció especial 493.14
— triangular 66.1
— triangular amb una cara convexa 66.2, 336.9
— vestit de coure 493.10
filferros juxtaposats 596.23
— soldats 477.10
—, x — per y centímetres quadrats 335.9
filosa 10.17
fils de borra de seda 587.18
— casats 354.4
— doblats 12.9, 515.5
— durs 298.14
— d'imitació 194.3
— plegats per capes d'espires que creuen fortament en la punta 517.8
— de seda artificial 588.5
filtració per filtre d'amiant 465.17
filtrar a alta pressió 271.3
filtrat final 271.6
— preliminar 271.5
filtre d'aigua 271.7
— de grava 271.10
— d'oli 361.17
—-premsa 271.13
— preparatori 271.8
— de sorra (granada) 271.10.15
—, primer (segon) 271.8.9, 362.1.2
fimbració del corró de pressió 107.10.12
fimbrar (corró de pressió) 107.11
finestra 38.6
finor del bri del capoll 416.5
— del fil 598.16
fixació de la placa de guarnició 61.5
fixar l'aigua 302.5
— l'esmeril 71.8
— les espires per vaporitzat 591.7
— el fil 432.6
— la grua en la posició baixa 175.11
— per torsió els caps tallats 562.2
flassada 407.8
flejes de ferro 578.7
flexibilitat de la corda 513.3
flexió elàstica del filferro 67.8
— del xapó 53.10
floc 49.16
— de cotó 82.10
— de fibres de seda 444.8
— de llana 375.8
floca 25.13
— de cotó 20.5
flocs 265.18
— de llana mullats 287.10
— de les potes 265.20
— de la testa 265.19
floques de llana de baixa qualitat 265.21
flor del cuiro 332.6
flotador 365.12, 574.7, 608.9
flotar en el bany (llana) 282.10
fluïdesa del dissolvent 463.10
foc de la carda 222.3
fogaina 306.14
— de coc 402.10
fogó de peraire 375.18
— per a pintes 375.18
fons de la barca 285.7
— basculant 320.6
— de cartó 62.1
fons de cistell 289.1
— de la fusada 167.7, 543.14
— de la gàbia 22.12
— mòbil 200.10
— perforat 283.3, 286.2
— a xarnera 320.6
—, fals 285.8, 571.6
—, fals — perforat inclinat 278.13
font de calor 293.3
foradar a biaix les cordes juxtaposades 512.5
forat cònic 478.13
—-guia 452.7, 487.6
— d'home 298.5
— lateral de la pua 553.11
— d'oli 126.9
— amb plom 304.21
— quadrat 121.3
— de sortida 36.8
— amb tanca 27.11
forats per a la conducció del rodet 554.12
forca dreta de corder 499.1
— transportadora 278.10
força ascensional de la llana 282.9
— del bany àcid 303.11
— batidora 31.6
— centrífuga 130.14, 288.13
— centrífuga de la bóta 31.4
— enfeltrant 302.9
— de ruptura 606.16
— saponificadora de la suarda 272.4
forjador 5.22
forma dels capolls 414.5
— del filferro de guarnició 67.3
— de las pues de carda 335.14
— de la superfície de plegat 155.6
— d'engraellat, en 477.5
— de pilotes, en 442.11
formació d'un aguller 159.9
— de bosses 327.1
— de botons 560.6
— de la capa durant la pujada 551.16
— de cargolins 169.4, 358.1
— de la corda per l'ullet-guia 511.15
— de cordes 500.3
— de cordons 498.4
— d'una emulsió 275.4
— d'encargolades 133.13
— d'encorronada 107.16
— d'encorronades per impureses 108.5
— del fil 456.6, 468.10
— de floridura 574.10
— de fulles de paper 476.18
— de la fusada 154.17
— de gotes 464.7
— de llibrants 498.3
— de nusos 423.14, 560.4
— de pols de la carda de lli 221.11
— de rissos 133.13
— del rodet 140.13
— de la tela 32.8, 45.6
— de teles llargues amb creuat 327.9
— de la veta 50.6
— de vores en els corrons de pell 110.4
formaldehid 297.17
formalina 316.8
formar baga al voltant de la xapa (fil) 553.13
— bagues (bri del capoll) 425.13
— la base 146.3
— els botons sobre el fil acabat 591.2
— una encorronada (corró) 107.15
— el rodet 140.14
formar-se (gotes) 464.8
formatge 519.5, 551.4
— de plegat creuat amb puntes còniques 519.7
— de plegat obert (tancat) 519.8.9
formol 316.8
forn de calcinar la potassa 273.12
— de carbonització 307.6
— de peraire 375.18
— per a pintes 375.18
forqueta transportadora 278.10
forquilla 282.14

orquilla del aranyer . 129.8
- de la corretja 161.1, 186.4, 324.9
- de desembragat de la corretja 95.6
- d'embrague. 158.6
- de ferro 340.11
- de la magrana . . . 347.3
- oscil·lant 281.9
- transportadora . . . 278.10
orrar el compartiment d'ensimatge amb planxa de zinc . . 239.7
orrat en ambdues cares 480.4
- en una sola cara . . 480.3
- de cuiro 158 3
- de la fulla de paper . 480.2
órtor durant la fermentació 437.20
osfat d'amoni 464.1
ossa col·lectora 439.15
- de fermentació . . . 437.15
- de formigó 437.16
ranel·la 389 13 397.6
re . . . 289.11, 337.12, 347.5
- de l'aleta 548.2
- del arbre de temps . 161.10
- per a baixada del carro 161.6
- de cinta 46.9
- de cinta per a la magrana del corró alimentari 347.6
- de descargolar . . . 179.6
- del descargolat doble 190.7
- de genoll de la pua . 147.9
- de la llanterna . . . 192.11
- a mà 109 14
- de la pua . . 147.4, 209.3
- del rodet. . . 545.9, 549.2
- de sabata 47.5
- de sabates per a retorcedoras pesadas . 549.12
- suplementari 190.9
fregador de cànem . . 495.11
fregament del anellet . 552.4
- de les fibres 6.21
- del fre 47.2
- superficial de les fibres 6.22
fregar la bóta amb grafit 63.14
fregat 484.17
- amb carda 507.3
- a mà de les tires de paper 484.21
- en mullat 507.11
frenada de la pua . . . 554.4
frenar 347.9
- el fil 527.11
- la gran palanca per mitjà d'una palanca de colze 162.4
- el rodet . . . 140.9, 544.13
fresa 57.1
- a mà per als collarins de les pues 363.4
fricció del arbre de temps 161.10
- per a baixada del carro 161.6
- del corredor amb l'aro 150.15
- de descargolar . . . 179.6
frotament del cordatge . 507.2
- del pentinat 386.5
- de les tires de pasta de paper 478.10
frotar 203.15
- el corró de pressió . . 253.2
- el cuiro 333.5
frotat 331.12
- de les tires del vel . 331.9
fuetada dels balons . . 152.17
fular pel llarc 484.20
fulla d'acer con guarnició reblada 61.17
- de cautxú 445.3
- de paper alimentada 483.6
- de paper forrada (amb un vel de fibres tèxtils) . . . 480.8, 481.8
- de paper humitejada 480.7, 482.6
- de pasta de paper . . 481.1
- de pasta de paper dividida prèviament 478.7
- de la serreta 60.1
fulles de pisarra. . . . 304.8
fumeral 306.16
funcionar en bany d'oli (peu del arbre). . . 290.11
fundació de travesses de fusta 290.6
- de vigues de fusta . 290 6
fundició, de. 21.3
fus a mà. 10.12
fusada 154.9
- defectuosa 174.12
- mal feta 174.12
- d'ordit 154 13
- d'ordit de selfactina 569.2
- mal plegada 174.12
- de plegat creuat . . 351.16, 519.13
- plena 157.3
- de trama (de selfactina) . . . 154.10, 569.3
- tubular 520.3
fuset 128.3, 139.7, 142.3, 557.9, 565.8
- de boix 544.1
- de fileta horitzontal 568.7
- de fusta 543.16
- roscat 346.6
fusets de doble molla . 568.13
fusta. 59.10
- de boix 110.8
- de roure 77.6
- de vern 77 5
fuster 5.23

G

gàbia 32.3, 44.14, 48.8, 195.9, 220.15
- d'aspiració 313.9
- de baix 33.11
- de barreja (buida, plena) 22.10, 24.13.14
- de dalt 33.10
- de llistons . . 304.1, 437.17
- suspesa 304.2
gàbies de llanterna ajustables 611.18
- de llanterna amb guia-fils mòbil 612.7
galga 92.3, 362.5, 445.11, 500.17
- per a l'alçada de les pues 362.9
- anglesa de filferro . 66.20
- per a l'arbre del plegador 362.14
- per a cardes 78.5
- per als corrons ratllats 362.15
- de creu 105.8
- per filferro 509.14
- per filferro del plegador 362.8
- per a la grua . . . 362.16
- d'inclinació de les pues 178.7
- per a les llanternes . 362.10
- per a plegador . . . 362.7
- per a reglar la inclinació de les pues. . 362.6
galgador de cardes . . 60.17
galgar el corró esmeriladordor 70.10
- la distància dels suports de la fileta amb la llargada dels rodets. 127.9
- amb una galga de creu 105.7
- amb galgues de culissa 105.9
- el pinte 377.12
- les regles de la devanadora amb l'engraellat 42.19
- el volant a la oïda . 322.17
- el volant profundament 322.16
galgat de la carda . . 60.15
- dels cilindres 58.12
- massa collat 70.11
- del corró esmerilador 339.7
- dels corrons de carda 324.1
- de l'ecartament entre les dues sèries de pintes 214.9
- de la inclinació de la pua 178.4
- lateral dels cilindrets 59.7
- dels xapons . . 53.14, 54.13
galons 400.10
galteres 41.3
galze. 41.4, 499.7
- arrodonit 497.14
- corbat 123.14
—-guia del pinyó . . . 546.10
galze del rodet per a la corda del fre . . . 140.10
- semicircular 510.8
galzes circulars 490.10
ganivet. 118.2, 119.3
- desborrador 213.16
- desmotador. 199.6
- en forma de falç . . 231.13
- en forma de mitja lluna 400.16
- amb punta de falç . 196.14
ganiveta . . 27.9, 36.3, 118.9, 368.6, 406.2
- d'acer ajustable. . . 429.8
- del braç doble . . . 535.2
- circular . . . 482.11, 483.2
- de desguarnir. . . . 389.11
- desmotadora . . 78.7, 381.4
- enfonsadora 381.4
- esmotxada 382.18
- longitudinal 481.11
- moixa 382.18
- oscil·lant 603.8
- purgadora 429.12
ganivets circulars dentats 478.5
- longitudinals 312.14
ganxo de corder . . . 499.4
- de coure per a treure les encorronades . . 108.1
- del dispar automàtic 524.1
- de fer troques . . . 577.2
- guia-fil. 548.7
- del mecanisme compressor 46.10
- de molla 105.17
- passador 578.5
- del pes del corró d'arrencar, de devant (de darrera) . . 88.15, 90.7
- dels pesos 105.15
- de pressió per ressort 21.1
- de retenció 146.7
- de suspensió 613.14
- torcedor 499 12, 500.9, 504.9
—, nas i 162.15
ganxos 100.6
- d'acer 62.5
- torcedors 503.4
garba de lli preparat . 210.3
garbellat del amiant. . 490.6
garganta 35.11
garres i vorres 265.5
gas amoníac 460.8
- de suintina 300.6
gasa filtrant 463.13
gasejar el fil 455.5
gasejat dels fils 455.4
gastar-se (piano) 555.7
gastat 390.9
- per l'us 185.8
gata 159.1
- en el fil 159.1
gavarrot 338.4
gelatina 459.9, 471.1
- comercial 471.3
genappe 584.14
genoll de la pua 335.15
genollera 133.3
genre de cotó 13,5
Génua 341.5
gill 218.9, 251.14, 379.12
- de barretes (corbes) 218.10, 372.11
- de barretes per a estopa. 224.1
—-box 371.18, 385.17
—-box amb plaques d'escalfar 388.5
—-box progressiu 372.6
- circular . . . 253.8, 372.7
- curvilini 372.11
- d'estiratge amb accionament de les barretes per cadena . . 253.9
- de rosques . . 218.10, 251.6
- de rosques per a estopa de lli 224.1
- soleil 253.8, 372.7
gills accionats per cadena 219.5
girar a batzegades (eriçó) 384.13
- continuament (collarí del arbre de dos temps) 182.8
- per corró de fricció (bobina) 516.12
- descentrat (cilindre) . 202.18
- per disc de fricció (bobina) 516.13
- en una grapaldina de vidre (peu del fuset) 544.5
girar amb intermitències 342.4
- intermitent (corró alimentari). 84.3
- en la mateixa (oposada) direcció que la bóta (xapons) . . . 57.4.5
- pesadament (el corró de pressió). 107.13
- amb la pua 516.11
- al revés (bótes pentinadores) 447.7
- al revés (les pues) . 165.3
- no ben rodó 107.8
- en sentit oposat a la telera 29.4
- per tracció del fil (el rodet) 140.5
- a una velocitat angular constant (pues) . 516.7
- a una velocitat circumferencial constant 516.10
- a velocitat perifèrica creixent (els parells de corrons) 102.15
glacé 587.15
glicerina 428.11, 484.1
goma 63.12
- aràbiga 428.16
- de la seda 411.8
gorja. 483.5
- de darrera 353.10
- de davant 353.9
- de la mitja-magrana 345.20
- de la politja de la corda 506.11
- senzilla (doble) . . 353.11.12
- en la valona inferior del rodet 546.6
- del volant 353.8
gotet 527.9
- de pisa 128.13
gotims 574.8
gra 603.1
- angular 71.6
- del esmeril 71.1
- fi 71.3
- gros 71.2
- pla 71.5
- rodó 71.4
graduació 613.18
- circular 361.1
- per a diferents sistemas 614.11
gradualment 212.1
gram 600.23
grandària de les malles metàl·liques 195.11
Grant, aspi 432.2
graons ajustables verticalment 567.1
grapa 533.2
- del batedor 441.14
- per a cables 513.13
- de ganxo 487.5
- de retenció 180.8
- d'unió 328.4
grapaldina 97.12, 122.17, 131.3, 177.14, 354.14
- de bronze 355.1
- de forma pera . . . 289.14
- de pisa 128.13
- de porcellana 128.15
- amb refrigeració d'aigua 36.13
- de vidre . . . 128.14, 544.4
- de vidre menjat amb àcid 128.16
grapes torçades 62.6
grapó 354.1
grau crític de la torsió 9.9
- de duresa 74.12
- de duresa del aigua . 269.20
- de finor 598.15
- hidrotimètric del aigua 269.20
- d'humitat 615.5
- de rigidesa del filferro 67.4
- de saturació 272.17
- de sequedat 615.12
- de torta 9.3, 431.3
- de tremp 74.12
grava garbellada . . . 271.12
greix àcid 315.15
- animal. 315.12
- combinat. 271.2
- no combinat 274.2
- de la crisàllide . . . 419.11
- líquid 315.13
- de llana coagulat . . 300.18
- de llana fluid 274.7
- de llana líquid . . . 300.15
- de llana oliós. . . . 274.7
- de llana solidificat . 300.18

greix natural 315.14
— natural de la llana . 274.1
— neutre 315.16
— ranci 274.11
— saponificable . 274.3, 315.10
— saponificat 275.7
— vegetal 315.11
groixuts per a fils . . 535.14
grossària de la tela . . 325.8
grua 160.6, 351.18
— carregada 168.9
— i plegador no treballen 165.1
gruix de la capa alimentària 41.14
— de la corda . . . 500.15.16
— de cotó en la bala . 19.17
— del fil 10.1, 598.14
— del filferro 66.16
— irregular del bri de capoll 411.13
— de la tela . . . 32.9, 325.8
grumoll de sericina . . 411.18
guarda ajustable . . . 404.8
— rodes del carro . . . 351.9
guardacap 494.3
guardar les cintes de carda en lloc calent 64.3
guarnició d'agulles de la barreta 86.14
— anular d'anells . . . 221.6
— de la bóta . . 60.21, 248.4
— de carda . . 323.11, 334.13
— de carda aspra . . . 339.17
— de carda amb clarianes 339 15
— de carda amb dents groixudes 335.11
— de carda amb filferros fins 335.12
— de arda del llevador 88.6
— de carda amb patén de cuiro i teixit . . 335.2
— de carda amb patén de teixit 334.15
— de carda amb patén de teixit i feltre . . 335.1
— de carda amb pues d'acer (estanyat) . 335.6.7
— de carda amb pues de ferro 335.5
— de carda saturada de fibres 75 3
— de cardes 60.12.18
— de cilindret . 62.13, 248.7
— del corró alimentari . 248.3
— de cuiro del llevador 248.6
— de dent de serra a espires oposades . . 370.4
— de dents d'acer . . 48.12
— de dents de serra 199.7, 336.11
— desborradora 340.17
— Garnett 336.11
— del llevador 61.1
— de llevador per a fil flamejat unit . . . 589.17
— del pelador 248.5
— de planxa 244.12
— de pues 68.3
— amb punta d'agulla 336.5
— de volant amb espais lliures 336.8
— del volant amb patén de cuiro 336.6
— de volant amb pues interposades 336.7
— del xapó 61.2
guarnir el corró . . . 337.4
— la fileta . . . 97.14, 226.6
— la turbina amb cuiro rugós 97.14
guarnit del corró superior amb drap 116.17
guia . . 247.14, 250.13, 251.12, 281.11
— de les anelles de la cadena 254.3
— del aro per a corredor d'agulla 392.2
— de la barreta d'agulles 379.11
— de les cadenes . . . 244.4
— corbada 342.11
— de la corda 192.5
— de la corretja . . . 43.11
— a culissa 46.3
—-culissa del copisplet . 352.7
— enfonsadora 372.10
—-fil . . 143.12, 523.3, 525.10, 528.9, 530.9
— de fil de coure . . . 461.11
—-fil a cursa variable 551.15
— fil-ferros 509.9
guia-fil de filferro esmaltat 564.17
—-fil mòbil 143.14
— fil oscil·lant . 208.7, 526.13
—-fil oscil·lant del fil de fantasia 560.8
— per al fil de tensió . 511.10
—-fils . . 422.3, 423.9, 431.20, 461.10, 503.5
—-fils ajustable 486.14
—-fils d'alçada ajustable 473.5
—-fils de cua de porc . 137.13
— del ganivet 118.3
— del gill 379.11
— d'inversió 230.11
— metxa 129.5, 257.5
—-metxes ajustable . . 226.3
—-metxes doble 105.2
—-metxes del segon corró 191.12
— de les mordasses 230.3, 245.8
— de la pentinadora mecànica 214.6
— dels pintes 219.6
— de la pua 130.1
— dels rodets 33.4
— superior per a conduir la tela 89.11
—-veta 76.18, 111.4
— per a la veta de fibres 486.6
— per a la veta de paper 486.5
—-vetes 104.12.14
—-vetes d'entrada . . . 111.1
— de vidre amb trau obert 543.9
— de les vores 86.3
guiador amb forats en zig-zag 105.1
guiadors 104.12
guiar les capes de vel per sobre d'un pont . . . 201.2
— a través de la fenedura del bombo (fil) . . . 524.10
— el fil a mà 521.13
— el fil submergit en aigua 542.6
— els fils durant la torta 498.13
— de pressa (tupí) . . . 499.11
— el tupí poc a poc . . 499.10
guies alimentàries . . . 218.6
— culisses del corró superior 279.6
guix 310.6

H

habilitat manual . . . 10.14
heer, un — irlandés . . 599.3
hidrat potàssic 276.9
— sòdic 276.10
hidro-carbur líquid . . 463.1
hidrocel·lulosa 301.15
hidro-extractor . 288.16, 439.17
— amb accionament per fricció en la part superior 288.17
— amb accionament per la part inferior . . . 289.12
— forrat amb plom . . 304.21
hidrògen 301.17
hidròlisis de la cel·lulosa 460.13
hidròxid d'alumini . . . 465.13
— de magnesi 465.12
higroscopicitat dels filats 615.6
homogènia del fil . . . 605.17
humectar el cordatge amb draps mullats . 507.9
humidificació de les capes de fusades . . . 574.2
— dels fils 569.10
— en soterranis 574.12
humitat 15.4
— variable dels filats . 615.8
humitejador, bombo . . 482.3
humitejadora, tremuja . 485.3
humitejar la barreja . . 442.13
— el fil 573.7
— la fulla de paper . . 480.6
— el lli espadat . . . 209.17
humitejat dels capolls 442.14
— de la fulla de paper abans de forrar-la . 480.5
— de la fulla de paper abans de tallar . . 483.9
— de la metxa 226.4
— dels rodets de valones 483.12
— dels tires de paper mentre son filades . 483.11
— de les tires de paper mentre son plegades 483.10

I

igualació de la disposició de les fibres 386.7
igualar el cap de la tela 41.9
— el cuiro 115.16
— la superfície 64.19
— la veta 100.14
imant d'acer 360.11
imitació 194.3
impedir la desfeta de la mescla 313.7
impermeabilitat 468.8
impregnació uniforme de la llana 316.22
impregnar amb àcid sulfúric 440.9
— el col·lodió en llana de una solució de clorur de calci 457.19
— el fil 463.18
—-se d'oli (llana) . . . 314.1
impureses 15.13, 26.10
— adherents 274.13
— insolubles 268.6
— de pentinadora . . . 375.3
— pesades (del velló) . 26.11, 265.10
— solubles 268.5
incendi de la carda . . 222.3
incendiar-se (el lli) . . 222.4
inclinació de la pua . . 160.2
inclinar els caps dels xapons amb tascons (sabatetes) 73.6
incombustible 227.8
index . . 100.4, 348.5, 360.18
indicador d'allargament 513.16
— del nombre d'agullers 207.10
— de la producció . . . 133.9
— de la tensió 609.7
induït 113.2, 360.14
indústria de borretes . 452.13
— de desperdicis de seda 452.13
— doméstica 412.8
— del filferro per a guarnició de cardes . . . 67.1
— de guarnicions de carda 69.9
— de molinatge de la seda 412.11
— de la seda 412.6
inferior al contractat de $^{1}/_{4}$, ($^{1}/_{2}$, $^{3}/_{4}$) grau 14.20.21, 15.1
inflamabilitat de la seda de col·lodió 462.7
inflamable 297.11
inflamar-se fàcilment (seda) 462.8
inflament de sericina . 411.18
inflar-se (la llana) . . . 284.2
inflor de la llana . . . 284.3
influència del calor sobre la fibra de llana . . 292.17
— de la humitat en els cables 500.18
ingredient de rentat . . 274.17
injecció d'aire calent . 282.8
— de l'aire humit a través del fil 573.3
injectar aire calent en el bany de rentat . . 282.7
— la solució en un bany precipitant 472.3
— en una solució calenta de sal amoníac . . . 468.12
— la solució per a filar en tubs capil·lars . . 463.8
injector 280.10
inserció dels filferros . . 68.1
— de fusta 112.10
— ortogonal 68.10
— de les pues 68.8
insertar els filferros . . 68.2
— els filferros en línia recta 68.14
— x pues per una polzada de llargada . . 68.5
— en ratlles de costat amb línies alternes . 69.5
instal·lació de carbonització 301.9, 306.1
— de carbonització amb calefacció directa . . 306.2
— de clarificació de les aigües brutes . . . 299.8
— per a la fabricació de cordes 503.10
— de fermentació . . . 437.14
instal·lació d'humidificació per a caves de fils 574.19
— per a humitejar el fil 575.4
— de pentinat de Fairbairn 447.11
— per a vaporitzat al buit i humidificació 572.1
— de xemeneia per a humidificar 572.14
insuficientment pentinat 376.8
intensitat de la acció dels àcids 302.15
— del cardat 49.19
intermèdia roda 136.12
interposat entre dues capes de paper . . . 480.9
interposició de fusta . . 112.10
interrompre l'alimentació 554.5
interrupció d'engravat . 537.2
interruptor 158.7
intersecting . . . 372.1, 451.6
introduir la metxa a mà 130.9
inversió automàtica de la barba 450.13
— de les barbes a mà 450.11
— de la cursa del carro 352.11
— de marxa 349.6
— de la rotació de les pues 348.16
invertir la barba (a mà) 445.15, 450.12
— la cursa del carro . 131.14, 133.2
— la marxa 346.13
— els rastells guia-fils . 504.13
irradiació de calor . . . 294.14
irregularitat de plegat . 171.7
isolament 112.8
isolar de la corrent elèctrica 112.9

J

Jènua 159.5
joc v. t. aparell, dispositiu, màquina, mecanisme, sistema
— d'alimentació per a doblar i retòrcer . . 356.13
— de balancer en les contínues de retòrcer d'anells 551.6
— de barretes d'agulles 371.17
— de bàscula 125.4
— de cadells . . . 131.6, 256.7
— de cadells de canvi . 125.4
— de cap de cavall de la selfactina 176.6
— de cardes 80.10
— de desembragar . . . 474.1
— diferencial . . 125.14, 126.1, 255.12
— diferencial amb rodes rectes y dents interiors 126.10
— d'encadellament . . 180.3
— d'escala de Dobson i Barlow 132.5
— d'escursar la cadena del sector 351.4
— d'espirals . . . 161.5, 163.8
— de falsa torsió . . . 342.1
— de fricció motriu del aspi 473.10
— lateral dels cilindres de la telera 24.6
— de llanterna per al moviment de vaivé del balancer 546.7
— de molles de guitarra 173.1
— de pesos de precisió . 615.2
— de pintes 214.8
— de pintes d'agulles . 371.17
— de plegar 137.18
— de plegar la cadena de descargolar . 179.11, 184.1
— de rastells 214.8
— de retòrcer la seda artificial 474.3
— de seguretat 350.3
jornaler de preparació . 2.1
jornalera de preparació 2.2
Jumel 579.3
juntura encolada (de cuiro) 119.7.12
jute 492.14
— botonés 236.16
— classificat 236.3
— comprimit 235.9

jute embalat humit . . 236.18
— sense ensimar . . . 237.14
— ensimat 237.17
— de fibra llarga . . . 236.7

L

lactat de sodi 457.16
lama (teixit) 397.7
lama 461.7
— d'acer 331.1
— amb extremitat de cuiro 535.3
— mòbil 331.6
làmina sota la mordassa inferior 93.7
laminat 8.12
lanolina 300.19
lente d'acer. 289.5
leviatan 279.11, 286.12
— de tres barques . . 280.1
licor alcali 437.4
limit de càrrega. . . . 513.10
— del títol 602.12
limits de temperatura . 417.12
línia de contacte dels corrons 103.2
— isòsceles en zig-zag . 512.10
— de presa dels corrons 103.2
— de retenció dels corrons 311.16
línias en zig-zag que's creuen 512.11
liquid de blanqueig . . 287.2, 300.10
— calent 274.16
— coagulador 462.15
— extret 288.15
— oliós. 315.17
— precipitant d'acció lenta 466.14
— precipitant a base d'un àlcali càustic . 464.14
— saturat de xurre. . 272.16
lot de llana. 266.11
— de lli (d'olor fresca) 210.1.2
— per a pentinar . . . 212.4
— per a rentar 268.15
lubrificació de les fibres de jute untantles. . 237.12
— regular per un anell 148.18
lubrificador per a pues de Josephy 355.15

LL

lladre 51.1, 77.13, 199.4, 319.20, 368.11
llana acidulada 304.17
— afeltrada del ventre. 265.22
— d'animals malats . . 266.4
— apilada 311.7
— artificial 395.10
— blanca 269.12
— bona per a pinte. . 363.16
— carbonitzada 308.9
— de carda 263.4
— cardada 318.9
— carregada de palles . 301.3
— carregada de pallofes 301.3
— catxemira 363.14
— desengreixada . . . 273.17
— enfeltrada 269.15
— engreixada artificialment 274.12
— ensacada 264.8
— ensimada (artificialment) 274.12, 314.5
— d'una sola esquilada 264.9
— de dues esquilades . 264.10
— exempta de greix . 269.11
— en floques 310.12
— de fusta . . . 476.1, 492.18
— impregnada 282.11
— inferior 266.3
— llarga 363.11
— malaltissa 266.4
— de mescla 311.3
— mullada 287.6
— mussolina 584.15
— oberta 269.13
— passada per el batuar 310.9
— de pell 264.12
— pelada 264.12
— de pinte 363.11
— que porta sabó . . . 366.4
— de la primera esquilada 264.11
llana regenerada . . . 395.10
— regenerada de cabs de fils 395.13
— regenerada per estripat de genre de punt 396.2
— regenerada de matèries (no) enfeltrades 395.14, 396.1
— rentada (industrialment) 268.21, 301.6
— retinguda 311.17
— rica en greix 274.6
— suarda 274.4
— suau 407.19
— tractada amb solució de sal. 305.14
— viscòsa. 269.14
— xopa 282.11, 287.6
llanta de la roda . . . 281.2
llanterna 144.8, 256.9, 502.5, 555.15, 557.8
— conduïda per els pianos del altra. . . . 556.2
— equilibrada 144.16
— porta-bobines de metxa 204.15
llanternes guies 525.9
llàntia d'alcohol. . . . 616.6
llapis. 608.13
llapissó. 402.4
— carbonitzat. 307.5
— destruit 308.10
— negre 307.4
— sencer 367.4
— trencadis. 302.8
llapissóns trencats . . 367.5
llargada base 598.11
— de la bobina . 518.1, 533.12
— calculada del fil . . 604.8
— del cul de la fusada 167.8
— efectiva del fil . . . 604.9
— de la fibra . . 6.14, 14.11
— del fil 563.1
— de la línia de contacte 107.6
— de la madeixa . . . 598.21
— de la madeixa en metres (Yardes) . 603.16.17
— de ruptura . . 513.11, 606.11
— de la tela alimentada 93.11
— del toc 223.16
— del troquilló 599.7
— uniforme de les vetes 223.13
— del vel. 327.16
— del xapó 53.8
—, mateixa — de veta. 223.17
llauna 76.7
— blanca 566.11
llautó trepanat 124.7
llavor de lli 316.15
llegir en el disc el nombre de torsions 432.8
— el percentatge de borres 100.7
llei, segons una — definida 151.5
lleixiu alcali concentrat 464.16
— alcali diluit 464.15
— alcali feble 464.15
— calent 275.17
— de cendra de fusta . 419.15
— concentrat 275.18
— diluit 275.20
— fluix 275.20
— fort 275.18
— fresc 275.14
— de x graus 275.19
— nou 275.14
— regenerat. 276.7
— de rentat 275.11
— de sabó 277.9
— de sosa 275.21
— usat. 276.5
lleixiuar la fusta . . . 476.7
lleixiuat del lli 217.18
llençar (volant) 323.5
llençar la llana 322.9
llengua de serp 166.9
llet 316.4
lleusar les fibres (volant) 323.5
lleva 181.3, 252.4.7
— d'aixecar. 531.14
— axial 536.13
— collada. 560.10
— de pujar 445.7
— reglable 152.9
— sobre l'arbre dels excèntrics 346.2
llevador 51.7, 79.5, 88.9, 97.17, 247.12
— d'anells 330.2
lli 492.9
— en brut 209.9
— sense classificar. . . 216.16
lli dols 217.4
— embassat 209.8
— enriat al aigua . . . 209.8
— enriat en prat . . . 209.7
— espadat 209.13
— espadat falsificat . . 209.15
— feble 217.5
— ferm. 217.2
— fi 216.18
— de fibres curtes. . . 211.4
— de fibres llarges . . 210.22
— fort resistent 217.1
— groller 217.3
— gruixut 217.3
— llarg 210.22
— lligat en feixos . . . 210.5
— net 216.19
— de Nova Zelanda . . 492.8
— pallós 217.6
— pentinat (a mà, amb màquina) . . . 212.9.10.11
— ple de palla 217.6
— de poca resistència . 217.5
— en rama 209.9
— rastellat 212.9
— sa 216.21
— sense sortejar. . . . 216.16
— suau 217.4
— sense tallar. 210.23
— tallat 211.3
— sense triar 216.10
— uniform 216.20
llibant de tres cames (de quatre caps) . . . 594.15.16
llibre de barrejes . . . 19.6
— de pesades 612.11
lligat de les bales amb flejes (cèrcols) de ferro 578.7
— de les bales de jute. 235.3
— dels botons per el creuament d'un segon fil 561.9
— de cordes rodones per cosit 512.2
— del fil flamejat obert per un tercer fil . . 561.13
— en madeixes 563.22
llimpiador dels corrons d'arrencar 90.6
— del fil de peluix . . 568.5
llinosa 316.15
llisor de ratilat 116.15
llisosa 385.5
llistó guia oscil·lant . . 561.6
llistonada amb puntes 22.4
llit de pintes 218.8
lliura alemanya 601.6
— anglesa 601.3
— austríaca. 601.5
— avoir-dupois 601.3
— de Berlín 601.4
— de Prússia 601.4
— russa 601.9
— sueca 601.8
— de Torí 601.7
— de l'Unió aduanera . 601.6
— de Viena 601.5
lliurar les pues de barbas 70.4
lliure per l'aire 25.19
llop 311.10, 490.8
— de borra de seda . . 442.4
— de draps 404.5
llot verd 316.14
llots de greix de llana. 300.2
lluidor de cànem . . . 495.11
lluissor de nacre del capoll 415.7
lluna, mitja — per a la mudada 565.10
llustre de la fibra de seda 427.18
— mat 427.19

M

mà, de — (dreta) esquerra 83.4.5
maça. 439.10
maceració de la filassa 261.9
macerar les borres amb terra de bataner . . 298.15
madeixa 12.17, 133.8, 562.19
— aspiada en l'aspi curt 563.7
— aspiada en troquillons 12.21
— completa 610.13
— de fil 522.12
— japonesa de seda crua 426.7
— de x metres 603.18
— de seda obrada . . 586.6
— trenada 576.12
— de x troquillons . . 598.22
madeixa de x yardes . 604.1
madeixes, 18 — anglèses 564.13
—, fer 563.23
—, x — per lliura anglesa 604.4
madeixeta 426.3
maestro de taller . . . 5.20
magatzem de bales . . 17.8
— d'empaquetar . . . 576.8
— de filassa 217.11
— de llana 264.5
— de lli 210.14
— de lli rastellat . . . 217.11
— provisional de lli . . 210.15
magatzemador 6.2
magatzemar el cotó (el lli) 17.9, 210.12
magatzematge de les bales 17.10
— del cotó (del lli) 16.14, 210.13
— del fil en soterranis humits 574.11
magneto 113.1
magrana . 29.12, 182.12, 345.17
— per a baixada del carro 161.6
— del comptador d'alimentació 346.4
— de les conduides . . 163.4, 183.6, 394.4
— dels corrons de devant 187.14
— per als corrons d'estiratge 176.8
majorista de draps . . 399.5
malla de la cadena . . 254.2
malles metàl·liques . . 195.11
— soldades 477.8
malló 44.5
manat 217.21
— de cànem 496.13
— de cànem nuat . . . 231.5
— de cànem sostingut per la mordassa . . 230.5
— collat 212.13
— descaragolat 236.2
— destort 236.2
— de fibres . . . 8.7, 82.10
— de jute 235.18
— de jute de baixa qualitat 236.17
— de jute carregat . . 236.15
— de jute descolorit . . 236.14
— de jute filamentós . 236.15
— de jute retort 235.19
— de jute trenat . . . 235.19
— de lli 212.8, 213.3
— muntat 214.13
manats de fibres netes. 231.10
manca 174.13
— de pes 17.1
mandril amb molles . . 119.11
mànec 74.3
— aixecador 106.10
— per a aixecar el pes 88.14
— de fusta 340.12
— de la vàlvula. . . . 371.3
mànega 189.8, 331.14
— del arbre de temps 161.12
— de cuiro . . 115.15, 118.12, 547.12
— de cuiro enganxada en fret 119.5
— de cuiro ratllat . . . 109.9
—, la — de cuiro es trenca 119.12
— de feltre 115.14
— de franel·la 115.13
— de goma 116.1
— de pell 115.15
— de dos temps amb moviment intermitent . 177.1
—, la — del arbre de temps dona mitja volta. 163.12
—, la — de pell està trencadissa . 109.6, 110.2
—, mitja volta de la — del arbre de temps. 177.2
manegament dels corrons ratllats 121.1
manegeta boja 567.8
maneta . . 74.3, 171.4, 181.1, 500.14, 611.5
— reguladora 30.6
— rellevadora 106.10
maniobra de la rosca del quadrant à mà . . 171.3
manipulació dels corrons de pressió 389.9
manivela 504.8
manòmetre 385.15
mantenir les cadenes tivades 244.5

mantenir la magrana closa 191.15
— la magrana engravada 191.15
— tivat el fil filat . . . 164.9
mantes 397.8
manualera 2.3
— de cotó 100.17
— de llana 371.9
— de lli 224 2
manuar 8 15, 102.9
— amb accionament dels pintes per cadena . 219.4
— de borreta 453.9
— de canals 104.11
— de cànem 233.2
— de carda 103.12
— de corredors 104.11
— per a fil d'estam flamejat 590.4
— intermedi 103.13
— per a lli llarg . . . 223.4
— de napes. 81.9
— d'un passatge . . . 103.9
— de varis passatges . 103.10
— preliminar 103 12
— preparatori 81.3
— amb raigs creuats . 103.15
— amb tots els raigs d'un sol costat 104 4
— amb raigs en zig-zag 103.15
— amb x rengles de corrons 102.10
— de seda 451.17
— amb totes les sortides d'un sol costat . . 104.4
— de teles 81.9
— d'una testa 103.9
— amb x testes de y (raigs) sortides y doblat de x 104.10
— de varies testes. . . 103.10
—, segon 222.14
—, tercer pas de . . . 103.14
manufactura de cordatges 494.18
— de cordatges cosits . 512.1
— de cordes de cànem . 494.19
— de cordes a mà . . 494 20
— de cordes trenades . 510.1
manxa 75.16
màquina v. t. aparell, dispositiu, joc, mecanisme, sistema
— 3.10
— d'aletes de retòrcer de dues cares per a fils de zèfir 545.11
— amb un sol arbre de ganivetes 482.1
— per a arrissar les crines de cavall . . . 514 9
— de bitlles . . 12 4, 526 4.5
— de bitlles de gotets . 527.5
— de bitlles amb guia-fil d'aleta 533.8
— de bitlles de plegat creuat amb guia fil giratori 531.1
— de bitlles de plegat creuat amb guia-fil mòbil i joc de dispar 532.3
— de bitlles amb pua oscil·lant axialment. 530.1
— de fer cables metàl·lics 509.4
— de fer cables metàl·lics amb x rodets . . . 509.13
— per a fer cables triangulars 509.15
— de calandrar 119.15
— per a calibrar els corrons 120.3
— capdelladora senzilla 518.6
— de capdellar (senzilla, múltiple) . 518.5.6.7, 538.2
— de fer capdells . . . 538.2
— d'una sola cara . . . 209.10
— de dues cares . . . 209.11
— combinada de fer cables metàl·lics . . 509.5
— compound de fer cables metàl·lics 509.5
— per a comprovar els corrons 120.3
— de fer cordes i cordills 505.8
— de fer cordills . . . 502.4
— de fabricar cordills . 502.8
— de fabricar cordons . 502.13
— corredera. 502.15
— d'un sol costat . . . 209.10
— de dos costats . . . 209.11
— descorxadora de rami 261.5
màquina de didals . . 196.5
— d'encolar i tallar . . 117 23
— d'encomanar la metxa 330.1
— d'esbandir de forma ovalada 285.1
— d'esbandir leviatan . 286.12
— d'esbandir la llana amb rascles de leviatan 286.11
— d'esbandir ovalada per a llana amb conductor 285.12
— d'esmerilar 70.24
— d'esmerilar cilindres de carda 202.12
— d'esmerilar corrons de carda 339.6
— per a espolsar estopa 220.11
— d'estendre (jute) . . 218 4, 246.12
— per a estendre el vel de fibres sobre la fulla de paper . . 480.10, 481.2
— d'estirar el cordó piano 356.4
— d'estirar i polir cordill 507.17
— de fabricar llana de fusta 476.3
— de fendre el cuiro . 118.20
— de filar 11.11, 137.7, 204 13, 461.13
— de filar de aleta horitzontal 501.13
— de filar d'aletes per a la filatura simultània de vetes de paper i de fibres tèxtils . . . 485.9
— de filar d'aletes per a fils de pasta de paper 479.5
— de filar d'anells per a fils de paper. . . . 486.7
— de filar amiant. . . 491.9
— de filar de Camel. . 430 3
— de filar el cànem . . 234.4
— de filar de capsals per a fils de paper. . . 486.16
— de filar de Chardonnet 460.16
— de filar continua . . 11.12
— de filar a doble torsió 490.10
— de filar d'estam (Cornet) 392.9.14
— de filar fil de paper d'aletes 485.1
— de filar fils de paper 484.23
— de filar fils de paper de fulles de paper . 489.1
— de filar intermitent . 159 2
— de filar de Lehner . 461.13
— de filar de plats . . 488.5
— de filar amb pues fixes 341.4
— de filar amb pues mòbils 343.6
— de filar seda artificial 466 2, 467.6
— de filar per a tires de carda 343.8
— de filatura intermitent. 11.16, 138.13
— filling amb alimentació per teleres d'agulles (per corrons). . . 443.5.13
— per a fils nuosos . . 559.11
— de gasejar (la schappe) 455.7, 521.5
— horitzontal de fer corda 506.3
— per a igualar cuiros. 118.17
— per a igualar la mànega de pell 109.10
— d'insertar guarnicions 69.7
— mòbil 502.15
— per a montar les manegues de cuiro . . 119.10
— per a netejar. . . . 220.11
— per a netejar els desperdicis 260.5
— obridora 7.6
— de paper. 476.13
— paperera 476.18
— de pentinar jute amb teleres de pintes inclinades 246.1
— de pentinar jute amb telera vertical . . . 245.5
— de preparació de metxa de pasta de paper . 478.14
— per a la proba del oli 149.1
— de rastellar cànem . 229.14
— de rentar draps. . . 401.6
— de rentar llana . . . 278.4
— de rentar de Skene y Devallée 282.17
— de rentar vellons . . 284.11
màquina de retòrcer . . 542.1
— de retòrcer d'aletes de una cara (de dues cares) 548.9.10
— de retòrcer d'anells per a estam 556.1
— de retòrcer d'anells per a fils de cosir . 555.3
— de retòrcer d'Aubena 432.1
— de retòrcer d'una cara (de dues cares). . 543.1.2
— de retòrcer d'una cara per a jute 549.11
— de retòrcer per a cordills 501.14
— de retòrcer per a fil amb bagues 561.14
— de retòrcer per a jute 549.13
— de retòrcer per a schappe 549.4
— de retòrcer amb varis pisos de rodets. . . 474.9
— de reunir 249.3
— de revestir les cordes 506.14
— selfactina d'estam . . 392.14
— per a separar els caps durs de la borra . . 196.5
— de tallar el lli . . . 211.2
— per a tallar les arrels de les fibres 243.12
— per a tallar els cuiros (les pells)dels corrons 118.18
— per a tallar els peus de les fibres 243.12
— de Topham per a filar la viscosa 470.4
— de tòrcer les espires del fil-pèl 591.6
— trencadora de corrons per a amiant . . . 490.9
— de trenar 506.15
— de trenar per a fer cordatge rectangular . 511.7
— de trenar per a cordes quadrades 510.3
— de trenar per a cordes rectangulars 510.3
— de trinxar draps en mullat 404.1
— de fer troques . . . 577.1
— vertical de cablejar (cordes) 505.2.6
— de vapor per a hidroextractor 291.5
— de fer la veta . . . 330.1
marabú 586.14
marc de bala 16.7
— de la bitlla 530.5
— del carro. 558.4
— del carret 351.5
— de les cues d'oreneta 29.8
— del disc 55.11
— per al drap netejador 395.3
— de fusta 344.1
— de la llana 266.12
— mogut lateralment . 530.6
— oscil·lant 536.3
— amb premses. . . . 445.5
— de qualitat. 235.7
— dels raspalls 96.8
— zero de la escala . . 614.2
maroma 596.14
martell 370.10
martellet 252.7
marxa 134.3
— en avant de la telera 23.9
— enrera del corder . . 496.20
— enrera de la telera . 23.10
— reculada del corder . 496.20
marxant de lli 210.8
— de seda 412.20
marxar bé 390.5
— difícilment 390.8
— fàcilment. 390.7
— fluidament 390.7
— malament 390.6
— pesadament 390.8
—, deixar — la carda descarregada 222.1
massa de capolls batuda 440.17
— de fibres oberta . . 440.18
matalàs 198.8, 325.3
— format per l'enrotllament del vel . . 324.13
— format per la superposició del vel . . . 325.1
matar (crisàlide) . . . 417.8
— la torta 560.13
matis 194.7
matèria sense bocins de drap 404.13
matèria en brut . . . 6.8
— d'encoixinar 514.15
— fibrosa. 6.9
— filable 6.9
— filable impura . . . 195.6
— filtrant 271.4
— trinxada 402.6
— sense troços durs . . 404.13
—, primera (fibra curta, llarga). 6.8.10.11
material absorbedor del oli d'untatge. . . . 355.11
— que deu assecarse . 292.9
— esmolador 70.19
— fibrós en floca . . . 7.9
— fibrós lliure per l'aire 25.19
— fibrós sense pentinar 82.1
— fibrós pentinat . . . 82.2
— del filferro 65.15
— filtrant cegat . . . 463.14
— filtrant embussat . . 463.14
— de patén de la guarnició 64.6
— resistent als àcids. . 304.4
— sec al tacte 306.17
materials d'ensimatge . 238.1
matèries colorants resinoses 432.16
— primes 470.18
— en suspensió 270.24
— vegetals polvoritzades 308.12
—, primeres — de la filatura 435.13
mayordom-corder . . . 494.12
mecanisme v. t. aparell, dispositiu, joc, màquina, sistema
— d'accionament dels corrons d'estiratge . 182.9
— d'accionament dels gills per vis 251.13
— per afluixar el fil (la grua) 168.13, 354.6
— per a aixecar els guia-fils 143.16
— d'ajustar la tensió del fil 526.9
— d'alimentació . . 42.6, 93.10
— d'alimentació per corrons 223.5
— d'alimentació suplementària durant el plegat. 181.15
— d'alimentació suplementària durant la torta 189.9
— d'alimentació de la veta 382.3
— d'arrencar amb roda d'entalles 381.6
— assecador doble per a llana 296.14
— d'atur automàtic així que la fusada està plena 157.4
— d'atur automàtic del llevador 59.14
— d'atur amb frenada de la pua quan se trenca un fil. . . . 554.4
— automàtic per a fer la punta forta en les fusades 181.10
— de avenç del canvi de corretja 191.9
— de fer botons amb disc excèntric 560.7
— de canvi . . . 125.4, 160.8
— de canvi amb arbre de temps i palanques acoplades 185.11
— de canvi amb arbre de temps i palanques semi-independents . 185.12
— de canvi amb palanques 186.1
— de canvi amb palanques, pero sense arbre de temps 185.13
— de canvi de marxa del carro 183.2
— per als canvis de la selfactina 182.1
— de comanda per cons 527.1
— de comanda de la selfactina 160.11
— compressor 45.11
— de descargolat 166.3, 206.9
— de desfer el cargolí . 358.3
— desmotador. 367.6

mecanisme desmotador per a cardes . . 368.10.15
— diferencial . 126.11, 127.1.3
— diferencial con doble engranatge. 127.2
— de dispar 47.7, 110.14, 357.5, 504.5
— de dispar per a bot ple 112.3
— de dispar de la correjta 178.10 357.1
— de dispar elèctric . 112.6.13
— de dispar per a fusada plena 357.10
— de dispar en els manuars 110.12.13
— de dispar per a les màquines de retòrcer . 554.3
— elevador 273.2
— d'engranatge epicíclic 126.12
— d'entrada del carro . 349.7
— de entrega de la carda 59.13
— equilibrat de comanda de la bóta. 79.8
— escorredor 278.14
— per a esmerilar . . . 73.5
— espremedor. 278.14
— d'estiratge 102.12
— de falsa torsió . . . 342.12
— per a fer fil botonós i flamejat 560.12
— de formació de la fusada 152.7, 190.10
— per a la formació de fusades amb capes de altura variable. . . 156.1
— per a formar la veta 98.11
— de la forquilla de la corretja 205.5
— de fre automàtic . . 258.4
— de fre dels rodets de la cablejadora . . . 506.8
— de galgat dels xapons 53.16
— dels gills per rosca . 251.13
— d'inversió amb corretjes planes i a mitjacreu 24.5
— d'inversió (de marxa) 23.12, 230.12
— de moviment de vaivé per al corró esmeriladar 72.4
— per a la mudada . . 145.6
— para-trames 81.12
— de para-trames de darrera 111.10
— de para-trames del davant 112.2
— de pinyó i cremallera per a ecartar els corrons 390.18
— plegador de metxeres 256.6
— del plegat . . 167.2, 190.10
— de plegat de la cadena del quadrant. . . . 173.8
— per a plegat creuat . 565.13
— per a prevenir el cargolí 358.2
— preventor de les metxes casades 354.3
— per a fer la punta de les fusades. . . . 171.5
— per a fer la punta forta en les fusades . . . 184.5
— del quadrant 170.6
— per a reajustar els daus de la bóta . . 79.6
— de reglatge. 43.15
— regulador del plegat 171.8, 180.9, 183.7
— de roda d'estrella i cadell 53.1
— de roda d'estrella d'inversió 173.2
— de seguretat per a desembragar la entrada del carro . . 170.1
— de seguretat per a enrotllar la tela . . . 46.5
— de seguretat per a l'entrada del carro . 357.6
— sonador 370.9
— de sortida de la carda 59.13
— de la sortida del carro 347.11
— de sortida de la veta 253.4
— de tanca a la devanadora 44.8
— per a fer teles llargues 327.18
— tensor per a bosses de cuiro rentades . . . 332.13
— de tivar els cordons. 504.6
mecanisme de torsió suplementària . . . 506.1
— per a treure la grua 354.6
— per a treure el pèl caní. 409 9
— per treure la pressió 86.2
merino 583.22
merma de seda 446.12
mermes 398.5
— d'aspiat 424.9
— de borreta 453.16
— del pentiuat 452 15
mescla 19.4
— de color d'estam natural 584.7
— de colors. 310.21
— d'estam 584.6
— uniforme de color. . 311.2
— de varies qualitats de llana 310.17
— de xeviot 583.24
mesclar per colors. . . 310.20
mesclador 313.1
— de cotó 18.16
mesclilla 582.14
mestre-corder 494.12
metall blanc 290.8
mètode d'acondiconament 615.9
— d'aspiar 421.14
— per al assaig del filferro 66.21
— de carbonització . . 301.8
— de descruat 433.2
— de dessecació 417.11
— de fermentació 437.12
— de filar continu. . . 138.1
— francès d'aspiar. . . 422.1
— de guarnit 63.4
— italià d'aspiar . . . 421 18
— de muntatge 63 4
— de precipitació . . . 299.16
— Schlieper de rentar . 276.14
— a la sosa. 479 8
metre 600.7
metres, x — per quilogram 604.6
metxa 9.15, 122.2, 159.15, 204.8 579.18
— d'assortiment 342.6
— condensada per frotació 328.15, 334.6
— destruida. 269.7
— estirada 159.18
— d'estopa 224.13
— humitejada. 226.5
— de jute 254.12
— de llana 375.8
— de llana arrencada . 378.8
— de llana despresa . . 378.8
— de lli 224.10
— de pasta de paper . 479.4
— senzilla 188.8
— poc torta 122.4
— amb poca torta. . . 122.4
—, la — vaivé al llarg dels corrons d'estiratge . 129.9
metxer acabador (obrer) 388.1
— de gas 455.8
metxera . . 2.7, 11.10, 121.11
— acabadora (obrera) . 388.2
— per a borreta. . . . 454.3
— de cànem 233.8
— per a estopes. . . . 224.12
— extrasuperfina . . . 122.12
— en fi . . 2.10, 122.9, 390.14
— amb gill 390.11
— en gros . 2.8, 122.7, 390.12
— intermèdia . . 122.8, 390.13
— intermitja (obrera) . 2.9
— per a jute 254.13
— per a lli llarg . . . 224.5
— de seda 452.3
— superfina. . . 2.11, 122.10
metxeres 121.10
metxes casades 334.8
— encarides 383.11
— encomenades 383.11
— falses 334.7
— per a reunidora. . . 373.10
— soldades 383.11
— de les vores 334.7
micró 600.11
mig aspi de fil 564.9
—-estam 364.11, 583.17
— grau, de 14.18
— mullat. 581.12
—-ordit. 580.4
—-pentinat 364.11
—-perlé. 587.1
mida anglesa 600.12
mida mètrica 600.6
midar la llargada de la madeixa inicial. . . 602.18
mides de longitut . . . 600.5
mil·ligram 601.2
mil·límetre 600.10
millorament de la qualitat del lli pentinat 217.13
mini 117.21
minva de pes de la seda 434.13
— de sericina per cocció 434.15
— en sericina per descruat 434.14
mitja lluna per a la mudada 565.10
— lluna del plegador . 166.6
— madeixa 562.20
— magrana culissa . . 345.18
— volta de la mánega del arbre de temps. . . 177.2
mitjes 397.14
mitjons. 397.14
mocoidina 411.7
mòdul de treball . . . 606.18
mohair 363.13
mola d'esmerilar Horsfall 339.8
moldre els residus de crisàlides 441.1
moleta 70.12
— igualadora de les pues 340.1
molí de cànem amb corrons cònics 231.1
— cilíndric de pasta . . 476.12
— de filar 430.3
— de maces 439.9
— de moles verticals . 476.11, 490.11
— de purgar seda grega 429.13
— de retòrcer d'Aubena 431.1
— de retòrcer la seda 431.14.16
— de seda 412.10
— per a suavitzar el jute 240.6
— de tòrcer la seda . . 429.17
molinatge de la seda . 428.2
— de la seda artificial . 474.2
molinat Victoria. . . . 584.13
moliner de seda. . . . 412.15
molinera de seda . . . 412.16
molinet. 51.11
molla 27.5, 98.8, 149.6, 461.7
— allargada 106.5
— de cadell. 173.5
— cilíndrica. . . 510.11, 607.12
— cilíndrica al voltant del arbre 528.13
— per compressió . . . 106.4
— de contacte 113.8
— espiral cònica. 288.11, 290.4
— espiral plana 235.17
— de fielles. 279.7
— fluixa 106.5
— del fre. . . . 207.14, 358.8
— de fulles 279.7
— gastada 106.5
— de guitarra. 173.5
— de la pinça 89.4
— plana 95.11
— de pressió . . 106.2, 483.3, 534.9
— reguladora de tensió 423.4
— de seguretat 95.8
— tivada amb la pujada del guia-fil 528.14
— de tracció 106.3
—, la — tivada es afluixada 528.15
mollar el cotó amb aigua 194.10
mollat del cotó amb aigua 194.9
molsa d'Irlandia . . . 316.14
montador de guarnicions 4.11
montant a mossa de la testera 497.2
— del rastell 504.11
montar la bobina lliurement giratòria . . . 128.6
— la mànega de cuiro . 119.9
mordassa 214.5, 230.4
— per a bales. 18.4
— per a cables 513.13
— fixa 381.13
— inferior 84.11, 89.13, 92.11, 377.10
— mòbil 381.14
— de la pinça 377.8
— amb preses forrades de cautxù acanalat . . 245.7
— per a reblar 61.12
— superior 84.10, 89.16, 92.10, 99.6, 377.9
— torçada 84.12
mordasses 91.9, 343.9
— d'arrencar 99.8
— per a guarnició . . . 338.5
— de la pinça 506.12
mordent de les pues. . 340.5
mosso 3.18
mostra extreta 298.10
— de llana 363.15
— de pentinat 374.17
— de qualitat. 13.8
— tipus 13.8
— de tipus de retort. . 540.2
mota trencadissa . . . 302.8
motllo 503.6
motor 504.4
— de corrent contínua. 157.8
— trifàsic. 157.13
moure la llana per mitjà d'una corrent d'aigua 282.1
— la llana per mitjà d'una corrent d'aire 281.15
— la llana per mitjà d'una correntia . . 282.1
—, fer — les pues per doble corda 191.16
—-se en direcció contrària (guarnició) . . 323.13
—-se en la direcció de (guarnició) 323.12
—-se, les forquilles guiametxes es mouen l'una lluny de l'altra 129.12
moviment d'aixecar la pressió 94.9
— d'arrencada de la pinça 382.13
— d'avenç de la pinça. 91.3
— del balancé. 151.5
— del carro. 344.16
— de cloure les mordaces 91.5
— continu del arbre de temps 182.7
— descarregador de la serreta 58.7
— excèntric del corró . 107.9
— giratori i axial progressiu 517.2
— horitzontal de la barreta 252.10
— intermitent del corró alimentari 84.7
— intermitent del corró alimentari cap al davant 377.7
— d'obrir les mordasses 91.6
— oscil·lant de la pinça 92.4
— oscil·lant del sector . 350.17
— oscil·lant de la serreta 58.10
— positiu de la grua . 169.5
— de retorn del fuset . 511.5
— de retrocés del carro 205.4
— de retrocés de la pinça 91.4
— de retrocés de la tela sens fi 94.4
— de la roda d'estrella 190.12
— transversal i de vaivé del corró esmerilador 72.3
— de vaivé del aranyer 516.18
— de vaivé del balancé 151.4
— de vaivé del guia-fils 516.18
— variable del balancé. 151.6
mucilag 472.13
mudada . 133.19, 227.1, 386.20
— de la barba 445.17
— fer la 256.12
— de les fusades . . . 175.17
— llena. 387.1
— en marxa 387.2
— dels rodets (plens) . 133.18, 141.8
—, fer la — del rodet ple 133.17
mudar 226.14
— els bots plens . . . 60.11
— les fusades 175.18
— les madeixes 564.7
— els rodets 141.3.9
mudador 3.4
mudadora 3.5.8
muletó 397.9
Mulgénua 11.15, 159.6, 343.7
Mule Jenny . . 159.6, 343.7
multiplicador 603.12
mullat en aigua lleugerament sabonosa. . . 573.17
mungo 406.12
— azul 407.5
— blanc 407.4
— sense cotó 406.17
— de draps nous . . . 406.16
— de draps vells . . . 406.15
— sensa lli 407.1

mungo de mitja llana . 407.2
— de retalls 406.16
— tenyit 407.3
muntacàrregues 575.5
muntador de guarnicions 63.8
— de màquines 3.10
muntant en forma de ⊥ 344.4
muntar la cinta en espiral 63.7
— la cinta de guarnició 63.3
— la cinta amb tensió forta 63.5
— les cintes en anells . 63.6
— les guarnicions . . . 337.11
— a mà la cinta de carda 337.8
muntat boig 342.10
muntatge de les cintes de carda 337.6
— de la guarnició de carda 63.2, 336.12
— de la guarnició del xapó 61.4
— de la mànega de cuiro 119.8
— de plaques de guarnició 337.5

N

nacre 415.7
nafta. 297.19
naftal 316.7
nansa 553.12
napa 7.11, 34.4, 198.8, 328.12
— doblada 373.14
— principal 373.14
— de seda 450.17
— senzilla 373.15
— sola 373.15
napadora 451.12, 453.4
nas 36.3
— de la bóta 30.13
— del disc 172.1
— d'embragar 353.15
— i ganxo 162.15
— inclinat 162.1
— de la palanca 179.1
— de la pinça 84.13
— de presa 158.5
— reglable 152.9
— de la taula alimentària 50.15
nassos en zig-zag . . . 30.14
negociant de draps . . 399.4
— al por major de draps 399.5
nervi 355.8
netedat de cotó 15.12
— del fil 605.4
neteja del carro. . . . 193.1
— dels borres 49.5
— dels corrons d'estiratge 108.6
— del cotó 26.3
— dels desperdicis . . . 49.5
— dels desperdicis de filatura 298.12
— de la estopa de cànem 232.9
— de les fibres de seda 438.16
— a mà de la llana . . 310.13
— mecànica de la llana 266.14
— en mullat 268.8
— preliminar del cotó . 26.7
— a sec de la llana . . 266.14
— del valló 265.12
netejador 3.17, 251.11
— de la borra 253.6
— de cotó 26.5
— de drap fix 108.8
— del fil de peluix . . 568.5
— fixe 108.9
— mòbil del carro . . . 395.2
netejar la borreta . . . 453.1
— la caixa per a la pols 49.2
— el cotó. 26.4
— les fibres en sec . . 196.1
— la filera per aire comprimit 466.11
— la mànega de pell amb benzina 109.7
— el material fibrós . . 7.3
— la superfície de la bóta amb paper d'esmeril 63.11
— la superfície de la bóta amb paper de vidre 63.10
neutralitzar l'àcid sulfúric 463.4
— l'amoníac per un bisulfit 465.3
neutralizació dels àcids en la llana 309.4
nin en forma de pilota 414.11
nina buida per a enrotllar la tela 46.7
— de llauna 453.12
— de la tela 373.16
nitrit d'etil 462.14
— de sodi 463.20
— de sosa 463.20
nitroseda 456.5
nivell de l'aigua. 286.6, 362.12
— d'aire 362.12
noi d'estopes 213.12
— de fileta 176.5
nom de la llana. . . . 266.12
nombre de l'alimentació 102.4
— de cops 31.7
— de cops de pinte . . 82.18
— d'entrada 102.4
— de les espires. . . . 124.19
— del filferro 66.19
— de fils en la madeixa 599.6
— de la guarnició . . . 335.9
— indicador del títol . 602.10
— del lot 19.7
— de madeixes 598.20
— de metres per madeixa 603.13
— de nassos 31.2
— de la partida. . . . 19.7
— de ratlles per centímetre (polçada anglesa) 116.13.14
— de torsions per aguller 207.7
— de la veta de sortida 102.5
— de voltas d'aspi en la madeixa. 599.6
— de voltes de la pua . 144.4
— de voltes per unitat de llargada 542.1
nou capoll 421.9
noueta 487.8, 521.12
— per a piano 487.10
— de la pua . . 527.8, 555.16
nu 454.8
nuador . . . 3.1, 176.2, 421.12
— de caps 423.7.13
— i mudador 3.4
nuadora i mudadora. . 3.5
nuar els caps dels brins 421.11
— els caps dels cordons 504.15
— el fil 352.15
— un fil trencat . . . 158.15
— la metxa trencada . 133.12
nuat 359.18
— del bri de capoll . . 421.8
— del centener als caps de madeixa 564.4
— del fil 158.14
nucli 559.3
— de ferro en forma de ferradura 113.9
— interior cònic 484.12
— de suro 595.5
nueta 11.2, 145.10, 258.1, 343.1
— de pua 144.6
numeració dels filats. . 598.1
numerar 598.3
número alt del fil . . . 194.1
— del anellet 552.5
— anglés 599.14
— baix del fil. 193.13
— a convertir 603.14
— del corredor 150.12
— demanat 603.15
— d'Elbeuf 600.2
— fi 598.7
— del fil 598.4
— francés 599.15
— gruixut (del fil) 193.13, 598.5
— de la guarnició . . . 68.7
— internacional 599.13
— mètric 599.13
— mig 598.6
— neerlandés 600.4
— d'ordre de fabricació 19.8
— prim del fil 194.1
— de Prússia 599.17
— quilogramètric . . . 599.13
— dels rodets 429.14
— de Saxònia 599.18
— de Sedan 600.1
— suís 600.3
— a trobar 603.15
— vell austríac 599.16
— vell saxó. 599.19
— de la veta 386.10
números prims 1.8
nus 359.19, 424.1, 454.8
— corredor de la soga 594.12
— de fil 425.14
— del troquilló 564.5

O

obenc 596.11
obertura acurada . . . 25.14
— de les bales 18.1
— de la borra 442.9
— circular 295.9
— dels draps 403.8
— a fons dels trossos . 25.18
— de forats en les cordes 512.4
— lenta preliminar . . 25.8.10
— del tub capil·lar . . 467.13
— del velló. 265.8
obrar-se (cordó). . . . 511.3
obrer (de cotó) 5.13.15
— estenedor 219.10
— obridor 22.8
— de preparació. . . . 2.1
— recollidor de borres . 3.24
— de seda 412.13
— que treballa a mans 6.5
— de vilof 197.3
obrera (de cotó). . . . 5.14.16
— estenedora 219.11
— de preparació . . . 2.2
— recollidora de borres 4.1
— de seda 412.14
— que treballa a mans 6.6
obrers, els 5.19
obridor (de bales) . 18.3, 42.5
— de diable 197.3
obridora 26.17, 232.12, 311.10
— ateladora. 442.15
— de bales . . . 20.6.7, 21.10
— de bóta 30.9, 33.5
— de bóta combinada amb batan-atelador 32.11
— de botes múltiples . 34.10
— Crighton (horitzontal) 34.11, 37.3
— cruixidora 308.13
— de desperdicis de cotó 197.8
— doble 32.10
— per a espolsar borres 195.7
— d'estopes. 220.14
— de gran bóta 30.10
— de jute 235.12
— Lawson 248.8
— amb línies de nassos en espiral 442.5
— neumàtica horitzontal amb porcupina i batan 39.3
— porcupina 26.20
— preparatòria 26.19
— polvoritzadora . . . 308.13
— vertical 35.1
— vertical per a amiant 490.12
— vertical en combinació amb una porcupina 35.2
— vertical Crighton amb batan atelador . . . 37.2
— vertical doble amb extractor de pols. . 39.12
obridores mecàniques . 26.16
obriment dels flocs de llana 287.10
obrir (borra de seda, capolls) 310.10, 418.7, 440.1
— la bala (de jute) 18.2, 235.8
— per el batuar. . . . 310.11
— els flocs (en fibres elementals, individuals) . . . 49.17, 198.4
— les floques (de llana) 26.1, 310.15
— la llana (húmida) . 287.11, 310.14
— el material fibrós . . 7.4
— primerament la matèria fibrosa 25.9
— suficientment el material fibrós 21.7
— el velló 265.7
—-se (flocs de cotó) . . 25.3
—-se (pinces) 450.1
obtenció del rami . . . 261.2
ofegament de la crisàlide 417.7
— per vapor d'aigua. . 418.1
ofegar la crisàlide (per mitjà del calor sec) 417.8.14
— per vapor d'aigua . . 418.3
oïda, a la 322.17
oleïna 315.4
oli adulterat 315.23
— de les aigües de batanat 316.11
— animal 314.24
— assecant al aire . . 458.11
— baix 316.1
oli de balena . . 238.2, 315.2
— barrejat 315.24
— de camelina 458.16
— de cascall 314.15
— de coco 315.7
— de colza desacidat . 148.9
— de colza (refinat) . 314.12.15
— copejat 315.24
— del cotó 314.18
— d'ensimat 314.9
— per al ensimatge de les estopes. 220.22
— d'ensimatge incolor . 238.7
— d'ensimatge net. . . 238.8
— espès 359.14
— falsificat 315.23
— de foca refinat . . . 238.3
— de ginebró 462.17
— de girassol 314.17
— gras 314.10
— lubrificant té prou adherència 148.5
— de llavor de cànem . 458.14
— de llavor de cascall . 458.13
— de llavor de cotó . . 458.12
— de llinosa . . 458.21, 484.8
— de mala qualitat . . 316.1
— de màquines 361.12
— mineral 315.3
— molt fluid per a pues 148.7
— negre de colza . . . 314.14
— de nous 458.15
— d'oliva (desnaturalitzat) 314.19.20
— de palma 315.7
— de peix 238.2, 315.2
— pesant 359.14
— pesat per a pues . . 148.6
— de pi (roig) . 314.22, 458.18
— que porta glicerina . 315.21
— de pota de bou. . . 441.3
— pur 315.22
— resinificat 238.11
— resinós 315.20
— ric de matèries grasses 148.10
— de ricí . . . 314.16, 458.17
— per a roig turc . . . 238.9
— de romaní 314.21
— saponificable 315.18
— de trementina 314.24, 462.16
— vegetal 148.8, 238.4, 314.11
— vessat 317.15
— de vidriol 302.19
— vulcanitzat 458.10
olis 194.20, 298.13
olor fresca 210.2
olla 381.10
omplir les filetes . . . 352.13
ondulació dels pèls . . 514.8
operacions d'acabat . . 515.1
— preparatories per a la filatura 17.14
operari-estoper 213.12
— de llisosa 385.18
operària de llisosa. . . 385.19
ordir els fils 498.10
ordit de contínua . . . 580.2
— d'estam 583.20
— dels fils 498.9
— fort 138.10
— de selfactina 580.3
— water 138.11
— xeviot 584.2
orejador amb ventilador 575.1
orella 131.10
orelles de la serreta del copisplet 125.6
organsí 431.9, 586.7
— fals 586.13
— llis 586.8
— pelut 586.9
— ras 586.8
— retort a dos caps. . 431.12
— no retort. 431.11
— senzill 431.11
orina podrida 276.15
oscil·lació del braç de la balança 613.11
— pendular del arbre del cistell 290.1
osseïna 472.15
ovalado 587.4
ovilladora de creuat ràpid 521.4
oviller 5.11
ovillera. 5.12
ovillo . . 474.5, 520.17, 523.4, 525.11
— bombat 520.18
— cilíndric 519.6
— cònic 523.10
— frenat 525.13

villo per a les màquines de cobrir fils . . . 520.7
- de plegat creuat . . 519.5
villos creuats 551.4
xid d'alumini 484.9
- de coure amoniacal . 464.13
- cupric amoniacal . . 458.22
xigen 301.18

P

aca de dotze paquets 577.8
- de sis paquets . . . 577.7
al campetxe 238.16
- dret de corder . . . 499.1
alanca . 172.6, 190.2, 207.1, 530.12
- acolzada 184.4, 183.4, 254 8, 347.4
- acopladora 354.8
- d'acoplament. . . . 510.10
- per a aixecar la mordassa 230.10
- ajustable (del aranyer) 534.8, 538.1
- de l'alimentació 90 3, 93.14
- angular del batiport 321.16
- del arbre del plegador 172.14
- d'atur 209.1
- de baixada del carro 179.4
- boja de tres braços . 178.11
- de la bomba 288.6
- de dos (tres) braços 179.10, 183.9
- amb braços de desigual llargada . . . 535.13
- de tres braços del fre d'entrada 350.1
- de caiguda 179.8
- de canvi 348.6
- i carrilla 183.8
- colzada . . . 450.7, 482.12
- colzada de pedal 28.10, 32.14
- de colze 111.14, 152.2, 162.5
- de colze amb contrapès 173.10
- del comptador del rellotget. 186.6
- del comptador de torsió 186.6
- conectadora 44.6
- amb contrapès . . . 233.15
- de contrapès . 328.3, 536.4, 549.9
- a culissa 121.6
- de descargolat 179.5, 205.12
- de desembragar 346.1, 357.7, 532.12
- desequilibrada . . . 180.7
- del dispar . . 208.11, 549.7, 567.5
- doble 132.14
- d'encadellar 205.6
- d'escala 566.5
- d'esquadra de braç amb culissa 360.3
- en esquadra del mecanisme de dispar . . 357.2
- del excèntric 551.8
- del excèntric de l'alimentació . . . 93.13, 94.2
—-forquilla 185.2
- de la forquilla de la magrana. . . 347.13, 348.13
- del fre. 147.6, 192.12
- del fre del descargolat 163.1
—-ganxo 528.6
—-ganxo reculada per el con oscil·lant . . . 528.7
- governada per la grua 180.10
- graduada. 241.10
—-guia 133.6
- horitzontal . . . . . : 192.13
- d'inversió 24.4
—, de mà 347.15
- per a la maniobra del fre de descargolar . 179.9
- motora 537.15
- oscil·lant 60.4, 181.13, 391.11, 537.12
- oscil·lant de canvi . 160.10
- oscil·lant del corró d'arrencar 89.1
- oscil·latòria 112.5
- amb pedal 357.9
- del pedal 43.7, 47.4, 312.8
- del pes 74.2
- plegable 172.7
- de posta en marxa . 208.11

palanca de pressió (superior) . . . 149.4, 385.12
- del raspall enfonsador 379.16
- reguladora 423.5
- romana superior . . 385.12
- de seguretat 357.12
- tensora 94.12
- de top. 350.2
- de valvé 112.5
palangana de remenar . 420.9
palanques acoplades . . 185.11
- semi-independents . 185.12
palanqueta 168.6
pales corbes 45.4
palla 402.5, 492.16
- de fusta 492.18
palleta 220.17
pallofa 26.14
panera 289.3
- per a llana 286.13
papallona. . 45 1, 48.9, 252.4
paper de cel·lulosa preparada per bisulfit . 479.10
- de cel·lulosa preparada per la sosa 479.9
- comprimit 289.8
- d'esmeril 63.11
- per a filar 479.11
- flexible 479.13
- lleuger 479.12
- pergamí per a corrons 390.1
- permeable al aigua . 480.1
- tenaç 479.14
- de tornassol 309.8
- de vidre 63.10
paquet de cinc (de deu) lliures angleses . . 577.4 5
- de fil 577.3
- d'una grossa 577.9
- de lli 217.8
paquets 577.6
parafina 484.5
paraldehid 458.4
paral·lel a la bóta . . 73.3
paral·lelització de les fibres . 101.1, 231.9, 386.6
paral·lelitzar les fibres . 374 5
parar la devanadora . . 424.15
para-trames 521.8
parell de corrons d'estiratge 102.14, 561.5
- de corrons horitzontals 240.7
- de corrons ratllats . 443.15
paret externa 375.19
- gruixuda 416.14
- perforada 286.4
paro de la pua 430.12
part carnosa del cuiro . 332.5
- central del lli . . . 211.6
- de creuat de la capa 155.15, 351.12
- dentada 531.12
- doblegada de la metxa 383.7
- encolada del cuiro . 333.3
- fixa de la tapa . . 488.2
- formant de la capa 155.14, 351.11
- gruixuda en la veta. 101.20
- llarga del mig de la fibra de lli 211.7
- mitja de la barba. . 445.14
- mitja de la metxa . 375.10
- per a pentinar . . . 212.4
- sortint de l'agulla. . 86.13
- de la tapa a xarnera 488.3
partida inferior a la contractada 14.18
- de llana 266.11
- de lli 210.1
- per a rentar 268.15
partidor de manats . . 215.14
partir el velló. 265.1
pas 350.15
- del aire humit . . . 573.10
- de bobinat 537.4
- de l'escletxa ajustable 429.11
- de les espirales en el cordó 498.15
- del fil a través del aigua freda 542.7
- horitzontal dels pianos 550.9
- oblic dels pianos . . 550.8
- del plegat 155.7
- de les vetes 386.17
—, primer — de manuar 103.12
—, segon — de manuar 103.13
passador 384.1
- de les anelles. . . . 254.4
- d'empalmar 494.2
- de seguretat 44.11
passamaneria 400.12

passar a un bany de sosa (fil) 459.10
- per el batuar (en sec) 310.10.11
- a batzegades 386.18
- pel diable (draps) . . 403.10
- a l'entorn dels corrons (fil) 454.16
- fent un circuit tancat amb el seu fuset (cordó) 511.2
- el fil per un bany . 467.4
- el fil submergit en aigua 542.6
- el fil al voltant del corró 556.4
- el fil al voltant del corró de pressió . . 546.1
- el fil al voltant dels corrons de sota i de sobre 543.5
- per flames de gas (fil) 455.6
- per un guia-fils (metxa) 137.13
- amb intermitències . 386.18
- el manat per dintre del rastell 216.7
- la metxa per les agulles del pinte . . . 375.12
- els pianos 359.16
- vàries voltes (el cotó) 25.17
—, fer — la metxa per aigua calenta . . . 225.12
passat del cordill de cànem a travès de les cordes 512.8
- dels pianos. 359.15
- dels pianos per la llanterna 550.10
passatge 25.15, 103.8
- de batan 42.4
- del cotó 38.14
- d'estirat 371.15
- repetit del cotó. . . 25.16
- de la veta pel manuar 101.5
—, primer 222.17, 222.18, 222.19
passatges, els — están col·locats en tandem 104.3
—, els — estan disposats en zig-zag 104.1.2
—, x — de manuar . . 101.17
passols 398.20
pasta agrumollada. . . 117.13
- al bisulfit 475.6
- per a filar 460.14
- de fusta 475.3
- de paper. 477.12
- a la sosa. 475.5
pastera d'aigua 242.6
- d'ensimar mòbil . . 317.14
- revestida de fusta . 231.2
- tencada d'aigua. . . 225.14
pastetes de midó . . . 117.18
patén de les cardes amb una fulla de cautxú 445.3
- de les cardes de teixit de cànem 445.2
- de cotó-llana-cautxú 65.3
- de cotó-llana-cotó . . 65.2
- de paper. 64.18
- de teixit 62.12
pati de corder 496.19
- inclinat 172.10
patró 1.13
- de filatura de cotó . 137.8
peça basculant 125.5
- de dispar 125.5
- del fre. 359.3
- de fundació 184.14
—-guia de forma de con buidat 534.5
pectina difícilment (poc) soluble . . . 412.3, 437.9
pedal . . 11.6, 43.7, 234.1
- del fre. 290.12
- sobre ganiveta . . . 44.2
- intercambiable . . . 33.2
pedra esmoladora . . . 304.10
pega 508.3
- de baster 508.9
- blanca 508.5
- grega 508.4
- morena 508.7
- negra 508.6
- de sabater 508.8
pèl. 426.20, 430.5, 586.16
- cabrut 264.22
- caní 322.11
- de crinera de cavall 493.4
- ondulat 514.16
- de seda de brodar . 586.22

pèl de vaca 493.5
pelador. . 51.5, 200.1, 250.7, 341.1, 443.3.11
- de doble acció . . . 321.7
pelat del borrissol superficial 507.15
pelfa 378.10
pèls 493.1
pel·lícula de fibres interposat entre dues capes de paper 480.9
pell de búfal 204.7
- de cabrit. 64.13
—s de les arrels 243.3
pendre el cap de bri . 420.12
- del raspall el cap de bri 420.14
—, el — del cap de metxa del bot metàl·lic . . 208.4
penetració de les barretes d'agulles. 383.4
- de les fibres en la guarnició de la bóta 322.14
- rectilínia de les agulles en la napa. . . 253.11
penetrar sobre les fibres (el pinte fixe) . . . 85.9
- en les fusades (vapor) 571.15
penjar (el vel) 326.21
- la borra de seda en llistons de fusta . . 440.6
- la borra de seda en pals de fusta . . . 440.6
pentinador 4.12, 83.2
- de cotó 81.15
- d'estopes 222.7
- en fi 231.8
- en gros 213.11
- de llana 375.6
- de lli 211.14
- a mà 213.10, 375.5
- a màquina 215.18
pentinadora 4.13, 7.23, 8.6, 262.3
- d'acció contínua . . 83.12
- d'acció intermitent . 83.3
- circular 83.12, 376.19, 449.14
- de cotó 81.16
- Crossley 446.13
- duplex 91.1.2
- d'estopes. 222.8.9
- amb x jocs de pintes 215.11
- per a llana (llarga, curta) 376.13.17.18
- de mà esquerra (dreta) 83.4.5
- mecànica doble . . . 214.3
- mecànica per a seda 444.16
- mecànica senzilla . . 213.14
- amb pinça oscil·lant. 91.7
- rectilínia 83.3, 376.20, 444.17
- rectilínia d'una sortida 83.6
- rectilínia amb sortida per un sol (abdós) costat 83.10.11
- rectilínia d'una sola testa (vàries testes) 83.6.7
- sistema . 84.1, 87.7, 96.10, 99.3.14.15, 377.1, 378.15, 379.4.8, 380.9, 381.7, 449.13
- de x testes 83.8
- de doble testa per a seda 448.7
pentinar . . . 7.22, 8.4, 81.14
- les fibres de seda. . 444.14
- els flocs de fibres. . 443.10
- el cap del floc . . . 82.12
- la cua 82.15, 376.6
- les estopes 222.6
- les fibres de jute . . 245.2
- el floc 82.11
- el lli. 211.12
- la testa de la barba 445.13
pentinat 7.21, 8.1.3, 81.13, 374.7, 450.9
- blanc 374.11
- blanquejat 374.13
- amb blauet 386.2
- de la borra de seda 444.12, 446.9
- de borreta 453.15
- de cànem 495.10
- del cap del floc. . . 82.13
- de color 374.12
- corrent 374.10
- del cotó 80.13
- de la cua del floc . 82.14
- estampat 374.16
- de les estopes 211.16, 222.5
- en fi 212.19
- en fi del cànem . . 231.6
- del jute 245.1

pentinat de la llana . . 374.1
— del lli 211.10
— a mà . 374.8, 375.4, 376.15
— a màquina 376.12
— mecànic 213.13
— de mohair 409.14
— net 376 7
— dels pèls 514.5
— pur 376 7
— de rami 262.8.10
— de la seda 444.15
— de la tela 81.17
pentinatge 7.21
— de la borreta 453.14
peraire 375.5
percentatge de borres . 100.2
pèrdua en el blanqueig 605.12
— de calor 294.13
— de la humitat . . . 572.10
— d'humitat per l'acondicionament 615.18
— en llargada dels fils . 604.10
— del llustre de la fibra 237.1
— de pes per evaporació 570.7
— de pes en el rentant 269.17
— de pes de la seda . . 434.13
— en el rentat 605 10
— de la resistència . . 302.6
— de sericina per cocció 434.15
— en sericina per descruat 434 14
— de torsió 146 4
— de la veta pentinada 374.18
perfil del copisplet per al part formant de la capa 168.5
— corb corresponent al cul 167.13
— del pedal 33.1
— rectilini de formació del cos de la fusada 168.3
perforació de les vores del xapó 61.6
pergamí de midar . . . 500.17
— vegetal 389.12
perill de combustió espontània 317.12
— de foc 308 8
— de foc en les quadres de cardes de lli . . 222.2
perímetre del aspi . . . 563.2
períodes i evolucions per a la formació d'un aguller 159.9
perla de metall 591.10
— d'or 591.11
— de plata 591.12
— de vidre 591 9
permanganat de potassa 460.6
— potàssic 401.15
— sòdic 401.14
pern del top 347.1
pes . . . 125 11, 249.9, 482.13
— acondicionat 615 16
— de la bala 16.20
— base 598.9
— brut del rodet . . . 141.14
— brut de la seda . . . 434.12
— dels cèrcols 17.4
— comercial 616.2
— comercial del capoll . 413.13
— comercial del fil . . 606.8
— de comprovació . . 613.17
— de control 613.17
— corrent del pentinat . 217.9
— de factura 16.19
— del fil 141.13, 598.10
— final 615.16
— de la fusada 157.5
— de la llana en brut . 269.16
— llarg 94.10
— del lli en brut . . . 212.6
— del lli en rama . . . 212.6
— net del rodet 141.15
— de numeració . . . 598.8
— del pedal 43.4
— penjat 499.3
— de pressió 523.2
— primitiu 615.15
— propi 606.12
— reglable 253.1
— del rodet 141.12
— de la romana 106.15
— de ruptura 606.15
— sec absolut 15.6
— sospés lliurement . . 105.14
— de la tela 325.9
— de les vetes a doblar 223.10
— del xapó 53.9
pesada de comprovació 614.5
— de les teles 325.10
pesadesa de rotació del corró 107.14
pesador 16.18
pesar 612.9
— abans de la dessecació 615.13
— una lliura anglesa (x madeixes) . . . 604.4
— mig (un) quilogram (x madeixes) . . 604 2.3
— la mostra de seda en diners 602 22
— la tela 47.10
— el troquilló 602.21
pesat dels filats 612 8
— de la quantitat de llana 319.14
— del troquilló 602.20
pesos 600.21
petit estiratge 101.11
petita indústria de molinatge 412.12
petroli 238.6, 462.18
peu angles 600.14
— del arbre funcionant en bany d'oli . . . 290.10
— de la bitlla 147.3
— dret 95.1
— dret de clavilla per a madeixes 542.13
— dret d'oscil·lació de la palanca 132.13
— del fuset 544.2
— de fusta dura . . . 497.1
— del lli 211.9
— de porc 167.4
— de la pua 131 4
— de rey 363.1
—s de fibres tallats en angles rectes 243 5
piano 312 8
pila de desguàs 477.3
— de llana en capes . 317.7
— de llana completament barrejada 317.11
— de mescla 311.6
pilota de pentinat . . . 392.10
— amb vetes de color . 387.3
pilotaire 5.5.6
pina marina 411.3
pinça 84.9, 91.9, 213.5, 377.8, 503.6
— per a agulles 86.10
— ajustable 432.5
— alimentària fixa . . 380.12
— d'arrencar 382.9
— closa 382.12
— per a la corda en les cablejadores 506.9
— mòbil 381.1
— oberta 382.11
— oscil lant 381.1
— plena de floca a pentinar 99.7
— rancada 382.12
— de retenció 382.8
— tancada 382.12
pinçar (fil) 432.6
pinces . . 343.9, 450.4, 461.6
— circulars 449.1
— dentades 118.5
pintat preparatori . . . 117.1
pinte . . 218.9, 251.14, 368.8, 372.9, 446.3
— d'acer 340.10
— anular 379.17
— anular alimentador . 448.12
— anular giratori . . . 379.7
— anular superior . . . 379.5
— anular transportador 448.12
— de càrrega 375.14
— carregat 375.15
— cilíndric 377.11
— circular .85.4, 98.10, 377.11
— circular amb barretes d'agulles 380.10
— circular corbat . . . 381.8
— circular intern . . . 379.2
— circular petit 379.2
— col·locat en el forn . 376.5
— desbastador 213.5
— desborrador . 58.2, 340.9
— descarregador 245.13
— descarregador de l'estopa 230.7
— desprenedor de l'estopa 213.15
— escalfat 375.17
— fi 229.5
— fixe 85.8, 375.14, 378.5, 381.2, 382.5
pinte gros 229.4
— guiametxes 331.8
— igualador 200.6
— a mà . . 8.5, 212.20, 245.4
— a mà per a cànem . 229.6
— recollidor de la borra 58.1
— rectilini . 85.8, 90.1, 92.12, 378.5, 381.2
— regulador 260.8
— de retenció 375.14
— superior 85.8
— transportador . . . 379.15
— de treball 375.13
— vertical 382.7
—, gran — circular . . 379.1, 449.5
pintes accionats per cadena 219.5
— d'agulles oscil·lants . 220.13
pinyó 187.15
— d'angle 187.7
— de l'arbre motor . . 187.5
— del balancé 134.5
— de canvi . . . 114.2, 503.7
— de canvi d'estiratge . 176.14
— de cap de cavall . . 134.2
— del carro 134.5
— cilíndric 547.1
— de comanda de les bobines 126.6
— de comanda de la pua 532.8
— cònic 176.7, 187.12
— cònic del arbre vertical 135.9
— cònic de comanda del diferencial 135.4
— del con inferior . . . 134.7
— del con superior . . 136.1
— del corró de darrera 114.8.10
— del corró de davant 114.5, 136.3, 176.12
— del diferencial . . . 134.6
— d'estiratge . . 114.2, 134.2, 186.8
— hiperbòlic de la comanda de les pues . 135.1
— hiperbòlic de la comanda dels rodets . 135.5
— de la llanterna . . . 555.12
— de les pues 255.15
— del quadrant 170.10
— de recanvi 503.7
— recte 547.1
— del rellotget de torta 186.9
— de tiratge del carro . 187.10
pipa d'oli 148.3
pis de la gàbia 22.12
— de rodets 474.9
pisos de rodets d'inclinació diferent 544.14
pistó 291.10, 352.3
— aspirant 470.3
— de la premsa 288.5
pistola 123.2, 131.2
— de les barres verticales 151.12
— de les candeles . . . 151.12
piu 172.5
— ajustable en alçada . 537.14
— cònic encaixat . . . 543.10
— d'entrenament del rodet 552.11
— del fuset 128.7
— guia 560.14
— en el guia-fil 528.10
— oval 558.10
— de vidre 543.7
pius 546.9
pivot . . 97.11, 353.17, 530.15, 532.13
— buit 342.15
— del cèrcol 384.3
— del con-guia 528.3
— del fuset 544.2
— de la palanca 185.9
— del sector 350.16
pla inclinat 184.2
placa ajustable . 404.8, 405.4
— antibalónica 153.2
— d'antibalónics 152.19
— anular escalfada . . 380.1
— de carda collada . . 318.15
— de carda fixa 318.15
— corbada 373.12
— corbada de retenció . 153.6
— desmotadora 369.2
— dobladora 219.1
— de ebonita 112.11
— d'embragar 353.14
— d'entrada 377.3
— d'escalfar 388.10
— d'esmeril 338.20
placa fixa 312.8
— de fonament 95.8
— de fons 290.7
— foradada 36.7
— de fundació 352.16
— de guarnició . . 60.19, 64.5
—-guia 373.8.11
— guia-fils amb tres traus 559.10
— guia metxes 257.7
— guia semi-circular . . 564.16
— guia del vel 250.14
— mòbil 262.6
— oscil·lant 381.3
— amb puntes 36.12
— de retenció 549.6
— de separació 568.1
—-sòcol 611.1
— solera 290.7
— de suplement 445.11
— de les vetes 111.5
— de vidre polit . . . 283.5
plana 461.7
planejar la platina . . 175.2
planejat de la platina . 175.1
planol d'una sala de barrejes 22.15
plantador de lli 210.7
plantilla 352.6
— de tres galzes . . . 499.6
plantilles 167.6
—, fer correr les . . . 352.9
planxa de l'alimentació 29.10
— de darrera mòbil . . 320.9
— d'esmeril 70.13
— de fusta dura . . . 123.6
—-guia 87.10
— metàl·lica protectora 45.1
— metàl·lica amb talls atasconats 354.5
— ondulada 52.3
— de zinc 239.7
planxeta guia-fil 143.13, 391.1, 554.13
plaques d'escalfar . . . 388.5
— de separació 153.5
plaqueta guia-fils . . . 523.15
— guia-fils amb fenedura 522.5
plat 488.7
— d'alimentació 379.10
plat alimentari (de llauna) 98.9, 377.4
— alimentari corbat . . 247.7
— alimentari per als manats 244.13
— de la balança . . . 613.2
— de canvi de temps . 161.11
— corbat del corró . . 250.4
— de la devanadora . . 35.3
— diferencial 347.14
— del fre de la roda del descargolat 190.8
— de fricció 354.10
— frotador 333.12
— de fusets 566.7
— amb fusets reblats . 568.12
— giratori 76.3.5
— lateral 381.12
— de la magrana . . . 345.19
— netejador 98.4
— de planxa 365.10
— premsador 577.14
— de pressió 158.4
— de pressió amb canals guies 334.11
— repartidor del sentinella 112.4
platabanda 355.16
— de les pues . . 344.8, 355.4
plataforma d'inversió . 448.5
— mòbil 572.16
plateret 135.6
— d'entrenament . . . 552.15
platet de la balança . . 613.9
platina 532.14
— de cul (cap) de fusada 167.10.12
— de darrera de fusada 167.12
— de davant per a la formació del cul . . . 168.7
— desigual 175.3
— de davant de fusada 167.10
— gastada 175.3
platines 167.6
plats 249.6
— de fricció 139.13
plec 65.1
plegador . 160.4, 249.7, 351.17
— aixecat 169.6
—, el — no treballa . . 165.6
plegar . . 156.6, 451.10, 562.1

plegar creuat 515.10
— en curves ràpides 351.15
— el fil 137.16
— el fil estirat 467.1
— el fil sobre la pua 155.17
— el fil en rodets 461.8
— el fil en el sentit de les agulles d'un rellotge 154.2
— el fil senzill 515 7
— els fils en capes 515.6
— la metxa sobre el rodet 124.17
— la metxa sense tensió 256.5
— la seda 470.12
— sobre tubs de paper 536 8
— el vel fent matalàs 198.7
— les vetes de la carda obridora 249.2
— i tòrcer el fil en la mateixa direcció 154.3
plegat 124.16, 156.5, 166 16, 484 17
— per l'aranya 125.1
— arquimèdic 519.3
— cap avall (amunt) 351.13.14
— en capdells 518.2
— creuat 204.10, 474.7
— creuat sobre tubs cònics 516 1
— creuat sobre tubets cilíndrics 515 14
— a l'esquerra (dreta) 164.5.6
— del fil 137.17, 350.4, 351.14
— del fil sobre la pua 155 16, 166.17
— fluix 169.3
— en forma de fusada 154 16
— fort de la punta 175 5
— hipocíclic 76.20
— inicial del fil 133 21
— irregular del rodet 97.6
— paral lel 516.2.3.4
— de la reserva 146.3, 156.12
— del rodet 140.13
— pel rodet 124.21
— de la seda artificial 473.1
— sobre bobina 515.11
— sobre la pua 515.9
— tou 169.3
— del vel (en capes) 326.4, 327.15
— de la veta (en bobines) 76.19, 386.15.16
plomada 363.2
— de les pues 178.7
pluja fina 239.12
poder disolvent 275.1
— enfeltrant 396.3, 406.14
— precipitant 463.7
pol 113.6
— magnètic 360.12
polit 507.1
politges fixes del arbre del volant 187.2
—-guia 504.2
— de tensió per al fil tensor 511.11
politgeta 157.10
— de la crossa 165.12
— de la palanca 165.10
politja 257.13, 470.6
— acanalada 171.11
— del arbre del plegador 249.12
— boja 160.14.15
— de canal (de comanda) 35.11, 171.10.11
— de comanda 24.2, 35.10, 136.14
— de comanda del corró 114.4
— de comanda interior 114.3
— de corda 503.3, 550.13
— per a la corda de comanda del descargolat 161.2
— per a cordó piano 521.11
— de doble gorja 157.9
— escalonada 565.1
— excèntrica 420.7
— extensible 250.15
— extensible de la metxera 224.8
— fixa amb con de cuiro 187.3
— forta 136.14
— forta de la corretja motora 160.12.13
— de fre 46.12, 171.12, 347.8
— del fre recoberta de cuiro 290.13
— de gorges escalonades 538.4
— de gorja 524.9
politja de gorja en l'arbre de la llanterna 144.12
— de gorja que mou la porcupina 36 2
— de gorja que mou la sortida 35.11
— de gorja que mou el ventilador 36 1
— de gorja receptora 144.13
— gran de les bosses pentinadores 214.11
—-guia 144 15
—-guia de la corda (del volant) 171.14, 206.8
— del hidro-extractor 290.14
— inferior de les bosses pentinadores 214.11
— inferior de la telera 230.8, 245.10
— de la llanterna 353.6
— morta (de l'arbre) 160.14, 187.4
— motriu 245 10, 470.9
— petita de les bosses pentinadores 214.10
— amb plat de fricció 354.10
— superior de les bosses pentinadores 214 10
— superior de la telera 245.9
— tensora 144.15, 157.11, 353.7
— tensora amb cadell 177.11
pols 26 13
— d'acer 339.12
— de calç viva 298.17
— de crisàlide 442.7
— d'esmerilat 339 11
— de pentinadora 375.3
— de ventilador 49 7, 194.21
polvorització del llapissó carbonitzat 308.11
polvoritzador d'aigua 574.5
— d'aire comprimit 574.3
— d'oli 239 14
— de vapor 574.4
polvoritzar les matèries vegetals 302.7
polzada anglesa 600.15
pont 54.5, 55.7, 289.6, 565.11
— de la carda 56.4
porcupina 221.9
porta corredora 572.15
— de descarrega (basculant) 39.1, 260.3
— de la fogaina 306.13
— interior 38.7
— del tambor metàl·lic 195.14
— a xarnera 195.13, 303.19
porta-bots 2.5
—-corrons 105.3, 115.1, 127.6, 136.6, 393.6
—-corrons d'arrencar 95.13
—-fusades 612.5
—-paquets 3.18
—-pues 391.10
—-rodet 2.14, 502.6, 505.10, 611.12
—-rodets giratori 506.4
—-rodets de planxa 509.7
portador de bobines 569.9
— de llibres 5.24
portar la bossa frotadora (corró) 204.5
— el cap nuat a la punta de la fusada 158.16
— varis fusets 568.14
porter 6.3
possa-tubs 176.4
posador de bitllots 3.6
posadora de bitllots 3.7
— de canetes (de tubs) 3.7
posar l'aranya 255.7
— la bala en peu (en dreta) 17.13
— els botons en la telera 590.17
— els botons en el vel 590.18
— el drap revestint el corró 118.7
— els rodets buits 141.11
— el rodet sobre la pua 255.9
— les selles sobre els corrons de pressió 143.9
— la tela (de batan) 41.8, 50.12
posició del balancé 156.12.13, 157.1
— del carro sortit 164.11
— de començament de les platines 175.15
— de començament per al plegat 165.7
— correcta del rodet 97.4
— inicial 175.15
posició de les mordasses 85.1
— normal 200.13
— obliqua 538.10
— de la pinça 85.1, 92.9
— de plegat 124.18, 155.8
— de les pues 335.13
— de les pues de guarnició 67.5
— tancada 346.18
posicions diferents del balancé 156.8
post de fusta per al mecanisme de seguretat 46.6
potassa càustica 276.9
— disolta 273.7
precipitar per un àcid 468.15
— la calç 271.2
— la caseïna 471.16
— el greix de llana 299.17
— la viscosa 468.13
precipitat de greix de llana 300.3
— de guix 310.6
— d'hidròxid d'alumini 459.16
— de sabò de calç 270.18
— de sulfat de calç 310.6
— de sulfur metàl·lic 469.17
premsa 385.11, 445.9, 448.2
— de corrons 288.7
— d'empaquetar 577.13
— per a encolar les vores 119.6
— per a fer bales 260.13
— hidràulica 288.2
— en mullat 476.16
— per a muntar manats 215.9
— de paquets 577.13
— amb preses forrades de cautxú 245.7
— per a punxa 375.1
— reversible 446.16
premsar la coberta sobre el corró 118.6
— els desperdicis en bales 260.12
preparació 121.9, 364.14
— de les bales 18.8
— per a la barreja 19.10
— de la borra de seda 444.12
— del cànem 228.15, 233.7
— dels corrons de pressió 116.10
— dels draps 400.3
— de les estopes 219.12, 232.2
— de la filatura 203.4, 390.10
— del jute per a la filatura 234.16, 254.11
— de la llana per al cardat 310.8
— del lli per a la filatura 210.20
— de mescles de color 310.22
— de la metxa 9.13, 224.3, 328.14
— per al pentinat 371.6
— del rami per a la filatura 262.1
— per a retòrcer 539.17
— de la seda 444.15
preparador del bany de lleixiu (de sabó) 275.12
preparar les bales per a la barreja 18.9
— un bany de sabó 433.13
— el cotó per a la filatura 17.17
— les fibres de seda 444.14
— el lleixiu de rentat 275.13
— la metxa 9.14
presa de les fibres entre els corrons 103.1
— de la pinça 382.14
presentar clivelles (revestit de sericina) 412.1
— esquerdes (revestit de sericina) 412.1
preservació de la metxa durant el rentat 269.5
preservar la metxa durant el rentat 269.4
pressió per cadena i romana 106.16
— per canari 106.12
— del contacte dels corrons 103.3, 554.9
— sobre els corrons 105.12
— dels corrons per selletes 252.13
— de la crossa del mecanisme compressor 46.11
— del fre 47.1
— de la grua amortiguada 352.1
— per molla 106.1
— per pes directe 105.13
— per romana 106.11, 385.10
pressió per sella 106.12
— uniforme 267.8
prestatge d'eines 362.4
— de fileta movible 522.6
— per a rodets 556.5
— de fileta 394.10
— de tela metàl·lica 294.4, 295.4
prestatgeria per a escorrer la llana 287.16
preu del fil 19.9
prevenir les corrents d'aire 59.12
— l'entrada del aire 59.11
primeres 579.12
principi del plegat 155.5
proba de resistència 606.9
procediment al àcid 302.12
— de cementat 66.6
— Chardonnet 456.10
— d'ensimatge 237.5
— de filar per un àcid 468.16
— de filar intermitent 138.12
— de filatura intermitent 159.4
— neutre 305.11
— de rentat 366.5.6.7.8
— de suavització 240.4
— de tiratge 602.13
— de trempat 66.6
procés d'aspiat (de prova) 562.8, 610.15
— d'ensimat 314.7
— de filatura 1.4
— preparatori 17.16
— de rentat 268.18
— de separació 49.15
processos d'acabat 515.1
producció de la carda 318.12
— de fils de fibres de fusta 475.10
— de la llana artificial 395.8
— de la metxera 133.7
— de la obridora 26.18
— per testa i hora 83.9
produir una gran agitació en l'aigua (conductor) 286.10
— la quantitat de calor 293.4
—-se una arrencada 82.20
projectar les partícules d'aigua fora de la llana 288.14
prolongació del marc 530.16
propietari d'una filatura (de cotó) 1.9.10
propietat de barreja 18.17
— coaguladora 464.5
— dissolvent 419.7
— enfeltrant 396.3
— higroscòpica 302.1
proporció de barreja 18.18
— de borres del capoll 424.6
— en bri de seda 424.7
— de closca 424.8
— de greix 274.4
— inferior d'acid 303.15
— d'oli 570.3
protector dels pulmons 442.8
protegir la base de feltre 110.6
— el bitllot 149.13
proteïna, que conté 435.2
prova 563.3
— de resistència 606.20
— de la torsió del fil 610.8
pua 96.11, 160.1, 521.10, 527.7.15, 532.10
— d'acer obliqua 553.10
— Acmé 147.1
— d'aleta 10.19, 122.5, 139.10, 485.8
— d'aletes per a continua d'anells 547.9
— d'anell 486.15
— d'aranya 10.19, 122.5, 139.10, 257.11
— amb barba 70.2
— del batidor 259.8
— Booth-Sawyer 145.4
— buida 233.9
— de la caneta 531.2
— amb el cap afuat 233.16
— capdelladora 538.13
— de capsal 487.1
— de carda amb doble genoll 336.4
— cavalcada 339.16
— del cèrcol 384.3
— amb comanda per corda 502.1
— amb comanda per corretja 502.3
— amb comanda per veta 502.2

pua cònica 431.17
— cònica en els dos caps 145.8
— de contínua d'anells 144.2, 489.11
— de contínua de filar lli d'anells 226 8
— de contínua Gessner 341.8
— desembragada separadament 521.6
— amb dipòsit d'oli lateral 556.7
— amb dipòsit d'oli i rosca múltiple . . . 146.11
— amb (sense) dipòsit d'oli separable . . 553.7.8
— que dona 502.9
— d'equilibri automàtic 548.11, 553.5
— de fileta 550.1
— del filferro de carda. 335.17
— flexible 146.5
— de ganxo 497.9
— girant com (al revés) les agulles del rellotge 541.13.14
— giratòria 137.14
— de grapaldina i coll formant sistema . . 553 4
— amb grapaldina de suro 146.8
— de guarnició 67.2
— llarga per a retort gruixut 552.10
— moguda 516.8
— amb noueta 474.5
— con pipa d'oli lateral 147.11
— de plat amb dispositiu d'humitejar 488.6
— que plega . . 502.10, 534.1
— que plega amb moviment giratori i cursa axial de vaivé (progressiu) 517.1.2
— que pren. 502.10
— Rabbeth 145.7
— de retòrcer . 546.3, 550.2
— de retòrcer de doble acció 553.9
— de retòrcer Rabbeth 553.4
— de retòrcer de Rieter 552.12
— de retòrcer per a rodets d'una valona . 556.8
— per a reunidores . . 430.14
— amb rodament de boles 355.5
— rodant amb velocitat uniforme (a més velocitat) 123.8.9
— de secció rectangular 208.9
— sortint 339.16
— de trescanadora. . . 526.14
— de trescanar carregada 527.12
— triangular 455.11
— amb velocitat constant 139.11
— amb velocitat variable retardata 139.12
— vertical 208.10
—, la — volta freda . . 148.15
pues alternades en zig-zag 123.4
— batidores. 195.10
— col·locades en zig-zag 123.4
— inclinats 243.14
— del rastell 229.8
— xates 287.15
pujada de la barreta . . 252.1
— del carro. . . 159.13, 557.13
— de la grua 166.1
— lenta del braç . . . 613.12
pujar (balancer) 547.6
— (el carro) 163.17
— (la grua) 166.2
— i baixar de l'alçada del rodet (aleta) 548.8
— la barreta 252.2
— la llana al llarc de la placa de vidre . . . 283.12
— en zig-zag (aire) . . 297.2
—, fer — la femella del quadrant 170.15
pulir el filferro 66.8
pulsador 530.17
punt d'acolsat 336.2
— d'ajustatge 54.16
— de contacte 42.17
— de creuament. . . . 422.3
— de creuament de la cursa del fuset . . . 511.1
— d'ebullició del aigua 570.8
— de fixació 350.11
— de pressió 46.2
— de reglatge. 54.19
punt amb sobretorta en el fil 454.9
— de sortida 24 10
— de treball 447.1
— de trenat 511.13
— de trencament . . . 10.5
punta aplanada de la pua 355.14
— de boix 128.10
— cardant de la pua . 335.18
— entrant 30.7
— fluixa de la fusada . 175.4
— forta en les fusades . 181.10
— de la fusada 155.1
— de la fusada còncava 174.6
— de la fusada punxaguda 174.5
— de fusta dura . . . 128.9
— insertada en el fuset 128 8
— de la metxa 375.9
— de la pua . . 130.4, 131.4, 146.1, 336.1
— de la pua amb botó metàl·lic 146.2
— de la pua que torç . 165 8
— trempada 66 5
puntes 400 11
— esmussades 287.15
punts gomosos 434.7
— irregulars en la guarnició 338.11
punxa 374.19
— apilotada. 374.21
— botonosa. 374.20
— de mohair 409.15
punxegut 414.13
punxó d'empalmar . . 494.2
— de marcar 363.5
— múltiple 338.1
— senzill 337.16
— de traçar 363.5
puresa de cotó 15.12
— diferent 15.14
purga de l'aigua de condensació 571.8
— dels capolls 419.19
— del fil 428.20, 454.11
— a mà 454.13
— mecànica 454.14
purgador 611.13
— d'acer 429.7
— del fil 536.6
— guarnit de drap . . 429.5
— amb moviment de va-i-vé 455.1
— per a schappe . . . 454.15
purgar el fil . . 428.21, 429.4

Q

quadra d'aspiat 562.9
— de batre . . . 197.4, 442.6
— d'empaquetar 576.2
— de pentinat de llana 376.14
— de rastellat del lli . 211.13
quadrant v. t. balança, romana
— . 152.1, 170.7, 350.6 387.10
— dentat . 152.8, 181.4, 547.2
— graduat 100.5, 613.19, 614.10
— de numeració 603.2, 613.13
quadro del corró . . . 394.1
— oscil·lant 536.3
qualitat de cotó . . 13.7, 14.2
— diferent 18.12
— de la llana 266.9
— de la metxa 342.7
— mitja 19.2
— obtinguda per la barreja. 236.12
— de seda 410.4
— tèxtil del fil de paper 475.8
— uniforme de tot partida 14.16
—, primera 14.3
quantitat absoluta d'humitat 293.13
— d'àcid sulfúric del àcid olèic en brut . . . 315.6
— d'aigua evaporada . 293.12
— de contingut de fibra 417.3
— d'estiratge 142.12
— de fibres pesades . . 319.15
— dels filferros per unitat de superfície . . 68.4
— de greix del bany . . 299.3
— d'humitat del cotó . 10.8, 15.5
— d'impureses del cotó 26.9
quantitat inferior d'àcid 303.15
— necessària de calor . 293.1
— de pols 400.18
— de sericina del capoll 417.1
— de sosa 309.17
— de xurre en la llana 271.19
quedar d'un sol cap (la metxa) 133.14
quilogram 600.22
quillaja, escorxa de . . 278.2
quinina. 457.7
quitrà 484.7, 507.19
— d'hulla 508.2
— mineral 508.2
— ric en resina 508.1
— vegetal 507.20
quitranar en calent . . 508.23
— el fil de cànem . . 508.14
quitranat 507.18
— de la corda 508.20
— del fil de cànem . . 508.13
— per fils 508.17
— en fred 508.24

R

raça japonesa 414.3
radiació de calor . . . 294.14
radiador (d'aletes) 294.9, 306.15
raig d'aigua a pressió . 477.15
rail 503.9
— del carro 558.5
— porta-pues 152.10
— per les vagonetes de prestatges d'engraellat 307.13
rails del carro . 344.6, 353.1
rapidesa de la acció dels àcids 302.14
rascle 282.14, 283.6
— de fusta 317.8
— oscil·lant 281.9
rascles de leviatan . . . 286.11
raspall . . 142.10, 378.12, 449.7
— -agitador. 420.8
— atomitzador 576.1
— de bossa 108.13.14
— brunyidor 70.5
— brunyidor amb pues d'acer 70.6
— cilíndric 378.12
— circular 86.6, 88.4, 94.7, 250.11, 255.3
— cònic 109.2
— de corró de fusta . 108.15
— de corró amb moviment de vaivé lateral 109.1
— de crin disposat en espiral 389.7
— desborrador 97.16
— descarregador 58.3, 75.13
— per a descarregar . 75.9
— distribuidor d'oli . . 318.1
— de drap fix 108.8
— enfonsador 379.14
— enfonsador amb moviment de va-i-vé vertical 448.15
— per al engraellat . . 49.3
— espiral 57.11
raspall giratori . 108.12, 129.1
— inferior 109.3
— sobre la mordassa superior 93.6
— netejador 446.5
— pla de cares afuades 109.4
— ruixador d'oli . . . 318.1
— transportador . . . 444.2
— de xapo 108.9
raspallat dels capolls . 420.3
— del lli 217.17
rasqueta 96.4, 479.1
rastell 245.6, 283.6
— acabador. 495.16
— d'alimentació . . . 382.4
— de corder 498.1
— de desbast 495.14
— elevador 278.12
— fi . . . 213.7, 229.5, 495.16
— de fusta 317.8
— en gros 213.5, 229.4, 495.14
— guia-fils reversible . 504.12
— -guia per a les tires de paper 489.9
— intermedi . . 213.6, 495.15
— a mà 8.5, 212.20, 229.6, 245.4, 495.13
rastellador 211.14, 212.17, 229.2
rastelladora 8.6, 211.15, 229.3
rastellar 8.4
— el cànem escairat . 496.5
— les fibres de jute . 245.2
— la llana 317.9
— el lli (a mà) 211.12, 212.15
— el lli gradualment. . 212.1
— el lli sense tallar . . 212.2
— el lli tallat 212.3
rastellat del cànem 229.1, 495.10
— del cànem escairat . 496.4
— en gros 212.16
— del jute 245.1
— del lli 211.10
— a mà 212.14
— dels pèls 514.5
— del rami 262.10
rastellatge 8.3
ratlla 116.11
ratllat 115.6
— del corró amb premsa 120.20
— creuat 332.1
— fi 143.4
— irregular dels corrons 191.5
ratllats 116.10
ratlles, x — per polçada 71.16
reacció àcida 309.5
— elàstica per torsió de la fibra 101.3
reajustat del carro . . 174.2
— per excèntrics . . . 79.7
re-aspiar 424.11, 562.7
re-aspitat 424.10
rebaba 70.3
rebaixament dels caps . 243.10
— de la duresa del aigua 270.21
reblar 61.12
reblat de les agulles . . 512.13
— directe de la guarnició 61.15
rebló de coure 61.10
— encabotat 61.14
— metàl·lic 61.8
— de plom 61.9
rebre x torsions (tortes) per minut 431.2
recanvi d'agulles . . . 86.15
— de la pua 555.8
recanviar el bot de filar 470.11
— la filera obturada. . 466.10
recargolament de la fibra 101.2
recipient 289.3
recobriment per la noueta 553.3
recobrir el corró de guarnició 337.4
— les fibres de jute amb una capa d'oli . . . 237.11
— de pell el corró . . 110.3
recollida de les barbes. 444.9
— de draps 399.2
recollidor de borrissol . 322.5
— de mermes 216.2
— de tubs 3.9
recollir (les barbes) . . 444.10
— el liquid extret . . . 288.15
rectificació de la platina 175.1
rectificador 314.8
— solidificat 316.18
rectificar 319.21
— el cos del cilindre . . 203.1
— la platina 175.2
recubriment de pedra . 376.1
recuit del corró 120.10
reculada del carro. . . 348.10
recular al zero (l'index) 614.4
recuperació del greix de la llana 299.13
— de la potassa del xurre 273.4
recuperador d'oli . . . 360.4
recuperar el dissolvent per destil·lació . . . 463.5
redreçador 449.8
redreçament de les pues de carda 339.13
— longitudinal de les fibres 100.16
redreçar les fibres . . . 100.15
— les pues de carda. . 339.14
reducció de la cursa. . 125.13
— del ecartament . . . 390.3
— de la força enfeltrant 302.9
— gradual del diàmetre 174.11
— de la tensió del corredor. 151.1
— de la torsió 501.8
— de velocitat 347.16
— de la velocitat del corró alimentari . . 42.16
reduir la cursa del balancé 125.12
— la força enfeltrant . 302.10
— el nombre de fibres. 100.13

eduir les superfícies de refredament 295 2
– la tensió del corredor 151.2
efinació del carbonat potàssic comercial 273.10
efinar el greix 300 8
efinat del lli pentinat 217.12
– de la pega 508 10
reforç insertat 355 3
reforçament lateral del nervi 53.11
refredament del assecador 294.12
– del fil escalfat 572.8
refredar el fil assecat 227.11
refrigeració d'aigua 36.13
– del assecador 294.12
refusar l'acceptació 15.18
regadora 239.13
regat dels fils amb aigua freda 570.5
regenerar el bany 304.14
– el bany de lleixiu 276.6
regenerat 395.10, 582.18
– alpaca 407.21
– de drap 406.12
– Tibet 407.12
– Tibet de drap de casimir (catxemiras) 407.17
– Tibet de drap d'estam Orleans 407 14
– Tibet de draps de musselina 407.13
– Tibet de drap de zèfir 407.14
– Tibet de forros 407.16
– Tibet de mitja-llana 407.20
registre d'aire 306.10
– de les bales 16.15
– de sortida de l'aire 306.11
regla 31.10, 40.13, 87.4
– collada 603.6
– de copisplet 167.3
– de copisplet amb palanqueta 168.4
– de les cues d'oreneta 29.8
– amb dents 312.10
– de desplaçament 564.18
– de la devanadora 567.7, 567.4
– amb entalles 258.5
– fixa 226.9
– -guia 558.2
– guia-fil. 391.1, 566.4
– guia-fils 142.8, 430.2
– porta-rodets 125.8, 394.11
reglatge del nivell de l'aigua 286.6
– dels xapons 53.14, 54.14 56.3.13
regle curt 183.14
– amb divisions 183.15
– movible de plegat 190.11
– per a nivellar 363.6
– porta-fusades 611.2
regles disposades en espiral 309.2
regruix (m) 174.14
– en el fil 454.10
regulació de l'alimentació 42.7
– de l'alimentació en raó inversa al gruix de la tela 42.9
– de la velocitat 42.10
regulador de l'alimentació 42.8
– de l'alimentació d'anelles 34.9
– de l'alimentació amb anelles i palancas 44.4
– de l'alimentació de mallons 34.9
– de l'alimentació amb pedals 21.11, 28.9
– de l'alimentació amb rodets antifricció 34.6
– per cargol 172.15
– de cues d'oreneta 43.6
– del embrague de la fricció de descargolat 205.9
– de l'equilibri 291.3
– de la fricció del descargolat 349.1
– de Gully 172.4
– de pedals 312.7
– de pressió 339.4
– de tiratge 31.17
reguladora de l'alimentació 29.10
regular automaticament l'alimentació 30.1
regular la corrent d'aire 32.1
– el desplaçament de la cursa del guia-fils 517 6
– l'entrada de lleixiu de sabó 439.6
– el nivell de l'aigua 286.7
– la tensió del vel 326.20
regularitat del fil 605.16
– de la tela 81.7
regularització de la capa de fibres 200.8
– mitjançant el doblat 81 1
regularitzar el diàmetre del fil 421.7
reina de pi 462.17
reinflament 467.8
reixa (de fusta) 229 13, 259.13
reixat de barrots plans de ferro 368.7
relació de doblat 386.9
– d'estiratge 386.7
– de transposició dels rodatges 537.5
rellliscament de les fibres entre els corrons 103.5
– de les fibres en la guarnició 67.10
– del fre 347.10
– de la matèria a filar 319.19
– de les teleres 23.6
– del tupí 499.8
rellotge, en forma de 607.1
rellotget 152.7, 389.5, 611.15
– dels agullers 358.4
– del aspi per a un nombre fix de voltes 563.19
– de plegar en les contínues de retòrcer d'anells 551.6
– de torta 207.5
remenador 277.4, 299.10
remenar els capolls amb l'escombreta 420 4
– les madeixes de seda en el bany de sabó 433.14
remenat dels capolls (a mà) 419.19, 420.3
remetre els caps nuats en els ganxos 504.16
remollar els draps 401.4
remoure l'aire saturat d'humitat 293.15
– en el bany 304.16
remullar el cordatge en l'aigua 507.8
– la borra en una solució de sosa 437 10
remullat dels capolls. 418.6
– dels pèls 514.2
rendiment dels capolls 424.5
– de desengomat 437.7
– del rastellat 212.7
rengle d'agulles 85.5, 88.2
– d'agulles del pinte circular 383.9
– de forats 61.7
– de pues 123.3
rengles d'agulles 444.5
– de corrons 143.11
renovació del aire (per mitjà de diferències de temperatura) 293.16.17
rentador de llana 268.10, 284.12
– mecànic 284.13
rentadora d'aigua calenta (freda) 439.4.8
– per a borra de seda 439.1
– de draps 401.6
– de llana de Eastwood 283.13
– mecànica 310.1
– mecànica de llana 278.4
rentar l'amiant en aigua freda 490.3
– la borra de seda 438.15
– els (draps) 401.3
– a fons els pèls 514.3
– la llana 273.14
– la llana de carda 268.12
– la llana químicament 297.8
– la mànega de pell amb aigua de sabó 109.8
– la seda 470.13
– la suintina 300.4
rentat 269.9
– acurat 269.3
– sobre el animal 268.17
– de la borra de seda 438.14
– dolent 269.10
– dels draps 401.2
– final 269.2
– industrial 268.20
rentat de la llana 268.9, 273.13
– de la llana de pinte 365.5
– de llanes de carda 268.11
– a mà 268.16
– a màquina 268.19
– mecànic de la llana 278.3
– preparatori 268.22
– químic de la llana 297.7
– amb sabó 277.2
– amb terra de bataner 309.20
– en viu 268.17
–, bon 269.9
–, procediment de 366.5.6.7.8
renvío equilibrat per corda del arbre vertical 37.1
repartidora de llana 266.13
repartir el lli per manats 213.4
repassador 213.7
– de cànem 231.8
– de lli 216.6
– de pentinat 376.11
repassar el cànem 230.14, 496.8
– les pues 69.16
repassat 376.10
– del cànem (pentinat) 230.13, 496.7
– dels caps. 213.8
– de la guarnició 340.2
– del lli pentinat 216.4
repentinat 376.9
repesar les bales 16.17
– després de la dessecació 615.14
– de les bales 16.16
repetir l'estiratge 101.10
replenat dels espais buits 59.10
reposar, deixar – la solució filtrada 463.15
reposició de l'aranya 141.7
– dels rodets plens per altres buits 141.10
represa 573.9
reprise 573.9, 616.1
rescalfar-se (la caixa de la serreta) 60.8
reserva de fil 145 13, 156.10, 528.1
– de metxa 224.11
– de veta 224.4
–, segona – de fil 157.2
residu d'àcid 310.2
– alcalí 310.3
– d'oli 238.13
– resinós 508.11
– de sal 305.20
– de la veta pentinada 374.18
residus de crisàlides 438.20
– vegetals 301.4
resinificar-se (l'oli) 459.4
resistència de cordatges de cànem 513.2
– especifica 606.10
– de la fibra 6.12
– del fil 10.3, 454.18, 606.17
– del fil al trencament 10.4
– del material 64.7
– a la tracció 66.11, 513.8
resistent als àcids 304.4
resorteig, segona – del lli 216.5
resudació del cànem en la bala 228.11
ressort 149.6
– de fulles 279.7
– de pressió 106.2
resultat del acondicionament 615.17
– del sorteig 266.7
restos de llavors 26.14
retall 400.7
retalls 396.8
– de sastre 397.18
retardar respecte a la pua (bobina) 124.14
– (bobina) 124.13
retasa 616.1
retenir el llapissó 367.14
retentor 524.2
retocar el gaigat dels xapons 54.13
retorcedor 539.6
– de cànem 539.10
– de corda 494.9
retorcedora d'aletes per a cordills 501.15
– de cànem 539.11
– de cotó 539.8
– fixa 502.14
retòrcer 12.11, 539.5
retòrcer els fils doblats en la contínua d'aletes 545.12
– directament de fusades 543.11
– en mullat 542.5, 552.6
– al revés 540.6
– en sec 552.7
– (la seda) 430.16
–, màquina de – v. màquina de retòrcer
retorn del dipòsit a la posició normal 200.13
– del material insuficientment obert 405.3
– del xapó 53.5
– de la pua al eix de gravetat 553.6
retornar al seu centre de gravetat (les pues) 191.6
retorsió suplementària 501.4
retort 539.1
– en barrina 539.20
– cama-coix 539.20
– de cànem 582.4
– de x caps 539.16
– continu 542.18
– de cordes 501.1
– de cordills 500.8
– per a cosir 581.22
– creuat 591.17
– desigual 540.1
– en direcció contrària 540.9
– a la dreta 541.2
– dur 539.22
– a l'esquerra 540.12
– a l'esquerra de fils torts a la dreta 540.7
– d'estam 584.11
– de fantasia 589.13
– fi de lli 581.20
– i filat torts en la mateixa direcció 540.8
– final 539.18
– flamejat 591.16
– fluix 541.3
– fort 539.23
– fort gasejat 584.14
– gruixut 552.10
– intermitent 557.2
– de lli 581.19
– de llibrants 500.3
– llis 539.24
– en màquines contínues 542.17
– mat 580.9
– en la mateixa direcció que la torta del filat 540.10
– en mullat 542.4
– de schappe 587.21
– en sec 542.2
– de la seda artificial 474.2
– de seda basta 588.4
– senzill 539.14
– suau 539.21
– en tira-buixó 539.20
– xemicat 540.1
–, primer 539.17
retorta 402.15
retrocés del carro 348.10
– ràpid intermitent del guia-fil 561.7
reunidor de caps 423.7.13
reunidora 2.4, 12.8, 80.12, 453.10
– de creuat ràpid 523.11
– de creuat ràpid amb para-trames 525.1
– amb dispar automàtic 534.10
– de napes 373.1
– per a rodets de valones 521.15
– per a seda 430.13, 534.11
– de vetes 81.6, 373.1
reunió de varis fils 565.14
– de vàries madeixes 576.13
reunir els brins de capoll 421.4
– els fils 515.8
– el lli pentinat en paquets 217.7
– els manats de lli pentinat en forma de veta 218.1
– x vetes (a la vegada) 104.7, 223.8
reversibilitat de la corrent d'aire humit en les cambres 573.2
revestiment de delgues 244.11
– de fusta 312.5
revestit basto de sericina 411.17
– dels corrons de pressió 389.10

revolució de les pues a una velocitat creixenta 347.17
revora cònica 531.5
ric en carbó 120.12
— en greix 274.6
— en matèries gomoses 225.11
— en resina 508.1
riçat de la fibra 101.2
ricinat de sodi 464.9
riell 503 9
— del carro 558.5
riells collats a terra 504.1
— penjats al sostre de la corderia 503.15
rigidesa 67.4
rindo dels capolls 424.5
— de desengomat 437 7
roda d'accionament de l'arbre de les conduides amb magrana 187.11
— d'acoblament 127.4
— d'angle 24.3, 132.7, 252.8
— d'angle del arbre curt horitzontal 135.8
— d'angle amb joc de cadells 187.8
— d'angle amb magrana 187.13
— en l'arbre motor per a la pujada del carro 189 5
— del balancé 230.1
— de la barreta de les pues 134.12
— de la barreta dels rodets 135.8
— de cadell 52.12
— de la cadena en el torrió del braç del quadrant 172 13
— de canvi 136.5
— de canvi de l'arbre 187.16
— de canvi de plegat 135.7
— de cap de cavall 114.6, 136 4, 176.13
— del carro 206.1, 230.1
— cilíndrica 560.11
— de comanda 11.5
— de comanda de les bobines 181 1
— de comanda dels corrons i del carro 162.12
— de comanda de les pues 134.9
— del comptador de l'alimentació 346.5
— del con superior 135.11
— conductriu de la cadena 447.4
— de les conduides 177.4
— cònica 24 3, 132.7
— del corró de darrera 114.7, 134.10, 176.15
— del corró de davant 136.2
— dentada 532 6
— dentada amb esfera graduada 358.6
— de dentat interior 505.15
— de dents fines 566.14
— diferencial 126.3
— doble intermèdia 187.6
— d'estrella 96.2, 125.10, 132.1, 134.4, 190.6, 187.1
— d'estrella per a la cadena 254.1
— d'estrella d'inversió 173.2
— d'estrella amb roda per a la cadena 172.12
— d'estrella de tivar cadena 184.6
— fosa amb mitja-magrana 348.12
— hiperbòlica de les pues 135.2
— intermèdia 187.9. 505.16
— intermèdia de comanda de les pues 136.13
— intermèdia de torta 555.13.14
— intermèdia de xarnera 136.12
— de llanterna 546.8
— de llautó 347.2
— de marxa 134.3, 186.10, 207.9
— de marxa de dalt (de baix) 555.10.11
— moguda per con inferior 135.7
— motriu de la porta-rodet 505.14
— in plat amb cadells 188.3
— del rellotget de torta 207.5
— del segon corró 114.9
roda sol 126.3
— del tercer corró 114.11
— de tiratge del carro 186 12
— de torta 134.3, 186.10
— de torta de dalt (de baix) 555.10.11
— de vis sens fi 72 7, 188.2, 373.9
— de vis sens fi graduada 207.13
— de vis sens fi amb magrana 207.8
— de xarnera 134.8
rodament de boles 355.5
rodanxa de feltre 544.12
— de fre 549.3
rodatges de comanda del carro 177 3
— de la contínua d'anells 158.10
— d'una contínua de retòrcer d'anells 555.9
— de la metxera 134.1
— de la selfactina de Schlumberger 184.12
rodell de gorja 497.8
rodes d'angle 126.4
— d'angle del joc d'escala 132.3, 135.10
— còniques 126.4
— d'engravació intermitent 537.1
— mogudes alternativament 537.3
rodet 11.1, 43.9, 122.6, 128.2, 255.8
— actor 547.10
— alimentari 526.10
— boig en la pua 547.11
— amb capsats cònics 122 1
— cilíndric 140.18, 518.20, 519.4
— cònic 141.1
— de la contínua de retòrcer d'aletes 546.5
— convex 140.19
— de corda 505.5
— de cordó 505.3, 509.12
— amb cos cilíndric i punta cònica 519.3
— de desplegat 430.10
— dret 519.4
— de fil de cosir 520.16
— de fil d'empalomar 593.8
— de fil-ferro 509.8
— per al fil de tensió 511.8
— de fusta 97.3, 124.4, 497.8, 537.8
— de fusta dura 124.6
— de fusta per a plegat cilíndric 554.11
— de fusta per a la tela 96.6
— giratori 356.7, 520.4
— Leeson amb plegat obert (tancat) 519.10.11
— de llautó trepanat 124.7
— per a màquines de fer tul 520.10
— per a màquines de trenar 520.9
— de metxa 203.3, 334.10, 393.2
— de metxera 137.11, 139.4, 224.6, 257.4, 567.16
— de paper 124.5
— de paqueteria 520.13
— passiu en la pua 547.11
— de planxa 518.10
— ple 140.17
— que plega 474.6, 536.2, 547.10
— de plegar 430.11
— amb plegat arquimèdic 519.3
— de plegat creuat 96.14
— amb plegat paral·lel 518.20
— ratllat longitudinalment 473.4
— amb regla guia-fils 429.6
— de retort 474.4, 550.3
— de retort preliminar 545.1
— de reunidora 545.2
— solidari a la pua 547.10
— amb una (doble) valona 124.1, 518.15
— de valones amb plegat convex 519.1
— de valones per a la primera reunidora 522.7
— amb dues valones 518.14
— amb velocitat constant 139.12
— amb velocitat variable retardata 139.11
— de veta 96.13
rodet de veta de paper 485.2
— e vidre 466.8
rodeter 515.12
— de fil 4.14
— a mà 4.16
rodetera (màquina) 12.1
— (obrera) 2 13, 515.13
— de bombo fendit 524.13
— de creuat ràpid 524.5
— de creuat ràpid per a bobines de les màquines de bordar 533.9
— de creuat ràpid amb bombo fendit 523.8
— de creuat ràpid per a ovillos cilíndrics 522.9
— de creuat ràpid per a ovillos paral·lels amb tub mogut per fricció 522.11
— de creuat ràpid per a ovillos amb puntes còniques 522.10
— per a estrelles de cartó 536.9
— de fil 4.15
— per a fils de cosir 537.7
— a mà 4.17
— de purgar seda grega 429.13
rodets de cordons 503.13
— posats en la fileta 137.12
— senzills 43.16
rodillo de nina 7.12
rodona dels rodets 97.1
rolina 103.14
romana v. t. balança, quadrant
— 387.10, 613.13
— de butxaca 614.12
— per a fils 614.7.8
— per a fils i teixits 614.15
— micromètrica per a fils 614.6
— de numeració 603.2
— de numeració amb devanadora ordinària 614.9
— universal 614.16
rosanilina 457.9
rosca de filet quadrat 252.5
— de galgar la alçada del carro 178.8
— múltiple 146.11
— de les plantilles 184.8
— del quadrant 171.2
— del sector 350.14
— de tensió 344.10
— transportadora 40.4
roscada 530.7
roseta 157.10
— de fundició 524.8
rosques creuades 339.5
— inferiors 251.15
rotació del corredor 150.14
— en fred de la pua 148.14
— intermitent de la bobina de metxa 342.3
— de les pues al revés 165.2
— de les pues durant la sortida del carro 164.3
— al revés del arbre principal 165.4
— del rodet per tracció del fil 140.4
— variable 537.6
rotafrotador 203.16
rota-frotament 8.17
rotafrotar 8.18
rotafrotor 203.16, 331.13, 479.2
— per a borreta 454.2
— amb corrons 333.7
— per a fils de pèl 409.5
— de tela metàl·lica 388.3
rotafrotors 370.5
— amb cursa creixent 334.2
— metàl·lics 333.11
— plans 388.4
rotllar el cilindre cobert de cuiro 119.13
rotllat del cilindre recobert de cuiro 119.14
rotllo de cable 596.18
— de corda 596.18
— de fricció 529.11
— de paper 481.3, 482.2, 489.2
— de tira de paper 486.8, 487.7.11
— de veta de fibres 485.11
— de veta de paper 485.2.10, 488.8
rotor 113.2.10
roure 201.9
rovellat de la guarnició 64.1
ruffer 495.14
ruixador de tela metàl·lica 573.12
ruixadors divisors 477.13
ruixament del fil 574.1
— dels manats de jute 239.10
ruixar 441.4
— la llana de pell 269.8
— el lleixiu de rentar sobre la llana 284.9
— amb sal 438.22
— uniformement 239.11
ruixat amb aigua sabonosa 317.3
— amb una escombra 317.5
— de la llana amb lleixiu 284.8
— de llana amb una regadora 317.4
— a mà 441.6
rull 329.12
ruptura del fil 554.8
— del fil per son pes propi 606.13
— sobtada del fil 541.9
rusalbos 368.11

S

sabata 70.15
— per a la bóta 70.16
— del fre 171,13, 359.2, 548.3
— igualadora de les pues 340.1
sabateta 73.13, 180.2
— de la candela 151.14
— del fre 147.5
— que regula el descargolat 165.9
sabó 484.6
— amoniacal 276.20
— animal 434.1
— blanc 316.2
— blanc corrent 277.19
— de calç 270.16
— dur 277.17
— de magnèsia 270.15
— de Marsella 277.18, 434.2
— moll 277.16
— negre 316.3
— neutre 277.13
— d'oleïna 434.3
— d'oli de cacauet 433.19
— d'oli de coco 433.20
— d'oli de palma 428.9
— d'oli de sèsam 433.21
— d'oli vegetal 433.18
— en pols 277.21
— potàssic 277.16
— pur 277.12
— safreig 316.3
— de seu 310.5
— de sosa 277.17
— tou 316.8
— verd 316.8
—, el — conté àlcali lliure sense descompondre 277.14
sabonera 277.22
sabre 93.9
sacsejar el cotó (les aguelles) 38.11
sagí fos 315.1
— de porc 428.13
sal 302.2
— alcalina 469.6
— d'alumini 270.14, 465.14
— amoníac 316.6
— que's combina amb l'amoníac 465.6
— fèrrica 270.13
— de Glauber 303.7, 309.15
— inorgànica 463.19
— de magnesi 465.9
— metàl·lica dissolta en alcohol 460.11
— metàl·lica pesada 469.11
— de potassa comercial 273.9
— de protoxid. de manganès 469.14
— soluble de zenc 469.13
sala de barrejes 18.15, 23.1
— d'ensimatge 239.3
salfumant 305.5
salnitre 419.17
sals higroscopiques 483.13
sals potàssiques 272.12
saltar (les pues de la guarnició) 64.10
samarres de llana 397.15
saponificació del greix 275.5, 315.9

aponificar el greix 275.6
- per mètode directe 276.8
- l'oli 315.19
aponina 277.23
arja 64.24
aturada de fibres (guarnició de carda) 75.3
chappe per a teixir 587.23
- tussah 587.22
ecció d'aspiat 562.9
- transversal 100.13
ector 350.5
- d'alimentació 94.1
- en l'arbre dels plegadors 186.5
- dentat 94.5, 152.8
eda 410.3
- ailanthus 410.12
- d'anaphe 410.17
- d'arranyes 411.1
- artificial de Elberfeld 588.6
- artificial fàcilment inflamable 462.9
- artificial de gelatina 470.19
- artificial de Oberbruch 588.6
- artificial al òxid cupricamoniacal 464.4
- aspiada 412.18, 425.2
- del attacus cynthia 410.12
- per a blondes 587.7
- sense borrissol 427.15
- de brodar 586.22
- bullida 426.21
- de capoll de nin 410.17
- de capolls 587.24
- carregada 587.11
- de caseïna 471.13
- Chardonnet 456.5, 588.7
- al col·lodió 588.7
- de color 587.12
- cordonet 586.19
- de cosir 586.17
- crua 425.2, 426.22, 434.4
- crua borrosa 425.7
- crua mig-perlé 587.1
- crua pilosa 425.7
- cultivada 410.5
- cupro-amoniacal d'Elberfeld 588.6
- descruada 434.5
- desgreixada 427.16
- non desgreixada 426.22
- èria 410.10
- estampada 587.17
- fagara 410.9
- de fantasia 587.10
- fermentada (fer inodora) 438.1
- fluixa 586.23
- forta 427.14
- glacé 587.15
- gofrada 587.17
- granadina 586.10
- grega 425.2
- grega del Asia Menor 426.12
- grega de Bengala 426.9
- grega amb caps nuats 428.17
- grega de la China 426.5
- grega de Corea 426.8
- grega ensabonada 428.8
- grega espanyola 426.18
- grega europea 426.14
- grega francesa 426'15
- grega de Grecia 420.19
- grega de gruix irregular 428.18
- grega hongaresca 426.17
- grega d'India 426.9
- grega italiana 426.16
- grega de Japó 426.6
- grega de Llevant 426.11
- grega en madeixetes 426.3
- grega de Persia 426.10
- grega re-aspiada 424.18
- grega de la Siria 426.13
- grega en Troques 426.4
- grega uniforme 425.4
- grossera 435.16
- igual 427.13
- india Mezankora 410.15
- india tussah 410.13
- laminada 587.16
- Lluna 588.8
- de llustre mat 427.19
- en madeixes 412.18
- per a màquina de cosir 587.9
- marina 411.2
- Meteoro 588.10
- midada 602.17
seda mig-bullida 434.11
– per a mitjes 586.18
– molinada 431.8, 586.5
– de morera 410 5
– de morera silvestre 410 7
– muga 410.11
– obrada 431.8
– de nitrocel·lulosa de col·lodió acètic gelat 459.5
– de nitrocel·lulosa de col·lodió-acetona 460.3
– obrada 586 5
– ombrejada 587.13
– ondejada 586.15
– per a passamaneria 587.6
– al piroxil 588.7
– plena i elàstica 427.14
– provenint de capolls ensofrats 427 1
– per a puntes 587.7
– de ricí 410.10
– rondontia 410.16
– roscada 586.15
– salvatge 410.6
– de sarrell 587.8
– silvestre 410 6
– Sirio 588.9
– suavitzada 434.11
– de bon tacte 427.4
– per a teixir 587.5
– tenyida clavillada 587.14
– torta 431.8
– trama 431.10, 586.11
– Tussah de la Xina 410 8
– uniforme 427.13
– verdosa Yamamai 410.14
– de vidre 491.13
– viscosa 468.9, 588.8
– a voltes comptades 602.17
sedàs 299.12
– per a capolls 418.15
– cilíndric 476.14
– cilíndric amb seccions longitudinals 477.2
– insertat 285.9
– longitudinal 476.15
– amb tires de cautxú 477.6
seder 412.13
sedera 412.14
segat del fil 541.9
segment 55.5
– acanalat 85.7
– amb agulles 85.4
– d'agulles 378.2, 383.1
– de barretes 378.2
– de cuiro 85.6
– dentat 360.17, 547.2
– dentat per al moviment de retorn del fuset 511.6
– de dents de bronze 94.6
– llis 89.12
– pentinador 85.4, 87.11
– de pintes 378 2
– ratllat 378 3
– vestit de cuiro 380.11
segones 579.13
selfactina 11.17, 138.14, 159.7, 204.13, 343.13
– per a borres 204.14
– per a números prims 188.16
– de retòrcer amb la fileta sobre carro mòbil 557.3
– de retòrcer amb les pues sobre carro mòbil 557.14
– de tòrcer 12.12
– per a trama 188.15
selfactines de retòrcer 557.1
sella 105.6
– dels corrons de pressió 143.8
– de pressió 106.13
selleta 252.14
– per a la broqueta 523.6.13
– de pressió 393.9
– per al troquilló 603.5
sensibilitat de la balança 613.10
– del regulador de l'alimentació 44.7
– de la seda en els àlcalis 437.6
sentinella 51.16, 76.2, 358.11, 385.2
sentit, en – oposat 29.4
senyal dels raspalls 96.8
senzill 133.15, 586.16
separable 320.13
separació 68.12, 390.4
– del borrim 81.14
– del borrissol 81.14
separació dels draps batanats dels no batanats 399.13
– de les fibres 230.16, 374.3
– de les fibres llargues i curtes 374.4, 444.13
– de les fibres del lli 211.18
– de les fibres de pasta en faixes en el sedàs 477.1
– imperfecta 211.20
– de la llana morta 266.5
– en tires de la fulla prèviament dividida 478.8
separador 445.11, 446.15
– de fils 153.4
separar les capes de jute en manats 235.11
– els cordons 500.5
– les fibres del lli 211.19
– la llana del llapissó 368.9
– la llana morta 266.6
– la substància greixosa 299.18
– la terra de bataner per rentat en aigua 298.16
sequedat absoluta del fil 615.11
sericina 411.8
– dura 411.16
– estovada 412.2
– suavitzada 412.2
– trencadissa 411.15
sèrie de pinces 214.8, 449.15
– de rastells 214.8
– de tubs de calefacció 295.5
–, doble – de gills 451.6
serpenteig del carro 345.3
serpentejar (carro) 345.4
serpentí refrigerant 462.1
– de vapor 298.6
serra circular 231.16
serreta 51.8, 59.18, 86.8, 88.8, 98.1
– d'acer 340.10
– descarregadora 58.2, 320.12
– igualadora 260.8, 320.8.11
– amb moviment de retrocés 58.4.8
– reguladora 320.3
– seccional 330.4
– de tota l'amplada 330.3
setrill 361.13
– per a pues de contínua d'anells 391.6
seu 428.12, 484.4
– rus 359.13
shoddy 407.6
– de catifes 407.9
– de filtre de premsa d'olí 407.10
– de filtre de premsa de sucre 407.11
– de flassades 407.8
– de franel·la 407.7
– de seda 412.5
sifó 362.3
silicat potàssic 369.8
– sòdic 369.9
sisal 492.6
sistema v. t. aparell, dispositiu, joc, màquina, mecanisme
– d'alimentació 382.15
– anglès de filatura 364.9
– anglés de retort 542.11
– Bradford de filatura 364.9
– de cardes-metxeres 193.4
– escocès de retort 542.8
– d'estiratge amb tres rengles de corrons 143.11
– de filar amb anells 138.5
– de filatura (intermitent) 1.5, 138.15
– francès de filatura 364.10
– d'inserció de les pues 68.9
– internacional de numeració 599.12
– de doble llevador a la carda emborradora 202.3
– de doble llevador en totes les cardes del assortiment 202.2
– mètric de numeració 599.12
– de palanques con llengua de serp 166.8
– de tres parells de corrons d'estiratge 205.2
– de pua 145.3
– de transport de les vetes 80.11
slip 599.4
so del esmerilat 339.10
sobre-tòrcer el fil 541.7
sobrer 3.19
sobretaula de gartell 399.15
soca replenada de metall 513.14
sòcol 95.3
sol 126.3, 291.4
solatge de les impureses 284.5
solatges de greix de llana 300.2
soldador 86.22
soldadura de les agulles 86.21
– dels brins de seda 412.4
soldar les agulles 86.20
– -se (els flocs pentinats) 85.13
solidificació del greix de la llana 300.16
– del suavitzant 316.17
solidificar-se (greix de llana) 300.17
solubilitat de la matèria gelatinosa en l'aigua 471.5
– del xurre 272.3
soluble, poc 412.3
solució d'acetona 460.4
– acuosa d'àcid clorhídric 305.7
– acuosa de sal amoníac 465.7
– alcalina 275.10, 437.4
– alcalina caseïna-acetona 471.20
– alcohòlica aquósa de caseïna 472.2
– alcohòlica de clorur d'amoni 457.11
– alcohòlica de clorur ferrós 456.13
– d'alum 238.18
– de bisulfat alcalí 465.4
– calenta de sosa 470.14
– de caseïna 471.15
– de cautxú (molt fluida) 65.11, 463.6
– de cel·lulosa al òxid de coure amoniacal 464.13
– de clorur estanyós 457.3
– de clorur mercuriós 459.12
– de clorur de sodi 465.5
– de cola 71.11
– de col·lodió concentrada 457.10
– de col·lodió portant aigua 462.5
– escumosa 277.10
– d'èter acètic 460.10
– d'etil-acetat 460.10
– feble d'àcid clorhídric 305.7
– per a filar 461.14
– de gelatina 471.4
– greixosa 298.11
– neutra 305.13
– neutra de sal 465.8
– neutra de sal alcalina 469.6
– de nitrit de sosa 460.5
– de potassa 273.5
– de sabó calenta 433.12
– de sabó lleugera 194.11
– d'una sal en alcohol 460.12
– de sal saturada 469.5
– de salnitre 419.17
– de silicat amb amoníac 369.10
– de sosa 316.10, 419.18
– de sosa càustica 276.11, 437.5
– de sosa tèbia 309.18
– de sulfat ferrós 469.15
– de sulfat de níquel 472.9
– de vidre soluble 463.3
– viscosa per a filar 464.6
sonda 593.23
sorra 26.12, 268.7
sort de llana 266.8
sorteig 235.1
– de les bales 18.10
– i batut de la llana 364.15
– dels capolls 413.2
– dels draps 399.7
– segons les floques i la finor 265.8
– en gros 399.10
– de la llana 263.18
– del lli pentinat 216.17
sortejador de borres 196.4
– de draps 400.1
– de jute 236.8
– de llana 264.1
sortejadora de draps 400.2
– de llana 264.2
sortejar les bales segons la qualitat 18.11

sortejar les barbes segons la llargada 446.11
— la llana 263.14
— la llana segons la llargada 364.16
— el cànem pentinat . 228.7
— segons el color 265.4
— a mà 265.2
— per pesada 612.10
— les troques en bàscules 576.17
sortida 103.7
— de l'aire 296.6
— de les capes fibroses 326.6
— del carro 159.10, 164.1, 343.14, 557.10
— del cotó 35.7
— de la estopa en forma de veta 221.15
— del fum 376.3
— de la solució 298.8
— del ventilador 312.15
— de veta 198.5
sortija de la llana segons la qualitat dels vellons 264.23
sortint 355.8
— arrodonit. 282.4
— de la bancada . . . 185.6
— del ratllat 116.12
sortir (el carro) 163.17
sosa 276.1, 309.10
— amoniacal . . 276.3, 309.18
— anhidra químicament pura 309.11
— calcinada. 309.12
— càustica 276.10, 472.8
— cristal·litzada 276.2
— de Leblanc. 309.14
— Solvay 276.3
— sulfatada 309.14
sostenir-se en flocs (les fibres) 14.7
sotaix 400.13
soterrani humidificador 574.13.14, 575.3
stock de llana 264 3
suarda 272.1
— cerosa 274.9
suavitat del fil 138.20
suavització del jute ensimat 240.1
suavitzador 314.8
— de jute amb mecanisme d'ensimatge 241.4
suavitzadora de jute. . 240.6
suavitzant solidificat. . 316.18
suavitzar la borra . . . 440.16
— la fibra de llana . . 314.4
— el jute ensimat . . . 240.2
— la seda 434.9
suavitzat 434.8
— del fil per vaporitzat 569.12
— de les fusades 571.16
subdivisió de les fibres 237.8
subgenre 13.6
submersió del fil en aigua calenta 573.16
substància cel·lulòsica . 472.12
— explosiva. 462.6
— greixosa 299.18
— intercel·lular de les cel·lules de jute . . 237.10
— saponificadora 275.8
— suavitzant 314.8
substàncies incrustants. 475.7
substitutiu d'oli 316.12
— de sabó 277.20
suc de rentat . . 275.11, 278.7
sucs de la crisàlide . . 419.9
suintina 300.3
— rentada 300.5
sulfat d'alumini 303.9, 465.15
— d'amoni 469.8
— de calç 310.6
— de coure 458.23
— ferrós 469.12
— de magnesi 465.11
— de manganès 401.16
— de potassa 272.10
— potàssic 272.10
— sòdic 303.6
— de sosa 483.14
sulfoleïna 238.10
sulfur de carboni 238.19, 297.20, 438.6
— de ferro insoluble . . 469.16
sunn 492.7
superfície brillant (borrosa) de la guarnició de carda 338.9.10
superfície cilíndrica per a la primera capa del cul 168.1
— cònica per a la última capa del cul 168.2
— esmeriladora 202.14
— de la fibra 6.20
— del fil 9.23
— frotadora. 332.9
— de la ganiveta . . . 409.11
— interna del capoll . . 417.5
— de refredament de la estufa 295.1
— de treball dels corrons de carda 323.14
— de treball de la guarnició de carda . . . 60.14
— de treball del sector 152.3
— de treball semicircular 232.19
— de treball del xapó . 61.3
— de trencament afuada 10 7
— de trencament llis . 10.6
superposició de vàries teles 41.12
— del vel. 326 3
suplent de filador 3.1
suport 54.9, 59.9, 132.11, 251.12, 373.7
— acolzat. 207.11
— ajustable. . . .202.16, 206.10
— ajustable del plegador 178.9
— ajustable vertical i horitzontalment . . . 162.7
— d'ajustatge 55.2
— americà 324.4
— del anell de rodament 355.7
— articulado 252.15
— del arbre de la llanterna 192.7
— de la balancera . . 603.9
— per a la barra del dispar. 95.5
— de la bitlla. 529.6
— del cadell 95.9
— de caiguda de la crossa 165.11
— del cap de la pua. . 255.5
— amb casquillo 324.6
— cilindric 290 9
— de cilindres 105.4
— collarí flexible 289.13
— del comptador . . . 358.7
— del corró esmerilador 73.10
— culís. 59.3
— de darrera del carro 178.6
— de davant de fundició del carro 178.5
— amb dolla 324.6
— elàstic 146.9
— del elevador 40.1
— de l'esmerilador. . . 73.9
— d'esquadra 349 5
— de fileta 395.1
— en forma de forquilla 530.10
— en forma de ganiveta 44 3
— de forquilla 342 5
— del fuset 128.12
— del fuset en forma de creu 510.7
— de galgat amb agulla index 80.2
— de ganivet 111.13
— de la grapaldina . . 131.5
— guia . . .59.6, 357.3, 361.3
— del guia-fil amb gotet 531.7
— individual de les pues 354.15
— lateral oscil·lant . . . 201.12
— de la llanterna amb untatge automàtic . 145.2
— del llevador 88.7
— de muntant de la fileta 127.7
— de nucli cònic 484.15
— obert de les pues. . . 356.2
— oscil·lant de la politja 192.4
— oscil·lant de la serreta 58.9
— del pinte 99.9
— del pinyó de comanda 176.11
— de piu rodó 111.12
— del pivot. . . . 384.4, 528.4
— de platabanda per a vàries pues 354.12
— de les platabandes 178.5, 344.7
— de la politja guia. . . 353.5
— de la politja guia del accionament per politja de tres canals. 192.3
— de les porta-rodets . 505.11
— de la pua . . 145.9, 177.13
— de les pues. 354.11
suport del raspall 88.11
— de les rodes del carro 344.5
— del rodet. . . .534.12, 535.8
— del rodet en forma de forquilla. 356.15
— de la rosca de tensió 344.11
— tancat 324.6
— de les taules de fileta 394.8
— de la tela . . 41.3, 250.12
— per a les teles 34.5
— tensor 41.5
— de torrió ajustable del cilindret 324.2
— del torrió del pelador 324.3
— dels torrions de les forquilles 281.6
— vertical de fileta . . 89.7
suportat per culisses . 20.13
surar en l'aigua d'aspiar (capoll) 420.1
sweater de llana 397.15

T

tac 132.8
— de la culissa 531.13
tacha 338.4
tacte. 13.12
— aspre 427.5
— cotonós 427.12
— cruixent 427.6
— dolç 427.8
— plé i elàstic 427.9
— sec 427.11
— de la seda 427.3
— suau 427.8
tactor 530.17, 534.16
— de la ruptura del fil 533.5
talc 253.3
tall 67.14
— central per al piu d'entrenament del rodet 552.11
— en el gotet 527.13
— guia-fil. 527.10
— de la pua de la guarnició 338.12
— del vel. 330.6
tallador 328.10
— de fusta 243.8
— de jute 242.13
— longitudinal . 481.11, 489.4
— longitudinal amb arbre de ganivetes i corró de gorges 482.14
— longitudinal amb un sol arbre de ganivetes 481.13
— longitudinal amb dos arbres de ganivetes. 481.12
— longitudinal amb dos corrons de gorges . 483.8
— pel llarc 481.11
— de la tela 321.15
talladora de jute 242.14
— mecànica 242.15
— mecànica de cadenas 244.3
— mecànica per a cànem 231.15
tallar les capes verticalment 197.7
— els caps enrotllats en l'arbre 196.12
— la fulla de paper en tires 481.10
— la llana de la pila . 311.8
— el lli. 211.1
— el manat de jute . . 242.12
— el matalàs 321.13
— els peus de les fibres 243.4
— el ratllat en el corró 120.19
— la tela 321.13
— les tires de pell. . . 118.19
— els traus. 400.9
— el vel entre dos pintes 444.7
— les vores sortints del drap 118.8
tallat del cànem 231.11
— de les estopes 232.11
— de les fibres de jute 242.9
— de la fulla de paper 481.9
— del lli 210.21
— a mà 231.12
— dels manats de jute 243.9
— de les vores 400.14
talls atasconats 354.5
— cuneiformes 354.5
—, la veta té . . 101.21, 108.2
tambor de la cadena de descargolar 179.12
— de carbonització . . 402.14
tambor de delgues de fusta 336.14
— desplegador . 356.14, 358.15
— espolsador 259.7
— con fre apretat . . . 356.6
— metàl·lic 196.11
— metàl·lic d'aspiració. 195.9
— metàl·lic inferior (superior) 33.10.11, 33.17, 34.1
— metàl·lic trepanat . . 220.15
— de la pentinadora. . 262.3
tamboret de la cadena 171.6
— plegador de la cadena 173.6
tampó de cuiro 442.1
tanca de bajoneta. . . . 549.1
— excèntrica 219.9
— de ganxo 487.5
tancament del circuit . 113.13
tancar el circuit. 113.12
—-se (cordó) 511.4
tap ajustable 286.8
— de davant del cilindre 291.11
tapa 31.8, 126.7, 201.8, 355.10, 361.5
— d'acer 123.5
— de la bóta . . . 33.6, 79.13
— entre la bóta i el llevador 79.4
— del dau del arbre. . 94.13
— de la devanadora. . 33.14
— de la entalla d'untatge 344.14
— del fons a xarnera . 27.13
— amb frontisses . . . 79.3
— de fundició en creu . 524.8
— de les grapaldines. . 255.13
— de la guarda ajustable 404.11
— del lladre 78.8
— del llevador 79.2
— metàl·lica 202.7
— de planxa . . 195.12, 201.10
— del raspall 88.8
— revestida amb fang . 376.4
— de vidre 44.10
— del volant 202.6
— de xarnera de roure 201.9
tapets 397.8
taquímetre 360.10
tara (efectiva) 17.2.3
— real 17.3
tascó . . . 73.13, 184.2, 497.7
— mòbil 179.16
tassa per a la bitlla (bitllot). 145.11
— escorredora 281.8
taula d'alimentació . . 111.2, 443.14
— alimentària . . 50.10, 77.11, 200.14, 203.6, 453.11
— alimentària superior. 405.5
— còncava de rotllar . 329.14
— dobladora . . 219.1, 251.10
— d'eines. 362.4
— d'equivalències de filats 612.12
— d'estendre . . . 8.11, 218.4
— d'estendre de cadena 501.12
— d'estendre per a cànem 232.1
— d'estendre amb eriçons 451.7
— d'estendre per a fibres curtes (intermèdies, llargues) 451.2.3.4
— d'estendre amb gillbox 451.5
— d'estendre amb porcupines 451.7
— de fileta 139.6, 394.13, 564.15
— de fusta tapissada de peluix 557.16
— giratòria . . . 439.11, 442.3
— guia-tela 84.3
— inclinada 98.2
— d'inversió 448.4
— per a fer paquets . . 215.13
— paravent 391.2
— de pesos i números de filats 612.12
— de la premsa 577.14
— de protecció 229.11
— protectora dels esquitxos 225.16
— de ruixar 441.8
— de sorteig 265.6
— de sortida 288.10
— de triar draps 399.14
— de les vetes . 90.12, 251.10
tauleta de marca 235.6
— negra 422.17
tebi 60.10
teclado 43.2
teixit de cadeneta . . . 68.15

teixit de camí 68.18
— de cautxú 335.3
— de costat (a dues, tres costelles) 69.2.3 4
— de cotó 64 22
— en diagonals de quatre (de sis) 68.16, 69.1
— dels filferros 335.10
— per a guarnicions 64 21
— en línies diagonals (longitudinals) 68.13 15
— de mescla 64.23
— molt (poc) nombrat 16.12.13
— ortogonal 68.10
— de x plecs 65.1
— de cinq plecs de creuhat de cotó 65.4
— de quatre plecs cementats amb solució de cautxú 65.7
— de les pues 68.8
— unió 64.23
— de yute molt (poc) nombrat 16.12.13
tela 7.11, 34.4, 41.7, 325.3, 328.12
— d'alimentació 41.11
— alimentada 45.8
— alimentada per minut 41.18
— alimentària 448.8
— de batan 50.9, 77.10
— de batan acabador 47.8
— de borra 322.8
— de la carda acabadora 325.5
— de la carda emborradora 325.4
— disposada en una direcció 325.18
— entregada 45.9
— d'esmeril 70.14, 339.2
— sens fi 196.10, 328.6
— sens fi conductora de vel 328.8
— sens fi de cuiro 93.3
— de fibres creuades 325.7
— de fibres dispostes en la direcció de l'alimentació 325.6
— formada de vetes 250.5
— homogènia 47.15
— irregular 47.14
— metàl·lica 202.8
— metàl·lica amb x malles per unitat de superfície 465 18
— metàl·lica a grans malles amb tires longitudinals espesses 477.7
— de paraigues 397.10
— regular 47.16
— de seda 450.17
— silesiana 397.10
—, fer — de vàries vetes 81 5
telera 196.10, 327 11
— d'acer 365.9
— d'alimentació (de la obridora) 29.7, 199.1
— alimentària 27.1, 41.1, 48.6, 243.15, 247.6
— alimentària sens fi 20.8
— alimentària vertical amb claus 260.9
— de cardes sens fi 448.1
— amb claus 22.4, 200.7
— descarregadora 320.4
— de distribució 23.8
— elevadora 21.9, 23.4, 38.2
— d'entrega 38.1, 197.12, 235.16
— d'entrega dels rulls 329.15
— sens fi 308.2
— sens fi d'agulles 443.8
— sens fi alimentària 259.12
— sens fi de cardes 445.1
— sens fi de cuiro 451.8
— sens fi amb moviment d'inversió 40.7
— amb guarnició de pues de ganxo 367.15
— horitzontal (inferior) 21.8, 29.2, 201.1
— inclinada amb claus 28.6
— metàl·lica 365.9
— metàl·lica sens fi de moviment lent 295.14
— de pintes 230.9, 245.12
— per a la pols 38.15
— principal 23.7
— amb puntes 233.5
— rastelladora 245.12
— de rastellar 230.9
telera de sortida 197.12, 235.16, 313.8
— superior 296.9
— per a la tela 328.11
— de tela metàl·lica 296.8
— vertical (doble) 38.2, 201.6
teleres d'alimentació 218.5
— alimentàries marxant paral·lelament 221.5
— sens fi 22.3
— sens fi marxant a la mateixa direcció 23.2
— sens fi marxant en direccions oposades 23 3
— mòbils 575.14
— de pintes 214.4
teles mullades 573.13
temperatura del aigua 269 19
— del aire 293.8
— d'assecat 293.5
— de carbonització 306.5
— de dessecació 417.13
— del lleixiu de rentat 275.15
— mitja 293.9
—, baixa 572.6
tenacitat 66.14
tenir xemics (el fil) 169.2
tensió de la bossa de cuiro 332.12
— de la cadena 351.1.3
— del fil 140.6
— del fil per la grua 557.12
— dels fils 498.12
— dels fils mitjançant grua carregada 168.9
— forta 63.5
— màxima del fil 454.17
— de la metxa 125.2
— dels pianos 359.17
— de plegat del fil 168.8
— tangencial del fil 155.11
— uniforme dels pianos 391.9
— del vel 327.2
—, forta — del fil 552.2
tensor de cadena 40.5
terme mig d'aigua de la llana 287.7
— mig d'una barreja 19.1
termòmetre de mercuri 616.7
termoregulador 616.16
ternal 304 3
terra 291.4
— de bataner 298.15
testa 103.8
— del arbre girant al voltant del pivot 534 4
— de l'aranya 130.6
— de la broca 534.7
— del carro 351.6
— d'estiratge 232 17, 480.13, 486.1
— foradada 548.12
— de la metxa 375.9
— de la palanca 179.15, 551.9
— de la premsa 288.4, 578.1
— de la pua 123.11
— del velló 265.15
testera 95.2, 352.16
— del carro 206.2
— de davant 206.8, 352.17
— menor 206.8
— petita 352.17
— dels rodets 497.10
— de la selfactina de retòrcer 558.13
tetraclorur de carboni 297.21
textilosa 480.8
tija filetejada 72.11
— del pistó 291.14
— rodona 97.9
— de la vàlvula d'admissió 292.7
timbre 370.9
tintat dels draps 401.17
tipus de bobina 153.7
— de carda 77.1, 319.8
— de draps 396.5
— de fileta per a fils gruixuts 545.3
— de fileta per a fils de torsió forta 545.4
— de pua 145.3
tir base 598.11
tira d'acer amb puntes 62.8
— de feltre 356.1
— de paper 486.2
— de paper alimentada 484.13
— perforada 282.5
— de vel 203.14, 329.8
tiradora de capolls 421.1
tiranda 594.9
tirant 46.4, 89 8, 241.12, 252.16, 290.2, 391.3
— de la forquilla per a la corretja 112.1
— de tensió inferior 344.12
tirants del carro 345.5
tirar en sec 421.17
tiratge en sec 421.16
titratge internacional 601.12
— nou de Lió 601.13
— de la seda 601.10
tires de cautxú 477.6
— curvades 62.2
— longitudinals espesses 477.7
— longitudinals en forma d'engraellat 477.5
— de pell 118.19
— soldades 477.9
— de tela metàl·lica 477.11
tiruar 291.7
títol acondicionat 602.9
— americà 602.4
— decimal 601.15
— després del descruat 602.8
— fi 602.7
— francès 601.19
— gruixut 602.5
— internacional 601.15
— de Lió 601.18
— de Manchester 601.20
— mig 602.6
— de Milà 601.16
— piamontès 601.17
— prim 602.7
— de la seda 598.4
— de Torí 601.17
— vell de Milà 602.2
— de Viena 602.1
titular la seda 601.11
tivar la cadena 181.12, 351.2
— la cinta de la carda 337.7
— la corda 513.7
— la telera 41.2
— el vel 327.3
tivat del fil 554.7
to per a combinar 311.5
tobera de vapor 280.12
tolerància 616.1
— del títol 602.12
tombar, fer (troques) 576.4
top 132 8, 346.8, 348.8
— del carro 358.16
— fix 167.5
— de molla 359.1
— regulable 241.11
topada del carro 191.11
topador de goma 290.3
topu 182.5, 192.10
— ajustable en la barreta d'unió 180.6
— de goma 290.3
— posterior amb molles 192.9
torçal 593.10
— per a lliços 581 21, 593.14
— per a pintes 581.21
— de seda 586.7
torcedor 5.7, 498.17
— de llana 539.12
torcedora 5.8
— de llana 539.13
— de seda per a organsí 430.17
tòrcer 8.21, 539.5
— els caps junts 539.4
— una corda 500.4
— cordes 501.2
— els cordons 505.1
— en direcció contrària 540.6
— les fibres juntes 8.19
— al fil de fantasia (fil d'ànima) 560.3
— el fil en el sentit de les agulles d'un rellotge 153.15
— el fil en sentit contrari a les agulles del rellotge 154.1
— els fils en un cordó 498.5
— els fils junts a mà 431.13
— fluix 431.4
— junts els caps de seda grega 422.9
— lleugerament els caps 430.9
— i plegar el fil en la mateixa direcció 154.3
— un rull 496.17
— en sec 542.3
— varis caps tenyits de colors diferents 591.15
—-se juntes (vetes) 387.6
torn 10.15, 304.3
— amb dues pues 11.8
torn de corder 496.21
— d'esmerilar corrons de carda 339.6
— de ferro 497.15
— a mà 10.16
— per a muntar les guarnicions de carda 63.9
— de peu amb cordó senzill (doble) 10.18, 11.4
tornada del xapó 53.5
tornapunta 497.3
tornar a posar l'aleta 141.6
— les fibres de jute suaus i flexibles 240.3
— el xapó 53.6
—, fer — suau i tova la fibra de jute 237.7
—-se negre (llapissó) 307.2
—-se resina (l'oli) 459.4
tornassol, blau 309.7
— vermell 309.6
tornejar la bóta 337.2
— el cos de cilindre 203.1
torrar els capolls 417.9
torrefacció dels capolls 417.10
torre-filtre 271.16
torrió 530.11
— de la manivela 246.3
— del braç de la pinça 88.12
— del cadell 96.1
— del cilindret 59.1
— de les cordes en el carro 174.1
— per a fixar 184.11
— de la forquilla 281.7
— d'oscil·lació 89.5
— de la palanca 354.2
— de la palanca-forquilla 182.2
— per a la palanca de tensió 94.11
— de la politja tensora 349.11
— del quadrant 184.10
— roscat 346.6, 362.11
torsió 9.4, 345.12, 498.8
— d'Albert 509.3
— cap a la dreta 153.14
— creuada 509.2
— en la direcció de les agulles del rellotge 541.1
— en direcció contrària 540.11
— directa 509.3
— donada durant la sortida del carro 164.4
— a la dreta 541.1
— dura 541.5
— a l'esquerra 540.11
— excessiva 501.7
— extra-forta 541.6
— falsa 9.7, 204.1, 331.11
— final 153.4
— fluixa 138.19, 170.5, 541.4
— forta 138.8.9, 541.5
— inversa 509.2
— de mà dreta 541.1
— de mà esquerra 540.11
— permanent 9.8
— durant la sortida 345.13
— suau 541.4
— suplementària 159.11, 164.16, 343.15, 506.2
— uniforme 431.1
—, primera (segona) — de la seda 429.15, 430.15
torsions de filat i retort 540.4.5
—, nombre de — per aguller 207.7
torsiòmetre 9.11, 432.4, 610.9
torta 9.4, 345.12, 498.8
— efectiva 154.6
— excessiva 501.7
— del fil d'ànima 501.12
— fluixa 8.23, 431.5
— forta 8.24, 431.6
— suplementària 557.11
—, donar 9.6
—, primera (segona) — de la seda 430.15
—, dues voltes de 554.2
tortó de resina 508.12
trabucat automàtic del aigua 365.13
tracció del fil 554.7
— a mà 606.21
tractament amb àcid sulfurós 401.11
— de les aigües de rentat 299.5
— delicat de les fibres 38.4
— de draps 399.6
— dels filaments per el formaldehid 472.4
— per fred i calor alternats 573.4

tractament per vapor . 418.2
tractar el cotó per un àcid sulfo-òxid . . . 457.20
— les aigues de rentat. 299.4
— les aigües de suarda 299.4
— les estopes de lli . . 221.1
— amb licor alcalí (borra) 437.3
— els lots de lli diferents per separat 212.5
— la llana per tremujes perforades 283.14
— amb permanganat de potassa 460.6
— la seda per una solució de sabó amoniacal 468.4
— seguidament el fil amb lleixiu. 467.14
— per una solució de sal metàl·lica 469.4
tràfec automàtic del aigua 365.13
trafegat de les aigües de rentat. 280.6
trama 139.1
— d'estam 583.21
— gruixuda. 586 12
— de seda 586 11
— de selfactina 138.18
transformació de la tela en vetes 451.11
transport de les bales 17.5
— sense creuar 325 13
— dels feixos a la filatura 210.11
— en forma de tela . . 324.12
— del vel 198.14
transportador . . 282.12, 283.4
— de la veta 491.1
transportar la bala a mà 17.6
— la tela amb creuat . 325.17
trapa de descàrrega . . 260.3
trascanador de madeixes 5.1
trascanadora 2.13
— de madeixes 5.2
— de seda 424.19
traspuar (cotó) 15.9
trau arrodonit 373.13
— culis. 90.9, 259.6
—-guia 487.6
— obert 543.9
— de la politja 44.13
travesser 344.3, 497.4, 499.2, 500.10
treball apretat sense augmentar la torta. 501.6
— de barreja 19.11
— clos sense augmentar la torta 501.6
— a mans 6.7
—s preparatoris 263.12
treballar les borres . . 435.8
— el capoll verd . . . 413.12
— en estat humid . . 428.5
— en estat sabonós . . 428.6
— independentment . . 198.12
— el manat dels dos costats 243.17
—, grua i plegador no treballen 165.1
treballat de les borres . 435.9
trementina 117.19
tremp del filferro d'acer al buit 66.9
trempar a duresa vidriosa 74.11
— les pues 74.10
tremuja 543.8
— d'aigua 242.6, 542.10, 543.4, 558.1
— d'alimentació . 284.6, 320.2
— alimentària 22.2, 89.15, 196.8, 200.5, 260.7
— alimentària de la tela 93.4
— del cotó 29.1
— humitejadora 485.3
— de humitejar 481.4
— per al liquid . 482.4, 486.10
— pesadora 320.5
— premsadora. 283.15
tremujes perforades . . 283.14
tren de barques. . . . 279.11
— de rentadores. . . . 279.11
trena. 597.6
— bullida. 514.12
— de crines 514.10
— de tralla 593.13
trenadora mecànica per a cordes. 510.2
trenat de cànem . . . 231.4
— de madeixes 576.10
trencadora de tijes de rami 261.5
— triangular 261.7
trencament del bri de capoll 424.3
— de la corda 192.1
— de les fibres de llana 369.6
— d'un fil 521.7
— de la lleva 357.13
— de la metxa 125.3
— dels punts defectuosos 455.2
— sobtat del fil . . . 606.22
— del vel. 50.4
— de la veta 111.8
trenca-nusos 424.2
trencar la adhesió del teixit cel·lular . . . 237.9
— la fibra de llana . . 310.16
— els flocs de borra . 195.8
— els manyocs de borra 195.8
—-se (bri de capoll) . . 424.4
—-se (fil) 345.14
—-se (mànega de cuiro) 119.12
—-se sobtadament (fil). 541.10
—-se una veta 81.11
trencat dels xemics . . 387.8
trenzilles 400.13
trescanadora per a bitlles 526.4
— per a fusades. . . . 526.4
— de fusades amb con guia 527.14
— de fusades amb mecanisme d'ajustar la tensió de fil 526.9
— a mà 521.9
— d'ordit. 521.14
— de una pua 521.2
— de vàries pues . . . 521.3
trescanar 11.19
— la madeixa de seda . 423.12
— la seda grega. . . . 429.2
— la seda del rodet . . 468.5
trescanat de la fusada. 516.5
— de madeixa 516.6
— per la punta del bitllot 153.10
— i purga de la seda grega 429.1
— del ordit 11.18
— senzill 12.5
— de la trama 12.2
treure l'aigua 302.4
— l'aire saturat 293.15
— la barba 445.16
— la blussa. 446.7
— el borrissol exterior . 420.10
— la canamuixa. 232.10, 495.4
— les clapes de rovell del filferro d'acer . . . 66.7
— el cotó de la bala . 19.18
— el cotó de l'embalatge 18.7
— les crisàlides 438.21
— l'excés d'àcid . . . 304.18.20
— al fil la tendència al cargolí 569.13
— el filadís exterior . . 420.10
— els fragments de canamuixa 507.4
— per fregament les impureses del fil . . . 455.3
— les fusades 175.18
— la guarnició vella . . 336.13
— les impureses 438.18
— el llapissó de la llana 366.14
— el matalàs del bombo 198.9
— la madeixa. 610.14
— la madeixa del aspi . 424.16
— les matèries colorants resinoses. 432.16
— la metxa del bot giratori 208.5
— el pèl caní de la bóta 409.8
— els pesos del corró de pressió 107.3
— la pressió 86.2
— un rodet mal plegat 133.16
— els troquillons de prova 602.15
— els xemics del fil . . 428.21
tria dels draps 399.7
— dels lots barrejats. . 216.14
— segons les floques i la finor 265.3
—, primera 399.10
—, segona — del lli . . 216.5
triador de borres . . . 4.2
— de caps 4.4
— de didals. 4.4
— d'estopes. 216.3
— de llana 264.1
triadora de borres . . 4.3
— de capolls 413.3
— de caps 4.5
— de didals. 4.5
triadora de llana . . . 264.2
triangle d'escala . . . 566.5
triar acuradament. . . 216.13
— el cànem pentinat . 228.7
— segons el color . . . 265.4
— els desperdicis (de jute) 49.6, 258.12
— lots barrejats. . . . 216.15
— la llana . . . 263.14, 364.16
— a mà 265.2
triat 399.9
— del cànem 231.7
— segons el color . . . 399.12
— segons la finor . . . 399.11
triatge dels capolls . . 413.2
— de la llana. 263.13
tricot de llana 397.16
trineu de corder 499.5, 500.8
trinxador de draps . 403.12.17
trinxadora de jute . . 244.9
trinxar els draps 400.5, 403.10
trinxar els draps de seda 456.8
trinxat de draps . . . 400.4
— dels draps a mà . . 403.9
— en mullat (sec) . . 403.15.18
— sense untatge. . . . 403.14
triosa 367.8
trituradora de maces . 476.9
troç de rail mòbil . . 307.12
troca 576.12
— catalana 576.15
— de x madeixes . . . 598.19
— de cinq (deu) madeixes 576.14.15
— de seda obrada . . 586.6
troços no desfibrats . . 404.12
— durs 404.12
— lençats cap al darrera 404.14
— no trinxats. . 404.12, 405.2
troquilló . 12.18, 562.22, 599.1
— de x fils 599.5
— de prova. 562.21
— de seda 432.12
— de x voltes d'aspi . 599.5
troquillons (x — en la madeixa) 599.2.3.4
tros 25.18
— del mig del corró . . 393.13
tub 37.9, 72.10, 188.13, 392.6, 503.6
— d'aigua a pressió . . 478.2, 488.12
— d'aire 306.12
— d'aire bufat . 380.5, 384.5
— d'aire comprimit . . 455.10
— de l'aleta 547.15
— d'alimentació 466.3
— d'alimentació de vapor 280.11
— alimentari 28.14
— d'aspiració 370.17
— de calefacció . 308.4, 606.12
— de la caneta . 530.18, 531.3
— cap a la obridora . . 27.15
— capil·lar 461.2
— capil·lar de vidre . . 467.7
— de cartó 518.11
— de cautxú 466.4
— cònic 518.13
— cònic de la pua . . 355.9
— de descàrrega (acolzat). 286.5, 294.6
— d'entrada d'aigua . . 461.3
— d'entrada del aigua d'esbandir 285.5
— d'entrada de la solució per a filar. 461.9
— de fusta 149.10, 518.9, 552.13, 567.15
— de fusta forta . . . 149.11
— de fusta de vern . . 149.12
— de gas 455.9
— giratori . . . 342.14, 343.3
— giratori que torsa. . 341.12
— per al líquid d'humitejar 488.15
— de llauna 139.8
— metàl·lic 97.2, 356.12, 518.10
— metàl·lic giratori . . 422.11
— per a nivellar . . . 363.3
— d'oli 148.3
— de paper 166.18, 175.19, 518.11
— de paper cilindric . . 518.12
— de paper curt (llarg) 356.8.9
— de paper impregnat 149.9
— de paper lleuger . . 124.8
— perforat 282.6
— de planxa 124.3
— de pols 259.10
— de la pua 527.16
— de purga 286.5
— de purga acolzat . . 294.6
tub radiador 306.15
— rinxador 439.13
— sobreixidor. 285.10
— de sortida . . 280.13, 286.5, 571.9
— sense valones 518.18
— de vapor 570.15
— de vidre 608.10
tuberia . . 24.9. 37.9, 39.5
— d'aire 575.8
— d'aspiració de la pols 399.16
— de calefacció 402.12
— col·lectora 399.17
— de descàrrega de la pols 399.16
— de sortida de la pols 197.1
— d'unió 39.6
tubet 356.9
— interior flexible de la pua 146.6
tubs 518.8
tungstat de sodi . . . 464.3
— de sosa 464.3
tupí 505.4
— de tres galzes . . . 499.6
turba 299.11
turbina. 97.13

U

ullet 583.4
— àgata 430.4
—-guia 511.14
— guia-fils 423.1, 525.3, 610.4
— en el retort 540.3
— de trenat 511.14
— de vidre . . . 422.4, 544.9
ullets enrotllats 501.17
— soldats 501.18
unglot per a la pujada 246.6, 445.7
uniformitat del fil . . . 605.16
— de les vores del aro 150.8
unions de les teles . . 325.11
unitat de calor 293.7
— de llargada 598.12
— de pes 598.13
— tèrmica 293.7
untador 3.11
— de tassa 295.10
untadora 361.13
untar el batedor . . . 441.15
— amb petroli 555.4
— el suport de la pua. 148.1
untat central per a les pues de tòrcer . . . 555.6
— de les cordes 359.11
— dels draps 403.13
— fresc 555.5
untatge automàtic. . . 145.2
urat amoniacal 276.19

V

vagoneta amb prestatges d'engraellat 307.8
valona 124.2
— del rodet. 518.16
valones. 249.6
valor comercial 606.7
— del títol 602.11
vàlvula 366.1
— d'aspiració 470.1
— culissa 291.7
— de descarrega. . . . 286.3
— giratòria 365.11
— de papallona 297.3
— de tres passos . . . 371.1
— de purga 286.3
— de seguretat 385.16
— de sortida 470.2
— de sortida de l'aire . 306.11
— de la tuberia . . . 39.11
vapor àcid 305.8
— d'àcid clorhídric . . 305.9
— aquós 293.11
— produït en la caldera 572.9
vaporat 418.2
vaporitzador 570.18
vaporitzar les fusades. 571.3
vaporitzat 418.2
— al buit. 571.18
— en cambres obertes . 570.9
— per mitjà d'un corrent d'aire 573.1
— dels fils 569.10
— de les fusades . . . 571.2

vaporitzat a pressió . . 571.1
vapors de benzina . . . 438.9
– de petroli 438.7
vara de Berlin 600.16
– francesa 600.19
– de Leipzig 600.18
– de Saxònia 600.18
variació en la tensió del fil 155.10
varietats de puresa diferent. 15.14
vas de gres. 403.1
– de mercuri 608.8
– per a pendre àcid . 402.16
vaselina 428.10
vedell 64.12
vedella 118.13
vel. 51.14
– de les borres 82.8
– sense botons 49.4
– de carda 193.5, 326.14, 329 3, 481.6
– cardat 7.18, 50.1
– de fibres 480.12
– de fibres interposat entre dues capes de paper 480.9
– de fibres textils . . 480.2
– irregular 329.5
– del llevador 330.13
– sobre el llevador . . 50.3
– llis 329.4
– senzill (doble, múltiple) 326.16.17.18
– uniforme 326.15
–, el – fa bosses . . . 326.22
–, fer un. 50.2
velocitat accelerada del carro 166.14
– de l'alimentació. . . 249 5
– alimentària de les teles 41.17
– del carro 164.2
– circumferencial (constant) 323.3, 516.10
– constant 139.11
– creixenta 347.17
– de desplegat 41.17
– diferencial dels corrons 309.1
– d'estiratge 102.16
– irregular de plegat del fil. 517.13
– de pentinat 82.16
– periférica variable. . 163.9
– de plegat . . 124.20, 166.19
– de la pua 147.10
– de les pues (segona, tercera) 348 1.2
– retardada del carro . 166.15
– de rotació variable 537.6
– superficial 21.2
– uniforme 123.8
– variable 139.11
–, doble – de les pues 164.17, 189.2
velló 7.19, 264.13
– carregat amb pel cabrut 264.22
– defectuós. 264.20
– enrotllat 264.15
– esquinçat 265.14
– feble. 365.3
– de fibres llargues (curtes) primales. 364.18, 365.1
velló humit 264 21
– intacte 264.19
– lleuger 264.17
– lligat 264.16
– malaltís 365.3
– pesat 264.18
– premsat hidràulicament 264.14
– sa 365.2
velon cònic per a desperdicis 259.1
ventall 201.5
ventilació 293.16
ventilador 31.13, 33.12, 45.2, 259.9, 306.7
– d'aspiració 24.8, 37.10, 296.13
– aspirant 22.7, 37.5
– impel·lent 295.6
– amb pales corbes . . 45 4.5
– amb pales planes . . 45.3
ventiladores. 194.21
ventre 467.8
– groc 266.2
ventres 265.23
verd 415.4
verdòs 415.3
verga enrotlladora de les barbes 450.5.10
– de la nina 46.8
vernís 117.22
– per a les bosses de cuiro 120.6
vernissador de corrons. 120 2
vernissar la bóta . . . 63.13
vèrtex de la corba . . 524.12
vestirse amb fibres (volant) 323.4
vestit de cuiro 380.11
veta 3 13, 8.16, 387.11, 448.13
– aiguada 101.22
– assecada 386.3
– feta amb borres de pentinadora 82.9
– de borreta amb falsa torta 454.1
– de cànem 496.14
– de carda . . . 7.20, 51.15
– desigual 102.1
– estirada 101.19
– d'estopa 221.16
– de fibres 486.3
– de fibres creuades . 326.12
– de fibres dispostes longitudinalment . . 329.2
– formada encomanant els caps dels rulls . 329.16
– irregular 101.23
– de lli 218.3
– de manuar . . 101.18, 121.14
– de paper. . . 486.2, 487.12
– de paper alimentada 484.13
– de paper arrodonida 484.14
– pentinada . . 82.4, 384.11
– pentinada de borreta 453.15
– pentinada a mà . . 374.8
– pentinada a màquina 374.9
– pentinada de rami . 262.8
– de pentinadora . . . 374.6
– senzilla (doble) . . 386.11.12
– totalment doblada . 386.14
– de vel 221.14
–, la – té aigües . . . 108.2
–, la – té talls. . . . 101.21
vetes 400.13
vetes creuades 387.18
– de cuiro 64.16
– tortes juntes 387.7
vibració del carro . . . 345.3
– del corró de pressió. 107.10
– del disc esmerilador. 73.1
– de la pua 554.15
vibrar (disc esmerilador) 73.2
vidre filat 491.13
– soluble 433.16
– soluble neutre . . . 277.1
vidrieria 467.10
vigilant 6.4
vigilar els fils de seda 424.14
vilof 197.8, 311.10
– de borra de seda . . 442.4
– per a borres 267.14
– per a la pols 401.1
vis de doble rosca. . . 256.1
– cap a la dreta (esquerra) 240.12.13
vis-sens-fi . 72.6, 188.1, 223.15
– en l'arbre del corró . 568.6
– de comanda del aranyer 473.8
– d'un filet 566.6
volandera. 355.13
– de cuiro 140.12
– de feltre 140.11
– del fus 10.13
volant 11.5, 37.4, 40.10, 51.12, 186.11, 343.10, 566.1
– amb coberta ajustada 323.7
– de comanda 132.4
– en forma de telera sens fi 323.6
– de dues gorges . . . 557.7
– de gorja 550.13
– gran 189.4
– per a la gran velocitat 189.4
– sobre el llevador . . 202.5
– petit 189.3
– per a la petita velocitat 189.3
– per a la primera (petita, segona, gran) velocitat. 353.3.4
– de torsió. 162.13
– (vestirse amb fibres) 323.4
–, el – llença 323.5
–, el – tè una velocitat major 323.3
volta de l'aleta 130.10
– d'aspi . 562.23, 563.17, 599.10
– d'aspi de x yardes (metres) 599.8.9
– del pinte circular . . 82.20
– de la pua 554.2
voltar freda (la pua). . 148.15
– els xapons mitjançant una maneta 54.14
voltes comptades . . . 602.17
– de la pua per minut 123.7, 137.15
vora de cuiro 547.12
– dreta 119.1
– encolada del cuiro . 119.7
– de ferro 76.14
– inclinada. 317.16
– de la pastera. . . . 226.1
– de perfil de ganiveta 203.9
– de la veta 108.3
– del xapó 61.6
vores. 265.5, 334.7
– del aro 150.3

W

willow 197.8
– cònic pera desperdicis 259.1
– doble per a jute . . 259.11
– per a la pols 401.1

X

xapa 553.12
– d'acer 93.8
xapó 51.6, 79.11
– desborrador 95.12
– amb desborrat 53.2
– desguarnit 53.12
– fixe 52.6
– de fundició 77.7
– de fusta 77.4
– giratori 53.7, 54.7
– sense guarnició . . . 53.12
– guarnit 53.13
– llimpiador 95.12
xapons. 194.18
xarnera . 27.14, 133.3, 488.4
– de compensació. . . . 133.5
– de cinq rodes 133.4
xarrió 500.1
– de bobinar 387.14
– carregat 500.12
– de corder . . 499.5, 500.8
– amb rastell guia-fils 504.10
– transportador de teles 47.16
xarxa usada de pescar. 507.14
xassis del carro 558.4
– de fusta 344.1
xemeneia de vapor . . 297.4
xemics en el fil 428.19
xeringa d'oli per a pues 391.7
xeviot 583.23
xocar (els balones) . . 152.16
xuclada del oli 148.12
xuclador 115.2, 370.16
xucladors. 86.5
xuclar el fil 463.9
– l'oli 314.2
– l'oli amb la bomba . 148.13
– al través de tubos . 39.4
xurre 272.1
xurrina 300.3

Y

yarda 600.13
yardes, x – per lliura anglesa 604.5

Z

zèfir 397.13
zero, esser al 614.3
zig-zag, estar en . . . 128.4
–, forats en 105.1

Druck von R. Oldenbourg, München.

www.ingramcontent.com/pod-product-compliance
Lightning Source LLC
LaVergne TN
LVHW092117300926
849161LV00002B/168